M. HOCHREIN UND I. SCHLEICHER · HERZ-KREISLAUFERKRANKUNGEN
BAND 1

HERZ-KREISLAUFERKRANKUNGEN

ANGEWANDTE PHYSIOLOGIE UND FUNKTIONELLE THERAPIE

Zugleich vollkommene Neubearbeitung und Abschluß des Werkes „Herzkrankheiten"

VON

M. HOCHREIN UND I. SCHLEICHER
Prof. Dr. med.   Doz. Dr. med. habil.
Ludwigshafen a. Rh.   Ludwigshafen a. Rh.

Mit 580 Abbildungen und 122 Tabellen

BAND 1

SPRINGER-VERLAG BERLIN HEIDELBERG GMBH

THEORETISCHE GRUNDLAGEN
EINER FUNKTIONELLEN THERAPIE

KAPITEL I—VI
mit den Abbildungen 1–237 und Tabellen 1–46

SPRINGER-VERLAG BERLIN HEIDELBERG GMBH

ISBN 978-3-642-49073-6   ISBN 978-3-642-95944-8 (eBook)
DOI 10.1007/978-3-642-95944-8

Alle Rechte vorbehalten

Kein Teil dieses Buches darf in irgendeiner Form (durch Photokopie, Mikrofilm oder ein anderes Verfahren) ohne schriftliche Genehmigung des Verlages reproduziert werden

Copyright 1959 by Springer-Verlag Berlin Heidelberg
Ursprünglich erschienen bei Dr. Dietrich Steinkpoff Verlag 1959
Softcover reprint of the hardcover 1st edition 1959

IN MEMORIAM OTTO FRANK, LUDOLF V. KREHL UND FRIEDRICH MORITZ

Die Fortschritte der deutschen Kardiologie in diesem Jahrhundert, die ihr Weltgeltung in theoretischer und praktischer Hinsicht verschafften, sind das Ergebnis einer angewandten Physiologie, die in ihrer Wurzel auf den Leipziger Physiologen C. Ludwig *zurückgeht. Das theoretische Wissen, das im dortigen physiologischen Institut erarbeitet wurde, erfuhr eine Vertiefung und Vervollkommnung durch seine Mitarbeiter, durch die Physiologen* Otto Frank *und* M. v. Frey *sowie deren Schüler* (Ph. Broemser, R. Wagner, K. Wezler, H. Rein *u. a.*). *Ein anderer Schüler von* Ludwig, *der spätere Heidelberger Kliniker* L. v. Krehl, *schuf in Leipzig mit seinen Mitarbeitern* C. Hirsch, E. v. Romberg *und* H. Pässler *die Grundlage für die moderne Kardiologie, die besonders von den Schülern* Krehls, *vor allem* P. Morawitz, *dem ich den 2. Band der Herzkrankheiten, „Die Klinik der Koronarerkrankungen", gewidmet hatte, sowie* R. Siebeck, H. Bohnenkamp *u. a. weiter ausgebaut wurde.*

Nachdem ich das Glück hatte, Schüler von O. Frank, F. Moritz *und von* P. Morawitz *zu sein, möge es nicht als vermessen angesehen werden, wenn ich diese bescheidene Abhandlung dem Gedächtnis der großen Meister der deutschen Kardiologie widme, denen ich persönlich ein großes Maß von beruflicher Förderung und menschlicher Anteilnahme verdanke und deren Werk fortzuführen und in die Praxis umzusetzen, mir stets ein ernstes Bestreben gewesen ist.*

Vorwort zur 1. Auflage der „Herzkrankheiten", Band I

Vorliegende Abhandlung hat das praktische Ziel, als Grundlage für die Beurteilung und Behandlung von Herzkrankheiten zu dienen. Da das Herz bzw. der Kreislauf in irgendeiner Form an allen normalen und pathologischen Vorgängen unseres Organismus beteiligt sind, können sich unsere Ausführungen nicht nur auf das Herz beschränken; sie müssen die Wechselbeziehungen zu den übrigen Organen berücksichtigen.

Der Zweck der folgenden Darstellung ist die Schilderung krankhaften Geschehens am Menschen. Es ist jedoch nicht möglich, dabei völlig auf die Erfahrungen, die im Tierexperiment gewonnen worden sind, zu verzichten. Die Medizin als erklärende Naturwissenschaft bedient sich gern leicht übersehbarer Tierversuche, um physiologische und pathologische Vorgänge unter einfachen, klaren Bedingungen zu sehen. Bei voller Würdigung aller Erfolge, die uns die Experimentalphysiologie und -pathologie gebracht haben, müssen wir uns jedoch hüten, aus den oft so einfachen und günstigen Verhältnissen des Tierversuches allzu weitgehende Schlüsse auf die meist außerordentlich verwickelten Krankheitsvorgänge des Menschen zu ziehen. Die Beobachtung des kranken Menschen unter Heranziehung bester Untersuchungsmethoden gibt uns letzten Endes das wahre Verständnis für die Krankheitsvorgänge, die wir bei Kreislaufstörungen beobachten können.

Die ausgezeichneten Monographien von BRUGSCH, EDENS, EPPINGER, FISHBERG, FREY, HARRISON, KÜLBS, MARTINI, MORAWITZ, ROMBERG, SIEBECK, WENCKEBACH, P. D. WHITE u. a. geben uns ein anschauliches Bild von dem derzeitigen Wissensgut der gesamten klinischen Kardiologie. Es ist daher die Frage berechtigt, ob eine nochmalige Beschreibung des gleichen Gebietes zweckmäßig erscheint. Dies gilt um so mehr, da in der vorliegenden Abhandlung nicht der Anspruch auf eine erschöpfende Darstellung des gesamten Wissens der Klinik der Herzkrankheiten erhoben werden kann. Wenn ich es trotzdem unternehme, die Herzkrankheiten nach eigenen Anschauungen zu schildern, so leitet mich der Gedanke, das vielseitige klinische Bild und den wechselvollen Krankheitsverlauf bei Kreislaufstörungen von funktionellen Gesichtspunkten aus zu beleuchten. Bei diesem Vorhaben stehen mir neben den Ergebnissen der Literatur eine eigene vielseitige experimentelle Forschung sowie die Erfahrung an einem großen klinischen Material zur Verfügung.

Wenn wir von Herzkrankheiten sprechen, dann sehen wir nicht nur das kranke Herz, sondern suchen das Herz im Rahmen von Organsystemen zu beurteilen. Neue Methoden haben uns den Weg gezeigt, der von der morphologischen zur funktionellen Betrachtung führt. Wir lernen das Wechselspiel der Funktionen kennen und versuchen, in dieser Beobachtung die Gesetzmäßigkeiten von Organeinheiten zu verstehen. Herz bzw. Kreislauf, Atmung und Blut sind funktionell untrennbar miteinander verbunden. Eine Klinik der Herzkrankheiten, die die Bedeutung der Morphologie voll erkennt, weitere Fortschritte aber auf dem Gebiete der funktionellen Pathologie sieht, wird sich dieser funktionellen Einheit immer bewußt sein müssen. Dank der Vorarbeiten namhafter Kreislaufforscher kann heute der Versuch gemacht werden, dem praktischen Arzt einen Überblick über unsere Arbeiten und unsere Gedankenrichtungen zu geben. Es hat sich dabei als zweckmäßig erwiesen, den Stoff in mehrere voneinander unabhängige Abschnitte zu teilen. Wenn ich heute den ersten Abschnitt „Physiologie, Beurteilung und funktionelle Pathologie des Herzens" als Grundlage einer klinischen Betrachtungsweise der Herzkrankheiten vorlegen kann, die nicht allein organische Veränderungen, sondern vorwiegend auch funktionelle Störungen berücksichtigt, so ist es mir ein Bedürfnis, bei dieser Gelegenheit meinen herzlichsten Dank an meine Mitarbeiter A. V. ALLEN, G. T. DINISCHIOTU, CH. J. KELLER, LOUIS B. LAPLACE, K. MATTHES und I. SCHLEICHER für ihre wertvolle Unterstützung bei vielen langwierigen Untersuchungen und literarischen Arbeiten auszusprechen.

Dem vorliegenden 1. Band „Physiologie, Beurteilung und funktionelle Pathologie des Herzens" soll als 2. Band die „Klinik der Koronarerkrankungen" folgen. Der 3. Band „Therapie der Herzkrankheiten" wird das Gesamtwerk „Herzkrankheiten" abschließen.

Leipzig 1940　　　　　　　　　　　　M. HOCHREIN

Ordentlicher Professor für experimentelle Pathologie und Therapie
Direktor der Medizinischen Poliklinik und des Institutes für Arbeits-
und Leistungsmedizin an der Universität Leipzig.

Vorwort zur Neubearbeitung

Die 1940 im Verlag THEODOR STEINKOPFF angekündigte Trilogie „Herzkrankheiten" konnte nicht abgeschlossen werden, da bei der letzten Ausbombung von Leipzig das bereits fertiggestellte Rohmanuskript des 3. Bandes „Therapie der Herzkrankheiten" verbrannte. Es waren 1941 der 1. Band „Physiologie, Beurteilung und funktionelle Pathologie des Herzens" (2. Auflage 1942) und 1943 der 2. Band „Klinik der Koronarerkrankungen" erschienen.

Die vorliegende Abhandlung ist völlig in sich geschlossen. Die Verbindung zu den vorausgegangenen zwei Bänden wird hergestellt durch die Wiederholung bzw. Ergänzung der Grundsätze, auf die sich unsere Gedankenwelt von einer nach funktionellen Gesichtspunkten ausgerichteten Kardiologie stützt.

Der Versuch, in gleicher akademischer Sicht in den Nachkriegsjahren eine Neufassung des 3. Bandes zu erarbeiten, war aus vielen äußeren Gründen unmöglich, obwohl mich die Problemstellung, die den ersten beiden Bänden zugrunde lag, in allen Situationen meines beruflichen Lebens immer wieder zu kritischer Stellungnahme zu meinen in zahlreichen tierexperimentellen und klinischen Studien erarbeiteten Gedanken drängte. Nachdem ich früher die Kardiologie als Physiologe und später als Direktor einer großen Universitätsklinik betrachtet hatte, sah ich die Kreislaufprobleme nach 1945 unter dem Gesichtswinkel eines auf sich allein gestellten Landarztes und später als Chefarzt an einem Krankenhaus, das nur dringende praktische Bedürfnisse zu bearbeiten erlaubte. Nicht nur meine Erfahrungen, sondern auch mein Blickfeld haben sich durch diesen Wandel bedeutend vergrößert, und mein Erkennungsvermögen für die Bedürfnisse der ärztlichen Praxis hat die Verfeinerung erfahren, welche wissenschaftliche Abhandlungen, die lebens- und zeitnahe sein wollen, benötigen.

Die Forderungen, die heute an die Kardiologie gestellt werden, haben in den letzten Jahrzehnten viele Änderungen erfahren. Heute stehen die Herz-Kreislauferkrankungen hinsichtlich der Erkrankungshäufigkeit, der Invalidität und Sterblichkeit an erster Stelle. Diese bedauerliche Tatsache erhält noch mehr Gewicht durch die Feststellung, daß die Herz-Kreislauferkrankungen auch weiterhin von Jahr zu Jahr ständig zunehmen.

Diese Erkenntnis verlangt von der ärztlichen Praxis nicht nur ein gut fundiertes Wissen auf dem Gebiete der behandelnden Medizin, sondern in hohem Maße auch Kenntnisse der von der prophylaktischen Medizin und der Gesundheitsvorsorge erarbeiteten Methoden. Die Kardiologie, die ich mir in Theorie und Praxis erarbeitet habe, versucht, in einer funktionellen Betrachtungsweise, den Weg von der Gesundheit über kleinere und größere hämodynamische Störungen bis zur Kreislaufkatastrophe zu erkennen und die einzelnen Stufen der Entwicklung objektiv nachzuweisen. Die gleiche funktionelle Betrachtungsweise dient als Grundlage für die Aufstellung eines Heilplanes oder einer Gesundheitsberatung, wobei von den vielen medikamentösen und physikalischen Möglichkeiten aus verzeihlichen Gründen vorzugsweise die Methoden, mit denen wir selbst gute Erfahrungen gemacht haben, genannt werden. Ein Werturteil für nicht genannte Methoden ist damit nicht gegeben.

Die in den meisten Lehrbüchern der Kardiologie geübte Systematik der Darstellung entspricht nur selten praktischen Bedürfnissen. Es ist für den Leser auch wünschenswert, daß er möglichst bald mit der Denkart des Autors vertraut wird. Wir beginnen daher mit der Schilderung einiger aktueller allgemeiner Probleme und gehen in unseren weiteren Ausführungen vor allem auf die Fragen der Therapie und der Prophylaxe ein, die der ärztlichen Praxis am häufigsten begegnen. Die theoretischen Ausführungen sind so kurz gehalten, daß sie zum Verständnis unserer therapeutischen Empfehlungen genügen. Die in den Spezialabhandlungen der Elektrokardiographie, Röntgenologie usw. aufgeworfenen Probleme können in einem Leitfaden, welcher der Therapie und Prophylaxe der Herz-Kreislauferkrankungen gewidmet ist, nicht erwartet werden. Das gleiche gilt für die feinere Beurteilung von angeborenen und erworbenen Herzfehlern, die der Chirurg vor operativen Eingriffen am Herzen benötigt. Für die Allgemeinpraxis genügt es zu wissen, welche Herzfehler für die operative Therapie Spezialinstituten überwiesen werden sollen.

Die vorliegende Abhandlung soll ein Lesebuch und ein Nachschlagewerk für die praktische Kardiologie sein, in dem bei kritischer Verwertung der einschlägigen Literatur vor allem unsere persönliche Auffassung und Erfahrung wiedergegeben wird.

Absichtlich wurden in den verschiedenen Kapiteln kleine Wiederholungen nicht durch Seiten-Hinweise ersetzt, um den Gedankengang unserer Ausführungen nicht störend zu unterbrechen.

Dieses Werk ist aus den Nachschriften meiner Vorlesungen über „Pathologische Physiologie und funktionelle Therapie der Inneren Medizin" entstanden, die 1945–1948 zu einem Rohmanuskript ausgearbeitet wurden. Eine Veröffentlichung konnte aus zeitbedingten Gründen damals nicht erfolgen. In der Zwischenzeit habe ich mich mit meinen Mitarbeitern bemüht, besonders nachdem uns auch die Weltliteratur wieder zugängig war, eigene Erfahrungen an den Erkenntnissen der kardiologischen Literatur zu überprüfen. Der Leitgedanke unserer Ausführungen ist nicht die Aufzählung der verschiedenen Herz-Kreislauferkrankungen, sondern der Mensch in seiner Reaktion auf Krankheiten, die sich mehr oder minder eindrucksvoll am Zirkulationsapparat manifestieren und dort Schäden hervorrufen, die ihrerseits wieder zu zirkulatorisch bedingten Funktionsstörungen an den verschiedensten Organen führen können. Um den Lesern unsere eigene Denkweise leichter verständlich zu machen, stellen wir das Verzeichnis unserer eigenen Arbeiten sowie die unserer Mitarbeiter seit 1948 an den Schluß des Gesamtwerkes.

Mein Dank gilt all meinen Mitarbeitern, die sich selbstlos um das Gelingen dieses Werkes bemüht haben. Besonders fühle ich mich dem Chefarzt unseres Zentralröntgeninstitutes, Herrn Dr. KALBITZER, sowie dem Direktor unseres Pathologischen Institutes, Herrn Prof. Dr. VELTEN, verpflichtet, die uns in uneigennütziger Weise ihr Material überließen. Beiden Autoren ist es ein bevorzugtes Anliegen, dem Verlag Dr. DIETRICH STEINKOPFF zu danken, der in großzügigem Entgegenkommen und in unermüdlichem Einsatz die Herausgabe dieses Werkes ermöglicht hat.

Ludwigshafen am Rhein, Dezember 1958   M. HOCHREIN

INHALT

Band 1: Theoretische Grundlagen einer funktionellen Therapie

In memoriam V
Vorwort zur 1. Auflage der „Herzkrankheiten", Band I VII
Vorwort zur Neubearbeitung VIII

Einführung 1

Kapitel I: Anatomie

A. Herz 12
    1. Endokard, Myokard, Perikard 12
    2. Gefäßversorgung des Herzens 14
    3. Innervation des Herzens 15
B. Peripherer Kreislauf 17
    1. Aorta und große Gefäße 17
    2. Kapillarsystem 17
    3. Venensystem 18
    4. Arterio-venöse Anastomosen 18
    5. Vasa vasorum und Gefäßnervensystem 19
C. Besondere Gefäßprovinzen 19
    1. Koronarsystem 19
    2. Lungenkreislauf 21
    3. Zerebraldurchblutung 23
    4. Magendurchblutung 24
    5. Nierendurchblutung 24
    6. Durchblutung des Augenhintergrundes 24
    7. Pfortadersystem 24

Kapitel II: Physiologie

A. Herz 26
    1. Herzgröße 26
    2. Bedeutung einzelner Herzabschnitte 28
    3. Herzrhythmik 30

Inhalt

4. Herzdynamik	30
5. Klappenschluß	33
6. Herztonus	36
7. Energiehaushalt des Herzens	37
8. Eigentümlichkeiten von Konstitution und Geschlecht	39
9. Funktionseinheit Herz-Kreislauf und vegetatives Nervensystem	40
10. Beeinflussung des Herzens durch extrakardiale Faktoren	44

B. Peripherer Kreislauf ... 45

1. Aorta und große Gefäße ... 45
2. Kapillarsystem ... 46
3. Venensystem ... 48
4. Blutspeicher ... 49

C. Physiologie besonderer Gefäßprovinzen ... 50

1. Koronarsystem ... 50
2. Lungenkreislauf ... 53
3. Gehirndurchblutung ... 55
4. Magendurchblutung ... 57
5. Nierendurchblutung ... 58
6. Durchblutung des Augenhintergrundes ... 58
7. Pfortadersystem ... 59

D. Zusammenarbeit von Herz und Gefäßsystem in Ruhe und unter besonderen Bedingungen ... 59

1. Herz-Kreislauf und körperliche Belastung ... 65
2. Training ... 69
3. Herz-Kreislaufsystem und Schwangerschaft ... 73
4. Herz-Kreislauf bei psychischer Belastung ... 81
5. Herz-Kreislaufreaktion auf klimatische Einflüsse und Höhenwirkung ... 86
6. Herz-Kreislaufbelastungen beim Fliegen ... 90
7. Herz-Kreislauffunktion und Lebensalter ... 97

    7.1. Besonderheiten des kindlichen Herz-Kreislaufapparates ... 97
    7.2. Herz-Kreislauf in der Pubertät ... 106
    7.3. Herz-Kreislauf und Klimakterium ... 110
    7.4. Alterung von Herz und Gefäßsystem ... 118

Kapitel III: Pathologische Physiologie

A. Herz ... 132

1. Änderung von Herzgröße und -form ... 132
2. Pathologische Physiologie einzelner Herzabschnitte ... 133
3. Herzrhythmusstörungen ... 135
4. Hämodynamik der Klappenfehler ... 136
5. Funktionelle Pathologie des Perikards ... 137
6. Pathologie des Kardiotonus ... 137
7. Herzstoffwechselstörungen ... 138

8. *Störung des Herzens durch extrakardiale Faktoren* 140
9. *Allgemeine Gesichtspunkte bei der Beurteilung des Herzversagens (Kompensation, Dekompensation, Rekompensation)* 140
10. *Spezielle Probleme der Herzschwäche* 147

    10.1. Herzinsuffizienz, Kreislaufinsuffizienz 147
    10.2. Linksherzinsuffizienz 148
    10.3. Rechtsherzinsuffizienz 149
    10.4. Herzinsuffizienz bei gleichmäßiger Schädigung beider Herzhälften 149

11. *Symptome der Herzinsuffizienz* 150

    11.1. Herzbeschwerden 150
    11.2. Zyanose 150
    11.3. Dyspnoe und andere kardial bedingte Atmungsanomalien . 152

        11.3.1. Hämoptoe 154
        11.3.2. Singultus 155

    11.4. Ödeme und Ergüsse 158
    11.5. Thromboseneigung 161
    11.6. Schlafstörungen bei Herzkranken und Kreislaufgefährdeten 163
    11.7. Kardial bedingte Bewußtlosigkeit 170
    11.8. Störungen des Allgemeinbefindens und in Mitleidenschaft gezogene Organfunktionen 173

12. *Erkrankungsbilder der Dekompensation* 175

    12.1. Stauungsbronchitis und Lungenödem 175
    12.2. Asthma cardiale 176
    12.3. Funktionelle Pathologie der hepatokardialen Korrelationen 176
    12.4. Leberstauung. (Cirrhose cardiaque) 178

13. *Die natürlichen Heilvorgänge bei der Herzinsuffizienz* 179
14. *Herztod* 181

B. Pathologische Physiologie des arteriellen Kreislaufes 183

    1. *Kreislauf und vegetative Dystonie* 184
    2. *Neurozirkulatorische Dystonie (Blutdruckanomalien)* 185
    3. *Kreislaufschock und Kollaps* 188

C. Funktionelle Pathologie des Kapillarsystems 193

D. Pathologische Physiologie des Venensystems 197

E. Pathologische Physiologie besonderer Gefäßprovinzen 198

    1. *Koronarsystem* 198
    2. *Durchblutungsstörungen der Lunge* 203
    3. *Durchblutungsstörungen des Gehirns* 206
    4. *Durchblutungsstörungen des Magens* 208
    5. *Durchblutungsstörungen der Niere* 209
    6. *Durchblutungsstörungen des Auges* 211
    7. *Durchblutungsstörungen des Pfortaderkreislaufes* 211

Kapitel IV: Untersuchung und Beurteilung der Herz-Kreislauffunktion

A. Herz 214

   1. Anamnese 214

   2. Objektiver Nachweis von Herz-Kreislaufstörungen 227

      2.1. Allgemeiner Befund 227

          2.1.1. Kardiale Besonderheiten des Allgemeinbefundes 238
          2.1.2. Physiognomie bei Herz-Kreislauferkrankungen 238
          2.1.3. Die Haut bei Herz-Kreislauferkrankungen 241
          2.1.4. Die Hand bei Herz-Kreislauferkrankungen 243
          2.1.5. Augensymptome bei Herz-Kreislauferkrankungen.... 247

      2.2. Weitere Hinweise zur Allgemeinuntersuchung 250

   3. Spezielle Untersuchungen des Herz-Kreislaufsystems 253

      3.1. Organdiagnostik des Herzens 253

          3.1.1. Inspektion und Palpation 253
          3.1.2. Perkussion 259
          3.1.3. Auskultation 262
               a) Galopprhythmus, Tonspaltungen und überzählige Töne 265
               b) Entstehungsmechanismus der Herzgeräusche 265
               c) Kennzeichen der Herzgeräusche 267
                 (Organische Geräusche 267 — Funktionelle bzw. relative Geräusche 268 — Perikardiale Geräusche 268 — Akzidentelle Geräusche 270)
               d) Klinische Bewertung der Herzgeräusche 272
          3.1.4. Elektrokardiographie 275
               a) Methodik und Erklärung 275
               b) Das normale Ekg 275
               c) Veränderlichkeit des normalen Ekg 277
               d) Das pathologische Ekg 277
                 (Reizbildungsstörungen 282 — Reizleitungsstörungen 286)
               e) Ekg-Spezialableitungen 288
               f) Klinische Bewertung des Ekg 292
          3.1.5. Röntgenuntersuchung 320
          3.1.6. Kymographie und andere Spezialmethoden 349
          3.1.7. Diagnostischer Pneumothorax und Thorakoskopie ... 366
          3.1.8. Herzschallregistrierung (Phonokardiographie) 366
          3.1.9. Ballistokardiographie und Rheokardiographie 370
          3.1.10. Mechanokardiographie 375
          3.1.11. Schlag- und Minutenvolumenbestimmung 377
          3.1.12. Funktionsdiagnostik des Herzens 379
               (Röntgenologische Funktionsdiagnostik 382 — Elektrokardiographische Funktionsprüfung 383)
          3.1.13. Aktivitätsdiagnostik 389
          3.1.14. Kardiale Frühdiagnose (Signa minima der Herzdiagnostik) 392

B. Untersuchung des peripheren Kreislaufes 397

   1. Aorta 397

      1.1. Inspektion, Palpation, Auskultation 397
      1.2. Röntgenuntersuchung 398
      1.3. Aortographie 399

2. Peripher-arterielles System 399

2.1. Inspektion 399
2.2. Palpation 400

2.2.1. Beschaffenheit der Arterienwand 400
2.2.2. Arterienpulsphänomene 400

    a) Pulsfrequenz 400
    b) Pulsgröße (Pulsus altus bzw. parvus) 401
    c) Pulshärte (Pulsus durus bzw. mollis) 402
    d) Pulsschnelligkeit (Pulsus celer bzw. tardus) 402
    e) Energie des Pulsus (Pulsus fortis bzw. debilis) 402
    f) Pulsrhythmes (Pulsus regularis bzw. irregularis) . . . 402

2.2.3. Gefäßauskultation 403
2.2.4. Phonoarteriographie 403
2.2.5. Arterien-Sphygmographie 404
2.2.6. Arteriendruck 405
2.2.7. Bedeutung seitendifferenten Blutdruckverhaltens für die Diagnostik von Herz- und Kreislauferkrankungen . . . 407
2.2.8. Pulswellengeschwindigkeit 414
2.2.9. Oszillographie 414
2.2.10. Blutumlaufgeschwindigkeit 415
2.2.11. Blutgeschwindigkeit (Tachographie) 416
2.2.12. Röntgenologische Gefäßdiagnostik 417
2.2.13. Lagerungsprobe 420

2.3. Untersuchung des Kapillarsystems 421

2.3.1. Kapillarmikroskopie 421
2.3.2. Kapillarpuls 421
2.3.3. Kapillardruck 422
2.3.4. Kapillartestmethoden und -funktionsprüfungen 422

2.4. Untersuchung des Venensystems 422

2.4.1. Inspektion, Palpation, Auskultation 422
2.4.2. Venensphygmogramm 424
2.4.3. Venendruck, normales Verhalten 425
2.4.4. Venendruck bei besonderen Erkrankungen 426

2.5. Kombinierte Kreislauffunktionsprüfungen 427

2.5.1. Regulationsprüfung nach SCHELLONG 428
2.5.2. Oxymetrie 433
2.5.3. Blutmengen- und Zirkulationsvolumenbestimmung . . 439
2.5.4. Funktionsprüfung des kardio-aortalen Systems (H-Index nach HOCHREIN) 442
2.5.5. Funktionsprüfung des kardio-pulmonalen Systems . . 443
2.5.6. Reflexprüfungen der Herz-Kreislauffunktion 448
2.5.7. Kalorimetrie (Dermothermometrie) 453

C. Untersuchung besonderer Gefäßprovinzen 455

1. Koronarsystem 455

1.1. Das „spezifizierte" Ekg 455

2. Untersuchungen des Lungenkreislaufes durch Prüfung der Atemfunktion 462

     2.1. SCHLEICHERscher Atemzähl-Test 462
     2.2. Vitalkapazität (Vk) 462
     2.3. Pneumotachographie (HOCHREIN) 463
     2.4. Atemstoßtest (TIFFENEAU) 465
  3. *Untersuchung des Gehirnkreislaufes* 466
  4. *Untersuchung der Magenwanddurchblutung* 468
  5. *Untersuchungen, deren Ergebnis durch die Nierendurchblutung modifiziert wird.* 470
  6. *Untersuchung des Augenhintergrundes* 472
  7. *Diagnostik des Pfortadersystems* 480

D. Humorale Diagnostik bei Herz-Kreislaufkrankheiten 481
  1. *Spezielle Untersuchungsmethoden* 489
     1.1. Gerinnungsstatus 489
     1.2. Serum-Labilitätsproben und Leber-Teste 490
     1.3. Chloroform-Seroreaktionen 492
     1.4. Bestimmung der Transaminase-Aktivität 492
     1.5. Lipidogramm 493
     1.6. Probatorische Strophanthininjektion 495
     1.7. Diagnostik des Vegetativums 495

E. Verfassungsbewertung 499

F. Vermeidung von Fehldiagnosen 502

Kapitel V: Allgemeine funktionelle Behandlung von Herz-Kreislauferkrankungen

A. Ursächliche Behandlung 515

B. Schonung 518

C. Unterstützung natürlicher Heilmaßnahmen 522

D. Behandlung funktioneller Störungen 526

E. Symptomatische Allgemeinbehandlung 528

F. Verhütung von Komplikationen 530

G. Vermeidung von Schädigungen 534

Kapitel VI: Spezielle Behandlungsvorschläge für Herz-Kreislauferkrankungen

A. Besondere Maßnahmen 542
  1. *Bettruhe* 542
  2. *Medikamentöse Therapie* 547
     2.1. Herzglykoside (Digitalis, Strophanthin, Digitaloide) 547
          2.1.1. Die kardiokinetische Wirkung der Digitalisdroge . . . 548
          2.1.2. Wirkung der Herzglykoside auf das vegetative Nervensystem 554

2.2	Kombinierte Behandlung	557
	2.2.1. Klinische-Dosierung	558
	2.2.2. Kombinierte Digitalis-Strophanthin-Behandlung (bzw. schnell konsekutive Medikation)	565
	2.2.3. Wirkungssteigerung der Herzglykoside	568
2.3.	Diuretica	571
2.4.	Chinin, Chinidin, Novocainamid (Procainamid) und Spartein	580
2.5.	Nitrite und Opiate	587
2.6.	Peripher angreifende Herztherapie	598
2.7.	Ganglienblockade bei Herz-Kreislauferkrankungen	604
2.8.	Schlaftherapie	608
	2.8.1. Therapie der Schlaflosigkeit bei Herzkranken und Kreislaufgefährdeten	612
2.9.	Pharmakologisch entwickelte Organextrakte	615
2.10.	Behandlung mit hämolysiertem Eigenblut	619
2.11.	Zuckerbehandlung bei Herz-Kreislauferkrankungen	620
2.12.	Hormone in der Herz-Kreislaufbehandlung	624
	2.12.1. Hypophyse und Nebennierenrinde	624
	2.12.2. Keimdrüsen	627
	2.12.3. Schilddrüse	628
	2.12.4. Nebenschilddrüse	628
	2.12.5. Bauchspeicheldrüse	629
2.13.	Vitamine in Prophylaxe und Therapie von Herz-Kreislauferkrankungen	630

3. *Blutegelbehandlung* 638

4. *Aderlaß* 641

5. *Antikoagulantien in der Herz-Kreislaufbehandlung* 644

   5.1. Heparin und Heparinoide 648
   5.2. Cumarin und Derivate 649
   5.3. Seltene Erden 650

6. *Antibiotica und Sulfonamide in der Herz-Kreislaufbehandlung* . . 657

7. *Antihistaminica* 660

8. *Die unspezifische Reizkörperanwendung in der Herz-Kreislauftherapie* 661

9. *Heil- und Schonkost* 665

   9.1. Allgemeine herz- und kreislaufwirksame Prinzipien in der Diätetik 665
   9.2. Spezielle Diätetik bei der Herzinsuffizienz 671
       9.2.1. Saftfasten 671
       9.2.2. Erweitertes Diätregime 671
   9.3. Hochdruckbehandlung mit Reisdiät 674
   9.4. Diät bei Atherosklerose 676
   9.5. Heilkost bei Fettleibigkeit 678
   9.6. Sonderdiättage 683

10. Physikalische Therapie 685
   10.1. Allgemeine Gesichtspunkte 685
   10.2. Heilbäder 686
   10.3. Kurbehandlung der Herz-Kreislauferkrankungen 691
   10.4. Spezielle physikalische Therapie 700
      10.4.1. Heilatmung 701
          a) Aerosol-Anwendung bei Herz-Kreislauferkrankungen 713
      10.4.2. Reflextherapie 718
      10.4.3. Massage 723
      10.4.4. Balneotherapie 726
      10.4.5. Heilsport. 732
      10.4.6. Körperpflege und Kosmetik 741
      10.4.7. Sauerstoffbehandlung bei Herz-Kreislauferkrankungen . 744
          a) Sauerstoffinhalationsbehandlung 744
          b) Intravasale Sauerstofftherapie 745
      10.4.8. Punktion von Pleura, Aszites und Perikard 749
          a) Pleurapunktion 749
          b) Bauchpunktion 750
          c) Herzbeutelpunktion 750

11. Chirurgische Behandlung von Herzerkrankungen 751
   11.1. Operationen bei Koronarinsuffizienz 758
   11.2. Schilddrüsenexstirpation bei Herzkranken 760
   11.3. Unterbindung der Vena cava bei schwerer Herzinsuffizienz 761

12. Psychotherapie bei Herz-Kreislauferkrankungen 762
13. Homöopathische Behandlung bei Herz-Kreislauferkrankungen . . . 779
14. Wissenschaftlich umstrittene Behandlungsverfahren (Außenseitermethoden) 782

B. Behandlung spezieller Erkrankungszustände des Herzens (Kurzgefaßte therapeutische Richtlinien) 785

   1. Behandlung der Herzfehler 785
      1.1. Behandlung bei kompensierten Herzfehlern 785
      1.2. Therapie der Dekompensation 787
         1.2.1. Grundbehandlung 787
         1.2.2. Behandlung bei Herzinsuffizienz entzündlicher Genese . . 793
         1.2.3. Therapie glykosidrefraktärer Herzinsuffizienz 794
         1.2.4. Behandlung bei Insuffizienz mit mechanischer Behinderung der Herzaktion 795
              a) Hypertrophie cardiaque idiopathique 796
              b) Benigne und leichte Fälle von Myokardie 796
         1.2.5. Herzinsuffizienz durch pathologische Stoffwechselvorgänge 797
         1.2.6. Therapie schwerster chronischer Rechtsinsuffizienz . . . 801
      1.3. Behandlung in der Rekompensation 812
      1.4. Medikamentöse Prophylaxe der Herzinsuffizienz 813

   2. Prophylaxe der kardiogenen Leberzirrhose 815

C. Behandlung von Kreislauferkrankungen 817
   1. Therapie der akuten Kreislaufschwäche 817
   2. Therapie der chronischen Kreislaufschwäche 824

3. *Iatrogene Schädigungen durch fehlindizierte oder unzweckmäßig durchgeführte Behandlungsmaßnahmen* 831

    3.1. Sauerstoffinhalation 831
    3.2. Fokalsanierung 831
    3.3. Infusionen 831
    3.4. Punktionen 831
    3.5. Aderlaß 832
    3.6. Überlange Bettruhe 832
    3.7. Iatrogene Zwischenfälle 833

D. Besonderheiten der Herz-Kreislaufbehandlung im Kindesalter 833

E. Besonderheiten der Herz-Kreislauftherapie bei älteren Menschen . . . 839

F. Therapia in extremis 850

Kapitel VII–XIV folgen in Band 2 (s. Inhaltsverzeichnis dort!)

Einführung

Die in den letzten Jahrzehnten in allen zivilisierten Ländern zu beobachtende Zunahme der Herz-Kreislauferkrankungen sowie die Akzeleration der Kreislaufkatastrophen löst folgende Fragen aus:
1. Welches sind die häufigsten Herz-Kreislauferkrankungen?
2. Welche Ursachen bedingen die stetige Zunahme der Herz-Kreislauferkrankungen?
3. Welche Eigenarten kennzeichnen das Krankengut des Kardiologen?

Noch vor 30–40 Jahren kannte man in den Lehrbüchern der Kardiologie nur die organischen Herzfehler an Klappen, Herzmuskel und Herzbeutel sowie die Verkalkung der Schlagadern und einige andere, seltenere Gefäßerkrankungen. Kreislaufkrankheiten ohne organischen Befund wurden kaum erwähnt, da sie für den wissenschaftlich erzogenen Arzt diagnostisch nicht faßbar waren und als Neurosen der Neurasthenie, Hypochondrie und Hysterie bedenklich nahe standen. Damals wurde nicht erkannt, daß auf diesem Gebiete sich der Übergang von der Gesundheit zum krankhaften Versagen abspielt. Heute wissen wir, daß hier der Beginn der funktionellen Kreislaufstörungen gesucht werden muß, die letzten Endes zu Herz-Kreislaufkatastrophen, wie Herzschlag, Gehirnschlag usw. führen.

Es ist sehr interessant, daß sich in der Zwischenzeit Art und Häufigkeit der Herz-Kreislauferkrankungen wesentlich geändert haben. Die organischen Erkrankungen des Zirkulationsapparates, soweit sie auf Entzündung, Vergiftung und Entartung beruhen, haben sich prozentual nur wenig vermehrt. Viele haben mit der besseren Behandlungsmöglichkeit und der Prophylaxe der Infektionskrankheiten eher abgenommen. Wenn heute die Herz-Kreislauferkrankungen an der Spitze aller Krankheiten stehen, dann ist hierfür die starke Zunahme der funktionellen Kreislaufstörungen mit ihren Folgeerscheinungen anzuschuldigen.

Die derzeitige Situation mag aus folgenden Zahlen ersehen werden: Wählen wir als subjektiven Indikator für eine Herzerkrankung Herzbeschwerden, wie Druck, Stechen, Krampf bzw. Schmerz, dann finden wir bei 1100 ambulanten Kranken nur in 20% der Fälle einen organischen Herzfehler und in 15% dieser Fälle Zeichen einer Herzschwäche. Bei allen anderen Krankheiten handelt es sich um funktionelle Kreislaufstörungen. Vergleichen wir nunmehr das gesamte klinische Material in einem Abstand von nicht ganz 20 Jahren, dann wurden bei Kranken, die wegen Herzbeschwerden zur stationären Behandlung eingewiesen wurden, festgestellt:

organische Herz-Gefäß-erkrankungen		funktionelle Kreislaufstörungen und deren Folgen
1938	6,0%	11,0%
1956	8,0%	21,5%

Diese Zahlen geben zum Nachdenken Anlaß und verlangen eine Stellungnahme zur Frage nach der Häufung und der rapiden Zunahme der funktionellen Zirkulationsstörungen.

Der Kranke, der mit funktionellen Herzbeschwerden den Arzt aufsucht, führt seine Erkrankung meist auf berufliche Überlastung zurück, denn er merkt sehr deutlich, daß seine berufliche Leistungsfähigkeit nachgelassen hat. Er kann ja nicht beurteilen, daß diese Leistungsschwäche ein führendes Symptom der funktionellen Kreislaufstörungen darstellt und weder mit der Art noch der Schwere des Berufes ursächlich verbunden ist.

Wenn heute von Philosophen und Psychologen von der „Pathologie unseres Zeitgeistes" gesprochen wird, dann möchten wir eindringlich davor warnen, hierfür unser Berufsleben anzuschuldigen.

Es wird leicht vergessen, daß auch schon frühere Generationen „Wirtschaftswunder" vollbracht haben. Es soll hier nur an die Gründerzeit gedacht sein, in der eine Zunahme der Herz-Kreislauferkrankungen nicht beobachtet worden ist. Im Gegenteil, die Unternehmer jener Zeit haben fast alle ein hohes Lebensalter erreicht.

Untersuchen wir die Belastungen, die zu Herz-Kreislauferkrankungen führen können, so wird man vor allem körperliche Überarbeitung, seelische Erregungen, Infektionen, Vergiftungen, Ernährungsschäden und Genußmittel in Erwägung ziehen müssen.

Lassen wir hier die Versicherungsmedizin sprechen, dann spielt die körperliche Überlastung als Ursache für Herzfehler praktisch keine Rolle. Von seelischen Anspannungen dagegen wissen wir, daß sie über das vegetative Nervensystem Kreislauferscheinungen machen können. Wer hat bei Schreck oder starker Freude nicht schon von Herzklopfen, Herzrasen, Kopfschmerz, Magendruck, Schlaflosigkeit, Übelkeit, Durchfall usw. gehört?

Während wir bei einer körperlichen Arbeit im Laufe der Zeit mit einer Anpassung durch Training rechnen können, fehlt bei gehäufter seelischer Belastung eine derartige Gewöhnung. Es kommt im Gegenteil zu einer gesteigerten Erregbarkeit des vegetativen Nervensystems und daher schon bei geringen seelischen Anlässen zu starken Kreislaufreaktionen.

Faktoren, wie Infektionen, Vergiftungen und Ernährungsschäden, sollten als Belastungsmoment nicht zu hoch eingeschätzt werden, denn die moderne Medizin kennt diese Gefahren und weiß, wie sie zu bekämpfen sind. Anders liegen die Verhältnisse bei der fokalen Infektion, d. h. den Eiterherden an Zähnen, Mandeln usw., die bei körperlicher Schonung ruhen, bei Kreislaufbelastungen aber ihre Gifte nach dem Herzen und den Schaltstellen des Kreislaufes streuen. Es ist überraschend, wie viele Menschen, trotz intensiver Aufklärung, ihrem vernachlässigten Gebiß, chronischen Entzündungen der Mandeln, der Unterleibsorgane usw. keine Beachtung schenken. Von der Technik, aber auch von der Ärzteschaft wird noch wenig beachtet, daß Gefahren durch Kohlenoxyd mit der steigenden Motorisierung ständig zunehmen. Die Klinik kennt das Vollbild der Kohlenoxydvergiftung an dem Beispiel der Leuchtgasvergiftung. Es gibt aber auch eine unterschwellige chronische Kohlenoxydvergiftung, die uns während des Krieges bei Fliegern und Kraftfahrern auffiel. Wir sprachen von „Abgeflogensein" bzw. „Abgefahrensein". Es handelt sich dabei um eine gesteigerte Erregbarkeit des vegetativen Nervensystems, die auf der einen Seite Störungen der Schilddrüsenfunktion, auf der anderen Seite der Kreislaufregulationszentren verursachen kann. Die chronische Kohlenoxydvergiftung, deren kreislaufschädigende Wirkung eindeutig festliegt, und deren Ausmaß in der Schicht der Berufstätigen wir nur ahnen können, wurde bisher nur wenig beachtet, da es nicht möglich war, allerkleinste Mengen von Kohlenoxyd in der Luft oder im Blut nachzuweisen.

Suchen wir nach weiteren Belastungsmomenten, die sich in letzter Zeit verstärkt haben, dann stehen wir vor sehr widersprechenden Angaben bezüglich der Kreislaufirritation durch radioaktive Einflüsse. Die Volksmeinung, welche die Klimaabsonderlichkeiten auf Atomexperimente zurückführt, will nicht verstummen und andererseits muß es auffallen, daß die Wetterfühligkeit in breiten Volksschichten in Form von Kreislaufbeschwerden in den letzten Jahren stetig zugenommen hat.

In diesem Rahmen kann man auch am Nikotinproblem nicht vorübergehen, da bekanntlich der Nikotinkonsum dauernd im Wachsen ist. Wenn wir auch den Standpunkt vertreten, daß man den guten Arzt erkennt nicht an dem, was er verbietet, sondern was er auf Grund seiner guten Kenntnis des Gesundheitsbefundes zu erlauben vermag, so sollten doch kreislauflabile Menschen daran denken, daß Nikotin wahrscheinlich nicht nach den Gesetzen der Toxikologie, sondern vorzugsweise der Allergie zu beurteilen ist. Schon geringste Nikotinmengen können auf diese Weise Blutdrucksteigerung sowie eine verminderte Sauerstoffaufnahme und dadurch einen Sauerstoffmangel lebenswichtiger Organe, eine Begünstigung der Arterienverkalkung und eine Abwehrschwäche gegen Infektionskrankheiten verursachen.

Bei der Behandlung von biologischen Problemen müssen wir uns davor hüten, nach einfachen Formeln zu suchen. Die meisten Kreislaufreaktionen sind das Ergebnis oft recht komplizierter, komplexer Funktionen. Wir dürfen uns daher bei der Suche nach der Ursache der starken Zunahme der Herz-Kreislauferkrankungen nicht mit einem Faktor begnügen. Wir müssen vielmehr Ausschau halten nach weiteren Belastungsmomenten, die in den letzten Jahrzehnten stärker in Erscheinung getreten sind.

Für viele Schädlichkeiten unseres Lebens wird das Lebensklima angeschuldigt, das unsere moderne Zivilisation geschaffen hat. Wenn eine derartige Formulierung überhaupt erlaubt ist, so möchten wir dieses charakterisieren durch die Hauptmerkmale unserer Erlebniswelt: Nüchtern-berechnender Intellekt, Kontaktschwäche zwischenmenschlicher Beziehung, brutaler Materialismus, kühle Sachlichkeit, Maßlosigkeit und Verlust eines inneren Standpunktes sowie innere Unzufriedenheit, verbunden mit einem Hang zur öffentlichen Zurschaustellung aller Lebensäußerungen.

Die moderne Architektur kennt nicht mehr den Urzweck menschlicher Behausung, die dem Nest des Tieres vergleichbar, Ruhe, Schutz, Abgeschlossenheit und Unsichtbarkeit vermittelt hatte. Aus falsch verstandenen hygienischen Gründen wird auf die Geborgenheit des Heimes und die produktive Einsamkeit in den modernen Glaspalästen verzichtet. Alle Intimitäten unseres Privatlebens und unseres Berufes werden auf die lärmende Straße gezerrt. Heim und Gemüt sind ebenso unmodern geworden, wie Heimat und Gemütlichkeit. Aus der nüchternen Versachlichung aller Lebenswerte hat sich eine Lebensatmosphäre entwickelt, die mit ihrer Hetze und hektischen Turbulenz dem Menschen schwerste leib-seelische Beanspruchungen auferlegt. Auge und Ohr, die in der Steuerung der vegetativen Regulation eine wichtige Rolle spielen, werden durch Lichtlärm und die vielseitigen Geräusche des modernen Lebens fast pausenlos belastet.

Denken wir weiterhin an die Unsicherheit und Rücksichtslosigkeit im modernen Straßenverkehr, dann wird verständlich, daß der „Pendler", der sich 2mal täglich in den überfüllten Ausfallstraßen der Großstädte mit Fahrrad, Moped, Motorrad oder Auto einen Fahrweg von oft bis zu 30 km erkämpfen muß, dann erst Ruhe und seelische Entspannung findet, wenn er unbeschädigt seinen Arbeitsplatz erreicht hat.

Der Geist unserer Zeit hat uns zu Sklaven des Götzen „Lebensstandard" gemacht. Aus dieser seelischen Belastung suchen moderne soziale Errungenschaften, wie die 5-Tage-Woche, einen Ausweg, auf den jedoch psychologisch die breite Schicht der Werktätigen in keiner Weise vorbereitet war. Es ist nun die Möglichkeit gegeben, durch „Schwarzarbeit" den Lebensstandard weiter zu steigern, oder, was noch schlimmer ist, aus dem Unverständnis für eine gesundheitsfördernde Freizeitgestaltung, das verlängerte Wochenende zum Gegenstand von Geschwindigkeits- und Rekordmanien zu machen.

Die neue Arbeitswoche wird nur zu häufig begonnen mit Übermüdung, reizbarer Schwäche und verminderter Leistungsfähigkeit, alles Irritationsmomente für die Steuerungsorgane des Kreislaufes. Der moderne Mensch braucht auch in seiner Freizeit die Hetze, braucht immer neue und stärkere Sinnesreize, um sich in seiner vegetativen Unruhe zu betäuben, denn er hat es verlernt, sich zu erholen und zu entspannen.

Ein weiterer Faktor, nicht nur des Berufslebens, sondern auch der Urlaubsgestaltung, der einen heute noch gar nicht ausreichend berücksichtigten Schädigungseffekt am vegetativen Nervensystem und am Kreislauf auszuüben vermag, ist die Überwindung größter Entfernungen in immer kürzeren Zeiträumen, ohne Anpassung an vielfach andersartige klimatische Bedingungen. Wir erleben es immer wieder, daß hier die Reserven unter Umständen zwar noch genügen, um eine relativ rasche Akklimatisation mit ausreichender Leistungsfähigkeit und anscheinend bestem Erholungseffekt zu ermöglichen. Der Zusammenbruch erfolgt dann meist völlig überraschend bei der Reklimatisation und ein Herz- oder Gehirnschlag nach der Rückkehr ist die in ihrem Zusammenhang meist ungeklärte vegetative Folge einer abrupten klimatischen Überbeanspruchung.

Es muß eindringlich darauf hingewiesen werden, daß nur aus der Ruhe und einem gesunden Schlaf heraus die Energie für neue Leistungen erwächst. Wer denkt heute noch daran, daß durch die Fortschritte der modernen Beleuchtungstechnik die Biorhythmen des Menschen stärkstens beeinflußt werden? Die Nacht wird zum Tage gemacht, die Augen werden überanstrengt, die Gleichschaltung zwischen kosmischen Vorgängen und den natürlichen Funktionen des menschlichen Lebens wird gestört.

Um die Kreislaufbelastung der weit verbreiteten Schlaflosigkeit kennenzulernen, haben wir die vegetativen Funktionen nach einer dosierten körperlichen Arbeit im ausgeruhten Zustande und nach zwei schlaflosen Nächten untersucht. Die Schlaflosigkeit macht die gleiche Last schwerer, steigert den Blutdruck und vermehrt die Stoffwechselschlacken.

Kreislaufbelastungen durch derartige Zivilisationsschäden sind im allgemeinen leicht verständlich. Einschneidender und in seinem Einfluß ständig wachsend ist ein Faktor, den wir als „zirkulatorisches Entlastungssyndrom" bezeichnet haben und der als mangelhaftes Training oder als Trainingseinbuße des Kreislaufes aufgefaßt werden muß.

Bei einer gesunden, biologischen Lebensführung stehen Leistungs- und Erholungsphase, zumeist im Rahmen des 24-Stundenrhythmus, in einer ausgleichenden Relation. Dieser biologische Ausgleich wird durch die moderne Lebensform jedoch vielfach durchbrochen. Auf der einen Seite kommt es zur übermäßigen Belastung und Leistungsüberforderung infolge der ständigen Reizüberflutung, des chronischen Schlafentzuges, der soziologischen Forderung des steigenden Lebensstandards usw. Wesentlich für die Auswirkung dieser Zeiterscheinungen sind die individuelle Verarbeitungsmöglichkeit und der empfundene Bedeutungsinhalt. Auf der anderen Seite ist das Fehlen einer vernünftigen körperlichen Bewegung paradoxerweise geradezu typisch für eine Zeit mit früher für unmöglich gehaltenen sportlichen Leistungen.

Der junge Mensch treibt zumeist noch etwas Sport, aber schon im 3. Lebensjahrzehnt wird das Interesse am Sport passiver Natur und erschöpft sich in der Reizsuche der fanatischen Zuschauerbegeisterung und der Lektüre der Sportzeitung. Bei der Berufsarbeit wird die Muskelarbeit infolge von Technisierung und Automation zunehmend durch die Maschine ersetzt. Ganz abgesehen von den psychischen Folgeerscheinungen der Abstraktheit der automatischen Arbeitswelt und menschlichen Vereinsamung, führt diese zu einer nicht unerheblichen physischen Entlastung.

Das harmonische Gleichgewicht zwischen körperlicher Belastung und Entlastung ist vielfach gestört und kann nur wieder hergestellt werden, wenn die Freizeit nicht oder doch wenigstens nicht ausschließlich mit nervenbelastenden Extravaganzen, sondern neben tätiger Entspannung durch Liebhaberbeschäftigungen und ausreichenden Schlaf auch mit sportlicher Betätigung ausgefüllt wird. Sportliches Training führt zu einer Leistungszunahme des Herzens und zu einer optimalen vegetativen Kreislaufregulation. Im Gegensatz hierzu führt der Bewegungsmangel, insbesondere bei gleichzeitiger zivilisatorischer Belastung, zu einer Leistungsschwäche des Herz-Kreislaufsystems.

Diese untrainierten leistungsschwachen Menschen klagen häufig über zahlreiche vegetativ-zirkulatorisch bedingte Beschwerden, insbesondere auch über funktionelle stenokardische Erscheinungen. Wenn in diesem Zusammenhang im Ekg eine Störung beobachtet wird, dann ist der Rat einer zusätzlichen körperlichen Schonung naheliegend. Es kann gar nicht nachdrücklich genug darauf hingewiesen werden, daß ein elektrokardiographischer Befund oder auch der Nachweis eines Vitiums für sich allein niemals den Schluß erlauben, daß körperliche Schonung erforderlich sei. Es darf nicht vergessen werden, daß mit der Diagnose „Herzleiden" und der körperlichen Ruhigstellung oft das traurige Dasein eines seelischen und organischen „Herzkrüppels" beginnt. Überlange Bettlägerigkeit bei Kindern, Isolierung vom Spiel mit Gleichaltrigen, Dispens vom Schulturnen, Einschränkung der Persönlichkeitsentfaltung und übergroße familiäre Fürsorge erzeugen kränkliche egozentrische Individuen mit ausgesprochener Kontaktschwäche und Lebensuntüchtigkeit. Nicht selten kann man selbst bei gut ausgeheilten Klappenerkrankungen mit ausreichender Herzleistung infolge ungenügenden Trainings eine Kreislaufdysregulation mit dauerndem Krankheitsgefühl, Hypochondrie und Minderwertigkeitsempfindungen beobachten (HOCHREIN und SCHLEICHER).

Ein typisches „Entlastungssyndrom" kann bei Sportlern nach plötzlichem Trainingsabbruch auftreten. Es empfiehlt sich deshalb, einen etwa notwendig werdenden Trainingsabschluß langsam und vorsichtig zu gestalten. Dann stellt sich innerhalb von etwa einem Jahr ein Zustand ein, der weitgehend dem ohne körperliche und sportliche Betätigung gleicht. Die Trainingsregulation, z. B. die Trainingsvagotonie, die Herzvergrößerung usw. bilden sich allmählich zurück.

Kreislaufstörungen, verursacht durch körperliche Inaktivität, finden wir bei allen älteren Menschen als Nachkrankheit, wenn irgend ein Leiden eine längere Bettruhe verlangt hat. Die mangelhafte Kenntnis dieses Entwicklungsganges verzögert oder verhindert bei vielen Menschen die Wiederaufnahme der beruflichen Tätigkeit. Die meisten Fälle von zirkulatorischen Entlastungsschäden werden aber bei den Menschen angetroffen, die verlernt haben, Arme und Beine ausgiebig zu gebrauchen.

Charakteristisch für den modernen Menschen ist der allgemeine Trainingsverlust und die körperliche Ungeübtheit, die sich bei allen chronischen Auto- und Fahrstuhlfahrern bzw. Schreibtischmenschen allmählich entwickelt. Dieser Faktor ist als eine der wichtigsten Ursachen für die steile Zunahme der Herz-Kreislaufstörungen anzusehen. MALTEN hat in diesem Zusammenhang recht zutreffend von „Verhockten" gesprochen.

Zu GOETHES Zeiten hat man noch am Schreibpult gestanden. Heute zwingen die Sessel am Schreibtisch und im Auto zu körperlicher Verkrümmung und zu einer Kompression von Herz, Lungen und Leib. Neben Kreislaufstörungen mit Blutstauungen entwickeln sich verschiedene Erkrankungen der Wirbelsäule, die ihren Ausdruck finden in der starken Zunahme der sogenannten Bandscheibenschäden. Vor allem von der oberen Halswirbelsäule aus erzeugen Druckerscheinungen der Wirbel auf feinste dazwischen liegende Nervenfasern Kreislaufstörungen des Gehirns und im Bereich der oberen Körperhälfte.

Die körperliche Inaktivität wird nicht nur bei sogenannten Managern oder Büroangestellten, sondern in zunehmendem Maße auch bei der Arbeiterschaft gefunden. Die Vollautomatisierung technischer Vorgänge macht den Arbeiter zum Spezialisten für eine bestimmte Maschine, deren Leistung er am Schaltbrett sitzend oder stehend kontrolliert. Ähnlich wird es sich mit der schweren landwirtschaftlichen Arbeit entwickeln, die durch den Gebrauch von Traktoren, Mähdreschern usw. nur noch geringen körperlichen Einsatz verlangt. Der moderne Mensch hat infolge ungenügender körperlicher Ausarbeitung auch verlernt, zu gehen, sich gewandt zu bewegen und richtig zu atmen.

Häufig führt erst die Entlastung, nach einer schweren kombinierten physischen und psychischen Belastung, zum gesundheitlichen Zusammenbruch.

Hierfür hat der Krieg zahlreiche Beispiele gegeben, bei denen erst mit Überwindung der Schwierigkeiten und des angestrebten, oft lebensnotwendigen Zieles die Funktionsstörung eintrat. Größte körperliche und seelische Belastungen wurden ohne weiteres ertragen, dagegen führte die Entspannung nach plötzlichem Aufhören der Spannung zum Versagen.

Es sei nur auf die Heimkehrersituation der Kriegsgefangenen hingewiesen, bei denen das leib-seelische Durchstehenmüssen zum einzigen Lebensinhalt geworden war. Es ist natürlich im Einzelfall schwierig zu unterscheiden, was als be- und entlastend bezeichnet werden darf. Jedes Aufhören einer Belastung kann in der „Entlastungsphase" so zahlreiche Belastungsmomente weniger eindrucksvoller Art schaffen, daß eine tatsächliche Belastungssituation zustande kommt. Wenn auch die Differenzierung im Einzelfall schwierig sein mag, so kann doch an der Tatsache der pathogenen Bedeutung einer „Entlastungssituation" nicht gezweifelt werden (SCHULTE, PFLANZ und v. UEXKÜLL, HOCHREIN und SCHLEICHER).

Es ist eine allseits bekannte Tatsache, daß Menschen, die bei Erreichen der Altersgrenze mit ihrer Berufsarbeit aufhören müssen und die sich bisher gesund und seelisch ausgeglichen fühlten, mit der Pensionierung zu kränkeln anfangen und dann nach kürzerer oder längerer Zeit an einem Kreislaufleiden sterben. Dieser schnelle Entlastungsabbau des Unbeschäftigten ist als sogenannte „Pensionärskrankheit" bekannt.

Der Lebensdrang steht an der Wurzel jedes psychophysischen Seins. Dieser stellt zunächst einen Zustand potentieller Energieladung dar. Eine solche Ladung wirkt in jedem Lebewesen und drängt auf Entladung, auf Expansion, auf Bewegung und Betätigung. Wir erfassen mit dieser „Lebensspannung" dem „Biotonus", das, was wir beim Menschen Temperament nennen (LERSCH und ELAN, KLAGES). Das Vorhandensein von Spannungen, ein gewisser Umweltdruck, das „Libidogefälle"

(C. G. JUNG) ist für die normale Entfaltung auf körperlich-seelischem Gebiet notwendig. Wenn der Lebensdrang, die Lebensspannung auf ein bestimmtes Ziel gerichtet sind, kommt es zum zielgerichteten Trieb. Es sei nur an den Selbstentfaltungstrieb, den Machttrieb, den Geltungstrieb, Selbstdurchsetzungstrieb, Gemeinsamkeitstrieb usw. erinnert. Durch die Berufsarbeit und die Einordnung in die Gemeinschaft ist zumeist das „Lebensziel" und die „Lebensspannung" wesentlich bestimmt. Mit der plötzlichen Berufsaufgabe kommt es dann zu einer völligen Änderung des Lebensgefüges, das sich auf den ganzen Menschen auswirkt und auch die Organfunktionen ungünstig beeinflußt. Pathogen scheint in diesen Fällen die Spannungslosigkeit, die als eine Situation der Ziellosigkeit aufgefaßt werden muß, zu sein (PFLANZ und v. UEXKÜLL). Es kommt zu einem Gefühl des Überflüssigseins, um so mehr, als ein Eingeordnetsein in eine Leistungsgemeinschaft nicht mehr besteht. Viele Menschen brauchen eine gewisse Belastung und Spannung, um gesund zu sein. Hier ist es nun ein wesentlicher Unterschied, ob die Fähigkeit zur schöpferischen selbständigen Spannungsaufladung besteht, oder ob diese die Funktion eines von außen kommenden Impulses darstellt. Im letzteren Falle kann die Entlastungssituation nicht ausgefüllt werden und Langeweile, Leere, Gefühl der Sinnlosigkeit und biologische Antriebsverarmung führen zum Entlastungssyndrom. Diese Situation steigert sich noch bei den Menschen, die ihr ganzes Leben dem Streben auf einem begrenzten, spezialisierten Gebiet dienstbar gemacht haben. ORTEGA Y GASSET spricht in diesem Zusammenhang von der „Barbarei des Spezialistentums". Diese Menschen besitzen mit Abbruch der Belastung nicht mehr die Reserven für eine Umstellung und verfallen einer raschen körperlich-seelischen Alterung.

Aber nicht nur bei der Pensionierung, sondern schon an Feiertagen und im Urlaub wirkt sich die „Entlastungssituation" bei dem oben skizzierten Personenkreis aus. Es ist bekannt, daß diese Menschen an Sonntagen und im Urlaub über vegetativ-zirkulatorisch bedingte Beschwerden wie Kopfschmerzen, Herzsensationen usw. zu klagen haben. Die Spannungslosigkeit und Leere, welche für die Entlastungssituation kennzeichnend sind, wirken sich vorwiegend störend auf das vegetative Nervensystem aus. Das vegetative Nervensystem und der Kreislauf wiederum sind so eng miteinander verbunden, daß das „Entlastungssyndrom" sich in der überwiegenden Mehrzahl in allgemeinen funktionellen Kreislaufstörungen oder in zirkulatorisch bedingten Organbeschwerden äußert.

Wenden wir uns nach dieser Analyse der krankmachenden Zeitfaktoren den Besonderheiten der aus diesen Wurzeln resultierenden Therapie zu, dann wird man bei der allgemeinen Beurteilung der von einem Kardiologen geforderten Arbeit, neben der Art des Krankengutes auch den therapeutischen Erfolg, der einmal durch eine bewußte oder unbewußte Psychotherapie und dann durch eine gezielte Organbeeinflussung gegeben ist, in entsprechende Beziehungen setzen müssen. Wir gehen dabei von der Erfahrung aus, daß nach einer weitverbreiteten Schätzung der Anteil der vegetativ dysregulierten Patienten in der Sprechstunde des praktischen Arztes um 50% beträgt. Ein großer Teil dieser Patienten klagt über Beschwerden, die auf das Herz bezogen werden, ohne daß ein entsprechender Organbefund nachweisbar ist.

Die abnormen Reaktionen auf Umwelterlebnisse waren noch um die Zeit des ersten Weltkrieges vorwiegend psychopathologische Phänomene, sie gehörten in das Arbeitsgebiet des Psychiaters. In den letzten Jahren ist mehr und mehr eine Verlagerung der Symptomatik in den körperlichen Bereich eingetreten. Damit beginnt die Erscheinungswelt der „Neurosen" und „abnormen Erlebnisreaktionen" auch immer mehr für den Internisten und praktischen Arzt wichtig zu werden (GLATZEL). Das Interesse an der Psychotherapie, besonders an psychotherapeutischen Kurzverfahren, nimmt in Anbetracht dieser Situation ständig zu. Vielleicht liegt es an der fast ausschließlich naturwissenschaftlichen Ausbildung des Arztes, daß häufig versucht wird, nun durch Lektüre, Kurse usw. sich auch auf diesem Gebiete Kenntnisse zu verschaffen.

Der Arzt steht, wie KRETSCHMER einmal gesagt hat, an einem Platz, auf dem alle Welt von ihm Psychotherapie erwartet und empfängt, ganz gleich, ob er dies will und bewußt tut, oder nicht.

JORES hat diesen ungewollten immer vorhandenen psychotherapeutischen – er nennt ihn „magisch-mythischen" Anteil an der therapeutischen Wirksamkeit des Arztes untersucht. Um nur eine Tatsache herauszuheben, so weisen nach ihm amerikanische Arbeiten darauf hin, daß in Amerika rund 40% aller Menschen auf Placebo-Medikation ansprechen, wenn sie unter der Suggestion erfolgt, es handle sich um ein hochwirksames Medikament.

Es ist kaum anzunehmen, daß die Verhältnisse in Deutschland wesentlich anders sind. Bei jeder klinischen Visite berichten doch die Patienten über die merkwürdigsten Sensationen, die sie auf die jeweils durchgeführte Medikation mit Vorliebe aber auf „die Spritze" beziehen. Sie ist das therapeutische Agens, das den Patienten befremdet und ihn beeindruckt. Auf den Inhalt kommt es dabei nicht immer an. Jeder, der eine zeitlang konsequent mit Placebos gearbeitet hat, weiß, daß völlig konträre Wirkungen am gleichen Patienten auftreten, die nur davon abhängen, unter welcher bewußten oder unbewußten Suggestion der Patient das Mittel erhält.

Es ist sehr notwendig, sich dies oft vor Augen zu halten. – Bei weitaus der Mehrzahl aller ratsuchenden Patienten ist es weit wichtiger, was der Arzt sagt und wie er es sagt, d. h., wie er die magisch-mythischen Erwartungen des Patienten anspricht, als welche Arzneimittel er verschreibt.

Die Möglichkeiten, hier zu nützen oder iatrogen zu schaden, sind sehr groß. Schaden kann der Arzt, indem er entweder iatrogen eine „Herzneurose" setzt oder indem er eine „Herzneurose" anderen Ursprungs verkennt, sie iatrogen fixiert und chronifizieren läßt. Der erste Fall ist nicht ganz selten, der zweite ungemein häufig.

Nach IDRIS zeigen 60% der Kranken, die in Amerika einen Herzspezialisten aufsuchen, Herzbeschwerden, die durch unpsychologisches Verhalten vorher behandelnder Ärzte ausgelöst wurden. In der Regel sind es mißverstandene Worte des Arztes, welche zur Angst führen, die ihrerseits Symptome zeitigt. Diese Symptome sind dann Ursache von erneuter verstärkter Angst. Es liegt daher das wichtigste Therapeutikum des iatrogenen Herzschadens in der Autorität des Arztes, der den Eindruck überlegenen Wissens sowie ausschließlichen Helfenwollens macht. Nur so ist die Zurücknahme schädlicher iatrogener Einflüsse überhaupt möglich. Kleine Psychotherapie im Sinne der Aussprache, nicht aber große im Sinne der Tiefenanalyse, ist erforderlich.

Besonders häufig kommt wohl als iatrogener Fehler die Überschätzung des organischen Befundes bei mangelnder Berücksichtigung der psychischen Gesamtsituation und der sozialen Lage vor (WENDT). Der Arzt ist froh, wenn er einige Mikrobefunde erheben, welche er dem Patienten als organische Fehler mitteilen kann, die noch nicht einmal pathognomonisch zu sein brauchen. Gerade der funktionell stark überlagerte Patient ist an einer organischen Diagnose sehr interessiert, da er durch diese für sein Versagen in einer bestimmten Lebenssituation entschuldigt wird. Der vielfach gar nicht mögliche Nachweis eines organischen Befundes wird dem Arzt oft als Unwissenheit und Unerfahrenheit ausgelegt, ebenso jedes, manchmal aus sachlichen Gründen sehr notwendige Zögern in der Bekanntgabe der Diagnose. Der Patient will nicht nur eine organische Diagnose haben, er will sie auch sofort hören.

Versuche des Arztes, an das Verantwortungsbewußtsein des Patienten zu appellieren, ihm seine organische Erkrankung in Abrede zu stellen, ziehen oft zunächst nur eine Vertrauenskrise nach sich, die zum Wechsel des Arztes führt. Hier liegt wohl ein sehr wesentliches Moment für die Möglichkeit einer iatrogenen Schädigung überhaupt. Die Angst ist heute eine Zeiterscheinung. Es ist für sie charakteristisch, daß die neurotische Angst zunächst noch ungebunden, „frei flottierend", wie Freud gesagt hat, ist. Sie ist aber bereit, sich zu kristallisieren, d. h. an ein Objekt zu binden. Ein ungeschicktes Wort des Arztes, beiläufig hingeworfen, wie z. B. die Erwähnung eines akzidentellen Geräusches, die Feststellung einer Querlagerung oder eines asthenischen Tropfenherzens genügt für den Angstneurotiker vollkommen als Fixierungspunkt. Kretschmer sagt: „Unvorsichtige Aussprüche erzeugen Krankheiten". Die Kristallisation der latenten Angst um das betreffende Organ ist fast sicher. Bei der Diagnosestellung sollte man im Gespräch mit den Kranken daher sehr vorsichtig sein mit Ausdrücken, wie „Myokardschaden, Herzklappenfehler", überhaupt jegliche Diagnose, die die Silbe „Herz" enthält oder ein bestimmtes Organ nennt, vermeiden. Vor allem ist auch bei der Ausdeutung des Elektrokardiogramms Vorsicht am Platze. Wir machen immer wieder darauf aufmerksam, daß die häufigsten Fehldiagnosen in der Begutachtung durch fehlerhafte Auswertung des Elektrokardiogramms entstehen. Besonders das Krankheitsbild des „Entlastungssyndroms" bei Abbruch intensiver sportlicher Betätigung muß hier erwähnt werden. Gefährlich ist auch die Formulierung, es handele sich nur um eine „Herzneurose", oder – was von den Patienten ungefähr ebenso wie erstere Diagnose verstanden wird – es seien lediglich die Nerven. Zufolge der heute so weit verbreiteten Verantwortungsscheu, die es erleichtert, ein Versagen in einer bestimmten „Versuchungs- und Versagenssituation" (Schultz-Hencke) nicht als solches, sondern als organisches schicksalbedingtes Leiden erleben zu können, das alles entschuldigt, hört der Patient hier in der Regel nur heraus, daß er „schwache Nerven" hat, nicht aber, daß er selbst irgendwie schwach ist.

Bei der Organwahl der Angst wird das Herz bevorzugt betroffen. Es gehört nun einmal zu den Organen, die im besonderen Grade Träger des Lebens, der Lebensfähigkeit und der Lebenskraft sind. So läßt der Genuß des Herzens des gefallenen Feindes bei einigen primitiven Völkern die Kraft des Besiegten auf den Sieger übergehen.

Nach I. H. Schultz besteht zwischen Angst und Herz ein Verhältnis der Gegenseitigkeit. Funktionelle Herzstörungen führen zu schwerer Angst, psychogene Belastungen zu Herzsensationen. Eine besondere Quelle iatrogener Herzstörungen ist auch die Arzneimittelverordnung. Man sei sich darüber im Klaren, daß Digitalis nicht nur den Nutzeffekt des Herzens verbessert usw., sondern auch im Patienten das Erlebnis setzt, herzkrank zu „sein". Die probatorische Strophanthininjektion, die Verordnung des Wenckebachschen Pulvers usw. müssen hier mit ihrem fragwürdigen psychischen Effekt erwähnt werden. Die größere Gruppe iatrogener Herzschädigungen umfaßt Patienten, die von vornherein über Beschwerden am Herzen klagen, ohne daß ein entsprechender Organbefund vorliegt, die also gleich als „Herzneurotiker" (sit venia verbo) in die Sprechstunde kommen, aber als solche nicht erkannt und nicht entsprechend behandelt werden. Hier muß ein Problem angeschnitten werden, welches von Freud bereits klar erkannt, heute aber oft nicht mehr gesehen wird: Wenn man nämlich sagen kann, der Neurotiker flieht vor einem Konflikt in die Krankheit, so muß man zugeben, in manchen Fällen ist die Flucht voll berechtigt und der Arzt, der diesen Sachverhalt erkennt, hat ihn schweigend zu respektieren.

Es gibt sicher Fälle, in denen man anerkennen muß, daß die neurotische Lösung des Lebensproblems die beste erreichbare ist. Hier ist es ärztlicher, zur Fixierung und Chronifizierung der Neurose eher beizutragen, als die gefundene neurotische Lösung in Frage zu stellen und doch nichts Besseres bieten zu können. Sieht man von solchen Ausnahmen ab, so gilt die Forderung von SCHULTZ-HENCKE im Prinzip, daß jede neurotische Störung, wenn sie nicht im Rahmen der kleinen Psychotherapie ausheilt, in Jahresfrist dem Fachtherapeuten zugeführt werden soll. Hier kann nicht untersucht werden, warum so häufig weder ein Versuch mit der sogenannten „kleinen" Psychotherapie gemacht, noch ein Spezialist zugezogen wird. Hauptgründe sind Mangel an Zeit bei den Kassenärzten und wohl auch Mangel an Spezialisten. Sicher ist jedoch, daß zur iatrogenen Chronifizierung auch der Herzneurosen durch diese Unterlassung viel beigetragen wird (WIMMER).

Die Schwierigkeiten der Psychotherapie werden dabei vielfach überschätzt. In den meisten Fällen genügt es, dem Ratsuchenden das Gefühl zu vermitteln, daß man für ihn unbeschränkt Zeit hat und im Augenblick nur auf ihn, seine Sorgen, seine Beschwerden und Mißbefindlichkeiten eingestellt ist. Man kann dies direkt aussprechen oder aber durch die Bitte an das Sprechstundenpersonal, nicht gestört werden zu wollen, mehr unterschwellig dem Patienten zur Beruhigung aber auch Genugtuung dienen lassen. Die vielfach geübte Praxis, dem Sprechzimmer durch intimere, persönlichere Raumgestaltung die ernüchternde, anonyme weißlackierte Atmosphäre des Untersuchungszimmers zu nehmen, hat sicherlich gerade für derartige Beratungen mancherlei Vorteil. Sehr oft genügt darüber hinaus ein einfaches Explorieren der sozialen Situation, der Berufs-, Ehe- und Familienverhältnisse. Vielfach werden auch ganz zu Unrecht funktionelle Herzstörungen nicht entsprechend ernst genommen. Das neurotische Elend, das aus ihnen erwachsen kann, wird häufig nur ungenügend gewürdigt. Dabei ist der subjektive Leidenszustand oft quälender als bei den organischen Erkrankungen.

Schließlich muß noch auf das Verhältnis des organischen Leidens zu seinem psychogenen Überbau hingewiesen werden. Bekanntlich kommen bei einem Patienten beide zusammen sehr häufig vor. Besonders entwickelt sich auch iatrogen eine reichhaltige Symptomatik psychogener Art, wenn der organische Grundprozeß vom Arzt nicht gewürdigt oder verkannt wird und die Beschwerden des Patienten nicht gelindert werden. Hier wird dann der organische Fehler gern übersehen und wiederum iatrogen geschadet.

Der Verlauf einer fehldiagnostizierten Herzneurose hängt von den Maßnahmen ab, die der Arzt trifft. Bei der herrschenden Zeitnot ist zweifellos die Diagnose: „vegetative Allgemeinbeschwerden" und die daraus resultierende, vor allem physikalische Therapie für den Patienten am günstigsten. Sie bewirkt die Abwendung der Aufmerksamkeit vom Herzen und oft eine Besserung der neurotischen „Angstäquivalente".

Bei aller anfangs betonten Notwendigkeit der Zusammenschau der psychophysischen und sozialen Gesamtsituation des Patienten ist es oft erforderlich, beide Entwicklungsreihen für die ärztliche Überlegung zu trennen und jede für sich zu durchdenken. Eine Symptomatik voreilig für „psychogen" oder „neurotisch" zu halten und den organischen Grundprozeß zu übersehen, bedeutet ja eine mindest ebenso erhebliche iatrogene Schädigung wie der umgekehrte Fall (WIMMER).

Diese Skizzierung des Milieus aus dem die Kranken mit Herz- und Kreislaufstörungen kommen, war notwendig, um manche Richtungsänderung moderner Betrachtungsweise hinsichtlich Prophylaxe, Therapie und Rehabilitation verständlich zu machen.

Im weiteren wollen wir nun unsere Ausführungen auf allgemein bekannte anatomische und physiologische Kenntnisse, die unter dem Blickwinkel der funktionellen Therapie in aller Kürze dargestellt werden, aufbauen. Wir gehen dabei von der Erfahrung aus, daß eine ursächliche Therapie bzw. die Unterbrechung einer pathogenetischen Kette nur aus der genauen Kenntnis der pathologischen Physiologie des Kreislaufes möglich ist.

KAPITEL I

Anatomie

A. Herz

1. Endokard, Myokard, Perikard

Das Herz ist ein konisch geformter Hohlmuskel, der in der vorderen Brusthöhle zu $^2/_3$ auf der linken, zu $^1/_3$ auf der rechten Körperseite gelegen ist. Es ist an den großen Gefäßen derart aufgehängt, daß die Basis nach rechts hinten oben und die Spitze nach links unten vorn zu liegen kommt. Mit seiner unteren Fläche liegt das Herz dem Zwerchfell auf, dessen höherer oder tieferer Stand Form und Achsenlage des Herzens beeinflußt. Der rechte Vorhof bildet die rechte Herzgrenze und nimmt zusammen mit der rechten Kammer den Hauptteil der Vorderfläche des Herzens ein. Der untere Rand gehört mit Ausnahme eines kleinen Streifens der rechten Kammer an. Dieser Streifen, sowie die Herzspitze werden von der linken Kammer, die im übrigen nach hinten und unten liegt, gebildet. Die hintere Fläche des Herzens entspricht vorwiegend dem linken Vorhof, welcher der absteigenden Aorta und der Speiseröhre unmittelbar anliegt (s. Abb. 1).

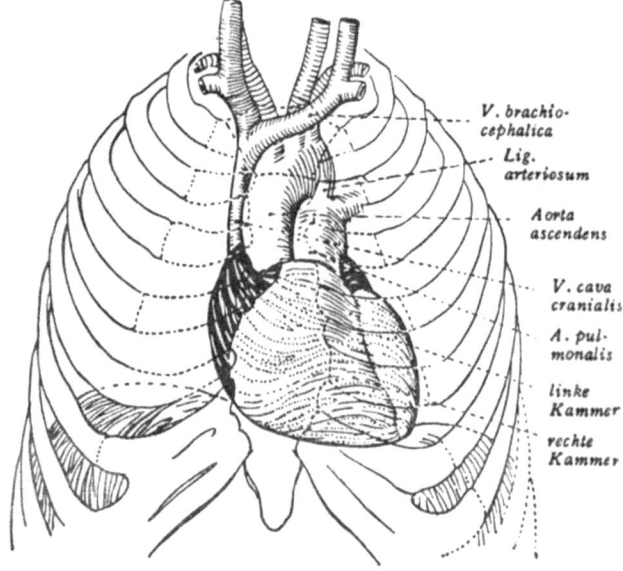

Abb. 1. Lage des Herzens im Brustkorb (nach BENNINGHOFF).

Das Endokard kleidet den Herzinnenraum als ein glattes, glänzendes Gewebe aus. Je nach seiner funktionellen Belastung variiert es im Aufbau sehr erheblich. Gewöhnlich zeigt es einen dreischichtigen Bau, bestehend aus: Endothel, Stratum proprium und subendokardialem Gewebe, so daß das Endokard vielfach als Homologon der Gefäßwände angesehen wird. Das Endokard der Vorhöfe ist im allgemeinen sehr viel dicker als das der Kammern. Es enthält kollagene und elastische Fasern und in den Vorhöfen zahlreiche glatte Muskelzellen, die vor allem um die Venenmündungen angeordnet sind.

Das Myokard zeigt histologisch eine Struktur, die gewisse Ähnlichkeit mit der glatten, aber auch der quergestreiften Muskulatur besitzt. Es besteht aus einem Syncytium, charakterisiert durch Zellen mit mittelständigen Kernen, ohne Sarkolemma, mit den typischen Glanzstreifen und einem großen Reichtum an Sarkoplasma und Sarkosomen, die aus Glykogen, Lipofuscin, Fetttröpfchen usw. bestehen. Es handelt sich um ein nahezu vollkommen geschlossenes Netzwerk, in dem freie Muskelfaserenden nur an wenigen Stellen (Klappenansätze, arterielle

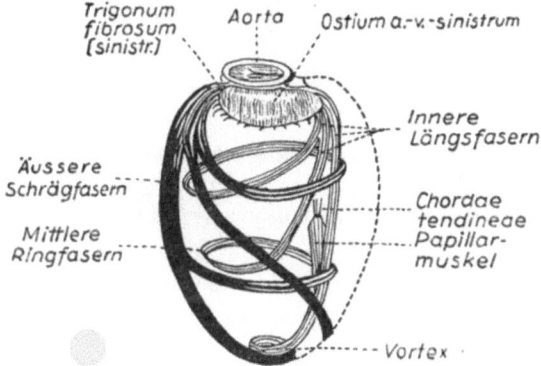

Abb. 2. Schema des Fasersytems der linken Kammer (nach BENNINGHOFF).

Ostien, in den Papillarmuskeln, am Ansatz der Chordae tendineae usw.) festzustellen sind. Die Muskelfasern der Vorhöfe sind wesentlich dünner und sind im Gegensatz zu dem muskulären Material der Kammern von einem festen Perimysium internum umgeben, das sehr reichlich elastische Elemente enthält. In das Myokard eingebettet liegt das spezifische Reizleitungssystem, das aus einer Abart der gewöhnlichen Fasern besteht, durch bindegewebige Umhüllung von der übrigen Muskulatur getrennt ist und sich durch einen besonderen Reichtum an axialem, hellem Plasma und ausgeprägten Glykogengehalt auszeichnet.

In Abb. 2 ist das Fasersystem des linken Ventrikels in seiner komplizierten Architektonik deutlich ersichtlich.

Die Herzmuskelmasse des rechten Ventrikels ist wesentlich kleiner als die des linken Ventrikels (s. Abb. 3). Eine Erklärung hierfür kann in der Tatsache gesehen werden, daß dem rechten Herzen, besonders durch die Atembewegung, stärkere Hilfskräfte für die Blutbewegung in der Arteria pulmonalis zur Verfügung stehen.

Das Perikard stellt eine Schutzhülle des Herzens dar. Sein viszerales Blatt ist direkt mit dem Myokard verwachsen. Es geht mit einer Umschlagsfalte in das parietale Blatt über. Beide Blätter sind miteinander verbunden. Das Perikard bietet dem Herzen, außer einem gewissen Schutz, auch eine mechanische Unterstützung. Wir wissen, daß die „Anfangsdruckreservekraft" des linken Ventrikels nach Entfernung des Perikards kleiner wird. Das Herz wird durch seinen Druck gegen das Perikard zu größerer Leistung befähigt.

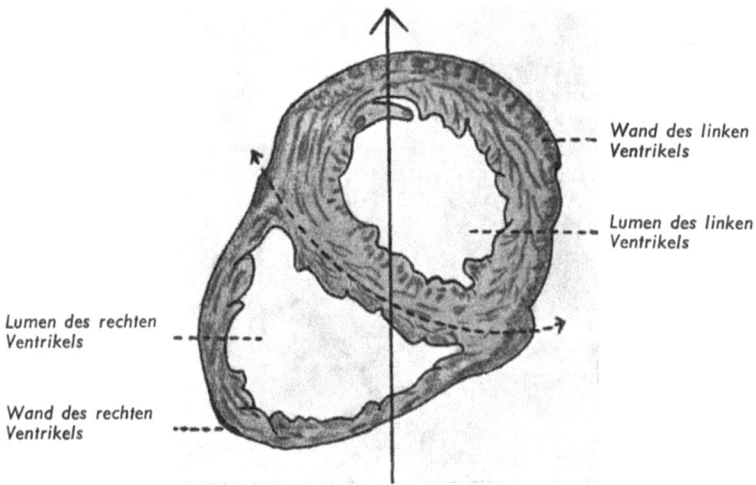

Abb. 3. Querschnitt durch die beiden Ventrikel, Herz in situ. Man beachte die viel stärkere Entwicklung der Muskulatur des linken Herzens (nach BRAUS).

In Abb. 4 sind die dehnungshemmenden Verstrebungen des Perikardbeutels gut erkennbar.

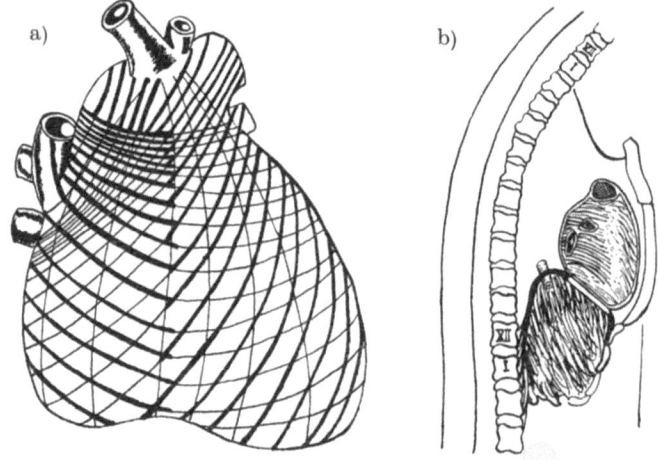

Abb. 4. Schema der wesentlichen Faserung des Herzbeutels a) von ventral. b) Lage des Herzbeutels auf einem Medianschnitt (nach BENNINGHOFF).

2. Gefäßversorgung des Herzens

Das menschliche Herz wird von 2 Koronararterien (Art. coronaria sinistra et dextra) versorgt, die aus der Aortenwurzel entspringen, in ihrem anfänglichen

Verlauf auf der Herzoberfläche liegen und eine ausgesprochene Schlängelung zeigen. Erst Äste 2. und 3. Ordnung dringen in die Tiefe des Myokards ein.

Mit gewissen Variationen versorgt die Art. coronaria dextra den größten Teil des rechten Herzens, den hinteren Teil des Septums, einen Teil der Hinterwand des linken Ventrikels und des medialen Papillarmuskels der linken Kammer, während das übrige Stromgebiet von der Art. coronaria sinistra übernommen wird. Beide Gefäße sind durch vielfache Anastomosierung miteinander verbunden. Dabei ist typisch, daß die Aufteilung der linken Kranzarterie eine viel feinere und das entstehende Gefäßnetz ein viel engmaschigeres ist, als das der rechten Kranzarterie.

Aus Abb. 5 werden die Durchblutungsprovinzen beider Koronargefäße deutlich ersichtlich.

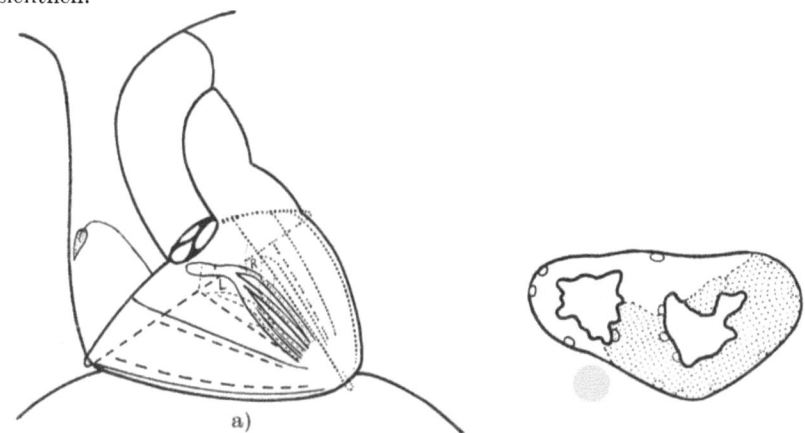

Abb. 5. Die arterielle Blutversorgung des Herzens [nach HOLZMANN, M.: Klinische Elektrokardiographie, 3. Aufl., (Stuttgart 1955)]. a) Im transparenten Bild von vorne: Linke Koronararterie durchgezogen, rechte Koronararterie punktiert. b) Im Querschnitt (in Anlehnung an TANDLER): Von der linken Koronararterie versorgte Kammerwände gepunktet, von der rechten Koronararterie versorgtes Gebiet weiß.

Mit zunehmendem Alter beherrscht die linke Kranzarterie mehr und mehr die Blutversorgung des Herzens, während das Stromgebiet der rechten Kranzarterie relativ kleiner wird. Es ist dabei bemerkenswert, daß die Anastomosierung in den subendokardialen Schichten gegenüber den subperikardialen stets geringer bleibt, eine Feststellung, die durch die Annahme, daß die innersten Herzwandschichten auch durch den vorbeistreichenden Blutstrom ernährt werden, ihre teleologische Erklärung findet. Die Besonderheiten der Koronargefäße als Kreislaufprovinz werden S. 19 besprochen.

3. Innervation des Herzens

Das Herz zeigt einen großen Reichtum von Nervenfasern, die z. T. sympathischer Natur sind und dem Halsteil des Grenzstranges entstammen, z. T. aus dem Vagus kommen und den Plexus cardiacus bilden. Der Vagus, der Hemmungsnerv des Herzens, hat sein Zentrum in der Medulla oblongata und enthält vorzugsweise die Vasomotoren. Vom Sympathikus stammt der Förderungsnerv des Herzens, der N. accelerans. Jede Herzhälfte erhält Nervenäste von beiden Seiten. Normalerweise bilden die zum Herzen ziehenden Nerven um den Aortenbogen ein sehr kompliziertes Geflecht, in welches auch Äste der oberen Bauchganglien eintreten. Dieses Geflecht, in dem eine Trennung von sympathischen und parasympathischen Fasern unmöglich ist, geht ohne scharfe Grenze in die Aorta ascendens sowie in die Nervengeflechte zahlreicher benachbarter Organe über. Von diesen großen Plexus aus verbreiten sich die marklosen Geflechte mit den Kranzgefäßen als Plexus coronarii cordis über das ganze Herz. Ein Teil der Fasern, wahrscheinlich solche parasympathischer Natur, gehen als präganglionäre Fasern zu den intramuralen Ganglien, welche in die Geflechte eingestreut sind und sich besonders reichlich an den Vorhöfen finden. Die meisten Nerven stammen vom Ganglion stellatum, in dem die postganglionären Fasern beginnen.

Ein großer Teil vom Nervenapparat des Herzens liegt im subepikardialen Gewebe und bildet im Myokard und um die Gefäße Nervenendigungen in Form feinster Verzweigungen, die in kleinste Knötchen auslaufen und Endapparate von recht komplizierter Form darstellen.

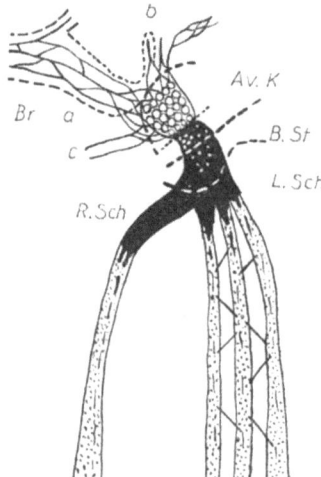

Br.: Brückenfasern.
a) nach dem Sinus coronarius;
b) nach dem linken Vorhof;
c) nach dem rechten Vorhof.

Übrige Zeichnung: Hissches Bündel. Av-K und B-St: Vorhof und Kammerteil des Av-Knotens. R.Sch: Rechter Tawara-Schenkel. L.Sch: Linker Tawara-Schenkel mit vorderem, mittlerem und hinterem Ast.

Abb. 6. Schema des His-Tawaraschen Leitungssystems in seinem gewöhnlichen Dimensionsverhältnis beim Menschen nach Kung.

Die Bedeutung der vegetativen Innervation des Herzens liegt in der Tonussteuerung des Herzmuskels, sie dient weiterhin der mehrfach gesicherten Regulierung und Bedürfnisanpassung an alle Anforderungen. Wenn alle zum Herzen führenden Nervenfasern durchschnitten werden, ist das Herz zwar nicht gelähmt, aber es arbeitet unökonomisch.

Auch sensible Nervenendigungen sind besonders reichlich im Endo- und Epikard festzustellen, und es wird angenommen, daß durch sie die vom Herzen ausgehenden Reflexe vermittelt werden.

Daneben besitzt das Herz ein spezifisches Reizleitungssystem, dessen Bestandteile aus Abb. 6 ersichtlich sind.

Der Ausgangspunkt jeder Herzaktion ist der Sinusknoten, der daher auch als Schrittmacher der Herztätigkeit bezeichnet wird. Er besteht aus knäuelartig verwirrten Herzmuskelfasern, liegt am Vorderrand der oberen Hohlvenenmündung und zieht im Sulcus terminalis herab. Das eigentliche Reizleitungssystem beginnt mit dem A.-V.-Knoten im rechten Vorhof, der in den Stamm übergeht, welcher am oberen Rande der Kammerscheide verläuft, um sich dann in den rechten und linken Schenkel aufzuteilen, die zu den Kammern herabziehen, um schließlich in den großen Papillarmuskeln zu enden. Diese Endausbreitung erfolgt durch die subendokardial gelegenen PURKINJEschen Fäden. Dem feineren Bau nach sind einzelne Abschnitte dieses spezifischen Leitungssystems so schwer von der Arbeitsmuskulatur des Herzens zu unterscheiden, daß letztlich nur der Zusammenschluß der Elemente zu einem System charakteristisch bleibt.

B. Peripherer Kreislauf

1. Aorta und große Gefäße

Die Aortenwand setzt sich, wie auch die anderen Gefäße, aus Intima, Media und Adventitia zusammen, wobei jedoch deutliche Eigenarten des Aufbaues feststellbar sind, die durch die besondere hämodynamische Funktion der Aorta ihre Erklärung finden.

Die Intima besteht aus dichten, elastischen Netzen und zahlreichen plattenartigen Zellen, ohne daß kollagene Fasern oder glatte Muskelzellen nachgewiesen werden können. Auch in der Media steht das elastische Material so im Vordergrund, daß die in das elastische Faserwerk eingeordneten glatten Muskelzellen kaum sichtbar sind und keine zusammenhängenden Lagen zu bilden vermögen. Die Abgrenzung einer Adventitia ist relativ willkürlich, da die Aorta unmittelbar in lockeres Bindegewebe eingelagert ist. Die elastischen Fasern sind in Intima und Adventitia longitudinal, in der Media dagegen vorwiegend zirkulär angeordnet und dienen vor allem zur Aufrechterhaltung einer bestimmten Wandspannung. Mit zunehmendem Alter nimmt die Aortenelastizität in gesetzmäßiger Weise ab. Die Ernährung der Wandschichten wird für die gefäßlose Intima durch den vorbeifließenden Blutstrom, für Media und Adventitia durch eigene Vasa vasorum gewährleistet. Ganglienzellen und marklose Nerven mit motorischen und sensiblen Endorganen kommen in der Aorta und allen größeren Gefäßen vor. Es ist jedoch schwer, Gefäß- und Organinnervation zu differenzieren, da auch die Organnerven vielfach die Gefäß-Scheide benützen, um zu ihrem Erfolgsorgan zu gelangen.

Einen weitgehend ähnlichen Aufbau wie die elastische Aorta zeigen die großen Gefäße wie die Art. anonyma, Art. carotis communis, Art. subclavia, Art. iliaca communis usw., während in den Extremitäten- und Organarterien das elastische Material zugunsten einer ausgeprägten Muskularis in den Hintergrund tritt.

Erwähnenswert ist schließlich noch der Bau der Arteriolen, die durch eine relativ ausgeprägte Muskularis ausgezeichnet sind. Es haben dabei die Muskelzellen die Möglichkeit, aneinander vorbeizugleiten, so daß im Kontraktionszustand die Muskelschicht um ein Vielfaches verdickt erscheint und leicht imstande ist, den Blutstrom zu drosseln.

Ein weiteres Regulationsprinzip sind die sogenannten Polsterarterien, die sich vorzugsweise in Organen mit sehr wechselnder Blutfülle finden und allein auf Grund ihrer Bauart geeignet erscheinen, den Anforderungen entsprechend eine Gefäßprovinz zu öffnen oder von der aktuellen Durchblutung abzuschließen.

2. Kapillarsystem

Das Kapillarsystem ist der funktionell bedeutungsvollste Kreislaufabschnitt, da sich in ihm die Austauschvorgänge zwischen Blut und Gewebe abspielen, um derentwillen das Kreislaufsystem mit seinen vielfältigen Regulationen und seiner hochgradigen Differenzierung ausgebildet ist. Morphologisch handelt es sich um einfache Endothelrohre, umgeben von einem Grundhäutchen mit Gitterfasern, dem in wechselnden Abständen die sogenannten Perizyten aufgelagert sind. Bei letzteren handelt es sich um Zellelemente, die auf Grund ihrer amöbenartigen Fortsätze, teils als kontraktile Elemente des Kapillarsystems, teils als Stoffwechselzellen im Sinne von Phagozyten angesehen werden.

Über dieses Stromgebiet liegen von O. MÜLLER, BARTELHEIMER und KÜCHMEISTER u. v. a. umfangreiche Untersuchungen vor. Seiner Aufgabe, dem Blut eine größtmögliche Austauschfläche zu vermitteln, wird das Kapillarsystem durch seine ungeheure Ausdehnung gerecht. Ein Muskelfaserbündel von der Dicke einer Stecknadel, das ca. 200 Muskelfasern enthält, hat rund 700 parallele Kapillaren, und die Gesamtkapillaroberfläche in der Muskulatur des Menschen wird auf 6300 qm geschätzt (BENNINGHOFF). Die Kapillarversorgung der einzelnen Organe ist sehr unterschiedlich. Sehr engmaschige Netze haben das Myokard, die Organe des Endokriniums, die Netzhaut und die graue Substanz des ZNS, völlig kapillarlos dagegen sind Herzklappen, Kornea, Knorpel und Zwischenwirbelscheiben. Von Bedeutung ist weiterhin, daß die Kapillarisierung mit Dauerbeanspruchung eines Organs zunimmt, so daß z. B. das trainierte Herz sehr viel feinmaschiger kapillarisiert ist als das untrainierte.

3. Venensystem

Die Venen sind wesentlich dünnwandiger gebaut als die Arterien. Die Intima ist im allgemeinen zart. Media und Adventitia sind durch eine Ring- bzw. Längsmuskelschicht ausgezeichnet, von denen die erstere in flachen, die letztere in steilen Spiralen angeordnet ist. In der Längsrichtung verlaufen auch die Fasern des kollagenen Gewebes. Der Bau der Venen ist selbst bei Gefäßen gleichen Kalibers regionär sehr verschieden. Die Extremitäten- und Darmvenen sind sehr viel muskelreicher als die Hirnvenen. Es sind weiterhin die Venen der unteren Extremität muskulöser als die der oberen. An den zentralen Venen treten muskuläre Elemente in den Hintergrund.

Sie werden durch die Nachbarschaft ausgespannt gehalten, damit sie infolge ihres geringen Binnendruckes nicht kollabieren. Die mittelgroßen und kleinen Venen, speziell die subpapillären Venenplexus können sehr viel Blut fassen, sie dienen durch diese Fähigkeit mit als Blutspeicher (s. S. 49), da sie in der Lage sind, durch ihre Kontraktion bei Bedarf dem Herzen größere Blutmengen anzubieten.

Schon diese Kenntnis des anatomischen Baues läßt die frühere Auffassung korrigieren, daß die Venen ein passives Leitungssystem darstellen, das lediglich über die vis a tergo das Blut zum Herzen zurückführt.

Eine Baueigentümlichkeit sind die Venenklappen, die sich sowohl im Verlauf großer Venenstämme, als auch an der Einmündung kleiner Venen in größere finden. Sie sind in der Fötalzeit überaus reichlich, werden im Erwachsenenalter zunehmend rudimentär, da die Muskeltätigkeit ein Versacken des Blutes nach der Peripherie zu verhindert. So wird der spezielle Bau der Venen in den einzelnen Gefäßgebieten erklärbar durch die unterschiedliche Funktion, die sie in den einzelnen Organen zu übernehmen haben.

4. Arterio-venöse Anastomosen

Da aus ökonomischen Gründen tätige Organe besser durchblutet werden müssen als ruhende, sind im peripheren Kreislauf Einrichtungen vorhanden, welche durch arterio-venöse Anastomosen erlauben, gewisse breit aufgeschlüsselte Kapillarprovinzen zu umgehen. Derartige Kurzschlüsse finden sich besonders in Organen, deren Kapillarsystem ausgedehnter ist als der einfachen Organernährung entsprechen würde. Man findet sie daher vorzugsweise in Lunge, Niere, Darmwand, den Drüsen innerer Sekretion, in der Haut von Fingern und Zehen, speziell am Nagelbett (SPANNER, CLARA). Sie dienen der Feineinstellung in der Durchblutungsregulation. In Abb. 7 sind die anatomischen Verhältnisse dieser Blutverteilungswege für die Haut dargestellt.

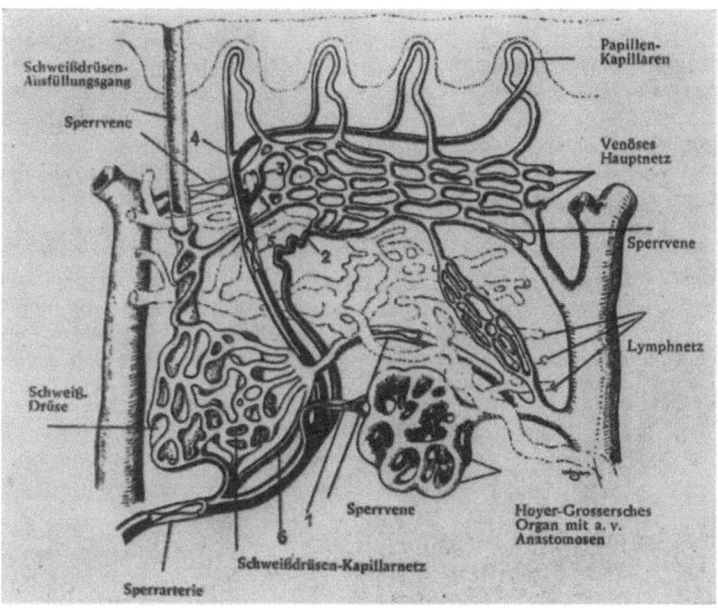

Abb. 7. Schema des Kreislaufes der Haut nach SPANNER. Arterien = schwarz, Venen = gestrichelt, Kapillaren = weiß. 1 = Art. Seitenzweig mit Sperre zum HOYER-GROSSERschen Organ. 2, 3 = Oberflächliche direkte Anastomosen zum ven. Hauptnetz. 4 = Endarterie der Hautpapillenkapillaren, der bei 5 eine Sperre vorgelegt ist. 6 = art.-ven. Anastomose zur Umsteuerung der Volldurchblutung der Schweißdrüse auf Teildurchblutung.

5. Vasa vasorum und Gefäßnervensystem

Die Ernährung von Aorta und Arterienwänden erfolgt von der Adventitia her durch spezielle Gefäße, die Vasa vasorum, die in ihrer Physiologie und funktionellen Pathologie noch wenig bearbeitet worden sind, im Rahmen der Pathogenese von Atherosklerose und obliterierenden Gefäßerkrankungen aber eine Rolle spielen dürften. Während sich bei den arteriellen Gefäßen die Versorgung nur bis in die mittlere Media erstreckt, und die lumennahen Schichten der Gefäßwand vom Blutstrom versorgt werden, reicht das Kapillarnetz der Vasa vasorum in den Venen bis zur Intima, eine Tatsache, die ihren Grund wahrscheinlich in der Sauerstoffarmut des venösen Blutes hat.

Die Gefäßnerven sind in der Adventitia zu gröberen Geflechten angeordnet. In der Media werden die Muskelfasern in ein Terminalretikulum eingehüllt, das mit zahlreichen fibrillären Einzelelementen bis in das Sarkoplasma der Muskelfasern eintaucht. Feinste Fasern enden schließlich in der Intima, und auch jede Kapillarzelle steht mit dem Terminalretikulum in Verbindung.

C. Besondere Gefäßprovinzen

1. Koronarkreislauf

Der Bau der Koronararterienwand ist erstmalig sorgfältig von SPALTEHOLTZ und HOCHREIN untersucht worden (Abb. 8).

Ergänzend zu diesen Befunden, die als wesentliches Kriterium gegenüber gleichkalibrigen Gefäßen anderer Provinzen eine stark verdickte Intima herausstellen, fand DUANCIC, daß die Koronararterien vorzugsweise durch spiralig angeordnete Muskelzüge ausgezeichnet sind. Vergleicht man nun ein derartig spiralig-muskuläres Gefäß mit einem, das vor allem zirkulär angeordnete Muskelzüge besitzt, dann wird das erstere sich bei einer Kontraktion erweitern, das letztere aber verengern. Dieses eigenartige Wechselspiel zwischen den einzelnen Muskelgruppen, dessen Endeffekt durch das Vorherrschen der Spiralmuskulatur bestimmt wird, könnte geeignet sein, die bisher als „paradox" bezeichnete Wirkung von Vagus und Sympathikus am Koronarsystem zu erklären. Da weiterhin die Intima praktisch gefäßlos ist und vom vorbeiströmenden Blut ernährt wird, vermag ihre besondere Stärke auch die Neigung zu intimalen Ernährungsschwierigkeiten und damit zu erhöhter Atheromatosegefährdung zu erklären (Abb. 8).

Die Schlängelung der Koronargefäße, welche bereits beim Säugling angetroffen und im übrigen Arteriensystem als Symptom verminderter Elastizität und gesteigerter Abnützung betrachtet wird, muß wohl als sinnvolle Einrichtung für die leichtere Anpassung der koronaren Gefäße an die vielfach beträchtlichen Größenunterschiede des Herzens in Systole und Diastole aufgefaßt werden. Bei normalen Druckwerten kann diese Verlaufsweise kein wesentlicher Anlaß für eine gesteigerte Abnützung sein, bei erheblicher Hypertension jedoch wird man sich, vergleicht man diese Gefäße mit einem geschlängelten Flußlauf, die phasenhaft vermehrte Belastung und Abnützung und somit den nahezu gesetzmäßigen Zusammenhang zwischen Hochdruck und Koronarsklerose (HOCHREIN), sehr wohl verständlich machen

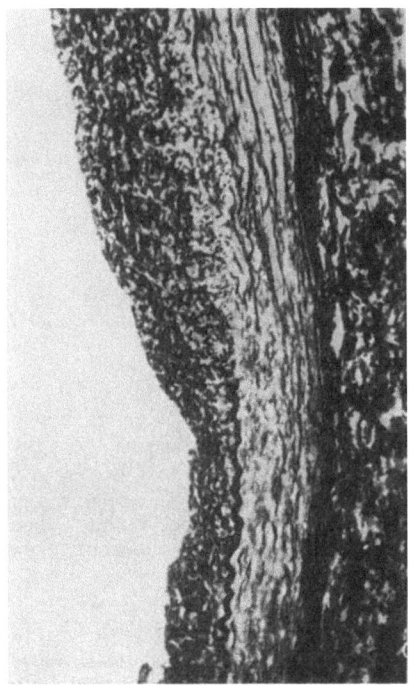

a) b) c)
Abb. 8. Querschnitt des Stammes der linken Koronararterie eines 6jährigen Knaben. a) Intima; b) Media; c) Adventitia (nach SPALTEHOLZ und HOCHREIN).

können. Auch die Besonderheit der Intimapolster muß in diesem Zusammenhang kurz erwähnt werden. Man hat sie für Erscheinungen vorzeitiger Abnutzung, für Reaktionen der Gefäßwand auf die durch Schlängelung bedingten Wirbelbildungen usw. zu erklären versucht (Abb. 9).

Am wahrscheinlichsten sind die Feststellungen von ZINK, der in ihnen Einrichtungen zur Bremsung des hohen Aortendruckes, sowie zur Regulierung der Zuflußmenge sieht, d. h. einen Mechanismus, der den jeweiligen Bedarf des Herzmuskels an Blut zu regulieren vermag. Diese Vorrichtungen sind daher in der Lage, dem Wechsel, zwischen Ruheverbrauch und Arbeitshyperämie zu dienen, wobei die Steuerung wahrscheinlich vom Herzen selber, auf nervösem oder auch humoralem Wege, erfolgt.

Nach dem Prinzip doppelter Sicherung besitzt das Myokard außerdem in den Vasa Thebesii ein besonderes Durchblutungsnetz. Aus zahlreichen Gefäßen bestehend, die von Kapillaren und Venen ausgehen, münden sie in besonders großer Zahl im Bereich von Kammerseptum und Herzspitze in die Herzhöhlen ein. Es wird angenommen, daß unter Umständen Blut aus den Herzhöhlen auf diesem Wege in umgekehrter Richtung in den Herzmuskel gelangen und ihn ernähren kann.

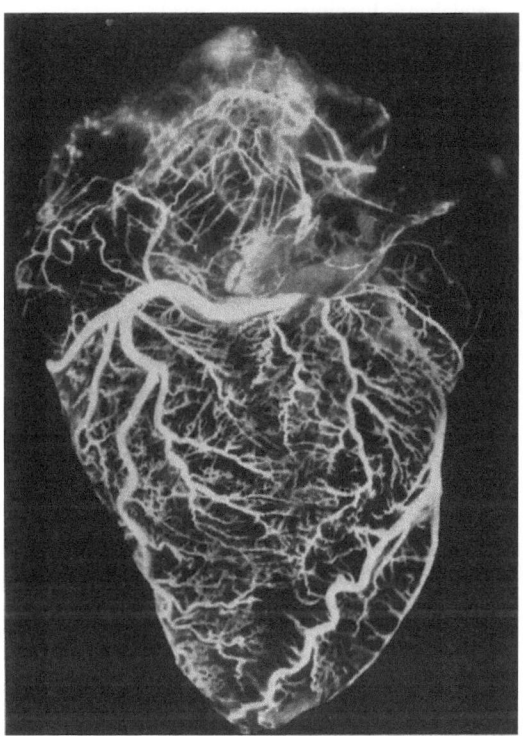

Abb. 9. Herz eines menschlichen Neugeborenen. Die Koronararterien sind mit Chromgelb-Gelatinemasse injiziert (nach SPALTEHOLZ und HOCHREIN).

Zu nennen sind schließlich die neuerdings entdeckten Riesenkapillaren, deren besondere Bedeutung noch nicht ganz geklärt ist.

2. Lungenkreislauf

Ähnlich wie in der Leber, gibt es auch in der Lunge, als einem Organ mit besonderen zirkulationsgebundenen Aufgaben, eine Zweiteilung dahingehend, daß die Art. und Vv. bronchiales als Vasa privata der Gewebeversorgung dienen, während die Aa. und Vv. pulmonales als Vasa publica im Dienste des Gaswechsels der Lunge stehen.

v. HAYEK konnte über diese Funktionseinteilung hinaus nachweisen, daß die Arterien als zug- und biegungsfeste Stützen der Lunge zu betrachten sind, während die Venen nur durch Zugfestigkeit die elastische Funktion der Lunge zu steigern vermögen. Der Bau der Art. pulmonalis ist im Vergleich zur Aorta durch eine dünnere und weniger dehnbare Wand ausgezeichnet (HOCHREIN), ohne daß es statthaft wäre, die Art. pulmonalis sozusagen als „zartere Aorta" zu bezeichnen (BENNINGHOFF, v. HAYEK). Alle Wandschichten zeigen ihre Besonderheiten, die enge Beziehungen zur Organfunktion erkennen lassen. So konnte z. B. SCHMIDT nachweisen, daß die Kollagenfasern in steilen Schraubentouren um die Arterien angeordnet sind, so daß sie das Gefäß wie ein Scherengitter umgreifen. Es wird nun angenommen, daß bei der inspiratorischen Längenzunahme der Arterien dieses Scherengitter ihr Volumen verkleinert, so daß bei der Einatmung das Blut aus den Arterien in das Kapillarsystem gedrückt, „gleichsam hineingemolken wird".

Die kleinen Lungenarterien besitzen eine Kontraktionsfähigkeit, wie sie kaum in anderen Stromprovinzen vorkommt. v. HAYEK schließt auf Grund seiner Untersuchungen, daß eine kontraktorische Verkürzung des Umfanges und damit auch des Durchmessers auf $1/3$–$1/4$ möglich ist. Das bedeutet eine Verkleinerung der Querschnittsfläche auf $1/9$ und eine Erhöhung des Strömungswiderstandes auf das 27fache, was also praktisch zu einer Ausschaltung des von einer solchen kontrahierten Arterie versorgten Gewebsabschnittes führen würde.

Im Kapillarsystem findet sich die später noch zu besprechende Zweiteilung (s. S. 54) mit einem immer offen bleibenden Weg, der von JACOBI und von KROGH auch als Ruhe- bzw. Stromkapillaren bezeichnet wird, während sie die von der Organfunktion abhängigen Kapillargebiete als Netz- bzw. Arbeitskapillaren benennen (s. Abb. 10).

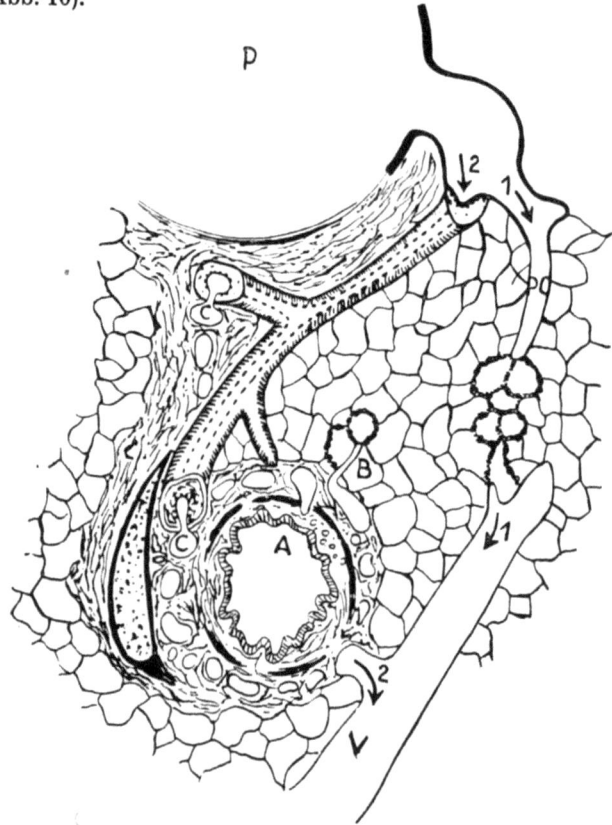

Abb. 10. Lungendurchblutung nach v. HAYEK. Hauptschluß des Kreislaufes durch die Kapillaren der Alveolen (1–1) und Nebenschluß (2–2) durch Sperrarterie und arteriovenöse Anastomosen (C). Zufluß zum bronchialen Venennetz aus der Bronchialschleimhaut (A) und benachbarten Alveolen (B). Halbschematische Rekonstruktion aus einer Schnittserie.

Bei den Lungenvenen kommt die funktionelle Eigenart im Bau besonders zum Ausdruck. Sie sind nicht isolierte Gefäße, sondern die Bauelemente ihrer Wandung treten zu den Nachbargebilden, wie der Grenzmembran des Lungengewebes, den Bronchien und Arterien in enge Beziehung. Die Wurzeln der Lungenvenen besitzen darüber hinaus einen Überzug von Myokardfasern, der bis in die Gegend des Perikardumschlages reicht, womit die Funktionsgemeinschaft des kardiopulmonalen Systems bereits anatomisch eingebahnt sein dürfte.

3. Zerebraldurchblutung

Bereits der Bau der Hirnarterien läßt erkennen, daß es sich um ein Stromgebiet von ganz besonderer physiologischer und hämodynamischer Beanspruchung handeln muß.

Nach PETERSEN sind die Hirnarterien ausgezeichnet durch das Fehlen einer Adventitia und Membrana elastica externa. Die Muskulatur ist nur dünn, während die M. elastica interna vollkommen den Bauplan des Gefäßes beherrscht. In den größeren Arterien besteht sie aus mehreren Lagen, die untereinander zusammenhängen und durch feine Netze mit der M. elastica externa verbunden sind. Diese elastische Schicht besteht aus Platten mit Löchern, die in den größeren Gefäßen eng, in den kleineren dagegen weiter sind, eine Einrichtung, wie sie nur in der Aorta und den großen elastischen Gefäßen gefunden wird. Dieser eigenartige Bau wird dadurch erklärt, daß die Blutversorgung des Gehirns über die Aa. carotis int. ohne Knickung aus der Aorta in gerader Linie bis zum Felsenbein verläuft, so daß aortenähnliche Bau- und Druckverhältnisse sich bis zum Gehirn fortsetzen. Das Fehlen der Adventitia ist leicht durch die Tatsache zu erklären, daß die Hirngefäße im Schädel geschützt und vor äußeren Einwirkungen verschont sind. Demgegenüber ist die ausgeprägt elastische Funktion der Gefäße erklärbar durch die Notwendigkeit dieses Gefäßgebietes, die wechselnde Tätigkeit von Herz- und Aortenwindkesselfunktion so weit auszugleichen, daß eine kontinuierliche, nivellierte Durchblutung ermöglicht wird. So weist der Bau der M. elastica interna darauf hin, daß sie in der Lage ist, sowohl Ring- als Axialspannungen aufzunehmen und zu transformieren. Eine intramurale Gefäßinnervation konnte von STÖHR gesichert werden. ALTSCHUL fand PFEIFFERsche Drosselkörper und Gefäßdrosselstücke an der Grenze von grauer und weißer Substanz, die nur beim Menschen festzustellen sind und unter Umständen im Dienste der Blutdruckregulierung stehen. Auch die Topographie der Hirndurchblutung vermag zahlreiche Aufschlüsse zu geben. So gibt die Art. cerebralis media, die für die Hirnversorgung am bedeutungsvollsten ist, an der Hirnbasis senkrecht aufsteigende Äste ab, die der Versorgung von innerer Kapsel, Seh- und Streifenhügel dienen. Diese Gefäße sind im Gegensatz zu den anderen, zahlreich anastomosierenden Gefäßen der Hirnrinde, sogenannte „Endarterien". Sie gehen praktisch rechtwinklig von der nahezu unter Aortendruck stehenden Karotis ab, so daß jede Druckänderung weitgehend unabgeschwächt übertragen wird. Diese besondere Beanspruchung entspricht auch der Erfahrung, daß eines von diesen Gefäßen, das über den Linsenkern zur inneren Kapsel zieht, sehr häufig Sitz einer zerebralen Blutung ist, so daß CHARCOT diesen Ast als „artère de l'hémorrhagie cérébrale" bezeichnet hat. Die frühere Auffassung, daß die Hirnarterien allgemein als Endarterien anzusprechen seien, kann heute als widerlegt gelten. R. A. PFEIFFER konnte nachweisen, daß die Möglichkeit zur Anastomosierung sogar besonders günstig ist. WINTERSTEIN fand in tierexperimentellen Untersuchungen, daß nach Abklemmung von 3 Kopfarterien eine vollständige Kompensation über die 4. Kopfarterie möglich ist. WENTSLER dagegen stellte fest, daß die oberflächlichen Hirngefäße nur wenige, sehr kleine arterielle Anastomosen aufweisen. Venöse Anastomosen sollen selten sein, arterio-venöse Anastomosen und die Venae comitantes, die die Arterien in ihrem Verlauf begleiten, sollen überhaupt fehlen.

4. Magendurchblutung

Auch die Magenwand, die ein Hohlorgan von ständig wechselndem Tonus und äußerst variabler Größe bildet, stellt allerhöchste Anforderungen an die Durchblutungsregulation.

Der stark ausgebildete arterielle Plexus liegt in der Submucosa und zeigt, ähnlich wie am Koronarsystem, stark geschlängelte Gefäße. Obwohl 4 Arterien das Organ versorgen, wobei die Aa. gastrica dextra et sinistra den Gefäßkranz an der kleinen Kurvatur bilden, während die Aa. gastroepiploica dextra et sinistra ein entsprechendes Gefäßnetz an der großen Kurvatur ausbilden, finden sich doch fast keine Anastomosen, so daß die Gefäße praktisch als Endarterien bezeichnet werden müssen. Der Nachweis von K. BERLET, daß die kleine Kurvatur eine schlechte Blutversorgung besitzt (s. Abb. 11), dürfte für die funktionelle Pathologie und Klinik dieses Organs nicht ohne Bedeutung sein.

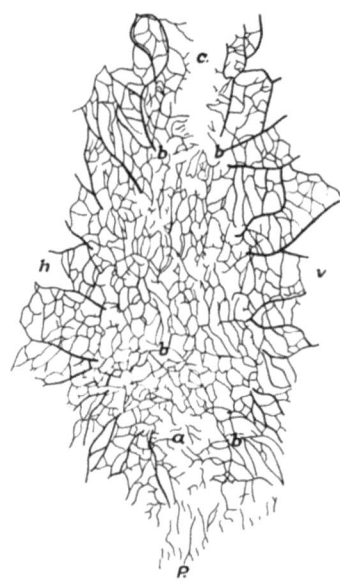

Abb. 11. Arterielles Gefäßnetz der vorderen Magenwand (nach BERLET). c = Cardia; P = Pylorus; v = Vordere Magenwand; h = hintere Magenwand; c–P = Kleine Kurvatur; a = Gefäße nahezu ohne Anastomosenbildung, praktisch Endarterien; b = Eintritt größerer Arterien von der Muskularis in die Submukosa. Mangelhafte Durchblutung der kleinen Kurvatur besonders im Bereich von Cardia und Pylorus

5. Nierendurchblutung

Auch bei der Nierendurchblutung hat man versucht, Vasa privata und Vasa publica zu trennen, was sich aber nicht durchführen ließ, da jedes Gefäß gleichzeitig neben der Organdurchblutung im Dienste der sekretorischen Nierenleistung steht. Die Niere gehört zu den zirkulatorisch belastetsten Organen, ihre mittlere Durchblutung beträgt pro Minute etwa 150% des Nierenvolumens und der tägliche Durchfluß wird auf 650–1500 Liter geschätzt. Ein reiches System von arteriovenösen Anastomosen und die Sondervorrichtung der Polkissen in den Arteriolen machen das Organ für seine speziellen Aufgaben geeignet.

6. Durchblutung des Augenhintergrundes

Diese Gefäßprovinz ist von besonderer Bedeutung, da sie am Lebenden optimale Beobachtungsmöglichkeiten gestattet und die Durchblutung der Netzhaut weitgehende Rückschlüsse auf entsprechendes Verhalten der Zerebralgefäße erlaubt. Es handelt sich auch hier um Endarterien, denn das Ausbreitungsgebiet der Art. centralis retinae, das ein sehr enges Kapillarnetz hat, hat nur im Bereich des Sehnerveneintritts sehr spärliche Anastomosen mit den Gefäßen die unter der Retina liegen und die Aderhaut versorgen.

7. Pfortadersystem

Auch an der Leber kann ein Vas privatum, nämlich die Arteria hepatica, und ein Vas publicum, nämlich das Pfortadersystem, unterschieden werden. Die Art. hepatica bietet in ihrem Verhalten noch manches Rätselhafte (PETERSEN). Sie ist, verglichen mit anderen Organen, für die große Leber unverhältnismäßig klein, so daß die Sauerstoffversorgung der Leber keinen großen Zustrom beanspruchen dürfte. Sie gibt außerdem einen großen Teil ihres Blutes an die Äste der Glissonkapsel ab. Nach LÖFFLER enden sogar alle Äste der Art. hepatica in der GLISSONschen Kapsel; würde dies zutreffen, dann wäre das Leberparenchym ein weitgehend anaerobes Organ. Bisher wird jedoch angenommen, daß die Leber einerseits sauerstoffgesättigtes Blut aus der A. hepatica erhält, die mit 20–30% an der Organdurchblutung beteiligt ist, außerdem teilweise reduziertes Blut aus der Pfortader, welche 70–80% zur Leberdurchblutung beisteuert. Beide Stromgebiete stehen in enger Wechselbeziehung, und Verminderung der Durchblutung des einen hat vermehrte Durchblutung des anderen zur Folge. Trotz dieser doppelten Sicherung ist der Sauerstoffdruck im Zentrum eines Läppchens niedriger als in sonstigen Geweben des Körpers. Auch bei der Läppchenversorgung wird das Übergewicht der portalen Strombahn deutlich, da jedes Läppchen mindestens von 5 Pfortaderästen versorgt wird. Es ist weiterhin interessant, daß jedes Läppchen und jede Läppchengruppe ihre Besonderheiten hat und sich ähnlich wie in der Niere den spezifischen Arbeitsvorgängen anzupassen scheint. Die Wand der Lebervenen besteht nur aus Bindegewebe ohne Muskulatur, und alle venösen Gefäße sind so in das Parenchym eingespannt, daß sie beständig klaffen, wodurch das Gesamtorgan eine schwammartig poröse Konsistenz erhält.

KAPITEL II

Physiologie

A. Herz

1. Herzgröße

Die Größe des Herzens hängt von Alter, Geschlecht, Körperlänge, Konstitution, Beruf usw. ab. Sie entspricht normalerweise der geballten Faust.

In Abb. 12 ist ein normales menschliches Herz, das nach Lösung der Totenstarre wieder in seine natürlichen Größenverhältnisse gebracht wurde, dargestellt worden.

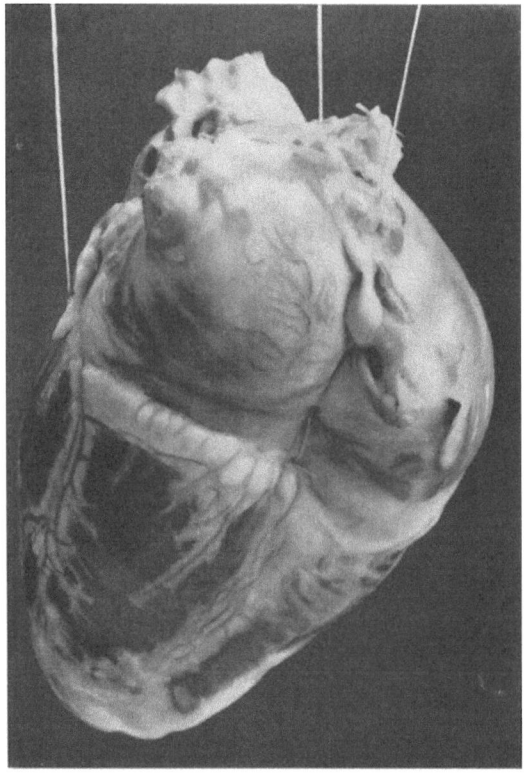

Abb. 12. Normales menschliches Herz nach gelöster Totenstarre, aufgeblasen mit einem Luftdruck von 8 cm Wasser (eigene Beobachtung).

Auch die Herzform variiert in weiten Grenzen und ist, abgesehen von den oben genannten Faktoren, abhängig von Trainingsgrad, Zwerchfellstand usw.

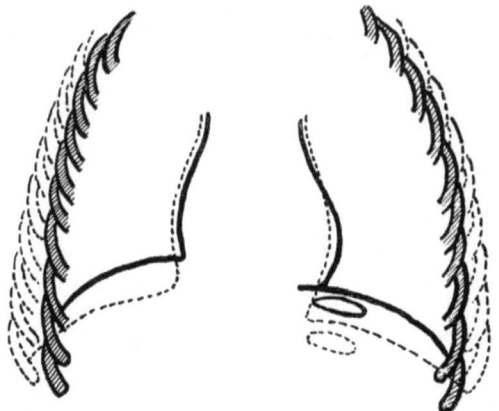

Abb. 13. Herz schematisch bei Ein- und Ausatmung (nach WENCKEBACH).

So sind gegenüber der späteren Betonung des linken Herzens im Kindesalter noch beide Herzhälften in gleicher Weise ausgebildet, evtl. sogar unter geringer Betonung der rechten Herzabschnitte, so daß das kindliche Herz nahezu

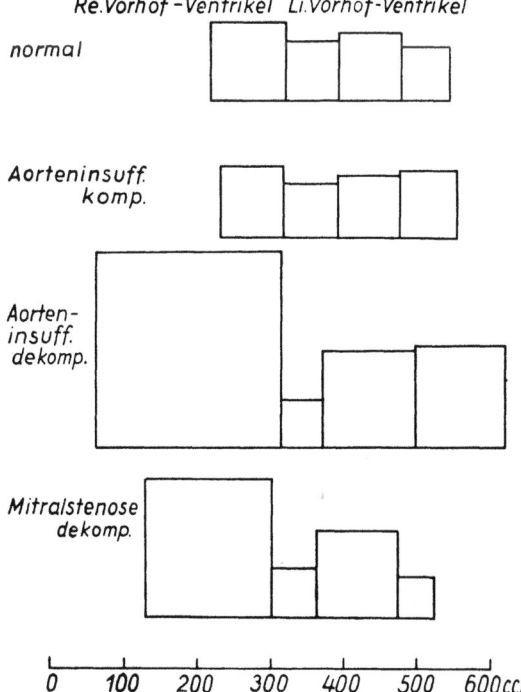

Abb. 14. Größenverhältnisse der vier Herzabteilungen bei Klappenfehlern (nach HOCHREIN und ECKARDT).

rund erscheint. Das Herz der Frau ist normalerweise stets kleiner als das des Mannes. Die Konstitution bedingt nicht nur Herzform und Größe, sondern auch weitgehend das Maß der Leistungsfähigkeit. So ist das Herz des Asthenikers meist kleiner, steilgestellt, die Kontraktionen weniger ausgiebig und die Muskulatur nicht fähig zu einer nennenswerten Hypertrophie.

Einen sehr wesentlichen Einfluß auf Herzgröße und Form hat schließlich der Zwerchfellstand. So wirken Herzen bei relativem Zwerchfelltiefstand meist kleiner und in ihren pulsatorischen Bewegungen weniger ausgeprägt, ohne daß daraus ein Schluß auf die absolute Herzkraft gezogen werden dürfte.

Demgegenüber ist das Herz bei Zwerchfellhochstand durch Querlagerung scheinbar vergrößert, wobei nicht erlaubt ist, daraus die Annahme einer Herzschwäche zu ziehen. Das kindliche Herz wirkt neben den oben genannten Faktoren durch den bei Kindern physiologischen Hochstand des Zwerchfells größer als der Faustregel entspricht. Bekannt ist die Abhängigkeit der Herzform von der jeweiligen Atemphase (s. Abb. 13)

Das Fassungsvermögen der einzelnen Herzabschnitte ist verschieden groß. Der rechte Vorhof ist größer als alle anderen Herzabschnitte, rechter Ventrikel und linker Vorhof sind ungefähr gleichgroß, und am kleinsten ist der linke Ventrikel (M. HOCHREIN) (Abb. 14)

2. Bedeutung einzelner Herzabschnitte

Über die spezielle Funktion der einzelnen Herzabschnitte, abgesehen von ihrer hämodynamischen Bedeutung, ist noch relativ wenig bekannt.

Bei der Beurteilung der Kreislauffunktion muß daran gedacht werden, daß der rechte Vorhof das größte Fassungsvermögen von allen Herzabschnitten hat. Es ist wahrscheinlich, daß ihm eine gewisse Blutspeicherungsfunktion zukommt, da bei einer kräftigen Kontraktion der Herzmotor angeworfen und eine Leistungssteigerung des Herzens erzielt werden kann. BAINBRIDGE hat darauf hingewiesen, daß bei einer Dehnung des rechten Vorhofes eine Pulsbeschleunigung ausgelöst und dadurch eine Regulierung der Herzleistung eingeleitet wird. Die Mehrleistung des Herzens kommt für den entsprechenden Ventrikel nicht unvorbereitet. Wir konnten zeigen, daß schon vor dem Auftreten der Zeichen einer vermehrten Herzleistung, mit Anstieg von Pulszahl, Blutdruck und Schlagvolumen, eine Zunahme der Herzdurchblutung einsetzt. Wir führen diese Reaktion auf bestimmte Reflexe, die vom Vorhof zum Koronarsystem verlaufen, zurück. Eine Drucksteigerung im Vorhof verursacht reflektorisch eine Durchblutungszunahme des entsprechenden Ventrikels. In diesem Rahmen muß auch daran gedacht werden, daß eine Drucksteigerung im rechten Vorhof eine Tachypnoe auslösen kann (HARRON und MARCH).

Über den Aufgabenbereich des linken Vorhofes ist fast noch weniger gesichertes Wissen vorhanden.

CAINI hat eine zusammenfassende Darstellung aller z. T. noch nicht allgemein anerkannten Reflexe, die vom linken Atrium ihren Ausgang nehmen, versucht und Mechanismen beschrieben, welche auf Druck- und Volumenveränderungen ansprechen sollen. Es wird angenommen, daß die Druckrezeptoren eine Drucksteigerung im Lungenkreislauf auslösen, die demzufolge nicht allein mechanisch durch Rückstau zu erklären wäre. Eine Volumenzunahme soll weiterhin zu einer vermehrten Wasserausscheidung seitens der Niere führen. Die regelrechte Tätigkeit des linken Vorhofes erleichtert vor allem auch den Abschluß der Mitralklappe und es ist nicht unwichtig, daß er durch eine gegenüber dem rechten Vorhof deutlich verminderte Dehnbarkeit zu derartigen volumregulatorischen Aufgaben besonders befähigt ist.

Bei der Betrachtung des Herzens wird es meist gedankenlos hingenommen, daß die Muskulatur des linken Ventrikels stark, die des rechten Ventrikels relativ schwach entwickelt ist. Nachdem die zu verrichtende Leistung den Reiz für die Ausbildung der Herzmuskulatur darstellt, wird man eine Erklärung für diesen Unterschied darin suchen, daß der Druck in der Arteria pulmonalis nur $2/5$ so hoch ist wie in der Aorta. Da das Schlagvolumen, auf die Dauer gesehen, für beide Ventrikel gleich ist, wird man unter sonst konstanten Bedingungen annehmen dürfen, daß die Arbeit des rechten Ventrikels normaler Weise $3/5$ des linken Ventrikels darstellt und dementsprechend sich die Dicke der Wandmuskulatur verhalten müsse. Diese Überlegung findet in der Praxis keine Bestätigung.

Die Funktion des rechten Ventrikels zeigt altersbiologisch sehr interessante Varianten.

Während der fötale Kreislauf noch eine Gleichberechtigung beider Ventrikel, wenn nicht ein Übergewicht des rechten erkennen läßt, verliert dieses Rechtsübergewicht mit dem ersten Atemzug und der Erschließung des kleinen Kreislaufes mehr und mehr an Bedeutung. Es möchte scheinen, als ob der rechte Ventrikel, normale Verhältnisse vorausgesetzt, in seinem Anpassungsvermögen und seiner Hypertrophiefähigkeit so lange „geschont" würde, bis die altersbedingte Einschränkung der Lungenfunktion erneut seine kompensatorischen Ausgleichsmöglichkeiten beansprucht. Je intakter daher das rechte Herz bleibt, d. h. je weniger es im Rahmen einer Beteiligung des Herzens an Infektionen, Intoxikationen oder Überlastungen unterschiedlicher Art mitbeansprucht wird, um so länger wird es instande sein, die altersphysiologische Involution der Lunge zu kompensieren.

Demgegenüber hat der linke Ventrikel bis zum Einsetzen einer gewissen vegetativen Erstarrung, alle Aufgaben kompensatorisch auszugleichen, die im Rahmen einer Sofortreaktion oder Daueranpassung mit einer Blutdrucksteigerung einhergehen.

Um die hämodynamischen Verhältnisse bezüglich der Wanddicke der beiden Ventrikel zu klären, versuchten wir die Kräfte, die in der Arteria pulmonalis und in der Aorta wirksam werden, genauer zu analysieren, denn es muß auffallen, wenn die Leistung des pulmonalen Blutstromes nur $3/5$ des Aortenstromes betragen soll, daß der 2. Ton über der Arteria pulmonalis und der Aorta gleich laut ist. Wir nehmen an, daß neben elastischen Eigenschaften der Wand der Arteria pulmonalis eine Beschleunigung des pulmonalen Blutstromes und damit eine Entlastung des rechten Herzens durch die Atembewegung erfolgt. Wir konnten zeigen, daß die Inspiration den Bluteinstrom in die Lunge begünstigt, während die Exspiration den Blutaustritt aus der Lunge unterstützt. Wir können daher im übertragenen Sinne von der Atembewegung als dem zweiten rechten Herzen sowie dem Leistungsformer des linken Herzens sprechen.

Da die Atmung unserer Willkür untersteht, können wir durch bestimmte Atemformen Blutfüllung der Lunge, Entlastung des rechten und Leistungssteigerung des linken Herzens, weiterhin reflektorisch die Durchblutung der Kranzarterien und die Blutverteilung im Arterien- und Venensystem nach bestimmten Indikationen beeinflussen.

30 Physiologie

3. Herzrhythmik

Die normalen Herzreize entstehen im Sinusknoten (KEITH-FLACK), um dann den S. 16 beschriebenen weiteren Verlauf zu nehmen. Die Rhythmik des Herzens ist in erster Linie dadurch gewährleistet, daß das Reizmaterial im Sinusknoten sich nach jeder Entladung immer wieder neu bildet. In der Refraktärzeit (d. h. der Phase der Unerregbarkeit) ist das Herz für andere Reize unansprechbar. Das Tempo ist u. a. abhängig vom Tonus der extrakardialen Nerven. Die Reizbildung wird durch den Vagus verlangsamt, durch den Sympathicus beschleunigt. Sie ist weiterhin abhängig vom Lebensalter, von anderen physiologischen Funktionen (Bewegung, Verdauung, Schwangerschaft usw.) sowie von individuellen und konstitutionellen Eigentümlichkeiten.

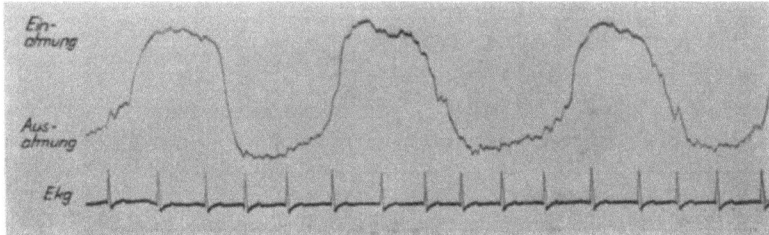

Abb. 15. Respiratorische Arrhythmie.

Als Norm kann eine Frequenz zwischen 60 und 70 beim Erwachsenen in Ruhe angenommen werden; Kinder haben eine höhere, Greise im allgemeinen eine langsamere Frequenz. Bei Jugendlichen wird eine respiratorische Beeinflussung beobachtet. Die Inspiration beschleunigt, die Exspiration verlangsamt die Frequenz. Diese ,,respiratorische Arrhythmie" hängt zusammen mit Tonusänderungen des Vagus während der verschiedenen Atemphasen (Abb. 15).

4. Herzdynamik

Die Leistung des Herzens hängt von der Blutmenge ab, die in der Zeiteinheit durch Aorta und Pulmonalis getrieben wird, und dem dabei zu überwindenden Widerstand. Während jeder Herzkontraktion wird eine bestimmte Blutmenge, das Schlagvolumen, ausgeworfen, das durchschnittlich 70 ccm beträgt. Bei einer Pulszahl von 70 pro Minute errechnet sich das Minutenvolumen als Produkt aus Schlagvolumen und Pulszahl auf 4,9 Liter. In der Stunde fließen ca. 300 Liter durch das Herz, so daß die tägliche Herzarbeit bei normalem Arteriendruck auf 20–30000 mkg und auf 50–100000 mkg bei mäßiger Belastung berechnet werden kann. Für gewöhnlich arbeitet das Herz nur mit einem geringen Teil seiner verfügbaren Kräfte. Man bezeichnet den Leistungsbereich des Herzens als die Akkommodationsbreite.

Die meisten physiologischen und klinischen Anschauungen gehen von der Vorstellung aus, daß eine berechnete Herzleistung für das gesamte Organ Gültigkeit besitze, da früher angenommen wurde, daß im Interesse der Kontinuität des Kreislaufes das Schlagvolumen des rechten und linken Ventrikels gleich sei. Diese Auffassung besteht, wie wir experimentell beweisen konnten, nicht zu Recht, da schon unter normalen Bedingungen physiologische Vergleiche wie Arbeit, Vaguserregung, willkürliche Beeinflussung der Atmung usw., die Größe des Schlagvolumens des rechten und linken Herzens ungleichmäßig gestalten können.

In Abb. 16 ist die Wirkung eines Vagusreizes, der Arteriendruck und Pulszahl kaum verändert, in seinem unterschiedlichen Effekt auf Dynamik und Durchblutung der rechten und linken Herzhälfte deutlich erkennbar.

Die Erkenntnis, daß das Schlagvolumen des rechten und linken Herzens nicht immer gleich ist, schafft nicht nur für die Physiologie und funktionelle Pathologie, sondern auch für die Therapie zahlreiche, vorerst noch nicht übersehbare Perspektiven.

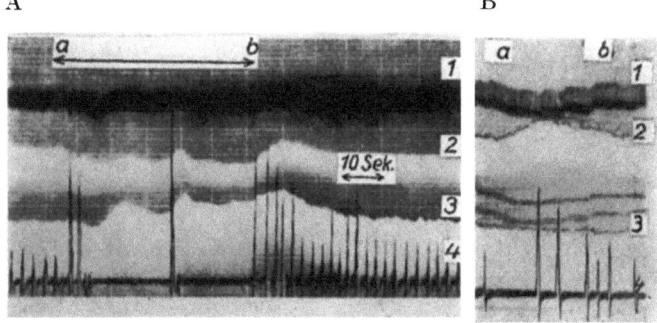

Abb. 16. Experimenteller Nachweis der gegensätzlichen Reaktion von Koronardurchblutung und Schlagvolumen des rechten und linken Herzens auf Vagusreizung. a–b = elektrische Vagusreizung mit 0,45 MA. A 1 = Druck in Art. fem.; 2 = Durchströmung in der li. Koronararterie; 3 = Durchströmung in der re. Koronararterie; 4 = Atmung. B 1 = Druck in Art. fem.; 2 = Durchströmung in Art. pulm.; 3 = Durchströmung in Ven. pulm.; 4 = Atmung.

Bei der Analyse der Herzdynamik stoßen wir auf die Zeit, die ein rotes Blutkörperchen benötigt, um den gesamten Kreislauf zu durcheilen. Die Dauer beträgt ca. 75 Sekunden. Wir sprechen dabei von der Umlaufgeschwindigkeit, wobei für die Strecke vom rechten Ventrikel, Lunge, bis zum linken Vorhof ca. 15 Sekunden beansprucht werden. Das Herz kontrahiert sich bei jeder Zusammenziehung anfänglich isometrisch (d. h. durch Erhöhung des Spannungszustandes im Muskel ohne wesentliche Verkürzung desselben) und dann isotonisch (d. h. unter Beibehaltung der Spannung durch zusätzliche Verkürzung). Die Zusammenziehung des Herzens erfolgt, wenn der auslösende Reiz überhaupt wirksam wird, unabhängig von der Reizstärke (Alles- oder Nichtsgesetz).

In Abb. 17 sind die Gleichgewichtskurven in der Herzkammer dargestellt.

Will man eine natürliche Herzperiode beschreiben, dann läuft sie folgendermaßen ab: Das Herz (linker Ventrikel) füllt sich unter dem durch die Vorhofskontraktion erhöhten Venendruck. Mit beginnender Systole schließt sich die Atrioventrikularklappe, während die Semilunarklappe noch geschlossen ist. Die Kammer kontrahiert sich dementsprechend bei allseitigem Abschluß zunächst isometrisch. Es steigt dabei ohne Volumenänderung der Druck bis zu dem Punkt, in dem er den in der Aorta herrschenden Druck (diastolischer Aortendruck) überschreitet (Anspannungszeit). In diesem Moment öffnet sich die Semilunarklappe, und das Herz wirft nunmehr gegen den Aortendruck aus, wobei dieser durch die ausgeworfene Blutmenge noch weiterhin ansteigt. Die weitere Kontraktion verläuft isotonisch und erreicht am Ende der Systole den systolischen Aortendruck. Mit Beginn der Diastole sinkt der Kammerdruck unter den Aortendruck, und die Semilunarklappe schließt sich.

Das Herz erschlafft nun weiterhin bei allseitig geschlossenen Klappen, d. h. wiederum isometrisch bis zu dem Punkt, an dem der absinkende Ventrikeldruck unter den Vorhofdruck absinkt (Entspannungszeit). Es öffnet sich dann die Atrioventrikularklappe und das Herz füllt sich wiederum unter dem mit der Vorhofssystole ansteigenden Vorhofdruck bis zum Ausgangspunkt der Darstellung. Wie ersichtlich, bestehen dementsprechend zwischen dem systolischen Kammerdruck zu Beginn und am Ende der Kammerdiastole, zwischen dem systolischen und dem diastolischen Aortendruck sowie dem Schlagvolumen Beziehungen, die in dem Schema Abb. 17. festgelegt und durch die Eigenschaften der Herzmuskulatur bestimmt sind.

Analoges gilt für das rechte Herz.

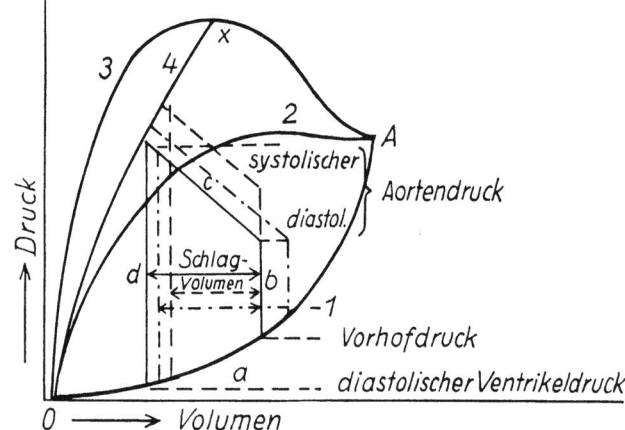

Abb. 17. Natürliche Kammerkontraktion im Schema der Gleichgewichtskurven der Herzkammer dargestellt. Es bedeuten die Kurven: 1. Ruhedehnungskurve, 2. Kurve der isometrischen Maxima, 3. Kurve der isotonischen Maxima, 4. Kurve der Maxima der Unterstützungszuckung. A = Punkt der absoluten Herzkraft, die Linie: a Füllungsphase (entlang der Dehnungskurve), b I. isometrische Phase (Anspannungszeit), c auxotonische Phase (Austreibungszeit), d II. isometrische Phase (Erschlaffungszeit). Die schraffierte Fläche gibt die geleistete äußere Arbeit an, die horizontalen Pfeile zwischen b und c die Größe des Schlagvolumens. Natürliche Kontraktion bei höherem diastolischen Aortendruck. (———). Natürliche Kontraktion bei höherem Vorhofdruck (–·–·–). Man beachte dabei die Veränderung des Schlagvolumens (nach REICHEL).

Die Gesetzmäßigkeiten, die den Einstrom venösen Blutes nach dem rechten Herzen regeln, sind weitgehend bekannt:

Als Gestalter der Herzdynamik kann die Triebkraft des venösen Blutstromes gelten, so daß bei der Schilderung der Herzrevolution mit dem Systolenende begonnen werden kann.

Unter dem Venendruck, der mit steigendem Blutbedarf der Kreislaufperipherie zunimmt, hat sich der leicht dehnbare Vorhof gefüllt, und seine Wände sind in eine entsprechende Dehnung und Spannung versetzt worden. Auf den Atrioventrikularklappen ruht nunmehr der Druck des venösen Blutstromes. Zu Beginn der Ventrikeldiastole kommt es mit der Erschlaffung der Kammern zu einer Druckdifferenz vom Vorhof nach den Ventrikeln, so daß die Atrioventrikularklappen breit geöffnet werden. Daneben kann man beobachten, daß die Ventilebene der Vorhofsklappen sich in Richtung der Ventrikel bewegt. Inwieweit es sich dabei um das Ergebnis der Blutstauung im Vorhof vor Beginn der Ventrikeldiastole oder um eine Kontraktion der Papillarmuskeln (aktive Diastole) handelt, ist noch nicht eindeutig geklärt. Am Ende der Ventrikeldiastole erfolgt eine Kontraktion der Vorhöfe, deren Aufgabe nicht nur darin besteht, das in den Vorhöfen angesammelte Blut den Kammern zur Verfügung zu stellen, sondern auch durch die Beschleunigung des Blutstromes eine Engerstellung der Atrioventrikularklappen zu bewirken und somit deren Schluß vorzubereiten.

Die Herzarbeit während einer Herzkontraktion wird berechnet aus dem Produkt von Schlagvolumen mal mittlerem Aortendruck. Hinzu kommt eine gewisse Beschleunigungsarbeit, durch die das ausströmende Blut in Bewegung gesetzt wird. Für den linken Ventrikel wird ein Wert von 0,14057 mkg berechnet. Nimmt man an, daß der Pulmonalisdruck etwa $^1/_4$–$^2/_5$ des Aortendruckes beträgt, dann kann für das gesamte Herz eine Arbeit von ca. 0,2 mkg pro Systole errechnet werden.

Für die Leistung des normalen Herzens gelten folgende Grundsätze:
1. Je größer das venöse Blutangebot, d. h., je größer die diastolische Füllung und Spannung des Ventrikels, um so größer ist sein Schlagvolumen.
2. Wird der systolischen Entleerung ein Widerstand durch Erhöhung des arteriellen Druckes entgegengesetzt, dann nimmt die Kontraktionskraft der Herzmuskelfasern zu, so daß trotz der erschwerten Entleerungsbedingungen das Schlagvolumen konstant bleibt.

Diese Regulierung der Herzarbeit erfolgt ohne Mitwirkung von Nerven oder Hormonen.

Weiterhin ist bedeutsam, daß das Volumen des Herzens nicht in allen Fällen vollständig entleert wird. In der Regel bleibt ein Restvolumen zurück, das bei trainiertem Herzen besonders groß sein kann, da es bei plötzlicher, gesteigerter Leistungsforderung eine sofortige Vergrößerung des Schlagvolumens ermöglicht (REINDELL). Hierzu sind untrainierte Herzen nicht fähig, da sie erst eine vermehrte Blutzufuhr aus der Peripherie für eine Vergrößerung des Schlagvolumens benötigen.

5. Klappenschluß

Die vom Herzmuskel geleistete Arbeit erhält eine bestimmte Richtung durch die Herzklappen, welche einerseits die Vorhöfe von den Kammern und andererseits die Kammern von den großen Gefäßräumen trennen. Der rechtzeitige vollständige Klappenschluß bestimmt in hohem Grade den Nutzeffekt der durch die Herzmuskulatur geleisteten Arbeit.

Unter normalen Bedingungen wird man sich den Klappenmechanismus folgendermaßen vorzustellen haben:

Das herzwärts strömende Venenblut wird im rechten Vorhof gesammelt. Die Geschwindigkeit dieses Blutstromes hängt ab von der vis a tergo, der Tätigkeit der Venomotoren, intrathorakalen Druckschwankungen usw. Während der Kammersystole wird die Atrioventrikularebene spitzenwärts gezogen, dadurch kommt es zu einem aktiven Sog, d. h. einer Begünstigung der Vorhofsfüllung.

In Abb. 18 und Abb. 19 sind die geöffneten und geschlossenen Atrioventrikularklappen aus verschiedener Sicht zur Darstellung gebracht worden.

Übersteigt der Druck im rechten Vorhof den Druck des erschlafften Ventrikels, dann werden die vorher festgeschlossenen Segelklappen geöffnet, und es kommt zur diastolischen Kammerfüllung. Während der Diastole passen sich die Segelklappen dem Blutstrom an, wobei sie in bestimmter Gesetzmäßigkeit zur Geschwindigkeit des venösen Einstromes eine mehr oder minder starke Öffnung zeigen. Die Segelklappen liegen der Ventrikelwand nicht an, da hinter den Segelklappen Wirbelströme auftreten, welche die Segel an den einströmenden Blutstrom anpressen. Am Ende der Diastole, wenn durch Einsetzen der Vorhofkontraktion der Blutstrom eine Beschleunigung erfährt, kommt es zur Verstärkung dieser Wirbelströme. Noch bevor die Ventrikelsystole beginnt, werden die Segelklappen nach Aufhören des Zustroms aus dem Vorhof gestellt und zum Schließen gebracht. Der dann einsetzende Kammerdruck schließt die Klappen vollständig, und zwar um so fester, je schneller und stärker er zur Auswirkung kommt.

In Abb. 20 ist dieser Vorgang schematisch von REIN wiedergegeben worden.

Abb. 18. Beide Atrioventrikularostien eines menschlichen Herzens in normaler Größe und Form nach Abtragung der Vorhöfe von oben gesehen (eigene Beobachtung).

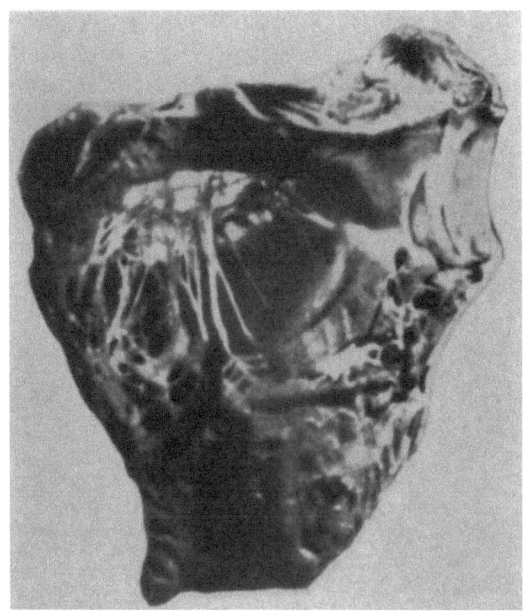

Abb. 19. Geschlossene Atrioventrikularklappe nach Abtragung einer Ventrikelwand von unten gesehen.

Der Mechanismus des Semilunarklappenschlusses erfolgt nach den gleichen Prinzipien. Während der Systole wird die Aortenwand gedehnt; Wirbelströme in den Sinus valsalvae stellen die Aortenklappen um so enger, je geschwinder der Blutstrom erfolgt.

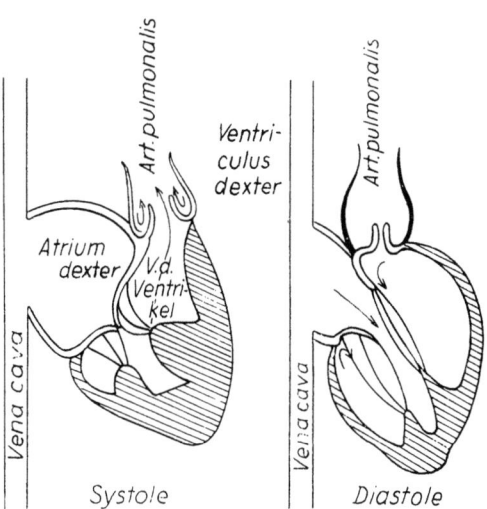

Abb. 20. Schema des Atrioventrikular-Klappenmechanismus der Systole und Diastole (nach REIN).

Aus dem Schema Abb. 21 wird ersichtlich, daß zu Beginn der Diastole die Wirbelströme die Aortenklappen stellen (a). Die Kraft der sich nunmehr kontrahierenden Aortenwand erzeugt eine Blutbewegung nach dem Herzen und bringt jetzt die Klappen völlig zum Schluß.

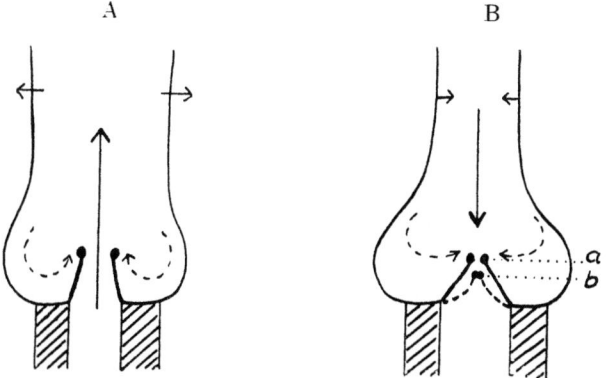

Abb. 21. Schematische Darstellung des Aortenklappenschlusses. Systole (Abb. 21 A), Beginn der Diastole (Abb. 21 B). Während der Systole wird die Aortenwand gedehnt, Wirbelströme in den Sinus valsalvae stellen die Aortenklappen um so enger, je geschwinder der Blutausstrom erfolgt. Zu Beginn der Diastole schließen die Wirbelströme die Aortenklappen (a). Die Kraft der sich nunmehr kontrahierenden Aortenwand erzeugt eine Blutbewegung nach dem Herzen und bringt die Klappen völlig zum Schluß (b).

In Abb. 22 zeigen Fotogramme eigener Beobachtung den gleichen Vorgang.

Dabei ist der Klappenschluß nie ganz vollständig, d. h. es besteht auch unter normalen Bedingungen eine physiologische, intraprozessuale Insuffizienz, die zwischen 0,5 – 1% des Schlagvolumens beträgt. Die physiologische Insuffizienz nimmt zu bei Abnahme der Stromgeschwindigkeit und bei Zunahme des Aortendruckes. Sie ist bei großer Ausströmungsgeschwindigkeit und niedrigem Aortendruck am geringsten.

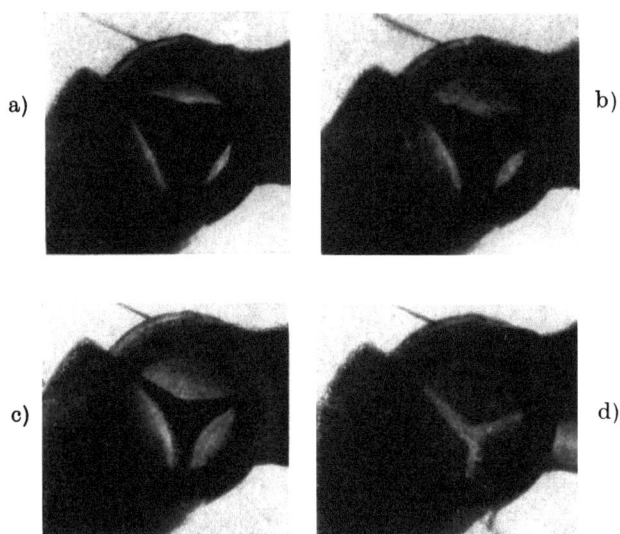

Abb. 22. Fotogramme der menschlichen Semilunarklappen. a) Ruhestellung der Klappen; b) Stellung der Klappen bei schwachem Flüssigkeitsstrom vom Herzen nach der Pulmonalis; c) Klappenstellung bei starkem Flüssigkeitsstrom; d) am Ende der Entleerung geht die Klappe auch ohne Überdruck von oben in Schlußstellung. Semilunarklappenschluß (nach HOCHREIN).

Es ist festzuhalten, daß die Güte des Klappenschlusses, d. h. das Verhalten von Atrioventrikularklappen bzw. Semilunarklappen zu Beginn der Diastole weitgehend von der Hämodynamik der vorausgehenden Systole abhängig ist.

6. Herztonus

Dem Tonus des Herzmuskels ist bisher relativ wenig Aufmerksamkeit gewidmet worden, obwohl der Begriff der Anfangsspannung für die Ergiebigkeit der Herzrevolution schon seit langem bekannt ist. Auch aus der Röntgenologie und der Sportmedizin ist das guttonisierte Herz des Trainierten, der schlaffe Tonus der Vagusneurose und der weitgehende Tonusverlust bei der Herzinsuffizienz seit langem bekannt.

Es ist heute die Vorstellung geläufig, daß der Herzmuskel die Fähigkeit hat, vorzugsweise dann mit einer Intensivierung seiner Kontraktilität zu reagieren, wenn durch Zuflußvermehrung infolge von körperlicher Arbeit, durch Erhöhung des Strömungswiderstandes oder durch eine erhöhte Rest-Blutmenge die Ausgangsspannung des Myokards zunimmt. Man hat diesen Vorgang auch als „tonogene Dilatation" bezeichnet und in dieser Fähigkeit, bis zu einem Wirkungsoptimum gesteigerte Anforderungen mit einer Zunahme des Schlagvolumens beantworten zu können, die „Reservekraft" des Herzens erblickt.

BRAEUCKER hat demgegenüber den Begriff der „aktiv-tonischen Kardiodilatation" geprägt, der durch Vagusreizung zu erzielen ist. Hier handelt es sich nicht um eine erhöhte Anfangsspannung, sondern um eine kontinuierliche Steigerung des bestehenden dilatatorischen Tonus. Er nimmt an, daß die durch Vagusreizung hervorgerufene Mobilisierung der tonischen Reservekräfte des kardiovaskulären Systems durch aktive, blutansaugende Muskelkraft eine Vergrößerung der diastolischen Füllung zustande bringt, der dann eine entsprechend verstärkte systolische Entleerung folgt. Unter diesem Gesichtswinkel darf in der Diastole keine rein passive Phase gesehen werden, sondern lediglich ein Füllungsablauf unter verschiedener tonischer Spannung.

Derartigen Vorstellungen vom Tonus des Myokards muß man Rechnung tragen, wenn man bestimmte Zustände gesteigerter oder verminderter Ansprechbarkeit verstehen will.

7. Energiehaushalt des Herzens

Bei der Besprechung des Energie-Haushaltes des Herzens beschränken wir uns in diesem Rahmen auf die Funktion der Milchsäure und folgen dabei den Ausführungen von A. ENGELHARDT. Bekanntlich wird als das kontraktile Element des Herzmuskels das Eiweiß Myosin angesehen.

Seine Fähigkeit, sich zu verkürzen, hängt eng mit seiner chemischen Struktur als Proteinkörper zusammen. Das Eiweißmolekül besteht aus zahlreichen, durch Peptidbindung aneinandergefügten Aminosäuren, die alle die Struktur R—CH(NH_2)—COOH aufweisen. Die Verkürzung von Eiweißmolekülen im Herzmuskel kann man auch als umkehrbare chemische Reaktion schreiben:

gestrecktes Myosin + G-Actin + Energie $\rightleftharpoons$ Acto-Myosin

Die für die Bildung von Acto-Myosin aus gestrecktem Myosin und G-Actin verbrauchte Energie schwankt; denn bei der Bildung von Acto-Myosin muß zugleich mechanische Arbeit geleistet werden, die in der Austreibung des Blutes und außerdem in der Verformung des Herzmuskels besteht. Der Energieverbrauch bei der Acto-Myosin-Bildung dürfte mit einem hohen Grad von Wahrscheinlichkeit der geleisteten Arbeit proportional verlaufen.

Der Kammerteil des Herzens gewinnt die für seine Tätigkeit notwendige Energie durch die Verbrennung von Milchsäure. Der Abbau der Milchsäure erfolgt stufenweise, indem – jeweils unter Freiwerden von Energie – diese zunächst in Brenztraubensäure verwandelt und aus dieser aktivierte Essigsäure gebildet wird. Die aktivierte Essigsäure wird im Zitronensäurezyklus abgebaut. Die bei dem stufenweise erfolgenden Abbau von Milchsäure zu Kohlendioxyd und Wasser freiwerdende Energie wird zum großen Teil dazu benutzt, um aus Adenosindiphosphorsäure (ADP) die energiereichere Adenosintriphosphorsäure (ATP) zu gewinnen.

Der Kontraktionsvorgang beginnt offenbar mit der Freisetzung von Energie durch Verwandlung von ATP in ADP; denn ohne die dabei freiwerdende Energie kann sich das Myosin nicht stärker falten. Bei der Umwandlung von ATP in ADP wirkt das Actin als Ferment. Es wäre denkbar, daß diese Fermentwirkung des Actins nur dann möglich ist, wenn Actin nicht in das Acto-Myosin-Molekül eingebaut ist. Dadurch würde die absolute Refraktärphase des Herzmuskels gegen Reize während der Systole verständlich. Eine weitere Voraussetzung für den Zerfall von ATP ist die Anwesenheit von Ca-Ionen, während vorhandene Mg-Ionen diese Reaktion hemmen.

Der Zerfall von ATP beginnt offensichtlich im Sinusknoten des Herzens und breitet sich von dort mit großer Geschwindigkeit über den ganzen Vorhof aus. Die Überleitung zur Kammer geschieht durch den Atrio-Ventrikularknoten, von dem das Hrssche Bündel ausgeht und für eine rasche Ausbreitung des Vorganges über den Kammerteil des Herzens sorgt. Eine Verschiebung des Ca-Mg-Gleichgewichtes darf als der auslösende Vorgang für den ATP-Zerfall angesehen werden. Diese Verschiebung kann durch die von ATP abgespaltene Phosphorsäure eintreten, und dieser Vorgang dürfte sich als Kettenreaktion über den ganzen Herzmuskel ausbreiten. Er kommt dadurch zum Stehen, daß sich das Myosin gefaltet und zugleich alles G-Actin angelagert hat. Solange das nicht der Fall ist, vermittelt das als Ferment wirksame Actin den weiteren Zerfall von ATP, so daß die zur Kontraktion notwendige Energie frei wird. Dabei steht fest, daß der Arbeitsaufwand, der zur Kontraktion des Herzmuskels notwendig ist, die Freisetzung der dafür nötigen Energie steuert, und daß die Erregungsausbreitung im Herzmuskel mit dem Kontraktionsvorgang auf das engste verknüpft ist. Die starke Temperaturabhängigkeit des Rhythmus der Erregungsbildung im Sinusknoten macht es wahrscheinlich, daß auch die Auslösung des Reizes durch einen Stoffwechselvorgang erfolgt.

Die Milchsäure stammt in ganz überwiegendem Maße aus dem Kohlenhydratstoffwechsel, und zwar entsteht sie entweder durch Glykolyse aus dem Glykogen, was für den quergestreiften Muskel eine charakteristische Reaktion ist, oder aus Traubenzucker, ein Vorgang, der in allen Geweben möglich ist.

Es ist dabei bemerkenswert, daß der Glykogen- und Traubenzuckervorrat im Herzmuskel geringer ist als im Skelettmuskel, der Milchsäurevorrat dagegen größer. Auch ist festzustellen, daß das Blut einen höheren Gehalt an Traubenzucker aufweist, als die Muskulatur. Es läßt sich nachweisen, daß der Herzmuskel aus dem Blut Milchsäure aufnehmen kann und daß bei steigendem Energiebedarf des Herzmuskels die Milchsäureaufnahme dem Bedarf entsprechend ansteigt. Die Milchsäure ist somit wohl die natürliche Energiequelle des Herzmuskels.

Der Milchsäurebedarf wird dem Herzmuskel in überwiegendem Maße von den Skelettmuskeln geliefert. In diesen wird zur Energiegewinnung Glykogen in Milchsäure gespalten. Ein Teil dieser Milchsäure wird in den Muskeln oxydativ zu Kohlendioxyd und Wasser abgebaut. Dadurch erhält der Muskel die notwendige Energie, um den größten Teil der durch Glykolyse entstandenen Milchsäure wieder zu Glykogen aufzubauen (Glykogenresynthese).

Ein Teil der Milchsäure aber wird vom Skelettmuskel an das Blut abgegeben. Der größte Teil dieser Milchsäure dient dem Herzen als Energiequelle.

Es bleibt noch darauf hinzuweisen, daß der Herzmuskel auch andere Stoffe zur Energiegewinnung benutzen kann. Von besonderer Bedeutung ist der Traubenzucker, der in Anbetracht der guten Blutversorgung des Herzmuskels stets in ausreichender Menge zur Verfügung steht. Es ist auch erwiesen, daß der Herzmuskel im Notfall die Glykogenvorräte als Energiequelle benutzen kann, die er speichert. Besonders beachtenswert ist, daß der Herzmuskel auch Fruktose abzubauen vermag. Man kann ein isoliertes Herz mehrere Stunden mit diesem Zucker ernähren. Das ist um so erstaunlicher, als der Skelettmuskel diesen Zucker nicht auszunutzen vermag und die Fähigkeit, Fruktose in Glukose zu verwandeln, nur auf wenige Organe beschränkt ist. Diese Kohlehydrate stellen aber für den Herzmuskel keinen vollwertigen Ersatz für die Milchsäure dar.

Mit diesen Erkenntnissen sind die metabolen Vorgänge im Myokard noch keineswegs erschöpfend dargestellt, gibt es doch kaum ein Organ, bei dem das komplizierte Zusammenspiel zwischen Stoffwechsel, elektrischer Aktivität und Motorik auffälliger in Erscheinung tritt als das Herz.

FLECKENSTEIN hat sich besonders der Untersuchung des Kationen-Austausches gewidmet. Es ließ sich nachweisen, daß das Herzmuskelgewebe nicht nur energiereiche Phosphate und Glykogen, sondern eine sehr große Menge von K^+-Ionen enthält und daß diese K^+-Konzentration in der Myokardfaser 30mal höher ist als im extrazellulären Raum. Da das so resultierende Konzentrationsgefälle als Ursache des hohen elektrischen Ruhepotentials anzusehen ist, kann die Myokardfaser praktisch als eine Art „Kalium-Batterie" (FLECKENSTEIN) bezeichnet werden. Der Zustand der Erregung aber kommt nun dadurch zustande, daß Na^+-Ionen in die Fasern eindringen, während gleicherweise K^+-Ionen dieselbe verlassen, so daß die bioelektrische Tätigkeit des Myokards ihrer Natur nach nichts anderes darzustellen scheint, als die elektrisch meßbare Manifestation der K^+- und Na^+-Bewegungen.

8. Eigentümlichkeiten von Konstitution und Geschlecht

Der Konstitution als Normvariante soll ein kurzer Hinweis gewidmet werden, da diese speziellen Gegebenheiten bei der individuellen Beurteilung noch zu wenig Berücksichtigung finden.

Nehmen wir allein die Extremtypen des pyknisch-athletischen, pyknisch-adipösen, pyknisch-plethorischen Habitus einerseits und des asthenisch-leptosomen Habitus andrerseits, dann finden sich nicht nur sehr unterschiedliche Veranlagungen, sondern daraus resultierend auch sehr differente Verhaltensweisen.

So neigt der erste Typ zu kräftig muskulärer Ausbildung von Herz- und Gefäßwandungen. Die Muskulatur ist hypertrophiefähig und hypertrophiefreudig; eine Konstitution, geneigt zur Anpassung an Belastung und ausgesprochener Trainingsbereitschaft. Das Herz erscheint durch den häufig nachweisbaren Zwerchfellhochstand vielfach vergrößert und linksverbreitert, die Pulsationen sind ergiebig, der Tonus gut. Im Ekg erscheint dieses Bild meist durch kräftige Ausschläge in Abl. I und II und sehr kleine Ausschläge in Abl. III, d. h. als Linkslage-Typ. Die Gefäße sind sehr starkwandig, die Haut gut durchblutet mit lebhaft rotem Kolorit und allgemeiner Tendenz eher zur Blutdrucksteigerung. Demgegenüber ist der asthenisch-leptosome Habitus ausgezeichnet durch Zartheit und scheinbare funktionelle Schwäche bzw. Adynamie seiner Herz- und Gefäßmuskulatur. Das Herz ist steilgestellt und hängt mittelständig an einer ebenso zarten Aorta. Während die Leistungsfähigkeit durchaus ausreichend sein kann, ist die Tendenz der schmalen Myokardfasern zur Hypertrophie äußerst gering, und ein durchaus möglicher schwacher Trainingsgewinn geht rasch wieder verloren. Durch die vielfach mit diesem Typ einhergehende Bindegewebsschwäche und das wenig voluminöse Darmpaket resultiert gleichzeitig ein Zwerchfelltiefstand, der so hochgradig sein kann, daß die Herzsilhouette praktisch im Mittelfeld verschwindet. Die Pulsationen des Herzens sind wenig ergiebig, der Tonus ist deutlich herabgesetzt und im Ekg imponiert mit sehr kleinen Kammerausschlägen in Abl. I ein Rechtslage-Typ. Die Gefäße sind sehr zartwandig, bläulich durch ein blasses Kolorit durchschimmernd, und mit der Tendenz zu Hypotonie ist in der Regel ein ausgesprochener zirkulatorischer Minderleistungstyp verbunden.

Die Geschlechtsunterschiede einzelner Herz-Kreislaufgrößen sind von BÜRGER sehr sorgfältig herausgearbeitet worden.

Es zeigt sich, daß die Herzgröße in der Regel bei Frauen geringer, die Herzfrequenz etwas höher, das Minutenvolumen durch das meist geringe Schlagvolumen der Frauen jedoch niedriger liegt als bei Männern. Die Versuche, aus dem Ekg, seinen Zacken und Zeitverhältnissen geschlechtstypische Unterschiede eruieren zu wollen, scheinen etwas zu weitgehend. Dagegen ist die Sexualdifferenz der mechanischen Systolendauer auffällig, um so mehr, als während der Kindheit die Werte weitgehend übereinstimmen und dann mit der Pubertät eine Trennung erfolgt, die ihr Maximum auf der Höhe der Geschlechtsreife erreicht.

Diese Befunde sind interessant, für die Klinik können sie jedoch bisher nur beschränkt nutzbar gemacht werden.

Literatur zu Kapitel II, Abschnitt A, 2 ff.

BRAEUCKER, W.: Kardiotonus und Herzinsuffizienz, Ärztl. Praxis 9, H. 18, 2 (1957); II. Das Wesen des Kardiotonus. Ärztl. Praxis 9, H. 19, 1 (1957); Kardiotonus und Herzinsuffizienz. Die Leistungen der tonischen Innervation. Ärztl. Praxis 9, H. 35, 6 (1957); Bedeutung der rheumatischen Sensibilisierung. Ärztl. Praxis 9, H. 36, 2 (1957); Aktiv-tonische Gefäßerweiterung in der Praxis. Ärztl. Praxis 9, H. 2, 1 (1957). — BÜRGER, M.: Pathologische Physiologie 3. Aufl. (Leipzig 1949); Einführung in die pathologische Physiologie. 4. Aufl. (Leipzig 1953). — BÜRGER, M., Geschlecht und Krankheit (München 1958). — CAINI, B.: L'atrio sinistro (Florenz 1958). — ENGELHARDT, A.: Das Herz im Energie- und Stoffhaushalt des Menschen. Colloquium Med. 4, H. 11, 1 (1957). — FLECKENSTEIN, A.: Die Herzmuskelstoffwechsel und seine Abhängigkeit von der Koronardurchblutung. Wien. Z. inn. Med. 39, H. 2, 69 (1958). — HOCHREIN, M.,: Herzkrankheiten, Bd. I (Dresden und Leipzig 1942); Ders. und K. MATTHES: Beiträge zur Blutzirkulation im kleinen Kreislauf. IV. Mitteilung: Der Druck im kleinen Kreislauf. Naunyn Schmiedebergs Arch. exper. Path. 167, H. 5/6, 687 (1932). — REIN, H.: Physiologie des Menschen. 11. Aufl. (Berlin-Göttingen-Heidelberg 1955).

9. Funktionseinheit Herz-Kreislauf und vegetatives Nervensystem

Das vegetative Nervensystem umfaßt alle effektorischen Nerven, die Drüsen, glatte Muskulatur, Herz und Gefäßsystem versorgen, aber auch sensible Nervenfasern, besonders der inneren Organe besitzen. Wir sprechen dabei auch von einem autonomen oder unwillkürlichen Nervensystem, weil seine Funktionen im allgemeinen sich der willkürlichen Beeinflussung entziehen.

Es ist heute noch in der Physiologie und in der Klinik üblich, das vegetative Nervensystem einzuteilen in einen Abschnitt, der dem Thorakal- und Lumbalmark entspricht, dem Sympathikus, und dem Parasympathikus oder Vagus, der aus dem bulbo-sakralen Anteil kommt, wobei angenommen wird, daß beide Nervenabschnitte sich funktionell weitgehend gegensätzlich verhalten.

Am Herzen läßt sich zeigen, daß der N. vagus eine Dauerwirkung im Sinne einer Herzökonomisierung ausübt und daß ihm eine in ihrer Existenz gar nicht so gesicherte Dauerwirkung entgegengesetzter Art seitens des N. sympathikus gegenübersteht, durch die ein gewisses Gleichgewicht eingehalten wird. Es ist bekannt, daß über den rechten N. vagus mehr Fasern in das Gebiet des rechten Vorhofs und nach dem Sinusknoten, d. h. dem Schrittmacher des Herzens, verlaufen, so daß bei seiner Reizung die Verlangsamung der Herzschlagfolge leichter zu erreichen ist, als am linken Vagus, dessen Fasern vor allem zum Atrioventrikularknoten gehen, wo sie die Reizüberleitung von den Vorhöfen über die Ventrikel erschweren.

Nach klassischer Formulierung wird dem Vagus am Herzen folgende Wirkung zugeschrieben:

1. frequenzherabsetzend = (negativ chronotrop);
2. überleitungsverlangsamend = (negativ dromotrop);
3. erregbarkeitsmindernd = (negativ bathmotrop);
4. leistungsökonomisierend = (negativ inotrop).

Wir sind heute der Auffassung, daß der N. vagus im wahrsten Sinne des Wortes Sorge für die Schonung des Herzens trägt. BOHNENKAMP hat gezeigt, daß unter Vaguswirkung der gesamte Stoffwechsel des Herzmuskels sinkt. Es kommt dabei zu einem verminderten Blutbedarf und dementsprechend zu einer Verbesserung der Koronardurchblutung. Der Sauerstoffverbrauch des Herzmuskels je Leistungseinheit nimmt ab (GREMELS), so daß der Wirkungsgrad des Herzens ansteigt.

Aus Tabelle 1 ist zu entnehmen, welche Wirkung das vegetative Nervensystem auf den Kreislauf verschiedener Organe ausübt.

Tabelle 1. Herz-Kreislauferkrankungen bei verschiedener vegetativer Intonierung

Organ	Sympathikus	Parasympathikus
Herz:	Förderung	Hemmung
Reizbildung	beschleunigt	verlangsamt
Überleitungszeit	verkürzt	verlängert
Kraft der Kontraktion		
Vorhof	erhöht	vermindert
Kammer	erhöht	—
Gefäße:	im allgemeinen Tonuserhöhung	im allgemeinen Tonusabnahme
Haut	Verengerung	—
Muskel	Verengerung und Erweiterung	—
Zunge	Verengerung	Erweiterung
Koronarien	Erweiterung?	Verengung?
Gehirn	geringe Verengerung (nur weiße Substanz)	Erweiterung
Lunge	geringe Verengerung	geringe Erweiterung und Verengerung
Bauchgefäße	Verengerung	
Leber	Depotentleerung	
Äußere Genitalien	Verengerung	Erweiterung (Erektion)

Bezüglich der Vaguswirkung auf das Koronarsystem hat sich die vieldiskutierte Auffassung ergeben, daß der Vagus, im Gegensatz zum übrigen Kreislaufsystem die Koronardurchblutung drossele, was teleologisch im Hinblick auf die parasympathische Ökonomisierung der Herzleistung kaum verständlich gemacht werden kann. Man hat sich dann bemüht, diesen Widerspruch durch die Tatsache aufzuhellen, daß Vagusbradykardie und Vagusstoffwechselwirkung mit Bevorzugung anoxybiotischer Energiebelieferung dem Herzen so vorteilhafte Bedingungen schaffen, daß trotz Koronardrosselung die Situation wesentlich günstiger sei, als bei sympathikotoner Einstellung. Tatsächlich aber führt, wie DUANCIC nachweisen konnte, auch ein Vagusreiz zur Koronarerweiterung, da infolge der spiralig angeordneten Koronarwandmuskulatur ein Kontraktionsreiz mit einer Gefäßerweiterung und nicht mit einer Lumeneinengung beantwortet wird.

Auch in anderer Hinsicht ist manch eine Korrektur der Anschauungen notwendig.

Unsere heutige Auffassung von der Wirkungsweise des vegetativen Nervensystems geht im wesentlichen auf physiologische Experimente zurück, die sich der Nervenreizung, der Durchschneidung bestimmter Nerven und bezüglich der Wirkung des Sympathikus, auch der Darreichung von Adrenalin bzw. anderer Hormone, bedienen.

Bei unseren eigenen Studien, die wir vor allem am Kreislauf des Koronarsystems und der Lunge durchführten, stellten wir fest, daß die Klinik bezüglich der Wirkungsweise des vegetativen Nervensystems neue Wege suchen muß, da die Gesetzmäßigkeiten der Nervenphysiologie nur bedingt auf humane Verhältnisse übertragen werden können. Während die Nervenphysiologie bei Reizversuchen einen bestimmten Effekt nach dem Alles- oder Nichtsgesetz erwartet, sehen wir, daß am vegetativen Nervensystem, je nach Art und Stärke eines gewählten Reizes, die verschiedenartigsten Reaktionen auftreten können.

Bei Wahrung möglichst biologischer Bedingungen haben wir am Ganztier bei intaktem Kreislauf und Spontanatmung die Durchblutung des Herzens, der Lunge, weiterhin Arteriendruck, Herzschlagzahl und Atemmechanik fortlaufend optisch registriert und elektrische Reizversuche am N. vagus und am N. depressor mit sinusreinen Wechselströmen nach der Methode von GILDEMEISTER durchgeführt (Abb. 23).

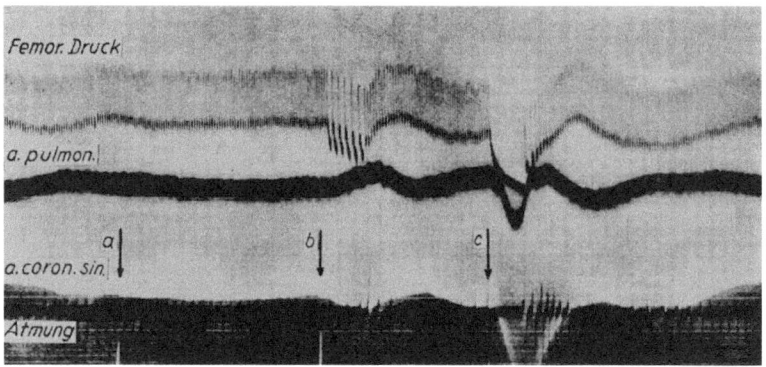

Abb. 23. Nachweis der Abhängigkeit vegetativer Reaktionen von Reizstärke und Reizform (nach HOCHREIN und GROS). Reizung des unteren Halsvagus (elektr. Reizung) bei gleicher Frequenz und verschiedener Stromstärke. a = Frequenz 23 Stromstärke 0,30 mA; b = Frequenz 23 Stromstärke 0,80 mA; c = Frequenz 23 Stromstärke 1,40 mA.

Wie Abb. 24 zeigt, sind die Wirkungen auf die von uns registrierten Faktoren je nach der Frequenz und der Intensität des zur Reizung verwendeten Stromes außerordentlich verschieden. Es ist daher möglich, daß bei Reizung eines bestimmten Nerven beim gleichen Experiment Arteriendrucksenkung und -steigerung, Atemhemmung und -beschleunigung, Zunahme und Abnahme der Koronardurchblutung sowie Blutanschoppung und -entleerung der Lunge erzielt werden können.

Diese Verschiedenheiten in der Reizwirkung sind auch bei hauchdünnen Fädchen des parasympathischen Systems, z. B. des N. depressor, nachzuweisen. Es ist anzunehmen, daß die einzelnen Atem- und Kreislaufphänomene ein verschiedenes Reizoptimum besitzen, so daß zur Erzeugung eines bestimmten Kreislaufbildes jeweils am gleichen Nerven ein Reiz von bestimmter Frequenz und Intensität notwendig ist (Abb. 24).

Diese Eigenart des vegetativen Nervensystems wird in seiner Deutung noch weiterhin kompliziert durch den Einfluß, den die Tonuslage auf den Reizerfolg ausüben kann.

Bei der Beeinflussung der vegetativen Tonuslage durch Darreichung von Atropin, Verminderung der Gesamtblutmenge usw. läßt sich zeigen, daß die gleiche Adre-

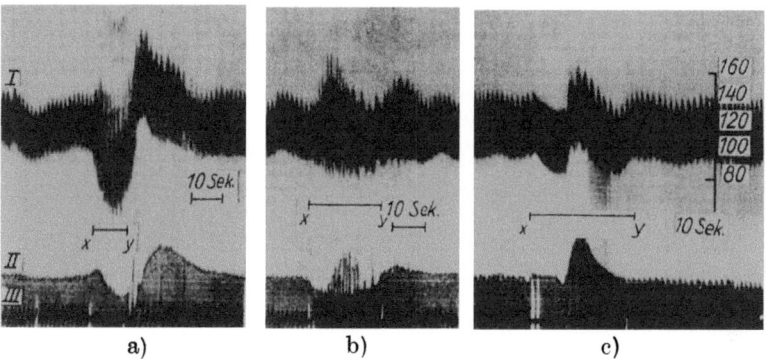

Abb. 24. Auswirkung unterschiedlicher vegetativer Reize auf Femoralisdruck, Strömung und Atmung (nach HOCHREIN und GROS). Reizung des N. depressor bei gleicher Stromstärke und verschiedener Frequenz. I. Femoralisdruck. II. Koronardurchströmung. III. Atmung. a) = Frequenz 23, Stromstärke 0,9 mA; b) = Frequenz 112, Stromstärke 0,9 mA; c) = Frequenz 314, Stromstärke 1,5 mA.

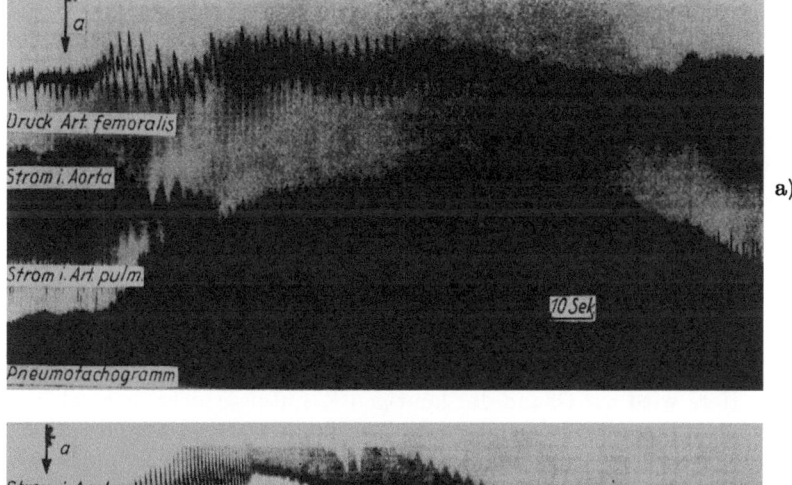

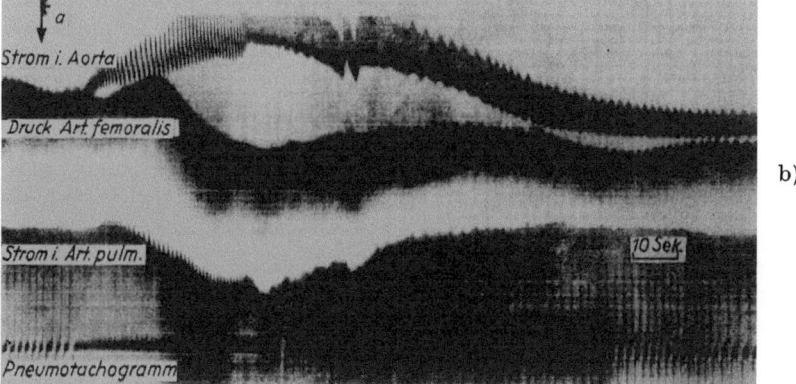

Abb. 25. Nachweis der Abhängigkeit vegetativer Reize von der vegetativen Ausgangslage (nach HOCHREIN und KELLER). a) stark vagotone Ausgangssituation; b) Zirkulationsvolumen im gesamten Kreislauf relativ hoch (sympathikotone Situation).

nalindosis je nach der allgemeinen Kreislauflage einen verschiedenen Einfluß ausüben kann. Wir erhalten unterschiedliche Ergebnisse, wie Abb. 25 zeigt, am arteriellen Druckablauf und der Atemmechanik. Hinsichtlich der Durchblutung der Lungen können wir eine Steigerung sowie auch eine Verminderung und in Bezug auf die Blutfüllung eine Auspressung und Auffüllung nachweisen.

Diese Beobachtungen zeigen, daß die in der Klinik häufig geübte Schematisierung und Vereinfachung in der Deutung symphathischer bzw. parasympathischer Reizwirkungen nur mit größter Zurückhaltung vorgenommen werden darf, da es in den meisten Fällen außerordentlich schwierig ist festzustellen, mit welcher Intensität und Eigenart ein bestimmter Reiz auf ein in seiner Reaktionsfähigkeit variables Nervensystem trifft.

Wir müssen uns weiterhin vergegenwärtigen, daß das vegetative Nervensystem zwar steuernde und tonisierende, d.h. das „milieu interne" sehr wesentlich temperierende Funktionen ausübt, daß es aber seinerseits seine Impulse für die jeweilige Tonuslage in so dominierender Weise aus seinen Projektionsgebieten, d. h. von Psyche, Endokrinium, Stoffwechsel, Kreislauf, Magen-Darmkanal, Leber, Sinnesorganen usw. erhält, daß es aus seinem Wirkungsfeld gar nicht gelöst und schwerlich isoliert besprochen werden kann. Fassen wir daher die besonderen Funktionen des Vegetativums zusammen, dann gewährleistet es Ökonomie und „Euregulation", d. h. eine optimale Einstellung aller Funktionen auf die jeweiligen Bedürfnisse des Organismus, sowohl in Ruhe, als auch bei physiologischen Reizen und Belastungen jeder Art.

Schon allein auf Grund der Physiologie dieses Systems wird leicht verständlich, daß dieses harmonisch abgestimmte Gefüge sehr leicht „mißgestimmt" werden kann. Es resultiert daraus zunächst keine Krankheit, sondern mehr eine „Dysbiose", d. h. eine Irritation der Norm, ein Zustand von Fehlreaktionen vielfältigster Spielart, den wir im Rahmen der vegetativen Dystonie ausführlich besprechen werden.

10. Beeinflussung des Herzens durch extrakardiale Faktoren

Das Herz wird auf Grund der heutigen Kenntnisse nicht mehr als zentraler Motor, sondern als Erfolgsorgan auf zahlreiche hämodynamische, nervöse und humorale Reize angesehen. Beherrschend unter diesen Faktoren ist das venöse Blutangebot. Ist dieses unzureichend, dann ist jeder andere Mechanismus einer Kreislaufanfachung wirkungslos. Als Regulatoren für diese Aufgabe haben wir oben die Zügel des vegetativen Nervensystems besprochen, und weiterhin sind die sogenannten Blutdruckzügler im Karotis-sinus und den Aortennerven zu nennen. Außerdem müssen reflexogene Zonen in Lunge, Pleura, im Magen-Darmkanal, speziell in den Gallenwegen, in Niere, dem Zentralnervensystem, vorzugsweise im linken Schläfenlappen, Augenbulbus und Trigeminusgebiet angenommen werden. Besonders zu erwähnen sind weiterhin die reflektorischen und algetischen Zonen des Herzens, deren Kenntnis den Arbeiten von HEAD und MACKENZIE, HANSEN und STAA, zu verdanken ist. Als Projektionsfeld des Herzens auf die Peripherie sind die linke vordere Brustwand, linke Schulter und Halsseite, ulnare Seite des linken Armes anzusehen. Bisher sind diese Zonen vor allem unter dem Gesichtspunkt der viszeral inaugurierten Fernprojektion betrachtet worden, d. h. als Krankheitssymptom, obwohl zweifelsohne auch das gesunde Herz auf zentripetalem

Wege von diesen Gebieten aus beeinflußt werden kann. Es erscheint wichtig, diese Zusammenhänge bereits im Rahmen der Physiologie zu erwähnen, basiert doch auf diesen Erkenntnissen das große Gebiet der Reflex- bzw. Segmenttherapie, das heute aus der Behandlung nicht mehr weggedacht werden kann. Weiterhin ist die Beeinflussung der Herztätigkeit durch den Brechakt, durch heftigen Schmerz und ähnliches, zu berücksichtigen.

Auf den so bedeutungsvollen Zusammenhang zwischen Herzfunktion und Psyche wird S. 81 eingegangen.

Von humoralen Faktoren entfalten Adrenalin, Histamin und Thyroxin einerseits und Acetylcholin andererseits Wirkungen wie Sympathikus bzw. Vagus. Weiterhin können auch CO_2, Hypoxämie bzw. Azidose eine direkte Herzwirkung auslösen.

B. Peripherer Kreislauf

1. Aorta und große Gefäße

Der Aorta kommt im Rahmen der Hämodynamik des peripheren Kreislaufes eine besondere Bedeutung zu, da ihre Hauptaufgabe darin besteht, die Kraft der systolischen Blutstöße zu speichern und zu transformieren. Die Art der dabei notwendigen Arbeit ist an die elastischen Eigenschaften der Aortenwand gebunden und dadurch gewährleistet, daß die Aorta wenigstens in ihrem Anfangsteil, fast ausschließlich aus elastischem Material besteht.

Die Aufgabe des Aortensystems ist nun darin zu sehen, daß im Interesse der Stoffwechselvorgänge in der Peripherie und der Herzleistung ein möglichst gleichmässiger, peripherer Blustrom während des ganzen Lebens aufrecht erhalten wird. Diese Funktion kann nur durch eine Konstanz der Gefäß-

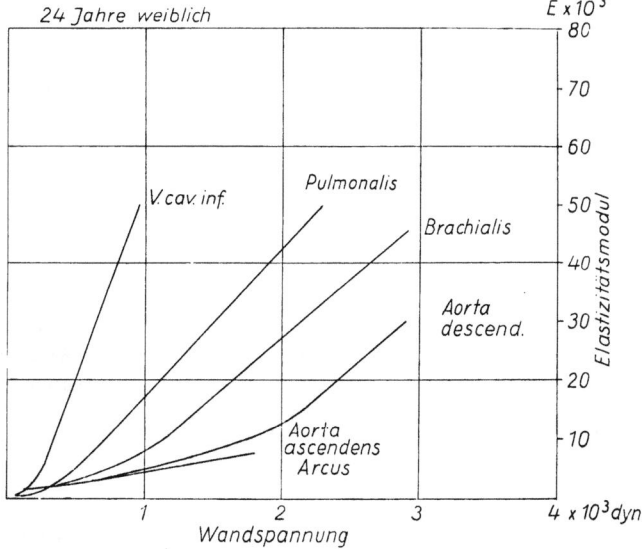

Abb. 26. Beziehungen zwischen Wandspannung und Elastizitätsmodul für verschiedene Gefäßabschnitte.

spannung gewährleistet werden. Da nun die Aorta mit zunehmendem Alter einen Dehnbarkeitsverlust erleidet, müssen zur Aufrechterhaltung der Wandspannung kompensatorische Kräfte wirksam werden, die den Elastizitätsverlust ausgleichen. Es kommt daher mit zunehmendem Alter zu einer geringen Erhöhung des Aortendruckes.

Neben diesem elastischen Arterientyp spielt der muskuläre Typ für die Kreislaufregulationen eine Rolle. Diese Gefäße sind nicht mehr so nachgiebig, vermögen aber durch aktive Kontraktion und Dilatation die Durchströmungsgröße gewisser Kreislaufprovinzen aktiv zu verändern.

In Abb. 26 ist die Dehnbarkeit bzw. deren reziproker Wert, der Elastizitätsmodul für verschiedene Gefäßabschnitte in ihrer Beziehung zur Wandspannung dargestellt worden.

Der größte regulatorische Einfluß kommt wahrscheinlich den relativ muskelstarken Arteriolen zu, in deren Bereich auch die arterio-venösen Anastomosen liegen. Durch ihre Kontraktion wird der Einstrom in das breite Kapillarbett ermöglicht, durch deren Eröffnung aber ein untätiges Organ ziemlich blutleer gehalten (Abb. 26).

Die weiteren Aufgaben des Arteriensystems werden im Rahmen der Gesamtfunktion des Kreislaufes bei besonderen Zuständen (s. S. 59) besprochen.

2. Kapillarsystem

Die Aufgaben des Kreislaufes werden vorwiegend in den Kapillaren erfüllt.

Funktionell gesehen stellen sie keine Einheit dar. Die Kapillaren sind so eng, daß etwa gerade ein rotes Blutkörperchen hindurchtransportiert werden kann. Die gewaltige Kapillaroberfläche ist keineswegs in jedem Organ ständig beansprucht. In der mikroskopischen Betrachtung sieht man vielmehr plötzlich Kapillarschlingen verschwinden und andere auftauchen, die vorher unsichtbar waren. Es muß also ein Mechanismus vorhanden sein, der die Kapillaren absperren kann, und zwar unabhängig von der Durchblutung der zuführenden Gefäße. Es wird mit anderen Worten die Durchströmung der Kapillaren nicht nur durch Sperrung oder Freigabe der zuführenden Arterien geregelt. Die Änderung kann nicht nur passiv durch die Einwirkung eines dehnend höheren Druckes erreicht werden, sondern ebenso kommt eine aktive Erweiterung der Kapillaren ursächlich in Frage. Die Mechanismen zu dieser reaktiven Erweiterung wollen wir übersichtshalber in eine örtliche und eine Fernsteuerung einteilen, deren erstere entwicklungsgeschichtlich älter ist und eine Art Autonomie bildet, d. h. auch nach Ausschaltung der Fernsteuerung erhalten bleibt. Dabei wirken lokal chemisch Stoffwechselprodukte bei gesteigerter Tätigkeit oder nach vorübergehender gewaltsamer Drosselung eines Gefäßgebietes. Verschiedene Stoffwechselendprodukte und möglicherweise auch die Säuerung des Blutes selbst, stellen den physiologischen Reiz für die Kapillarerweiterung dar, die zu einer Steigerung der Wanddurchlässigkeit bis zum Eiweißaustritt und zur Diapedese der roten Blutkörperchen führen kann. Als ein solcher spezifischer Kapillarwirkstoff gilt das Histamin, das auch in einer Verdünnung von 1:500000 noch wirksam ist. Das gefäßerweiternde Acetylcholin hat eine weniger ausgesprochene Wirkung auf das Kapillarsystem als auf die Arteriolen, d. h. die Wirkung von Acetylcholin und ebenso von Adenosintriphosphorsäure greift weiter zentral am Gefäßsystem an. Zusammen mit dem Sympathin können wir hier von den zwei wirksamen „Gewebshormonen" des Kapillarsystems sprechen. Charakteristikum der Gewebshormone schlechthin ist das Zusammenfallen der Bildungs- und Erfolgsorgane und häufig das Entstehen aus Stoffwechselendprodukten des betreffenden Organes. Für die Einstellung des normalen Blutdruckes scheint das Adrenalin keine wesentliche Rolle zu spielen, es wird vielmehr als Teilfaktor in die Kreislaufregulation eingespannt. Das gleiche scheint für das Vasopressin zu gelten, obwohl es KROGH für die Tonisierung und Kontraktion der Kapillaren für dominant hielt. Allgemein kann man sagen, daß die feinsten Gefäße der Peripherie viel mehr auf humoralem als auf nervösem Wege beeinflußt werden. Ja, es kann als ziemlich sicher gelten, daß diese Stoffe am Orte ihrer Wirkung selbst entstehen, teils aber auch, und das ist besonders wichtig für die Erkenntnis der nervös-humoralen Übertragungsmechanismen, als Folge eines Reizes an den peripheren Nervenendigungen auftreten.

Zur örtlichen Steuerung des Kapillarsystems gehört außerdem die Beeinflussung des Systems durch den Axonreflex. Die durch den Reiz örtlich freigesetzten vasoaktiven Substanzen üben ihre Wirksamkeit nicht nur auf die Kapillaren der Reizstelle aus, sondern darüber hinaus erregen sie sensible Nervenendigungen, die nun im Sinne des Axonreflexes die vorgeschalteten Arteriolen erweitern und so indirekt eine Hyperämie des Kapillarsystems erzeugen. Der Axonreflex in der terminalen Strombahn besteht also in einer humoralen Erregung eines sensiblen Nerven, der ohne Umschaltung im Rückenmark das Erfolgsorgan erneut humoral beeinflußt.

Die Fernsteuerung erfolgt durch Nerven und Hormone im eigentlichen Sinne, wobei sich der Organismus wie so oft einer doppelt gesicherten Regulationsmöglichkeit bedient.

Die interessanteste Frage innerhalb der nervösen Steuerung ist zweifellos die: gibt es eine Mittlersubstanz innerhalb des nervösen Übertragungsweges oder wird die Kapillare direkt innerviert und kontrahiert? Sie kann dahin beantwortet werden, daß bei der Reizung dieser sympathischen vasomotorischen Fasern als Wirkstoff an den Endplatten ein dem Adrenalin sehr ähnlicher Wirkstoff, das Nor-Adrenalin, ein Sympathin, freigemacht wird, das kontraktile Wirkung hat. Anatomisch ist das sympathische Nervennetz auch sehr reichlich zu finden und verläuft sehr eng und faserreich nicht nur auf dem Endothel, sondern auch bis in dasselbe hinein. Sehr wahrscheinlich steht jede Zelle der Kapillarwand unter nervösem Einfluß (SUNDER-PLASSMAN).

Die gefäßerweiternde Substanz Histamin spielt dagegen eine Rolle als lokal regulierendes Hormon durch Abspaltung von CO_2 aus der Aminosäure Histidin durch den Reiz alterierter Gewebszellen. Wir gehen davon aus, daß die zwei wichtigsten Zellelemente der Kapillaren einerseits aus Endothelzellen, die bis auf kleinste Stomata ein zusammenhängendes Synzytium bilden und andererseits aus Perizyten (ROUGET-Zellen), die verstreut auf der Zwischensubstanz aufgelagert sind, bestehen.

Die Perizyten, die den glatten Muskelzellen annähernd gleichgestellt werden, besitzen kontraktile Eigenschaften. Da sie jedoch die Kapillaren nicht vollständig umgreifen, bringen sie durch ihre Kontraktion eine asymmetrische Verengung der Strombahn unter gleichzeitiger exzentrischer Verlagerung ihrer Zellelemente zustande. Den Endothelzellen dagegen ist die Eigenschaft aktiver Eigenbeweglichkeit zuzuschreiben etwa im Sinne von amöboider Beweglichkeit, so daß sie z. B. bei Verletzung eines Gefäßes die erste Hilfe zum Verschluß der gesetzten Öffnung darstellen. Durch die Verbindung beider Mechanismen ist ein vollkommener Verschluß einer Kapillare zu erklären.

Von der Durchlässigkeit der Kapillarendothelien für Wasser und gelöste Stoffe hängt die Zusammensetzung der Lymphe, der Zwischengewebsflüssigkeit, ab. Während die Passage für Salze und Traubenzucker nur wenig Schwierigkeiten macht, ist ein großer Unterschied für die Eiweißstoffe zu beobachten. In den meisten Gewebsgebieten ist der Gehalt an gelösten Stoffen in der Lymphe niedriger als im Blut, so daß ein osmotisches Druckgefälle in der Richtung vom Gewebe nach dem

Kapillarlumen hin besteht. Lediglich die nicht oder schwer diffundierbaren Eiweißkörper, die kolloidalen Stoffe, bestimmen die Höhe des kolloid-osmotischen Druckgefälles. Und gerade dieser osmotische Druck, der infolge der großen räumlichen Ausdehnung nur sehr klein sein kann, spielt im Organismus eine besondere Rolle. Im Blutplasma beträgt er bei einem mittleren Eiweißgehalt von 7% ungefähr 22 mm Hg, also $^1/_{30}$ Atm., und doch ist er trotz seiner Geringfügigkeit wahrscheinlich von großer Bedeutung für die Flüssigkeitsbewegung im Körper, für die Bindung des Gewebswassers und für die Wasserausscheidung in den Nieren.

Zusammenfassend liegen also die Kräfte des Flüssigkeitswechsels

1. im Druckgefälle zwischen Kapillaren und Gewebe, der vom Blutdruck, der entgegenwirkenden Gewebsspannung und dem Quellungsdruck der Blutkolloide unterhalten wird. So entsteht eine Filtration im arteriellen Teil der Kapillaren zu dem Gewebe hin, im venösen Teil der reziproke Vorgang;

2. stellt die Kapillarwand eine Membran dar, durch welche die wasseranziehenden Kräfte der gelösten Stoffe (Elektrolyte) einen Flüssigkeitsaustausch nach dem Prinzip der Diffusion bewirken. Für sie ist außerdem der Gehalt und die elektrische Ladung der Kolloide im Blut bzw. im Gewebe von Bedeutung, in dem durch sie die Verteilung der gelösten Stoffe beeinflußt wird (DONNAN-Gleichgewicht);

3. sind die Kapillarwände selbst veränderlich in ihrer Durchlässigkeit durch ihren eigenen Zellbestand im Kolloidgehalt.

Derartige Regulationen sind zur Erhaltung der Kontinuität des gesamten Kreislaufes notwendig, da der Organismus nicht über eine Blutmenge verfügt, die ausreichen würde, um den ganzen Körper mit allen Organen gleichzeitig stärkstens zu durchbluten.

Diese Selbststeuerung im Kreislauf erfolgt ebenfalls nicht vom Herzen aus, auch hier ist das Herz nur das Erfolgsorgan von Reizen, die aus der Peripherie kommen. Es spielen dabei chemische (Kohlensäure, Azetylcholin, Milchsäure), hormonale und nervöse Faktoren im Sinne von Nutritionsreizen eine Rolle. Die gröbere Regelung erfolgt durch die Vasomotoren, wobei die drucksensiblen Zonen des Karotis-sinus und der Aortennerven für die Gesamtregulation von besonderer Bedeutung sind. Wahrscheinlich sind außerdem noch besondere reflexogene Zonen für die Durchblutungssteuerung bestimmter Organsysteme vorhanden, wie sie z. B. für die Hirndurchblutung im Bereich der Art. meningea media angenommen werden.

3. Venensystem

Als Ausdruck des funktionellen Verhaltens einer Vene wird man ihre Elastizität und ihre Kontraktilität ansehen dürfen. Früher nahm man an, daß die Venen passive Leitungsröhren darstellen, die das Blut, unterstützt durch die Verhältnisse im Thorax (ansaugende Wirkung des Unterdruckes), die vis a tergo (über das arterielle Gefäßsystem hinaus wirkende Herzkraft), sowie die Unterstützung der Atmung und die periphere Muskelbewegung, passiv zum Herzen zurückleiten. Heute weiß man, daß die Venen ihren Eigentonus haben, der durch eine ausreichend entwickelte Muskularis ermöglicht und durch chemische, hormonale und nervöse Faktoren gesteuert wird (Venomotoren). Da die Venen besondere statische Momente zu überwinden haben, wirkt die Einrichtung der Venenklappen dem passiven Rückstrom des Blutes entgegen (Abb. 27).

Normalerweise wird die Größe des Schlagvolumens bestimmt durch die Blutmenge, die dem Herzen vom Venensystem angeboten wird. Kräfte, die dieses Blutangebot steuern, sind 1. herzsynchrone Bewegungen der Venenwand, die umso ausgeprägter sind, je mehr der Aortendruck abfällt, 2. deutliche Tonusschwankungen des Venensystems, die bei intrathorakaler Druckausschaltung

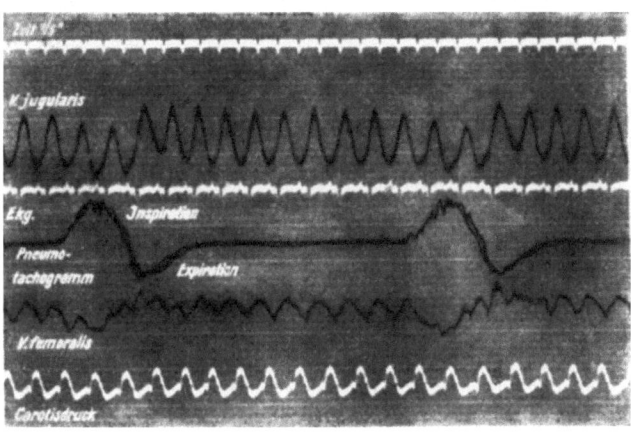

Abb. 27. Normaler Druckablauf in Arterien und Venen, zu beachten: Herzsynchrone und atemsynchrone Druckschwankungen in der V. femoralis (nach HOCHREIN).

nachzuweisen sind, und 3. ein Dauertonus, der vom Venomotorenzentrum gesteuert wird. Als physiologischer Reiz für das Venomotorenzentrum gilt die Kohlensäure. Weiterhin ist bekannt, daß Azidose Histamin und Adrenalin eine Venenkontraktion, Alkalose und Acetylcholin eine Venendilatation erzeugen. Faßt man die Kräfte, die in der Venomotorik eine Rolle spielen, zusammen, dann muß als Regel gelten, daß Vorgänge, die zu einer Verengerung des Venensystems und einem vermehrten Rückfluß zum Herzen führen, einen erhöhten Füllungsdruck und somit ein größeres Schlagvolumen erzeugen.

4. Blutspeicher

Die gleichen für das Venensystem entwickelten Gesetzmäßigkeiten gelten auch für die Blutspeicher.

Eine plötzliche Steigerung der Herzleistung verlangt eine Ankurbelung des Herzens durch ein vermehrtes Blutangebot an das rechte Herz. Für diese Notfälle stehen dem Organismus bestimmte Blutmengen in den sogenannten Blutdepots zur Verfügung. Als Blutdepot bezeichnet man nach BARCROFT ein Organ, das mehr Blut enthält, als es zu seinem eigenen Stoffwechsel benötigt. Das Venensystem vor dem rechten Herzen verfügt über derartige Blutdepots in der Leber, der Milz, dem subpapillären Plexus (WOLLHEIM) und wohl in allen großen Venen. Die Blutabgabe erfolgt reflektorisch und humoral. Dem linken Herzen ist das große Blutdepot der Lunge vorgeschaltet, das mechanisch durch Pressung entleert werden kann.

C. Physiologie besonderer Gefäßprovinzen

1. Koronarsystem

In experimentellen Untersuchungen gelang es uns erstmalig, bei intakter Zirkulation und natürlicher Spontanatmung die Koronardurchblutung fortlaufend optisch zu registrieren. Wir konnten dabei den Nachweis erbringen, daß die Herzdurchblutung abhängig ist von Gesetzmäßigkeiten, die das Blutangebot an die Koronararterien bzw. den Widerstand im Koronarsystem beherrschen (HOCHREIN und KELLER).

Am menschlichen Herzen konnten durch entsprechende Modellversuche die Erkenntnisse erweitert werden. Wir wissen heute, daß neben dem Aortendruck auch die Elastizität der Aortenwand, die Pulszahl und die Geschwindigkeit des arteriellen Blutstromes das Blutangebot beeinflussen. Unter sonst gleichen Bedingungen nimmt die Durchblutung der Koronararterien mit steigendem Aortendruck und Anstieg der Pulsfrequenz, solange die Werte sich in physiologischen Grenzen bewegen, zu, mit der Verhärtung der Aortenwand und der Beschleunigung des arteriellen Blutstromes dagegen ab.

Durch zahlreiche mechanische, chemische, hormonale und nervöse Faktoren wird der Widerstand im Koronarsystem reguliert. Der Sympathikus wirkt im Experiment erweiternd, der Vagus dagegen verengernd. Es wird weiterhin angenommen, daß der Vagus einen konstriktorischen Dauertonus im Koronarsystem unterhält (REIN), der auch über den arteriellen Blutdruck durch die Blutdruckzügler gesteuert werden kann (HOCHREIN und KELLER). Von den hormonalen und chemischen Substanzen wirken Adrenalin, Histamin, Kohlensäure, Traubenzucker, Kalzium, Muskelextrakte usw. erweiternd, Hypophysenhinterlappenextrakt, Barium und Nikotin dagegen verengend. Maßgeblich für den Erfolg nervöser Impulse am Koronarsystem ist aber nicht nur die Art des Reizes, sondern auch die nervöse Ausgangslage des Koronartonus. Mit der Sprache der Klinik zeigen diese Tierversuche, daß ein bestimmter Reiz, der das Koronarsystem trifft, je nach der Disposition, in der sich dieses Organ befindet, eine ganz verschiedene Reaktion zur Folge haben kann.

Es ist nun sehr interessant, daß nicht nur durch eine direkte Nervenreizung, sondern auch auf dem Wege über verschiedene Reflexe die vom unteren Ösophagusabschnitt, Magen, Darm, Gallenblase, Hiatushernie, Duodenaldivertikel usw. ihren Ausgang nehmen, die Koronardurchblutung beeinflußt werden kann.

Auf Grund dieser Untersuchungen ergab sich als heute gesicherte Erkenntnis, daß die große Zahl mechanischer, chemischer und nervöser Faktoren, die das Blutangebot und den Widerstand im Koronarsystem bestimmen, dahingehend zusammenwirken, daß die Herzdurchblutung sich rasch und optimal der Herzleistung anpaßt. Die Koronardurchblutung wird nicht, wie ursprünglich von ANREP angenommen, durch eine Herzschwäche begünstigt, sondern sie nimmt mit steigender Herzleistung zu (HOCHREIN und KELLER). Dieses Gesetz dient heute als Grundlage für alle physiologischen und klinischen Probleme, die sich mit der Herzarbeit und der Koronardurchblutung beschäftigen.

In Erweiterung dieser Erkenntnisse ergab sich außerdem die interessante Tatsache, daß die oben genannte Gesetzmäßigkeit auch auf die beiden Herzhälften unabhängig voneinander übertragen werden kann. Wird bei einer bestimmten Beanspruchung des Herzens vorwiegend die rechte Herzhälfte belastet, dann wird ein isolierter Anstieg der Durchblutung der rechten Koronararterie nachweisbar, während in der linken Herzhälfte die Durchblutung gleich bleibt oder unter bestimmten Bedingungen sogar abnehmen kann (HOCHREIN und MATTHES). REIN konnte weiterhin zeigen, daß auch die Art der Herzarbeit für die Koronardurchblutung von Bedeutung ist. So beansprucht eine Tachykardie das Koronarsystem sehr viel mehr als eine Vergrößerung des Schlagvolumens. GOLLWITZER-MEIER und KROETZ sehen die Aufgabe der Koronardurchblutung in der Sicherstellung der Ernährung des Herzens, insbesondere in der Anpassung der Blutzufuhr an den Sauerstoffverbrauch. Sie stützen sich dabei auf die Untersuchungen von BÜCHNER, der durch Hypoxämie organische Herzmuskelveränderungen erzeugen konnte, die denen ähnlich sind, welche beim Versagen der Koronardurchblutung beobachtet werden können.

Das Problem des kardialen Sauerstoffverbrauchs und der Steuerung der Koronarzirkulation kann aber auch heute noch nicht als vollständig geklärt angesehen werden. EKKENHOFF, HAFKENSCHIEL, LANDMESSER und HARMEL vertreten die Auffassung, daß das Herz weniger von seiten des Koronarsystems aus, als vielmehr durch allgemeine nervöse und hämodynamische Regulation in seinem Sauerstoffbedarf gesichert wird. Auch BIÖRCK rückt von der rein hämodynamischen Betrachtungsweise ab und wendet das Interesse den sauerstoffübertragenden Fermenten, von denen als wichtigstes heute das Cytochrom C angesehen wird, zu. Es ist im Myokard in sehr viel reichlicherer Konzentration vorhanden, als in der quergestreiften Muskulatur und beherrscht unter dem Einfluß von Schilddrüse und Nebennieren die Zellatmung. Auch von RAAB wird die myokardiale Hypoxie weitgehend von hämodynamischen und koronaren Dysfunktionen unabhängig gemacht und in den Bereich neurohormonaler, biochemischer Funktionsstörungen verschoben. Sympathikomimetische

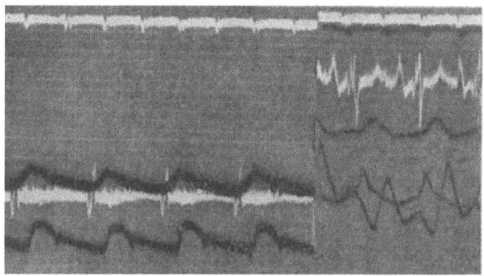

Abb. 28. Puls- und Durchblutungskurven. Nachweis der systolischen Begünstigung der Herzkranzgefäßdurchblutung.

Amine, die dem Myokard sowohl auf dem Blutwege als auch durch das vegetative Nervensystem angeboten werden, sollen in ihrer Rolle als Oxydationskatalysatoren eine spezifische Myokardhypoxie erzeugende Wirkung entfalten, die außerdem durch Schilddrüse und Nebennierenrinde funktionell potenziert werden kann.

Durch die Gesamtheit dieser Wirkungsmechanismen, deren letzte Klärung noch abzuwarten bleibt, wird die Ernährung des Herzmuskels durch weitgehend unterschiedliche und voneinander unabhängige Regulationen nach dem Prinzip mehrfacher Sicherung gewährleistet. Für Physiologie und Klinik ist es wichtig zu wissen, in welcher Phase der Herzaktion das Maximum der Koronardurchblutung erfolgt. LANGENDORFF, TSCHUEWSKY, BRÜCKE, ANREP, WIGGERS u. a. nahmen an, daß bei jeder Herzkontraktion eine Kompression der feineren Koronarverzweigungen und Koronarkapillaren erfolgt. Die Kompression soll um so stärker sein, je kräftiger die Kontraktion ist. Sie folgern daraus, daß das Herz vorwiegend in der Diastole durchblutet wird. Wir haben im Tierexperiment unter biologischen Bedingungen gezeigt, daß diese Auffassung nicht zu Recht besteht, indem wir die Druck- und Geschwindigkeitsmaxima der Koronarien im Vergleich zum Ekg und zum Femoralisdruck registrierten (Abb. 28).

Diese Beobachtungen zeigen, daß das Druck-, Puls- und Geschwindigkeitsmaximum der Koronarien in der Systole liegt. Damit ist der eindeutige Beweis erbracht, daß die Herzdurchblutung vorwiegend systolisch erfolgt und durch die Systole begünstigt wird. Bei Erkenntnis dieser Situation müssen wir in Betracht ziehen, daß die Koronararterien in verschiedener Hinsicht eine Sonderstellung einnehmen. Sie ist durch ihren Abgang von der Aortenwurzel gegeben und resultiert weiterhin aus der Tatsache, daß infolge der an dieser Stelle maximalen Druckbelastung auch eine extreme Beanspruchung dieser Gefäße denkbar wäre.

Wir haben am Wirbelstrommodell zeigen können, daß der mittlere Druck in den Kranzgefäßen praktisch dem peripherer Arterien, nicht aber dem zentralen Aortendruck gleicht. Diese Tatsache scheint auf die eigenartige Lage der Koronarostien bezogen werden zu dürfen, der folgende funktionelle Bedeutung zukommt: Um die von Systole und Diastole unabhängige gleichmäßige Organdurchblutung zu gewährleisten, ist den später abgehenden Gefäßen die sogenannte Windkessel- oder Schwungradfunktion der Aortenwurzel vorgeschaltet, durch welche die Energie der systolischen Blutstöße gespeichert und transformiert wird. Das Koronarsystem besitzt dieses Dämpfungssystem nun nicht, und trotzdem zeigen die Blutkurven an den Karotiden und Koronarien weitgehende Übereinstimmung (HOCHREIN). Diese Tatsache ist nur erklärbar durch die besonderen hämodynamischen Verhältnisse an der Stelle ihres Abganges in den Sinus Valsalvae. So konnten wir bei unseren Studien über den Semilunar-Klappenschluß zeigen, daß in den Sinus Valsalvae Wirbelströme entstehen, die dem aortalen Hauptstrom entgegengerichtet sind. Ihre Aufgabe besteht nicht nur darin, die Klappen zu stellen und letztlich zum Schluß zu bringen, sondern auch, obzwar vom systolischen Blutstrom abhängig, den systolischen Blutstoß zu mildern, da sie nur tangentiale Kräfte zu entwickeln vermögen. Durch Trägheitsmomente überdauern diese Wirbel die Systole und bewirken somit einen Ausgleich zum diastolischen Druckabfall. Sie übernehmen somit die energiespeichernde und transformierende Wirkung, welche die Aortenwurzel für das periphere Gefäßsystem besitzt. Auf diese Wirbelströme werden wir später noch zurückkommen müssen.

Die Sonderstellung des Kranzgefäßsystems liegt aber keineswegs allein in diesen Eigenarten von Bau und Abgang, sondern sehr viel mehr noch in der Eigenart des Organs, das sie zu versorgen haben. Bei dieser Betrachtung kann festgestellt werden:

Es gibt kein Organ, das so pausenlos tätig ist und durch so unaufhörliche Änderung seiner Aktionsphasen seine aufgelagerten großen Gefäße in so hohem Maße auch mechanisch beansprucht, wie das Herz. Wenn wir uns verdeutlichen, welche Größenveränderungen das Herz dabei durchmacht, in welch extremem Grade die Gefäße vor allem in der Längsrichtung auf Zug und Druck beansprucht werden, dann kann keine andere Gefäßprovinz mit dieser Belastung konkurrieren.

Darüber hinaus kann als gesichert gelten, daß das Herz als Ausdrucksorgan für alle Affekte angesehen werden muß (WYSS), dergestalt, daß die Reflexschaltung psychogen verursachter kardialer Reizbeantwortung anscheinend zu den Uranlagen menschlicher Wesensansprechbarkeit gehört. Angesichts dieser Tatsache ist es von Wichtigkeit zu wissen, daß die körperliche Belastung mit ihrer Anforderung an das Koronarsystem dem Belastungseffekt eines psychischen Traumas nicht vergleichbar ist. Die Hämodynamik z. B. im Zustand der Angst kann als Musterbeispiel der Unökonomie bezeichnet werden (THAUER). Gehäufte seelische Affekte erlauben im Gegensatz zur körperlichen Belastung keine Anpassung im Sinne eines gewissen Trainings, sondern schaffen eher die Ausgangslage einer gesteigerten Sensibilisierung und Irritierbarkeit.

Schon diese wenigen Ausführungen mögen verdeutlichen, daß dem Koronarsystem in vieler Hinsicht eine Sonderstellung zukommt (SCHLEICHER, WIMMER), so daß wir auf Grund dieser Erkenntnisse bereits vor Einseitigkeiten im Rahmen der Nutzanwendung auf Pathogenese und Therapie warnen müssen. Auf jeden Fall sollte von einer kritiklosen Übernahme von Erfahrungen, die an anderen Gefäßprovinzen gewonnen wurden, Abstand genommen werden.

2. Lungenkreislauf

Die Hämodynamik des Lungenkreislaufes wird verständlich, wenn wir erwägen, daß die Blutströmung nicht allein durch den muskelschwachen rechten Ventrikel, sondern vorwiegend auch durch die Atembewegung erfolgt. Die Einatmung fördert den Einstrom, die Ausatmung den Abfluß des Lungenblutes.

Die Dehnbarkeit der Arteria pulmonalis ist geringer als die der Aorta. Der Pulmonalisdruck beträgt etwa ein Drittel des Aortendruckes.

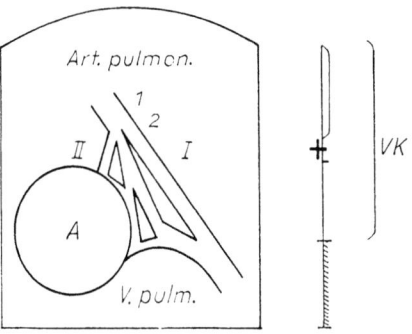

Abb. 29. Funktionelle Zweiteilung des pulmonalen Kreislaufes (nach Hochrein).
— Rerserveluft;
== Kompl. Luft; + Respir.-Luft mit Mittellage;
⋯ Residualluft. VK Vitalkapazität.
Pulmonale Zirkulation: I Kurzschluß (art.-venöse Anastomose);
II Nebenschluß (alveolares Kapillarsystem);
1 u. 2 vermutl. Drosselstellen;
A = Alveole.

Wir entwickelten auf Grund experimenteller Studien die Auffassung, daß der Lungenkreislauf aus zwei parallel geschalteten Gefäßabschnitten besteht, nämlich:

a) einem großen Staubecken oder Rieselfeld (alveolares Kapillarsystem), dessen Ausdehnung schon unter physiologischen Bedingungen starken Schwankungen unterworfen ist, in welches die Alveolen eingetaucht sind, und

b) einem Kanalsystem, das dieses Rieselfeld umgeht (arterio-venöse Anastomosen).

Diese Auffassung blieb nicht unwidersprochen (H. Rein), da es bis dahin keinem Anatomen gelungen war, Anzeichen für eine funktionelle Zweiteilung des Lungenkreislaufes festzustellen. Erst v. Hayek hat dann den anatomischen Beweis dieser zunächst als Arbeitshypothese zur Diskussion gestellten Auffassung erbringen können (Abb. 29).

Auf Grund seiner Untersuchungen wissen wir heute, daß praktisch eine Verlegung des Gefäßes auf Grund seiner Kontraktilität möglich ist (s. S. 22). Bereits Mautner und Pick hatten diese Arbeitshypothese beim Peptonschock diskutiert, und Schoen hatte sie für die unterschiedliche Durchblutung einzelner Lungenabschnitte verantwortlich gemacht.

Eine weitere Regulationsstelle dürfte dann im Bereich der Arteriolen liegen, die zwar nur noch eine unvollständige Muskelbekleidung besitzen, aber durch die Tatsache, daß muskelfreie Stellen mit deutlichen Muskelringen abwechseln, ist die Möglichkeit zur Strombahndrosselung gegeben. Ein nächstes Regulationsprinzip besteht darin, daß der Weg des Blutes zwischen Prä- und Postkapillaren sehr verschieden lang sein kann. Es ist anzunehmen, daß stets der kürzere Weg offenbleibt, während die übrigen Kapillaren sich je nach der funktionellen Beanspruchung öffnen oder schließen. Auch JACOBI und KROGH haben diese Beobachtung bestätigt und den immer offenbleibenden Weg als Stromkapillaren bzw. Ruhekapillaren und die übrigen Kapillaren als Netz- bzw. Arbeitskapillaren bezeichnet.

v. HAYEK hat weiterhin Verbindungen zwischen der Art. pulmonalis und der Arteria bronchialis beschrieben, welche durch ein anastomotisches Gefäß, die sogenannte „Sperrarterie" miteinander verbunden sind. Diese Anastomosen sind sehr muskelstark und können praktisch vollkommen verschlossen werden. Die Durchströmungsverhältnisse in diesen bronchopulmonalen arteriellen Anastomosen hängen nun jedoch nicht allein von dem Kontraktionszustand der Sperrgefäße ab, sondern auch von den Druckverhältnissen in der Arteria pulmonalis und der Art. bronchialis. Nachdem in der letzteren als Ast der Aorta der Druck mindestens dreimal so hoch ist als in der Art. pulmonalis, wird es sich meist um eine bronchopulmonale Durchströmungsrichtung handeln, bei ausgesprochener Druckerhöhung im kleinen Kreislauf jedoch ist sicher auch eine Strömungsumkehr denkbar.

Als weitere bekannte Möglichkeit der pulmonalen Durchblutungssteuerung ist noch auf die arterio-venösen Anastomosen hinzuweisen, welche zuerst von SPANNER beschrieben worden sind (s. S. 19 Abb. 7). Sie sollen eine Weite von 65 μ und mehr besitzen, und es ist sicher nicht unwesentlich, daß v. HAYEK feststellte, daß sie meist von den Sperrarterien abgehen. Dieser Befund wurde von PRINZMETAL und Mitarbeitern bestätigt, die nachweisen konnten, daß Glaskugeln von 100–250 μ die Lunge im Tierexperiment passieren können. Diese arterio-venösen Anastomosen liegen, soweit bisher festgestellt, im Bereich der Pleura und der kleinen Bronchien. Berücksichtigt man schließlich noch die sogenannten Riesenkapillaren, dann wird die Angabe v. HAYEKS, daß bis zu einem Fünftel der Gesamtblutmenge durch den Lungenkreislauf fließen kann, ohne daß dieses Fünftel die Möglichkeit des Gasaustausches besitzt, nicht nur verständlich, sondern gleichzeitig erfährt unsere Auffassung von der funktionellen Zweiteilung der Lungenstrombahn ihre eindrucksvolle Bestätigung.

Aus all diesen Beobachtungen, die mit den verschiedenartigsten Untersuchungsmethoden gewonnen wurden, geht hervor, daß der kleine Kreislauf, bereits gefäß-architektonisch erkennbar, zahlreiche Steuerungs- und Regulationsmöglichkeiten besitzt, welche eine vielfache Sicherung der optimalen Durchblutung zu gewährleisten vermögen.

Betrachtet man die verschiedenartige Leistung der beiden Herzhälften vom Lungenkreislauf aus, dann erkennt man, daß eine Sauerstoffnot, die durch mangelhafte Übereinstimmung zwischen innerer und äußerer Atmung entsteht, stets zu einer vermehrten Blutfüllung des alveolaren Kapillarsystems und damit zu einer Vergrößerung der pulmonalen Gasaustauschfläche führt.

Auf diese Weise löst eine physiologische Hypoxämie einen Anstieg der arteriellen Sauerstoffsättigung aus und führt zu einer vermehrten Kohlensäureausscheidung. Der pathologische Zustand der Lungenstauung dagegen erzeugt eine Lungenstarre (v. BASCH), bei der die Durchmischung der Atemgase erschwert ist (SIEBECK).

Vom Gesichtspunkt der Hämodynamik aus ist zu beachten, daß der Lungenkreislauf zwischen dem rechten und linken Herzen wie ein weicher Puffer wirkt. Volumenschwankungen zwischen 10 — 25% der gesamten Blutmenge bewirken nur geringe Druckänderungen in der Art. pulmonalis.

3. Gehirndurchblutung

Drei Faktoren sind es, welche die Physiologie der Hirndurchblutung sowohl mechanisch, hämodynamisch als auch metabolisch unter besondere, von der Gesamtzirkulation abweichende Bedingungen stellen:

1. Die Lage des Gehirns in der knöchernen Schädelkapsel, die jede stärkere Ausdehnung des Organs behindert und so extreme Durchblutungsschwankungen ausschließt,
2. die Lage dieser bedeutsamen Gefäßprovinz erheblich über dem Niveau des Herzens, die ein Strömen des Blutes entgegen dem Gesetz der Schwere notwendig macht,
3. die hochgradige Sauerstoffmangelempfindlichkeit der zentralnervösen Gewebe, von denen bekannt ist, daß bereits eine Unterbrechung der Durchblutung von mehr als 2 Minuten zu irreversiblen Schädigungen führt.

Der Sauerstoffverbrauch liegt nach OPITZ und SCHNEIDER bei 15–17% des Gesamtumsatzes, was etwa einer Menge von 60–80 ccm O_2/Min. für 100 g Ganglienzellen entspricht. Dabei liegt das Verhältnis zwischen grauer und weißer Substanz bei 5:1.

Man unterscheidet neben dem Tätigkeitsumsatz, der, da das Gehirn immer arbeitet, dem Normumsatz entspricht, einen Bereitschaftsumsatz (50% des Tätigkeitsumsatzes, MC ILWAIN) bei völlig ruhendem, jedoch erregbarem Organismus und einen Strukturumsatz, der zur Erhaltung der Zellstruktur unbedingt erforderlich ist und etwa 10% des Tätigkeitsumsatzes ausmacht.

Gegenüber den anderen Organen zeichnet das Gehirn eine außerordentliche Konstanz des Sauerstoffverbrauches und eine erhebliche Empfindlichkeit gegen Veränderungen des Umsatzes aus. NOELL konnte schon 4–6 Sekunden nach Unterbinden der Blutzufuhr Veränderungen am EEG erkennen, 8–12 Sekunden danach traten Bewußtseinsverlust und Krämpfe auf, während 4 Minuten nach der Ischämie eine Lähmung des Atemzentrums nachzuweisen war.

Diese bemerkenswerte Vulnerabilität des Gehirns erklärt sich nach OPITZ, wenn man die chemischen Abläufe in den Vordergrund stellt, aus folgenden Möglichkeiten:

1. Kleine aerobe Reserve mit einer kurzen Reduktionszeit (Gehirn 0,05–0,1 Minute, Hautfalte 20 Minuten) und einer sehr kleinen Wiederbelebungszeit (Gehirn 3–5 Minuten, Niere 90 Minuten, Karzinom 120 Minuten).
2. Kleine anaerobe Reserve als Folge der langsamen anaeroben Gehirnglykogenolyse bei erheblich schnellerem Verbrauch durch Steigerung des Energiebedarfs infolge der initialen Krämpfe.
3. Hohe Aktivität von Enzymen, welche chemische Funktionsbestandteile (Koenzyme) und die Gewebsstruktur abbauen.
4. Hoher Strukturumsatz.

Bekanntlich sind unsere Kenntnisse von den physiologischen Gesetzmäßigkeiten der Gehirndurchblutung noch sehr gering. Seitdem CH. J. KELLER die Anwendung der REIN'schen Stromuhr für die Erforschung der zerebralen Durchblutung eingeführt hat, haben sich Physiologen und Pharmakologen vielfach mit diesem Problem beschäftigt.

Schon KELLER nahm an, daß zwar in vieler Hinsicht der Hirnkreislauf autonom reguliert wird, daß sich aber die Hirngefäße wahrscheinlich auch unter normalen Bedingungen an der Gesamtkreislaufregulierung beteiligen.

REIN vertrat die Auffassung, daß die Hirngefäße überhaupt nicht in die Kreislaufumstellungen einbezogen werden, sondern daß sie, wie die Koronargefäße, zu einem Organ gehören, dessen Durchblutung normalerweise immer optimal eingestellt ist. Auch HILLER nahm einen Parallelismus zwischen Gehirn- und Koronarzirkulation an, da er ein synergistisches Verhalten zwischen Leistung des zentralen Nervensystems und seiner Durchblutung festzustellen glaubte. Nach LÖHR wird die Hirndurchblutung rein mechanisch durch den Blutdruck reguliert, wobei Vagus und Sympathikus und außerdem noch Eigenreaktionen der Hirngefäße, die von Blutdruck und vegetativen Nerven unabhängig sind, eine Rolle spielen.

Neuartige Gesichtspunkte in die Beurteilung brachten schließlich die Untersuchungen von M. und D. SCHNEIDER. Sie konnten nachweisen, daß die Hirndurchblutung sich nicht druckpassiv verhält, sondern aktiv reguliert werden kann. Die Hirngefäße besitzen eine eigene Vasomotorik, die über den Halssympathikus einem tonischen Einfluß des Vasomotorenzentrums untersteht. Für die Konstanterhaltung des Druckes sorgt ein Rezeptorenfeld, das wahrscheinlich im Bereich der Art. meningea media liegt und bei Druckabfall reflektorisch erregt wird. Über den sogenannten „Meningea-Reflex" wird die Blutverteilung zwischen Carotis externa und interna so reguliert, daß einerseits der Druck weitgehend konstant erhalten, andererseits aber ein passives Ablaufen nach dem Gebiet der Carotis externa zu vermieden wird, wenn dieses beim Kauakt, bei Hitze usw. seine Strombahn erweitert. Die Gehirngefäße werden auf diese Weise zu passiven Nutznießern von Tonusänderungen an anderen Gefäßgebieten in dem Sinne, daß die Hirndurchblutung immer optimal gewährleistet ist. Auch von GOLLWITZER-MEIER und ECKARDT ist diese Abstimmung der vasomotorischen Reaktionen in den einzelnen Gefäßprovinzen und der funktionelle Gegensatz von Carotis externa und interna bestätigt worden, wobei die wechselseitige Blutfülle durch Axonreflexe bestimmt wird. Es wurde dabei gleichzeitig beobachtet, daß es nach Aufhören eines afferenten Vagusreizes noch zu einer Nachreaktion an den Hirngefäßen kommt, die durch einen zentralen, humoralen Mechanismus erklärt wird. Es handelt sich bei diesen Vorgängen wohl um Nutritionsreflexe des Gehirns, bei denen die Durchblutungsänderung wahrscheinlich physikalisch, z. B. durch Änderung von Gefäßinnendruck oder Gefäßwandspannung zustande kommt. Die Auffassung, daß die Hirndurchblutung sich lediglich druckpassiv verhält, konnten M. und D. SCHNEIDER dadurch widerlegen, daß sie nachwiesen, daß über den Sinusnerven und den N. depressor eine Beeinflussung des Tonus von Kopf- und Hirngefäßen nicht möglich ist. Erst wenn der Blutdruck so weit abfällt, daß die Auswirkung des Meningealreflexes nicht mehr möglich ist, folgt die Hirndurchblutung nach Reizung der Blutdruckzügler den Schwankungen des Blutdruckes. Die Hauptfunktion des Sinus caroticus liegt daher nach M. und D. SCHNEIDER nicht in der Konstanterhaltung des Blutdruckes, sondern in der zweckmäßigen Verteilung des Blutes auf Kopf und den übrigen Kreislauf. Wird z. B. der Karotis-sinus entlastet, dann kommt es zu einer allgemeinen Gefäßkonstriktion, an der die Hirngefäße nicht teilnehmen, so daß auf diese Weise Blut nach dem Kopf verschoben wird. Auch von ASK ist ein solcher reflektorischer Einfluß des Sinusnerven auf die Piaarterien bestätigt worden.

Ein weiterer physiologisch interessanter Befund ist die Tatsache, daß die Strömungsgeschwindigkeit im Gehirn größer ist, als in allen anderen Gefäßprovinzen, eine Beobachtung, die durch das Vorliegen einer sogenannten „Kapillarbarriere" im Gehirn erklärt wird.

Für den engen Zusammenhang von Kreislauf und Nervensystem besitzt die Annahme Interesse, daß das rhythmische Oszillieren der Hirngefäße, das bis an die Zelle herangetragen wird, die Vorbedingung für eine ausreichende Sensibilisierung der Nervenzelle zu sein scheint. Bei Aufhören dieser Bewegung soll die Funktion der Nervenzellen schlagartig sistieren.

Bedeutungsvoll für das Verständnis auch zahlreicher klinischer Zusammenhänge ist weiterhin die gegenseitige Beeinflußbarkeit mit anderen Organprovinzen.

So kann eine reflektorische Auswirkung seitens der Gehirnzirkulation auf Herz, Magen, Lunge mit Sicherheit angenommen werden. LUISADA konnte nachweisen, daß es bei Druckanstieg in den Hirngefäßen reflektorisch zu einer Lungenstauung kommt, ferner soll ein Synchronismus zwischen Hirn- und Milzdurchblutung bestehen. Es ist weiterhin bedeutsam, daß die Hirndurchblutung auch reflektorisch von der Haut aus beeinflußt werden kann. So beobachteten FREY und SCHNEIDER bei Wärmeanwendung auf den Kopf eine starke Dilatation der Muskel- und Hautgefäße, die zur Drucksenkung in der Meningea media und reflektorisch zu einer Dilatation der Hirngefäße geführt hat. Interessant ist weiterhin die Feststellung, daß auch Kälteeinwirkung eine Erweiterung der Hirngefäße erzeugt.

KRÜGER schließlich untersuchte die Hirndurchblutung bei operativen Eingriffen am Schädel. Er fand, daß Eingriffe an Schädelweichteilen ohne Einfluß sind. Bei Knochenmanipulationen kommt es bereits zu deutlichen Druckschwankungen und Veränderung der Durchblutung. Bei Trepanationen ließ sich auf der Seite der Entlastung sofort eine Mehrdurchblutung erkennen, die durch Fortfall des Hirninnendruckes leicht zu erklären ist. Bei Kompression der Hirnsubstanz kommt es sehr schnell zur Blutleere, die rasch von Blutaustritten gefolgt ist.

Die Frage nach speziellen Regulationsmechanismen zur ausreichenden Versorgung des Gehirngewebes mit Sauerstoff erfolgt nach folgenden Punkten (M. SCHNEIDER):

1. Höhe des arterio-venösen Druckgefälles (mittlerer arterieller Druck minus Liquordruck), wobei bei normalem CO_2- und O_2-Druck eine lineare Beziehung zwischen Blutdruck und Hirndurchblutung besteht. Wird die kritische Grenze von 19 mm Hg O_2-Druck im venösen Blut erreicht und sinkt der arterielle Druck unter 70 mm Hg, resultieren Funktionsstörungen des Gehirngewebes.
2. Höhe des CO_2-Druckes im arteriellen Blut, wobei die Erhöhung die Durchblutung ansteigen läßt. Reduktion des CO_2-Partialdruckes (Hyperventilation) bewirkt eine Vasokonstriktion und Herabsetzung der Gehirndurchblutung bis zu einer bestimmten Grenze, die bei 19 mm Hg O_2-Spannung des venösen Blutes liegt. Dann führt eine Erhöhung der Kohlensäure nicht mehr zu einer Steigerung der Durchblutung.
3. Höhe des O_2-Druckes im venösen Blut. Die Sauerstoffspannung spielt erst dann eine Rolle für die Regularisierung der Gehirndurchblutung, wenn sie im venösen Blut auf 19 mm Hg abgesunken ist. Erst dann wird bei weiterem Absinken der Sauerstoffzufuhr eine kompensatorische Durchblutungssteigerung ausgelöst.
4. Viskosität des Blutes, so daß man bei sekundären Anämien eine Zunahme, bei Polyglobulie eine Abnahme der Gehirndurchblutung sieht.

4. Magendurchblutung

Die Durchblutung der Magenwand ist abhängig vom Füllungszustand des Magens.

Während die Ruhedurchblutung auf eine Minimalleistung eingestellt ist, setzt nach einer Nahrungsaufnahme eine mächtige Durchblutungszunahme im gesamten Abdomen ein, da nicht nur einerseits die große Ausdehnung der gastro-enteralen Gefäßprovinz infolge der Spannung der Magen-Darmwandungen ausgeglichen, sondern gleichzeitig umfangreiche sekretorische und resorptive Aufgaben übernommen werden müssen. Diese Tatsache gibt der Gesamtkreislaufregulation einen mächtigen Impuls, der gleichzeitig das Gefühl des Angeregtseins, des Wohlbefindens und der Frische vermittelt. Wir haben festgestellt, daß durch eine starke Füllung des

Magens die Gesamtzirkulation um ca. 30–50% des Ruhewertes zunimmt. Es ist dies einer der Gründe, warum Fettleibige, bei denen die Kreislaufregulation infolge der weiten Ausdehnung der Strombahnen darnieder liegt, umfangreiche Mahlzeiten geradezu herbeisehnen, weil auf diese Weise die erstrebte Tonisierung erfolgt. Andrerseits kann aber soviel Blut im Abdomen angereichert werden, daß die Blutmenge für die optimale Zirkulation in anderen Organen nicht ganz ausreicht. Die Verdauungsmüdigkeit mit der sprichwörtlichen Volksweisheit „Ein voller Bauch studiert nicht gern", ist z. B. eine der möglichen noch im Bereich des Physiologischen gelegenen Erfahrungen.

Es ist weiterhin erwähnenswert, daß die Magenschleimhaut eine exquisit gute Heilungstendenz hat, ein Faktum, das sicher in ganz besonderem Maße durch ihre normalerweise sehr adaptive Durchblutung gewährleistet ist. Gerade in dieser mechanisch und thermisch so stark beanspruchten Schleimhaut ist diese stark ausgebildete reparative Tendenz zu rascher Beseitigung aller Läsionen besonders hervorzuheben.

Auch reflektorisch ist die Magendurchblutung leicht beeinflußbar, eine Erfahrung, die mittels der trockenen oder feuchten Wärme bzw. dem Eisbeutel auf die Oberbauchgegend bei entsprechenden Mißbefindlichkeiten ihre therapeutische Anwendung findet. Ob die Beeinflussung aus der Peripherie, z. B. die von uns nachgewiesene Abnahme der Magendurchblutung bei Abkühlung der Beine noch physiologisch ist, oder bereits in den Bereich der „überschießenden" Reflexe bei der neurozirkulatorischen Dystonie gehört, wird noch zu untersuchen sein.

Darüber hinaus ist der Magen nicht nur Projektionsfeld, sondern auch Ausgangspunkt reflektorischer Einflüsse. Bekannt sind der gastro-pulmonale Reflex, der gastrogene Schwindel, die schweren Träume bei überfülltem Magen u. a. mehr.

Über die kreislaufregulatorischen Einflüsse, welche dem Verdauungstrakt zur Verfügung stehen, ist noch wenig bekannt. Interessant ist der Rhodangehalt des Speichels, der für die Blutdruckregulation bisher noch viel zu wenig gewürdigt worden ist, die Anregung der Gehirndurchblutung durch den Kauakt (HOCHREIN und KELLER) u. a. m.

Angesichts dieser Erkenntnisse ist es überraschend, daß große Monographien, die sich mit den Erkrankungen des Magens befassen, die Durchblutung der Magenwand nur spärlich berücksichtigen (BOLLER, HENNING, MAHLO u. a.).

5. Nierendurchblutung

Die auf S. 24 beschriebene, mit anderen Organen unvergleichbar hohe Grunddurchblutung der Niere, dient, prozentual kaum ins Gewicht fallend, der Sauerstoffversorgung des Organs sowie der Hauptaufgabe, nämlich der Harnbereitung. Demzufolge ist nach SARRE auch jedem der Hauptfunktionszustände, nämlich der Konzentration, der Wasserdiurese und der Filtrationsdiurese, ein ganz bestimmtes renales Blutverteilungsbild zugeordnet. Ähnlich wie an anderen lebenswichtigen Organen konnte auch für die Niere nachgewiesen werden, daß die lokale Hypoxie zu einer Steigerung der Nierendurchblutung führt, eine Tatsache, die eine Erklärung für die Annahme der sogenannten „Autonomie der Nierendurchblutung" liefern dürfte. Es ist weiterhin sicher, daß über Nierendurchblutung, Nierenstoffwechselprodukte (Renine, Nephrine) und Niereninnervation wichtige Auswirkungen auf das Gesamtkreislaufverhalten zustande kommen können.

6. Durchblutung des Augenhintergrundes

Über die klinisch anwendbare Physiologie der retinalen Strombahnen ist noch relativ wenig bekannt.

Wie wichtig hier entsprechende Erkenntnisse wären, beweist die heute gängige Annahme, daß der 24-Stundenrhythmus bzw. die Umstellung von Nacht- auf Tageinstellung über Sehelemente des Augenhintergrundes durch sicht- oder auch unsichtbare Strahlen in Gang gebracht und als entsprechende Reizwirkung den Zentren des Zwischenhirns weiter vermittelt wird. In dieser Umschaltung sehen wir eine der Möglichkeiten zur Erklärung der biologischen Krisenzeit, auf die wir noch zu sprechen kommen werden. Im Gegensatz zu der bekannten Hypoxieempfindlichkeit des ZNS kann das Auge 22 Minuten vollkommen von der Blutzufuhr abgeschnitten sein, ohne Schaden zu leiden, während erst eine Unterbrechung von 45 Minuten irreversible Störungen verursacht. Zu berücksichtigen sind weiterhin die Zusammenhänge zwischen intravasalen und intraokularen Druckverhältnissen. So darf z. B. der Druck in den Venen nicht geringer werden, als der intraokulare Druck, da sonst der Blutkreislauf gedrosselt wird, während andrerseits ein zu hoher intraokulärer Druck bei normalem Blutdruck gleiche Folgen nach sich zieht.

7. Pfortadersystem

Der Leberkreislauf hat auch physiologisch manche Besonderheiten. Die Pfortader verbindet zwei Kapillarsysteme, die hintereinandergeschaltet sind. Die vis a tergo im zweiten Kreislauf in der Leber kann nicht mehr so groß sein wie im ersten, im Darm. Ferner können durch die arterio-venösen Anastomosen in der Darmwand die Widerstände des ersten Kapillarkreislaufes umgangen werden. Das Wichtigste scheint aber die Tatsache zu sein, daß die Lebervenen fast nackt in der Lebersubstanz liegen und von dieser offengehalten werden. Daher kann die ansaugende Wirkung des Herzens sich hier voll auswirken, zumal die Entfernung der Lebervenenmündung vom rechten Vorhof nur etwa 1 cm beträgt. Das Herz kann das Blut aus dem Leberschwamm aussaugen, da seine Poren offengehalten werden. Es ist weiterhin wahrscheinlich, daß das Zwerchfell bei tiefer Inspiration die Leber auspreßt und somit ein vermehrtes Blutangebot an das rechte Herz gleichfalls unterstützt. Ob außerdem noch eine Lebervenensperre bei der Mobilisierung von Blutmengen eine Rolle spielt, ist bisher nicht eindeutig geklärt. Wenn mit nachlassender Herzkraft die saugende Wirkung geringer wird, ist eine Stauung in der Leber zu erwarten.

Auch durch Verengung der abführenden Lebervenen kann eine gewisse Menge Blut in der Leber aufgestaut und diese damit zu einem *Blutspeicher* werden.

Die Vena portae führt das mit Hormonen (Pankreas), Nährstoffen, Stoffwechselprodukten (Magen-Darm) und Abbaustoffen (Milz) beladene Blut zur Leber, wo sie mit der A. hepatica in bestimmte Wechselbeziehungen tritt. Beide Gefäße können sich in der Deckung des Sauerstoffbedarfes der Leber gegenseitig unterstützen, so daß sowohl eine Unterbindung der A. hepatica, als auch der Pfortader unter bestimmten Voraussetzungen möglich ist. Bei allen Stauungszuständen im Bereich der Pfortader, die sicher auch physiologisch vorkommen, spielen die zahlreichen, teils präformierten Anastomosen der V. portae mit den Venen der Speiseröhre, den Nabelvenen und dem Plexus haemorrhoidalis eine große Rolle, da sie eine Umleitung des Blutes aus der Pfortader unter Umgehung der Leber in die V. cava caud. und cran. ermöglichen. Diese Anastomosen entstehen teils über das Venensystem des Magens und der Milz, teils werden sie gefördert durch Verwachsungen, die die Milz bei längerem Bestehen einer portalen Hypertension mit Magen, Zwerchfell und evtl. auch der Niere eingeht.

D. Zusammenarbeit von Herz und Gefäßsystem in Ruhe und unter besonderen Bedingungen

Die Aufgabe des Kreislaufes besteht in der Aufrechterhaltung von Isothermie, Isoionie (d. h. Erfüllung der Stoffwechselbedürfnisse der Gewebe) und in der Erhaltung seiner selbst. Der Kreislauf muß die Möglichkeiten besitzen, seine Leistungen abzustufen. Dieses Adaptierungsvermögen erfolgt durch regulatorische Kräfte, die an den verschiedensten Kreislaufabschnitten wirksam werden. Als Grundgesetze der Kreislaufregulation können gelten:

1. Das Herz-Minutenvolumen wird stets so niedrig wie möglich gehalten.
2. Jedes Organ erhält jeweils nur das seinen augenblicklichen Blutbedürfnissen entsprechende Blutvolumen.
3. Alle Regulationsvorgänge gehen nach Möglichkeit ohne wesentliche Veränderung des normalen Blutdruckes vor sich.

Im Mittelpunkt des hämodynamischen Geschehens steht nicht das Herz (als Antriebsmotor), sondern die Kreislaufperipherie, die imstande ist, Nutritionsreize auszulösen deren Beantwortung auf dem Wege einer besseren Durchblutung der betreffenden Organe erfolgt. Gleichzeitig mit dieser Vasodilatation im Reizgebiet geht eine kollaterale Vasokonstriktion der Stromgebiete untätiger Organe einher.

Diesem Nutritionsreiz entgegen wirken Entlastungsreflexe, deren bekanntester über die Blutdruckzügler verläuft. Es handelt sich dabei um eine Sicherung, die in einer Ökonomisierung zirkulatorischer Regulationen besteht. Sie hemmen die im Kreislauf entstehenden Spannungen und suchen einen unzweckmäßigen Leistungsüberschuß zu vermeiden.

An dieser Kreislaufregulation sind beteiligt:

a) Das Herz als Erfolgsorgan auf die Impulse aus der Peripherie,

b) Arterien und Venen durch aktiven Einfluß auf Strömungswiderstand, periphere Blutverteilung und zentrales Blutangebot,

c) die Kapillaren durch Anpassung, d. h. Eröffnung oder Schließung ausgedehnter Gefäßprovinzen zwecks optimaler Organdurchblutung,

d) die Blutspeicher, d. h. Organe, die jeweilig mehr Blut erhalten, als ihrem augenblicklichen Stoffwechselbedürfnis entspricht. Darin ist Blut zur Entlastung des übrigen Kreislaufes deponiert bzw. wird mit reduzierter Geschwindigkeit bewegt, um im Augenblick des gesteigerten Bedürfnisses einer Gefäßprovinz sofort mobilisiert werden zu können. Diese Blutdepots werden gebildet von Milz, Leber, subpapillärem Plexus usw.,

e) der Lungenkreislauf, der in seiner Blutfüllung und Durchblutung des alveolaren Kapillarsystems sich raschestens dem Sauerstoffbedürfnis des Organismus anpasst.

Alle diese Mechanismen werden unter dem Begriff der sogenannten „Selbststeuerung des Kreislaufes" zusammengefaßt. Es konnte nachgewiesen werden, daß für die allgemeine Kreislaufregulation einmal arterielle Druckschwankungen, andererseits aber auch humorale Faktoren (CO_2, Hypoxämie, p_H-Ionenmilieu) den adäquaten Reiz darstellen, der über die presso-sensiblen Zonen von Aorta und Karotis-sinus zu Umstellungen der Durchblutung führt.

Die hämodynamische Regulation beginnt mit dem „BAINBRIDGE-Reflex" bereits im venösen Kreislaufschenkel. Nimmt die venöse Zufuhr zum Herzen solche Grade an, daß das Herz nicht in der Lage ist, alles Blut abzuschöpfen, dann werden durch die Druckerhöhung im Mündungsgebiet der großen Hohlvenen sensible Nervenendigungen gereizt, durch die es reflektorisch zu einer Senkung des Vagustonus und damit zu einer Frequenzsteigerung des Herzens kommt. Auf diese Weise wird die Schöpfkraft des Herzens vergrößert. Auf dem Wege zum linken Herzen durcheilt das Blut den Lungenkreislauf, der ebenfalls kein druckpassives Gefäßgebiet darstellt, sondern imstande ist, sein Kapillarsystem jeweils bestens den Stoffwechselbedürfnissen des Organismus anzupassen. Steigt der Sauerstoffbedarf, dann nimmt die Blutfüllung der Lunge zu, die Gasaustauschfläche wird vergrößert.

Im Arteriensystem herrscht ein bestimmter Druck, der als Resultante von Blutgeschwindigkeit, peripherem Widerstand und Elastizität der Arterienwand anzusehen ist.

Diese Gesetzmäßigkeit gilt für das ganze Gefäßsystem. Dementsprechend zeigt der Arteriendruck in den einzelnen Gefäßprovinzen eine verschiedene Höhe. Mit Abnahme der vis a tergo, d. h. der Verminderung der durch die Herzkontraktion gegebenen Blutbeschleunigung, nimmt der Arteriendruck in der Kreislaufperipherie immer weiter ab (Abb. 30).

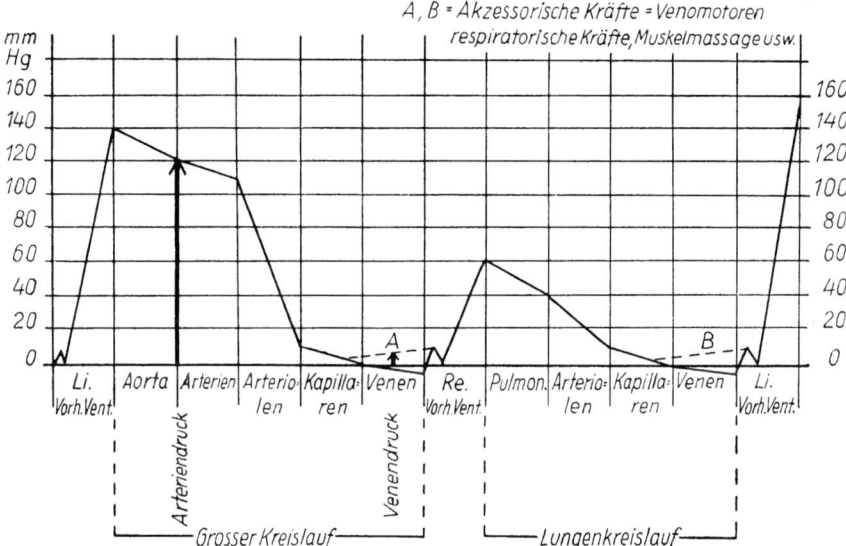

Abb. 30. Vis a tergo = Herztriebkraft (nach REIN).

Blutgeschwindigkeit und peripherer Widerstand stehen unter dem Einfluß innervierter Blutdruckzügler, welche die Blutverteilung regulieren und Sicherheitsventile gegenüber einer Überlastung von Herz und Kreislauf darstellen.

Diese Reflexe sorgen dafür, daß bei plötzlichem Druckanstieg im Arteriensystem und bei plötzlicher Eröffnung großer Stromgebiete Stauungen bzw. ein schneller Druckabfall und ein Leerlaufen des Kreislaufes vermieden werden. Die Blutdruckzügler setzen sich aus den Pressorezeptoren der Aortenwand und den Nerven des Karotis-sinus zusammen. Die ersteren bestehen aus feinen, sensiblen Nervenendigungen, die, sehr empfindlich für geringe Drucksteigerungen, reflektorisch über das Vaguszentrum in der Medulla oblongata eine gesteigerte Vaguswirkung auf Herz und Gefäße herbeiführen.

Auch der Karotis-sinus hat eine ähnliche Ausgleichsfunktion und verschiebt das Verhältnis von Vagus zu Sympathikus im Sinne einer vermehrten Intonierung des ersteren. Folgende Regulationen kommen auf diese Weise zustande:

Physiologie

1. Beim Abfall des Arteriendruckes nimmt die Schlagfrequenz des Herzens zu, beim Anstieg dagegen ab.
2. Bei arterieller Drucksenkung verengern sich große Gefäßgebiete, um ein Versacken des Blutes zu verhindern, während sie sich bei Drucksteigerung erweitern, um den Kreislauf zu entlasten.
3. Bei arterieller Drucksenkung geben die Blutspeicher größere Reserveblutmengen an den Kreislauf ab.

Neben den Pressorezeptoren existieren Chemorezeptoren, vor allem im Glomus caroticum gelegen, die hochempfindlich auf chemisch-physikalische Veränderungen des Blutes reagieren und entweder direkt oder indirekt über das Kreislaufzentrum der Medulla oblongata in die Kreislaufregulationen einzugreifen vermögen. Hier ist es vor allem die CO_2-Spannung, die wesentlich diese zentralen Regulationen beherrscht.

Aber nicht nur von der Kreislaufperipherie, sondern auch vom Herzen selbst können diese Regulationen ihren Ausgang nehmen. Beispiele sind dafür der Herz-Leberreflex und der JARISCH-BEZOLD-Effekt. Bei dem ersteren wird vermutet, daß es z. B. unter dem Einfluß einer vermehrten Arbeit, vom Herzen ausgehend, zu einer Eröffnung der Leber-Venensperre und damit zu einem vermehrten Blutangebot an das rechte Herz kommt.

Geklärter in seinem Mechanismus ist der JARISCH-BEZOLD-Effekt. Sein Ausgangspunkt wird in der Ventrikelmuskulatur angenommen und er wird

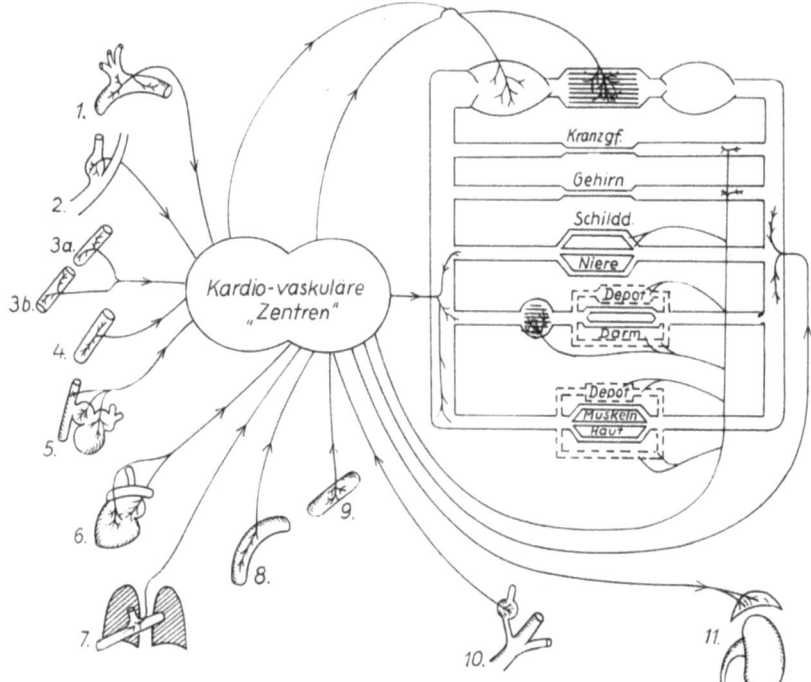

Abb. 31. Schema für die propriozeptive Kreislaufsteuerung (nach WEZLER). 1. Arc. aortae; 2. Karotis-sinus; 3a. A. thoracica; 3b. A. mesenterica; 4. A. meningea med.; 5. Venae cavae, Atr. dextr., Ven. pulmon.; 6. Herz (ventr.); 7. A. pulmon.; 8. Extremit. Gefäße; 9. A. hepatica; 10. Chemorezeptoren (Glom. aort. u. carot.); 11. Nebenniere.

als propriozeptiver Schutzmechanismus bzw. als eine Art chemischer Betriebskontrolle für die Myokardfunktion aufgefaßt. Es handelt sich dabei um einen über den Vagus verlaufenden kreislaufhemmenden Reflex, dessen kardio-

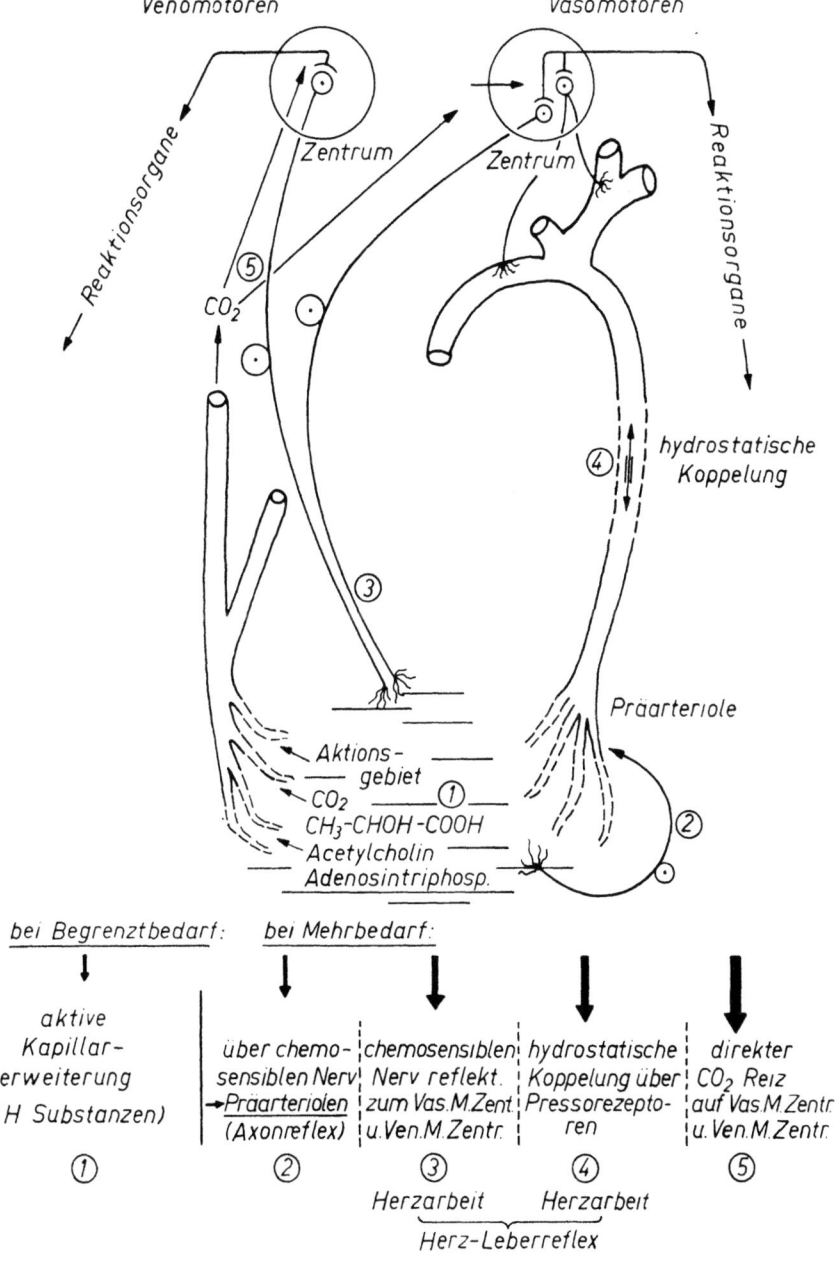

Abb. 32. Stufen der Kreislaufregulation bei peripherer Nutrition.

kardiale Komponente zu einer Pulsverlangsamung und dessen kardio-vaskuläre Komponente zu einem Blutdruckabfall führt. Abb. 31 gibt ein Schema für die propriozeptive Kreislaufsteuerung nach WEZLER wieder.

Neben dieser allgemeinen Kreislaufsteuerung sind lokale Durchblutungsregeln bekannt, die dem Zwecke dienen, jedem Organ mit gesteigerter Funktion eine optimale Durchblutung zu gewährleisten.

Hier treten die hämodynamischen Regulationen vollkommen zugunsten der chemischen in den Hintergrund. Als gefäßerweiternde Substanzen werden vor allem saure Stoffwechselprodukte (Milchsäure, CO_2) und Intermediärprodukte des Muskelstoffwechsels (Adenosin, Adenosintriphosphorsäure, Adenylsäure) und weiterhin wahrscheinlich das Acetylcholin angenommen. Ein Sonderfall dieser chemischen lokalen Durchblutungsregulation ist auch die ,,reaktive Hyperämie", wie sie nach vorübergehender Drosselung einer Gefäßprovinz beobachtet wird.

In Abb. 32 sind die Stufen der Durchblutungsanpassung lokaler Gefäßabschnitte bei Begrenztbedarf und unterschiedlichem Belastungsbedarf aufgestellt.

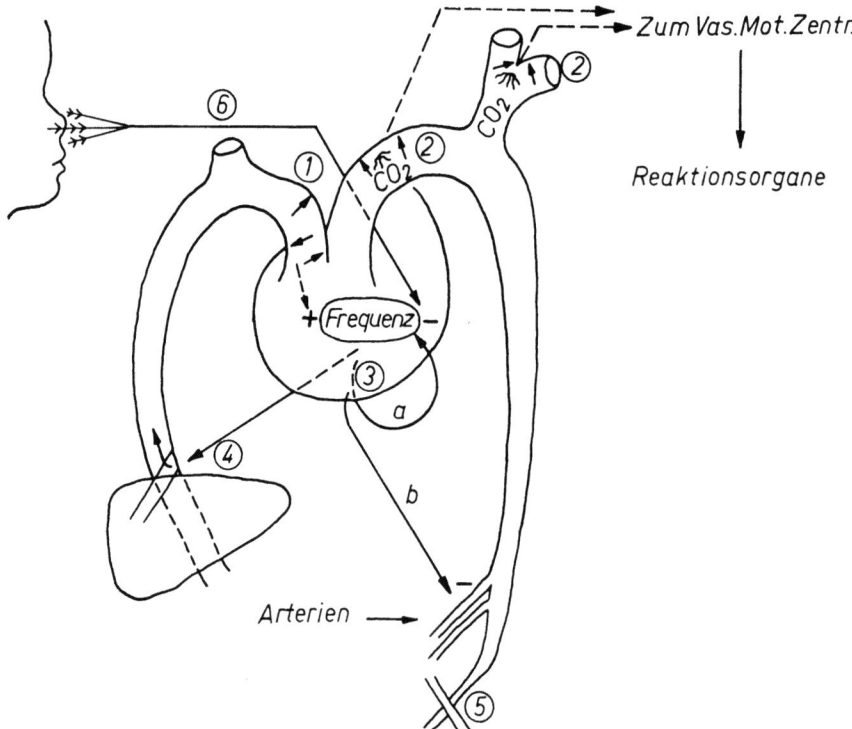

Abb. 33. Regulation zur Ökonomie des Kreislaufes. Im Venensystem: 1. BAINBRIDGE-*Reflex* (Sympathikus) Druckerhöhung im Mündungsgebiet → Frequenzsteigerung. Im Arteriensystem: 2. *Presso- bzw. Chemorezeptoren* (Vagus). Druck- oder CO_2-Erregung der Vasomotorenzentren. Im Herzen: 3. JARISCH-BEZOLD-*Effekt* (Vagus). a) Kardiokardiale Komponente → Frequenzsenkung; b) kardiovaskuläre Komponente → Blutdruckabfall; 4. *Herz-Leberreflex*. Herzarbeit → Öffnung der Lebervenensperre. In der Peripherie: 5. *Gefäßeigenreflexe* (Axonreflex). Verletzung → Eigenkontraktion; 6. *Trigeminus-Herzreflex* (Vagus). Thermischer Reiz im Trigeminus-Gebiet — Frequenzabnahme, Blutdruckabfall.

Es ist selbstverständlich, daß eine derartige Aufschließung eines Gefäßabschnittes nicht möglich ist, ohne daß es gleichzeitig zur Konstriktion anderer Gefäßregionen kommt. Das Adrenalin spielt dabei die Rolle einer idealen Regulationssubstanz. So bewirkt es gleichzeitig die Aufschließung der Gefäße tätiger Organe, die Drosselung untätiger Gefäßzonen, eine Entleerung der Blutspeicher, Öffnung der Leber-Venensperre und einen direkten Anreiz der Herztätigkeit.

Die gesamte Koordination der Kreislaufsteuerung geschieht nach dem Prinzip größter Sparsamkeit unter Vermeidung überschießender Reaktionen. Die Abb. 33 zeigt schematisch die wichtigsten Einrichtungen, die diese Aufgabe zu erfüllen haben.

Der Hinweis auf diese Vorgänge mag genügen, um die komplizierten Kreislaufregulationsvorgänge zu erhellen.

Die Grundprinzipien der Steuerung des peripheren Kreislaufes im Hinblick auf Nutrition und Thermoregulation wurden in Tab. 2 zusammengefaßt.

1. Herz-Kreislauf und körperliche Belastung

Körperliche Arbeit geht mit einer Stoffwechselsteigerung einher und verlangt daher eine entsprechende Mehrleistung der Zirkulation. Das Herz kann diesem Bedürfnis durch Vermehrung der Frequenz und des Schlagvolumens entsprechen. Bei höherer Frequenz, bis zu der, bei welcher das Maximum des Minutenvolumens liegt, braucht das Herz einen Gesamtstoffwechsel, der in höherem Maße gesteigert ist, als der Vermehrung des Minutenvolumens entspricht. Man muß im allgemeinen bei der körperlichen Arbeit zwischen der Kreislaufbelastung bei Dauerbeanspruchung und kurzdauernder Kraftleistung unterscheiden: Bei der Dauerleistung werden mit Hilfe der durch CO_2-Milchsäure-Anhäufung, Adrenalin und Histamin angeregten Venomotorik, durch Entleerung der Blutspeicher (z. B. Aufhebung der Leber-Venensperre durch CO_2 und Adrenalin) dem Herzen große Blutmengen angeboten und durch Auffüllung des Lungenreservoirs die für die gesteigerte Tätigkeit notwendige Erleichterung des Gasaustausches gewährleistet. Es besteht daher infolge Steigerung des Minutenvolumens eine Mehrbelastung für das gesamte Herz, sowie eine gleichzeitige Überlastung des rechten Herzens, da dieses nicht nur vermehrte Blutmengen auszuwerfen, sondern auch noch den stetig wachsenden Widerstand in der Lunge zu überwinden hat.

Demgegenüber erfolgen kurzdauernde Kraftleistungen im Zustand der Pressung. Nach tiefster Inspiration wird der Atem angehalten und die Glottis geschlossen. Es kommt dabei zu starker intrapulmonaler Drucksteigerung. Das Blut wird aus der Lunge ausgepreßt, der linke Ventrikel vermehrt gefüllt und gespannt und dadurch zu vermehrter Leistung befähigt. Hier liegt die Belastung anfänglich auf dem linken, später jedoch ebenfalls auf dem rechten Herzen. Hand in Hand mit diesen hämodynamischen Vorgängen gehen metabole und nervöse Umstellungen.

Im Mittelpunkt des gesamten Kreislaufgeschehens steht der normale Stoffwechselverlauf, d. h. der genügende Transport von Sauerstoff an die Stätten des Bedarfs und der Abtransport von Stoffwechselprodukten (Kohlensäure, Milchsäure usw.). Der Sauerstoffverbrauch nimmt proportional der Arbeitsgröße zu. Die Erfüllung dieses Gaswechsels ist weitgehend abhängig vom Blutchemismus. Es gelten dabei folgende Gesetzmäßigkeiten:

Tabelle 2. Kreislaufregulationen

Peripheres Kreislaufgebiet ist allein reaktionsauslösend zum Zwecke der

| Nutrition: | bei Begrenztbedarf ↓ direkt lokal humoral durch H-Substanzen *aktive Kapillarerweiterung* | bei Mehrbedarf über chemosensibl. Nerv. Präarteriolen (AXON-*Reflex*) Hydrostat. Koppl. → | chemosensibl. Nerv. reflekt. direkt zum Vasomot. Zent. u. Venomot. Zent. → | hydrostat. Koppl. über *Pressorezeptoren* ↙ | direkter CO_2 Reiz auf Va.M.Z. und Ve.M.Z. |

über Vasomotorenzentrum zu den Reaktionsorganen
über *Venomotorenzentrum*
→ zur angepaßten Tonusregulation der Venen

Thermoregulation:

a) *chem.* Regulation (Wärmeproduktion Entwicklung von H-Substanzen)

| | bei Begrenztbedarf ↓ s. o. | bei Mehrbedarf s. o. | | s. o. ↙ | s. o. |

über Vasomotorenzentrum zu den Reaktionsorganen
über *Venomotorenzentrum*
s. o.

b) *physikal.* Regulation: reziproker Vorgang a) bei Normaltemperatur
 bei Hypothermie oder direkter lokaler Hitze   Hyperämie der Oberfläche

Kreislauferhaltung und Ökonomie:

im Venensystem: BAINBRIDGE-*Reflex*
    Druckerhöhung im Mündungsgebiet   Frequenzsteigerung

im Arteriensystem: *Pressorezeptoren*
    Druck oder CO_2-Reiz   Erregung des Vasomotoren und Venomotorenzentrums

im Herz: JARISCH-BEZOLD-*Effekt*
    a) kardiokardiale Komponente   Frequenzminderung
    b) kardiovaskuläre Komponente   Blutdruckabfall

Herz-Leberreflex
    Herzarbeit   Öffnung der Lebervenensperre   vermehrtes Blutangebot

in der Peripherie: *Gefäßeigenreflex*
    Gefäßkontraktion bei Verletzung

Trigeminus-Herzreflex
    Thermoreiz im Trig.-Gebiet   Frequenzabnahme u. Blutdruckabfall

Die Dissoziierbarkeit des Sauerstoffes nimmt bis zu einem gewissen Grade mit Zunahme der Temperatur und Zunahme der Säuerung zu, d. h. in den relativ saueren Geweben wird die Sauerstoffabgabe begünstigt. In den Lungen wird die Kohlensäure abgegeben, der CO_2-Partialdruck fällt ab, und die Aufnahmebedingungen für die Sauerstoffzufuhr werden damit erleichtert. Maßgeblich für den Gasaustausch sind somit die Gasdruckgefälle, wobei die Richtung für den Sauerstoff- und den Kohlensäureabfall entgegengesetzt ist (Abb. 34).

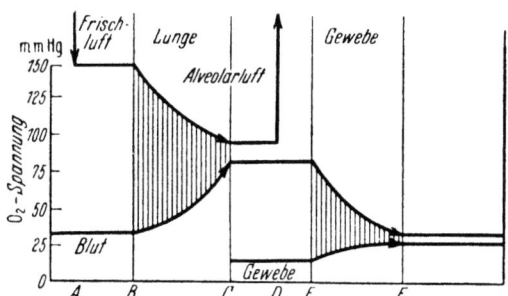

Abb. 34. Die CO_2-Druckgefälle zwischen Lungenluft und Blut einerseits (A–B) und Blut und Gewebe andererseits (C–E) gleichen sich während des Blutdurchflusses durch die Lungen (B–C) bzw. Gewebe (E–F) einander an, indem unter Wirkung der Gefälle Sauerstoff ins Blut bzw. ins Gewebe hinüberdiffundiert. Die Aufrechterhaltung dieser beiden Gefälle und ihre Ausnützung zur Sicherung des Sauerstoffbedarfes der Gewebe sind der Zweck der gesamten Atmungsvorgänge, an denen sich Lungen, Blut und Kreislauf beteiligen müssen (nach REIN).

Die Sauerstoffversorgung des Organismus ist offenbar eine der wichtigsten Aufgaben von Kreislauf und Atmung. Bei Körperarbeit müssen 3 Formen unterschieden werden:
1. Die Arbeit, die im Zustande des Gleichgewichtes der meßbaren Stoff- und Gaswechselprozesse durchgeführt wird,
2. die Arbeit, die zwar längere Zeit durchgeführt werden kann, wobei aber die Peripherie zu wenig mit Sauerstoff versorgt wird, so daß durch Zunahme der Säuerung des Blutes die Atmung gesteigert werden muß,
3. Arbeit, bei der von vornherein die Sauerstoffaufnahme unzureichend ist und bei der die kompensatorische Atmungssteigerung nicht ausreicht. Diese Arbeit kann nur so lange ausgehalten werden, bis die Sauerstoffschuld ein Ausmaß erreicht, durch das die Verbrennungsprozesse in den Zellen empfindlich gestört werden. Schließlich zeigen auch Blutzucker, Fettgehalt, Phosphatgehalt usw. bei der körperlichen Arbeit tiefgreifende Veränderungen.

Die Umstellung des kardiopulmonalen Systems bei der Arbeit läßt sich durch ein einfaches Schema, das den Zustand der Ruhe, des „toten Punktes", und des „second wind" zeigt, veranschaulichen (Abb. 35).

Bei einer Sauerstoffnot, wie sie bei körperlicher Arbeit auftritt, kommt es zu einer Höherstellung der respiratorischen Mittellage (WENCKEBACH); die Blutdepots, nach REIN vor allem die Leber, geben ihr Blut ab. Dies geschieht entweder mechanisch durch Auspressen infolge Tiefertretens des Zwerchfells, humoral durch vermehrte Adrenalinausschüttung, die sich an der Lebervenensperre auswirkt, vielleicht auch reflektorisch über die HERING-BREUERschen-Reflexe.

Wir nehmen einen derartigen reflektorischen Mechanismus an, da im Tierexperiment gezeigt werden kann, daß sich auch andere Blutdepots (Milz) an diesem Entleerungsmechanismus beteiligen (HOCHREIN). Der venöse Rückstrom nimmt zu, der BAINBRIDGE-Reflex wird in Tätigkeit gesetzt, es kommt zu einer Tachykardie. Das rechte Herz wird durch vermehrte Füllung und Spannung zu höherer Leistung befähigt. Um auch das linke Herz raschestens auf ein höheres Leistungsniveau einzustellen, läuft die Masse des rechten Herzminutenvolumens durch die pulmonalen arterio-venösen Anastomosen. Das alveolare Kapillarsystem verharrt trotz erhöhten Sauerstoffbedarfs noch auf dem Niveau der Ruhedurchblutung, es kommt zu den Erscheinungen des toten Punktes (Abb. 35b). Der Sauerstoffgehalt des Blutes sinkt, die Kohlensäure und damit die Azidose steigen an. Beschwerden wie Herzklopfen, Beklemmung, Müdigkeit, Unlustgefühl usw. treten auf.

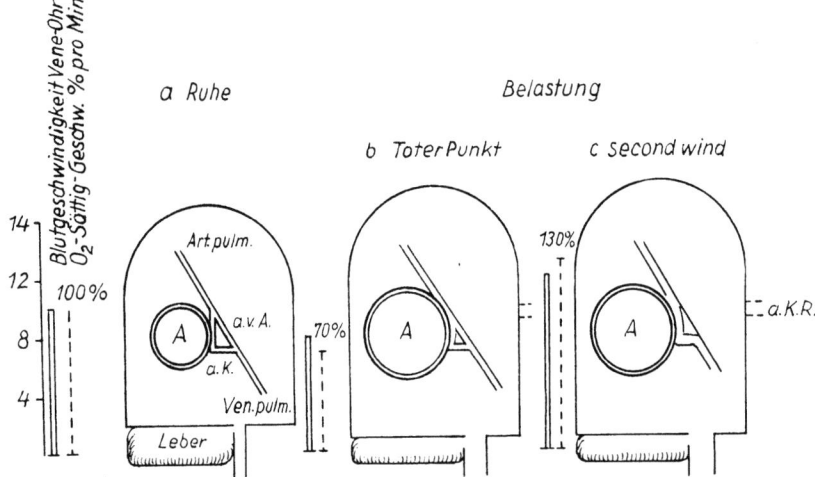

Abb. 35. Schema des kardiopulmonalen Systems. a Ruhe; b im toten Punkt; c beim second wind. A = Alveole; a.K. = alveolares Kapillarsystem; a.K.R. = alveolare Kapillarreserve; a.v.K. = arterio-venöse Anastomose (Kurzschluß).

Das Verhalten des Kreislaufes im „toten Punkt" zeigt, daß im Interesse der Selbsterhaltung des Kreislaufes, d. h. einer ausreichenden Auswurfleistung des linken Ventrikels, für kurze Zeit auf die Erfüllung von Stoffwechselverpflichtungen verzichtet und eine gewisse O_2-Schuld eingegangen wird.

Durch die zunehmende Azidose wird das Atemzentrum angeregt, vielleicht ist dies auch der Grund dafür, daß die pulmonalen arteriovenösen Anastomosen nunmehr verschlossen werden, so daß die pulmonale Durchblutung im wesentlichen durch das alveolare Kapillarsystem erfolgt. Durch Vergrößerung der Gasaustauschfläche wird die Atmung erleichtert („second wind" – Abb. 35c). Der Mechanismus dieser Umschaltung in der pulmonalen Zirkulation ist noch nicht völlig geklärt. Unsere experimentellen Studien lassen vermuten, daß an diesen Umstellungen sowohl nervöse wie humorale Vorgänge beteiligt sein können (HOCHREIN und MATTHES, HOCHREIN und SCHLEICHER).

Soweit der Kreislauf für das Ausmaß einer Arbeit von Bedeutung ist, kann gesagt werden, daß große körperliche Leistungen, welche im Zustand der Pressung ausgeführt werden, anfänglich eine reichlich mit Blut gefüllte Lunge, die imstande ist, eine große Blutmenge leicht abzugeben und ein kräftiges linkes Herz verlangen. Bei längerer Pressung ruht die Hauptlast auf dem rechten Herzen. Da bei Dauerleistungen das rechte Herz eine zusätzliche Arbeit bei der Auffüllung und Durchblutung der Lunge zu leisten hat, kommt diesem Herzabschnitt eine größere Bedeutung zu, als ihm bisher von der Physiologie und der Klinik zugebilligt wurde. Das muskelschwache rechte Herz kann diese vermehrte Blutförderung nur leisten durch den Einsatz eines Hilfsmotors, nämlich der Atembewegung, bei deren Versagen Gasaustausch und Hämodynamik Beschränkungen erfahren.

2. Training

Bekanntlich nehmen durch Training Umfang und Kraft der geübten Skelettmuskeln zu. Auch am Herzen, dem tätigsten Organ unseres Körpers, beobachten wir beim Training eine Massenzunahme. Es ist das Verdienst von E. KIRCH, v. BOROS, REINDELL und anderen, diese Zusammenhänge durch klinische und experimentelle Untersuchungen überzeugend geklärt zu haben.

Werden ein Trainierter und ein Untrainierter vor die gleiche körperliche Aufgabe gestellt, so wird der Trainierte infolge einer geübten Koordination seiner Bewegungen mit größerer Arbeitsökonomie die geforderte Leistung vollbringen. Der Trainierte kann eine bestimmte Arbeit nicht nur leichter bewältigen, er ist auch zu höherer körperlicher Leistung befähigt. Mit dem Training geht auch eine Leistungszunahme von Herz und Lunge einher. Die Vitalkapazität steigt, die Ventilationsgröße nimmt zu. Die Pulszahl nimmt mit langdauerndem Training ab.

Wie kommen derartige Wirkungen zustande?

Auf Grund der Untersuchungen von FRANK, STRAUB, STARLING u. a. wissen wir, daß bei jeder körperlichen Belastung eine Steigerung der Kraftentfaltung des Herzens notwendig ist, welche durch eine erhöhte Anfangsspannung der Muskelfaser infolge einer Volumenzunahme ermöglicht wird. Der Unterschied im individuellen Anpassungs- bzw. Trainingsgrad ist vorzugsweise dadurch gekennzeichnet, daß der Untrainierte den notwendigen Leistungszuwachs über eine Frequenzsteigerung herbeiführt und dadurch primär sehr viel ungünstiger arbeitet, als der Trainierte, der in der Lage ist, die gesamte Mehrleistung weitgehend über die Zunahme des Schlagvolumens zu vollbringen (GOLLWITZER-MEIER und KROETZ u. a.). Wenn somit der Untrainierte die notwendige Volumenzunahme erst über eine Ausschüttung der Blutdepots möglich macht, verfügt der Trainierte nach den Untersuchungen von REINDELL über ein so großes Restvolumen, daß er momentan in der Lage ist, mittels einer über das Vegetativum herbeigeführten Tonusänderung des Myokards die Vergrößerung des Schlagvolumens zu erreichen. MORITZ glaubte noch, auf Grund alter Erkenntnisse entscheiden zu können, daß ein normal großes Herz eine große Reservekraft und eine erhebliche Akkommodationsbreite habe, während ein vergrößertes Herz bereits unter wesentlich ungünstigeren Bedingungen arbeite. Hier unterschied man zunächst die myogene Dilatation als Anforderungsreaktion an einen geschädigten Herzmuskel und die tonogene Dilatation als Antwort einer gesteigerten Anforderung an das gesunde Myokard, wobei letztere noch differenziert wurde in eine Widerstandsdilatation als Folge vermehrter Druckarbeit und eine Zuflußdilatation durch vermehrtes Volumenangebot.

Es erwies sich jedoch, daß viele Gesetzmäßigkeiten vor allem aus der Sportmedizin, mit einer derartigen Einteilung nicht ganz vereinbart werden konnten (DIETLEN, DELIUS u. a.). REINDELL, KLEPZIG und MUSSHOFF haben mittels der intrakardialen Druckmessung diese Fragen nochmals überprüft und konnten feststellen, daß schon beim Normalen die Restblutmenge sehr viel größer ist, als bisher angenommen und, bezogen auf das Schlagvolumen, sich ca. wie 2:1 verhält. Sie konnten weiterhin zeigen, daß bei akuter körperlicher Belastung die Zunahme des Schlagvolumens und die Überwindung der physiologischen Drucksteigerung unabhängig von einer vermehrten Anfangsfüllung und ohne Steigerung des mittleren Vorhofdruckes bewältigt werden können, so daß bei der Vermittlung dieser Leistungszunahme das vegetative Nervensystem eine wesentliche Rolle spielen muß. Bei häufig wiederholter Belastung kommt es dann mit Übung zahlreicher Anpassungs- und Ausgleichsregulationen zum Zustand des Trainings. Während die Skelettmuskulatur durch Übung hypertrophiert und man bisher diese Erfahrungstatsache einfach auch auf das Myokard übertragen hatte, ergeben die neueren Untersuchungen, daß das Herz des Trainierten dilatiert, aber nicht nennenswert hypertrophiert, wobei es bedeutungsvoll ist, daß bei der Trainingshypertrophie das kritische Herzgewicht von 500 g (LINZBACH) nicht überschritten wird. Es handelt sich also nach den Untersuchungen von LINZBACH und REINDELL bei der Vergrößerung und Dilatation des Sportherzens um eine „physiologische Hypertrophie", die zu einem Wachstum des gesamten Herzens führt. Das Herz des Trainierten ist außerdem gekennzeichnet durch einen stark vermehrten systolischen Rückstand,

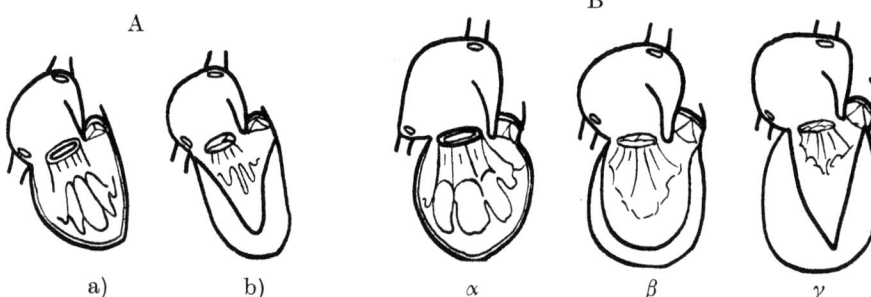

Abb. 36. Herzarbeit bei trainiertem und untrainiertem Herzen. A. Untrainiertes Herz, B. Trainiertes Herz. a) = Diastole; b) = Systole; α = Diastole; β = Systole, mäßige Belastung; γ = Systole, starke Belastung.

während Blutzufluß, sowie diastolischer Vorhof- und Ventrikeldruck nicht gesteigert sind. Diese Umformung der Hämodynamik ist mit keinem Vorgang am isolierten Herzen vergleichbar und kann zustandekommen u. a. durch eine vermehrte Weitbarkeit, d. h. eine Sonderform der Dilatation, welche etwas grundsätzlich anderes ist, als die pathologischen Herzerweiterungen und daher auch von DELIUS als „regulative Dilatation" bezeichnet worden ist. Die Frage, ob es sich lediglich um den muskulären Ausdruck eines trainingsbedingten Vagotonus handelt oder ob dieser Funktionsänderung auch ein morphologisches Substrat zu Grunde liegt, muß noch geklärt werden. Der Zweck dieses Vorganges ist die ausreichende Anpassung an eine vermehrte Volumenbelastung. Erst in der Erschöpfung wird dann, wie REINDELL feststellen konnte, auch die Tonussteigerung des Myokards als Mittel zur Intensivierung der systolischen Kontraktion mit zur Bewältigung der gesteigerten Anforderung herangezogen (Abb. 36).

In Abb. 36 haben wir versucht, die Auswurfleistung des untrainierten und trainierten Herzens im Schema einander gegenüber zu stellen. Wir sehen zunächst, daß das untrainierte Herz kleiner ist als das trainierte. Bei der Systole des Untrainierten (Abb. 36a und b) kommt es zu einer maximalen Kontraktion und damit zu einer minimalen physiologischen Restblutmenge. Demgegenüber reagiert das Herz des Trainierten bei mäßiger Belastung (Abb. 36α) mit einer relativ unausgiebigen Kontraktion und einer großen Restblutmenge. Dieses Verhalten gibt ihm die Möglichkeit, bei starker Belastung und maximaler Kontraktion raschestens das Schlagvolumen zu steigern (Abb. 36β).

Für die Beurteilung ergibt sich aus diesen neuen Erkenntnissen, daß ein vergrößertes Herz mit nur mäßiger Hypertrophie besser angepaßt und prognostisch günstiger zu bewerten ist als ein kleines oder normales Herz, z. B. bei Widerstandsbelastung, bei dem eine in ihrem Ausmaß kaum schätzbare Hypertrophie jederzeit den möglichen Übergang zu myogener Dilatation und Insuffizienz in sich birgt (REINDELL und Mitarbeiter, BAYER, BEICKERT und andere).

Somit dürfte auch die Diskussion um die Hypertrophie als solche weitgehend entschieden sein. Während REINDELL, BLUMBERGER und andere sie als Anpassungsvorgang an gesteigerte Arbeitsanforderung betrachten, wollten v. BOROS und andere in ihr von vornherein den Ausdruck einer Schädigung sehene.

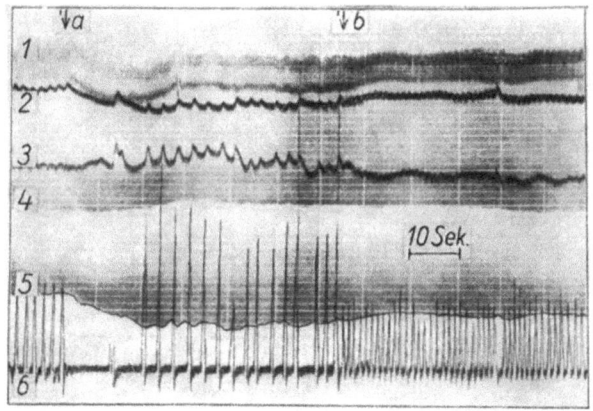

Abb. 37. Wirkung einer Vagusreizung auf die Blutdepots. Von *a* bis *b* Reizung des intakten Vagosympathikus mit 0,2 mA. 1. Druck in Art. fem.; 2. Durchströmung in der Art. lienalis; 3. Durchströmung in der Vena lienalis; 4. Durchströmung in der Art. pulm., 5. Durchströmung in der Vena pulm.; 6. Respiration (nach HOCHREIN).

Alle neueren Untersuchungen (BEICKERT, BRETSCHNEIDER, BÜCHERL, FRANK und HUSTEN) konnten dagegen bestätigen, daß das Arbeiterherz mit einer das kritische Herzgewicht nicht überschreitenden Hypertrophie als „gesundes" Herz bezeichnet werden muß.

Untersuchen wir die Tonuslage des vegetativen Nervensystems bei Trainierten, so finden wir nicht selten eine gesteigerte Erregbarkeit, wobei sich Zeichen der Vagotonie besonders hervorheben.

Die größte Bedeutung der Vagotonie besteht neben der ökonomischen Hämodynamik der Herzentleerung in einer vermehrten Blutfüllung der Lunge, d. h. in einer Vergrößerung der pulmonalen Gasaustauschfläche und einer stärkeren Sauerstoffausnützung in der Kreislaufperipherie, wodurch es zu einer allgemeinen Entlastung des Herzens kommt (HOCHREIN), die sich auch in einer geringeren Beanspruchung des Koronarkreislaufes bei körperlichen Arbeiten äußert (REIN).

In Abb. 37 wird gezeigt, wie bei der Vagotonie die Blutdepots (Milz) entleert und das alveolare Kapillarsystem vermehrt mit Blut gefüllt werden.

Darüber hinaus soll auch das Verhalten des Kreislaufes unter körperlicher Arbeit, wenigstens soweit es für das Verständnis erforderlich ist, kurz gestreift werden.

So wissen wir auf Grund eigener Untersuchungen, sowie der Befunde von WEZLER, THAUER und GREVEN, daß der Blutdruck schon bei leichter Arbeit ansteigt und Minutenvolumen und Herzarbeit einen Zuwachs erfahren, der dem Ausmaß des durch Arbeit gesteigerten Sauerstoffverbrauches proportional ist. Das Blutdruckverhalten ist dabei dadurch gekennzeichnet, daß der systolische Druck ansteigt, der diastolische dagegen gleich bleibt, seltener ebenfalls ansteigt, meist jedoch abfällt, da der periphere Widerstand normalerweise unter der Arbeit sinkt. Wesentlich ist weiterhin, daß auch die Koronardurchblutung mit Zunahme der Herztätigkeit ansteigt. Die Kreislaufankurbelung unter der Arbeit ist somit dadurch gekennzeichnet, daß das Herz, begünrstigt von einer gesteigerten Koronardurchblutung, das vergrößerte Zeitvolumen gegen einen erniedrigten Widerstand auswirft, bei weiter Eröffnung peripherer Strombahnen. Diese Anfachung kann so weit gehen, daß bei abrupter Unter) brechung der Anforderung (z. B. am Ende eines 100- oder 200-m-Laufes- die Kreislaufkontinuität nicht mehr gesichert ist und auf diese Weise ein orthostatischer Kollaps (MATEEF) zustande kommt.

Tabelle 3. Blutbefunde (trainiert und untrainiert) bei Belastung

	Luftverbrauch l/min.	CO_2-Aussch. ccm/min.	O_2-Verbrauch ccm/min.	Blutzirkulation l/min.	pCO_2 ven. mm Hg O_2 gesättigt
M.H. untrainiert					
a) Beginn	75	2960	2930		
b) Ende	95	3500	3500	27	72,0
D.B.D. trainiert					
a) Beginn	64	2665	2645		
b) Ende	64	2675	2718	33	60,8

Alle diese Einflüsse wirken, wie RANKE, SCHENK und andere gezeigt haben, dahin zusammen, daß durch Training die Ermüdungsschwelle heraufgesetzt wird. Durch eine gewisse Bahnung koordinierter und reflektorischer Bewegungsabläufe wird der Energieverbrauch bei einer körperlichen Arbeit bis zu einem gewissen Leistungsoptimum herabgesetzt.

Bei den engen Beziehungen zwischen Stoffwechsel und Kreislauf sind auch die Blutbefunde interessant, die bei körperlicher Belastung den Trainierten vom Untrainierten unterscheiden. Eingehende Stoffwechsel- und Blutanalysen haben wir in der „Leistungssteigerung", 3. Auflage (Stuttgart 1957), beschrieben (Tab. 3).

Literatur zu Kapitel II, Abschnitt D, 1–2

BAINBRIDGE, F. A.: J. Physiol. **50**, 65 (1915). — BAYER O. und H. REINDELL: Über das Verhalten des Ekg-Typs des Sportsmannes. Z. Kreislaufforschg. **34**, 8, 272 (1942). — BEICKERT, A.: Tierexperimentelle Untersuchungen über die Leistungsfähigkeit arbeitshypertrophischer Herzen. Klin. Wschr. **32**, H. 21/22, 527 (1954). — BLUMBERGER, K.: Verhütung von Herzschädigungen beim Sportler und Schwerarbeiter. Wien. Z. inn. Med. **35**, 411 (1954). — BOLT, D. W. und H. W. KNIPPING, H. VALENTIN und H. VENRATH: Sport als therapeutischer Faktor in der Herzklinik. Medizinische **1953**, 13. — v. BOROS, J.: Das Problem des hypertrophischen Sportherzens. Dtsch. med. Wschr. **77**, H. 42, 1293 (1952). — BRUGSCH, TH.: Lehrbuch der Herz- und Gefäßkrankheiten. Einfluß von Arbeit, Sport und

Beruf auf das Herz, S. 562 (Leipzig 1947). — DELIUS, L. und H. REINDELL: Die Kreislaufregulation in ihrer Bedeutung für Leistungsfähigkeit und Lebenserwartung. Z. klin. Med. 143, 29 (1943). — DIETLEN, H.: Über das Sportherz. Münch. med. Wschr. 93, H. 43, 2137 (1951). — FRANK, A. und H. J. BRETSCHNEIDER: Zur Frage des Sportherzens. Z. Kreislaufforschg. 42, H. 5/6, 195 (1953). — FRANK, O.: Zur Dynamik des Herzmuskels. Z. Biol. 32, 424 (1895). — GOLLWITZER-MEIER, KL. und C. H. KROETZ: Kranzgefäßdurchblutung und Gaswechsel des innervierten Herzens. Klin. 1940, Wschr., H. 24/25, 580 u. 616. — HOCHREIN, M.: Sport und Kreislauf. Münch. med. Wschr. 50, 2038 (1936); Kreislauf und Sport. Med. Welt 4, 5 (1935); Elektrokardiogramm und Herzarbeit. II. Internat. Sport-Ärzte-Kongreß, S. 89 (Berlin 1936); Herzprobleme des Kreislaufgesunden beim Sport. Münch. med. Wschr. 40, 1470 (1939). — HOCHREIN, M. und K. MATTHES: Beiträge zur Blutzirkulation im kleinen Kreislauf. IV. Mitt.: Der Druck im kleinen Kreislauf. Naunyn-Schmiedebergs Arch. exper. Path. 167, H. 5/6, 687 (1932); und I. SCHLEICHER: Herz und Überanstrengung. Med. Klin. 53, H. 2, 41 (1958); Med. Klin. 53, H. 3, 81 (1958). — KIRCH, E.: Verh. Dtsch. Ges. Inn. Med. 1935, 73. — KLEPZIG, H. und G. KINDERMANN und H. REINDELL: Zur Frage der Empfindlichkeit des Sportherzens gegen Sauerstoffmangel. Z. Kreislaufforschg. 45, 8 (1956). — LACHMANN, H.: Vermutlicher Vorhofinfarkt mit paroxysmaler Tachykardie nach schwerem Heben. Z. Kreislaufforschg. 35, H. 13/14, 398 (1943). — LANDEN, H. C.: Der Einfluß des Trainings auf die Leistungsfähigkeit des menschlichen Herzens unter dem Gesichtspunkt der ärztlichen Praxis. Med. Klin. 1948, 451. — LINZBACH, A. J.: Klin. Wschr. 26, H. 29/30, 459 (1948). — MATEEF, D.: Z. exper. Med. 85, 115.— MORITZ, F.: Dtsch. Arch. klin. Med. 176, 455 (1934). — PARADE, G. W.: Anpassungsvorgänge beim Sport. Therapiewoche 3, H. 7/8, 158 (1952). — REIN, H.: Die Physiologie der Koronardurchblutung. Untersuchungen des Koronarkreislaufes am intakten Organismus. Verh. Dtsch. Ges. Inn. Med. 1931, 247; Zbl. Biol. 92, 101 (1936); Verh. Dtsch. Ges. Kreislaufforschg. 14, 9 (Dresden u. Leipzig 1941). — REINDELL, H.: Herz und Sport. Unsere heutige Einstellung zur Beurteilung der Herzgröße und zur Frage der Schädigung. Fortschr. Röntgenstr. 60, 41 (1939); Diagnostik und Kreislauffrühschäden (Stuttgart 1949). — REINDELL, H., H. KLEPZIG und K. MUSSHOFF: Anpassungsvorgänge des gesunden und kranken Herzens. Verh. Dtsch. Ges. Inn. Med. 1953, 274. — SCHENK: Verh. Dtsch. Ges. Inn. Med. 1935. — SCHULTZ, J. H.: Das autogene Training in der Allgemeinpraxis. Med. Klin. 31, 945, 1012, 1041 (1950); Entspannung als ärztliches Problem. Neue Med. Welt 1950, 194. — STRAUB, H.: Dtsch. Arch. klin. Med. 121, 394. — THAUER, R.: Der Kreislauf unter physischer und psychischer Belastung. Nauheimer Fortbild-Lehrg. 17 ,11 (Darmstadt 1952). — WEZLER, K. und A. BÖGER: Die Dynamik des arteriellen Systems. Der arterielle Blutdruck und seine Komponenten, in: ASHER-SPIRO, Erg. Physiol. 41, 293 (1938); und W. SINN: Das Strömungsgesetz des Blutkreislaufes. Arzneimittelforschg. 3. Beiheft (Aulendorf 1953).

3. Herz-Kreislaufsystem und Schwangerschaft

Im Rahmen der Belastungsfaktoren wird dem praktischen Arzt immer wieder die Frage nach der Zumutbarkeit einer Schwangerschaft gestellt, und es scheint daher angebracht, die physiologische Belastung des gesunden Herzens durch eine normale Schwangerschaft etwas näher zu beleuchten.

Über die Physiologie der Frühschwangerschaft ist noch relativ wenig bekannt (R. SCHROEDER). Auch systematische Untersuchungen des Herz-Kreislaufsystems liegen noch wenig vor (NOACK), und die bereits zitierten Beschwerden mit zeitweise auftretenden Extrasystolen u. dgl. werden wohl mit mehr oder weniger Berechtigung als „Unfug des Herzens" im Rahmen tiefgreifender hormonaler und vegetativer Umstellungen zu betrachten sein. Es wird hier die Ausgeglichenheit der Ausgangslage bzw. die Neigung zu „überschießenden" bzw. „paradoxen" Reflexen, wie wir sie als Versagensprinzip der neurozirkulatorischen Dystonie gekennzeichnet haben, ausschlaggebend sein für Ausmaß und Dauer der Beschwerden. Stimmungsschwankungen, innere Unruhe, Schlafstörungen usw. sind ein weiterer Ausdruck dieser allgemeinen Labilität, welche vor allem bei vorgeschädigtem Kreislauf heftige subjektive Beschwerden provozieren. Untrennbar hiervon sind die Umstellungen des vegetativen Nervensystems, welche sich, unabhängig von der Reaktion des Einzelorgans mehr und mehr in Richtung auf das Schon- und Entlastungsprinzip der gesteigerten Vagusintonierung verschieben. Es ist nicht ganz unberechtigt, wenn man das physiologische Schwangerschaftserbrechen u. a. auch als eine zweckmäßige Tendenz des Organismus betrachtet. Durch Verschiebung des Säure-Basenhaushaltes in vermehrt alkalisches Milieu mit entsprechender Änderung des Kalium-Kalzium-Quotienten wird diese vegetative Transposition sinnvoll unterstützt. Auch der bevorzugte Genuß saurer Speisen, welche stoffwechselmäßig bekannterweise meist mehr alkalisierend wirken, kann ähnlich erklärt werden.

In der Frühschwangerschaft werden die Beschwerden vermutlich vorwiegend durch Regulationsstörungen verursacht, denen prognostisch keine ernste Bedeutung zugeschrieben werden muß.

Nach dem 3. Schwangerschaftsmonat kommen folgende Faktoren zunehmend zur Entfaltung (siehe Tabelle 4). Je nach dem Ausmaß ihrer Entwicklung, ihrer gegenseitigen Beeinflussung und Summierung können sie eine ausgesprochene Mehrbelastung des Herzkreislaufsystems herbeiführen.

Tabelle 4. Belastungsfaktoren des Herzens bei der Schwangerschaft

a) *mechanisch*:

Zwerchfellhochstand:
Minderung der Atembewegungen, mangelhafte Unterstützung des rechten Herzens, verringerte Preßwirkung auf das Blutdepot der Leber, Situsänderung des Herzens mit Querlagerung und Achsendrehung.
Änderung der Thoraxform in Richtung auf den sog. „faßförmigen" Emphysemthorax mit schwangerschaftsspezifischer Wirbelsäulenverkrümmung – dadurch Widerstandserhöhung im Lungenkreislauf.
„Gepäckfaktor":
Gewicht des Kindes, der Plazenta und des stark vergrößerten Uterus, Zunahme des allgemeinen Fettansatzes mit Ausdehnung der peripheren Strombahn.
Hypertrophie vieler Organe und Gewebe des Organismus.

b) *hämodynamisch*:

Einschaltung des utero-plazentaren Kreislaufes, der sich im Sinne eines arteriovenösen Kurzschlusses auswirkt und unter Umständen das rechte Herz vermehrt belastet.
Zunahme der zirkulierenden Blutmenge durch Schwangerschaftshydrämie bzw. Plasma-Plethora um 15–20% (WEITZ, FRESSEL).
Zunahme von Schlag- und Minutenvolumen, Neigung zu Lungenödem bei Überschreiten des sog. mittleren Pulmonalkapillardruckes (DEXTER, BAKER).
Zunahme des intraabdominellen und intrapulmonalen Druckes.
Tendenz zu symptomatischer Blutdrucksteigerung:
Allergisch-toxisch bei Schwangerschaftstoxikose bzw. Eklampsie, Mangelhochdruck bei Fettleibigkeit bzw. akuter Gewichtszunahme und Schwangerschaftsanämie.
Neigung zu Venektasien und Varizenbildungen.
Verminderter Rückfluß und Wasserretention in den Beinen.
Änderungen im kapillaren Strombett mit Neigung zu Spasmen und Permeabilitätsstörungen.

c) *hormonal*:

Gipfel der Corticoidproduktion im 8. Lunarmonat, dadurch gleichzeitig statistisch nachgewiesene hochgradige Anfälligkeit für kardiale Dekompensation (RAAB).

d) *humoral-metabolisch*:

Allgemeine Stoffwechselsteigerung, zwecks Aufbau und Schlackenverarbeitung des kindlichen Stoffwechsels.
Steigerung der Entzündungsbereitschaft durch Decidua-Abbauprodukte.
Allergisierung durch Schwangerschaftstoxine.

e) *vegetativ*:

Tendenz zu vermindertem Sympathicotonus und damit Überwiegen des Vagustonus.

Diese Übersicht, welche keinerlei Anspruch auf Vollständigkeit erhebt und deren funktionelle Auswirkungen im einzelnen als bekannt vorausgesetzt werden können, mag genügen, um zu verdeutlichen, daß bei der Beurteilung einer Schwangerschaft zahlreiche Belastungsmomente mit in Erwägung gezogen werden müssen. Es wird aus dieser Tabelle weiterhin deutlich, daß es gar nicht möglich ist, verallgemeinernd eine Mehrbelastung des Herzens durch eine Schwangerschaft um 27% (MESTWERDT) oder um 50% (ESCHBACH) festzustellen. Je nach der Ausprägung des Einzelfaktors und abhängig weiterhin von der Summation verschiedener gleichgerichteter bzw. gegensinniger Reaktionen wird einerseits die Gravidität eine kaum ins Gewicht fallende Mehranforderung bedeuten, andererseits aber bei einem funktionell unter Umstand kaum faßbar vorgeschädigten Herzen den tödlichen Zusammenbruch herbeiführen.

Unter normalen Bedingungen ist jedoch die „physiologische Schwangerschaftsreaktion" (SELLHEIM) zu erwarten, und SCHROEDER ist geneigt, dieselbe in den „Leistungskampf des mütterlichen Organismus während der Schwangerschaft" einzufügen. Dieser unterscheidet 3 Phasen, nämlich bis zum 4. Lunarmonat das „Stadium der Anpassung", bis zum 7. Lunarmonat das „Stadium der Toleranz" und bis zum Abschluß das „Stadium der Belastung". Mit dieser Phaseneinteilung konnte die bisherige Auffassung, nach der ein kontinuierliches Ansteigen der Herz-Kreislauf-Belastung bis zum Ende der Schwangerschaft angenommen wurde, gut in Einklang gebracht werden.

Es ist aber nun für die Beurteilung wichtig, daß diese Annahme, zum mindesten hinsichtlich des Herz-Kreislauf-Systems, keineswegs zu Recht besteht.

Bereits COHEN und THOMPSON haben darauf hingewiesen, daß das Maximum der Kreislaufbeanspruchung im Bereich der 32. Schwangerschaftswoche liegt und danach stark nachläßt (ARFWEDSON). Als durch weitgehend objektive Methoden (Herzkatheterismus und intrakardiale Druckmessung) gesichert, wollen wir weiterhin entnehmen, daß im Bereich der 38.–40. Woche, d. h. unmittelbar vor dem Partus, die meisten hämodynamischen Belastungssymptome wieder zur Norm zurückgekehrt sind, eine Feststellung, die durch die infolge der Geburt eintretenden Höchstanforderungen von allergrößter Bedeutung ist (HAMILTON). Es ist weiterhin darauf hinzuweisen, daß, obwohl zahlreiche der in obiger Tabelle angegebenen Faktoren teleologisch eine Druckerhöhung im pulmonalen Strombett und im rechten Herzen wahrscheinlich machen, eine solche jedoch bei der normalen

Schwangerschaft nicht zu beobachten ist. Die entsprechenden Druckwerte werden eher erniedrigt gefunden.

Allen diesen Untersuchungen und praktischen Erfahrungen ist zu entnehmen, daß der Vorgang der Schwangerschaft nach dem Prinzip der mehrfachen Sicherung so geschützt ist, daß ihm von Seiten des Kreislaufes unter normalen Bedingungen keine Gefährdung drohen kann und besonders die Phase der Hauptbelastung bestens vorbereitet ist.

Will man ARKUSSKIJ beipflichten, daß die normale Schwangerschaft für das normale Herz nur im Sinne eines Trainingseffektes zur Auswirkung kommt, dann wird man um so mehr zu berücksichtigen haben, daß der Geburtsakt, insbesondere aber die Austreibungsperiode, überaus hohe und mit anderen physiologischen Belastungen kaum vergleichbare Anforderungen an das Herz stellt. Bereits in der Eröffnungsperiode kommt es durch Anstieg des Minutenvolumens und Erhöhung des peripheren Widerstandes, durch Aufregung, Angst und Schmerz zu Blutdruck- und Frequenzsteigerung (v. JAGIC und NAGL), welche als Ausdruck höchster sympathischer Beanspruchung unter der Geburt gewertet werden müssen (WINZELER). Die anschließende Austreibungsperiode bildet dann den Höhepunkt der Kreislaufbelastung. In dieser Phase addieren sich die Mitarbeit der Skelettmuskulatur und langdauernde sowie häufig wiederholte Pressung zu einer Höchstanforderung für beide Herzabschnitte, welche durch gleichzeitige Blutdrucksteigerung und hochgradige Herzfrequenzzunahme auf dem Höhepunkt jeder Wehe die Herztätigkeit besonders unökonomisch gestalten.

Diese Schilderung ist teleologisch absolut verständlich, trotzdem hätte vielleicht beachtet werden müssen, daß tatsächlich gerade durch den Geburtsakt nur äußerst selten bedrohliche Situationen herbeigeführt werden. Es verdienen daher die Untersuchungen von BORKENSTEIN Interesse, welcher sorgfältige Kreislaufanalysen unter der Geburt durchgeführt hat. Es wurden dabei Feststellungen getroffen über Blutdruck, elastischen Widerstand, Stromstärke, Pulsfrequenz, peripheren Gesamtwiderstand und Herzleistung. Dabei ergibt sich die überraschende Tatsache, daß während der Wehen keine pathologische Situation resultiert, da nicht einmal die physiologische Leistungsreserve des Herzkreislaufsystems voll beansprucht wird. Die Mehrbelastung, welche allein schon darin besteht, daß die Sauerstoffversorgung der Frucht und die Deckung des Energiebedarfes des Uterus ständig erfüllt bleiben, wird bewerkstelligt durch lokale Zirkulationsänderungen im Uterusgebiet über eine Auspressung des Venenplexus sowie eine lokale Widerstandserhöhung während der Wehen. Diese lokale Regulation ist als äußerst sinnvoll zu betrachten, da sie geeignet ist, höhergradige Kreislaufänderungen unter der Geburt hintan zu halten. Eine Entlastung wird weiterhin durch die Konstanterhaltung der elastischen Gesamtwiderstände ermöglicht, welche auf Grund einer gegensinnigen Beeinflussung des Windkesselvolumens und der Dehnbarkeit der Gefäßwand durch den erhöhten Blutdruck bzw. den gesteigerten intraarteriellen Druck erreicht wird und den Ausgleich exzessiver Blutdrucksteigerung durch Senkung von Teilwiderständen bei gleichzeitiger Zunahme der Stromstärke.

So zweckmäßig diese Regulationen im Einzelfall sind, so setzt ihr Ablauf doch ein vollkommen intaktes und auf neurozirkulatorische Eutonie eingestelltes Herz-Kreislaufsystem voraus. Bei der von uns zur Diskussion gestellten Beurteilung der herzgesunden Schwangeren wird man damit rechnen dürfen.

Nach ARKUSSKIJ kann diese Phase jedoch in folgenden Fällen verhängnisvoll wirken:
a) Bei Blutdruckerhöhung mit gleichzeitigem Nachlassen der Kontraktionskraft des Herzens,
b) bei starker Erhöhung der zum Herzen fließenden Blutmenge und gleichzeitigem Nachlassen der Herzfunktion,

c) bei plötzlichem und starkem Blutverlust, der zu einem Leerlaufen des Herzens führt und
d) bei plötzlicher Blutleere im Gehirn, ein Versagen, das uns z. B. auch als Ohnmacht im VALSAVAschen Versuch wohl bekannt ist.

Gleich schwerwiegend, unter Umständen funktionell aber noch bedeutungsvoller als der eigentliche Geburtsakt, der ja durch die langen Schwangerschaftsmonate bestens funktionell vorbereitet wird, ist die Phase unmittelbar post partum bzw. das Frühwochenbett der ersten 48 Stunden. Die funktionelle Pathologie dieser Phase wird leicht verständlich, wenn wir darin einen Extremfall des Zustandes, den wir beim Sport als akuten Trainingsabbruch bezeichnen, sehen. Diese abrupte Umstellung aller schwangerschaftsbedingten Hochleistungsregulationen kann unter Umständen sogar beim gesunden Herzen zu akutem Kreislaufzusammenbruch führen. Für ein derartiges Versagen oder besser das Zustandekommen einer derartigen Versagensdisposition ist der akute intraabdominelle Druckabfall mit der Neigung des Blutes zum Versacken im Bauchraum ebenso verantwortlich zu machen wie die Höhe des Blutverlustes, da beide dazu führen, daß das dilatierte Herz vermindert gefüllt wird und somit nicht den adäquaten Reiz für den kardialen Ausgleich dieser Versagenssituation erhält. Auch die parasympathische Depression des Herzens in der Postplazentarperiode (WINZELER) dürfte, vor allem bei Neigung zu überschießenden Reflexen, in ähnlicher Weise wirksam werden.

Auf Grund dieser Erfahrungen möchten wir, zum mindesten für die schwangerschaftsbedingten Kreislaufumstellungen, folgende Phasen unterscheiden:
a) Das Stadium der Sensibilisierung (1.–3. Monat). Diese Phase ist gekennzeichnet durch ein hochgradig labiles Verhalten aller Kreislauffunktionen mit oft lebhaft empfundenen Beschwerden, denen jedoch vor allem bei gesunden Frauen kaum eine Bedeutung zukommt.
b) Das Stadium von Anpassung und Toleranz, das bei der gesunden Schwangeren beschwerdefrei verläuft, kaum Gefährdungsmöglichkeiten in sich birgt, aber doch deutliche Belastungssymptome der Hämodynamik erkennen läßt, wobei in der ersten Hälfte mehr das linke, in der zweiten Hälfte mehr das rechte Herz funktionell beansprucht wird (ESCHBACH).
c) Der „second wind", ein Begriff, der absichtlich der Sportnomenklatur entnommen ist und beinhalten soll, daß ein neues Leistungsniveau erzielt wurde, ein Zustand der Kompensation mit weitgehender Normalisierung aller Werte und hoher kardialer Leistungsfähigkeit, der aber trotzdem, wie alle Trainingseffekte, durch exogene Einflüsse leicht irritiert werden kann.
d) Das Stadium der Belastung, das eingeteilt werden muß einerseits in den Partus mit der rein mechanischen Mehrarbeit und andererseits in das Frühwochenbett mit der hämodynamisch unvorbereiteten akuten Entlastungssituation.

Bei der Beurteilung der Zumutbarkeit einer Schwangerschaft müssen alle diese Vorgänge berücksichtigt werden, wenn man ein gültiges Urteil aussprechen will und es als Selbstverständlichkeit betrachtet, daß ein gesundes Herz-Kreislaufsystem derartigen Anforderungen nicht nur einmal, sondern auch bei häufiger Wiederholung ohne Komplikationen oder Dauerschäden gewachsen ist. Es gibt kein „Herz der Pluripara", ein Beweis für die hohe Anpassungsfähigkeit des Herzens an „physiologische Belastungen". Daneben ist es notwendig, kurz einen Überblick über die Symptome zu geben, welche das Herz der Schwangeren kennzeichnen, aber ohne pathognomonische Bedeutung sind und daher von ähnlichen Krankheitssymptomne abgegrenzt werden müssen. Folgen wir kurz einer derartigen Untersuchung, dann werden sich nachstehende Befunde bei einer herzgesunden Frau während einer normalen Schwangerschaft erheben lassen:

Anamnestisch können orthostatische Beschwerden mit Kollapsneigung oder auch Herzsensationen den Beschwerdekomplex so beherrschen, daß sie zur Veranlassung einer ärztlichen Konsultation werden. Um hier Fehlbeurteilungen und -beratungen zu vermeiden, wird man gut tun, wenn man in solchen Fällen zunächst eine vorsichtige Regelanamnese erhebt. Eine sorgfältige Untersuchung vorausgesetzt, die auch bei anscheinender Gesundheit bemüht ist, jeden Beschwerdekomplex ursächlich zu klären, kann man sicher sein, daß diese Sensationen vollkommen harmlos sind. Auch die mit zunehmendem Zwerchfellhochstand auftretende Kurzatmigkeit ist rein mechanisch bedingt und bessert sich in der Regel bereits mit dem Tiefertreten des Uterus.

Bei der Inspektion sind die leichte Gedunsenheit des Gesichtes und die so häufigen Beinödeme nahezu schwangerschaftsspezifisch, so daß sie für den Erfahrenen den Verdacht weder auf eine renale noch kardiale Komponente erwecken.

Die spezielle Untersuchung des Herzens ergibt, daß das Herz während der Schwangerschaft nicht nur scheinbar, sondern tatsächlich größer und schwerer wird und durchschnittlich einen Gewichtszuwachs von 30–60 g erfährt. Es ist dabei vielfach erörtert worden, ob es sich um eine echte Hypertrophie im Gefolge der durch Schwangerschaftsplethora bedingten physiologischen Herzdilatation handelt. Nach SELLHEIM gehört sie jedoch zur „physiologischen Schwangerschaftsreaktion" und stellt lediglich eine „sinnvolle" Anpassung an das zunehmende Körpergewicht dar. Diese Tatsache ist nun von vielen Untersuchern immer wieder bestätigt worden. JENSEN und NOORGAARDT fanden in allen Schwangerschaftsmonaten in 33% der Fälle eine Vergrößerung aller Herzdurchmesser. FREY sah im 4.–10. Monat eine Vergrößerung des Querdurchmessers in 80% der Fälle, eine solche des Längsdurchmessers in 35–50%. CLAUSER beschreibt in 60% der Fälle eine zunehmende Vergrößerung mit besonderer Beteiligung des rechten Ventrikels und des Längsdurchmessers. Der Perkussion werden diese Veränderungen nur selten zugängig sein, und die vom Stand des Zwerchfells abhängige Linksverbreiterung darf nur auf die Querlagerung des Herzens bezogen werden.

Bei der Auskultation haben bereits LANDT und BENJAMIN auf den in 80% der Fälle zu beobachtenden akzentuierten P II hingewiesen, für dessen Zustandekommen eine Druckerhöhung im kleinen Kreislauf oder eine gewisse Abknickung infolge von Torsion und Querlagerung des an der Basis fixierten Herzens angenommen werden dürfen. ESCHBACH vertritt dagegen die Auffassung, daß es sich nicht um eine echte Akzentuation, sondern lediglich um eine verstärkte Hörbarkeit durch günstigere akustische Fortleitungsbedingungen als Folge der Annäherung des Herzens an die vordere Brustwand handelt. Auch der 2. Aortenton kann unter Umständen entsprechend akzentuiert sein. Für die Diagnostik leicht irreführend sind weiterhin akzidentelle systolische Geräusche, welche am häufigsten über der Pulmonalis oder der gesamten Herzbasis, seltener über der Mitralis oder mehreren Ostien hörbar werden. Sie kommen ebenfalls durch die geänderte Herzposition zustande. Auch an die geräuscherzeugende Wirkung einer Schwangerschaftsanämie muß gedacht werden. Im Rahmen der normalen Gravidität erreicht sie jedoch kaum solche Grade (ESCHBACH), daß dieser Faktor erheblich ins Gewicht fallen dürfte.

Das Röntgenbild des normalen Herzens variiert im Laufe der Schwangerschaft abhängig vom Zwerchfellstand und vom vegetativen Tonus. Während es mit Ende der Gravidität und Tiefertreten des Uterus seine Linksbetonung verliert, kann es jetzt schlechter tonisiert erscheinen, ein Symptom, das jedoch lediglich als Vagusphänomen zu diesem Zeitpunkt gedeutet werden darf. Das von ESCHBACH beschriebene leichte Vorspringen des Pulmonalisbogens und die angedeutete Mitralkonfiguration sind lediglich ein Zwischenstadium und Ausdruck einer bevorzugten Rechtsbeanspruchung.

Elektrokardiographisch wurden in größeren Untersuchungsreihen vor allem die letzten Schwangerschaftsmonate erfaßt (LEPESCHKIN, KEHRER, SCHRÖDER und UHLENBRUCK). Die dabei zu beobachtenden physiologischen Veränderungen (Linkstypisierung u. dgl.) werden durch Zwerchfellhochstand, Änderung der Herzachse, tatsächliche funktionelle Leistungssteigerung des linken Herzens und vegetative Einflüsse erklärt (OTTO, BETTENCOURT und FRAGOSO u. a.). ZATUCHNI stellte fest, daß die Herzlage von geringem Einfluß ist. Die mittlere elektrische QRS-Achse dagegen wird mit fortschreitender Schwangerschaft nach links verschoben bis in den letzten Teil des letzten Schwangerschaftsdrittels, von welchem Zeitpunkt an wieder eine Verschiebung nach rechts einsetzt, welche bis nach dem Partus anhält. Es wird also auch aus dem Ekg ersichtlich, daß das Maximum der Belastung bereits vor dem Partus gelegen ist. Zeichen einer ventrikulären Hypertrophie oder Überlastung konnten nicht beobachtet werden. Von besonderem Interesse sind die Untersuchungen von NOACK, der das Belastungs-Ekg von gesunden Frauen in der Frühschwangerschaft überprüfte und damit einen wertvollen Beitrag für die Beurteilung leistete. Er fand nämlich bei 100 Schwangeren, schon in 34% im Ruhe-Ekg eine ST-Depression, nach Belastung eine solche dagegen sogar in 93%, mindestens aber in der Hälfte der Fälle deutliche Veränderungen an ST-Strecken und Verbreitung von QRS, ein Befund, der die Notwendigkeit einer sehr vorsichtigen Beurteilung unterstreicht und der Auffassung von OTTO, daß nur extreme Befunde eine eindeutige Beurteilung zulassen, erneutes Gewicht verleiht. Auch die von SEUSING beobachtete Verlängerung der Anspannungszeit darf, wie er selbst feststellt, nicht auf eine Herzschwäche bezogen werden, da sie durch Strophanthinapplikation keine Verkürzung erfährt, sondern muß als Ausdruck einer vegetativen Konstellationsänderung angesehen werden. Unsere Untersuchungen ergeben, daß auch der Venendruck bei der normalen Schwangerschaft, im Gegensatz zu SUPERBI, nicht erhöht wird, im Gegenteil, und hier finden sich Übereinstimmungen zu den intrakardialen Druckmessungen von WERKÖ und Mitarbeitern, eher niedrig gelegen ist.

Auf die Änderung des Minutenvolumens im Verlaufe der Schwangerschaft (HAMILTON u. a.) haben wir bereits aufmerksam gemacht. Der gesteigerte Sauerstoffverbrauch wird nach WERKÖ, BUCHT, LAGERLÖF und HOLMGREN ausgeglichen durch ein Anwachsen der arteriovenösen Sauerstoff-Differenz im utero-plazentaren Kreislauf. Die Kreislaufgeschwindigkeit zeigt keine Veränderungen.

Auch die Herzfunktionsprüfung (HOCHREIN, Herzkrankheiten, Bd. I, 2. Auflage) zeigt mit Abfall der Vitalkapazität, Blutdrucklabilität, Tachypnoe und Tachykardie eine Normvariante, deren Werte innerhalb von 4–5 Minuten wieder zur Ausgangslage zurückkehren. Die Vitalkapazität soll dabei im allgemeinen nicht unter 2 Ltr. abfallen, der Blutdruckanstieg 160 mm Hg systolisch und 95 mm Hg diastolisch nicht überschreiten, die Tachypnoe nicht mehr als 30 Atemzüge und die Herzfrequenz nicht mehr als 100 Pulsschläge pro Minute aufweisen. Von MESTWERDT ist als besonders wertvoll der Nachweis der erhaltenen Anpassungsfähigkeit des Herzens an Lagewechsel (stehend, sitzend, liegend, in Beckenhochlagerung, rechter und linker Seitenlage usw.) beschrieben worden. Auch die BÜRGERsche Preßdruckprobe kann, vor allem im Hinblick auf die Belastbarkeit in der Austreibungsperiode, wertvolle prognostische Schlüsse erlauben. Zu beachten ist weiterhin die auffällige Orthostaseneigung vieler Frauen in der Frühschwangerschaft, die um so ausgeprägter ist, je später und zögernder die schwangerschaftsbedingte Vagotonie einsetzt. In Grenzfällen schließlich wird man auch in der Schwangerschaftsdiagnostik mit der von uns beschriebenen Untersuchungsmethode des kardiopulmonalen Systems (HOCHREIN und SCHLEICHER) wertvolle Aufschlüsse erhalten können.

Aus dieser kurzen Übersicht mag bereits deutlich werden, daß wir uns diagnostisch auf einem sehr kritisch zu bewertenden Grenzgebiet befinden, in dessen Rahmen nicht nur Diagnosenstellung sondern auch Bewertung eine sehr sorgfältige Funktionsanalyse des Einzelfalles erfordern.

Fehlbeurteilungen sind hier überaus häufig, denn es ist durchaus möglich, daß ein reines Schwangerschaftssyndrom mit Mitralkonfiguration, akzentuiertem P II, systolischem Geräusch und eventuell Beinödemen zu gewissen Zeitpunkten eine eindeutigere Diagnosenstellung zu erlauben scheint als ein echtes Mitralvitium, obwohl die Beurteilung unter Umständen diametral auseinandergeht. Selbst mit der Häufung der Symptome im Sinne der Wahrscheinlichkeitsdiagnostik muß man daher überaus vorsichtig sein.

Aber auch auf einem anderen Gebiete ist die Beurteilung erschwert, nämlich bei der sogenannten „Aktivitätsdiagnostik" (SCHLEICHER), die, wie wir noch sehen werden, bei der Beurteilung der kardiopathischen Schwangeren eine besondere Rolle spielt.

Wenn wir nun auf einige Punkte eingehen, dann mögen folgende diagnostische Hinweise genügen:

Bei der Pulszählung im Schlaf (THORNTON) müssen die Tag-Nacht-Differenzen mit steigender vagotoner Einstellung zunehmen. Bei der Untersuchung des Blutes gehören eine neutrophile Leukozytose, sowie eine Blutsenkungsbeschleunigung zur Schwangerschaftsreaktion. Die Leukozytose übersteigt jedoch selten die obere Grenze der Norm (ZANGEMEISTER, ARMETH), erst im letzten Schwangerschaftsdrittel wird ein Mittelwert von 14000 gefunden (KRACKE), der jedoch im Laufe der Geburtsperiode beträchtlich ansteigen kann, um dann im Wochenbett zur Ausgangslage zurückzukehren. In gleicher Weise steigt die Blutsenkung kontinuierlich an, um kurz nach der Geburt mit 40/60 mm ihren durchschnittlichen Höchstwert zu erreichen. Auch das Elektrophorese-Diagramm ist nur mit Vorsicht zu verwerten, da es schon bei der normalen Schwangerschaft zur relativen Verminderung der Bluteiweißkörper kommt, welche vor allem durch Rückgang der Albuminfraktion und nach LAGERCRANTZ durch eine relative Vermehrung der α- und β-Globuline gekennzeichnet ist.

Somit glauben wir, einen ausreichenden Überblick über die Schwangerschaftsbelastung des gesunden Herzens vermittelt zu haben, da für die Diagnostik und Beurteilung das Gestations-Syndrom des Herzens sorgfältig umrissen wurde.

Literatur zu Kapitel II, Abschnitt D, 3

ARFWEDSON, H.: Herzinsuffizienz bei Hypertonie bei Schwangeren. Svenska läkartidn. **1952**, 2161. — ARKUSSKIJ: Über die Wirkung der Schwangerschaft auf das pathologisch veränderte Herz. Geburtsh. Gynäk. 2, 15 (1949). — BORKENSTEIN, E.: Die Kreislaufdynamik unter der Geburt. Arch. Kreislaufforschg. **20**, 306 (1954). — CLAUSER, G.: Ann. ostetr. 49, 173 (1927). — ESCHBACH, W.: Herzfehler und Herztod in der Schwangerschaft. Z. Geburtsh. **134**, H. 1, 40 (1951); Herzfehler und Schwangerschaft. Dtsch. Gesd.wes. 8, H. 15, 453 (1953). — FREY, E.: Herz und Schwangerschaft. Monographie (1923). — HAMILTON, H. F. H.: Das Herzminutenvolumen in der normalen Schwangerschaft, bestimmt mittels der COURNAND-Herzkathetertechnik. J. Obstetr. 56, 548 (1949).—HOCHREIN, M. und I. SCHLEICHER: Zur Frage der kardial bedingten Schwangerschaftsunterbrechung. Med. Mschr. 8, H. 12, 721 (1954). — v. JAGIC, N. und F. NAGL: in SEITZ-AMREICH, Biologie und Pathologie des Weibes, Band 6, 85 (München-Berlin 1954). — JENSEN, J.: The Heart in Pregnancy (St. Louis 1938). — JENSEN, J. und NORGAARDT: Acta obstetr. gynec. Scand. 6, 67 (1927). — KEHRER, E.: in SEITZ-AMREICH, Biologie und Pathologie des Weibes, Bd. 7, 2. Aufl. (Berlin-Wien 1944). — LEPESCHKIN, E.: Das Elektrokardiogramm, 2. Aufl. (Dresden u. Leipzig 1947). — MESTWERDT, G.: Neuere Untersuchungen zur Funktionsprüfung des Herzens in der Schwangerschaft. Geb.hilfe Gynäk. **1950**, H. 6; Wiss. Ges. Geburtsh. Gynäk. bei der Humboldt-Universität Berlin 21. 6. 1950. — NOACK, H.: Das Belastungselektrokardiogramm in der Frühschwangerschaft. Dtsch. Gesd.wes. 6, H. 31, 865 (1951). — OTTO, H.: Das Verhalten von Herz und Kreislauf in der normalen Schwangerschaft, dargestellt an Hand der Ergebnisse aus der Praxis der Schwangerenberatung. Z. ges. inn. Med. 7, H. 22, 1012 (1952). — SCHLEICHER, I.: Zur Aktivitäts-Diagnostik des Herzens. Med. Klin. 48, H. 15, 535 (1953). — SCHROEDER, R.: Die Schwangerschaft—ein besonderer Leistungsanspruch (Leipzig 1944). — SUPERBI: Riv. ital. ginec. 8, 64 (1928). — UHLENBRUCK, P.: Die Herzkrankheiten. Klinik, Röntgenbild und Elektrokardiogramm, 4. Aufl. (Leipzig 1949). — WERKÖ, L. H.: Herzfehler und Schwangerschaft. Svenska läkartidn. **1953**, 641. — WINZELER, H.: Die Beziehung von Puls und Blutdruck zur Wehentätigkeit. Gynaecologia **135**, 130 (1953). — ZATUCHNI, J.: Das Elektrokardiogramm in der Gravidität und im Puerperium. Amer. Heart J. **42**, H. 1, 11 (1951).

4. Herz-Kreislauf bei psychischer Belastung

Es gibt wohl wenig Gebiete der Medizin, wo Erfahrung, Anerkennung und Ablehnung, Klinik und Laienauffassung, wissenschaftliche Theorie und tägliche Praxis sich auf so gegensätzliche Standpunkte stützen, wie bei der Beurteilung psychogener Herzschäden.

Wie nun einerseits die moderne Therapie an den Erfahrungen der Volksmedizin nicht hat vorübergehen können, so hätte längst der menschliche Sprachschatz mit Ausdrücken, wie „zu Tode erschrocken", „zu Tode geängstigt", „herzzerreißend", „herzzerbrechend", „herzerweichend", „der Stein, der auf dem Herzen lastet", „das Herz hüpft vor Freude", „vor Schreck bleibt das Herz stehen", u. ä. nachdrucksvoll auf die enge Verquickung zwischen dem Herzen und der seelischen Erlebniswelt hinweisen müssen.

Trotzdem hat die Klinik diese Möglichkeiten lange Zeit übersehen bzw. infolge einer rein materialistisch-rationalistischen Einstellung diese mit den damaligen Möglichkeiten nicht nachweisbaren Zusammenhänge abgelehnt oder nicht wahrhaben wollen.

Die Zeitspanne rein materialistischer Betrachtungsweise wurde inzwischen abgelöst von einer Anschauungswelt, welche in ihrer Einseitigkeit und Ausschließlichkeit auf die Dauer gesehen, ebenfalls wenig Vorteile erbringen konnte. Es ergab sich nämlich, daß durch eine isoliert psychosomatische Betrachtungsweise weitaus mehr Fehler möglich sind, als zu einer früheren Zeit, in welcher der Hausarzt alter Prägung zwar das Psychische nicht besonders erwähnte, dafür aber unbewußt um so sorgfältiger mitbehandelte.

Heute pendeln wir langsam zurück zur natürlichen Mitte. Wir haben die gedankliche Zweiteilung von Körper und Seele überwunden und genau so, wie es Kreislaufstörungen auf Grund hormonaler oder metaboler Dysregulationen gibt, wissen wir, daß auch psychische Fehleinstellung oder Alterationen ihre gesicherte Wirkung an Herz und Kreislauf entfalten und zur Ursache von Erkrankungen werden können.

Um nun hier jede Verschwommenheit der Begriffe zu vermeiden, soll zunächst einmal klargelegt werden, welche Zusammenhänge zwischen seelischen Reaktionen und somatischen Folgeerscheinungen wahrscheinlich gemacht werden können.

Vergegenwärtigen wir uns nun zunächst einmal die Wirksamkeit der einzelnen seelischen Kräfte, dann können wir sie, unabhängig von entsprechenden Analysen der Psychologie, vom rein ärztlichen Standpunkt aus auf Grund der Erfahrungen des Alltags folgendermaßen einteilen (s. Tabelle 5)

So finden wir unter a) die Möglichkeiten der Erklärung für einen akuten Herztod selbst bei glücklichen Affekten. Es handelt sich hier um die Todesfälle alter Mütterchen, vor denen plötzlich der vielleicht bereits tot geglaubte Sohn steht, um den Tod auf der Tribüne, wo der Schaustatist hin- und hergerissen von Leidenschaften die Grenzen seiner kardialen Leistungsfähigkeit erreicht und um ähnliche Situationen, bei denen der psychische Anlaß zwar eindrucksvoll ist, bei denen aber doch eine erhebliche Vorschädigung angenommen werden muß.

Fassen wir demgegenüber die Gruppen a) und b) zusammen, dann haben wir die seelisch-geistige Situation von Wettkampf- und Rekordsportlern, von Soldaten im Angriff, von Rettungsmannschaften u. dgl., welche Leistungen zu vollbringen ver-

Tabelle 5. *Einstufung von Affekten im Rahmen der Pathogenese von Herz-Kreislauferkrankungen*

a) seelische Momente von geringer Bedeutung, welche nur bei ausgesprochener Versagensdisposition auslösend wirksam werden	b) Psychische Faktoren von starker seelischer Tragkraft	c) Faktoren, welche die seelisch Tragkraft stark unterminieren können	d) Faktoren, welche seelisch sensibilisierend wirken	e) Faktoren, welche als akutes, seelisches Trauma wirken können
Freude	Ehrgeiz	Angst	Tempomanie, Rekordsucht	Schreck
Begeisterung	Spannung	Rechtlosigkeit	Hetze, Zeitdruck	Wut
Entzücken	Selbsterhaltungstrieb	Benachteiligung	Terminbefristung	Zorn
Leidenschaft	Auflehnung	Aussichtslosigkeit	Konkurrenzkampf	Haß
Überraschung	Fanatismus	Unabsehbarkeit	Geltungsdrang	Schmerz
	Gläubigkeit	Hoffnungslosigkeit	Maßlosigkeit	Entsetzen
		Ungerechtigkeit	Überkompensation	
		Ohnmacht	Lebenskonflikte	
		Demütigung	Heimatlosigkeit	
		Verzweiflung	Entwurzelung	
		Eifersucht	Unsicherheit	
		Kummer, Gram	Übersteigerte Sicherungstendenz	
		Erbitterung	Lebensangst	
		Mißgunst		
		Neid		

mögen, die das biologisch Vorstellbare und das theoretisch zu Errechnende bei weitem überschreiten können.

Unter c) wurden vorzugsweise die Faktoren zusammengefaßt, welche als ausgeprägte Minusvalenzen psychogener Wirksamkeit betrachtet werden können und die, wie das noch an anderer Stelle auszuführen sein wird, vor allem das seelische Klima langdauernder Haft in Konzentrationslagern, Kriegsgefangenschaft usw. kennzeichnen. Hier kann sich ein Zustand so hochgradiger Verletzbarkeit und Irritierbarkeit herausbilden, daß schon seelische Ereignisse von geringgradiger Bedeutung ein oft langsames, aber unaufhaltbares Verlöschen herbeiführen können.

In Gruppe d) dagegen wurde das Summationstrauma des modernen Lebens andeutungsweise charakterisiert, wie es unter anderem die Grundlage für das psychische Reizsyndrom des „Managers" schafft. Hier sind es vorzugsweise die Faktoren der Entbergung, der Entgrenzung und der Überwältigung (KUHLENKAMPFF), welche den modernen Menschen die Unsicherheit seines Standpunktes in dieser Welt spürbar machen lassen und die heute, nahezu als Massenexperiment überprüfbar, das Zeitphänomen des Managertodes bedingen.

Unter e) schließlich finden sich die Affekte, welche am häufigsten als auslösendes Ereignis vorkommen dürften, und denen in gegebener Situation tatsächlich nicht ganz selten die Rolle eines echten seelischen Traumas zugeschrieben werden kann.

Es liegt nun zweifelsohne eine starke Schematisierung in einer derartigen tabellarischen Zusammenstellung, trotzdem mag sie vielleicht von Nutzen sein, wenn man sich vergegenwärtigen will, welchen Summationseffekt ein aus den verschiedensten Komponenten zusammengesetztes seelisches Ereignis herbeiführen wird. Je mehr daher die positiven Valenzen der Gruppen a und b überwiegen, um so geringer wird die pathogene Wirksamkeit veranschlagt werden dürfen. Als gesichert kann jedenfalls gelten, daß das Herz als Organ der Ausdrucksfähigkeit für alle Effekte angesehen werden kann (WYSS), daß im Rahmen einer pathogenetischen Betrachtung diesen jedoch sehr unterschiedliche Wertung zugeschrieben werden muß.

Es kann nun auf die einzelnen in Tabelle 5 angegebenen Affekte nicht näher eingegangen werden, ein kurzer Hinweis soll jedoch noch dem Phänomen der Angst gewidmet werden.

Es mag vielleicht auf die ontogenetische Entwicklung zurückgehen, daß das Herz, das bereits schlägt, wenn die meisten anderen Organe kaum ihre Differenzierung von ihren Keimblättern erfahren haben, wie kein anderes Organ, wenn es in seiner Funktion beeinträchtigt ist, das Gefühl einer geradezu existentiellen Bedrohung heraufbeschwört. So wird die mit einer Veränderung der Herztätigkeit verbundene Sensation so vollständig in das Herz hineinprojiziert, daß es scheint, als ob das Herz selbst fühle, was in ihm vorgeht (PFUHL).

Dieses Phänomen der Angst, ein Symptom, das alle Stufen von innerer Unruhe, unklarer Bedrohung, Unsicherheit bis zum lähmenden Vernichtungsgefühl durchlaufen kann, hat nichts zu tun mit Furcht, nichts mit einer zielgerichteten Angiosität, nichts mit einem verständlichen oder einfühlbaren Angstinhalt. Es ist vielmehr ein nicht greifbares Gefühl existentieller Gefährdung, das aus dem Unterbewußtsein kommend unterbewußt fortwirkt und eine Unsicherheit schafft, welche gerade bei diesen psychischen Zusammenhängen einen verhängnisvollen circulus vitiosus begünstigt. Ist nämlich dieses Angstgefühl gleichzeitig mit Herzsensationen verbunden, dann wird das Allgemeingefühl der bisher nicht zielgerichteten Angst potenziert durch eine spezielle Herzangst, die, wie oben bereits erwähnt, gerade bei Herzstörungen wohl daher kommt, daß die Intaktheit der unermüdlichen Herztätigkeit als Voraussetzung für jedes Leben überhaupt unterbewußt empfunden wird. Haben sich dann aus dieser Spannungssituation die ersten schweren Stenokardien entwickelt, dann gesellt sich dazu, wie bereits erwähnt, die „Angst vor der Angst", d. h. die ängstliche Erwartungsneurose hinsichtlich der Möglichkeit eines neuen Anfalles. Es ist nun andererseits eigenartig, daß sich auch die primäre Angst, die Lebens- und Daseinsangst, als ganz bevorzugtes Schockorgan das Herz erwählt.

Diese Tatsache, welche nicht nur medizinischen, sondern vorzugsweise metaphysischen Bezug hat, schafft eine der wesentlichsten Brücken zu einem Phänomen, das unter dem Begriff der „Managerkrankheit" vielfach im modernen Schrifttum diskutiert worden ist. Nachdem diese Ausführungen nun zwar die Möglichkeit eines Zusammenhanges zwischen seelischen Erschütterungen und funktionellen bzw. sogar organischen Schädigungen des Herz-Kreislaufsystems zu unterbauen scheinen, muß festgelegt werden, was wir über die somatischen Auswirkungen seelischer Belastungen wissen.

Man würde nun aber diesem Problem „Herz und Psyche" nicht gerecht werden, wenn man tierexperimentelle Untersuchungen (HIRSCH, SCHUNK und CORNELIUS) zur Grundlage bzw. zum Ausgangspunkt der Deutung entsprechender Veränderungen beim Menschen machen wollte. Es darf daher als besonders glücklicher Umstand angesehen werden, daß von der Physiologie, d. h. von einem Zweig exakter Grundlagenforschung, dieses Problem bereits bearbeitet worden ist. So ist THAUER, geleitet von der Aussage großer Versicherungsgesellschaften, daß das Problem der Männer, welche zwischen 45 und 50 Jahren an Koronarerkrankungen sterben, von größter soziologischer und versicherungsmedizinischer Bedeutung werde, dieser Frage unter Verwendung wissenschaftlicher Methodik nachgegangen.

THAUER ist es gelungen, den prinzipiellen Unterschied zu analysieren, der die Andersartigkeit der Kreislaufbelastung bei körperlicher Arbeit und seelischer Belastung erkennen läßt. Er konnte feststellen, daß unter dem Einfluß psychischer Erregung ein Bild vorwiegend sympathikotoner Prägung eintritt (LAGERLÖF), gekennzeichnet durch Tachykardie, Abnahme des Schlagvolumens, Minderung der Koronardurchblutung, Zunahme des systolischen und vor allem des diastolischen Druckes, bedingt durch eine Zunahme des peripheren Widerstandes.

Vergleichen wir dieses Verhalten mit dem bei der körperlichen Arbeit, bei dem eine Zunahme des Schlagvolumens mit Besserung der Koronardurchblutung eintritt und der periphere Widerstand absinkt, dann ist verständlich, daß die seelische Erregung eine Kreislaufsituation heraufbeschwört, wie sie unökonomischer gar nicht gedacht werden kann.

Es muß weiterhin auffallen, daß es anscheinend keine Gewöhnung, d. h. keinen Trainingseffekt an psychische Belastungen gibt. Sie können, abgesehen von dem rein vegetativ-reflektorischen Ablauf der „Schrecksekunde", nicht geübt werden, d. h. sie werden auf die Dauer nicht ökonomischer, sondern es scheint im Gegenteil, als ob eher eine Sensibilisierung statt hat, welche die Ungunst der Situation noch weiterhin zu steigern vermag. Aber nicht nur die Möglichkeit, sondern auch der Weg, über den diese psycho-somatischen Auswirkungen am Herzen zustande kommen, verdient unser Interesse.

Auf Grund der bisher bekannten Untersuchungen wird man sich vorstellen müssen, daß es sich um einen vom Hypothalamus ausgelösten und durch Adrenalinausschüttung bedingten Sympathikusreiz handelt, wobei die Wirkung am Herzen entweder durch den Anstieg des Adrenalinspiegels oder eine Empfindlichkeitssteigerung des Myokards (MITCHELL) herbeigeführt wird. Gleichzeitig wird man auch eine Vagusteilwirkung nach MAINZER kaum ablehnen können, zum mindesten findet sich vielfach eine Hemmung, oft aber auch eine Umkehr des vagotropen, depressorischen Effektes. Nach VÖLKEL werden diese funktionellen Störungen des Herzens zu den sogenannten Aktualneurosen gezählt, deren Symptombildung nicht als psychogen im engeren Sinne anzusehen ist, sondern als „somatogen" im Sinne toxischer Betriebsstörungen innerhalb gewisser Abschnitte des vegetativen Nervensystems (BRUN).

ESSEN spricht in ähnlichem Zusammenhang von „psychischem Fokus".

In Abb. 38 haben wir versucht, die pathogenetischen Zusammenhänge ein wenig zu verdeutlichen.

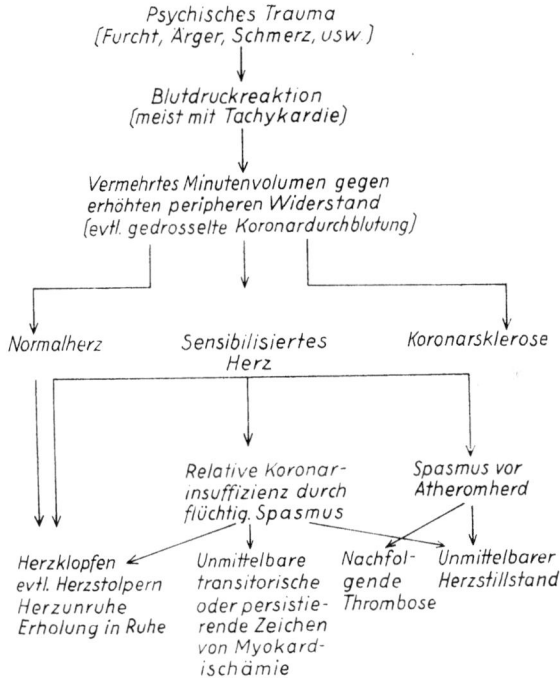

Abb. 38. Herzschädigung durch seelische Belastungen

Wenn wir somit diese Fragen weitgehend abgeklärt haben, dann wird noch zu untersuchen sein, ob psychogene Auswirkungen nur dort wirksam werden, wo ein reaktionsbereites organisches Substrat präformiert ist (CURTIUS) oder ob, was vielfach in Zweifel gezogen worden ist, auch ein vollkommen gesundes Herz aus seelischer Ursache geschädigt werden kann.

Während bereits WENCKEBACH und WINTERBERG Herzunregelmäßigkeiten nach seelischen Traumen beobachteten, PARADE Vorhofflimmern nach seelischer Belastung und WEBER nach Mißhandlungen sah, kann auch der Schrecktod kardialer Natur infolge von Kammerflimmern, Myokardinfarkt und dergleichen nach den Untersuchungen von HALLERMANN, HOCHREIN, DIETRICH, MANNHEIMER, REINDELL u. a. als erwiesen gelten.

Nachdem entsprechende Beobachtungen auch im Tierexperiment zu machen waren (J. H. SCHULTZ, EICKHOFF u. a.), mußte die Annahme revidiert werden, daß ein derartiger Herzschaden psychogener Verursachung und ausgesprochener klinischer Heterotypie nur am vorgeschädigten Herzen möglich sei (SCHUNK).

Abschließend ist also zu sagen, daß, nachdem wir das dualistische Denken hinsichtlich der Trennung von Leib und Seele aufgegeben haben, die psychische Beeinflußung der Herzkreislauffunktion nicht merkwürdiger ist, als irgendeine Einflußnahme anderer Natur. Gefährlich und in keiner Weise zu vertreten war hier nur die kritiklose Verallgemeinerung, welche den tatsächlichen Verhältnissen keineswegs gerecht wird.

Literatur zu Kapitel II, Abschnitt D, 4

BRUN, R.: Allgemeine Neurosenlehre (Basel 1948). — CURTIUS, F.: Z. Psychosomat. Med. 1, 81 (1955). — DIETRICH, A.: Koronartod und Zwischenhirnverletzung. Dtsch. med. Wschr. 77, H. 39, 1181 (1952). — ESSEN, K. W.: ÜberVeränderungen des Elektrokardiogramms als Folge seelischer Belastungen. Verh. Dtsch. Ges. Inn. Med. 55, 611 (1949); Psychisch bedingte Ekg-Veränderungen und ihre Therapie. Therapiewoche 1, 337 (1950/51). — HALLERMANN, W.: Der plötzliche Tod bei Kranzgefäßerkrankungen (Stuttgart 1939). — HIRSCH, W. und K. RUST: Praktische Diagnostik ohne klinische Hilfsmittel (München 1958). — HIRSCH, S. und S. ZYLVERZAC: Cardiac infarcts... (Herzinfarkte, hervorgerufen durch elektrische Reizung und Überanstrengung bei Ratten). Exper. Med. Surg. 4, 383 (1957). — HOCHREIN, M.: Der Myokardinfarkt, 3. Aufl. (Dresden u. Leipzig 1945); Therapeutische Probleme beim Myokardinfarkt. Therapiewoche 1, 344 (1950/51); Unterschiede in der Morbidität bei Einheimischen und Flüchtlingen. Med. Klin. 49, H. 23, 941 (1954). — KUHLENKAMPFF, C.: Entbergung, Entgrenzung, Überwältigung als Weisen des Standesverlustes. Zur Anthropologie der paranoiden Psychosen. Nervenarzt 26, H. 3, 89 (1955). — LAGERLÖF, H.: Der Kreislauf bei psychischen Belastungen. Svenska läkartidn. 51, April (1954). — MAINZER, F.: Über den Einfluß der Angst auf das Elektrokardiogramm. Med. Klin. 48, H. 45, 1651 (1953). — MANNHEIMER: Diskussionsbemerkung. Svenska läkartidn. 51, April (1954). — MITCHEL und A. E. SHAPIRO: The Relationship of Adrenalin and T-Wave Changes in the Anxiety State. Amer. Heart J. 48, H. 3, 323 (1954). — PARADE, G. W.: Dystrophiker aus russischer Kriegsgefangenschaft. Dtsch. med. Wschr. 77, H. 8, 249 (1952). — PARADE, G. W. und P. BOCKEL: Angina pectoris und Herzinfarkt (Stuttgart 1954). — PFUHL, W.: Warum verlegen wir unsere Seele in das Herz? Wissenschaftl. Z. Univ. Greifswald 3 (1953/54). — REINDELL, H.: Diagnostik der Kreislaufschäden (Stuttgart 1949). — REINDELL, H. und J. KLEPZIG: Die neuzeitlichen Brustwand- und Extremitäten-Ableitungen in der Praxis (Stuttgart 1951). — SCHULTZ, J. H.: Nauh. Fortb. Lehrg. 13, 116 (Dresden u. Leipzig 1937); Zbl. Neurochir. 167, 389 (1939). — SCHUNK, J.: Z. psychosomat. Med. 1, 96 (1955). — SCHUNK, J. und CORNELIUS: Z. exper. Med. 120, 101 (1952). — VÖLKEL, H.: Funktionelle Herzstörungen als zwangsneurotisches Organsyndrom. Z. psycho-somat. Med. 1, H. 2, 111 (1955). — WEBER, A.: Atlas der Phonokardiographie, 2. Aufl. (Darmstadt 1956). — WENCKEBACH und WINTERBERG: Die unregelmäßige Herztätigkeit (Leipzig 1927). — WYSS, V.: Körperlich-seelische Zusammenhänge in Gesundheit und Krankheit (Leipzig 1931). — WYSS, D.: Entwicklung und Stand der psychosomatischen Kreislaufforschung in England und USA seit dem ersten Weltkrieg. Psyche 5, 81 (1951).

5. Herz-Kreislaufreaktion auf klimatische Einflüsse

Die immer mehr zunehmende Häufung der Wetterfühligkeit und Witterungsempfindlichkeit, der unbestreitbare Zusammenhang zwischen Kreislaufkatastrophen (Herzinfarkt, Gehirnschlag, Lungenembolie) und abrupten Wetterumstellungen haben dazu geführt, der Bioklimatik von Herz-Kreislauffunktionsstörungen bevorzugtes Interesse zu widmen.

Über jahreszeitliche Schwankungen des tierischen Organismus sind wir wesentlich besser unterrichtet als über die des menschlichen Körpers. Dies liegt wohl in erster Linie daran, daß die jahreszeitlichen Perioden beim Tier sehr viel ausgeprägter sind als beim Menschen. Phasen, wie sie beispielsweise beim Tier in Form des Winterschlafes, Wechel des Haar- bzw. Federkleides und der Brunstzeit vorkommen, sind in der menschlichen Physiologie und Pathologie in dieser Intensität unbekannt. Je mehr nun die phylogenetische Entwicklung fortschreitet, desto vollkommener werden die Regulationseinrichtungen und desto geringer die Abweichungen vom Jahresdurchschnitt.

Doch auch in der menschlichen Physiologie, vor allem aber in der menschlichen Pathologie, kennen wir jahreszeitliche Einflüsse. So entspricht es uralter ärztlicher Erfahrung, daß viele Krankheiten des Menschen einem jahreszeitlichen Wechsel unterliegen.

Wir kennen, um nur einige Beispiele zu nennen, die Häufung von Typhus-, Paratyphus und Ruhrfällen im Spätsommer, das große Sterben der Tuberkulösen im Frühjahr, die Häufung von Asthmaanfällen im Winter, die Herbst- und Frühjahrsrezidive der Malaria, das vermehrte Vorkommen von Erkältungskrankheiten, rheumatischen Erkrankungen, von Apoplexien und arteriosklerotischen Störungen im Frühjahr und Herbst. Die Zahl der verschiedensten Geistesstörungen steigt im Frühjahr enorm an. Diese Zeit fällt bekanntlich zusammen mit der Zeit der meisten Selbstmorde, Sittlichkeitsverbrechen und Kindermorde, jedoch auch der größten Leistungen auf dem Gebiet der Kunst und Wissenschaft. Auch bei fast allen Infektionskrankheiten spielen jahreszeitliche Schwankungen eine Rolle.

Über jahreszeitliche Einwirkungen auf den gesunden Menschen liegen naturgemäß noch bedeutend weniger ärztliche Beobachtungen vor. Das wenige, was bisher hierüber bekannt ist, läßt sich kurz zusammenfassen:

Nach RUSZNYAK zeigen Pulszahl, Temperatur und Atmung im Winter ein Maximum. Auch Wachstum und Körpergewicht folgen nach DAFFNER jahreszeitlichen Perioden. Interessant sind auch die Untersuchungen ZWAARDEMAKERS über die jahreszeitlichen Schwankungen der Schlafdauer, die im Winter um etwa 30% verlängert sein soll.

Über jahreszeitliche Variationen der Blutdruckhöhe ist noch wenig veröffentlicht. So berichten HOPMANN und REMEN über Blutdruckmessungen bei 785 Personen im Laufe von 5 Jahren, unter Heranziehung der 20—40jährigen, ferner unter Ausschluß solcher Erkrankungen, die den Blutdruck in krankhafter Weise hätten verändern können, wie den Erkrankungen des Herzens, der Gefäße, der Nieren, den Störungen des Klimakteriums und fieberhaften Infektionen. Es wurde bestimmt, wieviel Fälle in den einzelnen Monaten auf die verschiedenen Stufen der Blutdruckhöhe entfielen. Bei der graphischen Registrierung verwendeten HOPMANN und REMEN die ausgeglichenen Mittelwerte der in den einzelnen Monaten vorliegenden Blutdruckwerte. Der höchste Blutdruckwert wurde im Monat Februar erreicht mit einem Mittel von 124 mm Hg, der niedrigste Wert mit einem Mittel von 115 mm Hg fand sich im Oktober. Die Kurve der jeweiligen Mittelwerte des Blutdruckes in den einzelnen Monaten fiel kontinuierlich im Laufe der Sommermonate ab, um in der kalten Jahreszeit wieder anzusteigen.

Demgegenüber befaßt sich BROWN mit den jahreszeitlichen Schwankungen der Blutdruckhöhe bei Hochdruckkranken. Er beobachtete bei einem 26jährigen Hypertoniker, der sich 3 Jahre lang 3mal täglich den Blutdruck maß, eine Abnahme des Blutdruckes in den Sommermonaten. Während nun HOPMANN und REMEN bei Aufstellung ihrer Statistik die Hypertoniker ausschlossen, konnten unsere eigenen Untersuchungen sowie die von BROWN auch bei Hypertonikern jahreszeitliche Blutdruckschwankungen nachweisen.

Die interessantere Frage, nämlich nach dem Wirkungsmechanismus dieser jahreszeitlichen Einflüsse, bleibt noch zu beantworten. Die vorhandenen spärlichen Literaturangaben klären diese Frage nur wenig.

Am naheliegendsten scheint es zunächst, die biologische Wirkung isolierter Klimaelemente zu untersuchen, und zwar der Klimaelemente, die die warme und kalte Jahreszeit am eindeutigsten charakterisieren, und sie auf die Möglichkeit hin zu prüfen, ob sie für die beobachteten Blutdruckschwankungen verantwortlich sein könnten.

Das primäre Unterscheidungsmerkmal zwischen Sommer und Winter ist in unseren Breiten bekanntlich die wechselnde Einstrahlung des Sonnenlichtes infolge der verschiedenen Neigung der Erdachse, also die wechselnde Intensität der Ultraviolett- und Wärmestrahlung.

Man könnte nun versucht sein, den höheren Blutdruck im Winter mit der Kälte, den niedereren Blutdruck in den Sommermonaten mit der Wärme in Zusammenhang zu bringen.

Tatsächlich hat HAGEN bei seinen kapillarmikroskopischen Untersuchungen während der Wintermonate, d. h. von Ende September bis gegen Januar, ein spastisches Kapillarbild, während der Sommermonate dagegen das Bild homogener Durchströmung gefunden.

BETTMANN bestätigt im allgemeinen diese jahreszeitlichen Unterschiede. Außerdem bemerkte er in den Übergangszeiten, also im Frühjahr und Herbst, starke Kapillarschwankungen.

HOPMANN und REMEN halten nun auf Grund dieser Untersuchungen einen Zusammenhang zwischen der Kältewirkung des Winters und der Blutdrucksteigerung in dieser Jahreszeit für möglich, ohne ihn als erwiesen anzusehen. Sie denken an eine veränderte Einstellung des Vasomotoriums, besonders der Hautgefäße, in den verschiedenen Jahreszeiten. Daß gerade der Monat Februar, in dem sie die höchsten Blutdruckwerte beobachteten, in unseren Breiten die meisten Kälteschädigungen, beispielsweise Erfrierungen, aufweist, halten die beiden Autoren für eine gewisse Stütze ihrer Annahme.

Es erhebt sich nun die Frage, genügt ein vermehrter Widerstand allein im Gebiet der Hautkapillaren tatsächlich, um einen Blutdruckanstieg im Winter zu bewirken oder ist im Winter das ganze Kapillargebiet enger gestellt? Dieses Problem kann naturgemäß nicht durch kapillarmikroskopische Untersuchungen gelöst werden, die sich nur auf die dem Auge zugänglichen Gewebe erstrecken.

MÜLLER gibt jedenfalls an, daß die Kälteenge der Hautgefäßchen bei allgemeiner Unterkühlung die Haut blutarm macht, während Eingeweide und Gehirn von Blut strotzen. Ganz so einfach liegen die Verhältnisse also nicht.

Wollten wir den Klimafaktor Kälte bzw. Wärme allein für die jahreszeitlichen Schwankungen des Blutdruckes verantwortlich machen, so bliebe auch unverständlich, daß sowohl HOPMANN und REMEN als auch wir im Oktober den höchsten Prozentsatz zu niederer Blutdruckwerte fanden, in dem Monat also, der durchaus nicht der wärmste des Jahres ist.

Zunächst soll noch eine andere Hypothese zur Erklärung jahreszeitlicher Blutdruckschwankungen hier zur Diskussion gestellt werden, die man vielleicht aus folgenden Beobachtungen ableiten könnte:

Wir wissen aus der Anatomie und aus physiologischen Experimenten, daß Nervenverbindungen zwischen der Sehbahn des Auges und dem übergeordneten Inkretorgan, der Hypophyse, bestehen. Nun konnte, wie DE RUDDER berichtet, beobachtet werden, daß die Lichtperzeption durch das Auge die Hormonproduktion der Hypophyse beeinflußt. Vor allem scheint das Hormon des Hypophysenhinterlappens in der Dunkelheit zuzunehmen.

Andererseits kennt man sowohl bei den Wirbeltieren als auch beim Menschen eine Anhäufung von Nervenzellen im Zwischenhirn, von denen aus Nervenbahnen zu dem eng benachbarten N. lateralis tuberis verlaufen. Und diese letzte Anhäufung von Nervenzellen bietet nach Angabe von DE RUDDER im Sommer ein wesentlich anderes Bild als im Winter.

Da wir nun wissen, daß gerade das Hypophysenhinterlappenhormon, das ja durch seinen vasokonstriktorischen Einfluß den Blutdruck zu steigern vermag, in der Dunkelheit zunimmt, ist die Tatsache diskutabel, daß der Blutdruckanstieg im Winter unter anderem auch auf die kürzere Einstrahlungsdauer des Sonnenlichtes zu dieser Zeit zu beziehen ist. Da weiterhin bekannt ist, daß gewisse Zellanhäufungen im Zwischenhirn, von dem aus ja der Vasomotorentonus eine allgemeine Regulierung erfährt, im Sommer ein anderes Bild bieten als im Winter, wären zahlreiche Fragen der Bioklimatik vielleicht auch von dieser Seite her anzugehen.

Es muß der weiteren Forschung überlassen bleiben zu zeigen, ob auch die verschieden lange Einstrahlungsdauer des Sonnenlichtes in den verschiedenen Jahreszeiten für die beobachteten Blutdruckschwankungen mit verantwortlich ist.

Darüber hinaus wird die Einstrahlung des Sonnenlichtes jeweils wesentlich beeinflußt durch die Struktur der Atmosphäre, die es durchdringen muß. Diese aber ist nun nicht allein abhängig von den einzelnen Jahreszeiten, sondern sie unterliegt auch dem Einfluß meteorotroper Faktoren eigengesetzlicher Art.

Daß nun auch meteorotrope Faktoren ihrerseits die Blutdruckverhältnisse beeinflussen können, zeigt das schon lange bekannte Absinken des Blutdruckes bei Föhnwetter, sein Ansteigen bei Einbruch polarer Luftmassen oder östlicher Kontinentalluft (FRANKE).

So berichten CATEL und KLEMM, daß Frontendurchgänge allein, d. h. ohne anderweitige Belastungen, zwar keine Blutdruckveränderungen verursachen, daß jedoch Warmfront und Kaltfront eine Tonuserhöhung des Sympathikus mit sich bringen. Diese Tonuserhöhung kann objektiviert werden durch die Reaktion auf Adrenalininjektion, die bei Warm- oder Kaltfronteinbrüchen deutlich gegenüber den sonstigen Verhältnissen erhöht ist. Wir müssen also auch meteorotrope Faktoren berücksichtigen. Eine eindeutige Trennung zwischen saisonalen und meteorotropen Einflüssen, wie wir sie bei einer klaren Beweisführung verlangen müßten, ist bisher nicht möglich.

Zu den saisonalen Faktoren wären übrigens auch die jahreszeitlich verschiedene Ernährung und Lebensweise und die für eine bestimmte Jahreszeit charakteristischen Umweltschäden zu rechnen.

Es ist schwierig zu beurteilen, ob irgend eine jahreszeitliche Kumulierung primär saisonal bedingt oder aber ob sie abhängig ist von meteorotropen Faktoren, die zwar eine bestimmte Jahreszeit bevorzugen, jedoch als Einzelvorgänge auch einmal in einer anderen Jahreszeit auftreten können. Zwischen astronomischen und meteorologischen Jahresrhythmen besteht also durchaus keine völlige Kongruenz, sondern sie sind oft in wenig durchsichtiger Weise miteinander verknüpft.

Größer noch werden diese Schwierigkeiten, wenn wir – und dies ist ein Aufgabengebiet der Bioklimatik – Zusammenhänge zwischen jahreszeitlichen bzw. meteorologischen und biologischen Vorgängen auffinden wollen.

Wir müssen uns bei solchen Versuchen immer vor Augen halten, daß selbst eine ausgesprochene Korrelation zwischen 2 Formen des Geschehens noch lange keine kausale Verknüpfung bedeutet. Dies ist ein ganz allgemein, also auch in der Bioklimatik gültiger Satz.

Wenn wir beispielsweise den Einfluß des Luftdruckes auf den Menschen untersuchen wollten und dabei so vorgingen, daß wir beobachteten, was gleichzeitig mit Änderung des Barometerstandes beim Menschen geschieht, so kämen wir zu völlig falschen Ergebnissen. Und zwar ganz einfach deshalb, weil sich mit dem Luftdruck auch andere atmosphärische Faktoren ändern, die vielleicht gerade in diesem Falle biologisch wirksam sind.

Wir müssen uns also in all diesen Fragen streng vor einseitiger Betrachtungsweise und voreiligen Schlüssen aus unbelegten Zusammenhängen hüten.

Auf die Thromboseliteratur soll in diesem Zusammenhang nicht eingegangen werden.

Wenn wir aber heute wissen, wie die vegetative Eutonie, die Kreislaufreaktion und die Blutgerinnung, um nur einige Faktoren zu nennen, durch Föhneinbrüche, Frontendurchgänge usw. so irritiert werden können, daß Gefäßkrisen, Kreislaufkatastrophen wie Herzschlag und Gehirnschlag, ferner Thrombosen und Embolien wesentlich in ihrer Entstehung begünstigt werden, dann kann man diese für das Zivilleben gemachte und immer wieder bestätigte Feststellung nicht z. B. in der Begutachtung einfach als nicht existent bezeichnen. Man kann dies noch viel weniger, wenn man von Klimaten spricht, die bisher völlig unbekannt waren und mit europäischen Verhältnissen gar nicht vergleichbar sind. Wenn OTT, SCHAEFER u. a. z. B. über das subarktische Klima in Workuta berichten, dessen Wetter häufig mehrmals am Tage wechselt, von einem Extrem ins andere übergeht, wo Temperaturen von minus 5 Grad C vegetativ oft unerträglich waren und Temperaturen von minus 25 Grad C geradezu herbeigesehnt wurden, Nordostschneestürme aber bis zu minus 70 Grad C keine Seltenheit waren, dann kann man derartige Verhältnisse statistisch nicht mit unserem Klima auch nur vergleichen wollen. Wenn OTT berichtet, daß in diesem Klima nahezu gesetzmäßig Blutdrucksteigerungen auftraten, mit Werten bis zu 300 mm Hg (höchster dort gemessener Wert 360 mm Hg), die fast immer zu zeitweiliger Invalidität führten, bei Klimawechsel aber reversibel waren, dann muß man allein diesen Beobachtungen die Möglichkeit eines im Rahmen „symptomatischer Hochdruckformen" (SCHLEICHER) bisher nicht bekannten, vorzugsweise klimatisch bedingten Hochdruckes entnehmen.

In Deutschland kann dieses Vorkommen nicht einfach wegdiskutiert werden, und über dessen absolute Reversibilität darf für den Einzelfall die Statistik keinerlei verbindliche Aussagen machen.

6. Herz-Kreislaufbelastungen beim Fliegen

Besondere Fragen wirft heute die Flugreise, der Höhenflug und in absehbarer Zeit der Weltraumflug auf.

Die Probleme, denen der Mensch mit zunehmender Höhe begegnet, liegen in der Abnahme des atmosphärischen Druckes, dem Sauerstoffmangel, der Temperatur und der Strahlung. Wenn wir auch nicht auf Einzelheiten eingehen wollen, so erscheint es zum allgemeinen Verständnis doch notwendig, einige der wichtigsten Punkte aus diesem Fragenkomplex zu besprechen.

Mit zunehmender Höhe nimmt der atmosphärische Druck ab. Innerhalb des Gesamtluftdruckes, der sowohl für die Ausdehnung der Gase in den Körperhöhlen als auch für das Auftreten der „Druckfallkrankheit" von Bedeutung ist, spielt der Partialdruck des Sauerstoffs eine wesentliche Rolle, da von ihm die Sauerstoffsättigung des Blutes abhängig ist. Der Sauerstoffteildruck sinkt proportional der Abnahme des Gesamtluftdruckes und führt über leichte Sauerstoffmangelzustände zur akuten Höhenkrankheit, die sich in Benommenheit, mangelnder Urteilskraft sowie Veränderung der psychischen Stimmungslage äußert. Nach GROSSE-BROCKHOFF sollen sich die Symptome der akuten Höhenkrankheit 5–6000 m über dem Meeresspiegel deutlich ausgeprägt finden. Der kurzfristige Sauerstoffmangel hinterläßt ein Müdigkeitsgefühl; wiederholt er sich jedoch häufig und in rascher Folge, resultiert die chronische Höhenkrankheit mit den für sie charakteristischen neurasthenischen und psycho-somatischen Zuständen.

Während Höhen bis 2000 m meist gut vertragen und nicht selten wegen ihres Klimas therapeutisch ausgenutzt werden, kommt es beim Überschreiten dieser sogenannten Reaktionsschwelle zu Gegenregulationen – nämlich: Aktivierung der Zellfunktionen, beschleunigter und vertiefter Atmung, Vermehrung des Herzminutenvolumens und Kreislaufintensivierung – zu denen meist nur noch der gesunde Organismus fähig ist. Der Physiologe bezeichnet jene Höhen, in denen die sogenannten Gegenregulationen möglich sind, als die Zone der vollständigen Kompensation und setzt als Grenze 4000 m. Knapp oberhalb 4000 m liegt die Integritätsgrenze des Gehirns und der Sinnesorgane. Sie wird als Störungsschwelle bezeichnet.

Der höhengewohnte Organismus wird dagegen den Sauerstoffmangel selbst bis 5000 m durch Schutzmaßnahmen der Atmung, des Kreislaufes und des Stoffwechsels kompensieren können. Für ihn liegt die kritische Schwelle des Versagens mit Auftreten von Krämpfen und Bewußtlosigkeit zwischen 5000 und 8000 m Höhe, während der Zusammenbruch der lebenswichtigen Funktionen des Zentralnervensystems und der lebensbedrohliche Kollaps erst bei etwa 8000 m eintreten. Die Kreislaufreserven sind jetzt erschöpft, die arterielle Sauerstoffsättigung sehr stark abgesunken.

Es ist bekannt, daß der Gesamtluftdruck für die Ausdehnung der Gase in den Körperhöhlen von Bedeutung ist. In Meereshöhe steht unser Körper unter einem Druck von einer Atmosphäre. In 5500 m beträgt dieser Druck bereits nur noch die Hälfte, in 8400 m ein Drittel und bei etwa 10200 m ein Viertel einer Atmosphäre (zitiert nach Dütsch). Entsprechend dem Boyle-Mariotteschen Gesetz wird demnach eine bestimmte Gasmenge bei 5500 m das doppelte, bei 8400 m das drei- und bei 10200 m das vierfache jenes Volumens betragen, von dem bei Meereshöhe ausgegangen wurde. Das gleiche Bestreben zeigen mit zunehmender Höhe die im menschlichen Körper eingeschlossenen Gase. Hornberger und Benzinger bezeichneten die dabei auftretenden, durch Freiwerden von chemisch gebundenen Blutgasen verursachten, subjektiven und objektiven Erscheinungen als ,,Druckfallkrankheit". Sie tritt bei raschem Aufstieg ohne Drucksicherung in Höhen von über 7 bis 8000 m auf. Da aber gewöhnlich eine Latenzzeit von 10–20 Minuten vorhanden ist, sind Druckfallbeschwerden bei kürzeren Aufenthalten nicht zu befürchten. Im Vordergrund der Beschwerden stehen ziehende und stechende Gelenk- und Gliederschmerzen, die durch Gasblasenbildung in den Gelenkspalträumen hervorgerufen werden und die besonders bei Betätigung der Extremitäten auftreten sollen. Daneben treten Völlegefühl und Blähungen, Einengung der Atmung, Schwindelgefühl, Kopfschmerzen und Kollapsneigung in Erscheinung. Augenflimmern, ataktische Bewegungen und Paresen einzelner Glieder weisen bereits auf schwere zentrale Störungen hin. In schwersten Fällen kann es in wenigen Minuten unter den Zeichen von Atemnot, Kopfschmerzen, Zyanose und Bewußtlosigkeit über eine zentrale Atemlähmung zum Tode kommen.

So berichteten Halbouty und Heisler über einen schweren neurozirkulatorischen Kollaps, der im Unterdruckkammerversuch bei einer Höhenexposition von 43000 Fuß (13100 m) aufgetreten war. Als Ursache des Kollapses wird eine ischämische Hypoxie als Folge von multiplen Gasembolien von den Autoren angenommen. Der Verlauf entsprach den oben beschriebenen Erscheinungen. Sie setzten unmittelbar ein und nahmen rapid bis zum tiefen Coma, verbunden mit Kreislaufkollaps, Lähmungen und anderen zentralen Ausfallserscheinungen zu.

Gegenüber dem Sauerstoffmangel und der atmosphärischen Druckabnahme mit steigender Höhe spielen die Faktoren Temperatur und Strahlung für den Flugverkehr eine weniger bedeutende Rolle. Sie können in diesem Zusammenhang unberücksichtigt bleiben.

Der Entwicklung der Luftfahrt setzen die aufgezeigten Probleme ungeheure Schwierigkeiten entgegen, vor allem, nachdem sich gezeigt hatte, daß die Einatmung reinen Sauerstoffs aus Atemgeräten oberhalb 12000 m für die Versorgung des menschlichen Organismus nicht ausreicht und die hochgradige Verminderung des Gesamtluftdruckes in der Stratosphäre zu bedrohlichen Störungen führen kann.

In seinem jüngst erschienenen Beitrag zum Antaios-Problem weist ENGELHARDT darauf hin, daß die Lösung der biologisch-medizinischen Fragen weit größere Schwierigkeiten macht, als das technische Problem des Höhenfluges. Erst die Einführung der Druckausgleichkabine machte Luftstraßen in über 8000 m Höhe möglich. Mit Hilfe einer Druckluft- und Klimaanlage wird die Luft des Fluggastraumes und der Räume der Flugzeugbesatzung auf einen bestimmten Druck-, Wärme- und Feuchtigkeitszustand gebracht bzw. gehalten, der unabhängig von der Außenluft ist. Die Gefährdung der Fluggäste und des fliegenden Personals durch die chemische und mechanische Höhenwirkung ist seit Einführung des Überdruckprinzips für den normalen Flug in der Stratosphäre praktisch beseitigt.

Was geschieht jedoch, wenn unter außergewöhnlichen Verhältnissen in großer Höhe die Überdruckkabine undicht oder der Kabineninnendruck infolge Versagens der Kompressoranlage bzw. Zerberstens eines Fensters plötzlich herabgesetzt wird?

Je nach Höhe kann der plötzliche und hochgradige Sauerstoffmangel für die Flugzeuginsassen zu einer Katastrophe und akuter Lebensbedrohung führen. Weit weniger Gefahren birgt hingegen die plötzliche Dekompression in sich. Untersuchungen an 150 gesunden Probanden, die einer plötzlichen Druckerniedrigung von 6000 auf 12000 m ausgesetzt wurden, ergaben, daß Beschwerden oder eine Beeinträchtigung des Allgemeinbefindens hierbei nicht empfunden werden. Auch zeigten die angefertigten Elektrokardiogramme und Röntgenaufnahmen der Lungen keinerlei pathologische Abweichungen, die auf Schädigungen des Organismus hingewiesen hätten. Für Personen mit Herz-Kreislauferkrankungen, krankhaften Veränderungen der Atmungsorgane oder Erkrankungen des Magen-Darm-Kanals kann hingegen eine derartige rasche Dekompression sehr schwerwiegende Folgen haben.

Für die ärztliche Beratung vor Flugreisen ist es wichtig zu wissen, daß im zivilen Luftverkehr neben Flugzeugen mit Überdruckkammern auch solche ohne Druckausgleichkammern verwendet werden. Es handelt sich dabei vorwiegend um Maschinen, die älteren Baujahres sind und im kontinentalen Reiseverkehr eingesetzt werden. Zur besseren Beurteilung sollen hierzu einige Angaben dienen:

In Verkehrsflugzeugen ohne Überdruckkabinen ist der Innendruck gleich dem atmosphärischen Außendruck. Für diese Flugzeuge beträgt die Flughöhe im kontinentalen Verkehr zwischen 600 und 3000 m. Die mittlere Flughöhe für Maschinen mit Druckkabinen beträgt im kontinentalen Verkehr über dem Flachland etwa 1800 m, über Hochland durchschnittlich 3500 m, wobei Schwankungen bis 6000 m vorkommen. Im interkontinentalen Flugverkehr wird eine mittlere Höhe von etwa 6000–6500 m eingehalten. Es kommen aber auch größere Höhen vor, die maximal etwa 7800 m betragen (Überquerung der Anden).

Die Verwendung von Verkehrsflugzeugen ohne Druckausgleichkabine macht jedoch die Besprechung der Höhenwirkung auf den Menschen in Bezug auf sein Herz-Kreislaufsystem nötig.

Zur Beurteilung der Höhentauglichkeit scheinen uns einige Punkte sehr wesentlich zu sein, die oft nicht genügend berücksichtigt werden, nämlich:

1. Die Geschwindigkeit, mit der große Höhen erreicht werden,
2. der Grad der Adaptation an die Höhe, sei es durch häufige Höhenaufenthalte oder sei es, daß die betreffende Person primär in großen Höhen lebt und
3. speziell für Flugreisen, inwieweit solche gewohnt sind.

HITTMAIR und MÜLLER betonen, daß es sich hierbei um weitgehend individuelle Faktoren handelt, die unter anderem von der vorausgegangenen Schlafmenge und der seelischen Ausgeglichenheit abhängen sollen. Auch das Vorliegen von Foci sowie der Alkohol-, Nikotin-Pharmakakonsum usw. können einen Einfluß ausüben.

Untersuchungen von HAUS und JUNGMANN zeigen, daß bei gesunden Menschen im Alter von 18–56 Jahren bei einem Höhenwechsel von 950 m (Bad Gastein) auf 2200 m (Stubnerkogel) mittels der Drahtseilbahn am Herz-Kreislaufsystem deutliche Umstellungserscheinungen auftreten. Es boten sich hierbei zunächst deutliche Zeichen einer Vagotonie, die sich in Pulsverlangsamung, Verkleinerung des Herzminutenvolumens, Zunahme der Pulswellengeschwindigkeit, der Grundschwingungsdauer und der Pulsgipfelzeit äußerten. Nach einem Aufenthalt von $1/2$ bis 2 Stunden in dieser Höhe fanden sich hingegen alle Symptome einer „Amphotonie mit Überwiegen des Sympathikus" (beschleunigte Herzfrequenz, erhöhtes Schlag- und Minutenvolumen, herabgesetzter peripherer Widerstand, verringerte Pulswellengeschwindigkeit, verkürzte Pulsgipfelzeit und dadurch bedingte weitere Verlängerung der Grundschwingungsdauer). Bei Personen mit einer hypotonen Kreislaufregulationsstörung kam es zum weiteren Absinken des Blutdruckes, zum Teil bis zum Kollaps. Personen mit einem Bluthochdruck reagierten hingegen uneinheitlich. Interessant ist, daß sich diese Kreislaufveränderungen unter gleichen Bedingungen in der Unterdruckkammer nicht reproduzieren lassen. Erst bei sehr raschem Druckabfall, entsprechend einer Höhendifferenz von 2500 m, werden Kreislaufregulationen beobachtet, die der oben genannten zweiten Phase ähnlich sind, während die vagotone Phase nicht erzielt werden kann (HAUS und JUNGMANN, HITTMAIR und MÜLLER).

CZECH weist in diesem Zusammenhang auf die Klimaunterschiede hin und betont, daß die differenten Klimaarten in ihrer Wirkung auf den menschlichen Organismus nicht gleichgesetzt werden dürfen.

Interessant sind die Untersuchungen über das Verhalten des menschlichen Elektrokardiogramms bei niedrigem Luftdruck, die SCANO und BUSNENGO in künstlich nachgeahmten Höhen von 3000–5000 m an jungen, klinisch herzgesunden Piloten vornahmen. Bei 75,6% der Untersuchten waren die Herzstromkurven in Meereshöhe und unter Höhenexposition normal, während 24,4% hier wie da leichte Veränderungen aufwiesen. Lediglich bei 6 von 96 Personen kam es im Höhenversuch zu einer Frequenzzunahme um nahezu das Doppelte. Sie äußerte sich in einer faßbaren Verkürzung der elektrischen Diastole.

In diesem Zusammenhang sei das Auftreten eines Myokardinfarktes bei einem jungen Piloten genannt, über den SCHULTS und ANDERSON berichteten. Es handelte sich dabei um einen 33jährigen Mann, der einen Blutdruck von 140/90 mm Hg hatte und den Infarkt bei einem Flug in 4000 m Höhe ohne Sauerstoffatmungsgerät und Überdruckkanzel erlitt. Als auslösende Ursache wurde ein Gefäßkollaps infolge Hypoxie und als disponierender Faktor eine Blutdrucklabilität angenommen.

Von nicht zu unterschätzender Bedeutung ist die Luftkrankheit, die durch zahlreiche und vielfältige Reflexvorgänge ausgelöst wird. Offenbar herrschen die vagotonen Symptome vor, wenn auch einzelne sympathikotone Kriterien, wie Blässe des Gesichtes und Mydriasis, ebenfalls zum typischen Bild gehören (BING). Nach HOFF sollen bei der Luftkrankheit die vegetativen Regulationsstörungen vom Gleichgewichtsorgan auf die vegetativen Oblongatazentren und auch auf das Mittel- und Zwischenhirn übergehen können. HEMINGWAY weist darauf hin, daß für das Auftreten der Luftkrankheit die Gewöhnung eine wesentliche Rolle spielt.

Auch die „Flugangst" dürfte für diesen Fragenkomplex nicht unbedeutend sein. Ihre Ursachen liegen nach GATTO in Hypochondrie, Mangel an Selbständigkeit,

Schuldgefühl, Mangel an Popularität und Schwierigkeiten im Umgang mit den Mitmenschen.

Noch ein anderer Faktor scheint Gefahren für den Flugreisenden, speziell aber für den Herz-Kreislaufgefährdeten, in sich zu bergen. BERG schildert, wie ihm auf einer Flugreise bei vier Zwischenlandungen jedesmal Mayonnaise gereicht wurde und kommt zu der Feststellung, daß die hierdurch hervorgerufene enorme Fettbelastung in krassem Gegensatz zu der Erkenntnis steht, daß etwa drei Stunden nach einer Fettmahlzeit, besonders bei koronargefährdeten Personen, Störungen der Mikrozirkulation auftreten, die bisweilen pectanginöse Oppressionsgefühle mit sich bringen und auch Veränderungen der elektrischen Herzstromkurve hervorrufen können.

MAY schließt aus den gewonnenen physiologischen und experimentellen Erkenntnissen, sowie der klinischen Erfahrung, daß es im menschlichen Körper einen Faktor gibt, der die Toleranz gegenüber dem Sauerstoffmangel bei kardialen Störungen und auch beim Altersherzen steigert.

Er hält einen ausgleichenden Regulationsmechanismus, von den nervösen Rezeptoren von Karotiden und Aorta ausgehend, bei der Steuerung des Gasstoffwechsels für wahrscheinlich. Einer dieser Regulationsfaktoren, der die Adaptation des Körpers an die Belastungen größerer Höhenlagen bestimmt, ist die lange bekannte Akklimatisation, die durch das Auftreten einer relativen Polyzythämie, sowie einer gesteigerten Herzleistung, einer vermehrten Vitalkapazität, einer p_H-Änderung des Blutes und einer erhöhten Fähigkeit der Sauerstoffbindung gekennzeichnet ist. Verbunden damit kommt es gleichzeitig zu einer spontanen Erweiterung der Koronargefäße. Wahrscheinlich sind im Rahmen dieser Regulationsmechanismen auch Steuerungsimpulse der Hypophyse und der Nebennieren beteiligt. Die Beobachtungen während des Krieges sowie Erfahrungen der zivilen Luftfahrt an Menschen höheren Alters und Herzkranken bestätigen die Annahme einer gesteigerten Toleranz gegenüber der Belastung des Sauerstoffmangels. Einen Beweis für seine Theorie erblickt MAY darin, daß eine passagere Hypoxämie im Elektrokardiogramm keine bleibenden Herzmuskelschäden hinterläßt. v. EULER und LILJESTRAND zeigten, daß eine Erniedrigung der alveolaren Sauerstoffspannung oder eine Erhöhung der Kohlensäurespannung eine Engerstellung der Arteriolen bewirkt. Das bedeutet, daß hier ein Regulationsmechanismus bestehten muß, der die Durchblutung der Ventilation anpaßt. MOTLEY und Mitarbeiter konnten nachweisen, daß dieser „alveolo-vaskuläre Reflex" auch beim Menschen zu finden ist. Von COURNAND wurden für diesen Reflex drei Möglichkeiten diskutiert:

1. Durch Einatmung eines Sauerstoffmangelgemisches kommt es zu einer allgemeinen Vasokonstriktion, die, solange das Herzminutenvolumen nicht wesentlich abnimmt, zu einer Erhöhung des Druckes in der Pulmonalarterie führt. Ungewiß ist, ob die alveoläre Gasspannung direkt oder über eine Zwischensubstanz den Tonus der Lungenarteriolen beeinflußt.
2. Die Erniedrigung der alveolären Sauerstoffspannung bedingt eine arterielle Hypoxie, die direkt oder aber über die Karotisrezeptoren zur Drucksteigerung führen soll.
3. Die Steigerung des Pulmonalarteriendruckes soll durch eine vermehrte pulmonale Durchflußmenge, verursacht durch den akuten Sauerstoffmangel, in Verbindung mit anderen hämodynamischen Faktoren ausgelöst sein. Ein erhöhter Gefäßwiderstand als maßgebliche Ursache für die Vermehrung des Pulmonalarteriendruckes wird abgelehnt.

BOLT, VALENTIN und TIETZ beschäftigten sich mit dem Einfluß der akuten respiratorischen Hypoxie bei älteren Menschen auf Atmung, Herzminutenvolumen und Pulmonalarteriendruck. Die Hypoxie entsprach dabei Höhen bis zu 4 und 5000 m. Je nach Geschwindigkeit der Verminderung des Sauerstoffdruckes und

Dauer des Sauerstoffmangels unterscheiden sie zwischen einer „chronischen Hypoxie"(Hochgebirgsaufenthalt, pulmonale Insuffizienz, Herz-Kreislauferkrankungen), der „schnell einsetzenden Hypoxie" (Flugzeug- und Bergbahnaufstieg, Unterdruckkammerversuch) und der eigentlichen akuten Hypoxie oder dem Zeitreserveversuch." Während die chronische Hypoxie eine Akklimatisation bewirkt, die zu ihrer Entstehung lange Zeit benötigt, bedarf die schnell eintretende und akute Hypoxie „Sofortmaßnahmen", welche als Höhenumstellung bezeichnet werden. Die Untersuchungen ergaben, daß bei Personen jenseits des 55. Lebensjahres bis zu einer Höhe von 4000 m keine wesentliche Änderung der Sauerstoffaufnahme, der Atmung und der Pulsfrequenz eintritt. Der Sauerstoffgehalt fällt im venösen Mischblut um durchschnittlich 10, im arteriellen Blut um 23% ab. Hieraus resultiert eine deutliche Verkleinerung der arteriovenösen Differenz und bei gleichbleibender Sauerstoffaufnahme eine Vergrößerung des Herzminutenvolumens um fast 73%. Während COURNAND bei Normalpersonen für die unilaterale pulmonale Hypoxie eine Steigerung des Pulmonalarteriendruckes beschrieb, sahen BOLT und Mitarb. bei älteren Menschen die Druckwerte im arteriellen Schenkel des großen und kleinen Kreislaufes einheitlich in geringem Maße abfallen. Der Kohlensäuregehalt sank nur um 2 Volumen-%, lag insgesamt aber noch im Streubereich der Norm. Die Steigerung des Herzminutenvolumens bei fehlendem Anstieg des Pulmonalarteriendruckes scheint im Gegensatz zu jungen Menschen für die schnell eintretende Hypoxie signifikant zu sein und bedeutet, daß dem älteren Herzen die unökonomische Arbeit gegen einen erhöhten Druck erspart bleibt.

Durch die Einführung der Druckausgleichkabine kommt die Höhenwirkung weitgehend in Wegfall. Sie bringt eine große Erleichterung hinsichtlich der Zulassung kranker Passagiere mit sich. Mit ihrer Hilfe ist es heute möglich, nahezu alle Kranken dem Lufttransport anzuvertrauen. Den besten Beweis hierfür liefert eine von BOURNE zitierte Statistik von dreizehn Luftfahrtgesellschaften, nach der in fünf Jahren bei der Beförderung von 1 113 000 Passagieren nur ein Herztod beobachtet wurde. GRAYBIEL berichtet, daß bis 1941 von 7 Millionen Fluggästen bei fünf amerikanischen Fluggesellschaften nur 3 Passagiere während eines Fluges verstorben sind. Nach der amtlichen Statistik der „Civil Aeronautic Administration" kommt auf 1½ Millionen Flugreisende nur ein, meist kardial bedingter Todesfall (nach HALHUBER).

Auch DOWNEY und Mitarb. berichten anläßlich Beobachtungen bei 1777 Flügen mit Kranken, daß bei Herzkranken nur in einem Prozent leichte Störungen aufgetreten seien, die sich aber durch Sauerstoffatmung sofort beheben ließen. Ernstere Zwischenfälle konnten nie beobachtet werden. Allerdings sollen in Höhen über 2000 m doch mitunter Kopfschmerzen, Ohrensausen und Schwindelerscheinungen auftreten können. Nach RUFF ist bei extrem hohen Blutdruckwerten mit einer weiteren Steigerung des Blutdruckes, vor allem bei des Fliegens ungewohnten Personen, zu rechnen, so daß solchen Patienten von einer Luftreise eher ab- als zugeraten werden sollte. Des weiteren vertrugen nach dem Bericht von BOURNE Kranke mit Arbeitsstenokardien und solchen mit Herzinfarkten, die zwischen 4 Tagen und 9 Jahren alt waren, vollkommen unseren Erfahrungen entsprechend, auch große Flugstrecken ohne Beschwerden.

Bei Patienten mit angeborenen oder erworbenen Herzklappenfehlern bestehen grundsätzlich keine Einwände gegen die Benutzung des Flugzeuges, wenn der Zustand des Patienten nicht zu schlecht und die Möglichkeit der Sauerstoffbeatmung während des Fluges zu jeder Zeit gegeben ist. Unter dieser Kautele wurden selbst von einem Patienten mit dekompensiertem Aortenvitium und einer jungen Frau mit Mitralvitium nach rheumatoider Myokarditis und starker Herzdilatation lange Flugreisen gut vertragen (BOURNE). Die Möglichkeit der Sauerstoffatmung fordert GORDON außerdem bei Trägern eines Lungenemphysems mit erheblicher Rechtsherzüberlastung.

Es ist somit nur ein kleiner Personenkreis, dem der Arzt eine Flugreise verbieten wird. Weit größer ist jene Gruppe von Patienten, der Verhaltungsratschläge erteilt werden müssen.

Prinzipiell sollten kranken Menschen nur Flüge mit Maschinen empfohlen werden, die mit Druckkammern und Sauerstoffinhalationsapparaten ausgerüstet sind. Dies um so mehr, wenn es sich um des Fliegens ungewohnte Personen handelt. Die Fluggesellschaften geben vor der Buchung jederzeit über die Ausrüstung ihrer Flugzeuge Auskunft. Allgemein wird man dem Herz-Kreislaufkranken empfehlen, die Nacht vor dem Flug gut zu schlafen und für ausgiebigen Stuhlgang zu sorgen. Kranken, die zu Flatulenz neigen, sollte man Tierkohle oder ähnliche Präparate mitgeben, da die Ausdehnung der Darmgase in der Höhe durch Hochdrängen des Zwerchfelles eine Verlagerung des Herzens bewirken und Herzbeschwerden, die bis zum stenokardischen Anfall reichen, auslösen können. Desgleichen wird man dazu raten, vor dem Start nur eine leichte Mahlzeit einzunehmen und während des Fluges und der Zwischenlandungen den Magen nicht zu überlasten. Von kohlensäurehaltigen Getränken ist abzuraten. Ängstliche Personen werden Sedativa als angenehm empfinden. Eventuell empfiehlt sich Verabreichung entsprechender Präparate bereits in den letzten Tagen vor der Reise. Darüber hinaus sollte der Arzt vor einer beabsichtigten Reise feststellen, ob bei dem Patienten eine Neigung zu labyrinthogenem oder epigastrischem Schwindel vorliegt. Besteht eine derartige Disposition, wird im ersteren Falle die Einhaltung der Horizontallage, Einbinden des Leibes und Vermeidung von jeglicher Überfüllung des Magens zu empfehlen sein. Handelt es sich um eine epigastrische Nausea, wird dem Patienten ein Platz in Flugzeugmitte mit dem Rücken zur Flugrichtung anzuraten sein, da hierbei die Schwankungen am geringsten empfunden werden. Auch die Verbringung des Fluges in Rückenlage mit Blick nach oben ist vielfach günstig. Nach GORDON soll die Verabreichung von Antihistaminkörpern oder Vitamin B_6 bei Neigung zu Luftkrankheit nützlich sein. Reist der Kranke ohne Begleitung, sollte die Stewardeß vor Antritt des Fluges vom Bestehen der Krankheit und einer eventuell erforderlichen Medikation unterrichtet werden.

Fassen wir abschließend noch einmal zusammen, so stellen wir fest, daß die sich mit zunehmender Höhe ergebenden Probleme, nämlich abnehmender atmosphärischer Druck, Sauerstoffmangel, Temperatur und Strahlung durch die Einführung der Druckausgleichkabine in modernen Verkehrsflugzeugen beseitigt sind. Für die Zulassung kranker Passagiere bedeutet die Druckausgleichkabine eine große Erleichterung. Als Kontraindikation für eine Flugreise ist der frische Herzinfarkt, die manifeste Koronarinsuffizienz, der Herzblock sowie alle anderen Überleitungsstörungen und die Myokarditis zu bezeichnen. Wenn die Hypertonie auch keine direkte Gegenanzeige für das Fliegen ist, wird man doch bei extrem hohen Blutdruckwerten von der Benutzung des Flugzeuges eher ab- als zuraten. Hingegen bestehen bei Patienten mit einfachen Arrhythmien, harmlosen Extrasystolien und Klappenfehlern, soweit sie ausreichend kompensiert sind, keine Bedenken gegen Luftreisen. Bei kurzen Flugstrecken und bei Flughöhen unter 1400 m ist, besonders wenn es sich um vorher fluggewohnte Personen handelt, eine Lockerung der Kontraindikationen möglich. Immer wird der beratende Arzt aber dem Patienten Hilfsmittel zu empfehlen haben, die es dem Kranken ermöglichen, eine geplante Flugreise auf angenehmste Weise zu absolvieren.

Abgesehen von diesen flugtechnischen und höhenklimatischen Besonderheiten, bleibt für den modernen, vegetativ überlasteten Menschen, die rasche Überwindung großer Entfernungen, ohne entsprechende klimatische Anpassung, ein sehr schwerwiegendes Problem. Es kann immer wieder erlebt werden, wie wir das später noch beschreiben werden, daß eine Akklimatisation

an ein fremdartiges, ungewohntes Klima zwar noch möglich ist, daß die
Reklimatisation aber eine so starke Belastung darstellt, daß verhängnisvolle
Krisen die Folge sind.

Literatur zu Kapitel II, Abschnitt D, 6

BING, R.: Lehrbuch der Nervenkrankheiten (Basel 1945). — BOLT, W. und
H. VALENTIN und N. TIETZ: Arch. Kreislaufforschg. **27**, 19 (1957). — BOURNE, G.:
Brit. Med. J. **4909**, 310 (1955). — COURNAND, A.: Acta cardiol. **10**, 429 (1955). —
CZECH, W.: Kreislaufreaktionen bei Bergbahnfahrten in den Alpen. Med. Klin. **50**,
2001 (1954). — DOWNEY, V. M. und B. A. STRICKLAND: Ann. Int. Med. **36**, 525
(1952). — DÜTSCH, L.: Zur Frage der Flugtauglichkeit Herz-Kreislaufkranker.
Med. Klin. **53**, H. 17, 763 (1958). — ENGELHARDT, A.: Monatsspiegel Merck **1**, 7
(1958). — v. EULER, U. S. und G. LILJESTRAND: Acta physiol. Scand. **12**, 301
(1946). — GORDON, E.: Dis. Chest **23**, 98 (1953). — GRAYBIEL, A.: Mod. Concepts
Cardiovasc. Dis. **1954**, 217. — GROSSE-BROCKHOFF, F.: Pathologische Physiologie
(Berlin-Göttingen-Heidelberg 1950). — HALBOUTY, M. R. und J. J. HEISLER:
U. S. Armed. Forc. Med. J. **6**, 1363 (1955). — HALHUBER, M. J.: Der Kreislauf-
gesunde und -kranke im Hochgebirgsklima. Nauh. Fortbild.Lehrg. **20**, 136 (Darm-
stadt 1954). — HAUS, E. und H. JUNGMANN: Schweiz. med. Wschr. **48**, 1156 (1953).
— HEMMINGWAY, A.: J. Aviat. Med. **17**, 153 (1946). — HITTMAIR, A. und TH.
MÜLLER: Wien. med. Wschr. **50**, 1033 (1955). — HOFF, F.: Behandlung innerer
Krankheiten, 5. Aufl. (Stuttgart 1954). — HORNBERGER, W. und TH. BENZINGER:
Luftfahrtmedizin **7**, 1 (1942). — MAY, S. H.: Air travel and the cardiac patient.
An analysis of Relevant Experimental and Empirical Data. Amer. Heart J. **40**,
363 (1950). — MOTLEY, H. L., A. COURNAND, L. WERKÖ, A. HIMMELSTEIN und
D. DRESDALE: Amer. J. Physiol. **150**, 315 (1947). — RUFF, S.: Welchen Kranken
muß von einer Luftreise abgeraten werden? Dtsch. med. Wschr. **80**, 976 (1955). —
SCANO, A. und E. BUSNENGO: Riv. med. aeronaut. **19**, 263 (1956). — SCHULTS, J. E.
und H. R. ANDERSON: U. S. Armed Forc. Med. J. **5**, 1509 (1954).

7. Herz-Kreislauffunktion und Lebensalter

7.1. Besonderheiten des kindlichen Herz-Kreislaufapparates

Das kindliche Herz verlangt eine besondere Besprechung, denn merkwürdigerweise wurde bisher keine eigentliche „Kardiologie des Kindesalters" entwickelt. Bei dem Versuch, die diagnostischen Möglichkeiten, welche für das
Erwachsenenherz erarbeitet wurden, zur Beurteilungsgrundlage auch des kindlichen Herzens zu machen, werden Symptome überbewertet, bagatellisiert oder
übersehen, welche nur der erfahrene Pädiater empirisch zu werten und zu beurteilen versteht.

Im Kindes- und Wachstumsalter werden entsprechend dem erhöhten Sauerstoff- und
Energiebedarf an den kindlichen Kreislauf, verglichen mit dem Erwachsenenalter,
größere und teilweise auch besondere Anforderungen gestellt. Da in diesem Zeitab-
schnitt sich die Kreislauforgane entsprechend dem Gesamtorganismus entwickeln und
wachsen müssen, ist es verständlich, daß nicht nur hinsichtlich Größe und Form,
sondern auch bezüglich der Korrelation der einzelnen Organe bestimmte Änderungen auftreten.

Es muß nun wenigstens der Versuch gemacht werden, durch Hinweis auf die
dem Kindesalter eigenen Gesetzmäßigkeiten (HOFMEIER) auf gewisse Besonderheiten aufmerksam zu machen.

Man spricht im allgemeinen vom kindlichen Herzen, reduziert gedanklich die
Größenverhältnisse und glaubt, eine Miniaturausgabe des Erwachsenenherzens vor
sich zu haben. Daß aber in diesem Altersbegriff „Kind", der die Zeit von der
Geburt bis zum 12.-14. Lebensjahr umschließt, gerade für das Herz Zeitepochen

von ganz gewaltigen Umstellungen inbegriffen sind, wird vielfach vernachlässigt. Es sei nur erinnert an die Neugeburtsperiode, in der sich die Umstellung vom fötalen zum kindlichen Kreislauf vollzieht. Durch Eröffnung des pulmonalen Strombettes mit Einsetzen der Atmung ändert sich nicht nur die Funktion, sondern auch die gewebliche Architektonik des Herzens. Man bedenke weiterhin die gewaltige Belastung von Herz und Kreislauf für den in seinen Regulationen noch ungeübten Organismus durch aufrechte Haltung, das Gehenlernen und den später einsetzenden unermüdlichen Bewegungsdrang, der, obwohl das kindliche Herz sein Minutenvolumen bei Belastung vorwiegend durch Zunahme der Herzfrequenz, also gar nicht so sehr ökonomisch reguliert, beim gesunden Kind niemals zu einer Überbeanspruchung führt. Daneben spielen auch die Wachstumsverhältnisse eine beachtliche Rolle. Wir kennen die Phasen des wechselnden Längen- und Breitenwachstums, welche heute infolge der Akzeleration aller Entwicklungsvorgänge vielfach besonders unausgewogen und unharmonisch verlaufen. Durch relativ plötzliche Ausweitung der Strombahn infolge der Größenzunahme sowie andererseits durch direkte Belastung des Herzens infolge stärkeren Gewichtsanstieges wird das kindliche Herz in besonderer Weise belastet. Auch das hormonale System darf in diesem Zusammenhang nicht unerwähnt bleiben, wissen wir doch, daß die Pubertät zu den leib-seelisch tiefgreifendsten Umstellungen zählt, welche der Mensch in seinem Leben durchmacht. Dazu gehört die Empfindlichkeit des vegetativen Nervensystems, das, zahlreichen Einflüssen zugängig und in seinen Reaktionen noch nicht auf Ökonomie eingestellt, die Anpassungsfähigkeit des Herzens auf das stärkste beanspruchen kann. Auch die somatische Auswirkung kindlicher Seelentraumen wird wohl viel zu wenig gewürdigt. Gerade diese Tatsache ist um so erstaunlicher, als ganze Lehrrichtungen der Psychologie frühkindliche Erlebnisse für die Genese von „Verstimmungen" und seelischen Fehlhaltungen im Erwachsenenalter verantwortlich machen. Man müßte also mit Recht annehmen, daß gewisse Ereignisse die erlebnisfähige und erlebnisbereite Seele des Kindes mit solcher Wucht treffen, daß sie gar nicht verarbeitet werden können und daher früher oder später krankmachenden Einfluß entfalten.

Alle diese Faktoren wirken dahingehend zusammen, daß das Herz bis zum Abschluß der Pubertät und des Wachstums in einer dauernden Entwicklung bleiben muß, um sich der ihm durch die fortschreitende Reifung dauernd auferlegten wechselnden Umstellungen fortlaufend anzupassen. Nachdem nun nicht das Herz das Tempo dieser Vorgänge bestimmt, sondern sich diesen jeweils einzufügen hat, wird es auch im Bereich der Norm optimale und weniger günstige Wechselbeziehungen geben. Die Güte derselben bestimmt dann letzten Endes die Leistungsfähigkeit. Es ist nun einleuchtend, daß das kindliche Herz durch die dauernde Beanspruchung seiner Anpassungsmöglichkeiten so „beschäftigt" ist, daß es eine gleichzeitige Anpassung an äußere Faktoren, also etwa das, was man im Erwachsenenalter als Trainingseffekt bezeichnet, beim Kinde im eigentlichen Sinne noch nicht gibt.

Dieser kurze Überblick soll zum Nachdenken über die dem Kinde eigenen Gesetzmäßigkeiten anregen, darf aber nicht dazu verleiten, daß nun das kindliche Herz als ein Organ betrachtet wird, das besonders leicht lädierbar und in seiner Funktion zu beeinträchtigen ist. Gerade das Gegenteil ist im allgemeinen der Fall, und wenn SCHOENEMANN sagt: „auf das Herz des Kindes kann man auch in schweren Tagen unbedingt vertrauen; wenn etwas leistungsfähig bleibt, dann ist es das kindliche Herz", so ist das ein Wort, welches ein Kardiologe des Erwachsenenalters wohl kaum in dieser ruhigen Überzeugung aussprechen dürfte.

Wollen wir nun den praktischen Belangen bei Kreislaufstörungen des Kindes gerecht werden, dann müssen wir in erster Linie die besonderen anatomischen und physiologischen Verhältnisse des kindlichen Herzens etwas näher beleuchten.

LINZBACH hat die Faserkonstanz des menschlichen Herzens weitgehend bewiesen und angenommen, daß das menschliche Herz bereits bei der Geburt seine vollständige und weitgehend unveränderliche Faserzahl besitzt. Das Herz des Neugeborenen ist jedoch noch nicht vollkommen entwickelt und macht bis zur völligen Ausreifung weiterhin strukturelle Veränderungen durch. Untersuchungen von BERNUTH haben ergeben, daß das Herzgewicht konstant im Laufe der Jahre zunimmt, und daß das Wachstum des Herzens besonders ausgeprägt ist im ersten Lebensjahr und zur Zeit der Pubertät. BOELLARD hat sich mit der Umwandlung des rechten Herzens nach der Geburt infolge der Umstellungen der postnatalen Kreislaufbedingungen beschäftigt. Obwohl LINZBACH errechnete, daß die Faserzahl im rechten und linken Herzen vollkommen gleich ist, werden beide Herzabschnitte nach der Geburt doch weitgehend unähnlich. So nimmt nach BOELLARD die Dicke der rechten Herzwand in den ersten Lebenswochen um etwa 40% ab. Obgleich der mittlere Faserdurchmesser geringer wird, kann diese Änderung nicht allein für die Wandverdünnung verantwortlich gemacht werden. Er nimmt an, daß es sich um eine besondere Form der Dilatation handelt, welche durch Umschichtung des synzytialen Gefüges zustande kommt, so daß die Muskelfasern in der rechten Kammer anders angeordnet sind und sozusagen auf Lücke treten (LINZBACH). Wir sind der Auffassung, daß die Verschiedenheit in der Muskelmasse des rechten und linken Ventrikels nach der Geburt dadurch zustande kommt, daß das rechte Herz als Unterstützung für den Antrieb des pulmonalen Blutstromes die Atembewegungen als Hilfskraft erhält, während die linke Kammer die gleiche Blutmenge aus eigener Kraft zu bewältigen hat (HOCHREIN).

Nachdem eine Vermehrung der Herzmuskelzellen unter normalen Bedingungen nicht stattfindet, kann sich das Wachstum des Herzmuskels nur auf eine Vergrößerung der einzelnen Muskelelemente beschränken. Die Muskelzellen werden vor allem dicker (LINZBACH, GOLDENBERG) und sind beim ausgewachsenen Herzen mindestens doppelt so breit als beim Neugeborenen.

Auch die äußere Form des kindlichen Herzens kann nicht ganz als verkleinertes Modell eines Erwachsenenherzens angesehen werden. Da der Breitendurchmesser beim Säugling relativ größer ist, wirkt es im allgemeinen gedrungener und plumper. KIRCH konnte feststellen, daß mit zunehmendem Lebensalter die oberen Herzteile, also die Vorhöfe und die großen Ostien, zusammen mit den angrenzenden oberen Kammerteilen relativ immer weiter werden, während der Spitzenraum in zirkulärer und longitudinaler Richtung relativ kleiner wird. Auch diese Formumwandlung erklärt weitgehend die kugelige Form des kindlichen Herzens, die als vermeintliche Herzvergrößerung so oft Anlaß für eine Fehlbeurteilung wird. Die Einflußbahn wird durch diese Vorgänge relativ größer als die Ausflußbahn. Dieses Verhältnis verschiebt sich später durch relatives Längerwerden des obersten Septumabschnittes sowie des Conus pulmonalis und aorticus. Es kommt allmählich gleichsam zu einem Herabrutschen der Papillarmuskeln.

Über die Umwandlungen des spezifischen Reizleitungssystems während des Wachstums berichten Untersuchungen von DELORENZI, der zeigen konnte, daß im Herzen eines menschlichen Embryos von 16 mm Länge der ASCHOFF-TAWARAsche Knoten aus Spindelzellen mit zahlreichen Myofibrillen besteht, welche sich später zu einem netzartigen Synzytium vereinigen. Das HISS'sche Bündel dagegen setzt sich nur aus Epitheloidzellen mit aufgequollenem Zytoplasma ohne Myofibrillen zusammen. Diese treten erst später auf, vermehren sich nur langsam und sind zunächst konzentrisch angeordnet. Noch später zeigen sie longitudinalen Verlauf und lassen sich zu den PURKINJEschen Fasern verfolgen.

Hinsichtlich der Herzdurchblutung wissen wir (HOCHREIN und SPALTEHOLZ), daß das Koronarsystem beim kindlichen Herzen weniger stark verzweigt ist und geringere Anastomosen zeigt. Im Gegensatz zum Erwachsenen soll das Gefäßnetz der rechten Koronaria größer sein als das der linken (GROSS).

Wenden wir uns nach diesem kurzen Überblick, der vor allem die morphologischen Besonderheiten des kindlichen Herzens erkennen läßt, dessen Funktionsvarianten zu, dann geben Untersuchungen über Schlag- und Minutenvolumen weitgehend Aufschluß.

BOLT stellte fest, daß in der Altersspanne von 2–14 Jahren das Schlagvolumen von 8,4 ccm auf 40,5 ccm, das Herzminutenvolumen dagegen nur von 1,0 auf 3,4 Liter ansteigt. Diese Untersuchungen bestätigen die früheren Angaben von NYLIN, BERNUTH u. a. Aus Tabelle 6 geht weiterhin die Hubarbeit des kindlichen Herzens im Vergleich zum Erwachsenenherzen und das Verhältnis von Minutenvolumen in Kubikzentimeter im Vergleich zum Kilogramm Körpergewicht hervor. Sie bestätigt, daß die Arbeitskraft des kindlichen Herzens als ungewöhnlich groß bezeichnet werden muß, eine Feststellung, welche mit den Beobachtungen des täglichen Lebens über die körperliche Leistungsfähigkeit und Ausdauer bei Kindern gut übereinstimmt.

Tabelle 6. Abhängigkeit von Schlag- und Minutenvolumen vom Lebensalter

Alter	Minutenvolumen Liter	Schlagvolumen ccm	Hubarbeit pro Minute	Minutenvolumen in ccm pro kg Körpergewicht
6–7.........	3,3	36,1	5,72	160,8
8–9.........	3,0	37,0	5,37	145,6
10–11........	3,3	41,8	6,16	109,6
Erwachsene ...	4,2	58,8	8,51	61,3

BOLT und KLANTE stellten weiterhin, wenn sie das Schlagvolumen bei Knaben und Mädchen im Alter von 2–14 Jahren an 3 Tagen hintereinander kontrollierten, sehr erhebliche Schwankungen fest, die normalerweise bis zu 40% im Alter von 10 Jahren unter dem Einfluß der beginnenden Pubertät jedoch bis 80–100% betragen können (BOLT und LEWIN). Das Minutenvolumen macht diese Schwankungen nur in geringerem Ausmaße mit. Es ist anzunehmen, daß, obwohl stark durch vegetative Einflüsse variiert, Herzfrequenz und Schlagvolumen sich in ihren Ausschlägen so weit ausgleichen, daß das Minutenvolumen relativ konstant gehalten wird.

Der elastische Widerstand des arteriellen Windkessels zeigt hohe Werte, die mit zunehmendem Lebensalter und entsprechender Erweiterung des arteriellen Windkessels abfallen. So beträgt der Elastizitätskoeffizient in den ersten Lebensjahren 8000–10000 dyn/cm^3, mit 13–14 Jahren dagegen 2–3000 dyn/cm^3.

Der periphere Gesamtwiderstand zeigt ebenso wie der elastische Widerstand fallende Tendenz. Seine Werte werden von KIRCHHOFF mit 6800 dyn/cm^3 im zweiten und 2200 dyn/cm^3 im 14. Lebensjahr angegeben.

Die Pulswellengeschwindigkeit liegt, wie GRASER feststellen konnte, im frühen Kindesalter höher als in der Adoleszenz.

Für das Schlag- und Minutenvolumen zeigen die von BOLT und KLANTE, WEZLER und GRASER ermittelten Werte große Schwankungen. Bis zum 14. Lebensjahr steigen sie deutlich an, wobei sich nach BOLT Parallelen zum Basalstoffwechsel finden lassen.

Bedeutungsvoll für die Tätigkeit des kindlichen Herzens ist weiterhin der Blutdruck und die seine Höhe gestaltenden Faktoren. Der Blutdruck entspricht, wie

WEZLER feststellen konnte, in seiner relativen Höhe den Grundwerten im Erwachsenenalter, wobei die Einzelgrößen allerdings deutlich unterschiedliche Höhen zeigen.

Mit Durchschnittswerten von 100/70–110/80 mm Hg ist der Blutdruck relativ hoch gelegen und stellt ein zusätzliches Moment der Belastung für das kindliche Herz dar. Diese Höhe des kindlichen Blutdruckes kommt nach WEZLER dadurch zustande, daß in das entsprechend kleinere elastische Arteriensystem des Kindes mit hohem Elastizitätskoeffizienten ein kleines Blutvolumen eingepreßt wird, das über einen im Vergleich zum Erwachsenen erhöhten Gesamtwiderstand nach der Peripherie abfließt.

Alle Autoren, die Untersuchungen und Bestimmungen des Blutdruckes im Kindesalter vorgenommen haben (KIRCHHOFF, KIRCHHOFF und EICHLER, HOFMEIER) betonen die Schwierigkeit der Blutdruckmessung vom Säuglingsalter bis zum 6. bis 8. Lebensjahr.

HOCKERTS führte Untersuchungen zur Dynamik des kindlichen, gesunden Herzens durch. Er fand eine Anspannungszeit von 0,03–0,09 sec und eine Austreibungszeit von 0,20–0,29 sec, so daß unter normalen Bedingungen der Quotient aus Austreibungszeit durch Anspannungszeit bis zu 8,0 betragen kann. MICHEL schließlich untersuchte die Tätigkeit des kindlichen Herzens mittels der Berechnung des Ventrikelgradienten. Wenn seine meßbare Größe im Kindesalter auch der des Erwachsenen entspricht, so verhalten sich doch seine beiden Komponenten dahingehend verschieden, daß die Anfangsschwankung verkleinert, die Endschwankung dagegen vergrößert wird, ein Befund, der erneut bestätigt, daß der Mechanismus der kindlichen Herztätigkeit von dem des erwachsenen Herzens abweicht.

Der Beurteilung des kindlichen Herzens werden nun weitere Perspektiven eröffnet, wenn wir die Beanspruchung, denen das kindliche Herz bereits normalerweise ausgesetzt ist, etwas heller beleuchten. Ebenso wie beim Erwachsenen zu bestimmten Belastungsphasen, so haben wir auch im Kindesalter, besonders mit Beginn der Schulzeit, mit besonderen geistigen und körperlichen Anstrengungen zu rechnen.

Es ist bekannt, daß viele Schulkinder durch den Schulzwang, durch Aufregungen bei Schularbeiten, Angst vor Schulzeugnissen usw. unter starkem seelischen Druck stehen. Nicht zu übersehen sind besonders bei sensiblen Kindern Minderwertigkeitskomplexe, die in der Schule bei ungenügenden Leistungen leicht entstehen können. Bei vielen Kindern führt die Spannungsangst zu einer erhöhten Erregbarkeit des vegetativen Nervensystems. Dieser Zustand wird gesteigert durch die im Kindesalter häufigen Erkrankungen der Nasen- und Rachenorgane, Verdauungsstörungen, Wurmerkrankungen usw. Unter- bzw. Fehlernährung, Schlafstörungen durch Behinderung der Atmung infolge von Hals- und Rachenmandelhypertrophie oder infolge der Ungunst sozialen Milieus (Schlafen mit Geschwistern in einem Bett usw.) wirken in gleicher Richtung, und wir finden ein blasses, unterentwickeltes, abgespanntes, leicht ermüdbares, nervöses Kind. Es ist nicht erstaunlich, daß solche Kinder an Herzklopfen, Herzstolpern, kalten, feuchten und leicht zyanotischen Extremitäten leiden, und daß starke psychische Erregungen bei entsprechender Disposition zu Gefäßkrämpfen im Gehirn, im Koronarsystem, den Extremitäten usw. Anlaß geben können.

Diese Ausführungen sollen dartun, daß das kindliche Herz nicht nur eine spezielle Deutung, sondern in seinen einzelnen Entwicklungsphasen auch eine individuelle Beurteilung erfahren muß. Nunmehr sollen unter diesen Gesichtswinkeln die diagnostischen Besonderheiten des kindlichen Herzens kurz gestreift werden. Zuvor ist jedoch noch darauf hinzuweisen, daß es in der Zeitspanne zwischen 1. und 14. Lebensjahr zwar anhaltsweise, aber nicht gesetzmäßig Verhaltensweisen gibt und daß, untersucht man z. B. eine Schulklasse von 11 jährigen Mädchen, weitgehend ausgereifte neben völlig unentwickelten Kindern vorkommen, bei denen das Herz sich dann entsprechend verhält, ohne daß man nun berechtigt wäre, den einen oder den anderen Befund als Norm der 11 jährigen zu bezeichnen.

Wenden wir uns nun der Untersuchung und der Wertung der Untersuchungsbefunde im einzelnen zu, dann wird sicher, wie auch SCHOENEMANN betont, der Anamnese viel zu wenig Bedeutung geschenkt.

Nachdem das Kind selbst, vor allem in jüngeren Jahren, als Gesprächspartner nicht in Frage kommt, obwohl man in keinem Fall, sobald das Alter es erlaubt, auf eine behutsam persönliche Befragung verzichten soll, ist man in der Regel nur auf die Aussagen der Mutter angewiesen, die, vor allem bei mehreren Kindern, auf die feineren Symptome gar nicht so achtet, sie unter Umständen unterwertet, Nebensächliches dagegen überwertet und die zahlreichen banalen Infekte, Hauterkrankungen, Darmstörungen usw. vergißt oder nicht berichtet. Wenn wir auch die Auffassung von SCHOENEMANN, daß es Herzfehler ohne Krankheit nur angeboren gibt, weitgehend bestätigen können, so muß aber andererseits hervorgehoben werden, daß gerade im Kindesalter Erkrankungen vielfach so oligosymptomatisch oder so kaschiert verlaufen, daß trotz sorgfältiger Beobachtung die Anamnese vollkommen leer bleibt.

Ganz besonders wichtig ist für die Beurteilung die kindliche Verhaltensweise.

Auffällige Ruhe, Bewegungsarmut, Teilnahmslosigkeit und Apathie sind im Kindesalter immer verdächtig.

Bei der Betrachtung wird eine Voussure, d. h. ein Herzbuckel, wohl meist auf einen angeborenen oder in früher Kindheit erworbenen Herzfehler aufmerksam machen.

Wird der Spitzenstoß sichtbar, so entspricht das den normalen Verhältnissen bei der elastischen und dünnen Thoraxwand. Wird er dagegen ausgesprochen „hebend" fühlbar, so verleitet das vielfach zur Fehlfeststellung einer Hypertrophie, dabei muß man sich doch nur vor Augen halten, daß die unermüdliche Bewegung des spielenden Kindes einen starken Motor braucht, und daß die leichte Ansprechbarkeit des kindlichen Gemüts, z. B. bei einer ärztlichen Untersuchung die Herzfrequenz akzeleriert. Auch eine einfache Pulsuntersuchung ist wenig aufschlußreich.

Die Pulsfrequenz nimmt mit zunehmendem Lebensalter allmählich ab. Während das Neugeborene durchschnittlich 130–150 Herzschläge pro Minute hat, beträgt die Schlagzahl gegen Ende des 1. Lebensjahres etwa 120. Bis zum 6. Lebensjahr fällt nach KIRCHHOFF die Pulszahl relativ steil, später dann langsam bis zu etwa 80 Schlägen pro Minute im Pubertätsalter ab.

Die respiratorische Arrhythmie ist im Kindesalter oft so ausgesprochen, daß sie von einer Sinusarrhythmie nur durch gleichzeitige Registrierung von Ekg und Pneumotachogramm unterschieden werden kann.

Nach NORDENFELD nimmt die respiratorische Arrhythmie im Alter von 3 bis 6 Jahren deutlich zu, sinkt vom 7.–10. Lebensjahr etwas ab und steigt in der Pubertät erneut an. Dabei wechselt der Grad der Arrhythmie aber auch beim einzelnen Individuum. Das Fehlen oder Vorhandensein der respiratorischen Arrhythmie und der Grad der Arrhythmie haben keine Bedeutung für die Beurteilung des kindlichen Kreislaufs oder Herzens (KIRCHHOFF).

Dagegen kann eine respiratorische Arrhythmie im späteren Erwachsenenalter als pathologisch angesehen werden (HOCHREIN).

Herzunregelmäßigkeiten, welche durch eine Extrasystolie hervorgerufen werden, sind im Kindesalter bezüglich der Herzfunktion meist belanglos. Genau so ablenkbar wie das ganze Kind, ist, in Extrareizen sich anzeigend, auch die Reizbildung des Herzens (SCHOENEMANN).

Bei der Perkussion ist vor allem darauf zu achten, daß eine vergrößerte oder persistierende Thymus den Herzschatten pathologisch gestalten kann.

Die häufigsten Fehlerquellen liefert jedoch die Auskultation des kindlichen Herzens.

Abgesehen davon, daß sie durch das eventuelle Schreien des Kindes und durch die meist vorhandene Tachykardie an sich schon auf Schwierigkeiten stößt, muß man bedenken, daß z. B. die Aufsatzfläche eines Holzstethoskops unter Umständen der Größe der gesamten Herzfläche entspricht, daß also eine Geräuschlokalisation hinsichtlich des geräuscherzeugenden Ostiums nicht ganz leicht vorzunehmen ist. Es gilt nun auch für das Kind, daß diastolische Geräusche mit großer Wahrscheinlichkeit die Diagnose eines Klappenfehlers gestatten. Mit allergrößter Vorsicht müssen dagegen systolische Geräusche bewertet werden. Wenn SCHOENEMANN feststellt, daß vor Beendigung des 1. Lebensjahres auch systolische Geräusche stets pathologisch sind, so gilt dabei eine Ausnahme, nämlich das oft laute systolische Geräusch, das vielfach unmittelbar nach der Geburt hörbar wird, dann aber wieder verschwindet (HOFMEIER). Es wird angenommen, daß es durch den Blutstrom, der durch den noch geöffneten Ductus arteriosus fließt, zustande kommt. Unmittelbar nach der Geburt ist der Druck in der wenig durchlüfteten, unentfalteten Lunge noch sehr niedrig, so daß ein Rückstrom aus der Aorta durch den noch offenen Ductus Botalli erfolgen kann. Je mehr jedoch der pulmonale Blutdruck infolge der völligen Entfaltung der Lunge ansteigt, um so geringer ist der Rückfluß. Damit schwindet das Geräusch, und der Ductus schließt sich und obliteriert. Im ersten Lebensjahr aber gibt es eine große Zahl funktioneller Geräusche, welche teils durch ungleichmäßiges Wachstum von Herz und großen Gefäßen, teils durch Kompression von außen seitens der im Querschnitt mehrfach wechselnden Thoraxform, einer vergrößerten Schilddrüse oder Thymus u. ä. zustande kommen und weder besonders leise noch immer an der Pulmonalis lokalisiert zu sein brauchen (FRICK). Auf die Häufigkeit derartiger Geräusche bei Jugendlichen haben wir oft hingewiesen. Bei Schulkindern und Adoleszenten stellte SEPPÄNEN in 22%, QUINN und KINCAID in 35,3% und MARESH, DODGE und LICHTY in 36,4% Geräusche fest. Andere Beobachtungen gehen bis zu 50% und mehr (WHITE), so daß allergrößte Vorsicht bei der Beurteilung geboten ist. HOFMEIER empfiehlt, jedes Kind nicht nur im Liegen, sondern auch im Stehen zu auskultieren, um sogenannte „kataklitische" Geräusche, d. h. solche, welche erst durch die Besonderheiten des Liegens provoziert werden, auszuschalten.

Das Elektrokardiogramm verlangt im Kindesalter eine ganz besonders vorsichtige Beurteilung.

Abgesehen von dem Typen-Index (SCHLOMKA) und der respiratorischen Arrhythmie, ist das kindliche Ekg durch keinerlei formale Besonderheiten ausgezeichnet. Durch Erkrankungen koronarer oder myokardialer Natur werden die gleichen Deformationen hervorgerufen wie im Erwachsenenalter.

Es ist weiterhin eine Frage, ob es Besonderheiten gibt, welche im Kindesalter als selten angesehen werden müssen. Nach P. D. WHITE, HOFMEIER u. a. soll z. B. die paroxysmale Tachykardie im Kindesalter zu den Seltenheiten gehören. Dieser Annahme widersprechen die Befunde anderer Autoren, welche gerade Paroxysmen im Säuglings- und Kleinkindalter beschreiben. VAN BUCHEM und KEYZER stellen sogar bei eingehender Literaturdurchsicht fest, daß unter den 45 damals veröffentlichten Fällen von paroxysmaler Vorhofstachykardie 16 Säuglinge waren (HOBBS). UNVERRICHT stellt diesen kindlichen Tachykardien eine recht gute Prognose.

Im Gegensatz dazu kommt die Arrhythmia absoluta im Kindesalter tatsächlich sehr selten vor (HOFMEIER, HECHT, LANGSTEIN und PUTZIG) und hat dann durchweg eine ernste Prognose.

Sehr viel interessanter sind nun in diesem Zusammenhang kindesspezifische Kriterien des Ekg, welche sich besonders bei der Untersuchung der zeitlichen Verhältnisse ergeben.

MICHEL untersuchte 936 Ekg von Kindern im Alter von 1–14 Jahren. Er stellte dabei fest, daß die QT-Werte, berechnet nach der FRIDERICIA-Formel, im Kindesalter zu hoch liegen, eine Tatsache, welche um so mehr Berücksichtigung verdient, als gerade die QT-Dauer im Rahmen der Aktivitätsdiagnostik (s. S. 389) besonderes Interesse gefunden hat. MICHEL bestätigt weiterhin eine Altersabhängigkeit von PQ, QRS und QT sowie eine Typenabhängigkeit von Überleitungszeit und Dauer des Initialkomplexes. Die vom 11.–14. Lebensjahr zu beobachtende Abnahme der PQ-Zeit findet ihre Erklärung in der Typenabhängigkeit der Überleitungszeit. Diese Typenabhängigkeit von PQ und QRS-Dauer stellt nach der Auffassung von MICHEL einen Beweis für die Richtigkeit der SCHLOMKAschen Typenlehre dar, welche eine reine Lage-Theorie des Ekg-Typs ablehnt. KIRCHHOFF und BURMEISTER untersuchten ebenfalls den PQ-Abschnitt in 1435 Ekgs gesunder Kinder und fanden dabei eine auffällige Verzögerung des PQ-Wachstums zwischen dem 6. und 11. Lebensjahr, welche als regulativ bedingte Besonderheit infolge verstärkter nervöser Einflüsse auf die Erregungsleitung angesehen wird. Nach ihrer Ansicht entspricht es nicht den physiologischen Gegebenheiten, feststehende Regeln zur Beurteilung der Überleitungszeit im Kindesalter aufstellen zu dürfen.

An einem großen Material durchgeführte Untersuchungen werden diese Kenntnisse noch weiterhin abrunden müssen, insbesondere ist über das Ekg des Säuglings noch relativ sehr wenig bekannt (CAMMAN).

Für das Brustwand-Ekg des Kindes hat LEPESCHKIN gewisse Normwerte angegeben, welche neuerdings durch die Untersuchungen von DOLL, KLEPZIG, REINDELL und MEHNERT eine Ergänzung erfahren haben.

Sie untersuchten gesunde Kinder im Alter von 5 Wochen bis zu 15 Jahren und konnten durch Einteilung in kleinere Altersgruppen systematisch die Umwandlung des kindlichen zum Erwachsenen-Ekg verfolgen. Dabei fanden sie eine Altersabhängigkeit des oberen Umschlagpunktes der R-Spitze, welche ebenso vektoriell erklärt wird wie der vom Alter abhängige Typenwechsel der P-Zacke. Auch das R/S-Verhältnis ist altersabhängig, und von klinischer Bedeutung ist der Befund, daß auch bei gesunden Säuglingen und Kleinstkindern negative T-Zacken von $V1$–$V4$ vorkommen können.

Für die Beurteilung von Herzgröße und Form ist die Röntgenaufnahme erforderlich, welche zum besseren Vergleich immer im Stehen und in inspiratorischer Phase durchgeführt wird (HOFMEIER), stets durch die Durchleuchtung in verschiedenen Durchmessern und in Zweifelsfällen durch die Kymographie ergänzt werden muß.

Auf Grund der oben gemachten Ausführungen ist es verständlich, daß innerhalb der verschiedenen kindlichen Altersstufen Varianten vorkommen, welche alle noch in den Bereich der „kindlichen Norm" gehören, oft aber recht schwer zu beurteilen sind, da der gleiche Befund in einem Falle noch normal, in einem anderen dagegen deutlich pathologisch sein kann. Es ist zu beachten, daß die Herzgröße u. a. von der Körperlänge und dem transversalen Lungendurchmesser abhängig ist (Tabellen zur Berechnung s. HOCHREIN, Herzkrankheiten, Bd. I, 2. Auflage, S. 406). Weiterhin ist zu berücksichtigen, daß bei Kindern das Zwerchfell schon in der

Norm höher steht als beim Erwachsenen und dadurch eine Querlagerung herbeiführt, welche besonders leicht den Eindruck einer tatsächlichen Herzvergrößerung hervorruft (s. Abb. 44, S. 124).

Auch bei Kindern wird man, will man eine sorgfältige Ermittlung durchführen, eine Herzfunktionsprüfung vornehmen müssen.

Wir prüfen in gleicher Weise wie beim Erwachsenen die Werte von Puls, Blutdruck, Vitalkapazität und Atemzahl im Liegen, Stehen, nach 20 Kniebeugen und nach 4 Minuten im Liegen (s. S. 382) und finden als kindliche Variante ein rascheres Anschnellen von Puls und Atemzahl, jedoch auch in diesen Altersklassen eine Rückkehr zu den Ruhewerten innerhalb von 4 Minuten. Diese Neigung des kindlichen Herzens zu Tachykardie bei körperlicher Belastung und seelischer Erregung ist sehr eindrucksvoll, und Werte von 120–140 pro Minute sind keine Seltenheit. Als Ausdruck der Vasolabilität wird auch eine Neigung zur Blutdrucksteigerung beobachtet, Befunde, die, wenn die Beurteilung auf einer einzigen Untersuchung beruht, leicht zu Mißdeutungen führen. Neben dem Ruhe- und Belastungs-Ekg erfreut sich neuerdings das Steh-Ekg besonderer Beliebtheit (MICHEL, FRISCHKNECHT u. a.). Ausgesprochene orthostatische Veränderungen sah MICHEL besonders bei Kindern nach Infektionen. Er lehnt für ihr Zustandekommen sekundäre Hypoxämie und vegetative Dysregulation ab und nimmt an, daß eine Kombination reflektorisch-nervaler und hämodynamischer Faktoren wirksam ist. Wie vorsichtig derartige Befunde aber bewertet werden müssen, beweist die von uns gemachte Erfahrung, daß bei der ausgesprochenen orthostatischen Reaktion des Kindesalters erbliche Faktoren nicht ganz außer Acht gelassen werden dürfen. (Abb. 57).

BRENNER untersuchte bei Kindern mit Verdacht auf Herzfunktionsstörungen das Schwingungsanalysenbild der Herztöne nach Kniebeugen. Bei bestätigtem Verdacht erhob er die gleichen Befunde wie bei gesunden Kindern nach Suprareninbelastung. Er hält diese Maßnahme für besonders wertvoll bei den Grenzfällen zwischen gesund und krank, bei denen andere Methoden keine Ergebnisse geliefert haben.

Der Vorschlag von FRISCHKNECHT, eine Belastung mit Hydergin oder DHE durchzuführen, wird wegen der ausgesprochenen Empfindlichkeit des vegetativen Nervensystems beim Kinde sehr schwer verwertbare Ergebnisse liefern. Auch die Untersuchung mit Sauerstoffmangelatmung verspricht wenig Aufschlüsse, da das Kleinstkind relativ unempfindlich ist und z. B. angeborene Herzfehler auf derartige Eingriffe überhaupt keine Reaktion zeigen, da sie bereits an den Sauerstoffmangel gewöhnt sind (MANNHEIMER). Auf die weiteren Methoden zur Untersuchung des Herzens im Kindesalter, insbesondere auf Angiokardiographie und Herzkatheterismus beim angeborenen Herzfehler, soll in diesem Zusammenhang nicht näher eingegangen werden. Es handelt sich nicht um Routinemethoden der inneren Klinik, sondern um Maßnahmen, welche mehr und mehr in den Bereich der chirurgischen Kardiologie verschoben wurden, da sie ausschließlich der Indikation chirurgischer Eingriffe dienen. Wegen ihrer vor allem im Kindesalter nicht ganz ungefährlichen Durchführung (s. S. 363) werden sie auch in Amerika nur in wenigen Spezialkliniken vorgenommen (GOTTSTEIN).

Dieser kurze Einblick in die physiologische Entwicklung des kindlichen Herzens mag genügen, um Verständnis für die natürlichen Gestaltungsfaktoren seiner Funktion und die daraus resultierenden diagnostischen Gesetzmäßigkeiten zu erwecken.

Literatur zu Kapitel II, D, 7.1

BOELLARD, J. W.: Über Umbauvorgänge in der rechten Herzkammerwand während der Neugeborenen- und Säuglingsperiode. Z. Kreislaufforschg. 41, H. 3/4, 101 (1952). — BOLT, W.: Die hämodynamischen Kreislaufgrößen im Kindesalter.

Klin. Wschr. **26**, H. 37/38, 590 (1948). — BOLT, W. und H. LEWIN: Z. Gynäk. 1948.
— BOLT, W. und W. KLANTE: Das Verhalten des Herzschlagvolumens im
Kindesalter. Z. Kreislaufforschg. **36**, H. 13/14, 374 (1944). — BRENNER, W.: Zur
Frage der klinischen Bedeutung von Schwingungsanalysen (Verfahren BLUME) an
kindlichen Herztonkurven. Z. Kreislaufforschg. **41**, H. 11/12, 401 (1952). —
BRUGSCH, H.: Das Angst-Ekg des Kindes. Kinderärztl. Praxis **25**, H. 10, 456
(1957). — DELORENZI: Boll. soc. ital. biol. sper. **10**, 4 (1935); Z. Zellforschg. **23**,
24 (1935). — DOLL, E., H. KLEPZIG, H. REINDELL und G. MEHNERT: Das Brustwand-Elektrokardiogramm beim Kind. Z. Kreislaufforschg. **42**, H. 17/18, 641
(1953). — FRICK, P.: Die Sonderstellung der kindlichen Kreislauferkrankungen.
Nauh. Fortb.Lehrg. **12**, 138 (Dresden u. Leipzig 1937). — FRISCHKNECHT, W.:
Praxis **1956**, 34; Elektrokardiogramm-Veränderungen im Kindesalter ohne
Myokarderkrankung. Helv. paed. acta **6**, 443 (1951). — GOLDENBERG: Virchows
Arch. **103**, 88 (1896). — GOTTSTEIN, W. K.: Angeborene und rheumatische Herzkrankheiten im Kindesalter. Berlin. Med. Ges. **18**, VII (1951). — GRASER, F.:
Das Schlag- und Minutenvolumen des Herzens im frühen Kindesalter. Klin. Wschr.
31, H. 33/34, 816 (1953). — GROSS, W.: The blood supply to the heart (New York
1926). — HELLBRÜGGE, TH. und Mitarbeiter: Über die Entwicklung von tagesperiodischen Veränderungen der Pulsfrequenz im Kindesalter. Z. Kinderheilk. **78**,
703 (1956). — HOCKERTS, TH.: Untersuchungen zur Dynamik des gesunden kindlichen Herzens. Z. Kinderheilk. **69**, 431 (1951). — HOFMEIER, K.: Beurteilung und
Behandlung von Herz- und Kreislaufstörungen beim Kind. Medizinische **1952**,
H. 8/9, 1; Die Umweltsbedingungen des Kindes als Grundlage der späteren Leistungsfähigkeit. Medizinische **26**, 901 (1954). — HOCHREIN, M.: Das Herz im
Schulkindalter. Med. Welt **46**, 1597 (1937). — KÖTTGEN, U.: Beziehungen zwischen
Kreislauferkrankungen und Ernährung im Kindesalter. Med. Klin. **52**, H. 18, 765
(1957). — LEPESCHKIN, E.: Das Elektrokardiogramm, 2. Aufl. (Dresden u. Leipzig
1947). — LESOF, M. und W. BRIDGEN: Der diagnostische Wert der Herzgeräusche
im Kindesalter. Lancet **1957**/2, 673. — LINZBACH: Die Faserkonstanz des menschlichen Herzens und das kritische Herzgewicht. Verh. Dtsch. Ges. Pathol. **32**.
Tagung. — KIRCH: zit. nach BERNUTH: Erg. inn. Med. **39**, 69 (1931). —
KIRCHHOFF, H. W. und W. BURMEISTER: Untersuchungen über das AV-Intervall
im kindlichen Elektrokardiogramm. Z. Kreislaufforschg. **41**, H. 21/22, 812 (1952). —
MANNHEIMER, E., L. E. CARLGREN und W. GRAF: J. Pediatr. **1946**, 329. — MICHEL,
D.: Die quantitative Analyse der Ruhe-, Belastungs- und Stehelektrokardiogramme im Kindesalter. I. Mitt.: Die PQ-, QRS- und QT-Zeiten der Ruheelektrokardiogramme bei Herzgesunden. Z. Altersforschg. **6**, H. 1, 37 (1952); II. Mitt.:
Die PQ-, QRS- und QT-Zeiten der Ruheelektrokardiogramme bei Herz- und
Infektionskrankheiten und nach Infektionskrankheiten. Z. Altersforschg. **6**, H. 3,
234 (1952); III. Mitt.: Die exakte Analyse der Endschwankungen im Steh-Elektrokardiogramm. Z. Altersforschg. **7**, H. 1, 29 (1953); IV. Mitt.: Das Ventrikelgradient
in den Ruhe-Elektrokardiogrammen bei Herzgesunden. Z. Altersforschg. **7**, H. 2,
116 (1953). — NORDENFELT, O.: Studien über respiratorische Arrhythmie, besonders des Kindesalters. Arch. Kreislaufforschg. **13**, 97 (1944). — QUINN und KINCAID:
Amer. J. Med. Sci. **223**, 487 (1952). — SCHOENEMANN, H.: Zur Beurteilung des
Herzens bei Kindern und Jugendlichen. Med. Klin. **42**, H. 3/4, 1 (1947). — SEPPÄNEN, A.: Heart symptoms in adolescent girls. Acta med. Scand. **138**, Suppl. 239,
259 (1950).

7.2. Herz und Kreislauf in der Pubertät

Es mag merkwürdig erscheinen, daß nach einer relativ ausführlichen Besprechung des kindlichen Herzens dem zeitlich so begrenzten Abschnitt der
Pubertät eine besondere Betrachtung gewidmet wird. Es ist dies aber um so
wichtiger, als ähnlich, wie bei dem im folgenden Abschnitt behandelten Klimakterium, dieser Zeitspanne besondere Eigentümlichkeiten des Kreislaufverhaltens
zugeschrieben werden müssen. Die Beurteilung wird außerdem dadurch erschwert, als diese Jahre dem Pädiater fast nicht mehr, dem kardiologisch eingestellten Internisten aber noch nicht zugehörig sind, zum mindesten aber in

dieser Phase ein Wechsel vom Kinderarzt zum Allgemeinpraktiker nahezu die Regel ist.

Es sind daher zur Erleichterung des Verständnisses einige Ausführungen notwendig.

Die Zeit zwischen Kindheit und Erwachsenenzeitalter wird als Pubertätszeit bezeichnet. Die Reife, die sich bei Mädchen im Auftreten der ersten Menstruation, bei Knaben durch Samenergüsse bemerkbar macht, erfolgt aber nicht schlagartig, sondern ganz allmählich und dauert zwei bis sechs Jahre (HAMBURGER). Bei Mädchen beginnen die ersten puberalen Körperveränderungen (Hüftverbreiterung und Knospenbrust) mit etwa $10^1/_2$ Jahren, beim Knaben (eben beginnende Vergrößerung von Hoden und Penis) mit etwa 12 Jahren (BROCK).

Nach STUTTE besteht so die erste puberale Phase oder Vorpubertät:

beim Mädchen von $10^1/_2$ bis $13^1/_2$ Jahren,
beim Knaben von 12 bis 15 Jahren;

die zweite puberale Phase oder Pubertät:

beim Mädchen von $13^1/_2$ bis 16 Jahren,
beim Knaben von 15 bis 17 Jahren.

Die Pubertätsentwicklung vollzieht sich unter dem Einfluß der Hypophyse, der Thyreoidea und der Keimdrüsen. Durch verschieden starke passagere hormonale Einwirkungen in den verschiedenen Altersstufen kommt es zu Eigenheiten bzw. Disharmonien der Körperform, der geschlechtlichen Entwicklung, der Psyche, kurz des gesamten Organismus. So ist eines der auffälligsten äußeren Zeichen der beginnenden Pubertät die Steigerung des Längenwachstums, die sog. Pubertätsstreckung, wobei es zuerst, durch Überwiegen der Hypophysentätigkeit, zu gesteigertem Extremitätenwachstum und erst später zu Rumpfwachstum kommt (BOLT). Nach Eintritt der Geschlechtsreife läßt dann der Wachstumsimpuls nach. Einen ähnlichen Verlauf wie das Längenwachstum zeigen das Gewichtswachstum und der Grundumsatz, der in der Zeit der Präpubertät und Pubertät sehr hoch ist, um dann (nach SCHADOW) rasch oder, wie GÖTTCHE beobachten konnte, langsam zum späteren Normalwert der Erwachsenen abzufallen.

Auch für die einzelnen Organe und insbesondere für das Herz und Gefäßsystem bedeutet die Pubertätszeit eine entscheidende Entwicklungsphase.

Wenn auch bisher die beim Eintritt in die Geschlechtsreife auftretenden hormonalen Umstellungen in ihren Einwirkungen auf den Kreislauf noch relativ wenig erforscht sind, so ist doch der Begriff des „Pubertätsherzens" seit langem in der Literatur bekannt (HOCHREIN, LOMMEL u. v. a.).

Wie auch anderen Altersstufen, so sind dem Pubertätsalter Krankheitsbereitschaften und damit Gefährdungen und Erkrankungshäufungen wesenhaft zugeordnet.

Nach HAASE ist die Reifezeit charakterisiert durch eine überaus steile Wachstumskurve und durch ein außerordentlich lebhaftes, oft geradezu sprunghaftes Entwicklungstempo. Abgesehen vom ersten Lebensjahr, haben wir keinen so kurzfristigen Wachstumsanstieg des Gesamtorganismus wie in der Pubertät. Der Reifungsvorgang ist ein Geschehen, das den ganzen Organismus umfaßt und ihn in seinen leiblichen und seelischen Funktionen zur endgültigen Ausprägung seiner individuellen Persönlichkeitsstruktur führt. Es kommt zu einer Revolution im gesamten endokrinen System, und die hormonale Umstimmung macht sich auch in charakteristischen Wachstumsveränderungen aller Organsysteme geltend. Hinsichtlich des Längenwachstums erfolgt im 11. und 12. Jahre ein Impuls zu beschleunigtem Wachstum. Das Breiten- und Tiefenwachstum setzt später und langsamer ein. Aus diesen Verhältnissen ergibt sich eine bemerkenswerte Disharmonie.

Das Wachstum der inneren Organe pflegt dem der Knochen lange Zeit nicht Schritt zu halten. Zu Beginn der Pubertät besteht das ungünstigste Verhältnis zwischen Herz- und Körpergewicht. Die Größenzunahme des Herzens geht etwa bis zum 15. Lebensjahr noch langsam vor sich. Dann erfährt das Herz eine überaus rasche Volumenzunahme.

In engstem Zusammenhang mit den Pubertätsvorgängen treten nun mannigfache Beschwerden von seiten des Zirkulationsapparates auf, die zu der Erörterung Anlaß geben, ob es sich um unbedeutende psychonervöse Begleiterscheinungen der Entwicklungsperiode oder um echte Erkrankungen von Herz und Gefäßen handelt.

Über das „Cor adolescentium", das „juvenile" oder „Pubertätsherz", sind die verschiedensten Theorien aufgestellt worden. Zunächst wurde diese kardiale Entwicklungsstufe dahingehend charakterisiert, daß es sich infolge ungleicher Wachstumsvorgänge an Herz und Gefäßen um eine Angustie der Aorta und eine Hypoplasie der Art. pulmonalis handele, welche zu einer physiologischen Pulmonalstenose führe und für das akzidentelle Pulmonalgeräusch verantwortlich sei. Eine derartige Auffassung dürfte das Wesen der Anomalie jedoch nicht ausreichend kennzeichnen. Jede Stenose führt zu rückläufiger Stauung und ganz gesetzmäßig zu muskulärer Hypertrophie vor dem Hindernis. Davon ist aber beim Pubertätsherzen nichts feststellbar. Das Herz wird im Gegenteil bei Hypoplasie der großen Gefäße ebenso oft zu klein als zu groß gefunden (RÖSSLE).

Es handelt sich nun vielmehr um ein klinisches Syndrom, das einhergeht mit erregter Herztätigkeit, hebendem, oft verbreitert fühlbarem Spitzenstoß und häufig einem systolischen Mitralgeräusch. KREHL bezeichnet diesen Befund als Wachstumshypertrophie, und auch KRAUS, SÉE u. a. halten ein plötzliches Wachstum des vor der Pubertät im Wachstum zurückgebliebenen Herzens für annehmbar. Die Frage der Wachstumshypertrophie ist bisher noch nicht ganz geklärt. BOHNENKAMP faßt sie als Folge einer vermehrten Spannung der Herzmuskelfasern auf, die sowohl durch Vaguserregung, die erhöhte Füllung der Herzkammern als auch im besonderen durch Sympathikusreiz ausgelöst wird. Beide Vorgänge werden durch die hochgradige vegetative Labilität, durch die das Pubertätsalter gekennzeichnet ist, begünstigt (LOMMEL). Nach BENNECKE besteht weiterhin in der Pubertät eine Inkongruenz zwischen dem Wachstum des Herzens und dem der Aorta. Die Aorta soll in dieser Zeit wesentlich langsamer wachsen, so daß sich Unregelmäßigkeiten durch die Volumendifferenzen ergeben. ROMBERG vertrat noch die Anschauung, daß in der Pubertät eine Sklerose der Gefäße einschließlich der Aorta einsetze, die die kardiovaskulären Störungen bedinge. Andere Autoren führen die genannten Symptome auf eine Wachstumsdissoziation zwischen Herz und Thorax zurück. Die Zeit des Längenwachstums macht das Individuum vorwiegend zum „Astheniker". In dieser Phase wird häufig ein „Tropfenherz" (s. Abb. 245) diagnostiziert, und die so leicht erklärbare Unausgeglichenheit von Herz- und Kreislauffunktion wird für das Symptom einer Herzschwäche gehalten. Mit der weiteren Entwicklung der Geschlechtsdrüsen geht dann der Einfluß von Schilddrüse und Hypophyse, welche vor allem für das Längenwachstum verantwortlich sind, zurück. Die epiphysären Knorpelwucherungen kommen zur Ruhe und verknöchern. Es folgt das Wachstum in die Breite, besonders deutlich erkennbar an der raschen Zunahme des Thoraxumfanges, der Zunahme der Thoraxtiefe und dem Ausgleich des vorher bestehenden Zwerchfelltiefstandes. Dabei wird der venöse Zustrom zum Herzen begünstigt, und demzufolge nimmt auch die Weite der großen Gefäße zu. Das Herz wird dabei ebenfalls weiter und muskulärer. In dieser Phase kann das Herz durch Tonusverschiebung des vegetativen Nervensystems in Richtung auf einen gesteigerten Vagustonus relativ schlaff und verbreitert erscheinen. Auch dies ist ein natürlicher Vorgang und entspricht ähnlichen Vorgängen in der Extremitätenmuskulatur, welche für den „schlaksigen Gang" in diesem Alter verantwortlich gemacht werden (SCHOENEMANN). Unter normalen Bedingungen haben schließlich gegen Ende des zweiten Dezenniums Herz und Gefäße ihre normale Größe erreicht, die Relationen zu Thorax und Gesamtorganismus sind auf ein Optimum eingestellt und die „Kompositionsharmonie" ist wieder hergestellt (KRAUS) (Abb. 44).

Neben diesen Überlegungen muß man sich vergegenwärtigen, daß das kindliche Herz vor allem unter dem Einfluß eines gesteigerten Vagustonus steht. Die kindliche respiratorische Arrhythmie ist eines der eindrucksvollsten Symptome, und vielfach ist dieser Zustand mit einer stärkeren Labilität der Vasomotoren verbunden, ein Phänomen, das u. a. auch das sogenannte „Masturbantenherz" kennzeichnet, das an sich aber keiner besonderen Abgrenzung bedarf. Diese Labilität ist auch die Ursache für die Wachstumsblässe während der Pubertät, die bis auf einige wenige, leicht zu erkennende Ausnahmen nicht als Ausdruck eines Mißverhältnisses zwischen Herz und Gesamtorganismus gedeutet werden darf, sondern von uns als Symptom abnormer Blutverteilung, welche durch die Regulationsstörung des peripheren Kreislaufes bedingt ist, angesehen wird.

Es ist nicht erstaunlich, daß sich diese vielfältigen Umstellungen auch an der pubertätsbedingten Modifikation einzelner Befunde erkennen lassen.

Das Herzgewicht verdoppelt sich beinahe während der Pubertät. Nach FALK beträgt das absolute Gewicht des Gesamtherzens mit 7 bis 8 Jahren 90 g beim Mädchen, 97,3 g beim Knaben, mit 15 bis 16 Jahren 190,0 g beim Mädchen bzw. 193,0 g beim Knaben.

Die einzelnen Herzabschnitte werden von dieser Entwicklung jedoch durchaus nicht gleichmäßig betroffen. Entsprechend den geänderten Anforderungen an das Herz zwischen Neugeborenenzeit und Erwachsenenalter verändert sich der Anteil der beiden Herzhälften zueinander sowie das Verhältnis der Vorhöfe zu den Ventrikeln. So nimmt (nach KOETTGEN und BOLT) die Wandstärke des rechten Ventrikels bis zum 14. Lebensjahr um nur etwa 0,1 cm, die des linken dagegen um 1 cm zu. Die Arterien nehmen in ihrer Länge, Dicke und absoluten Weite während des kindlichen Wachstums ständig zu, wobei es aber während der Pubertät zu einer deutlichen Wachstumsverlangsamung kommt (KANI, BENEKI). Die relative Arterienweite dagegen, bezogen auf die Körperlänge, zeigt eine umgekehrte Entwicklung, so daß also insgesamt, d. h. vom Kindesalter bis zur völligen Entwicklung, das Herz um das 10- bis 12fache zunimmt, während der Umfang der Hauptschlagader nur um das 3fache wächst (KÜLBS).

Das venöse System zeigt nach DRAGENDORFF besonders zur Reifezeit ein beträchtliches Wachstum.

Alle diese Umstellungen beeinflussen natürlich die Kreislaufgrößen bzw. die Kreislauftätigkeit.

KOETTGEN, KIRCHHOFF und EICHLER, GRASER, HOCKERTS und BOLT untersuchten Kinder im Pubertätsalter und kamen zu folgenden Ergebnissen: Das Herzschlagvolumen und das Herzminutenvolumen zeigen während der Hauptwachstumsperiode einen deutlichen Anstieg.

Gegenüber 2,2 l im 7. Lebensjahr steigt das Herzminutenvolumen auf 3,65 l im 17. Jahr. Verglichen mit der Zunahme des Grundumsatzes in diesem Alter ergibt sich zwischen Grundumsatz und Herzminutenvolumen eine lineare Beziehung.

Der gesteigerte O_2-Bedarf wird also, wie WEZLER und LINDHARD zeigen konnten, durch eine adäquate Steigerung des Herzminutenvolumens gedeckt.

Der arterielle Blutdruck schwankt zwischen 100/70 bis 120/80 mm Hg und zeigt so Werte, die bereits den Werten Erwachsener entsprechen, wobei die Blutdruckamplitude allerdings häufig vergrößert ist. Nach WEZLER ist diese Zunahme der Amplitude durch eine Herz-Schlagvolumen-Erhöhung bei hohem Vagustonus bedingt.

KIRCHHOFF und EICHLER konnten, besonders in der Präpubertät und Pubertät, auch Hochdruckformen feststellen. Es handelt sich dabei aber immer um vorübergehende Erscheinungen. Auch die Blutdruckerhöhungen nach Infektionskrankheiten wie Diphtherie, Scharlach, Poliomyelitis, die als vegetativ bedingt angesehen werden, sind zeitlich begrenzt. Nach kürzeren oder längeren Zeitabschnitten normalisieren sich die Werte wieder. Häufig geht der Bluthochdruck der Rekonvaleszenz in eine Hypotonie über (KIRCHHOFF).

Beim isolierten Hochwuchs, bei Unterernährten und bei der Pubertätsmagersucht findet man meist Ruhehypotonien. KIRCHHOFF bezeichnet diese Kreislaufeinstellung als „Sparregulation":

„Bei herabgesetztem Blutdruckmittelwert und relativ hohem diastolischem Blutdruckwert bildet sich eine kleine Blutdruckamplitude. Es besteht meist Bradykardie. Die Werte für den peripheren Gefäßwiderstand sind deutlich erhöht, die Auswurfvolumina stark vermindert. Pulswellengeschwindigkeit und elastischer Gefäßwiderstand liegen im Bereich der Norm." Allerdings kann sich der Kreislauf unter diesen Bedingungen größeren Belastungen nicht mehr anpassen. Es kommt zur Kreislaufinsuffizienz bzw. zum Kreislaufversagen. Ebenso wie beim Erwachsenen kann es sich dabei hämodynamisch um einen Entspannungskollaps oder Spannungskollaps handeln.

Die Herzfrequenz sinkt und entspricht mit etwa 80 Schlägen pro Minute gegenüber 134 Schlägen pro Minute beim Neugeborenen ebenfalls den Werten im Erwachsenenalter. Der Elastizitätskoeffizient des arteriellen Windkessels und der periphere Gesamtwiderstand sinken ebenfalls und weisen Werte auf, die deutlich unter den im Erwachsenenalter gefundenen liegen. Die Pulswellengeschwindigkeit steigt dagegen in der Entwicklungszeit geringgradig an. Sie bleibt aber mit Werten von 420 bis 460 cm/sec unter denjenigen der Erwachsenen. Die Druckarbeit des linken Ventrikels je Herzschlag und die Herzleistung der linken Kammer nehmen zu und erreichen Werte, die denen des Erwachsenen entsprechen.

Es ergibt sich also aus diesen Tatsachen, daß der kindliche Organismus zur Zeit der Pubertät eine der tiefgreifendsten Veränderungen in all seinen Funktionen durchmacht, die ihn auf ein neues nervös-vegetatives, hormonal-humorales Gleichgewicht stellt. Vorübergehende Disharmonien im Zusammenspiel der Organsysteme sind deshalb etwas überaus Häufiges, und gerade das Herz, als das tätigste Organ, wird oft zum Resonanzboden der Entwicklungsstörungen. In den meisten Fällen wird sich jedoch die Harmonie des Gesamtorganismus nach abgeschlossener Reifungsperiode wieder herstellen.

Literatur zu Kapitel II, Abschnitt D, 7.2
GRASER, F.: Das Schlag- und Minutenvolumen des Herzens im frühen Kindesalter. Klin. Wschr. 31, H. 33/34, 816 (1953). — HAASE: Z. klin. Med. 137, 203 (1939). — HAMBURGER, F. und R. PRIESEL: Lehrbuch der Kinderheilkunde (Wien 1948). — HOCKERTS, TH.: Untersuchungen zur Dynamik des gesunden kindlichen Herzens. Z. Kinderheilk. 69, 431 (1951). — MENTZEL, R.: Das Herz in der Pubertät. Med. Klin. 52, H. 31, 13335 (1957). — SCHADOW, H.: Mschr. Kinderheilk. 34, 145 (1927).

7.3. Herz-Kreislauf und Klimakterium

Die Zeit des Erlöschens der periodischen Sexualvorgänge des weiblichen Organismus bringt eine so bedeutsame Umstellung der körperlichen und geistigen Funktionen mit sich, daß man mit Recht von den „kritischen Jahren" sprechen kann. Das Klimakterium ist, wie die Pubertät, eine Umbildung zu einer anderen Lebensepoche, und jede Frau erlebt diese Lebensphase genau so wie die Menarche in einer durch ihre physische und psychische Konstitution bedingten eigenen Form. Während die eine Frau diese Rückbildungszeit ohne nennenswerte Beschwerden durchmacht, gestaltet sich dieser Übergang für andere zu einer Zeit größter seelischer und körperlicher Not (BUSCH).

Besonders charakterisiert ist dieser Zeitpunkt durch die oft tiefgreifenden Veränderungen auf psychischem Gebiet. Innere Unruhe, leichte Erregbarkeit, starke Stimmungslabilität, Depressionen, hysterische Reaktionen geben diesen Jahren ihr besonderes psychisches Gepräge.

Im Leben der Frau tritt etwa im 5. Lebensjahrzehnt eine solche Umstellung physiologischerweise auf. Früher sah man im Versiegen der Follikelhormonbildung das wesentliche Moment für das Klimakterium. Dadurch kommt es gegenregulatorisch zu einer vermehrten Ausschüttung des follikelstimulierenden Hormons des Hypophysenvorderlappens und nicht selten gleichzeitig zu einer verstärkten Anregung der Schilddrüse und Nebennierenrinde, mit anderen Worten zu einem Überaktivitätszustand der Hypophyse mit vermehrter Bildung von kortikothyreotropen Hormonen durch Fortfall der Keimdrüseninkrete (FEICHTIGER). Trotz dieser prinzipiellen Erkenntnisse blieb die Diskussion um die Genese klimakterischer Beschwerden immer lebendig, da die Mannigfaltigkeit und die unterschiedliche Intensität der Störungen zu immer neuen Überlegungen anregt.

Darüber hinaus ist dieser Rückbildungsvorgang nach dem übereinstimmenden Urteil der Klinik gekennzeichnet durch Störungen des vegetativen Systems, die besonders im Bereich des Zirkulationsapparates manifest werden können. Klagen über Hitzewallungen, Schweißausbrüche, Beklemmung und Kurzatmigkeit, Herzklopfen usw. sind überaus häufig.

In dem Maß, in dem die wichtige Rolle des Zwischenhirns für alle vegetativen Prozesse erkannt wurde, fand auch die enge Beziehung der Hypophyse zum Dienzephalon Berücksichtigung. Eine sogenannte Zwischenhirndiagnostik in Form von Belastungstests als Insulin-, Adrenalin-, doppelte Traubenzuckerbelastung (STAUB-TRAUGOTT), Hypophysinwasserversuch oder Grundumsatzbestimmung nach Eiweißgaben, wie sie z. B. MICHELS durchführte, deckte bei allen den Frauen, die stark unter klimakterischen Störungen zu leiden hatten, vegetative Dysfunktionen auf. So hat WAGNER das beschwerdereiche Klimakterium als eine dienzephale Regulationsstörung bezeichnet.

Zu ähnlicher Auffassung führten auch die Beobachtungen von BICKENBACH, daß viele klimakterische Symptome Ähnlichkeiten zu SCHELLONGS Zwischenhirn-Dysfunktionssyndrom haben, und daß hormonal ausgelöste Gegenregulationen teilweise auch über das Zwischenhirn wirksam werden. So wird das Ungeordnete und Unregelmäßige der Symptome als Folge einer neurohormonalen Koordinationsstörung verständlich, wobei jeder Einzelfall seine nur ihm eigene Besonderheiten aufweist.

Trotzdem meint man, bestimmten Konstitutionen eine besondere prinzipielle Verhaltensweise zuordnen zu können. So soll die asthenisch leptosome Frau eine psychisch und vegetativ gesteigerte Reaktionsbereitschaft, etwa im Sinne von STURMS Reiztyp, zeigen, während die Pyknikerin mehr zur vegetativen Starre (STURM) und zu verminderter Reaktionsbereitschaft neige. Bei der Asthenikerin soll damit eine hyperthyreotische Verlaufsform mit Gewichtsabnahme, schweren vasomotorischen Erscheinungen und Affektlabilität überwiegen, im Gegensatz zur Pyknika, die an Gewicht zunimmt, psychisch ausgeglichener, zeitweise depressiv erscheint, und nur unter leichten vasomotorischen Störungen leidet.

So scheint jede Frau die Form des Klimakteriums zu erleben, die ihrer Konstitution entspricht. Mit Recht weist aber MIKULICZ darauf hin, daß sich im Laufe des

Lebens und vor allem unter den Geburten Konstitutionstypen ändern und eine Prognose über die zu erwartenden Beschwerden aus dem momentanen konstitutionellen Erscheinungsbild nur mit Vorsicht zu stellen ist.

Wenden wir uns nun den klimakterischen Besonderheiten am Herzen zu, dann sind die dabei auftretenden Herzstörungen nicht als Zeichen einer primären Herzschädigung aufzufassen. Es handelt sich um eine neurozirkulatorische Dystonie, die sich in „Fliegender Hitze" und anderen Zeichen vasomotorischer Übererregbarkeit wie Herzklopfen, Stenokardie, tachykardischen Anfällen und dergleichen äußert (KAISER u. v. a.). Es gibt aber auch eine Herz-Kreislaufschwäche rein endokrinen Ursprungs, welche mit Dyspnoe, Beinödemen usw. einhergeht und allein durch Hormonmedikation behoben werden kann (s. HOCHREIN: Herzkrankheiten Bd. I, 2. Auflage). Ähnlich wie das für das Pubertätsherz beschrieben wurde, resultiert auch zur Zeit des Klimakteriums eine Phase vorübergehender Anpassungsminderung, auf welche ein hoher Prozentsatz akuter Todesfälle zwischen dem 50. und 60. Lebensjahr zu beziehen ist. Diese Tatsache erklärt auch die immer wieder zu machende Beobachtung, daß kompensierte Herzfehler, besonders z. B. das Cor kyphoscolioticum, zu diesem Zeitpunkt oft weitgehend therapieresistent dekompensieren.

Wenn nun das normale Klimakterium derartige Störungen nach sich zieht, wieviel mehr wird man mit ihrem Auftreten auch bei Klimakterium praecox der verschiedensten Genese rechnen müssen.

Im gleichen Zusammenhang taucht auch immer erneut das Syndrom des Myom-Herzens auf, das jedoch eine sehr unterschiedliche Beurteilung erfährt.

Der Begriff wurde ursprünglich von HOFMEIER geprägt, im allgemeinen aber durch die Untersuchungen von MCGLYNN, FETTET und SCHNABEL, JASCHKE u. a. widerlegt, welche nachweisen konnten, daß Herzbeschwerden bei Myomträgerinnen nicht häufiger sind als bei gleichaltrigen Frauen ohne Myom, und daß weder durch hormonale noch humorale Einflüsse eine Myom-Herzschädigung noch ein Myomhochdruck, der gar nicht mit besonderer Häufigkeit vorkommt, da der Blutdruck bei Myomträgerinnen in 77% der Fälle normal ist (JASCHKE), erklärt werden könne.

Neuerdings haben sich LANGE und BICKENBACH wieder dieses Problems angenommen. Sie erklärten diesen Begriff durch die Beobachtung, daß Myomträgerinnen besonders häufig vergrößerte Herzen haben, und suchen die Tatsache von Erweiterung bzw. Wandverdickung des Herzens in folgenden Ursachen:

a) der Myom-Anämie, welche Grade bis zu 40–20% annehmen kann. Dieser Faktor ist pathogenetisch einleuchtend. Es dürften so ausgesprochene Anämiegrade jedoch relativ selten sein, und deshalb ist diese Annahme nicht unwidersprochen geblieben.

b) Der häufigen Vergesellschaftung mit einem klimakterischen Hochdruck, eine Feststellung, welche nach den Beobachtungen von JASCHKE nicht zu Recht besteht.

c) Der Abklemmung eines Ureters durch das Myom und die Erzeugung einer einseitigen Hydronephrose sowie einer nephrogenen Blutdrucksteigerung nach GOLDBLATT.

Auch wir möchten diese Hypothesen um das Myomherz eher anzweifeln als bejahen. Eine *Kasuistik*, wie sie sicher keine Seltenheit darstellt, mag diese Einstellung unterstreichen:

A. R. 55 Jahre. Pat. merkt seit einiger Zeit, daß sie ein Herz hat. Sie klagt über Herzklopfen und zeitweise leichtes Druckgefühl, sowie Atemnot beim Treppensteigen. Die Periode besteht noch, ist regelmäßig und sehr stark. Mit ihr gleichzeitig kommt es zu kurzdauernden Depressionen, innerer Unruhe und Angstgefühl. Pat. hat jahrelang wegen „Nervosität" in Behandlung gestanden. Bei der Untersuchung fand sich ein Riesenmyom, das fast an den unteren Rippenbogen reichte und ein Hämoglobin von 42%. Der Blutdruck liegt mit 135/95 mm Hg völlig im Bereich der Norm. Das Röntgenbild des Thorax ergibt ein ausgezeichnet tonisiertes Herz, dessen kräftige und lebhafte Pulsationen, keinen Verdacht auf eine erheblichere Schädigung des Herzens erwecken können, und auch das Ekg ist weitgehend normal. Es handelt sich also um ein Syndrom bei Anämie, wobei die Ätiologie dieser Blutarmut unwesentlich erscheint, so daß der Begriff des „Myom-Herzens" seines wesentlichen Inhaltes entbehrt.

Viele Frauen klagen über Hitzewallungen, Schweißausbruch oder Schwindelerscheinungen, die als Folge von krisenhaften Blutdrucksteigerungen auftreten. Diese vasomotorischen Unausgeglichenheiten können sich an allen Organen abspielen, wobei ernste Schäden wohl vor allem durch die Flüchtigkeit der Blutdruckkrisen vermieden werden. Bei starken Beschwerden kann es zu mittleren stündlichen Blutdruckschwankungen von 5–12 mm Hg kommen (WAGNER), während bei gleichaltrigen Frauen ohne größere Beschwerden nur Schwankungen zwischen 2,5–5 mm Hg gemessen wurden. Eine Blutdruckunruhe mit anfallsweise großen Blutdruckamplituden kann sich zu einer allgemeinen Erhöhung des Blutdruckniveaus, zum klimakterischen Hochdruck, ausweiten.

Diese Form der Blutdrucksteigerung ist seit langem bekannt und wird von MUNK als eine, nach Art ihrer Entstehung, ihrer Symptome und ihres Verlaufes klassische Form des arteriellen Hochdruckes bezeichnet. Dabei ist für das klimakterische Blutdruckverhalten nicht die konstante Erhöhung des systolischen Druckes (MOSBACHER und MAYER, SEHFELD) charakteristisch, sondern vielmehr eine ausgeprägte Blutdrucklabilität (KISCH, KÜLBS, SZANTO u. a.). WIESEL spricht vom Klimakterium als von der Zeit der Heterotonien.

Deutlich hervortretend ist die klimakterische Blutdruckerhöhung in einer Statistik von GRIESBACH über die normalen Blutdruckwerte in den verschiedenen Lebensaltern. Im 40., 50. und 60. Lebensjahr zeigen Männer Durchschnittswerte von 132, 142 und 148 mm Hg, Frauen dagegen von 133, 152 und 139 mm Hg.

Schon von BASCH ist die Neigung zur „physiologischen Angiosklerose" im Klimakterium beschrieben worden und HUCHARD nahm an, daß die klimakterischen Blutdruckschwankungen den Anfang des hypertonischen Dauerzustandes bilden.

Als beweisend für die Zusammenhänge zwischen Blutdrucklabilität und Geschlechtsfunktion hat man angesehen, daß sich im Klimakterium praecox durch Operation, Bestrahlung u. a. die Zirkulationsstörungen entsprechend früher einstellen und nicht selten durch Medikation von Keimdrüsenpräparaten gut zu beeinflussen sind (PELNER, F. MEYER u. a.).

Für das Zustandekommen der klimakterischen Blutdrucksteigerung hat besonders SCHICKELE auf die Bedeutung des Ausfalles der Ovarialtätigkeit hingewiesen, eine Auffassung, die auch von KYLIN und O. MÜLLER übernommen worden ist.

SCHICKELE glaubte, daß der Ausfall eines depressorisch wirkenden Ovarialhormons zu einem Übergewicht antagonistisch wirkender anderer innersekretorischer Stoffe führe und auf diese Weise die Blutdrucksteigerung bei Ausfall der Ovarialfunktion zustande käme.

Die Frage nach dem eigentlichen Wirkungsfaktor des klimakterischen Hochdrucks ist auch heute noch nicht endgültig geklärt.

WALLIS untersuchte den Einfluß des Follikulins auf den Blutdruck und beobachtete keine eindeutig blutdrucksenkende Wirkung desselben. Wenn also den Hormonen eine regulatorische Wirkung auf den Blutdruck zugeschrieben wird, so kann dies für die Keimdrüsen allein noch nicht als gerechtfertigt gelten.

PAL, ALVAREZ u. a. sind der Ansicht, daß der Wegfall des Ovarialhormons nur eine ererbte Neigung zur Blutdrucksteigerung manifest mache.

BARATH konnte durch den Psychoreaktionsversuch darlegen, welch dominierende Rolle die gesteigerte Psycholabilität im Klimakterium für den Ausfall der Kreislaufreaktionen spielt. Den Schlüssel zum Verständnis der beim Ovarialausfall so oft eintretenden Hypertension glaubt WESTPHAL in der hierdurch bedingten Änderung des Cholesterinstoffwechsels zu sehen. Die Vermehrung des Blutcholesterins nach Kastration, die WESTPHAL nachweisen konnte, ist bereits seit längerem bei Tier und Mensch bekannt (KAUFFMANN).

ALVAREZ und ZIMMERMANN betonen, daß bei Frauen, die schon frühzeitig eine Störung ihrer Geschlechtsfunktionen aufweisen (männliche Behaarung, geschlechtliche Anästhesie usw.) der Blutdruck höher liegt als bei geschlechtlich gesunden Frauen. Menstruationsstörungen, vorzeitige Menopause und Schwangerschaft sollen dagegen keinen nachweisbaren Einfluß ausüben.

Zu ähnlichen Befunden kam PIROLLI auf Grund experimenteller Untersuchungen. Er glaubt, daß der Organismus durch den Fortfall der Geschlechtsdrüsen für die blutdrucksteigernde Wirkung des Vasopressins ebenso wie für die des Adrenalins wahrscheinlich durch Erregung der Vasomotorenzentren im Gehirn und Bulbus sensibilisiert wird. Außerdem scheint auch eine periphere Sensibilisierung (Sympathikus, Arteriolen) nicht ganz ohne Bedeutung zu sein.

Von der Blutdrucksteigerung im Klimakterium sollen daher vorwiegend Frauen mit Hyperpituitarismus und Hypersurrenalismus betroffen werden, weil bei ihnen durch Fortfall des Eierstockhormons eine Störung des hormonalen Gleichgewichts eintritt und somit die mitigierende Wirkung der Keimdrüsen nicht zur Geltung kommt. EUFINGER und EICHBAUM fanden den Blutdruck prämenstruell meist gesteigert und menstruell gesenkt. Bei dem von uns untersuchten Material fanden wir 216 Patienten, d. h. 16,6% (+ — 0,68), bei denen mit überaus hoher Wahrscheinlichkeit die Blutdrucksteigerung auf klimakterische Einflüsse zurückzuführen war. Bei der klinischen Untersuchung von 562 Frauen im Klimakterium sahen wir dagegen einen Hochdruck in 38,4% (+ — 2,06) der Fälle.

Das Alter der Patienten lag zwischen etwa 35 und 55 Jahren. Der Blutdruck zeigt in etwa der Hälfte der Fälle sowohl für den systolischen als auch für den diastolischen Druck eine Steigerung über 190 bzw. 90 mm Hg.

Das Ekg ist im Gegensatz zu den anderen Hochdruckformen durch eine auffällige Neigung zum Linkstyp (etwa 50% der Fälle), gehäufte Sinustachykardie und leichte koronare Deformationen gekennzeichnet.

Wenn nun auch die Beziehungen zwischen Klimakterium und arteriellem Hochdruck ziemlich einleuchtend sein mögen, so wäre es jedoch verfehlt, wenn man den klimakterischen Hochdruck auf eine so einfache Formel bringen wollte, die es gestattet, durch einige Hormoninjektionen das ganze Syndrom zu beseitigen. In vielen, ja sogar in den meisten Fällen liegen die Verhältnisse wesentlich schwieriger.

So besonders, wenn – wie das sehr häufig der Fall ist – über das Sistieren der Geschlechtsfunktion hinaus auch andere inkretorische Organe mit in die Störung einbezogen werden.

Inwieweit bei derartigen Fällen neben den dienzephalen Regulationszentren und der Hypophyse oder der Schilddrüse auch die Nebenniere im Spiel ist, läßt sich nur schwer beurteilen.

Leichter faßbar sind hyperthyreotische Zustände, die wir auch in der Klinik immer wieder sehen und als „Spätbasedow" bezeichnen. Den Zusammenhang mit der jeweiligen Aktivität der Gonaden erweist die Vergrößerung der Thyreoidea in der Pubertät und in der Schwangerschaft. Tachykardien, große Blutdruckamplitude, innere Unruhe, feinschlägiger Tremor, Stenokardien, starke Hautfeuchtigkeit lassen schnell an eine Schilddrüsenüberfunktion denken. Die Herzsymptomatik in Form von stenokardischen Beschwerden kann dabei ganz im Vordergrund stehen, vor allem, wenn sich bereits stärkere arteriosklerotische Gefäßwandveränderungen gebildet haben. – Schilddrüsenunterfunktionen sind wesentlich seltener und meist die Endstadien einer vorherigen Überfunktion (BICKENBACH).

Die klimakterische Fettleibigkeit mit ihrer besonderen Ausprägung bei bereits vorliegender pyknischer Konstitution kann für Herz und Kreislauf eine ganz besondere Belastung werden, weil die Kreislaufregulation nicht mehr so anpassungsfähig und elastisch ist, wie in jüngeren Jahren.

Schließlich wird man auch die psychische Situation, die nicht ganz selten einer „Torschlußpanik" vergleichbar, einen vegetativ-erethischen Komplex zu erzeugen vermag, in der Hochdruckpathogenese nicht ganz vernachlässigen dürfen.

Diese Übersicht mag veranschaulichen, daß der klimakterische Hochdruck zwar pathogenetisch mit der Menopause in Zusammenhang gebracht werden darf, darüber hinaus aber eine so komplexe Funktionsstörung bildet, daß seine therapeutische Beeinflußbarkeit ein schwieriges internistisches Problem darstellt.

Während früher die „Wechseljahre" nur der Frau zugeschrieben wurden, darf es heute als bekannt gelten, daß auch dem Manne diese Krisenjahre nicht erspart bleiben (SCHENK, JORES, JANSON u. a.). Die Beschwerden sind im wesentlichen die gleichen, nur können sie wegen des spürbaren Mißverhältnisses zwischen Leistungsforderung und Leistungsvermögen häufiger Phasen der Depression erzeugen.

Objektiv gibt es zwar kein „Klimakterium virile"; denn die generative Funktion, die Spermiogenese, hört nicht in einem bestimmten Alter auf, das Hodengewicht verändert sich nicht, eine Atrophie der Geschlechtsdrüsen ist meist nicht nachweisbar. Trotzdem gibt es einen Zeitpunkt der biologischen Wende, ein sogenanntes Übergangsalter, das allerdings jeweils sehr verschieden liegt. Abnützungsvorgänge, kolloidchemische Zustandsänderungen im Bindegewebe oder arteriosklerotische Veränderungen (BELONOSCHKIN) werden für die neuro-vegetativen Störungen verantwortlich gemacht. Die kennzeichnenden Symptome wie Nervosität, Ermüdung, Gedächtnisminderung, Schwindel, Herzstechen, Herzklopfen oder Kurzatmigkeit sind eher auf nervöse Einflüsse oder auf psychoneurotische Momente als auf hormonelle Veränderungen zurückzuführen (GOLDZIEHER). Die Abnahme von Libido und Potenz stellt sich meist erst später ein.

WESTPHAL macht auch für diese Fälle die gleichzeitige Hypercholesterinanämie verantwortlich, die bei Störungen der inneren Sekretion der männlichen Keimdrüsen nicht selten ist (MUNK).

Interessant sind weiterhin die Beobachtungen von KYLIN, der nach Injektionen eines selbstbereiteten alkoholischen und enteiweißten Hodenextraktes eine deutliche blutdrucksenkende Wirkung beobachtet hat. Andererseits muß es auffallen, daß Hypertoniker zwischen dem 40. und 50. Lebensjahr nicht selten über Impotenz bzw. Potenzschwäche klagen.

Auf Grund dieser Ausführungen muß festgehalten werden, daß der klimakterische Hochdruck, der eine Sonderform des arteriellen Hochdruckes darstellt, in seiner Genese noch nicht als eindeutig geklärt angesehen werden kann. Es handelt sich bei der Menopause um einen derartig komplexen Vorgang und um so tiefgreifende Umstellungen auf nervösem und humoralem Gebiet, daß es schwer fallen muß, ein Begleitsymptom durch das Ausfallen oder Auftreten eines einzelnen Stoffes erklären zu wollen. Wenn wir uns allein vergegenwärtigen, welch enger, korrelativer Zusammenhang zwischen den einzelnen Organen des hormonalen Systems besteht und wie eingreifend der Ausfall eines Inkretes das hormonale Gesamtgefüge zu beeinflussen vermag, dann wird man von einer verallgemeinernden Deutung des klimakterischen Hochdruckes Abstand nehmen müssen.

Es ist weiterhin die Frage gestellt worden, ob die frühe Menopause einen Herzinfarkt begünstigt.

Nach amerikanischen Erfahrungen soll bei jungen Frauen, die einem akuten Myokardinfarkt erlegen sind, häufig verfrühte Menopause festgestellt worden sein. Offenbar rechnen die Untersucher mit einem hormonellen Faktor, der die noch regelmäßig menstruierende Frau vor dem Herzinfarkt schützt.

Diese Frage ist gar nicht unbegründet, bestehen doch hinsichtlich der Morbidität an Koronarerkrankungen deutliche geschlechtsspezifische Unterschiede. Die in der Literatur stets geäußerte Auffassung von der Bevorzugung des männlichen Geschlechtes (PARKINSON und BEDFORD, PEZZI, GALLAVARDIN und BACHMANN u. a.), konnte auch durch unsere Untersuchungen bestätigt werden. Statistische Erhebungen von BAKER und WILLIUS berichten, daß das Verhältnis von Männern und Frauen 7:1 beträgt. Abgesehen von dieser Feststellung ist im Hinblick auf die Fragestellung wichtig, daß dieser Geschlechtsunterschied nicht absolut bleibt, sondern eine deutliche Altersabhängigkeit erkennen läßt.

So konnten wir an Hand eines großen Materials zeigen, daß Koronarsklerose erheblichen Grades bei Frauen unter dem 40. Lebensjahr exquisit selten ist, und daß erst mit dem Klimakterium langsam die gleiche Häufigkeit erreicht wird, wie beim männlichen Geschlecht.

Nach der Statistik einer großen amerikanischen Lebensversicherungsgesellschaft kommen im Alter von 35—44 Jahren nur 3,5 Frauen auf 100000 Versicherte, die an einem Koronarleiden erkranken. GLENDY, LEVINE und WHITE fanden bei 100 Fällen von Koronarerkrankungen unter dem 40. Lebensjahr folgende Geschlechtsverteilung:

Alter	20–29	30–34	35–39 Jahre
Frauen	1	—	3
Männer	7	17	72

Nachdem jenseits des 55. Lebensjahres aber die Häufigkeit der Koronarerkrankungen steil ansteigt und innerhalb von wenigen Jahren gegenüber dem Vorkommen bei Männern keine Unterschiede mehr bestehen, muß in diesem zweifellos endokrinen Faktor zur Erhaltung der Integrität des Gefäßsystems ein biologischer Schutz für die Frau bis zum Abschluß ihrer generativen Phase vermutet werden.

Diese Befunde sind so evident, daß die Keimdrüsenpräparate seit langem Eingang in die Kreislauftherapie vorzugsweise obliterierender Erkrankungen gefunden haben.

Unter diesen zahlreichen Gesichtspunkten gewinnt das Klimakterium für die Herz-Kreislauffunktion speziell unter dem Gesichtswinkel der Vorsorge und Gesunderhaltung besonderes Gewicht.

Literatur zu Kapitel II, Abschnitt D, 7.3

ALVAREZ, C.: Blood pressure in university freshmen and office patients. Arch. inn. Med. **26**, 381 (1920); Arch. inn. Med. **32**, 17 (1923); Arch. cir. exper. **1932**, 564 — BASCH: Methode und Wert der Blutdruckmessung für die Praxis. Wien. med. Presse **1895**; Herzkrankheiten bei Atherosklerose (Berlin 1901). — BAUER, R.: Zur Pathologie und Therapie der klimakterischen Gefäßtonusveränderungen. Z. klin. Med. **128**, 6 (1935). — BUSCH, P.: Hypertension und Klimakterium. Dtsch. med. Wschr. **42**, 1680 (1935). — BELONOSCHKIN, B.: Männliches Klimakterium. Münch. med. Wschr. **1956**, 1468. — BICKENBACH, W. und W. HESS: Über das Klimakterium und die Behandlung klimakterischer Beschwerden. Dtsch. med. Wschr. **1949**, 876. — BÜRGER, M.: Zur Behandlung des „Klimakterium virile". Medizinische **1957**, 234. — CHIARA, A.: Moderne Gesichtspunkte zur Pathogenese und Therapie der klimakterischen Hypertension. Ann. Obstetr. **5** (1951). — EUFINGER und EICHBAUM: Das Verhalten des arteriellen Blutdruckes im menstruellen Zyklus und seine Abhängigkeit vom vegetativ-hormonalen System. Klin. Wschr. **10**, 442 (1929). — FEICHTIGER, H.: Klimakterium und Hochdruck. Zbl. Gynäkol. **1952**, 1192. — GOLDBLATT, H. und H. J. KAHN: The effect of occlusion of the ureter in experimental hypertension due to unilateral constriction of the main renal arteria. Centr. Society of Clinical Research; Bericht der XIII. Tagung (1940). — GOLDZIEHER, M. und J. W. GOLDZIEHER: Das männliche Klimakterium und der postklimakterische Zustand. Geriatrics **8**, 1 (1953). — GRIESBACH: Arteriosklerose und Hypertonie (Gießen 1923). — HUCHARD: Die Krankheiten des Herzens (übersetzt v. ROSENFELD) (Leipzig 1909). — JORES, A. und H. NOWAKOWSKI: Diagnose und Therapie der Keimdrüseninsuffizienz des Mannes. Wien. Zschr. inn. Med. **35**, H. 3, 97 (1954). — KAUFMANN, P.: Zur Frage über die zentrifugalen Nerven der Arterien. Pflügers Arch. **146**, 231 (1912); **147**, 135 (1912). — KISCH, F.: Untersuchungen über Hypertonie im Klimakterium. Münch. med. Wschr. **29**, 1082 (1922). — KÜLBS: Über Hypertonie. Dtsch. med. Wschr. **1922**. — KYLIN, E.: Prähypophyse, Sexualdrüsenfunktion und essentielle Hypertonie. Med. Klin. **1933**, II. — LANGE, F.: Die Gestalt der Blutkapillaren bei Hypertonie. Dtsch. Arch. klin. Med. **152**, 302 (1926). — LICKINT, F.: Die Vita sexualis der Frau von sechzig Jahren. Cesra-Säule **5**, H. 1/2, 6 (1958). — MAYER, A.: Thrombose und Embolie vom Standpunkt des Gynäkologen aus. Münch. med. Wschr. **175**, 1 (1931). — MEYER, F.: Über die klimakterische Blutdrucksteigerung. Med. Klin. **27**, (1920). — MICHELS, B. Klimakterische Beschwerden und Ausfallserscheinungen als Ausdruck einer dienzephalo-hypophysären Dysfunktion. Z. Geburtsh. Gynäk. **137**, 3). — MIKULICZ-RADECKI, F.: Wertung und Behandlung der klimakterischen Beschwerden. Med. Klin. **1955**, 1437. — MOSBACHER, E. und E. MAYER: Klinische und experimentelle Beiträge zur Frage der sog. Ausfallserscheinungen. Mschr. Geburtsh. **37**, 337 (1913). — MÜLLER, O.: Die Pathologie der menschlichen Kapillaren. Nova Acta Leopoldina N. F. **12**, 84. — MUNK, F.: Die genuine Hypertonie als Krankheitsbegriff. Berlin. klin. Wschr. **51**, 1205 (1919). — PAL, J.: Über die konzentrische Hypertrophie des Herzens und die toxogene Hypertonie. Klin. Wschr. **4**, 116 (1935). — PELNER: Über die sog. klimakterische Neurose. Z. klin. Med. **82**, 284 (1916). — PIROLLI, M.: Comportamento dell' Attività ... Cuore **25**, 414 (1941); Azione delle glandule. Cuore **25**, 228 (1941). — SCHELLONG, F.: Verh. Dtsch. Ges. Inn. Med. **54**, 150 (1948); Begriffsbestimmung und Therapie des sogenannten Myokardschadens. Therapiewoche **51**, 158 (1950). — SCHENK: Arch. exper. Path. **89**, 332 (1921). — SCHICKELE: Zur Deutung seltener Hypertensionen. Med. Klin. **31**, 1262 (1912); Verh. Dtsch. Ges. Gynäk. **1**, 15; Arch. Gynäk. **92**, 107; Gynäk. Rdsch. **1922**; Münch. med. Wschr. **1913** — SCHROEDER, R.: Verh. Dtsch. Ges. Kreislaufforschg. **5**, 258 (Dresden u. Leipzig 1932). — SEHFELD: Klimakterium und Blutdruck. Zbl. Gynäk. **45**, (1926). — SEITZ und AMREICH: Biologie und Pathologie des Weibes, Band I (München-Wien 1956). — STURM, A.: Bluthochdruck als Gehirnfunktion. Dtsch. med. Wschr. **1942**, H. 5/6; **1942**, H. 51/52. — SZANTO, M.: Hypertonie und Klimax. Budapesti orv. ujsag. **1185**, 25 (1927). — TOPP, G.: Das Klimakterium der Frau. Cesra-Säule **5**, H. 1/2, 14 (1958). — WAGNER, H.: Das Klimakterium der Frau (Stuttgart 1955); Über die Bedeutung der paroxysmalen Hypertonie für das Klimakterium der Frau. Klin. Wschr. **1957**, 379. — WALLIS, C.: Über den Einfluß des Follikulins auf den Blutdruck. Zbl.

Gynäk. 48, 2839 (1936). — WESTPHAL, K.: Über den Einfluß des Cholesterins auf die Kontraktionsfähigkeit des isolierten Arterienstreifens. Z. klin. Med. 101, 566 (1925); 101, 584 (1925); 101, 605 (1925). — WHITE, P. D.: Heart Disease, 4. Aufl. (New York 1951). — WIESEL: Über Vasalgien und Hypertonien im Klimakterium. Med. Klin. 37, 1274 (1924). — ZIMMERMANN, J. W.: Der feinere Bau der Blutkapillaren (Berlin 1923).

7.4. Alterung von Herz und Gefäßsystem

Altern ist keine Krankheit, sondern ein physiologischer Vorgang. Das Altern wird zur Krankheit, wenn dieser Vorgang durch irgendwelche Noxen beschleunigt wird.

RÖSSLE hat bereits darauf hingewiesen, daß nur ein äußerst geringer Prozentsatz der Menschen eines natürlichen, d. h. physiologischen, durch gleichmäßige, langsame Regression bedingten Todes stirbt. Infektionen, Intoxikationen, Überlastungen körperlicher und seelischer Natur usw. verhindern eine natürliche Altwerdung und beenden vorzeitig das Leben. Es fehlt uns daher vollkommen der Maßstab für die verschiedenen Grade einer gesunden Alterung.

Wenn wir heute von der Altersmedizin, der Gerontologie oder Geriatrie sprechen, dann müssen wir deren Erkenntnisse, die in Deutschland vor allem mit den Namen BÜRGER, BURGDÖRFER, GROTE, KOTSOVSKY usw. verbunden sind, sobald es sich um höhere Altersstufen handelt, mit größter Vorsicht bewerten.

Nehmen wir an, daß die biologische Lebensdauer des Menschen zwischen 120 bis 150 Jahre beträgt, dann sind alle Gesetzmäßigkeiten, die aus Autopsiebefunden bei Menschen, die zwischen dem 60. und 90. Lebensjahr starben, errechnet wurden, nur auf vorzeitig gealterte, d. h. auf kranke Menschen zu beziehen und nicht als physiologische Altersregel anzuerkennen. Der Prototyp der uns geläufigen Altersformen ist gekennzeichnet durch eine Dysharmonie der Altersvorgänge an verschiedenen Organen. Es ist bekannt, daß das Tempo der allgemeinen Regression bestimmt wird durch die Wichtigkeit des von dem vorzeitigen Verschleiß am meisten betroffenen Organs.

Da die funktionellen Kreislauferkrankungen in den letzten Jahrzehnten sehr stark zugenommen haben, braucht die Praxis Richtlinien, um Altersveränderungen am Kreislauf nachweisen und beurteilen zu können. Diese Forderung wird besonders unterstrichen durch die Meinung, daß jeder Mensch so alt sei wie sein Gefäßsystem.

Bekanntlich hängt die Jugendlichkeit bzw. die Güte des Gefäßsystems wesentlich von der Funktionstüchtigkeit der Vasa vasorum, die ein Netz feinster Gefäßchen in der Arterienwand bilden, ab. Die Physiologie der Vasa vasorum ist noch weitgehend unbekannt, doch ist anzunehmen, daß Durchblutungsstörungen der Gefäßwände das Tempo der Alterung beeinflussen können.

Besser Bescheid wissen wir über die Alterungsvorgänge der Aorta und der großen Arterien. Wir konnten zeigen, daß die Dehnbarkeit menschlicher Aorten und Arterien mit zunehmendem Alter gesetzmäßig abnimmt (O. FRANK, HOCHREIN, WEZLER). Durch diesen Elastizitätsverlust kommt es zu einer allgemeinen Ausweitung der arteriellen Strombahn. Bekannt sind weiterhin die Elongation der Aorta, die Schlängelung der Art. temporalis usw. Bei der altersbedingten Volumenzunahme des arteriellen Windkessels handelt es sich um einen physiologischen Kompensationsvorgang gegenüber dem Dehnungsverlust des Arteriensystems (Tab. 7).

Tabelle 7. *Aorta ascendens*
Durchmesser und Querschnitt unter physiologischen Bedingungen

Alter Jahr	Spannung 0 Durchmesser cm	Spannung 1500 dyn Durchmesser cm	Querschnitt qcm
20–30	1,98	3,12	7,6
–40	2,14	3,21	8,0
–50	2,26	3,33	8,8
–60	2,79	4,17	13,8

Die zunehmende Erweiterung der arteriellen Strombahn kann in hohem Alter mehr als das Doppelte des Wertes Jugendlicher betragen, wenn wir anatomische Befunde zugrunde legen (SUTER) (s. Abb. 39). Unter biologischen Verhältnissen bleibt der Aortenquerschnitt zwischen 20–80 Jahren bei einer Spannung von etwa 1500 dyn annähernd konstant.

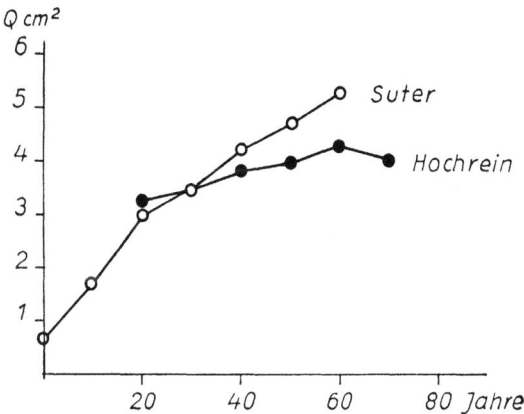

Abb. 39. Aorta ascendens Altersquerschnittkurve (Mittelwerte). Anatomische Messungen (SUTER). Physiologische Bestimmungen bei Wandspannung 1500 dyn (HOCHREIN)

Das Fehlen des elastischen Impulses verursacht jedoch, wie MATTHES und SCHLEICHER nachweisen konnten, eine zunehmende Verlangsamung der arteriellen Blutströmungsgeschwindigkeit. Wir müssen dabei bedenken, daß im Interesse der Kreislaufkontinuität es wichtig ist, daß trotz des Dehnbarkeitsverlustes die innere Spannung der zentralen Arterienabschnitte während des ganzen Lebens konstant gehalten wird (HOCHREIN). Berechnet man für Aorten von verschiedenem Lebensalter den Blutdruck, der erforderlich ist, um diese in die notwendige Spannung zu versetzen, dann erhält man Blutdruckwerte (s. Abb. 40), welche einen Altersgang zeigen, der den empirisch gewonnenen Werten weitgehend entspricht.

Es hat sich eingebürgert, hier von einem Erfordernis-Hochdruck im höheren Alter zu sprechen.

Besonders interessant sind andererseits die Einflüsse der Hämodynamik auf das Altern der Blutgefäße. Es ist bekannt, daß ein leistungsfähiger Kreislauf mit Unterdruck im allgemeinen zu einem hohen körperlich und geistig rüstigen Lebensalter disponiert. Wir konnten zeigen, daß unter dem Einfluß eines Hochdruckes die Arterien rascher altern.

Der arterielle Hochdruck ist nicht altersbedingt und seine Entstehung kann in den meisten Fällen aufgeklärt werden. Die Aorten von 60jährigen Hypertonikern zeigen eine funktionelle Abnützung, wie sie, eine physiologische Alterung vorausgesetzt, nicht vor dem 100. Lebensjahr zu erwarten wäre.

Vergrößerung der Blutdruckamplitude mit meist deutlichem systolischen und weniger ausgeprägtem diastolischen Blutdruckanstieg sowie Anstieg der Pulswellengeschwindigkeit sind die Folge dieses Dehnbarkeitsverlustes der zentralen Arterien.

Auch die chemische Untersuchung von Aorta und großen Gefäßen zeigt einen, den Kurvenscharen von Elastizität und Druck vollkommen analogen Verlauf.

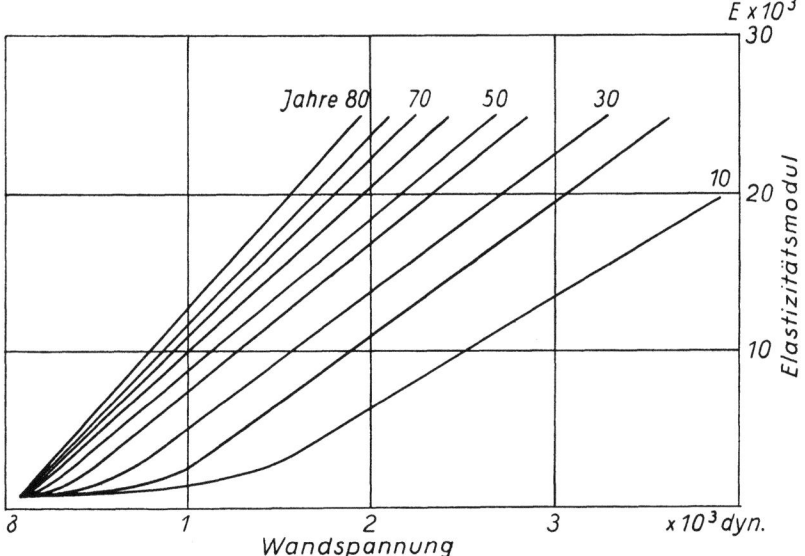

Abb. 40. Beziehungen zwischen Alter und Aortenelastizität

So konnten BÜRGER und Mitarb. nachweisen, daß die altersbedingte, physiologische Verdickung der Gefäßwände zustande kommt durch die Einlagerung einer mukoiden Substanz, der Chondroitinschwefelsäure, welche ihrerseits die Ernährungsverhältnisse erschwert. Eine Anreicherung von schwer diffundierbaren Substanzen, wie Kalzium, Cholesterin usw. ist die Folge. SCHLOMKA konnte zeigen, daß die Einlagerung von Schlackensubstanzen um so schneller erfolgt, je mehr bereits von ihnen vorhanden ist. Dieser Vorgang wird begünstigt durch die Alterung der Blutkolloide. Die leichtere Fällbarkeit schwer löslicher Substanzen wird dadurch maßgeblich unterstützt (Abb. 41).

Es wird leicht verständlich, daß derartige Vorgänge durch eine gewisse Bindegewebs- oder Kollagenschwäche, d. h. durch eine erbliche Disposition weit vorverlagert oder in anderen Fällen wesentlich zurückverschoben werden können. Eine gewisse Altersabhängigkeit kann dieser Gefäßwandumgestaltung, die ihr Wesen in einer diffusen Wandverdickung, charakterisiert durch Intimahyperplasie und Atrophie der elastischen Lamellen und Muskelzellen hat, nicht abgesprochen werden. Scharf abzugrenzen ist sie jedoch von der Herdförmigkeit der echten Arteriosklerose, die eine eigene Erkrankungsform der Gefäße darstellt und nicht als schicksalsmäßige Abnutzung bezeichnet werden darf.

Die Ökonomie des gesamten Kreislaufes wird gewährleistet durch ein harmonisches Zusammenspiel der Funktion des Herzens und der verschiedenen Provinzen des Gefäßsystems.

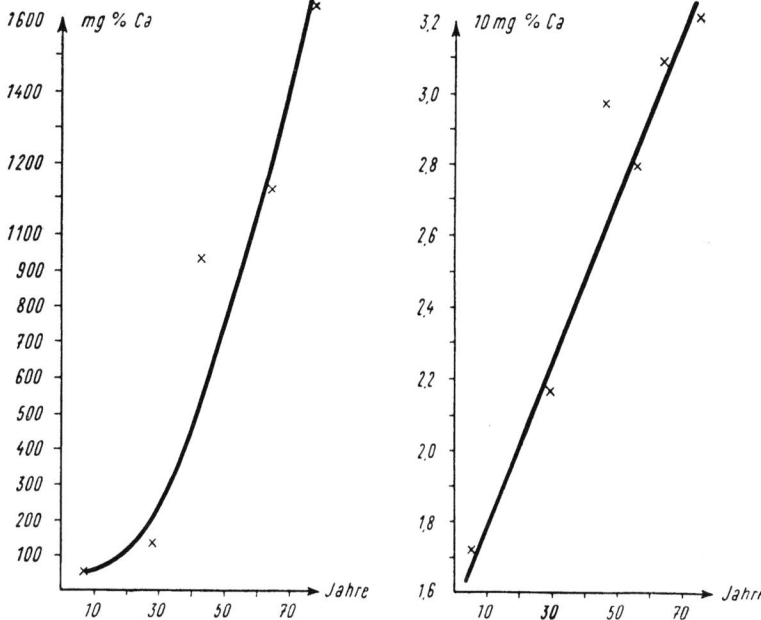

Abb. 41. Schlackenstoffeinlagerung in die Gefäßwand als lineare Funktion des zunehmenden Alters (nach Bürger).

Die Steuerung wird durch das vegetative Nervensystem überwacht. Wir konnten zeigen, daß mit zunehmendem Alter nicht so sehr die Tonuslage, als vielmehr die Ansprechbarkeit des vegetativen Nervensystems sich ändert (Abb. 42).

Im Alter wird das vegetative Nervensystem reaktionsärmer auf sympathische und parasympathische Reize. Der Unterschied zwischen einem jugendlichen und einem älteren Kreislauf tritt bereits deutlich zutage, wenn wir die Kreislaufleistung eines Kindes und eines Erwachsenen miteinander vergleichen. Das Verhältnis von Minutenvolumen zu Körpergewicht liegt beim 6 jährigen Kind fast dreimal günstiger als beim Erwachsenen (s. Tabelle 6 S. 100).

Aus den Altersumwandlungen am Kreislauf ergeben sich daher folgende Gesichtspunkte:

1. Abnahme der Aortenwindkesselfunktion. Folgen sind: kompensatorische Blutdrucksteigerung, Vergrößerung des intraprozessualen Insuffizienzvolumens der Klappenventile und Verminderung des Blutangebotes an die Koronararterien.
2. Die Elongation der Aorta begünstigt eine Verziehung des Koronarostiums und verschlechtert auf diese Weise die koronare Durchblutung.
3. Die Ausweitung der arteriellen Strombahnen wird durch eine kompensatorische Drucksteigerung und durch eine Zunahme der zirkulierenden

Blutmenge ausgeglichen. Die Folge ist eine zusätzliche Belastung des Herzens und eine Abnahme der arteriellen Durchblutungsgeschwindigkeit.
4. Durch den altersbedingten Tonusverlust der Venenwände wird eine der physiologisch wichtigsten Triebkräfte der Zirkulation, nämlich die Anregung der Herztätigkeit aus der Kreislaufperipherie, geschwächt. Stauungszustände in Beinen und Pfortaderkreislauf werden dadurch begünstigt.
5. Das harmonische Zusammenspiel in der Funktion des Herzens und des Gefäßsystems wird durch die Abschwächung bzw. Dysharmonie der vegetativen Erregbarkeit erschwert.

Diese Hinweise stellen Richtlinien dar, die zeigen sollen, in welcher Weise Altersvorgänge die Kreislauffunktion beeinflussen können.

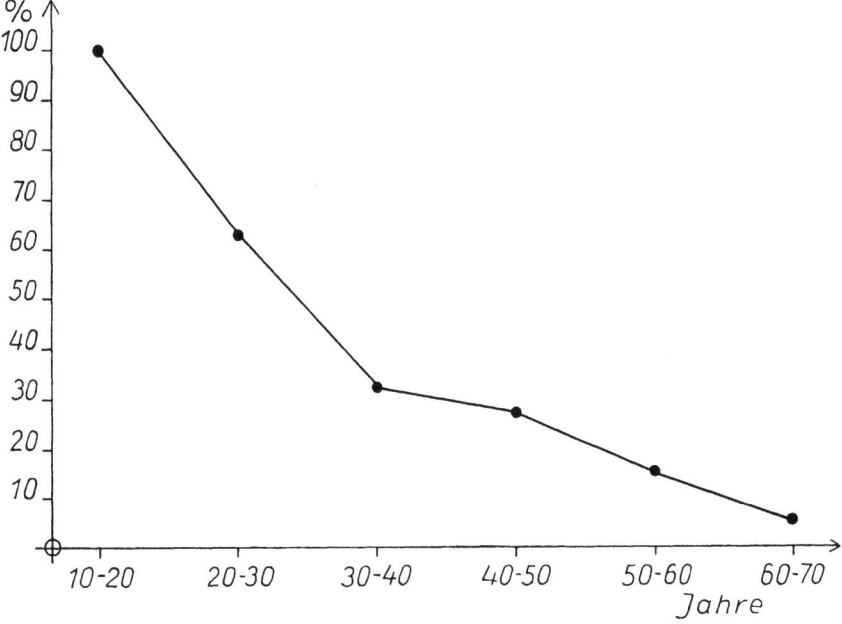

Abb. 42. Prozentuale Änderung der Pulsdifferenz im Liegen und Stehen bei verschiedenen Altersstufen.

Wenden wir uns nunmehr dem Herzen zu, dann ist bekannt, daß das Herz des Kindes in seiner Form vermehrt gerundet erscheint, und daß sich die Muskelmassen beider Herzhälften ungefähr die Waage halten. Mit zunehmendem Alter verschiebt sich das Schwergewicht zugunsten des linken Ventrikels, der schließlich zum muskelstärksten Herzabschnitt wird. Beide Faktoren sind wohl für die Altersabhängigkeit des Typenindex (SCHLOMKA) (s. Abb. 43) verantwortlich zu machen.

In Abb. 44 haben wir die Röntgenbilder der einzelnen Altersklassen dargestellt, aus denen ziemlich aufschlußreich die altersbedingte Konfigurationsänderung zu entnehmen ist.

Bei der Besprechung der Altersveränderungen am Herzen kommt dem Koronarsystem die größte Bedeutung zu. Sehen wir im Koronarsystem die Vasa vasorum des Herzens, dann ist zu beachten, daß die Koronarien den gleichen funktionellen Altersveränderungen unterliegen, die wir für die Aorta skizziert haben.

Die Intimahyperplasie wird meist als Ausdruck eines Alterungsvorganges oder als Vorstufe der Sklerose angesehen. Es ist anzunehmen, daß die Statistiken, die über das häufige Vorkommen von Koronarsklerose bei Kindern berichten, nicht selten übersehen haben, daß Intimaverdickungen an den Koronararterien Teil einer Drosselvorrichtung des koronaren Blutstromes sind (SPALTEHOLZ und HOCHREIN).

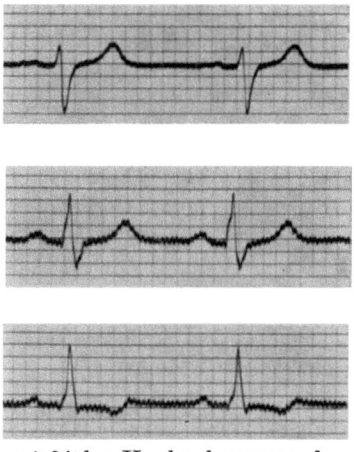 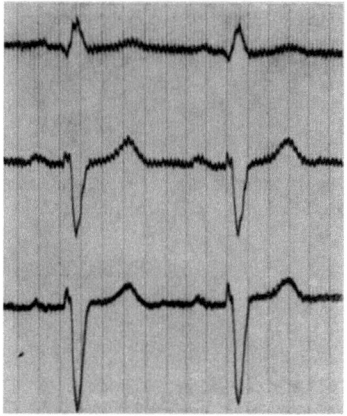

a) 9jähr. Knabe, herzgesund   b) 68jähr. Mann, klinisch herzgesund
Abb. 43. Lebensalter und Typenwandel im Ekg.

Das Herz als tätigstes Organ bedarf einer besonderen, minutiös regulierten Durchblutung. Diese Feineinstellung kann sowohl durch die Änderung der Hämodynamik als auch durch die altersbedingte vegetative Starre gestört werden. Als eine der Hauptursachen für die altersbedingte Myodegeneratio cordis bzw. braune Atrophie, die in ihrer Entwicklung nur sehr selten subjektiv empfunden wird, kann eine koronare Durchblutungsnot des Herzmuskels angesehen werden.

Im Hinblick auf die stetig ansteigende Lebenserwartung ist es schwer festzustellen, ob die organischen Koronarerkrankungen, absolut gesehen, tatsächlich zugenommen haben. Statistisch evident häufig geworden sind die koronaren Syndrome, in deren Pathogenese das Überreizungssyndrom vegetativer Entgleisung eine ausschlaggebende Rolle spielt, nämlich Angina pectoris und Myokardinfarkt, greifen doch altersabhängig vegetative Irritation und Organdisposition vikariierend ineinander.

Dabei wird man sich (s. Tabelle 8) folgende Vorstellungen zu machen haben:

Bis zum 35.–40. Lebensjahr wird sich die vegetative Überreizung, im Sinne der neurozirkulatorischen Dystonie, wählt sie das Herz als locus maioris reactionis, bei angenommen intaktem Koronarsystem vorzugsweise in Form einer Verlängerung, Vorverlagerung und durch besondere Intensität gekennzeichneten „toten Punkt", durch flüchtige Reizbildungsstörungen, transitorische Reizleitungsstörungen oder dergleichen, dokumentieren. Daß schon diese Phase zwar fakultativ, aber nicht obligat gutartig ist, beweisen der akuten Todesfälle bei jugendlichen Sportlern im Übertraining bei vollkommen intakten Kranzarterien.

Bei eingetretener Koronarsklerose wird, bis etwa zum 60.–65. Lebensjahr, der Myokardinfarkt um so häufiger werden, je mehr die stetig zunehmende Überrei-

124   Physiologie

zung des Vegetativums, sich das zu diesem Zeitpunkt sehr häufig vorgeschädigte Koronarsystem zum locus minoris resistentiae und damit zur Ursache tödlichen Versagens wählt. Nach diesem Zeitpunkt, mit dem 65.–70. Lebensjahr, wird mit der in dieser Lebensphase eintretenden „vegetativen Erstarrung" auch der Myokardinfarkt wieder seltener, gleichzeitig aber auch seine Prognose noch ungünstiger, sind es doch vorzugsweise die vegetativen Kompensations- und Ökonomisierungsmöglichkeiten, welche für das klinische Bild die Heilungschancen verbessern. Gleichzeitig aber gewinnt das Koronarsyndrom im Rahmen altersbedingter Muskelentartung seine vorzugsweise myogene Prägung, so daß jetzt Myodegeneratio mit Herzinsuffizienz, Asthma cardiale oder auch Sekundenherztod, wobei ausgesprochene Herzsensationen in der Regel vermißt werden, das Bild beherrschen. Letztere Feststellung macht wahrscheinlich, daß der Herzschmerz, wie wir das schon vielfach betont haben, gar nicht koronarbedingt ist, sondern, wie das auch schon BENTE und SCHMID angenommen haben, als zentrales Sympathikusphänomen aufgefaßt werden muß.

Untrennbar mit der Funktion des Koronarsystems verbunden ist die altersspezifische Leistungsabnahme des Myokards. Feinste, koronarbedingte Mikronekrosen, die durch Bindegewebe ersetzt werden, sowie ein Kontraktilitätsverlust der Herz-

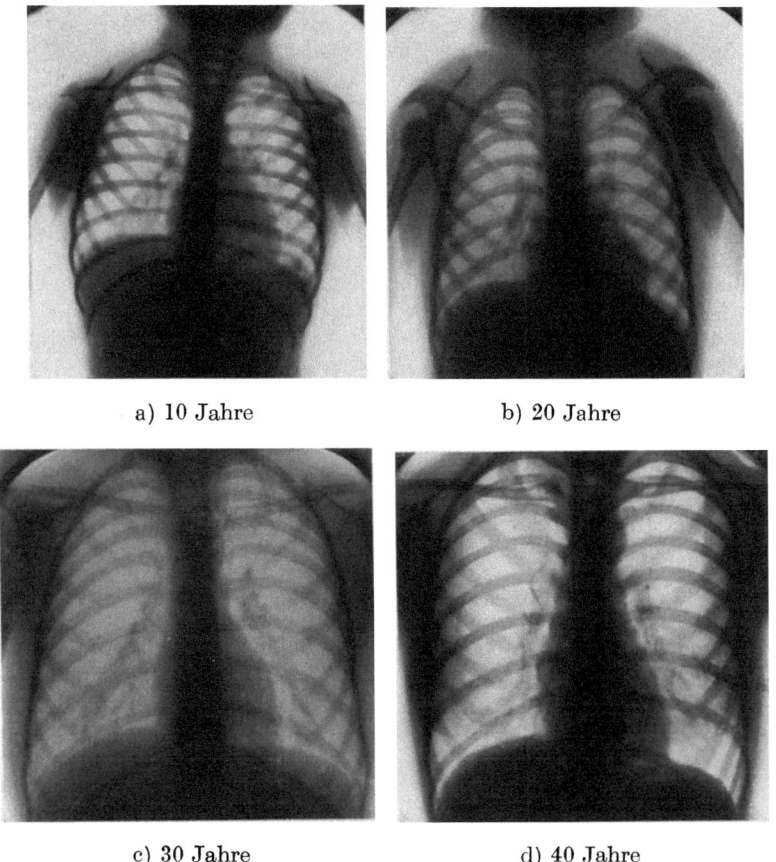

a) 10 Jahre   b) 20 Jahre

c) 30 Jahre   d) 40 Jahre

Abb. 44a)–d). Herzform in verschiedenen Lebensaltern.
Vergleich der Röntgenthoraxform in den einzelnen Lebensjahrzehnten.

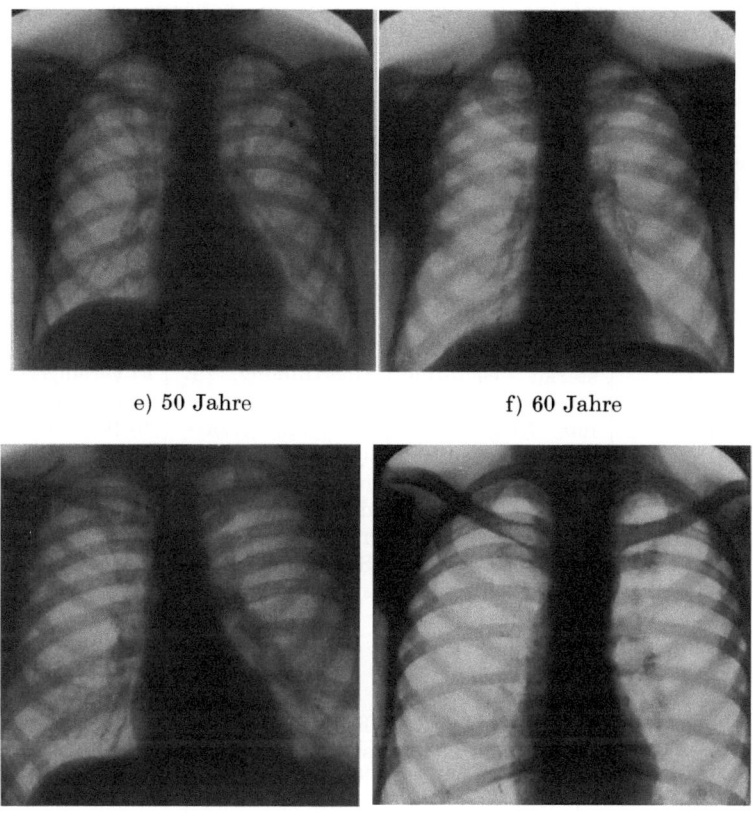

e) 50 Jahre f) 60 Jahre

g) 70 Jahre h) 80 Jahre

Abb. 44e)–h). Herzform in verschiedenen Lebensaltern.
Vergleich der Röntgenthoraxform in den einzelnen Lebensjahrzehnten.

muskelfasern, infolge von Fragmentation durch Änderung der Eiweißstruktur, sind dabei beteiligt. Im Rahmen der allgemeinen Altersinvolution ist auch die Teilbarkeit und Regenerationsfähigkeit der Herzmuskelfasern herabgesetzt. Es kommt zur Altersatrophie mit Rückgang der Gesamtmasse unter Verschmälerung der Muskelfasern und Verkleinerung der Fibrillenbündel.

Diese Befunde machen verständlich, daß das Herz des alternden Menschen, selbst bei steigenden Arbeitsansprüchen, nicht mehr zu einer nennenswerten Hypertrophie befähigt ist. Durch die beschriebenen Involutionsvorgänge ändert sich die Herzleistung in typischer Weise. Unergiebige Herzkontraktion, vergrößerte Restblutmenge, Dilatation des Klappenringes und funktionelle Klappeninsuffizienz sind die Folgen, die ihrerseits wieder die Koronardurchblutung ungünstig beeinflussen (Abb. 45).

Nicht selten erfährt auch das spezifische Reizleitungssystem mit zunehmendem Alter Irritationen. Während einerseits die Ansprechbarkeit für extrakardiale Reize, z. B. durch die Atmung, mit höherem Alter nachläßt und das Symptom der respiratorischen Arrhythmie als Ausdruck weitgehend erhaltener Jugendlichkeit verloren geht, kommen leichte Verlängerungen von PQ, QRS, vereinzelte Extrasystolen, Arrhythmien usw. in höherem Alter mit einer Häufigkeit von 25–30% vor. Sie sind, funktionell gesehen, meist gutartig. ELIASER und KONDO sprechen daher von den „weißen Haaren" des Reizleitungssystems. Es sei aber schon an dieser Stelle darauf hingewiesen, daß es, abgesehen von dem noch etwas umstrittenen Typen-Index SCHLOMKAS, kein spezifisches Alters-Ekg gibt, und daß auch alte Menschen oft ein vollkommen normales Ekg aufweisen können.

Tabelle 8. *Altersmodifikation der Koronarsyndrome*

Alter	Pathogenetische Zusammenhänge	Ursachen	Klinische Syndrome
bis zum 35.–40.. Lebensjahr	starke vegetative Übererregbarkeit mit Neigung zu „überschießenden" Reaktionen im Sinne einer neurozirkulatorischen Dystonie bei organisch intakten Koronararterien	Übertraining, zirkulat. Entlastungssyndrom, „Reizsyndrom des oberen Körperquadranten" (n. BENTE und SCHMID), Spätheimkehrersyndrom	a) verlängerter „toter Punkt" b) Reizbildungs- oder Reizleitungsstörungen, durch seelische Erregung provozierbar, durch Belastung zu beheben c) akuter Herztod ohne Substrat
bis zum 60.–65. Lebensjahr	starke vegetative Ansprechbarkeit mit Neigung zu „paradoxen" Reaktionen bei sklerotisch vorgeschädigten Kranzgefäßen	Körperliche Anstrengung, seelische Erregung, Traumen iatrogene Schäden, akute Hypoxämie, thermische Einflüsse, Exzesse und dergleichen	a) Stenokardie, Angina pectoris b) Myokardinfarkt c) chronisches Koronarvitium
jenseits obiger Altersgruppe	vegetative Starre, organische Koronarerkrankung mit erheblicher myokardialer Mitbeteiligung	Banale Ereignisse des tägl. Lebens, harmlose therapeutische Eingriffe, Infektionen und dergleichen	a) koronare Herzinsuffizienz (z.B. beim chron. Cor pulmon. durch Altersemphysem) b) Asthma cardiale c) Sekundenherztod

Folgende Erfahrungen konnten speziell zum Ekg der alternden Menschen gesammelt werden:

Häufig sind im Alter Veränderungen der Vorhofschwankungen. So findet man nicht selten mit zunehmendem Alter im Ruhe-Ekg ein diphasisches oder isoelektrisches P_I, ohne daß diesem – im Gegensatz zum negativen P_I – eine pathologische Bedeutung zukommen muß. Ein negatives P_{III} im Ruhe-Ekg sollte nach BENEDETTI allerdings unter Belastung immer positiv werden.

Bei den Zacken des Kammerkomplexes fällt mit zunehmendem Alter entsprechend der kontinuierlichen Entwicklung zum Linkstyp eine Vertiefung von Q in

Ableitung *I* auf, während *S* in der gleichen Ableitung an Höhe verliert, um in Ableitung *III* die imponierendste Zacke des Kammerkomplexes zu werden.

Alterstypische Veränderungen der *ST*-Strecke gibt es nicht. Abweichungen von der Isoelektrischen werden in allen Lebensaltern gleich bewertet.

Zur Beurteilung der Störungen der Erregungsrückbildung ist wichtig zu wissen, daß sich die Endschwankung mit zunehmendem Alter verändert. LINETZKY wies bereits 1911 darauf hin, daß das *T* in der 1. Ableitung mit fortschreitendem Alter flacher wird. Wir stellten bei unseren Patienten eine Abflachung von *T I* in 34% fest und kommen damit der von WENGER angegebenen Zahl (36% bei 70–80 jährigen) nahe. Die Abflachung von *T I* und *T II* dürfte mit den Altersveränderungen des Myokards und des Koronargefäßsystems im engen Zusammenhang stehen. WENGER schlug daher vor, bei klinisch Herzgesunden an Stelle der Bezeichnung „Myokardschaden" besser von „myokardialen Veränderungen" zu sprechen. Demgegenüber scheint die Ansicht von GELMAN und BROWN, auch negative *T I*-Zacken noch als „normal" zu bezeichnen, als zu weit gegriffen.

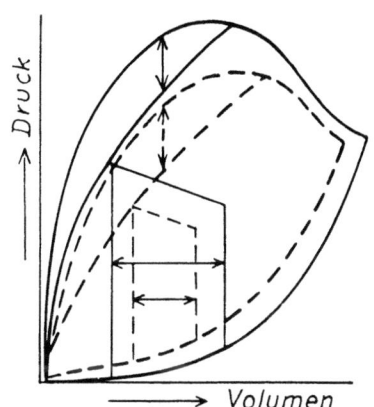

Abb. 45. Halbschematische Darstellung der wahrscheinlich altersbedingten Änderung (gestrichelte Kurven) der Gleichgewichtskurven des Herzens: Abflachung der Kurven der Maxima der isometrischen und Unterstützungszuckungen, dazu Versteilung der Ruhedehnungskurve. Der eingezeichnete Zuckungsverlauf läßt die Einschränkung der natürlichen Anpassungsbreite des Herzens erkennen. Horizontale Pfeile: Maß der Schlagvolumengröße. Senkrechte Pfeile: Zur Definition der „Reservekraft" (nach H. REICHEL).

An unserem eigenen Beobachtungsgut erhoben wir bei 241 über 75 jährigen folgende Befunde:

In 38,6% unserer Fälle fanden wir normale Ekgs. Bei allen anderen zeigten sich mehr oder weniger stark ausgeprägte Ekg-Veränderungen. Wir haben diese in Tabelle 9 zusammengefaßt.

Tabelle 9. Ekg-Veränderungen bei über 75 jährigen

Absolute Arrhythmie	45 Fälle = 18,3%
Vorhofflimmern	44 Fälle = 18,25%
Extrasystolen	38 Fälle = 15,7%
P-Pulmonale	7 Fälle = 2,9%
Linksschenkelblock	7 Fälle = 2,9%
Rechtsschenkelblock	8 Fälle = 3,3%
Koronare Deformationen	21 Fälle = 8,6%
Deformation des *QRS*-Komplexes	93 Fälle = 38,5%

Wenden wir uns weiterhin den Herzklappen zu, dann wissen wir, daß sie Ventile von so hoher Güte darstellen, wie sie die Technik bisher nicht herzustellen vermag.

Wir haben am menschlichen Herzen die Gesetzmäßigkeiten des Klappenschlusses studiert. Es konnte gezeigt werden, daß auch am normalen Klappenapparat eine geringe intraprozessuale Insuffizienz auftritt, die etwa 1% des Schlagvolumens beträgt (s. S. 36).

Die altersphysiologischen Veränderungen an den nahezu gefäßlosen Herzklappen, die vom vorbeiströmenden Blut ernährt werden, sind nun in gleicher Weise zu beurteilen wie der Altersgang der Aorta. Daran dürfte die Alterung der Blutkolloide mit ihrer Neigung zu Dysproteinämie nicht ganz unbeteiligt sein. Obwohl ganz zarte Klappen auch in höchstem Alter vorkommen können, führt der physiologische Elastizitätsverlust doch nicht selten zu Ventildefekten, welche ihrerseits durch Widerstandserhöhung und Pendelblut die Arbeit des Herzens erschweren. Erhebliche Ventildefekte kommen allerdings erst durch das zusätzliche pathologische Hinzutreten von sklerotischen Prozessen zustande. Davon werden besonders häufig die Aortenklappen und das vordere Mitralsegel betroffen. Es ist für das Altersherz typisch, daß durch die Schlußunfähigkeit der Klappen die Gesamtkonfiguration des Herzens nur wenig beeinflußt wird. Diese Tatsache wird auf die mangelnde Fähigkeit des alten Herzens zur Hypertrophie und auf den Dehnbarkeitsverlust des Perikards zurückgeführt.

Endlich wird man berücksichtigen müssen, daß auch am Herzen der altersbedingte Tonuswandel des vegetativen Nervensystems bzw. die Änderung seiner Reaktivität ihre Auswirkungen am Tonus des Herzens, am Stoffwechsel des Myokards, an der Ansprechbarkeit des spezifischen Reizleitungssystems usw. zu entfalten vermögen. Für Beurteilung und Begutachtung ist jedoch zu berücksichtigen, daß das Herz nicht als isoliertes Organ betrachtet werden darf.

So wird die Herzleistung bekanntlich sehr wesentlich durch extrakardiale Faktoren, besonders aber durch die Atmung beeinflußt. Es ist daher leicht verständlich, daß Altersemphysem, Alterskyphose, knöcherne Inaktivierung des Thorax usw. die Leistung des Altersherzens unökonomisch gestalten. Sehen wir im Atemmechanismus den wichtigsten Hilfsmotor des rechten Herzens, dann wird verständlich, daß eine respiratorische Insuffizienz sowohl die Ausbildung einer Hypoxämie als auch einer Rechtsinsuffizienz begünstigen kann. Auch Involutionserscheinungen seitens der Niere, der Leber, des hämatopoetischen Systems, des Endokriniums usw. dürfen in ihrer Rückwirkung auf das Herz nicht unterschätzt werden.

Halten wir also die Punkte fest, welche cum grano salis als altersphysiologische Umwandlung des Herzens betrachtet werden, so wird man folgende Faktoren in Erwägung ziehen müssen:

1. Einschränkung der Koronardurchblutung bzw. der Koronarreserve durch hämodynamische bzw. nervöse Einflüsse und organische Gefäßumwandlung.
2. Abnahme des physiologischen Tonus des Myokards und Minderung seiner Hypertrophiefähigkeit auf Grund einer Alterung der Muskelkolloide mit Zunahme des Restvolumens.
3. Neigung zu Extrareizen und Leitungsverzögerung im spezifischen Reizleitungssystem.
4. Vergrößerung der intraprozessualen Insuffizienz auf Grund verminderter Güte der Klappenventile.
5. Abnahme der Dehnbarkeit des Perikards.
6. Minderung der Ansprechbarkeit auf vegetative Reize, die durch zunehmende Nivellierung vegetativer Reizimpulse funktionell besonders zum Ausdruck kommt.
7. Häufung extrakardialer Einflüsse, welche das Herz unter ungünstige Arbeitsbedingungen stellen.

Physiologische Altersvorgänge verlaufen subklinisch, da zahlreiche Kompensationsmechanismen etwa auftretende Schwächen ausgleichen. Wurde jedoch das Herz durch irgendeinen Schaden zum locus minoris resistentiae, dann können altersphysiologische Vorgänge eine deutliche Akzeleration bzw. Antizipation erfahren. Entwickeln sich die Ernährungsstörungen des Herzens allmählich, dann können die ersten Erscheinungen einer kardialen Minderleistung sehr schleichend eintreten. Das wird beim physiologischen Altern der Fall sein. Die Form der Insuffizienz wird daher gegenüber der akut auftretenden Ernährungsstörung unterschiedlich sein. SCHLESINGER versuchte verschiedene klinische Formen der ,,initialen Insuffizienz des alten Herzens" zu unterscheiden: Die kachektische, die kardio-hepatische, die kardio-pulmonale, die kardio-asthmatische, die tachykarde und die arrhythmische Form. Die Unterscheidungsmerkmale sind im wesentlichen auf die jeweils dominierenden Symptome gegründet.

Bei der kachektischen Insuffizienz steht im Vordergrund das blasse Aussehen der Patienten bei normalem oder kaum vermindertem Hb-Gehalt des Individuums und die progrediente Abmagerung. Diese beruht zum Teil auf schlechtem Appetit und der damit verbundenen mangelnden Nahrungszufuhr, zum Teil aber auch auf der zusätzlichen schlechten Utilisation der Nahrung bei derartigen Patienten. So konnte an der Klinik BÜRGERS nachgewiesen werden, daß die Ausnutzung der Nahrung bei Herz-Kreislaufkranken mindestens um 5% schlechter ist als bei gesunden Probanden. Häufig klagen diese Patienten darüber hinaus über Schlaflosigkeit. Objektiv ist der Puls in diesen Fällen meist regelmäßig, und vielfach weisen nur geringe Knöchelödeme auf die beginnende Insuffizienz hin.

Die kardio-hepatische Form ist bereits eine fortgeschrittenere Insuffizienz des Herzens. Im Vordergrund steht die Stauungsleber. Man findet diese Form meistens bei Emphysematikern. Demgegenüber handelt es sich bei der kardio-pulmonalen Form vornehmlich um eine Linksinsuffizienz des Herzens. Klinisch stehen die Erscheinungen von seiten der Lunge, wie Husten und Atemnot, im Mittelpunkt. Sie dominieren so stark, daß die anderen Insuffizienzzeichen (Stauungsleber und leichte Ödeme) dem Patienten oft nicht auffallen.

Die kardio-asthmatische Form findet ihren Ausdruck im Asthma-cardiale-Anfall. Durch die Stauung im kleinen Kreislauf kommt es zu einer Strömungsverlangsamung und damit zu einer Zunahme des hydrostatischen Druckes bei gleichzeitiger Abnahme des hydrodynamischen Druckes. Die Lungenkapillaren geben dem gesteigerten Seitendruck nach und verkleinern durch Vorwölbung in die Alveolarlumina die respiratorische Oberfläche bedeutend. Kommt eine Stauungsleber dazu, wird darüber hinaus die ausgiebige Bewegung des rechten Zwerchfells behindert und somit die Kreislaufarbeit weiter eingeschränkt.

Die tachykarde Form zeichnet sich durch anfallsweises Hochschnellen der Pulsfrequenz auf 170 und mehr Schläge pro Minute aus. Die Förderleistung des Herzens fällt dabei ab. Die Herzpause kann verschwinden, der Blutdruck sinkt. Häufig verlaufen diese Attacken mit stenokardischen Beschwerden.

Am leichtesten zu diagnostizieren ist die arrhythmische Insuffizienz. Nicht selten kommen die Patienten hierbei bereits mit der fertigen Diagnose zum Arzt.

Nach unserem heutigen Wissen gibt es im Rahmen des physiologischen Alterns am Herzen charakteristische Veränderungen. An Hand eines großen Materials konnte gezeigt werden, daß in höherem Alter zwar in einem nicht unbedeutenden Prozentsatz pathologische Herzbefunde vorgefunden wurden, daß diese aber bei weitem nicht die Dramatik jener Herz-Kreislaufkatastrophen bieten, wie wir sie von Kranken in den sogenannten ,,besten Jahren", nämlich bei Menschen zwischen dem 40. und 50. Lebensjahr zu sehen gewohnt sind. Durch die allgemein verlangsamte Lebensweise des Greises, sein Entrücktsein von der Hast des Alltages und dem Streben nach Wohlstand, kommt es trotz vorhandener krankhafter Veränderungen nur bei einem kleinen Prozentsatz zu subjektiven Sensationen an Herz und Kreislauf. Der Organismus ist im Alter offenbar in der Lage, bei der geringen physischen und psychischen Belastung ein Gleichgewicht zwischen Anforderung und Leistungsfähigkeit des in seiner Leistungsbreite und Anpassungsfähigkeit eingeschränkten Herzens herzustellen.

Tabelle 10. Ursachen vorzeitiger Alterung von Herz- und Gefäßsystem

Angeboren
1. Erbanlage:
   ,,Kreislauffamilien" mit Neigung zu allgemeiner Gefäßsklerose.
   Familiär bedingter arterieller Hochdruck.
2. Vererbbare Stoffwechselerkrankungen:
   Diabetes,
   Gicht,
   Fettleibigkeit.

Erworben
1. Infektionskrankheiten (Rheuma, Fleckfieber, Scharlach usw.).
2. Fokalinfektion.
3. Vergiftungen
   (Nikotin, Blei u. a.).
4. Langdauernde körperliche Überanstrengungen.
5. Allergie.
6. Fehlernährung
   (Fett-Cholesterinreichtum).
7. Mangelernährung
   (Dysproteinämie, Vitaminmangel).
8. Hormonale Störungen
   (Myxödem).
9. Kälte
10. Ungunst des sozialen Milieus.
11. Psychische Spannungen und Dauerbelastungen.
12. Selbstgewählte oder von der Umgebung auferlegte körperlich-geistige Inaktivität.

Die uralte Erfahrung, daß die Menschen, biologisch gesehen, nicht so alt sind, wie ihren Lebensjahren entspricht und daß das biologische Alter bestimmt wird durch die Leistungsfähigkeit des Herz-Gefäßsystems, wirft die Frage auf nach den Ursachen der vorzeitigen Alterung. Auf Grund der Erfahrung an einem großen klinischen Beobachtungsgut nehmen wir an, daß die in Tab. 10 genannten Faktoren an der vorzeitigen Alterung des Herz-Gefäßsystems maßgeblich beteiligt sind.

Literatur zu Kapitel II, Abschnitt D, 7.4

BENTE D. u. E. E. SCHMID: Zur Klinik und Therapie der Krankheitsbilder bei Osteochondrose der Halswirbelsäule. Medizinische **24**, 818 (1952). — BÜRGER, M.: Altern und Krankheit (Leipzig 1947). — BURGDÖRFER, F.: Zur allgemeinen Verlängerung der menschlichen Lebensdauer. Münch. med. Wschr. **94**, H. 34, 1770

(1952). — ELIASER und KONDO: Arch. Int. Med. **67**, 637 (1941). — FRANK, O.: Sitzungsbericht Ges. Morph. u. Physiol. (München 1926). — GROTE, L. R.: Altern vom Standpunkt der Medizin. Z. Soziol. **4**, H. 2/3, 190 (1951/52). — HOCHREIN, M.: Über die Arterienelastizität bei der Tuberkulose. Münch. med. Wschr. **37**, 1512 (1926); Der Koronarkreislauf (Berlin 1930); Das Altern der menschlichen Aorta. I. Mitt.: Die Funktion der alternden Aorta. Z. Kreislaufforschg. **32**, H. 24, 836 (1940); Der Myokardinfarkt, 3. Aufl. (Dresden u. Leipzig 1945); Auswirkungen des Alterns auf Herz- und Gefäßsystem. Med. Klin. **48**, H. 51, 1877 (1953); und I. SCHLEICHER: Leistungssteigerung. Leistung, Übermüdung, Gesunderhaltung. 3. Aufl. (Stuttgart 1953). — KOTSOVSKY, D.: Zur Frage über das psychische Altern und seine Bekämpfung. Münch. med. Wschr. **1950**, H. 37/38. — MATTHES, K. und I. SCHLEICHER: Über die Messung der Kreislaufzeit beim Menschen. Z. exper. Med. **105**, 755 (1939). — RÖSSLE, R.: Wachstum und Altern (München 1923). — SCHLE-SINGER: Die Krankheiten des höheren Lebensalters (Wien u. Leipzig 1914). — WENGER, R.: Die physiologischen Ekg-Veränderungen im Laufe des Alters mit besonderer Berücksichtigung des höheren Alters. Internat. Fortb.Kurs (Wien 1952). — WEZLER, K.: Altersanpassung im Kreislauf. I. Die Herzfunktion. Z. Altersforschg. **3**, 199 (1942); II. Das Altern im Gefäßsystem. Z. Altersforschg. **4**, H. 1, 1 (1942).

KAPITEL III

Pathologische Physiologie

A. Herz

1. Änderung der Herzgröße und -form

Jede Vermehrung der Arbeitsleistung des gesamten Herzens durch körperliche Belastung oder einzelner Abschnitte infolge von Ventildefekten führt zu Dilatation und Hypertrophie und demzufolge zu einer Vergrößerung und Konfigurationsänderung des gesamten Herzens oder einzelner Abschnitte.

Für die Beurteilung derartiger Größenänderungen wird man sich vor Augen halten müssen, daß eine Verlängerung nach oben durch das pralle Gefäßband und nach unten durch den Zwerchfellstand nicht gut möglich ist. Das vergrößerte Herz kann demzufolge nur nach den Seiten und nach hinten ausweichen. Da außerdem die rechte Zwerchfellkuppe durch den Leberpol immer höher steht als die linke, hat das Herz selbst bei Rechtsdilatation die Tendenz sozusagen nach links abzurutschen und somit eine Linksvergrößerung vorzutäuschen. Die Ausweitung nach hinten, die vor allem durch den linken Vorhof bedingt ist, gewinnt dadurch besondere Bedeutung als durch Druckwirkung auf die Nachbarorgane, z. B. Stridor durch Trachealimpression, Dysphagie durch Ösophagusverdrängung und Heiserkeit durch Rekurrensparese auftreten können.

Bezüglich der Gesamtgröße des Herzens ist Vorsicht hinsichtlich der Beurteilung geraten.

Es gibt kleine, sehr leistungsfähige Herzen und normal große, welche den Leistungsanforderungen nicht gerecht werden können. Besonders schwer ist die Beurteilung, wie bereits S. 104 ausgeführt, vor allem beim kindlichen Herzen. Übergroße Herzen dagegen sind selbst dann, wenn kein weiterer pathologischer Befund erhoben werden kann, immer verdächtig.

Wird ein Abschnitt in besonderem Maße von der Mehrarbeit betroffen, dann kann das Herz eine sehr unterschiedliche Konfiguration erhalten (stehende Eiform bei der Mitralstenose, Entenschnabelform bei Aortenvitium usw.). In Abb. 46 ist die Perkussionsfigur beim kombinierten Aortenklappenfehler dargestellt.

Handelt es sich dagegen um Leistungsanforderungen, die das Herz in allen seinen Abschnitten betreffen, dann kommt es zu einer gleichmäßigen Erweiterung und Hypertrophie aller Herzabschnitte, die ihren Extremfall im Cor bovinum bei schweren Herzmuskelschädigungen erreichen. Ganz gleich aber, ob es sich im Anfang um eine lokalisierte oder generalisierte Schädigung des Herzens gehandelt hat, bei Eintritt einer allgemeinen Herzinsuffizienz kommt es letzten Endes stets zu einer Rechtsüberlastung, da bei jeder kardialen Mehrbeanspruchung einerseits durch Widerstandserhöhung im Lungenkreislauf, andererseits durch Zuflußvermehrung von venösem Blut aus der Kreislaufperipherie, die Hauptlast vom rechten Herzen zu bewältigen ist.

2. Pathologische Physiologie einzelner Herzabschnitte

Über die pathologische Physiologie von Herzvorhöfen und -kammern als isolierten Funktionsgebieten ist noch sehr wenig bekannt.

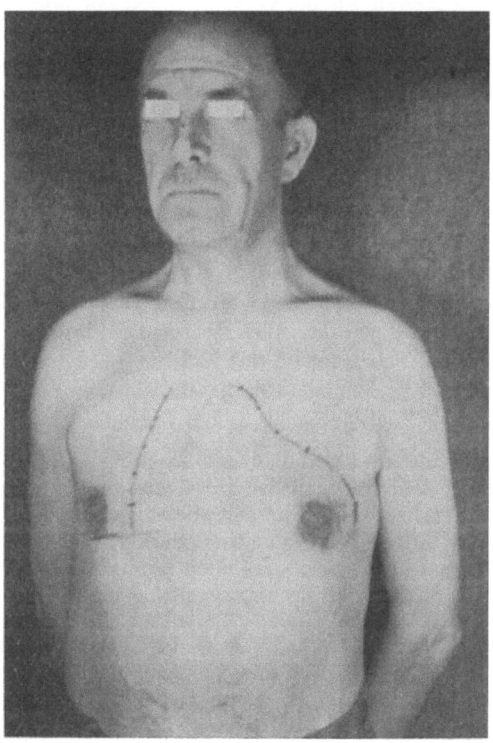

Abb. 46. Kombiniertes Aortenvitium, Perkussionsfigur.

Dabei gibt es zahlreiche Merkwürdigkeiten, wie die Bevorzugung des linken Herzens und seiner Klappen bei infektiösen Mitaffektionen u. ä. m., welche auf bisher wenig diskutierte Besonderheiten schließen lassen. Sicher ist die erhöhte Beanspruchung gegenüber dem rechten Herzen hier mitbestimmend. In gleiche Richtung deutet die Beobachtung der Pathologen, daß im embryonalen Leben häufiger die Klappen des zu dieser Zeit stärker arbeitenden rechten Herzens entzündlich erkranken (KAUFFMANN). Das häufigere Vorhandensein von Parietalthromben im rechten Ventrikel bei allseitiger Hypertrophie und Dilatation des gesamten Herzens dürfte ähnlich zu bewerten sein (BORNEMANN). Es ist weiterhin in diesem Zusammenhang zu berücksichtigen, daß das Endokard, genau wie die Intima der großen Gefäße, durch das vorbeiströmende Blut versorgt wird. In Bezug auf den zur Verfügung stehenden Sauerstoff, ist das Endokard des rechten Herzens an ein geringeres Angebot gewöhnt, als das des linken. Hypoxydosen des Blutes werden daher eher zu einer Schädigung der Intima des linken Herzens führen, dort eine Thrombenneigung begünstigen, während andererseits das sauerstoffgesättigte Blut, das normalerweise das linke Herz durchströmt, den Bakterien bessere Lebensbedingungen zu bieten scheint als die verminderte Sauerstoffspannung im rechten Herzen.

Auch die pathologische Physiologie des rechten Vorhofes bedarf noch mancher Klärung. Dieser Herzabschnitt kann wegen mangelhafter Zufuhr ungenügend gefüllt sein, so daß infolge unzureichenden Blutangebotes an den rechten Ventrikel die gesamte Herzleistung darniederliegt.

Diese Verhältnisse treffen wir bei verschiedenen peripheren Störungen, z. B. Vasomotorenkollaps, Stenosierung der großen Venenstämme durch Tumoren, Concretio pericardii usw. Es ist aber auch möglich, daß bei normalem venösem Zufluß nach dem rechten Vorhof die Entleerung durch eine schwache Kontraktion der Vorhofsmuskulatur (Vorhofsmyokarditis) oder durch eine unzweckmäßige Aktion (Vorhofflattern oder -flimmern) erschwert ist. Häufiger findet man, daß der rechte Ventrikel nicht imstande ist, den Vorhof auszuschöpfen. Diese Verhältnisse treffen wir in erster Linie bei Vitien der Trikuspidalklappe und Ansammlung von Restblut im rechten Ventrikel, also bei Myokarditis, Pulmonalvitien, pulmonaler Hypertension usw. Diese Symptome sind jedoch nicht allein für die oben genannten Zirkulationsstörungen charakteristisch. Letzten Endes führen alle Herzerkrankungen mit zunehmender Dekompensation zu einer Dilatation des rechten Vorhofes und zu einer Blutstauung in den herznahen Venen (Trikuspidalisierung nach HUCHARD).

Auch die funktionelle Pathologie des linken Vorhofes verdient unser Interesse.

CAINI hat darauf hingewiesen, daß dieses Atrium, das nicht nur infolge von organischen Defekten, sondern auch der auf Grund anderer Prozesse nicht ganz seltenen Mitralisierung besonders dilatativ beansprucht wird, nur nach rechts (hier nicht selten im Röntgenbild sogar randständig werdend) und hinten, nicht aber, wie früher angenommen, besonders nach links dilatiert. Darüber hinaus ist es wichtig zu wissen, daß diese Vorhofsausweitung auch ohne Mitralisierung bei einer muskulären Insuffizienz des linken Ventrikels einsetzt und somit als Frühdiagnostikum bewertet werden kann. Es ist weiterhin erwähnenswert, daß Rhythmusstörungen, insbesondere Vorhofflimmern, sehr viel leichter den Ausgangspunkt von einer linken, als von einer rechtsatrialen Dilatation nehmen. Nachdem dieser Abschnitt außerdem für Entzündung und Thrombose, Dilatation und Flimmern besonders disponiert ist, ist kaum erstaunlich, daß die Ausbildung von Kugelthromben mit embolischer Verschleppung in andere Organe in diesem Herzabschnitt eine Prädilektion hat.

Auf die funktionelle Pathologie der Ventrikel soll nicht gesondert eingegangen werden, dagegen soll kurz auf einige Kammerphänomene, die verminderte Hypertrophiefähigkeit, die Atrophie und die mangelhafte therapeutische Ansprechbarkeit hingewiesen werden.

Bereits auf S. 39 haben wir ausgeführt, daß die Tendenz zur Hypertrophie u. a. konstitutionell gebunden ist. Wählen wir aber z. B. das Lungenemphysem und seine kardiale Beantwortung, das Cor pulmonale, dann erhebt sich doch immer wieder die Frage, warum wird der gleiche Vorgang so extrem unterschiedlich kompensiert, einmal mit einer ausgeprägten Hypertrophie und im anderen Fall mit einer schlaffen Dilatation? Wir glauben diese Unterschiede dahingehend beantworten zu dürfen, daß, ein gesundes reaktionsfähiges Myokard vorausgesetzt, die Hypertrophie die Folge einer primären Drucksteigerung ist. Steht dagegen am Anfang die Hypoxydose, dann verliert der Herzmuskel seine Hypertrophiefähigkeit sehr rasch und reagiert mit schlaffer Dilatation.

Auch die Atrophie ist ein merkwürdiges biologisches Problem. Bei allen rarefizierenden Erkrankungen (Karzinom, Dystrophie, Leukosen, Kachexie verschiedener Genese) schrumpfen die Herzen oft derart zusammen, daß erstaunlich bleibt, daß sie sich trotzdem ihrer hämodynamischen Aufgabe in der Regel gewachsen zeigen. Die unzulängliche therapeutische Ansprechbarkeit schließlich kann ihre Ursache haben in der vegetativen Ausgangslage, in der mechanischen Unmöglichkeit des Herzens, seine Tätigkeit zu intensivieren (Herzwandummauerung bei Concretio, Herztumoren, hochgradige Verdrängungserscheinungen im Thorax oder Abdomen) oder aber im Myokard selbst. Hier ist es ein ausgeprägtes intrazelluläres Ödem (Feldnephritis), blockierende Ablagerungsvorgänge (Hämochromatose, Amyloid, Thesaurismosen), Hypoxydose (Anämie, CO-Vergiftung), irreparable synzytiale Auflösung durch Mikronarben (Myokardie, Myodegeneratio cordis) oder aber weitgehender Ersatz des Myokards durch Narbengewebe (Herzwandaneurysma), welche das Herz der Fähigkeit berauben, noch zu einer geordneten Herzaktion zu kommen.

3. Herzrhythmusstörungen

Herzrhythmusstörungen sind bedingt durch Störungen der Reizbildung oder der Überleitung. Wird der Sinusknoten geschädigt (starker Vaguseinfluß, mangelhafte Blutversorgung, toxische Einwirkungen usw.), dann gehen von dort keine Reize mehr aus. Nach einem kurzen Herzstillstand (präautomatische Pause) übernimmt als sekundäres Reizbildungszentrum mit niedriger Frequenz automatisch der Atrioventrikularknoten die Führung des Herzens. Ist auch dieser gestört, dann beginnt als tertiäres Reizbildungszentrum mit niedrigster Frequenz die Kammer die Aussendung der Erregungsimpulse. Darüber hinaus ist wahrscheinlich jede Herzmuskelzelle zur selbständigen Erzeugung von Bewegungsreizen fähig. Es wird sogar angenommen, daß nicht nur pathologisch, sondern auch bereits normalerweise rhythmische Erregungen von den sekundären Reizbildungszentren ausgehen. Vor diesen Impulsen ist der Sinus geschützt, weil er zu intensiver Reizbildung befähigt, durch die von ihm ausgehende Kontraktionswelle das Reizmaterial der sekundären Zentren vernichtet, ehe diese die Konzentrationsschwelle zu eigener Reizbildung erreichen. Ist die Tätigkeit des Sinus dagegen zu schwach, oder die Reizbildung der sekundären Zentren zu stark, dann können auf diese Weise Extrareize (Extrasystolen) auftreten. Andere Reizbildungsstörungen wie paroxysmale Tachykardie oder die Arrhythmia absoluta sind vorwiegend durch nervös-vegetative bzw. organische Läsionen bedingt. Demgegenüber kommen Überleitungsstörungen dadurch zustande, daß das spezifische Leitungssystem an irgendeiner Stelle blockiert ist. Die Funktionsstörung ist ausgeprägter, wenn die Hauptleitungsbahn unterbrochen ist (totaler Block) und weniger schwerwiegend, wenn nur ein peripherer Ast des Systems betroffen ist (Arborisationsblock).

Die Bedeutung dieser Rhythmusstörungen, auf deren theoretische Erklärung hinsichtlich ihrer elektrophysiologischen Entstehung hier gar nicht eingegangen werden soll, ist aus zweierlei Gründen hervorzuheben, nämlich wegen ihrer Auswirkung auf Psyche und Koronardurchblutung. So ist bekannt, daß das Gefühl unregelmäßiger Herztätigkeit Beunruhigung und Ängstlichkeit verursacht und damit die vegetative und sensible Erregbarkeit und Reizbarkeit noch weiterhin steigert. Darüber hinaus konnten wir nachweisen, daß jede unregelmäßige Herztätigkeit auch Unregelmäßigkeiten in der Koronardurchblutung zur Folge hat, welche dann ihrerseits den Circulus vitiosus schließen dürfte.

4. Hämodynamik der Klappenfehler

Jeder Klappendefekt, gleichgültig ob eine Stenose oder eine Insuffizienz vorliegt, stellt ein Stromhindernis dar. Bei Stenosen handelt es sich um einen Widerstand durch Einengung der Strombahn, bei Insuffizienz um eine Behinderung durch Pendelblut. Jedes Stromhindernis wirkt sich durch eine Stauung vor und eine relative Blutverarmung und Blutströmungsverlangsamung nach dem Hindernis aus.

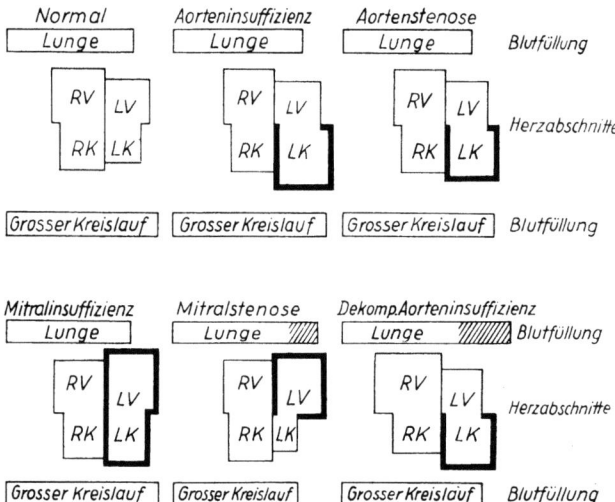

Abb. 47. Größenverhältnisse der einzelnen Herzabschnitte bei verschiedenen Herzklappenfehlern.

Als Ausdruck dieser Stauung findet sich am Herzen eine Dilatation vor dem Hindernis mit vermehrter Restblutmenge. Diese stellt den biologischen Reiz für eine gesteigerte Leistung des erweiterten Herzabschnittes dar. Es kommt nach der tonogenen Dilatation zur kompensatorischen Hypertrophie. Das klinische Bild eines Klappenfehlers wird nun bestimmt durch den Ort des Ventildefektes, das Ausmaß der funktionellen Störung und die Güte der Kompensationsmechanismen. Alle Ventilstörungen des Herzens lösen daher Veränderungen aus, welche geeignet sind, der infolge des Fehlers drohenden Verminderung des rechtläufigen Stromvolumens entgegenzuwirken.

Diese Gegenreaktionen des Herzens werden ganz automatisch durch die besondere Dynamik des Herzmuskels angebahnt. Sie werden in ihrer Gesamtheit als Kompensationsvorgänge bezeichnet. Jede Mehrarbeit führt zur Hypertrophie, die, wenn sie die muskelstarken Ventrikel befällt, die Güte der Herzleistung auf lange Zeit nicht beeinflußt. Liegt vor dem Hindernis ein muskelschwacher Vorhof, der nur zu geringer Hypertrophie fähig ist, dann kommt es dagegen schnell zur Rückstauung in das weiter zurückliegende Stromgebiet (Lungenstauung bei Mitralstenose usw.). Ist die Grenze einer Hypertrophie erreicht und nimmt die Beanspruchung dieses Abschnittes noch weiter zu, dann entwickelt sich eine myogene Dilatation und Dekompensation. Daneben gibt es auch bei leistungsfähigem Herzmuskel eine kompensatorische Dilatation, wie das Beispiel der Mitralinsuffizienz und der Aorteninsuffizienz zeigt. Für die Beurteilung eines Klappenfehlers ist es wichtig, nicht nur seine Art zu kennen, sondern auch seine funktionelle Auswirkung zu ergründen. Ein und derselbe Klappenfehler kann angetroffen werden im Stadium der Kompensation, Dekompensation und der Rekompensation (s. S. 140), Zustände, die sehr unterschiedliche Beurteilung und Prognose bedingen (Abb. 47).

In Abb. 47 wurden die Größenänderungen der einzelnen Herzabschnitte, die Durchblutung von Lunge und großem Kreislauf bei den einzelnen Klappendefekten schematisch dargestellt.

5. Pathologische Physiologie des Perikards

Das Perikard ist ein fester, ziemlich unelastischer Beutel, der dem Herzen gegen Überdehnung einen natürlichen Widerstand entgegensetzt. Kommt es zu einer raschen Vermehrung seines flüssigen Inhaltes, dann ist eine entsprechend schnelle Ausweitung nicht möglich, und es resultieren durch die Reizung der im Perikard verlaufenden sensiblen Nerven heftige Schmerzen und eine Einflußstauung, da die leicht komprimierbaren Vorhöfe und Venenzuflüsse dem Überdruck im Perikard nicht gewachsen sind. Bei einer Herzruptur (Hämoperikard) bzw. bei einem Erguß von 500 bis 600 ccm wird der höchstmögliche Spannungsgrad erreicht, und der Zustand führt, wenn nicht durch Punktion Entlastung geschaffen wird, rasch durch „Herztamponade" ad exitum. Anders liegen dagegen die Verhältnisse, wenn es durch entzündliche Vorgänge zu einer Gewebsschädigung des Perikards und zu langsamer Exsudation kommt. Dann läßt die Festigkeit des Gewebes nach, und der erweiterte Sack kann jetzt 2 bis 3 Liter fassen. Wird in diesem Zustand der Erguß zu rasch entleert, dann ist das meist ebenfalls geschädigte Herz seines natürlichen Widerlagers beraubt, es erfährt eine schnelle Dehnung. Rasch eintretende Herzinsuffizienz bzw. Sekundenherztod können die Folge eines solchen Eingriffes sein.

Dehnbarkeitsverlust, Schrumpfung, Verwachsung des viszeralen und parietalen Blattes, Verschwielung und Verkalkung werden bei der Klinik der Perikarderkrankungen besprochen.

6. Pathologie des Kardiotonus

Auf Grund der Untersuchungen von BRAEUCKER wissen wir, daß der Erregungszustand des Kardiotonus in Verbindung mit dem des Vasomotorentonus auf eine mittlere Spannung eingestellt ist und einen Gleichgewichtszustand unterhält, der dem Herzen gestattet, seine Bewegungen in der Ruhe mit einem minimalen Kraftaufwand durchzuführen. In diesem Gleichgewichtszustand sind Kardiotonus und Vasomotorentonus unermüdbar. Sie haben außerdem die Tendenz, das tonische Gleichgewicht wieder herzustellen, wenn es durch Belastungen, Anstrengung oder Überreizung irritiert worden ist.

BRAEUCKER räumt nun diesen Tonusvorgängen und der von ihm so bezeichneten Fähigkeit zur aktiven Dilatation einen wesentlichen Raum in der Pathogenese der Herzinsuffizienz ein. Sicher ist, daß den Tonuszuständen des Herzmuskels bisher viel zu wenig Aufmerksamkeit gewidmet worden ist.

Schon lange war uns das vermindert tonisierte Herz bei Vagusneurose bekannt, und auch die zwar selten vorkommende akute Überanstrengungsdilatation beruht sicher auf einer Erschöpfung dieser tonischen Reserven.

Ob es eine Hypertonie der Herzmuskulatur gibt, muß noch dahingestellt bleiben.

Vielleicht ist die Verkürzung der Systole bei der Hyperthyreose (BOHNENKAMP) in diesem Sinne zu deuten. Auch von anderer Seite sind die Erscheinungen des Basedowherzens als Ausdruck eines erhöhten Sympathikotonus gewertet worden. KISCH stellte fest, daß die durch einen erhöhten Blutjodspiegel auftretende Steigerung der hormonalen Schilddrüsenfunktion sich infolge der Anreicherung von Jod im Zwischenhirn in einer biologischen Umstimmung der vegetativen Zentren nach Richtung einer Steigerung der sympathischen Valenzen und einer Minderung der parasympathischen Erregbarkeit auswirkt. Es kommt zu einer Emanzipation des Herzens vom Vaguseinfluß.

Besteht diese Auffassung zu Recht, daß die kardialen Erscheinungen bei der Hyperthyreose nicht, wie man früher annahm, auf einer toxischen Schädigung des Myokards, sondern auf einem Überwiegen des Sympathikotonus beruhen, dann wird man annehmen können, daß es zu einer Vitalitätssteigerung aller Muskelzellen in der Peripherie kommt, und daß die Gesamtzirkulation zur Höchstleistung angetrieben wird, um die über das normale Ausmaß hinausgehende Sauerstoffmenge für die zu größerem Energieaufwand gezwungene Skelettmuskulatur zu beschaffen. Es ist unschwer zu verstehen, daß dieser Zwang zu Höchstleistungen, zu einer Erschöpfung und schließlich zu einer Insuffizienz des Kreislaufes führen kann.

Als relativ sicher kann demgegenüber angenommen werden, daß eine Dystonie, vielleicht auch eine Hyperreflexie, vorkommen kann und z. B. mitbeteiligt ist an dem Fehlverhaltenssyndrom des „Cor nervosum".

Für die Feststellung derartiger Zustände hat sich die Röntgenkymographie mehr und mehr zur Funktionsdiagnostik ausbauen lassen.

PFEIFER und WEISS berichten, daß bei subtiler Beobachtung des Herzens während der Durchleuchtung schon vielfältige Aussagen über Änderung von Pulsations- und Herzform möglich sind. So kann durch Feststellung einer Einengung der Pulsationsbreite, Trägheit der Pulsationen, Wurmförmigkeit und stufenweise Unterteilung derselben, Störung an umschriebener Stelle und Änderung von Pulsationsfrequenz und Pulsationsrhythmus, sowie schließlich durch Feststellung einer unterschiedlichen Frequenz von Vorhof- und Ventrikelpulsation bereits die Fakultativdiagnose einer Herzfunktionseinschränkung gestellt werden.

Auch das Verhalten von Herzgröße und -form während der Atemphase und bei Lagewechsel kann bei der Durchleuchtung nutzbringend beobachtet werden. So untersuchte SCHRÖDER herzgesunde Personen mit vegetativer Dystonie und kontrollierte die Herzgröße im In- und Exspirium. Er stellte fest, daß der vagotone Reaktionstyp gekennzeichnet ist durch ein ausgesprochenes Zerfließen der Herzkontur, wobei die Größenveränderungen bis zu 2,5 cm ausmachen können, während der sympathikotone Reaktionstyp nur geringe respiratorische Breitenschwankungen aufweist, welche in der Regel 0,5 cm nicht überschreiten.

7. Herzstoffwechselstörungen

Unter dem Einfluß der lange herrschenden Tendenz zur physikalisch-mathematischen Berechnung der Hämodynamik ist die chemische Seite des Problems „Herzinsuffizienz" sicher vernachläßigt worden.

Es ist nun den Untersuchungen von FLECKENSTEIN, HEGGLIN, SCHUMANN u. a. zu danken, daß wir heute mehr auf diesem Gebiete wissen. So handelt es sich z. B. bei der „energetisch-dynamischen Herzinsuffizienz", dem sogenannten HEGGLIN-Syndrom, um eine sowohl primär mögliche, meist aber sekundär vorkommende, durch hämodynamische oder neurohormonale Vorgänge ausgelöste Kaliumstoffwechselstörung im Myokard. Dabei ist weder der Gesamtgehalt von K^+ im Herzmuskel, noch das intrazelluläre K^+ oder der intrazelluläre K^+/Na^+-Quotient von Bedeutung, sondern allein das Konzentrationsgefälle von intra- und extrazellulärem K^+ („kardialer Kalium-Quotient"). Erhöhung dieses Quotienten infolge einer Abnahme der extrazellulären Serum-Kalium-Konzentration führt zum Ekg vom „Hypokaliämietyp". Er ist im wesentlichen gekennzeichnet durch Verlängerung der QT-Dauer mit vorzeitig einsetzendem 1. Anteil des 2. Herztones (Spechtschlagphänomen) bzw. bei Tachykardie durch Fortfall des 2. Herztones (Kaninchenrhythmus). Das Syndrom, das in der Regel völlig reversibel ist, findet sich bei Hypoxämie des Myokards, Mineralstoffwechselstörungen, Intoxikationen, komatösen Zuständen usw. Es ergibt sich aus allen bisherigen Untersuchungen, daß jede stärkere Kalium-Verarmung des Myokards nicht nur die Erregungsprozesse, sondern auch den kontraktilen Mechanismus selbst zu beeinträchtigen scheint (FLECKENSTEIN). Das schlimmste Mißverhältnis zwischen K^+-Freisetzung und restitutiver K^+-Rückbindung dürfte bei Kammerflimmern und Myokardinfarkt auftreten. Auch Starkstromeinwirkung oder Digitalisvergiftung – als besonders wichtige Ursache des Kammerflimmerns – kann in typischer Weise zu massiven Kalium-Verlusten Anlaß geben. Auch beim Kalium-Mangelsyndrom insulinbehandelter Diabetiker wurden akut auftretende Herzinsuffizienzen mit Dilatation beobachtet, die in Bestätigung der kaliummangelbedingten Genese, durch K^+-Gaben raschestens zu beheben waren.

Daneben wird man andere Faktoren und ihre Störung nicht ganz vernachlässigen dürfen. Das gesunde Herz ist nicht extrem sauerstoffmangelempfindlich, zumal ihm der Weg anoxybiotischer Energiebelieferung offen steht. Es ist aber möglich, daß durch vegetativ-endokrine, oder fermentative Hemmungsmechanismen, diese Möglichkeiten verlangsamt ablaufen oder gar blockiert werden. Von besonderem Interesse sind außerdem noch die Veränderungen des Kohlehydratstoffwechsels und deren Koppelung mit dem Überträgermechanismus der Wirkstoffe des vegetativen Nervensystems bei der Entstehung einer Herzinsuffizienz (GREMELS). So führt Abnahme des Vagustonus zu einer Verschlechterung der assimilatorischen Zuckerverwertung des Myokards, während bei Vagusreizung Zucker aus dem Blut in den Herzmuskel assimiliert werden kann. Sauerstoff- und Zuckerverbrauch des Herzmuskels stehen dabei in einem bestimmten Verhältnis zu einander. Bei Vorherrschen des Sympathikus verliert das Herz zunehmend die Fähigkeit Zucker aus dem Blut zu verbrauchen, es muß sein Eigenglykogen angreifen, wobei es dann wiederum zum Herzversagen kommen soll (GREMELS). Auf die Zusammenhänge zwischen Herzstoffwechsel, Leber- und Milzfunktion hat REIN aufmerksam gemacht. Wieweit durch Leber- und Milzstauung bei der Rechtsinsuffizienz die herzmetabole Wirkung beider Organe gesteigert oder vermindert wird, ist bisher noch nicht geklärt.

Literatur zu Kapitel III, Abschnitt A, 7

BERG, H.: Über den Herzmuskelstoffwechsel bei Hyperthyreose und seine Beeinflussung durch Vitamin C. Arch. exper. Path. **185**, 359 (1937). — BLAIN, J. M. und Mitarb.: Studies on myocardial metabolism. VI. Myocardial metabolism in congestive failure. Amer. J. Med. **20**, 820 (1956). — BOHNENKAMP, H.: Die Energieumwandlung im Herzmuskel. Z. Biol. **84**, 79 (1926); Energieumsatz und Nervensystem in ihrer Bedeutung für Herz und Kreislauf. Verh. Dtsch. Ges. Kreislaufforschg. **6**, 193 (Dresden u. Leipzig 1933). — BONG, E., P. JUNKERSDORF und STEINBORN: Untersuchungen über die relative und chemische Zusammensetzung des Herzens unter physiologischen und pathologischen Bedingungen; ein Beitrag zur Physiologie und Pathologie des Herzstoffwechsels. Z. exper. Med. **92**, 265 (1933). — BOYLAND, E.: Chemical changes in muscle. III. Vertebrale cardiac muscle. Biochem. J. **22**, 376 (1928). — DIETRICH, S. und H. SCHWIEGK: Angina pectoris und Anoxie des Herzmuskels. Z. klin. Med. **125**, 195 (1933). — EDENS, F. E.: Krankheiten des Herzens und der Gefäße (Berlin 1929). — EGGERS, P. und H. SCHUMANN: Vergleichende Untersuchungen über Veränderungen des Herzstoffwechsels und des Elektrokardiogramms bei Zuständen der Koronarinsuffizienz. Z. klin. Med. **137**, 710 (1940). — EISMAYER, G. und H. QUINCKE: Stoffwechseluntersuchungen am Kaltblüterherzen. Über den Glykoseumsatz bei verschiedener Arbeit. Z. Biol. **88**, 139 (1928). — FLECKENSTEIN, A.: Herzmuskelstoffwechsel und seine Abhängigkeit von der Koronardurchblutung. Wien. Z. inn. Med. **39**, H. 2, 69 (1958). — FÜRTH, O.: Der Stoffwechsel des Herzens und des Muskels, in: OPPENHEIMER, Hdb. d. Biochemie, 2. Aufl., Band 8 (1925). — HEGGLIN, R.: Über klinische Probleme des Myokardstoffwechsels. Schweiz. med. Wschr. **82**, H. 47, 1211 (1952). — HOCKERTS, TH, und W. LAMPRECHT: Untersuchungen über den Herzstoffwechsel. Medizinische **8**, 289 (1957). — KONIAKOWSKY, L. und H. OBERGASSNER: Das Serumeiweißbild bei cardialer Dekompensation. Ärztl. Forschg. **6**, H. 9, 397 (1952). — LAMPRECHT, W. und Mitarb.: Untersuchungen über den Herzstoffwechsel. III. Hoppe-Seylers Z. physiol. Chem. **207**, 144 (1957). — LASCH, F.: Über den Gesamtkohlehydratgehalt des Herzmuskels. Klin. Wschr. **1932**, 643; und K. TRIGER: Experimentelle Untersuchungen über die Beeinflussung des Kohlehydratgehaltes im Herzmuskel. I. Direkt am Zuckerstoffwechsel angreifende Mittel. Z. exper. Med. **85**, 390 (1932). — LIEBIG, H.: Untersuchungen über den Kohlehydratstoffwechsel des Herzens. I. Kohlehydratgehalt des menschlichen Herzens bei verschiedenen Erkrankungen. Arch. exper. Path. **195**, 465 (1940). — v. METZLER, A.: Über hormonale Ursachen der Herzhypertrophie. Arch. Kreislaufforschg. **18**, 359 (1952). — PENDL, F.: Myokardstoffwechsel und Herztherapie (Stuttgart 1954). — SCHENK, P.: Untersuchungen über die Grundlagen des Stoffwechsels des Herzens. I. Mitt. Pflügers Arch. **202**, 315; II. Mitt.: Pflügers Arch. **202**, 337 (1924). — SCHUMANN, H.: Untersuchungen über den Muskelstoffwechsel des Herzens. Erg. inn. Med. **62**, 869 (1942); Der Muskelstoffwechsel des Herzens (Darmstadt 1950). — WUHRMANN, F.: Herzkrankheiten und Bluteiweißbild. Dtsch. med. Wschr. **77**, H. 23, 749 (1952). — WUNDERLY, CH und F. WUHRMANN: Über die Wechselbeziehungen zwischen den Plasmaproteinen und dem Gewebe. Schweiz. med. Wschr. **81**, H. 45, 1102 (1951).

8. Störung des Herzens durch extrakardiale Faktoren

Nachdem das Herz als tätigstes Organ, besonders bevorzugt als Locus minoris resistentiae bzw. als locus maioris reactionis in Erscheinung tritt, kann hier vorweggenommen werden, daß es kaum eine Organläsion gibt, die nicht, bei geeigneter Disposition und vegetativer Ausgangslage, ein kardiales Syndrom erzeugen oder sich unter einem solchen verbergen kann.

Es kann nun sein, daß es sich einfach um eine Fehlprojektion der Beschwerden, wie z. B. bei einem hohen kardianahen Magengeschwür handelt, oder aber, daß das Leiden das Herz tatsächlich in Mitleidenschaft zieht, wie z. B. bei der gar nicht selten durch kleine mediastinumnahe Lungentumoren inaugurierten paroxysmalen Tachykardie. Die kardiale Beteiligung kann aber auch über das Vegetativum zur Auswirkung kommen, wie z. B. im Rahmen des Reizsyndroms des oberen Körperquadranten, ausgehend von primär vertebralen Funktionsanomalien. Mechanische und nervöse, metabole, humorale und endokrine, allergisch-hyperergische und infektiös-toxische Faktoren können sich am Herzen auswirken, wobei die resultierenden Syndrome die Tendenz haben, sich selbständig zu machen, d. h. nach absehbarer Zeit einer kausalen Behandlung nicht mehr zugängig zu sein und ihren eigengesetzlichen Verlauf zu nehmen.

9. Allgemeine Gesichtspunkte bei der Beurteilung des Herzversagens (Kompensation, Dekompensation, Rekompensation)

Jede Herzschädigung wird, wenn sie ein primär leistungsfähiges Herz trifft, soweit durch zahlreiche Hilfsmaßnahmen (Kompensationen) ausgeglichen, daß die Ruhefunktion von Herz- und Kreislauftätigkeit weitgehend unbeschadet erhalten bleibt. An diesem Zustand der „Kompensation" beteiligen sich mechanisch-hämodynamische, humorale, hormonale bzw. chemisch-physikalische und nervöse Faktoren. Als spezielle Kompensationsmaßnahmen können Zunahme der zirkulierenden Blutmenge, Steigerung des Minutenvolumens, Beschleunigung der Strömungsgeschwindigkeit, Besserung der Sauerstoffsättigung und der Sauerstoffausnützung usw. angesehen werden. Es ist dabei von Bedeutung, daß die Hämodynamik (Blutdruck, Venendruck, Vitalkapazität) bei jeder vollständigen Kompensation im Bereich der Norm gefunden wird. Nur der Puls kann unter Umständen auch bei einwandfreier Kompensation einen Hinweis auf den hämodynamischen Defekt geben (z. B. pulsus celer et altus bei der Aorteninsuffizienz, pulsus tardus et longus bei der Aortenstenose) usw.

Besondere Kompensationsmaßnahmen von seiten des Herzens sind Dilatation und Hypertrophie. Das Anfangsglied in dieser pathogenetischen Kette ist in allen Fällen eine mehr oder weniger deutliche tonogene Dilatation, die entweder durch vermehrte Restblutmenge oder durch Pendelblut zustande kommt und die Myokardfaser durch erhöhte Anfangsspannung zu einer besseren Ausnützung der Kontraktionsbreite befähigt. Auf diese Weise kommt es, ähnlich wie beim Training, zu einer dauernden gesteigerten Leistungsforderung an das Myokard, die den natürlichen Reiz für eine Hypertrophie darstellt.

Während bislang als Ursache der Volumenzunahme der Herzmuskelzelle ausschließlich deren Dehnung angesehen wurde, zeigten Untersuchungen der letzten Jahre, daß dem Einfluß des humoral-nervösen Systems bei der Entwicklung einer Herzhypertrophie eine überragende Bedeutung zuzukommen scheint. Insbesondere wird die Einwirkung des somatotropen Hormons unter Mithilfe von Thyroxin sowie die Bedeutung der Nebennierenhypertrophie hierfür hervorgehoben (BEICKERT, V. METZLER, SELYE, BEZNÁK, DE GRANDPRÉ und Mitarb.).

Man muß annehmen, daß es erst durch Störungen in der Koordination zwischen humoral-nervösem System und Herzmuskelstoffwechsel bei Vorhandensein mechanischer Vorbedingungen, wie sie LINZBACH mit Widerstandserhöhung, vermehrtem Schlagvolumen und verkürzter Austreibungszeit angegeben hat, zur Dilatation und als deren Folge zur Hypertrophie kommt. Solange eine Disharmonie zwischen humoral-nervösem System und Herzmuskelstoffwechsel nicht vorliegt, scheint das Myokard nicht zu hypertrophieren.

Es hat sich nachweisen lassen, daß wahrscheinlich alle gesunden Herzen die gleiche Anzahl von Herzmuskelfasern besitzen, deren Wachstum harmonisch unter gleichbleibendem Verhältnis von Länge und Breite erfolgt. Bei längerdauernder hämodynamischer Belastung des Herzmuskels ist eine Massenzunahme im Sinne einer strukturellen Anpassung möglich, und zwar durch Volumenzuwachs der einzelnen Fasern. Bei der kritischen Grenze des Gesamtherzgewichtes von etwa 500 g ab beginnt eine echte Hyperplasie mit numerischer Vermehrung der Herzmuskelfasern, Herzmuskelfasergruppen gehen unter Schwielenbildung zugrunde, und es setzt eine Hypertrophie der übriggebliebenen Fasern ein, die funktionell minderwertiger und daher frühzeitiger zum funktionellen Versagen disponiert sind (v. BOROS). Mit einer Hypertrophie des Herzmuskels geht eine Aufschließung und bessere Kapillarisierung des kapillaren Strombettes einher. So lange sich nun Hypertrophie und ausreichende Koronardurchblutung die Waage halten, kann die Kompensation als gewährleistet gelten. Sie wird dagegen begrenzt sowohl durch myogene als auch zirkulatorische Faktoren. Der Herzmuskel kann dabei aus folgenden Gründen zur Ursache der Dekompensation werden:

a) topographisch: Ist die vorliegende Störung von den relativ muskelschwachen Vorhöfen zu überwinden, dann ist die Grenze der Kompensation schneller erreicht, als wenn die zur Hypertrophie weit mehr disponierten Ventrikel dem Hindernis vorgelagert sind;

b) konstitutionell: Das Myokard des asthenisch-leptosomen Typus ist zur Hypertrophie nur in sehr geringem Maße befähigt (s. S. 39);

c) metabolisch: Ein Myokard, das durch bindegewebige Entartung, braune Atrophie usw. bereits weitgehend degeneriert ist (Folge von Durchblutungsstörungen, Infektionen, Alter), ist nicht mehr in der Lage, nennenswert eine kompensatorische Hypertrophie auszubilden.

Diesen myogenen Versagensmechanismen steht die Koronarinsuffizienz als andere Ursache der Dekompensation gegenüber. Es ist anzunehmen, daß dieser Faktor eine weitaus größere Rolle spielen würde, wenn nicht kompensationsspezifische Stoffwechselumstellungen im Myokard stattfänden, die einem vorzeitigen Mißverhältnis zwischen Myokardleistung und Koronardurchblutung vorbeugten.

Wahrscheinlich geht mit der Hypertrophie des Myokards eine Tonussteigerung des Vagus Hand in Hand. Dadurch wird der Myokardstoffwechsel zu vermehrter anaerober Energielieferung angeregt. Auf diese Weise wird das Myokard voll leistungsfähig gehalten und das Koronarsystem entlastet. Dieser Vorgang birgt in sich jedoch den Nachteil der Erschöpfbarkeit, da einmal die Reserven der Energiequellen für die anaeroben Spaltungen zu Ende sind und andererseits die anaerobe Spaltung nur einen Bruchteil der Energie liefert, die das gleiche Material bei oxydativer Verbrennung liefern könnte. Neben dem Myokard spielen für die Erhaltung der Kompensation auch die Atmung und das Blut eine nicht unbedeutende Rolle. So müssen eine Vertiefung der Atmung (nicht Dyspnoe) und eine Aufschließung des pulmonalen Strombettes (nicht Lungenstauung) im Sinne einer Unterstützung der Herztätigkeit und einer Erleichterung der Kreislauffunktion durch optimale Sauerstoffsättigung des Blutes gewertet werden. Letztere wird unterstützt von Seiten des Blutes durch eine Vermehrung von Erythrozyten und Hämoglobin (Polyzythämie, Polyglobulie) sowie durch eine mäßige Azidose, welche die Sauerstoffabgabe in der Peripherie begünstigt, und durch eine gute Tonisierung der Venenwände, die das Blutangebot an das rechte Herz verbessert.

Diese Vorgänge wirken zusammen und charakterisieren den Zustand der Kompensation. Er vermittelt eine normale Ruhefunktion, ist pathogenetisch jedoch deutlich durch Einschränkung der Leistungs- bzw. Anpassungsbreite bei Belastung gekennzeichnet.

Demgegenüber ist der Zustand der Dekompensation durch ein Darniederliegen der Hämodynamik und ein Versagen zahlreicher Kompensationsmechanismen charakterisiert.

Am Herzen machen dabei tonogene Dilatation und Hypertrophie einer myogenen Dilatation auf koronarer oder metaboler Grundlage Platz. Das Herz wird schlaff, die Kontraktionen werden unausgiebig, die Herzfrequenz nimmt zu, Schlagvolumen, Strömungsgeschwindigkeit und Vitalkapazität dagegen ab, während der Venendruck deutlich ansteigt. Gleichzeitig werden Stauungserscheinungen je nach Art der Insuffizienz im kleinen oder großen Kreislauf bemerkbar. Es ist jedoch wesentlich, daß in der Dekompensation nicht nur ein hämodynamisches, sondern vor allem auch ein Stoffwechselproblem gesehen wird, dessen Auswirkung an nahezu allen Organsystemen nachweisbar ist. Im Vordergrund dieser Störungen stehen naturgemäß Atmung und Blut, da ihre Funktionen einerseits sehr wesentlich von der Kreislaufleistung abhängen und sie andererseits auch besonders für Kompensationsmaßnahmen geeignet machen. Für die Atmung ergeben sich

Schwierigkeiten aus der Tatsache, daß sie sowohl durch die Azidose und die CO_2-Anhäufung im Blut, als auch durch die allgemeine Stoffwechselsteigerung des Dekompensierten angeregt wird, zumal die gleichzeitige vermehrte Blutfüllung der Lunge nur eine oberflächliche und unausgiebige Atmung gestattet. Während beim Gesunden in Ruhe und Arbeit das Arterienblut zu ungefähr 96% seiner maximalen Fassungskraft mit Sauerstoff gesättigt wird, sinkt bei mittelschwerer Kreislaufdekompensation die arterielle Sättigung bereits in Ruhe auf 92–89% und kann beim schwerstdekompensierten Herzfehler bis auf unter 80% abfallen. Dieser Mangel kann nur dadurch bis zu einem gewissen Grade ausgeglichen werden, daß Erythrozytenzahl und Hämoglobingehalt noch mehr als bereits im Zustand der Kompensation ansteigen (auf 7 bis 8 Millionen Erythrozyten und Werte von 110 bis 120 Hb), wodurch die Viskosität des Blutes in der Dekompensation erhöht und die Arbeit des Herzens weiterhin erschwert wird. Auch die Gewebe sind weitgehend bemüht, der hypoxämisch bedingten Stoffwechselstörung Herr zu werden. Während das gesunde Gewebe den Erythrozyten nur einen mäßigen Teil ihrer Sauerstoffladung abnehmen kann, so daß die arteriovenöse Sauerstoffdifferenz nur 6 bis 6,5 Vol.-% beträgt, steigt diese in der Dekompensation auf das Doppelte und mehr an, und nur ganz schwer Dekompensierte scheinen auch die Fähigkeit, auf diese Reserve zurückzugreifen, verloren zu haben.

Neben der Viskositätssteigerung ist es vor allem auch die Azidose, welche die körperliche Leistung des Herzkranken beschränkt und als Glied eines Circulus vitiosus die Herzschwäche begünstigt. Es ist andererseits nicht von der Hand zu weisen, daß auch in der Azidose ein Kompensationsfaktor gesehen werden muß, durch den die Sauerstoffutilisation in der Peripherie erleichtert wird.

Aber auch andere Stoffwechselstörungen sind im Rahmen der Dekompensation erwähnenswert. Neben den Erscheinungen am Magen-Darmkanal spielt vor allem auch die Leber bei der Herzschwäche eine Rolle. Die häufig auftretende Hyperbilirubinämie wird als Folge eines vermehrten Erythrozytenzerfalls bzw. einer direkten, stauungsbedingten Leberzellschädigung bezeichnet, sowie die meist im Anschluß an die Leberstauung auftretende Ödemneigung durch die ungenügende Produktion eines diureseförderenden Stoffes erklärt, der normalerweise in der funktionstüchtigen Leber gebildet wird, den Gallensäuren nahesteht und das Übertreten von Wasser aus den Geweben in die Blutbahn erleichtert.

Ein anderer Ausdruck der Stoffwechselstörung ist auch das Ansteigen von Rest-N, Harnstoff und Harnsäure im Blut. Dieser Befund kann als Folge einer stauungsbedingten Niereninsuffizienz aber z. T. auch als Kompensation aufgefaßt werden, nachdem der Harnstoff in ausgezeichneter Weise die Diurese begünstigt. Als Störungen des Mineralstoffwechsels werden Hypochlorämie, Hypokalzämie und Hypokaliämie häufig beobachtet.

Auch das hormonale System ist vielfach beeinträchtigt. Die Funktion der Geschlechtsdrüsen liegt mit Sistieren von Libido und Potenz, den Menstruationsstörungen, Früh- und Fehlgeburten in der Regel darnieder. Vielfach gleicht das Gesamtbild der Dekompensation einer Hyperthyreose mit ihrer Stoffwechselsteigerung, der unökonomischen Kreislaufanfachung usw., eine Tatsache, die therapeutisch durch den Erfolg der Thyreoidektomie bei dekompensierten Herzleiden eine gewisse Bestätigung gefunden hat.

Diese Maßnahme, die ihre Konzeption nur metabolen, energetischen Überlegungen verdankt, ist heute jedoch wieder fallen gelassen worden, ja fast als Kunstfehler zu betrachten, da die synatherogene Wirkung der Schilddrüsenunterfunktion sehr viel verhängnisvoller ist, als früher bekannt war.

Weiterhin können die Abmagerung, die ausgeprägte Adynamie und Mattigkeit bei langanhaltender Dekompensation in Analogie zur Nebenniereninsuffizienz gesetzt werden. Die Stoffwechselsteigerung bei der Dekompensation kann zwischen $+15$ bis $+60\%$ betragen. Als Ursache werden vor allem der Einsatz der auxiliären Atemmuskulatur bei der krampfhaften Dyspnoe und die Mehrarbeit des hypertrophen Herzens angesehen. Sehr eigenartig sind schließlich auch die Stoffwechseländerungen in der Muskulatur. So ist der Phosphatbestand der Herz- und Skelettmuskulatur bei chronischen Herzleiden vermindert. Im Stadium der Dekompensation treten Stickstoff- und starke Phosphorverluste in Erscheinung und neben der Harnsäure ist auch die Gesamtkreatinausscheidung vermehrt. Kommt es bei der Dekompensation nun zu einer geringen körperlichen Belastung, dann kann sehr bald der Sauerstoffbedarf nicht mehr gedeckt werden, so daß die Muskulatur frühzeitig mit Sauerstoffschulden arbeiten muß. Der Milchsäurespiegel steigt auf eine Höhe, die beim Gesunden selbst bei schwerster Arbeit kaum erreicht wird.

Es empfiehlt sich, bei der Dekompensation mehr auf diese humoralen Veränderungen und nicht nur auf die hämodynamischen Probleme zu achten.

Aus derartigen Erwägungen heraus wurde das Serumeiweißbild bei der kardialen Dekompensation untersucht in der Hoffnung, eine Erklärung für lang anhaltende Schwächezustände oder bleibende Ödemneigung nach Normalisierung der Hämodynamik zu finden. Bei Untersuchung der Reaktionstypen der Eiweißfraktionen nach WUHRMANN und WUNDERLY machten wir folgende Beobachtungen: Das Eiweißbild der akuten entzündlichen Reaktion (L. KONIAKOWSKY und H. OBERGASSNER) konnte bei den meisten akuten Prozessen am Herzen (Endocarditis lenta, Myokardinfarkt) nachgewiesen werden. Subakute und chronisch entzündliche Veränderungen der Serumproteine wurden im Gefolge lokaler Stauungserscheinungen, besonders im Lungenkreislauf beobachtet. Die Untersuchung der Eiweißfraktionen mit der Methanolfällungsreihe ergibt kein für die kardiale Dekompensation typisches Kurvenbild. Die Schwere des Dekompensationszustandes und die Zusammensetzung der Serumeiweißkörper zeigen keine unmittelbaren Beziehungen.

Durch akute Flüssigkeitsretention in Form von Ödemen und Transsudaten werden die Proteinverhältnisse nicht nachweisbar beeinträchtigt. Bei chronischen Dekompensationszuständen, besonders auf dem Boden von Klappenfehlern, zeigt die Eiweißkurve das typische Bild des Leberzellschadens. Nur bei Nierenerkrankungen, die ihrerseits eine Herzinsuffizienz auslösen, oder bei besonderen Komplikationen kardialer Dekompensationszustände (Schwangerschaft, Hypoproteinämie, Herdnephritis) kommt ein nephrotischer Kurventyp zur Beobachtung.

Da bei der Routineuntersuchung der internistischen Praxis die Blutsenkung (BKS) regelmäßig durchgeführt wird, gaben Abweichungen von der Norm im Stadium der Dekompensation zu vielerlei Erwägungen Anlaß. Eine Erhöhung der BKS wird mit einer Vermehrung von Fibrin und Gamma-Globulin im Blut Dekompensierter, Erscheinungen, für die ein Leberschaden verantwortlich gemacht wird, in Zusammenhang gebracht. Weiterhin werden Beziehungen zwischen BKS, Reststickstoff und Erythrozytenzahl angenommen.

Für die Praxis muß festgehalten werden:

1. Die BKS-Beschleunigung ist kein obligates Symptom der Herzinsuffizienz.
2. Besteht eine deutliche Beschleunigung, so ist durch Differentialblutbild und Elektrophoresediagramm zu klären, ob es sich um einen akut oder chronisch entzündlichen Vorgang oder eine Myokardose auf dem Boden einer hepatogen oder nephrogen bedingten Dysproteinämie handelt.

3. Das Persistieren einer hohen Senkung oder ihr Wiederanstieg ist wegen der möglichen Entwicklung von Komplikationen als ungünstig zu betrachten.
4. Die Kombination: „Beschleunigte BKS mit Anämie" gibt Anlaß, nach bösartigen Ursachen (Endokarditis, Karzinom usw.) zu fahnden, da normalerweise jeder Zustand des Herzversagens die Tendenz zur Polyzythämie und damit zur niedrigen BKS hat.

Alle diese hämodynamischen und metabolen Umstellungen gewinnen eine besondere Bedeutung, wenn wir in unsere Betrachtungen das vegetative Nervensystem mit einschalten. E. H. HERING, LEWIS vertreten die Auffassung, daß das insuffiziente Herz mit einer Umstimmung des vegetativen Nervensystems im Sinne einer Vagotonie einhergeht. EDENS erklärt diese vagotone Einstellung des leistungsschwachen Herzens durch eine Asphyxie des Myokards. Nach den Untersuchungen von LEWIS und MATTHISON soll beim asphyktischen Herzen selbst noch nach Vagusdurchtrennung eine Bradykardie auftreten. Die bekannten klinischen Zeichen und Komplikationen, die bei einer Herzschwäche auftreten können, lassen sich auch unter diesem Gesichtswinkel betrachten.

Bekanntlich wird eine Erhöhung des Venendruckes über 10 cm Wasser als Ausdruck einer Rückstauung bei einer Insuffizienz des rechten Herzens, d. h. als Zeichen einer funktionellen Störung, angesehen. Da aber andererseits unter normalen Bedingungen ein Vagusreiz eine Erhöhung des Venendruckes durch eine Beschleunigung des venösen Rückstromes erzeugen kann, wird man in der Praxis zu unterscheiden haben, ob eine Venenstauung als Heilbestreben des Organismus, um durch eine größere Füllung und stärkere Spannung des rechten Ventrikels die Herzleistung anzuregen, anzusehen ist, oder ob tatsächlich infolge eines zu geringen Abschöpfungsvermögens des rechten Herzens der erhöhte Venendruck als Einflußstauung gewertet werden muß.

Eine vermehrte Blutfüllung der Lunge, soweit sie das alveolare Kapillarsystem betrifft und damit die Gasaustauschfläche vergrößert, kann als Heilmaßnahme gegen eine drohende Sauerstoffnot, die bei der erhöhten Stoffwechsellage des insuffizienten Herzens immer gegeben ist, angesehen werden. Anders liegen die Verhältnisse, wenn diese vermehrte Blutfüllung der Lungen zu einer Lungenstauung mit einer Lungenstarre (VON BASCH) führt. Unter diesen Verhältnissen wird, wie die Untersuchungen von SIEBECK gezeigt haben, der Gasaustausch verschlechtert.

Zusammenfassend können wir sagen, daß das Auftreten einer Vagotonie bei einem insuffizienten Herzen als Heilbestrebung des Organismus angesehen werden muß.

Unverständlich bleibt lediglich, warum bei einer Herzinsuffizienz, wenn tatsächlich eine Vagotonie vorliegt, so selten eine Bradykardie beobachtet wird. Eine Erklärung für diese Erscheinung könnte darin gesehen werden, daß

a) sich die vagotone Einstellung des Herzens ausgleicht gegen die Wirkung des Bainbridge-Reflexes, der bekanntlich über eine Erhöhung des Druckes im rechten Vorhof eine Tachykardie auszulösen vermag,

b) bei einem Myokardschaden auf degenerativer oder entzündlicher Basis die nervösen Zentren des Herzens geschädigt sind, so daß sie auf vagische Reize nicht im Sinne einer Bradykardie reagieren.

Darüber hinaus glauben wir auf Grund unserer Untersuchungen annehmen zu dürfen, daß

c) es sich bei der Vagotonie der Herzinsuffizienz um einen Zustand handelt, der, wie unsere Versuche gezeigt haben, zwar eine Veränderung in der Durchblutung und Blutfüllung bestimmter Organsysteme auslöst, die Schlagzahl des Herzens und den Arteriendruck aber unbeeinflußt läßt.

Besitzt die Theorie von der vagischen Einstellung des vegetativen Nervensystems bei der Herzinsuffizienz Gültigkeit, dann müssen wir die Frage aufwerfen, ob mit dieser Betrachtungsweise auch die Komplikationen, die bei der Herzinsuffizienz auftreten können, zu erklären sind.

Wir konnten nachweisen, daß abhängig von der Ausgangslage des vegetativen Nervensystems bzw. wenn das Reaktionsfeld ein funktionell gestörtes Organ darstellt, leichte vagische Impulse überschießend beantwortet werden können. Es ist uns durch klinische und experimentelle Studien am Lungenkreislauf bekannt, daß bei einem Vagusreiz, der von irgendeinem Organ wie Magen, Gallenblase, Gehirn usw. ausgeht, nicht nur die gewünschte Aufschließung des alveolaren Kapillarsystems erfolgt, sondern daß bei Vorliegen einer Regulationsstörung des Lungenkreislaufes im Sinne einer pulmonalen Dystonie, wie wir sie bei Vagusneurose, aber auch bei infektiösen und toxischen Schädigungen der Lunge (chronische Bronchitis, Schlafmittel-Vergiftung usw.) nicht selten beobachten, das Auftreten eines akuten Lungenödems leicht erfolgen kann. Am einfachsten läßt sich die Entstehung eines reflektorischen Lungenödems durch Reizung des Nervus vagus am Beispiel der akuten Magenblähung experimentell nachweisen (HOCHREIN).

Kommt es zu einer vermehrten Blutfüllung der Lunge, dann reichen die Kräfte des rechten Herzens nicht aus, um das Blut mit ausreichender Geschwindigkeit durch den Lungenkreislauf zu treiben. Der Atemmechanismus, der als Hilfsmotor für die pulmonale Blutbewegung dient, erhält über das Atemzentrum bessere Arbeitsbedingungen, die durch eine Höherstellung der Mittellage der Atmung gegeben sind. Bereits WENCKEBACH hat darauf hingewiesen, daß sich bei der Herzinsuffizienz, wenn eine Lungenstauung eintritt, meist auch ein „volumen pulmonum auctum" entwickelt. Dieser Vorgang kann sehr leicht bei einem gesunden Menschen durch eine Unterdruckatmung, durch welche die Blutfüllung der Lunge vermehrt wird, nachgeahmt werden.

Liegt jedoch eine Überempfindlichkeit des Atemzentrums vor, dann genügt bereits ein geringer Unterdruck, um den Atemmechanismus umzustellen, und bei entsprechender Disposition des vegetativen Nervensystems tritt nunmehr ein asthmatischer Anfall auf. Dieser Zustand wird besonders leicht eintreten, wenn, wie beim Asthma cardiale, die bei der Herzinsuffizienz bereits gegebene vagotone Einstellung des Kreislaufes eine weitere Verstärkung durch die vagotone Umstellung des vegetativen Nervensystems im Schlaf erfährt. Nach unseren Erfahrungen treten während der Nacht die Anfälle von Asthma cardiale sehr häufig auf, wenn die Patienten erwachen, um durch Pressung, die bekanntlich einen Vagusreiz auslöst, Gase oder Urin zu entleeren.

Das lange und stöhnende Exspirium im Asthma-Anfall, das bisher als quälendes Krankheitszeichen angesehen worden ist, betrachten wir als Heilvorgang gegen die vermehrte Blutfüllung der Lunge. Beim Stöhnen wird durch eine halb geschlossene Glottis der intrapulmonale Druck erhöht und dabei Blut aus der Lunge gepreßt.

Das Stadium nach Behebung der Dekompensation bezeichnen wir als Rekompensation. Darunter wird die Normalisierung der Hämodynamik nach erfolgreicher Behandlung verstanden. Es ist eine Erfahrungstatsache, daß die Prognose eines Falles, der bereits einmal dekompensiert war, immer schlechter ist, als eines solchen, der diesen Zustand bisher nicht erreicht hatte. Weiterhin ist bekannt, daß, selbst wenn es nach einer Dekompensation gelingt, hämodynamisch wieder den Kreislaufzustand zu heben, selten die gleiche Leistungsfähigkeit wie vor dem Auftreten der Dekompensation zu erreichen ist. Vielfach ist die Rekompensation durch ein so labiles Gleichgewicht aller Kreislauffunktionen gekennzeichnet, daß schon geringste Anlässe (Aufregung, kleine Anstrengung, grippaler Infekt usw.) genügen, um die Dekompensation wieder manifest zu machen. Es ist daher anzunehmen, daß der Zustand der Dekompensation eine wahrscheinlich metabolisch bedingte Umstimmung der Gewebe hinterläßt, die einmal durch die Überbeanspruchung aller Kompensationsmöglichkeiten, andererseits durch allgemeine schwere Stoffwechselstörungen, die in ihren Folgen wahrscheinlich nur selten vollkommen reversibel sind, zustande kommt. Die Bedeutung der dabei auftretenden Leberfunktionsstörungen wird später ausführlich besprochen.

10. Spezielle Probleme der Herzschwäche

10.1. Herzinsuffizienz, Kreislaufinsuffizienz

Als Herzinsuffizienz wird die leichteste Form des Herzversagens bezeichnet, die sich in Ruhe kaum feststellen läßt und sich erst nach Belastung durch eine Verminderung der körperlichen Leistungsfähigkeit infolge des Auftretens von Insuffizienzerscheinungen (Dyspnoe, Tachykardie, verminderte Vitalkapazität) manifestiert. Demgegenüber steht als „kardiale Kreislaufinsuffizienz" die große Gruppe von Kranken, die bereits in der Ruhe Dekompensationszeichen von Seiten des Lungenkreislaufes oder des großen Kreislaufes aufweist. Die Hämodynamik läßt in dieser Gruppe zwei Formen unterscheiden:

a) Die prognostisch günstige Form, bei der das Minutenvolumen trotz der Dekompensationserscheinungen noch normal ist und schwere Veränderungen in der Blutzusammensetzung nicht vorliegen;

b) die prognostisch ungünstige Form, bei der das Minutenvolumen schon in der Ruhe unter der Norm liegt und die Gesamtblutmenge vermehrt ist. Die wachsende Blutmenge braucht einen größeren Querschnitt des Kreislaufes. Auf diese Weise werden die Blutdepots langsam mit Blut überfüllt, und das vor dem Herzen liegende Blut kann nicht mehr bewältigt werden. Es tritt dadurch eine allgemeine Stromverlangsamung ein, der Sauerstoffmangel im Gewebe wird verstärkt. Bei der Kreislaufinsuffizienz kann die zirkulierende Blutmenge vermehrt oder vermindert sein. Es wird dann von einer Plus- oder Minus-Dekompensation gesprochen (WOLLHEIM).

HEGGLIN unterscheidet darüber hinaus die hämodynamische und die energetisch-dynamische Herzinsuffizienz. Bei der ersteren liegt die Versagensursache in Kreislaufbehinderungen (Ventildefekte und dergl.), die so lange durch Kompensationsmöglichkeiten des Myokards überwunden werden, bis es zum Versagen kommt. Bei der energetisch-dynamischen Herzinsuffizienz wird eine Adynamie des Herzmuskels angenommen, bei der es zu einem Versagen kommen kann, vorzugsweise durch eine Hypokaliämie infolge der verschiedensten Stoffwechselstörungen, wie Coma hepaticum, Thyreotoxikose, profuse Diarrhöen, Infektionskrankheiten, Vergiftungen usw. (s. S. 138).

Die Störung im Gleichgewicht zwischen Blutzufuhr und Blutabtransport kann bedingt sein durch:

1. Abnahme der Dehnbarkeit der Herzwand. Der Bluteinstrom wird vermindert, die Anpassungsfähigkeit an eine größere Leistung geht verloren (Myodegeneratio cordis, Concretio pericardii).
2. Abnahme der Kontraktionskraft. Bei jeder Systole bleibt eine größere Restblutmenge zurück (infektiöse, toxische Myokardschädigung).
3. Minderung der Arbeitsökonomie.

Zwischen den einzelnen Herzabschnitten wird fortwährend eine größere Menge Pendelblut hin- und herbewegt oder dem Blutabstrom erwächst ein höherer Widerstand (Klappenstenose, metabole Insuffizienz, arterieller Hochdruck).

Es kommt somit bei einem Herzfehler zur Herzschwäche, wenn das Anpassungsvermögen des Herzens sich erschöpft, oder wenn neue Ansprüche an die Herzarbeit gestellt werden, die der Herzmuskel zu leisten nicht mehr imstande ist. Es gilt dies besonders bei Hinzutreten einer Infektionskrankheit, wobei auch leichtere allgemeine Infekte wie Erkältungskrankheiten, Grippe usw. eine Rolle spielen können. Seelische Erregungen sind oft schwerwiegender als körperliche Überlastungen, die nur in seltenen Fällen, wegen der Hemmung durch die schützende Dyspnoe, ein schädigendes Ausmaß erreichen kann. Ein organisch gesundes Herz kann bei körperlicher Überlastung dekompensieren, wenn gleichzeitig ein Focus (Mandeln, Zähne) oder eine latente Infektion vorliegt.

Nachdem die Herzabschnitte einzeln dekompensieren und somit spezielle hämodynamische und klinische Bilder erzeugen können, muß auf die Formen des isolierten Links- bzw. Rechtsversagens noch kurz hingewiesen werden.

10.2. Linksherzinsuffizienz

Das Versagen des linken Herzens wird am schnellsten bei der Mitralstenose, sehr viel langsamer bei der Mitralinsuffizienz erreicht. Bei Aortenfehlern und dem arteriellen Hochdruck treten die Erscheinungen der Linksinsuffizienz erst sehr spät auf, da der linke Ventrikel lange kompensieren kann. Erst durch myogene Dilatation kommt es zur relativen Mitralinsuffizienz, d. h. zur funktionellen Mitralisierung eines Aortenfehlers.

Die Linksinsuffizienz geht einher mit zunehmender Stauung im kleinen Kreislauf (Dyspnoe, verminderte Vitalkapazität, feuchte Rasselgeräusche, Akzentuation des II. Pulmonaltones und Zyanose). Die Lungenstauung erfordert sekundär eine Mehrbelastung des rechten Ventrikels, der mit zunehmender „Trikuspidalisierung" ebenfalls insuffizient wird. Die Linksinsuffizienz, d. h. die Stauung im kleinen Kreislauf, geht somit allmählich in Rechtsinsuffizienz, d. h. in eine Stauung im großen Kreislauf über. Es ist die natürliche Entwicklung jeder vom linken Herzen eingeleiteten Dekompensation, daß sie letzten Endes zur Rechtsinsuffizienz wird.

Einem anderen Modus als über die langsame Trikuspidalisierung verdankt das BERNHEIMsche Syndrom seine Entstehung.

Es handelt sich dabei um eine funktionelle rechtsventrikuläre Stenose, die dadurch zustande kommt, daß bei einem Kranken mit ausgeprägter Mehrbelastung des linken Herzens (Aortenstenose, Hochdruck) das hypertrophierte Kammerseptum durch den maximalen Füllungszustand des linken Ventrikels so weit in das Lumen des rechten Ventrikels vorgebuchtet wird, daß die Füllung des rechten Ventrikels dadurch eine Erschwerung erfährt. Während der Lungenkreislauf dabei praktisch unbeeinflußt bleibt, kommt es in den fortgeschrittenen Stadien nahezu immer zu den Zeichen einer Jugularis- und Leberstauung. Das Syndrom ist klinisch aus der paradoxen Kombination von Rechtsinsuffizienz mit linksseitiger Herzerkrankung und fehlender Lungenstauung zu diagnostizieren.

10.3. Rechtsherzinsuffizienz

In gleicher Weise liegen die Verhältnisse hämodynamisch am rechten Herzen. Ist das Trikuspidalostium Sitz des Hindernisses, dann wird vor allem der rechte Vorhof gestaut und bei stärkerer Füllung mehr Arbeit zu leisten haben. Der Stauweiher dehnt sich in die großen, zum Herzen führenden Venen aus, der Venendruck steigt an. Liegt eine Belastung des rechten Herzens infolge einer pulmonalen Drucksteigerung (Pulmonalsklerose, Silikose bzw. andere Staublungenerkrankungen, Bronchiektasen, Emphysem, Bronchialasthma, Pleuraverwachsungen, Thoraxdeformität, Kompression der Art. pulmonalis durch ein Aortenaneurysma) vor, dann wird das venöse Blut nur in beschränktem Maße vom rechten Herzen abgeschöpft, ein Zustand, der auch als ,,pulmonales Hochdruckherz" bzw. als ,,Cor pulmonale chronicum" (s. Kap. IX, 0, 2.11) bezeichnet worden ist. Es kommt dabei zu einer Hypertrophie der rechten Kammer, besonders im Bereich des Conus pulmonalis, einer Vergrößerung des Herzens nach rechts und nach oben, einer Akzentuation von P II, sowie zu einer mehr oder weniger ausgeprägten Zyanose. Weiterhin bildet sich ein Stauweiher vor dem Herzen, d. h. in der Leber, die ohne große Störung ihrer Funktionen Blutmengen bis zu 1,5 Ltr. und mehr aufnehmen kann. Die Lunge wird relativ blutarm. Aus dieser Belastung kann sich eine Überlastung und danach eine Insuffizienz entwickeln. Eine Rechtsinsuffizienz, die als Folge einer Linksinsuffizienz zustande gekommen ist, führt somit zu einer Verminderung der Lungenstauung und damit zur Erleichterung der subjektiven, pulmonalen Beschwerden. Hat die Leber schließlich die Grenze ihrer Ausdehnungsfähigkeit erreicht, oder hat auf die Dauer auch eine Bindegewebsverhärtung die elastische Depotfunktion der Leber eingeschränkt, dann kommt es zur Ausbildung von Beinödemen, Aszites, Anasarka und allgemeinem Hydrops.

Eine akute Rechtsinsuffizienz kann eintreten bei der Lungenembolie und bei einem Myokardinfarkt im Bereich der rechten Kranzarterie. Es wird hier von einem Cor pulmonale acutum gesprochen, dessen klinische Kennzeichen in einer plötzlichen Rechtsdilatation mit Beklemmungsgefühl und schwerster Dyspnoe, Pulsation im 2. bzw. 3. Interkostalraum links, außerdem häufig in ausgeprägter Zyanose, Galopprhythmus und starker Füllung der Jugularvenen bestehen. Leberstauung und Ödeme dagegen werden nahezu regelmäßig vermißt.

10.4. Herzinsuffizienz bei gleichmässiger Schädigung beider Herzhälften

Gleichmäßige Schädigung kommt vor bei Perikarditis exsudativa bzw. adhäsiva, Arrhythmia absoluta, paroxysmaler Tachykardie, toxischer und infektiöser Myokardschädigung, Anämie, Stoffwechselstörungen und dergleichen.

Klinisch überwiegt in allen Fällen das Bild der Rechtsinsuffizienz. Je schlechter nämlich das Herz arbeitet, umso weniger wird der kleine Kreislauf gefüllt und umso geringer wird die dem linken Herzen gestellte Aufgabe.

Während das rechte Herz vom ganzen zuströmenden Blut belastet wird und unter dieser Bürde zusammenbricht, werden die Erscheinungen der Linksinsuffizienz, insbesondere schwere Stauung des Lungenkreislaufes, kaum beobachtet.

11. Symptome der Herzinsuffizienz

11.1. Herzbeschwerden

Für die Herzinsuffizienz typische Herzbeschwerden gibt es eigentlich nicht. Im Gegenteil, es ist eine Erfahrungstatsache, daß jahrelang bestehende Mißempfindungen mit Eintritt der Dekompensation verschwinden.

Es ist möglich, daß diese Tatsache erklärbar wird durch eine Änderung der Reizschwelle des sensiblen Nervensystems infolge von Hypoxydose, eine Annahme, die teleologisch gut verständlich wäre. Während nämlich beim kompensierten Herzen der Schmerz als Warnsymptom aufgefaßt werden muß, das dem leistungsbeeinträchtigten Organ rechtzeitig die Grenze seiner Belastbarkeit ankündigt, liegt die Funktion des dekompensierten Herzens so darnieder, daß es den Schmerz als Warner nicht mehr braucht, jetzt sogar zweckmäßig auf diese Schutzmaßnahme verzichtet, da der Schmerz, sowohl psychisch als auch vegetativ-nervös, die so lebenswichtige Koronardurchblutung eher noch zusätzlich verschlechtert.

Beschwerden in der Herzgegend werden oft fälschlicherweise ausschließlich auf eine Koronarinsuffizienz (s. S. 220) bezogen, gleichgültig ob es sich um Herzklopfen, Herzdruck, Herzkrampf usw. handelt. Um die Ursache zu ergründen, ist es wesentlich, das auslösende Moment festzustellen und darzutun, ob der Schmerz bereits in Ruhe, nach seelischen Erregungen oder körperlichen Überanstrengungen auftritt und wohin er ausstrahlt. Bereits durch diese individuellen Untersuchungen können viele in die Herzgegend lokalisierte Beschwerden als nicht kardial bedingt erkannt werden. Vielfach kann auch die Angabe des Patienten, wie es ihm gelingt, den Schmerz zu beseitigen (tiefe Atmung, Druck auf den Oberbauch, Aufstoßen, Erbrechen usw.) richtunggebend für die Diagnose sein. Auch die Art der auftretenden Herzbeschwerden kann bereits diagnostische Hinweise geben. Am eindrucksvollsten ist für den Kranken der Infarktschmerz, dessen Auftreten meist genau mit Tag und Stunde angegeben wird, so daß allein aus seiner Schilderung noch nach Jahren ein Infarkt wahrscheinlich gemacht werden kann.

Andere Myokarderkrankungen verlaufen dagegen vielfach weitgehend ohne Beschwerden oder lassen sich an einem dumpfen, meist vom Kranken selbst schlecht lokalisierbaren Druck- und Beklemmungsgefühl feststellen. Es wird über Herzunruhe, Herzleere, Herzmattigkeit, und dergleichen geklagt. Dauerschmerzen sind eher auf eine nicht kardiale Genese verdächtig, ebenso Schmerzen, die weder durch Belastung noch psychische Erregung beeinflußbar sind. Erkrankungen des Endokards pflegen in der Regel keine Beschwerden zu machen.

11.2. Zyanose

Das eindruckvolle Symptom der Blauverfärbung der Haut ist diagnostisch sehr vieldeutig.

Die Zyanose beruht in erster Linie auf einer Stauung der größeren oder kleineren Venen und auf Venenerweiterungen in den Kapillarschlingen, weil auch bei hochgradiger venöser Stauung ein normaler Gasaustausch in den

Lungen bestehen kann. In zweiter Linie ist sie Ausdruck eines veränderten Oxyhämoglobingehaltes im Blut. Es zeigt sich, daß bis zu 40% des Gesamtblutes als venöses Blut unter Umgehung der Lunge unarterialisiert vom rechten zum linken Herzen gelangen können bis eine Zyanose auftritt, wie es bei einem offenen Ductus arteriosus Botalli vorkommen kann. Auch die FALLOTsche Tetralogie manifestiert sich meist in einer Spät-Zyanose. Beim Vorhofseptumdefekt tritt die Zyanose erst zwischen dem 25. bis 45. Lebensjahr auf.

Bei kompensierten Herzkranken spielen die Verringerung der Strömungsgeschwindigkeit, sowie der gesteigerte O_2-Verbrauch im Gewebe die wesentliche Rolle. Letzterer kommt sowohl durch das unökonomische Arbeiten des geschädigten Herzmuskels als auch durch die Anhäufung von Milchsäure in der Skelettmuskulatur zustande, wie dies EPPINGER bei Herzinsuffizienz nachweisen konnte. So erklärt sich die insbesondere bei Muskelarbeit in diesen Fällen auftretende „Sauerstoffschuld", die im Gegensatz zur Norm noch längere Zeit nach Ende der Arbeit weiter besteht, bis sie durch eine abnorm vermehrte, der Oxydation der angehäuften Milchsäure dienende Sauerstoffaufnahme ausgeglichen wird.

Die Herz-Zyanose besteht in einer Verfärbung der Akren, im Gegensatz zu der flächenhaften Zyanose beim Versagen der Vasomotoren, z. B. im Kollaps. Erstere ist um so ausgeprägter, je entfernter die Körperstellen vom Herzen sind. Besonders betroffen sind: Wangen, Lippen, Nasenflügel, Ohrläppchen, Fingerspitzen, Ellenbogen, Kniescheiben und Zehen. An den unteren Extremitäten, bei denen durch das Gesetz der Schwere die Verlangsamung des Blutstromes noch gesteigert wird, bilden sich Venektasien, am Analring Hämorrhoiden. Bei der „Cirrhose cardiaque", die häufig Folge einer Concretio pericardii ist, entwickeln sich als Frühzeichen der Zirrhose sehr feine Venenzeichnungen am Rippenbogenrand, als Spätzeichen das Caput medusae. Bei längerem Bestand der Blutstauung kommt es zu bleibenden Anschwellungen (Lymphstauungen durch Kompression der Lymphgefäße), d. h. zu hypertrophischer Verdickung der Haut, ein Vorgang, der besonders an den Lippen und der Nase zu beobachten ist. Trotz objektiver Verschlechterung kann es dadurch scheinen, als ob die Zyanose abnehmen würde. Eine lange bestehende Zyanose kann auch zu einer Hyperplasie und damit zu Neubildung von Kapillaren führen.

Die Stauung im Venensystem findet sich nicht bei allen Klappenfehlern gleich schnell. Am frühesten tritt eine Zyanose bei Klappenfehlern des rechten Herzens auf, später bei denen der Mitralis und Aorta, weil das linkshypertrophe Herz lange kompensieren kann. In diesen Fällen machen körperliche Anstrengungen, Ärger, Schreck und Aufregungen die Zyanose erst offensichtlich, während Ruhe sie relativ schnell zurückgehen läßt.

Auf den ersten Blick gestattet die intensive dunkle Zyanose die Diagnose eines Vitiums bei dem häufigsten von allen angeborenen Klappenfehlern, der Pulmonalstenose (Morbus coeruleus).

Als Morbus AYERZA bzw. Morbus Niger wird die schwarze Zyanose bei Pulmonalsklerose bezeichnet. Beim Vorhofseptumdefekt, bei gleichzeitigem Vorhandensein eines Mitralvitiums, beobachtet man eine auffallend starke Zyanose, infolge Übertretens von venösem Blut aus dem rechten in den linken Vorhof. Bei Koronarembolie, Myokardinfarkt, nimmt das Gesicht im Anfall eine charakteristische graublaue Farbe an. Dekompensationserscheinungen der Mitralisierung bei Myodegeneratio cordis äußern sich u. a. durch eine zunehmende Zyanose. Das Bild des Asthma cardiale zeigt äußerlich eine Lippenzyanose mit blasser und kühler Haut und kaltem Schweiß; im Anfall dagegen häufig extreme Zyanose. Als weitere besondere Art der Zyanose sei noch der Melas-Ikterus erwähnt, welcher durch einen Stauungsikterus als schmutzig-grau-grüne Zyanose auftritt.

11.3. Dyspnoe und andere kardial bedingte Atmungsanomalien

Die Dyspnoe ist das erste und regelmäßigste Zeichen jeder Herzinsuffizienz. Sie tritt zuerst nach Belastung, später auch in Ruhe auf. Durch vermehrte Blutfülle ist das Luftfassungsvermögen der Lunge eingeschränkt (verminderte Vitalkapazität) und durch die, jede chronische Stauung begleitende, sekundäre bindegewebige Entartung wird auch der Gasaustausch erschwert. Bei hochgradiger Dyspnoe ist der Kranke nicht mehr imstande, in liegender Stellung ausreichend Luft zu bekommen, nur noch in aufrechter Haltung kann die quälende Luftnot einigermaßen ertragen werden (Orthopnoe).

Die Entstehungsweise der Dyspnoe kann noch keineswegs als geklärt angesehen werden. Zahlreiche Faktoren sind an ihrem Zustandekommen beteiligt, zumindest wird man sie nicht einfach als Folge einer zunehmenden Lungenstauung ansehen dürfen. So wird man mit dem Zusammenwirken folgender Möglichkeiten zu rechnen haben:

1. Störung der respiratorischen Funktion der Lunge durch Stauung der Lungengefäße, Zunahme des Blut- und Abnahme des Luftgehaltes.
2. Abnahme der normalerweise ausgiebigen Atembewegungen der Lunge durch Verminderung von Dehnbarkeit und Elastizität infolge zunehmender Lungenstarre (BASCH).
3. Änderung des reflektorischen Verhaltens der Lunge infolge der Überdehnung der Lungengefäße und dadurch bedingte Reizung der in den Gefäßwänden liegenden Rezeptoren. Auch die Dauerdehnung und Starrheit der Lunge wirken in gleicher Richtung, wird doch durch die Überblähung die Empfindlichkeit für den HERING-BREUERschen Reflex, den wichtigsten Modulator der Atemregulation so gesteigert, daß die Ausatmungsphase bereits einsetzt, ehe die Einatmung beendet ist.

Die vielfach mit der Lungenstauung verbundene Pleuratranssudation vermindert ebenfalls die Vitalkapazität. Darüber hinaus ist es wahrscheinlich, daß die Atemzentren, die einem Sauerstoffmangel gegenüber sehr viel empfindlicher sind, als man zur Zeit der Überwertung der Kohlensäureanhäufung im Blut annahm, sicher weniger Sauerstoff pro Zeiteinheit erhalten als normal. Auch die mit der Herzinsuffizienz einhergehende Grundumsatzsteigerung ist zu berücksichtigen, denn sie bedeutet, daß der Sauerstoffbedarf der Gewebe erhöht ist, was im Rahmen der Dyspnoegenese mit berücksichtigt werden muß. In Tab. 12, S. 222 ist eine Differentialdiagnose der Dyspnoeformen dargestellt.

Eine langsame und vertiefte Atmung weist auf eine azidotische Intoxikation meist infolge einer Niereninsuffizienz hin (KUSSMAULsche Atmung).

Abweichungen vom normalen Atemrhythmus werden als „periodisches Atmen" bezeichnet und kommen bei Herz-Kreislauferkrankungen in Form des CHEYNE-STOKESschen und BIOTschen Atmens vor (s. Abb. 48).

Der CHEYNE-STOKESsche Atemtypus ist gekennzeichnet durch ein allmähliches Anschwellen der Atemtiefe bis zu einer hochgradig forcierten Atmung, ein daraufhin einsetzendes Abebben der Atemtiefe und Auftreten einer vollständigen Apnoe, bis es erneut mit kleinen Atemzügen zur Wiederholung dieses Vorganges kommt. Der BIOTsche Atemtypus dagegen ist charakterisiert durch eine Reihe gleichmäßig tiefer Atemzüge, die von meist gleichmäßigen Atempausen unterbrochen werden. Beide Atemformen sind als prognostisch ungünstige Symptome zu bewerten, da in der Regel nach kürzerer oder längerer Dauer über die agonale Keuchatmung (vereinzelte, unregelmäßig schnappende Atemzüge) der Tod eintritt. Als Ursache für die periodische Atemform wird das Zusammentreffen von Hypoxämie und Kohlensäuremangel angesehen.

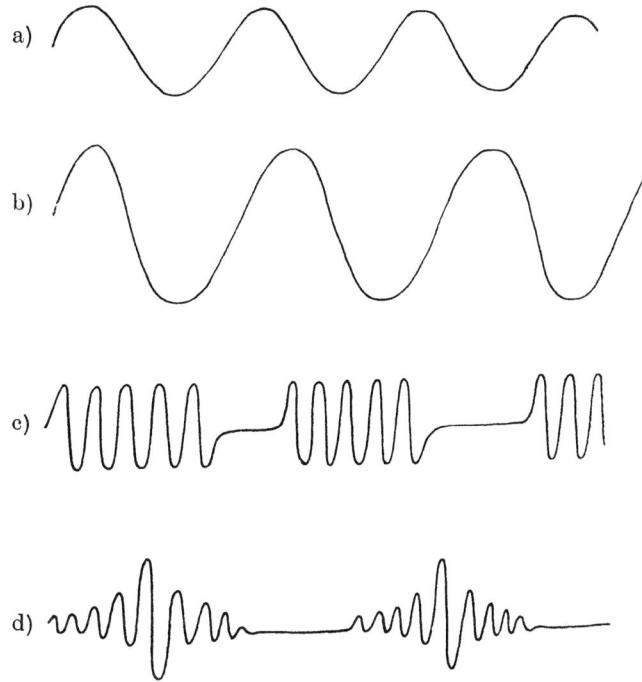

Abb. 48. Schematische Darstellung des Pneumotachogramms verschiedener Atemformen.
a) Normale Atmung;
b) Kussmaulsche Atmung;
c) Biotsche Atmung;
d) Cheyne-Stokessche Atmung.

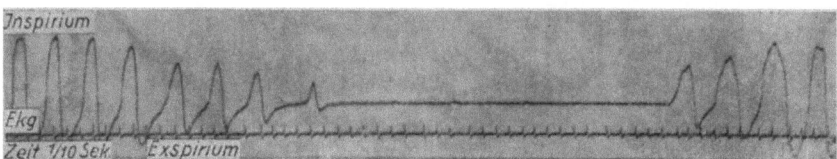

Abb. 49. Cheyne-Stokessches Atmen bei Asthma cardiale und Hypertension.

Häufig wird bei Herzkranken ein lautes exspiratorisches Stöhnen und ein inspiratorisches Seufzen hörbar. Es ist anzunehmen, daß beide Symptome unbewußte Kompensationsmaßnahmen sind, indem das Stöhnen zu einer Steigerung des pulmonalen Druckes und damit zu einer Auspressung des Lungenblutes führt. Im Gegensatz hierzu kommt es beim Seufzen zu einer Senkung des pulmonalen Druckes und damit zu einem vermehrten Bluteinstrom nach der Lunge.

Heiserkeit ist sehr vieldeutig. Bei Herzkrankheiten handelt es sich meist um eine Rekurrensparese, die bei Aortenaneurysma, Mitralstenose usw. vorkommt.

Husten ist die Folge einer Stauungsbronchitis. Der Auswurf ist meist spärlich, zäh und schleimig, in schweren Fällen kann er massiger sein und große Mengen bräunlich tingierter Zellen, die sogenannten „Herzfehlerzellen" enthalten. Bei Lungenödem wird er schaumig, blutig-serös.

Ein eigenartiges Phänomen soll nicht unerwähnt bleiben, das wir erst in der Pfalz kennen lernten, und das hier jedem Arzt geläufig ist, von den Patienten selbst berichtet wird, ohne daß wir uns seine Pathogenese zu erklären vermögen, das sogenannte „Herzwasser".

Die Patienten, es handelt sich vorzugsweise um solche am Rande der Kompensation bzw. im Zustand der Rekompensation, berichten, daß ihnen plötzlich, oft nach seelischen Erregungen, in der Regel aber eine Verschlimmerung ankündigend, große Mengen einer wasserklaren, gallig bitteren Flüssigkeit im Munde zusammenlaufen. Die Patienten geben an, diesen Vorgang ganz genau von vermehrter Speichelsekretion oder einer Art Schleimerbrechen unterscheiden zu können.

Es würde durchaus unserer Vorstellung von den Selbstheilungsbestrebungen des Organismus entsprechen, daß es im Rahmen vermehrter Vagusintonierung auf diese Weise zur Eliminierung größerer Flüssigkeitsmengen kommen kann.

11.3.1. Haemoptoe (Haemoptyse)

Unter dem Begriff der Haemoptoe verstehen wir den massiven „Blutsturz" bzw. das Aushusten größerer Blutmengen, während wir die Beimischung geringerer Blutfäden zum Sputum in Übereinstimmung mit LÖFFLER als Haemoptyse bezeichnen.

Die kardiale Haemoptoe ist gar nicht so selten. Die Ansichten über die Häufigkeit der kardial bedingten Lungenblutung gehen erheblich auseinander. Eine Reihe von Autoren nimmt an, daß diese in der Häufigkeit ihres Auftretens nur wenig der tuberkulösen nachsteht. Eindrucksvoll ist die Statistik einer amerikanischen Arbeit: Bei 3546 Fällen von Haemoptoe bestand 1723mal eine Lungentuberkulose, d. h. bei rund 50%; 1172mal ein Mitralfehler, besonders eine Mitralstenose, also in etwa 30%. Diese Zahlen mögen etwas hoch liegen. Aber es gibt zweifellos viele Herzkranke, die bisweilen Blut im Sputum haben. Aus allen Arbeiten geht ferner hervor, daß es sich vorwiegend um Mitralvitien, besonders um Mitralstenosen handelt, also Vitien, die mit einer erheblichen Lungenstauung einhergehen können. In den Lehrbüchern ist bisher nur selten darauf hingewiesen worden, daß es bei der Lungenstauung auch zu schweren Blutungen kommen kann. Es gibt hier sehr schwere abundante Haemoptoen bis zu einem halben Liter und mehr, die durchaus auch zum Exitus führen können.

Meistens handelt es sich, wie gesagt, um Mitralvitien. Gar nicht so selten kann die Haemoptyse das erste Symptom eines solchen Vitiums sein, das dann zu dessen Entdeckung führt. Darauf weist besonders ORTNER hin. WILLNER findet bei 66 Mitralstenosen in 50% eine Haemoptyse. Sehr oft wird die Blutung durch eine akute Pressung der Lungen bei schwerer Arbeit oder beim Sport ausgelöst. Dauernde und schwere körperliche Anstrengung scheint demnach ursächlich für die leichtere Verletzlichkeit und Zerreißbarkeit der Lungengefäße nicht ohne Bedeutung zu sein. Die zusätzliche Belastung des an sich schon gestauten Lungenkreislaufes durch den Preßvorgang führt dann zur Blutung. Auch starke psychische Erregungen, wie Schreck, Angst oder ein sonstiges psychisches Trauma, die zu einer Kreislaufdysregulation und zu einer weiteren Blutvermehrung im Lungenkreislauf führen, können als auslösendes Moment in Frage kommen. Aber auch atmosphärische Einflüsse scheinen eine Rolle zu spielen.

In der Literatur sind außerdem Fälle beschrieben, bei denen die kardiale Haemoptoe sehr wahrscheinlich durch die Therapie, nämlich durch eine Digitalisierung oder Strophanthinisierung bedingt war, und zwar handelte es sich da um Rechts-

und Linksinsuffizienzen, bei denen der rechte Ventrikel im überwiegenden Maße auf die Herzglykoside ansprach, wodurch es infolge der gesteigerten Schöpfleistung des rechten Herzens zu einer starken Lungenstauung und schließlich zu einer Haemoptoe kam. Daß dekompensierte Mitralvitien unter Digitalis oder Strophanthin dyspnoeischer werden können, ist bekannt. Das Auftreten einer Lungenblutung aus dieser Ursache ist aber doch offenbar bedeutend seltener.

Aber auch ohne solche erkennbaren äußeren Anlässe kann eine Blutung ausgelöst werden, besonders im Gefolge von Infektionskrankheiten. In der Rekonvaleszenz scheint die Lungendurchblutung oft gestört zu sein, wie wir es auch von anderen Erscheinungen nach schweren Krankheiten, z. B. der Kollapsneigung, kennen. Allen kardialen Haemoptoen gemeinsam ist das vermehrte Blutvolumen in dem an sich meist schon gestauten Lungenkreislauf.

Man fragt sich daher, ob die Haemoptoe nicht eine Hilfsmaßnahme des Körpers ist, den überfüllten Kreislauf zu entlasten, denn ein nicht geringer Teil der Patienten soll sich nach solch einem „Aderlaß" direkt erleichtert fühlen.

Es sei noch darauf hingewiesen, daß die kardialen Haemoptoen praktisch nur bei kompensiertem großen Kreislauf auftreten. Voraussetzung für die Lungenkreislaufstörung ist ein leistungsfähiger rechter Ventrikel. Wir werden also nicht oder kaum Ödeme sowie eine Leberstauung bei Fällen mit kardialer Haemoptoe sehen.

Die bisher angeführten Gesichtspunkte genügen jedoch nicht, um die kardiale Haemoptoe in allen Fällen zu erklären. In jedem Fall bedarf es noch einer Lungengefäßkomponente. Diese erst scheint entscheidend zu wirken. Es wird daher eine Gefäßwandschädigung angenommen, sei es auf hypoxydotischer, degenerativer, entzündlicher oder toxischer Basis. Nicht ganz selten findet sich in diesen Fällen eine hochgradige Pulmonalsklerose.

11.3.2. Singultus (Schluckauf)

Der Singultus wird von CATEL u. a. als besondere Atemform beschrieben und dem Effekt nach von HENNING als Negativ des Hustens bezeichnet.

Im allgemeinen ist der Schluckauf nicht als selbständige Erkrankung aufzufassen, sondern stellt vielmehr nur ein Krankheitssymptom dar. Bei längerem Anhalten werden von den Patienten Schmerzen entlang der Zwerchfellansatzpunkte im Sinne eines Gürtelgefühles nach ORTNER angegeben, verbunden mit Beschwerden hinter dem Brustbein, die auf das Mitbefallensein der Speiseröhre zurückgeführt werden und sehr oft das Vorliegen eines Myokardinfarktes (SENTER, TIMBERLAKE, NELSON) vortäuschen können. Durch Störung von Nahrungsaufnahme, Trinken und Schlaf wird der Singultus nicht nur zum quälenden, sondern zu einem äußerst gefahrvollen Symptom, zumal mit dem Einsetzen von Erbrechen, Austrocknungserscheinungen und Blutazidose der Kranke nur noch zu einer Regung fähig ist, auf den nächsten Schluchzer zu warten. Häufig fügt sich der Singultus in den Atmungsablauf ein und tritt dabei in der Pause nach dem Exspirium auf. Durch Einbrechen in die Rhythmik der Atmung in Form von einzelnen, aber auch gehäuften Singultusstößen, wobei nach WITTE bis zu 100/min, nach SENTER und Mitarbeitern bis zu 240/min gezählt werden konnten, entsteht eine lebensbedrohliche Beeinträchtigung des Atemmechanismus.

Nach der heutigen Auffassung liegt dem Singultus primär ein klonischer Krampfzustand des Diaphragma zugrunde, an dem sich zusätzlich die übrige Atemmuskulatur mitzubeteiligen scheint, da u. a. von KAPPIS auch bei Zwerchfellähmung das Auftreten eines Singultus beobachtet worden ist.

Auf eine kurzdauernde Inspiration folgt eine etwas länger dauernde Exspiration. Während der Einatmungsphase tritt unter Abflachung und Tiefertreten eine plötzliche Kontraktion des Diaphragma ein, wobei der Leibeshöhleninhalt verdrängt und die Luft in den erweiterten Thoraxraum eingezogen wird. Das Vorbeistreichen der einströmenden Luft an den sich schließenden Stimmbändern läßt den eigenartig schluchzenden Laut entstehen. Man kann an dem entkleideten Patienten dabei ein Vortreten des Epigastriums bei gleichzeitiger blitzartiger Einziehung der Interkostalräume durch Kontraktion der Interkostalmuskulatur beobachten.

DUMPERT führt den Singultus auf einen stammesgeschichtlich vorgebildeten, jetzt rudimentären Automatismus zurück, der wieder ausgelöst werden kann, wenn gewisse Umstände die normalerweise verhindernden Hemmungen beseitigen. Man nimmt in diesem Zusammenhang mehrere Singultuszentren an, die miteinander verbunden sind und so eine gegenseitige Beeinflussung ermöglichen. Die entwicklungsgeschichtlich jüngeren sind den älteren Zentren übergeordnet. Sie werden in die Zona reticularis in der Medulla oblongata lokalisiert und stehen mit dem Atem-, Schluck-, Nies- und Hustenzentrum in Verbindung. Durch ein von NELKEN beschriebenes kortikales motorisches Singultuszentrum im Fuß der zweiten Stirnwindung wird die willkürliche Beeinflussung des Schluckauf ermöglicht. HITZENBERGER weist auf das Vorhandensein in beiden Hemisphären hin, da beim Singultus nur eine Zwerchfellhälfte an dem klonischen Krampfzustand beteiligt zu sein braucht. WITTE schreibt dem Striatum, das für einen regelrechten Ablauf der Motorik verantwortlich ist, in diesem Zusammenhang eine gewisse Bedeutung zu, da anscheinend beim Auftreten eines Singultus dessen bremsender Einfluß nicht wirksam wird. Demzufolge konnte bei der Enzephalitis ein Dauersingultus beobachtet werden, der wenigstens teilweise als motorische Hyperkinese aufgefaßt werden kann.

Die Pathogenese des Singultus ist vielfältig und oft nicht zu klären. Im allgemeinen unterscheidet man den zentralen von dem reflektorischen Singultus. Ersterer entsteht durch die Reizung der Singultuszentren, wobei folgende Möglichkeiten gegeben sind:

1. Willentliche Auslösung im Rahmen einer hysterischen Reaktion, auch als Zwerchfell-Tick, als harmlose Funktionsstörung bei vegetativ Labilen bekannt. BIDOGGIA und Mitarbeiter bezeichneten den Zwerchfell-Tick als Chorea oder Myoklonus des Zwerchfells und machen neben hysterischen Stigmata eine kongenitale Oligophrenie für das Auftreten verantwortlich.

2. Mechanisch bedingt durch den Druck eines Tumors, insbesondere bei Geschwülsten der Brücke, aber auch bei brückenfernen Prozessen (Kleinhirnabszessen) und bei gesteigertem Hirndruck sowie apoplektischen Insulten.

3. Entzündliche Reizung der Zentren bei tuberkulöser Meningitis, Syringomyelie, Lues cerebri, Poliomyelitis und Enzephalitis. Bei dieser wies schon ECONOMO 1916 auf das gleichzeitige Vorkommen von Singultus und Enzephalitis hin, wobei der Schluckauf als Prodromalsymptom teils als myoklonisches Syndrom dieses polymorphen Leidens, gelegentlich auch als einziges Zeichen einer Enzephalitis gewertet wurde. Man machte die Erfahrung, daß vorwiegend Männer des reiferen Alters befallen wurden und die Enzephalitis einen relativ harmlosen Verlauf zeigte, wenn der Singultus im Vordergrund stand. ALBRECHT, FOERSTER u. a. berichten über ein krisenhaftes Auftreten bei der Tabes.

4. Auf dem Boden von Durchblutungsstörungen bei Zerebralsklerose kommen ebenfalls Reizungen der Singultuszentren zustande. Hierzu gehört auch die von HEYMER erwähnte Myorhythmie der Uvula, des Gaumensegels, der Rachenhinterwand, der Zunge und des Zwerchfells auf Grund einer sklerotisch bedingten herdförmigen Erkrankung des Zentralnervensystems im Bereiche der Haube, der Brücke und der Medulla oblongata, die zu einem Dauersingultus führen kann.

5. Beeinträchtigung der Singultuszentren auf dem Blutwege entweder infolge von Hypoxämie oder toxischen Stoffwechselprodukten, wie bei Diabetes mellitus

und Urämie, oder auch durch Toxine, wobei insbesondere bei Malaria und Typhus nach WITTE ein Singultus beschrieben wird.

Dem zentral bedingten wird der reflektorische Singultus gegenüber gestellt, der bei mechanischer Reizung des N. phrenicus oder der von ihm versorgten Organe entsteht und über einen viszeromotorischen Reflex die Zwerchfellmuskelfasern mit Fibrillenstruktur (GÜNTHER) zu einer abnormen tetanischen Leistung veranlaßt. Die Zusammensetzung der Zwerchfellmuskulatur aus tetanischen (Fibrillenstruktur) und tonischen (Feldstruktur) Elementen macht auch das Auftreten eines Singultus bei kompletter Kurarisierung verständlich, da auch bei gelähmtem und hochgestelltem Zwerchfell die tetanischen Elemente noch reflektorisch zur Kontraktion veranlaßt werden können. Im allgemeinen gilt die Faustregel HITZENBERGERs, je weiter ein Organ vom Zwerchfell entfernt liegt, desto weniger Einfluß wird es auf die Auslösung eines Singultus haben. Sehr schwierig wird aber dann die Erklärung für das Auftreten eines Schluckauf bei Erkrankungen oder Operationen am Urogenitalapparat. HENNING, MEYER-WILDISEN wiesen in diesem Zusammenhang auf die Möglichkeit hin, daß das Ligamentum teres als eine Art Mittlerorgan zwischen den zwerchfellfernen Organen und dem Oberbauch in Form einer Lymphbrücke anzusehen sei.

Zu dem reflektorisch oder peripher bedingten Singultus gehören folgende Formen:

1. Postoperativ tritt der Singultus durch die Zerrung an den Organen bzw. Reizung des Bauchplexus, Peritonitis, Magenatonie, Einklemmung eines Netzzipfels und als narkotische Schädigungsfolge der vegetativen Zentren in Verbindung mit der Azidose und dem Operationsschock auf.

2. Bei brüsker Ausdehnung des Magens als Folge von zu hastigem Essen und Trinken sowie als Begleitsymptom der Aerophagie kann ein Singultus entstehen.

3. Symptomatisch tritt der Schluckauf bei ernsthaften Erkrankungen im Brust- und Bauchraum in Erscheinung. In Betracht kommen hierbei Reize, die den peripheren Verlauf des N. phrenicus treffen oder den weiteren Faserverlauf aus C_3 oder C_5 im Bereich der Wurzeln beeinflussen, wie z. B. bei Randwulstbildungen am 4. und 5. Halswirbelkörper oder osteoplastischen Metastasen eines Bronchialkarzinoms am 5. Halswirbelkörper. Wir haben auf sein Auftreten beim Myokardinfarkt, SÖDER insbesondere beim Vorderwandinfarkt hingewiesen. DOELK, WITTE u. a. beschrieben den Singultus bei der Endokarditis. GIGOT und Mitarbeiter erwähnen, daß der Singultus alleiniges Symptom eines Aortenaneurysmas sein kann. Bekannt ist weiterhin das Vorhandensein des Singultus bei entzündlichen Erkrankungen des Mediastinums, des Perikards, der Pleura, des Peritoneums, der Galle sowie bei Gastroenteritiden, die mit einem Meteorismus einhergehen, und bei tumorösen Prozessen im Bereiche des Thorax und des Oberbauches. Ferner spielt der Singultus oft als Leitsymptom bei Zwerchfellhernien eine nahezu pathognomonische Rolle. Der ante finem auftretende Schluckauf bei alten kachektischen Patienten ist als Mischform anzusehen, da neben der Schädigung der Zentren als Folge der Durchblutungsstörungen (Zerebralsklerose) die Hypoxämie durch die schlechten Herz-Kreislaufverhältnisse eine Rolle spielt.

Von SÖDERSTRÖM, LEPESCHKIN, CHENG u. a. finden sich Beobachtungen über Ekg-Veränderungen beim Singultus. Der gleichmäßige Kurvenverlauf des Ekg wird durch bizarre Komplexe biphasischen Charakters unterbrochen, die von der Atemphase abhängig sind und in einer bestimmten zeitlichen Beziehung zum Herzrhythmus stehen. Man beobachtet, neben Hebung der 0-Linie, kurzandauernde Verzitterungen im Bereiche der T-Zacken, die auf elektrische Potentiale der quergestreiften Muskulatur zurückgeführt und als Myogramm bezeichnet werden. Geringgradige Depressionen des Kurvenverlaufes sollen auf die Vibration des Körpers beim Zwerchfellkrampf zurückgehen und werden als Mechanogramm beschrieben. In den Brustwandableitungen erscheinen als Schluckauf-Artefakte breite aufwärtsgerichtete Zakken, die ebenfalls auf die mechanische Erschütterung des Körpers beim Singultus zurückgeführt werden.

In jedem Fall aber ist der Singultus eine Komplikation, welche mit allen nur zur Verfügung stehenden Mitteln bekämpft werden sollte.

11.4. Ödeme und Ergüsse

Nachdem die Genese der kardial bedingten Störungen des Wasserhaushaltes für die Therapie wichtige Konzeptionen vermittelt, ist es notwendig, über die pathologische Physiologie der Wasserbewegung im Organismus gesicherte Vorstellungen zu haben.

Unter normalen Bedingungen kommt es nur auf peroralem Wege zu einer Flüssigkeitsaufnahme. Diese wird durch den Durst gesteuert. Das Durstgefühl wird reguliert vom Durstzentrum im Zwischenhirn, wobei die Austrocknung von Mund- und Rachenschleimhaut, Leerkontraktionen des Ösophagus, und die Veränderung der molaren Konzentration von Blut und Geweben als adäquate, zentripetale Reize dienen. Die molare Konzentration ändert sich durch eine relative Zunahme des Salzgehaltes, die bedingt sein kann durch einen absoluten Mangel an mobilisierbarer Flüssigkeit (Zustand nach anhaltendem Erbrechen, profusen Schweißen, Durchfällen und umfangreichem Blutverlust, sowie bei ausgeprägter Ödemneigung) und Zufuhr von konzentrierten Lösungen, die eine Hydrämie erfordern und so den Geweben Wasser entziehen (hypertone Lösungen, salzreiche Kost). Auf die gleiche Weise wirkt sich eine anhaltende Polyurie aus. Neben diesen peripheren Faktoren spielt wahrscheinlich auch die Psyche eine gewisse Rolle.

Wassertransport und Wasserresorption bestimmen das Schicksal des exogen angebotenen Wassers. In Mundhöhle, Ösophagus und Magen wird praktisch kein Wasser resorbiert. Im Dünndarm nimmt die Resorption bereits zu, bedingt allein durch die Tatsache, daß die meisten Nährgrundsubstanzen nur in Form von Lösungen aufgenommen werden können. Im Dickdarm schließlich steht die Wasserresorption im Vordergrund des Aufgabenbereiches, so daß unter normalen Bedingungen der Stuhl nur sehr geringe Flüssigkeitsmengen enthält. Dabei spielt im Kolon noch ein besonderer hämato-enteraler Wasserkreislauf eine Rolle. Die größte Menge des im Dickdarm resorbierten Wassers entstammt nämlich gar nicht der aufgenommenen Nahrung, sondern den Verdauungssekreten (Speichel, Magensaft, Darmsaft, Galle und Pankreassaft), die in großen Mengen in das Darminnere ausgeschieden und sofort zurückresorbiert werden.

Neben diesem exogenen Wasserangebot steht dem Körper außerdem noch Wasser zur Verfügung, das im intermediären Stoffwechsel durch die Verbrennung von Kohlehydraten entsteht. Dieses sogenannte Oxydationswasser wird auf 300 bis 400 ccm täglich geschätzt. Nimmt man also eine tägliche exogene Aufnahme von im Durchschnitt 1500 ccm an, dann stehen dem Organismus täglich ca. 2000 ccm Wasser zur Verfügung.

Durch die Resorption geht das Wasser in die Blutbahn über und bildet durch Erzeugung einer Hydrämie den natürlichen Reiz für eine vermehrte renale Ausscheidung. Jetzt setzt der ,,intermediäre Wasserkreislauf" ein, als dessen wichtigste Regulatoren der kolloidosmotische Druck des Serums, der Quellungsdruck des Gewebes und der Kapillar- bzw. Filtrationsdruck, sowie die Intaktheit des Lymphsystems beteiligt sind. Es wirken dabei Zunahme des Quellungsdruckes der Gewebe und des Filtrationsdruckes ebenso ödembegünstigend, wie die Abnahme des kolloidosmotischen Druckes des Serums, während Zunahme des kolloidosmotischen Serumdruckes, Abnahme von Filtrations- und geweblichem Quellungsdruck eine Steigerung der Diurese anregen. Alle diese Faktoren können einzeln oder in ihrer Gesamtheit nach dieser oder jener Richtung vom Hypophysenzwischenhirn gesteuert werden. Unter normalen Bedingungen werden sie sich so die Waage halten, daß es weder zur Wasserretention noch zur Austrocknung (Exsikkose) kommt. Es wird dabei im Nahrungsaustausch zwischen Blut und Geweben wahrscheinlich genau so viel von der Zelle mit den neu herangeführten Nährstoffen aufgenommen, als mit den Stoffwechselendprodukten an das Blut abgegeben. Der Kreislauf, der neben dem venösen Schenkel vor allem durch das Lymphsystem geschlossen wird, ist nun dadurch begünstigt, daß die Lymphe erheblich mehr Eiweiß (2–3%) als der Gewebssaft (0,1%) enthält, eine Tatsache, die dadurch erklärt wird, daß durch die Kapillaren zwar Wasser und Salze, aber kein Eiweiß rückresorbiert werden. Durch diese Hyperproteinämie ist der kolloidosmotische Druck gesteigert, es wird also praktisch auf dem Lymphwege Wasser aus den Geweben herausgezogen. Außerdem spielt hier eine gerichtete Permeabilität für das Wasser wahrscheinlich eine wesentliche Rolle.

Bereits am lymphatischen Schenkel kann nun eine Störung eintreten, indem durch vermehrte Lymphbildung, durch Blutdrucksteigerung, Plethora, venöse Stauung, Schädigung des Lymphendothels, Verlegung des Lymphabflusses u. a. eine Verzögerung der Wasserresorption einsetzt, die die Wasserretention im Gewebe begünstigt. Auch eine Umkehrung der gerichteten Permeabilität ist zwar noch nicht erwiesen, kann sich aber theoretisch in gleicher Weise auswirken. Daneben spielt die Hämodynamik eine bedeutsame Rolle. Venöse Stauung, Anstieg des Venendruckes (verursacht direkt proportional eine Zunahme des Filtrationsdruckes), Strömungsverlangsamung und Stase begünstigen nicht nur physikalisch die Wasserretention, sondern lösen durch die gleichzeitige Hypoxämie auch eine Kapillarwandschädigung und so eine vermehrte Gefäßdurchlässigkeit aus. Demgegenüber wirken sich Zunahme der Blutströmungsgeschwindigkeit und Eröffnung umfangreicher arterio-venöser Anastomosen im Sinne einer Beschleunigung des Wasserkreislaufes, d. h. einer Begünstigung der Polyurie aus. Ein weiterer Faktor ist der Kapillar- oder Filtrationsdruck. Er beträgt normal ca. 150 mm H_2O und wird in seiner Höhe bestimmt durch den Venendruck, den hydrostatischen Druck, und zu einem geringen Grade auch durch den Blutdruck. Durch seine Wirkung wird das Wasser nach den Geweben abgeschoben. Ihm wirkt entgegen der kolloidosmotische Druck des Serums. Es wirken also im kapillaren Stromgebiet wasserretinierend: Zunahme des Kapillardruckes über den kolloidosmotischen Druck, Abnahme der Blutströmungsgeschwindigkeit, Kapillaratonie (Kälte, Hitze) und Ödem – Hypoxämie (kardiales Ödem – Histaminschädigung (allergisches Ödem) – Keimdrüseninsuffizienz (klimakterisches Ödem). Die Bedeutung des hydrostatischen Druckes ergibt sich aus der Tatsache, daß die meisten Ödeme in den abhängigen Partien am stärksten entwickelt sind.

In gleicher Richtung wie der Kapillardruck wirkt sich der Quellungsdruck der Gewebe aus. Dieser wird gesteigert und damit eine Wasserretention begünstigt durch: Anhäufung von Na^+ Cl^- (Kochsalzretention im Gewebe bei Infektionen, Karzinom-Kachexie, Nephritis), durch Jod- und Bromsalze, hohe Sulfonamidmedikation, durch Fettansammlung im Gewebe und Glykogenanreicherung in der Leber, durch Alkalose und Hypalbumose (Mangelernährung), durch Steigerung des Sympathikotonus (Wasserretention am Tage), Vitamin B 1-Mangel, Kälte und hormonal durch Thymusextrakt, Insulin, hohe Adrenalindosen und das Adiuretin des Hypophysenhinterlappens, das wahrscheinlich über eine Cl-Anhäufung zur Auswirkung kommt, sowie unter Umständen durch eine Vasoneurose (QUINCKEsches

Ödem). Als Folge dieser Faktoren kommt es zunächst zu einer Gewebsquellung, bei der das Wasser kolloidal gebunden ist, wobei bis zu 6 Liter retiniert werden können, ohne daß die feste Gewebsbeschaffenheit klinisch die Wasseransammlung erkennen läßt. Erst wenn 6 Liter überschritten werden, kommt es zu einer allgemeinen Gewebsdurchtränkung. Es sammelt sich dabei freie Gewebsflüssigkeit in den interzellulären Spalten, und es kommt zur Entwicklung weicher, plastischer, leicht verschieblicher Ödeme (Dellenbildung). Der Quellungsdruck wird vermindert durch: kochsalzarme Kost, d. h. Abnahme von NaCl und relative Zunahme von K:Ca:Mg im Gewebe, Azidose, Tyramin und Adenosinkörper, Digitalis, eine diuretische, bisher strukturell nicht geklärte Lebersubstanz, Lactoflavin, Gallensäuren, Strychnin (über NaCl-Ausscheidung), Wärme, durch hormonale Beeinflussung mit Thyroxin (über NaCl-Mobilisierung), Parathormon, Cortin, durch Zwischenhirnreiz und vermehrten Vagustonus (nächtliche Harnflut bei Wasserretention) usw. Wahrscheinlich spielen weiterhin Oberflächenkräfte an den Zellgrenzmembranen, elektrische Ladung, osmotische Vorgänge und eine gerichtete Permeabilität vom Zellinneren nach außen ebenfalls eine Rolle. Neben diesen beiden, die Wasserbewegung regulierenden Kräften steht als Wasser mobilisierender Faktor vor allem der kolloidosmotische Druck des Serums. Er beträgt normalerweise 300–400 mm H_2O und schaltet damit die Wirkung des Filtrationsdruckes weitgehend aus. Erst wenn er unter 150 mm H_2O absinkt, ist das Wasserbindungsvermögen des Serums praktisch aufgehoben. Der Druck ist bedingt durch Kolloide, Elektrolyte, H-Ionenkonzentration und die Stabilität im Verhältnis der Eiweißfraktionen. Er wird gesteigert durch Vermehrung der Serumkolloide, und vor allem durch Zunahme der Albumine. In gleicher Weise wirken sich hypertone Lösungen (Sulfat, NaCl, Traubenzucker) aus, wobei nicht nur die absolute Konzentration, sondern auch das chemische Potential eine Rolle spielt. Auch die Zunahme des CO_2-Gehaltes vermehrt die kolloidosmotische Wirkung des Serums. Merkwürdigerweise kann auch eine Hydrämie sich ähnlich auswirken. Wird z. B. bei hochgradigem Durst nur Wasser zugeführt, dann ist das salzarme Gewebe nicht in der Lage, das Wasser zu binden, dagegen reißt das zirkulierende Wasser noch weiterhin Salze aus den Geweben an sich, so daß es auf diese Weise zu einem Circulus vitiosus mit dem Erfolg einer Gewebsaustrocknung kommen kann. Vermindert wird der kolloidosmotische Druck vor allem durch eine Hypalbumose (chronische Nephritis, Nephrose), durch renalen EW-Verlust, wobei es gleichzeitig zur Steigerung der weniger wasserbindungsfähigen Globulinfraktion kommt. Der gleiche Faktor spielt bei EW-Mangelernährung, gesteigertem EW-Abbau (Kachexie, Karzinom, Tuberkulose) und schweren Anämien eine Rolle.

Durch diese zahlreichen Faktoren werden Wasserretention (Ödem) und Wasserausscheidung in weiten Grenzen bestimmt. Auf diese Weise werden auch praktisch alle Ödembildungen ihre Erklärung finden können. Man muß sich jedoch vor Augen halten, daß erst das Zusammenwirken mehrerer Versagensmomente zur Ödembildung führt, während der Ausfall einer Funktion wahrscheinlich kompensatorisch weitgehend ausgeglichen werden kann.

So spielen z. B. beim kardialen Ödem die Strömungsverlangsamung, der Anstieg des Venendruckes und die vermehrte Durchlässigkeit der Gefäßwand bei Hypoxämie eine Rolle. Bei renalem Ödem dagegen muß die allgemeine Gefäßschädigung ebenso in Betracht gezogen werden, wie die hypalbuminotische Senkung des kolloidosmotischen Druckes bzw. NaCl-Retention im Gewebe.

Durch Zirkulationsstörungen bedingte Ödeme sind dadurch ausgezeichnet, daß sie sich an den abhängigen Körperpartien, meist zuerst an Knöcheln, Fußrücken usw. ansammeln und langsam ansteigen.

Latente Ödeme lassen sich oft bei Hochlagerung der Beine durch erhöhte Wasserausscheidung nachweisen (KAUFMANNscher Versuch).

Als Anasarka werden ödematöse Schwellungen der Haut bezeichnet. Auch für die Ergußbildung kommen im wesentlichen die gleichen Faktoren in Frage, wie sie für die Ödemgenese verantwortlich gemacht werden. Es handelt sich dabei um Transsudationen in den Perikard- und Pleuraspalt bzw. in den Peritonealraum als Aszites.

Der Charakter des Transsudates wird bestätigt durch ein spezifisches Gewicht unter 1012 und eine negative MORITZ-RIVALTAsche Probe. Hat sich erst einmal eine Ergußneigung entwickelt, dann bildet sich ein Circulus vitiosus aus, da die Hämodynamik mechanisch durch die Transsudatbildung verschlechtert und ein rasches Versagen begünstigt wird.

Bei den Stauungsergüssen der Pleura ist die Tatsache bemerkenswert, daß die rechte Seite sehr viel früher und häufiger zur Ergußbildung neigt, als die linke. Diese Beobachtung könnte erklärt werden durch die Feststellung, daß zwischen Pleura visceralis und Pleura parietalis ein dauernder Säftestrom stattfindet, wobei die erstere vorwiegend sekretorische, die letztere mehr resorptive Eigenschaften besitzt. Da nun die rechte Lunge durch ihre Teilung in drei Lappen eine sehr viel größere Oberfläche und daher auch eine flächenmäßig größere Pleura visceralis besitzt als die linke Lunge, kommt es auf dieser Seite sehr viel frühzeitiger zu einem Mißverhältnis zwischen Transsudation und Resorption und damit zur Ergußbildung.

Der Aszites muß als Folge einer Pfortaderstauung angesehen werden und tritt in der Regel als Symptom einer chronischen Stauungsinduration der Leber auf. Nicht immer stellt der Aszites den Schlußstein einer langsamen Entwicklung dar. Bei der Mitralstenose ist der Ascites praecox nicht selten, in dessen Genese neben mechanischen auch humorale Faktoren eine Rolle spielen dürften. Es ist weiterhin zu betonen, daß jeder Stauungserguß nach längerem Bestehen den Charakter eines Transsudates verliert, um mehr und mehr entzündlichen Charakter anzunehmen.

11.5. Thromboseneigung

Ähnlich wie bei dem Symptom „Ödem" sind es auch bei der kardial bedingten Thrombose zahlreiche Faktoren, welche bei ihrer Entstehung zusammenwirken.

Auf Grund der klinischen Erfahrungen und Beobachtungen kann man drei große Gruppen von Thrombosen unterscheiden, und zwar die postoperative, die postinfektiöse und die kreislaufbedingte Thrombose, wobei in natürlicher Weise fließende Übergänge zu erwarten sind.

Macht man sich die Genese der postoperativen Fernthrombose als blande, nicht entzündliche Thrombose der tiefen Beinvenen und Beckenvenen zu eigen, dann entsteht nach LENGGENHAGER aus dem Wundgebiet ein Thrombokinin-Einstrom ins Blut, der nach Umwandlung zu Thrombin einen Teil des Fibrinogens ausfallen läßt, das in noch klebriger Form an den Blutplättchen adsorbiert wird und diese zu Konglutination bringt. Diese konglutinierten, fibrinüberzogenen Thrombozyten sedimentieren in hydrostatisch belasteten Venen und bilden damit den Fernthrombuskopf.

Überträgt man die bisherigen Erfahrungen auf die kardial bedingte Thrombose, dann könnte man sich nach den meist geltenden Auffassungen vorstellen, daß mit der Verschlechterung der Kreislaufsituation und der damit verbundenen intravasalen Blutstromverlangsamung die zelligen Elemente des Blutes auf den Boden des von der beginnenden Stase befallenen Blutgefäßes absinken, sich sedimentieren und unter Verdichtung als sogenanntes Sludge-Phänomen die Entstehung des Thrombus einleiten. Danach müßte die Thrombosegefährdung parallel zu den Insuffizienzerscheinungen am Herz-Kreislaufsystem verlaufen. Es wäre dementsprechend auf dem Höhepunkt der kardial bedingten Ödematose die größte Thromboemboliegefährdung zu erwarten.

Nach unseren Erfahrungen, die BORNEMANN zusammengefaßt hat, ergibt sich aber ein anderes Bild, da sich der Gipfel der Thrombosefrequenz keineswegs mit dem Höhepunkt der kardialen Insuffizienz deckt. Diese klinischen Beobachtungen lassen sich auf Veränderungen im Blutgerinnungssystem zurückführen, das enge Beziehungen zu dem Verlauf einer Herzinsuffizienz unterhält. JÜRGENS u. a. konnten nachweisen, daß mit Zunahme der Ödembildung, Leberstauung und Oligurie als faßbare Zeichen einer Dekompensation das Prothrombin mit seinen Umwandlungsfaktoren absinkt. Am stärksten wird der Faktor VII betroffen, es folgen dann Quick-Zeit und der Faktor V, während am wenigsten das spezifische Prothrombin gesenkt wird. Neben der Verminderung dieser gerinnungsfördernden Faktoren steigen gleichzeitig die antithrombotischen Potenzen an. Man kann also zusammenfassend sagen, daß mit Zunahme der kardialen Insuffizienz ein Gerinnungsdefekt auftritt. Mit dem Einsetzen der Rekompensation wird dieser Gerinnungsdefekt zurückgebildet, kann sich jedoch bei Vorhandensein einer parenchymgeschädigten Leber vergrößern. In manchen Fällen wird aber die Normalisierung der Gerinnungsfaktoren, d. h. die Hebung der fördernden und die Senkung der hemmenden Potenzen, überschießend beantwortet, besonders aber dann, wenn durch eine kombinierte Digitalis- und Entwässerungstherapie eine schnelle Rekompensation erreicht wird. JÜRGENS beobachtete hierbei Anstiege bis weit über die normale Schwankungsbreite mit Werten, die mehr als 160% erreichen. Nach diesen Ausführungen ist es verständlich, daß thromboembolische Komplikationen nicht auf dem Höhepunkt einer kardialen Insuffizienz mit dem durch das Gerinnungsdefizit bestehenden Thromboseschutz zu erwarten sind, sondern im Stadium der Rekompensation mit Rückbildung der Insuffizienzzeichen, wobei bei einem aktiven Behandlungsregime die Schnelligkeit der Ödemausschwemmung mit der embolischen Komplikation parallel verläuft, was durchaus der Erfahrung von KINSEY und WHITE entspricht, die bei dekompensierten Herzkranken bis zu 50% Lungeninfarkte nachweisen konnten. Sicher spielen bei den Thromboembolien im Rekompensationsstadium nicht nur die Änderungen der Blutgerinnungsfaktoren sowie die Erhöhung der Hämatokrit- bzw. Fibrinogenwerte und die Erhöhung der Blutviskosität eine Rolle, sondern auch die zunehmende Diurese. Durch die schnell vonstatten gehende Ödemausschwemmung verringert sich plötzlich der auf den Venen lastende Außendruck. Nach Fortfall des stark gesteigerten Gewebedruckes ektasieren vor allem in den Beinen die Venen, und es kommt zur Verlangsamung des Blutstromes im Sinne einer Stase. Ob hierbei noch thrombosebegünstigende Faktoren von der Venenintima mit einwirken, ist noch nicht sicher abzugrenzen. Interessant erscheinen in diesem Zusammenhang die Untersuchungen von SAWYER und PATE, die eine negative Ladung der Intima gegenüber der Adventitia feststellen konnten. Durch Umkehr der elektrischen Ladung konnte tierexperimentell die Bildung von intravasalen Thromben ausgelöst werden, die histologisch von spontan gebildeten nicht zu unterscheiden waren.

Schon allein die Tatsache, daß nicht jeder kardial Dekompensierte auch bei schneller Ödemausschwemmung einer thromboembolischen Komplikation unterliegt, weist auf das Vorhandensein weiterer Faktoren hin, die nicht unbedingt mit der Insuffizienz bzw. den Verhältnissen bei der Rekompensation in direktem Zusammenhang, wie die bisher genannten Faktoren stehen. Unter diesem Gesichtspunkt wären folgende zusätzliche thrombosebegünstigende Faktoren zu nennen:

1. Das Lebensalter mit den daraus resultierenden Änderungen der Gefäßwand und der altersbedingten Änderung der Blutgerinnungsverhältnisse,
2. spezielles Kreislaufverhalten, wie Orthostaseneigung, Schock und Kollaps.

Symptome der Herzinsuffizienz

Es kann als sicher angesehen werden, daß diesen Zusammenhängen bisher zu wenig Aufmerksamkeit gewidmet worden ist.

11.6. Schlafstörungen bei Herzkranken und Kreislaufgefährdeten

Der Physiologie des Schlafes wurden von L. R. MÜLLER u. a. ausgezeichnete Monographien gewidmet, so daß seine lebenswichtige Funktion auf dem Gebiete der Restitution, der Entspannung und der Erholung, als bekannt vorausgesetzt werden kann. Für den Kardiologen ist es wichtig zu wissen:
1. Wie wirkt sich Schlaflosigkeit auf den Kreislauf des gesunden Menschen aus?
2. Welche Schlafstörungen werden bei Kreislaufgefährdeten und Herzkranken beobachtet?

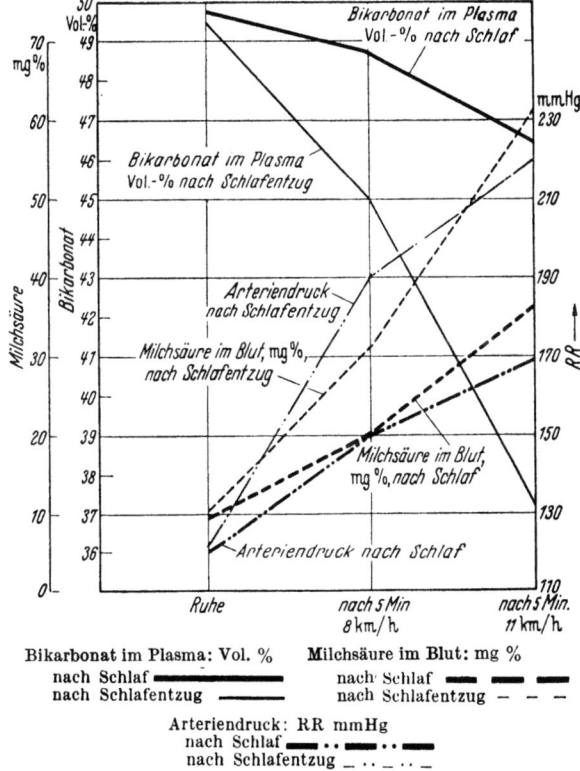

Abb. 50. Wirkung von Schlafentzug auf Bikarbonat- und Milchsäurespiegel sowie Blutdruck bei körperlicher Arbeit.

Wir sehen in den Stoffwechselvorgängen bei der Herzinsuffizienz eine fortgeschrittene Stufe der Erscheinungen, die uns aus der Sportphysiologie bei körperlicher Erschöpfung des Normalen bekannt sind (EPPINGER). Um die therapeutische Wirkung eines erholenden Schlafes bzw. die Kreislaufbelastung bei Schlaflosigkeit zu verstehen, haben wir die Stoffwechselvorgänge und die Hämodynamik nach dosierter körperlicher Arbeit, gut erholt und nach 2 schlaflosen Nächten untersucht (Abb. 50).

Beschränken wir uns auf einige wenige Faktoren, dann sehen wir, daß die Ruhebefunde durch die Schlaflosigkeit kaum beeinflußt werden. Bei körperlicher Belastung beobachten wir dagegen das Auftreten ausgesprochener Labilität metaboler und hämodynamischer Gleichgewichte, die sich, wie Abb. 50 zeigt, in größeren Ausschlägen der Beeinflussung von Arteriendruck, Milchsäure und Alkalipuffer erkennen läßt. Die Untersuchungen von STAMMBERGER und GASCH haben weiterhin gezeigt, daß durch Schlaflosigkeit die meisten vegetativen und psychischen Funktionen irritiert werden, so daß eine Neigung zu überschießenden Reaktionen auftritt, welche die Disposition für eine vegetative Dystonie schafft. Diese Beobachtung findet ihre Ergänzung in den normalerweise auftretenden Umstellungen des Tonus im vegetativen Nervensystem und der Kreislauffunktion während des Schlafes. Wir wissen, daß die Ablösung der ergotrop-dissimilatorischen Tagesphase, mit Vorwiegen des Sympathikotonus, durch die trophotrop-assimilatorische, vorwiegend vagotone Einstellung des Vegetativums während der Nacht bzw. des Schlafes, die ihren Ausdruck findet in Verlangsamung des Pulses, Absinken des arteriellen Druckes, des gesamten Gefäßtonus (VOLHARD), Nachlassen der Druckleistung des Herzens (KATSCH u. PANSDORF), Zunahme des venösen Rückflusses, Abnahme der kardialen Volumenleistung (EPPINGER), verminderte Erregbarkeit des Atemzentrums, erhöhte Kohlensäurespannung im Blut, Absinken der Körpertemperatur u. a. m., beim Gesunden eine leicht zu bewältigende Aufgabe ist. Bei Kreislaufstörungen, noch mehr aber bei einem geschädigten, in seiner Leistungsfähigkeit geminderten Herzen bedeutet diese Umstellung eine zusätzliche Belastung. Besonders, wenn eine Überlagerung mit dem Versagensprinzip der neurozirkulatorischen Dystonie vorliegt, die sich gern überschießender oder paradoxer Reflexe bedient, sind Funktionen wie Einschlafen, Schlaf und Aufwachen jedweden Störungen gegenüber sehr empfindlich. Die Umstellung des Vegetativums in der Einschlafphase kann bei vegetativer Labilität, selbst bei organisch normalem Herzbefund relativ krisenhaft sein, besonders wenn noch sympathikotrope Reizmomente aus dem Tagesleben entgegenwirken, die zu Gegenreaktionen führen. Schlechtes Einschlafen, geringe Schlaftiefe und größte Mattigkeit beim morgendlichen Wecken sind bekannte Erscheinungen. Ergotrope und trophotrope Tendenzen verflechten sich dabei und können im Wettkampf liegen, oft in ausgesprochener Dissoziation von Peripherie und Zentrum (SELBACH) (Abb. 51).

Ein Ruhesymptom, das in den Komplex der Neurozirkulatorischen Dystonie gehört, wobei Durchblutungsstörungen und eine Senkung der Reizschwelle des sensiblen Nervensystems in gleicher Weise beteiligt sein dürften, ist das Phänomen der „restless legs". Meist am Abend auftretend, äußert es sich in dauernden kleinen Zwangsbewegungen und Muskelzuckungen, die das sonst gar nicht empfundene, jetzt aber unerträglich erscheinende Stillhalten der Beine im Liegen oder Sitzen unterbrechen.

Die Entspannung zum Einschlafen wird häufig dadurch beeinträchtigt, daß bestimmte Schlaflagen, am häufigsten Rückenlage und linke Seitenlage, ängstlich vermieden werden. Bekannt ist die Unverträglichkeit der linken Seitenlage beim Herzkranken. Er verspürt dabei ein unangenehmes drückendes Gefühl in der Herzgegend, Extrasystolen können sich als Herzstolpern oder -aussetzen quälend bemerkbar machen, wenn er sich im Einschlafen oder Schlaf auf die linke Seite dreht.

WAGNER beobachtete, daß Herzkranke mit Schmerzsymptomen fast vollkommen die Linkslage mieden, und daß diese Erscheinung den manifesten Krankheitssymptomen oft um mehrere Monate vorausging. LANGE sieht im Links-Nicht-Schlafenkönnen geradezu einen Indikator für die Linksinsuffizienz. Der Schlaf auf der rechten Körperseite soll bei Rechtsinsuffizienz infolge Emphysem, Silikose usw. erschwert sein.

Flachlage wird von Herzkranken mit latenten oder manifesten Dekompensationserscheinungen gemieden, da sie Dyspnoe auslöst – oder verstärkt – begleitet von Angst- oder Erstickungsgefühl, Herzmißempfindungen, Hustenreiz usw.

Wird der im Liegen bei nächtlicher Ruhe vermehrte venöse Rückfluß (auch Bettwärme steigert die Zirkulation) bei leistungsfähigem rechten Ventrikel von einem infolge Überlastung bei Hypertonie und Klappenfehlern, bei Koronarsklerose oder andersartigen Myokardläsionen insuffizienten linken Herzen nicht genügend abgeschöpft, kommt es zu vermehrter Blutfüllung der Lunge, d. h. zu einer Lungenstauung. Nächtlich quälender Hustenreiz und Dyspnoe können erste Anzeichen einer latenten Lungenstauung sein.

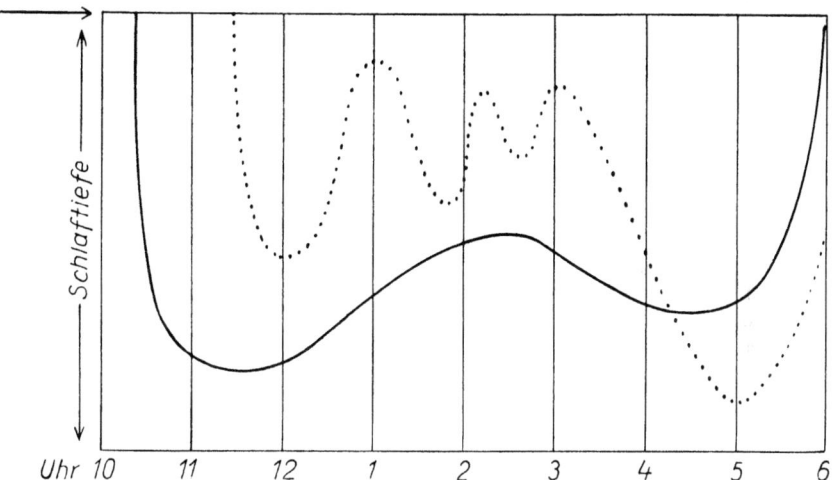

Abb. 51. Schlaftiefe bei Gesunden und Kreislaufgefährdeten. Kurve der Schlaftiefe. Der gesunde Mensch ——— schläft bald ein, während bei Neurozirkulatorischer Dystonie ····· in den ersten zwei Dritteln der Nacht nur ein leiser, oberflächlicher Schlaf eintritt und erst in den Morgenstunden eine größere Schlaftiefe erreicht wird.

Bereits beim Gesunden ist die Vitalkapazität im Liegen um 10–20% erniedrigt; bei Herzinsuffizienz mit Lungenstauung sinkt sie gegenüber der Norm bis zu 40% ab, dazu kommt noch die Differenz zwischen der Aufrechten und dem Liegewert, die nach Murauer bis zu 40% betragen kann. Durch Hochlagerung des Oberkörpers mit mehreren Kissen versucht der Herzkranke, die Atmung zu erleichtern.

Bei insuffizientem rechtem Herzen löst Einflußstauung durch Erhöhung des Druckes im rechten Vorhof über den Bainbridge-Reflex Tachykardie aus, die ebenso wie evtl. auftretende Reizbildungsstörung, verbunden mit Atemnot, den Schlaf zu stören vermag.

Bei hochgradiger Herzinsuffizienz kann infolge der geforderten Orthopnoe der Schlafeintritt lange hinausgeschoben bzw. der Schlaf fast ganz verhindert werden. Unter Inanspruchnahme aller auxiliären Atemmuskeln ventilierend, sitzt der Kranke im Bett, hängt die Beine über den Bettrand, wechselt von innerer Unruhe getrieben häufig die Stellung, steht mit aufgestützten Armen am weit geöffneten Fenster, versucht dann wieder im Bett sitzend Ruhe zu finden, fällt schließlich in oberflächlichen Schlaf oder einen Zustand des Dösens, aus dem er bald wieder herausgerissen wird.

Die Beobachtung von Lufthunger mit Neigung zu Flachlage in Konkurrenz mit dem Hochlagebedürfnis ist Zeichen für schlechte Durchblutung des arteriellen Kreislaufs mit zentraler Hypoxie (BAUR).

Daneben verdienen auch die zeitlichen Verhältnisse bei diesen Schlafstörungen unser Interesse.

Nicht nur beim Einschlafen, bereits in Erwartung des Schlafes in Bettruhe, wenn die Ablenkungen des Tages wegfallen, psychische Erregungen noch nachwirken, wird über Mißempfindungen von Seiten des Herzens geklagt.

Herzunruhe, Beengung, Bangigkeit und die subjektive Empfindung des Herzklopfens beherrschen das Bild. Damit verbunden, nicht selten aber auch ohne Herzmißempfindungen, werden Schmerzen und Steifigkeit im linken Schultergelenk, Kribbeln, Kälte-, Schwere- oder Taubheitsgefühl im linken, seltener in beiden oder im rechten Arm, Akroparästhesien und ,,tote Finger", Erscheinungen, die sich im Laufe der Nacht zur Brachialgia paraesthetica nocturna steigern können, geklagt. Druckempfindlichkeit im Bereich der Headschen Zonen des Herzens, Druckempfindlichkeit des 4. und 5. Interkostalnerven links, lokalisierte Schweißausbrüche (linke Thoraxhälfte, linker Arm und nicht ganz selten Hals) werden berichtet. Die Mißempfindungen sind zumeist auf eine gesteigerte Herzsensibilität zurückzuführen, die im allgemeinen mit einer vegetativen Labilität parallel geht (SCHÄFER). Diese Erscheinungen können Ausdruck sowohl einer organisch bedingten koronaren Durchblutungsstörung, als auch einer funktionellen, im Rahmen der durch endogene oder exogene Noxen verursachten Neurozirkulatorischen Dystonie sein.

Eine Störung des Schlafes, die mit Vorliebe etwa eine Viertelstunde bis eine Stunde nach dem Einschlafen eintritt, ist die paroxysmale Dyspnoe, das Asthma cardiale.

Während das Einschlafen häufig bei Wohlbefinden und ohne Komplikationen erfolgt, wird der Kranke aus dem ersten Schlaf hochgerissen durch schwere, sich von Minute zu Minute steigernde Atemnot. Er sitzt mit aufgestützten Armen im Bett, die Atmung ist im Inspirium beschleunigt, im Exspirium verlängert und keuchend. Vernichtungs- und Erstickungsgefühl beherrschen den Kranken, der zusehends verfällt und zyanotisch wird. Der Puls ist frequent, oft unregelmäßig zuweilen auch stark gespannt und der Blutdruck gewöhnlich erhöht. Der Anfall kann nach einer Viertelstunde bis halben Stunde nachlassen. Nach Expektoration von serösem oder zähem, gelegentlich auch blutigem Sputum tritt eine gewisse Erleichterung ein, und im Verlauf von 1—2 Stunden normalisiert sich die Atmung wieder. Unter zunehmender Lungenstauung und Herzschwäche kann sich aber auch das Bild des Lungenödems entwickeln, oder der Anfall kann unter zunehmender Benommenheit infolge zentraler Hypoxie ad exitum führen.

Bei Kranken, die von derartigen Anfällen betroffen werden, liegen meist Zeichen einer latenten Dekompensation mit Lungenstauung vor, so bei Überlastung des linken Ventrikels infolge von Hypertonie, Herzklappenfehlern, insbesondere Mitralfehlern, weiterhin bei Koronarsklerose oder Myodegeneratio cordis. In seltenen Fällen tritt nächtliche paroxysmale Dyspnoe bei Lungenemphysem und Kyphoskoliose auf, aber auch bei Zerebralsklerose und Nephrosklerose kommen derartige Zustände vor. Maßgebend für die Auslösung eines nächtlichen Asthma-cardiale-Anfalles sind nicht allein hämodynamische Regulationsstörungen im Sinne einer Lungenstauung bei insuffizientem linken Ventrikel, sondern auch die Ausgangslage des vegetativen Nervensystems und nervöse Faktoren. Durch die vagotone Umstellung des Vegetativums während des Schlafes und der Nacht kann eine bereits gegebene vagotone Einstellung des Kreislaufs bei Insuffizienz (HERING, LEWIS, HOCHREIN und SCHLEICHER u. a.) noch verstärkt werden. Andererseits wissen wir, daß über den Vagus die Blutfüllung der Lunge angeregt wird und daß er den Konstriktoren-Tonus im Koronarsystem unterhält.

Bei veränderter vegetativer Ausgangslage können leichte vagische Impulse überschießend oder paradox wirken, wenn das Reaktionsfeld ein funktionell gestörtes Organ darstellt (HOCHREIN und SCHLEICHER). Durch genauere Befragung der an Asthma cardiale Leidenden erfährt man, daß sie nicht immer aus tiefem Schlaf mit Atemnot aufschrecken, sondern daß sie in vielen Fällen durch aufregende Träume, Hustenreiz, Harndrang oder Blähungen erwachen und dann der Anfall einsetzt, der also über Reflexmechanismen ausgelöst wird, die wie Pressen und Husten zur Vagusreizung führen.

Für die Entstehung eines Lungenödems spielen neben hämodynamischen Vorgängen in der Mehrzahl der Fälle reflektorische Störungen eine maßgebliche Rolle.

Als Ursache der Kreislaufaktivierung, der bei zerebraler Arteriosklerose auftretenden nächtlichen Asthmaanfälle, nimmt man eine lokale CO_2-Anhäufung infolge zerebraler Durchblutungsstörungen an. Diese Kranken fallen häufig durch starke abendliche psychische Unruhe auf, verbunden mit Atemnot. Bei der zerebralen Sklerose wird häufig ein gutes Einschlafen aber ein zu frühes Erwachen zwischen 2.00 und 3.00 Uhr morgens mit innerer Unruhe, die zum Aufstehen zwingt, beobachtet.

Eine Unterbrechung des Schlafes nach wenigen Stunden Dauer wird häufig durch Harndrang verursacht.

Während normalerweise die Harnsekretion in der Nacht herabgesetzt ist, nimmt sie bei latenter oder manifester Insuffizienz zu, wenn durch die nächtliche Bettruhe der Kreislauf eine Entlastung erfährt, die Nierendurchblutung begünstigt wird und die während des Tages im Gewebe zurückgehaltene Flüssigkeit in die Blutbahn strömt. Hormonale Einflüsse sind dabei wirksam (SCHWIEGK u. a.), während GAUER, HENRY und REEVES eine Regulation der Wasserdiurese durch Rezeptoren im linken Vorhof des Herzens nachweisen konnten (s. S. 28), über die reflektorisch ein übermäßiges venöses Angebot nicht nur durch Anpassen von Kreislauf und Atmung an die Belastung, sondern auch durch Auslösung vermehrter Wasserausscheidung seitens der Niere beantwortet wird. Nächtliches Erwachen durch Nykturie kann das erste Symptom einer Rechtsinsuffizienz sein, besonders wenn es verbunden mit Mißempfindungen im Thoraxraum, in den oberen Extremitäten, im Oberbauch, evtl. mit Angstgefühlen, auftritt (SCHIMERT).

Zur Umkehr der Schlafenszeit kommt es bei der Herzinsuffizienz verschiedenster Genese, besonders wenn eine stärkere Lungenstauung vorliegt. Bei beginnender Dunkelheit beginnt schon die Unruhe aus Angst vor den qualvollen Beschwerden einer schlaflosen Nacht, so daß keine Ruhe eintritt, die eine Erholung und Entspannung vermitteln könnte. Im Morgengrauen setzt in tiefster Erschöpfung dann ein kurzer Schlaf ein, der den Kranken für wenige Stunden von seinem Leiden erlöst (Inversion des Schlaftyps).

Darüber hinaus können auch besondere Krankheitsbilder der Schlafstörung ihr Gepräge geben.

Paroxysmale Tachykardien können aus dem Schlaf hochschrecken lassen, in Angst und Unruhe versetzen.

Sie können mit Stenokardien verbunden sein, bei längerem Anhalten zu Schwindel- und Schwächegefühl, evtl. Ohnmacht führen. Nach minuten- oder stundenlangem Bestehen hören sie ebenso plötzlich auf, wie sie eingesetzt haben. Danach tritt häufig starke Harnflut auf. Unregelmäßige Herzschlagfolge und Extrasystolen kommen quälend zu Bewußtsein.

Ist die Bereitschaft für Koronarinsuffizienz infolge einer Überlagerung mit dem Versagensprinzip der Neurozirkulatorischen Dystonie gegeben, so kann die nächtliche Vagotonie das Auftreten eines akuten Anfalls mit dem Bild der Angina pectoris begünstigen.

Reize, die bei entsprechender Einstellung des vegetativen Nervensystems tagsüber nicht zur Wirkung kommen, können nachts überschießende oder paradoxe Reaktionen auslösen und zirkulatorische Störungen hervorrufen. Angina pectoris ist nur ein Symptom, es darf nicht übersehen werden, daß das Herz oft zum Resonanzboden wird für Störungen, die in ganz anderen Organen liegen, wenn bestimmte Disposition oder organische Veränderungen am Koronarsystem dieses zum Locus minoris resistentiae machen und die Entstehung einer Koronarinsuffizienz begünstigen (HOCHREIN).

Ohne ersichtlichen Grund kann bei der Koronarsklerose das Erwachen aus dem Schlaf unter dem Bild eines typischen Angina pectoris-Anfalles erfolgen, mit den Erscheinungen eines brennenden, bohrenden, krampfartigen oder ziehenden Schmerzes hinter dem Brustbein mit Ausstrahlen nach der linken Schulter und dem linken Arm oder nach der linken Körperhälfte. Der Kranke wird durch Angst- und Vernichtungsgefühl sowie innere Unruhe gequält. Nach sekunden- oder minutenlanger Dauer läßt der Anfall nach, aber aus Angst vor einem neuen Anfall liegt der Kranke oft noch viele Stunden wach. Bereits abends nach Einnehmen der horizontalen Ruhelage oder während des Einschlafens kann das Syndrom der Angina pectoris auftreten, häufig ohne jeden greifbaren Zusammenhang mit äußeren Einflüssen.

Manchmal läßt sich vorausgegangene körperliche Belastung, psychische Erregung ein leichter Infekt oder eine reichliche Mahlzeit nachweisen.

Die Übergänge Stenokardie – Angina pectoris – Myokardinfarkt sind in funktioneller Hinsicht fließend. Unter denselben Bedingungen kann ein vagischer Impuls eine überschießende Reaktion auslösen, die zu Kammerflimmern und Sekundenherztod führt.

Vorzugsweise nachts kann unter dem Bild eines besonders heftigen Schmerzanfalles mit den typischen Ausstrahlungen, der länger anhält als die üblichen Angina pectoris-Anfälle und mit extremem Angst- und Vernichtungsgefühl verbunden ist, der Myokardinfarkt mit allen Folgen eintreten. MASTER, DACK und JAFFÉ konnten bei der Erforschung von 1440 Fällen von Myokardinfarkt feststellen, daß das Ereignis in 22,3% der Fälle im Schlaf eintrat.

Da der Myokardinfarkt häufig ohne die typischen Schmerzerscheinungen verläuft, können die als sekundäre Infarktzeichen bekannten Kreislaufreaktionen oder atypische Schmerzlokalisation im Vordergrund stehen. Z. B. nächtlicher Kollaps, plötzliche Atemnot mit starkem Angstgefühl und vegetativen Erscheinungen (Schweißausbrüche, Erbrechen, Übelkeit), Lungenödem, Herzrhythmusstörungen, Tachykardie, starke Schmerzen in Schulter und Arm links, im Epigastrium oder im Oberbauch, starker Meteorismus mit ileusähnlichen Erscheinungen müssen an einen nächtlichen Myokardinfarkt denken lassen, besonders wenn schon vorher Erscheinungen von Seiten des Herzens bestanden haben.

Auffällig ist, daß der „nokturne" Myokardinfarkt mit deutlicher Bevorzugung in den frühen Morgenstunden auftritt.

Da auch apoplektische Insulte, das nächtliche Lungenödem (KROETZ und MENTZEL), bestimmte Formen der paroxysmalen Tachykardie und Migräne, Extrasystolen, Arrhythmie, Stenokardie, auch epileptische Anfälle zu diesem Zeitpunkt mit Vorliebe auftreten, bezeichneten wir die frühen Morgenstunden als „biologische Krisenzeit". Beim Zustandekommen der erwähnten Zustände können verschiedene Faktoren mitwirken, und man wird sich folgende Vorstellung machen dürfen:

a) Es ist bekannt, daß der vegetative Tonus einem bestimmten Tagesrhythmus unterliegt, wobei am Tage sympathische und nachts parasympathische Einflüsse überwiegen dürften. Die neuere Auffassung über das Zustandekommen dieser Rhythmik geht dahin, daß es wahrscheinlich gewisse Strahlen sind, die über die photosensiblen Porphyrine im Blut die hormonale Leistung des Hypophysen-Zwischenhirnsystems in Gang bringen. Dieser Vorgang dürfte zeitlich ziemlich genau mit dem Auftreten bestimmter Kreislaufkatastrophen (nocturner Infarkt, Apoplexie, Ulkusblutung, Asthma cardiale usw.) zusammenfallen. Ob nun das eigentlich auslösende Moment eine gewisse hormonale oder humorale Empfindlichkeit ist, ob es sich beim Wechsel von nächtlichem Vagus- auf den tagbedingten Sympathikotonus um „überschießende" oder „paradoxe" Reflexe in bestimmten Gefäßprovinzen handelt, muß noch dahingestellt bleiben.

b) Bekanntlich besteht nachts eine besondere Neigung zu Verkrampfungen der glatten Muskulatur, wodurch u. a. die nächtlich auftretenden Gallenkoliken, Nierensteinanfälle usw. erklärt werden. Es ist daher möglich, daß von derartigen Affektionen anderer Organe u. a. aber auch rein physiologisch von einer zu diesem Zeitpunkt meist gefüllten Blase, auf viszero-viszeralem Reflexwege Spasmen in den verschiedensten Organprovinzen auftreten können.

c) Bei der ausgesprochen weitverbreiteten Witterungsempfindlichkeit besteht die Möglichkeit, daß ein nächtlicher Wetterfrontendurchgang oder ein plötzlicher Föhneinbruch usw. einen derartigen vegetativen Sturm auslösen können, daß die normalen Anforderungen gegenüber kompensierte Leistung umschriebener Organprovinzen zum Versagen kommt.

d) Es muß auch daran gedacht werden, daß Nahrungsmittelallergene, an deren Existenz pathogenetisch wahrscheinlich viel zu selten gedacht wird, von Speisen mit langer Verweildauer im Magen, erst zu dieser Zeit ihre schädigende Gefäßaktivität zu entfalten vermögen.

e) Schließlich darf wohl auch eine vorwiegend psychische Genese zu diesem Zeitpunkt nicht vollkommen außer acht gelassen werden. Es ist bekannt, daß die Schlaftiefe gegen Morgen zu abnimmt und eine Erwartungs- und Spannungsneurose, welche die Ereignisse des kommenden Tages betrifft, bereits einen gewissen Gestaltungseinfluß auf das körperliche Befinden auszuüben vermag. Es ist durchaus möglich, daß berufliche und menschliche Fehlsituationen oder Ausweglosigkeiten zu allgemeiner Unlust und Antriebsermüdung und damit zu unbewußt psychogen bedingten, umschriebenen oder generalisierten Durchblutungsstörungen Anlaß geben können. Darüber hinaus wird man in Erwägung ziehen müssen, wieweit bei sensiblen, kreislaufgefährdeten Menschen auch ein Traumerlebnis derartige somatische Folgen zeitigen kann. In vielen Fällen wird es primär die organbedingte Sensation sein, welche den Trauminhalt gestaltet und wechselvoll modifiziert. Für den nocturnen Infarkt haben wir diese Zusammenhänge genauer beschrieben (HOCHREIN und SCHLEICHER). Die Tatsache, daß man in „Schweiß oder Tränen gebadet" erwachen kann, macht es unbestreitbar, daß ein sehr intensiver Traum sehr wohl ursächlich vegetativ gesteuerte Vorgänge somatischer Natur auszulösen vermag. Wenn man nun weiß, welche unerhörte Verdichtung innere Spannungen, verdrängte Komplexe usw. im Traum erfahren können, dann ist die Vorstellung wohl nicht so ganz abwegig, daß ein Affekttraum durch seine vegetativen Auswirkungen bei entsprechender zirkulatorisch bedingter Versagensbereitschaft den Schlußstein darzustellen vermag, welcher die akute Organinsuffizienz des jeweils im Vordergrund stehenden Schockorgans begünstigt.

Diese wenigen Punkte genügen, um die zahlreichen Faktoren anzudeuten, welche das nocturne Versagen umschriebener Kreislaufprovinzen zum Zeitpunkt der „biologischen Krisenzeit" dem Verständnis näherbringen.

Aber auch ohne den Zusammenhang mit derartigen Kreislaufkatastrophen verdient der Traum des Herzkranken unser Interesse.

Sinnes- und Organreize vermögen auf den Traum Einfluß zu nehmen, wie sich experimentell belegen läßt, sie werden in ein Traumgeschehen umgewandelt, zum Teil von einem Sinnesgebiet auf ein anderes transponiert und häufig in der Erlebnisintensität verstärkt. Ist die Reizstärke groß genug, dann wird der Schlaf gestört. Die in das Traumgeschehen verwobenen Organmißempfindungen werden im Wachzustand erst bei Fortschreiten der Krankheit und Zunahme des Schmerzes registriert und lokalisiert (FEUDELL), so daß diesen Leibreizträumen eine gewisse diagnostische Bedeutung zukommen kann. Extrasystolen z. B. können erste Zeichen für eine koronare Durchblutungsstörung sein (HOCHREIN); für sie sind ängstliche Träume charakteristisch, in denen sie als Schläge gegen die Brust, Kanonenschüsse, Explosionen u. ä. erlebt werden, während sie dem Kranken erst nach einer gewissen Zeit als Extraschläge zu Bewußtsein kommen.

So erfahren Leibreize eine Verstärkung des Intensitätserlebens.

Beim Hypotoniker besteht besonders am frühen Morgen nach dem Aufstehen Neigung zu orthostatischer Blutdrucksenkung mit Schwindel, Kopfschmerz und Kollapsneigung. Beim Zerebralsklerotiker verlieren sich Schwindelzustände nach dem „Ingangkommen" von selbst.

11.7. Kardial bedingte Bewußtlosigkeit

Unter kardialen Bewußtseinsstörungen verstehen wir solche, die ihre Ursache in Funktionsstörungen des Herzens haben. Sie sind zu unterscheiden von anderen kreislaufbedingten Störungen des Bewußtseins, die durch vorwiegend vaskuläre Anomalien verursacht sind.

Hierzu muß man die Zustände mit Bewußtseinsveränderungen bei vagovasalen Synkopen, bei orthostatischen Regulationsstörungen und Verblutungen oder hochgradigen Anämien zählen. Auch könnte man die Bewußtseinsverluste bei zerebralen Gefäßveränderungen dazu rechnen. Derartige Störungen sind häufig und haben krankhafte Veränderungen in der Gefäßregulation oder der Gefäße selbst als wesentliches kausales Moment gemeinsam. Seltener sind jedoch die erstgenannten Formen von Paroxysmen. Unter ihnen sind noch die sog. ADAMS-STOKESschen Anfälle am bekanntesten. Besser spricht man von einem ADAMS-STOKES-Syndrom, da die Bewußtseinsstörungen verschieden sein können. Diesen liegt eine vorübergehende Hirnanämie infolge kurzdauernder Funktionsausfälle des Herzens zu Grunde. Von flüchtigen Schwindelerscheinungen, Schwarzwerden vor den Augen, über kurze Benommenheit, Ohnmacht bis zu Anfällen epileptischen Charakters mit Harn- und Stuhlabgang und Atemstillstand sind je nach der Dauer der Störung alle Formen möglich. Stellt sich die Herztätigkeit nicht nach spätestens 4 Minuten wieder ein, so ist eine Erholung fast ausgeschlossen, und der Patient verstirbt im Anfall. Bei rechtzeitigem Einsetzen der Herzfunktion kann in kürzester Frist eine völlige Normalisierung eintreten, es können aber Benommenheit und andere Grade einer Bewußtseinstrübung längere Zeit noch anhalten, obwohl sich Puls, Herzaktion und Gesichtsfarbe schon wieder weitgehend normalisiert zu haben scheinen. Nach 2-3 Minuten kann alles vorüber sein, und der Patient bekommt vielleicht nie mehr einen Anfall, oder es können nach wenigen Minuten der nächste eintreten und in rascher Folge ein Anfall den anderen ablösen. So sind schon Anfallsserien bis zu 100 an einem Tage beobachtet worden, und es gibt Patienten, bei denen das Bewußtsein zwischen so zahlreichen Anfällen gar nicht recht wiederkehrt.

So stellt jeder Anfall immer eine ernste Komplikation dar, die, gleichgültig ob es sich um den ersten Anfall oder sehr gehäufte Synkopen handelt, sorgfältigste Beachtung erfordert. Entzündliche und degenerative Koronarerkrankungen mit konsekutiven Myokardveränderungen, entzündliche Prozesse und toxische Einwirkungen am Endo- und Myokard bei akuten und chronischen Infektionskrankheiten,

Rheumatismus und Vergiftung, Myokardinfarkte sowie mechanische und elektrische Herztraumen sind hier als Ursachen zu nennen. Sie können jede für sich verschiedene Formen von Funktionsausfällen des Herzens mit dem gleichen hämodynamischen Effekt herbeiführen. Die einzelnen Möglichkeiten sind folgende: Zunächst der kurzdauernde totale Herzstillstand. Er tritt ein, wenn eine Unterbrechung der sinuaurikulären Bahnen erfolgt oder wenn der Schrittmacher seine Tätigkeit einstellt. Die Blutzirkulation sistiert, und somit kommt es zur Anämie des Gehirns, es treten je nach Dauer der Störung die verschiedenen Grade der Bewußtseinsminderung auf, die mit der Wiederherstellung der Überleitung bzw. der normalen Reizbildung oder durch die Aktivierung tieferer Automatiezentren beendet werden. Dieser Typ, der sich im Ekg durch ein völliges Verschwinden der Potentialschwankungen auszeichnet, scheint jedoch selten zu sein.

Häufiger werden isolierte Kammerstillstände als Ursache des ADAMS-STOKESschen Symptomenkomplexes beobachtet. Kurzdauernde Kammerstillstände kommen bei atrioventrikulären Überleitungsstörungen und Behinderungen der Kammerautomatie vor, die zu einer Verlängerung der präautomatischen Phase führen. Deshalb wird das ADAMS-STOKESsche Syndrom oft im Initialstadium einer atrioventrikulären Überleitungsstörung beobachtet, häufiger als beim vollständig ausgebildeten Block, obwohl es auch hier nicht selten ist. Zu Beginn einer solchen Störung ist außerdem der Zustand des Herzens einem dauernden Wechsel unterworfen, der fortwährend Änderungen der Reizleitung und -bildung mit sich bringt, wodurch immer wieder Kammerstillstände entstehen können. Nach der Ausbildung eines stabilen Kammereigenrhythmus werden kardiale Bewußtseinsstörungen oft seltener und verschwinden häufig sogar ganz. Die den Überleitungsstörungen zugrundeliegenden Herzkrankheiten führen nicht zu einer elektiven Schädigung des a-v-Reizleitungssystems, obwohl auch das der Fall sein kann, sondern affizieren auch die tieferen Automatiezentren, eine Feststellung, die zur Erklärung der verspäteten Aktivierung derselben herangezogen wurde. Das Auftreten der Anfälle bei ausgebildetem a-v-Block mit anscheinend stabiler Kammerfrequenz war bisher schwer zu erklären, doch scheinen nach neueren Arbeiten Vorhofsarrhythmien und Vorhofstachykardien sowie Störungen der auch beim Block bestehenden Beziehungen zwischen Kammertätigkeit und Vorhofsrhythmus im Sinne des ERLANGER-BLACKMAN-Phänomens hierbei ursächlich von Bedeutung zu sein. Vielleicht führen diese neueren Untersuchungen auch zu einer genaueren Analyse der nervös-reflektorischen Einflüsse bei der Entstehung des ADAMS-STOKESschen Syndroms. Ob diese allein ein solches herbeiführen können, ist bisher noch nicht ganz geklärt. Oft liegt wohl eine abnorme Empfindlichkeit eines geschädigten Herzens gegenüber den genannten Einflüssen vor. Ähnlich scheinen die Verhältnisse bei den kardialen Formen des Karotis-sinussyndroms zu liegen, obwohl auch hier wie bei den Patienten mit Tumoren oder anderen raumfordernden Prozessen der hinteren Schädelgrube, Syringobulbie und pathologischen Veränderungen des Vaguskernes abnorme nervös-reflektorische Einflüsse vorhanden sind, die Herzunregelmäßigkeiten vielleicht auch am sonst gesunden Herzen herbeiführen können.

Dem totalen Herzstillstand und dem Kammerstillstand ähnlich in hämodynamischer Hinsicht ist die sehr langsame Kammertätigkeit.

Sinkt die Kammerfrequenz unter 20 Schläge pro Minute, so ist bei dem Erwachsenen die Gehirndurchblutung nicht mehr gewährleistet, und es kann wiederum zum ADAMS-STOKESschen Syndrom in verschiedener Ausbildung kommen. Die kritische Frequenz scheint dabei bei jüngeren Menschen höher zu liegen als bei älteren, es kommt also bei Kindern schon bei höheren Frequenzen als bei Erwachsenen zu Bewußtseinsstörungen.

Aber auch das Gegenteil, nämlich abnorm hohe Kammerfrequenz, kann den gleichen Symptomenkomplex auslösen.

Das Kammerflimmern stellt mit seiner unkoordinierten Tätigkeit der Kammermuskulatur funktionell praktisch einen Herzstillstand dar. Hohe Frequenzen des Kammerflatterns sind meistens dem Flimmern gleichzustellen, die Unterscheidung ist auch gar nicht möglich. Wenn nur vorübergehend vorhanden, führen beide zum ADAMS-STOKESschen Symptomenkomplex. Halten sie über 5 Minuten an, so tritt meistens der Tod ein. Flimmern und Flattern kommt oft bei totalem Herzblock vor, und es scheint so zu sein, daß die gleichen Krankheiten des Herzens, die zu Überleitungsstörungen und Lähmungen der tieferen Automatiezentren führen, diese auch zu einer gesteigerten Tätigkeit anregen können. Kammerflimmern und -flattern ist bei Myokardinfarkten häufig die Ursache ADAMS-STOKESscher Syndrome, es kann aber auch eine Überleitungsstörung mit Kammerstillstand infolge eines Infarktes dazu führen. Flattern und Flimmern können auch bei elektrischen Unfällen und bei direkten mechanischen Herztraumen Bewußtseinsstörungen und Krampfanfälle verursachen. Auch die anderen Schädigungen, die zu Kammerflimmern und -flattern führen, können ADAMS-STOKESsche Syndrome auslösen. Hier seien nur die Digitalisvergiftung, die Überdosierung von Sympathikomimetika und die besondere Empfindlichkeit verschiedener Herzkrankheiten gegenüber diesen Medikamenten genannt.

Von den Herzklappenfehlern soll nach allgemeinem Urteil am häufigsten die Aortenstenose zu paroxysmalen Bewußtseinsstörungen führen, deren Pathogenese noch nicht ganz geklärt ist. Bewußtseinsstörungen können auch auftreten bei paroxysmalen Tachykardien, wenn schon eine Beeinträchtigung der Herzfunktion durch Klappenfehler oder Myokarderkrankungen vorliegt. Die schon beim gesunden Herzen sehr unökonomische hohe Frequenz derartiger Zustände führt hier zu einer weitgehenden Paralysierung der Herzfunktion. Bei der energetisch-dynamischen Herzinsuffizienz führen momentane Überlastungen zu einem Herzversagen, ebenfalls mit Bewußtseinsstörungen.

Etwas anderer Art in der Entstehung sind die bei Mitralstenosen gelegentlich auftretenden Bewußtseinstrübungen.

Eine glücklicherweise nicht häufige Komplikation der Mitralstenose stellt der Kugelthrombus im linken Vorhof dar. Dieser kann zu vollständigen oder sehr weitgehenden momentanen Verschlüssen des Mitralostiums führen und so den Ventrikel von der Blutzufuhr abschneiden. Flüchtige neurologische Ausfälle und Bewußtseinsstörungen aller Grade, sowie Krampfanfälle können die Folge sein. Die Störung darf auch hier nur von kurzer Dauer sein, da sonst der Tod eintritt. Längere Bewußtlosigkeiten oder anhaltende neurologische Veränderungen sind bei der Mitralstenose durch Embolien verursacht. Diese sind an sich häufiger als die erstgenannte Komplikation.

Bewußtlosigkeiten bei einem solchen Herzfehler wird man relativ leicht von solchen bei Epilepsien oder akutem Kreislaufversagen abgrenzen können. Die Erkennung eines ADAMS-STOKESschen-Syndroms macht dagegen oft Schwierigkeiten. Im Anfall selbst kann das Fehlen physikalisch nachweisbarer Herzaktionen für das Syndrom sprechen. Pulslosigkeit ist auch bei synkopalen Syndromen und anderen vaskulären Ohnmachten häufig zu beobachten, ebenso wie die außerordentlich blasse Gesichtsfarbe. Bei zerebral bedingten Bewußtlosigkeiten wird man zwar Brady- oder Tachykardien beobachten, aber niemals Herzstillstände. Die Gesichtsfarbe ist bei letzteren nicht immer typisch, sie kann blaß oder zyanotisch sein. Zungenbiß, Urin und Stuhlabgang sind kein sicherer differentialdiagnostischer Hinweis. Die sicherste Untersuchungsmethode ist das Ekg im Anfall. Leider wird man nur selten ein solches gleich zur Hand haben. Das EEG leistet im Anfall zur Differenzierung wohl weniger.

Im freien Intervall kann oftmals eine genaue Erhebung der Anamnese, sowie eine exakte Anfallsschilderung und eine eingehende internistische und neurologische Untersuchung eine Klärung herbeiführen. Große Bedeutung kommt auch hier der Elektrokardiographie zu. Kann man durch sie Überleitungsstörungen und Abnormitäten der Kammerkomplexe nachweisen, so wird man meistens in der Vorgeschichte plötzlich aufgetretene Anfälle kardialen Störungen zurechnen müssen. Es kann aber auch im Ekg keinerlei Hinweis für eine Herzkrankheit vorhanden sein, wenn ADAMS-STOKESsche-Syndrome aufgetreten sind. Nachweisbare orthostatische Kreislaufregulationsstörungen bei entsprechenden Ekg-Veränderungen in der anfallsfreien Zeit lassen cardial ausgelöste Bewußtseinsstörungen unwahrscheinlich erscheinen. Das EEG zeigt außerhalb des ADAMS-STOCKESschen Syndroms keine Formabweichungen. Sind solche vorhanden, können die Anfälle kaum kardial ausgelöst sein. Andererseits gibt es auch bei zerebralen Krampfleiden normale Kurvenverläufe im EEG. Auch mit den modernsten Hilfsmethoden der Diagnostik ist eine genaue Anfallsanalyse nicht immer möglich. Hat man Bewußtseinsstörungen als ADAMS-STOKESsches Syndrom erkannt, so bereitet oft die Differenzierung der auslösenden Mechanismen große Schwierigkeiten.

Hier sind wieder die elektrokardiographischen Befunde von entscheidender Bedeutung und man sollte mit einer eingreifenden Therapie immer erst nach der Erkennung der zu Grunde liegenden Störung beginnen, denn was bei der einen Form nützt, kann bei der anderen sehr schädlich sein.

11.8. Störungen von Allgemeinbefinden und in Mitleidenschaft gezogene Organ-Funktionen

Kreislaufstörungen mit und ohne Herzschwäche äußern sich zu Beginn häufig in einer allgemeinen Leistungsschwäche. Gewohnte Arbeiten fallen schwer, da eine rasche Ermüdbarkeit das Durchstehvermögen einschränkt.

Diese allgemeine Schwäche ist meist bedingt durch Stoffwechselstörungen der Muskulatur. Die verlangsamte Zirkulation führt zu vermindertem Sauerstoffangebot und unzureichendem Abtransport von Stoffwechselschlacken. Dadurch kann es im Laufe einer chronischen Herzinsuffizienz zur Ausbildung einer so hochgradigen Kachexie kommen, wie sonst nur bei Karzinom oder „Altersphthisen" beobachtet wird.

Die Mattigkeit erhält ihre besondere kardiale Note durch das Schweregefühl in den Beinen, die gegen Abend deutlich anschwellen. Auch plötzliche Gewichtzunahme, die in den meisten Fällen durch Wasserretention zustande kommt, hat vielfach eine kardiale Genese. Kalten Schweiß trifft man bei Kreislaufschock. Am Rande der Dekompensation schwitzen Herzkranke meist überhaupt nicht mehr. Auftreten von Schweiß im Verlauf einer Herztherapie gilt als prognostisch günstig. Starke Schweißneigung wird häufig bei peripheren Zirkulationsstörungen mit leistungsfähigem Herzen angetroffen. In vielen Fällen wird die kardiale Ursache der Symptome vom Kranken gar nicht empfunden, während Beschwerden von Seiten des Abdomens das Bild beherrschen.

Allgemeinerscheinungen wie Erbrechen, Appetitlosigkeit, Aufstoßen, Druck oder Schmerz in der Magengegend können als Symptome abdomineller Stauung (Stauungsgastritis) auftreten.

Ein Frühsymptom portaler Stauung, die primär kardial bedingt sein kann, ist eine vermehrte Gasansammlung im Darmkanal, die zu einer Dehnung der Bauchdecken, einem Meteorismus, führt.

Auch der Darm des Gesunden enthält bereits Gase, die aus verschluckter Luft, fermentativer und bakterieller Gärung entstehen. Von diesen wird am schnellsten die Kohlensäure, langsamer Sauerstoff und am langsamsten Stickstoff und Wasserstoff vom Blut resorbiert. Bei der portalen Stauung leidet die Gasresorption primär durch die Strömungsverlangsamung des Blutes, außerdem durch die Tatsache, daß durch die Luftansammlung die Darmwand gespannt, und dadurch die intramurale Gefäßversorgung verschlechtert wird; weiterhin dadurch, daß das langsam strömende Blut bereits weitgehend mit CO_2 beladen ist. Druck und Schwere im rechten Oberbauch, verbunden mit Spannungsgefühl und Überempfindlichkeit gegen fette Speisen, finden sich bei Leberstauung und Stauungszirrhose der Leber (s. S. 178).

Verdauungsbeschwerden, vor allem Obstipation, kommen besonders bei arteriellem Hochdruck als Ausdruck einer „spastischen Diathese", häufig aber auch bei der Mitralstenose vor.

Die Urinentleerung bei der Herzschwäche ist gewöhnlich gekennzeichnet durch eine spärliche Tagesmenge von hochkonzentriertem Urin (Oligurie) und einen nächtlichen Harndrang (Nykturie). Eine Harnflut finden wir bei der paroxysmalen Tachykardie nach dem Anfall.

Fieber wird bei Myokarditis, akuter und subakuter Endokarditis, Myokardinfarkt usw. beobachtet. Bei der Myokarditis finden sich meist mittelhohe Temperaturen ohne charakteristischen Verlauf. Die Endokarditis lenta kann durch langdauernde subfebrile Temperaturen mit plötzlichen septischen Temperaturanstiegen gekennzeichnet sein. Beim Myokardinfarkt treten Temperaturen bis zu 39 Grad auf, die mit langsamer Organisation des Herzmuskelrisses lytisch absinken.

Grundsätzlich ist erhöhte Temperatur jedoch kein Symptom einer Herzinsuffizienz und darf nicht einfach auf eine Stauungsbronchitis oder dergleichen bezogen werden.

Kopfschmerzen sind nicht selten Folge zerebraler Durchblutungsstörungen und werden häufig bei arteriellem Hochdruck (Hirngefäßspasmen), Mitralstenose (relative Durchblutungsinsuffizienz durch Darniederliegen der Kreislaufperipherie), Insuffizienz des rechten Herzens bzw. Kompression der Vena cava sup. durch Aneurysma, Tumor usw. (venöse Drucksteigerung), Extrasystolie und ADAMS-STOKES (Hypoxämie), Hirnembolie usw. beobachtet. Die gleichen Ursachen können Schwindelgefühl und die Empfindung allgemeiner Unsicherheit auslösen.

Sehstörungen sind relativ häufig bei arteriellem Hochdruck, Erblindung durch Embolie bei Endokarditis, Herzinsuffizienz usw. Ohrensausen kommt vor bei arteriellem Hochdruck und Aorteninsuffizienz und wird auf einen Reizzustand des N. acusticus zurückgeführt. Vielleicht spielt der durch den plötzlichen Druckanstieg bedingte Pulsus celer dabei eine Rolle.

Auch die psychischen Veränderungen müssen kurz gestreift werden, ist es doch keineswegs so, daß bestimmten präformierten psychischen Ausgangssituationen spezielle spätere Herzkreislauferkrankungen zugeschrieben werden müssen, sondern jede Krankheit hat auch ihr eigenes psychisches Gepräge.

Wir kennen die erethische Gespanntheit, die überschießende Vitalität, die oft kritiklose Affektivität und Hyperreaktivität des zu hohem BlutdruckDisponierten, der Extreme liebt und explosive Spannungsentladungen, die ihn für die Umgebung oft schwer ertragbar machen.

Demgegenüber schaffen Angina pectoris, Herzinfarkt, Asthma cardiale die angstvolle Spannung vor der existenziellen Bedrohung. Nicht selten entwickeln sich derartige Menschen zu kühlen egozentrisch nur auf das eigene Befinden eingestellten Hypochondern.

Die psychische Situation bei der Herzinsuffizienz ist demgegenüber abhängig von dem Vorherrschen von Links- bzw. Rechtsinsuffizienz, d. h. ob Kurzatmigkeit oder allgemeine Ödematose das Bild beherrschen. Während im ersten Fall eine gewisse besorgte Neurotisierung gar nicht selten ist, schaltet bei der Rechtsinsuffizienz der Kranke weitgehend von seiner Umgebung ab und findet in einer scheinbaren Apathie die allein mögliche Gesamteinstellung auf den Rekompensationsprozeß.

Wie stark sich diese nahezu krankheitsspezifische psychische Prägung auch physiognomisch ausprägt, werden wir auf S. 238 noch ausführen und an Hand einiger Bilder darstellen.

12. Erkrankungsbilder der Dekompensation

Verschiedene Dekompensationszeichen können beim Versagen des Herzens in scharf umrissenen Krankheitsbildern angetroffen werden.

Da die beiden folgenden Syndrome im klinischen Teil ausführlich besprochen werden, sollen sie hier nur kurz Erwähnung finden.

12.1. Stauungsbronchitis und Lungenödem

Bei der Stauungsbronchitis werden neben den bekannten bronchitischen Erscheinungen Herzfehlerzellen im Sputum und röntgenologisch eine Stauung am Lungenhilus beobachtet. Sie kommt vor beim Versagen des linken Ventrikels und bei vermehrter Durchlässigkeit der Kapillarwandungen infolge Strömungsverlangsamung.

Ein Lungenödem entsteht durch plötzliches Übertreten von Blut- und Gewebsflüssigkeit aus den durchlässig gewordenen Wandungen der Lungengefäße in die Alveolen.

Das Ereignis findet sich vor allem bei Zuständen mit plötzlich nachlassender Herzkraft, am häufigsten bei dekompensiertem Hochdruck. Der Anfall setzt in der Regel nachts, meist 1–2 Stunden nach dem Einschlafen ein, da im Liegen die hämodynamischen Bedingungen für den Rücktransport von Blut- bzw. Gewebswasser besonders günstig sind. Außerdem wird durch den nächtlich einsetzenden Vagustonus das Retentionswasser in den Geweben mobilisiert und an die Blutbahn im Sinne einer nächtlichen Hydrämie abgegeben. Durch diese Faktoren kommt es zu einem plötzlichen vermehrten Blutangebot an das linke Herz, dieses wird insuffizient, und es resultiert ein akutes Lugenödem.

Ein Lungenödem kommt außerdem vor bei Nephritis, insbesondere Kriegsnephritis, die durch eine Ödemneigung zahlreicher Organe gekennzeichnet ist, schließlich bei Einwirkung gewisser Gifte (z. B. Phosgen, Barbiturate), weiterhin rein mechanisch, nach plötzlichem Ablassen eines großen Hydrothorax und schließlich auch bei nervösen Störungen. In seltenen Fällen kann ein akutes Lungenödem bei herzgesunden Menschen beobachtet werden als Folge von cholango- und gastropulmonalen Reflexen.

Die Symptomatologie ist charakterisiert durch hochgradige Atemnot und Dyspnoe. Der Klopfschall ist verkürzt, das Atemgeräusch abgeschwächt und aufgehoben. Klein-mittelblasiges Rasseln über beiden Lungen, in den Unterfeldern am stärksten wahrnehmbar, in schweren Fällen überdeckt von lautem Bronchial- bzw. Trachealrasseln, macht das Auskultationsphänomen besonders eindrucksvoll, wenn die Expektoration einsetzt, kommt es zur Entleerung von sehr viel schaumigem, blutig serösem Sputum.

12.2. Asthma cardiale (s. Kap. IX, D, 2.2.1a)

Das Herzasthma kommt bei Kranken in höherem Lebensalter als Folge akuter linksseitiger Herzschwäche vor und tritt anfallsweise mit Atemnot, Beklemmung, Angstgefühl und Zyanose, besonders nachts aus dem Schlafe heraus, auf. Männer sind häufiger betroffen als Frauen. In 50 % der Fälle handelt es sich um Kranke mit arteriellem Hochdruck. Der Anfall ist gekennzeichnet durch Orthopnoe, laut hörbaren Stridor, erschwertes Abhusten, kalten Schweiß, aschfahl-grauzyanotische Verfärbung, Nasenflügelatmen, Todesangst mit Vernichtungsgefühl. Der Puls ist frequent, klein, leicht unterdrückbar. Geht der Anfall günstig aus, dann kommt es nach einiger Zeit zur Lösung und mit massiger Expektoration eines oft hämorrhagisch-schleimig-serösen schaumigen Sputums tritt Erleichterung ein. Es wird angenommen, daß das Asthma cardiale auch dann, wenn ein organischer Herzfehler vorliegt, nicht allein auf hämodynamischen Störungen beruht, sondern durch pathologische Reflexmechanismen begünstigt wird.

12.3. Funktionelle Pathologie der hepatokardialen Korrelationen

Die Beziehungen der Leber zu anderen Körperorganen sind seit langem bekannt. Auf der einen Seite kennen wir die Wirkungen der Blutstauung vor einem insuffizienten Herzen auf die Leber, die über eine Stauung und anschließende Induration der Leber zu dem Bild der „cirrhose cardiaque" führt. Die sekundären Rückwirkungen auf das Herz durch den Parenchymschaden wie durch den Ausfall der Leber als Vorfluter sind uns geläufig.

Die grundlegenden Erkenntnisse auf diesem Gebiet entstammen Arbeiten von REIN u. a. die eine hormonale und nervös-reflektorische Wirkung der Leber auf das Herz annahmen, weiter von PINOTTI und Mitarbeitern, welche die ersten überzeugenden Beweise für die chemisch-hormonale Natur der Einwirkung der Leber auf das Herz erbrachten und schließlich L. ASHER, der ein in der Leber gebildetes hypothetisches Herzhormon für die Kreislaufregulation in Anspruch nahm.

Tierexperimentelle Untersuchungen von REIN bestätigten erneut diese Ergebnisse. Wird nämlich die Leber vom Kreislauf ausgeschaltet, so steigt der O_2-Verbrauch des Herzens unter Absinken des Nutzeffektes an. Plötzliche Ausschaltung des Leberkreislaufes durch Umgehung des Pfortaderkreislaufs mittels ECKscher Fistel (das Pfortaderblut wird dabei vor Durchfluß durch die Leber in die V. cava abgeleitet) führt zu einer Herabsetzung der Herzmuskelkraft, die vor allem bei zusätzlicher Belastung mit O_2-Mangelatmung in Erscheinung tritt. Über den Charakter dieses Leberstoffes, der auf die Herzfunktion Einfluß hat, ist bisher nichts bekannt.

Interessante, neuartige Gesichtspunkte liefern weiterhin experimentelle Untersuchungen über Zusammenhänge zwischen Milz-, Leber- und Herzstoffwechsel. Danach befinden sich in der Leber zwei nach funktionellen Aufgaben verschiedene

Systeme. Das eine ist an die Pfortader, das andere an die A. hepatica gebunden. Das erste dient der Verarbeitung der aufgenommenen Stoffe (Ingestivfunktion), das zweite steht im Dienste der Regulation des oxydativen Stoffwechsels (Hepatica-Milz-System). Unter Sauerstoffmangel gibt die Milz bei Reizung der Milznervenäste einen Stoff an die Leber ab, durch den über die Leber besondere Wirkstoffe in den Blutkreislauf ausgeschüttet werden. Der Milzwirkstoff wird als „Hypoxie-Lienin" bezeichnet. Durch Verabreichung dieses Stoffes über die Pfortader an die Leber gelang es, akute hypoxische Herzmuskelinsuffizienzen zu beheben. Die Frage nach der chemischen Natur eines solchen Stoffes steht ebenfalls noch offen.

Diesem in erster Linie hämodynamisch zu verstehenden kardiohepatischen Symptomenkomplex, steht auf der anderen Seite das hepatokardiale Syndrom gegenüber, jene in der Hauptsache sekundär ausgelösten Kreislauf-, insbesondere Herzfunktionsstörungen, die als Folge einer primär entstandenen Leber- und Gallenwegserkrankung auftreten (HORSTERS).

Diese physiologischen Erkenntnisse wurden wesentlich erweitert. So fand MARCHAL bei 12 von 21 Zirrhotikern schwerste Myokardschädigungen, die elektrokardiographisch annähernd dieselben Befunde zeigten, so Niedervoltage, T-Abflachung, vorwiegend im Extremitäten-, vereinzelt auch im Thorax-Ekg, Vorhofs- und Ventrikelextrasystolie und umschriebene, vorwiegend rechtsgelegene Leitungsschädigung. Für die Ätiologie dieser kardialen Veränderungen bei Leberzirrhose werden gestörte Stoffwechselbeziehungen zwischen Leber und Herz (Bildung eines herzwirksamen Leberstoffes) angenommen, die auf endokrinem Wege im Myokard metabole Schädigungen erzeugen.

HEGGLIN faßte die mannigfaltigen Untersuchungen dahingehend zusammen, daß es bei einer allgemeinen Stoffwechselstörung oder anderen schweren Erkrankungen – besonders auch bei schwerer Leberinsuffizienz – durch Hypokaliämie zu einer direkten Myokardstoffwechselstörung bzw. zu einer Störung des Kontraktionszustandes am Herzmuskel kommt. Die Folge dieser sekundären Mitbeteiligung des Myokards ist die energetisch-dynamische Herzinsuffizienz (s. S. 138).

Ebenso sind die Beziehungen zwischen Hepatitis und Herz in jüngster Zeit eingehend verfolgt worden.

Die sogenannte Ikterusbradykardie wurde in der Klinik schon lange beobachtet. Sie wird heute als Folge einer durch verschiedene Faktoren bedingten allgemeinen Veränderung des vegetativen Tonus angesehen, nämlich: Anhäufung von gallensauren Salzen im Blut und in den Geweben, Änderung des Verhältnisses Acetylcholin-Cholinesterase zugunsten der letzteren und wahrscheinlich Änderung der Reaktivität der Myokardfaser dem Acetylcholin gegenüber im Sinne einer Begünstigung der Wirkung desselben.

Im ganzen jedoch fand keiner der Untersucher eine direkte Herzschädigung als Hepatitisfolge.

SCHENNETTEN hat auf die ausgesprochene Kreislauflabilität aufmerksam gemacht, welche wir auch bei einem hohen Prozentsatz unserer Fälle beobachten konnten und die dem orthostatischen Syndrom entspricht. Er nimmt weiterhin an, daß neben der infektiös-toxischen Läsion des Vasomotorenzentrums für dieses Syndrom auch eine Stoffwechselstörung verantwortlich ist, welche gleichzeitig an Herzmuskel und Skelettmuskel angreift und über einen der metabolen Vorgänge zustande kommt.

Die Vielfalt der Störungen des Herz-Kreislaufapparats als Hepatopathiefolgen wurde nun in den letzten Jahren noch eingehender in ihrer Ätiologie und Symptomatik geklärt durch die Erforschung der Physiologie und physiologischen Chemie der Serumeiweißkörper. Es ist wahrscheinlich, daß alle

Plasmaeiweißkörper aus der Leber stammen, deren allgemeine Resistenz direkt proportional ihrem Eiweißreichtum ist.

An Hand der zahlreichen Arbeiten über Herzmuskelschäden durch Dys- und Paraproteinämien liegt somit die enge Beziehung zwischen Erkrankungen der Leber und solchen des Herzens klar auf der Hand. So stellten KIENLE und KNÜCHEL fest, daß immer dann eine Stoffwechselstörung die Ursache einer Herzinsuffizienz ist, wenn ein „Komplex des Stoffwechselgeschehens", also hier der Eiweißkolloidhaushalt, verändert ist. Die Umstellungen des Eiweiß-Spektrums bei durch Lebererkrankungen hervorgerufenen Herzschäden und umgekehrt, wurden schon vielfach untersucht, es konnten aber keine für einen kardialen Dekompensationszustand typischen Elektrophoresebilder gefunden werden. (s. S. 114)

Auch Untersuchungen an unserer Klinik brachten das Ergebnis, daß die Schwere des Dekompensationszustandes und die Zusammensetzung der Serumeiweißkörper keine unmittelbaren Beziehungen zeigen (KONIAKOWSKI und OBERGASSNER).

Allgemein gilt jedoch, daß das Elektrophoresebild bei einem kardialen Dekompensationszustand eine Albuminabnahme, bei längerem Bestehen eine Zunahme der β- und γ-Globuline als Ausdruck des Leberzellschadens zeigt, wobei entzündliche Veränderungen wie Myokarditis, Endokarditis usw. die Veränderungen im γ-Globulinbereich wechselhaft erscheinen lassen. Die Veränderungen des Eiweißdiagramms sind bei einer Gesamtinsuffizienz des Herzens, wie das beim hepatokardialen Syndrom in Form eines diffusen Herzschadens der Fall ist, deutlicher ausgeprägt, als bei Rechts- und noch mehr als bei Linksinsuffizienz. Darüber hinaus ist es wahrscheinlich, daß außer der gestörten Leberfunktion auch noch andere Ursachen entscheidend sind für das Zustandekommen der hepatogenen Herzschäden. So brachten Untersuchungen von LUCKNER das Ergebnis, daß das durch Eiweißmangel geschädigte Herz bei Vitamin-B-Mangel noch mehr geschädigt wird, ohne daß diese Schädigung über eine Dysproteinämie erfolgte.

Für die Klinik faßte WUHRMANN all diese Tatsachen in dem Begriff der Myokardose zusammen, der in erster Linie einen funktionellen Eiweiß-Stoffwechselschaden des Herzmuskels darstellt (s. Kap. VIII, E, 4).

12.4. Leberstauung (Zirrhose cardiaque)

Die Tatsache, daß sich durch eine passive Blutstauung in der Leber infolge Herzversagens eine Zirrhose entwickeln kann, ist bekannt.

Bei Versagen des rechten Herzens, besonders bei Mitralfehlern oder Komplikationen seitens des Lungenkreislaufes, bleibt Blut in der Leber liegen, und es kommt zu einer Leberstauung. Aus dieser venösen Stauung resultiert eine Erweiterung der Zentralvenen und eine enorme Stromverlangsamung im Gebiet der peripheren Pfortaderästchen. Es tritt eine Leberschwellung auf, die ein Symptom des Herzleidens im Sinne einer verminderten Leistungsfähigkeit des Herzens ist. In diesem Zustand finden sich noch keine pathologischen Veränderungen im Lebergewebe; er ist also bei einer rechtzeitigen und wirksamen Herzbehandlung reversibel. Sobald die kardiale Stauung chronisch wird, beginnt das irreversible Stadium der Stauungsleber.

Durch die veränderten Strömungsverhältnisse in der Leber treten pathologische Veränderungen im Sinne einer Atrophie der Leberzellen auf. Es handelt sich jetzt noch nicht um eine Stauungszirrhose, denn es finden sich in der Leber keine Narbenbildungen. Das klinische Bild ist gekennzeichnet durch Druckbeschwerden im Oberbauch, erklärbar durch die Kapselspannung infolge starker Organvergrößerung.

Hält die kardiale Stauung lange Zeit an, so kann eine Stauungszirrhose entstehen.

Ein Aszites tritt nur dann auf, wenn infolge der venösen Hyperämie an der Oberfläche des Dünn- und Dickdarmes und des Peritoneums eine Transsudation aus den Kapillaren in die Bauchhöhle stattfindet. Es sind Zweifel geäußert worden, ob die kardiale Stauung als die alleinige Ursache für die Ausbildung einer Zirrhose in Frage kommt, wissen wir doch, daß eine gestaute Leber toxischen Schädigungen gegenüber empfindlicher ist. Nach den neuesten Forschungsergebnissen ist jedoch die Möglichkeit der Umwandlung einer Stauungsleber in eine echte Zirrhose, ohne daß andere toxische Ursachen ausschlaggebend sind, erwiesen. Ein wesentlicher Faktor der Entstehung einer Leberschädigung bei Herzinsuffizienz ist der Sauerstoffmangel. Um eine Leberschädigung möglichst früh zu erfassen, haben wir auf den Urobilinogennachweis im Harn hingewiesen. Die vermehrte Urobilinogenausscheidung ist als Folge eines vermehrten Blutzerfalls aufzufassen. Abgesehen von dieser Möglichkeit lassen sich extrahepatische und hepatische Ursachen erhöhter Urobilinogenausscheidung im Harn diagnostisch schwer voneinander trennen.

Es sind viele Versuche unternommen worden, die sich mit der Diagnostik der Leberbeteiligung bei Herzerkrankungen befassen.

KIENLE und KNÜCHEL haben bei Patienten mit einer chronischen, kardialen Leberstauung ohne klinisch manifeste Leberschädigung die Thymol-, Kephalin- und Cholesterintests kontrolliert. Das Ergebnis dieser Eiweißlabilitätsproben brachte 69–72% positive Ausfälle. Sie gaben keinen Aufschluß, ob die nachgewiesene Schädigung eine rein passive Behinderung des Leberkreislaufes durch Blutrückstauung ist oder ob sie über eine allgemeine Herabsetzung der Sauerstoffsättigung des Blutes durch das Herzleiden verursacht ist. Es fanden sich aber in allen Fällen den intravital positiven Lebertests entsprechende morphologische Schäden. Umgekehrt waren histologische Veränderungen gering oder fehlten, wenn die Tests negativ ausgefallen waren.

13. Die natürlichen Heilvorgänge bei der Herzinsuffizienz

Bereits in den Ausführungen über Kompensation und Dekompensation haben wir darauf hingewiesen, daß die lebenswichtigen Herz-Kreislauffunktionen in der Regel nach dem Prinzip der mehrfachen Sicherung geschützt sind. Nicht nur kreislaufeigene Mechanismen werden in Gang gesetzt, sondern auch alle anderen Organsysteme besitzen und entwickeln Eigenschaften, mit denen sie die funktionelle Intaktheit des Kreislaufes gewährleisten können. Wohl kaum einem Organsystem stehen so zahlreiche natürliche Selbstheilungsmaßnahmen zur Verfügung. Man wird sich daher bei jedem Therapieplan den Sinn der scheinbaren Versagenssymptome sehr wohl überlegen müssen, wenn die Therapie nicht mehr schaden als nützen soll. So durchdacht wird es unter Umständen erfolgreicher sein, die Selbstheilungsbestrebungen vorsichtig zu unterstützen, die Unökonomie mehrfacher Kompensationsvorgänge auszugleichen und möglichen Schädigungseffekten durch überschießende Heilungsbestrebungen vorzubeugen. Unter diesem Gesichtswinkel haben Venendrucksteigerung, Dyspnoe oder Ödem eine neuartige Bewertung; die gleichfalls entlastende Leber- bzw. Lungenstauung aber werden zur Gefährdung, durch Übergang in Zirrhose, in Asthma cardiale oder Lungenödem.

Wir werden daher folgendes zu berücksichtigen haben:

Die natürlichen Heilvorgänge bei der Herzinsuffizienz bezwecken eine Wiederherstellung der Kreislaufkompensation, die gegebenenfalls einer körperlichen Belastung gewachsen ist, oder, wenn dies nicht zu erreichen ist, die Verhütung einer kardialen Kreislaufdekompensation anstrebt.

Fragen wir uns, welcher Art diese Kompensationsvorgänge sind, so finden wir hauptsächlich drei Wege, über die die natürlichen Heilbestrebungen laufen, und zwar:

1. eine Veränderung der Hämodynamik,
2. ein Eingreifen der Respiration, und
3. eine Reaktion des hämopoetischen Systems.

Wenden wir uns diesen Punkten im einzelnen zu, dann kann die Hämodynamik geändert werden

1. durch eine Erhöhung der Schlagzahl. Diese Frequenzzunahme wird ausgelöst entweder durch eine Steigerung des venösen Druckes im rechten Vorhof oder aber vom Sinus caroticus und der Aorta aus im Sinne eines pressorezeptorischen Reflexes.
2. Die tonogene Dilatation erreicht über eine Streckung der Herzmuskelfasern einen längeren Kontraktionsweg und damit eine vermehrte Arbeitsleistung.
3. Die Hypertrophie eines Herzabschnittes ist meistens die Folge der kompensatorischen Dilatation und hat eine Steigerung der Koronardurchblutung zur Folge.

Sowohl Frequenzsteigerung wie Dilatation und Hypertrophie betreffen das Herz selbst, d. h. diese Veränderungen sind eine Reaktion des Herzens, die jedoch von der Kreislaufperipherie her veranlaßt wird. Die Kreislaufperipherie versucht die Folgen einer Herzinsuffizienz zu beseitigen, indem sie eine erhöhte Blutmenge dem Herzen anbietet.

Dieses vermehrte venöse Angebot wird erreicht durch:

1. eine Ausschüttung der Blutdepots, die wahrscheinlich bei einer vermehrten Kreislaufbelastung auf Grund einer nervalen Reizung erfolgt und
2. eine Erhöhung des Venomotorentonus, die sowohl Folge eines direkten Angreifens an der Venenwand als auch einer Reizung des Vasomotorenzentrums ihre Entstehung verdankt.

Werden die Blutdepots entleert, dann tritt eine vermehrte Blutfüllung des alveolären Kapillarsystems der Lunge ein, dadurch erfolgt eine Ausdehnung der Gasaustauschfläche, eine Vertiefung der Atmung mit dem Resultat einer besseren Sauerstoffsättigung des Blutes.

Auch die innere Atmung vermag an der Beseitigung von Insuffizienzfolgen mitzuwirken, indem die Peripherie die Fähigkeit erhält den Sauerstoffgehalt des Blutes besser auszunützen als dies bei einer gesunden Kreislauftätigkeit der Fall ist.

Sicher wirkt die bei der Kreislaufinsuffizienz vorliegende Azidose günstig auf die Besserung der peripheren Sauerstoffausnützung. Das hämopoetische System reagiert auf eine Herzinsuffizienz mit der vermehrten Bildung und Mobilisierung von roten Blutkörperchen, so daß in der Volumeneinheit des Blutes mehr Erythrozyten enthalten sind.

Diese aufgezählten Abwehrmechanismen sehen zunächst sehr zweckentsprechend aus, und sie sind es auch zweifelsohne, jedoch bergen sie immer die Gefahr einer Überregulation, so daß die sinnvollen Einrichtungen zu schädlichen Reaktionen werden können.

So ist z. B. die vermehrte Füllung des alveolaren Kapillarsystems hämodynamisch und metabolisch sehr wertvoll. Der Übergang zur Lungenstauung ist jedoch bereits dubiös, da dieses Stadium eine Verschlechterung des Gasaustausches in der Lunge und eine zusätzliche Belastung des rechten Herzens verursacht.

Auch hier können nochmals Mechanismen einsetzen, die diese Lungenstauung zu beseitigen suchen, und zwar sind hier zu nennen:
1. die Orthopnoe, die zu einer Abnahme des venösen Rückstromes zum Herzen nach dem Gesetz der Schwerkraft führt und damit die Lungenstauung vermindert (meßbar an der Zunahme der VK). Die respiratorische Muskulatur gewinnt an Bewegungsfreiheit.
2. Auch das häufig beobachtete Stöhnen des Herzpatienten vermag hier heilend einzugreifen, denn das Stöhnen (Exspirium gegen Widerstand) erreicht eine Drucksteigerung in der Lunge und damit ein Auspressen der in der Lunge befindlichen Blutmassen.

Das vermehrte Blutangebot an das Herz kann nun den Rahmen des Zweckmäßigen weit überschreiten. Wenn das Herz die ihm angebotene Blutmenge nicht mehr zu bewältigen vermag, dann stellt die aktive Depot-Funktion der Leber eine Sicherung dar. Sie vermag eine große Menge des zum Herzen strömenden Blutes abzufangen und zu deponieren und damit die Menge des venösen Rückstromes zum Herzen auf ein Maß herabzudrücken, das noch vom Herzen verarbeitet werden kann. Auch das Ödem kann man unter diesem Gesichtswinkel betrachten.

Dilatation und Hypertrophie sind zweckmäßige Mechanismen, die jedoch dann, wenn die von ihnen verlangte Blutmenge nicht mehr zur Verfügung gestellt werden kann (Koronarinsuffizienz), die Versagensbereitschaft des Herzens erhöhen.

Wir wissen weiterhin, daß die Herzinsuffizienz in den meisten Fällen mit einer vagotonen Einstellung des vegetativen Nervensystems einhergeht. Ein großer Teil der besprochenen Rekompensationsversuche steht unter der Regie dieses Vagusüberwiegens, so daß wir die vagotone Einstellung bei der Herzinsuffizienz als ein übergeordnetes Heilprinzip ansehen können. Überschießende und damit unzweckmäßige Reaktionen, die sich aus der vagotonen Einstellung ergeben, treten besonders dann auf, wenn irgendwelche Schädigungen den Lungenkreislauf, das Koronarsystem oder das Atemzentrum zu einem Locus minoris resistentiae gemacht haben.

14. Herztod

Bei Sterbenden mit unterschiedlicher Todesursache hat man festgestellt, daß mit zunehmender allgemeiner Körperschwäche agonal zunächst das primäre automatische Reizbildungszentrum des Herzens seine Tätigkeit einstellt. Es treten kompensatorische Reize des sekundären Reizbildungszentrums auf und wenn dieses versagt, folgen noch vereinzelte Kammerzuckungen bis schließlich der Herzstillstand und damit der Tod eintritt. Es handelt sich dabei um Folgen einer allmählich einsetzenden Kreislaufstörung, die durch ein Versagen zerebraler Regulationsmechanismen zustande kommt. Diese zerebrale Insuffizienz nimmt ihren Ausgang von Störungen des Gas- und Stoffaustausches, die im Gefolge der verschiedensten Krankheiten auftreten. Obwohl das Sterben unter Herzerscheinungen erfolgt, handelt es sich bei diesen Fällen nicht um einen Herztod im eigentlichen Sinne des Wortes, da bei Behebung der ursächlichen Störungen die erloschene Herztätigkeit wieder zur rhythmischen Automatik erweckt werden kann. Von einem Herztod sollte nur gesprochen werden, wenn bereits intra vitam ein Herzschaden nachgewiesen werden konnte oder die Autopsie ein kardial bedingtes Versagen des Kreislaufes offenbart. Diese Verhältnisse treffen wir bei einer Insuffizienz des rechten bzw. des linken Ventrikels mit oder ohne Klappenfehler, bei infektiös, toxisch oder degenerativ geschädigtem Myokard usw., wobei die verschiedenartigsten klinischen Symptome das Herzleiden anzeigen können.

Der Exitus kann eingeleitet werden:

1. Durch ein Versagen des Kreislaufes infolge Abnahme des zirkulatorischen Minutenvolumens, wodurch eine zerebrale Schädigung ausgelöst wird, die ihrerseits Störungen des Gas- und Stoffaustausches bewirkt, so daß am Herzen Erscheinungen auftreten, die dem oben beschriebenen Mechanismus folgen.

2. Durch den Herzmuskelschaden kommt es zu Rhythmus- und Reizbildungsstörungen, so daß eine Koronarinsuffizienz mit oder ohne stenokardische Beschwerden sich entwickelt und allmählich zu einer Schädigung des Herzens führt. Bei diesem Verlauf summieren sich zerebrale Ausfallserscheinungen als Folge des Herzversagens und Insuffizienzerscheinungen einer zirkulatorisch bedingten Myokardschwäche. Die agonalen Erscheinungen am Herzen zeigen eine Mischung der Erregbarkeitsabnahme der höheren Reizbildungszentren des Herzens mit gehäufter, meist heterotoper Extrasystolie.

3. Der Tod kann ganz unerwartet aus dem Stadium der Kompensation oder Dekompensation heraus erfolgen. Dieser plötzliche Herztod kann eintreten:

   a) Wenn das Herz durch einen Kollaps leerläuft, wobei das Blut ins Splanchnikusgebiet versackt, so daß die zirkulierende Blutmenge zu gering wird, um die Semilunarklappen zu öffnen und die Kranzgefäße ausreichend zu durchbluten. Der Tod tritt dann im systolischen Herzstillstand ein.

   b) Bei starker Vagusreizung, wie sie bei MORGAGNI-ADAMS-STOKESschen Anfällen angenommen wird, ist der Exitus im diastolischen Herzstillstand nicht selten.

   c) Die Masse der akuten Fälle von Herztod finden wir bei plötzlicher Unterbrechung des Koronarkreislaufes, sei es durch einen Verschluß infolge eines Embolus, einer Thrombose oder eines Spasmus eines grösseren Koronarastes. Der akute Herztod bei Lungeninfarkt kommt wohl weniger durch eine plötzliche Überlastung des rechten Herzens als vielmehr durch einen reflektorisch ausgelösten Spasmus der rechten Kranzarterie zustande. Bestand schon längere Zeit eine latente Koronarinsuffizienz durch Koronarostiumstenose (Aortitis luica, Koronarsklerose, Koronararteriitis usw.), dann kann ein plötzliches Absinken des Blutangebotes an das Koronarostium durch eine akute Verminderung des Schlagvolumens, Absinken des Aortendruckes usw. oder auch ein plötzlicher Mehrbedarf der Koronardurchblutung durch körperliche oder seelische Belastung ebenfalls zu einem akuten Versagen der Herzdurchblutung und damit zum plötzlichen Herztod führen. Der Tod erfolgt in diesen Fällen unter den Erscheinungen der Reizbildungs- und Reizleitungsstörungen, nicht selten aber auch des Kammerflimmerns.

d) Der Sekundenherztod (H. E. HERING) durch Klammerflimmern kann auch bei anscheinend gesunden Menschen auftreten, wenn eine Flimmerbereitschaft des Herzens vorliegt. Dieser Zustand kann gegeben sein, bei jeder Form von Koronarinsuffizienz, besonders in Kombination mit arteriellem Hochdruck, wobei als auslösendes Moment starke Reize des Vagus bzw. Akzelerans, plötzliche arterielle Drucksteigerungen usw. dienen können. Die Flimmerbereitschaft kann durch die verschiedensten endogenen und exogenen Toxine, welche die Herzmuskelzelle selbst treffen, begünstigt werden. Praktische Bedeutung besitzen die CO-Intoxikation und die Chloroformnarkose, während bei Äthernarkose der Herzflimmertod sehr selten ist. Tritt ein akuter Herztod nach einer Strophanthin-Injektion auf, dann ist meist Kammerflimmern die Ursache.

Wird der Arzt erst nach eingetretenem Tode zur Diagnosestellung gerufen, dann ist es rückschauend oft sehr schwer, mit Sicherheit die Diagnose Herztod zu stellen, besonders dann, wenn nur unklare Angaben der Angehörigen zur Verfügung stehen. In Zweifelsfällen, vor allem, wenn Fragen der Unfallbegutachtung beantwortet werden sollen, ist eine Autopsie zu beantragen, die eine Klärung zu geben vermag, wenn deutliche organische Veränderungen am Herzen den Zusammenhang des Todes mit dem traumatisch bedingten Herzschaden als wahrscheinlich annehmen lassen.

Morphologische Veränderungen am Herzen fehlen nicht selten, wenn der Herztod durch einen Koronarspasmus ausgelöst worden ist, der nicht lange genug anhielt, um sich in Form geweblicher Strukturveränderungen auswirken zu können. Der Nachweis von anämischen Myokardbezirken, von Herzödem und venösen Stasen kann bei diesen Fällen als Beweis von Zirkulationsstörungen am Herzen selbst und damit als Ausdruck des Herztodes angesehen werden.

Die Feststellung des Todes erfolgt gewöhnlich durch den Nachweis des Kreislaufstillstandes. Es genügt dabei nicht, lediglich den Puls zu fühlen, auch die Auskultation des Herzens kann zuweilen versagen. Mit Sicherheit ist die Unterbrechung der Kreislaufkontinuität durch die Betrachtung des Augenhintergrundes mit dem Augenspiegel zu diagnostizieren. Die Blutsäulen der Netzhautgefäße sind dann abgerissen. Der einfache Nachweis des Herzstillstandes kann durch das Ekg erbracht werden. Auch das Auftreten von Leichenflecken ist ein untrügliches Symptom.

B. Pathologische Physiologie des arteriellen Kreislaufes

Periphere Durchblutungsstörungen, gleichgültig ob sie durch organische, nervale oder humorale Einflüsse verursacht werden, können sich äußern in einer Verlangsamung oder Beschleunigung des peripheren Blutstromes, wobei nur eng umschriebene Gefäßprovinzen oder große Kreislaufabschnitte betroffen sein können. Aus dem Zusammenwirken kardialer und peripherer Einflüsse ergeben sich Kreislaufbilder, aus denen meist die zirkulatorisch bedingte Insuffizienz eines bestimmten Organes zum klinischen Ausdruck einer Blutverteilungsstörung wird.

Beginnen wir mit der häufigsten Kreislaufstörung, die noch am Rande normalen Verhaltens steht, dann verlangt der periphere Kreislauf bei der vegetativen Dystonie eine kurze Darstellung.

1. Kreislauf und vegetative Dystonie

Das pathogenetische Prinzip der vegetativen Fehlsteuerung besteht darin, daß irgend ein gesetzter Reiz, gleichgültig welches Organ er auch immer betrifft, seiner sinnvollen Beantwortung entbehrt.

In den Anfangsstadien herrscht in der Regel das Prinzip der „überschießenden" Reaktivität. Gleichgültig, ob es sich um die Zirkulation, die Magensaftproduktion oder Gallensekretion, um die Darmmotilität oder Schweißabsonderung u. dgl. handelt, eine gegebene Leistungsanforderung wird so rasch, so unökonomisch und so übersteigert beantwortet, daß daraus gleich zwei Versagensmöglichkeiten ableitbar sind, nämlich einerseits durch das Überangebot an das Verbrauchsorgan und andererseits durch Mangelerscheinungen in einem anderen Organ. Wählen wir als Beispiel hier den Kreislauf mit seinen verschiedenen Gefäßprovinzen, dann kann z. B. ein überschießendes Angebot an die Lunge zu Lungenödem führen, während gleichzeitig, da die zirkulierende Blutmenge nicht ausreicht, um alle Organsysteme optimal zu durchbluten, z. B. eine ungenügende Gehirndurchblutung infolge hypoxämischer Nekrose zu weißer Erweichung unter dem Bilde eines apoplektischen Insultes führen kann. Es ist aber auch möglich, daß die Reizbeantwortung nicht überschießend, sondern zu langsam erfolgt, so daß es zu Diskrepanz zwischen Leistungsanforderung und organischem Leistungsvermögen kommt, ein Vorgang, der sicher zahlreichen Belastungsstenokardien zugrunde liegt.

Weiterhin ist bekannt, daß bei einseitiger Intonierung eines vegetativen Zügels ein gleichgerichteter vegetativ gesetzter Reiz praktisch unbeantwortet bleibt, während sofort oder als Spätreaktion die Gegenregulation um so ausgiebiger erfolgt. Dieses Verhalten, das wir als „paradoxe Reaktion" (HOCHREIN und SCHLEICHER) bezeichnet haben, kann unter diesem Gesichtswinkel in vielfältiger Weise ausgelegt werden.

Schließlich ist uns bekannt, daß bei gesteigerter Reizbarkeit des gesamten Systems auch ein Generalisatoreffekt möglich ist, dahingehend, daß ein in einem Organ oder an einer Stelle gesetzter Reiz nicht gleichenorts beantwortet wird, sondern unter Umständen auf andere Zonen überspringt, um schließlich am Locus maioris reactionis seinen meist unerwünschten Wirkungseffekt geltend zu machen. Es ist nun ein interessantes Zeitphänomen, daß sich die vegetative Ausgangslage breiter Bevölkerungskreise mehr und mehr im Sinne einer sympathikotonen Erregbarkeitssteigerung verschoben hat. Wahrscheinlich handelt es sich um eine Hyperamphotonie, d. h. eine gesteigerte Ansprechbarkeit des Gesamtsystems, aber die sympathikotone Komponente ist mit dem Phänomen der Ruhelosigkeit, der leichten Erregbarkeit, Schlaflosigkeit sowie der weit verbreiteten Neigung zu orthostatischen Durchblutungsstörungen doch sehr eindrucksvoll.

Bisher ist diese vegetative Fehleinstellung vielfach mit dem Begriff der vegetativen Dystonie belegt worden, was mißverständlich sein kann, da ein Tonus im eigentlichen Sinne für die meisten dieser Funktionen gar nicht unterhalten wird und man geneigt sein könnte, dem Blutdruckverhalten, weil die Begriffe Hypertonie, Hypotonie, neurozirkulatorische Dystonie dem Sprachgebrauch sehr viel geläufiger sind, eine besondere Rolle zuzuschreiben. Wenn wir dagegen nun von „vegetativer Dysregulation" sprechen wollen, dann deckt sich der Name mit der funktionellen Pathologie, die diesem Versagensphänomen zugrunde liegt, ohne daß bezüglich der Organdetermination etwas vorweggenommen wird.

2. Neurozirkulatorische Dystonie (Blutdruckanomalien)

Überträgt man nun die im vorhergehenden Abschnitt geschilderten vegetativen Dysregulationen auf den Kreislauf, dann resultiert ein Versagenssyndrom, das wir als „neurozirkulatorische Dystonie" bezeichnet haben.

Die Analyse der Kreislauffunktion bei der vegetativen Dystonie zeigt, daß das Vermögen mit adäquaten Reaktionen auf biologische Reize antworten zu können, verlorengegangen ist. Der Kreislauf arbeitet unökonomisch, da ungenügende oder überschießende Reaktionen ausgelöst werden. Im weiteren Verlauf folgen auf biologische Reize paradoxe Reaktionen, die auf dem Weg über Gefäßspasmen zu einer allgemeinen oder lokalisierten Mangeldurchblutung und letzten Endes zu einem totalen Verschluß führen können.

In Abb. 52 wurde der Wirkungsmechanismus der neurozirkulatorischen Dystonie in seinen verschiedenen Stadien schematisch dargestellt.

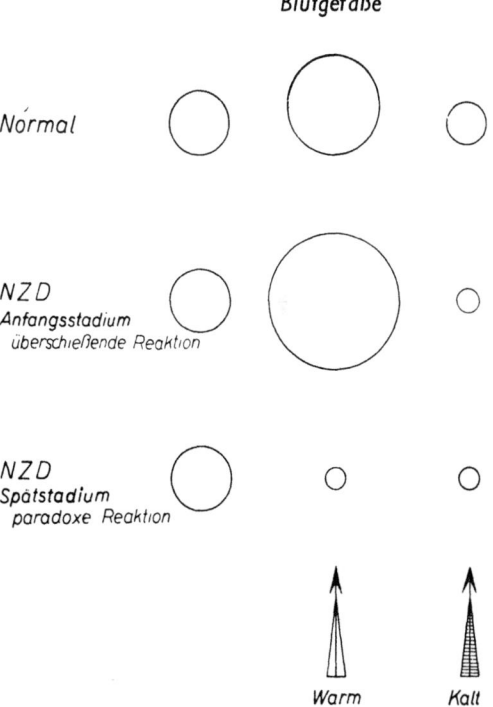

Abb. 52. Gefäßreaktion bei der neurozirkulatorischen Dystonie.

Die neurozirkulatorische Dystonie kann das gesamte Arteriensystem befallen oder sich auch nur auf die Zirkulation eines bestimmten Organs beschränken. Mischformen sind nicht selten. So können Herz, Magen, Gehirn, Lunge usw. Lautsprecher einer neurozirkulatorischen Dystonie werden. Der Kreislauf dieser Organe ist zum Locus maioris reactionis dieser Fehlsteuerung geworden. Fragen wir uns, warum die neurozirkulatorische Dystonie ein bestimmtes Organ für ihre klinischen Manifestationen ergreift, dann dürfte eine erbliche Belastung sicher von Bedeutung sein. Es gibt Familien, die anfällig für Durchblutungsstörungen des Herzens, des Gehirns, des Magens usw. sind.

Daneben spielen organische Veränderungen auf degenerativer oder entzündlicher Basis eine Rolle. Die neurozirkulatorische Dystonie kann an anatomisch normalen Gefäßen Spasmen erzeugen. Sie pfropft sich jedoch mit Vorliebe organischen Gefäßveränderungen auf. Bereits ROMBERG hat von den „paradoxen" Reflexen bei Arteriosklerose gesprochen.

Wir haben bei jedem Organ, das eine anatomische Gefäßerkrankung aufweist, mit der Möglichkeit einer zusätzlichen vasomotorischen Fehlsteuerung zu rechnen. Besonders leicht werden Organe von der Durchblutungsinsuffizienz betroffen, welche funktionell überlastet sind. Zahlreiche exogene Faktoren können das klinische Bild der neurozirkulatorischen Dystonie beeinflussen, und es ist eine Erfahrungstatsache, daß bei einem Kranken mit einer solchen zirkulatorischen Fehlsteuerung das Schockorgan im Laufe des Lebens wechseln kann.

Nicht selten beobachten wir, daß in früher Jugend eine Angina pectoris vasomotorica auftritt, die abgelöst wird durch Magenbeschwerden oder eine Migräne, bis im Klimakterium eine Angina pectoris vera in Erscheinung tritt, die zu einem Myokardinfarkt führen kann.

Die wichtigsten Funktionsstörungen des Arteriensystems aber sind die Blutdruckanomalien.

Bei der Klärung der hämodynamischen Ursachen, die zu Fehlsteuerungen des normalen Blutdruckes führen können, folgen wir den Ausführungen von WEZLER, der die FRANKschen Formeln in folgender Weise ausgelegt hat:

Einer Zunahme des diastolischen Blutdruckes kann zugrunde liegen:
1. Eine Zunahme der Frequenz bzw. des Minutenvolumens,
2. eine Steigerung des peripheren Widerstandes,
3. eine Abnahme des Elastizitätsmoduls, d. h. eine Zunahme der Dehnbarkeit,
4. die gleichzeitige Änderung verschiedener Variablen.

Eine Zunahme des systolischen Druckes kann bedingt sein:
1. durch eine Zunahme des Schlag- und Minutenvolumens,
2. durch eine Zunahme des Elastizitätsmoduls,
3. durch Abnahme des peripheren Widerstandes,
4. durch gleichzeitige Änderung von zwei oder mehreren Variablen.

Übertragen wir diese Gesetzmäßigkeiten auf klinisch leichter faßbare Größen, dann sind Blutdruckanomalien zu erwarten bei Änderungen des Stromvolumens, d. h. des Schlagvolumens und der Geschwindigkeit der Kammersystole, der Pulszahl und weiterhin der Dehnbarkeit der Arterienwand, die herznahe zentral durch die Funktion der elastischen Fasern und im weiteren Verlauf zusätzlich durch den Tonus der Arterienwandmuskulatur bestimmt wird. Die Widerstandsänderung im Kreislauf beinhaltet Störungen der Blutviskosität und dann vor allem vasomotorische bzw. organische Veränderungen der kleinen Arterien und Arteriolen. Die Vasomotorik untersteht nervös-reflektorischen und humoralen Einflüssen. Nicht zuletzt ist auch an Veränderungen der Blutmenge zu denken, die bei Vermehrung den Arteriendruck nur gering beeinflußt, bei plötzlicher Verminderung sich aber stark auswirken kann.

Die größte praktische Bedeutung bei der Entstehung von Blutdruckanomalien besitzen Störungen der nervösen Steuerung des Arteriendruckes, wobei hauptsächlich an drei Gruppen von Mechanismen gedacht werden muß:
1. propriozeptive (eigenreflektorische) Steuerung,
2. exterozeptive (fremdreflektorische) Steuerung,
3. zentral-nervöse Koordination.

Liegt eine Funktionsstörung eines dieser Glieder, die an der Gestaltung des Arteriendruckes beteiligt sind, vor, dann vermag schon eine geringe Belastung des Kreislaufes zu Blutdruckanomalien, d. h. zu Hoch- oder Unterdruck, zu führen.

Theoretisch kann jedes Glied der Regulationskette: rezeptorenafferente Bahnen – nervöse Koordinationszentren – efferente Bahnen – Erfolgsorgane, von einem Schaden betroffen werden. In der Praxis wird eine Störung an einem Engpaß des Regulationssystems, wie ihn funktionell schwer ersetzbare Systemglieder darstellen, z. B. die afferenten Bahnen der besonders wichtigen Pressorezeptoren oder das Zwischenhirn, sich nachhaltiger auswirken als etwa eine Noxe, die an einem der zahlreichen Erfolgsorgane der druckregulatorischen Reflexe oder im Bereich der weitverzweigten efferenten Bahnen angreift (WEZLER).

Diese Erkenntnis läßt für die Praxis einige wichtige Schlüsse zu:
1. Nach dem Gesetz der Wahrscheinlichkeit wird man für die Masse der Blutdruckanomalien Störungen in den efferenten Bahnen der Pressorezeptoren annehmen können.
2. Funktionell gesehen wird man das Ausmaß dieser Störungen beurteilen können durch den Nachweis von Blutdruckanomalien, die
    a) nur bei Belastung auftreten oder
    b) bereits in Ruhe vorhanden sind.

Blutdruckanomalien können akut anfallsartig oder langsam, oft in jahrelanger allmählicher Entwicklung zur Ausbildung kommen. Ihre Ursachen sind außerordentlich zahlreich und verschiedenartig, andererseits kann je nach der vegetativen Tonuslage das gleiche ätiologische Moment einmal zur Ursache eines Unter-, das andere Mal eines Hochdruckes werden. Die Klinik teilt die Blutdruckanomalien in folgende Gruppen ein:
1. Akute, meist anfallsartige Blutdruckanomalien:
    a) Kreislaufschock und Kollaps,
    b) paroxysmaler Hochdruck.
2. Chronische Verlaufsformen:
    a) Blutdrucklabilität,
    b) arterieller Unterdruck,
    c) arterieller Hochdruck.

Die Ausdrücke Hypotonie, Hypertension und Hypertonie täuschen eine Kenntnis von Tonus- bzw. Spannungsverhältnissen der Arterienwand vor, die uns die Blutdruckmessung nicht vermittelt. Wir haben immer wieder darauf hingewiesen, daß ein bestimmter Blutdruckwert für den einen Fall der Ausdruck einer Hypertension und für den anderen Fall einer Hypotension sein kann (HOCHREIN und LAUTERBACH). Hoher und niedriger Blutdruck erscheinen dem Laien grundsätzlich verschieden. Funktionell gesehen gehen beide auf die gleiche Ursache zurück, nämlich auf einen Stabilitätsverlust des Faktorengleichgewichtes, das den normalen Blutdruck zu gewährleisten hat. Besteht eine Labilität dieses Gleichgewichtes, dann kann eine Umstimmung der vegetativen Regulationen, wie das u. a. vor allem im Klimakterium gegeben ist, häufig eine Umstellung vom arteriellen Unterdruck zum Hochdruck bewirken. Die Symptomatologie von Blutdruckanomalien wird neben der Genese wesentlich von der Blutdruckhöhe mitbestimmt.

3. Kreislaufschock und Kollaps

Wir gehen nun in folgendem auf den Kreislaufschock und Kollaps besonders ausführlich ein, da es sich dabei häufig um akut lebensgefährliche Zustände handelt.

Die funktionelle Pathologie ist relativ einfach beim Verblutungskollaps zu übersehen, der durch ein Mißverhältnis von zirkulierender Blutmenge und Gesamtkapazität des Kreislaufes gekennzeichnet ist. Komplizierter liegen die Verhältnisse bei Schock- und bei Kollapsformen, die durch bakterielle Toxine bei Infektionskrankheiten, durch chemische Stoffe und vor allem Abbaustoffe des Eiweißes bei Verbrennungen, Vergiftungen und Verätzungen, bei traumatischen oder operativen Verletzungen hervorgerufen werden.

Um das akute Kreislaufversagen bei diesen Zuständen verständlich zu machen, gehen wir von der bekannten Erfahrung aus, daß der normale Kreislauf durch zahlreiche nervöse, hormonale und humorale Faktoren imstande ist, Ökonomie und Kontinuität nach dem Prinzip der mehrfachen Sicherung zu gewährleisten, wobei die presso- und chemosensiblen Kreislaufzügler von gleicher Bedeutung sind wie die Schutzreflexe, die der Sicherung des Individuums bei endo- oder exogener Bedrohung dienen (SCHAEFER).

Folgen wir den Ausführungen von JARISCH, dann gehört es zu den Grundeigenschaften des Organismus, auf einen die Existenz des Individuums tatsächlich oder nur scheinbar bedrohenden Reiz – man kann mit SELYE auch sagen „stress" – mit einer protektiven Reaktion vagischer Natur zu antworten. Entwicklungsgeschichtlich können dabei einfache und kompliziertere Vorgänge jüngeren Datums unterschieden werden. Die einfachste Reaktion ist der Axonreflex, der von einer Erregbarkeitsminderung der sensiblen Nerven begleitet ist. Auf der nächsten Entwicklungsstufe finden sich die von den Organen ausgehenden Hemmungsfunktionen, die zwar auf das Organ zurückwirken, aber durch Reflexausbreitung generalisierten Charakter annehmen können und die Grundlage für den sogenannten Organschock liefern. Die höchste Entwicklungsstufe ist die Ohnmacht, bei welcher der noziceptive, d. h. der existenzgefährdende Reiz aus der Psyche kommt und in erster Linie auf die Psychomotorik und erst sekundär auf den vegetativen Apparat zurückwirkt.

Weiterhin ist bekannt, daß die Primitiv- bzw. Primärreaktion auf einen das gewöhnliche Maß überschreitenden Reiz histotrop-vagotroper Natur ist und damit der Schonung bzw. der Bereitstellung von Energien dient. Über die Natur dieses Vagusreizes konnte bisher noch keine Einigkeit erzielt werden. Als Prototyp für diese Erregung vagovasaler Synkopen ist vielfach der JARISCH-BEZOLD-Effekt herausgestellt worden. Es mag wohl sein, daß diese Hypothese für den Organschock des Herzens zutrifft, obwohl wir schon mehrfach darauf hingewiesen haben, daß das kardiale Schockgeschehen durch diese Annahme zu sehr vereinfacht wird und auch SCHIMERT, POLZER u. a. feststellen, daß der Infarktschock durch Vaguswirkungen allein nicht zu erklären sei. Wahrscheinlich ist, daß es sich um eine zentrale oder periphere Vaguserregung handelt, die von den verschiedensten Organen ihren Ausgang nehmen kann (GOLTZscher Klopfversuch, Hodenquetschung, Vestibularisreizung, brüsk ausgeführter CREDÉscher Handgriff, Lungenembolie, Spontanpneumothorax, Abszeßdurchbruch in die Bronchien usw.).

Die Folgen dieses Reizes sind Blutdruckabfall und Bradykardie, nicht als Symptome eines zentralen Versagens, da das seiner Nerven beraubte Herz schneller schlägt als normal, sondern einer vasodilatatorischen zentralen Vaguswirkung, deren übergeordneter Charakter von BRÜCKE und Mitarb. sichergestellt werden konnte; gelang es ihnen doch, durch Erregung vasodilatatorischer Bezirke im Hypothalamus ein Versagen der vom Karotis-sinus ausgehenden Blutdruckregulation herbeizuführen. Bis zu diesem Punkte handelt es sich um eine echte Schonreaktion. Gleichzeitig aber versackt das Blut in den Blutdepots, vor allem im Splanchnikusgebiet, das Blutangebot wird verringert, die Kreislaufkontinuität droht durchbrochen zu werden, und die Durchblutungsnot lebenswichtiger Organe löst eine Zahl eigengesetzlicher, organregulativer Vorgänge aus, die dem jetzt zutage tretenden Mißverhältnis zwischen zirkulierender Blutmenge und der weit eröffneten Kreislaufperipherie begegnen. Die Folge ist die sympathische Gegenreaktion, der Kontreschock (SELYE), die ergotrop sympathikotone Energieentladung (SIEDECK), die kompensierte Oligämie bzw. die Zentralisation des Kreislaufes (DUESBERG und SCHRÖDER) mit dem Übergang in den sogenannten Spannungskollaps (DUESBERG). Auf welchem Wege diese Gegenregulation eingeleitet wird, ob es sich um die Folgen einer erhöhten Erregbarkeit des Kreislaufzentrums handelt, infolge der die Sauerstoffmangelhyperämie durch eine kräftige Gefäßreaktion überdeckt wird, wobei als adäquater Reiz die Kohlensäurespannung des Blutes eine Rolle spielt (FREY), ob eine reflektorische Nebennierenwirkung mit maximaler Adrenalin- bzw. Arterenolausschüttung die Ursache ist, ob also ein nervöser, humoraler oder hormonaler, am wahrscheinlichsten aber ein mehrfach gesicherter Vorgang zugrunde liegt, konnte bisher nicht eindeutig entschieden werden.

Der Kontreschock äußert sich in einer maximalen Drosselung der Arteriolen, der periphere Widerstand steigt, der Blutdruck normalisiert sich oder wird deutlich erhöht, der Puls ist gespannt, Herz, Gehirn und Lungen werden, wie dies an im Schock verstorbenen Kranken nachzuweisen war, zur Aufrechterhaltung ihrer lebensnotwendigen Funktion maximal durchblutet, während die Peripherie praktisch entleert ist.

Noziceptiver Reiz (Noxe, Insult, stress), Regulation und Gegenregulation sollten in ihrer Gesamtheit als Schock bezeichnet werden. Er stellt, teleologisch gesehen, eine ökonomisch höchst sinnvolle Reaktion dar und ist zumindest in den Anfangsstadien, wenn er nicht länger als 6 bis 8 Stunden anhält, zu vollständiger restitutio ad integrum fähig. Die Begrenzung dieser Regulation liegt in ihrer Erschöpfbarkeit. Die Verminderung der Strömungsgeschwindigkeit in der mangeldurchbluteten Peripherie, die Anhäufung nicht abtransportierbarer Stoffwechselschlacken und die Hypoxämie wirken zusammen im Sinne einer Durchlässigkeitssteigerung von Arteriolen, Kapillaren und Venolen.

Es kommt zu einer Plasmaabwanderung bzw. der sogenannten Albuminurie ins Gewebe (EPPINGER). Die zirkulierende Blutmenge nimmt weiterhin ab, und die Zentralisation ist nicht mehr aufrechtzuerhalten, da sich das Blutangebot an das Herz weiterhin verringert.

Die Folge ist ein Vorgang, der als dekompensierte Oligämie, protoplasmatischer Kollaps bzw. paralytischer Kollaps bezeichnet wird.

Diese zweite Phase von der Grenze der physiologischen Anpassung bis zum letalen Kreislaufzusammenbruch sollte man zweckmäßigerweise als Kollaps bezeichnen. Auch v. BERGMANN hat bereits im Schock die Ursache bzw. das Anfangsstadium des Kollaps gesehen. Durch diese Auffassung wird verständlich, daß sowohl die Forderung nach strenger Trennung von Schock und Kollaps, als auch das Bekenntnis, daß eine Unterscheidung überhaupt nicht möglich sei, eine gewisse Berechtigung besitzen.

Die Verhältnisse werden klarer, wenn wir die Gesetzmäßigkeit der zeitlichen Aufeinanderfolge, die ihre klinische Variation durch die Ausgangssituation der reagierenden Persönlichkeit erfährt, berücksichtigen.

In Abb. 53 haben wir diese Zusammenhänge zur Darstellung gebracht.

Auf Grund des WILDERschen Ausgangswertgesetzes ist es naheliegend, daß die Reizbeantwortung eines vorwiegend vagoton eingestellten Organismus ganz anders aussehen muß, als die eines sympathikotonen. Wenn auch die von EPPINGER und HESS vertretene Auffassung einer strengen Zweiteilung des vegetativen Systems keine allgemeine Gültigkeit besitzt, so wissen wir doch auf Grund der Untersuchungen von WEZLER u. a., daß kreislaufanalytisch eine Trennung in zwei weitgehend divergente Kreislaufreaktionsformen möglich ist. Ziehen wir weiterhin die Gesetzmäßigkeiten der von uns definierten Neurozirkulatorischen Dystonie mit in Betracht, in deren Rahmen wir die pathologische Reizbeantwortung durch überschießende und paradoxe Reflexe beschrieben haben, dann werden die klinisch verschiedenen, pathogenetisch jedoch einheitlichen Bilder von Schock und Kollaps leichter verständlich. So kann z. B. die parasympathische Schonphase so kurzdauernd sein, daß es gar nicht zur Zentralisation kommt, sondern ein fließender Übergang in den protoplasmatischen Kollaps beobachtet wird. Die prämorbide Persönlichkeit mit der Intaktheit und Ökonomie ihrer zirkulatorischen, nervösen, hormonalen und humoralen Regulationen muß als entscheidender Modifikator für verschiedene klinische Verlaufsformen angesehen werden. Darüber hinaus wird man sich vorzustellen haben, daß es ein so strenges Nacheinander, wie es in der obigen Darstellung aus didaktischen Gründen zum Ausdruck kommt, nicht gibt. Die Vorgänge überschneiden sich und können, wie das bei manchen Formen des kritischen Kreislaufversagens zu beobachten ist, auch nebeneinander verlaufen. Es ist weiterhin zu erwähnen, daß die Erstreaktion auf einen nozizeptiven Reiz sehr wohl sympathikoton und erst die Reizbeantwortung vagoton sein kann. Ein derartiger Ablauf ist aus einer bestimmten Ausgangssituation möglich, es scheint sich jedoch um keine allgemeine Gesetzmäßigkeit zu handeln.

Neben der Gesamtkonstellation der reagierenden Persönlichkeit spielt als variierender Faktor aber auch der Ausgangspunkt der zur Kreislaufkrise führenden Steuerung eine Rolle. Wir haben zu berücksichtigen:

1. Psyche,
2. Kreislaufzügler
   a) Vagus- und Vasomotorenzentrum
   b) Karotis-sinus
   c) Organrezeptoren
   d) Venomotoren und Blutdepots
3. das Herz.

Als Prototyp des psychogen bedingten Kreislaufversagens ist von JARISCH die Ohnmacht dargestellt worden. Es handelt sich dabei um einen reinen parasympathischen Hemmungsreflex, ausgelöst durch Schreck, Schmerz, Widerwillen, Ekel usw., der vorwiegend über die Sinnesqualitäten (Geruch, Geschmack, Gesicht, Gefühl) zustande kommt und einen rein protektiven Charakter hat. Es kommt dabei zu Bradykardie und Blutdruckabfall, Herabsetzung von Muskeltonus und spinaler Reflexerregbarkeit sowie zu Bewußtseinsstörungen, die von psychischer Einengung mit allgemeiner Gleichgültigkeit über Antriebsschwäche und Auffassungserschwerung bis zu vollständigem Bewußtseinsverlust alle Grade durchschreiten können. Nicht eine zentrale Hypoxämie, sondern ein psychisch ausgelöster Vagusreflex,

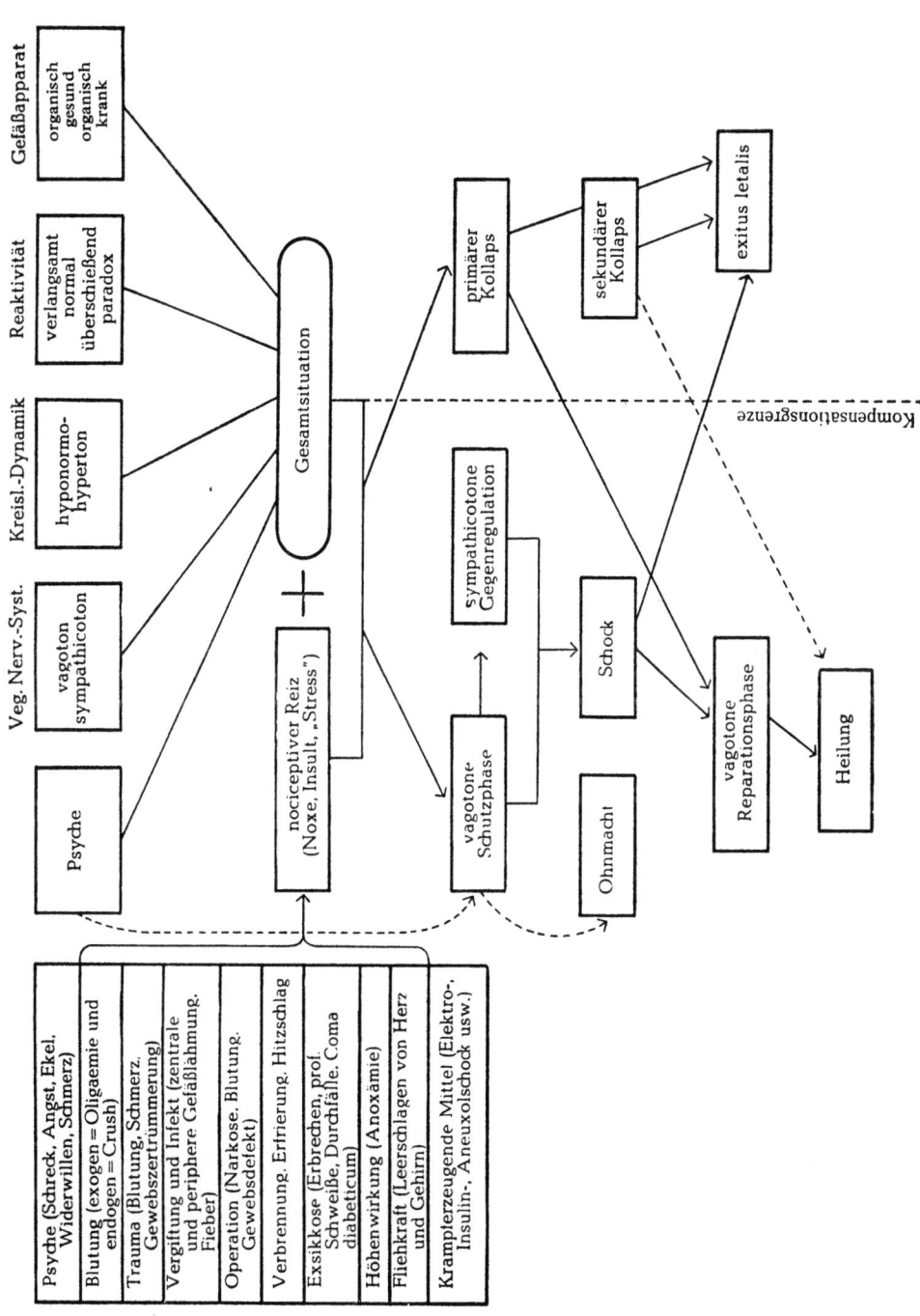

Abb. 53. Pathogenese von Schock und Kollaps.

bei dem Gehirn- und Koronardurchblutung gewährleistet bleiben, der nach PA-
RADE einem JARISCH-BEZOLD-Effekt entsprechen soll und dessen Eigenart darin
beruht, daß er, einmal in Gang gekommen, einen gewissen eigengesetzlichen Verlauf nimmt, ist hierfür verantwortlich. Ein Blutdruckabfall muß auch mit einer
schweren Ohnmacht nicht unbedingt verbunden sein. Die hypotonen Verlaufsformen werden mit in das Syndrom der vagovasalen Synkopen gerechnet, die auch
vom Karotis-sinus und vom Herzen selbst ihren Ausgang nehmen können. Die
Ohnmacht durchläuft also gewissermaßen unter der Leitung der Psyche das
1. Schockstadium, behält aber ihren protektiven Charakter bei, indem sie keine
wesentliche Gegenregulation auslöst.

Synkopen infolge einer zentralen Vaguswirkung sehen wir bei der Erstickung
(Höhenkollaps), weiterhin bei direkten Hirnschädigungen (Commotio, Hirntumor,
Enzephalitis usw.), wo sie unter anderem auch unter dem Bilde des MORGAGNI-
ADAMS-STOKES verlaufen können. Daneben steht der Vasomotorenkollaps, der
eigentliche Entspannungskollaps DUESBERGS, bei dem es ohne vorhergehende
Zentralisation zu einer dekompensierten Oligämie kommt, die mit einer zentralen,
evtl. auch peripheren Gefäßlähmung sehr rasch in den protoplasmatischen Kollaps
übergeht. Als Ursache kennen wir: Infektionskrankheiten (Diphtherie, Fleckfieber, Pneumonie, Typhus, Paratyphus, Ruhr, Sepsis, Cholera usw.), endogene
und exogene Vergiftungen (Narkose usw.), starke periphere Nervenreizung (GOLTZ-
scher Klopfversuch, Hodenquetschung, Vestibularisreiz).

Auf das Bild des Karotis-sinus-Syndroms ist von zahlreichen Autoren aufmerksam gemacht worden (FRANKE, ROSSIER und Mitarb., HAUSS und THRAEN).
Wir wissen heute, daß als Ursache für die Erregbarkeitssteigerung neben Atheromatose und Verlust der elastischen Fasern im Sinus auch fettige Degeneration,
Ödem und trophische Veränderungen im Bereich des Glomus caroticum in Frage
kommen. Der Effekt des Syndroms ist nach HAUSS und THRAEN folgenden Einzelfaktoren zuzuschreiben:
    a) der direkten mechanischen Reizung des Sinusnerven,
    b) endosinusaler Druckerniedrigung,
    c) partieller Hirndurchblutungsstörung, und
    d) psychischer Einwirkung.

Es werden im allgemeinen 3 Verlaufsformen unterschieden:
1. Ein vagokardialer Typ mit Bradykardie, bei dem der Herzfaktor durch eine
   Myokard- oder Koronaraffektion bedingt sein kann,
2. ein vagal-depressorischer Typ mit Hypotonie.

Diese beiden ersten Syndrome werden häufiger kombiniert als isoliert beobachtet.
Beweisend für die beiderseitige Unabhängigkeit dieser Reflexe ist die Tatsache,
daß auch die Bradykardie mit gleichzeitiger Blutdrucksteigerung auftreten kann
und umgekehrt. Daneben findet man noch
3. den sehr selten zu beobachtenden zerebralen Typ. Klinisch verläuft das Syndrom unter vor allem durch Lagewechsel provozierten Anfällen von Schwindel,
   Stenokardie, Benommenheit, Rauschen im Kopf, Dyspnoe usw., welche sich bis
   zu kurzdauernder Bewußtlosigkeit steigern können. Differentialdiagnostisch ist
   wichtig, daß nur dann ein Karotis-sinus-Syndrom angenommen werden darf,
   wenn der Karotis-sinus-Druckversuch die gleiche Reaktion hervorruft.

Als Prototyp der von Organrezeptoren ausgehenden Schutzreflexe darf der
JARISCH-BEZOLD-Effekt angesehen werden.

Wir wissen heute, daß er von dehnungsempfindlichen bzw. auch chemosensiblen,
vorwiegend in der Wand des linken Ventrikels gelegenen Rezeptoren seinen Ausgangspunkt nimmt, sich aus einer kardialen und depressorischen Wirkungskompo-
nente zusammensetzt und das Herz im Falle einer Schädigung wirkungsvoll entlastet. Er wird durch eine große Zahl von Detektorstoffen ausgelöst, und es scheint,

daß für sein Zustandekommen letzten Endes frei werdende Kaliumionen verantwortlich sind.

Dem kardiogenen Anteil dieses Effektes dürfen sowohl die vagovasalen Anfälle des Herzens als auch die Hyperreflexie des Herzens (SCHAEFER) zugeschrieben werden. Auf die Bedeutung dieses Reflexes für den Myokardinfarkt ist an anderer Stelle eingegangen worden. Es ist nun eine Frage, ob es sich bei dem JARISCH-BEZOLD-Effekt tatsächlich nur um einen kardiogen auslösbaren Reflex handelt, und ob diese depressorische Reaktion nicht als Prototyp der oben skizzierten ersten Schockphase anzusehen ist, die von den verschiedensten Organen ihren Ausgang nehmen kann. Es scheinen der Kollaps bei der Lungenembolie, der von SCHWIEGK auf einen besonderen Entlastungsreflex bezogen wurde, der pleuropulmonale Schock, der Schock bei der Fettembolie und das Kollapsbild bei der Commotio cerebri, die einem weitgehend ähnlichen Wirkungsmechanismus ihre Entstehung verdanken, pathogenetisch die gleiche Bedeutung zu besitzen.

Auf die Venomotorenschwäche und die Depotinsuffizienz als Ursache eines Kreislaufversagens gehen wir an anderer Stelle ein, so daß hier darauf verzichtet werden kann. In diese Gruppe gehört auch das rein statisch bedingte Versagen des Kreislaufes, der orthostatische Kollaps.

Die Meinung über die Ursache dieses Phänomens ist auch heute noch nicht einheitlich. SCHENNETTEN, NEWTON u. a. haben die Auffassung vertreten, daß es sich wahrscheinlich lediglich um eine Verschiebung der vegetativen Gleichgewichtslage handelt. Es soll im aufrechten Stand ein Nachlassen des Vagotonus eintreten, mit Verkürzung der Diastole, die von einer Zunahme des Sympathikotonus mit Verlängerung der Systole gefolgt ist. Als Ursache dieser Dysregulation wird eine Unterfunktion des ergotropen sympathiko-adrenalen Systems angesehen, wodurch eine verminderte Ansprechbarkeit der peripheren Gefäße und der Blutdepots bei erhaltenem sympathischem Reflexmechanismus zustande kommt.

Infolge des hämostatischen Druckes versackt das Blut in Venen und Kapillaren, so daß lebenswichtige Organe vermindert durchblutet werden. Schwindel, Benommenheit und Ohnmacht zeigen die zerebrale Durchblutungsinsuffizienz, Herzklopfen und Herzdruck die kardiale Durchblutungsnot und Kurzatmigkeit die Verminderung der Lungendurchblutung an.

Schließlich wird man sich vor Augen halten müssen, daß auch das Herz, abgesehen vom JARISCH-BEZOLD-Effekt, der als nervöser Schutzreflex bereits abgehandelt wurde, allein durch Änderung seiner hämodynamischen Leistung zum Ausgangspunkt von Kreislaufkatastrophen werden kann. Wir kennen die Synkope bei ADAMS-STOKES, paroxysmaler Tachykardie, totalem Block und WENCKEBACH-scher Periode, die von SPITZBARTH interessanterweise als vegetativ-kardiale Dysregulation aufgefaßt wird, die Ohnmachten bei Mitralstenose und Aortenstenose, die unter Umständen durch Veränderung am Rezeptorensystem des Herzens zustande kommen, den Kreislaufkollaps bei akuter Herzinsuffizienz, bei flüchtig eingeklemmten Vorhofsthromben und bei Herztamponade.

C. Funktionelle Pathologie des Kapillarsystems

Bei näherer Betrachtung der funktionellen Pathologie des Kapillarsystems ist die Einteilung der Störungen dieser Gefäßprovinz bereits durch die vorangegangenen physiologischen Studien vorgezeichnet. Es sollen auch hier die funktionellen Störungen in solche örtlicher und solche ferngesteuerter Genese eingeteilt werden. Rein diagnostisch könnte eine auslösende Ursache zu Funktionsstörungen gegeben sein bei örtlicher Genese als Folge:
1. örtlicher Stoffwechselstörungen durch Gewebsreizstoffe mit vasoaktiven Substanzen:

2. abnormer Zusammensetzung des Blutes bzw. abnormer Gasspannungen oder Lösungsverhältnisse;
3. abnormer Reize über den Axonreflex;
4. einer Gefäßveränderung;

bei ferngesteuerter Genese als Folge:
1. abnormer Nervensteuerung (auch veränderte Tonuslage);
2. abnormer hormonaler und humoraler Reize.

Wie weit lassen sich nun derartige Vorstellungen objektivieren?

Die kleinen und kleinsten Gefäße zeigen in ihrer Antwort (Reaktion) auf äußere Reize schon im Rahmen der gewöhnlichen Beanspruchung eine große Empfindlichkeit, ja sogar fast eine Gesetzmäßigkeit, bei der weniger die Art als die Stärke (Quantität) des Reizes maßgebend zu sein scheint. RICKER hat dieses Verhalten in seinem Stufengesetz erstmalig eingeordnet und festgelegt.

Das Phänomen des weißen Dermographismus ist uns aus der Klinik hinreichend bekannt im Augenblick einer leichten mechanischen oder thermischen Reizung der Haut.

Als direkte Antwort auf diesen Hautreiz sehen wir in dieser Reaktion der Kapillaren etwas Physiologisches, bei dem die Arteriolen nicht beteiligt sind. Es ist allerdings dabei die Frage noch offen, ob die Kontraktion durch Freiwerden von Sympathin durch Reizung des Terminalretikulums entsteht. Streicht man stärker, so finden wir das Phänomen der roten Linie auf Grund einer Gefäßerweiterung mit durch Histamin erzeugter beschleunigter Durchströmung. Sowohl der weiße wie der rote Dermographismus treten bei ungehindertem und gedrosseltem Kreislauf, ja sogar im Bereich degenerierter Nerven auf. Daraus wurde der Beweis erbracht, daß diese Reaktion auf Wirkung von vorher inaktiven vasoaktiven Körpersubstanzen beruhen muß, deren Wirkungsmechanismus wir bereits erwähnt haben. Steigern wir den Hautreiz noch weiter, so erhalten wir eine Reaktion, welche die ursprüngliche Stelle der örtlichen Reizung deutlich überschreitet. Es kommt zur „dreifachen Reaktion" nach LEWIS: Lokale Dilatation der Kapillaren durch Histamin, diffuse Dilatation der Arteriolen durch Axonreflex und zu einer erhöhten Permeabilität der Kapillaren mit Exsudation. Im Sinne dieser Reaktionen ist es nun naheliegend, den normalen Reiz mit seiner zu erwartenden Reaktion den funktionellen Störungen mit abnormer Reaktionsweise gegenüberzustellen. Das heißt mit anderen Worten, gefäßlabile werden auf quantitative gleiche Reize nicht mit einem „roten", sondern sofort mit einem „blau-roten" Dermographismus antworten, bedingt durch stärkste Gefäßerweiterung im mechanisch gereizten Gefäßsystem. Wiederum andere werden bereits mit der „dreifachen Reaktion" in Gestalt von Blasenbildung mit einem allergisch bedingten Eiweißgehalt von 4–5% reagieren.

Mit Abnahme der Wachstumsgeschwindigkeit vom 1.–20. Lebensjahr nimmt nach L. WENDT die Membranpermeabilität ab. Das zeigt sich daran, daß der Hautturgor geringer wird und die Neigung zur exsudativen Reaktion, d. h. zur exsudativen Diathese bei den meisten Menschen verschwindet. Nur bei wenigen bleibt sie bestehen. Es tritt nun vielfach die Neigung zu abnormen Gefäßreaktionen im Sinne der Allergie auf. Der Grund für diese anhaltenden Permeabilitätsstörungen, also für die Allergie am Gefäßapparat wird z. T. als endogen aufgefaßt oder als exogen im Sinne der allergieerzeugenden komplexen Faktoren wie Fokaltoxikose, gestörtes Hormongleichgewicht usw. Ein solcher auf Grund von Antigen-Antikörperreaktionen überempfindlich gemachter sensibilisierter Organismus, eine solche „disponierte Haut" müssen hyperergisch auf irgendwelche Reize reagieren. Wie KIMMIG gezeigt hat, halten wir den Gefäßapparat letzten Endes für reaktionsauslösend, da an den Zellen einer solchen Haut spezifische Stoffe angelagert sind, die bei Änderung ihrer Zellgrenzstruktur zur Absonderung von Histamin und damit zu einer Weitstellung der Kapillaren (Erythem) und später zur Durchlässigkeit (Ödem, nässendem Ekzem) führen.

Auf den Plasmaverlust im Schock durch abnorme Durchlässigkeit der Kapillaren sind wir bereits eingegangen und wollen uns nun den Störungen durch abnorme Blutzusammensetzung zuwenden.

Wir müssen uns gerade hier eine enge Verbindung zwischen den funktionellen Auswirkungen durch vasoaktive Substanzen und abnorme Blutzusammensetzung denken. Diese Wirkungen sind von EPPINGER sehr eingehend studiert worden. Bei akuter wie chronischer Histaminvergiftung fand er die Kapillaren stark erweitert, die Strömung verlangsamt, ja sogar bis in Stase übergehend. Die Blut-Gewebsschranke war dabei für Eiweiß-Körper zuerst für Albumine, dann für Globuline, später aber auch für die weißen und roten Blutkörperchen stark durchlässig geworden. Selbstverständlich fällt bei eintretender Stase auch der hämodynamische Druck fort, und so darf es nicht Wunder nehmen, daß Assimilation und Dissimilation schwer notleiden, ja zuletzt aufhören, was den Gewebstod herbeiführen muß. Den eben beschriebenen Ergebnissen liegt eine direkte Histaminvergiftung zugrunde, anderenfalls wird durch veränderte Kreislaufbedingungen eine funktionelle Änderung der Blutzusammensetzung mit gleichzeitiger Histaminentwicklung erzeugt, die zur Kapillarreaktion führen muß. Bei einem für mehrere Stunden senkrecht gestellten Kaninchen entsteht in der oberen Körperhälfte eine Durchblutungsstörung dadurch, daß die Ernährung der inneren Gefäßwandschichten vom Blute aus nicht mehr gewährleistet wird. Die auftretende Reaktion wird nach MEESSEN als „orthostatischer Kollaps" bezeichnet. Es kommt also infolge Absinkens des örtlichen Gefäßdruckes zum Zurückgehen der Sauerstoffspannung, ob mit Hilfe von Histamin oder als direkte Folge, soll dahingestellt bleiben. Bei genügend langen Versuchsbedingungen kann es sogar zu organischen Wandveränderungen kommen.

Verständlich ist der Austritt der kolloidalen Bestandteile des Blutes bei lokaler Beeinflussung der Kapillarwände durch vasoaktive Substanzen. Mindestens ebenso wichtig, wenn nicht noch wesentlicher ist die Tatsache, daß in der heutigen Anschauung über die Nephrose eine abnorme Blutzusammensetzung innerhalb der Kolloide, die zu einer Permeabilitätsstörung der Kapillaren, besonders natürlich der Glomeruluskapillaren führt, eine entscheidende Bedeutung gewonnen hat. Innerhalb der großen Gruppe der Nephrosen führen nach RANDERATH auf Grund einer renalen und prärenalen Störung Bluteiweiße und Lipoide sowohl eine verminderte Kapillardurchblutung und daraus resultierend eine Permeabilitätsstörung herbei. So entstehen genuine, paraproteinämische, polypeptidämische Nephrosen, vor allem aber auch Sonderformen wie die Amyloid-, Lipoid- und Plasmozytomnephrose. Eine ausgesprochene prärenale Störung in der Blutzusammensetzung findet sich in den Speicherformen wie der lipämischen, glykämischen, hämoglobinämischen und cholämischen Nephrosen. Hier scheint es besonders augenscheinlich, daß die Blutzusammensetzung einen Einfluß auf die Kapillaren im Sinne einer Permeabilitätsstörung geltend macht. Auf die näheren Funktionsmechanismen kann hier nicht weiter eingegangen werden.

Kommen wir nun zu dem Zusammenhang zwischen funktionellen Störungen und organischen Veränderungen, dann kann man sagen, daß manche organischen Veränderungen einen Teil innerhalb der funktionellen Störungen darstellen und umgekehrt. Auf Grund von Antigen-Antikörper-Reaktionen in einem sensibilisierten Organismus ist das „aktive Mesenchym", zu dem auch die Kapillarendothelien gerechnet werden, fähig, sich aktiv an-, hyp- oder hyperergisch zu beteiligen, da die aktiven Mesenchymzellen die Fähigkeit haben, alle an sie herantretenden elektronegativen, an Eiweiß-Substanzen adsorbierten Stoffe aufzunehmen, zu verarbeiten oder fortzuschaffen. Bei einer Abwehrreaktion im Organismus reagieren demnach Endothelien allergisch, entweder hyperergisch durch Anlagerung von Fibrinknötchen oder bei Erschöpfung der Abwehrtätigkeit anergisch durch Abscheidung homogener hyaliner Substanzen. Auf das Krankheitsgeschehen des Menschen übertragen, berühren wir hier das Gebiet der Angiitiden, die durch chronischen Reiz (Fokalinfekt, Entzündung) unterhalten werden und in einem hyperergischen Organismus auf exogene Reize (Kälte, Nässe, Nikotin) zu Organmanifestationen führen. DIETRICH sieht den Beginn in einer Reaktion des aktiven Mesenchyms, SUNDER-PLASMANN in Reaktionen von neuro-hormonalen Zellen durch die Möglichkeit eines vegetativen Überträgerstoffes, andere in primär auftretenden starken Gefäßspasmen. Daß die Organreaktionen, z. B. die Fibrinanlagerung in den Kapillaren, im abwehrstarken Organismus reversibel sind, zeigt uns nur um so deutlicher, daß man die Grenze zwischen funktionell und organisch sehr schwer ziehen kann, da letzten Endes in diesem Moment die Organveränderungen eine zweckentsprechende zeitweilige Organäußerung darstellen.

Zwischen beiden Extremen, der organischen Abwehrreaktion und der geringsten funktionellen Dilatation der Kapillaren liegen die zahlreichen Möglichkeiten der Entwicklung aller Art von Durchblutungsstörungen. Allen liegt aber ein gemeinsamer Faktor zugrunde, den SIEGMUND so definiert: ,,Es sind Folgen des Flüssigkeits- und Eiweiß-Austritts aus dem Plasma durch die durchlässig gewordenen Endothelmembranen der unter O_2-Mangel stehenden Gefäßwände und Gewebe und der Einwirkung von pathologischen Stoffwechselprodukten dieser auf den Gefäßinhalt''. Die Permeabilitätsstörung ist als Folge einer örtlichen Ernährungsstörung der Gefäßwand anzufügen, und man kann sagen, daß sie den eben beschriebenen Veränderungen oder Reaktionen sofort oder später nachfolgt.

Bei den jetzt zu besprechenden Störungen der Kapillarfunktion, die auf einem Versagen der Fernsteuerung beruhen, gilt natürlich die Ansicht über die Permeabilitätsstörung in gleicher Weise. In diesen Abschnitt gehören die Störungen durch abnorme Nervensteuerungen, die anfallsweise auftretenden Angiopathien. Zur ersten Gruppe mit Neigung zur aktiven Verengung des arteriellen Schenkels der Kapillaren, zu denen rechnen wir den toten Finger und vor allem die RAYNAUDsche Erkrankung.

Es steht hier die Frage offen, ob es sich um eine Überempfindlichkeit der peripheren Gefäßnerven selbst handelt, oder ob die anatomische Veränderung in den Ganglien das anatomische Substrat für die funktionellen Veränderungen darstellt. Für die erste Anschauung spricht einmal, daß nach Verwundung ein Raynaud der Extremitäten auftreten kann und die Erklärung, daß die zentripetalen Nerven besonders empfindlich sind und dadurch mit einer gesteigerten Impulsfrequenz im Rückenmark das zentrifugale Neuron verstärkt erregen. Für die zweite Auffassung würden die nachgewiesene ödematöse Verquellung der Ganglienzelleiber mit Kernveränderungen sprechen und vor allem die beschriebenen Erfolge bei Stellatum oder Grenzstrangresektion. Die dritte Anschauung nach v. STÖHR und SUNDER-PLASMANN führt die Erkrankung des Terminalretikulums selbst ins Feld. Es stehen also für die funktionellen Gefäßstörungen 4 verschiedene Wege offen, bei denen 1. das Terminalretikulum, 2. die zentripetalen Nervenfasern, 3. die degenerierten Ganglienzellen und 4. die vegetativen zentralen Zentren selbst für den ursächlichen Zusammenhang verantwortlich gemacht werden. Die Beantwortung der Frage muß also offen bleiben, nur steht fest, daß das Gefäßnervensystem die entscheidende Rolle spielt.

Bei der zweiten Gruppe sind die Kapillaren im Anfall abnorm erweitert, ein Zustand, der bei Akrozyanose und Erythralgien bekannt ist.

Bei der Akrozyanose besteht eine Abflußbehinderung im venösen Schenkel bei normal weitem, ja sogar stärker tonisiertem arteriellen Kapillarschenkel. Man bezeichnet dies als hypertonisch-hypotonischen Zustand der Kapillaren. Bei der Erythralgie dagegen finden wir eine exzessive Erweiterung des venösen und arteriellen Schenkels der Kapillaren. Ob es sich hierbei um eine Lähmung der Vasokonstriktoren oder um eine Reizung der Vasodilatoren handelt, kann heute noch nicht beantwortet werden. Sicher liegt eine primär nervöse Fehlsteuerung vor, da die humorale Ansprechbarkeit der Gefäßwand erhalten bleibt.

Als letzte der funktionellen Störungen bleiben diejenigen durch hormonale Reize zu erwähnen, die bereits O. MÜLLER als ein „Endothelsymptom", das bei Hormonmangel oder -überschuß in Erscheinung tritt, aufgefaßt hat.

Es ist dabei weniger an die Wirkstoffe Adrenalin oder Vasopressin gedacht worden, sondern an das Insulin und an die Geschlechtshormone, die zur Funktionserhaltung des Endothels im Sinne eines polyvalenten Einflusses besonders wichtig erscheinen. WENDT hat sich diese Vorstellungen nutzbar gemacht und von einer kompensatorischen Abhängigkeit zwischen Blutzuckerspiegel bzw. Altersdiabetes und verringerter Kapillarpermeabilität im Alter berichtet. Er führt sogar die Blutdrucksteigerung im Alter auf eine kompensatorische Maßnahme des Organismus auf die abnehmende Kapillarpermeabilität zurück.

Diese wenigen Ausführungen mögen genügen, um die wichtige Stellung des Kapillarsystems darzutun. Es ist nicht nur das Erfolgsgebiet der Kreislauffunktion überhaupt, es unterliegt auch den gleichen Gesetzen, wie wir sie in der Neurozirkulatorischen Dystonie als Grundversagenssyndrom festgelegt haben.

D. Pathologische Physiologie des Venensystems

Versagenszustände am Venensystem wirken sich nicht nur lokal in bestimmten Organgebieten aus, wenn ein Tonusverlust eine Blutverlangsamung bei Varizenbildung, Thromboseneigung oder Perforation (Hämorrhoiden, Ösophagus-Varizen usw.) verursacht. Auf dem Tonusverlust der Venenmuskulatur und Insuffizienz der Venenklappen beruhen wahrscheinlich ein Teil der statischen Beinödeme, die wir beim zirkulatorischen Entlastungssyndrom, besonders älterer Menschen, beobachten.

Für den gesamten Organismus wesentlicher als diese Störungen sind hämodynamische und reflektorische Fernwirkungen, die verständlich werden, wenn wir beachten, daß der venöse Blutstrom das Ausmaß und die Art der Herzleistung bestimmen. Bei einer Hypotonie der Venenmuskulatur, gleichgültig welcher Genese, wird der venöse Rückstrom vermindert und verlangsamt, so daß das rechte Herz nur ungenügend für eine bestimmte Leistung vorbereitet wird. Diesem Schwächezustand, der für den Tonusverlust der Venenwände charakteristisch ist, kann gegenübergestellt werden eine venöse Stromverlangsamung durch eine Insuffizienz des rechten Ventrikels, der nicht imstande ist, genügend Blut abzuschöpfen, so daß es im Venensystem zu einer Stauung und damit zu einer Venendrucksteigerung kommt.

Die natürlichen Heilbestrebungen bei der Rechtsherzinsuffizienz können wir am Verhalten der Venenwand beobachten, bei der wir in den meisten chronischen Fällen eine Hypertrophie der Venenmuskulatur feststellen können (M. HOCHREIN und B. SINGER).

Da der Tonus der Venenwand nicht nur durch das Venomotorenzentrum, sondern auch direkt durch mechanische Reize beeinflußbar ist, kann durch Gefäßmassage, Trockenbürsten usw. der venöse Rückstrom und damit die Leistung des Herzens durch einfache physikalische Maßnahmen beeinflußt werden.

Interessant sind die reflektorischen Beziehungen zwischen Arterien- und Venensystem. Kommt es zu einer Blutnot im Arteriensystem, dann nimmt der venöse Blutstrom zu und der Venendruck steigt innerhalb normaler Grenzen an. Bei arteriellem Hochdruck finden wir bei guter Herzleistung wahrscheinlich als Schutz vor Überlastungen im kardio-arteriellen System meist einen niedrigen Venendruck.

Da die funktionelle Pathologie der einzelnen venösen Störungen vielfach schwer von der Klinik und entsprechenden therapeutischen Hinweisen getrennt werden können, sollen diese kurzen Hinweise später noch ergänzt werden.

E. Pathologische Physiologie besonderer Gefäßprovinzen

1. Koronarsystem

Die Regeln der normalen Herzdurchblutung können in zahlreichen Punkten durchbrochen werden. Die Durchblutungsnot des Herzens umfaßt über den Begriff der „Koronarinsuffizienz", d. h. des Mißverhältnisses zwischen koronarem Blutangebot und Bedarf von seiten des Myokards hinaus auch jene, Möglichkeiten, wo bei vollkommen intaktem Koronarsystem infolge von vermehrtem Blutbedarf, vermindertem Blutangebot oder ungünstiger Blutzusammensetzung die Versorgung des Herzens nicht mehr in ausreichendem Maße gewährleistet ist.

Sehen wir von den organischen Koronarerkrankungen ab, wie sie uns als Koronarsklerose, Koronarlues, Koronariitis, z. B. bei Rheumatismus, Grippe, Scharlach, Morbus Bang, Endangiitis obliterans („juvenile" Koronarsklerose BREDT), Periarteriitis nodosa usw. geläufig sind und vernachlässigen wir, als ausreichend bekannt, auch Fälle, wo das Blutangebot an das Koronarsystem durch eine Ostiumstenose bei Aortenlues, durch Verziehung und Schrumpfung bei Mitralstenose oder auch durch Kompression oberflächlicher Koronararterien infolge einer konstriktorischen Perikarditis zustande kommt, dann wird das Hauptkontingent aller koronaren Durchblutungsstörungen auf rein funktionelle Ursachen zurückgeführt werden dürfen. Die Kenntnis dieser Zusammenhänge ist um so bedeutungsvoller, als vasomotorische Störungen auch an vollkommen intakten Koronargefäßen auftreten und die Grundlage schwerer organischer Veränderungen bilden können, wie sie auch andererseits in Form paradoxer Reflexe bei primär organisch erkrankten Gefäßen den vielfach akut tödlichen Verschluß herbeizuführen vermögen.

Funktionelle Durchblutungsstörungen am Koronarsystem lassen sich am leichtesten durch das pathogenetische Prinzip der neurozirkulatorischen Dystonie erklären (s. S. 185).

Bei diesen Vorgängen kommen koronare Durchblutungsstörungen erst dann zustande, wenn das Herz in irgendeiner Weise, sei es durch erbliche Veranlagung (sogenannte „Herzfamilien"), Koronarsklerose usw. vorgeschädigt ist und sich zu dieser Bereitschaft ein auslösendes Moment wie Thoraxtrauma, eine Infektion, eine Überanstrengung oder ein seelischer Insult hinzugesellt. Ist das Koronarsystem erst zum Resonanzboden für die neurozirkulatorische Dystonie geworden, dann wird es auch sehr leicht zum Reaktionsfeld reflektorischer Einflüsse, die von den verschiedenen Organen wie Magen, Galle, Niere, Darm, Genitalien usw. ihren Ausgangspunkt nehmen können. Durch diese Zusammenhänge sind das „epiphrenale Syndrom" (v. BERGMANN) der „gastrokardiale Symptomenkomplex" (ROEMHELD) usw. seit langem klinisches Allgemeingut.

Die Disposition zu einer überschießenden oder paradoxen Reflexerregbarkeit des Koronarsystems wird gefunden bei Kranken mit fokalen Infekten, latenten Infektionen und chronischen Intoxikationen (Kohlenoxyd, Blei). Auch ein Mißbrauch von Nikotin, Kaffee, Tee, Pervitin usw. vermag die nervöse Erregbarkeit des Koronarsystems zu steigern. Durch die Untersuchungen von WERLEY wissen wir außerdem, daß sich auch eine Allergie in gleichem Sinne auszuwirken vermag.

Die Bedeutung hormonaler Störungen für das Vasomotorensystem des Kreislaufes ist noch recht unklar, da gleichzeitig eine Beeinflussung des vegetativen Nervensystems und des Myokardstoffwechsels möglich ist. Klinische Beobachtungen weisen darauf hin, daß koronare Durchblutungsstörungen bei Hyperthyreose, Hyperinsulinismus, Tetanie, beginnender Gravidität, Keimdrüseninsuffizienz und Hypophysenstörung nicht selten sind.

Auf Grund dieser Erfahrungen wird man sich in jedem Fall vor Augen halten müssen, daß der Begriff der Koronarinsuffizienz keine absolute, sondern eine relative Größe darstellt.

Es kann daher dieser Zustand vorkommen:
a) bei normalem Koronarsystem und übergroßer Anforderung des Myokards,
b) bei gesundem Myokard und organisch oder funktionell nicht leistungsfähigem Koronarsystem, sowie schließlich
c) bei gesundem Myokard und Koronarsystem und einem krankhaft veränderten Gefäßinhalt (Anämie usw.).

Folgende Faktoren können daher unter diesen Gesichtspunkten als Ursache einer Koronarinsuffizienz verantwortlich gemacht werden:
1. Anatomische Veränderungen im Koronarsystem: Koronarsklerose, Koronarlues, Koronariitis bei Infektionskrankheiten (Rheuma, Scharlach, Diphtherie, Grippe, Typhus, Morbus Bang, Tuberkulose usw.), Periarteriitis nodosa, Endangiitis obliterans, Mißbildungen usw.
2. Extrakardiale Ursachen (durch die das Angebot an das Koronarsystem verringert wird):
Versagen des peripheren Kreislaufes, Venomotorenschwäche, Depotinsuffizienz und Kollaps, hämodynamische Störungen in der Aortenwurzel (Mesaortitis, Aortenaneurysma).
3. Kardiale Ursachen (meist Folgen eines Mißverhältnisses zwischen Myokardbedarf und koronarem Leistungsvermögen):
Angeborener und erworbener Herzfehler, Aneurysma arterio-venosum, Cor pulmonale, arterieller Hochdruck und pulmonale Hypertension, Herzrhythmusstörungen, akute körperliche Überlastung (Übertraining, Übermüdung, Schwangerschaft), Myokardhypertrophie und Dilatation.
4. Störungen anderer Organgebiete, die reflektorisch am Koronarsystem zur Auswirkung kommen und am häufigsten vom Abdomen ihren Ausgang nehmen. Etwa 40% aller Herzbeschwerden können durch eine abdominelle Störung ihre Klärung finden, bedingt durch Ösophaguserkrankungen, Gastritis, Ulcus pepticum, Hiatushernie, Duodenaldivertikel, Cholezystopathie, Morbus Chilaiditi

usw.; weiterhin kann eine reflektorische Beeinflussung ausgehen von der Wirbelsäule, der Lunge (pulmokoronarer Reflex), der Niere, dem Gehirn, den Geschlechtsorganen usw.
5. Direkte traumatische Beeinflussung (Commotio et Contusio cordis, Herzstiche, elektrisches Trauma).
6. Störung der Blutzusammensetzung (Anämie, Polyglobulie, CO-Vergiftung usw.).
7. Schädigungen, die eine spastische Diathese im Koronarsystem unterhalten (fokale Infekte, latente Infektionen, Intoxikationen, Coffein, Nikotin, Allergie usw.).
8. Hormonale Störungen (Basedow, Myxödem, Tetanie, Addison usw.).

Ein jedes Herz, dessen koronare Leistungsfähigkeit reflektorisch oder organisch eingeschränkt ist, weist eine Herabsetzung seiner Anpassungsbreite an Belastungen auf. Das gleiche gilt für die Hypertrophie, die eine der wesentlichsten Kompensationsmaßnahmen des Herzens darstellt. Durch die verminderte Anpassungsfähigkeit der Durchblutung, d. h. durch eine Verminderung der Koronarreserve (SCHIMERT), kommt es meist vorzeitig zu einer myogenen Dilatation. Ist das Myokard von Narben durchsetzt, dann ist die kontraktile Kraft des Herzens vermindert. Außerdem können die Narben Ursprungsherde für Reizbildungsstörungen und Hindernisse für die Reizleitung werden, die ihrerseits wieder die Koronardurchblutung in ungünstigstem Sinne beeinflussen. Wir konnten tierexperimentell feststellen, daß Extrasystolie und paroxysmale Tachykardie zu einer Senkung der mittleren Koronardurchblutung führen.

Zwischen funktionellen und organischen Koronarerkrankungen bestehen fließende Übergänge.

Neben akuten Krankheitsbildern, welche einem kürzeren oder längeren Anfall von Koronarinsuffizienz ihre Entstehung verdanken und deren Kenntnis durch intensive Forschung in den letzten 20 Jahren immer mehr vertieft wurde, fällt eine weitere Verlaufsform auf, welche bisher in ihrer koronaren Genese verkannt wurde, zu den unterschiedlichsten Fehldiagnosen Veranlassung gegeben hat und die wir als ,,chronisches Koronarvitium" bezeichnet haben.

Es handelt sich um Menschen im mittleren und höheren Lebensalter, die über allgemeine Müdigkeit, Nachlassen der körperlichen und geistigen Kräfte, mangelhafte Initiative usw. klagen. Bei körperlichen Anstrengungen wird ein leichtes Oppressionsgefühl empfunden, oder die Kranken merken, oft anfänglich nach Kaffee- oder Nikotingenuß, beim Liegen auf der linken Seite usw., daß sie ein Herz haben. In anderen Fällen wiederum lassen nicht Herzbeschwerden, sondern eine frühzeitig auftretende Kurzatmigkeit bei früher leicht durchführbaren Anstrengungen eine Störung des Gesundheitszustandes vermuten. Vielfach werden diese Erscheinungen als unausbleibliche Altersbeschwerden aufgefaßt und als schicksalsmäßige Entwicklung angesehen, so daß der Arzt erst dann aufgesucht wird, wenn eine akute Herzinsuffizienz, ein atypischer Myokardinfarkt usw. aufgetreten sind.

Die einleuchtendste Arbeitshypothese zur Erklärung dieses Erkrankungsbildes ist gegeben, wenn man annimmt, daß es sich um einen Koronarspasmus handelt, der nicht zur Nekrose, sondern lediglich zu einer Irritation des Gewebes geführt hat. Dadurch entstehen Abbauprodukte, die unter gewissen Bedingungen fermentativen Charakter entfalten und so zu einer Andauung des Gefäßes von außen nach innen, zur Thrombosierung und Koronarruptur Veranlassung geben.

Mit diesem kurzen Hinweis auf den Mechanismus des akuten und chronischen Verlaufes der Koronarinsuffizienz taucht auch die Frage nach den Folgen einer derartigen Mangeldurchblutung auf. Wir wissen, daß jede Koronarinsuffizienz, gleichgültig, ob sie hervorgerufen wird durch kürzer oder länger dauernden Koronarspasmus oder durch völlige Verlegung kleiner Koronaräste, zu einem Nekroseherd führt, dessen Ausmaß von der Größe des befallenen Gefäßes abhängig ist. (BÜCHNER).

Es kommt dabei zunächst zu einem Schwund der Längs- und Querstreifung der Myokardfasern, das Protoplasma koaguliert zu einer homogenen, hyalinen Masse, der Kern verklumpt und schwindet bald völlig. Unter reaktiver Einwanderung von gelapptkernigen Leukozyten tritt ein scholliger Zerfall der nekrotischen Fasern ein, die fermentativ aufgelöst und schließlich resorbiert werden. Ortsständige Bindegewebszellen wuchern lebhaft und ersetzen in wenigen Tagen die Nekrose durch eine Narbe. Lokalisiert sind die Narben vorzugsweise in der inneren Randschicht der Muskulatur, sowie in den Trabekeln und Papillarmuskeln des linken Ventrikels. Einzelnekrosen sind für die Funktion des Herzens belanglos. Sie bilden sich ziemlich rasch in eine bindegewebige Narbe um und stellen, wie Untersuchungen von RÖSSLE ergeben haben, durch ihre Schrumpfungstendenz den adäquaten Reiz für eine kompensatorische Hypertrophie der sie umgebenden Muskelelemente dar. Die Häufung derartiger bindegewebiger Veränderungen im Herzmuskel bezeichnen wir als Myodegeneratio cordis. Es kommt dabei zu einer Abnahme funktionstüchtiger Herzmuskelfasern. Diese Entwicklung löst eine Einschränkung der Herzleistung aus und leitet über zum Versagen des Herzens, zur Herzschwäche.

Kommt es zur Entwicklung eines größeren Nekroseherdes (Myokardinfarkt), dann bildet sich ein Locus minoris resistentiae aus. Durch den Innendruck des Ventrikels kann die Herzwandung dann an einer mehr oder weniger umschriebenen Stelle vorgebuchtet werden, so daß es zur Ausbildung eines Herzwandaneurysmas kommt. Diese Herzwandaneurysmen können bei extremster Verdünnung der Wandschichten auf der Höhe der Ausbuchtung rupturieren. Die Spontanruptur des Herzens kann auch sofort nach Nekrotisierung erfolgen, so daß das Stadium der Aneurysmabildung übergangen wird. Sind die Schwielen endokardnahe gelegen, dann bildet sich eine fleckförmige Endokarditis aus, auf der sich wandständige Thromben festsetzen können. Liegen die Schwielen in Perikardnähe, dann kann auch dieses mitbeteiligt sein, ein Zustand, der in Form einer Concretio pericardii, evtl. mit Kalkeinlagerung in der Myokardschwiele, ausheilen kann.

Fragen wir nunmehr nach der Störung der Herzfunktion, die durch eine koronare Durchblutungsinsuffizienz hervorgerufen werden kann, dann begegnet uns eine Vielzahl und Mannigfaltigkeit von Syndromen, die durch hämodynamische Gesetzmäßigkeiten allein nicht geklärt werden können.

Wir treffen sowohl Symptome, die als Schwächung des Herzens infolge ungenügender Ernährung anzusehen sind, als auch Krankheitsbilder, die reflektorischen Wirkungen ihre Entstehung verdanken. Es kann auf diese Weise zum Herzwandaneurysma, als Folge einer „Narbeninsuffizienz" nach Myokardinfarkt, zu kleinfleckiger Herzmuskeldegeneration im Sinne einer Myodegeneratio cordis oder aber auch zur Herzmuskelschwäche, verursacht durch koronare Durchblutungsnot, kommen. Werden Gefäßäste betroffen, die das spezifische Leitungssystem mit Blut versorgen, dann können die verschiedensten Formen der Reizleitungsstörungen resultieren, während andererseits durch hypoxämische Herde auch Extrasystolen, paroxysmale Tachykardie, Arrhythmia absoluta usw. zustande kommen können.

Das Kardinalsymptom koronarer Durchblutungsstörungen ist der Herzschmerz, der phänomenologisch auch die klinischen Bilder der Angina pectoris und des Myokardinfarktes beherrscht.

Als auslösendes Moment für den Schmerz muß heute die Hypoxämie, d. h. die verminderte Sauerstoffversorgung des Myokards angesehen werden. Die auf diese Weise im Herzen entstehenden Reize werden über spinale Kuppelungen zur Körperoberfläche geleitet und im Ausstrahlungsgebiet der HEADschen Zonen empfunden.

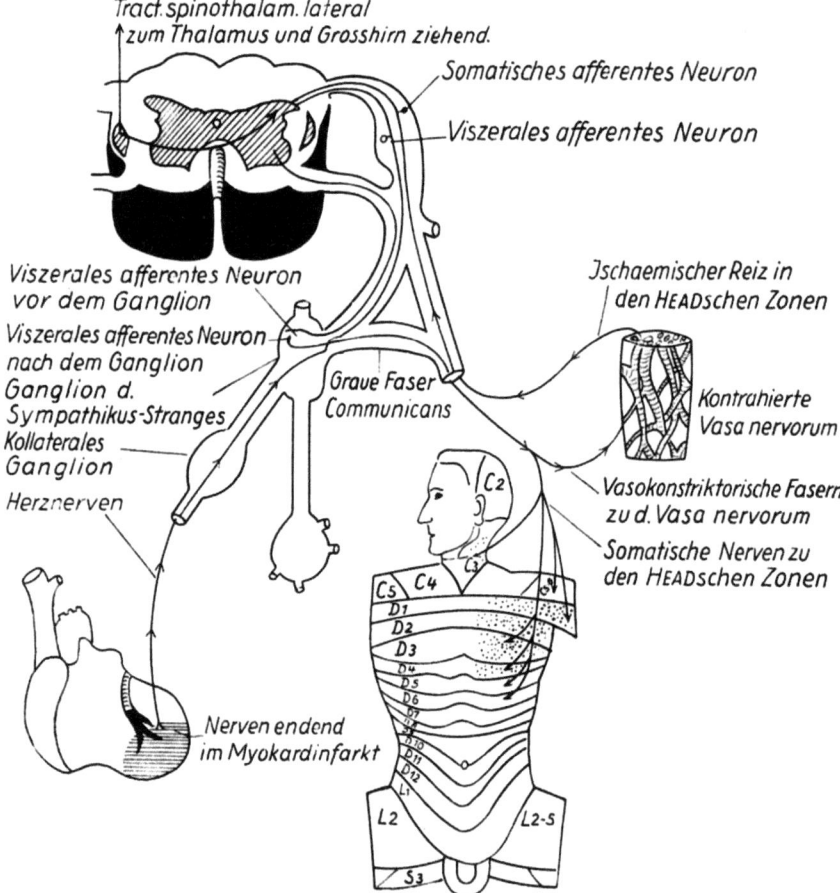

Abb. 54. Entstehung der Herzschmerzen durch Spasmen der Vasa nervorum in den HEADschen Zonen (modifiziert nach ROBERTS).

Die Tatsache, daß bei der Herzinsuffizienz, bei Aortenaneurysma usw. Herzempfindungen gering oder gar nicht vorhanden sind, ist dahingehend gedeutet worden, daß für die Entstehung dieser viszeralen Reflexe eine gewisse Unbeschädigtheit der eigentlichen Wandung des Organs notwendig sei. Bei einem Herzwandaneurysma aber oder bei der myogenen Dilatation bestehen Wandveränderungen, so daß die Nerven nicht in der Lage sind, zuströmende Impulse dem zentralen Sympathikussystem zuzuleiten. Es kann daher ein Aneurysma durch Druck auf die Gewebe wohl einen lokalen Schmerz, nicht aber einen reflektorischen Viszeralschmerz erzeugen.

Neben dieser Anschauung ist auch die Theorie von ROBERTS beachtenswert, der im Herzschmerz einen viszero-dermalen Reflex sieht, der einen Spasmus der nutritiven Gefäße der Nerven in der HEADschen Zone des Herzens erzeugt. Besteht die Auffassung dermoviszeraler Reflexe zu Recht, eine Annahme, der sich die Unfallmedizin bei der Entstehung traumatischer Herzschäden bedient, dann besitzt auch die „Reflextherapie" des Herzens (KIBLER) eine gewisse wissenschaftliche Fundierung.

Der Schmerz bei der Myokarditis äußert sich als Dauerschmerz und ein dumpfes Stechen, das keinerlei Ähnlichkeit mit den krampfartigen Sensationen der Koronarschmerzen hat.

Wesentlich ist schließlich, daß für die Entstehung dieser Schmerzen nicht nur die Hypoxämie, sondern auch die Reizschwelle des sensiblen Nervensystems von Bedeutung ist. Dies mag erklären, warum auch organische Koronardurchblutungsstörungen (der Myokardinfarkt in ca. 40% der Fälle) ohne jegliche Schmerzen verlaufen können. In Abb. 54 sind die Leitungsbahnen, die nach Auffassung von ROBERTS zur Entstehung von Herzschmerzen führen, schematisch dargestellt.

Auf die anderen Probleme der Koronarinsuffizienz wird später noch ausführlich eingegangen werden.

2. Durchblutungsstörungen der Lunge

Die Klinik der pulmonalen Zirkulationsstörungen hat sich bisher vorwiegend mit mechanischen Insuffizienzen beschäftigt, wie sie bei Linksdekompensation des Herzens, Pulmonalsklerose, Pulmonalstenose, Lungenemphysem, Pleuritis, Trachealstenose, Kyphoskoliose usw. auftreten. Interessanter sind aber Vorgänge, die nicht organisch bedingt sind, sondern durch funktionelle Störungen unterhalten werden. Wir denken hier zunächst an Krankheitsprozesse, die, wie der Husten und das Pressen, zu einer intrapulmonalen Drucksteigerung und dadurch zu einer Blutarmut des pulmonalen Systems führen. Intrapulmonaler Unterdruck beim MÜLLERschen Versuch usw. kann eine vermehrte Blutfüllung auslösen. Das gleiche gilt für einzelne Lungenabschnitte, wenn Sekretmassen oder Tumoren einen Luftweg verschließen und eine Lungenatelektase erzeugen.

Komplizierter liegen die Verhältnisse schon beim Asthma. Halten wir an der Theorie des Muskelkrampfes im Respirationstraktus fest, dann werden wir anfangs eine Blähung der Alveolen, später vielleicht eine Lungenstauung als Ausdruck eines intrapulmonalen Unterdruckes erwarten können. Die stöhnende langdauernde Exspiration ist dann als Kompensation gegen die Blutüberfüllung der Lunge zu deuten. Stöhnen erfolgt unter Pressung bei geschlossener Glottis. Die dabei auftretende intrapulmonale Drucksteigerung entleert den Lungenkreislauf. Stöhnen ist also eine natürliche Abwehrreaktion des Organismus gegen Lungenstauung. Wir verstehen nunmehr auch, warum Patienten mit schwerer Kreislaufdekompensation laut vor sich hin stöhnen und auf Befragen nach Schmerzen dies verwundert verneinen. Vielleicht gehört in diesen Rahmen auch die auffällige Seufzeratmung, die wir nicht selten bei Kranken mit organischen und vasomotorischen Koronarstörungen beobachten. Das inspiratorische Seufzen erfolgt bei halbgeschlossener Glottis. Es erzeugt intrapulmonalen Unterdruck und vermehrte Blutfüllung der Lunge. Vielleicht müssen wir auch in dieser Atemanomalie einen Kompensationsvorgang für pulmonale Gefäßspasmen sehen.

Gehen wir von der Erfahrung aus, daß besonders bei der Rechts-Herzinsuffizienz ein Aderlaß von 300–500 ccm Blut eine starke Entlastung des Kreislaufes bedeutet, dann wird man, wenn bei einer Herzinsuffizienz Blut in der Lunge deponiert wird, nicht nur die respiratorische Schädigung, die erst bei der Lungenstarre gegeben ist, sondern auch den Kompensationsversuch durch einen „unblutigen Aderlaß" annehmen dürfen.

Ein Aderlaß kompensiert die Zirkulation in erster Linie durch Blutentnahme aus dem Blutdepot der Lunge. Durch diese Beobachtung ist verständlich, daß starke Hämoptoen oft durch einen Aderlaß zum Stillstand gebracht werden können.

Weit weniger beachtet als Krankheiten mit Lungenstauung sind vom Standpunkt des kleinen Kreislaufes aus jene Zustände, die durch eine mangelhafte Blutfüllung der Lungen ausgezeichnet sind. Einen derartigen Zustand werden wir bei der Pulmonalinsuffizienz und -stenose, aber auch bei bestimmten Formen der Kreislaufdekompensation (Trikuspidalisierung), sowie bei der Concretio pericardii, wenn das verschwielte Perikard die Vena cava stenosiert, annehmen können. Eine direkte toxische Schädigung der Lungengefäße vermuten wir bei der Pneumonie, der Grippe, der Leberzirrhose (hepatogenes Ödem) und bei verschiedenen Medikamenten bzw. Giften, die durch die Lunge aufgenommen oder ausgeschieden werden (Äther, Chlor, Jodoform, Barbiturate usw.). Die Folge ist in schweren Fällen ein Lungenödem. Auf einer Insuffizienz der Lungenvasomotoren beruht wahrscheinlich die hypostatische Pneumonie älterer bettlägeriger Kranker.

Es liegt nun nahe, nach Vorgängen zu suchen, die von irgendeiner Stelle des Körpers ausgehen und sich auf nervösem Wege ähnlich dem gastrokardialen Symptomenkomplex am Lungenkreislauf in Form von Kontraktion oder Dilatation auswirken. Unsere experimentellen Beobachtungen rechtfertigen die Annahme, daß eine plötzliche Blutdrucksteigerung oder Reizung des vegetativen Nervensystems vom Magen-Darmkanal aus eine mächtige Lungenstauung erzeugen kann. Dieser gastro-pulmonale Symptomenkomplex führt in der Klinik gelegentlich zu außerordentlich eindrucksvollen Bildern. In der Literatur ist besonders eine Beobachtung von DENKHAHN bekannt geworden. Bei einem herzgesunden Soldaten trat durch Magenblähung infolge unmäßiger Nahrungsaufnahme plötzlicher Tod ein. Die Autopsie ergab bei sonst völlig normalem Befund lediglich eine mächtige Lungenstauung.

Diese Vorgänge finden wir noch häufiger bei Kranken, deren Lungenkreislauf durch eine vorhergehende Noxe bereits eine Schwächung erlitten hatte. Es ist anzunehmen, daß viele Fälle mit rätselhaftem, akutem Lungenödem oder Asthma, gastro-pulmonalen, cholango-pulmonalen oder aorto-pulmonalen Reflexen bei Dystonie der Lungenvasomotoren ihre Entstehung verdanken.

Nachdem wir zeigen konnten, daß der Lungenkreislauf häufig als Resonanzboden für Störungen fern liegender Organe dient, wird man die Frage aufwerfen müssen, ob nicht auch Störungen im Lungenkreislauf sich auf reflektorischem Wege anderen Organen mitteilen können.

Im Gegensatz zur LICHTHEIMschen Auffassung finden wir schon bei Lungenembolien, die nur ein kleines Stromgebiet des Lungenkreislaufes ausschalten, bereits eine deutliche Drucksteigerung in der Arteria pulmonalis.

Diese pulmonale Hypertension, die auch noch nach beiderseitiger Durchschneidung des Vagosympathikus beobachtet wird, beruht wahrscheinlich auf der Auslösung von Axonreflexen. Untersuchen wir den Einfluß der pulmonalen Drucksteigerung auf den übrigen Kreislauf, so finden wir je nach der Reaktionslage des Gesamtkreislaufes und des Tonus des vegetativen Nervensystems ein verschiedenes Verhalten des Aortendruckes sowie der Stromkurven der rechten und linken Koronararterie. Meist kommt es zu einer lang anhaltenden starken Senkung des Aortendruckes mit Bradykardie; aber auch Aortendrucksteigerung ist nicht selten.

Unabhängig vom Aortendruck finden wir fast regelmäßig eine Zunahme in der Durchblutung der linken Koronararterie. Die Bedeutung dieses Reflexes ist wahrscheinlich in der Vorbereitung der linken Herzhälfte für eine vermehrte Herzarbeit zu sehen. An der rechten Koronararterie kann man dagegen nicht selten eine Konstriktion nachweisen, deren Bedeutung noch recht problematisch ist. Wir finden gewisse Ähnlichkeiten zwischen dem Verhalten des Aortendruckes und der Durchblutung der linken Koronararterie. Bekanntlich kommt es bei der Aortendrucksteigerung auf dem Wege über die Blutdruckzügler und den Nervus vagus zu einer linksseitigen Koronarkonstriktion. Diese Beobachtung wurde von H. E. HERING im Sinne einer Entlastung gedeutet. Ähnlich wird man wohl auch die konstriktorischen Faktoren an der rechten Koronararterie bei der pulmonalen Hypertension beurteilen können.

Nachdem wir wissen, daß Drucksteigerungen in kleinsten Abschnitten des Lungenkreislaufes sich reflektorisch am Aortendruck und der Herzdurchblutung in Form von Kreislaufkollaps, Koronarinsuffizienz usw. auswirken können, bekommen Lungenerkrankungen, gleichgültig, ob sie durch Gifte oder Infektionen ausgelöst werden, ein neues Gepräge. Jeder Lungenschaden, der auf den Lungenkreislauf übergreift, muß daher auch unter dem Gesichtswinkel der reflektorischen Fernwirkungen beurteilt werden. Dies gilt besonders für die in ihrer Pathogenese noch wenig geklärten Narkoseschäden, die Phosgengasvergiftung usw.

Literatur zu Kapitel III, Abschnitt E, 1

ARELLANO, A. A. R. DE und Mitarb.: Measurement of pulmonary blood flow using the indicator-dilution technic in patients with a central arteriovenous shunt. Circulation Res. **4**, 400 (1956). — BIRNBAUM, G. L.: Schema der arteriellen Blutversorgung des linken Oberlappens. J. Thorac. Surg. **34**, H. 1, 126 (1957); Arterielle Versorgung des rechten Oberlappens. J. Thorac. Surg. **34**, H. 3, 384 (1957). — BRECHER, G. A. und C. A. HUBAY: Pulmonary blood flow and venous return during spontaneous respiration. Circulation Res. **3**, 210 (1955). — CIER, J.-F.: La circulation pulmonaire et les échanges gazeaux au niveau des poumons. Presse méd. **1957**, 1291. — DUBOIS, A. B. und R. MARSHALL: Measurement of pulmonary capillary blood flow as gas exchange throughout the respiratory cycle in man. J. Clin. Invest. **36**, 1566 (1957). — FEIFAR, Z.: Die Wirkung des Morphins auf die Lungendurchblutung. 2. Europ. Kardiologenkongr. Stockholm **1956**, 101. — HALMÁGYI, D. und Mitarb.: Der kleine Blutkreislauf bei essentieller pulmonaler Hämosiderose. Magy. belorv. arch. **8**, 188 (1955). — HAYEK, H.: Zur Anatomie des Lungenkreislaufes. Wien. Z. inn. Med. **37**, 494 (1957). — HERTZ, C. W.: Untersuchungen über den Einfluß der alveolaren Gasdrucke auf die intrapulmonale Durchblutungsverteilung beim Menschen. Klin. Wschr. **34**, H. 17/18, 472 (1956); Einseitige alveolare CO-Erhöhung und Durchblutungsgröße jeder Lungenseite beim Menschen. Klin. Wschr. **34**, H. 19/20, 532 (1956). — HESS, H.: Eine Methode zur fortlaufenden Registrierung der Veränderungen des Lungenblutvolumens beim Menschen. Verh. Dtsch. Ges. Kreislaufforschg. **22**, 297 (Darmstadt 1956). — HOCHREIN, M. und K. MATTHES: Über die Beziehungen des Druckes im linken Vorhof zum Blutgehalt der Lunge. Pflügers Arch. Physiol. **233**, H. 1, 1 (1933); Verschiedenheiten der Schlagvolumen und Ungleichmäßigkeiten der Leistung beider Ventrikel in ihrer Auswirkung auf Lungendepot und Herzdurchblutung. Pflügers Arch. Physiol. **231**, H. 2, 207 (1932). — LAUDA, E.: Einführung zum Hauptthema „Der Lungenkreislauf" und die Klinik der Erkrankungen des Pulmonalkreislaufes. Wien. Z. inn. Med. **37**, 482 (1956). — LEE, G. J. DE und A. B. DUBOIS: Pulmonary capillary blood flow in man. J. Clin. Invest. **34**, 1380 (1955). — LINDERHOLM, H.: On the significance of CO tension in pulmonary capillary blood for determination of pulmonary diffusing capacity with the steady state CO method. Acta med. Scand. **156**, 413 (1957). — LOCHNER, W. und E. WITZLEB: Lungen und kleiner Kreislauf (Berlin-Göttingen-Heidelberg 1957). — RODEWALD, G. und Mitarb.: Bestimmung von Kurzschlußdurchblutung und Diffusionskapazität der Lunge bei Lungenkranken. Z. exper. Med. **126**, 565 (1956). — SCHOEDEL, W., W. LOCHNER und J. PIPER: Durchblutung und Blutgehalt der Lunge. Sitzungsber. d. Med. Ges. Göttingen 8. Nov. 1956. — SEVERINGHAUS, J. W. und M. STUPFEL: Alveolar dead space as an index of distribution of blood flow in pulmonary capillaries. J. Appl. Physiol. **10**, 335 (1957). — SWAN, H. J. C. und Mitarb.: Quantitative estimation by indicator-dilution technics of the contribution of blood from each lung to the left-to-right shunt in atrial septal defect. Circulation 14, H. 2, 212 (1956). — TAUBER, K.: Über die Blutverteilung in der Lunge bei mangelhafter Sauerstoffversorgung eines Lappens. Münch. med. Wschr. 100, H. 30, 672 (1958).

3. Durchblutungsstörung des Gehirns

Die Erklärung zerebraler Blutungen hat im Laufe der Zeiten vielfache Änderungen erfahren. Die ursprüngliche Annahme, daß es allein die Höhe des Blutdruckes sei, bzw. das Auftreten von plötzlichen Blutdrucksteigerungen, welche die Hirngefäße zum Bersten bringen, mußte revidiert werden durch die Erkenntnis, daß es eines Druckes von ca. 600 mm Hg bedarf, um ein normales Hirngefäß zum Bersten zu bringen und den so häufigen Befund, daß eine zerebrale Durchblutungsstörung vielfach auch bei niedrigem Blutdruck eintritt. Auch die Auffassung, daß es vor allem die Arteriosklerose sei, die der Versagensbereitschaft des Hirnkreislaufes den Boden bereitet, blieb nicht unbestritten, nachdem PH. SCHWARTZ u. a. gezeigt haben, daß zerebrale Durchblutungsstörungen auch bei vollkommen normalen Hirngefäßen möglich sind. Ausgehend von mehr funktionellen Gesichtspunkten haben sich heute eine Fülle von Anschauungen entwickelt.

Nach HILLER kommen passagere Durchblutungsstörungen des Gehirns (Diaschisis) zustande durch 1. kurzdauernde Spasmen, 2. eine Erweiterung der Strombahn, die schließlich zur Strömungsverlangsamung und Stase führt und 3. eine organische Hirngefäßerkrankung, welche die Anpassungsfähigkeit des Gehirns vermindert. Die zerebralen Spasmen ähneln anderen spastischen Zuständen, wie Angina pectoris, Morbus RAYNAUD, Migräne, Epilepsie usw. Auf Hirngefäßspasmen sind zu beziehen die eklamptische Urämie, die echte Eklampsie und die zerebralen Durchblutungsstörungen bei arteriellem Hochdruck. Zu lokalen Hirngefäßspasmen kommt es nach HILLER besonders bei plötzlicher Blutdrucksteigerung und bei bereits bestehender organischer Gehirnläsion. Bei schwerer Arteriosklerose dagegen werden nicht die Spasmen, sondern ein Nachlassen der Blutzufuhr, z. B. der Blutdruckabfall im Schlaf u. ä., wodurch die Ernährung des Hirngewebes gefährdet wird, verantwortlich gemacht.

WESTPHAL vertritt die Auffassung, daß die rein funktionelle Arterienkontraktion, die besonders leicht durch sogenannte „Blutdruckkrisen" ausgelöst wird, mit allen ihren Folgezuständen, begonnen vom flüchtigen Schwindel bis zur Halbseitenlähmung, wahrscheinlich wichtiger für die Entstehung des apoplektischen Insultes ist, als die Zerreißung. Auch ROSENBERG, NEUBÜRGER u. a. halten Blutdruckschwankungen und vasomotorische Störungen für pathogenetisch bedeutungsvoll. Gleicherweise besteht auch über die Genese der Verkrampfungsbereitschaft keine völlige Übereinstimmung. GUTZEIT betont eine Irritation der Hirngefäße bei Fokaltoxikose, HILLER fand sie besonders bei klimakterischen Zuständen. Daß bei der nervösen Übertragung das vegetative Nervensystem eine besondere Rolle spielt, steht außer Zweifel. Es darf jedoch als erwiesen gelten, daß sich lokale und zirkumskripte Gefäßspasmen auch unabhängig vom vegetativen Nervensystem unter dem Einfluß der in der Gefäßwandung vorhandenen Ganglienzellen und vegetativen Fasern entwickeln können.

Demgegenüber halten BÖHNE, BERNER u. a. an der Rupturgenese des apoplektischen Insultes fest. Es handelt sich nach ihrer Auffassung um die Perforation einer oder auch gleichzeitig mehrerer intrazerebraler Arterien, die mechanisch an Stellen der größten Belastung zustande kommen und ausgelöst werden durch einen plötzlichen Blutdruckanstieg, der primär im Hirnstamm entsteht. Es folgt dann die Blutung in ihrer Ausbreitung der Richtung des geringsten Widerstandes. Nach

BERNER werden besonders die Blutungen am Boden des 4. Ventrikels und in der Umgebung des Aquaeductus Sylvii durch akute Druckerhöhung und Wellenbewegung im Liquor ausgelöst. Nach NEUBÜRGER ist jedoch die Hauptquelle der Blutung nicht die Ruptur, sondern eine Diapedeseblutung aus vielen Gefäßen zugleich. Der große Herd des apoplektischen Insultes setzt sich seiner Auffassung nach aus zahlreichen konfluierenden Blutungen zusammen, die kleinen, schwer wandgeschädigten Gefäßen entstammen.

Eine wesentliche Rolle spielt nach neuerer Auffassung wahrscheinlich auch die Hypoxämie des sehr sauerstoffmangelempfindlichen Hirngewebes. Normalerweise kommt es auch im Gehirn bei jeder passageren Mangeldurchblutung zum Auftreten von sauren Stoffwechselprodukten, die eine Gefäßaufschließung herbeiführen. Außerdem besteht nach LÖHR eine Selbstregulation der feinsten Hirngefäße gegenüber Sauerstoffmangel, indem das anämisierte Gebiet durch Kapillarattraktion die Ausbildung eines Kollateralkreislaufes erzwingt.

Sind jedoch die Hirngefäße durch Lues, Arteriosklerose oder auch durch Hirndruck in ihrer funktionellen Anpassungsfähigkeit geschädigt, dann kann ein solcher Kollateralkreislauf nicht mehr entwickelt werden, außerdem führt die Hypoxämieempfindlichkeit des Gehirns vielfach so rasch zu einem vollständigen Versagen, daß der Exitus bereits eintritt, ehe noch die Ausbildung eines Kollateralkreislaufes möglich war. Daneben besteht weiterhin die sehr eigenartige Tatsache, daß die Hirnarterien, obwohl festgestellt werden konnte, daß sie gar keine Endarterien im Sinne COHNHEIMS darstellen, sich trotzdem funktionell in der Regel als solche verhalten, indem bei Verschluß eine Nekrose des jeweiligen Versorgungsgebietes unausbleiblich ist. Auch BÜCHNER legt eine Hypoxämie unter Umständen auf dem Boden arteriosklerotischer Gefäßveränderungen, die zu Erweichungsherden kleinen Ausmaßes in der Hirnsubstanz führt, seiner Auffassung über die Apoplexieentstehung zugrunde. Aus ihnen entstehen leicht große Hirnblutungen, ohne daß es nötig ist, Gefäßspasmen zur Erklärung heranzuziehen. Eine ähnliche Anschauung hat auch VOLHARD vertreten. Er glaubte, daß durch Sauerstoffmangel Abbauprodukte des Hirngewebes frei werden, die eine fermentative Andauung von Arteriolen und kleineren Arterien ermöglicht, welche dann die Massenblutung auslöst. Über die Ursache dieser Hypoxämie besteht jedoch ebenfalls noch keine vollständige Klarheit. Während HILLER, RICKER u. a. nervöse Durchblutungsstörungen verantwortlich gemacht haben, glaubt FISCHER-WASELS feststellen zu können, daß auch ein langanhaltender Arterienspasmus im gesunden Organismus nicht zu einer Gewebsschädigung oder zur Nekrose führen kann. Er nimmt daher an, daß eine primäre lokale Läsion auf humoraler Grundlage oder eine allergische Überempfindlichkeit des Gewebes das primum movens des gesamten Prozesses ist. Es beginnt dann die Schädigung der Gefäßwände an der Außenseite des Gefäßes und schreitet nach innen fort, so daß unter Umständen das Endothelrohr der Intima allein weitgehend unbeschädigt zurückbleibt.

Unsere eigenen Beobachtungen geben der Vorstellung Raum, daß sowohl nervöse, wie humorale Störungen zu einem funktionellen Versagen anatomisch normaler Hirnarterien führen können, die eine Schädigung von Gehirnsubstanz in Form einer Massenblutung oder einer Hirnerweichung auszulösen vermögen. Der Hochdruck ist in dem Gesamtbild nur ein unterstützender Faktor. Ausschlaggebend ist die Beschaffenheit der Arterienwände, die, wenn sie geschädigt sind, einen Durchbruch auch bei normalem Arteriendruck erlauben (ASCHOFF). Wir können die verschiedenen Grade der zerebralen Durchblutungsstörungen und ihre Folgen bei häufiger Untersuchung des Augenhintergrundes oft direkt beobachten.

Wir sehen bei humoralen, wie nervösen Durchblutungsstörungen, langanhaltende Spasmen, die zu Thrombose oder Blutaustritt führen. Nachdem in der Literatur häufig auf die Wechselbeziehung zwischen Hirn- und Herzdurchblutung hingewiesen wird, darf auf gewisse Ähnlichkeiten in der Entstehung des Myokardinfarktes und des apoplektischen Insultes aufmerksam gemacht werden. Ätiologie und Folgen erlauben zahlreiche Vergleiche, wobei bei beiden Krankheiten die ursächliche Bedeutung der Sklerose, von Arteriitiden, toxischen Einflüssen usw. nicht verkannt werden soll. Den nervösen Faktor bei jugendlichen Fällen von Myokardinfarkt haben wir jedoch klinisch und HALLERMANN auch anatomisch erwiesen. Wir nehmen auch bei jugendlichen Kranken mit Apoplexie, wenn organische Gefäßwandveränderungen (angeborenes Aneurysma, Mediadefekt, Entzündung, hormonale Störungen usw.) fehlen, Spasmen auf dem Boden einer Neurozirkulatorischen Dystonie oder einer Nervenerkrankung (multiple Sklerose, Epilepsie usw.) an. Weiterhin vergleichen wir die akute Hirnblutung mit dem akuten Herzschlag, während die Hirnerweichung Parallelen mit dem chronischen Koronarvitium aufweist.

Aber nicht nur die Gefäßwand, sondern auch die Blutzusammensetzung kann von Bedeutung sein. So findet sich relativ häufig ein apoplektischer Insult bei allen Zuständen, die mit einer Polyzythämie bzw. Polyglobulie einhergehen, so besonders bei der Polycythaemia rubra hypertonica (GEISBÖCK) aber auch beim Morbus Cushing. Sehr viel seltener sind derartige Zustände dagegen bei den hämorrhagischen Diathesen (Purpura haemorrhagica, Thrombopenie). Es kommt dann zu zahlreichen mehr oder weniger umfangreichen Blutaustritten, wie sie bei Obduktionen derartiger Fälle immer wieder zu beobachten sind.

4. Durchblutungsstörungen des Magens

Bereits auf S. 57 haben wir darauf aufmerksam gemacht, daß über die Physiologie der Magenwanddurchblutung bisher nur geringe Kenntnisse vorliegen. Das gleiche gilt von der pathologischen Physiologie dieser Gefäßprovinz.

Wenn wir darauf hingewiesen haben, daß eine der wichtigsten Eigenschaften zur Erhaltung der Intaktheit und Integrität der dünnen und differenzierten Schleimhaut mit ihren wechselnden Dehnungszuständen die rasche Heilungstendenz ist, dann liegt in der verzögerten Hyperämie einerseits oder in der überschießenden bzw. paradoxen Reaktion andererseits, eine der Versagenstendenzen, welche der Schleimhaut den so notwendigen Schutz vor möglicher Andauung nehmen.

In diesem Verhalten der gastralen Durchblutung sehen wir einen der wichtigsten Faktoren in der Pathogenese der Gastritis und des Ulcus pepticum.

Von jeher ist den Durchblutungsverhältnissen des Magens bei der Entstehung des Ulcus pepticum ein besonderes Interesse gewidmet worden. Bereits CRUVEILHIER, der das Bild des Magengeschwürs erstmalig beschrieben hat, nahm an, daß das Ulkus aus einer Gastritis auf dem Boden von Durchblutungsänderungen entstünde. Später suchte man demzufolge nach organischen Zirkulationsstörungen, wobei man jedoch Embolien, Thrombosen, Gefäßwandschäden u. ä. nur in einem nennenswerten Prozentsatz der Fälle sicherstellen konnte. HAUSER stellte dann die Infarkttheorie auf und stellte damit funktionelle Durchblutungsstörungen mit Gefäßspasmen in den Vordergrund seiner Betrachtung, und ASCHOFF sprach von vasomotorischen Sperrungen und Paralysen im Arteriensystem. RÖSSLE vertritt dagegen die Theorie der „zweiten Krankheit", indem er annimmt, daß die Erkrankung anderer Organe (Endokarditis, Appendizitis, Cholezystitis) Spasmen der Magenmuskulatur auslöst, die durch Gefäßdrosselung zu mangelhafter Durchblutung der Magenwand führen. MORAWITZ sprach von einer konstitutionellen

Innervations- und Zirkulationsstörung, während v. BERGMANN eine Disharmonie des vegetativen Nervensystems verantwortlich machte, auf deren Basis es zu Spasmen an Magenmuskulatur und Magengefäßsystem kommt. KONJETZNY wies darauf hin, daß der Ulkusmagen nahezu stets deutliche gastritische Veränderungen aufweist, eine Auffassung, die in der Formulierung von GUTZEIT, ,,daß Geschwür und Gastritis verschiedene Ausdrucksformen ein und derselben übergeordneten Störung seien", ihren Niederschlag findet. O. MÜLLER konnte mit seinen Mitarbeitern zeigen, daß das Kapillarbild des Ulkuskranken, nicht nur im unmittelbaren Geschwürsbereich, sondern in der gesamten der Untersuchung zugängigen Kreislaufperipherie, deutlich verändert ist. NOTHAAS konnte dies durch Nachweis einer mangelhaften Durchblutungsregulation in der Peripherie bestätigen und glaubt darüber hinaus allergische Reaktionen für die Ulkusgenese gesichert zu haben.

Nicht weniger wichtig ist wahrscheinlich auch die Stauungshyperämie der Magenwand, die uns im Syndrom der Rechtsherzinsuffizienz geläufig ist.

Sie imponiert in Form einer tief-dunkelroten Stauungsgastritis, führt nicht selten zu Diapedeseblutungen, Rhexisblutungen oder auch massivem Bluterbrechen, geht aber auffallend selten mit Ulzerationen der Magenwand einher.

Daneben ist die reflektorische Beeinflussung der Magenwanddurchblutung bisher sehr wenig berücksichtigt worden.

Schon von jeher ist auf das gehäufte Auftreten der Ulkusbeschwerden zu bestimmten Jahreszeiten hingewiesen worden, und bei entsprechenden Erklärungsversuchen ist immer wieder dem Erkältungsfaktor eine Rolle zugeschrieben worden.

Bei entsprechenden Untersuchungen haben wir nun nachweisen können (HOCHREIN und SCHLEICHER), daß bei Gefäßlabilen die Magentemperatur unter Kälteeinwirkung sehr stark absinkt, um nach Absetzen der thermischen Einwirkung nur sehr langsam wieder anzusteigen. Gleichgültig, wo die plötzliche Kälteeinwirkung Anwendung findet, an Bauch, Händen oder Füßen, nahezu gesetzmäßig sahen wir bei Ulkusdisponierten zunächst einen Anstieg der Magensäure, später einen langdauernden Abfall der Magentemperatur.

Vielleicht gibt es auch eine dem Lungenödem vergleichbare Durchblutungs- und Transsudationsstörung der Magenwand, in Form der akuten Magendilatation, die unter Umständen durch Ausscheidung riesiger Flüssigkeitsmengen, über eine Exsikkose zum Exitus letalis führen kann.

5. Durchblutungsstörungen der Niere

Sehen wir von Nierenembolie, Niereninfarkt u. dgl. ab, dann sind Mangeldurchblutungszustände vor allem in der Hochdruckgenese diskutiert worden.

Bekanntlich hat LOEB schon die Vermutung ausgesprochen, daß der Hochdruck bei der Nephritis auf dem Wege über eine Druckerhöhung in den Vasa afferentia durch Reflexmechanismen zustande kommt. Die Lehre VOLHARDS hat aber erst die Niere in den Mittelpunkt des Hochdruckproblems gestellt. So unterscheidet VOLHARD den renalen hämatogen bewirkten blassen Hochdruck von der nicht renalen und nicht hämatogen bewirkten Blutdrucksteigerung. Diese lediglich durch große klinische und pathologisch-anatomische Erfahrungen ermöglichte Differenzierung hat in den letzten Jahren durch eine große Anzahl tierexperimenteller Untersuchungen und klinischer Studien eine weitgehende Bestätigung erfahren.

Die ursprüngliche Auffassung, daß die Niere mit ihrem gewaltigen Blutbedarf eine vorzügliche Möglichkeit zur Regulierung von Blutdruck und Blutverteilung bieten würde, wenn sie sich an den vasomotorischen Selbststeuerungsreflexen des Kreislaufes beteiligte, hat sich als nicht zutreffend erwiesen. HARTMANN, REIN u. a. haben gezeigt, daß von einer weitgehenden Autonomie der Nierendurchblutung geredet werden muß, da die renale Zirkulation von Blutdruckschwankungen nahezu unabhängig ist.

Als einem der ersten gelang es HARTWICH, durch Unterbindung einer Nierenarterie oder eines Ureters eine Blutdrucksteigerung auszulösen, die nach Exstirpation der Niere wieder verschwindet. Auch durch Einengung einer oder beider Nierenarterien mittels eines Metallringes konnte HARTWICH eine langdauernde Blutdrucksteigerung erzeugen. In gleicher Weise gelang es LOESCH, durch oft wiederholte, kurzdauernde Abklemmung der Nierenarterien, eine langdauernde Blutdrucksteigerung herbeizuführen. GOLDBLATT konnte dann mit seinen Mitarbeitern den Beweis erbringen, daß Drosselung einer Nierenarterie eine Blutdrucksteigerung über Wochen und Monate hervorruft, daß aber durch Drosselung beider Nierenarterien ein Dauerhochdruck ausgelöst wird, der in gleicher Weise erklärt werden kann.

Es kann also nach LINDNER zusammenfassend festgestellt werden, daß durch: 1. einseitige, 2. doppelseitige Drosselung der Arteria renalis, 3. Drosselung der Aorta oberhalb der Nierenarterie, 4. Drosselung der Nierenvene und 5. ein- oder doppelseitige Drosselung des Ureters ein Dauerhochdruck erzeugt werden kann.

Die ursprüngliche Hypothese VOLHARDS, daß bei der hypertonischen Nierenerkrankung ein Zustand renaler und allgemeiner Gefäßkontraktion zugrunde liegt, wurde damit in den Bereich experimentell faßbarer Tatsachen versetzt. Es wurde weiterhin die Sonderstellung des Nierensystems in bezug auf die Blutdruckregulation dahingehend geklärt, daß eine Störung der Nierendurchblutung den Blutdruck erhöht.

Besteht nun die Tatsache zu Recht, daß eine Nierenischämie das Primum movens des renalen Hochdruckes darstellt, dann wird man sich die Frage vorlegen müssen: Auf welchem Wege kommt die Blutdrucksteigerung zustande, und welche Faktoren sind für diese verantwortlich zu machen?

Wichtig ist zur Klärung dieser Frage zunächst die Tatsache, daß der Blutdruck nach Drosselung der Nierenarterie außerordentlich rasch ansteigt (ENGERT, LINDER und SARRE), so daß ein nervöser Reflexmechanismus in Erwägung gezogen werden muß.

VOLHARD hat dagegen aus der Verengerung der Netzhautarterien, die in fortgeschrittenem Stadium nicht selten beobachtet werden kann, einen nervösen Wirkungsmechanismus abgelehnt.

Man kann zusammenfassend sagen, daß der nervöse Faktor, wenn überhaupt, dann nur eine untergeordnete Rolle bei der Entstehung des renalen Hochdruckes spielt. Es muß daher die gedrosselte Niere den Blutdruck auf hormonalem oder humoralem Wege beeinflussen.

Die Klärung der humoralen Genese des renalen Hochdruckes hat große Schwierigkeiten bereitet, kann heute aber – nach Auffassung von VOLHARD und seinen Mitarbeitern – als abgeschlossen gelten.

Bereits bei der Abgrenzung des renalen vom essentiellen Hochdruck hat VOLHARD die Arbeitshypothese aufgestellt, daß durch die Nierenhypoxämie vasoaktive Stoffe (Renine, Nephrine) frei werden, die auf dem Wege über die Blutbahn eine pressorische Wirkung an der Gefäßperipherie entfalten.

Interessant ist in diesem Zusammenhang, daß auch die Hirn- und Netzhautgefäße von dem Spasmus mitgegriffen werden, während bemerkenswerterweise der Lungenkreislauf an der allgemeinen Hypertension nicht beteiligt ist.

Diese wenigen Angaben mögen nur als Hinweis dienen, um die Bedeutung der renalen Gefäßprovinz für Pathogenese und Therapie von Durchblutungsstörungen verständlich zu machen.

6. Durchblutungsstörungen des Auges

Die Untersuchung der Gefäße des Augenhintergrundes ist seit langem in die Diagnostik der Herz-Kreislauferkrankungen eingegangen, obwohl über die funktionelle Pathologie dieser Gefäßprovinz noch sehr wenig bekannt ist. Dabei hätten einige Phänomene, wie die Mitbeteiligung der okulären Strombahn bei der Migräne, die Sehstörungen bei der Wetterfühligkeit bzw. der Föhnkrankheit, die frühzeitig auftretenden „mouches volantes" beim arteriellen Hochdruck u. a. mehr zum Nachdenken anregen müssen.

VETTER hat darauf aufmerksam gemacht, daß es im Sinne der Neurozirkulatorischen Dystonie auch Durchblutungsstörungen der Netzhautgefäße gibt, die flüchtige Sehstörungen, Schattenbildungen, Flimmern, Skotome, Gesichtsfeldveränderungen u. dgl. herbeiführen und Abnahme des Sehvermögens bedingen können.

Auch von RAMSAY und MAITLAND wird über die Analogie zwischen Augensymptomen und Herzschmerzen bei meist jungen Patienten mit einer ausgesprochenen neurozirkulatorischen Dystonie berichtet. Sie sehen den Zusammenhang in der gleichen sympathischen und parasympathischen Innervation des Musculus ciliaris und des Herzmuskels, sowie der ähnlichen Beeinflussung durch gewisse Pharmaka. Die häufigsten Symptome bei dem sog. „Eye-strain" bestehen, besonders nach Überanstrengungen, in heftigen, beim Versuch zu lesen auftretenden Kopfschmerzen, begleitet von Doppelsehen, Funkensehen, Nausea, Erbrechen, Herzschmerzen und Atemnot, die in Ruhe wieder verschwinden. Die Schwere der Augen- und Herzschmerzen steht meist in keinem Verhältnis zu den geringen oder auch fehlenden organischen Veränderungen in den betreffenden Organen.

Nach dem Ort der Störung wird sich ein wechselndes Erscheinungsbild, je nachdem ob die Zentralgefäße selbst oder einer ihrer Äste befallen sind, darbieten. Der Verschluß des Hauptstammes der Zentralarterie führt zu einer plötzlichen Erblindung, die, falls nicht sofortige Behandlung einsetzt, in vielen Fällen irreparabel ist und zu einer sich allmählich ausbildenden aszendierenden Optikusatrophie führt. Der Augenhintergrund zeigt dabei zuweilen enge Arterien, eine ödematöse Netzhauttrübung um die Sehnervenpapille und Macula lutea, verbunden mit einem kirschroten Fleck in der Macula selbst. Bei der Thrombose der Vena centralis geht die Funktion zwar auch wie bei der Embolie plötzlich, aber nicht restlos verloren, so daß ein Restsehvermögen erhalten bleibt.

Diese wenigen Hinweise mögen genügen, anzuregen, daß dieser wichtigen Strombahn auch seitens der Internisten mehr Interesse gewidmet wird.

7. Durchblutungsstörungen des Pfortaderkreislaufes

In den letzten Jahren haben Durchblutungsstörungen der Leber, insbesondere der portale Hochdruck, vielfältiges Interesse hervorgerufen.

Wie kann eine portale Hypertension zustande kommen?

Nach älteren Anschauungen dachte man vor allem an Hemmungsmechanismen, die sich dem Abfluß entgegenstellen. Nach neueren Auffassungen von EWERBECK spielt jedoch auch der Begriff der sog. mechanischen Milzdekompensation eine Rolle, d. h. pathologische Zustände im Bereich der Milz werden mehr in den Vordergrund der Betrachtung gezogen. Die Pathogenese des Pfortaderhochdrucks ist in 3 große Gruppen von Krankheitsbildern aufzugliedern:

1. Portale Drucksteigerung durch prähepatischen Block,
2. portaler Hochdruck durch intrahepatischen Block und
3. portale Hypertension als Folge der Störungen im venösen Rückfluß der Lebervenen oder in der V. cava inferior.

Die prähepatische Behinderung des Pfortaderkreislaufes ist bedingt durch eine Verlegung der Pfortader oder ihrer Äste. Es ist hauptsächlich eine angeborene Pfortaderstenose bekannt, die bereits in der Kindheit in Erscheinung tritt und frühzeitig Blutungen aus Ösophagusvarizen herbeiführt (Pfortaderdruckwerte von 300–450 mm Wasser). Die sogenannte Pfortaderthrombose, die akut und chronisch

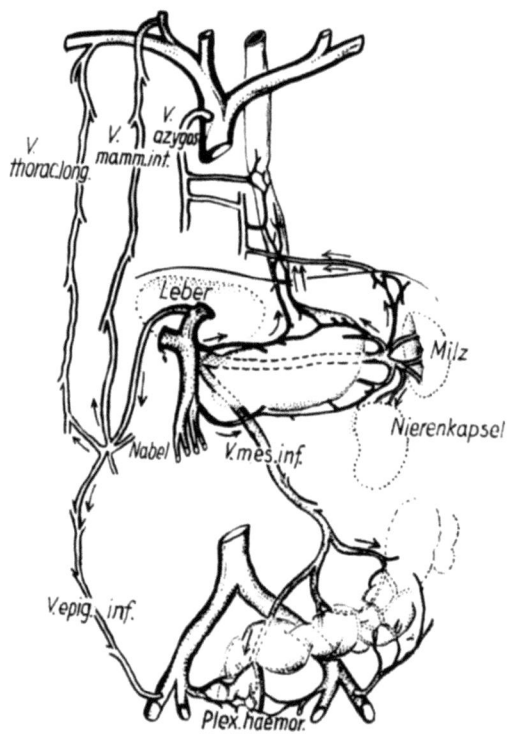

Abb. 55. Schema der venösen Kollateralen bei portaler Stauung (nach Hueck).

auftreten kann, und die als Folge von Änderungen der Blutzusammensetzung, von Durchblutungsstörung bei Stauung und Darmträgheit, durch intrahepatische Strömungsverlangsamung bei Zirrhose usw. sowie durch Phlebosklerose, maligne Tumoren und infektiöse Prozesse verursacht werden kann, gehört ebenfalls in diese erste Gruppe von prähepatischer Behinderung des Pfortaderkreislaufes.

Der weitaus größere Teil der Erkrankungen mit portaler Hypertension geht jedoch mit einer intrahepatischen Behinderung des Pfortaderkreislaufes einher.

Der präsinusoidale Typ, der durch eine periportale Bindegewebsvermehrung ohne Verwerfung der Struktur gekennzeichnet ist, zeigt Pfortaderdrucke um 360 mm Wasser sowie Ösophagusvarizen mit Blutungen. Beim postsinusoidalen Typ sind ausgesprochene Veränderungen im Sinn einer Leberzirrhose oder einer postnekrotischen Narbenleber festzustellen. Die Drucke liegen bei dieser Gruppe durchweg etwas niedriger, im Mittel um 230 mm H_2O. Alle diese Patienten haben einen Aszites und zeigen stärkere Leberfunktionsstörungen. In diese Gruppe dürften auch die Fälle von Sarkoidose und Hämochromatose der Leber mit portaler Hypertension einzureihen sein. Auch das Krankheitsbild der Splenomegalie und das sogenannte BANTI-Syndrom gehören hierher.

Die Symptomatologie der dritten Gruppe von Strömungsbehinderungen im Pfortaderkreislauf erklärt sich durch die Störung des venösen Rückflusses der Leber.

Bei diesen unter dem Namen BUDD-CHIARI-Syndrom bekannten Krankheitsbildern kann der Verschluß sowohl in den Lebervenen, ihren Ostien als auch in der V. cava inferior liegen. 204 in der Weltliteratur beschriebene Fälle waren durch eine Thrombose der V. cava inferior bedingt. Sie betrafen vor allem Kinder. Ätiologisch hat man Veränderungen, die durch Verengung des Lumens der Cava mit Strömungsverlangsamung und Neigung zu Thrombosen einhergehen, angeschuldigt (Endophlebitis, Periphlebitis der Lebervenen, Verziehung der Venen durch Narbenbildung bei Zirrhosen, Druck durch knotige Hypertrophie der Leber, durch Gummen, Abszesse, Echinokokkenzysten, Neoplasmen, außerdem generalisierte Gefäßerkrankungen, Blutkrankheiten usw.). Sicher ist die Ätiologie jedoch noch nicht geklärt. Der Krankheitsverlauf der Pfortaderthrombose wird durch die Möglichkeit der Rekanalisation und die Entwicklung von Kollateralen und Anastomosen bestimmt.

Mit diesen wenigen Hinweisen ist die pathologische Physiologie der Leberdurchblutung keineswegs erschöpfend behandelt.

Wir kennen das Symptom der Depotinsuffizienz der Leber, d. h. ihre Unfähigkeit, trotz ausreichender Blutfülle, dem Herzen bei notwendiger Ankurbelung seiner Tätigkeit, genügend Blut zur Verfügung zu stellen.

Bekannt ist das System der vielfältig möglichen Anastomosierung (s. Abb. 55), das bei portaler Stauung erschlossen werden kann.

Es ist weiterhin wichtig zu wissen, daß der unterste Abschnitt des im Bereiche des Anus gelegenen Plexus haemorrhoidalis nicht in die Pfortader mündet, sondern ohne Umweg in das Cava-System zurückkehrt, ein Faktum, das für die Wirksamkeit rektaler Therapie praktisch die Conditio sine qua non ist.

Auf den Aszites, als weiteren Ausdruck portaler Stauung sind wir auf S. 161 eingegangen.

KAPITEL IV

Untersuchung und Beurteilung der Herz-Kreislauffunktion

A. Herz

1. Anamnese

Eine sorgfältige Anamnese ist für die Beurteilung des Herzens oft wichtiger als das Ergebnis komplexer und komplizierter Laboratoriumsmethoden. Sie ist das seelische Bindeglied aller Untersuchungsbefunde und ermöglicht allein die individuelle Beurteilung des Einzelfalles. Sie schafft die subjektiv-objektive Ausgangsbasis, sie vermittelt den persönlichen Kontakt zum Patienten, erschließt die von diesem selbst reproduzierten Zusammenhänge und ermöglicht einen aufschlußreichen Einblick in seine Persönlichkeitsstruktur. Obwohl lediglich auf Erinnerung, Deutung und Kombination fußend, erhält die Vorgeschichte juristische Beweiskraft, eine Tatsache, deren Bedeutung man sich bei ihrer Erhebung stets vor Augen halten sollte. Der Arzt hat somit eine doppelte Verpflichtung zur sorgfältigen Registrierung der Vorgeschichte. Sie besteht einerseits gegenüber dem Patienten, der ein Recht darauf hat, alle Vorgänge, auf die er sich besinnt, festgehalten und bewertet zu sehen; sie ist andererseits notwendig zur Vermeidung von Fehldiagnosen. Man vergegenwärtige sich daher, daß man nie mehr die Möglichkeit einer ungefärbten Darstellung haben wird als bei der sorgfältigen und jede Suggestion vermeidenden Erstexploration, die so früh wie möglich durchgeführt werden sollte. Nur zu diesem Zeitpunkt ist die Darstellung noch frei von Spekulationen und Tendenzen, von neurotischen Überlagerungen bzw. fixierten Vorstellungen oder Redewendungen. Jede spätere Befragung dagegen ist beeinflußt durch nachträgliche Überlegungen, Überlagerung mit Schilderungen Dritter, durch bewußte oder unbewußte Erinnerungstäuschungen, durch die Stereotypie immer wiederholter Darstellungen, durch Temperament, Phantasie und Geltungsbedürfnis. Diese Tatsachen muß man sich vergegenwärtigen, wenn man der Sorgfaltspflicht genügen und nicht auf ein wichtiges und unwiederbringliches Material verzichten will.

Für die Festlegung der Anamnese wird sich eine gewisse Systematik empfehlen, die man in jedem Falle beibehalten sollte.

Obwohl auf vielen Krankenblättern oder Fragebögen vorgedruckt, beginne man nicht mit der Familienanamnese. Der Kranke steht unter dem Eindruck eines bestimmten Ereignisses, er ist körperlich und seelisch mit diesem beschäftigt und möchte dieses vortragen. Es wird ihn befremden, ihm den Eindruck eines mangelnden Kontaktes mit dem Arzt vermitteln, ihm das Gefühl des Mißtrauens oder einer zu seinen Ungunsten eingesetzten Inquisition verschaffen, wenn ihm Fragen vorgelegt werden, die ihn in ihrer Unmittelbarkeit irritieren, deren Zusammenhang er nicht erkennen kann, und die ihm zur Klärung des ihn zum Arzt führenden Ereignisses unwichtig erscheinen.

Man beginne daher in jedem Falle mit der Erfragung der Beschwerden. Es ist dabei wichtig, einen Vermerk zu machen, ob der Ratsuchende selbst zu Worte kam, in welchem Zustand er sich befand (klar, benommen, verwirrt, erregt, apathisch usw.), oder ob es sich um Aussagen von Verwandten handelt.

Wichtig ist dabei die Festlegung der zeitlichen Verhältnisse, die ersten subjektiven Empfindungen, ihre genaue Art und Lokalisation.

Nach Festhaltung der Konsultationsursache werden weitere Fragen über die berufliche Tätigkeit und übrige Lebenssituation nicht auf Ablehnung stoßen. Kurze Aufzeichnungen über den beruflichen Werdegang und die sozialen Verhältnisse, über Erfolg oder Mißerfolg, Hoffnungen und Enttäuschungen, besondere körperliche oder seelische Belastung usw. können das Bild abrunden und gleichzeitig Anknüpfungspunkte für eine notwendige Beratung liefern.

Bei diesen Ausführungen wird es leicht sein, sich Rechenschaft über die Persönlichkeit des Befragten sowie über die Wertigkeit und die Glaubwürdigkeit seiner Darstellung zu geben. Sachliche Ruhe, korrekte Angaben, sorgfältige Beobachtung einerseits und Widersprüche, blumiger Wortreichtum, Gestikulation und Tränenausbruch, Jammern und Wehklagen andererseits, das sind die Extreme, zwischen denen das ganze Register der Vorgeschichten gelegen ist, die trotz bunter Variation die Züge von Wahrheit und Echtheit, aber auch von Simulation, Dissimulation und Betrug für den Erfahrenen erkennen lassen können. Es ist wichtig festzuhalten, ob es sich um eine primär neurotische Persönlichkeit handelt, oder ob sich die neurotische Überlagerung erst durch Krankheit, Fehler von Diagnostik und Beurteilung, sozialen Abstieg usw. ausgebildet hat.

Diesem Allgemeinüberblick folgen dann die sorgfältigen Erhebungen über die Eigenanamnese.

Von den früheren Erkrankungen interessieren besonders Infektionen, bei denen eine Herzbeteiligung bekannt ist bzw. gehäuft vorkommt (Rheumatismus, Chorea, Tonsillitis, Nephritis, Grippe, Diphtherie, Scharlach, Sepsis, Malaria, Fleckfieber, Ruhr, Hepatitis epidemica, Morbus Bang, Typhus, Gonorrhoe, Lues, Erysipel usw.), weiterhin Anämien, Lungenerkrankungen, hormonale Störungen, durchgemachte Schwangerschaften, Angaben über sportliche Betätigung, über plötzliche Gewichtszunahme oder Phasen der Unterernährung, Operationen, Verletzungen und Verwundungen, langdauernde Eiterungen, usw. Es folgt dann die Festlegung des Gesundheitszustandes in den letzten Jahren, weiterhin sind die bisherige Art der Behandlung und die Erfragung der vom Kranken selbst durch Überlegung und Beobachtung angenommenen Krankheitszusammenhänge von Bedeutung. Die Kenntnis der Tatsache früherer Heilbehandlung in ausgesprochenen Herzbädern (Bad Nauheim, Altheide usw.) sowie die ärztliche Verordnung gewisser Medikamente (Digitalis, Strophanthin, Nitrite) sind wertvoll für die Beurteilung.

Man wird sich dabei vor Augen halten müssen, daß es nur die Angabe von „Herzklopfen" bzw. „Herzstolpern" ist, welche untrüglich auf ein Betroffensein des Herzens hinweist. Alle anderen Angaben, seien es nun „Schmerzen in der Herzgegend", Atemnot, Blausucht, Anschwellung der Beine, Kopfschmerzen, Schlaflosigkeit, vorzeitige Ermüdbarkeit usw. sind durchaus nicht obligat kardial bedingt und erfordern zum mindesten eine sehr sorgfältige differentialdiagnostische Klärung.

Hat man auf diese Weise eine gewisse Grundlage für die Beurteilung des Gesundheitszustandes früherer, mit der augenblicklichen Situation nicht in Zusammenhang stehender Zeitabschnitte gewonnen, dann wird man sich bemühen müssen, den Status praesens zu erheben.

Herzklopfen und Herzstolpern gehören zu den Sensationen, die am frühesten die subjektive Empfindung von dem Vorhandensein des Herzens vermitteln, die ätiologisch die verschiedensten Ursachen haben können, durch nervös-vegetative Einflüsse auch beim „Herzgesunden" vorkommen und trotzdem bereits ein Warnsignal darstellen, das die Aufmerksamkeit dem Herzen zuwendet.

Die Ätiologie des Herzklopfens ist noch nicht geklärt. Unabhängig von der Herzfrequenz handelt es sich um das erregend-beklemmende Gefühl jeden einzelnen Herzschlages, „das Herz schlägt zum Halse heraus" oder es „klopft zum Zerspringen". Untersucht man ein derartiges Herz, dann findet man entweder gar nichts oder man hat den Eindruck einer erregten Herzaktion bei normaler Frequenz. Die Herztöne sind lauter, der Herzspitzenstoß ergiebiger, und es ist anzunehmen, daß es sich in diesen Fällen um eine vorwiegend vegetativ bedingte Änderung des Schlagvolumens handelt, in deren Rahmen die Anpassungsgrenze der koronaren Durchblutung das subjektive Gefühl der Herzpalpitation vermittelt. Bedeutungsvoller sind demgegenüber die Fälle, bei denen dem Herzklopfen eine Tachykardie zugrunde liegt. Man wird in jedem Fall die Frage klären müssen: handelt es sich dabei um ein extrakardiales Phänomen, d. h. um den Ausdruck einer erethisch-sympathikotonen Konstitution, einer Hyperthyreose oder dgl. oder aber um ein Reizsymptom des spezifischen Herznervensystems bei Infektionen, Intoxikation usw. Diagnostisch noch wesentlicher ist die Angabe „anfallsweisen Herzklopfens" oder gar „Herzjagens". Diesem Phänomen liegen in der Regel eine paroxysmale Tachykardie, eine intermittierende Tachyarrhythmia absoluta oder salvenförmig gehäufte Extrasystolen zugrunde, Störungen also, die bereits eine ernsthafte Beeinträchtigung der Herzfunktion vermuten lassen.

Beim Herzstolpern dagegen handelt es sich stets um Reizbildungs- seltener um Reizleitungsstörungen. Besonders häufig ist diese Angabe bei Extrasystolie, und es wird weniger der vorzeitige Schlag als der nach mehr oder weniger langer kompensatorischer Pause einsetzende erste Normalschlag mit einem eigenartigen Beklemmungsgefühl empfunden. Auf die Bedeutung der Extrasystolie ist an anderer Stelle eingegangen worden. Für die Bewertung ist wichtig zu wissen, daß es unter Umständen gerade die ganz seltenen Extrasystolen sind, die derartige Beschwerden machen. So wachen Menschen mit ausgeprägtem nächtlichem Vagustonus plötzlich auf, mit dem Gefühl, durch „Paukenschlag", „Schlag vor die Brust" usw. geweckt worden zu sein. Dagegen ist es eine bekannte Tatsache, daß vielfach völlige Irregularitäten des Herzens keinerlei subjektive Beschwerden verursachen.

Nachdem alle weiteren Angaben überaus vieldeutig sind, ist es zweckmäßig, ihre Wertigkeit kurz zu beleuchten.

Naturgemäß ist der „Schmerz in der Herzgegend" das Kardinalsymptom der Herzanamnese.

Auf Seite 202 sind wir bereits ausführlich auf den Herzschmerz eingegangen, so daß sich in diesem Zusammenhang eine nähere Bearbeitung der Pathogenese des Herzschmerzes erübrigt. Es soll daher nur darauf hingewiesen werden, in welchem Maße die Angabe subjektiver Herzempfindungen diagnostisch verwertet werden kann.

Beim Herzschmerz unterscheidet man im wesentlichen zwei Verlaufsformen: a) die chronische Mißempfindung, die irgendwann einmal nahezu unmerklich begonnen hat, später in ihrem Anfang gar nicht mehr richtig angegeben werden kann, sehr wechselnd auftritt, im Laufe der Jahre unter Umständen wieder vollkommen verschwindet oder einen deutlichen progredienten Charakter zeigt; b) den akuten Anfall mit dem qualvollen Vernichtungssyndrom, der ein so eindrucksvolles Ereignis darstellt, daß er in der Regel noch nach Jahren bis auf die Stunde angegeben werden kann.

Sehr häufig beginnt ein Herzleiden mit dem bereits oben skizzierten Gefühl, daß der Patient merkt, „ein Herz zu besitzen". Dieses äußert sich in einer leichten Unruhe am Herzen, einem flauen Gefühl, das vielfach als „Herzmüdigkeit" bezeichnet wird, ein flüchtiges Druck- und Beklemmungsgefühl, ein leises Wehe- und Wundgefühl usw.

Herzbeschwerden dieser Art bleiben in der Regel streng auf die Herzgegend beschränkt, es ist jedoch empfehlenswert, sich die Aussage „Schmerzen in der Herzgegend" durch genaue Lokalisation seitens des Patienten ergänzen zu lassen, da vielfach recht seltsame Vorstellungen über die Lage des Herzens bestehen und das punctum maximum des Schmerzes oft weitgehend differentialdiagnostische Schlüsse erlaubt.

Daneben besteht oft schon frühzeitig eine Einschränkung der allgemeinen körperlichen Leistungsfähigkeit, insbesondere fällt auf, daß körperliche Anstrengungen, die früher spielend bewältigt werden konnten, nunmehr Herzklopfen und Beklemmung auslösen. In fortgeschrittenen Stadien steigern sich die Beschwerden. Es kommt zu qualvollen Herzschmerzen in Form von Stechen, Bohren und Krämpfen mit Ausstrahlen nach dem linken Arm und der linken Halsseite, verbunden mit Todesangst und Vernichtungsgefühl, d. h. zum charakteristischen Bild der Angina pectoris bzw. des Myokardinfarktes. Abzugrenzen von dem lebhaften, schneidenden, reißenden, brennenden, glühenden Koronarschmerz ist der dumpfe Dauerschmerz der Myokarditis und schließlich das Wundgefühl bei der Perikarditis. Die Art der Schmerzen weist jedoch abhängig von der Beobachtungs- und Schilderungsgabe des Patienten trotz unterschiedlicher Veranlassung so viele Übergänge auf, daß eine sorgfältige Analyse im Einzelfall notwendig ist.

Bei aller klinischen und diagnostischen Bedeutung des Herzschmerzes aber wird man sich stets vor Augen halten müssen, daß viele Herzleiden ohne jegliche subjektiven Empfindungen einhergehen, so daß das Leitsymptom des Herzschmerzes wenig aufschlußreich ist.

Wenn vor allem koronare Durchblutungsstörungen zur Ursache von Mißempfindungen werden, so wissen wir auf Grund eines großen Beobachtungsmaterials, daß 40% aller Fälle mit akutem Koronarverschluß atypisch, d. h. schmerzlos sind (HOCHREIN und SEGGEL). Noch auffallender sind die Befunde bei der Koronarsklerose. Wir konnten zeigen, daß nur etwa 15% aller Patienten mit Kranzarterienverkalkung über Angina pectoris klagen (MORAWITZ und HOCHREIN).

Es ist weiterhin beachtenswert, daß die Mehrzahl der Herzempfindungen, insbesondere die stärkeren Herzbeschwerden, fast nur am leistungsfähigen Herzen angetroffen werden. Tritt eine Herzschwäche ein, dann verschwinden diese Herzempfindungen meist in allerkürzester Zeit.

Wir befinden uns mit dieser Auffassung im Gegensatz zu KERN, der die „Dyskardie", eine etwas unglücklich gewählte Bezeichnung für die subjektiven Herzbeschwerden, als Symptom der Linksinsuffizienz des Herzens bewertet, dagegen in Übereinstimmung mit HEAD, der für die Erklärung dieser Tatsache annahm, daß für die Entstehung dieser ausstrahlenden Empfindungen eine gewisse Integrität der eigentlichen Wandung des Herzens nötig ist.

Man wird sich bei Berücksichtigung dieser Tatsachen daher bemühen müssen, folgende Fragen zu klären, um aus der Analyse der Antworten die Klassifizierung des Schmerzes zu ermöglichen:

1. Wann haben die ersten Schmerzen begonnen?

Nur zu oft liegt das Bestreben vor, den jetzt empfundenen Schmerz zu einem bestimmten Ereignis oder Vorgang in Beziehung zu setzen. Es wird dann festzuhalten sein, ob die Herzempfindung sofort einsetzte, ob ein zeitliches Intervall vorhanden war, ob sie ihren Charakter änderte usw. Es ist durchaus möglich, daß ein Zusammenhang zwischen dem jetzt geklagten Herzschmerz und dem angeschuldigten Ereignis besteht, trotzdem wird man, zumal wenn begründeter Verdacht vorhanden ist, klären müssen, ob nicht doch Sensationen von seiten des Herzens, die erinnerungsmäßig durch einen späteren sehr schweren „Herzanfall" vielleicht bereits ganz ausgelöscht sind, auch vorher schon vorhanden waren. Man fragt dann nach Herzklopfen, -stichen, -stolpern, -unruhe usw. und wird dann nicht selten vernehmen, daß derartige, jetzt bagatellisierte Symptome oft schon seit vielen Jahren bestanden haben.

2. Wo wurden die Schmerzen am stärksten empfunden?

Die Schmerzen bei Myo- und Perikardaffektionen sind unmittelbar in der Herzgegend lokalisiert, d. h. zwischen Sternum und Medioklavikularlinie im Bereich vom 3.–5. ICR links. Stenokardische Beschwerden, d. h. Empfindungen auf koronarer Grundlage, sitzen unter dem Brustbein, nicht so ganz selten aber auch im epigastrischen Winkel bzw. im Rücken zwischen den Schulterblättern.

3. Welches waren die Ausstrahlungsgebiete des Herzschmerzes?

Schmerzen nicht-koronarer Genese zeigen keine oder wenig ausgesprochene und nicht gesetzmäßige Irradiation. Der Koronarschmerz dagegen strahlt in die linke Schulter und auf der Ulnarseite des linken Armes bis zum Ellbogen oder den Fingerspitzen des 4. und 5. Fingers aus. Weniger häufig ist ein Ausstrahlen nach beiden Schultern oder dem rechten Arm. LANGE beobachtete eine besondere Schmerzempfindlichkeit in der Bizipitalfurche des linken Armes. Weiterhin ist eine gürtelförmige Ausstrahlung um die linke Thoraxhälfte herum bis zur Wirbelsäule, oft aber auch Kribbeln, Abgestorbensein oder Schweregefühl im linken Arm eine nicht seltene Angabe. Schwierig wird die Beurteilung, wenn es sich um kaschierte Schmerzsyndrome handelt, die einen direkten Zusammenhang mit dem Herzen gar nicht mehr erkennen lassen. Es handelt sich dann meist um Phänomene, die an das Gebiet der HEADschen Zonen gebunden sind, so z. B. das sogenannte „Schulter-Hand-Syndrom". Weiterhin sind ziehende Schmerzen in der linken Halsseite bis zum Kieferwinkel, Hyper-, Hyp- und Parästhesien an der ulnaren Seite des linken Armes mit besonderer Druckempfindlichkeit am Epicondylus humeri medialis, ein manschettenartiges Druckgefühl am linken Handgelenk usw. als koronar bedingte Sensationen bekannt.

Obwohl Herzschmerzen mit Ausstrahlung nach rechts vorkommen, sind sie doch mit größter Vorsicht zu bewerten, ebenso auch Schmerzen in der Mittellinie der Wirbelsäule, die nach dem Hals zu ausstrahlen, auch die Irradiation nach dem rechten oder linken Oberbauch usw. Eine gründliche Allgemeinuntersuchung wird derartige Atypien sehr häufig als Hiatushernie, Gallen-, Milz- oder Nierenaffektionen, Morbus CHILAIDITI, Wirbelsäulenerkrankungen usw. objektivieren können.

4. Welche zeitlichen Verhältnisse charakterisieren den Schmerz in der Herzgegend?

Der Dauerschmerz ist ein Symptom der Myokarditis, als anhaltendes Wehe- und Wundgefühl kann er einen Myokardinfarkt oder einen traumatischen Herzschaden für viele Monate überdauern. Der Schmerz bei Angina pectoris dagegen ist anfallsweise, dauert Sekunden und Minuten, wobei, je mehr er sich der Stundengrenze nähert oder darüber hinaus anhält, der Verdacht, daß ein Myokardinfarkt zugrunde liegen könnte, berechtigt ist.

Interessant sind weiterhin, um dieses bereits vorweg zu nehmen, die zeitlichen Verhältnisse zwischen dem Auftreten des Herzschmerzes und der Manifestation entsprechender Deformationen im Ekg. (s. S. 303).

5. Welche Begleitsymptome charakterisieren den Schmerz in der Herzgegend?

Bekannt ist vor allem das Gefühl der existentiellen Vernichtung bzw. der Todesangst, das Gefühl der Beklemmung, der Ausweglosigkeit und Preisgegebenheit, das in verschiedenem Ausmaße bei allen Herzaffektionen vorkommen kann, besonders ausgeprägt beim Myokardinfarkt gefunden wird, wobei differentialdiagnostisch eine ausgesprochene Unruhe den Infarktkranken kennzeichnet, der durch ruheloses Umherlaufen förmlich seinem Schicksal zu entrinnen trachtet. Auf die Genese und Begleiterscheinungen kann in diesem Zusammenhang nicht eingegangen werden. Ob es sich nun um zerebral bedingte Schocksymptome, um den Ausdruck eines hypoxämisch bedingten Hirnödems oder aber um eine psychisch bedingte, durch das Existenzbedrohliche der Herzerkrankung hervorgerufene „Todesangst" handelt, muß noch dahingestellt bleiben.

Darüber hinaus können andere vegetative Symptome, wie linksseitiger Schweißausbruch, lokalisierte Piloerektion, linksseitige Miosis oder aber Beschwerden von seiten des Magen-Darmkanals das klinische Bild beherrschen. Es handelt sich dabei um das Gefühl hochgradiger Übelkeit, gehäuftes galliges oder schleimiges Erbrechen, langanhaltenden Singultus, quälenden Meteorismus sowie Verdauungsstörungen, wie Obstipation, Diarrhöen usw.

Während die Todesangst und die auf die linke obere Körperhälfte beschränkten vegetativen Symptome leicht die ursächliche Bedeutung des Herzens erkennen lassen, sind die übrigen Symptome recht vieldeutig und verlangen sehr kritische differentialdiagnostische Überlegungen.

6. Durch welche Maßnahmen kann der Schmerz in der Herzgegend provoziert werden?

Bekannt ist die Empfindlichkeit koronarer Durchblutungsstörungen gegenüber Kälte, Anstrengungen, seelischen Erregungen, Koffein, Nikotin usw., die ungünstige Beeinflussung des linken Herzens besonders am Rande der Kompensation durch Zwerchfellhochstand und die Verschlechterung der Funktion des rechten Herzens durch Pressung usw.

Fraglich ist die kardiale Genese von Schmerzen in der Herzgegend, wenn sie in unmittelbarem Zusammenhang stehen mit der Nahrungsaufnahme (Ulcus pepticum, Ösophagusdivertikel, Hiatushernie), mit Witterungswechsel (Rheumatismus, Neuralgien und Neuritiden), mit bestimmten Bewegungen (zervikaler Diskusprolaps, Erkrankungen der Wirbelsäule oder des Karotissinus). Alle derartigen Angaben müssen sehr sorgfältig geprüft und differentialdiagnostisch geklärt werden.

7. Durch welche Maßnahmen ist der Schmerz in der Herzgegend zu kupieren?

Vielfach kann auch die Angabe des Patienten, wie es ihm gelingt, die Beschwerden zu beheben, richtunggebend für die Diagnose sein. Vertiefte Atmung zur Beseitigung einer Angina pectoris pulmonalis (KATSCH), Bücken oder Hockstellung zur Verbesserung des Blutangebotes an das rechte Herz und die Lunge, Beinhochlagerung zur Begünstigung des venösen Rückstromes und zur Beseitigung orthostatisch bedingter Mangeldurchblutung, Aufstoßen zur Minderung eines Zwerchfellhochstandes, Erbrechen, Druck auf den seitlichen Hals oder die Augen als Vagusreiz zur Ökonomisierung der Herztätigkeit und Verlangsamung der Herzaktion usw., das sind Zusammenhänge, deren Kenntnis für den Untersucher genau so wichtig ist, wie die vielfach spontane Äußerung, daß Nitrite oder Digitalis den Zustand deutlich bessern oder auch verschlimmern.

Schließlich aber muß man sich klarmachen, daß das Herz sowohl durch Fehlprojektion von Erkrankungen in der Nachbarschaft als auch durch Überspringen vegetativer Impulse aus dem Bereich benachbarter HEADscher Zonen

Tabelle 11. *Vorkommen von Schmerzen in der Herzgegend*

Herz- und Gefäß-erkrankungen	Erkrankungen von Pleura und Mediastinum	Erkrankungen des knöch. und muskul. Brustkorbes und des Zwerchfells	Lungen-erkrankungen bzw. Hyp-oxydosen	Nerven-erkrankungen	Ab-dominelle Er-krankungen (etwa 40%)	Hormonale Dys-funktionen	Infektionen, Allergie und In-toxikationen
Koronar-insuffizienz	Pleuritis (ins-besondere Pleuritis me-diastinalis bzw. Pleuritis diaphragma-tica links)	Spondylitis	„Angina pec-toris pulmo-nalis" bei or-ganischen oder funktio-nellen Lungen-gefäßerkran-kungen (Pul-monale Dys-tonie, Lun-genembolie usw.)	traumat. oder toxische Schä-digung von Plexus bzw. Interkostal-nerven	Ösophagus-spasmen und -divertikel	Hyperthyreo-sen, tetanoide Syndrome	Fokale In-fekte
Myokarditis		Spondylosis			Magen-Ulkus oder -Karzi-nom	Addisonismen	Arzneimittel-sensibilisie-rung
Perikarditis		Wirbel- oder Rippenfraktur		Glosso-pharyngeus-neuralgie	Duodenal-Divertikel oder -Ge-schwür	Klimakterium	Chronische CO-Vergiftung Pb, Thallium, Nikotin usw.
Aortitis bzw. Aorten-aneurysma	Spontan-pneumo-thorax	Kyphose		Herpes Zoster			
		Seltene hohe Form des Morbus BECHTEREW			Morbus CHI-LAIDITI		
Blutdruck-krisen	Hämato-thorax	Zervikale Form der Nucleus-pulposus-Hernie	Bronchial-karzinom mit Wirkung auf die Reizbil-dung des Her-zens	Tabische Krisen	Gallenwegs-affektionen		
Morbus RAY-NAUD	Pleura-schwarte	Myalgie		Hämato-myelie	Pankreas-affektionen usw.		
Erythro-melalgie	pleura- bzw. perikardnahe Steckschüsse	Muskelzerrung, -prel-lung u. -zerreißung mit Hämatom u. Ent-wicklung einer Brust-wandfibrositis bzw. Pannikulitis, TIETZE-Syndrom, Periarthritis humero-scapularis	Anämien	Brachialgia paraesthetica nocturna			
	Mediastinitis anterior			Kausalgie			
	Mediastinal-tumoren bei Morbus HODG-KIN usw.	Omarthritis		Karotis-sinus-Syndrom			
		Scalenus-Anticus-Syndrom					
		Zwerchfellhernie					
		Zwerchfellflattern					

zum Resonanzboden von Störungen werden kann, die in ganz anderen Organgebieten gelegen sind.

Es darf nicht vergessen werden, daß auch extrakardiale Faktoren Symptome auslösen können, die echten Herzbeschwerden gleichen. So muß an eine Wirbel- und Rippenfraktur, eine Nucleus pulposus-Hernie der Hals- und Brustwirbelsäule, eine Hämatomyelie, eine linksseitige Zwerchfellhernie, einen Spontanpneumothorax, eine Aortenruptur usw. gedacht werden. Auch bei Pleuritis mediastinalis, Ösophagusdivertikel, Morbus RAYNAUD, bei Scalenus-anticus-Syndrom und der Mediastinitis kommen ganz ähnliche Beschwerden vor.

Erkrankungen von Nerven und Rückenmark kommen selten als Ursache in Frage, jedoch muß in einzelnen unklaren Fällen auch an diese Möglichkeit gedacht werden. Bei einem recht erheblichen Prozentsatz unklarer Herzschmerzen läßt sich eine ausgeprägte Spondylosis deformans, eine äußerlich kaum sichtbare Kyphose usw. nachweisen, die durch Druck auf die austretenden Interkostalnerven den Beschwerdekomplex verursachen. Es ist weiterhin das Bild der Glossopharyngeus-Neuralgie beschrieben worden, das ähnliche, angina-pectoris-artige Beschwerden verursacht, und außerdem kann das bisher wenig bekannte Bild einer Brustwandfibrositis bzw. Pannikulitis, das besonders bei Fettleibigen vorkommt, für einen hohen Prozentsatz anginöser Beschwerden verantwortlich gemacht werden.

Aus Tab. 11 wird ersichtlich, wie vielfältig die Ursachen sein können, die letztlich unter einem weitgehend uniformen Beschwerdekomplex verlaufen.

Als Kardinalpunkt der Diagnostik muß daher gefordert werden, beim Auftreten von „Schmerzen in der Herzgegend" nicht sofort dem Herzen selbst, sondern vielmehr dem Milieu, in dem das Herz seine Leistungen zu vollbringen hat, das Hauptaugenmerk zu widmen. Der Kurzschluß „linke Brustseite – Herz" muß aus der ärztlichen Praxis verschwinden. Nur auf diese Weise wird sich vermeiden lassen, daß langdauernde Fehlbeurteilungen und Fehlbehandlungen der Progredienz eines Leidens Vorschub leisten.

Auch das Gefühl der Atemnot ist ähnlich vieldeutig wie der Herzschmerz. Wir wissen zwar, daß die Kurzatmigkeit bei Anstrengungen, das Gefühl des Lufthungers, des nicht richtig Durchatmenkönnens eines der frühesten Symptome der Linksinsuffizienz des Herzens darstellt, müssen aber, ohne diesem Symptom die gleiche ausführliche Darstellung wie für den Herzschmerz widmen zu können, darauf aufmerksam machen, daß die pulmonale, die peripher- oder zentral-nervöse, die hämatogene und mechanische Pathogenese der Dyspnoe so vielfältige Erklärungsmöglichkeiten liefert, daß auch für dieses Symptom sehr sorgfältige differentialdiagnostische Erwägungen gefordert werden müssen (Tabelle 12).

In gleicher Weise muß das sogenannte „kardiale Anfallsgeschehen" aus zahlreichen, sehr unterschiedlichen pathogenetischen Versagensprinzipien hergeleitet werden.

Wir kennen derartige „Herzanfälle" bei koronaren Durchblutungsstörungen unter den Syndromen des ADAMS-STOKES, der in seiner MORGAGNI-Form bereits eine wichtige extrakardiale Ursache besitzt, und der paroxysmalen Tachykardie. Durch eingeklemmte Vorhofsthromben (Myxome, Kugelthrombus bei Stauung, Entzündung und Vorhofflimmern, Vorhofendokarditis mit wandständigem Thrombus usw.) können ähnliche Bilder entstehen, und weiterhin ist das sogenannte Karotis-sinus-Syndrom mit den zahlreichen Möglichkeiten seiner extrakardialen Verursachung mehr und mehr in den Vordergrund des klinischen Interesses getreten. Auch durch mechanische Faktoren im Brustraum (Mediastinaltumoren,

Tabelle 12. *Differentialdiagnose der Kurzatmigkeit*

	Pulmonale Dystonie	Asthma bronchiale	Kardiale Linksinsuffizienz
1. Anamnese	früher viel Sport getrieben, ausgezeichnete Leistungsfähigkeit	Allergische Krankheiten in der Verwandtschaft	Rheuma, Infektionskrankheiten, Hochdruck usw.
2. Beschwerden	Gefühl der Kurzluftigkeit, des Lufthungers, das durch körperliche Betätigung zu beheben ist	Anfallsweise Atemnot mit häufiger Beziehung zu bestimmten Noxen (Allergene, Klima, Anstrengung, psychische Erregung usw.)	Atemnot bei Anstrengungen, anfallsweise, besonders nachts
3. Aussehen	leichte Lippenzyanose	ohne Besonderheit	deutliche Akrozyanose
4. Lunge a) auskultat.	o. B.	Giemen, Brummen	Brummen, Rasselgeräusche
b) röntgenol.	o. B.	Emphysemthorax	Stauungserscheinungen
5. Herzbefund	normal	leise Herztöne	Klappenfehler des linken Herzens, arterieller Hochdruck usw.
6. Ekg	meist normal	häufig Rechtstyp, später Rechtskoronarinsuffizienz	meist pathologische Zeichen (häufig Linksüberwiegen, Linkskoronarinsuffizienz)
7. Vitalkapazität (VK)	normal (am oberen Rande der Norm)	vermindert (am unteren Rande der Norm)	deutlich vermindert
8. Sputum	—	zäh, schleimig, eosinophile Zellen, CURSCHMANNsche Spiralen, CHARCOT-LEYDENsche Kristalle	Herzfehlerzellen
9. Blut	normal bzw. leichte Polyzythämie	Eosinophilie	oft deutliche Polyzythämie
10. Pneumotachogramm	normal	Exspirium verlängert, spitzkonvexe Deformationen	Exspirium leicht spitzkonvex deformiert
11. Adrenalin- bzw. Histamintest	VK unverändert oder erhöht	vermindert	—
12. Nitritwirkung	ungünstig	günstig	wechselnd

tiefe substernale Strumen, große Aortenaneurysmen usw.) ist eine kardiale Irritation möglich, die unter dem Bilde von sogenannten „Herzanfällen" verlaufen kann. Schließlich muß auch an hormonale Störungen (Hyperthyreose, Tetanie) in diesem Rahmen gedacht werden.

Wenden wir uns weiteren Symptomen zu, die sehr häufig bei einer kardialen Minderleistung vorkommen, dann handelt es sich um Klagen über periphere Durchblutungsstörungen, wie Kopfschmerz, Schwindelgefühl, Ohrensausen, Schlafstörungen, Schweißneigung, kalte und feuchte Extremitäten und vor allen Dingen eine ausgeprägte Mattigkeit und vorzeitige Ermüdbarkeit, verbunden mit Schwächegefühl, Arbeitsunlust, psychischer Depression und Minderwertigkeitskomplexen. Wie vieldeutig gerade letztes Syndrom ist, mag man sich an Hand folgender Tabelle vor Augen führen (Tabelle 13).

Erwähnt seien schließlich noch die Symptome der beginnenden oder manifesten Rechtsinsuffizienz (s. Tabelle 60).

Hier handelt es sich um Völlegefühl im Oberbauch, verbunden mit oft schmerzhaften Sensationen, die von der Leberkapselspannung herrühren und vielfach, besonders wenn die Leberstauung mit einem Subikterus einhergeht, mit Dyskinesien der Gallenwege verwechselt werden. Damit vergesellschaftet sich die Neigung zu Blähungen, Appetitlosigkeit und Gewichtsabnahme, späterhin nächtlicher Harndrang (Nykturie), Beinödeme, Wasseransammlung im Unterhautfettgewebe (Anasarka) und schließlich Wassersucht mit Aszites und hochgradiger Atmungserschwerung, die sich diagnostisch durch große Stauungstranssudate im Pleuraraum klären läßt. Wesentlich für die kardiale Genese dieses Syndroms ist die Tatsache, daß die Leber als großer Stauweiher stets als erste von der Rechtsdekompensation in Mitleidenschaft gezogen ist, und daß Beinödeme immer nur sekundär beobachtet werden.

Der Reflex „Beinödeme = Herzschwäche" erweist sich in der Beurteilung und Begutachtung als genau so verhängnisvoll wie die bereits oben genannten diagnostischen Kurzschlüsse.

Sind zunächst nur Beinödeme vorhanden, die Leberschwellung kann infolge von Blähungen oder fetten Bauchdecken im Anfang oft schwer nachweisbar sein, dann besteht die Verpflichtung zur Feststellung einer begründeten Rechtsinsuffizienz einerseits oder aber zur Abgrenzung von Erkrankungsbildern, die unter Umständen mit einer ähnlichen Ödematose einhergehen können, wie z. B. Leberzirrhose, Leberkarzinom mit Peritonealkarzinose, Nephrose, Feldnephritis, Polyserositis, Dystrophie, Myxödem usw. Anderseits einseitige Beinödeme sind praktisch nie kardialer Genese.

Aber nicht nur die direkten Beschwerden, sondern oft nahezu unbewußte Änderungen von Lebensgewohnheiten, die durch eine geschickte Befragung zu Tage treten, können die Bewertungsgrundlage erweitern und vertiefen.

So wird auf besonderes Befragen vielfach angegeben, daß der Genuß des gewohnten Kaffees eingestellt wurde, weil er lästiges Herzklopfen und Schlaflosigkeit verursachte. Auf das Rauchen wurde verzichtet, weil die Zigarre oder Zigarette nicht mehr schmeckte bzw. Übelkeit, Schwindelgefühl oder Herzdruck bereitete. Sportliche Betätigung wurde plötzlich abgebrochen, weil der „tote Punkt" nicht mehr so recht überwunden werden konnte, Kurzatmigkeit auftrat, das frühere Gefühl der Erfrischung nach sportlicher Betätigung einer Erschöpfung Platz gemacht hatte mit Mattigkeit und Schweregefühl in den Beinen, die selbst durch längeres

Tabelle 13. *Differentialdiagnose des Ermüdungsgefühles*

1. Morgenmüdigkeit:	konstitutioneller Unterdruck, Übermüdung
2. Mangelndes Wohlbefinden depressiver Prägung:	vegetative Dysregulation, Rekonvaleszenz, Klimaempfindlichkeit
3. Gereizte Schwäche:	Übermüdung, chronische Überbeanspruchung
4. Steh-Versagen:	Orthostatische Disposition, Addisonismen, postpartale Zustände, hochgradiger Status varicosus, unmittelbarer Zustand nach körperlicher Höchstleistung
5. Energielose Mißbefindlichkeit (Unökonomiesyndrom):	Neurozirkulatorische Dystonie, chronische Infekte und latente Infektionen, Tumoren, präurämische Zustände
6. Dyskardische Versagensneigung:	Herz- und Kreislauferkrankungen, Herzfehler am Rande der Dekompensation, arterieller Hochdruck, latente Koronarinsuffizienz (stummer Myokardinfarkt), totaler Block usw.
7. Hypoxydotische Minderleistungsfähigkeit:	Lungenerkrankungen (pulmonale Dystonie, Emphysem, Asthma, Silikose)
8. Endokrine Funktionsschwäche:	Klimakterium, Hyperthyreose, Myxödem, Addison, Nebenschilddrüseninsuffizienz, Hypophysenunterfunktion
9. Metabole Mattigkeit:	Diabetes, hypoglykämische Zustände, Kachexie, Phosphaturie, Hypochlorämie, Ödematose
10. Enterale Indisposition:	Ernährungs- und Verdauungsstörungen, Hypovitaminosen, Obstipation, Wurmbefall, Ikterus
11. Blasse Adynamie:	Blutkrankheiten (Anämie, Leukosen, chronischer Blutverlust)
12. Neurasthenische Leistungsschwäche	Zerebrale Sklerose, nervöse Systemerkrankungen, Zustand nach Apoplexie

Liegen nicht zu beseitigen war. Nach längerem Stehen wird eine bleierne Müdigkeit und Schwere in den Beinen geklagt, die beim Sitzen nicht zu beheben ist, eher dem Gefühl der „unruhigen Beine" weicht und erst durch das fast unbewußt versuchte Hochlagern der Beine verschwindet. Ähnliche Symptome sind das Nicht-Schlafen-Können auf der linken Seite, das Vermeiden jeglicher Belastung des linken Armes, das instinktive Warmhalten der linken Hand (Tragen des linken Handschuhes, linke Hand in der Hosentasche) usw.

Es sind dies die „signa minima" der Herzdiagnostik, die S. 349 in einem besonderen Kapitel noch besprochen werden und deren Beachtung unter Umständen wichtigere Aufschlüsse zeitigt als ein Ekg-Befund.

Schließlich aber soll diese Erstanamnese auch das Milieu des Herzens mitberücksichtigen. Symptome, die später gar nicht reproduzierbar sind, weil sie oft durch ein langes Krankenlager verwischt oder verändert werden, sollten, um den Ausgangsstatus zu präzisieren, sorgfältig festgehalten werden.

Angaben über plötzliche Gewichtszu- oder -abnahme, über Blähungen und Verdauungsstörungen, über Anomalien der Nieren- bzw. Blasentätigkeit usw. sind ebenso geeignet, den somatischen Befund zu ergänzen, wie Änderungen in der vita sexualis. Weiterhin sind besondere berufliche Belastungen, seelische Konflikte und Spannungen, soweit sie der ersten Exploration zugänglich sind, gleich zu Anfang festzuhalten.

Erst wenn es auf Grund derartiger Bemühungen gelungen ist, die Anamnese des Patienten zu klären, und nach Erhalt zahlreicher, von verschiedenen Seiten beleuchteter Aussagen ein bereits weitgehend verbindliches Vorurteil über den weiteren zu erwartenden Befund abzugeben, sollte zur letzten Abrundung noch die Erfragung der Familienanamnese angeschlossen werden.

Wertvoll sind in diesem Zusammenhang das erblich-familiäre Vorkommen angeborener oder erworbener Herzfehler, wissen wir doch durch die Untersuchungen von GRIFFITH, WATSON u. a., daß auch beim Zustandekommen rheumatischer Herzfehler eine erbliche Disposition begünstigend wirkt. Von Interesse ist weiterhin das gehäufte Vorkommen von Herzschlag, Hirnschlag, Angina pectoris und den vielfachen funktionellen Herzbeschwerden, die früher unter dem Begriff der „Herzneurose" geläufig waren. Auch die Todesalterstatistik der Familie, weitere gehäufte Todesursachen, erbliche, nervöse Belastung (Aufnahme von Familienangehörigen in Heilstätten, Suizid, Epilepsie, Depressionen usw.), Häufung von Tuberkulose, Karzinom, Stoffwechselerkrankungen (Gicht, Diabetes) sowie das vermehrte Vorkommen von Erkrankungen, deren zirkulatorisch bedingte Genese weitgehend gesichert ist (Ulcus pepticum, Migräne usw.), verdienen besondere Beachtung.

In Abb. 56a ist der Stammbaum einer derartigen Kreislauffamilie und in Abb. 56b die Vererbung von rheumatischer Disposition mit bevorzugter Beteiligung des Herzens wiedergegeben worden.

Es ist notwendig, diese Zusammenhänge zu kennen, denn es ist sehr wohl verständlich, daß ein augenscheinlich Herzgesunder aus einer solchen Familie bei einer Begegnung mit einem herzschädigenden Ereignis vollkommen anders reagieren kann als ein gleichaltriger Gesunder ohne diese Belastung. Dies ist weiterhin eine Erklärungsmöglichkeit dafür, daß in großen Menschengruppen, die in gleicher Weise Kälte und Nässe, körperlicher Höchstbelastung und unzureichender Ernährung ausgesetzt sind, nur ein geringer Prozentsatz an Rheumatismus erkrankt, wobei für die Schwere der kardialen Beteiligung unter Umständen diese Doppeldisposition maßgebend sein kann. Wie weitgehend auch funktionelle Störungen vererbt und wie frühzeitig sie manifest werden können, zeigt Abb. 57. Es handelt sich um eine herzgesunde, beschwerdefreie und leistungsfähige Familie, die routinemäßig untersucht wurde. Dabei fanden sich im Ekg der Frau schwere orthostatische Deformationen (Abb. 57a), etwas weniger ausgeprägt auch beim Ehemann (Abb 57b und angedeutet bereits bei dem 8jährigen Sohn (Abb. 57c).

Die Kenntnis und die Verarbeitung dieser Angaben vermag nicht nur das Gesamtbild abzurunden, sondern erlaubt darüber hinaus gewisse prognostische Schlüsse.

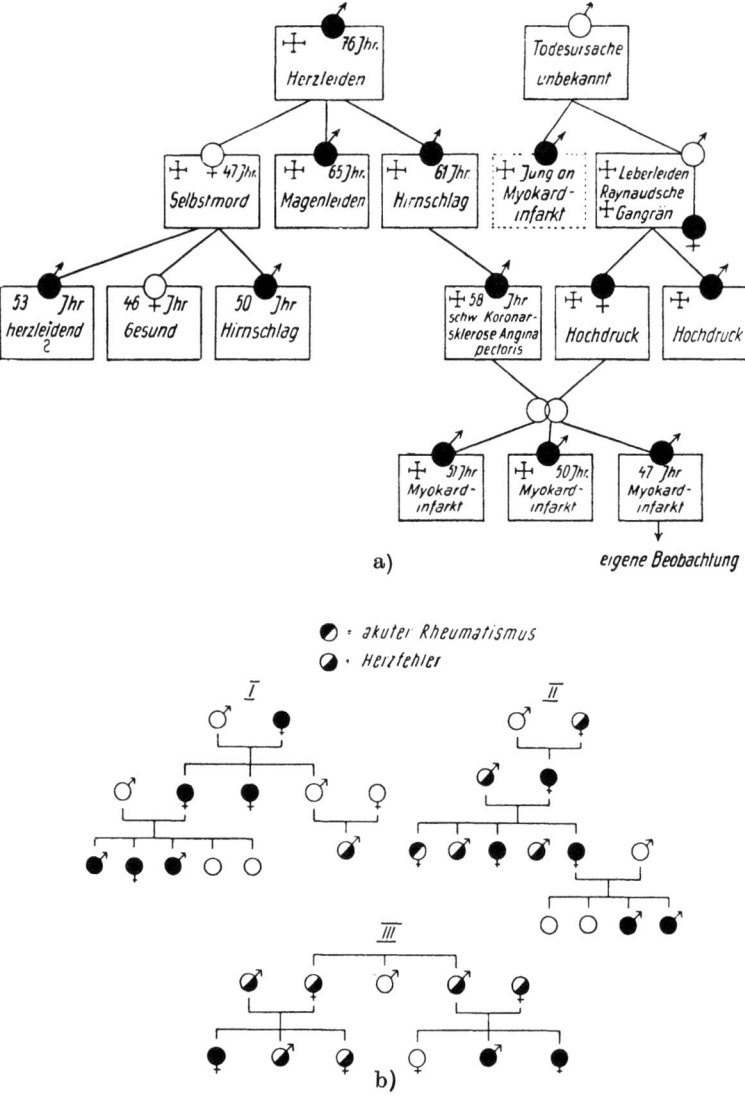

Abb. 56. Zur Vererbung von Herz- und Kreislauferkrankungen. a) Eigene Beobachtung. Schwarz = aktuelle Herz-Kreislauferkrankungen, weiß = kreislaufgesund b) (nach PRIBRAM) Kombination der Vererbung von Rheumatismus und Herzfehlern

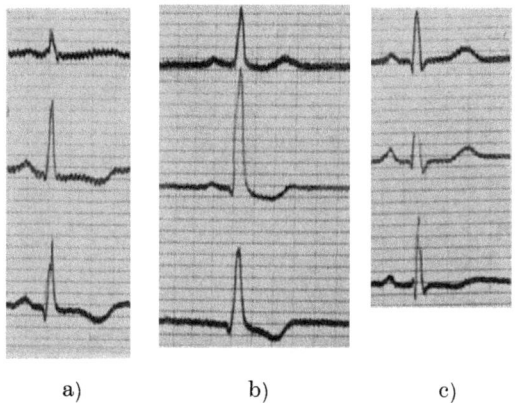

a)   b)   c)

Abb. 57. Zur Vererbung orthostatischer Regulationsstörungen (Auftreten orthostatischer Deformationen nach 10 minütigem Stehen bei normalen Ruhe-Liege-Ekg).
a) Ehefrau, 31 Jahre; b) Ehemann, 36 Jahre; c) Sohn, 8 Jahre.

Literatur zu Kapitel IV, Abschnitt A, 1

BÜRGER, M.: Die Anamnese als wichtigste Grundlage der Diagnostik. Hippokrates **27**, 205 (1956). — GRIFFITH, C. G., F. MOORE, S. MCGINN und R. COSBY: Familiäres Vorkommen des rheumatischen Fiebers. II. Statistische Studie über die familiäre und eigene Anamnese bei rheumatischem Fieber. Amer. Heart J. **35**, 444 (1948). — GROTE, L. R.: Die Bedeutung der Anamnese für die ärztliche Arbeit. 3. Congr. Internaz. Med. neo-ippocratica **1956**, 1. — GRUND, G. und H. SIEMS: Die Anamnese, 4. Aufl. (Leipzig 1957). — HOCHREIN, M. und K. A. SEGGEL: Erkennung und Behandlung des rheumatischen Herzschadens. Dtsch. Arch. klin. Med. **176**, 425 (1934). — KATSCH, G.: Aussprache. Verh. Dtsch. Ges. Kreislaufforschg. **17**, 107 (Darmstadt 1951). — LANGE, F.: Die Klinik des Myokardinfarktes. Dtsch. med. Wschr. **45**, 1532 (1950). — MORAWITZ, P. und M. HOCHREIN: Zur Diagnose und Behandlung der Koronarsklerose. Münch. med. Wschr. **1928**, H. 1, 17. — PRIBRAM: Der akute Gelenkrheumatismus in: NOTHNAGELS Spez. Path. u. Ther. **5**, 2 (Wien 1901). — SAUER, A.: Von der Anamnese des Herzens. Medizinische **1958**, H. 31/32, 1171. — SCHIMERT, G.: Bedeutung der Anamnese. Tag.Ber. 1. Saarl.-Pfälz. Intern. Kongr. (Bad Dürkheim 1957). — WATSON, F.: Eine moderne Anschauung über den akuten Gelenkrheumatismus. Med. Clin. North. Amer. **34**, 785 (1950).

2. Objektiver Nachweis von Herz-Kreislaufstörungen

2.1. Allgemeiner Befund

Wie bei jeder Allgemeinuntersuchung wird man nicht sofort mit einer speziell kardiologischen Diagnostik anfangen, sondern bemüht sein, sich zunächst einen allgemeinen Überblick zu verschaffen. Man wird dabei das Äußere auf sich wirken lassen und erst nachdem dieser Allgemeinüberblick gewonnen ist, sollte mit der speziellen Untersuchung begonnen werden.

Die den älteren Ärzten sehr geläufige „Blickdiagnose" ist im Zeitalter der „Laboratoriumsdiagnostik" vielfach als unwissenschaftlich bezeichnet worden. Sie resultiert aus großer Erfahrung, geschulter Beobachtung sowie natürlicher Intuition, wird bedauerlicherweise heute nicht bewußt geschult, und doch ist sie in der Praxis bei Notfällen, die zu rascher therapeutischer Entscheidung drängen, von unersetzbarem Wert. Aus diesem Grunde soll die einfache Diagnostik, soweit sie uns durch unsere Sinne vermittelt wird, etwas ausführlicher besprochen werden.

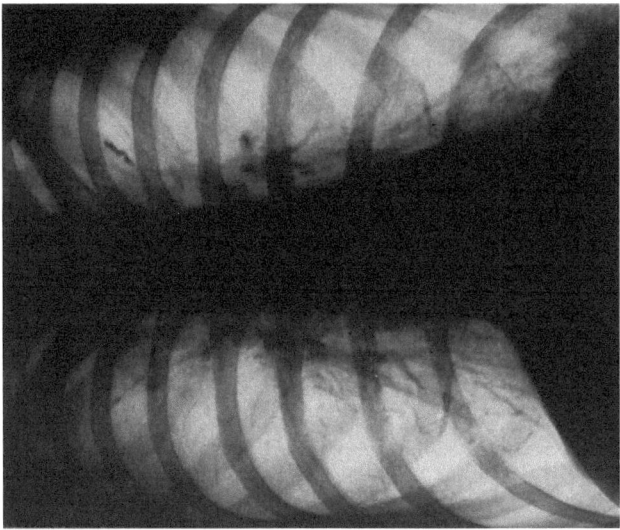

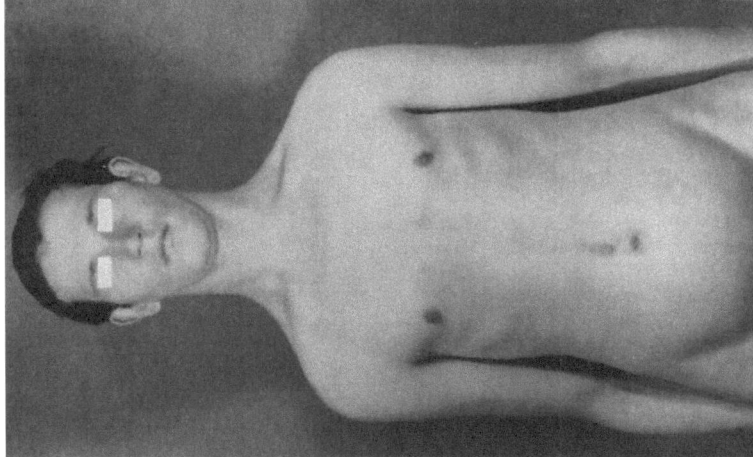

Abb. 58. Herz und Konstitution. a) Asthenisch-leptosomer Habitus mit Thorax piriformis; b) Tropfenherz.

Zum Zweck der allgemeinen Inspektion lasse man den Patienten vollkommen entkleiden, eine Maßnahme, die allein wegen ihrer zeitlichen Inanspruchnahme sehr an Wertschätzung verloren hat, und deren Außerachtlassung die leicht vermeidbare Ursache zahlreicher Fehlbeurteilungen sein dürfte.

Man gewöhne sich daran, das Alter des Patienten zu schätzen und wird aus der ausgesprochenen Diskrepanz vielleicht auf die ausgeprägte Jugendlichkeit prädiabetischer Zustände oder die vorzeitige Alterung bei Hypothyreosen oder Klimax praecox bzw. Frühsklerose aufmerksam gemacht. Aus Haltung und Gang, Mienenspiel und Gebärden, häufigem Erröten und Erblassen sind für den Erfahrenen mehr Schlüsse auf die Kreislaufdisposition mit Neigung zu „überschießenden" bzw. „paradoxen" Reflexen zu ziehen, als aus manchem Laboratoriumsbefund.

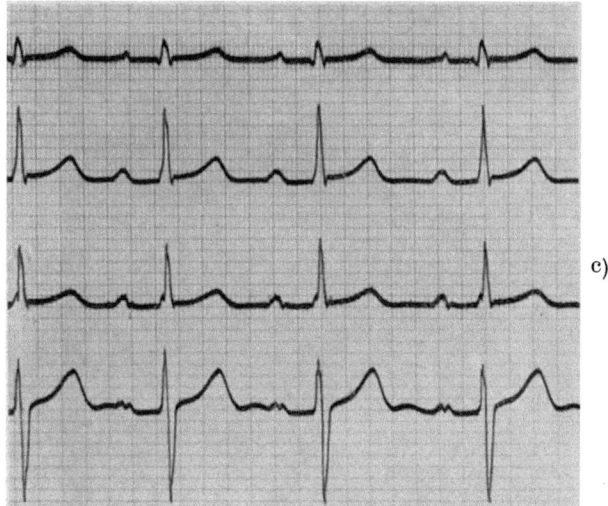

Abb. 58. Herz und Konstitution. c) Ekg: Steiltyp.

Das Vorhandensein grober Störungen (Mißbildungen, Lähmungen, Narben, Sinnesstörungen usw.) wird genau so registriert wie Konstitutionstyp und Gewichtsverhältnisse. Immer im Hinblick auf die Funktion des Herzens ergibt sich aus Trichterbrust oder schwerer Kyphoskoliose die diagnostische Zielrichtung: Cor pulmonale; aus pyknisch-plethorischem bzw. asthenisch-leptosomem Habitus die Vorstellung der apoplektischen Disposition oder des Cor pendulum und der orthostatischen Dysregulation; deutliche Adipositas läßt daran erinnern, daß 1% Übersterblichkeit pro 1 kg Körpergewicht statistisch festgestellt wurde.

Aus Abb. 58–59 erhellt sich, wie weit die Konstitution bereits gewisse Besonderheiten des Herzens in sich birgt. Es wäre jedoch unverantwortbar, aus diesen bekannten Zusammenhängen auch Schlüsse auf die Funktion des Herzens ziehen zu wollen (s. S. 326).

Anders ist die Beurteilung dagegen bei Zuständen ausgesprochener Unterentwicklung. Es ist bekannt, daß bei in früher Jugend erworbenen Herzfehlern, die somatische Ausreifung sehr benachteiligt ist, so daß ein Syndrom entsteht, das auch als „kardiogener Minderwuchs" bezeichnet wird. In Abb. 60 sind ein 18jähriger Junge und ein 10 Jahre altes kleines Mädchen mit schweren rheumatischen Herzfehlern und relativ geringer Lebenserwartung zur Darstellung gebracht, und in Abb. 61 der Unterschied zwischen zwei 13jährigen Knaben verdeutlicht. Es geht aus diesen Aufnahmen sehr schön hervor, daß die so betroffenen Jugendlichen alle eine gewisse Ähnlichkeit besitzen, gekennzeichnet durch ein mürrisches, mißtrauisches, reserviert-ablehnendes Verhalten, das vorzugsweise die psychische Situation des „Herzkrüppels" in fast ergreifender Weise zum Ausdruck bringt.

Diesem allgemeinen Überblick, der reflexartig nahezu im Unterbewußtsein des Untersuchers abläuft, folgt ebenfalls noch im Rahmen der Allgemeininspektion die Auseinandersetzung mit den verschiedenen Symptomen, die Beziehung zur Herzfunktion haben können (Zyanose, Dyspnoe, Ödeme, Schlängelung, bzw. Pulsation von Gefässen usw.).

Das Symptom Zyanose ist diagnostisch sehr vieldeutig. Bekannt ist die Lippenzyanose, die bei kompensierten Herzfehlern nach Anstrengungen beobachtet wird, aber auch bei pulmonaler Dystonie und Hochleistungssportlern vorkommen kann.

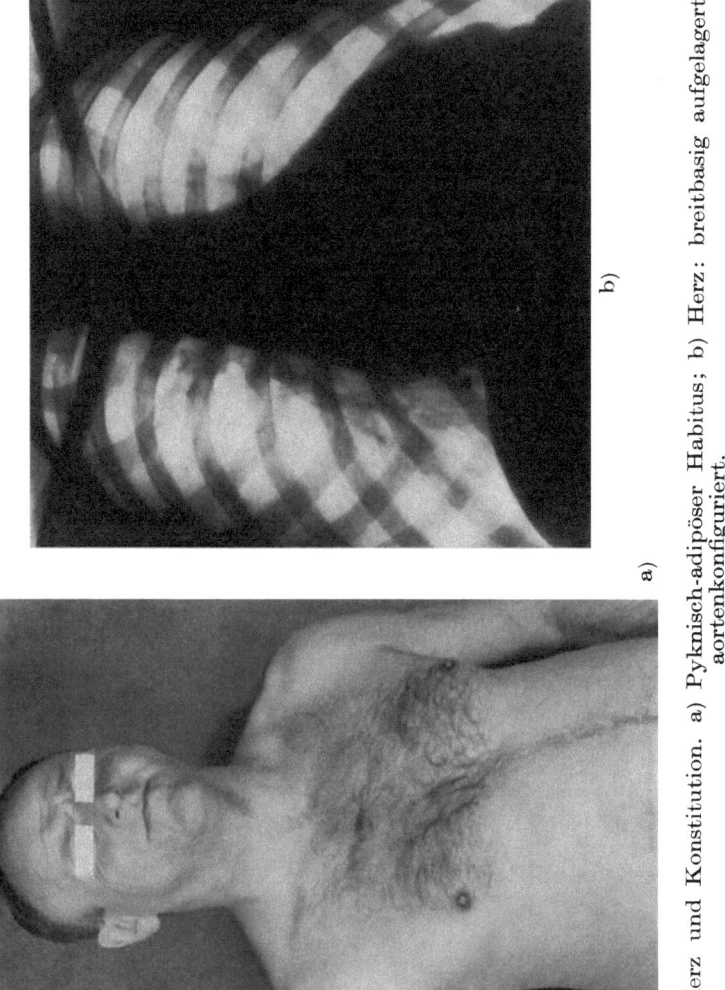

Abb. 59. Herz und Konstitution. a) Pyknisch-adipöser Habitus; b) Herz: breitbasig aufgelagert, aortenkonfiguriert.

Die Akrozyanose, die leicht livide Verfärbung von Nasenspitze, Ohrläppchen, Fingerenden usw. gilt im allgemeinen als Frühsymptom der Linksinsuffizienz des Herzens, kommt aber auch bei peripheren Zirkulationsstörungen vor. Unverkennbar ist das Mitralgesicht, bei dem nahezu kreisrunde rote Bäckchen fast den Eindruck des Angemaltseins erwecken. Eine blasse Zyanose ist festzustellen bei der Perikarditis exsudativa, eine fahle Zyanose bei manchen Endocarditis-lenta-Fällen und eine graue Zyanose bei dekompensierten luischen Aortenvitien. Die gelbe Zyanose findet sich besonders häufig bei dekompensierten Mitralstenosen, bei denen rasch eintretende Leberstauung oder hypoxämisch bedingte, gesteigerte Blutmauserung einen Subikterus verursachen, welcher der Zyanose die gelbliche Tingierung beimischt. Ausgesprochene Grade der Blausucht (Morbus coeruleus)

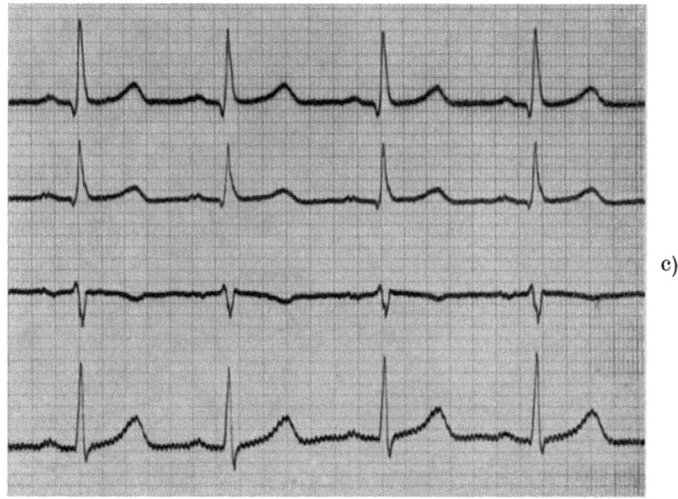

Abb. 59. Herz und Konstitution. c) Ekg: Linkstyp.

finden sich vor allem bei angeborenen Herzerkrankungen (Pulmonalstenose usw.), aber auch bei erworbenen Lungenkrankheiten (Pulmonalsklerose). Die tiefste Verfärbung kennzeichnet den Morbus niger bzw. die wahrscheinlich auf einer Lungengefäßlues beruhende AYERZAsche Erkrankung.

Während es sich in all den genannten Fällen um eine primäre Störung von Herz- bzw. Lungenfunktion handelt, und die Polyglobulie nur eine kompensatorische Leistung des Blutes darstellt, muß man sich vergegenwärtigen, daß die Zyanose auch vollkommen unabhängig vom Herzen durch primäre Erkrankungen der Erythropoese (Polycythaemia vera und Erythroblastose) zustandekommen bzw. auf einer sehr ähnlichen Verfärbung infolge von Hämoglobinämie oder Sulfhämoglobinämie beruhen kann.

Auf die Wertigkeit von Ödemen ist bereits hingewiesen worden.

Ein Gesichtsödem, insbesondere Lidödem, weist mehr auf Nierenkrankheiten, QUINCKEsches Ödem usw. hin, allerdings wird bei Fällen mit Einflußstauung, aber auch beim Cor pulmonale eine mehr oder weniger ausgeprägte Gedunsenheit des Gesichtes nicht selten beobachtet. Isolierte Hand- bzw. Armödeme sind praktisch nie kardial bedingt, sondern entstehen als Lymphstauung meist als Folge von Mediastinaltumoren (s. Abb. 62a). Für kardial bedingte Ödeme gilt als Charakteristikum, daß sie dem Gesetz der Schwere folgen und immer zuerst am Fußrücken bzw. in der Knöchelgegend auftreten. Hier sind sie infolge der schwammigen Beschaffenheit des Gewebes oft schwer nachweisbar. Als Druckdellen über der Tibia bilden sie das Frühsymptom der „prätibialen Ödeme". Anomalien von Statik und Belastung (Plattfuß, Adipositas), Klimakterium oder örtliche Durchblutungsstörungen (Lymphstauung, Varikosis, abgeheilte Thrombophlebitiden usw.) sind jedoch so häufige Ursachen dieses Symptoms, daß die reflektorische Annahme einer Herzschwäche in keiner Weise gerechtfertigt ist (Abb. 62b).

Man darf es wohl als zulässig betrachten, bei einem unklaren und wenig eindrucksvollen Herzbefund Beinödeme solange als nichtkardial bedingt zu werten, bis durch eine minutiöse Untersuchung das Gegenteil bewiesen werden kann.

Auch über die Atemfunktion kann durch die einfache Inspektion bereits ein gewisser Anhalt gewonnen werden.

Über Gleichheit und Ergiebigkeit der Atembewegungen, oberflächliche, vertiefte, beschleunigte, erschwerte oder krampfhafte Atemform, über den Einsatz auxiliärer Atemmuskulatur, periodische Atmung usw. vermittelt die dem Patienten unbewußte Beobachtung oft wertvolleren Aufschluß als Maßnahmen, welche der direkten Untersuchung der Atmung dienen.

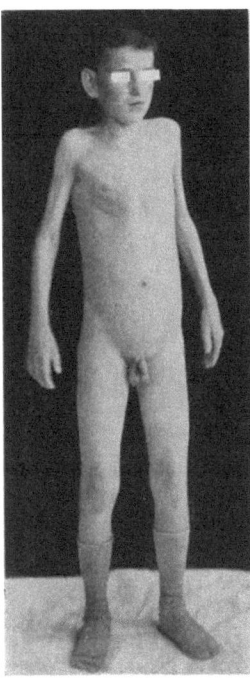
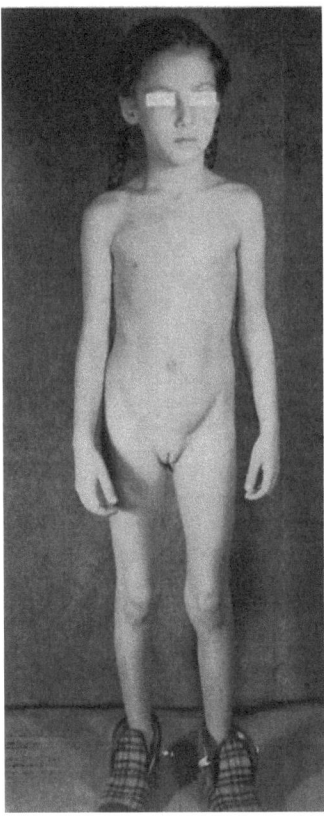

Man beachte weiterhin die Temporalarterien, ihre vermehrte Schlängelung (s. Abb. 63), deutlich sichtbare Pulsation und stärkere Füllung bei Erregung, die vielfach auch an den Halsgefäßen sichtbar wird. Die Pulsation der Karotiden kann außerdem auf das Vorhandensein einer Aorteninsuffizienz, eines Aneurysmas oder eines arteriellen Hochdruckes hinweisen. Als Ausdruck einer herabgesetzten Windkesselfunktion findet sich eine Pulsation im Jugulum bei zentraler Sklerose, Aortitis luica, Aortenaneurysma sowie bei von hochgradiger Arteriosklerose begleitetem arteriellem Hochdruck. Ein rhythmisches Abwärtsrücken des Larynx, der, nimmt man die Auskultation zu Hilfe, jeweils in der Systole gelegen ist, weist als

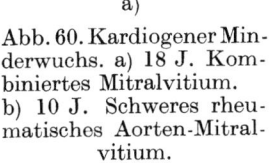

Abb. 60. Kardiogener Minderwuchs. a) 18 J. Kombiniertes Mitralvitium. b) 10 J. Schweres rheumatisches Aorten-Mitralvitium.

OLIVER-CARDARELLIsches Symptom auf Aneurysmen hin, welche auf den linken Hauptbronchus drücken. Wird ein positiver Jugularispuls sichtbar, dann besteht Verdacht auf eine Trikuspidalinsuffizienz. Kommt es dabei zu einer stärkeren Rückstauung, dann erscheint der ganze Hals wie geschwollen, und es heben sich erweiterte, lebhaft pulsierende Venen von seiner Oberfläche ab. Unter dem Begriff der Einflußstauung (s. Abb. 64) versteht man den fehlenden inspiratorischen Venenkollaps, da die z. B. bei der Concretio pericardii umklammerten Venen nicht mehr den begünstigenden Einfluß der Einatmung für ihre Entleerung ausnützen können.

Auch die Beschaffenheit der Armgefäße verdient unsere Beachtung, besonders dann, wenn die „Gänsegurgelarterie" bereits ohne Palpation als prall gefüllter, hart pulsierender Gefäßstrang dem Auge sichtbar wird. Selbstverständlich ist es möglich, allein visuell, durch den Eindruck einer vorzeitigen Alterung, die Diagnose einer schweren Arteriosklerose zu stellen. Es wird dann wahrscheinlich sein, daß auch das Koronarsystem weitgehend von derartigen Prozessen betroffen ist; zwingend ist ein derartiger Schluß jedoch nie.

Auch der Schluß: „Hohes Alter – wahrscheinlich Koronarsklerose" hat sicher nicht die Berechtigung zur Verallgemeinerung. So wissen wir, daß selbst bei Menschen zwischen 70 und 80 Jahren noch in 5–10% der Fälle mit einem vollkommen glatten und zarten Kranzgefäßsystem zu rechnen ist.

Bei der Besichtigung des Thorax können Pulsationen an atypischer Stelle bedingt sein durch perforierende Aortenaneurysmen (s. Abb. 65a u. b) und prall gefüllte Interkostalgefäße, durch eine Isthmusstenose der Aorta. Einseitiges Hervortreten einer deutlichen Gefäßzeichnung an der Brustwand ist ein Symptom bei großen Ergüssen oder Mediastinaltumoren.

Feine Venensternchen im Bereich des Rippenbogens (s. Abb. 66a) sind ein nicht seltenes Symptom der Leberzirrhose, und eine vermehrte Venenzeichnung des Unterleibs, welche vom Nabel radiär ausstrahlt (Caput Medusae) (s. Abb. 66b) erweckt den Verdacht auf Störungen im Pfortaderkreislauf (Leberzirrhose, Stauungsleber bei Herzkrankungen und Concretio pericardii).

Schließlich verdient auch ein Status varicosus (s. Abb. 66c) noch besonderes Interesse, und den orthostatisch Labilen kennzeichnet bei längerem Stehen eine deutliche Zyanose von Füßen und Unterschenkeln, welche in der Kniegegend aufhört und durch Beinhochlagerung rasch zu beheben ist.

Aus diesen Ausführungen wird ersichtlich, wie weit bereits eine kritische Betrachtung die diagnostischen Bemühungen zu bereichern vermag. Alle diese Symptome sollten registriert werden, ohne jedoch eine vorgefaßte Diagnose zu begründen.

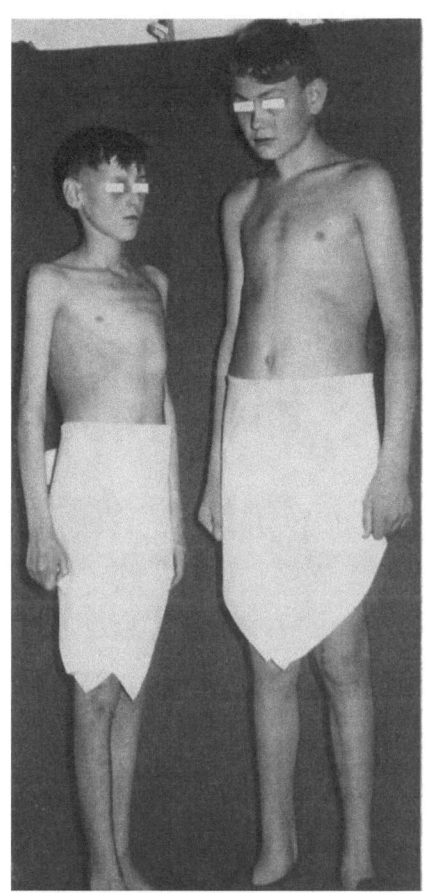

Abb. 61. Kardiogene Unterentwicklung. Entwicklungsvergleich zwischen zwei 13jährigen Knaben.

Aber nicht nur das Auge, sondern auch das Ohr kann schon vor Beginn der eigentlichen Untersuchung bereits wichtige diagnostische Funktionen übernehmen.

Sehr interessant sind die seltenen Fälle, bei denen Herzgeräusche so laut werden, daß sie bis auf eine gewisse Entfernung vom Kranken hörbar sind (Distanzgeräusche). Am häufigsten hört man sie über der Brust, außerdem hier und da auch aus geöffnetem Munde, ein Phänomen, das vielfach auch vom Patienten selbst wahrgenommen wird. Meist handelt es sich um frühzeitig erworbene Mitralfehler mit guter Kompensation. Ein besonders lautes, bisweilen auf mehrere Meter hörbares Geräusch ist das „Mühlengeräusch" des Herzens. Es entsteht, wenn bei Brusttraumen Luftblasen in das rechte Herz gelangen und wird in der Systole oder auch während beider Herzaktionen hörbar. Ein ähnliches Schallphänomen liefert auch das Pneumo-Hämato- und das Pneumo-Pyoperikard.

Daneben sind es die Störungen des Respirationstraktes, deren akustische Äußerungen in diesem Zusammenhang von Bedeutung sind.

Chronischer Husten kommt vor als Symptom der Lungenstauung, aber auch als Folge chronischer Reizzustände der Luftwege bei pulmonalen Erkrankungen, bei

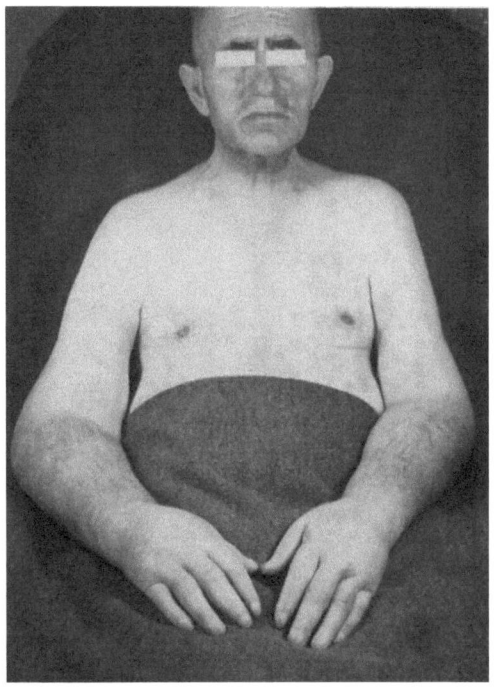

a)

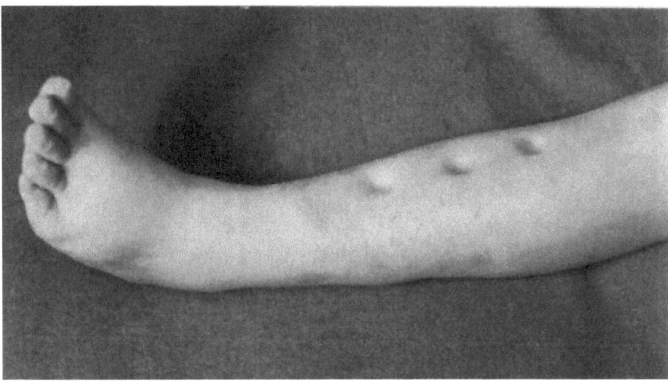

b)

Abb. 62. Kardiale Stauungsphänomene. a) Armödeme, die nur im Terminalstadium bei Herzkranken vorkommen. In diesem Falle handelt es sich um thrombotische Prozesse in beiden Armen im Gefolge eines Mediastinaltumors; b) Beinödeme bei schwerer Rechtsdekompensation. Man erkennt bereits die trophische Störung der dünnen Haut an dem Glanz und der Abschilferung.

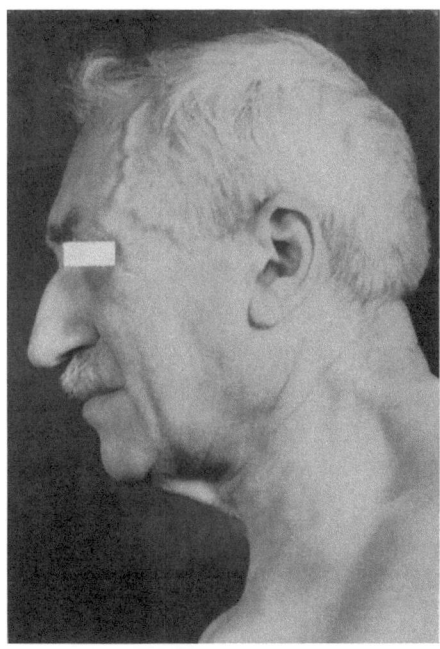
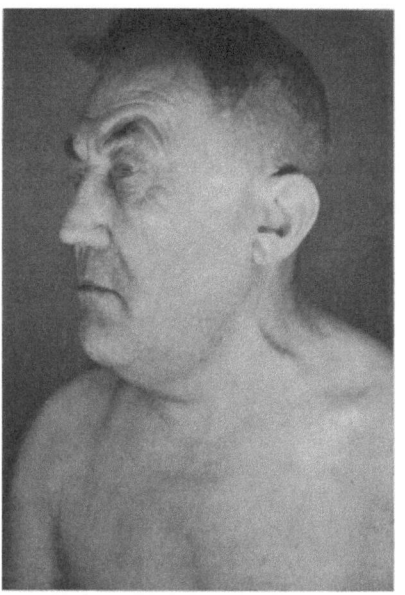

Abb. 63. Sichtbare organische Gefäßanomalie. Schwere Temporalsklerose bei allgemeiner Arteriosklerose und vorzeitiger Alterung.

Abb. 64. Sichtbare funktionelle Gefäßanomalie. Ausgeprägte Einflußstauung bei Concretio pericardii.

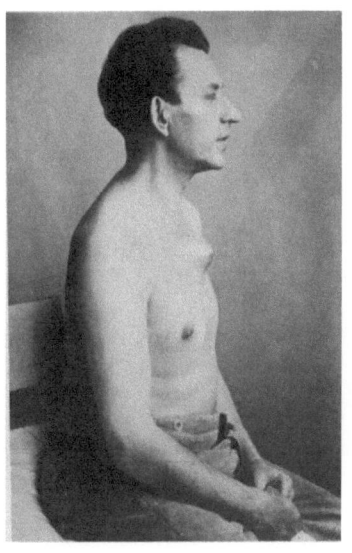
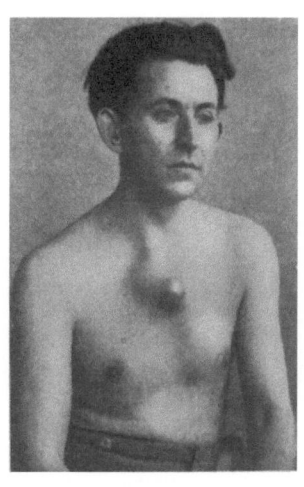

a)   b)

Abb. 65. Aortenaneurysma auf luetischer Grundlage.

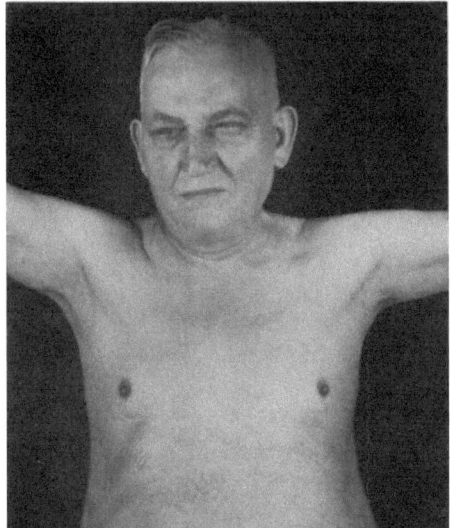

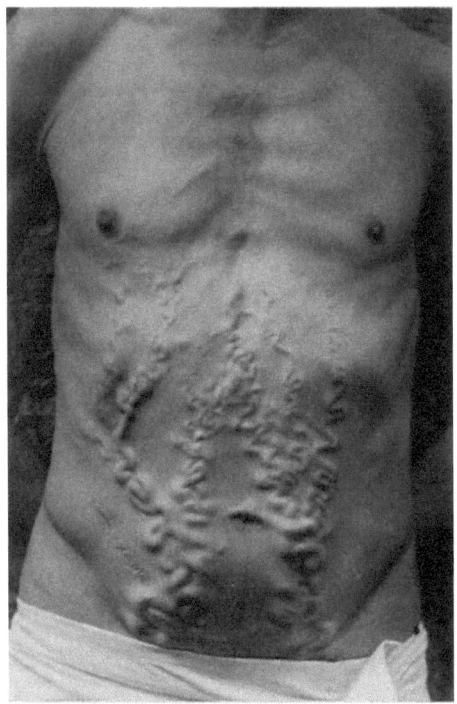

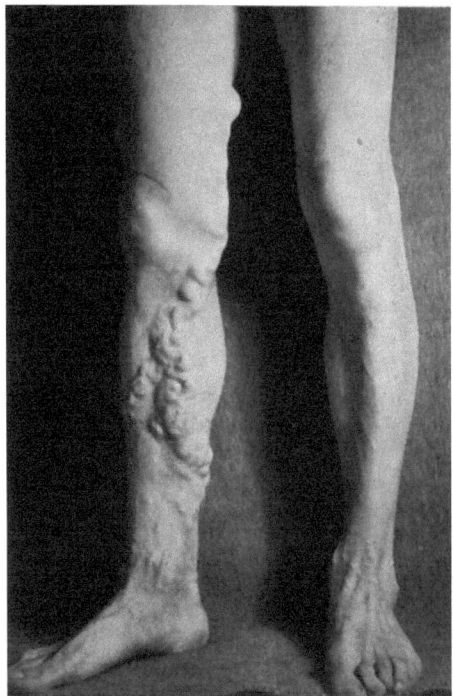

Abb. 66. Sichtbare Veränderungen des Venensystems. a) Feine Venektasien (Venensternchen) im Bereich der Rippenbögen bei Leberzirrhose. Schwund der Achselbehaarung; b) Ausgeprägtes Caput medusae bei Concretio pericardii; c) Einseitige, hochgradige Varikosis, bedingt durch Behinderung des venösen Abflusses infolge einer schrumpfenden Hautnarbe.

Rauchern und Trinkern sowie bei Arbeitern, welche viel mit Staub in Berührung kommen (Steinbergbau, Kohlenbergbau usw.) und schließlich bei Neurasthenikern als Folge schlechter Angewohnheit. Es steht dabei die Art des Hustens vielfach in keiner Proportion zur Schwere des Krankheitsbildes. Häufiges leises, kaum auffallendes Hüsteln kann schwerwiegendere Bedeutung haben als die Demonstration eines lauten, fast zur Erstickung führenden Bellhustens.

Heiserkeit kann als Folge einer Rekurrenslähmung infolge maximaler Vorhofdilatation auch in der Herzdiagnostik verwertbar sein.

Unbewußtes Stöhnen (exspiratorische Atembewegung) und Seufzen (inspiratorische Atembewegung) kommt gerade bei Herzleiden am Rande der Suffizienzgrenze nicht selten vor und ist bereits S. 153 ausführlich beschrieben worden.

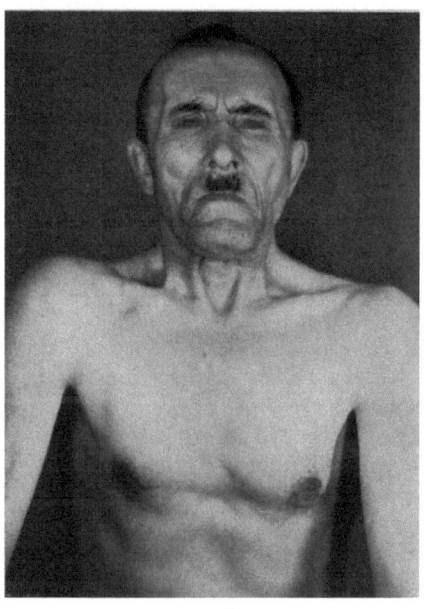
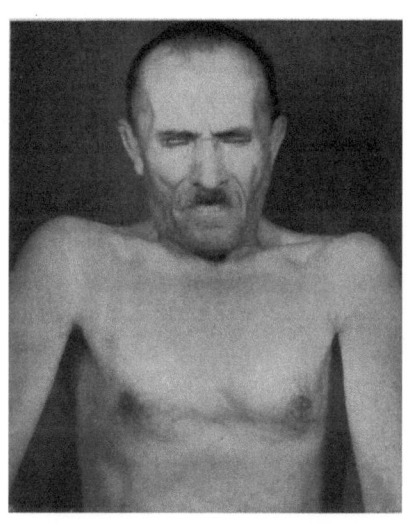

a)   b)

Abb. 67. Status asthmaticus. a) Inspiration, b) qualvoll verlängerte Exspiration.

Stridor, lautes Keuchen usw. sind, vor allem wenn sie nicht mit deutlicher Zyanose einhergehen, mit großer Vorsicht zu bewerten, besonders wenn man den anscheinend unbeachteten Patienten bei völliger Normalatmung antrifft. Die qualvolle Angst und den Einsatz letzter Kräfte, um bei einem schweren asthmatischen Anfall der schmerzhaften Beklemmung und tödlichen Erstickung Herr zu werden, wird auch ein weniger Erfahrener kaum verkennen können (s. Abb. 67).

Trachealrasseln ist ein Signum mali ominis. Auch der unstillbare Singultus kann von ernster Bedeutung sein (s. S. 155).

Alle diese Eindrücke, deren eingehende Darstellung einen breiten Raum erfordern, werden vom Erfahrenen in wenigen Augenblicken registriert, und noch ehe die eigentliche Untersuchung begonnen hat, liegt bereits ein ziemlich klares Bild von dem Milieu vor, in dem das Herz seine Arbeit zu leisten hat.

238   Untersuchung und Beurteilung der Herz-Kreislauffunktion

2.1.1. Kardiale Besonderheiten des Allgemeinbefundes

Wendet man sich nun der Erhebung des Organbefundes zu, dann empfiehlt es sich auch hier, ähnlich wie bereits für die Anamnese ausgeführt, aus psychologischen Gründen wenigstens mit der zunächst „flüchtigen" Untersuchung des Herzens zu beginnen, es wäre jedoch fehlerhaft, sich von dem entsprechenden kardialen Befund vollkommen leiten zu lassen. Wir betonen daher den Ausdruck „flüchtig", weil diese Maßnahme ein Zugeständnis an die Erwartung des Kranken darstellt, die verständlich ist und die nicht durch primäre Besichtigung von Zähnen oder Augen in ein Befremden über das Unverständliche und Beziehungslose des ärztlichen Vorgehens umgewandelt werden sollte. Es erscheint jedoch notwendig und bei dieser Darstellung auch als didaktisch vertretbar, nach dieser Orientierung zunächst den Allgemeinstatus zu erheben, um festzustellen, welche Beziehungen zwischen Gesamtorganismus, Kreislaufbeanspruchung und Herzleistung bestehen.

2.1.2. Physiognomie bei Herz-Kreislauferkrankungen

Zu der Frage der Ausprägung von Erkrankungen im menschlichen Antlitz sind von KILLIAN, LANGE, LERSCH, ROUILLÉ u. a. schöne Beiträge geliefert

Abb. 68. Offener Ductus Botalli.

worden. Aber weder in die Kardiologie noch in die Angiologie haben diese dankenswerten Ansätze, welche Beobachtungsgabe, Einfühlungsvermögen und Kontaktaufnahme bereichern und erleichtern sollen, bisher Eingang gefunden.

Bereits S. 232 haben wir an Hand der Abb. 60, 61 darauf hingewiesen, wie stark das Schicksal eines angeborenen oder in frühester Kindheit erworbenen Herzfehlers seine Spuren auf den Gesichtern prägt.

Die Dramatik eines Gefangenen- bzw. Versehrtenschicksals im Kindesalter mit all seinen Einschränkungen, die Vielfalt trauriger Erfahrungen, die Zurücksetzung zeichnen sich in diesen Gesichtern. Auch das Gesicht des Erwachsenen trägt gleiche Zeichen. In Abb. 68 zeigen wir einen offenen Ductus Botalli.

Auch die Abb. 58 u. 59 S. 228 u. 230 sind bis zu einem gewissen Grade typisch für den konstitutionellen Unterdruck und den essentiellen Hochdruck.

So imponiert der erstere durch unzureichende Anpassungs- und verminderte Reaktionsfähigkeit. Dieser Typ ist vielfach matt und energielos, zeigt angedeutete Stigmata degenerationis, wirkt stets müde oder vorzeitig ermüdbar, gehemmt und voller Minderwertigkeitskomplexe, ohne Initiative, ohne Milieuentfaltung, jede Veränderung scheuend, ohne Durchstehvermögen und positive Lebenseinstellung.

Demgegenüber ist der Hochdruckdisponierte ein Typ von schneller Reizbeantwortung und hoher reaktiver Sensibilität. Er ist sicher und ohne Komplexe, lebhaft, energiegeladen und verantwortungsfreudig, unermüdlich und ausdauernd stets voll Initiative und Anregung, fähig zu pausenlosem Einsatz, nicht selten robust und rücksichtslos wirkend, gleichen Einsatz von der Umgebung fordernd, ein Mensch, der sich in jeder Umgebung durchsetzt und die Verhältnisse sich untertan zu machen versteht.

Bleiben wir in diesem funktionellen Vorstadium von Herz-Kreislauferkrankungen, dann kennen wir als Exponenten die vegetative Dysregulation und die dienzephale Störung.

 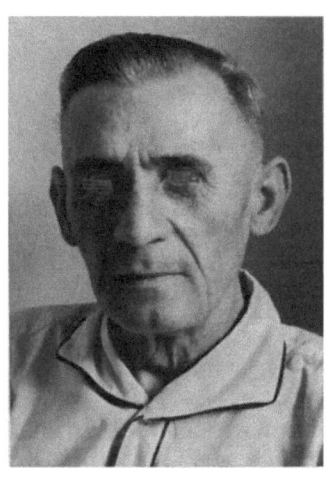

a) b)

Abb. 69. a) Symptomatischer Hochdruck, b) Angina pectoris.

Kennzeichnet den ersten die Unruhe von Mimik und Ausdruck, das Lidflattern, die Neigung zum Grimmassieren bzw. die Fixation eines nervösen Tiks, das eigenartige Gemisch von gequälter Übermüdung mit Erschlaffung und gereizter Ruhelosigkeit, ohne die Fähigkeit zur Sammlung im Ausdruck ohne Möglichkeit einem „leuchtenden Lächeln" oder einem unsagbaren Schmerz die Intensität der Mimik leihen zu können.

Demgegenüber steht die mimische Starre und Ausdrucksarmut der dienzephalen Dysregulation. Glanzloses Auge, Salbengesicht, ein Blick ohne Begrenzung, ohne Teilnahme, ohne Reaktivität und Ansprechbarkeit. Das ist die Physiognomie, wie sie uns u. a. auch immer wieder bei Spätheimkehrern begegnet ist.

Als Ausdruck besonderer Verkrampfungsneigung, mit schmalen Lippen, enggestellten Lidspalten, psychisch schwierig und alles komplizierend, zu symptomatischem Hochdruck neigend und zu paradoxen Reaktionen am Gefäßsystem, ist das tetanoide Syndrom, der T-Typ nach JAENSCH (s. Abb. 69a). Die wache Gespanntheit mit der besorgten Bewegungssparsamkeit verrät Abb. 69b und findet sich häufig bei Angina pectoris oder Zustand nach Myokardinfarkt.

Auf die Besonderheiten der Herzinsuffizienz und ihre physiognomischen Ausdrucksformen haben wir S. 175 hingewiesen.

In Abb. 70a sehen wir den ängstlich-gehetzten Ausdruck der dyspnoischen Form. Demgegenüber steht die ruhige Distanzierung der ödematösen Rechts-

240 Untersuchuug und Beurteilung der Herz-Kreislauffunktion

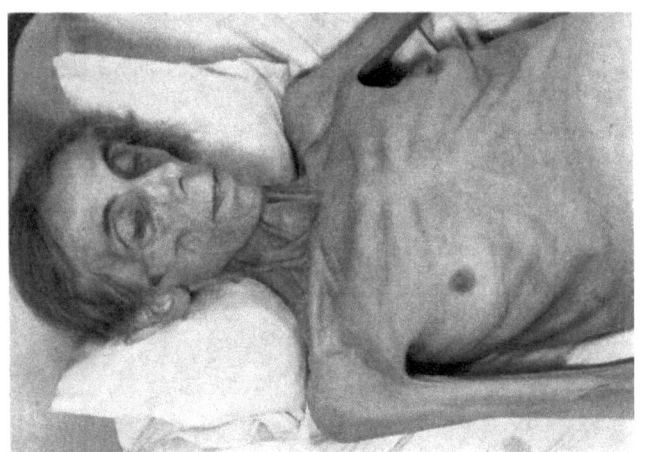

Abb. 71. Schwere kardiale Kachexie.

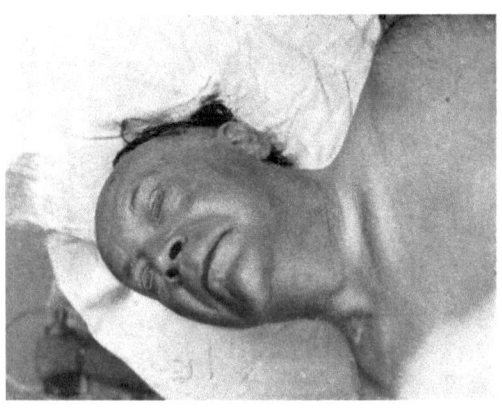

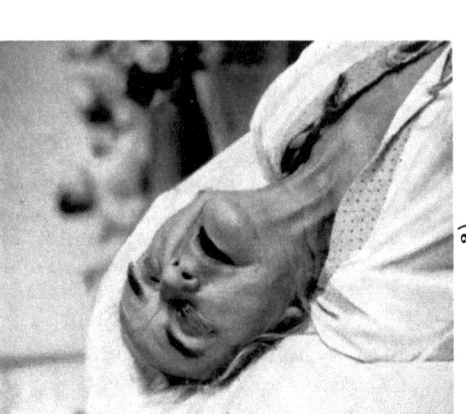
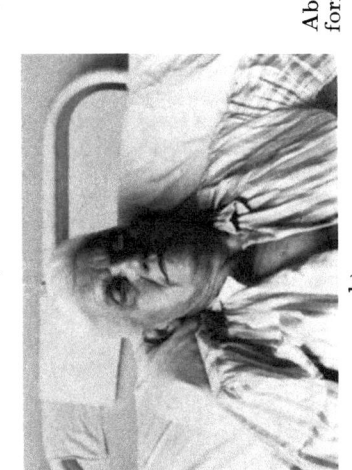

Abb. 70. Verschiedene Ausdrucksformen der Herzinsuffizienz (a–b–c).

insuffizienz, die in Abb. 70b noch blickmäßig Kontakt mit der Umgebung sucht, in Abb. 70c schon die völlige Abgeschlossenheit in sich selbst verrät. Abb. 71 zeigt die asketisch-intravertierte, vom Tode bereits gezeichnete kachektische Verlaufsform kardialer Rechtsinsuffizienz mit Cirrhose cardiaque.

Diese wenigen Hinweise mögen genügen, um die Eigenschaft des Arztes, bereits in den Gesichtern seiner Patienten lesen zu können, wieder mehr anzuregen, eine Fähigkeit, die uns für die Praxis wichtiger erscheint, als die Beherrschung mancher Laboratoriumsmethode.

2.1.3. Die Haut bei Herz-Kreislauferkrankungen

Die Haut bietet die Möglichkeit durch objektives Beobachten ihrer verschiedenen Verhaltensweisen Hinweise auf krankhaftes Geschehen an inneren Organen zu gewinnen. Derartige Veränderungen sind nur bei schweren oder lange dauernden Krankheiten auffällig. In den meisten Fällen ist ein Suchen nach ihnen unerläßlich. Dazu ist es erforderlich, zu wissen, welche Funktionen der Haut in Mitleidenschaft gezogen werden und welches die Prädilektionsstellen der einzelnen Veränderungen sind.

Für die Diagnose von Herzerkrankungen können an der Haut und dem Unterhautzellgewebe der Ernährungszustand, die Farbe, die Feuchtigkeit, die Temperatur, der Wassergehalt und etwaige pathologische Veränderungen wie atypische Pulsation usw. bewertet werden.

Der Ernährungszustand der Haut ist bei Herzkranken selten betroffen. Im Gegenteil bleibt das Fettpolster meistens sehr gut erhalten und bildet einen deutlichen Kontrast zu der häufig krankhaften Farbe, sei dies Blässe oder Zyanose. Nur beim Altersherzen mit allgemeiner Atherosklerose ist der Ernährungszustand wegen der mangelhaften Durchblutung gestört.

Bei der Beurteilung der Hautfarbe, – Blässe, Rötung oder Zyanose –, wird man wohl meistens von den unbedeckten Körperteilen als den sofort augenscheinlichen ausgehen, umso mehr, als wir gleichzeitig eine Differenzierung zwischen lokaler und flächenhafter Koloritveränderung treffen können.

Blässe der Haut ist bei Herzerkrankungen im allgemeinen selten.

Eine vorübergehende, plötzliche Blässe zeigt sich bei der Ohnmacht oder beim Schock. Anhaltende Blässe entwickelt sich im Verlauf von Minuten beim Kollaps mit raschem, kleinem Puls über Schwächezustände bis zur Bewußtlosigkeit. Allmählich über Stunden und Tage zunehmende Blässe, stets von einer deutlichen Zyanose der Lippen, Nasenspitze und Ohrläppchen begleitet, ist das Symptom eines Erlahmens der Herzkraft bei allen akuten und chronischen Erkrankungen des Herzens und des Herzbeutels, aber auch bei Erkrankungen seiner Umgebung wie Pleuritis, Abdominalaffektionen mit Hochdrängen des Zwerchfells und dadurch bedingter Beeinträchtigung der Herzaktion. Rührt die Hautblässe bei einem Herzleiden von einer Anämie her, so muß auch nach einer Begleiterkrankung wie Perniziosa, Karzinom oder dergleichen gefahndet werden. Schleichend, oft unmerklich, entwickelt sich eine Blässe der Haut mit Lippenzyanose bei Klappenfehlern, wie Stenose von Mitralis oder Aorta sowie beim Fettherzen. Bei Myokarditis und Mitralfehlern ist eine schmutzig-gelbe Blässe typisch. Differentialdiagnostisch ist dabei zu unterscheiden:
1. Durchscheinende Blässe beim arteriellen Unterdruck,
2. das strohgelbe Kolorit bei der Perniziosa,
3. die wächsern-gelbliche Farbe bei schweren Anämien,
4. die weiß-gelbe Nuancierung bei Nephropathien,

5. die grün-gelbe (grünstichige) Verfärbung bei der Endocarditis lenta und
6. der grau-gelbe Teint bei der allgemeinen Kachexie.

Bei Koronarinsuffizienz finden sich häufig Durchblutungsstörungen bzw. eine funktionell spastische Gefäßdysregulation in der Peripherie mit typischer blasser, kühler Haut.

Der Begriff „Cyanose blanche" wurde von JULES SIMON eingeführt für die eigentümlich weiße Hautfarbe bei den kongenitalen Herzfehlern, welche erst in der Pubertät in Erscheinung treten. Eine ausgesprochene Rötung der Haut kommt bei arteriellem Hochdruck, bei primären Herzkrankheiten jedoch nicht vor. Bei Herzklappenfehlern täuscht die Rötung der Wangen durch Erweiterung der Hautkapillaren zu Beginn ein blühendes Aussehen vor. Bei längerem Bestehen können rosacea-ähnliche Erscheinungen auftreten. Bei Endokarditis und Pankarditis ist die Rötung die Folge der erhöhten Temperatur. Kirschrote Lippen geben vorwiegend einen Hinweis für das Bestehen einer Mitralstenose.

Veränderung der Hautfeuchtigkeit im Sinne einer Hyperhydrosis finden wir in Verbindung mit beschleunigter Herzaktion, und leichter Erregbarkeit bei Herz-Kreislauferkrankungen mit sympathikotonem Gepräge, wie wir dies auch bei Morbus Basedow und beim vertebralen Syndrom sehen. Besteht gleichzeitig eine Dyspnoe als Zeichen einer Stauung im kleinen Kreislauf, dann liegt häufig ein akutes Herzversagen mit Kreislaufkollaps vor. Ausgesprochen trockene Haut beobachtet man bei starken Ödemen als Zeichen einer verminderten Kapillardurchblutung durch Kompression und Überdehnung. Das beste Zeichen für die beginnende Rekompensation, wie auch die Angabe des Patienten, daß er seit langer Zeit wieder einmal geschwitzt habe, ist das Auftreten einer samtartig anmutenden Beschaffenheit der Haut, die durch ihren zunehmenden Feuchtigkeitsgehalt zustande kommt.

Eine große Bedeutung in der Diagnostik von Herzerkrankungen hat der Wassergehalt der Haut.

Bei Herzkranken treten Wasseransammlungen zuerst an den unteren Extremitäten perimalleolar und prätibial mit aszendierender Ausbreitung bis zum Anasarka auf. Bei präödematösen Zuständen werden eine eigenartige Blässe und pastöse Beschaffenheit der Haut im Gesicht, auf den Fußrücken und an den Streckseiten der distalen Hälfte der Unterschenkel beschrieben. Differentialdiagnostisch unterscheiden wir das kühle Ödem beim Herzkranken, gegenüber dem warmen, blassen Ödem bei Nephropathien und dem entzündlichen Ödem bei Thrombophlebitis. Herzkranke neigen durch Ödeme, schlechte Durchblutung bzw. Kapillarisierung und Lymphstauung der Haut, verminderten Sauerstoffgehalt des Blutes usw. besonders leicht zu Dekubitus, eine Tatsache, die prophylaktisch besondere Maßnahmen erforderlich macht.

Ältere Leute zeigen oft habituelle Ödeme, was nicht immer als Hinweis für eine Herzschwäche anzusehen ist. Jüngere Patienten können an lokalen Stauungen leiden, ohne herzkrank zu sein, wenn eine angeborene Bindegewebsschwäche vorliegt.

Bei der Prüfung der Temperatur fällt bei Herzkranken immer die Kühle der Haut auf.

Außer den bisher aufgeführten Störungen der Hautfunktion können im Zusammenhang mit Herzkrankheiten auch pathologische Hauterscheinungen auftreten.

Die Endokarditis acuta ulcerosa, die eine Streptokokkeninfektion darstellt, wird häufig von Pyodermien an der Haut: pustulösen und pemphigoiden Erscheinungen, Ulzerationen und Nagelbettvereiterungen, begleitet. Diese entstehen durch

Bakterienembolien in den Hautkapillaren und Schädigungen derselben durch die Bakterientoxine. Ebenfalls bei der Endokarditis lenta findet man häufig Petechien infolge der Kapillarschädigung, die vorzugsweise am Nagelfalz und am unteren Augenlid auftreten. Sie bilden einen Hinweis auf den malignen Charakter des Leidens.

Erytheme der Haut unter dem Bilde eines Erythema exsudativum multiforme oder eines Erythema nodosum werden bei leichter und schwerer Endokarditis und bei Herzklappenfehlern beobachtet. In der Pädiatrie wurde das Erythema annulare als typisches Begleitsymptom der Endokarditis mehrfach beschrieben.

Lange Zeit bestehende Venenstauung in den unteren Extremitäten führt häufig zu einer Thrombophlebitis, welche wiederum durch nachfolgende Verödung von oberflächlichen Venen zu Unterschenkelgeschwüren, ähnlich jenen beim Status varicosus, disponiert. Vermehrter Wassergehalt der Haut verlängert und verschlimmert praktisch jede Dermatose, wie dies auch in gleicher Weise der schlechte Ernährungszustand bei der Atherosklerose tut.

Unter den Viruskrankheiten wurde in der älteren Literatur von verschiedener Seite über ein gehäuftes Auftreten von Herpes zoster bei Angina pectoris berichtet. Wir glauben heute, daß es sich in der Regel um eine Fehldiagnose handelt, da der den Haupteruptionen oft lange vorausgehende Schmerz als Angina pectoris fehlgedeutet wird.

Der generalisierte Pruritus wird als Ernährungsstörung der Haut bei Herzerkrankungen und Kreislaufstörungen vorzugsweise des alten Menschen sehr häufig beobachtet.

Literatur zu Kapitel IV, Abschnitt A, 2.1.2 und 2.1.3

BASSLER, H.: Die Haut des Herzkranken. Med. Klin. **53**, H. 25, 1092 (1958). — CURRY, M.: Der Schlüssel zum Leben (Zürich 1949). — JESSNER, S. und W. LUTZ: Hautveränderungen bei inneren Krankheiten. Handb. d. Haut. u. Geschl.Krankh. **4**, 440 (Berlin 1932). — KILLIAN, H.: Facies Dolorosa. Das schmerzensreiche Antlitz, 2. Aufl. (Remscheid 1956). — RISAK, E.: Der klinische Blick, S. 77 (Wien 1940). — ROHRACHER, H.: Kleine Charakterkunde, 7. Aufl. (Wien u. Innsbruck 1956). — VETTER, A.: Diagnostik des Ausdrucks. Psychotherapie **2**, 135 (1957).

2.1.4. Die Hand bei Herz-Kreislauferkrankungen

Die Hand ist ein so spezifisches Ausdrucksmittel menschlicher Wesenheit, und der Arzt kommt als Diagnostiker und Behandler vorzugsweise über sein Organ „Hand" in diesen ganz speziellen Kontakt, der dem Arzt-Patienten-Verhältnis eine mit anderen menschlichen Begegnungen kaum vergleichbare Eigenart verleiht. Für den beobachtenden Arzt ist die Hand oft in so eigenwilliger Weise am Krankheitsausdruck beteiligt, daß man heute mit Überraschung feststellt, daß es erst BÜRGER vorbehalten blieb, eine zusammenfassende Darstellung über dieses Gebiet zu schreiben. Er hat Beobachtung und Deutung in bewundernswerter Weise kombiniert und selbst erfahrene Kliniker werden überrascht sein, an welch einem reichen Gebiet klinischer Symptomatologie, menschlichen Ausdrucksvermögens sowie Leidensbekundens achtlos vorübergegangen wird.

Während die Hand bei der Herzinsuffizienz zumeist trocken und kühl ist, nimmt sie erst beim Einsetzen der Ödemausschwemmung eher eine feuchte Beschaffenheit an. Bei der neurozirkulatorischen Dystonie und den neurozirkulatorisch bedingten Herzbeschwerden ist sie dagegen häufig feucht und kühl, seltener feucht und warm. Für die Beurteilung der vegetativen Beteiligung an einer Herzerkrankung können Temperatur, Feuchtigkeit und Farbe der

Hand neben anderen Zeichen einer vegetativ-nervösen Übererregbarkeit (Fingertremor) besondere Hinweise geben. Noch wesentlicher ist die Bedeutung dieser Veränderungen für die Unterscheidung von funktionellen und organischen Herzbeschwerden, insbesondere bei jugendlichen Patienten.

Zu berücksichtigen ist in diesem Zusammenhang besonders die Zyanose der Hand, die nur bei gleichzeitiger Blausucht der Schleimhäute, des Gesichtes oder der gesamten Haut auf ein organisches Herzleiden hinweist. Dagegen ist eine isolierte Zyanose der Hand bei funktionellen Herzbeschwerden nicht selten und kann bei falscher Bewertung zu manchmal verhängnisvollen therapeutischen Maßnahmen führen. Auffallend ist die Zyanose bei bestimmten angeborenen Vitien. hier meist kombiniert mit Trommelschlegelfingern (s. Abb. 72 S. 245). Aber auch bei erworbenen Herzkrankheiten kann eine hochgradige Zyanose der Hände beobachtet werden, was nach BÜRGER ein prognostisch ungünstiges Zeichen darstellt.

TERY sah bei Herzkranken verschiedener Ätiologie eine Rötung der Fingernagelmonde, die bei Gesunden milchglasig erscheinen. An der distalen Peripherie des Halbmondes bleibt dabei die auch normalerweise vorhandene schmale weiße Abschlußlinie erhalten. Bei Patienten unter 40 Jahren wurden diese Veränderungen vermißt. Eine Nagelexzision zeigte, daß die Nagelmondfärbung nicht durch die Nagelsubstanz selbst bedingt wird, sondern durch den Grad der Adhärenz einer unter dem Nagel gelegenen Membran.

Das kardial bedingte Ödem der Hände ist fast immer seitengleich ausgebildet. Nur bei einseitiger Lagerung findet sich naturgemäß eine Seitendifferenz. Die gleichzeitig vorhandenen anderen Stauungserscheinungen schützen jedoch auch in diesen Fällen vor diagnostischen Fehlschlüssen.

Die Füllung und Ausbildung der Handrückenvenen ist beträchtlichen individuellen Schwankungen unterworfen. Von einem fehlenden Venenkollaps kann nur auf einen erhöhten Venendruck geschlossen werden, wenn die Hände bis in Herzhöhe gehoben werden. Bei chronischen Stauungszuständen kann auch an der Handinnenfläche und an der Innenseite der Handgelenke eine deutliche Venenerweiterung auftreten (BÜRGER).

Der sichtbare Kapillarpuls ist ein wichtiges diagnostisches Zeichen bei der Aorteninsuffizienz. Er findet sich jedoch nicht selten auch bei hyperergischer Herzaktion, bei der sogenannten ,,Pseudocelerität". Diesem Puls fehlt im Vergleich zu dem der Aorteninsuffizienz jedoch die abnorme Höhe.

Die wichtigste Veränderung der Nägel bei Herzerkrankungen sind die Uhrglasnägel in Verbindung mit Trommelschlegelfingern (s. Abb. 72), die auf eine ,,Osteoarthropathie hypertrophiante pneumonique" zurückzuführen sind.

Die Trommelschlegelfinger kommen insbesondere bei Erkrankungen des Respirationstraktes und des Herz-Kreislaufsystems zur Beobachtung. Kongenitale Vitien finden sich als Ursache in einer Häufigkeit von etwa 40%. Während die Ausbildung von Trommelschlegelfingern im 1. Lebensjahr noch selten ist, kann sie im 2. und 3. Lebensjahr schon häufig beobachtet werden. Im Gegensatz hierzu zeigen erworbene Vitien nur seltener Nagel- und Fingerveränderungen. Nach einer Aufstellung von POHLE fanden sich unter 140 Fällen von subakuter bakterieller Endokarditis in 35% Trommelschlegelfinger, die nach erfolgreicher Behandlung wieder zurückgingen. Das Ausmaß der Trommelschlegelfinger geht häufig demjenigen des Grundleidens parallel, woraus prognostische Rückschlüsse gezogen werden können. Einseitige Trommelschlegelfingerbildungen sind bei Aortenaneurysmen festgestellt worden. Die Pathogenese und Ätiologie der Trommelschlegelfinger ist noch ungeklärt. Angeschuldigt werden toxische Reizstoffe, die eine Periostreizung mit

Knochenneubildung sowie einen hyperplastischen Reiz auf Weichteile und Nägel hervorrufen und bei den Herzerkrankungen vorwiegend venöse Stauungen mit Zyanose und Sauerstoffmangel.

Eine Kombination von angeborenen Herzfehlern und Mißbildungen der Hand ist mehrfach beschrieben worden.

So sind eine Hexadaktylie und Mikrodaktylie beim Ventrikelseptumdefekt, eine beiderseitige Komptodaktylie und eine doppelseitige Klinodaktylie bei ungeklärten Herzfehlern und asymmetrische Handmißbildungen bei der FALLOTschen Tetralogie festgestellt worden. Das Krankheitsbild der einfach dominanten Arachnodaktylie zeigt, daß Herz- und Gliedmaßenmißbildungen von der Mutation eines Gens abhängen können. Bei der Arachnodaktylie kommt es zu einer charakteristischen Häufung bestimmter Herzfehler.

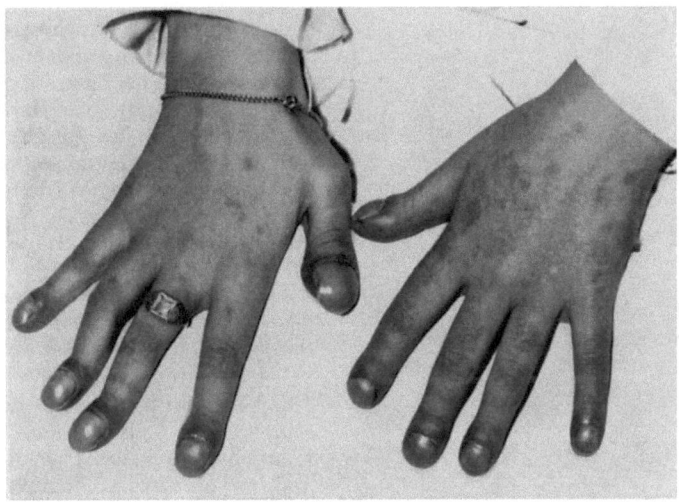

Abb. 72. Trommelschlegelfinger.

KONSCHEGG beschreibt zwei obduzierte Fälle von Arachnodaktylie, bei denen er alte Aortenaneurysmen infolge unvollständiger Aortenruptur sowie eine starke Vergrößerung der Aortenklappen und eine Herzhypertrophie fand.

Auch wir sahen eine Arachnodaktylie bei einer Aortenisthmusstenose (s. Abb. 73).

Aber auch erworbene Erkrankungen können an der Hand ihre besonderen Kennzeichen entwickeln. Erwähnenswert ist hier vor allem der Myokardinfarkt.

Bei diesem Leiden kann die periphere Durchblutung stark gedrosselt sein. SCHULZ und KNOBLOCH beobachteten 4 Tage nach einem Infarkt Hand- und Fußrückenödeme und nach 6 Tagen symmetrische gangränöse periphere Veränderungen. Wir sehen in diesen Ödemen den Ausdruck einer Wasserretention durch Insuffizienz der Vasomotoren im Stadium des Kreislaufkollapses.

Auch BIRD, LEITHEAD und LOWE berichteten über einen Fall von Herzinfarkt, bei dem eine Gangrän aller Finger, der ersten 4 Zehen jedes Fußes sowie an der Nase auftrat. Die Untersuchung der Gefäße ergab nur eine geringe Einengung der Gefäßlumina, so daß die Gangrän als Folgeerscheinung einer intensiven kompensatorischen Gefäßkonstriktion zu deuten ist. Im Zusammenhang mit einem Myokardinfarkt sind auch Nagelveränderungen im Sinne der „BEAUschen Furche", vor allem an der linken Hand beobachtet worden, die als Folge einer bestimmten Infarktverlaufsform gedeutet werden können, welche wir als das periphere Syndrom bezeichnet haben. Hierbei handelt es sich meist um Kranke, welche entweder schon immer hypoton eingestellt waren oder aber auch eine langdauernde Schockphase mit sehr niedrigen Blutdruckwerten durchgemacht haben. Die Nagelveränderungen können somit als „Minimalschaden" im Rahmen des Infarkt-Kollaps-Syndroms gedeutet werden. Multiple, embolisch bedingte Extremitätengangrän als Folge eines kongenitalen Herzfehlers ist von TÖLLE beschrieben worden.

Daneben hat das kardial bedingte Schulter-Hand-Syndrom in den letzten Jahren zunehmend klinische Beachtung gefunden. Hierbei handelt es sich um ein sehr variables neurotrophisches Irritationssyndrom, das bei primär kardialen Erkrankungen auf dem Wege über das sympathische Herzgeflecht, die Herznerven, das Zervikalganglion und die Rami communicantes verläuft und die motorischen Vorderhornzellen und die sympathischen Seitenhornzellen vorwiegend des 1. bis 4. Thorakalsegmentes betrifft. Die Intensität der dystrophischen Funktionsstörungen ist von der Schwere und Dauer des kardialen Organreizes abhängig.

Die Symptomatologie des Schulter-Hand-Syndroms ist zunächst durch schmerzhafte Bewegungseinschränkung, besonders der kleinen Gelenke und vasomotorische Störungen gekennzeichnet. In der zweiten Phase stehen beginnende Atrophieerscheinungen an Haut, Muskulatur und Knochen und in der dritten Phase fortgeschrittene Gewebsstörungen, ausgedehnte Osteoporose mit Gelenkversteifungen im Vordergrund. Eine DUPUYTRENsche Kontraktur, erythromelalgie- oder sklerodaktylieartige Bilder und häufig im Terminalstadium eine SUDECKsche Dystrophie können die Folge sein. Ausgelöst wird das Syndrom vor allem durch Angina pectoris und Herzinfarkt, seltener durch Herzdekompensation.

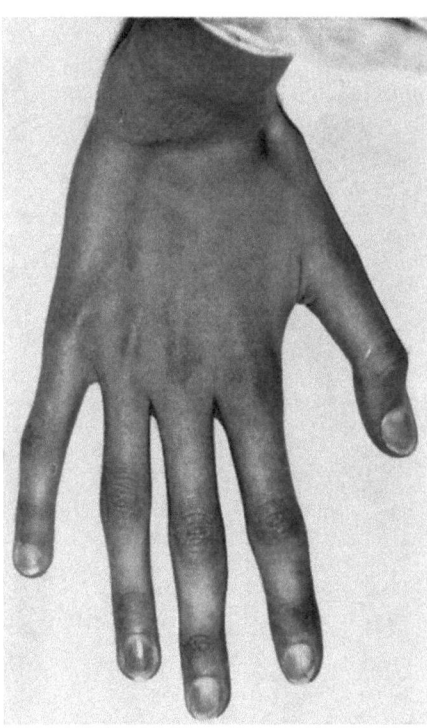

Abb. 73. Arachnodaktylie bei Aortenisthmusstenose.

Eine bevorzugte Seitenlokalisation der dystrophischen Veränderungen ist umstritten. Wir sahen eine ausgesprochene Prädilektion für den linken Arm.

Nach Herzinfarkten tritt das Stadium der akuten Veränderungen meist im Abstand von einigen Wochen bis zu einigen Monaten auf, um nach mehrmonatigem Bestehen in das zweite Stadium überzugehen. Gewisse Irritationserscheinungen sind jedoch auch schon vor dem Infarktereignis als Prodromalerscheinungen beschrieben worden. ZUIDEMA beobachtete einige Monate nach einem Herzinfarkt eine Atrophie der Muskeln der rechten Hand bei Fehlen der sonstigen Symptomatologie des Schulter-Hand-Syndroms. Diese führt er auf eine Degeneration der motorischen Vorderhornzellen in Höhe von C_7 und C_8 zurück, die durch den fortwährenden Reiz seitens des ischämischen Herzgewebes entstanden ist. BÜRGER ist der

Ansicht, daß die dystrophischen Gewebsveränderungen auf einer verminderten Durchblutung beruhen, die häufig nur auf einer Seite anzutreffen ist und spricht von einem „Halbseitenstoffwechsel".

Bei der subakuten bakteriellen Endocarditis sind die stecknadelkopfgroßen bakterienembolischen Blutungen, die meist sehr schmerzhaft sind, von großem diagnostischen Wert. Sie treten besonders an den Fingerspitzen, in der Hohlhand und um das Nagelbett herum auf. Zu unterscheiden sind die OSLER-Knoten, die an der Handinnenfläche, besonders am Kleinfinger- und Daumenballen ziemlich plötzlich aufschießen und Stunden oder meist mehrere Tage bestehen bleiben, die schmerzlosen JANEWAY-Flecken, vorzugsweise der akuten Lenta-Fälle und die „splinter hemorrhages" (kleine Blutungen unter dem Nagel, die eingerammten Holzsplitterchen ähnlich sehen).

Daneben können auch nicht primäre Herzerkrankungen ihre Stigmata sowohl am Herzen als auch an der Hand hinterlassen.

Bekannt ist das Klein-Fingersymptom bei der Lues connatalis, und bei dem plötzlichen Größenwachstum der Hand, wie es häufig als Anfangssymptom der Akromegalie beobachtet wird, ist nahezu regelmäßig auch eine Kardiomegalie mit Myokardfibrose nachzuweisen.

Es ist weiterhin wichtig zu wissen, daß das Lebensalter an der Hand seine untrüglichen Zeichen hinterläßt.

Zunehmende Venenfüllung und stärkeres Hervortreten der venösen Gefäße, Abnahme des Unterhautfettgewebes, Schwund der Interphalangealmuskulatur, Fältelung der Haut usw. sind Erscheinungen, die unbarmherzig das wahre Alter verraten.

Für die Beurteilung ist weiterhin die Braunverfärbung der Finger durch Nikotin oder auch eine deutliche Schwielenbildung bei der Entscheidung über eine Belastbarkeit und Arbeitsfähigkeit zu beachten.

So gesehen, wird die Hand zu einem aufschlußreichen diagnostischen Projektionsfeld, das ausreichend zu berücksichtigen, gar nicht genug empfohlen werden kann.

Literatur zu Kapitel IV, Abschnitt A, 2.1.4

BÜRGER, M. und H. KNOBLOCH: Die Hand des Kranken (München 1956). — CARUS: Über Grund und Bedeutung der verschiedenen Formen der Hand bei verschiedenen Personen (Berlin 1927). — ENGELHARDT: Nagelveränderungen bei Allgemeinerkrankungen (Stuttgart 1943). — HOCHREIN, M.: Zur Diagnose der Nagelveränderungen. Med. Klin. **50**, H. 28, 1201 (1955); Schwarzfärbung von Nägeln und Zähnen. Med. Klin. **50**, H. 43, 1846 (1955). — HOHMANN: Hand und Arm (München 1950). — WETZEL, H.: Kardial bedingte Veränderungen an der Hand. Med. Klin. **51**, H. 36, 651 (1956).

2.1.5. *Augensymptome bei Herz-Kreislauferkrankungen*

Auch die diagnostischen Möglichkeiten aus der Betrachtung des Auges sind so vielfältig, daß wir sie gesondert besprechen müssen.

So begegnet uns die enge Lidspalte beim tetanoiden Syndrom und das große, weitgeöffnete Glanzauge bei der Hyperthyreose. Seine richtige Deutung ist u. a. für die Diagnose des Spätbasedow kardiogener Prägung um so wichtiger, als die üblichen BASEDOW-Symptome, auch am Auge, vielfach vermißt werden.

Anisokorie kommt bei Tabes und dem HORNERschen Symptomenkomplex vor, und auch eine reflektorische Pupillenstarre (ARGYLL-ROBERTSONsches Phänomen) deutet auf eine luische Infektion hin. Ein deutliches Xanthelasma ist häufig vergesellschaftet mit einer Tendenz zu frühzeitiger Atherosklerose (s. Abb. 74).

Von besonderer Bedeutung ist der Augenhintergrundsbefund und jeder Internist, besonders aber jeder Kardiologe bzw. Angiologe sollte von der Spiegelung des Augenhintergrundes regelmäßigen Gebrauch machen.

Auf die besonderen Befunde bei den verschiedenen Hochdruckformen wird S. 473 ausführlich eingegangen werden.

Wir wollen uns daher speziell auf die Augenhintergrundssymptome bei Herzerkrankungen beschränken.

Schon die Endokarditis simplex kann sich unter dem Bilde einer Thrombose oder Embolie der Netzhautgefäße, d. h. also im Stamm oder den Ästen der Vena oder Arteria centralis retinae manifestieren. Demgegenüber ist die akute bakterielle Endokarditis imstande, infolge toxischer Schädigung eine Retinitis septica und durch eine Kapillarembolie eine metastatische Ophthalmie herbeizuführen.

Bei ersterer finden sich die sogenannten ROTHschen Flecke, unter denen man weißliche Plaques verschiedener, meist geringer Größe und Blutungen in der sonst unbeteiligten Netzhaut versteht, die um die Macula und den Sehnerven herum verstreut liegen. Da diese Retinaaffektion keine Sehstörung bedingt, wird sie nur bei einer darauf gerichteten Untersuchung entdeckt.

Bei einer Sepsis pflegt in etwa $2/3$ der Fälle eine solche Retinitis aufzutreten, die sich nach Abklingen des septischen Geschehens spontan zurückbildet. Es erscheint wichtig, daß der Nervus opticus dabei keine pathologischen Veränderungen zeigt. Bei dem Auftreten einer metastatischen Ophthalmie, von der man dann spricht, wenn Glaskörperabszeß mit Exophthalmus, Lidödem und Bewegungseinschränkung bestehen, entzieht sich infolge der akuten Entstehung, das Stadium der eitrigen Retinitis oder Chorioiditis meist der Beobachtung.

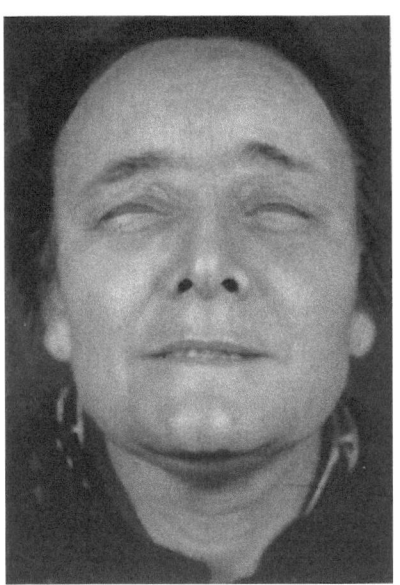

Abb. 74. Xanthelasma.

Bei der Endocarditis lenta werden sehr mannigfache Befunde beschrieben. So können an der Conjunctiva petechiale Blutungen in der Größenordnung zwischen Stecknadelkopf und -spitze, die öfter gruppenförmig angeordnet und vorwiegend in der Übergangsfalte des Unterlids lokalisiert sind, beobachtet werden. Histologisch handelt es sich dabei um eine Hämorrhagie, die unmittelbar unter dem Epithel gelegen von einer knötchenförmigen, aus lymphoiden Zellen bestehenden Infiltration umgeben ist. Retinale hämorrhagische Exsudate und auch die bei der akuten bakteriellen Endokarditis schon beschriebenen ROTHschen Flecke lassen sich auch bei der Endokarditis lenta feststellen. Diese Retina-Manifestationen kommen vorwiegend über den zentralen Bereich der Netzhaut verstreut vor, erscheinen sehr schnell, verblassen langsam und hinterlassen zuweilen eine geringe Pigmentierung. In mehreren Fällen von Endocarditis lenta wurde eine Entzündung des Sehnervenkopfes beobachtet. Das Sehen ist aber, im Gegensatz zu anderen Formen der Neuritis, oft wenig beeinträchtigt.

Unter den erworbenen Klappenfehlern, die mit Augensymptomen einhergehen, steht die Aorteninsuffizienz an erster Stelle.

Es wird dabei am Augenhintergrund ein Arterienpuls – entsprechend dem klinisch feststellbaren Pulsus celer et altus – beobachtet, der sich an den verstärkt geschlängelten Retinagefäßen durch peitschen- oder s-förmige Bewegungen darbietet. Diese bei der Aorteninsuffizienz fast konstant auftretenden Veränderungen werden, wenn auch seltener, beim Aortenaneurysma nachgewiesen, wie sie andererseits bei der Aorteninsuffizienz bei einer gleichzeitig bestehenden beträchtlichen Stenose des Aortenostiums fehlen können.

Die Pulsationen können dann jedoch durch eine intraoculare Spannungssteigerung mittels Fingerdruck auf den Bulbus hervorgerufen werden. Bei der Aortenstenose, bei der die oben erwähnten Pulsationen nicht zu sehen sind, gelingt es, auf diese Art ebenfalls solche zu erzeugen. Der Arterienpuls ist eine pathologische Erscheinung, da unter normalen Verhältnissen keine Pulsationen der Netzhautarterien, auch nicht nach starker Anregung der Herztätigkeit durch körperliche Anstrengungen, auftreten. Der bei der Aorteninsuffizienz an den Fingernägeln manchmal nachweisbare Kapillarpuls läßt sich auch an der Papille durch ein stärkeres Erröten während der Systole und Abblassen bei der Diastole feststellen.

Mitralinsuffizienz und -stenose bedingen keine typischen Augenerscheinungen.

Dagegen finden sich nicht selten, besonders bei beginnender Dekompensation von Mitralfehlern, neben stärkster Hyperämie hochgradig erweiterte und geschlängelte Netzhautvenen von oft blauschwarzem Aussehen, die der Netzhaut in ihrer Gesamtheit einen blauvioletten Farbton verleihen, ein Bild, das auch als „Cyanosis retinae" bezeichnet wird und dem Befund bei der Polyglobulie ähneln kann. Er unterscheidet sich von der letzteren häufig durch eine peripapilläre Arterienpulsation.

Weiterhin äußert sich die klinisch seltene Trikuspidalinsuffizienz gelegentlich in einem positiv-systolischen Venenpuls, d. h. einem Anschwellen der Venen synchron mit der Systole, zustandekommend durch die Schlußunfähigkeit der Trikuspidalklappe und das in der Systole dadurch bedingte Rückschleudern des Blutes vom rechten Ventrikel durch den Vorhof in die Hohlvenen. Dieser positiv-systolische pathologische Venenpuls darf nicht mit dem negativen systolischen Venenpuls verwechselt werden, der keine krankhafte Bedeutung hat.

Außerdem sei nochmals das Aortenaneurysma erwähnt, das bekanntlich durch Drucklähmung des Halssympathikus einen HORNERschen Symptomenkomplex auszulösen vermag.

Bei den angeborenen Herzklappenfehlern sind es besonders die FALLOTsche Tetralogie und der Eisenmengerkomplex, die zu Augensymptomen führen können.

So wird nicht selten eine blutüberfüllte und zyanotische Conjunctiva gefunden. An der Netzhaut sind die Venen sehr dunkel, stark erweitert und geschlängelt, die Arterien gewöhnlich von normalem Kaliber, jedoch ebenfalls dunkel und von verbreiterten Reflexen begleitet. Die Farbe der Retina, die im ganzen zyanotisch erscheint, schwankt je nach dem Grad der Zyanose des Patienten. Aus diesen Veränderungen werden Hämorrhagien der Retina, Netzhautödem, sowie eine dunkelrote Verfärbung der sich klar gegen den Hintergrund abhebenden Papille beobachtet.

Die Isthmusstenose vermag – was für diese Erkrankung sehr charakteristisch sein soll – eine spiralige Schlängelung der Arteriolen und lokomotorische Pulsationen hervorzurufen.

Auch die Belastung und Schädigung des Herzens durch pathologische Veränderungen im kleinen Kreislauf, wie z. B. beim Lungenemphysem und der daraus folgenden Rechtsinsuffizienz, können zu einer Stauung und Blutüberfüllung der Netzhautgefäße führen. Diese unmittelbar auf dem Venenweg zustande kommende Stauung tritt jedoch an den Retinavenen infolge ihrer höheren Drucklage später als die Lippenzyanose in Erscheinung.

Diese wenigen Ausführungen mögen genügen, um zu verdeutlichen, wie ergiebig die Untersuchung des Auges für die Herz-Kreislaufdiagnostik sein kann.

Literatur zu Kapitel IV, Abschnitt A, 2.1.5

AMSLER und Mitarb.: Lehrbuch der Augenheilkunde, S. 767 (Stuttgart 1948). — ATTINGER, E.: Münch. med. Wschr. 45, 1236 (1940). — AXENFELD: Lehrb. d. Augenheilkunde, S. 693 (Stuttgart 1958). — CASIELLO, A. und E. HUBER: Zbl. Ophthal. ohne nähere Angaben. — COHEN, M.: Zbl. Ophthal. 41, 554 (1938). — ENGELKING, E.: Grundriß d. Augenheilkunde (Stuttgart 1955). — GLENN, L., WALKER und THOMAS F. STANSFIELD: Zbl. Ophthal. 61, 127 (1954). — GANSTRÖM, K. O.: Zbl. Ophthal. 67, 188 (1956). — HIRSCH, W. und K. RUST: Praktische Diagnostik ohne klinische Hilfsmittel (München 1958). — JANCKE, G.: Zbl. Ophthal. 40, 623 (1938); 37; 189 (1937). — JULES, F.: Mbl. Augenhk. 127, 635 (1955). — KRIEGE: Krankheitszeichen in der Iris (Osnabrück 1949). — KYLE, J.: Zbl. Ophthal. 53, 395 (1950). — MAGGI, F.: Zbl. Ophthal. 26, 763 (1932). — OETTINGER, J.: Zbl. Ophthal. 22, 221 (1930). — RAMSAY und MAITLAND: Zbl. Ophthal. 26, 668 (1932). — SORBSY: Systematic Ophthalmology, S. 531 (New York 1951). — VIDA, F. und J. DECK: Klinische Prüfung der Organ- und Krankheitszeichen in der Iris (Ulm 1954). — YATER, W. M. und H. P. WAGENER: Zbl. Ophthal. 22, 298 (1930).

2.2. Weitere Hinweise zur Allgemeinuntersuchung

Bei der Untersuchung des Kopfes ist der Druckempfindlichkeit der Nervenaustrittsstellen und der Klopfempfindlichkeit im Bereich der Nebenhöhlen besondere Aufmerksamkeit zu zollen, ebenso wie einer gründlichen Visitation von Tonsillen und überkronten Zähnen, da diese Prädilektionsstellen für die meisten Kopfherde darstellen. An den Zähnen hinterlassen Rachitis und Lues connatalis ihre Spuren auf Lebenszeit. Die Rachitis als zirkuläre Karies mit Stellungsanomalien, die Lues als halbmondförmige Ausbuchtung der Schneidezahnränder mit kolbiger Auftreibung (HUTCHINSONsche Zähne). Eine tiefdunkelrotzyanotische Farbe der Mundschleimhaut findet sich, verbunden mit Lippenzyanose, bei der Dekompensation. Pulsatorisch bedingte Farbschwankungen können vor allem am weichen Gaumen bei arteriellem Hochdruck und Aorteninsuffizienz vorkommen. Pigmentflecke von dunkelbräunlich-blauer Farbe werden bei Morbus Addison, Argyrosis, Bronzediabetes, diffusem Melanosarkom sowie bei Pfeifenrauchern, Tabakkauern und physiologisch bei dunkel-pigmentierten Menschen beobachtet. Graue Flecke an Mund- und Wangenschleimhaut sind dagegen vielfach bei Bleivergiftungen zu sehen. Von gleichem Interesse sind weiterhin die eigenartigen Verfärbungen, welche saumartig den Zahnhals umgeben und vor allem bei Schwermetallvergiftungen auftreten. So findet sich ein grauer Saum bei Blei-, ein grau-violetter bei Wismut-, ein brauner bei Arsen- und ein grünlicher Farbton bei der sehr seltenen Kupfervergiftung. Ausgesprochener Lidtremor (Hyperthyreose, vegetative Stigmatisation), positiver CHVOSTEK (Tetanie) usw. können bei der Kopfuntersuchung wertvolle Aufschlüsse für die Beurteilung der milieubedingten Herzleistung liefern.

Am Hals ist besonders die Beurteilung der Schilddrüse wichtig. Man halte sich bei der Bewertung ihrer Größe jedoch stets vor Augen, daß gerade bei dem für die Kardiologie so wichtigen Spätbasedow das Vorhandensein einer Struma meist vermißt wird.

Pulsation der Karotiden kann auf das Vorhandensein einer Aorteninsuffizienz, eines Aneurysmas oder eines arteriellen Hochdruckes hinweisen. Pulsation im Jugulum bei Hochdruck, zentraler Sklerose, Aortitis luica und Aortenaneurysma findet sich als Zeichen einer herabgesetzten Windkesselfunktion. Systolisches Abwärtsrücken des Larynx bei Aneurysmen, die auf den linken Hauptbronchus drücken, wird als OLIVER-CARDARELLIsches Symptom bezeichnet. Wird ein positiver Jugularispuls sichtbar, so besteht Verdacht auf Insuffizienz des Trikuspidalostiums (positiver systolischer Venenpuls). Kommt es

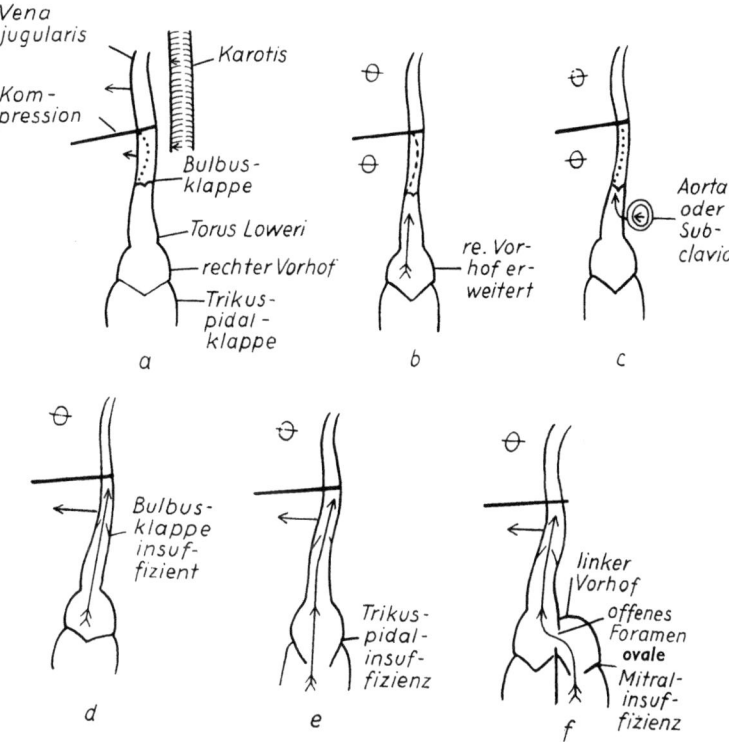

Abb. 75. Differentialdiagnose von Halspulsationsphänomenen (nach H. KAHLER). a) Falscher oder mitgeteilter *Halsvenenpuls*. Nur systolisch! Bei Kompression bleibt der Puls oberhalb und unterhalb der Druckstelle bestehen, er ist aber unterhalb der Druckstelle schwächer, da die leergelaufene Vene den Carotis-Puls weniger deutlich macht. b) Fortgeleiteter *Halsvenenpuls*. Präsystolisch durch Vorhofkontraktion. c) Fortgeleiteter *Halsvenenpuls*. Systolisch fortgeleitet von Aorta oder Subclavia. Bei Kompression verschwindet der Puls oberhalb und unterhalb der Druckstelle, da die leergelaufene Vene den Puls nicht mehr durch die Bulbusklappen fortleiten kann. d) Echter rückläufiger *Halsvenenpuls*. Präsystolisch durch Vorhofkontraktion. e) Echter rückläufiger *Halsvenenpuls*. Systolisch vom rechten Herzventrikel bei Trikuspidalinsuffizienz. f) Echter rückläufiger *Halsvenenpuls*. Systolisch vom linken Herzventrikel bei Mitralinsuffizienz und offenem Foramen ovale. Bei Kompression verschwindet der Puls nur oberhalb der Druckstelle, unterhalb bleibt er bestehen.

bei Trikuspidalinsuffizienz zu einer stärkeren Rückstauung, dann erscheint der ganze Hals wie geschwollen, und es heben sich erweiterte, lebhaft pulsierende Venen von seiner Oberfläche ab.

In Abb. 75 sind die möglichen Pulsationsphänomene am Hals sehr anschaulich dargestellt.

Die Angabe von lästigem Pulsieren in den Halsgefäßen macht folgende differential-diagnostischen Überlegungen notwendig:
1. Das Vorliegen einer kaschierten Hyperthyreose, bei der eine Gefäßpulsation am Halse vielfach auch palpatorisch feststellbar ist.
2. Die Möglichkeit einer Tetanie bzw. eines tetanoiden Syndroms, bei dem neben dem Kloß- und Engigkeitsgefühl im Halse nicht selten auch über Palpitationen geklagt werden.
3. Das als „Nonnensausen" bezeichnete Phänomen, ein Geräusch, das in den großen Halsgefäßen, vor allem bei Anämien und Hypoproteinämien vorkommt und ebenfalls ein klopfendes Gefühl in Hals und Kopf verursacht.
4. Das Symptom der Einflußstauung, das u. U. schon frühzeitig bei der Concretio pericardii auftritt.
5. Ein Karotis-Sinus-Syndrom, das durch entzündliche Vorgänge oder Drüsenschwellungen am Halse zustande kommen kann.
6. Veränderungen der Halswirbelsäule, welche über ein zervikales Reizsyndrom entsprechende Empfindungen hervorzurufen vermögen und
7. eine Unterfunktion der Nebenniere, auf welche vor allem ein recht niedriger Blutdruck hinweisen könnte.

Bei der Untersuchung der Lunge interessieren Hoch- bzw. Tiefstand der Grenzen und ihre Verschieblichkeit, weil sie die Lage bzw. Arbeitsweise des Herzens beeinflussen, sowie das Vorhandensein nachweisbarer Lungenstauung bzw. Stauungstranssudate.

Bei aufgetriebenem Leib ist die Frage zu klären: handelt es sich um Meteorismus, Aszites oder raumverdrängende Prozesse? Beim Meteorismus findet sich ein lauter, tympanitischer Klopfschall, und die Form des Leibes ändert sich nicht wesentlich im Liegen und Stehen. Ein Aszites verändert die Konfiguration des Leibes nur, wenn die Flüssigkeit in der Bauchhöhle schon ein erhebliches Ausmaß erreicht hat. Die meiste freie Flüssigkeit verhält sich nach dem Gesetz der Schwere. Sie sinkt im Stehen nach unten, so daß der Bauch bei schlaffen Bauchdecken wie ein Sack nach vorn herabhängt (s. Abb 76); sie fließt bei Seitenlage nach der tieferen Seite und bildet bei Rückenlage einen möglichst horizontalen Spiegel, so daß die Flanken ausgefüllt erscheinen und der Bauch breit, plump und abgeflacht ist. Über die Art des Aszites gibt die Probepunktion Aufschluß.

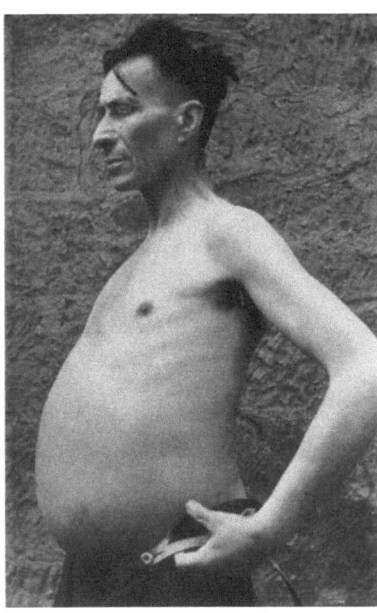

Abb. 76. Einflußstauung und Aszites bei beginnender PICKscher Zirrhose im Gefolge einer Concretio pericardii.

Sehr wichtig sind in jedem Falle Aussagen über die Leber. Sie gilt als vergrößert, wenn ihre untere Grenze in der Medioclavicularlinie den Rippenbogen und in der Medianlinie die Mitte zwischen Brustbein und Nabel überschreitet. Die Konsistenz der Stauungsleber ist in den Anfangsstadien weich. Der Leberrand, welcher zungenartig bei tiefer Inspiration an den palpierenden Finger anschlägt, wird bei Stauung abgerundet. Die Oberfläche ist glatt, und in den meisten Fällen ist das vergrößerte Organ durch die begleitende Kapselspannung mehr oder weniger druckempfindlich. Bei chronischer Stauung geht die Größe der Leber, die in extremen Fällen bis zum Darmbeinkamm nach abwärts reichen kann, wieder etwas zurück; die Konsistenz wird zunehmend derber, und bei Übergang in Stauungszirrhose ist bei dünnen Bauchdecken eine feinhöckrige Oberfläche tastbar.

Eine Stauungsmilz ist intra vitam in der Regel nicht feststellbar. Mäßige Vergrößerungen sind am ehesten der Tastperkussion zugängig.

Die Palpation wird in rechter Halbseitenlage, bei angezogenen Knien und über den Kopf erhobenem linken Arm durchgeführt. Die rechte Hand des Untersuchers geht vom Bauch aus mit den Kuppen der drei mittleren Finger ziemlich flach unter den linken Rippenbogen in der vorderen Axillarlinie, während die linke Hand von hinten einen Gegendruck ausübt.

Eine ausgeprägte Vergrößerung der Milz kann bei großen Milzinfarkten vorkommen oder im Verlauf eines Herzklappenfehlers auf die Kombination mit einer Endokarditis lenta hinweisen.

Stauungsnieren sind palpatorisch nicht feststellbar. Der Urin ist meist ausgezeichnet durch hohes spezifisches Gewicht, starke saure Reaktion und eine mehr oder weniger ausgeprägte Albuminurie.

Es ist selbstverständlich, daß in diesem Rahmen nicht auf alle Einzelheiten und Variationen des individuellen Befundes eingegangen werden kann. In diesem Zusammenhang ist nur auf die wesentlichsten Punkte hingewiesen worden, zu denen im Rahmen einer Herzuntersuchung Stellung genommen werden sollte. Durch weiter unten angeführte Spezialuntersuchungen wird man diesen Allgemeinstatus zu ergänzen und von der Norm abweichende Befunde noch weiterhin zu klären haben. Ist so der abrundende Allgemeineindruck gewonnen, dann schließt sich jetzt die sorgfältige Untersuchung des Herzens an.

3. Spezielle Untersuchungen des Herz-Kreislaufsystems

3.1. Organdiagnostik des Herzens

3.1.1. Inspektion und Palpation

Die Herzuntersuchung sollte mit einer eingehenden Besichtigung und Betastung der Herzgegend begonnen werden.

Thoraxdeformitäten im Bereich der Herzgegend haben ihre Ursache sehr viel häufiger in Herzvergrößerungen als in Lungenerkrankungen. Meist treten sie im Kindesalter auf, da der jugendliche Thorax dem sich vergrößernden, hypertrophierenden, mit vermehrter Kraft pulsierenden Herzen nachgibt; die Brustwand wölbt sich in der Herzgegend vor, und es entsteht der Herzbuckel (Voussure) s. Abb. 77), ein häufiges Zeichen des angeborenen oder sehr frühzeitig erworbenen Herzfehlers.

Auf die sichtbaren Pulsationen haben wir bereits oben hingewiesen. Wesentlich für die Begutachtung, besonders bei einem Schaden durch stumpfe, mechanische Gewalt, ist der Nachweis von Verletzungen, Narben usw. der Haut und der Thoraxwand über der Herzgegend. Man achte bei frischen Zuständen auf Hämatome, auch lokale Anschwellungen infolge von intramuskulären Blutergüssen, das Knirschen bzw. Krepitieren gebrochener Rippen, die Entwicklung eines Hautemphysems usw. Aber auch bei nichttraumatischen Herzerkrankungen, insbesondere Koronaraffektionen, wird man bei Druck auf den M. pectoralis maior nicht ganz selten umschriebene Druckpunkte, die vor allem im Bereich der Herzspitze lokalisiert sind, nachweisen können. Bei intensiver Untersuchung der HEADschen Zone des Herzens (s. Abb. 78) wird man außerdem in dieser Region einen gesteigerten, meist blassen Dermographismus, eine Hyperästhesie gegenüber Kälte und Berührung und weiterhin als Ausdruck gesteigerter vegetativer Erregbarkeit, welche die gestörte Integrität des Herzens erkennen läßt, u. U. eine lokal gesteigerte Piloerektion, in seltenen Fällen auch eine lokale Schweißsekretion, ein Blasser- und Kühlerwerden der Haut und eine Mydriasis links feststellen können. Daneben fällt vielfach Glanzauge, Lidspalterweiterung, linksseitige mimische Verkrampfung,

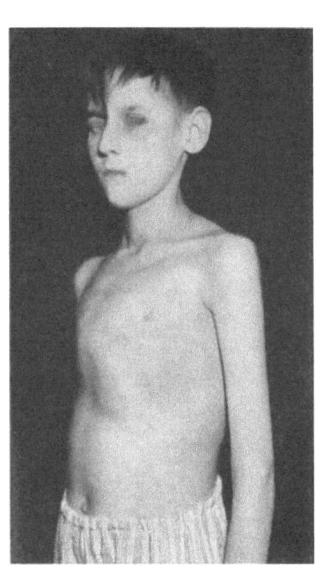
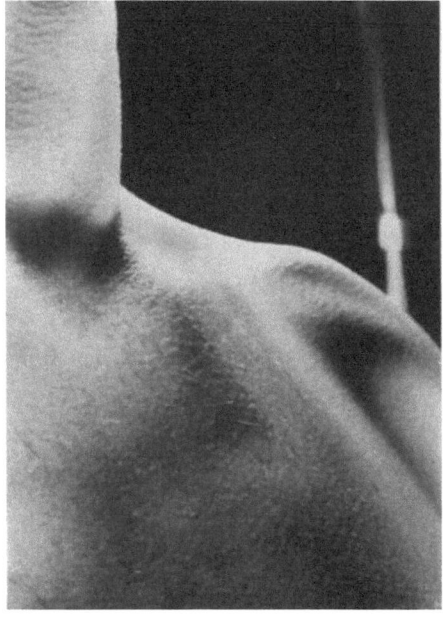

a) Mitralvitium b) Offener Ductus Botalli

Abb. 77. Herzbuckel (Voussure).

Blässe, Zyanose und Gedunsenheit der linken Wange, vor allem oberflächliche und tiefe Spannungsvermehrung im Segmentbereich von C 8–D 8 auf. Man halte sich jedoch stets die Differentialdiagnose derartiger Schmerzen vor Augen (s. Tabelle 11, S. 220), wenn man nicht schwere Beurteilungsfehler begehen will. Schmerzempfindungen von gürtelartigem Charakter sind auf Lues, Halbseitenschmerzen links mit strenger Bindung an bestimmte Interkostalräume auf Interkostalneuralgie oder Herpes zoster verdächtig. Auch die Druck- bzw. Klopfempfindlichkeit der unteren Hals- und oberen Brustwirbelsäule sollte bei jeder gründlichen Herzuntersuchung geprüft werden, da sie vielfach Hinweis auf die extrakardiale Genese von ,,Schmerzen in der Herzgegend" zu geben vermag. (Abb. 78)

Eine Kyphose sowie ein fassförmiger Thorax lassen das Vorhandensein einer Rechtsherzüberlastung vermuten.

Zwei weitere Phänomene, welche der Palpation zugängig sind, stellen Herzstoß und Herzspitzenstoß dar.

Am ruhenden Patienten zeichnet sich die Bewegung des normalen Herzens auf der Brustwand nur als leichte rhythmische Pulsation ab. Deutlich fühlbar wird sie als Herzstoß und Herzspitzenstoß. Der Herzstoß ist einerseits die Folge des Überganges in die Längsform, die das Herz in seiner Anspannungszeit annimmt, andererseits auch des Rückstoßes, den das Herz während des Beginns seiner Austreibungsperiode von Aorta und Art. pulmonalis her erleidet.

Unter Herzstoß versteht man die Gesamtheit der in der Herzgegend zu beobachtenden Pulsation, gleichviel, ob sie vom rechten oder linken Ventrikel verursacht wird. Er wird bei erregter Herzaktion, aber auch sonst manchmal durch die den Stoß gut leitenden Rippen bis weit nach außen fortgepflanzt.

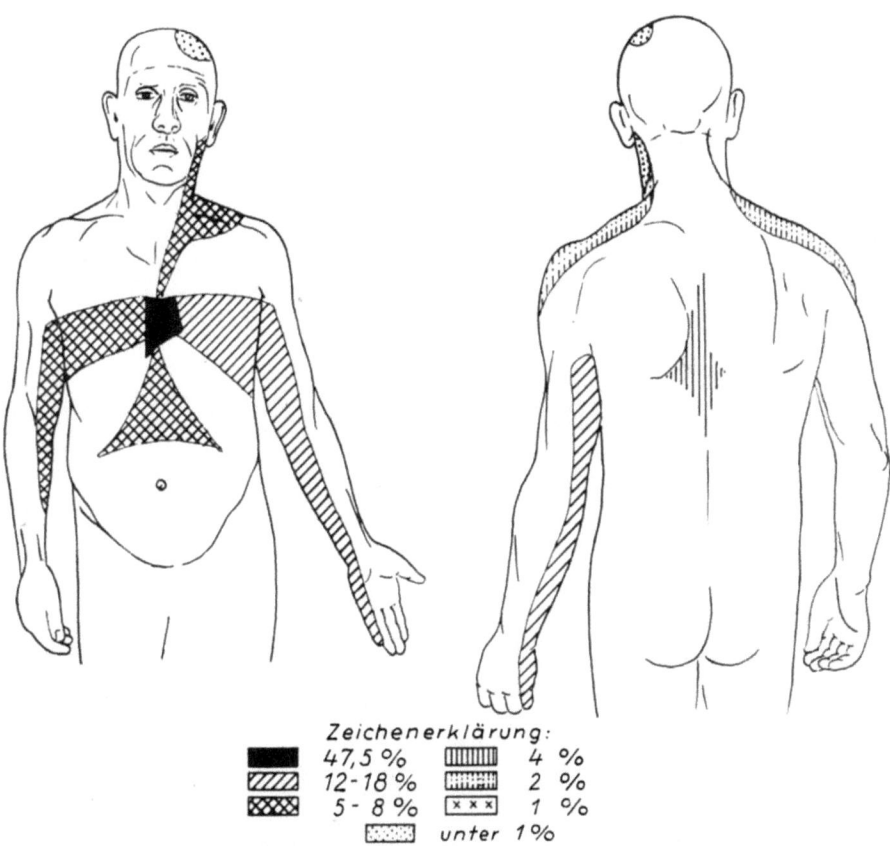

Zeichenerklärung:
- 47,5 %
- 12-18 %
- 5- 8 %
- 4 %
- 2 %
- 1 %
- unter 1%

Abb. 78. HEADsche Zonen des Herzens.

Der Herzspitzenstoß ist dort, wo das Herz in einem Rippenzwischenraum an die Brustwand andrängt, am besten fühlbar. Diese Stelle entspricht meist dem linken äußeren Herzrand, sie braucht keineswegs immer im lateralen Bezirk des Gesamtherzstoßes zu liegen. Die Nachbargebiete des Spitzenstoßes bleiben gegenüber der umschriebenen Vorbuchtung der Herzspitze bei der Systole etwas zurück. Bei großen, muskelstarken Herzen kann dadurch der Eindruck einer systolischen Einziehung entstehen, und eine Verwechslung mit dem sogenannten „negativen Herzspitzenstoß" ist nicht selten. Bei Männern findet man den Herzspitzenstoß meist im 5. Interkostalraum einwärts von der Medioclavicularlinie. Er ist in hohem

Maße schon in der Norm vom Zwerchfellstand abhängig. Beim Zwerchfellhochstand, d. h. beim Kind und auch bei der Mehrzahl der Frauen, rückt er etwas nach außen. Zu gleichen Lageveränderungen kommt es bei Zwerchfellhochstand durch Fettleibigkeit, Meteorismus, Aszites, Gravidität, Tumoren usw. Umgekehrt ist der Spitzenstoß infolge von Zwerchfelltiefstand bei Emphysematikern, insbesondere emphysematösen Greisen, meist tiefer gelegen. Noch häufiger aber ist er bei diesen Kranken nicht oder kaum fühlbar wegen der Tiefe der Lungenschicht zwischen Herz- und Thoraxwand. Seitliche Verlagerung findet sich bei Herzverdrängung infolge von großen einseitigen Ergüssen, Pneumothorax, Narbenzug und Lungenschrumpfung bei zirrhotischen Lungenveränderungen usw. Ein verbreiterter stürmischer Spitzenstoß bedeutet keineswegs immer eine Herzhypertrophie; er findet sich auch bei leicht erregbaren jugendlichen Menschen und bei Thyreotoxikose, ohne daß eine organische Herzveränderung zu Grunde liegt. Es handelt sich in diesen Fällen meist um eine Verkürzung der Systole, die diese schnellenden Bewegungen auslöst.

Ist der Spitzenstoß nach außen verlagert, so besteht der Verdacht einer Herzvergrößerung. Besonders Dilatationen der linken Kammer, wie sie bei der Mitralinsuffizienz, in den Spätstadien der Aortenfehler und des arteriellen Hochdrucks vorkommen, machen diese Erscheinung. Verbindet sich mit der Verstärkung des Stoßes eine hebende, oft länger dauernde Vordrängung des Interkostalraumes, dann muß als Ursache eine Hypertrophie des linken Ventrikels angenommen werden. Ein „hebender Spitzenstoß" ist dann festzustellen, wenn das Wegdrücken des Spitzenstoßes eine verhältnismäßig große Kraft für den palpierenden Finger erfordert.

Können Herz- und Spitzenstoß schlecht oder gar nicht aufgefunden werden, so sagt dies nichts aus über Schwäche oder Kraft des Herzens. In den meisten Fällen wird der Spitzenstoß durch eine darüberliegende Rippe verdeckt. Ähnliche Verhältnisse liegen vor bei sehr fettreicher, muskulöser oder ödematöser Brustwand. In anderen Fällen kann eine emphysematöse Lunge, ein perikarditischer oder pleuritischer Erguß das Herz von der Thoraxwand abdrängen und Pulsationsphänomene der Wahrnehmung entziehen.

Bei Hypertrophie des rechten Ventrikels fühlt man eine Pulsation im Epigastrium. Sie ist nicht immer als krankhaftes Symptom aufzufassen, sondern kann auch bei Zwerchfelltiefstand, kurzem Sternum und erregter Herzaktion gefunden werden.

Bewegt sich der Herzstoß in umgekehrter Richtung, sogenannter „negativer Herzstoß, so daß in der Systole, kenntlich an der palpatorisch festgestellten Pulsation der Karotis, nicht nur die Zwischenrippenräume, sondern auch die Herzgegend eingezogen werden, während sie in der Diastole wieder nach auswärts federn, ein Phänomen, das allerdings sehr selten zu beobachten ist, dann kann auf eine erhebliche Verlötung des Herzbeutels mit der vorderen Brustwand und dem hinteren Mediastinum geschlossen werden. Eine gleichzeitige systolische Einziehung von Rückenpartien in Zwerchfellhöhe wird als BROADBENTsches Symptom bezeichnet. Die als Geräusch hörbaren Schwingungen werden bisweilen auch als Schwirren gefühlt, am häufigsten bei Mitral- und Aortenstenose, bei Pulmonalstenose und anderen Klappenfehlern, aber auch hin und wieder bei funktionellen Klappengeräuschen und bei akzidentellen Geräuschen. Bei der Mitralstenose besteht nicht selten ein auffälliges Mißverhältnis zwischen der Lautheit des Geräusches und der Stärke des Schwirrens (Frémissement cataire). Auch das Geräusch bei Perikarditis sicca, seltener auch bei Pericarditis epistenocardica, kann als eigentümliches Schaben, das sehr oberflächlich zu sein scheint, von der flach aufgelegten Hand wahrgenommen werden.

Die sorgfältige Registrierung dieser Herzphänomene, die im Zeitalter der Technisierung der Diagnostik immer mehr vernachlässigt werden, ist für die Begutachtung um so wichtiger, als sie nicht zu bagatellisierende Schlüsse auf die Vorschädigung des Herzens erlauben (s. Tab. 14).

Tabelle 14. Palpatorische Phänomene bei den einzelnen Herzklappenfehlern.

		Spitzenstoß	Druckpalpation	Puls
Aortenstenose	tonogener ← mit → myogener Dilatation d. li. Ventr.	nicht verlagert, gering verbreitert, deutlich hebend (Mehraktion des li. Ventrikels)	Mehraktion li. (s. Spitzenstoß)	parvus et tardus, „4-Fingerpuls" beim Heben des Armes Ulnarispuls
		nach unten und weniger nach außen verlagert, verbreitert, deutlich hebend	Mehraktion li. (s. Spitzenstoß) Stark hebende Aktion im Bereich des li. Ventrikels	parvus et tardus, „4-Fingerpuls" beim Heben des Armes Ulnarispuls
Aorteninsuffizienz	tonogener ← mit → myogener Dilatation d. li. Ventr.	nach unten und weniger nach außen verlagert, verbreitert, zu Beginn der Systole hebend	Zu Beginn der Syst. Mehraktion li. (celer) s. Spitzenstoß	celer et altus, beim Heben des Armes deutlicher Ulnarispuls
		gering nach unten verlagert (Liegen) verbreitert, zu Beginn der Systole hebend	Zu Beginn der Syst. Mehraktion li. (celer) s. Spitzenstoß	celer et altus, ohne Heben des Armes deutlicher Ulnarispuls
Mitralstenose	tonogener ← mit → myogener Dilatation d. re. Ventr.	nicht verlagert, nicht verbreitert, anklopfend	Mehraktion über dem re. Ventrikel (Sternum), deutlich hebend	parvus, fast immer regelmäßig, beim Heben des Armes kein Ulnarispuls
		weit nach außen verlagert, (bis vordere Axillarlinie) kurz anklopfend. Wird oft überfühlt. Mehraktion re. wird mit Spitzenstoß verwechselt	Mehraktion über dem re. Ventrikel (Sternum) oft bis MCL. Deutlich hebend	parvus, oft inäqual, infolge absoluter Arrhythmie, kein Ulnarispuls
Mitralinsuffizienz	tonogener ← mit → myogener Dilatation d. li. u. re. Ventr.	gering nach unten verlagert (Liegen), verbreitert, nicht hebend, etwas erschütternd	s. Spitzenstoß, geringe Mehraktion re. (Sternum)	keine besonderen Merkmale
		deutlich nach unten, mehr nach außen verlagert als bei Aorteninsuffizienz, nicht hebend, etwas erschütternd	s. Spitzenstoß, deutliche Mehraktion re.	keine besonderen Merkmale

(Nach H. Mahr, H. J. Sarre und L. Walz.)

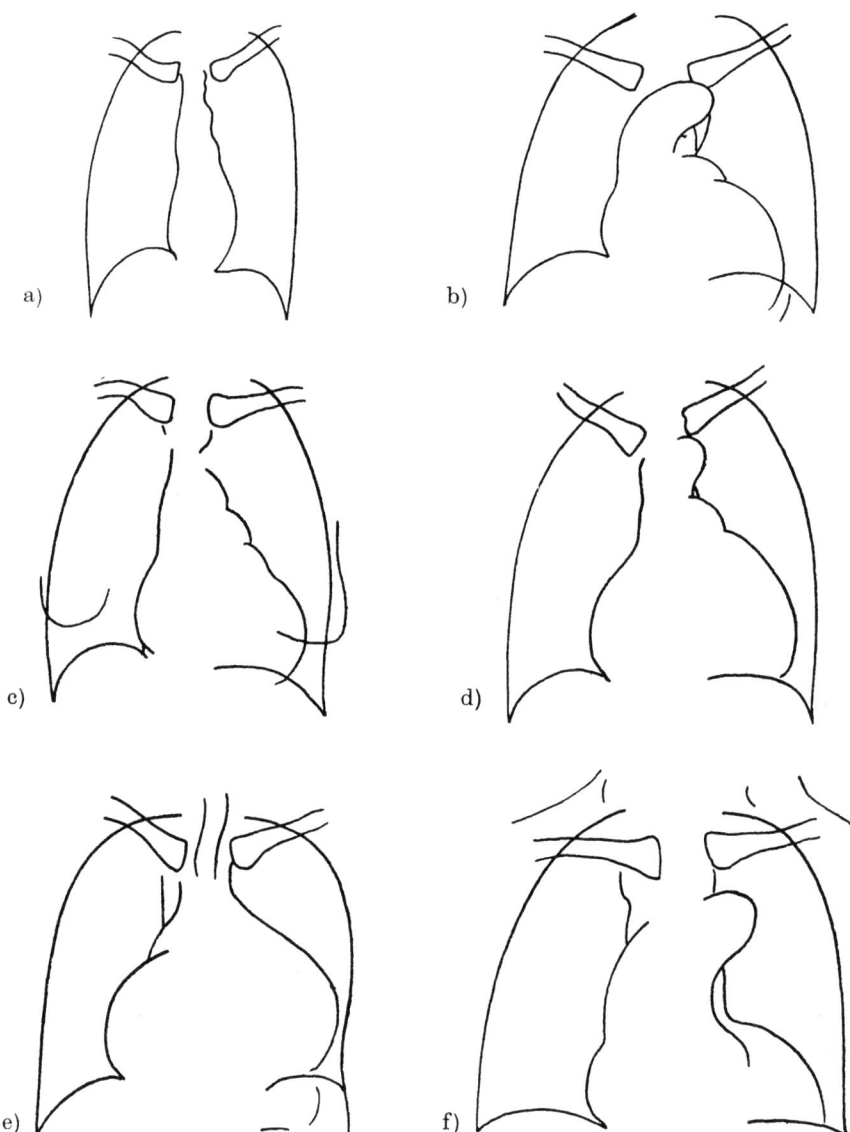

Abb. 79. Perkussionsfiguren des Herzens. a) *Tropfenherz*. Steiler, hypoplastischer, dem Zwerchfell „aufsitzender" Mittelschatten. b) *Aortentypus*. „Liegende Eiform". „Schwimmende Ente". Die Herzsilhouette ist verbreitert, liegt auffallend quer. Der Aszendensbogen und der Aortenbogen laden nach rechts, bzw. links aus. Der Pulmonalbogen springt stark zurück. c) *Mitraltypus*. Dreieckform. Die linken randbildenden Bögen sind wenig gegeneinander abgesetzt, der Arcus aortae sehr flach, Pulmonalbogen und Herzohr betont. d) *Cor bovinum*. Vergrößerung des Herzschattens nach beiden Seiten bei kombiniertem Vitium. e) *Pericarditis exsudativa*. Verbreiterung der Herzsilhouette nach beiden Seiten. Bei der Durchleuchtung keine Pulsation an den randbildenden Bögen des Herzens. Gefäßschatten nicht verbreitert. f) *Aortensklerose*. COOPERscherenförmiges Ausladen des Arkus nach links.

3.1.2. Perkussion

Es wäre ein Fehler anzunehmen, daß die alten bewährten Methoden der Perkussion und Auskultation des Herzens durch die weitaus exakteren technischen Methoden der Orthographen, Herzfernaufnahmen usw. ihren Wert verloren haben. Gerade für die praktische Medizin sind sie von unschätzbarem Wert, denn der Allgemeinpraktiker ist meist gezwungen, seinen Befund unter einfachen Bedingungen zu erheben, ohne daß ihm der komplizierte diagnostische Apparat einer Klinik zur Verfügung steht. Bei schweren Infektionen, Vergiftungen, Verletzungen usw. ist man ebenfalls auf diese Methoden angewiesen, da eine Röntgenuntersuchung in der Regel nicht möglich ist. Durch kleine Situationsskizzen sollte man den erhobenen Befund festhalten und wird auf diese Weise in der Lage sein, sich jederzeit über den klinischen Verlauf, das Auftreten von Komplikationen usw. Rechenschaft ablegen zu können (s. Abb. 79).

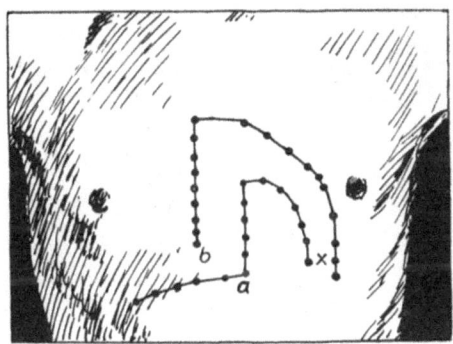

Abb. 80. Perkussionsfigur des Herzens. Absolute und relative Dämpfung.
a = absolute; b = relative Herzdämpfung; x = Herzspitzenstoß.

Bei der Durchführung der perkutorischen Herzgrößenbestimmung sollte man sich kurz folgendes vor Augen halten:

Die Herzperkussion beginnt mit der Bestimmung der Lungen-Leber-Grenze mit leiser Perkussion. Dann wird die Größe des wandständigen Herzabschnittes, d. h. die „absolute" (oberflächliche) Herzdämpfung mit möglichst leiser Perkussion festgelegt. Es wird dabei zunächst (Plessimeterfinger parallel, nie senkrecht zu der zu perkutierenden Organgrenze) die rechte, dann die linke und obere Grenze durch Perkussion einer Anzahl von Punkten bestimmt. Nach Abgrenzung der absoluten Dämpfung perkutiert man die „relative" Herzdämpfung, d. h. die Form der tatsächlichen Größe des Herzens heraus. Diese Grenzen werden mit lauter Perkussion festgestellt, da zu ihrer Festlegung das Lungengewebe, welches das Herz z. T. überdeckt, durchschlagen werden muß. Bei dicker, muskelstarker Brustwand ist kräftiger, bei schwingungsfähigem Thorax und Lungenemphysem etwas leiser zu perkutieren, weil durch einen zu intensiven Schlag zu viel umgebendes, mitschwingendes Gewebe den Perkussionsschall entstellen und die Festlegung von Grenzen ungenau würde.

Es gilt als allgemeine Regel, daß das Herz unter normalen Bedingungen der Größe der Faust des Untersuchten entspricht. Als normale Grenzen der relativen und absoluten Herzdämpfung können folgende Werte gelten (Abb. 80):

Obere Grenze: relativ: 3. Rippe; absolut: 4. Rippe, unterer Rand; rechte Grenze: relativ: 4 bis 5 cm rechts von der Medianlinie (fingerbreit außerhalb des rechten Sternalrandes); absolut: linker Sternalrand; linke Grenze: relativ: 8 bis 11 cm von der Medianlinie; absolut: ca. 5 cm links von der Medianlinie.

Als Orientierungspunkt gilt der Angulus Ludovici, der Knick zwischen Corpus und Manubrium sterni (der als deutlicher Vorsprung wenige Zentimeter unter dem Sternoklavikulargelenk auf dem Sternum fühlbar und der Ansatzpunkt der 2. Rippe ist).

Die untere Herzgrenze ist perkutorisch nicht festzustellen, da die absolute Herzdämpfung ohne Schallunterschied in die Dämpfung der Leber übergeht, und man,

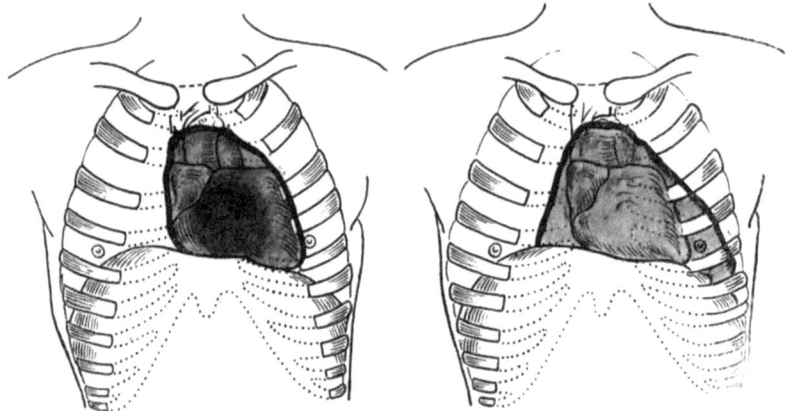

Abb. 81. Veränderung der Herzperkussionsfigur bei starker Flüssigkeitsansammlung im Herzbeutel.

abgesehen von hochgradigen Verkleinerungen der Leber, nicht entscheiden kann, ob und wieviel linker Leberlappen sich zwischen Herz- und Magenblase einschaltet. Man verzichtet daher am besten ganz auf diese Grenze und kann dies um so leichter, als die fast immer ohne Schwierigkeiten auffindbare untere rechte Lungengrenze (Lungenlebergrenze) eine sehr genaue Feststellung des Fundamentes des Herzens und damit auch seines tiefsten Punktes ermöglicht.

Die rechte Kammer bildet die Basis (die untere Grenze) und den größten Teil der Vorderfläche des Herzens, nimmt aber unter physiologischen Bedingungen an den perkutorisch feststellbaren Grenzen niemals teil. Die rechte Herzgrenze wird lediglich durch den rechten Vorhof gebildet.

Die obere Grenze entspricht der Abgangsstelle der großen Gefäße, links vom Sternum dem Konus der Arteria pulmonalis.

Die linke Kammer bildet die ganze linke Herzgrenze, liegt aber in der Hauptsache nach hinten zu und trägt daher unter physiologischen Verhältnissen nur einen schmalen Saum zur Herzdämpfung bei.

Der linken Kammer gehört die Herzspitze an.

Ganz nach hinten liegt der linke Vorhof. Er beteiligt sich unter physiologischen Verhältnissen nicht an den Grenzen der Herzdämpfung; bei starker Dilatation dagegen mit seinem Herzohr an der linken oberen Grenze.

Die großen Gefäße sind durch eine so tiefe Lungenschicht von der Brustwand getrennt, daß sie in der Norm den Perkussionsschall nicht beeinflussen. Die der Herzfigur aufsetzbare schornsteinförmige Dämpfung ist lediglich durch das Brustbein verursacht.

Die absolute Herzdämpfung ist unter physiologischen Verhältnissen in ihrer minimalen und maximalen Größe schwankender als die relative Dämpfung. Für die Herzdiagnostik ist sie bedeutungsvoll, da ihre rechtsseitige Begrenzung ungefähr mit der Grenze zwischen rechtem Vorhof und Ventrikel zusammenfällt und bei der Vergrößerung des rechten Ventrikels nach rechts rückt. Eine erhebliche Vergrößerung der absoluten Dämpfung bis zum Zusammenfallen mit der relativen Dämpfung ist kennzeichnend für den Perikarderguß (s. Abb. 81). Bei Pleuritiden im Sinus costomediastinalis und bei Lungenschrumpfung kann die absolute Dämpfung eine Vergrößerung, beim Emphysem eine Verkleinerung des Herzens vortäuschen.

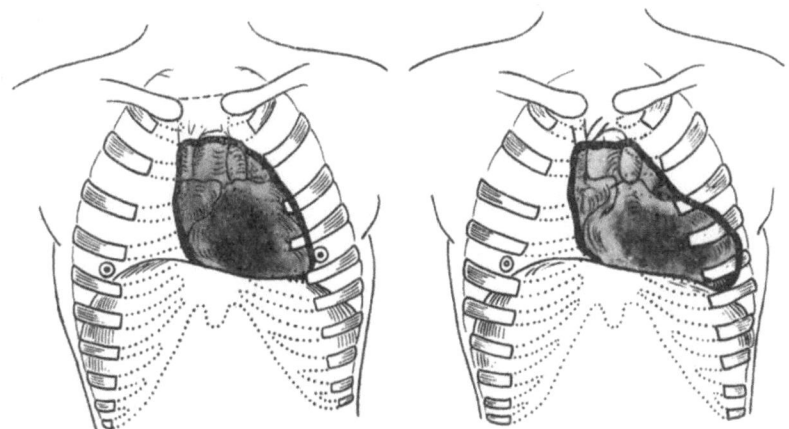

Abb. 82. Veränderung der Herzperkussionsfigur bei Aortenherz.

Das Herz ist an den großen Gefäßen wie an starren Aufhängebändern im Thoraxraum befestigt, wobei das Zwerchfell als unterstützende Fläche dient. Eine Verlagerung, Verdrängung oder Vergrößerung des Herzens nach oben ist daher nicht möglich. Herzfigur und Herzdämpfungsbreite sind weitgehend vom Stande des Zwerchfelles abhängig.

Bei tiefem Zwerchfellstand, wie er bei dem langen, schmalen Brustkorb der Astheniker die Regel ist, wie er aber auch beim Emphysem und bei abnormer Leere und Magerkeit des Bauches vorkommt, gerät das Herz in eine mehr zentrale Lage, es wird der Länge nach ausgezogen, wird also schmaler und imponiert dann vor allem beim asthenischen Thorax als hängendes oder „Tropfenherz", ohne daß es deshalb an sich zu klein zu sein braucht. Allerdings wird es bei Asthenikern nicht selten auch anatomisch klein gefunden, denn der Habitus asthenicus drückt sich nicht zuletzt auch in der Asthenie des Herzens aus.

Umgekehrt wird der Zwerchfellhochstand der Fettleibigen, bei der Gravidität, ferner bei raumverdrängenden Tumoren, bei Flüssigkeits- und Gasansammlung in der Bauchhöhle, aber auch beim kurzen untersetzten „pyknischen" Habitus ein breites Aufliegen des Herzens mit sich bringen und damit eine Herzverbreiterung vortäuschen können. Bei Kindern steht das Zwerchfell schon in der Norm höher als bei Erwachsenen.

Bei einigen Erkrankungen im Bereich der Lunge kann es zu seitlichen Verlagerungen kommen. Einseitige Flüssigkeits- oder Luftansammlungen im Pleuraraum verschieben das Herz nach der entgegengesetzten Seite. Besonders ausgeprägt sind diese Verschiebungen meist bei linksseitigen Ergüssen. Schrumpfungen der Lungen oder Pleuraschwarten dagegen verziehen das Herz nach ihrer eigenen Seite. Vergrößerung der Herzdämpfung bei normal breitem Thorax zeigt meist eine tatsächliche Vergrößerung des Herzens an, die immer auf eine Dilatation bezogen werden muß, da eine Hypertrophie, bei der es sich ja nur um eine Wandverdickung von Millimetern handelt, perkutorisch mit solcher Genauigkeit nicht nachweisbar ist.

In Abb. 82 ist die Änderung der Perkussionsfigur des Herzens bei der Aorteninsuffizienz zur Darstellung gebracht.

Alle Herzteile können sich vergrößern, aber die Verbreiterung des Herzens und seiner Dämpfung ist nur nach bestimmten Seiten möglich. Nach vorn und unten hemmt die Thoraxwand bzw. das Zwerchfell seine Ausdehnung, nach oben ist das Herz durch die großen Arterien starr fixiert. Eine Vergrößerung der Herzabschnitte bedeutsamen Ausmaßes kann daher nur nach hinten und nach beiden Seiten erfolgen. Da die rechte Zwerchfellkuppe in der Norm etwas höher als die linke steht, hat das sich verbreiternde Herz die Tendenz, gleichsam nach links „abzurutschen". So verbreitert sich die Herzdämpfung bei einer Dilatation der rechten Kammer, die den zentralsten und tiefsten Teil des Herzens bildet, zunächst vorzüglich nach links, so daß eine ausgedehnte Aortenkonfiguration entstehen kann, und erst bei ausgesprochenen Graden der Ausweitung der rechten Herzkammer auch nach rechts. Erweiterung des rechten Vorhofes führt dagegen stets zu einer Verbreiterung der Herzdämpfung nach rechts. Die linke Kammer rückt bei ihrer Vergrößerung einseitig die linke Dämpfungsgrenze nach links hinaus. Der linke Vorhof liegt zu weit nach hinten, als daß er perkutorisch noch erreichbar wäre. Nur bei ganz extremer Erweiterung wird er die rechte obere Dämpfungsgrenze beeinflussen.

Diese Tatsachen machen es verständlich, daß in der Perkussion keine Methode zu sehen ist, die es ermöglicht, eine Herzdiagnose zu stellen oder etwas über die Funktion des Herzens auszusagen. Sie vermittelt lediglich einen anhaltsweisen Aufschluß über die morphologischen Größenverhältnisse, über akute oder subakute Dilatationen des gesamten Herzens oder bestimmter Abschnitte und über die dem Herzen durch seine Umgebung aufgezwungenen Arbeitsbedingungen (Zwerchfellstand, Pneumothorax usw.). Durch wiederholte Überprüfung des Ausgangsbefundes entsteht so ein Serienbefund, auf den man wegen seiner Einfachheit nicht verzichten sollte. Besonders wesentlich aber ist die perkutorische Untersuchung im Rahmen des Erststatus, da Zwerchfellstand und andere Faktoren unter Umständen durch ein langes Krankenlager und erkrankungsbedingte Abmagerung usw. so verändert werden können, daß später eine Rekonstruktion der Ausgangslage gar nicht mehr möglich ist.

3.1.3. Auskultation

Die Auskultation des Herzens gibt Aufschluß über die Qualität der Herztöne, die Regelmäßigkeit der Herzaktion und das Vorhandensein von Herzgeräuschen. Auf die physiologischen Grundlagen der Entstehung von Herztönen bzw. -geräuschen, ihre Lokalisation usw. muß kurz eingegangen werden, da nur so die diagnostische Bedeutung von Geräuschen verständlich gemacht werden kann.

Alles, was über dem Herzen normalerweise gehört wird, ist Ausdruck periodischer Bewegung seiner einzelnen Abschnitte. Das Herz ist kein einheitlicher, physikalischer Körper, immer schwingen mehrere seiner Teile zu gleicher Zeit, mit unterschiedlicher Amplitude und Frequenz. Es kommen daher keine musikalisch reinen Töne, sondern im physikalischen Sinne nur Geräusche zustande. Trotzdem soll an dem Begriff der „Herztöne" als akustischem Ausdruck für die normalen Herzbewegungen festgehalten werden, während man alle unter pathologischen Bedingungen auftretenden akustischen Phänomene als „Geräusche" bezeichnet.

Der erste Ton wird mit dem Schluß der Vorhofsystole, wenn sich Mitral- und Trikuspidalklappen zu Beginn der Kammersystole schließen, hörbar. Er ist das Produkt der Schwingungen von plötzlich gespannten Segelklappen, vorzüglich aber ist er eine Art Muskelton, hervorgerufen durch die brüske Muskelkontraktion zu Beginn der Kammersystole. Dem Blut werden dabei die Schwingungen seiner Umgebung aufgezwungen.

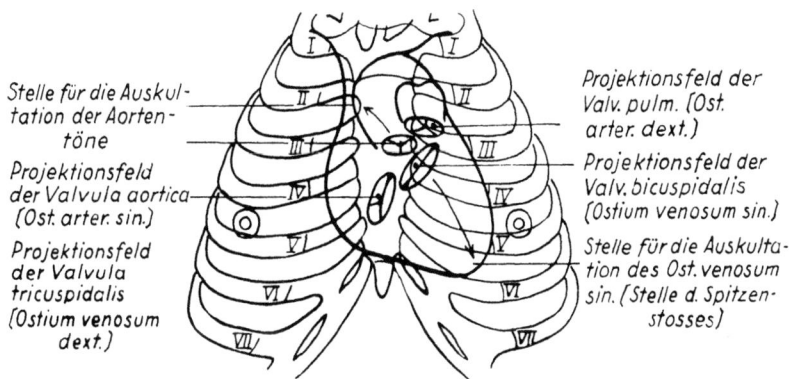

Abb. 83. Projektion der Herzostien und der Klappen auf die vordere Brustwand (halbschematisch) (nach CORNING).

Arterielle Ostien:
Ostium pulmonale: 2. linker Interkostalraum, dicht neben dem Sternum.
Ostium aorticum: 2. rechter Interkostalraum, dicht neben dem Sternum, oder 3. linker Interkostalraum, ebenfalls neben dem Sternum (2. Auskultationspunkt der Aorta). Tatsächlich liegt das Aortenostium in der Höhe des 2. Interkostalraumes unter dem Brustbein.

Venöse Ostien:
Ostium tricuspidale: Über den unteren Teilen des Brustbeines. Es liegt topographisch am rechten Brustbeinrand in der Höhe des 6. Rippenknorpels.
Ostium mitrale: Über der Herzspitze und über der Gegend des linken Herzohrs. Tatsächlich liegt es in der Höhe des 3. linken Zwischenrippenraumes neben dem Brustbein, ist aber an dieser Stelle durch die Masse des rechten Herzens von der Brustwand getrennt.

Erschlaffen die Kammern, sinkt ihr Innendruck unter den Innendruck der großen Arterien, so schlägt der gegen das Herz gerichtete Blutstrom die Semilunarklappen völlig zu, dabei ertönt der 2. Herzton. Er wird durch Schwingungen der plötzlich gespannten Klappensegel und der Arterienwurzeln hervorgerufen. Es entstehen also über dem Herzen gleichzeitig rechts und links eine Reihe von „Herztönen", je zwei systolische und diastolische Klappentöne, dazu noch je zwei systolische Muskeltöne. Daneben schwingen auch noch Gefäßwände, Sehnenfäden usw. mit.

Die Schallphänomene des rechten und linken Herzens können getrennt voneinander gehört werden, so daß Aufschluß über die Intaktheit der einzelnen Klappen zu gewinnen ist. Um den Ursprungsort eines Herztones festzustellen, auskultiert man an einer Brustwandstelle, die dem gerade interessierenden Ostium möglichst nah, von anderen Ostien aber möglichst entfernt liegt. Die Auskultationsstellen sind in Abb. 83 dargestellt.

Beim Fehlen von Herzgeräuschen vermag bereits die Verstärkung bzw. Abschwächung von Herztönen eine gewisse Vorstellung von der Leistungsbreite einiger Herzfunktionen zu liefern.

Die Schalleitung der Herztöne durch Lunge, Brustwand usw. hängt im wesentlichen von den physikalischen Eigenschaften der schallübertragenden Medien ab. Je lufthaltiger die Lunge ist, um so schlechter wird sie leiten, je fester sie ist, um so besser. Eine emphysematöse Lunge läßt also leise, eine pneumonisch verdichtete Lunge dagegen laute Herztöne wahrnehmen. Die Flüssigkeitsschicht eines perikardialen oder pleuralen Ergusses verschlechtert die Schalleitung. Selbstverständlich ist neben diesen spezifischen Faktoren von nicht minder großem Einfluß die absolute Dicke der das Herz überlagernden Brustwandschicht. Bei den muskulösen und adipösen Personen sind die Töne meist abgeschwächt, bei Mageren dagegen vielfach lauter als normal.

Die Lautstärke der ersten (systolischen) Töne wird bestimmt durch die Geschwindigkeit der systolischen Herzbewegung. Je rascher, je brüsker die Herzkontraktion erfolgt, desto intensiver wird die Erschütterung sowohl der Mitral- und Trikuspidalsegel wie des Herzmuskels sein, desto lauter werden auch die ersten Töne erschallen. So kommt es zur Verstärkung der ersten Herztöne schon bei der frequenteren und energischeren Herztätigkeit, wie sie die körperliche Anstrengung mit sich bringt, aber auch bei beschleunigter und erregter Herzaktion im Fieber, in der Aufregung, besonders aber beim Basedowherzen, für das die Verkürzung der Systole besonders typisch ist. Schließlich besitzt die Mitralstenose, bei der sich die linke Kammer rasch gegen eine nur geringe Füllung zusammenzieht, als konstantestes und oft frühestes, nicht selten auch einziges Symptom einen auffallend lauten „paukenden" ersten Ton, der unter Umständen sogar ohne Anlegen des Ohres oder Hörrohres an die Brustwand wahrgenommen werden kann (Distanzton). Nicht ganz so laut, aber auch verstärkt ist der erste Ton oft beim arteriellen Hochdruck, bei dem in gleicher Zeitspanne ein erheblich größerer Grad von Spannung erreicht werden muß als normal.

Einen merkwürdig lauten ersten Ton über dem Herzen, so laut, daß man den zweiten Ton nur andeutungsweise oder gar nicht hört, beobachtet man gelegentlich bei schweren Infektionskrankheiten. Man spricht dann von Spechtschlagrhythmus, der im allgemeinen eine schlechte Prognose hat.

Die Lautheit der zweiten Töne hängt von der Geschwindigkeit der Blutbewegung ab, die rückläufig zum Herzen geht. Ganz allgemein kann man sagen, daß die Kraft, die den zweiten Ton erzeugt, um so größer ist, je höher der Blutdruck in der Aorta bzw. der Art. pulmonalis liegt. Daher ist der zweite Aortenton verstärkt bei allen Hochdruckformen. Eine Verstärkung des zweiten Aortentones bei normalem Arteriendruck kommt aber auch zustande bei anatomischer Umwandlung der Tonquelle, z. B. bei Aortitis luica, zentraler Sklerose usw. In gleicher Weise findet sich ein betonter bzw. „akzentuierter" lauter zweiter Pulmonalton bei den Blutüberfüllungen bzw. Drucksteigerungen im Lungenkreislauf. Mitralfehler, offener Ductus Botalli, eine große Reihe von Lungen-, Pleura- und Thoraxerkrankungen weisen dieses Zeichen auf. Ursache der Verstärkung des zweiten Pulmonaltones ist dann der erhöhte Druck in der Lungenarterie. Bei der Pulmonalsklerose ist die Verstärkung des zweiten Pulmonaltones auf eine organische Umwandlung der Pulmonalwand zu beziehen.

Abschwächung von Herztönen kommt, abgesehen von den Hindernissen der Schalleitung, auf die umgekehrte Weise zustande. Ablauf der Systole gegen einen niedrigen Aortendruck bringt nur eine schwache Herzerschütterung oder einen leisen 1. Ton zustande, der niedrige Aortendruck seinerseits nur einen abgeschwächten 2. Ton. Ohnmacht, Vasomotorenlähmung, akute Herzschwäche usw. können diese Tonveränderungen verursachen. Auch bei der Aortenstenose, bei der bekanntlich die Systole infolge des erschwerten Blutausstromes häufig verlängert ist, hört man nicht selten leise Herztöne. Eine prognostische Bewertung auf Grund dieser Änderung der Tonstärke ist z. B. dadurch möglich, daß ein akzentuierter P II bei einer Mitralinsuffizienz auf eine beginnende Lungenstauung, d. h. auf die beginnende Linksinsuffizienz hinweist, während das gleiche Symptom bei einem Aortenfehler die Mitralisation, d. h. das Ende der Anpassungsbreite des linken Herzens, erkennen läßt.

a) Galopprhythmus, Tonspaltungen und überzählige Töne

In linker Seitenlage kann oft auch „physiologisch" ein 3. Herzton wahrgenommen werden, er steht in zeitlicher Beziehung zum 2. Herzton, kommt zustande durch das Hereinstürzen des Vorhofsblutes und wird in seiner Entstehung unterstützt durch eine gewisse Hypotonie der Ventrikelmuskulatur (jugendliche Personen, Vagotoniker), die aber auch durch eine Myokardschädigung bedingt sein kann. Nicht selten ist mit ihm ein protosystolisches Geräusch vergesellschaftet, das durch Wirbelbildung in der sich unterschiedlich kontrahierenden hypotonischen Kammer entsteht. Durch das Auftreten eines abnormen 3. Tones ist ein 3-teiliger Rhythmus zu hören, der als Galopprhythmus bezeichnet wird und bei dem man einen präsystolischen und einen protodiastolischen Typus unterscheidet.

Gespaltene oder doppelte Töne können vorkommen, wenn sich die Atrioventrikularklappen bzw. die Semilunarklappen nicht genau gleichzeitig schließen. Eine Verdoppelung des 2. Tones findet man in erster Linie bei Mitralklappenfehlern, da sich hier infolge der Druckerhöhung im Lungenkreislauf die Pulmonalklappe früher schließt als die Aortenklappe. Auch der Muskelton kann gespalten sein, da z. B. bei der Mitralstenose die Muskelbewegung um die verminderte Blutfüllung des linken Ventrikels schneller abgeschlossen ist, als die um den normal oder vermehrt gefüllten rechten Ventrikel.

Schließlich ist in diesem Zusammenhang noch das Hörbarwerden des Vorhofstones zu erwähnen, der bei bestimmten Zuständen dadurch entsteht, daß bei beginnender Linksinsuffizienz der linke Vorhof gegen einen erhöhten Widerstand, d. h. gegen den ungenügend entleerten linken Ventrikel auswerfen muß. Er wird demzufolge bei einer beginnenden Hochdruckdekompensation, aber auch bei schwerer Myokarditis, Myokardinfarkt, totalem Block usw. hörbar.

b) Entstehungsmechanismus der Herzgeräusche

Die Klinik spricht nur dann von Herzgeräuschen, wenn außergewöhnlich reichliche und laute Nebengeräusche den eigentlichen Herzschall überdecken oder noch daneben hörbar werden. Treten Herzgeräusche auf, dann empfiehlt es sich, den Kranken sowohl in liegender als in aufrechter Stellung zu untersuchen, da der Geräuschcharakter mit der Stellung nicht selten wechselt, deutlicher oder schwächer wird, und auch die akzidentelle Entstehung unter Umständen leichter objektiviert werden kann.

Geräusche entstehen durch Veränderung im physikalischen Verhalten des strömenden Blutes oder der Blutbahn. Bei Krankheiten, die zu einer Verdünnung, d. h. zu einer Viskositätsänderung des Blutes führen (Anämien), werden häufig Herzgeräusche beobachtet. Veränderungen der Blutbahn können auf sehr verschiedene Weise zustande kommen, z. B. durch Wachstumsstörungen, durch entzündliche oder degenerative Prozesse, durch Kontinuitätstrennung infolge von Trauma usw. Letzten Endes handelt es sich bei diesen Veränderungen der Strombahn immer um eine Stenosewirkung. Außergewöhnlich laute, musikalische Geräusche haben ihre Ursache nicht selten in frei in der Blutbahn flottierenden Wandbestandteilen, z. B. abgerissenen Papillarmuskeln. Geräusche können in allen Phasen der Herztätigkeit zustande kommen.

Die Entstehung von Herzgeräuschen kann am einfachsten am Beispiel der Aortenstenose erklärt werden.

Normalerweise passen sich die Klappen in ihrer Stellung dem Blutstrom, der sich aus einer engen in eine weite Röhre ergießt, bestens an, wobei sie durch Wirbelströme in ihrer Stellung gehalten werden.

Bei Verhärtung und Stenosierung der Aortenklappen bilden diese ein Hindernis, das eine Stenosierung der Strombahn und eine Verlagerung der Wirbelströme bedingt, Aortenklappen und Aortenwurzel in unregelmäßige Schwingungen versetzt und Geräusche auslöst, die bei guter Herzkraft lauter und bei Verhärtung der Klappen bzw. der Aortenwurzel auch höher sind.

Bei Wechsel der Weite des Strombettes, besonders bei unvermitteltem Übergang von einer engen in eine weite Strombahn entstehen Rauschen, Brausen und andere Geräusche. Der Flüssigkeitsstrom füllt nach Durchpassieren einer verengten Stelle das erweiterte Strombett nicht völlig aus. Zwischen Blutstrom und Gefäßwand entwickeln sich Wirbelströme, die dem Hauptstrom entgegengerichtet sind und geräuscherzeugend wirken. Aus der Wechselwirkung dieser beiden entgegengesetzten Kräfte kommt es zu kurzdauernden Schwingungen von Tonquellen (verhärtete Klappen, Aortenwand usw.), die so lange anhalten, wie die Strömung dauert. Kurzdauernde, unregelmäßige Erschütterungen von Klappen, Gefäßwänden und Sehnenfäden spielen bei der Entstehung der kardialen Geräusche die wichtigste Rolle. Die physikalischen Prinzipien der Geräuscherzeugung sind bei jedem Ventildefekt gleich, unabhängig davon, ob man klinisch von Stenose oder Insuffizienz spricht. Beide Male strömt das Blut durch eine enge Stelle in eine weite Strombahn. Daß das Blut bei der Stenose in der normalen Richtung fließt, bei der Insuffizienz in der entgegengesetzten, ist hämodynamisch bedeutungsvoll, in bezug auf die akustische Auswirkung aber gleichgültig.

Die Lautstärke des Geräusches ist ähnlich wie die der Herztöne abhängig von der Kraft, die das Geräusch erzeugt, und der physikalischen Beschaffenheit der in Schwingung gesetzten Herzteile.

Der hochgradigen Klappenstenose entspricht meist auch das lautere Geräusch. Wenn allerdings die Stenose so hochgradig, das Ostium so eng geworden ist, daß es kaum mehr Blut durchläßt (Knopflochstenose), dann wird auch das Geräusch schwächer, da die Stärke der Wirbelströme mit der Verengerung der Blutbahn und der geringeren Energie des Blutstromes abnimmt. Umgekehrt wird bei mäßiger Klappenschlußunfähigkeit das Geräusch schon sehr laut sein können, um bei weiterer Zunahme der Insuffizienz wieder leiser zu werden und schließlich fast ganz zu verschwinden. Die Intensität ist weiterhin abhängig von der Beschaffenheit der in Schwingung gesetzten Herzteile. Frische Defekte, bei denen es im allgemeinen noch zur Schwingung zarter, entzündeter Klappen kommt, verursachen meist hauchartig leise Geräuschphänomene, während im Ausheilungsstadium, besonders wenn die Defekte bindegewebig verhärten oder gar Kalkeinlagerungen aufweisen, die Geräusche sehr laut werden können.

An der Entstehung der Geräusche beteiligen sich die Vorhöfe, die Klappensegel und die Wände der großen Gefäße; die Klappensegel allerdings nur so lange, wie sie in ihrer dünnen membranösen Struktur gut erhalten und noch nicht durch irgendwelche pathologischen Prozesse geschrumpft oder verdickt sind. Recht ausgiebige Variationen der Schwingungsfähigkeit können sich auch an den großen arteriellen

Gefäßwänden vollziehen. Unter dem Einfluß von Alter und Krankheiten verändern sich Festigkeit und Weite außerordentlich.

c) Kennzeichen der Herzgeräusche

Der spezifische Bau des geräuscherzeugenden Herzteiles und die Blutgeschwindigkeit sind nicht nur für die Lautintensität eines Geräusches maßgebend, sondern auch bestimmend für dessen sonstige Charakterisierung. So zeigt die Aorteninsuffizienz oft ein recht typisches „gießendes" Geräusch, während das diastolische Geräusch bei der Mitralstenose meist als „hauchend" zu bezeichnen ist.

Die Herzgeräusche, am häufigsten systolische Aorten- und Mitralgeräusche, seltener diastolische Aorten- und ganz selten diastolische Mitralgeräusche, bekommen bisweilen einen musikalischen Beiklang, der durch besonders regelmäßige Schwingungen der Klappen oder auch Schwingungen der Sehnenfäden entstehen kann.

Sehr interessant sind die Fälle, bei denen Herzgeräusche so laut werden, daß sie bis auf eine gewisse Entfernung vom Kranken hörbar werden (Distanzgeräusch). Am häufigsten hört man sie über der Brust, seltener auch bei geöffnetem Mund. Auch der Kranke selbst hört sie oft in seinem Mund oder fortgeleitet bis zum Ohr. Meist handelt es sich um frühzeitig erworbene Mitralfehler mit guter Kompensation. Ein besonders lautes, bisweilen auf mehrere Meter hörbares Klangphänomen ist auch das „Mühlengeräusch". Es entsteht, wenn nach Luftembolie Luftblasen in das rechte Herz gelangen; auch das akute Pneumoperikard ergibt ähnliche Schallphänomene. Das Mühlengeräusch ist in der Systole oder in Systole und Diastole hörbar. Die als Geräusch wahrnehmbaren Schwingungen werden bisweilen auch als Schwirren gefühlt, am häufigsten bei Mitral- und Aortenstenose, gelegentlich auch bei Pulmonalstenose und anderen Klappenfehlern, hin und wieder auch bei funktionellen Klappengeräuschen und bei akzidentellen Geräuschen.

Von all den kardialen Geräuschen sind die, welchen anatomische Klappen-, Muskel- oder Gefäßveränderungen zugrunde liegen, abzutrennen als „organische Geräusche". Alle anderen, sie mögen noch so verschiedener Herkunft sein, faßt man unter dem Namen der „akzidentellen" Geräusche zusammen.

Organische Geräusche. Bei allen organischen Geräuschen liegt ein Mißverhältnis zwischen Klappenostium und der Fläche, die vom Klappenventil gebildet wird, vor.

Es ist möglich, daß die Klappenfläche durch organische Erkrankungen zu klein geworden ist, um das Ostium während einer bestimmten Herzphase völlig zu schließen. Die Geräusche, die dabei entstehen, bezeichnet man als „endokardial", „vaskulär" oder „absolut".

Als Ursprungsort der systolischen und diastolischen Geräusche kommen in erster Linie in Betracht eines der 4 Ostien allein oder mehrere zugleich. Wahrnehmbar wird ein Geräusch im allgemeinen am besten an der Auskultationsstelle des ihm entsprechenden Herztones. Aber manchmal liegt die beste Auskultationsstelle, das Punctum maximum eines Geräusches, auch an anderen Stellen. Das ist darin begründet, daß teilweise keine Klappengeräusche, sondern Gefäßgeräusche vorliegen. Bei organischen Geräuschen ist der Grund in der verschiedenen Entstehung und Fortpflanzungsrichtung der Geräusche zu suchen. Bekanntlich pflanzen sich Geräusche am besten fort in der Richtung des Blutstromes, der sie erzeugt.

Aus diesem Grunde wird das Geräusch der Mitralinsuffizienz zwar wie der 1. Herzton in der Gegend der Herzspitze gehört, aber oft noch besser in der Richtung nach dem linken Vorhof und dem linken Herzohr, am besten zuweilen im 2. linken ICR neben dem Sternum, also an der Auskultationsstelle der Arteria pulmonalis. Die Aortengeräusche werden meist deutlich an der Auskultationsstelle der Aorta vernommen. Das systolische Geräusch der Aortenstenose hört man nicht selten ebenso laut an der rechten Halsseite, also an der Arteria carotis und der unteren Schlüsselbeingrube über der Art. subclavia. Das diastolische Aorteninsuffizienzgeräusch wird häufig besonders deutlich im 3. linken ICR neben dem Brustbein (an dem sogenannten 2. Auskultationspunkt der Aorta) und noch weiter gegen die Herzspitze zu vernehmen.

An Geräuschen, die nicht auf ein Punctum maximum beschränkt, sondern zugleich über verschiedenen Ostien, vielleicht sogar über dem ganzen Herzen und noch daneben gut hörbar sind, beteiligen sich meist zwei oder mehrere Klappen oder es liegt ein die beiden Herzhälften unmittelbar betreffendes Vitium vor, wie es bei manchen angeborenen Herzfehlern der Fall ist (Tab. 15).

Funktionelle bzw. relative Geräusche. Es ist merkwürdig, daß selbst bei einem so alten Wissensgebiet wie der Auskultation und Perkussion immer noch Verwirrung bezüglich der Nomenklatur der Herzgeräusche besteht.

So gibt es Geräusche, die nur bedingt valvulärer Entstehung sind. Es besteht nämlich die Möglichkeit, daß die Klappengröße durchaus normal ist und die Klappen anatomisch intakt sind, während der eigentliche Klappenring eine Vergrößerung aufweist. Man spricht dann von „relativen Geräuschen".

So kann z. B. bei primärer hochgradiger Erweiterung einer Herzkammer der Mitral- sowie auch der Trikuspidalsehnenring so sehr gedehnt werden, daß die an sich intakten Klappensegel sich zentral nicht mehr berühren. Auch Schwächung oder sonstige Schädigung von Papillarmuskeln können zu anatomischen Schlußunfähigkeiten führen. Die so entstehenden relativen Geräusche werden auch als „muskuläre" oder „myogene" bezeichnet. Diese Geräusche sind im Liegen besser zu hören als im Stehen, da im Liegen das Herz stärker gefüllt wird und auch die venösen Ostien vergrößert werden.

In verschiedenen Lehrbüchern finden wir diese myogenen Geräusche, die wir als funktionell und relativ betrachten, noch den organischen Geräuschen zugeordnet und glauben, daß diese Auffassung nicht ganz zu Recht besteht, da es sich um Geräusche handelt, deren Zustandekommen durch eine Herzschwäche begünstigt wird, und die mit erreichter Rekompensation wieder verschwinden. Der Vorschlag von BRANSCHEID jedoch, alle Geräusche, welche nicht zur Diagnose eines Klappenfehlers beitragen, als „akzidentelle Geräusche" zusammenzufassen, dürfte auch als eine zu große Vereinfachung betrachtet werden, zumal unsere Kenntnisse von der funktionellen Pathologie uns eine sehr viel feinere Klassifizierung erlauben.

Perikardiale Geräusche. Es ist nicht einzusehen, warum die perikardialen Geräusche bisher als „extrakardial" bezeichnet worden sind. Parietales und viszerales Perikard gehören genau so zum Herzen wie Endo- und Myokard. Nachdem sich aber die Geräuschbildung zwischen diesen beiden Häuten und nicht etwa zwischen Perikard und Pleura vollzieht, ist keinerlei Begründung gegeben, sie in dieser Form aus ihrem Zusammenhang mit dem Herzen zu lösen.

Die rasche Formveränderung des Herzens in Systole und Diastole verlangt eine ungehinderte Bewegungsmöglichkeit innerhalb des Herzbeutels. Die Flächen des viszeralen und parietalen Blattes gleiten bei glatter und feuchter Beschaffenheit ohne größere Reibung aneinander vorbei.

Tabelle 15. *Akustische Kennzeichen der Herzklappenfehler*

Punctum maximum	Ausbreitung	Geräusch, Phase Charakter	Klappenfehler
Herzspitze und 3. linker Rippenknorpel	Linke Thoraxhälfte, insbesondere in der unteren Hälfte des linken Interskapularraumes	systolisch	Mitralinsuffizienz
Herzspitze	Seitlich in die Axilla	diastolisch a) protodiastolisch b) präsystolisch c) protodiastolisch u. präsystolisch (schabend, blasend, hauchend)	Mitralstenose
Rechter Sternalrand Höhe des 4 bis 5. Rippenknorpels	—	systolisch	Insuffizienz der Trikuspidalklappe
Rechter Sternalrand Höhe des 4. bis 5. Rippenknorpels	—	diastolisch	Stenose der Trikuspidalklappe
Mitte des Sternums Höhe des 3. Rippenknorpels, ferner 2. Interkostalraum rechts	Karotiden und Subklavia (systolisch bei Aortitis)	diastolisch (rauschend, gießend, klingend)	Aorteninsuffizienz
Mitte des Sternums, Höhe des 3. Rippenknorpels, ferner 2. Interkostalraum rechts	Karotiden und Subklavia (systolisch bei Aortitis)	systolisch (blasend, hauchend)	Aortenstenose
Zweiter linker Interkostalraum	Ohne Fortpflanzung in die Karotiden, dagegen über den Lungen zuweilen hinten hörbar	diastolisch	Pulmonalinsuffizienz
Zweiter linker Interkostalraum		systolisch	Pulmonalstenose

Bei entzündlichen Erkrankungen, besonders dann, wenn sich Fibrinauflagerungen gebildet haben, erfahren die Bewegungen des Herzens an den Rauhigkeiten einen Widerstand, der hörbar, manchmal auch fühlbar ist. Man hört synchron der Herzaktion ein Reibegeräusch, das besonders gut bei Atemstillstand in tiefer Inspiration, wenn durch den erhöhten intrapulmonalen Druck die Perikardblätter stärker aneinander gepreßt werden, wahrnehmbar wird.

Das perikardiale Geräusch ist ein eigentümlich schabendes Reiben, das sehr oberflächlich zu sein scheint und an das Geräusch erinnert, das beim Kratzen eines rauhen Papiers mit einem Nagel entsteht. Durch den Druck mit dem Stethoskop läßt es sich verändern, indem es entweder länger oder deutlicher wird, zuweilen auch gänzlich verschwindet. Es kann rein systolisch oder systolisch und diastolisch (Lokomotivgeräusch) hörbar werden. Nimmt das Reibegeräusch über der Herzbasis einen 3teiligen oder galoppähnlichen Charakter an, so ist dafür ein hörbares Reiben im Vorhofbereich verantwortlich. Kommt es zur Exsudatbildung im Herzbeutel, dann verschwindet das Geräusch, um wieder zu erscheinen, wenn die Flüssigkeit resorbiert oder durch Punktion beseitigt wird. Eine dauernde Aufhebung des Reibegeräusches kann Heilung oder eine Verwachsung der beiden Perikardblätter miteinander bedeuten. Extraperikardial oder pleuroperikardial kann ein Geräusch entstehen durch Reiben zwischen Pleura pulmonalis und Pleura pericardiaca bzw. costalis. Diese Geräusche sind abhängig von der Herztätigkeit und der Intensität der Atmung.

Bekannt ist in diesem Zusammenhang das mesosystolische Geräusch, das auch als ,,Click" bezeichnet wird, einen dreiteiligen Herzrhythmus hervorruft und dessen Entstehung durch pleuro-perikardiale Verwachsungen erklärt wird.

Akzidentelle Geräusche sind meist systolisch und haben fast immer eine nicht valvuläre Genese. Manche werden bei scheinbar ganz gesunden Individuen gefunden. Bei einem auffallend hohen Prozentsatz hört man Klagen über nervöse Beschwerden.

Den vielfach für die akzidentellen Geräusche gewählten Ausdruck ,,nervöse Geräusche" halten wir ebenfalls für unglücklich, da es Geräusche auf nervöser Grundlage nicht gibt.

Die Ursachen der akzidentellen Herzgeräusche sind recht verschiedenartig. Systolische Geräusche über der Herzbasis können die Folge von Kompression der Arteria pulmonalis durch Mediastinaltumoren oder andere raumbeschränkende Prozesse im Mediastinum sein.

Ganz harmloser Natur sind systolische Basisgeräusche, die durch Druck der Thoraxwand ausgelöst werden. Sie werden hauptsächlich über der Auskultationsstelle der Arteria pulmonalis wahrgenommen. Dieses Gefäß wird bei seiner Lage direkt unter dem Sternum besonders leicht von außen her gepreßt.

An der Grenze zwischen Herz- und Gefäßgeräuschen stehen die systolischen Geräusche, die bei luischer Erweiterung der Aorta auftreten. Hier ist zwar nicht, wie bei den eigentlichen Aortenstenosen das Ostium aorticum verengert, vielmehr ist die Aorta zu weit geworden im Verhältnis zu ihrem normalen Ostium. In gleicher Weise wie bei der gewöhnlichen Stenose, fließt der Blutstrom aus einer engen in eine zu weite Blutbahn, so daß auch hier ein systolisches Geräusch resultiert, das sich vorzugsweise nach der Peripherie fortpflanzt. Die Erhöhung der Strömungsgeschwindigkeit des Blutes kann auch für sich allein Geräusche hervorrufen. In ziemlich reiner Form kommen diese Verhältnisse beim Basedow vor.

Bei allen schweren Anämien, ebenso nach großen Aderlässen und Kochsalzinfusionen sind akzidentelle, systolische Geräusche eine bekannte Erscheinung. In den Endstadien der perniziösen Anämie kommen auch diastolische Geräusche zur Beobachtung, die meist als akzidentell aufgefaßt werden. In der Regel spielt aber eine relative Insuffizienz der Aortenklappe dabei eine Rolle, indem es zu fettiger

Spezielle Untersuchungen des Herz-Kreislaufsystems

Tabelle 16. Bezeichnung der Herzgeräusche

I. Kardial entstandene Geräusche
1. *Organische Geräusche*
    A. valvuläre, endokardiale oder absolute Geräusche
    - a) systolisches Geräusch
      über Aorta-Aortenstenose
      über Mitralis-Mitralinsuffizienz
      über Pulmonalis-Pulmonalstenose
      über Trikuspidalis-Trikuspidalinsuffizienz
    - b) diastolisches Geräusch
      = Aorteninsuffizienz
      = Mitralstenose
      = Pulmonalinsuffizienz
      = Trikuspidalstenose

    B. nicht-valvuläre Geräusche
    - a) Preßstrahlgeräusch (Ventrikelseptumdefekt)
    - b) musikalische Geräusche (atypische Sehnenfäden usw.)

    C. perikardiale Geräusche
    - a) Lokomotivgeräusch bei Perikarditis sicca
    - b) Mühlengeräusch bei Pneumo-Hämato- oder -Pyo-Perikard, Luftembolie

2. *Funktionelle, relative Geräusche*
    A. myogen bedingte Geräusche (Klappeninsuffizienz durch Erweiterung des Klappenringes bei starker Ventrikeldilatation)
    - a) systolisch = relative Mitral- bzw. Trikuspidalinsuffizienz bei Mitralisierung bzw. Trikuspidalisierung von Herzklappenfehlern
    - b) diastolisch = intraprozessuales Insuffizienzgeräusch an der Aorta bzw. Art. pulmonalis bei Erweiterung des Klappenringes und gleichzeitiger Herzschwäche im Gefolge von arteriellem und pulmonalem Hochdruck (HOCHREIN-GRAHAM-STEEL)

    B. valvulär bedingte Geräusche
    - a) funktionelle Mitralstenose (bei Aorteninsuffizienz) (FLINTsches Geräusch)
    - b) funktionelle Mitralinsuffizienz durch verkürzte und verstärkte Systole des linken Ventrikels bei Morbus Basedow

II. Extrakardiale = akzidentelle Geräusche (fast immer systolisch)
1. *bei Veränderung der Blutbeschaffenheit* (Herabsetzung der Blutviskosität (Anämie, Aderlaß, Blutverlust usw.)
2. *Kompression von außen*
    A. physiologisch im Jugendalter bedingt durch die Besonderheiten des jugendlichen Thorax mit geringem dorso-frontalem Durchmesser
    B. pathologisch durch den Druck von Tumoren, retrosternaler Struma (Kropfherz), Aortenaneurysma

III. Grenzgeräusche (systolisch)

Mißverhältnis zwischen Aortenweite und Herzausflußöffnung bei Aortitis luica, zentraler Sklerose usw.
Pleuroperikardiales Geräusch

IV. Herznahe Gefäßgeräusche (meist intraprozessual)
1. *arteriell*:
Aortenaneurysma, Aortenisthmusstenose, Offener Ductus Botalli
2. *venös*:
Arterio-venöses Aneurysma, Nonnensausen.

Degeneration von Muskelgewebe (KREHLscher Muskel) und damit zur Vergrößerung des intraprozessualen Insuffizienzvolumens mit Geräuschbildung kommt.

d) Klinische Bewertung der Herzgeräusche

Wird nun ein Geräusch hörbar, dann muß man sich für seine diagnostische Bewertung folgende Gesetzmäßigkeiten vor Augen halten:

Ein Geräusch entsteht erst dann, wenn die Stromgeschwindigkeit einen bestimmten Grad erreicht hat und nimmt mit steigender Stromgeschwindigkeit an Lautheit zu. Das ist der Grund, warum ganz leise Geräusche nach körperlicher Anstrengung lauter werden oder überhaupt erst in Erscheinung treten. Ebenfalls durch den Einfluß der Strömungsgeschwindigkeit erklärt sich die Tatsache, daß die unter hoher Druckdifferenz und daher großer Stromgeschwindigkeit erzeugten Geräusche (Pulmonalstenose, Aortenstenose und -insuffizienz, Mitralinsuffizienz) im Durchschnitt erheblich lauter sind als z. B. das unter dem schwachen Druck der Vorhofsystole entstehende Geräusch der Mitralstenose. Dünnere Flüssigkeiten verursachen ganz allgemein leichter Geräusche als dickflüssige, Blut mit niedriger Viskosität leichter als Blut mit hoher Viskosität.

Es läßt sich also sagen, daß die Lautheit der Herzgeräusche zunimmt, je plötzlicher sich der Übergang von der engen in die weite Strombahn vollzieht, je größer die Blutgeschwindigkeit ist, je schwingungsfähiger die geräuschgebenden Herz- und Gefäßteile beschaffen sind und je geringer die Viskosität des Blutes ist. An dem Leiserwerden oder Verschwinden eines vorher deutlichen Geräusches kann man unter Umständen ein Nachlassen der Herzkraft erkennen. Umgekehrt kann das Erscheinen oder das Lauterwerden eines bis dahin nicht oder kaum hörbaren Geräusches darauf zurückzuführen sein, daß durch gleichzeitige Veränderung des Blutes (große Aderlässe, Infusionen, Anämie u. dgl.), das Blut dünnflüssiger geworden ist. Im allgemeinen werden aber bei chronischen Herzerkrankungen die Geräusche schon deshalb leiser, weil eine der Kompensationsmaßnahmen gegen eine beginnende verminderte Sauerstoffversorgung der Peripherie die Neigung zu Polyglobulie darstellt, durch die das Blut immer etwas dickflüssiger wird. Diese Veränderungen vollziehen sich jedoch so langsam und schleichend, daß sie objektiv nur durch optische Registrierung festgehalten werden können.

Die Vielzahl der Geräuschphänomene am Herzen mag Tabelle 16 systematisch verdeutlichen.

Auch der weitere Gang der Untersuchung sollte sich einer gewissen Norm bedienen.

Für die Diagnostik der Herzgeräusche, soweit sie auf Stenosen der Ostien oder Insuffizienzen der Klappen am Herzen zurückzuführen sind, ist 1. die Angabe von Bedeutung, in welcher Phase der Herzaktion das Geräusch entsteht, 2. wie das Geräusch sich an der vorderen Brustwand ausbreitet, wobei das sogenannte „Punctum maximum" festzustellen ist und die Richtung, in welcher das Geräusch fortgeleitet wird, 3. die Festlegung des Schallcharakters, dessen Kennzeichnung durch die termini technici: blasend, schwirrend, gießend, sägend, hauchend usw. gegeben wird. Als musikalische Herzgeräusche werden eigentümlich atypische Klangphänomene bezeichnet, welche durch die Spannung von Sehnenfäden, das freie Flottieren von abgerissenen Papillarmuskeln usw. zustande kommen und nicht ganz selten nach stumpfen Brustwandtraumen zu beobachten sind.

Die Differenzierung, ob ein Geräusch in der Systole oder Diastole gelegen ist, ist nicht immer ganz leicht. Schon bei den Herztönen kann diese Unterscheidung oft besondere Maßnahmen erfordern. Noch mehr gilt dies aber von den Geräuschen, die durch ihre Lautintensität die Herztöne unter Umständen vollkommen überlagern bzw. deren Entstehungsursache zugleich den Herzton auslöscht. Auf Grund der Untersuchungen von HOLLDACK ist die Unterscheidung von systolischen und diastolischen bzw. präsystolischen Geräuschen in der Regel nur dann möglich, wenn diese Geräusche mindestens 0,1 sec vor oder nach den 1. Tönen beginnen oder enden. Die Gefahr einer Verwechslung von systolischen und diastolischen Geräuschen ist vor allem bei Tachykardien gegeben, weiterhin bei gleicher Länge von Systole und Diastole, Zwischenlagerung von Extratönen und bei Änderung des Geräuschcharakters, d. h. wenn systolische Geräusche nicht als Crescendogeräusch bereits zu Beginn der Systole, sondern erst an ihrem Ende auftreten. Auch durch die vergleichende Palpation des zentralen Pulses soll seiner Auffassung nach keine entscheidende Besserung der zeitlichen Einordnung von Herzgeräuschen erwartet werden können.

Wurde ein Herzfehler festgestellt und anatomisch festgelegt, dann folgt die funktionelle Bewertung im Rahmen des Allgemeinbefundes. Man halte sich dabei stets vor Augen, daß die leichtfertige Gleichsetzung eines Geräusches mit einem „Herzfehler" ein Menschenleben in seiner gesamten körperlich-seelischen Entwicklung beeinträchtigen kann. Wird dieses Urteil in der Jugend ausgesprochen, so kann der Heranwachsende zu einem Herzkrüppel werden. Der Erwachsene kann zu einem in seiner Existenz bedrohten Herzneurotiker gemacht werden. Man muß sich daher nach der Feststellung von Geräuschen stets folgendes vor Augen führen:

Systolische Geräusche über dem Herzen sind ungeheuer häufig. Sie wurden bei Rekrutierungsuntersuchungen in den USA und der Schweiz in 30–40% der Fälle festgestellt, ein Prozentsatz, der neuerdings durch die Untersuchungen von STEWART bestätigt wird. Dieser beobachtete das Geräusch in 60% über der Basis, in 20% über der Herzspitze und in den übrigen 20% über Basis und Spitze gleichzeitig. Bei Kindern ist der Prozentsatz sogar noch wesentlich höher und wird zwischen 40 und 75% angegeben (BOENHEIM, GERHARDT, LÜTHJE u. a.).

Dieser hohe Prozentsatz, in dem sich das Geräusch als harmloser „Schönheitsfehler" nachweisen ließ, rechtfertigt den Standpunkt:

Ein systolisches Geräusch über dem Herzen ist solange als Bagatellbefund zu betrachten, als es durch eingehende Untersuchungen nicht gelingt, 1. eine der in Tabelle 15 skizzierten Möglichkeiten der Geräuschentstehung unter Beweis zu stellen; 2. den Nachweis einer typischen Fehlkonfiguration zu erbringen oder 3. eine Funktionsstörung des Herzens nachzuweisen.

BESTERMANN glaubt, daß diastolischen Geräuschen im allgemeinen eine größere Beweiskraft zukommen dürfte, eine Auffassung, der zugestimmt werden kann, wobei nur der Annahme zu widersprechen ist, daß diastolische Geräusche immer organisch-valvulären Ursprungs sein müssen.

Wenn wir somit einerseits die obligat-pathognomonische Bedeutung der Herzgeräusche für die Beurteilung ablehnen, dann muß andererseits zugegeben werden, daß ihr Fehlen wiederum das Vorhandensein auch schwerster Herzklappendeformationen nicht ausschließt. In Abb. 84 wird das Bild der Herzklappen bei einem relativ jugendlichen Mann gezeigt, bei dem von seinem Herzleiden nichts bekannt war und bei dem sich auch bei langer Beobachtung niemals ein Geräusch feststellen ließ.

Diese „stummen" Herzfehler sind bekannt und können an allen Klappen vorkommen. Besonders häufig ist das Bild der „stummen Mitralstenose", das, wie KAUFMANN und POLIAKOFF bestätigen, oft bis ins hohe Alter das diastolische Geräusch vermissen läßt. Das Schwinden eines in der Jugend vorhandenen Geräusches wird erklärt durch den modifizierenden Einfluß sklerotischer Prozesse und die altersbedingte Strömungsverlangsamung des Blutes.

274   Untersuchung und Beurteilung der Herz-Kreislauffunktion

Gesichert ist, daß keine direkten Beziehungen zwischen der Lautheit des akustischen Befundes und der Schwere des klinischen Bildes bestehen.

Nachdem somit das Herzgeräusch in seiner diagnostischen Wertigkeit und seiner klinischen Bedeutung umrissen wurde, ist es notwendig, auf einige Maßnahmen hinzuweisen, welche die differentialdiagnostische Beurteilung zu erleichtern vermögen.

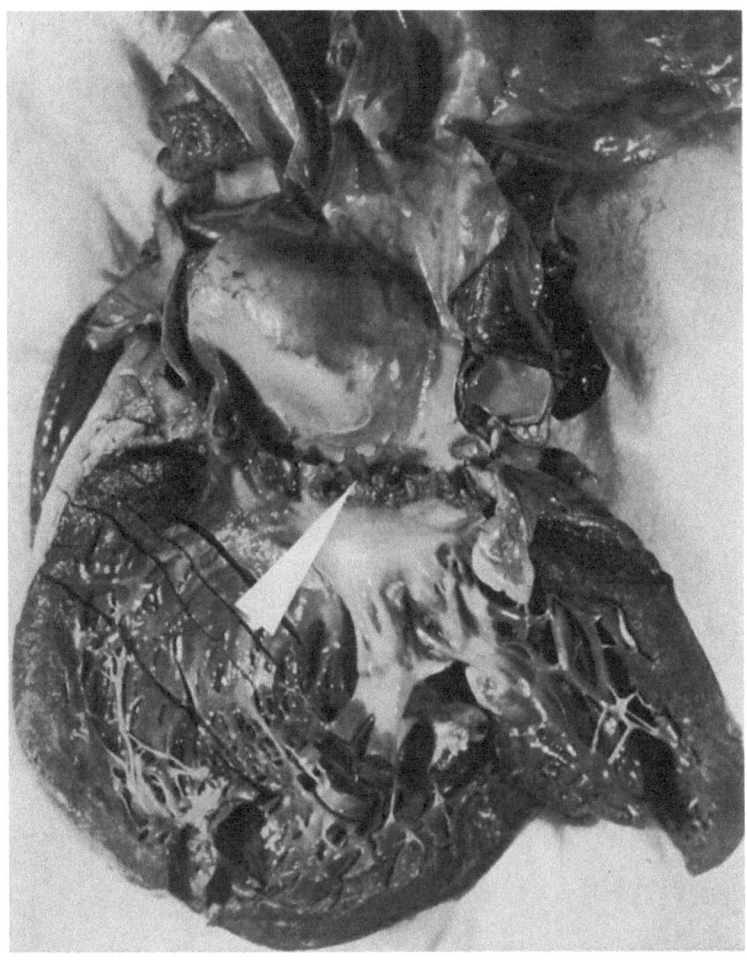

Abb. 84. Schwere Endocarditis ulcerosa der Aortenklappen ohne auskultatorischen Befund.

Bekanntlich sind die akzidentellen Geräusche sehr variabel, sowohl in bezug auf die Konstanz ihrer Wahrnehmbarkeit als auch in Hinsicht auf Lautstärke und klangliche Eigenart. Sie ändern sich, kommen oder verschwinden mit Lagewechsel, Atembewegungen, Zwerchfellstand und Herzfrequenz. So kann das juvenile Pulmonalisgeräusch unter Umständen bewußt durch tiefe Exspiration provoziert werden (MARTINI). Die Konstanz eines Geräusches mag daher sehr wohl im Rahmen anderer Untersuchungen für einen organischen Herzfehler sprechen, die Änderung von Lautheit und Klangcharakter dagegen bei Lagewechsel usw. kennzeichnet nicht nur das akzidentelle harmlose, sondern auch das echte Klappengeräusch. Auch der Angabe von STEWART, daß das Lauterwerden bei Steigerung der Herzfrequenz (körperliche Anstrengung, psychische Erregung) für einen akzidentellen Charakter des Geräusches spreche, kann nicht beigepflichtet werden, nachdem wir oben ausgeführt haben, daß die Lautheit eines jeden Geräusches mit Beschleunigung der Geschwindigkeit des Blutstromes, der das Geräusch erzeugt, zunimmt. Von BESTERMANN ist demgegenüber empfohlen worden, die Auskultation nach Verabfolgung von 0,25 mg Phenylephrin durchzuführen. Es kommt dabei zu einer Bradykardie und einem transitorischen Blutdruckanstieg. In schwierigen Fällen wird man, wenn möglich, die Phonokardiographie heranziehen, eine Methode, auf die an anderer Stelle noch eingegangen wird.

Es wäre jedoch ein Fehler, wenn man sich durch die anscheinende Objektivität derartiger Maßnahmen und Methoden zur Anerkennung der pathognomonischen Bedeutung eines Geräusches berechtigt fühlen würde, wenn der gesamte übrige Befund einschließlich der Anamnese eine derartige Aussage in keiner Weise bestätigt. So sehr der Arzt verpflichtet ist, einen Kranken von dem Vorliegen einer organischen Herzerkrankung in Kenntnis zu setzen, so verhängnisvoll ist die unüberlegte und unkritische Weitergabe derartiger Befunde, die nur allzu häufig die Grundlage für ein psychisch verankertes Herzleiden oder eine durch keine Maßnahmen mehr zu beseitigende Rentenneurose schafft.

3.1.4. Elektrokardiographie

a) Methodik und Erklärung

Aus der Physiologie ist bekannt, daß jeder tätige Muskel einen elektrischen Strom liefert, der dadurch entsteht, daß der tätige Teil eines Muskels sich zum ruhenden, wie der negative Pol eines Elementes zum positiven verhält und so ein Aktionsstrom zustande kommt. Die Elektrokardiographie befaßt sich mit der graphischen Registrierung der elektrischen Vorgänge im arbeitenden Herzen, deren kurvenmäßige Darstellung das Elektrokardiogramm ergibt.

Das Elektrokardiogramm stellt nicht den Aktionsstrom ganz bestimmter Muskelzüge dar, sondern besteht aus einer Kurve, die durch Addition und Subtraktion von Potentialdifferenzen zustande kommt. Diese haben ihren Ursprung in den verschiedensten, sich kreuzenden Fasersystemen des Herzens. Das elektrische Potential der einzelnen Herzabschnitte teilt sich dem umgebenden Gewebe mit, und es entstehen Stromschleifen vom Herzen bis zur Körperoberfläche. Da nun die Achse des Herzens von rechts hinten oben nach links unten vorn verläuft, teilen sich die Potentialschwankungen von der Basis mehr der rechten oberen Rumpfseite und dem rechten Arm, diejenigen der Herzspitze mehr der linken Rumpfhälfte, dem linken Arm, der unteren Körperhälfte und den Beinen mit.

Um möglichst große Potentialdifferenzen zu erreichen, sind folgende Standard-Ableitungen üblich:

Erste Ableitung: rechter Arm — linker Arm
zweite Ableitung: rechter Arm — linkes Bein
dritte Ableitung: linker Arm — linkes Bein

b) Das normale Elektrokardiogramm

Das auf diese Weise registrierte Elektrokardiogramm besteht aus einer Anzahl von Zacken, die mit den Buchstaben P, Q, R, S, T, U bezeichnet werden und sich über die isoelektrische Linie (sie entspricht dem Zustand, in dem die Erregung gleich Null ist) erheben bzw. unter sie senken. Jede Bewegung, die sich über diese Linie erhebt, wird als positiv, jede, die sich unter sie senkt, als negativ benannt. Nachgewiesen werden in jedem Fall nur Potentialdifferenzen, die vorliegen, wenn ein Erregungsunterschied an den einzelnen Teilen des Muskels besteht. Verläuft die so aufgezeichnete „Differenzkurve" negativ, so ist das ein Beweis, daß die erregten (negativen) Muskelabschnitte, gegenüber den bereits in Ruhe befindlichen (positiven) überwiegen (Abb. 85).

Das normale Ekg beginnt mit dem Vorhofskomplex, der kleinen positiven Zacke P, die der Erregungsausbreitung der Vorhöfe entspricht. Von dieser P-Zacke leitet eine meist kurze Strecke (PQ) über zum Kammerkomplex. Dieser setzt sich aus 3 Abschnitten, dem QRS-Komplex, der ST-Strecke und T-Zacke zusammen.

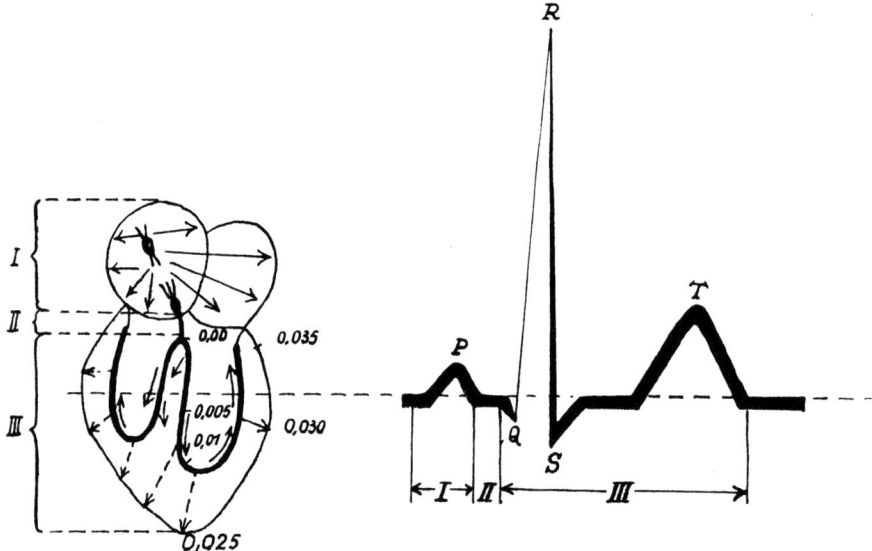

Abb. 85. Schematisiertes „Elektrokardiogramm" bei Basis-Spitzenableitung. Die Zacken $P\,Q\,R\,S\,T$. Daneben Andeutung des Erregungsablaufes über das Herz. Die Zahlen bedeuten die Zeit (in Sekunden), nach welcher die Erregung die einzelnen Abschnitte der Kammermuskulatur erreicht. Es ist angedeutet, daß die Zacke P der Vorhoferregung (I), der Abschnitt zwischen P- und Q-Zacke der „Überleitung" durch das Überleitungsbündel (sog. „Überleitungszeit" I + II) und der $Q\,R\,S\,T$-Komplex (III) der Kammererregung zuzuordnen ist.

Der QRS-Komplex besteht aus einer meist positiv gerichteten Hauptzacke R und den beiden in der Regel negativ gerichteten Nebenzacken Q und S. An diesen Komplex schließt sich die Mittelstrecke ST, die unter normalen Bedingungen nahezu isoelektrisch verlaufen soll, meist aber an ihrem Ende einen geringen Anstieg nach der positiven Endzacke T zu aufweist. Die QT-Dauer stellt die Zeit der Kammererregung dar. Für den zeitlichen Ablauf der Zacken und Strecken gelten folgende Normen:

Die Herzperiode (R–R-Abstand) hat meist eine Dauer von 0,7–0,9 sec.
$RR < 0,6$ entspricht einer Sinustachykardie (Abb. 87 a),
$RR > 1,0$ entspricht einer Sinusbradykardie (Abb. 87 b).
Die P-Zacke soll nicht länger dauern als 0,1 sec,
PQ nicht länger als 0,2 und nicht kürzer als 0,1 sec,
QRS nicht länger als 0,1 sec.

Das Größenverhältnis der Hauptzacken $R:T:P$ verhält sich wie $100:25:10$.
Die QT-Dauer wird berechnet nach der Formel:

$$QT = 8{,}22 \sqrt[3]{R\text{-}R\ Intervall} \pm 0{,}045\ sec\ (\text{Fridericia}).$$

Diese Werte für Zacken und Strecken entsprechen jedoch nicht absoluten Werten. Unter normalen Bedingungen kommt es bei einer Tachykardie zu einer Verkürzung auch der PQ- und QRS-Werte. Es sind daher bei einer Sinustachykardie von RR $0{,}5$ sec, ein PQ von $0{,}19$ und ein QRS von $0{,}09$ bereits relativ verlängert. Als Grundlage der Beurteilung dient meist Ableitung II. Eine normale Folge von P-Zacke – QRS – und T wird als Sinusrhythmus bezeichnet. Eine Analyse des Ekg wird durch Wenckebachsche Stufen erleichtert (Abb. 86).

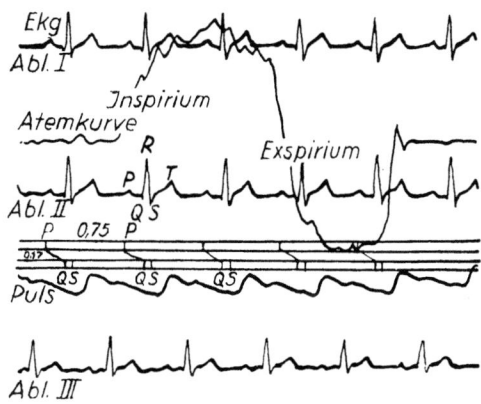

Abb. 86. Normales Elektrokardiogramm.

c) Veränderlichkeit des normalen Ekg

Das menschliche Herz macht im Laufe des Lebens eindeutig altersabhängige Veränderungen in bezug auf Lageverhältnisse und Dynamik durch, die für einen charakteristischen Typenwandel des Ekg verantwortlich sind und die dahingehend zum Ausdruck kommen, daß die im jugendlichen Alter häufigen Rechts- und Steiltypen zunehmend seltener werden und jenseits des 40. Lebensjahres kaum mehr angetroffen werden, während im Gegensatz dazu die Linkstypen an Häufigkeit zunehmen (s. Abb. 43 S. 123).

Die Lagetypen werden, abgesehen vom Zwerchfellstand, auch durch die Drehung des Herzens um seine Längsachse bestimmt. Alle Zustände, die einen Zwerchfellhochstand herbeiführen (Schwangerschaft, Meteorismus, Fettsucht, Aszites) wirken sich im Sinne einer Linksdrehung, solche mit Zwerchfelltiefstand (Emphysem, Magersucht, allgemeine Ptose) dagegen in Form einer Steilstellung aus. Auf diese Weise kann auch von einem konstitutionstypischen Ekg gesprochen werden, da das Ekg des Pyknikers durch einen Lage-Linkstyp, das des Asthenikers durch einen Steiltyp gekennzeichnet ist (s. S. 228, Abb. 58).

d) Das pathologische Ekg

In Abb. 87 sind Anomalien von Zacken und Strecken schematisch aufgezeichnet.

Eine Verbreiterung von P mit gleichzeitiger Aufspaltung in zwei Gipfel, die besonders in Ableitung I und II ausgeprägt ist, wird als P-mitrale bezeichnet und

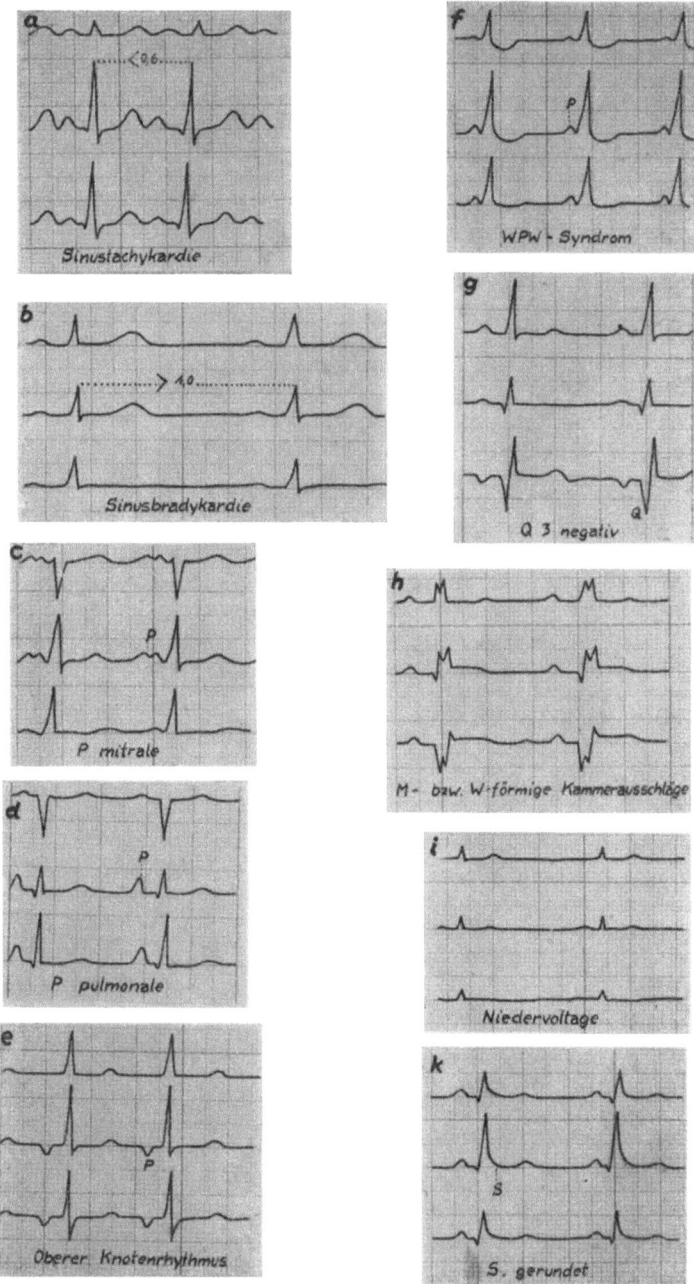

Abb. 87. Anomalien von Zacken und Strecken (a–k).

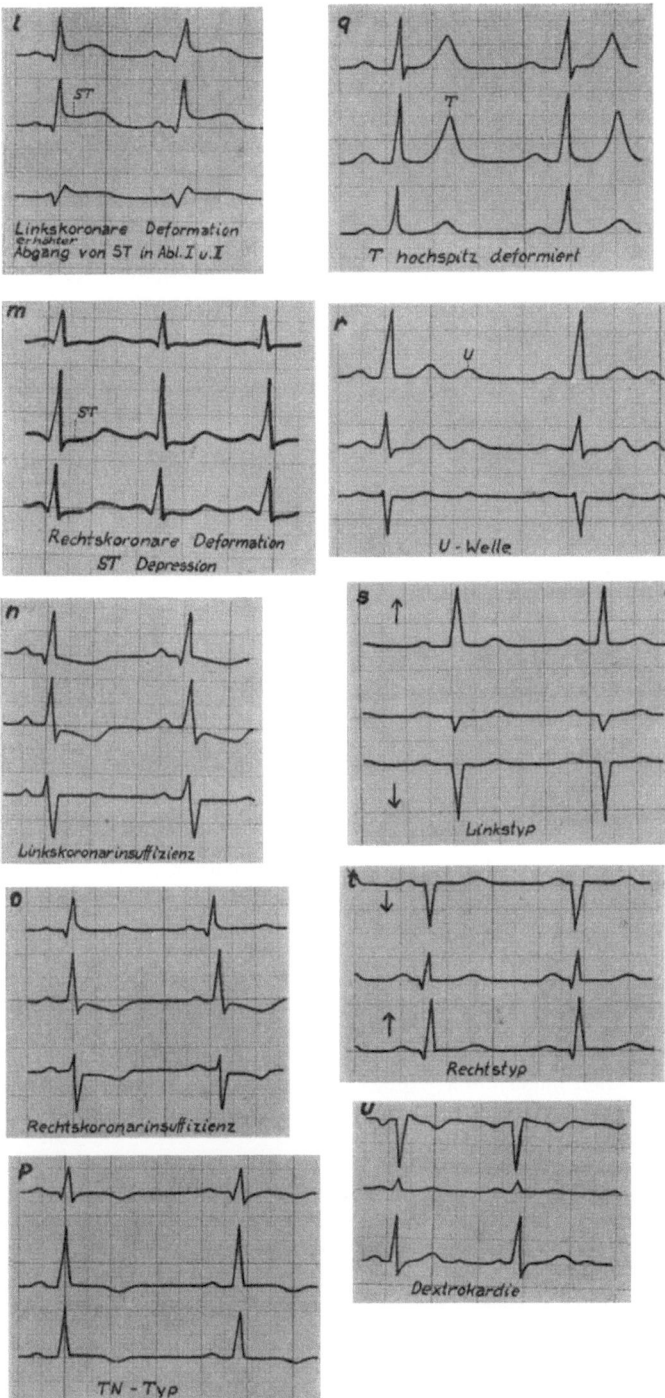

Abb. 87. Anomalien von Zacken und Strecken (*l–u*).

kommt vor, wenn die Erregungsleitung in einem Vorhof wegen starker Dilatation längere Zeit benötigt als im anderen (s. Mitralstenose) (Abb. 87c).

Eine Zuspitzung und abnorme Höhe von P in Ableitung II und III wird P-pulmonale genannt und angetroffen bei Druckerhöhung im kleinen Kreislauf und vermehrter Arbeit des rechten Herzens (Abb. 87d). Fehlen von P, negatives P und Auftreten nach dem QRS-Komplex findet sich beim Knotenrhythmus (Abb. 87e). Verlängerung von PQ über 0,2 bzw. relative Verlängerung bei Tachykardie bedeutet eine Überleitungsstörung vom Vorhof zur Kammer und ist meist bedingt durch eine Myokardschädigung. Verkürzung von PQ unter 0,1 kommt vor bei Vorhofextrasystolen und beim Syndrom von WOLFF, PARKINSON und WHITE (WPW-Syndrom). Bei dem letzteren findet sich eine Verkürzung von PQ mit deformierten Kammerkomplexen. Es wird erklärt durch das Vorliegen einer besonderen Vorhofskammerleitung (KENTsches Bündel), über die der Reiz schneller den a–v-Knoten erreicht als über die sonst übliche diffuse Vorhofwandleitung. Da es sich in der Regel um eine rechtsseitige Vorhofkammerverbindung handelt, wird auch der rechte Ventrikel vor dem linken aktiviert, und es entstehen dadurch Verspätungskurven (Abb. 87f).

Eine verbreiterte negative Q III-Zacke ist pathognomonisch für eine Myokardschädigung (nur verwertbar bei deutlich ausgeprägtem Q II), (Abb. 87g) und wird häufig nach Myokardinfarkt gefunden. M- bzw. W-förmige Deformation der Kammerkomplexe wird ebenfalls am häufigsten als Ausdruck einer diffusen Myokardschädigung beobachtet (Abb. 87h). Sehr kleine Kammerkomplexe, wobei alle Zacken sehr niedrig sind, werden als „Niedervoltage" bezeichnet. Das Aktionspotential aller Herzfasern ist dabei herabgesetzt. Dieses Bild kommt vor bei diffusen Herzmuskelschädigungen infolge von Koronarsklerose, Infektionskrankheiten, Kachexie, sowie bei schlechter Leitfähigkeit der Gewebe, z. B. beim Myxödem (Abb. 87i).

Veränderung der S-Zacke in Form einer Abrundung wird als Frühsymptom koronarer Durchblutungsstörungen beobachtet (Abb. 87k). Abweichungen der Zwischenstrecke ST im Sinne von hohem oder tiefem Abgang, konvexem oder konkavem Verlauf usw. können in Ableitung I und II für koronare Durchblutungsstörungen im Bereich der linken, in Ableitung II und III dagegen für solche im Bereich der rechten Kranzarterie sprechen (Abb. 87 l, m).

Negative T-Zacken in Ableitung I und II sprechen für eine Verzögerung des Erregungsrückganges im Bereich der Herzvorderwand (Abb. 87n) und kommen vor bei linkskoronarer Durchblutungsstörung, negative T-Zacken in Abl. II und III sind kennzeichnend für den entsprechenden Vorgang im Bereich der Herzhinterwand bei rechtskoronarer Durchblutungsstörung (Abb. 87o) und werden am häufigsten verursacht durch eine schwere Myokardschädigung, z. B. durch Myokardinfarkt. Der TN-Typ wird in der Regel bei schwerer Durchblutungsinsuffizienz beider Koronararterien angetroffen (Abb. 87p). Hochspitze T-Zacken finden sich oft bei gesteigerter Erregbarkeit, z. B. ausgesprochenen Sympathikotonikern, Basedow-Kranken usw. (Abb. 87q).

Nach den T-Zacken findet sich häufig noch eine meist nur flache Erhebung, die als U-Welle bezeichnet wird. Ihre Bedeutung ist noch nicht ganz geklärt. Für die klinische Bewertung scheint sie nicht wesentlich zu sein. Sie findet sich nicht selten bei besonders leistungsfähigen Herzen (Abb. 87r).

Normalerweise sind alle Hauptzacken im Ekg der Erwachsenen positiv, d. h. der Hauptausschlag geht nach oben. Von diesem Normal-Typ gibt es eine gesetzmäßige Abweichung, indem sich bei Menschen in höherem Alter ein Linkstyp (Divergenz der Hauptausschläge in Abl. I und III, s. Abb. 87s) bei Jugendlichen dagegen, besonders aber im Kindesalter, mehr ein Rechtstyp (Konvergenz der Hauptausschläge in Abl. I und III, s. Abb. 87t) erkennen läßt. Dieses altersbedingte Typenverhalten ist nach einem bestimmten Typenindex (SCHLOMKA) zu berechnen. Ab-

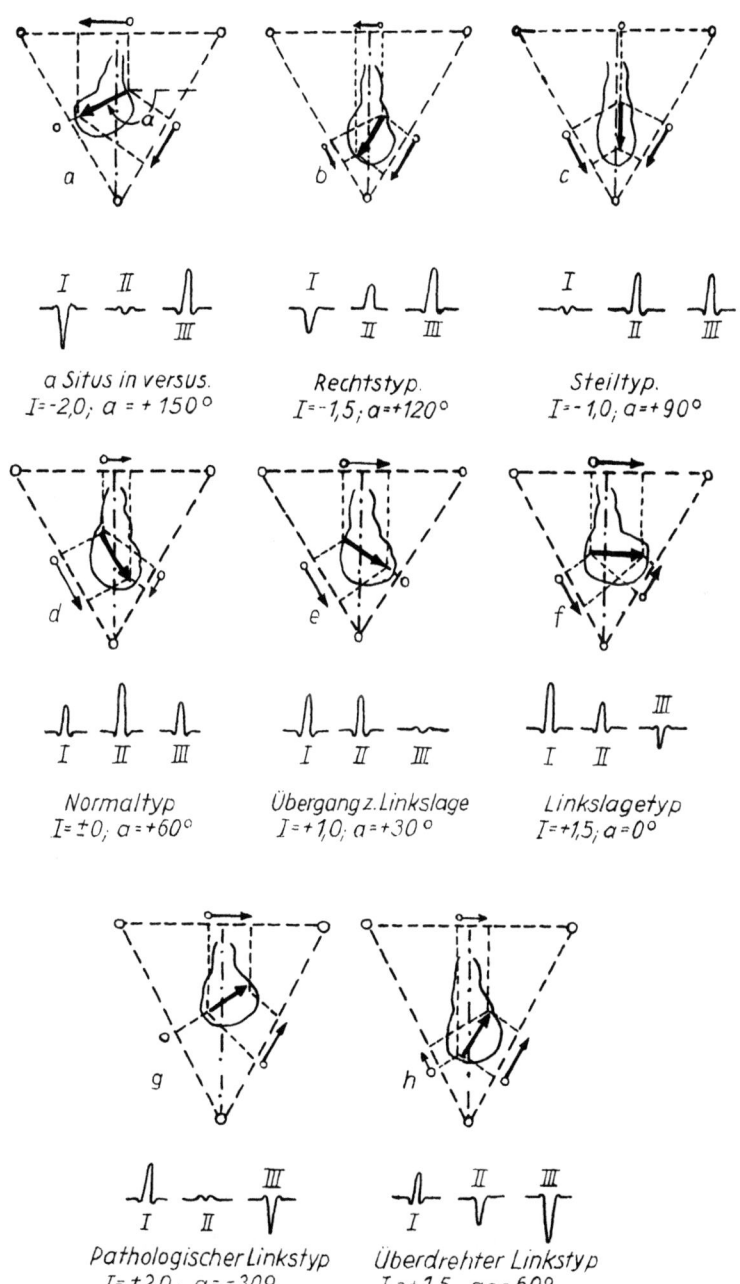

Abb. 88. Beziehungen zwischen der Lage des Integralvektors, der Herzlage und den Hauptausschlägen im Extremitäten-Ekg. Unter den Lageskizzen ist QRS in Ableitung I–III schematisch wiedergegeben (modifiziert nach KOCH).

weichungen von dieser Norm, d. h. Rechtstyp beim Erwachsenen und Linkstyp bei relativ Jugendlichen, lassen auf eine vermehrte Beanspruchung des rechten bzw. des linken Ventrikels evtl. im Sinne einer Hypertrophie schließen. Sicher sind für diese Überwiegungskurven auch Lage und Achse des Herzens mit verantwortlich, da es oft gelingt, durch Preßdruck und Lagewechsel einen ausgesprochenen Ekg-Typ zu ändern, was nicht möglich wäre, wenn es sich nur um den Ausdruck einer Hypertrophie handeln würde. In gleicher Weise können gewisse Lageveränderungen des Herzens aus dem Ekg abgelesen werden. Bei steil gestelltem Herzen finden sich die kleinsten Ausschläge in Abl. I, während sie in Abl. II und III normal sind. Bei Querlagerung dagegen sind die QRS-Komplexe in Abl. III besonders klein.

Auch das Ekg bei der Dextrokardie kann nicht im eigentlichen Sinne als pathologisch angesehen werden, da es die Folge der andersgerichteten Erregungsausbreitung ist. Es findet sich dabei die erste Ableitung spiegelbildlich deformiert und Ableitung II entspricht der III. Ableitung und umgekehrt (Abb. 87u).

In Abb. 88 wird der Einfluß der elektrischen Achse auf Größe und Richtung der R-Zacken in den 3 Extremitäten-Ableitungen ersichtlich.

Ein weiteres Symptom, das noch im Bereich der Norm liegt, besonders ausgeprägt in der Regel bei Jugendlichen und vegetativ Stigmatisierten zu beobachten ist, ist die respiratorische Arrhythmie. Sie äußert sich in einem periodischen Wechsel der R–R-Abstände, die in allmählichem Übergang mit der Einatmung kleiner, mit der Ausatmung größer werden. Ebenso kann die Höhe der P-Zacken abhängig von der Atmungsphase deutliche Schwankungen aufweisen (Abb. 89).

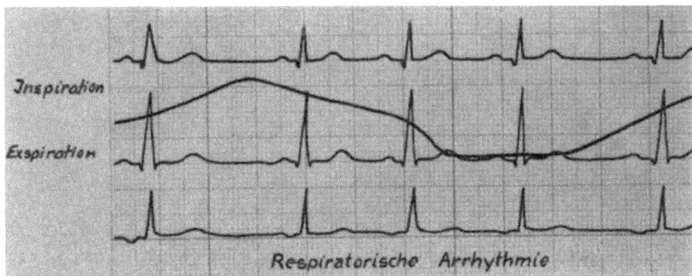

Abb. 89. Atemkurve und Ekg.

Reizbildungsstörungen. An Reizbildungsstörungen sind bekannt:

1. die Extrasystolie,
2. paroxysmale Tachykardie,
3. Arrhythmia absoluta mit Vorhofflattern bzw. -flimmern.

Die Extrasystolie wird bezeichnet nach ihrem Ursprung vom Sinus, Vorhof, Atrioventrikularknoten (oberer, mittlerer und unterer Abschnitt), von der rechten oder linken Kammer (Abb. 90c u. d). Sie kann interpoliert (zwischen 2 Normalschlägen) und kompensiert (mit kompensatorischer Pause) auftreten, so daß Normalschlag, Extrasystole mit Pause und Normalschlag zeitlich 3 Herzaktionen entsprechen.

Beobachtet werden weiterhin nomotope und heterotope Extrasystolie, d. h. der Extrareiz geht immer vom gleichen Reizursprung aus oder entsteht abwechselnd im Vorhof, der rechten Kammer, der linken Kammer usw. (Abb. 90g, h).

Fixe Koppelung des Sonderreizes an den Normalreiz ist möglich, d. h. es folgt z. B. jedem Normalschlag eine Extrasystole (Bigeminie) (Abb. 90i) oder jedem

Normalschlag zwei Extrasystolen (Trigeminie) – während in anderen Fällen eine bestimmte Regelmäßigkeit nicht erkannt werden kann (Abb. 90g).

Die Sinusextrasystolie weicht in keiner Form vom Normalkomplex ab und ist nur gekennzeichnet durch ihr etwas verfrühtes Auftreten sowie durch eine meist kleine kompensatorische Pause. Sie kann leicht mit einer respiratorischen Arrhythmie verwechselt werden.

Die Vorhofextrasystolie ist charakterisiert durch eine meist verkürzte Überleitungszeit. Der Kammerkomplex ist gegenüber dem Normalschlag nicht verändert (Abb. 90a).

Die atrioventrikuläre Extrasystole kann, abhängig von ihrem Reizursprung im oberen, mittleren oder unteren Knoten ganz verschieden aussehen. Vom oberen Knoten ist die Zeit der Erregung zu den Vorhöfen kürzer als die zum Ventrikel. Als Ausdruck rückläufiger Erregung findet sich daher eine negative P-Zacke direkt vor dem normal konfigurierten Kammerkomplex. Bei der Reizentstehung im mittleren Knoten ist der Weg zu den Vorhöfen genauso lang wie zu den Kammern, die P-Zacke fällt daher in den Kammerkomplex hinein. Beim unteren Knoten ist die Erregungsleitung zu den Kammern kürzer als zu den Vorhöfen, es entsteht daher ein durch die Ventrikelnähe des Reizursprungs leicht deformierter Kammerkomplex mit nachfolgender, meist negativer P-Zacke (Abb. 90b).

Die ventrikulären Extrasystolen zeigen keine P-Zacken. Entstehen sie im linken Ventrikel, dann finden sich die positiven Hauptausschläge in Abl. II und III, haben sie ihren Ursprungsort in der rechten Kammer, dann sind die positiven Hauptausschläge in Abl. I und II festzustellen. Die Kammerextrasystolen sind dadurch gekennzeichnet, daß sie keine Ähnlichkeit mit den normalen Kammerkomplexen zeigen, sondern Bilder liefern, wie sie sonst nur bei den Schenkelblockkurven auftreten (Abb. 90c, d). Interpolierte Extrasystolen kommen fast nur bei einem Reizursprung im Sinus bzw. Vorhof vor (Abb. 90e), während alle anderen Extrasystolen in der Regel von einer kompensatorischen Pause gefolgt sind (Abb. 90f).

Erfolgt die extrasystolische Reizbildung in rascher Folge (200/min und mehr), so daß die Sinusreize immer in die Refraktärzeit fallen, und die Sinusführung aufgehoben ist, dann spricht man von einer paroxysmalen Tachykardie. Auch hier unterscheidet man Vorhofs-, Knoten- und Kammertachykardien (Abb. 90k, l).

Die Unterscheidung ist infolge der Verkürzung der diastolischen Perioden und der dadurch bedingten Verschmelzung der Vorhofszacken mit den Kammerkomplexen häufig sehr schwierig.

Die Arrhythmia absoluta tritt in zwei Formen, der Vorhofflatter- und der Vorhofflimmerarrhythmie, auf. Die Ventrikel nehmen dabei die von den flatternden oder flimmernden Vorhöfen sehr frequent und regelmäßig zugeleiteten Reize in unregelmäßigen Abständen an. Je nach der Ansprechbarkeit der Ventrikel unterscheidet man noch eine Tachy- und eine Bradyarrhythmie.

Von Vorhofflattern wird gesprochen bei 200–300 Vorhoferregungen in der Minute (Abb. 90m), während beim Vorhofflimmern Frequenzen von 300–600 pro Minute beobachtet werden (Abb. 90n). Das Flattern zeichnet sich im Ekg noch als ganz regelmäßige Wellenbewegung ab, während das Flimmern eine feinzittrige Kurve hinterläßt, die viel Ähnlichkeit mit dem (oft als Deformation eines Ekg auftretenden) Muskelzittern hat. Die Kammerkomplexe können bei beiden Formen normal gestaltet sein. Die T-Zacke wechselt durch Interferenz mit den Flatter- bzw. Flimmerwellen in Form und Größe. Nicht selten treten auch ventrikuläre Extrasystolen zusätzlich auf. Sie zeigen, auch wenn sie gleichen Ursprungsort haben, durch Interferenz mit den unregelmäßigen Vorhofserregungen kleine Formunterschiede, sind jedoch nicht so ungünstig zu bewerten, wie eine heterotope Extrasystolie.

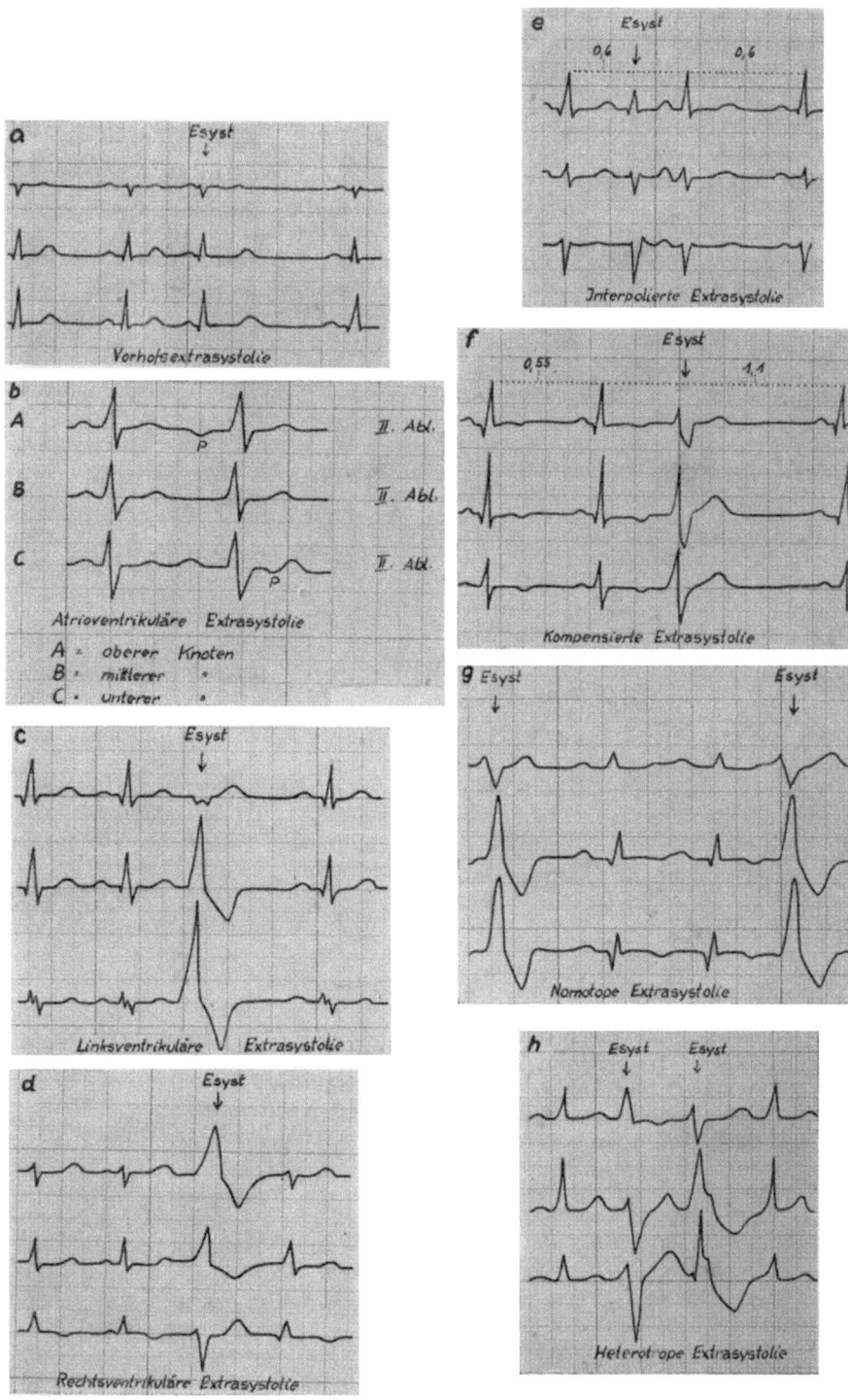

Abb. 90. Reizbildungsstörung (a–h).

Spezielle Untersuchungen des Herz-Kreislaufsystems

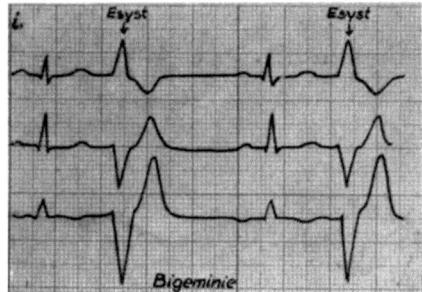

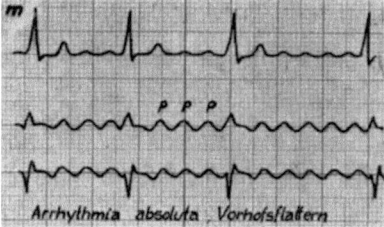

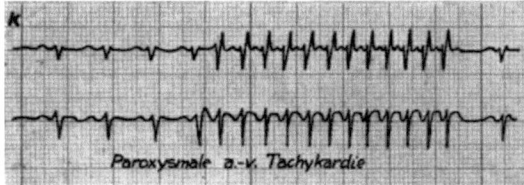

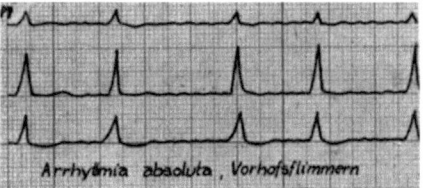

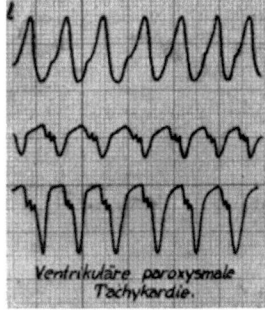

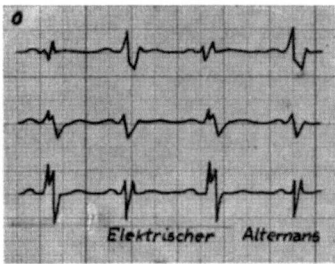

Abb. 90. Reizbildungsstörungen (*i–o*).

Ein besonderes Phänomen, das zwar im eigentlichen Sinne nicht zu den Reizbildungsstörungen gehört, ist der elektrische Alternans (Abb. 90o). Er wird als eine Ermüdungserscheinung des Myokards, insbesondere des elektrischen Leitungssystems aufgefaßt. Es handelt sich dabei um ein Bild, bei dem jeder 2. Kammerkomplex etwas andere Höhe und Form zeigt als der Normalschlag, ohne daß es sich dabei um eine Bigeminie handeln würde. Es wird angenommen, daß bei jedem 2. Schlag ein geschädigter Teil des Myokards ausfällt, und dadurch eine Veränderung des Potentials zustande kommt.

Reizleitungsstörungen. Die Reizleitungsstörungen werden je nach ihrer Lokalisation bezeichnet als

Sinu-aurikuläre Reizleitungsstörung
Atrio-ventrikuläre Reizleitungsstörung
Intraventrikuläre Reizleitungsstörung
Schenkelblock
Arborisationsblock.

Man unterscheidet weiterhin den partiellen und totalen Block, die WENCKEBACHschen Perioden und den WILSON-Block.

Die Leitungsverzögerung kommt dadurch zustande, daß eine geschädigte Myokardstelle schlechter leitfähig wird, als der Norm entspricht. Das Ausmaß der Störung kann erkannt werden an der Verlängerung der Reizleitung, welche durch die Läsion entsteht. Ist die lokale Schädigung so stark, daß überhaupt keine Reize auf dem normalen Wege mehr fortgeleitet werden, dann spricht man von Block. Die sinu-aurikuläre Reizleitungsstörung ist dadurch gekennzeichnet, daß ein RR-Intervall gerade die doppelte Zeit der übrigen aufweist, d. h. daß der Reiz, der im Sinus entsteht, und der im Ekg nicht nachweisbar ist, nicht bis zu den Vorhöfen fortgeleitet wird. Bleiben die Vorhofszacken länger aus, dann stehen auch die Kammern still und es kommt zum präautomatischen Stillstand beim sinu-aurikulären Block bis die Automatie der Kammern erwacht (Abb. 91a).

Die atrio-ventrikuläre Reizleitungsstörung ist gekennzeichnet durch eine Verlängerung von PQ über 0,2 hinaus und kann Werte bis ca. 0,4 sec erreichen (Abb. 91b).

Man findet dies meist als Zeichen einer Myokardschädigung, nicht ganz selten aber auch rein funktionell. Letzteres muß man annehmen, wenn es gelingt, durch Preßdruck oder körperliche Belastung (s. S. 384) die PQ-Verlängerung zu verkürzen. Die intraventrikuläre Reizleitungsstörung ist charakterisiert durch eine Verlängerung von QRS bei an sich normal konfiguriertem Kammerkomplex. Sie findet sich bei Myokardschädigung (Abb. 91c).

Bei den Schenkelblockformen handelt es sich häufig um eine schwerere Störung, da durch einseitigen Schenkelblock eine zweiphasige Deformierung zustande kommt. Die Erregung breitet sich auf der normalen Bahn zunächst nur im Bereich einer Kammer aus, und erst von dieser geht der Reiz durch intramuskuläre Leitung verspätet auf die andere Kammer über. Es handelt sich daher nicht allein um eine Verspätungskurve, sondern auch um einen veränderten Erregungsablauf in den einzelnen Kammerabschnitten. Die T-Zacke ist bei diesen Deformationen stets mitbeteiligt, bei hochpositivem Kammerausschlag ist sie negativ, bei negativer Hauptschwankung dagegen meist positiv, ohne daß dieses Verhalten einen Schluß auf die Koronardurchblutung zuließe (Abb. 91d, e).

Beim Arborisations- oder Verzweigungsblock sind Endfasern des Reizleitungssystems blockiert. Es kommt dabei zu einer kleinzackigen Aufsplitterung der QRS-Gruppen, ein ausgeprägter Hauptausschlag ist nicht mehr vorhanden, da die Potentialentwicklung in den einzelnen Myokardbezirken nicht mehr nach bestimmten Gesetzmäßigkeiten, sondern ganz unregelmäßig erfolgt. Dieses Verhalten findet

Spezielle Untersuchungen des Herz-Kreislaufsystems

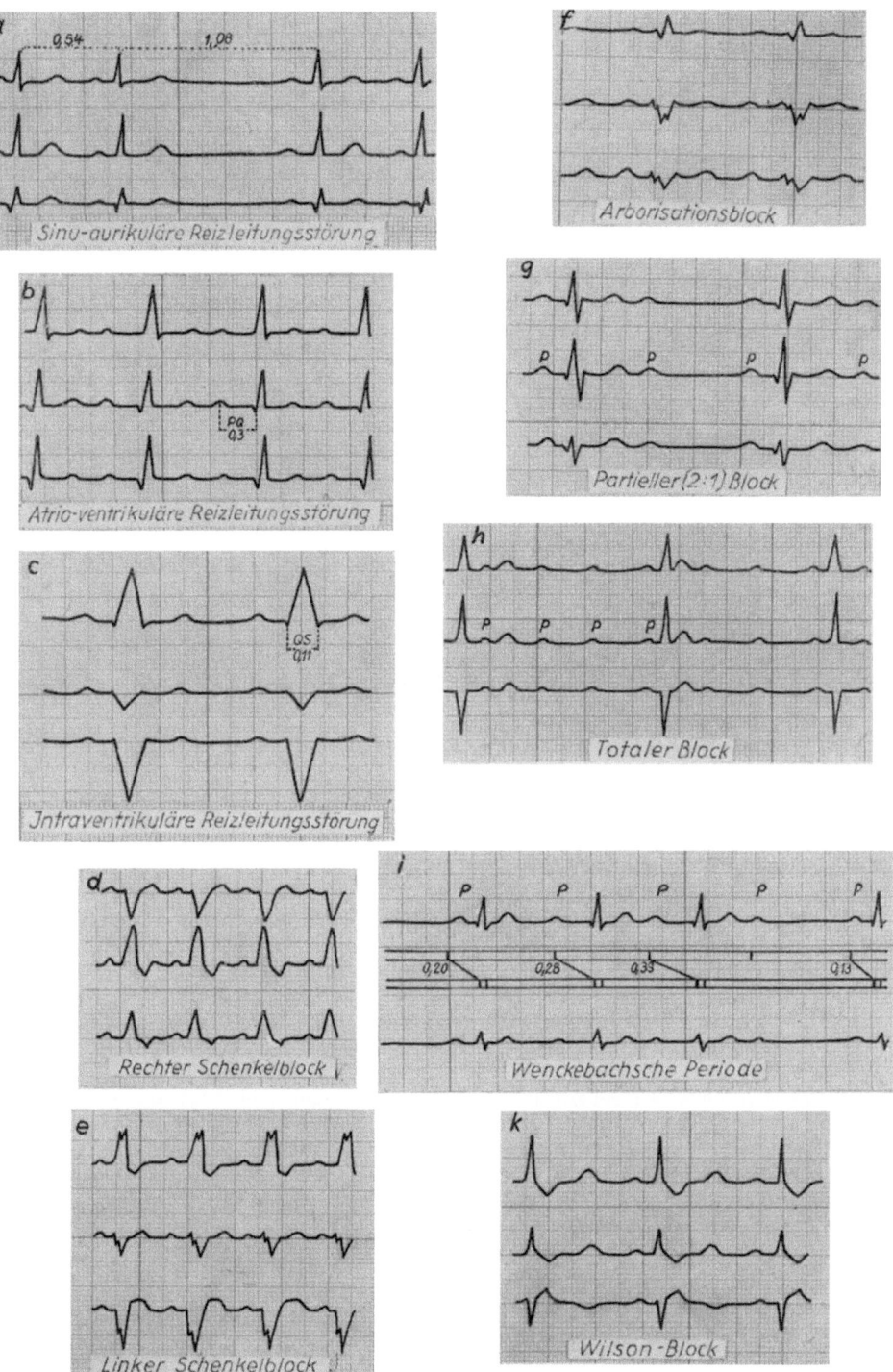

Abb. 91. Reizleitungsstörungen (a–k)

sich in allen 3 Ableitungen, meist bei einer Myodegeneratio cordis, in Ableitung II nicht selten im Ausheilungsstadium eines Myokardinfarktes (Abb. 91f).

Partiell ist die Blockierung, wenn nicht jede Vorhofserregung von einer Ventrikelkontraktion gefolgt ist, sondern nur jede 2. (2:1 Block), (Abb. 91g), jede 3. (3:1 Block) usw. Ist die Überleitungsstörung schwerer, wird die Latenz zwischen Vorhof- und Kammerregung zu groß, dann kommt es zum totalen Block, d. h. zur absoluten Vorhof-Kammerdissoziation. Die Vorhöfe schlagen in ihrem Eigenrhythmus und die Kammern, die sich auf ihre Fähigkeit zur Automatie besonnen haben, kontrahieren sich völlig unabhängig von den Vorhöfen in langsamer Kammerautomatie (Abb. 91h). Die WENCKEBACHschen Perioden schließlich sind durch eine langsame Ermüdung der Erregungsleitung gekennzeichnet (Abb. 91i). In kontinuierlichem Wechsel wird der PQ-Abstand immer länger, bis schließlich eine P-Zacke nicht mehr von einem Kammerausschlag gefolgt ist. Nach dieser Pause beginnt der Zyklus von vorn. Kommt es, wie das beim totalen Block oder auch beim sinu-aurikulären Block nicht selten ist, zu langdauerndem Systolenausfall, dann wird dieser Herzstillstand als ADAMS-STOKES bezeichnet.

Eine besondere Abart der Blockierung, bei der als Störung eine rechtskoronare Durchblutungsinsuffizienz im rechten Schenkel angenommen wird, ist der WILSON-Block. Es handelt sich dabei um einen normalen QR-Komplex, an den sich eine abnorm verbreiterte S-Zacke anschließt, die in flachem, manchmal auch stufenförmig abgesetztem Verlauf zur Null-Linie zurückkehrt (Abb. 91k).

e) Ekg-Spezialableitungen

Zu den ursprünglichen EINTHOVENschen Ableitungen sind noch eine große Anzahl von weiteren, insbesondere Brustwandableitungen, Ösophagusableitungen usw. gekommen. Diese Ableitungen können in Sonderfällen, bei schwer nachweisbaren Myokardinfarkten, sehr wertvoll sein.

Neben den Extremitätenableitungen haben sich auch die *unipolaren Extremitätenableitungen* und die *unipolaren Brustwandableitungen* V_1–V_9 als Standardprogramm in Deutschland eingebürgert (Abb. 92a-c).

Die letzteren stellen Ableitungslinien vom jeweiligen elektrischen Nullpunkt des Herzens zur Ableitungsstelle über dem betreffenden Herzteil dar. Auf einer solchen kommen diesem Herzteil entspringende pathologische Vektoren wegen ihrer Nähe und Richtung besonders gut zum Ausdruck. Methodik und Interpretation der üblichen unipolaren Brustwand- und Extremitätenableitungen sollen hier nicht besprochen werden, da sie speziellen Monographien vorbehalten sind.

Wird bei der „halbunipolaren Ableitung" als indifferente Elektrode eine andere herzferne Elektrode gewählt, so wird jeweils zu der Bezeichnung der indifferenten Elektrode C (chest = Brust) hinzugefügt. Es sind weiterhin folgende Bezeichnungen heute allgemein eingeführt: R = rechter Arm, L = linker Arm, F (foot) = linkes Bein und B (back = Rücken). Wird also eine präkordiale Ableitung mit dem linken Arm als indifferente Elektrode geschrieben, so werden die Ableitungen demnach als CL_1–CL_6 bezeichnet. Werden zusätzliche Ableitungen im Bereich des rechten Thorax geschrieben, dann erhalten sie den Zusatz r und die Nummernbezeichnung, welche die gleiche Ableitung auf der linken Seite bekommen würde, also z. B. $Vr4$ = Ableitung 5. ICR rechts in der MCL.

Weitere zusätzliche Brustwandableitungen kommen in Betracht, wenn das Ergebnis des Standardprogramms nicht den klinischen Erwartungen entspricht oder Zweifel offen läßt. Darüber hinaus gibt es Fälle, in welchen die Extremitätenableitungen einerseits und die Brustwandableitungen andererseits keine einheitliche Interpretation zulassen.

Die *dorsalen thorakalen Ableitungen* V_7-V_9, die in demselben Querschnittsniveau wie die Ableitungen V_4-V_6 liegen, haben sich bei der Erfassung des Hinterwandinfarktes bewährt. Diese Ableitungen zeigen die typischen Infarktveränderungen auch dann, wenn die Extremitätenableitungen und die Ableitungen V_1-V_6 keine Diagnose ermöglichen. Das wird auch von POPP bestätigt, der in 70 Fällen von Hinterwandinfarkten diesen vorzugsweise mit den dorsalen Ableitungen nachweisen konnte. Dagegen waren bei 30 Vorderwandinfarkten nur in 4 Fällen dauernde pathologische Erscheinungen in den dorsalen Ableitungen vorhanden. Das

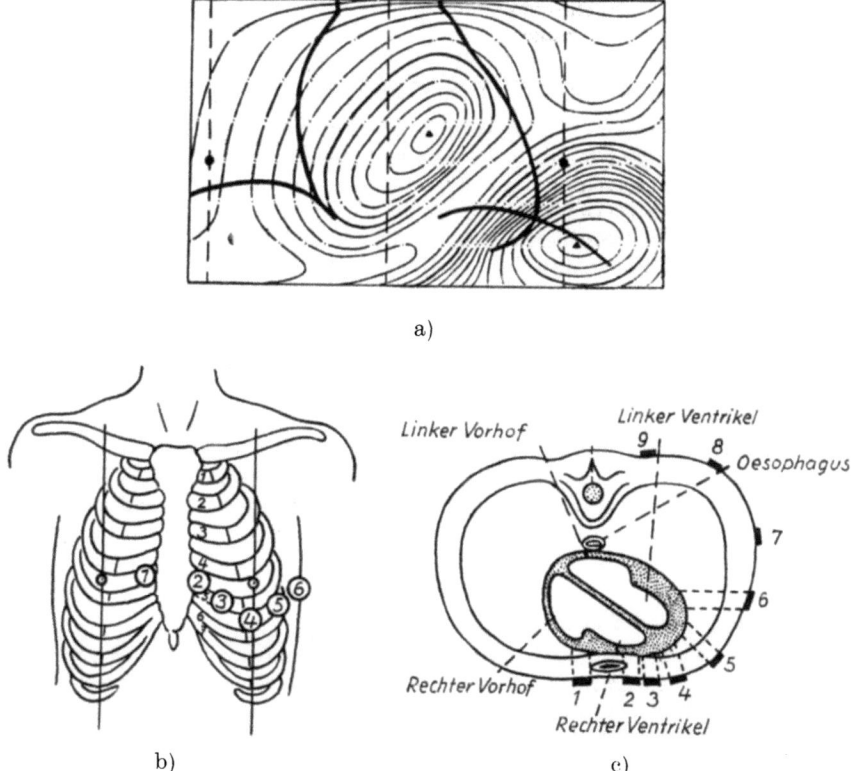

Abb. 92. a) Potentialmaxima von QRS auf der vorderen Brustwand beim Gesunden (nach GROEDEL und KOCH). b) Lage der Elektroden am Brustkorb bei den Brustwandableitungen (V_{1-6}). V_1: im 4. Interkostalraum (ICR) am rechten Sternalrand, V_2: im 4. ICR am linken Sternalrand, V_3: auf der 5. Rippe zwischen 2. u. 4. ICR, V_4: im 5. ICR auf der Medioklavikularlinie (MCL), V_5: zwischen 4 und 6 in der vorderen Axillarlinie, V_6: im 5. ICR in der mittleren Axillarlinie. c) Lage der Brustwandelektroden im Verhältnis zur Topographie des Herzens.

spiegelbildliche Verhalten der dorsalen Ableitungen zu den präkordialen, wie es nach der vektoriellen Theorie gefordert werden muß, ist in vielen Fällen nachweisbar. Eine vollkommene Kongruenz besteht aber nicht, weil der Abstand des Herzens von den dorsalen Ableitungspunkten größer ist, und weil die dorsalen und die ventralen Ableitungspunkte nicht streng symmetrisch zueinander liegen. Im infarzierten Bereich der Hinterwand muß der Vektor von hinten nach vorne weisen. Es kommt daher konstant zu einer Überhöhung der R-Zacke in den präkordialen Ableitungen. Das Auftreten einer Niederspannung in den dorsalen

Ableitungen ist verdächtig, aber nur mit Vorsicht zu bewerten. Eine weitere dorsale Ableitung, die zwei Finger breit unter der Zwerchfellgrenze in der Medioscapularlinie angelegt wird, kann ebenfalls wertvoll sein. Zur Erfassung des Hinterwandinfarktes wird weiterhin ein unipolarer Ableitungspunkt zwischen Wirbelsäule und linkem unterem Schulterblattwinkel empfohlen. Aber auch für die genaue Lokalisation von Myokardschädigungen verschiedener Genese und die Objektivierung von Restschäden sind die dorsalen thorakalen Ableitungen von Bedeutung. Insbesondere bei entzündlichen Myokardschädigungen finden sich häufig noch pathologische Veränderungen in den dorsalen thorakalen Ableitungen, wenn sich Standard- und präkordiale Brustwandableitungen schon normalisiert haben. In manchen Fällen bleiben die Standardableitungen und die präkordialen Ableitungen überhaupt normal und der Myokardschaden ist nur in den dorsalen Ableitungen nachweisbar.

Ableitungen von der rechten Brustwand haben ebenfalls gelegentlich Interesse. Bis zum 10. Lebensjahr ist es sogar zweckmäßig, die Ableitung V_6 durch Vr_3 zu ersetzen (ROSEMAN und Mitarb.). Bei der rechtsseitigen Erregungsverspätung infolge Schädigung der rechtsseitigen hypertrophen Kammermuskulatur und beim Rechtsschenkelblock ist es notwendig, weiter nach rechts abzuleiten, da die Übergangszone nach rechts verlagert sein kann (MYERS und Mitarb.). Das gilt vor allen Dingen bei der Rechtsverlagerung des Herzens. Beim Rechtsblock ist die Übergangszone nach rechts verschoben, obwohl das Kammerseptum durch die häufig bestehende Rechtsverbreiterung nach links verlagert ist (LEPESCHKIN).

Von den hohen Brustwandableitungen haben sich die Ableitungen $V_{2-4}c_{3-4}$ für die Diagnose des supraapikalen Vorderwandinfarktes bewährt.

In diesen Ableitungen pflegen die Veränderungen am deutlichsten zu sein (HOLZMANN). Hochsitzende laterale Infarkte können bei den Ableitungen V_1-V_6 dem Nachweis entgehen. In diesen Fällen können die hohen Ableitungen sichere Zeichen eines Lateralinfarktes aufweisen. Auch andere pathologische Veränderungen der basisnahen vorderen und lateralen Kammerteile und Besonderheiten der Vorhoferregung lassen sich manchmal günstig darstellen.

In einem tieferen Querschnittniveau wird in der Höhe des Proc. ensiformis abgeleitet (V_E- oder E-Ableitungen).

Bei hochgradigem Zwerchfelltiefstand übernehmen die V_E-Ableitungen die Rolle der präkordialen Ableitungen. In extremen Fällen können bei Herzgesunden in V_1-V_6 die R-Zacken sehr niedrig und die T-Wellen sogar negativ werden, was zu schwerwiegenden Fehlbeurteilungen Anlaß geben kann (BREU und GERSTNER). Die Erkennung der Vorwärtsrotation der Herzspitze von den Transversaldurchmesser des Herzens basiert vor allen Dingen auf Veränderungen in dem unipolaren Extremitäten-Ekg. In den Ableitungen V_1-V_6 fällt mitunter auf, daß die Ausschläge aller Zacken besonders groß sind. Die entsprechenden V_E-Ableitungen zeigen niedrigere Ausschläge und bringen die Potentialdifferenzen der diaphragmalen Partien des Herzens, insbesondere des linken Ventrikels, zur Darstellung. Als Ausdruck dessen kommt es in Gegenüberstellung zu den V-Ableitungen zu frühzeitigem Auftreten kleiner Q-Zacken, meist um eine oder zwei Positionen früher und zur Abflachung bzw. Negativierung der T-Wellen. Bei pathologischen Veränderungen der Herzhinterwand und bestehender Rotation der Herzspitze nach vorn können die V_E-Ableitungen hochpathologische Kurvenbilder aufweisen, während die V-Ableitungen normal sind. Die Kenntnis der Kurvenbilder der normalen Hinterwand und der diaphragmalen Partien des Herzens ist allerdings notwendig (BREU und GERSTNER). Seit SOULIE die drei Positionen V_2, V_{E2} und V_3 zur „Septumableitung" zusammenfaßte, bildet V_{E2} einen wichtigen Bestandteil der Ekg-Diagnose des Septuminfarktes. Eine Sicherstellung der Diagnose ist jedoch nur möglich, wenn weitere V_E-Ableitungen nach rechts und links geschrieben werden und normal sind. Nur so ist die Trennung vom inferioren Infarkt, bei dem die V-Ableitungen in breiter Ausdehnung infarkt-pathologisch verändert sind, möglich. Die Ausdehnung von Vorder- und Hinterwandinfarkten kann mit Hilfe der V_E-Ableitungen abgeschätzt werden. Beim posteroinferioren, beim inferioren und beim Infero-Septal-Infarkt dominieren die V_E-Ableitungen gegenüber den V-Ableitungen. In der Gegenüberstellung der aVF-Ableitung, welche die Unterwand des Herzens darstellt, zu den zirkulär geschriebenen V_E-Ableitungen können Infarkte näher lokalisiert werden. Die Entscheidung, wann ein tiefes Q_{III} bzw. aV_E lagebedingt und wann infarktverdächtig ist, kann durch den Vergleich mit den V_E-Ableitungen bedeutend erleichtert werden (BREU und GERSTNER).

Es fehlt der Raum, um auf die *Theorie der unipolaren Ableitungen* (KIENLE u.v. a.) im allgemeinen und des Brustwand-Ekg's im besonderen einzugehen. Von HOLZMANN, REINDELL und KLEPZIG u. a. sind ausgezeichnete grundsätzliche Ausführungen gemacht worden, so daß in diesen Spezialwerken nachgelesen werden muß.

Wenn das routinemäßig durchgeführte Standardprogramm beim Verdacht auf das Vorliegen einer myokardialen Schädigung, insbesondere eines Herzinfarktes, nur uncharakteristische Befunde liefert, empfiehlt sich die Ableitungsanordnung im kleinen Brustwanddreieck nach NEHB.

Die *Deutung* der NEHB-Ableitungen geht von den allgemeinen Richtlinien der Extremitäten-Ableitungen aus, doch bestehen durch die unterschiedlichen Ableitungsebenen im Raum einige Besonderheiten. Aufsplitterungen und Einkerbungen sind im normalen NEHB-Ekg selten. Der Verlauf der ST-Strecken ist geringen Schwankungen unterworfen, dabei gehören in Ableitung A von $+\,0{,}15$ bis $-\,0{,}15\,\mathrm{mV}$ und in Ableitung J von $+\,0{,}25$ bis $-\,0{,}1$ mV noch in den physiologischen Schwankungsbereich (MÜLLER und SCHILD). Die T-Wellen variieren wie in den Standard-Ableitungen und entsprechen im Normalfalle einem nach links vorn gerichteten Vektor. Die T-Höhe ist von der R-Höhe unabhängig. Ein negatives T ohne pathologische Bedeutung ist in Ableitung J möglich. Kleinere herdförmige Schädigungen vom Vorderwandtyps, die sich lediglich in einer präkordialen Ableitung manifestieren, lassen sich häufig durch Veränderungen in den Ableitungen A und J feststellen. Beim Hinterwandinfarkt kann die Ableitung D die Diagnose entscheidend sichern, obwohl dies nur in einem geringen Prozentsatz der Fall ist. Veränderungen des Kammeranteiles bei Schädigungen im Bereich der linken Kammer kommen vornehmlich in Ableitung D und A oder nur in D zur Darstellung. Durch diese Ableitung allein werden 5,2–8,6% der Schädigungen zusätzlich objektiviert. Derartige Befunde sind vor allem bei Hochdruckherzen mit Linkshypertrophie beschrieben und pathologisch-anatomisch bestätigt worden.

Die *Ösophagusableitungen* können in bestimmten Fällen als Ergänzung des Standardprogramms angesehen werden.

Die V_{0e}-Ableitungen werden im allgemeinen im Abstand von 2 cm in einer Höhe von 28–40 cm (gemessen von der unteren Zahnreihe aus bis zur Elektrodenmitte) geschrieben (HOLZMANN, KORTH). Normalerweise wird also zwischen der Bifurkation der Trachea und der Kardia abgeleitet. Die V_{0e}-Ableitungen sind zur Feststellung der Erregungsabläufe im linken Vorhof besonders geeignet und können z. B. bestimmte Formen von Extrasystolen wie blockierte Vorhofextrasystolen oder eine Verspätung der Erregung des linken Vorhofes sicher nachweisen. In den tieferen Speiseröhrenabschnitten, in der Nähe der Basis der linken Kammer, können bei lange zurückliegenden Hinterwandinfarkten typische Veränderungen auch dann gefunden werden, wenn das Standardprogramm versagt.

SPANG fand in diesen Fällen zumeist einen sehr ausgeprägten, initial negativen Ausschlag. Im allgemeinen ist jedoch die Anfertigung eines Ösophaguselektrokardiogramms im Rahmen der praktischen Elektrokardiographie nur selten erforderlich.

LANGNER und ATKINS haben intrabronchiale Elektrokardiogramme registriert. Beim Vergleich mit Ekg's, die von der vorderen Brustwand aufgenommen worden waren, zeigte sich kein nennenswerter Unterschied, so daß wahrscheinlich ist, daß die elektrischen Potentiale in der Lunge nicht anders als an der Körperoberfläche geleitet werden.

Die sehr eingreifenden Methoden der *intrakardialen Ableitungen* haben naturgemäß keine praktische Bedeutung erlangt.

Die Katheter-Elektrode, die der WILSON-Elektrode gegenübergeschaltet wird, wird über die V. cubitalis in das rechte Herz und über die A. brachialis in das linke Herz eingeführt. Diese Ableitungen haben bisher nur aus Tierexperimenten gewonnene Resultate sowie theoretische Hypothesen über den Erregungsablauf kontrolliert und gestützt. Extrasystolen und Schenkelblockierungen lassen sich auf diese Weise genauer lokalisieren. Die intrakardiale Ableitung aus dem rechten Vorhof wurde auch mit semidirekten Ableitungen vom linken Vorhof (V_{0e}-Ableitung) kombiniert. Hierbei konnten Leitungsstörungen der Vorhöfe deutlich gemacht und in Zweifelsfällen die Frage geklärt werden, ob der linke Vorhof vergrößert ist (WENGER und HOFMANN-CREDNER).

Das *Abdominal-Ekg* der schwangeren Frau kann heute für die Beantwortung sehr verschiedener Fragestellungen herangezogen werden, und zwar zum Nachweis fetalen Lebens überhaupt, zur Diagnose von Mehrlingsschwangerschaften, zur Erkennung von Lage und Stellung des Kindes, zur Beurteilung der kindlichen Reife und zum Studium der fetalen wie maternen Myokarderregung und deren Anomalien (WIMMER).

Das Abdominal-Ekg stellt in typischen Fällen eine Interferenzkurve von maternen und fetalen Herzaktionspotentialen dar. Seine Aufzeichnung ist bei Verwendung hochverstärkender Direktschreiber-Elektrokardiographen und eines der jeweiligen geburtshilflichen Situation angepaßten Saugelektrodenabgriffs einfach. Bei der Auswertung sind nicht nur die zeitliche Aufeinanderfolge der mütterlichen und kindlichen Spannungsaktion, sondern ebenso sehr der formale und quantitative Ablauf der fetalen Kammerschwankung zu beachten. So kann z. B. die Registrierung von fetalen Hochspannungsamplituden immer als sicherer Hinweis auf ein vollreifes Kind angesehen werden, da sich gezeigt hat, daß die meßbare Amplitude bei konstantem Fruchtpolabgriff von den Entwicklungsdaten des Kindes, insbesondere vom Ausreifungszustand seiner Hauthülle, abhängt (WIMMER). Insgesamt stellt die Abdominal-Elektrokardiographie eine sinnvolle Bereicherung der geburtshilflichen Untersuchungstechnik dar.

f) Klinische Bewertung des Elektrokardiogramms

Wir wollen in diesem Zusammenhang nicht zu grundsätzlichen Fragen der Theorie des Elektrokardiogramms, sondern lediglich zu seiner klinischen Wertigkeit Stellung nehmen. Die Elektrokardiographie hat sich innerhalb der Kardiologie zu einem Spezialgebiet entwickelt, eine Tatsache, die einerseits die Belastung mit einer unübersehbaren Literatur und die Gefahr der Entfernung von der Klinik, d. h. einer biologischen Verhältnissen nicht mehr gerecht werdenden Theoretisierung in sich birgt. Andererseits ist der Vorteil der Herausarbeitung einer nahezu überfeinerten Diagnostik nicht zu übersehen.

Bei der Beurteilung eines Ekg können wir auf das Studium ausgezeichneter Monographien (BODEN, HOLZMANN, KIENLE, KORTH, LEPESCHKIN, SCHAEFER, SCHENNETTEN, SCHÜTZ, UHLENBRUCK u. a.) zurückgreifen.

Die souveräne Beherrschung der Methode, die Sicherheit in der Bewertung von Befunden, Vermeidung von Fehlbeurteilungen durch Überwertung oder unzweckmäßige Bagatellisierung kann nur durch eigene Erfahrungen an einem großen Krankenmaterial, bei dem das Elektrokardiogramm mit dem allgemeinen klinischen Befund abgestimmt ist, gewonnen werden. Erst die Kenntnis der Vielfalt der Variationen im Bereich von Gesundheit, Prämorbidität und Krankheit, der von der Ausgangslage abhängigen Spielarten der kardialen und extrakardialen Beeinflussung und schließlich das Wissen um die Relativität dieser objektiven Methoden vermitteln den Mut, auch einen anscheinend ,,pathologischen" Ekg-Befund noch der Norm zuzurechnen, wenn der Gesamtbefund die ,,Mißachtung" eines derartigen Spezialbefundes erlaubt.

Die Beurteilung des Elektrokardiogramms als klinische Untersuchungsmethode hat eine deutliche Wandlung erfahren.

Der zunächst vorsichtigen Einstellung, welche anfänglich im Ekg lediglich eine Methode zur Differenzierung von Reizbildungs- und Reizleitungsstörungen sah, folgte eine derartige Überwertung, daß jede Zacke, jede Schwankung, jedes in Bruchteilen von Millimetern zu bestimmende Abweichen von der Norm als pathognomonisch für einen ,,Myokardschaden" oder eine ,,Koronarinsuffizienz" angesehen wurde. Die Folge war, daß Herzbeurteilung und -begutachtung nicht mehr mit eigentlichen Herzerkrankungen oder Herzbeschwerden belastet waren, sondern mit Menschen, welche an *T*-Zacken bzw. *ST*-Strecken ,,erkrankt" waren. Die Literatur folgte dieser Entwicklung und nahm zu den Überwertungskrankheiten der ,,Ekgitis" bzw. ,,Zackeritis" Stellung.

Auf Grund der Erfahrungen, daß ein Einzel-Ekg gar nichts über die Leistungsfähigkeit des Herzens aussagt und diagnostisch nur im Rahmen eines klinischen Befundes verwertbar ist, daß selbst lange Ekg-Serien mit eindeutiger Besserung eines vorher pathologischen Befundes bei klinischer Verschlechterung des Herzens vorkommen können, hat sich eine Richtung entwickelt, welche das Ekg mehr und mehr aus seiner diagnostischen Vormachtstellung zu verdrängen scheint. Auch die neuere theoretische Grundlagenforschung scheint den Wert des Ekg mehr und mehr einer berechtigten Kritik zu unterziehen.

Sowohl das eine als auch das andere Extrem kann weder von Praxis noch Forschung begrüßt werden. Man wird daher für die praktische Bewertung die Entwicklung sowohl nach der einen oder anderen Seite auf das sinnvolle Maß beschränken müssen.

Zu diesem Zwecke scheint es notwendig, auf einige Punkte, welche den Einbau dieser Methode in die Diagnostik betreffen, näher hinzuweisen.

1. Das Ekg stellt heute keine erläßliche Spezialmethode mehr dar, sondern eine Routineuntersuchung, deren Unterlassung im Rahmen einer Herzbegutachtung als ,,Kunstfehler" bezeichnet werden muß. Jede Nachuntersuchung erfordert neben der sonst geläufigen Befunderhebung auch die Anfertigung eines neuen Ekg-Status, wenn man nicht immer wieder erleben will, daß sich eine über Jahre erstreckende Beobachtung auf ein einziges Elektrokardiogramm bezieht.
2. Die elektrokardiographische Forschung muß wieder zur Klinik, d. h. zu den praktischen diagnostischen Bedürfnissen zurückgeführt werden. Viele Unstimmigkeiten in der Bewertung sind dadurch entstanden, daß einerseits Klinik und theoretische Forschung vielfach getrennte Wege gingen, und daß andererseits die Ergebnisse des Experimentes, d. h. der Elektrophysiologie, der Pharmakologie und Tierphysiologie kritiklos auf die Verhältnisse am Menschen, insbesondere am herzkranken Patienten, übertragen wurden. Eine andere Schwierigkeit liegt darin, daß Untersuchungsinstitute oder auch die Kreislauflaboratorien der Kliniken Ekg in großen Mengen registrieren, die dann der zuständige ,,Ekg-Spezialist", ohne den Kranken gesehen zu haben, ,,bewertet".

Ein derartiges Vorgehen ist für Diagnostik und Beurteilung untragbar.

Um über die reine Beschreibung hinaus auch eine Bewertung des Ekg zu ermöglichen, muß daher, da eine derartige Zentralisierung der Ekg-Befundung in den meisten Kliniken und Instituten nicht vermieden werden kann, dem Auswertenden die Kenntnis über die wichtigsten Daten des zu Untersuchenden vermittelt werden. Es handelt sich dabei um Alter und Geschlecht, Beruf, Größe und Gewicht; Konstitution, frühere Erkrankungen, jetzige Beschwerden sowie bisherige Therapie (Digitalis?); weiterhin um die wichtigen, bereits vorher zu erhebenden Befunde am Herzen, d. h. Auskultations- und Röntgenbefund usw. Erst mit diesen Angaben, und nur mit ihnen ist es möglich, bis zu einem gewissen Grade eine Bewertung auch ohne die persönliche Kenntnis des Kranken auszusprechen.

3. Man muß sich stets vor Augen halten, was eigentlich von einem einzelnen Ekg zu erwarten ist.

Ein Ekg ist vergleichbar mit der Filmaufnahme der Beinbewegungen eines Läufers, bei der das Bein nur bis zur Kniehöhe aufgenommen war und nur wenige Schritte registriert wurden. Man kann aus diesen Aufnahmen feststellen, ob die Beine makellos sind oder ob sie Mängel aufweisen, wobei über das Alter und die Entwicklungstendenz dieser Mängel gar nichts auszusagen ist. Es kann auch deklariert werden, daß die Schritte regelmäßig und gleichmäßig sind, nicht aber, ob sie es waren oder bleiben werden und ob nicht durch zusätzliche Belastungen die Harmonie ihres Ablaufes gestört wird. Somit sind die Aussagemöglichkeiten eng begrenzt. Wir wissen nichts über das Verhältnis der Beine zum übrigen Körper, nichts über den Start, nichts über die zahlreichen exo- und endogenen Möglichkeiten, die den Lauf noch zu beeinflussen vermögen, nichts über die Fähigkeit und die energetische Möglichkeit zum Endspurt und gar nichts über die Chancen zum Sieg.

Dieser Vergleich mag in vieler Hinsicht hinken, und doch birgt er so viel Zutreffendes in sich, daß seine Beherzigung das beste Vorbeugungsmittel für die Überwertung der elektrokardiographischen Diagnostik darstellen dürfte.

Darüber hinaus muß man sich folgendes vor Augen führen:

a) Es gibt im eigentlichen Sinne kein absolutes „Normal-Ekg", obwohl die Schematisierung der Ekg-Bücher diesen Eindruck vermitteln könnnte. Auch beim Herzgesunden ist das Ekg dauernden Einflüssen unterworfen, die es abhängig von Alter, Konstitution, Tagesrhythmus usw. zu modifizieren, gestalten und wandeln vermögen. So ist uns geläufig, daß das menschliche Herz im Laufe des Lebens eindeutig altersabhängige Veränderungen in bezug auf Lageverhältnisse und Dynamik durchmacht, welche für seinen charakteristischen Typenwandel verantwortlich sind und die dahingehend zum Ausdruck kommen, daß die im jugendlichen Alter häufigen Rechts- und Steiltypen zunehmend seltener werden, jenseits des 40. Lebensjahres kaum mehr anzutreffen sind, während im Gegensatz dazu die Linkstypen an Häufigkeit zunehmen (SCHLOMKA).

Es ergibt sich hieraus bereits, daß ein linkstypisches Ekg im Kindesalter (s. Abb. 93) genau so verdächtig ist wie ein ausgesprochener Rechtstyp im Erwachsenenalter. Ein derartiger Typenwandel kann kardial bedingt sein durch das Auftreten von Herzfehlern mit vorzugsweiser Belastung des linken oder rechten Ventrikels oder extrakardial durch arteriellen bzw. pulmonalen Hochdruck, Phänomene, welche die Ursache einer gleichartigen Mehrbelastung darstellen können.

Diese Beobachtungen sind für die Praxis wichtig, da sie zeigen, daß hier bereits ein Befund im Bereich der Norm als pathognomonisch zu bewerten ist, wenn das Alter des Untersuchten in deutlichem Widerspruch zur Typenkonfiguration seines Ekg steht. Solche Befunde sollte man auch nicht bagatellisieren, sondern mit allen Mitteln der zur Verfügung stehenden Diagnostik zu klären versuchen. Mancher „juvenile" Hochdruck und manches Cor pulmonale könnten auf diese Weise einer Frühbehandlung zugängig gemacht werden. Das gleiche gilt auch von den Lageeinflüssen auf die Konfiguration der Herzstromkurve.

Die Lagetypen werden, abgesehen vom Zwerchfellstand, auch durch die Drehung des Herzens um seine Längsachse bestimmt. Alle Zustände, welche einen Zwerchfellhochstand herbeiführen (Fettsucht, Meteorismus, Aszites, Schwangerschaft usw.), wirken sich im Sinne einer Linksdrehung, solche mit Zwerchfelltiefstand (Emphysem, Magersucht, allgemeine Ptose) dagegen in Form einer Steilstellung

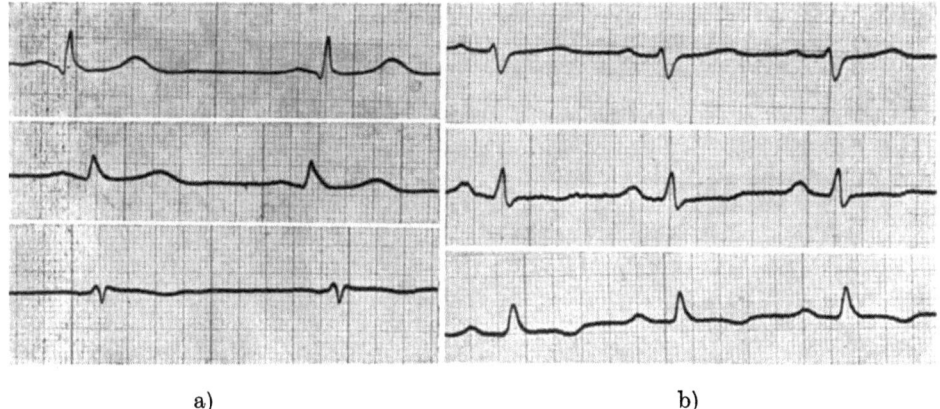

a) b)

Abb. 93. Diskrepanz zwischen Typenindex und Lebensalter als Schädigungssymptom. a) Linkstypisches Ekg bei 14jähriger Patientin nach Gelenkrheumatismus, b) Rechtstypisches Ekg bei einem Patienten, 69 Jahre, schweres Lungenemphysem.

aus. Auf diese Weise kann auch von einem konstitutionstypischen Ekg gesprochen werden, welches das Ekg des Pyknikers durch einen Lagelinkstyp, das Ekg des Asthenikers dagegen durch einen Steiltyp kennzeichnet (s. S. 228 Abb. 56 und Abb. 59)

Hat sich also klinisch und röntgenologisch eine deutliche Querlage des Herzens feststellen lassen und zeigt sich elektrokardiographisch eine deutliche Rechtstypisierung, dann ist dieses Verhalten ebenso verdächtig wie beispielsweise, was allerdings selten vorkommen dürfte, ein Linkstyp beim Tropfenherzen.

Schließlich darf nicht außer acht gelassen werden, daß auch neuro-vegetative und respiratorische Einflüsse die Herzstromkurve in recht unterschiedlicher Weise beeinflussen können.

So finden sich bei gesteigertem Vagustonus Sinusbradykardie, niedrige P-Zacken in Abl. II und III, eine Verlängerung von PQ sowie in der Regel relativ niedrige T-Zacken (s. Abb. 94a). Demgegenüber ist das sympathikoton beeinflußte Ekg gekennzeichnet durch Sinustachykardie, Erhöhung der P-Zacken in Abl. II und III, relative Verkürzung von PQ bei gleichzeitiger relativer Verlängerung von QT und vielfach hoch-spitz deformierte T-Zacken (s. Abb. 94b). Das Ekg des vegetativ Stigmatisierten dagegen, bei dem es sich um die gleichzeitige Erregbarkeitssteigerung beider Systeme handelt (Hyperamphotonie), kann die vielfältigsten Kombinationen aufweisen.

Man wird also bei einem trainierten, mit allen seinen Funktionen auf Ökonomie und Schongang eingestellten Sportler eine vorwiegend vagotone Herzstromkurve

296   Untersuchung und Beurteilung der Herz-Kreislauffunktion

erwarten dürfen. Kommt sie gar nicht zur Ausbildung, dann darf die Trainingsanpassung als ungenügend, bildet sie sich trotz Fortgang des Trainings wieder zurück, dann darf dies als verdächtig auf Übertraining oder andere Schädigungen

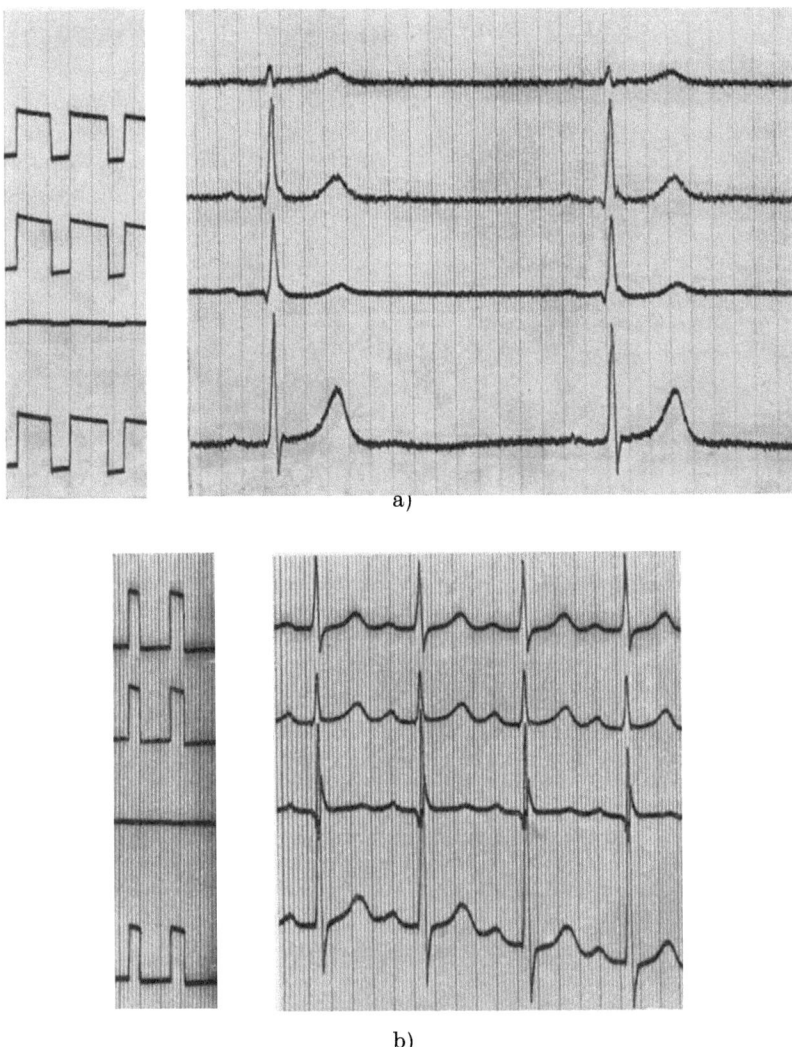

Abb. 94. Elektrokardiogramm bei vegetativer Dysregulation. a) Kreislaufsituation mit vorzugsweise parasympathischer Prägung (ausgeprägte Bradykardie, arterieller Unterdruck), b) Syndrom mit sympathikotonen Stigmata (Tachykardie mit sehr labilem Hochdruck).

angesehen werden. Es wäre aber wiederum ein Trugschluß, wenn das vagoton beeinflußte Ekg von vornherein als Ausdruck von Gesundheit, Trainings- und Leistungsoptimum bewertet werden würde. Wir wissen, daß es Myokardinfarkte gibt, welche nach Überstehen des klinischen Infarkt-Syndroms vielfach mit ausgeprägt vagotonem Ekg einhergehen. Vielfach wird allerdings das überstandene Leiden noch an einer persistierenden negativen T-Zacke, z. B. in Abl. I, zu erkennen sein. In einem nicht geringen Prozentsatz aber schwinden die Infarktsymptome im Ekg vollkommen und können auch durch keine Funktionsprüfungen wieder provoziert werden. Man sollte daher auch bei diesen anscheinend harmlosen Kurvenformen in höherem Alter und bei Menschen, welche nie Sport getrieben haben, nach der Ursache derartiger Besonderheit fahnden.

Ein weiteres Symptom, welches noch im Bereich der Norm liegt und besonders ausgeprägt in der Regel bei Jugendlichen und vegetativ Stigmatisierten beobachtet wird, ist die respiratorische Arrhythmie. Sie äußert sich in einem periodischen Wechsel von RR-Abständen, welche in allmählichem Übergang mit der Einatmung kleiner, mit der Ausatmung dagegen größer werden (s. S. 282 Abb. 89). Ebenso kann die Höhe der P-Zacken abhängig von der Atmungsphase, deutliche Schwankungen aufweisen. Die respiratorische Ansprechbarkeit nimmt mit steigendem Alter ab, bleibt bis zu einem gewissen Grade bei gesunden Herzen jedoch erhalten.

Völliges Fehlen der respiratorischen Beeinflussung in jugendlichem Alter und ausgeprägte Steigerung nach dem 50. Lebensjahr können bei myokardgeschädigten Herzen beobachtet werden.

So haben wir darauf aufmerksam gemacht, daß das Wiederauftreten lebhaft vegetativer Einflüsse, die sich im Ekg erkennen lassen, wie z. B. das Tachykardie-Ekg, hochspitze Deformation der T-Zacken, ausgesprochen tagesrhythmische Schwankungen u. dgl., Symptome, die nach dem 50. Lebensjahr erneut in Erscheinung treten, sehr häufig Prodrome eines Herzinfarkts sind.

Diesen wenigen Ausführungen, welche keinerlei Anspruch auf Vollständigkeit erheben, mag entnommen werden, 1. daß die Bewertung: „Normal-Ekg" nur unter Berücksichtigung der verschiedenen modifizierenden Einflüsse ausgesprochen werden darf; 2. daß es obligat „harmlose" Abweichungen vom normotypischen Ekg-Verlauf nicht gibt, sondern daß jedes Ekg-Symptom zweigesichtig ist und unter Berücksichtigung des Allgemeinbefundes normal oder pathologisch sein kann; 3. und dieser Punkt ist für Beurteilung und Begutachtung besonders wichtig, daß es „normale Ruhe-Ekg" trotz schweren Herzschadens geben kann.

Letzteres Verhalten findet sich vor allem bei den sogenannten „stummen Infarkten" (HOCHREIN und SEGGEL). Ob es sich dabei nun, wie MORAWITZ u. a. angenommen haben, um das tatsächliche Vorkommen von Zonen im Herzen handelt, deren Schädigung weder Schmerz noch elektrokardiographische Deformationen hervorruft, oder ob es ein elektrophysiologisch bedingtes Auslöschphänomen, bei dem die Verletzungsströme diejenigen einer benachbarten Stelle auszugleichen vermögen (KIENLE), muß noch dahingestellt bleiben.

b) Ein weiterer Punkt, der berücksichtigt werden muß, ist die Tatsache, daß es „anomale" Ekg bei Herzgesundheit gibt oder vorsichtiger ausgedrückt, bei Personen, bei denen mit der feinsten Funktionsdiagnostik keinerlei Einschränkung der Herzleistung festgestellt werden kann.

In Abb. 95a handelt es sich um einen Patienten mit totalem Block, den wir über viele Jahre hin beobachtet haben, dessen Anamnese vollkommen frei von herzschädigenden Einflüssen und Beschwerden seitens des Herzens war und dessen körperliche Leistungsfähigkeit so erstaunlich war, daß wir annehmen, daß es sich um eine angeborene Anomalie handelt, die so viele Kompensationen entwickelt hat, daß die Leistungsbreite des Herzens keinerlei Einschränkung erfuhr.

In Abb. 95b findet sich ein WPW-Syndrom (WOLFF, PARKINSON und WHITE), von dem bekannt ist, daß es angeboren vorkommen und mit absoluter Herzgesund-

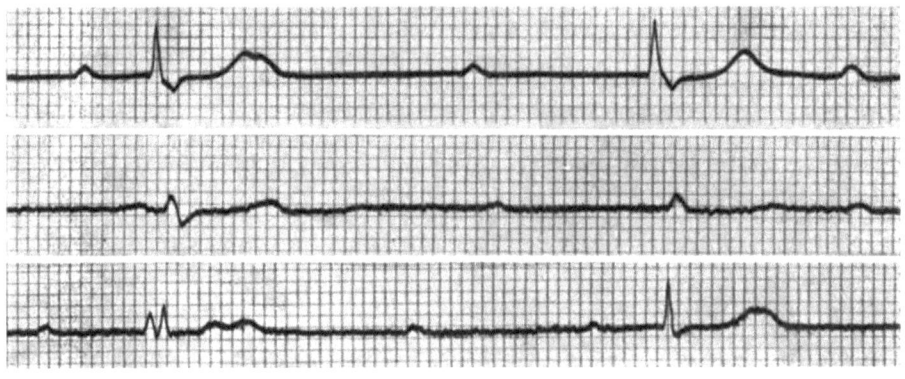

a)

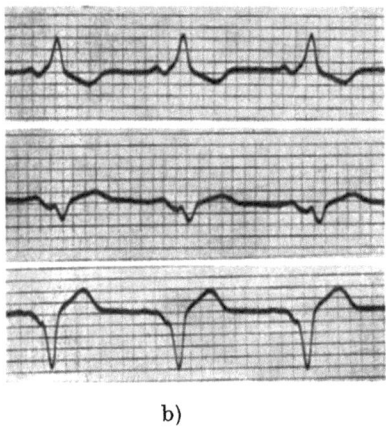

b)

Abb. 95. Elektrokardiographische Deformationen, die trotz jahrelanger Beobachtung mit bester Herzleistung vereinbar und anamnestisch nicht zu klären waren, so daß eine angeborene Anomalie angenommen werden mußte. a) Totaler Block mit sehr langsamer Kammerfrequenz, b) WPW-Syndrom.

heit einhergehen kann. ZAKOV und SCHLEICHER haben bereits auf die nicht obligate Gutartigkeit dieses Symptoms aufmerksam gemacht, und weiter unten wird über einen Fall berichtet, welcher die Gefahr einer unkritischen Bagatellisierung derartiger Befunde vor Augen führt.

Abb. 96 schließlich zeigt das Ekg einer Kranken, auf das an anderer Stelle im Rahmen der orthostatischen Regulationsprüfung noch näher eingegangen wird. Es handelte sich um eine 31jährige Patientin, welche wir vor 11 Jahren erstmalig untersuchten. Sie war vorher niemals ernstlich krank gewesen, hatte vor 1 Jahr ohne jegliche Beschwerden einen Jungen geboren, war körperlich außerordentlich

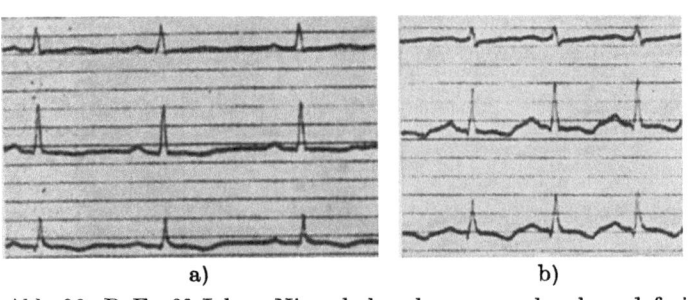
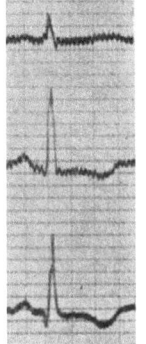

a)   b)   c)

Abb. 96. B. E., 21 Jahre. Niemals krank gewesen, beschwerdefrei, ausgezeichnet leistungsfähig. Befund 1941: a) Ruhe-Ekg, b) Belastungs-Ekg. Befund 1952: c) Ruhe-Ekg.

leistungsfähig und hatte niemals etwas am Herzen gespürt. Bei Fehlen jeglicher Störungen von seiten des Herzens bei der eingehenden klinischen Untersuchung erhoben wir folgenden Ekg-Befund in Ruhe (s. Abb. 96a), den wir zwar damals

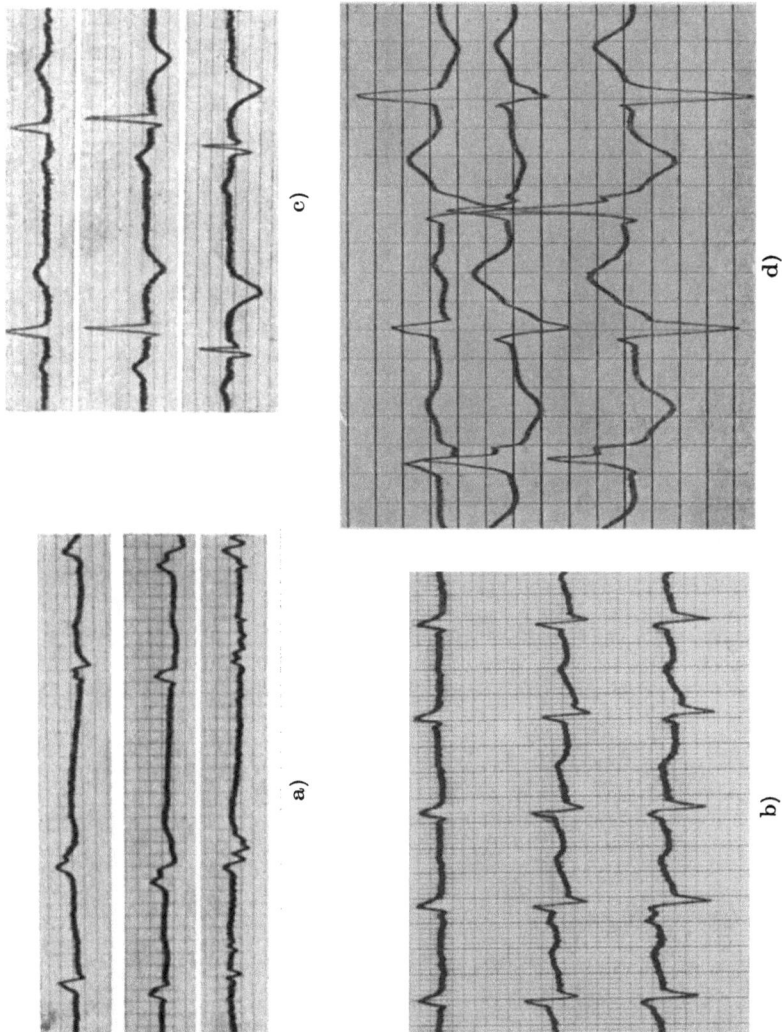

Abb. 97. Elektrokardiogramme, denen mit an Sicherheit grenzender Wahrscheinlichkeit auch ohne Kenntnis des übrigen klinischen Befundes eine schwere Herzmuskelschädigung entnommen werden darf. a) Schwere Myodegeneratio cordis, b) toxische Herzschädigung bei Spätbasedow, c) Zustand nach massivem Hinterwandinfarkt, d) Herzmuskelschaden bei toxischer Diphtherie.

noch nicht recht deuten konnten, für dessen Zustandekommen wir aber trotz der Verschlechterung des Ekg-Befundes nach Belastung, obwohl dieses Symptom im allgemeinen als ungünstig bewertet wird, eine organische, insbesondere aber

300 Untersuchung und Beurteilung der Herz-Kreislauffunktion

koronare Genese bereits bei der ersten Untersuchung abgelehnt hatten (HOCHREIN, Herzkrankheiten, Bd II, S. 320). Das Leben hat dieser Bewertung Recht gegeben;

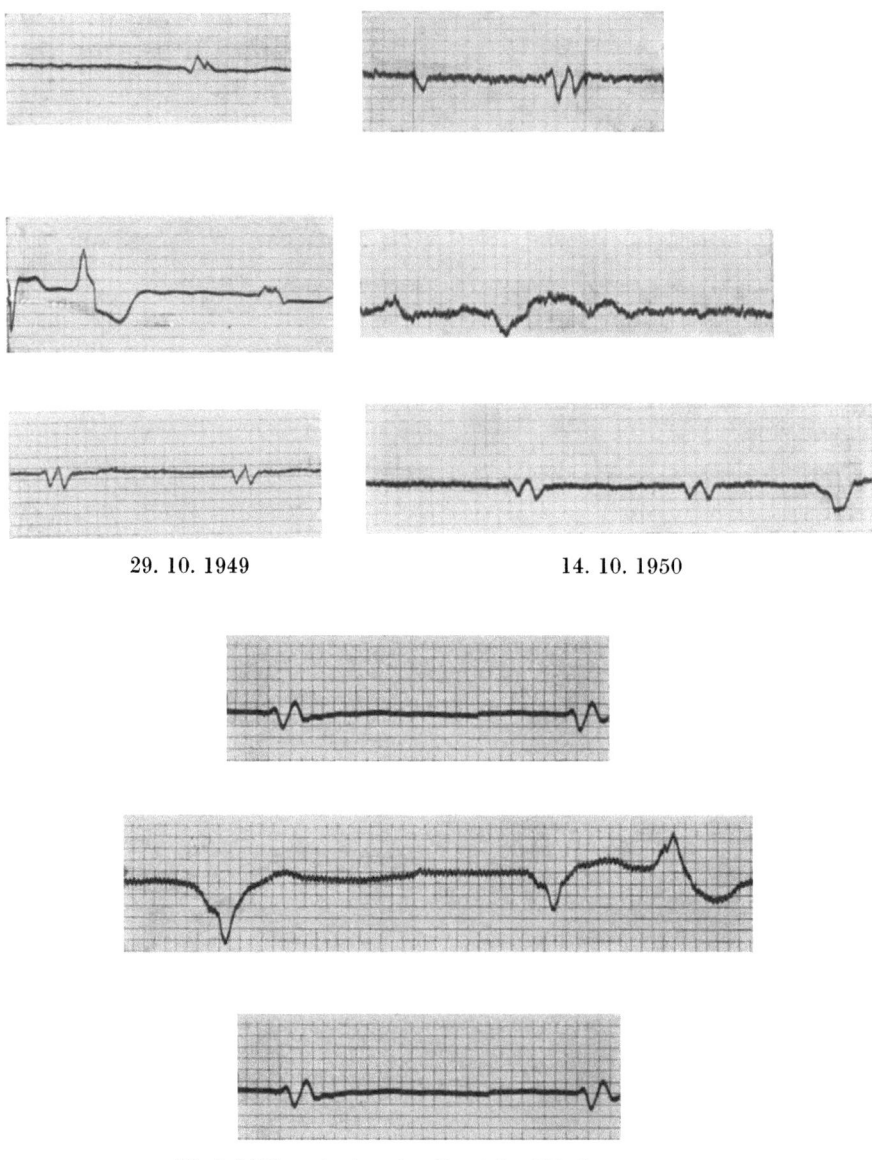

29. 10. 1949　　　　　　　　14. 10. 1950

30. 4. 1951　　(exitus letalis einige Wochen später)

Abb. 98. J. R., 49 Jahre. Schwere, generalisierte Gefäßerkrankung.

auch heute, nach 11 Jahren, erfreut sich Frau B. trotz völliger Änderung ihrer Lebensverhältnisse und nach vielen schweren körperlichen und seelischen Belastungen der allerbesten Gesundheit.

Diese Außerachtlassung eines Ekg-Befundes aber ist nur möglich, wenn eine sehr sorgfältige Allgemeinuntersuchung und die Durchführung aller zur Verfügung stehenden Funktionsprüfungen die Verantwortung für eine derartige Bewertung übernehmen läßt. Andererseits gibt es zweifelsohne Ruhe-Ekg, welche auch ohne klinische Untersuchung den Schluß auf eine sehr schwere Herzschädigung erlauben.

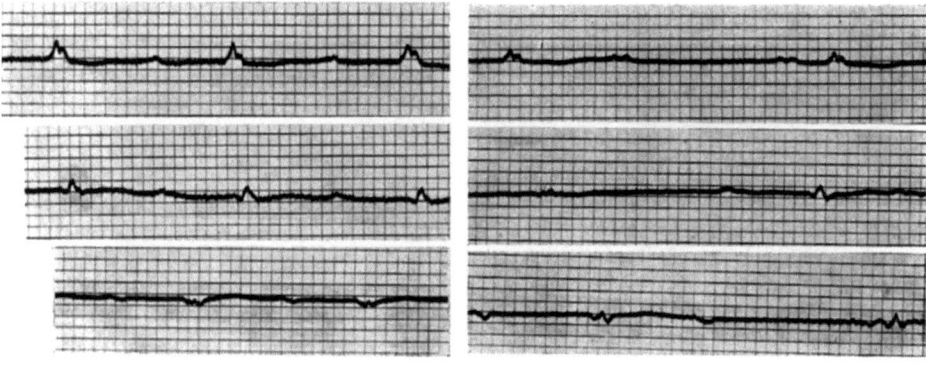

Befund 25. 10. 1952   Befund 21. 3. 1953
Exitus letalis Anfang Mai 1953.

Abb. 99. A. H., 73 Jahre. Schwere Alters-Atherosklerose.

Wie schwer verantwortbar aber Prognosen auch bei anscheinend infausten Elektrokardiogrammen sein können, mögen Abb. 98 und Abb. 99 verdeutlichen. Die gutachtlich immer wieder gestellte Frage, ob ein Herzschaden in absehbarer Zeit ad exitum geführt hätte, wird in der Beantwortung, auf den Einzelfall übertragen, immer ein großes Problem bleiben.

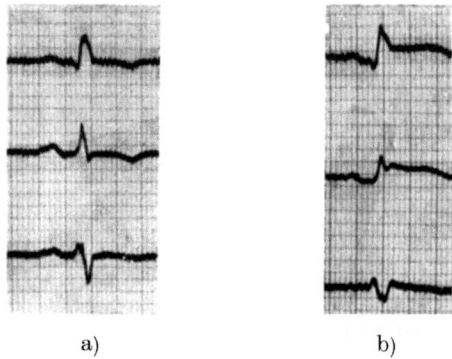

a)   b)

Abb. 100. Auftreten des erhöhten Abganges von *ST* nach Belastung bei Zustand nach altem Vorderwandinfarkt. a) Ruhe-Ekg, b) Belastungs-Ekg.

c) Weiterhin ist zu berücksichtigen, daß das Ekg keinerlei Aufschlüsse über die zeitlichen Verhältnisse bei einer Krankheit zu geben vermag. So ist eine Aussage über das Alter einer Deformation, ihre Progredienz bzw. Rück-

302 Untersuchung und Beurteilung der Herz-Kreislauffunktion

bildungstendenz nicht zu machen. Es kann dieser Tatsache entgegen gehalten werden, daß das Bild z. B. des „frischen" Myokardinfarktes sehr wohl bekannt und durch bestimmte Charakteristika gekennzeichnet sei. Nachdem wir aber in Übereinstimmung mit KIENLE, KORTH u. a. zeigen konnten, daß es nicht selten gelingt, im Infarktnarbenstadium durch Belastung ganz kurzfristig und

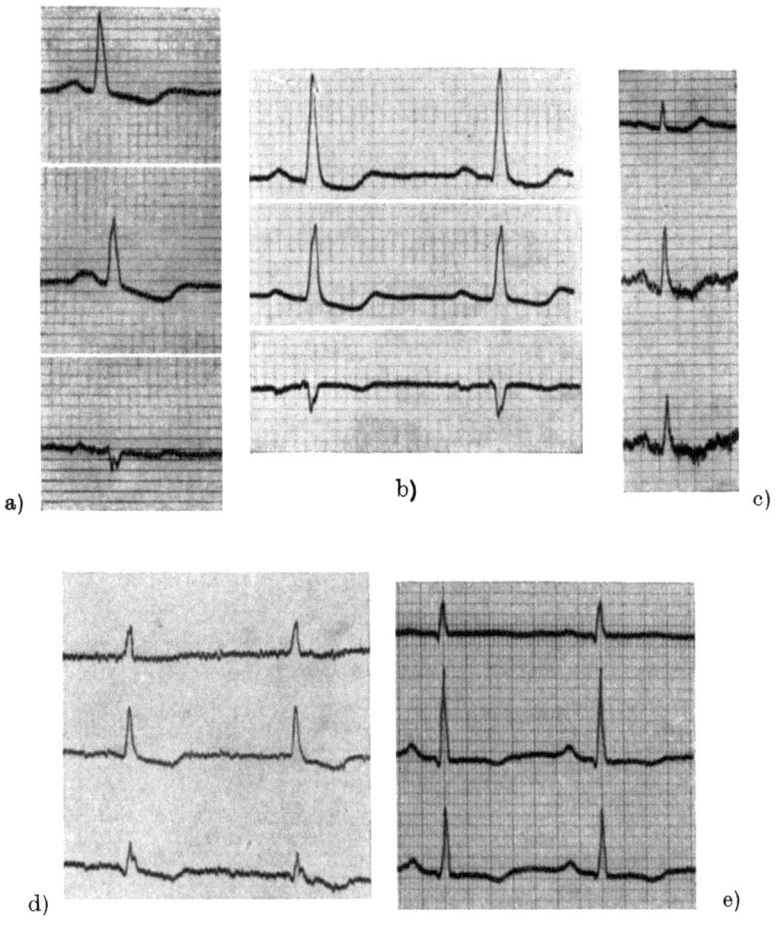

Abb. 101. Schwierigkeit in der Beurteilung „koronarer Deformationen" (Inversion von T-Zacken in 2 Ableitungen, bei Patienten, deren frühere Elektrokardiogramme normalen Kurvenverlauf gezeigt haben). a) Ekg im stenokardischen Anfall; b) Ekg nach Digitalisierung; c) orthostatische Deformation nach Tonsillektomie; d) Ekg bei hochgradiger psychischer Erregung; e) Ekg nach Diphtherie.

flüchtig die gleichen Symptome wie im akuten Stadium zu provozieren (s. Abb. 100), scheint doch die Verläßlichkeit derartiger zeitlicher Zuordnungen in Frage gestellt (s. Abb. 107 S. 309). Es ergibt sich daraus, daß auch eine prognostische Bewertung aus einem Ruhe-Ekg, bis auf wenige Extremfälle (s. Abb. 97), vermieden werden sollte (Abb. 100a u. b).

Auch in anderer Hinsicht lassen sich Schlüsse auf zeitliche Gesetzmäßigkeiten vermissen, deren Kenntnis nicht nur für die Beurteilung, sondern vor allem auch für die Begutachtung wichtig wäre.

Sehr ungeklärt sind z. B. noch die zeitlichen Beziehungen zwischen akuter Koronarinsuffizienz, Ekg-Befund und Schmerzanfall. Als Normalverlauf kann das

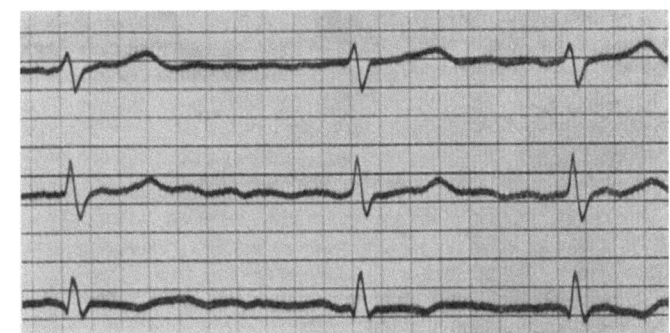

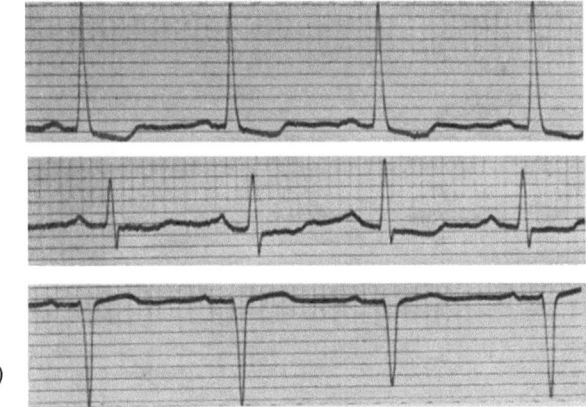

Abb. 102. Typische aber nicht pathognomonische Elektrokardiogramme. a) Ekg bei Mitralstenose; b) Ekg bei Aorteninsuffizienz.

gleichzeitige Auftreten von Koronarinsuffizienz, Schmerzanfall und typischen Ekg-Deformationen gelten, wobei die letzteren rasch zurückgehen oder den typischen Infarktverlauf erkennen lassen. Daneben gibt es folgende Abarten:

1. Koronarinsuffizienz und Schmerzanfall mit Entwicklung des typischen Ekg's erst nach 2–4 Tagen;
2. Koronarinsuffizienz mit typischem Ekg ohne Schmerzen (atypischer Myokardinfarkt nach HOCHREIN und SEGGEL (1933));
3. Koronarinsuffizienz mit typischem Ekg, bei der Schmerzen erst 1 bis 4 Tage später geklagt werden.

Weiterhin muß darauf aufmerksam gemacht werden, daß auch bei traumatischen Herzschäden, z. B. im Anschluß an stumpfe Brustwandtraumen, keine festen Gesetzmäßigkeiten in bezug auf den frühesten bzw. spätesten Termin bzw. auf die Zeitspanne, innerhalb derer die elektrokardiographischen Deformationen aufgetreten sein müssen, gemacht werden können. Vielfach findet sich ein längeres oder kürzeres „freies Intervall", und oft wird die Schädigung erst sichtbar bei der ersten Belastung nach oft wochenlanger Bettruhe.

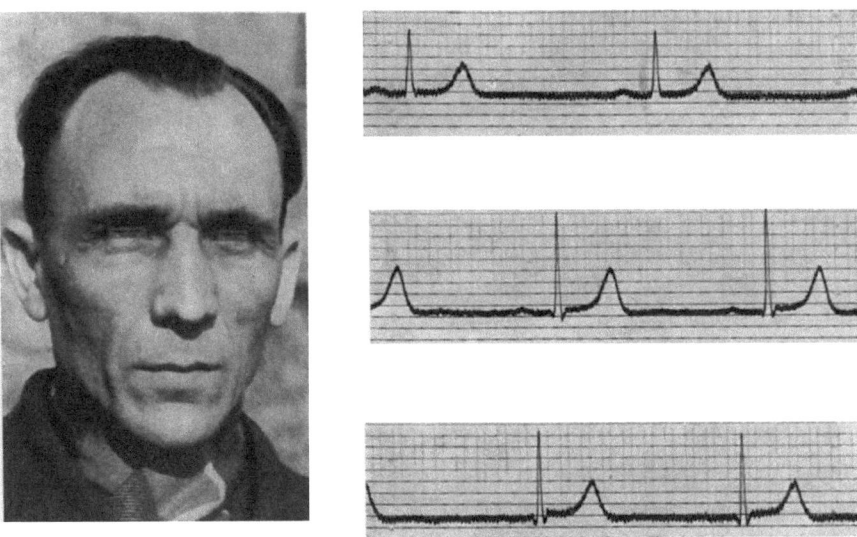

Abb. 103. Gesichtsausdruck und Ekg-Befund bei Ulcus ventriculi.

d) Der nächste Gesichtspunkt, welcher bei der Beurteilung des Ruhe-Ekg's hervorgehoben werden muß, ist die Tatsache, daß die Reaktionsformen der Herzstromkurve sehr beschränkt sind und gleichartige Deformationen überaus unterschiedliche Ursachen haben können.

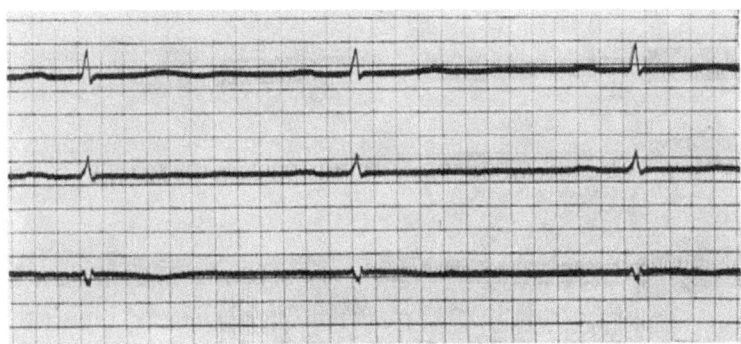

Abb. 104. Ekg bei Myxödem mit arteriellem Hochdruck.

Aus Abb. 101 wird ersichtlich, wie Anomalien von ST-Strecken und T-Zacken, deren Variation für den weniger Geübten nicht sehr eindrucksvoll sein dürfte, in analoger Weise a) durch einen stenokardischen Anfall; b) durch Digitalisierung; c) als Folge orthostatischer Deformation; d) als kardiale Reaktion auf hochgradige psychische Erregung und e) bei diphtherischem Herzschaden vorkommen können.

Spezielle Untersuchungen des Herz-Kreislaufsystems

Es besteht nun, und das muß ebenfalls festgehalten werden, für den nicht mit dem Kranken in Kontakt stehenden Ekg-Beobachter keine Möglichkeit, die differentialdiagnostische Klärung der Genese derartiger Deformationen aus

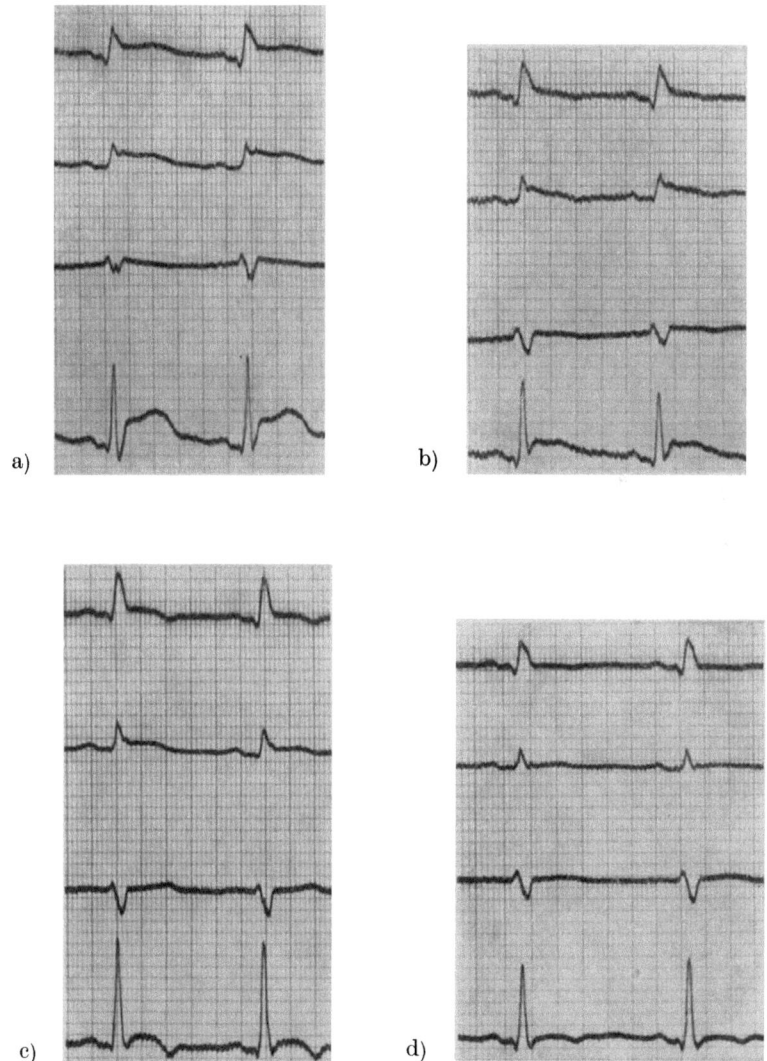

Abb. 105. Elektrokardiogramm bei zur Ausheilung gekommener rheumatischer Perikarditis. a) Ekg 5 Tage nach Erkrankungsbeginn am 4. Okt. Niedervoltage, hoher Abgang von ST, abgeflachte T-Zacken, hoher Abgang von ST bes. in Abl. IV mit konkav. Übergang in eine positive T-Zacke; b) Ekg vom 5. Okt. – ST IV bereits etwas niedriger; c) Ekg vom 10. Okt. – Der hohe Abgang von ST I ist nicht mehr ganz so deutlich, es entwickelt sich ein neg. T I, ST IV deutlich flacher und mit konvexem Übergang in ein negatives T IV; d) Ekg vom 18. Okt. – Veränderungen bis auf Niedervoltage weitgehend zurückgebildet.

306 Untersuchung und Beurteilung der Herz-Kreislauffunktion

dem Ruhe-Ekg vorzunehmen. Auch etwaige Mutmaßungen sollten gutachtlich unterbleiben, da sie die erneute Quelle von Regreßansprüchen werden können.

Das gleiche gilt neben den Symptomen, welche auf den vielbekrittelten Begriff des „Myokardschadens" hinweisen, in gleicher Weise für Reizbildungs- und Reizleitungsstörungen. Eine Kausaldiagnose ist auf Grund des Ruhe-Ekg's nicht möglich.

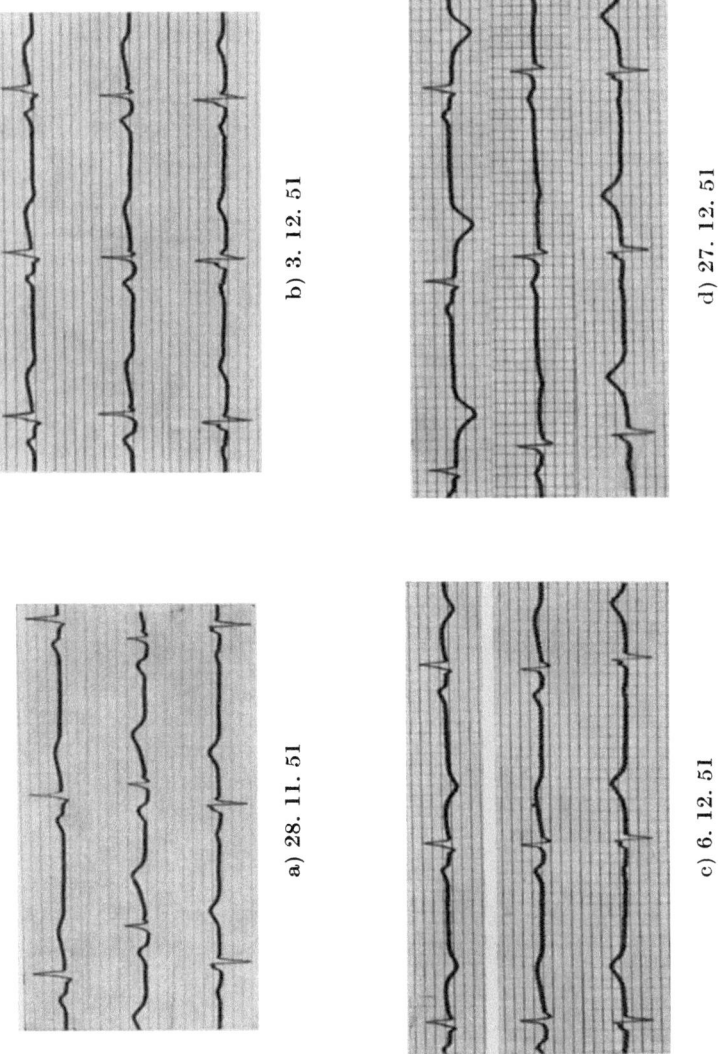

e) Abschließend ist zu erwähnen, daß auch eine Organdiagnose mit Hilfe des Ekg's über die tatsächliche Leistungsbreite dieser Methode hinausgeht. Wenn wir auch bestimmte Ekg-Bilder kennen, die z. B. für eine Mitralstenose

(s. Abb. 102a), eine Aorteninsuffizienz (s. Abb. 102b), einen arteriellen Hochdruck usw. typisch sind; wenn wir weiterhin von Ulkus-Ekg (s. Abb. 103), Myxödem-Ekg (s. Abb. 104) usw. sprechen, dann handelt es sich nicht um obligat pathognomonische Beziehungen, sondern lediglich um gewisse elektrokardiographische Syndrome, welche niemals zum Ausgangspunkt einer Diagnosestellung gemacht werden dürfen.

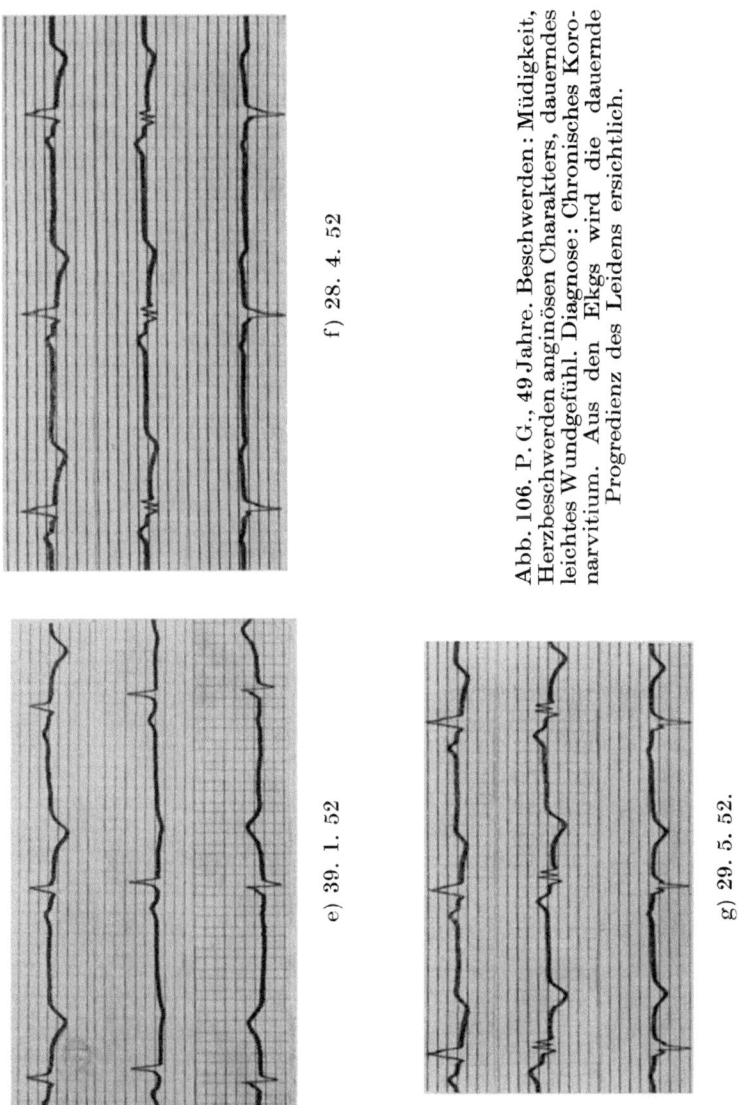

Abb. 106. P. G., 49 Jahre. Beschwerden: Müdigkeit, Herzbeschwerden anginösen Charakters, dauerndes leichtes Wundgefühl. Diagnose: Chronisches Koronarvitium. Aus den Ekgs wird die dauernde Progredienz des Leidens ersichtlich.

Wenn nun die bisherigen Aussagen dahin gehen, daß sie die Bewertung des Ruhe-Ekg's von allen Seiten her einschränken, dann ist es doch notwendig festzustellen, welche diagnostische Bedeutung dem Ruhe-Ekg auch heute noch vorbehaltslos zukommt. Unter diesem Gesichtswinkel betrachtet, gibt es eindeutigen Aufschluß über eine normale bzw. pathologische Reizbildung und Reizleitung. Es ermöglicht die Differenzierung des „Herzstolperns", d. h. die Feststellung von Reizbildungs- und Reizleitungsstörungen, gibt einen weitgehenden Anhalt über den Ort der Extrareizbildung bzw. der Leitungsblockade und gestattet einen Einblick in das Zustandekommen extrem rascher oder stark verlangsamter Herztätigkeit. Diese Möglichkeiten sind unbestreitbar, und es ist daher unzutreffend, wenn vielfach bereits behauptet wird, daß das Ekg an diagnostischem Wert verloren habe. Es gibt im allgemeinen nur wenig Methoden, die gleichzeitig so viele verschiedene und verbindliche Aussagen über ein Organ gestatten, wie die Elektrokardiographie. Alle Angaben darüber hinaus berühren bereits den Bereich diagnostischer Spekulation und sollten nur nach Heranziehung geeigneter Funktionsprüfung gemacht werden (s. S. 383).

Es erhebt sich nun die Frage, wie kann man die elektrokardiographische Diagnostik erweitern, wie die Bewertungsgrundlage verbreitern und die Einschränkungen, welche das Ruhe-Ekg betreffen, vermindern?

Ein unbestreitbarer Vorteil gegenüber dem Einzel-Ekg ist naturgemäß die Ekg-Serie.

Es kann kein Zweifel darüber bestehen, daß bei akuten Herzschädigungen das häufig wiederholte Ekg einen wertvollen Einblick in Progredienz und Ausheilungstendenz eines Herzleidens zu geben vermag. In Abb. 105 zeigen wir den Verlauf einer akuten, zur Ausheilung führenden rheumatischen Perikarditis m Ekg und in Abb. 106 das Bild eines chronisch-progredienten Koronarleidens, ein Bild, welches wir als „chronisches Koronarvitium" bezeichnet haben (HOCHREIN und SCHLEICHER).

Obwohl diese Wiederholungsuntersuchung eine zweckmäßige Ergänzung im Rahmen des übrigen klinischen Befundes darstellt, so muß doch wiederum auf einige Einschränkungen hingewiesen werden.

Es ist eine bekannte Tatsache, daß in vielen Fällen eine Parallelität zwischen Ekg und klinischem Befund vermißt wird. Wir kennen Fälle, wo trotz rascher Normalisierung des Ekg's das Schmerzsyndrom persistiert und auch die übrigen Symptome eher eine Progredienz des Herzschadens vermuten lassen (s. Abb. 107 A) und andererseits Fälle, bei denen trotz klinischer Ausheilung die elektrokardiographische Deformation zunimmt, um dann unter Umständen für Jahre unverändert fortzubestehen (s. Abb. 107 B). Zum Verständnis eines derartigen Verhaltens haben die Theorien der vegetativen Überlagerung (SCHLACHMANN und SCHERF) bzw. die Möglichkeit von Hemmungs- und Enthemmungsmechanismen (KIENLE) neue Wege eröffnet.

Es ergibt sich daraus, daß auch der Ekg-Serie keine diagnostische Beweiskraft zukommt, sondern daß letzten Endes der Gesamtheit des klinischen Befundes die absolute Vormachtstellung gebührt. Wie schwierig aber eine Beurteilung im Einzelfall sein kann und wie sehr sich die endliche Diagnose aus einem Mosaik ungezählter Bausteine zusammensetzt, mag folgender Fall verdeutlichen:

C. A., 51 Jahre, Schiffseigner. C. klagt, daß seit einem geringfügigen Thoraxtrauma leichte Sensationen in der Herzgegend, ohne Vernichtungsgefühl und ohne Ausstrahlung nach dem linken Arm, die ihn zeitweise beim Gehen und Treppensteigen zum Stehenbleiben zwingen, auftreten. Vereinzelt Schwindelgefühl, besonders beim Bücken. Er hatte bereits zahlreiche Ärzte konsultiert, es war ihm aber mit den bisherigen Maßnahmen nicht wesentlich geholfen worden. Bei der Untersuchung war der Befund wenig ergiebig. Auffallend war lediglich ein sehr niedriger Blutdruck (80/50 mm Hg) bei einem pyknisch-adipösen Habitus und ein WPW-Syndrom im Elektrokardiogramm (s. Abb. 108a). Letzteres Symptom wurde zunächst nicht weiter bewertet, da es in vielen Fällen gutartigen Charakter zeigt und oft, wie bereits erwähnt, auch angeboren vorkommt. Nicht so nebensächlich erschien uns dagegen die Hypotonie, welche bei Menschen über 50 Jahren immer zu besonderen

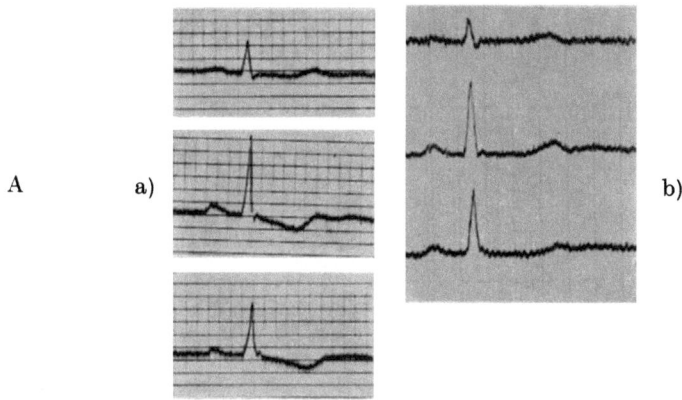

Abb. 107. A. Diskrepanz zwischen subjektivem Befinden und Elektrokardiogramm nach Myokardinfarkt. Rasche Rückbildung der elektrokardiographischen Deformation bei Fortbestehen schwerster stenokardischer Beschwerden. K. U., 42 Jahre. a) Ekg 8 Tage nach dem Infarkt; b) 4 Wochen nach dem Infarkt.

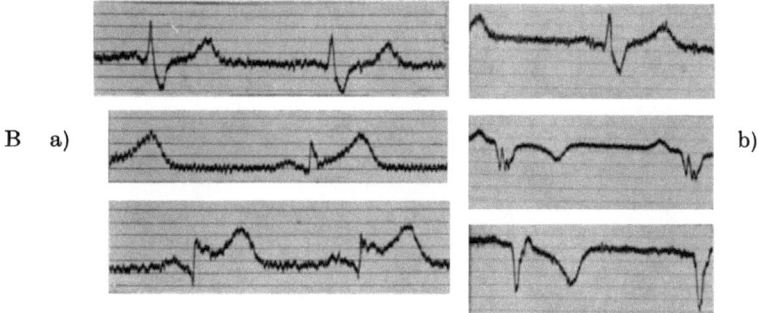

Abb. 107. B. Persistenz der elektrokardiographischen Deformationen. I. G., 50 Jahre. a) am Tage des Anfalls; b) 10 Wochen nach dem Anfall. Das Ekg hat sich seitdem nicht mehr geändert. I. steht seit 2 Jahren in unserer Beobachtung und kann völlig beschwerdefrei seinem Beruf nachgehen.

differentialdiagnostischen Erwägungen veranlassen sollte. Die daraufhin durchgeführte Röntgenuntersuchung bestätigte unseren Verdacht, denn es ließ sich ein deutliches Herzwandaneurysma nachweisen, d. h. das Zustandsbild mußte als „Spätfolge nach Myokardinfarkt" gewertet werden (Abb. 108b und c). Die erneute Durchforschung der Anamnese brachte keinen Herzschmerz mit Todesangst und Vernichtungsgefühl zutage. Dagegen entsann sich C., daß er vor ca. 18 Monaten ganz akut einen kolikartigen Schmerz im linken Unterbauch verspürt habe, der mit Übelkeit erregendem Schwindelgefühl und Kollaps einhergegangen sei. Mit dieser

310 Untersuchung und Beurteilung der Herz-Kreislauffunktion

Aussage war der in bezug auf den Schmerz „atypische" Myokardinfarkt zeitlich gesichert. Da der Schmerz damals in seiner Genese verkannt wurde und C. lediglich für 1–2 Tage das Bett hütete, ist es verständlich, daß es zur Ausbildung eines Herzwandaneurysmas in diesem Falle kommen konnte. Da C. jedoch, bevor er uns aufsuchte, beruflich tätig gewesen war, sahen wir keine Veranlassung, ihn nicht zu Fuß

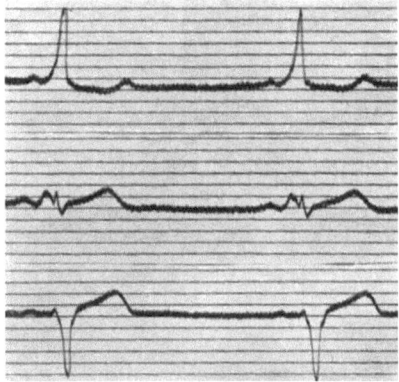

a) Aufnahmebefund im Ruhe-Ekg. W–P–W-Syndrom.

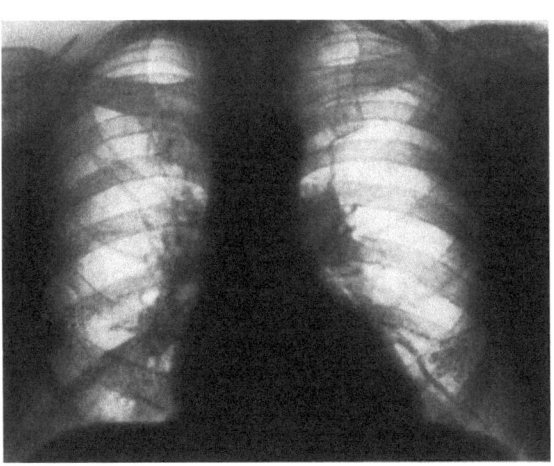

b) Röntgenaufnahme.
Abb. 108. Zustand nach Myokardinfarkt, diagnostisches Leitsymptom: Hypotonie.

ein paar Treppen in unser Kreislauflaboratorium herabsteigen zu lassen. Dabei ergab sich, daß diese geringe Belastung genügte, um im Ekg, das während der Bettruhe immer unverändert das WPW-Syndrom erkennen ließ, erneut die Zeichen des überstandenen Infarktes auftreten zu lassen (s. Abb. 108d und e). Dieser Fall, dessen Diagnose eigentlich nur durch das Leitsymptom der Hypotonie gestellt wurde, enthüllt die ganze Vielfalt kardialer Erkrankungsbilder. Es zeigt das WPW-

Syndrom als Folge eines Infarktes, ein Vorkommnis, das bisher nur sehr selten beschrieben wurde; eine vollkommen atypische und sehr seltene Schmerzlokalisation; die Entwicklung eines Aneurysmas durch vorzeitige Belastung infolge der Fehldiagnose und schließlich die Möglichkeit, bei unverdächtigem, zum mindesten nicht infarkt-spezifischen Ruhe-Ekg noch 18 Monate nach dem Infarktereignis durch leichte Belastung die infarkt-spezifischen Deformationen zu reproduzieren.

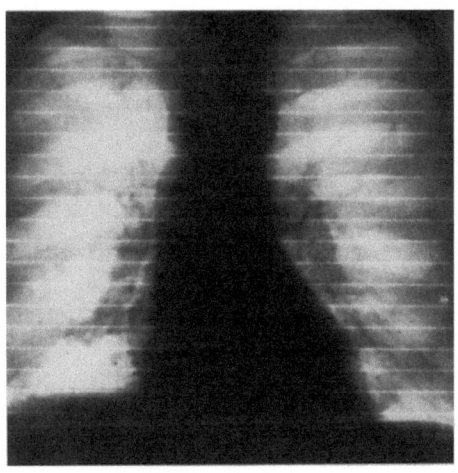

c) Kymogramm. Diagnose: Verdacht auf Herzspitzenaneurysma.

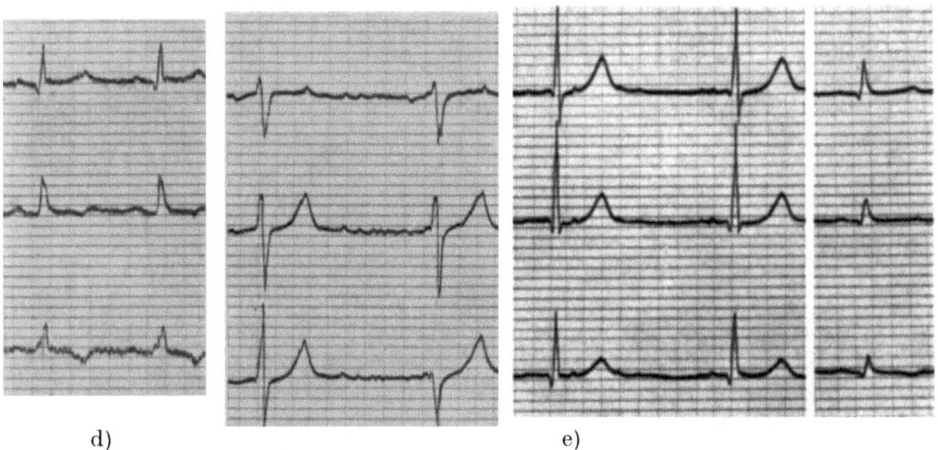

d)   e)

Abb. 108. d) Extremitäten-Ekg nach Treppensteigen. Diagnose: Verdacht auf Hinterwandinfarkt und e) Brustwandabl. V_{1-9}. Im Brustwand-Ekg sind nur die starke Abflachung von V_8 und die Inversion von V_9 auffällig.

Eine große Bereicherung und ein wesentlicher Fortschritt für die elektrokardiographische Diagnostik erbrachte dann die Einführung der unipolaren Ableitungen, vor allem aber der sogenannten *„Brustwandableitungen"*, auf

312 Untersuchung und Beurteilung der Herz-Kreislauffunktion

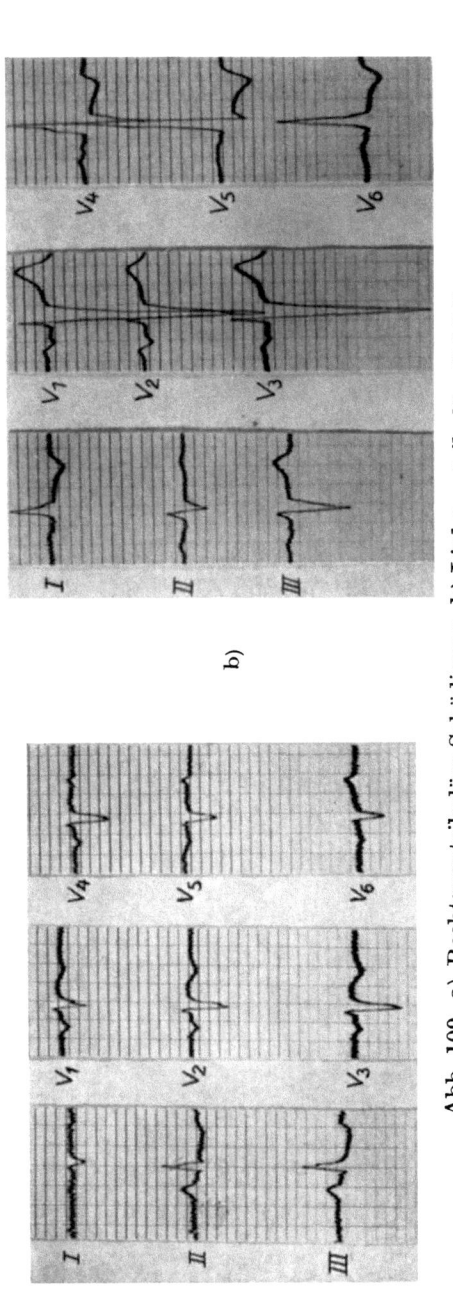

Abb. 109. a) Rechtsventrikuläre Schädigung, b) Linksventrikuläre Schädigung.

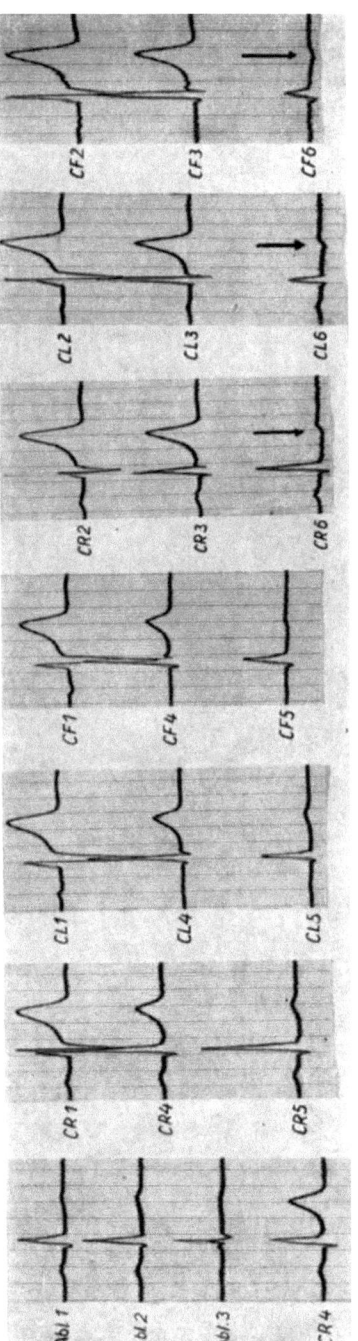

Abb. 110. 24. 6. 1949. G. G., 53 Jahre. Herzschmerzen nach Herztrauma.

deren Registrierung bei einem im Extremitäten-Ekg nachgewiesenen Schaden oder auch bei einer ausgesprochenen Diskrepanz zwischen subjektiver Beschwerde und negativem Extremitäten-Ekg-Befund nicht mehr verzichtet werden kann (s. S. 288).

In Abb. 109 haben wir die Befunde bei rechts- und linksventrikulärer Schädigung dargestellt.

Welches ist nun der Vorteil derartiger Ableitungen?

Die Brustwand-Kardiographie hat unsere diagnostischen Möglichkeiten beträchtlich erweitert, da sie vielfach geeignet ist, sehr umschriebene Schäden aufzudecken, welche im Extremitäten-Ekg noch nicht gezeichnet haben.

In Abb. 110 ist das Ekg eines Kranken wiedergegeben, welcher wegen eines Herztraumas zur Begutachtung kam. Im Extremitäten-Ruhe-Ekg war bis auf die etwas abgeflachten T-Zacken kein pathologischer Befund zu erheben. Erst die „halbunipolaren" Ableitungen erbrachten in C_6 die ganz umschriebene Schädigung.

Noch eindrucksvoller aber sind die Ekg's der Abb. 111, bei denen das Extremitäten-Ekg in ausgeprägtem Mißverhältnis zu der umfangreichen Schädigung steht, welche den ergänzenden Brustwand-Ekg's zu entnehmen ist.

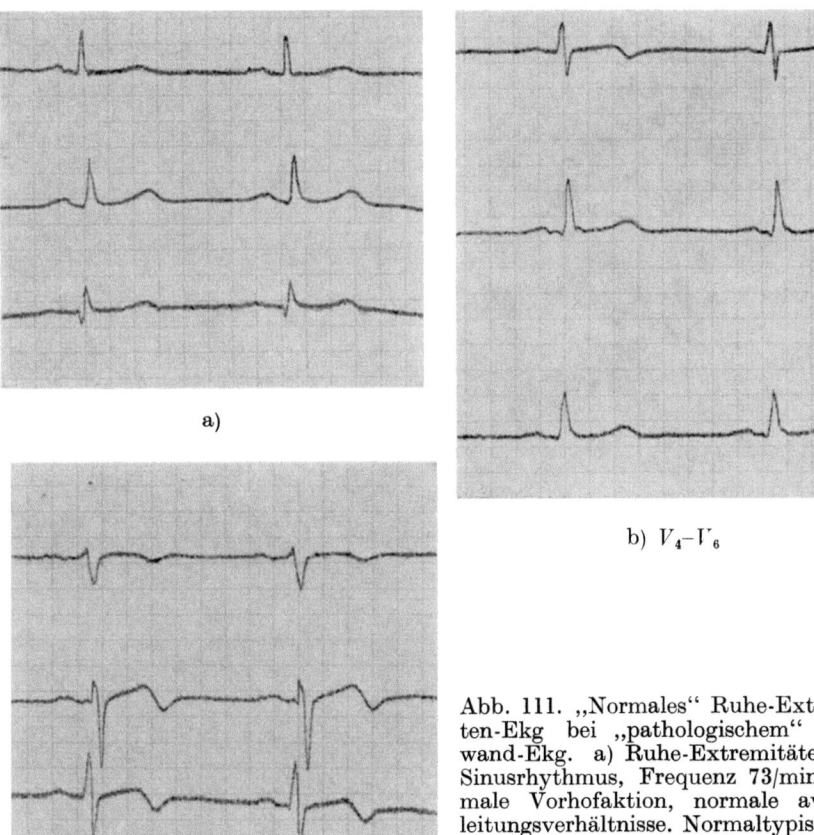

a)

b) V_4–V_6

b) V_1–V_3

Abb. 111. „Normales" Ruhe-Extremitäten-Ekg bei „pathologischem" Brustwand-Ekg. a) Ruhe-Extremitäten-Ekg: Sinusrhythmus, Frequenz 73/min. Normale Vorhofaktion, normale av-Überleitungsverhältnisse. Normaltypische Erregungsausbreitung. Noch normaler Erregungsrückgang. b) Brustwand-Ekg; In V_2 bis V_4 terminal negatives T. Vorderwandinfarkt.

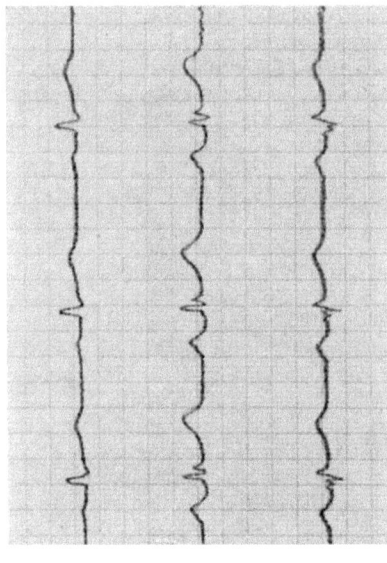
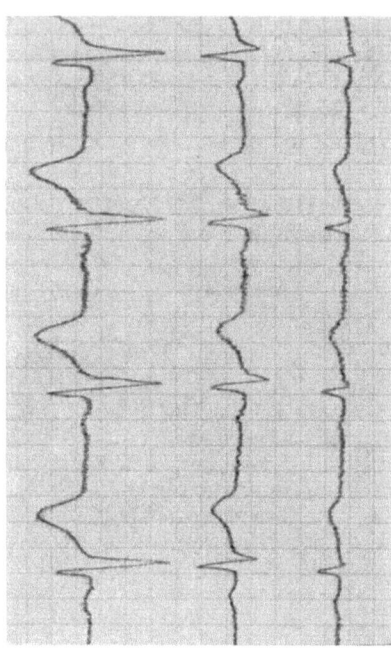
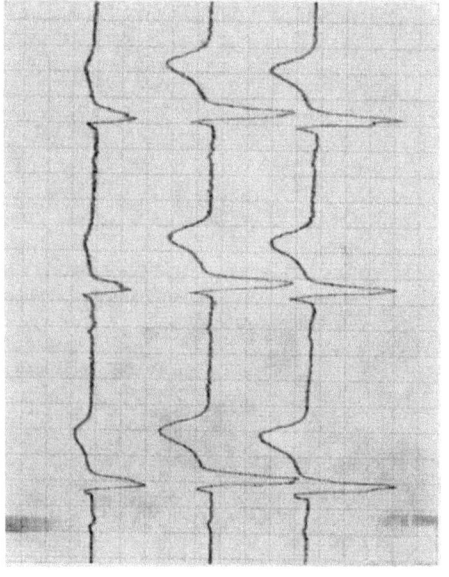

Abb. 112. ,,Pathologisches" Ruhe-Extremitäten-Ekg bei ,,normalem" Brustwand-Ekg. a) Ruhe-Extremitäten-Ekg: Sinusrhythmus, Frequenz 74/min. Verdacht auf Überlastung des rechten Vorhofes. Deutliche Aufsplitterung der Anfangsschwankung (Verdacht auf Myokardnarbenbildung). Normaler Erregungsrückgang. b) Brustwand-Ekg: Normaler Kurvenverlauf.

Es gibt jedoch auch Fälle, in denen das Extremitäten-Ekg Befunde (s. Abb. 112) liefert, welche durch das Brustwand-Ekg in keiner Weise objektiviert werden können.

In solchen Fällen mögen Ergänzungsableitungen an nicht standardisierten Ableitungspunkten oder aber die Ableitungen im NEHBschen Dreieck unter Umständen von Wert sein.

Die häufigsten Fehler in der Praxis aber entstehen durch falsche Polung. Der erfahrene Ekg-Kenner sieht derartige Mängel auf den ersten Blick, der Anfänger aber konstruiert oft merkwürdigste Myokardschäden, deren iatrogene Folgen kaum mehr beseitigt werden können.

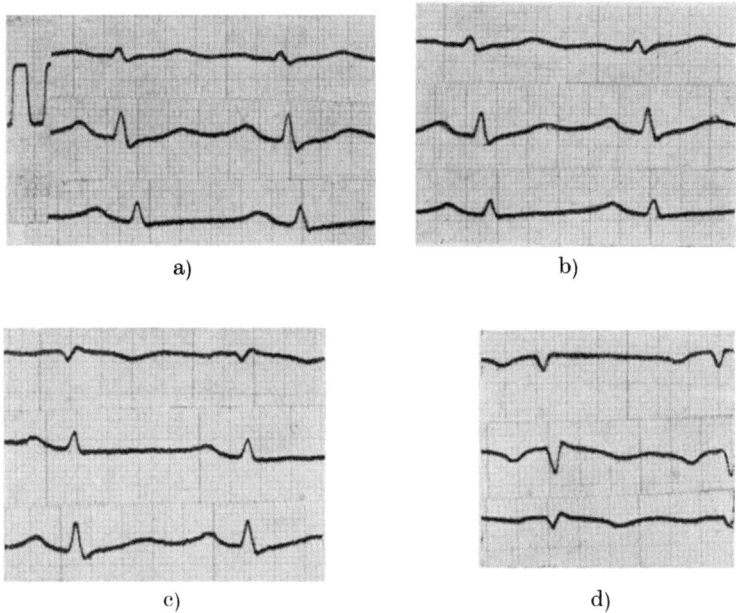

Abb. 113. Iatrogener Myokardschaden durch falsche Polung. a) richtig gepolt; b) Beinelektroden vertauscht; c) Armelektroden vertauscht; d) rechter Arm und linkes Bein vertauscht. Praktische Nutzanwendung: Schwer deutbare oder „ungewöhnliche" Elektrokardiogramme zweckmäßigerweise nochmals wiederholen anstatt den methodischen Fehler zum permanenten iatrogenen Herzschaden werden zu lassen.

In Abb. 113 und 114 haben wir den korrekt registrierten Ekg's einige bewußte Fehlpolungen gegenübergestellt.

Die schwierige Vorhofsdiagnostik scheint vor allem durch das *Ösophagus-Ekg* erleichtert zu werden. (s S. 221).

So wurde es im Hinblick auf seine Wertigkeit zur Diagnose von Vorhofserweiterungen bzw. bei Perikarditis und WPW-Syndrom untersucht. WENGER schließlich erbrachte auf diese Weise den Nachweis getrennter rückläufiger Erregung beider Vorhöfe. Nach den bisher gemachten Erfahrungen scheinen die untersten Ösophagusableitungen bzw. die intragastrale Ableitung besonders für die Diagnose von Hinterwandinfarkten wertvoll zu sein.

316   Untersuchung und Beurteilung der Herz-Kreislauffunktion

In Abb. 115 ist das normale Ösophagus-Ekg und in Abb. 116 ein solches bei Hinterwandinfarkt zur Darstellung gebracht worden.

Auf die *intrakardialen Ableitungen* haben wir bereits hingewiesen. Diese Methoden sind von unbestreitbarem Wert in Fällen angeborener Herzvitien, wo die diagnostisch gut vorbereitete Operation entscheidet über „Sein oder Nicht-Sein", hier

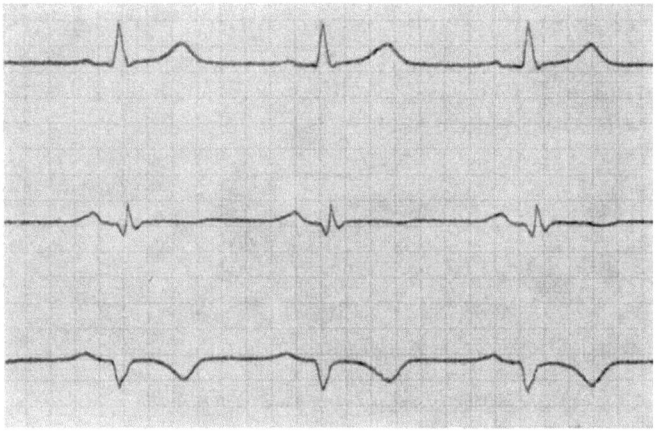

a)

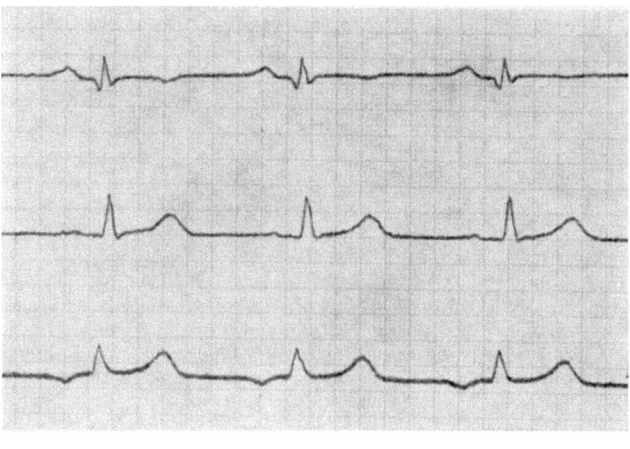

b)

Abb. 114. Fälschlicherweise angenommene Besserung eines Myokardinfarktes durch Fehlpolung. a) Ruhe-Ekg, technisch einwandfreie Polung. Beurteilung: Sinusrhythmus, Frequenz 75/min. Normale Vorhofsaktion, normale av-Überleitungsverhältnisse. PARDEE-*Q* als Ausdruck eines Folgestadiums nach Hinterwandinfarkt. Auch der Verlauf der Endschwankung ist für einen Hinterwandinfarkt charakteristisch. b) Fehlpolung: linker Arm und linkes Bein wurden in der Polung vertauscht. Der somit registrierte Kurvenverlauf ist nicht mehr typisch für einen Herz-Hinterwandinfarkt. Er spricht am ehesten noch für eine lokale Schädigung über der Vorderwand. Auch die Vorhofaktion hat eine andere Richtung hinsichtlich ihrer Ausbreitung erfahren. Im großen und ganzen hat sich der Kurvenverlauf jedoch dem eines normalen Ruhe-Extremitäten-Ekgs weitgehend genähert,

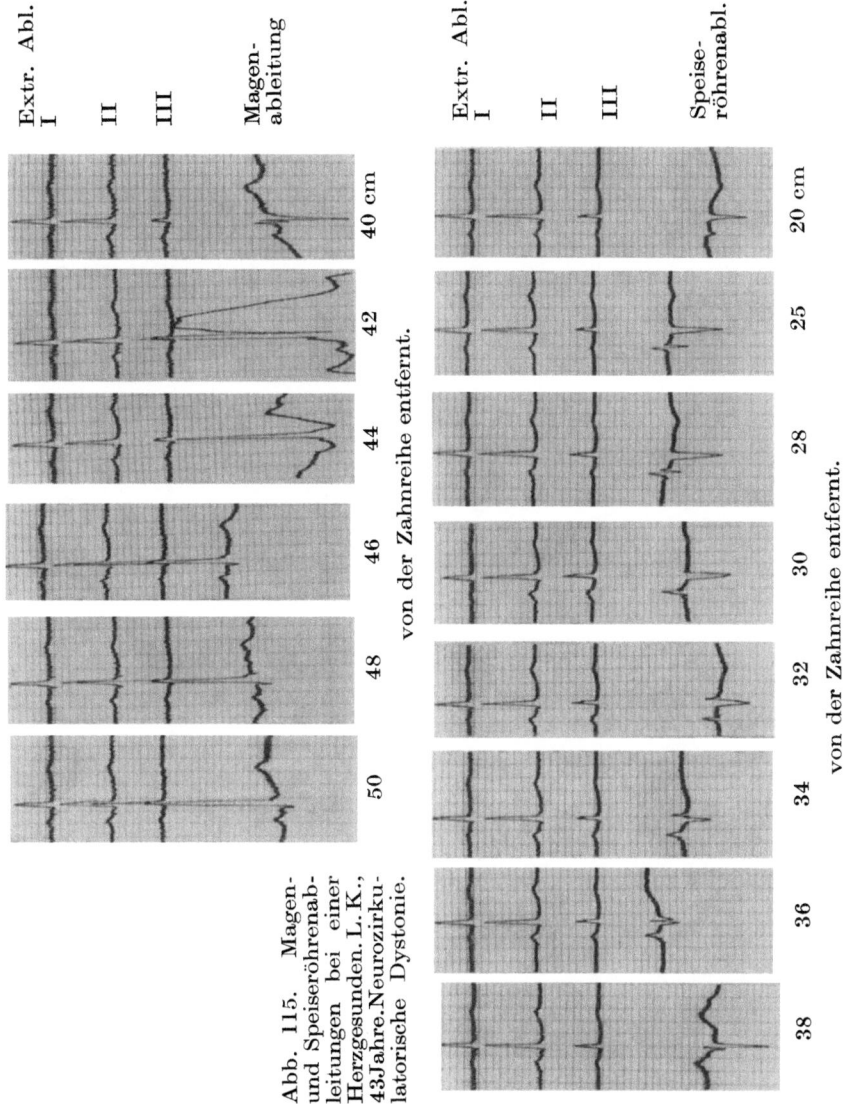

Abb. 115. Magen- und Speiseröhrenableitungen bei einer Herzgesunden. L.K., 43 Jahre. Neurozirkulatorische Dystonie.

allein mag auch das mit diesem diagnostischen Eingriff verbundene Risiko vertretbar sein.

Darüber hinaus haben diese Untersuchungen die Diagnostik nicht wesentlich erweitert und sich außerdem als überflüssig erwiesen, nachdem festgestellt werden konnte, daß intrakardial gewonnene Ekg's weitgehend mit den durch Ösophagus-Ableitungen bzw. intragastrale Ableitung gewonnenen Befunden übereinstimmen.

Zusammenfassend kann gesagt werden, daß die Brustwand- und Zusatz-Ableitungen die Feststellbarkeit von Herzschäden wesentlich erweitert und vertieft haben. Es gehört aber eine sehr große Erfahrung dazu, im Einzelfall zu entscheiden, mittels welcher Spezialableitung eine optimale Befunderhebung möglich ist. Nur eine an Hunderten gleichartiger Ableitungen gewonnene

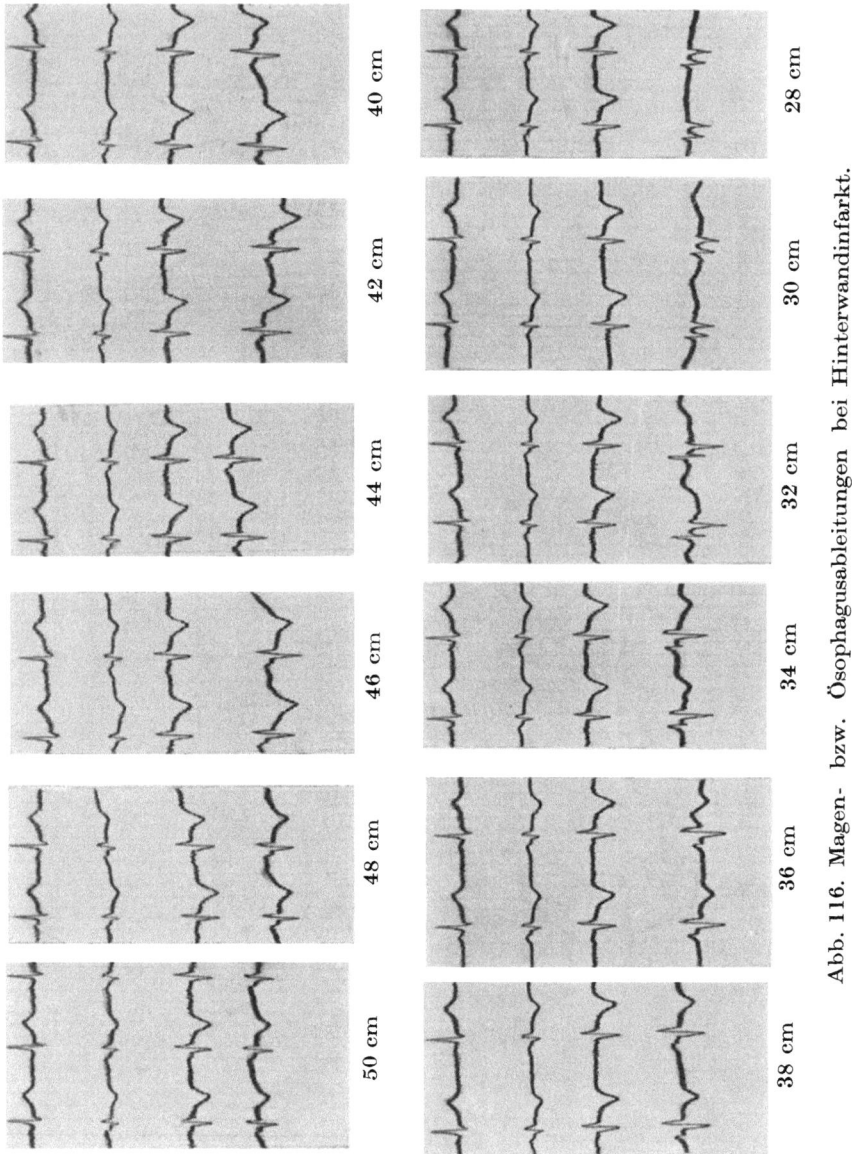

Abb. 116. Magen- bzw. Ösophagusableitungen bei Hinterwandinfarkt.

kritische Bewertungsfähigkeit erlaubt es, eine gefundene Deformation als noch im Bereich der Norm bzw. als bereits pathologisch anzusprechen.

Im Kapitel der Funktionsprüfungen wird weiterhin auszubauen sein, wie das Ekg auch vor allem in der funktionellen Bewertungsdiagnostik seinen unbedingten Platz erobert hat.

Sieht man also nach allen diesen Ausführungen im Ekg nichts anderes als die optische Registrierung gewisser elektrischer Erregungsabläufe im Herzen, welche durch die verschiedensten Einflüsse besonders variiert, abgeschwächt oder verstärkt werden können, dann wird man sich vor einer Überwertung des Ekg's hüten und andererseits mit dieser Methode ein hochdifferenziertes diagnostisches Instrument in Händen haben, das besonders für eine Früh- und Bewertungsdiagnostik bestens geeignet ist.

Literatur zu Kapitel IV, Abschnitt A, 3.1.4

ASHMAN, R. und E. HULL: Essentials of Electrocardiography (New York 1947). — BODEN, E.: Elektrokardiographie für die ärztliche Praxis, 7. Aufl. (Darmstadt 1952). — BODEN, E. und S. EFFERT: Besondere Formen der Arbeitsreaktion im Ekg. Z. inn. Med. 9, H. 19/20, 937 (1954). — BREDNOW, W.: Röntgenatlas der Erkrankungen des Herzens und der Gefäße, 5. Aufl. (München 1951). — BREU: Wien. klin. Wschr. **1939**, 573. — BUDELMANN, G.: Funktionelle Ekg-Diagnostik. Therapiewoche **1**, 446 (1950/51). — BÜRGER, M.: Klinische Fehldiagnosen (Stuttgart 1954). — DIMOND, E. G.: Electrocardiography (St. Louis 1954). — v. DUNGERN, M.: Ekg-Atlas für den praktischen Arzt (Dresden u. Leipzig 1946). — ESSEN, K. W.: Medikamentöse und psychische Beeinflussung der Nachschwankungen des Ekg. Med. Klin. **47**, H. 27, 896 (1952). — GROEDEL, F. M.: Das Extremitäten-, Thorax- und Partialelektrokardiogramm des Menschen (Dresden u. Leipzig 1934). — HOCHREIN, M.: Beurteilung und Behandlung der koronaren Durchblutungsstörungen. Dtsch. med. J. **3**, H. 17/18 (1952). — HOCHREIN, M. und K. A. SEGGEL: Über den atypischen Verlauf des Myokardinfarktes. Z. klin. Med. **125**, H. 1 u. 2, 161 (1933). — HOFFMANN, A.: Die Elektrokardiographie (Wiesbaden 1914). — HOLZMANN, M.: Der neueste Stand der Brustwandelektrokardiographie. Z. Kreislaufforschg. **40**, H. 23/24, 732 (1951); Die Bedeutung der Elektrokardiographie für die Prognose der Koronargefäßerkrankungen. Vortr. am 5. Internat. Kongr. f. Lebensvers.Med. in Aix-les-Bains 9.–11. 6. 1955; Klinische Elektrokardiographie, 3. Aufl. (Stuttgart 1955); Neuere Erkenntnisse über das Ekg bei allgemeinen Zustandsänderungen des Organismus. Wien. Z. inn. Med. **37**, H. 5, 178 (1956). — JANSEN, W. H. und H. HAAS: Schule und Atlas der Elektrokardiographie für die Praxis, 2. Aufl. (Berlin-München 1948). — KATZ, L. N.: Electrocardiography (Philadelphia 1946). — KIENLE, FR.: Das Belastungselektrokardiogramm und das Steh-Ekg (Leipzig 1946); Praktische Elektrokardiographie, 3. Aufl. (Stuttgart 1950); Über Grundlagen der heutigen Elektrokardiographie. Münch. med. Wschr. **95**, H. 41, 1097 (1953); Der menschliche Herzschlag. Neue Forschungsergebnisse, Teil I (Frankfurt/M. 1958). — KLEINSORGE, H.: Bedingte Reflexe im Elektrokardiogramm. Z. inn. Med. **10**, H. 6, 275 (1955). — KOCH, E.: Allgemeine Elektrokardiographie (Dresden u. Leipzig 1945). — KORTH, C.: Der Wert des Elektrokardiogramms. Hippokrates **15**, 395 (1941); Atlas der klinischen Elektrokardiographie (Berlin-München 1949); Ist die Anfertigung eines Belastungs-Ekg in der Praxis zu empfehlen? Dtsch. med. Wschr. **80**, H. 36, 1316 (1955). — KRABBE, A.: Das Extremitäten-Elektrokardiogramm bei dosierter Preßatmung zur Früherkennung von Herzerkrankungen. Arzt und Sport **2**, H. 1, 186 (1954). — KÜHNS, K. und H. VOGEL: Das Elektrokardiogramm im Stehen. Arch. Kreislaufforschg. **17**, 147 (1951). — LACHMANN, H.: Vertauschte Ekg-Elektroden. Dtsch. Gesd.wes. **4**, H. 27, 1048 (1949). — LACHMANN, H. und A. WITOVSKI: Anleitung zur elektrokardiographischen Diagnostik für den praktischen Arzt (Wien 1948). — LANGNER, P. H. jr. und J. P. ATKINS: Intrabronchial electrocardiography. A preliminary report. (Intrabronchiale Elektrokardiographie. Vorläufige Mitteilung.) Circulation **2**, 419 (1950). — LEPESCHKIN, E.: Praktisches Hilfsbuch zur systematischen Analyse des Elektrokardiogramms (Stuttgart 1947); Das Elektrokardiogramm, 2. Aufl. (Dresden u. Leipzig 1947). — LICKINT, F.: Das Atemanhalte-Elektrokardiogramm als Belastungs-Ekg. Med. Klin. **46**, H. 7, 201 (1951); Verwertbarkeit des Atemanhalte-Elektrokardiogramms als Belastungsprobe. Verh. Dtsch. Ges. Inn. Med. **1953**, 284. — MASTER, A. M.: The Two-Step Exercise Electrocardiogram: A Test for Coronary Insufficiency. Ann. Int. Med. **32**, 842 (1950). — MEYER, P., R. HERR und C. SCHMIDT: Das klinische Interesse am Belastungselektrokardiogramm. Strasbourg méd. N. S. **1**, 46 (1950). — MICHEL, D.: Die Beeinflussung der Herzstromkurve durch Lagewechsel. Dtsch. Gesd.wes. **8**, H. 32, 980 (1953); Die Veränderungen des Elektrokardiogramms bei Seitenlage des Körpers und ihre Bedeutung für die Erkennung kardialer Funktionsstörungen. Z. Kreislaufforschg. **42**, H. 19/20, 746 (1953); Die Bedeutung der Elektrokardiographie für die Begutachtung. Dtsch. Gesd.wes. **11**, H. 25, 840 (1956). — NEHB: Verh. Dtsch. Ges. Kreislaufforschg. **12**, 177 (Dresden u. Leipzig 1939). — REINDELL, H. und H. KLEPZIG: Die neuzeitlichen Brustwand- und Extremitäten-Ableitungen in der Praxis (Stuttgart 1951). — RITTER, O. und V. FATTORUSSO: Atlas der Elektrokardiographie (Basel 1951). — SCHAEFER, H.: Grundzüge einer exakten Theorie des Elektrokardiogramms. Arch. Kreislaufforschg. **15**, 173 (1949); Das Elektrokardiogramm. Theorie und Klinik (Berlin-Göttingen-Heidelberg 1951). — SCHENNETTEN, F. P. N.: Vademecum der klinischen Elektrokardiographie (Leipzig 1951). — SCHLACHMANN, M. und D. SCHERF: Die Wirkung von Ergotamin-Tartrat auf das abnorme Ekg von Kranken. Amer. Heart J. **39**, H. 1, 69 (1950). — SCHLOMKA, G.: Neue Wege der praktischen Elektrokardiographie. Z. ges. inn. Med. 1946, 85; Der funktionelle Typenwandel im Elektrokardiogramm unter physiologischen Verhältnissen. Z. inn. Med. **7**, 10, 449 (1952). — SCHOENMACKERS, J.: Grenzbelastung und überraschender Tod. Med. Klin. **45**, H. 25/26, 790 (1950). — SCHÜTZ, E.: Elektrokardiographie (Wiesbaden 1948); Grundlagen der elektrokardiographischen Diagnostik. Ärztl. Wschr. **3**, 748 (1948). — SPANG, K.: Krankenbeurteilung und Ekg. Dtsch. med. Wschr. **71**, H. 25/28, 253 (1946). — STRAUBE, K.-H.: Der elektrokardiographische Nachweis alter Herzinfarkte (Leipzig 1953). — TRIAS, A. A.: Estudio fisio-patologico en clinica electrocardiograma esofagico (Barcelona 1954). — UHLENBRUCK, P.: Die Herzkrankheiten. Klinik, Röntgenbild und Elektrokardiogramm, 4. Aufl. (Leipzig 1939); Der diagnostische Wert des Ekg für die Praxis. Therapiewoche **2**, 41 (1951/52). — WENCKEBACH, K. F.: Herz- und Kreislaufinsuffizienz (Dresden und Leipzig 1942). — WENGER, R.: Der Nachweis rückläufiger getrennter Erregung beider Vorhöfe im Ösophagus-Ekg. Cardiologia **13**, 284 (1948). — WETZEL, H.: Das atypische Ekg beim Herzinfarkt. Med. Klin. **52**, H. 31, 1326 (1957). — WILL, E.: Zum Problem der Tagesschwankungen im Elektrokardiogramm (Minuten- und Sekundenschwankungen). Medizinische **38**, 1345 (1955). — WIMMER, H.: Die Sonderstellung der Koronararterien. Hippokrates **27**, H. 12, 377 (1956). — ZAKOV, N. und I. SCHLEICHER: Zur Hämodynamik des Herzens bei verkürzter Überleitungszeit. Z. Kreislaufforschg. **35**, 413 (1935). — ZUCKERMANN, R.: Atlas der Elektrokardiographie (Leipzig 1955).

3.1.5. Röntgenuntersuchung

Die Ausführungen, welche über Wert und Bewertbarkeit des Ekg für die Herzbeurteilung gemacht worden sind, können in gleicher Weise auf die Röntgenuntersuchung des Herzens übertragen werden.

Auch hier hat sich ein Spezialzweig der Diagnostik entwickelt, der nicht nur größte praktische Erfahrungen, sondern auch ein intensives theoretisches Studium erfordert, für welches eine große Zahl ausgezeichneter Darstellungen zur Verfügung steht (ASSMANN, BREDNOW, DIETLEN, HOLZMANN, KIENLE, TESCHENDORF, UHLENBRUCK, ZDANSKY u. a.).

Es kann nun nicht die Absicht dieser Ausführungen sein, einen Extrakt dieser Standardwerke zu vermitteln und damit eine Einführung in die röntgenologische Beurteilung des Herzens zu geben. Genau wie für das Ekg müssen auch gründliche Kenntnisse auf dem Gebiet der röntgenologischen Thoraxuntersuchung vorhanden sein, ehe man verbindliche Aussagen über die Wertigkeit dieser Methode im Rahmen von Herzbeurteilung und -begutachtung machen kann. Es soll daher versucht werden, die diagnostischen Grenzen der Herz-Röntgenuntersuchung aufzuzeigen und herauszuarbeiten, auf welche Weise eine optimale Ausnützung der Methode im Rahmen der Herzbeurteilung und -begutachtung möglich ist.

Entsprechend dem Ruhe-Ekg wird vielfach zum Ausgangspunkt der röntgenologischen Beurteilung die sogenannte „*Herzfernaufnahme*" gewählt. Diese Aufnahmetechnik liefert die objektivste Darstellung der frontalen Herzumrisse. Ihr großer Nachteil besteht jedoch darin, daß die Aufnahmen bei mittlerer Atmung meist kein Urteil über die im Zwerchfellschatten liegende Herzspitze gestatten und so Größe, Form und Lage des Herzens nicht vollständig wiedergeben. Sucht man diesen Übelstand durch Aufnahme in tiefster Inspiration zu vermeiden, so wird die Herzform in die Länge gezogen, die seitlichen Bogen flachen sich ab, und man erhält unter Umständen ein der echten Konfiguration wenig entsprechendes hängendes oder auch besonders kleines Herz.

Um statische Formveränderungen des Herzens auszuschalten, ist man auch dazu übergegangen, die *Herzfernaufnahme im Liegen* anzufertigen (REINDELL). Diese Aufnahmetechnik spielt vorwiegend bei Ausmessungen für Herzvolumenbestimmungen eine Rolle. Sie ist für die Bestimmung von Herzmaßen sicher eine wichtige Voraussetzung. Leider besteht aber bei Sagittalaufnahmen der Nachteil, daß hier noch mehr als im Stehen die Herzsilhouette durch das Zwerchfell verdeckt sein kann. Es muß betont werden, daß die Herzaufnahme allein für die röntgenologische Beurteilung eines Herzens niemals ausreicht. Nur die gleichzeitig vorgenommene Durchleuchtung in verschiedenen Durchmessern kann einen Aufschluß über die tatsächlichen Größenverhältnisse, die Ausgiebigkeit der Kontraktionen, den regulären Ablauf der Kontraktionswellen usw. geben. Nach dieser geringen Einschränkung bezüglich der absoluten Objektivität der Methode gilt es einige wenige technische Daten zu klären.

Beginnen wir mit der Routinedurchleuchtung, dann sieht man bei dorso-ventraler Betrachtung den durch Herz, Gefäße und Wirbelsäule gebildeten Mittelschatten. Es erscheinen dabei Herz und große Gefäße praktisch nur als Silhouetten, ohne daß etwas von der Unterteilung des Herzens in verschiedene Herzabschnitte, von Herzklappen, Koronargefäßen usw. nachweisbar wäre. Nur ausgesprochene Verkalkungsherde (verkalkte Klappen, verkalkte Herzschwielen oder Koronargefäße, Panzerherz) können unter Umständen als noch stärker kontrastgebend aus dem Herzschatten hervortreten. An der rechten Seite sind zwei, an der linken Seite drei mehr oder minder flache Bogen zu sehen, die sich gegen die hellen Lungenfelder gut abgrenzen lassen. Der rechte obere Bogen wird normalerweise von der oberen Hohlvene gebildet, bei Aortenerweiterung kann auch die Aorta aszendens in diesem Teil der Herzsilhouette randbildend sein. Für die Ausbildung des rechten unteren Herzbogens ist der rechte Vorhof verantwortlich, dessen Begrenzung durch kleine ruckartige Bewegungen und häufig durch kaum sichtbare Pulsationen charakterisiert ist. Der linke obere, besonders bei älteren Leuten deutlich hervortretende Bogen entspricht dem Aortenbogen und dem Übergang in die absteigende Aorta. Bei jeder Herzsystole pulsiert er nach außen. Der linke mittlere, ziemlich flache Bogen wird hauptsächlich vom linken Rande der, wie die Aorta pulsierenden, Pulmonalarterie, bei erweitertem rechten Ventrikel auch vom rechten Bulbus arteriosus, in seinem unteren Abschnitt meist auch durch das linke Herzohr, das sich wie der rechte Vorhof verhält, gebildet. Dann folgt der normalerweise weit nach links vortretende, deutlich pulsierende linke untere Bogen, welcher der linken Kammer entspricht. Der untere, vom rechten Ventrikel gebildete Herzrand und die Herzspitze liegen bei ruhiger Atmung im Leber- bzw. Zwerchfellschatten. Bei tiefer Einatmung tauchen sie aus ihm mehr hervor. Die untere Herzgrenze ist jedoch nie völlig eindeutig zu verfolgen. Bei Fernaufnahmen ist in vielen Fällen auch der Herzbeutel als zarter Schatten, besonders an der Umschlagstelle von der Herzspitze zum Zwerchfell sichtbar (Abb. 117).

Sehr viel aufschlußreicher für die Beurteilung des Herzens als die Frontalprojektion, ist die Betrachtung im 1. (Fechterstellung) und 2. schrägen Durchmesser, die beide von ventro-dorsal und dorso-ventral angewendet werden können. Durch diese Drehung wird das Retrokardialfeld mit seinen im Mediastinum gelegenen Organen (Ösophagus, Trachea usw.) sichtbar gemacht. Wird bei Durchleuchtung im 1. schrägen Durchmesser gleichzeitig eine Breipassage des Ösophagus vorgenommen, dann läßt sich in ausgezeichneter Weise ein Eindruck über die Größenverhältnisse des linken Vorhofes gewinnen.

Die Durchleuchtung im 2. schrägen Durchmesser ist dagegen für die Beurteilung der Ventrikel wichtig. Dabei begrenzt der rechte Ventrikel die Herzsilhouette in ihrem unteren Abschnitt nach vorn, der linke Ventrikel wölbt sich nach hinten. Nicht selten läßt sich eine Linksherzvergrößerung im 2. schrägen Durchmesser bereits nachweisen, wenn die Herzfigur im Sagittalbild noch

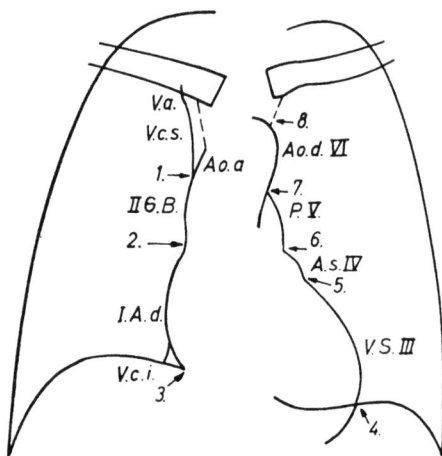

Abb. 117. Sagittalbild des Herzens (nach DIETLEN). 1–8 bezeichnen die Einbuchtungen zwischen den einzelnen Bögen. I. A.d. – Atrium dextr.; II. G.B. – rechter Gefäßbogen; III. V.s. – Ventric. sin.; IV. A.s. – Atrium sin.; V. P. – Pulmonalis; VI. Ao.d. – Ao. descendens; V.a – Vena anonyma; V.c.s. – Vena cava sup.; V.c.i. – Vena cava inf.; 3. u. 4. – die Herzzwerchfellwinkel.

normal ist. Die Vergrößerung des rechten Ventrikels ist überhaupt nur in dieser Durchleuchtungsebene sicher erfaßbar.

Nach dieser Einführung muß darüber Klarheit gewonnen werden, welche Fragen auf Grund einer Herzfernaufnahme zu beantworten sind.

Im wesentlichen handelt es sich um Stand bzw. Stellung des Herzens, Größe, Form und Tonus, um die Beschaffenheit des Gefäßbandes und sichtbare Symptome einer Lungenstauung. Jeder dieser Punkte erfordert im Hinblick auf die Beurteilung einige ergänzende Ausführungen.

Das normale Herz ist mittelständig mit mäßiger Schwerpunktverlagerung nach der linken Thoraxseite (s. Abb. 118). Herzstand, aber auch bereits Herzform werden nun durch extrakardiale Einflüsse (Zwerchfellstand, Thoraxform) unter Umständen so wesentlich beeinflußt, daß DIETLEN 3 Stellungstypen der Herzform aufgestellt hat: das schräggestellte, steil- und quergestellte Herz.

Das *schräggestellte Herz* ist sozusagen das Normalherz. Es findet sich bei jungen, erwachsenen Männern mit wohlproportioniertem Thorax. Es zeigt an seinen Grenzen die Zwei- bzw. Dreibogeneinteilung, welche aus jedem Lehrbuch der Röntgendiagnostik geläufig ist.

Das *steilgestellte Herz* findet sich dagegen bei asthenisch-schmalem Thorax und Zwerchfelltiefstand. Die linke Herzkontur verläuft dabei steiler, und der Transversaldurchmesser des Herzens wird schmäler. Aber nicht nur die Stellung, sondern auch die Form des Herzens wird auf diese Weise beeinflußt. Durch dieses Tiefertreten des Zwerchfelles vollzieht das Herz eine Drehung um seine Längsachse dergestalt, daß sich vor allem das linke Herz medialwärts schiebt und der Unterschied zwischen MR und ML sich mehr und mehr ausgleicht. Infolge dieser kardialen Rechtsdrehung treten Konus und Arteria pulmonalis und das linke Herzohr deutlicher hervor; die Herztaille ist, da das Herz kaum noch nach links auslädt, verstrichen oder sogar leicht vorgewölbt, und so kann das steilgestellte Herz oft als leicht mitralkonfiguriert imponieren (REINDELL). Diese Steilstellung allein

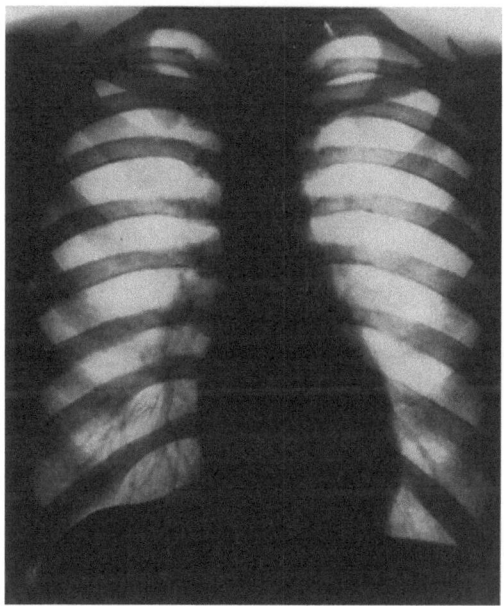

Abb. 118. Normales Herz.

ermöglicht noch keine Aussage über die Leistungsfähigkeit und Funktionstüchtigkeit des Herzens; anders dagegen der Befund eines Cor pendulum bzw. Tropfenherzens. Dieses findet sich vor allem bei jugendlichen Asthenikern mit deutlichen Stigmata der allgemeinen körperlichen Unterentwicklung. Es wirkt nicht nur wegen des oft mangelhaften Kontaktes mit der Unterlage des Zwerchfells besonders langgezogen nud schmächtig, sondern ist vielfach durch mehr oder weniger ausgeprägte Hypoplasie und verminderte Blutfüllung auch absolut zu klein, und die Erfahrung, daß derartige Herzen zu keiner nennenswerten Hypertrophie befähigt sind, gestattet bereits aus der Fernaufnahme das vorsichtige Urteil, daß es sich um ein Herz mit einer Leistungsgrenze am unteren Rand der Norm und mit nur geringen Energiereserven handeln dürfte.

Das *quergestellte Herz* schließlich findet sich bei breitem, pyknisch-adipösem Habitus und Zwerchfellhochstand durch Meteorismus, Aszites, Gravidität usw. Es scheint dabei z. T. im Zwerchfellschatten „versenkt", und nachdem beim Erwachsenen die Herzbasis relativ durch die starren Gefäßbänder fixiert ist, kommt es zur Linksrotation mit Verlagerung der Herzspitze nach links und oben, so daß der Eindruck einer „Aortenkonfiguration" bzw. „Linksdilatation" entstehen kann. Die Normalisierung der Herzform in tiefer Inspiration läßt Fehlbeurteilungen vermeiden.

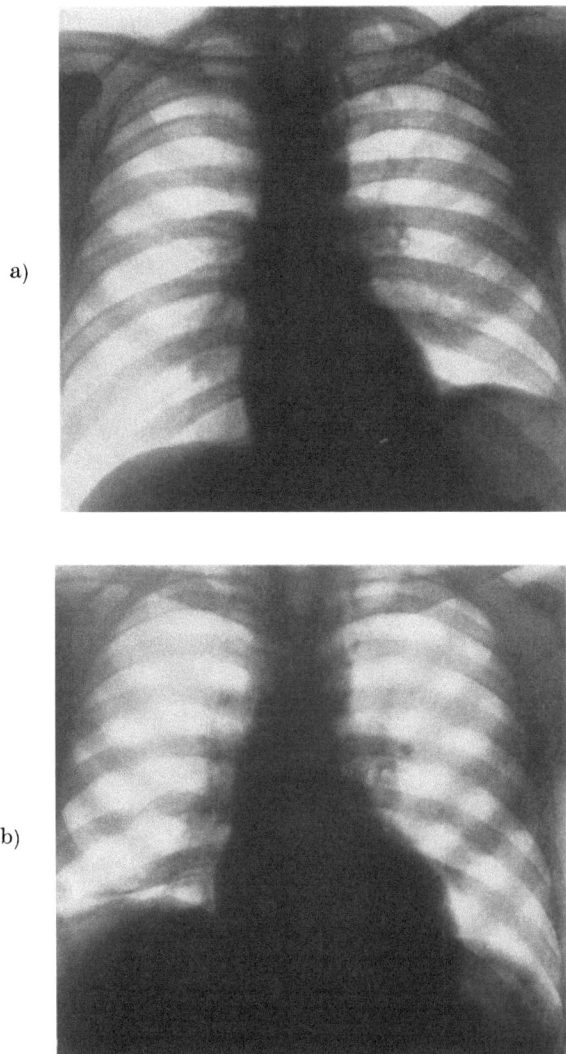

Abb. 119. Beeinflussung der Herzform durch Änderung der Umgebungsverhältnisse. a) Herzverlagerung bei linksseitiger Basalpleuritis. b) Das gleiche Herz nach Abklingen der Pleuritis und Entwicklung eines rechtsseitigen subphrenischen Abszesses (8 Wochen später).

Schließlich ist bei Frauen und Kindern wegen der Elastizität ihrer Herz- und Gefäßwandungen und des Bindegewebsapparates und wegen der Eigenart ihrer Thoraxverhältnisse (schmal und tief, DIETLEN) eine *Verlagerung des Herzens nach oben* möglich, welche mit verstrichener Herzbucht und leicht vorspringendem Pulmonalbogen den Eindruck einer „Mitralkonfiguration" erwecken kann (ZDANSKY). Auch hier kann durch tiefe Inspiration die Normalkonfiguration des Herzens unter Beweis gestellt werden.

Alle diese Zustände müssen berücksichtigt werden, will man nicht bereits bezüglich der Herzlage eine fehlerhafte Beurteilung aussprechen.

Es ist weiterhin daran zu denken, daß auch angeborene Anomalien (Dextroversio, Dextropositio cordis) und besondere Verhältnisse im Thorax (Druck von Tumoren, Ergüssen, Pneumothorax, Wirbelsäulenanomalien, Aneurysmen oder Zug von schrumpfenden Narben, Pleuraschwarten usw. die Herzlage beeinträchtigen können.

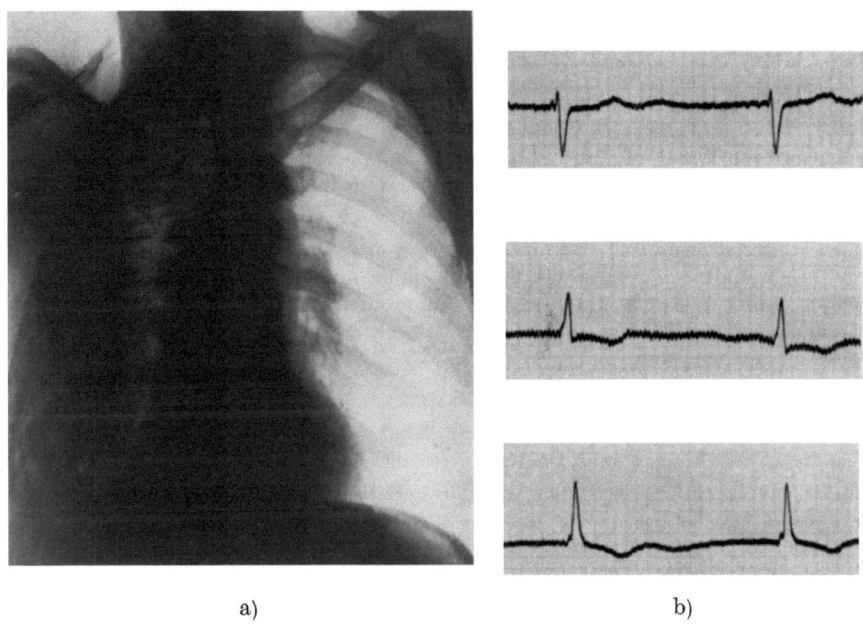

a) b)
Abb. 120. Rechtsbelastung des Herzens bei Thorakoplastik

In Abb. 119 ist dargestellt, wie Form und Größe des gleichen Herzens durch Änderung seiner Umgebung variieren können und Abb. 120 zeigt die Rechtsherzbelastung bei Thorakoplastik.

Für die Beurteilung ist festzuhalten, daß alle Faktoren, welche die Normallage des Herzens beeinflussen, insofern als ungünstig zu bewerten sind, als sie immer, selbst bei vollkommen leistungsfähigem Herzen, eine Minderung der optimalen Herzarbeitsbedingungen darstellen und auf diese Weise, früher als sonst zu erwarten, die Anpassungsbreite des Herzens beschränken werden.

Auch die Größe des Herzens ist ein Faktor, der vielfach zu Fehlbewertungen Anlaß gibt. Die Zeit ist noch nicht allzulange her, wo der Herzgrößenbestimmung eine ungeheure Sorgfalt gewidmet wurde.

MORITZ entwickelte die *Orthodiagraphie*, welche zweifelsohne die exakteste Methode für die Bestimmung der Herz-Frontalprojektion darstellt, die sich aber nie recht durchgesetzt hat und heute kaum mehr geübt wird. Auch die Ausmessung der verschiedenen Herzdurchmesser, die Aufstellung von Quotienten und Indizes und die vielen Vorschläge zur Durchführung einer Normalitätsberechnung haben letzten Endes nur dazu geführt, daß die Herzgrößenbestimmung heute kaum noch Aktualität besitzt. Sie kann um so mehr deshalb vernachlässigt werden, weil gerade bei der Untersuchung von Grenzfällen nicht festgestellt werden kann, ob ein Herz für seinen Träger noch normal oder bereits vergrößert ist; weil es weiterhin mittels der heute bekannten Methoden nicht möglich ist, die einzelnen Herzabschnitte exakt gegeneinander abzugrenzen und schließlich, weil die Feststellung der Herzgröße, abgesehen natürlich von den Extremen, keine Beurteilung der Herzfunktion zuläßt (REINDELL, LIESE, LEMCKE u. v. a.).

Auf Grund dieser Tatsachen wird man im allgemeinen auf die exakte Ausmessung der Herzsilhouette, deren Technik DIETLEN, REINDELL, UHLENBRUCK u. a. ausführlich beschrieben haben, verzichten können. Man muß sich jedoch über die Faktoren, welche die Herzgröße zu modifizieren vermögen, Klarheit verschaffen. Am wichtigsten ist in dieser Hinsicht der Einfluß von Alter, Geschlecht und Beruf.

Es ist bekannt, daß das kindliche Herz relativ groß ist und vermehrt gerundet erscheint, ein Phänomen, das ohne pathognomonische Bedeutung ist, da es durch die Eigenart der kardialen Entwicklung und durch den kindlichen Zwerchfellhochstand zustande kommt.

Es kann weiterhin als bekannt vorausgesetzt werden, daß die Herzen von Frauen im Durchschnitt kleiner sind als die der Männer, und daß in Proportion zur körperlichen Betätigung auch die Herzgröße zunimmt. Für die Schwankungsbreite der Größennorm können schließlich nach REINDELL noch folgende Gründe verantwortlich gemacht werden:

1. Die Herzgröße ist, wie oben bereits angedeutet, abhängig von individuell-konstitutionellen Einflüssen und kann daher im Vergleich von Personen gleichen Alters, Geschlechts und Berufs unterschiedliche Größe aufweisen.
2. Die Herzgröße ist weiterhin von der vorher geleisteten Arbeit abhängig, die für den vor der Untersuchung liegenden Zeitraum schwer abzuschätzen ist, und auch die Masse der Skelettmuskulatur ergibt im Gegensatz zu früheren Anschauungen keinen genügenden Aufschluß.
3. Der wesentlichste Faktor ist jedoch die Blutfüllung, welche die Herzgröße innerhalb kürzester Zeit variieren lassen kann. So ist z. B. die Größe des Sportherzens u. a. bedingt durch die vermehrte Restblutmenge. Wir kennen andererseits die akute Verkleinerung des Herzens bei dem sogenannten ,,Leerschlagen", z. B. im Kollaps oder im Anfall von paroxysmaler Tachykardie, nach Aderlaß oder im orthostatischen Versuch.

Es ist also für die Beurteilung festzuhalten:

a) Eine obligat-normale Herzgröße gibt es nicht. Trotz objektiv-normaler Herzmaße kann ein Herz unter Berücksichtigung des gesamten klinischen Befundes relativ zu groß oder zu klein sein.
b) Zwischen Herzgröße und kardialer Leistungs- bzw. Anpassungsbreite bestehen, abgesehen von den Grenzfällen des Mikrocor und Cor bovinum, keinerlei zwingende Gesetzmäßigkeiten. Es ist bekannt, daß relativ kleine, wie auch mäßig vergrößerte Herzen volle Leistungsfähigkeit besitzen, normal große Herzen dagegen versagen können.
c) Wird jedoch der Befund eines zu großen oder zu kleinen Herzens erhoben, so darf diese Tatsache nicht ohne weiteres bagatellisiert werden, sondern erfordert eine ursächliche Klärung. Für die prognostische Bewertung ist die Angabe von KAUFMANN zu berücksichtigen, daß sowohl zu große als auch zu kleine

Herzen bei außergewöhnlichen Belastungen rascher versagen als normalkonfigurierte. Beide Herzformen tragen nämlich, bei den Belastungen des täglichen Lebens jedoch kaum bemerkbar, bereits eine latente Versagensbereitschaft in sich; das zu kleine Herz dergestalt, daß es zu einer nennenswerten Hypertrophie nicht befähigt ist, das zu große dahingehend, daß es den Kompensationsweg von Dilatation und Hypertrophie bereits überschritten und auf diese Weise schon seine Anpassungsmöglichkeiten eingeengt hat.

Die Extreme bedürfen einer besonderen Bewertung.

Ein *Cor bovinum* findet sich bei vielen Dekompensationszuständen im Gefolge von Schädigungen, welche das Herz in seiner Gesamtheit getroffen haben, wie z. B. Infektionen, Vergiftungen u. dgl. weiterhin bei idiopathischer Herzhypertrophie, Zuständen, welche mit ödematöser Durchtränkung und Verquellung des Herzmuskels einhergehen (Beri-Beri, Feldnephritis), seltener bei Speicherkrankheiten und Herzamyloid, weiterhin bei der Akromegalie, schweren Anämieformen usw.

Ein *Mikrocor* dagegen kann sich nach den Untersuchungen von FUCHS neben den Fällen von angeborener Hypoplasie entwickeln bei schwerer Dystrophie, Morbus Addison, Tuberkulose, Exsikkose sowie bei Alters- und Krebskachexie.

Für die Beurteilung des Herzens spielt die *Konfiguration* eine maßgebliche Rolle. Wir verstehen darunter die Feststellung der normalen, randbegrenzenden Bogeneinteilung und die Schätzung der Größenkoordination dieser sichtbaren Herzabschnitte zueinander. Auch hierbei muß man sich vor Augen halten, daß die sogenannte „Normalkonfiguration" eigentlich nur bei Normallage und Normalgröße zu erwarten ist. Ändern sich letztere, dann entstehen „Pseudokonfigurationen", die zwar den echten Fehlerformen weitgehend gleichen können, deren Identifizierung mit diesen aber verhängnisvolle Fehlbeurteilung ermöglichen kann.

Als Prototypen der Fehlerform dürfen Aorten- und Mitralkonfiguration gelten.

Das *Aortenherz* wird auch als „Schuhform" oder „Entenschnabelherz" bezeichnet und entsteht durch vorzugsweise Erweiterung des linken Ventrikels bei gleichzeitiger Hypertrophie. Es ist vielfach die Frage erörtert worden, sehen wir von dem Entstehungsmechanismus der Hypertrophie aus der tonogenen Dilatation ab, ob die reine Hypertrophie der röntgenologischen Diagnostik zugänglich ist. Im allgemeinen wird diese Frage abgelehnt, da die Breitenzunahme des Herzens keine bedeutende sei und eine quantitative Auswertung daher kaum in Frage kommt. BORDET und VAQUEZ konnten dann erstmalig als Charakteristikum der Hypertrophie die Zunahme der Länge des linken Ventrikels beschreiben, welche bereits zu einer Zeit auftritt, ohne daß die linke Herzgrenze die Norm noch überschritten hat. Dieser Befund konnte durch die pathologisch-anatomischen Untersuchungen von KIRCH bestätigt werden. Während wir außerdem geneigt sind, auch das abgerundete Herz noch auf vorwiegend hypertrophische Ursachen zurückzuführen, sieht HOLZMANN in der kugeligen Abrundung des linken Ventrikels schon den Ausdruck einer auf Hypertrophie und Dilatation beruhenden „exzentrischen Hypertrophie". Daß in dieser Tendenz zur Abrundung kein obligat krankhaftes Symptom zu sehen ist, mögen Abb. 121a und 121b verdeutlichen. Wir sehen das praktisch gleichartige Bild a) beim Sportherzen und im Fall b) bei einer infektiösen Myokarditis.

In ihrem Gefolge entwickelt sich nun eine allseitige Vergrößerung der linken Herzkammer, welche keinen Aufschluß über die Beteiligung der Herzwandzunahme an der Konfiguration des Herzens mehr erlaubt, da auch die Dilatation die Länge

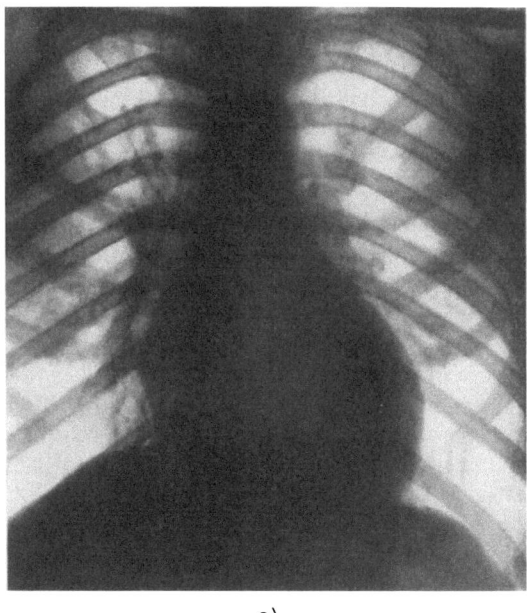

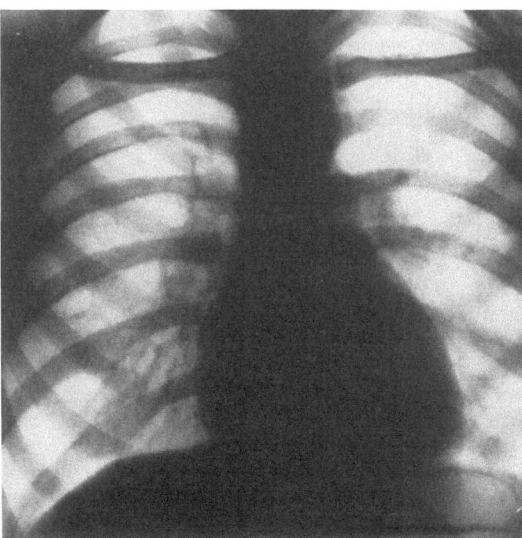

Abb. 121. Tendenz zur allgemeinen Abrundung ist kein pathognomonisches Röntgensymptom. a) Sportherz; b) infektiöse Myokarditis.

des linken Ventrikels zu beeinflussen vermag. Infolge der allgemeinen Größenzunahme des linken Ventrikellumens kommt eine Herzkonfiguration zur Ausbildung, welche gekennzeichnet ist durch eine Verbreiterung des Herzschattens nach links, d. h. eine liegende Herzform, eine Akzentuation der Herztaille und eine Vertiefung der Herzbucht. Dieses Phänomen ist nicht pathognomonisch für einen Aortenklappenfehler, da eine weitgehend gleiche Konfiguration bei allen Zuständen zu erwarten ist, welche zu einer chronischen Überlastung des linken Ventrikels führen (KIENLE), wobei vor allem die weitgehende Analogie zum Hochdruckherzen hervorzuheben ist.

Eine „*Aortenkonfiguration*", und das ist für die Beurteilung von allergrößter Bedeutung, kann schließlich auch durch ein Herzwandaneurysma im Bereich der Herzspitze vorgetäuscht werden. Die Differentialdiagnose ist in solchen Fällen, steht ein Kymogramm nicht zur Verfügung, durch die Kombination von Aortenkonfiguration und arteriellem Unterdruck möglich.

In Abb. 122 sind die verschiedenen Formen röntgenologisch nachweisbarer Aortenkonfiguration wiedergegeben. Abb. 122a zeigt ein rheumatisches Aortenvitium; Abb. 122b die kardiale Anpassung beim arteriellen Hochdruck und Abbildung 122c das weitgehend gleiche Bild beim Herzspitzenaneurysma.

In ähnlicher Weise typisch ist das Bild der *Mitralstenose*.

Durch die Eigenart der Hämodynamik, welche zu maximaler Erweiterung des linken Vorhofs einerseits und zu relativer Atrophie des linken Ventrikels andererseits führt, entsteht das Bild der sogenannten „stehenden Eiform", bedingt vor allem durch eine Achsendrehung des Herzens nach links. Solange das Vitium ohne Rückwirkung auf den Lungenkreislauf bleibt, ist das Röntgenbild durch einen betonten linken 3. Randbogen gekennzeichnet, der durch die Vorwölbung des linken Herzohres zustande kommt und einen wenig ausgeprägten Aortenknopf, der durch die mangelhafte Füllung abgeflacht erscheint. Tritt aber mit Erreichung der Kompensationsgrenze eine Druckerhöhung im Lungenkreislauf auf, dann gesellt sich zu dieser Verformung eine deutliche Dilatation und Hypertrophie des rechten Ventrikels. Die Ausflußbahn der rechten Kammer wird verlängert, Conus und Art. pulmonalis gehoben und dilatiert, wobei sie mit dem Herzohr zusammen die Herztaille ausfüllen. Der Aortenknopf, der den 1. linken Bogen bilden sollte, schwindet durch Linksdrehung oder Überlagerung mit der erweiterten Art. pulmonalis weitgehend oder vollständig, der 2. Bogen wird von der Pulmonalis, der 3. Bogen von Konus und Herzohr gebildet. Letzterer stellt jedoch meist den linken Vorhof allein dar, da nach den Untersuchungen von PARKINSON der Conus pulmonalis bei der Mitralstenose im Herzschatten verbleibt. Der 4. Bogen schließlich, welcher vom linken Ventrikel gebildet wird, fällt infolge der Kammeratrophie steil ab, ein Symptom, welches die „Pseudomitralkonfiguration" bei der Thyreotoxikose abgrenzen läßt, bei welcher dieser Bogen vergrößert erscheint.

Wenn somit das Bild der *Mitralkonfiguration* scharf umrissen werden kann, so ist seine Verwertbarkeit als valvulär bedingtes Herzsymptom doch vielfach in Frage gezogen worden. Wie oben bereits ausgeführt, kann ein ähnliches Bild auch beim steilgestellten Herzen beobachtet werden, und noch schwieriger wird die Differentialdiagnose gegenüber der Pseudomitralkonfiguration beim Cor pulmonale. Trotz dieser Bedenken stimmen wir mit HAUBRICH und THURN dahingehend überein, daß in den meisten Fällen eine Entscheidung bereits auf Grund der Röntgenfernaufnahme möglich sein wird. Findet sich eine ausgeprägte Betonung des 3. linken Bogens und außerdem am rechten Herzrand eine Doppelkontur, da der stark vergrößerte linke Vorhof auch nach rechts randbildend werden kann, dann sind dies bereits weitgehend verbindliche Symptome für eine echte Mitralkonfiguration.

Darüber hinaus ist zu beachten, daß das gleiche Bild bei der Abgrenzung eines Cor pulmonale bei genügender Aufnahmetechnik auch ausreichenden Aufschluß über die Lungen zu geben vermag.

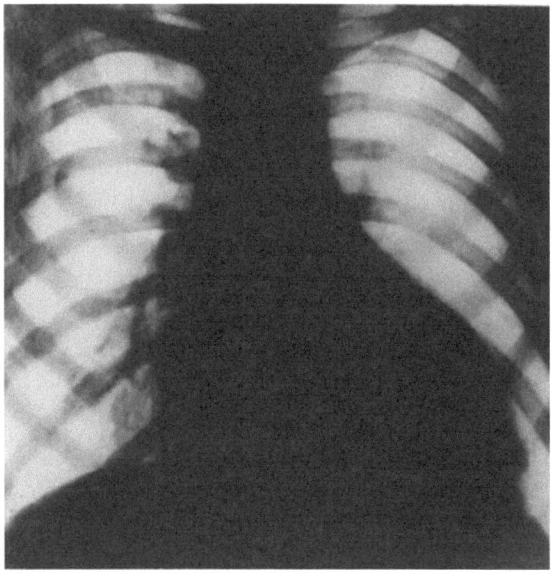
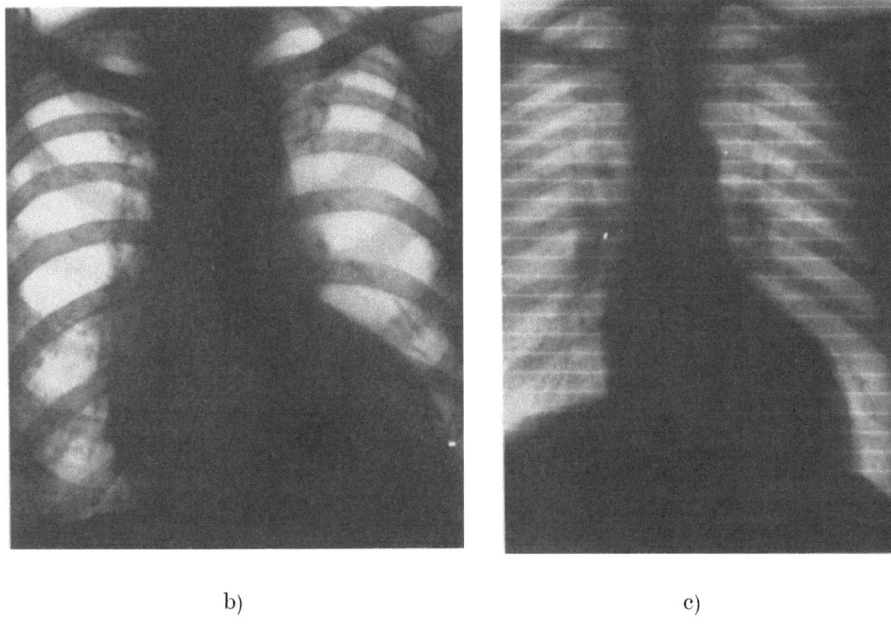

Abb. 122. Verschiedene Formen röntgenologisch nachweisbarer „Aortenkonfiguration". a) Rheumatisches Aortenvitium; b) arterieller Hochdruck; c) Herzspitzenaneurysma.

Auch das Bild der *Mitralinsuffizienz* hat seine bestimmten Eigenarten. Es kommt zu der atypischen Vierbogenteilung, indem nämlich ein kräftig entwickelter linker Ventrikel, linker Vorhof, Pulmonal- und Aortenbogen bei verstrichener Herztaille sichtbar werden. Durch Überlagerung mit Myokarditis, die häufige Kombination mit gleichzeitiger Stenose usw. fehlt diesen Bildern jedoch in diesem Maße die Uniformität der Stenosekonfiguration. Auf die Möglichkeit der Verwechslung mit gewissen Herzhochverlagerungen bei Frauen und Kindern haben wir bereits oben hingewiesen.

Ein besonderes Vorspringen des Pulmonalisbogens findet sich meist bei angeborenen Herzfehlern (offenem Ductus Botalli und Pulmonalinsuffizienz). Eine eigenartige Herzsilhouette, bei der das Herz nach allen Seiten, auch nach oben erweitert erscheint, ergibt sich beim Ventrikelseptumdefekt.

Neben diesen Formumwandlungen bei erworbenen Herzfehlern sollen auch die Kriterien bei angeborenen Herzfehlern kurz besprochen werden.

I. Aortenstenose mit offenem Ductus Botalli proximal der Stenose:

Das rechte Herz ist deutlich vergrößert, die Arteria pulmonalis springt vor und pulsiert stark. Die Lungengefäße sind gestaut.

II. Aortenstenose mit offenem Ductus Botalli distal der Stenose.

a) *Stenose der Aortenklappen und des Conus aortae:* deutliche allgemeine Herzvergrößerung mit vorspringender pulsierender Arteria pulmonalis. Die Lungengefäße sind gestaut. Besteht ein Vorhofseptumdefekt, dann ist der linke Ventrikel sehr klein neben einer ausschließlichen starken Vergrößerung des rechten Herzens.

b) *Stenose des Isthmus aortae:* Dabei findet sich hauptsächlich eine starke Rechtsvergrößerung des Herzens und eine erweiterte Arteria pulmonalis. Das rechte Herz steht unter der doppelten Belastung des kleinen und großen Kreislaufs, während der linke Teil nur in geringem Maße den Widerstand des Isthmus aortae zu überwinden und praktisch nur die oberen Teile des Körpers zu versorgen hat.

c) *Atresie der Aortenklappen oder der Aorta ascendens:* Sie zeigt in der Regel ein stark vergrößertes Herz mit vorspringender pulsierender Arteria pulmonalis. Der rechte Vorhof ist an der Erweiterung des Herzens besonders stark beteiligt. Ist auch der linke Vorhof infolge einer zu engen Verbindung der beiden Vorhöfe erweitert, weist die charakteristische Konkavität im Seitenbild des Ösophagogramms, die hauptsächlich im 1. Schrägdurchmesser sichtbar wird, auf diese konkommittierende Anomalie hin.

d) *Atresie des Isthmus aortae oder des Arcus aortae mit offenem Ductus Botalli:* Dabei besteht eine Vergrößerung des Herzens, die sich hauptsächlich in der starken Vorwölbung des rechten Vorhofs mit Abrundung und Verschiebung der Herzspitze kranialwärts zeigt. Das Herz bekommt dadurch die ovale Form.

e) *Hypoplasie der Aorta mit offenem Ductus Botalli* ist im Röntgenbild durch eine Vergrößerung des rechten Ventrikels und Vorhofs charakterisiert.

f) *Stenose oder Atresie des Isthmus aortae mit Transposition der großen Gefäße und offenem Ductus Botalli:* Vergrößertes Herz mit hauptsächlicher Beteiligung des linken Ventrikels. Das Gefäßband ist bei den typischen Transpositionen deutlich verschmälert, die Gefäßzeichnung in den Lungenfeldern verstärkt.

III. Aortenstenose mit geschlossenem Ductus Botalli:

a) Bei der *reinen Aortenklappenstenose mit geschlossenem Ductus Botalli* kann im Röntgenbild eine Herzvergrößerung und eine frühzeitige aortale Konfiguration festgestellt werden.

b) *Aortenisthmus-Stenosen mit geschlossenem Ductus Botalli:* Das Röntgenbild ist im Säuglingsalter sehr charakteristisch und zeigt im Verlauf der ersten Wochen oder Monate eine deutliche Herzvergrößerung. Später rundet sich die Spitze mehr ab, der Aortenbogen springt vor, und die für das höhere Alter typische Schuhform wird unverkennbar.

IV. *Transposition der großen Gefäße:*

a) *Dextroposition der Aorta* (einfache Dextroposition oder EISENMENGER-Komplex): Herzvergrößerung mit vorspringendem deutlich pulsierendem Pulmonalbogen. Die stark gestauten Lungengefäße lassen sich im tanzenden Hilus erkennen. Die Herzspitze ist infolge der Rechtshypertrophie abgerundet und gehoben. Im Säuglingsalter erscheint das Herz oft nur leicht vergrößert, und es ist weder eine vorspringende Arteria pulmonalis noch eine Lungenstauung zu erkennen, so daß aus dem Röntgenbild die Diagnose nicht zu stellen ist.

b) *Einfache Dextroposition der Aorta mit Pulmonalstenose* (Tetralogie von FALLOT): Die Röntgenuntersuchung zeigt infolge der Rechtshypertrophie eine starke Abrundung und Hebung der Spitze (Coeur en sabot). An Stelle des Pulmonalbogens ist eine Konkavität zu beobachten. Die Lungen sind sehr hell, weisen keinen Hilustanz auf. Im 2. schrägen Durchmesser kann manchmal das Pulmonalfenster beobachtet werden. In ungefähr einem Viertel der Fälle verläuft die Aorta nach rechts statt nach links (Arcus aortae dexter) und springt ziemlich stark nach rechts vor.

c) *Einfache Dextroposition der Aorta mit Pulmonalatresie* (Pseudo-Truncus arteriosus communis oder Truncus aorticus): Röntgenologische Untersuchung ergibt gewissermaßen eine Karikatur des Bildes der Tetralogie von FALLOT. Die ausgeprägte Herzspitze ist stark gehoben und abgerundet. Die linken Herzkonturen fallen durch die Konkavität des Pulmonalbogens auf. Der Aortenknopf steht auffallend hoch. Im 2. schrägen Durchmesser ist das Fenster der Arteria pulmonalis deutlich erkennbar. Die Lungenfelder sind hell. In den Fällen, wo die Lungendurchblutung durch die Arteriae bronchiales erfolgt, sind diese als scharf begrenzte Rundschatten im Bereiche des Hilus erkennbar. Sie zeigen keinerlei Verbindung mit dem Herzschatten.

d) *Komplette Transposition der Aorta* (evt. mit Pulmonalstenose oder Atresie kombiniert): Breite Aorta ascendens sowie die Abrundung und Hebung der Herzspitze. In den Fällen ohne Stenose besteht ein vorspringender pulsierender Pulmonalbogen und eine Lungenstauung. Häufiger jedoch ist die Stenose vorhanden und dann fehlt der Pulmonalbogen, und die Lungenfelder sind hell.

e) *Komplette oder partielle Transposition der Aorta bei fehlender Bildung des Septum aorto-pulmonale* (Truncus arteriosus communis). In der Literatur wird als typisches Merkmal ein Winkel von 90 Grad zwischen Gefäßband und Herzschatten angegeben, der besonders bei den Aufnahmen im 1. schrägen Durchmesser zum Vorschein komme. Dies trifft bei jungen Säuglingen nicht zu, außer beim Typ IV der Mißbildung. Es besteht eine starke Vergrößerung des Herzens mit Abrundung und leichter Hebung der Spitze und eine Lungenstauung. Die von TAUSSIG als charakteristisch bezeichnete schuhförmige Herzkonfiguration ist nur bei der kombinierten Aplasie der Arteria pulmonalis vorhanden.

V. *Der Vorhofseptumdefekt:*

Die röntgenologische Untersuchung zeigt eine starke Vergrößerung des Herzens in toto, wobei der rechte Vorhof besonders beteiligt ist. Von allen nicht zyanotischen Vitien führt nur der Vorhofseptumdefekt zu einer so ausgeprägten Herzvergrößerung. Der hohe Ventrikelseptumdefekt bewirkt ebenfalls eine Herzvergrößerung; die Beteiligung des rechten Vorhofs ist aber weniger ausgesprochen als beim Vorhofseptumdefekt. Ein weiteres charakteristisches Merkmal ist die stark vorspringende pulsierende Arteria pulmonalis. Infolge der Belastung der rechten Herzabschnitte durch den Shunt vom linken zum rechten Vorhof kommt es zu einer Stauung im kleinen Kreislauf, die sich röntgenologisch in den großen tanzenden Hili erkennen läßt. Der linke Ventrikel und die Aorta sind dagegen hypoplastisch. Manchmal wird beim Ösophagogramm im 1. schrägen Durchmesser eine Erweiterung des linken Vorhofes beobachtet (ASSMANN, ROESLER, BELFORD, HEALEY). ROESLER hat bei 62 Fällen von autoptisch gesicherten Vorhofseptumdefekten stets das deutlich vergrößerte Herz beobachten können. Nur bei kleinen Vorhofseptumdefekten kann die Herzvergrößerung ausbleiben. Im Säuglingsalter ist entgegen dem klassischen Bilde öfters kein vorspringender Pulmonalbogen zu erkennen. Auch gibt es Fälle, wo neben dem großen Herzen ein sehr schmales Gefäßband auffällt, was zur Annahme einer Transposition der großen Gefäße verleiten könnte. Das Fehlen einer ausgesprochenen persistierenden Zyanose wird für einen Vorhofseptumdefekt sprechen. Beim LUTEMBACHER-Syndrom (Vorhofseptumdefekt kombiniert mit Mitralstenose) ist die starke Herzvergrößerung und besonders der vorspringende pulsierende Pulmonalisbogen mit der Lungenstauung typisch. Im 1. schrägen Durchmesser kann der erweiterte linke Vorhof durch die Ausbuchtung des Ösophagogramms nach hinten zur Darstellung gebracht werden. Beim Vorhofseptumdefekt, kombiniert mit Trikuspidalstenose oder Atresie ist das Röntgenbild im späten Alter so charakteristisch, daß kaum andere Mißbildungen angenommen werden können. Stets fehlt das Vorspringen des Herzschattens nach rechts, während die linken Konturen stark vorgebuchtet sind. Bei reinen Formen sind die Lungenfelder hell; bei der kombinierten Transposition zeigt sich eine Lungenstauung mit tanzenden Hili. Beim Säugling allerdings kommt die typische Konfiguration nicht immer zur Ausprägung. Das Herz ist vergrößert, die Spitze etwas abgerundet und gehoben, auch wenn autoptisch nur der linke Ventrikel vergrößert ist. Oft tritt der rechte Vorhof deutlich hervor. Es handelt sich in solchen Fällen eher um eine Trikuspidalatresie als Stenose, kombiniert mit einem kleinen Vorhofseptumdefekt, was zur Belastung des rechten Vorhofes führt. SNOW hat auf eine weitere röntgenologische Besonderheit aufmerksam gemacht: Normalerweise wird im 2. schrägen Durchmesser eine synchrone Systole der Vorderwand (rechter Ventrikel) und Hinterwand (linker Ventrikel) beobachtet. Bei der Trikuspidal-Atresie fehlt sie, indem die vorderen Herzteile (rechter Vorhof) sich früher kontrahieren als die hinteren.

VI. Bei der EBSTEINschen *Anomalie der Valvula tricuspidalis* zeigt das Röntgenbild einen stark dilatierten, rechten Vorhof, während der linke Ventrikel und die Arteria pulmonalis normal erscheinen. TAUSSIG macht darauf aufmerksam, daß im 2. schrägen Durchmesser durch den stark vergrößerten rechten Vorhof und supravalvulären Teil des rechten Ventrikels oft eine Vergrößerung des linken Ventrikels vorgetäuscht wird. In Fällen, wo terminal die Trikuspidalinsuffizienz hinzu kommt, kann die typische systolische Erweiterung des rechten Vorhofes beobachtet werden. Die Lungenfelder sind infolge der verminderten Kapazität des intravalvulären Teiles des Ventrikels sehr hell. Der Herz-Lungenquotient schwankt zwischen 0,6 und 0,77.

VII. Ventrikelseptumdefekt:
Die röntgenologische Untersuchung zeigt bei den üblichen Formen des Morbus ROGER kaum eine Herzvergrößerung. Beim hohen Ventrikelseptumdefekt dagegen findet sich typischerweise eine Abrundung und Verschiebung der Herzspitze nach oben als Ausdruck einer Hypertrophie des rechten Ventrikels, eine starke Ausbuchtung des Pulmonalbogens. Die Lungen sind deutlich gestaut. Gelegentlich kann ein starkes Lungenemphysem zu einer Einengung des Gefäßbandes und dadurch zur Fehldiagnose einer Transposition der großen Gefäße führen. Immerhin wird das Fehlen der Zyanose für den hohen Ventrikelseptumdefekt sprechen. Die beschriebenen röntgenologischen Merkmale können sehr wohl zu differentialdiagnostischen Schwierigkeiten mit dem Vorhofseptumdefekt führen. Die fehlende Ausbuchtung des rechten Vorhofes kann ein Hinweis auf das Vorliegen eines hohen Ventrikelseptumdefektes sein.

334 Untersuchung und Beurteilung der Herz-Kreislauffunktion

Schließlich dürfen wir uns bei den kardialen Formveränderungen nicht auf die valvulären Konfigurationen beschränken. Zu erwähnen sind weiterhin die Tendenz zur *allgemeinen Abrundung bei Herzmuskelschäden durch Avitami-*

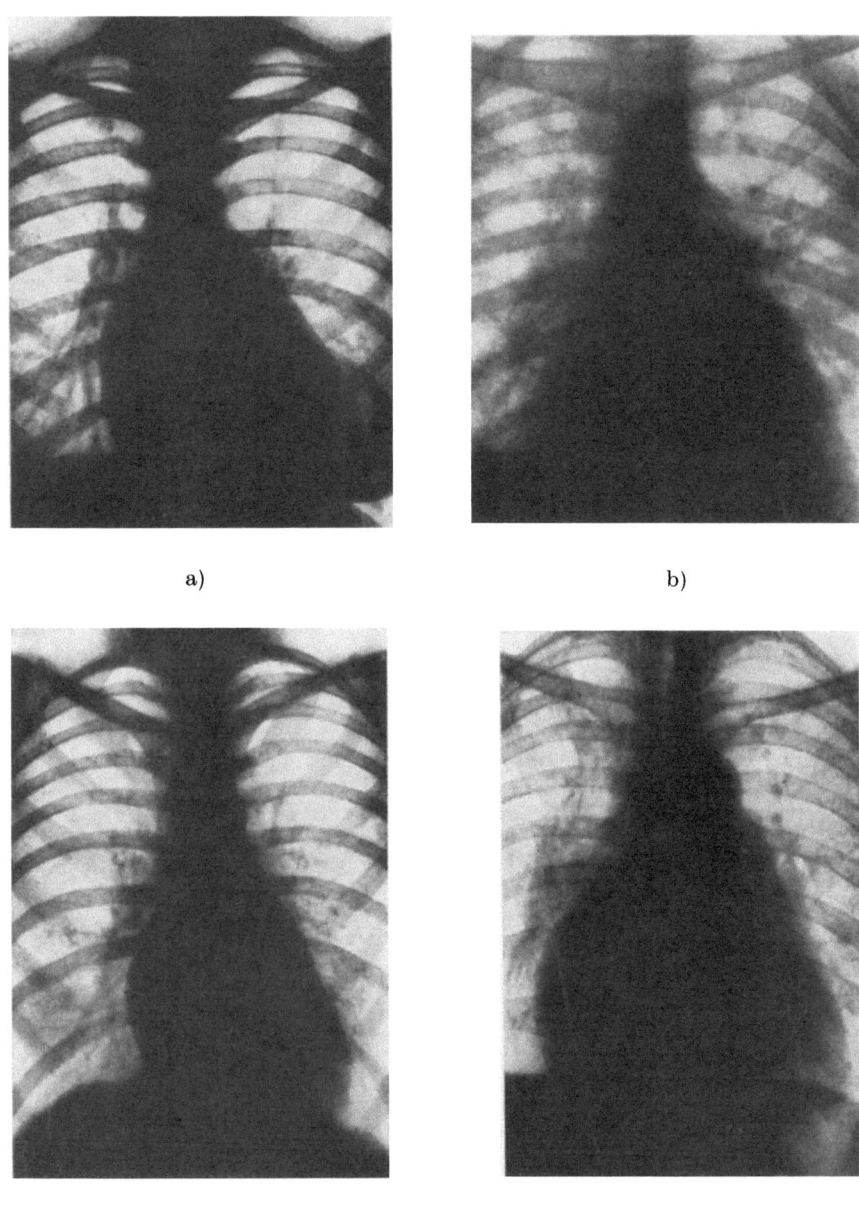

a) b)

c) d)

Abb. 123. Röntgenbilder rheumatischer Herzklappenfehler. a) Mitralinsuffizienz; b) kombiniertes Mitralvitium (dekompensiert); c) Mitralstenose; d) Mitralstenose (dekompensiert).

nosen (Beri-Beri-Herz), Myokarditis (s. S. 328, Abb. 121) auf infektiöser oder toxischer Grundlage, die Entwicklung der eigenartigen Zeltform bei der Perikarditis exsudativa usw.

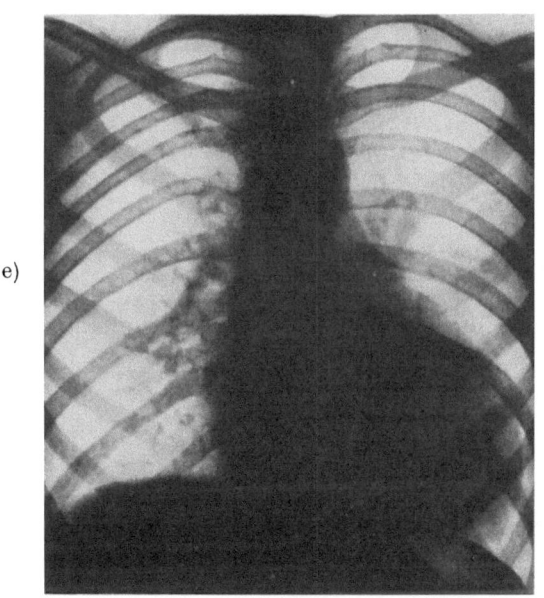

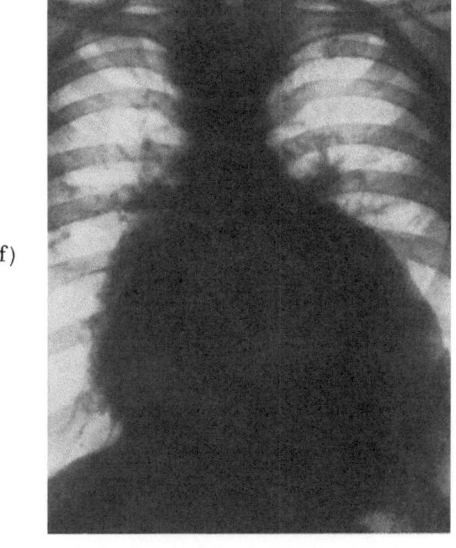

Abb. 123. e) kombiniertes Aortenmitralvitium (kompensiert); f) kombiniertes Aortenmitralvitium (dekompensiert).

Bei starker Adipositas findet sich oft ein ausgeprägter Herzspitzenfettbürzel, der den Eindruck einer Linksdilatation erwecken kann. Darüber hinaus aber muß daran erinnert werden, daß es eine gewisse Altersentwicklung nicht nur bezüglich der Herzgröße, wie bereits ausgeführt, sondern auch bezüglich der Herzform gibt. Während das kindliche Herz infolge seiner Rechtsbetonung nicht nur groß, sondern auch vermehrt gerundet erscheint, wird vom 40.–50. Lebensjahr ab eine deutliche Linksvergrößerung des Herzens feststellbar, welche allgemein durch die vermehrte Belastung des Herzens infolge der altersbedingten Kreislaufveränderungen erklärt wird.

Diese Tatsachen muß man sich in ihrer Gesamtheit vor Augen halten, wenn man nicht voreilige und unberechtigte Schlüsse allein aus den Formveränderungen des Herzens ziehen will. Für die praktische Beurteilung ist daher festzuhalten:

1. Die *Fehlkonfigurationen* des Herzens sind vieldeutig und ohne Berücksichtigung des Allgemeinbefundes schwer verwertbar. So typisch die Bilder sein mögen, obligat valvulär bedingte Deformationen sind allein aus der Herzfernaufnahme nicht ablesbar.

2. Es gibt *Fehlerformen bei sicher gesundem Herzen*, daher auch als „Pseudokonfiguration" bezeichnet und echte Herzfehler, welche röntgenologisch keine nachweisbaren Deformationen ausbilden.

Bekannt ist dieses Verhalten besonders von reinen *Mitralstenosen*, bei denen in allerdings sehr seltenen Fällen (ZDANSKY) auch mit feinster Diagnostik eine Vorhofdilatation nicht nachweisbar wird, obwohl Druckerhöhung im kleinen Kreislauf und sekundäre Rechtshypertrophie bereits feststellbar sind.

3. Die *Fehlerform des Herzens* ist die Resultante von Versagensmechanismen und Kompensationen. Für ihre Entwicklung wird eine gewisse Zeit benötigt. Sie wechselt darüber hinaus mit dem Kompensationsgrad.

So wird z. B. das Bild der *reinen Mitralstenose* mit Erreichung der manifesten Rechtsdekompensation dadurch verwischt, daß sich der rechte Ventrikel maximal erweitert und, zumal er durch den atrophischen linken Ventrikel kein genügendes Widerlager hat, nach links abgleitet und so den Eindruck der Linksbeteiligung, unter Umständen sogar der Linksdilatation erwecken kann.

In Abb. 123 sind die wichtigsten valvulär bedingten Fehlerformen des Herzens wiedergegeben.

Eine weitere Aussage, welche auf Grund der Herzfernaufnahme möglich ist und das Herz direkt betrifft, ist eine Angabe über den *Herztonus*. Es ist überraschend, daß eine rein morphologische Methode diesen Aufschluß ermöglicht; wir müssen diesen Faktor aber berücksichtigen, zumal SCHAEFER auf die Bedeutung von Tonus und Tonusanomalien für die Physiologie und funktionelle Pathologie und damit für die Beurteilung des Herzens aufmerksam gemacht hat.

Während das gut tonisierte Herz charakterisiert ist durch eine klare, fest umschriebene Form, scharf gezeichnete Grenzen und ohne Neigung zur Formveränderung auf seiner Unterlage ruht, ist das schlecht tonisierte Herz erkennbar an unscharfen, verwaschenen Grenzen und einer scheinbar zerfließenden Form, welche breitbasig dem Zwerchfell aufgelagert ist (Abb. 124).

Eine Beurteilung dieses Faktors auf Grund der Herzfernaufnahme sollte nur mit äußerster Vorsicht vorgenommen werden. Wenn man sich vor Augen hält, daß das gleiche Phänomen bei schwerem Herzmuskelschaden, d. h. vor allem bei myogener Dilatation (myopathisches Herz), bei schwerer Erschöpfung, aber auch schon bei ausgesprochenem Vagustonus vorkommen kann (SCHRÖDER), dann wird die Forderung der notwendigen Kritik durchaus verständlich.

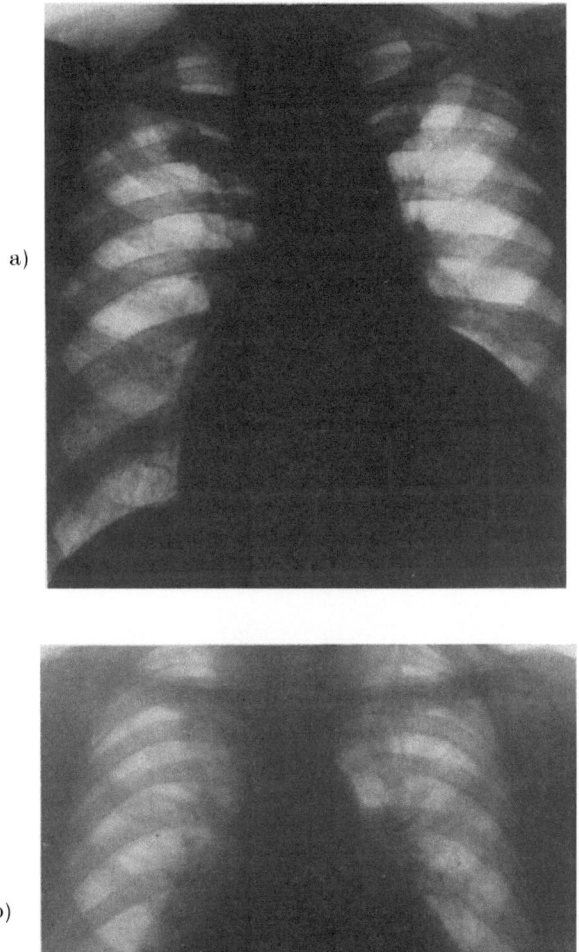

Abb. 124. Cor bovinum und funktionelle Leistungsfähigkeit. a) B. E., 52 Jahre. Trotz starker Herzvergrößerung noch relativ guter Herztonus, ausreichende Leistungsfähigkeit gegenüber den Anforderungen des täglichen Lebens; b) S. H., 36 Jahre. Deutlich verminderter Herztonus, Kompensationsgrenze überschritten.

Schließlich ist noch darauf hinzuweisen, daß auch *Unterschiede in der Einheitlichkeit der Herzverschattung* gewisse diagnostische Hinweise zu geben vermögen.

Normalerweise sieht man den durch Herz, Gefäße und Wirbelsäule gebildeten Mittelschatten, der als einheitliche Silhouette imponiert, ohne daß etwas von der Unterteilung des Herzens in verschiedene Herzabschnitte, von Herzklappen, Koronargefäßen usw. nachweisbar wäre. Bei querliegendem, scheinbar verbreitertem Herzen kann man unter Umständen im Bereich der Herzspitze eine

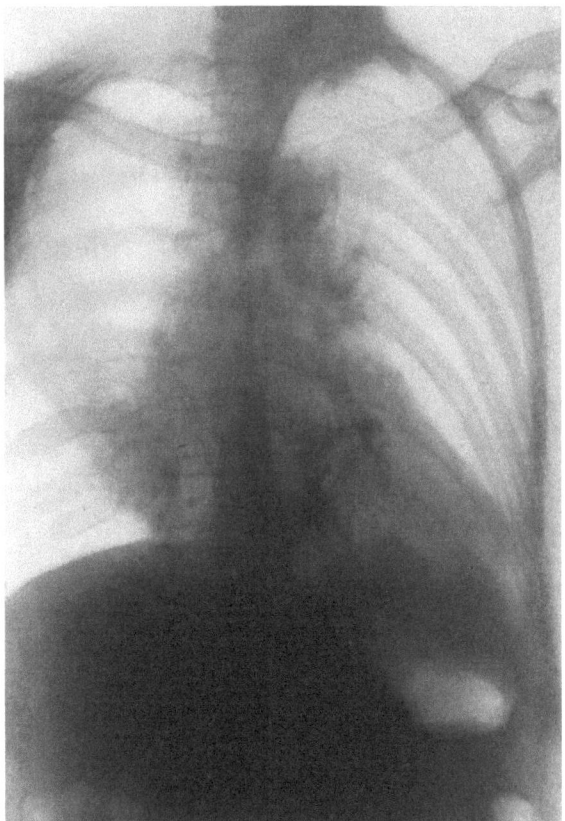

Abb. 125. Verkalkung der Mitralklappe.

Doppelkontur erkennen. Es handelt sich dann bei der äußeren vielfach etwas verwaschenen Begrenzung um einen Herzspitzen-Fettbürzel, während die innere Grenze die tatsächliche Ventrikelkontur wiedergibt. Darüber hinaus können auch ausgesprochene Verkalkungsherde (verkalkte Klappen (s. Abb. 125) oder Herzschwielen, sklerosierte Koronargefäße oder ein verkalktes Perikard) stärker kontrastgebend aus dem Herzschatten hervortreten. Bei ihrer Auffindung handelt es sich meist um Zufallsbefunde. Welche massiven Kalkinkrustationen sich der Darstellung durch die Herzfernaufnahme entziehen können, wird Abb. 130, S. 345 ergeben. Auch Herzstecksplitter können naturgemäß bereits auf diese Weise erkannt werden.

Sind somit die Aussagemöglichkeiten des Herzfernbildes bezüglich des Herzens weitgehend erschöpft, so sind es noch zwei extrakardiale Faktoren, welche für die Beurteilung interessieren, nämlich Gefäßband und Lunge. Von der Aorta werden Breite, Verlauf, Schattendichte und Verhalten des Aortenknopfes beurteilt.

Wir kennen das Symptom funktioneller Minderwertigkeit der Aorta angusta, die diffuse Erweiterung bei Alterssklerose und unspezifischer Medianekrose, die Aneurysmabildung bei Aortenlues, die vermehrte Schlängelung bzw. Elongierung

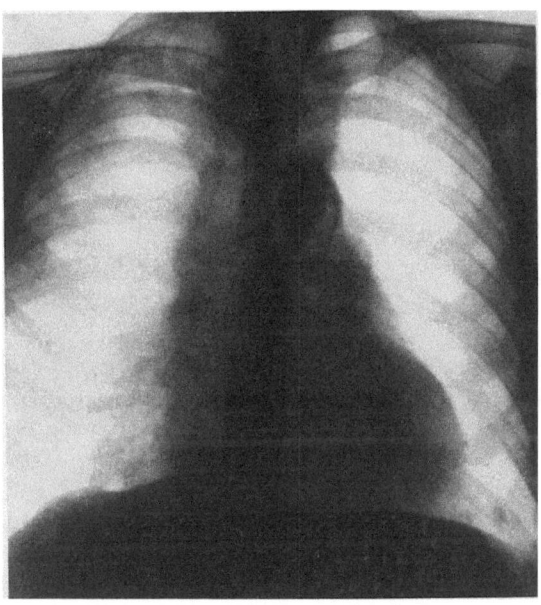

Abb. 126. Ausgeprägte Kalksichel im Aortenbogen bei einem 45jährigen Mann, der vollkommen beschwerdefrei ist, und bei dem dieser Befund keinen Schluß auf das Vorliegen einer generalisierten oder Koronar-Sklerose zuläßt.

als Ausdruck des Elastizitätsverlustes usw. Die Schattendichte wird u. a. durch die Weite des Gefäßlumens sowie durch die Dicke und Beschaffenheit der Aortenwand bestimmt. Eine ausgeprägte Sklerose der Aorta wird durch eine deutliche Kalksichel im Aortenknopf erkennbar. Dieser springt vermehrt vor bei Arteriosklerose, arteriellem Hochdruck und Zwerchfellhochstand, er schwindet bei Linksrotation des Herzens, fehlt oft im Kindesalter, da die Aorta infolge der Tiefenausdehnung des kindlichen Thorax und der stärkeren Rechtslage der Trachea mehr nach hinten zu verläuft, er fehlt oder ist mangelhaft ausgebildet bei der Aortenisthmusstenose.

Alle diese Symptome sind im Rahmen der Bewertung des Gesamtkreislaufzustandes von Bedeutung. Sie sind Bausteine, welche mosaikartig ineinander gefügt, die Rekonstruktion der Ausgangslage des Kreislaufes vor Einsetzen der zu beurteilenden oder begutachtenden Schädigung ermöglichen. Auch hier ergibt sich wieder die Notwendigkeit der Einfügung des Einzelsymptoms in das Gesamtbild, und es wäre fehlerhaft, wenn die Tatsache eines verkalkten Aortenknopfes (s. Abb. 126) als ausreichende Begründung für die Annahme einer Koronarsklerose angesehen würde.

Wenden wir uns jetzt der *Beurteilung der Lunge* zu, dann kann in diesem Rahmen nicht auf die zahlreichen Erkrankungen, welche das Herz sekundär in Mitleidenschaft ziehen, wie z. B. Asthma, Emphysem, Staublungenerkrankungen usw., eingegangen werden. Lediglich das indirekte Herzsymptom der Lungenstauung soll kurz Erwähnung finden.

In den meisten Fällen beginnt die Stauung im Bereich der Lungenhili; sie werden verdichtet, vergröbert, in ihrer Begrenzung unscharf und entsenden ein besenreiserförmiges Netz gestauter, in ihrer Schattenintensität nach der Peripherie zu abnehmender Gefäße. Die Stauungslunge an sich hat infolge ihrer relativen Luftverarmung eine größere Schattendichte als die Normallunge, die Lungenzeichnung ist unscharf, trübe und verwaschen. Dazu gesellen sich herd- oder auch streifenförmige Verschattungen, welche klein-, grob- und großfleckig sein können und teils durch echte Stauung (Transsudation und Anschoppung von ,,Herzfehlerzellen''), teils durch chronisch indurative Prozesse und teils durch Bronchopneumonien zustandekommen. Ein Sonderbild ist das Phänomen der miliaren Stauungslunge, das vor allem bei Mitralstenosen vorkommt und gegen ähnliche Bilder bei Silikose, Miliartuberkulose oder Morbus BOECK oft nur schwer abgegrenzt werden kann (Abb. 127).

Schließlich sind noch die kardial bedingten Pleuraergüsse zu erwähnen. Sie sind rechts wesentlich häufiger als links. Kleine Winkelergüsse entziehen sich dem Nachweis durch das Herzfernbild, da sie erst an der mangelnden Entfaltung der Komplementärsinus bei tiefer Inspiration erkannt werden.

Die Ergebnisse einer so eingehenden Betrachtung aus der Herzfernaufnahme sind erstaunlich vielseitig, die Neigung zur Überwertung der Röntgendiagnose ist daher besonders ausgeprägt. Es muß nun für die Beurteilung festgehalten werden:

1. Die Auswertung eines einzelnen Herz-Röntgenbildes ohne Kenntnis des klinischen Befundes kann lediglich Vermutungen äußern, ohne zu einer exakten Diagnosestellung berechtigt zu sein.

2. Ausschlaggebend für die endgültige Diagnose ist die *Gesamtheit des klinischen Bildes*, nie ein isolierter Röntgenbefund. Diese Anschauung gilt sowohl für positive als auch negative Röntgenergebnisse. So gibt es z. B. keine nur röntgenologische Mitralinsuffizienz, wie andererseits die klinische Diagnose einer Mitralstenose nicht umgestoßen werden darf durch einen normalen Röntgenbefund.

Auf Grund dieser Erfahrungen erhebt sich nun die Frage: wie kann die röntgenologische Diagnostik erweitert und besonders für eine funktionelle Bewertung ergänzt werden? Die dringlichste Forderung in diesem Zusammenhang ist: *kein Herzfernbild ohne gleichzeitige Thoraxdurchleuchtung.* Erst die Durchleuchtung eröffnet über rein morphologische Erkenntnisse hinaus die Möglichkeit einer funktionellen Beurteilung, eine Tatsache, welche bereits sehr nachdrücklich von ZDANSKY, DIETLEN u. a. vertreten worden ist.

PFEIFER und WEISS sind nun nachgegangen, wie weit der Röntgenologe über die auch früher schon geübte Feststellung von Herzrhythmusstörungen hinaus in der Lage ist, Dysfunktionen des Herzmuskels zu erkennen. Es ergab sich dabei, daß bei subtiler Beobachtung des Herzens so vielfältige Aussagen über Änderung von Pulsations- und Herzform möglich sind, daß die Beurteilungsebene für das Herz

Spezielle Untersuchungen des Herz-Kreislaufsystems 341

wesentlich verbreitert werden kann. Es ist selbstverständlich, daß diese Untersuchungsweise nicht in einer einzelnen Blickrichtung durchgeführt werden darf, sondern eine rotierende Herzdurchleuchtung erforderlich macht. Auf diese Weise

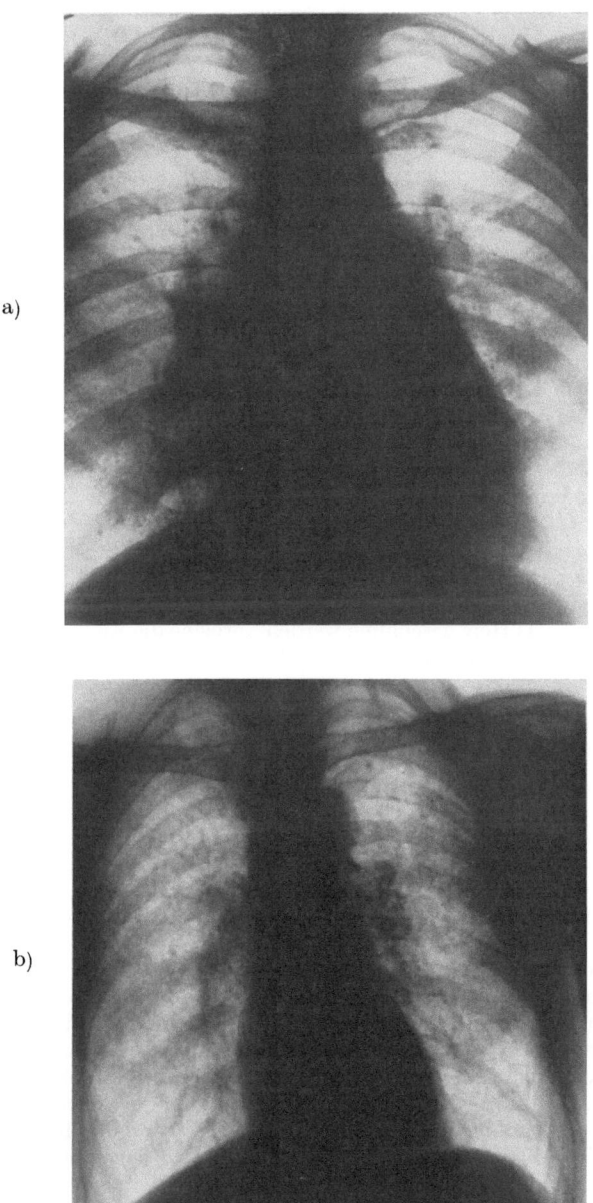

Abb. 127. Differentialdiagnose miliarer Lungenstauung. a) Dekompensierte Mitralstenose; b) Silikose.

sind Aussagen möglich über Abweichungen von der Pulsationsnorm im Sinne von: Einengung der Pulsationsbreite, Trägheit der Pulsationen, Wurmförmigkeit und stufenweise Unterteilung, Störung an umschriebener Stelle, Änderung von Pulsationsfrequenz und Pulsationsrhythmus sowie schließlich einer unterschiedlichen Frequenz von Vorhof- und Ventrikelpulsationen. Es lassen sich auf diese Weise die durch die Fernaufnahme wahrscheinlich gemachten Änderungen von Herzgröße, -form und -tonus bestätigen und lokale Schädigungen von diffusen abgrenzen.

Die sorgfältige Feststellung dieser feinen Abweichungen von der Norm kann dann die Fakultativdiagnose einer Myokardschädigung erlauben, ganz abgesehen von dem Nachweis röntgenologisch faßbarer Dekompensationszeichen oder von Krankheiten im Bereich des Thorax, welche ihrerseits das Herz zu schädigen vermögen. Diese Tatsache ist um so wichtiger, als zweifelsohne, wie auch Pfeifer und Weiss feststellen, Thoraxdurchleuchtungen sehr viel häufiger vorgenommen werden als Ekg-Aufnahmen und so Frühdiagnosen möglich sind von Schäden, die sich sonst vielfach der Erkennung entzogen haben.

Auch das Verhalten von Herzgröße und -form während der Atemphasen und bei Lagewechsel kann bei der Durchleuchtung nutzbringend beobachtet werden. So hat Zdansky bereits darauf hingewiesen, daß die ausgesprochene Formlabilität des Herzens gegenüber respiratorischen und statischen Einflüssen bei einer Schädigung des Herzmuskels vorkommen kann. Mit welcher Vorsicht ein solches Urteil aber ausgesprochen werden darf, beweisen die Untersuchungen von Schröder, welcher herzgesunde Personen mit vegetativer Dystonie untersuchte und die Herzgröße im In- und Exspirium kontrollierte. Er stellte dabei fest, daß der vagotone Reaktionstyp gekennzeichnet war durch ein ausgesprochenes Zerfließen der Herzkontur, wobei die Größenveränderungen bis zu 2,5 cm ausmachen können, während der sympathikotone Reaktionstyp nur geringe respiratorische Breitenschwankungen aufweist, die in der Regel 0,5 cm nicht überschreiten. Schließlich kann durch die Kontrolle des Herzens, z. B. im tiefen Inspirium, wie Haudek feststellt, ,,eine Normalsituation für das Herz geschaffen werden", welche die Einflüsse von Zwerchfellstand usw. ausgleicht, so daß manche ,,Pseudofehlkonfigurationen" auf diese Weise normalisiert werden.

Neben der Frontalaufnahme des Herzens kann auch seine *Aufnahme in verschiedenen Ebenen* unsere Beurteilung erleichtern.

So wird man Aufnahmen oder zum mindesten den Durchleuchtungsbefund im 1. und 2. schrägen Durchmesser oder im Frontaldurchmesser gerade für spezielle Beurteilungs- und Begutachtungsfragen nicht entbehren können (s. Abb. 128).

Nur auf diese Weise wird eine Beurteilung des Retrokardialraumes (Holzknechtscher Raum) möglich, auf dessen Bedeutung immer wieder hingewiesen worden ist. Im 1. schrägen Durchmesser sind Anomalien des Aorten- und Pulmonalbogens zu erkennen und vor allem Einengungen des Retrokardialraumes zwischen Herzrückwand und Wirbelsäule, welche unten besonders durch Erweiterungen des linken Vorhofes und oben durch Aortenausweitungen zustandekommen. Die Untersuchung bei diesem Strahlengang ist vor allem für die Beurteilung von Mitralfehlern wichtig, da sich die Vorhofsdilatation der Erkennung in Sagittaldurchleuchtung vollkommen entziehen kann. Im 2. schrägen Durchmesser werden rechter Vorhof, Aorta ascendens und Aortenbogen und im Frontaldurchmesser die größte Tiefenausdehnung des Herzens erkennbar. Es kann durch diese Drehung u. a. auch die Vergrößerung des linken Vorhofes gegen einen fraglichen Conus pulmonalis abgegrenzt werden. Es wird nämlich das Herzohr im 1. schrägen Durchmesser kleiner, im 2. schrägen Durchmesser dagegen größer, während sich der Conus pulmonalis umgekehrt verhält.

Haben Durchleuchtung und Aufnahme die Möglichkeit einer Vorhofserweiterung ergeben, dann sollte, weil sie den einzig objektiv verwertbaren

Spezielle Untersuchungen des Herz-Kreislaufsystems 343

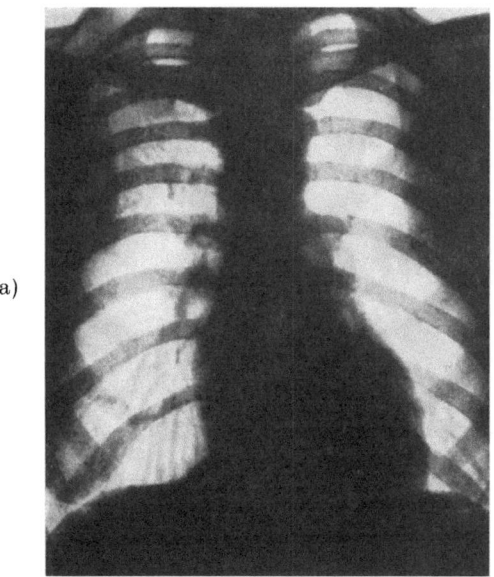

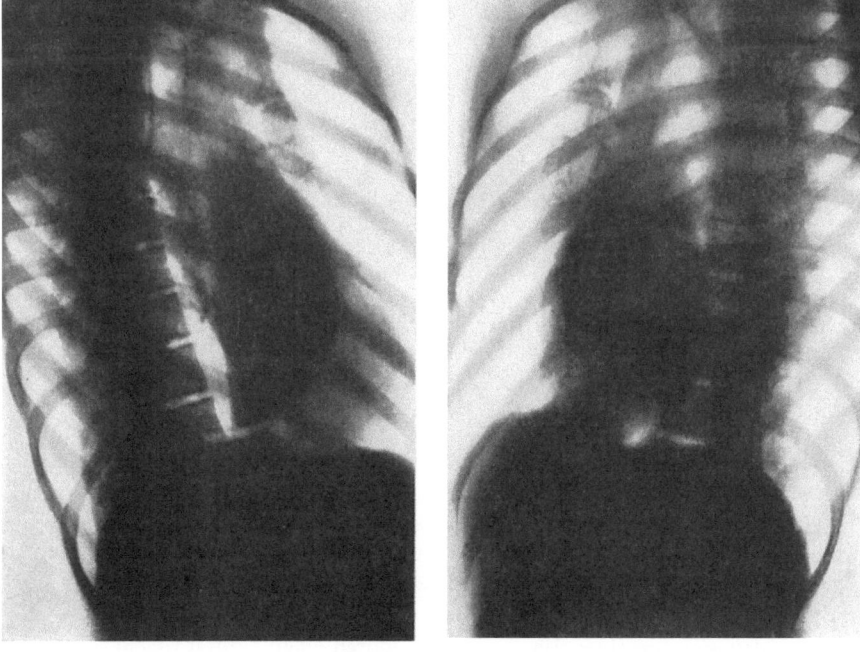

Abb. 128. *Normales Herz* a) Im Sagittalbild; b) im 1. schrägen Durchmesser; c) im 2. schrägen Durchmesser.

Maßstab liefert, auf die *Konstrastfüllung des Ösophagus* nicht verzichtet werden. (Abb. 129).

Bei stärkerer Dilatation des linken Vorhofes findet sich die Speiseröhre dann nach rechts und hinten ausgebogen und eingeengt. Es ist jedoch nicht möglich, die Schwere dieser Verdrängung zu dem Grad des vorhandenen oder angenommenen Klappenfehlers in direkte Beziehung zu setzen. Bereits GROEDEL hat auf das nicht

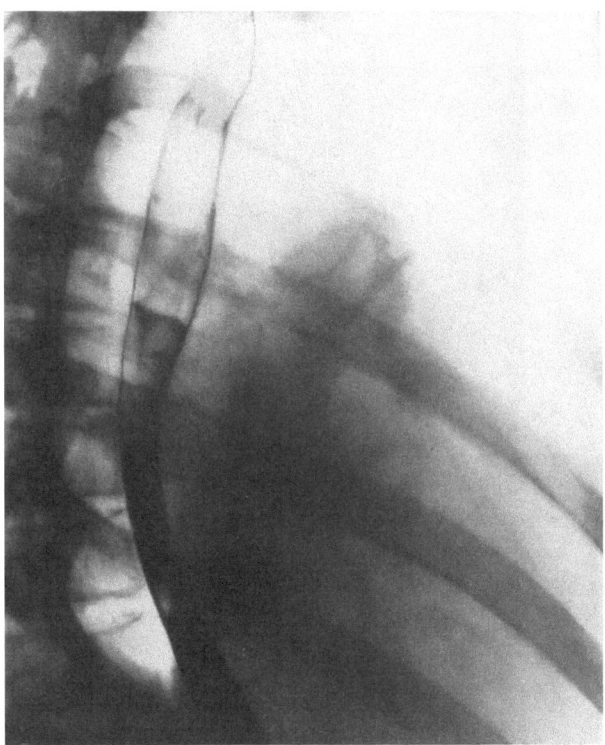

Abb. 129. Erweiterung des linken Vorhofes bei rheumatischem Mitralvitium, erkennbar an der Einengung des Ösophagus bei Kontrastmitteldarstellung.

ganz seltene Mißverhältnis zwischen exzessiver Vorhofsdilatation und relativ geringer Stenosierung aufmerksam gemacht. Wir wissen heute, daß eine Vorhofsendokarditis, die Ausbildung von Vorhofsthromben usw. ein ähnliches Phänomen verursachen können.

Bei der Beurteilung dieser diagnostischen Möglichkeiten sehen wir, welch hoher Wert dieser Methode, zumal bei Anwendung einer funktionellen Betrachtungsweise, beizumessen ist. Wie sehr dem *Kliniker* aber das letzte Wort bei jeder Begutachtung zukommt, mag folgender Fall verdeutlichen:

Es handelt sich um einen Mann, der vor Jahren einen akuten Gelenkrheumatismus mit Herzbeteiligung durchgemacht hatte. Es hatte sich ein kombiniertes Mitral-Aortenvitium entwickelt, die Gesamtheit des klinischen Bildes sprach jedoch für das Vorliegen einer Concretio perikardii. Herzfernaufnahme und Durchleuchtung ergaben keinen in dieser Richtung verwertbaren Befund. Erst die

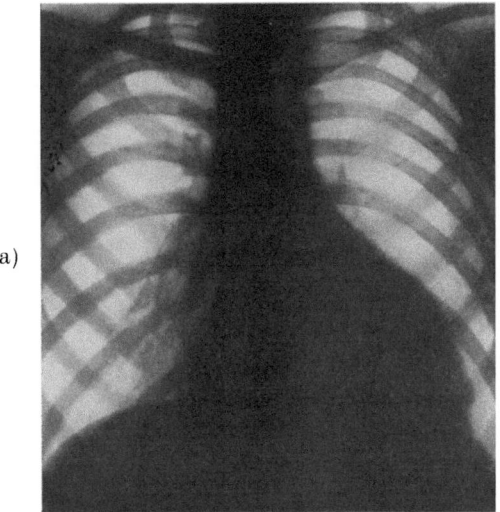

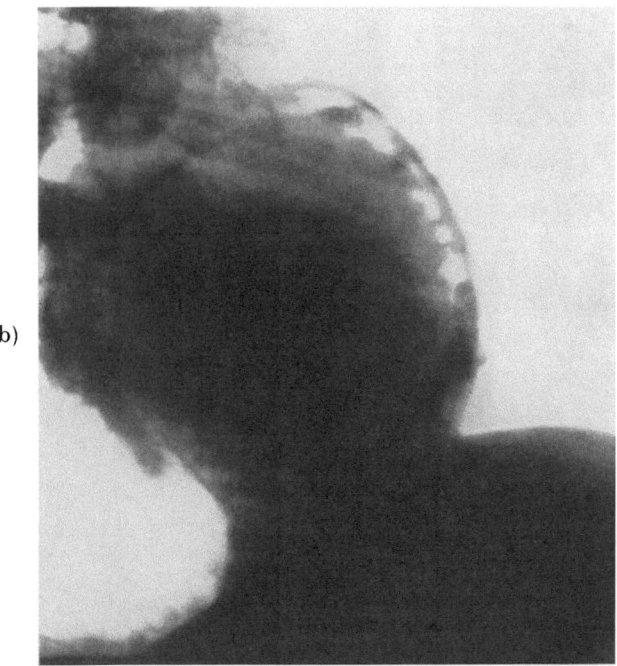

Abb. 130. Bedeutung von röntgenologischen Spezialaufnahmen für die Beurteilung von Herzschäden. a) Aortenkonfiguriertes Herz nach rheumatischer Infektion, dem bei sagittalem Strahlendurchgang und normaler Aufnahmetechnik kein Anhalt für eine schwielige Perikarditis zu entnehmen ist. b) Das gleiche Herz bei anderer Aufnahmetechnik und Drehung in anderen Durchmesser. Befund: Ausgeprägtes Panzerherz.

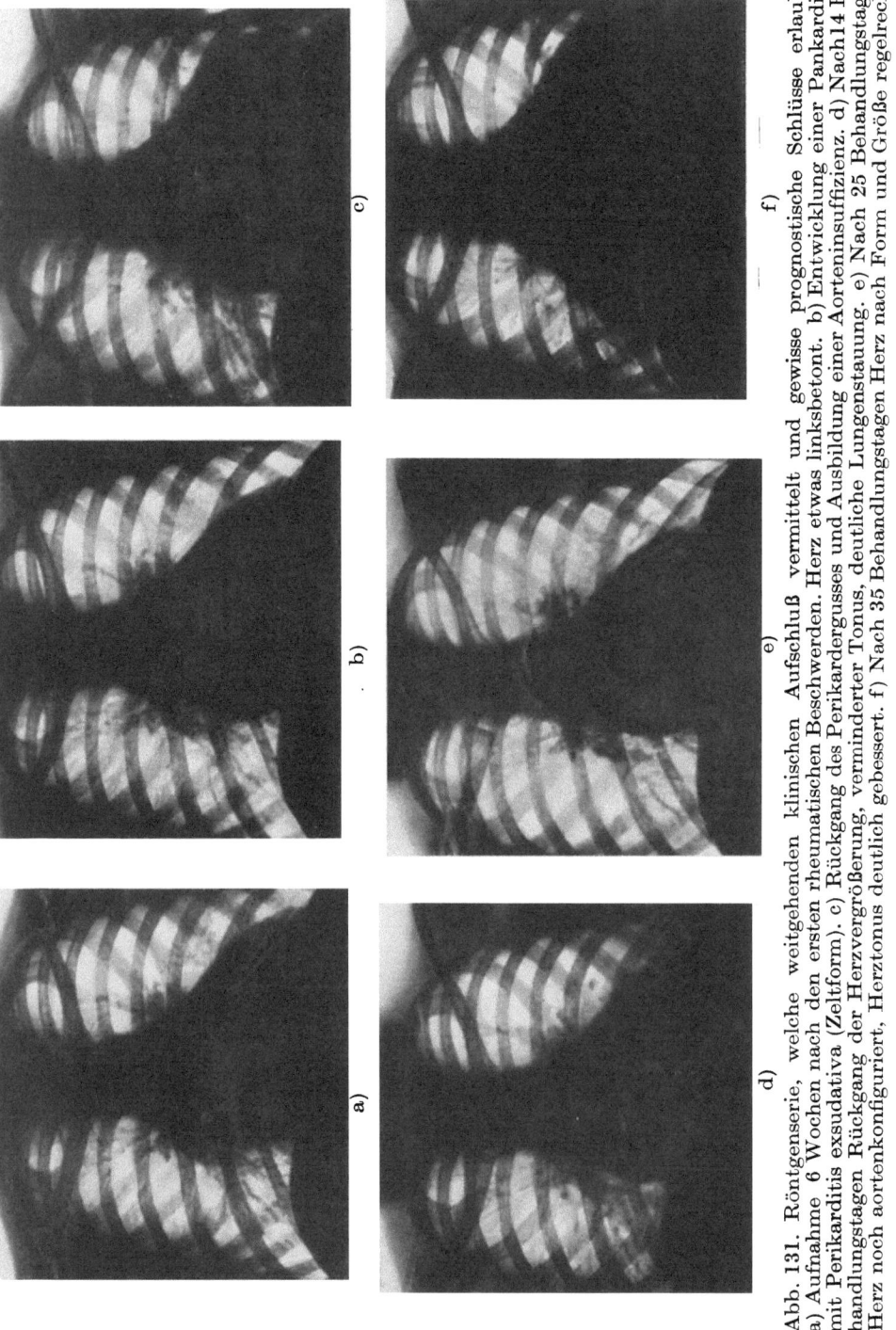

Abb. 131. Röntgenserie, welche weitgehenden klinischen Aufschluß vermittelt und gewisse prognostische Schlüsse erlaubt. a) Aufnahme 6 Wochen nach den ersten rheumatischen Beschwerden. Herz etwas linksbetont. b) Entwicklung einer Pankarditis mit Perikarditis exsudativa (Zeltform). c) Rückgang des Perikardergusses und Ausbildung einer Aorteninsuffizienz. d) Nach 14 Behandlungstagen Rückgang der Herzvergrößerung, verminderter Tonus, deutliche Lungenstauung. e) Nach 25 Behandlungstagen Herz noch aortenkonfiguriert, Herztonus deutlich gebessert. f) Nach 35 Behandlungstagen Herz nach Form und Größe regelrecht.

auf erneutes Ersuchen vorgenommene Zweitaufnahme bei Drehung und anderer Aufnahmetechnik zeigte die massiv verkalkte Verschwielung, die später durch Operation bestätigt wurde (Prof. ZENKER) (Abb. 130).

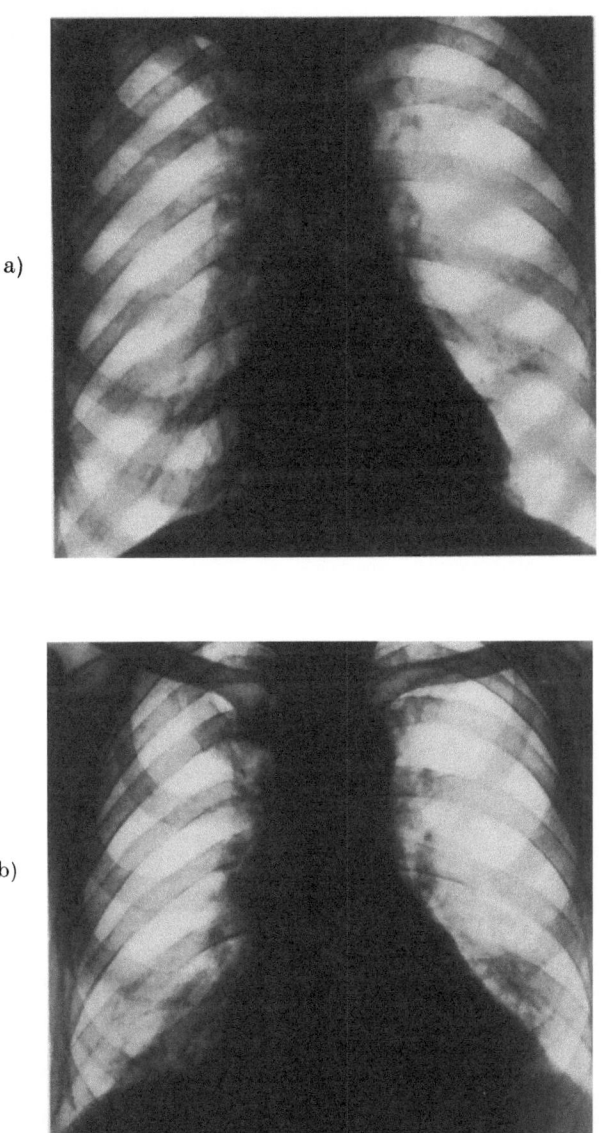

Abb. 132. Rasche Änderung eines Herz-Röntgenbefundes nach stumpfem Brustwandtrauma. R. S., 57 Jahre. a) 8 Wochen vor dem Unfall, Herz nach Größe und Form dem Alter entsprechend; b) 8 Tage nach dem Unfall, Contusio cordis mit Septumperforation.

348   Untersuchung und Beurteilung der Herz-Kreislauffunktion

Schließlich ist darauf hinzuweisen, daß in gleicher Weise wie beim Ekg auch für das Röntgenbild das *Vorliegen von Serien* nicht nur einen besseren diagnostischen Aufschluß, sondern gleichzeitig auch eine prognostische Beurteilung innerhalb gewisser Grenzen ermöglicht.

In Abb. 131 ist eine Serie von Röntgenbildern dargestellt, aus welcher die Entwicklung der Herzbeteiligung und ihre Tendenz zur Abheilung leicht abgelesen werden können (s. Abb. 131 a–f), während andererseits aus Abb. 132 auf Grund der raschen Deformation des Herzfernbildes die Schwere der eingetretenen Schädigung ersichtlich wird (s. Abb. 132a und b).

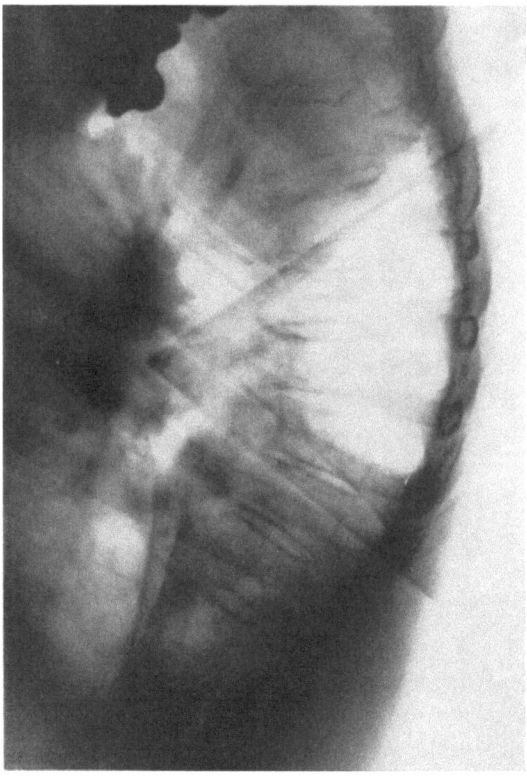

Abb. 133. Heftigste und therapieresistente Beschwerden, z. T. auch in der Herzgegend; die Röntgenuntersuchung ergab eine hochgradige Kyphose, welche äußerlich kaum sichtbar war.

Für speziellere Beurteilungsfragen, so z. B. für den Nachweis einer Trainingshypertrophie bei Sportlern, den Beginn einer Rückwirkung auf das Herz bei Staublungenerkrankungen usw., kann jedoch auch die Röntgenserie nur mit allergrößter Zurückhaltung bewertet werden. Wenn man sich vor Augen hält, daß es sich bei der Früherkennung dieser Herzumwandlungen um sehr geringe, zunächst kaum meßbare Differenzen handeln dürfte und sich gleichzeitig vergegenwärtigt, wie schwer es ist, zwei Aufnahmen unter absolut gleichen Bedingungen zu machen, wie sehr Atemphase und Zwerchfellstand, Aufnahme in Systole oder Diastole das Bild zu ändern vermögen, dann wird man derartigen Versuchen sehr kritisch gegenüberstehen. Es muß außerdem berücksichtigt werden, daß es 24-Stunden-Rhythmusschwankungen der Herzgröße gibt, welche bis zu 1 cm betragen können (SCHRÖDER).

Haben wir somit die Möglichkeiten der einfachen Thoraxdurchleuchtung und -aufnahme weitgehend für die Beurteilung ausgeschöpft, dann sollte doch auch dem *knöchernen Thorax* noch ein kurzer Hinweis gewidmet werden.

Viele „Schmerzen in der Herzgegend" haben ihre Ursache in Veränderungen der Hals- und Brustwirbelsäule, und das Auffinden von Rippenusuren mag manchen juvenilen Hochdruck in seiner Genese als Aortenisthmusstenose klären (Abb. 133).

Auf Grund dieser Ausführungen wird ersichtlich, daß Röntgendurchleuchtung und -aufnahme eine unabdingbare Forderung im Rahmen einer Herzbeurteilung darstellen. Ähnlich wie die Elektrokardiographie hat auch die Röntgenologie zahlreiche *Spezialmethoden* entwickelt, die geeignet sind, besonders schwierige Fälle noch weiter zu analysieren. Es handelt sich jedoch lediglich um Ergänzungsmethoden, die einen bestimmten Befund bestätigen und differentialdiagnostisch klären können. Bei ausreichender Erfahrung und subtiler Beobachtung jedoch wird es kaum eine Schädigung am Herzen geben, welche der einfachen Durchleuchtung und Aufnahme entgeht.

3.1.6. Kymographie und andere Spezialmethoden

Bei der Bewertung und im Rahmen der Auswertungsmöglichkeiten der Röntgenuntersuchungen haben wir auf die Wichtigkeit der Röntgendurchleuchtung hingewiesen. Es wurde versucht, diese subjektive Erfassung der Bewegungsvorgänge des Herzens durch eine objektive Methode zu ergänzen. In diesem Sinne hat die Einführung der *Kymographie* die funktionelle Auswertung der Röntgendiagnostik wertvoll bereichert.

Es sind zahlreiche Methoden angegeben worden, mittels derer es zunächst möglich war, kurvenartige Aufnahmen von verschiedenen Punkten des Herzens zu registrieren. Diese Verfahren hatten den Nachteil, daß eine Beurteilung des Gesamtherzens auf Grund vereinzelter Ableitungsstellen kaum möglich war. Erst die Entwicklung der Flächenkymographie hat wesentliche Vorteile für die Begutachtung erbracht (P. STUMPF).

Heute ist diese Methode so eingeführt, daß sie in ihrem Wert der Herzfernaufnahme praktisch überlegen sein dürfte. Wenn man sich vergegenwärtigt, daß das Kymogramm Herzlage, -größe und -form in gleicher Weise zur Darstellung bringt wie die Moment-Fernaufnahme, darüber hinaus aber geeignet ist, Aussagen zu machen über Bewegungstyp, über Hypertrophie und Dilatation einzelner Herzabschnitte, Zugehörigkeit der randbildenden Konturen, Abgrenzung von dem Herzen aufgelagerten herzfremden Verschattungen usw., dann muß festgestellt werden, daß bei ökonomischer Bewertung das Kymogramm die Herzfernaufnahme nicht nur vollgültig ersetzt, sondern in vielen Fällen vielleicht auch unnötig macht. Eine umfangreiche Literatur hat sich bereits mit dieser Methode beschäftigt (v. BRAUNBEHRENS, REINDELL und DELIUS, KIENLE, TESCHENDORF, ZDANSKY), so daß diese Spezialarbeiten für die Grundlagenstudien herangezogen werden müssen. Einige kurze Hinweise mögen aber noch den Wert der Kymographie, welche in die allgemeine Begutachtungspraxis noch nicht in dem Maße Eingang gefunden hat, wie es wünschenswert wäre, verdeutlichen.

Die Methode besteht darin, daß die Bewegungen von Organrändern durch zahlreiche, enge parallele Schlitze einer Bleiblende (Bleiraster) hindurch auf einen senkrecht zu den Schlitzen verlaufenden Film aufgenommen werden. Auf diese Weise erscheinen die Bewegungen der Kontur als Wellenlinien, aus denen der zeitliche Ablauf der motorischen Vorgänge abgelesen werden kann (Bewegungsdiagramm).

Den so entstehenden Randzacken ist folgende Bedeutung zu unterlegen:

Rasche Randbewegungen kommen dadurch zum Ausdruck, daß sich der Kurvenrand parallel zu den Rasterschlitzen abbildet. Bei langsamen Bewegungen dagegen legt der Raster während der Aufnahme eine bestimmte Strecke zurück, und es entsteht eine mehr oder weniger schräge Linie. Verläuft also eine Bewegung anfangs rasch und dann langsamer, wie dies bei jeder Herzaktion mit der raschen Phase der Systole und der langsameren der Diastole die Regel ist, dann entsteht eine unsymmetrische Kurve, d. h. ein Haken. Jede Diskontinuität der Bewegung findet darüber hinaus in der Kurvenform durch Stufenbildung ihren entsprechenden Ausdruck. Schnellende oder schleudernde Bewegungen sind charakterisiert durch kleine Zacken als Kriterium dafür, daß diese Schleuderbewegung im Verhältnis zur Gesamtbewegung nur sehr kurze Zeit beansprucht. Auf diese Weise kann man die Herzbewegung in verschiedene Bewegungstypen einteilen, die auch mit den termini technici: erregt, kräftig, schlaff, klein usw. bezeichnet werden. Es hat dabei die „kräftige" Bewegung große Amplituden, die „erregte" eine kurze Dauer der gesamten Periode, die „schlaffe" eine gleichmäßige Bewegung ohne scharfe Übergänge, also eine abgerundete Bogenform und die „kleine" nur sehr geringe Amplituden.

Bei diesen Bewegungsstudien konnte STUMPF die Feststellung machen, daß normalerweise die Bewegungen an der Herzspitze am größten sind (Typus STUMPF I), die Abnahme der Pulsationsbewegungen nach der Spitze zu wird dagegen als Typus STUMPF II bezeichnet. Diese Einteilung ist vielfach für eine funktionelle Beurteilung herangezogen worden, in dem Sinne, daß ein STUMPF II mit einer Leistungsschwäche des Herzens identifiziert werden könne (STUMPF und FÜRST). Von ZDANSKY und ELLINGER, WILKE u. a. ist dieser Auffassung auf das Lebhafteste widersprochen worden, aber wahrscheinlich wird auch hier eine kritische Bewertung des Einzelfalles notwendig sein. So wissen wir heute, daß der Pulsationstyp II vor allem bei zunehmendem Restblut vorkommt, ein Vorgang, der nicht allein bei der Herzschwäche, sondern als Ausdruck einer besonderen Leistungsreserve auch bei Hochleistungssportlern zu beobachten ist. Während nun der Sportler nach Belastung zum Typ STUMPF I in ganz ausgesprochenem Maße zurückkehrt, ist dieser Vorgang bei der Herzschwäche nicht möglich, und erst der „fixierte STUMPF II" darf daher in Übereinstimmung mit PFEIFER und WEISS als pathologisch gedeutet werden. Es ist weiterhin zu beachten, daß die Bewegungsvorgänge kaudal bei stärkerer Inspiration ab-, bei tiefer Exspiration dagegen zunehmen. Auch auf diese Weise kann eine Herzschwäche durch Änderung des Pulsationstyps vorgetäuscht werden.

Diese wenigen Hinweise mögen bereits genügen, um zu verdeutlichen, wie sehr das Röntgenkymogramm die röntgenologische Diagnostik erweitert und bereichert hat. In vieler Hinsicht können recht typische Bilder entstehen. Wir kennen die schnellenden Bewegungen bei der Mitralstenose (s. Abb. 134), bei denen die Kammerhauptbewegungen am linken Herzrand sehr früh endigen und in Mischbewegungen übergehen, während am rechten Herzrand sehr ausgiebige und hochheraufreichende Amplituden nachweisbar werden. Wesentlich anders ist demgegenüber das Bild bei der Aorteninsuffizienz mit ihren Schleuderbewegungen (s. Abb. 135), welche bis in die Aorta fortgesetzt sind und durch spitze Ausziehung der Zacken mit sehr großen Amplituden und konkav-bogenförmigem diastolischem Schenkel charakterisiert sind und schließlich die exquisit langsamen Bewegungen bei der Aortenstenose. Mit allen diesen Kriterien vermittelt das Kymogramm einen Eindruck über die Kraft und Intensität der Ventrikelbewegungen und gibt auch einen Einblick in das Verhalten der Vorhöfe.

Abb. 134. Mitralstenose.

Das Herzohr kann pulsatorische Bewegungen zeigen, muß es aber nicht (VAQUEZ und BORDET). Ihre Deutung ist nicht ganz einfach. Verstärkte Pulsationen am rechten unteren Herzrand dagegen sprechen für Vorhofhypertrophie bzw. latente Stauung.

Schließlich kann auch für das Vorliegen von Hypertrophie und Dilatation ein Anhaltspunkt aus dem Kymogramm gewonnen werden. (s. Abb. 136)

Für Hypertrophie sprechen vor allem eine Vergrößerung der Zackenamplitude und die Ausbildung von Doppelzacken im Bereich der Ventrikel (STUMPF, TESCHENDORF). Demgegenüber kann sich nach HECKMANN eine Dilatation durch folgende Symptome erkennbar machen:

352 Untersuchung und Beurteilung der Herz-Kreislauffunktion

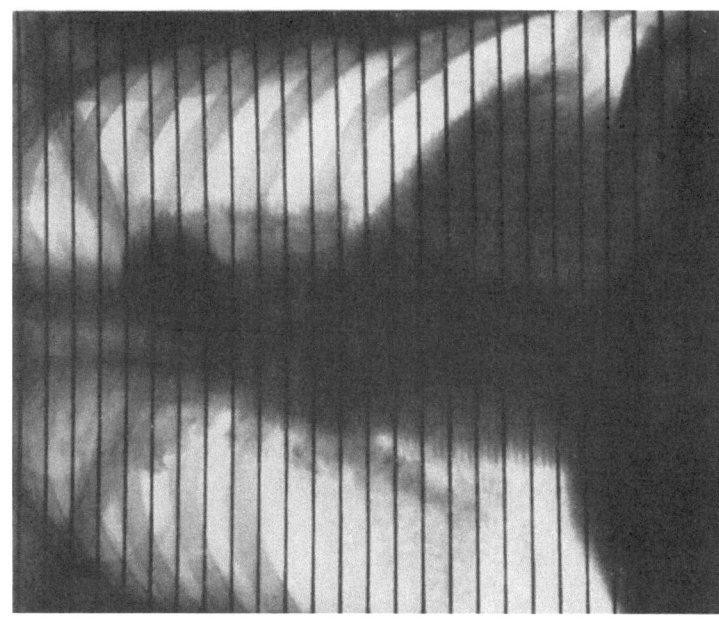

Abb. 136. Dekompensierte Hypertonie.

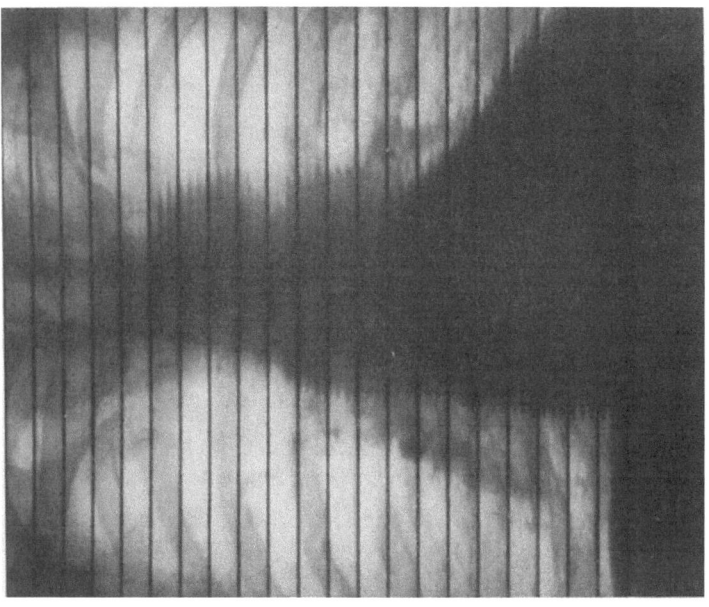

Abb. 135. Aorteninsuffizienz.

1. durch Abplattung der lateralen Umkehrpunkte. Dieses Symptom kommt dadurch zustande, daß die diastolische Endstellung des Ventrikels eher erreicht ist, als es dem zeitlichen Ausmaß der Diastole entspricht. Das wird entweder dadurch möglich, daß die normale Dehnungsgrenze erreicht ist und die bindegewebige Sperre einsetzt oder die Dehnungsfähigkeit durch pathologische Prozesse vermindert ist;
2. durch Abplattung der medialen Umkehrpunkte, d. h. eine mediale Plateauausbildung. Als Ursache ist wahrscheinlich anzunehmen, daß die Systole entweder durch Druckerhöhung im Ventrikel oder durch Myokardschädigung nicht zur vollen Auswirkung kommt.

Ein recht wesentlicher Vorteil ist weiterhin, daß mittels Kymographie entschieden werden kann, welcher Herzteil randbildend ist.

So wissen wir heute auf Grund der Untersuchungen von FETZER, daß auch beim Gesunden in der rechten Herzgrenze oberhalb des Zwerchfells der rechte Ventrikel randbildend werden kann. Nicht zu vernachlässigen ist weiterhin die Unterscheidungsmöglichkeit, ob am rechten oberen Herzrand Aorta oder Vena cava sichtbar werden.

Als recht wertvoll kann sich weiterhin die Möglichkeit erweisen, den homogenen Herzschatten, in welchen Tumorverschattungen usw. hineinprojiziert

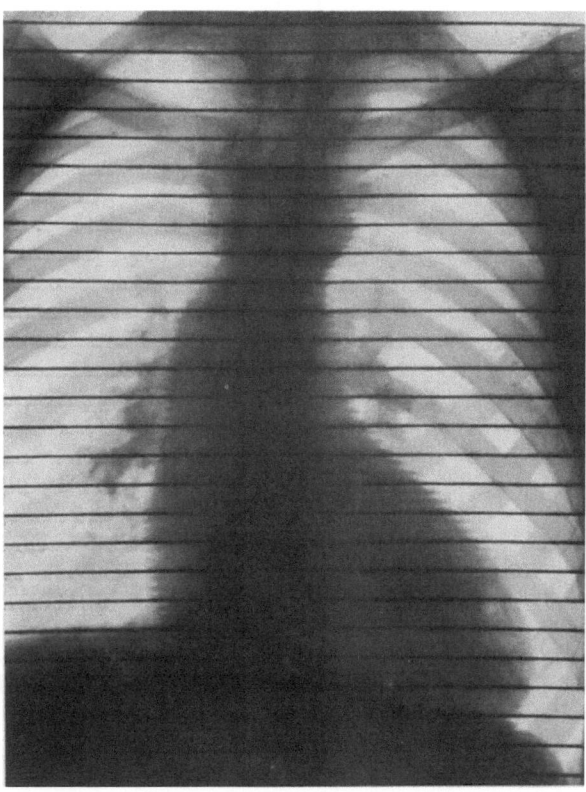

Abb. 137. Herzwandaneurysma nach Myokardinfarkt. Stumme Zone.

sein können, durch Differenzierung der Bewegungsvorgänge aufzulösen. Die Abgrenzung von Eigen- und Fremdpulsation, d. h. von Herzbewegungen, welche sich auf benachbarte Organe übertragen, stellt auch für den Spezialisten oft keine leichte Entscheidung dar. Auch die Lokalisation von Fremdkörpern, ihre Bewegungs- und Wanderungsrichtung, sind dieser Methode unter Umständen zugängig. Durch eine ähnlich feine Beobachtung, wie sie von PFEIFER und WEISS für die Röntgendurchleuchtung angestrebt wurde, hat STUMPF besondere Symptome herausgearbeitet, welche das ,,nervöse" Herz und das Herz bei vegetativer Stigmatisation kennzeichnen.

Abb. 138a. Kymogramm beim Hochleistungssportler in Ruhe.

Besonders wichtig aber wird das Kymogramm bei der Feststellung von stummen Zonen, d. h. Abschnitten des Myokards, welche sich durch Bewegungsarmut, absoluten Stillstand oder umgekehrte Bewegung vom übrigen Myokard abheben. Es handelt sich bei diesen ,,stummen Zonen" meist um die Folge von Myokardinfarkten, deren Ausdehnung auf diese Weise am leichtesten feststellbar wird (Abb. 137).

Wenn abschließend also festgestellt werden kann, daß die Kymographie unsere Diagnostik sehr zu erweitern vermag, dann muß hinsichtlich von Beurteilung und Begutachtung doch darauf aufmerksam gemacht werden, daß auch ein einzelnes Kymogramm in seiner Deutung größte Vorsicht und Zurückhaltung verlangt. Abgesehen von vollkommen eindeutigen pathologischen Befunden, wie stumme Zonen, systolische Lateralbewegung usw., sind die meisten Symptome wenig pathognomonisch und aus dem Ruhe-Kymogramm nicht mit zwingender Sicherheit abzulesen. Wir werden noch auszuführen haben, wie auch für diese Methode die Untersuchung nach Belastung zu fordern ist, wenn ein verbindliches Urteil über die funktionelle Leistungsbreite abgegeben werden soll.

Zwei Aufnahmen, die das Herz eines Hochleistungssportlers zeigen, mögen die Ergiebigkeit der Belastung bereits an dieser Stelle verdeutlichen (Abb. 138 a u. b).

Zwei Tabellen sind geeignet, die Auswertung dieser Methode zu erleichtern. So die Zusammenstellung von KIENLE (s. Tab. 17), welcher dem Ruhekymogramm das jeweilig mögliche Belastungskymogramm zuordnet und seine Schlüsse daraus

Abb. 138b. Das gleiche Kymogramm nach Belastung.

zieht, und die Ausarbeitung von KLOTZ, der über das Kymogramm hinaus noch andere Befunde in die Bewertung aufgenommen hat (Tab. 17 und Tab. 18).

Obwohl für die Praxis weniger bedeutungsvoll, soll doch darauf hingewiesen werden, daß die Röntgenologie bemüht gewesen ist, die diagnostischen Methoden nach den verschiedensten Seiten hin zu erweitern.

Es ist einleuchtend, daß bereits die Anfertigung von Kymogrammen in verschiedenen Durchleuchtungsrichtungen, insbesondere für die Vorhofsdiagnostik und die Abgrenzung von Tumormassen im Mediastinalschatten, wertvolle Aufschlüsse zu liefern vermag. Von japanischen Röntgenologen wurde darüber hinaus die kontinuierliche und diskontinuierliche *Rotatorkymographie* eingeführt, durch die es gelingt, sowohl Flächen- als auch Stufenkymogramme des Herzens im Querschnitt aufzunehmen, eine Methode, welche Größe und Bewegungsverhältnisse der vier Herzräume im Querschnitt erkennen läßt.

Während im allgemeinen infolge der raschen Bewegungsvorgänge am Herzen und der relativ langsamen Aufnahmetechnik die Grenzen etwas verwaschen erscheinen, vermag die *Impulsröntgenographie*, welche Aufnahmezeiten von 0,004 Sek. ermöglicht, nicht nur die Herzsilhouette vollkommen klar zu zeichnen, sondern auch Fremdkörper u. dgl. sehr exakt zu lokalisieren.

Tabelle 17. Auswertung des Belastungs-Kymogramms nach KIENLE

Ruhebild	Belastungskymogramm	Folgerung
Großer Bewegungsraum	Gleichbleibender oder größerer Bewegungsraum, meist Verkleinerung des gesamten Herzschattens	Zeichen guter Herzarbeit
Großer Bewegungsraum	Bewegungsraum kleiner, gleicher oder größerer Herzschatten	Mangelnde Anpassung, Leistungsminderung, Ursache: meist Myokardschaden oder muskuläre Insuffizienz
Kleiner Bewegungsraum	Vergrößerung des Bewegungsraumes, meist mit Verkleinerung des Herzschattens	Schongang des Herzens bei Sportlern (v. BRAUNBEHRENS und REINDELL) und bei Herzgesunden (KIENLE)
Kleiner Bewegungsraum	Gleicher oder kleinerer Bewegungsraum, Zunahme der Herzgröße	Muskuläre Insuffizienz, Leistungsminderung. Ursache: Myokardschaden, Koronarinsuffizienz

Beziehungen zwischen kymographischer Bewegungsform und Bewegungstypen nach STUMPF

Ruhebild	Belastungskymogramm	Folgerung
Typ I	Typ I mit Verkleinerung des Herzschattens	Gute Herzarbeit
Typ I	Typ I mit gleichem oder größerem Herzschatten	Leistungsminderung. Ursache: meist Koronarinsuffizienz
Typ II	Typ I bei Abnahme der Herzgröße, evtl. Frequenzsteigerung	Sportherz mit guter Leistung
Typ II	Typ I bei Zunahme der Herzgröße, meist Frequenzabnahme u. pathologische Kurvenform (laterales Plateau (KIENLE))	Belastungsinsuffizienz, Leistungsminderung. Ursache: kompensierte Vitien und Hypertonien
Typ II	Typ II bei Zunahme der Herzgröße, meist Frequenzabnahme, pathologische Kurvenformen	Herzinsuffizienz. Ursache: Koronarinsuffizienz, Myokardschaden

Ein weiterer Fortschritt in der röntgenologischen Funktionsdiagnostik des Herzens, insbesondere hinsichtlich der Erkennung von Volumen- und Füllungsschwankungen, wurde durch die Einführung der *Densographie* erzielt.

Bereits STUMPF berichtete bei Einführung seines Flächenkymographen über eine Methode, welche als indirekte Densographie bezeichnet worden ist. Sie besteht

Tabelle 18.

Gegenüberstellung der kymographischen Unterschiede in Ruhe und nach Belastung beim gesunden und kranken Herzen (nach KLOTZ).

	In Ruhe					Nach Belastung				
	Herzgröße	Typ nach *Stumpf*	Größe des Bewegungsraumes	Form der Einzelbewegungen	Frequenz	Herzgröße	Typ nach *Stumpf*	Größe des Bewegungsraumes	Form der Einzelbewegungen	Frequenz
1. Gesundes Herz										
Normales Herz	regelrecht	I oder II	mittel bis groß	meist Hakenform	normal	Größenabnahme	I	gleich oder größer	ausgeprägter, oft Spitzhakenform	Zunahme
Sportherz	mäßig vergrößert (klein)	II	verkleinert	abgeflacht bis konvex	verlangsamt	Größenabnahme	I	deutlich vergrößert	spitz bis schleuderartig	Zunahme
Orthostatische Fehlregulation	verkleinert	II oder I	mittel bis groß	spitz bis schleuderartig	erhöht	Größenzunahme nicht über die Norm	I	gleich oder größer	ausgeprägter, spitz bis schleuderartig	gleich bis Zunahme
2. Krankes Herz										
Kompensierte Vitien	regelrecht bis vergrößert	II oder I	mittel bis groß	abhängig von der Art des Vitiums	meist normal	Größenzunahme	I	gleichbleibend oder vergrößert	Ruheformen ausgeprägter, oft laterale Plateaubildung	Abnahme (?)
Dekompensierte Vitien	vergrößert	II oder (I)	mittel bis klein	abhängig von der Art des Vitiums + Formen der muskulären Insuffizienz	beschleunigt	Größenzunahme	II	verkleinert	Ruheformen ausgeprägter	Zunahme
Muskuläre Insuffizienz (Kontraktile Dysfunktion)	vergrößert	II oder (I)	mittel bis klein	oft Aufsplitterung, laterale Plateaubildung, systolische Lateralbewegungen, Rückstoßzacken, verstärkte Vorhofbewegungen	normal bis bis beschleunigt	Größenzunahme	II	verkleinert	Ruheformen ausgeprägter	Zunahme Abnahme (?)
Hypertonie im großen Kreislauf a) Kompensiertes Hypertonieherz	regelrecht bis leicht vergrößert	II oder I	groß	normal bis Spitzhaken- u. Schleuderform, oft Anspannungs- u. Rückstoßzacken, dicrote Aortenbewegung	normal bis verlangsamt	Größenabnahme	I	gleichbleibend oder vergrößert	Ruheformen ausgeprägter, laterale Plateaubildung	Zunahme, Abnahme (?)
b) Dekompensiertes Hypertonieherz	vergrößert	(I)	klein bis groß	Formen von a) + Formen der muskulären Insuffizienz	eher beschleunigt	Größenzunahme	II	oft verkleinert	Ruheformen ausgeprägter	Zunahme, Abnahme (?)

darin, daß bei einem fertigen Flächenkymogramm, das die Dichteänderungen und Randverschiebungen des Herzens bei seiner Aktion auf photographischem Wege festhält, eben diese Änderungen mittels einer lichtelektrischen Zelle abgetastet werden. Auf diese Weise entstehen Kurven, die denen des Kymogramms sehr ähnlich sind und bei großer Erfahrung im Zusammenhang mit dieser Methode eine wertvolle Ergänzung darstellen können.

Neuerdings scheinen sich die Methoden der direkten Densographie jedoch gegenüber der indirekten mehr durchzusetzen. Es handelt sich um die *Ionographie*, die Ein- bzw. *Mehrschlitzkymographie* und die *Elektrokymographie*. Allen diesen Methoden ist das Prinzip gemeinsam, daß durch das pulsierende Herz Intensitätsänderungen im Röntgenstrahlenkegel hervorgerufen und lediglich auf unterschiedlichem Wege registriert werden. Obwohl durch sorgfältige Ausarbeitung dieser Methoden vielleicht eine Bereicherung der Diagnostik zu erwarten ist, muß als prinzipieller Einwand die Tatsache berücksichtigt werden, daß die Registrierung der Randbewegung oder ihrer Schattendichte nicht unbedingt der Registrierung der Volumenschwankung des darunter liegenden Herzens entsprechen muß.

Am meisten bearbeitet ist die *Elektrokymographie* (LIAN und MINOT), welche bereits wesentlich früher unter dem Namen der Aktinokardiographie von HECKMANN beschrieben wurde. Die Methode besteht darin, daß die pulsatorischen Helligkeitsänderungen des Herzens, die mittels einer Photozelle oder eines Multipliers in Spannungsschwankungen verwandelt werden, als fortlaufende Kurven aufzuzeichnen sind. Durch die ebenfalls von HECKMANN angegebene Phasenanalyse gelingt es dann, die Kurven zahlreicher Punkte der Herzoberfläche wieder in den räumlichen Vorgang der Herzpulsation umzuwandeln. Es ließ sich auf diese Weise ermitteln, daß sich die einzelnen Punkte der Herzoberfläche zu verschiedenen Zeitpunkten zentripetalwärts bewegen, wobei in pathologischen Fällen rückläufige Bewegungen, welche der Hauptbewegungsrichtung in der Systole und Diastole entgegengerichtet sind, auftreten können. So hat HECKMANN Ausstülpungen des Spitzengebietes beim Myokardschaden, Protuberanzen beim Infarkt usw. beschrieben.

Von TURNHER, DEUTSCH, GMACHL u. Mitarb. sind bereits umfangreichere Erfahrungen mit dieser Methode gesammelt worden. Während sie für die Tumordiagnostik des Mediastinums von eindeutigem Wert sein kann, ist die Auswertung des *Ventrikelelektrokymogramms* für die Begutachtung nur mit größter Vorsicht zu übernehmen. So untersuchten AKMAN u. a. 200 Ventrikelelektrokymogramme bei jugendlichen Herzgesunden und fanden eine derartige Fülle von Normalvarianten, daß die Abgrenzung pathologischer Kurven besonders in Grenzfällen, denen das bevorzugte Interesse der Begutachtung zukommt, sehr schwierig wird, vor allem aber auch deshalb, weil noch keine genügende Klarheit über die Bedeutung der einzelnen Kurvenanteile besteht. Dem isolierten Röntgenkymogramm soll sich diese Methode weit überlegen zeigen, und es wird geraten, beide Methoden ergänzend zur Anwendung zu bringen. Für eine exakte Interpretation der resultierenden Kurven ist aber über die theoretischen Kenntnisse hinaus die Berücksichtigung der individuellen Aufzeichnungscharakteristika des jeweilig benutzten Apparates notwendig, da jedes System etwas andere Kurven liefert.

Bei der *Ionographie* schließlich fällt der lochförmig eingeblendete Röntgenstrahl, welcher das schlagende Herz durchdringt, auf eine Ionisationskammer (JANKER, SCHMITZ und SCHAEFER). Da mit dieser Methode nicht nur Volumenänderungen des Herzens, sondern auch Dichteänderungen registriert werden, welche durch Lageverschiebungen bedingt sind, dürfte ihr diagnostischer Wert sich als nur gering erweisen.

Einen ganz besonderen Aufschwung erhielt die Herzdiagnostik, als es gelang, durch Einführung von *Röntgenkontrastmitteln* die Höhlen des Herzens zur Darstellung zu bringen. In Abb. 139 und 140 und Abb. 141 zeigen wir derartige Kontrastdarstellungen des Herzens von LÖFFLER, der sich als einer der ersten nach FORSSMANN in Deutschland mit der *klinischen Angiokardiographie* beschäftigt hat. Es würde bei weitem den Rahmen dieser Ausführungen überschreiten, sollten jetzt die zahlreichen Vorteile dieser Methode, der hohe Wert, der ihr in der Diagnostik angeborener Herzfehler zukommt und schließ-

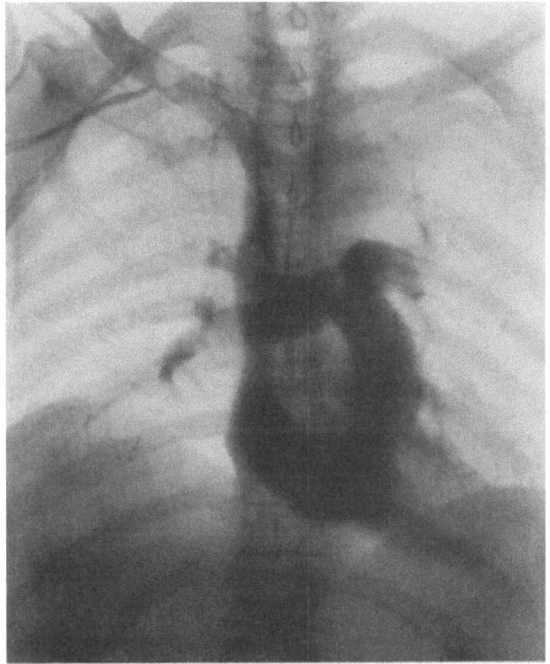

Abb. 139. Angiographie. Herzfüllung: Rechter Vorhof gefüllt (Diastole), rechte Kammer entleert (Systole). Stamm der Art. pulmonalis gefüllt, etwas quer liegendes Herz (nach LÖFFLER).

lich die Tatsache, daß erst nach ihrer Einführung eine erfolgreiche Herzchirurgie entwickelt werden konnte, eingehend gewürdigt werden.

Mit diesen Fragen haben sich im deutschen Schrifttum u. a. GROSSE-BROCKHOFF, DERRA, JANKER, BAYER, BOLT und ZORN u. v. a. eingehend beschäftigt.

Es kann als gesichert gelten, daß es mit der Angiokardiographie und der Herzkatheterisation gelingt, die geeignete Operationsauswahl bei angeborenen Herzfehlern zu treffen und so Menschen, die zeitlebens zu Herzkrüppeln gestempelt wären, wieder weitgehend gesund und leistungsfähig zu machen. Es steht außerhalb jeder Erörterung, daß bei derartigen Aspekten auch ein gewisses diagnostisches Risiko vertretbar ist und in Kauf genommen werden muß. Anders ist es aber bei den im Rahmen dieser Abhandlung zur Diskussion stehenden ärztlichen Unter-

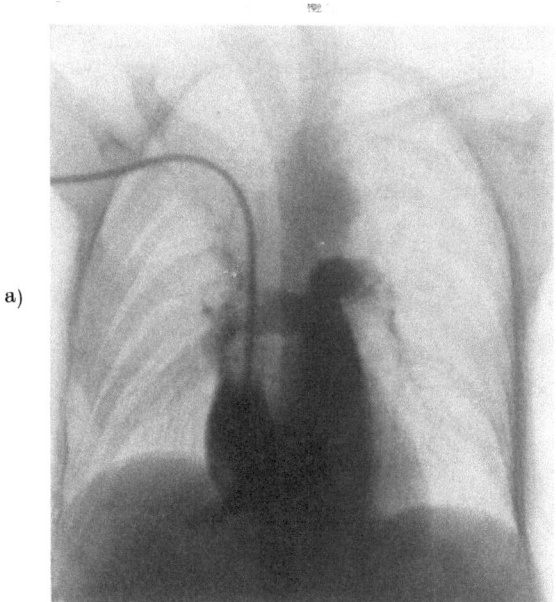
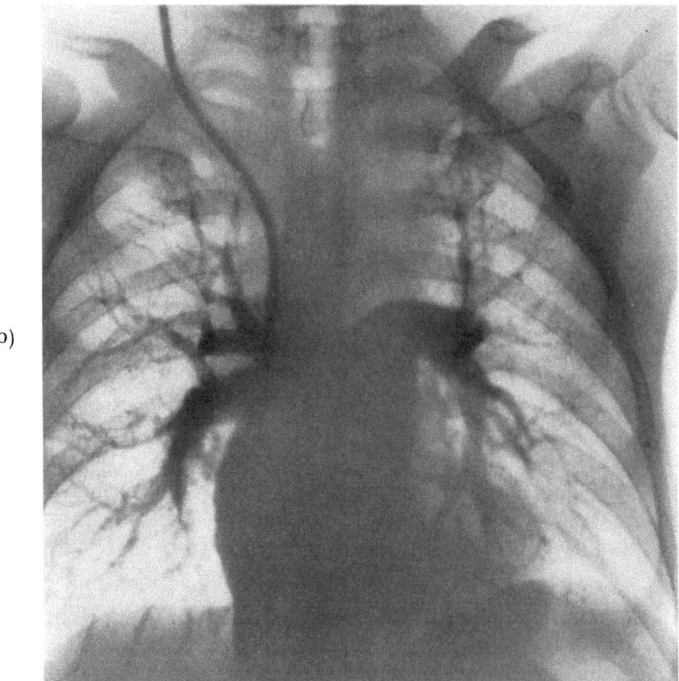

Abb. 140. Röntgenkontrastfüllungen des Herzens (Abb. nach LÖFFLER). a) Füllung eines steilgestellten, mittelständigen Herzens; b) Herz- und Lungenfüllung bei sehr muskelstarkem Herzen.

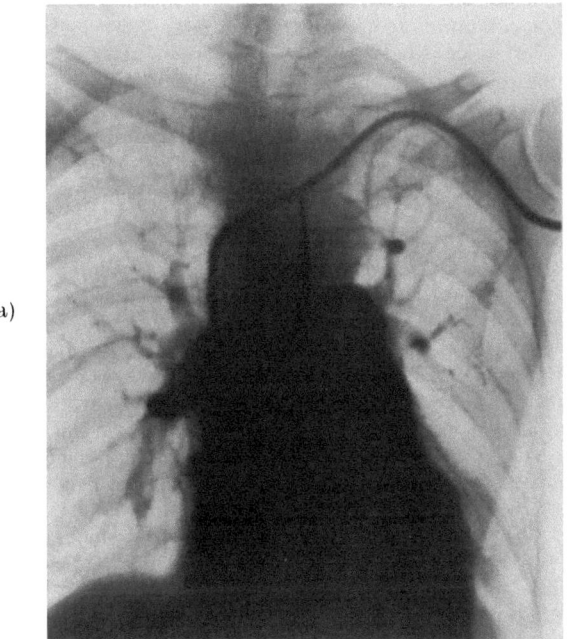

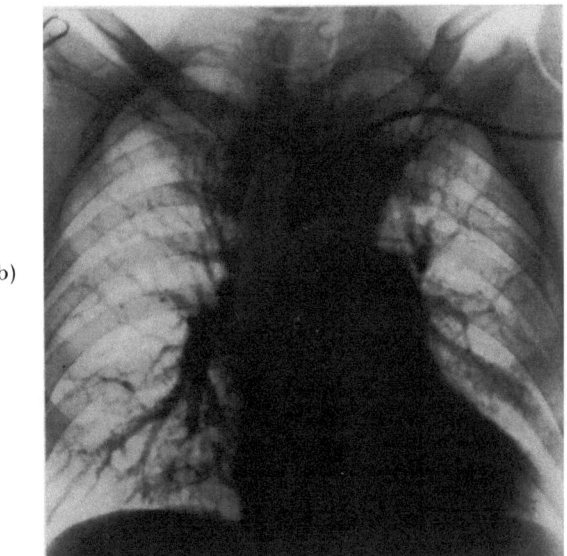

Abb. 141. Versager der Kontrastdarstellung des Herzens; evtl. vermeidbar durch Änderung der Aufnahmegeschwindigkeit, der Kontrastmenge usw. a) Cor bovinum, die Muskelmasse läßt den Kontrastschatten im Herzen nicht zur Geltung kommen; b) das gleiche Verhalten bei ausgeprägter Muskelhypertrophie.

suchungen und evtl. Begutachtungen. Hier handelt es sich um den diagnostischen Bereich des praktischen Arztes oder Fachinternisten, für die diese Methode so wie so nicht in Frage kommt bzw. um Begutachter und die an sie gerichtete Fragestellung der Zu- oder Aberkennung von prozentual meßbaren Leistungsminderungen. Unter dem Gesichtspunkt des „nil nocere" muß im Einzelfalle doch sehr überlegt werden, welche Vorteile bei erworbenen Herzschäden mit dieser Methode diagnostisch zu erwarten sind, welche Schäden auftreten können, um damit diagnostischen Wert und diagnostisches Risiko im Interesse des zu Untersuchenden vorher eingehend abzuwägen. Es scheint daher notwendig, sich einige Tatsachen zu vergegenwärtigen.

Der Deutsche FORSSMANN ist es gewesen, der im Selbstversuch erstmalig den Katheter bis in das rechte Herz vorschob, ohne jedoch besonders aufschlußreiche Bilder zu erzielen. MONIZ und Mitarb. fanden dann, daß man gleiche Herzdarstellungen auch durch Injektion des Kontrastmittels in die Armvene erzielen könne. Somit wurde die eigentliche Angiokardiographie begründet. LÖFFLER u. v. a. haben der Methode zusammenfassende Erfahrungsberichte gewidmet.

Wir wissen heute, daß die Güte des entstehenden Bildmaterials abhängig ist von der Geschwindigkeit der Aufnahmefolge (das Intervall soll nicht mehr als $1/2$ Sek. betragen), von der Geschwindigkeit der Injektion (30–60 ccm innerhalb von 1–2 Sek.), von den intrathorakalen Druckverhältnissen usw.

Bei der kritischen Sichtung der Methode ergab sich nun trotz Bearbeitung eines großen Materials doch die für eine diagnostische Methode sehr beträchtliche Mortalität von 1% (MORGAN, SCOTT, EGGIMANN u. a.). Diese Tatsache ist, um die Maßnahme möglichst rasch einzubürgern, anfänglich übersehen worden. Für diese Todesfälle können zahlreiche Möglichkeiten als Erklärung herangezogen werden. So handelt es sich bei den Kontrastmitteln um ausgeprägt hypertonische Lösungen, welche das Gefäßendothel reizen und über eine vielleicht reflektorische Bradykardie und Blutdrucksenkung das Allgemeinbefinden schwerstens beeinträchtigen können. Von SAUERBRUCH ist außerdem auf die hohe Reflexempfindlichkeit der intrathorakalen Organe hingewiesen worden. Weiterhin ist die Verträglichkeit des Kontrastmittels überaus schwer zu prüfen. Obwohl Intrakutan-, Oral-, Okular- und i.v. Tests angegeben worden sind, läßt sich ein endgültiges Urteil nur schwer aussprechen. So starben 2 Fälle von MORGAN $1/2$ Stunde nach Injektion von 1 ccm der Versuchsdosis. Besonderes Interesse verdienen in diesem Zusammenhang die Befunde von HORGER, DOTTER und STEINBERG. Sie konnten nämlich in während der Angiokardiographie registrierten Ekg nachweisen, daß mit Ankunft des Kontrastmittels im Koronarsystem deutliche Deformationen auftreten, welche vollkommen denen bei der Hypoxämie gleichen. Es ist daher möglich, daß dieser Faktor, zum mindesten bei bereits vorher myokard- bzw. koronargeschädigten Patienten, für den tödlichen Ausgang mit verantwortlich war. Diese Tatsachen sind umso überraschender, als tierexperimentelle Untersuchungen, Untersuchungen der Klinik im Eigenversuch und an jungen gesunden Sportlern usw. ein derartiges Risiko nicht vermuten ließen. Man wird sich daher vergegenwärtigen müssen, daß das Herz von Herzkranken oder Herzgeschädigten wahrscheinlich „überschießend" oder „paradox" reagiert, zum mindesten aber mit keiner Methode vorher bestimmt werden kann, in welcher Weise ein Herz einen derartigen Eingriff beantworten wird.

Auf Grund dieser Beobachtungen erscheint es angebracht, die Angiokardiographie, nachdem durch Anfertigung von Simultanaufnahmen in zwei und mehr verschiedenen Ebenen, durch die Einführung der *Angiokardio-Kinematographie* (JANKER), die 12–24 Aufnahmen pro Sek. des gefüllten, arbeitenden Herzens erlaubt, durch Koordination mit Ekg, Kymogramm, Herzton usw. hohe diagnostische Vollendung erreicht wurde, auf Sonderfälle zu beschränken, die bei der Begutachtung erworbener Herzschäden meist nicht gegeben sind. Der Nachweis isolierter Schädigungen des rechten Herzens (LÖFFLER u. v. a.) kann ebenfalls eine Indikation darstellen, da dieses allen übrigen diagnostischen Methoden nur schwer zugängig ist. Zu betonen ist weiterhin ihr Wert für die *Darstellung der Lungengefäße* (LÖFFLER, LIESE u. a.), auf die in diesem Zusammenhang jedoch nicht näher eingegangen werden soll. Unter dem gleichen Gesichtswinkel ist die Anwendung der Herzkatheterisation, die meist unter Röntgenkontrolle durchgeführt wird, zu betrachten.

Obwohl wir den Wert des *Herzkatheterismus* für bestimmte Fragestellungen anerkennen, vertreten wir im Prinzip die gleiche Auffassung wie bei der vorgenannten Methode, nämlich ihre Ablehnung im Rahmen der allgemeinen Diagnostik und Begutachtung.

Schon FORSSMANN schob, wie bereits erwähnt, den Katheter bis in das rechte Herz vor. Auch spätere Untersucher bestätigten, daß auf diese Weise einwandfreiere Ergebnisse bei der Darstellung des Herzens erzielt werden konnten als bei der i. v. Methode, und LÖFFLER fand, daß die schweren Schock- bzw. Kollapserscheinungen dabei nur durch tiefe Narkose zu vermeiden waren. So wertvolle diagnostische Hinweise über intrakardiale Kurzschlüsse nun diese Methode zu liefern vermag, so müssen doch vor allem die neueren Ergebnisse von SIEDEK, WENGER und DONEFF Berücksichtigung finden, aus denen hervorgeht, daß Anästhesie, Freilegung der Kubitalvene, Einführung des Katheters in den überaus reflexempfindlichen Thoraxraum und insbesondere in den rechten Ventrikel bis in die sinusnahen Provinzen des rechten Vorhofes sowie die Instillation von Kochsalzlösung eine solche Veränderung der meßbaren Kreislaufgrößen hervorrufen, daß der Methode nur eine begrenzte diagnostische Bedeutung zugeschrieben werden darf.

Diese Erfahrung stimmt um so zurückhaltender, wenn man sich die zahlreichen Schädigungsmöglichkeiten vor Augen führt, die nach dem anfänglichen Triumphzug der Methode mehr und mehr Raum in der Literatur gewinnen. BAYER, DREWES und EFFERT haben diese Zwischenfälle eingehend geschildert. Reizbildungs- und Reizleitungsstörungen, Kammerflimmern, Luftembolie, Lungenembolie infolge von Venenthrombosen oder kardialen Verletzungsthromben, Myokardschäden usw. sind beobachtet worden. Wenn alle diese Schädigungen bereits bei Herzen möglich waren, die zwar u. U. angeborene Anomalien, aber wohl in der Regel ein intaktes Endo- und Myokard aufwiesen, dann wird man sich vor Augen halten müssen, welche Gefährdung diese Methode bei all den Herzerkrankungen, welche die Begutachtung in bevorzugtem Maße interessieren, in sich bergen muß. Die leichte Zerreißlichkeit myomalazischer Herde auf dem Boden von traumatischen, infektiösen oder toxischen Herzschädigungen, das gar nicht abzuschätzende Ausmaß einer ulzeröspolypösen Endokarditis, die Provokation von Embolien bei den so häufigen wandständigen Thromben des Herzens oder den seltenen und schwer diagnostizierbaren Vorhofskugelthromben sollten nicht außer Acht gelassen werden.

Es ist nun eine Frage, ob eine derartige Methode überhaupt Eingang in die Begutachtungsdiagnostik finden soll. Zur Klärung bestimmter wissenschaftlich begründeter Fragestellungen, zur Entscheidung, ob eine Herzoperation und damit evtl. eine entscheidende Lebensverlängerung möglich ist, dürfte sie, an Spezialinstituten durchgeführt, notwendig, evtl. auch aufschlußreich und unentbehrlich sein. Es scheint jedoch fraglich, ob derartige Fragestellungen in der einfachen Begutachtungspraxis überhaupt vorkommen.

BAYER, DREWES und EFFERT halten die Durchführung des Katheterismus des rechten Herzens bei Krankheiten der Lunge (Silikose, Emphysem) nur dann für angezeigt, wenn zum Zwecke der Begutachtung die Kenntnis der Druck- und Widerstandsverhältnisse in der Lungenstrombahn erforderlich ist. BERGLUND machte bereits darauf aufmerksam, daß gerade bei derartigen Fragen der Herzkatheterismus nur wenig aufschlußreich ist. BOLT und ZORN haben außerdem intrakardiale Druckmessungen bei der Silikose, d. h. der Krankheit, bei der die Früherkennung der vermehrten Rechtsbelastung von allergrößtem Interesse ist, durchgeführt. Sie mußten feststellen, daß Druckerhöhungen im rechten Herzen und in der Art. pulmonalis bei Silikosen 3. Grades nicht obligat nachzuweisen waren und erst auftraten, wenn die Silikose von einem erheblichen Emphysem überlagert war.

Es kann also auf Grund dieser Erfahrungen festgestellt werden, daß die interne Praxis ohne nennenswerten Verlust sowohl auf die Angiokardiographie als auch auf den Herzkatheterismus verzichten kann.

Die *Fluorokardiographie* (LUISADA), die diagnostische Anwendung von radioaktiven Substanzen, die wahrscheinlich in der Zukunft unsere diagnostischen Möglichkeiten sehr erweitern wird, sei nur der Vollständigkeit halber erwähnt, da die Forschung auf diesem Gebiet noch nicht als abgeschlossen angesehen werden kann (KNIPPING).

Abschließend muß noch die *Tomographie*, d. h. die *Herzschichtuntersuchung*, erwähnt werden. Mit dieser Methode gelingt es, Herzschnittaufnahmen anzufertigen, welche je nach der diagnostischen Fragestellung in die Ebene der Vorhöfe, der Herzklappen oder der Kammern gelegt werden können. Es besteht mit dieser Methode die überaus wertvolle Möglichkeit, einen Einblick in die Größenverhältnisse der einzelnen Herzabschnitte zu gewinnen. Verkalkungsherde, welche dem Endokard, Myo- oder Perikard angehören, können leichter lokalisiert werden, so daß sie als Verkalkung von Herzklappen, Myokardnarben, Koronargefäßen, Perikardschwielen usw. erkannt werden können.

Von KLEEFISCH wurde mittels Tomographie eine Methode der Herzvolumenbestimmung entwickelt, ein Verfahren, das durch die spätere Simultan-Tomographie, d. h. die gleichzeitige Vielschichtung, wesentlich in seiner diagnostischen Bedeutung erweitert wurde. LIESE hat außerdem die Vielschichtung mit der Kontrastfüllung des Herzens kombiniert und damit die Möglichkeit geschaffen, isoliert den rechten Vorhof darstellen zu können, ein Verfahren, das sich für die Früherkennung einer vermehrten Rechtsbelastung als günstig erweisen wird, da, ehe noch periphere oder abdominelle Veränderungen erkennbar sind, auf diese Weise bereits Druckdilatationen darstellbar werden. GEBAUER hat auf die Bedeutung der u. a. von ihm entwickelten Transversaltomographie für die Beurteilung der Herzform und insbesondere für die Bestimmung des Aortenquerschnittes hingewiesen.

Diese wenigen Ausführungen mögen genügen, um erkennen zu lassen, in welch ausgeprägtem Maße gerade die Röntgenologie des Herzens immer mehr von der rein morphologischen Betrachtungsweise abgerückt ist und in die Lage versetzt wurde, überaus feine Funktionsanalysen zu ermöglichen. Alle die skizzierten Methoden können zur Anwendung kommen, wenn es gilt Grenzfälle zu klären, Frühschädigungen aufzudecken oder eine ausgesprochene Diskrepanz zwischen subjektivem Beschwerdekomplex und wenig ergiebigem objektivem Befund aufzuhellen. In jedem Fall muß man jedoch, und dies gilt vor allem von den risikobelasteten diagnostischen Methoden, abwägen, ob der zu erwartende Nutzen für den Patienten bzw. den zu Begutachtenden die Anwendung einer derartigen Methode rechtfertigt.

Literatur zu Kapitel IV, Abschnitt A, 3.1.6

AKMAN, L. C.: Mediastinal mass simulating enlarged intracardiac catherization in diagnosis. Ann. Int. Med. **28**, 1048 (1948). — BAYER, O.: Ergebnisse der Oxymetrie und intrakardialen Druckmessung bei 80 operierten Mitralstenosen. Vortrag II. Kongr. Internat. Ges. Angiologie Lissabon (1953). — BÖHME, W. und R. HINRICHSEN: Über die Veränderungen der Pulsation des Herzens während der Atmung in Zusammenhang mit einer Funktion des Herzbeutels. Fortschr. Röntgenstr. **57**, 65 (1938). — BOLT, W., H. W. KNIPPING, H. VALENTIN und H. VENRATH: Zur Differentialdiagnose der congenitalen Vitien unter besonderer Berücksichtigung der diagnostischen Möglichkeiten der Praxis. Dtsch. med. Wschr. **78**, 23 (1953). — BORDET, E. und F. FISCHGOLD: Test radiokymographique des variations toniques du cœur. Bull. méd. **1936**, 876. — v. BRAUNBEHRENS, H.: Die Herzmuskelschwiele und das Herzwandaneurysma. Fortschr. Röntgenstr. **50**, 15 (1934); Technik und Ergebnisse der Röntgenuntersuchung des Herzens. Fortschr. Röntgenstr. **56**, (1937); Über die Leistungen des Röntgenverfahrens für die Herzfunktionsprüfung. Verh. Dtsch. Ges. Inn. Med. **1938**, 97. — DACK, S.: Elektrokymography as a diagnostic aid in coronary occlusion (Die Elektrokymographie als diagnostische Hilfe beim Koronarverschluß). Trans. Amer. Coll. Cardiol. **1**, 99 (1952). — DIETLEN, H.: Fortschr. Röntgenstr. **85**, 385 (1956). — DOS SANTOS, R., A. C. LAMAS und J. P. CALDAS: L'artériographie des membres, de l'aorte et de ses branches abdominales. Bull. Soc. mat. chir. **55**, 587 (1929). — DOTTER, CH. T. und I. STEINBERG: Clinical angiocardiography: a critical analysis of the indication and findings. Ann. Int. Med. **30**, 1104 (1949). — DREWES, W.: Kymographische Herzuntersuchung an Sportstudenten. Diss. (Münster i. W. 1938); und S. EFFERT: Der Katheterismus des rechten Herzens. Technik, Zwischenfälle, Indikation. Münch. med. Wschr. **1952**, 801. — FABER, BÖRGE und H. KJAERGAARDT: Kymographic studies on the influence of brief muscular work upon the heart function. Acta med. Scand. **89**, 537 (1936). — FALDINI, G.: Utilita dell'elettrochimogramma nell'infarto ati pico del miocardo compicato da blocco di branca sinistra. Fol. cardiol. **12**, H. 3, 543 (1953). — FORSSMANN, W.: Die Sondierung des rechten Herzens. Klin. Wschr. **1929**, H. 2, 2085. — GEBAUER: Röntgen- und Laboratoriumspraxis **5**, 141 (1952). — GROSSE-BROCKHOFF, F., R. JANKER und A. SCHAEDE: Angiocardiographische Untersuchungen bei angeborenen Herzfehlern. Dtsch. med. Wschr. **74**, 1044 (1949). — HAUBRICH, R. und H. ODENTHAL: Der Herzinfarkt im Flächenkymogramm und Elektrokardiogramm. Cardiologia **24**, 225 (1954). — HORGER, E. L., CH. T. DOTTER und I. STEINBERG: Electrocardiographic changes during angiocardiography. Amer. Heart J. **41**, 651 (1951). — IHRE, B.: Röntgenkymography ad modum STUMPF as a method of examining the heart. Acta radiol. **15**, 107 (1934). — ISHIHARA, K.: Beitrag zur Röntgenkymographie des Herzens. Scripta Soc. radiol. (Jap.) **7**, 523. — JANKER, R.: Apparatur und Technik der Röntgenkinematographie zur Darstellung der Herzräume und der großen Gefäße (Angiocardiokinematographie). Fortschr. Röntgenstr. **72**, 513 (1950). — KIENLE, F.: Diätbehandlung bei Herzkranken und das Kymogramm (Dresden u. Leipzig 1934). — KLOTZ, E.: Das Ruhe- und Belastungskymogramm beim gesunden und kranken Herzen. Med. Mschr. **12**, H. 7., 439 (1958). — LINZBACH, A. J.: Die pathologische Anatomie der röntgenologisch feststellbaren Form- und Größenveränderungen des menschlichen Herzens. Fortschr. Röntgenstr. **77**, 1 (1952). — LÖFFLER, L. und H. ROTH: Die Arteriographie der Lunge und die Kontrastdarstellung der Herzhöhlen am lebenden Menschen (Leipzig 1955). — MONIZ, E. L., DE CARCALHI und A. LIMA: Angiopneumographie. Presse méd. **39**, 996 (1931). — MORGAN, R. H. und H. B. STEWART: Radiology **58**, 231 (1952). — MUSSHOFF, K. und H. REINDELL: Zur Röntgenuntersuchung des Herzens in horizontaler und vertikaler Körperstellung. Dtsch. med. Wschr. **81**, 1001 (1956). — REINDELL, H.: Kymographische und elektrokardiographische Befunde am Sportherzen. I. Mitt.: Untersuchung in Ruhe. Dtsch. Arch. klin. Med. **181**, 485 (1938); II. Mitt.: Das Ekg nach Belastung. Dtsch. Arch. klin. Med. **182**, 506 (1938); Kymographische Beobachtungen über die erhöhte Restblutmenge beim Gesunden. Verh. Dtsch. Ges. Kreislaufforschg. **14**, 263 (Dresden u. Leipzig 1941.) — SCOTT, W. G.: Die Entwicklung der Angiocardiographie und der Aortographie. Radiol. **56**, 485 (1951). — STEINBERG, I., A. GRISHMAN und M. L. SUSSMAN: Angiocardiography and congenital heart disease. III. patent ductus arteriosus. Amer. J. Roentgenol. **50**, 306 (1943). — STUMPF, P.: Zehn Vorlesungen über Kymographie Leipzig 1937); Rückblick zur Kymographie des Herzens. Fortschr. Röntgenstr. **68**, 283 (1943); Die kontraktile Dysfunktion im Kymogramm. Fortschr. Röntgenstr. **74**, 487 (1951); Kymographische Röntgendiagnostik zur Beurteilung des Herzens (Stuttgart 1951); – WEBER H. H. und G. A. WELTZ: Röntgenkymographische Bewegungslehre innerer Organe (Leipzig 1936). — TESCHENDORF, W.: Fortschr. Röntgenstr. **76**, 654 (1952).

3.1.7. Diagnostischer Pneumothorax und Thorakoskopie

Bei röntgenologisch nachgewiesenen Verschattungen der Lunge, die mit dem Herzschatten in Verbindung stehen, wird nicht selten die Diagnose eines Perikarddivertikels oder einer Perikardzyste ausgesprochen. Durch die Anfertigung einer Röntgenaufnahme nach Anlage eines Pneumothorax gelingt es meist, die Zugehörigkeit einer derartigen Verschattung zum Herzbeutel oder der Lunge abzugrenzen. Mit der Thorakoskopie läßt sich dann die Diagnose bioptisch weiter differenzieren.

3.1.8. Herzschallregistrierung (Phonokardiographie)

Für die Erkennung von Herzklappenfehlern ist die Auskultation des Herzens von ausschlaggebender Bedeutung. Die Herzschallschreibung verfolgt in diesem Zusammenhang das Prinzip, die während der Herztätigkeit entstehenden akustischen Erscheinungen mit einem geeigneten Mikrophon aufzufangen, diese in elektrische Schwingungen umzuformen und nach zweckentsprechender Verstärkung und Filterung der Frequenzen auf photographischem bzw. kymographischem Wege als Kurve darzustellen (WEBER, BREU, SCHMIDT-VOIGT u. a.). Um die Möglichkeit der Phonokardiographie, die nach Vervollkommnung der technischen Entwicklung und den Bestrebungen eines Normentwurfes für Herzschallschreibung zu einer zuverlässigen Ergänzung und Bereicherung der auskultatorischen Herzuntersuchung in der Praxis geführt hat, voll auszunutzen, sind folgende Punkte zu berücksichtigen:

1. Registrierung der Herzschallkurve gleichzeitig mit mindestens einer Ekg-Ableitung (Bezugs-Ekg).
2. Vermeidung von Entstellungen des Herztonbildes durch extrakardiale Störgeräusche, wie Atemgeräusche, Sprachlaute, Hautreiben, Haarknistern, Muskelzittern.
3. Abgreifen des Herzschalles über verschiedenen Herzregionen, da die Schallbefunde beim Wechsel der Aufnahmestelle deutliche Unterschiede zeigen bzw. gar nicht zur Darstellung gelangen können.
4. Prinzipielle Verwendung differenzierender Filter zur sicheren Registrierung in verschiedenen Frequenzbereichen. Diese Aussiebung des Herzschalles ist hauptsächlich für die Analyse des Frequenzinhaltes von Tönen und Geräuschen bei komplizierten Schallbildern von Mehrfachklappenfehlern sowie angeborenen Mißbildungen des Herzens erforderlich.
5. Funktionsdiagnostik und individuelle Verlaufsserien gewährleisten neben der Einsichtnahme in die plastische Veränderlichkeit phonokardiographischer Befunde, die Registrierung nach Lageveränderung (andere Projektionsbedingung) oder nach Belastung (Steigerung der intrakardialen Hämodynamik) mit Darstellung von Schallerscheinungen, die in Ruhe-Rückenlage stumm bleiben.

Unter den eben genannten Voraussetzungen lassen sich mittels der Phonokardiographie, die der Auskultation in vieler aber nicht in jeder Hinsicht überlegen ist, in Bezug auf die Diagnostik nachfolgende Aufgaben abgrenzen:

1. Objektivierung und Fixierung, damit Dokumentation des Auskultationsbefundes bzw. Korrektur desselben und gleichzeitig exaktere Beurteilung bei Beobachtung über Zeit.

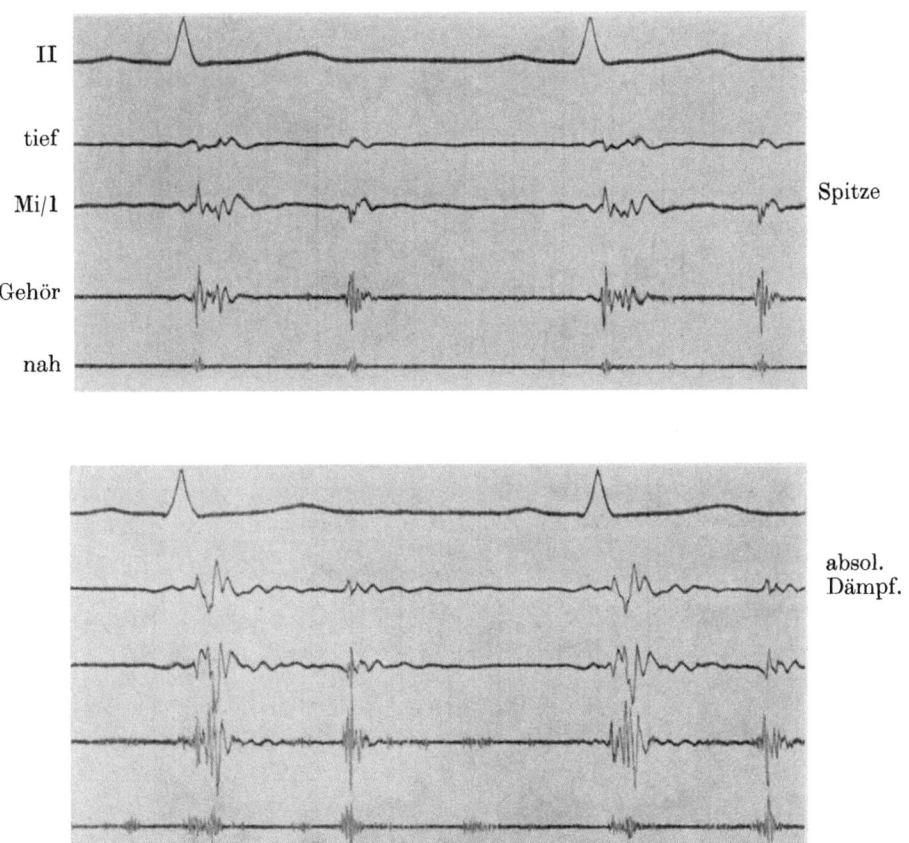

Abb. 142. Normalbefund.
♂ 32, 184 m, 92,0 kg. Normaler klinischer Befund. Ekg: quergelagertes Herz, sonst o. B. RR: 135/80 mm Hg VK: 5,1 l   Phonokardiogramm: o. B.

2. Feststellung der Intensitätsänderungen von Herztönen und Geräuschen, z. B. zur Beurteilung konservativer oder operativer Behandlungserfolge.
3. Darstellung auch solcher Schallerscheinungen, für deren Wahrnehmung die Empfindlichkeit des menschlichen Ohres nicht ausreicht, wie z. B. bei zu kleiner Amplitude oder zu geringer Frequenz der Schwingungen, außerdem bei Tachykardie, Arrhythmie, Extrasystolie sowie Analyse zusätzlicher Herztöne, deren zeitliche Zuordnung zum ersten oder zweiten Ton auskultatorisch nicht selten unmöglich ist (begrenztes zeitliches Auflösungsvermögen des menschlichen Ohres), welchen aber eine erhebliche differentialdiagnostische Bedeutung beizumessen ist (z. B. Mitralstenose).

368   Untersuchung und Beurteilung der Herz-Kreislauffunktion

4. Genaue zeitliche Einordnung von Herzschallerscheinungen durch synchrone Registrierung mit Ekg und Venen- sowie Arterienpuls. Damit wird die Feststellung über das individuelle Verhalten von Herzmechanik und Herzdynamik, mittels Messung der Umformungs-, Druckanstiegs-, Anpassungs- und Austreibungszeit, möglich.

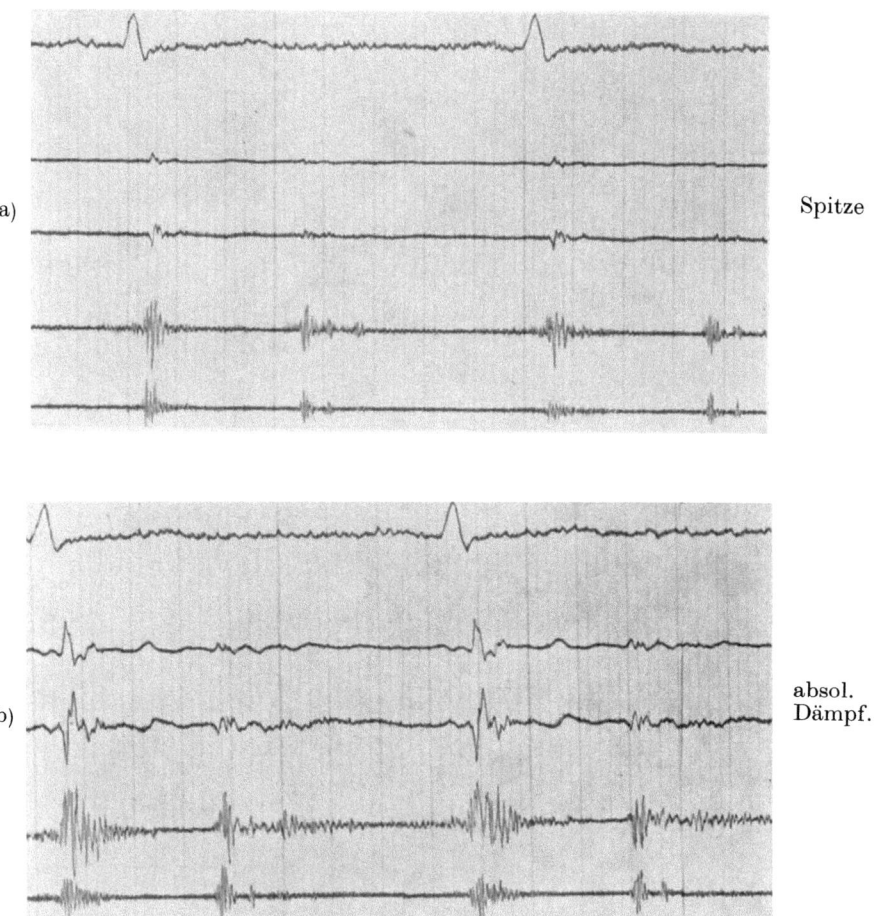

Abb. 143. Mitralstenose.
28 Jahre, L. H. Herzklopfen, Herzschmerzen nach einer Angina. Blausucht und Atemnot. Rö.: Mitralherz. Ekg: Rechtsbetonter Zwischentyp – Myokardschaden – Reizbildung normal. RR: 150/75 mm Hg, 135/90 mm Hg. Vk: 2,7 l. Phonokardiogramm: typisches Schallbild einer Mitralstenose; deutlicher über der absoluten Herzdämpfung. Präsystolisches Geräusch, paukender I. Ton, leises Systolicum, gedoppelter II. Ton und Diastolicum.

5. Die neueren Forschungsergebnisse auf dem Gebiete der Phonokardiographie mit Hilfe der Frequenzaussiebung oder anderer frequenz-analytischer Verfahren erwecken die berechtigte Hoffnung, daß damit eine weitere Möglichkeit zur Erfassung der Gefäßsklerose entwickelt worden ist.

In Abb. 142 haben wir das Phonokardiogramm eines normalen Herzens, denen bei Mitralstenose (Abb. 143) und Aortenstenose (Abb. 144) gegenübergestellt.

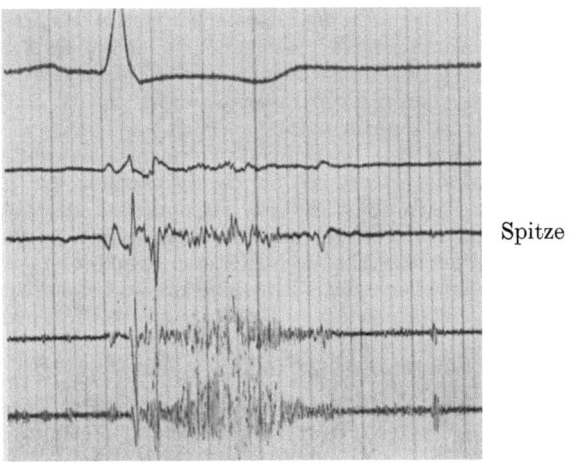

Spitze

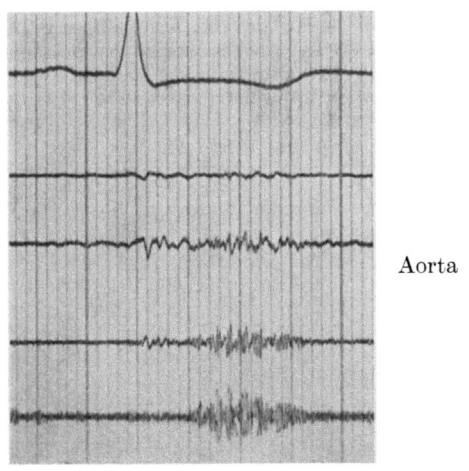

Aorta

Abb. 144. Aortenstenose.
56. J. N. Sch. Stenokardische Beschwerden bei körperlichen Anstrengungen. Rö.: Aortenherz, Aortensklerose. Ekg: Linkshypertrophie, schwere linksventr. Myokardschädigung. RR: 130/90 mm Hg. Ausk.: systolisches Geräusch über Aorta mit Fortleitung auf die Gefäße. Phonokardiogramm: I. Herzton hebt sich deutlich ab, ebenso der niedrige II. Ton, zwischen beiden eine hochfrequente Spindel. Aortenstenose.

Auch in der Operationsbeurteilung von Herzfehlern, sowohl in der präoperativen als auch in der postoperativen Diagnostik hat die Phonokardiographie heute ihren Platz erobert. So spricht nach BREU der Nachweis eines paukenden ersten Herztones und eines lauten Mitralöffnungstones, evtl. zusammen mit einem typischen Geräuschklang mit großer Wahrscheinlichkeit für gute Erfolgschancen mit kleinem Operationsrisiko. Demgegenüber wird bei abgeschwächtem 1. Herzton und fehlendem oder sehr leisem Öffnungston die Wahrscheinlichkeit einer zusätzlichen Mitralinsuffizienz und damit eine sehr viel geringere Erfolgschance doppelt groß. Sind weiterhin nach einer Operation die für eine Mitralstenose oder ein anderes Vitium charakteristischen Veränderungen nicht mehr oder nur noch abgeschwächt nachweisbar, so darf eine gute Erfolgsaussicht für die Zukunft angenommen werden.

BREU hat weiterhin darauf aufmerksam gemacht, daß das Auftreten eines 3. Herztones beim Erwachsenen immer pathologisch ist und ebenso wie das Hörbarwerden eines Vorhofstones auf eine drohende Dekompensation schließen läßt. Daneben scheint die Höhe des 1. Herztones für die Beurteilung der Herzmuskelkraft ein wertvoller Indikator zu werden. So gilt als praktisch sehr wichtiges Beispiel ein Phänomen, das mit dem Ohr gar nicht wahrgenommen werden, durch einen abstimmbaren Verstärker aber akustisch oder auch graphisch registriert werden kann, die Abschwächung bzw. das völlige Schwinden der höheren Frequenzen im 1. Herzton, ein Befund, der als Zeichen von Herzschwäche bei frischem Infarkt zu deuten ist.

Literatur zu Kapitel IV, Abschnitt A, 3.1.8

BREU, W.: Der praktische Wert der Phonokardiographie. Wien. med. Wschr. 107, H. 15, 293 (1957). — FLEISCH, A. O. und Mitarb.: Phonokardiographische Befunde bei Vorhofseptumdefekt. Z. Kreislaufforschg. 46, H. 1/2, 62 (1957). — GADERMANN, E. und M. SIEGEL: Methodische Probleme der Phonokardiographie. Arch. Kreislaufforschg. 24, 340 (1956). — HARRIS, T. N.: Phonokardiographische Untersuchungen bei systolischen Geräuschen über der A. pulmonalis bei Kindern. Amer. Heart J. 50, 805 (1956). — HOLLDACK, K.: Leistungsfähigkeit der Phonokardiographie und Auskultation in der modernen Herzdiagnostik. Verh. Dtsch. Ges. Kreislaufforschg. 20, 355 (Darmstadt 1954); und D. WOLF: Atlas und kurzgefaßtes Lehrbuch der Phonokardiographie (Stuttgart 1956). — LUISADA, A. A. und Mitarb.: Selective Phonocardiography. Amer. Heart J. 51, H. 2, 221 (1956). — MAGRI, G.: Phonocardiography in Congenital Heart Disease. Minerva med. 14, 1732 (1953). — SCHMIDT-VOIGT, J.: Herzschalldiagnostik in Klinik und Praxis (Stuttgart 1951); Atlas der klinischen Phonokardiographie (München-Berlin 1955). — SCHÖLMERICH, P. und J. G. SCHLITTER: Phonokardiographische Befunde bei Veränderungen der Kreislaufdynamik. Verh. Dtsch. Ges. Kreislaufforschg. 20, 369 (Darmstadt 1954); Phonokardiographie, N. Dtsch. Klin. 2 (München-Berlin 1956). — SCHÜTZ, E.: Physiologische Grundlagen der Phonokardiographie. Verh. Dtsch. Ges. Kreislaufforschg. 20, 305 (Darmstadt 1954). — TRENDELENBURG, F.: Physikalische Grundlagen der Herzschallregistrierung. Verh. Dtsch. Ges. Kreislaufforschg. 20, 293 (Darmstadt 1954). — WEBER, A.: Atlas der Phonokardiographie, 2. Aufl. (Darmstadt 1956); Klinische Bedeutung der Herzschallschreibung. Verh. Dtsch. Ges. Kreislaufforschg. 20, 339 (Darmstadt 1954). — WULLEN, L.: Die Bedeutung der Auskultation bzw. der Phonokardiographie für die prä- und postoperative Diagnostik der kongenitalen Herz- und Gefäßanomalien des Erwachsenenalters. Z. Kreislaufforschg. 44, 119 (1955).

3.1.9. Ballistokardiographie und Rheokardiographie

Die *Ballistokardiographie* befaßt sich mit der Aufzeichnung mechanischer Vorgänge, deren Entstehung mit Kräften in ursprünglichem Zusammenhang stehen muß, die bei der systolischen Kontraktion des Herzmuskels und dem Einstrom der Blutmassen in die großen Gefäße frei werden. Es handelt sich dabei um eine Art Rückstoßwirkung, die durch die rhythmische Fortbewegung des Blutes ausgelöst wird. Infolge der Elastizität des Körpergewebes äußern sich diese Stoßkräfte in Schwingungen, deren Resultante auf die Ableiteebene projiziert und mittels geeigneter Vorrichtungen verstärkt, auf dem Registrierfilm in Form einer Wellenbewegung ihren Niederschlag findet.

Die technischen Vorrichtungen zur Gewinnung dieser Kurven, die Ballistographen, basieren auf verschiedenen Prinzipien. Der Patient wird zur ballistokardiographischen Untersuchung auf einen harten Tisch gelagert, und es wird eine Stange, an der zwei Magneten angebracht sind, quer über den Schienbeinen befestigt. Bewegungen des Körpers in einer Longitudinalebene erzeugen Bewegungen bestimmter Größe und Richtung im magnetischen Feld. Dadurch wird nun in einer Spule ein Strom injiziert, der zu einem Elektrokardiographen entsprechend Ableitung I geleitet wird. Die Untersuchung wird unter den Bedingungen des Ruhe-Nüchtern-Umsatzes durchgeführt. Durch ein besonderes Widerstandssystem kann der Elektrokardiograph so geeicht werden, daß bei der Stromkurve, die man erhält, eine 1 cm-Zacke einem Millivolt entspricht. Die entstehende Kurve zeigt die regelmäßige Wiederkehr einer Zackengruppe, die mit den Buchstaben H bis N bezeichnet ist, wobei H dem Spitzenstoß, I der Erschlaffungsphase des Herzens, J dem verlangsamten Einstrom des Blutes in die großen Gefäße, K der Abnahme der Pulswellengeschwindigkeit durch den Gefäßwiderstand entspricht. Das BKG spiegelt im wesentlichen die Herztätigkeit wider. Bedingungen, die zu einem größeren Schlagvolumen führen, wie Hyperthyreose, Anämie und Morbus Paget bewirken eine größere Amplitude der Komplexe. Bei Hypothyreosen erhält man dagegen ganz kleine Ausschläge. Um individuelle Unterschiede, welche die Konfiguration des BKG unverändert lassen und höchstens die Amplitude beeinflussen, zu prüfen, kann während der Ableitung eine Schulterperkussion mit wechselnder Intensität durchgeführt werden. Tremor, Parkinsonismus, Dyspnoe und Rauchen bei tabakempfindlichen Patienten entstellen die Kurve erheblich.

Eine ballistographische Kurve kann nun sowohl hinsichtlich ihrer Form als auch hinsichtlich der Amplitude von der Norm mehr oder weniger stark abweichen. Während Formabweichungen nach dem bereits Gesagten relativ leicht zu erkennen sind, sind Abweichungen der Amplitude nur dann mit Sicherheit verwertbar, wenn vergleichbare Verhältnisse vorliegen, d. h. wenn die Möglichkeit einer Eichung besteht, die Werte beim Normalen bekannt sind und nicht allzusehr streuen. Nun haben bei einer derart empfindlichen Apparatur exogene Faktoren wie Gewichts-, Eigenfrequenz- und Empfindlichkeitsdifferenzen der ohnehin großen Typenzahl der Ballistographen, darüber hinaus auch die Konstitutionsunterschiede der zu untersuchenden Personen allzuleicht Einfluß auf die Amplitude der Kurven. Wenn man auch für jeden verwendeten Gerätetyp Normalstandards ermittelt hat, die an sich schon eine Schwankungsbreite von $+25\%$ aufweisen, so ergeben sich bei der Aufstellung besonders der indirekten Geräte immer wieder gewisse Differenzen, die praktisch für jedes Laboratorium die Ermittlung eines individuellen Normbereiches bedingen.

Hinsichtlich der pathologischen Formabweichungen eines Ballistogramms gilt bezüglich der Einflüsse exogener Faktoren in verstärktem Maße das für die Amplitude bereits Gesagte. So erscheint jede willkürliche und unwillkürliche Muskelbewegung des Probanden als Formabweichung, und Artefakte sind außerordentlich häufig. Formbesonderheiten sind daher generell nur dann verwertbar, wenn sie regelmäßig in allen Komplexen zumindest der einander entsprechenden Respirationsphasen erkennbar sind. Abgesehen davon sind Formanomalien relativ leicht zu erkennen, wenn auch schwer zu beschreiben und noch schwerer zu deuten.

Die nach Ansicht vieler Untersucher für praktische Zwecke völlig ausreichende qualitative Auswertung des Ballistogramms, die sich ja nur auf die Beurteilung der Formabweichungen beschränkt, wird in Veränderungsgraden ausgedrückt. Dabei gilt das als normal beschriebene Ballistogramm als Grad 0. Der Veränderungsgrad I ist dadurch ausgezeichnet, daß die Regularität der Komplexe noch erhalten ist, im Exspirium aber schon sehr kleine I-J-Strecken, die geknotet sein können, auftreten. Der aus der größten und kleinsten I-J-Differenz gebildete respiratorische Quotient ist größer als 2,0. Nach Grad II veränderte Ballistogramme weisen auch bereits im Inspirium Amplitudenverkleinerung und Verzerrung auf. Im III. Grad der Veränderungen sind fast alle Komplexe klein und verformt, die einzelnen Wellen lassen sich nur noch unter Zuhilfenahme von Elektrokardiogrammen, Herzschall oder Pulskurven identifizieren. Ballistogramme, die nach Grad IV verändert sind, lassen überhaupt keine Regularität mehr erkennen.

Bisherige Untersuchungen haben wahrscheinlich gemacht, daß anomale BKG bei scheinbar Herzgesunden Ausdruck einer kardialen Dysfunktion, möglicherweise auf koronarsklerotischer Basis sind. BKG-Befunde können Herzkrankheiten offenbaren, lange bevor es zu anderen klinischen Manifestationen kommt. Dementsprechend fielen auch die in großer Zahl vorgenommenen Untersuchungen bei Hypertonikern, Kranken mit Angina pectoris oder geheilten Herzinfarkten aus. Bei labilem Hypertonus ist das BKG noch normal. Bei Umwandlung in einen fixierten Hypertonus fällt das BKG bereits pathologisch aus, auch in den Fällen, die noch ein normales Ekg aufweisen. Nur 1 Prozent von 224 Angina-pectoris-Kranken einer amerikanischen Untersuchungsreihe hatte ein normales BKG. Bei 9 von den 224 Patienten entwickelte sich in der Folge eine Koronarthrombose. Alle diese 9 Fälle hatten Veränderungen III. und IV. Grades im BKG aufzuweisen. Bei den Kranken mit überstandenem Myokardinfarkt standen die Befunde in guter Übereinstimmung mit dem Zustand und der Leistungsfähigkeit des Kranken. Bei 63 Patienten mit Brustschmerzen anderer Genese, wie z. B. Magen- und Duodenalgeschwür, Hiatushernie, Wirbelsäulenprozesse, Gallenerkrankungen, Neurozirkulatorische Dystonie fielen die Ballistokardiogramme normal aus.

Im allgemeinen wird betont, daß das BKG äußerst wertvoll bei der Diagnose der Myokarditis, bei der Beurteilung des Heilungsfortschrittes und allgemein des Digitaliseffektes ist.

Bei der nun zu besprechenden *Rheokardiographie* handelt es sich um ein neueres, klinisch noch wenig verbreitetes Untersuchungsverfahren, so daß vorweg eine kurze Beschreibung dieser Methode gegeben werden muß.

Das Prinzip der Rheokardiographie beruht auf der Registrierung von Schwankungen der elektrischen Leitfähigkeit im menschlichen Körper, die durch Herz- und Kreislauftätigkeit hervorgerufen werden. Hierzu werden am Patienten zwei Elektroden angebracht, die einen elektrischen Strom mit einer Frequenz von etwa 10–15 Khz zuführen. Um einen möglichst exakten Aufschluß über die Hämodynamik des Herzens sowie der herznahen Arterien und Venen zu erhalten, ist es am zweckmäßigsten, die Elektroden über der Herzspitze und an der rechten Schulter anzubringen und synchrone Ekg- und Herzschallregistrierungen vorzunehmen, wodurch die Möglichkeit einer zeitlichen Bezugnahme des RKG zu den einzelnen Phasen der Herzaktion gegeben ist.

Die Rheokardiographie soll nach HOLZER und POLZER folgende Möglichkeiten bieten:
a) Unterteilung der mechanischen Systole in Anspannungs- und Austreibungszeit.
b) Zuordnung gewisser Kurventypen zu bestimmten mechanischen Fehlleistungen des Herzens, z. B. Herzklappenfehler.
c) Schluß auf die Größe des Schlagvolumens.

Beim Studium der hämodynamischen Arbeitsbedingungen des Herzens bietet, wie bereits erwähnt, die Rheokardiographie neben röntgen- und elektrokymographischen Untersuchungen eine Möglichkeit auf dem Wege der elektrischen Widerstandsmessung einen Einblick in die Volumen- und Blutverteilungsverhältnisse zu gewinnen. Die genauesten und aufschlußreichsten Ergebnisse liefern uns die Rheokardiogramme bei der Bestimmung der Anspannungs- und Austreibungszeiten. So entspricht das erste Kurvenstück des RKG vom Beginn der *QRS*-Gruppe des synchron geschriebenen Ekg bis zum Kurvenknick der rheokardiographischen Kurve der Anspannungszeit. Im klinischen Gebrauch hat sich die Messung der Anspannungszeit vom Beginn des Kammerkomplexes des Ekg ab als zweckmäßig und hinreichend genau erwiesen. Das Ende der Anspannungszeit und damit der Beginn der Austreibungszeit wird in der physiologischen Literatur einheitlich mit der Öffnung der Semilunarklappen angegeben. Im Rheokardiogramm wird das Ende der Anspannungszeit und der Anfang der Austreibung durch eine Knickstelle markiert, die den Übergang zum systolischen Kurvenabschnitt darstellt. Um eine exakte Messung der Anspannungszeit vornehmen zu können, müssen die Elektroden über der Herzspitze und an der rechten Schulter angebracht werden, da nur so rheokardiographisch das Einströmen von Blut in die Arterien sofort erfaßt wird. Bei anderer Elektrodenlage hingegen kann es vorkommen, daß die Pulswelle erst verspätet erfaßt wird, wodurch die Knickstelle zum systolischen Anstieg des RKG undeutlich werden oder nach rechts verschoben erscheinen kann. Dieses ist mit ein Grund dafür, daß die rein periphere Abnahme des RKG von rechter Hand und linkem Fuß für solche Bestimmungen verlassen wurde. Auch experimentelle Untersuchungen, bei denen die Elektroden am linken Vorhof und am Arcus aortae angebracht wurden, ließen erkennen, daß mit dem thorakalen RKG, d. h. mit Ableitungen von der Herzspitze und von der rechten Schulter die genauesten Werte bei der hämodynamischen Beurteilung des Herzens zu ermitteln sind. Diesem ersten der Anspannungszeit entsprechenden Abschnitt folgt der sogenannte systolische Abschnitt. Im Beginn der Austreibungszeit kommt es mit dem Einströmen des Blutes in die Arterien zu einer Leitfähigkeitszunahme in der Aorta und Pulmonalarterie, da mit erhöhter Blutfüllung der Querschnitt dieser Arterien zunimmt und proportional zum Querschnitt eines Leiters auch seine elektrische Leitfähigkeit anwächst.

Dementsprechend zeigt das RKG im Normalfall etwa 45 bis 100 Millisekunden (durchschnittlich 70 Millisek. und bei früh einfallenden Extrasystolen bis zu 200 Millisek.) nach dem Beginn des *QRS*-Komplexes eine abrupte Leitfähigkeitszunahme, die wie gesagt, nur durch das Einströmen von Blut in die erwähnten Arterien bedingt sein kann und den Beginn der Austreibung markiert. Das Herz, das in dieser Phase Blut abgibt, wird damit zu einem etwas schlechteren Leiter. Da aber die Aorta bei unserer Elektrodenlage im Vergleich zum Herzen ein wesentlich längeres Leitstück darstellt, ist es klar, daß die Leitfähigkeitszunahme in den Arterien die Leitfähigkeitsabnahme im Herzen übertrifft.

Mathematisch und tierexperimentell konnten diese Anschauungen bestätigt werden. Die Zeitspanne vom unteren Kurvenknick bis zum Kurvengipfel, die der Austreibungszeit entspricht, stellt den systolischen Abschnitt des RKG dar. Da der arterielle systolische Abschnitt des RKG vorwiegend durch Leitfähigkeitsschwankungen der Arterien bedingt ist, trägt er mit Recht auch kurz die Bezeichnung: arterieller Abschnitt.

Der diastolische Abschnitt des RKG, der vom Kurvengipfel bis zum Beginn des folgenden *QRS*-Komplexes dauert, resultiert aus dem Zusammenspiel des Herzens mit den herznahen Venen. Experimentell konnte bestätigt werden, daß auch die Füllungsschwankungen der großen Venen mit Schwankungen der elektrischen Leitfähigkeit verbunden sind. Übereinstimmend konnten bei einer großen Anzahl rheokardiographisch festgehaltener Venenkurven starke Leitfähigkeitsschwankungen nachgewiesen werden, wobei es in der Diastole zu einer erheblichen Leitfähigkeitszunahme kam. Während der systolische Abschnitt als weitgehend geklärt angesehen werden kann, herrscht bezüglich des diastolischen Abschnittes noch keine einheitliche Auffasung unter den Untersuchern, so daß sichere Einzelheiten hierüber vorerst noch nicht mitgeteilt werden können.

Außer dem thorakalen Rheogramm kennen wir noch das Rheogramm der Peripherie. Bei derartigen Untersuchungen ist darauf hingewiesen worden, daß mit Hilfe rheographischer Untersuchungen Füllungsschwankungen in der Blutfüllung der Gliedmaßen erfaßt werden können. POLZER stellte fest, daß im Gegensatz zum normalen Rheogramm bei Gefäßerkrankungen bestimmte pathologische Deformationen auftreten und konnte nachweisen, daß Gefäßreflexe auf gefäßerweiternde oder gefäßverengende Mittel eine deutliche Auswirkung auf das Rheogramm mit sich bringen.

Es scheint, daß die rheographische Methode gegenüber der üblichen Oszillometrie den Vorteil hat, daß sie subjektiven Fehlerquellen nicht unterworfen ist, und daß in Fällen, in denen die Oszillometrie keine Ausschläge mehr anzeigt, mit der rheographischen Methode noch eine Durchblutung nachgewiesen werden kann. Somit kommt dem peripheren Rheogramm sowohl für die Feststellung von peripheren Durchblutungsstörungen als auch für die Überwachung bzw. für die Austestung der Wirksamkeit von Pharmaka eine Bedeutung zu und es lassen sich mit seiner Hilfe Rückschlüsse auf die Elastizitätsverhältnisse der Arterien ziehen. Bei normal elastischen Arterien ist ein steiler Anstieg der Kurve zu erwarten. In diesen Fällen kann man annehmen, daß die Dehnung der Arterie und damit ihre Querschnittszunahme proportional dem durch die Pulswelle verursachten Druckanstieg ist. In pathologischen Fällen ist hingegen im Rheogramm eine Knickstelle zu beobachten, von der ab der Anstieg nur langsam erfolgt, oder ein breites Plateau der rheographischen Kurve beginnt. Dieses Verhalten kann dahin gedeutet werden, daß in diesen Fällen die Grenze der elastischen Dehnbarkeit der untersuchten Gefäße erreicht wird und von dieser Knickstelle ab die Querschnittszunahme der Druckzunahme nicht mehr proportional ist und somit die Elastizität gestört sein muß, und zwar um so mehr, je tiefer die erwähnte Knickstelle liegt.

Es scheint sicher, daß dieser Methode mehr Interesse gewidmet werden sollte als bisher.

Literatur zu Kapitel IV, Abschnitt A, 3.1.9

BUGARO, L. und B. DE CASTRO: Beitrag zur Kenntnis ballistokardiographischer Untersuchungsergebnisse bei kongenitalen Mißbildungen des Herz-Kreislaufsystems. Folia cardiol. 15, 129 (1956). — BURKHARDT, R.: Grundsätzliches über die Ballistokardiographie. Ärztl. Praxis 7, H. 35, 18 (1955). — BREITINGER, H.: Das Ballistokardiogramm als diagnostische Routinemethode. Med. Klin. 53, H. 37, 1605 (1958). — DE LA PIERRE, M. und V. LEVI: Über den diagnostischen Wert des Ballistokardiogramms bei Stenosen und Mißbildungen der Aorta. Minerva cardioangiol. 4, 253 (1956). — FLEISCH, A. O.: Ballistokardiographie. Schweiz. med. Wschr. 1955, 621. — GOLDBERG, B. und Mitarb.: A note on the cardiac output as measured by the ballistocardiography and by STARR's formula in hypertensive patients. Clin. Sci. 5, 244 (1954). — GROSSE-BROCKHOFF, F.: Welche praktische Bedeutung hat die Ballistokardiographie? Dtsch. med. Wschr. 80, H. 6, 230 (1955). — HOLZER, K. POLZER und MARKO: Rheokardiographie (Wien 1945). — KAINDL, F.: Rheokardiographie peripherer Arterien. Eine neue Methode zur Beurteilung arterieller Gefäße. Arch. Kreislaufforschg. 20, 247 (1954); —, K. POLZER und F. SCHUHFRIED: Mehrfach- und Differentialrheographie Verh. Dtsch. Ges. Kreislaufforschg. 21, 451 (Darmstadt 1955); Rheographie (Darmstadt 1959). — KAZMEIER, F.: Die ballistokardiographische Kreislaufuntersuchung. Dtsch. med. Wschr. 79, H. 50, 1868 (1954); Die direkte Ballistokardiographie und ihre Anwendung in der Klinik. Medizinische 14, 475 (1955); und W. SCHILD: Der Einfluß der Atmung auf das Ballistokardiogramm. Cardiologia 27, H. 2, 98 (1955); und Mitarb.: Das

Ballistokardiogramm bei ungleichzeitiger Aktivierung der Herzkammern. Dtsch. Arch. klin. Med. 202, 312 (1955). — KLENSCH, H.: Methodische Voraussetzungen für die Brauchbarkeit der Ballistokardiographie. Verh. Dtsch. Ges. Kreislaufforschg. 21, 455 (Darmstadt 1955). — KLINGHOFER, L.: Ballistokardiographie in der Differenzierung organischer und nervöser Herzleiden. Z. inn. Med. 12, H. 9, 419 (1957). — KUMMER, P. und H. GNATZY: Die Ballistokardiographie. Münch. med. Wschr. 96, H. 5, 115 (1954). — MANDELBAUM, H. und R. A. MANDELBAUM: Lateral Plane Ballistocardiography: Its Clinical Importance. Circulation 12, H. 4, 746 (1955). — MERLEN, J. F.: Praktischer Wert der Ballistokardiographie. Medizinische 45, 1657 (1957). — PARIN, V. V.: Die Ballistokardiographie und ihre Bedeutung in der Klinik. Klin. med. (russ.) 34, H. 6, 12 (1956). — POLZER, K. und F. SCHUHFRIED: Rheographie – eine Methode zur Kontrolle der Hämodynamik. Subs. Med. 2, 2 (1956). — STARR, I.: Über das Ballistokardiogramm. Medizinische 3, 101 (1955); II. Die experimentelle und theoretische Bearbeitung. Medizinische 4, 140 (1955).

3.1.10. Mechanokardiographie

Die Mechanokardiographie gestattet, Anspannungs-, Austreibungs- und Diastolenzeit neben einigen anderen Größen zu erfassen. Wir bedienen uns dabei des Ekg, der Herztonschreibung und der Karotis-Pulskurve als Zeitmarken. Da der Beginn des 2. Herztones mit dem Aortenklappenschluß zusammenfällt, gibt die zeitliche Differenz zwischen Klappeninzisur an der Pulskurve und Beginn des 2. Tones die durch die endliche Pulswellengeschwindigkeit bedingte Verspätung aller an der Karotis gemessenen Phänomene gegenüber den Vorgängen am Herzen an. Die Messung der zeitlichen Abstände zwischen elektrischem Erregungsbeginn (Q–Ekg), dem Beginn des 1. Tonsegmentes und dem Steilanstieg der Karotiskurve, korrigiert um die eben erwähnte Verspätung, gestattet es, die Dauer der zur Rede stehenden Tätigkeitsphasen am Herzen zu ermitteln. BLUMBERGER sah ursprünglich in der Verlängerung der Anspannungszeit einen empfindlichen Indikator für drohendes Nachlassen der Herzkraft.

Ferner spielt die Relation zwischen Anspannungs- und Austreibungszeit eine Rolle bei der Erkennung der verschiedenen Klappenfehler des linken Herzens. Je nach der Hämodynamik, die bei den einzelnen Vitien vorliegt, kommt es – von der Mitralinsuffizienz abgesehen – zu typischen zeitlichen Verschiebungen zwischen den beiden Arbeitsphasen. BLUMBERGER glaubt auch, bei abklingender Endokarditis mit Hilfe der Mechanokardiographie gegebenenfalls die Art des entstehenden Klappenfehlers frühzeitig erkennen zu können. Mit zunehmender Erfahrung zeigte es sich, daß die Anspannungszeit kein zuverlässiges Kriterium für Schwächezustände des Herzens ist; es sind heute eine Reihe von Faktoren bekannt, welche die Anspannungszeit beeinflussen und ihren diagnostischen Wert beeinträchtigen (HOLLDACK).

Aus diesem Grunde trennt HOLLDACK die Anspannungszeit noch in Umformungszeit und Druckanstiegszeit. Die Umformungszeit stellt innerhalb der Anspannungszeit die keineswegs isometrische Arbeitsphase des Herzens dar, in welcher der Muskel die in den Ventrikel gelangte Blutmenge derart umfaßt, daß zwischen Endokard und Blutvolumen im Rahmen der anatomischen Gegebenheiten die kleinstmögliche Oberfläche besteht. Anschließend folgt die bereits angedeutete hauptsächliche Leistungsphase, die Druckanstiegszeit, in welcher bei noch geschlossenen Klappen der intraventrikuläre Druck – praktisch isometrisch – auf das Niveau des Aortendruckes gebracht wird. Sie beträgt beim Normalen 30 bis 40 Sigmen, das ist ca. $1/25$ bis $1/50$ sec. Umformungs- und Druckanstiegszeit verhalten sich, wie die Erfahrung zeigte, häufig in abnormer Weise gegensätzlich, wodurch die Verschleierung von krankhaften Abweichungen bei Betrachtung lediglich der

Anspannungszeit insgesamt maßgeblich begünstigt wird. An Hand von Studien über das Verhalten des 1. Tones bei verschiedenen Herzkrankheiten konnte HOLLDACK wahrscheinlich machen, daß die Länge der Umformungszeit maßgeblich vom Füllungsdruck des Herzens beeinflußt wird. Einen verminderten Füllungsdruck findet man z. B. bei der Mitralstenose, die hier zwischen Vorhof und Kammer als Drossel wirkt oder bei absoluter Arrhythmie, weil die vis a tergo durch die Vorhoftätigkeit fehlt. Verminderter Füllungsdruck führt zu einer Verlängerung der Umformungszeit; Verlängerung der anschließenden eigentlichen Leistungsphase – der Druckanstiegszeit – findet sich dagegen bei Muskelschwächen des linken Ventrikels verschiedener Genese. Es besteht jedoch hierbei noch eine Reihe von Fehlermöglichkeiten, welche hauptsächlich die genauen zeitlichen Einsätze der einzelnen Vorgänge betreffen.

Nach unseren Erfahrungen (BETZIEN) treten sichere pathologische Veränderungen der Druckanstiegszeit im allgemeinen nur dann auf, wenn das Nachlassen der

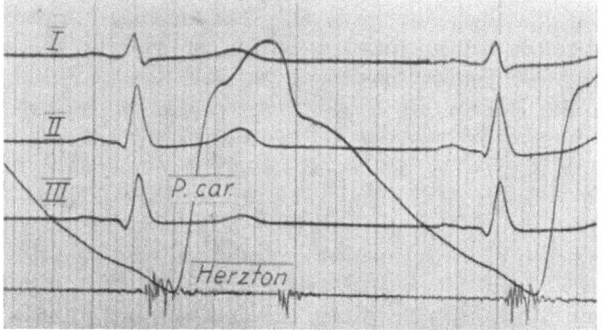

Abb. 145. Normales Mechanokardiogramm. Zentr. Pulswellenlaufzeit: 40; Anspannungszeit: 95; Umformungszeit: 55; Druckanstiegszeit: 40; Austreibungszeit: 290; Systolendauer: 385; RR-Intervall: 890 (sämtliche Werte werden in Sigmen, $1\sigma = 0{,}001$ sec, angegeben).

Herzkraft auch allgemein klinisch – meist in Form von beginnender Dekompensation, deutlicher Myokarditis u. ä. – evident ist. Auch bei der Verfolgung einiger Infarkte fanden sich nur in ausgesprochen schweren Fällen einwandfreie pathologische Abweichungen.

In Tabelle 19 haben wir die Normalwerte des Mechanokardiogramms, die aus der Formel von HEGGLIN und HOLZMANN errechnet werden können, denen bei der Herzinsuffizienz und bei der neurozirkulatorischen Dystonie gegenüber gestellt.

Tabelle 19. Mechanokardiogramm

	Normal	Herzinsuffizienz	NZD
Zentrale Pulswellenlaufzeit	30	30	50
Anspannungszeit	90	105	90
Umformungszeit	55	60	55
Druckanstiegszeit	30	50	35
Austreibungszeit	280	310	275
Systolendauer			
RR-Intervall	Normalwerte nach HOLZMANN und HEGGLIN		

Charakteristisch für die Herzinsuffizienz ist die Austreibungszeit. Bei beginnender Herzinsuffizienz wird die Austreibungszeit zunächst länger, während es bei stärker werdender Überlastung des Kammermyokards zu einer Verkürzung der Austreibungszeit kommt. Ein Maß für den Kontraktionsablauf am Herzmuskel ist die Druckanstiegszeit. Alle Schädigungen der Kontraktionskraft bedingen daher auch eine Verlängerung derselben.

Bei der Neurozirkulatorischen Dystonie findet sich dagegen regelmäßig eine Verlängerung der zentralen Pulswellenlaufzeit. Wir führen die Verlängerung auf vegetativ bedingte Gefäßspasmen zurück. Da auch arteriosklerotische Veränderungen an den großen Gefäßen zu einer Verlängerung der Pulswellenlaufzeit führen, ist unter Umständen differentialdiagnostisch der Sympathikotonus auszuschalten. Geringe Veränderungen der Pulswellenlaufzeit auf Pilocarpin können daher z. B. als gutes Kriterium für eine fortgeschrittene Arteriosklerose angesehen werden.

3.1.11. Schlagvolumen- und Minutenvolumenbestimmung

Eine der wichtigsten Methoden zur Beurteilung der Herzleistung besteht in der Ermittlung des von den Ventrikeln geförderten Blutvolumens, dem Schlagvolumen. Für die funktionelle Beurteilung ist weniger das einzelne Schlagvolumen als die in der Zeiteinheit nach der Peripherie gelangende Blutmenge, das Minutenvolumen von Bedeutung. Folgende Methoden zur Schlagvolumenbestimmung sind beschritten worden:

a) Das FICKsche Prinzip, d.h. die *Bestimmung des Schlagvolumens durch Blutgasanalyse*. Es läßt sich das Minutenvolumen berechnen, wenn man die Menge Sauerstoff kennt, die in der Zeiteinheit durch die Lunge in das Blut gelangt und außerdem weiß, wieviel Sauerstoff 1 ccm venöses Blut bei dem Durchfließen durch die Lunge aufnimmt. Es ist danach

$$Minutenvolumen = \frac{O_2\text{-}Aufnahme\ pro\ Minute}{Vol.\ \%\ O_2\ arterielles\ minus\ Vol.\ \%\ O_2\ venöses\ Blut.}$$

Die Sauerstoffaufnahme ist leicht mit der Gasuhr, die Gasspannung des arteriellen Blutes durch Arterienpunktion festzulegen. Schwierigkeiten bereitet dagegen die Ermittlung der Gasspannung des venösen Mischblutes, die nur durch Punktion des rechten Herzens möglich ist, eine Maßnahme, die wegen ihrer Gefährlichkeit sich über den Tierversuch hinaus nicht einbürgern konnte, obwohl die auf diese Weise gewonnenen Werte von allen Methoden die genauesten wären.

b) Die *Fremdgasmethoden*. Es wird dabei geprüft, welche Menge eines indifferenten Gases mit bekanntem Absorptionskoeffizienten (Azetylen) vom Blut während eines Durchganges durch die Lunge abgegeben oder aufgenommen wird.

c) Die *heute gebräuchlichsten physikalischen Methoden* können ohne Mithilfe der Untersuchungsperson selbst im Schlaf und auf unblutige Weise durchgeführt werden. Das Schlagvolumen (Vs) wird bestimmt aus einem Quotienten, in dem als Werte: Querschnitt der Aorta (Q), Pulsdauer (r), Systolendauer (s), Blutdruckamplitude (Ap), Diastolendauer (d), Pulsgeschwindigkeit (c) und eine Konstante (z) eingesetzt werden.

Es berechnet sich danach aus folgender Formel:

Schlagvolumenbestimmung nach WEZLER-BÖGER

$V_s = V_1 + V_2$

$V_2 \approx V_1$

$V_s \approx 2 V_1$

$V_1 = \Delta Q \cdot 1$

$l = \lambda/4$

$\lambda = c \cdot T_{Femoralis}$

$\Delta Q = \dfrac{Q \cdot \Delta p}{\varrho \cdot c^2}$

V_s = Schlagvolumen
V_1 = Speichervolumen
V_2 = Systolisches Durchflußvolumen

ΔQ = Erweiterung des Querschnitts des Windkesselrohres durch systolisches Speichervolumen
l = Länge des Windkesselrohres
λ = Wellenlänge der stehenden Welle im System
c = Wellengeschwindigkeit im Abschnitt Aorta-Iliaca
T = Grundschwingung des Femoralispulses in Sekunden
ΔQ = Querschnittserweiterung des Windkessels während der Systole
Q = Querschnitt der Aorta
Δp = Blutdruckamplitude (in absoluten Einheiten Dyn/cm²)
c = Wellengeschwindigkeit
$= \dfrac{\text{wirksame Arterienstrecke in cm}}{\text{Verspätungszeit in sec}}$
ϱ = Massendichte des Blutes (= 1,06)

$$V_s = 2 V_1 = 2 \frac{Q \cdot \Delta p}{\varrho \cdot c^2} \cdot \frac{\lambda}{4} = \frac{Q \cdot \Delta p \cdot T_{Femoralis}}{2 \varrho \cdot c}$$

$$\boxed{V_s = \frac{Q \cdot \Delta p \cdot T_{Femoralis}}{2 \cdot c \cdot \varrho} \text{ cm}^3}$$

Wenn auch alle heute gebräuchlichen Methoden noch mit gewissen Mängeln behaftet sind und keine absoluten Werte zu liefern vermögen, so gewinnen Kreislaufpathologie und Sportphysiologie schon mit der Bestimmung relativer Werte wertvolle Aufschlüsse. Auf Grund dieser Untersuchungen ist bekannt, daß das Schlagvolumen bereits in Ruhe durch einen Klappenfehler oder durch Versagen des Herzens beträchtliche Größenveränderungen erfahren kann. So sind bei der Herzinsuffizienz Minuten- und Schlagvolumen stark reduziert, es kann das Schlagvolumen bis auf ca. 20 ccm absinken. Weiterhin ergeben sich bedeutsame Veränderungen durch den Trainings- und Kompensationszustand. Der Trainierte ist imstande, den erhöhten Sauerstofftransport bei körperlicher Belastung mit einer Steigerung des einzelnen Schlagvolumens (möglich durch Auswerfen der relativ großen Restblutmenge) zu bewältigen, während Minutenvolumen und Herzfrequenz kaum zunehmen. Der Untrainierte zeigt dagegen nur eine geringe Steigerung des Schlagvolumens, während die Herzfrequenz stark ansteigt. Diese ungünstigen hämodynamischen Bedingungen werden jedoch weitgehend durch eine Besserung der Sauerstoffausnützung kompensiert. Bei Kreislaufkranken findet sich als Zeichen der Herzschwäche ein Hochschnellen der Frequenz, dagegen ein relativ viel zu kleiner Anstieg des Minutenvolumens, wobei das Schlagvolumen konstant bleibt oder gar abfällt.

Schlag- und Minutenvolumen haben aber nicht nur methodisches Interesse, sondern sie sind auch zur Klärung der Hochdruckpathogenese herangezogen worden.

Die Vielfalt der Beziehungen, aus denen der Blutdruck als überaus variable Resultante zu entwickeln ist, macht erklärlich, daß klinisch die Beurteilung, ob ein Blutdruck normal oder pathologisch ist, außerordentliche Schwierigkeiten bereiten kann. Die Bewertung wird weiterhin erschwert, wenn der Blutdruck des Patienten von früher nicht bekannt gewesen ist. Es gilt dies nicht nur für absolut normale Werte, sondern namentlich für Befunde, die sich noch im Rahmen der physiologischen Breite bewegen, aber für das betreffende Individuum bereits einen pathologischen Druck bedeuten können.

Auf Grund dieser Kenntnisse sind die Möglichkeiten, durch die ein arterieller Hochdruck zustande kommen kann, leicht verständlich. Auf die einfachste Formel gebracht, wissen wir heute, durch die Untersuchungen von BROEMSER, WEZLER und BÖGER u. a., daß wir hämodynamisch im wesentlichen einen Minutenvolumen-, einen Elastizitäts- und einen Widerstandshochdruck unterscheiden können.

Diese Einteilung der Hochdruckformen nach kreislaufdynamischen Gesichtspunkten hat besonders für den mehr naturwissenschaftlich denkenden Mediziner so viel Überzeugungskraft gehabt, daß sich diese Gedankengänge überaus schnell in der Klinik eingebürgert haben. Es muß jedoch in Erwägung gezogen werden, wie weit eine solche nach mathematischen Gesichtspunkten vorgenommene Klassifizierung geeignet sein kann, das klinische Verständnis dieses so komplexen Erkrankungsbildes zu erweitern, ob es eine therapeutische Ausrichtung zu geben vermag und wie weit eine Prophylaxe, eine Früherkennung bzw. Frühbehandlung auf diesem Wege möglich ist.

So haben bereits WEZLER und BÖGER u. a. auf Grund umfangreicher Untersuchungen darauf hingewiesen, daß sich die Einteilung der Hochdruckformen nach klinischen Gesichtspunkten mit der Gruppierung nach hämodynamischen Gesetzmäßigkeiten nicht deckt und daß eine gesetzmäßig korrelative Zuordnung von klinischen und mechanischen Hochdruckformen nicht möglich ist. So klug erdacht, so logisch fundamentiert und mathematisch absolut stichhaltig diese Bemühungen daher auch sein mögen, so wenig scheinen sie uns geeignet, das so notwendige Rüstzeug zur Behandlung zu vermitteln, das auch dem Praktiker, dem ja der Hauptprozentsatz der Hochdruckkranken zufällt, zugängig ist.

Es hat die Durchführung dieser Methode daher heute weitaus mehr theoretisches als praktisches Interesse, ohne daß ihre Kenntnis vernachlässigt werden dürfte.

3.1.12. Funktionsdiagnostik des Herzens

Alle bisher genannten Methoden gewähren einen Einblick in ein gewisses stationäres Zustandsbild, ohne jedoch einen gesicherten Aufschluß über den Funktionszustand von Herz und Kreislauf geben zu können. Es ist aber Aufgabe der Diagnostik, durch Erkennung von feinsten funktionellen Abweichungen die Entwicklung von Kreislauferkrankungen frühzeitig nachzuweisen und ihr Ausmaß festzulegen.

Der Wunsch der Praxis geht dahin, eine *einfache Funktionsdiagnostik* zu besitzen, die rasch auch bei Reihenuntersuchungen durchgeführt werden kann und dabei ein zahlenmäßig festlegbares objektives Ergebnis liefert. Für derartige Untersuchungen sind schwer dekompensierte Herzfehler, denen man an Zyanose, Dyspnoe, Beinödemen usw. das Herzversagen sofort ansieht, sehr viel weniger interessant, als vielmehr Zustandsbilder, die an der Grenze zwischen Gesundheit und Krankheit auftreten. Die

Schwierigkeiten bei der Entwicklung einer derartigen Funktionsprüfung bestehen darin, daß der Kreislauf nicht nur eine bestimmte hämodynamische Aufgabe zu erfüllen hat, sondern an allen Vorgängen in unserem Organismus mitbeteiligt ist. Treten Versagenszustände auf irgend einem Gebiete ein, dann erfolgen von anderen Seiten her Kompensationsbestrebungen, die eine aufgetretene Schwäche kompensieren. Aus dieser Verhaltensweise der Kreislaufsteuerung wird verständlich, daß wir ein Bild von der Leistungsfähigkeit des Kreislaufes nur dann bekommen, wenn wir Funktionsprüfungen auf den verschiedensten Gebieten durchführen, wobei wir gut tun, wenn wir nicht nur Kreislaufregulationen, sondern auch die Verhaltensweise der Thermoregulation, des Stoffwechsels, die Reaktion von Organfunktionen wie Lunge, Niere usw. bei bestimmten Belastungen kontrollieren.

Hier liegt nun eine weitere Schwierigkeit: Wie soll belastet werden, damit die Last für alle Menschen gleich schwer ist, so daß vergleichbare Werte gewonnen werden können?

Kreislaufforschungsinstitute können all diesen Problemen nachgehen. Die Praxis muß sich meist damit begnügen, aus dem Ergebnis einfachster Methoden einen Hinweis zu gewinnen, daß in einem bestimmten Fall etwas nicht in Ordnung ist und eine Spezialuntersuchung notwendig erscheint.

Ohne Zweifel erhält der erfahrene Arzt die exaktesten Hinweise aus der Anamnese (s. S. 214), ist doch nach altem Grundsatz eine gute Anamnese die halbe Diagnose.

Nachdem die Erhebung der Vorgeschichte für den erfahrenen Diagnostiker schon weitgehend aufschlußreich ist, folgt die Untersuchung des Patienten mit Festlegung der Ruhewerte von Herz- und Kreislauffunktion. Um danach einen objektiven Aufschluß über die funktionelle Leistungsbreite zu gewinnen, wird nun eine kurze Belastung des Kreislaufes vorgenommen. Diese Methode gibt, so einfach sie durchführbar ist, schon z. B. durch steiles Ansteigen der Pulsfrequenz nach Belastung, durch Absinken der Vitalkapazität (siehe Spirometrie) durch starke Schwankungen des Arteriendruckes usw. einen so aufschlußreichen und empfindlichen Maßstab für die gesamte Herz-Kreislaufregulation, daß sie genügend Anhaltspunkte liefert, um eine Versagensbereitschaft in einem bestimmten Gebiet zu vermuten und dann durch differenzierte Diagnostik eine Herzschwäche, beginnende Koronarinsuffizienz, arterielle Blutverteilungsstörung, pulmonale Stauung usw. genauer zu klären. Dabei interessieren folgende Fragen:

1. Wann soll eine Belastung durchgeführt werden?
2. Welche Form der Belastung ist zu wählen und
3. was ist von einer derartigen Belastung zu erwarten?

Bei der Beantwortung der Frage, wann eine Belastung indiziert ist, gilt als wesentlichster Grundsatz: „Nil nocere". Es ist daher zu fordern, daß niemals ein Belastungs-Ekg durchgeführt wird, ehe nicht das Ruhe-Ekg erwiesen hat, daß nach allgemeinem Ermessen eine Belastung ohne Gefährdung möglich ist; aber selbst unter diesen Vorsichtsmaßnahmen sind Todesfälle durch Überschreiten der Belastungsgrenze bekannt geworden.

Im allgemeinen wird man bei Menschen über 65 Jahren, nach längerer Bettlägerigkeit, innerhalb von sechs Monaten nach Myokardinfarkt, nach apoplektischem Insult, nach schweren Infektionskrankheiten usw. eine Belastung als kontraindiziert ansehen müssen. Auch die Frage nach der Form der Belastung hat zu vielfältigen Diskussionen in der Literatur Veranlassung gegeben. Wählt man eine einheitliche Belastungsform, z. B. *20 Kniebeugen*, dann erweitert man zwar die Beurteilungsgrundlage insofern, als man an einem großem Material zu überblicken lernt, was nach dieser Belastungsform zu erwarten ist. Der diagnostische Wert bleibt daher ein vorwiegend statistischer. Für die Beurteilung des Einzelfalles in Bezug auf die tatsächlich vorhandene Funktionstüchtigkeit besagt eine solche Maßnahme relativ wenig, da 20 Kniebeugen für einen 20jährigen eine Bagatellanforderung sind, für einen 60jährigen aber durch die Ungeübtheit und die Erregtheit, die naturgemäß bei einem Laien mit einer derartigen diagnostischen Maßnahme verbunden sind, das relativ unwesentliche Teilmoment darstellen können, das bei bestehender Versagensbereitschaft den tödlichen Ausgang herbeizuführen vermag.

Auch die weiteren Vorschläge haben daran grundsätzlich nichts geändert. So wurde eine *Rundtreppe* empfohlen, die die Wendungsbewegungen ausschließt, ein *Laufband* angegeben, bei dem Geschwindigkeit und Steigung individuell zu regulieren sind, und andere Untersucher sehen in dem *Ersteigen einer Treppe durch zwei Stockwerke* eine ausreichende Belastung, wobei der Trainingsfaktor bei Menschen, die täglich viele Treppen steigen müssen, ebenfalls vollkommen unberücksichtigt bleibt.

Diagnostisch sehr viel aufschlußreicher ist dagegen der von MASTER mit seinen Mitarbeitern ausgearbeitete „*Two-step-Test*".

Es wird dabei ein Tritt von zwei Stufen (22,5 cm hoch) auf- und abgestiegen, wobei als mittlere Norm von einem 40jährigen, 75 kg schweren Mann diese Leistung 22mal innerhalb von 90 Sekunden wiederholt werden muß. Abhängig von Alter und Geschlecht sind, um eine gewisse zu vergleichende Belastungsnorm zu schaffen, für jede Altersstufe die normalerweise zu erreichende Zahl der Gänge errechnet worden. Die Kreislauffunktionen werden dann sofort im Anschluß an diese Belastung sowie nach 2 und 6 Minuten registriert. Bei negativem Ausfall und begründetem Verdacht kann die Zahl der Gänge verdoppelt werden.

Nochmals negativer Ausfall läßt eine Koronarinsuffizienz mit weitgehender Sicherheit ausschließen. Als positiver Ausfall gelten: ST-Depression um mehr als 0,5 mm, Abflachung oder Hebung von T, QRS-Verbreiterung, Auftreten großer Q-Zacken, Reizbildungs- und Reizleitungsstörungen usw.

Was ist nun von einer derartigen Belastung zu erwarten? Man wird BJÖRCK zustimmen müssen, daß eine solche Arbeitsbelastung zwar physiologisch, aber als Herztest nicht verwendbar ist, weil nämlich die kompensatorischen Regulationsmechanismen des Organismus in individueller und sehr unübersichtlicher Weise eingreifen. Das Ergebnis ist daher aufschlußreich über das Gesamtvermögen, eine physiologische Anstrengung zu meistern, wie groß jedoch der Anteil des Herzmuskels und des Koronarsystems an dieser Leistung ist, bleibt offen.

Wir haben im allgemeinen den Belastungseffekt durch 20 Kniebeugen unter den oben genannten Kautelen für vertretbar gehalten, hat doch die einheitliche Durchführung der Belastung mit der gleichen Methode für Vergleichszwecke sehr viel Vorteile.

Wir gehen nun so vor, daß wir im Liegen und im Stehen (der SCHELLONG-Test findet S. 428 seine besondere Besprechung) nach 20 Kniebeugen und nach einer

382   Untersuchung und Beurteilung der Herz-Kreislauffunktion

Erholungszeit von 4 Minuten im Liegen, Blutdruck, Puls- bzw. Atemzahl und Vitalkapazität prüfen.

In Abb. 146 sind einer normalen Funktionsprüfung eine solche bei einem Mitralvitium am Rande der Kompensation, das Prüfungsergebnis bei einem Spätbasedow mit kardialer Prägung, erkennbar an hoher Tachykardie und breiter Blutdruckamplitude schließlich dem Testbefund beim Hirntumor gegenübergestellt, welch letzterer durch die eigenartige Starre der wenig beeinflußbaren Herz-Kreislauffunktion unter Umständen ein typisches Gepräge hat.

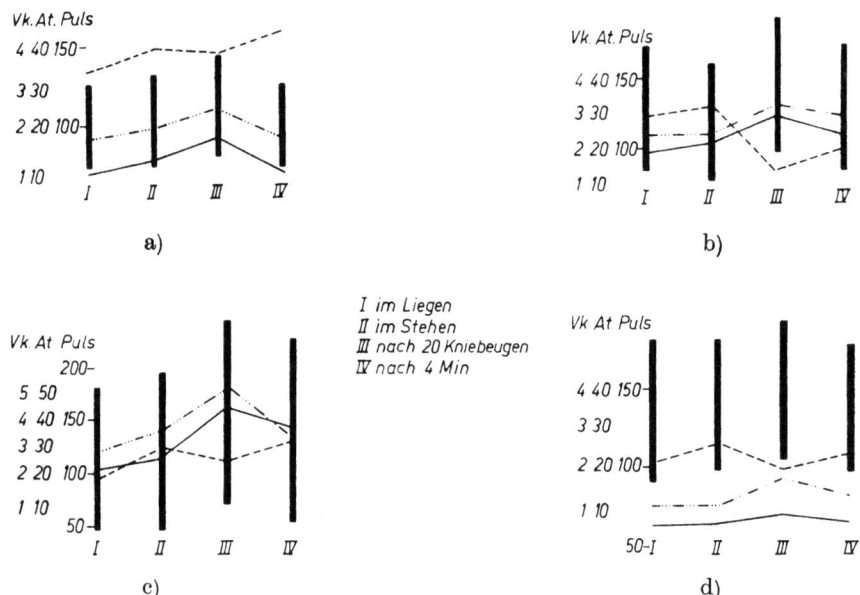

Abb. 146. Herzfunktionsprüfung bei verschiedenen Erkrankungen. a) Normal; b) Mitralvitium am Rande der Kompensation; c) Morbus Basedow; d) Hirntumor.
——— Puls/min.; ----- Vitalkapazität in Ltr.; —·—·— Atemzahl/min.; ▬▬▬ Blutdruck RR mmHg.

Auch eine Simulation kann man aus derartigen Prüfungen erkennen, wenn z. B. die Vitalkapazität im Liegen größer ist als im Stehen, sofort nach Belastung nicht entsprechend abfällt, weil das Maß der geblasenen Luftmenge infolge der Belastungshyperventilation vom Einzelnen schwer unter Kontrolle gehalten werden kann, während die Dyspnoe und der starke Abfall der VK in der Regel erst einsetzt, wenn der Proband zum Liegen kommt.

a) Röntgenologische Funktionsdiagnostik

Am bedeutsamsten ist die Verkleinerung des Herzens bei starker inspiratorischer Pressung (VALSALVA), die hauptsächlich infolge der Drosselung des Bluteinstromes zustande kommt (BÜRGERsche *Preßdruckprobe*). Gleichzeitig sind eine Tachykardie und eine Erhöhung des Venendruckes festzustellen, die jedoch innerhalb von 10 Sekunden nach der Pressung wieder zur Norm abklingen müssen. Eine Herzvergrößerung bei Preßdruck ist immer als pathologisch anzusehen. Die absolute Größe des Herzens gibt relativ wenig Auskunft über seine tatsächliche funktionelle Leistungsfähigkeit. Im allgemeinen wird man jedoch sagen können, daß übermäßig große Herzen in der Regel eine geringere Reserve haben, weil sie schon in der Ruhe viel mehr an der Grenze ihrer Anpassungsfähigkeit arbeiten. Ein kleines Herz als schwaches Herz anzusehen, erweist sich meist als Trugschluß (s. S. 320).

Bei röntgenkymographischen Untersuchungen kann festgestellt werden, daß besonders leistungsfähige Herzen eine Verbreiterung nach rechts, links oder beiden Seiten aufweisen. Diese Herzen, die in Ruhe oft etwas schlaff erscheinen, enthalten eine größere Restblutmenge, wodurch sie befähigt sind, ohne großen Energieaufwand maximale Momentanleistungen zu vollbringen, wodurch der Kreislauf innerhalb kürzester Zeit auf ein höheres Leistungsniveau gestellt werden kann. Bei körperlicher Belastung wird die Silhouette dieser Herzen kleiner, und im Kymogramm werden große Ausschläge beobachtet.

Auf S. 349 haben wir bereits ausgeführt, in welch hohem Maße Röntgenuntersuchungen und vor allem Röntgenkymographie für die Organdiagnostik, speziell aber für die Funktionsdiagnostik Anwendung finden können, so daß ein Hinweis auf diese Ausführungen genügen muß.

b) Elektrokardiographische Funktionsprüfung

Normalerweise gibt ein Belastungs-Ekg (aufgenommen nach körperlicher Belastung) bereits Hinweise auf eine beginnende Einschränkung der Anpassungsbreite koronarer Durchblutung. Die Koronardurchblutung wird nicht nur durch nutritive Reize, sondern zum großen Teil auch nervös-reflektorisch gesteuert. Bei „spastischer" Diathese kann jeder Reiz zum Ausgangspunkt für einen Koronarspasmus werden.

Bei Beschwerden, die stereotyp zu bestimmten Tageszeiten auftreten, wird man auch an Umstellungen im Rahmen des 24-Stunden-Rhythmus zu denken haben. Von SCHELLONG, HERMANN u. a. sind die Tagesschwankungen im Ekg beschrieben worden. Eine Prädilektion für zirkulatorische Dysregulationen scheint die Zeit morgens zwischen 3 und 5 Uhr aufzuweisen, in die, wie wir beobachtet haben, auch das Hauptkontingent nokturner Myokardinfarkte fällt.

Zur Differenzierung dieser vorzugsweise vegetativ bedingten Ekg-Deformation wurde von NORDENFELDT der *Ergotamin-Test* eingeführt. Es werden bei dieser Prüfung 0,5 mg Ergotamin i.v. oder i.m. injiziert. Die Auswirkung am Ekg kann in der Regel nach 10 bzw. 20 Minuten erwartet werden. Um unangenehme Nebenwirkungen zu vermeiden, gaben KISS und SLAPAK das Mittel grundsätzlich nur sc. oder i.m. und sahen dann die Normalisierung des Ekg frühestens nach 40—60 Minuten.

NORDENFELDT glaubt, mit diesem Test Veränderungen im Ekg, die durch den Einfluß extrakardialer Nerven verursacht worden sind, von solchen koronarer bzw. auf dem Boden einer Myokardschädigung entstandener Genese, abgrenzen zu können. T-Zacken, die sich nach Ergotamin aufrichten, sollen vorzugsweise vegetativ bedingt sein. Auch BIÖRCK fand, daß ein gesteigerter Tonus des sympathischen Nervensystems sehr wohl einen positiven Hypoxämie-Test auslösen kann, dessen vegetative Bedingtheit das Schwinden dieser Deformationen nach Ergotamin zu beweisen scheint.

Von KÜHNS ist diese Auffassung einer kritischen Bewertung unterzogen worden. Mit Recht stellt er fest, daß die Voraussetzungen für die Gültigkeit dieser Untersuchung wären: 1. zu wissen, wie die vegetativen Nerven auf die T-Zacken wirken, eine Bedingung, die bei den so vielfältigen und voneinander oft gegensätzlich abweichenden Angaben der Literatur, nicht gegeben ist; 2. müßte feststehen, daß die Mutterkornalkaloide nur auf die extrakardialen vegetativen Nerven und nicht gleichzeitig auch auf die Koronararterien bzw. das Myokard einwirken. Auch diese Forderung war zu widerlegen, da nachgewiesen werden konnte, daß sowohl echte koronare, wie auch myokardial bedingte Deformationen nach Verabfolgung von Ergotamin normalisiert werden können. Diese Normalisierung vorher negativer T-Zacken wird erklärt durch die Veränderung der Repolarisation des Myokards, wie sie durch die ergotaminbedingte Kontraktion der Koronargefäße bedingt sein dürfte. Da manche Patienten trotz positiver T-Zacke über Verschlechterung der Beschwerden klagen, ergibt sich, daß eine prognostische Beurteilung auf Grund der T-Zacken allein nicht nur nicht möglich, sondern auch unter Umständen nicht ganz ungefährlich ist.

Erwähnenswert ist in diesem Zusammenhang noch die Feststellung, daß die Normalisierung in Extremitäten- und Brustwandableitungen nicht immer gleichsinnig verläuft, ein Verhalten, dessen diagnostische Bedeutung noch geklärt werden muß.

Es kann somit der Ergotamin-Test als hinfällig angesehen werden, und man wird sich von ihm um so leichter trennen können, als durch diese Funktionsprüfung schwerste Anfälle von Angina pectoris beschrieben worden sind, die viele Stunden anhielten, lebensbedrohlichen Charakter annahmen und durch eine überstarke Vaguserregung erklärt werden.

Auch die *Anwendung von Gynergen und Hydergin* bei dieser Test-Methode hat an dieser Einstellung nichts wesentlich geändert. So wissen wir, daß Gynergen die orthostatischen Ekg-Deformationen weitgehend zu beheben vermag, eine Wirkung, die durch die Frequenzverminderung, welche Gynergen herbeiführt, erklärt werden kann. Hydergin dagegen läßt die Frequenz unbeeinflußt, dämpft die Neigung zu orthostatischen Veränderungen aber in ganz ähnlicher Weise, eine Tatsache, die die Vermutung nahe legt, daß neben der Tachykardie noch andere, bisher nicht bekannte Faktoren an der Entstehung dieses Syndroms beteiligt sind.

In gleicher Weise dürfte auch der *„Pitressin-Test"* für die Praxis wenig geeignet sein.

Es soll durch Pitressin eine relative Myokardischämie durch spastische Verengung der Koronararterien zustande kommen. Neben zahlreichen Allgemeinbeschwerden (Nausea, Defäkations- und Blasenkrampf usw.) wird die Herzleistung für ca. 10 Minuten vermindert, und es soll möglich sein, auf diese Weise eine latente Koronarinsuffizienz aufzudecken. Die Untersuchung wird so vorgenommen, daß für ein Durchschnittsgewicht von ca. 70 kg 0,75 ccm Pitressin in einer Zeit von etwa 60 Sekunden i.v. injiziert werden, wonach die Auswirkung auf das Ekg innerhalb von 10 Minuten zu erwarten ist. Diese Methode soll gleichwertig sein mit dem „Two-Step-Test" (MASTER), diesem aber insofern überlegen, als er noch bei Patienten anwendbar ist, die der Belastung der MASTERschen Probe nicht mehr gewachsen sind. Bei schwer geschädigtem, digitalisbehandeltem oder insuffizientem Herzen ist der Pitressin-Test jedoch kontraindiziert.

Diagnostisch aufschlußreich ist weiterhin die Kenntnis von der reflektorischen Beeinflußbarkeit des Koronarsystems, z. B. durch die Atmung, aus der Peripherie (Druck auf Bulbus, Sinus caroticus usw.) usw.

Wir führten in größerem Umfange Untersuchungen mittels des sogenannten *„Preßdruck-Ekg"* durch (Abb. 147).

Es handelt sich dabei um die einfache Prüfung, daß man den Patienten auffordert, tief einzuatmen und dann mit geschlossener Glottis zu pressen (VALSALVA).

Es haben dabei folgende Erfahrungen gesammelt werden können:

Beim Vergleich von Ruhe-, Belastungs- und Preßdruck-Ekg werden nachstehende Schlüsse möglich sein:

a) Ein normales Ruhe- und Belastungs-Ekg mit deformiertem Preßdruck-Ekg deutet darauf hin, daß bei normaler Anpassungsbreite an physiologische Belastung eine starke nervöse Reflexerregbarkeit mit Neigung zu Koronarspasmen besteht;
b) ein deformiertes Belastungs-Ekg mit gebessertem bzw. normalem Preßdruck-Ekg legt die Vermutung nahe, daß es sich um ein myokardgeschädigtes Herz handelt, das reflektorisch noch imstande ist, seine Durchblutung zu steigern;
c) ein Ekg, das die gleiche Deformation nach Belastung und Preßdruck aufweist, deutet darauf hin, daß das Koronarsystem in seiner Anpassungsbreite eingeschränkt und an kompensatorischen Maßnahmen gehindert ist.

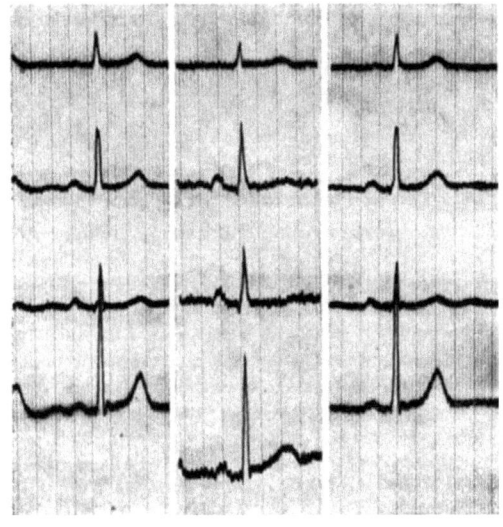

Vor   während   nach
Preßdruckversuch.

Abb. 147. Ekg während Preßdruckversuch (VALSALVA). J. B., 27 J., Hyperthyreose.

Von GFRÖRER ist neuerdings festgestellt worden, daß der VALSALVA-Versuch und die durch ihn provozierten Ekg-Veränderungen für die klinische Diagnostik im Rahmen einer Herzfunktionsprüfung wenig aufschlußreich wären, da der dabei auftretende Sauerstoffabfall nicht ausreiche, um eine Hypoxämie herbeizuführen, das Vorliegen einer latenten Koronarinsuffizienz auf diese Weise also nicht unter Beweis gestellt werden könnte. Er betont seinerseits vor allem die Steigerung des vegetativen Erregungszustandes, in der auch wir die Ursache zum Auftreten kurzdauernder Koronarspasmen sehen, eine Annahme, die durch die Erfahrung unterbaut wird, daß ein hoher Prozentsatz koronargefährdeter Patienten durch eine oft nur kurzdauernde Pressung (Stuhlgang, Blähungen usw.) infolge von Sekundenherztod ad exitum kommt. Will man dagegen die Hypoxämieempfindlichkeit prüfen, dann scheint das Atemanhalte-Ekg (LICKINT) eine genau so schonende wie aufschlußreiche Methode zu sein. Für Begutachtungszwecke ist sie, weil weitgehend vom Willen des Kranken abhängig, jedoch weniger zu empfehlen.

Als schonendste Methode hat sich die *Hypoxämie-Probe* erwiesen.

Die Untersuchung wird dergestalt durchgeführt, daß man entweder 20 Minuten lang ein zehnprozentiges, 10 Minuten ein neunprozentiges oder 6–8 Minuten ein achtprozentiges (HEINRICH) Sauerstoffgemisch atmen läßt. Man wird dabei wohl die Untersuchungen von PENNEYS und THOMAS nicht übersehen dürfen, die darauf hinweisen, daß der Hypoxämie-Test nur in Verbindung mit der Oxymetrie Aufschluß liefere und die betonen, daß der Test nur dann als positiv gewertet werden kann, wenn gleichzeitig das Oxymeter einen deutlichen Abfall der Sauerstoffsättigung anzeigt.

Es kann kein Zweifel darüber bestehen, daß der Hypoxämie-Test zwar weniger physiologisch ist als die Belastung; es kann aber ebenfalls als erwiesen gelten, daß er die Empfindlichkeit des Myokards gegenüber Sauerstoffmangel besser anzeigen wird als jede andere Methode.

Wie groß aber auch in diesem Fall die Beurteilungsschwierigkeiten bleiben, wird ersichtlich, wenn man überlegt, wie unterschiedlich ein Sauerstoffmangel allein durch die Ausgangslage der CO_2-Spannung des Blutes und des pH-Wertes modifiziert wird, und wie der komplexe Vorgang der schließlich resultierenden Myokardhypoxämie im Einzelfall durch die Form der Atmung, die arterielle Sauerstoffspannung, hormonale und hämatogene Einflüsse, Reflexmechanismen und evtl. auch intermediäre Stoffwechselvorgänge in einem sehr weiten Spielraum zustande kommen und kompensiert werden kann.

Was wird man nun von einem derartigen Hypoxämie-Ekg erwarten können?

Auf Grund unserer Erfahrungen an einem umfangreichen Untersuchungsmaterial können eine Zunahme der Frequenz sowie geringe, kaum nachweisbare Veränderungen von ST und T, als im Bereich der Norm liegend, angesehen werden. Es ist weiterhin eine Erfahrungstatsache, wobei sich die Wirkungskonkordanz von Hypoxämie und körperlicher Belastung erkennen läßt, daß im Sauerstoffmangel funktionell bedingte Extrasystolen schwinden, organisch bedingte Extrasystolen dagegen in gesteigertem Maße auftreten. Gleichbleiben oder Absinken der Frequenz in der Hypoxämie, deutliche ST-Depression und Abflachung bzw. Negativwerden von T in zwei Ableitungen sind als ungünstig zu werten. Es wurde weiterhin festgestellt, daß die Hypoxämie-Deformationen in den Brustwandableitungen sehr viel deutlicher werden. Trotzdem muß festgestellt werden, daß mit dem Hypoxämie-Test kein untrüglicher Maßstab für die Erkennung koronarer Durchblutungsstörungen gegeben ist, da nachzuweisen ist, daß selbst schwerste Koronarsklerosen einen negativen Test ergeben können. Auch eine Unterscheidungsmöglichkeit bei atypischen Brustschmerzen ist mit dieser Methode nicht gefunden worden. So ist festzustellen, daß auch extrakoronare Schmerzen durch die Hypoxämie eine Verschlimmerung erfahren, während ein negativer Test eine echte Angina pectoris nicht ausschließt.

Besonders interessant sind weiterhin die Untersuchungen von BIÖRCK. Er konnte in eingehenden Untersuchungen feststellen, daß die Hypoxämie-Deformationen stets endokardnahe liegen, die Infarkt- bzw. aber Angina-pectoris-Deformationen jedoch meist mehr perikardnahe. Es ergibt sich daraus, daß der Hypoxämie-Test nicht geeignet ist, Störungen an den Stellen aufzudecken, die klinisch meist betroffen werden. Diese Beobachtung schränkt den diagnostischen Wert der Methode erheblich ein.

Wir haben nun bereits vor Jahren diese Methode dahingehend modifiziert, daß wir ein Sauerstoffmangelgemisch von 7–9% für die Dauer von 10–20 Minuten haben atmen lassen und danach sofort auf Normalluft bzw. reine Sauerstoffatmung übergingen und jetzt elektrokardiographisch die Erholungsphase verfolgten. Diese Untersuchungen waren geeignet, nicht nur über die Versagensbereitschaft, sondern, was für die Beurteilung von gleichfalls sehr wesentlicher Bedeutung ist, über die Erholungsfähigkeit Aufschluß zu geben. Auf diese Weise ist auch gutachtlich eine weitgehend objektive Grundlage für die Feststellung einer noch zumutbaren Betätigung gegeben.

Die Frage steht noch offen, bis zu welchem Zeitpunkt ein derartiger Hypoxämie-Test ausgedehnt werden darf. Vereinzelt wird die Auffassung vertreten, daß man eine solche Belastung stets die vorgeschriebenen 20 Minuten durchführen soll und daß das Auftreten von Herzschmerzen in Kauf genommen werden darf, da sie nicht ganz selten im weiteren Verlauf der Mangelatmung wieder schwinden. Verallgemeinert darf diese Auffassung sicher nicht werden. Bei jungen, anpassungsfähigen Individuen wird man derartige Sensationen bagatellisieren und sie sicher zu Recht mit dem toten Punkt vor dem Einsetzen des „second wind" in Beziehung bringen dürfen.

Bei Menschen über 50 Jahren wird man aber den Herzschmerz als Ausdruck einer echten Durchblutungsnot ansehen müssen, deren Auftreten durch rasche Sauerstoffzufuhr beseitigt werden muß. In gleicher Weise sollte das Auftreten eines Kollapses oder agonieähnlicher Empfindungen nicht abgewartet werden.

Als kontraindiziert gilt der Hypoxämie-Test bei angeborenen Herzfehlern, Klappendefekten, frischem Myokardinfarkt, Apoplexie, Herz- bzw. Kreislaufinsuffizienz, Emphysem und anderen Lungenleiden, schwerer Anämie, Nephrosklerose, Schwangerschaft, Myxödem, Epilepsie sowie nach Vergiftungen und Infektionskrankheiten.

Schließlich kann der Belastungsversuch noch dahingehend modifiziert werden, daß man sich bemüht, die im Belastungs- bzw. Hypoxämie-Ekg auftretenden Veränderungen durch vorher verabfolgte koronardilatierende Mittel zu verringern oder den Zeitpunkt ihres Auftretens herauszuschieben.

Unter diesem Gesichtspunkt untersuchten BAKST u. a. den Einfluß von i.v. verabfolgtem Aminophyllin und stellten fest, daß subjektive und objektive Symptome der Koronarinsuffizienz deutlich verzögert wurden. Einen ganz ähnlichen Erfolg erzielten Untersuchungen mit Saline, Papaverin, Nitroglycerin und Äthyl-Alkohol, und GOLDBERGER, POKRESS und STEIN sahen ein Aufrichten von negativen T-Zacken nach Gabe von Kaliumsalzen.

Schließlich ist im Zusammenhang mit dem lagebedingten Ekg auf die diagnostische Möglichkeit zur sicheren Erkennung einer Concretio pericardii hinzuweisen (s. Abb. 148). Durch die starre Ummauerung des Herzens und seine meist ausgeprägte Fixierung bleiben die sonst zu beobachtenden leichten Veränderungen bei rechter und linker Seitenlage aus (HOLZMANN).

In besonderen Fällen kann das „Steh-Ekg" zur Aufdeckung orthostatischer Regulationsstörungen, auf das S. 428 noch eingegangen wird, für die Gesamtkreislaufsituation noch wertvolle Ergebnisse liefern. Auf den Begriff des „spezifizierten Ekg" werden wir S. 455 noch zurückkommen.

Bei jedem dekompensierten Kranken, bei Myokardschädigung (akuter Zustand nach Thrombose bzw. Embolie, Apoplexie usw.) sind alle diese Untersuchungen kontraindiziert. Es hat nun nahegelegen, diese diagnostische Lücke durch eine Vielzahl von Ableitungen zu überbrücken. Vor einem derartigen Verfahren kann gar nicht genug gewarnt werden.

Die Anfertigung von Ekg in zahlreichen Ableitungen, die leicht, schließt man die Brustwand- und Ösophagusableitungen mit ein, eine Zahl von 30—40 erreichen können, wird im allgemeinen ausgesprochenen Forschungsstätten vorbehalten bleiben. Der Praktiker hat kaum die Möglichkeit, ein so umfang-

388 Untersuchung und Beurteilung der Herz-Kreislauffunktion

reiches Beobachtungsgut zusammenzutragen, das ihm gestattet, die vielfältigen Spielarten zu kennen und sich eine objektive kritische Beurteilungsgrundlage zu schaffen. Wir begnügen uns bei Verdacht auf eine koronare Erkrankung mit den üblichen Brustwandableitungen, dem NEHBschen Dreieck und für Sonderfälle mit der Ösophagusableitung.

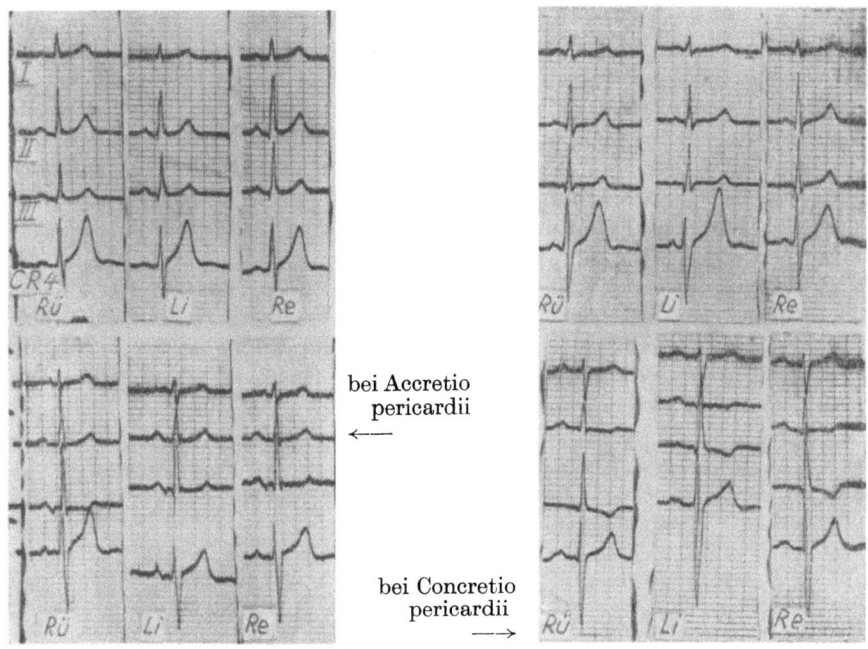

bei Accretio pericardii
←

bei Concretio pericardii
→

Abb. 148. Lagewechsel-Ekg bei Gesunden mit Normaltyp.

Die „Funktionselektrokardiographie" von KIENLE geht von der Vorstellung aus, daß die bisherigen Deutungen des Elektrokardiogramms durch Heranziehen vektorieller Größen mit physikalischen Vorstellungen nicht in Einklang gebracht werden können. Dieser These ist, insbesondere von SCHAEFER, heftig widersprochen worden, wobei nicht bestritten wird, daß die idealen Verhältnisse eines Vektors im Körper nicht realisiert sind. Zur Gewinnung des „elektrischen Funktionsbildes" werden von einer quadratischen Fläche der vorderen Brustwand über die Herzgegend mittels zweier Elektroden, die eine Kontaktfläche von 6 qmm und einen Kontaktabstand von 3 cm haben, zahlreiche Teil-Elektrokardiogramme abgeleitet. Bei Ableitung der Teil-Ekg in horizontalen Reihen entsteht das „H-Funktionsbild", bei Ableitung in vertikalen Reihen das „V-Funktionsbild". Als Minimum müßten 80 Kurvenbilder geschrieben werden. Während die unipolaren Elektroden die Gültigkeit der Vektortheorie voraussetzen, messen die bipolaren Ableitungen Feldstärken auf der Brustwand. SCHAEFER hat aber darauf hingewiesen, daß alle Verzerrungen der Felder beide Methoden betreffen. Die „Funktionselektrokardiographie" geht von der Modellvorstellung aus, daß die auf die Herzoberfläche ablaufenden Erregungen aus einem etwa in der Herzmitte liegenden Quellpunkt (SCHAEFER) stammen. Von diesem Quellpunkt gehen zwei fiktive Bündel paralleler Muskelfasern aus, auf denen die Erregungswelle divergent nach rechts und links verläuft. Im „H-Funktionsbild" ist die Erregungsausbreitung des linken Herzens durch eine nach oben gerichtete Kammeranfangsschwankung und eine nach unten gerichtete, also negative T-Welle gekennzeichnet, während bei der Wanderung der Erregung von der Phasenlinie aus über den rechten Ventrikel etwa eine spiegelbildliche Kurve entsteht. Durch Latenzzeitmessungen ist jedoch die Richtigkeit der Modellvorstellung des „elektrischen Herzbildes" sehr in Frage gestellt (SCHAEFER). Es ist zwar berichtet worden, daß an Hand des „elektrischen Funktionsbildes" Funktionsstörungen der Zellmembranen der Herzmuskelzellen, eine Herzinsuffizienz im Frühstadium, die Dicke der Kammermuskulatur, eine genaue Lokalisation der Schenkelblockformen u. a. erkannt werden können. Ohne Zweifel bietet das „elektrische Herzbild" einige neue Möglichkeiten. Es muß weiteren Untersuchungen vorbehalten bleiben, die Bedeutung der „Funktionselektrokardiographie" abzugrenzen. Es besteht jedoch zur Zeit keine Veranlassung, die bisherige vektorielle Deutung des Ekg aufzugeben.

3.1.13. *Aktivitätsdiagnostik*

Nachdem Organ- und Funktionsdiagnostik bereits einen weitgehenden Aufschluß für die Beurteilung des Herzens vermittelt haben, wird die so von uns bezeichnete Aktivitätsdiagnostik vielfach den Abschluß für die endgültige Urteilsfindung bilden.

Vergegenwärtigen wir uns die diagnostischen Phasen, dann haben wir zu unterscheiden:

1. Die *Erhebung eines morphologischen Befundes*, der aussagt, daß das Herz zu einem bestimmten Zeitpunkt diese oder jene anatomische Beschaffenheit hatte.
2. Die *Belastung des Herzens in verschiedenster Form*, um festzustellen, wie groß seine funktionelle Leistungsbreite ist.
3. Bei einer kardialen Schädigung (Trauma, Infektion, Myokardinfarkt usw.) muß weiterhin dargetan werden, *wie weit eine gesetzte Läsion noch aktiv ist*, und ob die Reparationsbestrebungen noch in Gang befindlich oder bereits abgeschlossen sind. Diese Aktivitätsdiagnostik des Herzens unterscheidet sich wesentlich von der Funktionsdiagnostik; es kann sogar postuliert werden: solange mittels der ersteren nicht die Inaktivität objektiviert wurde, sollte die Funktionsdiagnostik nicht oder nur mit entsprechender Vorsicht durchgeführt werden. Die Aktivitätsdiagnostik gibt Hinweise für eine zielsichere Therapie, sie erleichtert die Prognose und ist unerläßlich für die Begutachtung.

Der Nachweis einer nicht völlig abgeschlossenen kardialen Ausheilung ist vielfach nicht ganz leicht zu erbringen, wird aber im Einzelfall, da er entscheidend ist für Genehmigung oder Verbot von körperlicher Belastung, Berufswahl oder Umschulung, mit allen Mitteln der uns zur Verfügung stehenden Diagnostik betrieben werden müssen.

Ein gewisses Leitsymptom ist naturgemäß der Herzschmerz. Solange Empfindungen in der Herzgegend bestehen, auf deren Vieldeutigkeit wir bereits S. 220 hingewiesen haben, muß man die allergrößte Vorsicht walten lassen. Andererseits kann man vorsichtig versuchen, den Herzschmerz auszulösen.

Im Rahmen der Herzdiagnostik wurde von SCHELLONG und SOESTMEYER die *Pyriferprovokation* empfohlen (10—12 E i.v.), welche den Vorteil hat, daß sie auch schwelende kardiale Prozesse der Diagnostik zugängig machen soll und darin besteht, daß innerhalb von 24 Stunden nach der Injektion Sensationen auch an sonst stummen Herden auftreten sollen. Die Befundverwertung ist nicht ganz einfach, da selbst durch 5 E Pyrifer bereits Temperaturzacken auftreten können und die Aufforderung an den Patienten, genauestens jede Schmerzreaktion zu registrieren, oft schwer verwertbare Ergebnisse zeitigt.

In gleiche Richtung deuten *Herzklopfen* bzw. mehr noch die ausgesprochene *Pulslabilität*. Es genügt bei derartigen Patienten oft das Aufrichten im Bett, ein kurzes Gespräch, die Einnahme einer mengenmäßig ganz geringen Mahlzeit, um die Frequenz auf Werte von weit über 100 pro Minute anschnellen zu lassen. Empfehlenswert ist darüber hinaus die Pulszählung im Schlaf. Bei noch vorhandener Aktivität eines Prozesses besteht die Tachykardie auch während des Schlafes, und die normalerweise zwischen Schlaf- und Wachpuls liegende Differenz von mindestens 7–10 Schlägen pro Minute ist aufgehoben oder stark vermindert.

Ein weiteres Symptom ist die *Bewegungstemperatur*.

Schon die Belastung durch kurzdauerndes Aufstehen oder Aufsitzen genügt oft, um eine kleine Temperaturzacke bei vorher afebrilen Patienten zu erzeugen. Als ausgesprochene Provokationsmethode ist die ,,Marschprobe'' von BIRCHER und BÖTTNER anzusehen. Sie untersuchten vor und nach $1^{1}/_{2}$ stündigem Marsch vergleichsweise Axillar- und Rektaltemperatur und fanden bei Reaktivierung bzw. Streuung irgendeines Herdes einen Anstieg der Darmtemperatur um über einen Grad, während die Axillartemperatur unverändert blieb. Die Auffassung, daß allein die Dekompensation eine Temperatursteigerung von 0,3–0,6 Grad verursache und somit eine Entscheidung zwischen noch erhaltener Aktivität und beginnender Dekompensation mittels dieser Methode auf Schwierigkeiten stoßen würde, können wir auf Grund unserer Erfahrungen nicht bestätigen.

Daneben sind deutliche Verschiebungen der morphologischen und chemischen Blutzusammensetzung für die Aktivitätsdiagnostik von überlegener Bedeutung.

Anämien kommen im Rahmen der Herzdiagnostik fast nur bei rheumatischen Herzfehlern und der Endokarditis lenta vor. Auch die Kontrolle der Leukozyten verschafft im allgemeinen einen weniger günstigen Einblick. Dagegen vermag die Leukozytenzählung vor und nach kurzdauernder *Herzdiathermie* (SCHLIEPHAKE) unter Umständen verwertbare Resultate zu liefern.

Auf Grund der Untersuchungen von SELYE ist auch den eosinophilen Zellen vermehrtes Interesse gewidmet worden. Abfall der eosinophilen Zellen oder gar Aneosinophilie sind dubiöse Zeichen. In Zweifelsfällen können THORN-Test und die Ausscheidung der 17-Ketosteroide oder der 17-Hydrokortikoide Aufschluß bei der Mitbeteiligung der Nebenniere z. B. bei der im Rahmen des Infarktgeschehens gegebenen stress-Situation vermitteln.

Sehr viel richtungweisender ist die Persistenz einer *Senkungsbeschleunigung* bei sonst anscheinend inaktiviertem Krankheitsbild bzw. auch ihr Wiederanstieg nach bereits eingetretener Normalisierung. In Zweifelsfällen kann die Ausführung der COSTAschen *Reaktion* eine Klärung herbeiführen. In gleicher Weise ist auch ein erhöhter Fibringehalt des Blutes zu deuten. Wesentlich erweitert wurde unser diagnostisches Rüstzeug durch die Kenntnis der verschiedenen Eiweißfraktionen und ihre Untersuchung durch *Gesamteiweißbestimmung, Elektrophorese* und *Eiweißlabilitätsproben*.

Wir wissen heute, daß das akute Entzündungssyndrom gekennzeichnet ist durch Abnahme von Albuminen und oft hochgradige Zunahme von Globulinen, wobei unter letzteren die a-Globuline noch stärker vermehrt sind als γ-Globuline. Geht der

Zustand in ein chronisches, oft bereits klinisch-inaktives Stadium über, dann nehmen im Elektrophorese-Diagramm die α-Globuline zugunsten der stark ansteigenden γ-Fraktionen ab. Diese Zunahme der γ-Globuline verursacht auch den positiven Ausfall der Serumlabilitätsproben (Thymoltest, Takata-Ara, Cadmiumsulfatprobe usw.). Dieses Entzündungssyndrom kann eindeutig von entsprechenden, im Rahmen der Dekompensation vorkommenden Eiweißverschiebungen (KONIAKOWSKY und OBERGASSNER) unterschieden werden. Solange daher das α-γ Globulinverhältnis nicht normalisiert ist, wird man die völlige Inaktivierung eines wie auch immer gearteten kardialen Prozesses nicht annehmen dürfen.

Naturgemäß hat man sich auch bemüht, das Elektrokardiogramm in die Aktivitätsdiagnostik des Herzens einzubauen. Es ist selbstverständlich, daß man, solange das Ekg einem dauernden Wandel unterworfen ist, mit einer vollständigen Ausheilung eines Prozesses nicht rechnen kann. Selbst die anscheinend fortlaufende „Besserung" eines Ekg-Befundes ist, wie wir S. 308 ausgeführt haben, mit Vorsicht zu beurteilen. Erst wenn ein Ekg zur altersgemäßen Norm zurückgekehrt ist, und sich extrakardialen Einflüssen gegenüber genügend stabil verhält, wird man mit einer weitgehenden Inaktivierung rechnen dürfen.

Die *Verlängerung der QT-Dauer* wurde als Ausdruck einer Änderung der Herzdynamik für den Spezialfall der rheumatischen Myokarditis beschrieben. Das Phänomen, welches nach HEGGLIN bereits als Ausdruck einer energetisch-dynamischen Insuffizienz aufzufassen ist, wurde als Aktivitätssyndrom vielfach diskutiert. Während zahlreiche Kliniker den Wert des Symptoms bestätigen und seinen Nachweis allen anderen Prüfungen gegenüber als überlegen annehmen, halten andere Untersucher dieses Symptom nur für bedingt aufschlußreich, da sie nicht nur eine Verkürzung von *QT* bei aktiver Karditis, sondern auch eine Verlängerung bei gesicherten inaktiven Zuständen feststellen konnten.

Sicher wird man in Zweifelsfällen durch Anfertigung von unipolaren oder Brustwandableitungen die Inaktivitätsdiagnostik noch zu erweitern und zu ergänzen haben.

Zum Zwecke der Objektivierung einer bereits eingetretenen Inaktivität ist eine *Gynergenbelastung* empfohlen worden, weiterhin *Ekg-Registrierung während eines rechtsseitigen Karotissinusdruckversuches*, wobei der Effekt noch durch eine vorherige Gabe von Prostigmin i.v. verstärkt werden soll. Das Vorgehen ist nicht ganz ungefährlich, wurden doch bei Fällen von latenter Myokarditis Überleitungsstörungen vom Systolenausfall bis zum totalen Block beobachtet. Andere Untersucher schließlich brachten unter dem gleichen Gesichtswinkel den *Histamin-Test* zur Anwendung und sahen bei entsprechenden Fällen Abflachung von T-Zacken und Senkung von ST-Strecken.

Für den Spezialfall der rheumatischen Herzschädigung, die vor allem für die allgemeine klinische Beurteilung, aber auch im Rahmen der Begutachtung eine Rolle spielt, ist die *Salizylsäurereaktion* von MEESTER aufschlußreich, welche einen Einblick in die humorale Umstimmung bei Fortbestand der Aktivität zu geben vermag.

Eine besondere Bereicherung vorzugsweise für entsprechende Untersuchungen beim Myokardinfarkt, stellt die moderne *Fermentdiagnostik* dar (WETZEL).

Nicht erhöhte Werte der Fermentaktivität der Serum-Glutamat-Oxalacetat-Transaminase (SGOT) lassen eine größere Gewebsnekrose ausschließen. Auch andere Herzerkrankungen, wie Dekompensation verschiedener Genese und Herzklappenfehler, zeigen normale Werte.

Höhe und Dauer des Aktivitätsanstiegs scheinen weitgehende Rückschlüsse auf die Ausdehnung des infarzierten Herzmuskelareals, die Intensität der Zellschädigung, die Geschwindigkeit des Gewebsunterganges und die Prognose zuzulassen.

In ähnlicher Weise wie der SGOT-Test hat sich der MDH-Test (Aktivitätsbestimmung des Enzyms Milchsäuredehydrogenase im Serum) in der Herzdiagnostik bewährt.

Schließlich wird man auch auf die *Allgemeinsymptome* zu achten haben, wobei Blässe, mangelhafte Gewichtszunahme während der Rekonvaleszenz, Appetitlosigkeit, Nausea, Kollapsneigung usw. im Sinne einer doch vorhandenen Aktivität gewertet werden müssen (THORNTON).

Mit diesen Methoden, die bei der Bedeutung dieser Frage noch einen weiteren Ausbau erfahren müssen und sicher noch nach der einen oder anderen Seite ergänzt werden können, wird es in den meisten Fällen gelingen, im Stadium der klinischen Latenz den Grad der noch vorhandenen Aktivität eines Herzschadens zu objektivieren. Solange auch nur eine dieser Untersuchungen positiv ausfällt und obligat auf das Herz bezogen werden kann, besteht die Notwendigkeit zur Schonung, Behandlung und weitgehender Invalidierung. Sobald jedoch eine eingehende Aktivitätsdiagnostik die vollständige Rückkehr aller Werte zur Norm ergibt, ist eine unkritisch oder schematisch verlängerte Schonung oft verhängnisvoll. Ein individuell abgestimmtes Training ist dann in solchen Fällen notwendig, um einer Dauerinvalidierung vorzubeugen und die Folgen der Defektheilung auf ein funktionelles Minimum zu beschränken.

3.1.14. Kardiale Frühdiagnose (Signa minima der Herzdiagnostik)

Bei dem Versuch, Herzerkrankungen bereits im prämorbiden Stadium zu erfassen, läßt uns die allgemeine Routine-Diagnostik häufig im Stich. Wir müssen hier auf *Kleinstsymptome* achten, die oft nur ein geringes Abweichen von der Norm ankündigen, bei Häufung jedoch eine gewisse diagnostische Bedeutung besitzen.

Wir haben uns besonders mit den „signa minima" der Anamnese und des Befundes beschäftigt, welche für die frühzeitige Erfassung von Koronarerkrankungen wertvoll sein können, in der Hoffnung, dadurch die Möglichkeit zu bekommen, die verhängnisvolle Kette bei der Entstehung der Koronarinsuffizienz und des Herzinfarktes durch zielgerichtete Therapie frühzeitig zu durchbrechen. Es ist nicht überraschend, daß die Eigenanamnese koronargefährdeter Menschen häufig leer erscheint, da derartige Kranke, wohl auf Grund ihrer Persönlichkeitsstruktur (GLATZEL) dazu neigen, diese „Signa minima" zu bagatellisieren.

Wir wissen, daß zwischen leichten Herzmißempfindungen, angefangen von der Aussage, „ich spüre, daß ich ein Herz habe" über Herzstechen, Herzdruck bis zum klassischen Angina-pectoris-Anfall, kein grundsätzlicher Unterschied sondern ein fließender Übergang besteht. Gerade die leichten Empfindungen, die oft gar nicht auf das Herz bezogen werden, des linken Armes oder Schultergelenkes sind es, auf die zu achten ist.

Hier besteht meist eine gesteigerte Sensibilität des Herzmuskels, die mit einer vegetativen Labilität parallel geht. Die einfache Herzmißempfindung, die vom Kranken nicht als eigentlicher Schmerz bezeichnet wird, hat in dem zugehörigen Segment der Körperoberfläche oft eine Zone, die nach einem leichten Reiz in Form eines Druckes eine Schmerzempfindung auslöst. Wir sehen nicht selten, daß in Unkenntnis der reflektorischen Zonen eine Herzerkrankung auf Grund der Druckempfindlichkeit der Muskulatur und der Verhärtung und Verspannung einzelner Muskelgruppen abgelehnt und die Diagnose einer Myalgie oder Interkostalneuralgie gestellt wird, während es sich in Wirklichkeit um eine HEADsche Zone bei einer Herzerkrankung handelt.

Nicht selten ist die Klage, daß das Tragen von Gegenständen, z. B. von einer Aktentasche, mit dem linken Arm Beschwerden macht. Sehr viel häufiger aber ist die völlig unbewußte Ruhigstellung des linken Armes, die, wie später noch auszuführen sein wird, unter Umständen einen Circulus vitiosus anbahnt, weiterhin eine ebenfalls gar nicht in den Anfangsstadien bewußt werdende Kälteempfindlichkeit, die dazu verlockt, stets den linken Handschuh zu tragen oder die Hand in der Tasche zu bergen. Meist sind es gar nicht Schmerzen, sondern vielmehr ein Gefühl von Schwere oder Kraftlosigkeit, das den linken Arm entlasten läßt. Kalte und pelzige Finger, meist im Ulnargebiet, sind nicht selten. Sommerliche Bein- und Fingerödeme, die oft mit renalen oder kardialen Ödemen verwechselt werden, besonders wenn gleichzeitig Herzsensationen bestehen, können Vorboten einer Koronarinsuffizienz sein. Typisch für sommerliche Fingerödeme ist das Nichtmehr-Abstreifen-können der Ringe. Diese bläulich-rötliche, verquollene, schweißige Hand ist unverkennbar (CURTIUS). Die Gliedmaßen-Enden sind fast immer kalt und feucht. Auf ein Erythema fugax ist zu achten, das sich in charakteristischer, flächiger Anordnung an Hals und oberem Sternum, vor allem bei Erregung findet. Hierher gehört auch die langanhaltende, breite Dermographie mit pseudopodienartigen Ausstrahlungen, das sog. Reflexerythem. Auffällig ist die bereits S. 164 beschriebene schlechte Verträglichkeit der linken Seitenlage. Diese Beobachtung geht den manifesten Krankheitssymptomen am Herzen meist um mehrere Monate voraus.

Nächtlicher Harndrang und Neigung zu Flüssigkeitsretention sind zu beachten. Bei Frauen finden wir nicht selten Menstruationsstörungen, Dysmenorrhoe und Fluor genitalis. Ausgesprochen ist meist die Wetterfühligkeit und Witterungsempfindlichkeit dieses Personenkreises, dessen Beschwerden durch klimatische Umstellungen ausgelöst oder verstärkt werden. Die Empfindlichkeit der Stenokardiegefährdeten bei Warm-Kalt-Wechsel ist nahezu pathognomonisch. Auffällig sind weiterhin alle Aussagen über spontane Änderungen der Lebensgewohnheiten.

Die Angabe, plötzlich keinen Kaffee mehr zu vertragen oder freiwillig auf das Rauchen verzichtet zu haben, ist ebenso suspekt, wie die übergangslose Aufgabe einer Sportart, Unverträglichkeit von kalten Anwendungen oder Wechselgüssen, Belästigung durch blähende oder schwerverdauliche Speisen, Wiederbenützen von Hosenträgern infolge lästigen Druckes durch Gürtel oder Hosenbund. In gleiche Richtung kann eine paradoxe Wirkung von Kaffee oder Schlafmitteln, indem der erstere nicht anregt, sondern schläfrig macht und die letzteren zur Erregbarkeitssteigerung führen, weisen.

Alle die genannten Beobachtungen sind typisch für das Vorhandensein funktioneller Blutverteilungsstörungen, die wir unter dem Begriff der Neurozirkulatorischen Dystonie zusammengefaßt haben. Wie wir später noch zeigen werden, müssen wir in dieser Kreislaufreaktion die disponierende Ursache für Kreislaufkatastrophen sehen. Eine in unserer Zeit besonders häufige Ursache der Neurozirkulatorischen Dystonie ist ein Zustand, den wir „Übermüdung" nennen.

Tabelle 20. "Signa minima" für die Frühdiagnose koronarer Durchblutungsstörungen

Subjektive Angaben allgemeiner Natur	Sensationen kardiogener Prägung	Objektive Befunde
Müdigkeit und Mattigkeit	Sensationen in der Herzgegend	Akzelerierte Herztätigkeit
Vorzeitige Ermüdbarkeit	"Organgefühl"	Pulslabilität
Leistungsschwäche	Herzklopfen	respiratorische Arrhythmie
Nachlassen der körperlichen und geistigen Kräfte	Herzunruhe	Neigung zu Extrasystolen vorzugsweise in Ruhe, die nach Belastung schwinden
Vergeßlichkeit und Konzentrationsschwäche	Leeregefühl im Herzen	Tendenz zu Tachykardie
Mangelhafte Initiative	Kälteempfindlichkeit des linken Armes	Röntgen: Einengung der Pulsationsbreite
Verstimmung, Lustlosigkeit	Absterben des linken Armes und Kraftlosigkeit	Trägheit der Pulsationen
Reizbarkeit, Ungeduld	Unfähigkeit links Lasten zu tragen	Änderung von Pulsationsfrequenz u. Pulsationsrhythmus
unbestimmtes Angstgefühl	Druckempfindlichkeit li. Thorax	Minderung des Herztonus
Antriebsarmut	Schulter-Hand-Syndrom	Ekg: Tachykardie-Ekg (HOLZMANN)
Kontaktschwäche	Freiwilliger Verzicht auf Kaffee und Nikotin	Hochspitze T-Zacken in Abl. I u. II
Erregbarkeit	Unverträglichkeit linker Seitenlage	Respiratorische Deformation
Unausgeglichenheit	Anfallsweise Kurzatmigkeit ohne Bronchitis	deutlicher Orthostase-Effekt
Unsicherheit		ausgeprägte Tagesschwankungen
Innere Unruhe		Doigts morts (ulnar links)
Hast, Gehetzt- u. Gejagtfühlen		Erythema fugax
"Nicht-mehr-fertig-werden"		Ausgeprägter Dermographismus
Schlafstörungen mit Albträumen		Lid- bzw. Fingertremor
Wetterfühligkeit und Witterungsempfindlichkeit		"Überschießende" bzw. "paradoxe" Gefäßreflexe
Kälteempfindlichkeit		Positiver Ausfall von LIBMAN-Test und LAPLACEscher Probe
Schweregefühl in den Gliedern		
"moving legs"		
Schweißneigung		
Erholungs- und Mußeunfähigkeit		

Diese Menschen klagen insbesondere über eine allgemeine Mattigkeit und Lustlosigkeit. Schon bei geringen Anstrengungen sind sie schnell ermüdbar. Häufig wird eine dauernde Müdigkeit angegeben (s. S. 224 Tabelle 13), die mit einer schlechten geistigen Konzentrationsfähigkeit verbunden ist. Manche berichten über das Gefühl einer „Gehirnleere". Andererseits sind sie innerlich unruhig, überempfindlich und „nervös". Schon kleine Reize können für sie unerträglich sein. Bereits beim Aufstehen fühlen sich diese Kreislaufgefährdeten zerschlagen und müde. Die Erholungszeit ist verlängert und die Erholungstendenz vermindert. Außerordentliche Stimmungsschwankungen mit Neigung zu Depression sind oft zu beobachten. Andere Patienten haben vorwiegend Erscheinungen von Seiten des Kopfes, z. B. das Gefühl des Verkatertseins, das mit Taumeligkeit und Schwindelgefühl verbunden sein kann und Kopfschmerzen, die besonders häufig im Bereich der Stirn und des Hinterkopfes angegeben werden. Recht charakteristisch ist die Angabe des Schwarzwerdens vor den Augen beim Wiederaufrichten nach Bücken, das meist bei orthostatischen Kreislaufregulationsstörungen auftritt. Kurz dauernde Ohnmachten kommen vor.

Bei vielen Personen besteht eine Neigung zu Schweißausbrüchen bei körperlichen Anstrengungen, seelischen Erregungen, aber auch nachts während des Schlafes. Des öfteren finden wir die subjektive Empfindung des Nichtdurchatmenkönnens, die als „Atemkorsett" bezeichnet worden ist und die Neigung zu Atemnot und Beklemmungsgefühl (pulmonale Dystonie). Bisweilen sind Störungen vonseiten des Verdauungssystems zu beobachten, wie Sodbrennen und saures Aufstoßen, Druckgefühl in der Magengegend, krampfartige Schmerzen im Oberbauch, Völlegefühl, Obstipation.

Alle diese Symptome ohne eigentlichen Krankheitswert gewinnen an Bedeutung, wenn wir in der Anamnese von Trainingsverlust durch sitzende Lebensweise am Schreibtisch oder im Auto, von Fehlen einer vernünftigen körperlichen Ausarbeitung, von einer reichlichen und fettreichen Ernährungsweise, durchgemachten Infekten usw. hören. Eine erhöhte koronare Gefährdung können wir vermuten, wenn diese Symptome bei Störungen des Lipoidstoffwechsels, Fettleibigkeit, arteriellem Hochdruck usw. beobachtet werden.

In Tabelle 20 haben wir versucht, die „Signa minima" für die Frühdiagnose koronarer Durchblutungsstörungen zusammenzustellen. Es ergibt sich, daß im Rahmen der subjektiven Angaben Symptome allgemeiner, unspezifischer Natur, solchen kardiogener Prägung gegenübergestellt werden können, welche erst den eigentlichen Hinweis auf die spezielle Organbedrohung liefern. Der Nachweis objektiver Befunde rundet auch hier das diagnostische Bild ab.

Die „Signa minima" des Befundes sind neben den bereits aufgeführten Symptomen lebhafter Reflexerregbarkeit, Tendenz zu Lid- und Fingertremor, Rhythmusstörungen des Herzens, Neigung zu Tachykardie und Pulslabilität. Extrasystolen bewirken bei sensiblen Menschen Herzunruhe und allgemeines Angstgefühl, Symptome, die sich ihrerseits wiederum ungünstig auf die Fortentwicklung des Krankheitsgeschehens auswirken. Zumeist handelt es sich um Kammerextrasystolen, die nach körperlicher Belastung fast immer verschwinden. Nur wenn diese Extrasystolen stets vom gleichen Ursprungsort ausgehen, sind sie von subklinischer Bedeutung. Ein wichtiges Symptom ist die respiratorische Sinusarrhythmie, die besonders häufig zusammen mit einer Bradykardie gefunden wird. Bei Jugendlichen, besonders im 2. Lebensjahrzehnt, ist sie physiologisch. Im infarktgefährdeten Alter hingegen hat sie nach unseren Beobachtungen eine prämorbide Bedeutung. Bei einem Ersatzrhythmus, z. B. av-Rhythmus, ist es häufig eine gesteigerte vegetative Erregbarkeit, die zur a)

b)

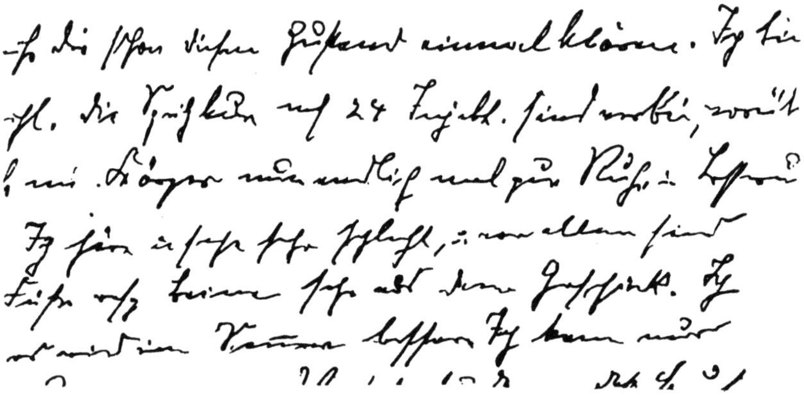

A. a) 1947: Gesund und leistungsfähig; b) 1957: arterieller Hochdruck.

a)

b)

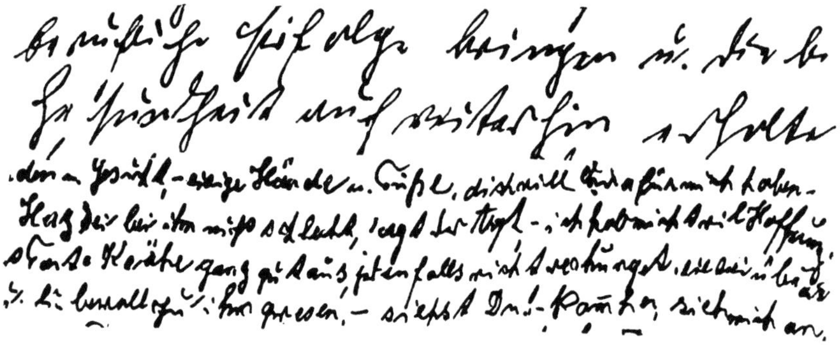

B. a) 1947; b) 1953: Zustand nach apoplektischem Insult.

a)

b)

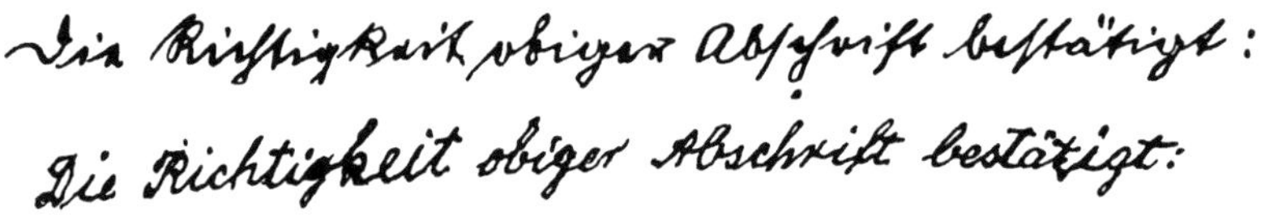

C. a) Gesund – b) Zerebralsklerose.

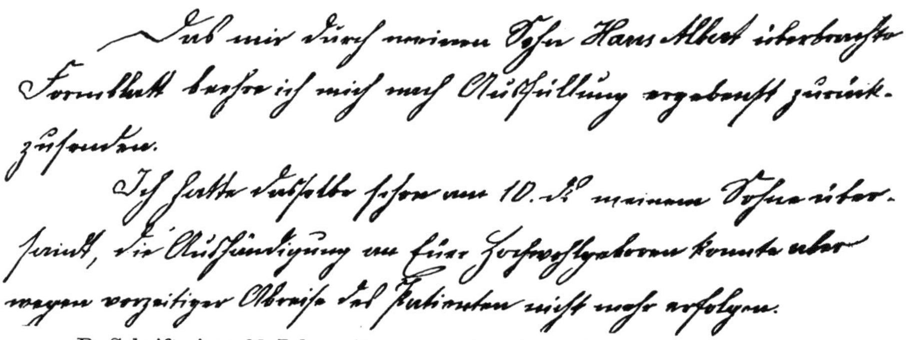

D. Schrift eines 91 Jahre alten, gesunden, biologisch gealterten Mannes.

Abb. 149. Schriftzüge bei Herz-Kreislauferkrankungen.

Unterdrückung der Sinusreizbildung führt. Nach Belastung muß normaler Sinusrhythmus eintreten.

Auffallend ist elektrokardiographisch ein hohes T in Ableitung I und II in Ruhe, das nach Belastung deutlich flacher werden kann. Das Auftreten von Tagesschwankungen, insbesondere im Verlauf der ST-Strecken und T-Zacken, ist häufig und bedeutungsvoll, da es bei einmaliger Ekg-Aufnahme zu diagnostischen Fehlschlüssen führen, bei richtiger Beurteilung aber die elektrokardiographische Diagnostik wertvoll bereichern kann.

Oft sieht man orthostatische Reaktionen im Stehversuch (s. S. 428), die insbesondere in P-Erhöhungen, ST-Depressionen und Abflachung bzw. Negativierung der T-Zacken in der II. und III. Ableitung bestehen. Die Meinungen über die Ursache des Orthostase-Effektes gehen auseinander, so werden z. B. Änderung der Herzlage, Umstellung des vegetativen Tonus und ein vermindertes Blutangebot an die Koronararterien verantwortlich gemacht. Da jeder dieser Faktoren eine Rolle spielen kann, wird man das orthostatische Syndrom sehr individuell zu bewerten haben. Es ist uns bekannt, daß sich orthostatische Veränderungen im Ruhe- und Belastungs-Ekg finden können, was zu schwerwiegenden Fehlbeurteilungen führen kann (LAURENTIUS).

Es ist besonders bemerkenswert, daß sich diese vegetative Dysregulation, die innere Unruhe und Fehlgestimmtheit, sehr häufig auch im Schriftbild ausprägt. Wir wollen diese vorstehenden Schriftproben nicht graphologisch ausgewertet sehen, sondern vorzugsweise als Ausdruck einer vegetativen Fehlkoordination, die um so augenscheinlicher wird, wenn man die Schriftzüge eines harmonisch gealterten Menschen damit vergleicht (Abb. 149 A–D).

B. Untersuchung des peripheren Kreislaufes

1. Aorta

1.1. Inspektion, Palpation, Auskultation

Der *Inspektion* bietet die gesunde Aorta keine verwertbaren Befunde. Beim Verlust der zentralen Windkesselfunktion sieht oder fühlt man eine Pulsation im Jugulum (z. B. bei Aortitis luica, zentraler Sklerose).

Aortenaneurysmen imponieren nicht selten bereits bei der Inspektion durch besondere Pulsationsphänomene, die am häufigsten im 2. ICR rechts beobachtet werden.

Perkutorisch entzieht sich die Aorta normalerweise dem Nachweis, da sie zu tief gelegen ist, als daß sie der Klopfschall noch erreichen könnte.

Findet sich in ihrem Bereich eine Dämpfung, so kann es sich differentialdiagnostisch um ein Aortenaneurysma, eine Struma substernalis, einen Mediastinaltumor usw. handeln.

Eine *Palpation* der Aorta ist bei schlaffen, sehr dünnen Bauchdecken möglich.

Bei der Auskultation kann man einen klingenden Aortenton bei allen Druckerhöhungen in der Aorta wahrnehmen. Findet sich ein akzentuierter A II jedoch bei völlig normalem Blutdruck, so weist das auf eine Verhärtung der Aortenwand hin, die durch Aortitis luica, zentrale Sklerose sowie eine unspezifische Medianekrose hervorgerufen sein kann.

Das systolische Aortengeräusch bei der Aortitis luica kommt zustande bei normalem Klappenapparat durch das Mißverhältnis von normaler Weite des Aortenostiums und starker Erweiterung des Aortenlumens. Ein lautes systolisches Schwirren, das meist auch gleichzeitig fühlbar ist, hört man beim Aortenaneurysma und bei offenem Ductus Botalli.

1.2. Röntgenuntersuchung

Röntgenologisch bildet die Aorta bei sagittaler Strahlenrichtung den oberen, rechten Rand der Herzsilhouette, wobei der Scheitel der Aorta ungefähr 2 bis 3 cm unterhalb des Sternoclaviculargelenkes liegt. Der Übergang des Bogens zur Aorta descendens wird als Aortenknopf bezeichnet. Kommt es zur Verlängerung der Aorta, was im höheren Alter stets der Fall ist, dann zeigt sich dies durch vermehrte Schlängelung und Höhertreten des Aortenknopfes, der meist durch gleichzeitige Kalkeinlagerung besonders deutlich sichtbar wird (s. Abb. 126 S. 339). Bei Durchleuchtung im zweiten schrägen Durchmesser ist die Aorta, besonders wenn sie sklerotisch ist, sehr deutlich zu erkennen und bildet das „Aortenfenster". Das Gefäßband ist dagegen am besten im ersten schrägen Durchmesser abzugrenzen. Nicht selten kann man die kalkhaltigen Aortenwände bis in die Aorta abdominalis verfolgen. Die Normalmaße der Gefäßbreite in diesem Durchmesser betragen ca. 3,5–3,8 cm.

Auch für die Feststellung eines Aortenaneurysmas ist die Röntgenuntersuchung wertvoll. Es befindet sich meist im Bereich der Aorta ascendens oder des Aortenbogens. Die Abgrenzung von einem Mediastinaltumor kann schwierig, ja sogar unmöglich sein. Aneurysmen im Bereich der Aorta abdominalis sind demgegenüber äußerst selten.

Im *Aorten-Flächen-Kymogramm* setzt sich die erkennbare Lateralbewertung der Aorta zusammen aus einer wirklichen Dilatation der Aortenwand und aus einer durch den Pulsationsstoß bedingten Lageveränderung des Gefäßes. Wenn es auch nicht möglich ist, diese beiden Faktoren im Kymogramm voneinander zu trennen, so können doch bei der nichtsklerosierten Aorta die Lateralbewegungen zum größten Teil auf die Dilatation bezogen werden. Die normale Aorta zeigt eine rasche, kammersystolische Dehnung und eine langsamere kammerdiastolische Kontraktion, und zwar nehmen die Bewegungen nach der Peripherie zu an Größe deutlich ab (Windkesselfunktion der Aorta). Da die Dilatation der Aorta einerseits von dem Zuwachs des Blutvolumens während der Ventrikelsystole und andererseits von der Elastizität bzw. Dehnbarkeit der Aortenwand abhängt, müssen bei Änderung dieser Faktoren auch Änderungen in den pulsatorischen Aortenbewegungen auftreten.

So sind bei der Aorteninsuffizienz die Lateralbewegungen, besonders an der Aorta ascendens, sehr groß und spitz (sogenannte Schleuderbewegungen). Demgegenüber finden sich bei der luischen Wandveränderung, als Ausdruck der herabgesetzten Elastizität charakteristische spitze, bikonkav begrenzte Pulsationen, die auch als Frühsymptom der Aortitis luica zu werten sind. Bei Aortenaneurysmen können mit fortgeschrittener Thrombosierung der randbildenden Partien Pulsationen völlig fehlen, so daß aus dem Kymogramm allein ein Mediastinaltumor nicht mit Sicherheit ausgeschlossen werden kann. Bei Sklerosen und arteriellem Hochdruck ist, als Ausdruck der herabgesetzten Dehnbarkeit, die Größe der Ausschläge an der Aorta ascendens etwas kleiner als normal. Weiterhin finden sich Abschrägungen der Lateralbewegung, doch konnten sichere Unterscheidungsmerkmale von Hochdruck und Aortensklerose kymographisch bisher nicht festgelegt werden. Alle Veränderungen von Bewegungsgröße und -form, auch Arrhythmien sind an der Aorta ascendens am deutlichsten ausgeprägt und verwischen sich allmählich nach der Aorta descendens zu.

1.3. Aortographie

Neuerdings sind mit der Aortographie in bestimmten Fällen wertvolle Aufschlüsse zu gewinnen.

An der Durchführung einer Aortographie kann aus vorwiegend zwei Gründen praktisches klinisches Interesse bestehen:

1. Die tiefe oder translumbale Aortographie dient der Lokalisation von arteriellen Verschlüssen im Beckenbereich. Streng indiziert dürfte die Methode nur bei beabsichtigter chirurgischer Behandlung sein.

2. Die hohe Aortographie hat sich in der Nierendiagnostik vor allem zur Erfassung von Nierentumoren und -mißbildungen bewährt. Weiterhin kann die Sondenaortographie zur Darstellung der Brustaorta und ihrer Abgänge einschließlich der Arteria vertebralis angewandt werden (PANTLEN).

Methodisch bestehen zwei Wege. Das ältere, von DOS SANTOS angegebene Verfahren ist die Kontrastmittelapplikation nach Direktanstich der Aorta, die direkte Aortographie. Diese Methode beinhaltet insbesondere bei der hohen subdiaphragmalen Kontrastmittel-Applikation erhebliche Gefahren, die durch die Sondenaortographie weitgehend vermieden werden können. Bei letzterer wird das Kontrastmittel durch einen von der Femoralarterie mittels Führungssonde in die Aorta hochgeschobenen Kunststoffkatheter appliziert. Da die Sondenaortographie nur bei Durchgängigkeit der Beckenarterien durchgeführt werden kann, kommt sie bei angiologischen Indikationen im allgemeinen nicht in Betracht. Kontraindikation besteht bei fortgeschrittener Atherosklerose wegen der Gefahr der Intimaverletzung und Provokation arterieller Embolien.

2. Peripher-arterielles System

2.1. Inspektion

Die durch die systolische Kontraktion des Herzens ausgeworfene Blutmenge bewirkt eine passive Erweiterung, d. h. Pulsation der Aorta, der mittleren und auch der kleineren Arterien. In den peripheren Arterien verebben die vom Herzen kommenden rhythmischen Schwankungen, bis sie im Kapillargebiet in der Norm nurmehr angedeutet sind.

Sehr ausgeprägte Pulsationen setzen sich bei weiten Arteriolen bis in die Kapillaren (Kapillarpuls) fort.

Ähnlich einem Windkessel oder einem Schwungrad wird die systolische Energie des Herzens in den elastischen Arterien für die Diastole gespeichert und in eine möglichst gleichmäßige Strömung umgewandelt. Auch in den mittleren und kleinen Gefäßen spielt die Windkesselwirkung noch eine Rolle. Aber hier tritt zu dieser passiv elastischen Funktion eine aktiv muskulöse hinzu, die dafür sorgt, daß die Gefäße, abhängig von dem jeweils nötigen Blutbedarf der von ihnen versorgten Organe, einen bestimmten Tonus besitzen.

Die Inspektion erlaubt beim gesunden, in Ruhe befindlichen Menschen nur geringen Einblick in die Funktion und Reaktionsfähigkeit der Arterien. Die normalen Arterien liegen zu tief, und ihre Pulsationen sind einerseits zu schwach und werden andererseits durch Muskulatur und periarterielles Gewebe so gedämpft, daß sie nicht nachzuweisen sind. Bei sehr mageren Patienten aber und bei verstärkter Herzaktion können die pulsatorischen Füllungsschwankungen auch an der Körperoberfläche sichtbar werden.

In solchen Fällen sind sichtbare Pulsationen über den Karotiden, der Art. radialis, der Art. temporalis sowie der Bauchaorta kein seltener Befund. Letztere muß allerdings von der epigastrischen Pulsation bei Rechtshypertrophie oder bei kurzem Sternum unterschieden werden. Auffällige Pulsationen können den Verdacht auf ein traumatisches Aneurysma spurium oder ein Aneurysma arterio-venosum erwecken. Ein besonders imponierendes Bild oberflächlich pulsierender Arterien findet sich bei der Aortenisthmusstenose, deren Träger nur durch die Ausbildung zahlreicher kollateraler Anastomosen lebensfähig ist, und bei dem nicht selten bis fingerdicke, lebhaft pulsierende Brustwandarterien zu finden sind. Stärkere Schlängelungen oberflächlicher Arterien, wie sie besonders an den Temporalarterien offenkundig werden, sind auf Elastizitätsverlust der Gefäßwände sowie auf vermehrte Gefäßbeanspruchung durch hohen Blutdruck zu beziehen.

Eine besondere Art der Gefäßbeurteilung eröffnet die Betrachtung des Augenhintergrundes.

Diese Gefäßprovinz erscheint uns diagnostisch als so wichtig, daß wir sie S. 472 ausführlich besprechen werden.

2.2. Palpation

Die Arteria radialis in ihrer exponierten Lage und mit der festen Knochenunterlage ist besonders geeignet, um die Füllung und Spannung des Gefäßsystems sowie den Rhythmus des Herzens zu untersuchen.

Mit Hilfe der Palpation der Art. radialis kann man verschiedene Eigenschaften des Pulses feststellen, die bei genügender Übung einen gewissen Einblick in die Hämodynamik des peripheren Kreislaufes gestatten. Abgesehen von der Frequenz vermittelt die Pulsuntersuchung eine Vorstellung vom Rhythmus, der Stärke, dem Anstieg und Abfall der Pulswelle, der pulsatorischen Spannung, der Beschaffenheit der Gefäßwand und dem gleichmäßigen Verhalten der rechten und linken Seite.

Bekanntlich besteht die Palpation der Art. radialis darin, daß man dem Gefäß die Spitzen des 2., 3. und 4. Fingers aufsetzt. Notwendig ist es, die Fingerspitzen nur ganz leicht aufzulegen, da sonst die feinere Empfindung verloren geht und sich durch abwechselndes Tasten bzw. stärkeres Drücken zu informieren.

Da Anomalien im Verlauf der Art. radialis nicht gerade zu den Seltenheiten gehören, ist es mitunter notwendig, die Art. brachialis zu Hilfe zu nehmen. Es ist oft vorteilhaft, neben der Art. radialis und Art. brachialis auch die Art. dorsalis pedis und am Malleolus internus die Art. tibialis posterior abzutasten. Veränderungen in der Wand der Arterien lassen sich oft an der Art. dorsalis pedis und der Art. brachialis besser als an der Art. radialis erkennen.

2.2.1. Beschaffenheit der Arterienwand

Bei der Arteriosklerose ist die Intima unregelmäßig verdickt und mit Kalksalzen durchsetzt. Das Arterienrohr fühlt sich dabei geschlängelt, ungleichmäßig und verhärtet an, wie eine Perlenschnur oder „Gänsegurgel". Unter normalen Bedingungen kollabiert ein gesundes Gefäßrohr nach Unterdrückung des Pulses, das arteriosklerotische Gefäß kollabiert nicht.

2.2.2. Arterienpulsphänomene

a) Pulsfrequenz

Die Pulszahl (Frequenz) beträgt beim Neugeborenen 130–150 Schläge in der Minute und sinkt im Verlauf der Kindheit allmählich, um sich beim Erwachsenen zwischen 60 und 80 Schlägen in der Minute zu halten und im Greisenalter wieder etwas anzusteigen. Auch niedrigere Zahlen zwischen 50 und 60 werden bei sonst ganz herzgesunden Menschen gefunden.

Unter normalen Verhältnissen stimmt die Pulszahl mit der Herzfrequenz überein. Bei Arrhythmien sind jedoch unter Umständen die durch den Extrareiz ausgelösten Herzkontraktionen so schwach, daß sie nicht bis in die Peripherie fortgeleitet werden, man spricht dann von einem Pulsdefizit und von „frustranen Kontraktionen". In diesen Fällen muß die Herzfrequenz stets neben der Pulsfrequenz aufgezeichnet werden, da erst durch die Größe des Pulsdefizits eine funktionelle Beurteilung möglich wird.

Pulsverlangsamung (Bradykardie – Pulsus rarus) findet sich unter normalen Bedingungen bei hochtrainierten Sportlern, als Ausdruck einer vagotonischen Einstellung mit Schongang des Herzens. Sonst findet sich Bradykardie in der Rekonvaleszenz mancher Infektionskrankheiten (Influenza), ferner beim Ikterus (Wirkung der Gallensäuren auf das Herz), bei günstiger Ausheilung von Myokardinfarkten (wahrscheinlich als Kompensation), bei Vagusreizung (reflektorisch durch Erbrechen), bei gesteigertem Hirndruck (z. B. im ersten Stadium der Basalmeningitis) und unter den Herzklappenfehlern besonders häufig bei der Aortenstenose. Pulsverlangsamung auf unter 50 Schläge in der Minute werden meist durch Überleitungsstörungen (totalen Block) verursacht. Die relative Pulsverlangsamung (d. h. langsamer als der meist hohen Temperatur entspricht) kann bei Typhus abdominalis, der Trichinose, bei Fleckfieber usw. von diagnostischer Bedeutung sein.

Pulsbeschleunigung (Tachykardie = Pulsus frequens) findet sich normalerweise bei Muskelanstrengung, zumal bei geschwächten Individuen und bei Rekonvaleszenten, nach der Nahrungsaufnahme und bei psychischer Erregung. Im Fieber nimmt der Puls für je ein Grad Temperaturerhöhung um ungefähr 8 Schläge zu. Pulsbeschleunigung findet sich ferner bei Vaguslähmung und bei exzessiv gesteigertem Hirndruck (z. B. im letzten Stadium der Basalmeningitis), bei Hyperthyreose, Endokarditis, Myokarditis und Perikarditis, bei Herzschwäche und schließlich im Kollaps, nicht selten auch bei respiratorischer Insuffizienz.

Für die Beurteilung der Pulsfrequenz ist das Verhalten nach Belastung wertvoll. Schnellt sie bereits nach geringen Anstrengungen auf sehr hohe Werte und braucht eine sehr lange Zeit bis zur Normalisierung, dann muß, wenn keine psychische Exaltation oder Hyperthyreose vorliegen, an eine Herzschwäche gedacht werden. Hohe Pulsfrequenzen, deren Zahl kaum noch palpatorisch festgelegt werden kann, bestehen bei der paroxysmalen Tachykardie. Auf extreme Bradykardie, die auch durch Belastung kaum beeinflußbar ist und auf die diagnostisch verwertbare Tag-Nacht-Differenz der Pulsfrequenz, haben wir S. 389 im Rahmen der Aktivitätsdiagnostik aufmerksam gemacht.

b) Pulsgröße (Pulsus altus bzw. parvus)

Die Größe der vom Finger getasteten Pulswelle ist weniger abhängig von der pulsatorischen Erweiterung des Arterienrohres, als vielmehr von der Blutdruckamplitude.

Voraussetzung ist ein genügendes Schlagvolumen und ausreichende Nachgiebigkeit der palpierten Arterie. Es wird daher der Puls mancher Hochdruckkranker nicht als groß empfunden, da die mittleren Arterien infolge erhöhter Spannung wenig pulsieren. In genügend weiten und nicht starren Gefäßen erzeugen große Blutdruckamplitude und großes Schlagvolumen einen großen Puls und unter gleichen Voraussetzungen finden wir ihn bei körperlichen Anstrengungen, seelischen Erregungen, häufig im Fieber (trotz geringer absoluter Druckhöhe), bei arteriellem Hochdruck, Aorteninsuffizienz (Pulsus celer et altus) und manchen Bradykardien.

Ein kleiner Puls dagegen kommt zustande bei kleinem Schlagvolumen und kleiner Blutdruckamplitude, die an sich schon meist gemeinsam angetroffen werden bei: Nachlassen der Herzkraft (soweit nicht Komplikationen z. B. mit einer Aorteninsuffizienz das Bild verwischen), oft bei Stenosen der Klappenostien, im Kollaps und bei hochgradiger Verhärtung, Verengerung und Kontraktion der Arterien.

Aus der Pulsgröße können keine Rückschlüsse auf die Herzkraft gezogen werden. Bei der Aorteninsuffizienz findet sich auch bei schwerer Herzschädigung noch ein Pulsus celer et altus. Auch im Fieber braucht einem großen Puls keineswegs ein guter Zustand des Herzens zu entsprechen. Umgekehrt darf aus einem kleinen Puls, wie er sich nicht selten bei Vagotonikern, vor allem auch bei Frauen findet, nicht auf ein „schwaches" Herz geschlossen werden.

c) Pulshärte (Pulsus durus bzw. mollis)

Den Grad der Spannung des Arterienrohres erkennt man an dem Widerstand, den die Arterie dem tastenden Finger entgegensetzt. Die Härte des Pulses entspricht in erster Annäherung der Höhe des mittleren Blutdruckes.

Normalerweise ist die Radialarterie nur während des systolischen Druckmaximums, also bei einem Druck von 100–200 mm Hg zu fühlen, nicht aber während des diastolischen Druckabfalles auf etwa 60–70 mm Hg. Bei hartem Puls ist dagegen die Arterie dauernd als strangartiges, prall gefülltes Rohr zu tasten (drahtförmiger Puls). Harter Puls findet sich bei arterieller Blutdrucksteigerung (am ausgesprochensten bei der Schrumpfniere und der Bleivergiftung), weicher Puls dagegen bei Infektionskrankheiten, Unterdruck, Tuberkulose, im Fieber, bei Herzschwäche, Peritonitis, Asthenie und nicht selten beim Asthma bronchiale.

d) Pulsschnelligkeit (Pulsus celer bzw. tardus)

Die Schnelligkeit, mit der der Pulsdruck ansteigt und absinkt, ist abhängig von der Blutdruckamplitude und von der Geschwindigkeit des Druckanstieges und -abfalles.

Schnellender Puls (Pulsus celer) findet sich im Fieber, wenn der erregten Herzaktion ein rascher Druckabfall infolge der fieberhaften Erweiterung der kleinsten Gefäße nachfolgt. Das Extrem des schnellenden Pulses ist der Pulsus celer et altus bei der Aorteninsuffizienz. Im Gegensatz dazu steht der schleichende, träge, langdauernde Puls, wie er bei der Aortenstenose gefunden wird (Pulsus tardus et longus).

e) Energie des Pulses (Pulsus fortis bzw. debilis)

Ein kräftiger Puls erfordert allein weder eine große Blutdruckamplitude noch eine starke pulsatorische Volumenzunahme. Die Hauptbedingung ist die absolute Höhe des maximalen und minimalen Blutdrucks.

Man verschafft sich eine gute Vorstellung von der Kraft des Pulses, wenn man mit dem palpierenden Finger einen Druck auf die Arterie ausübt und feststellt, wie stark der Druck sein muß, um den Puls ganz zu unterdrücken. Einen besonders kräftigen Puls findet man unter physiologischen Umständen schon bei körperlicher Belastung und seelischer Erregung und unter pathologischen Verhältnissen beim arteriellen Hochdruck.

f) Pulsrhythmus (Pulsus regularis bzw. irregularis)

Unter normalen Bedingungen schlägt das Herz gleichmäßig. Bei Jugendlichen, Vagotonikern usw. ist häufig eine deutliche Abhängigkeit des Rhythmus von der Atmung (Beschleunigung im Inspirium – Verlangsamung im Exspirium), d. h. eine respiratorische Arrhythmie, wahrnehmbar. Extrasystolen lassen sich durch das Auftreten einer kompensatorischen Pause erkennen. Im übrigen sind Pulsunregelmäßigkeiten nach Art und Lokalisation eindeutig nur durch das Ekg aufzuklären.

Beim Pulsus alternans folgt jedem großen Pulsschlag meist in normalem Abstand ein schwächerer kleiner. Er kommt vor als Zeichen einer Herzmuskelschwäche und geschädigter Kontraktilität des Herzmuskels. Als Pulsus paradoxus bezeichnet man die Erscheinung, wenn der Arterienpuls bei jeder Inspiration kleiner und bei tiefer Inspiration sogar ganz unfühlbar wird. Er wird beobachtet bei schwieligen Verwachsungen oder Tumoren im Mediastinum.

Ungleiche Pulsgröße rechts und links findet sich bei Ungleichmäßigkeit in der Verzweigung und der Weite der Armarterien und besonders bei Verengung der Abgangsöffnung der Anonyma oder Subklavia von der Aorta, z. B. bei Arteriosklerose, Aortenaneurysma oder Aortenisthmusstenose.

2.2.3. Gefäß-Auskultation

Über den mittleren herznahen und herzfernen Arterien können normalerweise, wie auch unter krankhaften Bedingungen, Arterientöne und Geräusche wahrnehmbar werden. Entweder werden sie vom Herzen durch Knochen, Muskeln und Bindegewebe, besonders aber den Blutgefäßen folgend nach der Peripherie fortgeleitet, d. h. „eingewandert" oder sie sind in den Gefäßen entstanden, d. h. „eingeboren" (autochthon).

Die eingeborenen Arterientöne werden durch plötzliche Spannungen der Arterienwand nach Einströmen einer brüsken Pulswelle hervorgerufen. Dieser Spannungston entspricht zeitlich der Herzsystole, und man nennt ihn herzsystolisch, wenn er auch einer plötzlichen Füllung und Erweiterung der Arterie seinen Ursprung verdankt. Herzdiastolische Gefäßtöne durch plötzliche Entspannung der Gefäße sind sehr selten und nur bei pathologisch beschleunigtem Druckabfall möglich.

Die Entstehungsbedingungen der eingeborenen Gefäßgeräusche sind die gleichen wie die der Herzgeräusche, nämlich Verengerung des Strombettes, Erhöhung der Strömungsgeschwindigkeit, Blutverdünnung und übermäßige Schwingungsfähigkeit der Gefäßwände.

Unter krankhaften Bedingungen können über den Arterien sowohl fortgeleitete, wie eingeborene Töne und Geräusche in Erscheinung treten. Bei Hypertonikern, bei Bleikranken, im Fieber, bei Basedow und bei Aorteninsuffizienz ist die Verstärkung des systolischen (eingeborenen) Karotidentones als Folge verstärkter Herztätigkeit nichts Seltenes. Gefäßgeräusche werden diastolisch bei Aorteninsuffizienz, systolisch bei Aortenstenose und Aneurysma beobachtet; Mitralinsuffizienzgeräusche werden nur höchst selten bis zur Karotis fortgeleitet. Über den herzfernen Arterien kommt es nur bei übermäßig brüsker Pulsation, z. B. bei der Aorteninsuffizienz, zu spontanen (eingeborenen) Tönen; Geräusche sind über ihnen fast immer Kunstprodukte, die durch den Druck des Stethoskops erzeugt werden.

Die starken systolisch-diastolischen Druckschwankungen bei der Aorteninsuffizienz rufen bis in die Arteria femoralis hinein nicht nur systolische, sondern auch (rückläufige) diastolische Erschütterungen der Gefäßwände hervor, die einen (eingeborenen) Ton erzeugen. Der so entstehende Doppelton (TRAUBEscher Doppelton) läßt sich durch den Druck mit dem Stethoskop in ein Doppelgeräusch umwandeln (DUROZIEZsches Doppelgeräusch).

2.2.4. Phonoarteriographie

Neuerdings gewinnen Geräuschkurven der Gefäße immer mehr an Bedeutung (BREU u. a.).

Schon vor dem Auftreten anderer Beschwerden, vor der Manifestation anderer Symptome und nachweisbarer Funktionsbeeinträchtigung, also unter Umständen Monate oder sogar Jahre vorauseilend, können Gefäßgeräusche über der Art. carotis, der Art. ilica usw. registriert werden. Es wird daher die Phonoarteriographie im diagnostischen Programm der peripheren Durchblutungsstörungen (Atherosklerose, Endangiitis obliterans) zur Erkennung der Initialsymptome von größtem Wert sein und den Vorrang vor allen anderen sehr viel eingreifenderen Maßnahmen haben müssen.

2.2.5. Arterien-Sphygmographie

Der FRANK-PETTERsche Sphygmograph ist der leistungsfähigste Apparat zur Registrierung des Arterienpulses. Die entstehenden Pulsbilder geben eine objektive Vorstellung von Frequenz, Rhythmus und Größe des Pulses. Zur

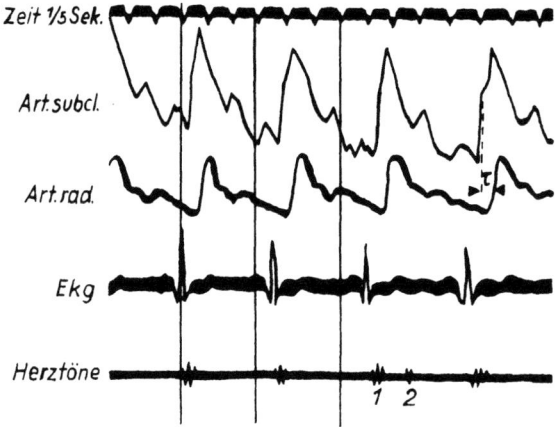

Abb. 150. Pulswellengeschwindigkeit $= \dfrac{s}{t}$; $s = 65$ cm (s = Weg, t = Zeit).

Festlegung einseitiger Gefäßprozesse kann ein Vergleich der Pulsbilder beider Seiten wertvoll sein.

Bei der Registrierung ist ein grundsätzlicher Unterschied zwischen zentralem und peripherem Puls zu machen.

Der zentrale Puls wird von der Art. carotis aufgenommen und verdankt seine Entstehung und Form ausschließlich der Tätigkeit des linken Ventrikels. Nachdem der zentrale Puls mit für die Schlagvolumenbestimmung nach WEZLER und BÖGER verwendet wird, ist es notwendig, wenigstens eine kurze Erklärung seiner Verlaufsform zu geben.

Der plötzliche steile systolische Anstieg der Kurve zeigt das Ende der Anspannungs- und den Beginn der Austreibungszeit an. Er erscheint gegenüber der Öffnung der Aortenklappe um die Zeitdifferenz verspätet, welche die Pulswelle braucht, um von den Zipfelklappen bis zur Abnahmestelle zu gelangen. Einigen sehr raschen Anfangsschwingungen, welche durch Schwingungen der Gefäßwand bedingt sind, folgt der systolische Hauptteil der Druckkurve, der meist aus einem spitzen Gipfel besteht. Nach Erreichen seines Maximums fällt er allmählich wieder ab bis zum Ende der Austreibungszeit. Diese ist durch eine scharfe Inzisur in der Kurve markiert. Sie entsteht in dem Augenblick, in dem die vis a tergo aufhört und das Blut für einen kurzen Augenblick rückläufig herzwärts ausweicht. Mit Schluß der Aortenklappen fällt nach einigen Nachschwingungen, die wiederum Eigenschwingungen der Arterienwand darstellen, die Kurve in der Diastole allmählich ab. Kurz vor dem nächsten systolischen Anstieg erscheinen einige flache Vorschwingungen, die durch die Vorhofsystole und durch die plötzliche Druckerhöhung im Ventrikel während der Anspannungszeit hervorgerufen werden.

Demgegenüber wird der periphere Puls, abgeleitet von der Art. radialis durch Einwirkungen von seiten der Gefäßwandungen, durch Reflexion und Eigenschwingung mitbestimmt (s. Abb. 150).

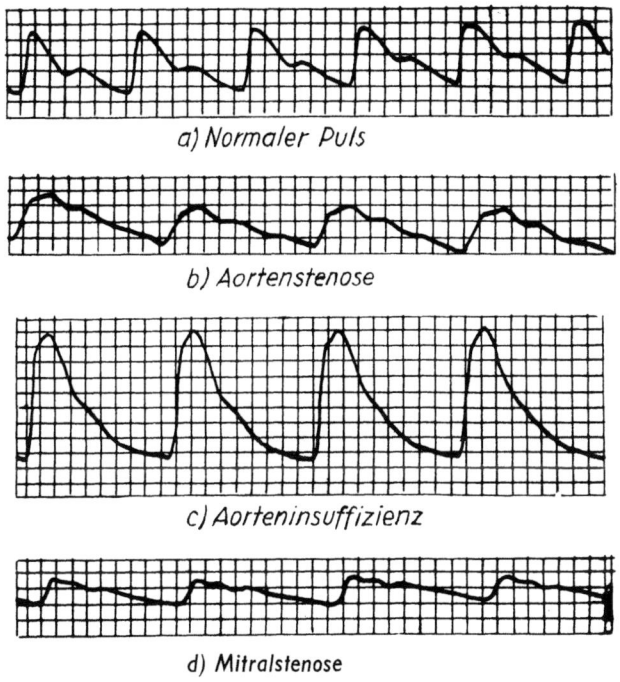

Abb. 151. Radialis-Pulskurven.

Die Sphygmographie hat für die Klinik nicht gehalten, was man sich von ihr versprochen hat. Das Pulsbild gibt uns eine gewisse Vorstellung von der Frequenz, dem Rhythmus und der Größe des Pulses. Das Sphygmogramm sagt jedoch nichts aus über die Herzkraft und die Funktion der Arterienwände. Heute dient die Sphygmographie der Herzkranken vorwiegend didaktischen Zwecken. In den Abbildungen werden einige charakteristische Pulsbilder bei verschiedenen Herzfehlern dargestellt (s. Abb. 148).

2.2.6. Arteriendruck

Der Arteriendruck ist die Resultante zahlreicher nervöser, humoraler und mechanischer Regulationen. Bereits der Blutdruck des gesunden Menschen zeigt gewisse Schwankungen, die durch körperliche Anstrengungen, seelische Erregungen, klimatische Einflüsse, Tag-Nacht-Rhythmus des vegetativen Nervensystems usw. verursacht werden.

Die Regulierung des arteriellen Strombettes erfolgt durch zahlreiche, in die Arterienwände eingebaute Reflexmechanismen, die bei Überlastung eine Entspannung durch Einwirkung auf die Herzarbeit und den peripheren Widerstand auslösen. Es ist verdienstvoll und therapeutisch wichtig, daß dieser Selbstschutz des Arteriensystems durch die Erforschung der Blutdruckzügler genauer bekannt geworden ist. Wahrscheinlich sind derartige Entlastungsreflexe nicht nur an den Sinus- und Aortenwänden, sondern auch im übrigen Arteriensystem anzutreffen. Die arteriellen Strombahnen werden durch nervöse und humorale Faktoren gesteuert. Der Vagus senkt den peripheren Widerstand und führt zu einer Hypotonie. Der Sympathikus dagegen bewirkt durch eine Erhöhung des peripheren Widerstandes eine Blutdrucksteigerung. Humorale Stoffe, meist Stoffwechselprodukte wie CO_2, Adenosine, Milchsäure usw. regulieren die Feineinstellung der Durchblutung, so daß den Organen, entsprechend ihrem Bedarf, Blut zugeführt werden kann (Nutritionsreiz). Diese Stoffe wirken entweder durch direkte Beeinflussung der Gefäßwände der Kreislaufperipherie oder auch über Chemorezeptoren auf das Vasomotorenzentrum (s. S. 63).

Untersucht man die Höhe des arteriellen Blutdruckes nach den bekannten Methoden (RIVA-ROCCI, RECKLINGHAUSEN), so erhält man 2 Werte, einen Maximal- und einen Minimaldruck, durch welche die Druckamplitude begrenzt wird. Diese kurzen Hinweise zeigen bereits, daß es im Einzelfall schwierig sein kann festzustellen, ob ein Blutdruck normal ist, da auch Werte im Normalbereich im Hinblick auf die biologische Funktion des Arteriensystems zu hoch oder zu niedrig sein können. Da auch die Psyche über das Vasomotorenzentrum den Arteriendruck beeinflußt und zahlreiche andere physiologische Faktoren in gleicher Weise zur Auswirkung kommen, kann man von einer einmaligen Druckmessung keinen sicheren Anhalt für die Einstellung des Arteriendruckes gewinnen. Es empfiehlt sich daher, Blutdrucktageskurven anzulegen und dabei auch Messungen im Liegen und im Stehen, im Schlaf usw. vorzunehmen.

Bei der Blutdruckmessung wird meist die auskultatorische Meßmethode verwendet, die darin besteht, daß man nach dem Aufblasen der Armmanschette bis zum Verschwinden aller pulsatorischen Geräusche die Art. cubitalis auskultiert. Läßt man dann den Druck absinken, so tritt plötzlich ein leises, herzsynchrones Geräusch auf (Maximaldruck), das allmählich lauter wird, dann im Toncharakter umschlägt und schließlich wieder ganz verschwindet. Den Umschlag des Geräusches vor dem Verschwinden bezeichnet man als Minimaldruck. Beim Messen mit dem Tonometer kann man das Auftreten der Pulswellen mit den Augen verfolgen, oder auch palpatorisch durch Prüfen des Radialispulses festlegen. Der Arteriendruck ist im Liegen meist niedriger als im Stehen, in den unteren Extremitäten höher als in den oberen Extremitäten. Er steigt in der Art. brachialis in den ersten Monaten von einem Wert von 60–70 mm Hg bis zu etwa 100 mm Hg im 4. bis 5. Lebensjahr an. Später zeigt er folgende Altersabhängigkeit:

   90–120 mm Hg........10–20 Jahre
   110–125 mm Hg........21–30 Jahre
   115–135 mm Hg........31–40 Jahre
   125–145 mm Hg........41–50 Jahre
   130–150 mm Hg........51–60 Jahre
   135–150 mm Hg........61–70 Jahre
   130–145 mm Hg........über 70 Jahre

Blutdruckangaben mit Einer-Verschiedenheit, z. B. 77 oder 98 mm Hg, täuschen eine Genauigkeit der Blutdruckmessung vor, die dieser Methode nicht zukommt. Es werden daher die Werte nur in Fünferreihen angegeben. Allgemein ist der Blutdruck beim weiblichen Geschlecht niedriger als beim männlichen. Vereinzelt findet sich eine ausgesprochene Blutdrucklabilität beim Lagewechsel (Poikilotension).

Von klinischer Bedeutung ist vor allem der diastolische Wert, der nicht selten bereits vor dem systolischen Wert ansteigt und mit 100 mm Hg seinen kritischen Wert erreicht hat, während beim systolischen Druck 180 mm Hg als kritischer Schwellwert zu bezeichnen ist.

Die Frage, wann ein Blutdruck noch als normal, wann schon als pathologisch anzusehen ist, ist nicht immer ganz leicht zu entscheiden, wenn man die Ausgangslage des Blutdruckes nicht gekannt hat (Pykniker haben meist einen höheren Druck als ausgesprochene Astheniker). Der Blutdruck ist von vielen Faktoren abhängig (psychischen Erregungen, Schwankungen innerhalb des 24-Stunden-Rhythmus, Zyklusschwankungen, Elastizität und Größenverhältnisse der Gefäße usw.). Für die Klinik sind meist nur extrem hohe oder niedrige Werte von Bedeutung. Blutdruckschwankungen im Bereich der Norm wurden früher stark überschätzt. Die alte Faustregel, daß der gesunde Erwachsene einen Blutdruck von so viel mm Hg über 100 benötigt, als er Jahre zählt, hat in bestimmten Grenzen auch heute noch ihre Berechtigung. Nach OTTO FRANK ist die Höhe des Arteriendruckes (p) eine Funktion der Blutgeschwindigkeit ($i=$Volumen über Zeit), des Elastizitätsmoduls der Arterienwand (E) und des Widerstandes in der Kreislaufperipherie (W). Aus der Höhe des Arteriendruckes allein kann nie auf das Verhalten der Herzleistung geschlossen werden.

2.2.7. Die Bedeutung seitendifferenten Blutdruckverhaltens für die Diagnostik von Herz- und Kreislauferkrankungen

In den letzten Jahren wurde von verschiedenen Seiten mehrfach auf die Bedeutung des seitendifferenten Blutdruckes für die Diagnostik aufmerksam gemacht. Neben der Methodik standen dabei besonders die beobachteten Differenzen bei Blutdruckmessungen am linken und rechten Arm sowie an oberer und unterer Extremität zur Diskussion. Da derartige Unterschiede, wie später noch zu zeigen sein wird, auch bei Herz- und Kreislaufgesunden gefunden werden, scheint eine Trennung zwischen physiologisch möglichen und pathologisch vorhandenen Blutdruckdifferenzen erforderlich, um Fehldiagnosen a priori zu vermeiden.

Wir wissen, daß für manche Krankheitsbilder Blutdruckdifferenzen zwischen linkem und rechtem Arm sowie zwischen oberen und unteren Gliedmaßen als pathognomonisch angesehen werden (Aortitis luica, Aortenisthmusstenose usw.). Daraus ergibt sich die Forderung, daß es nicht immer ausreichend sein kann, wenn der Blutdruck – wie meist üblich – nur an einem Arm gemessen wird. Es scheint vielmehr notwendig zu sein, daß der Blutdruck zumindest an beiden Armen, da die Messung an der unteren Extremität nicht selten Schwierigkeiten bereitet, bestimmt und festgehalten wird. Durch diese Maßnahme, die für den praktischen Arzt zwar ohne Zweifel zeitraubender ist, als die einseitige Messung, ist es oft verhältnismäßig einfach zu einer Diagnose zu gelangen.

Wurden auf diese Weise Blutdruckdifferenzen festgestellt, so haben wir uns zunächst die Frage vorzulegen, ob die Differenz physiologisch bedingt sein kann, oder ob sie eine pathologische Bedeutung besitzt. Um hierauf eine Antwort zu finden, ist es erforderlich, die Streubreite der physiologischen Abweichungen zu kennen.

RANDIG, BUDING und EISMANN berichten, daß sie bei ihren Untersuchungen in 17% eine Blutdruckdifferenz an der oberen Extremität von mehr als 15 mm Hg, BECKMANN in 31% eine Differenz von mehr als 10 mm Hg und E. STEIN in 16% eine Steigerung des systolischen und 7% des diastolischen Wertes von mehr als 10 mm Hg gefunden haben. Regelmäßig lag dabei der Druckwert am rechten Arm höher als am linken. Für diese Blutdruckdifferenzen macht BECKMANN die schwankende Vasoregulation des vegetativ Labilen verantwortlich und möchte daher den rasch wechselnden Unterschieden eine diagnostische Bedeutung für die Erkennung der „vegetativen Dystonie" zuerkennen. Demgegenüber weist jedoch BAUEREISEN darauf hin, daß die Fehlerbreite der auskultatorischen Methode der Blutdruckmessung mindestens 10 mm Hg beim systolischen und 5 mm Hg beim diastolischen Druck beträgt. Die Druckschwankungen in der A. brachialis, bedingt durch Tonusänderung des Gefäßes infolge einer unsymmetrischen Innervation oder örtlichen Änderungen des Stoffwechsels, sind nach seiner Meinung mit der indirekten Methode nicht zu fassen, weil sie in der Größenordnung geringer sind als die Fehlerbreite der Messung. Auch ARNOLD sowie HAGEN sind der Meinung, daß die Blutdruckseitendifferenzen in der überwiegenden Zahl der Fälle nur scheinbar sind und auf Meßfehler zurückgeführt werden müssen, die bei der indirekten auskultatorischen Methode nach RIVA-ROCCI-KOROTKOFF entstehen. Derartige Fehler sind zum Beispiel darin zu sehen, daß die Messung nicht streng gleichzeitig erfolgt, eine Verschiedenheit im Armumfang besteht oder daß der Arm bei der Messung zu stark ad- bzw. abduziert wird. Neben der methodischen Fehlleistung sieht allerdings HAGEN auch eine erhöhte Gefäßerregbarkeit der rechten Seite als Ursache für die Seitendifferenz an. SCHÜTTMANN hält es, unter Hinweis auf die angiochemischen Untersuchungen von BÜRGER und seiner Klinik, für möglich, daß als Ursache der Differenzen besonders im höheren Alter ein unterschiedlicher Elastizitätsverlust der zunehmend arteriosklerotischen Armarterien und seiner zwangsläufigen Druckerhöhung in Betracht kommt. Dem würde entsprechen, wie auch E. STEIN feststellte, daß mit zunehmendem Lebensalter eine gewisse Tendenz zu größeren Seitenunterschieden deutlich wird.

Ebenso wie keine Einigkeit darin besteht, ob es tatsächliche Unterschiede zwischen linkem und rechtem Arm bei der Blutdruckmessung gibt, herrschen divergierende Meinungen bezüglich der Druckunterschiede zwischen oberen und unteren Extremitäten. Im wesentlichen besteht darin Einigkeit, daß bei der üblichen Methode nach RIVA-ROCCI-KOROTKOFF der Druck an der unteren Extremität höher gemessen wird als an der oberen.

So fanden SCHLIEPHAKE, BAHLMANN und LUKAS bei umfassenden Blutdruckstudien an kreislaufgesunden Personen an der oberen Extremität einen Mittelwert von 120/75, an den Beinen von 165/105 mm Hg. Es ist interessant, daß die Pykniker dabei durchwegs höhere Druckwerte aufwiesen als die Leptosomen. Die Werte, die am liegenden Probanden gewonnen wurden, änderten sich nach dem Aufstehen. Die Differenz zum Liegewert war dabei an den oberen Gliedmaßen weniger deutlich als an den Beinen. Daß es sich dabei vorwiegend um ein hämodynamisches Problem – Steigerung des intraarteriellen Druckes durch Hinzukommen des hydrostatischen Druckes und durch Vermehrung des peripheren Widerstandes – zu handeln scheint, konnten die Autoren dadurch zeigen, daß der Blutdruck bei Messung im Kopfstand gegenüber den Liegewerten an den Armen anstieg, in den Beinen aber abfiel. Auch DELL'ACQUA hat bei über 75% seiner untersuchten Fälle eine Blutdruckdifferenz zwischen Oberarm und Unterschenkel gesehen; die Unterschiede wurden bei einem Durchschnittswert von 21,2 mm Hg zwischen 7 und 90 mm Hg gemessen. MICHEL und HARTLEB hingegen konnten bei ihren Untersuchungen, unter Verwendung der später noch zu nennenden Formel von KLAUS, nur geringe Differenzen zwischen Oberarm und Oberschenkel im

Liegen und Stehen feststellen und v. RECKLINGHAUSEN kommt mit der von ihm als exakt angegebenen formoszillometrischen unblutigen Blutdruckmessung zu dem Ergebnis, daß der Blutdruck in Arm- und Beinarterien gleich hoch sei.

Während SCHLIEPHAKE und Mitarb., wie bereits erwähnt, die Ursache für die Blutdruckdifferenzen zwischen oberer und unterer Extremität vorwiegend in hämodynamischen Faktoren suchen, und die Befunde, die sie bei Messung des Blutdruckes an der oberen und unteren Extremität im Liegen, Stehen und im Kopfstand fanden, scheinen ihnen Recht zu geben, sind MICHEL und HARTLEB ebenso wie KLAUS der Meinung, daß die Differenzen ausschließlich durch den Weichteilkompressionsdruck bedingt sind, da nach Abzug desselben die Werte für den systolischen und diastolischen Blutdruck, für die Blutdruckamplitude und den mittleren arteriellen Druck an den oberen und unteren Gliedmaßen praktisch übereinstimmen würden. Das würde den Ergebnissen von REIN entsprechen, der bei blutiger Druckmessung die Werte für die A. brachialis und A. femoralis nahezu gleich fand.

Gehen wir davon aus, daß im Kreislauf ein Druckgefälle von zentral nach peripher besteht, das durch die Tätigkeit des Herzens aufrecht erhalten wird, und daß der wesentliche Blutdruckabfall erst in den Arteriolen auftritt. Es muß daher tatsächlich der in der A. femoralis und brachialis herrschende Druck im Liegen ungefähr gleich hoch sein. Demnach wären die Druckdifferenzen also nur bei Anwendung der Methode nach RIVA-ROCCI-KOROTKOFF zu registrieren. STRAUB sowie WACHHOLDER sind daher ebenso wie DELIUS der Auffassung, daß ein Teil des Druckes bei dieser Methode zur Kompression der Weichteile und der Arterie selbst verbraucht wird.

Von dieser Überlegung ausgehend, stellte KLAUS eine Verhältnisgleichung auf, mit deren Hilfe der für den Oberschenkelweichteilzylinder nötige Kompressionsdruck aus dem Radius der Extremität berechnet werden kann.

$$\pi r_1^2 h : 10 = \pi r_2^2 h : x; \quad x = \frac{\pi r_2^2 h : 10}{\pi r_1^2 h}.$$

In dieser Gleichung gibt x den Weichteilkompressionsdruck für den Oberschenkel an, während r_1 und r_2 die Umfänge des Oberarmes bzw. -schenkels bedeuten, h = Manschettenbreite. Vom systolischen Druck des Oberarmes werden konstant 10 mm Hg als weichteilbedingt (FRANK), vom gemessenen Druck des Oberschenkels, der nach der Formel errechnete Wert x, abgezogen. Die Ergebnisse sollen in den meisten Fällen eine gute Übereinstimmung der Werte an den oberen und unteren Gliedmaßen zeigen.

Nach SAPP, ARNEY und MATTINGLY scheint der Manschettenbreite eine wesentliche Bedeutung für die Meßunterschiede zwischen Armen und Beinen zuzukommen. Die Untersucher maßen den Blutdruck mit 12 und 18 cm breiten Manschetten und stellten fest, daß bei Messung des Blutdruckes mit der schmalen Manschette die Werte an der unteren Extremität wesentlich höher waren als an der oberen, während bei Verwendung der 18 cm breiten Manschette die Druckwerte an Arm und Oberschenkel sich ungefähr entsprachen. Prinzipiell ist aber bei der Druckmessung am Oberschenkel darauf zu achten, daß die Manschette genügend lang ist. Die Manschette soll wenigstens 1½ bis 2mal den Oberschenkel umfassen. LACHMANN weist außerdem auf die Abhängigkeit der Blutdruckhöhe von der Härte des Manschettenmaterials hin. Er hat den Eindruck, daß bei weichem Material die Blutdruckwerte „wesentlich zu niedrig ausfallen" und es bei wiederholten Messungen zu raschen Blutdrucksenkungen kommt. Er glaubt aus seinen Untersuchungen schließen zu können, daß mit der Rippenmanschette aus Zellwollmischgarn und einem Gummipolster von 29 × 11 cm die richtigsten Blutdruckwerte erhalten werden. Zur Technik der Blutdruckmessung empfiehlt DELIUS außerdem die Vornahme bei bequem gestrecktem Arm, da hierbei die Muskelgruppen am besten entspannt sind und somit der Einfluß des Muskeltonus am ehesten ausgeschlossen ist.

Schließlich erhebt sich noch die Frage, wie sich der Blutdruck bei Messungen in verschiedenen Körperstellungen verhält.

PFAAB und DOLLMANN konnten bei entsprechenden Untersuchungen nachweisen, daß ihre Patienten, deren Blutdruck in Rückenlage am Arm 115/72 mm Hg und am Bein 155/90 mm Hg betrug, in Bauchlage am Bein (167/103 mm Hg) einen höheren Blutdruck aufwiesen als am Arm (111/72 mm Hg). Im Sitzen sind die Werte der oberen Extremität denen in Rückenlage nahezu gleich, während an der unteren Extremität eine deutliche Zunahme zu verzeichnen war. Das gleiche gilt für die Messung im Stehen. Auch hierbei kommt es zu einem deutlichen Anstieg (110/79 mm Hg). SCHREIBER konnte außerdem, ebenso wie P. STEIN zeigen, daß in Linksseitenlage der Blutdruck die niedrigsten Werte aufweist.

PFOTENHAUER hält es für möglich, daß dieses Phänomen mit der Beweglichkeit des Herzens in Zusammenhang steht und begründet seine Auffassung damit, daß er eine maximale Verschieblichkeit bis zu 6,3 cm zwischen Rechts- und Linksseitenlage nachweisen konnte. Auch HECKMANN hatte bereits vorher durch eindrucksvolle Untersuchungen am Röntgenschirm zeigen können, daß das Herz in Linksseitenlage im ganzen nach dieser Seite sinkt, aber durch den dabei entstehenden Zwerchfellhochstand gleichzeitig eine Steilerstellung der Herzachse auf die vordere Thoraxwand zu erfolgt, wodurch der Herzrand wieder etwas nach medial abrückt. GROEDEL nahm daher an, daß der linke Herzrand meist nur gering nach links verschoben würde. Dagegen beobachtete aber HECKMANN in der Mehrzahl seiner Fälle eine starke Verschiebung des Herzrandes nach links beim Gesunden und SCHREIBER glaubt, daß die im Elektrokardiogramm vorhandene Zunahme des Winkels in Linksseitenlage hierdurch zu erklären ist.

Diese Feststellungen, die im einzelnen nicht diskutiert werden sollen, sind unter Umständen in der Lage, einen Beitrag zur Erklärung der Unverträglichkeit linker Seitenlage bei Herzkranken zu liefern.

Fassen wir das bisher Gesagte zusammen, so stellen wir fest, daß die verschiedentlich berichteten Blutdruckseitendifferenzen bei ein und derselben Lage offensichtlich nur scheinbare sind und auf methodische Fehler zurückgehen. Kleinere Seitendifferenzen lassen sich durch die Fehlerbreite erklären. Um exakte Werte zu erhalten, ist es erforderlich, daß die Blutdruckmessung streng gleichzeitig und so lange und oft durchgeführt wird, bis sich stets gleiche Werte ergeben. Auf das Anlegen der genügend langen Manschetten, die aus dem gleichen Material bestehen müssen, sowie auf die bequeme, entspannte Lagerung der Extremitäten ist dabei besonderes Augenmerk zu richten. Das gleiche gilt für die Messung des Blutdruckes an einem Arm. Zu bevorzugen ist hierbei der rechte Arm. Auf stets gleiche Lagerung (Liegen, Stehen oder Sitzen) bei zeitlich differenten Messungen ist ebenso zu achten, wie auf die übrigen, eben besprochenen Kautelen.

Um für die Beurteilung des Blutdruckes Ausgangswerte zu haben, seien noch in aller Kürze die mittleren Normalwerte angegeben.

SCHLIEPHAKE und Mitarb. errechneten als durchschnittliche Ruhewerte im Liegen bei vielfachen Messungen kreislaufgesunder Personen einen arteriellen Blutdruck am Arm von 90–150/50–100 und am Bein von 125–205/70–140 mm Hg. Die Unterschiede resultieren aus der mehrfachen Determinierung des Blutdruckes. So wissen wir, daß die Höhe des Blutdruckes einmal durch die Leistung des Herzens, zum anderen aber auch durch die Beschaffenheit der Gefäße bestimmt wird.

Letztere wird sowohl durch die anatomisch bedingten Unterschiede der Elastizität als durch die zentral gesteuerte funktionelle Eng- oder Weiterstellung beeinflußt. Betrachten wir die systolischen und diastolischen Mittelwerte, so sehen wir eine ständige langsame Progredienz des Blutdruckes mit zunehmendem Alter nach oben. Der früher geprägte und heute noch in weiten Kreisen übliche Satz: der normale Blutdruck ist so groß wie die Summe aus hundert plus dem Lebensalter, weist darauf hin.

BORDLY und EICHNA sowie SALLER haben in großen Reihenuntersuchungen an Normotonen verschiedenen Alters den Blutdruck gemessen und daraus die Mittelwerte errechnet. Demnach beträgt der mittlere RR bei Kindern zwischen 3 und 14 Jahren 105/65 mm Hg, zwischen dem 20. und 45. Lebensjahr 120/70 mm Hg und erfährt dann eine weitere langsame Steigerung, um schließlich ab dem 7. Dezennium etwa 140/80 mm Hg zu betragen. Den letzten Wert konnten auch MASTER und Mitarb. bestätigen.

Die Tatsache, daß unter normalen Bedingungen, d. h. ohne Hochdruck und ohne nennenswerte Atherosklerose, der Blutdruck nach dem 70. Lebensjahr altersbiologisch nicht mehr nennenswert ansteigt, erklären wir durch die Annahme, daß die altersbedingte Erfordernisdrucksteigerung nur so lange zunimmt, bis die altersbedingte Dyselastose der Aorta ihr altersphysiologisches Maximum erreicht hat.

Wir können nun sagen, daß Seitendifferenzen, die außerhalb der normalen Fehlerbreite liegen auf krankhafte Prozesse suspekt sind. SCHÜTTMANN u. a. halten daher auch Seitenunterschiede von mehr als 20 mm Hg bei Beachtung aller genannten Kautelen für pathologisch. Eine solche Seitendifferenz des Blutdruckes kann aber einmal durch anatomische Veränderungen am Abgang oder im Verlauf der Armgefäße bzw. der Aorta, zum anderen durch halbseitig angreifende funktionelle Abweichungen der nervalen Gefäßregulation bedingt sein.

Bei den anatomisch verursachten Abweichungen sind zunächst die angeborenen Anomalien im Bereich der Aorta sowie der Abgangsstellen der Gefäße im Verlauf des Aortenbogens zu besprechen.

Die Erfahrungen der Angiokardiographie lehren uns, daß Anomalien der Arkusgefäße, zumal in Verbindung mit angeborenen Herzvitien häufig auftreten können. GROSSE-BROCKHOFF hat über eine größere Anzahl derartiger Beobachtungen berichtet. Während die rechte A. subclavia dem Truncus brachio-cephalicus und damit dem 4. rechten Arterienbogen entspringt, bildet sich die linke A. subclavia ausschließlich aus der 6. Segmentalarterie. Die Einmündungsstelle des sich aus dem linken Pulmonalisbogen entwickelnden Ductus arteriosus BOTALLI in die Aorta kann zwischen den beiden Abgangsstellen der Aa. subclaviae liegen. Auf diese Weise können z. B. beim offenen Ductus BOTALLI infolge Abströmens des Blutes in die Pulmonalis an den Abgangsstellen der Subclavia unterschiedliche hämodynamische Verhältnisse bestehen, als deren Ergebnis Blutdruckdifferenzen in Erscheinung treten. KLINKE weist dementsprechend auf einen häufigen Blutdruckunterschied zwischen rechtem und linkem Arm bei offenem Ductus arteriosus BOTALLI hin.

Ähnliche Befunde kann die Aortenisthmusstenose verursachen. Bei der juvenilen Form, mit dabei obligat offenem Ductus BOTALLI, ist das nach dem soeben Gesagten erklärlich. Aber auch die Erwachsenenform kann neben der typischen Symptomatologie mit dem Hochdruck an den oberen Gliedmaßen und dem erniedrigten Druck an der unteren Extremität darüber hinaus eine Seitendifferenz an den Armen aufweisen. Dies wird dann der Fall sein, wenn die Stenosierung der Körperhauptschlagader so weit nach kranial reicht, daß die Abgangsstelle der linken Subclavia in die Stenose einbezogen ist (KLINKE).

An erster Stelle der erworbenen Gefäßveränderungen sind die luetischen Erkrankungen der Aorta und ihrer Gefäßabgänge zu nennen.

Wie bekannt, erstrecken sich die hierdurch bedingten Gefäßwandprozesse nicht selten vom Beginn der Aorta bis zum Abgang der linken A. subclavia und noch weiter; die Verengungen der Gefäßabgangsstellen können dabei verschieden stark sein. Neben schweren Stenokardien kommt es dabei, wie HAUSS nachdrücklich betont, häufig zu einem Pulsus differens mit Seitenunterschieden des Blutdruckes. Besteht zusätzlich eine aneurysmatische Erweiterung des Arcus aortae, so kann dieses Symptom besonders eindrucksvoll sein. Dadurch können einzelne Gefäßabgänge verzogen oder auch in die Erweiterung einbezogen werden, so daß neben der entzündlichen Stenosierung auch hierdurch Seitendifferenzen entstehen können.

Ist die Stenosierung der Arkusgefäße extrem ausgeprägt, kann das Syndrom der ,,umgekehrten Isthmusstenose'' entstehen, wobei es durch die Drosselung der Karotisdurchblutung zu einer so starken und anhaltenden Drucksenkung am Karotissinus kommt, daß in den Gefäßen der unteren Gliedmaßen reflektorisch ein Blutdruckanstieg resultiert, während ein solcher an den Armgefäßen fehlt (LAMPEN und WADULLA).

Gelegentlich kommt es neben der luetischen Genese auch durch schwere arteriosklerotische Veränderungen im Aortenbogen zu ähnlichen Symptomen. Wir kennen sie dann unter der Bezeichnung ,,Aortenbogensyndrom'', ,,Pulseless Disease'' oder ,,TAKAYASU-Krankheit''. Ebenso können vereinzelt auch endangiitisch-obliterierende oder periarteriitische Prozesse die gleiche Symptomatologie verursachen. Auch hierzu wird häufig eine Seitendifferenz des Blutdruckes gefunden.

Weiterhin können Gefäßprozesse im Verlauf der A. brachialis zu Druckunterschieden führen. So weist BRUGSCH darauf hin, daß nicht selten ein luetisches Aneurysma des Truncus brachio-cephalicus in Verbindung mit einem Aortenaneurysma auftritt und dann oft eine Minderdurchblutung des rechten Armes zur Folge hat, die bis zur Pulslosigkeit reichen kann. Daneben können aber auch weiter distal gelegene Gefäßerweiterungen, die meistens traumatisch bedingt sind, oder arteriovenöse Fisteln hin und wieder Blutdruckdifferenzen bedingen.

Prozesse, welche die Gefäße von außen komprimieren, sind ebenfalls in die differentialdiagnostischen Erwägungen einzubeziehen. Zu nennen sind hier das Skalenussyndrom sowie Mediastinaltumoren verschiedenster Genese.

BÜRGER, BECKMANN, HAUSS und auch SCHÜTTMANN konnten nach Myokardinfarkten sehr oft eine Druckdifferenz zwischen linkem und rechtem Arm feststellen. Meist wurde dabei am linken Arm der höhere Wert gemessen. BÜRGER erklärt dieses Verhalten mit einer reflektorischen Vasomotorenregulation und wertet dieses Symptom als einen wesentlichen Hinweis für das Vorliegen eines Myokardinfarktes.

Schließlich sei daran erinnert, daß neben der Aortenisthmusstenose auch die Aorteninsuffizienz Blutdruckunterschiede zwischen oberer und unterer Extremität hervorruft (DEUTSCH u. a.). BAZETT konnte für letztere im Experiment eine Vergrößerung des Blutdruckunterschiedes zwischen oberen und unteren Extremitäten auf etwa das vierfache beobachten und auch MICHEL und HARTLEB berichten, daß es bei der Aorteninsuffizienz zu erheblichen Differenzen kommt.

Von Neurologen sind sehr häufig Blutdruckseitendifferenzen angegeben worden, die durch Erkrankungen und Läsionen des zentralen und peripheren Nervensystems bedingt waren. Neben der Apoplexie sind Commotio cerebri sowie Lähmungen peripherer Nerven der Arme, funktionelle Neurosen und die Dementia praecox zu nennen.

Auf die Blutdruckdifferenzen bei der vegetativen Dystonie (BECKMANN) wurde bereits hingewiesen. Die Ursache für diese Blutdruckunterschiede wird in einem Wechselspiel zwischen Reizung und Lähmung des Vasomotorenzentrums gesehen. Bei diesen Fällen ist der Seitendifferenz des Blutdruckes lediglich ein geringer diagnostischer Wert beizumessen.

Fassen wir abschließend zusammen, so kann gesagt werden, daß die unblutige Druckmessung nach RIVA-ROCCI-KOROTKOFF auch heute noch ihre Berechtigung hat. Ohne Zweifel hat sie ihre Fehler. Diese dürfen jedoch bei Kenntnis der Methode und der Grenzen nicht überwertet werden. Vielmehr konnte gezeigt werden, daß bei sorgfältiger Ausführung die Blutdruckuntersuchung nach RIVA-ROCCI-KOROTKOFF nicht nur für die Diagnostik der Blutdruckanomalien eine Bedeutung besitzt, sondern daß ihr darüber hinaus ein nicht zu unterschätzender Wert in der Differentialdiagnostik von Herz- und Kreislauferkrankungen zukommt.

Literatur zu Kapitel IV, Abschnitt B, 2.2.7

ARNOLD, O. H.: Wie sind Blutdruckdifferenzen bei der Messung an beiden Armen zu erklären? Dtsch. med. Wschr. 79, H. 49, 1844 (1954). — BAUEREISEN, E.: Z. Biol. 106, 219 (1953). — BAZETT: Amer. J. Physiol. 70, 550 (1924). — BECKMANN, A.: Blutdruckdifferenzen an den oberen Extremitäten und ihre differentialdiagnostische Bedeutung. Z. inn. Med. 1951, H. 23/24, 741; Lokale und allgemeine Blutdruckreaktionen infolge von Beeinflussungen an den oberen Extremitäten. Z. Kreislaufforschg. 41, H. 11/12, 454 (1952); Blutdruck-Seitendifferenzen an den oberen Extremitäten. Dtsch. med. Wschr. 78, H. 7, 218 (1953). — BORDLY, J. und L. W. EICHNA: Blood pressure. Report of the Join comitee in mortality of the Association of life Insurance Medical Director (New York 1925). — BRUGSCH, TH.: Kardiologie, 5. Aufl. (Leipzig 1958). — BÜRGER, M.: Altersveränderungen der menschlichen Kreislauforgane. Dtsch. Gesd.wes. 11, H. 35, 1161 (1956). — DELIUS, L.: Soll bei Blutdruckmessungen nach RIVA-ROCCI der Arm des Patienten gestreckt oder gebeugt werden? Dtsch. med. Wschr. 80, H. 51, 1890 (1955). — DELL'ACQUA: Z. Kreislaufforschg. 22, 425 (1930). — FRANK, O.: Handbuch der physiologischen Methodik (Berlin 1911). — GROEDEL, TH.: Die Röntgenuntersuchung des Herzens. Lehrbuch u. Atlas d. Röntgendiagnose (München 1938). — GROSSE-BROCKHOFF, F. und Mitarb.: Fortschr. Röntgenstr. 80, 314 (1954). — HAGEN, H.: Medizinische 1956, 759. — HAUSS, W. H.: Angina pectoris (Stuttgart 1954). — HECKMANN, K.: Röntgenpraxis 17, H. 6/7, 313 (1948). — KLAUS, D.: Z. inn. Med. 8, H. 12, 570 (1953). — KLINKE, K.: Diagnose und Klinik der angeborenen Herzfehler (Leipzig 1950). — LACHMANN, H.: Abhängigkeit des Blutdruckhöhe von der Härte der Manschette. Dtsch. Gesd.wes. 13, H. 2, 59 (1958). — LAMPEN, H. und H. WADULLA: Stenosierende Aortenlues unter dem klinischen Bild einer „umgekehrten Isthmusstenose". Dtsch. med. Wschr. 75, H. 4, 144 (1950). — MASTER, A. M., R. P. LASSER und H. L. JAFFE: Proc. Soc. Exper. Biol. Med. 94, 463 (1957). — MICHEL, D. und O. HARTLEB: Ärztl. Wschr. 9, H. 32, 745 (1954). — RANDIG, K., A. BUDING und J. EISMANN: Seitendifferenzierungen bei der Blutdruckmessung. Dtsch. med. Wschr. 77, H. 3, 75 (1952). — RECKLINGHAUSEN, H. v.: Blutdruckmessung und Kreislauf (Dresden u. Leipzig 1940). — REIN, H.: Lehrbuch der Physiologie (Berlin 1949). — SALLER, K.: Z. exper. Med. 58, 683 (1928). — SAPP, O. L., G. K. ARNEY und TH. W. MATTINGLY: Determination of arterial blood pressure in the lower extremity. J. Amer. Med. Ass. 159, H. 18, 1727 (1955). — SCHLIEPHAKE, E., F. BAHLMANN und K. H. LUKAS: Vergleich der arteriellen Blutdrucke des Menschen am Arm und Bein, in Ruhe, bei verschiedenen Lagen und unter physikotherapeutischen Einwirkungen. Z. Kreislaufforschg. 42, 379 (1953). — SCHREIBER, H.: Medizinische 33, H. 4, 1092 (1954). — SCHÜTTMANN, W.: Die differentialdiagnostische Bedeutung des seitenverschiedenen Blutdrucks. Münch. med. Wschr. 99, H. 44, 1613 (1957). — STEIN, E.: Ärztl. Wschr. 11, H. 25/26, 557 (1956). — STEIN, P.: Arch. Int. Med. 90, 234 (1952). — WACHHOLDER, K.: Messung des Blutdruckes an den Beinen. Dtsch. med. Wschr. 81, H. 38, 1562 (1956).

414 Untersuchung und Beurteilung der Herz-Kreislauffunktion

2.2.8. Pulswellengeschwindigkeit

Die Bestimmung der Pulswellengeschwindigkeit in den verschiedenen Gefäßgebieten ergibt Werte, die mit gewissen Einschränkungen diagnostische Bedeutung für die Spannung der Arterienwände besitzen, wenn Vergleiche zwischen zentralen und peripheren Arterien angestellt werden. Folgende Werte konnten als ungefähre Norm gefunden werden:

Aorta thoracalis 3,8– 4 m/sec.
Aorta abdominalis 4 – 4,5 m/sec.
Art. ilica 12 – 13 m/sec.

Es hat sich weiterhin ein Altersquotient (Art. radialis: Aorta) berechnen lassen, der mit zunehmendem Alter absinkt.

Bei normalem Blutdruck spricht ein sehr niedriger Quotient für abnorme Wandbeschaffenheit in der Aorta im Sinne eines vorzeitigen Alterns oder einer

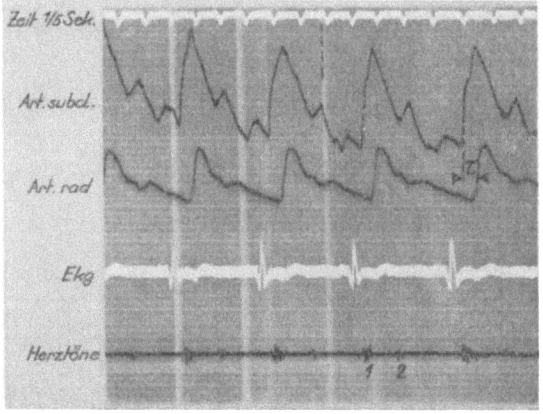

Abb. 152. Pulswellengeschwindigkeit.

ausgesprochenen Sklerose oder für strukturelle oder funktionelle Wandveränderungen der muskulären, peripheren Arterie, z. B. durch verringerten Tonus der Wandmuskulatur.

Ein abnorm hoher Quotient dagegen kann auf eine abnorme Beschaffenheit der Aorta im Sinne anomal jugendlicher Beschaffenheit der Aortenwand oder pathologischer Prozesse, die zu abnormer Dehnbarkeit führen, oder Veränderungen der muskulären Armarterie im Sinne von Sklerose oder Erhöhung des Muskeltonus hinweisen (s. Abb. 152).

2.2.9. Oszillographie

Der Oszillograph – meist wird die Apparatur nach GESENIUS und KELLER gebraucht – ist ein Gerät, das eine gleichzeitige graphische Registrierung der Pulsausschläge an symmetrischen Partien der Extremitäten ermöglicht.

Durch beiderseitig angelegte Luftmanschetten wird, wie bei der Blutdruckmessung, die Pulsation zunächst völlig gedrosselt und dann bei stufenweiser Druckminderung über zwei MAREYsche Kapseln auf zwei Direktschreiber übertragen, welche die jeweiligen Pulsamplituden auf ein gleichmäßig laufendes Millimeterpapierband aufzeichnen. Die Manschetten werden üblicherweise nacheinander an den Fußrücken, oberhalb der Knöchel, an den Knien und an den Oberschenkeln angelegt bzw. an analogen Stellen der Arme. Zur Diagnostik spezieller Fragen gibt es auch Fingermanschetten.

Die Oszillographie wird angewandt bei allen Formen arterieller Durchblutungsstörungen, vorwiegend aber bei Durchblutungsstörungen der Beine, wie sie bei hochgradiger obliterierender Arteriosklerose, Morbus WINNIWARTER-BUERGER und arteriellen Embolien vorkommen. An den Armen findet das Verfahren Anwendung bei Morbus RAYNAUD, manchen Herzklappenfehlern, Aneurysmen und Mißbildungen der großen Gefäße, die zu peripheren Durchblutungsstörungen führen.

Die Methode erlaubt eine bedeutend genauere und feinere Diagnostik der Pulsqualität als die von sehr vielen subjektiven Faktoren abhängige Palpation. Vor allem hat sie sich in bezug auf die genaue Lokalisation eines Strombahnhindernisses und bei der Feststellung kleinerer Seitendifferenzen der Pulsamplitude bewährt. Das Maß einer Durchblutungseinschränkung ist bis zu einem gewissen Grad aus der verminderten Amplitude der Zeigerausschläge zu schließen. Allerdings muß berücksichtigt werden, daß zum Beispiel Ödeme, Fettsucht und hypotone Blutdruckwerte die Oszillationsgröße ebenfalls vermindern, während bei Hochdruck, Arteriosklerose und mageren Extremitäten die aufgezeichnete Amplitude relativ zu groß erscheint.

Ein einmal geschriebenes Oszillogramm erlaubt objektive Vergleiche bei späteren Untersuchungen. Gegenüber der Arteriographie hat die Oszillographie den Vorzug, völlig unschädlich zu sein und dem Patienten Belästigung und Schmerz zu ersparen. Sie sollte deshalb in jedem Fall der Arteriographie vorangehen.

2.2.10. Blutumlaufgeschwindigkeit (ds/dt)

Unter diesem Begriff versteht man den Weg (s), den das schnellste rote Blutkörperchen in der Zeiteinheit (t) zurücklegt. Sie kann z. B. durch Stickstoffatmung, Injektion von Farbstoffen (z. B. Methylenblau) mit der Äther-Decholinmethode usw. festgelegt werden. Kombiniert man die Atmungsmethode, welche die Kreislaufzeit Lunge – Peripherie darstellt mit einer Injektionsmethode, welche die Zeit Vene – rechtes Herz – Lunge – linkes Herz – Peripherie bestimmen läßt, dann ergibt die Differenz beider Werte die Kreislaufstrecke Vene – Lunge, einen Faktor, der wesentlich von der Kraft des rechten Herzens abhängig ist und für die hämodynamische Beurteilung großen Wert besitzt.

Vom Standpunkt des Physiologen aus stellt die Umlaufgeschwindigkeit eine schwer definierbare Größe dar, da sie lediglich angibt, welche Zeit der schnellste Stromfaden braucht, um gewisse Kreislaufabschnitte zu durcheilen. Für die Praxis hat diese Methode jedoch eine gewisse Bedeutung, da sie rasch sowie mit einfachsten Mitteln durchgeführt werden kann und dabei Werte liefert, welche für die Diagnose und auch die Beurteilung therapeutischer Eingriffe richtungsweisend sein können.

Normalwerte von 16–41 jährigen mit einer Größe von 156–182 cm:

Lunge-Ohr	Lunge-Hand	Vene-Ohr	Vene-Hand	Vene-Lunge
4,0	12,2	10,7	18	6,7 sec.

Abweichungen über 25% sind als sicher pathologisch zu betrachten (MATTHES).

In einfachster Form läßt sich die Blutumlaufgeschwindigkeit annähernd dadurch bestimmen, daß man mit einer Stoppuhr die Zeit feststellt, die verstreicht, bis in einer blutarm gemachten Extremität nach Lösen der arteriellen Sperre die Rötung am Fingerfalz wieder eintritt. Das Verhältnis von Weg und Zeit ergibt die gesuchte Umlaufgeschwindigkeit (Tabelle 21).

Tabelle 21. Blutumlaufgeschwindigkeit
Eintritt der Blutröte in der Fingerkuppe nach Lösung einer arteriellen Kompression am Oberarm

	Geschwindigkeit cm/sec		Änderung (Prozent)
	Ruhe	Belastung (10 Kniebeug.)	
Normal	über 50	80 u. mehr	+ 20 und mehr
Kompensierte Klappenfehler	über 50	80 u. mehr	+ 20 u. mehr
Kreislaufschwäche			
Rekonvaleszenz nach Infektion	65	60	— 3
Neurozirkulatorische Dystonie	65	80	+ 20
Neuroz. Dystonie m. orthostat. Erscheinungen	45	48	+ 4
Neuroz. Dystonie m. orthostat. Erscheinungen	50	40	— 20
Neuroz. Dystonie m. Asthma bronchiale	47	37	— 21
Neuroz. Dystonie m. art. Hochdruck (initial)	60	66	+ 10
Neuroz. Dystonie m. art. Hochdruck (terminal)	45	36	— 20
Neuroz. Dystonie m. art. Hochdruck (dekompensiert)	25	20	— 20
Myodegeneratio cordis dekompensiert	30	28	— 7
Myodegeneratio cordis leicht dekompensiert (totaler Block)	40	20	— 50

2.2.11. Blutgeschwindigkeit (Tachographie) (dv/dt)

Für die funktionelle Beurteilung bedeutungsvoller als die Umlaufgeschwindigkeit des schnellsten Blutkörperchens ist die Blutgeschwindigkeit, d. h. die Blutmenge (v), die in der Zeiteinheit (t) einen bestimmten Gefäßabschnitt durchläuft. Mit einem Differentialsphygmographen (BROEMSER) bzw. Plethysmographen (HOCHREIN) gelingt es, Geschwindigkeitskurven und Füllungsschwankungen aufzuzeichnen, die durch ihre Beziehungen zur Pulskurve wichtige Aufschlüsse über die Hämodynamik zu geben vermögen (Abb. 153).

Durch eine gleichzeitige Registrierung des Pulses (BROEMSER) der anderen Seite bzw. des Ekg kann man Beziehungen zwischen Geschwindigkeits- und Druckkurven ermitteln. Wir bezeichnen die Zeitdifferenz zwischen Geschwindigkeits- und Druckmaximum mit T, wobei wir wissen, daß dieser Faktor eine Funktion des Elastizitätsmoduls, des peripheren Widerstandes und des Ausgangsdruckes im Arteriensystem ist.

Peripher-arterielles System

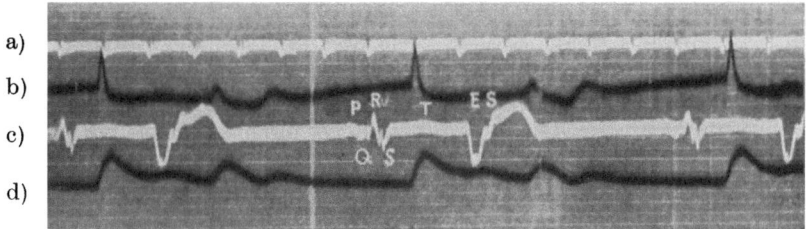

a)
b)
c)
d)

Abb. 153. Blutgeschwindigkeit. a) = Zeit; b) = Geschwindigkeit; c) = Elektrokardiogramm; d) = Puls.

2.2.12. Röntgenologische Gefäßdiagnostik

Röntgennativaufnahmen können zur Darstellung von Gefäßverkalkungen herangezogen werden. Darüber hinaus ist es möglich, einen großen Teil der Blutleiter des menschlichen Körpers in vivo durch verschiedenartige *Kontrast-*

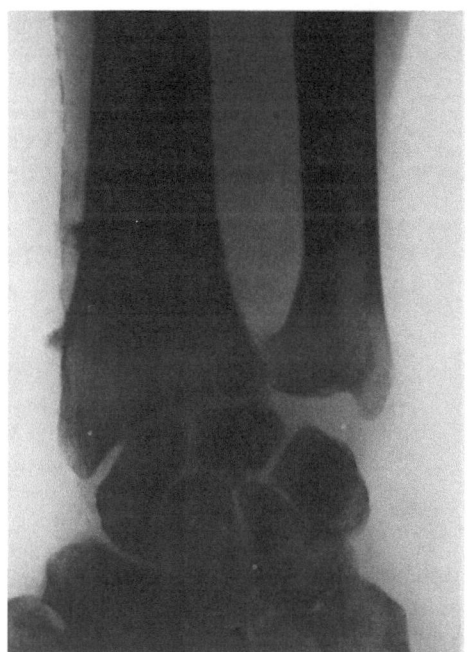

Abb. 154. Röntgenologische Darstellung einer Gänsegurgelarterie.

mittelverfahren sichtbar zu machen. *Angiographische Untersuchungsmethoden* spielen nicht nur in der Diagnostik der Gefäßkrankheiten, sondern auch in der Klärung von pathologischen Organprozessen eine wichtige Rolle (Abb. 154).

Die Darstellung der Extremitätenarterien wird zur Lokalisation von Arterienverschlüssen bei obliterierenden Gefäßerkrankungen und arteriellen Embolien herangezogen. Die Kontrastmittelapplikation erfolgt nach Punktion der Femoralarterie unterhalb des Leistenbandes bzw. der Brachialarterie in der Axilla. Zweckmäßigerweise werden nach der Kontrastmittelverabreichung sofort und dann im Abstand von 3–4 Sekunden insgesamt 3 Aufnahmen gemacht, um mehrere Phasen der Kontrastmittelwanderung zu erfassen. Dieses Aufnahmeverfahren ist an das Vorhandensein eines handbedienbaren Kassettenwechslers gebunden (Abb. 155).

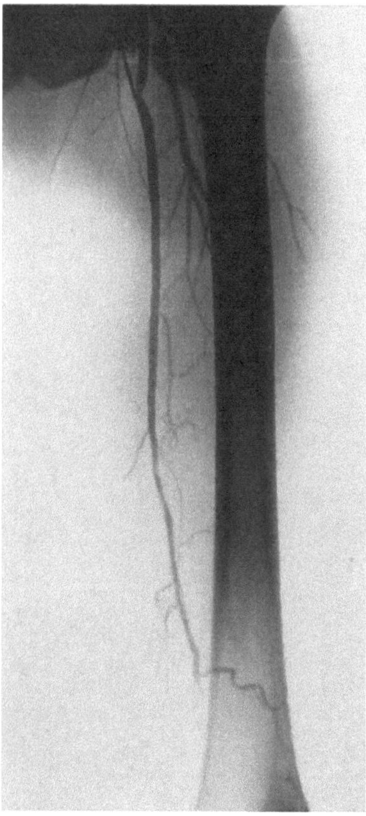

Auf die diagnostisch sehr wichtige Methode der Hirnarteriographie wird S. 466 besonders eingegangen.

Erwähnt sei noch die Möglichkeit, Aufzweigungen der Pulmonalarterien selektiv durch den Herzkatheter darzustellen. Diese Methode spielt in der präoperativen Diagnostik des Bronchialkarzinoms eine Rolle.

Verschlüsse der Beckenarterien können durch translumbale Aortographie, Verschlüsse der Bauchaorta durch subdiaphragmale Aortographie objektiviert werden. Die letztgenannte Methode eignet sich auch zur Darstellung der Nierenarterien und des Nierenparenchyms. Bei frei durchgängiger Aorta können die Nierenarterien, sowie beliebige andere, von der Aorta abzweigende Arterien auch durch einen von der Femoralarterie in die Aorta hochgeführten Polyäthylenkatheter dargestellt werden (s. Abb. 156). Die diagnostische Ausbeute aortographischer Untersuchungen läßt sich durch Verwendung eines automatischen Filmwechslers (Seriographen) noch steigern. Das Einaufnahmeverfahren nach Verabreichung von 40 ccm eines hochprozentigen Kontrastmittels genügt in der Regel jedoch, um über Anomalien oder Geschwülste der Nieren Aufschluß zu geben (PANTLEN).

Abb. 155. Arteriographie.

Kontrastmitteluntersuchungen des Venensystems sind vor allem bei Gewebsstauungen indiziert. Prinzipiell kommen 2 Methoden der Kontrastmittelapplikation in Frage. Die Kontrastmittelinjektion in eine oder mehrere Venen (Venographie) und die Kontrastmittel-Instillation in das Knochenmark (Spongiographie). Beide Methoden werden gelegentlich kombiniert angewandt, so bei der Beckenvenendarstellung. Hier geht es hauptsächlich um den Nachweis von Beckenvenenverschlüssen durch Thrombose oder durch Tumorkompression (s. Abb. 157). Durch Kontrastmittelverabreichung in die Femoralvene wird die Vena ilica externa, durch Kontrastmitteleinspritzung in das Schambeinknochenmark die Vena ilica interna mit ihrem Zuflußgebiet dargestellt. Die Auffüllung der Beckenvenen gelingt auch retrograd nach direkter Kontrastmittelgabe in die Vena cava.

Die tiefen Beinvenen können durch Kontrastmittelapplikation in die Spongiosa des äußeren und inneren Sprunggelenkknöchels sichtbar gemacht werden. Diese Methode ist zur Beurteilung der Funktion der tiefen Beinvenen bei Varicosis geeignet.

Die Blutadern des Oberarms, der Schulter und des oberen Mediastinums gelangen nach Kontrastmittelinjektion in oberflächliche Unterarmvenen und

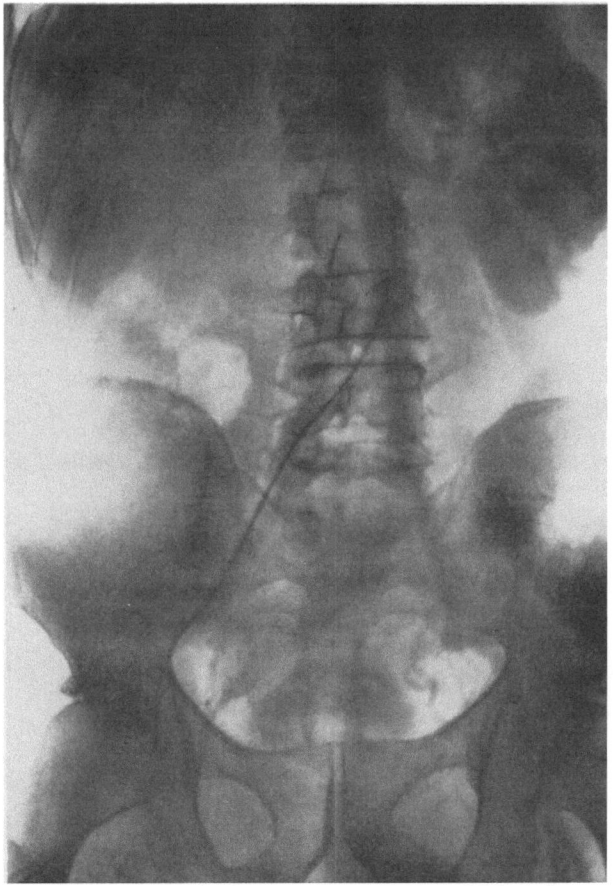

Abb. 156. Sondenaortographie. Nierenaplasie rechts.

die Kubitalvenen zur Darstellung. Der Nachweis von Venenverschlüssen durch Thrombose oder Tumorkompression und hierdurch bedingter Kollateralenbildung ist der Zweck derartiger Untersuchungen.

Auf die diagnostischen Möglichkeiten der Darstellung des Pfortadersystems wird S. 480 ausführlicher hingewiesen.

420　Untersuchung und Beurteilung der Herz-Kreislauffunktion

2.2.13. Lagerungsprobe

Die Lagerungsprobe gilt nach RATSCHOW als eine der ergiebigsten Methoden in der Diagnostik der Kreislaufperipherie.

Diese Prüfung untersucht Hautfarbe und Venenfüllung bei erhobenen Gliedern, in der Waagerechten und beim Herabhängen derselben. Der erfahrene Untersucher wird aus den dabei auftretenden Veränderungen solche diagnostischen Schlüsse ziehen können, daß speziellere Untersuchungsmethoden nur noch zur Ergänzung herangezogen zu werden brauchen.

Die Durchführung ist dergestalt, daß man den liegenden Patienten, nachdem er sich mindestens 30 min an die Raumtemperatur adaptiert hat, auffordert, seine

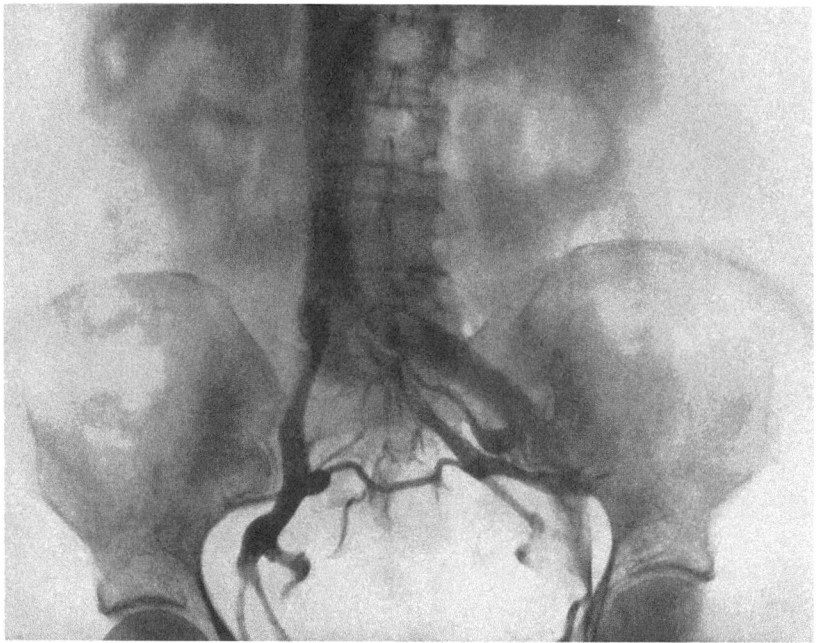

Abb. 157. Normales Beckenphlebogramm nach Kontrastmittelinjektion in den oberen re. Schambeinast. Dient zum Nachweis von Beckenvenektasien bei Beckenvenenthrombose und Venenobliteration, insbesondere bei gynäkologischen Karzinomen.

Beine senkrecht in die Höhe zu heben und gleichzeitig die Füße zu rollen. Bei entsprechender leichter Unterstützung der Beine in der Wadengegend seitens des Arztes, kann das der Kreislaufgesunde mindestens 10 min, meist länger, beschwerdefrei aushalten. Bei arteriellen Durchblutungsstörungen dagegen treten mit Blässe, Abkühlung der Haut und Schwinden der im Liegen oft noch zu fühlenden Fußpulse, rasch sichtbare, mit Schmerzen verbundene Mangelsymptome auf, die um so frühzeitiger und dramatischer verlaufen, je schwerer die Gefäße betroffen sind. Danach fordert man den zu Untersuchenden auf, sich zu setzen und die Beine herabhängen zu lassen. Unter normalen Bedingungen kommt es innerhalb von 1–2 sec zur vollständigen Wiederauffüllung aller Gefäßbahnen, mit lebhafter reaktiver Hyperämie, und auch die Venen sind innerhalb von mindestens 5 sec völlig gefüllt. Liegt dagegen eine Durchblutungsstörung vor, dann bleibt die Blässe zunächst bestehen, die reaktive Hyperämie ist verzögert oder bleibt ganz aus, das Wiederauffüllen der Venen beansprucht ebenfalls längere Zeit und schließlich entwickelt sich eine mehr oder weniger deutliche Zyanose.

Bei Beachtung der möglichen Feinheiten hinsichtlich zeitlicher Verhältnisse, Lokalisation, Sofort-, Früh- und Spätreaktion usw. kann diese Methode so wertvoll sein, daß ihre Unterlassung in der Diagnostik peripherer Durchblutungsstörungen tatsächlich als Kunstfehler zu bezeichnen ist (RATSCHOW).

2.3. Untersuchung des Kapillarsystems

2.3.1. Kapillarmikroskopie

Die Kapillarmikroskopie kann nur Zustandsbilder des Kapillarsystems an verschiedenen Stellen der Körperoberfläche sowie gewisse Veränderungen gegenüber der Norm aufzeigen. Man beurteilt dabei Weite und Form der Kapillarschlingen, Blutfüllung und Farbtönung, Art und Geschwindigkeit der Strömung, Konstanz oder Inkonstanz etwaiger Veränderungen.

Es ist dabei nachweisbar, daß zwar Eigenbewegungen an den Kapillaren festzustellen sind, diese sind jedoch langsamer als die Blutbewegung und können daher nicht als Motor für die Blutströmung angesehen werden. Einzelne Erkrankungszustände sind auch im Kapillarbild fest abgrenzbar:

Die Akrozyanose z. B. besteht in einer Erweiterung der Intrakutanvenen bei einem Spasmus der Subkutanvenen. Bei der Stauung findet sich nicht nur eine bis zur Varizenbildung gehende Erweiterung des venösen Schenkels, die auch auf den arteriellen übergehen kann, sondern vor allem auch eine Vermehrung der Papillarkapillaren.

Es ist jedoch zu bedenken, daß die Beobachtung des Kapillarsystems am Nagelfalz nur Einblick in einen sehr kleinen Kreislaufabschnitt liefert und daher die Befunde nicht ohne weiteres verallgemeinert werden können. Die Hoffnung, aus dem Kapillarbild streng umrissene Erkrankungsbilder ableiten zu können, hat sich nur sehr beschränkt erfüllt.

Selbst O. MÜLLER, einer der besten Kenner dieser Methode, stellte fest: „daß es keine Methode sei für eine spezifische Diagnostik, sondern eine allgemeine Untersuchungsmethode speziell auf wissenschaftlichem Gebiet." Der Gesunde durchblutet bei Ruhe des Gewebes nur einen Teil seiner Endstromgefäße. Bei Angiopathikern sind sie dagegen ständig durchströmt, wodurch die Ausgleichsmöglichkeiten weitgehendst eingeschränkt sind.

2.3.2. Kapillarpuls

Unter normalen Verhältnissen erlischt die arterielle Pulswelle in den Arteriolen durch Reflexion an den engen Gefäßen. Ist indessen das Schlagvolumen besonders groß und bewirkt eine Starrheit des Gefäßsystems (Atherosklerose, Aortitis luica) eine Verminderung der Windkesselwirkung der Aorta, dann dringen die Stromstöße des Herzens bis in die Kapillaren vor (QUINCKEscher Kapillarpuls).

Es wird leicht beobachtet am Nagelbett, vorzüglich, wenn dies durch Druck etwas anämisch gemacht wird, ferner an der Stirn, wenn durch leichte Gefäßreizung, z. B. einem Strich mit stumpfem Instrument, eine Hyperämie erzeugt wird. Auch am Augenhintergrund ist ein Kapillarpuls oft gut zu beobachten.

Ganz besonders eindrucksvoll findet man dieses Phänomen bei der Aorteninsuffizienz.

2.3.3. Kapillardruck

Unter normalen Bedingungen schwankt der Kapillardruck zwischen 100 bis 165 mm H_2O, wobei Tagesschwankungen beobachtet werden, deren Mittelwerte um 40–50 mm H_2O differieren. Bei umfangreichen Untersuchungen hat sich die interessante Tatsache ergeben, daß der Kapillardruck vom Lebensalter unabhängig ist. Bei erhöhtem Venendruck kann der Druck im Kapillarsystem unter Umständen unter dem Venendruck liegen, während normalerweise ein Druckabfall von den Arterien durch das Kapillarsystem zu den Venen beobachtet wird.

2.3.4. Kapillartestmethoden und -funktionsprüfungen

Zum Nachweis einer vermehrten Fragilität und Permeabilität, besonders bei den zu den Vasopermeosen gehörenden hämorrhagischen Diathesen, sind verschiedene Möglichkeiten angegeben worden:

a) Methoden, die einen durch Saugen erzeugten *Unterdruck* auf die Haut einwirken lassen,

b) *Stauungsmethoden* (qualitatives Verfahren = RUMPEL-LEEDE, quantitatives Verfahren = GÖTHLIN).

c) LANDIsche *Methode*, bei der die Eiweißdurchlässigkeit der Kapillaren geprüft wird,

d) COPLEX-*Test*, auch als *Ekchymosis-Test* bezeichnet. Es wird dabei die Fragilität der Hautkapillaren ausgedrückt durch die Größe des Druckes, der zur Erzeugung einer Ekchymose notwendig ist und durch den Grad der Rückbildung der getesteten Zone.

Daneben sind eine Menge Funktionsproben des Kreislaufes angegeben worden, von denen jedoch wenige nur speziell auf das Kapillarsystem begrenzt sind.

Mit Hilfe der *Wechselbadprobe* (Wasser von 15 und 40 Grad) hat besonders LEWIS gezeigt, daß bei 15 Grad Gefäße mit krankhafter Neigung ihrer Verengungsbereitschaft zu extremer Blässe und Schmerzsymptomen in den zugehörigen Hautbezirken führen können. Infolge der Engstellung der kapillaren Bezirke werden die arteriovenösen Anastomosen eingesetzt und im Gesamtbild entsteht bei entsprechender Reaktivität das RAYNAUDsche Krankheitsbild. Bei Neigung zu gesteigerter Erweiterungsreaktion, also der Gruppe der Erythralgien wird gerade das 15-Grad-Bad als angenehm empfunden und ein 40-Grad-Bad ergibt unter düsterroter Verfärbung heftige Schmerzsymptome im abhängigen Hautbezirk. Allgemein kann man sagen, daß den Abweichungen von der normalen Hautfarbe bestimmte Gefäßreaktionen zugrunde liegen. Diese sind so konstant, daß eine bestimmte Farbe bestimmte pathophysiologische Vorgänge anzeigt, wobei allerdings die Temperatur mit zu berücksichtigen ist, die durch Thermoelemente gemessen werden kann.

2.4. Untersuchung des Venensystems

2.4.1. Inspektion, Palpation, Auskultation

Das Bild der Hautvenen variiert außerordentlich in Abhängigkeit von ihrer oberflächlicheren oder tieferen Lage. Von größerer diagnostischer Bedeutung ist nur das Erscheinen von Hautvenen über Körpergegenden, wo sie normalerweise nicht sichtbar sind, d. h. über der Brust und über dem Bauch. Ferner sind unsymmetrische Venenzeichnungen beim Vergleich der rechten und linken Körperhälfte zu beachten und offensichtlich krankhafte Venen.

Deutliche Venenzeichnung auf Brust und Bauch ist immer bemerkenswert und dringend verdächtig auf ein Abflußhindernis der Vena cava, das durch einen Kollateralkreislauf umgangen werden soll. Die Stenosierung der Vena cava caudalis macht sich in einem oft mächtigen Venennetz geltend, das seine größte Ausbildung zwischen Schambein und Nabel und um diesen herum erreicht (Caput medusae) (s. Abb. 66b S. 236) und seinen Ablauf über die Venae thoracicae zur Vena cava cranialis besitzt. Druck auf die Vena cava cranialis dagegen, wie ihn Mediastinaltumoren erzeugen, bewirkt vermehrte Venenzeichnung im Bereich des Brustkorbes. Auch bei Kompression einer Vena anonyma oder subclavia kommt es zu Venenerweiterungen am Brustkorb und an den Armen, die aber durch typisch einseitige Lokalisation charakterisiert sind. Kleine, besenreiserartige, sternchenförmige Venenzeichnungen, die diffus über den ganzen Oberbauch und unteren Brustkorb verteilt sind, finden sich häufig bei der Leberzirrhose (s. Abb. 66a S. 236).

In gleicher Weise wie beim Caput medusae können sich auch hochgradige Venektasien im Bereich der Hämorrhoidalvenen finden, die am äußeren Hämorrhoidalring als große knotenartige Erweiterungen sichtbar werden.

Als Ausdruck einer allgemeinen Bindegewebsschwäche findet sich weiterhin die Varizenbildung der Beinvenen, die mit einer hochgradigen Schlängelung und Verbreiterung der oberflächlichen zum Teil auch tiefen Venen einhergehen und in extremen Fällen ganze Polster von varikösen Venenpaketen bilden können.

Auch das hochrote und bläulichrote Gesicht bei zahlreichen chronischen Herzleiden (insbesondere den Mitralfehlern) kommt nicht nur durch eine Zyanose, sondern gleichzeitig auch durch eine Erweiterung der kleinen Venen im subpapillären Plexus zustande. Einen sehr guten Aufschluß über das Verhalten des venösen Schenkels bei einem Herz-Kreislaufleiden gibt auch der Augenhintergrundbefund (s. S. 472f.). Bei aufmerksamem Beobachten sieht man über dem Bulbus der Vena jugularis nicht selten kleine Pulsationen. Sie werden von der Systole des rechten Vorhofs venenwärts übertragen und sind so unscheinbar, daß sie mit dem Auge nur schwer zu verfolgen und mit dem Finger zu palpieren sind (s. Abb. 75, S. 251). Wird der Jugularispuls fühlbar, so ist das allein schon ein dringendes Verdachtsmoment auf Schlußunfähigkeit des Ostium tricuspidale. Entleert, infolge eines solchen Ventildefektes, die rechte Kammer in der Systole ihr Blut zurück in den rechten Vorhof und durch diesen in die großen Körpervenen, dann werden die so zustande kommenden Pulsationen vor allem an der Vena jugularis als systolischer, positiver Venenpuls manifest. Oft ist es nicht leicht, den echten positiven Venenpuls der Trikuspidalinsuffizienz von Karotispulsationen zu unterscheiden, die auf gestaute Venen übertragen werden. Es ist darauf zu achten, daß einfach gestaute Venen durch Abdrücken ihres peripheren Ursprungsgebietes zum Kollabieren gebracht werden können, während die Pulsationen bei der Trikuspidalinsuffizienz auf diese Weise nicht zu beeinflussen sind. Auch erscheint der ventrikelsystolische Venendruck der Trikuspidalinsuffizienz dem palpierenden Finger erheblich höher als der einfache venöse Stauungsdruck.

Auskultatorisch wird häufig bei der Trikuspidalinsuffizienz, bei der die rechte Kammer eine brüske, rückläufige Blutbewegung auslöst, ein herzsystolischer Venenton beobachtet. Bei der Entstehung dieser Geräusche ist der Einfluß der Strömungsgeschwindigkeit von großer Bedeutung. Oft genügt schon eine geringe Strombeschleunigung durch Kompression der einen Vena jugularis, um an der anderen, nicht komprimierten, ein Geräusch zu erzeugen. Unter pathologischen Verhältnissen findet man solche Venengeräusche bei sehr gefäßreichen Strumen, besonders beim Morbus Basedow und bei den strombeschleunigend wirkenden Anämien, die durch die ihnen eigene Blutverdünnung die Neigung zur Geräuschbildung erhöhen. Die Venengeräusche sind im wesentlichen kontinuierlich und zeigen nur leichte rhythmische Schwankungen. Vor allem gilt dies für die herznahen Venen, über denen bei Anämie das sogenannte „Nonnensausen" am besten hörbar ist.

2.4.2. Venensphygmogramm

Im ganzen ist das normale Venenpulsbild durch vier mit jeder Periode wiederkehrende Wellen und zwei Wellentäler charakterisiert, von denen das erste systolisch, das zweite diastolisch ist (Abb. 158).

Die erste Welle ist die Vorhofs- oder präsystolische Welle (1). Sie wird in der Literatur als a- (oder As-) Welle bezeichnet. Die a-Welle kommt dadurch zustande, daß die Kontraktion des rechten Vorhofs das Abströmen des Venenblutes beeinträchtigt. Die a-Welle dauert so lange, wie der Vorhof sich kontrahiert. Nach

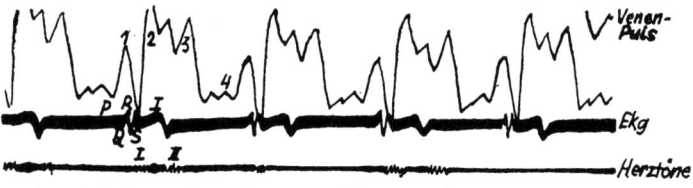

Abb. 158. Venenpuls (registriert mit FRANKscher Kapsel).

der a-Welle folgt eine kleine Welle, deren Fußpunkt zeitlich in den Bereich des ersten Herztones fällt und die auf den Trikuspidalklappenschluß zurückzuführen ist (2). Diese Welle wird als „Kammerklappenwelle", „vk-Welle", „c-Welle", „systolische Welle s" bezeichnet. Auf guten Phlebogrammen sieht man, daß diese Welle sich eigentlich aus zwei Wellen zusammensetzt, einer rundlichen Welle, die in die Anspannungszeit fällt (die eigentliche vk-Welle), und einer zweiten steileren Welle, die in die Austreibungszeit fällt, die c-Welle. Beide Wellen zusammen können als s-Welle bezeichnet werden. Nunmehr folgt der für den normalen negativen Venenpuls charakteristische systolische Kollaps, der wiederum verschieden bezeichnet wird als x bzw. als sk. Für den systolischen Kollaps verantwortlich zu machen ist in erster Linie neben der Vorhofsdiastole das Tiefertreten der Herzbasis und ferner die Ansaugung des Blutes in den Thorax, die durch die systolische Austreibung des Blutes erfolgt. Der systolische Kollaps endet abwärts mit einer kleinen, aber scharf ausgeprägten Zacke, die im Bereiche des zweiten Herztones gelegen ist und wahrscheinlich durch den Schluß der Pulmonalklappen zustande kommt. Sie rührt von den Erschütterungen der Pulmonalklappen her. Im Anschluß an das Pulmonalklappenschluß-Zäckchen setzt die erste diastolische Welle des normalen Venenpulses ein (3). Die erste diastolische Welle beruht auf dem Hinaufsteigen der Herzbasis durch ein Zurücksinken des Herzens sowie auf einer durch die Erweiterung der Kammern bedingten intrathorakalen Druckzunahme. Die nach der ersten diastolischen Welle eintretende diastolische Senkung beruht auf dem Einströmen des venösen Blutes durch die geöffneten Trikuspidalklappen in den rechten Ventrikel. Es fällt daher der diastolische Venenkollaps mit der Füllung der rechten Kammer zusammen. Der diastolische Venenkollaps muß um so steiler sein und tiefer gehen, je besser sich die rechte Kammer diastolisch füllt. Sie ist also in gewissem Sinne ein funktionelles Maß für die diastolische Füllung der Ventrikel. Hat sich am Ende der Diastole die rechte Kammer mit Blut gefüllt, so kommt unter Zunahme der infolge der Herzkammerfüllung entstehenden Vermehrung des intrathorakalen Druckes ein zweites diastolisches Anschwellen (D 2) zustande (4).

2.4.3. Venendruck

Der Venendruck ist auf Grund unserer experimentellen und klinischen Studien in erster Linie abhängig von der Schöpfkraft des rechten Ventrikels, dem Tonus der Venomotoren und der Blutfüllung des Venensystems.

Das Ergebnis unserer Untersuchungen ist aus Abb. 159 ersichtlich. Bei richtiger Anwendung der Methodik wurde für normale Individuen nie ein Venendruck über 100 mm H_2O festgestellt. Für die Mehrzahl der normalen Fälle liegt der Venendruck zwischen 40 bis 80 mm Wasser.

Auf Grund unserer Erfahrungen ist der Mittelwert für den Venendruck bei gesunden Frauen und Männern praktisch nicht verschieden. Weiterhin wurde festgestellt, daß bei sonst konstanten Bedingungen ein Unterschied im Venendruck zwischen Schlaf und Wachen besteht.

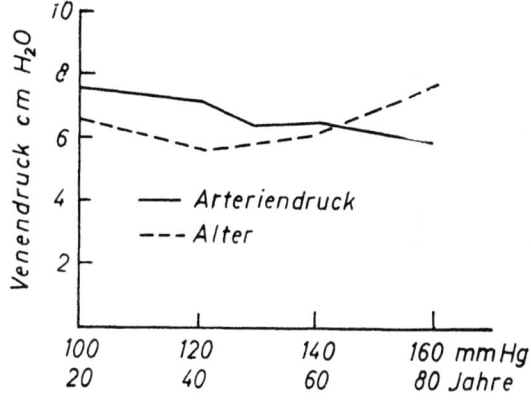

Abb. 159. Venendruckmessungen an 5000 Gesunden und Herzkranken (Methode MORITZ-TABORA). Venendruck, Arteriendruck und Alter. Normalwerte 2–10 cm H_2O; mittl. Streuung zwischen 4–8 cm H_2O; Mittelwert 5,8 cm H_2O.

Bei einer größeren Zahl von normalen Individuen wurde der Venendruck zu verschiedenen Zeiten des Tages gemessen. In unseren Fällen wurden bei dem gleichen Individuum Tagesschwankungen im Venendruck nie höher als 25 mm Wasser gefunden, wenn der Druck morgens nüchtern im Bett und abends nach einer täglichen Arbeit bestimmt wurde. Bei täglicher Untersuchung des Venendruckes unter Wahrung konstanter Untersuchungsbedingungen – morgens nüchtern im Bett – wurde während einer Periode von 14 Tagen eine Differenz festgestellt, die für normale Individuen nie 15 mm überschritt. Die Änderung des Venendruckes bei verschiedener Körperlage ist häufig der Gegenstand eingehender Untersuchungen gewesen. Druckanstieg bis zu 300 mm wurde zwischen liegender und sitzender Stellung beobachtet.

In Abb. 159 wurden Alter und Venendruck zueinander in Beziehung gebracht. Die kurvenmäßige Darstellung ergibt, daß der Venendruck für normale Individuen vom Alter ziemlich unabhängig ist.

Weiterhin wurden auch Arteriendruck und Venendruck einander gegenübergestellt. In unseren Fällen konnte keine sichere Proportionalität zwischen diesen beiden Faktoren nachgewiesen werden. Die Befunde anderer Autoren, daß Venendruck und maximaler Arteriendruck proportional sind und im Verhältnis 1:13 stehen, können wir nicht bestätigen. Eher zeigt der Venendruck bei unserem Material mit steigendem Arteriendruck eine geringe Abnahme.

Es besteht nicht die Absicht, auf die Änderungen des normalen Venendruckes durch pharmakologische oder sonstige experimentelle Eingriffe an dieser Stelle einzugehen. Es soll nur kurz bemerkt werden, daß man auch beim normalen Individuum bedeutende Venendrucksteigerungen (ca. 100 mm)

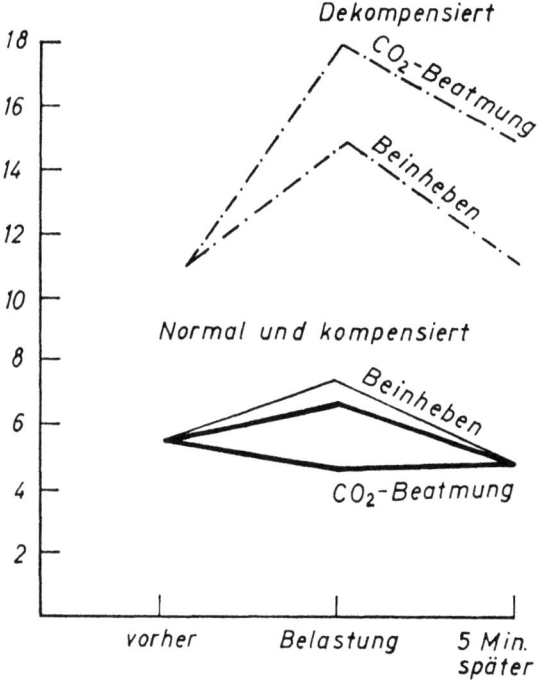

Abb. 160. Belastungsprüfungen des Venendrucks (5 min Beatmung mit 5% CO_2 + Luft oder Beinheben).

erzielen kann durch Bäder, Adrenalininjektion und durch Atmung eines Kohlensäuregasgemisches (M. HOCHREIN und R. MEIER) usw.

Venendruck bei besonderen Erkrankungen. Bei kompensierten Kreislauferkrankungen bewegt sich der Venendruck innerhalb normaler Grenzen.

Es ist natürlich oft außerordentlich schwierig, eine scharfe Grenze zwischen kompensierten und dekompensierten Fällen zu ziehen, da der Übergang zwischen beiden Stadien fließend ist. Fast alle Untersucher stimmen darin überein, daß bei dekompensierten Fällen der Venendruck erhöht ist und haben darauf hingewiesen, daß ein Anstieg des Venendruckes als Frühsymptom einer Schwäche, insbesondere des rechten Herzens, gedeutet werden kann. Sicherlich ergibt der Venendruck bei der Beurteilung einer Insuffizienz einen zuverlässigeren Anhaltspunkt als die doch recht grobe Schätzung der Lebergröße, bei der man auch insofern großen Täuschungen ausgesetzt ist, als die Leber bei kurzem, breitem Thorax schon normal scheinbar zu tief in das rechte Epigastrium hineinragt.

Moritz und Tabora berichten bei dekompensierten Fällen über Venendruckwerte bis 320 mm. Der höchste von uns gemessene Venendruck, nämlich 368 mm, wurde in einem dekompensierten Fall von Mitralstenose mit beiderseitiger Pleuritis adhaesiva und Milzhypoplasie beobachtet. Von verschiedenen Autoren wird angenommen, daß die Venendruckerhöhung häufig in direkter Proportion zur Schwere der Herzschwäche stehe.

Da der Venendruck nicht allein von der Herztätigkeit, sondern auch von der Atemfunktion und den kompensatorischen Faktoren des peripheren Kreislaufes abhängig ist, wird man verstehen, daß die Höhe des Venendruckes nicht als Gradmesser der Herzinsuffizienz gewertet werden kann (s. Tab. 22).

Tabelle 22. *Mittelwerte des Venendruckes bei einigen Herzfehlern* (cm H_2O)

Kompensiert					Dekompens. (Venendrucksteigerung steht nicht in Beziehung zum Grad der Dekompens.)			
Hypertens.	Aorteninsuff.	Mitralvit.	Asthma kard.	Myokardit.	Hypertens.	Myodeg. cord.	Mitralvit.	Concr. pericardii
3,8	4,2	7,5	8,1	6,5	10–20	12–22	13–35	20–38

Bei der Hypertension liegt der Venendruck im allgemeinen tiefer als normal. Ein Venendruck von 100 mm erweckt bei einer Hypertension schon den Verdacht einer Insuffizienz. Wir sahen Hypertoniker, die bei körperlicher Arbeit bald dyspnoisch wurden, mit einem Venendruck von 80–100 mm H_2O.

Die Arteriosklerose bedingt selbst bei Patienten mit ausgesprochenen Gänsegurgelarterien keine anomalen Werte. Bei Aortitis luica liegt der Mittelwert etwas höher als normal. Dieser Befund ist jedoch nicht so konstant, daß er differentialdiagnostisch verwertet werden könnte, und es ist eher anzunehmen, daß wir nicht imstande sind, kompensierte und dekompensierte Fälle dieser Erkrankung scharf zu trennen. In den meisten Fällen von Perikarditis wurde schon sehr frühzeitig ein höherer Venendruck gefunden.

Bei Myokarditis kann trotz der schwersten Reizbildungs- und Reizleitungsstörungen ein normaler Venendruck feststellbar sein. Herzklappenerkrankungen zeigen im gut kompensierten Zustande ebenfalls einen normalen Venendruck.

Es ist bereits von Matthes darauf hingewiesen worden, daß der Venendruck bei kongenitalen Vitien meist erhöht ist. Die Werte sind jedoch oft nicht sehr hoch. Bei der Angina pectoris wurde während der anfallsfreien Zeit keine Erhöhung des Venendruckes beobachtet. Beim Asthma cardiale ist der Venendruck auch bei den Fällen, die keinerlei Insuffizienzerscheinungen bieten, sehr häufig erhöht.

2.5. Kombinierte Kreislauffunktionsprüfungen

Isolierte, nur die Funktion des Gefäßsystems erfassende Leistungsprüfungen gibt es nicht; sie können auch nicht erwartet werden, da Herz und peripherer Kreislauf eine so untrennbare funktionelle Einheit darstellen, daß jede Untersuchung des peripheren Systems einen Teil der Herzleistung mitbeinhaltet und umgekehrt.

Es werden daher die auf S. 379 angegebenen Untersuchungen auch bereits einen weitgehenden Einblick in die Kreislaufleistung vermitteln. Darüber hinaus gibt es jedoch Methoden, die vor allem einen Aufschluß über die Anpassungsfähigkeit des Kreislaufes an bestimmte Belastungen geben. Für die Bewertung der auf diese Weise zu erhebenden Befunde ist jedoch zu betonen, daß eine Norm für die Reaktion auf verschiedene physiologische Belastungen nicht aufgestellt werden kann, sondern daß diese, abhängig von der Ausgangslage des vegetativen Nervensystems, eine weitgehende Schwankungsbreite aufweisen, deren Extremwerte erst die funktionellen Übergänge zur krankhaften Kreislaufreaktion darstellen dürften. Auch der Trainingsgrad verdient eine Berücksichtigung, und man wird sich bei der Bewertung derartiger Befunde immer vor Augen halten müssen, daß die Kreislaufleistung eines vorwiegend vagoton eingestellten Probanden anders aussieht, als bei einem sympathikoton Reagierenden, bei einem körperlich trainierten Menschen anders, als bei einem Untrainierten.

Folgende Untersuchungsmethoden haben sich als wertvoll erwiesen:

2.5.1. Regulationsprüfung nach SCHELLONG

Es werden dabei Puls und Blutdruck im Liegen, im Stehen (sofort nach dem Aufstehen, nach ein, fünf und zehn Minuten) nach Belastung, und die Rückkehr der Puls- und Blutdruckwerte im Liegen innerhalb von ein bis fünf Minuten geprüft. Dabei wird unterschieden: 1. eine hypotone Regulationsstörung, bei der es zum Absinken des systolischen Druckes im Stehen bei gleichzeitigem Anstieg des diastolischen Druckes kommt, 2. eine hypodyname Regulationsstörung, bei der ein Absinken von systolischem und diastolischem Blutdruck beobachtet und 3. eine hypertone Regulationsstörung, bei der Stehen und Kniebeugen mit langanhaltender Blutdrucksteigerung beantwortet werden.

In Abb. 161 sind nach SCHELLONGschem Schema einer normalen Kreislaufregulation in aufrechter Stellung (Abb. 161a) eine hypotone Regulationsstörung bei Krampfadern und Akrozyanose (Abb. 161b) und eine hypodyname Regulationsstörung bei hypophysär-diencephaler Leistungsschwäche (Abb. 161c) gegenüber gestellt.

Wie ergiebig für die Beurteilung diese Untersuchung ist, mag Abb. 162 verdeutlichen. Sie gibt den Befund bei einem jungen Mädchen mit ausgesprochener Kreislaufinsuffizienz nach Trainingsabbruch wieder.

Die Belastungssituation zeigt, daß durch einfache Bewegungstherapie die Versagensdisposition leicht behoben werden kann.

Dieser erste Teil der Prüfung hat sich als am wertvollsten erwiesen. Im zweiten Teil wird das Verhalten von Blutdruck und Puls in Ruhe und nach Belastung zur Beurteilung des Herzmuskels und zum Nachweis einer Herzschwäche herangezogen. Im dritten Teil wird eine funktionelle Beurteilung des Myokards aus den Veränderungen des QRS-Komplexes im Ekg nach Belastung versucht.

Die theoretischen Erwägungen, die an diese elektrokardiographische Untersuchung geknüpft wurden, haben sich in der Praxis nicht verwirklichen lassen.

Unabhängig von dem etwas komplizierten Vorgehen bei der SCHELLONGschen Funktionsprüfung, hat sich die Untersuchung des Steh-Ekg mehr und mehr in die klinische Diagnostik eingeführt. Während wir bei früheren Untersuchungen nur sehr selten einen Effekt beobachteten und daher die Durchführung des Steh-Ekg als unergiebig wieder fallen ließen, kann kein Zweifel darüber bestehen, daß derartige Fehlsteuerungssyndrome heute ungeheuer zugenommen haben.

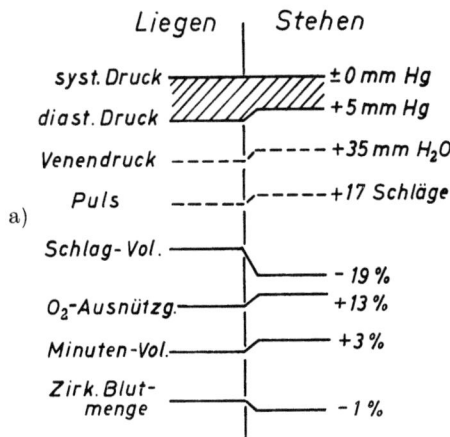

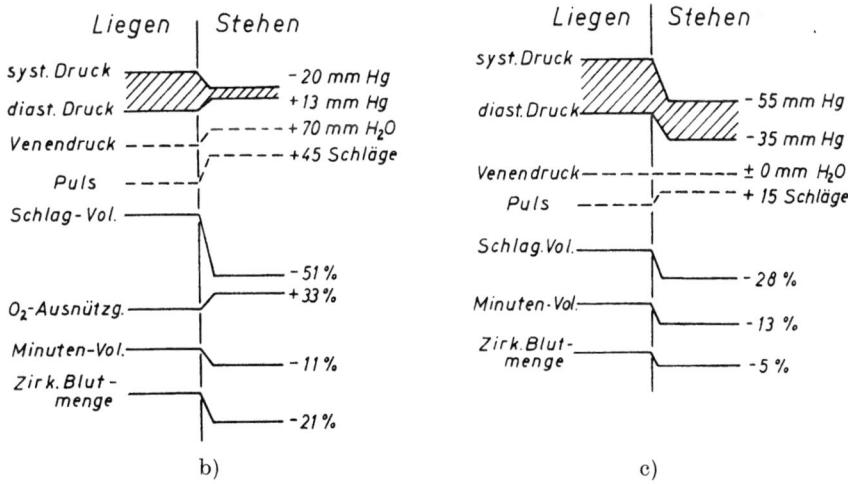

Abb. 161. a) Normale Kreislaufregulation in aufrechter Stellung. b) Hypotone Regulationsstörung bei Krampfadern und Akrozyanose. c) Hypodyname Regulationsstörung bei hypophysär-dienzephaler Leistungsschwäche.

SCHMIDT-VOIGT geht neuerdings soweit, praktisch das Hauptkontingent aller Kreislauffehlsteuerungen auf eine derartige orthostatische Regulationsstörung zu beziehen.

Die Untersuchung wird so durchgeführt, daß man den Patienten 10–30 min aufrecht stehen läßt und während bzw. nach dieser Zeit mehrere Elektrokardiogramme registriert.

Die Erklärung der mittels dieser Maßnahme nachweisbaren Deformationen im Ekg ist noch uneinheitlich.

Von MEESSEN wurden im Experiment beim orthostatischen Kollaps elektrokardiographische Deformationen beobachtet, die mit weitgehender Sicherheit im Sinne einer Koronarinsuffizienz gedeutet werden konnten. SCHENNETTEN hat die Auffassung vertreten, daß die im menschlichen Orthostase-Ekg auftretenden Veränderungen nicht ohne weiteres auf eine Koronarinsuffizienz bezogen werden dürfen, sondern viel zwangloser durch eine Verschiebung der vegetativen Gleichgewichtslage zu erklären sind. So konnte festgestellt werden, daß es im aufrechten Stand zu einem Nachlassen des Vagustonus mit Verkürzung der Diastole

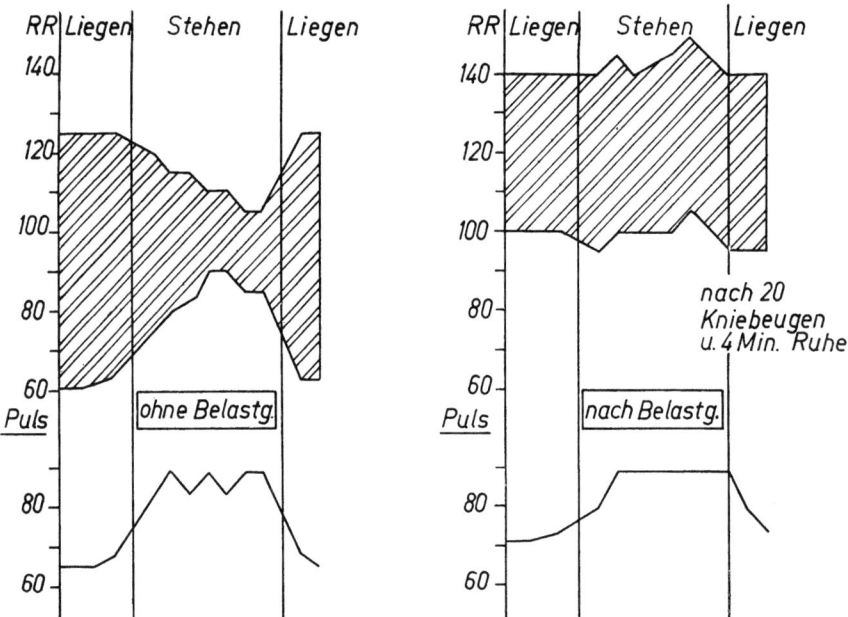

Abb. 162. SCHELLONG-*Test*. 25 Jahre ♀. Neurozirkulatorische Dystonie.

kommt, die von einer Zunahme des Sympathikotonus mit Verkürzung der Systole gefolgt ist. Nach Rückkehr zum Liegen vollziehen sich wahrscheinlich die umgekehrten Vorgänge.

Andererseits wissen wir, daß normalerweise, trotz vegetativer Umstellung beim euregulierten Menschen bis auf eine etwas stärkere Ausprägung eines Rechtspositionstyps andere Veränderungen fehlen und daß ein abnormes Orthostase-Ekg noch nicht beweist, daß eine Dysregulation im Bereich des Koronarsystems besteht.

Auch bei dieser Funktionsprüfung ist wieder versucht worden, die Befunde des Steh-Ekg eindrucksvoller zu gestalten und die Differenzierung zwischen „koronarer" und „vegetativ" bedingter Ekg-Deformation zu erleichtern. Zu diesem Zwecke wurde unmittelbar vor das längere Stehen eine stärkere körperliche Belastung gestellt bzw. das Orthostase-Ekg mit einer Histaminbelastung oder mit gleichzeitiger Verabfolgung hydrierter Mutterkornalkaloide kombiniert.

Von KIENLE ist darauf aufmerksam gemacht worden, daß selbst in schweren Fällen von orthostatischer Versagensbereitschaft das Steh-Ekg normal bleiben kann, wenn es nicht mit einer gewissen Belastung kombiniert und nach dem Stehen das Ekg im Liegen und nicht bei aufrechter Körperhaltung registriert wird.

Es ist nun vielfach die Frage erhoben worden, wieweit derartige Veränderungen tatsächlich einen Rückschluß auf die Koronardurchblutung zulassen. Zweifellos werden orthostatische Ekg-Veränderungen, wenn man nach ihnen fahndet, sehr häufig gefunden. Es handelt sich um die große Gruppe von Patienten mit neurozirkulatorischer Dystonie und Neigung zu hypotoner Blutdruckregulation. Da nun derartige Kranke sehr häufig über Herzbeschwerden, Neigung zu Herzklopfen, Herzstolpern, Mattigkeit und Schwächegefühl klagen, da in einem nicht ganz geringen Prozentsatz der Fälle auch der Hypotoniker an einem Myokardinfarkt erkrankt, scheint uns mit dieser Methode eine wertvolle Maßnahme der funktionellen Frühdiagnostik gegeben zu sein.

Von sehr viel größerer Bedeutung wäre aber das Orthostase-Ekg, wenn die Auffassung zu Recht bestünde, daß es nicht nur beim Myokardinfarkt, sondern auch bei der Koronarinsuffizienz, vom Herzen ausgehend, zu einem Entlastungsreflex nach Art des JARISCH-BEZOLD-Effektes kommen würde, der dem mangelleidenden Myokard wirksame Erleichterung verschafft. Der Beweis für diese Auffassung steht noch aus. Registriert man außerdem das „Aufsteh-Ekg" und das „Dauersteh-Ekg" (30 Minuten), dann kann man zwei Reaktionstypen unterscheiden. Bei der einen Form, d. h. vorwiegend bei der neurozirkulatorischen Dystonie mit ihrer Neigung zu überschießenden und paradoxen Reflexen, finden sich die ausgeprägtesten Störungen im Augenblick des Aufstehens, um sich bei längerem Stehen weitgehend wieder zu normalisieren. Bei anderen Reaktionsformen dagegen, d. h. bei der hypotonen Regulationsstörung nach SCHELLONG, werden die Veränderungen mit längerem Stehen immer deutlicher.

Während die erste Gruppe wahrscheinlich durch Änderung der Tonuslage des vegetativen Nervensystems, durch Lagewechsel des Herzens bzw. bei dem Vorliegen einer neurozirkulatorischen Dystonie durch spastische Reaktionen am Koronarsystem zustande kommt, darf die Spätreaktion unter anderem durch ein vermindertes Blutangebot an das Koronarsystem infolge des Blutdruckabfalls erklärt werden. Es ist jedoch darauf aufmerksam zu machen, daß Ekg-Befund und Ausfall des SCHELLONG-Testes in vielen Fällen keinerlei Übereinstimmung zeigen (HOCHREIN und SCHLEICHER, PETERSEN).

Für die Beurteilung und Begutachtung geben diese Ausführungen Veranlassung, nochmals auf einen Fall zurückzugreifen, den wir bereits erwähnt haben.

Es handelte sich um eine junge Frau, die uns erstmals 1941 im Alter von 21 Jahren aufsuchte und sich vor einer geplanten Eheschließung untersuchen lassen wollte. Es wurde dabei ein Ekg registriert (s. Abb. 96 a und b), das uns damals in dieser Form keineswegs geläufig war, das wir uns aber entschlossen, mangels jeglicher Anamnese und jeglicher Beschwerden, weder als „Myokardschaden" noch als Syndrom koronarer Genese zu deuten.

Wir handelten damals allein aus der Überzeugung heraus, daß es nicht vertretbar sei, einen Menschen allein auf Grund eines nicht erklärbaren Ekg-Befundes krank zu machen. Der Erfolg gab uns Recht. Frau B. blieb gesund und beschwerdefrei und gebar einen gesunden Knaben.

1952, nach 11 Jahren vollkommener Gesundheit, besuchte uns Frau B. erneut. Das Ruhe-Ekg ergibt folgenden Befund (Abb. 163c), und auf Grund der von uns gemachten vielfachen Erfahrung, daß derartige Deformationen durch

432 Untersuchung und Beurteilung der Herz-Kreislauffunktion

längeres Liegen vollkommen zu beheben sind, registrierten wir ein anderes Ekg nach 30 min Liegen und stellten die völlige Normalisierung fest (Abb. 163d). Nachdem die Neigung zu orthostatischen Deformationen in diesem Fall gesichert seit 11 Jahren besteht und auch heute weder subjektiv noch, wie das normalisierte Dauerliege-Ekg aufzeigt, auf dem Boden dieser Fehlsteuerung ein faßbares organisches Substrat am Herz nachweisbar wurde, muß doch angenommen werden, daß es mehr vegetative Einflüsse sind, als echte koronare Durchblutungsstörungen, die das orthostatisch deformierte Ekg hervorrufen.

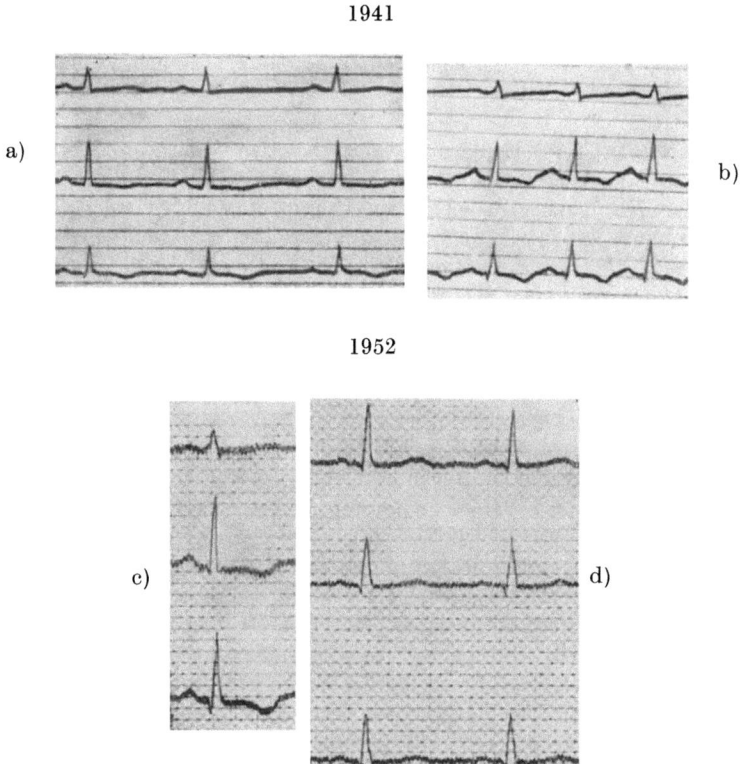

Abb. 163. 1941 a) Ruhe-Ekg; b) Belastungs-Ekg (20 Kniebeugen); 1952 c) Ruhe-Ekg; d) Ekg nach 30 min Liegen.

Von Bedeutung ist dieser Fall besonders aus zweierlei Gründen.

Die Massenregistrierung von Ekgs in großen Untersuchungslaboratorien, wo die Patienten oft Stunden, nicht selten stehend warten müssen, bis sie zur Untersuchung kommen, ist von sehr zweifelhaftem diagnostischem Wert, wenn nicht gleichzeitig die Möglichkeit gegeben ist, derartige Deformationen durch ein Dauerliege-Ekg (mindestens 45 min, LAURENTIUS) auszugleichen und somit aufzukären.

Sehr viel bedeutsamer aber erscheint uns dieses Problem in der Begutachtung.

Nachdem die Kenntnis dieser Zusammenhänge erst hat Allgemeingut werden müssen, sind diese Deformationen früher als „Myokardschaden" bezeichnet und damit eine ungeheure Zahl iatrogener Herzschäden gesetzt worden.

Es ist daher bedauerlich, wenn die Juristen postulieren, daß eine derartige Entscheidung nicht rückgängig zu machen sei, weil die Angabe, daß die pathogenetischen Zusammenhänge zur Zeit der Urteilsfindung noch nicht so bekannt waren, nicht ausreiche, um ein rechtskräftiges Urteil revidieren zu können.

Andererseits wird um so mehr unsere bereits S. 298 niedergelegte Auffassung bestätigt, daß, sorgfältigste Allgemeinuntersuchung vorausgesetzt, ein Ekg-Befund allein nicht ausreicht, um damit sozusagen eine monosymptomatische Erkrankung zu begründen.

Wenden wir uns nunmehr komplizierteren Methoden zu, dann gibt einen sehr wesentlichen Aufschluß über die funktionelle Anpassungsbreite von Herz und Kreislauf die gleichzeitige Untersuchung von Ekg, Flächenkymogramm und Blutdruck in Ruhe, im Stehen, nach mäßiger und nach erschöpfender körperlicher Belastung. Derartige Untersuchungen sind von dem REINDELLschen Arbeitskreis zu so hoher Güte entwickelt worden, daß hier auf die entsprechenden Spezialmethoden verwiesen werden muß. Das gleiche gilt von der spirographisch-ergometrischen Untersuchung der Schule KNIPPING, bei der eine genaue Registrierung von Sauerstoffaufnahme und -verbrauch bei dosierter Muskelarbeit einen ausgezeichneten Aufschluß über die Ökonomie von Herz- und Kreislaufleistung zu geben vermag.

Auch die *Radiodiagnostik mit Isotopen* wird vorläufig einigen wenigen Spezialinstituten vorbehalten bleiben, so daß auf ihre Durchführung, ihre Vorteile und evtl. Schädigungsmöglichkeiten hier nicht näher eingegangen werden soll.

Diese Methoden dienen der Forschung und der Klärung ganz spezieller Problemstellungen bzw. Begutachtungsfragen. Es wäre aber bedauerlich, wenn die Praxis den Eindruck gewinnen müßte, daß nicht mehr als 90% aller Ratsuchenden auch mit weniger großem Aufwand in ihren Beschwerden geklärt und dementsprechend behandelt werden könnten.

Wir entwickelten für kompliziertere Fragestellungen eine erweiterte Kreislaufanalyse, bei der wir neben Arteriendruck, Puls- und Atemzahl, Vitalkapazität und Ekg, in Ruhe, Stehen und Belastung auch oxymetrisch die Blutgeschwindigkeit von Vene bis zum Ohr, die O_2-Sättigung, Venendruck und Luftverbrauch unter der Belastung aufsteigender inspiratorischer Stenose untersuchen (s. S. 438).

In Abb. 164 wird der Untersuchungsbefund eines gut trainierten Sportlers, der die Zeichen der durch Fokalinfektion (Tonsillen) entstandenen neurozirkulatorischen Dystonie aufweist, gezeigt.

2.5.2. Oxymetrie

Um den Gasstoffwechsel des Organismus mit seinen verschiedensten Wechselbeziehungen verstehen zu können, muß man die Sauerstoffkapazität des Blutes kennen. Diese erlaubt eine Beurteilung des Sauerstofftransportvermögens. Als ein sehr wesentliches Kriterium bei der klinischen Diagnostik der Gasstoffwechselvorgänge hat sich der Sättigungsgrad des arteriellen Blutes mit Sauerstoff gezeigt.

Zur Bestimmung der Sauerstoffsättigung hat man Verfahren entwickelt, die sich auf den Anteil des gesamten Hämoglobins beziehen. Eine wesentliche diagnostische Bedeutung besitzt die Oxymetrie bei der Beurteilung der Anämie. Hier handelt es sich um eine reduzierte Kapazität des Sauerstofftransportes im Blut. Es ist bekannt, daß eine direkte Beziehung zwischen dem Sauerstofftransport und der

Hämoglobinmenge besteht. Man kann also annähernd die maximale Aufnahmefähigkeit des Blutes mit Sauerstoff pro Volumeneinheit berechnen, wenn man die Hämoglobinmenge kennt. Den Grad der Sauerstoffsättigung kann man jedoch nur

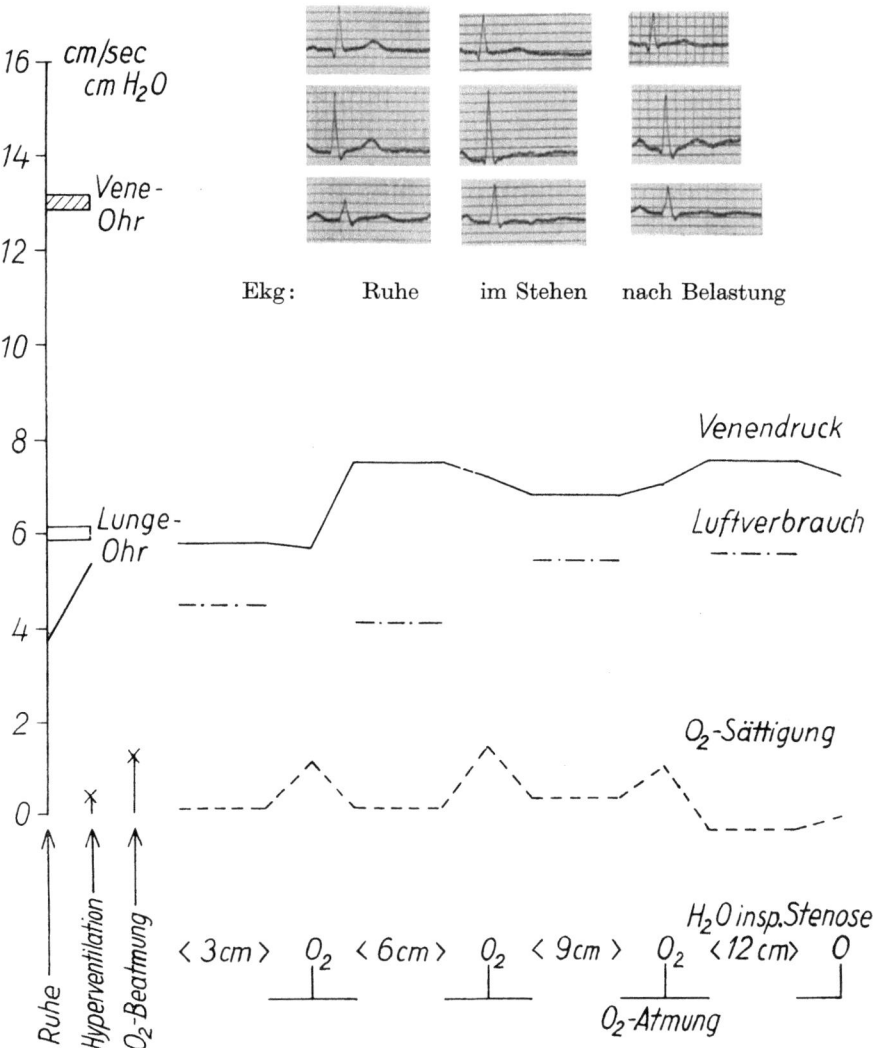

Abb. 164. K. S., 22 Jahre. Gewichtsheber. Neigung zu labilem Hochdruck (max. 140–160 mm Hg). Rö.: Nicht fehlkonfiguriertes Herz ohne Zeichen musk. Insuff. Freier HOLZKNECHTscher Raum. Ausreichende Zwerchfellverschieblichkeit.

oxymetrisch erfassen, d. h. durch die direkte Bestimmung des tatsächlichen Sauerstoffgehaltes im Blut. Der Organismus besitzt jedoch Kompensationsmechanismen, indem es über eine Kreislaufbelastung zu einer erhöhten peripheren Ausschöpfung und damit oft zu einer enormen Entsättigung des venösen Blutes kommt. Ferner können eine Vergrößerung des Herzvolumens sowie Variationen des Säure-Basen-

Gleichgewichtes, verursacht durch die Reduzierung der Pufferfähigkeit des hämoglobinarmen Blutes, zu einer Verlagerung der Sauerstoffdissoziationskurve führen.

Wie wesentlich es ist, die Sauerstoffsättigung des Blutes bei der Anämie zu messen, zeigt die klinische Beobachtung, daß selbst bei schweren Anämien keine Zyanose aufzutreten braucht, zumal bei der geringen Hämoglobinmenge die Voraussetzungen dafür selbst dann nicht gegeben sind, wenn das venöse Blut fast völlig entsättigt ist. Umgekehrt zeigt die Polyglobulie eine Zyanose, wenn das arterielle Blut ganz normal gesättigt ist; dabei braucht keine periphere Stase zu bestehen. Diese Beobachtung kann man ebenfalls rechnerisch ableiten. Man kann also sagen, daß für das Auftreten oder Nichterscheinen einer Zyanose der absolute Wert der Sauerstoffsättigung nicht wesentlich ist. Es ergibt sich daraus die Konsequenz, daß bei diesen Krankheitsbildern der äußere Aspekt zu einer Fehldeutung der vorliegenden Verhältnisse führen muß. Erfahrungsgemäß weiß man andererseits, daß unter normalen Blutverhältnissen, d. h. normalem Hämoglobingehalt, der Sauerstoffgehalt des Blutes auf einen Sättigungswert von 80% abfallen muß, wenn diese Untersättigung allein das Auftreten einer Zyanose bewirken soll. Diese Faustregel stellt eine gewisse Hilfe bei der Durchführung oxymetrischer Messungen dar.

Die Erforschung der kardio-pulmonalen Verhältnisse brachte die Oxymetrie als ein Glied der angewandten Untersuchungsverfahren mit den Methoden zur Bestimmung der Lungenventilation und der Herzkatheteruntersuchung in Verbindung. Auch hier zeigt sich, daß die Oxymetrie, besonders in der Kombination mit anderen Methoden ihre Bedeutung erhält.

Von der Mitralstenose weiß man, daß es schon bei geringer körperlicher Belastung zu einem Absinken der arteriellen Sauerstoffsättigung kommt, selbst wenn die Lungenventilation deutlich erhöht ist. Eine Trennung des Verhältnisses zwischen der Lungenventilation und der Funktion des Lungenkreislaufes und somit des ganzen Kreislaufes ist nicht möglich.

Es ist als fundiertes Erfahrungsgut zu bezeichnen, daß es bei einer reduzierten alveolären Ventilation über eine Erniedrigung der Sauerstoffspannung zu einer arteriellen Sauerstoffuntersättigung kommt. Die Verhältnisse werden schwieriger, d. h., die Sauerstoffbestimmung des arteriellen Blutes zweideutiger, wenn es sich darum handelt, zwischen einem teilweisen Ausfall der Lungenfunktion und einem vaskulären Shunt zu differenzieren. Zieht man dabei als Hilfsmittel die Sauerstoffatmung heran, so ist es möglich, mittels Bestimmung der arteriellen Sauerstoffsättigung eine Trennung der beiden Krankheitsbilder herbeizuführen, zumal es beim vaskulären Kurzschluß nicht zu einer 100%igen Sauerstoffsättigung des arteriellen Blutes kommen kann.

Man weiß auf Grund oxymetrischer Bestimmungen, daß die arterielle Sauerstoffsättigung praktisch nicht unter 90% liegt, selbst wenn ein ganzer Lungenflügel seine Funktion eingestellt hat.

Man kann sich dies damit erklären, daß die kaum durchlüftete Lunge auch kaum mehr durchblutet wird, wobei die Zumischung eines untersättigten venösen Blutes gering bleibt.

Ähnliche Verhältnisse wie bei diesen pulmonalen, vaskulären Kurzschlüssen liegen bei den intrakardialen Shunts vor, wenn die Shuntrichtung von rechts nach links verläuft. Auch hier wird es nur dann gelingen, eine 100%ige Aufsättigung des arteriellen Blutes zu erreichen, wenn das Shuntblut nicht mehr als ungefähr 10% des Herzminutenvolumens beträgt.

Als sehr nützlich erweist sich die Oxymetrie, wenn es zu entscheiden gilt, einen offenen Ductus Botalli operativ zu unterbinden. Erfahrungsgemäß kommt es mit der Zeit zu einer Shuntumkehr, wenn der Druck in der Arteria pulmonalis den Aortendruck übersteigt. In diesen Fällen findet man dann im Bereich der Arteria femoralis eine tiefere Sauerstoffsättigung als in der rechten Arteria brachialis.

Entsprechende Untersuchungen kann man anstellen, wenn der Ductus Botalli mit einer Transposition der Gefäße oder einer Aorten-Isthmusstenose kombiniert ist. Zudem gibt das Ausmaß der bestehenden arteriellen Sauerstoffuntersättigung einen gewissen Anhalt für die Verhältnisse z. B. bei der Rechtsverlagerung der Aorta, beim Ventrikelseptumdefekt oder beim Eisenmenger-Komplex usw. Es ist schließlich immerhin interessant zu wissen, daß bei der Pulmonalstenose die arterielle Sauerstoffsättigung im Bereich der Norm liegt.

Weiterhin ist es wichtig, bei extremer Hypoxämie, wie sie besonders bei der Kombination einer Lungenfunktionsstörung mit einer Kreislaufinsuffizienz vorkommt, gleichzeitig die venöse und die arterielle Sauerstoffsättigung zu bestimmen.

Die kardiale Linksinsuffizienz zeigt besonders bei der Arbeitsbelastung eine Abnahme der arteriellen Sauerstoffsättigung. Die Ursachen dafür sind komplexer Natur. Ein Anteil kann ein pulmonaler vaskulärer Kurzschlußfaktor sein, der sich durch eine mangelnde Aufsättigung des arteriellen Blutes und der Sauerstoffatmung oxymetrisch anteilmäßig festlegen läßt. Bei länger bestehenden Vitien, z. B. der Mitralstenose, kommt es in Form der Pulmonalsklerose zu einer Einschränkung der kapillaren Oberfläche. Sind die pathologischen Veränderungen weit fortgeschritten, dann verliert die Oxymetrie an Wert im gleichen Verhältnis wie die Herzkatheteruntersuchung an Bedeutung gewinnt.

Einen Anhalt zur Beurteilung oxymetrischer Meßergebnisse gibt die Beobachtung, daß die kardio-pulmonale Funktion nicht mehr ausreichend ist, wenn eine arterielle Sauerstoffuntersättigung schon bei einer Belastung von ungefähr 40–60 Watt auftritt. Damit sind wir bei der Bestimmung der latenten Insuffizienz durch den Belastungsversuch. Gerade bei diesen Methoden hat sich die Kombination der direkten arteriellen Sauerstoffbestimmung mit der indirekten photoelektrischen Oxymetrie bewährt.

Das photoelektrische Verfahren ist eine unblutige Methode, die jedoch in ihrer Handhabung ziemliche Schwierigkeiten bereitet. Es ist nicht ganz einfach, das arterielle Blut isoliert zu erfassen und die Apparatur zu eichen, um Absolutwerte zu erhalten.

Das *Prinzip* dieser Methode beruht auf dem LAMBERT-BEERschen Gesetz, auf das hier nicht eingegangen werden soll. Entscheidend ist, daß die beiden Hämoglobinformen einen verschiedenen Verlauf ihrer Extinktionskurven zeigen, woraus man die Konzentration des Hämoglobins und Oxyhämoglobins bestimmen kann. Durch geeignete Wahl der Wellenlängen der verwendeten Lichtspektren kann man den Meßausschlag möglichst groß gestalten. Man hat die Anwendung dieser Methode auf das histaminisierte Ohrläppchen übertragen zur Registrierung der Sauerstoffsättigung des durchstrahlten Gewebes. Andere Methoden haben die Ströme der beiden Photozellen gegeneinander geschaltet.

Es muß immer berücksichtigt werden, daß bei konstanter Sauerstoffsättigung ein Wechsel der Durchblutung sowie eine Veränderung der Kapillarverhältnisse auf die Meßergebnisse sehr störend einwirken können. Wir haben zudem schon betont, daß die Eichung immer eine empirische ist; ja, sie wird unmöglich, wenn man einen vaskulären Kurzschluß zu berücksichtigen hat. Jene Methoden, die durch eine völlige Blutsperre eine totale Entsättigung des Blutes erreichen wollen, um damit einen zweiten Meßpunkt ihrer Eichkurve zu gewinnen, werden damit nur zu Annäherungswerten kommen.

Die *Reflexionsoxymeter* benutzen nicht das ein Gewebe durchstrahlende Licht, sondern das reflektierte zur Feststellung der arteriellen Sauerstoffsättigung. Zur Kompensation nimmt man hier eine Wellenlänge, die von beiden Hämoglobinformen in gleicher Art und Weise reflektiert wird.

Diese *indirekten oxymetrischen* Verfahren haben bei all ihrer Fragwürdigkeit den Vorteil, daß man fortlaufende Registrierungen anstellen kann. Zur direkten Bestimmung der Sauerstoffsättigung des arteriellen Blutes gibt es jedoch nur die Methode der direkten Messung, erhebt sich doch immer die Frage, unter welchen Voraussetzungen man die Sättigung des Gewebeblutes mit der des arteriellen Blutes in Analogie bringen kann. Man kann durch ein heißes Bad oder die Histamin-Jontophorese die Sauerstoffaufnahme im Gewebe im Vergleich zur Durchblutungsgröße so klein gestalten, daß man angenähert das venöse Blut dem arteriellen Blut in seiner Sauerstoffsättigung gleichsetzen kann. Dies hat man erreicht, wenn bei Erhöhung der alveolären Sauerstoffspannung die oxymetrisch nachweisbare Latenzzeit praktisch der Kreislaufzeit Lunge–Meßgebiet entspricht. Die fortlaufende oxymetrische Registrierung benutzt man beim Arbeitsversuch mit fortlaufender Kontrolle der Sauerstoffsättigung des arteriellen Blutes mittels einer Verweilkanüle in der Arterie. Die photoelektrische Oxymetrie erlaubt dabei gerade zu jenem Zeitpunkt eine Blutanalyse abzunehmen, wenn die Sauerstoffsättigung im arteriellen Blut abfällt.

Interessant wird die Bestimmung der arteriellen Sauerstoffsättigung, wenn der menschliche Organismus sich der *Höhenatmung* anpassen muß. Wenn die arterielle Sauerstoffspannung unter ungefähr 70 mm Hg zu liegen kommt, ist ein ausreichender Sättigungsgrad des arteriellen Blutes nicht mehr gewährleistet. In etwa 2000 m ü. M. wird man unter Ruheverhältnissen eine arterielle Sauerstoffuntersättigung nur selten feststellen können, doch sofort wenn eine Belastung durchgeführt wird. In größeren Höhen tritt eine Sauerstoffuntersättigung schon unter Ruhebedingungen auf. Der relativ niedrige Sauerstoff-Partialdruck verlagert die Sauerstoffaufnahme und -abgabe auf den steilen Teil der Sauerstoffdissoziationskurve, was bedeutet, daß geringe Druckdifferenzen einen enormen Einfluß auf die Sauerstoffsättigung haben können.

Je mehr man sich für den Leistungssport mit Höchstleistungen interessiert, um so mehr wird man sich auch mit der Messung der Sauerstoffverhältnisse im menschlichen Organismus beschäftigen müssen. Das Höchstmaß einer Sauerstoffschuld, das man überhaupt eingehen kann, liegt mit etwa 20 Litern fest. Man kennt ferner die Sauerstoffaufnahmeverhältnisse bei stärkster Lungenventilation. Ferner ist die optimale Transportleistung des Blutes an Sauerstoff bekannt. Dabei konnte man feststellen, daß maximale Lungenleistung und maximale Transportkapazität des Blutes für Sauerstoff ungefähr gleich groß sind.

Unter normalen Verhältnissen wird man die volle Sauerstoffkapazität des Blutes kaum in Anspruch nehmen. Aus der Differenz der arteriellen und venösen Sauerstoffsättigung kann man die normale Sauerstoffausschöpfung berechnen und dabei feststellen, daß unter normalen Verhältnissen wesentliche Reserven bestehen. Unter Muskelarbeit steigt natürlicherweise die Sauerstoffaufnahme. Bis zu einer Sauerstoffaufnahme von etwa 2 Litern/min. bleibt die Sauerstoffschuld während einer körperlichen Leistung fast unverändert. Bei größeren Leistungen, wie sie vom Leistungssport gefordert werden, geht der Organismus eine wesentlich höhere Sauerstoffschuld ein. In diesen Bereichen entspricht die geleistete Arbeit nicht mehr der Sauerstoffaufnahme, d. h., ein

Teil der Arbeit wird unter anaeroben Bedingungen geleistet, eine Methode, die nur einen geringen Nutzeffekt hat.

Wenn man nun den Sauerstoffverbrauch pro Zeiteinheit irgendeiner sportlichen Leistung durch Messung kennt, so ist es möglich, zumal die maximal einzugehende Sauerstoffschuld nicht überschritten werden kann, sich die geforderte Leistung innerhalb einer gewissen Zeit so einzuteilen, daß es in der Tat zu einer Höchstleistung kommen kann. Mit anderen Worten, es ist nicht gleichgültig, ob man eine Laufstrecke mit einer konstanten Mittelgeschwindigkeit angeht, oder während des

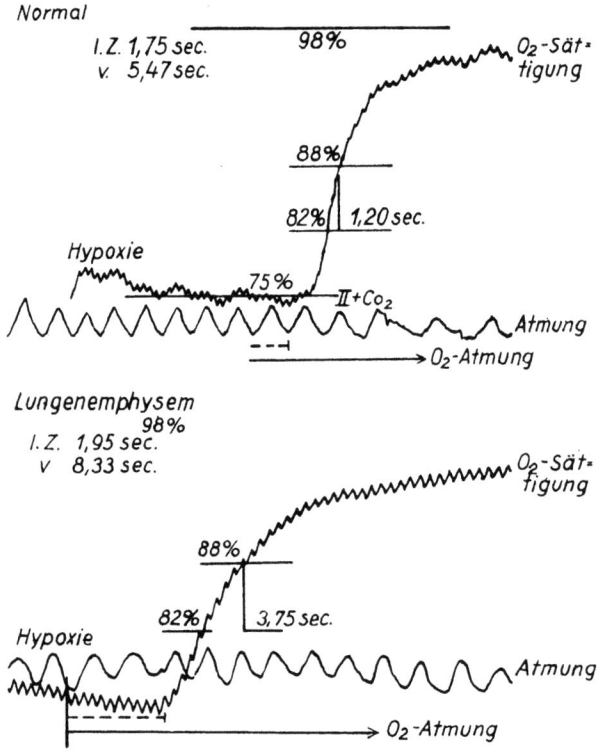

Abb. 165. Funktionsprüfung des kardiopulmonalen Systems.

Laufes die Geschwindigkeit phasenweise wechselt. Die Erklärung dafür liegt in der Tatsache, daß oberhalb des steady state das Sauerstoffbedürfnis nicht mehr linear mit der Leistung, sondern potenziert ansteigt.

Umgekehrt kann man durch arterielle Sauerstoffbestimmung in Verbindung mit der Erfassung der maximalen Sauerstofftransportkapazität des Kreislaufes testen, ob eine Sauerstoffbeatmung vor Beginn einer Höchstleistung überhaupt sinnvoll ist.

Oxymetrisch, d. h. durch Bestimmung der Sauerstoffkapazität und Sauerstoffsättigung in Verbindung mit anderen Untersuchungsmethoden, kann man somit den Trainingseffekt kontrollieren, der in einer gesteigerten Sauerstoffaufnahme über eine Kreislaufanpassung mit Zunahme des maximalen Herz-Minutenvolumens, Hämoglobinvermehrung, Besserung der Sauerstoffutilisation, der Fähigkeit, höhere Sauerstoffschulden eingehen zu können, sowie in einer höheren maximalen Sauerstoffaufnahme besteht (BETZIEN).

Weiterhin lassen sich mit der Oxymetrie Bestimmungen der Blutgeschwindigkeit in den Extremitäten sowie die Geschwindigkeit der Sauerstoffsättigung bei den verschiedenen Formen der respiratorischen Insuffizienz durchführen.

In Abb. 165 sind die Verhältnisse für Blutgeschwindigkeit und Sauerstoffsättigungsgeschwindigkeit bei normalen Bedingungen und beim Lungenemphysem dargestellt.

Auf die weiteren Besonderheiten des kardio-pulmonalen Systems wird auf S. 462 noch näher eingegangen.

2.5.3. Blutmengen- und Zirkulationsvolumenbestimmung

Die Kenntnis der zirkulierenden Blutmenge ist für die Beurteilung der Druck- und Strömungsverhältnisse in Herz und Kreislaufsystem von Wichtigkeit. Die Gesamtblutmenge des Menschen beträgt im Durchschnitt etwa 5–6 Liter.

Da mit Zunahme von Körpergewicht und Körpergröße auch die Blutmenge ansteigt, bemühte man sich um ein unabhängiges Beurteilungsmaß und versuchte, die Blutmenge in Prozenten des Körpergewichtes anzugeben. An der Leiche wird durch vollständige Ausspülung des Gefäßsystems und Vergleich des Hb-Gehaltes der gewonnenen Spülflüssigkeit mit jenem des vorher untersuchten Blutes das Gesamtblutvolumen zu etwa $1/12$ bis $1/13$ des Körpergewichtes gefunden. Die Untersuchungsergebnisse am Lebenden differieren jedoch beim Erwachsenen zwischen $1/10$ bis $1/20$ des Körpergewichtes. Diese Schwankungsbreite hat z. T. biologische Ursachen, da der Vergleich der Gesamtblutmenge mit dem Körpergewicht nicht ganz befriedigt. So kann z. B. bei zwei gleich schweren Individuen das blutarme Fettgewebe mengenmäßig sehr verschieden ausgebildet sein und somit zu einer falschen Relation verleiten.

In methodischer Hinsicht werden zur Bestimmung der Gesamtblutmenge zwei Wege beschritten. Die Blutmenge läßt sich am Lebenden bestimmen, indem man einen Farbstoff kolloidaler Natur (z. B. Trypanblau, Kongorot), der nur langsam das Gefäßsystem verläßt, injiziert und seine Konzentration im Blut mißt (Bestimmung des Plasmavolumens). Damit wird ein Wert erhalten, der um 10–20% unter dem an der Leiche gewonnenen Ergebnis liegt. Der injizierte Farbstoff darf natürlich von den übrigen Körpergeweben möglichst nicht aufgenommen werden, so daß aus der Verdünnung des Farbstoffes einer entnommenen Blutprobe die gesuchte Blutmenge ermittelt werden kann. Da diese Bestimmungsmethode nur das zur Verdünnung verwendete Plasma erfaßt, muß das Volumenverhältnis Plasma zu Blutzellen gemessen werden, um auf das gesamte Blut umrechnen zu können. Bei der 2. Methode wird eine gewisse Menge Kohlenoxyd eingeatmet und der CO-Gehalt in einer Blutprobe gemessen. Bei diesem Verfahren bestimmt man die Hämoglobinmenge, da das Kohlenoxyd an das Hämoglobin gebunden ist.

Die mit diesen Methoden erfaßte Blutmenge wird als zirkulierende oder aktive Blutmenge bezeichnet. Ein Teil des Blutes ist offenbar nicht in die normale physiologische Zirkulation einbezogen. Erst bei körperlicher Betätigung oder nach Injektion vasoaktiver Stoffe wird ein annähernd maximaler Wert gefunden. Dennoch muß gesagt werden, daß eine Methode zur genauen Bestimmung der Gesamtblutmenge beim Lebenden nicht existiert.

In den letzten Jahren zeigten Vergleichsmessungen zwischen den altbekannten Methoden und der Bestimmung des Plasmavolumens mit radioaktiven Isotopen, daß letztere genauer ist. Üblicherweise wird hierfür Radiophosphor (P^{32}) verwandt. Methode: Blutprobe des Patienten (10 ccm Zitratblut) und 0,1 Millicurie P^{32} (als H_3PO_4 in physiologischer NaCl) mischen und 30 min bei 37 Grad bebrüten. Dann werden die roten Blutzellen vom Plasma getrennt und 2–3mal in physiologischer NaCl auf der Zentrifuge gewaschen. 0,1 ccm der Zellsuspension mit 40 ccm 18%iger Glukose verdünnen und an dieser Lösung Ausgangsaktivität bestimmen (GEIGER-MÜLLER-Zählrohr). Dann 5 ccm der Zellsuspension dem Patienten reinfundieren. Nach ca. 20 min Blutprobe und Bestimmung der Aktivität pro Volumeinheit. Errechnung des Blutvolumens nach der Formel:

$$400\,mal\ ccm\ injizierte\ Ery\text{-}Suspension\ mal\ \frac{Aktivität\ der\ Glukoseprobe}{Aktivität\ der\ Vollblutprobe}.$$

Unternimmt man z. B. mit der Kohlenoxydmethode, die der häufiger gebrauchten Farbstoffmethode an Genauigkeit überlegen ist, zumal letztere erhebliche Blutmengen gelegentlich nicht anzeigt, wiederholte Untersuchungen an ein und derselben Person, so ergeben sich auch hier Schwankungen, die jedoch natürlicher Art sind, d. h. also, daß die Blutmenge über die Fehlerbreite der Methode hinaus zu- und abnehmen kann. Die zirkulierende Blutmenge kann also auch reduziert werden, sowohl durch vorübergehende Ablagerung von Blut in den Speicherorganen (Blutdepots) als auch durch den Übertritt von Plasma in das Gewebe. Nur wenn z. B. durch Muskelarbeit das Blut aus seiner Reservestellung in Zirkulation gebracht worden ist, gelingt es, wie schon gesagt, die Gesamtblutmenge annähernd zu erfassen.

Durch die tierexperimentellen Untersuchungen von BARCROFT wurde bekannt, daß u. a. die Milz ein Blutdepot darstellt, in dem sich ein Teil des Blutes fast ganz abgeschlossen von der allgemeinen Zirkulation befindet. Beim Menschen spielt dagegen die Milz eine geringe Rolle als Blutdepot. Doch kann in der Leber und im Plexus der Haut noch ein beträchtlicher Teil des Blutes in langsamer Zirkulation im Nebenstrom sich befinden, so daß es für die Transportfunktion fast ausfällt (Blutdepot 2. Ordnung nach REIN). Nur im Falle besonderer Beanspruchung wird dieses Blut in den eigentlichen Blutstrom entleert und somit zur Auffüllung des Kreislaufes verwendet.

In der Regel ist bei bestehender Kreislaufdekompensation die zirkulierende Blutmenge erhöht. WOLLHEIM nimmt zur Erklärung dieser von ihm so benannten „Plus-Dekompensation" an, daß sich die Blutdepots und ihr Reserveblut dem Kreislauf zur Verfügung stellen. Das Öffnen bedeutet eine rationelle Anpassung des Organismus. Die sich einstellende Venendruckerhöhung bei der Kreislaufdekompensation führt zu einer Vergrößerung des Fassungsvolumens des Venen- und Kapillarsystems. Es kann dies sowohl im großen als auch im kleinen Kreislauf oder gleichzeitig in beiden auftreten. Nicht zuletzt können auch die Herzhöhlen deutlich erweitert sein. Somit wird verständlich, daß eine größere Blutmenge erforderlich ist, um bei der Kapazitätsvergrößerung des Gefäßsystems den Venendruck auf der erforderlichen Höhe halten zu können.

Diese vergrößerte zirkulierende Blutmenge kann jedoch auch für das Herz von Nachteil werden, besonders dann, wenn die Leistungsgrenze erreicht ist und das Herz zur Erholung einer Entlastung bedarf. Dieser gefährliche Zustand stellt sich dann ein, wenn sich größere Blutmengen wie z. B. beim Asthma cardiale im Lungenkreislauf ansammeln. Eine Reduzierung der Blutmenge mittels eines Aderlasses kann in diesem Fall ein lebensrettender therapeutischer Eingriff sein. Flüssigkeits- und Salzentzug als therapeutische Maßnahme führen genau so, wohl etwas langsamer, zu einer Verminderung der zirkulierenden Blutmenge.

Umgekehrt kann z. B. während einer Bluttransfusion eine plötzliche Erhöhung der zirkulierenden Blutmenge bei dekompensierten Herz-Kreislaufverhältnissen eine akute Herzinsuffizienz bewirken.

Im Kreislaufkollaps sind sowohl die zirkulierende Blutmenge als auch der Venendruck verkleinert, ja bei Blutplasma- und Wasserverlusten wird auch die totale Blutmenge reduziert gefunden. Eine Abnahme der zirkulierenden Blutmenge bei normalem oder nur wenig erhöhtem Venendruck wird festgestellt,

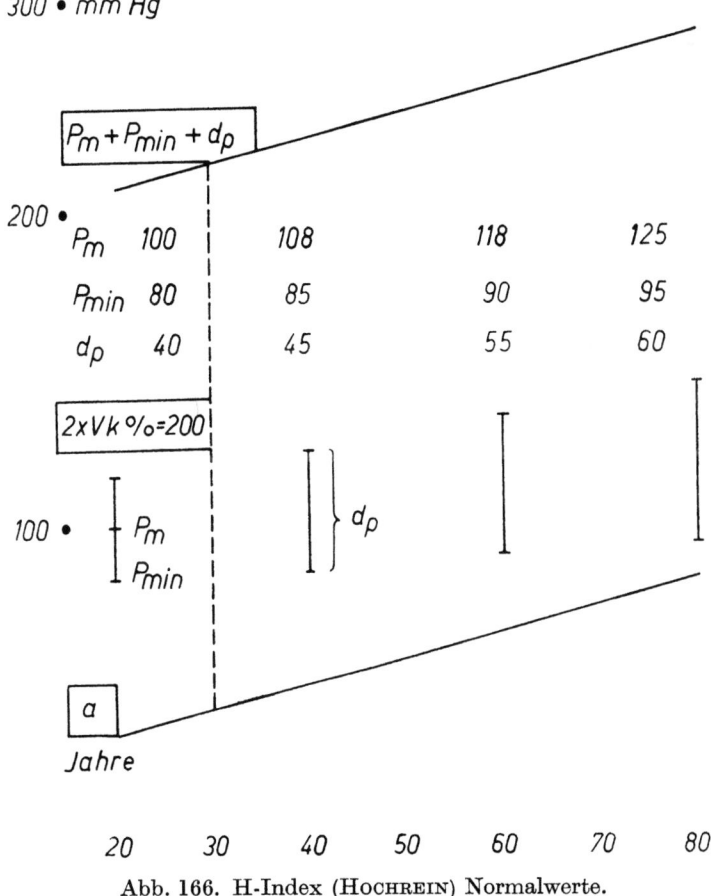

Abb. 166. H-Index (HOCHREIN) Normalwerte.

wenn infolge eines Herz-Lungeninfarktes oder einer Infektschädigung Kollapserscheinungen die Dekompensationszeichen überlagern. Dann müssen aber nach Rückgang der den Kollaps erzeugenden Ursachen Venendruck und Blutmenge wieder ansteigen. Dieser Zustand einer verminderten zirkulierenden Blutmenge bei den bezeichneten Herz-Kreislaufverhältnissen wird nach WOLLHEIM als „Minusdekompensation" bezeichnet. Minusdekompensation bedeutet somit so viel wie kardial bedingter Kreislaufkollaps oder ist auch identisch mit der Kombination einer Herz- und Kreislaufinsuffizienz.

442   Untersuchung und Beurteilung der Herz-Kreislauffunktion

2.5.4. Funktionsprüfung des kardio-aortalen Systems
(*H-Index* nach HOCHREIN)

Zur Beurteilung der arteriellen Hämodynamik haben BROEMSER und RANKE sowie WEZLER und BÖGER in Auswertung der FRANKschen Gesetze Kreislaufformeln aufgestellt, die uns eine Analyse des Kreislaufgeschehens bei Blutdruckanomalien durch Berechnung der Blutgeschwindigkeit, des Widerstandes und der Wandelastizität gestatten. In der Praxis genügt es oft, wenn wir mathe-

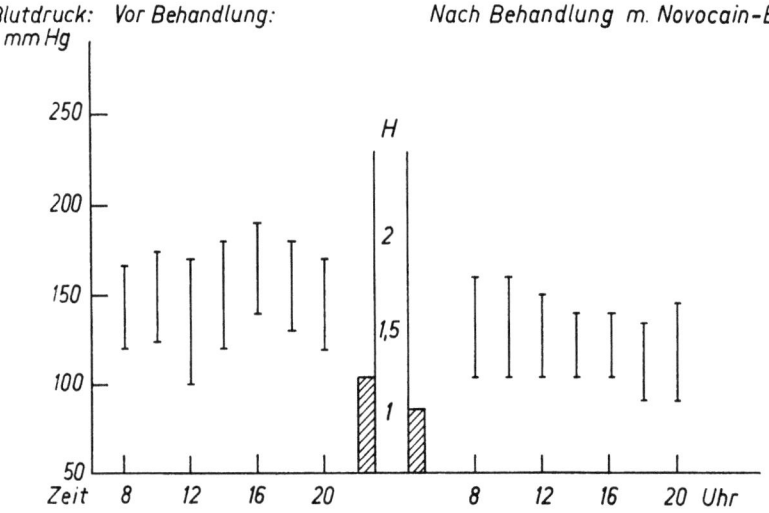

Abb. 167. F. F., 55 Jahre. Arterieller Hochdruck mit flüchtiger Hemiparese re. –

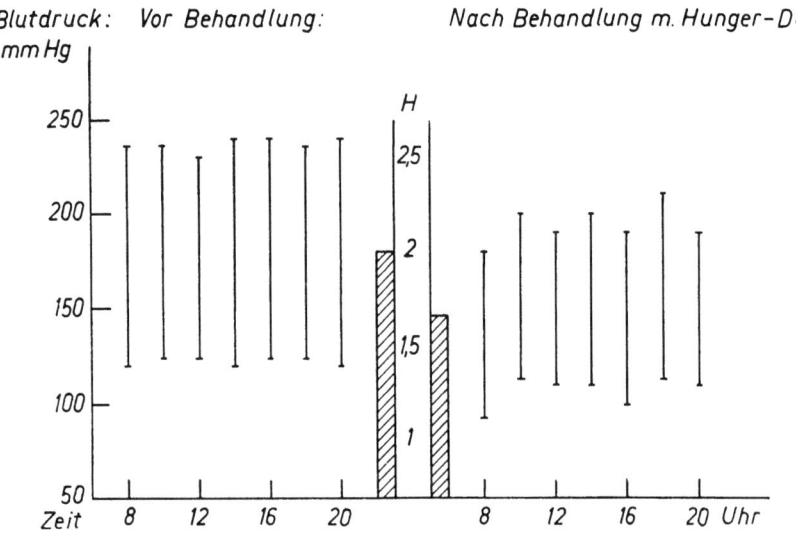

Abb. 168. M. F., 46 Jahre: Chronische Nephritis.

matische Analysen teilweise durch empirische Beobachtungen ersetzen. Wir haben bei jeder Blutdruckmessung zu berücksichtigen:
a) den physiologischen Altersgang des Arteriensystems,
b) den Leistungsgrad des linken Herzens.

Wir legen Tagesblutdruckkurven an und ziehen unsere Schlüsse besonders aus dem Mitteldruck Pm, der Blutdruckamplitude dp, dem Minimaldruck P_{min} und der Leistung des linken Ventrikels. Suchen wir diese Faktoren auf eine konstante Wandspannung auszurichten, dann muß ein Altersfaktor a in Rechnung gesetzt werden, wobei a die Lebensjahre bedeuten. Für die Beurteilung der Leistung des linken Herzens verwenden wir die Vitalkapazität. Auf Grund eines großen Beobachtungsgutes erwies sich der H-Index zur Feststellung der Hämodynamik des Aortensystems und des linken Ventrikels als brauchbar (HOCHREIN):

$$H = \frac{Pm + P_{min} + dp - a}{2\,VK\%}.$$

Die einzelnen Werte werden als Durchschnittswerte aus einer Tageskurve ermittelt. Die Vitalkapazität beträgt beim Gesunden mindestens so viel 1/20 Liter, als der Betreffende cm über einen Meter mißt. Bei 180 cm = 4 Liter = 100%. Eine höhere Vitalkapazität als dieses Mindestmaß wird ebenfalls nur mit 100 bewertet. Beträgt die Vitalkapazität jedoch nur 3 Liter als Ausdruck einer Herzinsuffizienz, dann wird mit Vitalkapazität % = 75% gerechnet. Wir finden, daß dieser Index unter normalen Verhältnissen ziemlich konstant ist und zwischen 0,8 und 1,05 liegt (s. Abb. 166).

Die Beeinflussung des H-Index beim arteriellen Hochdruck durch therapeutische Maßnahmen zeigen Abb. 167 und Abb. 168.

2.5.5. Funktionsprüfung des kardio-pulmonalen Systems

Unseren physiologischen und klinischen Vorstellungen lag früher die Anschauung zugrunde, daß im Interesse der Kontinuität des gesamten Kreislaufes das Schlagvolumen des rechten und linken Herzens gleich sei. Die Steuerung der Herzleistung sollte von der Kreislaufperipherie erfolgen und durch das Ausmaß des venösen Blutangebotes bestimmt werden, da nach den FRANKschen Gesetzen das Schlagvolumen mit der Füllung und Spannung der Ventrikel in der vorhergehenden Diastole zunimmt.

Als es uns gelang, diese Vorstellung zu widerlegen und zu zeigen, daß bereits unter physiologischen und pharmakologischen Bedingungen, noch mehr aber durch pathologische Einwirkungen Schlagvolumen und Koronardurchblutung des rechten und linken Herzens verschieden sein können (HOCHREIN und MATTHES), wurde das Interesse für die kardio-pulmonale Funktion geweckt. Um Einblick in diese kardio-pulmonalen Zusammenhänge zu gewinnen, haben wir eine Untersuchungstechnik entwickelt, die relativ einfach und ungefährlich ist, aber doch die wesentlichsten Mechanismen mit hinreichender Genauigkeit erkennen läßt.

Wir bedienen uns der *Venendruckmessung* (MORITZ-TABORA) oder *-schreibung*, der *Pneumotachographie* (HOCHREIN), der *Luftmengenbestimmung* (ELSTERsche Gasuhr) und der *Oxymetrie* (K. MATTHES).

Bei Funktionsprüfungen des Kreislaufes werden Belastungen meist durch körperliche Arbeit, wie Treppensteigen, Übungen am Laufband, am Fahrradergometer usw. durchgeführt. Die dabei gewonnenen Ergebnisse hängen nicht unwesentlich vom jeweiligen Training des betreffenden Kranken ab.

Da wir uns vorwiegend mit prämorbiden Zuständen und funktionellen Störungen beschäftigen, können wir auf Herzkatheterisierung, Pulmonalisdruckmessung und arterielle Blutgasanalysen verzichten.

ROSSIER und Mitarbeiter wählten daher den „*Sauerstoffversuch*" mit Zufuhr einer beträchtlich erhöhten Sauerstoffspannung in der Atemluft (60—70%), BÜHLMANN kombinierte die Oxymetrie mit stufenweiser Belastung am Fahrradergometer, VENRATH, VALENTIN und BOLT führten eine respiratorische Arbeitsinsuffizienz durch festes Bandagieren des Thorax herbei, WEISS hält dagegen die Verschiebung des Atemgrenzwertes und DOETSCH die sogenannte *Pneumokardiographie* für ausreichend aufschlußreich.

Um den klinischen Nachweis von Funktionsstörungen des kardio-pulmonalen Systems führen zu können, haben wir folgenden Weg eingeschlagen:

Wir gehen von der Vorstellung aus, daß eine O_2-Not, sei es durch Beatmung mit O_2-armer Luft, Stenoseatmung oder durch einen erhöhten O_2-Verbrauch (körperliche Arbeit), zu einer Höherstellung der respiratorischen Mittellage der Lunge führt. Die Blutdepots werden entleert, das alveolare Kapillarsystem wird vermehrt mit Blut gefüllt und dadurch die Gasaustauschfläche vergrößert. Um Leistungskurven zu gewinnen, wurde eine inspiratorische Stenose von 3, 6, 9, 12 cm Wasser durchgeführt und dabei nicht nur das Verhalten der verschiedenen Kreislauffaktoren während der Stenoseatmung, sondern auch während der dazwischenliegenden gleichlangen Pausen mit O_2-Beatmung kontrolliert.

Betrachten wir die Ergebnisse einer Untersuchung bei gesunden Versuchspersonen (Abb. 169), dann sehen wir, daß mit wachsender inspiratorischer Stenose, von einer gewissen Belastung ab, die inspiratorische Mittellage ansteigt und gleichzeitig der Venendruck sich über das Ruheniveau erhebt. Die O_2-Sättigung liegt vielfach über dem Ausgangsniveau. Bei einer Stenosierung von 6 cm H_2O setzt meist eine Hyperventilation ein. In der Mehrzahl der Fälle sinkt die O_2-Kurve bei 9 cm H_2O auf einen Tiefpunkt ab, der subjektiv durch Beklemmung, Herzklopfen usw. empfunden wird. Der Luftverbrauch erreicht ein Minimum. Es handelt sich dabei um den „toten Punkt" dieser Funktionsprüfung, für den die Literatur zahlreiche hämodynamische und chemische Erklärungen gefunden hat.

So hat KATSCH die Frage aufgeworfen, ob für diese „Brustmüdigkeit" bzw. das subjektive Empfinden des „toten Punktes" nicht Spasmen der Lungenarteriolen verantwortlich sind, die er als „Angina pectoris pulmonalis" bezeichnen will.

Von HECKMANN werden zirkulatorische Vorgänge beim Zustandekommen dieser Sensationen vollkommen abgelehnt. Er vermutet als Ursache des „toten Punktes" einen bronchoalveolären Spasmus und nimmt für den „second wind" die Lösung desselben durch erhöhten Sauerstoffbedarf an.

Wir finden am kardio-pulmonalen System eine Beschleunigung der Blutgeschwindigkeit von Vene—Ohr, so daß angenommen werden kann, daß die allgemeine Zunahme der Lungendurchströmung im „toten Punkt" noch vorwiegend durch die arteriovenösen Anastomosen erfolgt und die Masse des Blutes an den Alveolen vorbeifließt. Dabei erreicht der Luftverbrauch ein Minimum, das ca. 15% unter dem Ausgangswert liegt. Bei 12 cm H_2O tritt der „second wind" ein, die O_2-Sättigung steigt an und die Blutgeschwindigkeit Vene—Ohr sinkt nunmehr unter den Ausgangswert, wohl weil die arteriovenösen Anastomosen sich geschlossen haben und der gesamte pulmonale Blutstrom den weiteren Weg über das alveolare Kapillarsystem nimmt. Der Luftverbrauch entspricht trotz Stenose infolge der beschleunigten Atembewegung oft dem Ruhewert.

Der Venendruck sinkt bei zunehmender Stenosierung nach anfänglichem Anstieg, welcher wohl der Depotentleerung entspricht, in Verbindung mit der respiratorisch bedingten Beschleunigung der gesamten Zirkulation immer weiter ab, um in den Pausen wieder der Höhe des Ruhewertes zuzustreben.

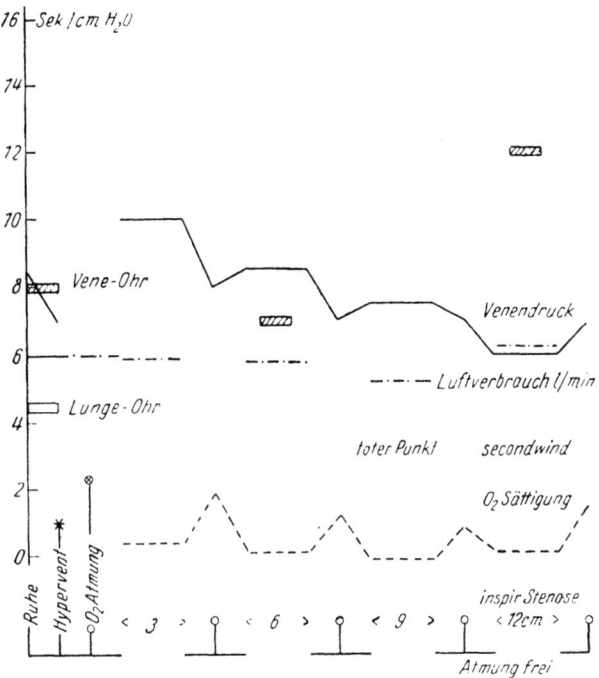

Abb. 169. Diagramm bei normaler kardio-pulmonaler Funktion. 31 Jahre, männl. (Normalfall). RR: 125/80 mm Hg. Vitalkapazität 4,3 l.

Trotz gewisser individueller Unterschiede werden diese Kennzeichen der normalen Steuerung des kardio-pulmonalen Systems bei den meisten gesunden Versuchspersonen ziemlich gleichmäßig gefunden. Gewisse Variationen sind jedoch möglich, da je nach individueller Eigenart und Training, wobei auch die Sportart eine gewisse Rolle spielt, normalerweise einer kurzdauernden O_2-Not durch folgende Möglichkeiten begegnet werden kann:

1. Es wird versucht, die O_2-Not sofort auszugleichen durch Hyperventilation, d. h. durch vermehrte O_2-Aufnahme.
2. Der Blutumlauf wird vergrößert und beschleunigt, um das O_2-Angebot zu bessern und die Stoffwechselschlacken rascher zu entfernen.
3. Es wird eine O_2-Schuld eingegangen, die nach der Belastung wieder ausgeglichen wird.

Unter pathologischen Verhältnissen können diese Regulationen in zahlreichen Punkten unterbrochen werden. Von den vielen Möglichkeiten wählen wir zwei Versagensformen des kardio-pulmonalen Systems aus, die uns in der Praxis ziemlich häufig begegnen, die respiratorische und die kardiale Insuffizienz.

Als Beispiel einer respiratorischen Insuffizienz nehmen wir ein Lungenemphysem oder eine Herzinsuffizienz.

Da bereits in Ruhe ein Volumen pulmonum auctum besteht, ist mit einer Erhöhung der respiratorischen Mittellage nicht zu rechnen. Die Depotentleerung tritt nicht oder nur mangelhaft ein, so daß der initiale Anstieg des Venendruckes meist nicht zustande kommt. Bereits bei geringer Stenose zeigt sich ein Absinken, während in den Pausen der höhere Ausgangswert angestrebt wird.

Betrachten wir die O_2-Sättigung, dann sehen wir, daß bereits bei 3 cm H_2O-Stenose ein deutlicher Abfall eintritt. Der ,,tote Punkt" tritt in diesem Falle nicht wie normalerweise bei 9 cm H_2O, sondern schon bei 3 cm H_2O auf. Der ,,second wind" bei 6 cm H_2O ist an dem Anstieg der O_2-Sättigung erkennlich. Bei weiterer Belastung (9 und 12 cm H_2O) kommt es infolge einer Insuffizienz des Atemmechanismus zu einem deutlichen Absinken der O_2-Sättigung. Die ausreichende Herzleistung ist am weiteren Absinken des Venendruckes bei steigender Belastung mit nachfolgendem Anstieg in den Stenose-Pausen zu erkennen. Die beim Emphysem vorliegende Durchblutungsstörung der Lunge ist an der bereits in Ruhe verminderten Blutgeschwindigkeit festzustellen, die bei Belastung von 12 cm H_2O noch weiter abnimmt.

Wählen wir nun einen Kranken mit Herzinsuffizienz (Lungenstauung bei kombiniertem Mitralvitium), dann sehen wir ein ähnliches Verhalten der O_2-Sättigungskurve, jedoch liegen bei höherer Belastung die Werte meist wesentlich unter dem Ausgangsniveau.

Da bei Lungenstauung fast immer ein Volumen pulmonum auctum vorliegt (WENCKEBACH), ist eine Depotentleerung nicht zu erwarten, und demzufolge wird anfänglich meist eine geringe Venendrucksenkung sichtbar.

Bei höherer Belastung steigt entsprechend der nunmehr eintretenden Insuffizienz des rechten Herzens der Venendruck während der Stenose an, um in den pathologischen Bereich (über 10 cm H_2O) zu gelangen. Liegt bereits in der Ruhe eine Rechtsinsuffizienz vor, dann kann schon bei geringen Belastungen ein starker Venendruckanstieg beobachtet werden. In den Stenosepausen strebt der Venendruck dem niedrigeren Ausgangswert zu. Die Blutgeschwindigkeit ist schon in Ruhe verlangsamt (17 sec) und erreicht bei höherer Belastung noch geringere Werte (23 sec bei 12 cm H_2O-Stenose).

Eine weitere Funktionsprüfung des kardio-pulmonalen Systems besteht in der *Bestimmung der Sauerstoffdiffusion* durch die Gewebsschranke zwischen Alveolarraum und pulmonalem Kapillarblut, die beim Kranken gegenüber der Norm behindert ist (Erhöhung des Membrangradienten).

Es sind eine Reihe von *Formeln* bekannt, mit deren Hilfe man aus Gaswechselgröße sowie den Atemgaskonzentrationen in Einatmungs- und Alveolarluft den Anteil der Alveolarventilation am Gesamtatemvolumen berechnen kann. Diesen Weg benutzen wir; auf rechnerische Einzelheiten, die Problematik der Gewinnung von hinreichend repräsentativen Alveolarkonzentrationen, kann hier nicht näher eingegangen werden.

Zur möglichst einfachen Erlangung eines quantitativen Anhalts über die Diffusionsverhältnisse hat sich uns unter bestimmten Standardbedingungen die Sauerstoffsättigungsgeschwindigkeit als geeignet erwiesen. Diese Größe wird angenommen durch oxymetrische Registrierung der arteriellen Hb-Sättigung während einer bestimmten, künstlich durch ein geeignetes Respirationssystem mit variierbaren inspiratorischen Atemgaskonzentrationen herbeigeführten „Standard-Hypoxämie" und des anschließenden Anstieges der arteriellen O_2-Sättigung nach plötzlicher Zuführung von reinem Sauerstoff. Es genügt hier die Vorlage eines Untersuchungsergebnisses bei je einem Fall von pulmonaler Dystonie und Lungenemphysem:

1. *H. H.*, *Diagnose*: Pulmonale Dystonie. RR 110/80 mm Hg.
   VK 4,8 Liter.
   b = 762; t = 25,4. Sämtliche Gasvolumina bei 37° C.
   Wasserdampfsättigung und vorherrschender Druck.
   Arterielle Hb-Sättigung unter O_2-*Beatmung* . . . . 100% (Punktion)
   Arterielle Hb-Sättigung bei *Zimmerluftatmung* 96%

   I. Meßperiode
   Atemvolumen bei Hypoxie und zusätzlichem CO_2-Reiz . . . 14,01 l
   Relative Alveolarventilation 89,8%
   Atemäquivalent . . . . 4,91 l
   Inspiratorischer O_2-Druck b. Hypoxie . . . . 56,2 mm Hg
   Alveolarer O_2-Druck b. Hypoxie . . . . 39,5 mm Hg
   Differenz . . . . 16,7 mm Hg
   Arterielle Hb-Sättigung b. Hypoxie 79,0%
   Sättigungsgeschwindigkeit (82–88) . . . . 3,04 sec
   Kreislaufzeit (Lunge-Stirn) . . . . 8,15 sec

   II. Meßperiode
   Atemvolumen bei Hypoxie und zusätzlichem CO_2-Reiz . . . 18,57 l
   Relative Alveolarventilation 87,3%
   Atemäquivalent . . . . 5,76 l
   Inspiratorischer O_2-Druck b. Hypoxie . . . . 54,9 mm Hg
   Alveolarer O_2-Druck b. Hypoxie . . . . 40,5 mm Hg
   Differenz . . . . 14,4 mm Hg
   Arterielle Hb-Sättigung b. Hypoxie 80,0%
   Sättigungsgeschwindigkeit (82–88%) . . . . 2,33 sec
   Kreislaufzeit (Lunge-Stirn) . . . . 9,68 sec

   Beurteilung:
   Ausgeprägt vagotone Regulation der Atmung. Mittlere Atemtiefe während der 1. Meßperiode 1,678 Liter, während der 2. Meßperiode 2,046 Liter; Frequenz: 8–9 Atemzüge/min. Bei den normalen Blutgasverhältnissen dürfte die sichtbare Zyanose eine kapillare sein, durch hohe Utilisation bedingt. Die für Hypoxiebedingungen deutlich verlangsamten Kreislaufzeiten um 8,5 sec passen in dieses Bild; durch die herabgesetzte Blutstromgeschwindigkeit ist auch die Sättigungsgeschwindigkeit verlängert, nicht infolge Diffusionsstörung. Normale intrapulmonale Aerodynamik, voll ausreichende pulmonale Gesamtleistung.

2. *E. K.*, *Diagnose*: Lungenemphysem, chronisches Cor pulmonale.
   RR 120/90 mm Hg. VK 2 Liter.
   Arterielle Hb-Sättigung unter O_2-*Beatmung* . . . . 98% (Punktion)
   Arterielle Hb-Sättigung bei *Zimmerluftatmung* 86%

   I. Meßperiode
   Atemvolumen bei Hypoxie und zusätzlichem CO_2-Reiz . . . 11,45 l/min
   Relative Alveolarventilation 66,5%
   Atemäquivalent . . . . 3,74 l
   Inspiratorischer O_2-Druck b. Hypoxie . . . . 85,2 mm Hg
   Alveolarer O_2-Druck b. Hypoxie . . . . 55,6 mm Hg
   Differenz . . . . 29,6 mm Hg
   Arterielle Hb-Sättigung b. Hypoxie 74%

| Sättigungsgeschwindigkeit (82–88%) | 9,08 sec |
| Kreislaufzeit (Lunge-Stirn) | 7,90 sec |

II. Meßperiode:

Atemvolumen bei Hypoxie und zusätzlichem CO_2-Reiz	14,96 l/min
Relative Alveolarventilation	69,1%
Atemäquivalent	5,18 l
Inspiratorischer O_2-Druck b. Hypoxie	74,5 mm Hg
Alveolarer O_2-Druck b. Hypoxie	53,6 mm Hg
Differenz	20,9 mm Hg
Arterielle Hb-Sättigung b. Hypoxie	73%
Sättigungsgeschwindigkeit (82–88%)	4,64 sec
Kreislaufzeit (Lunge-Stirn)	11,18 sec

Beurteilung:

Ausgeprägte pulmonale Ruheinsuffizienz; sämtliche Meßwerte der Funktionsprüfung sind deutlich pathologisch verändert. Erhebliches Sauerstoffdefizit im Arterienblut bei normaler Luftatmung, ferner stark verzögerte Diffusion bei Störung der intra-pulmonalen Aerodynamik. Noch mäßige Besserung der Verhältnisse mit zunehmender Lungenbelüftung, jedoch nach etwas längerer Belastung trotz forcierter und stärker vertiefter Atmung merkliches Absinken der ohnehin verlängerten Blutumlaufgeschwindigkeit offenbar infolge Nachlassens der Herzkraft.

Diese wenigen Ausführungen mögen genügen, um zu verdeutlichen, daß mit der vorgeschlagenen Methode ein ausgezeichneter Einblick in die Funktionstüchtigkeit des kardio-pulmonalen Systems gewonnen werden kann. In der Begutachtung der respiratorischen Insuffizienz bei Silikose und anderen beruflich bedingten Lungenerkrankungen hat sich dieses Vorgehen ausgezeichnet bewährt.

2.5.6. Reflexprüfungen der Herz-Kreislauffunktion

Hier mag die Zeit des Auftretens einer reaktiven Hyperämie nach Blutleere evtl. in Verbindung mit Eiswasserbädern und weiterhin die Messung der Temperaturdifferenzen vor und nach Peridural-, Lumbal- oder Spinalanästhesie von Wert sein. Gleichbleiben oder Vergrößerung der Temperaturdifferenz weisen auf spastische Störungen hin, die durch Aufhebung der Vasokonstriktoren beseitigt werden.

Da nach unseren Feststellungen in den feinsten Blutgefäßen der Ort der Störung bei der neurozirkulatorischen Dystonie gesehen werden muß, suchten wir nach Möglichkeiten, die uns in außerordentlich empfindlicher und genauer Weise Veränderungen, insbesondere der nervösen Regulation der terminalen Strombahnen, angeben. Hierzu benutzten wir folgende Untersuchungen:

1. a) Die von MATTHES entwickelte *Methode zur fortlaufenden optischen Registrierung von Plethysmogramm und Sauerstoffgehalt in Extremitätenenden.* Wir sind damit imstande, die Einwirkung physiologischer Reize wie Temperatur, körperliche Belastung usw. objektiv festzuhalten.

   b) In einfacher Weise gelingt es, diese Gefäßreflexe durch *empfindliche Hautthermometer* nachzuweisen.

2. Eine *andere Möglichkeit* der Funktionsprüfung bedient sich folgender Vorstellung:

   Die Funktion gesunder Organe ist im wesentlichen von der Güte der Durchblutung abhängig. Man kann daher in erster Annäherung aus der

Funktion bestimmter Organe auf das Vorhandensein von Durchblutungsstörungen schließen. Organe, deren Funktionen leicht untersucht werden können, sind Magen, Bauchspeicheldrüse, Herz usw.

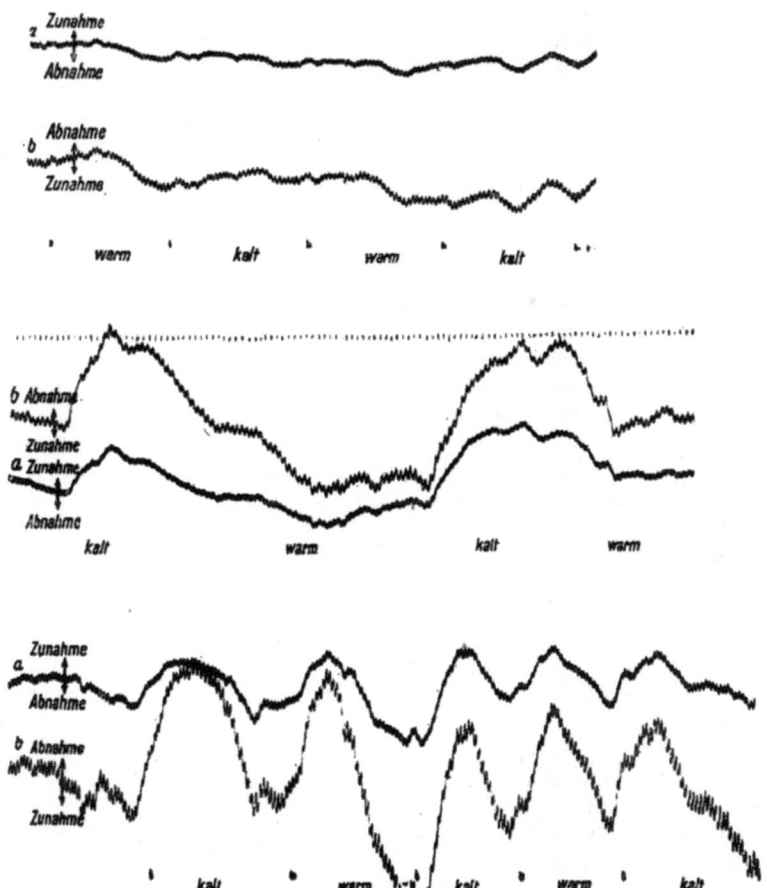

Abb. 170. Gefäßreflexe. a) Normal; b) Vasolabilität, gesteigerte Reflexerregbarkeit, überschießende Reaktion; c) Vasolabilität, paradoxe Reaktionen, spastische Diathese.

Wählen wir als physiologische Belastung thermische Reize, so liegen beim Normalen die Verhältnisse so, daß die Kälte eine Verengung, die Wärme eine Erweiterung der Blutgefäße auslöst. Untersucht man die Durchblutung der einen Hand und übt auf die andere Hand thermische Reize aus, so wirkt dieser Reiz beim gesunden Menschen nicht oder nur sehr schwach von der einen auf die andere Seite. Das Nervensystem des gesunden, ausgeruhten Menschen hat eine so hohe Reizschwelle, daß die Abkühlung oder Erhitzung einer Körperstelle den Kreislauf konkordanter Körperteile nicht oder nur sehr schwach in Mitleidenschaft zieht.

Anders liegen die Verhältnisse bei der neurozirkulatorischen Dystonie. Der thermische Reiz, der auf die eine Seite einwirkt, löst auf der anderen Seite starke Reaktionen aus. Wir bezeichnen diese nervöse Störung als eine „überschießende Reaktion" auf thermische Reize. Damit steht im Einklang die praktische Erfahrung, daß beim übermüdeten Menschen die Kälteeinwirkung auf einen kleinen Körperabschnitt, wie Füße, Hände, Gesicht usw. den ganzen Körper zu Frösteln bringen kann (s. Abb. 170).

Diese Beobachtungen wurden neuerdings durch andere Untersucher bestätigt, die als Reaktion auf Wärmereiz bei der übermüdungsbedingten Kreislauffehlregulation eine starke Gefäßerweiterung fanden, die den normalen Wirkungsbereich um ein Vielfaches übertrifft.

Mit diesen Befunden können auch die Erfahrungen der Klinik gut in Übereinstimmung gebracht werden.

Wir wissen, daß die Kälte nicht nur auf die periphere Zirkulation, sondern auch auf die Organdurchblutung einen ungünstigen Einfluß auszuüben vermag. In Analogie zu den bekannten Vorgängen am Koronarsystem finden sich Durchblutungsstörungen an anderen Organen.

Diese überschießende Reaktion finden wir nicht nur auf körperlichem, sondern auch auf seelischem Gebiet. Die kleinen Erregungen und Ärgernisse des Alltags, welche der gesunde, ausgeruhte Mensch kaum wahrnimmt oder mit einem Lächeln überwindet, lösen völlig inäquate seelische Reaktionen aus, die sich in lange dauernden Verstimmungen und hemmungslosen Gefühlsausbrüchen äußern können.

Ein weiterer Grad dieser Regulationsstörungen besteht darin, daß bei thermischen Einwirkungen nicht nur eine überschießende Reaktion auftritt, sondern daß dieser physiologische Reiz paradox beantwortet wird. Wir beobachten, daß jeder thermische Reiz, gleichgültig, ob Kälte oder Wärme, zuerst eine Kontraktion der Blutgefäße auslöst. Diese Verkrampfungsneigung ist oft so hochgradig, daß schon geringe Temperatureinwirkungen genügen, um Durchblutungsstörungen in den Endbahnen des Kreislaufes hervorzurufen.

Auch die reflektorische Beeinflußung bestimmter Organfunktionen durch thermische Reize gibt häufig interessante Einblicke in die nervöse Steuerung terminaler Strombahnen. Wir untersuchten den Kohlehydratstoffwechsel und die Magensaftsekretion bei Einwirkung thermischer Reize auf die unteren Extremitäten. Auch hier beobachteten wir nicht selten ähnliche Reaktionen wie bei der Durchblutung der Hände.

Untersuchen wir nun die Funktionen der verschiedenen Organe bei anderen physiologischen Belastungen, so finden wir häufig die gleichen überschiessenden Reaktionen, die uns bei der Aufzeichnung der Durchblutung aufgefallen waren. Eine chemische Reizung der Magenwand kann sofort eine starke Übersäuerung hervorrufen (s. Abb. 171). Bei einer Belastung des Zuckerstoffwechsels finden wir häufig nach kurzem Anstieg eine erhebliche Senkung des Blutzuckerspiegels, welche sehr viel stärker ist als normal, so daß die Blutzuckerwerte oft weit unter die Norm absinken.

Daneben sind andere Vorschläge gemacht worden, durch bestimmte Maßnahmen oder Einwirkungen die reflektorische Beeinflußung der Herz-Kreislauffunktion zu prüfen.

Bekannt ist der sogenannte „*Manschetten-Test*".

Es wird bei dieser Maßnahme die arterielle Versorgung des Armes bei einem Druck von ca. 100 mm/Hg für 5 min gedrosselt. Das Auftreten von stenokardischen Beschwerden während oder gleich nach der Stauung wird als positiver Nachweis für das Vorliegen einer organischen Koronarerkrankung angesehen. Die Überprüfung ergab, daß dieser Test in 70,4% der Fälle organischer Koronarerkrankungen positiv ausfiel, beim Vorliegen funktioneller Beschwerden jedoch negativ blieb.

Von BRAUCH wurde auf ähnlicher Grundlage der sogenannte „*Tauchtest*" entwickelt. Bei Eintauchen des Gesichtes in Wasser von 10° C für die Dauer von nur 20 sec können latente Störungen der Reizbildung, Reizleitung und Koronardurchblutung erkennbar werden. Der Versuch ist jedoch nicht ganz ungefährlich, da auf diese Weise Veränderungen der Überleitungszeit, totaler Block, Kollaps und Stenokardie auftreten können, die durch Nitrite nicht zu beheben sind. Zur Erklärung wird angenommen, daß der thermische Reiz über den Trigeminus-Vagus-Effekt und die mit dem Eintauchen des Gesichtes verbundene Apnoe sich zu einer derartigen Wirkung summieren.

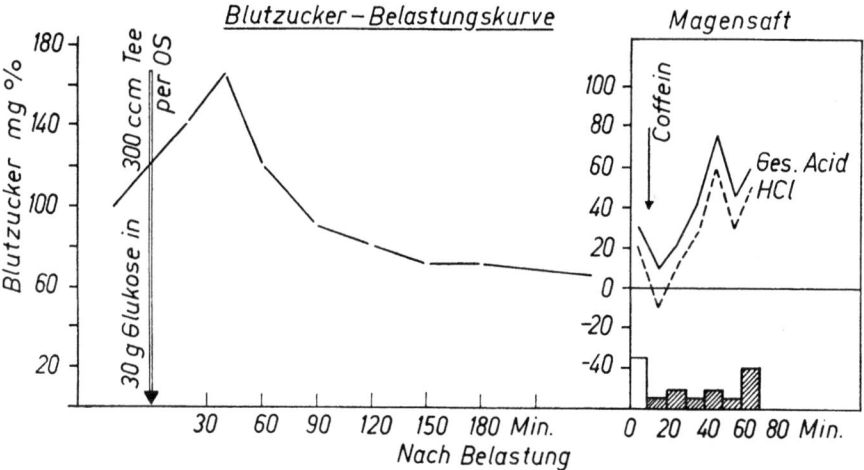

Abb. 171. Nachweis überschießender Reflexerregbarkeit bei Organ-Funktionsprüfung.

GARSCHE hat sehr interessante Befunde über die Veränderung der Herzstromkurve unter der Einwirkung eines Gesichtsreizes *(Windreiz-Ekg)* beschrieben. Es handelt sich bei den auf diese Weise provozierten Veränderungen nicht nur um einen Trigeminus-Vagus-Reflex, sondern ebenfalls um den Summationseffekt der Umstellung von Atmung und Kreislauf.

Die Vielfalt von Erfahrungen bei arteriellen, besonders aber koronaren Erkrankungen zeigt, daß neben den hämodynamischen Faktoren, vor allem auch die Reizschwelle des sensiblen Nervensystems eine Rolle spielt. Um die Bedeutung dieses sensiblen Nervenfaktors beurteilen zu können, sind zwei Möglichkeiten gegeben:

a) Der LIBMAN-*Test*. Erzeugt ein Druck auf den Proc. styloideus hinter dem Mastoid einen lebhaften Schmerz, dann gilt die Probe als positiv.

b) Die LAPLACEsche *Probe*. Dabei wird ähnlich wie beim Manschetten-Test der Vorderarm durch eine Staubinde anämisiert, und dann die Hand mit einem Dynamometer oder dergleichen in Tätigkeit gehalten. Die Zeit, die vergeht, bis der anämisierte Arm durch hochgradige Schmerzen nicht mehr in der Lage ist,

452   Untersuchung und Beurteilung der Herz-Kreislauffunktion

eine Leistung zu vollbringen, gibt eine quantitative und objektive Beurteilungsgrundlage für die Schmerzempfindlichkeit des sensiblen Nervensystems bei Durchblutungsstörungen.

Zur Differenzierung der neurovegetativen Beeinflußbarkeit ist der *„Bück-"* bzw. *„Hockversuch"* von ERBEN angegeben worden.

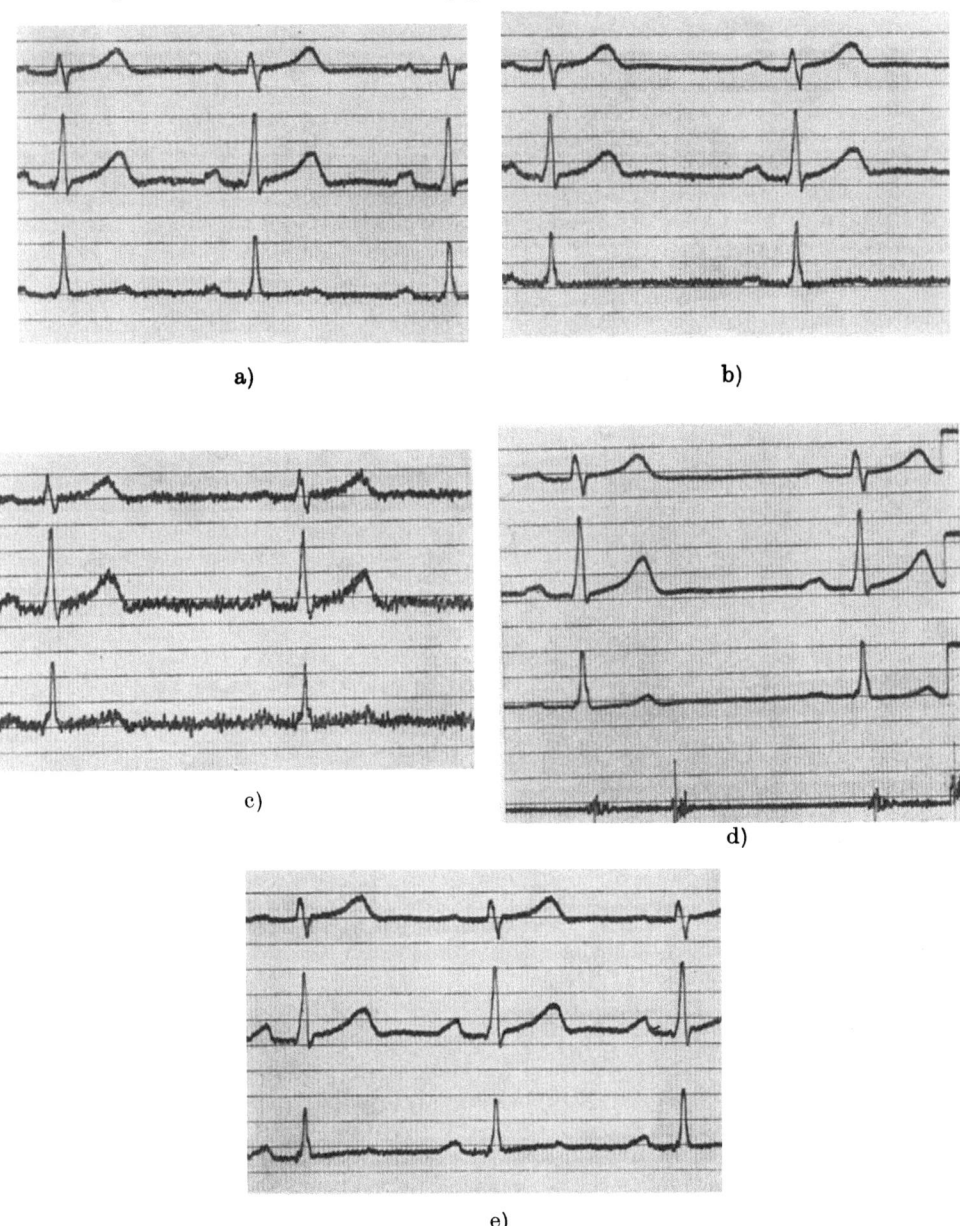

Abb. 172. Einfluß des BRAASCH-Testes auf das Ekg. a) Ruhe-Ekg; b) Stehen sofort Reaktion; c) Stehen 3 min; d) Kopf senken; e) Kopf hoch.

Es soll beim Niederhocken, starkem Vorwärtsbeugen des Rumpfes oder ausgeprägtem Rückwärtsbeugen des Kopfes eine deutliche Pulsverlangsamung auftreten, bis nach wenigen Schlägen wieder die alte Frequenz eintritt.

Von BRAASCH wurde diese Angabe zum „Kopfsenkversuch" modifiziert. Er geht dabei folgendermaßen vor:

Zunächst wird der Puls beim stehenden Patienten gemessen, wobei darauf zu achten ist, daß dieser bereits eine gewisse Zeit gestanden hat, da der Puls nach plötzlichem Aufstehen schon irritiert sein kann. Auf ein Kommando etwa „jetzt" läßt man nach Auszählen des Viertelminutenpulses den zu Untersuchenden in vorher genau beschriebener Weise ziemlich schnell den Kopf unter gleichzeitiger Rumpfbeugung auf eine bestimmte Tiefe senken und hier wiederum eine Viertelminute ausharren. Als Anhaltspunkt für die geeignete Tiefe der Kopfsenkung dient (bei gut proportioniertem Körperbau) eine gedachte Horizontale, die bei aufrechter Körperhaltung von einem Punkt etwa drei Querfinger unterhalb der Brustwarzen ausgeht. Nach Auszählen des Viertelminutenpulses während der Kopfsenkung läßt man den Patienten wieder aufrichten (s. Abb. 172).

Beim Gesunden erfolgt weder während der 15 sec dauernden Kopfsenkung noch nach Wiederaufrichten eine Veränderung, der Versuch fällt also „negativ" aus. Beim Vorliegen von Dysregulationserscheinungen lassen sich dagegen – je nach Lage des Falles – einzelne oder mehrere der in Tabelle 23 festgehaltenen Veränderungen objektivieren.

Tabelle 23. Kopfsenkversuch nach BRAASCH

	Normal	Neurozirkulat. Dystonie	
		a) Frühstadium	b) Spätstadium
	Puls in ¼ min		
Nach 3 min Stehen	18	21	18
Rasches Rumpf- und Kopfsenken bis zur Horizontalen ¼ min	18	16	23
Aufrichten	18	20	21
Beobachtungen beim Kopfsenken			
Pulsqualität	gleichbleibend	klein und weich	
Gesichtsnachröten	sehr kurzdauernd	verlängert	
Subjekt. Beschwerden	keine	Kopfdruck, Schwindel usw.	

Auf die speziellen Untersuchungsmethoden des vegetativen Nervensystems sind wir S. 495 noch ausführlicher eingegangen.

2.5.7. Kalorimetrie (Dermothermometrie)

Ohne Zweifel besteht ein gewisser Zusammenhang zwischen der Hautwärme und der peripheren Durchblutung. Die weitere Erforschung dieser Verhältnisse zeigte jedoch, daß die Messung der Hauttemperatur nur ein sehr zweifelhafter Ausdruck des wirklichen Durchblutungsvolumens sein kann. Die Temperatur der Körperoberfläche ist überwiegend von den Umweltverhältnissen abhängig und erst an zweiter Stelle eine Funktion der Durchblutung. Somit kann die Hauttemperaturmessung niemals ein quantitatives Maß der peripheren Durchblutung sein.

Die bequeme Handhabung der einfachen Hauttemperaturmessung führte in der Klinik zu einer weit verbreiteten Anwendung und leider recht oft auch zu unrichtigen diagnostischen und therapeutischen Schlußfolgerungen.

Es gelingt aber, den wirklichen Verhältnissen der peripheren arteriellen Durchblutung etwas näher zu kommen durch die kleinflächige Strömungskalorimetrie.

Durch die thermoelektrische Registrierung einer Temperaturdifferenz, die durch die Wärmeabgabe der Haut an einen durch eine Meßkammer ein- und ausfließenden Wasserstrom gebildet wird, gelingt es, bei konstanter Strömungsgeschwindigkeit und bekannter Meßkammergröße ein weitgehend exaktes, relatives Maß der arteriellen peripheren Durchblutung zu finden. Die Annahme, mit diesem Gerät eine Meßvorrichtung für die periphere arterielle Durchblutung mit hoher Empfindlichkeit und relativ geringer Fehlerbreite erfüllt zu haben, ist nur berechtigt, wenn Haut- und Muskeldurchblutung einer gleichsinnigen Steuerung unterliegen. Obwohl man schon recht früh tierexperimentell erkannt hatte, daß z. B. unter dem Einfluß von Organextrakten sich die Haut- und Muskeldurchblutung sogar entgegengesetzt verhalten, fand diese Erkenntnis bei der Beurteilung der peripheren Durchblutungsverhältnisse beim Menschen keine praktische Berücksichtigung. Dies mag daran gelegen haben, daß die früheren, am Menschen anwendbaren Untersuchungsmethoden, wie z. B. die Plethysmographie, eine getrennte Registrierung der Muskel- und Hautdurchblutung nicht zulassen. Der Versuch, mit Hilfe der isolierten Plethysmographie muskelreicher Körperteile vorwiegend die Muskeldurchblutung erfassen zu können, kann nur dann seine Berechtigung haben, wenn man voraussetzt, daß die Hautdurchblutung keiner wesentlichen Änderung ausgesetzt wird.

Mit Hilfe der *Adrenalin-Iontophorese* wurde versucht, die Hautdurchblutung weitgehend auszuschalten. Da die thermoelektrische Hauttemperaturmessung nicht in der Lage ist, die Hautdurchblutung und die Muskeldurchblutung exakt zu bestimmen, sollte die Radioisotopen-Anwendung eine Registrierung der Muskeldurchblutung ermöglichen.

Nachdem bei dieser Methode einerseits die Gewebsresorption der radioaktiven Substanz nicht zu übersehen ist und andererseits der Abtransport nicht nur von der Durchblutungsgröße, sondern vor allem von den Druck- und Permeabilitätsverhältnissen der Kapillaren abhängig ist, kann dieser Vorgang eher mit einer Clearance als mit einer Durchblutungsmessung verglichen werden.

Die von HENSEL entwickelte *Kalorimetersonde* erlaubt vergleichende Betrachtungen über die Haut- und Muskeldurchblutung anzustellen.

Es zeigte sich, daß zwischen Tier und Mensch wesentliche Unterschiede in der Steuerung peripherer Blutverteilung bestehen, d. h., daß Tierexperimente nicht direkt auf die Verhältnisse am Menschen übertragen werden können. Die vergleichenden Messungen der Haut- und Muskeldurchblutung haben wesentliche Erkenntnisse gebracht. Vor allem wurde damit erneut bestätigt, daß das physiologische Verhalten der Haut- und Muskelgefäße sehr verschieden sein kann. Bei der Untersuchung der Wirkungsweise verschiedener vasoaktiver Stoffe wurde gefunden, daß gewisse Medikamente wohl eine wesentliche Steigerung der Hautdurchblutung und damit dem Patienten ein auffallendes Wärmegefühl vermitteln. Ein günstiger therapeutischer Effekt kann dadurch vorgetäuscht werden, wenn es gleichzeitig zu einer Drosselung der Muskeldurchblutung kommt.

Mit Hilfe dieser getrennten Untersuchungsmethoden ist es möglich, beim Menschen die peripheren arteriellen Durchblutungsverhältnisse objektiv zu erfassen, ohne sich bei der Beurteilung des therapeutischen Effektes von den subjektiven Empfindungen des Patienten leiten lassen zu müssen.

Bei vielen klinischen Fragestellungen interessiert darüber hinaus die Beeinflussung der Durchblutung innerer Organe durch dermoviszerale Reflexe, Pharmaka usw.

C. Untersuchung besonderer Gefäßprovinzen

1. Koronarsystem

1.1. Das spezifizierte Ekg

Die vielseitigen Ausführungen, die wir bereits zur Bedeutung des Ekg und koronarer Syndrome hinsichtlich der diagnostischen Beurteilung gemacht haben, weisen bereits darauf hin, wie schwierig es ist, für diese Gefäßprovinz gültige Aussagen zu machen.

In Tabelle 24 haben wir eine Übersicht über die gängigsten Methoden zusammengestellt.

Als am ergiebigsten hat sich uns das „spezifizierte Ekg" erwiesen.

Wir verstehen darunter Ekg's, die möglichst unter den gleichen Umständen aufgenommen werden, welche nach der Anamnese des Kranken zu stenokardischen Anfällen führen. Dieses diagnostische Vorgehen ist sinnvoller und ergiebiger als eine ungewöhnliche Belastung des Gesamtorganismus, ist es uns doch auf diese Weise möglich, alle Varianten der reflektorischen Ansprechbarkeit des Koronarsystems zu analysieren. Diese Untersuchungsmethode verlangt lediglich, daß wir eine sehr genaue Anamnese erheben und dann das auslösende Moment möglichst getreu in seiner funktionellen Wertigkeit nachzuahmen suchen.

Folgen wir diesen Aussagen im einzelnen, dann ist überaus häufig die Angabe, daß anginöse Herzbeschwerden bei seelischen Aufregungen immer schlimmer werden oder überhaupt erstmalig nach einem psychischen Trauma begonnen haben.

Wir haben bereits vor mehreren Jahren darauf aufmerksam gemacht, daß die elektrokardiographischen Deformationen bei seelischen Affekten weitgehend denen gleichen, die durch körperliche Belastung gewonnen werden können.

Zur Provokation derartiger Formen psychogener Koronarinsuffizienz haben sich die Methoden der Suggestion bzw. der Hypnose als ausreichend erwiesen.

Die Kälteempfindlichkeit Angina-pectoris-Kranker ist bekannt. Diese Tatsache ist tierexperimentell schon seit langem untermauert, da REIN zeigen konnte, daß bereits das Anblasen mit kalter Luft genügt, um die Koronardurchblutung zu ändern, und wir die Abnahme der Koronardurchblutung bei Kälteeinwirkung auf die Haut nachweisen konnten.

Wir untersuchten Patienten mit anginösem Syndrom elektrokardiographisch nach lokaler Kälteapplikation und konnten feststellen, daß bei Anwendung von Kaltwasser oder bei Applikation von Eisstücken auf die Haut häufig heftigste Schmerzen mit elektrokardiographisch nachweisbaren Deformationen auftraten, die durch Wärmeanwendung rasch zu beheben und beliebig oft zu reproduzieren waren.

Diese Befunde konnten insofern noch näher analysiert werden, als außerdem noch festzustellen war, daß die Latenzzeit bis zum Auftreten des Schmerzes

Tabelle 24. *Differenzierung der funktionellen bzw. organischen Natur einer koronaren Durchblutungsstörung*

Subjektiv: Eigenanamnese:	Objektiv: Nachweis funktioneller Störungen:	Nachweis organischer Veränderungen:
Schmerzen in der Herzgegend (anfallsweise, ziehend, stechend, nach der linken Schulter und dem linken Arm zu ausstrahlend, verbunden mit Angstgefühl, und Beklemmung; Dauerschmerzen immer auf nicht koronare Genese verdächtig)	Auftreten koronarer Deformationen im Ekg bei: Seelischer Erregung Steh-Ekg (Sofort- und Spätreaktion) Sauerstoffmangelatmung Preßdruck, Atemanhalte-Ekg Kälte-Test künstlichem Zwerchfellhochstand (Meal-Test)	Deutliche, nicht beeinflußbare oder sich zunehmend verschlechternde „koronare Deformationen" im Ruhe-Ekg (Standard- oder Brustwandableitung)
Provozierbar durch: Kälte, Aufregung, Anstrengung, voluminöse Mahlzeiten usw.	Nachweis der Neigung zu Verkrampfungen und überschießenden Reaktionen: — Auswirkung von Karotis- u. Bulbusdruckversuch	Verkalkte Gefäße, Aneurysma oder Narbenbezirke im Röntgenbild
Kupierbar durch: probatorischen Nitritversuch	Belastung mit: — Koffein (nüchtern 1 Tasse starken Kaffees) — Nikotin (Nüchterninhalation einer Zigarette) — Adrenalin — Ergotamin — Pitressin	Stumme Zonen im Kymogramm, Arrhythmien, Minderung des Herztonus nach Belastung
Fehlen in: 40% aller Myokardinfarkte 85% aller Koronarsklerosen	Prüfung der Reizschwelle des sensiblen Nervensystems: Schmerzempfindlichkeit der HEADschen Zone — LAPLACEsche Probe — LIBMAN-Test	Luische Aorteninsuffizienz mit Koronarostiumstenose
Frühzeitig auftretende Empfindlichkeit gegenüber: Nikotin und Coffein	Nachweis gesteigerter vegetativer Ansprechbarkeit: — Seitenverschiedenes Reflexerythem bei Acetylcholin-Prostigmin-Test — Vagotonie, Sympathikotonie — Dermographismus — Lokale Schweißneigung — gesteigerte segmentale Piloreaktion, — linksseitige Mydriasis	Eine Proportionalität zwischen nachweisbarer Verkalkung an der Aorta bzw. peripheren Gefäßen und entsprechenden Veränderungen am Koronarsystem besteht nicht
Familienanamnese: Erbliche Neigung zu Durchblutungsstörungen		

sowie auch seine Intensität ganz von der Zone abhängig waren, die der Kältewirkung ausgesetzt wurde. Während beim Eintauchen der linken Hand in Eiswasser die Schmerzen augenblicklich einsetzten und zunehmend eine solche Stärke erreichten, daß ein weiteres Verbleiben im kalten Armbad als unerträglich erschien, war die Reaktion beim Eintauchen des rechten Armes sehr viel geringer und konnte nicht bis zur Unerträglichkeit gesteigert werden. Beim Eintauchen der Füsse in kaltes Wasser kam es in der Regel erst nach längerer Zeit zu einer leichten Beklemmung.

Neuerdings ist aus diesen Bemühungen ein „Cold-water-Test" entwickelt worden.

In Abb. 173 zeigen wir das Ekg eines 27 jährigen Mannes, der früher Hochleistungssportler war, aber aus Geschäftsgründen das Training vor 2 Jahren abbrechen mußte.

Seit einem Jahr Herzdruck, Beklemmung auf der Brust und Mattigkeit, besonders bei kalter Witterung, wenn er in seinem stehenden Beruf an kalten Füßen leidet. Die übliche Kreislaufuntersuchung ergibt vollkommen normale Befunde. RR 115/80 mm Hg, VK 5,4 Liter. Ekg in Ruhe und Belastung o. B., spezifiziertes Ekg durch Eintauchen der Füße in Eiswasser: Auftreten von T-Negativität in Ableitung I, II und III.

Der Zusammenhang zwischen Herzbeschwerden und gewissen Vorgängen im Abdomen ist bekannt und der Klinik unter den Begriffen des gastrokardialen Symptomenkomplexes (ROEMHELD) und des epiphrenalen Syndroms (v. BERGMANN) geläufig.

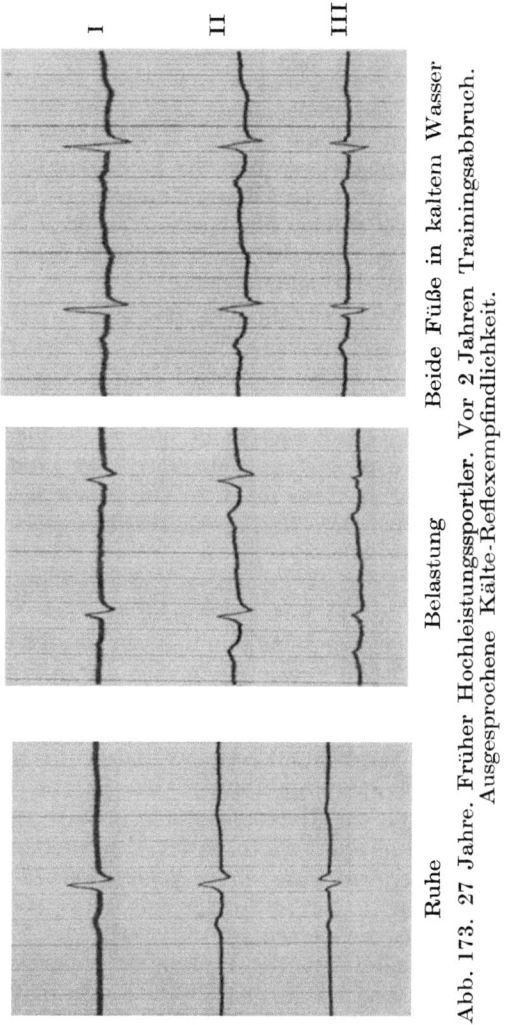

Abb. 173. 27 Jahre. Früher Hochleistungssportler. Vor 2 Jahren Trainingsabbruch. Ausgesprochene Kälte-Reflexempfindlichkeit.

Um die Auswirkung einer umfangreichen Mahlzeit bzw. lediglich eines Zwerchfellhochstandes elektrokardiographisch zu objektivieren, haben wir bei jungen, vegetativ labilen Menschen das Ekg nach einer umfangreichen Reisbreimahlzeit und nach künstlicher Magenblähung untersucht. Es konnten dabei deutliche Unterschiede festgestellt werden, die wahrscheinlich u. a. dadurch zustande kommen, daß bei einer Mahlzeit, durch die mit der Verdauung verbundene stärkere Blutanschoppung im Abdomen, sehr viel mehr die Möglichkeit zu einem tatsächlich verminderten Blutangebot an das Koronarsystem gegeben ist als bei der künstlichen Magenblähung. Von amerikanischen Autoren wurde für diese Prüfung der sogenannte ,,Meal-Test" eingeführt.

Dabei wurde eine Mahlzeit von ca. 1200 Kalorien für die natürlichste Belastung gehalten und das Ekg unmittelbar vorher sowie nach ca. 30 Minuten registriert. Es wurde dabei gefunden, daß Angina-pectoris Kranke nicht in der Lage sind, das Schlagvolumen und die Koronardurchblutung entsprechend der Notwendigkeit nach einer Mahlzeit zu steigern.

Ob die Zusammenhänge ganz so einfach sind, wird sich erweisen müssen. Wir haben auf die häufige Kombination von Ulcus pepticum und Angina pectoris hingewiesen und die pathogenetischen Zusammenhänge zu erklären versucht. Auf Grund dieser Erfahrungen wird man berechtigte Zweifel hegen müssen, wie weit ein standardisierter ,,Meal Test" den wirklichen diagnostischen Bestrebungen gerecht wird und nicht noch zahlreiche Unbekannte einführt, die schwer übersehbar sind.

Es ist leicht verständlich, daß eine Kohlenhydrat-Mahlzeit bei diabetischer oder hypoglykämischer Situation, eine Eiweißmahlzeit bei Basedow oder eine fettreiche Kost bei Gallenerkrankungen sehr unterschiedliche Wirkungen entfalten werden, zumal wenn das Herz bereits sensibilisiert ist; außerdem spielen die Nahrungsmittelallergene eine so häufige Rolle in der Genese anginöser Beschwerden, daß sie nicht übersehen werden dürfen.

Wir haben daher für diese Untersuchungen das Schluckenlassen einer größeren Menge von *Barium-Kontrastbrei* oder die *künstliche Magenblähung* vorgezogen (s. Abb. 174f).

Treten bei einer derartigen Untersuchung stenokardische Beschwerden auf, dann wird man mit der Annahme einer Koronarinsuffizienz noch so lange äußerst zurückhaltend sein müssen, bis andere Ursachen, wie z. B. eine Hiatushernie, ein Ulcus pepticum oder dgl. mit Sicherheit ausgeschlossen werden können.

Ein Test, der alle so genannten Möglichkeiten weitgehend zu vereinen trachtet, wurde von LITTMANN und RODMANN angegeben. Sie lassen Patienten, bei denen eine funktionelle Durchblutungsstörung des Herzens vermutet, eine organische Herzerkrankung jedoch mit weitgehender Sicherheit ausgeschlossen werden konnte, zu dem Zeitpunkt, an dem am häufigsten Beschwerden auftreten, meist nach einer voluminösen Mahlzeit, eine Treppe nach Art der ,,*Two-step*" in vorgeschriebenem Tempo mit einem Stück Eis in jeder Hand steigen, bis Schmerzen auftreten bzw. der Patient durch Dyspnoe oder Müdigkeit behindert ist, die Prüfung fortzusetzen. In diesem Stadium wird dann das Ekg registriert, eine Methode, die sicher recht aufschlußreich ist, aber nur für eine kleine Patientengruppe in Frage kommen dürfte.

Die Klagen über Witterungsempfindlichkeit, Unverträglichkeit von Nikotin (v. AHN und GÖHLE) oder Kaffee sind so häufig in der Anamnese von Angina pectoris-Kranken zu finden, daß man sie hinnimmt, ohne entsprechende Untersuchungen anzustellen (Abb. 174h). Bei Beschwerden, die stereotyp zu bestimmten Tageszeiten auftreten, wird man auch an Umstellungen im Rahmen des 24-Stunden-Rhythmus zu denken haben.

In Abb. 174 sind zahlreiche spezifizierte Belastungen aufgezeichnet, welche sich auf Grund eingehender anamnestischer Erhebungen ergeben haben, die

Koronarsystem 459

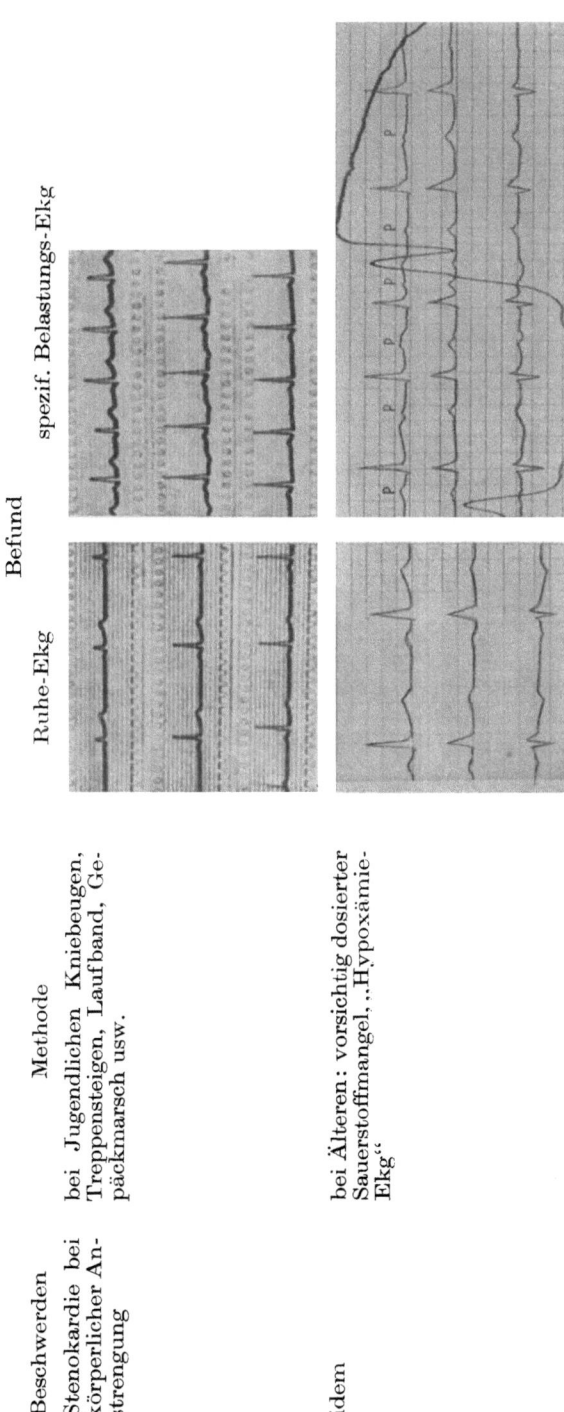

Abb. 174 a) und b) „Spezifiziertes Elektrokardiogramm". Elektrokardiographische Funktionsprüfung auf Grund anamnestischer Erhebungen.

460　Untersuchung und Beurteilung der Herz-Kreislauffunktion

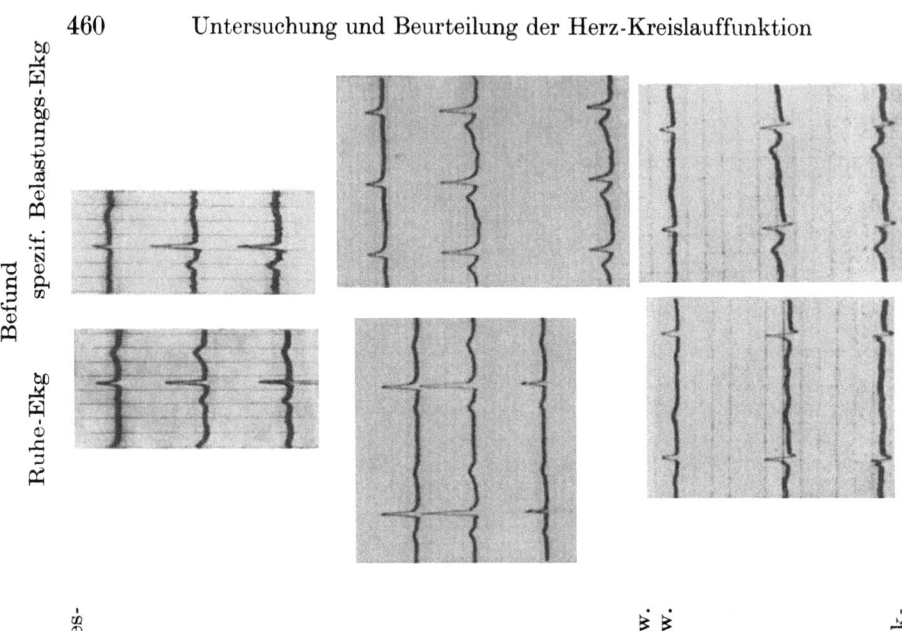

Beschwerden	Methode	Befund Ruhe-Ekg	spezif. Belastungs-Ekg
c) Herzbeschwerden beim Bücken, Heben, Pressen usw.	kurzdauernde in- bzw. exspiratorische Pressung, „Preßdruck-Ekg"		
d) Herzklopfen, Herzstiche, Müdigkeits- und Leeregefühl im Herzen bei längerem Stehen	Steh-Ekg, Sofort- und Dauer-Steh-Ekg (20–30 min), „Orthostase-Ekg"		
e) Herzschmerzen bei seelischen Erregungen	Ekg im Affekt erzeugt durch Schreck- bzw. Angstreaktion, Hypnose, Suggestion usw.		

Abb. 174 c) –e) „Spezifiziertes Elektrokardiogramm". Elektrokardiographische Funktionsprüfung auf Grund anamnestischer Erhebungen.

Koronarsystem 461

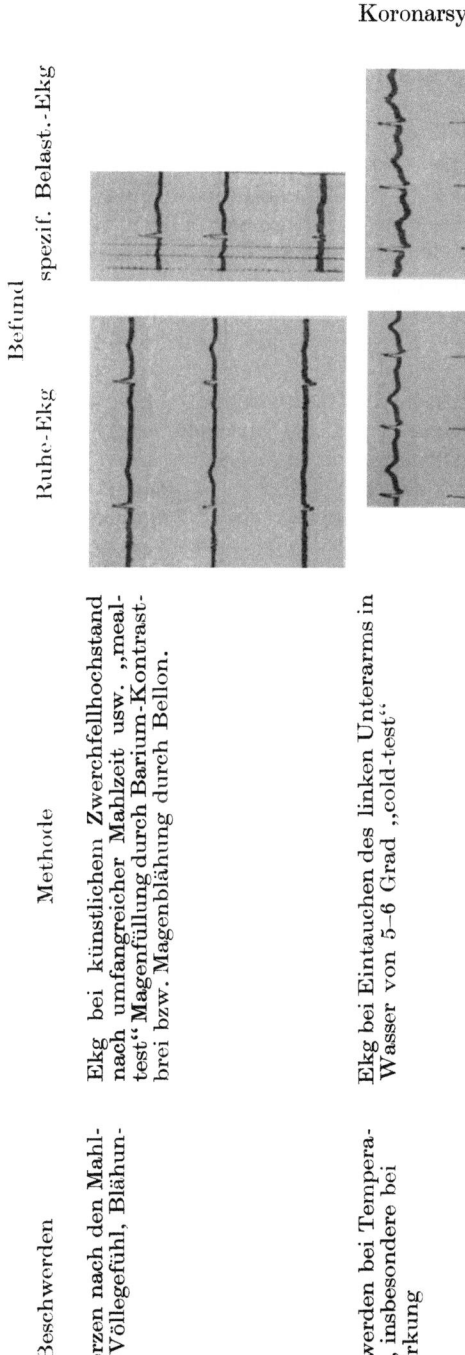

Beschwerden	Methode	Befund Ruhe-Ekg	spezif. Belast.-Ekg
f) Herzschmerzen nach den Mahlzeiten, bei Völlegefühl, Blähungen usw.	Ekg bei künstlichem Zwerchfellhochstand nach umfangreicher Mahlzeit usw. „mealtest" Magenfüllung durch Barium-Kontrastbrei bzw. Magenblähung durch Bellon.		
g) Herzbeschwerden bei Temperaturwechsel, insbesondere bei Kälteeinwirkung	Ekg bei Eintauchen des linken Unterarms in Wasser von 5—6 Grad „cold-test"		
h) Herzbeschwerden nach Nikotingenuß	Ekg nach Inhalation von 1—2 Zigaretten		

Abb.174f)—h) „Spezifiziertes Elektrokardiogramm". Elektrokardiographische Funktionsprüfung auf Grund anamnestischer Erhebungen.

noch vielfach erweitert werden können und auch in der Praxis durchführbar sind.

Die Verbesserung unserer Diagnostik der Koronarinsuffizienz hat uns auch mit den Fehldiagnosen der Angina pectoris besser vertraut gemacht. Es ist viel zu wenig bekannt, daß bei etwa 25% aller Kranken mit Herzschmerzen keine Koronarinsuffizienz nachzuweisen ist. Bei diesen Fällen wird der Reflexbogen vom Koronarsystem zu den HEADschen Zonen extrakardial gereizt oder die HEADschen Zonen werden übersprungen. Von den vielen Möglichkeiten sollen nur genannt sein: Spondylose und Nucleus pulposus-Prolaps der Hals- und oberen Brustwirbelsäule, Plexusneuralgie, Interkostalneuralgie, Herpes zoster, Ulcus pepticum usw.

Die koronare Genese von Herzschmerzen ist immer zweifelhaft, wenn der Kranke aus einer kreislaufgesunden Familie stammt, die Schmerzen dauernd empfunden werden, nur in der Herzgegend fixiert sind und bei einer gewissen Lage oder bei einer bestimmten Bewegung zur Auslösung kommen.

Für Spezialinstitute scheint der von der KNIPPINGschen Schule entwickelte koronare „Isotopenausflutungstest" (LUDES und LEHNERT) reiche Aufschlußmöglichkeiten zu bieten.

2. Untersuchungen des Lungenkreislaufes durch Prüfung der Atemfunktion

Auf die Untersuchung der Lunge soll hier nicht ausführlicher eingegangen, sondern nur Maßnahmen besprochen werden, welche sich uns für die Beurteilung des Herzens besonders bewährt haben.

2.1. SCHLEICHERscher Atemzähltest

Um einen objektiven Maßstab für eine vorhandene Dyspnoe zu gewinnen, läßt man beim „Atemzähltest" den Kranken innerhalb 1 min von 21–80 zählen, wofür normalerweise 6–8 Atemzüge notwendig sind. Mehr als 10 Atemzüge weisen, besonders wenn der Untersuchte vorher nicht auf die Atmung hingewiesen wurde, darauf hin, daß eine respiratorische Insuffizienz vorliegt.

2.2. Vitalkapazität (VK)

Eine verminderte Vitalkapazität muß, wenn eine pulmonale oder hämatogene Störung ausgeschlossen werden kann, den Verdacht einer Herzerkrankung erwecken. Die Bedeutung dieser Probe ist für die Beurteilung der Herzfunktion in ähnlicher Weise zu bewerten, wie die Blutsenkung für die Diagnostik von Infektionskrankheiten und Tumoren. Auch die Vitalkapazitätsbestimmung ist eine unspezifische Probe, die bei anomalem Ausfall lediglich den Hinweis auf eine Funktionsstörung gibt, welche die Herzleistung betreffen kann.

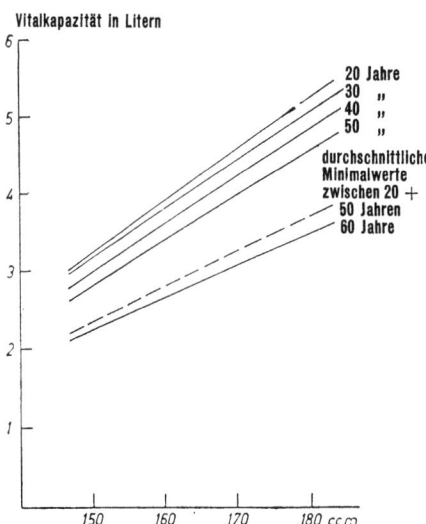

Abb. 175. Vitalkapazität. Alter und Größe. Mittelwerte aus ca. 200 Beobachtungen (nach HOCHREIN).

Ist der Verdacht auf eine Herzschwäche gelenkt, dann wird man, wenn Auskultation und Perkussion keinen Aufschluß geben, weitere Untersuchungen durchführen müssen.

Je nach dem Grad der Herzinsuffizienz ist bereits der Ruhewert der Vitalkapazität vermindert. Abnahme der VK tritt nicht nur bei einer Linksinsuffizienz, sondern auch bei einer Rechtsinsuffizienz des Herzens auf. Handelt es sich um eine reine Rechtsform, dann zeigt die VK relativ geringe Abnahme, doch liegt sie, wie Fälle mit rechtsseitigem Myokardinfarkt zeigen, deutlich unterhalb der Norm. Während normalerweise nach einer körperlichen Belastung wie Treppensteigen, 20 Kniebeugen usw. die VK nicht mehr als 15% absinkt, findet sich bereits bei Beginn der Herzschwäche ein Abfall um 20 und mehr Prozent des Ruhewertes und nur eine langsame Rückkehr zur Norm.

2.3. Pneumotachographie

Das methodische Prinzip ist in Abb. 176 dargestellt.

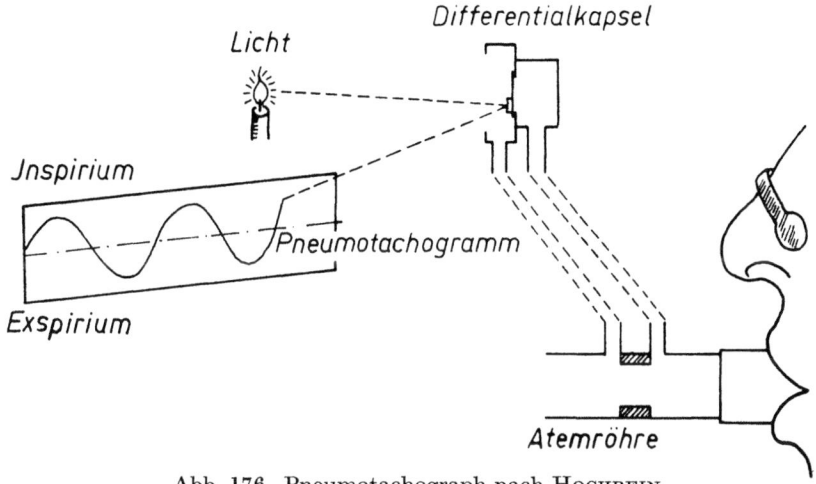

Abb. 176. Pneumotachograph nach HOCHREIN.

Der praktische Gebrauch der Pneumotachographie zeigt, daß es keinen für alle gesunden Personen gültigen Normaltyp des Tachogramms gibt.

Man hat die Kurven bezüglich ihrer Form analysiert und dabei drei Grundtypen gefunden; ferner wurde die Dauer des In- und Exspiriums gemessen, das Respirationsvolumen für In- und Exspirium aufgezeigt, die maximale Geschwindigkeit für jede Atemphase sowie die Zeitdauer bis zum Eintritt des maximalen Geschwindigkeitsanstieges bestimmt. Aus dem Verhältnis der maximalen zur mittleren Strömungsgeschwindigkeit konnte man einen zahlenmäßigen Ausdruck des Verlaufes des Pneumotachogrammes gewinnen (Abb. 177).

Im Gegensatz zum normalen Pneumotachogramm wurden unter pathologischen Verhältnissen annähernd typische Kurvenverläufe gefunden. Dabei hat es sich besonders um pulmonale Erkrankungen gehandelt, womit gesagt werden soll, daß das Hauptanwendungsgebiet des Tachogramms im Bereich der Lungenfunktionsdiagnostik liegt. Inwieweit die Symptome einer kardialen Insuffizienz damit erfaßt werden können, wollen wir unten darstellen.

Ein für das Verständnis der Pneumotachographie wesentliches Moment wurde bei der Analyse des Belastungs-Pneumotachogramms gefunden. Es hat sich dabei gezeigt, daß der spitzförmige Typ meist zum plateauförmigen Typ übergeht. Ein plateauartiges Pneumotachogramm bedeutet eine konstante Atemgeschwindigkeit und diese wiederum ein Minimum an Energieverbrauch. Das heißt mit anderen Worten, daß bei einer Verstärkung der Atmung das Tachogramm eine Form annimmt, die energetisch ökonomischer ist. Damit wird sichtbar, daß in die Rechnung auch der Energieverbrauch der Atemmuskulatur eingeht. Daß diese Verhältnisse jedoch komplexer Natur sind, zeigt die Überlegung, daß der Nutzeffekt der Atemmuskulatur bei verschiedenen Stellungen

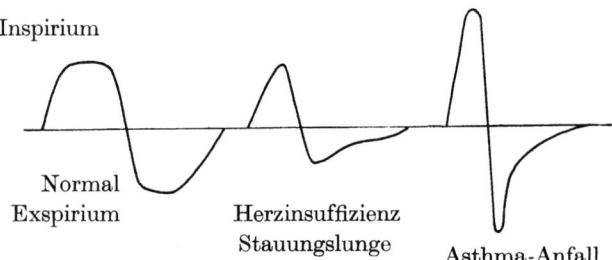

Abb. 177. Pneumotachogramm.

des Thorax wechselt. Aus Unregelmäßigkeiten des Kurvenverlaufes kann ma auf Schwankungen der Stromgeschwindigkeit sowie auf eine ruckweise Aktion der Atemmuskulatur schließen.

Beim Vergleich zwischen den einzelnen Atemzügen des Trainierten und Untrainierten fällt auf, daß der Trainierte nach Möglichkeit große Stromgeschwindigkeiten vermeidet, zumal damit eine große Muskelanstrengung verbunden wäre. Entsprechende Veränderungen werden auch beim Vorliegen einer großen Vitalkapazität gesehen. Daß es zudem respiratorische Unterschiede zwischen Mann und Frau gibt, ist selbstverständlich. Alle diese Feststellungen zeigen, daß es eine Bereicherung der Pneumotachographie ist, die Stromgeschwindigkeit mit dem Atemvolumen bzw. Atemminutenvolumen zu kombinieren.

Es hat sich weiterhin bewährt, als Belastung eine Stenoseatmung vorzuschalten.

Bei diesen experimentellen Stenosen muß man sich jedoch bei der Beurteilung vergegenwärtigen, daß dieselben nur mit pathologischen Stenosen der oberen Luftwege vergleichbar sind. Weiter muß man berücksichtigen, daß bei einer exspiratorisch wirksamen Stenose die Atemmittellage inspiratorisch verschoben wird. Die Druckvariationen, die man durch solche Stenosen erreichen kann, sind ein Maß für die Kraft, welche die Atemmuskulatur zur Überwindung des Widerstandes aufbringen muß (Abb. 178).

Im allgemeinen wird eine sofortige Abnahme der Atemfrequenz bei der Stenoseatmung beobachtet, doch sind die erhobenen Befunde nicht einheitlich. Eine Erklärung für diese Diskrepanz kann in der Beobachtung gesehen werden, daß die Anwendung verschiedener Stenosestärken von Bedeutung ist, wobei den aktiven und passiven Atemvorgängen eine adäquate Stenose zugesetzt werden sollte. Als sehr vorteilhaft hat es sich erwiesen, nicht nur einen einzelnen Atemzug zu analysieren, sondern über längere Zeitabstände zu registrieren. Hierbei hat man die Möglichkeit, durch vergleichende Betrachtung einen Einblick in die verschiedenen Atemmechanismen mit ihren Kombinationsmöglichkeiten zu gewinnen. Die diagnostische Bedeutung der Pneumotachographie bei der Beurteilung von Herz- und Kreislauferkrankungen besteht im Nachweis der chronischen Lungenstauung bei der Linksinsuffizienz, die bekanntlich zu einem Elastizitätsverlust der Lunge führt. Ferner kommt es über die Stauungsbronchitis zu einer Einschränkung der Ventilation.

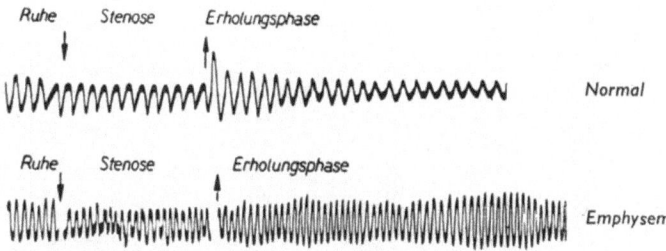

Abb. 178. Pneumotachogramm bei inspiratorischer Stenose. Dauer 1 min. Atemröhre: Durchmesser 6 mm.

Weiterhin ist es möglich, nur verschiedene Einzelabschnitte der Atmung unter besonderen Bedingungen zu untersuchen. Interessant ist das Stadium der Exspiration bei verschiedenen Widerstandsstufen. Eine beginnende respiratorische Schwäche, insbesondere ein Emphysem im Frühstadium kann damit leicht erkannt werden (Abb. 179).

Die kardiopneumatischen Bewegungen, die mit dem Pneumotachographen leicht aufgenommen werden können, zeigen typische Bilder für verschiedene Klappenfehler, vor allem für die Aorteninsuffizienz und erlauben einen einfachen Nachweis für Verwachsungen des viszeralen und parietalen Perikards (siehe Diagnose der Concretio pericardii, s. Kap. VIII, F, a).

2.4. Der Atemstoßtest (TIFFENEAU)

Der Atemstoßtest wurde von TIFFENEAU und PINELLI 1948 angegeben. Die beiden Autoren erkannten, daß der Atemstoßtest einen Anhalt für den unter Belastung zur Verfügung stehenden Ventilationsspielraum gibt. Es zeigt sich, daß zwischen dem Atemstoßwert und dem Atemgrenzwert eine lineare Beziehung besteht (Korrelationskoeffizient = 0,87, Regressionskoeffizient = 38,5). Nach SADOUL und CARA erhält man bei Gesunden und Kranken dementsprechend eine gute Vorhersage des Atemgrenzwertes, wenn man den Atemstoßwert mit 38,5 multipliziert.

Beim Atemstoßtest läßt man den zu Untersuchenden, ähnlich wie bei der Messung der Vitalkapazität, so tief wie möglich inspirieren, auf der Höhe der Einatmung die Luft anhalten und dann in einem kräftigen Stoß ebenso rasch wieder ausatmen. Die Aufnahme der Atemstoßkurve erfolgt mit dem auf schnellen Ablauf umgeschalteten Kymographion. Gemessen wird das Volumen, das in der ersten Sekunde ausgeatmet worden ist. Das in dieser Zeit exspirierte Volumen soll in ccm und als Prozentwert der Vitalkapazität angegeben werden. Der Gesunde exspiriert mindestens 80% der vorher gemessenen Vitalkapazität in der ersten Sekunde. Die Größe des Atemstoßes pro Sekunde ist abhängig von der Weite des Bronchialbaumes einerseits und der Elastizität der Lungen und des Thorax sowie von der Atemmuskulatur andererseits.

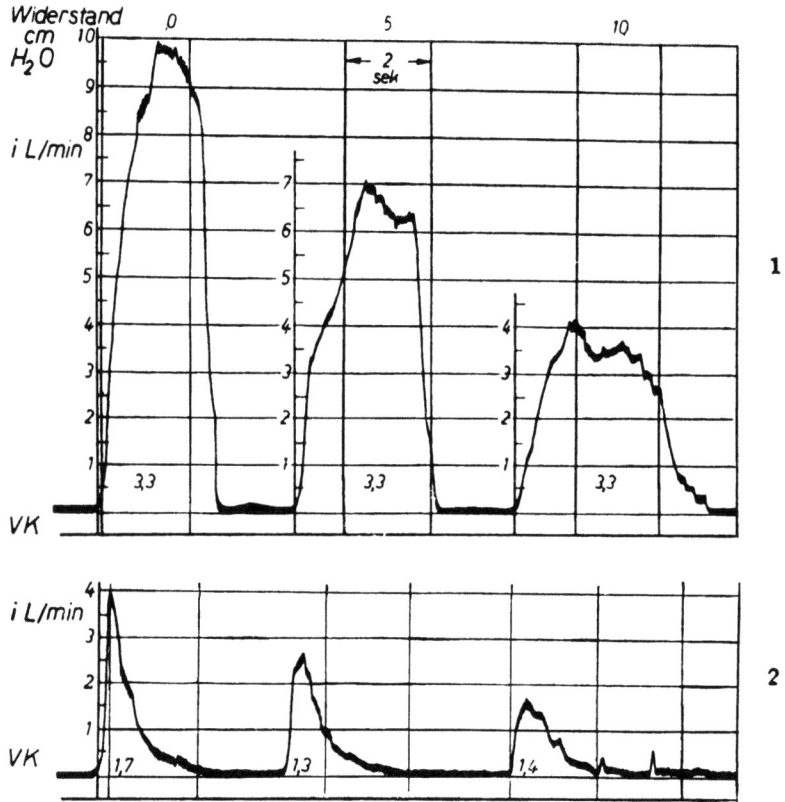

Abb. 179. Pneumotachogramm bei forcierter Exspiration. 1. Normal K. H., 64 Jahre, RR 120/90 mm Hg, Vk 3,3 l; 2. Lungenemphysem K. D., 53 Jahre, RR 120/80 mm Hg, Vk 1,7 l.

Literatur zu Kapitel IV, Abschnitt C, 2.4

TIFFENEAU, P. und A. PINELLI: J. franç. méd. chir. thorac. 2, 221 (1948). — SADOUL, P.: Exploration de la fonction pulmonaire dans les pneumoconioses. XXVIIe Congrès international de médecine du travail (Strasbourg 1954). — CARA, M. und P. SADOUL: Poumon 9, 295 (1953).

3. Untersuchung des Gehirnkreislaufes

Der Untersuchung dieser Stromprovinz soll nur ein sehr kurzer Hinweis gewidmet werden, da auch die Methode der *Hirnarteriographie* und *-phlebographie* nur in Spezialinstituten durchführbar ist, so daß der Internist lediglich über die Möglichkeit dieser Untersuchungsmethode informiert zu sein braucht. Hierfür stehen ausgezeichnete Monographien (RIECHERT u. a.) zur Verfügung.

Die Hirnarteriographie dient der Erfassung und Lokalisation von raumbeengenden intrakraniellen Prozessen und von Gefäßanomalien. Zur Darstellung der Großhirngefäße wird das Kontrastmittel in die Arteria carotis

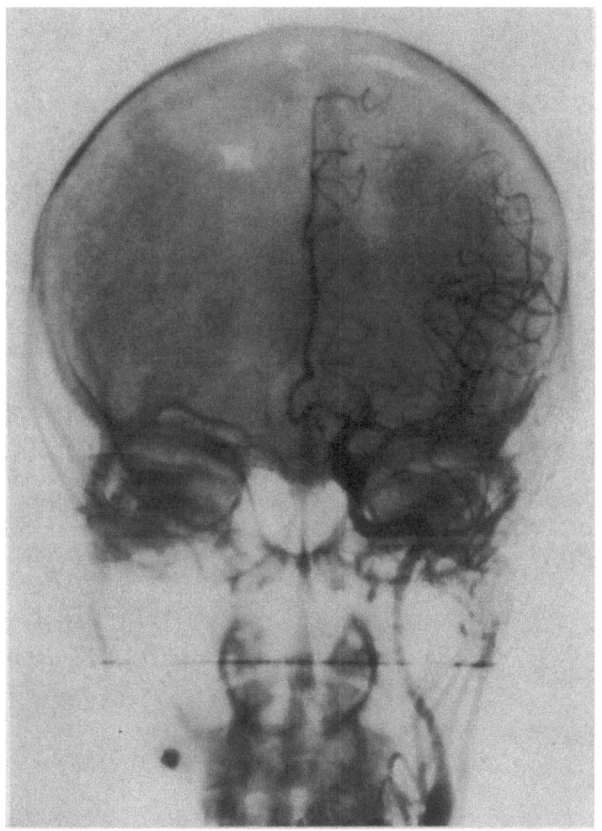

Abb. 180a). Normale Serienarteriographie nach BUCHTALA.
Hauptarterielle Phase a. p.

injiziert, zur Darstellung der Kleinhirngefäße in die Arteria vertebralis. Bei Verwendung einer Serienaufnahmekassette benötigt man für eine gute Darstellung des Karotiszuflußgebietes nur 6–7 ccm Kontrastmittel.

Hirnarteriographische Untersuchungen werden bei raumbeengenden intrakraniellen Prozessen zur Diagnosestellung und Lokalisation durchgeführt, vor allem bei Tumoren, Abszessen und Blutungen. Mit der Karotis-Arteriographie werden nur die das Großhirn betreffenden Gefäßabschnitte erfaßt. Zur Darstellung des Kleinhirns und der in der mittleren Schädelgrube gelegenen basisnahen Anteile des Großhirns ist die technisch schwierige Vertebralis-Arteriographie erforderlich.

Früher galten Kreislauferkrankungen wie Zerebralsklerose und Hypertonie als Kontraindikation für die Hirnarteriographie, da hierbei gehäuft Komplikationen, insbesondere Halbseitenlähmungen oder ein beschleunigtes Fortschreiten der Zerebralsklerose beobachtet wurden. Durch die Einführung besser verträglicher Kontrastmittel (Urografin) und vor allem mit der Ent-

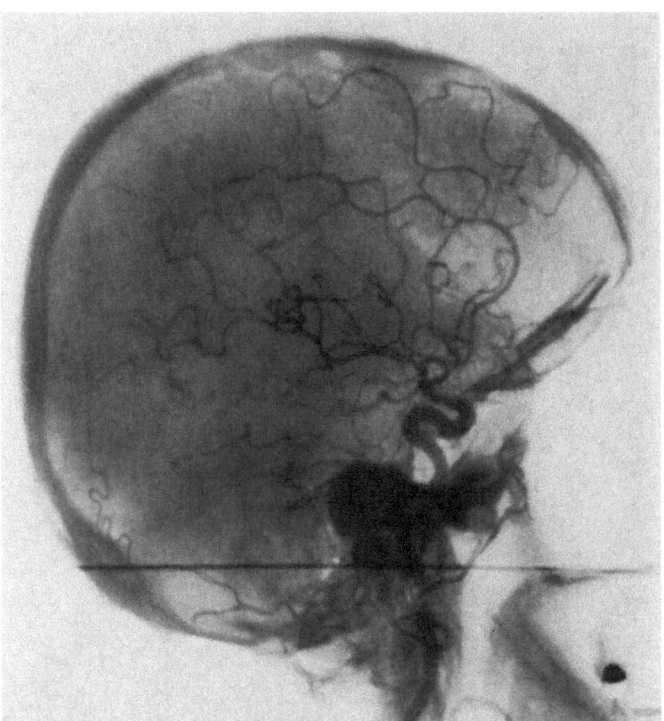

Abb. 180b). Normale Serienarteriographie nach BUCHTALA. Hauptarterielle Phase seitlich.

wicklung des seriographischen Aufnahmeverfahrens (BUCHTALA und JENSEN) das die Herstellung technisch perfekter Bilder mit kleinen Kontrastmittelmengen von 6–8 ccm erlaubt, wurden die Gefahren der Methode erheblich eingeengt, so daß bei klinischer Indikation das Bestehen von Kreislaufkrankheiten der oben erwähnten Art keine Kontraindikation mehr darstellt.

Eine weitere Methode ist die *Elektroenzephalographie* (EEG).

Da die Auswertung der komplizierten Kurven große Erfahrungen verlangt, wird diese Methode jedoch nur Spezialinstituten vorbehalten bleiben.

4. Untersuchung der Magenwanddurchblutung

Nachdem wir dem Magen unser bevorzugtes Interesse gewidmet haben, war es uns ein besonderes Anliegen, eine spezielle Methode zu entwickeln, die für Hohlorgane, wie Magen, Blase, Darm usw. einen Aufschluß über Richtungsänderungen der Schleimhautdurchblutung vermittelt.

Ausgehend von der vereinfachenden Auffassung, daß die Wärme eines Organs einen weitgehenden Aufschluß über seine Durchblutung gibt, haben wir mittels eines Thermoelementes eine Kalorimetrie des Magens durchgeführt, während die Schwankungen im Tonus der glatten Muskulatur mit Hilfe eines FRANKschen Manometers ermittelt und das Verhalten der sekretorischen Verhältnisse durch einen Doppelkatheter registriert wurden.

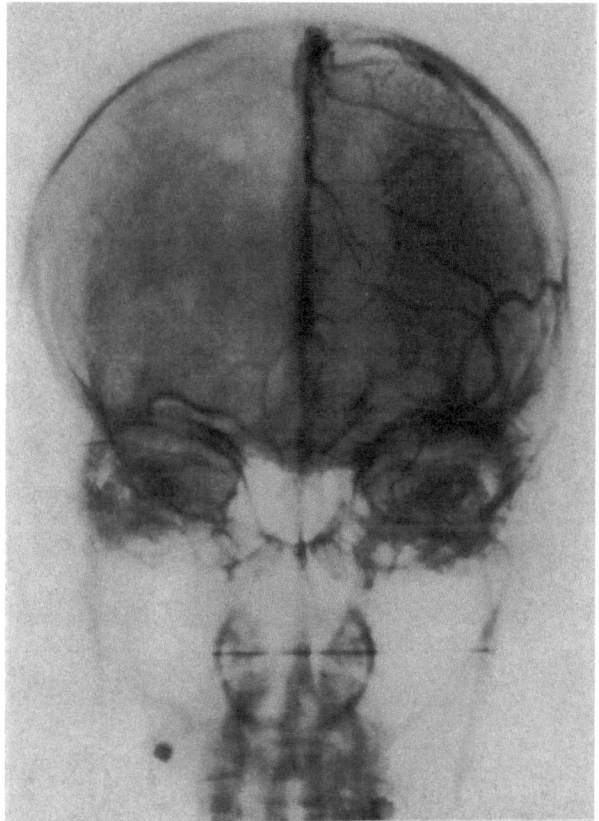

Abb. 180c). Normale Serienarteriographie nach BUCHTALA. Endvenöse Phase a. p.

In Abb. 181 ist die Methode zur Untersuchung der Magenfunktion dargestellt.

Aus Abb. 182 ist ersichtlich, daß ein ausgedehntes kaltes Fußbad auf dem Wege über kutaneo-viszerale Reflexe bei gefäßlabilen Menschen ein Absinken der Magentemperatur, d. h. eine Mangeldurchblutung der Magenschleimhaut verursacht und zu einer Anomalie der Magensaftsekretion, in diesem Falle zu einer Hyperazidität, führt.

Diese Befunde ergeben genauen Aufschluß über die reflektorische Beeinflußbarkeit der Magenwand, über die speziellen Verhältnisse bei der Gastritis, beim Ulcus pepticum usw.

Bei Bedarf können diese Befunde noch durch die *Gastroskopie* ergänzt werden.

5. Untersuchungen, deren Ergebnis durch die Nierendurchblutung modifiziert wird

Die Feststellung von Rest-N-Steigerung bzw. Harnsäurevermehrung ermöglicht u. a. die Abgrenzung eines arteriellen von einem renalen Hochdruck; sie findet sich weiterhin nach Myokardinfarkt, Apoplexie usw. Albuminurie wird in mäßigen Graden bei Nierenstauung, aber auch im Anschluß

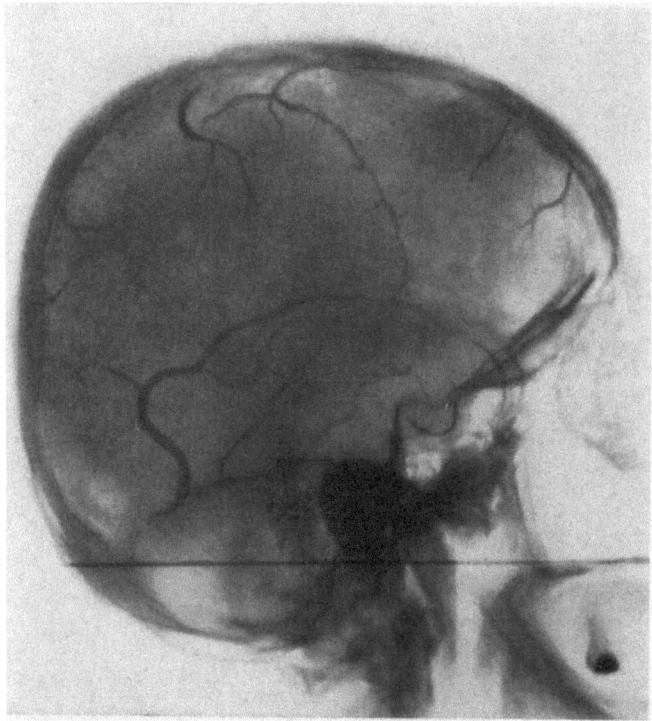

Abb. 180d. Normale Serienarteriographie nach BUCHTALA. Endvenöse Phase seitlich.

an einen Myokardinfarkt, schwere Grade mit Zylindern werden bei renalem Hochdruck festgestellt. Blut im Urin kann in Spuren ebenfalls bei Stauung vorkommen, vermehrt findet es sich bei der Herdnephritis, ausgelöst durch kleinste Embolien bei Endocarditis lenta. Im Zustande der Dekompensation werden geringste Mengen eines dunklen hochgestellten Urins ausgeschieden. Differentialdiagnostisch bedeutsam ist die Harnflut im Anschluß an einen Anfall von Herzjagen (paroxysmale Tachykardie) und zum Nachweis latenter Ödeme beim KAUFMANNschen *Versuch*.

Der KAUFMANNsche Versuch besteht in der Hochlagerung der Beine und dem Nachweis einer daraufhin einsetzenden Diuresesteigerung, ein Symptom, das Aufschluß vermittelt über latente Ödeme.

Bedeutsam für die Genese eines Hochdruckes ist die VOLHARDsche *Nierenfunktionsprüfung*.

Es werden dabei früh nüchtern in Bettruhe 1500 ccm schwachgesüßten Tees getrunken und Urinmenge und spezifisches Gewicht halbstündlich verfolgt. Normalerweise muß die Gesamtmenge (beim Gesunden sogar überschießend, da die ein-

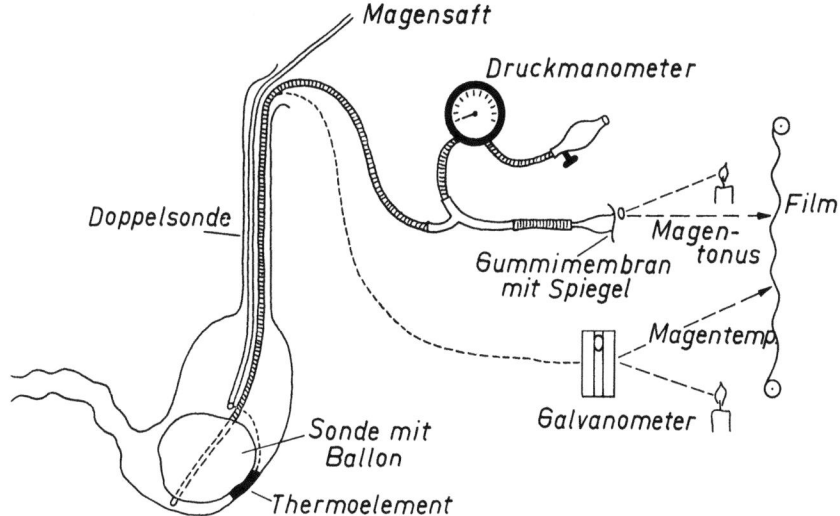

Abb. 181. Methode zur Untersuchung der Magenfunktion.

setzende Diurese auch sonstige zu mobilisierende Flüssigkeitsmengen mit sich reißt) innerhalb von 4 Stunden, die Hauptmenge jedoch schon innerhalb von 2 Stunden, wieder ausgeschieden sein. Verzögerungen finden sich bei geschädigtem Aus-

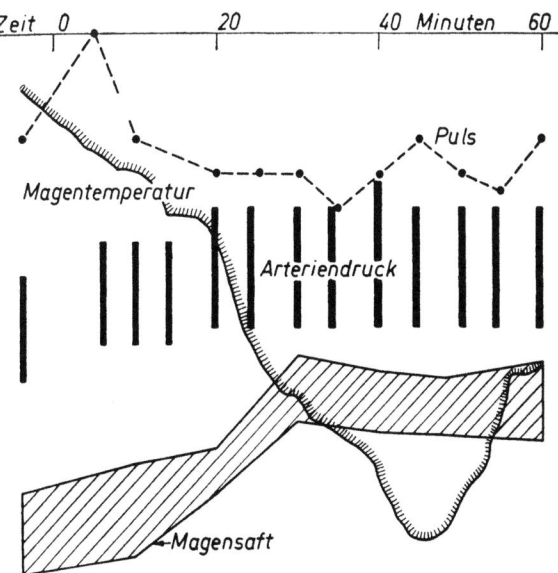

Abb. 182. Reflektorische Wirkung eines kalten Fußbades auf Blutdruck, Puls, Magentemperatur und Magensaft (Relativwerte).

scheidungsvermögen der Nieren sowie bei Störungen der Kreislaufperipherie, wenn es zur Flüssigkeitsansammlung in den Geweben kommt. Die Feststellung des spezifischen Gewichtes ergibt anfänglich eine maximale Verdünnung bis 1000–1002 und in der sich an die 4 Stunden der Ausscheidung anschließenden 12stündigen Trockenperiode Werte von 1025–1030. Bei ausgesprochener Konzentrationsschwäche der Niere findet sich eine Isosthenurie (das spezifische Gewicht hält sich unverändert auf ca. 1010 – entspricht dem spezifischen Gewicht des Serums), die meist auf einen renalen Hochdruck hinweist.

Nicht indiziert ist dieser Versuch bei jeder Dekompensation, weil schon die Flüssigkeitsbelastung deletäre Folgen haben kann und das Vorhandensein von Ödemen doch keinen Aufschluß ermöglicht. Fehlerhaft wird das Ergebnis weiterhin nach langem Dursten, häufigem Erbrechen und Diarrhoen, weil unter diesen Umständen der Organismus mehr Wasser retiniert, ohne daß die Nierenfunktion an sich geschädigt zu sein braucht. Kann man den VOLHARDschen Versuch nicht durchführen, dann ergibt die Untersuchung des spezifischen Gewichts des Urins in Einzelportionen oft ausreichenden Aufschluß.

Von der Untersuchung der Nierenfunktion mit *Clearance-Methoden* hat man sich vor einigen Jahren einen außerordentlichen Fortschritt erhofft.

Man glaubte, mit der Inulin- und Kreatinin-Clearance einwandfrei die Größe des Glomerulusfiltrates, mit der Natriumparaaminohippurat (PAH)-Clearance die Nierendurchblutungsgröße bestimmen und andere Partialfunktionen der Niere in ihrer Größenordnung errechnen zu können. Die anfänglich hochgeschraubten Erwartungen haben sich leider nicht erfüllt. Eine zuverlässige, differenzierte Prüfung von Teilfunktionen der Niere – des Glomerulusfiltrates, der tubulären Rückresorption, der Filtrationsfraktion usw. – ist mit der Nierenclearance insbesondere unter pathologischen Bedingungen nicht gegeben.

Die besonders in der Herzklinik häufig auftauchende Frage, ob eine Blutdruckhypertonie vasomotorisch oder renalbedingt ist, kann in vielen Fällen leider nicht exakt beantwortet werden. Hieran hat sich auch durch die Clearance-Untersuchungen nichts geändert.

Für die Praxis hat sich an Nierenfunktionsproben am besten die *Prüfung der Harnkonzentrationsfähigkeit* und die empfindliche *Phenolrotprobe*, welche über die Tubulussekretionsleistung Auskunft gibt, bewährt. Die Kreatinin-Clearance wird durch die *Bestimmung des Kreatininspiegels im Blut* vollwertig ersetzt (SARRE).

6. Untersuchung des Augenhintergrundes

Seit VOLHARD den Augenhintergrundsbefund in so maßgeblicher Weise zur Beurteilung der Hochdruckformen herangezogen hat, besteht kein Zweifel darüber, daß der ophthalmologischen Untersuchung ein hoher diagnostischer Wert bei der Beurteilung von Kreislauferkrankungen zugesprochen werden muß, ist doch am Auge das Gefäßsystem wie an keinem Bezirk unseres Organismus sonst der direkten Betrachtung und Beobachtung zugängig. Mit Recht stellt daher BEDELL fest: ,,Der Augenhintergrund ist die Bühne, auf der viele Tragödien des Lebens aufgeführt werden''.

Durch VOLHARD hat nun die Symptomatologie des Augenhintergrundes eine feste Zuordnung zum ,,blassen und roten Hochdruck'' erfahren, welche die Literatur im letzten Jahrzehnt so beherrscht hat, daß eine Differentialdiagnose der Hochdruckformen aus dem Augenhintergrundsbefund möglich schien.

Es erhebt sich nun die Frage: Welche Befunde lassen sich beim arteriellen Hochdruck erheben und wie weit sind die Grenzen der diagnostischen Bewertung dieser Befunde zu ziehen?

Auf Grund allgemeiner Erfahrung kann für den „roten Hochdruck" folgende Symptomatologie als charakteristisch angegeben werden:

Im Frühstadium des Fundus hypertonicus können sichtbare Veränderungen überhaupt fehlen, oder es fällt die tiefrote Verfärbung des Augenhintergrundes auf, deren Ursache die erhebliche Füllung der Aderhautkapillaren ist. In der Folge kommt es dann mehr und mehr zu einer starken Füllungszunahme des gesamten arteriellen und venösen Gefäßsystems, das durch Sichtbarwerden kleinster Gefäßgebiete eine überaus reiche Verzweigung aufweist.

Die Arterien sind dabei im allgemeinen deutlich verbreitert. Während normalerweise ein Verhältnis zwischen dem Kaliber von Arterie zu zugehöriger Vene von 2:3 bis 3:5 besteht, kann sich dieses Verhältnis bis auf 5:5 verschieben.

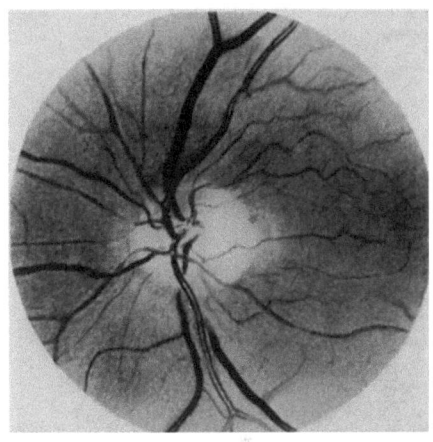

Abb. 183. *Roter Hochdruck* (Blutdruck 235/130 mm Hg). Korkzieher-Venolen; Art.: Vene = 1:1,4.

Neben diesen Kaliberänderungen zeigen die Netzhautarterien eine grobe Schlängelung und weisen an den Verzweigungsstellen omegaförmige Gefäßgabelungen auf.

Demgegenüber sind die großen Venen im Anfang gar nicht oder nur gering verändert. Ihr Kaliber ist kaum erweitert und ihre Schlängelung wenig ausgeprägt. Um so charakteristischer sind demgegenüber die Veränderungen an den kleinen Venen und Venolen.

Es finden sich Sinusbildungen wie an den Arterien, eine Verbreiterung und Schlängelung besonders der feineren Venenäste bis zur Ausbildung von Konvoluten, und die Venolen zeigen insbesondere in der Maculagegend eine so starke Windung, daß sie als Korkzieher-Venolen bezeichnet worden sind.

Dieser korkzieherartige Verlauf soll eine besondere pathognomonische Bedeutung für den essentiellen Hochdruck haben, da er beim blassen Hochdruck fast immer vermißt wird (s. Abb.183).

Die häufigsten und am meisten beschriebenen Zeichen sind dann die Kreuzungsphänomene (GUNN, SALUS).

Sie finden sich an den Kreuzungsstellen von Arterien und Venen, und es scheint, als ob die Vene eingedellt oder in ausgeprägten Fällen sogar unterbrochen wäre. Drei Ursachen sind es nach BADTKE, welche dieses Phänomen zustande bringen können:

1. kann die Vene durch die prall gefüllte und hart gespannte Arterie an der Kreuzungsstelle wirklich eingedellt sein,
2. sucht die Vene diesem Druck auszuweichen und biegt in hintere Netzhautschichten um, so daß sie hinter dem Arterienrohr unsichtbar wird und

3. kann in fortgeschrittenen Stadien das arterielle Gefäßrohr mehr und mehr sklerotisch werden, so daß durch die Undurchsichtigkeit der Arterienwand eine Unterbrechung des Blutstromes in der Vene vorgetäuscht wird. Alle drei Faktoren zusammen ergeben das ophthalmologische Bild des Kreuzungsphänomens nach GUNN oder des Kreuzungsbogens nach SALUS (Abb. 184).

Diesem Zeichen ist eine große differentialdiagnostische Bedeutung zugemessen worden, da man glaubte, daß allein das Kreuzungsphänomen ausreiche, um die Diagnose eines „roten Hochdruckes" stellen zu können. Der Auffassung ist bereits mehrfach entgegengetreten worden. So konnte festgestellt werden, daß positive Kreuzungsphänomene sowohl bei gesunden jugendlichen Blutdrucknormalen, als auch beim blassen Hochdruck vorkommen können, während wiederum Fälle von essentiellem Hochdruck dieses Zeichen nicht selten vermissen lassen. Es ist also dieser Befund über seine differentialdiagnostische Unverwertbarkeit hinaus nicht einmal hochdruckspezifisch und daher trotz seiner häufigen Erwähnung in der Literatur praktisch von geringem Wert.

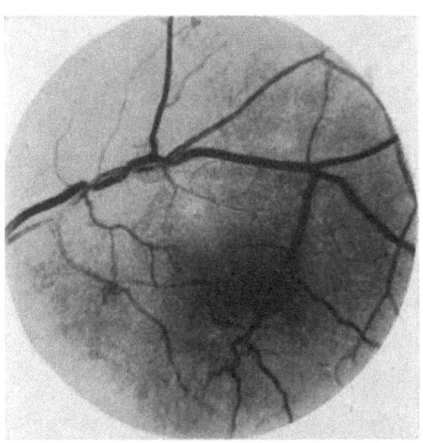

Abb. 184. *Roter Hochdruck* (Blutdruck 235/130 mm Hg). Dreifaches GUNNsches Zeichen; Art.: Vene = 1:1,4.

(Sämtliche Augenhintergrundsbilder verdanken wir der Liebenswürdigkeit von Prof. RAUH, Gießen, früher Leipzig).

Es kann also festgestellt werden, daß nur Gefäßsymptome, wie Schlängelung der Arterien, Korkzieher-Venolen, Kupferdrahtreflexe für das Frühstadium des Hochdruckaugenbefundes charakteristisch sind.

Demgegenüber finden sich im Spätstadium neben sklerotischen Veränderungen an den Gefäßen besonders Veränderungen an der Retina.

Die Sklerose der Arterien gibt den Gefäßen ein starres und trübes Aussehen. Beiderseits der Blutsäule, die infolge wechselnder sklerotischer Wandverdickungen häufige Kaliberveränderungen aufweisen kann, zeigen sich grauweiße Begleitstreifen, die durch die Wandsklerose bedingt sind. Die Venen sind im allgemeinen von diesen Veränderungen sehr viel weniger betroffen, können aber Auftreibungen und Einschnürungen aufweisen (Abb. 185).

Durch die verschlechterte Gefäßversorgung kommt es schließlich an der Retina zu fettigen Degenerationsherden, die durch ihre scharfe Abgrenzung und weißliche Farbe charakterisiert sind. Weiterhin treten Blutungen auf, deren Sitz und Ausdehnung dauernd wechselt, die meist völlig wieder resorbiert werden und sich nur selten in Pigmentflecken umwandeln.

LANGE und LANGE haben sich mit diesen Blutungen ausführlich beschäftigt und konnten nachweisen, daß diese früher als „arteriosklerotische" Retinablutungen bezeichneten Erscheinungen in Wirklichkeit gar nichts mehr mit Arteriosklerose zu tun haben. Sie finden sich in allen Teilen der Netzhaut, in der Fovea in gleicher Weise wie in der Retinaperipherie. Untersuchungen über das Verhalten des Gefäßverlaufes zum Blutungsherd haben keine eindeutigen Beziehungen ergeben. Rupturstellen an den Gefäßen wurden niemals beobachtet.

Neben großen, flächenhaften Blutungen, die jedoch relativ selten sind und sich sowohl im Gebiet der großen Gefäßstämme als auch in Gebieten der feinsten Gefäßverzweigungen finden lassen, zeigen sich besonders gehäuft kleine punktförmige Hämorrhagien, die nur aus Kapillaren oder anderen Abschnitten des Stromendbahngebietes stammen. Es ist weiterhin bedeutungsvoll, daß sich bei 60 beobachteten Fällen von Retinablutung kein einziger Fall von reiner Arteriosklerose fand.

Es geht aus diesen Untersuchungen hervor, daß das Sehvermögen auch beim essentiellen Hochdruck sehr wohl beeinträchtigt sein kann.

Von welchen Faktoren das Außmaß der Veränderungen schließlich abhängig ist, ist noch nicht eindeutig geklärt. In Übereinstimmung mit anderen Autoren kennen wir zahlreiche Patienten mit einem seit Jahren bestehendem sehr hohen Blutdruck, die keine oder nur uncharakteristische Netzhautveränderungen aufweisen. Demgegenüber gibt es Patienten mit entsprechenden Augenbefunden, ohne daß bei ihnen eine Blutdrucksteigerung nachzuweisen wäre (BRAUN), und schließlich Kranke mit wechselndem, sehr labilem Hochdruck, die schwere Retinaveränderungen erkennen lassen.

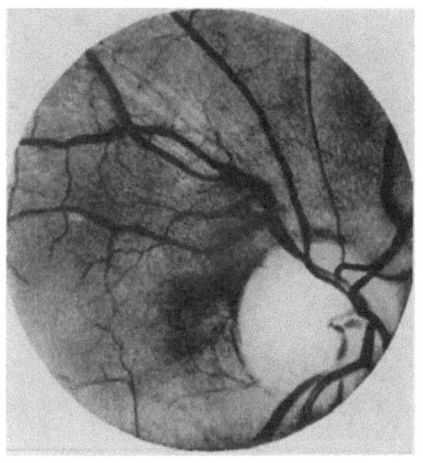

Abb. 185. *Roter Hochdruck.* Zweifaches GUNNsches Zeichen, Korkzieher-Venolen. Beginnende Sklerose mit Kaliberschwankung. Art.: Vene = 1:1,2.

Der Auffassung, daß die Veränderungen an den Netzhautarterien sich proportional zur Höhe des Blutdruckes entwickeln, kann daher auf Grund unserer Erfahrung nicht beigepflichtet werden.

Auch die Theorie, nach der im Verhalten der Netzhautarterien ein direktes Maß der Herzkraft erblickt werden kann, konnte nicht bestätigt werden, ebensowenig wie die Annahme, daß zwischen Kreuzungsphänomen und Herzdilatation feste Korrelationen bestehen.

Wir glauben, daß alle diese Überlegungen nicht ganz zu Recht bestehen. Wir sehen in den Augenhintergrundsveränderungen beim arteriellen Hochdruck in Analogie zu den Erscheinungen am Herzen und anderen Organen die Auswirkungen einer durch den Hochdruck bedingten Durchblutungsinsuffizienz. Es ist uns weiterhin bekannt, daß sich diese zirkulatorische Organinsuffizienz nie am Gesamtorganismus, sondern vorwiegend an einem sich als Locus minoris resistentiae auswirkenden endogen oder exogen bedingten Schockorgan kundtut. Es werden in den meisten Fällen entweder Gehirn, Herz, Niere usw. besonders betroffen und im Vordergrund des Beschwerde- und Symptomenkomplexes stehen. Es scheint daher fraglich, ob man den Augenhintergrundsbefund so ausgeprägt wie bisher differentialdiagnostisch und prognostisch verwerten kann, da ein kleines, umschriebenes Gefäßgebiet wohl kaum verallgemeinernd für die Gesamtkreislaufverfassung verantwortlich gemacht werden darf. Diese Überlegungen machen auch verständlich, warum in einem so hohen Prozentsatz Augenhintergrundsveränderungen überhaupt vermißt werden.

Auch die Frage, wie weit eine Analogie zwischen Retina- und Hirngefäßen in ihrem Verhalten und ihrer Erkrankungsbereitschaft besteht, muß noch geklärt werden.

Neben den rein ophthalmologischen Untersuchungen kann auch die Feststellung des Netzhautarteriendruckes von Wert sein.

Der normale Netzhautarteriendruck beträgt 95/35 mm Hg und steigt in demselben Maße an wie der allgemeine Arteriendruck, ohne jedoch die Grenze von 220 mm Hg jemals zu überschreiten.

Über die Pulsation der Retinagefäße ist noch relativ wenig bekannt. Die Auffassung, daß ein sichtbarer Retinapuls immer pathologisch sei, dürfte irrig sein.

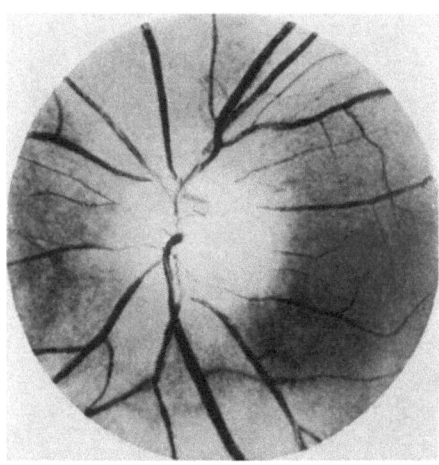

Abb. 186. *Blasser Hochdruck* (Blutdruck 180/100 mm Hg). Beginnendes Ödem (Neuritis). Art.: Vene = 1:1,64.

Da VOLHARD den Augenhintergrundsbefund für die Differentialdiagnose zwischen rotem und blassem Hochdruck ausgewertet hat, wir aber glauben, daß gerade das ophthalmologische Bild zahlreiche funktionelle Übergänge aufweist, soll kurz auf den Augenhintergrundsbefund beim blassen Hochdruck eingegangen werden. Hier kann ebenfalls ein Früh- und Spätstadium unterschieden werden.

Das Frühstadium ist charakterisiert durch eine eigentümliche fahle Blässe von Netzhaut und Aderhaut. Die Arterien sind allgemein verengt, und zwar werden zunächst die nasalen Gefäße von der Einengung befallen. Diese Verengerung hat mit Arteriosklerose nichts zu tun, sondern ist spastischer Natur.

Das Verhältnis von Arterie zu Vene verschiebt sich auf Werte von 1:3-1:5 und noch weniger. Durch diese Blutleere und eine gewisse Wandsklerose entsteht so das Bild der grell weiß glänzenden Silberdrahtarterie.

Charakteristisch sind weiterhin die sehr ausgeprägten Kaliberschwankungen. Es finden sich lokalisierte Gefäßspasmen, die mit oder auch ohne histologische Veränderungen einhergehen können.

Weiterhin findet sich in Übereinstimmung mit den Veränderungen beim roten Hochdruck eine sehr starke Schlängelung der Gefäße, von der jedoch, wie bereits betont, die Venolen nicht mit ergriffen werden. Auch die Kreuzungsphänomene sind positiv. Im Gegensatz zum essentiellen Hochdruck finden sich auch im Frühstadium bereits Veränderungen an Retina und Papille. So wird ein Ödem der Sehnervenscheibe nicht selten beobachtet (Abb. 186).

Die auftretenden Blutungen sind klein, strich- oder spritzerförmig und meist heller als beim roten Hochdruck. Außerdem kommt es zu kleinen Exsudationsfleckchen, die grau-weißlich und verwaschen aussehen und daher als Cottonwoolexsudate bezeichnet werden.

Im Spätstadium nehmen diese Phänomene sämtlich an Ausprägung zu. Es kann sich eine ausgesprochene Stauungspapille entwickeln, die bei langem Bestehen in Sehnervenatrophie übergehen kann (Abb. 187).

Die Degenerationsherde können sich gelegentlich auch zu der Spritz- oder Sternfigur um die Macula anordnen.

So fest umrissen und in gewisser Beziehung auch wesentlich verschieden nun diese Augenhintergrundsveränderungen sein mögen, so erhebt sich doch die Frage, ob sie auf ein ganz unterschiedliches pathogenetisches Prinzip zurückzuführen sind, oder ob es sich nicht um verschiedene Entwicklungsstadien des gleichen pathogenetischen Grundprinzips handelt.

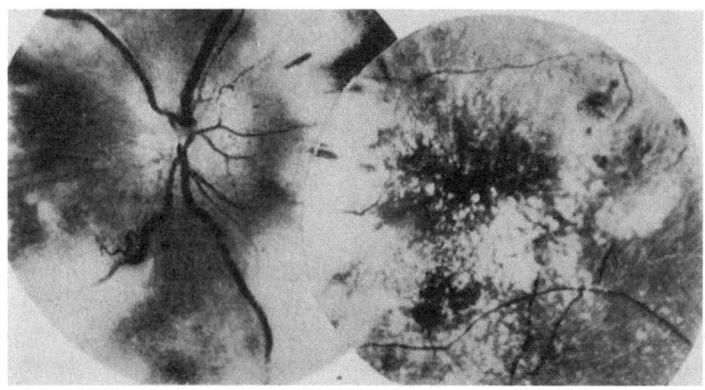

Abb. 187. *Blasser Hochdruck* (Blutdruck 235/165 mm Hg). Stauungspapille, Degenerationsherde. Art.: Vene = 1:2,3.

Es findet sich bei Übergangsformen ein Zustand, der dem Frühstadium der Retinitis angiospastica ähnelt. Neben maximal kontrahierten Arterien finden sich weite Kupferdrahtarterien, die auf das Ausgangsleiden des arteriellen Hochdrucks hinweisen. Ausserdem sieht man korkzieherförmige Maculavenolen, deren Fehlen beim blassen Hochdruck BADTKE ausdrücklich betont hat. Weiterhin können sich Ödeme, Blutungen, Exsudatfleckchen usw. entwickeln.

SARRE beschreibt ein rotes Vorstadium, d. h. einen Fundus hypertonicus auch für die maligne Hypertension (s. Abb. 188).

Kann also auf Grund dieser Untersuchungen als gesichert angesehen werden, daß es Übergänge zwischen beiden Augenhintergrundsbefunden gibt, dann bleibt darüberhinaus noch zu betonen, daß die Retinitis angiospastica auch bei völlig normalem Nierenbefund beobachtet wird, also nicht gesetzmäßig dem renal bedingten Hochdruck zugeordnet werden darf.

Ob es auch entsprechende Veränderungen ohne Hochdruck gibt, wird bestritten. Es wird angenommen, daß es sich in solchen Fällen um dekompensierte Fälle handelt oder um ein Nachhinken der noch vorhandenen retinitischen Veränderungen bei schon gebessertem Hochdruck.

Fassen wir diese Beobachtungen zusammen, dann wird man folgendes feststellen können:

Die Retinitis beim arteriellen Hochdruck ist Ausdruck einer zirkulatorisch bedingten Organinsuffizienz, die sich auf dem Boden einer Neurozirkulatorischen Dystonie bei besonderer Disposition des retinalen Gefäßsystems entwickeln kann. Ob es möglich ist, den Fundus hypertonicus mit der Neigung zu ,,überschießenden Reaktionen" und die Retinitis angiospastica mit der ,,spastischen Reaktionsbereitschaft" zu identifizieren, muß weiteren Untersuchungen zur Klärung vorbehalten bleiben. Da es als gesicherte Tatsache gelten kann, daß sich die spastischen Augenhintergrundsveränderungen aus dem Fundus hypertonicus entwickeln können, muß weiterhin in Erwägung gezogen werden, ob es sich nicht um verschiedene Entwicklungsgrade der gleichen neurozirkulatorischen Störung handelt, deren Übergang ineinander nur der Beobachtung entgeht, weil entweder der Augenhintergrund nicht oft genug kontrolliert wird oder aber die Kranken erst den Arzt aufsuchen, wenn die angiospastischen Veränderungen bereits überwiegen.

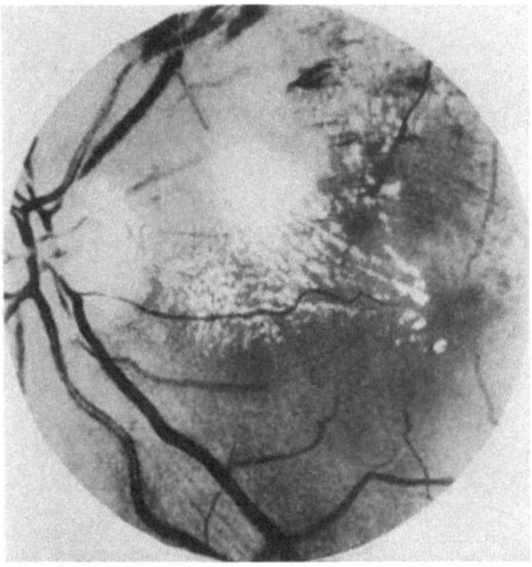

Wenn wir schließlich mit VOLHARD darin übereinstimmen, daß es sicher Fälle gibt, deren Blutdrucksteigerung durch einen renalen Mechanismus erklärt werden muß, wird man annehmen dürfen, daß durch das Vorhandensein von Reninen, Nephrinen usw. die Entwicklung der neurozirkulatorischen Gesamtdisposition zur spastischen Diathese erleichtert und beschleunigt wird. Auch den Übergang vom Fundus hypertonicus zur Retinitis angiospastica kann man vielleicht durch diesen Mechanismus erklären, wenn man annimmt, daß durch eine unter Umständen erst latente Nierenstauung der Grad von Nierenhypoxämie erreicht wird, der zur Bildung dieser gefäßaktiven Substanzen ausreicht.

Abb. 188. *Übergang zwischen rotem und blassem Hochdruck*. Astthrombose, GUNNsches Zeichen, Sternfigur. Art.: Vene = 1:1,5.

Fassen wir nun die gemachten Erfahrungen zusammen, dann ist festzuhalten, daß für eine funktionelle Beurteilung dem Augenhintergrundsbefund sicher keine zu verallgemeinernde Bedeutung zukommt. Die zu beobachtenden Veränderungen sind unabhängig von Blutdruckhöhe und Kompensationszustand und können vielfältige Übergänge zwischen den bisher als polare Gegensätze aufgefaßten Zuständen des ,,roten" und des ,,blassen" Hochdruckes aufweisen. So gilt für den ophthalmologischen Befund das gleiche, was wir auch für andere Untersuchungsmethoden feststellen konnten, daß nämlich die symptomatischen Hochdruckformen dem Augenhintergrund gewisse Stigmata aufprägen können, die sicher von dem üblichen Hochdruckfundus abweichen und deren Auftreten im Zusammenhang mit anderen Erscheinungen die symptomatische Natur einer Blutdrucksteigerung zu bestätigen vermag.

In Abb. 189 a–d sind derartige Bilder bei symptomatischen Hochdruckformen (SCHLEICHER), wie z. B. bei Polyglobulie, Klimakterium, Stauungspapille infolge von Hirntumor und renalem Hochdruck wiedergegeben.

Abb. 190 zeigt dagegen den völlig normalen Augenhintergrund bei einem Patienten von 26 Jahren mit gesichertem renalen Hochdruck ohne Zeichen einer Niereninsuffizienz, während das Ekg sehr hochgradige koronare Durchblutungsstörungen aufwies.

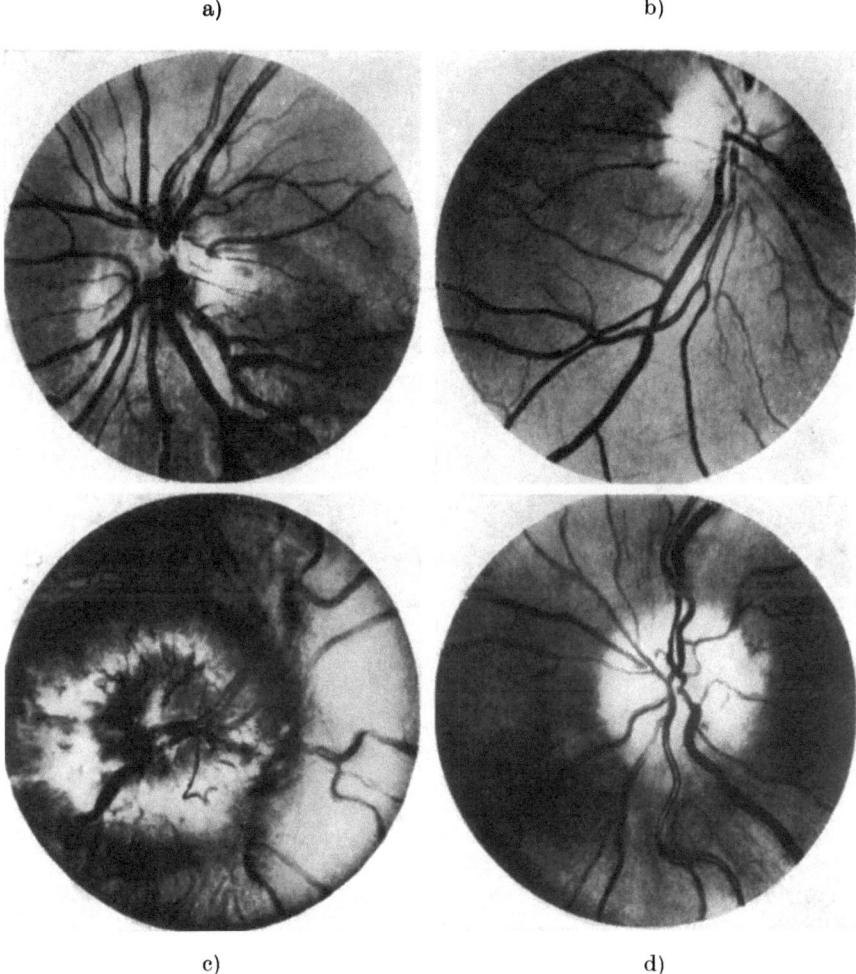

Abb. 189a. *Augenhintergrund bei Polyglobulie* (Blutdruck 190/80 mm Hg).
Abb. 189b. *Roter Hochdruck* (Blutdruck 200/90 mm Hg). Klimakterium. GUNNsches Zeichen; Art.: Vene = 1:1,3.
Abb. 189c. *Stauungspapille* (Blutdruck 220/100 mm Hg).
Abb. 189d. *Renaler Hochdruck* (Blutdruck 210/130 mm Hg). Erhebliches Papillenödem. Art.: Vene = 1:1,57.

Dieser Fall macht die Annahme wahrscheinlich, daß auch die Renine, Nephrine usw. einen Locus minoris resistentiae bzw. ein besonders disponiertes Schockorgan bevorzugen und ihre spastische Wirkung nicht generalisiert auf das gesamte Gefäßsystem erstrecken.

7. Diagnostik des Pfortadersystems

Nachdem das Syndrom des portalen Hochdruckes klinisch immer mehr beachtet wird, erscheinen die Möglichkeiten zu seiner Früherfassung von besonderer Bedeutung.

So weisen neben der röntgenologischen Erfassung von Varizen des Ösophagus, des Magens und Bulbus duodeni, die sie von Wandveränderungen anderer Genese durch die charakteristische Nachgiebigkeit bei Druckänderungen (Wassertrinken, Valsalva) abgrenzen, auch noch die Ergebnisse der Venenkontrastdarstellung mit 70% Perabrodil (25 ccm) hin.

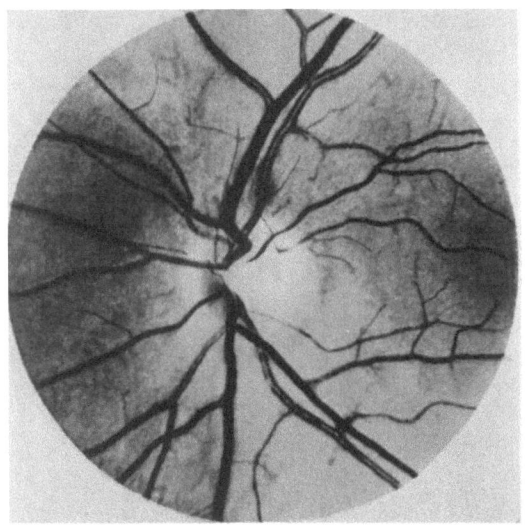

Abb. 190. *Renaler Hochdruck* (Blutdruck 180/75 mm Hg). Augenhintergrund o. B.

Die Darstellung der Pfortader gelingt durch Kontrastmittelapplikation in die Milz. Dieselbe wird vorteilhafterweise unter laparoskopischer Kontrolle durchgeführt. Diese Methode eignet sich zur Frühdiagnose des portalen Hochdruckes und zum Nachweis von Pfortader- und Milzvenenthrombosen. Sie spielt hauptsächlich in der präoperativen Diagnostik für die portokavale Anastomose bei Leberzirrhose eine Rolle. In der Beurteilung wird hauptsächlich auf Kaliberabweichungen der Pfortader, auf evtl. Kollateralenentwicklung, weiterhin auf die Ausbildung des intrahepatischen Venengeflechtes und auf das Verhalten des intralienalen Druckes geachtet.

Hinzugefügt muß allerdings noch werden, daß auch Varizen anderer Genese, z. B. im Alter oder bei angeborener Venektasie möglich sind. Diese sind aber nicht an so charakteristischer Stelle lokalisiert wie die Varizen bei portaler Hypertension (unteres Drittel des Ösophagus, Fornix des Magens).

Eine andere Methode ist der Versuch, mit gasförmigen Stoffen die portale Kreislaufzeit zu bestimmen und von deren Höhe einen Rückschluß auf die portalen Stauungszustände zu ziehen. So wurde die rektale Ätherzeit angegeben. Es konnte jedoch gezeigt werden, daß zwar bei Leberzirrhotikern die Werte relativ hoch liegen, jedoch eine zu große Streubreite der Normalen besteht. Auch zeigen Kreislaufdekompensierte die höchsten Werte, so daß nicht sicher die portale Hypertension allein erfaßt werden kann. HENNING und Mitarbeiter beobachteten die Ausscheidung eines intraduodenal zugeführten Gases durch die Lungen (Acetylen). Nach ihrer Ansicht ist der Abtransport des eingeblasenen Gases eine Funktion der Durchblutungsgröße (des Zeitvolumens) des Pfortadersystems. Bei Stauung im Pfortadersystem soll es zu einem verlangsamten Gasabtransport kommen, d.h. ein Teil des Gases diffundiert in die Umgebung. Der Hauptwert wird hier also nicht auf die Ausscheidungszeit, sondern auf die ausgeschiedene Gasmenge gelegt. Auch hier gilt als Vorbedingung, daß die Gasresorption im Dünndarm, die Kreislauffunktion sowie die Ausscheidung durch die Lungenkapillaren nicht gestört sind. Wie auch Nachuntersuchungen bestätigen, gibt die Acetylenprobe im Rahmen der übrigen Untersuchungen wertvolle Hinweise auf das Bestehen eines Leberparenchymschadens, fällt sie doch auch bei akuter Hepatitis, bei Fett- und Zystenleber positiv aus. Andere Untersucher beobachteten, daß oral verabreichte Medikamente wie Sulfadiazin zuerst in den Venen der Bauchhaut und erst in einem gewissen Zeitabstand im peripheren Blut nachweisbar waren und stellten im Venenblut der Bauchhaut erhöhte Blutzuckerwerte fest. Es wurden daher diese Untersuchungen bzw. diese Methode zur Funktionsprüfung der Kreislaufstörung im portalen Kreislauf empfohlen. Klinische Zeichen, die in ihrer Gesamtheit auf das Vorliegen einer portalen Hypertension hinweisen können, wie Gasblähung des Abdomes (Frühsymptom), Entstehen von Aszites, Milz- und Lebervergrößerung, Kollateralvenen (Caput medusae, Hämorrhoiden, Varizenblutungen), sind hinreichend bekannt. Besonders charakteristische Erscheinungen macht das Budd-Chiari-Syndrom, das akut mit Erbrechen und Leibschmerzen (durch die plötzliche Dehnung der Leberkapsel) einhergeht, und dem das chronische Stadium mit Atrophie und Zirrhose der Leber folgt mit Aszites, Leberfunktionsstörungen und evtl. Ikterus. Bildet sich jedoch rechtzeitig eine Rekanalisation, so ist das Krankheitsbild auch wieder rückbildungsfähig.

Schließlich können auch aus Leberpunktaten gewisse Rückschlüsse möglich sein.

D. Humorale Diagnostik bei Herz-Kreislaufkrankheiten

Die blut-chemische Diagnostik hat für die Beurteilung der Herz-Kreislaufkrankheiten in den vergangen Jahren wesentlich an Bedeutung gewonnen. Für die Diagnostik der entzündlichen Herzerkrankungen standen vordem praktisch nur die Blutsenkung und das Blutbild zur Verfügung. Bei Verdacht auf Myokardinfarkt konnte zusätzlich nach den humoralen Symptomen der sekretorischen Insuffizienz (HOCHREIN) bzw. des akuten Syndroms (HAUSS) gefahndet werden. Mit der Serum-Elektrophorese und insbesondere den Transaminasenbestimmungen sind hierzu wesentliche neue Hilfsuntersuchungen gekommen. Weitere Erkenntnisse über die Wechselbeziehungen zwischen Myokardstoffwechsel und Störungen der Leberfunktion bedingen eine gesteigerte Bedeutung der Leberfunktionsdiagnostik in der Beurteilung der Herzerkrankungen. Außerordentlich verdienstvoll erscheinen die Bemühungen um eine serologische Atherosklerose-Diagnostik, welche vorläufig allerdings noch nicht zu einem den Kliniker befriedigenden Abschluß gelangte.

Folgende allgemeine Untersuchungen haben sich als besonders aufschlußreich bewährt:

1. Die *Bedeutung der Blutsenkung und des Blutbildes* ist weiterhin uneingeschränkt. Beide Untersuchungen sind in der Diagnostik der entzündlichen Herzerkrankungen und des Myokardinfarktes unentbehrlich.

HEINEN und LOOSEN haben die kardiovaskuläre Routinediagnostik durch den Vorschlag bereichert, die sogenannte *Kollidon-Blutsenkungsreaktion* vor und nach körperlicher Belastung durchzuführen, da beim Vergleich beider Werte eine übersichtliche Beurteilung äußerst komplexer Kreislaufgrößen bzw. -funktionszustände wie des Trainingsgrades und des Trainingsverlustes ermöglicht würde. Es handelt sich dabei um eine „humorale" Kreislauffunktionsprüfung, in deren Rahmen der Trainingseffekt durch eine unveränderte bzw. eher verlangsamte Blutsenkung, das Untrainiertsein dagegen durch Senkungsbeschleunigung gekennzeichnet ist. Als Indikator für den Trainingsgrad wird dabei die Art der Sofortkompensation des Kreislaufes gewählt, nach kurzdauernder Belastung zu vermehrter Ausschöpfung des eiweißmolekular-stabilbleibenden Blutes befähigt zu sein. Unsere Mitarbeiter KONIAKOWSKY, BETZIEN und OBERGASSNER haben an Hochleistungssportlern diese Befunde überprüft und konnten bis zu einem gewissen Grade diese Ergebnisse von HEINEN und LOOSEN bestätigen. Nachdem aber die gefundenen Abweichungen die Normalwerte weder nach oben noch nach unten überschreiten, dürfte die Angabe, auf diese Weise eine Begutachtungsgrundlage für den Trainingsgrad gefunden zu haben, vor allem im Hinblick auf die vielseitige Beeinflußbarkeit der Blutsenkungsreaktion, sich als etwas zu optimistisch erweisen.

Während es sich nun bei diesen Untersuchungen um Blutsenkungswerte im Bereich der Norm handelt, finden sich Beschleunigungen der Blutsenkung bei:

a) entzündlichen Prozessen (Endo-Myo-Perikarditis, Koronariitis);
b) Myokardose;
c) nekrotisierenden Vorgängen (Myokardinfarkt, Contusio cordis usw.)

Da nun in vielen Fällen der Zustand der Dekompensation mit den genannten Vorgängen verbunden sein kann, scheint es notwendig, zu diesen Punkten gewisse differentialdiagnostische und prognostische Ausführungen zu machen.

ad a) Über die Bewertung der Senkungsbeschleunigung bei entzündlichen Vorgängen am Herzen hat SCHLEICHER bei den Ausführungen über die „Aktivitätsdiagnostik" Angaben gemacht. Auch PÁNEK beschreibt die Senkungsbeschleunigung als sehr empfindlichen Indikator für akute kardiale Entzündungsvorgänge, schränkt aber gleichzeitig die prognostische Verwertbarkeit dieses Phänomens ein, da die Senkung nur über die Ausdehnung, nicht aber, was viel bedeutsamer wäre, über die Lokalisation des Prozesses Auskunft zu geben vermag. Immerhin ist festzustellen, daß die völlige Normalisierung der Senkung, auch nach Belastung einerseits und das Hochbleiben der Senkungsreaktion bzw. ihr Wiederanstieg andererseits doch gewisse prognostische Schlüsse hinsichtlich Ausheilung bzw. Rezidivneigung eines entzündlichen Herzleidens erlauben.

ad b) Bei der Myokardose ist die beschleunigte Blutsenkung nicht Folge der Herzaffektion, sondern beide sind gleichgelagerte Ausdrucksformen einer übergeordneten Schädigung, nämlich der Dysproteinämie.

Eine Abgrenzung von karditischen und kardotischen Vorgängen ist abgesehen von der Beobachtung des weißen Blutbildes nur mittels der *Elektrophorese* möglich, da, wie WUHRMANN und WUNDERLY gezeigt haben, akuten Entzündungsvorgängen, subakuten bis chronischen Prozessen und Störungen der Blutserumeiweißkörper im Gefolge einer Leberzellschädigung nahezu spezifische Elektrophoresekurventypen zugerechnet werden dürfen.

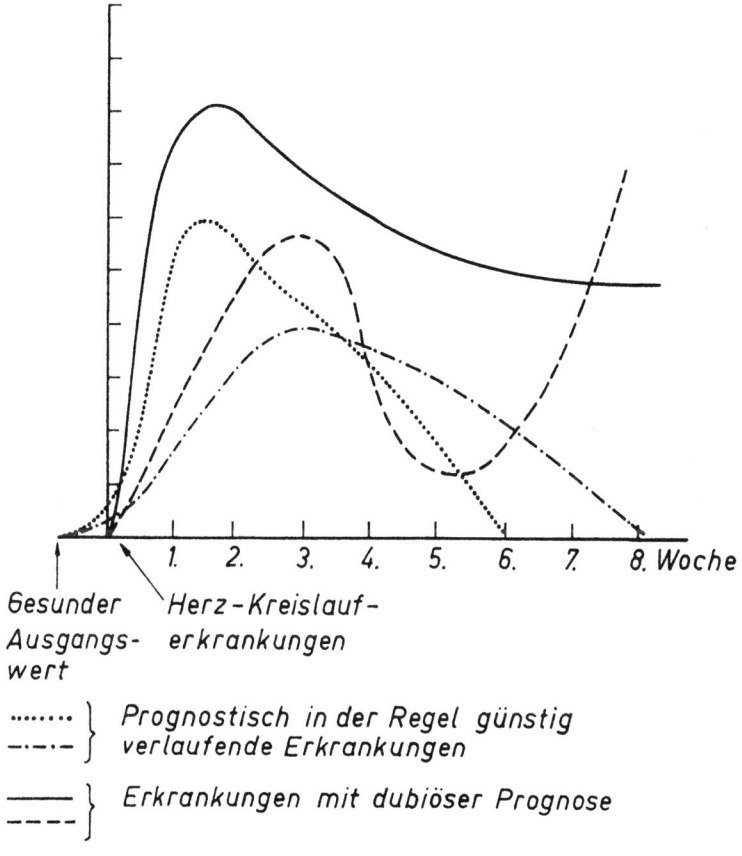

Abb. 191. Varianten in dem Verhalten der Blutsenkung.

Auch die Myokardose wird das Bild der Blutsenkung bei der Dekompensation mit beeinflussen, wenn sich auf dem Boden einer langdauernden Leberstauung eine Cirrhose cardiaque entwickelt hat, bei anhaltender Nierenstauung ein nephrotisches Syndrom zur Ausbildung gekommen ist oder aber Polyserositis und generalisierte Ödematose mit häufigen Punktionen zu schwerwiegenden Störungen im Eiweißhaushalt geführt haben.

ad c) Auf die Bedeutung der Blutsenkung beim Myokardinfarkt haben wir bereits frühzeitig hingewiesen.

In Abb. 191 haben wir die einzelnen Verhaltensmöglichkeiten der Blutkörperchensenkung, aus denen gewisse prognostische Schlüsse gezogen werden können, dargestellt.

Bei den in der Regel günstig verlaufenden Erkrankungen zeigt die Blutsenkung entweder einen sehr raschen Anstieg auf mittlere Höhe, um dann kontinuierlich aber relativ rasch wieder abzufallen, oder sie steigt etwas verzögert an, um entsprechend langsam-kontinuierlich zur Norm zurückzukehren.

Ungünstig dagegen wird die Prognose stets, wenn entweder sofort ein Senkungsanstieg einsetzt, der Werte von 100 mm überschreitet, oder wenn nach scheinbarer Normalisierungstendenz ein erneuter Anstieg einsetzt, der nahezu gesetzmäßig auf eine Komplikation hindeutet.

RISEMAN und BROWN empfehlen diese Methode zur Unterscheidung zwischen einfacher Angina pectoris und Myokardinfarkt. Wir haben dieses Phänomen bisher als Folge der Myokardnekrose angesehen. HAUSS dagegen bezieht sie mit in das „humorale Kollapssyndrom" beim Myokardinfarkt ein, in dessen Rahmen die Senkungsbeschleunigung als Ausdruck einer hypoxämisch bedingten Dysproteinämie gedeutet wird. Wenn auch hier wiederum eine Lokalisationsdiagnostik mittels dieser Methode nicht möglich ist, so darf doch eindeutig ausgesagt werden, daß sehr hohe Senkungswerte, das Persistieren derselben oder der Wiederanstieg einer bereits der Norm genäherten Blutsenkung im klinischen Verlauf des Myokardinfarktes, aber auch anderer kardiologischer Erkrankungsbilder immer als ungünstig zu bewerten sind.

Wenden wir uns nunmehr der Bedeutung der BKS für die Beurteilung der Herzdekompensation zu, dann werden bereits die differentialdiagnostischen Schwierigkeiten verständlich, da alle die oben genannten Zustände die Herzinsuffizienz bedingen bzw. sie überlagern können.

Auch in der Literatur finden sich bereits Ausführungen zu dieser Frage:

MCGINNIS und LAUSCHE untersuchten 38 dekompensierte Patienten und stellten fest, daß die meisten nicht nur während, sondern auch nach der Dekompensation zum Teil erheblich erhöhte Blutsenkungswerte aufwiesen. Als Ursachen werden diskutiert: Sauerstoff- und CO_2-Gehalt des Blutes, Cholesterin, Gesamteiweiß- und Eiweißfaktoren, pH-Ionenkonzentration des Blutes, Beschaffenheit der Erythrozyten usw. Als wahrscheinlichste Ursache wird der vermehrte Fibrinogengehalt des Blutes verantwortlich gemacht und der BKS-Anstieg nach erreichter Rekompensation dadurch erklärt, daß die Stauung während der akuten Dekompensation zu multiplen Gewebsnekrosen führt, deren Resorption lange dauert und die Senkung beschleunigt erhält. Auch RÖSGEN bestätigt die Vermehrung von Fibrinogen und Gamma-Globulin im Blut Dekompensierter und macht für deren Zustandekommen eine Schädigung der Leber verantwortlich. TORELLI schließlich fand Beziehungen zwischen BKS und Reststickstoff einerseits und Erythrozytenzahl andererseits, und er glaubt, daß es vor allem die Retention von Stickstoffschlacken ist, welche in allen Fällen mit nicht nachweisbarer Nierenbeteiligung die Steigerung der BKS verursacht. Er hält jedoch die BKS nicht für so charakteristisch, daß sich aus ihrem Verhalten irgendwelche Schlüsse auf die Art der Herzerkrankung ziehen lassen würden. Von KONIAKOWSKY und OBERGASSNER ist schließlich zur weiteren Klärung dieser Fragen das Serumeiweißbild bei kardialer Dekompensation näher untersucht worden. Auch sie stellen fest, daß es eine spezifische Konstellationsänderung im Eiweißspektrum als Folge kardialer Dekompensation nicht gibt, sondern daß es Entzündungsprozesse, Leberstauung schwersten Grades, nephrotische Überlagerung usw. sind, welche das Verhalten im einzelnen Fall zu modifizieren vermögen.

Abgesehen von diesen Überlegungen wird man sich vergegenwärtigen müssen, daß es die biologische Tendenz zu gesteigerter Blutkörperchensenkung in höheren Altersstufen (RÖSGEN u. a.), die Lungenstauung mit der Aufpfropfung bronchopneumonischer Herde, die Blutmengenzunahme mit Hydrämie usw. sind, welche die Neigung zur Blutsenkungsbeschleunigung weiterhin begünstigen. Darüber hinaus wird man sich folgendes vor Augen halten müssen:

Es darf als selbstverständlich vorausgesetzt werden, daß jede Senkungsbeschleunigung, bevor sie auf die Dekompensation bezogen wird, jeglicher anderen Ursachen entbehrt, da eine schematische Zuordnung erhebliche Gefahren der Fehlbeurteilung in sich birgt. Es ist aber andererseits auch möglich, daß zwischen beiden nicht nur ein diagnostischer, sondern auch ein pathogenetischer Zusammenhang gegeben ist. So wissen wir z. B., daß fokale Infekte und latente Infektionen durch zahlreiche Abschirmungen und Schutzeinrichtungen vielfach so lokalisiert werden, daß sie vollkommen subklinisch verlaufen. Mit Eintreten der Dekompensation jedoch ist der Gesamtorganismus in einen Zustand existentieller Bedrohung versetzt, so daß alle diese Schutzregulationen zusammenbrechen bzw. in den Dienst der Gesamterhaltung gestellt werden. So wird erklärbar, daß nicht nur am Herzen, sondern auch anderweitig alte Prozesse wieder aufflackern, welche dann ihrerseits eine Senkungsbeschleunigung verursachen können.

Fassen wir nun diese Erfahrungen zusammen, dann ist folgendes festzuhalten:
1. Die Blutsenkungsbeschleunigung ist kein obligates Symptom der Herzinsuffizienz. Sie darf nicht kritiklos hingenommen und als Dekompensationssymptom gewertet werden.
2. Besteht eine deutliche Beschleunigung, dann ist durch Differentialblutbild und Elektrophoresediagramm die Klärung, ob es sich um einen akut oder chronisch entzündlichen Vorgang oder eine Myokardose auf dem Boden einer hepatogen oder nephrogen bedingten Dysproteinämie handelt, möglich.
3. Das Persistieren einer hohen Senkung oder ihr Wiederanstieg ist im Rahmen von Herzerkrankungen immer als ungünstig zu bewerten.
4. Findet sich bei der Dekompensation eine beschleunigte Senkung verbunden mit Anämie, dann ist nach einer bösartigen Ursache zu fahnden (Endocarditis lenta, Karzinom), da normalerweise jeder Zustand des Herzversagens die Tendenz eher zur Polyzythämie in sich birgt.

Das weiße Blutbild verläuft mit seinen Leukozytenwerten der Senkung praktisch immer parallel, so daß die oben dargestellten Kurven ihr Analogon in der Leukozytenbewegung finden.

Bei allen akuten Zuständen handelt es sich um eine ausgesprochene Neutrophilie mit Linksverschiebung. Hyperleukozytose mit Werten über 20000 und ausgesprochene Lymphopenie sind dubiöse Symptome, während die sekundär einsetzende Lymphozytose als günstig bewertet werden darf. Wie auf S. 390 bereits ausgeführt, findet sich bei allen Ereignissen, die eine „stress-"Reaktion (SELYE) verursachen, wie Myokardinfarkt, Lungenembolie und dergleichen, eine Hyp- bzw. Aneosinophilie, während die Rückkehr der Eosinophilen auch als „Morgenröte der Heilung" bezeichnet worden ist. Hohe Eosinophilenwerte können auf eine allergische Disposition aufmerksam machen.

Somit ist festzuhalten, daß die Bewegungen von Blutsenkung und weißem Blutbild bei Herz-Kreislauferkrankungen infektiöser, thromboembolischer oder auch traumatischer Genese prognostisch Aufschluß geben können. Sie sind weiterhin auch wesentlich für den therapeutischen Weg, da bei allen Herz-Kreislauferkrankungen nicht eher eine Belastung gewagt werden kann, bevor Leukozytose und BKS zur Norm zurückgekehrt sind. Aber auch das rote Blutbild hat seine besondere Bedeutung.

Im allgemeinen reagiert das hämatopoetische System auf die durch Zirkulationsstörungen verursachte Hypoxämie mit einer Erythrozytose (Polyglobulie bzw. Polyzythämie). Bei kurzdauernden Störungen werden diese kompensierenden Erythrozytenmengen aus den Depotorganen, besonders der Milz, ausgeworfen und können so ein Stoffwechseldefizit schlagartig beheben. Dauern diese Zustände länger an, dann wird der Hypoxämie-Reiz durch das Knochenmark mit einer verstärkten Erythropoese beantwortet. Es werden Jugendformen (kenntlich an der Polychromasie), besonders Erythroblasten in die Strombahn ausgeworfen, und es kann zu ausgesprochenen Erythrozytenkrisen (Retikulozyten, Vitalgranulierte) kommen. Reicht das rote Knochenmark bei diesen Zuständen nicht aus, dann kann sich auch Fettmark unter Umständen wieder in erythropoetisches Mark umwandeln, Milz, Leber usw. können als sekundäre Blutbildungsstätten wieder in Funktion treten. Kurzdauernd findet man diese Zustände bei akuter Endokarditis, bei Klappenriß, Myokardinfarkt usw. Zu hochgradigen Erythrozytosen kommt es dagegen bei Septumdefekt und Pulmonalstenose, wo diese Blutveränderungen so ausgeprägt sind, daß eine bedeutsame Steigerung der Blutviskosität und dadurch wieder sekundär eine Überlastung des Herzens und Erschwerung der Koronardurchblutung resultiert. Bis zu einem gewissen Grade ist aber diese Blutveränderung stets bei einer Herzinsuffizienz feststellbar. Findet sich dagegen eine ausgesprochene Anämie, dann muß nach einer Blutungsquelle, einer toxischen Blutschädigung usw. gefahndet werden, da sonst leicht schwerwiegende Begleiterkrankungen übersehen werden. Eine ausgesprochene Anämie findet sich bei der Endocarditis lenta.

Auch der Hämatokritwert kann für die Beurteilung der Erythrozyten aufschlußreich sein.

Eine Erhöhung von Bilirubinspiegel und eine Ausscheidung von Urobilinogen finden sich als Ausdruck einer Leberschädigung bei anhaltender Leberstauung. Sie kann weiterhin auftreten nach umfangreicher Apoplexie als Zeichen einer extrahepatischen Bildung von Gallenfarbstoffen und findet sich ferner in mäßigem Grade bei Myokardinfarkt. Die Höhe des Blutzuckers ist wesentlich für die Beurteilung peripherer und koronarer Durchblutungsstörungen. Eine Hyperglykämie und Glykosurie kann im Anschluß an einen Myokardinfarkt auftreten und wird auf eine funktionelle Durchblutungsstörung des Pankreas im Stadium des Kreislaufschocks bezogen. Sie findet sich weiterhin bei Apoplexien, wo es sich um eine Reizung der für den Zuckerstoffwechsel verantwortlichen Zentren handelt und schließlich mit oft extremen Werten bei den ,,Blutdruckkrisen", die bei Nebennierenrindentumoren beobachtet werden.

Auch eine Azetonurie kann als Ausdruck eines Anstieges von Ketokörpern im Blut nachweisbar werden, wobei in der Regel eine zentrale Regulationsstörung angenommen wird.

Besonders wichtig ist der Nachweis einer Azotämie, erkennbar an einem deutlichen Anstieg des Rest-Stickstoffs.

An dieser Erhöhung, die bei der Dekompensation ebenso nachweisbar wird, wie beim Myokardinfarkt, sind Harnstoff-Stickstoff und Residualstickstoff in gleicher Weise beteiligt. In vielen Fällen erweist sich der Anstieg von Xanthoprotein und Harnsäure im Blut aber als ein noch empfindlicherer Test.

Von den weiteren Blutserum-Untersuchungen hat sich vor allem der Kalium/Kalzium-Quotient, nicht nur für die Bestimmung der vegetativen Ausgangslage, sondern auch im Rahmen der humoralen Diagnostik der Herzinsuffizienz und der Erfolgsbeurteilung der Therapie als wertvoll erwiesen.

In Tabelle 25 haben wir dargestellt, wie z. B. die Stenoseatmung eine Verschiebung des vegetativen Gleichgewichtes nach der parasympathischen Seite verursacht.

Tabelle 25. *Einfluß der Stenoseatmung auf Arteriendruck, Pulszahl und Kalium-Kalzium-Quotienten*

	Ruhe-Werte			5 Minuten Stenoseatmung			
	RR mm Hg	Puls i. Min.	Kalium-Kalzium mg%	RR mm Hg	Puls	K	Ca
E. B., 41 J., m.	165/95	72	16,2	9,6	160/110	60	19,8	11,2
H. T., 18 J., m.	130/80	78	16,0	9,6	115/85	72	17,0	9,4
I. R., 40 J., m.	150/80	72	19,0	10,6	160/90	72	19,7	11,6
H. B., 24 J., m.	140/85	72	17,2	10,0	130/80	72	19,2	10,0
W. H., 16 J., m.	145/85	78	18,2	11,5	130/80	78	18,8	8,6
W. S. 50 J., m.	125/70	72	16,5	11,6	150/100	66	17,6	8,6

Da der Serum-Kaliumwert im Bereich von 18–20 mg% und der Serum-Kalziumwert im Bereich von 9–10 mg% liegen, ist der normale Quotient = 2. Ein Abfall unter 2 kommt einer sympathikotonen Ausgangslage, ein Anstieg über 2 einer mehr vagotonen Stigmatisation gleich.

Wertvoll ist die Bestimmung der Blut-Kalziumwerte deshalb, weil nach massiven Diureseerfolgen bei der feuchten Dekompensation u. U. hohe Kalziumverluste resultieren, die dann für innere Unruhe, Erregungszustände, Zittrigkeit und Verkrampfungsneigung verantwortlich sind und bei Kenntnis der Zusammenhänge durch eine Kalzium-Injektion sofort behoben werden können.

Auch die Urinuntersuchung ist im Rahmen der Humoraldiagnostik vielfach sehr ergiebig.

So ist es diagnostisch lohnend, bei jedem Patienten mit nachweisbaren Ödemen bzw. solchen mit latenter Disposition zur Wasserretention eine sogenannte Blau-(Wasseraufnahme)-Gelb-(Wasserausscheidung)-Kurve anzulegen, auf der außerdem auch das spezifische Gewicht des 24-Stunden-Urins eingetragen ist. Diese Kurve gibt, wie kaum eine andere Methode, Aufschluß über den Grad der erreichten Rekompensation bzw. über eine Verschlechterung des Kompensationszustandes (s. Abb. 192).

Daneben wird man der Ausscheidung von Kochsalz, Kalium, 17-Ketosteroiden und 17-Hydro-Corticoiden in speziellen Fällen bevorzugtes Augenmerk zuwenden müssen.

Von den morphologischen Elementen interessieren die Hämaturie und Zylindrurie.

Vereinzelte Erythrozyten, ohne daß man bereits von Mikrohämaturie sprechen kann, finden sich bereits bei leichten Nierenstauungen im Rahmen der Rechtsdekompensation. Ausgesprochene häufig sehr wechselhafte Mikrohämaturie ist ein

Symptom bei der Endocarditis lenta, das bei sorgfältiger Untersuchung gesetzmäßiger ist, als gleichartige Embolien an Lidrand und Nagelfalz. Massivere Blutungen kennzeichnen den Niereninfarkt, verursacht durch intrakardiale Thromben (wandständiger Thrombus bei Myokardinfarkt, Kugelthrombus bei Mitralstenose) oder Kalkbröselembolien bei schweren atheromatösen Geschwüren der Aorta. Ausgesprochen sanguinolenten Urin findet man als pathognomonischen Ausdruck des anfallsweisen, symptomatischen Hochdruckes beim Phäochromozytom.

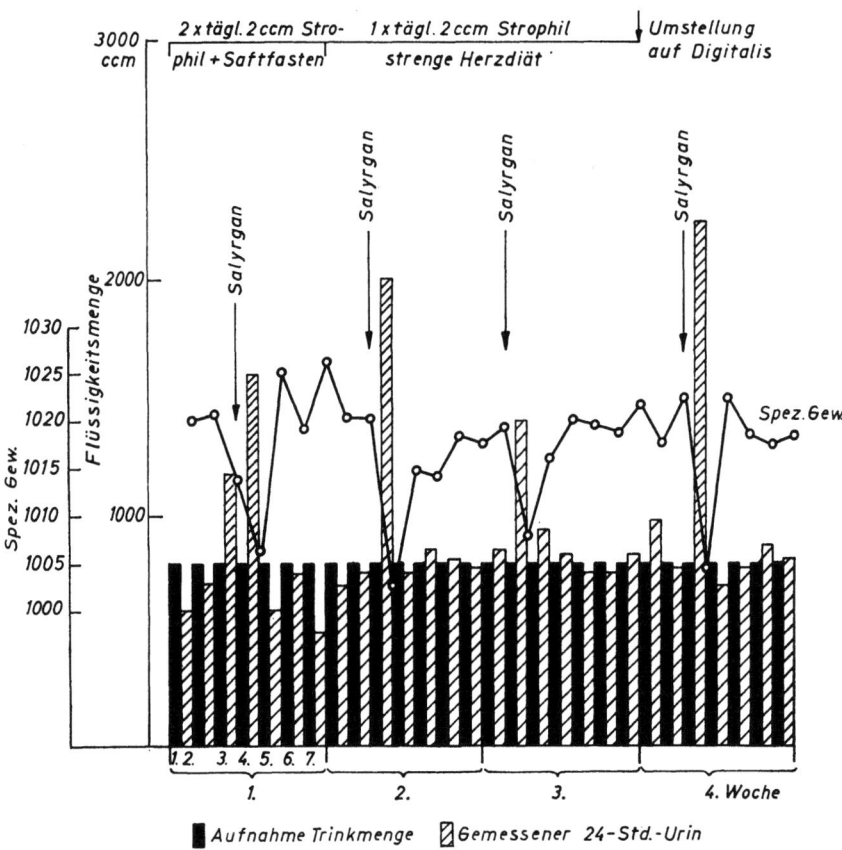

Abb. 192. Aufnahme-Ausscheidungsbilanz bei Rechtsdekompensation.

Auf die Zylindrurie als eines der Kennzeichen renaler Hochdruckformen soll dagegen nur hingewiesen werden.

Auch die chemische und morphologische Untersuchung von Sputum, Pleuraergüssen und Aszites gehört in den Bereich der Humoraldiagnostik.

Auf den Nachweis von Herzfehlerzellen haben wir bereits S. 340 hingewiesen. Bei Ergüssen entscheidet der Ausfall der MORITZ-RIVALTAschen Probe über Transsudat bzw. das entzündliche Exsudat. Darüber hinaus ist eine gewisse Infektions-Diagnostik notwendig.

Die positive WASSERMANNsche Reaktion kann die Genese frühzeitiger Apoplexien, Myokardinfarkte, peripherer Zirkulationsstörungen (luische Endangiitis) insbesondere Aortenveränderungen (Aortitis luica, Aortenaneurysma) usw. klären. Blutkulturen sind zur Feststellung einer Endocarditis lenta und anderer septischer Pankarditiden wertvoll. Sie müssen im Fieberanstieg vorgenommen werden, weil vor allem der Streptococcus viridans mit seinen grünlichen Kulturen sehr empfindlich und ziemlich schwer kulturell nachzuweisen ist.

Nicht ganz in die Humoral-Diagnostik gehörig ist die Untersuchung des Grundumsatzes.

Sie erbringt nur in extremen Werten wichtigen Aufschluß, da mit zunehmender Dekompensation der Grundumsatz meist mäßig erhöht ist. Grundumsatzsteigerungen von über 50% können bei einer in höherem Alter vorkommenden Schilddrüsenüberfunktion beobachtet werden (Spätbasedow), die oft lediglich Herzbeschwerden (Tachykardie, Stenokardie usw.) provoziert, aber Struma und Exophthalmus nicht aufweist.

1. Spezielle Untersuchungsmethoden

1.1. Gerinnungsstatus

Gewisse pathogenetische Vorstellungen einerseits und die Einführung der Antikoagulantien andererseits, haben der Blutgerinnungsforschung einen besonderen Auftrieb gegeben und die Entwicklung diagnostischer Methoden im Rahmen von Thrombo-Embolieprophylaxe bzw. bei der Erfolgskontrolle antikoagulativer Behandlung von Myokardinfarkt oder Apoplexie sehr gefördert.

Im Rahmen eines Gerinnungsstatus wird man daher, abgesehen von der Thrombozytenzahl, die Blutungszeit, den Fibrinogenspiegel und die Blutgerinnungszeit, erkennbar an Prothrombinbestimmung bzw. Prothrombinindex, untersuchen.

So wichtig diese Untersuchungen sind, so muß, wie wir noch ausführen werden, im Rahmen der Behandlung mit Antikoagulantien noch allergrößte Vorsicht walten, da unbeherrschbare Blutungen selbst dann auftreten können, wenn alle Gerinnungsfaktoren im Bereich der Norm gehalten werden (PETERSEN).

Veränderungen im Bluteiweißspektrum gehen denen der Blutsenkung ungefähr parallel. Akute Entzündungsreaktionen mit Vermehrung der Alpha-Globuline findet man vor allem bei der akuten Endokarditis und Myokarditis, auf chronische Entzündung hinweisende Veränderungen, vorwiegend bei der kardialen Dekompensation mit Leber- und Lungenstauung.

Bei anhaltender Dekompensation mit erheblicher Leberstauung (Stauungszirrhose) wird in der Regel eine mehr oder minder ausgeprägte Gamma-Globulinvermehrung, wie sie für die chronische Leberentzündung typisch ist, beobachtet. Auf Nephrose hinweisende Veränderungen des Serumeiweißspektrums (Albuminverminderung und relative Vermehrung aller Globulinfraktionen) sind stets auf eine primäre Nierenerkrankung und nur sekundäre Herzbeteiligung zu beziehen.

Von Interesse sind auch unsere diesbezüglichen Untersuchungen beim Myokardinfarkt.

Ebenso wie bei anderen akut entzündlichen Prozessen des Herzens, zeigt auch beim Myokardinfarkt das Eiweißspektrum bei der elektrophoretischen Untersuchung und ihren klinisch gebräuchlicheren Abwandlungen – etwa der von uns angewandten Methanolfällungsreihe nach KNÜCHEL und KONIAKOWSKY – dem Krankheitsgeschehen und seinen verschiedenen Stadien entsprechende Veränderungen der Albumin-Globulin-Relation.

Intensität und Dauer der molaren Eiweißveränderung sind weitgehend von der Heftigkeit des Entzündungsablaufes und der Ausdehnung des infarzierten Herzbezirkes abhängig. Da die Relationsänderung der Eiweißkörper erst als Reaktion auf die sich im Myokard abspielenden entzündlichen Prozesse eintritt, ist ihre klinische Erscheinung im Anschluß an das Infarktereignis erst nach einer gewissen Latenzzeit zu erwarten.

So konnten wir bei einem Herzmuskelinfarkt bei wiederholten Kontrollen vom 2. bis 8. Tag nach der Infarzierung keine krankhaften Veränderungen im Serumeiweißbild nachweisen, während die Senkungsbeschleunigung bereits am 6. Tage ihr Maximum überschritten hatte. Eine mäßige Vermehrung der Alpha- und Beta-Globuline auf Kosten der Albumine (Reaktionstyp der subakuten bis chronischen Entzündung) trat hier erst nach dem 12. Krankheitstag ein und zeigte im Verlaufe von nahezu 3 Monaten nur eine sehr protrahierte Rückbildung.

Ein sehr ausgedehnter Vorderwandinfarkt dagegen (s. Abb. 190 a-f) zeigte am 12. und 16. Tage nach der Infarzierung eine Veränderung des Serumeiweißbildes im Sinne einer akut entzündlichen Reaktion. Bei fortlaufender Kontrolle der Methanolfällungsreaktion bis zum 43. Tage nach dem Infarktereignis war ein schrittweiser Übergang der Serumeiweißfraktionen zum Typ des subakut entzündlichen Prozesses und schließlich eine Annäherung an normale Werte festzustellen, welche mit der Rückbildung anderer klinischer Symptome wie Temperatur, kardialen Insuffizienzerscheinungen und Senkungsbeschleunigung sowie den elektrokardiographischen Zeichen für die fortschreitende Vernarbung des infarzierten Bezirkes nahezu parallel verlief (Abb. 193).

Dieses Verhalten entsprach den von anderen Untersuchern bei Elektrophoresen im Anschluß an Herzmuskelinfarkte gemachten Beobachtungen, welche vom 2. Krankheitstage an regelmäßig einen Anstieg der Alpha-Globuline feststellen konnten, dem angeblich ein früherer Anstieg der Beta-Globuline in den ersten 48 Stunden nach der Infarzierung vorausgehen soll, welcher bis zum 15. Tage anzuhalten und sich dann in Richtung einer Normalisierung des Serumeiweißbildes zurückzubilden pflegt.

Da die Eiweißfraktionen im Infarktverlauf nur das allgemein entzündliche Geschehen widerspiegeln, können sie nicht als infarktspezifische Reaktionen angesprochen werden. Ihre klinische Bedeutung betrifft weniger die Differentialdiagnose des akuten Krankheitsbildes, sondern ist vielmehr für die Beurteilung der Prognose und des Ausheilungsstadiums des infarzierten Herzbezirkes von Wichtigkeit.

1.2. Serum-Labilitäts-Proben und Leber-Teste

Unter den sogenannten Lebertesten sind die Serumlabilitätsproben (TAKATA-, Thymol-, Zinksulfat-, WELTMANN-Reaktion) von den weitgehend leberspezifischen Belastungs- und Clearance-Methoden (Bilirubin- und Glukosebelastung, Bromsulfaleintest usw.) abzugrenzen.

Stark pathologischer Ausfall der Serumlabilitätsteste bei sehr hoher Blutsenkung kann bei entsprechendem klinischem Verdacht auf eine bakterielle Endokarditis hinweisen. Bei der rheumatischen Endokarditis verhalten sich die Serumlabilitätsteste häufig normal, dagegen deckt die Untersuchung mit dem empfindlichen Bromsulfaleintest auch bei akuten rheumatischen Prozessen häufig eine Störung der Leberfunktion auf. Praktisch die wichtigste Rolle wegen der entstehenden therapeutischen Konsequenzen spielt die Leberfunktionsdiagnostik bei der chronischen Stauungsleber. Die Serumlabilitätsteste bleiben auch bei erheblicher Leberstauung im Gegensatz zum Bromsulfaleintest oft lange Zeit normal und zeigen erst beim Übergang zur Stauungszirrhose pathologische Werte an.

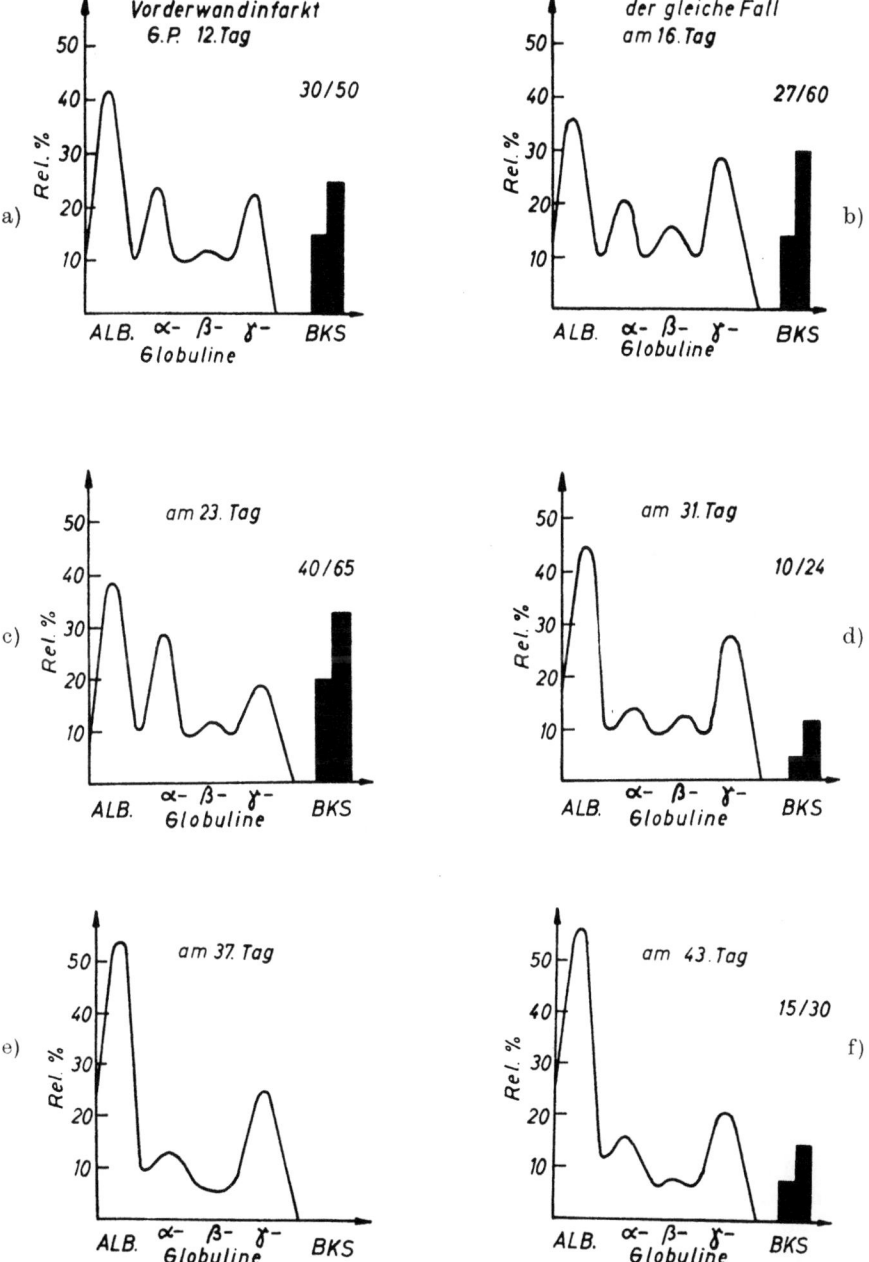

Abb. 193. Eiweißfraktionen beim Myokardinfarkt. a) – c) Akut entzündliches Kurvenbild; d) allmählicher Übergang zum subakut entzündlichen Kurventyp; e) Übergang zu subakut chronischem Bild; f) beginnende Normalisierung der Eiweißfraktionen.

1.3. Chloroform-Sero-Reaktion

Das Verhalten der Chloroform-Sero-Reaktion bei verschiedenen Gruppen von Herz-Kreislaufkrankheiten geht aus Abb. 194 (Schema nach KNÜCHEL) hervor, die entsprechenden Abweichungen der Blutsenkung und Leberteste sind gleichzeitig in schematischer Form eingetragen, der linke Punkt bedeutet jeweils die Blutsenkung, der mittlere die Sero-Reaktion, der rechte die Serumlabilitätsteste.

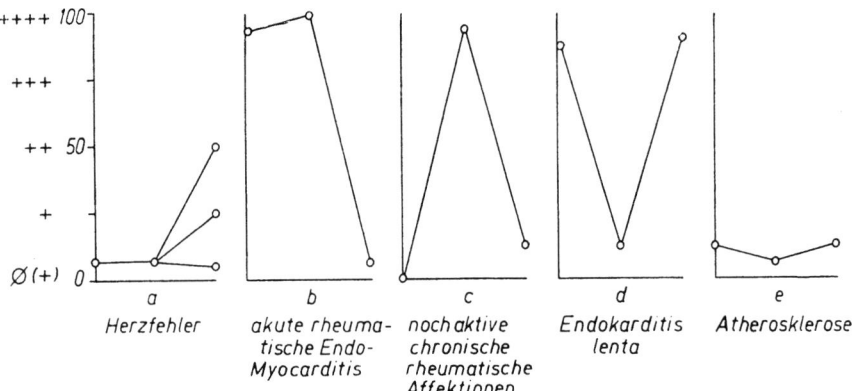

Abb. 194. Chloroform-Sero-Reaktion (nach KNÜCHEL).

Diese schematische Darstellung zeigt selbstverständlich nur das typische Verhalten. Insbesondere beim Übergang von akuten rheumatischen zu chronischen Formen sind Variationen möglich. – Die Chloroform-Sero-Reaktion ist neben dem Lipidogramm danach vor allem in der Differentialdiagnose rheumatischer und arteriosklerotischer Myokardschäden von gewisser Bedeutung, indem sie bei chronisch-rheumatischen Erkrankungen auch bei normaler Blutsenkung erhöht zu sein pflegt, d. h. empfindlicher als die Blutsenkung reagiert, bei Koronarsklerose dagegen erniedrigt ausfällt.

1.4. Bestimmung der Transaminase-Aktivität

Diese Untersuchung wurde für die Diagnose des Myokardinfarktes angegeben. Nach übereinstimmender Auffassung zahlreicher Autoren hat sich die Methode als außerordentlich zuverlässig erwiesen.

Transaminasen sind Gewebsenzyme, die bei der intermediären Umwandlung von Aminosäuren den reversiblen Transfer von NH_2-Gruppen bewirken. Für klinisch-diagnostische Zwecke wird vor allem der Aktivitätsnachweis der Glutaminsäure-Oxalessigsäure-Transaminase im Serum (SGOT), der Glutaminsäure-Brenztraubensäure-Transaminase (SGBtsT) und der Milchsäuredehydrogenase (SMDH) herangezogen. Beim Myokardinfarkt tritt in über 90% der Fälle eine rasche Steigerung der Aktivität dieser Transaminasen ein. Die SGOT kann innerhalb von 1–2 Tagen, die SMDH am 3. Tag bis 4. Tag nach dem Infarkt das 20fache des Normalwertes erreichen. Für die klinische Beurteilung des Herzinfarktes scheint sich die Bestimmung der SMDH-Aktivität am besten zu eignen. Der relative Aktivitätsanstieg gegenüber den Normalwerten ist bei ihr am größten. Deshalb können selbst kleinere Infarkte, wenn die Werte sich bei der SGOT und erst recht bei der SGBtsT im Normbereich bewegen, mit der SMDH noch erfaßt werden. Auch erfolgt der Aktivitätsrückgang zur Norm bei der SMDH wesentlich langsamer (in 7–16 Tagen nach dem Infarkt) als bei der SGOT (in 2–6 Tagen), so daß mit der SMDH auch noch bereits mehrere Tage alte Infarkte sicher erfaßt werden können. Inwieweit die Höhe des Aktivitätsanstieges prognostische Schlüsse erlaubt, ist noch nicht einhellig geklärt.

Berücksichtigt man, daß der Myokardinfarkt etwa in 35% der Fälle mit atypischen Ekg-Veränderungen einhergeht und in seltenen Fällen auch bei Anwendung der modernen Methoden dem elektrokardiographischen Nachweis völlig entgehen kann, dann stellt die Bestimmung der Transaminase-Aktivität eine ganz wesentliche Bereicherung der Diagnostik des akuten Myokardinfarktes dar.

Hinzuweisen ist auch auf den Wert der Methode für die Abgrenzung alter Infarktveränderungen im Ekg gegenüber frischen und für die Abklärung der bei frischen Myokardinfarkten in Frage kommenden Differentialdiagnosen Angina pectoris, Lungeninfarkt, zervikale Bandscheibeneinklemmung, akute Oberbaucherkrankungen.

Eine Aktivitätssteigerung der genannten Transaminasen ist für den Myokardinfarkt allerdings nicht spezifisch. Die SGOT-Aktivität kann auch bei Lebererkrankungen, rheumatischen Karditiden, Pankreatitis und großen Skelettmuskelnekrosen gesteigert sein. Bei Lebernekrosen erfolgt noch ein wesentlich höherer Aktivitätsanstieg als beim Myokardinfarkt bis auf das 200fache des Normalwertes.

Dem Verhalten der genannten Transaminasen entspricht beim Myokardinfarkt auch die Aldolase, nur, daß der Aktivitätsanstieg bei ihr nicht so ausgeprägt ist. Dagegen zeigt die Serumadenosintriphosphatase und die Serumlipoproteinlipase keine Änderung des Serumspiegels. Das Verhalten der Plasmacholinesterase-Aktivität ist erst an einem kleinen Krankengut untersucht worden. Danach soll es nach Myokardinfarkt zu einem Aktivitätsabfall dieses Enzyms kommen.

1.5. Lipidogramm

Im Rahmen der klinischen und experimentellen Atheroskleroseforschung wurde in den letzten Jahren eine Fülle an Arbeiten vorgelegt, die sich mit dem Studium serologischer Veränderungen, hauptsächlich der Fettbestandteile und seiner Proteinträger bei der Atherosklerose befassen. Leider besitzen Einzeluntersuchungen etwa die Cholesterin- oder Lipoproteid-Bestimmung wegen der großen Streubreite bei Atherosklerose für die klinische Diagnostik nur geringe Bedeutung. Schon eher kann das Ergebnis eines Lipoidspektrums wie es von SCHETTLER und Mitarbeitern angegeben wurde, gewisse diagnostische Hinweise liefern.

Die Durchführung der in Frage kommenden Methoden setzt allerdings ein gut funktionierendes Laboratorium voraus. Manche der angegebenen Methoden dürften für den praktischen Klinikbetrieb außerdem nicht in Frage kommen, da ihre Durchführung zu zeitraubend und kostspielig ist. Methodisch ist zu beachten, daß die zu untersuchenden Seren nur vom nüchternen, am Abend zuvor fettfrei ernährten Patienten gewonnen werden dürfen.

a) Die *Cholesterinbestimmung* soll stets mit der *Digitoninfällungs-Methode* erfolgen. – Bei klinisch gesicherter Koronarsklerose und allgemeiner Atherosklerose wird das Gesamtcholesterin in 70% der Fälle über 220 mg%, in 50% über 250 mg% gefunden. In Einzelfällen werden auch deutlich erniedrigte Cholesterinspiegel beobachtet. Bei der reinen Media-Nekrose ist eine Erhöhung des Cholesterinspiegels nicht zu erwarten. Verhältnismäßig niedrige Werte zeigen sehr alte Menschen (über 80jährige), bei denen die Atheromatose in der Regel zugunsten der Verkalkung zurücktritt. Auch bei reiner Zerebralsklerose soll das Serumcholesterin gegenüber den Normalwerten gleicher Altersgruppen nicht erhöht sein. Nach Myokardinfarkt sinkt der Cholesterinspiegel bis zur 3. Woche nach dem Insult ab, um erst nach mehreren Monaten wieder den Ausgangswert zu erreichen.

b) Die *Phosphorlipide* sind bei der Atherosklerose in 60% der Fälle normal oder erniedrigt. Deutliche Erhöhung des Cholesterin-Phosphorlipoid-Quotienten über 1 gilt als atheroskleroseverdächtig.

c) Die *totalveresterten Fettsäuren* und daraus zu berechnenden *Neutralfette* sind bei der Atherosklerose häufig vermehrt.

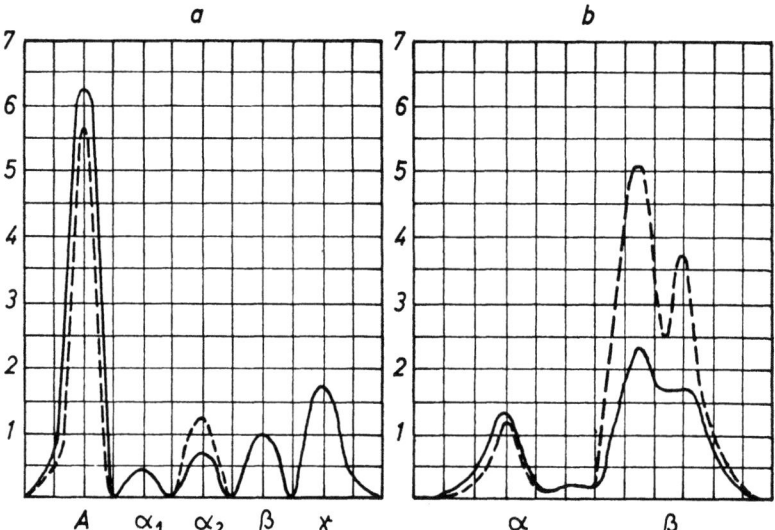

Abb. 195. Verschiebungen von a) Eiweiß- und b) Lipoproteid-Elektrophorese bei der Atherosklerose. ――― Normalkurve; ······· pathologische Kurve.

d) *Lipoproteine:* Cholesterin und Phosphorlipide sind nahezu vollständig an die β- und α-Fraktion der Lipoproteine gebunden, annähernd drei Viertel der Plasmalipide an die β-Lipoprotein-Fraktion. Die Cholesterinphosphorlipid-Relation beträgt in den α-Proteinen 0,5, in der β-Fraktion 1,1 bis 1,5. Da bei der Atherosklerose häufig eine Hypercholesterinämie nachgewiesen wird, war die Annahme einer gleichzeitig bestehenden Vermehrung der vorwiegend für den Cholesterintransport verantwortlichen β-Lipoproteine naheliegend, und sie hat sich bestätigt. Auch im Einzelfall zeigt sich bei Hypercholesterinämie in der Regel eine β-Lipoprotein-Vermehrung. Allerdings kann bei sicherer Atherosklerose ein normales Lipoprotein-Spektrum nachgewiesen werden und bei Normalpersonen eine β-Lipoproteinvermehrung. Hierdurch wird der diagnostische Wert der Lipoid-Elektrophorese wesentlich eingeschränkt.

e) *Chylomikronenzählung* nach Fettbelastung: Chylomikronen sind kleinste Formelemente des Blutes, die vom Chylus abstammen. Bestimmt man die Chylomikronenzahl nach Fettmahlzeit in bestimmten Zeitabständen, dann sollen bei der Atherosklerose die Chylomikronenzahlen in charakteristischer Weise verändert sein. Ob nephelometrische Bestimmungen der Serumtrübung nach Fettbelastung einen gleichwertigen Ersatz für die Chylomikronenzählung bieten, ist noch umstritten.

f) Von GOFMAN und Mitarb. wurde eine spezielle Methode der *präparativen Ultrazentrifugierung* angegeben, durch die verschieden große Lipoproteinmoleküle gewonnen werden. Diese wurden ihrer Größe entsprechend in verschiedene sogenannte Sf-Klassen eingeteilt. Bei Koronarsklerose und allgemeinen Atherosklerosen wird eine Vermehrung der Sf 10–20 Lipoproteine gefunden. Eine direkte Beziehung der Sf 10–20 Moleküle zum Cholesterinspiegel scheint bei der Atherosklerose nicht zu bestehen. Für die klinische Diagnostik kommt diese außerordentlich komplizierte Methode nicht in Betracht; ob ihr die von GOFMAN beigemessene weittragende Bedeutung in der diagnostischen und prognostischen Beurteilung der Atherosklerose zukommt, ist bislang noch umstritten.

In Abb. 195 sind die Unterschiede von Eiweiß- und Lipoproteid-Elektrophorese bei der Atherosklerose gegenüber dem Gesunden deutlich ersichtlich.

1.6. Probatorische Strophanthininjektion

Diese Methode wurde zum Nachweis einer latenten Herzschwäche vorgeschlagen.

Dem liegenden Patienten werden 0,25 mg Strophanthin i.v. verabfolgt und die daraufhin nach einiger Zeit einsetzende vermehrte Wasserausscheidung (nur erkennbar bei korrekter Registrierung der Blau-Gelb-Kurve s. S. 488) wird als Ausdruck latenter Ödeme betrachtet.

Wie weit dieser Befund in der Herzdiagnostik Bedeutung hat, mag dahingestellt bleiben. Wir lehnen diese Maßnahme ab und zwar aus folgenden Gründen:

Da die periphere Wirkung des Strophanthins gesichert und sein Einfluß auf die Diurese schon normalerweise gegeben ist, sind herzbezogene Schlußfolgerungen nur mit großer Vorsicht erlaubt. Da SCHENNETTEN außerdem nachgewiesen hat, daß allein nach dieser probatorischen Injektion Änderungen von ST-Strecken und T-Zacken, welche koronaren Deformationen weitgehend gleichen, auch beim Herzgesunden im Belastungs-Ekg auftreten, die mit Sicherheit nicht auf eine Koronarinsuffizienz bezogen werden dürfen, mag deutlich werden, mit welcher Vorsicht diese Befunde in das diagnostische Mosaik einzuordnen sind.

Da außerdem jede Strophanthininjektion kein völlig indifferenter Eingriff ist, es sind schon Todesfälle bei Erstinjektion von 0,25 mg vorgekommen, besteht bei diagnostischer Anwendung eine unumgehbare Aufklärungspflicht. Da aber jeder Herz-Kreislaufbedrohte in Strophanthin bzw. Digitalis Herzmittel sieht, die nur in schwersten Fällen zur Anwendung kommen, werden leicht auf diese Weise iatrogene Herzneurosen gezüchtet, deren Folgen nur sehr schwer wieder ausgeglichen werden können (WIMMER).

1.7. Diagnostik des Vegetativums

Sowohl in der Früh-Diagnostik, im Rahmen der Vorfeld-Aufklärungsuntersuchungen, als auch in der Begutachtung spielt die Differenzierung und Abgrenzung vegetativer Syndrome eine wichtige Rolle. Wenn wir Wirbelsäulensyndrome nur anerkennen, wenn sie die Kriterien sympathikotoner Überreizung tragen, und Amputationsspätfolgen nur einen Herz-Kreislaufeffekt zubilligen, wenn sie dienzephaler oder ebenfalls sympathikotoner Prägung sind, dann wird man über die diagnostischen Möglichkeiten gesicherte Vorstellungen haben müssen.

Die Erfahrungen der Klinik haben bewiesen, daß es notwendig ist, für die Frühphase eingeschränkten Leistungsvermögens neue diagnostische Methoden zu entwickeln, weil sich in diesem Bereich aus leichten Zirkulationsstörungen Kreislaufkatastrophen entwickeln können, denen nur in dieser Phase kausal und damit entscheidend begegnet werden kann. Die Frage, mit welchen Methoden und wann hier was nachzuweisen sein wird, ist dagegen gar nicht so leicht zu beantworten.

Bei der Anwendung biologischer Reize verschiedenster Art, gleichgültig, ob es sich um thermische, metabole oder mechanische Reizwirkungen handelt, kann gezeigt werden, daß die Reaktionen der Gefäßnerven nicht normal sind, sondern „überschießend" oder wie eingangs erwähnt, „paradox" erfolgen. Besondere Aufmerksamkeit verlangen tagesrhythmische Störungen, Anomalien der Reflexerregbarkeit, der Schweißsekretion, der Magen-Darmtätigkeit, psychische Labilität u. ä. mehr.

Die wichtigsten Untersuchungsmethoden des vegetativen Nervensystems haben wir kurz aufgezeichnet.

Prüfung einzelner Faktoren:
1. *Traubenzuckerbelastung* (100g per os), modifiziert als STAUB-TRAUGOTT (2×50 g im Abstand von 90 Minuten);
2. *Insulinprobe* (8 E Altinsulin i. v.);
3. *Eiweißbelastung* und *Grundumsatzkontrolle* (nüchtern 200 g Fleisch).;
4. *Wasserstoß* (1000–1500 ccm) und 24-stündige Durstperiode (modifiziert durch Hypophysin bzw. Thyreoidin);
5. *Kalium/Kalzium-Quotient.*

Komplexe Prüfungsmethoden:
1. *Pharmakologische Tests* mit: Adrenalin, Koffein, Dehydroergotamin, Effortil, Ergotamin, Leukoerythrin, Movellan, Nikotin, Nikotinsäureamid, Peripherin, Pitressin, Priscol, Pyrifer, Sympatol, Tonephin u. v. a.
Dabei Untersuchung von:
Blutdruck, Puls, Ekg, SCHELLONG-Test, Orthostase-Verhalten, Kreislaufanalyse nach WEZLER, Leukozyten und Differentialblutbild, humoralen Blutfaktoren usw.
2. *Prüfung der Thermoreflexerregbarkeit* (Kreislaufperipherie, Blutzucker, Magensaft usw.).
3. *Untersuchung bei seelischer Erregung* (Exploration, Schrecksuggestion, Hypnose)
4. *Belastung mit dosierter körperlicher Arbeit.*
5. *Untersuchung des 24-Stunden-Rhythmus* (Tagesschwankungen im Ekg, Blutdruck-Tagesprofil, erhebliches Puls-Tag-Nacht-Defizit, Blutzucker-Tageskurve, Leukozyten und Differentialblutbild (Eosinophilie), Urin in Einzelportionen usw.).
Oft können schon Temperaturmessungen einen wertvollen Hinweis geben. Erzeugen wir eine vegetative Dystonie durch eine Übermüdung, dann treten oft Temperaturschwankungen innerhalb normaler Grenzen auf.
6. *Prüfung der Anpassungsfähigkeit an Lagewechsel* (Differenzen bei rechter und linker Seitenlage), Stehprüfung (Sofort- und Dauerstehreaktionen), Liegeprüfung (mindestens 45 min), Kopfsenkversuch nach BRAASCH, dabei Prüfung einzelner oder mehrerer vegetativ gesteuerter Funktionen (s. S. 452).
7. *Auswirkung bestimmter Atemformen* (Sauerstoffmangelatmung (Höhenwirkung), Preßdruckatmung, Atemanhalteversuch).
8. *Karotis-sinus- und Bulbusdruckversuch.*
9. *Psychogalvanischer Hautreflex.*
10. *Dermothermometrie* (Beachtung von Seitendifferenzen).
11. *Untersuchung des Augenhintergrundes*, Verhalten der Pupillen.
12. *Feststellung von* HEADschen *Zonen*, seitenverschiedenes Reflexerythem, lokale Schweißneigung, gesteigerte segmentale Piloerektion).
13. *Dermographismus und dermographische Latenzzeit.*

Spezielle Untersuchungsmethoden

14. *Kreislaufzeitbestimmung* nach GREENFELD (im Liegen und Stehen).
15. *Vegetonogramm* nach MARTIN und GRATZL.
16. *Untersuchung nach Elektroschock oder Elektroenzephalographie.*
17. *Elektrophoreseuntersuchung.*

Vegetative Konstitutionsanalysen:
1. *Prüfung von Blutdruck, Puls, dermographischer Latenzzeit, Leukozyten, Blutbild, Blutzucker, Serumeisen, Serumeiweiß* über 72 Stunden (THEDERING und BÖWING).
2. *Untersuchung bei Kälte- und Hitzeexposition* (WEZLER und THAUER).

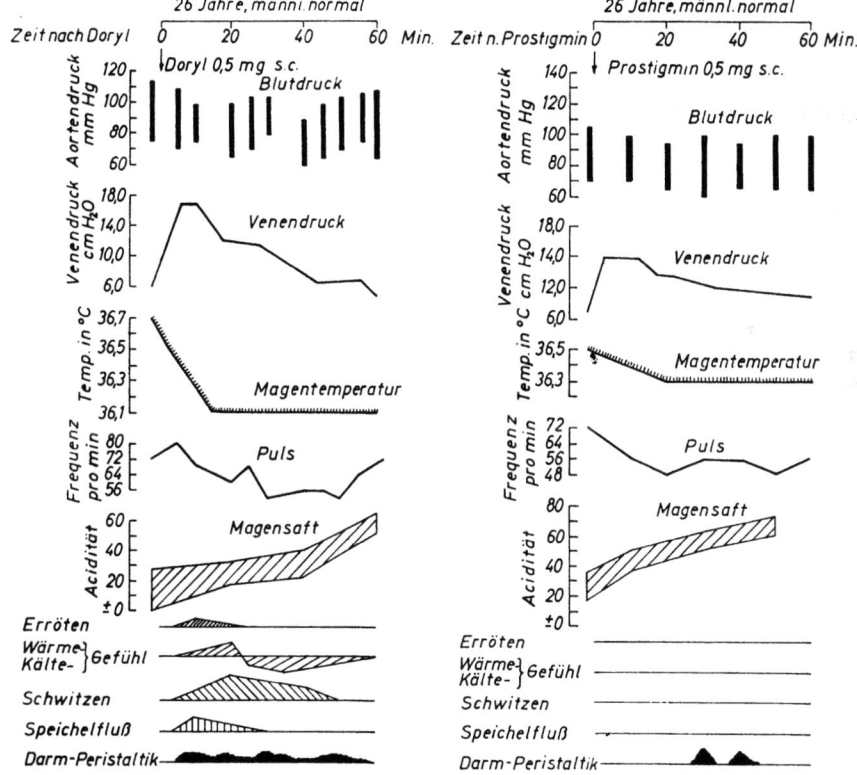

Abb. 196. Vegetative Funktionsprüfung (Test mit Doryl und Prostigmin).

Bei der Durchführung derartiger Untersuchungen ist folgendes zu berücksichtigen:
a) die vegetative Funktionsprüfung muß sich aus einzelnen, verschieden gerichteten Untersuchungen mosaikartig zusammensetzen;
b) es ist unzulässig, aus einem Einzelbefund einen Schluß auf die vegetative Struktur zu tun.

Dabei sind im einzelnen nach DRISCHEL folgende Notwendigkeiten zu beachten:
1. Es soll im allgemeinen eine funktionell adäquate Belastung durchgeführt werden (z. B. Traubenzucker für Blutzucker, Kalzium für Blutkalziumspiegel usw.);

2. es sollen nicht gleichzeitig Veränderungen der inneren Bedingungen im Regelsystem vorgenommen werden, daher sind hormonale und pharmakologische Belastungen in mancher Hinsicht fragwürdig;
3. die Größe des gesetzten Reizes soll sich im Bereich der physiologischen Belastung bewegen;
4. am besten verwertbar ist die Stoßbelastung, daher i. v. Traubenzuckerbelastung besser als perorale;
5. vor der Prüfbelastung muß sich das zu prüfende System im Gleichgewicht befinden;
6. die Ausgangslage muß im Sinne von WILDER beachtet werden;

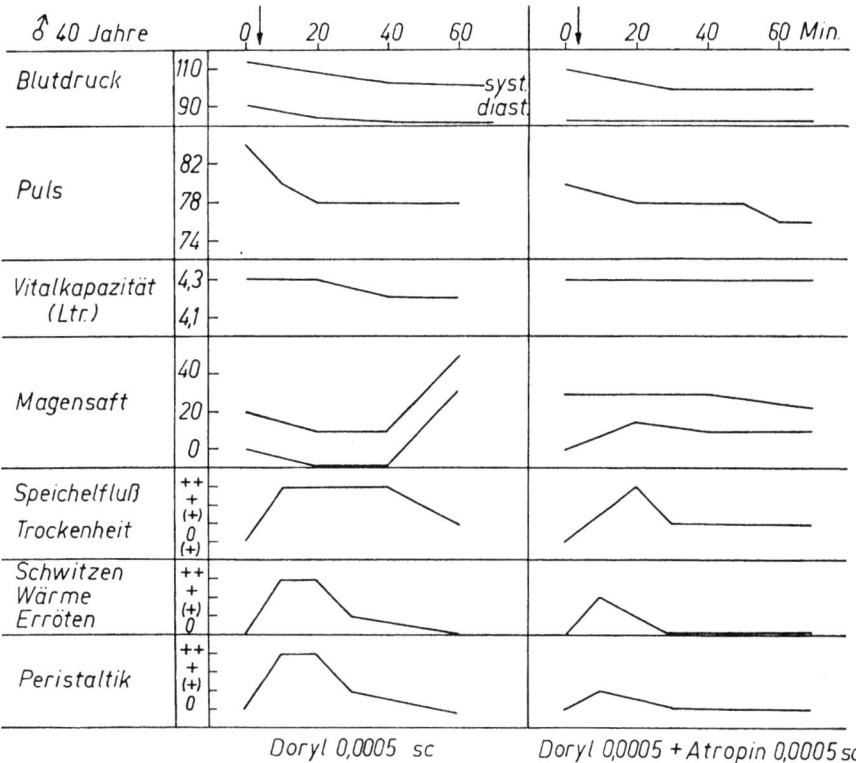

Abb. 197. Gleichzeitige Einwirkung eines vagotropen Stoffes und eines Antagonisten auf vegetativ gesteuerte Regulationen.

7. um tagesrhythmische Schwankungen eliminieren zu können, ist vor der Belastung ein Tagesprofil im Leerversuch durchzuführen, und die entsprechenden Kontrollen sind immer um die gleiche Zeit und unter gleichen Bedingungen, am besten Grundumsatzbedingungen, durchzuführen, dabei ist auch die Art der Ernährung zu beachten;
8. auch bei Allgemeinbelastungen (am besten leichte Kälteexposition) sind Grenzbelastungen zu vermeiden;
9. die Regelverlaufslinie muß so lange und zeitlich in möglichst engen Abständen kontrolliert werden, bis der Ausgangswert wieder erreicht ist;
10. die Befunde müssen eine mathematische Auswertung erfahren.

In Abb. 196 zeigen wir, welchen Einfluß Doryl und Prostigmin auf einzelne vorzugsweise vegetativ gesteuerte Funktionen ausüben und in Abb. 197 wiederum eine Doryl-Untersuchung und daneben die Kombinationswirkung mit einem Antagonisten, ein Bild, das für später noch zu entwickelnde therapeutische Vorstellungen nochmals herangezogen werden soll.

Ziehen wir aus diesen Feststellungen das Fazit, dann ergibt sich:

Will man einen Hochdruck als die seltene Form einer dienzephalen Blutdrucksteigerung anerkennen, dann genügt nicht z. B. ein Schädeltrauma und ein scheinbar gegebener zeitlicher Zusammenhang mit einer Hochdruckentstehung, sondern, und das ist eine apodiktische Forderung, der Hochdruck muß eine ,,dienzephale Prägung" besitzen.

Ausgehend nämlich von der Vorstellung, daß im Zwischenhirn die Steuerungszentren unmittelbar auf engstem Raum benachbart liegen, kann nicht wahrscheinlich gemacht werden, daß ausgerechnet die nerval so unbedeutend kleine Provinz des Kreislaufzentrums, die außerdem nach den Untersuchungen von HESS nicht einmal auf einen einzigen anatomischen Bereich lokalisiert werden kann, betroffen sein sollte. Es muß daher nachweisbar sein, daß gleichzeitig andere dienzephale Versagenssymptome, wie Störungen in der Blutzuckerregulation, im Fett- und Wasserhaushalt u. a. m. dem Hochdruck sein besonderes Gesicht geben.

Die gleiche Forderung stellen wir auch bei anderen Störungen (Fettleibigkeit, Amputationsfolgen usw.), wenn sie bevorzugt durch eine vegetative Irritation erklärt werden sollen.

E. Verfassungsbewertung

Dieser Abschnitt setzt den Schlußstrich unter die Vielfalt unserer diagnostischen Bemühungen. Er ist einer der kürzesten Abschnitte, vielleicht aber einer der wichtigsten.

Es hat von jeher zwei Richtungen in der Kardiologie gegeben, eine vorwiegend theoretische, mathematisch-naturwissenschaftlich eingestellte Seite und deren Gegenspielerin, welche vom Krankenbett kommend ihre Ergebnisse aus Empirie und Intuition erarbeitete. Beide haben vor allem in der Vergangenheit große Vertreter gehabt. Überblickt man nun die heutigen Veröffentlichungen der ersteren Richtung, dann stehen der anwendungs- und verarbeitungsbereite Kliniker und Praktiker vor einer Fülle von Anregungen, welche einer praktischen Deutung, einer klaren Zielsetzung und verwertbaren Ergebnisbildung vielfach ermangeln.

Es sind nur sehr wenige Jahre her, da fiel in einer Eröffnungsansprache der inhaltsschwere Satz: ,,Wer Maschinen benutzt, steht in Gefahr, maschinenmäßig zu arbeiten". Es ist die gleiche Richtung, die verlangt, daß man alles naturwissenschaftliche Rüstzeug über Bord werfen möge, damit die Persönlichkeit des Kranken wieder im Mittelpunkt des Arzt-Patienten-Verhältnisses stehe und nicht eine Sammlung von Laborbefunden.

Es war daher eine *Synthese* notwendig, eine Besinnung auf das Wesentliche der ärztlichen Tätigkeit überhaupt. Wurde einerseits die apparative Technik und die methodisch-physikalische Untersuchung in die Herzdiagnostik eingeführt, so ist man beruhigt, wenn man heute die vorgelegten Ergebnisse überblickt und sieht, welche Vorteile für die Funktionsdiagnostik, die präoperative Beurteilung, die Erkennung von Trainingsverlust und Leistungsabfall des Herz-Kreislaufsystems auf diese Weise gewonnen werden konnten, und es dürfte sich andererseits erübrigen, über Wert oder Unwert eines derartigen, manchen Kreisen technisiert anmutenden Vorgehens überhaupt zu diskutieren. Mit Recht kann man den „Nur-Therapeuten" entgegenhalten, daß eine gute Diagnose, und vor allem Differentialdiagnose, bereits 50% aller Therapie ausmacht.

Wenn man sich immer wieder das unwürdige Schicksal vor Augen hält, ein routinierter „Zettel-Doktor", d. h. ein simpler Additeur anonym gewonnener Laboratoriumsbefunde zu werden, wenn man selbst die Gefahr der Technisierung sieht, vor der Überschreitung der Grenze des diagnostisch Zumutbaren eine natürliche Achtung bewahrt, wenn man keine Diagnostik um der Diagnostik willen betreibt, stets bemüht ist, die menschlichen Sinne arbeiten zu lassen und einfache Aufgaben auch mit einfachen Mitteln zu lösen, dann wird das zeitweise etwas derangiert anmutende Arzt-Patienten-Verhältnis wieder zu einer würdigen zwischenmenschlichen Beziehung werden. Wenn nicht der Griff zum Herzkatheter die Untersuchung eröffnet, sondern das echte Gespräch die Kontaktaufnahme erleichtert, wenn die Entwicklung der *Frühdiagnostik* mit immer größerer Hingabe betrieben wird, dann sind hier Anknüpfungspunkte zu einer Gesundheitsmedizin gegeben, welche die Entwicklungsrichtung der Zukunft sein wird und sein muß.

Wir haben daher immer wieder betont, daß nicht der Arzt im Sprechzimmer die eigentliche Frühdiagnose zu erheben im Stande ist, sondern der Schularzt, der Werksarzt, der Sportarzt oder Wehrmachtsarzt, der das Kind, den Jugendlichen, den Berufstätigen, den Menschen beim Sport oder im militärischen Einsatz sieht und ein Auge für Fehlverhaltensweisen entwickelt hat. Hier sind die vorzeitige Ermüdbarkeit, der erschöpfte Ausdruck nach bewältigtem Tagespensum, die Unausgeruhtheit bei Tages- bzw. Tätigkeitsbeginn u. a. m., zu erwähnen, Erscheinungen, die dem prämorbiden Stadium angehören und deren rechtzeitige Erkennung sehr viel zur Verhütung beitragen kann. Das ist im eigentlichen Sinne eine Ganzheitsmedizin, welche die *Verfassungsbewertung* in den Mittelpunkt aller Bewertung stellt.

Die Möglichkeit der Feststellung physikalischer Kreislaufkonstanten sollte nicht dazu verleiten, diese Gesamtverfassung eines Probanden nach einer Belastung unberücksichtigt zu lassen. Schriftlich fixierte Puls- und Blutdruckwerte geben vielfach einen schlechteren Aufschluß über die tatsächliche Leistungsfähigkeit, als für den geschulten Arzt Gesichtsausdruck, Haltung, Atemform (laute keuchende Atmung, vertiefte Atmung, verkrampfte Atmung unter Zuhilfenahme der auxiliären Atemmuskulatur), Auftreten einer Zyanose, profuser oder lokalisierter Schweiße usw. Es sollten daher derartige Untersuchungen stets vom beurteilenden Arzt selbst vorgenommen werden.

In Abb. 198 ist modifiziert nach BÖHMIG im Rahmen einer Verfassungsbewertung der Gesichtsausdruck verschiedener Leistungstypen nach der gleichen körperlichen Grenzbelastung festgehalten.

Aber auch dem psychischen Verhalten muß noch ein besonderer Hinweis gewidmet werden.

Psychische Veränderungen sind bei Herz-Kreislauferkrankungen sehr häufig. Bereits bei der neurozirkulatorischen Dystonie finden sich neurasthenische Symptome, wie starke sensible Überempfindlichkeit und Neigung zu überschießenden seelischen Reaktionen. Weiterhin werden starke Labilität und Leistungsminderung, häufige Arbeitsunlust, die abwechseln kann mit Phasen gesteigerten Tätigkeitsdranges, Neigung zu Depression und Hypochondrie, beobachtet.

Eine Steigerung findet diese psychische Reaktionslage beim Hochdruckkranken. Sie ist das Produkt innerer Spannungen, die sich von Zeit zu Zeit nach außen Luft machen müssen, und es resultiert eine innere Unausgeglichenheit mit Neigung zu explosiven Temperamentsausbrüchen und meist anschließender Depression, „himmelhochjauchzend – zu Tode betrübt", d. h. Schwankungen, die oft um so extremer werden, je mehr das Erkrankungsbild der Dekompensation entgegengeht. Im leistungsfähigen kompensierten Stadium handelt es sich meist um Menschen von unbeirrbarer Energie und Tatkraft. Den Koronarkranken charakterisiert dagegen das Erlebnis des Herzschmerzes, das oft einen so schweren psychischen Schock erzeugt, daß der Kranke, der unter dem Eindruck dieser Erfahrung steht, in ängstlicher Weise eine Wiederholung zu vermeiden bestrebt ist und jedes Krankheitssymptom hypochondrisch zerpflückt und fixiert.

So schaffen die meisten Herz-Kreislauferkrankungen eine psychische Szenerie, vor welcher sich das vielfach bereits erheblich leistungsbeeinträchtigte Herz-Kreislaufsystem, nicht gerade optimal bewähren kann. Ausgesprochene Euphorie ist selten, um so häufiger aber die Angst. Da nun einerseits mit keiner Methode vorausbestimmt werden kann, zu welcher Leistungsentfaltung selbst ein zirkulatorisch geschädigter Organismus fähig, wenn er getrieben ist von den positiven Kräften der Begeisterung, des Sieges oder Selbsterhaltungswillens, so ist es andererseits gesichert, daß durch Affekte mit zirkulatorisch betonten Negativvalenzen ein Circulus vitiosus geschlossen wird, der durch Verständnis, Auf-

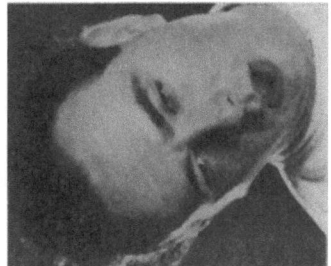
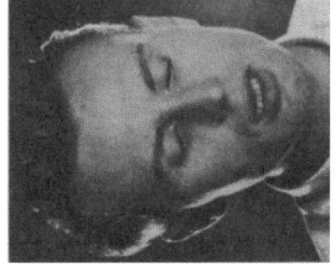

Abb. 198. Verfassungsbewertung (modifiziert nach BÖHMIG).

klärung und Anteilnahme seitens des beratenden Arztes leicht behoben werden kann.

F. Vermeidung von Fehldiagnosen

Die Beschäftigung mit „Fehldiagnosen", ihren Ursachen und Auswirkungen ist notwendig, nicht um irgendwelche fatale Feststellungen zu machen oder Vorwürfe zu erheben, sondern um unsere Diagnostik zu verbessern.

Die meisten wissenschaftlichen Fortschritte werden erzielt, wenn wir uns bemühen, Mängel zu beseitigen. Wir haben diese Entwicklung bei der Besprechung des prämorbiden Stadiums der Kreislaufstörungen ausführlich geschildert [HOCHREIN und SCHLEICHER, Leistungssteigerung [Leistung, Übermüdung, Gesunderhaltung), 3. Auflage (Stuttgart 1953)].

Wir werden zu einer Stellungnahme gedrängt, denn „es ist eine sehr zum Nachdenken anregende Tatsache, wenn große Versorgungsämter mit 60% Fehldiagnosen rechnen" (nach M. BÜRGER). Die folgenden Ausführungen, die mit den diagnostischen Möglichkeiten eines erfahrenen Praktikers rechnen, werden verständlich, wenn wir über unsere eigenen Erfahrungen berichten.

Seit wir in die Lage versetzt wurden, unter den allerprimitivsten Bedingungen unser Können unter Beweis zu stellen – und wir sind stolz darauf, dieses in den Jahren 1945/46 auf einem einsamen Dorf in den Haßbergen getan zu haben – sind wir von größter Hochachtung erfüllt von der Leistung, die der auf sich allein gestellte Landarzt zu vollbringen vermag.

Es ist immer ein ganz wesentliches Erziehungsprinzip unserer klinischen Ausbildung von jungen Mitarbeitern gewesen, ihnen diese Hochachtung zutiefst einzupflanzen. Diese Aufgabe scheint uns wesentlich, nicht nur im Interesse der ärztlichen Kollegialität, sondern auch der Gerechtigkeit, denn wer zuletzt untersucht, hat immer recht, und wer in der Anonymität einer großen Klinik sich spezialisierter Methoden bedient, kann die zutreffendere Diagnose kaum seinem eigenen Können zugute schreiben. Tief beeindruckt hat uns in jungen Jahren eine Begegnung mit dem Berliner, später Münchner Kliniker G. v. BERGMANN, der anläßlich einer Unterhaltung über Fehldiagnosen den Ausspruch tat: „Es gibt keine Fehldiagnose, die nicht auch mir unterlaufen könnte!" Jeder, der die große ärztliche Kunst G. v. BERGMANNS kannte, wird verstehen, daß er sich mit diesen Worten von der Überheblichkeit und dem geistigen Hochmut bedauernswerter Kollegen distanzierte.

Stellen wir therapeutische Probleme in den Vordergrund unserer Darlegungen, dann gehen wir von der Erfahrung aus, daß die häufigsten Fehler in der Herzdiagnostik durch folgende Punkte entstehen:

1. daß das Herz durch Überwertung von Einzelsymptomen falsch beurteilt wird;
2. zahlreiche Krankheiten des Herzens so symptomarm verlaufen, daß sie sich mit großer Häufigkeit der Diagnose entziehen;
3. Leitsymptome, welche in bestimmte Richtung weisen, übersehen werden;
4. verschwommene und unklare Diagnosen gestellt werden.

Wenden wir uns der Besprechung des ersten Punktes zu, dann muß hier bereits eine gewisse Einschränkung gegenüber einer früheren Aussage getroffen werden. Wenn wir S. 215 ausführten, daß die einzigen Symptome, welche auf das Herz ganz eindeutig hinweisen, *Herzklopfen* und *Herzstolpern* sind, dann muß bewertungsdiagnostisch hier eingefügt werden, daß mit dieser

Feststellung aber noch nicht die Annahme eines Herzschadens berechtigt ist. Wir kennen so zahlreiche Formen von rein extrakardial bedingtem Herzklopfen (psychogen bei gesteigertem Sympathikotonus, Hyperthyreosen usw.) und Herzstolpern (BREU u. a.), daß auch hier bereits eine vorsichtige Bewertung notwendig ist.

Gehen wir jetzt zu den übrigen subjektiven und objektiven Herzsymptomen über, dann kann im Rahmen dieses Kapitels keine Differentialdiagnose aller Symptome erwartet werden. Hierfür stehen die ausgezeichneten Darstellungen von MATTHES-CURSCHMANN, NAEGELI, CATEL, HEGGLIN u. a. zur Verfügung. Es kann in diesem Zusammenhang nur auf die Problematik der Beurteilung einzelner Symptome an Hand bestimmter Fälle hingewiesen werden.

Die häufigsten und zugleich unter Umständen am schwierigsten objektivierbaren Angaben sind Beschwerden in der Herzgegend, welche von *leichtem Druck* bis zu *glaubwürdig geschilderten Anfällen von Angina pectoris* geklagt werden.

Wir haben auf S. 220 in Tab. 11 die Differentialdiagnose der Schmerzen in der Herzgegend angegeben; aus Abb. 398 Kap. IX, D, 1.1.1a wird außerdem die Pathogenese der Angina pectoris ersichtlich.

Die Verarbeitung beider Übersichten könnte dazu führen, die koronare Genese von Herzschmerzen allzu sehr zu vernachlässigen, dies um so mehr, als wir nachweisen konnten, daß für 40% aller Fälle von Herzbeschwerden, Störungen, die vom Verdauungstraktus ausgehen, verantwortlich gemacht werden müssen. Es ist nun nicht nur gutachtlich, sondern vor allem auch therapeutisch wichtig, zu entscheiden: Ist das Herz bzw. sein Koronarsystem nur Resonanzboden, d. h. Projektionsfeld für Störungen, die von anderen Organen ihren Ausgangspunkt nehmen, oder sind die Kranzarterien selbst betroffen? Ist weiterhin das Koronarsystem besonders empfindlich, weil es durch Sensibilisierung oder anderweitige Vorschädigung zum Locus minoris resistentiae bzw. Locus maioris reactionis geworden ist, oder handelt es sich um eine relativ harmlose Reflexausbreitung von Störungen in benachbarten Organen?

Alle diese Fragen verpflichten zu einer sorgfältigen Klärung. Ob man dabei nun so vorgeht, wie BREU für die Diagnose von extrakardialen Rhythmusstörungen vorschlägt, daß man den Nachweis des extrakardial gelegenen Herdes und seines Zusammenhanges mit der koronaren Durchblutung erbringt, ein Verfahren, das bei der Vielfalt der möglichen Faktoren gewisse Schwierigkeiten bereiten dürfte, oder ob man durch sorgfältige Funktionsprüfungen primär die Intaktheit des Koronarsystems nachweist, bleibt der Lage des Einzelfalles und dem persönlichen Ermessen des Untersuchenden vorbehalten.

Man muß sich dann bei der Bewertung der Befunde vor Augen halten, daß es keine Gesetzmäßigkeit bezüglich Lokalisation, Art, Dauer und Ausstrahlung des Herzschmerzes gibt, welche nicht irgendwann einmal durchbrochen werden kann.

Wir haben den *Schmerz im Oberbauch und in der Appendixgegend* beim Myokardinfarkt beschrieben und wissen, daß streng auf die Herzgegend lokalisierte Schmerzen bei Hiatushernie, Bronchialfremdkörpern, Knotenkropf usw. vorkommen können. Wir wissen weiterhin, daß der Schmerz im echten Koronarsyndrom fehlen kann (HOCHREIN und SEGGEL), während Schmerzen nicht koronarer Genese nahezu alle Übereinstimmungen aufweisen können.

In diesem Zusammenhang soll nun weiterhin, nachdem wir die abdominelle Genese von Schmerzen in der Herzgegend häufig geschildert haben, auf andere Zusammenhänge hingewiesen werden, welche sehr schwer zu beurteilen sind und heute bereits den Keim der Überwertung in sich tragen. Es handelt sich um die Wechselbeziehungen zwischen dem Herzen und den im Bereich seiner nervösen Einflußsphäre liegenden nervösen, muskulären, bindegewebigen und knöchernen Organen des Thorax.

Wir wissen heute, daß das sogenannte *Karotis-Sinus-Syndrom* sicher häufig verkannt und als echte Angina pectoris fehlgedeutet wird. Hier sind die Beziehungen eindeutig in dem Sinne, daß der Ausgangspunkt des kardialen wirksamen Reizes extrakardial gelegen ist und eine Rückwirkung von seiten des Herzens kaum in Frage kommt.

Nicht ganz so einfach liegen die Verhältnisse beim sogenannten *Scalenus-Anticus-Syndrom*. Dieses ist gekennzeichnet durch Schmerzen an der ulnaren Seite des Armes, die auch bis in die Brust zu ausstrahlen, Druckpunkte am Skalenusansatz usw. Auch die Verkennung von muskulären Erkrankungen im Bereich des Thorax soll die Zahl der Angina-pectoris-Fehldiagnosen bereichern.

ALLISON spricht von Thoraxverspannungen und Brustwandfibrositis, LEFFKOWITZ allgemein nur von Muskelstörungen und nachweisbaren Druckschmerzpunkten und BODE schließlich von Myogelosen, d. h. Muskelhärten im Bereich der Herzsegmente.

WALLRAFF konnte von diesen Myogelosen nachweisen, daß in ihnen als Symptom atrophischer Vorgänge degenerative Kernwucherungen feststellbar waren, welche eine hyaline oder wachsartige Faserdegeneration einleiteten.

Schließlich gehören in den gleichen Zusammenhang die zahlreichen *Veränderungen an der unteren Hals- und oberen Brustwirbelsäule* (Spondylosis, Frakturen usw.) bzw. an den Zwischenwirbelscheiben, die heute in zunehmendem Maße für Reizbildungsstörungen und Herzanfälle nach Art der Angina pectoris verantwortlich gemacht werden (REISCHAUER, JAEGER, GUTZEIT u. a.). Die vertebrale Genese von Herzbeschwerden ist dabei um so wahrscheinlicher, wenn gleichzeitig andere vertebrale Manifestationen, wie z. B. Schulter-Arm-Neuralgien, gefunden werden.

Dem Kliniker ist seit langem ein *Schmerzsyndrom* bekannt, das sich besonders häufig im Anschluß an einen Myokardinfarkt entwickelt, aber auch bei anderen Herzerkrankungen vorkommen kann, im linken Schultergelenk und linken Arm lokalisiert ist, zu trophischen Störungen im Sinne einer Arthrose führt und heute als sogenanntes „Schulter-Hand-Syndrom" ein feststehender klinischer Begriff geworden ist. Es handelt sich hierbei um ein neurotrophisches Geschehen im Sinne einer Reflexdystrophie, das vollkommen dem Bild der SUDECKschen Atrophie entspricht, wobei die Hypoxämie des Myokards den auslösenden Reiz darstellt.

Diese Zusammenhänge sind klar und allgemein anerkannt. Wir wissen nun aber, daß das *Schulter-Hand-Syndrom* dem Infarkt bis zu 6 Monaten vorausgehen kann, trotzdem ist niemals auch nur in Erwähnung gezogen worden, wie es bei den oben ausgeführten Überlegungen nun schon fast obligatorisch getan wird, ob nicht vielleicht der Myokardinfarkt die Folge der primären, im Bereich der HEADschen Zonen des Herzens gelegenen Schulterläsion sei. Ist man aber, nachdem die zentripetalen Reflexe, d. h. also z. B. die vertebrale Beeinflußbarkeit des Herzens, so ernst genommen werden, nicht genau so verpflichtet, sich zu fragen: Kann es sich bei allen diesen Syndromen nicht ebenso gut um zentrifugale Reflexe, d. h. vom Herzen ausgehende Reflexdystrophien handeln? Wir wissen heute, welche entscheidende Rolle die Durchblutung für die Erhaltung der normalen Knochen- und Gelenkstruktur spielt. Es ist uns weiterhin geläufig, in welch ungeheurem Ausmaß allgemeine und lokalisierte Durchblutungsstörungen mit deutlicher Antizipation in den jugendlichen Jahrgängen zugenommen haben. Ist es da nicht einleuchtend, die Frage zu stellen: Kann nicht die eindrucksvolle Zunahme an Nucleuspulposus-Hernien bzw. frühzeitigen arthrotischen Veränderungen an der Wirbelsäule eher auf primäre Durchblutungsstörungen bezogen werden als umgekehrt ?

Wenn schon das Schulter-Hand-Syndrom als kardial bedingte Reflexdystrophie anerkannt wird, warum soll man diese Anerkennung nicht auf vollkommen entsprechende Vorgänge im Bereich der HEADschen Zonen des Herzens an Muskulatur, Nerven, Wirbelkörpern und Zwischenwirbelscheiben übertragen können?

Die angebliche Diagnose ex juvantibus, d. h., daß derartige Herzbeschwerden durch eine Behandlung z. B. der Wirbelsäule mit Novocain, Wärme, Bindegewebsmassage, Ruhigstellung usw. abklingen, kann nicht als beweiskräftig angesehen werden, da diese Maßnahmen auch eine primäre Durchblutungsnot des Herzens direkt oder indirekt beseitigen können.

Andere Irrtümer in der Bewertung des Herzschmerzes entstanden früher dadurch, daß man annahm, die Angina pectoris sei der Ausdruck einer organischen Koronaraffektion und somit vorwiegend eine Erkrankung höherer Altersstufen.

Wir wissen heute, daß *vasomotorische Störungen* im Rahmen einer allgemeinen Gefäßlabilität, welche wir als Neurozirkulatorische Dystonie bezeichnen, bereits in frühestem Alter auftreten können. Die Möglichkeit ist besonders dann gegeben, wenn der periphere Kreislauf schon in der Jugend mangelhaft trainiert wurde. Hierher gehören alle die Fehlberatungen Jugendlicher, denen man wegen einer schwächlichen Konstitution, einer angeblichen Herzerweiterung usw. Schulturnen, sportliche Betätigung usw. verboten hatte.

Es ist nun sehr interessant, daß auch beim hochtrainierten Sportler *stenokardische Beschwerden* auftreten können, die nicht selten Ursache von Fehldiagnosen werden.

L. L., 21 Jahre, Hochleistungssportler, Weitspringer. Wegen Examensvorbereitung Trainingsabbruch. Nach 3 Monaten Herzschmerzen, Obstipation, Beklemmung auf der Brust, kalte, feuchte Extremitäten. Bettruhe, Strophanthin. Verschlechterung des Befindens. Aufstehen, physikalische Therapie, Wiederaufnahme des Trainings. Besserung und allmähliches Verschwinden der Beschwerden. 4 Monate später Silbermedaille bei den olympischen Spielen in Berlin.

Besonders schwierig wird die Beurteilung, wenn neben Herzbeschwerden auch pulmonale Erscheinungen, wie *Beklemmungsgefühl, Atemnot* usw. auftreten. Es wird viel zu wenig beachtet, daß Kurzatmigkeit, selbst beim Vorliegen eines Herzfehlers, nicht obligat ein Insuffizienzsymptom sein muß, sondern nicht ganz selten auch hervorgerufen wird durch Störungen der Blutzusammensetzung, durch pulmonale, zerebrale oder auch mechanische Störungen.

Wir verweisen auf die Differentialdiagnose der Dyspnoe (s. S. 222) und die aus ihrer Fehlbeurteilung resultierenden Begutachtungsfehler.

Noch schwerer aber wird die Beurteilung, wenn sich zu Brustschmerz, Engigkeitsgefühl und Atemnot auch noch eine *mäßige Zyanose* gesellt und somit ein Symptomenbild resultiert, bei welchem die Annahme einer kardialen Genese nur allzu gerechtfertigt erscheint.

In diesem Rahmen müssen wir auf eine nicht seltene Funktionsstörung aufmerksam machen, welche sich am Lungenkreislauf abspielt, auf einer nervös bedingten Fehlsteuerung der Durchblutung beruht und von uns als ,,*pulmonale Dystonie*'' (HOCHREIN und SCHLEICHER) bezeichnet wurde. Diese Fälle sind daran erkenntlich, daß sie bei normalem Herz-, Lungen- und Blutbefund an Atemnot, vor allem in Ruhe, leiden, ein Phänomen, das durch körperliche Betätigung in der Regel rasch zu beseitigen ist. Sie geben an, nicht durchatmen zu können, nach Luft schnappen zu müssen und eine schmerzhafte Enge auf der Brust zu spüren, ein

Symptom, das von KATSCH auch als *Angina pectoris pulmonalis* bezeichnet worden ist. Die Diagnose dieses Syndroms und die Abgrenzung gegenüber einer Linksinsuffizienz ist vor allem dadurch möglich, daß die betreffenden Personen eine normale, meist sogar auffallend große Vitalkapazität besitzen.

Ein ganz ähnliches Syndrom findet sich, wobei wir die Angaben von PARADE bestätigen können, bei der *Tetanie* oder tetanoiden Zustandsbildern. Es beginnt mit einer „Atemsperre", d. h. dem ziemlich plötzlich einsetzenden Gefühl des Nicht-Durchatmen-Könnens, geht in Brust- und Herzbeklemmungen über und kann Angstgefühl und Schmerz wie bei echter Angina pectoris erzeugen.

Diese Hinweise mögen verdeutlichen, mit welcher Vorsicht jede Herzdiagnose erstellt werden muß. Es ist zu fordern, daß nie ein Einzelsymptom ausreicht, um die Möglichkeit einer kardialen Vorschädigung zu objektivieren. Selbst bei Vorliegen eines Symptomenkomplexes von kardial-möglichen, aber nicht kardial-obligaten Symptomen sind sehr schwerwiegende Fehldiagnosen nicht selten.

Mit der Erwähnung der Zyanose haben wir uns bereits den objektiven Symptomen der Herzdiagnostik zugewendet. Nachdem wir die Differentialdiagnose der Zyanose und ihre Varianten bereits S. 150 ausführlich dargestellt haben, kann hier auf eine breitere Diskussion verzichtet werden.

Die ausgeprägtesten Grade der Zyanose finden sich bei angeborenen Herzfehlern. Auf Grund der umfangreichen Literatur, welche durch die Entwicklung von Angiokardiographie und Herzkatheterismus neue Impulse erfahren hat, ist uns geläufig, daß es zahlreiche angeborene Anomalien gibt, bei denen sich die Zyanose erst im Laufe der ersten Lebensjahre entwickelt, so daß das Fehlen der Blausucht ein angeborenes Vitium nicht ausschließt. Dagegen hat man die sogenannten „blue babys" mit an Sicherheit grenzender Wahrscheinlichkeit als angeborene Herzmißbildungen aufzufassen. Aber auch hier sind Fehldiagnosen noch möglich, was eine Veröffentlichung von GASUL und Mitarb. über einen Fall mit angeborener Methämoglobinämie, der als angeborene Trikuspidalatresie fehlgedeutet wurde, beweist.

Auf die *Herzgröße und -konfiguration* als Quelle von Fehldiagnosen wollen wir an dieser Stelle nicht näher eingehen, nachdem auf S. 326 und S. 327f bereits ausreichende Angaben zu diesem Thema gemacht worden sind.

Wenden wir uns dagegen *Herzfrequenz und Herzrhythmus* zu, dann ist es für die Beurteilung wichtig, folgende Punkte zu beachten:

Eine *Dauertachykardie*, besonders wenn sie schon in Ruhe nachgewiesen wird, kann Ausdruck eines Myokardschadens sein.

Es wäre aber ein schwerer Fehler, die Tachykardie gesetzmäßig einer Herzschädigung zuzuordnen.

Man muß sich nämlich vor Augen halten, daß Tachykardien sehr häufig extrakardial ausgelöst und unterhalten werden. Wir wissen, daß sie besonders bei Jugendlichen mit vegetativer Labilität und vorwiegendem Sympathikotonus, bei leichter hormonaler Dysregulation mit geringer Steigerung der Schilddrüsenfunktion usw. auftreten. Es wird sehr wenig beachtet, daß auch bei der Pseudotetanie, wie sie bei bestimmter Disposition leicht durch Hyperventilation erzeugt werden kann, beträchtliche Frequenzsteigerungen mit den Symptomen des Kreislaufversagens vorkommen.

Auch *Bradykardien* können naturgemäß eine unterschiedliche Deutung erfahren. Wir kennen die langsame Herzfrequenz, verbunden mit niedrigem Blutdruck, als Ausdruck einer trainingsbedingten Vagotonie bei hochtrainierten Sportlern. Beobachtet man nun den gleichen Symptomenkomplex bei Menschen nach dem 40. Lebensjahr, dann ist mit der Bewertung allergrößte Vorsicht geboten. Das gleiche Syndrom entwickelt sich häufig im Anschluß an einen Myokardinfarkt und kann bei völliger Normalisierung des Ekg oft über Jahre hin bestehen bleiben, wobei die Persistenz von systolischen Blutdruckwerten unter 100 mm Hg mit dem Röntgenbefund eines aortenkonfigurierten Herzens auf den Gefahrenbereich eines Herzspitzenaneurysmas aufmerksam machen kann.

Wir haben in diesem Fall also eine Symptomenkombination, die abhängig vom Alter eine ganz verschiedene Betrachtungsweise erfahren muß und im Gegensatz zu der Gefahr der Überwertung, zu der wir im allgemeinen Stellung nehmen, dadurch gekennzeichnet ist, daß ein prima vista überaus harmloses Syndrom eine recht ominöse Bedeutung haben kann.

Extreme Bradykardien unter 40 min müssen auf Reizleitungsstörungen bezogen, sorgfältig geklärt und je nach der Ursache bewertet werden.

Den gleichen kritischen Maßstab muß man auch bei *Rhythmusstörungen des Herzens* anlegen. Bereits oben haben wir darauf hingewiesen, daß der Nachweis von Reizbildungs- und Reizleitungsstörungen keineswegs die Diagnose eines Myokardschadens rechtfertigt. Diese Tatsache ist in den letzten Jahren viel zu wenig berücksichtigt worden und hat Veranlassung zu zahlreichen Fehlbeurteilungen gegeben.

Herzunregelmäßigkeiten sind bei Jugendlichen relativ häufig und hinsichtlich der Leistungsfähigkeit oft wenig bedeutungsvoll, vor allem, wenn sie durch körperliche Belastung zum Schwinden gebracht werden. Würden derartige Arrhythmien durch Pulskontrolle oder durch Auskultation festgestellt, dann besteht die zwingende Notwendigkeit zu ihrer elektrokardiographischen Analyse, welche im Verein mit Herzfunktionsprüfung und klinischem Allgemeinbefund eine ausreichende Beurteilungsgrundlage vermittelt. Treten die Extrasystolen nach Belastung in gehäuftem Maße auf, dann muß an eine Schädigung des Herzmuskels gedacht, nach der Ursache gesucht und die Einschränkung seiner Leistungsbreite ermittelt werden.

Sehen wir von diesen bekannten Tatsachen ab, dann erscheint für die Vermeidung von Fehldiagnosen die Kenntnis der großen Zahl *extrakardial bedingter Rhythmusstörungen* bedeutungsvoller, auf die wir schon frühzeitig aufmerksam gemacht haben (HOCHREIN, Herzkrankheiten, Bd. II) und die durch Untersuchungen von BREU, PARADE u. a. auch bezüglich ihrer relativen Häufigkeit bestätigt wurden.

Wir wissen heute, daß es Extrasystolen ventrikulären und supraventrikulären Reizursprungs, paroxysmale Tachykardien, anfallsweises Vorhofflimmern, Knotenrhythmus und Wandern des Reizursprungs, Dissoziationen und Blockierungen, welche zu Systolenausfall und vollständigem Herzstillstand führen können, gibt, obwohl das Herz vollkommen gesund ist und es sich somit um „Herzkranke ohne Herzkrankheit" (WENCKEBACH) handelt.

Wenn man überhaupt an diese Möglichkeiten denkt, dann wird die extrakardiale Genese bereits durch die sehr sorgfältig erhobene Anamnese wahrscheinlich gemacht. Während für eine primär kardiale Schädigung die Angabe spricht, daß derartige Störungen nach körperlicher Anstrengung, seelischer Erregung, Kaffeeoder Nikotingenuß auftreten, mag die Eigenart extrakardialer Störungen folgender Beobachtung entnommen werden:

KLIMA und FLAUM berichten über einen Patienten, der durch einen Schluckakt, am leichtesten bei sehr kalten Speisen, ein Syndrom produzieren konnte, das mit Übelkeit begann, dann zu Bewußtlosigkeit und Zusammenbrechen führte und mit vollständigem Herzstillstand von kurzer Dauer einherging. Die sehr minutiöse Untersuchung ergab im linken Sinus piriformis eine Stelle, an welcher der N. laryngicus cranialis, ein Vagusast, sehr oberflächlich unter der Schleimhaut verlief und dessen Reizung die Anfälle provozierte. Durch Kokainisierung dieses Reizursprungs konnte das Leiden behoben werden.

Auch auf die Möglichkeit zentral-nervöser Auslösung von Herzsymptomen haben wir frühzeitig hingewiesen, z.B. auf die Kriterien der Herzschwäche bei Apoplexie, die Möglichkeit des Auftretens von Reizbildungs- und Reizleitungsstörungen auf gleicher Grundlage, ebenso wie bei Hirntumor, beim meningealen Reizsyndrom usw. Wir fanden, daß streng fixierte und fix-gekoppelte Extrasystolen auf einen zentral-nervösen Prozeß hinweisen können und unter Umständen durch eine Lumbalpunktion, die für diese Fälle dann eine deutliche Druckerhöhung erkennen läßt, leicht zu beheben sind.

Die rein extrakardiale Genese von Herzrhythmusstörungen ist vor allem bei tetanoiden Zustandsbildern wahrscheinlich (PARADE). Bei *Schilddrüsenüberfunktion, Addisonismus* usw. wird man dagegen eine gleichzeitige Mitaffektion des Myokards kaum mit an Sicherheit grenzender Wahrscheinlichkeit ausschließen können. An das relativ große Kontingent von Herzrhythmusstörungen, die von anderen Organen ihren Ursprung nehmen und bei denen ein unter Umständen besonders reizempfindliches Herz nur als Lautsprecher dient für Erkrankungen, welche in oft sehr herzfernen Organen gelegen sind, soll in diesem Zusammenhang nochmals erinnert, aber nicht näher eingegangen werden.

Die Hauptmasse diagnostischer Irrtümer bei der Herzbeurteilung stellten vor der Einführung der Elektrokardiographie als Routineuntersuchung in der Praxis die *Herzgeräusche* dar. In der Klinik dürfte eine derartige Fehlbeurteilung kaum mehr vorkommen, bei Massen- und Reihenuntersuchungen, wie sie zu jeder Zeit bei Musterungs- und Sport-, Schul- und Betriebsuntersuchungen vorgenommen und in der Regel durch junge, vielfach noch unerfahrene Ärzte durchgeführt werden, ist auch heute das Herzgeräusch noch eine wesentliche diagnostische Klippe, eine Tatsache, welche es vertretbar macht, zu diesem Punkt einige Ausführungen folgen zu lassen:

Man muß sich vor Augen halten, daß uns noch keine allzu lange Zeitspanne von der Auffassung trennt, welche mit dem Nachweis eines Herzgeräusches den Gedanken an eine Herzschwäche, die Verabreichung eines Digitalisrezeptes und die Empfehlung langdauernder Bettruhe verbunden hat.

Es kann in diesem Zusammenhang nicht auf die relative Bedeutungslosigkeit akzidenteller Geräusche eingegangen werden, zumal wir entsprechende Ausführungen bereits auf S. 272 gemacht haben. Anders liegen die Verhältnisse natürlich, wenn über die Feststellung des Geräusches durch die Gesamtheit der klinischen Befunde das Vorliegen eines organischen Herzfehlers sichergestellt werden kann. Auf die Bedeutungslosigkeit der Lautheit eines Geräusches wurde schon auf S. 266 hingewiesen. Für die Beurteilung von Klappenfehlern empfiehlt es sich, die Art des Ventildefektes als auch die Ätiologie zu berücksichtigen. Angeborene Klappenfehler sind, wenn sie einmal das Erwachsenenalter erreicht haben, oft günstiger zu bewerten als erworbene, da sie vielfach durch die biologisch langsam gesteigerte Belastung sehr stabile Kompensationen entwickelt haben, während den erworbenen Herzfehler prognostisch das Rezidiv und die nur schwer zur Ausheilung kommende bzw. in ihrem Ausheilungsgrad schwer diagnostizierbare Myokarditis belasten. Hinsichtlich der Art des Klappenfehlers wird man in Richtung auf eine prognostisch weniger günstige Beurteilung folgende Reihenfolge annehmen dürfen: Aortenstenose, Aorteninsuffizienz, Mitralinsuffizienz, Mitralstenose.

Bei der Beurteilung der *Rechtsinsuffizienz* sind Fehldiagnosen besonders leicht möglich. Außerordentlich häufig wird aus dem Auftreten von Beinödemen die Diagnose einer Herzschwäche gestellt und dabei übersehen, daß derartige Wasseransammlungen auch auftreten können durch statische, zirkulatorische, hormonale, hämatogene, hepatogene u. a. Ursachen. Treten Beinödeme als Folgen einer Rechtsinsuffizienz auf, dann wird man meist auch eine Leberstauung, einen erhöhten Venendruck sowie sonstige Zeichen einer Herzinsuffizienz nachweisen können.

Nach diesem rein klinischen Überblick über die möglichen Fehlerquellen in der Herzdiagnostik, der keinerlei Anspruch auf Vollständigkeit erhebt und durch zahlreiche Gesichtspunkte noch erweitert werden könnte, soll die fehlerhafte Auswertung von technischen Untersuchungsmethoden nur noch der Vollständigkeit halber erwähnt, aber nicht ausführlich besprochen werden.

Auf die Möglichkeiten zur *elektrokardiographischen Fehldiagnose* sind wir andeutungsweise bereits im Kapitel der Elektrokardiographie eingegangen, so daß wir auf die dort gemachten Ausführungen hinweisen wollen. Die Möglichkeiten zur Fehldeutung des Ekg sind so vielseitig und so individuell verschieden, daß man ihnen eine gesonderte umfangreiche Darstellung widmen könnte. An dieser Stelle mag nur die nochmalige Forderung genügen, daß, ähnlich wie das Röntgenbild, auch das Ekg niemals losgelöst vom klinischen Befund beurteilt werden darf, und, wenn eine Diskrepanz zwischen klinischem Gesamtbild und Ekg ersichtlich ist, dem Ekg nur eine Hilfsstellung in der Bewertung, d. h. also ein untergeordneter Rang zukommt.

Wenden wir uns nunmehr dem nächsten Punkt, nämlich der Besprechung ,,kaschierter", d. h. *oligosymptomatischer Erkrankungen* des Herzens zu, dann ist es schwer möglich, hier eine eingehende Darstellung folgen zu lassen, da es keine am Herzen vorkommende Erkrankung gibt, welche nicht einmal in diesem Sinne atypisch verlaufen kann. Es soll daher nur auf einige besonders prägnante Beispiele hingewiesen werden.

Die häufigsten Fehldiagnosen verursacht, wie bereits angedeutet, die *Mitralstenose*. Wenn man sich vergegenwärtigt, daß 10% dieser Klappenfehler als Erstsymptom mit Hämoptysen oder einer mehr oder weniger massiven Hämoptoe einhergehen, daß sich röntgenologisch das bereits S. 341 beschriebene Symptom der miliaren Stauung findet, das Herz schmal und steilgestellt erscheint und der Allgemeintypus mit seiner kardial bedingten Neigung zur Unterentwicklung in gleicher Richtung weist, die ,,Mitralbäckchen" schließlich den sogenannten ,,Friedhofsrosen" entsprechen, dann wird man verstehen, daß derartige Fälle bei nicht sehr sorgfältiger Untersuchung oft jahrelang unter der Diagnose einer Tuberkulose verlaufen. Nahezu stets der Diagnose sich weiterhin die adhäsiven, gestielten Vorhofsthromben bzw. die selteneren Kugelthromben, welche durch Einklemmung bzw. Ostiumverlegung vielfach ein Anfallssyndrom verursachen, das nur in den seltensten Fällen geklärt, dagegen vielfach als Epilepsie oder dergleichen fehlgedeutet wird.

Ein besonderes Problem ist auch die rechtzeitige Erkennung der *Pericarditis adhaesiva* bzw. *constrictiva*. Nachdem wir auf Grund amerikanischer Statistiken wissen, daß in 60–70% aller Fälle von rheumatischem Herzschaden von einer entsprechenden Infektion in der Anamnese nichts bekannt ist, wird auch für die Perikardbeteiligung in den meisten Fällen ein anamnestischer Hinweis fehlen. So entwickelt sich schleichend ein Syndrom, das vielfach als ,,Rechtsinsuffizienz unklarer Genese" oder als Leberzirrhose gedeutet wird. Gegen erstere sollten bei sorgfältiger Analyse von Symptomatologie und Krankheitsverlauf sprechen, daß das Herz in der Regel normale Größe und guten Tonus aufweist sowie die Tatsache, daß meist primär eine hochgradige Leberstauung, vielfach schon zeitig mit Aszites, nachweisbar wird und Beinödeme erst sekundär auftreten, während bei dem Versagen des rechten Herzens nahezu regelmäßig die umgekehrte Reihenfolge eingehalten wird. Noch näher liegt die Fehldiagnose einer Leberzirrhose, die für die Praxis um so mehr begründet erscheint, als sich im Spätstadium tatsächlich die sogenannte PICKsche Zirrhose entwickelt und eine Frühdifferentialdiagnose im wesentlichen nur durch die in der Praxis wenig geübten Methoden der Venendruckmessung und Pneumotachographie möglich ist. Diese Fehlbeurteilung ist für den Patienten um so verhängnisvoller, als durch sie die Frühdiagnose und damit der einzige Weg zur operativen Frühbehandlung versäumt wird.

Auch die zahlreichen Fehldiagnosen, welche bei *Myokardinfarkten* aufgestellt werden (s. HOCHREIN, Myokardinfarkt, 3. Auflage), können hier keine ausführlichere Darstellung erfahren. Wenn man es sich zur Pflicht macht, bei jedem akuten Ereignis, mag es nun klinisch verlaufen wie es wolle, z. B. unter dem Bilde von Apoplexie, Lungenembolie, Asthma cardiale, Oberbauchkolik usw., nach dem 40. Lebensjahr, das mit mehr oder weniger ausgeprägten Schockerscheinungen einhergeht und im Gefolge eine Hypotonie hinterläßt, überhaupt an die Möglichkeit eines Infarktes zu denken, würden viele Fehldiagnosen vermieden werden können. Dies ist um so wesentlicher, als nur durch die Sofort-Diagnose des Infarktes der großen Zahl der Komplikationen, welche den Infarktkranken zu einem trostlosen Dauersiechtum verdammen, vorgebeugt werden kann.

Als weitere Erkrankung, welche mit Fehldiagnosen überaus belastet ist, muß schließlich noch die *Endocarditis lenta* erwähnt werden. Diese Krankheit ist um so wichtiger, als sie einmal ihre typischen Merkmale recht wesentlich geändert hat, so daß der Begriff der ,,*Nachkriegsendokarditis*'' (SPANG und GABELE) entwickelt wurde und sie außerdem in der Unfalls- und Verwundungsbegutachtung zunehmende Bedeutung gewonnen hat. So konnte SCHOEN nachweisen, daß anscheinend harmlos eingeheilte Granatsplitter sehr wohl zum Ausgangspunkt einer derartigen Lentasepsis werden können.

Hypernephrom, Miliartuberkulose, Karzinomverdacht, atypische Perniziosa, chronisches Nierenleiden usw. sind einige der Diagnosen, mit denen Lentafälle in unsere Klinik eingewiesen wurden.

Nach diesem kurzen Überblick sollen noch einige Beispiele herangezogen werden, welche die dritte Ursache für Fehlbeurteilungen des Herzens darstellen und dadurch zustande kommen, daß gewisse *Leitsymptome*, welche zur bekannten kardiologischen Symptomatologie in Widerspruch stehen oder zum mindesten mit ihr schwer in Einklang zu bringen sind, übersehen oder als unwesentlich vernachlässigt werden.

Folgender Fall mag diese Auffassung verdeutlichen:

M. G., 57 Jahre, Hausfrau. Klagt seit einem Jahr über zunehmende Schwäche, Müdigkeit, Abgeschlagenheit und dauernde dumpfe, teils brennende, teils ,,wunde'' Schmerzen in der Herzgegend. Es wurde bereits vor einem Jahr die Diagnose einer Angina pectoris gestellt und mit Strophanthin, Myocardon, Nitrolingual usw. behandelt, ohne daß sich das Leiden gebessert habe.

Als die Patientin uns aufsuchte, gab sie nach längerem Befragen hinsichtlich anderer Beschwerden an, daß sie seit einigen Wochen an starkem *Hautjucken* leide. Dieses Symptom mußte, da eine schwere generalisierte Arteriosklerose, bei der ein derartiges Hautjucken ebenfalls vorkommt, ausgeschlossen werden konnte, anderer Genese sein als das bisher angenommene Koronarleiden. Die gründliche Allgemeinuntersuchung ergab ein Lymphogranulom mit großem Mediastinaltumor.

Durch Bestrahlung konnte der Tumor für beschränkte Zeit nahezu zum Schwinden gebracht werden und damit wurden auch die angina-pectoris-artigen Beschwerden beseitigt.

Und ein anderer Fall, bei dem es merkwürdigerweise auch das Hautjucken war, das zur Fahndung nach der eigentlichen Ursache veranlaßte.

K. F., 49 Jahre, Zahnarzt. Leidet seit einem Jahr an allergischen Symptomen mit zeitweise heftigem *Hautjucken* und empfindet seit der gleichen Zeit in oft recht unangenehmer Weise sein Herz. Es handelt sich nicht um eine typische Angina pectoris, sondern um wechselnde Empfindungen, die teils in Herzstolpern, teils in Herzdruck oder aber in einem merkwürdigen Leere- und Müdigkeitsgefühl in der Herzgegend bestehen. Nachdem Haut- und Herzsymptome weitgehend parallel verlaufend ihre Exazerbationen zeigten, wurde die Angina pectoris als allergisch aufgefaßt und vollkommen vergeblich mit Antihistaminen, Nitriten, Novocain i. v. usw. behandelt. Bei der Untersuchung konnte die allergische Disposition zunächst anscheinend bestätigt werden. Bei der sorgfältigen Durchuntersuchung ergab sich jedoch eine massive Oxyuriasis. Eine entsprechende Behandlung beseitigte den gesamten Beschwerdenkomplex einschließlich der Herzsensationen.

Ein anderes Leitsymptom ist die *Anämie*. Es gehört mit zu den Kompensationsbestrebungen des Organismus, die Bedrohung der Peripherie durch Sauerstoffmangel mit einer relativen Polyzythämie auszugleichen. Jede ausgesprochene Blässe oder jeder Hämoglobinwert unter 70% muß daher den Verdacht auf eine vom Herzen unabhängige Störung erwecken.

L. R., 37 Jahre, Schlosser. Seit 6 Monaten erkrankt. Beginn der Beschwerden ungefähr schon 3 Monate früher mit Müdigkeit, Abgeschlagenheit, Appetitlosigkeit. Bei der ersten Untersuchung sei ein Herzfehler entdeckt worden, obwohl er früher nie krank und bis vor ca. 9 Monaten bestens leistungsfähig gewesen sei. Nachdem die bisherige Behandlung erfolglos war, kam R. in unsere Klinik zur Aufnahme. Die Erstdiagnose des aufnehmenden Arztes lautete: Aortenstenose, möglicher Perikarderguß, eine Diagnose, die ebenfalls durch den Röntgenbefund bestätigt wurde. Nachdem die Aufnahme bei künstlichem Licht erfolgte, war die Blässe von R. nicht aufgefallen, welche am nächsten Morgen zu lebhaften Diskussionen Anlaß gab, wobei auch die Genese des Herzleidens viele Deutungsmöglichkeiten eröffnete. Das Blutbild ergab die Entscheidung. Es handelte sich um eine Leukämie, welche wenige Wochen später ad exitum führte. Bei der Sektion konnte der Perikarderguß, welcher die eigenartige Herzsilhouette verursacht hatte, bestätigt werden, während das systolische Aortengeräusch durch ein dickes leukämisches Infiltrat an der Aortenklappe geklärt wurde.

In gleichem Zusammenhang noch ein ähnlicher Fall:

F. K., 52 Jahre, Gutsbesitzer. Seit einem Jahr herzkrank, dauernd bettlägerig, mit Strophanthin in hohen Dosen behandelt, ohne daß sich das Bild in geringster Weise verändert habe. Bei der Aufnahme in die Klinik werden tatsächlich viele Symptome gefunden, welche für eine schwere Herzinsuffizienz sprechen. Das Herz ist nach allen Seiten vergrößert, schlaff. Es bestehen kleine Winkelergüsse. Das Ekg zeigt Tachykardie und nahezu fehlende *T*-Zacken bei beginnender Nieder-Voltage. Es finden sich weiterhin Beinödeme, allerdings keine Leberstauung, was bei dem leicht ikterischen Kolorit überraschend war, da dieses zunächst auf eine Leberstauung bezogen wurde. Auch hier erbrachte das Blutbild die Diagnose. Es handelte sich um eine perniziöse Anämie mit 32% Hb., die verkannt worden war und die Manifestation einer schweren hypoxämischen Herzinsuffizienz herbeigeführt hatte.

Es ist selbstverständlich, daß in einem derartigen Fall auch vom Strophanthin keine Wirkung erhofft werden kann. Das Gesamtbild konnte durch Behandlung des Blutbefundes rasch gebessert werden. Eine Rekompensation war in diesem Falle nur vorübergehend möglich, da die Hypoxämie das Herz, dessen Anpassungsbreite durch eine starke Koronarsklerose bereits eingeschränkt war, zu nachhaltig geschädigt hatte.

Die Verkennung einer perniziösen Anämie als Herzinsuffizienz ist besonders in höherem Alter nicht selten.

Ein weiteres Leitsymptom ist die *Schweißneigung*. Es ist eine alte Erfahrung, daß Herzkranke besonders am Rande der Dekompensation kaum noch schwitzen. Diese Tatsache beruht darauf, daß die Hautdurchblutung über den ödemdurchtränkten Geweben Mangel leidet und im Interesse einer Entlastung des Herzens das weite Strombett der Hautkapillaren gedrosselt wird. In vielen Lehrbüchern ist zwar der Nachtschweiß als Symptom der Linksinsuffizienz angegeben, tatsächlich aber ist dieses Phänomen selten und dürfte am ehesten als Ausdruck eines gesteigerten nächtlichen Vagustonus gedeutet werden. Der behandelnde Arzt ist im allgemeinen froh, wenn der Herzkranke wieder schwitzt, da mit dieser Angabe u. a. die beginnende Rekompensation angenommen werden darf.

Wenn also die Schweißneigung vom Kranken mit mehr oder weniger schweren Herzleiden betont wird, dann ist mit der Annahme einer primären Herzerkrankung zum mindesten Vorsicht geboten. Folgende zwei Fälle können derartige Fehldiagnosen näher beleuchten:

I. K., 47 Jahre, Hausfrau. Seit 3 Jahren in der Menopause und seit dieser Zeit in Behandlung wegen Herzschwäche. Klagt über innere Unruhe, schlechten Schlaf, leichte und quälende Erregbarkeit sowie unangenehme Schweißausbrüche, welche als klimakterisch gedeutet und erfolglos mit Keimdrüsenhormonen behandelt wurden. Weiterhin über Phasen absoluter Appetitlosigkeit, wechselnd mit Heißhunger, Herzstolpern, Schweregefühl in den Beinen, die abends bis zu den Knien teigig anlaufen. Behandlung in mehreren „Herzbädern" habe keine Besserung gebracht. Kuren mit Strophanthin bzw. Digitalis mußten wegen akuter Verschlechterung des Zustandes abgebrochen werden. Bei der Untersuchung fand sich kardial ein Befund, der die Diagnose einer Herzschwäche durchaus rechtfertigte. Das Herz war nach beiden Seiten vergrößert, breitbasig aufgesetzt und von schlaffem Tonus. Es fand sich eine Arrhythmia absoluta vom schnellen Typ bei Vorhofflimmern. Eine Leberstauung war nicht feststellbar, dagegen deutliche Beinödeme. Der Befund wurde durch folgende Symptome in eine bestimmte Richtung gelenkt: die Haut war warm und feucht. Es bestand ein deutliches Glanzauge, ausgeprägter Lid- und Fingertremor, die Schilddrüse war gerade tastbar, etwas hart, aber nicht imponierend vergrößert. Der Grundumsatz ergab + 68%. Durch entsprechende Behandlung des Grundleidens mit Normalisierung des Grundumsatzes war auch die Herzschwäche zu beheben und, was nicht immer bei derartigen Fällen gelingt, auch die Reizbildungsstörung zu beseitigen.

K. W., 42 Jahre, Abteilungsleiter. Früher nie ernstlich krank gewesen. Klagt seit 3 Jahren über häufige Anfälle von Angina pectoris, Beklemmungs- und Angstgefühl auf der Brust, besonders bei psychischer Erregung, welche gleichzeitig einen unangenehmen Schweißausbruch herbeiführen. W. schläft seit dieser Zeit schlecht, schreckt während des Einschlafens häufig auf, wobei das Gefühl von Herzstolpern, innerer Unruhe und Angst auftritt. Schlafmittel, welche in letzter Zeit in großen Mengen genommen wurden, führten zu einer chronischen Schlafmittelvergiftung, ohne jedoch von den Einschlafstörungen zu befreien. Innerhalb der letzten 3 Jahre hat W. zahlreiche Ärzte aufgesucht, ist mit Digitalis, Strophanthin, Nitriten, Morphium usw. behandelt worden, hat sich mehrfach auch zu Psychotherapeuten in Behandlung begeben und kommt in einem sehr schlechten Allgemeinzustand mit psychischer Depression zur Aufnahme. Abgesehen von den übrigen Befunden, welche in diesem Zusammenhang weniger interessieren, fand sich ein Grundumsatz von + 75%. Mit der therapeutisch gelungenen Senkung des Stoffwechsels auf + 8% war der gesamte Beschwerdekomplex behoben, und W. konnte seine verantwortliche Tätigkeit wieder aufnehmen.

Diese Fehldeutung der Herzbeteiligung bei der Hyperthyreose ist bekannt und wird auch in den Arbeiten von BAUER, PARADE u. a. zitiert.

BAUER prägte für dieses Syndrom den Begriff des „Thyreocards". Wir halten das für etwas unglücklich, da er im besten Falle beinhaltet, daß es sich um ein von der Schilddrüse beeinflußtes Herz handelt. Es schließt also die sehr wohl definierten Begriffe des „Kropf-", „Myxoedem"- und „Basedowherzens" gleichzeitig ein, obwohl es sich doch um absolut unterschiedliche Syndrome handelt.

In diesem Zusammenhang schien es uns notwendig, nochmals auf diese Möglichkeiten aufmerksam zu machen, da sie in der Praxis nur allzu häufig verkannt werden.

Besonders gilt dies von dem oligosymptomatischen Spätbasedow, welcher die typische Merseburger Trias vermissen lassen kann, dagegen u. U. als rein kardiovaskuläres Syndrom mit Herzschwäche und symptomatischem Hochdruck einhergeht. Die Differentialdiagnose gerade dieser Fälle ist nicht immer ganz leicht, zumal eine Grundumsatzsteigerung bis zu mittleren Werten auch bei der Herzschwäche vorkommt und die so häufig beobachteten Arrhythmien, wie Arrhythmia absoluta, paroxysmale Tachykardie, gehäufte Extrasystolie usw., ebenfalls primär kardialen Ursprungs sein können. Auch innere Unruhe und Schlaflosigkeit sind uns bei der Herzinsuffizienz geläufig. So mag denn u. U. eben das Symptom besonderer Schweißneigung auf die richtige Fährte führen.

Ein anderes Symptom, welches zum Nachdenken anregt, sind *Verdauungsbeschwerden, Meteorismus, Durchfälle, Obstipation* usw. Zwar ist jedem Arzt, der Erfahrung in der Bewertung und Behandlung von Herzkranken hat, geläufig, daß diese Angaben auch von Patienten mit Herzschwäche, insbesondere bei Bestehen einer Rechtsinsuffizienz, gemacht werden, um so mehr muß es dann die Eigenart der Anamnese sein, die es im Einzelfall herauszuarbeiten und zu beachten gilt. Folgender Fall mag hierfür das Verständnis erwecken:

Dr. B., 62 Jahre, Chirurg. Kommt zur Durchuntersuchung wegen des Gefühls der allgemeinen Überarbeitung und gibt an, seit 10 Wochen Anfälle von ausgesprochener Angina pectoris zu haben, die so quälend seien, daß er, obwohl er von jeher Raucher aus Bedürfnis war, seit dieser Zeit das Rauchen eingestellt habe. Entsprechende Eigenbehandlungsversuche mit Nitriten, Embran, Theominal usw. seien erfolglos gewesen.

Von einem anderen Kollegen sei die Diagnose einer „Angina pectoris vera" gestellt worden, welche im Ekg nur nicht zum Ausdruck käme und ihm geraten worden, einen ständigen Vertreter in seine Praxis aufzunehmen.

Bei der Untersuchung fiel sofort ein ausgesprochener Gasbauch auf, und diesbezüglich befragt, gab der Kollege, der sich hinsichtlich seines Herzens sehr genau beobachtet hatte, nur relativ ungenaue Auskunft, mit dem Inhalt, daß er seit ungefähr der gleichen Zeit auch an Blähungen und einer früher nicht gekannten Verstopfung leide. Die Untersuchung ergab ein tiefsitzendes Rektumkarzinom, das im Frühstadium beseitigt werden konnte, woraufhin auch Zwerchfellhochstand und „Angina pectoris" zum Schwinden kamen.

Ein weiterer Punkt, der zur Vermeidung von Fehldiagnosen berücksichtigt werden muß, ist die *Anwendung von verschwommenen Begriffen*, die eine ursächliche Klärung umgehen, die Begutachtung in einen Irrgarten von Deutungsmöglichkeiten führen und eine gezielte und ökonomische Behandlung unmöglich machen. Erwähnt seien in diesem Zusammenhang nur die „*Herzneurose*" und der sogenannte „*Myokardschaden*".

Der Begriff der Herzneurose wurde zu einer Zeit entwickelt, als die Diagnostik noch nicht in dem Maße befähigt war, mit ihren aus der Zeit der rein morphologischen Betrachtungsweise stammenden Methoden die große Fülle feinster Abweichungen von der Norm zu erkennen, welche die Ursache für kardiale Mißempfindungen bzw. angedeutete Fehlleistungen darstellen. So wurde die „Herzneurose", oder auch „Herzasthenie" zum Sammelbegriff unklarer Beschwerden, in dem aus Bequemlichkeit, Gedankenlosigkeit und Unwissenheit alles Eingang fand, was sich bei mehr oder weniger sorgfältigen diagnostischen Bemühungen nicht als organisch krank nachweisen ließ.

Wenn uns auch bekannt ist, daß sich STUMPF bemüht hat, röntgenologisch die Kriterien des nervösen Herzens herauszuarbeiten und auch SCHAEFER auf Grund elektrophysiologischer Studien nachweisen konnte, daß es eine Art neurozirkulatorische Dystonie des Herzens gibt, so ist doch der klinische Begriff der Herzneurose unbrauchbar geworden. Diese Auffassung gilt um so mehr, wenn wir uns vergegenwärtigen, wie das Herz innerhalb des 24-Stunden-Rhythmus unabhängig von der vegetativen Einstellung seine Funktionen ändert und somit bei großer Ausschlagsbreite der vegetativen Schwankungen sowohl in der einen als auch der anderen Richtung Werte am oberen Rand der Norm erreichen kann. Wenn wir uns weiterhin vor Augen halten, in welch ausgesprochenem Maße das Herz psychischen Einflüssen unterliegt und die Herzwirksamkeit von Affekten ein Vielfaches von seiner Belastung durch körperliche Arbeit ausmacht, und wenn man daran denkt, in welch hohem Maße das Herz Reflexen aus der Peripherie ausgesetzt ist, dann wird man auf die Diagnose „Herzneurose" verzichten müssen.

Würde dieser Begriff beibehalten, dann müßten z. B. Vagusherz, Karotis-sinus-Syndrom, Affekt- oder Kummerherz, gastrokardialer Symptomenkomplex und vieles andere mehr, d. h. wohl definierte Diagnosen, welche eine sehr spezielle und exakte Beurteilung erlauben und Behandlung erfordern, einem völlig verwaschenen und nichtssagenden Sammelbegriff eingefügt und ein mühsam erarbeiteter Fortschritt seines diagnostischen Wertes beraubt werden.

Das gleiche gilt für den Begriff des „Myokardschadens", dem bereits SCHELLONG in sehr klarer und nachdrucksvoller Weise jede Berechtigung als klinischer Diagnose abgesprochen hat.

Dieser aus der Elektrokardiographie entnommene Begriff hat, in die Begutachtung aufgenommen, sehr verhängnisvolle Wirkungen gezeitigt. Auf die zahlreichen Fehlbeurteilungen, welche zu seiner Feststellung geführt haben, ist S. 432 bereits ausführlich eingegangen worden. Es ist anzunehmen, daß bei Berücksichtigung der modernen Literatur diese Diagnose kaum mehr ausgesprochen wird. Für die Begutachtung ergibt sich jedoch die Verpflichtung, diese Diagnose, welche in den Akten der letzten 10 Jahre in einem besonders hohen Prozentsatz verankert sein dürfte, sehr kritisch zu überprüfen bzw. nachträglich den Versuch zu machen, zu klären, welche Art eines „Myokardschadens" bei seiner ersten Feststellung im jeweiligen Begutachtungsfall vorgelegen haben mag. Es ist anzunehmen, daß die Ursache zu einem hohen Prozentsatz als Fehlbeurteilung erklärt werden kann.

KAPITEL V

Allgemeine funktionelle Behandlung von Herz-Kreislauferkrankungen

Der Nachweis eines Herzfehlers soll nicht therapeutische Reflexe wie Darreichung von Strophanthin oder Digitalis auslösen, sondern Ursache für die Aufstellung eines wohldurchdachten individuellen Heilplanes sein.

Ein derartig auf den Einzelfall zugeschnittenes Behandlungsregime ist nur möglich, wenn man ganz exakte Vorstellungen von den gegebenen Möglichkeiten hat, von einer monistischen Therapie Abstand nimmt und in Form einer „gezielten Polypragmasie" die ganze Klaviatur therapeutischer Möglichkeiten zu spielen versteht. Die nun folgenden Ausführungen sind daher Gedankengänge ganz allgemeiner Natur, nicht zugeschnitten auf einen Herzfehler oder eine bestimmte Versagensphase. Auf die Besonderheiten jeder einzelnen Methode wird in späteren Abschnitten eingegangen, und die speziellen Ausrichtungen auf bestimmte Krankheitsbilder bzw. Versagenszustände werden bei den klinischen Kapiteln abgehandelt.

Vor jedem therapeutischen Eingriff sind folgende Behandlungsmöglichkeiten zu überlegen:

A. Ursächliche Behandlung

Jede Herzbehandlung beginnt mit der Klärung der Frage, inwieweit infektiöse, toxische, nervöse, humorale und mechanische Störungen als ursächliche Faktoren behoben werden können, um einen vielleicht noch aktiven Prozeß zum Abschluß zu bringen. Der zeitliche Einsatz einer ursächlichen Therapie wird weitgehend durch die Notwendigkeit einer raschen Behebung des ätiologischen Momentes bestimmt. Von den Infektionen spielen besonders der akute Gelenkrheumatismus, Lues, Scharlach, Diphtherie, Fleckfieber, septische Erkrankungen (Endocarditis lenta), aber auch die Pneumonie, eitrige Enzephalitis, Meningitis usw. eine Rolle. Bei allen septischen Myo- und Endokarditiden sind heute die Sulfonamide und Antibiotika Mittel der Wahl.

Da in einem gesonderten Kapitel die Durchführung dieser Chemotherapie besprochen und im Rahmen der Klinik noch Einzelhinweise gegeben werden, soll hier diese kurze Erwähnung genügen.

Neben diesen manifesten Infektionen sind auch latente Infektionskrankheiten, fokale Infekte usw. (s. Kap. X, K 1) zu berücksichtigen und zu beseitigen. Eine notwendige Fokalsanierung sollte nie ohne einen 2–3 Tage vorher eingeleiteten antibiotischen Schutz (z. B. tgl. 2 mal 400000 E Penicillin) mit Dämpfung des Vegetativums durch Veramon, Phenazetin, Novalgin oder dgl.

516 Allgemeine funktionelle Behandlung von Herz-Kreislauferkrankungen

(3mal tgl. 1 Tabl.) vorgenommen werden. Wird dieser Schutz versäumt, dann führen Bakterien- bzw. Toxinausschwemmung anläßlich der Sanierung nicht selten zu einer allgemeinen entzündlichen Reaktion wie Fieberanstieg, Leukozytose und Beschleunigung der BKS sowie Organempfindungen am Locus minoris resistentiae, die sich in Gelenkbeschwerden, Nervenschmerzen, vermehrter Eiweißausscheidung usw. äußern können. Der Kardiologe sieht weiterhin Deformationen im Ekg, häufig koronarer Genese (Abb. 199).

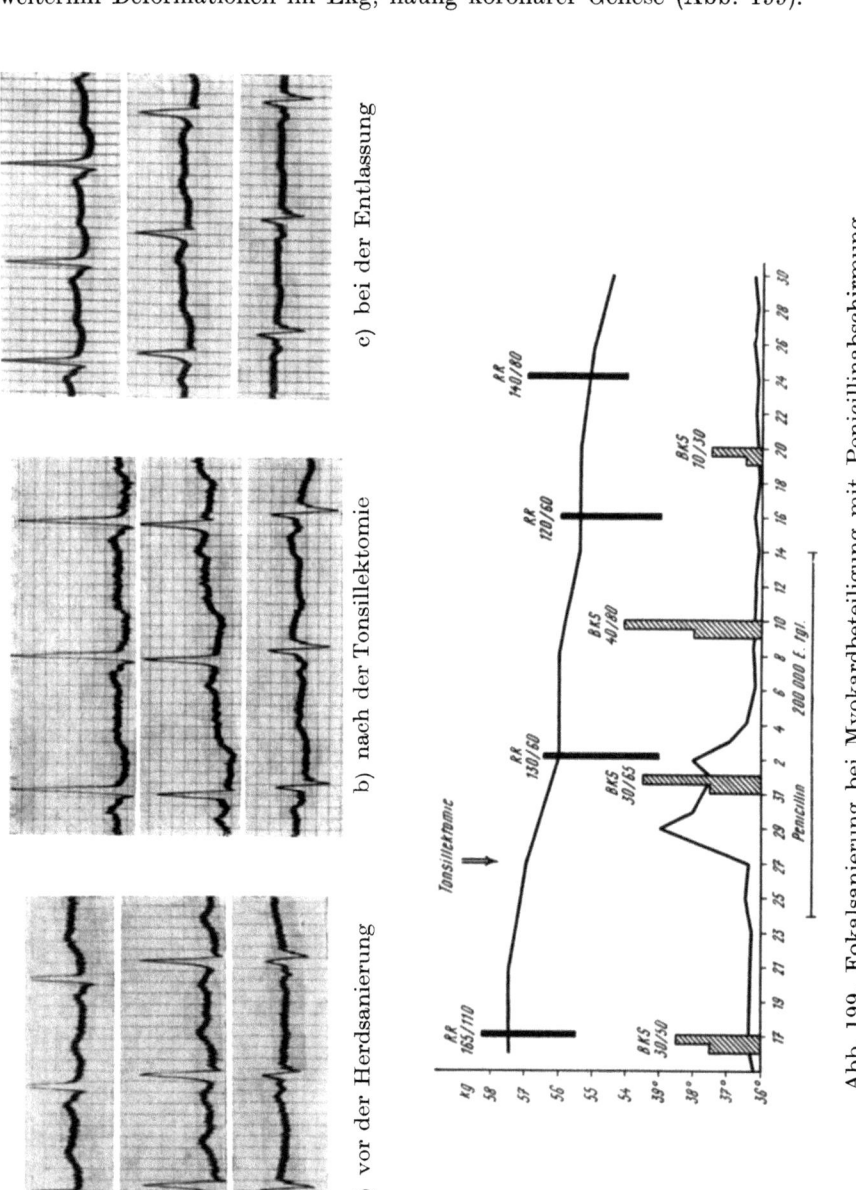

Abb. 199. Fokalsanierung bei Myokardbeteiligung mit Penicillinabschirmung.

In einem relativ kurzen Zeitraum erlebten wir bei 3 Männern mit stenokardischen Beschwerden im Anschluß an eine Zahnextraktion bei Granulom in 2 Fällen heftige Anfälle von Angina pectoris mit Verstärkung der elektrokardiographischen Deformationen und in einem Fall 2 Tage nach dem Eingriff den exitus letalis durch Myokardinfarkt.

Eine ursächliche Behandlung wird weiterhin möglich, wenn wir berücksichtigen, daß die große Zahl der nervösen Faktoren, welche die Tätigkeit des Herzens beeinflussen, vor allem über Vagus oder Sympathikus die Leistung des Herzens herabsetzen können. Es ist bekannt, daß Übertraining, Überanstrengung, psychische Überlastung auf dem Wege über das Nervensystem das Herz zu schädigen vermögen, und daß außerdem auf reflektorischem Wege das Herz zum Lautsprecher von organischen oder funktionellen Störungen weit entfernt liegender Organgebiete werden kann.

Da andererseits experimentelle Untersuchungen und klinische Erfahrungen zeigen, daß ein Herz in Narkose durch mechanische Eingriffe und hämodynamische Umstellungen nur sehr schwer zum Stillstand zu bringen ist, empfiehlt es sich, bei jeder Herzbehandlung gleichzeitig die Erregbarkeit des Mittelhirns zu dämpfen.

Von den humoralen Störungen wissen wir, daß die Anämie durch den O_2-Mangel zur schwersten Myokardschädigung führt, daß Vitaminmangel (Beri-Beriherz), Störungen der hormonalen Sekretion (Basedow- und Myxödemherz, Akromegalie), endogene Stoffwechselstörungen (Urämie, Coma diabeticum) usw. die Herzfunktion in schwerwiegender Weise zu beeinflussen vermögen.

Im Rahmen der mechanischen Beeinträchtigung des Herzens spielen der Zwerchfellhochstand, die mechanische Auswirkung einer Struma substernalis, die Verdrängung bzw. Verziehung des Herzens durch Pneumothorax, Ergüsse oder Schwartenbildung sowie die schwere Behinderung des Herzens bei Concretio pericardii eine bedeutsame Rolle.

Es ist die Aufgabe einer intensiven Allgemeinuntersuchung, derartige Zusammenhänge zu erkennen und durch die Beseitigung der Ursachen die Grundlage für eine rationelle Behandlung zu schaffen.

In diesem Zusammenhang ist darauf hinzuweisen, daß der Internist nicht selten vor einem Kreislaufbild steht, das durch konservative Maßnahmen nicht zu beheben ist, dessen frühzeitige Erkennung jedoch einen operativen Eingriff veranlassen kann, der lebensverlängernd zu wirken vermag. So ist bei der schwielig schrumpfenden Pericarditis adhaesiva die frühzeitige Kardiolyse oder Perikardektomie das Mittel der Wahl.

Aber auch eine große Zahl angeborener Herzfehler (Pulmonalstenose, offener Ductus Botalli, FALLOTsche Tetralogie) können bei rechtzeitiger Operation durch die Hand eines geschickten Chirurgen eine bedeutsame Verbesserung ihrer hämodynamischen Verhältnisse erfahren. Von den erworbenen Herzfehlern hat vor allem die Mitralstenose die Aussicht auf eine Heilung durch chirurgischen Eingriff. Zur Besserung der Durchblutungsverhältnisse des Myokards ist die Perikardopexie empfohlen worden. Auch Eingriffe am Sympathikus (Resektion, Blockade usw.), ferner Stellektomie sind für Zustände wie Angina pectoris, Myokardinfarkt, paroxysmale Tachykardie angegeben worden, haben sich aber wegen der Unsicherheit des Erfolges und wegen der unerwünschten, vielfach überschießenden sekundären Gegenregulationen nicht durchsetzen können.

Bei der ursächlichen Behandlung von Kreislaufstörungen steht im Vordergrund die Frage, ob es sich um funktionelle oder organische Veränderungen handelt. Der Prototyp für die ersteren ist die neurozirkulatorische Dystonie, deren Behandlung in Kap. IX, A, 1.5 eingehend besprochen wird.

Hier handelt es sich um vorwiegend vasomotorische Störungen, die durch einseitige Betonung von Vagus oder Sympathikus ausgelöst werden. Neben einer ursächlichen Behandlung wird versucht, durch Dämpfung des einen oder Anregung des anderen nervösen Zügels oder in den noch häufigeren Fällen der Hyperamphotonie (d. h. der Übererregbarkeit des ganzen vegetativen Systems) durch allgemeine zentrale Dämpfung (Luminal, Lubrokal, Bellergal usw.), die Beschwerden zu beheben.

Es ist bekannt, daß diese Störungen vielfach durch Infektionen, endogene oder exogene Intoxikationen, durch hormonale Störungen, durch Übertraining und Übermüdung usw. zustande kommen. Man wird daher im Rahmen einer ursächlichen Behandlung diesen Faktoren ein besonderes Interesse zu widmen haben.

Ein bedeutungsvolles Entwicklungsstadium ist der arterielle Hochdruck. Auch von diesem konnte nachgewiesen werden, daß er im wesentlichen als ein Krankheitssymptom aufzufassen ist, d. h. als eine der wenigen möglichen Reaktionsformen des Kreislaufes auf die zahlreichen Schädigungen, die denselben durch endogene und exogene Noxen zu treffen vermögen. So kann in besonders gelagerten Fällen die Behandlung und Beseitigung einer Anämie oder Polyglobulie, eines Basedow oder Myxoedems, eines Klimakteriums, die Behandlung von hypophysären Störungen oder Exstirpation von Nebennierentumoren, von Herdinfektionen, Infektionskrankheiten und Intoxikationen, von allergischen Reaktionen, Verdauungsstörungen, Fettsucht, renalen Erkrankungen und zerebralen Störungen usw. im Frühstadium der Hochdruckentwicklung durch Unterbrechung der pathogenetischen Kette, den Hochdruck beseitigen.

In vielen Fällen ist die Entscheidung, ob es sich um eine rein funktionelle Störung oder um eine organische Schädigung handelt, nicht leicht zu beantworten, da sich einerseits funktionelle Reaktionen den organischen Läsionen zugesellen (Gefäßkrampf bei Atherosklerose, Endangiitis obliterans usw.), andererseits primär rein funktionelle Zustände auf die Dauer organische Veränderungen auslösen können (Atherosklerose durch vorzeitige Abnützung oder durch mangelhafte Durchblutung der Vasomotoren, Myokardinfarkt durch Koronarspasmus usw.). Im Rahmen organischer Gefäßerkrankungen spielen vor allem Atherosklerose, Lues, Endangiitis obliterans, Periarteriitis nodosa und die vielfachen Gefäßschädigungen, wie sie im Rahmen von Infektionen und Intoxikationen vorkommen können, eine Rolle. Aber auch mechanische Ursachen, die dann in der Régel nur einer chirurgischen Behandlung zugängig sind, können die Ursache schwerer und lebensbedrohlicher Zustände werden. Unter diesem Gesichtspunkt kann die rechtzeitige Beseitigung eines Aneurysma arterio-venosum bzw. die Entfernung eines Embolus usw. ein lebensrettender Eingriff sein.

Auch die Aortenisthmusstenose kann heute durch operative Behandlung behoben werden, wie gleicherweise sehr viele angeborene Herzfehler chirurgisch korrigiert werden können und sich somit einer kausalen Therapie zugängig zeigen.

B. Schonung

Ruhigstellung, in körperlicher und seelischer Hinsicht, ist bei den meisten Herzkranken zu Beginn der Behandlung meist dringend zu empfehlen. Es gilt dies besonders bei akuter Herzschädigung (infektiöser Herzschaden, Myokardinfarkt, Herztrauma usw.) sowie bei allen Zuständen der Dekompensation. Bettruhe muß beibehalten werden, bis die Blutsenkung zur Norm zurückkehrt, oder bis das Abklingen von Atemnot, Dyspnoe, Zyanose, Leberschwellung und Ödemen eine weitgehende Rekompensation der Herzleistung erkennen läßt. Aber auch späterhin ist bei diesen Fällen eine Liegekur mit spätem Aufstehen, langer Mittagsruhe und frühem Zubettgehen zu empfehlen, bis die therapeutischen Maßnahmen der Rekompensation einsetzen, d. h. bis die Schonung durch das Training abgelöst werden kann. Ruhe und Schlaf sind als beste Heilfaktoren bei jeder Herzbehandlung anzusehen.

Auch die Lagerung kann dabei von entsprechendem Einfluß sein. So wird von stark dyspnoischen Kranken im allgemeinen eine mehr sitzende Stellung bevorzugt. Die gleichzeitige leichte Hochlagerung der Beine kann die Ausschwemmung der Beinödeme begünstigen. Es muß dabei beachtet werden, daß der Winkel zwischen Ober- und Unterkörper immer größer bleibt als 90 Grad, weil sonst die haltungsbedingte Leberstauung zu kolikartigen Schmerzen im rechten Oberbauch führen kann.

Zur „Ruhe des ersten Behandlungstages" gehört beim dekompensierten Kranken auch der Verzicht sowohl auf eine nicht zumutbare Diagnostik, als auch auf eine überstürzte Therapie.

Es ist keineswegs angängig, daß man einen Schwerstdekompensierten zunächst durch die diagnostische Mühle zwingt, schon die Erhebung einer atemberaubenden Anamnese kann zu viel sein. Der Kundige erkennt den Zustand sofort und verordnet nur eines: Ruhe, Ruhigstellung und Vermeidung jeder Ruhestörung. Auch therapeutische Eingriffe sind am Aufnahmetag sehr wohl zu überlegen. Zweifelsohne gibt es Fälle, die nur ein sofortiger Aderlaß und nachfolgende Strophanthininjektion retten können. In den meisten Fällen wird man aber, ähnlich wie in der Diabetesbehandlung, zunächst einmal den Einfluß der Milieuänderung, den psychischen Effekt des in „guten, besorgten, hilfreichen Händen-Seins", die Wirkung von Saftfasten und ausreichendem Schlaf (immer mit Schlaf- oder Beruhigungsmitteln unterstützt, wobei am Rande von Lungenödem bzw. bei Tendenz zu Asthma cardiale auch auf Opiate nicht verzichtet werden kann) abwarten dürfen.

Für den Anfänger überraschend findet sich bereits am folgenden Morgen oft ein vollkommen anderes Bild, das nur den halben Einsatz kardiokinetischer Substanzen notwendig macht.

Besonders zu warnen aber ist vor therapeutischer Hyperaktivität am ersten Tag.

Die Wirkung einer hohen Strophanthindosis, noch dazu ohne vorhergehenden Aderlaß in Verbindung mit einem Diuretikum, kann sich so deletär auswirken, daß ein Exitus letalis durch unbeeinflußbares Lungenödem nicht ganz selten ist.

In den ersten Behandlungstagen der Herzschwäche zielen alle ärztlichen Maßnahmen darauf hin, mittelbar oder unmittelbar durch Beeinflussung von Stoffwechsel, Hämodynamik und neurovegetativen Regulationsvorgängen eine Entlastung des über seine augenblickliche Leistungsgrenze beanspruchten Herz-Gefäßsystems zu erreichen.

Von Seiten des Stoffwechsels stellt die wirksamste Entlastung des Herzens stets eine Verminderung der Gesamtstoffwechselgröße dar, die sowohl durch eine Rationalisierung aller intermediären Verbrennungsvorgänge wie auch durch Einschränkung des Energieumsatzes auf ein erniedrigtes Niveau und durch Abbau überflüssiger Depotgewebe mit Verminderung des Körpergewichtes und sekundärer

Verkleinerung des peripheren Versorgungsgebietes erreicht werden kann. Während sich hierbei der kreislaufentlastende Effekt leicht assimilierbarer Energieträger, z. B. der Kohlehydrate und der Verzicht auf „unrationelle", die Luxuskonsumation fördernde Metaboliten nur mittelbar für den Gesamt- wie Myokardstoffwechsel bemerkbar machen, kann eine sofort wirksame Entlastung des insuffizienten Kreislaufes vor allem durch eingreifende Beschränkung oder vorübergehendes völliges Sistieren der zugeführten Nahrungsstoffe erreicht werden. Die Bedeutung initialer Fast- oder Hungertage in der Behandlung der Herzschwäche, welche eine Verminderung aller Verbrennungsvorgänge bis auf das Erhaltungsniveau des Ruhenüchternumsatzes zur Folge haben kann, ist klinisches Allgemeingut geworden. Ähnliches gilt von einer minder starken Einschränkung der Kalorienzufuhr über längere Zeit, welche bei adipösen Herzkranken eine Verminderung des Körpergewichtes mit ihren mannigfachen entlastenden Auswirkungen auf den gesamten Stoffwechsel, aber auch auf andere Kreislauffunktionen zur Folge hat (siehe Seite Kap. IX, E, 1).

Die hämodynamische Entlastung der insuffizienten Kreislauforgane stellt bei den meisten Formen kardialer Stauungszustände mit latenter oder manifester Flüssigkeitsretention eine unumgängliche Notwendigkeit dar. Auch sie ist diätetischen Maßnahmen in großem Umfange zugängig und kann z. B. sowohl durch eine Verminderung der geforderten Kreislaufleistung durch Verkleinerung des Kapillargebietes als auch durch Verminderung der zirkulierenden Flüssigkeitsmenge und schließlich durch eine Verbesserung der peripheren Sauerstoffausnützung angestrebt werden.

Die unmittelbarste Kreislaufentlastung stellt wohl die Verminderung der zirkulierenden Flüssigkeitsmenge dar, die in den meisten Fällen nahezu augenblicklich durch eine Beschränkung der Wasser- und Kochsalzzufuhr erreicht wird.

Die diuretische Wirkung dieser Maßnahmen ist in erster Linie von der Kompromißlosigkeit ihrer Durchführung abhängig. In weniger eklatanter Weise können die hämodynamischen Verhältnisse des insuffizienten Herz-Kreislaufapparates auch durch eine Verbesserung der Sauerstoffaufnahme (O_2-Beatmung) bzw. Sauerstoffausnützung in der Peripherie günstig beeinflußt werden, da diese mittelbar eine Verringerung des Minutenvolumens zur Folge hat, bzw. auch über eine verbesserte Sauerstoffversorgung der für die Kreislaufgröße wichtigen Organe z. B. Nieren, eine erhöhte Flüssigkeitsausscheidung bewirken kann. Auf dem Gebiet der Diätetik wird diese hämodynamische Wirkung durch eine p_H-Verschiebung im Sinne einer leichten Ansäuerung und durch Veränderungen im Mineralstoffwechsel, die eine Transmineralisation zur Folge haben, gefördert.

Schließlich ist eine Einflußnahme auf das Herz-Gefäßsystem mit kreislaufentlastendem Effekt in den verschiedensten Stadien der kardialen Insuffizienzzustände auch durch eine Steuerung neurovegetativer Vorgänge, so der viszeralen Reflexe und der Tonuslage des vegetativen Nervensystems, möglich.

In ersterem Falle wird diese Kreislaufwirkung vornehmlich durch eine Ausschaltung gastro-kardialer und viszero-kardialer Reflexe erreicht, z. B. durch Verminderung des direkten Zwerchfelldruckes infolge übermäßiger Magenfüllung oder Gasblähung bestimmter Kolonabschnitte. Den Hunger- und Fastentagen kommt in der Diätetik, außer ihrer hämodynamisch und metabolisch entlastenden Kreislaufwirkung, noch eine spezifische Schonwirkung auf den gesamten Kreislauf, bedingt durch ihre ausgesprochen vagotone Wirkung (s. Abb. 412) zu, welche als bedeutender unterstützender Faktor in der allgemeinen Herzbehandlung nicht unterschätzt werden darf.

Die klinische Erfahrung lehrt, daß durch zielbewußten und folgerichtigen Einsatz dieser diätetischen Möglichkeiten (auf die S. 665 noch ausführlicher eingegangen wird), am Herz-Gefäßsystem eingreifende Wirkungen erzielt werden können, welche es erlauben, durch Entlastung des Energiehaushaltes, des intermediären Stoffwechsels, des Wasser- und Mineralhaushaltes und der neurovegetativen Regulationen eine effektvolle Herzbehandlung zu treiben und die medikamentöse Therapie wirksam zu unterstützen.

Ein anderes Heilprinzip ist die Erleichterung der Herzarbeit, die dadurch ermöglicht wird, daß man dem Herzen einen Teil seiner Aufgaben abnimmt und sie auf andere leistungsfähige Organsysteme überträgt. Diesem Behandlungsgrundsatz können die verschiedensten Eingriffe dienen.

Durch Aderlaß (nicht mehr als 350–400 ccm) wird das rechte Herz entlastet, das Blut im wesentlichen dem Lungenkreislauf entzogen und dadurch die Dyspnoe verringert. Die Blutegelbehandlung führt zu geringem Blutentzug, ruft aber durch die Hirudinwirkung eine langdauernde Verdünnung des Blutes hervor, Sauerstoffatmung u. U. in Form von Carbogengas (das mit seinen 5% CO_2 eine anregende Wirkung auf das Atemzentrum ausübt) begünstigt durch die Erhöhung des Sauerstoffpartialdruckes die Sauerstoffsättigung des Blutes, so daß die Sauerstoffnot der Gewebe als Herz-Kreislauf-ankurbelnder Faktor gedämpft wird. Die Punktion eines Hydrothorax, bei der im Rahmen einer Sitzung nicht mehr als ein Liter entnommen werden sollte, oder eines Aszites, entlasten das Herz. Es ist immer empfehlenswert, den Zwerchfellhochstand zu beseitigen und das an sich schon unter ungünstigen Bedingungen arbeitende Herz in seine optimale Lage im Thoraxraum zurückkehren zu lassen. Das gleiche therapeutische Ziel kann auch durch Anregung des peripheren Kreislaufes und Besserung der kalorischen Ausnützung erreicht werden. Der ersteren dienen Maßnahmen wie Trockenbürsten, vorsichtige Efflorage, Senfwickel, ansteigende Teilbäder nach HAUFFE, Fuß- oder Armbäder, beginnend mit 35 Grad, langsam ansteigend auf 40 Grad, Dauer 5–10 min usw., Behandlungsvorschläge, die allerdings erst für das Stadium der Rekompensation Gültigkeit besitzen. Die Besserung der Sauerstoffutilisation kann erreicht werden durch leichte Ansäuerung sowie durch Strophanthin und Embran, die beide die Sauerstoffabgabe in der Peripherie begünstigen. Auch die Anregung der Diurese (Salyrgan, Novurit, Thiomerin, Diamox, Esidron, Spec. diureticae, Diuretin usw.) und der Darmtätigkeit, durch welche ein leicht durchfälliger Stuhlgang unterhalten wird, der einen großen Teil der Gewebswässer mit zur Ausscheidung bringt und die für das Herz so ungünstige Pressung, wie sie die Obstipation nötig macht, vermeidet, sind in diesem Sinne zu werten. Hier bewährt sich Eupond, das sowohl die Wasserausscheidung fördert und gleichzeitig eine schonende Regelung der Verdauung ermöglicht, wie in ähnlicher Weise erzielbar durch Nedawürfel, Kurpflaumen, Tangargeleefrüchte. Eine Erleichterung der Entgasung kann durch Euflat-Dragées, Gastricholan, Pankreon, Pankreas-Dispert usw. erreicht werden.

Auch durch Senkung des Stoffwechsels kann eine kardiale Entlastung ermöglicht werden. Dieser Gesichtspunkt wird bei eiweißarmer Kost (Senkung der spezifisch-dynamischen Eiweißwirkung) berücksichtigt. Auf ähnlichen Vorstellungen beruht der amerikanische Vorschlag zur Thyreoidektomie bzw. zur Radiojod-Resektion der Schilddrüse bei schweren Herzkrankheiten. Vorschläge, deren Für und Wider noch sehr umstritten ist.

Eine allgemeine Schonung des peripheren Kreislaufes ist durch Liegekuren, eine örtliche durch Schienung oder Bandagen möglich.

Wenn auf diese Weise plötzliche Druckveränderungen oder Blutverschiebungen im Gefäßsystem vermieden werden, so dient dem gleichen Zweck auch eine Schonkost, die am besten anfänglich mit Safttagen durchgeführt wird, später aber durch Verabfolgung von häufigen, kleinen, wenig belastenden Mahlzeiten plötzliche Blutanschoppung im Abdomen vermeidet.

Entlastung für den Kreislauf, besonders aber für einzelne Kreislaufprovinzen ist möglich, wenn man die Anforderungen an das jeweilige Gebiet auf ein Minimum herabsetzt. Ruhigstellung des Magenkreislaufes durch Jejunalsonde, Anforderungsminderung für den Koronarkreislauf durch Übernahme eines Teiles der Herztätigkeit durch die Kreislaufperipherie usw.

Eine allgemeine Entlastung kann dadurch herbeigeführt werden, daß man dem Kreislauf seine Hauptfunktionen, die Sorge für die Isothermie und eine ausreichende Sauerstoffversorgung der Gewebe, erleichtert.

Hierfür können geeignet sein: Embran, kleine Strophanthindosen, allgemeine Warmhaltung des Körpers, eine leichte Azidose, Sauerstoffbeatmung u. a. m. Eine Entlastung kann aber auch unbiologisch sein und daher deletär in den Kreislaufmechanismus eingreifen, wie die Schäden bei Anwendung von blutdrucksenkenden Mitteln beweisen. Verfolgt man die Stadien der Hochdruckentwicklung (s. Kap. IX, A, 3. 1. 3), dann ist eine Normalisierung im Anfangsstadium häufig möglich, wenn zu rechter Zeit die Ursache behoben wird.

In diesem Stadium schaden die blutdrucksenkenden Mittel noch nicht, weil der Kreislauf selbst seinen Druck noch in weiten Grenzen regulieren kann. Sie helfen aber auch nicht, weil sie die Ursache nicht beseitigen. Im Spätstadium dagegen ist der Hochdruck Ausdruck einer Kompensation gegen den Tonusverlust des Gefäßsystems. Bringt man in diesen Fällen aus Überlegungen, welche die optimale biologische Einstellung der Hämodynamik nicht zu erkennen vermögen, Mittel zur Anwendung, die geeignet sind, den Blutdruck gewaltsam herabzusetzen, dann zeigt sich, daß der Kreislauf bereits seine Anpassungsfähigkeit gegen Druckunterschiede verloren hat. Das Auftreten eines apoplektischen Insultes, einer Netzhautblutung usw. sind nicht selten die Folgen derartiger Eingriffe.

C. Unterstützung natürlicher Heilmaßnahmen

Die natürliche Heil- bzw. Kompensationsmaßnahme bei der Herzinsuffizienz ist die Hypertrophie.

Viele Herzkranke (insbesondere im Kindesalter) werden nicht so sehr durch den eigentlichen Herzfehler (oft nur ein „Schönheitsfehler"), sondern durch die Tatsache funktionell geschädigt, daß man dem Herzen nicht die geeignete Möglichkeit zur natürlichen Kompensation und dadurch zum funktionellen Ausgleich des Leidens gibt. Es muß daher so weit wie möglich, besonders im Stadium der Rekonvaleszenz versucht werden, durch vorsichtiges Training (Massagen, Atemgymnastik, Trockenbürsten, Duschen, Geländekuren usw.) die Leistungsfähigkeit des Herzens zu bessern. Oft genügt schon die Einengung des Kreislaufes durch Bandagieren der Beine und, wenn notwendig, zusätzlich des Leibes (Abb. 200).

Jeder Kranke, besonders aber jeder Herzkranke, leidet nach längerer Bettlägerigkeit an orthostatischen Störungen. Bei den ersten Aufstehversuchen, nach Abklingen von kardialen Insuffizienzerscheinungen, erleichtern derartige kleine physikalische Maßnahmen den Eintritt in die Rekompensation. Eine besondere Rolle spielen in diesem Rahmen auch Heilbäder (s. S. 686).

Wir beginnen das Kreislauftraining nach erreichter Rekompensation mit Heilbädern verschiedenster Art. Besonders gut haben sich uns Sauerstoff-

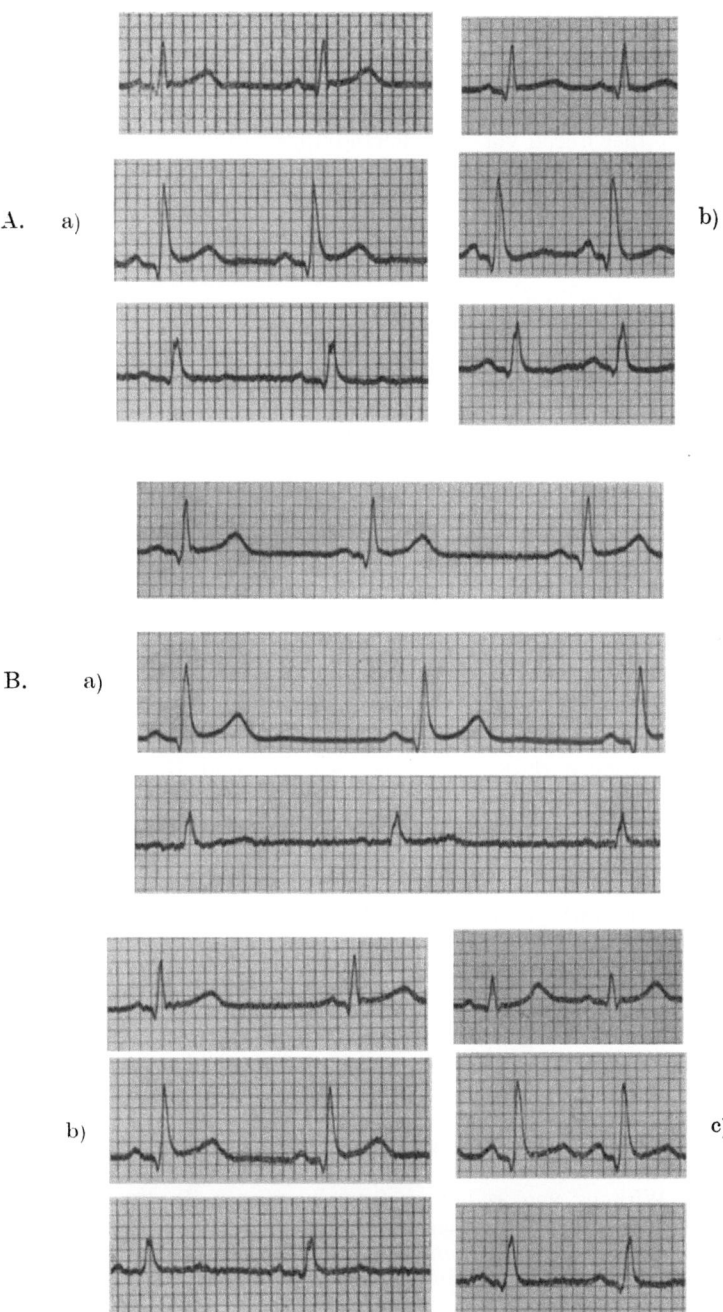

Abb. 200. Behandlung einer orthostatischen Regulationsstörung mit Wickeln von Beinen und Leib.
A. Ohne gewickelte Beine: a) Ruhe-Ekg, b) Steh-Ekg sofort. B. Mit gewickelten Beinen und Leib: a) Im Liegen, b) nach Aufstehen sofort, c) nach Stehen 10 min.

perl-Sitzbäder bewährt. Als Reinigungsbäder sind Duschen meist mehr zu empfehlen als Wannenbäder.

Noch einige natürliche Heilmaßnahmen sollen erwähnt werden, die nach Kenntnis der Zusammenhänge eine zielgerichtete Therapie eher unterstützen, keineswegs aber durch voreilige Behandlungsmaßnahmen hindern sollten.

So sehen wir in der Pericarditis epistenocardica beim Myokardinfarkt eine natürliche Heilbestrebung, die eine Kompensation fördern kann und im Interesse einer besseren Durchblutung und Stabilisierung des geschädigten Herzmuskels zustande kommt. Auch die Entwicklung eines arteriellen Hochdruckes bei der Mitralstenose, beim totalen Block usw., welche der Erhaltung der Kreislaufkontinuität dient, ist als Selbsthilfsmaßnahme zu betrachten. Im gleichen Sinne ist die Vermehrung der roten Blutkörperchen mit Polyglobulie anzusehen, die sich meist überschießend auswirkt. Kommt es zu einer ausgeprägten Polyzythämie, dann sind Aderlaß und Blutegel zu empfehlen. Auch die Förderung des venösen Rückstromes durch CO_2-Atmung (Karbogengas) und durch Efflorage sowie Anregung der Zwerchfellatmung, die eine Auspressung des Leberblutdepots begünstigt und auf diese Weise das Herz zu vermehrter Tätigkeit anregt, können unter diesen Gesichtspunkten als Unterstützung natürlicher Heilmaßnahmen angesehen werden.

Am Kreislauf sind die natürlichen Heilmaßnahmen gebunden an eine optimale Gesamtdurchblutung, sowie an eine ausreichende, den jeweiligen Bedürfnissen entsprechende Organdurchblutung. Die Gesamtdurchblutung wird angeregt durch Kohlensäurebäder, durch Gymnastik, Massage, Trockenbürsten usw. Aber auch regulierende Maßnahmen können unter diesen Gesichtspunkten notwendig werden. So können im Interesse der Kreislaufkontinuität eine Bluttransfusion oder eine Kochsalz- bzw. Traubenzuckerinfusion bei einer hochgradigen Anämie, Aderlaß und Blutegelbehandlung dagegen bei einer Polyzythämie für die Herstellung einer optimalen Gesamtdurchblutung erforderlich sein.

Von gleicher Bedeutung ist auch die Anregung der Durchblutung bestimmter Gefäßprovinzen, in die man aus therapeutischen Gründen einen vermehrten Zustrom hineinlenken will, ohne damit den Kreislauf in seiner Gesamtheit oder das Herz zu belasten.

In diesem Sinne wirken lokale Wärmeapplikation, Bestrahlung, Einreibungen mit Rubefacientien und Vesicantien (Campherspiritus, Euflux, Grünöl, Liniment, Recorsan, Doloresumöl usw.), mit Dermotherma oder Akrothermsalbe, BIERscher Stauung, Hand- und Fußbädern mit ihrer reflektorischen Wirkung auf Herz, Kopf, Magen, Lunge usw. Von den Organextrakten (Embran usw.) wissen wir, daß sie eine isolierte, vermehrte Durchblutung von Muskulatur, Herz- und Gehirngefäßen bewirken. Als gleicherweise günstig haben sich intravenöse Injektionen mit Priscol, Novocain-Embran, Melcain usw. erwiesen. Bekannt ist weiterhin die durchblutungsfördernde Wirkung von weiblichen Sexualhormonen (Progynon, Cyren B). Besonders erweiternd auf die Hirngefäße wirkt ein Gemisch aus Coffein und Embran. Die Lunge kann durch Atemübungen vermehrt durchblutet werden. Auf die besonderen Gesichtspunkte der Heilatmung wird an anderer Stelle eingegangen werden.

Auch durch die Verabfolgung von Vitaminen kann die natürliche Heilneigung unterstützt werden. In diesem Sinne haben sich Vitamin B_1 und C bei allen Entzündungen und Infektionen bestens bewährt. Auch das Vitamin E ist in die Behandlung peripherer Durchblutungsstörungen eingeführt worden.

Es soll eine Proliferation neuer Kapillaren, das Wiederdurchgängigwerden alter verschlossener Gefäße sowie die Abdichtung des kapillaren Strombettes begünstigen, und wird daher bei Myokardinfarkt, bei Purpura, Thrombose, Thrombophlebitis, Ulcus cruris, Morbus RAYNAUD, Gangrän usw. empfohlen. Man verabfolgt drei Tage lang täglich 300 mg, dann über längere Zeit 200 mg pro die. Schädigungen werden nicht beobachtet.

Ebenfalls zur Unterstützung natürlicher Heilmaßnahmen dienen alle therapeutischen Vorschläge, die geeignet sind, dem peripheren Kreislauf seine Funktion zu erleichtern und ihn durch Training auf ein höheres Leistungsniveau zu heben.

Zu diesem Zwecke stehen die große Zahl von Kreislaufmitteln mit zentralem bzw. peripherem Angriffspunkt (Cardiazol, Coramin, Coffein-Sympatol, Ephetonin, Ephedrin usw.) zur Verfügung. Besonders geeignet für derartige Aufgaben sind Mischpräparate von Adenosinen mit Coffein (Euviterin) und ähnliche Kombinationen.

Ferner besitzen wir eine große Reihe physikalischer Behandlungsmethoden, die durch Abhärtung und gute Gefäßtonisierung einen Trainingseffekt ausüben. Zu diesen gehören kühle Abwaschungen und Duschen. Die vielfach beliebten Wechselbäder sind nur bei hypotonischen Zirkulationsstörungen zu empfehlen. Bei einer spastischen Diathese (neurozirkulatorische Dystonie, Hochdruck, Morbus RAYNAUD usw.) sind sie kontraindiziert, da sie die Erregbarkeit des Gefäßnervensystems steigern und die Verkrampfungsbereitschaft begünstigen. Sehr viel wertvoller sind demgegenüber ansteigende Teilbäder, bei denen mit 35 bis 36 Grad begonnen, auf ca. 40 Grad erhöht und dann langsam wieder auf 37 Grad C. gesenkt wird. Da die Gefäße der Arme sehr viel reaktionsbereiter sind als die der Beine, kommt es durch Armbäder meist zu beträchtlicheren Blutverschiebungen als bei Fußbädern. Man wird daher bei einem langsamen Kreislauftraining (z. B. nach Dekompensation, Myokardinfarkt, nach langdauernden Infektionen usw.) zunächst mit Fußbädern beginnen, und erst nach deren erwiesener Verträglichkeit zu Armbädern übergehen. Auch Heilbäder (Kohlensäure-, Luftperl- und Solevollbäder, Senf-, Moor-Kreide-Teilbäder), Vibrationsmassage, Gymnastik, sportliche Betätigung und Klimabehandlung sind von ausgezeichneter Wirkung. Daneben sind Spezialmethoden vielfach nicht entbehrlich. Als besondere, durchblutungsfördernde, physikalische Maßnahmen sind die intermittierende, venöse Hyperämie und die synkardiale Massage, bei welcher rhythmische Druckimpulse der Peripherie über ein Gerät, das durch die R-Zacke im Ekg gesteuert wird, übermittelt werden, zu nennen. Sie können bei obliterierenden Gefäßerkrankungen, bei Gangrän, Morbus RAYNAUD, Claudicatio intermittens und Mal perforant oft sehr günstige Ergebnisse zeitigen. Schließlich wird man bemüht sein müssen, die vom Körper selbst gewählten Kompensationswege zu unterstützen. So kann die Anregung des Kollateralkreislaufes bei der Aortenisthmusstenose, die Kräftigung der tiefen Abflußwege bei den Varizen, die Anregung des Pfortaderkreislaufes durch Sandsackatmung, Zwerchfellatmung usw. bei Stauungszuständen im Abdomen bzw. die TALMAsche Operation bei der Leberzirrhose usw. im besten Sinne als Unterstützung natürlicher Heilvorgänge angesehen werden.

D. Behandlung funktioneller Störungen

Bei der Besprechung des Cor nervosum, das, pathogenetisch gesehen, ein prämorbides Krankheitsbild darstellt, haben wir Symptomatologie und Therapie funktioneller Herzstörungen ausführlich dargetan (s. Kap. VII, B). Hier genügt der Hinweis, daß der Krankheitsweg eines Herzkranken oft beginnt mit dem Gefühl, ein Herz zu haben oder Sensationen wie Herzklopfen, Herzunruhe usw. zu empfinden. Auch wenn eine eingehende Untersuchung eine völlig normale Herzdynamik ergibt, sollten doch alle Möglichkeiten, die zu einer neurozirkulatorischen Dystonie führen können, erforscht werden, um möglichst frühzeitig eine ursächliche Behandlung einzuleiten. Die Beschwerden selbst können meist leicht mit Eisbeutel bzw. Einreiben von Euflux auf die Herzgegend in Kombination mit Darreichung von Baldrianpräparaten behoben werden. Zeigt die Kreislaufanalyse sowie der übrige klinische Befund, daß eine Hyperthyreose vorliegt, dann kann man in leichteren Fällen mit Eiskrawatte, Brompräparaten und vegetarischer Kost oft erfolgreich sein. Beim Basedow-Herzen empfiehlt es sich, die Behandlungsvorschläge auf Seite 521 zu befolgen.

Häufig sind Reizbildungs- und Überleitungsstörungen die Ursache von Herzbeschwerden. In vielen Fällen werden diese durch die genannten ursächlichen Maßnahmen sowie durch allgemeine Beruhigung beseitigt. Zuweilen können auf reflektorischem Wege durch Sinus- oder Bulbusdruck, Auslösung von Erbrechen oder auch Lumbalpunktion, vor allem Reizbildungsstörungen und damit auch ihre Beschwerden behoben werden.

In gleicher Weise hat sich auch die langsame i.v. Injektion von Cedilanid oder Digitoxin bewährt.

Auf die Behandlung mit Chinin bzw. Chinidin wird S. 580 gesondert eingegangen.

Ein besonderes therapeutisches Problem sind oft die Überleitungsstörungen. Es ist eine Erfahrungstatsache, daß ein totaler Herzblock mit einer ausgezeichneten Leistungsfähigkeit einhergehen kann (s. S. 298), während sich die anfallsweise auftretenden Blockierungen nicht nur subjektiv, sondern auch funktionell überaus störend auswirken. Das therapeutische Prinzip besteht in dem Bemühen, solche Störungen zu stabilisieren und dann das Herz zu Kompensationsmaßnahmen anzuregen. Auch hier ist durch die negativ dromotrope Wirkung der Digitalis oft die künstliche Stabilisierung z. B. eines totalen Blockes und damit Beschwerdefreiheit und Leistungsfähigkeit zu erzielen.

Die Natur erweist sich in ihren biologischen Bestrebungen nicht immer als zweckmäßig, gelegentlich treten überschießende Heiltendenzen auf, die das Gesamtbild verschlimmern können. Bei einer Verlangsamung des Blutstromes ist eine Vermehrung der Erythrozyten, funktionell gesehen, zu begrüßen. Häufig kommt es jedoch zu einer Polyzythämie, die durch Viskositätssteigerung das Herz noch mehr belastet. O_2-Atmung, Blutegel und Aderlaß können dieser Störung entgegenwirken.

Die bedeutsamste Funktionsstörung im Kreislauf ist neben der Dekompensation (s. S. 140) die Verkrampfungsneigung. Sie muß, wenn man nicht die rasche Progredienz eines organischen Leidens heraufbeschwören will, mit allen Mitteln medikamentöser, physikalischer, ja selbst operativer Art beseitigt werden.

Medikamente, die diesem Zweck dienstbar gemacht werden, können einen zentralen und einen peripheren Angriffspunkt haben.

Gelingt es, durch Dämpfung des vegetativen Systems die Erregbarkeit herabzusetzen (Brom, Barbitursäure, Harnstoff, Baldrianderivate usw.), dann wird auch die ausgesprochen spastische Reaktionsbereitschaft in vielen Fällen zu beseitigen sein. Einen peripheren Angriffspunkt haben Deriphyllin, Euphyllin, Papaverin usw. Vielfach hat sich die direkte intraarterielle Applikationsart der intravenösen gegenüber als überlegen erwiesen. Acetylcholin und Kalzium können, auf diese Weise verabfolgt (sehr langsam), von guter Wirkung sein. Weiterhin kann die intraarterielle Anwendung von Histamin (0,5 bis 1,0 mg Histamin in 500 ccm physiologischer Kochsalzlösung) fühlbare Erleichterung bringen. Bei drohender Gangrän hat sich die i.v. Medikation von 0,2 mg Histidin mit jeweils 400 mg Ascorbinsäure, alle 6 Stunden und Ronicol compositum sowie die intraarterielle Sauerstoffinsufflation in vielen Fällen bestens bewährt. Gelingt es nicht, den Gefäßspasmus zu beheben, dann kann für kurzfristige Wirkungen eine Lumbalanästhesie, für langdauernden Erfolg unter Umständen eine Sympathektomie das Mittel der Wahl sein. Auch eine allgemeine Umstimmung kann die Grundlage für die Beseitigung einer spastischen Diathese schaffen. Am wirksamsten sind dabei die Heilfieberbehandlung (Pyrexal und Pyrifer), aber auch die Verabfolgung von hohen Progynondosen (2 mal wöchentlich 50 000 E), von hohen Embran-Dosen (jeden Tag 6–8 ccm) u. ä. haben sehr befriedigende Ergebnisse gebracht.

Im Gegensatz zu der allgemeinen Verkrampfungsneigung steht die Atonie der Gefäße bzw. der verminderte Tonus (siehe zirkulatorisches Entlastungssyndrom), der durch die Kollapsneigung ebenfalls geeignet ist, die Kreislaufregulation zu durchbrechen und schwere Durchblutungsstörungen zu verursachen. Hier spielen Sympatol, Coffein und Hypophysenhinterlappenpräparate eine wertvolle stimulierende Rolle. Daneben muß versucht werden, durch physikalische Behandlungsmethoden die Gefäßwände zu tonisieren; Maßnahmen, von denen sich besonders Kohlensäurebäder, Massage, Duschen, Atemgymnastik, Bandagen als geeignet erwiesen haben. In den gleichen Zusammenhang gehört die Schockbehandlung. Es ist dabei darauf hinzuweisen, daß bei Schockgefährdeten (Myokardinfarkt, Serumbehandlung, schweren Verletzungen, Angiokardiographie usw.), die Manifestation des Kreislaufversagens durch Ausschaltung nervöser Reflexmechanismen (Luminalnatrium, Evipannarkose usw.) unterbunden werden kann.

Ist es dagegen zum Schock gekommen, dann muß das eigentliche Versagensmoment bei diesem Ereignis, nämlich die Verminderung des zirkulierenden Blutvolumens, therapeutisch ausgeglichen und eine Auffüllung der Strombahnen durch Bluttransfusion, Periston- oder Kochsalzinfusionen vorgenommen werden. Beim Myokardinfarktschock wird man eine derartige Herzbelastung möglichst vermeiden und versuchen, neben einer Dämpfung des Vasomotorenzentrums mit Kreislaufstimulantien wie Sympatol, Cardiazol, Coffein, Coramin und Strychnin auszukommen.

Eine weitere Funktionsstörung der Gefäßwand ist in ihrer vermehrten Durchlässigkeit zu sehen, die sowohl in der Ödemgenese, als auch bei einer gefäßbedingten hämorrhagischen Diathese (petechiale Blutungen per diapedesin) eine Rolle spielen dürfte. Zu ihrer Behebung haben sich vor allem Vitamin C, P und K bewährt. Das Vitamin P (Citrin) hat eine vorwiegend gefäßabdichtende Wirkung und sein Mangel führt zu einer abnormen Kapillarfragilität. Mit ihm evtl. identisch ist das Rutin (Rutinion), das wahrscheinlich in engem Synergismus mit dem Vitamin C für die normale Struktur der von den Endothelzellen gebildeten Interzellularbrücken notwendig ist. Seine Wirkung scheint dabei an eine normale Zusammensetzung der Serumeiweißfraktionen gebunden zu sein. Es wird in einer Dosis von täglich 3 mal 1–2 Tabletten über 2–3 Wochen gegeben. Ähnliche gefäßabdichtende Wirkung haben Pyramidon und Kalzium. Im Gegensatz dazu hat das Vitamin K mehr Beziehungen zu den Gerinnungsvorgängen im Blut. Unter seinem Einfluß wird die Leber zu vermehrter Prothrombinbildung angeregt und soll bei ausreichender Zufuhr imstande sein, eine durch Dicumarol herbeigeführte Hypoprothrombinämie innerhalb von kürzester Zeit zu beheben (Konakion-Trinkampulle). Es wird in Form von Karan oder Syncavit 2–3 mal täglich 1 Tablette mehrere Tage lang verabfolgt.

Ein anderes Behandlungsprinzip im Sinne einer allgemeinen Entschlackung, einer „Gewebswäsche", einer Richtungsänderung des Flüssigkeitsstromes von den Geweben zur Strombahn, einer Entquellung, Entwässerung und Anregung der Diurese ist in der i.v. Anwendung hypertonischer Lösungen (Kochsalz, Traubenzucker usw.) gegeben. Es setzt nach einer entsprechenden Medikation ein Diffusionsstrom vom Gewebe in das Blut ein, der u. a. abhängig ist von der Konzentration der ionalen Zusammensetzung und der chemischen Beschaffenheit der zugeführten Stoffe.

Bei peripheren Durchblutungsstörungen (Migräne, Claudicatio intermittens), bei gewissen Hochdruckformen usw. können auf diese Weise gute Erfolge erzielt werden. Besteht gleichzeitig eine Herzbeteiligung bzw. arbeitet das Herz bereits am Rande der Kompensation, dann ist jedoch Vorsicht geboten, besonders wenn man sich vor Augen hält, daß schon 30 ccm einer 40%igen Traubenzuckerlösung eine Zunahme der zirkulierenden Blutmenge um 500 ccm bewirken, eine Belastung, welche die Manifestation einer Dekompensation begünstigen kann.

Außerdem ist erwähnenswert, daß durch hypertonische Lösungen das Auftreten einer Myokardschädigung zu provozieren ist. Diese Tatsache wird um so leichter verständlich, wenn man im Gewebsödem auch einen Kompensationsvorgang sieht, durch den gewisse, im Herzen angehäufte Stoffwechselschlacken in weitgehend unschädlicher Verdünnung gehalten werden. Wird nun das Wasser aus den Geweben gezogen, dann bewirkt die steigende Konzentration der an sich schon schädlichen Substanzen vielfach eine toxische Gewebsschädigung, die besonders am Herzen zu raschem Versagen führen kann.

E. Symptomatische Allgemeinbehandlung

Im Vordergrund der Allgemeinbehandlung steht das therapeutische Bemühen um die Beruhigung und den ausreichenden Schlaf des Herzkranken. Sedativa, mit Angriff vor allem an den nervösen Zentren, wie Luminal, oder auch schon in kleinen Dosen über den Tag verteilte Luminaletten, Prominaletten oder Hovaletten können diesem Zwecke dienstbar gemacht werden. Auch Baldrianpräparate (Valdispert, Neobornyval, Valofin oder Valylperlen) sind oft schon von ausreichender Wirkung. Bei Zuständen schwerer Dekompensation reichen sie jedoch nicht aus, so daß besonders beim Asthma cardiale von Pantopon Gebrauch gemacht werden muß. In geeigneten Fällen hat sich auch der Heilschlaf (s. S. 608) bewährt. Sehr wesentlich zur Beruhigung kann auch die Psychotherapie eingesetzt werden (s. Kap, VI, A, 12). Die Beseitigung innerer Spannungen und Verkrampfungen, die psychische Bereitschaft zur Mithilfe bei den Bemühungen um die Rekompensation (z. B. beim Durchhalten einer 8 bis 14tägigen Saftfastenkur), die richtige Einstellung zur Krankheit mit ihren Einschränkungen, aber andererseits auch ihren vielen noch erhaltenen Möglichkeiten, die Beseitigung depressiver Stimmung usw. können für den therapeutischen Erfolg und die Prognose der Krankheit von ausschlaggebender Bedeutung sein. So bedarf es für die Einhaltung des Rauchverbotes bei Kranken mit Endangiitis obliterans, Angina pectoris und Myokardinfarkt, für die Erzielung einer ausreichenden Krankheitseinsicht, ohne daß der Kranke einer ihn für das weitere Leben untauglich machenden Hypochondrie verfällt, für das Durchhalten von Schmerzen usw. oft eines ungewöhnlich großen seelischen Einflußes auf den Kranken, der nur durch einen mitfühlenden und erfahrenen Arzt erzielt werden kann.

Ein anderer Faktor ist die Schmerzstillung. Viele Krankheiten zeigen nur durch die Wirkung des Schmerzes eine deutliche Progredienz und sistieren, wenn eine „Entschmerzung" des Krankheitsprozesses erreicht wird. Wenn es möglich ist, auf diese Weise einen wesentlichen Baustein aus dem Krankheitsbild herauszulösen, dann fallen die Symptome praktisch auseinander, und die Krankheit selbst kommt leichter zum Abschluß.

Gefäßschmerzen (Myokardinfarkt, Endangiitis usw.) können von solcher Heftigkeit sein, daß sie die Grenze des Erträglichen übersteigen. Wenn man daher Opiate in vielen Fällen nicht umgehen kann, so soll man doch bei chronischen Krankheitsbildern mit ihrer ersten Anwendung sehr zurückhaltend sein. Wir haben den Eindruck, daß Opiate, gegen die Schmerzen des Herzinfarktes gegeben, die Prognose verschlechtern. Oft wird schon ein Eisbeutel oder Wärmeapplikation als so mildernd empfunden, daß es nur noch der lindernden Wirkung von Veramon, Gelonida antineuralgica (3 mal täglich 0,5–1 Tabl.) bedarf, um die Schmerzen erträglich zu machen. Auch das Ansetzen von Blutegeln hat sich bei diesen Zuständen oftmals erfolgreich bewährt. Bei sehr quälenden Schmerzen leiten wir sofort eine Schlaftherapie ein (s. S. 608). Andererseits darf man nicht übersehen, daß der Schmerz ein wichtiges Warnsymptom ist, das z. B. das Herz vor nicht adäquater Belastung schützt. Praktisch spielt, neben der Angina pectoris, vor allem der Myokarditisschmerz eine Rolle. Seiner Beseitigung dienen Eisbeutel, Blutegel auf die Herzgegend sowie schmerzstillende Mittel wie Veramon, Gelonida antineuralgica, während Opiate praktisch nicht benötigt werden und auf ganz spezielle Indikationen zu beschränken sind. Auch Einreibungen mit Rubefacientien, wie Liniform, Doloresumöl, Recorsan usw. können schmerzhafte Sensationen am Herzen oft leicht beseitigen.

Eine besondere Erwähnung verdient Euflux, von dem wir annehmen, daß es nicht nur nach den Prinzipien der Segmenttherapie, sondern auch über das Atemzentrum die Herzdurchblutung fördert (KLIMPEL).

Weiterhin muß die allgemeine Mattigkeit und die Kachexie von schwer Herzkranken therapeutisch angegangen werden. Die Behandlung mit männlichen Keimdrüsenpräparaten (Perandren, Anertan, Testoviron usw. 2 mal wöchentlich 25 mg) oder auch mit Primodian, weiterhin mit Tonophosphan (jeden 2. Tag 1 ccm) usw. kann von sehr guter Wirkung sein. Auch eine allgemeine Umstimmung, die biologisch durch Klimawechsel vorgenommen werden kann, vermag zu überraschenden Erfolgen zu führen. Es ist dabei ein waldreiches Klima in mittlerer Höhenlage (600–800 m) anzuraten. In den Rahmen der symptomatischen Behandlung gehört auch die Therapie der sekundär betroffenen Organe. Hier spielen die Störungen, die durch Stauung in den verschiedenen Organgebieten zustande kommen, eine wesentliche Rolle. Besonders belastet sind dabei Magen, Leber, Niere, Lunge und Gehirn.

Der Magenstauung, die sich in Appetitlosigleit, Übelkeit, Brechreiz usw. äußert, wirkt bereits die Schonkost entgegen. Magenspülungen sind meist kontraindiziert. In solchen Fällen können dann Kamillen- und Targesinrollkuren von guter Wirkung sein.

Die funktionelle Störung der Lunge mit Atemnot, Stauungsbronchitis, Husten und Auswurf ist durch Aderlaß, Inhalationen, Atemübungen, Sauerstoffbeatmung usw. oft leicht zu beheben. Sehr wesentlich und für den Ausgang des Leidens oft gleichentscheidend wie die Herzbehandlung, ist die rechtzeitige Behandlung und funktionelle Unterstützung der Leber. Bei jeder länger bestehenden Leberschwellung sollte intensiver Leberzellschutz betrieben werden. Die Stauung, die sich für die Dauer deletär auf das Leberparenchym auswirkt, kann oft durch Ansetzen von 2 bis 3 Blutegeln auf die Lebergegend günstig beeinflußt werden. Der Niere, welcher die Hauptfunktion bei der Ausscheidung zukommt, muß ebenfalls besondere Beachtung gewidmet werden. Leichte Albuminurie ist häufig durch den Mechanismus der Stauung, nicht durch Nierenparenchymschädigung bedingt. Erst wenn die Albuminurie höhere Grade annimmt, ist bei der Verwendung von Diuretica große Vorsicht angeraten. Die Stauungszustände schließlich im Kopf, die sich durch Kopfdruck, Benommenheit und Schwindel, Sehstörungen usw. verraten, können durch Eisbeutel auf den Kopf und 1 bis 2 Blutegel an den Processus mastoideus, Aderlaß, heißes Fußbad usw. behoben werden.

Ein besonders quälendes Symptom kann der Durst in der Dekompensation sein. Er kommt dadurch zustande, daß die Nasenatmung allein nicht mehr ausreicht, um den Luftmangel zu beheben und durch die Mundatmung die Schleimhäute sehr rasch austrocknen. Zu seiner Behebung dient ein Spray-Apparat in unmittelbarer Nähe des Kranken, der die Atemluft feucht hält, häufiges Gurgeln mit kaltem Pfefferminztee oder mentholhaltigem Mundwasser, das Kauen von Kaugummi oder auch Lutschen von dünnen Zitronenscheiben usw.

F. Verhütung von Komplikationen

Die bedeutsamste Komplikation bei jedem Herzschaden ist die Dekompensation. Durch sie werden die verschiedenen Regulationen und Kompensationen von Seiten des Herzens und des Kreislaufes in so verhängnisvoller Weise durchbrochen, daß selbst bei optimaler Rekompensation nicht mehr vollkommen der Zustand vor dem Auftreten der ersten Insuffizienzerscheinungen erreicht wird.

Auf S. 148 sind wir auf die zahlreichen Ursachen eingegangen, welche den Eintritt der Dekompensation zu begünstigen vermögen (Infektionen, Intoxikationen, seelische Erregungen und körperliche Überlastungen usw.). Im Rahmen einer Prophylaxe wird es nicht so ganz leicht sein, derartige komplizierende Ereignisse zu verhüten. Wenn man es sich aber zur Regel macht, bei ihrem Eintreten dem Herzen ganz besonderes Augenmerk zu widmen, dann wird sich bei rechtzeitiger entsprechender Behandlung manche Dekompensation zeitlich sehr herausschieben lassen.

Eine weitere Gefahr für den Herzkranken mit umfangreicher lokalisierter, oder schwerer allgemeiner Myokardschädigung, ist der Sekundenherztod, dessen Gefahr wie ein Damoklesschwert über diesen Kranken schwebt. Als Ursache wird Kammerflimmern angesehen.

Die vordringliche Aufgabe der Prophylaxe muß es daher sein, die gesteigerte Erregbarkeit der geschädigten Herzmuskelabschnitte, welche zum Ausgangspunkt eines derartigen Flimmerns werden können, zu dämpfen und weiterhin die koronare Durchblutung anzuregen. Derartige Eigenschaften besitzen Chinin bzw. Chinidinpräparate. Sie setzen in kleineren Dosen die Erregbarkeit pathologischer Reizbildungszentren herab und bewirken, wie wir nachweisen konnten, eine deutliche Besserung der koronaren Durchblutung (HOCHREIN und KELLER, SCHIMERT).

Langdauernde klinische Untersuchungen haben ergeben, daß sich für eine Prophylaxe Chinidin. basicum in Dosen von 2 mal tägl. 0,1 g am besten eignet. Bei dieser Dosierung waren selbst nach monatelanger Darreichung keinerlei Schäden zu beobachten. An Hand eines großen klinischen Materials wurde bei dieser Behandlung gezeigt, daß die Gefahr eines Herztodes um etwa 60% herabgesetzt werden kann (MORAWITZ und HOCHREIN).

Wir verwenden heute Eucard, je nach Bedarf 1–2 oder 3mal tgl. ½–1 Tabl. nach dem Essen und erleben kaum noch Fälle von Sekundenherztod.

Sehr schwerwiegende Komplikationen sind Herzwandaneurysma und Herzruptur.

Bei umfangreichen Infarzierungen wird man beiden Entwicklungen unter Umständen nur mit Heilschlaf begegnen können. In allen anderen Fällen ist die beste Prophylaxe langdauernde Bettruhe, Verzicht auf jede Belastung, ehe nicht die Aktivitätsdiagnostik eine weitgehende Reparation erkennen läßt. Auf Grund der Erfahrung, daß vor allem Patienten zu diesen Komplikationen neigen, welche einen Herzinfarkt nicht mit Blutdruckabfall, sondern mit Blutdrucksteigerung oder raschem Wiederanstieg des kurz gesenkten Blutdruckniveaus beantworten, wird man auch diesem Faktor therapeutisch, allerdings mit größter Vorsicht, Rechnung tragen müssen.

Eine weitere Komplikation bei allen erworbenen und angeborenen Herzfehlern ist die Neigung zur Überlagerung mit einer Endocarditis lenta.

Hier wird rechtzeitige Fokalsanierung unter den S. 515 beschriebenen Kautelen und die Beseitigung von scheinbar „schlummernden Herden" das Mittel der Wahl sein.

Eine eigenartige Komplikation, die im Zustand schwerer Dekompensation, aber auch nach Myokardinfarkt oder Apoplexie durch die Potenzierung bereits vorhandener pathogener Einflüsse oft eine bedrohliche Wendung herbeizuführen vermag, ist der Singultus.

Die erste Forderung bei der Behandlung des Singultus ist die Beseitigung des Grundleidens. Läßt sich das Grundleiden nur palliativ beeinflussen oder steht der Singultus im Vordergrund des Beschwerdebildes, muß versucht werden, ehe der Schluckauf zur gefährlichen und lebensbedrohlichen Komplikation wird, diesen zu beheben. Sämtliche Behandlungsmaßnahmen gehen von der Erfahrung aus, daß der Singultus sistiert, wenn es gelingt, die pathogenetische Kette seines Reflexmechanismus zu durchbrechen (BORNEMANN).

Somit fällt der Singultus der Hysterischen oder vegetativ Labilen in die Domäne des Psychotherapeuten.

Ein großer Teil der bei der Behandlung zur Verfügung stehenden Maßnahmen läßt sich in bezug auf den Wirkungsmechanismus auf eine abnorm tiefe Inspiration zurückführen, welche die kurze Einatmungsphase des Singultus zu unterdrücken vermag. Hierzu gehört die Pressung bei geschlossener Epiglottis nach tiefer Inspiration, das Trinken von Flüssigkeit in vielen kleinen Schlucken mit Stillegung der Atemmuskulatur, während die eingenommene Flüssigkeit die Kreuzungsstelle zwischen Luft- und Speiseweg bei geschlossenem Kehldeckel passiert, sowie das Auslösen des Niesreflexes, ferner die auf einen Kältereiz (WITTE: Besprayung des Nabels mit Chloräthyl, HEYMER: Eiswasserabspritzungen) oder Schmerzreiz (Kneifen, s.c. Injektion von 2,0 ccm einer 3%igen Karbolsäurelösung) erfolgende tiefe Einatmung neben der Durchführung einer intensiven Bauch- und Zwerchfellatmung. Beatmung mit Karbogengas bzw. in schweren Fällen mit CO_2, schließlich die Durchbrechung der Störung mittels Anwendung der Elektrolunge.

Die reflektorische Beeinflussung des Singultus stellt eine weitere Behandlungsmöglichkeit dar. Geht man von der Tatsache aus, daß durch den Niesreflex ein Singultus beseitigt werden kann, dann scheinen neben der tiefen Inspiration auch noch Reflexmechanismen eine Rolle zu spielen, insofern, als durch die bessere Bahnung dieses Reflexes der rudimentäre Singultusautomatismus blockiert werden kann. Somit läßt sich vielleicht die gute Wirkung eines suprarenin-getränkten Wattebausches in der Nase oder die Beseitigung des Singultus mittels Pantocainspray, Verfahren, die bei uns geübt werden, erklären.

Ähnlich liegen die Verhältnisse bei der manuellen Auslösung des Brech- und Würgreflexes. In manchen Fällen wirkt länger andauernder Druck auf die Augenbulbi bei geschlossenen Liddeckeln. Medikamentös wird auf die s.c. Gabe von Atropin (0,4–1,2 mg) und Papaverin hingewiesen. Mittels Pyrifer im Sinne einer Umstimmungstherapie und der Liquorpumpe wird der Singultus über das vegetative Nervensystem zu beeinflussen gesucht. Neben einer allgemeinen Kreislauftherapie, die eine bessere Sauerstoffversorgung gewährleisten soll, wird zur Beseitigung der Azidose Na-bikarbonat oder Speisesoda empfohlen und auf die gute Wirksamkeit der Sedativa hingewiesen. Neben Luminal, Megaphen, Atosil, Dolantin und Dilaudid-Atropin steht das Pyramidon vorzugsweise in Gebrauch. Letzteres verwendet man wegen seiner guten Wirkung bei extrapyramidalen Hyperkinesen in der Vorstellung, daß der Singultus als Äquivalent eines zentral-motorischen Erregungszustandes im Sinne klonischer Spontanentladung aus bulbären und extrapyramidalen Kerngebieten aufzufassen ist.

Gegenüber diesen konservativen Behandlungsmaßnahmen treten die chirurgischen Behandlungsverfahren in den Hintergrund. Es kommen in schweren Fällen die zeitweise Ausschaltung des N. phrenicus mittels Lokalanästhesie, die Phrenikusquetschung und die Entfernung des N. phrenicus in Betracht. Letzteres sollte aber nur bei strenger Indikation in lebensbedrohlichen Situationen angewandt werden, da mit zunehmendem Alter die Zwerchfellatmung immer stärker gegenüber den anderen Atemtypen in den Vordergrund tritt.

Zu den wesentlichsten und lebensbedrohlichsten Gefahren gehören Thrombose und Embolie. Der Thromboseverhütung dient die frühzeitige Bewegung der Beine nach einem Partus oder einer Operation, die am besten schon am 2. bis 3. Tage einsetzende, leichte und keinerlei Belastung herbeiführende Efflorage usw. Auch die Behandlung mit Bandagen, die Medikation von Sympatol und Hirudin, Kohlensäureatmung oder -teilbäder, Varizenbehandlung, Vermeidung von Stauungsschäden im kleinen Becken durch Regelung der Darmtätigkeit usw. sind geeignet, der Bildung von Thrombosen weitgehend vorzubeugen.

Durch fortlaufende Bestimmung der Gerinnungszeit und des Prothrombin-Index (s. S. 646) ist man heute in der Lage, den Zeitpunkt einer besonderen Thrombosegefährdung von seiten des Blutfaktors zu erkennen und durch Unterstützung der körpereigenen thrombolytischen bzw. thrombostatischen Kräfte die Ausbildung von Thrombosen zu verhüten.

Ist eine Thrombose trotz aller Vorsichtsmaßregeln zustande gekommen, dann muß durch absolute Ruhigstellung, Vermeidung jeder abrupten Bewegung (selbst rasches Aufrichten im Bett kann schon die tödliche Embolie auslösen), jeden Pressens oder jeder seelischen Erregung, die Rekanalisation des Thrombus oder seine endgültige Stabilisierung und die Ausbildung eines Kollateralkreislaufes abgewartet werden. Unterstützend wirken in diesem Stadium die Anwendung von Blutegeln, Heparin oder Thrombocid sowie bei fortlaufender Kontrolle des Prothrombinspiegels Tromexan, Marcumar usw. Ist trotzdem eine Embolie eingetreten, dann können, wenn sie nicht sofort tödlich ist, durch rasch vorgenommene Injektion von Luminal-Natrium oder eine oberflächliche Äthernarkose oft der das Leben bei der Embolie gefährdende Schock bzw. der vegetative Sturm und der unter Umständen die Durchblutung von Lunge, Myokard, Niere oder Gehirn in Frage stellende umfangreiche Kollateralspasmus vermieden werden. Auch die intrapleurale Injektion von 10 ccm 0,5%igem Novocain kann in gleicher Weise wirksam sein.

Eine antithrombotische bzw. thrombolytische Behandlung ist angezeigt: a) bei allen Zuständen, bei denen die Ausbildung von Thrombosen prophylaktisch verhindert werden soll (Vorbeugung der Ausbildung eines wandständigen Thrombus im Herzen im Gefolge einer Endocarditis epistenokardica bzw. einer Thrombose im Anschluß an einen apoplektischen Insult) sowie evtl. post partum oder post operationem bzw. b) bei Embolien, die bereits aufgetreten sind und durch die Unterstützung der thrombolytischen Kräfte des Blutes zur Lösung gebracht werden sollen.

Man verabfolgt zu diesem Zweck so früh wie möglich Antikoagulantien zunächst aus der Heparinreihe wie z. B. Liquemin, Elheparin bzw. Thrombocid als Heparinoid, und zwar in der Dosierung von 100000 I.E. Liquemin bzw. 300–500 mg Thrombocid, bei frischen Embolien in noch höherer Dosierung, und zwar über den Tag verteilt in 4–6 i. v. Einzelinjektionen oder in Form von Dauertropfinfusionen in 5%iger Traubenzuckerlösung innerhalb von 24 Stunden. Am nächsten Tag Übergang auf Depot-Liquemin (40000 I. E.) bei gleichzeitigem Beginn von Gaben eines Präparates aus der Cumarin-Reihe wie Marcumar. Die Dosierung liegt hierbei im allgemeinen am 1. Tag bei 7 Tabletten = 21 mg, am 2. Tag 3 Tabletten = 9 mg, am 3. Tag 2 Tabletten = 6 mg; am nächsten Tag Kontrolle des Prothrombinspiegels. Die therapeutische Breite liegt bei einem Prothrombinspiegel von 15 bis 25%. Ist dieser Wert erreicht, wird Marcumar in der entsprechenden Erhaltungsdosis unter laufender Kontrolle des Prothrombinspiegels weiter gegeben. Sollte es dabei zu einer sturzartigen Hypoprothrombinämie kommen, dann ist diese durch Gabe von hohen Dosen Konakion und Bluttransfusion zu beheben. Bei Blutstauung nach Verabfolgung eines Heparinpräparates wird Protaminsulfat i. v. verabfolgt, wodurch eine prompte Blutstillung auftritt. Während der Antikoagulantienbehandlung ist die i. m. Injektion von Medikamenten wegen der Gefahr der Hämatombildung möglichst zu meiden.

Schließlich ist darauf hinzuweisen, daß wahrscheinlich auch durch Campolon und Eigenblutinjektion die thrombolytischen Kräfte gesteigert und die Thrombosegefahr herabgesetzt wird. Nicht ganz selten liegt jedoch dem plötzlichen „embolischen" Verschluß eines Gefäßes gar kein Embolus, sondern ein maximaler Gefäßspasmus zugrunde („Embolie" der Art. centralis retinae).

Wendet man in solchen Fällen Spasmolytica an, dann ist die Gefahr eines dauernden Funktionsausfalls in vielen Fällen oft noch zu vermeiden. Handelt es sich um einen Thrombus, dann ist dieses Vorgehen ebenfalls nützlich, weil dieser vielfach nur durch einen Gefäßspasmus eingeklemmt ist. Kommt dieser zur Lösung, dann kann das Gerinnsel oft noch weiter in die Peripherie fortgetragen und ein zunächst großer Funktionsausfall auf ein kleines Gebiet beschränkt werden.

Auch die Extremitätengangrän ist ein Ereignis, das vielfach kein unausweichbares Schicksal darstellt. Wenn man sich vor Augen hält, daß Menschen mit ausgeprägter Arteriosklerose, mit Diabetes mellitus oder solche, die zu Erfrierungen neigen, besonders disponiert sind, dann können durch geeignete Aufklärung und prophylaktische Maßnahmen (Tragen gutsitzender Schuhe, Vermeiden von Durchnässung und Durchkühlung der Füße, tägliches Trockenbürsten der Füße, abendliche warme Fußbäder (2mal wöchentlich mit Salhuminzusatz) usw. sehr häufig Schädigungen verhütet werden (s. Kap. IX, C, 5. 1).

In gleicher Weise sind auch ein Myokardinfarkt, ein apoplektischer Insult usw. Ereignisse, die bis zu einem gewissen Grade bei einer bestimmten Konstitution und Disposition vorhergesehen und durch eine geeignete Beratung vermieden werden können.

Literatur zu Kapitel V, Abschnitt F

BORNEMANN, K.: Komplikationen bei der Mitral-Stenose. Med. Klin. **52**, H. 11, 433 (1957). — CLARKE, E. und Mitarb.: LANDRY-GUILLAIN-BARRÉ syndrome: Cardiovascular complications. Treatment with ACTH and cortisone. Brit. Med. J. **4903**, 1504 (1954). — HOCHREIN, M.: Therapeutische Probleme beim Myokardinfarkt. Therapiewoche **6**, 344 (1950); und P. MORAWITZ: Zur Verhütung des akuten Herztodes. Münch. med. Wschr. **26**, 17 (1928); und I. SCHLEICHER: Therapie akuter Gefahren bei Kreislaufstörungen. Dtsch. med. Wschr. **1949**, H. 3, 86; und I. SCHLEICHER: Zur Prophylaxe lebensbedrohlicher Komplikationen beim Myokardinfarkt. Med. Mschr. **5**, 289 (1952). — KOGAN, B. B. und T. S. SHARKOSKAJA: Klinik der durch Aneurysma der linken Herzkammer komplizierten Myokardinfarkte. Klin. Med. (russ.) **28**, H. 11, 30 (1950). — LIVSIC, L. I.: Besonderheiten des klinischen Verlaufes des Myokardinfarktes (und des Herzaneurysmas) bei Hypertonie. Russ. Therap. Arch. **21**, H. 5, 54 (1949). — MEISSNER, F.: Herz-Kreislauf-Komplikationen nach alterschirurgischen Eingriffen. Ärztl. Wschr. **12**, H. 23/24, 515 (1957). — OSTAPJUK, F. E. und K. A. MAKAROVA: Über Komplikationen bei Hypertonie. Klin. med. (russ.) **34**, H. 9, 73 (1956). — PARKER, R. L. und N. W. BARKER: The effect of anticoagulants on the incidence of thromboembolic complications in acute myocardial infarction. Amer. Heart. J. **38**, H. 4, 636 (1949). — SIGG, K.: Verhütung und Behandlung thrombo-embolischer Komplikationen. Wien. med. Wschr. **108**, H. 10, 206 (1958). — STRATMANN, P. W.: Pseudobulbärparalyse einer jugendlichen Herzkranken. Münch. med. Wschr. **100**, H. 7, 271 (1958). — TYLER, H. R. und D. B. CLARK: Incidence of neurological complications in congenital heart disease. Arch. Neur. **77**, 17 (1957).

G. Vermeidung von Schädigungen

Von den Schädlichkeiten, die von Herz-Kreislaufgefährdeten gemieden, vom Arzt aber mit Nachdruck aus jedem Behandlungsprogramm eliminiert werden müssen, steht an erster Stelle das Nikotin.

Zu diesem Problem scheinen uns Ausführungen um so notwendiger, als ein hoher Prozentsatz der Ärzteschaft als Selbstraucher dieser Frage nicht kritisch genug gegenüber steht und vage Stellungnahmen bezieht, die um so gerechtfertigter erscheinen, als auch amerikanische Autoren glauben, um des euphorisierenden Effektes willen, selbst bei Herz-Kreislaufkranken, nicht auf Nikotinabstinenz dringen zu müssen.

Um hier nun eine fundierte Auffassung vertreten zu können, müssen wir uns verdeutlichen, daß keine Noxe die so häufige vegetative Dysregulation in einer, im Einzelfall gar nicht zu überblickenden Weise zu potenzieren vermag, wie das Nikotin. Kein Genußmittel hat in einer solchen Weise eine Verbreitung über die ganze Welt gefunden, und für kaum etwas werden im Ausgabenetat weiter Bevölkerungsschichten so unvorstellbare Summen ausgegeben wie für das Rauchen.

Durch welche Wirkungsweise kann dieser vielfach zu schwerem Abusus, ja sogar zur Sucht, führende Nikotingenuß erklärt werden?

Bereits 1925 veröffentlichte MENDENHALL Beobachtungen, aus denen hervorging, daß der Genuß von 1-2 Zigaretten bei Rauchern und Nichtrauchern deutliche Veränderungen hinsichtlich der sensiblen Empfindlichkeit herbeiführt, die aber durchaus nicht einheitlich sind und zwischen zwei polaren Gegensätzen schwanken. Genauere Untersuchungen ergeben, daß bei anfänglich großer Überempfindlichkeit gegenüber Tabak mit zunehmendem Genuß die Wirkung gedämpft wird, während sie andererseits bei anfänglich unterschwelligem Effekt bei fortgesetztem Rauchen so gesteigert wird, daß sie sich ebenfalls wiederum der Norm nähert. MØLLER stellt fest, daß diese Resultate fundamentale Eigenschaften der Tabakwirkung zahlenmäßig ausdrücken. Die viel diskutierte Frage, ob Tabak ein Stimulans oder ein Betäubungsmittel sei, ist folgendermaßen zu beantworten: „Beides, je nach dem, was man benötigt". Diese amphotere Eigenschaft ist etwas Einzigartiges und dürfte wohl im wesentlichen die sonst kaum verständliche Verbreitung und Popularität des Nikotingenusses erklären.

Gerade diese Wirkung ist es auch, welche den Nikotingenuß im Rahmen der Übermüdung zu einer weiteren Quelle der Gefährdung macht. So raucht der Überreizte, Nervöse, Gespannte, der Ruhe- und Schlaflose zu seiner Entspannung; der Ermüdete, der Angestrengte und Abgespannte dagegen zur Anregung und Überwindung des Müdigkeitsgefühls.

Für den Beobachter sind beide Typen schon aspektmäßig leicht unterscheidbar. Der Erstere raucht hastig, Zigarette auf Zigarette entzündend, und die Stereotypie der Bewegungen verrät das Bedürfnis, der inneren motorischen Unruhe ein Ventil zu verschaffen. Der Ermüdete dagegen raucht langsam, dem Genuß hingegeben und entwickelt sich kaum jemals zum Kettenraucher.

Um die Rolle, welche das Nikotin im Rahmen der Übermüdung und bei der Entstehung der neurozirkulatorischen Dystonie zu spielen vermag, besser verstehen zu können, ist es notwendig, auf seine pharmakologische Wirksamkeit hinzuweisen, ohne dabei auf die Klinik der Nikotinvergiftung eingehen zu wollen.

Wir wissen, daß Nikotin in der minimal wirksamen Dosis zu einer Ausschüttung von Adrenalin aus den Nebennieren führt und dadurch abhängig von der vegetativen Ausgangslage einen mehr oder weniger schweren Sympathikusreiz setzt. Weiterhin läßt sich eine Stimulierung höherer Zentren nachweisen, die an einer Blutdrucksteigerung feststellbar ist.

Wird die minimal wirksame Dosis überschritten, dann wird erst eine Erregung, schließlich sogar eine Lähmung der peripheren Ganglien nachweisbar, die vor allem am Schwinden des Depressorreflexes deutlich erkennbar ist (STRAUB). Nikotin besitzt weiterhin eine noch nicht ganz geklärte analeptische Wirkung. Auch eine gewisse Euphorie ist nach Nikotingenuß unverkennbar. Unzweifelhaft können Arbeitsfreudigkeit und auch schöpferisches Gestalten durch Nikotingenuß gesteigert werden, die sportlichen Leistungen Jugendlicher werden jedoch regelmäßig verschlechtert. Der Eindruck schließlich, daß Tabak das Gehirn stimuliere, wird nach MØLLER nur durch die Tatsache erklärt, daß es Müdigkeit, Hunger und andere störende Empfindungen vorübergehend unterdrückt.

Mit diesen pharmakologischen Daten allein, die zwar noch beliebig erweitert werden könnten, ist die pathogenetische Bedeutung des Nikotins beim Zustandekommen zirkulatorischer Störungen noch nicht aufgehellt.

So ist eine der wesentlichen Fragen noch ungeklärt, da nicht gesichert ist, ob das Nikotin nach toxikologischen Gesetzmäßigkeiten, d. h. mit Abhängigkeit des Effektes von Stärke oder Dauer der Einwirkung, zu betrachten ist oder ob auch Überempfindlichkeitsreaktionen bei der Bewertung des Nikotins eine Rolle spielen, was auf Grund klinischer Erfahrungen anzunehmen ist.

Es ist nicht möglich, nach dem Wortspiel: „Wer lange raucht, lebt lange" einige Greise zu zitieren, welche mit ausgesprochenem Nikotinabusus weit über 80 Jahre alt wurden, um die Ungefährlichkeit des Nikotins zu beweisen und genau so unrichtig, das Nikotin allein z. B. für die Zunahme der Kreislauferkrankungen in den letzten Jahrzehnten verantwortlich zu machen. Dagegen gibt es Dispositionen, und darauf wird später noch einzugehen sein, bei denen wenige inhalierte Züge mehr schaden, als bei anderen 10–20 Zigaretten pro Tag. Die Klärung der Frage, ob für diese Empfindlichkeit nun das Nikotin oder aber die Pyridine, CO, die Art des Papiers oder die Tatsache des Inhalierens verantwortlich gemacht werden müssen (Wollheim), steht allerdings noch aus.

Durch welche Wirkungsmechanismen können nun die Nikotinschäden im Einzelfall erklärt werden?

Von ganz entscheidender Bedeutung für den Wirkungseffekt ist sicher die vegetative Ausgangslage. So konnten Steinmann und Voegeli nachweisen, daß das Rauchen beim Jugendlichen mehr eine vagotone, d. h. histotrope, bei Älteren eine ambivalente, evtl. sympathikotrope Umstellung des Kreislaufes erzeugt. Sie untersuchten weiterhin den Einfluß auf die Kreislaufanpassung bei Belastung und fanden deutliche Störungen der vegetativen Regulation mit ausgeprägter Unökonomie der Belastungsumstellung. So war die notwendige Zunahme des Minutenvolumens nur durch Steigerung der Herzfrequenz möglich, während das Schlagvolumen eher absank. Während bei Trainierten der Effekt nicht ganz so ausgeprägt war, reguliert der Untrainierte noch ungünstiger als ohne Nikotin.

Darüber hinaus muß die Nikotinwirkung am Gefäßsystem im Einzelfall berücksichtigt werden. Hier besteht mehr Übereinstimmung hinsichtlich der Auffassung, daß das Nikotin geeignet sei, eine vorhandene Verkrampfungsbereitschaft zu steigern bzw. zu ihrer Entwicklung beizutragen (Ratschow), und daß die periphere Durchblutung, meßbar mittels Hauttemperatur, schon nach dem Genuß einer Zigarette deutlich absinkt. Herbig schließlich beantwortet die Frage: Ist das Nikotin ein Gefäßgift? folgendermaßen: „Jedenfalls muß man Kranken, die auf eine gute Blutversorgung angewiesen sind (Endangiitis obliterans, Erfrierungen, schlecht heilende Wunden usw.), das Rauchen streng verbieten. Sie haben einen Kollateralkreislauf dringend notwendig und können es sich nicht leisten, die kleinen Haut- und Muskelgefäße zum Versiegen zu bringen. Menschen, die kälteempfindlich sind, sollten, wenn sie zwangsläufig dem Frost ausgesetzt werden, auf keinen Fall ihre Hautdurchblutung vermindern. In solchen Fällen begünstigt das Nikotin die Unterkühlung.

Obwohl die Einstellung der Klinik, insbesondere der Kardiologie, hinsichtlich des Nikotins immer ziemlich eindeutig gewesen ist, scheint sich die Auffassung neuerdings in Richtung einer Bagatellisierung der Nikotinwirkung zu verschieben.

So hält Levy das Rauchen auch bei Herzkranken nicht für kontraindiziert, auch Mattioli sieht mäßiges Rauchen nicht für schädlich an, da es sich günstig auf die Psyche des Individuums auswirke. Burn schließlich lehnt den gefäßaktiven Einfluß des Nikotins weitgehend ab und glaubt, daß sich bei Herzkranken als schädlich nur der antidiuretische Effekt auswirke, welcher durch Diuretika leicht bekämpft werden kann.

Um in diesem Rahmen eine gewisse klinische Ausrichtung bezüglich der Bewertung des Nikotins zu geben, wollen wir folgende Erfahrungen festlegen:

Der ausgesprochen vegetativ Stigmatisierte ist vielfach sehr nikotinempfindlich, vor allem aber Personen mit leichter Schilddrüsenüberfunktion. Diese Empfindlichkeit äußert sich u. a. auch durch das Auftreten von subjektiven Beschwerden, wie Schweißausbruch, Schwindelgefühl, Herzklopfen usw. Treten derartige Mißempfindungen auf, dann wird das Rauchen in der Regel von selbst unterlassen, es sei denn, daß der euphorisierende Effekt so ausgeprägt ist, daß die somatischen Sensationen lieber in Kauf genommen werden. In solchen Fällen wird, genau so wie bei organischen Gefäßerkrankungen, die Autorität des Arztes die eindeutige und unmißverständliche Entscheidung zu treffen haben. Hier ist es nun eine eigenartige Tatsache, daß die Sucht vielfach so ausgeprägt ist, daß z. B. 50% der Endangiitis-obliterans-Kranken eher den Verlust einer Extremität nach der anderen in Kauf nehmen, als die Leidenschaft des Nikotingenusses aufzugeben.

Auf Grund eigener Untersuchungen können wir weiterhin feststellen:
1. Bei jugendlichen Gefäßlabilen führt das Nikotin zu einer vermehrten Ansprechbarkeit des Gefäßsystems im Sinne von ,,überschießenden" oder ,,paradoxen" Reflexen.
2. Bei bereits bestehender neurozirkulatorischer Dystonie können Blutdrucksteigerung, welche die Zeit der Nikotineinwirkung lange überdauert, und auch die Neigung zu orthostatischer Dysregulation beobachtet werden.
3. Bei Patienten mit Empfindlichkeit des Koronarsystems ist Nikotin geeignet, die koronare Versagensbereitschaft zu steigern.
4. Nikotin spielt auch in der Pathogenese pulmonaler Durchblutungsstörungen eine wesentliche Rolle und verschlechtert dadurch die Bedingungen der Sauerstoffaufnahme (s. Abb. 201, Abb. 202, S. 538).

Allen diesen Untersuchungen ist somit zu entnehmen, daß bei Einschränkung der kardio-vaskulären Leistung, aus irgendeiner Ursache, das Nikotin absolut kontraindiziert ist, eine Tatsache, welche bei den therapeutischen Erwägungen zu berücksichtigen sein wird.

Neben dieser so ausführlichen Schilderung einer Schädigungsmöglichkeit sollen andere Momente, weil sie noch an anderer Stelle besprochen werden, nur kurz gestreift werden. Auf die Folgen der körperlichen Inaktivierung und der übergangslosen Ruhigstellung wird S. 542 noch eingegangen.

Bei jedem Therapieplan muß man sich verdeutlichen, daß zur Entwicklung eines Leistungsoptimums, selbst bei geschädigtem Herz-Kreislaufsystem, ein natürlicher biologischer Reiz notwendig ist, um die in jedem Organismus steckenden Anpassungsreserven zur Entwicklung zu bringen. Es ist dies ein Faktor, dem bisher allzu wenig Beachtung geschenkt worden ist.

Auf die Gefahren der Übergewichtigkeit wird in Kap. X, E, 1 ebenfalls noch eingegangen werden.

In diesem Zusammenhang ist darüber hinaus darauf hinzuweisen, daß auch voluminöse einzelne Mahlzeiten, stark blähende Speisen, kohlensäurehaltige Getränke, in großer Menge genossen, durch Zwerchfellhochstand oder gastrokardialen bzw. gastro-pulmonalen Reflex nicht nur ein vorgeschädigtes, sondern wie die Beobachtung S. 204 zeigt, selbst ein gesundes Herz-Kreislaufsystem zum Versagen bringen können.

538 Allgemeine funktionelle Behandlung von Herz-Kreislauferkrankungen

Auch der Vita sexualis wird sich der beratende Arzt jeweils anzunehmen haben.

Es empfiehlt sich, daß der Arzt selber dieses Problem anschneidet, denn der Patient wird vielfach aus mancherlei Gründen davon Abstand nehmen. Bei allen Zuständen am Rande der Kompensation, bei allen Syndromen, die man auch als

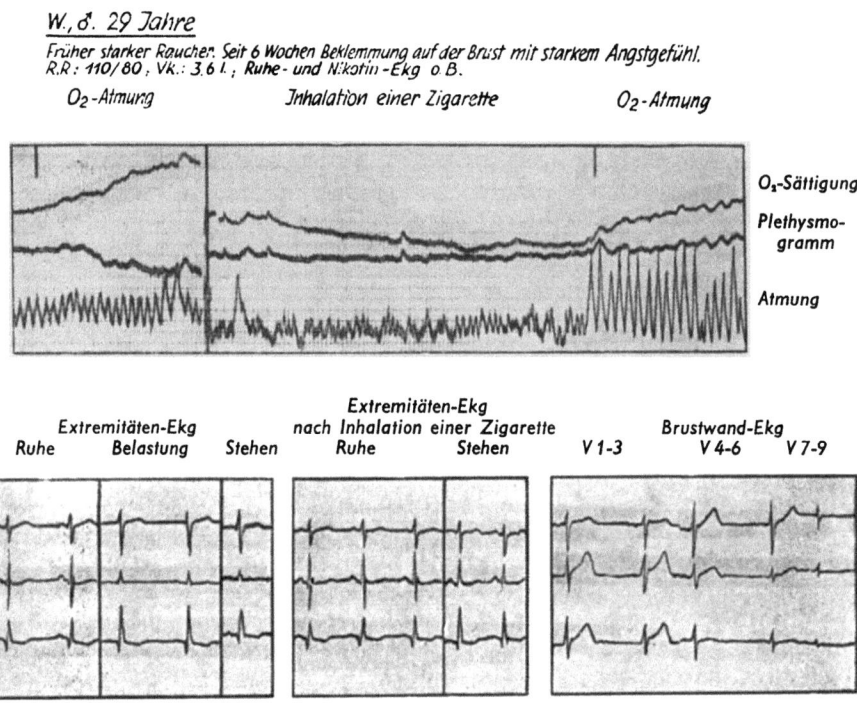

Abb. 201. Der Einfluß einer inhalierten Zigarette auf die Sauerstoffsättigung. Aus dem Kurvenverlauf ist ersichtlich, wie stark die Sauerstoffsättigung bei einer Durchblutungsstörung der Lunge nach Sauerstoffatmung zunimmt. Im Mittelteil sieht man die ausgeprägte Abnahme der Sauerstoffsättigung nach Inhalation einer Zigarette und im Endteil den jetzt nur sehr geringen Anstieg nach erneuter Sauerstoffatmung.

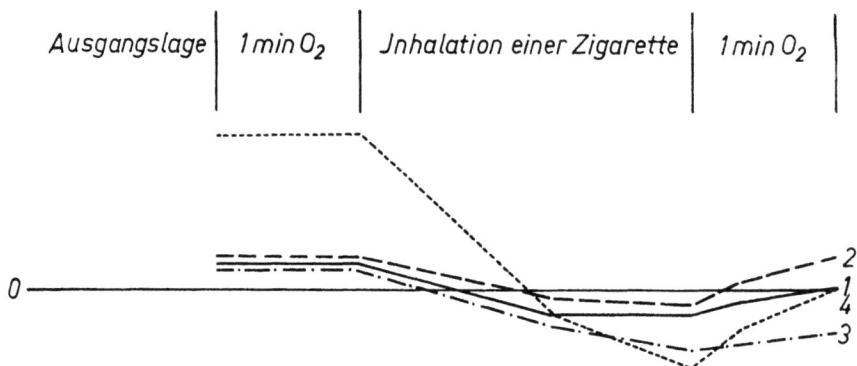

Abb. 202. Nikotinwirkung auf O_2-Sättigungsgeschwindigkeit.

„trigger-mechanism" bezeichnet hat, d. h. solchen, bei denen zu erwarten steht, daß schon ein Tropfen das gefüllte Glas zum Überlaufen, d. h. das Herz zu völligem Versagen bringen kann, sollte zu vollständiger Abstinenz geraten werden. Bei nicht verantwortbarer sexueller Hyperaktivität muß diese therapeutisch angegangen werden.

Tabelle 26. Untersuchungen des Energieverbrauchs bei bestimmten Testarbeiten nach KARRASCH

Testarbeit	Arbeits- bedingungen	Belastung	Energie- verbrauch kcal/min
Stufensteigen (Steptest)	JAMES-Box, 20 cm Stufenhöhe	20 Aufstiege bei 80 steps/min	4,6
Kniebeugen		20 Kniebeugen pro Minute	7,9
Radfahren (LPI-Untersuchung nach E. A. MÜLLER)	Wirbelstrom- gebremstes Fahr- rad-Ergometer nach E. A. MÜLLER 60 PU/min	Leistungsanstieg 10 Watt/min bis 100 Watt	6,0
Kurbeln (spiro- ergometr. Unter- suchung nach KNIPPING)	Drehkurbel-Ergo- meter nach KNIP- PING 40 U/min	stufenweise 60, 90, 120 oder 150 Watt	4, 6, 8 oder 10
Stuhlsteigen (SCHNEIDER-Test)	Stuhlhöhe 45 cm	12 Aufstiege pro Min. 24 Aufstiege	6,8 13,1
Treppensteigen	optimale Treppe nach G. LEHMANN und B. ENGELMANN 17 cm Stufenhöhe, 29 cm Auftritt	100 Schritte pro Minute bei 70 kg Gewicht; 100 Schritte pro Minute bei 125 kg Gewicht	15,1 29,6

Auf die Gefährdung des Herz-Kreislaufsensibilisierten durch abrupte Klimaumstellung haben wir ebenfalls bereits aufmerksam gemacht.

In diesem Zusammenhang ist darauf hinzuweisen, daß intensive Insolation genau so gefährlich ist wie Kälteeinwirkung. Der so unangenehm und vielfach verbreiteten Wetterfühligkeit und Witterungsempfindlichkeit kann man leicht mit Antiföhnon begegnen.

Abgesehen von der Fokalinfektion, auf deren Bedeutung wir schon aufmerksam gemacht haben, müssen noch weitere allergisch-hyperergische Schädigungsmöglichkeiten erwogen werden.

In diesem Zusammenhang ist einerseits der Medikamentenmißbrauch, vor allem in der vorbeugenden Antibioticabehandlung zu nennen, durch den allein auf das

Penicillin bezogen, nach amerikanischen Statistiken bisher schon mehr Schaden angerichtet worden ist, als andererseits dem Nutzen durch dieses Medikament entspricht.

In ähnlicher Weise dubiös zu bewerten ist vor allem für ältere Jahrgänge der Impfzwang vor Auslandsreisen, der bei vorgeschädigtem Kreislauf sicher nicht belanglos ist.

Auch die zumutbare körperliche Belastbarkeit muß sowohl in diagnostischer Hinsicht, als auch in bezug auf die Berufsberatung Gegenstand besonderer Überlegung sein.

In Tab. 26 haben wir Untersuchungen von KARRASCH übernommen, aus denen der Energieverbrauch kcal/min bei den einzelnen Belastungsproben hervorgeht. Dem wird in Tab. 27 gegenübergestellt, welchen Energieverbrauch bestimmte Tätigkeiten unter speziellen Arbeitsbedingungen benötigen.

Tabelle 27. Untersuchungen des Energieverbrauchs bei bestimmten Tätigkeiten unter speziellen Arbeitsbedingungen nach KARRASCH

Tätigkeiten	Arbeitsbedingungen	Energieverbrauch kcal/min
Nähen	Handnähen, sitzend	0,4
Schrauben eindrehen	Normaler Schraubenzieher, Schraubenkopfhöhe 96 cm über dem Boden	0,5
Gehen	unbelastet, leichteste Bekleidung, ebener Weg, 4 km/h	2,1
Feilen	Eisen feilen, 80 Striche pro Minute	4,2
Wäsche waschen	Waschbrett	4,5
Pflügen	Pferdebespannter, 4 schariger Pflug, erneute Bearbeitung eines schon gepflügten Feldes, flottes Tempo	4,9
Stroh staken	2 zinkige Forke, 10 kg Garbengewicht, 3,1 m Ladehöhe, 7 Garben pro Minute	5,9
Radfahren	Glatte Straße, kein Gegenwind, 18 km/h	6,3
Graben	Gärtnerspaten, festgetretener, lehmiger Boden, 26 Einstiche pro Minute	7,5
Schaufeln	Schaufelgut Sand, Schaufellast 8 kg, Wurfweite 2 m, Wurfhöhe 1 m, 10 Hübe pro Minute	7,8
Schubkarre fahren	Hölzerne Baukarre, Ladung 100 kg Kies, ebene Holzbohlenbahn, 4,5 km/h	11,1
Treppensteigen	Optimale Treppe, 17 m/min Steiggeschwindigkeit vertikal	15,1

Erst wenn man diese Zahlen einmal kritisch durchsieht, kann man sich Aufschluß über manche Fragen der Beratung und Begutachtung verschaffen.

Abschließend soll hier noch darauf hingewiesen werden, daß für manche weiblichen Ratsuchenden unter bestimmten Bedingungen auch die Schwangerschaft eine Belastung darstellt, die ärztlicherseits nicht verantwortet werden kann. Da wir in einem besonderen Kapitel noch auf diese Frage eingehen, soll an dieser Stelle nur auf diesen Punkt hingewiesen werden.

Literatur zu Kapitel V, Abschnitt G

BARGERON, L. M. und Mitarb.: Effect of cigarette smoking on coronary blood flow and myocardial metabolism. Circulation **15**, 251 (1957). — BARONCHELLI, A.: Zur Streßwirkung des Zigarettenrauchens. Boll. Soc. ital. biol. sper. **28**, 1423 (1952). — BURN, J. G. und M. J. RAND: Action of nicotine on the heart (Die Wirkung des Nikotins auf das Herz). Brit. Med. J. **1**, 137 (1958). — BORNEMANN, K. und H. HOCHREIN: Zur Frage des Nikotins bei Herz-Kreislauferkrankungen. Med. Klin. **50**, H. 20, 869 (1955). — BREITINGER, H.: Der Einfluß von Nikotin auf das Ballistokardiogramm bei Gesunden und Kreislaufkranken. Arch. physik. Ther. **8**, 262 (1956). — BUSSE, W.: Nikotingewöhnung und Nebenwirkungen des Nikotins beim Rauchen. Medizinische **1954**, H. 17, 593. — CLOUGH, P. W.: The effect of tobacco on the heart. Ann. Int. Med. **45**, 319 (1956). — DENNINGER, K.: Nikotin und Neurohypophyse. Arzneimittelforschg. **4**, H. 2, 79 (1954). — DOLL, R. und A. B. HILL: Die Mortalität von Ärzten in Beziehung zu ihren Rauchgewohnheiten. Brit. Med. J. **1954**, 1451. — FELLINGER, K. und Mitarb.: Klinische und tierexperimentelle Untersuchungen über den Einfluß des Rauchens auf Herz und Kreislauf. Wien. klin. Wschr. **1956**, 257. — FISCHER, H.: Kapillarschäden durch Nikotin. Z. Geburtsh. **149**, 30 (1957). — HAMMOND, E. C. und D. HORN: Beziehungen zwischen gewohnheitsmäßigem Rauchen und Sterblichkeitsanteil. J. A. M. A. **155**, 1316 (1954). — HEGGLIN, R. und G. KAISER: Über Rauchen und Koronarerkrankungen. Schweiz. med. Wschr. **85**, H. 3, 53 (1955). — HENDERSON, C. B.: Ballistokardiographische Untersuchungen nach Zigarettengenuß bei Herzgesunden und Koronarkranken. Brit. Heart J. **15**, 278 (1953). — HEUBNER, W.: Über die Aufnahme von Nikotin aus Kautabak. Arch. Toxikol. **15**, 313 (1955). — KEISER, G.: Statistische Untersuchungen über den Einfluß des Rauchens auf die Angina pectoris. Cardiologia **24**, 285 (1954). — KREUZINGER, H.: Über den Einfluß des Zigarettenrauchens auf den Kreislauf. Z. Kreislaufforschg. **44**, H. 21/22, 879 (1955). — KRUG, K.: Über Tabakschäden, speziell des Herzens und Kreislaufs. Dtsch. Gesd.wes. **10**, H. 23, 808 (1955). — LANG, F. und H. MOKRY: Kreislauf und Diurese unter Nikotin. Wien. med. Wschr. **104**, H. 18, 357 (1954). — MERLE, E. und J. BELIN: Les gros cœurs alcoholiques. Sem. hôp. **1953**, 1453. — MILIS, C. A. und M. M. PORTER: Sterben Autofahrer, die viel rauchen, häufiger als andere Menschen an Herz- und Kreislaufkrankheiten? Dtsch. med. Wschr. **82**, H. 45, 1942 (1957). — PUHLMANN, H.: Seid maßvoll im Rauchen und Trinken und ihr bleibt gesund (Stuttgart 1957). — ROTH, G. M. und R. M. SHICK: Effect of smoking on the cardiovascular system of man. Circulation **27**, 443 (1958). — RUDOLF, W.: Anamnese: Starker Raucher. Med. Klin. **52**, H. 16, 671 (1957); Industrie untersucht „Genuß" und „Reue". Med. Klin. **49**, H. 14, 527 (1954). — RUSSEK, H. I. und Mitarb.: Effect of tobacco and whiskey on the cardiovascular system. J. Amer. Med. Ass. **157**, H. 7, 563 (1955). — SCHMIDT-VOIGT, J.: Tabak und Kreislauf. Orion **10**, H. 3/4, (1955). — SKRAMLIK, E. v.: Über die Auswirkung des Tabakrauchens. Z. Aerosol-Forschg. **4**, 157 (1955). — VENULET, F.: Raucherschäden durch Ascorbinsäureverlust. Med. Klin. **49**, H. 24, 959 (1954). — WENGER, R.: Schädigungen von Herz und Kreislauf durch Nikotin. Wien. med. Wschr. **1954**, 89. — WENGER, R., E. WICK und H. KUHN: Untersuchungen über die Durchblutung der Extremitäten nach dem Rauchen gewöhnlicher und mit Nikotinsäureamid vorbehandelter Zigaretten. Z. Kreislaufforschg. **44**, H. 1/2, 29 (1955).

KAPITEL VI

Spezielle Behandlungsvorschläge für Herz-Kreislauferkrankungen

A. Besondere Maßnahmen

1. Bettruhe

Die Dosierung und Indikation der Bettruhe, die bei der Krankenhausbehandlung von Herz-Kreislauferkrankungen eine maßgebliche Rolle spielt, stellt keineswegs eine so indifferente Behandlungsmethode dar, wie allgemein angenommen wird. Mit der Verordnung: „Bettruhe" taucht gleichzeitig die Frage auf, wo die Vorteile und Nachteile einer Krankenhausbehandlung liegen und insbesondere, ob mit den Heilbestrebungen einer Krankenhausbehandlung nicht gleichzeitig Gesundheitsschäden bzw. Versagensdispositionen verbunden sind.

Wenn man hier neue Wege gehen will, dann muß man sich verdeutlichen: Wo liegen die Vorteile und wo die Nachteile einer Krankenhausbehandlung? Heilt man nicht einerseits, um gleichzeitig wieder erneute Schädigungen bzw. Versagensdispositionen zu setzen?

Es ist zweifelsohne richtig, daß das Krankenhausmilieu in vieler Hinsicht einen raschen Behandlungserfolg anbahnt, indem es durch Ausschaltung des gewohnten Milieus mit seinen Belastungen und Beanspruchungen, durch allgemeine Ruhe und insbesondere körperliche Ruhigstellung, Ordnung des Tagesablaufes, Abnahme jeglicher Verantwortung und jeden Entschlusses durch stets bereite Pflege und Anteilnahme das optimale Behandlungsklima anstrebt. So günstig sich dieses einerseits auswirken kann, so wenig hat man bisher überlegt, wie ausgeprägt zwei neue Versagenstendenzen auf diese Weise kultiviert werden, nämlich das körperliche Entlastungssyndrom durch weitgehende, meist gar nicht notwendige strenge Bettruhe, und andererseits das seelische Entlastungssyndrom, geläufig unter dem Begriff der „Hospitalisierung".

Im Brennpunkt beider Faktoren steht das Bett. Es ist die conditio sine qua non, denn wenn kein Bett frei ist, kann eine Krankenhausbehandlung nicht stattfinden. Es hat somit das Bett eine Schlüsselstellung, die einerseits wohl dazu geführt hat, daß seine Existenz wenig zum Nachdenken anregte und die andererseits seinen materiellen Wert für den Kostenträger ausmacht, weil vom Kranken das Bett entweder ausgenützt oder aber das Krankenhaus verlassen werden muß. Hieraus ergeben sich die Gefahren entweder verfrühten Aufstehens oder zu langer Inaktivierung, die beide in gleicher Weise verhängnisvoll zur Auswirkung kommen können. Als Ursachen sind vor allem der Mangel an Pflegepersonal zu benennen sowie das Fehlen von Aufenthaltsräumen,

Tabelle 28.
Dosierung und Indikation der Bettruhe bei Kreislauferkrankungen

Absolute Bettruhe	„Belebte Bettruhe"	„trainierende Schonung"	Abschließende Rehabilitation
(Strenges Aufstehverbot; Waschen und Stuhlgang im Liegen.) Erleichtert durch: Lagewechsel, Kopf- bzw. Beinhochlagerung, Anregung der Atmung, Hautpflege, Kosmetik	(Kurzdauerndes Aufstehen mit gewickelten Beinen.) Atemübungen, vors. Arm- und Beinmassage, Arm- und Fußbäder	Aufstehen begrenzt auf 9–13, 15–19 Uhr. Atemgymnastik (Atempfeife oder Sandsack.) Spaziergänge mit Bewegungsstütze, leichte Heilgymnastik	(Liegezeit 12 Stunden, davon mindestens 2 Stunden Mittagsruhe.) Fortgesetztes Training durch Wandern, Terrainkuren, Bewegungsspiele, Gymnastik, Sport
Indiziert bei: akuten Kreislaufkatastrophen Myokardinfarkt, Apoplexie, Lungenembolie u. dgl.	bei: Kreislaufkatastrophen, welche klinisch außerhalb der Gefährdungszone sind (z. B. Infarkt etwa ab 5. Krankheitswoche)	bei: Nach Abschluß der Reparationsphase von Kreislaufkatastrophen, z. B. Infarkt nach Abschluß der 6. Krankheitswoche	bei: allen postklinischen Herz-Kreislauferkrankungen
Infektiösen Herzschäden mit hoher infektiöser Aktivität	Infektiösen Herzschäden mit deutlichem Rückgang der Aktivität (Normalisierung von Senkung, Blutbild usw.)	postinfektiösen Zuständen	allen infektiös-toxischen Schädigungen nach völlig negativem Ausfall der Aktivitätsdiagnostik
schwerer Dekompensation usw.	beginnende Rekompensation	erreichter Rekompensation	stabiler Rekompensation
			im Zustand der Kreislaufgefährdung

oft sogar schon der Mangel an bequemen Sitzmöglichkeiten, welche den Übergang vom Bett zur Körperbewegung zu erleichtern vermögen. Dabei kann, wie schon BAUR betont, leicht eine Rechnung aufgestellt werden, daß gerade die Kostenträger es sind, welche für die Folgen einer unzweckmäßigen Bettruhe täglich Vermögen aufzubringen haben, weil in ihrer eigenen Vorstellung „der falsche Richtungspfeil am Krankenbett angebracht ist".

Wir haben vielfach darauf hingewiesen, daß es erstaunlich ist, wie wenig schöpferisch sich die Ideenwelt von Ärzten, Hygienikern, Innenarchitekten und auch modernen Formgestaltern mit dem Bett, in dem der Mensch schon ohne Krankheit mehr als ein Drittel seines Lebens verbringt, beschäftigt hat. Vielleicht gerade, weil keine therapeutische Verordnung dem Wunsch des Patienten so entgegenkommt. Da, vielfach dem Instinkt des Tieres verglichen, das Aufsuchen von Nest, Bau oder Höhle eine der natürlichsten Reaktionen des verletzten oder erkrankten Organismus ist, wird die Bettruhe ohne Kommentar, ohne Dosierung, ohne pflegerische Empfehlung verschrieben, und das, obwohl ihr Spektrum „von segensreich über indifferent bis lebensgefährlich reicht" (BAUR). Neuerdings ist die Diskussion von zwei Stellen her etwas mehr in Gang gekommen, so durch die Feststellung der Cornell-Universität New York (1944), welche auf einer Konferenz über die Gefahren der Bettruhe die Formulierung herausbrachte: „‚Die absolute Bettruhe' tötet mehr Kranke als die Narkose und alle Drogen der Pharmakopöe zusammen."

Der andere Anstoß war bekanntlich die Erfindung des Schaumgummis, der, von der Industrie angeregt, zu neuen Äußerungen über das Bett veranlaßt hat. Es ist nun nicht uninteressant, daß alle diesbezüglichen Veröffentlichungen zur klinischen Eignung, Reinigungsmöglichkeit, Haltbarkeit, Wirtschaftlichkeit, ja sogar Bakterienfeindlichkeit u. ä. Stellung nehmen, die Eignung des Materials für den darauf ruhenden Menschen aber gar nicht zur Diskussion stellen.

Demgegenüber muß festgestellt werden: Das Bett soll nicht weich, nicht bequem, es muß „gut" sein! Unter dem „gut" verstehen wir, daß es den ausreichenden Festigkeitsgrad besitzt, um als Widerlager den tagsüber verkrümmten, deformierten, „verhockten" Menschen (MALTEN) zu einer nächtlichen Korrektur zu bringen. Es darf die Matratze den Körperformen nicht verweichlichend nachgeben, sondern sie muß, ohne hart zu sein, so fest empfunden werden, daß ihr Gegendruck zur unbewußten Ursache der für die Kreislaufregulation so notwendigen nächtlichen Bewegungen und Drehungen wird.

Es sollte daher die Wirtschaftlichkeit gegenüber derartigen biologischen Überlegungen nicht im Vordergrund stehen.

Sehr viel wertvoller erscheinen demgegenüber die Versuche, Spezialbetten zu konstruieren, welche den Vorteil der Ruhigstellung mit der Vermeidung der Nachteile einer völligen Inaktivierung verbinden. Es scheint, daß hier bereits mit dem Kipp-Bett nach GRUNERT gangbare Wege geschaffen worden sind.

Es soll nun in diesem Zusammenhang nicht der Wert der Bettruhe an sich zur Diskussion gestellt und Vor- und Nachteile gegeneinander abgewogen werden. Es gibt unabdingbare Indikationen für eine strenge Bettruhe, und hier hat selbst die von LEVINE vorgeschlagene Sitzbehandlung des Myokardinfarktes keine Änderung gebracht, so daß man sich stets der Differenziertheit dieser Behandlungsmaßnahme bewußt sein und die Vorteile der absoluten Ruhigstellung durch rechtzeitige Vorbeugung der gegebenen Nachteile kompensieren muß.

Im einzelnen wird man dabei folgende Faktoren zu berücksichtigen haben:

Im Vordergrund steht in allen Fällen der akute „Trainingsabbruch" des Kreislaufes, der bei chronischen Erkrankungen weniger effektvoll ist, bei der vielfach langdauernden Ruhigstellung nach Unfällen, Operationen oder sonstigen akuten Ereignissen in der Wirkung aber dem Trainingsabbruch von Hochleistungssportlern gleichkommt. Man muß sich vergegenwärtigen, daß dem Herzen bei strenger Bettruhe nur noch minimale Leistungsimpulse aus der Peripherie zuströmen, daß seine Unterstützung durch eine optimale Atmung fortfällt und durch Minderung der Zwerchfellbewegung, mangelndes Auspressen des Leberblutdepots, durch Einschränkung jeglicher Muskeltätigkeit, fernerhin auch der venöse Rückstrom beeinträchtigt ist. Auf diese Weise können nicht nur jede Stimulation, sondern auch gebahnte Regulationen sowie die Reservemöglichkeiten der Kompensation vermindert bzw. nahezu aufgehoben werden. Die Thrombosegefahr, die, allein durch Bettruhe bedingt, sicher überschätzt wird, ist eine der möglichen Folgen von mechanischem Druck, Stagnation und Stase sowie infektiösen bzw. die Gerinnungsfähigkeit des Blutes anderweitig beeinflussenden Faktoren.

Ein weiteres Moment der Gefährdung ist die hypostatische Pneumonie, die – und hier können wir den sonst durchaus vertretenswerten Angaben von MUELLER-DEHAM nicht beipflichten – vor allem den älteren Menschen bedroht und daher nach dem 65. Lebensjahr bei Bettruhe eine ganz spezielle Prophylaxe erfordert. Am Magen-Darm-Kanal ist es die Tendenz zur Verstopfung, die eingeschränkte Zwerchfellbewegung, die Neigung zu Blähungen, die für Zirkulation, Stoffwechsel und allgemeine Entschlackung denkbar ungünstige Voraussetzungen schaffen.

Endlich ist auch zu denken an die häufige Harnverhaltung, besonders bei Männern, die Beeinträchtigung der Hautfunktion durch dauernden Druck, Einschränkung der Hautatmung, vielfach vernachlässigte Reinigung, Darniederliegen der Wärmeregulation u. a. m.

Erstaunenswert ist weiterhin immer wieder der rasche Tonusverlust und die Inaktivitätsatrophie, welche bevorzugt an der Wadenmuskulatur mit einem Griff die „Güte" der Pflege und der prophylaktischen Betreuung erkennen lassen. Auch das Darniederliegen des Stoffwechsels und die Neigung zum Fettansatz sind Faktoren, welche sorgfältiger Beachtung und Berücksichtigung bedürfen.

Nicht zu vernachlässigen ist weiterhin die Psyche des bettlägerigen Patienten.

Hier sind es zahlreiche Faktoren, welche zu dem schwer zu bekämpfenden Syndrom der Hospitalisierung zusammenwirken. Vergegenwärtigen wir uns allein einige wenige Gegebenheiten, welche durch die veränderte Lebensstruktur, vielfach schwierige Wohn- und Familienverhältnisse u. dgl. gegeben sind, dann werden folgende Gesichtspunkte die Tendenz zu möglichst langem Verbleiben in der Klinik verständlich machen:

Die abrupte Abschaltung von jeglicher geistig-seelischen Beanspruchung schafft ein Entlastungssyndrom, das vielfach zunächst unangenehm als Langeweile empfunden wird, dann aber einer zunehmenden Indolenz, Trägheit, psychischen Einengung und Abschaltung Platz macht, bis schließlich der Tagesablauf mit seiner Minus-Beanspruchung vollkommen ausreicht, die Enthebung jeglichen Eigenentschlusses Zufriedenheit beschert und die Rückkehr in den Alltag mit Turbulenz und Überforderung als so unüberwindliche Barriere erscheint, daß die Kultivierung eines mehr oder weniger ausgeprägten Krankheitsgefühls als wirksamster Selbstschutz resultiert. In gleicher Weise wirken die Hygiene und Lebenskultur moderner Krankenhäuser, mit hellen Zimmern, bequemen Betten, häufigem Wäschewechsel, Rücksicht und Zuvorkommenheit des Pflegepersonals, Regelmäßigkeit der Ernährung mit ihrer Abwechslung und andersartigen Geschmacksrichtung, welche für Menschen, die vielfach auch heute noch auf engstem Raum zusammengedrängt, ohne Hilfe, ohne Zeit für sorgfältige Vorbereitung von Mahlzeiten usw. ein faszinierendes, aus eigenem Entschluß nicht zu beendigendes Erlebnis bedeuten.

Hinzu kommen die Tendenzen des modernen Wohlfahrtsstaates, welcher die Fortzahlung vollen Lohnes für die Dauer einer Erkrankung fordert, wobei der Faktor des Gesundwerdenwollens vollkommen unberücksichtigt bleibt.

Diese wenigen streiflichtartig aufgezeichneten Punkte machen schon deutlich, daß die Verordnung „strenge Bettruhe" pflegerisch höchste Anforderungen stellt und Maßnahmen erfordert, die in der Selbstverständlichkeit der Zusatzmaßnahmen die eigentliche Güte einer erfolgreichen Klinik ausmachen.

So beinhaltet sie Vermeidung eines zirkulatorischen Entlastungssyndroms durch Umlagern, Kopfhochlagerung oder Beinhochlagerung im Wechsel, Bettzügel usw., durch unforciertes aber bewußtes Atmen, Ansetzen von Blutegeln als unschädlichste Thromboseprophylaxe u. a. m. In gleicher Richtung antithrombotisch und als Pneumonieprophylaxe wirkt die Heilatmung mit Karbogengas oder im Sauerstoffzelt. Viel zu wenig ausgenützt wird in der Therapie die Anregung der Atmung durch Duftstoffe. Wir konnten nachweisen, daß z. B. mit Euflux-Salbe (3 mal täglich auf die Herzgegend eingerieben) nicht nur eine wirkungsvolle Segmenttherapie (KLIMPEL) betrieben, sondern gleichermaßen auch der Atmungseffekt durch Besserung der Sauerstoffausnützung begünstigt werden kann.

Eine schonende Regelung der Verdauung, z. B. durch Eupond, das gleichzeitig die Wasserausscheidung fördert, oder durch pflanzliche Abführmittel (Neda-Würfel, Kurpflaumen, Tangar-Geleefrüchte) und eine Erleichterung der Entgasung (Euflat-Dragées, Gastricholan, Pankreon, Pankreas-Dispert), sind ebenso notwendig, wie die Sorge für ein geregeltes Wasserlassen, intensive Hautpflege mit Anregung der Hautdurchblutung, sorgfältige Diät, die im Stadium strenger Bettruhe am besten in Saftfasten und speziellen Diättagen zu bestehen hat. Eine sorgfältige psychische Betreuung rundet schließlich das therapeutische Regime ab. Vor allem von letzterer wird ein besonderes Einfühlungsvermögen und feines Fingerspitzengefühl verlangt. So muß man sich vergegenwärtigen, daß einerseits das Zurückziehen auf sich und in sich selbst und die Abschirmung von Außenwelteinflüssen eine Primitivreaktion der Selbstheilung ist, die keineswegs gestört werden sollte. Man muß sich weiterhin vor Augen halten, daß eine lebhafte Unterhaltung eine stärkere Belastung ist, als ein ruhiger kurzer Spaziergang. Mit einer „strengen Bettruhe" sollten daher die vielfach mehr Schaden anrichtenden Krankenbesuche zweckdienlicherweise zunächst untersagt werden. Die moderne Klinik verfügt demgegenüber durch Farbanstriche, Lichtwirkungen u. ä. über eine gar nicht zum Bewußtsein kommende latente Reizatmosphäre, welche dem teilnahmslosen Dahindösen, der Apathie und Indolenz wertvoll entgegenwirken.

Ein für die Rekonvaleszenz und Rehabilitation an deutschen Kliniken noch gar nicht ausgewertetes Gebiet ist auch der Bereich pflegender Kosmetik. Während in nordischen Ländern schon hauptamtliche Kosmetikerinnen in modernen Kliniken tätig sind, die teils durch den Erfolg ihrer Maßnahmen, sehr viel mehr aber durch die Tatsache der Bemühung um eine gewisse Gepflegtheit, geradezu ungeahnte Gesundheitsimpulse erzeugen, wird einerseits aus Sparsamkeit, andererseits aus gewissen veralteten Anschauungen bei uns von derartigen Möglichkeiten heute noch kein Gebrauch gemacht.

Soweit der allgemeine Behandlungsplan bei allen akut-bedrohlichen Situationen, von denen wir einige für das Kreislaufgebiet in Tabelle 28 aufgezeichnet haben.

Wenn wir uns diese Gegebenheiten, die speziell für den Krankenhausaufenthalt zutreffen, vergegenwärtigen, und daraus die jeweils notwendigen Konsequenzen ziehen, dann wird man, entwickelt aus der pathologischen Physiologie, dem jeweiligen Behandlungsregime die in den folgenden Abschriften niedergelegten Erfahrungen zu Grunde legen müssen.

Literatur zu Kapitel VI, Abschnitt A, 1

BAUER: Schaumgummimatratzen – medizinisch gesehen. Ärztl. Praxis **7**, H. 6, 10 (1955). — BAUER, K. M.: Schaumgummimatratzen im Krankenbett? Medizinische **6**, 189 (1955). — BAUR, H.: Über die Gefahren der Bettruhe. Sanitätswarte **52**, 2 (1952); Bettruhe als therapeutischer und pathogenetischer Faktor. Münch. med. Wschr. **97**, H. 2, 37 (1955). — BJUGGREN, L.: Neuartige Luftmatratze zur Verhinderung eines Dekubitus. Svenska Läkartidn. **27**, 2137 (1957). — BUNGENBERG DE JONG, W. J. H.: Fehlhaltung der Lendenwirbelsäule durch mangelhafte Unterfederung der Matratze. Ned. tschr. geneesk. 1957, 912. — GRUNERT, H. H.: Die Lagerung des Kranken als therapeutischer Faktor. Zbl. Chir. **79**, H. 52, 2159 (1955). — KANZ, E.: Verwendung von Schaumgummimatratzen. Ärztl. Praxis **7**, H. 4, 9 (1955). — KIKUTH, W.: Einige Betrachtungen zur Hygiene des Bettes. Medizinische **23**, 840 (1955). — KOELSCH, K.: Schädigungen durch „Schaumgummi". Münch. med. Wschr. **100**, H. 33, 1223 (1958). — KOTTKE, F. J. und Mitarb.: Study of cardiac output during rehabilitation activites. (Untersuchungen über das Minutenvolumen des Herzens beim Übergang von Bettruhe zum Sitzen und zu leichter Arbeit.) Arch. Phys. Med. Reh. **38**, 75 (1957). — LEAVITT, L. A.: Bed servic for physical medicine and rehabilitation: Solution for intensive rehabilitation and discharge of Patients. South. Med. J. **50**, 203 (1957). — MUELLER-DEHAM, A.: Die Anzeigen für Bettruhe, insbesondere im Alter. Medizinische **20**, 748 (1957). — RUDDER, B. DE: Schaumgummimatratzen für Kinderbetten? Med. Klin. **50**, H. 49, 2095 (1955). — SILVERMANN, J. J.: Bedside clues in the diagnosis of cardiovascular disease. J. Amer. Med. Ass. **166**, 725 (1958). — TRENDTEL, F.: Entlastung des Kreislaufs und der Wirbelsäule durch Gesundheitsliege. Ther. Gegenw. **11**, 427 (1957).

2. Medikamentöse Therapie

2.1. Herzglykoside (Digitalis, Strophanthin, Digitaloide)

Erst als WITHERING die Medizin mit der kardiokinetischen Wirkung der Digitalis bekannt machte, begann für die Behandlung der Herzschwäche eine Zeit wissenschaftlicher Planung und ungeahnter therapeutischer Erfolge.

Herzkräftigende Wirkstoffe kommen in der Digitalis purpurea, der Digitalis lanata, im Strophanthus und in den Digitaloiden vor. Von den letzteren werden in der Praxis verwendet: Das Convallatoxin aus Maiglöckchen, das Adonidin aus Adonis vernalis, Scillaren aus Bulbus scillae und schließlich Oleandrin aus dem Oleander. Auch das Bufotalin, das Drüsensekret der Kröte, steht diesen Substanzen nahe und wurde im Mittelalter bei Herzwassersucht viel verwendet.

Es handelt sich dabei um Glykoside, d. h. Verbindungen der eigentlichen Wirkstoffe mit Zucker. Die wichtigsten Glykoside der Digitalis purpurea sind Digitoxin und Gitoxin (Bigitalin).

Diese Glykoside spalten in wäßriger Lösung z. B. als Infuse und bei saurer Reaktion (die leicht azidotische Stoffwechselsituation des Dekompensierten schafft also besonders günstige Wirkungsbedingungen) den Zucker Digitoxose ab (EICHHOLTZ) und gehen dabei in die entsprechenden Genine, wie Digitoxigenin u. a. über. Von den Reinglykosiden ist Digitoxin (auch Digitalin nativelle genannt) das wichtigste.

Demgegenüber enthält die Digitalis lanata 3 Nativglykoside, nämlich Digilanid A, B und C. Durch Acetyl- und Glukoseabspaltung entstehen die Glykoside, Digitoxin, Gitoxin und Digoxin und aus diesen wiederum durch Digitoxoseabspaltung die entsprechenden Genine. Die Digitalisglykoside stehen chemisch den Sterinen (Cholesterin, Gallensäuren, männliches Sexualhormon und Vitamin D) nahe.

Während man früher Digitalis-Infus verwendete, bemühte man sich später, die Wirkstoffe rein, dauerhaft und ohne Ballastsubstanzen herzustellen. Heute weiß man, daß der biologische Gesamtextrakt Eigenschaften besitzt, die durch die Reindarstellung z. T. verloren gehen. Da der Gesamtextrakt aber nicht gut haltbar, schwer dosierbar und in der Wirkung nicht stabil ist, werden heute weitgehend nur noch die reinen Glykoside therapeutisch zur Anwendung gebracht.

2.1.1. Die kardiokinetische Wirkung der Digitalisdroge

Der kardiokinetische Effekt auf das Herz läßt eine positiv inotrope und bathmotrope, eine negativ chronotrope und dromotrope Wirkung unterscheiden.

Die positiv inotrope Wirkung besteht darin, daß Digitalis durch direkte Beeinflussung des Myokards bei einer gegebenen diastolischen Füllung durch maximale isometrische Kontraktion die Anfangsspannung erhöht und die folgende isotonische Zuckung kräftiger und kürzer macht. Gleichzeitig wird die Diastole verlängert. Es wird durch diesen Mechanismus die Restblutmenge nahezu vollständig ausgetrieben, so daß jede Systole eine vermehrte Blutmenge aus dem Herzen treibt. Gleichzeitig verrät die Verkürzung der Austreibungszeit mit vergrößertem Schlagvolumen, daß die Kraft des linken Herzens unter der Digitaliswirkung zunimmt. Es liegt dabei in der Eigenart dieses Wirkungsmechanismus, daß er in dieserForm nur am insuffizienten Herzen beobachtet werden kann. Zur Klärung wird angenommen, daß es sich um eine besondere Digitalisempfindlichkeit der insuffizient gewordenen hypertrophierten und dilatierten Muskelfaser handelt, in der unter Ausnützung und Mobilisierung aller natürlichen Kräfte, durch Digitalis die Rekompensation ermöglicht wird.

Die negativ chronotrope Wirkung kommt durch die direkte Beeinflussung des Vagus zustande. Sie ist vollkommen unabhängig von der Muskelwirkung und ermöglicht eine Ökonomisierung der Herzarbeit, indem die Steigerung des Minutenvolumens, nicht wie bei der Herzschwäche durch Anstieg der Herzfrequenz, sondern durch eine Vergrößerung des Schlagvolumens erfolgt.

Unter der positiv bathmotropen Wirkung versteht man die fördernde Beeinflussung der Reizbildungsstätten, die in der Regel nur bei besonderer Digitalisempfindlichkeit erkennbar ist, im allgemeinen aber durch die Vaguswirkung auf den Sinusknoten nicht zur Auswirkung kommt.

Es können dabei Extrasystolen (meist in fixer Kuppelung als Bigeminie usw.), Vorhofflimmern, anfallsweise Tachykardien usw. auftreten. Es liegt hier eine Doppelwirkung der Digitalis vor, die einerseits primär diese Störungen auszulösen vermag, andererseits imstande ist, über die Wirkung auf Muskulatur und Vagus, diese Störungen zu beseitigen. Ist die Reizbildungsstörung gleichzeitig mit Verlangsamung der Herzfrequenz kombiniert, so ist das meist ein Zeichen von Überdosierung.

Durch die negativ dromotrope Wirkung besitzt Digitalis einen hemmenden Einfluß auf die Vorhof-Kammerleitung. Es kann auf diese Weise in besonderen Fällen auch zu einem totalen Block kommen.

Die Bedeutung der Digitalis besteht nach älterer Auffassung darin, daß sie das Herz beeinflußt, ohne wesentliche Umstellung und Änderungen der Hämodynamik in der Kreislaufperipherie auszulösen.

Dabei kommt es zu einer mäßigen Verminderung der zirkulierenden Blutmenge. Der Blutdruck kann in vielen Fällen in Richtung einer Normalisierung beeinflußt werden. Haut, Extremitäten und Nieren werden vermehrt durchblutet und die kalorische Ausnützung gebessert, während die Gefäße des Abdomens eine geringe Drosselung erfahren. Die Koronardurchblutung bleibt in therapeutischen Dosen unbeeinflußt. Die Veränderungen im Ekg (Senkung oder Hebung von *ST*, Abflachung von T-Zacken usw.) sind nicht auf eine Koronarinsuffizienz, sondern auf einen veränderten Stoffwechsel im Myokard zu beziehen. Als gesichert ist weiterhin anzunehmen, daß die Digitalis bei Wasserretention im Gewebe die Diurese begünstigt. Es verdient weiterhin Erwähnung, daß die Digitalis, insbesondere aber das Digitoxin, den Prothrombinspiegel im Sinne einer erhöhten Thromboseneigung zu verschieben vermag, eine Eigenschaft, die bei der Erklärung des Auftretens von Thrombosen und Embolien bei schweren Dekompensationszuständen und langdauernder Digitalismedikation in Rechnung zu stellen ist.

Eine besondere Eigenart der Digitalis liegt in der Kumulation. Es wurde bisher angenommen, daß die empfindlichen Myokardfasern und eventuell auch die Leber das Digitoxin sehr fest binden und nur überaus langsam wieder ausscheiden. Durch Kennzeichnung mit radioaktiven Isotopen war jedoch festzustellen, daß diese Erklärung der Kumulationswirkung nicht zutrifft, so daß vegetativ-nervöse, metabole, vielleicht auch fermentative und endokrine Konstellationsänderungen als Ursache für die oft langanhaltende Wirkung selbst kleiner Digitalisdosen verantwortlich gemacht werden müssen. Im Rahmen der Behandlung ist dies bis zu einem gewissen Grade günstig, da dadurch eine langanhaltende Wirkung gewährleistet wird. Bei Überdosierung besteht die Gefahr einer akuten Intoxikation. Letztere wird vielfach so gefürchtet, daß sie die wesentliche Veranlassung für die in der Praxis so häufigen unwirksamen, unterschwelligen Digitaliskuren ist. Demgegenüber ist festzustellen, daß Dosen, die eben ausreichen, um eine deutliche Wirkung hervorzurufen, ohne jegliche Gefahr über viele Wochen gegeben werden können, es sei denn, daß ein Fall besonderer Empfindlichkeit vorliegt. Bei sorgfältiger Beobachtung wird man jedoch Schädigungen stets vermeiden können. Neuere Untersuchungen machen sogar wahrscheinlich, daß nach kleinen Digitalisdosen überhaupt keine Kumulation erfolgt, daß diese aber die Empfindlichkeit des Herzens steigern, so daß kleinste Dosen bereits günstige Wirkungen entfalten, wobei gleichzeitig die Resistenz des Herzens gegenüber der gleichen Wirksubstanz zunimmt. Auf Grund dieser Erfahrungen wird bei den kleinen Digitalisdosen nicht eine Kumulierung der Substanz, sondern eine Kumulierung der Wirkung angenommen.

In Tab. 29 sind Dosierung und Wirkungseintritt der verschiedenen Herzglykoside bei Herzkranken wiedergegeben worden.

Auf die Frage, wie hoch dosiert man Digitalis, gibt es nur die eine altbekannte Antwort: Bis zur Wirkung!

Das therapeutische Optimum der Digitaliswirkung ist gekennzeichnet durch die Ökonomisierung der Herztätigkeit.

Durch verstärkte Systole und Verlängerung der Diastole kommt es zur Auffüllung der arteriellen und Entlastung der venösen Strombahn sowie zu einer Regularisierung der Herztätigkeit. Der Übergang zum toxischen Stadium ist relativ leicht erkenntlich. Schlagvolumen und Blutdruck sinken langsam ab, es kommt zum Auftreten von frustranen Kontraktionen mit oft großem Pulsdefizit. Meist ist dieses Zwischenstadium nur von kurzer Dauer und geht rasch in den Zustand der Intoxikation (s. S. 562) über. Das Herz kann nach einem mehr oder weniger ausgesprochenen „Delirium cordis" in Diastole stehen bleiben. Es handelt sich dabei um ein Versagen, das als eine Schädigung des Reizleitungssystems durch eine Übererregbarkeit des Myokards gedeutet wird.

In der therapeutischen Eigenart der Digitalis liegt begründet, daß die Wirkung von erstaunlich langer Dauer sein kann, so daß durch eine Digitalis-

Tabelle 29. Ungefähre Dosierung und Wirkungseintritt von Herzglykosiden bei Herzkranken (nach SOLLMANN *und Mitarb.)*

Präparat	Sättigungsdosis bei rascher Digitalisierung		Resorption bei peroraler Gabe in %	Erhaltungs-Dosis pro Tag per os i. v.	Wirkungseintritt bei rascher Digitalisierung		Wirkungsdauer nach Sättigung in Tagen
	i. v.	peroral			i. v.	☐ peroral	
Stark kumulierende Stoffe:							
Folia Digitalis	—	1,20–1,50 g	20	0,1 g	—	2→6 Std.	7–14
Tinctura Digitalis	—	12 ccm	20–30	1,0 ccm	—	2→6 Std.	7–14
Digitoxin	1,20 mg	1,20 mg	100	0,1 mg	5–6 Std.	2→6 Std.	14–21
Digilanid	1,5 mg	7–8 mg	20	(bis 0,2 mg) 0,3 mg	½→4	2→4 Std.	4–5
Schwach kumulierende Stoffe:							
Gitalin	1,2–1,6 mg	4–6,5 mg	20	0,25–0,75 mg	1→4	2→5 Std.	2–3
Digoxin	(0,75–)1,5 mg	2–3 mg	20	0,25–0,75 mg	¼→2	1→4 Std.	3–6
Scillaren	1,0–1,75 mg	9–14 mg	13	0,8–1,6 mg	—	—	—
Nicht kumulierende Stoffe:							
Lanatosid C	1,5 mg	10–15 mg	20	0,5–1,0 mg	¼→2	½→3 Std.	3–6
K Strophanthin	0,7–1,0 mg	—	—	0,25–0,3 mg[1]	5′–1 Std.	—	1–2

☐ Beginn der Wirkung

Rasche Digitalisierung. Die volle perorale Sättigungsdosis ist nach EGGLESTON auf 12–24 Stunden zu verteilen, da es Fälle gibt, die weniger als die Sättigungsdosis gebrauchen. Die i.v. Sättigungsdosis muß ebenso zweckmäßigerweise in Fraktionen gegeben werden; bei Strophanthin ist das unerläßlich.

Gewöhnliche kumulative Kur. Die *Gesamtdosis* setzt sich aus Sättigungsdosis und täglicher Erhaltungs(Aufbrauch-)Dosis zusammen; jedoch wird nach der Wirkung dosiert, die unter Umständen erst nach vielen Tagen einsetzt!

Nachbehandlung. Im allgemeinen wird geraten, etwa ²/₃ der Erhaltungsdosis zu geben.

behandlung von wenigen Tagen eine Rekompensation ermöglicht wird, die unter Umständen Wochen, Monate, in günstigsten Fällen sogar Jahre anzuhalten vermag. Hier handelt es sich nicht mehr um die direkte Wirkung der Digitalis, die nach so langer Zeit längst ausgeschieden ist. Dieser Dauererfolg wird dadurch erklärt, daß die Digitalis den Circulus vitiosus, der die funktionelle Pathologie der Herzinsuffizienz kennzeichnet, unterbricht.

Wenn das Herz schwach wird, kommt es zu einer Blutverarmung im arteriellen und zu einer Anschoppung im venösen Teil der Strombahn bzw. im Lungenkreislauf. Auf diese Weise wird einerseits mehr und mehr das rechte Herz überlastet, andererseits leidet das Herz selbst durch die Abnahme der Koronardurchblutung unmittelbaren Mangel. Dieser Effekt, in dem Ursache und Wirkung sich ständig in ungünstigem Sinne beeinflussen, wird durch Digitalis kupiert. Durch die Entleerung des Herzens wird eine Verschiebung der Blutmassen erreicht. Der hohe, auf der Ventrikelwand lastende Druck, der durch Verhinderung einer ausreichenden Durchblutung zu rascher Dilatationsatrophie führen kann, wird behoben und auf diese Weise das Herz auf eine neue Leistungsebene gestellt, durch die es imstande ist, die hämodynamische Wirkung eines Ventildefektes oft für lange Zeit wieder auszugleichen.

Die Indikationen und Kontraindikationen der Digitalisbehandlung sind leicht festzulegen. Die eigentliche Behandlungsdomäne ist die Herzschwäche. Liegt eine solche vor, dann ist es gleichgültig, ob sie ursächlich durch eine Aorteninsuffizienz oder Mitralstenose, durch einen arteriellen Hochdruck oder einen totalen Block, durch eine Koronarinsuffizienz oder eine diffuse Myokardschädigung ausgelöst wurde. Jeder kardial bedingte Zustand mit Lungenstauung, Dyspnoe, Zyanose, Leberstauung und Ödemen soll mit Glykosiden behandelt werden.

Besonders günstige Wirkung besitzt Digitalis durch seine regularisierende Wirkung bei jeder Arrhythmia absoluta vom schnellen Typ, wobei Digitoxin meist der Vorzug zu geben ist, bei paroxysmaler Tachykardie (intravenöse Digitalisbehandlung s. Kap. VIII, H, 1. 3. 4) und auch bei jeder Rechtsinsuffizienz durch erhöhten Widerstand im kleinen Kreislauf (Emphysem, Kyphoskoliose), wenn noch entsprechende unterstützende Maßnahmen verwendet werden.

Bei der Herzarbeit gegen hohen Widerstand (Nierenschrumpfung, Arteriosklerose) kann die Digitalis die Anpassungsbreite des Herzens wenigstens vorübergehend noch begünstigen. Auch beim Beri-Beri-Herzen, bei infektiös bedingter Herzschwäche usw. ist Digitalis das Mittel der Wahl.

Besondere Indikationen des Digitoxins sind die Tachyarrhythmia absoluta mit Vorhofflimmern und die dekompensierte Mitralinsuffizienz; nicht so günstig ist seine Wirkung dagegen bei der reinen Mitralstenose und der reinen Aorteninsuffizienz.

Ausgesprochene Kontraindikationen für Digitalis bei einer Herzschwäche gibt es nicht.

Man muß sich jedoch stets vor Augen halten, daß die Herzglykosidmedikation keine indifferente Maßnahme ist und in fortlaufende Kontrolle gehört. Verträglichkeit und Unverträglichkeit sind kaum jemals Frage der Indikation, sondern nahezu stets ein Problem der Dosierung.

Digitalisresistente Fälle liegen vor, wenn die Kontinuität des Myokardsynzytiums so weit aufgehoben ist, daß eine Ökonomisierung durch Mobilisation der Leistungsreserven nicht möglich ist oder eine schwere toxische Myokardschädigung vorliegt wie bei der Myokardie, fortgeschrittenen Fällen von Myodegeneratio cordis, Concretio pericardii, der Thyreotoxikose usw. Eine sehr vorsichtige Digitalisbehandlung muß bei allen Fällen von Cor bovinum, von Herzwandaneurysma und von umfangreichen Myokardinfarkten vorgenommen werden, da bei diesen Zuständen stets mit dem Vorhandensein von Herzwandthromben zu rechnen ist. Kommt es durch die Digitaliswirkung zu einer raschen Tonisierung der Wand, zu einem Rückgang der Dilatation, zu einer Intensivierung der Herzaktion und zu einem Anstieg des Prothrombinspiegels, dann wirken alle diese Vorgänge dahingehend zusammen, daß sich Thromben lösen und in Form von Embolien einen tödlichen Ausgang herbeiführen können. Bei Cor bovinum, Herzwandaneurysma usw. sind überhastete Maßnahmen, hohe Strophanthindosen, zu rasche und intensive Ödemausschwemmung nicht ungefährlich, so daß langsame und stetige Wirkungen stets vorzuziehen sind.

Die Wirkung der Digitaloide ist durchweg schwächer.

Sie neigen weder so ausgesprochen zur Kumulation, noch entfalten sie entsprechende Intoxikationserscheinungen wie Digitalis. Eine spezifische Wirkung im Sinne einer günstigen Beeinflussung von bestimmten Erkrankungsbildern kommt ihnen nicht zu. Sie sind nur dadurch von Bedeutung, daß Menschen, die ausgesprochen digitalisempfindlich sind, die Digitaloide (z. B. Folinerin, Scillaren usw.) leichter vertragen. Auch die Lanata-Präparate sind in der Regel besser verträglich, erzeugen seltener Bradykardie und sind deshalb vor allem bei primärer Herzverlangsamung indiziert. Sie neigen auch nicht so leicht zur Kumulation, weshalb sich Lanataderivate besonders für ambulante Behandlung eignen.

In seiner Wirkung im wesentlichen ähnlich, doch therapeutisch wegen seines schnellen Wirkungseintritts und seiner durch die rasche Ausscheidung fehlenden Kumulation, ist das Strophanthin, die Wirksubstanz aus Strophanthusarten, das früher als Pfeilgift Verwendung gefunden hat.

Heute wird es offizinell aus dem Samen von Strophanthus Kombé, Strophanthus hispidus und Strophanthus gratus gewonnen. Die Wirkstoffe des Strophanthus können als kristalline Substanzen rein dargestellt werden. Das G-Strophanthin hat sich dabei als um ca. 30% wirksamer erwiesen als das K-Strophanthin.

Da die Strophanthine ungleichmäßig zerstört und resorbiert werden, eignen sie sich weniger gut für perorale und intramuskuläre Behandlung, sondern müssen i.v. verabfolgt werden. Auf diese Weise können sie schon innerhalb von wenigen Minuten Wirkungen zeitigen, zum mindesten innerhalb von Stunden einen Dekompensationszustand entscheidend verbessern.

Im Gegensatz zur Digitalisbehandlung ist die Vaguswirkung, d. h. die Herabsetzung der Frequenz wenig ausgeprägt. Es kommt jedoch zu einer bedeutenden Steigerung der Herzkraft, die gleichzeitig mit Zunahme der Koronardurchblutung einhergeht. Auf diese Weise können mittelbar eine Beseitigung von Reizbildungs- und Reizleitungsstörungen, Aufhebung von Vorhofflimmern usw. erreicht werden. Es wird heute angenommen, daß die Leistungsbreite des Strophanthins größer ist, als die der Digitalisglykoside. Besonders bei maximaler Herzerweiterung in den Endstadien der Herzdekompensation, bei Zuständen, bei denen keine ausreichende Hypertrophie zur Erhaltung der Kompensation möglich ist (Mitralstenose s. Kap. VIII, D, 1. 3), bei infektiöser Herzschwäche, Myodegeneratio cordis, Koronarsklerose und Angina pectoris, die mit Herzschwäche und Herzinsuffizienz bei Nephrosklerose einhergehen, ist Strophanthin das Mittel der Wahl.

Die Tatsache der Verträglichkeit bzw. subjektiv empfundenen Unverträglichkeit der Herzglykoside im Einzelfall für die Dokumentation festzuhalten, ist bisher immer auf einige Schwierigkeiten gestoßen.

In Abb. 203a zeigen wir an einer Sauerstoffsättigungskurve und deren Abnahme bei einem Fall, der deutliche Verstärkung von Herzbeschwerden nach

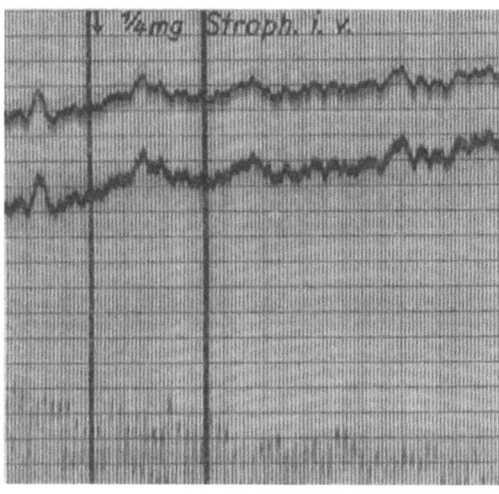

a)

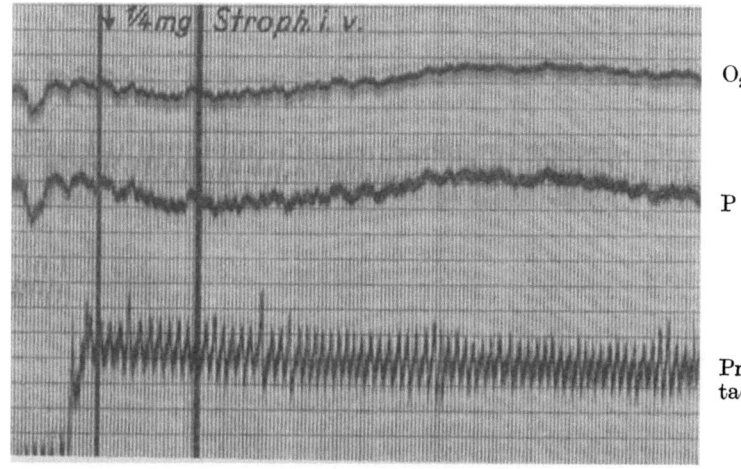

b)

Abb. 203. a) K. Z., ♂, 32 Jahre. Stenokardie bei neurozirkulatorischer Dystonie. Verstärkung der Herzbeschwerden durch Strophanthin. b) E. L., ♀, 42 Jahre. Stenokardie und Dyspnoe bei Mitralstenose. Besserung der Beschwerden im Verlauf der Strophanthinbehandlung.

Strophanthin angab, während in Abb. 203b in gleicher Weise die Besserung der Beschwerden objektiviert werden konnte.

Es ist weiterhin vielfach behauptet worden, daß die Herzglykoside beim herz-kreislaufgesunden Organismus wirkungslos seien.

Die Erklärung für diese Auffassung war nicht ganz leicht, und man einigte sich schließlich dahingehend, daß es Hypertrophie und Dilatation, d. h. vorzugsweise die Tonus- und Spannungsänderungen in der Herzwand seien, welche das geschädigte Herz für die Glykosidwirkung ansprechbar machen.

Es stellte sich dann aber bei eingehenden Untersuchungen am Kreislaufgesunden heraus, daß auch ohne Hypertrophie und Dilatation deutliche Auswirkungen nachweisbar waren. So beobachtete SCHENNETTEN bereits bei der probatorischen Strophanthininjektion im Ekg ausgesprochene Glykosidfolgen, welche nur durch Verschiebung der vegetativen Konstellation erklärbar waren. Es schien daher notwendig, dem Fragekomplex des Zusammenhangs zwischen Herzglykosiden und Vegetativum erneutes Augenmerk zuzuwenden.

2.1.2. Wirkung der Herzglykoside auf das vegetative Nervensystem

Die hämodynamische Betrachtungsweise der Strophanthin- und Digitaliswirkung hat bei dem Versuch, den Dauereffekt zu erklären, verschiedene Lücken, so daß versucht wurde, die Digitaliswirkung nicht so sehr durch Einwirkung auf die Herzmuskelzelle als vielmehr durch eine Umstellung in der Tonuslage des vegetativen Nervensystems zu erklären.

Bekanntlich hat bereits W. STRAUB vermutet, daß die Glykoside das Herz für Vagusreize sensibilisieren.

GREMELS vertritt die Auffassung, daß die Glykoside die Acetylcholinesterase hemmen und dadurch die normalerweise vorhandenen, aber nur sehr flüchtigen Vagusreizstoffe Zeit für eine längere Wirkungsdauer erhalten. Die Sensibilisierung des Herzens ist daran zu erkennen, daß der eintausendste Teil der Acetylcholinmenge genügt, um beim strophanthin-vorbehandelten Herzen die gleiche Wirkung zu erzielen, wie beim unbehandelten Herzen.

Es ist bekannt, daß Digitalis bei gesunden und insuffizienten Herzen meist eine Verminderung der zirkulierenden Blutmenge hervorruft. Dieser Vorgang ist nur dann im Sinne einer Schonung verständlich, wenn Erleichterungen im Sauerstoff-Stoffwechsel diese hämodynamische Entlastung gestatten.

Dies ist tatsächlich der Fall, denn wir konnten zeigen, daß bei schwachem Vagusreiz, der Arteriendruck und Pulszahl nicht beeinflußt, die Sauerstoffausnützung eine Besserung erfährt.

GOTSCH konnte schon vor vielen Jahren bei der Strophanthinbehandlung eine Besserung der Sauerstoffausnutzung in der Kreislaufperipherie nachweisen. Die gleichen Beobachtungen werden bei Digitalisdarreichungen gemacht. Besteht die Auffassung zu Recht, daß die Glykoside im wesentlichen eine vagotrope Wirkung entfalten, dann wird auf Grund unserer experimentellen Studien, die bei Vagusreiz eine bessere kalorische Ausnutzung zeigten, der periphere Kreislaufeffekt der Glykoside leicht verständlich.

Sehen wir die Wirkung der Glykoside vor allem in einer Umstimmung des vegetativen Nervensystems im Sinne einer Vagotonie, die auch nach Abklingen des kurzdauernden hämodynamischen Effektes an Arteriendruck und Pulszahl im Sinne einer ökonomischen Blutverteilung noch fortbesteht, dann würde verständlich, daß die Heilwirkung einer Strophanthin-Injektion lange Zeit anhalten kann.

Bei dem Versuch, für diese Auffassung eine Erklärung aus der Pathogenese der Herzinsuffizienz zu finden, stoßen wir auf eine Theorie von H. E. HERING, die besagt, daß das insuffiziente Herz mit einer Umstimmung des vegetativen Nervensystems im Sinne einer Vagotonie einhergeht. EDENS erklärte diese vagotone Einstellung des insuffizienten Herzens durch eine Asphyxie des Myokards. Nach den Untersuchungen von LEWIS und MATTHISON soll beim asphyktischen Herzen selbst noch nach Vagusdurchtrennung eine Bradykardie auftreten.

Bei der Aufstellung eines Heilplanes ist es wichtig, die Frage zu klären, welche Bedeutung die Vagotonie bei der Herzinsuffizienz besitzt, um festzustellen, ob wir es bei dieser Einstellung des vegetativen Nervensystems mit den Zeichen eines Schadens oder eines Heilbestrebens zu tun haben.

Die didaktisch sehr repräsentative Konzeption von der Vagotonie bzw. der Sympathikotonie ist außerordentlich problematisch. Wenn auch die Klinik diese scharfe Trennung nicht anerkennen kann, so gibt es doch keinen Zweifel, daß bei bestimmten Krankheitsbildern eine gesteigerte Erregbarkeit des vegetativen Nervensystems mit einer starken Betonung der Vaguserregung beobachtet wird.

Versuchen wir, die Bedeutung einer Vagotonie bei der Herzinsuffizienz zu ergründen, dann empfiehlt es sich, den Einfluß des Nervus vagus auf die Hämodynamik des Herzens und des Lungenkreislaufes sowie auf den Gasaustausch in der Lunge und in der Peripherie etwas eingehender zu untersuchen.

In früheren Untersuchungen haben wir bereits darauf hingewiesen, daß das Alles- oder Nichts-Gesetz mit einer genau festgelegten Reaktion für eine bestimmte Nervenwirkung nicht gilt, wenn der Erfolg einer nervösen Erregung sich gleichzeitig an verschiedenen Organen abspielt. Wir konnten an dem Beispiel der elektrischen Reizung des Nervus depressor festlegen, daß entsprechend der Ausgangslage im Tonus des vegetativen Nervensystems und der jeweilig verwandten Reizstärke und Reizart an Arteriendruck, Pulszahl, wie an der koronaren Durchblutung und der Blutfüllung der Lunge verschiedene, oft entgegengesetzte Ergebnisse erzielt werden können (HOCHREIN und GROS).

Bei einer bestimmten Art der Vagusreizung tritt eine Verlangsamung der Herzschlagzahl ein, wodurch die Diastole verlängert und so dem Ventrikel Zeit gegeben wird für eine bessere Füllung und eine stärkere Spannung seiner Wandmuskulatur. Da dies nach O. FRANK die Faktoren sind, welche die Leistung des Herzens bestimmen, wird man verstehen, daß die Vagotonie günstig auf die Arbeitsweise des Herzens einzuwirken vermag.

Betrachten wir nunmehr den Erfolg einer leichten Vagusreizung, die noch keine Bradykardie und Arteriendrucksenkung verursacht, auf die Hämodynamik des venösen Blutstromes, so sieht man, daß mit beginnender Reizung der Druck im rechten Vorhof zunimmt, während der Druck im linken Vorhof unverändert bleibt. Diese Steigerung des Druckes im rechten Vorhof beziehen wir auf eine Förderung des venösen Blutstromes, die wahrscheinlich auf dem Wege einer Entspeicherung der Blutdepots erfolgt (HOCHREIN).

Wie liegen nun die Verhältnisse am Koronarsystem? Wir konnten zeigen, daß unter normalen Bedingungen sich die Herzdurchblutung raschestens der jeweiligen Herzleistung anpaßt. Es ist nun nicht gleichgültig, wie die Herzleistung gesteigert wird. REIN konnte nachweisen, daß eine Leistungssteigerung auf vagotoner Basis, d. h. durch Vergrößerung des Schlagvolumens, das Koronarsystem viel weniger beansprucht.

Die Beeinflussung des Lungenkreislaufes durch das vegetative Nervensystem ist noch sehr wenig erforscht.

Im experimentellen Versuch unter biologischen Arbeitsbedingungen konnten wir zeigen, daß bei einem schwachen Vagusreiz, der noch zu keiner Änderung von

Arteriendruck und Pulszahl führt, die Blutfüllung des alveolaren Kapillarsystems zunimmt, während der Druck in der Arteria pulmonalis sinkt. Diese vermehrte Blutfüllung der Lunge ohne Änderung der Hämodynamik des großen Kreislaufes kommt zustande durch eine Blutverlagerung aus den Blutdepots der Milz und anderen Speicherorganen nach der Lunge.

Die biologische Bedeutung dieses Vorganges wird verständlich, wenn wir erfahren, daß durch eine vermehrte Füllung des alveolaren Kapillarsystems, die wir auch bei der Arbeit, bei Stenoseatmung, bei Beatmung mit sauerstoffarmem Gasgemisch usw. beobachten, die Sauerstoffaufnahme in der Lunge zunimmt (HOCHREIN und MATTHES).

Untersuchen wir gleichzeitig den Gasstoffwechsel während eines schwachen Vagusreizes in der Peripherie, so finden wir, wie Tabelle 30 zeigt, neben einer Besserung des Gasaustausches in der Lunge, auch eine bessere kalorische Ausnutzung des Sauerstoffs in den Gewebszellen.

Tabelle 30. Änderung des Gasaustauschs bei Vagusreizung

Eingriff	Arterienblut aktuell		Venenblut aktuell		art.-venöse O_2-Differenz in Vol.%
	CO_2 Vol.%	O_2 Vol.%	CO_2 Vol.%	O_2 Vol.%	
Vorher	36,11	17,80	44,50	12,20	5,60
Vermehrte Blutfüllung des alveolaren Kapillarsystems durch Vagusreizung	34,38	18,20	42,20	14,10	4,10
10 Minuten nachher	35,12	17,90	45,76	12,90	5,00

Damit ist der Beweis erbracht, daß die Sauerstoffausnützung in der Kreislaufperipherie nicht nur auf humoralem Wege sondern auch über das vegetative Nervensystem gesteuert wird.

Wird im Tierexperiment der Vagus beiderseits durchschnitten, dann steigt der Druck in der Arteria pulmonalis an, und die Sauerstoffaufnahme in der Lunge nimmt ab.

Zusammenfassend läßt sich sagen, daß auf Grund unserer experimentellen und klinischen Studien eine Vagotonie imstande ist, die Arbeitsweise des Herzens ökonomischer zu gestalten, und daß durch die Begünstigung des Gasaustausches in der Lunge und in der Kreislaufperipherie das Herz in seiner Arbeit entlastet werden kann.

Literatur zu Kapitel VI, Abschnitt A, 2.1

BIJLSMA: Die Digitalis und ihre therapeutische Anwendung (Berlin 1923). — v. BOROS, J.: Zur Praxis der Digitalistherapie. Ärztl. Forschg. 2, 349 (1948). — EDENS, E.: Vom Urteil über die Herzwirkung der Digitalis. Münch. med. Wschr. 6, 956 (1943); Digitalisfibel für den Arzt, 5. Aufl. (Berlin 1944); Die Digitalisbehandlung, 3. Aufl. (Berlin-München 1948). — EVANS, W., P. DICK und B. EVANS: Rapid digitalization. Brit. Heart J. 10, H. 2, 103 (1948). — HOCHREIN, M.: Gefahren und Schädigungen durch fehlerhafte Digitalisierung. Fortschr. Therap. 9, H. 9, 531 (1933); Zur Pathogenese und Therapie der Herzunregelmäßigkeiten mit besonderer Berücksichtigung der Digitalisbehandlung. Zschr. ärztl. Fortb. 31, H. 23, 669 (1934). — v. HOESSLIN, H.: Die Digitalis und ihre Verordnung. Med. Klin. 21, 672 (1949); Die pharmakologischen Grundlagen der Digitalisbehandlung. Med. Klin. 45, H. 2, 33 (1950). — LAURENTIUS, P. und G. WILDE: Klinischer Beitrag zur großen Digitalisierung. Med. Klin. 14, 517 (1954). — LUEG, W.: Zur Grundlage der Herztherapie mit Digitaloiden. Med. Klin. 27, 910 (1952). — MOLL, A.: Die Digitalistherapie in der ärztlichen Praxis. Ärztl. Fortbild. Tag. d. Med. Fakultät Erlangen am 24. 10. 1952. — NEUMANN, W.: Neuere Ergebnisse und Probleme der Digitalispharmakologie. 3. Fortbild.kurs f. Ärzte Regensburg v. 16.–18. 9. 1949. — REINSTEIN, H.: Über den systolischen Effekt der Digitalis. Med. Klin. 11, 333 (1951). — SEEL, H.: Digitalis und Digitaloide. Eine klinisch-pharmakologische Übersicht. Ther. Gegenw. 6, 161 (1949); 7, 209 (1949). — SIEBECK, R.: Die Behandlung mit Digitalis und anderen Herzmitteln. In: Die Beurteilung und Behandlung Herzkranker, 3. Aufl., Seite 272 (Berlin-München 1947). — WOOD, P und J. PAULETT: Die Wirkung von Digitalis auf den Venendruck (The effect of digitalis on the venous pressure). Brit. Heart J. 11, H. 1, 83 (1949). — ZIMMERMANN, H.: Digitalis-Therapie. Med. Klin. 6, 219 (1948). — ZIMMERMANN-MAINZINGEN, O.: Gefahren der kardialen Therapie. Digitalis-Chinidin-Novocainamid. Wien. med. Wschr. 1957, 686.

2.2. Kombinierte Behandlung

Unter dem Gesichtswinkel Herzinsuffizienz und vegetatives Nervensystem werden wir folgende Punkte bei unserer medikamentösen Behandlung zu berücksichtigen haben:

Die Strophanthin- bzw. Digitalisbehandlung muß möglichst wirkungsvoll, aber ohne die Gefahr einer Schädigung durchgeführt werden.

Wenn der Erfolg einer Digitalisbehandlung von der Wirksamkeit des auch natürlicherweise vorhandenen Vagusstoffes abhängig ist, dann ist es naheliegend, durch einen kardialen Vagusreiz die Wirksamkeit von Strophanthin bzw. Digitalis zu unterstützen. Von den Vagusreizstoffen kommt Acetylcholin wegen seiner Flüchtigkeit nicht in Frage. Der Klinik stehen weiterhin Pilocarpin, Physostigmin und Prostigmin zur Verfügung. Muscarin, das theoretisch sehr versprechend ist, ist bisher pharmakologisch und klinisch in dieser Richtung kaum untersucht worden. Alle diese Stoffe besitzen mehr oder minder starke Wirkung auf Herz, peripheren Kreislauf, Magen, Darm und Blase. In eingehenden klinischen Untersuchungen konnten wir zeigen, daß sich von den obengenannten Mitteln am besten Physostigmin in den Rahmen unseres Heilplanes einfügen läßt. Das nahe verwandte Prostigmin besitzt in geringer Dosis nur einen schwachen Einfluß auf die Peristaltik, während die vagotone Wirkung am Herzen noch deutlich in Erscheinung tritt.

Viele Fälle von Herzinsuffizienz, besonders wenn sie mit einer Hypertrophie einhergehen, entstehen oder werden unterhalten durch eine chronische Koronarinsuffizienz. Es wird sich daher bei der Behandlung einer Herzinsuffizienz immer empfehlen, ein koronardilatierendes Mittel mitzuverabreichen. Wir verwenden für diesen Zweck neben den Organextrakten (Embran) sehr gern Theobromin, Traubenzucker, Coffein usw.

Im Embran sind Adenosine enthalten, deren Bedeutung für den Energiestoffwechsel bekannt ist (S. 615).

In der Praxis hat es sich bewährt, gleichzeitig Vitamin B_1 zu verabreichen, da nur bei seiner ausreichenden Anwesenheit der Traubenzucker assimiliert werden kann (ABDERHALDEN). Zur Verhütung überschießender Reaktionen, die zu Lungenödem bzw. Asthma cardiale führen können, scheint es, wie wir aus experimentellen und klinischen Beobachtungen entnehmen konnten, geraten, das Vasomotorenzentrum mit leichten Barbitursäurepräparaten oder pflanzlichen Sedativa zu dämpfen. Je nach der individuellen Eigenart der vorliegenden Erkrankung verabreichen wir Luminal, Veramon, Valeriana usw. Der Gefahr einer Vagusneurose sowie unerwünschter Nebenwirkungen von Digitalis,

Physostigmin usw. auf den Verdauungsapparat wird man prophylaktisch durch kleine Atropingaben begegnen können.

Um im Verlauf einer Glykosidtherapie den Sekundenherztod zu verhüten, haben wir in großen Reihenuntersuchungen verschiedene Mittel erprobt und dabei gefunden, daß eine Prophylaxe mit zweimal täglich 0,1 g Chinidinum basicum imstande ist, die an einem großen klinischen Material zu beobachtenden Fälle von Sekundenherztod um ca. 60% zu vermindern (MORAWITZ und HOCHREIN).

Eine theoretische Erklärung für diese Behandlung kann in experimentellen Beobachtungen gesehen werden, die zeigen, daß Chininpräparate die Koronardurchblutung zu fördern vermögen (HOCHREIN, SCHIMERT).

Die praktische Erfahrung bei der Behandlung zahlreicher Fälle von Herzinsuffizienz verschiedenster Genese hat den Eindruck vermittelt, daß es bei zusätzlicher Anwendung chinidin- und theobrominhaltiger Präparate wie Eucard, gelingt, auch schwerste Fälle von Dekompensation leichter zu beheben und Komplikationen weitgehend zu verhüten.

2.2.1. Klinische Dosierung

Die Dosierung der Digitalis ist individuell sehr verschieden und muß dem jeweiligen Zustand des Herzens angepaßt werden. In der Regel gibt man anfänglich 3 mal täglich 0,1 g Fol. Digit. (oder entsprechende Mengen anderer Präparate), das seine Wirksamkeit an der in 24–48 Stunden auftretenden Vaguswirkung mit Pulsverlangsamung augenfällig macht. In schweren Fällen muß man auf 5 mal täglich 0,1 g oder 3 mal täglich 0,2 g ansteigen.

Diese Dosis gibt man, bis Abnahme der Atemnot und Zyanose, Rückgang der Pulsfrequenz und Einsetzen der Diurese die deutliche Wirkung anzeigen. Dann empfiehlt es sich, auf 3 mal täglich 0,1, in schweren Fällen oder bei rascher Rekompensation auf 3 mal täglich 0,05 oder 1–2 mal täglich 0,1 g zurückzugehen. Höhere Dosen sind im allgemeinen nicht zu empfehlen.

Die EGGLESTON-Digitalis-Stoßbehandlung, bei der anfänglich 6 bis 8 Tabletten (0,1) pro Tag gegeben werden, kann bei schwerster Dekompensation mit Tachyarrhythmia absoluta wertvoll sein, sollte aber nur mit allergrößter Vorsicht zur Anwendung kommen.

Demgegenüber ist darauf hingewiesen worden, daß bei leichten Graden einer beginnenden Myokardschwäche bereits Dosen von 0,01–0,03 g Fol. Digitalis ausreichen, um einen vollständigen Ausgleich des kardialen Leistungsvermögens herbeizuführen.

Diese Dosis, welche die unterste Grenze der Wirksamkeit für die Digitalis darstellt, wird als „Dosis efficax minima" bezeichnet. Will man Digitoxin verwenden, dann werden im allgemeinen innerhalb der ersten 3 Tage 0,6 bis 0,8 mg verabfolgt, während der nächsten 2–3 Tage auf 0,3 mg zurückgegangen und schließlich eine Erhaltungsdosis von 0,05 bis 0,2 mg pro Tag beibehalten.

Ist die Dekompensation auf diese Weise beseitigt, dann hängt es vom Zustand des Herzens ab, in welcher Form die Behandlung weiter durchgeführt werden muß. Handelt es sich um sehr schwere Störungen, dann kann man die Digitalisbehandlung überhaupt nicht mehr absetzen, sondern muß versuchen, die hohen Dosen auf die Dauer verträglich zu machen. Am meisten bewährt hat sich zu diesem Zweck der dauernde Wechsel zwischen 5 tägiger Digitalisbehandlung (je nach der Lage des Falles 3 mal oder 2 mal täglich 0,1 g) und 2 tägiger Brücke mit

Euviterin, Sympatol bzw. Cardiazol (3mal täglich 20 Tropfen). Kombiniert man gleichzeitig mit Kalzium und Vitamin C, dann kann man selbst hohe Dosen für lange Zeit verträglich machen.

Im Gegensatz zu unseren eigenen Erfahrungen, wir verwenden allerdings sehr selten höhere Einzeldosen Strophanthin als 0,25 mg, sollen nach KLEPZIG intravenöse Kalziuminjektionen bei gleichzeitiger Strophanthin- oder Digitalistherapie u. U. nicht ungefährlich sein, da Ca^+ und herzwirksame Glykoside synergistisch am Herzmuskel ihre Wirkung entfalten. Beide führen zu einer vermehrten Vagusintonierung, und es sind Rhythmusstörungen bis zum Herzstillstand beschrieben worden. Wir werden S. 568 jedoch zeigen, wie die Kalziumwirkung zur Steigerung des Strophanthineffektes ausgenützt werden kann. Bei Dosen, die 0,3 mg Strophanthin nicht überschreiten, ist mit einer Gefährdung nicht zu rechnen.

Wird die 2- oder 3tägige Unterbrechung vom Patienten sofort mit einer Verschlechterung der funktionellen Leistungsfähigkeit beantwortet, dann kann man ohne Gefahr, wenn man 5 Tage lang 3mal täglich mit 0,1 g digitalisiert hat, 2–3 Tage lang täglich 2–3mal 0,05 g Digitalis geben, ohne eine toxische Wirkung zu riskieren. In anderen Fällen wiederum genügt es, wenn man alle Vierteljahre einen Digitalisstoß von 8–10 Tagen durchführt. Andere, besonders ältere Leute mit Myodegeneratio cordis, können am besten mit einer Dauerbehandlung von 1–2mal täglich 0,05 g leistungsfähig und kompensiert gehalten werden.

Ist die Digitalis peroral schlecht verträglich, dann ist auch die rektale Medikation möglich. Sie ist dadurch von besonders guter Wirksamkeit, da die Wirkstoffe unter Umgehung des gestauten und verlangsamten Pfortaderkreislaufes über die Hämorrhoidalvenen direkt zur Vena cava inferior und von da zum Herzen gelangen. Die parentale Digitalisbehandlung hat sich in der Praxis nicht bewährt, weil ihr die Strophanthinbehandlung vorgezogen wird. Sie kommt im wesentlichen nur in Frage zur Kupierung eines Anfalles von Herzjagen, bei dem unter ständiger Pulskontrolle 4–6 ccm Digilanid oder ein anderes Digitalispräparat injiziert werden kann (BOHNENKAMP).

Die Digitalisprophylaxe, z. B. bei Infektionskrankheiten, wird heute im allgemeinen abgelehnt.

Digitalis ist am gesunden Herzen, hämodynamisch gesehen, weitgehend unwirksam, bzw. die gesunde Herzmuskelfaser ist nicht imstande, den Wirkstoff in nennenswerter Weise zu binden. Die Auffassung aber, daß es in solchen Fällen in der Leber deponiert und von dort aus, im Falle der Insuffizienz, sofort mobilisiert und zum Herzen transportiert wird, konnte durch neueste Untersuchungen nicht bestätigt werden. Da auch die herzentlastende Wirkung durch Steigerung der kalorischen Ausnützung gering ist, empfiehlt es sich, von einer prophylaktischen Digitalismedikation abzusehen, um sich nicht die Möglichkeit einer ausreichenden Anwendung von Strophanthin im Ernstfalle zu verbauen.

Bei den einzelnen Präparaten haben sich folgende Dosierungen bewährt:
Fol. Digitalis wird heute praktisch nicht mehr verwandt.
Die Digitalis-Präparate werden zu der üblichen Einzeldosis von Fol. digit. = 0,1 g in Beziehung gesetzt.

Aus *Digitalis purpurea:*
Digitoxin (Reinglykosid) = Digimerck, Purpurid
    1 Tabl.   = 0,1 mg Digitoxin
    30 Tr.   = 0,1 ,,   ,,
    1 ccm (1 Amp.) = 0,25 ,,   ,,
        0,1 mg Digitoxin entspricht 0,1 g Fol. digit.

1. Tag: 0,6–0,8 mg Digimerck i.v. oder per os
2. Tag: 0,4–0,6 ,,   ,,   ,, ,, ,,
3. Tag: 0,4–0,6 ,,   ,,   ,, ,, ,,
4. Tag: 0,2–0,4 ,,   ,,   ,, ,, ,,
5. Tag: 0,2–0,4 ,,   ,,   ,, ,, ,,
Erhaltungsdosis: 0,05–0,2 mg/die

Weitere Purpurea-Präparate:

Cristafolin (Digitoxin + Gitoxin 3:2)
    1 Tabl. = 0,1 mg
    30 Tr. = 0,25 mg

Verodigen (Purpurea-Extrakt)
    1 Tabl. = 0,8 mg

Digalen (Purpurea-Gesamtextrakt)
    40 Tr. = 0,1 g Fol. digit.
    1 ccm (1 Amp.) = 0,05 g Fol. digit.

Digipuratum (Purpurea-Gesamtextrakt)
    1 Tabl. = 0,1 g Fol.digit
    30 Tr. = 0,1 g ,, ,,
    1 ccm (1 Amp.) = 0,1 g ,, ,,

Aus Digitalis lanata:

Lanatosid C (Reinglykosid) = *Cedilanid*
    30 Tr. = 1,0 mg Lanatosid C
    2 ccm (1 Amp.) = 0,4 mg ,,
    1,0 mg Lanatos. C. entspricht 0,25 g Fol. digit.
1. Tag: 0,8–1,5 mg per os oder 0,6–0,8 mg i.v.
2. Tag: 0,8–1,5 ,, ,, ,, ,, 0,5–0,6 ,, ,,
3. Tag: 0,6–1,5 ,, ,, ,, 0,3–0,5 ,, ,,
4. Tag: 0,5–1,5 ,, ,, ,, ,, 0,2–0,4 ,, ,,
5. Tag: 0,5–1,5 ,, ,, ,, ,, 0,2–0,4 ,, ,,
Erhaltungsdosis: 0,5–1,5 mg per os/die

Weitere Lanata-Präparate:

Digoxin (Lanatosid C-Präparat)
    1 Tabl. = 0,25 mg Lanatosid C
    0,25 mg Lanatosid C entsprechen 0,1 g Fol. digit.

Pandigal (Lanataglykoside A, B, C)
    1 Tabl. = 0,4 mg Glykosidkristallisat
    25 Tr. = 0,4 ,, ,,
    2 ccm (1 Amp.) = 0,4 ,, ,,
    0,4 mg Glykosidkristallisat entsprechen 0,1 g Fol. digit.

Digilanid (Lanataglykoside A, B, C)
    1 Tabl. = 0,25 mg Glykoside
    30 Tr. = 0,5 ,, ,,
    2 ccm (1 Amp.) = 0,4 ,, ,,
    0,25 mg Glykoside entsprechen 0,1 g Fol. digit.

Therapeutische Richtlinien:

Purpurea-Präparate:
Vorwiegend bei tachykarden Flimmerarrhythmien, dekompensierten Mitralinsuffizienzen und dekompensierten kombinierten Vitien.
Außerdem Dauerbehandlung bei Herzinsuffizienz, Myodegeneratio cordis.

Lanata-Gesamtglykosid-Präparate:
Zur Dauerbehandlung leichterer, schlecht zu überwachender Insuffizienzen. Digoxin hat ähnliche Indikation wie Digitoxin bei rascherem Wirkungseintritt und geringerer Kumulation.

Lanatosid C
hat ähnliche Indikation wie Strophanthin bei längerer Wirkungsdauer. Kumuliert am wenigsten von allen Digitalisglykosiden. Für Insuffizienzen, auf die nur ein geringer bradykarder Effekt ausgeübt werden soll.

Digitaloide
  Bulbus Scillae
    Scillaren (Reinglykosid)
      1 Tabl.   = 0,8 mg Scillaren
      20 Tr.   = 0,8 ,,   ,,
      1 ccm (1 Amp.) = 0,5 ,,   ,,
              0,8 mg Scillaren entsprechen 0,1 g Fol. digit.
    Scilloral (Gesamtextrakt)
      15 Tr. entsprechen etwa 0,1 g Fol. digit.
  Convallaria majalis
    Convallaton (Convallatoxin)
      1 ccm (1 Amp.) = 0,2 mg Convallatoxin
    Convallan, Convalyt u. ä. sind nicht standardisierte Präparate zur oralen Therapie.
  Adonis vernalis
    Adovern, Adonigen u. ä.: Nicht sicher standardisiert.
  Nerium Oleander
    Oleandryl, Oleander-Perpurat, Cardiopront u. ä.: Nicht standardisiert

Therapeutische Richtlinien:
Bei Digitalisüberempfindlichkeit. Wegen ihrer geringen Neigung zu Intoxikationserscheinungen zur langdauernden Behandlung des Altersherzens ohne deutliche Insuffizienzerscheinungen.

Scilla wird diuretische Wirkung zugeschrieben. Convallatoxin ist auch bei bradykarder Insuffizienz des alten Menschen wirksam.

Die Anwendung nichtstandardisierter Präparate ist nicht anzuraten.

Strophanthin
  Kombetin (k-Strophanthin)
  Strophosid (k-Strophantosid)   1 ccm (1 Amp.) = 0,25 mg und
                                  1 ccm (1 Amp.) = 0,5 mg
  Purostrophan (g-Strophanthin)   i.v.

Kombinationspräparate:
Strophil (Strophanthin und Embran)
Strophantose (Strophanthin und Invertzucker) i.v.
Cordalin-Strophanthin
Myokombin (Kombetin und Novocain) i.m.
Von der oralen Strophanthinverordnung ist abzuraten.

1. Tag: 0,3 –0,5 mg Strophanthin i.v.
2. Tag: 0,25–0,3 ,,   ,,   ,,
3. Tag: 0,25 ,,   ,,   ,,
4., 5., 6. Tag usw. 0,25 mg, später Übergang auf Digitalispräparat per os in der Erhaltungsdosis (s. oben).

Therapeutische Richtlinien:

Alle Fälle, die raschen Wirkungseintritt erfordern, sowie bradykarde Insuffizienzen, bradykarde Flimmerarrhythmien, Koronarerkrankungen (cave Myokardinfarkt; hier nur bei Dekompensationserscheinungen und in vorsichtigster Dosierung!), dekompensierte Mitralstenose und reine Aorteninsuffizienz, Basedow-Herz, fieberhafte Erkrankungen bei über 45jährigen Patienten.

Auf die Möglichkeiten einer kombinierten Behandlung oder eines übergangslosen Absetzens von Digitalis auf Strophanthin sind wir im folgenden Kapitel besonders eingegangen (s. S. 565).

Eine Gewöhnung an Digitalis und Strophanthin tritt nicht ein. Ein Rückgang der Wirkung ist daher u. a. durch Abnahme der Leistungsreserven des Herzens infolge progredienter Myokarddegeneration oder durch die Tatsache, daß das Koronarsystem nicht der Leistungssteigerung des Myokards Folge leisten kann, erklärbar.

Bei nachlassender Wirkung der Herzglykoside ist eine Steigerung des kardiokinetischen Effektes noch durch bestimmte Medikamenten-Kombinationen möglich, auf die wir S. 568 näher eingehen werden.

Auch die Strophanthinbehandlung muß kontinuierlich und oft über viele Wochen fortgesetzt werden. Vielleicht müssen anfänglich täglich 2mal 0,25 bis 0,3 mg, später jeden 2. Tag und im Stadium der Rekompensation wöchentlich 2 Injektionen mit 0,25 mg gegeben werden. Die perorale Behandlung ist meist wenig zuverlässig und entschieden der Digitalismedikation unterlegen. Das gilt für Purostrophan (3 mal täglich 20–30 Tropfen) ebenso wie für Strophoral (1 bis 2mal täglich Tabl. zu 0,3 mg; Höchstdosis 1,2 mg, Erhaltungsdosis 1,5–3 mg pro die).

Eine iatrogene Schädigung durch Digitalisüberdosierung veranschaulicht folgende *Kasuistik*:

H. H., 49 Jahre, Hausfrau

Vorgeschichte
Sept. 1956 erster Herzanfall. Seither öfter Ziehen und Druck in der Herzgegend mit Ausstrahlungen nach der linken Schulter und Atemnot. Viel Kopfschmerzen. Sei sehr vergeßlich geworden. Öfter Diarrhoen mit Leibschmerzen, Übelkeit, Brechreiz; Auftreten besonders nach dem Genuß von Kohl. Keine Ödeme, keine Nykturie.
Pat. hat seit längerer Zeit Verodigen eingenommen. Da ihre pektanginösen Beschwerden dadurch nicht gebessert wurden, suchte sie einen anderen Arzt auf, der Strophanthin injiziert habe.
Das Verodigen wurde weiter eingenommen, wohl ohne Kenntnis des zweitbehandelnden Arztes.

Befund
Paradentotische Restzähne im Unterkiefer, sonst Prothesen. BWS etwas rechtskonvex skoliotisch. Lungengrenzen genügend verschieblich. Über allen Lungenteilen voller Klopfschall und reines Atemgeräusch. VK 2,5 Liter. Herzgrenzen normal, weiches systolisches Geräusch über Spitze und Pulmonalis. Herzaktion arrhythmisch. RR 180/90. Abdomen weich eindrückbar, Druckempfindlichkeit rechter Ober- und Mittelbauch. Chvosteksche Zeichen beidseits, in allen Ästen +. Körpertemperatur normal.

BKS 6/12. Nüchternblutzucker 96 mg%. Urin chemisch und zytologisch o. B., WaR und Nebenreaktionen im Serum negativ. Blutstatus: Hb 90%, Ery 4,36 Mill., Leuko 8.000, Differentialbild unauffällig.

Kalzium-Spiegel i. S. 9,5 mg%, Kalium-Spiegel i. S. 26,1 mg%. Serumlabilitätsteste, Gesamt-Eiweiß und Elektrophorese normal. Rest-N nicht erhöht. Magensaft: Freie HCl bis + 65, Gesamt-Azidität bis + 85.

Elektrokardiogramm (Aufnahmetag)
Mitteltyp, Sinusrhythmus. A.-v. Überleitung mit 0,22 sec verlängert. Häufig eingestreute ventrikuläre Extrasystolen in Ruhe und nach Belastung, die im Stehen verschwinden. Tiefe bogige *ST*-Streckensenkung in Ableitung I bis III und praktisch verstrichene *T*-Zacken. Zunahme der Senkung im Stehen.

Präkordial nach WILSON: Aufsplitterung der Hauptgruppe in V 2 und V 3. *ST*-Streckensenkung von V 2 bis V 6 mit biphasischen *T*-Zacken in V 3 bis V 5, T V 6 ist verstrichen (s. Abb. 204, S. 564).

Mechanokardiogramm
Sämtliche Daten liegen im Normbereich:

Röntgenbefund: Durchleuchtung der Brustorgane und Kymogramme: Am Herzen keine sichere Fehlform. Etwas betonter Vorhofbogen, jedoch keine Verbreiterung des Vorhofs. Keine Stauung im Lungenkreislauf. Im Belastungskymogramm lediglich fixierter Bewegungstyp II, sonst keine Zeichen von Muskelschäden. Halswirbelsäule in 2 Ebenen: Osteochondrose, besonders der Bandscheibe C 5/6, grobe Spondylosis deformans. Hyperlordose. Atlas superior.

Magen-Darm-Passage: Für Ulkus oder Neoplasma an Magen und Duodenum kein Anhalt. Duodenitis.

Perorales Cholezystogramm: Keine Füllung der Gallenblase.

I.v. Cholezysto- und Cholangiographie: Gut pflaumengroßer, nicht kalkdichter Solitärstein in einer großen, weit nach abwärts hängenden Gallenblase. Hepaticus, Cysticus und Choledochus durchgängig, nicht erweitert.

Ekg am 3. Tag: A.-v. Überleitungszeit 0,22 sec. Extrasystolen verschwunden. Bogige *ST*-Streckensenkung in Ableitung I–III. *T* in allen Ableitungen flach positiv.

Ekg am 7. Tag: *PQ* immer noch verlängert. Weniger tiefe *ST*-Strecken.

Ekg am 10. Tag: Normale a.-v. Überleitung. Weitere Rückbildung der *ST*-Streckensenkung.

Epikrise
Nach einem 10tägigen klinischen Aufenthalt möchten wir die elektrokardiographischen Veränderungen, die sich stetig zurückbilden, als Effekt der Glykosid-Überdosierung auffassen. Auch die anamnestisch angegebene Übelkeit mit Brechreiz wird damit erklärt. Die Stenokardien, die den Anlaß zur Glykosidbehandlung gaben, halten wir nicht für echte Angina-pectoris-Anfälle, sondern für vertebral bedingt. Möglicherweise verschleierten noch reflektorische Schmerzsensationen von Seiten des Gallensteinleidens bei hyperazider Gastroduodenitis, die sich in die Herzgegend projizieren, weiter das Krankheitsbild (Abb. 204).

Eine Herzglykosidmedikation wäre in diesem Falle nicht notwendig gewesen.

Häufig führt die Digitalis-Überdosierung zu einer Bigeminie mit den bekannten Symptomen: Brechreiz, Appetitlosigkeit usw.

Ch. B., 50 Jahre.
Primär-chronische Polyarthritis; Beginn 1932.

Seit März 1957 zunehmend Atemnot, Engegefühl in der Brust, viel Herzklopfen und in letzter Zeit auch Stechen in der Herzgegend. Zyanose, wechselnd Ödeme. Seit einem halben Jahr etwa vom Hausarzt Cedilanid-Tropfen, 3mal 20 täglich. Die letzten 2 Wochen viel Brechreiz, Übelkeit, Appetitlosigkeit.

Wegen der Polyarthritis habe sie nur bei Bedarf Gelonida antineuralgica genommen.

564 Spezielle Behandlungsvorschläge für Herz-Kreislauferkrankungen

Befund:

Pyknikerin in reduziertem Allgemeinzustand, Lippenzyanose, feine prätibiale Ödeme. Über den Lungen basal Entfaltungsgeräusche. Herzgrenze nach links etwas verbreitert, lautes systolisches Geräusch bes. Spitze, Frequenz um 60 Min., Bige-

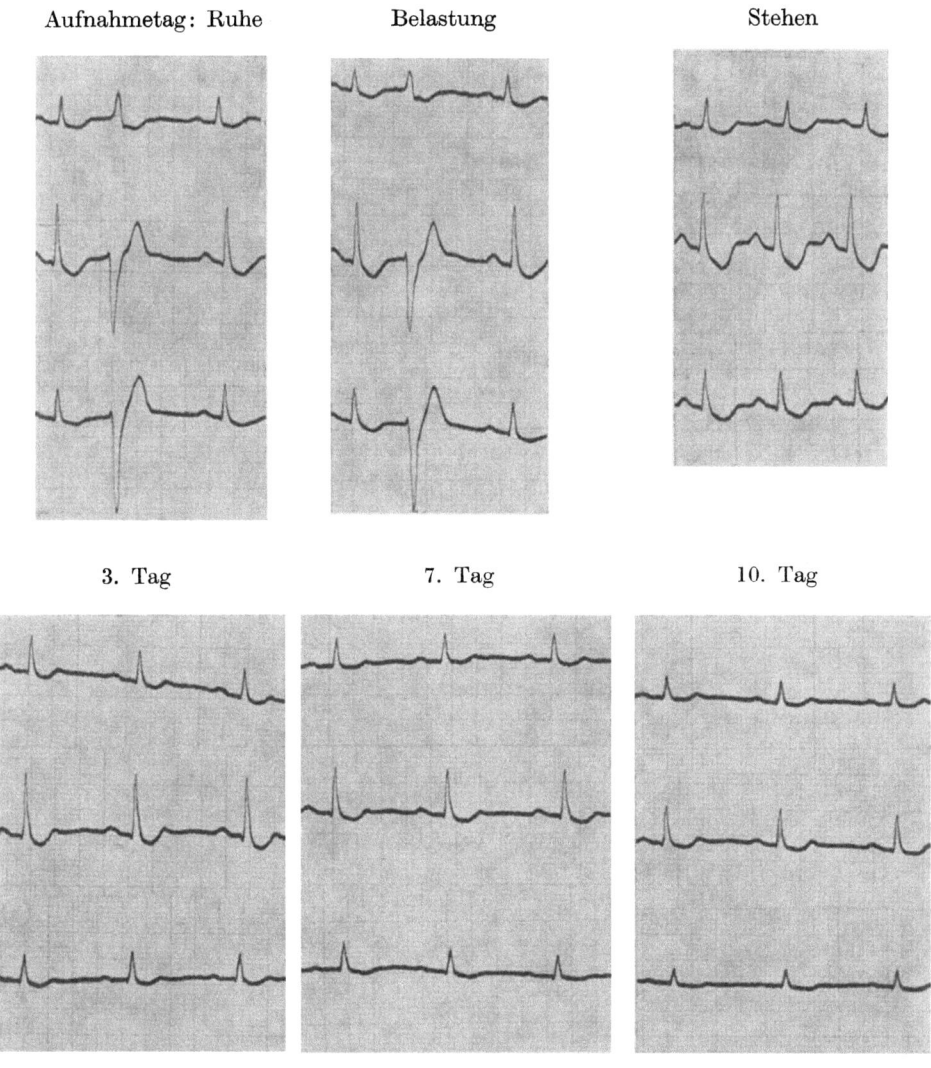

Abb. 204. Iatrogene Schädigung durch Digitalisüberdosierung. H. H., 49 Jahre, Hausfrau.

minus. RR nicht zu messen (Versteifung der Ellenbogen- und Kniegelenke in Beugestellung). Leber gut handbreit vergrößert, derb, druckempfindlich.

Subikterus der Skleren.

Deformierte, mehr oder weniger versteifte Gelenke: Hände, Finger, Ellenbogen, Knie, Schultern, Hüften.

Ekg: Beginnende Rechtsüberdrehung. Bigeminus mit polytopen Extrasystolen, wohl Ersatz-Systolen. Niedervoltage. ST-Streckensenkung in Ableitung II und III mit biphasischem bzw. verstrichenem T. (s. Abb. 205).

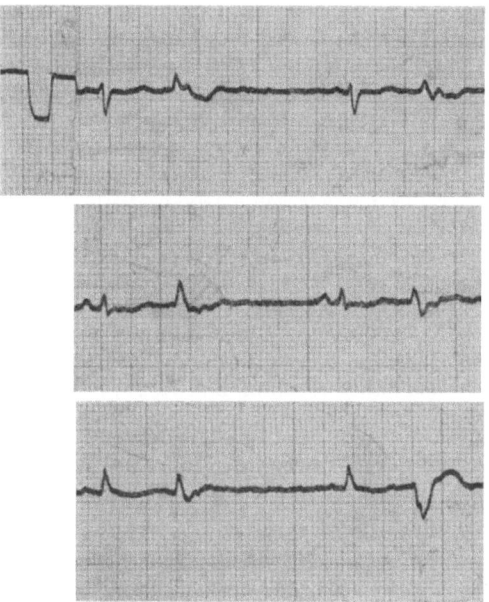

Abb. 205. Bigeminie nach Digitalis-Überdosierung.

Auch hier handelt es sich, allerdings im Gegensatz zur vorhergehenden Beobachtung, bei indizierter Digitalismedikation, um ein Überdosierungs-Syndrom. Durch Absetzen des Herz-Glykosids kann die Behebung der Unverträglichkeitserscheinungen meist in wenigen Tagen erreicht werden.

2.2.2. Kombinierte Digitalis-Strophanthin-Behandlung (bzw. schnell konsekutive Medikation)

Es wird in der Praxis immer wieder die Frage erhoben, wann nach vorhergehender Digitalisierung im Fall einer akuten, lebensbedrohlichen Verschlimmerung Strophanthin verantwortet werden könne.

In derartigen Fällen wird man sich folgendes vor Augen halten müssen:

Erfahrungsgemäß kann bei einer ausreichenden Digitalis-Dosierung eine akute lebensbedrohliche Verschlimmerung gar nicht resultieren, es sei denn, es treten Ereignisse ein (Überanstrengung, psychisches Trauma, Infekte, Operationen und dergleichen), für deren Bewältigung der mittels vorheriger Digitalisierung erreichte Suffizienzgrad nicht mehr ausreicht. In derartigen Fällen gibt es für die Soforthilfe so zahlreiche Maßnahmen (Aderlaß, Sauerstoffbeatmung, zentrale Dämpfung und dergleichen), daß die probatorische Gabe von $1/_{10}$ mg Strophanthin als Sofortmaßnahme ausreicht und nur in Fällen von bereits deutlicher Überdigitalisierung, ein Phänomen, das heute infolge einer geänderten therapeutischen Auffassung kaum noch beobachtet wird, mit einem gewissen Risiko verbunden ist.

Der grundsätzliche Wandel in der Glykosidmedikation besteht darin, daß man heute die Dosen so klein wie möglich wählt. Während FRAENKEL noch von 1 mg als Maximal-Einzeldosis sprach und bis zu 5 mg pro die gegeben wurden, ging man rasch auf 0,5 mg zurück, und heute wird man, selbst in schwereren Fällen, kaum mehr als zweimal täglich 0,25 mg benötigen. Von LANGE ist untersucht worden, ob es sich dabei um eine Steigerung der Empfindlichkeit gegenüber den Herzglykosiden auf Grund einer Änderung der Reaktionslage handeln könne. Wir glauben, daß es die beachtliche Änderung in der therapeutischen Einstellung ist, welche dieses Phänomen begünstigt. Während man früher für die Behandlung der Herzschwäche nur Digitalis oder Strophanthin wählte und jede Zusatzbehandlung als unwissenschaftliche Polypragmasie ablehnte, haben wir es heute gelernt, das Krankheitsbild „Herzinsuffizienz" von den verschiedensten Seiten therapeutisch anzugreifen und daher das herzwirksame Glykosid als differenteste Maßnahme weitgehend zu sparen. BETZIEN hat einige der neueren Methoden zusammenfassend dargestellt, mittels derer es möglich ist, die Wirkung der Herzglykoside zu steigern und somit ihre Dosierung herabzusetzen (s. S. 568). Hat man, von dieser Vorstellung geleitet, bisher niedrig dosiert, dann kann Strophanthin jederzeit gegeben werden, eine Auffassung, deren Richtigkeit am besten dadurch bestätigt wird, daß manche Autoren von einer Strophanthin-Pandigal-Mischbehandlung ausgesprochene therapeutische Vorteile gesehen haben (FERBER und ROTH, STEINBERG und andere).

Hat man dagegen die Methode der „fulldigitalisation" zum Beispiel nach dem Schema von EGGLESTONE zur Anwendung gebracht, dann wird man auch die früheren Erfahrungen, welche bei der Höchstmedikation gemacht worden sind, zu berücksichtigen haben.

So hat LANGE darauf hingewiesen, daß in den USA früher jede Strophanthinmedikation verboten war, offenbar deshalb, weil nach vorhergegangener Digitalisierung Todesfälle aufgetreten waren, die dem Strophanthin zur Last gelegt wurden. SIEBECK fordert noch, daß vor jeder intravenösen Strophanthinanwendung mindestens 2-3 Tage kein Präparat digitalisartiger Wirkung genommen wurde. Auch EICHHOLTZ, HOFF und andere raten zur Vorsicht. Aber bereits EDENS, einer der erfahrensten Kenner der Herzglykoside, betont, daß ein Übergang von Digitalis auf Strophanthin ohne Pause möglich sei, wenn eine richtige Digitalisdosierung ohne Zeichen der Überdosierung vorausging. Es ist dabei zu berücksichtigen, daß vor allem zwischen Purpurea- und Lanata-Glykosiden unterschieden werden muß. Während bei Purpurea, vor allem aber beim Digitoxin infolge seiner ausgeprägten, schwer zu überblickenden allobiotischen Tendenzen (KOCH) die dreitägige Digitaliskarenz bei manchen Fällen unter Umständen sogar das Minimum darstellt, ist am Tage nach Absetzen von Lanata-Glykosiden, wenn vorher keine Intoxikationserscheinungen bestanden haben und eine vitale Indikation gegeben ist, die Verabfolgung von 0,12 mg Strophanthin durchaus zu verantworten (FERBER und ROTH).

Das Schwergewicht liegt also in Zweifelsfällen auf der Erkennung der Digitalisintoxikation.

Für den erfahrenen Kliniker, der noch dazu in der Regel über eine genaue Kenntnis der verabfolgten Digitalismengen verfügt, wird die Digitalisüberdosierung, die gekennzeichnet ist durch Sehstörungen, Übelkeit, Erbrechen, Extrasystolie, Bigeminie, Vorhofflimmern, Verlängerung der Reizleitungszeit usw., leicht zu erkennen sein. HOFF betont jedoch mit Recht, daß es bei schweren Zuständen oft schwierig ist zu sagen, welche Symptome auf Digitaliswirkungen zu beziehen sind, insbesondere wenn der Patient aus fremder Behandlung übernommen wird und über die bisherige Therapie kein sicheres Urteil besteht.

In solchen Fällen wird man, ehe kritiklos zur Strophanthinspritze gegriffen wird, folgendes bedenken müssen:

1. Zahlreiche komplizierende Erkrankungen des Herzkreislaufsystems können zu einer lebensbedrohlichen Verschlechterung führen, ohne daß hierdurch ohne weiteres die Indikation zur Strophanthinbehandlung gegeben ist, wie z. B. paroxysmale Tachykardie, ADAMS-STOKESsche Anfälle, Myokardinfarkt usw. Ist die Verschlechterung durch Komplikationen wie Asthma cardiale, Lungenödem, apoplektischen Insult, akutes Cor pulmonale bei Lungenembolie usw. bedingt, dann wird man von den oben bereits erwähnten Sofortmaßnahmen therapeutisch entscheidendere Vorteile erwarten dürfen, als von einer Strophanthininjektion.

2. Glaubt man trotzdem nicht auf das Strophanthin verzichten zu dürfen, dann ist wiederholten, sehr kleinen Dosen, welche entsprechend dem klinischen Verlauf in kürzeren oder längeren Intervallen verabfolgt werden, der Vorzug zu geben. Da es unter der Strophanthininjektion zu einer initialen Verengerung der Koronararterien kommen kann (EICHHOLTZ), geben wir, um der Gefahr eines durch das Strophanthin ausgelösten Mißverhältnisses von gesteigerter Herzarbeit und verminderter Koronardurchblutung vorzubeugen, das Präparat in Verbindung mit Embran, in Form von Strophil.

Unter Beachtung dieser Richtlinien haben wir seit vielen Jahren keinen Todesfall mehr beobachten können, der auf Strophanthininjektionen nach vorhergegangener Digitalisierung zu beziehen gewesen wäre.

Will man Digitoxin nach Vormedikation mit Digitalis lanata oder purpurea zur Anwendung bringen, dann ist eine Pause von mindestens 6–9 Tagen einzuschalten und die Dosierung jedem Einzelfall anzupassen, wobei diese Erfahrungen der umfangreichen Literatur entnommen werden können (v. BOROS, HALHUBER u. a.).

Der Übergang von Digitalis auf Convallaria bzw. Scilla ist zu jedem Zeitpunkt möglich. Auch der Wechsel von diesen Digitaloiden zu Strophanthin ist unbedenklich.

SCHEMBRA hat Strophanthin sogar über längere Zeit mit Convallan verabfolgt und von ANDERS und ZEISE ist über die Digitalis-Scilla-Therapie berichtet worden.

Bei sehr hohen Dosierungen von Convallan in stündlichen Abständen sind, allerdings bei vorheriger Digitalismedikation, schon echte Erscheinungen einer Digitalisintoxikation beobachtet worden.

Zusammenfassend dürfte es sich empfehlen, in der Praxis keine Experimente mit der Herzglykosid-Therapie zu machen. Es ist ratsamer, an einigen wenigen Präparaten die therapeutische Wirkungsbreite, die individuelle Verträglichkeit sowie wirksame Dosierung zu studieren. Nur dann ist gewährleistet, daß, nach Feststellung von Ursache und Art der vorliegenden Herzschwäche, die Herzglykoside konsequent zur Anwendung gebracht werden können.

Literatur zu Kapitel VI, Abschnitt A, 2.2.2

ANDERS, W. und G. ZEISE: Die kombinierte Digitalis-Scilla-Therapie. Med. Klin. **33**, 1061 (1952). — BLUMBERGER, KJ.: Digitalis- und Strophanthintherapie. Ärztl. Praxis **2**, 4 (1950). — EGGLESTON, C.: Arch. Int. Med. **16**, 1 (1915). —

FLEISCHHACKER, H.: Cortison und Digitalis. Wien. klin. Wschr. 1956, 989. — HOCHREIN, M.: Strophanthindosierung nach vorheriger Digitalisgabe. Ärztl. Praxis 6, 35 (1954). — v. HOESSLIN, G.: Gleichzeitige Strophanthin- und Digitalistherapie. Med. Klin. 23, 691 (1948). — KLEPZIG, H.: Kann eine kombinierte i. v. Kalzium- und Strophanthintherapie des digitalisierten Herzens gefährlich sein? Dtsch. med. Wschr. 83, H. 28, 1211 (1958). — KROETZ, C.: Digitalis- und Strophanthintherapie bei dem sogenannten Myokardschaden. Therapiewoche 2, 93 (1950). — LACHMANN, H.: Gleichzeitige Strophanthin- und Digitalismedikation. Med. Klin. 21, 687 (1949). — ROTH, D.: Über Herztherapie unter spezieller Berücksichtigung des Digilanid. Schweiz. med. Wschr. 1935, 741. — SARRE, H.: Die Ursachen der gegensätzlichen Wirkung von Strophanthin und Digitalis auf die Koronarinsuffizienz. Klin. Wschr. 1943, 135. — SCHAEFER, W.: Zur intravenösen Kombinationstherapie bei Herzkrankheiten. Ther. Gegenw. 65, 247 (1924). — SCHUMANN, H.: Das Wesen der therapeutischen Wirkung von Digitalis oder Strophanthin auf das insuffizierte Herz. Z. Kreislaufforschg. 38, 606 (1949). — SPANG, K.: Welche Vorteile hat eine Digitalis-Strophanthin-Kombinations-Therapie? Dtsch. med. Wschr. 82, H. 17, 670 (1957). — WALDHECKER, M.: Herztherapie mit kombinierten Digitaloiden. Medizinische 47, 1686 (1956). — WEBER, J.: Die perorale Strophanthintherapie. Med. Klin. 50, H. 13, 533 (1955). — WINCKLER, E.: Gezielte Herzbehandlung durch Digitalis-Barbiturat-Mischungen. Med. Klin. 52, H. 9, 351 (1957).

2.2.3. Wirkungssteigerung der Herzglykoside

Die Wirkungssteigerung der Herzglykoside hat, zumal es sich um therapeutisch recht differente Substanzen handelt, deren Dosierung große Erfahrung verlangt, schon lange den Kardiologen beschäftigt. Bei dem Bemühen, kleine Herzglykosiddosen in ihrem kardiokinetischen Effekt zu potenzieren und auf diese Weise Überdosierungen leichter zu vermeiden sowie digitalis- bzw. strophanthinrefraktäre Fälle wieder ansprechbar zu machen, sind folgende neueren Wege empfohlen worden, die von unserem Mitarbeiter BETZIEN zusammengestellt worden sind:

Die Kombination von Coffein mit Strophanthin hat sich besonders bei kardialen Versagenszuständen mit gleichzeitiger Kreislaufschwäche bewährt. Man gibt 0,2 g Coffein natr. sal. und 0,25 mg Strophanthin und gewinnt den Eindruck, daß das infolge des Kreislaufkollaps mangeldurchblutete Herz für die kardiokinetische Wirkung ansprechbarer wird.

Auch die Kombination von Kalzium und Strophanthin ist infolge der synergistischen Wirkung beider Substanzen (BÖGER und DIEHL) gleichfalls im Sinne einer Steigerung der Glykosidwirkung nutzbar zu machen.

Zu $1/_8$ mg Strophanthin werden 9–18 mg Kalzium (z. B. 1–2 ccm Kalzium Sandoz) gegeben. Wird diese Kombination gut vertragen, kann auf 0,25 mg Strophanthin und bis zu 5 ccm Kalzium erhöht werden. Während BÖGER diese Kombination vor allem für die Linksinsuffizienz empfiehlt, bezeichnet KUTSCHERA-AICHBERGEN als besondere Indikation die tachykarde Form der Rechtsinsuffizienz. Die Erfahrungen von KLEPZIG lassen jedoch eine sehr sorgfältige Austestung der Kumulationsneigung als notwendig erscheinen.

Wir haben besondere Erfahrungen mit der Wirkungssteigerung von Strophanthin durch Organextrakte (Embran).

Dabei ist eigenartig, daß im Froschtiter das Strophanthin durch die Mischung mit Embran eine Wirkungsabschwächung erfährt, so daß ungefähr ein Froschtiterwert von 0,125 mg verbleibt. Um so bedeutungsvoller ist, daß die klinische Wirksamkeit keine Minderung des kardiokinetischen Effektes, eher vielleicht eine Steigerung, die ungefähr einer Strophanthinmenge von 0,25 mg entsprechen dürfte, erkennen läßt. Diese Beobachtung untermauert um ein Weiteres die schon vielfach vertretene Auffassung, daß der Froschtiter nicht als Maßstab für die klinische Wirksamkeit genommen werden darf, bzw. daß die Organextrakte, wie schon vielfach behauptet worden ist, in der Lage sind, die Ansprechbarkeit des Myokards für die Wirkung von Glykosiden zu steigern (LEINS-FORRER, DEUTSCH, NIEMEIER usw.).

Auf Grund der Erfahrungen an einem großen klinischen Krankengut wurde mit dem Strophil eine Standardmischung entwickelt, die dem Arzt eine weitere Erhöhung der Strophanthinquote unnötig macht. Die enthaltene Strophanthinmenge hat sich in Hunderten von Fällen als ausreichend erwiesen, um bei täglicher Verabfolgung auch Zustände schwerster Dekompensation zu rekompensieren.

In akut bedrohlichen Fällen wird man, wie auch sonst bei der Strophanthinbehandlung üblich, morgens und abends je 1 Ampulle Strophil zu injizieren haben. Eine Gefährdung des Kranken ist mit diesen Dosen selbst bei strophanthinempfindlichen Herzen nicht möglich, der therapeutische Effekt jedoch stets ausreichend.

Während man früher annahm, daß bei dekompensierten Herz- und Kreislauferkrankungen eine Therapie mit Organextrakten wirkungslos, wenn nicht sogar schädlich sei, konnte SCHLEICHER feststellen, daß sich das Embran bei der Herzinsuffizienz gerade in Verbindung mit Strophanthin als von überlegener Wirksamkeit erweist.

Wenn es neben einer Allgemeinbehandlung bei der Herzinsuffizienz das therapeutische Ziel ist, durch direkt herzwirksame Stoffe pharmakologisch auf den erlahmenden Herzmuskel einzuwirken, um eine Hebung der Herzarbeit herbeizuführen, dann ist es auf Grund der engen Korrelation zwischen Herzarbeit und Herzdurchblutung (HOCHREIN) notwendig, gleichzeitig die Koronarzirkulation zu verbessern. Dies gilt um so mehr, wenn Kranke behandelt werden, bei denen die Herzschwäche ursächlich durch eine Koronarinsuffizienz bedingt ist.

Kombiniert man nun das Strophanthin mit Embran, dann gelingt es in vielen Fällen, Patienten, die im Zustande schwerster Dekompensation mit den eindrucksvollsten Bildern hochgradigster Atemnot, Zyanose und allgemeiner Ödeme in die Behandlung kommen, innerhalb kürzester Zeit von ihren quälenden Beschwerden zu befreien und die Herzfunktion weitgehend zu bessern.

Strophil beseitigt außerdem die mit der Dekompensation in den meisten Fällen verbundenen peripheren Zirkulationsstörungen, die sich in Kältegefühl, Abgestorbensein von Händen und Füßen usw. äußern können.

Durch die bereits oben erwähnte anregende Wirkung auf die Magensaftsekretion erweist es sich weiterhin als günstiges Stomachikum bei einer durch Stauungsgastritis oder andere Ursachen hervorgerufenen Appetitlosigkeit.

Die Idee, durch Minderung der Thyroxinbildung im Organismus und insbesondere auch im Herzmuskel den Stoffwechsel zu senken, die O_2-Ausnützung zu verbessern und die Vagotonie in ihrem Schoneffekt zu begünstigen, führte MERKL und POLZER dazu, bei Koronarinsuffizienz die Thyreoidektomie vorzunehmen. Trotz teilweise guter Erfolge setzte sich die Methode wegen des Operationsrisikos nicht durch. Mit dem Aufkommen der Thyreostatica war ein neuer Ansatzpunkt gegeben. Als erster führte RAAB mit Thiouracil bei Angina pectoris Untersuchungen durch. Nachdem er zunächst das Thyreostaticum ohne Herzglykoside gab, hatte er nach längerer Latenzzeit in einem Teil der Fälle positive Ergebnisse. Rascheres und sicheres Einsetzen der Wirkung konnte bei gleichzeitiger Gabe von Strophanthin erreicht werden. Bei kombinierter Medikation trat in 71% der Fälle, die gegen Strophanthin allein therapieresistent blieben, Besserung bis Beschwerdefreiheit auf. Das Herzglykosid soll hierbei zusätzlich im Sinne der Vagotonie wirken. HÜRTHLE stellt folgendes Dosierungsschema auf: Zunächst Strophanthin – gegebenenfalls bis zur Rekompensation –, falls dann noch Beschwerden vorhanden sind, Propylthiouracil 6 Tage 0,6 g täglich, später 0,4 g täglich bis zum optimalen Effekt;

Erhaltungsdosis 0,3 g täglich mit Intervallen, jedoch bei entsprechenden Patienten dauernde Glykosidmedikation, Thiouracil allein war nicht in der Lage, bei schweren Fällen die Dekompensation hintanzuhalten.

Unter den zahlreichen Effekten, die Vitamin E im Organismus auslöst, wurden Wirkungen auf das Gefäßsystem einschließlich der Koronarien bekannt. Die Prüfung des Wirkstoffes auf seine praktische Verwendbarkeit bei Kranzgefäßerkrankungen brachte keine einheitlichen Ergebnisse, auch scheint die theoretische Untermauerung nicht so überzeugend zu sein wie beim Thiouracil.

Ebenfalls mit zweifelhaftem Erfolg wurden neben der üblichen Glykosidmedikation Cortison und ACTH bei rheumatischen Karditiden versucht.

In der amerikanischen Literatur findet sich ein Bericht über 18 Fälle. Es wurde im allgemeinen zu Beginn der Therapie dramatische Besserung erzielt, jedoch ließ sich eine Abkürzung des Krankheitsgeschehens oder eine Hintanhaltung von Herzschäden nicht klar nachweisen. Man glaubt aber, in der sehr wirksamen Verlangsamung und Ökonomisierung der Herztätigkeit sowie in Hebung des Allgemeinzustandes einen nützlichen Effekt sehen zu dürfen.

Neuerdings hat SCHLIEPHAKE im Hinblick auf seine spasmolytische Wirkung Magnesium bei Angina pectoris verwandt. Gut wirksam waren Magnesiumthiosulfat und Magnesiumnicotinat; die zweite Verbindung soll auch besonders in der Peripherie gefäßerweiternde Effekte haben. – Englische Autoren empfehlen Magnesiumsulfat (15–20 ccm der 20%igen Lösung i.v.) bei erhöhter Reizbarkeit des Herzmuskels infolge Digitalisierung; besonders prompte Erfolge sahen sie bei extrasystolischer Bigeminie und Kammertachykardie.

Günstige Wirkung bei Stenokardien hat VILLINGER-KWERCH an Patienten mit pectanginösen Beschwerden nach Verabfolgung von Gallensäuren gesehen. Ausgangspunkt für diese Therapie ist die anderweitig gemachte Beobachtung, daß Stenokardien bei Ikterus verschwinden, auch eine erstaunliche Blutdrucksenkung tritt fast regelmäßig bei Hypertonikern während der ikterischen Phase (Hepatitis) auf, mit promptem Wiederanstieg kurz nach dem Abblassen.

Schließlich sei hier noch ein kürzlich auf enzymatischem Wege gewonnenes neues Reinglykosid erwähnt: das Lanata-Glykosid Acetyldigitoxin. Das Präparat steht dem Digitoxin nahe, besonders hinsichtlich der enteralen Resorption und frequenzsenkenden Wirkung. Die Haftfestigkeit ist erheblich, jedoch geringer als die von Digitoxin; es dürfte daher zur Dauermedikation besonders geeignet sein.

Von Interesse sind weiterhin folgende Untersuchungsergebnisse, die mit biosynthetisch gewonnenem radioaktivem Digitoxin erhalten wurden. In markantem Gegensatz zu den bisherigen Anschauungen wurde Digitalis über alle Organe gleichmäßig verteilt, also nicht elektiv im Herzmuskel angereichert gefunden. Es ist nicht bekannt, ob Digitalis an sich oder Metabolite von ihm herzwirksam sind. Nach den hier besprochenen Untersuchungen besteht zumindest nicht die gesamte pharmakologisch wirksame Substanz aus Digitoxin; außerdem steht die sehr rasche Ausscheidungsrate der Droge und ihrer Abbauprodukte in keinem Verhältnis zur Wirkungsdauer. Die Möglichkeiten, daß eine kleinere Fraktion der Umwandlungsstoffe die aktive Substanz darstellt oder durch das Medikament lediglich eine länger dauernde biochemische Veränderung induziert wird, müssen in Betracht gezogen werden.

Als besonders wichtig wird von KÖHLER die Wirkung der Cokarboxylase angesehen. Bei den Fällen, bei denen durch die Azidose des Herzmuskels eine verminderte Ansprechbarkeit gegenüber Herzglykosiden entstanden ist, spricht der Herzmuskel nach der durch die Cokarboxylase erzielten Beseitigung der Azidose wieder auf das Glykosid an. Mit ihrer Hilfe ist es nach KÖHLER auch möglich, die evtl. notwendige Umstellung von einer Digitalis- auf eine Strophanthin-Therapie ohne Einschaltung eines glykosidfreien Intervalls von mehreren Tagen durchzuführen.

Diese wenigen Ausführungen mögen verdeutlichen, wie vieles hier noch im Fluß ist und wie selbst mit den ältesten bekannten Arzneimitteln stetig neue Erfahrungen gesammelt werden können und müssen.

Literatur zu Kapitel VI, Abschnitt A, 2.2.3

AUGSBERGER, A.: Quantitatives zur Therapie mit Herzglykosiden. Klin. Wschr. **32**, H. 39/40, 945 (1954). — BETZIEN, G.: Die Wirkungssteigerung der Herzglykoside. Med. Klin. **49**, H. 11, 419 (1954). — BROWN, B. T. und S. E. WRIGHT: The cardioactive metabolites of digitalis glycosides (Die herzwirksamen Umwandlungsprodukte von Digitalisglykosiden). J. Biol. Chem. **220**, 431 (1956). — FABRY, R.: Therapeutische Erfahrungen mit dem Lanata-Glykosid C. Medizinische **1957**, 355. — HALHUBER, M. J.: Präparatwahl und Dosierung in der Therapie mit Herzglykosiden. Wien. med. Wschr. **101**, H. 2, 29 (1951). — KROETZ, C.: Experimentelle Untersuchungen über die Kranzgefäßdurchblutung in der Herzschwäche und ihre Beeinflussung durch die Herzglykoside. Arch. Kreislaufforschg. **10**, 237 (1942). — LENDLE, L. und W. BUSSE: Perorale Resorptionsbedingungen herzwirksamer Glykoside. Klin. Wschr. **30**, H. 11/12, 264 (1952). — MARTIN, R. W.: Gegenwärtige Probleme bei der Behandlung mit Digitalisglykosiden. Ärztl. Forschg. **12**, H. 3, 137 (1958). — MURPHY, J. E.: Gitoside – a new digitalis glycoside. J. Amer. Pharm. Ass. Sci. Ed. **46**, 170 (1957). — OSTER, H.: Therapie der glykosidrefraktären Herzinsuffizienz. Med. Klin. **51**, 48, 2057 (1956). — ROTHLIN, E.: Experimenteller Beitrag zur Wirkung herzwirksamer Glykoside auf die Herzkranzgefäße. Schweiz. med. Wschr. **1947**, 660; Über die Änderung der Reaktionsbereitschaft des Herzens durch herzwirksame Glykoside. Bull. Schweiz. Akad. Med. Wiss. **4**, 378 (1948); und R. BIRCHER: Pharmakodynamische Grundlagen der Therapie mit herzwirksamen Glykosiden. Erg. Inn. Med. **5**, 457 (1954); und O. SCHOELLY: Einfluß herzwirksamer Glykoside auf die Atmung des Herzens. Helvet. physiol. Acta **8**, C 69 (1950); und M. TAESCHLER: Zur Wirkung der herzwirksamen Glykoside auf den Myokardstoffwechsel. Fortschr. Kardiol. **1**, H. 6, 189 (1956). — RUPPERT, H.: Klinische Erfahrungen mit dem Glykosid Helborsid. Med. Klin. **17**, 534 (1950). — SCHEMBRA, F. W.: Glykosidtherapie Herzkranker. Landarzt **22**, 528 (1956). — SCHLIEPHAKE, E.: Die Verwendung von Magnesiumverbindungen bei Störungen des Blutkreislaufes. Dtsch. med. Wschr. **77**, 1508 (1952). — SPANG, K.: Therapie des dekompensierten Herzens. I. Glykoside. Nauh. Fortb.-Lehrg. **21**, 27 (Darmstadt 1956).— STAUB, H.: Über den Wirkungsmechanismus der Herzglykoside. Klin.Wschr. **35**, H. 23, 1191 (1957); Zum Wirkungsmechanismus der Herzglykoside. Dtsch. med. Wschr. **82**, H. 1, 5 (1957). — STÖRMER, A.: Die Glykosidbehandlung des insuffizienten Herzens in differential-therapeutischer Sicht. Münch. med. Wschr. **98**, H. 22, 777 (1956). — STOLL, A.: Über die herzwirksamen Glykoside der Digitalis-Gruppe. Vortrag am 27. 4. 1948 in München. — VOIGT, G.: Klinische Differenzierung von Herzglykosiden. Nordwestdtsch. Ges. inn. Med. **1955**, 15. — VILLINGER-KWERCH: Wien. klin. Wschr. **44**, 852 (1952). — WINDUS, H.: Die Beeinflussung der Glykosidwirkung am Herzen durch koronargefäßwirksame Medikamente. Klin. Wschr. **30**, H. 9/10, 215 (1952).

2.3. Diuretica

Neue Einsichten in den Entstehungsmodus kardialer Ödeme und daraus resultierende neue Prinzipien der Ödembekämpfung lassen die therapeutischen Möglichkeiten und die Auswahl der jeweils einzusetzenden Mittel in neuem Licht erscheinen. - Kationenaustauscher, Kohlensäureanhydrasehemmung, weniger toxische Quecksilberkombinationen und erweiterte Erfahrungen über die Wirkung anderer Diuretica charakterisieren den heutigen Stand der Ödembehandlung.

Neben die alte Vorstellung der Ödementstehung, die sich etwa zusammenfassen läßt in der Kausalkette: Verminderung der Herzkraft, Verlangsamung des Blutstromes, Hypoxydose der Kapillarmembranen, Erhöhung des Kapillardruckes, Ödembildung, Verringerung des Blutvolumens, Hemmung der Salz- und Wasserausscheidung – tritt eine neue Anschauung, im Gegensatz zum obigen „backward failure" auch als „forward failure" bezeichnet: Verminderung der Herzkraft, Verringerung der Nierendurchblutung und des Glomerulusfiltrates, Retention von Natrium und Wasser (durch vermehrte Rückresorption in den Nierentubuli), Vermehrung der zirkulierenden Blutmenge, Kapillardruckerhöhung, Ödembildung.

Es handelt sich also um zwei hämodynamische Bilder, die von WOLLHEIM als Plus- bzw. Minusdekompensation bezeichnet worden sind (s. S. 147).

Selbstverständlich bleibt als erstes therapeutisches Bemühen wesentlich, die Leistungsfähigkeit des Herzens durch Ruhigstellung des Körpers, durch das Fernhalten aller vermeidbaren Belastungen und durch Herzglykoside zu erhöhen. Während man aber früher das mechanische Moment der venösen Druckerhöhung als entscheidend für die Ödementstehung ansah, wird jetzt die Natriumretention als ein primärer pathogenetischer Faktor betrachtet.

Die diuresefördernde Wirkung einer kochsalzarmen Diät wurde immer wieder betont (SCHLEICHER und OBERGASSNER).

Bekanntlich können 7 bis 9 g Kochsalz 1 Liter Flüssigkeit im Körper binden. Daß aber vor allem der Entzug von Natriumionen Ödeme jeglicher Genese auszuschwemmen vermag, zeigten die systematischen Untersuchungen der letzten Jahre. Die Hauptarbeit im Natriumstoffwechsel wird von den Nieren geleistet. 1500 l Blut, die in 24 Stunden die Niere passieren, enthalten etwa 3000 g Natrium, von denen etwa 500 g filtriert und zum größten Teil wieder rückresorbiert werden. Gesunde Nieren vermögen tägliche Mengen von wenigen Milligramm bis zu 25 g Kochsalz auszuscheiden. Erst bei der enteralen Aufnahme von größeren Kochsalzgaben treten als Folge der Natriumanreicherung Ödeme auf. Bei Herzkranken liegt diese Schwelle bei 10 g Kochsalz oder noch tiefer. In schwersten Fällen wird selbst bei strengster kochsalzarmer Diät noch Natrium retiniert.

Sämtliche Faktoren, die den normalen Wasserhaushalt regulieren, sind allerdings in ihrer Gesamtheit auch heute noch nicht zu überschauen. Die Funktionsfähigkeit der Kapillarmembran, der onkotische Kapillardruck, die kolloidosmotische Druckdifferenz zwischen extra- und intravasaler Flüssigkeit, die hormonale Regulation (z. B. durch das Adiuretin oder durch die Nebennierenrindenhormone der Zona glomerulosa und fasciculata), das neurosekretorische Zwischenhirnsystem, nervöse Rezeptoren und nervöse Koordinationszentren sind nur einzelne Glieder eines sehr komplexen Funktionsgeschehens.

Die Wirkung der salzarmen Kost kann durch die Kationenaustauscher verstärkt werden.

Dies sind hochpolymere, wasserunlösliche, nichtresorbierbare Kunstharzprodukte, deren Grundgerüst aus Polystyrolketten oder aus Polyakrylen besteht und die von Karboxyl- oder Sulfogruppen Wasserstoff- und Ammoniumionen abgeben, und die andere Kationen – besonders Natrium, aber auch Kalium, Kalzium usw. – binden.

Um eine Kaliumverarmung des Organismus zu verhüten, erhalten die heute gebräuchlichen Präparate (Natrantit, Masoten, Carbo-Resin) von vornherein eine Kaliumbindung zu 25–35%.

Aus den abgegebenen Ionen entstehen im Darm Salzsäure und Ammoniumchlorid, die nach der Resorption zu einer Säuerung und damit zu einer zusätzlichen diuretischen Wirkung führen. Diese Azidose wird von einer intakten Alkalireserve durch Bildung von Chloriden kompensiert, und die Nieren scheiden die überschüssigen Chloride aus. Die Gefahr einer hyperchlorämischen Azidose besteht aber, wenn die Alkalireserve als solche schon erniedrigt ist und schon vorher geschädigte Nieren die Azidose nicht mehr kompensieren können. Als andere Nebenwirkungen sind Kalzium-, Kalium-, Magnesiummangelsymptome möglich. Auch Magen-Darmreizungen mit Anorexie und Nausea können auftreten. Im allgemeinen werden aber selbst Dauerbehandlungen über mehrere Monate ohne toxische Erscheinungen vertragen (EMERSON). Die therapeutisch wirksame Tagesdosis liegt bei

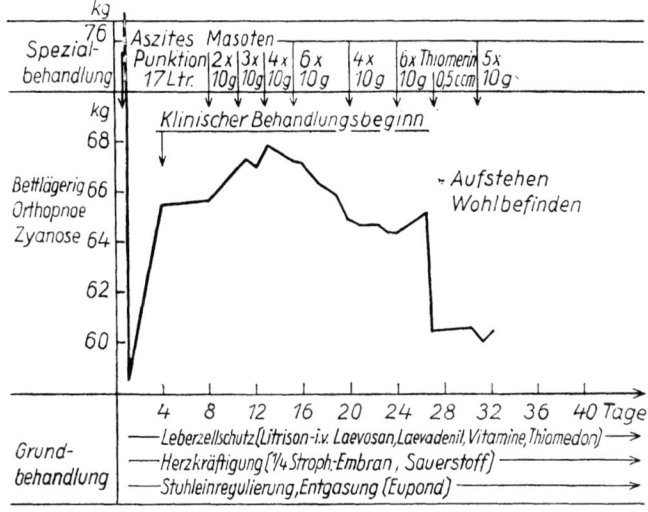

Abb. 206. Ödembehandlung mit Kationenaustauscher.

40—60 g, wodurch rund 1,5 g Natrium gebunden werden, was etwa 4 g Kochsalz entspricht. – Beträgt der Natriumgehalt der Kost nur 1 g oder weniger, so kann alles Natrium durch den Austauscher gebunden werden, und da noch zusätzlich das Natrium der Verdauungssekrete fixiert wird, entsteht sogar eine negative Natriumbilanz, die den Organismus zur Wasserabgabe zwingt.

Die günstige Wirkung mag folgende Kasuistik verdeutlichen:

O. A., 55 J. 1950 erstmalig Arrhythmia absoluta, Myokardschädigung beider Ventrikel. Röntgenologisch: Cor bovinum, Stauungslunge. Behandlung mit Digitoxin und Kalium jodatum. Frühjahr 1954 erstmalig Aszites mit Anschwellen der Beine, Notwendigkeit sehr häufiger Aszitespunktionen. 3 Tage vor der Aufnahme wurden noch 17 Liter entfernt. *Aufnahmebefund* am 13. 6. 1956: Herz nach allen Seiten verbreitert, keine Geräusche, Bradyarrhythmia absoluta. Noch deutlicher Aszites als Flankendämpfung vorhanden. Leber eine Hand breit unter dem Rippenbogen hart, sehr druckschmerzhaft. Am 17. 6. 1956 Beginn der Masoten-Behandlung zunächst mit 20 g täglich, langsame Steigerung auf 60 g täglich. Innerhalb von 10 Tagen wurde damit eine Gewichtsabnahme von 3,4 kg erzielt. Der Aszites ist nicht mehr nachgelaufen, die Leber ist deutlich weicher und kleiner geworden. Da in diesem Falle der Takata-Ara 90, Ges.-Eiweiß 5,81, der übrige Leberstatus aber vollständig unauffällig war, steht zu erwarten, daß der Übergang in eine Stauungszirrhose verhütet wurde (Abb. 206).

In leichten Fällen ermöglichen die Kationenaustauscher eine gewisse Lockerung der Diät. Eine eigene diuretische Wirkung ist aber nur bei entsprechend natriumarmer Kost zu erreichen, denn bei allgemeiner Ödembereitschaft wird vom Körper jedes erreichbare Natrium aufgenommen und möglichst aus allen Sekreten wieder rückresorbiert.

Trotzdem wird man sich stets vor Augen halten müssen, daß es sich bei dieser Art der Diureseförderung um keine ganz indifferente Maßnahme handelt.

Ein stärkerer Kaliumverlust des Körpers ruft komatöse Verwirrungszustände hervor und macht Schädigungen am Stoffwechsel des Herzmuskels, eine Störung, die sich im Ekg durch Rhythmusanomalien usw. erkennen läßt, und zwar früher als der Kaliummangel im Serum nachweisbar ist.

Wenn nach allgemeiner Ruhigstellung, nach Verabreichung salzarmer Kost – eventuell kombiniert mit Kationenaustauschern – und nach Hebung der Herzkraft durch Herzglykoside noch keine ausreichende Entwässerung zu erzielen ist, können als weitere Hilfe zur Ödemausschwemmung Quecksilberdiuretica eingesetzt werden. Für die Dosierung gilt, mit kleinen Mengen (etwa mit 0,5 bis 1,0 ccm) zu beginnen, um eine Herzüberlastung bei zu starker Flüssigkeitsmobilisation oder bei möglicherweise nicht einsetzender Diurese quecksilberbedingte Nierenschäden zu vermeiden; denn rund 90% des zugeführten Quecksilbers passieren die Nieren. Nach CLARKE erreicht man mit einmaligen Dosen über 2,0 ccm keine weitere Steigerung der Diurese, und so empfiehlt es sich, diese Injektionsmenge nicht zu überschreiten.

Über den Wirkungsmechanismus der quecksilberhaltigen Diuretica ist heute noch recht wenig bekannt, obwohl das Wissen um ihre diuretische Wirkung in die Anfänge der Chemotherapie zurückreicht. Sicher ist jedoch, daß der Hauptangriffspunkt in den Nieren liegt und daß die Rückresorption von Salz und Wasser verhindert wird. Zwar soll eine steuerbare Rückresorption nur in den distalen Tubulusanteilen stattfinden, wobei das Quecksilber höchstens 15% des gesamten filtrierten Natriums und Wassers von der Rückresorption ausschließt. Dabei bleibt aber offen, ob es primär zu einer Chlor- oder primär zu einer Natrium-Rückresorptionshemmung kommt. GREMELS hält es für möglich, daß auch der Einfluß des Hypophysenhinterlappenhormons Adiuretin auf die Tubulusepithelien gemindert wird. Die Gesamtwirkung kann als erstes Zeichen einer Vergiftung der Tubulusepithelien angesehen werden; denn hohe Quecksilberdosen führen zur Verfettung und Nekrose der Tubuluszellen.

Übrigens glaubt man, eine zentrale Steuerung der harntreibenden Wirkung der Hg-Diuretika nachweisen zu können durch den Versuch an Meerschweinchen, bei denen in Narkose und nach Denervierung der Nieren die harntreibende Wirkung der Hg-Diuretica ausblieb.

Außerdem vermutet man einen extrarenalen Angriffspunkt der Hg-Derivate, nämlich in der Leber, und zwar durch Bildung von diuretischen Faktoren im gesunden Organ. Aus diesem Grunde sei ein Versagen der Hg-Diuretica bei Leberparenchymschäden erklärt.

Die verschiedenen Quecksilberdiuretica stellen organische Verbindungen dar, in denen der Hg-Gehalt durch Kombination mit anderen diureseördernden Substanzen möglichst gering gehalten wird. So vermehren Purinkörper (z. B. Deriphyllin oder Cordalin) das Herzminutenvolumen und erweitern die afferenten Nierenarteriolen. Salyrgan und Esidron sind beispielsweise organische Komplexverbindungen von Theophyllin und Quecksilber, das Rediralt eine Verbindung mit

Allyltheobromin, während im Mercumatilin außer Quecksilber und Theophyllin auch ein Cumarinring enthalten ist.

Auch das Rediron sei in diesem Zusammenhang erwähnt. Es ist ein Diuretikum, kombiniert aus Quecksilber und Purinkörpern, das allerdings nur bei intravenöser Anwendung stärkste Wirksamkeit zeigt, insbesondere bei lokalvenöser Stauung infolge von Thrombosen, Aszites auf Grund intrahepatischer Abflußstauungen, nephritischen und nephrotischen Ödemen usw. (WENK).

Im Thiomerin ist das Hg mit der Thioglykolsäure kombiniert, wodurch eine geringe Toxizität am Herzen und gute Gewebsverträglichkeit auch bei subkutaner Injektion erreicht wurden.

Abgesehen von den bereits genannten Mitteln verwenden wir Katonil, Novurit, Neohydrin, Rediralt usw. Sie sind am wirksamsten bei intravenöser oder intramuskulärer Verabreichung. Sehr schonend ist auch Verabfolgung in Form von Suppositorien. Orale Medikation kann zum Teil durchgeführt werden, ist aber wenig erfolgreich und birgt die Gefahr der örtlichen Reizwirkung in sich.

Kontraindiziert sind Quecksilberpräparate bei der akuten, diffusen Glomerulonephritis, bei der Schrumpfniere, bei schwersten Herzinsuffizienzen und eventuell bei ausgeprägten Leberparenchymschäden. – Als Quecksilberschäden können Überempfindlichkeitsreaktionen, allergische Knochenmarkschädigungen (BEGEMANN), Extrasystolen, Tachykardien, Ekg-Veränderungen, hypochlorämische und allgemeine Salzmangelsyndrome mit Unruhe oder Apathie, Anorexie und Somnolenz auftreten. Deshalb empfiehlt sich bei längerer Medikation die Kontrolle des Mineral- und Salzhaushaltes.

Die möglichen zusätzlichen diuretischen Erfolge durch Kationenaustauscher ändern also im Prinzip nichts an den bekannten Indikationen und Kontraindikationen für die Quecksilberdiuretica. Das therapeutische Bemühen geht aber dahin, Quecksilber in immer geringerer Dosis zu verwenden und andere Diuretika zur Quecksilberersparnis einzusetzen.

Seit einigen Jahren ist ein orales Hg-Diureticum im Gebrauch, das in Amerika unter dem Namen Neohydrin eingeführt wurde, in Deutschland als Katonil bekannt ist. Dieses Präparat enthält 10 mg Quecksilber als diuretisch wirksame Substanz und zeichnet sich durch eine langsame, protrahierte Entwässerung aus gegenüber der oft brüsken Wirkung der bisherigen i.v. Präparate. Nebenwirkungen wurden in Form von Gastroenteritis nur bei einem geringen Prozentsatz der Patienten festgestellt. Kommt die Diurese nicht sogleich in Gang, so ist eine anfängliche i.v. Hg-Derivat-Applikation als Unterstützung empfohlen. Größere klinische Erfahrungen stehen noch aus.

Wenden wir uns nun den Purinkörpern zu, dann soll ihr Wirkungsmechanismus sich auf die selektive Erweiterung der Nierengefäße (und auch der Koronarien) erstrecken, und zwar der Vasa afferentes. Es soll dadurch eine Größenzunahme des Glomerulusfiltrates bewirkt werden bei einer stark verminderten Rückresorption des Kreatinins durch die Tubuli, allerdings nur bei kompensierten Herzen (daher zusätzlich Glykosidgaben). Bevorzugte Anwendung der Purin-Diuretica ist demnach das kardiale Ödem. Kontraindikation besteht bei Schädigung der Nierengefäße in den Glomeruli. Die gebräuchlichsten Purin-Diuretica sind Theophyllin bzw. Deriphyllin, Euphyllin, Diuretin (Theobrominonatriumsalicylicum), schließlich gehören hierher auch das Koffein u. ä. Alle Mittel können peroral verabreicht werden neben den üblichen anderen Applikationsarten.

Schließlich wirkt der reine Harnstoff (Urea pura) renal diuretisch. Er geht leicht in das Glomerulusfiltrat über und leistet durch Erhöhung des osmotischen Druckes der Rückresorption des Wassers in den Tubuli Widerstand. Außerdem wird beim Harnstoff eine extrarenale Diurese angenommen durch Entzug von Wasser aus den Geweben ins Blut über den Weg der Kapillaren. Kontraindiziert ist seine Anwendung bei Leberparenchymschäden, da der Harnstoff hier nicht abgebaut werden kann. Harnstoff findet meist in Kombination mit Hg-Derivaten Verwendung, wie z. B. bei dem oben erwähnten Neohydrin bzw. Katonil und Rediron.

Das Anwendungsgebiet ist begrenzt gegenüber Eupond und Diathen und wirkt nur indirekt als perorales Diureticum kardialer Ödeme, etwa bei kardial bedingter Leberzirrhose. Es ist jedoch ein wertvolles Diureticum bei allen Leberparenchymschäden.

Durch die Hemmung der Kohlensäureanhydrase wurde ein anderer neuer Weg beschritten. Die Kohlensäureanhydrase kommt in den Erythrozyten, in der Magenschleimhaut, den Nieren und anderen Organen vor und katalysiert den Auf- und Abbau der Kohlensäure. Bei der Hemmung des Ferments (z. B. durch das Präparat Diamox) werden im Tubuluslumen der Nieren die Natriumionen der Puffersubstanzen Na_2HPO_4 und $NaHCO_2$ nicht durch die aus der Kohlensäure freiwerdenden Wasserstoffionen ersetzt und infolgedessen nicht rückresorbiert. Das Natrium wird vermehrt als Phosphat und Karbonat ausgeschieden, und damit wird auch die Wasserausscheidung erhöht. Daneben kommt es zu einer gesteigerten Kaliumausschwemmung, so daß insgesamt außer einer gesteigerten Diurese eine Alkalisierung des Urins und eine geringe Azidose des Blutes resultieren. Chemisch kann das Diamox als Abkömmling des Sulfanilamids angesehen werden.

Als Tagesdosis genügt meist 1 Tablette mit 250 mg, wobei die Kombination mit anderen Diuretika, auch mit Hg-haltigen, zu einer Potenzierung des diuretischen Effektes führen kann. Toxische Nebenwirkungen wurden bisher kaum beobachtet.

Diamox ist gut verträglich und ausgezeichnet wirksam, wenn Ödeme nachweisbar sind und kann vor allem in der Therapie älterer Menschen empfohlen werden. Bei Adipösen, ohne nachweisbare Retention, verursacht es dagegen nicht selten innere Unruhe, Kribbeln in den Extremitäten, Schlafstörungen usw. und ist diuretisch praktisch ohne Effekt.

Zu einer Erhöhung der Glomerulusdiurese führt eine Blutazidose als Folge sehr komplexer Änderungen der Flüssigkeitsbindung in Gewebe und Serum. Eine Azidose ist eine indirekte Wirkung der Kationenaustauscher und der Kohlensäureanhydrasehemmung. Zur weiteren medikamentösen Ansäuerung bleibt das Ammoniumchlorid (Gelamontabletten) geeignet.

Chlorkalzium, in einer Dosis nicht unter 10 g täglich (fünf mal 1 Eßlöffel einer 20%igen Lösung), soll vor allem im Gewebe das Kochsalz verdrängen und wird auch gegen die Ödeme bei akuter Glomerulonephritis empfohlen.

Gallensäuren wirken besonders bei Ödemen mit ausgeprägter Leberstauung und in Kombination mit Quecksilber diuretisch. Als Decholin werden sie in Tabletten oder in Lösung gegeben. Auch vom Prohepar in seiner Zusammensetzung aus Methionin, Cholinzitrat und einem Leberhydrolysat wird eine gute Ödemausschwemmung berichtet.

Abschließend sei ergänzend und zusammenfassend für die Behandlung kardialer Stauungszustände noch kurz auf weitere therapeutische Maßnahmen hingewiesen.

Erwähnt sei, daß auch rein pflanzliche Stoffe, meist als Osmoregulatoren, gute Diuretika sein können. Das ,,Diureticum Medice" wird am besten als Stoßtherapie gegeben. Das ,,Diureticum Haury" ist eine andere wirksame pflanzliche Kombination.

Bei der Herzinsuffizienz, die zur Ödembildung führt, steht im Vordergrund die Glykosidtherapie, deren wertvolle wechselwirkende Ergänzung die Diuretika darstellen. Zweckmäßigerweise wird der Heilplan mit Saft- oder Obsttagen eingeleitet, deren diuretische Wirkung sich aus der Entschlackung und Ansäuerung des Organismus und seiner Zellen erklärt. Es ist weiterhin darauf hinzuweisen, daß im Verlaufe einer Strophanthinbehandlung die Entwässerung trotz deutlicher Restödeme nicht selten immer weniger erfolgreich wird. Die Umstellung auf Digitalispräparate führt dann, wie wir nachweisen konnten, zu einer eindrucksvollen Anregung der Diurese, so daß bald eine vollständige Rekompensation erreicht wird. Besondere Beachtung muß der Vorbeugung der Thrombosegefahr bei der Ausschwemmungstherapie geschenkt werden. Dadurch, daß die Viskosität, der Chemismus und die Umlaufmenge des Blutes durch den Wasserentzug eine Änderung erfahren, sind begünstigende Momente für einige Faktoren der Thromboseentstehung gegeben. Empfehlenswert erscheint deshalb, eine vorbeugende Antikoagulantien-Therapie in Form der einfachen Blutegel, der Hirudoidsalbe und der übrigen Heparine oder Kumarine zu betreiben.

Das kardiale Ödem ist Ausdruck einer schweren, den ganzen Organismus betreffenden Funktionsstörung im Wasserhaushalt. Die Wiederherstellung normaler Verhältnisse fordert vor allem vom Herzen eine erhebliche Mehrarbeit. – Eine andere Gefahr, die aber heute noch oft nicht genügend berücksichtigt wird, liegt in der Entstehung von Embolien während der Ausschwemmungsphase nach Thrombosen im Ödemstadium. Die Thrombenbildung wird begünstigt durch die allgemeine Ruhigstellung, durch die Verlangsamung der Blutströmung, durch eine Hypoxydose und Drucküberlastung der venösen Gefäßmembranen, durch die das Ödem begleitende Änderung des Blutchemismus. Embolien ereignen sich dann, wenn Thromben bei gesteigerter Herztätigkeit aus dem Herzen selbst losgerissen werden. Sie können aber auch auftreten als Folge der akuten Zunahme der zirkulierenden Blutmenge, der Erhöhung der Blutströmungsgeschwindigkeit, der Eröffnung von Gefäßgebieten mit vorangegangener Stase und infolge der fehlenden Preßwirkung des Gewebsödems.

Durch systematisches Wickeln der Beine, durch sorgfältige Thrombo-Embolie-Prophylaxe (s. S. 644) kann derartigen Ereignissen jedoch vorgebeugt werden.

Nach diesem Überblick über die gegebenen Möglichkeiten soll noch auf einige Erfahrungen hingewiesen werden, die für die Praxis wichtig und wertvoll sind.

Bei jeder Diureseeinleitung versuche man es zunächst mit den einfachsten Mitteln.

Man muß nicht sofort zu den Quecksilberpräparaten greifen. Oft ist ein Spec. diureticae in Verbindung mit Saftfasten oder Apfelreisdiät, Beinhochlagerung und kleinen Strophanthindosen bereits vollkommen ausreichend.

Man dosiere die Quecksilberpräparate außerdem nicht zu hoch.

Mehr als z. B. 2 ccm Salyrgan oder Esidron pro die, und diese Anwendung höchstens zweimal in der Woche, sind ebenso wenig vertretbar, wie beim Schwerstdekompensierten die gleichzeitige Verabfolgung mit einem Herzglykosid am ersten Klinik-Behandlungstag (s. S. 519).

In sehr sorgfältig auszuwählenden Einzelfällen kann man aber das Diuretikum auch bewußt unterdosieren und dafür täglich verabfolgen. Später beschreiben wir die Kasuistik einer schweren Rechtsdekompensation, bei welcher die massive Einschwemmung großer Flüssigkeitsmengen in die Blutbahn im Rahmen heftig in Gang gesetzter Diurese zu fürchten war. Wir gaben in einer Mischspritze täglich 2 mal 0,1 ccm Thiomerin und erst am 5. Behandlungstag 1 ccm Thiomerin zusätzlich und hatten mit diesem Vorgehen einen ausgezeichneten Erfolg.

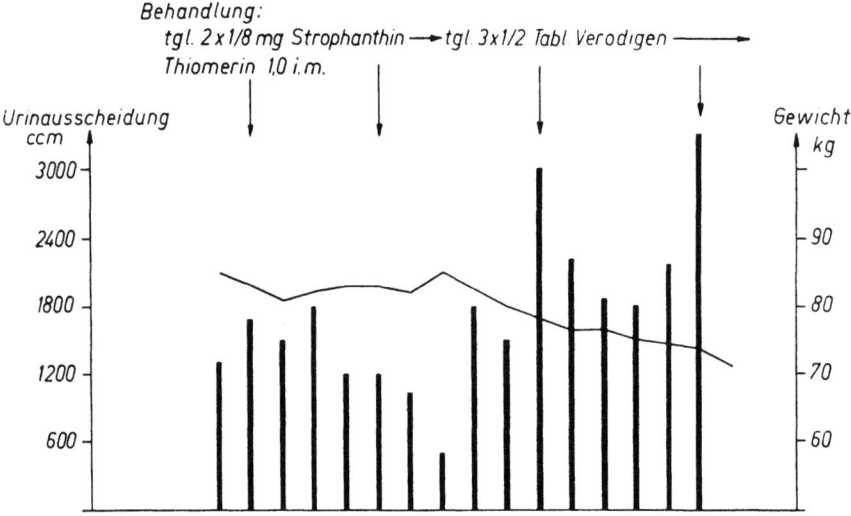

Abb. 207. Verbesserung der Diurese durch Umstellung von Strophanthin auf Verodigen.

Es ist weiterhin zu erwähnen, daß es vollkommen therapieresistente Ödeme nicht gibt.

Spricht ein Patient auf ein Mittel nicht an und ist auch mit Ansäuern die Diurese nicht in Gang zu bringen, dann kann durch Wechsel des Präparates oft ein überraschender Erfolg erzielt werden.

Es ist außerdem eine bekannte Erfahrung, daß eine anfänglich oft gute Wirkung im Laufe der Behandlung deutlich nachläßt.

Hier ist es nicht zweckmäßig, die Dosis zu erhöhen, nicht angebracht, die Diuresetage häufiger anzusetzen, sondern allein der Wechsel von Strophanthin- auf Digitalisbehandlung ist geeignet, die letzte noch notwendige Entwässerung in Gang zu bringen (s. Abb. 207).

WALDMANN und PELNER berichten über 10 Patienten mit schwerer Herzinsuffizienz, bei denen durch lange und wiederholte Behandlung mit Quecksilberdiuretika eine Resistenz (mercurial-fastness) gegen diese Präparate aufgetreten war, die durch die Kombination mit Pyridoxin (Vitamin B_3) beseitigt wurde, wobei die Urinausscheidung um etwa 60% erhöht werden konnte (100 mg B_6 zusammen mit 2,0 ccm eines Quecksilberpräparates i.v. oder i.m.). Die Wirkungsweise des Pyridoxin bei der Durchbrechung der mercurial-fastness ist unbekannt, doch wird ein Wirkungsmechanismus auf enzymatischer Grundlage angenommen.

In jedem Fall ist es notwendig, daß man sich genauen Aufschluß über den Erfolg eines Diurese-Tages gibt.

Hierzu ist nicht nur die sorgfältige Führung der bereits S. 487 beschriebenen Blau-Gelb-Kurve notwendig, der Patient muß darüber hinaus auch täglich morgens nüchtern gewogen und der 24-Stunden-Urin gesammelt werden. Sehr massive Entwässerungen sind immer sorgfältig im Auge zu behalten, denn Lungenödem, oder auch Kammerflimmern bzw. tetanoide Zustände können einerseits Folge der Wassereinschwemmung in die Blutbahn aus dem Gewebe bzw. andererseits Ausdruck der Transmineralisation sein.

Wie kritisch man bei der Annahme einer toxischen Quecksilberschädigung sein muß, mag folgender Fall verdeutlichen:

St., 58 Jahre. Seit langer Zeit Herzleiden bekannt, das jedoch jahrzehntelang kompensiert blieb. Infolge politischer Haft und langdauernden KZ-Aufenthalts schwerste Dekompensation mit Cor bovinum, Pleuraergüssen, Aszites, hochgradigen Anasarka usw. Nach Aufnahme in unsere Klinik 1946 gelang es innerhalb von 9 Wochen St. wieder vollkommen zu rekompensieren. Danach Rückkehr in hausärztliche Betreuung. Nach 2 Jahren ärztlicher Bericht, daß seit einigen Monaten Darmblutungen bestehen, die auf gehäufte Salyrganinjektionen als Ausdruck einer toxischen Schädigung bezogen wurden. Obwohl sorgfältige klinische Untersuchung dringend geraten wurde, konnte sich St. nicht entschließen. Erst starke Gewichtsabnahme, erhöhte Senkung und anhaltende Obstipation zwangen zu einer sorgfältigen Röntgenuntersuchung. Es ergab sich ein inoperables Karzinom des Colon descendens.

Man muß sich außerdem vor Augen halten, daß der große Wassermengen ausscheidende Patient unter Umständen so qualvollen Durst leidet, daß er, vor allem bei mangelnder Einsicht, in einem unbeachteten Augenblick durch große Trinkmengen den Effekt eines ganzen Tages illusorisch macht. Hier hilft nicht nur ausreichende Aufklärung, sondern es muß dem Patienten dieser Notstand auch vorsorgend erleichtert werden.

Wir gestatten im Rahmen der Flüssigkeitsmenge gern 1–2 Tassen Kaffee, der den diuretischen Effekt noch steigert und begegnen der Austrocknung der Schleimhäute durch Spray-Apparate, Kauen von Kaubonbons oder Lutschen von Zitronenscheiben.

So führt die Anwendung von Diuretica zu mannigfaltigen Überlegungen, Möglichkeiten und Bedenken, die in jedem Falle eine individuelle, kritische Entscheidung vom Therapeuten verlangen.

Literatur zu Kapitel VI, Abschnitt A, 2.3

BASSIPAHI, E.: Über das extrazelluläre Flüssigkeitsvolumen, das Plasmavolumen und die Gesamtblutmenge, vor und nach der Verabfolgung von Quecksilberdiuretica und Desoxycorticosteronacetat bei Gesunden, Herzkranken ohne Dekompensationszeichen und Herzkranken im Stadium der Insuffizienz. Istanbul Contribut. Clin. Sci. **3**, 236 (1955). — BAYLISS, R. I. S. und Mitarb.: Chlorpromazine: An oral Diuretic. Lancet **1**, 120 (1958). — CLARKE, N. E. und Mitarb.: Treatment of angina pectoris with disodium ethylene diamine tetraacetic acid. A. J. M. Sc. **232**, H. 6, 654 (1956). — DROBNIC, L. und Mitarb.: Anwendung von Prednison als Diureticum in der Kardiologie. Fol. Clin. internac. **7**, 204 (1957). — EGELI, E. S. und R. BERMEN: Der Einfluß der (oralen) Kaliumbelastung auf die Diurese bei Herzinsuffizienz mit Stauung. Bull. Soc. turque méd. **21**, 144 (1955). — GLAUBITZ, E.: Klinische Beobachtungen bei der Therapie kardialer Stauungszustände mit einem oralen Quecksilberdiuretikum. Medizinische **19**, 724 (1957). — HEINZE, G.: Diuretika bei kardialen Ödemen. Ärztl. Praxis **8**, H. 23, 2 (1956). — KLEINSCHMIDT, A.: Therapie des dekompensierten Herzens. II. Diuretika. Nauheim. Fortb.-Lehrg.

21, 38 (Darmstadt 1956). — KÖNNER, P.: Zur medikamentösen Ödembehandlung unter besonderer Berücksichtigung kardialer Ödeme. Med. Klin. **52**, H. 43, 1883 (1957). — LAWRENCE, W. E. und M. S. KLAPPER: The outpatient management of the cardiac patients with mercurial diuretics. Ann. New. York Acad. Sci. **65**, 619 (1957). — MOYER, J. H. und Mitarb.: Chromatography Studies of the Excretion Products after Metalluride Administration in Normal Subjects and Cardiac Patients. Circul. Res. **5**, 493 (1957). — MÜLLER, R. und W. SCHILD: Zur Frage der kardiotoxischen Wirkung von Hg-Verbindungen. Vergleichende Untersuchungen mit Rediralt. Medizinische **1955**, 1747. — NEWMAN, D. A.: Elektrolytverlust bei Entwässerung Herzkranker. N. Y. State J. Med. **54**, 3401 (1954). — OTTO, H.: Zur Abbremsung überschießender und zur Demineralisation führender Diurese bei dekompensiertem Mitralfehler mit Stauungshochdruck und bei anderen Herzdekompensationen. Z. inn. Med. **12**, 645 (1957). — PAPP, C. und K. S. SMITH: Urea, the Forgotten Diuretic. Brit. Med. J. **2**, 906 (1957). — RUBIN, A. L. und W. S. BRAVEMAN: Treatment of the low-salt syndrome in congestive heart failure by the controlled use of mercurial diuretics. Circulation **13**, H. 4, 655 (1956). — STERZ, H.: Trianzinverbindungen als Diuretica bei kardialen Ödemen. Medizinische **1958**, H. 29/30, 1150. — SZABÓ, GY. und Mitarb.: Wirkung der Veränderungen des effektiven kreisenden Blutvolumens auf die renale Salzausscheidung und Diurese bei normalen Menschen und dekompensierten Herzkranken. Acta med. (Budapest) **10**, 1 (1956). — WESTEON, R. E.: The mode and mechanism of mercurial diuresis in normal subjects and edematous cardiac patients. Ann. New York Acad. Sci. **65**, 576 (1957). — WOLLHEIM, E.: Kapillarfunktionsstörungen und ihre Behandlung. Med. Welt **20**, H. 12, 371 (1951).

2.4. Chinin, Chinidin, Novocainamid (Procainamid) und Spartein

Obwohl in der Behandlung von Reizbildungsstörungen sich Chinin und Chinidin bewährt haben, wird die Problematik ihrer Anwendung immer noch diskutiert.

Als Domäne der Chinin-, Chinidin- und Procain-Therapie in der Herzbehandlung sind die Störungen der Herzschlagfolge anzusehen. Bei der Herzwirkung des Chinidins, einem Nebenalkaloid der Chinarinde, welches stereoisomer dem Chinin ist, steht eine Verlängerung des Refraktärstadiums des Vorhofs, und zwar unter Verminderung der Muskelerregbarkeit und unter verminderter heterotoper Reizbildung im Vordergrund. Eine Verlängerung der Refraktärperiode wie beim Chinidin kann auch wie HAZARD zeigte, beim Novocain beobachtet werden; außerdem wird durch Novocain die faradische Reizbarkeit des Myokards herabgesetzt.

Wir haben (MORAWITZ und HOCHREIN) zunächst die Anwendung zur Prophylaxe des Kammerflimmerns zur Diskussion gestellt.

Seit den Arbeiten von WENCKEBACH und FREY kennen wir in dem Chinin resp. Chinidin ein Mittel, dessen Wirkung auf das Herz besteht: in einer Herabsetzung der Reizbildung am Sinusknoten und vielleicht in einer noch stärkeren an den übrigen Reizbildungsstellen des Herzens, ferner in einer Herabsetzung der Erregbarkeit und dadurch einer Erhöhung der Reizschwelle sowie in einer Verlängerung der Refraktärperiode. In stärkeren Dosen kommt es dann zu einer Schädigung der Kontraktilität sowohl der Vorhöfe als auch der Kammern.

Es erhebt sich nun die Frage: ist es möglich, mit Chinin bzw. Chinidin eine wirksame Verhütungstherapie des akuten Herztodes durchzuführen? Kann weiterhin Chinidin in wirksamen Dosen beliebig lange gegeben werden, ohne schädlich zu sein? Diese Fragen mußten durch Versuche entschieden werden.

Wir wählten als Tagesdosis 0,2 g in 2 Einzeldosen à 0,1 g und als Präparat das Chinidinum basicum, da wir den Eindruck hatten, daß andere Chinidinpräparate, die wir anfangs gaben, weniger gut vertragen wurden. Die etwa sonst notwendige Therapie lief nebenher und wurde nicht abgesetzt. Alle Kranken, bei denen eine Flimmerbereitschaft vermutet wurde, erhielten das Chinidin während des ganzen

Aufenthaltes in der Klinik, zuweilen monatelang. Nur bei wenigen waren wir gezwungen, aus verschiedenen Gründen (schwere Kreislaufstörung, Dyspepsie, Widerwillen gegen alle peroralen Arzneimittel) die Therapie abzubrechen.

Chinidin ist zu prophylaktischen Zwecken, soweit wir sehen können, zuerst von A. WEBER empfohlen worden in einer Zeit, als wir schon mit unseren Versuchen beschäftigt waren. Später haben auch STEPP und PARADE die Chinidinprophylaxe erwogen und empfohlen.

Auch BRAMWELL und ELLIS haben Chinidin in mittleren und kleinen Dosen monatelang gegeben. Sie hofften hierdurch Rückfälle des Vorhofflimmerns bei regularisierter Arrhythmia absoluta zu verhüten. 4–6 Wochen lang gaben sie 0,4 g Chinidin täglich, in den nächsten 2–3 Monaten 0,2 g alle Tage. Unter Umständen scheuten sie auch vor unbegrenzter Weiterdarreichung der kleinen Chinidinmengen nicht zurück. Irgendwelchen Schaden haben sie anscheinend, selbst bei sehr langer Verordnung der kleinen Dosen, nicht gesehen. Eine Verhütung des akuten Herztodes strebten diese Untersuchungen nicht an.

Unsere Erfahrungen mit der Chinidinprophylaxe rechtfertigen es, sie allgemein für die Dauerbehandlung solcher Kranker zu empfehlen, bei denen die Gefahr eines akuten Herztodes zu bestehen scheint, in erster Linie also für Koronarsklerotiker.

Irgendwelche Schädigungen der dauernden Verabreichung von $2 \times 0,1$ g Chinidin täglich haben wir trotz oft monatelanger Darreichung nicht gesehen. Die Behandlung kann auch bei ambulanten Kranken durchgeführt werden.

Darüber hinaus aber sind Chinin und Chinidin durch ihre besondere negativdromotrope Wirkung auf das spezifische Reizleitungssystem Mittel der Wahl bei allen tachykarden Reizbildungsstörungen. So gelingt es bei Herzjagen und Tachyarrhythmien verschiedener Genese vielfach durch sehr langsame intravenöse Injektion von Solvochin, bei sorgfältiger Pulskontrolle die rasche Frequenz zu beseitigen.

Bei der Anwendung von Chinin und Chinidin sind folgende Gesichtspunkte zu beachten: Einmal sollen bei der Behandlung einer Rhythmusstörung die Einzeldosen nicht länger als 4 Stunden auseinander liegen, und zwar auf Grund der Tatsache, daß der Gipfel der Blutkonzentration nach 2–3 Stunden bei oraler Einzelgabe erreicht ist. Zum anderen ist für die Therapie die Blutkonzentration ein entscheidender Faktor. Eine Erhöhung derselben kann durch Verkürzung der Zwischenräume zwischen den Dosen oder durch Erhöhung der Einzelgaben erzielt werden. Es erscheint wichtig, festzustellen, daß eine mehrtägige Medikation einer gleichen Dosis, ohne daß ein Erfolg nach einem Tag beobachtet werden kann, wenig Aussicht auf ein späteres Ansprechen haben wird. Eine Standarddosierung gibt es bei der Chinin- und Chinidintherapie ebenso wenig wie bei der Digitalisbehandlung. Die Therapie wird am besten mit Einzeldosen von 0,2 g eingeleitet, die man etwa 2–3 mal in einem Abstand von 2–3 Stunden weitergibt, um sie dann evtl. um 0,1 g zu erhöhen, sofern nicht Unverträglichkeitserscheinungen auftreten. Eine Gesamtdosis von 0,8–1,2 g täglich wird meist gut vertragen. Als Applikationsart wird man vorzugsweise die perorale Behandlung wählen, wofür verschiedene Chinidinpräparate zur Verfügung stehen. Sollte eine parenterale Verabreichung erforderlich sein, so empfiehlt es sich, an Stelle von Chinidin, welches intravenös nicht gegeben werden soll, Chinin in Form des Chininum dihydrochloricum carbanidatum (0,3 g in 1 min zu injizieren). Es muß immer wieder darauf hingewiesen werden, daß die Chinidintherapie in jedem Falle eine zusätzliche Noxe für den Herzmuskel bedeutet, so daß bei ihrer Anwendung die Kenntnis der Kontraindikationen Voraussetzung ist. So ist einmal die primäre Überempfindlichkeit als absolute Kontraindikation anzusehen wie auch die Kombination mit Digitalis im Stadium der Dekompensation auf Grund einer Wirkungspotenzierung zu ernsten Komplikationen führen kann. Zu den Kontraindikationen zählen weiterhin die akute Myokarditis sowie intraventrikuläre Leitungsstörungen stärkeren Grades. Allergische Zustände können sich in Fiebererscheinungen, Sehstörungen, einer thrombozytopenischen Purpura und in Hautreaktionen äußern. Gastro-intestinale Störungen lassen sich durch intramuskuläre Applikationen vermeiden.

Man wird weiterhin bemüht sein, durch fortlaufende Chinidinprophylaxe die Anfallsbereitschaft zu beseitigen. Kommt man auf diese Weise nicht zum Ziel, dann kann durch einen Chinidinstoß oft noch eine Regularisierung erzielt werden.

Nach vorheriger Prüfung der Verträglichkeit (2 mal tägl. 0,25 g Chinidin) verabfolgt man 3 mal tägl. 0,4 bis 0,5 g drei bis vier Tage lang und erreicht damit vielfach eine Besserung für lange Zeit.

Extrasystolen werden oft günstig durch folgende Kombination beeinflußt: Chinidin bas. 0,1 Theobrom. natr. salicyl. 0,3 Luminal 0,03 oder durch Eucard 3 mal täglich eine halbe bis eine Tablette nach dem Essen.

Trotz dieser Erfahrungen werden Wert und Risiko einer Chinidinbehandlung bei Vorhofflattern bzw. -flimmern immer noch sehr unterschiedlich beurteilt.

Amerikanische Autoren haben nun die Wirkung zum Chinidingehalt des Blutes in Relation gesetzt, und es zeigte sich eine Abhängigkeit des Erfolges nur von der Chinidinkonzentration im Blut, nicht aber von der angewandten Einzeldosis. Bei 8 Mikrogramm pro ccm Serum reagieren 80% der Patienten prompt. Weiterhin zeigt sich eine Abhängigkeit des Erfolges von der Dauer des Flimmerns oder Flatterns. Je früher der Patient mit Chinidin behandelt wird, desto größer ist die Erfolgsquote. Besonders wichtig erscheint, daß das Eintreten des Sinusrhythmus nicht mit einem vermehrten Auftreten von Embolien einhergeht. Im Gegenteil, die Emboliehäufigkeit wird durch die Normalisierung des Rhythmus geringer. Die Toxizität von Chinidin ist bis zu einem Serumspiegel von 8 Mikrogramm pro ccm gering, steigt dann aber rasch und deutlich an. Die Toxizität ist außerdem abhängig von der Geschwindigkeit der Chinidinzufuhr. Je schneller ein bestimmter Serumspiegel erreicht wird, desto schneller treten toxische Erscheinungen auf. Wenn nach der Ausbildung des Sinusrhythmus nicht ein gewisser Chinidinspiegel aufrechterhalten wird oder sonstwie Vorsorge für die Verhinderung eines Rückfalls getroffen wird, ist das erneute Auftreten von Vorhofflimmern oder -flattern häufig (SOKOLOW und BALL).

Es scheint außerdem wichtig, darauf hinzuweisen, daß Chinin bzw. Chinidin eine Förderung der Koronardurchblutung bewirkten.

Daneben hat Procain, das chemisch identisch ist mit Novocain (p-Aminobenzoyldiäthylaminoäthanol-hydrochlorid), in den letzten Jahren in zunehmendem Maße Interesse bei der Behandlung von Herzrhythmusstörungen gefunden.

Auf Grund experimenteller Untersuchungen wurde festgestellt, daß bei Hunden in Zyklopropannarkose durch Adrenalin ventrikuläre Tachykardie oder Kammerflimmern nicht ausgelöst werden konnte, wenn Procain intravenös verabreicht wurde und daß intravenöse Procaingabe bei Hunden mit Myokardinfarkt und Kammertachykardie die ektopische Reizbildung für kurze Zeit unterdrücken kann. Es wurde weiterhin gezeigt, daß Procain bei örtlicher Anwendung die elektrische Reizschwelle für Extrasystolen beträchtlich erhöht. Procain wurde nunmehr in der Herzchirurgie angewendet, da Rhythmusstörungen hierbei häufig beobachtet werden. SCHAFFER und Mitarb. sahen vorübergehendes Schwinden von Extrasystolen, Herabsetzung der Flatterfrequenz und Verlängerung der atrioventrikulären Überleitungszeit. Wegen der kurzen Wirkungsdauer (Procain wird im Blut infolge Hydrolyse schnell zu p-Aminobenzoesäure und Diaethylaminoaethanol abgebaut) und infolge bedrohlicher Nebenwirkungen (Krampfneigung, Atemstörungen und Blutdruckabfall) konnte beim nicht narkotisierten Patienten eine therapeutische Wirkung von praktischer Bedeutung bei der Behandlung von Arrhythmien nicht erreicht werden (KLIMPEL).

Um unerwünschten Nebenwirkungen zu begegnen und eine größere Stabilität zu erreichen, wurde daher Procainamid synthetisiert. Procainamid bleibt im Gegensatz zu Procain in vivo relativ stabil, da es durch das Enzym, das Procain angreift, nicht hydrolysiert wird, so daß der Plasmaspiegel nur um 10–15% in der Stunde abfällt. Die Ausscheidung erfolgt weitestgehend durch die Nieren, 60% der Droge finden sich unverändert im Urin.

Bei der experimentellen Prüfung des Präparates konnten MARK und Mitarb. beim Hunde in Zyklopropannarkose zeigen, daß Procainamid mit Adrenalin erzeugte ventrikuläre Arrhythmien verhütet. SCHLACHMAN beendete experimentell erzeugtes Vorhofflimmern durch intravenöse oder subepikardiale Verabreichung.

Procainamid kann durch Hemmung der Automatie des Sinusknotens Sinusbradykardie, Interferenzdissoziation, sinuaurikulären Block und sogar Sinusstillstand mit intermittierendem oder dauerndem Knotenrhythmus hervorrufen. Eine Einwirkung auf den sinuaurikulären Knoten ist wahrscheinlich, da dieser Effekt auch am denervierten Herzen auftritt. Procainamid unterdrückt ektopische Rhythmen, die vom Vorhof oder Ventrikel ausgehen. Die Erregbarkeit und Leitungsgeschwindigkeit des Vorhofs und des Ventrikels werden herabgesetzt. PQ-Verlängerung, Erweiterung des QRS-Komplexes, ohne daß typische Schenkelblockbilder entstehen sowie eine Vergrößerung des QT-Intervalls treten auf. Die Verschlechterung der atrioventrikulären und intraventrikulären Reizleitungszeit war um so stärker, je höher die Frequenz des Schrittmachers war. Möglicherweise ist Procainamid in der Lage, wenn es schnell injiziert wird, eine erhebliche Verbreiterung des QRS-Komplexes zu verursachen, da starke Konzentrationen des Medikamentes nicht zur gleichen Zeit den ebenfalls wichtigen depressiven Effekt auf den Schrittmacher haben. Die zunehmende Verschlechterung der intraventrikulären Reizleitung erhöht daher auch die Gefahr abnormer Ventrikelautomatie.

Aus diesen Beobachtungen geht hervor, daß das Procainamid, das an sich ventrikuläre Reizbildungen unterdrückt, auch ventrikuläre paroxysmale Tachykardie oder Kammerflimmern verursachen kann. Procainamid wirkt ungefähr ein Viertel so stark wie Chinidin in bezug auf die Verlängerung der Refraktärzeit der Vorhofsmuskulatur.

Procainamid kann intravenös, peroral sowie auch (ENSELBERG und LIPKIN) intramuskulär verabreicht werden. Bei peroraler Applikation wird Procainamid schnell und vollständig im Magen-Darmkanal resorbiert, so daß die höchste Konzentration im Blut nach 1–2 Stunden erreicht wird. Die Wirksamkeit des Procainamids hält im allgemeinen 3–6 Stunden an, kann im Einzelfall zwischen 1 und 24 Stunden schwanken. Wenn Dauerbehandlung erforderlich ist, muß das Medikament, das in Amerika unter dem Namen Pronestyl im Handel ist, demnach alle 3–6 Stunden, meist auch nachts, gegeben werden.

Procainamid kommt außer in Kapseln (zu 0,25 g) in Ampullen von 10 ccm in den Handel, die 1000 mg des Präparates enthalten. Gewöhnlich werden 100 mg pro Minute injiziert. Die Höchstgrenze liegt bei 1000 mg pro Injektion. Da bei Verabreichung des Procainamids durch eine einzige i.v. Injektion die Wirkung auf die intraventrikuläre Reizleitung stärker ist als bei langsamer Tropfinfusion, wird bei der Behandlung von Arrhythmien, die durch Digitalisüberdosierung bedingt sind, langsame Injektion bzw. Infusion empfohlen, so daß unter ständiger Ekg-Kontrolle die Konzentration so gewählt werden kann, daß keine stärkere Schädigung der intraventrikulären Reizleitung eintritt, die ektopischen Reize aber unterdrückt werden.

Es wird jedoch darauf hingewiesen, daß der chinidinähnliche Effekt des Procainamids leichter zu Kammerflimmern führen kann. Man sieht zuweilen bei der Behandlung von Kammertachykardie progressive Erweiterung des QRS-Komplexes, kurze Paroxysmen von Flimmertyp, bevor der Sinusrhythmus wieder hergestellt wird, so daß anzunehmen ist, daß QRS-Verbreiterung während der Applikation, ähnlich wie beim Chinidinsulfat, eine Indikation zum Abbruch der Injektion darstellt, da Kammerflimmern folgen kann.

Die Berichte über die Wirkung des Procainamids bei supraventrikulären Reizbildungsstörungen sind unterschiedlich, auf Grund der in letzter Zeit gesammelten Erfahrungen jedoch im allgemeinen sehr zurückhaltend.

Es scheint, daß bei Abnahme der Frequenz der Flatterwellen die Neigung besteht, daß den Flatterwellen im Verhältnis 3:2 oder 1:1 Ventrikelkontraktionen folgen, so daß infolge erhöhter Ventrikelfrequenz und der durch das Procainamid bedingten Verzögerung der intraventrikulären Reizleitung das Auftreten von Kammerflimmern und -flattern begünstigt wird.

Bei Kammerflimmern zeigte sich, daß das Medikament einen vorübergehenden verlangsamenden Effekt auf die Reizbildung im Atrioventrikularknoten hat, so daß die Ventrikel vorübergehend stillstehen oder die Reizbildung in die Tawaraschenkel verlegt wird, daß die Reizleitung in den Ventrikeln verlangsamt und die Entstehung von Extrasystolen, Kammertachykardien und Kammerflimmern begünstigt wird, letzteres besonders dann, wenn bereits eine intraventrikuläre Reizleitungsstörung besteht, Extrasystolen vorhanden sind oder eine Neigung zu Kammerflimmern vorliegt.

Ein weiteres Anwendungsgebiet fand Procainamid bei Operationen im Thoraxraum zur Prophylaxe und Therapie kardialer Arrhythmien.

McClendon und Mitarb. untersuchten die hämodynamischen Veränderungen nach Verabreichung einer i.v. Injektion von Procainamid. Während die Versuchspersonen mit normalen Herzen keinen Abfall des Schlagvolumens erkennen ließen, sank dieses bei den Herzpatienten ab. Die weiteren Veränderungen, wie Blutdruckabfall in der A. radialis, Druckabfall in der A. pulmonalis und Verlängerung der Zirkulationszeit waren bei den Herzkranken bedeutend stärker ausgeprägt als bei Herzgesunden. Es wird angenommen, daß Procainamid einen schädlichen Einfluß auf den Herzmuskel, besonders bei erkrankten Herzen, besitzt. Die Rückkehr der festgestellten Veränderungen zu den Ausgangswerten erfolgte im allgemeinen innerhalb von 30 min.

Bei intravenöser Injektion findet sich häufig Blutdruckabfall. Da dieser im Einzelfall recht stark sein kann, werden neben fortlaufender Ekg-Kontrolle auch häufige Blutdruckmessungen während der Injektion empfohlen.

Subjektiv klagten die Patienten besonders bei hoher peroraler Applikation (6—8 g am Tag) nicht selten über Appetitlosigkeit, Übelkeit und Erbrechen. In letzter Zeit wurden auch 3 Fälle von Agranulozytose und 1 Fall von Granulozytopenie mit Lymphozytose bekannt, die sich nach mehrwöchigem Gebrauch einer peroralen Erhaltungsdosis von Procainamid einstellten. Weiterhin wurde über ein generalisiertes makulopapulöses Exanthem mit Zuschwellen der Nase und Temperaturerhöhung auf 39 Grad, Exanthem, Schüttelfrost und Fieber berichtet. Die beiden letzteren Symptome wurden auch von Leibowitz beobachtet.

Auf Grund dieser umfangreichen Untersuchungen kann als Indikationsgebiet für die Procainbehandlung die ventrikuläre Arrhythmie, vor allem bei chinidinrefraktären oder -überempfindlichen Fällen, bezeichnet werden. Neben einer großen Zahl von Erfolgen mahnen plötzliche Todesfälle durch Kammerflimmern zu vorsichtiger Anwendung und sorgfältiger Indikationsstellung. Supraventrikuläre Arrhythmien sprechen im allgemeinen schlecht auf das Procainamid an und können mit lebensbedrohlichen Reizbildungs- und Reizleitungsstörungen reagieren. Nachdem auch andere Begleiterscheinungen, wie abrupter Blutdruckabfall, Verschlechterung der Herzleistung und allergische Reaktionen (Fieber, Exanthem, Urtikaria, Agranulozytose usw.), den durchaus nicht indifferenten Charakter dieser Substanz unterstreichen, sollte die Praxis vorläufig von der Anwendung des Procainamids bei Herzrhythmusstörungen Abstand nehmen.

Im Wirkungseffekt gegenüber Chinin und Chinidin ist Procainamid vielfach unterlegen. So ist nach ZIMMERMANN-MEINZINGEN beim Vorhofflattern von Chinidin oft noch ein Erfolg zu erwarten, nicht dagegen von Procainamid.

Die Behandlung aller Rhythmusstörungen des Herzens bleiben ein individuelles therapeutisches Experiment, dessen Möglichkeiten und Erfolgschancen schwer vorausgesehen werden können.

Nachdem in den Nachkriegsjahren Chinaalkaloide lange schwer greifbar waren und Spartein, das Alkaloid aus dem Besenginster, sich auch bei den chinin- und chinidinempfindlichen Herzen, selbst bei langdauernder Medikation durch seine Ungiftigkeit, Fehlen von Kumulationsneigung und Nachwirkungen als verwendbar gezeigt hatte, wurde es auf Grund seiner pharmakologischen Wirkungsweise in die Herztherapie eingeführt. Bisher konnten folgende Inhaltsstoffe objektiviert werden:

a) das Alkaloid Spartein, das coniinähnlich auf das Zentralnervensystem wirkt,

b) die Nebenalkaloide Sarothamnin und Genistein sowie eine ungesättigte Base, welche alle drei primär auf die Leistung des Herzens hemmend wirken, bei Überdosierung systolischen Herzstillstand herbeiführen, in therapeutischen Dosen Beschleunigung der Herzfrequenz, Erweiterung der Gefäße mit Blutdrucksenkung, Anregung der Diurese u. a. verursachen,

c) das Alkaloid Cytisin, das nikotinähnliche Eigenschaften haben soll,

d) drei gelbe Farbstoffe der Flavongruppe, nämlich das noch wenig aufgeklärte Scoparin, das Genistein oder auch Prunetol und das Glukosid des Prunetol, nämlich das Genistin. – Diese Flavonkörper sollen die Herzmuskeltätigkeit und Reizbildung günstig beeinflussen und weiterhin eine regularisierende Wirkung auf Permeabilität und Fragilität der Kapillaren haben.

e) die Eiweißbausteine Tyramin und Oxytyramin, von denen das letztere starke vasokonstriktorische Effekte zeitigt, welche zwischen Adrenalin und Secale liegen und die blutdrucksteigernde Wirkung des Sparteins erklären (HAFERKAMP).

Nach Kenntnis dieses pharmakologischen Wirkungsspektrums wurde unter anderem auch von SEEL darauf hingewiesen, daß man ebenso gut wie das Chinidin (MORAWITZ und WENCKEBACH) auch das Spartein in der Behandlung von Herzrhythmusstörungen verwenden könne, zumal dieses bereits in kleinsten Dosen von 0,005, 0,01, 0,03 g pro dosi et die bei leichteren Störungen wirksam ist. Das Spartein hemmt die pathologisch beschleunigte Reizbildung im Vorhof, es dämpft die gesteigerte Reiz- und Erregbarkeit im Reizleitungssystem, es regularisiert und tonisiert die Herztätigkeit offenbar unter gleichzeitiger Verbesserung des venösen Rückflusses. Dabei werden die Koronardurchblutung angeregt und der Blutdruck leicht erhöht. Außerdem ist nach SEEL das Spartein in therapeutischer Dosierung (0,01–0,05 g), die ohne weiteres gegebenenfalls bis auf 0,2 g pro die gesteigert werden kann, frei von Nebenwirkungen, vorzugsweise gastrointestinaler Natur. In größeren Dosen begünstigt es auch die Diurese und tonisiert die glatte Muskulatur von Magen-Darm-Kanal und Uterus.

Nach SEEL, HAFERKAMP u. a. sind daher folgende Indikationen gegeben: ,,Herzinsuffizienz mit Arrhythmie oder Extrasystolie, Vorhofflattern oder Vorhofflimmern und andere Überleitungsstörungen organischer und funktioneller Art, z. B. nach entzündlichen rheumatischen Prozessen, ferner Durchblutungsstörungen bei Koronarinsuffizienz, Tachykardie und Arrhythmie bei Hyperthyreose, allgemeiner Atherosklerose oder Aorteninsuffizienz."

Als Kontraindikationen werden angegeben: dekompensierte Herzklappenfehler oder Myokarderkrankungen, vor allem nach hoher Digitalisierung. Während Cardiazol als Antagonist des Sparteins wirksam ist, steigert Digitalis die Empfindlichkeit gegenüber dem Spartein, so daß bei einer Kombinationsbehandlung unter Umständen die Digitalisdosierung herabgesetzt werden kann.

SEEL gibt zur Verordnung des Sparteinum sulfuricum, das zweckmäßigerweise in wäßriger Lösung verabfolgt wird, folgende Anregung:

Rp. Solutio spart. sulf. 0,1 bis 0,2/10,0 DS. 10, 20 oder 30 Tropfen mehrmals täglich.

Wir haben bisher keine Notwendigkeit gesehen, die Chinidinmedikation durch eine andere Droge zu ersetzen. Die auch von amerikanischen Autoren immer wieder beschriebene Chinidinempfindlichkeit haben wir bei individueller Dosierung praktisch nie gesehen. Trotzdem kann das Spartein angewendet werden, wenn eine Chinidinempfindlichkeit erwiesen ist. Die Erforschung seiner Wirkung steht aber noch am Anfang und sollte weiter ausgebaut werden.

Literatur zu Kapitel VI, Abschnitt A, 2.4

ALTHOFF, H.: Die therapeutische Novocainanwendung in der inneren Medizin. (Dresden u. Leipzig 1947). — ARORA, R. B. und Mitarb.: Antiarrhythmica. Teil VIII. Chloroquine, Amodiaquine, Procainamid und Chinidin bei experimentellen Vorhofsrhythmusstörungen, die klinischen Störungen gleichen. Indian J. Med. Res. **44**, 453 (1956). — BECKMANN, P.: Über die Möglichkeiten der intravenösen Verwendung von Novocain und der Hochdruckbehandlung mit Melcain. Dtsch. med. Wschr. **1950**, 426. — BÖHM: Spartein bei Rhythmusstörungen. Ärztl. Praxis **8**, H. 44, 15 (1956). — CATINAT, J. und P. CASASSUS: Klinische Anwendung von Procainamid in der Behandlung von Herzrhythmusstörungen. Thérapie **12**, 578 (1957). — CHENG, T. O.: Atrial flutter during quinidine therapy of atrial fibrillation Amer. Heart J. **52**, H. 2, 273 (1956). — EFRATI, P.: Mit Procainamid erfolgreich behandeltes, durch Chinidin hervorgerufenes Kammerflattern. Amer. J. Med. **18**, 348 (1955). — ENSELBERG, CH. D. und M. LIPKIN: The Intramuscular Administration of Procaine Amide. Amer. Heart J. **44**, H. 5, 781 (1952). — FRANK, E. und H. STEIERT: Therapeutischer Beitrag zur Anwendung von Novocainamid bei Herzrhythmusstörungen. Z. Kreislaufforschg. **45**, H. 5/6, 180 (1956) — FRIEDBERG, R. und B. SJOESTROEM: Die Chinidinbehandlung des Vorhofflimmerns. Acta med. Scand. **155**, 293 (1956). — GHEORGHIU, P. und Mitarb.: Beitrag zum Studium der Wirkung von Procain auf das Herzflimmern. Rev. Fiziol. **4**, 46 (1957). — HOCHREIN, M.: Chinalkaloide bei Herzrhythmusstörungen. Med. Klin. **11**, 344 (1950); Spartein bei Rhythmusstörungen. Ärztl. Praxis **8**, H. 49, 9 (1956). — HOVEID, P.: Dauerbehandlung der paroxysmalen ventrikulären Tachykardie mit

Procainamid. Norske Tskr.. Laegeforg. **75**, 236 (1955). — IMMICH, H. und G. ORZECKOWSKI: Weitere Erfahrungen mit der Procain-Therapie. Med. Mschr. **9**, 605 (1954). — KAYDEN, H. J. und Mitarb.: Procaine Amide: A Review. Circul. Journ. Amer. Ass. **15**, H. 1, 118 (1957). — KLIMPEL, W.: Procainamid bei Herzrhythmusstörungen. Med. Klin. **48**, H. 27, 974 (1953). — LACHMANN, H.: Warum noch Chinin und Chinidin in der Herztherapie? Dtsch. Gesd.wes. **1949**, 1363. — MAINZER: Behebung der durch Digitalis-Intoleranz bedingten Rhythmusstörungen mittels Procainamid. Therapiewoche 4, H. 23/24, 574 (1954). — MARTELLI, A. und Mitarb.: Betrachtungen über den Hemmungseffekt des Procains auf vielortige Extrasystolen. Minerva med. **1956**, 1659. — MAURICE, P. und Mitarb.: Die Chinidinbehandlung des Vorhofflimmerns. Arch. mal. coeur **49**, 615 (1956). — MORPURGO, M. und G. MARS: Neue klinische und pharmakologische Erfahrungen mit Chinidin. Ärztl. Forschg. **12**, H. 7/8, 435 (1958). — OURY, P. und J. ESTIVAL und P. BEAU: Über die Novocainbehandlung des Herzens. Presse méd. **1950**, 408. — PIERACH, A. und K. STOTZ: Die Wirkung von Novocainblockaden des Ganglion stellatum bei Herzrhythmusstörungen. Verh. Dtsch. Ges. Kreislaufforschg. **16**, 16. (Darmstadt 1950) — PINOT, E.: Spartein in der Therapie der Herzrhythmusstörungen. Berlin. Ärztebl. **69**, H. 10, 252 (1956). — REBSTEIN, H.: Die Behandlung des myokardgeschädigten Herzens mit intravenösen Novocaingaben. Münch. med. Wschr. **94**, 32 (1952). — RITTER, U.: Zur Grundlage der intravenösen Novocainbehandlung. Dtsch. Gesd.wes. **1949**, 813. — SOKOLOW, M.: Einige quantitative Überlegungen zur Behandlung mit Chinidin. Ann. Int. Med. **45**, 582 (1956); und R. E. BALL: Factors Influencing Conversion of Chronic Atrial Fibrillation with Special Reference to Serum Quinidine Concentration. Circulation **14**, 568 (1956). — SZEKELY, P. und N. A. WYNNE: The Action of Procain Amide on the Heart. Brit. Heart J. **16**, H. 3, 267 (1954). — THOMSEN, B.: Arrhythmia cordis behandelt mit Procainamid. Ugeskr. Laeg. **1956**, 1490. — VOIT, K. und Mitarb.: Über ein neues Chinidinkombinationspräparat zur Behandlung kardialer Rhythmusstörungen. Münch. med. Wschr. **99**, H. 23, 851 (1957). — ZEH, E.: Erste Erfahrungen mit Novocainamid in der Behandlung von Rhythmusstörungen des Herzens. Medizinische **1952**, H. 29/30, 953.

2.5. Nitrite und Opiate

Die experimentellen Grundlagen für die Wirksamkeit der Nitroverbindungen auf die Gefäßmuskulatur und die Kenntnis der bevorzugt beeinflußten Gefäßbezirke verdanken wir im wesentlichen ihrer Erprobung an Tieren oder einzelnen Tierorganen.

Unter den üblichen Voraussetzungen der experimentellen Tierpharmakologie zeigen diese Stoffe in therapeutischer Dosierung regelmäßig einen koronardilatierenden Effekt, der eine Mehrdurchblutung des Herzmuskels zur Folge hat. Aus technischen Gründen und um die Versuchsanordnung übersichtlich und von störenden Einflüssen unabhängig zu machen, wurde die Nitritwirkung meist an denervierten Tierorganen oder an narkotisierten Ganztieren geprüft. Dies bedeutet, daß die Nitritwirkung bei einer künstlich genormten Tonuslage des vegetativen Nervensystems festgestellt wurde, bzw. daß Einflüsse des Vegetativums bei diesen Untersuchungen gedrosselt oder weitgehend ausgeschaltet wurden, Bedingungen, die bei der klinischen Anwendung der so erprobten Präparate keineswegs vorausgesetzt werden können.

Im klinischen Gebrauch gelten die Nitrite seit ihrer Einführung in die Therapie durch LAUDER-BRUNTON im Jahre 1867 als souveräne Mittel zur Beeinflussung koronarspastischer Zustände und als Mittel der Wahl zur Prophylaxe und Therapie der Angina pectoris. Ihre Wirkung beruht auf einer vorübergehenden Gefäßerweiterung, welche reflektorisch ausgelöst wird und auch nach Art eines Gefäßreflexes abläuft. Die Anwendung der Nitrite stellt daher keineswegs eine kausale Behandlung, sondern vielmehr eine rein symptomatische und sehr flüchtige Beeinflussung des Schmerzstadiums einer prognostisch immerhin ernst zu wertenden Gefäßerkrankung dar.

Unter einem größeren Krankengut findet man nicht selten an Stelle des erwarteten günstigen Nitriteffektes Erscheinungen, welche auf paradoxe Gefäßwirkungen bzw. auf unerwünschte Neben- oder Nachwirkungen dieser Medikamente hinweisen. Wir beschäftigten uns daher mit der Frage, ob diese unerwünschten Begleit- und Folgeerscheinungen nach Nitritgaben nicht unter anderem durch eine abnorme Reaktionsbereitschaft des Gefäßapparates bei einer bestimmten Tonuslage des vegetativen Nervensystems bedingt seien.

Am gesunden, unbeeinträchtigten Organismus wird der therapeutisch angestrebte Nitriteffekt durch mindestens drei verschiedene, einander ablösende Vorgänge erreicht:

1. Ein initialer, meist sehr flüchtiger Eigenreflex bewirkt lokal an der glatten Gefäßmuskulatur der Koronarien angreifend eine Vasodilatation, die gleichfalls sehr frühzeitig einsetzende Tachykardie wird durch die Chemorezeptoren ausgelöst.

2. Ihr folgt im Abstand von einigen Sekunden eine Phase zentraler Blutdrucksenkung, welche über die pressorezeptorischen Bahnen verläuft und

3. durch eine reaktive Blutdrucksteigerung von längerer Dauer abgelöst wird. An isolierten, denervierten Herzen von Kalt- und Warmblütern steht die gefäßerweiternde und blutdrucksenkende Komponente der Nitrite im Vordergrund. Auch bei herz- und kreislaufgesunden Personen findet man nach therapeutisch dosierten Gaben regelmäßig eine Tachykardie als Ausdruck der peripheren und zentralen Vasodilatation, die von einer Blutdrucksenkung begleitet ist. Wirkungseintritt, Intensität und Dauer der einzelnen Phasen sind dabei von der Reduktionsgeschwindigkeit der gewählten Nitritverbindung in der aktive NO_2-Gruppe abhängig. Bei kombinierter Aufzeichnung der kreislaufdynamischen Verhältnisse unter dem Einfluß eines sehr flüchtigen und leicht spaltbaren Nitrokörpers, dem Amylnitrit, konnte MATTHES zeigen, daß die depressorische Phase hier auf 20 bis 40 sec beschränkt ist, erst einige Sekunden nach einer initialen Pulsfrequenzsteigerung einsetzt und von einer dritten Phase, in welcher die reaktive Blutdrucksteigerung überwiegt, gefolgt ist. In dieser letzten Phase wird der Ausgangswert des Arteriendruckes häufig erheblich, meist um 20–40 mm Hg überschritten und erst nach mehreren Minuten wieder erreicht.

Der ungestörte Ablauf dieser mehrphasigen Reaktion setzt einen funktionell und organisch gesunden, normal reaktionsfähigen Kreislauf voraus. In praxi betrifft die Nitritmedikation jedoch meist ein in seiner Funktionstüchtigkeit beeinträchtigtes, durch altersphysiologische Abnützungserscheinungen oder degenerative Prozesse wie Sklerose, Myodegeneratio, Hypertension usw. verändertes Gefäßsystem. Obgleich bei der klinischen Anwendung der Nitrite, vor allem im Anfall von Angina pectoris, die ungünstigen Nach- und Nebenwirkungen meist gänzlich hinter dem rasch erzielten analgetischen Effekt zurücktreten, sind uns doch zahlreiche Einzelheiten ihrer Wirkung bekannt, welche die völlige Harmlosigkeit und Indifferenz dieser Präparate für ein sklerotisch-degenerativ verändertes Gefäßsystem bezweifeln lassen. Bei organischen Erkrankungen der Blutgefäße, vor allem des Koronargebietes, können wir eine trägere Reaktion und unvollkommenere Anpassung an die einzelnen, einander ablösenden Stadien der Nitritwirkung, die für den normalen Kreislauf nachgewiesen wurden, erwarten. Vor allem bei einer Dauermedikation zur Prophylaxe oder symptomatischen Therapie stenokardischer Beschwerden auf koronarsklerotischer Basis scheint die Einführung von Nitriten trotz der vorübergehenden subjektiven Linderung des anginösen Schmerzes eine auffällige Progredienz der allgemeinen Krankheitssymptome zu begünstigen, wie die im folgenden angeführten Fälle zeigen:

J. B., 60 Jahre, Arbeiter. *Anamnese:* Vor 10 Jahren wiederholt kleinere apoplektische Insulte, Hypertension. Seit 2 Jahren Anfälle von Angina pectoris, dabei wurde unter reichlicher Nitritmedikation auf körperliche Schonung weitgehend verzichtet. Besonders in den letzten Monaten sehr reichlicher Nitritgebrauch wegen Häufung von Zahl und Intensität der stenokardischen Anfälle. *Befund:* Pykniker. RR 180/105, Herz linksdilatiert, während der Untersuchung anginöser Anfall mit Pulsus alternans. A 2 betont. Leberstauung. Ödeme. Im Ekg Verdacht auf alten Hinterwandinfarkt.

Verlauf: Exitus letalis am 9. Krankheitstag, als Patient eigenmächtig aufstand.

Sektionsbefund: (Prof. HANSEN). Frischer und alter Hinterwandinfarkt bei Koronarsklerose. Die Abgänge der Herzkranzgefäße sind verengt, sie selber zeigen auf ihrem ganzen Verlauf in großem Ausmaße Fetteinlagerungsherde, die weitgehend verkalkt sind.

Dicht hinter dem Abgang der linken Kranzarterie findet sich ein ausgedehntes atheromatöses Geschwür, das das Lumen fast völlig verlegt.

M. W., 57 Jahre, Hausfrau.

Anamnese: Seit 6 Jahren stenokardische Anfälle, mäßiger Hochdruck. 3 Wochen vor der Klinikaufnahme heftiger Anfall von Angina pectoris mit Vernichtungsgefühl. Seit mehreren Jahren ausgesprochener Nitroglyzerinabusus.

Befund: Pyknikerin, RR 145/80 bis 160/100. Bradykardie. Herz linksdilatiert, mitralkonfiguriert, klingender 2. Aortenton. Stauungsbronchitis, Stauungsgastritis. Leberschwellung. Im Ekg vernarbender Vorderwandinfarkt.

Verlauf: Vernarbung des Infarktes und Rekompensation unter mehrwöchiger stationärer Behandlung.

J. E., 57 Jahre, Spengler.

Anamnese: Seit 3 Jahren Hochdruck bekannt, seit 2 Jahren pektanginöse Anfälle, seitdem regelmäßig mindestens 2 Tabletten Nitroglyzerin täglich. Myokardinfarkt vor einem Jahr. 4 Tage vor der Klinikaufnahme verstärkte stenokardische Beschwerden, einen Tag später apoplektischer Anfall, seitdem verwaschene Sprache, taubes Gefühl in den Extremitäten.

Befund: Athletischer Typ, plethorisches Aussehen. RR 200/135. Herz linksdilatiert, Meteorismus, Stauungsbronchitis. Schlaffe Paresen der Kau- und Schlundmuskulatur. Hyperästhesie der linken Gesichtshälfte. Keine Extremitätenlähmungen. Ekg: Linkstyp, Linkskoronarinsuffizienz. *Verlauf:* unter Progredienz der bulbären Symptome und nach vorübergehendem Subileus, Exitus letalis infolge von Kreislaufversagen bei Aspirationspneumonie.

Sektionsbefund (Prof. VELTEN): Hypertrophie des linken Ventrikels. Aneurysmatische Aussackung der linken Kammer. Koronarsklerose, vorwiegend des Ramus sin. desc. ant. Schwielenherz mit zahlreichen Mikroinfarktnarben. Harte Kalkspangen an der Valvula aortae. Atherosklerose der Aorta. Status cribrosus im Bereich der inneren Kapsel.

Bei diesen drei Fällen dürften bereits vor dem Einsetzen der Nitritmedikation allgemeine oder lokale sklerotische Gefäßveränderungen bestanden haben. Hier kann der blutdrucksenkende und gefäßerweiternde Nitriteffekt nur unvollständig zur Auswirkung gelangen, da die Arterien auf Grund ihres Elastizitätsverlustes nicht mehr so prompt und vollständig kompensierend auf vasodilatorische Reize zu reagieren vermögen. Infolgedessen kommt es zu einer Minderdurchblutung derjenigen Kreislaufbezirke, welche durch die Nitritkörper vorwiegend beeinflußt werden, wie Herzmuskel und Gehirn. Häufig beobachtet man daher bei Gefäßsklerotikern nach Einsetzen der Nitrittherapie eine allgemeine Verschlechterung ihres Zustandes, die der durch das Medikament bedingten Pulsfrequenzsteigerung parallel geht. Bei den ad exitum gekommenen Fällen 1 und 3 fanden sich hochgradige sklerotische Prozesse im Bereich der großen und kleinen Herz- und Hirngefäße. Es waren dabei sowohl einzelne makroskopische Myokardinfarkte verschiedener Größenordnung nachzuweisen, wie auch zahlreiche Mikronekrosen, die zu einer schwieligen Degeneration des Herzmuskels geführt hatten (Fall 3), und wohl als anatomisches Substrat der intra vitam unter der Nitroglyzerinmedikation gehäuft aufgetretenen stenokardischen Anfälle angesehen werden dürfen.

Bei hochgradigen koronarsklerotischen Veränderungen kann die vorübergehende Durchblutungsverminderung unter der Nitriteinwirkung selbst zu massiven ischämischen Infarzierungen führen. Bekannt ist ferner die Unwirksamkeit der Nitroverbindungen bei Schmerzzuständen, die auf einem organischen Koronarverschluß beruhen, weshalb im stenokardischen Anfall das Ausbleiben des analgetischen Effektes nach entsprechender Nitritgabe differentialdiagnostische Bedeutung für den Myokardinfarkt besitzt (HOCHREIN).

Als elektrokardiographischen Ausdruck der vorübergehenden koronaren Minderdurchblutung konnte NAGL unter der Einwirkung von Amylnitrit schwere Deformationen der Kammerkomplexe und der Nachschwankungen beobachten. So stellte er u. a. fest, daß Schenkelblockbilder, die in höherem Alter überwiegend auf fortgeschrittene organische Koronarveränderungen bezogen werden können, im Anfall von Angina pectoris nach Nitritgabe das Verschwinden einer bestehenden ST-Senkung und T-Depression vermissen lassen, welches als Zeichen einer besseren Kranzgefäßdurchblutung gilt.

Neben dieser vorübergehenden Zunahme der Koronarinsuffizienz, die vor allem bei sklerotischen Gefäßveränderungen im Kranzgebiet von Bedeutung ist, haben wir bei Vorliegen einer Hypertonie nach Nitritgaben erfahrungsgemäß mit einer besonderen Disposition zu überschießenden Kreislaufregulationen zu rechnen.

LUETH und HANKE fanden bei Patienten mit Hochdruck nach Nitritmedikation häufig allgemeine heftigste Unverträglichkeitserscheinungen in Form von Nausea, Erbrechen, Ohnmachten, Kollapszuständen usw., die als Schockwirkungen durch plötzliche erhebliche Druckschwankungen in lebenswichtigen Gefäßbezirken anzusehen sind. Nach einer im allgemeinen sehr flüchtigen initialen Arteriendrucksenkung bewirken die Nitrite u. a. eine länger anhaltende vermehrte Durchblutung der Hirngefäße, die eine vorübergehende intrakranielle Blutfülle und eine bedeutende Erhöhung des Liquordruckes zur Folge hat. Bei toxischen Nitritdosen, wie z. B. bei Inhalation der mehrfachen therapeutischen Dosis von Amylnitrit konnte beim Menschen durch Trigeminusreizung eine reflektorische Bradykardie und Blutdrucksteigerung ausgelöst werden. Diese Wirkungsumkehr kann gegebenenfalls auch für die erhöhte Nitritdosierung bei chronischem Abusus dieses Medikamentes von Bedeutung werden, sofern es sich um Patienten mit Hypertonie handelt.

Bei fortgesetzter Anwendung von Nitropräparaten ist auf Grund der MATTHESschen Analyse ihrer Kreislaufwirkung damit zu rechnen, daß der analgetische, gefäßerweiternde und blutdrucksenkende Effekt wegen seiner Flüchtigkeit hinter der reaktiven, schon unter normalen Kreislaufverhältnissen länger anhaltenden vasokonstriktorischen Phase zurücktritt und schließlich eine paradoxe Nitritwirkung resultiert. Dabei kann bereits in einem Stadium, in welchem der initialen Nitritwirkung noch ein analgetischer Effekt auf pektanginöse Schmerzen zukommt, durch die folgende und länger anhaltende vasokonstriktorische Nachreaktion die Anfallsbereitschaft für neue Schmerzattacken wesentlich begünstigt werden, was als Circulus vitiosus zu neuen Anfällen, neuer Medikation und schließlich zu Nitritgewöhnung und -abusus mit augenfälliger Progredienz des Krankheitsbildes führen kann.

Kommt im allgemeinen den Nitriten auch nur eine mittelbare Rolle für die Entstehung von Infarkten oder apoplektischen Insulten zu, so zeigt doch eine eigene Beobachtung, daß die chronische Einwirkung hoher Dosen von Nitroglyzerin auch unmittelbar die Entstehung eines Myokardinfarktes auslösen kann: Bei einem 45 Jahre alten Chemiker, der beruflich über mehrere Jahre der Einwirkung von Nitroglyzerindämpfen ausgesetzt war, traten chronische Kopfschmerzen, Kreislaufstörungen und stenokardische Anfälle auf, die nach einer Dauer von 2 Jahren bei Fortbestehen der beruflichen Exposition zu einem massiven Hinterwandinfarkt führten. Experimentell kann durch chronische Nitriteinwirkung in hoher Dosierung die Entstehung und Progredienz sklerotisch-degenerativer Gefäßprozesse begünstigt werden. HUEPER und LANDSBERG konnten nach monatelanger Verabreichung von Natriumnitrit und Erythroltetranitrat an jungen Ratten die Ausbildung degenerativer Gefäß- und Parenchymschäden in Herz, Gehirn, Lunge und Hoden nachweisen, als deren Ursache sie die durch die Gefäßerweiterung bedingte Strömungsverlangsamung und Hypoxämie der Gewebe ansahen.

Bei unseren klinischen Fällen kann der langdauernde und teilweise auch übermäßige Nitritverbrauch zumindest als begünstigender, wenn nicht auslösender Faktor für die Progredienz der Gefäßsklerose und somit für die Infarktentstehung, bzw. die multiplen Mikroinfarzierungen und degenerativen Hirngefäßveränderungen angesehen werden, da sowohl das pathologische Substrat der Gefäßerkrankung, die Sklerose, wie auch ihre funktionelle Auswirkung, der Erfordernishochdruck, unter der fortgesetzten Einwirkung von Nitrokörpern eine ungünstige Beeinflussung erfahren.

Neben diesen Folgen des chronischen Nitritgebrauches, die wir klinisch vorwiegend bei pektanginösen Beschwerden auf sklerotischer Basis antreffen, beobachten wir mitunter auch bei rein funktionellen Formen der Stenokardie die Anwendung von Nitropräparaten; ist doch das klinische Krankengut der jüngsten Zeit durch eine auffallende Zunahme dieser funktionellen Kreislaufstörungen gekennzeichnet, die häufig mit pektanginösen Schmerzen verbunden sind und sich durch ihre Hartnäckigkeit gegenüber therapeutischen Maßnahmen auszeichnen. In der Praxis werden gelegentlich auch bei derartigen Zirkulationsstörungen Nitritkörper angewandt, wobei man jedoch meist feststellen muß, daß die erwünschte Besserung ausbleibt und im Gegenteil der Beschwerdekomplex verstärkt wird.

K. L., 37 Jahre, Hausfrau.

Anamnese: Mutter leidet an Angina pectoris, Vater an Anfällen von Bewußtlosigkeit und Herzschwäche. Patientin selbst hat seit 2 Jahren Anfälle von Herzschmerzen und Herzschwäche, nächtliche Angstzustände und Stechen in der Herzgegend. Sie bekam vom Hausarzt Nitroglyzerin in Tabletten, daraufhin traten Schwindel, Ohrensausen, Völlegefühl und Benommenheit im Kopf auf, die als sehr unangenehm geschildert werden.

Befund: Asthenikerin mit deutlichen Zeichen vegetativer Stigmatisation. Organisch kein krankhafter Befund zu erheben. RR 115/75. Reflexe lebhaft, feuchte, kühle Extremitäten, lebhafter Dermographismus. Röntgen-Thorax: hypoplastisches Herz ohne Fehlform, schlankes Gefäßband. Ekg: deutliche orthostatische Veränderungen.

Dr. H.E., 50 Jahre, Arzt.

Anamnese: Seit 6 Jahren zeitweise leichte Stenokardie, seit etwa 3 Monaten sehr intensive pectanginöse Schmerzen, RR damals 105/55. Seit $1^1/_2$ Jahren gelegentlich Nitroglyzerin und Perlingual eingenommen, danach Besserung der krampfartigen Schmerzen, aber Fortbestehen eines dumpfen Dauerschmerzes. 3 Wochen vor der Klinikaufnahme heftigster Anfall von Angina pectoris, nach 3 bis 4 Tabletten Nitroglyzerin Bangigkeit, Ohrensausen, Völlegefühl im Kopf, jedoch kein wesentlicher analgetischer Effekt. Patient kommt 3 Wochen nach diesem Ereignis zum Ausschluß eines Myokardinfarktes zur stationären Beobachtung.

Befund: Astheniker. GU + 17%, Magensaft hyperazide, Sehnenreflexe und Dermographismus lebhaft. Herz klinisch o. B., kymographisch kein Anhalt für eine umschriebene Schädigung des Myokards. Elektrokardiographisch deutliche orthostatische Veränderungen, Extremitäten- und Brustwandableitungen V_1–V_9 in Ruhe ohne pathologischen Befund. RR 135/90 mmHg.

K. L., 52 Jahre, Kaufmann.

Anamnese: Seit 6 Monaten Angina pectoris, nimmt täglich bis zu 15 Kapseln Nitrolingual, dauernde Verschlechterung, in letzter Zeit nach 20 bis 30 Schritten schwerste Anfälle.

Befund: Athletischer Habitus, Herz gering linksdilatiert, Töne rein, kymographisch vergrößerter linker Ventrikel mit angedeuteten Zeichen von Muskelschaden im Herzspitzenbereich.

RR 150/100, VK 2,6 l, BKS 6/12 mm n. W. Keine Zeichen kardialer Dekompensation. Ekg: Abl. *I–III* Linkstyp, bei orthostatischer Belastung koronare Deformationen in allen Ableitungen, im Brustwand-Ekg negatives T in V_1 bis V_4, ST-Senkungen und flache T-Zacken in V_4 bis V_8.

Verlauf: Nach Absetzen von Nitrolingual und 10tägiger klinischer Behandlung mit Traubenzucker i.v., Embran, Eucard und Zwerchfellgymnastik keine stenokardischen Anfälle mehr, Rückbildung der Ekg-Veränderungen.

Bei diesen Patienten bestanden keinerlei Anzeichen für das Vorliegen koronarsklerotischer Veränderungen, dagegen fand sich eine ausgeprägte neurozirkulatorische Dystonie mit Neigung zu peripheren Kreislaufstörungen. In den ersten Fällen trat die Nitritunverträglichkeit trotz niedriger, therapeutischer Dosierung bereits nach der ersten Gabe auf und wiederholte sich bei weiterer Anwendung. Die Art der hier geschilderten Unverträglichkeitssymptome wie Herzklopfen, anginöse Zustände, Ohrensausen, Schwindel, Ohnmachtsanwandlungen usw. ließ eine hypotone Dysregulation vorwiegend im Bereich der Zerebral- und Koronargefäße vermuten. Bei dem letzten Patienten war es unter der chronischen Überdosierung des Nitropräparates zu einer hochgradigen Stenokardie gekommen, die sich im Ekg als vorwiegend linksventrikuläre koronare Deformation der Zwischenstrecken und im Kymogramm als hypoxämische Myokardschädigung des linken Ventrikels manifestierte und hier sogar ein infarktähnliches Bild verursachte (s. Abb. 208a).

Die völlige Rückbildungsfähigkeit dieser Veränderungen, bereits kurze Zeit nach dem Absetzen des Nitrolinguals und die klinische „Heilung" der Angina pectoris bestätigten ihren funktionellen Charakter (s. Abb. 208b).

Eine Disposition zur funktionellen Koronarinsuffizienz kam elektrokardiographisch auch in ausgeprägten orthostatischen Veränderungen zum Ausdruck. Da diese Patienten bei organgesundem Kreislauf weitere vegetative Stigmata boten, führten wir ihre Reaktion auf die Nitropräparate und eine durch sie erhöhte Vasolabilität zurück (s. Abb. 209).

Medikamentöse Therapie

Um festzustellen, wieweit diese überschießende Reaktionsbereitschaft des organisch gesunden Gefäßsystems unter der Nitriteinwirkung vom Tonus des vegetativen Nervensystems abhängig ist, untersuchten wir bei weiteren Patienten mit orthostatischen Ekg-Veränderungen das Verhalten von Blutdruck, Pulsfrequenz, Elektrokardiogramm und Sauerstoffsättigung des peripheren Blutes unter dem Einfluß therapeutischer Nitroglyzeringaben.

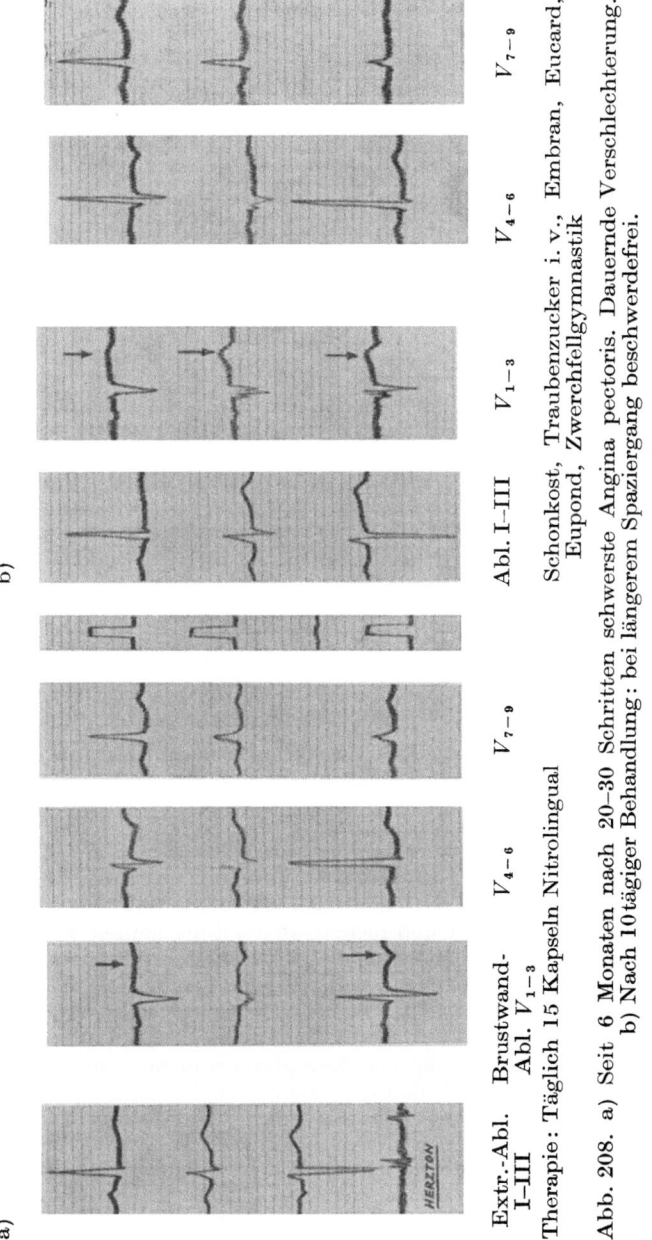

Abb. 208. a) Seit 6 Monaten nach 20—30 Schritten schwerste Angina pectoris. Dauernde Verschlechterung. Therapie: Täglich 15 Kapseln Nitrolingual. Schonkost, Traubenzucker i. v., Embran, Eucard, Eupond, Zwerchfellgymnastik. b) Nach 10tägiger Behandlung: bei längerem Spaziergang beschwerdefrei.

594 Spezielle Behandlungsvorschläge für Herz-Kreislauferkrankungen

Es handelte sich dabei durchweg um jüngere Patienten von vorwiegend asthenischem Habitus, die sich durch ihre konstitutionelle Disposition zu lebhaften, flüchtigen und vegetativ leicht beeinflußbaren Gefäßreaktionen auf dem Boden funktioneller Durchblutungsstörungen auszeichneten, und die sich wegen Ulcus ventriculi bzw. duodeni, funktioneller Stenokardie und peripheren Kreislaufstörungen in klinischer Behandlung befanden. Diese Patienten ließen im Steh-Ekg unter Nitroglyzerineinwirkung meist eine deutliche Verstärkung der orthostatischen Veränderungen erkennen.

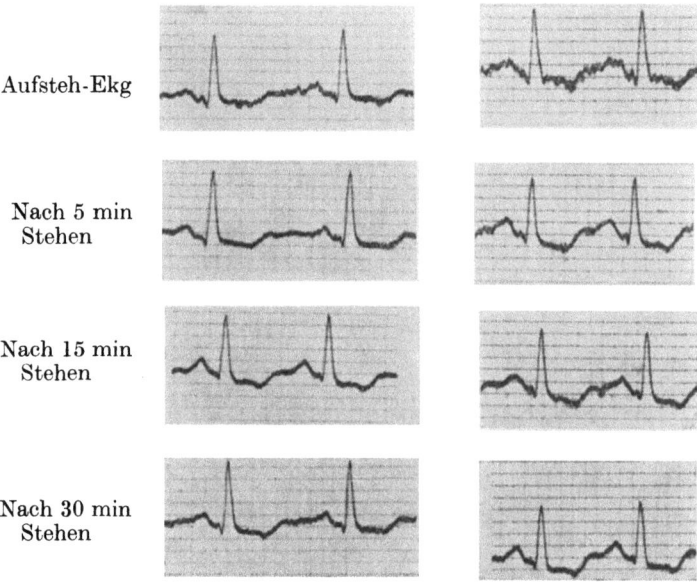

ohne Nitroglyzerin   mit Nitroglyzerin (nach
Verabfolgung von 1 Tabl. 0,0005).
L. G., 42 Jahre. Diagnose: Ulcus duodeni, Neurozirkulatorische Dystonie

Abb. 209. Steigerung orthostatischer Deformationen im Ekg nach Verabfolgung von Nitroglyzerin (Abb. III).

Die verstärkte *ST*-Senkung und vermehrte Abflachung von *T II* und *T III*, bzw. die deutlichere Ausprägung einer bereits im gewöhnlichen Steh-Ekg spitz negativen *T-III*-Zacke, waren bereits 5—10 min nach der oralen Gabe einer Tablette Nitroglyzerin deutlich ausgeprägt und hielten während der ganzen Versuchsdauer von 25 min fast unverändert an. Während die gleichzeitige Beobachtung der Blutdruckwerte kein einheitliches Verhalten zeigte, ging die Verstärkung der orthostatischen Ekg-Veränderungen einer mäßigen Pulsfrequenzsteigerung weitgehend, aber nicht völlig parallel. Indes war die Differenz der Pulsfrequenz im unbeeinflußten Steh-Ekg und unter der Einwirkung von Nitroglyzerin nicht so ausgeprägt und auch nicht so konstant anhaltend, daß die verstärkten Deformationen von Zwischenstrecke und Nachschwankung allein als Folge der unter dem Nitriteinfluß aufgetretenen Tachykardie aufgefaßt werden könnten.

Nach den Beobachtungen von SCHERF u. a. geht die nach Inhalation von Amylnitrit beobachtete flüchtige Abflachung der *T*-Zacken und Senkung der Zwischenstrecken bei kreislaufgesunden Personen der gleichzeitig einsetzenden Blutdrucksenkung und Tachykardie parallel. KAGANAS und NORDENFELT konnten entsprechende Veränderungen nach Anwendung von Nitropräparaten auch dann beobachten, wenn unter besonderen Bedingungen Frequenz und Blutdruck nicht verändert werden konnten, so z. B. bei Bestehen eines AV-Blockes und bei konstantbleibender Bradykardie im Bulbusdruckversuch. Da die unter Nitriteinwirkung beobachteten elektrokardiographischen Veränderungen den üblichen orthostatischen völlig glichen, faßte NORDENFELT beide als Folge einer über die Pressorezeptoren ausgelösten Sympathikusreizung auf.

Bei einem jugendlichen Astheniker mit hochgradiger vegetativer Übererregbarkeit, auf dem Boden einer chronischen tonsillogenen Fokalintoxikation traten unter orthostatischer Belastung, 10 min. nach der Nitroglyzeringabe, heftige subjektive Beschwerden wie Übelkeit, Schwindel, Herzklopfen

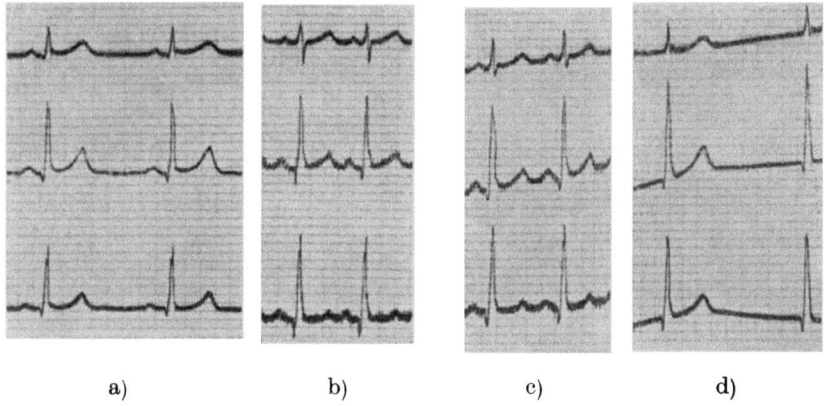

a)   b)   c)   d)

Abb. 210. Kreislaufkollaps unter orthostatischer Belastung nach 0,0005 Nitroglyzerin (Ng) per os. a) Im Liegen, Ruhewert. 5 min nach Ng. RR 95/70, Puls 74/min. b) Im Stehen, sofort. 5 min nach Ng. RR 95/80, Puls 134/min. c) Im Stehen, nach 5 min, 10 min nach Ng. RR 95/80, Puls 127/min. d) Im Stehen nach 10 min, 15 min nach Ng. Kollaps, Puls 62/min.

und Blässe auf, nach weiteren 5 Minuten kam es zum Kreislaufkollaps (s. Abb. 210 a–d).

Während dieser Phase zeigte das Ekg ein plötzliches Absinken des vorher unter Nitritwirkung stark beschleunigten Pulses auf etwa die Hälfte des Ausgangswertes, einen vorübergehenden Verlust der P-Zacken, Symptome, die als Auftreten einer starken Vagusreizung gedeutet werden können, und eventuell als Gegenregulation auf die vorhergegangene, nitritbedingte und orthostatische Sympathikusreizung zurückzuführen sind.

Die Austestung der Nitroglyzerineinwirkung auf Blutdruck und Pulsfrequenz bei einer gleichzeitigen Erhöhung des Vagustonus, welche durch subkutane Gabe von 0,5 mg Prostigmin hervorgerufen wurde, ließ bei unseren Patienten kein charakteristisches Verhalten der Kreislauffunktionen gegenüber den Kontrollversuchen erkennen. Dagegen zeigte die Bestimmung der peripheren Sauerstoffsättigung bei der oxymetrischen Registrierung am Ohrläppchen unter der Einwirkung von einer Tablette Nitroglyzerin bei zwei Patienten ein vorübergehendes geringes Absinken der peripheren Sauerstoffsättigung.

Sehen wir die orthostatischen Veränderungen im Ekg mit LEPESCHKIN als Zeichen einer vorübergehenden Koronarinsuffizienz an, deren Intensität dem Ausmaß der koronaren Hypoxämie entspricht, so müssen wir auch die unter dem Einfluß des Nitroglyzerins beobachtete Verstärkung dieser Veränderungen auf eine durch das Medikament bedingte Verschlechterung der Koronardurchblutung zurückführen. Daher können wir auch bei rein funktionellen pektanginösen Zuständen, wie sie bei kreislauflabilen Personen im Rahmen der neurozirkulatorischen Dystonie häufig beobachtet werden, durch die therapeutische Anwendung von Nitrokörpern keine günstige Beeinflussung dieser Beschwerden erwarten.

Fassen wir daher unsere Erfahrungen zusammen, dann ist folgendes festzustellen:

1. Bei Patienten mit allgemeinen gefäßsklerotischen Veränderungen wurde unter langdauernder, bzw. übermäßiger Nitritmedikation wiederholt eine Zunahme der pektanginösen Anfälle und eine Häufung von Makro- und Mikroinfarzierungen des Herzmuskels beobachtet.
2. Bei der rein funktionellen Stenokardie auf dem Boden einer neurozirkulatorischen Dystonie führte die Anwendung von Nitropräparaten zu sympathikotonen Reizzuständen und subjektiv unangenehmen Unverträglichkeitsreaktionen.
3. Bei kreislauflabilen Patienten mit ausgeprägten orthostatischen Ekg-Veränderungen wurde unter dem Einfluß von Nitroglyzerin in therapeutischer Dosierung eine Verstärkung dieser Veränderungen beobachtet, welche auf eine vorübergehende Zunahme der funktionellen Koronarinsuffizienz bezogen wurde.

Mit diesen Ausführungen ist unsere Einstellung gegenüber der Nitrit-Medikation gekennzeichnet. Als Mittel in der Hand des Arztes, zur Behebung einer akuten schweren Stenokardie, kann es im Augenblick Wunder wirken. Daher stammt auch sein für den Laien faszinierender Effekt. Die meisten Nitrit-Konsumenten tragen die Pillen „nur zur Beruhigung" bei sich, aber der Griff zur Pille wird zur Gewohnheit und die Gewohnheit zur Sucht und diese letztere schließt den circulus vitiosus des Koronarkranken und wird zu seinem Verhängnis.

Die gleiche, sehr reservierte Einstellung haben wir gegenüber Opiaten.

Während noch im Mittelalter ein bekannter Arzt den Satz formulierte: „Ohne Opium würde die Heilkunst aufhören zu existieren" und noch vor 150 Jahren Opiate zum wichtigsten Arzneimittelbestand auch in der Herz-Kreislaufbehandlung gehörten (HUFELAND), hat man in der Zwischenzeit gelernt, einen anderen Standpunkt zu beziehen.

Brachte man ursprünglich die Schmerzstillung und euphorisierende Wirkung zum Einsatz, so lernte man, daß mit diesem Effekt ein verhängnisvoller Einbruch in die körpereigenen Selbstheilungsbestrebungen, Kompensationen und Ausgleichsregulationen vollzogen wurde. Die Auswirkungen des Morphins auf Vasomotorenzentrum, Brech- und Hustenzentrum sowie seine frühzeitig lähmende oder dämpfende Wirkung auf das Atemzentrum sind hier in Betracht zu ziehen. Durch diese Unterbrechung der notwendigen Ausgleichsvorgänge resultiert ein unter Umständen recht unerwünschter Einfluß auf den Sauerstoffhaushalt. Dieser ist die Resultante aus zwei entgegengesetzten Vorgängen, nämlich einerseits der zentralen Beruhigung, die zur Sauerstoffersparnis führt und anderseits der Lähmung des Atemzentrums, welche ein Sauerstoffdefizit zur Folge hat (EICHHOLTZ).

Aus diesen Gründen sind Opiate fehlindiziert bei den meisten akuten Kreislaufkatastrophen, welche die „sinnvollen" Regulationen ihres Vegetativums benötigen und bei denen der sedierende Effekt von Barbituraten genügt, um unerwünschten „überschießenden" oder „paradoxen" Reaktionen vorzubeugen.

Wir lehnen Morphinderivate in der Behandlung des Myokardinfarktes daher ab, der Lungenembolie, selbst wenn bei der letzteren unerträgliche Pleuraschmerzen auftreten sollten, weiterhin bei Apoplexie usw.

Bereits frühzeitig haben wir die schwere, oft sogar unmögliche Beeinflußbarkeit eines mit Morphium vorbehandelten Herzinfarktpatienten beschrieben. Eine weitere Beobachtung mag diese Erfahrung verdeutlichen.

Es handelte sich um einen 48 jährigen Ingenieur, der seit einiger Zeit wegen einer leichten Blutdrucksteigerung in unserer ambulanten Behandlung war. Nach einer starken seelischen Erregung morgens plötzlich heftiger Herzschmerz mit Vernichtungsgefühl. Der sofort zugezogene praktische Arzt injizierte 0,1 Luminal natr,. Euphyllin und 0,1 Morphium. Der Herzschmerz klang daraufhin ab, aber am nächsten Tag war wegen paralytischem Ileus, Kollaps und Erbrechen Klinikaufnahme bei uns notwendig. Es ergab sich ein gegenüber den bekannten Werten sehr deutlicher Blutdruckabfall und eine Tachykardie, jedoch ohne die typischen Anzeichen für einen Myokardinfarkt im Ekg. Trotzdem wurde der Patient wie ein Infarktkranker behandelt, wobei sich der morphiumbedingte Ileus nicht nur als besonders therapieresistent, sondern auch den Krankheitsverlauf erheblich aggravierend erwies.

In gleicher Weise ist es fast als Kunstfehler zu betrachten, wenn Opiate bei chronischen Erkrankungszuständen des Gefäßsystems, wie z. B. bei der Endangiitis obliterans, Morbus RAYNAUD usw. verabfolgt werden.

Es gibt heute genug Mittel, die ebenfalls schmerzstillenden Effekt besitzen, ohne mit der Gefahr einer Suchterzeugung belastet zu sein.

Bei unerträglichen Schmerzen hilft bei derartigen Zuständen am besten eine Paravertebral- oder Epiduralanästhesie, aber auch Padutin, Ronicol, Dilatol usw. i.v.; besser aber noch intraarteriell verabfolgt, können diese Mittel für kürzere oder längere Dauer wirkungsvoll sein.

Dagegen besitzt Morphium auch heute noch eine fast unabdingbare Indikation in der Herzklinik und zwar beim Asthma cardiale, drohenden Lungenödem und bei schwerer Dekompensation.

Bei derartigen Patienten, die oft vor der Klinikaufnahme bereits seit Wochen nicht mehr geschlafen, sondern keuchend orthopnoisch den Morgen abgewartet haben, geben wir abends 1 Pantopon-Supp. oder auch 20 mg i.m. und erreichen damit einen Schutz vor dem nächtlichen Anfallsgeschehen, verbunden mit einer erholsamen, durchschlafenen Nacht.

Unentbehrlich sind Morphiumpräparate weiterhin bei allen akut bedrohlichen Ereignissen, die mit lebhafter Kreislaufbeteiligung einhergehen, so beim anaphylaktischen Schock, bei Transfusionszwischenfällen und dgl.

Literatur zu Kapitel VI, Abschnitt A, 2.5

BECKER, W. F.: Neue Wege zur gezielten Behandlung psychisch-vegetativer „Verstimmungen". Ärztl. Forschg. 8, H. 11, 528 (1954). — BEHR, V.: Therapie der Angina pectoris. Hippokrates 22, H. 16, 437 (1951). — BERNSMEIER, A. und H. ESSER: Hämodynamische Untersuchungen über die Bedeutung von Nor-Ephedrin zur Behandlung des Kreislaufkollapses. Med. Klin. 31, 839 (1951); —, H. ESSER und B. LORENZ: Untersuchungen mit einem neuen Sympathicolyticum

(Regitin). Med. Klin. **47**, 1236 (1951). — BERRY, J. W.: An Evaluation of Blood Nitrate Levels. Circulation **17**, H. 6, 1041 (1958). — BOLT, W. und L. WULLEN: Beitrag zur Strychnintherapie in der Herzklinik. Dtsch. med. Wschr. **1950**, H. 29/30, 990. — BRAUN, V.: Eine Zusammenstellung der sog. ,,Nitro"-Spezialitäten (Versuch einer pragmatischen Systematik. II. Teil). Ther. Gegenw. **69**, H. 9, 338 (1957). — DUESBERG, R.: Vasodilatierend und depressorisch wirksame Adrenalinkörper. Dtsch. med. Wschr. **74**, H. 17, 529 (1949); und H. SPITZBARTH: Dtsch. med. Rdsch. **1949**, 299. — EICHHOLTZ, F.: Die Nitritgruppe. Lehrbuch d. Pharmakologie, 8. Aufl., Seite 297 (Berlin-Göttingen-Heidelberg 1955). — HANKE, F.: Eine medikamentöse Möglichkeit zur Erkennung und Behandlung vegetativ-bedingter Durchblutungsstörungen des Herzens. Landarzt **33**, H. 4, 103 (1957). — HOCHREIN, M.: DOCA bei Hypertonie. Ärztl. Praxis **8**, H. 27, 11 (1956); und I. SCHLEICHER: Zur Behandlung des akuten Kreislaufversagens. Therapiewoche **2**, H. 20/21, 622 (1952). — JARISCH, A.: Detektorstoffe des Bezoldeffektes. Wien. klin. Wschr. **1949**, H. 35/36. — JORDAN, H.: Kreislaufanalytische Untersuchungen über die Wirkung von Nitroglyzerin. Wien. Z. inn. Med. **37**, 287 (1956). — LAUDER-BRUNTON: Lancet **1867** — LUETH, H. C. und TH. G. HANKS: Arch. Int. Med. **62**, 97 (1938). — MEISSNER, P.: Erfahrungen mit Nitroglin. Med. Klin. **51**, H. 31, 1315 (1956). — MØLLER, K. O.: Pharmakologie, S. 429 (Basel 1947). — NAGL: Wien. klin. Wschr. **1935**, 1543. — NORDENFELT: Nord. med. **13**, 493 (1942). — OBERGASSNER, H.: Zur klinischen Pharmakologie der Nitrite. Med. Mschr. **10**, 645 (1952). — RISEMAN, J. E. F.: Nitroglycerin and Other Nitrites in the Treatment of Angina Pectoris. Circulation **17**, H. 1, 22 (1958). — SCHERF: Wien. klin. Wschr. **1927**, 113. — SPITZBARTH, H. und O. MERZ: Über die Behandlung peripherer Durchblutungsstörungen mit Butylsympatol. Dtsch. med. Wschr. **18**, 615 (1950). — STEFAN, H.: Nitrite. Klin. Wschr. **13**, 1858 (1934). — TAUBE, E.: Kurzwellen- und Nitritbehandlung. Ther. Gegenw. **94**, H. 11, 408 (1955). — WEITEMEYER, R.: Erfahrungsbericht über die Behandlung von Angina pectoris und Hypertonie mit Nitrangin liquidum und Nitrangin compositum. Med. Mschr. **6**, H. 10, 651 (1952). — WERNER, H.: Nitrokörper mit langer Wirkung in der Behandlung der Angina pectoris. Dtsch. med. Wschr. **82**, H. 19, 776 (1957).

2.6. Peripher angreifende Herz-Kreislauftherapie

Bei einer Herzinsuffizienz empfiehlt es sich, neben der ausgesprochenen kardiokinetischen Beeinflussung, die Leistung des Herzens indirekt durch Ankurbelung der Kreislaufperipherie anzuregen bzw. zu unterstützen.

Man unterscheidet hierbei Mittel mit einem zentralen und einem peripheren Angriffsmechanismus (s. Abb. 211).

Die zentral wirkenden Analeptika können in ihrem therapeutischen Wert als bekannt vorausgesetzt werden. Von Bedeutung sind vor allem Cardiazol, Coramin, Strychnin, Coffein, Campher, Hexeton sowie Benzedrin (Pervitin) usw. Bei ihrer Anwendung ist wichtig zu beachten, daß die Wirkung nur kurzdauernd ist, so daß sich bei schweren Zuständen eine Verabfolgung alle 30–60 min bei mehrfachem Wechsel der Präparate empfiehlt. Mit Invocan ist ein Strychninpräparat mit Depotwirkung (12 Stunden Wirkungsdauer) entwickelt worden, das sich vor allem bei erniedrigtem peripherem Widerstand als wertvoll erwiesen hat.

Es muß jedoch darauf hingewiesen werden, daß die Wirkung dieser Mittel durchaus nicht zuverlässig für alle Versagenszustände ist, so daß die Klinik sich nicht auf ihre Anwendung allein beschränken darf. Vor allem Kreislaufkatastrophen, die nach Art des JARISCH-BEZOLD-Effektes verlaufen, zeigen sich gegenüber diesen zentralen Analeptika praktisch als therapieresistent.

Sehr viel überlegener ist dagegen die Wirkung der Kohlensäure, die in Form von Carbogengas (4–5% CO_2, 96% O_2) seit langem ein wichtiger Bestandteil unserer Schock- und Kollapstherapie ist.

Auf die Wirkung der Sympathicomimetica muß etwas näher eingegangen werden, weil in ihrer Gruppe zahlreiche Mittel entwickelt wurden, die unser besonderes therapeutisches Interesse verlangen. Ihre Indikation ist scharf umrissen. Sie dürfen nur verabfolgt werden, in der vagischen Schockphase bzw. beim sogenannten Gefäßweitenkollaps. Im Zustand der „Kreislaufzentralisation" kann ihre Medikation den endgültigen Zusammenbruch begünstigen. Es ist außerdem wichtig, zu wissen, daß praktisch alle Sympathicomimetica bivalenten Ckarakter haben. Sie wirken nicht nur abhängig von der Ausgangslage unterschiedlich, sondern z. B. in kleinen Dosen erweiternd, in großen Dosen dagegen verengend bis zum Spasmus. Ihre Wirkungsdauer überschreitet meist nicht 20 Minuten (WEZLER).

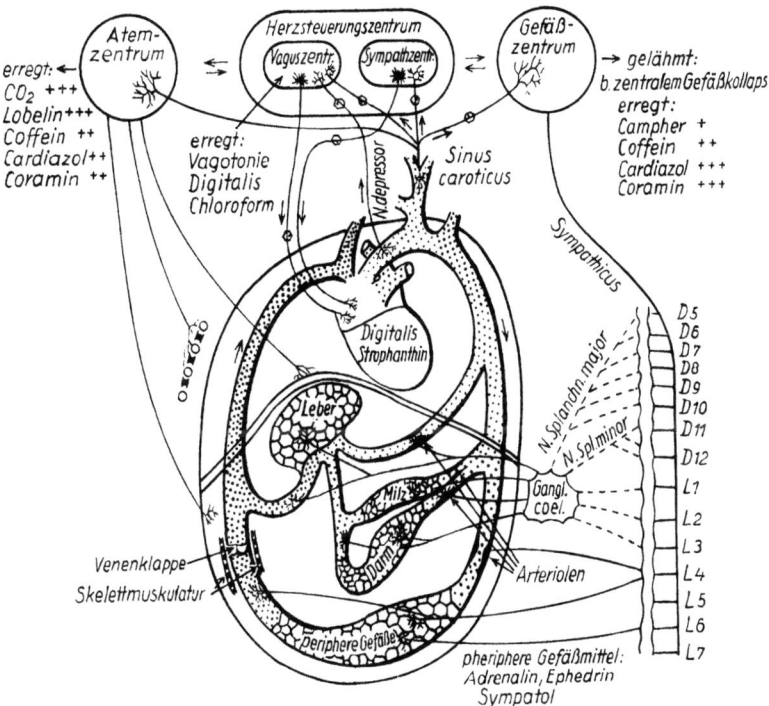

Abb. 211. Peripherer und zentraler Angriffspunkt der einzelnen Gefäßmittel (nach EICHHOLTZ).

Der biologische Wirkstoff dieser Reihe ist das Adrenalin. Es macht, ähnlich wie Coffein, eine Blutdrucksteigerung durch Zunahme der kardialen Förderleistung bei Senkung des peripheren Widerstandes. Adrenalin kann aber, wie EICHHOLTZ festgestellt hat, auch eine Drucksenkung verursachen, die um so ausgeprägter ist, je mehr sich der Spannungszustand der Gefäße der Norm nähert bzw. diese übersteigt. Weiterhin ist die Wirkung sehr wesentlich abhängig von der Dosierung. Kleine Adrenalindosen verursachen eine mäßige Vergrößerung von Schlag- und Minutenvolumen sowie eine Abnahme des peripheren Widerstandes. Hohe Adrenalindosen dagegen führen zu allgemeiner Vasokonstriktion mit erhöhtem systolischem Druck, verkleinerter Druckamplitude und beschleunigter Pulsfrequenz. Wegen seines raschen Abbaues und der unerwünschten, abrupten und kurzdauernden Wirkung wird Adrenalin praktisch nur noch intrakardial bei akutem Herzstillstand verwendet.

Einen großen Fortschritt in unserem Wissen von der hormonalen Kreislaufsteuerung brachte die Auffindung des Nor-Adrenalins bzw. Arterenols. Als Aktamin ist das Arterenol in die Kreislaufbehandlung eingefügt worden.

Arterenol gehört wie Adrenalin zu den biogenen Aminen und den Überträgerstoffen des sympathischen Nervensystems. Es ist dem Adrenalin gleichberechtigt und spielt für viele sympathische Erregungen eine wichtige, wenn auch nicht entscheidende Rolle. So stellt es u. a. den Hauptwirkstoff der Phäochromozytome dar. Physiologisch wird angenommen, daß Adrenalin die übergeordneten Durchblutungssteuerungen reguliert, während Arterenol im Dienste der lokalen Blutverschiebungen steht. Es führt zu einer sehr viel ausgeprägteren Blutdrucksteigerung als Adrenalin, erhöht im Gegensatz zu letzterem auch den diastolischen Druck und verlangsamt die Herzfrequenz, mit Abnahme des Schlagvolumens. Es scheint sich um eine zweiphasige Reaktion zu handeln, und der Primäreffekt wird abgelöst von einer Zunahme des Schlagvolumens mit Absinken von Blutdruck und peripherem Widerstand, ein Verhalten, das um so günstiger wäre, als Arterenol imstande ist, den verhängnisvollen Effekt einer Dauerzentralisation selbst zu kupieren. Obwohl ein direkter Einfluß auf die Herzdynamik nicht ausgeschlossen ist, muß die kardiale Wirkung doch vor allem als Folge peripherer Kreislaufreaktionen angesehen werden, da Arterenol peripher angreift und sehr zuverlässig auch dann noch wirkt, wenn die Vasomotoren durch fortgeschrittene Hypoxie der Zentren bereits ausgefallen sind. Es führt zu einer Drosselung der arterio-venösen Anastomosen, schützt das Herz durch die reflektorische Bradykardie vor Überlastung und begünstigt die Koronardurchblutung.

Indiziert ist das Arterenol bzw. Aktamin bei akuten Kreislaufkrisen durch Gefäßweitenkollaps, so z. B. bei Vergiftungen, abnormer Vagotonie im Schock usw.

Es ist kontraindiziert bei allen kardial bedingten Blutdrucksenkungen (Myokarditis, Herzinsuffizienz) und entgegen der Empfehlung von KAINDL und LINDNER halten wir seine Anwendung auch beim Infarktschock für gefährlich. Auch bei Arteriosklerose sollte es nicht gegeben werden, da infolge der akuten Widerstandserhöhung Apoplexiegefahr besteht. Die strengste Gegenindikation besteht weiterhin beim protoplasmatischen Kollaps, da Arterenol wie Adrenalin zu einem Plasmaentzug aus dem aktiven Blutstrom führt.

Aktamin kann s.c. und i.m. Anwendung finden, i.v. wirkt es schlagartig, da es jedoch rasch inaktiviert wird, ist es optimal für die i.v. Dauertropfinfusion (5 mg Arterenol auf 0,5–1,0 Liter Flüssigkeit).

Längere und schonendere Wirkung als Adrenalin haben seine Abkömmlinge wie Sympatol, Ephedrin usw. Zwischen Adrenalin und seinen Derivaten liegt in der Wirkung Effortil.

Es handelt sich beim Effortil um die 2%ige Lösung von Äthyladrianol, dessen Blutdruckwirkung um so ausgeprägter ist, je niedriger der systolische Ausgangsdruck gefunden wird. Seine Indikation muß an einem größeren Krankengut noch besser umrissen werden. Während BERG, DELIUS und Mitarb. es nur für den normodiastolischen Kollaps, nicht aber für die „Zentralisation" geeignet halten, auch DIETRICH und GYCHA seine Anwendung bei diesen Fällen ablehnen und GADERMANN es beim Entspannungskollaps oft wirkungslos fand, beschreiben BOLT und WULLEN die ausgezeichnete Wirkung gerade beim sympathikotonen Schockstadium, da Effortil keine Zunahme des arteriellen Windkessels verursache und der periphere Widerstand eher abnähme.

Effortil wird s.c. oder i.v. zur Anwendung gebracht. Bei i.v. Medikation ist der Blutdruckanstieg abrupt innerhalb von 5 min und erreicht die doppelte Höhe der s.c. Wirkung, welche in der Regel erst innerhalb 60 min eintritt und daher für die Praxis bevorzugt werden sollte.

Kontraindiziert ist Effortil nach HILDEBRAND bei Hochdruck, Herzschwäche, Myokardschaden und Thyreotoxikose.

Kehren wir zu den Adrenalinderivaten zurück, dann haben sich das Sympatol mit seiner schonenden, länger dauernden Wirkung, Suprifen und Ephedrin mit ihrem schon ausgeprägteren Kreislaufeffekt und Veritol mit seiner etwas abrupten, starken Wirkung einen Platz in der Kreislauftherapie erobert. Obwohl diese Mittel seit langem bekannt sind, scheint es doch notwendig, auf einige Erfahrungen der neueren Literatur aufmerksam zu machen.

Bereits 1930 haben wir (HOCHREIN und KELLER) die Wirkung von Sympatol und Ephedrin untersucht und ihre Indikation für die Kreislaufkatastrophen bei Pneumonie, Infektionskrankheiten, Lungenembolie und Myokardinfarkt herausgearbeitet. Wir fanden, daß diese Mittel verschiedene Phasen der Wirkungsweise erkennen lassen, die je nach der Wahl der Wirksubstanz, seiner Verabfolgung und der Reaktion des Organismus, unterschiedlich verlaufen können. Blutdruckanstieg mit Ausschüttung der Blutdepots sowie bessere Durchblutung von Gehirn und Muskulatur werden beobachtet. Auch die Herzwirkung, die wir beobachteten, wurde von ECKERVOGT gleichfalls beschrieben, der außerdem feststellte, daß diese kardiale Wirkung durch Atropin in bedrohlicher Weise gesteigert werden kann, der Versuch also, einen Schock durch gleichzeitigen Angriff an beiden Zügeln zu beheben, einen kardial bedingten Zusammenbruch herbeizuführen vermag.

Die orale Wirksamkeit des Sympatols wird bestritten und eine i. m., i. v. oder auch i. a. Medikation angeraten.

Zu erwähnen ist in diesem Zusammenhang, daß Abkömmlinge des Sympatols unter Umständen vollkommen entgegengesetzte Wirkung haben können, so z. B. das Butylsympatol (Dilatol), auf das weiter unten noch näher eingegangen wird.

In der nächsten Gruppe von Suprifen und Ephedrin (Ephetonin) hat besonders das letztere Bedeutung gewonnen, welches kombiniert mit Theophyllin als Peripherin (WEZLER und THAUER) sich rasch in der Behandlung hypotoner Zustandsbilder durchgesetzt hat.

Von GATZEK und MECHELKE ist die Wirkung des Peripherins eingehend kreislaufanalytisch untersucht worden. Sie fanden eine sehr plötzlich einsetzende starke systolische und geringe diastolische Blutdrucksteigerung mit Zunahme des Mitteldruckes und Erhöhung des Minutenvolumens, die eine nicht geringe Belastung für das Herz darstellen. Gleichzeitig kommt es zu einer, für alle sympathikomimetischen Substanzen einheitlichen Umstellung der Herzdynamik, welche ihren Ausdruck in einer Verkürzung der Anspannung und in einer, meist nur unerheblichen Verschiebung der Austreibungszeit findet. Nach Peripherin wurde diese Verkürzung der Anspannungszeit besonders ausgeprägt gefunden, außerdem kommt es durch Steigerung des venösen Rückflusses zu einer vermehrten Anfangsspannung, die ebenfalls als kardial belastendes Moment in Erwägung zu ziehen ist. Gleichzeitig objektivierten GATZEK und MECHELKE durch den Nachweis von CHEYNE-STOKESscher Atmung einen ausgesprochen zentralerregenden Effekt, wie er in gleicher Weise bei Pervitin und Ephedrin beobachtet wurde. Auch die Bradykardie und die mit dem Vagusreiz zusammenhängenden Rhythmusstörungen sind nach Peripherin stärker ausgeprägt.

Als Indikation für Peripherin können die Schock- und Kollapsformen bei primär gesundem Herzen angesehen werden. Beim Infarktschock ist es kontraindiziert. Es wurde darauf hingewiesen, daß bei jedem länger bestehenden Kollaps mit einer sekundären Herzschwäche zu rechnen sei. Bei diesen Fällen muß durch sehr langsame Verabfolgung und vorsichtige Dosierung eine akute Herzüberlastung vermieden werden. Bei schweren, toxischen Kollapszuständen und nach Eintritt des protoplasmatischen Kollapses ist Peripherin wirkungslos.

Besonderes Interesse verdienen in diesem Zusammenhang noch die Untersuchungen von KNEBEL, der die grundsätzlich unterschiedliche Wirkung von Peripherin nach i.v. und i.m. Medikation herausgearbeitet hat. Während bei der i.v. Gabe beide Komponenten gleichzeitig zur Wirkung kommen und auf diese Weise durch das Theophyllin der Ephedrin-Effekt auf den peripheren Widerstand auszuschalten ist, wird bei der i.m. Gabe das Theophyllin anscheinend wegresorbiert, so daß eine reine Ephedrinwirkung mit Zunahme des peripheren Widerstandes resultiert. Diese Tatsache muß beachtet, und wenn überhaupt, die i.v. Applikation gefordert werden.

Auch peroral verordnet hat sich Peripherin vor allem für die Behandlung des orthostatischen Syndroms bewährt. Zuweilen wird es schlecht vertragen und verursacht innere Unruhe, Herzklopfen, Übelkeit und Magendruck.

Als höchste verabreichte Tagesdosis sind von BECKER 10mal tägl. 1 ccm i.v. gegeben worden. Mit raschem Wirkungseintritt ist eine Wirkungsdauer von 3–5 Stunden verbunden. Wegen der Gefahr einer dem kardialen Leistungsvermögen nicht mehr entsprechenden übermäßigen Belastung wird die gleichzeitige Verabfolgung von Strophanthin empfohlen.

Wenden wir uns schließlich noch dem Veritol zu, dann wissen wir, daß seine Kreislaufwirkung sehr viel intensiver ist, als die des Ephedrins, mit allen den sich daraus ergebenden Vor- und Nachteilen.

Die perorale Wirkung des Veritols ist unzuverlässig (EICHHOLTZ).

Bezüglich der Frage der Dosierung konnte festgestellt werden, daß kleine orale Gaben von 5–15 Tropfen, die noch keine nennenswerten Veränderungen von Herzfrequenz und Blutdruck herbeiführen, trotzdem die Hämodynamik durch eine direkt kardiale Wirkung zu beeinflussen vermögen. Es lassen dabei die Änderung der Pulswellengeschwindigkeit, der Anspannungs- und Austreibungszeit auf eine geringe Senkung des peripheren elastischen Widerstandes sowie auf eine Steigerung von Schlag- und Minutenvolumen schließen. Bei hohen Dosen jedoch (über 20 Tropfen), steigen peripherer und elastischer Widerstand an, und es resultiert eine länger dauernde Blutdrucksteigerung, welche, da sie mit Zunahme der Herzfrequenz verbunden ist, vielfach Beschwerden macht und bei primär hyperton eingestellten Kranken die Gefahr einer Apoplexie heraufbeschwört.

Im Ausland sind Präparate von ganz ähnlichem Wirkungsmechanismus und weitgehend analoger Strukturformel, wie Neosynephrin, Methedrin, Epinephrin u. a. bevorzugt.

In die Gruppe der Sympathicomimetica gehören weiterhin auch Pervitin, Octin und Coffein, auf dessen zentral-erregende Wirkung wir bereits eingegangen sind, und das bevorzugt am sympathischen Zügel des vegetativen Nervensystems seine Wirkungen entfaltet.

Gegenüber dieser Wirkungsdominanz der Sympathicomimetica besitzen die Parasympathicolytica zwar theoretisches Interesse, da es auch auf diese Weise möglich sein müßte, das über den Vagus in Gang gesetzte Schockgeschehen frühzeitig zu koupieren. Wir haben bereits im Experiment nachweisen können, daß diese Auffassung nicht zu Recht besteht, da insbesondere der Infarktschock sich Atropin gegenüber vollkommen refraktär verhält. Es haben sich daher die Substanzen der Atropingruppe (Homatropin, Scopolamin) sowie die noch schwächeren Parasympathicolytica (Trasentin, Syntropan, Banthine usw.) (ZIPF) in der Schock- und Kollapsbehandlung nicht bewährt.

Die Anwendung von Sympathicolytica kann sich als lebensrettend erweisen, wenn eine überschießende sympathische Gegenregulation eingetreten ist, die durch Auffüllung der Strombahn allein nicht zur Lösung kommt, bei rascher Erschöpfbarkeit aber die Gefahr des endgültigen und irreversiblen Kreislaufzusammenbruches in sich birgt. Man muß sich vor Augen halten, daß diese Anwendung „kollapserzeugender" Mittel nicht nur die allerstrengste Kritik, sondern auch sorgfältigste Dosierung und dauernde Überwachung notwendig macht. Die einzige Indikation zu ihrer Anwendung ist ein über die Norm erhöhter diastolischer Druck mit deutlicher Einengung der Blutdruckamplitude.

Bereits in diesem Zusammenhang erwähnt wurden Vasculat und Dilatol.

Vasculat (Butylsympatol) wurde von DUESBERG inauguriert, der in entsprechenden Kreislaufanalysen nach Gabe dieses Mittels eine Zunahme der Blutdruckamplitude bedingt durch Herabsetzung des systolischen Blutdruckes und Steigerung des Minutenvolumens bei Herabsetzung des peripheren Widerstandes feststellte. Als Ursache nimmt er Öffnung arterio-venöser Anastomosen, Dilatation der Arteriolen, Aktivierung ruhender Blutmengen sowie Förderung der Kapillarisation in einzelnen Organgebieten mit Erhöhung des Sauerstoffbedarfs an. Im Gegensatz zu Sympatol u. a. soll Vasculat auch in höheren Dosen keine unphysiologischen Wirkungen zeitigen, und das nicht ganz selten zu beobachtende Herzklopfen kommt nicht durch Tachykardie, sondern nach SPITZBARTH und MERZ durch eine erhöhte Myokardleistung zustande. Die gute Wirkung von Vasculat beim Spannungskollaps ist von BECKER und KAISER, KRAUS und MIEHLKE bestätigt worden. Bei Entspannungskollaps und Gefäßparalyse dagegen ist dieses Mittel kontraindiziert. Bei der Dosierung sollte sehr vorsichtig mit einer Anfangsdosis von 30–50 mg i.m. die Ansprechbarkeit erprobt und dann unter fortlaufender Blutdruckkontrolle eine Tagesdosis von 150–200 mg nicht überschritten werden. Mit Erreichung eines diastolischen Blutdruckwertes von 90 mm Hg ist das Mittel sofort abzusetzen.

Dilatol ist von WEESE empfohlen worden, für die Schock- und Kollapstherapie liegen aber noch keine umfangreicheren Untersuchungen vor. Es handelt sich dabei um das Hydrochlorid des 1-(p-Oxyphenyl)-2-(1'-methyl-1'phenylpropylamino)-propanols. Durch Depotausschüttung steigert es das Herzminutenvolumen und die Gefäßerweiterung, welche vor allem in einer Durchblutungssteigerung von Haut- und Muskelgefäßen ihren Ausdruck findet, wirkt sich in einer Senkung des diastolischen Druckes aus, wobei eine Amplitudenvergrößerung durch gleichzeitige Zunahme des systolischen Druckes begünstigt wird. Es wird also die drucksenkende Wirkung der peripheren Dilatation durch eine gleichzeitige Steigerung des Herz-Minutenvolumens kompensiert. Indikation ist nur der Spannungskollaps. Gegenindikation sind alle Zustände mit gesenktem diastolischem Druck, primäre Hochdruckformen mit allgemeiner Gefäßsklerose, organisch bedingte Angina pectoris in der Vorgeschichte, Myokardinfarkt und Thyreotoxikose. Bezüglich der Dosierung wird man sehr vorsichtig mit ½ Amp. s.c. oder i.m. beginnen, dann auf 1–2 Amp. pro die steigern und mit Eintreten des gewünschten Effektes sofort zu anderen Mitteln übergehen.

In die gleiche Gruppe gehören weiterhin Regitin, Tetraaethylammoniumbromid (TEAB) usw., die in ihrem Wirkungsmechanismus überaus interessant sind und als ganglionblockierende Substanzen vor allem für die Hochdruckbehandlung entwickelt wurden.

Regitin wurde von BERNSMEIER, ESSER und LORENZ eingehend bearbeitet. Es führt zu Steigerung der Herzfrequenz, Senkung des diastolischen Druckes und Vergrößerung der Druckamplitude ohne Beeinflussung des systolischen Druckes.

Pendiomid ist ein Diäthylentriaminderivat und wurde von REIN und MEIER in die Therapie eingeführt. SCHNEIDER verwendete es bei der Lungenembolie und sah nach i.v. Verabfolgung eine akute Besserung der Beschwerden und eine Vermeidung aller Schockerscheinungen, während LOTTENBURGER beim Karotis-sinus-Syndrom die Hemmung von Blutdruckabfall und Bradykardie nach Pendiomid beobachtete. Von Bedeutung ist weiterhin, daß die Gefahr bei der Anwendung dieser Substanzen bei erhöhtem Blutdruck sehr viel größer ist, als bei normalen oder gar erniedrigten Werten. Es ist außerdem wichtig, daß sie den blutdrucksteigernden Effekt von Adrenalin und anderen Sympathikomimetika zu steigern vermögen.

Mit TEAB sind unsere Erfahrungen noch nicht ausreichend, und die Forschung über die therapeutische Eingliederung dieser Mittel bedarf noch mancher Ergänzung.

Von Interesse ist lediglich, daß STOCK mittels TEAB sehr rasch eine Nierenischämie beheben konnte, ein Faktor, der in der Kollapsbehandlung vielleicht nicht unwesentlich ist.

Schließlich bleibt noch als therapeutisch verwertbare Maßnahme der direkte Angriffspunkt an der Gefäßwand, durch den, nicht nur im Sinne einer Tonisierung, sondern auch der Verhütung einer gesteigerten Gefäßdurchlässigkeit, günstige Erfolge erzielt werden können.

Von BERNSMEIER und ESSER wurde über das Nor-Ephedrin berichtet, das seine Wirkung durch Drosselung der Arteriolen entfaltet und seinen Angriffspunkt direkt an der Gefäßmuskulatur hat, also noch wirksam ist, wenn die neurale Regulation bereits versagt. Eine ähnliche Wirkung kommt dem Pituitrin zu, das, wie auch SIEDECK feststellt, bei sekundären Kollapsformen am längsten wirksam bleibt.

Interessant ist weiterhin auch die Wirkung des Kalziums. Neben seiner bekannten, gefäßabdichtenden Wirkung, die es zur Vorbeugung gegen den protoplasmatischen Kollaps geeignet macht, so daß es im 1. Schockstadium angewendet, eine überschießende Vagusreaktion zu kupieren vermag, haben wir eine koronardilatierende Wirkung nachgewiesen. In gleicher Weise wirken nach ZIPF zahlreiche Antihistaminika, die therapeutisch deswegen zu berücksichtigen sind, als beim traumatischen und Verbrennungsschock sicher dem Freiwerden größerer Histaminmengen eine pathogenetische Bedeutung zukommt.

2.7. Die Ganglienblockade bei Herz-Kreislauferkrankungen

In den letzten Jahren häufen sich Berichte über eine wirksame Therapie mit Stoffen, zu deren besonderer Kennzeichnung man das Wort „Ganglienblocker" geprägt hat, da damit eine Unterbrechung vegetativer Vorgänge erzielt werden soll.

Die apodiktische Bezeichnung als „Ganglienblocker" soll den wesentlichen Wirkungsmechanismus festlegen, sie kann uns aber nicht entpflichten, die Problematik der Bedeutung des vegetativen Nervensystems für den Ablauf der Organvorgänge, die Grenzen seiner Einflußnahme, die Verbindung mit hormonal-humoralen Vorgängen besonders zu beachten.

Sofern wir uns mit pharmakologischen Effekten am vegetativen Nervensystem befassen, beschränken wir uns in der Regel aus Gründen, die durch die Ergebnisse der Untersuchungen DALES gegeben sind, auf den postganglionären Anteil des Systems, wo die Erscheinungen der sympathischen und parasympathischen Innervation am deutlichsten zu beobachten sind. Hier findet sich auch die von LANGLEY nachgewiesene Synapsenbildung, die im Mechanismus der „Ganglienblockade" die hervorragende Rolle spielt. Es handelt sich dabei um die para- und prävertebralen Ganglienknoten des Sympathikus und die meist organnahen kraniosakralen Ganglien des Parasympathikus.

Diese Maßnahmen, mit denen wir versuchen in die Funktionsvorgänge dieses Systems einzugreifen, erscheinen uns ziemlich primitiv.

Pharmakologisch gesehen, kann man durch ein Plus (adrenergisch oder cholinergisch) bzw. ein Minus (sympathikolytisch oder parasympathikolytisch) die Zügel des vegetativen Systems in einer bestimmten Richtung beeinflussen, vielleicht auch mehrere Komponenten gleichzeitig erfassen oder zentral sedativ auf dysharmonische Spannungen ausgleichend einwirken.

Der Klinik ist daran gelegen, selektiver als bisher, an den Synapsen chemische Wirkungen von erwünschtem Ausmaß zu erzielen, in der Erwartung, dadurch die Effekte isolierter und stärker, weniger beeinflußt von Ausgleichsregulationen und damit therapeutisch gesehen auch differenter, zu gestalten.

Die ersten Experimente zur pharmakologischen Ausschaltung der vegetativen Ganglien dürften wohl die Untersuchungen LANGLEYS mit Nikotin gewesen sein. Bekanntlich stimmt ja sowohl bei den sympathischen als auch bei den parasympathischen Ganglien der physiologisch-chemische Vorgang an den Synapsen überein. Die Umschaltestellen sind hier rein cholinergisch gesteuert. Acetylcholin bzw. die entsprechende Esterase sind die physiologischen Substanzen, außer denen aber eine ganze Reihe weiterer quaternärer Ammoniumbasen (Bestandteile von Curare) in ähnlicher Weise zu wirken vermögen. Der lokalen Blockade mit Novocain steht heute eine Anzahl auf das gesamte vegetative Nervensystem wirksamer „Ganglienblocker" gegenüber.

Um die körpereigenen Steuerungsvorgänge physiologischer Art an den Synapsen des vegetativen Nervensystems zu dämpfen bzw. zu unterbrechen, werden seit einigen Jahren verschiedene Stoffe im Experiment und in der klinischen Therapie angewendet.

Als quaternäre Ammoniumbasen finden das Tetraäthylammoniumbromid bzw. -chlorid (TEAB, TEAC) schon experimentelles und praktisches Interesse. Bei den TEA-Salzen handelt es sich um Mittel, die noch in wirksamer Dosierung ziemlich viele toxische Nebenwirkungen entfalten.

Die Erfolge bei der Behandlung des essentiellen und renalen Hochdruckes waren nicht überzeugend, besser dagegen bei manchen Fällen von Angina pectoris. Die Anwendung bei höherem Alter und peripherer Sklerose wird für kontraindiziert gehalten. Eine andere Stoffgruppe, Hexa- und Pentamethoniumsalze, ebenfalls ihrer Struktur nach quaternäre Ammoniumbasen, werden als Substanzen mit ganglienblockierenden Eigenschaften in steigendem Maße therapeutisch angewendet. SMIRK bezeichnet sie als die bisher wirksamsten Mittel in der Bekämpfung der Hypertonie. Eine größere Zahl anderer Autoren kommt, zusammenfassend betrachtet, zu recht wechselnden therapeutischen Ergebnissen. Es wird vor Kumulationserscheinungen und bei Verwendung des Bromsalzes vor der Gefahr der Bromidretention infolge gleichzeitigen Chloridmangels gewarnt. Als Kontraindikationen für die Behandlung der Hypertonie gelten fortgeschrittene zerebrale Arteriosklerose, Angina pectoris, Zustand nach Apoplexie, Nierenfunktionsstörungen und an Nebenwirkungen unter anderem paralytischer Ileus, Hemiplegie und Myokardinfarkt.

J. J. POCIDALO und Mitarb., die den Einfluß des TEAB, der Hexa- und Pentamethoniumsalze auf die Erregbarkeit des sympathischen Nervensystems untersucht haben, stellen fest, daß durch mittlere und hohe Dosen keine „chemische Sympathektomie" erreicht werden kann, im Gegenteil, wiederholt Übererregbarkeitserscheinungen beobachtet werden. Weiterhin wurde eine stimulierende Wirkung des TEAB auf das Nebennierenmark nachgewiesen.

Insgesamt erscheinen danach sowohl die experimentellen Voraussetzungen als auch die klinischen Ergebnisse mit den genannten Stoffen nicht ohne Problematik.

Mit „Pendiomid" wird der Praxis ein Stoff angeboten, der eine selektiv blockierende Wirkung auf die ganglionären Synapsen des Sympathikus haben soll.

Chemisch handelt es sich auch hier wieder um eine quaternäre Ammoniumbase, deren pharmakologische Eigenschaften im Tierversuch eingehend studiert wurden. Dabei zeigte sich neben einer Hemmung der Reizübertragung im autonomen Ganglion eine Wirkungsverstärkung der peripher angreifenden Sympathikomimetika.

Klinisch erprobt wurde das Präparat, dessen Indikation auf dem Gebiete der rein nervalen Dysregulation liegt, von KAISER und Mitarb. an Normotonikern und Hypertonikern verschiedener Genese durch Kreislaufuntersuchungen nach WEZLER-BÖGER. Während ein sicherer Effekt auf die Höhe des Blutdruckes, abhängig vom Ausgangswert, wahrscheinlich gemacht werden konnte, zeigten die speziellen Kreislaufuntersuchungen kein der Kritik standhaltendes Ergebnis. Das gute Ansprechen der Hypertonie bei akuter Glomerulonephritis, Eklampsie und maligner Sklerose soll für die Bedeutung des vegetativ-nervösen Faktors bei diesen Erkrankungen sprechen.

Es wurde weiterhin über günstige Erfolge bei der Behandlung der Angina pectoris und über erstaunlich günstige Effekte bei Lungenembolie berichtet. Als weitere Indikation interessiert in diesem Zusammenhang die Anwendung bei paroxysmaler Tachykardie, peripheren Durchblutungsstörungen und Asthma bronchiale.

Inzwischen geht der Begriff „Ganglienblocker" in der Literatur auch auf bereits länger bekannte Mittel über und wird nicht immer exakt angewendet.

An Hand der Literatur können wir uns einen Überblick über die verwendeten Stoffgruppen, ihre pharmakologische Wirkungsweise und ihre klinische Indikation auf dem Gebiete der Herz- und Kreislauferkrankungen verschaffen. Als Hauptindikationsgebiet gilt bisher die Hypertonie in ihren verschiedensten Formen, zumindest, soweit sie einen rein oder vorwiegend zentralnervösen Mechanismus aufweist. Besondere Vorsicht erscheint angebracht, wenn eine abrupte Blutdrucksenkung die Kreislaufkontinuität gefährdet. Dagegen scheinen die Ergebnisse über eine Beeinflussung der koronaren Durchblutung und von Reizbildungsstörungen des Herzens noch spärlich. Die zum Teil widersprechenden Ansichten der verschiedenen Autoren über die Indikationsbreite mahnen zur Vorsicht in der Anwendung dieser doch recht differenten Mittel.

Anscheinend erlaubt doch bei aller Wirksamkeit der Substanzen im pharmakologischen Experiment der Aufbau unseres „Lebensnervensystems" (GAGEL) mit seinen mehrfachen nervösen und humoral-hormonalen Sicherungen kaum einen blockierenden Effekt im strengen Sinne. Das Auftreten unvorhergesehener Gegenregulationen von verschiedenem Ausmaß macht vermutlich die Beurteilung der isolierten postganglionären Funktionskomponente sehr schwierig. Es drängt sich hier der Gedanke auf, ob es überhaupt möglich ist, mit diesen Substanzen mehr als eine allgemeine Entspannung gesteigerter Tonuslage herbeizuführen, d.h. einen Effekt zu erzielen, der lediglich quantitativ hoch über unsere bisherige Sedativtherapie mit zentralem Angriffspunkt hinausgeht. Trotz einer gewissen kritischen Stellungnahme zu diesem Problem erscheinen uns die therapeutischen Möglichkeiten einer weiteren eingehenden Prüfung wert und sind auf jeden Fall als Bereicherung zu begrüßen. Gegenüber der chemischen Ganglienblockade tritt das Interesse heute in bezug auf die altbekannten Verfahren der Novocainblockade zurück. Mehr vergleichend als der Vollständigkeit halber wollen wir die Ergebnisse dieser Methode auf dem Gebiete der Herzkrankheiten kurz gegenüberstellen.

Bereits 1924 konnten BRUNN und MANDL Angina-pectoris-Anfälle mittels paravertebraler Injektionen beseitigen. Über gute Erfolge bei diesem Krankheitsbild wurde auch mit der Ganglion-stellatum-Blockade berichtet. WERTHEIMER und FROMENT sahen einen günstigen Effekt von der Blockade des linken Ganglion stellatum bei paroxysmaler Tachykardie und GAQUIÈRE und DECGRESSAC konnten mit der gleichen Methode gehäufte Anfälle von Lungenödem beseitigen. Auch Kopfschmerzen und Schwindelgefühl bei Hypertonie, Ausfallserscheinungen bei zerebralem Insult wurden von den verschiedensten Autoren mit Stellatum-Infiltrationen mit angeblich gutem Erfolg behandelt. ALTHOFF und PENDE beobachteten eine gute Beeinflussung der essentiellen Hypertonie durch Splanchnikus-Infiltrationen. Bekannt sind weiterhin die Diskussionen um den Wert der PEETschen Operation.

Insgesamt gesehen, ist die Anwendung dieser zuletzt genannten Methoden unter der großen Zahl der therapeutischen Möglichkeiten ohne große Bedeutung geblieben.

Zusammenfassend stellen wir fest, daß uns die Methoden der Blockierung einzelner Abschnitte bzw. der Gesamtheit ganglionärer Synapsen des vegetativen Nervensystems vielseitige Möglichkeiten bieten, gezielte therapeutische Effekte durch Beeinflussung der Organfunktionen auf nervalem Wege hervorzubringen.

Trotz zum Teil guter Erfolge bleibt insgesamt gesehen, die medikamentöse Einflußnahme im Einzelfall immer wieder recht problematisch, was durch die Besonderheiten des vegetativen Nervensystems ohne weiteres zu verstehen ist. Die zunehmende Verwendung der sogenannten „Ganglienblocker" eröffnet uns neue Wege in der Therapie; ihre Bedeutung läßt sich vorerst noch nicht ganz abschätzen. Die gebräuchlichen Mittel bedürfen einer strengen Indikation und einer genauen klinischen Überwachung, da ihre Wirkung different ist und mit unangenehmen Nebenwirkungen gerechnet werden muß.

Literatur zu Kapitel VI, Abschnitt A, 2.7.

ALTHOFF: Med. Mschr. **1947**, 7. — ABRIKOSOFF: Die pathologische Anatomie der sympathischen Ganglien. Virchows. Arch. path. Anat. **240**, 281 (1922). — BAUMANN, W.: Zur Pathogenese und zur Therapie des Herzinfarktes unter besonderer Berücksichtigung unserer Beobachtungen bei intravenösen Impletol-Strophanthin-Injektionen. Ärzt. Wschr. **41**, 968 (1951). — BERNSMEIER, A.: Die chemische Blockierung des adrenergischen Systems am Menschen (Wien 1954); —, H. ESSER und B. LORENZ: Klinisch-experimentelle und therapeutische Beobachtungen mit Pendiomid, einer neuen ganglienblockierenden Substanz. Schweiz. med. Wschr. **81**, H. 19, 452 (1951). — BRUNN und MANDL: Wien. klin. Wschr. **1924**, 21; **1925**, 27. — COENEN, H.: Die Ergebnisse der Gangliektomie bei Kausalgie und in einigen Fällen von Endangitis obliterans. Zbl. Chir. **1935**, H. 15. — ECCLES, J. C.: The action potential of the superior cervical ganglion. J. Physiol. **85**, 179 (1935). — HERGET, R.: Einfache Technik zur zeitweiligen Ausschaltung des Ganglion stellatum. Chirurg **1943**, 680. — JORDAN, H.: Beseitigung des pectanginösen Schmerzes durch subkutane Novocaingaben. Dtsch. Gesd.wes. 6, H. 29, 816 (1951). — KAISER, F., E. REICH und H. SARRE: Klinische Erfahrungen mit einem neuen ganglienblockierenden Mittel (Pendiomid). Dtsch. med. Wschr. **1951**, 1443. — LASOWSKY, J. M.: Normale und pathologische Histologie der Herzganglien des Menschen. Virchows. Arch. **279**, 464 (1930). — MANDL, F.: Weitere Erfahrungen mit der paravertebralen Injektion bei der Angina pectoris. Wien. klin. Wschr. **38**, 759 (1925). — OURY, ESTIVAL und BEAU: Presse méd. **23**, 408 (1950). — PARR, F. und K. W. SCHNEIDER: Über das Verhalten der Kreislaufgrößen bei tiefer arterieller Drucksenkung durch einen Ganglionblocker. Arch. Kreislaufforschg. **26**, H. 4, 271 (1957). — PENDE: Dtsch. med. Wschr. **1939**, 599. — POCIDALO und Mitarb.: Presse méd. **1952**, 204. — SCHICK, R. E.: Die Ganglienblockade bei Herzerkrankungen. Med. Klin. **50**, H. 33, 1388 (1955). — SCHMITT, W.: Die Novocain-Blockade des Ganglion stellatum. Indikation und Technik (Leipzig 1951). — SIEGEN, H.: Theorie und Praxis der Neuraltherapie mit Impletol, 2. Aufl. (Köln und Krefeld 1953). — SMIRK: Lancet **1**, 358 (1951). — TERPLAN, K.: Histologische Befunde in sympathischen Ganglien. Münch. med. Wschr. **1926**, 150. — VOSSSCHULTE, K.: Grundlagen der Schmerzbekämpfung durch Sympathikusausschaltung (Berlin-München 1949). — WERTHEIMER und FROMENT: Presse méd. **1939**, 150. — YOUNG, A.: The place of peri-arterial sympathectomy and of ganglionectomy and sympathetic trunk resection in the treatment of certain vascular disease and other conditions. Glasgow Med. **115**, 273 (1931).

2.8. Schlaftherapie

Bei der Durchführung einer Schlaftherapie unterscheiden wir drei verschiedene Methoden, von denen jede bestimmte Hauptindikationen hat. Ziemlich gleich sind die Gegenindikationen: komatöse Zustandsbilder, Kollaps, zerebrale Durchblutungsstörungen, schwerste Herzdekompensation, Tuberkulose, Pneumonie, Lungenemphysem mit Bronchiektasen.

Die russische Schule und in Deutschland WEIDNER versuchen durch Medikamente, die später reduziert oder durch Injektionen von Kochsalzlösung ersetzt werden, einen Schlafreflex hervorzurufen und damit die besonderen Wirkungen des natürlichen physiologischen Schlafens auszulösen. Die Phenothiazinmethode nach BROGLIE, die in Kombination mit Barbituraten von KLEINSORGE-RÖSNER modifiziert wurde, führt zu einer mehr oder weniger starken „neurovegetativen Blockade", in deren Vordergrund die direkte pharmakodynamische Wirkung auf nervöse Integrationszentren steht. Dämmerschlaf oder sich einstellender Tiefschlaf gelten nur als Begleiterscheinungen.

WEIDNER empfiehlt zur Einleitung seines Heilschlafes Pantopon-Scopolamin-Injektionen. Er geht dabei von der Vorstellung aus, daß Scopolamin die Erregbarkeit des Zwischenhirns gegenüber kortikalen Impulsen dämpft, und daß Opiate als Traummittel die Loslösung von Umgebungseinflüssen erleichtern.

Zur Injektion werden die Originalampullen von Hoffmann-La Roche mit 0,04 g Pantopon und 0,0006 g Scopolamin angewandt. Um mit möglichst geringen Opiatmengen auszukommen und durch Kochsalzinjektionen einen bedingten Schlafreflex zu erhalten, der nur vereinzelt durch echte Mischspritzen erneuert wird, legt WEIDNER größten Wert auf die innere Einstellung der Patienten zum Schlaf und auf die Abschirmung gegen alle äußeren Reize, vor allem am Tage: Die Türen seien möglichst schallsicher, die Wände zwischen den Einzelzimmern schalldicht ohne durchlaufende Wasserleitungen. Der Gang vor den Zimmern soll ein Doppelkorridor sein mit Fenstern zu den einzelnen Räumen, die ohne Betreten des Zimmers eine Überwachung erlauben. Die Schlafabteilung liege am besten außerhalb des allgemeinen Krankenhausbetriebes mit Ausblick auf Grünanlagen oder den freien Himmel. Straßenlärm, vor allem Küchenhofgeräusche, dürfen nicht durchdringen. Auf zusätzliche einschläfernde Maßnahmen wie laufende Ventilatoren, gleichmäßiges Metronomticken, wird verzichtet. Wichtig aber ist die Beibehaltung einer bestimmten Schlafrhythmik: die zeitliche Folge von tiefem Schlafzustand, allmählichem Erwachen und Wiedereinschlafen soll durch gleichbleibende Tagespläne festgelegt sein. Nach einigen hohen Reinigungseinläufen, Abdunkeln des Zimmers wird eine halbe Ampulle Pantopon-Scopolamin intramuskulär injiziert. Treten keine Nebenwirkungen auf, folgt die Injektion einer ganzen Ampulle, was einen 6—8stündigen Schlaf zur Folge hat. Nach Erwachen Stuhlgang, Reinjektion einer Ampulle, die etwa nach 4—6 Injektionen, also am zweiten Tag durch Kochsalz oder Luminal ersetzt werden kann. Die Kur dauert bei 3 Injektionen täglich 4—7 Tage. Ein längeres Schlafen sei ohne Vorteil.

Hinsichtlich der kardialen Indikation wird behauptet, daß der Heilschlaf zur Behandlung der Endokarditis, Myokarditis und Pankarditis, also der Entzündungskrankheiten des Herzens ebenso notwendig sei, wie die Salzsäure zum Eisenpräparat. Wenn auch frische Endo- und Pankarditiden häufig septische Züge tragen und gleichzeitig einer massiven antibakteriellen Behandlung bedürfen, so sei doch der Heilschlaf die Ausgangslage für die Infektabwehr. Eine Pulsbeschleunigung bei Scharlachkranken ist Grund zur Einleitung der Schlaftherapie, selbst wenn auskultatorisch noch keine Endokarditis festgestellt werden kann. Bei paroxysmalen oder vegetativ bedingten Tachykardien wird ein Seltenerwerden der Anfälle beobachtet. Angina pectoris-Anfälle verringerten sich oder blieben aus. Auch bei einem Infarkt sollte nach WEIDNER nicht auf den Heilschlaf verzichtet werden, da die Verminderung der Unruhe, der Tachykardie und der Tachypnoe günstige Voraussetzungen für den Heilverlauf geben. Für die Herzinsuffizienzen wirken sich Ruhe, das Saftfasten und die Gewebsentquellung während des Schlafes günstig aus, die Kurzeit gilt aber für eine echte Rekompensation als zu kurz.

Unter den Phenothiazinderivaten, die in den letzten Jahren klinisch erprobt wurden, haben sich vor allem bewährt:

Chlorpromazin, N-3-Dimethylamino-propyl-3-chlorphenothiazin unter den Handelsnamen Megaphen, Largactil, Hibernal usw.

Promethazin, N-(2-Dimethylamino-propyl)-phenothiazin. hydrochlor. unter den Warenzeichen Atosil, Prothazin usw. und das Pacatal, N-Methyl-piperidyl-3-methyl-phenothiazin.

Andere Derivate, wie Dibutil, Padisal, Latibon, treten in der klinischen Anwendung zurück.

Als Beispiel für die verschiedenen Modifikationen der Schlaftechnik diene die bewährte Methode nach BROGLIE:

Vorbereitung durch Einläufe, intramuskuläre Injektion des lytischen Gemisches von 50 mg Megaphen + 50 mg Atosil + 100 mg Dolantin bei möglichster Flachlagerung. Reinjektion alle 6–8 Stunden meist ohne Dolantin, das nur den Eintritt des Dämmerschlafes unterstützt. Zwischen den Injektionen kann der Patient zur Flüssigkeitsaufnahme „Saftfasten" und Stuhlgang kurz geweckt werden. Obstipationen treten fast regelmäßig auf und müssen angegangen werden. Auf die Blasenentleerung ist besonders zu achten, da es zu Harnverhaltungen kommen kann. Wegen der medikamentös bedingten Sekretionshemmung und Austrocknung der Schleimhäute ist die Mundpflege wichtig und die Aufstellung von Bronchitiskesseln zweckmäßig. Eventuell auftretende Angstträume können mit 30 Tropfen Hydergin unterdrückt werden. Mit Erregungszuständen oder psychotischen Reaktionen muß man bei etwa 10% der Fälle rechnen. Deshalb sollen Patienten mit zerebralen Durchblutungsstörungen ausgeschlossen werden.

Weitere Kontraindikationen sind: Schwere Herzdekompensation, Nieren- und Lebererkrankungen, komatöse Zustandsbilder, akute Alkohol- oder Barbituratvergiftungen, in besonderem Maße paralytischer Kollaps oder Entspannungskollaps. Nur beim Spannungskollaps mit kleiner Blutdruckamplitude, bei hohen diastolischen Werten und nicht wesentlich erhöhter Schlagfrequenz sind Phenothiazine angezeigt.

BROGLIE erwähnt als Hauptindikationen Dysästhesien, vegetative und hyperpathische Schmerzen, Schmerzen bei Angina pectoris.

Bei der experimentellen Erforschung der Phenothiazinderivate beobachtete WITZLEB nach intravenöser Injektion von Megaphen oder Pacatal eine Erhöhung des Koronardurchflusses um 50–150%. Dieser Effekt setzte etwa 10 sec nach der Injektion ein und dauerte 3–10 min, wobei wiederholte Injektionen immer den gleichen Erfolg erzielten. Pacatal wirkte dabei etwas schwächer, aber anhaltender. Minutenvolumen, Schlagfrequenz und Herzarbeit blieben unverändert.

Kreislaufanalytische Untersuchungen wurden vor allem im Hinblick auf die Phenothiazinwirkung beim Herzinfarkt durchgeführt.

Nach HEINECKER bewirken intravenöse Gaben von je 50 mg Megaphen und Atosil und 100 mg Dolantin eine deutliche systolische und eine geringere diastolische Blutdrucksenkung, so daß eine Verkleinerung der mittleren Blutdruckamplitude resultiert. Die Schlagfrequenz ist zumindest im Beginn gesteigert, die Pulswellengeschwindigkeit deutlich gesenkt. Der elastische Widerstand erscheint unverändert, der periphere Widerstand gesteigert, Schlag- und Minutenvolumen stark verringert. Das Ausmaß der Kreislaufumstellung ist jedoch abhängig von der jeweiligen individuellen Ausgangslage und Reaktionsfähigkeit. Das Atosil scheint mehr peripheren, das Megaphen stärker zentralen Angriffspunkt zu haben. SPITZBARTH und Mitarb. sahen erst in Schräglage von 25 bis 45 Grad stärkere Kreislaufveränderungen, nämlich erhebliches Absinken des systolischen und diastolischen Blutdruckes, Verminderung des Minutenvolumens und Verlangsamung der Pulswellengeschwindigkeit. Nach BROGLIE kommt es anfänglich zur Abnahme des Atemvolumens, zur Grundumsatzsenkung und zum Absinken der Haut- und Körpertemperatur. Infolge des Versagens der nervösen Selbststeuerung des Kreislaufes ist eine Zentralisation nicht mehr erreichbar, und das Blut versackt wie bei einer hypodynamen Regulationsstörung in der Peripherie. Adrenalin und seine Abkömmlinge erfahren eine Umkehr ihrer Kreislaufwirkung ähnlich wie bei Mutterkornalkaloiden. Nur durch fortlaufende Arterenolinfusionen – 30–40 Gamma pro Minute – läßt sich der Blutdruckabfall aufhalten.

Ganz allgemein hält man die Überleitungshemmung in den Schaltstellen des vegetativen Nervensystems mit sympathiko- und vagolytischen Effekten für den therapeutischen Nutzen, der auch zu verstärkter Durchblutung der terminalen Strombahn führt und damit zu einer Verbesserung der Sauerstoffversorgung bei Senkung des O_2-Verbrauches. Bei intravenöser Injektion der Megaphen-Atosil-Dolantin-Mischspritze hält HEINECKER zumindest am Herzen die Minderung der Durchblutung infolge des Blutdruckabfalles für größer als die Ersparnis infolge der Stoffwechselsenkung, woraus eine relative Verstärkung der Hypoxie resultiert.

Weniger intensiv sind die Wirkungen bei intramuskulärer oder peroraler Applikation.

Ein weiteres Indikationsgebiet für den Phenothiazinschlaf bildet die Herzinsuffizienz mit Kreislaufdekompensation, wenn sie nicht zu schwer ist. Man sieht in der Stoffwechselsenkung und allgemeinen Beruhigung eine Entlastung für das Herz und beobachtete eine schnelle Überwindung des toten Punktes in der Behandlung. BOCKEL schätzt die rasche Dämpfung der unruhigen, dyspnoischen Patienten in dem Dämmerzustand, der sie nach außen abschirmt. Infolge der gleichzeitigen Fastenkur während des Heilschlafes sieht RATSCHOW einen eindeutig früheren Therapieerfolg bei dekompensierten Kreislaufkranken; der quälende Durst und die innere Unruhe werden leichter überwunden, die Diurese kommt schon am zweiten Tag in Gang, durch die täglichen Einläufe werden große Stuhlmengen entleert.

KLEINSORGE und RÖSNER bevorzugen für die Schlaftherapie, die über längere Zeit, d. h. bis zu 14 Tagen ohne Intervall durchgeführt werden soll, die Kombination von Phenothiazinen mit Barbitursäure.

Sie benutzten Pacatal und Profundol (Bromdiäthylcarbamid 0,175 g Allylbutylbarbitursäure 0,075 g) oder Luminal. Die Pacataldosis beträgt 75–100 mg tief intramuskulär oder 150 mg per os. Wegen einer Tachyphylaxie muß die Pacataldosis im Verlaufe der Kur erhöht werden, jedoch meist nicht über 200 mg pro die. Bewährt haben sich auch die Injektionen von 50–70 mg Pacatal + 0,1–0,2 g Luminal dreimal täglich. Zur Beendigung des Dauerschlafes werden die Medikamente im Verlaufe der letzten 2 Tage allmählich reduziert. Es handelt sich bei dieser Methode um die Ausnutzung des Potenzierungseffektes, den man bei allen Phenothiazinen beobachtet.

Damit kann man einerseits unter der sonst üblichen Phenothiazindosis bleiben und unerwünschte Nebenwirkung vermeiden. Andererseits bleibt die tägliche Barbituratdosis verhältnismäßig niedrig.

Pacatal unterscheidet sich in mancher Hinsicht vom Megaphen, wie zahlreiche Untersuchungen gezeigt haben. Während das Megaphen eine stärkere sympathikolytische Wirkung hat, ist der Effekt des Pacatal auf Sympathikus und Parasympathikus etwa gleich. Die Blutdrucksenkung tritt beim Pacatal weniger deutlich in Erscheinung, die Atemsteigerung ist geringer, die Pulsfrequenz wird kaum beeinflußt, die Erregbarkeit des Herzens ist deutlich vermindert, so daß die Beseitigung von Rhythmusstörungen wie Vorhof- oder Kammerextrasystolen und von paroxysmalen Tachykardien zu beobachten war. Im Stehversuch ist beim Pacatal der Orthostaseeffekt verstärkt. Es tritt jedoch kein völliger Kollaps auf, da die Ausgleichsmechanismen einer gegenregulatorischen arteriellen Zentralisation noch erhalten bleiben im Gegensatz zur Enttonisierung des Arteriensystems durch Megaphen.

Der PAWLOWschen Vorstellung entsprechend wollen KLEINSORGE und RÖSNER die Ausbildung eines bedingten Schlafreflexes möglichst fördern. Deshalb sind die Patienten in kleinen geräuschisolierten Räumen untergebracht, und der Tageslauf ist genau geregelt, etwa nach folgendem Schema:

7.30 Uhr	Wecken, Vorhang auf, Temperatur und Pulsmessung, 5 Minuten Gymnastik, Waschen und Stuhlgang,
8.00 Uhr	Frühstück – Schlafmittelgabe,
8.15 Uhr	Bettmachen, Hinlegen, Vorhang zu, Schlafen,
12.30 Uhr	Wecken, Vorhang auf, Stuhlgang, Blutdruckkontrolle,
12.45 Uhr	Mittagessen – Schlafmittel,
13.00 Uhr	Bettmachen, Hinlegen, Vorhang zu, Schlafen,
18.00 Uhr	Wecken, Temperatur- und Pulskontrolle, Stuhlgang,
18.15 Uhr	Abendessen,
18.45 Uhr	Beruhigendes Bad,
19.15 Uhr	Schlafmittel, Bettmachen, Hinlegen, Vorhang zu, Schlafen.

Dieser Rhythmus wird 10–14 Tage beibehalten. Der Vermeidung ernsterer Zwischenfälle dienen die täglich zweimaligen Puls- und Temperaturmessungen, die Blutdruckkontrolle, die Beobachtung des psychischen Verhaltens im Wachzustand, die Kontrolle des 24-Stunden-Urins, des Urinstatus zweimal wöchentlich, des Blutbildes und der Blutsenkung einmal wöchentlich. Als pflegerische Maßnahmen werden empfohlen: Individuelle Gymnastik zur Anregung der Darmperistaltik, Atemgymnastik, Hautpflege, Reinigungseinläufe jeden 2. Tag, Begleitung durch Pflegepersonal bei allen Gängen außer Bett.

In welchem Maße hinsichtlich Höhe und Dauer der Dosierung sowie Alter der Patienten die Schlaftherapie eine Hilfe bei mittelschweren Herzinsuffizienzen sein kann, müssen – wie auch bei allen anderen bisher herausgearbeiteten Indikationen – noch weitere Beobachtungen zeigen.

Eine besondere Methode ist die Winterschlafbehandlung bzw. Hibernation. Die Methode der künstlichen kontrollierten Hypothermie, von den Inauguratoren LABORIT und HUGUENARD künstlicher Winterschlaf genannt, ist eine Weiterentwicklung der sog. potenzierten Narkose. Technisch gesehen besteht die kontrollierte Hypothermie in einer Kombination von medikamentöser Blockade des autonomen Nervensystems und Unterkühlung des Patienten durch physikalische Mittel. Die medikamentöse Blockade erfolgt durch Phenothiazin-Präparate in Kombination mit Dolantin. Normalerweise stellt für den Warmblüter ein Kältereiz eine Belastung dar, der Körper versucht, durch Muskelzittern usw. die normale Körperwärme aufrecht zu erhalten. Wird aber durch geeignete Medikamente wie die Phenothiazin-Präparate die Wärmeregulation blockiert, so kommt es zu einer Abkühlung des Organismus ohne Belastung, im Gegenteil, es wird der Sauerstoffverbrauch der Gewebe erheblich reduziert. Der künstliche Winterschlaf wird in letzter Zeit, besonders auch bei den Herzoperationen, verwendet. Eingriffe am offenen blutleeren Herzen bei abgeklemmten Gefäßen ohne Verwendung der Herz-Lungenmaschine waren bisher höchstens während der Dauer von 2–3 min möglich. Durch die Methode der künstlichen Hibernation können die Eingriffe um einige Minuten länger ausgedehnt werden, ohne daß irreparable Schäden am Gehirn auftreten (LEWIS und TAUFIC, 1952). Die Körpertemperatur wird dabei auf etwa 28–30 Grad gesenkt. Im Tierversuch werden Gefäßunterbrechungen zum Gehirn bis zu 10 min ertragen. Außer bei bestimmten Herzoperationen ist der künstliche Winterschlaf angezeigt bei der Operation schwerster Basedow-Fälle. Weiter wird in der inneren Medizin die künstliche Hypothermie bei schweren Kreislaufschockerscheinungen im Rahmen maligner Infektionssyndrome mit zentraler Hyperthermie verwendet.

2.8.1. Therapie der Schlaflosigkeit bei Herzkranken und Kreislaufgefährdeten

Schlafstörungen sind bei Herz-Kreislauferkrankungen so weit verbreitet, daß ihrer Behandlung eine spezielle Betrachtung gewidmet werden soll.

Wollen wir diese oft sehr qualvolle Beeinträchtigung der Nachtruhe erfolgreich bekämpfen, dann empfehlen wir zunächst alle Maßnahmen einer notwendigen Schlafhygiene. Dabei sind folgende Punkte zu berücksichtigen:

Die letzte Mahlzeit soll 3–4 Stunden vor dem Zubettgehen eingenommen werden. Sie sei leicht verdaulich und von geringer Menge, damit stärkere Magenfüllung und Zwerchfellhochstand vermieden werden.

Eine absolute Flüssigkeitskarenz nach 18.00 Uhr ist auch bei Patienten am Rande der Kompensation anzuraten. Gegen leichten Wein (0,25–0,5 Ltr.) ist nichts einzuwenden, weil er die Entspannung fördert und vor allem die klimatisch bedingte vegetative Empfindlichkeit beseitigt. Wir empfehlen 3–4jährigen leichten Weißwein oder roten Landwein. Abzulehnen ist bei Kreislaufgefährdeten Kaffeegenuß nach 13.00 Uhr mittags sowie abendlicher Genuß von Bier oder Sekt wegen der Kohlensäuremagenblähung.

Ein langsamer Spaziergang von $1/2$–1 Stunde nach dem Abendessen wirkt bei Einschlafstörungen oft entspannender als jede andere Maßnahme.

Das Schlafzimmer muß gut gelüftet sein, am günstigsten ist es, wenn der Ratsuchende sich angewöhnt, bei jeder Witterung bei offenem Fenster zu schlafen.

Das Bett sollte frisch gemacht und für eine bestmögliche Lagerung vorbereitet sein. Patienten, welche schon das kalte Leinen als einen unangenehm wachmachenden Reiz empfinden, sollte eine Vorwärmung des Bettes angeraten werden. In der Regel schafft jedoch gerade diese erste Kalteinwirkung auf die Haut eine sekundäre Hyperämie in Form wohliger Wärme, welche das Einschlafen erleichtert. Bei allen Kreislaufgefährdeten raten wir weiterhin die Beine hochzulagern und, je nach Bedarf, Nacken- oder Lendenrolle anzuwenden.

Bei orthostatisch empfindlichen Patienten, deren Nervosität unter Umständen auch durch eine unzureichende Hirndurchblutung zustande kommt, kann anfängliche Kopftieflagerung diese Unruhe oft schlagartig beseitigen. Auf geeignete Nachtkleidung wird ebenfalls zu wenig geachtet.

Bei allen Zuständen mit Zwerchfellhochstand (Meteorismus, Leberstauung, beginnender Aszites usw.) sind beengende Gürtel oder Gummibänder wenig empfehlenswert.

Im Rahmen der physikalischen Schlafvorbereitung haben sich uns Maßnahmen wie HAUFFEsche Armbäder, Fußbäder, Brombaldrian-Sitz- oder Ganzbäder und bei sehr erregbaren Menschen schließlich Dauerbäder (30–45 Minuten) von etwa 38 Grad, d. h. von einer Badetemperatur, welche gerade über dem Indifferenzpunkt liegt, bewährt.

Sehr beruhigend wirkt vielfach ein Glas Likör vor dem Schlafengehen, $^1/_2$ Glas Zuckerwasser oder aber auch 1–2 Äpfel, sorgfältig gekaut.

Ist so, nach sorgfältiger Körperpflege, der Patient zum Liegen gekommen und merkt, daß der Schlaf sich nicht einstellt, dann ist für einen recht großen Kreis der Ratsuchenden das „autogene Training" (J. H. SCHULTZ) mit Wärme- und Schwereübungen das Mittel der Wahl. Ist hierzu nicht die rechte Einstellung zu gewinnen, dann kann auch durch ein warmes Heizkissen in die Kreuzgegend oft ein guter Einschlafeffekt erzielt werden.

Reichen alle diese Maßnahmen noch nicht ganz aus, dann wird man sich nicht scheuen, mit einem leichten Beruhigungsmittel, je nach individuellem Wirkungseffekt $^1/_2$–1 Stunde vor dem Einschlafen gegeben, den Schlaf einzubahnen.

Es haben sich uns dabei besonders bewährt:

20 Tropfen Plantival; 2 Hovaletten oder Noludaretten; 2 Tabl. Atosil, $^1/_2$ Tabl. Evipan, evtl. als Mischpulver mit $^1/_2$ Tabl. Veramon; 1 Tee- bis 1 Eßlöffel Mixtura nervina; auch pflanzliche Tees können von ausgezeichneter und ausreichender Wirkung sein.

Als wichtigster Richtsatz aber hat in jedem Fall zu gelten, daß, ehe zu schweren Schlafmitteln gegriffen wird, erst alle naturgemäßen Behandlungsmaßnahmen, vorzugsweise aus dem Gebiete der physikalischen Therapie, zur Anwendung zu bringen sind, um ein Optimum an Müdigkeit und Einschlafbereitschaft zu erzeugen.

Bei schwereren Einschlafstörungen wird man mit derartig leichten Mitteln nicht ganz auskommen. Wir geben dann, indem wir um 19.00 und 20.00 Uhr mit 1 Hovalette, 1 Baldrian-Dispert oder 1 Valyl-Perle eine gewisse Beruhigungsbasis geschaffen haben, um 21.00 Uhr 1 Evipan, oder je $^1/_2$ Evipan und $^1/_2$ Phanodorm als Mischpulver; bzw. 1 Tabl. Doroma, Persedon oder Noludar.

Weiterhin hat sich uns bewährt ein Schlummer-Cocktail aus 20 Tropfen Plantival, 5 Tropfen Somnifen und 10 Tropfen Tct. Nervina, wobei die Komponenten dieser Mischung je nach Bedarf verändert werden können. Auch der BLS-Cocktail aus 10 Tr. Tct. Nervina, 0,1 Luminal und 5 Tropfen Somnifen kann gleicherweise günstig sein.

Bei ausgesprochenen Durchschlafstörungen wird man mit Mitteln der Gruppe Persedon und Noludar kaum auskommen.

Hier empfehlen sich Medikamente wie Allional, Dormopan, Noctal, Rivadorm, Somnifen-Tropfen, Veronal, Luminal, Veramon, Paraldehyd usw. Auch bei dieser wirkungsstärkeren Schlafmittelgruppe empfiehlt sich eine unschädliche Beruhigungsvorbahnung, um die Dosis so niedrig als möglich zu halten. Bei Stauungsgastritis und Magenempfindlichkeit sollten derartige Medikamente vorzugsweise in Form von Suppositorien angewendet werden. Wirkt ein Mittel nicht, dann hat es in der Regel keinen Zweck, die Dosis zu steigern, da es sich meist um eine „paradoxe Reaktion" handelt, während mit einem anderen Mittel sofort die gewünschte Wirkung erzielt wird.

Bei Patienten mit schwerer Linksinsuffizienz, gekennzeichnet durch Orthopnoe und Neigung zu Asthma cardiale, die oft seit vielen Nächten nicht mehr geschlafen haben, ist vielfach zur Unterbrechung dieser eingefahrenen Kette der Schlaflosigkeit ein einmal gegebenes Pantopon-Zäpfchen geradezu Wunder wirkend.

Wegen der Suchtgefahr ist diese Maßnahme aber nicht häufiger zu wiederholen. Auf die Kontraindikationen der Morphinverabfolgung sind wir S. 596 näher eingegangen.

Neben diesen Einschlafstörungen ist uns eine zweite Gruppe bekannt, Patienten, die zwar sofort einschlafen, aber nach 1-2 Stunden mit Atemnot oder einem echten Asthma cardiale-Anfall aufwachen und dann keine Ruhe mehr finden können.

Nachdem der Reiz zum Aufwachen sehr häufig von einer gefüllten Blase ausgeht, ist bei diesen Patienten die Flüssigkeitskarenz ab 13.00 Uhr der Vorschlag der Wahl. Handelt es sich um schwere Zustandsbilder, dann wird man auch hier mit Pantopon beginnen und im übrigen wie bei den Durchschlafstörungen vorzugehen haben.

Sehr viel weniger beachtet ist das Erwachen zur „kritischen Stunde" bzw. zur „biologischen Krisenzeit" auf das wir erstmals hingewiesen haben.

Dieses Phänomen findet sich vor allem bei vegetativ überreizten Menschen, klimatisch empfindlichen Personen und Kreislaufgefährdeten. Die daraufhin Ratsuchenden berichten, daß sie in der Regel sehr gut einschlafen, aus völlig ungeklärten Ursachen, mehr oder weniger regelmäßig, schlagartig zwischen 3-4 Uhr morgens aufwachen, hellwach sind, von qualvoller Unruhe befallen werden, in kreiselnde Gedanken verfallen, „moving legs" bekommen usw. und erst gegen 6.00 Uhr mit großer Schlaftiefe erneut einschlafen.

Bei diesem Syndrom sind, wenn die Energie dazu ausreicht, Kaltwassertreten (man füllt die Badewanne 3 cm tief mit Kaltwasser und läuft darin auf und ab), ein warmes Sitzbad von 38-39 Grad oder als ableitende Maßnahme, das Anziehen nasser, kalter Wollstrümpfe, wonach man die Beine sorgfältig in ein Frottiertuch einschlägt, einfachste Maßnahmen, um ein schnelles Wiedereinschlafen zu gewährleisten. Auch das Lutschen von Euvalon, 1 Tabl. Validol bzw. das Zerbeißen einer Neobornyvalkapsel sind von ähnlichem Effekt.

Die letzte Gruppe ist durch völlige Umkehr des Schlafrhythmus gekennzeichnet.

Es handelt sich meist um Zustände mit chronischer, schwerer Herzinsuffizienz, die mit beginnender Dunkelheit, gequält von innerer Unruhe, gesteigerter Erregbarkeit, von Angstgefühl und Beklemmung, so verspannt und verkrampft aus Angst vor dem bedrohlichen Asthma cardiale der Nacht entgegensehen, daß eine Schlafmüdigkeit nicht aufkommt. Erst mit dem kommenden Tag setzt in den frühen Morgenstunden Beruhigung ein und mehr oder minder tiefer Schlaf während des Tages ist ein unzureichender Ersatz für die mangelhafte Nachtruhe.

Auch hier wird man, wenn keine Gegenindikation besteht, danach trachten müssen, diesen eingefahrenen Reflex mittels Pantopon für 1-2 Nächte zu unterbrechen.

Hat der Patient auf diese Weise wieder einmal erholend durchgeschlafen, dann muß er während des Tages mit allen Mitteln an erneutem Schlaf gehindert werden. Gegen Abend wird dann physikalisch dadurch sediert, daß eine Eiskravatte gegeben und heiße Packungen auf die Leber verabfolgt werden. Sind Barbiturate (Luminal, Veramon usw.) durch paradoxe Wirkung nicht geeignet, ist mit Noludar, Persedon oder Doroma unter Umständen ein besserer Erfolg zu erzielen. Auch ein Versuch mit Atosil und Megaphen kann gemacht werden, bewährt sich aber meist gerade bei derartigen Zuständen nicht so sehr, zumal Megaphen nicht selten Herzklopfen verursacht.

Ausgezeichnet wirkt, wenn benötigt, 1–2 ccm Evipan i. v. Auf diese Weise individuell angegangen, wird es wohl ausnahmslos gelingen, dem Kranken oder Kreislaufgefährdeten als einen der wichtigsten Heilfaktoren zu ausreichender Nachtruhe zu verhelfen.

Literatur zu Kapitel VI, Abschnitt A, 2.8

BAUMANN, R.: Physiologie des Schlafes und Klinik der Schlaftherapie (Berlin 1953). — BOCKEL, P.: Ärztl. Wschr. **10**, H. 34/35, 802 (1955). — BROGLIE, M.: Der Phenothiazinheilschlaf in der inneren Medizin. Medizinische **46**, 1528 (1956). — DEMANT, E.: Der Schlaf als Heilschlaf in der antiken und heutigen Medizin. Arch. phys. Ther. **9**, H. 1, 9 (1957). — HEINECKER, R.: Kreislaufanalytische Untersuchungen im Phenothiazinschlaf und deren Nutzanwendung auf die Behandlung des Myokardinfarktes. Klin. Wschr. **32**, H. 33/34, 803 (1954). — HEINZE, G.: Die Schlaftherapie bei Herzkrankheiten. Med. Klin. **53**, H. 1, 28 (1958). — KLEINSORGE, H. und K. RÖSNER: Die Phenothiazinderivate in der inneren Medizin. Zur Anwendung der sogenannten „Winterschlafmittel" (Jena 1956). — LEMBECK und HIFT: Künstlicher Winterschlaf (Wien-Innsbruck 1955). — PAWLOW, I. P.: Ausgewählte Werke (Berlin 1953), 173, 237. — PFEIL, K.: Neue Wege in der Heilschlaftherapie. Erfahrungen bei Kombinationen verschiedener Phenothiazinderivate. Medizinische **13**, 463 (1957). — RATSCHOW, M.: Wirkungen der Phenothiazinderivate auf den Kreislauf. Dtsch. med. Wschr. **35**, 1234 (1955). — SPITZBARTH, H., H. BAUER und H. WEYLAND: Der Kreislauf im Phenothiazin-Schlaf. Dtsch. med. Wschr. **80**, H. 12, 406 (1955). — TONINI, G.: Considerazioni teoriche... (Theoretische und praktische Betrachtungen über die Schlaftherapie unter Berücksichtigung der Dauerergebnisse). Nevrasse **5**, 648 (1955). — WEIDNER, K.: Die Schlaftherapie (Stuttgart 1956). — WITZLEB, E. und H. BUDDE: Arch. int. pharmakodyn. **104**, 33 (1955).

2.9. Pharmakologisch entwickelte Organextrakte

Die Einführung von Organextrakten in die Kreislauftherapie durch HABERLANDT, die unter der ursprünglichen Annahme einer Hormonwirkung erfolgte, erfuhr anfänglich in der Praxis eine begeisterte Aufnahme. In unzähligen Arbeiten wurde über die erstaunlichsten Wirkungen bei Herzinsuffizienz, Angina pectoris, intermittierendem Hinken, BUERGERscher Krankheit, Gangrän, Hypertension, Ulcus ventriculi, Diabetes mellitus, Pneumonie usw. berichtet. Auch als mit Sicherheit nachgewiesen werden konnte, daß die Organextrakte, die in der Zwischenzeit nicht nur aus Herzmuskel, sondern auch aus Skelettmuskel, Leber, Bauchspeicheldrüse, Niere, Gefäßwänden usw. hergestellt werden, keine Hormone darstellen, mehrten sich die Berichte über erfolgreiche Behandlungen bei den verschiedensten Erkrankungen.

Bald trat jedoch ein Rückschlag ein, als man sich daran machte, in systematischen Untersuchungen diese Beobachtungen bei den verschiedenen Krankheiten nachzuprüfen. Die Versager überwogen oft die Zahl der therapeutischen Erfolge. Aber auch die kleine Gruppe der gebesserten Fälle konnte nicht immer einer objektiven Prüfung standhalten; die Kranken fühlten sich wohler, aber Arteriendruck, Pulszahl, Schlagvolumen usw. waren unverändert geblieben. Die Organextrakte waren auf Grund dieser Berichte etwas in Mißkredit geraten. Einer oft kritiklosen Begeisterung hatte eine kühle Zurückhaltung Platz gemacht.

Bei dieser Sachlage mußte sich der Kardiologe fragen, welche Wirkung erwartet die Praxis von den Organextrakten?

Das Schrifttum berichtet über Steigerung der Herzfrequenz, Behebung von Reizleitungsstörungen, Vergrößerung des Minutenvolumens, arterielle Drucksenkung, Beschleunigung des Blutumlaufes, kapillare Dilatation usw. Diese Eigenschaften wurden bei den verschiedenen Organpräparaten (Hormocardiol, Lacarnol, Padutin, Eutonon, Myostonon usw.) in mehr oder weniger ausgeprägtem Maße beim Kranken und in experimentellen Untersuchungen festgestellt.

Ohne auf Gegensätze in der Wirkungsweise der einzelnen Organextrakte einzugehen, möchten wir darauf hinweisen, daß wir bei unseren Studien von dem Streben ausgingen, Mittel zu suchen, die folgende Wirkung besitzen:
1. Die Arbeit des Herzens sollte weder durch Änderung des Arteriendruckes, noch des Schlagvolumens beeinflußt werden.
2. Die Blutverteilung soll in der Weise umgestellt werden, daß lebenswichtige Organe, wie Herz, Gehirn, Magen und Skelettmuskulatur stärker, andere, wie die Haut, weniger durchblutet werden.

Gelingt es, einen derartigen Stoff ausfindig zu machen, dann besitzen wir ein Mittel, das bei Durchblutungsstörungen des Herzens (Angina pectoris, Herzdruck, Herzklopfen usw.) und des Gehirns (Schwindelgefühl, Kopfschmerzen) und bei mangelhafter Durchblutung des Magens sowie der Extremitäten gute Dienste leisten kann. Fragen wir uns nun nach den objektiven klinischen Kontrollen einer veränderten Blutverteilung, dann können wir bei Mitteln, die unseren Forderungen entsprechen, weder eine Änderung von Arteriendruck, Pulszahl noch Schlagvolumen erwarten. Der Maßstab für eine Wirkung ist also nur durch eine Normalisierung der Organfunktion und damit durch die subjektive Angabe des Kranken möglich.

Ein derartiges Beweismaterial ist aber bei einer Streitfrage, wie der der Kreislaufwirkung der Organextrakte, wenig stichhaltig. Dies gilt noch mehr, wenn wir versuchen, praktisch wichtige Einzelfragen, wie: welchem Präparat sollen wir den Vorzug geben? oder sollen wir das Präparat peroral, subkutan oder intravenös verabreichen? usw. – zu lösen.

Wir haben daher die Frage nach der therapeutischen Wirksamkeit und der Darreichungsform der Organextrakte in großen experimentellen und klinischen Untersuchungsreihen zu klären versucht (HOCHREIN und KELLER).

Als praktische Folgerungen entnehmen wir, daß die bekannten Organextrakte, Lacarnol, Eutonon, Padutin u. ä. bei intravenöser Injektion, selbst bei sehr kleinen Dosen, eine Änderung in der Kreislaufdynamik hervorrufen. Es werden komplexe Vorgänge ausgelöst, die sich für die einzelnen Mittel zeitlich und auch in ihrer Größenordnung etwas verschieden abspielen. Kontraktive und dilatorische Vorgänge wechseln miteinander ab. Daraus entsteht eine Interferenz mehrerer Kreislaufmechanismen, die sich in einem eigenartigen Verlauf der Stromkurven in Arterien und Venen kundtut. Bei kleinen Dosen werden Arteriendruck und Pulszahl nicht nennenswert beeinflußt, während größere Dosen den Druck für längere Zeit senken. Ohne direkte Beziehungen zum Arteriendruck kommt es zu einer Umformung des Strombettes. Die Muskulatur der Extremitäten, des Herzens und das Gehirn erfahren ganz allgemein eine bessere Durchblutung, während die Blutdepots des subpapillären Plexus stärker aufgefüllt werden.

Organextrakte stellen somit für den Kreislauf recht differente Mittel dar, die nicht die Herzleistung, sondern die Blutverteilung der Kreislaufperipherie beeinflussen.

Arteriendruck und Pulszahl bleiben bei entsprechender Dosierung unbeeinflußt. Diese Eigenschaften sind therapeutisch bei Zirkulationsstörungen des Gehirns, des Herzens und der Skelettmuskulatur verwendbar, wenn vasomotorische Einflüsse eine ursächliche Rolle spielen. Es lassen sich also nicht Krankheitsbilder schlechthin bessern, sondern nur krankhafte Zirkulationsstörungen, die zuweilen die Hauptrolle, manchmal auch nur eine Nebenrolle im Mechanismus ein und desselben Symptomenkomplexes spielen. Eine zielsichere Therapie ist mit Organextrakten daher nicht durch den Hinweis auf Krankheitsbilder, sondern durch die Erforschung bestimmter Zirkulationsstörungen zu treiben.

Um den Wirkungsmechanismus der einzelnen Fraktionen, die in den Organextrakten enthalten sind, kennenzulernen, haben wir den Einfluß von Adenosin, Adenylsäure, Adenosintriphosphorsäure, Purinen und Nukleotiden untersucht. Guanosine, Purine und Nukleotide erwiesen sich in therapeutischen Dosen bei unseren Versuchen als unwirksam, während bei Adenylsäure und Adenosinphosphorsäure die Herzdurchblutung deutlich zunimmt, wobei wir aber auch gelegentlich Umstellungen beobachteten, die uns therapeutisch unerwünscht waren. Diese Erkenntnis veranlaßte uns, den Forschungsweg zu ändern und das Ziel nicht in der Isolierung einer wirksamen Substanz, sondern in der Erreichung einer biologischen Funktion zu suchen. Wir fahndeten nach einer Substanz oder einem Substanzgemisch, das Arteriendruck, Pulszahl und Schlagvolumen, d. h. die Herzarbeit, nicht beeinflußt, sondern nur die Blutverteilung so reguliert, daß Herz, Gehirn und Muskulatur besser durchströmt werden.

Wir fanden, daß ein Muskelextrakt, den wir als Embran bezeichnen, diesen Forderungen in ausreichender Weise gerecht wird. Durch die kombinierte Wirkung der darin enthaltenen Adenosine und noch unbekannter Begleitsubstanzen wird eine Wirkung erzeugt, die sich von der Wirkung der Adenosintriphosphorsäure und der Adenylsäure vor allem durch eine stärkere Stromförderung in den Koronarien und eine nur geringe Beeinflussung der Herzarbeit unterscheidet, wobei unerwünschte paradoxe Reaktionen nie beobachtet wurden. Wir haben Embran bei vielen tausend Fällen mit Herzklopfen, Herzdruck, Angina pectoris, intermittierendem Hinken, atherosklerotischer und diabetischer Gangrän, BUERGERscher Krankheit, RAYNAUDscher Krankheit, Sklerodermie, Vasoneurose, Kopfschmerzen, Gedächtnisschwäche, Schlaflosigkeit, Ohrensausen, Schwindelgefühl usw. gegeben und dann fast immer gute Erfolge erzielt, wenn die Indikation durch vasomotorische Störungen infolge einer neurozirkulatorischen Dystonie bei normalem Gefäßbefund oder auch bei organischen Gefäßveränderungen gegeben war.

Zusammenfassend kann gesagt werden, daß die Wirkung des Embrans in folgenden Mechanismen besteht:

a) ohne eine direkt kardiokinetische Wirkung zu entfalten, wird die Leistungsfähigkeit des Herzens durch eine Besserung der Koronardurchblutung gesteigert;

b) die Blutverteilung in der Kreislaufperipherie wird so reguliert, daß Herz, Gehirn und Muskulatur, evtl. auch die Nieren, besser durchblutet werden, ohne daß eine Wirkung auf Schlagvolumen, Herzfrequenz und Blutdruck erfolgt;

c) eine kreislaufstabilisierende Wirkung wird ausgeübt, da Embran eine Ökonomisierung der Durchblutung für längere Zeit gewährleistet, ohne durch die Möglichkeit einer paradoxen Reaktion belastet zu sein;

d) die kalorische Ausnützung in der Peripherie wird verbessert, und auf diese Weise wird für Herz und Kreislauf eine wirksame Entlastung geschaffen (Abb. 212);
e) ein gesteigerter Hirndruck kann in einer erheblichen Zahl der Fälle beseitigt werden;
f) die sekretorische Leistung des Magens wird begünstigt, ohne einen direkten Einfluß auf die Durchblutungsverhältnisse des Abdomens auszuüben;
g) Embran ist peroral, subkutan und intravenös gegeben, wirksam.

Von besonderem Interesse ist die neuerdings gemachte Beobachtung, daß Organextrakte auch eine Wirkung auf den Lipoidstoffwechsel bei der Atherosklerose ausüben (SIEDEK und Mitarb.).

Nach vorheriger Feststellung der Leerwerte für Gesamtcholesterin, Phosphorlipoide und den C/P-Quotienten zeigte sich bei dreiwöchiger Verabreichung der

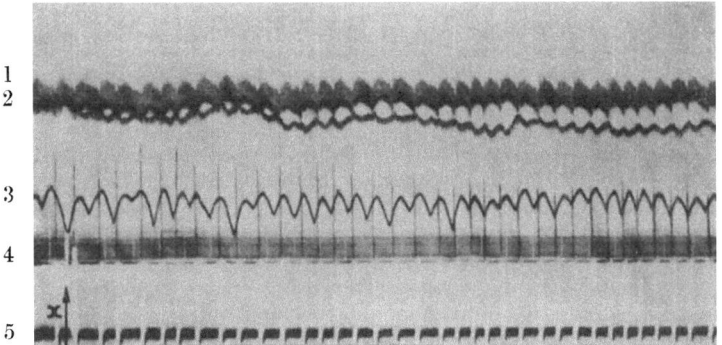

Abb. 212. Wirkung von Embran auf die Sauerstoffausnützung. 1. Druck in der Arteria carotis. 2. Sauerstoffsättigung, venös; 3. Sauerstoffsättigung, arteriell; 4. Blutgeschwindigkeit in der Art. femoralis; 5. Atmung. Bei x 2 ccm Embran i. v.

genannten Präparate eine deutliche Senkung des Gesamt-Cholesterins im Serum und des C/P-Quotienten. Adenosintriphosphorsäure und Adenosinmonophosphorsäure ließen die gleiche Wirkung erkennen. Der therapeutische Effekt beruht wahrscheinlich auf einer Zufuhr von in den Extrakten enthaltenen Enzymgemischen und Energiedonatoren. Daneben sind aber in der praktischen Anwendung noch andere Wirkungen zu berücksichtigen (Durchblutungssteigerung der Vasa vasorum), welche die Atheroskleroseentwicklung hemmen.

Die seit längerem bekannte gute Wirkung der Organextrakte bei der Behandlung und Vorbeugung der Arteriosklerose läßt sich nach Ansicht der Autoren damit jetzt auch experimentell bestätigen.

Literatur zu Kapitel VI, Abschnitt A, 2.9

CECCHI: Klinische Beobachtungen über die Anwendung von Embran bei den Erkrankungen des Kreislaufapparates. Schweiz. med. Wschr. 81, H. 12, 287 (1951). — DORENDORF: Über Wert und Anwendung der Herzhormontherapie. Z. ärztl. Forschg. 21, 619 (1934). — FELIX, E. K. und A. v. PUTZER-REYBEGG: Physiologisch-chemische Analyse der blutdrucksenkenden Wirkung von Organextrakten. Arch. exper. Path. 169, 214 (1933). — GRUPP, G.: Über den Einfluß von Organextrakten auf den Sauerstoffverbrauch von Geweben. Experientia 12, H. 11, 433

(1956). — HABERLADT: Das Hormon der Herzbewegung (Berlin 1927). — HOCHREIN, M.: Zur Therapie der Kreislauferkrankungen mit körpereigenen Substanzen. Münch. med. Wschr. 32, 1354 (1931); Zur Kreislaufbehandlung mit Organextrakten. Münch. med. Wschr. 38, 1548 (1936); und CH. J. KELLER: Die Beeinflussung des Kreislaufs durch Organextrakte (sog. Kreislaufhormone). Arch. exper. Path. 1931, 159. — KAGELER, H.: Wirkung der Adenosintriphosphorsäure auf Herzfunktionsstörungen. Münch. med. Wschr. 99, H. 46, 1727 (1957). — KLEPZIG, H.: Therapeutische Fortschritte auf dem Gebiet der Herz- und Gefäßkrankheiten. Münch. med. Wschr. 93, H. 38/39, 1915, 1967 (1951). — LANGE, F.: Über die blutdrucksenkende Wirkung gewisser Organextrakte. Arch. exper. Path. 164, 417 (1932). — LEINS-FORRER: Beitrag zur Therapie der Angina pectoris mit Organextrakten. Schweiz. med. Wschr. 44, 2095 (1930). — MICHEL, D. und Mitarb.: Zur Kreislaufwirkung der Adenylphosphorsäureverbindungen. Klin. Wschr. 34, H. 25/26 701 (1956). — NIEMEIER, W.: Die Behandlung von Durchblutungsstörungen mit Organextrakten (Embran). Fortschr. Ther. 19, H. 4, 111 (1943). — RÖSSLER, R.: Wie wirken Organextrakte auf den Kreislauf? Wien. klin. Wschr. 10, 309 (1933). — SCARINCI, V. und A. T. SCARDAVI: Pharmakologische Beobachtungen über Organhydrolysate. Therapiewoche 8, H. 2, 73 (1957). — SCHLEICHER, I.: Fortschritte in der Behandlung mit Organextrakten Embran, Strophil und anderer Kombinationen. Eigendruck Südmedica G. m. b. H. (1952); Über die kombinierte Strophanthinbehandlung bei der Kreislaufinsuffizienz. Z. Kreislaufforschg. 32, H. 13, 449 (1940). — SCHMITZ, W. und J. SCHRÖDER: Verbesserung der Verträglichkeit und Wirkungssteigerung intravenös verabfolgter Medikamente durch Beimischung von Embran. Dtsch.Gesd.wes. 7, H. 34, 1067 (1952). — VELDEN, R. V. D.: Therapie mit „Kreislaufhormonpräparaten". Dtsch. med. Wschr. 15, H. 16, 17 (1931). — WAGEMANN, U.: Vergleichende Untersuchungen über die Kreislauf- und Atmungswirkung der Adenosinkörper am wachen Hund. Arch. exper. Path. 224, H. 5/6, 416 (1955). — ZAK, E.: Wie wirken Organextrakte in der Kreislauftherapie? Wien. klin. Wschr. 10, 308 (1933). — ZENKER, TH.: Beitrag zur Herztherapie mit Organextrakten. Münch. med. Wschr. 99, H. 47, 1785 (1957).

2.10. Behandlung mit hämolysiertem Eigenblut

Die Wirkungsweise der pharmazeutisch hergestellten Organextrakte kann in ähnlicher Weise durch hämolysiertes Eigenblut erzielt werden.

Wir waren auf der Suche nach weiteren Möglichkeiten der Behandlung des arteriellen Hochdruckes auf Angaben von M. J. LISUNOWA gestoßen, die berichtet, beachtliche Erfolge durch i.v. Injektionen von hämolysiertem Eigenblut (h. E.) gesehen zu haben. Da auch amerikanische Kliniken sich mit dieser Therapie beschäftigen, haben wir seit mehreren Jahren Erfahrungen mit dieser Methode gesammelt und unsere Ergebnisse, besonders bei der Behandlung des arteriellen Hochdruckes, kritisch gesichtet.

Die Ursachen der Wirksamkeit des h. E. in der Behandlung des arteriellen Hochdruckes wurden Mitte der dreißiger Jahre vor allem von A. FLEISCH und Mitarb. in eingehenden Untersuchungen erforscht. In Versuchen an Kaninchen, Hunden, Rindern und Katzen wies er zunächst nach, daß das h. E., dem arteriellen Blut in der Menge von 1:500 zugesetzt, unter anderem starke Vasodilatation und Blutdrucksenkung bewirkt. Später konnte er die bei der Hämolyse der roten Blutkörperchen freiwerdende gefäßerweiternde Substanz physiologisch und chemisch identifizieren. Es handelt sich im wesentlichen um Adenosintriphosphorsäure. Gleichzeitig und unabhängig davon gelang LOHMANN der Nachweis der Adenosintriphosphorsäure in den Erythrozyten. Daneben sind aber weitere wirksame Substanzen vorhanden, die vorerst noch nicht identifiziert werden konnten.

FLEISCH dachte zunächst an Kalium-Ionen als dilatierende Substanz im h. E., da KCl in isotonischer Lösung intravenös injiziert, bekanntlich ebenfalls gefäßerweiternd wirkt. Er glaubte aber dann doch, das Kalium ablehnen zu müssen auf Grund der relativ geringen Menge und wegen der Beobachtungen, die schließlich zur Isolierung der Adenosintriphosphorsäure aus dem hämolysierten Eigenblut führten.

In weiteren Untersuchungen ergab sich, daß die dilatierende Wirkung der Adenosintriphosphorsäure 70fach größer als die der Muskeladenylsäure ist. Diese Feststellung wurde auch klinisch bestätigt. Zahlreiche Untersucher beschreiben klinische Beobachtungen, die erkennen lassen, daß Adenosintriphosphorsäure bzw. das h. E. blutdrucksenkend, gefäß- und besonders koronarerweiternd und diuresesteigernd wirken und zudem in besonders vielen Fällen bei Kranken mit arteriellem Hochdruck, aber auch bei Patienten mit Koronarinsuffizienz Beschwerdefreiheit bringen. Auch mit unverändertem Eigenblut i. m. wurden sehr gute Ergebnisse in der Therapie des arteriellen Hochdruckes erzielt. Die meisten Autoren berichten nun, daß sie zunächst mehrere aufeinanderfolgende Injektionen gaben, später aber zu größeren Zeitabständen übergingen. Dabei ist wiederholt auf die gute Dauerwirkung und deren Stabilisierung durch Injektionen in großen Abständen hingewiesen worden.

Mit folgender Behandlungsmethode konnten wir ebenfalls gute Erfolge erzielen: Man entnimmt aus der Vene des Kranken 5 ccm Blut, vermischt dieses mit 1 ccm Aqua dest. und injiziert das Gemisch intravenös. Diese Injektion wird einmal wöchentlich durchgeführt. LISUNOWA dagegen gibt folgende Methode an: Mittels einer 10 ccm-Spritze, in der 3 ccm steriles, destilliertes Wasser enthalten ist, werden aus der Kubitalvene 7 ccm Blut entnommen und nach Mischung mit dem Wasser durch die liegengebliebene Kanüle wieder injiziert. An den folgenden Tagen wird täglich 1 ccm Wasser mehr und die entsprechende Menge Blut weniger genommen, bis das Verhältnis von 7 ccm Wasser und 3 ccm Blut erreicht ist. Diese Dosierung wird bis zur Beendigung der Behandlung beibehalten, die aus 15 bis 20 Injektionen besteht. Wir haben die zuletzt genannte Methode übernommen und haben bei vielen Kranken mit koronarer und zerebraler Insuffizienz verschiedenster Genese zuweilen recht gute Erfolge erzielen können.

Literatur zu Kapitel VI, Abschnitt A, 2.10

FLEISCH: Über eine gefäßerweiternde Substanz der roten Blutkörperchen. Verh. Dtsch. Ges. Kreislaufforschg. **11**, 333 (1938); Schweiz. med. Wschr. **4**, 81 (1938); **10**, 223 (1938). — GRÜGER, A.: Therapie mit hämolysiertem Eigenblut. Hippokrates **27**, H. 10, 316 (1956); Eigenblutbehandlung bei Hypertonie. Med. Klin. **24**, 869 (1953). — HAFERKAMP, H.: Die Eigenblutbehandlung (Stuttgart 1951); Die Eigenblutbehandlung. Med. Klin. **46**, H. 42, 1099 (1951). — HOCHREIN, M.: Eigenblutbehandlung bei Hypertonie. Med. Klin. **48**, H. 8, 257 (1953). — JOCHMUS, H.: Hämolysiertes Eigenblut bei arteriellem Hochdruck. Med. Klin. **49**, H. 10, 389 (1954); Die Behandlung des arteriellen Hochdruckes mit hämolysiertem Eigenblut. Hippokrates **25**, H. 7, 215 (1954). — LISUNOWA: Sovet. med. **15**, 29 (1951). — LOHMANN und SCHUSTER: Biochem. Z. **294**, 183 (1937). — PREISEL, L.: Hämolytisches Eigenblut. Wien. med. Wschr. **48**, 998 (1956). — VOGT: Grundzüge der pathologischen Physiologie (München-Berlin 1953). — WINDSTOSSER, K.: Aktiviertes Eigenbluthämolysat – eine Verbesserung der Eigenbluttherapie. Ärztl. Praxis **9**, H. 9, 2 (1957).

2.11. Zuckerbehandlung bei Herz-Kreislauferkrankungen

Nachdem LOCKE bereits 1895 den leistungssteigernden Effekt von Traubenzuckerlösungen am isolierten Herzmuskel demonstrieren konnte, wurde diese Beobachtung in ihrer klinischen Bedeutung erst viel später von BÜDINGEN klar erkannt und bewußt ausgewertet.

Auf seine Anregung fand die Zuckerspritze um die Jahrhundertwende Eingang in die Herztherapie, worauf sie sich in der Kombination mit Herzglykosiden rasch durchzusetzen vermochte. Während ihre günstige klinische Beurteilung besonders durch HASSENCAMP und zahlreiche andere Autoren in weitgehender Übereinstimmung auch experimentell unterbaut werden konnte, waren die Ansichten über Wirkungsmechanismus und Angriffspunkt des herzaktiven Zuckereffektes im Laufe der Zeit mancher Wandlung unterworfen.

BÜDINGEN selbst ging von der Vorstellung einer hypoglykämischen Kardiodystrophie aus, der man mit reichlicher Zufuhr von Traubenzucker als unmittelbarer Herznahrung begegnen könne.

BÜRGER und STEYSKAL dagegen stellten den osmotischen Effekt der hypertonischen Lösung in den Vordergrund. Auch KLEWITZ und KIRCHHEIM halten diesen für wesentlich, nehmen aber darüber hinaus eine herzspezifische Glukosewirkung an, da sie mit entsprechenden Kochsalzlösungen am überlebenden Warmblüterherzen keine positive Beeinflussung der Kontraktionshöhe erzielen konnten. Am isolierten Kaninchenherzen gelang ihnen erstmalig der Beweis einer erhöhten Koronardurchblutung nach Traubenzuckerinfusion. MEYER konnte auch mit relativ geringen Mengen 20–40%iger Dextroselösung gute therapeutische Erfolge erzielen und sieht als Ursache dafür eine Umstimmung des vegetativen Nervensystems auf dem Wege einer in Zusammenarbeit mit HANDOWSKY nachgewiesenen Serumkolloidänderung an. Zur gleichen Auffassung gelangte SCHRADER auf Grund seiner Plasmauntersuchungen. Er betrachtet die festgestellten Verschiebungen im Eiweiß-, Kalium- und Kalziumspiegel allerdings nur als Teilvorgang einer allgemeinen Änderung der vegetativen Reaktionslage und stellt diese den bereits erwähnten Wirkungsfaktoren ergänzend zur Seite.

Ganz allgemein wird heute nach vielfacher Bestätigung unserer Untersuchungsergebnisse, nachdem es mit neuartiger Methodik am intakten Ganztier erstmalig gelang, eine erhebliche Steigerung der Kranzgefäßdurchblutung nach parenteraler Dextroseverabreichung nachzuweisen, die Koronaraktivität des Traubenzuckers als vorherrschendes Wirkungsprinzip anerkannt.

Trotzdem hat es von klinischer Seite nicht an kritischen Stimmen zur herzpositiven Wirkung des Traubenzuckers gefehlt. Während den nach Glukoseinjektion gelegentlich beobachteten Nebenwirkungen, wie Fieber und Schüttelfrost, bei der weiten Verbreitung dieser Maßnahme keine besondere Bedeutung zukommt, da es sich in den meisten Fällen um mangelnde Sorgfalt bei Herstellung der Injektionslösung handelt, werden auch andere Schädlichkeiten diskutiert.

HADORN macht eine gegenregulatorische Adrenalinausschüttung für die von ihm beobachtete ungünstige Traubenzuckerwirkung verantwortlich. SCHERF hingegen nimmt auf Grund der von ELLIS und FAULKNER nachgewiesenen Plasmavolumenzunahme eine durch Hydrämie und beschleunigte Koronardurchströmung herabgesetzte Sauerstoffutilisation an und verweist auf stenokardische Anfälle sowie pathologische Ekg-Veränderungen bei Herzpatienten nach intravenösen Zuckergaben. In letzter Zeit wurden diese Beobachtungen bestätigt, darüber hinaus jedoch die Abhängigkeit der festgestellten Ekg-Veränderungen von der jeweiligen Konzentration der verabreichten Traubenzuckerlösung aufgezeigt. LACHMANN zählt in einer Zusammenstellung über schädigende Traubenzuckereinflüsse weitere Gründe auf und stellt fest, daß:

a) die auf diese Weise ausgelöste Hyperglykämie über eine reflektorische Adrenalinwirkung die Koronardurchblutung ungünstig beeinflusse;

b) der stark reduzierende Traubenzucker dem Myokard Oxydationsaufgaben stellt, zu denen der mangelhaft durchblutete Herzmuskel nicht befähigt sei;

c) die hypertonische Lösung eine Hydrämie und damit eine Mehrbelastung des Herzens herbeiführe;

d) bei den niederprozentigen Lösungen eine osmotische Wirkung nicht in Frage kommen könne:

e) der Herzmuskel den Traubenzucker direkt gar nicht verwerten könne, sondern erst assimilatorische Vorgänge seine Umwandlung in Glykogen ermöglichen müßten;

f) der Traubenzucker die Glykogenreserven von Myokard und Leber vermindere und daß er

g) die Thrombosebereitschaft steigere.

Einzelne der vorgebrachten Gegenargumente haben sich infolge unzureichender Untersuchungstechnik als nicht stichhaltig erwiesen. Andere wurden als unzutreffende Verallgemeinerung von OELMEYER abgelehnt, und schließlich weist SCHIMERT darauf hin, daß die beschriebenen ungünstigen Reaktionen stets nur nach höheren Gaben hochprozentiger Lösungen auftraten, die eine grundsätzlich andere Wirkung entfalten als die heute üblichen Dosen 20–30%iger Lösung. BOHNENKAMP und viele andere Autoren haben sich mit der Stoffwechselwirkung des Traubenzuckers auseinandergesetzt, wobei REIN und GREMELS auf den engen Zusammenhang von Herz- und Leberstoffwechsel aufmerksam machten.

SCHUMANN nimmt an, daß die Traubenzuckerinjektion wohl im Kollaps infolge ihres osmotischen Effektes günstig auf die Koronardurchblutung und auf diesem Wege indirekt auf den Herzstoffwechsel einzuwirken vermag, bei akuter Herzinsuffizienz jedoch unzweckmäßig sei, da in diesem Falle das Stromvolumen eher einer Verminderung bedürfe. Bei chronischer Insuffizienz kann ein erhöhtes Zuckerangebot den Energiegewinn aus anaeroben Spaltungsvorgängen fördern, solange die Koronardurchblutung und damit der Abtransport entstehender Abbauprodukte gewährleistet wird. Durch vergleichende Untersuchungen konnte weiterhin das Mitspielen eines zentral-nervösen Reflexes bei der koronaraktiven Zuckerwirkung ausgeschlossen werden.

Die überaus komplizierten Wechselbeziehungen zwischen Herzleistung und Herzstoffwechsel lassen natürlich nicht ohne weiteres aus einer medikamentös erzielten Vermehrung des Koronardurchstromes auf eine Verbesserung der Herzernährung schließen.

GOTSCH und BORKENSTEIN wiesen unter Bestimmung von Sauerstoffverbrauch, Herzminutenvolumen und arteriovenöser Sauerstoffdifferenz nach, daß Dextrose-Injektion eine Steigerung des Stoffwechsels und Erhöhung der Herzleistung verursacht, ohne daß eine Erleichterung der Sauerstoffversorgung in Form einer besseren Sauerstoffausnützung in Erscheinung tritt.

Ursprünglich wurde angenommen, daß die günstige Wirkung auch anderer Zucker (Lävulose, Fruktose, Invertzucker) vor allem von der Art ihrer Resorbierbarkeit abhängig sei. GREMELS u. a. stellten jedoch einen spezifischen Effekt der verschiedenen Zuckerarten sicher, wobei dem Fruchtzucker besondere Bedeutung zukommen soll.

Gegenüber dem Traubenzucker werden folgende Vorteile der Lävulosetherapie hervorgehoben: Länger anhaltende Steigerung der Koronardurchblutung, besondere Aktivierung des Leberstoffwechsels, gesteigerte Milchsäurebildung, deren Bedeutung für den Herzstoffwechsel von RÜHL aufgezeigt wurde, fehlende insuläre Gegenregulation, Verminderung der Herzbelastung unter Garantierung einer ausreichenden Sauerstoffversorgung des Gesamtorganismus und auch bei hochprozentigen Lösungen keine Reizung der Venenintima.

Dem Invertzucker, einem Gemisch aus gleichen Teilen von Dextrose und Lävulose, wird ebenfalls eine besondere Stellung eingeräumt, ohne daß zusätzliche Vorteile bisher unter Beweis gestellt werden konnten. Über sehr gute therapeutische Erfolge mit Honigpräparaten, deren Zuckeranteil zu 95% aus Invertzucker besteht bzw. mit Zuckergemischen, die neben Glukose und Fruktose auch Disaccharide enthalten, wird vielfach berichtet. Besonders wird die absolute Allergenfreiheit der Zuckergemische hervorgehoben. Da vereinzelte Überempfindlichkeitsreaktionen auf Injektion eiweißfreier Honigpräparate zur Beobachtung kamen (LACHMANN), wird von KOCH angenommen, daß die günstige Herzwirkung des Honigs mit der in ihm enthaltenen Zuckerkombination allein nicht erklärt werden kann, sondern in einem cholinergischen Stoff, der eine verstärkte und beschleunigte Zuckerutilisation ermöglicht, gesucht werden muß. Dieser „Glykutilfaktor" wurde von SCHIMERT und KRÄMER bestätigt, die eine lang anhaltende Erweiterung der koronaren Strombahn bei Steigerung der systolischen Herzkraft und Normalisierung vegetativer Kreislaufstörungen sympathikotoner Art, beschrieben.

Viele Untersucher identifizierten den cholinergischen Stoff schließlich mit Azetylcholin, dessen Stabilität durch eine gewisse Cholinmenge aufrechterhalten wird. AUELL und WEZLER allerdings konnten unter entsprechendem Zusatz der beiden Stoffe zu verschiedenen Zuckerlösungen keine überzeugende kardiale Leistungsverbesserung sehen.

An Hand des reichhaltigen Krankengutes unserer Klinik können wir die günstige therapeutische Wirkung von Honigpräparaten, besonders bei koronaren und peripheren Durchblutungsstörungen im Rahmen der neurozirkulatorischen Dystonie, sowie zur Unterstützung der Herzglykosidtherapie bei allen Arten kardialer Dekompensation, in vollem Umfange bestätigen. Aber auch durch Verabreichung von 20 ccm 20–30%iger Traubenzuckerlösung in Kombination mit Vitamin B_1, vor allem bei Koronarinsuffizienz, wurden stets befriedigende Erfolge erzielt, ohne daß je unerwünschte Zwischenfälle bei intravenöser Darreichung beobachtet worden wären.

Literatur zu Kapitel VI, Abschnitt A, 2.11

AUELL, K. H. und K. WEZLER: Die Hypodynamie des Froschherzens und ihre Beeinflussung durch verschiedene Zucker und deren Kombination. Arzneimittel-Forschg. 5, 166 (1955). — BÜDINGEN, TH.: Die Ernährungsstörungen des Herzmuskels (Leipzig 1917). — BÜRGER, M.: Ärztl. Praxis 6, Nr. 42 (1954). — BOHNENKAMP, H.: Z. Kreislaufforschg. 28, 846 (1936). — DELIUS, L.: Zur Traubenzucker-Kombetin-Mischspritze. Medizinische 46, 1476 (1952). — DITTRICH, H.: Klinische Erfahrungen mit parenteraler Honigbehandlung. Münch. med. Wschr. 18, 593 (1955). — ELLIS und FAULKNER: Amer. Heart J. 17, 542 (1939). — GOTSCH, K.: Der kreislaufdynamische Effekt intravenös verabfolgter Honiglösung. Wien. klin. Wschr. 68, H. 33, 647 (1956); und E. BORKENSTEIN: Die Herz-Kreislaufwirkung der Dextrose und Lävulose. Z. Kreislaufforschg. 42, H. 11/12, 434 (1953). — GREMELS, H.: Arch. exper. Path. 194, 629 (1940). — HADORN: Schweiz. med. Wschr. 2, 1078 (1940). — HANDOWSKY: Klin. Wschr. 30, 1354 (1924). — HAUN, H.: Chronaximetrische Studien über die Honigwirkung am Froschherzen. Z. Biol. 107, H. 2, 134 (1954). — HOCHREIN, M.: Klinische und experimentelle Untersuchungen der Herzdurchblutung. Klin. Wschr. 37, 1705 (1931); Der Koronarkreislauf (Berlin 1932). — KLEWITZ und KIRCHHEIM: Klin. Wschr. 28, 1397 (1922). — KOCH, E.: Ärztl. Forschg. 4, 157 (1950). — LACHMANN, H.: Vitamin C und Kalzium statt Traubenzuckerinjektionen bei Herzkrankheiten. Dtsch. Gesd.wes. 15, 468 (1947). — LASCH, F.: Fortschritte der Lävulosebehandlung innerer Krankheiten. Wien. med. Wschr. 106, H. 48, 989 (1956); und H. KALOUD: Experimentelle Untersuchungen über die Erhöhung des Kohlehydratgehaltes im Herzmuskel durch Laevulose. Dtsch. med. Wschr. 76, H. 27/28, 895 (1951); und O. NOWAK: Experimentelle Untersuchungen des Herzmuskels nach peroralen Gaben verschiedener Zucker. Med. Klin. 47, H. 20, 680 (1952); und K. THEINL: Klinische und experimentelle Untersuchungen über die Wirkung der Lävulose auf das gesunde und kranke Herz. Wien. klin. Wschr. 67, H. 44, 858 (1955). — NISSEN, K. und D. MÜTING: Über den therapeutischen Wert des Traubenzuckers. Med. Mschr. 7, 461 (1958). — OELMEYER, H.: Zur Traubenzucker-Strophanthin-Behandlung. Dtsch. Gesd.wes. 10,

614 (1947). — SCHIMERT, G.: Über die spezifische Kreislaufwirkung des Honigpräparates M2 Woelm und seine klinische Indikation. Med. Klin. **45,** 65 (1950). — SCHUMANN, H.: Entgegnung auf die Arbeit von LASCH, F. und H. KALOUD: Experimentelle Untersuchungen über die Erhöhung des Kohlehydratgehaltes im Herzmuskel durch Laevulose. Dtsch. med. Wschr. **6,** 182 (1952). — STEYSKAL: Grundlagen der Osmographie (Wien 1922). — UHLICH, G.: Zur Zuckerbehandlung bei Herzkranken. Med. Klin. **50,** H. 35, 1489 (1955).

2.12. Hormone in der Herz-Kreislaufbehandlung

2.12.1 Hypophyse und Nebennierenrinde

In der therapeutischen Praxis der Herz-Kreislauferkrankungen spielen Hypophysenpräparate einschließlich des ACTH und die physiologischen Corticosteroide, Cortison und Hydrocortison (Cortisol), kaum noch eine Rolle, da diese Mittel im wesentlichen durch synthetische Präparate – Dehydrocortison (Prednison) und Dehydrocortisol (Prednisolon) sowie neuerdings einer Fluorverbindung des Prednisolon, dem Volon, abgelöst wurden.

Die therapeutische Wirkung der Prednisone übertrifft die des Cortisons, vor allem aber werden die unangenehmen Nebenwirkungen der Cortisone auf den Mineralhaushalt, die Natriumretention und gesteigerte Kaliumausscheidung sowie die Tendenz zur Wasserretention vermieden.

Dieser Vorteil ist um so mehr hervorzuheben, als die genannten Cortison-Nebenwirkungen gleichgerichtete Versagenstendenzen im Bereiche der Kompensationsgrenze verhängnisvoll potenzieren können.

Als spezielle Indikation für das ACTH ist praktisch nur die primäre Hypophysenvorderlappeninsuffizienz übrig geblieben. Die Mineralo-Corticosteroide Desoxycorticosteron (DOC) und Desoxycorticosteronacetat (DOCA) sind Fällen von Nebenniereninsuffizienz vorbehalten, in denen eine Behandlung mit Prednison allein keine Substitution bewirkt. Außerdem kann sich bei therapeutisch schwer beeinflußbaren Blutdruckhypotonien unklarer Genese die symptomatische Behandlung mit DOC günstig auswirken. Bei älteren Menschen, bei Frauen jenseits des 40. Lebensjahres, ist diese Therapie leider wegen der häufig einsetzenden starken Ödembildung nicht über längere Zeit fortsetzbar.

In der Therapie mit sogenannten Glukocorticosteroiden, wofür heute die Prednisone zur Verfügung stehen, sind im wesentlichen zwei Wirkungsweisen zu unterscheiden:

1. der Substitutionseffekt, welcher bei primärer oder sekundärer Nebenniereninsuffizienz in Kraft tritt,
2. die pharmakodynamische Wirkung, welche bei entsprechender Dosierung eine Hemmung entzündlicher und toxischer Gewebsreaktionen zur Folge hat.

In der Herz-Kreislaufklinik spielt vor allem die Behandlung entzündlich-rheumatischer Erkrankungen eine Rolle, bzw. die Therapie post-infektiöser Sensibilisierungserkrankungen. Um das Verständnis für die Hauptindikationen der Cortisone in Abgrenzung zur Sulfonamid- und Antibiotica-Behandlung zu erleichtern, verweisen wir auf Abb. 213, das Spektrum der bakteriämischen Krankheiten nach ALBERTINI-FANCONI in der Modifikation von HEILMEYER.

Im einzelnen ergeben sich folgende Indikationen:

Bei akutem rheumatischem Fieber gilt das Prednison (sämtliche Aussagen über Prednison können auf Prednisolon übertragen werden) zur Vorbeugung gegen eine Herzbeteiligung heute als das sicherste Mittel. Wenngleich die herkömmliche Therapie mit Salicylaten, Pyramidon usw. auf diesem Gebiet ebenfalls Ausgezeichnetes leistete, wird man sich bei Fällen von akutem rheumatischem Fieber der sofortigen Gabe von Prednison kaum verschließen dürfen. Überzeugender gegenüber der herkömmlichen Therapie sind u. a. die Vorteile des Prednisons auch in der Behandlung der postinfektiösen Myokarditis.

Bei Vitien hat die Prednisonbehandlung nur Wert, wenn ein schwelender oder rezidivierender Entzündungsprozeß vorhanden ist. Ein Rückgang bereits vorhandener narbiger Klappenveränderungen tritt nicht ein. Besonders günstig soll die Prednisonbehandlung bei der Pericarditis exsudativa rheumatica sein, da die exsudations- und proliferationsbehindernde Wirkung gegen umfangreiche Verwachsungen vorbeugen soll. Offenbar steht die Praxis in der Beurteilung dieser Frage aber vorläufig noch hinter der Theorie zurück.

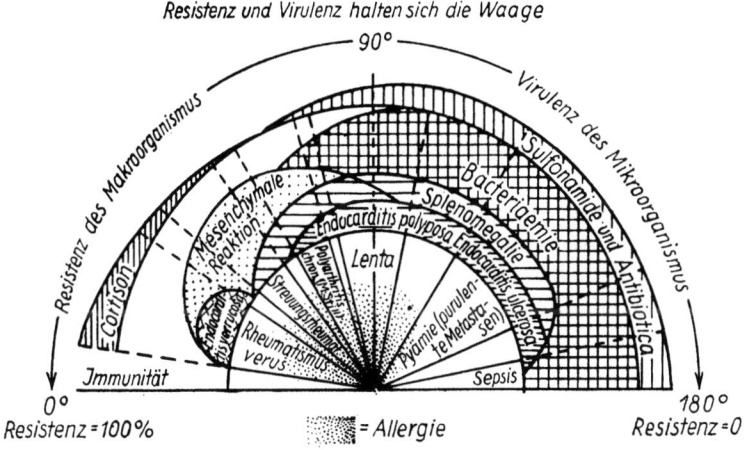

Abb. 213. Spektrum der bakteriämischen Krankheiten nach ALBERTINI-FANCONI (modifiziert von L. HEILMEYER).

Bei schweren septischen Krankheitsbildern und schweren Schockzuständen, kurz gesagt, bei allen akuten Stress-Situationen, bei denen eine rasche Erschöpfung oder ungenügende Anpassung der Nebennierenrinde an den gesteigerten Hormonbedarf zu befürchten oder bereits eingetreten ist, kann Prednison lebensrettend wirken. Hier gelangen vor allem die injizierbaren Prednisolonpräparate zum Einsatz. So wird die Prednisonprophylaxe und -behandlung bei Kreislaufkomplikationen nach Operationen bzw. zur Vermeidung derselben angewandt. Neuerdings wird auch bei Myokardinfarkt und apoplektischem Insult ein günstiger Einfluß des Prednisons erwähnt, ohne daß vorläufig größere Erfahrungen vorliegen. Gutes soll die Prednisonbehandlung auch in der Therapie hartnäckiger Ödeme hepatogener und kardialer Genese leisten.

Unter den Erkrankungen des peripheren Gefäßsystems ist die überlegene Wirkung des Prednisons in der Behandlung der Arteriitis temporalis zu erwähnen. Bei Periarteriitis nodosa können Remissionen erzielt werden.

Die Behandlung mit Prednison stellt eine sehr differente therapeutische Maßnahme dar, abgesehen von der Substitutionsbehandlung und kurzfristigen Anwendung zur Überwindung lebensbedrohlicher Situationen. Folgende Gefahren und Kontraindikationen sind zu beachten:

Treten im Gefolge einer Langzeitbehandlung die Symptome eines Hypercorticoidismus (Morbus CUSHING) in Erscheinung (Blutdruckhypertonie, Vollmondgesicht, Stammfettsucht, Osteoporose bzw. Knochenschmerzen), was nicht selten der Fall ist, dann muß die Therapie abgesetzt oder die Dosis des Medikamentes reduziert werden. Bei manifesten Hypertonien sind Corticosteroide kontraindiziert.

Im Rahmen einer Dauerbehandlung gerät der Patient in eine gewisse Abhängigkeit von der exogenen Hormonzufuhr, da die Nebennierenrinde unter der Behandlung ihre Funktion auf ein Minimum gedrosselt hat. Das Absetzen des Mittels muß daher stets sehr allmählich erfolgen, um der Rückanpassung der körpereigenen Hormonproduktion an die veränderten Verhältnisse Zeit zu geben und das Auftreten von Insuffizienzerscheinungen der Nebennierenrinde zu vermeiden. ACTH soll während einer Prednisonlangzeittherapie oder nach Absetzen derselben nicht gegeben werden, da hierdurch die gewünschte Stimulierung der Nebennierenrinde nicht eintritt, sondern im Gegenteil der Funktionsrückgang der Nebennieren verstärkt wird. Ein irreparabler Funktionsausfall der Nebenniere ist auch bei jahrelanger Cortison- bzw. Prednisongabe, welche im Rahmen der Herzkreislauftherapie nur bei Arteriitis temporalis bzw. nodosa eventuell praktische Bedeutung hat, nicht zu befürchten.

Bei jeder längeren Behandlung, nicht nur bei der Substitutionsbehandlung ist dem erhöhten Hormonbedarf in Stress-Situationen – bei fieberhaften Erkrankungen, Unfällen, Operationen usw. – durch Steigerung der Hormondosis Rechnung zu tragen.

Der Blutzuckerspiegel steigt unter Cortison in der Regel an. Während der sogenannte Steroid-Diabetes bei intaktem Inselapparat in der Regel mit Absetzen des Präparates abklingt, kann sich ein latenter Diabetes unter Cortison manifestieren. Deshalb sind Diabetiker von der Therapie, wenn keine dringende Indikation besteht, auszuschließen und nur in der Klinik mit Cortison zu behandeln. An die Möglichkeit eines Coma diabeticum ist bei jeder Cortisondauerbehandlung zu denken.

Der gesteigerte Kohlenhydratumsatz kann bei Dauerbehandlung eine eiweißkatabole Wirkung und negative Stickstoffbilanz zur Folge haben. Deshalb wird eiweißreiche Kost und der eiweißanabolen Wirkung des Testovirons wegen bei älteren Menschen vor allem die Gabe von Depot-Testoviron empfohlen.

Da Cortison die Resistenzverhältnisse ungünstig beeinflußt, ist der Ausschluß latenter Infektionen notwendig.

Vor allem muß an das Wiederaufflackern einer Tuberkulose gedacht werden. Bei septischen und postinfektiösen Krankheiten empfiehlt sich stets die kombinierte Anwendung von Antibiotika, wenn eine Cortisonbehandlung durchgeführt werden soll.

Auf Grund der proliferationshemmenden Wirkung der Cortisone ist deren Kontraindikation bei Magen- und Zwölffingerdarmgeschwüren, Ulcus cruris und ausgedehnten Wunden zu berücksichtigen. Prednisongaben von 15 mg pro Tag und darunter sollen die Wundheilung nicht hemmen.

Selten wurden speziell bei Prednison psychische Erregungszustände beobachtet.

Schwangere sind in den ersten Schwangerschaftsmonaten wegen der Gefahr des Fruchttodes sowie möglicher fötaler Mißbildungen von der Prednisonbehandlung auszuschließen.

Ob durch Cortison das Auftreten von Thrombosen begünstigt wird, ist bisher noch nicht eindeutig geklärt.

Die Dosierung in akuten Krankheitsstadien beträgt 40–60 mg. Bei Langzeitbehandlung ist die Wirkungsdosis individuell zu ermitteln, sie liegt in der Regel zwischen 10 und 25 mg. Die Behandlungsdauer richtet sich nach dem Verhalten der Humoral-Diagnostik, in deren Rahmen bei entzündlichen Prozessen die Blutsenkung (s. S. 482) in der Regel für die Kontrolle der Wirkung gut geeignet ist. Vor allem ist in den Tagen nach Absetzen des Medikamentes auf Rezidive zu achten.

2.12.2. Keimdrüsenhormone

Die Therapie mit Keimdrüsenhormonen in der Kreislaufbehandlung wird nur zum Teil als Substitutionsmaßnahme durchgeführt. Eine sehr wesentliche Wirkung, auf welche vor allem bei der Behandlung peripherer Durchblutungsstörungen abgezielt wird, ist die Gefäßdilatation und Änderung der Blutverteilung. Weiterhin weiß man, daß die Sexualhormone spezielle Stoffwechselfunktionen ausüben, wie dies bereits für die eiweißanabole Wirkung des Testovirons angeführt wurde.

In den letzten Jahren wurden die Indikationen der gleichgeschlechtlichen immer mehr zu Gunsten der zweigeschlechtlichen Therapie eingeengt. Mit letzterer hat man nicht nur häufig bessere Therapieerfolge, sondern umgeht auch die Gefahren der unerwünschten Nebenwirkungen, welche sich bei gleichgeschlechtlichen Hormongaben häufig einstellen.

So ist z. B. bei Behandlung mit reinen Östrogenen das Wiederauftreten von Blutungen bei Frauen im Klimakterium und bei anhaltenden Gaben in seltenen Fällen auch die Entwicklung eines Mammakarzinoms zu befürchten, wie ebenso bei der Behandlung mit reinen Androgenen die Gefahr des Prostatakarzinoms besteht.

Für die gleichgeschlechtliche Behandlung sind in der Herz-Kreislauftherapie nur wenige Indikationen übrig geblieben. Doppelseitig ovarektomierte junge Frauen zeigen z. B. nicht selten schwere hypotone Regulationsstörungen; bei ihnen ist die Substitution mit Follikelhormon angezeigt.

Die Behandlung schwerer peripherer arteriosklerotischer Durchblutungsstörungen, welche in ganz überwiegender Zahl Männer betreffen, kann mit gegengeschlechtlichem oder gleichgeschlechtlichem Hormon durchgeführt werden.

Der Erfolg ist in beiden Fällen häufig ausgezeichnet.

Die Grundlagen der Hormonbehandlung arterieller Durchblutungsstörungen sind vor allem in deren durchblutungsförderndem Einfluß zu erblicken. Bei der Gabe gegengeschlechtlichen Hormons spielt außerdem der Gedanke eine Rolle, daß bei menstruierenden Frauen arteriosklerotische Durchblutungsstörungen sehr selten sind. Bei Testovirongaben wird außerdem ganz allgemein an eine Zurückdrängung der altersbedingten Veränderungen der Gewebs- und Stoffwechselfunktionen gedacht. Männer, bei denen die Geschlechtsaktivität noch nicht abgeklungen ist, wird man vorzugsweise einer Testovironbehandlung zuführen und injiziert jeden 2. Tag 25 mg Testoviron, bei gegengeschlechtlicher Behandlung 2 mal 5 mg Follikelhormon pro Woche.

Bei funktionellen Kreislaufstörungen kann als Ursache mitunter Hypersexualität in Frage kommen. Bei Frauen wird diese durch Progesterongaben, täglich 10 mg peroral oder jeden 2. Tag 5–10 mg intramuskulär zurückgedrängt, bei Männern durch Follikelhormon (Oestradiol und Derivate) etwa 2 mal pro Woche 5 mg Progynon intramuskulär.

Zur zweigeschlechtlichen Hormonbehandlung werden vorzugsweise Präparate mit Langzeitwirkung über 4–6 Wochen verwendet (Primodian, Femovirin).

Die große Zahl der klimakterischen Kreislaufstörungen, einschließlich der im Klimakterium auftretenden Hypertonie, Koronarinsuffizienz usw., außerdem die vor dem Klimakterium bereits bestehenden organischen Herzerkrankungen reagieren auf diese Depot-Präparate in der Regel ausgezeichnet. Auch arteriosklerotisch bedingte zerebrale Durchblutungsstörungen und Kreislaufstörungen des Klimakterium virile sprechen günstig an. Eine Kontraindikation gegen die zweigeschlechtliche Behandlung ist praktisch nicht gegeben, so daß diese Präparate auf breiter Basis angewandt werden können.

2.12.3. Schilddrüse

In der Zurückdrängung der Schilddrüsenfunktion hat man schon vor Jahrzehnten eine wirkungsvolle Maßnahme zur Therapie der Herzinsuffizienz gesehen.

Die operative Schilddrüsenresektion hat in dieser Indikation allerdings nur eine vorübergehende Rolle spielen können (s. S. 143). Neuerdings wurde nun die weit schonendere Radiumresektion der Schilddrüse mit J 131 zur Behandlung der schweren Herzdekompensation empfohlen. Mit der Senkung des Grundumsatzes auf subnormale Werte wird eine wesentliche Herzentlastung bewirkt. Andererseits wirkt dieser Eingriff so synatherogen, daß Vor- und Nachteile sehr sorgfältig gegeneinander abgewogen werden müssen. Die Radiumresektion der Schilddrüse mag in diesem oder jenem Einzelfall von Herzinsuffizienz wohl Gutes leisten. Ein wesentlicher Nachteil der Methode scheint in der Schwierigkeit zu liegen, eine therapeutisch optimale Resektion vorzunehmen, so daß eine ausreichende herzwirksame Grundumsatzerniedrigung, und doch keine Atherosklerose provozierende Unterfunktion der Schilddrüse erzielt wird. Geht man von dem Gedanken aus, daß Basedow-Patienten nur selten an Arteriosklerose erkranken, dann gelangt man allerdings zu dem Schluß, daß bei älteren herzkranken Menschen die Schilddrüsenresektion keine Ideallösung darstellt.

Im gleichen Maße wie die therapeutische Dämpfung der Schilddrüsenfunktion ist auch deren Anregung aus Indikationen, die im Bereich der Herz-Kreislauferkrankungen liegen, problematisch.

Beziehen wir die Fettsucht in den Rahmen der zirkulatorischen Störungen ein, dann fällt auf, daß die Therapie mit Thyroxin von vielen Klinikern nach wie vor als die wichtigste medikamentöse Maßnahme in der Fettsuchtbehandlung befürwortet wird.

Als Kontraindikation gilt allgemein die Herzinsuffizienz. Wir selbst lehnen die Behandlung der Fettsucht mit Schilddrüsenhormon ab. Erfahrungsgemäß können schon geringe Dosen nicht selten zu unangenehmen Nebenwirkungen führen. Bei den meisten Fettsuchtpatienten besteht eine Linksherzbelastung. Jede Grundumsatzsteigerung bedingt aber eine vermehrte Herzbelastung, wie dies oben angedeutet wurde.

2.12.4. Nebenschilddrüse

Funktionellen Kreislaufstörungen liegt nicht selten eine larvierte Tetanie zugrunde (ESSEN, PARADE u. a.). Die Diagnose der latenten Tetanie ist oft schwierig. Bei völlig therapieresistenten vegetativen Dystonien kann insbesondere bei gelegentlichem Nachweis von gesteigerter Muskelerregbarkeit ein Versuch mit AT 10 zu einem kaum noch erhofften Therapieerfolg führen. Wichtig ist, daß man die Dosis ausreichend bemißt. Bewährt hat sich uns in dieser Indikation die Gabe von einem Eßlöffel AT 10. Tritt danach innerhalb einer Woche eine deutliche Besserung der Beschwerden ein, dann wird die Therapie mit der zu ermittelnden individuellen Tagesdosis fortgesetzt.

2. 12. 5. Bauchspeicheldrüse

Insulin:
Das Insulin spielt in der Behandlung der Herz-Kreislauferkrankungen kaum eine Rolle. Über günstige Erfahrungen bei Endarteriitis obliterans wurde gelegentlich berichtet, größere Untersuchungsreihen stehen aus.

Kallikrein:
Dieser von FREY aus dem Pankreas gewonnene Organextrakt hat wesentliche Bedeutung in der Behandlung peripherer arterieller Durchblutungsstörungen erlangt. Als Handelspräparate stehen das Padutin und Depot-Padutin zur Verfügung. Die Wirkung dieser Substanzen wird S. 615 ausführlich besprochen.

Literatur zu Kapitel VI, Abschnitt A, 2.12

AMMON, R. und W. DIRSCHERL: Fermente, Hormone, Vitamine (Leipzig 1948). — D'ANTUONO, G. und S. TURA: Azione del cortisone e prednisolone... (Die Wirkung von Cortison und Prednisolon auf einige Organe und Gewebe). Endocrinologia 23, 161 (1956). — v. BERGMANN: Zur Therapie mit Hormonen und Vitaminen. Dtsch. med. Wschr. 1936, 289 u. 333. — BLASUS, R. und Mitarb.: Untersuchungen über die Wirkung von Testosteron auf die kontraktilen Strukturproteine des Herzens. Klin. Wschr. 34, H. 11/12, 324 (1956). — CÁMARA, A. A. und F. R. SCHEMM: Corticotropin (ACTH) in heart disease: its paradoxical effect on sodium excretion in resistant congestive failure. Circulation 11, 702 (1955). — CHICHE, P.: Utilisation de l'ACTA et des hormones corticosurrénales en cardiologie (Verwendung von ACTH und Nebennierenrindenhormonen in der Kardiologie). Sem. hôp./Semaine thérapeut. 1957, 703. — DIMITRIU, V. und Mitarb.: Bemerkungen über die Behandlung mit ACTH und Cortison bei Herzkrankheiten. Viata med. 2, H. 10 (1957). — EMICH, R.: Prednison in der Herz-Therapie. Wien. klin. Wschr. 69, H. 51, 989 (1957). — FLEISCHHACKER, H.: Zur Cortisontherapie innerer Erkrankungen. Med. Klin. 53, H. 13, 142 (1958). — HEILMEYER, L.: Klinische Beobachtung zur Infektbeeinflussung durch ACTH und Cortison bei Streptokokkenkrankheiten, Typhus abdominalis, Tuberkulose und Hepatitis epidemica. Münch. med. Wschr. 17, 460 (1954). — HOTTMANN: Z. exper. Med. 99, 283 (1936). — JONSSON, E.: Corticotropin and cortisone therapy. I. Advantages and hazards. Nord. med. 56, 1547 (1956). — KAISER, H.: Die Voraussetzungen für eine wirksame und gefahrlose Behandlung mit den Cortisonen. E. Merck's Jb. 69, 6 (1956). — KIRCHMAYR, W.: Über die Verwendbarkeit von Keimdrüsenhormonen zur Behandlung von Herz- und Kreislaufbeschwerden alter Leute. Wien. med. Wschr. 1956, 875. — LOESER, A. und H. MARX: Hormontherapie, 3. Aufl. (Leipzig 1947). — MOORE, M. M.: Connecticut Med. J. 18, 16 (1954). — MULLER und Mitarb.: Etude de l'aldostéronurie chez le sujet normal et chez le cardiaque œdémateux (II. Der Einfluß von Prednison auf den Herzkranken). Schweiz. med. Wschr. 1956, 1362. — MUNK: Med. Klin, 2, 1257 (1935); 2, 1192 (1937). — NUSSELT, H.: Berliner med. Z. 1, H. 15/16, 185 (1950). — OBERGASSNER, H.: Therapeutische Erfahrungen mit Cortison und ACTH bei Kreislauferkrankungen. Med. Klin. 49, H. 6, 235 (1954). — PIPER, K.: Ther. Gegenw. 89, H. 6, 373 (1950). — RATSCHOW, M.: Die Sexualhormone als Heilmittel innerer Krankheiten (Stuttgart 1952); Mon.-Kurse ärztl. Fortbildg. 5, H. 1, 27 (1955). — SCHERF: Klin. Wschr. 1, 44 (1938). — SCHERING A. G.: Hormon-Therapie in der Praxis, 2. Aufl. (Berlin-West). — VERZAR, F.: Die Funktion der Nebennierenrinde (Basel 1939). — VINCKE, E.: Der Wirkungsmechanismus von Hormonen (Leipzig 1950). — WOLFF, H. P.: Über die Aldosteronaktivität und Natriumretention bei Herzkranken und ihre pathophysiologische Bedeutung. Klin. Wschr. 34, H. 41/42, 1105 (1956). — ZARDAY: Spezielle Therapie der Herz- und Gefäßkrankheiten (Dresden 1942); Klin. Wschr. 2, 981 (1938). — ZONDEK, B.: Die Hormone des Ovariums und des Hypophysenvorderlappens (Wien).

2.13. Vitamine in Prophylaxe und Therapie von Herz-Kreislauferkrankungen

Die Vitamine haben seit ihrer Entdeckung und der Erkenntnis ihrer spezifisch-physiologischen Wirkung eine ständig wachsende Bedeutung erlangt. Für ein harmonisches Zusammenspiel vieler Funktionen des Organismus ist die Anwesenheit bestimmter Mengen der verschiedenen Vitamine eine unerläßliche Voraussetzung. Der Zweck einer prophylaktischen oder therapeutischen Verabreichung dieser Wirkstoffe könnte – wenn von der bekannten Definition des Vitaminbegriffs ausgegangen wird – eigentlich nur physiologischer Art sein, nämlich die zur Aufrechterhaltung der Stoffwechselfunktionen notwendige Sicherstellung des durch verschiedene Umstände verminderten Vitaminbedarfs. Dieser Bedarf ist an sich meist klein, doch hat die Vitaminforschung eine große Zahl von Zuständen aufgezeigt, bei denen schon unter physiologischen Verhältnissen ein Mehrbedarf an Vitaminen besteht. Darüber hinaus hat sich immer mehr herausgestellt, daß ihre Verwendung über den Rahmen der physiologischen Proportionen hinausgeht und bei entsprechender Dosierung pharmako-dynamische Wirkungen auftreten, so daß wir neben den als normal anzusehenden Bedarfsmengen, sogenannte optimale Tagesdosen für eine aktive Vitamintherapie zu unterscheiden haben.

Die nachfolgende Übersicht soll die Möglichkeiten der prophylaktischen und therapeutischen Anwendungen der herz- und kreislaufwirksamen Vitamine nach den bisher bekannten Erfahrungen aufzeigen.

Betrachten wir zunächst das Vitamin A, so übt nach J. A. SCHNEIDER eine Erhöhung des zwischen 3000 und 14000 i. E. liegenden Tagesbedarfs des Menschen auf 50000 bis 300000 i. E. im Sinne einer Übervitaminisierung pharmako-dynamische Wirkungen aus. Erfolge wurden bei dem RAYNAUDschen Syndrom und bei Angina pectoris als Nebenbefund bei Krebskranken erzielt.

Ausgehend von der Tatsache, daß Vitamin A zur Speicherung von Vitamin C in der Nebennierenrinde und damit zur Hormonabgabe der Nebennierenrinde erforderlich ist, wurden die Vitamin A-Gaben mit hohen Dosen von Vitamin C kombiniert. SCHNEIDER behandelte 28 Patienten im 7. und 8. Lebensjahrzehnt, die an pektanginösen Beschwerden litten. Die tägliche Dosierung betrug 300000 i. E. Vitamin A und 2–3 g Vitamin C; die Therapiedauer belief sich auf durchschnittlich 2–3 Wochen. Bei 15 Kranken trat eine deutliche Besserung der Beschwerden ein, 2mal konnte ein Rückgang der ST-Senkung im Ekg beobachtet werden. Nach Ansicht des Untersuchers ist das Vitamin A für diese Wirkung verantwortlich zu machen, wobei jedoch dem Vitamin C eine unterstützende Rolle zukommt. BÄCHTOLD prüfte, ausgehend von der Überlegung, daß Vitamin A imstande ist, in manchen Fällen das Vitamin D antagonistisch zu beeinflussen, ob die experimentell durch Vitamin D erzeugte Arteriosklerose durch Applikation von Vitamin A aufzuheben sei; dies war der Fall. WEITZEL und Mitarb. konnten im Experiment am alten Huhn zeigen, daß sowohl durch Vitamin A als auch durch Vitamin E die Arteriosklerose beeinflußt werden kann. Nach Gaben von Vitamin A zeigte sich ein erheblicher Rückgang der Fettplaques. Fettchemisch wurde gleichfalls eine deutliche antiatherosklerotische Wirkung nachgewiesen. Ob sich diese tierexperimentellen Ergebnisse auf den Menschen übertragen lassen und sich daraus prophylaktische und therapeutische Konsequenzen ergeben, muß noch weiter geklärt werden.

Die Ansichten und auch die Ergebnisse über die Wirkungen des Vitamin E bei Herz- und Kreislauferkrankungen sind zum Teil noch widersprechend.

Von verschiedenen Autoren wird dem Alpha-Tocopherol eine therapeutische Wirkung zugeschrieben. Der günstige Einfluß wird damit erklärt, daß Vitamin E eine Permeabilitätsherabsetzung, eine Kapillardilatation, eine Verminderung der Hypoxämie und durch Einsprossen frischer Blutgefäße eine Auflockerung des Narbengewebes herbeiführen soll.

Über die Erfolge der Vitamin E-Therapie bei Angina pectoris, Myokardschaden nach Infekten und akuter Myokarditis berichten unter anderem SHUTE und Mitarb. Von GALEONE und MINELLI wurden 15 Patienten im Alter von 40–60 Jahren, die an einer Koronarinsuffizienz litten, während der Dauer von 2 Wochen ambulant mit 200–400 mg Vitamin E in Tablettenform behandelt. Die Bewertung stützte sich unter anderem auf die Häufigkeit und Schwere der Schmerzanfälle und auf Veränderungen des Ekg. Vor, während und nach der Behandlung erfolgte eine Ekg-Kontrolle und eine röntgenologische Kontrolle des Herzvolumens. Der Erfolg befriedigte in den leichten und mittelschweren Fällen, wo schon während der ersten Woche die pektanginösen Symptome in Ruhe und bei Belastung zurückgingen oder verschwanden. Objektiv waren eine Besserung der Herz-Kreislauffunktion, ein Rückgang der Dyspnoe und eine erhöhte Leistungsfähigkeit zu verzeichnen. Während die Pulsfrequenz nur bei Tachykardie abnahm, war meist eine wesentliche Ekg-Veränderung nachweisbar: die ST-Strecke normalisierte sich, das vorher negative T wurde positiv. Bezüglich der Wirkungsweise des Vitamin E kommen die Verfasser zu dem Schluß, daß es sich um eine pharmakodynamische Wirkung der hohen Vitamin E-Dosen handeln dürfte.

Die Ergebnisse der Vitamin E-Behandlung bei Herzleiden veranlaßte SHUTE und Mitarb. zur Untersuchung der Wirkungsweise der Tocopherole bei gewissen peripheren Gefäßkrankheiten. Von Herzkranken mit Atherosklerose, deren Hände und Füße seit Jahren kalt und taub waren, wurde angegeben, daß durch Vitamin-E-Therapie wieder ein Wärmegefühl aufgetreten wäre.

Es wurden Fälle von Thrombophlebitis und Phlebothrombose behandelt, bei denen durch die tägliche Medikation von 200–300 mg Alpha-Tocopherol per os die Venenveränderungen in einem Zeitraum von 3–10 Tagen stark gebessert wurden. Patienten mit torpiden Ulzera der Unterschenkel- und Knöchelgegend sprachen prompt auf die Alpha-Tocopherol-Behandlung an, wobei die Autoren den Behandlungserfolg einer Verbesserung der lokalen Zirkulation in den Arteriolen und einer besseren Sauerstoffausnützung zuschreiben. Über die Vitamin E-Behandlung von Patienten mit Claudicatio intermittens berichtet A. H. RATCLIFFE; er betont die Notwendigkeit einer hohen Dosierung und bezeichnet als optimale Tagesdosis etwa 400 mg Vitamin E. Eine Besserung ist bei obliterierenden Gefäßkrankheiten nach seiner Ansicht vor einer durchschnittlichen Behandlung von 6 Wochen nicht zu erwarten, wie es auch nicht zulässig sei, vor Ablauf einer mindestens 3-monatigen Behandlung von einer Wirkungslosigkeit des Präparates zu sprechen.

Von anderen Autoren, die Patienten mit schweren Durchblutungsstörungen mit täglich 300 mg Vitamin E behandelten und in leichten Fällen Heilung, in mittelschweren Fällen Besserung erzielten, in schweren Fällen aber eine Amputation nicht verhindern konnten, wird wegen der nur langsam einsetzenden Wirkung des Vitamin E zur Überbrückung der gefährlichen peripheren Hypoxiephase die sofortige Anwendung anderer gefäßerweiternder Mittel zusammen mit Vitamin E empfohlen.

Die größtenteils guten Erfolge der Vitamin E-Therapie bei Gefäßkrankheiten konnten jedoch nicht von allen Untersuchern bestätigt werden.

So wurden von HAMILTON und Mitarb. Patienten mit intermittierendem Hinken mit 450 mg Tocopherol täglich für die Dauer von 12 Wochen behandelt. Eine

Kontrollgruppe erhielt Kapseln mit Erdnußöl verabreicht. Die Bewertung des Behandlungseffektes erfolgte auf Grund der Angaben der Patienten, der klinischen Untersuchung sowie der Ergebnisse des Übungstestes. Da kein signifikanter Unterschied bei beiden Patientengruppen festgestellt wurde, kamen die Autoren zu der Schlußfolgerung, daß dem Vitamin E bei der Behandlung des intermittierenden Hinkens kein besonderer Wert beizumessen sei.

Bei den schon beschriebenen Versuchen von WEITZEL, SCHÖN u. a. über den Einfluß fettlöslicher Vitamine auf die Arteriosklerose beim alten Huhn, wirkte die kombinierte Anwendung der Vitamine A und E am eindrucksvollsten. Der Rückgang der makroskopisch sichtbaren Fettplaques bei erheblich gesenktem Gesamtfett- und Cholesteringehalt läßt auf einen echten kurativen Effekt der kombinierten Zufuhr beider Vitamine schließen. Die Verfasser kommen zu dem Schluß, daß Vitamin A als das eigentliche wirksame Agens anzusehen sei, daß aber das Vitamin E synergistisch im Sinne einer Verstärkung des Vitamin A-Effektes wirke. Diese zwischen den beiden Vitaminen bestehenden Korrelationen sind seit längerer Zeit bekannt. Die Kombinationspräparate (z. B. Rovigon) der Vitamine A und E sind auf Grund der experimentellen Erkenntnisse und der vielfachen Angriffspunkte beider Vitamine im biologischen Geschehen und der daraus sich ergebenden Vielfalt der prophylaktischen und therapeutischen Möglichkeiten entwickelt worden und finden bei zahlreichen Erkrankungen des Herz-Kreislaufsystems wie Angina pectoris, Herzinsuffizienz, Koronarsklerose, peripheren Durchblutungsstörungen ihre Anwendung. Ein abschließendes Urteil über ihre Wirksamkeit abzugeben, erscheint allerdings noch verfrüht.

Auch beim Myokardinfarkt hat die Behandlung mit Vitamin E enttäuscht, so daß man auf dieses Mittel leicht verzichten kann.

Die von FUNK, dem Begründer der Vitaminlehre, 1911 aufgestellte Bezeichnung „Vitamin B" ist im Laufe der Zeit zu einem „Vitamin B-Komplex" geworden. Es handelt sich um eine Gruppe von Stoffen, als deren besonderes Kennzeichen ihre Wasserlöslichkeit und ihr gemeinsames Vorkommen (Hefe) anzusehen ist. Obwohl das gemeinsame Vorkommen, sowie experimentelle und klinische Beobachtungen dafür sprechen, daß die B-Komplex-Gruppe in vielen Fällen umfassender wirkt als ihre Einzelkomponenten, besitzen doch die einzelnen Vitamine des Komplexes für sich, sowohl strukturmäßig als auch ihrer physiologischen Funktion und therapeutischen Wirkung nach, einen größtenteils ausgesprochen individuellen Charakter.

Die physiologische Funktion des Vitamin B_1 besteht darin, als prosthetische Gruppe im Fermentverband in die Stoffwechselregulierung einzugreifen. Vitamin B_1 bildet als Ester der Pyrophosphorsäure (Cocarboxylase) das Ferment Carboxylase, welches für den Ablauf des Kohlehydratumsatzes maßgeblich ist. Die durch Vitamin-B_1-Mangel hervorgerufene Avitaminose dürfte die einzige sein, von der mit Sicherheit bekannt ist, daß sie zu Herz- und Kreislauferkrankungen führen kann. Durch die ungenügende Zufuhr von B_1 kommt es zu einem infolge Störung des Kohlehydratabbaus bedingten Ansteigen des Brenztraubensäurespiegels im Blut, wodurch kardiovaskuläre Symptome, die sich als Herzklopfen, Dyspnoe bei geringer Anstrengung, Extrasystolen, Überleitungsstörungen, Tachykardie und Blutdrucksenkung manifestieren, auftreten können. SEEL warnt bei derartigen hypotonen Zuständen vor der kritiklosen Anwendung der Sympathikomimetika, da diese Stoffe unter Umständen insofern schädlich wirken können, als sie den erschöpften glykogenarmen Herzmuskel zu maximalen Leistungen, die bei der bestehenden Hypoxämie nicht bewältigt werden können, antreiben.

Die bekannteste und schwerste Form der B_1-Avitaminose, die sogenannte Beri-Beri, führt, wie wir wissen, zu einer Erweiterung des rechten Herzens, zur Rechtsinsuffizienz und, namentlich an den unteren Extremitäten, zum Auftreten von Ödemen (WENCKEBACH).

Von BING wird diskutiert, ob die Herzinsuffizienz bei Beri-Beri das Ergebnis einer gestörten Energiebildung oder durch Wirkung der Brenztraubensäure verursacht sei. RAAB stellt diesem in Europa und der westlichen Hemisphäre seltenen orientalischen ein okzidentales Beri-Beri-Herz gegenüber, dessen Ätiologie in Alkoholismus mit vielseitigen Ernährungsfehlern und Stoffwechselschäden liegen soll. Diese Form soll rasch zur Insuffizienz und infolge Mitbeteiligung der linken Kammer zu allen Graden von Lungenstauung bis zum Lungenödem führen. Die klinischen, elektrokardiographischen und pathologischen Befunde von Beri-Beri-Herzen werden in Kap. X, E, 4 beschrieben.

Während die Beri-Beri als schwerste Form der B_1-Avitaminose zweifellos eine seltene Erscheinung ist, erscheint es um so wichtiger, die Vorstadien, die in unseren Breiten doch gehäuft auftreten dürften, nicht zu übersehen. So können schon Trägheit, Energie- und Appetitlosigkeit, Müdigkeit usw. Initialsymptome einer B_1-Hypovitaminose sein und die prophylaktische Medikation von Aneurin kann bei Kenntnis der Vitamin B_1-Mangelsymptome ein Manifestwerden der Ausfallserscheinungen verhindern.

Von der phosphorylierten Form des Vitamin B_1, der sogenannten Cocarboxylase, sind gerade in den letzten Jahren von vielen Autoren günstige Wirkungen bei der Behandlung von Herzkrankheiten beobachtet worden. Die Bedeutung der Cocarboxylase für die Funktion des Herzmuskels wird durch die Tatsache unterstrichen, daß von allen Organen das Myokard die höchste Konzentration an diesem Wirkstoff aufweist. Es ist bekannt, daß bei der Herzinsuffizienz sowohl der Brenztraubensäure- als auch der Milchsäurespiegel im Blut erhöht sind und die Zunahme beider annähernd dem Grad der Dekompensation entspricht. Wird dem Organismus Cocarboxylase zugeführt, so wird der Brenztraubensäureabbau wieder in Gang gebracht, außerdem die übermäßige Anhäufung von Milchsäure verhütet und damit der Herzmuskel entlastet. Die Cocarboxylase erwies sich bei der Herzdekompensation dem Vitamin B_1 gegenüber als deutlich wirksamer, besonders hinsichtlich der Senkung des Brenztraubensäurespiegels. Als Grund für die bessere Wirksamkeit wird angenommen, daß bei der Dekompensation Störungen der Phosphorylierungsprozesse auftreten, welche die Überführung des Vitamins in seine physiologische Wirkungsform, nämlich die Cocarboxylase, verzögern oder verhindern.

Durch die Medikation von Cocarboxylase kann der Brenztraubensäurespiegel zwar gesenkt, aber nicht in jedem Falle eine Besserung der klinischen Erscheinungen erzielt werden.

LASCH sah die höchsten Werte des Brenztraubensäurespiegels bei schwerster Rechtsdekompensation. Die kompensierten Kranken zeigten normale Brenztraubensäurewerte. Er hat ferner in einigen Fällen die bessere Ansprechbarkeit auf eine Strophanthinbehandlung bei gleichzeitiger Cocarboxylasemedikation beschrieben.

Von MARTELLI werden ähnliche Beobachtungen berichtet. Die Kranken sprachen nach Verabreichung von Cocarboxylase wieder auf Digitalis an, außerdem entstand ein echter Kräftezuwachs des Herzmuskels, der sich in einer verstärkten Diurese und einem geringfügigen Anstieg der systolischen und diastolischen Blutdruckwerte äußerte. LASCH beschreibt die günstige Wirkung von Laevulose und Cocarboxylase in hoher Dosierung bei Herzversagen infolge toxischer Diphtherie. POPPI u. a. bewiesen experimentell, daß durch die Medikation von 50 mg Cocarboxylase bei Herzkranken eine Reduktion des Sauerstoffdefizits um 55% erzielt werden kann. Durch die Verabreichung von 50 mg Cocarboxylase täglich für eine Dauer von 14 Tagen konnte bei einem Patienten, bei dem nach körperlicher Belastung ein Herzfrequenzanstieg und ein Schenkelblock auftrat, die Störung des Reizleitungssystems behoben werden. Sowohl Cocarboxylase als auch Chinidin vermochten bei einem anderen Patienten die Rhythmusstörungen in Form einer Bigeminie nur zum Teil aufzuheben, während die kombinierte Anwendung beider Medikamente die Bigeminie völlig zum Verschwinden brachte. Von Beziehungen zwischen neuro-vegetativen Herzbeschwerden und Brenztraubensäure wird von MERLEN berichtet. Bei 71 Patienten, die über Herzklopfen, Präkordialschmerz, Tachykardie und ähnliche Beschwerden klagten, bei denen aber weder klinisch, röntgenologisch noch elektrokardiographisch organisch krankhafte Veränderungen am Herzen nachgewiesen werden konnten, zeigte sich in etwa zwei Drittel der Fälle eine Erhöhung des Brenztraubensäurespiegels im Blut. Die Brenztraubensäurewerte konnten durch Cocarboxylase gesenkt und die subjektiven Beschwerden behoben werden.

Die Wirkung der Cocarboxylase auf Herzfunktion und Herzmuskel ist zwar noch nicht in allen Einzelheiten geklärt, jedoch hat die Therapie der Herzinsuffizienz nach den bisher beobachteten Ergebnissen in der Anwendung der Cocarboxylase eine bemerkenswerte Bereicherung erfahren.

EICHINGER und Mitarbeiter untersuchten das Zusammentreffen von Vitamin-B_2-Mangel (Alactoflavinose) und kardialen Störungen und diskutierten für den kausalen Zusammenhang zwei Möglichkeiten: einmal wäre der Vitamin-B_2-Mangel als auslösende Ursache für die Entstehung der Herzinsuffizienz anzusehen, insbesondere, wenn auf Grund anderer Veränderungen eine besondere Disposition dafür besteht; andererseits könnte eine Herzinsuffizienz durch ihre Folgezustände wie z. B. die Stauungsgastritis, eine Alactoflavinose bedingen, die ihrerseits wieder die Herzinsuffizienz beeinflussen würde.

Sie legten wegen der Symptomenarmut der meist leichten Herzinsuffizienz Wert auf die Untersuchung der Herzdynamik nach BLUMBERGER und eine gleichzeitige Kreislauffunktionsprüfung nach BRÖMSER und RANKE oder WEZLER und BÖGER und sind der Ansicht, daß dadurch auch latente Herzstörungen erfaßt werden können und objektive Anhaltspunkte für den Erfolg der Therapie zu gewinnen sind. Die therapeutischen Gesichtspunkte werden dahingehend zusammengefaßt, daß bei einer Alactoflavinose als auslösende Ursache eine reine Lactoflavin-Therapie die Zeichen der Alactoflavinose und der Herzinsuffizienz beseitigt, während durch die Glykosidtherapie zwar die Herzinsuffizienz, aber nicht ihre Ursache, nämlich der Vitamin B_2-Mangel zum Verschwinden gebracht wird. Die Glykosidbehandlung ist dann als kausale Behandlung anzusehen, wenn die Alactoflavinose Folge einer bestehenden Herzinsuffizienz ist, doch wird auch in diesem Falle die gleichzeitige Vitamin B_2-Behandlung als unterstützende Maßnahme empfohlen.

Im Gegensatz zu diesen Befunden, die vor allem Kranke mit latenter Herzinsuffizienz und Symptomen des Riboflavinmangels zum Gegenstand hatten, bestanden bei der Mehrzahl der von A. PFÜTZENREITER behandelten Fälle schwere Dekompensationserscheinungen. Die subjektive und objektive Besserung des Krankheitsbildes, die schnellere Rekompensation als nach früheren Dekompensationen sowie die ausgiebige und rasch einsetzende Diurese wurden als Kriterien des Behandlungserfolges mit Vitamin B_2 gewertet. Dabei werden einige wesentliche Vorteile des angewandten Riboflavinphosphats gegenüber dem freien Riboflavin betont, die in der besseren Resorption, der leichteren Wasserlöslichkeit, der höheren Dosierung und in der Ersparung eines Arbeitsganges im Körper durch die bereits phosphorylierte Form liegen sollen. Bei einer Behandlungsdauer zwischen 10 und 50 Tagen betrug die tägliche Dosierung 50 mg Riboflavinphosphat. Nach Ablauf der Behandlung zeigte sich bei fast allen Patienten eine deutliche Besserung des Krankheitsbildes. Der möglichen Einwendung, daß die klinische Besserung auch durch die sonst übliche Herztherapie erzielt worden wäre, wird ein Fall entgegengehalten, bei dem es trotz ausreichender, ambulant weitergeführter Digitalistherapie zu einer erneuten Dekompensation kam, die nach stationärer Behandlung mit Riboflavinphosphat wieder behoben werden konnte.

Über die Wirkung von Vitamin B_6 auf Herz und Kreislauf liegen bisher nur wenig Erfahrungen vor.

Die ersten Studien über die Auswirkungen eines Vitamin-B_6-Mangels verdanken wir RINEHARD, der bei Rhesus-Affen vor allem arteriosklerotische Veränderungen feststellen konnte. Er fand, daß diese arteriosklerotischen Veränderungen mehr Ähnlichkeit mit dem bei der menschlichen Arteriosklerose auftretenden Krankheitsbild aufweisen als die bisher bekannten experimentell erzeugten Arteriosklerosen anderer Versuchstiere. Der Vitamin-B_6-Mangel beim Rhesus-Affen führt zur ersten bis jetzt faßbaren Phase der Arteriosklerose-Entstehung. Über die Auswirkungen von Vitamin B_6 auf die menschliche Arteriosklerose sind unseres Wissens noch keine Arbeiten bekannt, so daß nicht gesagt werden kann, ob sich die tierexperimentellen Ergebnisse auf den Menschen übertragen lassen.

Für MANRIQUE war einmal die Feststellung, daß die Mehrzahl seiner Patienten mit fortgeschrittener Herzinsuffizienz auch anämisch waren, dann die Vermutung, daß das Vitamin B_{12} ebenso den Zellstoffwechsel des Herzmuskels beeinflussen könnte, wie das Vitamin B_1 und schließlich die klinisch sichtbaren Beziehungen zwischen einigen anämischen Erkrankungen und bestimmten Kreislaufstörungen Anlaß, die Wirkung des Vitamin B_{12} bei Herzkranken zu überprüfen.

Alle Kranken erhielten stationär täglich 30 Gamma B_{12} intramuskulär; von einer zusätzlichen Medikation von Diuretika oder Kreislaufmitteln wurde abgesehen. Das Vitamin B_{12} beseitigte bei 20 Patienten mit fortgeschrittener Herzinsuffizienz, unter denen sich keine Hypertoniker und Rheumatiker befanden, in einem Zeitraum von 8–16 Tagen die Insuffizienz völlig. Die Lungenstauung und die Lebervergrößerung gingen zurück, die diuretische Wirkung war sehr ausgeprägt. In allen Fällen war eine Verminderung der Herzgröße nachzuweisen, in verschiedenen Fällen verschwand die Arrhythmie. Die Blutwerte blieben allerdings im wesentlichen unverändert, was der Verfasser auf die kurze Behandlungsdauer zurückführt. 6 der Fälle waren vor der Vitamin-B_{12}-Behandlung mit Vitamin B_1 behandelt worden. Die Besserung der Insuffizienzerscheinungen war aber ausschließlich nach Vitamin-B_{12}-Zufuhr zu beobachten. 8 der 20 Patienten hatten keine Anämie, sprachen aber in gleicher Weise wie die anämischen Patienten auf die Behandlung an. MANRIQUE kommt zu dem Schluß, daß es eine nosologische Einheit gibt, die er B_{12}-Avitaminose des Herzens nennt. Bestätigende Veröffentlichungen liegen bisher noch nicht vor.

Durch die Tatsache, daß die von den Vitaminen des B-Komplexes gesteuerten Stoffwechselvorgänge eng ineinander greifen und daß bei ungenügender Zufuhr oder gesteigertem Verbrauch eines Faktors auch die Wirkungen der anderen beeinflußt werden können, ist nach verschiedenen Autoren die Notwendigkeit einer Behandlung mit einem den Gesamt-B-Komplex enthaltenden Präparat begründet. Die zahlreichen Nebenerscheinungen, die bei fast jeder Herzkrankheit aufzutreten pflegen und die unter anderem Folge einer Störung des Vitamin-B-Komplexes sein können, verlangen ein Präparat, welches auf möglichst breiter Basis aufgebaut ist.

So wird in manchen Fällen, wenn durch die Verabreichung eines einzelnen B-Vitamins keine ausreichende Wirkung erzielt werden kann, der Vitamin B-Komplex durch den Synergismus seiner Bestandteile zum Erfolg führen. Einschränkend muß aber doch festgestellt werden, daß bei bestimmten Avitaminosen oder Hypovitaminosen der Einzelfaktoren des B-Komplexes die Dosis der einzelnen Komponenten in dem Kombinationspräparat als zu gering erscheint und eine bessere

Wirkung sicher durch die Medikation der sogenannten optimalen Tagesdosis des Einzelvitamins erzielt werden dürfte.

Über die Wirkung des Vitamin C in der Behandlung von Herzkrankheiten wird u. a. von SCHOLTEN und LUEG berichtet.

Die Verfasser prüften die Ascorbinsäure in Verbindung mit Strophanthin bei Herzkranken und heben besonders die diuretische Wirkung des Vitamin C, die durch experimentelle Befunde und durch klinische Ergebnisse bestätigt sind, hervor. Diese beim Gesunden nur geringe diuretische Wirkung steigt bei Flüssigkeitsretention kardialen, hepatischen und nephrogenen Ursprungs stark an. PARHANI zieht zur Deutung der Ascorbinsäurediurese Veränderungen der Plasmaproteinzusammensetzung und Regularisierung des Wasserstoffwechsels heran. Die im Tierversuch durch Vitamin-C-Gaben nachweisbare Tonuszunahme der Gefäße, die gleichzeitige Herzfrequenzverlangsamung sowie die gesteigerte Diurese werden als vagotone Reaktion des vegetativen Systems angesehen. Eine Unterstützung der Strophanthinwirkung ist also durch die Kombination mit Vitamin C zu erzielen, was durch klinische Befunde bestätigt wurde. Außerdem lassen sich die manchmal nach der Strophanthin-Injektion auftretenden subjektiven Beschwerden wie Schwindel, Kopfschmerzen u. a. durch den Vitaminzusatz verhindern. LACHMANN weist auf die Wichtigkeit einer massiven Vitamin-C-Dosierung hin (500–1000 mg täglich), da experimentell nachgewiesen wurde, daß durch reichliche Vitamin-C-Zufuhr der Glykogen- und Kreatinphosphorsäuregehalt des Herzmuskels ansteigt, was besonders bei der Myokarditis und der Myodegeneratio des Altersherzens für die Ausheilung und Erholung von Bedeutung ist. Er beschreibt ebenfalls die günstige Kombination von Strophanthin mit Vitamin C, die er auch beim Myokardinfarkt anwendet. Er weist zwar auf die thrombozytenvermehrende und blutgerinnungsfördernde Wirkung der Ascorbinsäure hin, weshalb sie von verschiedenen Autoren beim Myokardinfarkt für kontraindiziert gehalten wird, betont aber, daß das Auftreten eines Myokardinfarktes nach Gaben von Ascorbinsäure bis jetzt nicht bekannt geworden sei.

G. H. WILLIS prüfte das Vitamin C bei der Arteriosklerose des Menschen. Die Veränderungen der arteriosklerotischen Gefäßläsionen wurden für die Dauer von Monaten mit Hilfe der Arteriographie verfolgt. Es gelang, bei über 50% der Patienten, die 3 mal täglich 500 mg Vitamin C erhielten, nach 3–6 Monaten objektiv einen günstigen Effekt bei der Arteriosklerose zu erzielen, der sich in einer Besserung des arteriographischen Befundes äußerte.

Abschließend seien noch die Multi-Vitaminpräparate erwähnt, die besonders heute in der Behandlung und Verhütung von Alterskrankheiten zunehmend an Bedeutung gewinnen. Nach klinischen und experimentellen Beobachtungen wird den Vitaminen in der Altersernährung von vielen Forschern eine große Rolle zugeschrieben, zumal durch verschiedene Untersuchungen der erhöhte Vitaminbedarf des alternden Menschen bekannt ist. Je nach Zusammensetzung scheinen die Multivitaminpräparate geeignet, die biologischen Alterungsvorgänge abzuschwächen und insbesondere den arteriosklerotischen Gefäßveränderungen und ihren Folgen vorzubeugen.

Literatur zu Kapitel VI, Abschnitt A, 2.13

KRICK, W.: Die Vitamine in Prophylaxe und Therapie der Herz- und Kreislauferkrankungen Med. Klin. **53**, 16, 650 (1958).
Vitamin A: BÄCHTOLD: Private Mitteilung (1950). — BINAGHI, G. und C. PIRASTUC: Rass. med. sarda **49**, 369 (1947). — SCHNEIDER, J. A.: Ärztl. Wschr. 7, 792 (1952). — WEITZEL, G., H. SCHÖN und F. GEY: Anti-atherosklerotische Wirkung fettlöslicher Vitamine. Klin. Wschr. **33**, 772 (1955).

Vitamin E: BETZIEN, G.: Zur Wirkungssteigerung der Herzglykoside. Med. Klin. **49**, H. 11, 419 (1954). — BOUMAN, J. und E. C. SLATER: Nature (Lond.) **177**, 1181 (1956). — DAVID, P. und J. FOURCAND: Union méd. Canada **79**, 827 (1950). — DEDICHEN, J.: Nord. med. **41**, 324 (1949). — DESSAU, F. I., L. LIPCHUK und S. KLEIN: Proc. Soc. Exper. Biol. Med. **87**, 522 (1954). — EICHLER, O.: Therap. Gegenw. **2**, 55 (1955); **3**, 95 (1955). — FREY, J. und G. HOFFMANN: Arch. exper. Path. u. Pharmakol. **221**, 477 (1954). — GALEONE, A. und M. MINELLI: Gaz. med. ital. **109**, 1 (1950). — GERVASONI, L. A. und A. VANOTTI: Schweiz. med. Wschr. **86**, 708 (1956). — GORIA, A. und J. MALLEN: Boll. Soc. ital. biol. sper. **29**, 1278 (1953). — GORIA, A.: Boll. Soc. ital. biol. sper. **29**, 1275 (1953). — GRAM, C. N. J. und V. SCHMIDT: Nord. med. **37**, 82 (1948). — HAMILTON, M., P. A. WILSON und J. T. BOYD: Lancet **1953**, 367. — HICKMAN, K. C. D.: Lancet **1948**, 6504. — HOCHREIN, M.: Zur Behandlung der Angina pectoris. Ther. Gegenw. **90**, H. 8, 281 (1951); Therapeutische Probleme beim Myokardinfarkt. Ther.woche **6**, 344 (1950/51). — KEKWICK, J. T. und J. T. BOYD: Proc. Roy. Soc. med. **44**, 983 (1953). — KHOO, P. und W. E. SHUTE: S. 68 (Toronto 1954). — KÖHLER, U.: Neue Wege in der Herztherapie. Therapiewoche **7**, H. 7, 133 (1957). — KUBICEK, F.: Wien. med. Wschr. **2**, 48 (1957). — LANGE, F.: Zunahme der Überempfindlichkeit gegen Strophanthin. Dtsch. med. Wschr. **79**, H. 8, 300 (1954). — LEONE, A. und E. SULIS: Ann. ital. pediatr. **6**, 1 (1953). — LUBICH, T. und A. GARAGNANI: Giorn. clin. med. **35**, 1294 (1954). — MERUCCI, P. und G. GILOT: Arch. Vecchi **19**, 737 (1953). — MOUQUIN, M.: Practicien **1951**, 479. — MULDER, A. G., A. J. GATZ und B. T. GIERMANN: Amer. J. Physiol. **179**, H. 2, 246 (1954). — PIORKOWSKI, G.: Hippokrates **27**, H. 23, 739 (1956). — PUENTE-DONINGUEZ, J. L. und R. DOMINGUEZ: Rev. españ. cardiol. **9**, 30 (1955). — RATCLIFFE, A. H.: Lancet **257**, H. 6590, 1128 (1949). — RAVIN und KATZ: New England J. Med. **240**, 331 (1949). — REIFFERSCHEID, M. und P. MATIS: Med. Welt **20**, H. 38, 1168 (1951). — RINZLER, B.: Circulation **1**, 288 (1950). — SHUTE, E. V., A. B. VOGELSANG, F. R. SKELTON und W. E. SHUTE: Surg. Gynecol. Obstetr. **86**, H. 1, 1 (1948). — SHUTE, E. V.: Med. Press. **231**, 384 (1954); S. 147 (Toronto 1954). — SHUTE, W. E.: S. 33 u. 39 (Toronto 1954); S. 96 (Toronto 1954). — SUTTON, D. C., G. C. SUTTON, G. F. HINENS, W. B. BUCKINGHAM und R. RONDINELLI: Studies on woole blood and muscle creatine levels: Effect of systemic and local, anoxia, of cardiac failure and compensation, and of Alphatocopherol Administration. Amer. Heart J. **47**, 67 (1954). — UHLENBRUCK, P.: Der gegenwärtige Stand der Behandlung des Koronar-Infarktes. Dtsch. med. Wschr. **78**, H. 1, 1 (1953). — VACCHARI, F.: Cuore e Circolazione **36**, 173 (1952). — VOGELSANG, A., E. SHUTE und W. SHUTE: Med. Rec. **161**, 155 (1948). — WEITZEL, G., H. SCHÖN, F. GEY und E. BUDDECKE: Hoppe-Seyler's Z. **304**, 247 (1956).

Vitamin-B-Komplex. Vitamin B: BING, R. J.: Der Myokardstoffwechsel. Klin. Wschr. **34**, H. 1/2, 1 (1956). — BLANKENHORN, M. A.: Effect of Vitamin Deficiency on the Heart and Circulation. Circulation **11**, H. 2, 288 (1955). — BLUMBERGER, K. J.: Med. Mschr. **11**, H. 5, 273 (1957). — BURLAMAQUI BENCHIMOL, A. und P. SCHLESINGER: Beri-Beri Heart Disease. Amer. Heart J. **46**, H. 2, 245 (1953). — KÖBERLE, F.: Wien. klin. Wschr. **69**, H. 29, 513 (1957). — v. MUYDEN: Nederl. tschr. v. geneesk. **45**, 4380 (1940). — PENDL, F.: Über den Stoffwechsel des Herzens und damit zusammenhängende therapeutische Fragen. Dtsch. med. Wschr. **76**, H. 36, 1115 (1951). — SEEL, H.: Internat. Z. Vitaminforschg. **27**, 404 (1956).

Cocarboxylase: ABDERHALDEN: Vitamine, Hormone, Fermente, 4. Aufl. (Basel 1953). — BENDA, D. DONEFF und K. MOSER: Wien. klin. Wschr. **69**, H. 19, 331 (1957). — DALLA TORRE und Mitarb.: Acta vitaminol. **4**, 257 (1950). — DOBROVOLSKAJA-ZAVADSKAJA: Ann. Med., **1952**, H. 6, 624. — DONEFF, D. und K. MOSER: Ein Fall von intermittierendem Schenkelblock und dessen Beeinflussung durch Cocarboxylase. Dtsch. med. Wschr. **82**, H. 4, 146 (1957). — JANOF: Arch. Internat. Med. **69**, 1005 (1942). — KLEEBERG und GITELSON: J. Clin. Pathol. **7**, H. 2, 116 (1954). — KÖHLER, U.: Neue Wege in der Herztherapie. Therapiewoche **7**, H. 7, 133 (1957). — LASCH, F.: Ann. paediatr. **178**, H. 516, 333 (1952); Brenztraubensäure und Cocarboxylase. Dtsch. med. Wschr. **78**, H. 27/28, 975 (1953). — MARTELLI ALBERTO: Fol. cardiol. **11**, H. 6, 519 (1952). — MENOZZI: Rass. Clin. Terap. **53**, 157 (1954). — MERLEN: Arch. mal. cœur **2**, 117 (1953). — POPPI, A.

und Mitarb.: Cardiologica **26**, H. 3, 173 (1955). — SCHUMANN, H.: Eine neue konservative Therapie der Mitralstenose und anderer Herzschäden mit Reserpin. Z. Kreislaufforschg. **43**, 614 (1954); Über den Wirkungsmechanismus einer neuen konservativen Therapie der Mitralstenose mit Reserpin. Klin. Wschr. **1955**, 124; Die Bedeutung der Diastolendauer für Hämodynamik und Therapie der Mitralklappenfehler. Z. Kreislaufforschg. **45**, 115 (1956).

Vitamin B_2: EICHINGER, O., G. KEMMERER und S. MEINERS: Kardiale Störungen bei Alactoflavinose. Klin. Wschr. **33**, 397 (1955). — PFÜTZENREITER, A.: Medizinische **2**, 87 (1957).

Vitamin B_6: RINEHART, J. F. und Mitarb.: Amer. J. Path. **25**, 481 (1949). — WALDMANN, S. und L. PELNER: Amer. J. Med. Soc. **225**, H. 1, 39 (1953).

Vitamin B_{12}: MANRIQUE, J.: Gac. méd. españ. **26**, H. 10, 376 (1952).

Vitamin C: MC CORMIC, W. J.: Clin. Med. **4**, 839 (1957). — BENEDETTI, A. und C. PICONE: Folia cardiol. **13**, 113 (1954). — EIMERL-WITKOWSKI, S. M.: Lancet **272**, 6977, 1045 (1957). — HOCHREIN, M.: Zur Behandlung der Angina pectoris. Ther. Gegenw. **90**, H. 8, 281 (1951). — LACHMANN, H.: Vitamin-C und Kalziumstatt Traubenzuckerinjektionen bei Herzkrankheiten. Dtsch. Gesd.wes. **2**, H. 15, 468 (1947); Z. Ärztl. Fortbildg. **48**, H. 10, 350 (1954). — SCHOLTEN, C. und W. LUEG: Ärztl. Praxis **3**, 33 (1951). — SCHNEIDER, J. A.: Ärztl. Wschr. **7**, 792 (1952). — STEFANUTTI, P.: Clin. med. ital. **11**, 747 (1937). — TSCHILOFF, P. D.: Leberfunktion und Stoffwechsel (Sofia 1940).

3. Blutegelbehandlung

Die Blutegelbehandlung gehört nur teilweise zur medikamentösen Herz-Kreislaufbehandlung, zum Teil auch zur physikalischen Therapie, wobei allerdings Anwendungsbereiche und Wirkungsweise etwas von den übrigen Behandlungsmethoden abweichen.

Dieses alte Volksmittel, als dessen Begründer wahrscheinlich THEMISON VON LAODICEA angesehen werden kann, ist periodisch überwertet und wieder vergessen worden. Je nach den Vorstellungen, die man sich von dem Wesen der Natur- und Kunstheilung machte, stieg oder fiel der Kurs der Blutentziehungen und damit der Verwendung von Blutegeln.

Die Egel sind der zoologischen Definition nach „bilateral symmetrische, meist abgeplattete Anneliden mit sehr ausgeprägter sekundärer Ringelung, ohne Stummelfüße und Borsten. An den Körperenden befinden sich Haftscheiben, von denen die vordere als Saugmund ausgebildet ist. Die Leibeshöhle ist durch starke Muskelentwicklung zu einem Kanalsystem verengt. Es sind Zwitter, parasitisch und räuberisch lebend."

Der Saugmund enthält drei große halbinselförmige Kieferplatten, die auf ihrer freien Kante bis 90 feine Kalkzähnchen tragen. Beim Anbeißen schiebt der Blutegel die Kiefer durch die schon während der Anhaftung erweiterten Spalten der Mundhöhle hervor und durchschneidet allmählich die Haut. ZICK und LENGGENHAGER konnten nachweisen, daß der Egel die gesetzte Wunde durch ein Sekret anästhesiert, denn die Wunde und ihre Ränder sind für Nadelstiche unempfindlich. Das Egelanästhetikum ist mit dem Hirudin nicht identisch, denn dieses – intrakutan injiziert – setzt die Sensibilität nicht herab.

Das austretende Blut wird durch das aus den Speicheldrüsen des Egels sezernierte Hirudin ungerinnbar gemacht. Das Hirudin wird während des Beißens von Blutegeln in die Wunde hinein abgesondert. So konnte LENGGENHAGER in Blutegelbissen 1–1,5 mg Hirudin in jedem Biß nachweisen. Er betont aber mit Recht, daß sich hierdurch allein noch nicht die lange Blutungszeit erklärt, denn 1 mg Hirudin kann 30 ccm Blut für 48 Stunden ungerinnbar machen, aus dem Blutegelbiß fließt aber häufig eine größere Menge an Blut aus. Außerdem unterliegt die

Hirudinmenge eines Blutegelkopfes jahreszeitlichen Schwankungen. Sie wird von LENGGENHAGER mit 1–2 mg, von ZICK mit bis zu 9 mg angegeben. WALDSCHMIDT-LEITZ konnten 6–12 mg Hirudintrockensubstanz pro Kopf nachweisen.

Hirudin ist eine Deuteroalbumose. BODONG und BRUNS halten es für ein Antithrombin, während LENGGENHAGER glaubt, daß es nicht nur ein Antithrombin, sondern auch eine Antithrombokinase sei, weil es den Zellsaft frischer Wunden für die Gerinnung inaktiviert.

Alle Wirkungen des Hirudins (Verlängerung der Blutungszeit und der Gerinnungszeit), beschränken sich bei der Blutegeltherapie auf den Bißkanal. Eine Allgemeineinwirkung läßt sich nicht erkennen.

Die durchschnittliche Saugzeit des Blutegels beträgt 15–30 min. Die Menge des aufgenommenen Blutes kann das Fünf- bis Sechsfache vom Gewicht des Egels ausmachen.

Aus den kleinen dreieckigen Wunden sickern nun im Verlauf mehrerer Stunden Blut und Lymphe aus. Von dieser Nachblutung, ihrer Stetigkeit, Stärke und Dauer hängt ein sehr großer Teil des Heilerfolges ab. Der Blutverlust des Patienten durch einen Blutegel beträgt im allgemeinen 10–20 g an Blut, das der Egel in sich aufnimmt und weitere 30–40 g für die Nachblutung. Im ganzen hat man mit einem Blutverlust von ca. 50 g je Blutegel zu rechnen. SULZER beobachtete einmal einen Blutverlust von 500 ccm, der aber als ungewöhnlich angesehen wird.

Die durchschnittliche Dauer der Nachblutung beträgt 6–10 Stunden. Krankheitsübertragungen durch Blutegel wurden nie beobachtet.

Die Wirkung der Blutegel ist vielfältiger Natur. Am eindrucksvollsten sind diejenigen Einflüsse, die sich auf die Blutbeschaffenheit und die Blut- bzw. Lymphstromverhältnisse erstrecken.

LINDEMANN konnte im Kopfextrakt der Blutegel neben Hirudin eine histaminähnliche Substanz biologisch nachweisen, die im betroffenen Gebiet Blutfülle und Gefäßerweiterung herbeiführt. Die Nachblutung führt er darauf zurück, daß die durch die histaminähnliche Substanz erzeugte Blutfülle fortbesteht, wobei die weiten Kapillaren unfähig sind, sich zu kontrahieren. Auch die lymphagoge Wirkung des Bisses führt er auf die Substanz zurück. HEIDENHEIN und HENSCHEN fanden ebenfalls eine bedeutende „lymphagoge" Kraft in Blutegelextrakten. Auch sie sahen nach dem Ansetzen von Blutegeln einen vermehrten Abstrom von Lymphe aus dem Gewebe.

MAGNUS und GILLMANN konnten bei kapillarmikroskopischen Untersuchungen eine veränderte Gefäßfunktion nach dem Ansetzen von Blutegeln feststellen. Die normalerweise nach Stichverletzung eintretende Gefäßkonstriktion blieb aus. PATRONO VITO fand eine eindeutige und über 24 Stunden anhaltende Erniedrigung des Quellungsgrades der Serumeiweißkörper, wenn die Egel in der Lebergegend angesetzt wurden.

Von einer antibiotischen Komponente spricht SCHULTZ-FRIESE. Er stellte fest, daß nach Hirudinisierung die bakterizide Kraft des Blutes zunimmt und die phagozytäre Kraft der Leukozyten ansteigt. Er berichtet von Hunden, die nach vorhergehender Hirudinisierung Streptokokken- und Coli-Infektionen, die sonst den Tod herbeigeführt hätten, überlebten. Darüber hinaus macht BOTTENBERG auf eine mögliche Vakzinierung durch „Blutegelbazillen" (das sind bakterielle Symbionten, die im menschlichen Organismus apathogen sind) aufmerksam.

Der Gesamteffekt der Blutegelbehandlung ist außerordentlich mannigfaltig. Nach BOTTENBERG lassen sich örtliche und allgemeine Wirkungen unterscheiden.

Therapeutisch örtlich ausnutzbar sind gerinnungshemmende, lymphstrombeschleunigende, antithrombotische, immunisierende und gefäßkrampflösende

Effekte. Über den Anwendungsbereich hinaus kommen entzündungshemmende, krampflösende, sedierende, resorptive und allgemein immunisierende Teilkomponenten zum Einsatz. Alle diese Wirkungen der Blutegeltherapie können, bei Herzkrankheiten angewandt, einen günstigen Einfluß auf den Krankheitsverlauf haben. Sie sind keineswegs dem Aderlaß gleichzusetzen oder nur als Reflextherapie zu erklären; auch die Herabsetzung der Viskosität des Blutserums oder die Senkung des Venendruckes allein können nicht für den günstigen Effekt verantwortlich gemacht werden. Es ist vielmehr immer der Gesamtkomplex aller Wirkungsfaktoren, der auf den kranken Organismus einwirkt und für die Besserung verantwortlich gemacht werden muß. Besonders deutlich zeigt sich die entlastende und ableitende Wirkung der Blutegelbehandlung bei Stauungszuständen der verschiedensten Art, seien es Kongestionen bei Hypertonie oder Klimakterium, seien es solche, die auf Versagen des Kreislaufs oder auf Verlegungen im Venensystem zurückzuführen sind.

BOTTENBERG u. a. berichten über gute Erfolge bei Kopfschmerzen, die infolge fixierter Hypertonie aufgetreten waren. Dabei wurden 4–8 Blutegel im Nacken angesetzt. Es schwanden nicht nur die Beschwerden, auch die Blutdruckwerte gingen deutlich zurück. Auch nach einer frischen Apoplexie wurden günstige Wirkungen der Blutegelbehandlung gesehen. Wir empfehlen, die Blutegel im Nacken auf der Seite der Blutung bzw. der der Lähmung gegenüber liegenden Seite anzusetzen.

V. KORANYI und BOTTENBERG sahen weiterhin bei kardial gestauten Organen einen guten Behandlungserfolg. Dabei wurden 6-8 Blutegel auf die Leber gesetzt. Sie wirkten nur von den der Leber entsprechenden HEADschen Zonen aus. Dieselbe Beobachtung machten auch wir, so daß wir die Blutegelapplikation auf die Leber bei allen Stauungszuständen seit langem eingeführt haben. Es handelt sich dabei, außer der lokalen Wirkung, wahrscheinlich um einen Hautreflex, bei dem der Wasserstoffwechsel der Leber beeinflußt wird.

Auch bei arteriosklerotischer Myokarderkrankung mit Dekompensationserscheinungen ist mit gleicher Methode ebenfalls ein Erfolg zu erzielen. Zur Behandlung der Angina pectoris raten wir bis zu 5 Blutegel, eventuell mehrmals, in der Herzgegend anzusetzen.

Wir empfehlen ihre Anwendung ferner beim Myokardinfarkt, besonders zur Verhütung und Behandlung der Parietalthrombose. Ebenso wie THIELE und WANKE konnten auch wir entscheidende subjektive Besserung von Herzbeschwerden beobachten.

2 Fälle von Endo-Perikarditis, die durch Blutegel, über der Herzgegend angesetzt, günstig beeinflußt wurden, beschreibt OBERHEID. Bei allen Fällen wurde außer der Blutegelanwendung noch eine der jeweiligen Erkrankung entsprechende Therapie durchgeführt. Häufig konnte aber erst nach der Anwendung von Blutegeln eine entscheidende objektive Besserung festgestellt werden. In einigen Fällen brachten die Blutegel, als ultima ratio angewandt, Erfolg. Das subjektive Befinden besserte sich häufig nach der Anwendung von Blutegeln.

Appliziert werden die Blutegel, wenn irgend möglich, auf den Ort der gewünschten Wirkung. Ungünstig ist es, sie auf stark ödematöse Beine zu setzen, da sie einerseits dort schlecht anbeißen, andererseits die Heilungstendenz der Bißwunde im Ödem nicht gut ist, so daß leicht Infektionsgefahr besteht. Abgesehen von Thrombophlebitiden und Ulcus cruris, wo man sie in den unmittelbaren Bereich des Erkrankungsherdes setzt, sollte man sonst prinzipiell die Außenseite von Unter- bzw. Oberschenkel wählen. Bei gangränösen Zuständen ist angeraten worden, bis zu 40 Blutegel gleichzeitig zu applizieren.

Es empfiehlt sich weiterhin, den Ort der Ansatzstelle nicht mit Alkohol zu desinfizieren, da die Egel sonst nicht beißen. Zeigen sich die Egel nicht sehr bißfreudig, kann man das Warten abkürzen, indem man die Haut ein wenig inzidiert oder eine Petrischale auf den Egel stülpt.

Als Kontraindikationen werden hämorrhagische Diathesen und Marasmus angegeben.

SCHULTZ-FRIESE und BOTTENBERG warnen vor gleichzeitiger Quecksilberbehandlung, da durch Blutegel eine nicht ungefährliche toxische Wirkungssteigerung möglich sein soll. Auch SIEVERT, PRUSSAK und KOHAN konnten feststellen, daß durch Hirudin die minimal akut tödliche Quecksilberdosis bedeutend verringert wird.

Alle Autoren, die sich mit der Blutegelverwendung befaßten, betonen, daß es sich dabei niemals um eine ursächliche Therapie handeln kann. Der Blutegel gehört nach BOTTENBERG „zu den Heilfaktoren zweiter Ordnung", zu denjenigen also, die den eigentlichen Heilmitteln im Behandlungsplan zwar im Range nicht ebenbürtig sind, ihnen jedoch den Weg ebnen können.

Literatur zu Kapitel VI, Abschnitt A, 3

BOTTENBERG, H.: Erfahrungen in der Blutegelbehandlung. Hippokrates **1934**, H. 5; Indikationserweiterung der Blutegelbehandlung. Münch. med. Wschr. **1936**, H. 4; Wissenschaftliche und praktische Fragen zur Blutegelbehandlung. Hippokrates **1936**, H. 26; Die Blutegelbehandlung (Stuttgart 1948); und F. DINAND: Experimentelle Studien zur Blutegelbehandlung. Med. Welt **1935**, 324. — GILLMANN, E. B.: Über die Kapillarwirkung beim Blutegelbiß. Diss. Berlin 1937. — HAUPT: Zur Thrombosebehandlung und -verhütung mittels Blutegel. Verh. Dtsch. Ges. Kreislaufforschg. 7, 189 (Dresden u. Leipzig 1934). — v. KORANYI, A.: Vorlesungen über funktionelle Therapie und Pathologie der Nierenkrankheiten (Berlin 1929). — KRAUS, H.: Über die Bewährung der Blutegel- und Schröpfbehandlung beim peripheren Rheumatismus. Dtsch. Gesd.wes. **17**, 519 (1948). — KUPPE, K. O.: Blutegelbehandlung. Vortrag 1. Fortbild.kurs i. d. Naturheilverfahren (Stuttgart 1953). — KUPPE, K.-O.: Der Blutegel in der ärztlichen Praxis (Stuttgart 1955). — LENGGENHAGER, K.: Das Rätsel des Blutegelbisses. Schweiz. med. Wschr. **1936**, H. 9. — LEUZE, A. M.: Die Technik der Blutegelbehandlung. Münch. med. Wschr. **8**, 315 (1936). — LINDEMANN, B. A.: Das Verhalten der Kapillaren in der Umgebung des Blutegelbisses. Naunyn-Schmiedebergs Arch. **1939**, 193. — MAGNUS: Zbl. Chir. **55**, 2355 (1928). — MEYER, R.: Die Blutegelbehandlung von Thrombosen und Thrombophlebitiden. Ther. Gegenw. **1935**. — MENTZEL, R,: Blutegelbehandlung bei Herzkrankheiten. Med. Klin. **51**, 22, 954 (1956). — OBERHEID, L.: Über Blutegelbehandlung. Münch. med. Wschr. **35**, 942 (1940). — PATRONO, V.: Influenza del sanguisugio... (Der Einfluß des Blutegels auf den Kolloidzustand des Serums). Rass. fisiopat. **11**, 329 (1939). — SCHITTENHELM und BODONG: Arch. exper. Path. Pharm. **54**, 217 (1906); Münch. med. Wschr. **39**, 1547 (1937). — SCHULTZ-FRIESE: Neue Gesichtspunkte und Erfahrungen mit der Blutegelbehandlung. Vortrag Therapiekongreß 4. Sept. 1953 Karlsruhe. — THIELE, H.: Die Beeinflussung des Blutes von Herzkranken durch Blutegel. Hippokratos **1944**, H. 29/30, 355. — VORSTER, R.: Über die Behandlung mit Blutegeln. Hippokrates **1936**, H. 7/8, 228. — WALDSCHMIDT-LEITZ, STADLER und STEIGERWALDT: Zur Therapie der Blutgerinnung. Naturwiss. **16**, 1027 (1928). — WANKE: Hippokrates **1951**, H. 3. — ZICK, K.: Zool. Anz. **96**, H. 11/12 (1931); **97**, H. 5/6 (1932); **103**, H. 3/4 (1933); Naturwiss. Monatsh. **12**, 147 (1932).

4. Aderlaß

Es ist durchaus kein Anachronismus, wenn wir der ältesten Behandlungsmethode, die überhaupt bekannt ist, nämlich dem Aderlaß, noch eine ausführliche Darstellung widmen, in einer Zeit, deren rasanter Fortschritt wenig

Muße läßt, auch über altes therapeutisches Erfahrungsgut immer erneut nachzudenken. Tatsächlich gehört der Aderlaß auch heute noch zum wichtigsten therapeutischen Rüstzeug der Herz-Kreislaufbehandlung.

Die erste Erwähnung geht angeblich auf PLINIUS zurück, der berichtet, daß die „Nilpferde bei schwerer Krankheit in den Fluß steigen, sich die Beinvene öffnen und so genesen".

MONTANUS erzählt von tartarischen Pferden, die nach anstrengenden Läufen den gleichen Eingriff bei sich vornehmen.

SCHARFBILLIG hat die lesenswerte Geschichte dieses Eingriffes zusammengestellt, so daß auf diese Monographie verwiesen sei.

Alle großen Ärzte der alten Geschichte (HIPPOKRATES, CELSUS, GALEN, PARACELSUS, HARVEY, SYDENHAM, HUFELAND usw.) haben sich dieses Eingriffes bedient, und doch hat es immer wieder Zeiten der Ablehnung, ja sogar des Verbots durch die Kirche gegeben. Aderlaß, Schröpfen und Klystieren wurden zur Hauptdomäne geschäftstüchtiger Bader, und es hat sehr lange Zeit gedauert, bis sich die wissenschaftliche Medizin dieser therapeutischen Maßnahmen erneut angenommen hat.

Heute wissen wir, daß es sich bei diesem Eingriff durchaus nicht um eine belanglose, vollkommen indifferente Methode handelt, sondern um ein therapeutisches Prinzip, das meisterhaft variiert, aber auch recht fehlerhaft vorgenommen werden kann.

Nach den Untersuchungen von DUESBERG und SCHROEDER sind nach einer Blutentnahme vier Phasen der hämodynamischen Gegenregulation sowie der Kompensation und Regeneration der verlorengegangenen Blutmenge zu erwarten.

Die erste Beantwortung ist eine starke periphere Vasokonstriktion, die eine ausreichende Blutversorgung der lebenswichtigen Organe gewährleistet. Dabei wurde eine Durchströmungsabnahme des Darmes um 55%, der Extremitätengefäße um 35% beobachtet. Dann folgt in der 2. Phase die Mobilisierung der Blutdepots und das Freisetzen von Gewebswasser, dann 3. die Demobilisierung der Speichervolumina mit Restitution der Gesamtblutmenge und schließlich Ersatz der verlorengegangenen Hämoglobin- und Erythrozytenbestände.

Diese Regulationen und Gegenregulationen verlaufen unter lebhafter Mitbeteiligung vegetativer Steuerungsvorgänge, sind in ihrer Ausschlaggröße abhängig von der Ausgangslage des vegetativen Nervensystems und benötigen das Zusammenspiel von propiozeptiven Reflexen, zu denen die Depressorenreflexe des Aortenbogens und des Karotis-sinus, der BAINBRIDGE-Reflex, der Lungenentlastungsreflex und die Chemoreflexe gehören.

Die erste Phase nach dem Aderlaß ist ausgesprochen parasympathisch betont, die Gegenregulation hat vorzugsweise sympathikotone Prägung. Wir wissen heute, daß die Größe der Kreislaufumstellungen abhängig ist von der entnommenen Blutmenge und von der Geschwindigkeit der Blutentnahme.

Es sind vielfach sehr große Blutentnahmen von 600–800 ccm empfohlen worden. Wir haben uns mit dieser Methode nie befreunden können und glauben auch, in der vegetativ bereits stark dysregulierten Phase der Dekompensation nichts Gutes von ihr erwarten zu dürfen.

Wir empfehlen daher Einzelentnahmen von 200 bis maximal 400 ccm und diese besser mehrfach wiederholt und raten zu langsamer Entnahme, da diese nach unserer Erfahrung praktisch weitgehend auf Kosten des Lungenblutdepots geht und damit wirkungsvoll die Lungenstauung vermindert, ohne andere Blutdepots in Mitleidenschaft zu ziehen und damit die aktuelle Blutmenge wieder zu vergrößern.

In Abb. 214 zeigen wir, wie nach einem Aderlaß die Blutfülle der Lunge abnimmt.

Indiziert ist der Aderlaß bei allen Zuständen der Linksdekompensation, beginnend mit Lungenstauung bis zum Asthma cardiale. Geradezu lebensrettend ist der Eingriff bei allen Formen von Lungenödem.

Wertvoll ist die Blutentnahme auch bei Polyzythämie und bei manchen Hochdruckformen mit ausgesprochen plethorischem Habitus. Der Aderlaß ist weiterhin unbedingte Notwendigkeit vor Einleitung einer Strophanthinbehandlung bei schwerer Rechtsdekompensation.

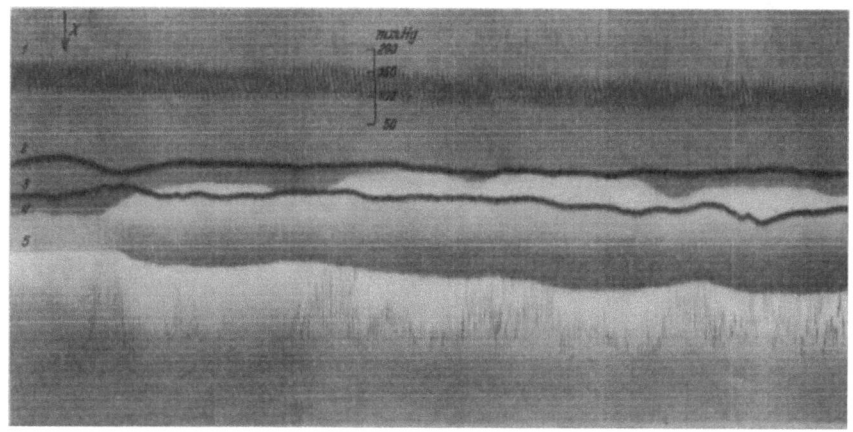

1 = Arteriendruck
2 = Durchström. Milzarterie
3 = Durchström. Milzvene
4 = Durchström. Lungenvene
5 = Durchström. Lungenarterie

Abb. 214. Wirkung eines Aderlasses auf Durchblutung und Blutfülle verschiedener Gefäßgebiete.

Er soll die erste therapeutische Maßnahme z. B. nach einer Klinikeinweisung bei derartigen Kranken sein, weil die Beruhigung und gelöste Entspannung durch Minderung von Einflußstauung und Besserung der Kurzatmigkeit die besten therapeutischen Voraussetzungen für alle weiteren Medikationen schafft.

Große Vorsicht ist angezeigt bei allen Hochdruckformen mit schwerer Zerebralsklerose.

Hier ist das Gefäßsystem oft nur noch so wenig anpassungsfähig, daß die Gefahr eines apoplektischen Insultes heraufbeschworen wird. Auch der Empfehlung von SCHUBERT, den Aderlaß mit 40%iger Glukoselösung beim apoplektischen Insult anzuwenden, kann nicht vorbehaltlos zugestimmt werden, da beim zerebralsklerotischen Insult die Blutung durch Aderlaß oft eher noch vergrößert wird. Hier empfehlen sich sehr viel mehr die Blutegel an den Processus mastoideus (s. S. 638), die einen ähnlichen aber sehr viel schonenderen Effekt zeitigen.

Zur Technik sind keine besonderen Ausführungen notwendig.

Es ist zweckmäßig, jede Blutentnahme im Liegen vorzunehmen und auch im Anschluß, selbst beim gesunden Blutspender noch 30 min liegen zu lassen, während sich bei herzkranken Patienten die Bettruhe von selbst ergibt.

Literatur zu Kapitel VI, Abschnitt A, 4

BAUER, K. J.: Geschichte der Aderlässe (München 1870). — BLUMBERGER, KJ.: Arch. Kreislaufforschg. **6**, 203 (1940). — BRADFORD, J. K. und Mitarb.: Venesection in the treatment of congestive heart failure, erythemia, aortic aneurysm and hemochromatosis. Postgrad. Med. **14**, 403 (1953); Venesection as a form of therapy. Modern. Med. **22**, H. 2, 107 (1954). — v. BRUNN, W.: Vom Aderlaß. Med. Welt **9**, 1201 (1935). — CASTIGLIONI, A.: Der Aderlaß. CIBA Z. **66**, H. 6 (1954). — CHAMBERS, T. K.: The blood-letting question in olden times. Brit. Foreigen Med. Chir. Rev. **22**, 475 (1858). — DIETL, J.: Der Aderlaß in der Lungenentzündung (Wien) 1848). — DUESBERG, R. und H. SCHROEDER: Klin. Wschr. **1942**, 981. — HECKEL, K., C. G. BÄR und K. TH. SCHRICKER: Über Kreislaufveränderungen während des Aderlasses (Untersuchungen bei Blutspendern). Ärztl. Wschr. **13**, H. 24, 523 (1958). — HUFELAND, CHR. W.: Die Kunst, das menschliche Leben zu verlängern (Jena 1797). — KRÜGER, G.: Der Aderlaß im neunzehnten Jahrhundert. Med. Diss. (Berlin 1886). — LANDSBERG, M.: Über das Altertum des Aderlasses. Janus (Gotha) N. F. **1**, 161 (1851); **2**, 89 (1853). — LITWINS, J., L. N. SUSSMAN und M. D. FELTENSTEIN: Hämatologische und chemische Änderungen während des Aderlasses bei Blutspendern. Amer. J. Clin. Path. **20**, 46 (1950). — MEZLER, F. X.: Versuch einer Geschichte des Aderlassens (Ulm 1793). — PEPPER, O. H. P.: Benjamin Rush's Theoris on Bloodletting after 150 Years. Trans. Stud. Coll. Phys. Philad. **14**, 121 (1946). — PIHA, S.: Studies on blood regeneration during progressive reticulocytosis due to repeated bleedings. Ann. Acad. Sci. Fenn. Ser. A, **2**, H. 80, 1 (1956). — PREUSS, J.: Zur Geschichte des Aderlasses. Wien. klin. Wschr. **8**, 608, 625 (1895). — SCHARFBILLIG, CHR.: Der Aderlaß. Seine Geschichte, Theorien Indikationen und Technik (Stuttgart-Leipzig 1933); Der rote Aderlaß (Hannover 1953). — SCHMITZ-CLIEBER, E.: Die mittelalterliche Aderlaßtechnik – eine Form der Neuraltherapie? Med. Mschr. **8**, H. 4, 262 (1954). — SCHNEIDER, P. J.: Die Haematomanie des ersten Viertels des neunzehnten Jahrhunderts, oder der Aderlaß in historischer, therapeutischer, medizinisch-polizeilicher Hinsicht (Tübingen 1827). — SCHUBERT, R.: Uralt und doch modern: Aderlaß. Ärztl. Praxis Sonderausgabe Nr. 3, **1958**, 46. — SECKENDORF, E.: Der BRISSOT'sche Aderlaßstreit. Ein Wendepunkt in der Geschichte therapeutischer Ansichten. Med. Welt **6**, 1485 (1932). — STAHL, G. E.: Gründliche Abhandlung des Aderlasses (Leipzig 1719). — STERN, H.: Theorie und Praxis der Blutentziehung (Würzburg 1914). — STRUBELL, A.: Der Aderlaß (Berlin 1905). — TORKA, E.: Aderlaß mit Betäubung. Med. Klin. **49**, H. 7, 252 (1954). — VEIL, W. H.: Der gegenwärtige Stand der Aderlaßfrage. Erg. inn. Med. **1917**, 15. — WACHSMUTH: Aderlaß – Blutegel – Schröpfen – Eigenblut. Med. Klin. **51**, H. 31, 1306 (1956).

5. Antikoagulantien in der Herz-Kreislaufbehandlung

Die Entdeckung und Entwicklung der blutgerinnungshemmenden Stoffe erbrachten für die behandelnde Medizin neue Gesichtspunkte. Ihre Bedeutung sowie ihre Auswirkungen können wir heute nahezu voll ermessen. Besonders eindrucksvoll sind dabei die Ergebnisse der Thromboseprophylaxe post operationem.

So berichten z. B. ZUCKSCHWERDT und THIES, daß sie die Thrombosehäufigkeit trotz nicht generell angewandter Prophylaxe von 38% auf 15% senken konnten und SCHEDEL stellte mit SKIBBE einen Rückgang der postoperativen Thrombosen von 1,8% auf 0,8% fest.

In die Therapie der inneren Medizin wurden die Antikoagulantien erst im Laufe der letzten 10 Jahre aufgenommen. Dabei zeigte sich, daß neben zahlreichen ausgezeichneten Erfolgen verschiedentlich ernsthafte Schäden, ja sogar vielleicht vermeidbare Todesfälle auftraten, die eine zum Teil berechtigte Kritik an der Antikoagulantientherapie laut werden ließen. Es erscheint daher notwendig, die Bedeutung dieser Behandlungsmethoden, die gebräuchlichsten Präparate, ihre Indikationen und Kontraindikationen, ihre Dosierung sowie die bisher bekannt gewordenen Schädigungsfolgen aufzuzeigen, um künftig das Gefahrenmoment möglichst gering zu halten.

Zuvor jedoch soll kurz auf das Thrombosegeschehen sowie auf die Blutgerinnung eingegangen werden, um die nachfolgenden Ausführungen verständlicher zu machen.

Die klassische Auffassung der Thromboseursachen (VIRCHOW) ist an Hand neuerer Erkenntnisse bezüglich ihrer Gültigkeit einer Prüfung zu unterziehen. Seit den Untersuchungen von KOLLER wissen wir, daß primäre Veränderungen der Venenwände bei der Thrombose nicht nachgewiesen werden können. Trotzdem scheint jedoch der Venenwand ein ursächlicher Einfluß zuzukommen durch Veränderungen ihres elektrostatischen Potentials und durch Verlust der Nichtbenetzbarkeit des Endothels, zum Beispiel infolge Sauerstoffmangel bei ungenügender Durchblutung der Vasa vasorum. Ebenso ist aus den neueren Untersuchungen von SCHROER anzunehmen, daß den physikalischen Faktoren von seiten der Gefäßwand für die Einleitung des Gerinnungsvorganges wesentliche Bedeutung zugemessen werden muß.

Eine Änderung der Blutbeschaffenheit als Ursache der Thromboseentstehung konnte von KOLLER nicht objektiviert werden. ZUKSCHWERDT und THIES halten es für möglich, daß erst ein fortschreitender Thrombus ein echtes Gerinnungsphänomen darstellt, da ein in eine Vene mit unverletzter Wand eingebrachtes Gerinnsel aufgelöst wird und auf der anderen Seite auch unter voller Heparinwirkung eine Thrombozytenagglutination auftreten kann (JÜRGENS). Unter Vergleich mit späteren Obduktionsbefunden untersuchten PATERSON und MC LACHLIN die Wertigkeit vieler bis dahin zur Erkennung der Thrombose ausgeführter Untersuchungsmethoden. Sie fanden jedoch weder eine Zunahme des Fibrinogenspiegels oder der Thrombozyten, noch eine Abnahme der fibrinolytischen Aktivität, des Tokopherol- und Antithrombinspiegels als Signum einer Thrombosegefährdung. Leider fehlen gleichartige Untersuchungen über die intravasale Erythrozytenverklumpung, das sogenannte sludge-Phänomen. Wahrscheinlich ist jedoch der Übergang von der Erythrozytenballung zur Thrombose gegeben. Von anderer Seite wird der Strömungsverlangsamung bzw. der venösen Stase Bedeutung zugemessen. Man bedient sich dabei der Beobachtung, daß nicht selten dem eigentlichen thromboembolischen Geschehen eine Hypodynamie des Herzmuskels, verschiedentlich auch ein manifestes Herzleiden, ein Klappenfehler, ein Herzmuskelschaden u. ä. vorangeht. Danach würde die Hypodynamie des Herzens zur Stase, diese zur Thrombose und schließlich zum embolischen Geschehen führen.

Als auslösender Vorgang für die Blutgerinnung wird die Agglutination und Auflösung der Thrombozyten angesehen. Sie kommt zustande, wenn kleine Mengen von Thrombin mit den Plättchen in Kontakt kommen. In der ersten Phase der Gerinnung wird die aktive Thrombokinase gebildet. Bei der Auflösung der Plättchen wird eine Phospholipoidsubstanz (Thromboplastinogenase, thromboplastischer Faktor, Plättchenfaktor 3) frei, die sich mit dem globulinartigen Eiweißkörper im Plasma verbindet. Dieses Protein (Gerinnungsfaktor VIII) wird antihämophiles Globulin genannt und bei der Gerinnung verbraucht, so daß es im Serum nicht mehr vorhanden ist. Zum Ingangkommen der Blutgerinnung sind jedoch noch weitere Faktoren erforderlich. Es handelt sich dabei um den Gerinnungsfaktor IX (Christmasfactor, Plasma thromboplastin component), den Faktor X (KOLLER) und das Plasma antecedent (ROSENTHAL und Mitarb.). Außerdem ist die Anwesenheit von ionisiertem Kalzium (Faktor IV) notwendig. Neben dieser, auf die genannte Art entstandenen Thrombokinase (Thromboplastin, Faktor III) findet sich in allen Geweben eine schon wirksame, bei Verletzungen freiwerdende Thrombokinase. Sie hat im Augenblick der Freisetzung die gleiche Aktivität wie die Blutthrombokinase nach der Reaktion der oben angeführten gerinnungsaktiven Faktoren.

Die Thrombokinase bringt die zweite Phase der Gerinnung, die Umwandlung von Prothrombin und Thrombin, in Gang. Dazu werden weitere aktivierende Faktoren, nämlich der Akzeleratorfaktor (Faktor V, Proakzelerin, labile factor) und das Prokonvertin (Faktor VII, stabile factor), benötigt. Diese beiden Faktoren werden durch die im Ablauf der weiteren Gerinnung entstehenden ersten Thrombinmengen in eine aktivere Form übergeführt. Faktor V wird dabei zu Faktor VI (Akzelerin) und Faktor VII zu Faktor VIIa (Konvertin). Auch für diese zweite Reaktion sind zur Aktivierung der Thrombokinase Kalziumionen erforderlich.

Die zweite Gerinnungsphase bringt, wie erwähnt, die Überführung des Prothrombins in die des Thrombins und wird durch die aktive Thrombokinase vollzogen. Das gerinnungsinaktive Prothrombin ist ein Eiweißkörper mit Globulincharakter, das von der Leber unter Mitwirkung des fettlöslichen Vitamin K_1 gebildet wird. Durch die einzeitige Bestimmung des Prothrombinkomplexes nach QUICK werden alle diejenigen Faktoren bestimmt, die neben der Thrombokinase bei der Umwandlung von Prothrombin in Thrombin beteiligt sind. Für den Reaktionsablauf sind somit neben dem im Überschuß gegebenen Kalzium, der optimal zugesetzten Thrombokinase und dem Fibrinogen Prothrombin, Faktor V und VII maßgeblich und quantitativ zu erfassen.

Die dritte Phase bringt die Umwandlung von Fibrinogen in Fibrin.

Die Einwirkung des Thrombins führt über eine kolloidale Vorstufe, dem Profibrin, durch Polymerisation zu dem unlöslichen, fädigen Fibrin. Beschleunigt wird die Fibrinbildung durch einen weiteren Thrombozytenfaktor, dem Plättchenfaktor 2.

Auch die nach einiger Zeit folgende Retraktion des Fibringerinnsels ist an die Wirkung der Thrombozyten gebunden, so daß die Blutplättchen also die Blutgerinnung sowohl einleiten wie auch zum letzten Abschluß bringen. Die Thrombozytenagglutination hat für die Entstehung der venösen Thrombose eine große Bedeutung. Wie bereits gesagt, wissen wir heute jedoch noch relativ wenig über die Faktoren, die zum Anhaften von Plättchen an die Endothelwand führen und schließlich das Auswachsen eines Thrombus bewirken.

Zur Erleichterung des Verständnisses von Antikoagulantien sind wir in diesem Zusammenhang nur auf die humorale Genese der Thrombose eingegangen. Im klinischen Teil werden wir bei der Besprechung der Thrombose-Pathogenese noch darauf hinweisen, daß man heute über dem reinen Blutfaktor wohl Hämodynamik und Gefäßwand zu sehr vernachlässigt. Wenn man sich dagegen vergegenwärtigt, daß weder das Kind noch der Hyperthyreotiker bei langem Krankenlager zu Thrombose neigen, dann wird man die in beiden Fällen gegebene Beschleunigung der Blutgeschwindigkeit ebenso in Rechnung zu stellen haben wie das Fehlen atherosklerotischer Veränderungen.

Zusammenfassend scheinen also folgende Faktoren eine thrombosebegünstigende Wirkung zu entfalten:

a) die Zunahme der Gerinnungsfähigkeit des Blutes, wie sie nach Operationen beobachtet wird, mit vermehrter Agglutinationsbereitschaft der Thrombozyten (H. P. WRIGHT),

b) eine Verlangsamung der Strömungsgeschwindigkeit und schließlich

c) Wandveränderungen an den Gefäßen.

Diese Ausführungen genügen, um die Wirkung der Antithrombotica verständlich zu machen. Dabei ist zu betonen, daß die einzelnen Antikoagulantien am Gerinnungssystem verschiedene Angriffspunkte haben und ihnen dementsprechend auch eine verschiedene Wertigkeit zukommt. Die gebräuchlichen und im Handel befindlichen blutgerinnungshemmenden Substanzen können im wesentlichen in drei Gruppen eingeteilt werden:

1. Heparin und Heparinoide
2. Cumarin und seine Derivate und
3. seltene Erden.

Um die theoretischen Grundlagen noch übersichtlicher zu machen und gleichzeitig den Angriffspunkt der verschiedenen Antikoagulantien herauszustellen, mag Abb. 215 das Gerinnungsschema nach JÜRGENS und OERI dienlich sein.

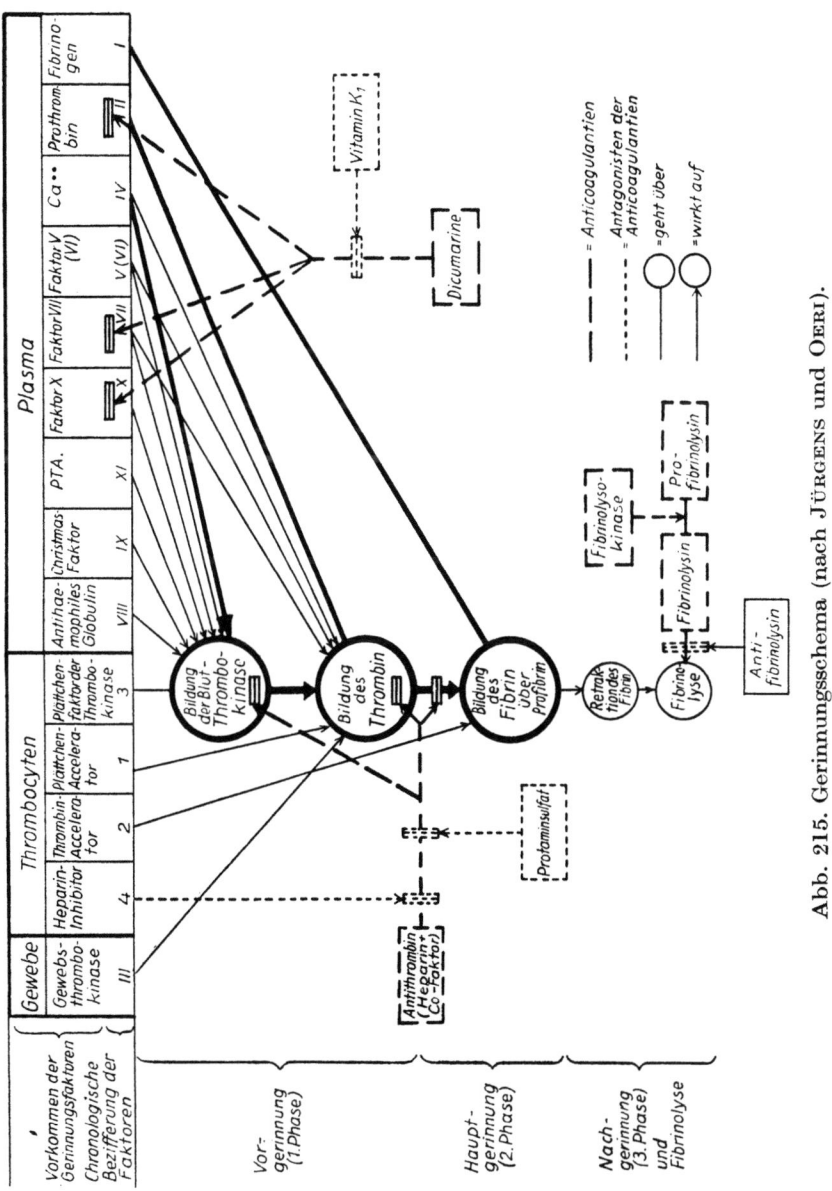

Abb. 215. Gerinnungsschema (nach JÜRGENS und OERI).

Dazu kommen noch zahlreiche Präparate, sogenannte Antithrombotica II. Ordnung, deren Wirkungssystem weitgehend unbekannt ist und denen eine mehr oder weniger große Bedeutung in der Prophylaxe der Thrombosen zukommt.

Es sollen nun im Folgenden die Substanzen einzeln besprochen werden:

5.1. Heparin und Heparinoide

Das Heparin, die von HOWELL in der Leber entdeckte Anti-Thrombokinase, ist chemisch Mucoidin-Poly-Schwefelsäure und enthält gleiche Teile von Hexuronsäure und Glucosamin. Der physiologische Blutgehalt beträgt 0,009 mg%. Noch in einer Verdünnung von 1:300000 verhindert es die Blutgerinnung und 1 mg Heparin (= 100 i. E) macht 40 ccm menschlichen Blutes für 24 Stunden ungerinnbar. Es ist ein Anti-Thromboplastin, beschleunigt die Auflösung frischer Thromben und wirkt vasodilatatorisch. Da es peroral unwirksam ist, kann es nur parenteral angewandt werden. Bei intravenöser Injektion wirkt Heparin wegen seiner raschen Ausscheidung im Harn und der raschen Zerstörung des Restes nur über 1–2 Stunden auf den Blutgerinnungsvorgang.

Das Heparin wirkt dadurch, daß es als Anti-Thromboplastin mit dem Faktor III einen Inhibitor bildet, der die Umwandlung von Prothrombin in Thrombin aufhält. Die Wirkung auf den Thrombozytenabfall ist ebenso wie der Einfluß auf den Thrombokinase- und Fibrinogenkomplex weniger deutlich ausgeprägt.

Vom Heparin stehen uns gegenwärtig drei Präparate zur Verfügung: das Liquemin (Hoffmann-La Roche), das Thrombovetren (Promonta) und das Elheparin (Luitpold-Werk). Es handelt sich bei diesen Präparaten um natürliches, aus tierischen Organen gewonnenes Heparin.

a) Liquemin befindet sich in zwei Formen im Handel, dem intravenös zu injizierenden L. und dem Depot-Liquemin. Von letzterem wird 1 ccm = 40000 i. E subkutan oder intramuskulär verabreicht, während von Liquemin 4mal täglich 15–20000 i. E (1 ccm = 5000 i. E) injiziert werden.

b) Thrombovetren enthält pro Kubikzentimeter 2000 IE Heparin und wird i.v. gegeben. Auch dieses Präparat wird mehrmals (3–4–6mal) tgl. in einer Dosis von 3 ccm (= 4000 i. E) injiziert.

c) Elheparin wird intravenös und intramuskulär angewandt. Die i.v. Injektion soll mit dünner Nadel und langsam vorgenommen werden. Empfohlen werden 40000 bis 100000 i. E auf 3–6 Einzeldosen verteilt. Eleparon enthält pro Kubikzentimeter 5000 i. E Heparin.

Die Indikation des Heparins besteht vorwiegend in der Therapie thromboembolischer Erkrankungen im akuten Stadium (Thrombophlebitiden, Thrombosen, Embolien), während es für die Prophylaxe wegen der hohen Kosten weniger in Frage kommt.

Die Heparinoide sind demgegenüber synthetisch hergestellte Heparinkörper, die gerinnungsphysiologisch im wesentlichen die gleichen Angriffspunkte haben wie die Nativpräparate. Das wichtigste Präparat dieser Gruppe ist das Thrombocid (Dr. Benand K.G.); es ist dem Heparin völlig gleichwertig (HALSE u. a.). Thrombocid liegt wie das Liquemin in zwei Handelsformen vor, wobei der i.v. Applikationsform pro Kubikzentimeter 5000 i. E, der Depotform 30000 i. E Heparin entsprechen. Die Hypokoagulämie hält nach der intravenösen Injektion etwa 3–4 Stunden, nach Verabreichung von Depot-Thrombocid etwa 10–12 Stunden an. Im allgemeinen genügen bei Thrombosen 3mal tgl. je 4 ccm i.v., in schweren Fällen wird morgens und abends auf 6 ccm erhöht. Bei peripherer und pulmonaler Embolie sind in den ersten zwei Tagen häufigere Injektionen zu empfehlen, z. B. 4–5mal 4 ccm i.v. Bei

Depot-Thrombocid genügen im allgemeinen 2 Injektionen i.m. oder intraglutäal in Abständen von 12 Stunden. Je nach Schwere des Falles können die Injektionsintervalle in den ersten beiden Tagen verkürzt werden.

5.2. Cumarin und Derivate

Cumarin und seine Derivate sind erst nach einem Intervall von 1–3 Tagen wirksam. Allerdings hält die therapeutische Wirkung bis zu 10 Tagen an. Sie besteht in einer Hemmung der Prothrombinbildung sowie der Faktoren VII, X und anscheinend auch des Faktors IX. Tägliche Kontrolle des Prothrombinspiegels ist erforderlich, da überaus starke Unterschiede in der Abbaugeschwindigkeit, die zwischen 15 und 90% in 24 Stunden schwanken kann, verzeichnet werden. Die Prothrombinzeit soll dabei so liegen, daß sie einem QUICK-Wert von 15–25% entspricht.

Durch die Cumarine wird der Faktor VII schneller und stärker beeinflußt als das reine Prothrombin. Ferner wird die Plasmathrombokinasebildung, die zur Überführung des Prothrombins in Thrombin notwendig und von der Gewebsthrombokinase zu unterscheiden ist, gehemmt. Die beste Methode zur Überwachung der Cumarintherapie stellt daher vorläufig auch die Einphasenprothrombinzeitbestimmung nach QUICK dar. Der Heparintoleranztest sollte zusätzlich durchgeführt werden, um Patienten, deren Gerinnungsfähigkeit durch Cumarine nur wenig beeinflußt wird, die also trotz cumarinbedingtem QUICK-Zeitabfall auf 20% eine Hyperkoagulabilität aufweisen, von der Cumarinmedikation ausschließen zu können (BELLER). Um eine Gefäßpermeabilitätsstörung rechtzeitig zu erkennen, erweisen sich regelmäßige Urinkontrollen als zweckmäßig. Massive Erythrozytenausscheidungen im Harn bedingen zwar noch keine unbedingte Unterbrechung der Behandlung, zwingen aber doch zu einer Herabsetzung der Cumarindosis und zur zusätzlichen Verabreichung gefäßabdichtender Medikamente, wobei sich Vitamin P, C und E sowie Kalzium als nützlich erwiesen. Auch die intravenöse Verabreichung von Venostasin hat sich hierbei gut bewährt.

Wir unterscheiden heute zwischen Langzeit- und Kurzzeit-Cumarinen. Der typische Vertreter des Langzeit-Cumarins ist das Marcumar, während Tromexan und Sintrom als Kurzzeit-Cumarine betrachtet werden.

a) Marcumar (Hoffmann-La Roche), das nun nahezu 5 Jahre im Handel ist, hat das klassische Cumarin, das Dicumarol, überflügelt, da durch weniger Substanz eine wesentlich längere Wirkung erzielt wird, ohne daß es zu einer Steigerung der Nebenerscheinungen kommt. Die Latenz bis zum Einsetzen der Wirkung beträgt durchschnittlich 24–72 Stunden. Als Initialdosis verabreicht man 7–9 Tabletten (21–27 mg), gibt am darauffolgenden Tag 3–4 und dann als Erhaltungsdosis, je nach Ausfall des QUICK-Wertes, $\frac{1}{2}$–2 Tabletten Marcumar.

b) Tromexan (Geigy) weist einen schnellen Wirkungseintritt und nach Absetzen des Präparates einen raschen Wiederanstieg des QUICK-Wertes auf. Die schnelle Ausscheidung des Präparates macht es erforderlich, daß die Tagesdosis über den ganzen Tag verteilt gegeben werden muß um Prothrombinspiegelschwankungen zu vermeiden. Die Anfangsgabe beträgt im allgemeinen 4mal 1, am zweiten Tag 3mal 1 und als Erhaltungsdosis 2mal $\frac{1}{2}$ Tablette täglich. Der Prothrombinspiegel ist auf das therapeutische Niveau von 20 bis 30% zu senken und durch laufende Kontrolle dort zu halten. Unverträglichkeitserscheinungen von seiten des Magen-Darm-Kanals werden mitunter beobachtet.

c) Sintrom (Geigy) ist ein tromexanähnliches Präparat und hat mit diesem die kurze Latenz bis zum Wirkungseintritt gemeinsam. Im Gegensatz zu Tromexan tritt jedoch der Anstieg nach Absetzen der Behandlung langsamer ein, so daß eine Verteilung der Tagesmenge nicht mehr erforderlich ist. Als Initialdosis sind 5–7 Tabletten am ersten und 4–6 Tabletten am zweiten Tag ausreichend.

Unter Kontrolle des QUICK-Wertes beträgt die Erhaltungsdosis zwischen einer halben und drei Tabletten täglich.

Die Cumarinderivate werden meistens zur Dauerbehandlung bzw. zur Therapie über längere Zeit benutzt. Bei akuten Fällen gehen wir so vor, daß wir sofort Liquemin i.v. oder Depot-Liquemin injizieren und gleichzeitig 7–8 Tabletten Marcumar verabreichen. Am 2. Tag geben wir 3–4 Tabletten Marcumar und machen die weiteren Tagesdosen von der Prothrombinzeit abhängig.

5.3. Seltene Erden

Die seltenen Erden wurden bereits sehr frühzeitig wegen ihrer gerinnungshemmenden Wirkung zur Therapie verwendet. Da das später auf den Markt gekommene Dicumarol aber weniger toxisch war, wurden die Versuche mit den seltenen Erden wieder eingestellt. Erst die in den letzten Jahren erfolgte Entwicklung des Thrombodym (C. F. ASCHE), das keine toxischen Eigenschaften aufweisen soll, ließ die seltenen Erden wieder in das therapeutische Rüstzeug des Arztes eintreten. Zunächst wurde angenommen, daß der Angriffspunkt im Gerinnungssystem auf einer isolierten Prothrombinverminderung beruht. Demgegenüber konnten jedoch BELLER und MAMMEN zeigen, daß auch der Faktor V und VII sowie vor allem die Plasmathrombokinasebildung beeinflußt werden. Thrombodym wird intravenös angewandt und zeigt bereits nach einer halben Stunde eine deutliche gerinnungshemmende Wirkung. Wichtig ist zu wissen, daß die Prothrombin-Zeit sofort nach der Blutentnahme bestimmt werden muß, weil Thrombodym mit Oxalat und Zitrat ein Komplexsalz bildet, so daß nach längerem Stehen der Blutprobe der QUICK-Wert normal erscheint. Verwendet man jedoch statt Zitrat einen Ionenaustauscher, der die Kalziumionen bindet, so ist die Prothrombinzeit wie üblich durchführbar. Thrombodym wird täglich 2mal in einer Dosis von 3 ccm i.v. injiziert, wobei ebenso wie bei Heparin am ersten oder zweiten Tag auf Cumarinderivate übergegangen wird (s. oben).

Infolge des Eingreifens in das Blutgerinnungssystem und der damit verbundenen laboratoriumsgebundenen Kontrollen sowie der Gefahr noch zu besprechender Schädigungen ist die Antikoagulantientherapie weitgehend an die Klinik gebunden. Da sich jedoch nicht selten die Notwendigkeit einer Emboliprophylaxe ergibt – es sei nur an die zahlreichen Varizenträger erinnert – wird auch der Hausarzt eine entsprechende, vorbeugende Behandlung durchführen müssen. Hierzu stehen, wie bereits oben angedeutet, zahlreiche Präparate, die oral, parenteral und kutan angewandt werden können, zur Verfügung. Diese Präparate greifen nicht alle in den Vorgang der Blutgerinnung ein, sondern wirken zum Teil antiphlogistisch und gefäßerweiternd. Aus der Vielzahl der Präparate sei hier lediglich das Venostasin, ein Vitamin B_1-enthaltender Roßkastanienextrakt, das Perivar, auf Sparteinbasis beruhend, und das Hirudoid angeführt. Diese Präparate haben sich uns sowohl in der Thromboseprophylaxe als auch in der Behandlung des postthrombotischen Syndroms ausgezeichnet bewährt und sind besonders in der freien Praxis leicht anzuwenden.

In diesem Rahmen soll noch kurz das Butazolidin (Geigy) genannt werden. Es handelt sich um einen nahen Verwandten des Pyramidons und besitzt bemerkenswerte antiphlogistische Eigenschaften. Gegenüber der analgetischen und antipyretischen Wirkung stehen diese im Vordergrund. Eine signifikante Beeinflussung der Gerinnungsfaktoren durch Butazolidin ist nicht bekannt. Leider sind bei dem Präparat, das sich besonders bei der Thrombosebehandlung der unteren Extremität bewährt hat, Nebenwirkungen nicht selten. Erkrankungen der blutbildenden Organe (Anämie, Thrombopenie, Agranulozytose), Auftreten von Darmblutungen, Aktivierung von ruhenden Magenulcera, Haut- und Schleimhautallergien sind beschrieben worden. Durch die regelmäßig auftretende Natriumretention (EICHHOLTZ) kann die Neigung zu Ödembildung verstärkt werden.

Trotz dieser Feststellungen, auf die nur hingewiesen wurde, um zu unterstreichen, daß auch Butazolidin nicht unkontrolliert verabreicht werden darf, hat sich uns das Mittel so ausgezeichnet bewährt, daß wir es in Thromboseprophylaxe und -behandlung nicht mehr missen möchten.

Die Dosierung ist individuell abzustimmen. Ein sicheres Schema hierfür gibt es nicht. Als Richtlinie kann die Verabreichung von 3 bis 4mal täglich 200 mg (= 1 Dragée) während der Mahlzeiten gelten. Bei längerer Anwendung ist die Dosis auf die Hälfte bis ein Drittel zu reduzieren. Blutbildkontrollen sind erforderlich.

Abschließend sei noch darauf hingewiesen, daß wir bei den Thrombosen und Thrombophlebitiden eine uralte Behandlungsmethode keineswegs gering schätzen, sondern mit offensichtlichem Erfolg anwenden, nämlich das Ansetzen von Blutegeln in den betroffenen Gebieten. Auch das Hirudin des Blutegels ist ein gerinnungshemmender Stoff, der in der neueren Entwicklung vielleicht zu Unrecht in den Hintergrund getreten ist.

Es erscheint uns in Anbetracht der individuell verschiedenen Ansprechbarkeit des Blutgerinnungssystems erforderlich, auf die Gegenmaßnahmen im Falle einer Überdosierung der Antikoagulantien hinzuweisen. Symptom einer Überdosierung ist die hämorrhagische Diathese. Bei Überdosierung mit Heparin werden langsam intravenös 5,0 ccm einer 1%igen Protaminsulfat-Lösung (Protamin-Nordmark, Protamin „Roche") injiziert, wodurch die Heparinkörper sofort neutralisiert werden. Bei Überdosierung mit Cumarin-Derivaten ist das Vitamin K_1 (Konakion) das spezifische Antidot. Es läßt in kurzer Zeit den Prothrombingehalt im Blut wieder ansteigen. Die anderen Vitamin K-Abkömmlinge, besonders die wasserlöslichen, scheinen kaum eine Wirkung zu haben. In schweren Fällen ist eine solche iatrogene Hypoprothrombinämie am besten durch Frischbluttransfusion zu beherrschen.

Indikationen für die Behandlung mit gerinnungshemmenden Stoffen sind auf dem Gebiete der inneren Medizin vorwiegend die akute Thrombose, die Thrombophlebitis und die Lungenembolie. Die Anwendung bei Herzinfarkten ist nicht mehr ganz einhellig. Wir werden noch ausführlich hierauf eingehen. Während bei frischen Thrombosen an der Möglichkeit einer thrombolytischen Wirkung kaum gezweifelt werden kann, ist bei älteren, bereits organisierten Thrombosen mit einer Auflösung der thrombotischen Massen nicht mehr zu rechnen. Aber auch hier ist die Bekämpfung einer weiteren Thrombosierung, die Erzielung einer thrombostatischen Wirkung, sehr erwünscht.

Bei gegebener Indikation ist unverzüglich zu prüfen, ob bei dem zu Behandelnden eine Kontraindikation vorliegt. Im Laufe der Jahre wurden uns diese bestens bekannt. Sartori stellte in Anlehnung an die bisher vorliegenden Erfahrungsberichte die Kontraindikationen tabellarisch zusammen. Demnach sind Leberparenchymschäden für Cumarinderivate eine absolute, für Heparin eine bedingte Gegenindikation, während es für Nierenparenchymschäden gerade umgekehrt der Fall zu sein scheint. Hämorrhagische Diathesen jeder Art, Hypertonien mit systolischen Werten über 200 mm Hg, die Zerebralsklerose, floride Ulzera des Magen-Darmkanals, neurologische Operationen, Endocarditis lenta, Diabetes mellitus und die urologischen Operationen, solange eine Hämaturie besteht, sind absolute Kontraindikationen sowohl für die Heparin- wie auch für die Cumarintherapie. Gravidität und maligne Tumoren mit Lebermetastasen stellen für die Cumarinderivate eine absolute, für das Heparin eine bedingte Gegenindikation dar.

Umstritten ist die Anwendung der Antikoagulantien in der Prophylaxe und Therapie des Myokardinfarktes. Vor gut 10 Jahren trugen die Amerikaner mit großer Leidenschaft ihre Erfolge mit der Antikoagulantientherapie beim Herzinfarkt vor (WRIGHT, MC CALL, GRIFFITH und Mitarbeiter, FOLEY, LOEWE u. a.) und übten auf die deutsche Medizin hierdurch eine starke Suggestion aus. Die hierauf von allen Seiten berichteten guten Ergebnisse erweckten den Eindruck, als ob die Fortlassung dieser Substanzen bei einer Infarktbehandlung ein Kunstfehler wäre.

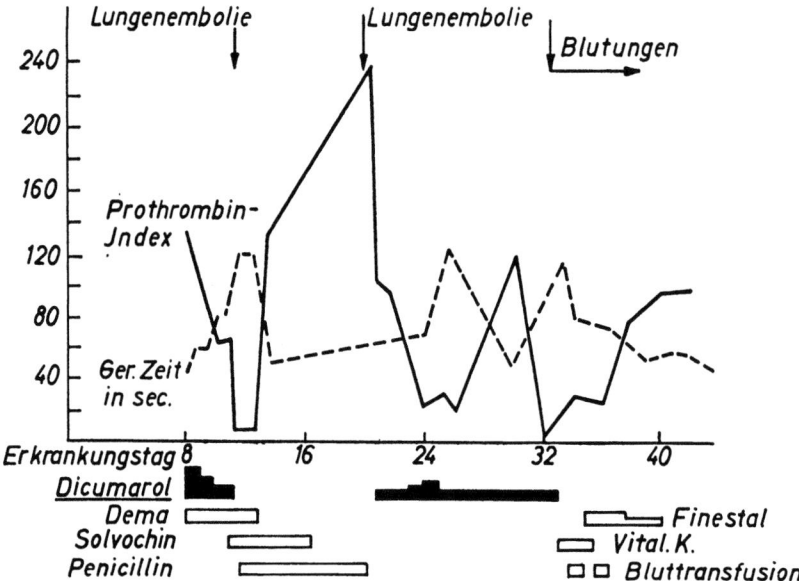

Abb. 216. Thrombosebehandlung mit Dicumarol.

Angeregt durch diese Berichte, sammelten wir seinerzeit eigene Erfahrungen. Wir wurden in der Anwendung kritisch, als wir einige sehr ernsthafte Zwischenfälle beobachteten, die trotz sorgfältigster Kontrolle der Prothrombinzeit aufgetreten waren. PETERSEN berichtete seinerzeit bereits über eine kaum stillbare Blutung.

Es handelte sich dabei um eine 29jährige Frau, die 2 Monate vor der Klinikaufnahme die 3., völlig normal verlaufende Geburt und anschließend eine Mastitis und Lymphadenitis links hatte. Etwa 1 Monat nach der Geburt akquirierte die Patientin eine Pleuritis sicca rechts, in deren Verlauf eine Thrombophlebitis am linken Bein auftrat. Bei der Klinikaufnahme, 9 Tage nach Beginn der Thrombophlebitis war das linke Bein, besonders der Oberschenkel, erheblich geschwollen und stark druckempfindlich. Die Thoraxdurchleuchtung zeigte im rechten Oberfeld ein umschriebenes Infiltrat, das als restpneumonisch oder infarktbedingt angesehen wurde. Unter der eingeleiteten Antikoagulantienbehandlung mit Dicumarol trat am 6. Kliniktag eine mittelschwere Lungenembolie und am 19. Behandlungstag eine solche leichteren Grades auf. Im weiteren Verlauf kam es dann zu plötzlichen Blutungen des Zahnfleisches, im Magen, dem Harntrakt und später auch aus dem Uterus, dem Rektum und verschiedenen Injektionsstellen. Sofortige Verabreichung von Vitamin K, Rutinion und Clauden erbrachte kein Sistieren der Blutungen.

Ebenfalls konnte eine Bluttransfusion die Hämorrhagien nicht beeinflussen. Erst durch eine 2. Bluttransfusion, nachdem auch das zwischendurch gegebene Finestal keine Wirkung zeigte, gelang es, die Blutungen allmählich zum Stehen zu bringen (s. Abb. 216).

Als wir darüber hinaus bei der Herzinfarktbehandlung mit Antikoagulantien Fälle von Ventrikelrupturen und Hämoperikard beobachten konnten, stellten wir nur noch mit großer Kritik und in wenigen Spezialfällen die Indikation zur Anwendung dieser Mittel. Mittlerweile wurden auch von anderen Seiten Schädigungen berichtet, und die Stimmen der Ablehnung mehren sich. Auch die KNIPPINGsche Schule teilt neuerdings mit, daß die Wirkung der Antikoagulantien sich auf breiterer Basis doch nicht ganz so hat bestätigen lassen, wie man zunächst annahm. Selbst die Amerikaner empfehlen heute nur noch die Anwendung dieser Mittel bei den „poor-risk"-Fällen (RUSSEK u. a.), während sie bei den „good-risk"-Fällen eine weitgehende Zurückhaltung anraten. Umsomehr muß man sich fragen, wie eine prophylaktische Antikoagulantienanwendung im praemorbiden Stadium des Herzinfaktes überhaupt in Erwägung gezogen werden konnte. Wir lehnen sie nach wie vor als vorbeugende Maßnahme mit allem Nachdruck ab.

Wie wir warnen auch andere Autoren bereits vor der prophylaktischen Anwendung von gerinnungshemmenden Substanzen, da auch sie keinen sicheren Wert in der Vorbeugung von Herzinfarkten finden konnten und gehen außerdem mit uns einig, daß diese vorbeugende Maßnahme die Gefahr der Herzruptur und des Hämoperikards beim Myokardinfarkt eher noch steigert.

Damit sind wir bereits in die Besprechung der Gefahren eingetreten.

Die genannten Schädigungen dürften durch den kapillarschädigenden Effekt der Antikoagulantien bedingt sein, der besonders für die Cumarine nachgewiesen wurde. Dieser Effekt muß um so bedenklicher stimmen, da sich nach STAMM das Blutungsrisiko bei der Antikoagulantientherapie auch durch gefäßabdichtende Substanzen nicht vermindern läßt. Größte Vorsicht ist bei der Mehrfachanwendung der blutgerinnungshemmenden Stoffe geboten. Es konnten hierbei allergische Reaktionen beobachtet werden, die sich nur äußerst schwer beherrschen ließen. Auch scheint bei verschiedenen Menschen eine Hypersensibilität gegen Heparin zu bestehen, die, bedenkt man, daß zu Heparinen nur in wirklich akuten Fällen gegriffen wird, eine ernsthafte Gefahr darstellen kann.

Wir haben schon früher bei experimentellen Untersuchungen derartige Unverträglichkeitsreaktionen auf Heparin gesehen, so daß uns diesem Mittel gegenüber größte Reserve geraten schien.

Es wurde oben darauf hingewiesen, daß der Prothrombinspiegel bei der Antikoagulantientherapie zwischen 20 und 30% liegen soll. Ist dieser Spiegelwert erreicht, so ist bei einer eventuell nötig werdenden Antibiotikabehandlung daran zu denken, daß beide Substanzen eine gleichsinnige Wirkung aufweisen und es daher unter dem Einfluß der angewandten Antibiotika zu einem lebensbedrohenden Abfall des Prothrombinspiegels kommen kann (IMDAHL u. a.). Umgekehrt soll das ACTH zum Heparin antagonistisch wirken.

Ebenso wie die Überdosierung birgt auch die Unterdosierung eine erhebliche Gefahr, nämlich der Lungenembolie, in sich. Bedenken wir dabei, daß es infolge Überdosierung von Dicumarol auch bereits zu Vergiftungen gekommen ist und der therapietreibende Arzt rechtskräftig verurteilt wurde [J. Forensic. Med., 1, 68 (1953)], dann ist mit Recht zu fragen, inwieweit sich Risiko und Erfolg aufwiegen.

Fassen wir zusammen, so müssen wir feststellen, daß der anfängliche Enthusiasmus für die Antikoagulantien heute stark abgenommen hat. Die Gefahren, die eine solche Therapie mit sich bringt, machen eine exakte Indikationsstellung unbedingt erforderlich und eine Anwendung außerhalb der Klinik nahezu unmöglich. Ist jedoch die Indikation gegeben und sind die Gegenindikationen ausgeschlossen, dann kann die Behandlung mit Antikoagulantien bei laufender Durchführung der besprochenen Kontrollmaßnahmen einen guten Effekt zeitigen. Dies gilt besonders für die Thrombose- und Embolieprophylaxe der chirurgischen Disziplinen. Für die innere Medizin reicht nach unseren Erfahrungen neben Blutegeln, die Verabreichung von Antithrombotica II. Ordnung aus, unter denen sich uns besonders Venostasin parenteral oder oral gegeben, und bei lokaler Anwendung das Hirudoid, bestens bewährt haben. Während wir in der Prophylaxe des Myokardinfarktes die Anwendung von gerinnungshemmenden Stoffen ablehnen und in der Behandlung der bereits eingetretenen Koronarthrombose eine sehr sorgfältige Auswahl für notwendig erachten, benutzen wir sie bei Organembolien sowie solchen in die Extremitäten, wie sie nicht selten bei Herzklappenfehlern auftreten, mit gutem Erfolg. Stets muß jedoch der Einleitung dieser Behandlung eine genaue Indikationsstellung vorausgehen, und außerdem darf die laboratoriumgebundene Überwachung nicht vernachlässigt werden.

Für die praktische Durchführung haben sich uns folgende Behandlungsschemen – individuelle Durchführung vorausgesetzt – als wertvoll erwiesen:

Fieberhafte schwere Thrombose:

Vor Behandlungsbeginn Blutentnahme zur Prothrombinspiegelbestimmung.

Einleitung mit Heparin-Präparat bzw. Heparin-Derivat, dann Übergang auf Dicumarol-Präparat, z. B. mit

          Liquemin „Roche" i.v. 1 ccm = 5 000 i. E
          Liquemin-Depot i.m., s.c. 1 ccm = 40 000 i. E
          Marcumar per os 1 Tbl. = 3 mg

1. Tag: alle 6 Std. 2–3 ccm Liquemin i.v. = insges. 40–60 000 i. E,
2. Tag: alle 6–8 Std. 2 ccm Liquemin i.v. = insges. 30–40 000 i. E,
3. Tag: 1 ccm Depot-Liquemin i.m. od. s.c.= 40 000 i. E
und 5–7 Tabl. Marcumar (Ausgangswert des Prothrombinspiegels beachten!).
4. Tag: 3–4 Tabl. Marcumar,
5. Tag: Prothrombinspiegelbestimmung: danach Marcumar dosieren (in der Regel noch 2 Tabl). Damit ist meist die therapeutische Breite erreicht (Prothrombinspiegel von 15–25%),
6. Tag und weiter: Erhaltungsdosis von Marcumar, die individuell erheblich schwanken kann.
Prothrombinspiegelkontrollen alle 2–3 Tage!

Oder: Kombination von Thrombocid mit Marcumar.

Vor Behandlungsbeginn Blutentnahme zur Prothrombinspiegelbestimmung.

1. Tag: alle 6 Std. 2 ccm Thrombocid i.v. = insges. 800 mg
2. Tag: alle 8 Std. 2 ccm Thrombocid i.v. = insges. 600 mg
3. Tag: alle 12 Std. 2 ccm Thrombocid i.v. = insges. 400 mg
und 5–7 Tabl. Marcumar.
Weiter wie oben!

Zu beachten:
1. Mit Heparin bzw. Heparinderivaten kann nach Absetzen nicht wieder begonnen werden. Überempfindlichkeitsreaktionen bis zum anaphylaktischen Schock treten sonst auf!
2. Während der Antikoagulantienbehandlung möglichst keine i.m. Spritzen: Blutungsneigung – Hämatome.
3. Regelmäßige Urinsedimentkontrollen: Mikrohämaturien!
4. Bei Überdosierung mit Heparin: Protaminsulfat 5–10 ccm langsam i.v.
   Bei Überdosierung mit Dicumarol: Vitamin K, am besten Konakion-Trinkampulle (Vit. K_1), dazu Rutinion, Finestal (Glykokoll-Kalzium-Ascorbinsäure-Kombinationspräparat).
   In lebensbedrohlichen Fällen: Frischbluttransfusion.
5. Im höheren Lebensalter (ab 60. Jahr etwa) weniger hohe Dosierung mit Dicumarol angezeigt, auch bei normalen Serumlabilitätstesten, da ein oft rapider Sturz des Prothrombinspiegels auftritt, der bis zu 8–10 Tagen anhält.
6. Schwankungen vermeiden, d. h. gleichbleibendes Prothrombinspiegelniveau halten, sonst Emboliegefahr.
7. Bei gleichzeitigem Vorliegen eines Herzleidens: Mit Besserung der Herzleistung steigt der Dicumarolbedarf (Behebung der Leberstauung?).

Nicht fieberhafte Thrombose, Thrombophlebitis:

An Stelle von Antikoagulantien Butazolidin.

1. und 2. Tag je eine Amp. Butazolidin i.m. Dies genügt praktisch immer. Evtl. noch kurzdauernd weiter 3mal 1 Drag. oder 1 Supp. tgl.

Mit Butazolidin sofort bandagiert (Schaumgummibinden unter LOHMANN-Dauerbinde „kräftig") gehen lassen, nicht stehen, beim Sitzen Bein hochlagern (straffe Bandagierung!). Wickelung bis einschl. Oberschenkel. Im Bett: Bandagen entfernen.

Zusätzliche Behandlung der fieberhaften Thrombose:

Bettruhe, Hochlagerung und Ruhigstellung, tags Alkohol- oder Rivanolverbände, nachts Hirudoid- oder Thrombophobsalbenverbände.

Blutegel (cave bei niedrigem Prothrombinspiegel!).

Venostasin i.v. oder per os (Kombinationswirkung von Gefäßtonisierung und -abdichtung.

Vitamin C und bei über 45jährigen kleine Dosen von Strophanthin bis zum Aufstehen).

Aufstehen lassen, wenn Temperatur normal und Prothrombinspiegel mindestens 2 Tage in der therapeutischen Breite liegt. Bandagieren. Evtl. auch 1–2mal Butazolidin.

Myokardinfarkt:

Vor Behandlungsbeginn Blutentnahme zur Prothrombinspiegelbestimmung.
1. Tag: alle 6 Std. 2,5 ccm Liquemin i. v. = 50000 i. E insgesamt.
2. Tag: 1 ccm Liquemin-Depot i.m. oder s.c. = 40000 i. E und 4–5 Tabl. Marcumar (je nach Ausgangsprothrombinspiegel)
3. Tag: 2–3 Tabl. Marcumar
4. Tag: Prothrombinspiegelbestimmung, danach Dosierung weiter wie bei Thrombose.

Auch bei der prophylaktischen Verabreichung muß der Prothrombinspiegel in der therapeutischen Breite (15–25%) liegen.

Bei wenig ausgeprägtem 1. Stadium beginnen wir meist sofort mit Marcumar ohne Heparin.

Literatur zu Kapitel VI, Abschnitt A, 5

ABENDROTH, H.: Zur Rehabilitation des Herzinfarktkranken. Münch. med. Wschr. **99**, H. 6, 178 (1957); Verh. Ber. Nordwestdtsch. Ges. inn. Med. Hamburg 1957. — BABIOCH, G.: Langenbecks Arch. **265**, 497 (1950). — BELLER, F. K.: Klinik der Antikoagulantien. Med. Mschr. **11**, 734 (1955). — BOLT, W., J. BALODIMOS, J. KANN, H. VALENTIN und H. VENRATH: Zur Beurteilung der Leistungsfähigkeit von Patienten mit Zustand nach Herzinfarkt. Z. Kreislaufforschg. **46**, 284 (1957). — CHICHE, P. und J. DI MATTEO: Thérapie **10**, 885 (1955). — CLÖSGEN, J. und L. NORPOTH: Zur Antikoagulantienbehandlung der Herz- und Kreislauferkrankungen. Erfahrungen mit einem neuen Oxycumarinderivat. Dtsch. med. Wschr. **82**, H. 14, 478 (1957). — COPLEY, A. L.: Ärztl. Forschg. **11**, 114 (1956). — CZECH, W.: Die Therapie des hypodynamen Herzens unter besonderer Berücksichtigung thromboembolischer Prozesse. Therapiewoche **8**, H. 8, 346 (1958). — DEUTSCH, E., E. F. HUEBER, E. MAYER und R. TÖLK: Über die Dauerbehandlung mit Antikoagulantien. Medizinische **50**, 1858 (1957). — EICHHOLTZ, F.: Lehrbuch der Pharmakologie, 9. Aufl. (Berlin-Göttingen-Heidelberg 1957). — FOLEY, W. T. und I. S. WRIGHT: Amer. J. Med. Sci. **217**, 136 (1949). — GRIFFITH, G. C., R. STRAGNELL, D. C. LEVINSON, F. J. MOORE und A. G. WARE: Ann. Int. Med. **37**, 867 (1952). — HALSE, TH.: Heparin – Heparinoide – Dicumarol (Stuttgart 1950). — HOCHREIN, M.: Myokardinfarkt einst und jetzt. Münch. med. Wschr. **97**, H. 38, 1241 (1955); und I. SCHLEICHER: Neue Erkenntnisse über Verhütung, Beurteilung und Wiederherstellungsbehandlung des Myokardinfarktes. Med. Mschr. **12**, H. 7—9, 456, 529, 601 (1958). — HOFF, F.: Behandlung inn. Krankheiten, 7. Aufl. (Stuttgart 1956). — HOJENSGARD, I. C. und M. SCHWARTZ: Acta allergol. **2**, 7 (1949). — IMDAHL, H.: Ärztl. Wschr. **11**, H. 49, 1077 (1956). — JÜRGENS, R.: Int. Z. Vitaminforschg. **19**, 342 (1949); Acta haemat. **7**, 3 (1952); und M. BRAUNSTEINER: Schweiz. med. Wschr. **80**, 1388 (1950). — KÄSER, H.: Praxis **1956**, 531. — KNOBEL und SAUDAN: Schweiz. med. Wschr. **85**, H. 6, 131 (1955). — KOLLER, F.: 4. Kongr. Europ. Haematol. Amsterdam Sept. 1953; Blood **9**, 516 (1954); Die Blutgerinnung und ihre klinische Bedeutung. Dtsch. med. Wschr. **81**, 516 (1956); und H. JAKOB: Schweiz. med. Wschr. **83**, H. 20, 476 (1953); —, G. KRÜSE und P. LUCHSINGER: Schweiz. med. Wschr. **80**, 41 (1950); —, A. LOELIGER und F. DUCKERT: Acta haemat. **6**, 1 (1951). — LOEWE, L. und H. B. EIBER: Anticoagulation therapy with Heparin/Piktin menstruum in the management of coronary artery Thrombosis and its complications. Amer. Heart J. **37**, 719 (1949). — MATIS, P.: Verhütung dicumarolbedingter Gefäßschädigung durch Rutin, unter besonderer Berücksichtigung der Thromboembolieprophylaxe. Dtsch. med. Wschr. **74**, H. 51/52, 1576 (1949); N. Med. Welt **46**, 1520 (1950). — MCCALL, M. und J. SPENCE: Amer. J. Med. Sci. **1948**, 915. — NAEGELI, TH. und P. MATIS: Zur modernen Thromboembolie-Behandlung in Klinik und Praxis. Medizinische **1955**, H. 29/30, 1026. — OLWIN, J. H. und J. L. KOPPEL: Practical Aspects of Long Term Anticoagulant Therapy. A. M. A. Arch. Int. Med. **100**, 842 (1957). — PETERSEN, B.: Zur Thrombose-Behandlung mit Dicumarol. Fortschr. Diagn. **1**, 7 (1950). — QUICK, J. A.: Amer. J. Physiol. **140**, 212 (1943). — REY, D. C.: Prensa méd. argent. **43**, 1358 (1956). — ROSENTHAL, R. L., O. H. DRESKIN und N. ROSENTHAL: Blood **10**, 120 (1955). — RUSSEK, H. I., B. L. ZOHMAN und L. G. WHITE: Indications for Bishydroxycoumarin (Dicumarol) in acute Myocardial Infarction. J. Amer. Med. Ass. **145**, H. 6, 390 (1951); —, B. L. ZOHMAN, A. A. DOERNER, A. S. RUSSEK und L. G. WHITE: Indications for Bishydroxycoumarin (Dicumarol) in Acute Myocardial Infarction. Circulation **5**, 707 (1952). — RYTAND, D. A.: J. Chronic. Dis. **3**, 451 (1956). — SARTORI, C.: Neuere Erkenntnisse der Blutgerinnungslehre und ihre Konsequenzen für die Kontrolle der Antikoagulantientherapie. Ärztl. Labor. **1**, H. 4, 131 (1955); Praxis der Antikoagulantien-Therapie. Über den Einfluß verschiedener Antibiotika auf die Blutgerinnung. Medizinische **1955**, H. 29/30, 1026; Praxis der Antikoagulantien-Therapie (4. Mitteilung). Medizinische **36**, 1243 (1955); Zwischenfälle während der Antikoagulantientherapie: ihre Ursachen, Verhinderung und Beseitigung. Münch. med. Wschr. **97**, H. 49, 1644 (1955). — SCHEDEL, F. und I. SKIBBE: Über Thromboseprophylaxe mit Dicumarol. Med. Klin. **44**, H. 37, 1173 (1949). — SCHMID, J.: Wien. Z. inn. Med. **30**, 137 (1949). — STAMM, H. und H. HERTIG: Klinischer Beitrag zur Genese und Therapie der Antikoagulantienblutung. Schweiz. med. Wschr. **87**, H. 3, 53 (1957); Verminderung des Blutungsrisikos bei der Antikoagulantien-Therapie. Med. Klin. **52**, H. 45, 1970 (1957). — THIES, H. A.: Mod. Chir. **1**, H. 3, 3 (1955). — WRIGHT, H. P. und M. HAYDEN: J. Clin. Path. **8**, 65 (1955). — WRIGHT, I. S.: Amer. J. Obstetr. **57**, 965 (1949); Ann. int. méd. physique. **30**, 80 (1949). — ZMUDZINSKI, J. und M. ZMUDZINSKA: Przegl. Lek. **12**, 313 (1956). — ZUKSCHWERDT, L. und H. A. THIES: Die Thromboembolie unter besonderer Berücksichtigung der Prophylaxe und Therapie mit Antikoagulantien. Dtsch. med. Wschr. **83**, H. 23, 1001 (1958).

6. Antibiotica und Sulfonamide in der Herz-Kreislaufbehandlung

Auch im Rahmen der Herz-Kreislaufbehandlung kann unter Umständen auf eine spezielle Infektbekämpfung nicht verzichtet werden. Dafür stehen folgende Möglichkeiten offen:

Sulfonamide: Sie enthalten die Gruppe SO_2NH_2, gebunden an ein aromatisches Radikal. Charakteristisch ist, daß die Sulfonamidgruppe in Parastellung zu einer Aminogruppe steht. Ihre Wirksamkeit wird dadurch erklärt, daß sie einen für die Bakterien lebensnotwendigen Stoff, nämlich die Paraaminobenzoesäure, von diesen abdrängen und dadurch wachstumshemmend wirken. Bald nach Entwicklung der ersten Sulfonamide wurde versucht, ihre Verträglichkeit zu verbessern, was bei den neueren Sulfonamiden erreicht wurde. Die gut löslichen, besser verträglichen und weniger zu Konkrementbildung neigenden Präparate sind: Badional, Euvernil, Gantrisin, Aristamid (= Elkosin), Diazil u. a. In letzter Zeit hat das Prinzip der Kombination, d. h. die Verabreichung verschiedener Sulfonamide in einem Präparat, Vorteile gegenüber der Anwendung eines einzelnen Sulfonamids ergeben. Diese Vorteile sind: Höhere Serumkonzentrationen, bessere Löslichkeitsverhältnisse, weniger Allergien und evtl. erweiterter Wirkungsbereich. Kombinations- bzw. Additionspräparate sind: Supronal, Protocid, Pluriseptal, Andal und Dosulfin. Wirksam sind Sulfonamide gegen Infektionen mit Pneumo-, Strepto-, Meningokokken, mit Coli-, Ruhr- und Proteusbakterien sowie mit Aktinomyzeten.

Dosierung: Stoßweise mit hoher Anfangsdosis. Beginn mit 6–8 g (2–3 Tage lang), dann absteigend, täglich 1 g weniger. Die Minimaldosis von 2–3 g pro die wird bis einige Tage über die Entfieberung hinaus gegeben.

In jüngster Zeit werden Depot-Präparate angeboten, die in kleinen Dosen (anfangs 2 g, später 1 g pro die) hochwirksam und gut verträglich sind (Orisul, Sulfa-Perlongit).

Antibiotica: Sie wirken auf eine große Anzahl pathogener Keime wachstumshemmend (bakteriostatisch) und im Optimalfall bakterientötend (bakterizid).

Penicillin ist das am längsten bekannte Antibiotikum. Sein Indikationsgebiet sind Infektionen mit Strepto-, Pneumo-, Staphylo-, Gono- und Meningokokken, mit Spirochäten sowie Diphtherie- und Milzbrandbazillen.

Das einfache Penicillin (Natrium- oder Kaliumsalz) wirkt rasch, ist aber von kurzer Wirkungsdauer, so daß nach 2–3 Std. in Blut und Geweben nur noch Spuren nachweisbar sind. Mit den Depot-Penicillinen lassen sich die häufigen Injektionen vermeiden.

Streptomycin wirkt auf Proteus-, Pyocyaneus- und FRIEDLÄNDER-Bakterien sowie auf Brucellen und manche Streptokokken; seine Hauptdomäne sind die Tuberkelbakterien.

Durch die Einführung weiterer Antibiotica wie Tetracyclin, Aureomycin, Terramycin und Chloramphenicol ist eine wesentliche Ausdehnung der Therapie auf verschiedene Erregergruppen ermöglicht, die mit Penicillin und Streptomycin nicht erfaßt werden; sie beziehen darüber hinaus auch penicillin- und streptomycinempfindliche Keime in ihren Wirksamkeitsbereich ein. Praktisch nicht erfaßt werden von allen heute zur Verfügung stehenden Antibiotika die Viren mit Ausnahme der Psittakose- und Lymphogranuloma inguinale-Erreger.

Unter der Kombinationsbehandlung ist die gleichzeitige Verabreichung eines Antibioticums und eines Sulfonamids oder die zweier Antibiotica zu verstehen. Sie soll bei Mischinfektionen möglichst alle Erreger durch den unterschiedlichen Wirkungsbereich verschiedener Medikamente treffen und mit einem schlagkräftigen Effekt die Herauszüchtung therapieresistenter Erregerstämme verhindern. Schließlich soll einer Kombinationsbehandlung eine Wirksamkeitssteigerung im Sinne der Addition, im günstigsten Falle sogar der Potenzierung zukommen. Praktische Bedeutung erlangte diese Therapie besonders bei der Endocarditis lenta.

Die Anwendung von Antibiotika und Sulfonamiden ist bei folgenden Herz-Kreislauferkrankungen indiziert:

1. Bei allen entzündlichen Erkrankungen des Herzens: Bakterielle Endokarditis, einschließlich der Endocarditis lenta, Endokarditis bei Herdinfektion (infektiös-toxisch), tuberkulöser Perikarditis sowie bei jeder akuten rheumatischen Herzerkrankung.
2. Bei bakterieller Thrombophlebitis, Thrombose, Artiteriiden, Periarteriitis nodosa (meist zusätzlich zur Prednisolon-Therapie).
3. Bei luischen Gefäßerkrankungen.
4. Zur Prophylaxe und Behandlung der entzündlichen Begleiterkrankungen und Folgeerscheinungen.

Zu diesen einzelnen Punkten ist folgendes festzustellen:

In der Behandlung der bakteriellen Endokarditis haben die Chemotherapeutica einen großen Wandel gebracht. Sogar die zuvor infauste Prognose der Endocarditis lenta erscheint in den letzten Jahren durch die modernen Therapiemöglichkeiten weniger ungünstig.

In einem Teil der Lenta-Fälle wurden Heilungen erzielt. Für die Lenta-Behandlung ist eine hohe Dosierung über lange Zeit erforderlich, d.h. 1 bis 2 Mill. i.E Penicillin täglich, zunächst 6 Wochen lang, nach etwa 4 wöchiger Pause wieder 4 Wochen Penicillin und mehrmalige Wiederholung in diesem Rhythmus. Tritt im Verlauf der ersten 10 Tage keine eindeutige Besserung ein, so sind zusätzliche Gaben von Streptomycin angezeigt, und zwar $1-1\frac{1}{2}$ g tgl. für die Dauer von 3–4 Wochen. Unterschwellige und verzettelte Dosen sind absolut kontraindiziert, da sie zwangsläufig zu einer Resistenzerhöhung des Erregers führen. Die Behandlung muß frühzeitig, also schon mit der Verdachtsdiagnose, einsetzen. Es hat sich bewährt, während der ersten beiden Behandlungswochen das rasch resorbierbare Penicillin in 8 Einzelinjektionen täglich zu verwenden und erst danach auf ein Depot-Penicillin überzugehen, von dem im allgemeinen 2 Injektionen täglich genügen. Obwohl im Behandlungsbeginn ein hoher Penicillinspiegel in Blut und Geweben grundsätzlich zu fordern ist, muß doch berücksichtigt werden, daß im embolischen Stadium der Endocarditis lenta durch die hochdosierte antibiotische Behandlung neue Serien von Embolien ausgelöst werden können.

Die Kombination von Penicillin und Sulfonamiden kann vor allem bei staphylogenen Erkrankungen wertvoll sein.

Zweckmäßig ist die Sulfonamidverabfolgung weiterhin beim Ausschleichen der Penicillinmedikation; dadurch soll ein dem Penicillin bei niedriger Dosierung zukommender wachstumsfördernder Effekt blockiert werden.

Beim Versagen der Penicillin- bzw. Penicillin-Streptomycinbehandlung sind Antibiotika aus der Tetracyclin-Reihe anzuwenden, wozu immer wieder berichtete Erfolge aus der Literatur auffordern. Als Anhalt für die Dosierung bei allen übrigen entzündlichen Herzerkrankungen darf gelten: 1 Mill. E Penicillin und 1 g Streptomycin täglich, auf 2 Injektionen verteilt. Bei rheumatischer Genese wird selbstverständlich außerdem die in Kap, VIII, B, 8 ausgeführte Therapie befolgt.

Bei den bakteriellen oder infektiös-toxischen Gefäßerkrankungen empfiehlt sich die Behandlung mit Penicillin und Streptomycin (2 mal tgl. 1 Amp. Supracillin (= 500000 i. E Penicillin + 0,5 g Dihydrostreptomycin z. B.) bis einige Tage nach der Entfieberung.

Die syphilitischen Gefäßerkrankungen machen eine besondere Behandlung notwendig. Zur Vermeidung von HERXHEIMERschen Reaktionen soll der Penicillinkur eine Wismut- oder Jodbehandlung vorausgehen. Anschließend wird mit kleinen Dosen Penicillin (20000 i. E tgl.) begonnen; die Dosis wird langsam und stetig gesteigert bis am Ende der 2. Behandlungswoche eine Tagesdosis von 400000 i. E erreicht ist. Als Gesamtkurdosis sind etwa 8–10 Mill. i. E erforderlich Die Kur soll nach 4–6 Wochen wiederholt werden; weitere Kuren richten sich nach dem Ergebnis der WaR. Sie sind evtl. in Abständen von $^1/_2$–1 Jahr wieder durchzuführen. Eine Strophanthin- oder Digitalisbehandlung ist keine Kontraindikation für die spezifische Therapie.

Schließlich ist die prophylaktische Anwendung eines Antibioticums bei kardialer Lungenstauung gegen Bronchopneumonien und Peribronchitiden angebracht. Mittlere Dosen genügen (1 mal 1 Amp. Supracillin tgl. oder 1 mal 400000 i. E Depot. Penicillin).

Wenn schon mit einer sekundären Infektion gerechnet werden muß, sind ausreichende therapeutische Dosen indiziert.

Allgemeine therapeutische Richtlinien:

In akuten Fällen wählt man dasjenige Mittel, das mit Wahrscheinlichkeit am günstigsten wirkt, da keine Zeit für die Züchtung des Erregers und die Testung seiner Empfindlichkeit bleibt. Später geht man auf ein anderes über, wenn das erste nicht wirkt oder eine inzwischen fertiggestellte Laboratoriumsuntersuchung (Lochtest) ein anderes Mittel als günstiger herausstellt. Auf jeden Fall muß versucht werden, die chemische und antibiotische Behandlung gezielt anzuwenden.

Bei subakuten und chronischen Fällen (subakute bakterielle Endokarditis z. B.) empfiehlt sich stets, den Erreger zu züchten und seine Empfindlichkeit gegenüber den verschiedenen Mitteln zu prüfen (resistenzvariable Unterstämme!).

Schädigungsmöglichkeiten:

Magen-Darmstörungen durch Eliminierung der normalen Darmflora und Störung des Vitaminhaushaltes bei der oralen Verabreichung von Tetracyclinen und Sulfonamiden gehören zu den unangenehmsten Folgen. Deshalb ist es zweckmäßig, gleichzeitig ein Multivitamin-Präparat zu verabreichen, und mit Beendigung der Behandlung evtl. eine Colisubstitution (Colifer usw.) durchzuführen.

Allergische Erscheinungen können oft alarmierend sein und zum Absetzen des Mittels zwingen: Vom einfachen Erythem über Exanthem und Urtikaria bis zur schwersten Dermatitis sind Überempfindlichkeitsreaktionen der Haut ebenso bekannt, wie Fieber u. dgl.

Als toxisch-allergische Störungen sind aufzufassen: Hämolytische Anämie, Agranulozytose, thrombopenische Purpura, Leber- und Nierenschädigungen, Nervenschädigungen usw.

Die toxischen Schädigungen sind eine unbedingte Indikation, das Mittel abzusetzen. Die Gefahr der Konkrementbildung in der Niere bei Anwendung von Sulfonamiden ist heute praktisch nicht mehr gegeben bei der Auswahl der günstigsten Präparate, die mit reichlich Flüssigkeit zugeführt werden. Beim Auftreten von allergischen Reaktionen kann als Regel gelten, daß diese nur gegen ein bestimmtes Mittel gerichtet sind. Man wird deshalb nach Übergang auf ein anderes Chemotherapeuticum keine neuen Zwischenfälle zu befürchten haben. Wissenswert ist, daß bei der so häufigen ,,Penicillin-Allergie'' die Überempfindlichkeit oft nicht gegen das Penicillin, sondern gegen das in verschiedenen Depot-Präparaten enthaltene Novocain gerichtet ist.

Gelegentliche Mitteilungen über schwerste, ja tödlich verlaufende Zwischenfälle sind glücklicherweise größte Seltenheiten. Trotzdem beweisen sie, daß eine gedankenlose Verabreichung dieser so hervorragenden Mittel auch aus diesem Grund nicht zu verantworten ist.

7. Antihistaminica

Unter der Bezeichnung Antihistaminica wird eine Gruppe von Arzneimitteln zusammengefaßt, deren gemeinsames Merkmal eine Hemmung der physiologischen Histaminwirkung ist. Die Antihistaminika verhindern vor allem die Kapillarwirkung des Histamins, aber auch Speichelfluß und Darmspasmen.

Nicht nennenswert beeinflußt wird dagegen die Wirkung auf die Magensaftsekretion.

Neben der Hemmung der Histaminwirkung können diese Substanzen jedoch noch wesentlich andere Eigenschaften entfalten, so einen Antagonismus gegen das Acetylcholin, Adrenalin, Nikotin, Veratrin und dadurch vor allem die vegetativen Funktionen dämpfen. Große klinische Bedeutung hat die sedierende, in hohen Dosen narkotische Wirkung mancher hierher gehöriger Stoffe gewonnen, worauf bei der Besprechung der Hibernation hingewiesen wurde (s. S. 612).

Die klinischen Indikationen für die Therapie mit Antihistaminica sind vor allem die allergischen Hauterkrankungen, Urtikaria, Pruritus, toxisches Exanthem und QUINCKE'sches Ödem, auch leichte Fälle von Serumkrankheit.

Wesentlich ist, daß Antihistaminica keine Antiallergica sind und die allergische Reaktion als solche nicht beeinflussen, sondern nur die in deren Rahmen ablaufende gesteigerte Histaminproduktion paralysieren. Sie haben daher ihre Indikation bei allen Zuständen der Herz-Kreislaufpathologie, in deren Genese allergisch-hyperergische Reaktionen eine Rolle spielen.

Mit einer Wirkung ist stets nur zu rechnen, so lange sich das Medikament im Blut befindet.

Für die klinische Anwendung stehen heute sehr zahlreiche Präparate zur Verfügung, deren Wirkungsmaximum in bezug auf Antihistamineffekt und Sedierung sowie anderen Teil- bzw. Nebenwirkungen von einander mehr oder weniger abweichen.

Chemisch weisen diese Substanzen verschiedenen Charakter auf. Aus der Reihe der Äthylendiamine hat in Deutschland das Antistin Eingang in die therapeutische

Praxis gefunden und sich vor allem auch in dem Kombinationspräparat Calcistin gut bewährt. Von den Äthanolaminen, denen eine bedeutende sedative Nebenwirkung zukommt, ist das Systral zu nennen, das in Kombination mit Coffein als Rodavan und in dem Kombinationspräparat Keiton in die Behandlung eingeführt wurde. Auch andere Antihistaminika mit zentral-sedativer Wirkung, wie das Soventol, werden u. a. für die Behandlung der Reisekrankheit empfohlen. Ferner gehört hierher das Kombinationspräparat Peremesin forte, bei dem besonders die antiemetische Wirkung gegenüber der Dämpfung der übrigen Großhirnfunktionen im Vordergrund stehen soll. – Die Phenothiazine Atosil, Megaphen, Pacatal werden vorwiegend als Sedativa bzw. Narkotika angewandt. – Weitgehend frei von Nebenwirkungen sedativer Art sind Abkömmlinge aus der Äthylaminreihe, wie das Ilvin und das Avil.

Nebenerscheinungen können in Form einer unerwünschten zentralen Wirkung bestehen und sich in Schwindelgefühl, Müdigkeit, gelegentlich sogar Verwirrtheit äußern.

Bei Kindern wurden bei Überdosierung sogar lebensbedrohliche Krampfanfälle beobachtet. Überraschenderweise können auch Überempfindlichkeitsreaktionen in Form des Arzneimittelexanthems und der Agranulozytose auftreten. Bekannt sind ferner unerwünschte Nebenwirkungen auf Herz und Kreislauf (s. S. 610). Hierbei ist vor allem das Auftreten von Tachykardien bei der Megaphenbehandlung zu erwähnen. Experimentell wurden bei sehr hohen Dosen von Äthylendiaminpräparaten Extrasystolen und selbst schwere ventrikuläre Reizleitungsstörungen beobachtet. Zu erwähnen ist schließlich, daß Phenothiazine bei Lebererkrankungen kontraindiziert sind, da bei chronischen Hepatopathien, wie z. B. bei der Stauungsleber, zusätzliche Verschlimmerung der Leberschädigung unter Phenothiazinbehandlung beobachtet wurde.

8. Die unspezifische Reizkörperanwendung in der Herz-Kreislauftherapie

Wir verstehen unter unspezifischer Reizkörperbehandlung verschiedenartige Behandlungsverfahren mit gleichartiger Wirkung.

Die heute gebräuchlichsten, hierher gehörigen Methoden sind die Heilfieberbehandlung (Pyrifer, Pyrexal oder Überwärmungsbad) und medikamentöse Reizkörperanwendungen in Form des Omnadins, Echinacins oder der Yatrene.

An älteren Behandlungsverfahren seien hier u. a. Injektionen von Milch, Novoprotein und Terpentin (Olobintin) erwähnt. In diesem Rahmen muß auch die Höhensonnenbestrahlung genannt werden. Eine gewisse Sonderstellung im Rahmen der Reizkörperbehandlung nimmt weiterhin die intramuskuläre Eigenblutinjektion ein.

Die unspezifische Reizkörperbehandlung hat ihre Hauptindikation bei chronischen Entzündungsprozessen, chronischen Stadien von Infektionskrankheiten und chronisch-rheumatischen Erkrankungen. Man nimmt an, daß durch die parenterale Verabreichung von körperfremdem Eiweiß sowie von entzündungsfördernden Substanzen (Proteinkörper) und Drogen (Echinacea), bzw. lokale Entzündung auslösenden Mitteln (Terpentinabszess), eine Mobilisierung der unspezifischen Infektabwehr erfolgt, die im wesentlichen auf einer Aktivierung der mesenchymalen Funktionen beruht. Die Mesenchymaktivierung ist dabei jedoch nur ein Teileffekt, der sich im Rahmen eines komplexen Umstellungsvorganges abspielt, an dem u. a. auch die vegetativ-nervösen Regulationen beteiligt sind.

Es muß hier betont werden, daß für jede Reizkörperanwendung allerstrengste Indikation gegeben sein muß. Alle Zustände, die auf allergischhyperergischen Wirkungsmechanismus zurückzuführen sind, stellen eine strenge Kontraindikation dar. Dagegen ist die sehr vorsichtige und fortlaufend kontrollierte Reizkörperbehandlung erfolgversprechend bei anergischen oder therapieresistenten Fällen, um sie sozusagen „anzufrischen" und erneut ansprechbar zu machen. Bei der Behandlung neurozirkulatorischer Funktionsstörungen hat die Heilfieberbehandlung mit Pyrifer bzw. Pyrexal praktische Bedeutung erlangt. Der Einfluß auf das Kreislaufverhalten ist von SCHLEICHER und GLIGORE eingehend untersucht worden.

Durch die künstliche Erzeugung von Fieber wird vor allem eine Steigerung der peripheren Durchblutung und hierdurch ein blutdrucksenkender Effekt erreicht. Gleichzeitig steigt der Venendruck an, es kommt zu einem vermehrten Blutangebot an das rechte Herz und die Lungen, welches durch die pulmonale Vasomotorik ausgeglichen wird. Diese Wirkung entspricht einer sinnvollen aktiven Kreislaufleistung zur Aufrechterhaltung der Isothermie und eines ausgeglichenen Gasstoffwechsels; sie hat nichts mit einer toxischen Vasomotorenlähmung zu tun, die bei schweren Infektionskrankheiten unter Umständen zu gleichartigen vasomotorischen Regulationsumstellungen führen kann. Im Rahmen der plötzlich einsetzenden Blutverschiebung treten andererseits an den inneren Organen, insbesondere im Bereich des Koronarsystems, vorübergehend vasokonstriktorische Reaktionen auf, die elektrokardiographisch in Form von Durchblutungsmangelzeichen nachgewiesen werden können.

Bewährt hat sich die Heilfieberbehandlung bei funktionellen vasomotorischen Störungen, so bei labiler Hypertonie, Hypotonie, peripheren Durchblutungsstörungen, Angina pectoris vasomotorica, pulmonaler Dystonie und Asthma bronchiale, aber auch bei zirkulatorisch bedingten Organerkrankungen wie Ulcus ventriculi. Gegenindikation besteht bei Insuffizienz der Kreislaufsteuerung und paradoxer Reflexerregbarkeit, d. h. bei fixierter Hypertonie, fortgeschrittener allgemeiner Atherosklerose, abgelaufenem und drohendem Myokardinfarkt, sodann bei toxisch-infektiösem Myokardschaden sowie organischen Herzerkrankungen mit Dekompensationsneigung.

Vorsicht geboten erscheint ferner bei aktiven Herderkrankungen, deren Vorliegen u. a. aus abnorm heftigen und anhaltenden Fieberreaktionen geschlossen werden kann. Deshalb empfiehlt sich, die Behandlung stets mit kleinen Testdosen, etwa ½ Ampulle der „Stärke I" zu beginnen. Die Temperaturreaktion soll 38,5 Grad nicht übersteigen und ist bei unvorhergesehenem starkem Ausfall evtl. durch Novalgin-Injektion zu blockieren.

Die Kreislaufwirksamkeit anderer Formen der unspezifischen Reizkörperbehandlung tritt hinter der Heilfiebertherapie zurück. Die Eigenblutbehandlung kommt wegen der ihr eigenen infekt-spezifischen Wirkung vor allem bei rheumatischen und infektiös-bedingten Gefäßerkrankungen als zusätzliche Maßnahme in Betracht, so bei End- und Periarteriitis.

Da aber bei diesen Erkrankungen allergisch-hyperergische Vorgänge in der Pathogenese eine große Rolle spielen, ist große Vorsicht bei derartigen Therapieversuchen geboten.

Die nach Ultraviolettlicht-Bestrahlung auftretenden Allgemeinreaktionen sind der parenteralen Proteinkörperzufuhr eng verwandt.

Übereinstimmend mit den Erfahrungen anderer Autoren, haben sich uns bei den meisten Patienten mit Übermüdungserscheinungen Höhensonnenbestrahlungen bestens bewährt. Über die klinischen Wirkungen des ultravioletten Lichtes liegen bereits zahlreiche Äußerungen vor.

Folgen wir der Darstellung von LEHMANN, dann wird man bei der Wirkung des ultravioletten Lichtes 4 Stadien unterscheiden dürfen: 1. das Verhalten während der Bestrahlung, 2. die Reaktion in den ersten Stunden danach, 3. das Erythemstadium und 4. die Spät- und Dauerwirkung.

Die auffälligste örtliche Wirkung der UV-Strahlen besteht in der Bildung einer Hautrötung, die sich von dem durch Wärmestrahlen auftretenden Erythem dadurch unterscheidet, daß sie erst mehrere Stunden nach der Bestrahlung auftritt und auch bei relativ schwacher Einwirkung in den meisten Fällen von einer kaum merkbaren, kleieförmigen Schuppung gefolgt ist.

Die Entstehung dieses Lichterythems ist nach der heute herrschenden Auffassung auf die Bildung einer histaminartigen Substanz im Hautgewebe zurückzuführen. So konnte ELLINGER nachweisen, daß das Histamin aus dem in den Epidermiszellen vorhandenen Histidin unter dem Einfluß des UV-Lichtes entsteht. Jedes stärkere Erythem ist von einer Pigmentierung gefolgt, welche die Haut bei fortgesetzter Bestrahlung in steigendem Maße gegen die Einwirkung des ultravioletten Lichtes unempfindlich macht.

Neben diesen rein örtlichen Veränderungen bringt die UV-Bestrahlung auch noch zahlreiche Allgemeinwirkungen mit sich. Unter diesen stehen die Änderungen des Stoffwechsels durchaus im Vordergrund.

Der Eiweißstoffwechsel wird dahingehend beeinflußt, daß nach anfänglicher Steigerung sekundär eine Eiweißretention eintritt. Auch der Purinstoffwechsel erleidet deutliche Veränderungen. Der Blutzuckergehalt wird durch Bestrahlung mit biologisch aktivem Licht vermindert, eine Tatsache, welche durch die Herabsetzung des Sympathikotonus als Folgeerscheinung der UV-Bestrahlung erklärt wird. Wichtig ist weiterhin die Einwirkung der UV-Strahlen auf den Phosphor- und Kalkstoffwechsel. Es kommt nämlich zu einer Kalk- und Phosphorretention im Blut, eine Wirkung, die den antirachitischen Effekt als spezifische biologische Wirkung der UV-Strahlen im Dornobereich (310—280) bedingt. Diese Kalk- und Phosphorretention ist stets auch von einer erhöhten Bildung von Vitamin D im Organismus begleitet.

Ursprünglich nahm man an, daß diese Wirkung durch eine besondere Aktivierung des in den Geweben vorhandenen Cholesterins zu erklären sei (HESS). Durch die Untersuchungen von WINDAUS und POHL weiß man heute jedoch, daß ein in der Haut enthaltenes Provitamin (Ergosterin) durch die UV-Strahlen in das Vitamin D umgewandelt wird, und die charakteristischen Stoffwechseländerungen nach sich zieht.

Ein wesentlicher Teil der Heilwirkung der Höhensonnenbestrahlung kann in der Ökonomisierung des Kreislaufes und in einer Umstimmung des vegetativen Systems in Richtung auf einen gesteigerten Vagustonus gesehen werden.

Nach den Untersuchungen von LEHMANN ist diese Vagotonie vor allem ein Symptom der Spät- und Dauerwirkung. Sie findet ihren Ausdruck in einer Senkung des Grundumsatzes, in Verlangsamung von Pulsfrequenz und Atmung, Blutdruckabfall und deutlich vermindertem Sauerstoffverbrauch sowie einer ökonomischen Arbeitsweise des Organismus. Letzteres ist gekennzeichnet durch eine deutliche Steigerung des respiratorischen Quotienten, welcher als Erhöhung der KH-Verbrennung auf Kosten der Fettverbrennung aufgefaßt werden darf. Auch die bessere Sauerstoffausnützung der Atemluft und die geringere Sauerstoffschuld bei gleicher Arbeit sind in diesem Sinne verwertbar. Über die Stoffwechselmechanismen, welche unabhängig von der vagotonen Reizwirkung diese Umstellung in Gang bringen, besteht jedoch noch keinerlei Klarheit.

Auch wir sind, übereinstimmend mit LEHMANN, PARADE u. a., zu dem Ergebnis gekommen, daß Höhensonne bzw. UV-Bestrahlung, welche künstlich herbeigeführt werden kann, aber auch im Höhenklima und am Wasser besonders wirksam ist, die Erregung des vegetativen Systems in Richtung auf einen gesteigerten Vagustonus zu verschieben vermag.

In Abb. 217 zeigen wir die gesteigerte parasympathische Ansprechbarkeit, geprüft mit dem Prostigmin-Test, vor und nach Höhensonnenbestrahlung.

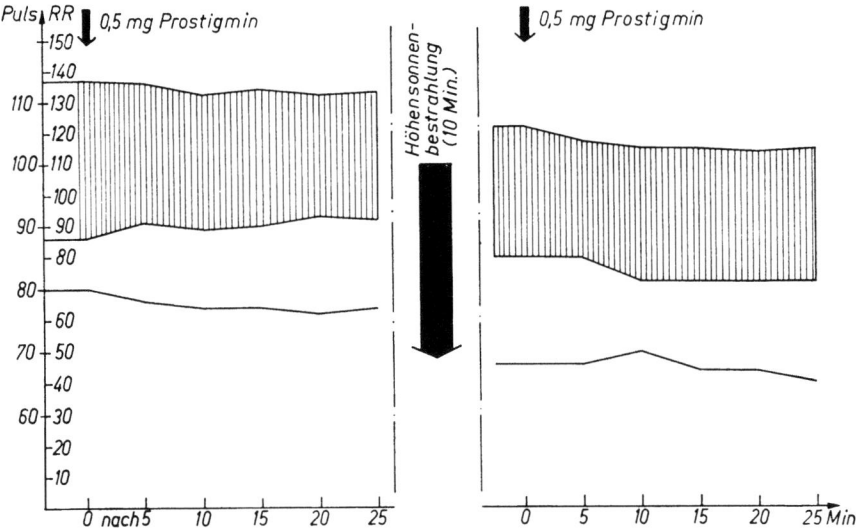

Abb. 217. Vagotonische Erregbarkeit vor und nach Höhensonnenbestrahlung.

Es kann somit die Auffassung von LEHMANN bestätigt werden, daß die UV-Bestrahlung Spätfolgen herbeiführt, welche vollkommen denen beim Training gleichzusetzen sind. Sie verursacht also eine echte Leistungssteigerung, welche LEHMANN auf Grund von Arbeits-Tests auf 30–40% beziffert hat.

Alle diese Allgemeinreaktionen sind auf eine Veränderung der Hautkonstitution bzw. der Hautfunktion durch die Einwirkung von UV-Strahlen zu erklären.

Daneben ist anzunehmen, daß es bei jeder Bestrahlung zu einer wenn auch noch so geringfügigen Zerstörung dermatogenen Gewebes kommt, dessen Zerfallsprodukte kreislaufaktive Wirkung entfalten oder doch zum mindesten im Sinne einer unspezifischen Reizkörpertherapie wirksam werden können. Interessant ist weiterhin die Resorption ultravioletten Lichtes durch das Kapillarblut des Rete Malpighii. So konnte v. SCHUBERT zeigen, daß gerade der ultraviolette Teil des Lichtspektrums in der gut durchbluteten Haut absorbiert wird, während die künstlich blutleer gemachte Haut auch diese Strahlen reflektiert. Als Träger dieser Strahlenabsorption gelten besonders die roten Blutkörperchen.

Zusammenfassend kann also festgestellt werden, daß die Allgemeinwirkungen des UV-Lichtes durch eine Änderung der Hautfunktion und durch Resorption der Strahlen im Bereich des kutanen kapillaren Strombettes zustande kommen und eine Ökonomisierung von Kreislauf, vegetativem Nervensystem und Stoffwechsel zur Folge haben.

Hinsichtlich der praktischen Durchführung der Höhensonnenbestrahlung sind verschiedene Vorschläge gemacht worden.

Auf Grund des Nachweises, daß ohne Erythem keine Leistungssteigerung zu beobachten war, glaubt LEHMANN, daß es unzweckmäßig sei, mit der Dosis zu weit herunterzugehen.

Wir empfehlen dagegen die Höhensonnenmedikation derart, daß wir durch eine Bestrahlung von 2–5 min in 1 m Lampenentfernung, jeden zweiten Tag wiederholt, nur einen unterschwelligen Reiz setzen. Ein kosmetischer Effekt wird auf diese Weise zwar nicht erzielt, aber die Neigung zu überschießenden und paradoxen Reaktionen wird behoben und Verbrennungen, Überempfindlichkeitsreaktionen usw. werden vermieden.

Die Wirkungen des UV-Lichtes auf die Kreislaufsteuerung gleichen im wesentlichen den bereits bei der Heilfieberbehandlung erwähnten, nur verlaufen sie mehr in abgeschwächter Form.

Literatur zu Kapitel VI, Abschnitt A, 8

BAUWENS, PH.: The medical use of light sources (Medizinische Anwendung von Lichtquellen). Ann. Physic. Med. **1956**, 49. — DITTMAR, F.: Über den Einfluß von Hautreizen auf die Funktion innerer Organe. Z. inn. Med. 7, H. 6, 267 (1952). — GROBER, J.: Lichttherapie. Klin. Lehrbuch d. Physikalischen Therapie, S. 184, 2. Aufl. (Jena 1950). — HANKE, W.: Die Beeinflussung der Tonuslage des vegetativen Systems durch Bestrahlung mit ultraviolettem Licht. Strahlentherapie **89**, H. 4, 580 (1953). — HOCHREIN, M. und I. SCHLEICHER: Heilfieberbehandlung beim Ulcus pepticum. Hippokrates **21**, H. 9, 239 (1950). — HOFF, F.: Fieber, unspezifische Abwehrvorgänge, unspezifische Therapie (Suttgart 1957). — HOLLMANN, W.: Heilfieber und Überwärmungsbehandlung. Z. ärztl. Fortbildg. **44**, 415 (1950). — HORVATH: Der Ultraschall in der Therapie. Arzt und Patient **1949**, 5. — HUNEKE, F.: Krankheit und Heilung anders gesehen, 7. Aufl. (Köln u. Krefeld 1936). — KILLIAN, H.: Die Fieberbehandlung von Kälteschäden, zugleich ein Beitrag über die Kreislaufwirkung des künstlichen Fiebers. Dtsch. Gesd.wes. **6**, 129 (1946). — KOEPPEN, S.: 10 Jahre Kurzwellen-Fiebertherapie mit der Fieberkabine. Münch. med. Wschr. **42**, 2099 (1951). — KOWARSCHIK, J.: Die Diathermie, 7. Aufl. (Wien u. Berlin 1930). — LEHMANN, G.: Ultraviolettbestrahlung als Mittel zur Erhaltung der Arbeitsfähigkeit und Gesunderhaltung des arbeitenden Menschen. Zbl. Arbeitsmed. **1**, H. 1, 1 (1951). — LIEBERMEISTER: Handbuch der Pathologie und Therapie des Fiebers (Leipzig 1875). — LIEBESNY, P.: Diathermie und künstliche Höhensonne (Bücher d. ärztlichen Praxis) (Wien-Berlin 1929). — RAJEWSKY und LAMPERT: Wärmebehandlung in der Medizin (Leipzig 1937). — SCHLEICHER, I. und V. GLIGORE: Zur Indikation der Fieberbehandlung bei Kreislaufstörungen. Z. Kreislaufforschg. **35**, H. 17/18, 437 (1943). — SCHLIEPHAKE, E.: Die klinische Verwendung der elektrischen Ultrakurzwellen. Neue Dtsch. Klin. **11**; Wirkungsbereiche der Hanauer Höhensonnen und der Ultra-Vitalux-Lampe. Münch. med. Wschr. **99**, H. 9, 311 (1957). — SINGER, E.: Das Gespräch von künstlichem Fieber (1921). — STURM: Ultraschall und vegetatives Nervensystem. Acta neuroveget. **4**, 1 (1952).

9. Heil- und Schonkost

9.1. Allgemeine herz- und kreislaufwirksame Prinzipien in der Diätetik

Bei der Behandlung der Herzschwäche zielen letztlich alle ärztlichen Maßnahmen daraufhin, mittelbar oder unmittelbar durch Beeinflussung von Stoffwechsel, Hämodynamik und neuro-vegetativen Regulationsvorgängen eine Schonung des über seine Leistungsgrenze beanspruchten Herz-Gefäß-Systems zu erreichen.

Von Seiten des Stoffwechsels stellt die wirksamste Entlastung des Herzens stets eine Verminderung der Gesamtstoffwechselgröße dar, die sowohl durch eine Rationalisierung aller intermediären Verbrennungsvorgänge wie auch durch Einschränkung des Energieumsatzes auf ein erniedrigtes Niveau und durch Abbau überflüssiger Depotgewebe mit Verminderung des Körpergewichtes und sekundärer Verkleinerung des peripheren Versorgungsgebietes erreicht werden kann.

Während sich hierbei der kreislaufentlastende Effekt leicht assimilierbarer Energieträger, z. B. der Kohlenhydrate und der Verzicht auf „unrationelle", die Luxuskonsumption fördernde Metaboliten nur mittelbar für den Gesamt- wie Myokardstoffwechsel bemerkbar machen, kann eine momentan wirksame Entlastung des insuffizienten Kreislaufes vor allem durch eingreifende Beschränkung oder vorübergehendes völliges Sistieren der zugeführten Nahrungsstoffe erreicht werden. Die Bedeutung initialer Fast- oder Hungertage in der Behandlung der Herzschwäche, welche eine Verminderung aller Verbrennungsvorgänge bis auf das Erhaltungsniveau des Ruhenüchternumsatzes zur Folge haben kann, ist klinisches Allgemeingut geworden. Ähnliches gilt von einer minder starken Einschränkung der Kalorienzufuhr über längere Zeit, welche bei adipösen, übergewichtigen Herzkranken eine Verminderung des Körpergewichtes mit ihren mannigfachen entlastenden Auswirkungen auf den gesamten Stoffwechsel, aber auch auf andere Kreislauffunktionen zur Folge hat.

Die hämodynamische Entlastung der insuffizienten Kreislauforgane stellt bei den meisten Formen kardialer Stauungszustände mit latenter oder manifester Flüssigkeitsretention eine unumgängliche Notwendigkeit dar. Auch ist sie diätetischen Maßnahmen in großem Umfange zugängig und kann z. B. sowohl durch eine Verminderung der geforderten Kreislaufleistung durch Verkleinerung des Kapillargebietes (s. o.) als auch durch Verminderung der zirkulierenden Flüssigkeitsmenge und schließlich durch eine Verbesserung der peripheren Sauerstoffausnützung angestrebt werden.

Die unmittelbarste Kreislaufentlastung stellt wohl die Verminderung der zirkulierenden Flüssigkeitsmenge dar, die in den meisten Fällen nahezu augenblicklich durch eine Beschränkung der Wasser- und Kochsalzzufuhr erreicht wird. Die diuretische Wirkung dieser Maßnahmen ist in erster Linie von der Kompromißlosigkeit ihrer Durchführung abhängig. In weniger eklatanter Weise können die hämodynamischen Verhältnisse des insuffizienten Herz-Kreislaufapparates auch durch eine Verbesserung der Sauerstoffausnützung in der Peripherie günstig beeinflußt werden, da diese mittelbar eine Verringerung des Minutenvolumens zur Folge hat bzw. auch über eine verbesserte Sauerstoffversorgung der für die Kreislaufgröße wichtigen Organe z. B. der Nieren, eine erhöhte Flüssigkeitsausscheidung bewirken kann. Auf dem Gebiet der Diätetik wird diese hämodynamische Wirkung durch eine pH-Verschiebung im Sinne einer leichten Ansäuerung und durch Veränderungen im Mineralstoffwechsel, die eine Transmineralisation zur Folge haben, gefördert.

Schließlich ist eine Einflußnahme auf das Herz-Gefäßsystem mit kreislaufentlastendem Effekt in den verschiedensten Stadien der kardialen Insuffizienzzustände auch durch eine Steuerung neurovegetativer Vorgänge, so der viszeralen Reflexe und der Tonuslage des vegetativen Nervensystems möglich.

In ersterem Falle wird diese Kreislaufwirkung vornehmlich durch eine Ausschaltung gastro-kardialer und viszero-kardialer Reflexe erreicht, z. B. durch Verminderung des direkten Zwerchfelldruckes infolge übermäßiger Magenfüllung oder Gasblähung bestimmter Kolonabschnitte. Den Hunger- und Fastentagen kommt in der Diätetik außer ihrer hämodynamisch und metabolisch entlastenden Kreislaufwirkung noch eine spezifische Schonwirkung auf das gesamte Kreislaufgebiet, bedingt durch ihre ausgesprochen vagotone Wirkung, zu, welche als bedeutender unterstützender Faktor in der allgemeinen Herzbehandlung nicht unterschätzt werden darf.

Die klinische Erfahrung lehrte, daß durch zielbewußten und folgerichtigen Einsatz dieser diätetischen Möglichkeiten am Herz-Gefäßsystem eingreifende Wirkungen erzielt werden können, welche es erlauben, durch Entlastung des Energiehaushaltes, des intermediären Stoffwechsels, des Wasser- und Mineralhaushaltes und der neurovegetativen Regulationen eine effektvolle Herzbehandlung zu treiben und die medikamentöse Therapie wirksam zu unterstützen.

Ein wichtiges Prinzip jeder Herzdiät ist die Flüssigkeitsbeschränkung.

Im allgemeinen stehen Wasser- und Kochsalzentzug in so enger Abhängigkeit voneinander, daß eine stärkere Flüssigkeitsbeschränkung ohne entsprechende Kochsalzverminderung praktisch nicht durchgeführt werden kann bzw. bei dem an sich vorhandenen hochgradigen „Gewebsdurst" der Ödempatienten ungeheuer quälend wirken würde. Aus diesem Grunde sind alle strengen Dursttage mit einer Flüssigkeitszufuhr unter 500 ccm p. d. (Hunger- und Durstkur nach VOLHARD, SCHROTHsche Trockentage, Zwiebacktage usw.) nur kurzdauernd, evtl. im Wechsel mit flüssigkeitsreicheren Tagen und bei maximaler Kochsalzbeschränkung durchzuführen.

Für die exakte Berechnung der zugeführten Flüssigkeitsmenge ist es wichtig, stets zu berücksichtigen, daß ein großer Teil der sogenannten „festen" Nahrungsmittel praktisch zu 75–95% aus Wasser besteht, wie dies vor allem für Obst, Gemüse, Kartoffeln usw. gilt, die bei der täglichen Flüssigkeitsberechnung, ebenso wie alle Getränke, Suppen und Breie am besten mit ihrem vollen Gewicht als „Flüssigkeit" gezählt werden müssen, um einen annähernden Überblick über die tatsächlich zugeführte Wassermenge zu erhalten. Unter diesen Voraussetzungen stellt eine Tageszufuhr unter 500 ccm bereits eine äußerst rigorose Forderung dar, während die üblichen Obst-, Obstsaft- und Gemüse-, Milch- und Reistage usw. schon 1000–1200 ccm Flüssigkeit enthalten. Für die Übergangsdiät werden wir meist mit einer Zufuhr um 1200, für die Dauerdiät mit etwa 1500 ccm auszukommen versuchen.

Von unbestreitbarer Bedeutung ist in jedem Fall die Kochsalzbeschränkung.

In diätetischer Hinsicht bereitet der völlige Kochsalzentzug aus der zugeführten Nahrung, wie er gelegentlich bei ausgedehnten, hartnäckigen Ödemzuständen der fortgeschrittenen kardialen Insuffizienz notwendig werden kann, beträchtliche Schwierigkeiten. Relativ einfach ist diese Forderung noch bei den kurzfristigen Diätformen zu erfüllen, bei welchen eine Beschränkung auf praktisch salzfreie Nahrungsmittel möglich ist, z. B. bei bestimmten Obst- und Gemüsetagen (Beerenobst, Kernobst, Blumenkohl, Pilze, Mehl, süße Sahne usw. enthalten in 100 g weniger als 50 mg NaCl) (HEUPKE).

Um in der Tageszufuhr unter 500 mg NaCl zu bleiben, ist es z. B. nötig, auf Milch zu verzichten, da diese mit 160 mg/100 g einen relativ hohen Kochsalzgehalt aufweist. Eine derart strenge Kochsalzbeschränkung über längere Zeit stellt für Patienten, Arzt und Diätküche eine erhebliche Belastung dar.

Für die gemischte Kost dürfte ein Kochsalzgehalt von 500–1000 mg täglich die Grenze des über längere Zeit Durchzuhaltenden darstellen, jedoch erlaubt es diese Beschränkung unter 1 g pro die, praktisch unbeschränkte Flüssigkeitsmengen auch bei hochgradigen Ödemzuständen zuzuführen, ohne daß es zu einer Flüssigkeitsretention kommen kann.

Die Gefahr eines Kochsalzmangelsyndroms unter strengster NaCl-Beschränkung ist bei Ödemzuständen kardialer Genese relativ gering, da die Ödemflüssigkeit selbst mit 6,0 g/l ein beträchtliches Salzdepot darstellt.

Nach MARTINI konnten auch bei Hochdruckerkrankungen unter strengster Salzbeschränkung nie Mangelzustände beobachtet werden, was durch einen veränderten Mineralstoffwechsel der Hypertoniker bedingt sein soll. Eine akute Gefahr der Kochsalzverarmung besteht hier nur bei Patienten, die entweder durch profuse Schweiße, abundantes Erbrechen, Diarrhoen usw. zusätzlich größere Mengen an Chlorionen verloren haben, die zusätzlichen Symptome eines latenten oder manifesten Addisonismus aufweisen oder unter Cortisontherapie stehen.

Bei kardialen Ödemen, dekompensierten Hochdruckerkrankungen usw., wo man auf dem Boden der chronischen Herzschädigung mit einer bleibenden Neigung zur Flüssigkeitsretention rechnen muß, wird man bestrebt sein, die Kochsalz- und Wasserzufuhr auf Werte zu begrenzen, die an die Selbstdisziplin des Patienten möglichst erträgliche Anforderungen stellen.

Eine NaCl-Menge von 2–3 g, zugleich mit einer Beschränkung der Flüssigkeit auf 1000–1500 ccm täglich wird meist dieser Forderung entsprechen, doch gibt es vereinzelt Fälle, bei denen es unter einem derartigen Diätregime noch zu Ödembildung und Retention kommen kann und bei solchen erst eine Zufuhr unter 2,0 g p.d. die diätetische Entwässerung erreicht.

Einzelnen Untersuchern hat sich diese gemäßigte Kochsalz- und Flüssigkeitsbeschränkung auch bei größeren Vergleichsserien in der diätetischen Behandlung des Hochdruckes als ebenso leistungsfähig erwiesen, wie die völlig kochsalzfreie Ernährung (SCHLECHT).

Ob bei gut rekompensierten Patienten auch eine minder starke Kochsalzbeschränkung der Kost vorübergehend möglich ist, welche bis zu 5,0 g NaCl pro die enthalten kann, muß in jedem einzelnen Fall praktisch erprobt werden.

Eine Erhöhung der Kochsalzzufuhr darüber hinaus ist jedoch auch nach erzielter Rekompensation nicht zu empfehlen, da NaCl in höheren Gaben sowohl den Blutdruck als auch den Venendruck zu steigern pflegt und eine Kreislaufbelastung bedingt, die sich selbst bei suffizientem Gefäßapparat und rein funktionellen Herzstörungen in einer Zunahme der zirkulierenden Blutmenge unter dem erhöhten Kochsalzangebot nachweisen läßt.

Im Hinblick auf die küchentechnischen Belange können wir die drei oben erwähnten Stufen der Kochsalzbeschränkung: ½–1 g, 2–3 g und 3–5 g nach MELLINGHOFF wie folgt charakterisieren:

a) 0,5–1 g Zufuhr ausgesprochen salzarmer Nahrungsmittel: Eigelb, Haferflocken, Kakao, Schokolade, Spinat, Sellerie, Datteln, Nüsse; Butter muß mehrfach in Wasser ausgeknetet werden. Milch ist durch Wasser und Sahne oder kochsalzarme Milchpräparate zu ersetzen.

b) 2–3 g Speisebereitung ohne Kochsalzzusatz, Vermeiden aller gesalzenen Nahrungsmittel. Salzfreies Brot, stärker salzhaltige Nahrungsmittel wie Seefische, Milch, Quark nur in beschränkter Menge.

c) 3–5 g Speisebereitung ohne Kochsalzzusatz. Brot normal gesalzen. Verbot stark gesalzener Nahrungsmittel wie Wurst, Käse, Salzbutter, Salzkonserven.

Therapeutisch ausnutzbar, aber auch in Kontrolle zu halten, ist weiterhin die Transmineralisation.

Bei jeder Kostform, die einen diuretischen Effekt erstrebt, ist zumindest der Versuch angezeigt, die Flüssigkeitsausscheidung über die Beeinflussung des Mineralhaushaltes zu fördern und so die Wirkung der Wasser- und Kochsalzbeschränkung durch die Auswahl geeigneter Nahrungsmittel im Rahmen des Möglichen zu unterstützen.

Hierfür haben sich besonders die ansäuernden, ketogenen, natriumarmen und kaliumreichen Diäten als wirksam und brauchbar erwiesen. Die Mineralien der Nahrungsmittel können nach dem Maße ihrer Resorption und Lösung im Organismus die physikalisch-chemischen Verhältnisse der Zellen und Körperflüssigkeiten beeinflussen und Änderungen der Wasserstoffionenkonzentration, des osmotischen Druckes, des Quellungsdruckes von Kolloiden und der Lokalisation von Flüssigkeiten (Na^+ extrazellulär, K^+ intrazellulär) bewirken.

Säuernde Diät: Obwohl einer säuernden Diät, d. h. einer Kost mit vorwiegend sauren Valenzen, kaum ein selbständig entwässernder Effekt zugeschrieben werden kann und sie normalerweise auch nicht in der Lage ist, eine wesentliche Veränderung der durch Puffersysteme sehr konstant gehaltenen Körperflüssigkeit zu erzwingen, kommt ihr doch in der Ödemtherapie als vorbereitende Maßnahme zur erfolgreichen Entwässerung durch Quecksilberpräparate und zur Utilisierung der peripheren Sauerstoffausnützung eine gewisse Wirkung zu.

Von praktischer Bedeutung für die Auswahl der „ansäuernden" Nahrungsmittel ist hierbei, daß sich ihre p_H-Wirkung nicht ohne weiteres aus ihrer chemischen Zusammensetzung ergibt. So wirken z. B. Karbonate und Salze organischer Säuren (Fruchtsäuren) im Körper alkalisierend, da das CO_2 abgeatmet oder zu H_2O oxydiert wird und das Alkali übrig bleibt.

Säuernde Speisen sind: Fleisch, Hafermehl, Weizen, Reis, Eier, Weißbrot, Quark, Rosenkohl, Linsen, Bohnen, Erbsen, Preißelbeeren, Erd- und Haselnüsse, Kakao usw., während Milch, Kartoffeln, Kohlrabi, Karotten, Rettiche, rote Rüben, Spinat, Brunnenkresse, Zwiebeln, Tomaten, Weißkraut, Schnittlauch, Kopfsalat, Erdbeeren, Äpfel, Stachelbeeren, Feigen, Pflaumen, Zitronen und Steinpilze nach den Untersuchungen von RAGNAR BERG vorwiegend Basenüberschuß besitzen und alkalisierend auf den Stoffwechsel wirken. Diese sollen nach HEUPKE ebenfalls eine kreislaufentlastende Wirkung haben und vor allem für die günstige Wirkung der laktovegetabilen Kost auf die Herz-Kreislaufverhältnisse verantwortlich sein.

Ketogene Diät: Eine entwässernde Wirkung auf das gesamte Körpergewebe wird auch durch die Anwendung einer vorwiegend ketogenen Kost erreicht, welche den Kochsalzentzug wirkungsvoll ergänzt und sich vor allem durch Kohlenhydratarmut und Fettreichtum auszeichnet.

Die üblichen ketogenen Kostformen (PEMBERTONsche Arthritisdiät, PETERMANNsche Entquellungsdiät der Eklampsie) stoßen in der Herzdiätetik infolge ihres hohen Fettreichtums und ihrer schweren Verdaulichkeit auf gewisse Schwierigkeiten und können nur in entsprechender Abwandlung sowohl bezüglich ihres kalorischen Gehaltes als ihrer Verträglichkeit zur Anwendung kommen. Während man hier z. B. auf die hochkalorischen und magenbelastenden, ketogen wirkenden Nahrungsmittel wie Schmalz, Gänsefett, Speiseöl, Speck, fetten Käse, fette Fische usw. zweckmäßig verzichten wird, lassen sich andere, in der Herzdiät brauchbarere und ebenfalls ketogen wirkende Nahrungsmittel wie Butter, Rahm, Spargel, Spinat, Blumenkohl, grüne Bohnen, Nüsse usw. bei gleichzeitiger maximaler Beschränkung von Brot, Kartoffeln und Hülsenfrüchten wohl berücksichtigen.

Es wird angenommen, daß die entwässernde Wirkung der ketogenen Kost vor allem darauf beruht, daß die Ödemflüssigkeiten so lange im Körper zurückbehalten werden, als nicht das Natrium durch Ansäuern von Bikarbonat getrennt und mobilisiert worden ist, was sowohl durch die säuernde Wirkung der ketogenen Kost im intermediären Stoffwechsel, als auch durch eine säuernde Diät (s. o.) oder durch säuernde Medikamente erreicht werden kann.

Natriumarme Kost: Für den Wasserhaushalt des Körpers ist ferner das Natrium-Kalium-Verhältnis in Zelle und Gewebsflüssigkeit von Bedeutung. Ein Ansteigen der K^+-Ionen und Absinken der Na^+-Ionen wirkt sich in höchstem Maße fördernd auf die Diurese aus. Daher ist auch häufig eine spezifisch natrium-ionenarme Kost der allgemein kochsalzarmen Kost bezüglich des entwässernden Effektes in der Ödembehandlung überlegen.

Zu ihrer Durchführung ist neben der weitgehendsten Kochsalzfreiheit (unter 500 mg p. d.) auch die Zuführung anderer Na-Verbindungen als der Chloride z. B. der Bikarbonate (Backpulver), der damit bereiteten Bäckereien und natriumhaltiger Medikamente zu vermeiden. Dieser natriumionenarmen Kost kommt außerdem noch eine ausgesprochen blutdrucksenkende Wirkung zu. So soll nach KEMPNER der depressive und diuretische Erfolg seiner Reisdiät u. a. in ihrer extremen Natriumarmut begründet sein.

Kaliumreiche Diät: Das relative Kaliumübergewicht, welches durch die Entziehung von NaCl- und Na-Ionen aus der Kost im Organismus entsteht, hat ebenfalls einen spezifisch entquellenden Einfluß auf das Zellprotoplasma. Der laktovegetabilen Kost, der Rohkost, wie den Obst- und Obstsafttagen ist eine Verschiebung des normalen Kalium-Natriumverhältnisses zugunsten des Kaliums eigen. Die Tabelle von HEUPKE zeigt das Ausmaß dieser Transmineralisation bei den erwähnten Kostformen (Tabelle 31).

Tabelle 31

	Normalkosttag	Obsttag	Obstsafttag
Kalium	4,97 g	2,14 g	2,6 g
Natrium	9,12 g	0,34 g	0,2 g
Ka:Na	1:2	6:1	13:1

Zur Ergänzung der Kochsalzbeschränkung wird man daher versuchen, kaliumreiche Nahrungs- und Genußmittel wie Schwarzbrot, Gemüse, Kartoffeln, Obst, Fleisch, Milch, Tee, Kaffee, Pfeffer und Essig nach Maßgabe des jeweils Möglichen in den verschiedenen Diätformen zu verwenden.

Schließlich liegt es auch nahe, den Kalium-Ionen eine glykogenspeichernde oder -stabilisierende Wirkung auf den Herzmuskel zuzuschreiben, da nachgewiesen werden konnte, daß durch Kaliummangel der Gehalt an Herzglykogen und die Glykogenolyse im Blut ungünstig beeinflußt werden können. So ist es nicht unwahrscheinlich, daß das Kalium neben der allgemein entquellenden Gewebswirkung noch eine spezifische Wirkung auf die Leistungsfähigkeit des Herzens besitzt. Tierexperimentell ist die systolenverstärkende Kaliumwirkung bekannt, die durch entsprechende Dosierung bis zum systolischen Herzstillstand gesteigert werden kann.

9.2. Spezielle Diätetik bei der Herzinsuffizienz

Die Aufstellung eines eigenen Diätplanes für jeden einzelnen Herzpatienten, welcher sowohl der Ätiologie als auch dem jeweiligen Stadium seiner De- bzw. Rekompensation und seiner konstitutionellen Disposition entspricht und dabei nicht zuletzt auch den persönlichen Wünschen des Kranken soweit als möglich Rechnung trägt, stellt dem behandelnden Arzt eine reizvolle, aber keineswegs einfache Aufgabe, die neben den grundlegenden Kenntnissen in der allgemeinen Diätetik der Herz-Kreislauferkrankungen ein sehr großes Einfühlungsvermögen verlangt.

9.2.1. Saftfasten

Die Saftfastenkur ist die einschneidendste aber wirkungsvollste therapeutische Maßnahme nicht nur für den Zustand der Dekompensation, sondern auch für Vorbeugungskuren sowie als wöchentlich 1–2 mal durchzuführender Schontag bei Rekompensierten, Zuständen nach Myokardinfarkt, Hochdruckkranken usw.

BUCHINGER, HEUN u. a. haben ausgezeichnete Vorschläge für die praktische Durchführung gemacht.

Wir gehen in der Regel so vor, daß wir pro Tag 3 Gläser (insgesamt 750 ccm Flüssigkeit) gestatten und ungesüßten Obstsaft oder ungesalzenen Gemüsesaft verabfolgen. Ein häufiger Wechsel ist wichtig, da sonst leicht Widerwillen auftritt. Das Hungergefühl, das in der Regel nur in den ersten Tagen lästig ist, kann man durch Voluma-Stäbchen oder dergleichen leicht bekämpfen.

Von mancher Seite werden zu diesem Zweck Benzedrinabkömmlinge empfohlen, vor deren Medikation wir jedoch wegen der Suchtgefahr warnen müssen.

Besonders schwierig ist die Durchführung bei Rauchern, die gewohnt waren, das Hungergefühl durch Zigaretten zu unterdrücken und sich durch doppelten Verzicht besonders gequält fühlen.

Andererseits übt das Fasten sehr wertvolle psychische Effekte aus. So schreibt BUCHINGER, daß „das Fasten wahrhaftig keine rein medizinische Angelegenheit" ist. Die „asketische Situation des Fastenden macht das aufgelockerte und entspannte seelische Gefüge des Kranken entschieden aufnahmebereiter und damit auch einer Korrektur des psychisch bedingten pathogenetischen Anteils geneigter".

Wichtig ist, daß während der Fastenbehandlung auf regelmäßige Darmentleerung Wert gelegt wird, wobei tägliche Einläufe kaum zu umgehen sein werden.

SCHETTLER hat weiterhin darauf aufmerksam gemacht, daß zu langes Fasten bei Kreislaufkranken keinen Vorteil in sich birgt.

Wenn auch die Saftfastenmethode die beste Möglichkeit bietet, einen gestörten Cholesterinhaushalt im Rahmen der Atherosklerose zu normalisieren und den Lipidspiegel des Serums zu korrigieren, so kommt es doch bei zu langdauerndem Fasten zur Mobilisierung endogenen Cholesterins, so daß der erreichte Effekt eher ungünstig ist.

Alle diese Überlegungen muß man berücksichtigen, wenn man dem Herz-Kreislauf-Kranken eine längere Fastenzeit auferlegen will.

9.2.2. Erweitertes Diätregime

Die im folgenden angeführten Kostvorschläge und Beispiele sowie die Unterteilung der gebräuchlichsten Kostformen in drei verschiedene Stufen sollen daher auch keineswegs ein starres Schema darstellen, sondern lediglich Hinweise geben, in welchem Umfange sich ein sinnvolles Diätregime den jeweiligen therapeutischen Bedürfnissen anzupassen vermag.

Für die praktische Durchführung hat sich im klinischen Gebrauch vor allem für die beiden ersten Diätstufen eine Aufteilung nach einzelnen „Sonderdiättagen" bewährt, entsprechend den Sondertagen bei der Entfettungsdiät, welche es erlaubt, die gewünschten therapeutischen Prinzipien in möglichst wirksamer Weise zur Anwendung zu bringen.

Dekompensationsdiät

Zweck: Rasche Kreislaufentlastung im akuten Versagensstadium, Ödemausschwemmung, kurzfristige, eingreifende Kostumstellung, stärkere Nahrungskarenz.

Richtlinien: kalorienarm (600–800–1000 kcal. p. d.), flüssigkeitsarm (500–1000 ccm p. d.), salzarm (500–1000 mg p. d.), vorwiegende Kohlehydratzufuhr, Fett- und Eiweißarmut, säuernde, ketogene, natriumarme dagegen kaliumreiche Kost.

Beispiele:

Trockentage:

Zwiebacktag: bis 200 g salzloser Zwieback mit 250–500 ccm Tee oder Zitronensaft, 500 cal.

Trockenreistag: bis 150 g Reis, in Kugeln gedünstet (ca. 300 ccm Wasser), dazu 200 ccm Tee usw. 600 kcal.

Nußtag: bis 125 g Nüsse, geröstet oder gerieben. Dazu bis 500 ccm Tee mit Zitrone, 850 kcal.

Flüssigkeitstage:

Obstsaft- oder Gemüsesafttage: bis 1000 ccm, Auswahl des Gemüses und Obstes s. o. 400–600 kcal.

Weinkaltschalentag: 500 ccm Weißwein, 500 ccm Wasser, 50 g Zucker, 2 Eigelb, Gelatine, 600 kcal.

Karelltag: 1000 ccm Milch (670 kcal.) oder Buttermilch (450 cal.). Relativ salzhaltig (1,6 g!) Eiweißgehalt etwa 32 g.

Obsttage:

Rohobsttag: 1000 g gut ausgereifte, feine Obstsorten. Auswahl der Obstsorten nach therapeutischen Gesichtspunkten s. o., z. B. keine Bananen, da hoher NaCl- und Kaloriengehalt (400–600 kcal.).

Obstsalattag: 1000 g gemischter Obstsalat, bei Wunsch nach höherer Kalorienzufuhr kann er durch Zugabe von 50 g Nüssen, Rosinen, Feigen usw. bis zu 1000 kcal. p. d. angereichert werden, ohne die sonstigen Vorzüge des Obsttages einzubüßen.

Übergangsdiät:

Zweck: stark kreislaufentlastende Diät für das beginnende bis fortgeschrittene Rekompensationsstadium, bei therapieresistenten oder schwer zu beeinflussenden Zuständen gleichzeitig Durchführung einer einseitigen, aber sehr wirksamen Kostform.

Richtlinien: Kalorisch mäßig bis stark reduziert (1200–1800 kcal.), flüssigkeitsbeschränkt (bis 1200 ccm pro die) salzarm (1–2 g pro die), sonst wie oben.

Erweiterte Obst- und Gemüsediät

Großer Obstsalattag: wie Obstsalattag, zubereitet mit 100 g Sahne, 1–2 Eigelb, bis 50 g Zucker, etwa 1500 kcal.

Gemüsetag: 1000 g feines Gemüse, in holländischer Sauce aus 2 Eigelb, 50 g Butter und 20 g Mondamin, Bevorzugung diuretisch wirkender Gemüsesorten wie Spargel, Pilze, Sellerie, Chicorée. Ketogene Kost. Um 1200 kcal.

Kartoffeltag: 1000 g Kartoffelschnee (250 ccm Milch). Kaliumreich. Um 1200 kcal. (Siehe S. 674 Diätetische Hochdruckbehandlung.)

Reisdiät (KEMPNER)

Reistag: 200 g Reis, in Wasser oder Fruchtsaft gedünstet, 1000 g Obst oder Fruchtsaft, enthält 450 g KH, 20 g rein vegetabiles Eiweiß, 5 g Fett, 250 mg NaCl und 1000 ccm Flüssigkeit. 1800–2000 kcal.

Eiweißsubstitutionstage:

Puddingtag: 750 ccm Milch, 60 g Mondamin, 50 g Zucker, 2 Eigelb zu Creme gekocht, 250 g Obstsaft oder Kompott. Etwa 1200 kcal.

Quarktag: 500 g Quark mit 100 g Sahne, gesüßt mit 50 g Zucker und 500 g Kompott oder mit Kräutern, 1 Scheibe salzloses Brot und 500 g Tomaten usw. Sehr eiweißreich, bei Hypoproteinämien und Leberschädigung. 1300 kcal.

Hähnchentag: 500 g zartes Geflügel, mit 500 ccm Wasser als Suppe gekocht, mit 200 g Reis oder salzfreien Teigwaren und 250 g gedünstetem Gemüse. 1300 bis 1500 kcal.

Dauerdiät:

Zweck: Dauerkost, die je nach Konstitution und Ernährungszustand des Patienten leicht hypo-, eu- oder hyperkalorisch sein kann. Ausreichende Zufuhr von Eiweiß, Fett und Vitaminen, Mineralien usw., um keine chronischen Mangelzustände auszulösen. Salzfrei zubereitet, Salzzugabe entweder durch normal salzhaltiges Brot oder durch 2,0 g Salz täglich zum „Nachsalzen". Vorwiegend laktovegetabile Kost, leicht verdaulich, ballaststoffarm. Unterscheidung in kohlehydratreichere (Arteriosklerose, Angina pectoris, Hochdruck) und eiweißreichere Formen (Hypoproteinämien, Leberschäden).

Richtlinien: Kalorisch angepaßt (1800–2000–2200 kcal. p. d.), flüssigkeitsbeschränkt (bis 1500 ccm p. d.), salzarm (bis 3,0 g p. d.). Für die praktische Durchführung Aufteilung der Kalorienzufuhr nach Menge und Art der Kalorienträger (s. Tab. 32).

Tabelle 32. Kalorisch angepaßte Diätformen bei Herz-Kreislauferkrankungen

	Kohlenhydratkost			Eiweißkost		
	KH	E	F	KH	E	F
	g	g	g	g	g	g
Unterkalorische Kost etwa 1800 kcal . . .	350	75	10	300	100	20
Eukalorische Kost etwa 2000 kcal . . .	400	50	20	325	100	20
Überkalorische Kost etwa 2200 kcal . . .	450	75	20	350	125	30

Bei der Besprechung der allgemeinen diätetischen Grundsätze ist auch ein Hinweis auf die Genußmittel notwendig.

Diesbezüglich befragt, vertreten wir folgende Auffassung: Das strikte Verbot von Kaffee halten wir nur für gerechtfertigt, wenn der Patient selbst angibt, Kaffee schlecht zu vertragen. In anderen Fällen kann er im Rahmen der

Flüssigkeitseinschränkung ruhig gewährt werden, da wir das Coffein eher als Medikament ansehen und es bekannterweise nicht nur die Wirkung von Strophanthin steigert, sondern auch den Kreislauf tonisiert, ein Effekt, der vor allem nach massiven Entwässerungen sich vorteilhaft auswirkt.

Das gleiche gilt für ein Glas Wein, das auch bei Flüssigkeitsbegrenzung auf 600–800 ccm pro die ruhig gewährt werden darf.

Die günstige Wirkung von einem Glas Cognac auf koronarbedingte Herzsensationen ist bereits von P. D. WHITE beschrieben worden.

Grundsätzlich anders ist dagegen unsere Auffassung gegenüber dem Nikotin (s. S. 534). Wenn heute in amerikanischen Fachzeitschriften bereits die Meinung vertreten wird, daß man mäßigen Nikotingenuß ruhig gestatten kann, da der euphorisierende Effekt einen günstigeren Einfluß auf die Erreichung der Rekompensation habe, so muß angesichts der nachteiligen Wirkungen des Nikotins doch festgestellt werden, daß eine derartige Anschauung gar nicht mit genug Nachdruck bekämpft werden kann. Wenn man, um eine entsprechende Euphorie zu erzeugen, sowohl auf die ärztliche Autorität und die vielen Möglichkeiten einer psychischen Beratung und Lenkung verzichtet und dafür dem Herzkranken lieber eine Zigarette in die Hand drückt, dann spricht das für ein ärztlich-menschliches Versagen, wie es bedauerlicher kaum vorstellbar ist.

9.3. Die Hochdruckbehandlung mit Reisdiät

KEMPNER berichtete (1948) über außerordentlich günstige Erfolge mit einer neuen Reis-Früchte-Diätbehandlung bei Hochdruckerkrankungen, die eine grundlegende Wandlung in Prognose und Therapie der akuten und chronischen Nephritis, der therapieresistenten Herzaffektionen und der essentiellen, renalen, kardialen, zerebralen und atherosklerotischen hypertensiven Gefäßerkrankungen erhoffen ließ.

In ihrer ursprünglichen Zusammensetzung (250 g Reis, 100 g Zucker, 1000 g Obst oder Fruchtsaft = 2000 kcal., bestehend aus 450 g KH, 20 g rein vegetabilem E, 5 g F, 150 mg Na, 200 mg Cl und 1000 ccm Flüssigkeit) stellt diese Kost eine ebenso verblüffend einfache wie einseitige, nahezu kompromißlose Kombination aller als antihypertensiv und gefäßwirksam bekannten diätetischen Möglichkeiten dar, deren Summationseffekt nicht als „spezifische" Reiswirkung angesehen werden sollte, da er auch anderen entsprechend rigorosen Kostformen, so z. B. der Graupendiät, Kartoffeldiät und den streng salzfreien Kostformen, in gewissem Umfange eigen ist. Die blutdrucksenkende Wirkung der KEMPNERschen Reisdiät (= KRD) wird meist in erster Linie ihrer extremen Kochsalzarmut zugeschrieben, speziell ihrer Natriumarmut. Unabhängig davon sprechen Beobachtungen während kriegsbedingter Perioden der Mangelernährung auch für den depressiven Effekt monatelang gleichmäßig eiweißarmer und unterkalorischer Ernährung, doch sind die Erfahrungen speziell bezüglich der Wirkung des Eiweißmangels nicht einheitlich.

Die günstige Wirkung auf den subjektiven Beschwerdenkomplex des arteriellen Hochdruckes und teilweise auch auf die sekundären organischen Gefäßveränderungen dieser Erkrankung, welche die KRD gegenüber den einfach salzarmen und salzfreien Diäten auszeichnet, wird vielfach auf die durch ihre kalorische Zusammensetzung bedingte Beeinflussung des gesamten Stoffwechsels zurückgeführt. Hier ist in erster Linie die nahezu ausschließliche Deckung des energetischen Bedarfs durch die Kohlehydrate zu nennen, welche eine Rationalisierung aller Verbrennungsvorgänge im intermediären Stoffwechsel, eine Erniedrigung des Grundumsatzes und eine Entlastung des Herz-Gefäßsystems zur Folge hat. Der eiweißsparenden Wirkung dieses Hauptkalorienträgers ist es auch zuzuschreiben, daß unter der extrem niedrigen, rein vegetabilen Eiweißzufuhr dieses Diätregimes kein deletärer Abbau des Körpereiweißes mit negativer Stickstoffbilanz zustande kommt, sondern eine Umstellung auf ein erniedrigtes Niveau der Eiweißverbrennung und der Stickstoffbilanz, die sich nach individuell unterschiedlicher Dauer von einigen Wochen bis Monaten einzustellen pflegt. Auch der extremen Fett- bzw. Cholesterinarmut kommt eine günstige Wirkung auf die sekundär degenerativen Gefäßveränderungen, die teilweise mit einem erhöhten Blutcholesterinspiegel einhergehen, zu.

Nach Ansicht der meisten Verfasser ist die stark diuretische Wirkung der KRD auf ihre Natriumarmut und ihren Kaliumreichtum zurückzuführen, wodurch eine Transmineralisation mit Hydratation der intrazellulären Flüssigkeit und eine Verminderung des extrazellulären Gewebswasser- und Blutvolumens resultiert und so bei gleichzeitiger Beschränkung der exogenen Wasserzufuhr die hämodynamische Belastung des Hochdruckkranken wesentlich vermindert wird.

Trotz dieser klinisch und teilweise auch experimentell nachweisbaren, optimal abgestimmten antihypertensiven Kreislauf- und Stoffwechselwirksamkeit der KRD zeigt die inzwischen vorliegende Erfahrung mit dieser Diätform an einem umfangreichen Krankengut, daß die KEMPNERschen Erfolge bei der großen Anzahl der Nachuntersuchungen nicht in gleicher Weise bestätigt werden konnten. Ein Absinken der RR-Werte unter 155/100 mm Hg wurde durchschnittlich nur mehr in rund 20 bis 25% der behandelten Fälle beobachtet. Die Erfolge bezüglich der depressiven Wirkung bewegten sich somit in ähnlicher Höhe, wie sie mit anderen eingreifend diätetischen, medikamentösen oder chirurgischen Maßnahmen erzielt werden können. Diese Verringerung der Erfolgsquote bei den Nachuntersuchungen dürfte nicht allein darauf zurückzuführen sein, daß bei einem Teil der Behandelten die KRD zu kurz durchgeführt oder nicht exakt genug eingehalten wurde, sondern vielmehr dadurch zustande kommen, daß die KRD meist erst zur Anwendung kam, wenn sich unter allgemeiner klinischer Behandlung bereits ein relativ niedriges Blutdruckniveau als „Ausgangswert" spontan eingestellt hatte, so daß nur mehr die zusätzlich durch die KRD noch erreichte antihypertensive Kreislaufwirkung als eigentlicher Effekt der Reisdiät angesehen wurde. Weiterhin mußte die Erfolgsquote notwendigerweise auch durch die inzwischen zur Verfügung stehenden mehrjährigen Kontrollperioden bezüglich der „Dauerheilungen" stark zurückgehen.

Die bis heute vorliegenden Veröffentlichungen zeigen auch, daß die ursprüngliche Konzeption KEMPNERs, seine Reisdiät sei relativ einfach und gefahrlos auch bei ambulanten Patienten über längere Zeit anzuwenden, einer gewissen Einschränkung bedarf. Nur wenige Kranke halten eine so entsagungsvolle, eintönige Kost in häuslicher Umgebung über Monate oder Jahre exakt ein. Die Bestimmung der NaCl-Ausscheidung im Urin läßt bereits nach wenigen Wochen in den meisten Fällen willkürliche Abänderungen der Kostzusammensetzung nachweisen. Schließlich birgt der eingreifende Kochsalzentzug dieser Diät gewisse Gefahren in sich, die erst im Verlauf der Behandlung nachweisbar werden können und dann eine strikte Kontraindikation für die Weiterführung dieser Kost darstellen.

So kann es – obwohl im allgemeinen bei Hochdruckkranken die Gefahr der Kochsalzverarmung auch bei rigorosem Salzentzug gering zu werten ist – doch gelegentlich zu Unverträglichkeitserscheinungen wie Übelkeit, Erbrechen, allgemeine Mattigkeit, Obstipation usw. kommen. Bei Kranken, welche eine Beeinträchtigung der Tubulusfunktion oder der Glomerulusfiltration aufweisen, die starke zusätzliche Kochsalzverluste durch profuse Schweiße, anhaltendes Erbrechen, Diarrhoen usw. erleiden oder unter einer zusätzlichen Cortisontherapie stehen, ist schließlich das Auftreten lebensbedrohlicher Zustände unter dem Bilde der hypochlorämischen Urämie beschrieben worden.

Auf Grund der bisherigen Erfahrungen erfordern die ursprünglichen Indikationen zur Durchführung einer KRD sowohl bezüglich der Krankenauswahl, der Erfolgsaussicht, der praktischen Durchführbarkeit als auch der zeitlichen Dauer dieses Diätregimes gewisse Einschränkungen. Besonders die Auffassung, daß es zur ambulanten Dauerbehandlung auch schwerster Hochdruckformen geeignet und allen anderen therapeutischen Maßnahmen weit überlegen sei, dürfte heute nicht mehr zu vertreten sein.

Es sollten für die KRD nur diejenigen schweren und mittelschweren essentiellen Hochdruckformen ausgewählt werden, welche auf mildere und weniger entsagungsvolle Diätformen nicht ausreichend ansprechen, in selteneren Fällen und unter sorgfältigster klinischer Kontrolle auch hartnäckige nephrotische und kardiale Ödemzustände. Bezüglich der Anwendbarkeit der Diät bei den malignen Hochdruckformen finden sich widersprechende Beobachtungen. Die zeitliche Dauer der Durchführung dieser Diätform ist nach unten durch das Verschwinden der subjektiven Hochdruckbeschwerden, nach oben durch die Einstellung des Stoffwechsels auf eine erniedrigte Stickstoffbilanz zu begrenzen, welche zugleich ein wichtiges Kriterium dafür darstellt, daß die KRD genügend lange durchgeführt wurde, um einen optimalen therapeutischen Effekt herbeizuführen. Im allgemeinen sollte als Maßstab für den Erfolg dieser Diät nicht allein und nicht in erster Linie die depressive Wirkung auf den Arteriendruck angesehen werden, die sich in ihrer Reversibilität und in ihrem Ausmaß nicht grundlegend von den Erfolgen anderer Behandlungsmethoden des Hochdruckes unterscheidet. Die eigentliche Wirksamkeit der Reisdiät und damit auch ihre engere Indikation liegt vielmehr in ihrem Einfluß auf die subjektiven Hochdruckbeschwerden, wie Kopfschmerz, Schwindel usw. Darüber hinaus ist sie geeignet, in gewissem Umfange auch die Rückbildung sekundärer Hochdruckveränderungen an Herz und peripheren Gefäßen zu begünstigen. Dies äußert sich in einer Verminderung der exzessiven Herzhypertrophie, einer Normalisierung der hypertensiv bedingten Ekg-Deformationen und Augenhintergrundsveränderungen.

9.4. Diät bei Atherosklerose

Die Volksmedizin empfiehlt vor allem Knoblauch, Süßholz, Mistelkraut, Weißdornblüten, Rautenblätter, Schachtelhalmkraut und Hirtentäschelkraut. Auch die ausländische Medizin ist voll derartiger Anpreisungen. HERMANN untersuchte z. B. eine Heilpflanze, die bei asiatischen Völkern gegen Alterskrankheiten angewendet wurde. Wie hier die Empirie moderne Erkenntnisse vorweg genommen hat, beweist die Tatsache, daß dieser Pflanzenextrakt nicht nur durch Einwirken auf das p_H von Blut und Urin wirken soll, sondern neben einer lösenden Wirkung auf Verkalkungen und Kalksalze noch einen antiphlogistischen Effekt ausübt und Cholesterin und erhöhten Rest-Stickstoff normalisiert.

Angesichts dieser verwirrenden Vielfalt von Angeboten, die – ohne überprüfbar zu sein – nur ein tastendes Probieren erlauben, war die Konzeption von der Cholesterinstoffwechselstörung bei der Atherosklerose ein gewaltiger

Fortschritt, zumal sie durch Kontrolle der Lipide, Fette und Proteinkörper gleichzeitig auch eine objektive Prüfung subjektiver Angaben gestattet.

Hier steht im Vordergrund die Normalisierung des Lipoidspektrums durch eine entsprechende Diät.

Überaus zahlreiche Autoren haben sich mit deren Ausarbeitung beschäftigt, denn es ist JELLINEK nur zuzustimmen, wenn er fordert, daß jeder Arzt imstande sein müsse, seinen Patienten auch küchentechnische Ratschläge zu erteilen.

Der wichtigste Gesichtspunkt dieser Diät ist die Fettarmut und weitgehende Cholesterinfreiheit. Eine einseitige Einschränkung hält SCHETTLER jedoch für sinnlos, da der Organismus zu deren Synthese nicht nur Kohlehydrate, sondern auf dem Wege der Glykoneogenese auch Eiweißsubstanzen heranzieht. Logischerweise müßte die Einschränkung daher auch Kohlehydrate und Eiweiß miterfassen, was auf die Dauer schwer durchführbar ist. Auch TERBRÜGGEN betont die Notwendigkeit der Beschränkung von tierischem Eiweiß, das – im Übermaß genossen – nicht nur für die Gefäßwände, sondern auch für das Blutdruckniveau weniger indifferent ist als das Cholesterin.

MORRISON erarbeitete eine Diät mit pro die 20–25 g Fett (entspricht einer Cholesterinaufnahme von 50–70 mg) 225 g KH und 120 g EW. Zusätzlich verabfolgt er Askorbinsäure, Vitamin A und Lactoflavin sowie zur Intensivierung der Eiweiß- und Vitamin E-Zufuhr täglich noch 60 g Weizenkeimlinge und 8 g Hefe mit Früchten und entrahmter Milch.

Andere Autoren werfen die Frage auf, ob völlig cholesterinfreie Kost nicht ihrerseits Gesundheitsschäden verursacht und glauben, daß eine alternierende Kost, nämlich ein Schaukeln zwischen cholesterinhaltiger und praktisch cholesterinfreier Diät ausreichenden Schutz bedingt.

SCHETTLER sah den besten cholesterinspiegelnormalisierenden Effekt von 4 bis 5 Safttagen (nicht länger, da dann die gesteigerte endogene Bildung infolge der Hungerlipämie einsetzt) und anschließender Apfelreisdiät. Eine so strenge Diät ist aber nur bei noch vorhandener Heilchance vertretbar. Weit fortgeschrittene Fälle sollten mit derartigen Maßnahmen nicht unnötig gequält werden.

Es bleiben somit als Hauptgesichtspunkte: Fettarmut, niedrige Kalorienzahl (1500–2000 kcal.), Armut an Gewürzen, viel Vitamine in Form von Gemüse und Obst.

Uns hat sich eine Zusammenstellung entsprechend Tabelle 33 bewährt.

Tabelle 33. Atherosklerose-Diät

Verboten:
1. Alle tierischen Fette, fettes Fleisch, fetter Fisch.
2. Cholesterinreiche Nahrungsmittel: Eigelb, Leber, Gehirn, Niere und Bries.
3. Gebäck, das mit Rahm, Butter und Eigelb zubereitet wird: Pasteten, Torten, Eierkuchen, Waffeln, Pfannkuchen usw.
4. Fetter Käse, Sahne.
5. Fette Bratensaucen.
6. Oliven.

Frühstück (jeweils zur Auswahl):
Obstsaft von Apfelsinen, Zitronen, schwarzen Johannisbeeren, Trauben, Äpfeln usw.
1 Tasse Kaffee oder Tee (Kräutertee).
Magermilch, Joghurt, Kefir, entrahmte Sauermilch, Buttermilch, Süßen mit Honig.

(Fortsetzung s. S. 678)

Tabelle 33, Fortsetzung von S. 677

2 Scheiben Toast, Graham- oder Knäckebrot.
Butterersatz: mit Vitaminen angereicherte Margarine.
Belag: Kalter Braten (Kalb, Rind, Geflügel) oder weißer Käse, Gelee, Marmelade, Honig.

Mittagessen:

Entfettete Fleischbrühe, fettfreie Gemüsesuppen, Suppen von Magermilch. Obstkaltschale.
Mageres Fleisch von Rind, Kalb, Wild, Geflügel, oder Fisch gekocht oder gegrillt.
Gemüse: Spinat, Karotten, Wirsing, Artischocken, Tomaten, Bohnen, Spargel, Kürbis, Blumenkohl, Sellerie, Auberginen.
Salate: Nach Wunsch zubereitet mit Zwiebeln, Küchenkräutern und Zitrone, wenig Salz, einigen Tropfen Mineralöl, Tomaten-Ketchup.
Kartoffeln: In Schale gekocht oder gebacken – Brei, Salzkartoffeln.
Reis, Makkaroni, Spaghetti, Nudeln.
Obst roh oder gekocht (Aprikosen).
Dessert von Eiweiß-Schnee (Makronen), Pudding von Gelatinen, Magermilch und Früchten oder Obstsäften.

Nachmittag:

1 Tasse Tee oder Kaffee, Toast oder Semmel mit Marmelade oder Honig.

Abendessen:

Wie Frühstück oder Mittagessen.

Getränke:

Kaffee(-Ersatz), schwarzer Tee, Kräutertee, Gemüse- und Obstsäfte, Mineralwasser, Wein.

Aus ausländischer Volksmedizin kam zu uns von den Russen der Wabenhonig, von den Bulgaren der Joghurt, von den Hunsa die getrockneten Aprikosen und aus den Mittelmeerländern die Artischocke. Letztere ist bereits näher auf ihre entsprechende Wirkung untersucht worden und Roffo glaubt, daß Artischocken und Auberginen vor allem durch ihren choleretischen Effekt antiatherogen sind. Schönholzer sah nach Injektion des Artischockenextraktes Chophytol eine Verbesserung des Cholesterinolysevermögens im Serum.

Da für viele Patienten die absolute Fetteinschränkung auf die Dauer schwer erträglich ist, war die Entdeckung, daß die pflanzlichen Sterine (Phytosterin – Sitosterol) in bisher noch nicht ganz geklärtem Mechanismus entweder mit ihrer –, β- oder γ-Fraktion die Resorption des Cholesterins verhindern, es binden oder aber die Cholesterin-Synthese herabsetzen, von besonderem Vorteil.

9.5. Heilkost bei Fettleibigkeit

Da der Fettleibigkeit im Rahmen der Herz-Kreislauferkrankungen hinsichtlich Morbidität und Mortalität eine besondere Bedeutung zukommt, ist es zweckmäßig, in diesem Rahmen auch entsprechende diätetische Vorschläge zu machen.

An eine Heilkost bei der Fettsucht müssen folgende Forderungen gestellt werden:

1. Die Kost soll niederkalorisch sein, d. h. sie soll einen Nährwert besitzen, der unter dem für das Normalgewicht bei körperlicher Ruhe errechneten Tagesbedarf liegt, damit es zu einer Einschmelzung der Fettpolster kommen kann. Wegen des hohen Energievorrates, den die Fettgewebe darstellen

(der Nähr- bzw. Brennwert von 1 kg Fettgewebe würde ungefähr ausreichen, um den Bedarf eines 70 kg schweren Mannes bei mittelschwerer körperlicher Arbeit 3 Tage lang zu decken), kann auf die strenge Rationierung der Ernährung nicht verzichtet werden.

Der normale Erwachsene hat je nach Körpergröße und Arbeitsleistung einen täglichen Bedarf von 2200–3600 kcal, als Schwerstarbeiter bis 5000 kcal. Wenn wir das Körpergewicht durch Mangelernährung erniedrigen wollen, muß also der Kaloriengehalt der Nahrung herabgesetzt werden. Er sollte bei normaler Tätigkeit auf $1/2$–$2/3$ des Normalbedarfs, an den sogenannten „Hungertagen" (s. später) sogar noch weit mehr erniedrigt werden.

2. Jede Entfettungsdiät muß ausreichend sättigend sein, da sie andernfalls nicht über längere Zeit durchgehalten werden kann und sich sonst Symptome einstellen, wie Mattigkeit, Reizbarkeit, Unlust usw., welche die Durchführung der Behandlung erschweren.

Es ist daher besonders auf die richtige Auswahl der Speisen zu achten und vor allem von dem erhöhten Sättigungswert leicht verdaulicher eiweißhaltiger Nahrungsmittel (Fisch, Quark, Eier, Buttermilch usw.) Gebrauch zu machen.

Es ist außerdem eine bekannte Tatsache, daß warme Speisen ein länger vorhaltendes Sättigungsgefühl erzeugen als kalte Zubereitungen.

3. Die Zusammenstellung der Entfettungsdiät muß dergestalt sein, daß sie in ihrer Zusammensetzung auch anderen wichtigen Grundsätzen, nämlich der Anregung der Darmtätigkeit und der Steigerung der Wasserausscheidung, dienstbar gemacht wird.

Für eine geregelte Darmtätigkeit ist die Anwesenheit einer ausreichenden Menge von Ballaststoffen notwendig, die sich aus weitgehend unverdaulichen bzw. nährwertarmen Nahrungsmitteln zusammensetzen sollen. Zarte Blattsalate, Spargel, Sellerie, Lauch, Spinat, Tomaten, Blumenkohl usw. sind in dieser Hinsicht wertvoll.

Um den Wasserhaushalt in ein neues Gleichgewicht zu bringen, ist es notwendig, durch eine flüssigkeitsarme und kochsalzfreie Kost für eine ständige, leichte Entwässerung zu sorgen. Bestimmte Nahrungs-, Gewürz- und Genußstoffe, wie Sellerie, Spargel, Birnen, Chicorée, Petersilie, Wacholderbeeren, Kaffee und schwarzer Tee, sind hierfür besonders geeignet.

Die täglich zugeführte Flüssigkeitsmenge sollte nicht mehr als höchstens 1 Liter betragen, wobei Saucen, Getränke, Kartoffeln, Obst und Gemüse praktisch mit ihrem vollen Gewicht als Flüssigkeit zählen.

4. Eine Entfettungsdiät muß unschädlich sein, d. h. sie darf weder in bezug auf Vitamine noch auf bestimmte lebensnotwendige Nahrungsstoffe durch langdauernden Mangel eine krankmachende Wirkung ausüben.

Unter Berücksichtigung der oben angeführten Forderungen, die an eine zweckmäßige und wirksame Entfettungsdiät gestellt werden müssen, können wir z. B. für einen 90 kg schweren Patienten von 1,70 m Größe (+ 28% Übergewicht) etwa folgendes Diätschema aufstellen:

Für das bei ihm anzustrebende Normalgewicht von 70 kg berechnet sich der tägliche Kalorienbedarf bei körperlicher Ruhe auf etwa 1800 kcal., bei leichter körperlicher Arbeit auf 2100 kcal. und bei mäßiger körperlicher Arbeit auf etwa 2800 kcal.

Wir unterscheiden nun eine Initialdiät, mit welcher die Entfettungskur eingeleitet und in klinischer Behandlung durchgehalten werden sollte, bis das Übergewicht auf + 20% reduziert ist. Danach verabreichen wir eine etwas höherkalorische Mitteldiät, bis das Übergewicht nur noch + 10% beträgt.

Anschließend erfolgt der Übergang auf eine Dauerdiät, die nach Erreichung des Normalgewichtes langsam in eine eukalorische Kost mit Einlage von einzelnen Fasttagen unter Berücksichtigung der den unterkalorischen Diäten zugrundeliegenden Zusammensetzung übergeführt wird.

Tabelle 34. Entfettungsdiäten in Abhängigkeit von der körperlichen Betätigung
(Entfettungsdiät für Pat. X. Y., Größe 1,70 m, Gewicht 90 kg, Übergewicht + 28%)

	I. Initialdiät bis das Gewicht auf + 20% des Normalgewichtes reduziert ist	II. Mitteldiät bis das Gewicht auf + 10% des Normalgewichtes reduziert ist	III. Dauerdiät bis zur Erreichung des Normalgewichtes
A-Diät. Bei körperlicher Ruhe. Kal.-Verbrauch täglich 1400–1800 kcal.	⅓-kalorische Kost = 500–600 kcal. mit 2–3 Sonderdiättagen	½-kalorische Kost = 800–900 kcal. mit 1–2 Sonderdiättagen	¾-kalorische Kost = 1100–1200 kcal. mit 1–2 Sonderdiättagen
B-Diät. Bei leichter körperlicher Arbeit. Kal.-Verbrauch täglich etwa 2100 kcal.	½-kalorische Kost = 1000 kcal. mit 1–2 Sonderdiättagen	½-kalorische Kost = 1100 kcal. mit 1 Sonderdiättag	¾-kalorische Kost = 1600 kcal. mit 1 Sonderdiättag
C-Diät. Bei mittelschwerer körperlicher Arbeit. Kal.-Verbrauch täglich etwa 2800 kcal.	½-kalorische Kost = 1400 kcal. mit 1–2 Sonderdiättagen	½-kalorische Kost = 1400 kcal. mit 1–2 Sonderdiättagen	¾-kalorische Kost = 2100 kcal. mit 1 Sonderdiättag wöchentlich

Der Kostplan für die A-Diät bei körperlicher Ruhe stellt eine verhältnismäßig strenge Entfettungskur dar, insbesondere bei der A I-Diät handelt es sich um eine ausgesprochene Grenzdiät, weshalb zu ihrer Durchführung neben Ruhe und Schonung – jedoch nicht strenger Bettruhe – meist Klinikaufenthalt erforderlich ist. Die vorgesehenen 600 kcal./pro Tag werden hierbei in Form von 50 g KH = 200 kcal. und 100 g E = 400 kcal. zugeführt (Tabelle 35).

Da die Patienten lernen sollen, ihr „Kalorienkontingent" anhaltsweise jeweils schnell im Kopf zu berechnen, wird in den folgenden Ausführungen auf eine Dezimalstellenberechnung der Kalorienwerte ebenso wie auf eine unübersichtliche Aufsplitterung absichtlich verzichtet. Die angegebenen Werte sind für den praktischen Gebrauch vereinfacht.

Auf die Tagesmahlzeiten verteilt, ergibt sich folgender Plan (s. Tab. 35):

Für die höher kalorischen Diätformen kann dieser Grundplan entsprechend ergänzt und abgeändert werden, wobei das Verhältnis von KH zu E grund-

Tabelle 35. Anfangsdiät bei Fettleibigkeit

Tagesplan

(Anfangsdiät bei körperlicher Ruhe für Pat. X. Y., Größe 1,70 m, Gewicht 90 kg).

Kalorienzahl für Normalgewicht = 1800 kcal.
Erlaubte Kalorienzahl = $\frac{1}{3}$ Kaloriensoll = 600 kcal.
bestehend aus 50 g KH (Kohlenhydrate) = 200 kcal.
+ 100 g E (Eiweiß) = 400 kcal.
— g F (Fett)

Mahlzeit	F	KH	E	kcal.
1. Frühstück				
Bohnenkaffee oder Tee mit Süßstoff	—	—	—	—
100 g mageres Kalbfleisch, gegrillt, oder 2 Eier, gekocht oder mit wenig Fett gebacken	—	—	20	80
2. Mittagessen				
500 g Blattsalat oder in Wasser gedünstetes Gemüse, Knollensalate	—	20	—	80
200 g mageres gekochtes oder gegrilltes Fleisch, Fisch usw.	—	—	40	160
100 g rohes Obst oder Kompott mit Süßstoff zubereitet oder				
200 g Citrusfrüchte	—	10	—	40
3. Nachmittags				
Bohnenkaffee oder Tee ohne Zucker	—	—	—	—
4. Abendessen				
100 g Obst usw.	—	10	—	40
250 g Gemüse, Salate, Pilze usw.	—	10	—	40
200 g mageres Fleisch, Leber, Lunge, Fisch, Eier usw., gegrillt, gedünstet oder mit wenig Fett gebacken	—	—	40	160
	—	50	100	600

sätzlich erhalten bleiben sollte, bei den Mittel- und Dauerdiätformen (II und III) werden zusätzlich geringe Fettmengen in Form von frischer Butter zugeführt. (s. Tab. 36)

Verboten sind im Rahmen der Entfettungsbehandlung:

1. Kochsalz bei der Zubereitung aller Speisen. Als Ersatz kann mit dem natürlichen Selleriesalz bei Tisch individuell nachgesalzen werden.
2. Alle Fettsorten (Schmalz, Margarine, Speck, fetter Schinken, Sahne usw.); erlaubt sind tgl. 10–20 g frische Butter.
3. Alle fetten Wurstwaren; erlaubt sind: specklose Blut- und Fleischwurst.
4. Alle fetten Fleisch- und Geflügelsorten (Schweine-, Mastochsen- und Hammelfleisch, Gans, Ente); erlaubt sind: Kalbfleisch, Leber, Lunge, Huhn, Taube.
5. Alle fetten Fischsorten (Aal, Scholle); erlaubt sind: Schellfisch, Forelle, Kabeljau, Schleie.
6. Vollmilch und alle Fettkäse; erlaubt sind: Molke, Mager-, Butter- und Sauermilch, Quark.
7. Weizenmehl, Weißbrot, frische Brötchen; erlaubt sind: Schwarzbrot, Vollkornbrot, Pumpernikel, Grahambrot.

Tabelle 36. Übersichtsplan des kalorischen Aufbaues aus E, KH und F bei den verschiedenen Diätformen und -gruppen
(Für Pat. X. Y., Größe 1,70 m, Gewicht 90 kg)

Diätplan A I:
(Initialdiät bei körperlicher Ruhe)
600 kcal. tägl., bestehend aus .... 50 g KH = 200 kcal.
100 g E = 400 kcal.
————————
600 kcal.

Diätplan A II:
(Mitteldiät bei körperlicher Ruhe)
entspricht Kost A I, zusätzlich über den Tag verteilt
10 g Butter und 25 KH
600–900 kcal. tägl., bestehend aus .... 75 g KH = 300 kcal.
10 g Butter = 75 kcal.
125 g E = 500 kcal.
————————
875 kcal.

Diätplan A III:
(Dauerdiät bei körperlicher Ruhe)
etwa 1200 kcal. tägl., bestehend aus .... 100 g KH = 400 kcal.
20 g Butter = 150 kcal.
150 g E = 600 kcal.
————————
1150 kcal.

Diätplan B I:
(Initialdiät bei leichter körperlicher Arbeit)
etwa 1000 kcal. tägl., bestehend aus .... 100 g KH = 400 kcal.
150 g E = 600 kcal.
————————
1000 kcal.

Diätplan B II:
(Mitteldiät bei leichter körperlicher Arbeit)
etwa 1150 kcal., bestehend aus .... 100 g KH = 400 kcal.
20 g Butter = 150 kcal.
150 g E = 600 kcal.
————————
1150 kcal.

Diätplan B III:
(Dauerdiät bei leichter körperlicher Arbeit)
bis 1600 kcal. tägl., enthalten in .... 150 g KH = 600 kcal.
20 g Butter = 150 kcal.
200 g E = 800 kcal.
————————
1550 kcal.

Diätplan C I und C II:
(Initial- und Mitteldiät bei mittelschwerer, körperlicher Arbeit)
etwa 1400 kcal. tägl., enthalten in .... 125 g KH = 500 kcal.
10 g Butter = 75 kcal.
200 g E = 800 kcal.
————————
1375 kcal.

Diätplan C III:
(Dauerdiät für langsame Gewichtsabnahme bei mittelschwerer, körperlicher Arbeit)
bis 2100 kcal., enthalten in .... 200 g KH = 800 kcal.
30 g Butter = 225 kcal.
250 g E = 1000 kcal.
————————
2025 kcal.

8. Über 100–200 g pro Tag hinaus alle Mehlprodukte (Back- und Teigwaren).
9. Alle Süßigkeiten (insbesondere Schokolade, Kuchen, Schlagsahne usw.).
10. Alle Hülsenfrüchte (insbesondere gelbe Erbsen, Bohnen und Linsen).
11. Alle stark blähenden Gemüse, wie Kohlarten, Schwarzwurzeln usw., sowie Kartoffeln, insbesondere Bratkartoffeln und Pommes frites.
12. Alle fetten und mit Mehlschwitze zubereiteten Saucen; erlaubt ist: Fleischbrühe.
13. Jede starke Flüssigkeitszufuhr. Beschränkung auf $\frac{1}{4}$–$\frac{1}{2}$ Liter an normalen Diättagen und auf 1 Liter an Saft-Sonderdiättagen (s. später) innerhalb 24 Stunden ist zweckmäßig (Ausnahme am Milchtag: bis 1$\frac{1}{2}$ Liter Sauer- oder Buttermilch).
14. Alle starken Gewürze, stark gesalzene oder gepökelte Speisen, Paprika, Pfeffer, usw.; erlaubt sind: jodfreie Spezialsalze, wie Sellerie-Salz usw., sowie der reichliche Genuß frischer Küchenkräuter (Petersilie, Kerbel, Zitronenmelisse, Boretsch).
15. Gewohnheitsmäßiger Nikotingenuß.
16. An Getränken vor allem Bier, Cognac und Liköre, aber auch vor überreichlichem Weingenuß ist dringend zu warnen.

9.6. Sonderdiättage

Wie die Erfahrungen ergeben haben, sind die höherkalorischen Diäten auch bei häuslicher und beruflicher Tätigkeit durchführbar. Kommt die Gewichtsabnahme jedoch nicht recht in Gang, dann kann sich die Einschaltung von „Sonderdiättagen" mit vorwiegend einseitiger Kost und einem energetischen Wert von 500–1000 kcal., je nach Verträglichkeit und erstrebtem Gewichtsverlust, 1–3 mal wöchentlich, wenn irgend möglich in Bettruhe durchgeführt, als wertvoll erweisen.

Unter den mannigfachen Möglichkeiten haben sich folgende Sonderdiäten bevorzugt bewährt:

1. Safttag:

Mit 750–1000 ccm (= $\frac{3}{4}$–1 Liter) Obst- oder Gemüsesäften: 500–700 kcal. Ein strenger Fasttag, der nur bei unbedingter körperlicher Schonung ausgeführt werden sollte. Geeignet bei Fettleibigkeit mit Herzschwäche, bei Hochdruck und Neigung zur Flüssigkeitsaufspeicherung.

2. Frischobsttag:

Mit 1000–1500 g Obst: 600–800 kcal. Geeignet bei leichter bis mittelschwerer körperlicher Tätigkeit. Verleiht gutes Sättigungsgefühl und wirkt durch reichliche Zufuhr von Ballaststoffen abführend, bei entsprechender Wahl des Obstes (Birnen) auch diuretisch. Auch als Kompott-Tag (ohne Zucker zubereitet, evtl. Süßstoff) geeignet. Nicht zu raten bei Magenempfindlichkeit und Darmstörungen.

3. Gemüsetag:

Mit 1000–1500 g kalorienarmem Gemüse (Spargel, Tomaten, Blumenkohl, Sellerie, Pilze): 500–700 kcal. Begünstigt die Wasserausscheidung.

4. Rohkosttag:

Mit 500 g rohem Gemüsesaft oder Citrusfrüchtesaft, 1000 g rohen, schmackhaft zubereiteten Gemüsesalaten und 100 bis 150 g Joghurt: 600–700 kcal. Bei gefälliger und abwechslungsreicher Zubereitung (morgens und nachmittags Gemüse- oder Obstsaft-Cocktail, mittags und abends gemischte Salatplatte). Nicht geeignet bei Magen-Darm-Empfindlichkeit.

5. *Milchtag:*

Mit 1 Liter Süßmilch (Magermilch): 650–700 kcal. Reichliche Zufuhr fettlöslicher Vitamine bei hohem Eiweißgehalt.

6. *Sauermilchtag:*

Mit 1 Liter Sauermilch oder bis 1½ Liter Buttermilch: etwa 500 kcal. KH- und fettärmer als der Süßmilchtag, daher geringer kalorischer Wert und nahezu reine Eiweißdiät.

7. *Quarktag:*

Mit 3mal 250 g schmackhaft gewürztem Speisequark: etwa 705 kcal. (Magermilchquark! Fettgehalt i. T. nicht über 10%!).
Sehr sättigend und von hohem Eiweißwert.

8. *Eiertag:*

Mit 5–6 hartgekochten oder in wenig Butter oder Leinöl gebackenen Eiern: etwa 500 kcal. Von gutem Sättigungswert und dem allgemeinen stimulierenden Effekt der Eiweißkost. Dazu grüner Salat nach Belieben, ohne Öl.

9. *Hähnchentag:*

Frischgewicht von 500–600 g entspricht etwa 500–600 kcal. Gekocht oder gedünstet bzw. gegrillt (ohne Fett). Grüner Salat nach Belieben. Besitzt die Vorzüge einer sehr bekömmlichen reinen Eiweißkost.

10. *Brötchentag:*

Mit 3 altbackenen, frisch gerösteten Brötchen (150 g) und ¾ Liter Weißwein: 700 kcal. Vorwiegende Zufuhr von KH und den schnell verwertbaren Kalorien des Alkohols.

11. *Haselnußtag:*

Mit 100–125 g Haselnußkernen: 600–750 kcal. Ein ausgesprochener Trockendiättag. Der theoretische Brennwert der Nüsse beruht auf ihrem hohen Ölgehalt, der jedoch auch nach sorgfältigem Kauen vom Darm aus der Zellulose nicht völlig aufgeschlossen und resorbiert werden kann, so daß die tatsächliche Kalorienzufuhr niedriger liegt.

12. *Reistag:*

Mit 40–50 g Reis pro Mahlzeit, trocken gequollen in Form von Apfelreis, Tomaten- oder Gemüsereis gerichtet: 500–600 kcal.

Literatur zu Kapitel VI, Abschnitt A, 9

BANSI, H. W.: Arteriosklerose und Ernährung (Darmstadt 1959). — BUCHINGER, H. F.: Technik und Medikation des Heilfastens. Ärztl. Praxis 8, 36, 3 (1956). — CREMER, H. D., R. SCHIELICKE und W. WIRTHS, Gemeinschaftsverpflegung (Darmstadt 1958. — DUTZ, H.: Zur Frage der salzfreien Kost bei der Behandlung von Hypertonikern. Dtsch. Gesd.wes. 6, H. 45, 1290 (1951). — GLATZEL, H.: Krankenernährung (Berlin-Göttingen-Heidelberg 1953). — HEUN, E.: Die Rohsäftekur. Ther. Gegenw. 91, H. 12, 441 (1952); Das Fasten als Erlebnis und Geschehnis (Frankfurt/M. 1953). — HEUPKE, W.: Diätetik, 4. Aufl. (Dresden-Leipzig 1945). — HOCHREIN, M.: Fisch als Heilkost. Sonntags-Ztg. 1952, 20; Fettsuchtsbehandlung bei Hochdruck und Herzinsuffizienz. Med. Klin. 47, H. 35, 1168 (1952); und I. SCHLEICHER: Zur Therapie der Adipositas. Münch. med. Wschr. 28, 1395 (1951); Kritische Betrachtungen zur Entstehung und Behandlung der Atherosklerose. Med. Klin. 51, H. 40, 1691 (1956). — KEMPNER: Amer. J. Med. 4, 545 (1948). — KLEWITZ, F. und R. WIGAND: Praktische Diätküche. Die Ernährung des Kranken (Stuttgart 1953). — KÜHN, R.: Richtlinien der diätetischen Therapie (Stuttgart 1947). — LAHRSEN, N. P.: Diät und Arteriosklerose. Arch. Int. Med. 100, 436 (1957). — LANG, K.: Biochemie der Ernährung (Darmstadt 1957); Die ernährungsphysiologischen Eigenschaften der Fette (Darmstadt 1958). — MARTINI, P.: Die diätetische Behandlung des Hochdrucks. Münch. med. Wschr. 95, H. 1, 33 (1953). — MAY, C.

D.: Fats in the Diet in Relation to Arteriosclerosis. J. A. M. A. **162**, H. 16, 1468 (1956). — MORRISON, L. M.: Das Ernährungsregime für die Lebensverlängerung bei der Atherosklerose nach Koronarien. J. A. M. A. **159**, 1425 (1955). — OBERGASSNER, H.: Die Hochdruckbehandlung mit Reisdiät. Med. Klin. **48**, H. 31, 1120 (1953). — PRÜFER, J.: Ernährung bei Herz- und Kreislaufkrankheiten. Lehrbuch der Krankenernährung, 3. u. 4. Aufl. (München-Berlin 1951). — PAGE, I. H. und Mitarb.: Atherosclerosis and the fats content of the diet (Atherosklerose und der Fettgehalt). Circulation **16**, 163 (1957). — SCHEITHAUER, K. H.: Arteriosklerose und Hypertonie. Die Notwendigkeit einer kochsalzfreien Ernährung. Dtsch. Gesd.wes. **6**, H. 45, 1289 (1951). — SCHETTLER, G.: Das Blutcholesterin beim Saftfasten. Dtsch. Arch. klin. Med. **196**, 7 (1949); Arteriosklerose und Cholesterinstoffwechsel unter besonderer Berücksichtigung der Diätfrage. Bull. Schweiz. Akad. med. Wiss. **13**, 301 (1957); und M. EGGSTEIN: Fette, Ernährung und Arteriosklerose. Dtsch. med. Wschr. **83**, H. 16, 702 (1958); und Mitarb.: Die Bedeutung alimentärer Fettbelastungen für die Diagnose der Arteriosklerose. Dtsch. med. Wschr. **80**, H. 29/30, 1077 (1955). — SCHLECHT: Zur Kochsalzfrage in der Behandlung des essentiellen Hochdrucks. Arch. Kreislaufforschg. **15**, 120 (1949). — SCHLEGEL, L.: Rohkost und Rohsäfte in der Ernährung des Gesunden und Kranken. Physiologie und Klinik (Stuttgart 1956). — SCHLEICHER, I. und H. OBERGASSNER: Ärztliche Ratschläge zur Durchführung einer Entfettungskur. Ratgeber **29**, H. 6, 1 (1953); Zur diätetischen Therapie der Fettleibigkeit. Med. Mschr. **7**, H. 4, 216 (1953); Zur diätetischen Therapie der Herz-Kreislauferkrankungen. Med. Mschr. **7**, H. 12, 773 (1953). — TRÉMOLIÈRES, J. und A. MOSSÉ: Eléments pour une diététique de l'athérosclerose (Diätetische Grundlagen der Atherosklerose). J. thérap. franç. **1955**, S. 233. — VOLHARD, F.: Die kochsalzfreie Krankenkost unter besonderer Berücksichtigung der Diätetik der Nieren-, Herz- und Kreislaufkranken, 11. Aufl. (Leipzig 1947); und E. VOLHARD: Die kochsalzfreie Krankenkost, 14. Aufl. (München 1956). — WENGER, R.: Arteriosklerose und Diät. 9. Österr. Ärztetag Salzburg (1956), S. 309.

10. Physikalische Therapie

10.1. Allgemeine Gesichtspunkte

Die physikalische Behandlung der Herz-Kreislauferkrankungen war früher die ausschließliche Domäne der sogenannten „Herzbäder", bis die Forschung die Schulmedizin lehrte, daß Jahrtausende alte Empirie nicht nur Anspruch auf Beachtung hat, sondern in vielen Fällen den in Laboratorien durch Experimente erdachten Heilverfahren oft vorzuziehen ist. Es gilt dies umso mehr, da zahlreiche, rein physikalische Heilmethoden in den letzten Jahrzehnten auch eine „wissenschaftliche" Erklärung finden konnten.

Nachdem in der ärztlichen Praxis von Herzkranken häufig die Frage nach einer Kur in einem Herzbad aufgeworfen wird, ist es wünschenswert, eine klare Vorstellung davon zu besitzen, was mit einer Kurbehandlung bei einem Herzkranken erreicht werden kann, welche Möglichkeiten der Kurbehandlung bestehen und welches Kurmilieu bzw. welche Kurmaßnahmen im Einzelfall geeignet sind. Wenn wir es für wünschenswert halten, daß der überweisende Arzt Kenntnis von den Indikationen und Kontraindikationen einer derartigen Behandlung besitzt, dann soll damit Wissen und Erfahrung der Kurärzte nicht angetastet, sondern lediglich den Hausärzten eine kurze Information gegeben werden. Viele der in Kurorten gebrauchten Heilmethoden werden auch in gut ausgestatteten Kliniken und Heilanstalten durchgeführt.

Ärzten, die häufiger Patienten zur Kurbehandlung überweisen, kann hierzu empfohlen werden, sich auch persönlich über die jeweiligen örtlichen Gegebenheiten von Kurbetrieben zu informieren. Bäderfahrten, von lokalen Ärztevereinigungen oder Kliniken organisiert, werden von Kurverwaltungen und -anstalten in der Regel sehr begrüßt.

Als wichtigste Voraussetzung für eine erfolgreiche Kurbad-Behandlung müssen folgende Bedingungen gelten:

1. Der Patient muß in seiner Krankheit eine ausreichende Kurbad-Eignung erlangt haben.
2. Der Hausarzt oder der für die Verschickung verantwortliche Arzt muß klare Vorstellungen über die Indikation der Heilbäder und ihre Zweckmäßigkeit für den jeweiligen Patienten haben.
3. Jeder Patient sollte einen ausführlichen Bericht über seine Erkrankung und die bisher eingeschlagene Behandlung zur Weitergabe an den Kurarzt mitbekommen, welcher dann seinerseits zu einer entsprechend sorgfältigen Rückäußerung an den Entsendearzt verpflichtet wäre.
4. Der Patient muß schon seitens des Kurarztes auf weitere Verhaltensnotwendigkeiten hingewiesen werden. Nicht selten kommt es sonst, oft schon durch unvernünftiges Verhalten auf der Heimreise, bedingt durch euphorisierende, scheinbare Wiederherstellung, zu einer Überlastung, die den ganzen Kurerfolg wieder illusorisch macht.

10.2. Heilbäder:

Die folgende Aufstellung der bekanntesten für Herz-Kreislauferkrankungen indizierten Heilbäder mag die Orientierung erleichtern (nach dem Deutschen Bäderkalender 1958):

Aachen (174 m ü. d. M.)
    Indikation: Rheuma, Kreislaufstörungen, Gicht, Erkrankungen der Haut.
    Kurmittel: Schwefelhaltige NaCl-Hydrogencarbonat-Thermen.

Badenweiler (450 m ü. d. M.)
    Indikation: Rheuma, Erkrankungen des Bewegungsapparates, Gefäßerkrankungen, Stoffwechselstörungen, Erkrankungen der Atmungsorgane (Tbc ausgeschlossen).
    Kurmittel: NaCl-Hydrogencarbonat-Therme.

Bocklet (210 m ü. d. M.)
    Indikation: Herz-, Blut-, Rheuma-, Frauen-, Nervenerkrankungen.
    Kurmittel: Eisenhaltiger Na-Ca-Mg-Hydrogencarbonat-Chlorid-Sulfat-Säuerling für Trink- und Badekuren, Moorbäder.

Bodendorf (75 m ü. d. M.)
    Indikation: Stoffwechsel-, Nieren-, Blasen-, Herz- und Kreislauferkrankungen.
    Kurmittel: Na-Mg-Hydrogencarbonat-Thermal-Säuerling zur Trink- und Badekur, Unterwasser-Thermalduschmassagen.

Bodenwerder (75 m ü. d. M.)
    Indikation: Rheuma, Skrofulose, Gefäß- und Kreislauferkrankungen, Erkrankungen der Luftwege.
    Kurmittel: Jod-Solbad, Inhalationen, Massagen.

Boll (400 m ü. d. M.)
    Indikation: Rheuma, Gicht, Kreislaufstörungen, Hautkrankheiten.
    Kurmittel: Schwefelquelle, Jura-Fango.

Brückenau (311 m ü. d. M.)
    Indikation: Rheuma, Niere, Blase, Kreislauf, Frauenleiden.
    Kurmittel: Säuerlinge für Trink- und Badekuren, Moorbäder.

Daun (450–700 m ü. d. M.)
Indikation: Herz- und Kreislaufkrankheiten, Stoffwechselstörungen.
Kurmittel: Na-Mg-Hydrogencarbonat-Säuerling.

Ditzenbach (509 m ü. d. M.)
Indikation: Herz- und Kreislauferkrankungen, Stoffwechselerkrankungen, Nieren- und Blasenleiden.
Kurmittel: Ca-Hydrogencarbonat-Säuerlinge, Na-Ca-Hydrogencarbonat-Sulfat-Säuerling.

Driburg (220–240 m ü. d. M.)
Indikation: Herz, Kreislauf, Rheuma, Leber-, Gallen-, Frauenleiden.
Kurmittel: Alkalisch-erdiger Säuerling, Glauber- und Bittersalzquelle, Eisensäuerlinge, Schwefelmoorbäder.

Ems (85 m ü. d. M.)
Indikation: Katarrhe, Asthma, Herz, Kreislauf.
Kurmittel: Kohlensäurehaltige Hydrogencarbonat-Chlorid-Thermen für Bade- und Trinkkuren, Inhalationen.

Füssen-Faulenbach (804 m ü. d. M.)
Indikation: Rheuma, Frauenleiden, Hautkrankheiten, Herz- und Gefäßkrankheiten, Kreislaufstörungen.
Kurmittel: Ca-Sulfatquelle für Trink- und Badekuren, Moorbäder.

Godesberg (65 m ü. d. M.)
Indikation: Herzleiden, Erkrankungen der Atmungsorgane, Magen-, Darm-, Leber- und Gallenerkrankungen, Nieren- und Blasenleiden.
Kurmittel: Na-Hydrogencarbonat- und Na-Mg-Hydrogencarbonatsäuerlinge.

Gögging (350 m ü. d. M.)
Indikation: Rheuma, Frauenleiden, Kreislaufstörungen, Hauterkrankungen.
Kurmittel: Schwefelquellen und Moor für Bäder, Trinkkur, Packungen.

Griesbach (500–1000 m ü. d. M.)
Indikation: Herz-, Nerven-, Frauenkrankheiten, Rheuma, Stoffwechsel-, Bluterkrankungen.
Kurmittel: Eisenhaltige Hydrogencarbonat-Sulfat-Säuerlinge, Moorbäder.

Harzburg (300–600 m ü. d. M.)
Indikation: Erschöpfungszustände, vegetative Neurosen, periphere Durchblutungsstörungen, chronische Magen-Darmleiden, chronische Katarrhe der Atmungsorgane, leichte und mittlere Hypertonien, Frauenleiden.
Kurmittel: Natürliche Solquellen. NaCl- und Schwefelquellen.

Heilbrunn (690 m ü. d. M.)
Indikation: Bluthochdruck, Herz- und Arterienverkalkung, Kreislaufstörungen, Jodmangelkropf.
Kurmittel: Jodhaltiges NaCl-Wasser zu Trink- und Badekuren, Moorpackungen.

Hermannsborn (265 m ü. d. M.)
Indikation: Herz-, Rheuma-, Frauenleiden, Kreislauf- und Blutkrankheiten.
Kurmittel: Säuerlinge, eisenhaltige Ca-Mg-Hydrogencarbonatsäuerlinge, Schwefelmoor.

Hersfeld (200–230 m ü. d. M.)
Indikation: Leber-, Galle-, Magen-, Darm-, Stoffwechsel- und Kreislauferkrankungen.
Kurmittel: Na-Ca-Sulfat-Chloridquellen, Kohlensäure-Mineralbäder.

Hönningen (65 m ü. d. M.)
Indikation: Rheuma-, Herz- und Nervenkrankheiten.

Homburg (200 m ü. d. M.)
Indikation: Magen-Darm-Galle-Leberleiden, Stoffwechselkrankheiten, Kreislaufstörungen.
Kurmittel: Na-Cl-Säuerlinge, Solebäder, Tonschlammpackungen, Moorbäder, Inhalationen.

Honnef (54–540 m ü. d. M.)
Indikation: Herz, Kreislauf, Magen, Darm, Stoffwechsel.
Kurmittel: Eisenhaltiger Na-Mg-Hydrogencarbonat-Cl-Säuerling.

Kissingen (201 m ü. d. M.)
Indikation: Magen, Darm, Leber und Galle, Herz- und Gefäß-, Blut- und Stoffwechselkrankheiten, Rheuma, Frauenleiden.
Kurmittel: Eisenhaltige Na-Cl-Säuerlinge, Na-Cl-Säuerling, Na-Ca-Cl-Hydrogencarbonat-Sulfat-Säuerling für Trink- und Badekuren, Moorbäder.

Kripp (50 m ü. d. M.)
Indikation: Gallen-, Leber-, Nieren-, Herzleiden.

Krozingen (233 m ü. d. M.)
Indikation: Chronische Herz-, Gefäß-, Kreislaufkrankheiten, Rheuma, Stoffwechselstörungen, Störungen der inneren Drüsen.
Kurmittel: Ca-Sulfat-Sprudel mit 2500 mg Kohlensäure/l, Thermen.

Laer (90 m ü. d. M.)
Indikation: Rheuma, Skrofulose, Herz- und Frauenkrankheiten.
Kurmittel: Solquellen, Inhalationen, Trinkkuren.

Lüneburg (20 m ü. d. M.)
Indikation: Frauenleiden, Rheuma, Gefäßerkrankungen, Katarrhe der Atmungswege, Kinderkrankheiten.
Kurmittel: Sol- und Moorbad.

Meinberg (210 m ü. d. M.)
Indikation: Rheuma-, Herz-, Nerven-, Gefäß-, Frauenleiden.
Kurmittel: Trockene Kohlensäurequellen, Kohlensäure-Dampfbäder, Gipsquelle, erdig-sulfatische Kochsalzquelle, Schwefelmoor.

Nauheim (144 m ü. d. M.)
Indikation: Herz- und Kreislauferkrankungen, Rheuma, Katarrhe der Luftwege, Emphysem, asthmatische Bronchitis.
Kurmittel: Thermale eisen- und kohlensäurehaltige NaCl-Solen, Na-Cl-Säuerling, Na-Ca-Cl-Hydrogencarbonat-Säuerling.
Bade-, Trink-, Inhalationskuren.
Massagen, Wechselbäder, Fangopackungen, Licht- und Strahlenbehandlung, Heilgymnastik.

Neuenahr (92 m ü. d. M.)
Indikation: Stoffwechsel-, Gallen-, Leber-, Magen-, Darm-, Nieren-, Blasen-, Herz- und Kreislauferkrankungen.
Kurmittel: Alkalisch-erdige, kochsalzarme und kohlensäurereiche Thermalquellen zur Trink- und Badekur. Fangopackungen.

Neustadt/Saale (240 m ü. d. M.)
Indikation: Erkrankungen der Verdauungsorgane, des Stoffwechsels, des Herzens, Rheuma.
Kurmittel: Eisenhaltige Na-Cl-Säuerlinge, Na-Cl- und Na-Ca-Cl-Säuerling für Trink- und Badekuren. Moorbäder.

Niederbreisig (62 m ü. d. M.)
Indikation: Rheuma, Gicht, Herz-, Kreislauf-, Nieren- und Stoffwechselkrankheiten.
Kurmittel: Thermalbäder und Thermalfreibäder.

Oeynhausen (71 m ü. d. M.)
Indikation: Erkrankungen von Herz und Kreislauf, Nerven, Rheuma, Frauenleiden, Allergie, Krankheiten des kindlichen Alters.
Kurmittel: Eisen- und kohlensäurehaltige Na-Cl-Thermal-Sole für Bade- und Trinkkuren. Sulfatische und reine Solquellen für Bade- und Inhalationskuren. Chlorkalziumquelle für Trinkkuren.

Orb (170–540 m ü. d. M.)
Indikation: Herz- und Kreislaufkrankheiten, Rheuma.
Kurmittel: Kohlensäurereiche, eisenhaltige Na-Cl-Säuerlinge, eisenhaltiger Ca-Cl-Säuerling. Moor, Fango.

Peterstal (400–1000 m ü. d. M.)
Indikation: Herz-, Kreislauf-, Blut-, Frauenkrankheiten, Rheuma.
Kurmittel: Erdig-salinische Eisensäuerlinge für Trink- und Badekuren, Moorbäder, Kneippkuren.

Pyrmont (bis 400 m ü. d. M.)
Indikation: Herz-, Kreislauf- und Bluterkrankungen, Frauenleiden, Rheuma, Unfallfolgen, Kinderkrankheiten.
Kurmittel: Helenenquelle und Hylliger Born: erdig-sulfatischer Eisensäuerling. Wolfgangquelle: 1%iges sulfatisches Kochsalzwasser. Salinenquelle: 3–4%ige Sole. CO_2-Quellgasbäder, Eisenmoor.

Rippoldsau (650 m ü. d. M.)
Indikation: Herz, Kreislauf, Rheuma, Stoffwechselerkrankungen, Atmungsorgane (keine Tbc).
Kurmittel: Na-Ca-Sulfat-Hydrogencarbonat-Säuerlinge für Trink- und Badekuren. Moorbäder. Mildes Reizklima.

Rothenfelde (112 m ü. d. M.)
Indikation: Herz- und Kreislauferkrankungen, Erkrankungen der Atemwege (außer Tbc), Rheuma, Erkrankungen des Kindesalters, chronisch-entzündliche Augenerkrankungen, Frauenleiden.
Kurmittel: Kohlensäurehaltige 5%ige Solequellen. Inhalation, Trinkkur.

Salzhausen (150 m ü. d. M.)
Indikation: Herz- und Kreislauferkrankungen, Rheuma, Nervenleiden. Katarrhe der Luftwege.
Kurmittel: Solbäder mit naturgebundener Kohlensäure, Na-Cl-Wasser zu Trinkkuren. Fangopackungen, Massagen.

Salzschlirf (250 m ü. d. M.)
Indikation: Rheuma, Gicht, Herz- und Kreislauferkrankungen, Frauenleiden.
Kurmittel: Kohlensäurereiche Solquellen und Moor zu Bade-, Trink- und Inhalationskuren.

Salzuflen (75 m ü. d. M.)
Indikation: Herz- und Kreislauferkrankungen, Asthma, Rheuma, Frauenleiden.
Kurmittel: Kohlensäurereiche NaCl-Thermen, Solquellen, NaCl-Wässer und sulfatische Quelle zur Trinkkur, CO_2-Trockenbäder.

Schwalbach (350 m ü. d. M.)
Indikation: Herz-, Frauen-, Rheuma- und Bluterkrankungen.
Kurmittel: Eisenhaltiger Ca-Mg-Hydrogencarbonat-Säuerling für Trink- und Badekuren, Eisenmineralmoor für Bäder und Packungen, Kohlensäure-Gasbäder.

Schwartau (20 m ü. d. M.)
Indikation: Katarrhe der Atemwege, Rheuma, Frauenleiden, Gefäßerkrankungen.
Kurmittel: Jod-Sole für Trink- und Badekuren. Inhalation, Moorbäder.

690 Spezielle Behandlungsvorschläge für Herz-Kreislauferkrankungen

Sinzig (64 m ü. d. M.)
Indikation: Herzkrankheiten, Erkrankungen der Harnorgane.
Kurmittel: Säuerling.

Soden b. Salmünster (157 m ü. d. M.)
Indikation: Herz, Kreislaufstörungen, Rheuma, Erkrankungen im Kindesalter.
Kurmittel: Sole, erdige Kochsalzsäuerlinge, CO_2-Trockenbäder.

Soden-Taunus (114–220 m ü. d. M.)
Indikation: Katarrhe, Asthma, Herzleiden.
Kurmittel: Warme und kalte Na-Ca-Cl-Hydrogencarbonat-Säuerlinge, Thermal-Sole-Sprudel-Bäder, Kohlensäure-Gasbäder.

Steben (600 m ü. d. M.)
Indikation: Rheuma, Herz-, Kreislauferkrankungen, Durchblutungsstörungen, Blut-, Nerven-, Harnwege-, Frauenerkrankungen, Alterserscheinungen.
Kurmittel: Stark radioaktiver, eisenhaltiger Säuerling, eisenhaltiger Ca-Hydrogencarbonat-Säuerling, Moorbäder.

Stuttgart-Berg (220 m ü. d. M.)
Indikation: Rheuma, Gicht, Herz- und Nervenleiden.
Kurmittel: Eisenhaltiger Ca-Na-Cl-Sulfat-Hydrogencarbonat-Säuerling. Mineralschwimmbäder.

Stuttgart-Bad Cannstatt (220 m ü. d. M.)
Indikation: Rheuma, Gicht, Herzerkrankungen. Magen, Darm, Leber, Galle, Zucker.
Kurmittel: Gottlieb-Daimler-Quelle (eisenhaltiges Na-Ca-Cl-Wasser). Wilhelmsbrunnen (Säuerling).

Teinach (400–500 m ü. d. M.)
Indikation: Herzerkrankungen, Kreislaufstörungen, Erkrankungen der Harnorgane.
Kurmittel: Kohlensäure- und Kieselsäurequellen für Trinkkur, Mineralbäder.

Tölz (670 m ü. d. M.)
Indikation: Hochdruck, Herz- und Arterienverkalkung, Kreislaufstörungen, Jodmangelkropf, chronische Bronchitis.
Kurmittel: Jodquellen für Trink- und Badekuren, Inhalationen, Moorpackungen.

Überkingen (455 m ü. d. M.)
Indikation: Nieren- und Blasenleiden, Herz- und Kreislauferkrankungen.
Kurmittel: Na-Ca-Mg- und Na-Ca-Hydrogencarbonat-Säuerling.

Vilbel (108 m ü. d. M.)
Indikation: Herz-Kreislaufkrankheiten, Rheuma.
Kurmittel: Erdig-alkalische Säuerlinge.

Waldliesborn (78 m ü. d. M.)
Indikation: Herz und Kreislauf, Nerven-, Rheuma-, Frauenleiden.
Kurmittel: Kohlensäure- und jodhaltige Thermalsole, CO_2-Trockengasbäder.

Weiler i. Allg. (630–1000 m ü. d. M.)
Indikation: Rheuma, Nervenentzündungen, Kreislaufstörungen.
Kurmittel: Siebers-Heilquelle für Bade- und Trinkkuren.

Westernkotten (88 m ü. d. M)
Indikation: Herz und Kreislauf, Rheuma, Nerven, Erkrankungen der Atemwege.
Kurmittel: Kohlensäurereiche, starke Thermalsole, CO_2-Trockengasbäder.

Wiessee (735 m ü. d. M.)
Indikation: Herz- und Gefäßerkrankungen, Rheuma, Erkrankungen der Atemwege, Haut- und Augenkrankheiten, Frauenleiden.
Kurmittel: Starke jod- und schwefelhaltige Quellen für Bade-, Trink- und Inhalationskuren. Kohlensäure-Jodschwefelbäder.

Wildungen (330 m ü. d. M.)
Indikation: Nieren- und Blasenleiden, Herz- und Kreislauferkrankungen, Stoffwechselstörungen.
Kurmittel: Hydrogencarbonat- und Hydrogencarbonat-Chlorid-Säuerlinge. Natürliche Kohlensäurebäder.

10.3. Kurbehandlung der Herz-Kreislaufkranken

Für die nicht klinische, sondern kurmäßige Behandlung von Herz-Kreislaufstörungen stehen heute im wesentlichen Klima-, Terrain-, Trink- und Badekuren zur Verfügung.

Diese Kurverfahren werden häufig in variabler Weise, entsprechend den lokalen Voraussetzungen und Einrichtungen eines Kurortes bzw. einer Kuranstalt kombiniert. Von diätetischen Maßnahmen, Massagen, Bürstungen usw. wird häufig zusätzlich Gebrauch gemacht.

Der Aufgabenbereich derartiger Kurverfahren erstreckt sich von der Behandlung funktioneller Zirkulationsstörungen bis zur Nachbehandlung der Herzdekompensation nach klinischer Rekompensation. Dazwischen liegen die manifeste Koronarinsuffizienz, eventuell mit abgelaufenem Myokardinfarkt, leichte Herzinsuffizienzen bei labiler Hypertonie, weitgehend kompensierte Herzklappenfehler und inaktiv gewordene rheumatische Herzmuskelerkrankungen sowie die atherosklerotischen Veränderungen des Herz-Kreislaufsystems. Die herkömmliche Kurbehandlung der Herz-Kreislaufkrankheiten war von dem Prinzip beherrscht, im eigentlichen Sinne kranken Menschen wieder zur Besserung und zu gesteigerter Leistungsfähigkeit zu verhelfen. Darüber hinaus sind seit einigen Jahren Bestrebungen im Gange, die sich um Kurmethoden mit prophylaktischer Zielsetzung bemühen. Hier geht es auch um die Erfassung rein funktioneller vasomotorischer Störungen, die in den letzten 10 Jahren in erheblicher Zunahme begriffen sind und letztlich die Grundlage schwerer kreislaufabhängiger Organerkrankungen, wie Myokardinfarkt, Apoplexie, Magenblutung u. dgl. bilden.

Weit mehr als bei den üblichen hausärztlichen und klinischen Therapiemethoden liegt bei jeglicher Kurbehandlung der Akzent in der Reizeinwirkung auf den gesamten Körper. Die Reize werden von nervalen Rezeptoren empfangen und durch komplexe Reaktionen der verschiedenen Funktionssysteme des Organismus beantwortet. Man hat diesen Vorgang als „Umstimmung" bezeichnet, an dessen Zustandekommen das vegetative Nervensystem mit seinen kreislaufstimulierenden Reaktionen maßgeblich beteiligt ist.

Diese Allgemeinwirkung kann in der kurmäßigen Behandlung der Herz-Kreislaufstörungen durch spezielle, hämodynamisch wirksame, balneologische Maßnahmen und durch Trainingsmethoden unterstützt werden.

Einem Patienten mit Herz-Kreislaufstörungen wird zweckmäßigerweise zu einer Kur nur dann geraten, wenn von derselben eine Besserung seines Zustandes erwartet werden kann. Der Heileffekt kommt dabei vornehmlich über die regulative Ökonomisierung der Kreislaufleistung zustande, durch welche eine rationellere Arbeit und vermehrte Belastbarkeit des Herzens möglich wird. Die Verbesserung der Herzleistung wird also auf indirektem Wege erreicht, und zwar auf dem Wege der Umstimmung und des Trainings.

Umstimmung und Training stellen aber nicht nur für den Gesamtorganismus Belastungsmomente dar, wie die Kur- oder Badereaktion zeigt, sondern auch speziell für das Herz-Kreislaufsystem. Diese trainierende Belastung ist jedoch wesentlichster integrierender Teilfaktor der Kurbehandlung. Hieraus ergibt sich für die Auswahl der für eine Kurbehandlung geeigneten Patienten die Konsequenz, daß Patienten mit fixierten Kreislaufregulationsstörungen oder mit geringer Reservekraft des Herzmuskels für eine Kurbehandlung wenig geeignet erscheinen. Dies sind vor allem Patienten, die nur unter fortwährender Digitalisierung einigermaßen kompensiert sind sowie alte Menschen mit vegetativer Anpassungsschwäche und Patienten mit fixiertem Hochdruck.

Eine besonders dankbare Aufgabe der Kurbehandlung stellen vor allem die Entlastungsschäden des Kreislaufs dar.

Neben den eigentlichen Kurmaßnahmen sind für den Kurerfolg auch die Allgemeinbedingungen des Kurmilieus bedeutungsvoll, besonders wenn sie geeignet sind, das Gefühl des Gesundwerdens zu heben und damit gleichsam den Gesundungswillen zu stärken.

Diese psychische Wirkung auf den Kranken im Badeort ist von unserem Mitarbeiter BAPPERT ausführlich beschrieben worden.

Eine Heilkunde, die den Patienten als Gesamtpersönlichkeit zu erfassen sich bemüht, hat noch nie verkannt, daß ein Kuraufenthalt in einem Badeort auch auf die Seele des Kranken einwirkt und daß in dieser Einwirkung ein sehr wichtiger Heilfaktor zu sehen ist.

Der Kurgast wird aus dem gewohnten häuslichen Milieu versetzt an einen Ort, der mit all seinen Einrichtungen ganz vorwiegend der Heilung und Erholung leidender Menschen dienen soll. Dabei treten auch andersartige seelische Erlebnisse auf.

Zunächst soll eine Analyse der verschiedenen Faktoren des Kurmilieus in bezug auf ihre psychische Wirksamkeit versucht werden (BAPPERT):

Beginnen wir mit den fundamentalen naturgegebenen Verhältnissen, wie sie Klima und Landschaft darstellen, dann ist nicht an die Reizwirkungen gedacht, die vom Klima direkt das vegetative Nervensystem beeinflussen, sondern uns interessiert das Klima hier nur insofern, als der Patient davon seelisch beeindruckt wird. Diese geopsychischen Zusammenhänge sind grundlegend von HELLPACH untersucht worden.

In der Regel wird bei der Auswahl eines heilungsfördernden Klimas ein gewisser Kontrast zu den Witterungseinflüssen, denen der Kranke an seinem ständigen Wohnsitz ausgesetzt ist, auch seelisch als wohltuend empfunden. Patienten, die in einem sehr temperierten Klima leben, verlangen unbewußt nach einem erregenderen, wie es etwa die See oder das Gebirge bieten, und umgekehrt. Wenn auch nicht verkannt werden soll, daß ein starker Klima-Kontrast beim Kuraufenthalt bisweilen günstig anregende Auswirkungen haben kann, so wird doch für die Mehrzahl der Fälle eher eine milde Kontrastierung anzuraten sein. Es sei hier auf ein Überreizungssyndrom hingewiesen, das HELLPACH herausgearbeitet hat und das bei zu starken Klimareizen, unter Umständen erst als Spätfolge, auftreten kann. Bei den betreffenden Patienten stellen sich verdrossene Stimmungen ein, hypochondrische Grillen, gesteigerte Reizbarkeit und manchmal auch Verzagtheit bis zu Weinkrämpfen. Der Schlaf wird schlechter und unerquicklicher. Derartigen unangenehmen Überraschungen begegnet man am besten durch Vorsicht in der Auswahl des Heilklimas.

Der variable Einfluß, den ein bestimmtes Klima auf verschiedene vegetative Konstellationstypen ausübt, stellt den Arzt zunächst vor die Aufgabe, seinem Patienten das für ihn geeignete Klima zu empfehlen.

Die oft entscheidende Bedeutung des Klimas für den Kreislauf bei Patienten mit vegetativen Störungen kann nicht genug betont werden. So darf die Erfahrung, daß sich vegetativ Labile in gebirgiger Höhenlage zwischen 1200 und 1500 m oder im windigen Reizklima der Nordsee oft ganz ausgezeichnet erholen, vor allem gut schlafen, kräftigen Appetit bekommen und einen starken Aufschwung ihres Leistungsgefühls erleben, keineswegs verallgemeinert werden. Das Gegenteil kann ebenso der Fall sein, was schließlich den Abbruch einer Kur zur Folge haben kann. Um ein extremes Reizklima für einen Kuraufenthalt befürworten zu können, erscheint es stets notwendig, die Reaktionsweise des Patienten auf das entsprechende Klima auf Grund früherer Erfahrung zu kennen. Viele Patienten vermögen hierüber präzise Angaben zu machen. Jede Kur in einem stärkeren Reizklima setzt außerdem Anpassungsreserven voraus, welche z. B. ältere Menschen oder Apoplexie- bzw. Infarktgefährdete in der Regel nicht aufweisen. Durch klimatische Faktoren werden immer wieder auftretende, gelegentlich dramatische Verschlimmerungen während einer Kur häufig mitbestimmt. Insofern bedeutet die Empfehlung eines Waldklimas in mittlerer Höhenlage gerade beim Kreislaufkranken wohl stets das geringere Risiko. Zu meiden sind hier nur ausgesprochene Föhneinflußgebiete. Neben dem Klima tragen auch die Landschaft und die in ihr gegebenen Betätigungsmöglichkeiten zur Genesung bzw. Erholung von Fall zu Fall in verschiedener Weise bei. Stets unzweckmäßig wäre, einem latent Herzinsuffizienten einen Gebirgsaufenthalt zu empfehlen, bei dem jede kleine Wegstrecke mit erheblichen Höhenunterschieden verbunden ist. Der kreislaufkranke oder -gefährdete Patient soll im Kurort ein Terrain zu körperlicher Bewegung vorfinden, das seiner Belastungsfähigkeit adäquat ist. Auch in dieser Beziehung trägt die Hochgebirgslandschaft gewisse Gefahren in sich, in dem sie zu Bergwanderungen verlockt, bei denen die Leistungsgrenze ohne genügendes Training leicht überschritten wird. Zu warnen ist schließlich im Gebirge vor der raschen Überwindung von großen Höhenunterschieden mit Bergbahnen oder Lifts bei Kreislaufgefährdeten.

Die psychische Wirkung der Landschaft stellt einen sehr hohen Erholungsfaktor dar, der oft nicht genügend erwogen wird.

Von Natur aus schwernehmende Persönlichkeiten, die zu subdepressiven Stimmungen neigen, ertragen schlecht eng eingeschlossene, düstere Landschaftsszenerien wie sie etwa Talschlüsse im Hochgebirge darstellen. Aber auch weite, einförmige, melancholisch wirkende Ebenen sind für diese Menschen nicht geeignet.

Patienten mit einer Temperamentslage, deren überschießende Energien sich gern motorisch entladen, sind in den Bergen durch körperliche Überbeanspruchung gefährdet. Zumal bei Herzkranken, denen körperliche Schonung auferlegt werden muß, kann sich dies ungünstig auswirken. Aber ganz allgemein ist körperliche Überanstrengung dem Kurzweck selten förderlich. Derartige seelische Konstitutionstypen sind deshalb in einer Landschaft besser aufgehoben, wo sie nicht so verlockenden „Gipfelversuchungen" ausgesetzt sind. Intravertierte, optische Naturelle überanstrengen sich seelisch leicht in allzu großartigen, formbizarren Landschaften, wie man sie etwa in den Dolomiten findet.

Sehr viele Patienten werden also am ehesten in der abwechslungsreichen Gestaltung der Mittelgebirge und in der Lieblichkeit des vorgelagerten Hügellandes auch psychisch das finden, was sie genügend schont, aber seelisch auch anregt.

Betrachten wir danach die Kurmittel, die Quellen und Bäder, die dem Patienten in einem Badeort geboten werden.

Es geht von ihnen ein eigenartiger Zauber aus, eine psychische Wirkung, die in sehr tiefen seelischen Schichten verwurzelt ist. Quellen hatten seit jeher für die Menschen etwas Geheimnisvolles.

Der Kurgast vertraut so der Heilkraft der Quellen, die „dem dunklen Schoß der Erde" entstammen, – womit übrigens die Sprache, die ja angefüllt ist mit psychologischen Weisheiten, bereits die hier waltenden lebenszeugenden Kräfte andeutet. Dem Patienten ist nicht damit gedient, wollte der Arzt versuchen, hier zu entzaubern oder zu desillusionieren. Der Kranke sieht auch im Badearzt nicht zuletzt den weisen Kenner und Nutzer geheimnisvoller naturverbundener Kräfte.

Auch der Tageslauf des Badegastes bringt diesem heilsame, seelische Wirkungen.

Hier ist zunächst wichtig, daß der Gang des Tages einer strengen Ordnung unterliegt. Schlafzeit, morgendliches Aufstehen, Ruhepausen, Spaziergänge, Mahlzeiten, dazwischen der Gebrauch der Heilmittel, all das wird durch den Kurplan geregelt. Wir denken hierbei nicht nur an die direkte Wirkung einer solchen Ordnung auf die vegetativen Funktionen. In seelischer Hinsicht besitzt der geregelte Tagesablauf vor allem eine wohltuende erzieherische Wirkung. Man darf ja nicht vergessen, daß bis dahin für den Patienten der Ablauf des Tages in mancher Hinsicht ungeordnet gewesen ist. Arbeit und Erholung waren oft keineswegs ausgewogen verteilt. Der Nachtschlaf kam zu kurz, die Mahlzeiten wurden überhastet eingenommen usw. Das alles wird nun für mehrere Wochen anders. Der Patient hat die Gelegenheit, umzulernen; es können neue, bessere Gewohnheiten gestiftet werden, von denen wenigstens ein Teil dann auch nicht selten in das spätere Alltagsleben übernommen wird.

Ein anderer wesentlicher Punkt ist die Muße, die der Kranke am Kurort findet. Sie gibt ihm endlich wieder einmal Zeit für die notwendige Selbstbesinnung. Es ist für ein gedeihliches Seelenleben unerläßlich, dann und wann einmal Bilanz zu ziehen. Der christliche Rat, recht oft eine Gewissenserforschung anzustellen, ist ja nicht nur von religiöser, sondern auch von eminent psychohygienischer Bedeutung. Wer hat nicht schon erlebt, daß ein einziger Tag der Einkehr zu einer inneren Neuorientierung führen kann, deren Direktiven oft für lange Zeit maßgebend bleiben. Am Badeort wirken die Zeit, die der Gast für eine derartige Besinnung findet, und der distanzfördernde Milieuwechsel günstig zusammen.

Von einer anderen Seite betrachtend, gewahrt man am Tagesablauf im Kurort eine Eigenart, die man als allgemeine Festlichkeit im Stil des Badelebens bezeichnen könnte.

Der Beobachter ist geneigt, Vergleiche zu ziehen mit einer Lebensart, wie man sie sich für die gehobene Gesellschaft der Rokoko-Zeit vorstellt. Man bewegte sich in schönen Parkanlagen. Ausgewogene Bauwerke und Gärten gaben den äußeren Rahmen ab für einen auf kultivierten Lebensgenuß abgestellten Zeitvertreib. Musik, Theater, Gesellschaftsspiele, Kahnpartien, Feuerwerke usw. boten immer wieder neue ergötzliche Anregungen.

Das Leben im Badeort bietet in der Tat zu jener Zeit manche Parallelen. Dies beginnt bereits mit der morgendlichen Brunnenpromenade. Die Gäste bewegen sich gemessen in der Wandelhalle. Schon der Begriff „Wandeln" oder besser noch „Lust-Wandeln", ist aufschlußreich. Welcher normale Zeitgenosse hat sonst im täglichen Leben noch die Gelegenheit zu „wandeln"! Allenfalls findet man bisweilen die Zeit zu einem Spaziergang. Aber Wandeln, Promenieren, „Sich-ergehen" sind sehr viel mehr als Spaziergehen. Der Wandelnde zelebriert gleichsam seinen Spaziergang. Dem Stil des Wandelns pflegen die Kurgäste auch ihre äußere Erscheinung anzupassen.

Die Badeorte waren meist bestrebt, dem Kurviertel durch eine klassizistische Architektur, durch eine abwechslungsreiche Parkgestaltung eine prächtige, über den Alltag hinausgehende Atmosphäre zu verleihen. Dieser Charakter der äußeren Umgebung ist von nicht zu unterschätzendem psychischem Effekt.

Über die seelischen Wirkungen der Musik, auch über deren therapeutische Anwendungsmöglichkeiten, ist schon viel gearbeitet worden. Ohne darauf näher einzugehen, muß aber doch die Musik, die im Kurleben keine unwichtige Rolle spielt, wenigstens erwähnt werden.

Unsere Musik, soweit sie der klassischen Harmonielehre folgt, lebt von der Spannung Dissonanz-Konsonanz, wobei eine letztliche Auflösung in die Harmonie der Grundtonart nie ausbleibt. Es liegt so nahe, auch beim Hörer im Bereich des Seelischen einen harmonisierenden Effekt zu erwarten. Freilich gilt das nicht für jede Art von Musik. Die einseitig den Rhythmus betonende moderne Musik ist daher auch auf der Kurpromenade nur wenig anzutreffen. Andererseits wird sinfonische Musik und Kammermusik nach den Untersuchungsergebnissen vom Durchschnitt der Patienten als zu anstrengend empfunden. Ja, ein englischer Forscher ist sogar zu der resignierenden Feststellung gelangt, bei seinen Untersuchungen habe sich ,,die schlechteste Musik als die beste Medizin" erwiesen. Aber man sollte der unproblematischen Musik, die in den Kurkonzerten vorherrscht, ihr Recht lassen.

Der Musikkundige mag lächeln über die zahlreichen ,,Charakterstücke": von der ,,Mühle im Schwarzwald" bis zu einem ,,Persischen Markt", von der ,,Petersburger Schlittenfahrt" bis zu den ,,Kaukasischen Skizzen". Dem Heilzweck ist damit gedient, wenn dadurch Freude und Ausgeglichenheit vermittelt werden.

Gemeinsames Musikhören verbindet auch die Menschen fester untereinander, und dies leitet uns über zu den Gefühlen und Kräften, die von der Gemeinschaft des Badepublikums auf den einzelnen ausstrahlen.

BOENING hat diese Fragen in Untersuchungen über die Psychologie des Badegastes bearbeitet, und wir stützen uns hier auf seine Ausführungen. Man beobachtet bei den Patienten des Kurortes eine allseitige Kontaktbereitschaft, die meist zu einem ausgesprochenen Kontaktbedürfnis gesteigert wird. Die Kurgäste eint, soweit sie kurbedürftig sind, ein ganz bestimmtes, gerichtetes Gefühl, das sich im Gesamtausdruck, in Form und Inhalt der Gespräche und in der Mimik unverkennbar kundgibt: das Gefühl der Hoffnung. Die Hoffnung ist ein zukunftsbezogenes Gefühl. Die Zukunft erscheint in ihr als Verwirklichungsfeld von Werten, wobei in unserem Falle die Gesundheit gemeint ist. Das Erlebnis Gleichgesinnter vermag dieses Gefühl zu stärken. Mancher, dem es schon besser geht, kann Verzagte aufrichten.

Patienten sind immer in Gefahr, daß die Hoffnung in Furcht und Sorge umschlägt. Hier ist auch ein Ansatzpunkt für die Einflußnahme des Kurarztes. Er sollte den Patienten mit spürbarer menschlicher Teilnahme begegnen. Teilnahme ist nicht Produktion von unechten Gefühlen, in denen man sich Mühe gibt, das Fühlen der anderen mitzuerleben. Sie ist schließlich auch nicht geheucheltes Gefühl, so als ob man das Gefühl des anderen hätte. Teilnahme ist zunächst einmal ein vorwiegend rationales Verständnis für den Patienten, bei dem aber doch auch das Gefühl der Besorgtheit vom Kranken empfunden wird.

Das Erlebnis der Gemeinschaft und die Führung durch den Arzt werden so in vielen Fällen dazu beitragen, daß aus Hoffnung schließlich Vertrauen wird.

Versucht man abschließend, die therapeutische Beeinflussung des Patienten im Badeort hinsichtlich ihrer seelischen Wirkungen zusammenfassend darzustellen, so kann man vier Wirkungsmöglichkeiten unterscheiden.

Die Kur hat zunächst einmal einen innerlich harmonisierenden Effekt. Der im Alltag gehetzte Patient hat wieder die Möglichkeit, zu sich selbst zu kommen. Die ihm geschenkte Muße kann eine schöpferische Pause sein, in der bislang unterdrückte Seelenkräfte wieder in ihr Recht gesetzt werden. Der Kranke lernt für die Zukunft, wie wichtig eine ausgewogene Verteilung von Arbeit und Erholung ist. Der Kuraufenthalt mit seiner Ruhe, seinem Gemeinschaftserlebnis, seinen erbaulichen, wohl anregenden aber nicht aufregenden Unterhaltungen hilft Sorgen zu zerstreuen, läßt Unruhe, Ärger, Hast und Termindruck des Berufslebens vergessen und führt so zu einer ausgeglichenen Stimmung.

Mancher Urlaub hat heute eine derartig ausgleichende Wirkung nicht mehr. Diese ist gefährdet durch den immer mehr um sich greifenden, bis ins letzte organisierten rummelartigen Urlaubsbetrieb. Der arbeitende Mensch, aus einem Getriebe für einige Zeit entrissen, wird sogleich in ein anderes eingereiht. Es wäre wünschenswert, wenn wenigstens die Kurorte auch in Zukunft Inseln der Ruhe blieben.

Der Aufenthalt im Badeort hat weiterhin eine distanzfördernde Wirkung.

Manches Belastende in Familie, Ehe, Umgebung und Beruf mag für die Erkrankung des Patienten mitbestimmend oder gar ausschlaggebend gewesen sein. Derartige Erlebnisse wollen nicht oberflächlich beiseite gedrängt oder scheinbar vergessen, sondern zunächst einmal verarbeitet sein. Innerer Abstand ist hierfür eine entscheidende Voraussetzung. Er erwächst während der Kur durch ein Zusammenwirken von räumlicher Trennung, zeitlicher Distanz, körperlicher Genesung und einem völlig andersartigen Lebensstil. Auch dieser Gewinn der Badekur kann gefährdet werden, wenn der Kurgast sich nicht wirklich von seinen Berufsfunktionen einmal loslöst. Eigener Telefonanschluß mit Ferngesprächen, geschäftliche Diktate, Empfang von Mitarbeitern sollten aus dem Urlaubsmilieu verbannt sein.

Es sind drittens die anregenden, erhebenden, Freude und Festlichkeit verbreitenden, Selbstgefühl und Aktivität steigernden Eindrücke zu nennen, die man zusammenfassend als seelisch stimulierenden Effekt des Kuraufenthaltes bezeichnen könnte.

Die Weckung neuer „Lebensgeister" läßt die letzten Schatten überstandener Krankheit weichen und erleichtert dem Genesenden die Rückkehr zu den Anforderungen des täglichen Daseins.

Letztlich ist dann noch die suggestive Wirkung des Heilbades zu erwähnen. Sie ist für die eine Patientenpersönlichkeit von größerer Bedeutung, für die andere von geringerer; fehlen wird sie selten.

So ist der von den verschiedensten Milieugegebenheiten des Badeortes ausgehende, mehrfach wirksame Einfluß auf die Seele des Patienten für dessen Heilung, Genesung, und Erholung von hervorragender Bedeutung. Dies entspricht dem Wesen der menschlichen Natur, die mit allen ihren Seinsbereichen an der Krankheit leidet und in der Rekonvaleszenz betreut sein will.

Während dieser psychische Effekt als eine der Grundvoraussetzungen des Kurerfolges angesehen werden muß, sollen auch die anderen therapeutischen Maßnahmen nicht vernachlässigt werden, die hinsichtlich der zeitlichen Einteilung, der Dosierung und dergleichen peinlich genau vorgeschrieben werden müssen (BAPPERT).

Da wir auf die Badebehandlung gesondert eingehen, die nicht an einen Badeort gebunden ist (s. S. 726), sollen hier noch die anderen Möglichkeiten der Kurortbehandlung kurz besprochen werden.

Die Terrainkur, bereits 1880 von OERTEL systematisch angewendet, gewinnt neuerdings in der Prophylaxe und Therapie der Herz-Kreislaufstörungen wieder zunehmende Bedeutung.

Unter ärztlicher Leitung werden Wanderungen in wechselnder Ausdehnung und unterschiedlichem Terrain je nach Belastungsfähigkeit des Kurteilnehmers in den Heilplan eingeordnet. Der Kontakt mit dem Heilklima wird durch Gymnastik im Freien in zweckentsprechender leichter Kleidung verstärkt. Atemgymnastik, Lockerungsübungen, Hautbürstungen, Fußgymnastik und Barfußlaufen, Tau- und Kiestreten dienen dabei als kreislaufwirksame Übungen.

In diesem Zusammenhang ist auch der günstige Einfluß eines systematischen sportlichen Trainings auf die Kreislaufökonomie zu erwähnen (S. 732).

Wir messen dem körperlichen Training in der Prophylaxe und Rehabilitation der Herz-Kreislaufstörungen die wichtigste Bedeutung zu. Selbstverständlich hat dieses so zu erfolgen, daß Überlastungsschäden vermieden werden. Patienten, die schon jahrelang auf ihr Unvermögen zu körperlichen Leistungen psychisch fixiert waren, sind von einer solchen Behandlung zunächst oft nur schwer zu überzeugen. Sie bedürfen einer straffen Führung. Um so erfreulicher ist gerade bei ihnen der sich durch eine derartige Behandlung einstellende Erfolg.

Von den eigentlichen balneologischen Maßnahmen ist die Indikation der Trinkkur in der Behandlung der Herz-Kreislaufkrankheiten eng umgrenzt.

Die Verabfolgung speziell jodhaltiger Wässer ist hier in praxi am wichtigsten. Sie spielt in der Behandlung der Atherosklerose und des Altersherzens eine Rolle, ohne daß die antiatherogene Wirkung des Jods erwiesen wäre. Im Hinblick auf die Gefahr der Provokation einer Schilddrüsenüberfunktion wird vor dessen Anwendung gerade bei klimakterischen und älteren Patienten von manchen Seiten gewarnt. Auch arsenhaltige Quellen werden bei Herz-Kreislaufstörungen gelegentlich empfohlen; ihnen kommt eine allgemein roborierende Wirkung zu. Nicht selten führen Patienten mit kombinierten Krankheitsbildern – Herzerkrankung und Gallenwegsleiden oder Herzerkrankung und Nierensteinleiden – Trinkkuren durch. Hier ist zu beachten, daß salinische Wässer, wie sie bei Gallenstein- und Nierensteinkuren zur Anwendung gelangen, dem Herzpatienten nicht ohne weiteres in beliebiger Menge verabreicht werden dürfen. Insbesondere bei insuffizienzgefährdeten Herzen kann sich die gesteigerte Flüssigkeits- und Kochsalzzufuhr nachteilig auswirken. Auch vor einer allzu drastischen Anwendung laxierender Brunnen bei der Fettsucht ist zu warnen.

Es ist selbstverständlich, daß jeder Herz-Kreislaufgefährdete, noch mehr aber der Erkrankte, für den Verlauf einer Kur in dauernde ärztliche Kontrolle gehört.

Aussehen, Verhaltensweise, Befinden sind dabei in der Regel wichtiger als die Durchführung komplizierter Untersuchungsmethoden. Im Rahmen der Balneotherapie wird noch gezeigt werden, wie man durch eine gewisse Typeneinteilung (LAMPERT, WACHTER) eine Einschätzung des zu erwartenden Kurerfolges und der eintretenden Kurreaktion vorwegnehmen kann.

Bei jeder Kur wird es weiterhin zu einem mehr oder weniger ausgesprochenen „Bade-Koller" kommen, d. h. zu einer Form vielseitiger Beanspruchung, welche als ein „Zuviel" bzw. als eine Überwältigung empfunden wird. Hier wird der Arzt auf Grund seiner großen Erfahrungen bei derartigen Reaktionen zu entscheiden haben, ob er das verordnete Tages-Regime beibehält in der fundierten Überzeugung, daß innerhalb weniger Tage dieser „Koller" sozusagen einem „second wind" Platz macht und damit der Erfolg bereits im Badeort garantiert ist oder ob er die echte Überforderung erkennt und das Maß der therapeutischen Anwendungen einschränkt.

Es soll nun in diesem Zusammenhang nicht nur von den eigentlichen „Heilbädern" gesprochen werden, sondern hier müssen auch die Vorbeugungskuren, die Rehabilitationszentren mit ihrer Tendenz zur nachgehenden Behandlung kurz erwähnt werden.

Bisher erhob sich immer die Frage, welcher Behandlung, welcher Methode, welchem therapeutischen Regime soll ein Kreislaufgefährdeter unterworfen werden?

Auf diesem Gebiet klafften bisher nicht nur seitens ärztlicher Institutionen, sondern auch seitens der Leistungen der großen Versicherungsträger Lücken, die jede vorbeugende Behandlung schwer, wenn nicht unmöglich machten.

Es ist nun zweifelsohne das besondere Verdienst des bekannten Sozialpolitikers Dr. Dr. h. c. WAHL von der Landesversicherungsanstalt Unterfranken (Würzburg), daß er, fußend auf unserem am Institut für Arbeits- und Leistungsmedizin, Leipzig, erarbeiteten Gedanken- und Erfahrungsgut (M. HOCHREIN und I. SCHLEICHER, Leistungssteigerung, 3. Auflage, Stuttgart 1953) unter Mitwirkung von BECKMANN die sogenannte „Ohlstädter Kur" entwickelte, die weder Heilstätte noch Krankenhaus, weder Pflegeasyl nach Sanatorium ist, sondern am ehesten dem KELLERschen Prinzip der „Ferien vom Ich" vergleichbar, ein Gesundungs- und Gesunderziehungszentrum für Leib und Seele darstellt, das in Hillersbach und ähnlichen Einrichtungen seitens anderer Landesversicherungsanstalten bereits Nachfolger gefunden hat.

Erwachsen aus der rechtzeitigen Erkenntnis großer Versicherungsträger, daß, wenn ein sozialpolitisches Chaos vermieden werden soll, das Schwergewicht der Bemühungen in Zukunft bei der Erkrankungsverhütung ebenso anzusetzen hat wie an einer vollwertigen Rehabilitation, erwachsen weiterhin aus der ärztlichen Konzeption, daß ohne Entwicklung einer „Gesundheitsmoral" alle Bestrebungen der Gesundheitsmedizin erfolglos bleiben müssen. In der Absicht, dem immer größer werdenden Abhängigkeitsbedürfnis des Versicherten in bezug auf kurative Maßnahmen zu begegnen, ist mit dem Ohlstädter Regime ein beispielhafter Weg für die praktische Durchführung bisher viel diskutierter Gesunderhaltungsbestrebungen geschaffen worden.

Was bietet nun eine solche Ohlstädter Kur und was fordert sie von dem Kurteilnehmer?

Es ist kein Zufall, daß die einzelnen „Kurorte" in Gegenden verlegt wurden, deren Klima, Landschaftselemente – wie Wald, Wasser, lebhafte Terraingestaltung – und verkehrsbedingte Abgeschiedenheit sich durch alle die Gesundungsvoraussetzungen auszeichnen, die – in diametralem Gegensatz zum Lebens- und Berufsklima der Großstadt – nicht nur harmonische Entspannung, sondern den gleichzeitig notwendigen Reizeffekt vermitteln. Die meist einheitliche, völlig unkonventionelle Sportbekleidung dient nicht etwa einer unerwünschten Nivellierung bzw. Uniformierung, sondern vielmehr der Loslösung vom Gewohnten, der Betonung eines gewissen Herausgehobenseins, verbunden schon rein äußerlich mit dem Anspruch auf Übung und Training.

Es beginnt hier nun keineswegs der Kuraufenthalt mit einer neuen diagnostischen „Mühle", die vielfach andernorts als so unangenehm empfunden wird; die ärztliche Untersuchung dient hier lediglich der Feststellung der Belastungsmöglichkeit, der Überprüfung des gewünschten Kurerfolges und ist ohne jegliche Überspitzung so ausreichend, daß eine optimale Beurteilung möglich ist.

Im Brennpunkt aber steht, wie wir das im Rahmen unserer Bestrebungen um eine erfolgversprechende Gesundheitsmedizin und Gesundheitserziehung immer wieder herausgestellt haben und wie das BECKMANN auch als wesentliche Grundlage seiner Erfolge dargetan hat, das Gespräch.

Die Aufklärung des Einzelnen über seine Gesundheit und deren erste Versagenssymptome, die Besprechung der bisherigen Lebensweise und ihrer Unzweckmäßigkeiten bzw. Schädigungseinflüsse, der Appell an die Eigeninitiative und den Gesundungswillen aus dem Verständnis heraus, daß jeder Mensch sein Gesundheitsschicksal weitgehend in eigener Hand hat, eine Verantwortung, die ihm kein Versicherungsschutz abnehmen kann, beherrschen den ersten Kontakt. Es wird dem Ratsuchenden dabei vermittelt, daß er die Verpflichtung sich selbst, seiner Familie und der Allgemeinheit gegenüber hat, mit diesen „Pfunden seiner Gesundheit so sorgfältig wie möglich zu wuchern".

Auf diesem Verständnis, diesem notwendigen Selbstgesundungswillen und dieser bewußten Anregung der aktiven Mitarbeit basiert dann das Schwergewicht der eigentlichen Behandlung.

Diese selbst nun bedient sich vorzugsweise zweier Prinzipien, nämlich

1. der täglichen Mitarbeit des Arztes und
2. der Auswahl von Methoden, die auch nach Rückkehr ins häusliche Milieu sehr leicht fortgesetzt werden können.

Die persönliche Teilnahme des Arztes am ganzen Übungsplan hat sich aus mehrfachen Gründen ganz besonders bewährt. So hat einerseits der Kurteilnehmer die Beruhigung, daß er jederzeit Rat und Hilfe findet, während andererseits der Arzt durch tägliche Beobachtung den Trainingszuwachs feststellen und diesem die möglichen Belastungen anpassen oder aber Überbeanspruchungen sofort begegnen kann.

Im Rahmen des Behandlungsplanes haben sich vorzugsweise Maßnahmen persönlicher Körperhygiene, wie Trockenbürsten, Tautreten, kühle Wasseranwendungen, Atem- und Entspannungsübungen, Wirbelsäulen- und Fußgymnastik, Skistockwandern zum systematischen Training von Brustkorb und Armen, Terrainkuren und dergleichen, besonders bewährt. Auch sportliche Übungen wie Waldlauf, Schwimmen oder Ballspiele mit Medizinball oder dergleichen können, wenn der Erholungseffekt dies verantworten läßt, sich als zweckmäßig erweisen. Alle diese Maßnahmen, jeweils den Gegebenheiten des Kurortes angepaßt, systematisch und bei jedem Wetter durchgeführt, schaffen nicht nur objektiv nachweisbar, sondern für den einzelnen auch beglückend spürbar, einen so eindrucksvollen Erholungsgewinn, daß innerhalb von vier Wochen in der Regel ein optimaler Effekt zu erzielen ist.

Es ist selbstverständlich, daß der Tagesplan durch Sorge für ausreichenden und erholsamen Schlaf, durch zweckmäßige Ernährung, durch Verzicht auf Genußmittel, speziell zu nennen ist hier das Nikotin, durch Aufklärung und Unterrichtung über die Notwendigkeiten persönlicher Lebenshygiene, durch Musik und andere musische Betätigung sinnvoll ergänzt werden muß. Besonders zu begrüßen ist, daß nach Bewährung bei männlichen Teilnehmern heute gleichartige Kuren auch für Frauen möglich sind.

Entsprechende Nachfragen haben sehr bald ergeben, daß die Kurerfolge den Wünschen und Erwartungen der Entsendestationen vollkommen entsprochen haben. Die Zukunft wird außerdem erweisen, daß dieser wünschenswerte Richtungswechsel in der Investierung von Versicherungsgeldern nicht nur wirtschaftlich vertretbar, sondern sogar von Vorteil ist.

Wir sind jedenfalls überzeugt, daß mit diesen Kuren ein gangbarer Weg gewiesen wurde, um der schaffenden Bevölkerung Gesundheit und Leistungsfähigkeit in sehr viel höherem Maße zu erhalten als bisher und der für die Dauer untragbaren Frühinvalidierung speziell durch Kreislauferkrankungen wirkungsvoll entgegenzutreten.

Den Abschluß jedweder Kurbehandlung sollte in jedem Falle eine sorgfältige Information des Kurteilnehmers bilden, welche den Ring zur erneuten Kontaktaufnahme mit dem Hausarzt zu schließen hat.

In ihr ist der Badegast über Erfolg oder auch noch vorhandene Beschwerden aufzuklären. Es ist vielfach üblich, mit der Spätreaktion zu Weihnachten dem nicht ganz zufriedenen Kurteilnehmer eine Hoffnung mit auf den Weg zu geben. Wie weit eine solche Angabe Glaubwürdigkeit besitzt und im Einzelfall angebracht ist, wird das ärztliche Gewissen zu entscheiden haben. Auf jeden Fall aber sollte keine neue Verordnung rezeptiert, dagegen zur Auflage gemacht werden, daß so bald wie möglich nach der Heimkehr der Entsendearzt aufgesucht wird, dem inzwischen über Erfolg und während der Kur notwendige Maßnahmen berichtet worden ist, und der dann auf Grund des neuen Status und nach einem Vergleich der Befunde vor und nach der Kur sein Behandlungsregime einstellen wird.

Nur mit diesem Vorgehen darf eine optimale Wirksamkeit der vielfach mit hohen Unkosten verbundenen Kuranwendung als garantiert angesehen werden.

10.4. Spezielle physikalische Therapie

Der Hinweis WOODWARDS, durch Wickeln der vertikal gehaltenen Beine von den Zehen bis zum Rumpf mit Esmarchbinden und Wiederholung dieses Verfahrens an den Armen, den akuten Herzstillstand eines Knaben beseitigt zu haben, beleuchtet die Wichtigkeit physikalischer Behandlungsmaßnahmen, wie sie jedem erfahrenen Arzt von der Bekämpfung des Kreislaufkollapses her (Hochlagerung der Beine, Wickeln der Extremitäten, eisgekühlter Trunk usw.) bekannt sind. In gleicher Weise gibt im Sinne der physikalisch bedingten Selbsthilfe die sitzende Körperhaltung bei Patienten mit pulmonalem Hochdruck (Emphysem, Silikose, Mitralstenose usw.) oder die Hockerstellung bei Kranken mit geringem Lungen- aber hohem Körperdurchfluß (FALLOTsche Tetralogie, Trikuspidalatresie usw.) Aufschluß über Vorteile dieses Behandlungsprinzips, da allein schon durch das Sitzen in diesen Fällen der mittlere Lungenarteriendruck erheblich absinkt und zur Entlastung des rechten Herzens führt, genau wie die arterielle Sauerstoffsättigung in der Hockerstellung z. B. bei der Trikuspidalatresie um 7–33% gegenüber dem Stehen und um 20% gegenüber dem Sitzen höher liegt, so daß die Besserung von Dyspnoe und Zyanose nicht verwunderlich erscheint.

Da die physikalischen Behandlungsmöglichkeiten in der ärztlichen Ausbildung vielfach zu kurz kommen, und auch die wirtschaftlichen Träger großer Krankenhäuser vielfach glauben, auf diese oft kostspieligen, in der Regel aber auch schon mit geringem Aufwand zum Einsatz zu bringenden Methoden verzichten zu können, deren therapeutischer Wert bei richtiger Anwendung unschätzbar ist, soll in den nächsten Abschnitten etwas näher auf sie eingegangen werden.

Literatur zu Kapitel VI, Abschnitt A, 10
AMELUNG, W.: Klimatische Behandlung innerer Erkrankungen (Berlin 1941). — BAPPERT, W.: Die psychische Beeinflussung des Kranken im Badeort. Ärztl. Praxis **10**, H. 17, 435 (1958). — BECKMANN, P.: Über die Möglichkeit und Praxis eines Heilverfahrens für Kreislaufkranke. Dtsch. Vers. Z. 8, H. 10, 231 (1954); Die Behandlung des Kreislaufschadens aus der Aktivität des Patienten. Hippokrates **23**, H. 5, 159 (1955); Heilverfahren für Kreislaufgeschädigte unter winterlichen

Bedingungen. Z. angew. Bäderhk. **3**, H. 1, 98 (1956); Die Entwicklung der Übungsbehandlung. Ärztl. Praxis **9**, H. 17, 4 (1957); Rehabilitation und Frühheilverfahren des Kreislaufgeschädigten. Münch. med. Wschr. **100**, H. 11, 426 (1958). — BOENING, H.: Zur Psychologie des Badegastes. Vortrag Gießen 1953; Zur Psychologie der Genesung. Vortrag Gießen 1954. — BORNEMANN, K.: Die physikalische Therapie des Herzens. Med. Klin. **51**, H. 5, 188 (1956). — BRÜGGEMANN, W.: Möglichkeiten und Grenzen der Kneipp-Therapie bei Herz- und Kreislauferkrankungen. Hippokrates **28**, H. 8 (1957). — FEY, CHR.: Heilkraft Wasser (Kevelaer 1949); Kneipp-Therapie bei Herz- und Kreislaufstörungen. Verh. ärztl. Fortbild. Bad Wörishofen (1952). — HELLPACH, W.: Klinische Psychologie, 2. Aufl. (Stuttgart 1949). — HERTZ: Der Kuraufenthalt als psychischer Heilfaktor. Bäder-Almanach Berlin **1932**. 42. — HOCHREIN, M.: Beeinflussung des vegetativen Nervensystems durch Luftsprudelbäder. Ärztl. Praxis **4**, H. 45, 5 (1952); Ursache und Verhütung zivilisationsbedingter Herz-Kreislaufschäden. Soz. Sicherheit **7**, H. 7, 197 (1958); und I. SCHLEICHER: Klinik der chronischen Kreislaufschwäche. Therapiewoche **1951**, H. 11/12. — KELLER, CH. J.: Das Inhalationsbad. Münch. med. Wschr. **1936**, 50. — KNEIPP, Seb.: Meine Wasserkur. (München 1930.) — KOCH, R.: Der Zauber der Heilquellen. Bäder-Almanach Berlin **1932**, 15. — LAMPERT, H.: Physikalische Therapie (Dresden-Leipzig 1938); Die Bedeutung der Überwärmung für Prophylaxe und Therapie schwerer Erkrankungen (Kongr. Ref. v. Scheveningen). Int. J. prophyl. Med. **1**, H. 5/6, 150 (1957). — OTT, V. R.: Der Einfluß der physikalischen Therapie auf das vegetative Nervensystem. 3. Dtsch. Bädertag 9.–12. Okt. 1949 in Bad Neuenahr. — REICHEL, H.: Badekuren im Rahmen der Heilkunde. Hippokrates **25**, H. 11, 347 (1954). — SCHOLTZ, H. G.: Möglichkeiten der physikalischen Therapie bei der Behandlung peripherer arterieller Durchblutungsstörungen, Berliner Medizin, Sonderheft: 50 Jahre RUDOLF-VIRCHOW-Krankenhaus (1957). — WOODWARD, W. W.: Lancet **1952**, 6698.

10.4.1. Heilatmung

Bei der Anwendung bestimmter Atmungs- bzw. Beatmungsformen kann das Herz in seiner Lage, aber auch in seiner Tätigkeit für die Aufgaben des Gasstoffwechsels günstig beeinflußt werden. Darüber hinaus ist es möglich, auf reflektorischem Wege die Durchblutung bestimmter Organgebiete zu bessern.

Diese uralte empirische Erkenntnis, die von den Yogi in ein bestimmtes System zur körperlichen und geistigen Ertüchtigung sowie der seelischen Entspannung zusammengefaßt wurde, fand auch in der deutschen Medizin, vor allem durch Verwendung der KUHNschen und CURSCHMANNschen Maske, eine bald wieder in Vergessenheit geratene Beachtung. Erst in den letzten Jahrzehnten, als es gelang, die Wechselbeziehungen zwischen Atembewegung und Hämodynamik besser aufzuklären (HOCHREIN mit GROS, KELLER und MATTHES), konnten auch gewisse wissenschaftlich fundierte Grundlagen für die Entwicklung bestimmter Formen der Heilatmung und deren Indikation geschaffen werden. Wir gehen dabei von der Erkenntnis aus, daß die inspiratorische Phase durch Druckabnahme, Schlagvolumen- und Füllungszunahme des rechten Ventrikels und die exspiratorische Phase durch Druckanstieg bei Schlagvolumen- und Füllungsabnahme gekennzeichnet ist. Die linke Herzhälfte zeigt in beiden Atemphasen das entgegengesetzte Verhalten; insgesamt resultiert bei der Inspiration eine Förderung der systolischen Herzleistung (HOFBAUER). Neuere Untersuchungen haben ergeben, daß der Blutfüllung des kleinen Kreislaufes im alveolaren Kapillarsystem und in den intravasalen Lungenblutdepots ein regulierender Einfluß auf das Herzzeitvolumen sowie auf die gesamte Steuerung des großen Kreislaufes zukommt (HOCHREIN, SJÖSTRAND).

Unter besonderen pathologischen Verhältnissen, z. B. beim CHEYNE-STOKES-Atemtyp kommt das Ausmaß dieser Koppelung von Atemfunktion und Herz-Kreislaufleistung besonders zur Geltung. Hier ist die apnoische Phase von einer regeren Herzfrequenz, größeren Blutströmungsgeschwindigkeit, Blutdruckerhöhung bei verbesserter Kapillarisierung der Peripherie mit ansteigender Hauttemperatur, die hyperpnoische Phase von entgegengesetzten Kreislaufreaktionen begleitet, die teilweise durch den Wechsel zwischen respiratorisch bedingter Alkalose und Azidose zu erklären sind.

Für die Praxis ist es wichtig, zu folgenden Fragen Stellung zu nehmen:
1. Welche Auswirkungen hat die normale Atmung auf den Kreislauf?
2. Welche Kräfte entstehen durch willkürliche Änderung der Atmung?

Um dem Problem der respiratorischen Kreislaufförderung näherzukommen, haben wir versucht, die Kräfte, welche die Hämodynamik begünstigen können, zu analysieren. Wir konnten zeigen, daß jede Atembewegung den venösen Blutstrom nach dem Herzen nicht nur durch intrathorakale Druckdifferenzen, sondern auch durch reflektorisch gesteuerte Tonusschwankungen der peripheren Venen fördert.

Eine besondere Bedeutung kommt der Atmung für den Lungenkreislauf zu. Die Durchblutung der Lunge wird durch die Atmung gefördert. Wir konnten zeigen, daß die Einatmung den Einstrom, die Ausatmung den Abstrom aus der Lunge begünstigt. Je tiefer die Atmung, desto stärker ist die Förderung der Lungendurchblutung, um so größer die Arbeit, welche die Atemmuskeln vor allem dem rechten Herzen abnehmen. Eine besondere Bedeutung kommt bei diesen Regulationen dem intrapulmonalen Druck zu. Steigerung desselben hemmt den Einstrom und macht die Lunge blutarm, während eine intrapulmonale Drucksenkung die Lunge stärker mit Blut füllt. Wir können daher willkürlich durch den VALSALVAschen Versuch (inspiratorische Pressung) eine Blutverarmung und durch den MÜLLERschen Versuch (exspiratorische Atembewegung bei geschlossener Glottis) eine Blutanreicherung der Lunge erzielen.

Für den arteriellen Teil der Strombahn sind nicht nur Puls- und Druckschwankungen, sondern auch Stromschwankungen, die synchron der Atmung auftreten, von Interesse. Bedeutungsvoller als die Größe des arteriellen Blutstromes ist oft die Blutverteilung in der Peripherie, besonders im Kapillarsystem.

Die Kapillaren sind der Ort der inneren Atmung. Die Ausdehnung der Atmungsfläche wird raschestens den Anforderungen des durchbluteten Gewebes angepaßt. Die Vergrößerung der Atmungsfläche wird nicht durch eine Erweiterung der schon offenen Kapillaren erreicht, sondern auch durch eine Neueröffnung vorher geschlossener Kapillaren. Ob diese Regulationen chemisch oder nervös-reflektorisch bedingt sind, bedarf noch weiterer Untersuchungen.

Es ergibt sich nun die Frage, welche Kräfte durch eine willkürliche Beeinflussung der Atmung wirksam gemacht werden können.

Wir wissen, daß atemsynchrone Tonuswellen im Venensystem den venösen Blutstrom fördern und damit das Herz zu vermehrter Tätigkeit anregen. Es kann also nur durch beschleunigte und vertiefte Atmung die Herzleistung gesteigert werden (HOCHREIN und SCHLEICHER). Die Gefahr bei diesem Vorgehen liegt auf chemischem Gebiet. Es kann zum Abrauchen der Kohlensäure und zu einer mit den normalen Regulationen nicht mehr vereinbaren Alkalose kommen, so daß tetanische Symptome als unerwünschter Effekt einer derartigen „Heilatmung" die Folge sind. Wesentlich anders liegen die Verhältnisse, wenn, wie das ja auch bei der Übermüdung allgemein angenommen wird, primär bereits eine Übersäuerung vorliegt. Diese Azidosen, die mit einer verminderten Leistungsfähigkeit und einer depressiven Stimmungslage einhergehen, können durch eine sinngemäße Atmung durchaus günstig beeinflußt werden.

Wichtiger sind jedoch Eingriffe, die einer Besserung der Blutverteilung in der Peripherie dienen. Wir wissen, daß durch reflektorische Beeinflussung von seiten der pulmonalen Zirkulation auch entfernt liegende Gefäßgebiete in ihrer Durchblutung begünstigt bzw. benachteiligt werden können. Atemübungen in Richtung eines VALSALVAschen Versuches, erzeugen eine Steigerung des intrapulmonalen Druckes, und dadurch einen Druckanstieg in der Arteria pulmonalis, ein Sinken des Druckes im Arteriensystem des großen Kreislaufes sowie eine bessere Durchblutung des linken Herzkranzgefäßes (HOCHREIN und SCHNEYER).

Obwohl Heilkraft und Anwendungsgebiet der Atemgymnastik noch nicht vollständig geklärt sind, reichen unsere Erfahrungen jedoch aus, um in der Atemgymnastik ein sehr aktives und hoch differenziertes Heilmittel zu sehen.

Im allgemeinen werden folgende Übungen empfohlen:

1. Brustatmung: Rückenlage, der Rumpf liegt flach, die Beine sind angezogen aufgestellt, der Kopf durch ein Kissen etwas erhöht. Einatmen und den Brustkorb heben (der Bauch bewegt sich nicht mit!), ausatmen und den Brustkorb senken.
2. Bauchatmung: Rückenlage wie bei der Brustatmung, einatmen und den Leib vorwölben (der Brustkorb bewegt sich nicht mit), ausatmen und den Leib senken.
3. Flankenatmung: Rückenlage wie bei 1. Die Hände umschließen die Rippenbögen. Beim Einatmen die Flanken weiten und die Hände zur Seite strecken, beim Ausatmen fällt der Brustkorb locker zusammen.
4. Bauch-Flanken-Brustatmung: Rückenlage wie bei 1. Beim Einatmen den Leib vorwölben, anschließend den Brustkorb vollpumpen – ausatmen – alles locker zusammenfallen lassen.
5. Kombinierte Bauchatmung mit MÜLLERschem Versuch und anschließender exspiratorischer Stenose (Summen).

Bei den Atemübungen müssen die Übenden locker und entspannt liegen. Anfangs legt man zur Kontrolle eine Hand auf die Brust und den Bauch. Beim Einatmen ganz vollpumpen und die Atembewegung soweit wie möglich durchführen. Beim Ausatmen fällt die Bewegung locker zusammen, und der Atem strömt ohne Nachpressen aus.

Diese Grundübungen sollen im Liegen ausgeführt werden; sie können aber auch bei Platzmangel aus dem Stand heraus vorgenommen werden. Später werden aus diesen Grundatemformen Übungen, die mit Arm-, Bein- oder Körperbewegungen kombiniert sind.

Neben diesem Bemühen, das Allgemeinbefinden auf dem Wege über die Atmung zu beeinflussen, dem Herz-Kreislaufsystem Impulse zu vermitteln, die respiratorische Komponente des Stoffwechsels zu begünstigen, eine Hyperamphotonie des vegetativen Nervensystems zu dämpfen und eher in Richtung auf eine vermehrte parasympathische Ansprechbarkeit hin zu verschieben, ist die Auswirkung derartiger Atemübungen vorwiegend subjektiver Natur. Es kommt zu einem raschen Abklingen von Müdigkeit, Mattigkeit und Reizbarkeit und zu dem angenehmen Gefühl einer „entspannten Frische".

Diesen allgemeinen Atemübungen kann man nun eine spezielle „Heilatmung" mit dem Ziel einer gesteuerten Auswirkung auf bestimmte Kreislaufprovinzen gegenüberstellen.

704 Spezielle Behandlungsvorschläge für Herz-Kreislauferkrankungen

Bei der großen Bedeutung, die vor allem dem rechten Herzen bei den verschiedensten Krankheiten zukommt, haben wir nach Methoden seiner Entlastung gesucht und dabei die inspiratorische Stenoseatmung entwickelt, die sich vor allem bei funktionellen Störungen des rechten Herzens und peripher

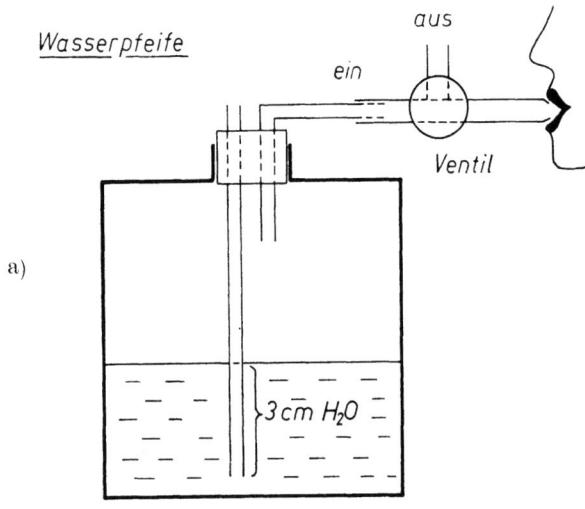

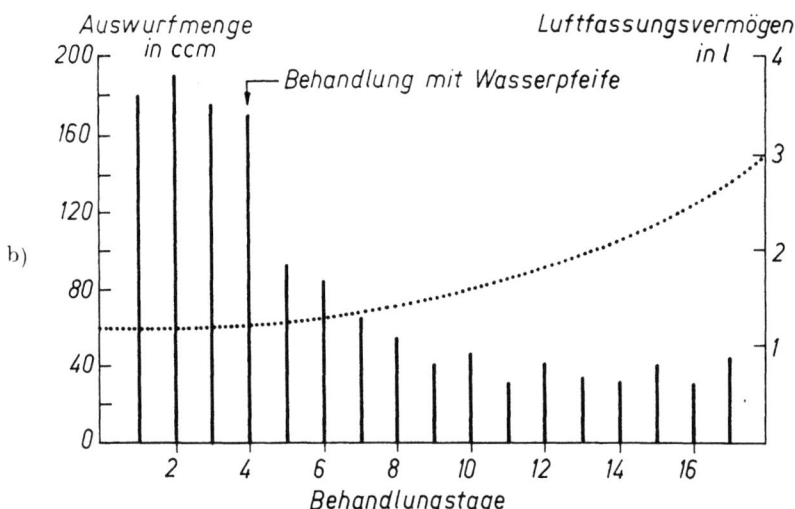

Abb. 218. Behandlung mit Atempfeife.
a) Modell einer Wasserpfeife. b) Atembehandlung bei einer Emphysem-Bronchitis.
——— Auswurfmenge, ······ Vitalkapazität.

bedingter erhöhter Rechtsbelastung, bei pulmonaler Dystonie und bestimmter Form des Cor pulmonale, infolge von Lungenemphysem, Silikose, Pulmonalsklerose usw. bestens bewährt hat.

Es handelt sich um die Anwendung einer Atempfeife, welche eine individuell variierbare inspiratorische Stenose ermöglicht. Dabei haben sich folgende Wirkungseffekte nachweisen lassen:

1. Änderung der Blutverteilung im Sinne einer Verlagerung von den Blutdepots nach dem alveolaren Kapillarsystem:
   a) mit Hilfe eines durch Höherstellung der respiratorischen Mittellage ausgelösten Depotentleerungsreflexes;
   b) Begünstigung dieses Vorganges bei intrapulmonalem Unterdruck durch direkte mechanische Einwirkung auf das alveolare Kapillarsystem.
2. Besserung der arteriellen Sauerstoffsättigung:
   a) durch die bei der Stenoseatmung ausgelöste Hyperventilation.
   b) durch Erschließung des kapillaren Strombettes.
3. Beschleunigung der gesamten Zirkulation durch die Hyperventilation.

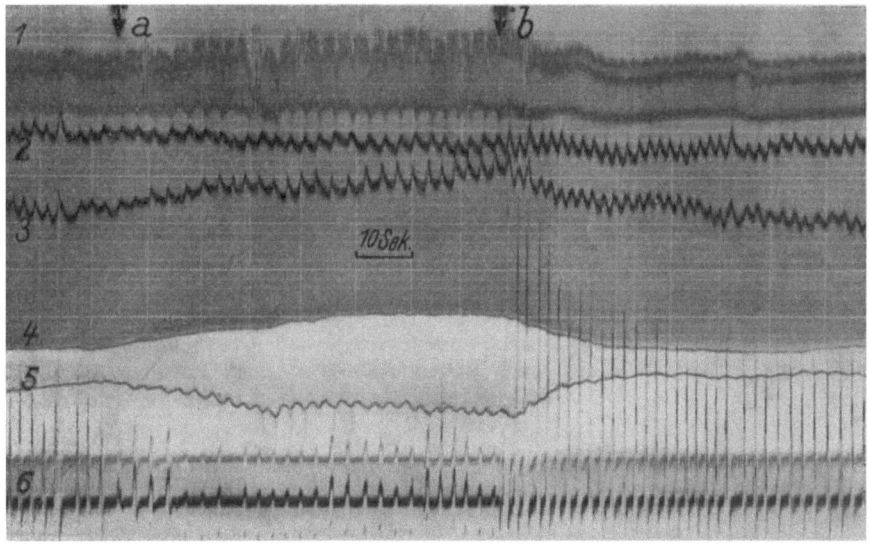

Abb. 219. Wirkung der Stenoseatmung (a–b) auf die Durchblutungsverhältnisse im großen und kleinen Kreislauf. 1: Blutdruck; 2, 3: Milz, Ein- und Abfluß; 4, 5: Lunge, Ein- und Abfluß; 6: Atmung.

4. Zusätzliche Anregung des rechten Herzens und der Zirkulation der rechten Koronararterie durch das vergrößerte Schlagvolumen, das am linken Herzen keine Erscheinungen macht.
5. Einwirkung auf den Tonus des vegetativen Nervensystems im Sinne einer vermehrten Intonierung des parasympathischen Zügels (Abb. 219).

Diese inspiratorische Stenoseatmung, begünstigt in ihrem Atemeffekt durch eine Speziallösung (s. S. 715 Abb. 226), wird mit einem Widerstand von 2 bis 6 cm H_2O durchgeführt.

Wie ausgeprägt nicht nur die Umstellungen der Hämodynamik, sondern gleichzeitig auch die vegetativ wirksamen Einflüsse sind, mögen unsere experimentellen Untersuchungen (s. Abb. 219) mit der Stenoseatmung verdeutlichen, welche eine Umstimmung im Sinne parasympathischer Reizwirkung erkennen lassen.

Vergleicht man den so erzielten Effekt mit dem einer reinen Vagusreizwirkung (s. S. 43, Abb. 25), dann wird die Übereinstimmung deutlich. Der gleiche Vagusreizeffekt ergibt sich bei der Kontrolle des Kalium-Kalzium-Quotienten (s. S. 487,

Tabelle 25) und auch die Behebung orthostatischer Beschwerden und Deformationen im Ekg (s. Abb. 220) sprechen in gleichem Sinne.

B. E., 41 Jahre, männl.

I. Kalium-Kalziumspiegel	Kalium mg%	Kalzium mg%
Bei Ruhe-Atmung	16,2	9,6
Nach 5 min Stenoseatmung (insp. 12 cm H_2O)	19,8	11,2

II. Elektrokardiogramm

	Abl. I	Abl. II	Abl. III
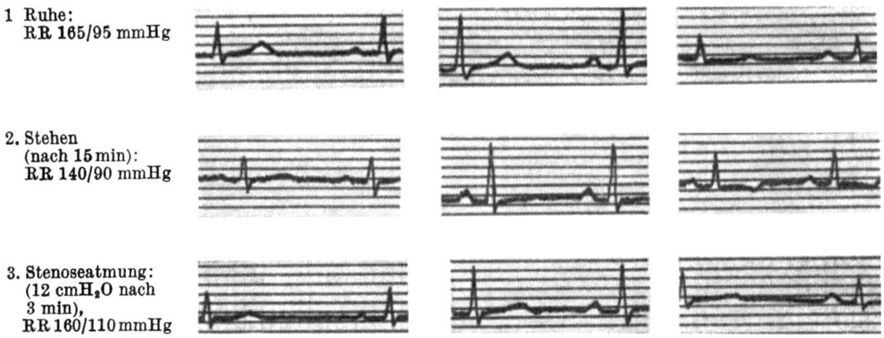 1 Ruhe: RR 165/95 mmHg			
2. Stehen (nach 15 min): RR 140/90 mmHg			
3. Stenoseatmung: (12 cmH_2O nach 3 min), RR 160/110 mmHg			

Abb. 220. Behebung orthostatischer Beschwerden und Deformationen im Ekg durch Stenoseatmung.

In Abb. 221 wird der Einfluß der Stenoseatmung auf Pulmonalisdruck und arterielle Sauerstoffsättigung gezeigt.

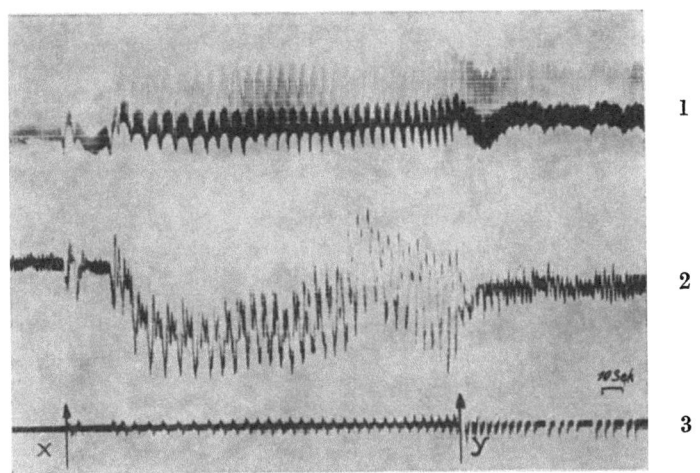

Abb. 221. Einfluß der Stenoseatmung auf Pulmonalisdruck und arterielle Sauerstoffsättigung.
1 = O_2-Sättigung im strömenden Blut; 2 = Druck in Art. pulm.; 3 = Atmung; von x–y Stenoseatmung.

Die exspiratorischen Atemübungen (Summen, Blasen, mäßige Stenoseatmung usw.) sind vorwiegend zur Beeinflussung des linken Herzens geeignet.

Wegen des blut- und venendrucksenkenden Effektes zeigen sie günstige Wirkung bei Hypertension, Linkshypertrophie und in gewissem Umfange auch bei bronchospastisch überlagerten Formen der kardialen Stauungsdyspnoe, doch sind forcierte exspiratorische Stenoseübungen bei gleichzeitig bestehender Rechtsinsuffizienz höheren Grades kontraindiziert. Die exspiratorische Atemkapazität, die durch diese Übungen gesteigert werden kann, wird in weitem Umfange als Kriterium vieler Herzfunktionsprüfungen verwandt.

Unter den verschiedenen Atmungstypen stellt die Abdominalatmung und ihre „Widerstandsform", wie unsere Sandsackatmung, die therapeutisch bedeutungsvollste Variante dar. Bei kardialen Stauungszuständen im Pfortadergebiet bewirkt sie durch die gesteigerten Zwerchfellbewegungen eine Förderung des venösen Rückflusses aus den abdominellen Blutspeichern zum rechten

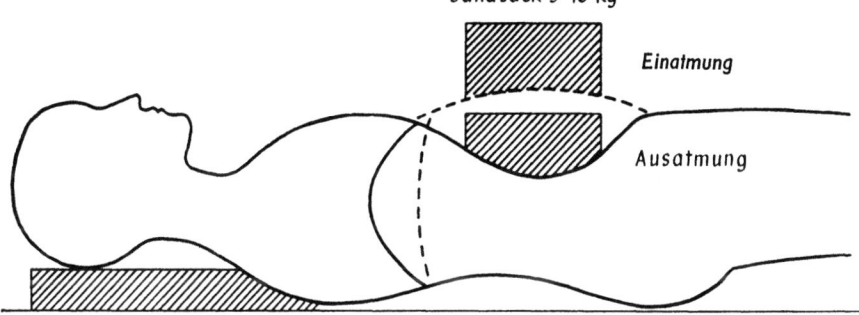

Abb. 222. Sandsackatmung.

Herzen. Die Verbindung von mittelbarer und unmittelbarer Herz-Kreislaufwirkung dieser Abart der Heilwirkung bedeutet eine optimale Anwendung aller Atemmöglichkeiten, die bei belastungsfähigen Patienten zweckmäßig als abdominelle Sandsackatmung angewandt wird (Abb. 222).

Nach den Beobachtungen von HOFBAUER ist durch ein kontinuierliches Zwerchfelltraining auch eine Atemtherapie der Angina pectoris im Intervall möglich. Im Anfall soll durch Überwindung des begleitenden Zwerchfellkrampfes ein coupierender Effekt erzielt werden.

Dagegen stellt die Preßatmung eine für die Bestrebungen der Atemtherapie weniger geeignete, nicht ungefährliche Variante dar.

Die Blutzirkulation wird hierbei durch das krampfhafte Hochtreten der dorsalen Diaphragmaabschnitte, welche den venösen Rückfluß aus der unteren Hohlvene drosseln, die Füllung des rechten Ventrikels vermindern und eine Drucksteigerung im linken Ventrikel und in der Peripherie bewirken, erschwert. Sie ist daher bei sämtlichen Formen der kardialen Insuffizienz, bei Hypertension, koronaren und peripheren Gefäßerkrankungen nicht ungefährlich, zumal sie bereits bei kreislaufgesunden Personen mit Neigung zu labilen, überschießenden sympathikotonen und vagotonen Reaktionen durchaus im Stande ist, Anfälle paroxysmaler Tachykardie und asthmoide Zustände auszulösen (HOCHREIN, HOFBAUER).

Wir konnten weiterhin experimentell nachweisen, daß bei einer intensivierten Atmung reflektorisch die Durchblutung der Kranzarterien gefördert wird.

Dieser Befund gibt eine sinnvolle Erklärung für die bei Beklemmungen und stenokardischen Beschwerden völlig unbewußte Abwehr durch tiefes Atemholen. Diese Kenntnis, über willkürliche Atembewegungen den Koronarkreislauf beeinflussen zu können, vermittelt neue therapeutische Möglichkeiten bei der Koronarinsuffizienz (Abb. 223).

Es ist nun aber keineswegs so, daß auch die Heilatmung eine vollkommen indifferente Maßnahme wäre. Wenn man ihre speziellen Auswirkungen nicht

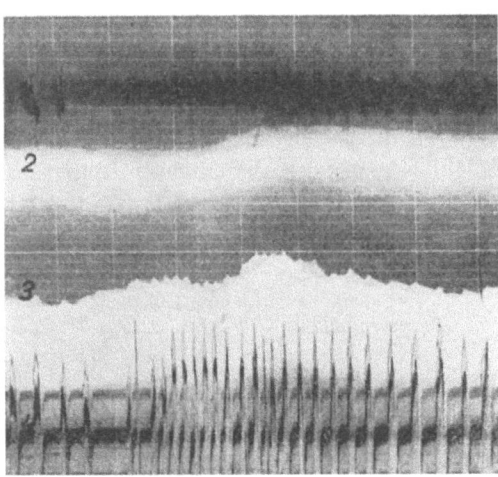

Abb. 223. Wirkung spontaner Hyperventilation auf die Koronardurchblutung. Während der Tachypnoe kommt es ohne Änderung des Arteriendruckes zu vermehrter Durchströmung beider Koronararterien. 1. Druck in der Arteria femoralis; 2. Durchströmung Arteria coronaria sinistra; 3. Durchströmung Arteria coronaria dextra; 4. Atmung.

kennt, die geeigneten Fälle nicht auszusuchen, sie nicht zu dosieren und zu variieren versteht, kann auch mit der Atemtherapie nicht unerheblicher Schaden angerichtet werden.

Wir haben uns daher bemüht, in Tab. 37 die Heilatmungsformen und ihre Indikationen bei Herz-Kreislauferkrankungen übersichtlich zu ordnen.

Wie rasch diese Maßnahmen zur Auswirkung kommen, kann durch geeignete Untersuchungen nachgewiesen werden.

In Abb. 224a–d haben wir den Effekt der einzelnen Atembehandlungsformen auf Pneumotachogramm und Oxymetrie festgehalten. Ausgehend jeweils von der Ruheatmung zeigt Abb. 224a den Effekt der Bauchatmung, Abb. 224b kombinierte Bauch-Brustatmung, Abb. 224c die Wirkung inspiratorischer Stenose (s. S. 704) und Abb. 224d den Effekt exspiratorischer Stenose-Heilatmung.

Was darüber hinaus im Einzelfall erreicht werden kann, mag folgende Beobachtung zeigen:

H. E., 64 Jahre. Seit Jahrzehnten Mitralfehler bekannt mit Neigung zu Arrhythmia absoluta und Vorhofflattern. Auf Digitalismedikation sprach das Flattern gut an, da die Patientin aber sehr medikamentenfeindlich ist, nahm sie Medikamente nur kurzdauernd, worauf die Reizbildungsstörung sofort wieder auftrat. Um natürlichere Mittel befragt, versuchten wir es auch in diesem Fall mit einer Heilatmung und es wurde folgende Verordnung gegeben:

Hände mit leichtem Druck auf den Bauch legen, gegen Druck einatmen (Zwerchfellatmung), mit offenem Mund auf „F" ausatmen. Beim Einatmen leichtes Hohlkreuz, beim Ausatmen Kreuz fest auf die Unterlage drücken.

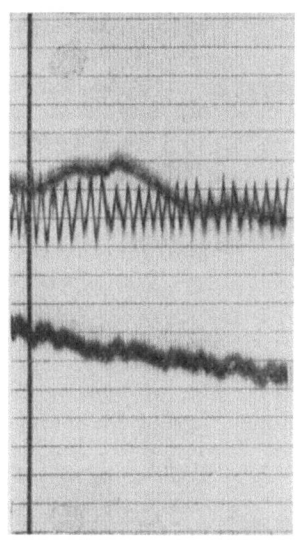
a) Bauchatmung

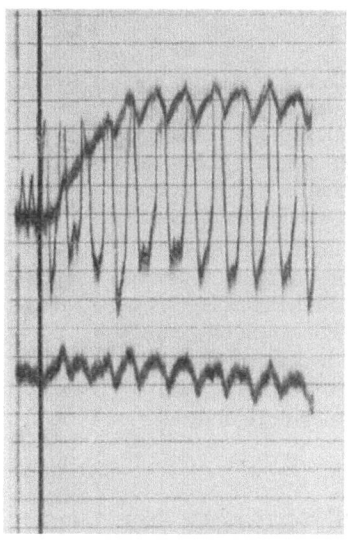
b) komb. Bauch-Brustatmung

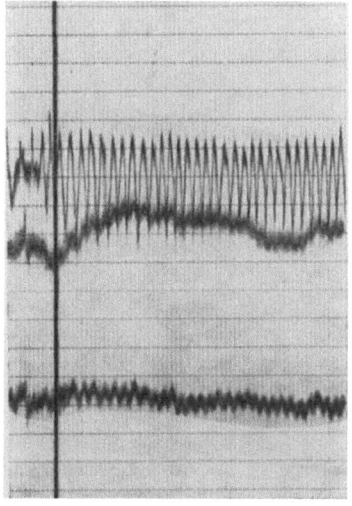
c) Heilatmung bei inspiratorischer Stenose

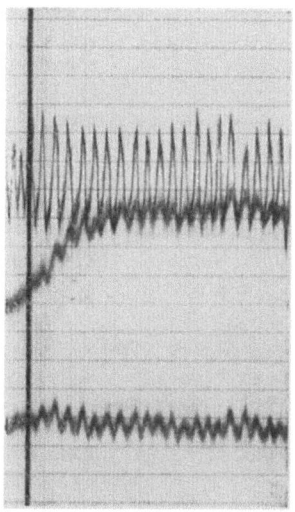
d) Heilatmung bei exspiratorischer Stenose

Abb. 224. Nachweis der Wirksamkeit bestimmter Atemformen mittels Pneumotachogramm und Oxymetrie. (Die Kurven sind so zu lesen, daß vor dem Strich die Atemausgangslage erscheint und mit dem Strich die jeweilige Heilatemform einsetzt.)

Tabelle 37. *Indikation für Heilatmungsbehandlung bei Herz-Kreislauferkrankungen*

Indikation	Atemübung	Zweck der Atemübung
Neurozirkulatorische Dystonie mit bzw. ohne arteriellen Hochdruck	Kombinierte Bauchatmung mit MÜLLERschem Versuch und exspiratorischer Stenose	Gymnastik des Lungen- u. Pfortaderkreislaufes. Lösung von Verkrampfungen durch Vasomotorentraining im gesamten Kreislauf
Pulmonale Dystonie, pulmonaler Hochdruck, Pulmonalsklerose, Lungenemphysem, chronische Bronchitis, Cor pulmonale, Rechtsinsuffizienz	Inspiratorische Stenose	Vermehrte Blutfüllung des alveolaren Kapillarsystems, Widerstandsverminderung im Lungenkreislauf
Abdominell bedingte Zirkulationsstörungen (Obstipation, Blähungen, Stenokardie, Beklemmung, innere Unruhe, Kopfschmerzen, Schwindel)	Tiefe Bauchatmung, eventuell Sandsackatmung	Förderung der Zirkulation im Pfortaderkreislauf. Zwerchfellgymnastik
Arterieller Hochdruck	Tiefe Zwerchfellatmung und Bauch-Flankenatmung mit tönendem Ausatmen (m, f)	Lösung von Spasmen, Förderung der Durchblutung, Tonisierung des Zwerchfells, Aortengymnastik
Koronarinsuffizienz (Angina pectoris), koronarbedingter Myokardschaden, Extrasystolie usw.	Tiefatmung. Im Liegen einseitige Flanken- und Bauchatmung mit Armbewegungen	Förderung der Arbeit des Herzmuskels und Steigerung seiner Durchblutung
Pulmonalsklerose, Bronchiektasen, chronische Bronchitis	Schubweise Ein- und stoßweise Ausatmung, tönendes Ausatmen (m, f)	Förderung des kleinen Kreislaufes, Schleimlösung, Training der Atemmuskulatur
Kompensierte Herzfehler mit Reservekraft, Thromboseprophylaxe	Tiefatemübungen als Bauch-Flankenatmung, Vertiefung der Atmung durch Kohlensäure (Carbogengas)	Beschleunigung der Zirkulation, Anregung der Herztätigkeit (Herz-Training)
Mäßige Lungenstauung. Beginnende Linksdekompensation	Tiefatemübungen mit exspiratorischer Stenose	Entleerung des Lungenkreislaufes, Anregung des linken Herzens. Beschleunigung des Blutumlaufs. Kapillarisieren der Kreislaufperipherie durch Vagusimpulse
Herzinsuffizienz	Tiefatemübungen, Zwerchfell-Flankenatmung, Verlängerung der Ausatmung evtl. unterstützt durch zentral angreifende Mittel (Cardiazol, Coramin usw.), Sauerstoffatmung	Erleichterung der Herzarbeit durch stärkeren Einsatz der Atemmuskulatur. Auspressen des Lungen-Blutspeichers. Anregung der Funktion des linken Herzens. Besserung der Sauerstoffsättigung

Wichtig: Gleichmäßig und ruhig atmen, etwa 10–20mal, langsam steigern.
Zu unserer eigenen Überraschung sprach die Rhythmusstörung prompt an (s. Abb. 225), so daß die Patientin in die für sie erfreuliche Lage versetzt wurde, die von ihr oft als sehr unangenehm empfundene Irregularität wegzuatmen.

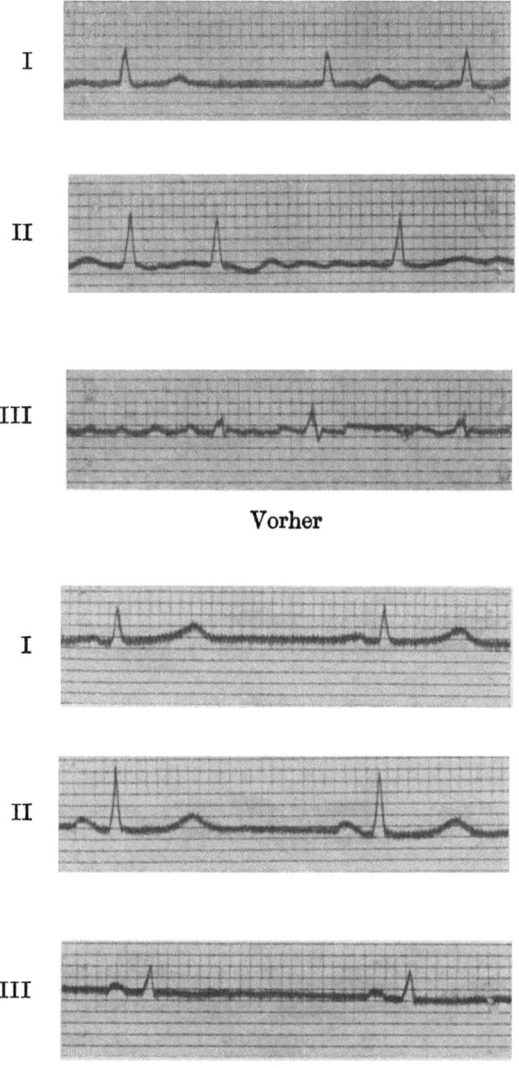

Abb. 225. Regularisierung einer Arrhythmia absoluta mit Vorhofflattern durch Heilatmung.

Im Gegensatz zu den bisher erwähnten Methoden des aktiven Atemtrainings bei Inspiration eines normalen Luftgemisches stellen sowohl die Atmung von reinem Sauerstoff und Carbogengas, als auch die mechanischen Luft- oder Gasgemisch-Beatmungsverfahren passive Formen der Heilatmung dar, bei denen die wesentliche Übungs- und Belastungskomponente zugunsten einer unmittelbar kreislaufentlastenden Wirkung vernachlässigt wird.

Aus kardialer Indikation gelangen diese Beatmungsmethoden im allgemeinen nur bei schweren Insuffizienzzuständen zur Anwendung. Unter Sauerstoffatmung werden kardiale Hypoxämiezustände meist rasch gebessert; Schlagfrequenz, Pulsdruck und Venendruck sinken ab, bei gleichzeitigem Ansteigen des Schlagvolumens, der Myokardstoffwechsel wird ökonomischer, weshalb sie vorwiegend in der Behandlung des dekompensierten Hochdruckes, der feuchten Dekompensation sowie bei koronaren Durchblutungsstörungen zur Anwendung kommt. Beim Myokardinfarkt ist unter Sauerstoffbeatmung – regelmäßig täglich mehrmals für 30 bis 40 min durchgeführt – eine elektrokardiographisch nachweisbare Beschleunigung der Infarktheilung zu beobachten. Bei Herabsetzung der Erregbarkeit des Atemzentrums gegenüber dem Sauerstoffangebot, die bei Herzkranken mit chronisch hypoxämischen Zuständen häufig angetroffen wird, sowie bei vorwiegend vasomotorischen Störungen empfiehlt sich die Inhalation eines 5%igen CO_2 – 95%igen O_2-Gemisches in Form des sogenannten Carbogengases, welches die Sauerstoffutilisierung zentral begünstigt (HOCHREIN, JULICH). Wir halten diese Anwendung der reinen Sauerstoffatmung für überlegen, jedoch raten MAC DONALD und SIMONSON von höheren CO_2-Gaben ab, da schon bei Gesunden nach 38 sec Ekg-Veränderungen nachweisbar werden.

Als Applikationsverfahren von bestimmten Gasmischungen stehen das Sauerstoffzelt (40–45% Gaskonzentration), die Maske (90%) und der in die Atemwege eingeführte Katheter (45–60%) zur Verfügung. HELMSWORTH und Mitarb. bedienen sich einer Sauerstoffsättigungspumpe, die in den venösen Kreislauf (V. saphena-Pumpe – V. cubitalis) eingeschaltet wird und erreichen einen Anstieg der arteriellen O_2-Sättigung um 20%.

Auf die Besonderheiten der Sauerstofftherapie mit Hinweis auch auf die Kontraindikationen und die Unverträglichkeitserscheinungen wird S. 831 nochmals ausführlicher eingegangen. Die Beatmungsperioden sollen bei Verwendung von reinem O_2 nicht länger als 5–10 min betragen, da sonst eine Verminderung der Ventilationsgröße mit Abnahme des Atemminutenvolumens und Anstieg des CO_2-Gehaltes im Blut und Gewebe, ähnlich der Morphinwirkung, erfolgt. Die dabei entstehende Liquordruckzunahme auf das dreifache läßt die schweren zerebralen Zustandsbilder in Form von klonischen Zuckungen und tiefem Koma bei sauerstoffbeatmeten Patienten mit Cor pulmonale erklären. Der Vorteil der Sauerstoffbeatmung liegt in den meisten Fällen in der Erhöhung des Atemvolumens auf 8,3% und in der Verringerung des O_2-Defizits begründet, das JULICH auf die Beimengung venösen Blutes zurückführt und das bei Herzkranken im Mittel 15–33% betragen soll. In diesem Zusammenhang erwähnt TRONCHETTI die gute Wirksamkeit der O_2-Therapie beim gastrokardialen Symptomenkomplex, bei dem eine schlechte O_2-Ausnützung vorliegen soll.

GOLDMANN und LUISADA zerstäuben beim Lungenödem Sauerstoff mit Alkohol (70–95%), führen das Sauerstoffalkoholgemisch über ein Nasenkatheter ein und erreichen eine gute schaumlösende Wirkung.

Schließlich sind noch die Methoden der mechanischen Heilbeatmung durch besondere physikalische Verfahren, wie z. B. die Elektrolungenbeatmung, Unterdruck- und Überdruckbeatmung, Biomotor, usw., zu erwähnen, welche die Funktion der Atemmuskulatur anregen oder verstärken bzw. ganz oder teilweise zu ersetzen versuchen. Ihr Hauptindikationsgebiet sind muskuläre Schwächen und Lähmungszustände (KOEPPEN); aus kardialer Indikation liegen über dieses Verfahren, z. B. bei der Behandlung des Lungenödems, nur vereinzelte Mitteilungen vor (JÖRGENSEN).

Literatur zu Kapitel VI, Abschnitt A, 10.4.1

BECKMANN, P.: Atemgymnastik und Heilatmung. Gesundheitssicherung **6**, 10 (1956). — DOBBELSTEIN, H.: Zur Dauerinhalation von warmer Luft. Münch. med. Wschr. **100**, H. 22, 877 (1958). — DURING, A.: Über die physiologischen Grundlagen der Atemübungen (Wien 1931). — GRÄFF, S.: Atmen in gesunden und kranken Tagen. Medizinische **1958**, H. 27/28, 1093. — HOCHREIN, M. und I. SCHLEICHER: Heilatmung bei Kreislauferkrankungen. Münch. med. Wschr. **30**, 802 (1940); und K. SCHNEYER: Klinische Pneumotachographie in: BRUGSCH, Erg. inn. Med. **18**, 1 (1933). — HOFBAUER, L.: Atmungspathologie und -therapie (Berlin 1921); Atemregelung als Heilmittel (Wien 1948). — HOFF, A.: Atemtherapie. Z. prakt. Heilk. **25**, H. 17, 546 (1954). — KROETZ, CHR.: Sauerstoff- und Kohlensäureatmung in ihrem Einfluß auf den Kreislauf bei Gesunden und Kreislaufkranken. Verh. Dtsch. Ges. Kreislaufforschg. **3**, 192 (Dresden u. Leipzig 1930). — LEROY, D. und J. L. RICHIER: Die Wiedererlernung der Atmung. Acta physiol. **6**, H. 30, 2 (1957). — LUISADA, A.: Arch. exper. Path. **192**, 313 (1928). — OBERGASSNER, H.: Herz und Heilatmung. Med. Klin. **49**, H. 19, 1009 (1954). — PAROW, J.: Funktionelle Atmungstherapie (Stuttgart 1953). — ROSSIER, P. H., A. BÜHLMANN und K. WIESINGER: Physiologie und Pathophysiologie der Atmung (Berlin-Göttingen-Heidelberg 1956). — SCHLEICHER, I., A. THIESS und K. BORNEMANN: Zur Heilwirkung der Stenoseatmung. Arch. phys. Ther. **4**, H. 5, 337 (1952). — SCHMITT, J. L.: Atemheilkunst, 2. Aufl. (München u. Berlin 1956). — TIRALA: Heilung der Blutdruckkrankheiten durch Atemübungen (Frankfurt/Main 1938); Sauerstofftherapie und Heilatmung. Therapiewoche **7**, H. 11, 344 (1957).

a) Aerosol-Anwendung bei Herz-Kreislaufbehandlung

Die Inhalationsbehandlung der Erkrankungen der oberen und tiefen Luftwege vom einfachen Bronchitiskessel bis zur Aerosoltherapie, blickt auf eine lange Entwicklung zurück. Die Frage, ob die Reichweite vernebelter Stoffe bis in die feinsten Bronchialverzweigungen geht, war lange Gegenstand experimenteller Arbeiten. Trotz der bisherigen oft widersprechenden Ergebnisse dürfte es heute sicher sein, daß diese Frage in positivem Sinne beantwortet werden kann.

Ein wesentlicher Faktor für das Eindringen der vernebelten Stoffe in die tiefen Luftwege ist ihre Tropfengröße. Kolloidchemisch ausgedrückt, stellen Aerosole eine nebelartige Suspension feinster flüssiger oder fester Teilchen, nämlich ein Kolloidsystem dar. Die dispergierten Teilchen besitzen eine gewisse Stabilität, weshalb sie auch Schwebestoffe genannt werden. Der Schwebezustand ist bedingt durch die Reibung mit den Luftmolekülen. Da die Molekularstöße sich bei Teilchen von unter 1μ Durchmesser so auswirken, daß sie die Schwerkraft fast völlig aufheben, zeigen die Teilchen die sogenannte BROWNsche Molekularbewegung.

Je gleichartiger die Nebelteilchen in ihrer Größe sind, desto stabiler ist ihr Schwebezustand. Durch Zerreißen der Flüssigkeitsteilchen an der Düse des Apparates erhalten die Aerosole von Mineralwässern eine elektrische Aufladung (LENARD-Effekt). Indem außer dieser entstehenden Elementarladung noch eine weitere elektrische Aufladung herbeigeführt wird, kommt man zur sogenannten elektrischen Aerosolbehandlung, die gewisse Vorzüge hat.

Hervorzuheben ist die hohe Resorptionsfähigkeit der Bronchialschleimhaut, welche Medikamente neben der lokalen Wirkung durch Überführung in das Blut auch zu einer allgemeinen Wirkung gelangen läßt.

Die Grenzen der Aerosoltherapie liegen in den Eigenschaften der Substanzen, der Leistungsfähigkeit der Apparate, aber auch in der Schwierigkeit der Dosierbarkeit begründet. Die Inhalationstherapie kann bessere Erfolge als die parenterale Behandlungsart zeigen, wenn es z. B. durch bindegewebige Veränderungen im Respirationstrakt zu einer Verhinderung der medikamentösen Anreicherung auf parenteralem Wege kommt.

Obwohl die sogenannte Nebeldosis unschwer bei jedem Apparat gemessen werden kann, läßt sich die Menge des sich in den Luftwegen niederschlagenden Medikamentes höchstens annäherungsweise schätzen. Es kann wohl bei der Vernebelung von Sulfonamiden oder Penicillin der Blutspiegel nach einer bestimmten Inhalationszeit festgestellt werden; oder es sind bei bronchodilatorischen Aerosolen die notwendige Zeit bis zum Eintritt einer subjektiven Atemerleichterung neben spirographischen Werten, welche eine Besserung objektivieren, zu registrieren. Andererseits können unerwünschte Effekte, wie z. B. Pulsbeschleunigung, Herzklopfen und Blutdrucksteigerung als Indikator für eine Überdosierung dienen.

Die Vernebelung bedeutet eine enorme Oberflächenvergrößerung des aktiven Stoffes; somit wird eine viel geringere Stoffmenge für den zu erreichenden therapeutischen Effekt benötigt als bei der parenteralen Applikation.

Der therapeutische Erfolg hängt zudem auch von der Kenntnis der Technik der Inhalation ab. Es wird verlangt, langsame, sich allmählich vertiefende Inspirationen auszuführen. Ein Atemstop am Ende der Inspiration vergrößert den Tröpfchenniederschlag. Die Ausatmung soll unter Betätigung der Bauchmuskulatur eventuell mit manueller Nachhilfe erfolgen. Die Inhalationsdauer ist abhängig von der Art des Medikamentes, seiner Konzentration sowie der Leistung des Gerätes.

Handvernebler machen die Patienten von stabilen Apparaturen unabhängig und ermöglichen, jederzeit Inhalationen durchführen zu können. Viele Handvernebler zeigen jedoch prinzipielle Mängel wie alle kleindimensionalen Apparate und alle Apparate, die einen Spray anstatt eines Nebels liefern. Der Handvernebler muß ein optimales Tröpfchenspektrum haben mit Tröpfchengröße von 0,5—5,0 μ und außerdem eine ausreichende Nebeldichte entwickeln, wenn er leistungsfähig sein will.

Eine weitere Indikation für die Anwendung broncho-dilatorischer Aerosole stellen auch gewisse Fälle von kardialer Dyspnoe selbst bei dekompensierter Hypertonie dar.

Trypsin-Hyaluronidase-Aerosole zur enzymatischen Verflüssigung des zähen Sputums bringen darüber hinaus einen Rückgang von dyspnoischen Erscheinungen, jedoch sind Inhalationen tryptischer Fermente kontraindiziert bei einer asthmatischen Komponente, weil eine Verflüssigung und eine zunächst einsetzende Vermehrung des Sputums beim Asthmatiker zu Erstickungsanfällen führen kann.

Die Aerosol-Therapie dient in erster Linie der Behandlung der Erkrankung der Atemwege. Bei der engen Koppelung von Atmung und Herz-Kreislaufsystem ist bekannt, daß sekundäre Zirkulationsstörungen im Lungenkreislauf als Folge der Atmungsbehinderung häufig auftreten. Eine Behandlung dieser Atmungsbehinderung wird somit sogleich auch zu einer Behandlung des Herz-Kreislaufsystems.

Beim Bronchospasmus kann es gleichzeitig zu einer Dehnung des ganzen Gefäßsystems mit Gefäßverengerung, Steigerung des Strömungswiderstandes in den Kapillaren, Arteriolen und postkapillaren Venen und somit zu einer Steigerung des Druckes in der Arteria pulmonalis kommen. Ebenso führen eine Verminderung der alveolären O_2-Spannung und eine erhöhte CO_2-Spannung zu einer reflektorischen Durchblutungsdrosselung.

Eine vordringliche Maßnahme bei der Behandlung des sich aus diesen Ursachen entwickelnden Cor pulmonale besteht darin, daß eine Erleichterung der Luftpassage durch eine Broncho-Dilatation herbeigeführt, die Überdehnung der Lunge beseitigt und die Ventilation verbessert wird, damit sich auch die Lungenstrombahn erweitert, der Strömungswiderstand herabgesetzt, der Druck in der Pulmonalarterie gesenkt und somit das rechte Herz entlastet wird. Damit bilden die Herzerkrankungen, keineswegs, wie TIFFENEAU glaubt, eine Kontraindikation, im Gegenteil kann die kardiale Dyspnoe eine Indikation zur Inhalationsbehandlung sein.

Die Therapie des dekompensierten Cor pulmonale ist bekanntlich wenig erfreulich. Die Überzahl der Patienten erliegt trotz Aderlaß, Herzglykosidbehandlung und Sauerstoffzufuhr einer unbeeinflußbaren Rechtsinsuffizienz. Der Schwerpunkt der Behandlung muß somit der Prophylaxe dienen, wobei die Inhalationsbehandlung eine gewisse Vorrangstellung einnimmt.

So sind beim Cor pulmonale alle Infekte im Bereich der Luftwege, welche zu einer Schleimsekretion und damit zum Verschluß der kleinen Luftwege führen, frühzeitig mittels Aerosol zu behandeln. Es gelingt sogar, auf dem Inhalationsweg einen

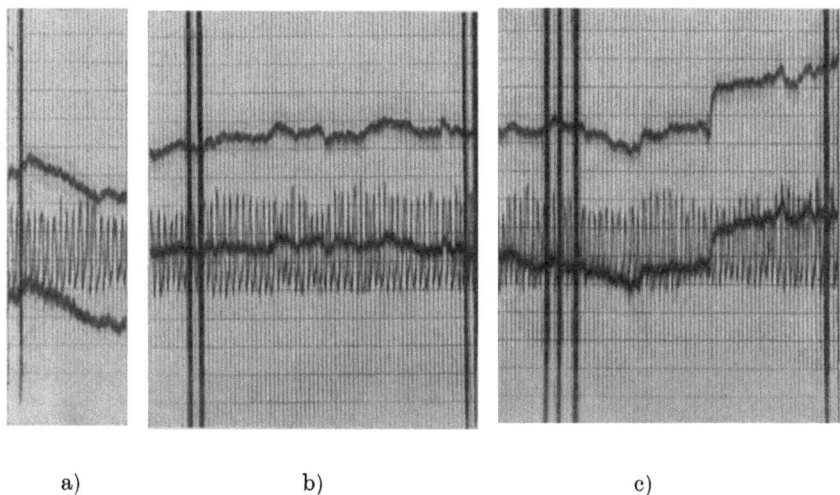

a)   b)   c)

Abb. 226. Wirkungseffekt von Aerosolbehandlung, nachgewiesen mit Sauerstoffsättigungskurven. a) Inhalation von Kochsalz-Aerosol (0,9%ige Lösung). b) Inhalation von Aerosol (Inhalationsgemisch nach HOCHREIN: Ephetonin 0,2, Atropin sulf. 0,1, Luminalnatrium 1,0, Pantocain 0,5, Nitroglyzerin 0,06, Spir. dil. 6,0, Aqua dest. ad 300,0). c) Beatmung mit einem Aerosol nach dem Inhalations-Bad-Gemisch von CH. J. KELLER. Ol. eucalypti; Ol. pini pumit; Ol. pini silvestris aa 30,0; Menthol 1,0; Spir. camph.- den. ad. 500,0 auf $^{1}/_{10}$ mit H_2O verdünnt.

genügend hohen Blutspiegel sowohl mit Sulfonamiden als auch mit Penicillin zu erreichen. Doch muß jeder Aerosolanwendung eine bronchodilatorische Inhalation vorausgehen, da gute Ventilationsverhältnisse Voraussetzung für einen günstigen therapeutischen Effekt der Aerosolbehandlung sind. Die Anwendung bronchodilatorischer Aerosole wirkt sich günstig auf den überlasteten pulmonalen Kreislauf aus und führt somit wiederum zu einer Entlastung des rechten Herzens.

Seit Beginn der Aerosoltherapie steht als sympathikomimetisches Medikament das Adrenalin im Vordergrund, wenngleich auch ein entsprechender Effekt über die broncho-dilatorische Wirkung des Parasympathikolytikums Atropin möglich ist. Auch die medikamentösen Eigenschaften des Theophyllins lassen sich als Aerosol in der Lungen- und Herz-Kreislaufbehandlung ausnutzen.

Wir haben seit langem recht gute Erfahrungen mit der Aerosolbehandlung bei der Therapie pulmonal bedingter kardialer Rechtsbelastung gemacht.

716 Spezielle Behandlungsvorschläge für Herz-Kreislauferkrankungen

In Abb. 226 zeigen wir a) den Leerversuch mit einer Kochsalzaerosolbehandlung. Daneben ist b) die Inhalationswirkung des in unserer Stenose-Atmungs-Pfeife verwendeten Inhaliergemisches gezeigt (s. S. 704). Angesichts der kurzen Beatmungs-

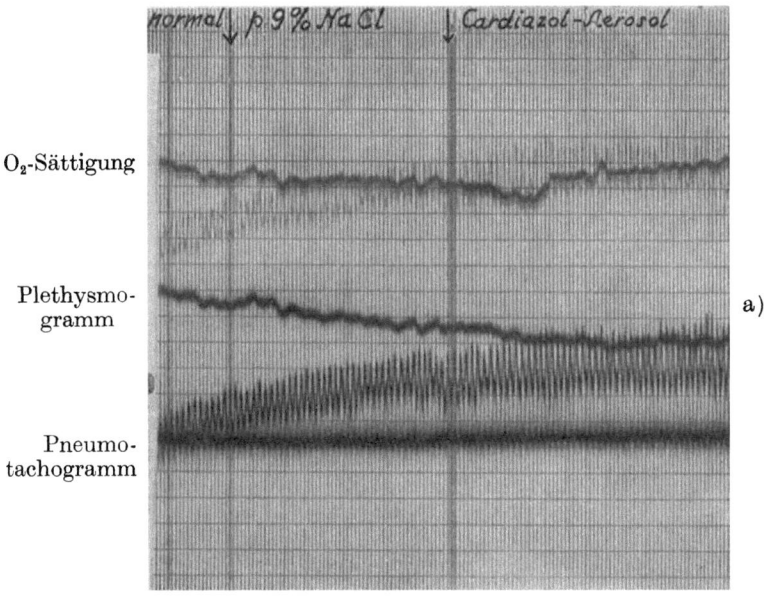

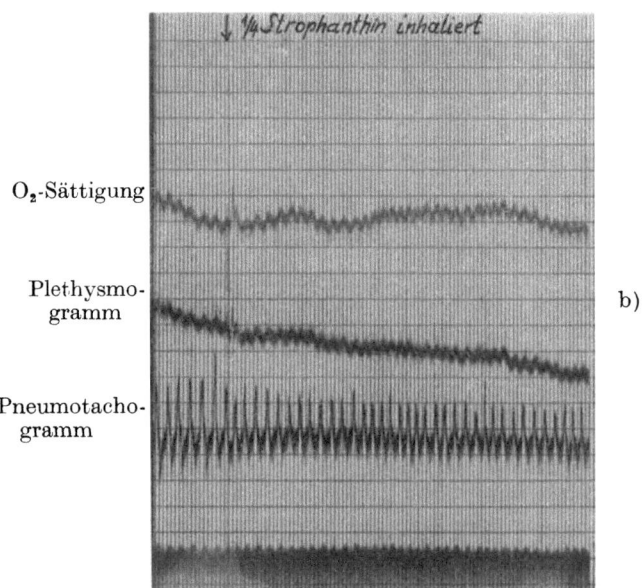

Abb. 227. Aerosol-Applikation von herzwirksamen Substanzen in ihrem Effekt, gemessen an der oxymetrisch dargestellten Sauerstoffsättigung. a) Wirkung von Cardiazol-Aerosol (1,1 ccm Cardiazol); b) Wirkung von Strophanthin-Aerosol (0,25 mg Strophanthin).

dauer zeigt dieses Gemisch eine ebenso günstige Beeinflussung der Sauerstoffsättigung wie c) die Aerosolzerstäubung des Inhalations-Bad-Gemisches nach CH. J. KELLER.

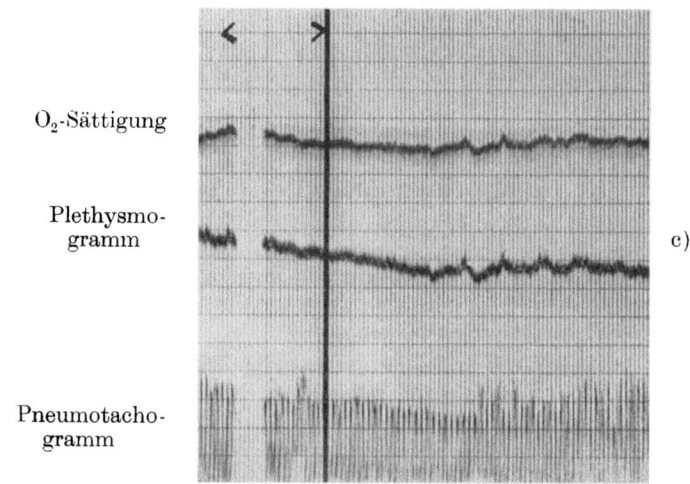

Abb. 227. c) Digitoxin-Aerosol. A. U. ♀ 54 Jahre. Dyspnoe bei Myodegeneratio cordis mit Arrhythmia absoluta. Besserung des Befindens durch Digitoxin-Aerosol.

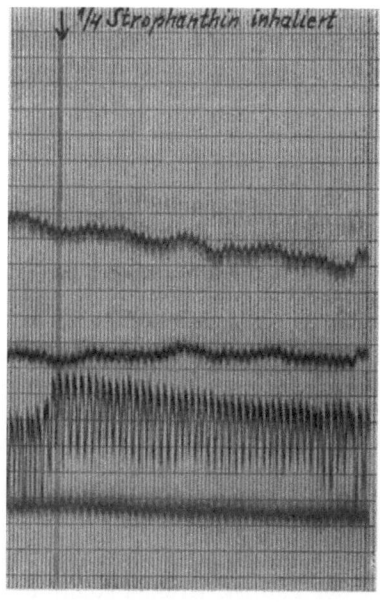

Abb. 228. E. K., 47 Jahre. Diagnose: Pulmonalsklerose. Morbus coeruleus mit Polyglobulie. Objektivierung der schlechten Strophanthinbekömmlichkeit durch Nachweis des Abfalls der Sauerstoffsättigung nach Verabfolgung von Strophanthin-Aerosol.

Die Beobachtung, daß vor allem bei Herzkranken in höherem Lebensalter ein besonders gutes Ansprechen auf Digitalis zu beobachten ist, wenn gleichzeitig eine Inhalationsbehandlung z. B. in Form einer elektrischen Aerosolbehandlung mit Mineralwässern durchgeführt wird, ist über einen zusätzlichen Vagusreiz durch die Inhalation erklärt worden.

Durch unkritische Zusammenstellung des Aerosolgemisches kann es sehr leicht zu Überdosierungen kommen. Wenn man aber dem Gemisch nicht mehr als die auch sonst als Einzeldosis vertretbare Menge beigibt, kann zwar die gewünschte Wirkdosis erheblich unterschritten, eine Überdosierung aber in jedem Fall vermieden werden.

In Abb. 227 zeigen wir a) die gute Wirkung von 1,1 ccm Cardiazol, der Aerosolmischung beigegeben, und in Abb. 227b die Wirkung von 0,25 mg Strophanthin bzw. in Abb. 227c Digitoxin, als Aerosol inhaliert. Auch hier ist der günstige Effekt unbestreitbar. In Abb. 228 ist es dagegen möglich, auch die subjektiv empfundene schlechte Verträglichkeit des i.v. gegebenen Strophanthins durch Kontrolle des Strophanthin-Aerosol-Effektes zu objektivieren.

Man wird daher in Fällen, die auf eine andersartige Medikation nicht ansprechen oder bei denen eine solche nicht möglich ist, versuchen, diesen therapeutischen Weg zu beschreiten.

Literatur zu Kapitel VI, Abschnitt A, 10.4.1.a

BILGER, R. und W. SCHIESSLE: Die Aerosoltherapie. Münch. med. Wschr. 94, H. 45, 2276 (1952). — BÖHLAU, V.: Die Aerosoltherapie. Dtsch. Gesd.wes. 11, H. 8, 267 (1956); Medizinische Aerosole in Diagnostik und Therapie. Dtsch. Gesd.wes. 11, H. 15, 568 (1956). — BOPP, K.-PH.: Vitale Indikationen der Aerosoltherapie. Z. Aerosol-Forschg. 1956, 11. — GANDINI, D.: Kasuistischer Beitrag zur Aerosoltherapie. Clin. med. 31, 1138 (1950). — JUNGE, CHR.: Bemerkungen zu den physikalischen Grundlagen der Aerosoltherapie. Medizinische 1952, H. 33/34, 1069. — KUKOWSKI, H.: Aerosoltherapie in der ärztlichen Praxis. Therapiewoche 7, H. 14/15, 529 (1957). — LA BELLE, CH. W. und Mitarb.: Synergetische Wirkungen der Aerosole. A. M. A. Arch. Industr. Health 11, 297 (1955). — MANSMANN: Methoden und Medikamente der Aerosoltherapie. Therapiewoche 2, H. 14/15, 468 (1952). — MARTINI, H.: Indikationen und Ergebnisse der Aerosolbehandlung. Ther. Gegenw. 94, H. 6, 201 (1955). — MARTELLI, M. und R. MARTINEZ: Klinische hämodynamische und oxymetrische Untersuchungen während der Anwendung von Nicotinsäure-Aerosol. Riforma med. 1957, 126. — NÜCKEL, H.: Grundlagen der Aerosoltherapie. Ther. Gegenw. 97, H. 7, 269 (1958); Aerosol-Therapie (Stuttgart 1957). — SCHARF: Leistungen und Grenzen der Aerosoltherapie. Frühjahrstag. d. Med. wissensch. Ges. inn. Med. Jena 26. Mai 1956. — SCHIESSLE, W.: Experimentelle Untersuchungen zur Dosierung von Aludrin-Aerosol. Z. Aerosol-Forschg. 6, 15 (1957). — SCHLEINZER, R.: Aerosoltherapie. Dtsch. med. Wschr. 79, H. 12, 474 (1954). — STIEVE, F. E.: Grundlagen der Aerosoltherapie. Ärztl. Praxis 7, H. 5, 16 (1955); Praxis der Aerosoltherapie. Therapiewoche 6, 393 (1956); Inhalations- und Aerosoltherapie. Münch. med. Wschr. 98, H. 11, 384 (1956). — UHDE, H.: Aerosoltherapie mit Prednisolonlösungen. Münch. med. Wschr. 99, H. 24, 891 (1957).

10.4.2. Reflextherapie

Reflektorische und algetische Zonen bei Störungen der Herzfunktion treten nicht mit derselben Regelmäßigkeit auf, wie dies bei Erkrankungen der Gallenblase oder des Pankreas der Fall ist. KIBLER stellte fest, daß hyperalgetische Zeichen in erster Linie bei den Patienten, die über Herzsensationen klagen, vorkommen, während bei Kranken ohne Mißempfindungen seitens des Herzens hyperalgetische Zonen kaum nachweisbar sind. Auch LEUBE und DICKE finden eine reflektorisch bedingte erhöhte Gewebsspannung, besonders bei den

Kranken, die unter Herzstörungen mit starken subjektiven Beschwerden leiden. DAMM bestätigte die Beobachtung von KIBLER und konnte an Hand eines größeren Beobachtungsgutes zeigen, daß aus dem Nachweis hyperalgetischer Zonen keine differentialdiagnostischen Schlüsse auf das Vorliegen einer organischen oder funktionellen Herzerkrankung gezogen werden können.

KIBLER folgert daraus, daß in erster Linie diejenigen Störungen der Herztätigkeit zu hyperalgetischen Zonen führen, die mit Herzschmerzen einhergehen, nicht jedoch der Myokardschaden oder die Koronarinsuffizienz an sich. Diese Annahme steht im Einklang mit unseren Feststellungen, daß nur 15% der Kranken mit Koronarsklerose über pektanginöse Beschwerden klagen und daß selbst 40% der Myokardinfarkte ohne Schmerzen verlaufen. Darüber hinaus gibt es aber zweifellos Fälle, bei denen die Empfindung im Segmentbereich dem eigentlichen Herzschmerz vorangeht, ähnlich wie auch das sogenannte „Schulter-Hand-Syndrom" bereits Monate vor der Manifestation einer Angina pectoris, oder eines Myokardinfarktes beobachtet werden kann.

Auf Grund dieser Feststellungen nimmt KIBLER an, daß Herzerkrankungen, die ohne hyperalgetische Zonen einhergehen, für die reflektorische Behandlung vom Hautsegment aus nicht geeignet sind.

Wenden wir uns der Frage der Zweckmäßigkeit und biologischen Bedeutung der Schmerzausschaltung zu, so sei zunächst an die Arbeiten von SCHLEICH, LERICHE u. a. erinnert. Die Auffassung, daß der Schmerz in jedem Fall als sinnvoller Warner und Hüter des Lebens anzusehen ist, hat hierdurch eine wesentliche Einschränkung erfahren. Außerdem haben die von FENZ vertretenen Gedankengänge, daß der Schmerz zum Förderer des Krankheitsgeschehens, ja sogar zur Krankheit selbst werden kann, sich therapeutisch als so fruchtbar erwiesen, da sie der Schmerzstillung einen Heilwert zuerkennen, wenn es gelingt, die Schmerzspirale bzw. die pathogenetische Kette der Krankheitsbedingungen (PAYR) zu unterbrechen.

ROBERTS konnte in eingehenden experimentellen Studien zeigen, daß sich koronare Durchblutungsstörungen am trophischen Nervensystem in dem Sinne auswirken, daß sich die Vasa nervorum der sensiblen Nerven der HEADschen Zonen kontrahieren und durch ungenügende Ernährung Reizzustände auslösen.

In Einklang hiermit steht die Auffassung DITTMARS, der gestützt auf die von ROUANET durchgeführten kapillarmikroskopischen Untersuchungen des Hautbildes im kranken Hautsegment annimmt, daß das kapillarspastische Hautbild der Durchblutungsstörung des inneren Organs entspricht. Wir nehmen an, daß ein Circulus vitiosus zwischen Schmerz und Koronarspasmus besteht, so daß eine wechselseitige Abhängigkeit zwischen Herzdurchblutung und Herzschmerz angenommen werden darf.

Die Möglichkeit einer Beeinflußbarkeit des Herzschmerzes durch die Segmenttherapie entbindet jedoch nicht von der Verpflichtung einer eingehenden pathogenetischen Klärung der an der Entstehung der Angina pectoris beteiligten Faktoren.

Sorgfältige Beobachtungen lassen vermuten, daß die Beziehungen zwischen Reiz und Reaktion bei der Segmenttherapie von der neurovegetativen Ausgangslage abhängig sind und dem WILDERschen Ausgangswertgesetz unterliegen, so daß bei der Reflexbehandlung des Herzens auch Verschlimmerung der Beschwerden und der objektiven Befunde beobachtet werden können.

Bei der Beurteilung der therapeutischen Wertigkeit der Reflextherapie wird man sich immer vor Augen halten müssen, daß die Angina pectoris nur ein

Symptom ist (HOCHREIN), in dessen Rahmen das Koronargefäßsystem oft nur den Resonanzboden für Störungen darstellt, die in anderen Organen liegen, so daß bei Außerachtlassen wesentlicher pathogenetischer Faktoren, die durch eine sorgfältige Allgemeinuntersuchung aufgedeckt werden müssen, das Krankheitsbild oft durch eine trügerische Beschwerdefreiheit fortschreitet, um schließlich einem Myokardinfarkt oder chronischem koronar bedingtem Herzversagen zuzustreben.

Wenden wir uns den verschiedenen im Rahmen der Reflextherapie angewandten Methoden zu, so sind die ansteigenden Armbäder nach HAUFFE und SCHWENNINGER seit langem bekannt und in ihrer günstigen Wirkung beim stenokardischen Anfall vielfach bestätigt worden, sofern bei einer anfänglichen Wassertemperatur von 35 Grad der Temperaturanstieg individuell dosiert wird, da es sonst, wie KRETSCHMAR gezeigt hat, infolge paradoxer Reflexmechanismen nicht nur zu subjektiven Beschwerden, sondern auch zur Verschlechterung des Ekg kommen kann. Einen weiten Raum in der Reflextherapie des Herzens nimmt die Massage ein (DICKE und LEUBE, KIBLER, KOHLRAUSCH, V. PUTKAMER), die bei besonderer Technik bindegewebige Verquellungen lockert und charakteristische vegetative Reflexwirkungen auslöst und Beschwerden wie Angst, Beklemmung, Stechen und Druckgefühl in der Herzgegend beseitigt. VÖLKER nimmt die Mobilisation gefäßwirksamer, vasodilatierender Substanzen unter der Massage an. Auch die von VOGLER eingeführte Periostbehandlung erweist sich durch eine punktförmig rhythmisch durchgeführte Druckmassage subjektiv und häufig auch mit elektrokardiographischer Besserung als überraschend wirksam.

Die Herzmassage wird S. 761 besprochen, da man sie kaum im eigentlichen Sinne als „physikalische Methode" geschweige denn in den Rahmen einer Reflextherapie einordnen kann. Interessant ist jedoch, daß es bei Kammerflimmern gelegentlich durch Elektroschock zu einer Entflimmerung kommen kann. Über die Erfolge durch Akupunktur bei stenokardischen Beschwerden berichten ADAM u. a.

Zahlreich sind die günstigen Beobachtungen mit der Heilanalgesie durch subkutane und intrakutane Novocaininjektionen (ALTHOFF, KIBLER u. v. a.). Gute Ergebnisse werden auch mit Impletolinjektionen erreicht, worüber HUNEKE und SIEGEN berichten. Die gleiche Wirkung sahen KRON und KIBLER mit einer Natr. bicarb.-Lösung, wie sie in dem Präparat Segmentan vorliegt. Auch bei Injektionen staubfreier Luft (Emphysem im Unterhautzellgewebe), ein Verfahren, das zuerst von STURM bei der Behandlung der Pleuritis angegeben worden war, berichten KIBLER sowie SCHRENK vom Schwinden der pektanginösen Anfälle. Von SLIACHMANN wurde die Reflexbehandlung der Angina pectoris mit iontophoretischer Anästhesie durch Dionin- und Novocainlösung eingeführt.

Von besonderer Bedeutung ist weiterhin die vielfach gemachte Feststellung, daß Sensationen in der Herzgegend ihren Ausgangspunkt von scheinbar reizlosen Narben im Bereich der HEADschen Zone des Herzens nehmen können. Der Zusammenhang war in derartigen Fällen dadurch zu objektivieren, daß die Novocain-Infiltration der Narben, die angeblich koronar bedingten Beschwerden für die Dauer zum Abklingen brachten (NONNENBRUCH, HUNECKE u. a.).

Weit verbreitet ist die Segmenttherapie des Herzens mit Rubefacientien, worüber sehr günstige Erfahrungen, zum Teil auch mit Besserung der elektrokardiographischen Befunde, vorliegen. Häufig konnten Angina pectoris-

Anfälle coupiert werden, und selbst bei qualvollen Herzschmerzen erwiesen sich derartige Einreibungen als sehr wertvoll und waren nicht selten den Nitriten überlegen.

Nach unseren Erfahrungen können derartige Erfolge mit den verschiedensten Präparaten wie Analgit, Dolorsan, Hyperämol, Mediment, Pectocor, Recorsan, Rheumasan, Rubriment usw. erreicht werden.

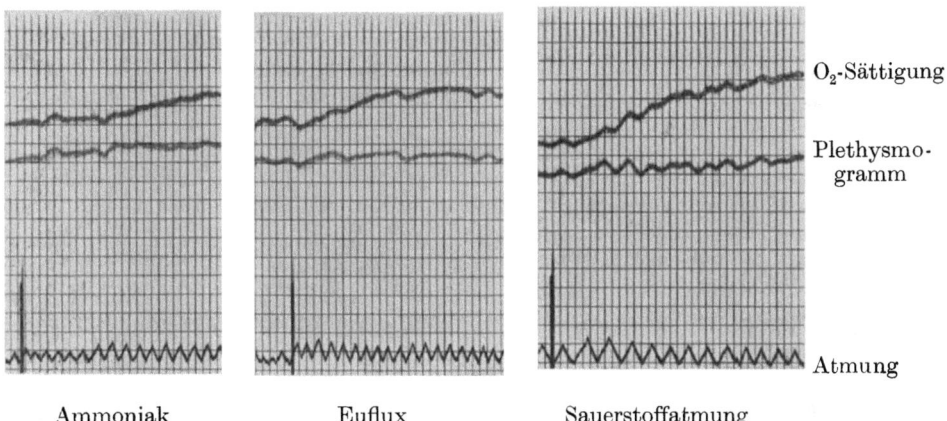

Abb. 229. Kombinierte Segment- und Inhalationstherapie mit Euflux (oxymetrischer Nachweis der Sauerstoffsättigung). K. H., 41 Jahre, männl., Neurozirkulatorische Dystonie mit stenokardischen Beschwerden und pulmonaler Dystonie bei Adipositas.

Um die günstige Wirkung der Segmenttherapie auszunützen, wählten wir das Präparat Euflux (Paraffin, Eucerin anhydr., Menthol, Ol. chloroform., Ol. hyoscyami, Ichthyol), das bei reizloser Salbengrundlage nicht nur die Koronardurchblutung über die Einwirkung auf die HEADschen Zonen bessert, sondern auch durch Riechstoffe über den Atemmechanismus die Sauerstoffaufnahme durch die Lunge und somit reflektorisch die Herzdurchblutung günstig beeinflußt. Auf Grund eigener Untersuchungen wissen wir, daß es bei Vertiefung der Atmung zu einer Förderung der koronaren Durchblutung kommt. Die Besserung der arteriellen Sauerstoffsättigung erfolgt teilweise durch reflektorische Erhöhung der respiratorischen Mittellage, wodurch Entleerung der peripheren Blutdepots und Vermehrung des venösen Rückstromes erreicht und durch Auffüllung des alveolaren Kapillarsystems die Voraussetzungen für eine bessere Sauerstoffaufnahme geschaffen werden. Unterstützt wird dieser Vorgang noch durch eine Größenzunahme der Alveolen.

Wie unsere Untersuchungen mit Riechstoffen ergeben haben, verlaufen auch von der Nasenschleimhaut Impulse zum pulmonalen Kreislauf, wobei es, abhängig von der Reaktionslage und der Art des Reizes, bei übersteigerter Erregbarkeit sowohl zu einem Aufschluß der pulmonalen Strombahn mit vermehrter Blutfülle des alveolaren Kapillarsystems, als auch zu überschießenden (Lungenstauung, Lungenödem) und paradoxen Reaktionen (Blutverarmung des alveolaren Kapillarsystems, reflektorisches Emphysem) kommen kann. Diese reflektorische Beeinflussung der pulmonalen Strombahn hat besonders bei Kreislaufregulationsstörungen Bedeutung, die sich im Rahmen einer neurozirkulatorischen Dystonie am pulmonalen Strombett in Form der pulmonalen

Dystonie (HOCHREIN und SCHLEICHER) manifestieren, zumal SCHLEICHER und KLIMPEL gezeigt haben, daß 50% der Patienten mit pulmonaler Dystonie als weiteres Symptom zirkulatorisch bedingter Organinsuffizienz über Herzsensationen (Herzklopfen, -druck, -schmerz, Stenokardie usw.) klagen.

Wie die oxymetrischen Untersuchungen der arteriellen Sauerstoffsättigung zeigen, kommt es durch Inhalation des auf die HEADschen Zonen des Herzens eingeriebene Euflux zu einem deutlichen Anstieg der Sauerstoffsättigung. Der dabei erreichte Wert kann mit dem Ergebnis bei reiner Sauerstoffatmung verglichen werden. Auch bei Inhalation aus einem Ammoniakriechfläschchen läßt sich häufig eine geringe Besserung der Sauerstoffsättigung erzielen. Bei großen Versuchsreihen sahen wir jedoch nicht selten paradoxe Reaktionen, besonders bei Kranken mit latenter Allergie, auftreten. Es kam zu einer Abnahme der Sauerstoffsättigung bei Ammoniakinhalation, ein Verhalten, das wir bei Anwendung von Euflux, das somit nicht nur die Forderungen der Segmenttherapie erfüllt, sondern auch auf dem Wege über die Atmung eine Steigerung der Sauerstoffsättigung bewirkt, niemals sahen.

Auf Grund unserer langjährigen Erfahrungen hat sich Euflux daher nicht nur bei stenokardischen Beschwerden verschiedenster Genese, sondern auch bei allen Krankheiten, die mit einer Hypoxämie einhergehen, als Ergänzung einer kausalen Therapie sehr bewährt.

Chiropraktische Maßnahmen, die bei Veränderungen im Hals- und Brustwirbelsäulenbereich zur Lösung stenokardischer Beschwerden führen, können teilweise ebenfalls zur Reflextherapie gerechnet werden, da wir auf die Möglichkeit durch primäre koronare Durchblutungsstörungen verursachter Arthrosen hinwiesen, die ihrerseits reflektorisch im Sinne eines Circulus vitiosus die Störung am Herzen verstärken können.

Literatur zu Kapitel VI, Abschnitt A, 10.4.2

DITTMAR: Die Untersuchung der reflektorischen und algetischen Krankheitszeichen (Ulm 1949); Der cutiviscerale Reflex. Acta neurovegetativa (Wien 1951); Die cutiviscerale Reflexbahn bei der Anwendung therapeutischer Hautreize. Dtsch. med. Wschr. 1952, 7. — HANSEN und v. STAA: Reflektorische und algetische Krankheitszeichen der inneren Organe (Leipzig 1938). — HEAD, H.: Die Sensibilitätsstörungen der Haut bei Viszeralerkrankungen (Berlin 1898). — HUNEKE, W.: Impletoltherapie (Stuttgart 1952). — KIBLER, M.: Die Behandlung innerer Erkrankungen von den HEADschen Zonen aus. Dtsch. med. Wschr. 1949, 372; Segment-Therapie (Stuttgart 1950). — KLIMPEL, W.: Zur Reflextherapie des Herzens. Med. Mschr. 3, 150 (1954); Reflextherapie bei Angina pectoris. Hippokrates 26, H. 15, 464 (1955). — KOHLRAUSCH: Die reflektorischen Wechselbeziehungen zwischen inneren Organen und Skelettmuskeln und ihre therapeutische Ausnützbarkeit. Dtsch. Z. Nervenhk. 1937, 144. — KRON: Die Reflextherapie (Bern 1945). — LACHMANN, H.: Neues über die Aetiopathogenese der Hypertoniekrankheit und deren bedingt reflektorische Beeinflussung. Z. inn. Med. 10, H. 12, 582 (1955); Dürfen Herz- und Kreislaufkranke mit heißen Moor- und Mineralbädern behandelt werden? Z. ärztl. Fortbildg. 51, H. 10, 411 (1957). — LEUBE, H. und E. DICKE: Massage reflektorischer Zonen im Bindegewebe (Jena 1950). — NONNENBRUCH, W.: Neuralpathologische Betrachtung der Hochdruckkrankheit. Schweiz. med. Wschr. 7, 148 (1949); Die Hochdruckkrankheit in neural-pathologischer Ganzheitsbetrachtung. Med. Mschr. 2, 87 (1950). — PAYR: Kinetische Kette. Münch. med. Wschr. 1939, 41. — PETELINA, W. W.: Bedingt reflektorische Einflüsse auf die Gefäße und die Atmung bei angestrengter geistiger Tätigkeit. Dtsch. Gesd.wes. 8, H. 33, 233 (1953). — v. PUTTKAMER: Therapeutische Beeinflussung innerer Organe durch Reflexwirkung von den HEADschen Zonen aus. Dtsch. Z. Hömopathie 1942, 1; Organbeeinflussung durch Massage (Ulm 1948). — REGELSBERGER: Der bedingte Reflex und die vegetative Rhythmik des Menschen (Wien 1952). — ROUANET: Die Beziehungen der auf der Körperoberfläche projizierten

Krankheits-Zeichen zum vegetativen System. Z. inn. Med. 1947, 151. — SCHAEFER, H.: Die Bedeutung der Kreislaufreflexe in der Klinik. Nauheimer Fortb.-Lehrg. 15 (Frankfurt/M. 1950). — SIEGEN: Theorie und Praxis der Neuraltherapie mit Impletol (Köln 1951). — VOGLER: Therapeutische Beeinflussung innerer Organe von der HEADschen Zone aus. Dtsch. Z. Homöopath. 1942.

10.4.3. Massage

Die Massage gehört zu den ältesten Heilmaßnahmen und darf als „Behandlungsmethode" (HILLE) im wahrsten Sinne des Wortes angesehen werden.

Von den wichtigsten Massagehandgriffen, der Streichung, Reibung, Knetung, Klopfung und Erschütterung soll in unserer Darstellung zunächst die erste, die man auch als „Efflorage" bezeichnet, eine nähere Besprechung erfahren.

Es erscheint nach den oben gemachten Ausführungen als selbstverständlich, daß im Zustand der Herz-Kreislaufgefährdung keine heroischen Maßnahmen im Sinne einer Hau- und Klopfmassage zur Anwendung gebracht werden können, sondern daß es sich nur um eine zarte, individuell angepaßte Gefäßmassage handeln darf. Die leichte Streichung, die auch als „Einleitungsmassage" bezeichnet wird, führt zu einer allgemeinen Entspannung der Muskulatur und zu einer beträchtlichen Erregbarkeitsherabsetzung des Nervensystems.

Man wird sich jedoch im Einzelfall zu fragen haben, welche Wirkungen von der Massage zu erwarten sind, unter welchem Gesichtswinkel diese therapeutisch nützlich eingesetzt werden können und ob andererseits auf diesem Wege unter Umständen auch Schädigungen möglich sind.

Im allgemeinen unterscheidet man bei der Massage Lokalwirkungen, Allgemeinwirkungen und reflektorische Fernwirkungen.

Bei der Lokalwirkung steht die mechanisch bedingte Beeinflussung der Haut mit ihrer Durchblutung und ihrem Terminalretikulum, des subkutanen Fett- und Bindegewebes mit seiner reichen Blutfülle, insbesondere in den subpapillären Venenplexus, den ausgebreiteten vegetativen Nervennetzen und schließlich der Muskulatur, im Vordergrund. Es kommt infolge des gesetzten Reizes zu einer Aufschließung der Kapillaren, und es resultiert eine aktive Hyperämie, deren Kolorit um so hellroter ist, je günstiger die Massage ihre therapeutische Wirkung entfaltet. Weiterhin wird angenommen, daß durch die Massage in der Haut eine wirksame chemische Substanz gebildet wird, wobei dieses „Lokalhormon" besonders in der Umgebung der massierten Stelle zu einer Erweiterung des kapillaren Strombettes und zu einer Permeabilitätssteigerung der Zellen führt. Obwohl von vielen Seiten dieser Stoff als Histamin angesehen wird, hat bereits HOFF eine Identität dieser beiden Stoffe abgelehnt, und RUHMANN konnte nachweisen, daß es sich wahrscheinlich um Azetylcholin oder einen ganz nahen Verwandten desselben handelt.

Die Verbesserung der Kapillardurchblutung erstreckt sich besonders auf die Muskulatur, es wird daher durch die Massage vor allem die Erholung des ermüdeten Muskels beschleunigt, eine Tatsache, auf die sich besonders auch die Sportmassage gründet. Neben der Erhöhung der lokalen Oxydationsvorgänge, durch welche z. B. die Milchsäureanhäufung in der Peripherie behoben wird, spielt auch die Beschleunigung des Abtransportes von intermediären Stoffwechselprodukten durch die Massage eine maßgebliche Rolle. Die Verkürzung der Erholungszeit des ermüdeten Muskels ist experimentell nachgewiesen worden, ebenso die Rückkehr der nach Ermüdung gesunkenen elektrischen Erregbarkeit zur Norm, die rascher nach Massage erfolgt als nach bloßem Ausruhen.

Auch EPPINGER sah die Wirkung der Massage vor allen Dingen in der Erweiterung des Kapillarnetzes und der damit verbundenen Besserung der Sauerstoffausnützung, weshalb er die Massage besonders bei Kreislauferkrankungen empfiehlt.

Neben dieser Lokalwirkung, die sich weitgehend auf das Gebiet der massierten Stelle beschränkt, kommt es zu einer mehr oder weniger deutlichen Allgemeinwirkung.

Subjektiv ist diese bestimmt durch ein angenehmes Gefühl des Wohlbefindens, der Entspannung und Durchwärmung. Abhängig von Konstitution und vegetativer Ausgangslage ist der Zustand nach der Massage beherrscht von gesteigerter Frische (Entmüdungsmassage) und vermehrter Aktivität oder andererseits von angenehmer Müdigkeit und gesteigertem Ruhebedürfnis. Es ist dabei jedoch festzuhalten, daß der erfahrene Masseur die gewünschte Wirkung durch individuelle Handhabung auch unabhängig von dieser Ausgangslage erzielen kann.

Die Allgemeinwirkung ist es auch im wesentlichen, welche den Maßstab für die therapeutische Wirksamkeit bildet. Werden vorher bestehende Beschwerden erheblich verstärkt, trägt die Müdigkeit im Anschluß an die Massage den Wesenszug allgemeiner Zerschlagenheit und Ermattung, dann muß die Massageanwendung hinsichtlich der Massageart, ihrer Anwendungsstärke, ihrer Dauer und Häufigkeit geändert werden.

Hauptindikation dieser Maßnahme sind die verschiedenen Formen der Kreislaufdysregulation mit Neigung zu überschießenden und paradoxen Reflexen, zu Blutdrucksteigerung oder arteriellem Unterdruck, zu orthostatisch bedingtem Kreislaufversagen usw.

Bei dieser Gruppe konnten wir folgende Erfahrungen sammeln:

Auch die Massage wirkt bei geübter Handhabung amphoter. Durch wiederholte einschleichende Reize wird die Neigung zu „überschießenden" und „paradoxen" Reaktionen herabgesetzt und eine ökonomische, d. h. dem Reiz entsprechende Durchblutung herbeigeführt. Infolge der Eröffnung breiter Strombahnen senkt die Efflorage die Neigung zur Blutdrucksteigerung, und durch bessere Tonisierung der Venenwände beseitigt die Gefäßmassage die Tendenz zu Unterdruck oder orthostatischen Regulationsstörungen.

Besonders bewährt hat sich in diesem Sinne die Bürstenmassage, die von den Patienten nach Anweisung schnell gelernt wird, sie unabhängig von einem Masseur macht und zu jeder Zeit durchführbar ist. Durch den auf die Haut wirkenden durchblutungssteigernden Effekt bewirkt sie ein beruhigendes Wärmegefühl, die nach dem Aufstehen noch in den Gliedern steckende Müdigkeit schwindet und macht dem angenehmen Gefühl gesteigerter Leistungsfähigkeit sowie körperlicher Frische Platz.

Sicher wird durch die Bürstenmassage auch die Hautatmung angeregt. Dieser Faktor ist um so wichtiger, als die Behinderung derselben, wie SCHENK feststellt, die Ermüdung durch Hemmung der Abgabe von Kohlensäure, Milchsäure, von Zwischenkörpern des Eiweiß- (z. B. Harnstoff) und Fettstoffwechsels (z. B. Phosphatide, Cholesterin) fördert.

Größere Bedeutung hat die reflektorische Auswirkung der Massage auf innere Organe gewonnen, welche heute unter dem Begriff der Bindegewebsmassage in der Klinik nutzbar gemacht worden ist.

Besonders eingehend hat sich HILLE mit der Frage der Segmenttherapie beschäftigt. Obwohl die Wirkung der Massage auf das Nervensystem gar nicht bestritten werden kann, ist die Deutung der reflektorischen Beziehungen zwischen den HEADschen Zonen und den biogenetisch zugehörigen inneren Organen nicht unkritisiert geblieben, da es weder ein allgemeingültiges Zonenschema, noch eine Zonenbestimmungsmethode gibt, echte Dermatome, und Viszerotome nicht angelegt werden, und der Mensch überhaupt nicht zu den total metamer segmentierten

Organismen gehört. HILLE entwickelte auf Grund dieser Erkenntnisse die sogenannte Quadrantendiagnostik.

Gleichgültig nun, wie diese theoretischen Deutungen entschieden werden, es wurden mit der Möglichkeit des kutiviszeralen Reflexweges nicht nur viele uralte Behandlungsverfahren einer neuen Deutung zugeführt, sondern auch die Möglichkeit zu zahlreichen diagnostischen und therapeutischen Maßnahmen neu geschaffen. Im Rahmen unserer Behandlungsmethoden der Übermüdung wird diese Richtung vor allem bei der Therapie zirkulatorisch bedingter Organinsuffizienzen berücksichtigt werden müssen.

Nicht indiziert ist die Massage dagegen bei manifester Dekompensation, bei noch erhaltener Aktivität eines Herzprozesses, bei Verdacht auf Venenthrombose und dergleichen.

Gehen wir nach erreichter Rekompensation z. B. auf die physikalische Behandlung über, dann beginnen wir unter sorgfältiger Kontrolle des Verhaltens in der Regel mit Fußbädern.

Bei dieser Maßnahme gesellen sich zum Aufsitzen und dem hämodynamischen Effekt des Herabhängens der Beine bereits der hydrostatische Druck des Wassers und unter Umständen ein Kohlensäuresalzzusatz, während wir die Temperatur beim Indifferenzpunkt halten.

Erst wenn diese Bäder gut vertragen werden, beginnen wir mit einer zonenmäßig beschränkten Efflorage, die an den Beinen beginnend dann an den Armen fortgesetzt, schließlich auch auf den Rücken übertragen werden kann, und nicht kräftiger sein soll, als einem fühlbaren Streichen über die Haut entspricht. Nicht massiert wird der Leib und der Hals wegen der vielfach noch latenten Leberstauung und der Gefahr einer Überempfindlichkeit des Karotis-sinus, während die Beseitigung der Myogelosen in Genick, Nacken- und Schulterbereich später sich als sehr vorteilhaft erweisen kann. Wird diese Streichmassage gut vertragen, dann wird mit dem Erlernen des Trockenbürstens die schrittweise Entwicklung auf diesem Gebiet abgeschlossen.

Durchgreifende Ganzmassagen, besonders solche nach der heute veralteten Hau- und Klopfmethode, halten wir bei Herz-Kreislauferkrankungen für kontraindiziert.

Literatur zu Kapitel VI, Abschnitt A, 10.4.3

BAECKMANN, C.: Der Arzt als Masseur. Therapiewoche 4, H. 19/20, 469 (1954). — BÖHMERT, W.: Erfahrungen mit der stationären Saugmassage. Ärztl. Praxis 10, H. 21, 521 (1958). — CIMBAL, W. sen.: Ärztliche Massage, ihre Wirkungen und ihre Unterstützung durch Trockenschröpfen. Colloquium Med. 4, H. 11, 1 (1957). — DICKE, E.: Massage reflektorischer Zonen im Bindegewebe. Therapiewoche 2, H. 14/15, 461 (1952). — GLÄSER, O. und A. W. DALICHO: Segmentmassage (Stuttgart 1952). — GROBER, J.: Massage. Klin. Lehrb. d. physik. Ther., 2. Aufl. (Jena 1950). — HILLE: Über HEAD'sche Zonen. Dtsch. med. Wschr. **1942**, 20. — HOCHREIN, M.: Die Bedeutung der Bindegewebsmassage und ihre Anwendung beim Asthma bronchiale. Med. Klin. **1949**, 25. — KIRSCHBERG: Handbuch der Massage und Heilgymnastik (Leipzig 1946). — KOHLRAUSCH, W.: Reflexzonenmassage in Muskulatur und Bindegewebe. Ärztl. Wschr. 10, H. 20, 469 (1955); Grundlagen der Reflexzonenmassage. Therapiewoche 6, H. 19/20, 468 (1956). — MATTHES, H.: Die Massagebehandlung. Ärztl. Praxis **1950**. — MÜLLER, A.: Lehrbuch der Massage, 2. Aufl. (1926). — v. PUTTKAMER: Organwirkung durch Massage (Berlin 1948). — STORCK, H.: Der heutige Stand des Wissens über die Massagewirkung. Therapiewoche 4, H. 19/20, 473 (1954). — SZIRMAI, E.: Beeinflussung verschiedener Krankheitsbilder und Linderung der Schmerzempfindung durch Verbesserung der Zirkulation, hervorgerufen durch milde Massage der Körpermuskeln. Arch. physik. Ther. 9, H. 6, 481 (1957). — THULCKE, E.: Lehrbuch der Massage (Berlin 1956).

10.4.4. Balneotherapie

Es muß als das Verdienst von WINTERNITZ angesehen werden, daß er die Wirkungen der Hydrotherapie auf den Organismus systematisch studiert und damit die wissenschaftliche Grundlage neuer Behandlungswege erschlossen hat.

Wir wissen, daß es zahlreiche Faktoren sind, welche den Wirkungseffekt des Bades bestimmen und ihn im Einzelfall zu modifizieren vermögen.

An erster Stelle ist es die Badetemperatur, wobei abhängig von der gewünschten Wirkung das Überwärmungsbad, das kalte Bad und das indifferente Bad ganz unterschiedliche Reaktionen hervorrufen. Weiterhin ist der hydrostatische Druck für Atmung und Kreislauf von therapeutischer Bedeutung. Daneben spielen die Beschaffenheit des Wassers (Kohlensäure-Bäder, Stahlwässer, Sole usw.), die Art der Wasserbewegung (natürliche oder künstliche Wellenbewegung), Mikromassage durch aufsteigende Gasblasen (Kohlensäure- oder Sauerstoffbäder, Tritosan-Sprudelbad usw.) eine wichtige Rolle. Endlich kann durch die Badedauer, durch häufigen abrupten Wechsel der Badetemperatur, durch Badesalze bzw. Duftstoffe, welche die warme, feuchte Atemluft erfüllen und durch Badezusätze, welche eine selbständige Wirkung auf die Haut entfalten, die Badewirkung variiert und dem individuellen Bedürfnis des Badenden angepaßt werden.

Aber es ist nicht nur notwendig, sozusagen rechnerisch hinsichtlich der gewünschten Wirkung, ein Bad in bezug auf die einzelnen Faktoren kombinieren zu können, sondern es ist fast noch wesentlicher, ausgehend von der Einzelkonstitution, die Badereaktion schon vorher abschätzen und dadurch steuern zu lernen.

Von LAMPERT ist zu diesem Zweck eine neue Typeneinteilung geschaffen worden, welche von WACHTER eingehend bearbeitet wurde. Es konnte nachgewiesen werden, daß die Badereaktion abhängig ist von Konstitutionstypen, die aber weder zur vegetativen Ausgangssituation, noch zu somatisch-konstitutionellen Faktoren in Beziehung stehen. LAMPERT wählte daher als Kriterium die Reaktionsgeschwindigkeit in körperlich-seelischer Hinsicht, und teilt ein in einen langsam reagierenden, mikrokinetischen A-Typ, der gewisse Übereinstimmung zeigt mit den Begriffen „leptosom" und „schizothym" und dem K-Typ von CURRY. Diesem stellt er gegenüber den lebhaft reagierenden makrokinetischen B-Typ, der seinerseits Analogien zu den Konstitutionsbegriffen „pyknisch" und „zyklothym" und dem W-Typ (CURRY) in sich birgt. Diese Einteilung wurde erarbeitet in bewußter Ablehnung der vegetativen Nomenklatur hinsichtlich der Vagotonie und Sympathikotonie, da immer beide Systeme gleichzeitig unter Umständen nur verschieden stark reagieren und einseitig wirkende Reize in der Balneotherapie praktisch nicht vorkommen.

Beide Typen können nun durch folgende Eigenschaften in ihrer Bäderreaktion weitgehend vorher eingeschätzt werden:

Der A-Typ liebt recht warme Bäder, warmes, sogar heißes Wetter und starke Sonnenbestrahlung. Selbst bei Schwüle fühlt er sich relativ wohl und schwitzt wenig. Seine Hautdurchblutung läßt zu wünschen übrig. Er ist stärkerer körperlicher Bewegung abhold, wirkt ruhig und beherrscht und neigt nicht zu Überempfindlichkeitsreaktionen. Im Gegensatz dazu bevorzugt der B-Typ kühlere Bäder, frisches, etwas kühles Wetter und vermeidet intensive Sonnenbestrahlung. Er ist körperlich agil und neigt auch psychisch zu lebhaften überschießenden Reaktionen; mit Überempfindlichkeit und Sensibilisierung muß gerechnet werden.

MEYTHALER konnte darüber hinaus zeigen, daß Pykniker im allgemeinen ohne Gefährdung starken balneologischen Allgemeinreizen ausgesetzt werden können, da sie die Fähigkeit zu hinreichenden Gegenregulationen besitzen. Astheniker dagegen vertragen mit ihrem empfindlichen vegetativen System nur sehr milde Reize.

Nach derartigen Überlegungen hinsichtlich der Bäderart und in Vorausberechnung der wahrscheinlichen Badereaktion erscheint es notwendig, sich einen kurzen Überblick zu verschaffen, wieweit balneologische Maßnahmen in der Lage sind, die somatischen Einzelfunktionen des Badenden zu beeinflussen.

Der wesentliche Erfolg hydrotherapeutischer Anwendungen kann neben der Einwirkung auf die Körpertemperatur in der Beeinflussung des Kreislaufes gesehen werden. Das Wichtigste ist dabei das Auftreten der „Reaktion" oder „reaktiven Hyperämie", d. h., die nach primärer Gefäßkontraktion einsetzende sekundäre Dilatation der peripheren Strombahn nach Kälteeinwirkung. Unterstützt und gesteigert wird diese Reaktion durch vorherige Erwärmung, kurze Dauer der Kälteapplikation, große Temperaturunterschiede, d. h. intensive Kälteeinwirkung und mechanische Reize (Reiben, Frottieren, Duschen, Wellenschlag usw.). Wie sich, abgesehen von den Kapillaren und Arteriolen, die größeren Gefäße im Zustand der „Reaktion" verhalten, ist bisher noch nicht eindeutig geklärt.

Im Gegensatz hierzu führen warme Anwendungen zu einer allgemeinen Gefäßdilatation, von der nicht nur die Haut, sondern auch die tieferen Gefäße der gesamten Körperperipherie ergriffen werden. FREUND fand weiterhin nach warmen Prozeduren, daß der CO_2-Gehalt des Venenblutes vermindert und der O_2-Gehalt erhöht ist. Daraus ist zu schließen, daß die Strömung im peripheren Kreislauf beschleunigt sein dürfte. UHDE wies dementsprechend eine deutlich meßbare Verkürzung der Blutumlaufzeit nach.

Sehr interessant sind weiterhin die Beobachtungen von STRASSER und seinen Mitarbeitern, daß z. B. die Milz und die Niere konsensuell mit den Hautgefäßen reagieren, und die Theorie von HAUFFE, daß außer Milz und Niere auch die übrigen inneren Organe des Thorax und Abdomens sich in bezug auf ihre Blutfüllung gleichsinnig mit der Peripherie verhalten.

Bei allen diesen Anwendungen ist zu beachten, daß stärkere Kälte- und Wärmegrade Gegenregulationen hervorrufen, welche bei schwächeren Reizen unterbleiben, die aber unter Umständen zweckmäßig in den Therapieplan eingebaut werden können (AMELUNG). Es ist weiterhin daran zu denken, daß Reflexe, welche von der Haut und von den tieferen Organen ausgehen und die Kreislaufstruktur beeinflussen, eine ganz besondere Rolle bei allen Bäderarten spielen (GOLLWITZER-MEIER).

Neben der balneologisch bedingten Kreislaufumstellung ist auch die Beeinflussung des Nervensystems und der Psyche zu beachten.

Im Vordergrund des Interesses stehen naturgemäß die Reaktionen des vegetativen Nervensystems. Im allgemeinen kann man feststellen, daß warme, nicht zu heiße Anwendungen mit Blutdruckabfall, Bradykardie usw. je nach der Ausgangslage eine mehr oder weniger ausgeprägte Vagotonie herbeiführen, während kalte Anwendungen eine vorwiegend sympathikotone Reizwirkung entfalten. Auch die Dauer des Bades spielt dabei eine wesentliche Rolle. Warme Dauerbäder dämpfen eine vorhandene Hyperamphotonie, während Wechselbäder gerade im Hinblick auf die Behandlung der Übermüdung geeignet sind, die Neigung zu „überschießenden" Reflexen sowie eine bereits vorhandene spastische Diathese zu steigern. Von Jugend auf gewöhnt, können die Wechselmaßnahmen das Gefühl der Erfrischung und der Leistungssteigerung vermitteln, ihre erstmalige therapeutische Anwendung nach dem 50. Lebensjahr erscheint uns kontraindiziert.

Es ist weiterhin bekannt, daß kurze thermische Reize die Ansprechbarkeit des sensiblen Nervensystems steigern. Langdauernde Kältereize dagegen setzen die sensible Empfindlichkeit genau so herab wie anhaltende Wärme, wobei letztere beruhigend und schmerzstillend wirkt. Kalte Anwendungen vermitteln Erfrischung und steigern die körperliche Leistungsfähigkeit. Bei lebhafter Neigung zur Gegenregulation kann aber die der Kälteeinwirkung folgende reaktive Hyperämie ein um so ausgeprägteres Ermüdungsstadium herbeiführen. Warme Bäder dagegen wirken beruhigend, entspannend und einschläfernd. SCHOLTZ fand, daß hydrotherapeutische Anwendungen besonders bei leistungsschwachen Individuen geeignet sind, Konzentrationsfähigkeit und Arbeitswillen zu steigern.

In der Bäderbehandlung der Herz-Kreislaufstörungen sind sehr verschiedenartige Anwendungen gebräuchlich, so die KNEIPP-Kur, Süßwasseranwendungen im Voll- und Teilbad mit verschiedenen Badezusätzen, Mineralbäder, Moorbäder, Stangerbäder, Überwärmungsbäder und die Sauna. Beherrschend in der Kuranwendung von Bädern bei Herz-Kreislaufstörungen ist das CO_2-Bad, sei es in Form natürlicher CO_2-haltiger Wässer oder aber in Form künstlichen CO_2-Zusatzes zu Süßwasser oder Solen, etwa in Form des CO_2-Sprudel- oder Schaumbades. Außerdem ist das CO_2-Gas-Bad zu erwähnen, d. h. die reine CO_2-Anwendung ohne Flüssigkeit.

Die Entdeckung des günstigen Einflusses der Kohlensäure auf die Herz-Kreislaufleistung bei Herzkranken geht auf BENEKE zurück, der diese Wirkung vor rund 100 Jahren feststellte, als er Rheumatiker in Bad Nauheim mit den dortigen Quellen Bäderbehandlungen unterzog. Die Kreislaufwirkungen des CO_2 sind unterdessen durch eingehende wissenschaftliche Studien untersucht und weitgehend analysiert worden. Wir haben im CO_2-Bad die Allgemeinwirkungen des Voll- bzw. Teilbades von der speziellen CO_2-Effekt zu unterscheiden und können die hydrostatische, die thermische und die chemische Wirkung voneinander abtrennen.

Jeder in das Badewasser getauchte Abschnitt des Körpers ist einem hydrostatischen Druck ausgesetzt, der sich an den Extremitäten zu etwa 85% auf die tiefliegenden Gewebe und damit auch auf die Blutgefäße fortsetzt (BOCK). Auch im Bauchraum ist bei entspannten Bauchdecken mit derartigen Druckübertragungen zu rechnen. Hierdurch werden die Venen entspeichert. Im arteriellen Sektor erfolgt eine leichte Entspannung des arteriellen Tonus. Andere Kreislaufmechanismen treten bei differenten Badetemperaturen hinzu. Kühle Bäder führen auf dem Wege des Eigenreflexes zur Drosselung der peripheren Hautgefäße, also zur Erhöhung des peripheren Widerstandes und Blutdruckanstieg. Warme Bäder bedingen eine Eröffnung der peripheren Gefäße, hauptsächlich durch Freisetzung eines örtlichen Gewebsstoffes, der sogenannten H-Substanz von LEWIS und zu einem Anstieg des Minutenvolumens um etwa 30–35%. Wird diese Wirkung noch mit der Kreislaufbelastung durch heiße Badetemperatur verstärkt, dann wird leicht verständlich, daß Herzkranke nicht selten nach einem „intensiv durchgeführten Kuraufenthalt" dekompensiert in die Behandlung des Hausarztes zurückkehren. Die Kohlensäure führt zu einer Mehrdurchblutung der Haut. Sie wird nachweislich in Mengen von 30–35 ccm pro Minute im CO_2-Bad in die Haut aufgenommen. Im Gegensatz zur Gefäßerweiterung im Warmbad geht die Durchblutungssteigerung durch CO_2 auf eine direkte chemische Reizung der Kapillaren und Arteriolen zurück (GOLLWITZER-MEIER). Durch die Aufschließung der Gefäßperipherie und das hierdurch bedingte Wärmegefühl liegt die indifferente Badetemperatur im CO_2-Bad um 1 bis 2 Grad niedriger als im CO_2-freien Bad.

Die bisher besprochenen Einflüsse – Hydrostase, thermische und chemische Reize – bewirken zunächst den sog. Einbruch in die Kreislaufregulation (GOLLWITZER-MEIER).

Dieser Einbruch verursacht die Auslösung zahlreicher Regulationsvorgänge, welche durch nervöse Rezeptoren ausgelöst werden, die zum Teil im Herzen selbst, zum Teil in den großen Venen, in der Aorta, in der Arteria carotis sowie in der Pulmonalarterie ihren Sitz haben. Der Anstieg des Venendruckes führt in den großen Venen und im rechten Vorhof zur Erregung sensibler Vagusfasern, der sogenannten A-Fasern des Nervus vagus. Deren Impulse gelangen an das sympathische und vagische Kreislaufzentrum (SCHAEFER). Von diesen Zentren aus kommt die Gegenregulation auf die im Bad veränderte periphere Kreislaufeinstellung in Gang. Im Rahmen dieses über zahlreiche Eigenreflexe zustandekommenden Ausgleichs spielt u. a. der BAINBRIDGE-Reflex als zu Tachykardie und Blutdrucksteigerung führender Eigenreflex des Herzens eine Rolle. Ihm steht der entgegengesetzt wirkende BEZOLD-JARISCH-Reflex gegenüber, der als bei Myokardinfarkt in Kraft tretender Schutzreflex bekannt ist und von vielen Untersuchern für die Verlangsamung der Herzschlagfolge und die Blutdrucksenkung im CO_2-Bad verantwortlich gemacht wird. Das Zusammenspiel der Vielzahl der im Bad in Konkurrenz tretenden Kreislaufreflexe ist indessen bis heute noch nicht abschließend in allen Einzelheiten geklärt. Letztlich liegt auch das Wesen der CO_2-Badekur in der Erreichung einer rationelleren Kreislaufleistung. Diese wird lediglich unter schonenderen Bedingungen erlangt als beim körperlichen Training. Im Gegensatz zu diesem entfällt im CO_2-Bad die vermehrte Herzbelastung durch gesteigerten O_2-Bedarf in der Muskulatur. In diesem Zusammenhang hat auch die grundumsatzsenkende Wirkung des CO_2-Bades Erwähnung zu finden. So gesehen, stellt das CO_2-Bad eine sehr schonende Form der Kurbehandlung dar; jedoch ist der dekompensierte Herzkranke auch für das CO_2-Bad nicht geeignet (HERKEL, LÜHR u. a.).

Inwieweit dem Einfluß des Mineral- und Salzgehaltes eines Bades auf die Kreislauffunktion eine Rolle zukommt, ist bis heute noch wenig erforscht. Bekannt ist die gesteigerte hydrostatische Wirkung salzhaltigen Wassers. Die Höhe des hydrostatischen Druckes steht in Abhängigkeit von der Salzkonzentration. Ob darüber hinaus Resorptivwirkungen von Bedeutung sind, ist noch nicht geklärt, nach Auffassung vieler Balneologen jedoch wahrscheinlich.

Das CO_2-Bad mit indifferenter Badetemperatur steht auf Grund seiner großen Indikationsbreite zu Recht im Mittelpunkt der üblichen Kurmaßnahmen bei den verschiedensten Herz-Kreislauferkrankungen (s. S. 728). Heiße Bäder, insbesondere Sauna, Überwärmungsbäder im Sinne des Schlenzbades, Moorbäder stellen, ebenso wie Kaltwasseranwendungen, zwar nützliche Methoden in der Prophylaxe der Kreislauferkrankungen dar, aber schon bei neurozirkulatorischen Störungen schweren Grades mit paradoxem Reflexverhalten ist deren Anwendung nicht unbedenklich. Folgenschwere Komplikationen durch Provokation derartiger Fehlsteuerungen werden nicht selten beobachtet. Hierher gehören vor allem die während einer Badekur auftretenden Kreislaufkatastrophen, wie Herzschlag und Gehirnschlag.

Der Hausarzt hat bereits die Indikation zur Kurbehandlung bei Herz-Kreislaufkrankheiten, unter Beachtung der Kontraindikationen, gewissenhaft zu stellen. Der kurfähige Herz-Kreislaufkranke soll völlig kompensiert sein und über eine noch ausreichend kardiale und koronare Reserve verfügen. Kranke mit einer floriden, entzündlichen Erkrankung der Herzklappen oder des Herzmuskels sind für Kurorte nicht geeignet. Eine in Betracht kommende Herdsanierung soll vor dem Kurbeginn durchgeführt werden.

In der häuslichen Behandlung liegt dagegen ein anderes wichtiges therapeutisches Prinzip in der Anwendung von Teilbädern (HAUFFE), die bei schonendster Anwendungsart sich kutiviszeraler Reflexe bei ihrer Wirkung bedienen und daher für Durchblutungsstörungen bestimmter Organe zu optimaler Anwendung gebracht werden können (BRAUCH u. v. a.).

Es ist dabei wesentlich, gewisse Gesetzmäßigkeiten zu kennen und zu beachten. Beginnt man z. B. bei einem Übermüdeten, einem Rekonvaleszenten usw. mit derartigen Anwendungen, dann sollte man stets mit Fußbädern anfangen, da diese bei weitem nicht derartige hämodynamische Umstellungen im Gefolge haben, wie die sehr viel differenteren Armbäder.

Bei Berücksichtigung derartiger Erkenntnisse verordnen wir abendliche Fuß- bzw. Armbäder und empfehlen, sie möglichst körperwarm zu beginnen, sie langsam auf 40–42 Grad ansteigen und dann wieder auf die Ausgangstemperatur zurückgehen zu lassen. Diese Form hat nach unseren Erfahrungen bei Ermüdungserscheinungen eine bessere Wirkung als Wechselbäder. Bei Menschen, die zu einer gesteigerten und paradoxen Reflexerregbarkeit neigen, führen letztere leicht zu einer Potenzierung dieser Dysregulation und unter Umständen zu schweren Durchblutungsstörungen.

Zu erwähnen sind weiterhin die Kohlensäureteilbäder (SCHLECHT), welche in besonderen Fällen, vor allem aber bei orthostatisch bedingten Regulationsstörungen, ausgezeichnet wirken können.

Ein anderes Verfahren der Hydrotherapie, das sich zunehmender Beliebtheit erfreut, sind die Luft- bzw. Perlsprudelbäder (HAFERKAMP, SCHWARZ), von denen wir mit dem Tritosan-Sprudelbad umfangreiche Erfahrungen gesammelt haben.

Abgesehen von der Tatsache, daß auch diese Bäderform hinsichtlich Kreislauf, Stoffwechsel usw. weitgehend die S. 726 beschriebenen Reaktionen verursacht, konnten für das Sprudelbad folgende Beobachtungen gemacht werden:

Auf Grund der Untersuchungen von SCHOLTZ wissen wir heute, daß der Hauptwirkungsfaktor in der Balneotherapie darauf beruht, daß eine Anregung des Hautorgans durch Flächenreize zustande kommt, deren Charakteristikum darin besteht, daß schon unterschwellige Reize durch gegenseitige Verstärkung wirksam werden können.

In diesem Wirkungsmechanismus darf eine der therapeutisch wirksamsten Eigenschaften des Luftsprudelbades gesehen werden. In seiner Perlchengröße dosierbar, führt es zu einer Mikrovibration und löst auf Hautgefäße und subkutane vegetative Nervenendigungen einen Reiz aus, der ungefähr mit der Efflorage in der Massagebehandlung verglichen werden kann. Es ist dabei wichtig, daß die Allgemeinstimmung des Körpers durch eine natürliche oder künstliche balneotherapeutische Anwendung sich keineswegs parallel mit der Hautdurchblutung verändert, sondern nur in Prüfungstesten des vegetativen Nervensystems, welches als Übertragungsorgan aller Allgemeinreize dient, widerspiegelt. So ergibt sich im thermisch indifferenten Sprudelbad keine Hautrötung und doch ein angenehmes Wärmegefühl, das unter Umständen mehrere Stunden anhält.

Subjektiv sind beim Sprudelbad, abhängig von der individuell unterschiedlichen Reaktion auf das Bad überhaupt, vor allem zwei Wirkungsweisen unterscheidbar:

a) Ein entspannender, angenehm ermüdender, beruhigender und das Einschlafen begünstigender Effekt. Deshalb eignet sich diese Badeform zur Behandlung von Schlaflosigkeit, Unruhe- und Erregungszuständen, für Zirkulationsstörungen, wie die Neurozirkulatorische Dystonie, zum Zwecke der Dämpfung überschießender und paradoxer Reaktionen, bei labilem Hochdruck, Neigung zu Angiospasmen unter dem Bild von Stenokardie, Migräne usw. Überwiegt die erregende Wirkung des Bades, dann kann dieser therapeutisch gewünschte sedative Effekt durch Steigerung der Badetemperatur über den Indifferenzpunkt (39–40 Grad) sowie durch Zusatz von Brom-Baldrian-Badesalz, Heublumenextrakt usw. künstlich herbeigeführt werden.

b) Eine anregende, erfrischende und ermüdungs-beseitigende Wirkung, die wahrscheinlich durch raschere Eliminierung von Ermüdungsstoffen und Stoffwechselschlacken bedingt ist. Es eignet sich daher diese Badeform im therapeutischen Plan bei Ermüdungs- und Schwächezuständen, arteriellem Unterdruck,

Rekonvaleszenz sowie zum Ziele einer allgemeinen Leistungssteigerung. Künstlich kann diese Komponente unterstützt werden durch etwas unter dem Indifferenzpunkt liegende Badetemperaturen (34—35 Grad) sowie Zusatz von Fichtennadelextrakt (TAUBMANN) u. ä.

Das Luftsprudelbad besitzt bis zu einem gewissen Grade amphotere Wirkung und kann mit gutem Erfolg in den Behandlungsplan der Übermüdung und vegetativen Dysregulation eingebaut werden.

Ein interessantes Problem, das in diesem Rahmen noch einen kurzen Hinweis benötigt, besteht in der Anwendungsreihenfolge der gewählten physikalischen Maßnahmen.

Im allgemeinen wird die Auffassung vertreten, daß die Massage dem Bade folgen soll und nur so ihre optimalen Wirkungen entfaltet. Weil besser wirksam, stellen wir bereits seit Jahren in dem Routine-Regime der Morgenkörperpflege die Maßnahme, welche in ihrer Wirkung der Massage gleichkommt, nämlich das Trockenbürsten, vor die hydrotherapeutische Anwendung, das Duschen. Auch HILLE fordert die gleiche Reihenfolge ausgehend von Erfahrungen, welche er mit der Bindegewebsmassage machen konnte. Bei dieser Behandlungsmethode müssen das unter der Massage entstehende, sich fortlaufend verändernde Hautrötungsbild sowie die vom Patienten empfundenen Schmerzen geradezu als „Leitsymptome" für die Durchführung der Massage angesehen werden. Durch die Massage selbst soll die nötige Wärme erzeugt, es soll das zunächst unruhig-fleckenhafte Hautrötungsbild ausgeglichen und mit Hilfe dieser Maßnahme der anfänglich oft außerordentlich unangenehme Schmerz zum Verschwinden gebracht werden. Es muß also vor der Massage alles vermieden werden, was diese auch diagnostisch so wichtigen Symptome zu verdecken vermag.

Dagegen kann durch die Massage-Vorbehandlung der Körper so eingestimmt werden, daß das Bad erst seine optimale Wirkung entfaltet (HILLE).

Literatur zu Kapitel VI, Abschnitt A, 10.4.4

BOEHM, G.: Balneotherapie (Kurortbehandlung) in J. GROBER: Klinisches Lehrbuch der physikalischen Therapie, 2. Aufl. (Jena 1950). — BERNHARD, P.: Die Grundlagen der Balneotherapie. Med. Mschr. 3, 721 (1949). — EISALO, A.: Der Einfluß der finnischen Sauna auf den Kreislauf. Ann. med. exper. biol. Fenn. 34, 4 (1956). — HALHUBER, M. J. und Mitarb.: Kreislaufbeobachtungen in einem natürlichen Heißluft-Radiumemanatorium. Arch. Kreislaufforschg. 26, 61 (1957). — HERKEL, W.: Therapie und Praxis der Balneotherapie der Herz- und Kreislauferkrankungen. Dtsch. med. J. 5, H. 21/22 (1954). — LACHMANN, H.: Balneotherapie der Hypertonie. Z. angew. Bäder- u. Klimahk. 1, H. 1, 39 (1954); Analyse und Synthese in der Balneologie. Arch. physik. Ther. 9, H. 5, 401 (1957); und I. SCHUBARDT: Der corticoviscerale Ursprung der Hypertonie und Balneotherapie. Z. Ärztl. Fortb. 47, H. 6, 199 (1953). — LÜHR, K.: Indikation und Gegenindikation zur Balneotherapie bei Herz- und Kreislaufkranken. Dtsch. Gesd.wes. 9, H. 29, 907 (1954). — MIELKE, U. und K. PH. SCHÄFER: Zur Dosierung von Kohlensäurebädern. Arch. phys. Ther. 9, 311 (1957). — PIERACH, A.: Balneotherapie der Kreislauferkrankungen. Dtsch. med. J. 4, H. 17/18 (1953); Ärztl. Praxis 7, H. 9, 14 (1955). — PRESCH, H. R.: Zur Balneotherapie der koronaren Durchblutungsstörungen. Z. angew. Bäder- u. Klimahk. 2, H. 6, 1 (1955). — REICHEL, H.: Einführung in die Balneotherapie. Ärztl. Praxis 7, H. 35, 14 (1955). — REMMLINGER, H.: Der Kreislauf im CO_2-Sulfatbad. Z. angew. Bäder- u. Klimahk. 3, 437 (1956). — SCHILLER, G. A.: Heilverfahren im Badeort. Ärztl. Praxis 10, H. 35, 796 (1958). — SCHOLTZ, H. G.: Physikalische Therapie und Balneologie. Ärztl. Mitt. 41, H. 2, 37 (1956). — SCHWARZ, F. K. TH.: Aerotherm-Luftperl-Sprudelbäder im klinischen Gebrauch. Hippokrates 28, 686 (1937); Über die Möglichkeit einer prophylaktischen Kreislauftherapie durch Luftsprudelbäder. Zbl. Arb. Med. Arb. Schutz 2, H. 6, 174 (1952). — VELIKAY, L.: Über die östrogene Wirksamkeit der Moorbäder. Wien.

med. Wschr. 1957, 346. — VOGT, H.: Balneotherapie und physikalische Therapie. Med. Welt 21, 693 (1951). — WACHTER, R.: Balneotherapie in der Praxis reaktionstypisch gesehen. Nauh. Fortb.-Lehrg. 17, S. 117 (Darmstadt 1951); Zur Bedeutung von Konstitutions- und Reaktionstypen für eine gezielte Balneotherapie. Medizinische 1952, H. 33/34; Balneologische Indikationen und Kontraindikationen reaktionstypologisch betrachtet. Dtsch. med. J. 5, H. 5/6, 96 (1954).

10.4.5. Heil-Sport

Der Gedanke, den Sport als Heilmethode in den Behandlungsplan von Kreislauferkrankungen einzubauen, verlangt zunächst die Klärung der Frage, welche Wirkung erwartet man sich vom Sport überhaupt?

Jede vermehrte Arbeit des Herzens erzeugt eine Vergrößerung seiner Innenräume bzw. eine Zunahme seines Fassungsvermögens und eine Verstärkung seiner Wanddicke, Faktoren, welche in ihrer Gesamtheit röntgenologisch das Bild des gut tonisierten, vermehrt gerundeten und vergrößerten Herzens bedingen. Untersucht man die Arbeitsweise eines derartigen Herzens, dann läßt sich nachweisen, daß bei gleicher körperlicher Arbeit der „Trainierte" einen geringeren Sauerstoffverbrauch hat als der „Untrainierte". Wir finden weiterhin, daß die Pumpleistung des Trainierten in Ruhe sich eher am unteren Rande der Norm bewegt und daß die Leistungssteigerung des Herzens im wesentlichen durch eine Vergrößerung des Schlagvolumens ermöglicht wird, während der Untrainierte mit einer sehr ausgeprägten Zunahme seiner Herzfrequenz reagiert. Die Arbeitsweise des trainierten Herzens wird dadurch verständlich, daß in der Ruhe und bei leichter körperlicher Arbeit eine größere Restblutmenge in den Kammern zurückbleibt, welche bei stärkerer Belastung sofort ausgeworfen werden kann, so daß die weniger ökonomische Leistungssteigerung des Herzens durch Anstieg der Herzfrequenz nur in geringem Maße in Anspruch genommen werden muß. Diese Zunahme der Herzmuskelmasse unter dem Einfluß sportlicher Betätigung verlangt eine vermehrte Durchblutung der Herzkranzgefäße, und es konnte gezeigt werden, daß das Sportherz durch eine ausgesprochene Zunahme seiner feineren Gefäßäste gekennzeichnet ist. Wir konnten darüber hinaus die Gesetzmäßigkeiten erarbeiten, welche unter Zuhilfenahme mechanischer, humoraler und nervöser Faktoren die Sicherstellung der Herzdurchblutung gewährleisten. Weiterhin konnte gezeigt werden, daß ein Herz, das im Schongang läuft, d. h. seine Arbeitsweise vorwiegend über die Variationen des Schlagvolumens reguliert, das Regulationssystem der Herzkranzgefäßdurchblutung weniger stark in Anspruch nimmt als ein solches mit Neigung zu Frequenzsteigerung.

Es wäre aber nur eine Seite des Trainingszustandes erfaßt, wenn man sich auf die Betrachtung der Wirkungs- und Leistungsökonomie beschränken wollte. Die andere, praktisch nicht weniger wichtige Forderung ist die Fähigkeit zu rascher Energieentfaltung, schneller Leistungssteigerung und rascher Umstellung auf höchste Leistungsbeanspruchung, welche das Wesen des Trainings ausmacht.

Im Hinblick auf therapeutische Auswirkungen des Sports wird man folgende Punkte besonders berücksichtigen müssen:

1. Vermeidung und Behebung von Inaktivitätssymptomen, welche den Gesamtorganismus betreffen oder aber sich auch auf bestimmte Organgebiete beschränken können.
2. Erzielung der unter Berücksichtigung von Alter, Geschlecht, Konstitution, Beruf, überstandenen Krankheiten usw. bestmöglichen Leistung des Gesamtorganismus.
3. Übung von Koordinationen und Regulationen zur Vermeidung überschießender oder paradoxer Reizbeantwortung.

4. Bereitstellung von Energiereserven zur Verhütung rascher bzw. vorzeitiger Erschöpfbarkeit.
5. Bahnung der optimalen, d. h. ökonomischen Ausnützung und Verwertung der Energiereserven unter dem Gesichtswinkel von Schonung und Spareinstellung.
6. Dämpfung der Reizschwelle des sensiblen Nervensystems zur Überwindung der subjektiven Beschwerden des „toten Punktes".

Bei vielen Kranken mit funktionellen Durchblutungsstörungen fällt auf, daß sie den „toten Punkt" schwerer überwinden als der Gesunde oder gar der trainierte Sportler.

Es ist nun sicher eine der wichtigsten Trainingsfolgen, daß die Umstellung auf ein höheres Leistungsniveau gebahnt, stärkere Grade einer transitorischen Hypoxämie vermieden und ausgeprägte subjektive Beschwerden kaum empfunden werden.

Wenn nun diese Trainingswirkungen, die sicher nach den verschiedensten Richtungen noch eine Ergänzung erfahren können, zweifelsohne therapeutische Vorteile in sich bergen, so wird man andererseits gerade bei der Einfügung des Sportes in die Behandlung von Herz-Kreislauferkrankungen, auch folgende Erfahrungen zu berücksichtigen haben:

Die Entwicklung eines therapeutisch gewünschten Trainingsniveaus braucht eine gewisse Anlaufzeit, innerhalb welcher die gewünschten Umstellungen vielfach recht unharmonisch zur Entwicklung kommen. Vermehrte subjektive Beschwerden, leichte Ermüdbarkeit, „Muskelkater" usw. können die Folge sein, die teilweise in Kauf genommen werden müssen, andererseits aber ärztlich sehr sorgfältig von Symptomen der Überanstrengung bzw. des Übertrainings abzugrenzen sind.

Es liegt im Wesen des Trainiertseins, daß es nach einer gewissen Zeit zu einem Optimum funktioneller Leistungsbreite führt. Von diesem Stadium aus sind der Sport-, insbesondere aber der Kreislaufmedizin mehrere Entwicklungswege bekannt.

Wird dieses Optimum an Leistung nicht vollkommen ausgewertet, sondern bleibt die körperliche Anforderung stets unter der optimalen Höchstleistungsgrenze und wird dazu noch dem jeweiligen Befinden der leib-seelischen Gesamtstimmung in vernünftiger Weise angepaßt, dann erzielt der Gesundheitserzieher den Zustand der körperlichen „Fitness", welcher das Ziel jeglicher Gesundheitsmedizin sein sollte.

Werden, wie beim Rekordsport, die gesetzten Anforderungen immer höher geschraubt, dann entwickelt sich der Zustand des „Übertrainings", der, gekennzeichnet durch überschießende oder paradoxe Reaktionen und durch Zusammenbruch der Trainingsökonomie (Sportkrankheit), die schwerste Belastung für die Kreislaufregulationen darstellt und als Ursache für manchen Sporttodesfall, besonders in höherem Alter, angesehen werden muß.

Genau so wie der Anlauf des Trainings muß auch der Trainingsabbruch eine sorgfältige Dosierung und Planung erfahren. Wird ein solcher Vorgang ohne abrupten Übergang eingeleitet, dann stellt sich innerhalb von 10–12 Monaten ein Zustand ein, der weitgehend dem ohne jegliche sportliche Betätigung gleicht, d. h. es kommt zur Rückbildung von Trainingsregulationen, gleichgültig, ob es sich um die Trainingsvagotonie, die Verdickung der Herzwandungen usw. handelt. Aus dieser Tatsache ergibt sich, daß die Einführung des Sports in die Behandlung von Herz-Kreislauferkrankungen nur als sorgfältig dosierte Daueranwendung in Frage kommen kann. Kommt es jedoch auf der Höhe des Sports zu einem akuten Trainingsabbruch, dann entwickelt sich ein Symptomenkomplex, den wir als „zirkulatorisches Entlastungssyndrom" bezeichnen, welcher zum Ausgangspunkt organischer Kreislauferkrankungen werden kann.

Die Begriffe Training und Trainiertsein sind relativ und setzen sich in ihrer Endwirkung zusammen aus den Trainingsanforderungen einerseits und der Trainingsbereitschaft des dem Training unterworfenen Organismus andererseits. Nur wenige Punkte sollen in diesem Zusammenhang Erwähnung finden (s. S. 69).

Die Konstitution ist, ganz besonders hinsichtlich ihrer Kreislaufveranlagung, von ganz entscheidender Bedeutung für den Trainingseffekt. Der Leptosome, vor allem aber der Astheniker, welcher kaum zur Hypertrophie befähigt ist, wird, selbst bei sorgfältiger Trainingsführung, andere Folgen, insbesondere am Herzen zeitigen, als der zur Vermehrung seiner Muskelmassen rasch bereite athletische Körpertyp.

Wer zeitlebens Sport, unter Umständen sogar sehr einseitigen Sport, betrieben hat, kann leichter auf andere Sportarten umgestellt und rascher in Trainingsform, selbst mit härteren Trainingsmaßnahmen, gebracht werden als Menschen, welche zeitlebens der Körperbewegung abhold waren.

Der therapeutisch gewünschte Trainingseffekt hat eine Hebung des Gesamtleistungsniveaus, nicht aber die Überentwicklung einzelner Muskelgruppen oder bestimmter Organgebiete anzustreben. Der Weg zu diesem Ziel führt über eine spezielle Kräftigung des schwächsten Organs, d. h. die Trainingsanforderung wird, mit dem Versuch der dauernden Steigerung, nur im Hinblick auf das „Schwächeorgan" berechnet und variiert werden müssen. In diesem Sinne bestimmt z. B. ein krankes Herz in einem athletischen Körper ausschließlich den Trainingsplan eines Gesundheitserziehers. Vernachlässigt man derartige Überlegungen, dann kann man, getäuscht durch den äußeren Aspekt, die schwerwiegendsten Fehler begehen.

Schließlich muß man berücksichtigen, daß jedes Training, besonders im Hinblick auf den Kreislauf, eine Ausrichtung auf eine bestimmte, in diesem Falle vorwiegend muskuläre Leistungssteigerung bedeutet. Wenn man Kreislaufkranke einer solchen Behandlung unterwirft und damit erreicht, daß Lebenskraft und Lebensfreude einen bedeutenden Zuwachs erfahren, dann wird man sich andererseits vor Augen halten müssen, daß mit einem derartigen Behandlungsprinzip die Kompensationen, d. h. Anpassungs- und Ausgleichsmaßnahmen des Organismus weitgehend erschöpft sind und daß zusätzliche Belastungen sehr vorsichtig vorher erwogen und wenn möglich abgeschirmt werden müssen. Hier verhält sich der Rekordsportler in Höchsttrainingsform genau so wie der durch Sport zur Vollkompensation gebrachte Herzkranke. Wählen wir nun z. B. die Möglichkeit einer Fokalsanierung in diesem Zustand, dann wird leicht verständlich, warum derartige Organismen, welche so „geübt" bzw. körperlich „geschult" erscheinen, nicht die Möglichkeit besitzen, auch andere Reaktionen zu „üben" und daher leicht durch zusätzliche Belastungen schwer geschädigt werden können.

Diese Vor- und Nachteile einer Sporttherapie müssen, gerade besonders im Hinblick auf Herz und Gefäßsystem sorgfältig abgewogen werden.

Fragen wir uns nun nach dem besonderen Ziel einer Sporttherapie bei Kreislaufkranken, dann wird man folgende Möglichkeiten in Erwägung ziehen können:

A) *Beeinflussung von Kreislaufstörungen:*
   a) durch Besserung der Durchblutung des gesamten Organismus bzw. einzelner Gefäßgebiete,
   b) durch Steigerung der Herzleistung infolge von:
      1. Kräftigung des Herzmuskels,
      2. Ökonomisierung der Herzarbeit.
B) *Unterbrechung der pathogenetischen Kette,* d. h. von eingefahrenen Reflexen, z. B. psychischen Konfliktsituationen und Kreislaufreaktionen, welche zu funktionellen und später zu organischen Kreislauferkrankungen führen können.

Wir können die Kreislaufkranken außerdem in zwei große Gruppen einteilen:

1. Patienten mit Kreislaufregulationsstörungen ohne nennenswerten organischen Befund (allgemeine Kreislaufschwäche, Durchblutungsstörungen),
2. Patienten mit organischen Herz- und Gefäßerkrankungen (Herzklappenfehlern, Herzmuskelschäden usw.).

Bei der Besprechung der Heilwirkung durch den Sport können wir uns nicht an die Herzkranken wenden, welche an Herzschwäche leiden, und als wichtigstes therapeutisches Prinzip der Schonung bedürfen. Es interessieren uns aber all die Kranken mit normaler Herzleistung, gleichgültig, ob ein organischer Schaden oder eine funktionelle Störung vorliegt. Für diese Kreislaufkranken werden wir die Möglichkeit einer Sporttherapie in Erwägung ziehen. Jeder Kreislaufkranke bedarf, bevor ihm eine sportliche Tätigkeit empfohlen werden kann, einer besonders sorgfältigen Organ-, Funktions- und Aktivitätsdiagnostik, die in unklaren Fällen in einer für Kreislauferkrankungen spezialisierten Klinik durchgeführt werden sollte.

Wurde durch eine ärztliche Allgemeinuntersuchung festgestellt, daß die Grundkrankheit, welche zum Herzschaden geführt hatte, völlig ausgeheilt, und das Herz nicht nur leistungsfähig ist, sondern auch über ausreichende Reserven verfügt, dann wird der Sportarzt, oder auch der Sportlehrer sich im allgemeinen damit begnügen, auf Warnzeichen zu achten, die frühzeitig auf eine Verschlechterung der Kreislaufleistung hinweisen können.

Wenden wir uns nunmehr den einzelnen Kreislauferkrankungen zu, bei denen der Heilsport empfohlen werden soll, dann interessieren wegen ihrer großen Häufigkeit in erster Linie die funktionellen Durchblutungsstörungen.

Das physikalische Behandlungsprinzip bei der neurozirkulatorischen Dystonie besteht in einer Anregung der Durchblutung der betroffenen Organe, wobei die zahlreichen Sportarten viele Variationsmöglichkeiten gestatten. In Tabelle 38 wurde der Versuch gemacht, auf Grund der Überlegungen von Physiologie und funktioneller Pathologie bestimmten Kreislaufstörungen gewisse Sportarten zuzuordnen.

Sehr wichtig ist weiterhin die Entscheidung über Zeitpunkt und Ort der Sportausübung. Es ist vor allem psychologisch wichtig, ob man den Rat erteilt, entsprechende sportliche Betätigung auf dem Sportplatz zu suchen oder aber sie in physikomechanischen Instituten bzw. zu Hause durchzuführen. Der Sportplatz hat den Vorteil von Frischluft, Sonne, Heiterkeit des spielerischen Wettkampfes und entspannender Gemeinschaft in berufsfremdem Milieu. Er hat den Nachteil der zeitlichen Gebundenheit, der schweren Kontrollierbarkeit und der Gefahr einer unerwünschten Überlastung bei leistungsbesessenen ehrgeizigen Menschen.

Tabelle 38. Behandlung von Kreislaufstörungen durch Sport bei Durchblutungsmangel bestimmter Körperabschnitte.

Besser durchblutete Gefäßregionen	Sportarten	Geeignet bei	Ungeeignet bei
Gesamter Organismus	Wandern, Radfahren, Schwimmen, Schlittschuhlaufen usw.	Nervösen Durchblutungsstörungen, Unterdruck, Fettleibigkeit	Herzschwäche, Infektionskrankheiten usw.
Vorzüglich Herzkranzgefäßgebiet	Golf, Krocket, Faustball, Bogenschießen	Nervösen Herzschmerzen	Organischer Kranzgefäßverengerung, Herzkranzgefäßverkalkung, hohem Blutdruck
Vorzüglich Lungengefäßgebiet	Schwimmen, Tauchen, Rudern, Paddeln, Waldlauf	Pulmonaler Dystonie, Lungenasthma, Lungenblähung, Brustkorbverkrümmungen, Rippenfellverwachsungen	Tuberkulose, Lungengeschwülsten
Vorzüglich Pfortadergefäßgebiet	Reiten, Rudern, Tischtennis, Billard	Verstopfung, Herzbeschwerden durch Magendruck und Zwerchfellhochstand, Fettleibigkeit	Offenem Beingeschwür, hochgradigen Krampfadern, schwerer Arterienerkrankung

Die physikomechanischen Institute dagegen haben den Vorteil der besseren Dosierbarkeit und Kontrolle, dagegen den Nachteil, daß die entsprechenden Apparaturen vielfach passiv den Körper bewegen, wobei das Moment von Spiel, Freude und Entspannung fortfällt.

Für Menschen, welche beruflich überlastet und nicht in der Lage sind, bestimmte Tageszeiten für die Ausübung des vorgeschlagenen Ausgleichssports einzuhalten, sollten, soweit es die Verhältnisse erlauben, häusliche Spiele (Tischtennis, La Cancha, Billard) oder Sportarten an Apparaten (Trockenrudern, Standfahrrad, Reiten auf Pferd oder Kamel usw.) angeraten werden.

Es ist nicht ganz leicht, bei Kreislaufkranken eine bestimmte Sportart richtig zu dosieren. Um Schäden zu vermeiden, empfiehlt es sich, anfänglich nur leicht übersehbare Sportarten durchführen zu lassen und dabei die Leistungsgrenze nicht völlig auszuschöpfen. Die größten Erfahrungen wurden mit dem Schwimmsport gesammelt, der fast überall und ohne große Mittel durchgeführt und auch hinsichtlich seiner Kreislaufbelastung ziemlich einfach dosiert werden kann.

Man kann beim Schwimmen die eigentliche Wasserwirkung und die mechanische Einwirkung durch Druck des Wassers, Bewegung des Wassers oder des bei ruhigem Wasser sich bewegenden Körpers unterscheiden. Die Wirkungen auf den Organismus können wiederum eingeteilt werden in:

1. Die Auswirkung auf den muskulären und knöchernen Bewegungsapparat,

2. die Wirkung auf den Kreislauf und
3. die Beeinflussung des Atemmechanismus.

Schließlich darf auch das psychische Moment beim Schwimmen nicht vergessen werden. Wie kaum eine andere Sportart ist es geeignet, ein angenehmes Kraftgefühl und körperliche sowie geistige Frische zu vermitteln.

In ähnlicher Weise kann die Heilwirkung anderer Sportarten analysiert werden, so daß es in Zukunft möglich sein wird, Training des Herzmuskels, Anregung der Durchblutung der einzelnen Organgebiete usw. genau zu dosieren.

Häufig taucht in der Praxis die Frage auf: wie sollen wir uns bei organischen Herzfehlern verhalten?

Nicht selten kann man beobachten, daß selbst bei einer gut ausgeheilten Herzklappenerkrankung mit ausreichender Herzleistung Hypochondrie, Minderwertigkeitsgefühl und die bei diesen Kranken infolge ungenügenden Trainings sehr häufig anzutreffende neurozirkulatorische Dystonie ein dauerndes Krankheitsgefühl mit völliger Leistungsunfähigkeit verursachen.

Sobald die sorgfältig durchgeführte „Aktivitätsdiagnostik" (SCHLEICHER) ergibt, daß die Aktivität des ursächlichen Leidens behoben ist, empfiehlt es sich, vorsichtig und unter ärztlicher Kontrolle Herz und Kreislauf für eine ökonomische Arbeit zu trainieren und damit auch die Psyche des Kranken günstig zu beeinflussen. Diese therapeutische Zielsetzung wird um so verständlicher, wenn wir uns vor Augen halten, daß E. H. HERING in einer vagotonen Einstellung des vegetativen Nervensystems einen wichtigen Kompensationsvorgang bei der Herzinsuffizienz sieht und DALE und GREMELS als besondere therapeutische Eigenart der Herzglykoside (Digitalis, Strophanthin usw.) die Aktivierung des natürlichen Vagusstoffes vermuten. Dieser Trainingsfaktor ist um so wichtiger, als auch KNIPPING bestätigen konnte, daß ein leicht klappengeschädigtes, aber trainiertes Herz leistungs- und belastungsfähiger sein kann als ein vollkommen untrainiertes gesundes Herz.

Genau so unzweckmäßig jedoch, wie derartige Patienten, meist handelt es sich um Kinder, vollkommen vom Schulturnen zu befreien, wäre der Versuch, sie in ihren altersgemäßen Turnklassen zu belassen und lediglich die Anforderungen herabzusetzen. Es ist ein merkwürdiges Phänomen, daß Kinder bis etwa zum 12. Lebensjahr ein Versagen auf geistigem Gebiet ohne weiteres selbst abreagieren, wobei zustatten kommt, daß in der Regel auch die kindliche Umgebung an solchen zeitweise geistig etwas Minderbemittelten keinen Anstoß nimmt. Das Odium jedoch, ein kraftloser und damit meist gleichzeitig ungeschickter tolpatschiger Schwächling zu sein, schafft in diesen Altersklassen derartige Kränkungs- und Zurücksetzungsmöglichkeiten, daß seelische Fehlverhaltensweisen für das gesamte Leben die Folge sein können. Man sollte daher derartige Kinder systematisch in Sonderturnklassen zusammenfassen, bis durch geeignetes, sorgfältiges und vor allem liebevolles Training diese Erkrankungsfolgen ausgeglichen sind.

Für die Praxis ist es wichtig zu wissen, wo die Schädigungsmöglichkeiten des Kreislaufgefährdeten durch sportliche Betätigung liegen.

Betrachten wir den Sport als Behandlungsmaßnahme, dann wird man den Faktor der Überlastung zurückstellen können, dafür jedoch einige andere Gefährdungsmöglichkeiten in Erwägung ziehen müssen:

a) Es ist möglich, daß durch vorzeitige oder unmäßige sportliche Belastung das Grundleiden aktiviert wird. Diese Gefahr gilt vor allem bei fokalen Infekten oder in der Rekonvaleszenz von Infektionskrankheiten, wenn auf die Durchführung einer sorgfältigen „Aktivitätsdiagnostik" verzichtet wurde. Zwischenfälle dieser Art können durch eine verständnisvolle ärztliche Überwachung jedoch vermieden werden.

b) Auch ungenügende Einhaltung der notwendigen Sporthygiene ist geeignet, sportliche Überlastungsschäden zu begünstigen. Hierher gehört die Vermeidung von Schädlichkeiten sowie die Einhaltung ausreichender Ruhepausen. Leistung und Wohlbefinden beim Sport werden weitgehend durch die Lebensweise bestimmt. Wir wollen in diesem Rahmen lediglich darauf hinweisen, wie ungünstig sich für den Sportler eine mangelhafte Erholung, insbesondere ein ungenügender Schlaf auswirken.

Wir konnten zeigen, daß unzureichender Schlaf die Anpassungsbreite des Sportlers nicht nur auf humoralem, sondern auch auf hämodynamischem Gebiet wesentlich einschränkt. Schon geringe Belastungen erzeugen bei Schlafentzug Stoffwechsel- und Kreislaufänderungen, wie sie in ausgeruhtem Zustand nur bei maximalen Leistungen auftreten.

Liegt bereits eine gesteigerte Erregbarkeit des vegetativen Nervensystems im Sinne einer neurozirkulatorischen Dystonie vor, dann können auch geringere Schädigungen schon schwere Zirkulationsstörungen hervorrufen. Es ist dabei vor allem auf den Genuß von Nikotin, Coffein, Alkohol oder gar von Reiz- bzw. Weckmitteln hinzuweisen.

c) Bei der Empfehlung sportlicher Betätigung zum Ausgleich von Zirkulationsstörungen spielen nicht nur Art der Erkrankung und Leistungsfähigkeit des Kreislaufes, sondern auch das Alter des Ratsuchenden eine Rolle.

Bekanntlich setzt zwischen dem 5. und 6. Lebensjahrzehnt ein Leistungsknick ein, der schon beim Kreislaufgesunden, wenn nach Jahren des Pausierens plötzlich der Wunsch erwacht, Beweise ungestörter sportlicher Leistungsfähigkeit zu erbringen, oft sogar, aus einem gewissen Gefühl der ungern eingestandenen Leistungsminderung, der Versuch gemacht wird, wesentlich Jüngere im Wettkampf zu schlagen, zu schwerem Kreislaufversagen führen kann. Kreislauflabile oder bereits organisch Kreislaufgeschädigte sind in diesem Stadium des leib-seelischen Klimakteriums besonders gefährdet.

Die Sportmedizin hat sich bisher nur wenig mit der Frage des Sports für die verschiedenen Altersstufen beschäftigt. Wir wissen heute, daß jedem Lebensalter die ihm adäquate Sportart zugeschrieben werden kann. Es ist selbstverständlich, daß sich Menschen, welche seit ihrer Jugend kontinuierlich Sport getrieben haben, höhere körperliche Leistungen abverlangen können und auch andere Sportarten betreiben dürfen als Menschen, welche, beeindruckt durch das Nachlassen ihrer körperlichen Leistungsfähigkeit, nach dem 50. Lebensjahr mit einer Sportart, besessen von einer Art hektischer Torschlußpanik, beginnen.

Es wäre ein Fehler, die außergewöhnliche Leistungsfähigkeit bekannter Sportler auch in höchstem Lebensalter noch als Norm betrachten zu wollen und, weil ein Mister G. noch nach dem 80. Lebensjahr ein Tennismeister war, nun die Belastung durch diesen Sport für einen 50jährigen als vertretbar und adäquat zu halten. Es kann als Regel gelten: wer sein Leben lang Sport betrieben hat, kann diesen, solange er bei vernünftiger Kritik einer etwa eintretenden Leistungsminderung Rechnung trägt, auch bis ins hohe Alter fortsetzen. Wird nach dem 50. Lebensjahr mit einer Sportart begonnen, dann muß auf jeden Leistungssport verzichtet werden, und es sollten Sportarten gewählt werden, wie sie z. B. im Waldlauf, Golf, Wandern, Schlittschuhlaufen, Radfahren (in der

Ebene), Krocket, Faustball usw. ein Höchstmaß an körperlicher Ausarbeitung mit einem Minimum an körperlicher Belastung vereinen.

Im allgemeinen wird man bei dem Rat zur Ausübung eines Sports bei älteren Menschen folgende Punkte zu berücksichtigen haben:

1. Der jugendliche Organismus ist infolge seines elastischen, schnell reagierenden Herz-Kreislaufsystems plötzlich auftretenden Beanspruchungen gewachsen, welche beim alternden Menschen auf Grund der Trägheit seiner Regulationsmechanismen zum Erschöpfungszustand führen können. Auf den Sport übertragen bedeutet das: In der Jugend Schnelligkeitsübungen (z. B. Kurz- und Mittelstreckenlauf), im Alter Kraft- bzw. Dauerleistungen wie Wandern und Dauerlauf.

2. Von ausschlaggebender Bedeutung ist der Trainingsgrad. Jegliche Arbeit bewirkt eine Gefäßerweiterung. Bei Überschreitung der Leistungsgrenze setzen als Schutzmechanismus paradoxe Reflexe ein, die den Erschöpfungszustand durch Kontraktion der Gefäße einleiten. Übung, d. h. dauerndes Training unter der augenblicklichen Leistungsgrenze erhöht die Leistungsbreite so weit, daß die Auslösung paradoxer Reflexe nur noch bei Grenzbelastungen zu fürchten ist. – Daraus folgt, daß einem Trainierten weit mehr zugemutet werden kann als einem Untrainierten der gleichen Altersgruppe.

3. Schließlich kann auch der Begriff des „Ausgleichssports", wenn er mißverstanden wird, zu Störungen Veranlassung geben, welche in keinem Verhältnis zu dem erwarteten oder gewünschten Erfolge stehen.

So ist die Empfehlung für Geistesarbeiter, einen Ausgleichsport zu betreiben, zwar sehr leicht ausgesprochen, aber tatsächlich nur sehr schwierig durchführbar, da das Mißverhältnis zwischen dem durch jahrelange Schreibtischarbeit völlig ungeübten und inaktivierten Kreislauf und der geringsten Belastung unvorstellbar groß ist, so daß selbst „Spiele" bereits zu akutem Kreislaufversagen führen können. Auch wissen wir, daß Menschen, welche schon durch den Beruf bis an die Grenze ihrer körperlichen Leistungsfähigkeit beansprucht sind, durch zusätzliche, wenn auch anders geartete körperliche Betätigung noch mehr geschädigt werden können.

Nachdem wir bereits darauf aufmerksam gemacht haben, daß Mißbefinden, vegetative Irritationszustände, kardiale Funktionsstörungen auf das „Verhocktsein" (MALTEN) der Wirbelsäule, auf Inaktivierungs- und Haltungsanomalien vorzugsweise vertebraler Genese zurückgehen, wird man dem Ausgleich dieser Zustände, die ihre Ursache darin haben, daß der sitzende Mensch Arme und Schultergürtel immer weniger ausarbeitend benützt, besonderes Augenmerk widmen müssen. Das Wandern mit zwei langen Skistöcken, die durch ihr Gewicht und den Fortfall der in der dritten Phase noch für notwendig erachteten Stützvorrichtung, eine gewisse trainierende Belastung bedeuten, hat sich hier als überaus zweckmäßig erwiesen. In Tabelle 39 haben wir darüber hinaus einige Übungen zusammengestellt, die in steigendem Maße früh und abends durchgeführt, dem gleichen Zwecke dienlich sind.

Die mit dem Begriff des Ausgleichssports verbundene Vorstellung, mit einer sportlichen Übung die im Beruf überlasteten Muskelgruppen zu entlasten und dafür die weniger beanspruchten zu belasten und auf ein höheres Trainingsniveau zu bringen, ist theoretisch zwar einleuchtend, praktisch aber gar nicht durchführbar. Nicht der gewünschte Wechsel der Arbeit, sondern die zusätzliche körperliche Mehrbelastung gibt oft den fatalen Ausschlag. Bei Schwerstarbeitern ist der Versuch eines derartigen Ausgleichs von vornherein kontraindiziert. Daß diese Auffassung nicht nur Spekulation ist, sondern auch der von der arbeitenden Bevölkerung gewählten, wahrscheinlich mehr unbewußten Freizeitgestaltung entspricht, ergibt die Tatsache, daß nur 5% der körperlich arbeitenden Bevölkerung am aktiven Sport beteiligt sind.

Bei Berücksichtigung dieser Möglichkeiten, welche beliebig erweitert werden könnten, eröffnet sich dem Sport ein weites Feld im Rahmen der Kreislauftherapie.

Tabelle 39. Bewegungsübungen zur Durchblutungsförderung von Thorax, Schultergürtel und Armen

1. Kopf rollen (nach rechts, vorn, links, zurück und umgekehrt)
2. Schultern heben und senken
3. Schultern rollen (nach vorn, oben, zurück und unten)
4. Lockern und Schütteln des Schultergürtels, verbunden mit lockerem Schütteln der Arme
5. Achterkreisen der Arme
6. Kutscherschlagen (Arme vor der Brust überkreuzen und zurückwerfen)
7. Kreisen des Oberkörpers (in der Hüfte festgestellt – nach rechts, hinten, links, vorn und umgekehrt)
8. Boxbewegungen beider Arme
9. Rollen der Hände im Handgelenk
   a) Arm im Schultergelenk fixiert
   b) Arm im Ellenbogengelenk fixiert
10. Atemübung (Brustkorb heben, Schultern straff zurück – einatmen; Brustkorb zusammenfallen lassen, Schultern nach vorn – ausatmen)

Fassen wir abschließend unsere Erfahrungen mit dem Sport in der Behandlung von Herz- und Gefäßerkrankungen zusammen, dann wird man folgendes feststellen dürfen:

Der Jugendliche, aber auch der Erwachsene sind für den Sport, einer Methode der physikalischen Therapie, meist leichter zu gewinnen als für andere Maßnahmen, welche nicht so stark das Gesundheits- und Lebensgefühl erwecken. Berücksichtigen wir gleichzeitig Art der Kreislauferkrankung, Alter und Trainingszustand des Patienten, dann kann mit Hilfe sportlicher Übungen ein wertvoller Heilplan aufgestellt werden, der sich körperlich und seelisch, nicht nur am Kreislauf, sondern an der gesamten Persönlichkeit heilend und gesunderhaltend auswirkt. Von allen physikalischen Methoden ist vorzugsweise der Sport bestens geeignet, die neuen Erkenntnisse, welche die Schulmedizin, Psychosomatik, Naturheilmedizin usw. der Therapie erarbeitet haben, in sich zu vereinen und dem hilfesuchenden Kreislaufkranken in individueller Form und unter sicherer Kontrolle zu vermitteln.

Literatur zu Kapitel VI, Abschnitt A, 10.4.5

BOLT, D. W., H. W. KNIPPING, H. VALENTIN und H. VENRATH: Sport als therapeutischer Faktor in der Herzklinik. Medizinische **1953**, 13. — v. DIETZE, E.: Krankengymnastik im Bewegungsbad. Krankengymnastik **1956**, 36. — DIMITRIU, V. und J. STEPHAN: Beitrag zum funktionellen Studium der Behandlung mit Heilgymnastik. Theorie und Praxis d. Körperkultur (Sonderheft) **1956**, 139. — ELSNER, W.: Über den Wert gymnastischer Behandlung. Med. Klin. 4, 117 (1952). — HIRSCHBERG, L. S.: Die Heilgymnastik bei inneren Krankheiten. Ther. Archiv 22, H. 5, 7 (1950). — HOCHREIN, M.: Sport und Kreislauf. Münch. med. Wschr. 50, 2038 (1936); Kreislauf und Sport. Med. Welt 4, 5 (1945); Heilwirkung des Sports bei Kreislauferkrankungen. Arch. phys. Ther. 4, H. 3, 142 (1952); Leibesübungen als Mittel der Rehabilitation bei Herz- und Kreislaufschäden. Dtsch. med. J. 9, H. 1, 1 (1958); und I. SCHLEICHER: Heilwirkung des Sports bei Kreislauferkrankungen. Sportmed. Gesundh.Erz. 4, 119 (1954); Der Sport in Pathogenese und Therapie von Kreislauffunktionsstörungen. Med. Klin. 50, H. 44, 1872 (1955). — HOSKE, H.: Leibesübungen als Mittel der Rehabilitation, in H. MELLEROWICZ: Sport als Mittel der präventiven und rehabilitiven Medizin (Berlin-Steglitz 1958). — KOHLRAUSCH, W.: Leibesübungen als Mittel zur Wiederherstellung der Leistung. Medizinische 1952, H. 31/32; Leibesübungen als Heilmaßnahme, in A. ARNOLD: Lehrbuch d. Sportmedizin, S. 512 (Leipzig 1956). — MELLEROWICZ, H.: Sport bei Myokardschäden. Dtsch. med. Wschr. 78, H. 19, 707 (1953). — SCHLEICHER, I.: Zur Aktivitäts-Diagnostik des Herzens. Med. Klin. 48, H. 15, 535 (1953). — SCHÜEPP, M.: Heilende Bewegung (Bern 1953). — SCHULTZ, J.: Gymnastik und autogenes Training. Therapiewoche 8, H. 5, 233 (1958). — SCHUMANN: Krankengymnastische Behandlung. Med. Ges. Münster, Februar 1950. — SEGMILLER, W.: Schonung und Training in der Krankenbehandlung. Landarzt 7, 153 (1951).

10.4.6. Körperpflege und Kosmetik

Es ist bisher nicht üblich gewesen, in Lehrbüchern zu den Problemen der Allgemeinpflege Stellung zu nehmen. Wenn wir uns aber vergegenwärtigen, welchen entscheidenden Einfluß, derartige Maßnahmen haben, sofern wir unsere Behandlung von vornherein auf einen optimalen Rehabilitationsgrad ausrichten, dann ist es überraschend, wie viel auf diesem Gebiete nicht nur in der Privatpflege, sondern auch in den Krankenhäusern, ja selbst in kardiologischen Spezialkliniken versäumt oder der Beachtung nicht für notwendig gefunden wird.

In gleicher Weise, wie jeder Ratsuchende fordern kann, daß den Arzt jederzeit eine Atmosphäre von Sauberkeit, Gepflegtheit und Frische umgibt, in gleicher Weise muß gefordert werden, soll das Arzt-Patienten-Verhältnis in der Kontaktaufnahme nicht erschwert werden, daß der Patient in die Lage versetzt wird, sich seines sanitären Zustandes nicht schämen zu müssen. Der Begriff des ,,Sich-nicht-riechen-könnens" hat bei offensichtlicher Vernachlässigung primitivster Gesetze von Anstand und Gesittung auch hier seine Gültigkeit, während es andererseits Krankheiten gibt, auch in der Herz-Kreislauftherapie (z. B. Gangrän, übelriechende Sputen usw.), denen gegenüber der Arzt keine Nase haben darf.

Viele große Krankenhäuser besitzen die Möglichkeit, die Patienten bei der Aufnahme zu baden und mit krankenhauseigener Wäsche auszustatten. Bei dekompensierten oder gar moribund erscheinenden Kranken ist das nicht möglich. Wie aber ist hier zu verfahren?

Es ist nicht nur aus Gründen der Hygiene, sondern als gleichzeitige Maßnahme der Kreislauftherapie zu fordern, daß jeder Kranke mit ,,absoluter Bettruhe" einmal am Tag von Kopf bis Fuß abgewaschen wird. Zusatz von etwas Essig, ein wenig Fichtennadelextrakt oder dergleichen geben nicht nur das Gefühl der Frische, sondern machen aus der ,,Prozedur" eine Maßnahme, die gern erwartet wird. Ein wenig Kölnisch Wasser oder dergleichen und Puder an die Stellen die zu intertriginösem Ekzem neigen, besonders bei fettleibigen und stark transpirierenden Patienten, vervollständigen diese Maßnahme. Die so unangenehmen, stark sauer riechenden Schweiße, vor allem bei Rheumatikern, die durch Antineuralgica vielfach noch verstärkt werden, sind durch Duftsubstanzen eher in ein noch unerträglicheres Geruchsgemisch zu verwandeln, durch die modernen Desodorantien aber leicht zu beheben.

Alle diese Maßnahmen stellen hohe pflegerische Anforderungen, und es kann nicht aus dem Problem des Schwesternmangels eine wichtige Heil- und Pflegemaßnahme vernachlässigt werden.

Bei längerer Bettlägrigkeit muß zusätzlich eine systematische Decubitusprophylaxe betrieben werden.

Einreibungen mit Campherspiritus, Trockenbürsten und dergleichen sind hier Mittel der Wahl, solange die Haut noch intakt ist. Die Gütegrade pflegerischer Behandlung lassen sich erkennen an dem Fehlen von Decubitus und ähnlicher Folgen langer Bettlägerigkeit auf der einen Station und ihrer Häufung bzw. ihrer Feststellung erst zu einem Zeitpunkt, wenn der Defekt schon gangränöse Ausmaße erreicht hat, auf einer anderen Abteilung.

Ein besonderes Problem bleibt immer das Benützen der Bettschüssel vor allem in Mehrbettzimmern.

Die sorgfältige Säuberung wird aus Scham nur allzu oft unterlassen und stuhl- und urinbefleckte Bettwäsche und Bekleidung sind die visuell nicht gerade erfreulichen und die Raumluft nicht verbessernden Folgen.

Wenn man beobachtet, wie diese chronisch Kranken in ihren Betten bei ungenügender Pflege verkommen, dann wird deutlich, daß auch aus psychologischen Aspekten heraus, dieser ,,Therapia minima" sehr viel mehr Augenmerk gewidmet werden sollte.

Es ist nicht uninteressant, daß in dem Plan der Schlaftherapie ein dreimaliges Bettmachen in die Vorschrift aufgenommen wurde (s. S. 611).

Auch diese Maßnahme erfordert zusätzliche Kräfte. Es kann aber kein Zweifel darüber bestehen, daß dreimaliges Auslüften des Bettes, dreimaliges Entfernen aller ,,Fremdkörper", die bei Kranken, die auch alle Mahlzeiten in liegender Stellung einnehmen müssen, unumgehbar sind und dreimaliges Glattstreichen von Matratze und Bettuch für die überbeanspruchte Rückenhaut des chronisch Bettlägrigen nicht nur Decubitus-Prophylaxe bedeuten, sondern von der Pflege aus gesehen auch billiger sind, als all die therapeutischen Notwendigkeiten, die ein großer einmal entstandener Hautdefekt nach sich zieht.

Wenn man außerdem diese Bettordnungsaktion damit abschließt, daß für 15 min alle Fenster geöffnet werden und den frisch gebetteten Patienten auferlegt 15 min tief zu atmen, eine Verordnung, die ein unausgesprochenes Unterhaltungsverbot in sich schließt, dann wird, abgesehen von dem wertvollen therapeutischen Effekt, vor allem auch psychisch erreicht, daß der Patient sich des aus allen diesen Maßnahmen resultierenden Wohlerbefindens bewußt und bereiter wird, bei so viel Einsatz von außen, auch selbst mit allen gegebenen Möglichkeiten an der Wiederherstellung seiner Gesundheit mitzuarbeiten.

So durchgeführt, erkennt man die hohe Schule der Pflege, deren ganze Klaviatur nur von einem nicht nur pflichtmäßig, sondern aus Passion auf den Patienten eingestellten Menschen zu nützlichem Einsatz gebracht werden kann.

Man kann sich fragen, welchen Sinn diese Ausführungen gerade in diesem Buche haben, und ob sie im Rahmen einer schulmedizinischen Darstellung überhaupt vertretbar sind.

Wenn wir aber seit Jahren unsere prophylaktischen und therapeutischen Konzeptionen auf eine Gesundheitsmedizin, auf die Entwicklung einer echten Gesundheitsmoral und im Rahmen des klinischen Betriebes auf eine optimale Rehabilitation eingestellt haben, dann gehört die Körperpflege zu den psychisch vielfach besonders stark empfundenen Positivvalenzen der Therapie, die den Patienten mehr auf Gesundung ausrichten und ihm rascher das Gefühl des Wohlerbefindens vermitteln als manche andere Maßnahme. Es wird auch dem Schwerkranken auf diese Weise die Empfindung gestattet, daß er noch etwas darstellt, daß es sich um ihn lohnt, daß er nicht ,,schon praktisch ein wertloses, unnützes Wesen" sei. Auch die schwerste Erkrankung sollte nicht mehr mit dem hoffnungslosen Odium des ungepflegten ,,Dahinsiechens" belastet sein.

Es ist weiterhin zu betonen, daß alle diese Maßnahmen nur bei „absoluter Bettruhe" vom Pflegepersonal übernommen werden müssen. Mit zunehmenden Rehabilitationsphasen wird nicht nur der Patient für sich selbst, sondern darüber hinaus auch für seine Zimmergenossen oder sogar für die ganze Station gewisse Pflichten mit übernehmen können, eine Möglichkeit, welche die Pflege z. B. in den „Long-term-Krankenhäusern" Amerikas ungeheuer erleichtert.

Ist die Phase erreicht, daß der Patient sich selbst waschen kann, dann müssen diese Forderungen der Hygiene trotzdem erfüllt werden, obwohl in vielen Krankenhäusern nur 1 oder höchstens 2 Waschbecken für 8–10 Betten zur Verfügung stehen.

Wir halten für die Herz-Kreislaufklinik die Einrichtung von Duschräumen für sanitär und therapeutisch zweckmäßig, da für die körperliche Reinigung Wannenbäder eine zu starke Kreislaufbelastung bedeuten.

Nur wenn diese Voraussetzungen geschaffen sind, dann kann diese so wertvolle Seite aktiver Mithilfe auf persönlichstem Gebiet zum Einsatz gebracht werden.

Im Rahmen der Körperpflege und Kosmetik ist auch die Haarpflege zu erwähnen.

In den meisten Kliniken wird sich der Usus gebildet haben, daß einmal in der Woche der „Bader", der „Bartscherer" oder „Friseur" kommt und die männlichen Köpfe betreut. Warum aber müssen in der Zwischenzeit die Bärte wachsen und die unbeholfenen kranken Männer eine ganze Wochenübersicht an Speisen im Gesicht tragen? Warum nimmt man davon Abstand, einen Schwerkranken zu rasieren und vernachlässigt dabei den positiven Effekt des Gefühls beim Kranken, daß es Wert hat, noch um das Aussehen Sorge zu tragen? Genau so wie der Gesunde nicht unrasiert an seine tägliche Arbeitsstätte geht, genau so sollte er nicht unrasiert den täglichen Besuch seines Arztes erwarten.

Nehmen wir dieses einmal als gegeben hin, dann ist es mit dem Gesetz von der „weiblichen Eitelkeit" kaum vereinbar, daß Haarpflegerinnen nur selten eine fixe Bindung an eine Klinik oder ein Krankenhaus haben. Patientinnen, die Wochen und Monate in einem Krankenhaus liegen, lassen sich hier oft in einer Form gehen und vernachlässigen sich bedauerlich, anscheinend, weil es sich nicht „lohnt", denn während einer Bettlägerigkeit hat man zwar gepflegt zu werden, nicht aber gepflegt zu sein. Hier ergibt sich eine Möglichkeit praktischer Psychotherapie, der Appell nämlich an den Durchsetzungswillen, an das Selbstbehauptungsbestreben. Ein Haarschnitt, eine Trockenwäsche, eine kleine Welle ins Haar, eine ein wenig anders gerichtete Frisur und ein wenig Duft oder dergleichen, das sind Möglichkeiten einer „Sublim-Therapie", die in Schweden und Amerika seit langem therapeutisch genutzt werden. Wir müssen uns bewußt sein, daß der Mann, der sich nicht rasiert, und die Frau, die auf Haarpflege und gutes Aussehen verzichtet, sich selbst aufgeben und daher besonderer psychotherapeutischer Hilfe bedürfen.

In gleicher Weise noch vollkommen außer Acht gelassen ist an deutschen Kliniken der therapeutische Indikationsbereich der Kosmetik. Jeder Mensch fühlt sich so, wie er aussieht und wie er sich anfühlt.

Wenn man sieht, wie viel hier in fortschrittlicheren Ländern bereits getan wird, dann ist man doch ein wenig erstaunt, daß dieses Gebiet bisher nicht nur keine Wissenschaft geworden ist, sondern sich bei uns noch im Zwielicht einer gewissen „Halbweltatmosphäre" bewegt. Wie fortschrittlich hier andere Länder sind, beweist die Tatsache, daß in schwedischen Krankenhäusern hauptamtliche Kosmetikerinnen angestellt sind, welche den gesundenden Menschen auch hinsichtlich seines Aussehens beraten und betreuen.

Hier gilt es äußere Dinge um ihres inneren Wertes willen zu tun.

Der bettlägrige Kranke hat Zeit, in der Regel zu viel Zeit. Es ist kein schlechter Gedanke, ihn auf sein Aussehen hinzulenken und das Bestreben wachzurufen, es zu verbessern. Die pflegende Kosmetik ist keine Angelegenheit des Geldes, sondern der konsequenten Durchführung. Wenn man den Kranken lehrt, und dies gilt nicht nur für Frauen, sondern gleicherweise auch für Männer, Gesicht, Hals und Hände sorgfältig und mit sachgemäßen Bewegungen zu massieren und mit Cremes zu behandeln, die durchaus nicht kostspielig zu sein brauchen, dann ist seine Zeit besser ausgenützt, als wenn er in illustrierten Zeitschriften blättert oder sich mit den Bettnachbarn über das Befinden, das Essen oder die Behandlung unterhält. Besonders wichtig sind diese Maßnahmen aber bei allen Zuständen hochgradiger Gewichtsabnahme. Der Ausspruch ,,Fett (Wasser) oder Falten" besteht durchaus nicht zu Unrecht. In allen diesen Fällen muß sich die schlaff gewordene Haut erst den veränderten Verhältnissen anpassen. Was hilft die beste Rekompensation, wenn der Genesene nach Hause kommt und von allen Seiten wegen seines schlechten Aussehens angesprochen wird?

Besondere Bedeutung gewinnen alle diese Bestrebungen angesichts der Tatsache, daß die durchschnittliche Lebenserwartung ständig zunimmt.

Es ist einfach nicht einzusehen, daß der ältere Mensch faltig und vertrocknet aussehen muß.

Die Kosmetik ist aus der Prophylaxe und auch aus der Gesundheitsmedizin nicht mehr wegzudenken. Uns scheint es wünschenswert, daß sich auch die behandelnde Medizin, und sei es nur aus psychotherapeutischen Gründen, dieses Problems annimmt.

Literatur zu Kapitel VI, Abschnitt A, 10.4.6

FIEBIG, M. und W. E. J. SCHNEIDRZIK: Ärztliche Kosmetik. Ärztl. Mitt. **43**, H. 15, 399 (1958). — LENZ, L. L.: Medizinische Kosmetik für den Praktiker. Landarzt **33**, H. 23, 662 (1957). — MÖLLER, H.: Behandlungsverfahren der Kosmetik (Hamburg 1958). — NACHTRAB, H.: Die Kosmetik in ärztlicher Sicht. Ärztl. Mitt. **42**, H. 17, 471 (1957); Die Kosmetik vom Standpunkt des öffentlichen Gesundheitswesens. Fette, Seifen, Anstrichm. **59**, 1 (1957). — SCHÄFER, W.: Hygiene. Med. Klin. **50**, H. 13, 531 (1955); Bakteriologie und Hygiene. Med. Klin. **51**, H. 35, 1478 (1956). — SCHEEL, E.: Kosmetik ärztlich genommen (München 1954). — SCHREUSS, H. TH.: Ärztliche Kosmetik (Heidelberg 1957). — SCHRUEMPF, E.: Lehrbuch der Kosmetik (Wien-Bonn 1957). — WEYBRECHT, H. und H. ENDERLEIN: Kosmetik heute. Sinn, Methoden, Grenzen (Stuttgart 1956).

10.4.7. *Sauerstoffbehandlung bei Herz-Kreislauferkrankungen*

a) Sauerstoffinhalationsbehandlung

Bei der Besprechung der Heilatmung haben wir bereits auf die Sauerstoffatmung hingewiesen (s. S. 712).

Die respiratorische Beeinflussung der Zirkulation ist dadurch gegeben, daß bei Einatmung eine Druckabnahme, Schlagvolumen- und Füllungszunahme und bei Ausatmung Druckanstieg bei Schlagvolumen- und Füllungsabnahme des rechten Ventrikels bei umgekehrtem Verhalten des linken Ventrikels bestehen. Dementsprechend bedingt die inspiratorische Phase eine Förderung der diastolischen und die exspiratorische Phase der systolischen Herzleistung. Darüber hinaus begünstigt die Einatmung den Bluteinstrom in die Lunge und die Ausatmung die Entleerung, so daß bei tiefen Atembewegungen über die parallel ansteigende Förderung der Lungendurchblutung dem rechten Herzen Arbeit abgenommen wird.

Bei allen hypoxämischen Zuständen ist mit der Verwendung von reinem O_2 bzw. Gasgemisch eine besonders erfolgversprechende Beeinflussungsmöglichkeit des Herz-Kreislaufsystems gegeben. Als Applikationsverfahren stehen das Zelt (40–54% Gaskonzentration), die Maske (90%) und der in die Atemwege eingeführte Katheter (45–60%) zur Verfügung. Ferner kann man sich einer Sauerstoffsättigungspumpe bedienen, die in den venösen Kreislauf (Vena saphena-Pumpe – Vena cubitalis) eingeschaltet wird und einen Anstieg der arteriellen Sauerstoffsättigung um 20% ermöglicht. Der Vorteil der Sauerstoffbeatmung liegt in den meisten Fällen in der Erhöhung des Atemvolumens und in der Verringerung des O_2-Defizits begründet, das auf der Beimengung venösen Blutes beruht und bei Herzkranken im Mittel 15–33% beträgt.

Auf die Gefahren der Sauerstoffbehandlung wird S. 831 eingegangen.

b) Intravasale Sauerstofftherapie

Der lokale Sauerstoffmangel ist als Folgezustand von Zirkulationsstörungen der verschiedensten Genese anzusehen. Durch die relative Hypoxämie bzw. relative Hypoxie läßt sich nach MÖLLER die vielgestaltige Symptomatologie der peripheren Durchblutungsstörungen auf einen Nenner bringen. Es kommt infolge der unzureichenden Durchblutung zu Ernährungs- und Stoffwechselstörungen mit einer Verschiebung des Gewebsmilieus in Richtung der Azidose. Da Atmung und Kreislauf auch in der Peripherie funktionell aufs engste verknüpft sind, gerät das Gewebe infolge der unzureichenden Durchblutung und der daraus resultierenden ungenügenden Sauerstoffzufuhr in Atemnot.

Hier nun scheint ein wirksamer Ansatzpunkt für die Sauerstofftherapie zu liegen.

Von STELLING und SINGH wurde die i.v. Injektion von 600–1200 ccm Sauerstoff pro Stunde bei Zyanose, Pneumonie und chronischen Lungenerkrankungen empfohlen. ZIEGLER gab bei Herzinfarkt i.v. bis zu 1000 ccm Sauerstoff stündlich. SCHÄFER und GÖPFERT dagegen kamen zu dem Resultat, daß die i.v. Verabreichung großer Mengen Sauerstoff beim Versagen der Lungenatmung – ein Problem von größtem Interesse – nutzlos sei, da der Sauerstoff 1. zu langsam aus der Blutbahn resorbiert werde, und 2. die Diffusionsfläche zu klein sei. Diese beiden Nachteile sind jedoch heute überwunden, da es MÖLLER gelang, Sauerstoffbläschen in der Größe von Erythrozyten als Sauerstoffschaum herzustellen und zu insufflieren. Hierdurch wird die Diffusionsfläche um weit mehr als das tausendfache vergrößert, und die Voraussetzungen für eine raschere Aufnahme des Sauerstoffs aus dem Blut sind daher viel günstiger. Von amerikanischen Autoren wurde in den letzten Jahren bestätigt, daß Sauerstoffgaben zu wirksamen therapeutischen Zwecken wesentlich kleiner als die obengenannten Mengen sein können.

MARKOW u. a. verabfolgten daher eine Dosis von 10 ccm Sauerstoff pro Minute über 17 Stunden bis zu einer Gesamtmenge von 22 Litern.

Die intraarterielle Sauerstofftherapie erfreut sich wegen ihrer therapeutischen Wirksamkeit zunehmender Beliebtheit. Bereits 1942 hat NIEDNER im Selbstversuch die Wirksamkeit und Verträglichkeit der intraarteriellen Sauerstoffgabe ausprobiert und schätzen gelernt. LEMAIRE sah eindrucksvolle therapeutische Nebeneffekte bei peripheren Durchblutungsstörungen. BREITNER und JUDMEIER nahmen die Beobachtungen LEMAIRES über die guten Erfolge der intraarteriellen Sauerstoffgabe bei peripheren Zirkulationsstörungen auf und bestätigten diese Ergebnisse.

MÖLLER entwickelte nach eingehenden Studien an der BREITNERschen Klinik ein Gerät, das in technischer Hinsicht allen klinischen Anforderungen entspricht und mit dem es gelingt, eindrucksvolle therapeutische Erfolge zu erzielen, die in neueren Arbeiten von RATSCHOW, STURM, SCHERER u. a. bestätigt wurden.

Das MÖLLERsche Gerät schließt jede Beimischung athmosphärischer Luft und damit Komplikationen im Sinne von Luftembolien sicher aus. Es ermöglicht eine genaue Dosierung und Regulierung der Sauerstoffeinströmungsgeschwindigkeit und gestattet eine augenblickliche Anpassung des Insufflationsdruckes an den jeweiligen arteriellen Druck. Ein weiterer Vorteil dieses Gerätes gegenüber allen bisherigen zum Teil provisorischen Apparaten ist, daß der intraarterielle Druck und die Pulsamplitude während der Insufflation laufend abgelesen werden können. Dies bedeutet nicht nur eine zusätzliche Kontrolle, daß die Insufflation tatsächlich intraarteriell erfolgt – bei der venösen oder subkutanen Lage der Punktionskanüle sinkt der Druck sofort ab – sondern es ist hiermit auch eine Bereicherung der diagnostischen Möglichkeiten gegeben. Die während der Behandlung zu beobachtenden Änderungen des intraarteriellen Druckes stellen ein unmittelbares objektives Kriterium für den Behandlungserfolg in bezug auf die Erweiterung der Gefäße dar. Die Punktion erfolgt in die Arteria femoralis in der Leistengegend. Die Insufflationsgeschwindigkeit beträgt etwa 20 ccm Sauerstoff in 30 sec. Bereits kurz nach der Insufflation sind höchst eindrucksvolle Veränderungen an den unteren Extremitäten zu beobachten: es tritt zunächst auf der Insufflationsseite eine weißliche Verfärbung der Haut, verbunden mit einer geringen Temperaturerniedrigung des Beines auf. Die distalen Bezirke werden hiervon zuletzt betroffen. Viele Patienten geben gleichzeitig ein Schweregefühl und auch Schmerzen in der betreffenden Extremität an. Dauer, Stärke und Ausdehnung dieser anämischen Symptome sind in Abhängigkeit von der Reaktionsweise und der vegetativen Tonuslage des Patienten individuell verschieden. Nach wenigen Minuten geht die Blässe zuerst in eine bläulichlivide Tönung über, sodann zeigen sich einzelne umschriebene hellrote Flecken, die an Zahl und Größe zunehmen, bis schließlich die ganze Extremität von einem charakteristischen hellroten Erythem ergriffen ist (Phase der arteriellen Hyperämie). Die Art und Ausdehnung dieses Erythems läßt nicht nur diagnostische Schlüsse auf die Lokalisation von stenosierenden Prozessen zu, sondern gibt auch Hinweise auf die Prognose und läßt erkennen, ob und welche chirurgischen Maßnahmen (z. B. Sympathektomie) eventuell erfolgversprechend sind.

Die einer obliterierten Arterie zugehörigen Hautbezirke bleiben inmitten der geröteten Umgebung blaß, oder die Anämie bleibt in besonders schwer betroffenen Gebieten weit über die normale Zeit hinaus bestehen. So ist also als besonderer Vorteil der intraarteriellen Insufflationsbehandlung hervorzuheben, daß Therapie und Diagnose dabei zusammenfallen. Die intensive diffuse Rötung hält bis zu 3 Stunden an und ist in diesem Ausmaß durch keine andere therapeutische Maßnahme zu erzielen. Eine signifikante Erhöhung der Hauttemperatur bis zu 8 Grad, die die Rötung überdauert, ist ein weiteres Zeichen für die gesteigerte Durchblutung und die Anpassung der Verbrennungsvorgänge im Gewebe. Sphygmographisch ist entsprechend zunächst eine Erniedrigung, dann eine deutliche Erhöhung der Pulsamplitude nachzuweisen. Subjektiv gibt der Patient ein wohltuendes Wärmegefühl und Kribbeln in der insufflierten Extremität an. Die genannten Erscheinungen bleiben aber nicht nur auf die Insufflationsseite beschränkt, sondern greifen vielmehr auch auf die gegenseitige Extremität über, die also therapeutisch in gleichem Maße beeinflußt wird. Hierbei läßt sich durch die Veränderung des Insufflationsdruckes mit dem MÖLLERschen Gerät die gewünschte Beeinflussung der anderen Extremität verstärken. Dies spielt, wie leicht einzusehen ist, besonders dort eine Rolle, wo bereits der krankhafte Gefäßprozeß zur völligen Obliteration der Art.femoralis geführt hat und eine Punktion daher an dieser Stelle nicht erfolgen kann. Hier erfolgt die konsensuelle Mitreaktion mit der gleichen Stärke wie auf der insufflierten Seite. Alle diese Effekte sind in Stärke und Ausdehnung nicht von der Menge des insufflierten Sauerstoffs abhängig; es genügt die Insufflation von 30–50 ccm Sauerstoff ohne zusätzliche Verabreichung von Medikamenten. Zur besseren Beeinflussung zerebraler Durchblutungsstörungen ist die intraarterielle Kombination mit gefäßerweiternden Medikamenten (z. B. Niconacid) anzustreben. Es kommt dabei zu einer zusätzlichen Steigerung der Hauttemperatur von 1–2 Grad.

Am eindrucksvollsten ist jedoch, abgesehen von den oben geschilderten objektiven und subjektiven Zeichen der gesteigerten Durchblutung und Sauerstoffversorgung, das oft schlagartige Verschwinden der subjektiven Beschwerden. Dies erscheint von erheblicher Wichtigkeit auch im Hinblick auf die Pathogenese, bei der, wie schon erwähnt, Fehlregulationen im Sinne der neurozirkulatorischen Dystonie eine Rolle spielen.

Es kommt hier an einer wichtigen Stelle im Circulus vitiosus der Sauerstoffmangelerscheinungen zu einer Unterbrechung. Die bereits sensibilisierten Schmerzbahnen werden blockiert.

In weiteren Untersuchungen haben wir den Eindruck gewonnen, daß sich der Glukosegehalt des Blutes nach der Insufflation ändert (OSTER).

Wie aus der STURMschen Klinik berichtet wird, soll die prozentuale Sauerstoffsättigung des Venenblutes fast um die Hälfte absinken, während die CO_2-Sättigung zunimmt. Diese Untersuchungen sind jedoch nur bis zu einem Zeitraum von 10 min nach der Sauerstoffinsufflation durchgeführt und ergeben keinen Hinweis auf die Sauerstoffsättigung nach 1 oder mehreren Stunden. Kapillarmikroskopisch läßt sich bei der Betrachtung der Hautgefäße ein maximal erweitertes Netz von Präkapillaren nachweisen.

Die Frage, auf welche Weise der insufflierte Sauerstoff in das pathologische Geschehen eingreift, ist noch nicht endgültig geklärt. Sicher spielen dabei mehrere Faktoren eine Rolle. Zunächst kommt es wahrscheinlich zu einer rein mechanisch-physikalischen Wirkung auf das Gefäßsystem mit noch zu untersuchenden Veränderungen des peripheren Widerstandes und des Minutenvolumens. Es kommt durch die relativ schnelle Insufflierung von Sauerstoff in die Gefäße zu passageren Sauerstoffembolien. Die Arterien ziehen sich auf den Fremdkörperreiz spastisch zusammen, wodurch eine starke vorübergehende Drosselung der Durchblutung einsetzt.

Die reaktive Steigerung der Zirkulation, vergleichbar mit der reaktiven Hyperämie der ESMARCHschen Blutleere, die jedoch von außen erfolgt, wird anscheinend nerval durch Nutritionsreflexe und chemisch durch die Ansammlung von CO_2 sowie möglicherweise durch die Ausschüttung von Histamin ausgelöst. Hiernach scheint es zunächst, als ob bei der Insufflationsbehandlung gar nicht dem Sauerstoff als solchem ursächliche Bedeutung zukommt. Die Beobachtungen, daß mit einer Reihe von indifferenten Gasen (Lachgas, CO_2, Propangas, Acetylen) ähnliche Effekte erzielt werden können, diese aber bei der Infusion von sauerstoffgesättigten oder gasgesättigten Lösungen ausbleiben, scheinen diese Annahme zu stützen.

Aus den nachhaltigen therapeutischen Wirkungen und anderen Befunden muß aber doch gefolgert werden, daß dem Sauerstoff auch eine spezifische Bedeutung zukommt. Nach unseren Beobachtungen am Kaninchenohr wird der Sauerstoff vom Blut langsam aufgenommen. Amerikanische Autoren stellten fest, daß bei dem vorübergehenden embolischen Verschluß der Gefäße mit Sauerstoffbläschen das Gewebe keinen Sauerstoffmangel leidet, weil der Bedarf durch Resorption der Sauerstoffbläschen gedeckt wird. Dies setzt wiederum die Aktivierung des molekularen Sauerstoffs im Blut voraus, wie auch bei Versuchen an supravitalen Gewebekulturen festgestellt werden konnte.

Als weiterer Beweis dafür, daß der subkutan insufflierte Sauerstoff resorbiert wird, erscheint uns unsere Beobachtung, daß diese Sauerstoffdepots aus mangelhaft durchbluteten Gewebspartien langsamer verschwinden als aus gut durchbluteten. Fernerhin erscheint als weiteres Zeichen dafür, daß der intraarteriell zugeführte Sauerstoff vom Gewebe aufgenommen wird und dort die Verbrennung anfacht, das erwähnte auffällige Absinken der Sauerstoffsättigung im venösen Blut sowie die

Temperaturerhöhung, welche die Phase der Hyperämie bei weitem überdauert. Schließlich übt die Sauerstoffinsufflation einen starken Reiz auf das Vegetativum aus, wie wir an Hand unserer Erfahrungen und Beobachtungen mitteilen können. Gerade bei solchen Patienten, bei denen die vegetativen Komponenten im Krankheitsgeschehen eine große Rolle spielen, lassen sich hervorragende therapeutische Erfolge erzielen. Es kommt nicht nur zur signifikanten Steigerung der Gehleistung, sondern es werden darüber hinaus auch die begleitenden Beschwerden, z. B. von seiten des Magens oder durch Spasmen ausgelöste Kopfschmerzen, eindeutig behoben. Die Zusammenhänge des angiospastischen Geschehens zwischen Peripherie und Gehirn sind erwiesen. HOFF berichtete von interessanten kapillarmikroskopischen Untersuchungen, durch die er im Verlauf eines epileptiformen Anfalles Veränderungen an den peripheren Hautgefäßen im Sinne eines Angiospasmus nachweisen konnte. Dies stimmt gut mit den Erfahrungen von MÖLLER überein, die er bei der i.a. Sauerstoffbehandlung postapoplektiformer Krankheitsbilder sammeln konnte.

Die intraarterielle Stoßinsufflation von 40–60 ccm haben wir in letzter Zeit in eine Methode der Dauerinsufflation von Sauerstoff umgewandelt. Auch die i. v. Sauerstofftherapie führen wir in Form von Dauerinfusionen bei Sauerstoffmangelzuständen der Lunge durch. Diese Methode ist durch die Erzeugung von O_2 in Erythrozyten-Größe, wie bereits eingangs erwähnt, ungefährlich und infolge der viel größeren Diffusionsoberfläche sehr wirksam. Hierbei kommt es nicht zum Auftreten von Gasembolien, sondern die Sauerstoffschaumbläschen schweben einzeln in der Blutbahn und passieren selbst die Kapillaren.

Bei unseren Patienten kam es in 76% der behandelten poliklinischen Fälle zu einer eindeutigen Besserung der Beschwerden. Oft konnte in letzter Minute bei schwersten Krankheitsfällen die Amputation vermieden oder doch jahrelang hinausgeschoben werden. Die Erfolgsquote der stationär behandelten Fälle liegt noch um 10% höher.

In der Hand des Geübten und Erfahrenen leistet die intraarterielle O_2-Insufflation mehr als alle bisher bekannten Methoden. Sie sollte jedoch der klinischen Anwendung vorbehalten bleiben.

Literatur zu Kapitel VI, Abschnitt A, 10.4.7

ANTHONY, A. J.: Über Sauerstoffatmung. Dtsch. med. Wschr. 1940, 482; und W. LENT und E. M. MÜLLER: Die Wirkung kurzdauernder Sauerstoffatmung auf Herz und Kreislauf. Z. exper. Med. 108, 275 (1940). — BINET, L. und M. BOCHET: Oxygénothérapie (Paris). — ENGELHARDT, A.: Über den Verlauf der Entlüftung der Lunge bei reiner Sauerstoffatmung. Z. Biol. 99, 596 (1939). — FEY, W. und W. BOXBERG: Über die intraarterielle Sauerstoff-Therapie peripherer Durchblutungsstörungen. Dtsch. med. Wschr. 81, H. 50, 1031 (1956). — GIESSWEIN, H.: Probleme der Sauerstoffbeatmung. Dtsch. Gesd.wes. 12, H. 27, 841 (1957). — GOLLWITZER-MEIER, KL.: Über die Wirkung der Sauerstoffatmung auf das Atemzentrum und ihre Nachdauer. Pflügers Arch. 249, 32 (1947). — JUDMAIER, F.: Ergebnisse der Sauerstofftherapie bei peripheren Durchblutungsstörungen. Med. Klin. 48, 816 (1953); Die Sauerstoffbehandlung peripherer Durchblutungsstörungen. (Wien-Innsbruck 1956); Intraarterielle Insufflation von Sauerstoffgas. Münch. med. Wschr. 99, H. 9, 310 (1957); Zur intraarteriellen Sauerstoff-Therapie. Chir. Praxis 1, 119 (1957). — JUST: Zur postoperativen Sauerstofftherapie. Dtsch. Gesd.wes. 12, H. 13, 415 (1957). — KNIPPING, H. W. und G. ZIMMERMANN: Über die Sauerstofftherapie bei Herz- und Lungenkranken. Z. klin. Med. 124, 435 (1933). — MATTHES, K., J. GIBERT QUERLATO und X. MALIKIOSIS: Untersuchungen über den Gasaustausch in der menschlichen Lunge. V. Mitt.: Über das Verhalten der arteriellen Sauerstoffsättigung bei hoher alveolarer Sauerstoffspannung. Arch.

exper. Path. Pharmakol. **185**, 622 (1937). — MENG, J. und W. RIEBEN: Zur Sauerstoffbehandlung bei peripheren Durchblutungsstörungen. Schweiz. med. Wschr. **18**, 525 (1957). — MÖLLER, W.: Sauerstofftherapie bei peripheren Durchblutungsstörungen. Wissenschaftl. Tagung Ges. d. Ärzte in Wien am 22. Juni 1956. — PETERSEN, B.: Oxyontherapie. Med. Klin. **53**, H. 17, 775 (1958). — OSTER, H.: Therapie peripherer Durchblutungsstörungen. Ärztl. Praxis X, 41, 966 (1958). — RATSCHOW, M.: Die Behandlung peripherer Durchblutungsstörungen durch Sauerstoffinsufflation. Angiology 7, 61 (1956); Intraarterielle Sauerstoff-Therapie in der Allgemeinpraxis? Med. Klin. **51**, H. 27, 1167 (1956). — REGELSBERGER, H. S.: Die Veränderungen des Differentialblutbildes nach intravenöser Sauerstoffinsufflation. Ärztl. Forschg. **12**, H. 6, 295 (1958). — RICHTER, W.: Zur Behandlung der peripheren arteriellen Durchblutungsstörungen mit intraarterieller Sauerstoffinsufflation. Med. Mschr. **12**, H. 2, 81 (1958). — RÜBSAM, C.: Die Wirkung der Sauerstofftherapie auf das arterielle Blut. Inaug.-Diss. Zürich 1942. — SCHERER, F., H. B. WUERMELING und K. H. LÖW: Die Behandlung peripherer Durchblutungsstörungen mit Sauerstoffinsufflation. Dtsch. med. Wschr. **79**, H. 44, 1619 (1954). — SCHWEITZER, H.: Oxyontherapie. Münch. med. Wschr. **99**, H. 42, 1556 (1957). — SONNE, E.: Die theoretische Begründung der Sauerstoffinhalationstherapie. Schweiz. med. Wschr. **1940**, 1202. — STEIN, E.: Die intraarterielle Sauerstofftherapie peripherer Durchblutungsstörungen. Arch. phys. Ther. **8**, H. 4, 252 (1956). — STIEVE, F. E.: Oxyontherapie. Münch. med. Wschr. **99**, H. 13, 459 (1957). — THORBAN, W.: Kritische Betrachtungen zur Sauerstoffbehandlung peripherer Durchblutungsstörungen. Verh. Bericht Berliner Med. Gesellschaft 30. Oktober 1957. — UHLENBRUCK, P.: Über die Wirksamkeit der Sauerstoffatmung. Z. exper. Med. **74**, H. 1 (1930). — ZAMFIRESCU, N. R. und Mitarb.: Beeinflussung der Lungenventilation durch Sauerstoff bei Gesunden und Herzkranken. Rev. Fiziol. **4**, 68 (1957).

10.4.8. Punktion von Pleura, Aszites und Perikard

Bei jeder Ergußbildung, gleichgültig in welcher der Körperhöhlen sie angetroffen wird, ist die Funktion des Herzens durch Verdrängung bzw. Kompression so ungünstig beeinflußt, daß durch frühzeitige Punktion Entlastung geschaffen werden muß.

Vor Durchführung jeder Punktion sollte grundsätzlich beachtet werden, daß das zu verwendende Instrumentarium (Auffanggläser Verbandsmaterial, Lokalanästhesie, Desinfektionsmittel für die Haut), griffbereit gerichtet ist. Die zu verwendende Punktionsnadel soll kurz geschliffen sein, um unnötige Verletzungen zu vermeiden. Die Dicke der Punktionskanüle muß so gewählt werden, daß auch zähflüssiges Punktat bequem abgesaugt werden kann. Als Absauggerät verwenden wir die Rotandaspritze. Es ist zu beachten, daß der von der Punktionskanüle zur Rotanda führende Schlauch verhältnismäßig kurz und dickwandig sein muß, um ein Kollabieren durch das Ansaugen mit der Spritze zu verhindern. Der von der Rotanda in das Gefäß führende Schlauch soll dagegen lang gehalten werden. Es hat sich bewährt, vor jeder Punktion Sympathikomimetika zu geben, um so den das Herz-Kreislaufsystem gefährdenden Kollaps auf alle Fälle zu vermeiden.

a) Pleurapunktion

Im wesentlichen wird der Punktionsort durch den klinischen Befund im Einzelfall bestimmt.

Man wählt im allgemeinen einen Punkt, der möglichst tief unten und hinten etwa im 9. oder 10. Interkostalraum der Skapularlinie liegt. Der Einstich erfolgt nach Entfettung (Äther) und Desinfektion (Jod) der Haut sowie einer Lokalanästhesie (dünne Nadel verwenden, Novocain) in der Mitte des Interkostalraumes an oben beschriebener Stelle bei sitzendem Patienten. Nach Durchstechen der Haut empfiehlt es sich, den Kolben, der auf der Punktionsnadel aufgesetzten 10- oder 20-ccm-Rekordspritze zurückzuziehen und dann gegen den Druck der abstützenden linken Hand die Punktionskanüle bis in den Pleuraraum vorzuschieben. Durch den Unterdruck in der Spritze strömt das Punktat sofort ein und man vermeidet auf diese Art und Weise mit Sicherheit eine Anpunktion der Lunge. Bei Anhalten der Atmung wechselt man dann die bei der Punktion benutzte Spritze gegen den kurz gehaltenen Ansaugungsschlauch der Rotanda aus.

Auf die Gefahren durch Abpunktieren zu großer Ergüsse haben wir S. 832 hingewiesen.

b) Bauchpunktion

Die Wahl des Punktionsortes ist durch die RICHTER-MONROEsche Linie (Verbindungslinie zwischen Nabel und Spina ilica ventralis) gegeben.

Man punktiert zwischen dem äußeren und inneren Drittel auf der linken Seite nach entsprechender Vorbereitung und Lokalanästhesie der Haut durch einen mit einem Skalpell angelegten etwa 0,5 cm großen Hautschnitt. Der Patient sollte bei Einführung des Trokars zur Betätigung der Bauchpresse angeregt werden, da dadurch ein Widerstand erzielt wird, der im Zusammenhang mit dem Gegendruck der linken Hand ein zu plötzliches und tiefes Eindringen des Trokars in den Bauchraum mit Verletzung des Darmes vermeidet. Nach Entfernung des Trokars fließt das Punktat durch einen langen Schlauch in die bereitstehenden Auffanggefäße.

Der Patient liegt am besten auf dem Rücken schräg in Richtung der Punktionsstelle am Rand des Untersuchungsbettes. Nach Beendigung der Punktion und Versorgung der Punktionsstelle mit einer Klammer muß ein Druckverband angelegt werden.

Sowohl bei Pleura- als auch bei Aszitespunktionen geben wir anschließend ein Diureticum in die freie Körperhöhle. Wir haben den Eindruck, daß auf diese Weise nicht nur die Diurese sehr viel besser angeregt, sondern auch das Nachlaufen des Ergusses verzögert wird.

Dabei geben wir in die Pleura 1 ccm und nach Aszitespunktion 2 ccm Esidron, Thiomerin oder Salyrgan.

c) Herzbeutelpunktion

Die Punktion wird in halb sitzender Stellung vorgenommen, weil die meist stark dyspnoischen Kranken in dieser Lage die geringsten Beschwerden haben. Es empfiehlt sich, neben Vorbereitung zur Vermeidung des Kollapses ein stärker und sofort wirkendes Beruhigungsmittel, in Notfällen auch Pantopon ($\frac{1}{2}$ ccm) zu geben.

Die am geeignetsten erscheinende Punktionsstelle liegt 1–2 Querfinger außerhalb der Mammillarlinie, aber noch im Bereich der Herzdämpfung in Höhe des 5. Interkostalraumes. Im Bereich der Punktionsstelle darf man weder Reiben noch Pulsieren wahrnehmen, weil diese Erscheinungen darauf hinweisen, daß das Herz der Brustwand und dem Herzbeutel anliegt. Die Einstichrichtung geht zur Körperachse hin, und zwar ein wenig von unten nach oben. Als andere Punktionsstellen empfehlen sich die Interkostalräume IV–VI, 3–5 cm vom linken oder rechten Sternalrand entfernt. Hierbei ist auf den Verlauf der Arteria und Vena mammaria int. zu achten, um eine Anpunktion dieser Gefäße zu vermeiden. Bei Durchführung der Punktion muß hier besonders auf das Ansaugen mit dem Spritzstempel bei Einführung der Nadel in den Herzbeutel hingewiesen werden, um Verletzungen des Myokards vorzubeugen.

Die abzulassende Menge sowie die Entleerungsgeschwindigkeit richten sich weitgehend nach dem Zustand des Kranken. Wir möchten empfehlen, für die Entleerung einer größeren Punktatmenge aus dem Herzbeutel von etwa 300 ccm mindestens 20 Minuten zu veranschlagen.

11. Chirurgische Behandlung von Herzerkrankungen

Die Überschrift dieses Kapitels verspricht mehr, als das Kapitel aus interner Sicht halten kann. Das eigentliche große Gebiet der modernen Herzchirurgie, die Behandlung angeborener oder erworbener Herzfehler, die Kardiolyse der Concretio pericardii, die PEETsche Operation beim arteriellen Hochdruck, die Möglichkeiten der Kreislaufchirurgie auf Grund der Einführung von „Gefäßbanken" u. dgl. sollen den Spezialbüchern der Chirurgie vorbehalten bleiben.

a) Angeborene Herzerkrankungen

Nachdem aber auch der praktische Arzt etwas über Operabilität und optimalen Operationstermin bei angeborenen Herzfehlern wissen muß, mag eine kurze gedrängte Übersicht einen gewissen Anhalt vermitteln.

Der häufigste kongenitale Herzfehler ist der Vorhofseptumdefekt.

Bei der Diagnose muß zwischen einem echten Vorhofseptumdefekt und einem offenen Foramen ovale unterschieden werden. Letzteres stellt eine Variante des Normalen dar und ist klinisch meist bedeutungslos. Die Lebenserwartung eines Patienten mit Vorhofseptumdefekt beträgt im Durchschnitt 35–40 Jahre, je nach Größe des Defektes. Als Todesursachen finden sich Rechtsherzversagen, rezidivierende Atemwegsinfektionen, Vorhofflimmern sowie rheumatische Infektionen.

Die Indikation zur Operation ist dann gegeben, wenn Dyspnoe, Vorhofarrhythmien, Beschwerden von Seiten der Luftwege sowie allgemeine Einschränkung der Leistungsfähigkeit auftreten. Das günstigste Alter zur Operation ist das 7. Lebensjahr.

Das modernste Operationsverfahren ist die Operation bei offenem blutleerem Herzen in Hypothermie. Bei gleichzeitigem Bestehen einer Mitralstenose (LUTEMBACHER-Syndrom) wird außerdem noch eine Sprengung der Mitralklappe durchgeführt. Kontraindiziert ist die Verschlußoperation bei Vorliegen eines mit Zyanose einhergehenden kongenitalen Vitiums.

Der offene Ductus Botalli stellt in jedem Fall eine unbedingte Operationsindikation dar. Die Lebenserwartung nichtoperierter Kranker ist wesentlich herabgesetzt. Die häufigste Todesursache ist die Herzinsuffizienz sowie die bakterielle Endokarditis. Der günstigste Zeitpunkt zur Operation liegt zwischen 3 und 12 Jahren. Die Mortalität beträgt in der Jugend an spezialisierten Kliniken nur 1%.

Die Aortenisthmusstenose ist ebenfalls eine häufige Anomalie. Die Prognose nichtoperierter Fälle ist ernst, die durchschnittliche Lebenserwartung beträgt 32 Jahre.

50% der Patienten sterben bis zum 30., 25 weitere Prozent bis zum 40. Jahr an Aortenruptur, Linksherzinsuffizienz, Endokarditis, Aortitis oder an zerebralen Blutungen. Die Methode der Wahl ist die Resektion der Stenose sowie die End-zu-End-Naht. Das beste Operationsalter liegt zwischen 10 und 20 Jahren. Häufig sind die Patienten bis zur Pubertät beschwerdefrei und leistungsfähig.

Als ideales Operationsziel wird die Blutdruckgleichheit an Armen und Beinen angesehen. Zur Indikation gibt DERRA folgende Punkte an: Vor dem 8. Lebensjahr ist eine abwartende Beobachtung am Platze. Es besteht in dieser Periode keine Gefahr. Aktives Vorgehen ist notwendig, sobald die Hypertension in den Armen besonders hoch ist, eine erhebliche Differenz zwischen

Arm- und Beindruck besteht oder andere somatische Momente den Zustand als bedenklich erscheinen lassen.

Im Alter zwischen 8 und 30 Jahren ist die Operation anzuraten, wenn durch die Aortographie eine enge Stenose nachgewiesen ist oder klare subjektive und objektive Folgen vorliegen. Im Alter zwischen 30 und 40 Jahren soll man nur operieren, wenn Weiterungen zum Eingreifen zwingen. Nach dem 40. Lebensjahr ist das Operationsrisiko im allgemeinen zu groß. Ein begleitender Ductus Botalli stellt keine Kontraindikation dar, sie ist dagegen gegeben, wenn eine Aortitis oder subakute bakterielle Endokarditis vorliegt.

Wenn man bei der Aortenisthmusstenose zu früh operiert, besteht die Gefahr, daß die Nahtstelle nicht mitwächst. Im 3. und 4. Dezennium sind evtl. schon zu ausgeprägte Atheromatosen vorhanden. Wenn zu lange mit der Operation gewartet wird, ist auch eine irreparable Fixation des Hochdruckes denkbar.

Eine Pulmonalstenose findet sich in 10% der kongenitalen Vitien. Sie soll durch eine fetale Endokarditis entstehen. Die Operationstechnik wird bei der FALLOTschen Tetralogie beschrieben. Die Mortalität beträgt ca. 8%, gute Erfolge werden in 40%, mäßige in 50% der operierten Fälle gesehen.

Indikation zur Operation liegt dann vor, wenn der Druck im rechten Ventrikel unter Ruhebedingungen systolisch 100 mmHg übersteigt. Bei Druckwerten zwischen 70 und 100 mmHg soll man dann zur Operation raten, wenn subjektive Beschwerden oder Ekg-Deformationen bestehen. Bei einem Druck unter 70 mm kommt eine Operation nur selten in Frage. In diesen Fällen ist ärztliche Überwachung und erneute Überprüfung in einer Spezialklinik nach einigen Jahren erforderlich. Besteht neben der Pulmonalstenose ein Vorhofseptumdefekt, so wird derselbe in der gleichen Sitzung verschlossen.

Der Ventrikelseptumdefekt ist unter 1000 angeborenen Vitien in ca 20% nachweisbar. Ein isolierter Ventrikelseptumdefekt liegt jedoch nur bei 10% der Fälle vor. Die Operationsmortalität beträgt z. Zt. noch 30%. Die Operationsindikation ist abhängig von der Größe des Defektes. Bei kleinen Defekten ist eine Operation oft nicht erforderlich.

Die FALLOTsche Tetralogie ist durch eine Stenose der Arteria pulmonalis, einen hohen Ventrikelseptumdefekt, eine Rechtsverlagerung der Ursprungsstelle der Aorta sowie eine Hypertrophie der rechten Kammer gekennzeichnet. 70% der Vitien mit Blausucht sind durch eine FALLOTsche Erkrankung hervorgerufen. Die unbehandelten Patienten haben eine schlechte Prognose. Nur 22% der Kranken werden 15 Jahre alt und nur 8% älter als 21 Jahre. Das durchschnittliche Lebensalter beträgt 12 Jahre.

Die Indikation zur Operation ist weit gestellt und ergibt sich aus der schlechten Prognose. Die günstigste Zeit zur Operation liegt zwischen dem 5. und 12. Lebensjahr. Bei schwerer Beeinträchtigung des Allgemeinzustandes muß schon früh operiert werden. Das Ziel der Operation ist eine Verbesserung der Lungendurchblutung.

Eine symptomatische Methode ist die Operation nach BLALOCK, bei der eine Anastomose zwischen der Arteria subclavia sinistra und der Arteria pulmonalis hergestellt wird. POTS schlägt eine Anastomose zwischen Aorta und Pulmonalis vor. Bei der Operation nach BROCK wird eine Beseitigung der Pulmonalstenose durch transventrikuläre Klappensprengung herbeigeführt. Bei dem Verfahren nach DUBOST wird die Pulmonalklappe auf dem Wege durch die Arteria pulmonalis gesprengt. Die geschilderten Operationsverfahren haben etwa eine Mortalität von

14%. Mit dem Verfahren nach BLALOCK wurde bereits bei zahlreichen Kindern eine wesentliche Lebensverlängerung erreicht. Die kausale Methode ist jedoch die Klappensprengung.

Trilogie von FALLOT: Es handelt sich dabei um eine Pulmonalstenose, einen Vorhofseptumdefekt sowie eine Hypertrophie des rechten Ventrikels. Der Herzfehler wird in 4% der Fälle beobachtet. Die durchschnittliche Lebenserwartung beträgt 21 Jahre. Oft jedoch sterben die Kinder in Abhängigkeit vom Grad der Stenose vorzeitig, in der Regel mit 5–6 Jahren. Die Methode der Wahl ist die Sprengung der Pulmonalklappe.

Beim EISENMENGER-Komplex besteht ein hoher Ventrikelseptumdefekt, eine reitende Aorta sowie eine Hypertrophie des rechten Ventrikels. Eine chirurgische Behandlung dieses Vitiums ist zur Zeit noch nicht möglich. Die Erkennung ist aber differentialdiagnostisch zur Unterscheidung von anderen operablen Herzfehlern wichtig. Die durchschnittliche Lebenserwartung beträgt 25 Jahre, der Tod tritt meist durch komplizierende Lungenerkrankungen ein.

Eine Trikuspidalstenose liegt in 3% der Fälle vor. Die Patienten sterben meist in frühester Kindheit. Eine Operation ist meist wegen der Vielzahl der begleitenden Mißbildungen nicht möglich.

Eine symptomatische Operation nach BLALOCK oder POTT ist dann indiziert, wenn die Lungendurchblutung wegen einer Stenose des Pulmonalostiums vermindert ist. Mitunter muß in einer 2. Operation eine Vergrößerung des Vorhofseptumdefektes ausgeführt werden. Die Operationserfolge sind gut, Mortalität wie bei den wegen FALLOTscher Erkrankung Operierten.

Zur Frage der internistischen Vor- und Nachbehandlung ist folgendes zu sagen: Die Patienten sollen in einem optimalen Zustand zur Operation kommen. Eine bestehende Herzinsuffizienz muß durch genügend lange Bettruhe, Gabe von Sedativa sowie Herzglykosiden beseitigt sein. Am Herzen darf kein frischer endokarditischer Prozeß bestehen. Begleitende Infektionen der Luftwege müssen unbedingt beseitigt sein. Liegen Foci vor, von denen man annehmen kann, daß sie einen rheumatischen Prozeß unterhalten, so ist eine Sanierung erforderlich.

Allgemein ist anzustreben, daß Kinder, bei denen der dringende Verdacht auf ein kongenitales Vitium besteht, spätestens im Alter von 2–3 Jahren einer Spezialklinik zugeführt werden, wo eine exakte Diagnose gestellt werden muß. Bei der Nachbehandlung wird man in der Frage der dosierten Belastung von dem Operationserfolg ausgehen müssen. Dieser Operationserfolg wird an den Spezialkliniken meistens vor der Entlassung der Patienten durch Herzkatheterismus etc. überprüft.

Bei Rhythmusstörungen während der Operation oder im postoperativen Verlauf wird Chinidin oder Novocainamid empfohlen. Je nach Art der Herzoperation wird zu überprüfen sein, ob eine Behandlung mit Antikoagulantien zur Vermeidung thrombotischer Auflagerungen an den Gefäßnähten in Frage kommt. Bei der hausärztlichen Nachbehandlung ist ein sehr wichtiger Punkt die Infektprophylaxe, da eine rheumatische Klappenendokarditis das Operationsergebnis zunichte machen kann.

Literatur zu Kapitel VI, Abschnitt A, 11a

BIER-BRAUN-KÜMMEL: Chirurgische Operationslehre, Bd. 3 (Berlin 1955). — BRAUN, K., H. MILWIDSKY, G. IZAK und S. SCHOR: Pulmonary hypertension in patent ductus arteriosus relieved by surgery. Angiology 5, 329 (1954). — BROCK,

R.: Les résultats de la chirurgie directe dans la tétralogie de Fallot. Poumon Cœur 10, 617 (1954). — Buchs, S.: Über verschiedene Arten der angeborenen Pulmonalstenosen sowie über die Möglichkeiten, Indikationen und Kontraindikationen ihrer operativen Korrektur. Schweiz. med. Wschr. 87, H. 48, 1451 (1957). — Derra, E.: Behebung der angeborenen Pulmonalklappen- und Infundibulumstenose durch transventrikuläre Eingriffe. Dtsch. med. Wschr. 77, H. 31/32, 949 (1952); Klinische Betrachtungen über die Herzfehler-Chirurgie. Ärztl. Praxis 9, H. 7, 1 (1957); —, O. Bayer und F. Loogen: Klinik und chirurgische Behandlung der Aortenisthmusstenose. Dtsch. med. Wschr. 81, H. 1, 1 (1956); und F. Loogen: Die operative Behandlung der kongenitalen valvulären Pulmonalstenose unter Sicht des Auges mittels Hypothermie. Dtsch. med. Wschr. 82, H. 16, 535 (1957). — Doerr, W. und Mitarb.: Pathologische Anatomie, Diagnostik und Therapie operabler Herzfehler. Dtsch. med. Wschr. 79, H. 38, 1431 (1954). — Dost: Zur Operationsfähigkeit angeborener kindlicher Herzfehler. Med.-wissenschaftl. Ges. Chirurgie 11. Tagung am 28./29. Mai 1954 in Leipzig. — Downing, D. F.: Congenital aortic stenosis. Clinical aspects and surgical treatment. Circulation 14, 188 (1956). — Frey, K.: Die Chirurgie des Herzens und der großen Gefäße. N. Dtsch. Chir. 61 (Stuttgart 1956). — Glenn, W. W. L. und Mitarb.: Operative Closure of the Patient Ductus Arteriosus: A Report of 110 operations without Mortality. Ann. Surg. 143, 471 (1956). — Grosse-Brockhoff, F.: Zur operativen Behandlung eines offenen Ductus arteriosus Botalli. Dtsch. med. Wschr. 81, H. 25, 1032 (1956). — Hay, J. D. und O. C. Ward: Zur operativen Behandlung des offenen Ductus arteriosus. Arch. Dis. Childh. London 31, 279 (1956). — Herbst, M. und Mitarb.: 3. Mitt.: Die chirurgische Behandlung der angeborenen Angiokardiopathien. Dtsch. Gesd.wes. 10, H. 20, 717 (1955). — Jacobi, J.: Operationsmöglichkeiten angeborener und erworbener Herzleiden. Therapiewoche 4, H. 13/14, 317 (1953/54); und M. Loeweneck: Operable Herzleiden (Stuttgart 1958); und Mitarb.: Differentialdiagnose und Operationsindikation bei kombinierten Herzfehlern. Int. Journ. prophylakt. Med. 2, H. 2, 61 (1958). — Kuprijanov, P. A.: Chirurgische Behandlung einiger angeborener Herzfehler. Vestn. chir. 74, H. 4, 11 (1954). — Lezius, A. und R. Nissen: Die Technik der operativen Behandlung angeborener und erworbener Erkrankungen des Herzens und der großen Gefäße (Stuttgart 1955). — Migheli, B.: Illustrazione di un caso ... (Bericht über einen erfolgreich operierten Fall von angeborener Aortenstenose und über einen mit angeborener Fallot-Trilogie). Studi Sassaresi. 33, 109 (1955). — Rossi, E.: Herzkrankheiten im Säuglingsalter (Stuttgart 1954).

b) Erworbene Herzfehler

Von den vorzugsweise erworbenen Herzfehlern soll vor allem die Mitralstenose (angeboren beim Lutembacher-Syndrom), erworben durch akuten Gelenkrheumatismus 40%, dessen rheumatische Äquivalente – Pleuritis, Perikarditis, Nephritis, Purpura, Chorea – 6%, rezidivierende Anginen 25,5%, Scharlach 4%, Erwähnung finden.

Die Prognose ist im allgemeinen als schlecht zu bezeichnen, da auch bei leichteren Fällen zu berücksichtigen ist, daß häufig der myokarditische bzw. endokarditische Prozeß unterschwellig (keine Temperaturen, keine Senkungsbeschleunigung) weiterbesteht und teilweise eine Verstärkung der Mitralstenose bewirkt. Die durchschnittliche Dauer von der Erstinfektion bis zum Tode beträgt etwa 15 bis 20 Jahre, jedoch sind große individuelle Schwankungen möglich, die erheblich von dem Durchschnittswert abweichen können.

Maßgeblich für die Operationsindikation ist in erster Linie der Schweregrad der Mitralstenose. Das Gros der Patienten wird zwischen dem 20. und 30. Lebensjahr operiert. Bis zum 10. Lebensjahr wird man hinsichtlich der Operation sehr zurückhaltend sein und nur die fortgeschrittenen Fälle einer Operation unterziehen. Zur Beurteilung des Schweregrades von Mitralstenosen erscheint das Einteilungsschema der New York Heart Association am geeignetsten (s. Tabelle 40).

Tabelle 40.
Klassifizierung der Mitralstenose zwecks chirurgischer Indikation

Schweregrad	Leistungseinschränkung	Dyspnoe	Lungenödem	Hämoptysen	Ekg-Veränderungen	Mitrales Aussehen	Zyanose	Klappenöffnungsfläche in qcm
I	keine, nur bei bes. Belastung	keine	keines	keine	nein	nein	nein	über 2,5
II	gering bis mäßig, leichte Ermüdbark. bei norm. Tätigkeit	nur bei stärk. oder norm. Dauerbel.	ausnahmsweise	keine	Mitraltyp	nein	nein	1,2–2,5
III	Stark Einschränk. d. körperl. Tätigkeit, auch in Ruhe Anz. beg. Insuffizienz	ja, bes. bei ger. Belast.	paroxysmal, bes. nach Bel. u. psych. Erregung	selten	Mitraltyp Myokardsch., Extrasyst. temp. Arrhythmie	angedeutet	mäßig	0,9–1,2
IV	hochgradig bis vollst. (Bett- u. Lehnstuhlpat.)	schon in Ruhe	chron. Lungenstauung, Lungenhämosiderose	gehäuft	Mitraltyp ausgepr. Myokardsch., Arrhythmia abs., polytope Extrasystolie	deutlich	stark	weniger als 0,9

Es ergibt sich daraus, daß eine Operationsindikation nur dann gegeben ist, wenn sich die verbliebene Klappenöffnungsfläche 2 qcm nähert, so daß Patienten der Gruppe I und II nur ausnahmsweise für eine Operation in Betracht kommen. Als sehr wichtig ist aber zu beachten, daß diese Patienten einer dauernden ärztlichen Überwachung unterliegen sollten, um den optimalen Zeitpunkt einer etwa später indizierten Operation nicht zu versäumen. In den anderen Gruppen ist zu beachten, daß vorgerücktes Alter, Dekompensationszeichen mit sicheren Hinweisen auf eine schwere Myokardschädigung bzw. Extrasystolen oder Arrhythmien, vorausgegangene Embolien, Pulmonalsklerose, Beeinträchtigung der Leber- und Nierenfunktion, Kombination mit einem gewissen Grad von Mitralinsuffizienz und anderen Klappenfehlern das Operationsrisiko erhöhen und die Erfolgsaussichten des Eingriffes deutlich belasten. Bei Nichtberücksichtigung von Grenzfällen ergibt sich in etwa eine Operationsmortalität für:

Gruppe I $< 1\%$
Gruppe II $1-2\%$
Gruppe III $4-5\%$
Gruppe IV 10% und mehr (DOGLIOTTI, ACTIS-DATO).

Unter Berücksichtigung aller Voraussetzungen rechnet man auf lange Sicht mit einem sehr guten Operationserfolg in 27,8%, mit einem guten in 49,5%, mit einem mäßigen in 11,5% und mit keinem Erfolg in etwa 5,3%. Die Mortalität auf lange Sicht beträgt etwa 1,5–2%.

Da der zur Operation ratende Internist die Chancen des möglichen Erfolges gegen das gegebene Risiko abzuwägen hat, sollen einige diesbezügliche Angaben aus der Literatur folgen:

Mitralinsuffizienz. Die Operation nach BAILEY hat zur Zeit noch eine Operationsmortalität von 27% (Kommissuroraphie).

DOGLIOTTI sah zufriedenstellende Erfolge bei 4 von 5 Fällen. Die bisher geübten Methoden haben sich in der Herzchirurgie noch nicht allgemein durchgesetzt.

Aortenstenose. Die transventrikuläre Klappensprengung hat eine Mortalität von 30%. Die transaortale Klappensprengung eine von 10% (BAILEY).

Da Kranke mit beträchtlicher Aortenstenose eine geringe Lebenserwartung haben, sind in diesen Fällen auch heute schon operative Eingriffe gerechtfertigt. 77% der Operierten zeigten eine eindeutige und nachhaltige Besserung.

Angeborene reine Pulmonalstenose. Mortalität 8%, gute Erfolge in 40%, mäßige in 50% der Fälle.

Isthmusstenose der Aorta. Mortalität 10%, 88% Operationserfolge (Ausgleich des Blutdruckes auf normale Werte).

Ventrikelseptumdefekt. Mortalität 30%, Erfolge bei den Überlebenden ausgezeichnet.

Vorhofseptumdefekt. Mortalität 14% (Atrio-Septo-Pexie). Bei allen Kranken ganz wesentliche Besserung. Über die neuere Methode der Operation am offenen blutleeren Herzen sind noch keine statistischen Angaben vorhanden.

Ductus Botalli. Mortalität in der Jugend 1%, Erfolge sehr gut.

FALLOTsche Tetralogie. Mortalität bei den verschiedenen Operationsverfahren etwa 15%. Erfolge im großen und ganzen befriedigend, oft gut.

Trilogie von FALLOT wie bei der Tetralogie.

EISENMENGER-Komplex nicht operabel.

Trikuspidalstenose. Mortalität wie bei FALLOT. Klinische Erfolge noch besser.

Statistiken über die Überlebenschance nach Herzoperationen gibt es noch nicht, da viele Herzoperationen erst seit wenigen Jahren ausgeführt werden.

Für den Internisten sind jedoch die Feststellungen von BLICKENSTORFER von erheblichem Interesse:

Er berichtet über überraschende, teils geradezu alarmierende psychische Zustände, die im Zusammenhang mit Operationen des Herzens sehr viel häufiger als bei anderen Operationen beobachtet werden sollen. Auch nach den chirurgischen Erfahrungen sind solche Störungen auffallend. Nach Boss sind sie nicht auf eine durch die Operation eintretende Gehirnanämie, noch auf postoperative Störungen des Wasserhaushaltes, noch auf psychische Reaktion wegen des oft Furcht erregenden Eingriffes am Herzen zurückzuführen. Es handelt sich vielmehr um eine psychoseähnliche Erschütterung, die durch den Eingriff in das Wesenszentrum der menschlichen Existenz selbst hervorgerufen wird. BLICKENSTORFER bringt dazu Beispiele, einmal ein akutes paranoid-katatones Zustandsbild, das vorübergehend Anstaltsunterbringung erforderlich machte, aber wieder abklang, zum anderen einen Zustand von bedrohlicher Suizidalität. Leichtere psychische Auffälligkeiten, apathische und ängstliche Verstimmungen, aber auch euphorische Gestimmtheit wegen des neu erwachten Lebensgefühls nach operativer Verbesserung der Körperdurchblutung wurden bei den übrigen Fällen beobachtet. – Durch Untersuchung vor der Operation war jeweils sichergestellt, daß eine Psychose nicht vorlag. Die hohe Zahl der erheblichen psychischen Komplikationen läßt zumindest nach dem Herzeingriff eine psychiatrische Überwachung als ratsam erscheinen.

Darüber hinaus sollen nur einige wenige zusätzliche Operationen besprochen werden, die der Internist kennen muß, wenn er geeignete Fälle zum richtigen Zeitpunkt dem Chirurgen vorstellen will.

Literatur zu Kapitel VI, Abschnitt A, 11b

BECK, C. S. und B. L. BROFMAN: Die chirurgische Behandlung der Koronarinsuffizienz, Ann. Int. Med. 45, 975 (1956). — BLICKENSTORFER, E.: Über psychische bzw. psychopathologische Zustandsbilder nach Herzoperation und Herztraumen. Praxis 1958, 191. — BREU, W. und E. RISAK: Neue Behandlungsmöglichkeit hoffnungsloser Dekompensation. Wien. med. Wschr. 1956, 41. — DERRA, E.: Moderne Verfahren der Herzchirurgie. Dtsch. med. J. 3, H. 21/22 (1952); Intrakardiale Operationen. Langenbecks Arch. 274, 590 (1953); Die neueste Entwicklung der Herzchirurgie. Langenbecks Arch. 279, 513 (1954); Das augenblickliche Leistungsvermögen der Herzchirurgie. Landarzt 32, H. 21, 489 (1956); —, O. BAYER und F. LOOGEN: Klinik und chirurgische Behandlung der Aortenisthmusstenose. Dtsch. med. Wschr. 81, H. 1, 1 (1956). — DUBOST, CH. und PH. BLONDEAU: Chirurgie à Cœur ouvert (Paris 1957); Zur operativen Erweiterung der Mitralklappen. J. Chir. 72, 1 (1956); und TH. HOFFMANN: Aortenaneurysmen und die Möglichkeiten ihrer chirurgischen Resektion. Med. Klin. 53, H. 24, 1044 (1958). — FISCHER, GOHRBRAND und SAUERBRUCH: Chirurgische Operationslehre, Band 3 (Berlin 1955). — FREY, E. K.: Zur Chirurgie des Herzens und der großen Gefäße. Münch. med. Wschr. 99, H. 30, 1065 (1957); und G. KUETGENS: Die Chirurgie des Herzens und der großen Gefäße (Neue Deutsche Chirurgie, Band 61). 2. Aufl. (Stuttgart 1956). — GRIESER, G.: Über die operative Behandlung der Koronarinsuffizienz. Dtsch. med. Wschr. 81, H. 1, 13 (1956). — GRUNWALD, H.: Beitrag zur Herz- und Kreislaufbehandlung bei chirurgischen Eingriffen. Zbl. Chir. 81, H. 52 (1956). — HAUSS, W. H.: Die Behandlung der Koronarsklerose und ihre Folgezustände. Dtsch. med. Wschr. 82, H. 50, 2093 (1957). — HOFFMANN, TH.: Zur chirurgischen Behandlung der Mitralstenose. Dtsch. med. Wschr. 81, H. 1, 19 (1956). — KIRKLIN, J. W.: Operation am offenen Herzen. Vortr. 75. Tag. Dtsch. Ges. f. Chirurgie v. 9. bis 12. April 1958 in München. — KOHLER, H.: Die chirurgischen Eingriffe bei Herzkrankheiten. Dtsch. Gesd.wes. 11, H. 42, 1431 (1956). — LINDER: Intrakardiale Klappenchirurgie. Dtsch. Gesd.wes. 11, H. 20, 675 (1956). — MANDL, F.: Blockade und Chirurgie des Sympathikus (Wien 1953). — MOLL, A.: Zur Operation der Aortenstenose. Ärztl. Praxis 8, H. 1, 1 (1956). — NIEDNER, F. F.: Herzchirurgie – eine Zusammenfassung für den praktischen Arzt. Therapie d. Monats 2, 29 (1955); Die operative Behandlung des Herzaneurysmas. Dtsch. med. Wschr. 80, H. 5, 177 (1955); Chirurgische Behandlung der erworbenen Herzfehler. Ärztl. Praxis 8, H. 1, 1 (1956). — SCHERF, D. und L. J. BOYD: Klinik und Therapie der Herz- und

Gefäßerkrankungen (Wien 1955). — SUNDER-PLASMANN, P.: Kreislauf-Chirurgie im Blickwinkel der Praxis. Münch. med. Wschr. 100, H. 21, 829 (1958). — STILLER, H.: Die Chirurgie der Mitralklappenfehler. Medizinische 35, 1288 (1958). — ZENKER, R.: Soll eine Aortenisthmusstenose in jedem Fall operiert werden? Dtsch. med. Wschr. 80, H. 14, 502 (1955). — ZIMMERMANN, H. A. und M. P. SAMBHI: Indications and Contraindications for open cardiac Surgery. Amer. Heart J. 54, H. 5, 727 (1957).

11.1. Operationen bei Koronarinsuffizienz

Die konservative Therapie der Koronarinsuffizienz befriedigt nur bei einem Teil der Kranken. Aus diesem Grunde wird seit 40 Jahren versucht, den Patienten durch eine Operation zu helfen.

Dabei wurden folgende Operationsmethoden entwickelt:

Bereits 1916 wurden erstmals von JONNESCO Eingriffe am Herznervensystem vorgenommen. Durch die verschiedenen Operationsverfahren konnten die pektanginösen Beschwerden in 40–80% beeinflußt werden. Allerdings wird nur das Symptom Angina pectoris, also der Schmerz durch Unterbrechung der Schmerzfasern behoben. Die Hypoxie, die Ursache des Schmerzes bei der Koronarsklerose, wird nicht beseitigt, da durch diese Operationsverfahren keine nachweisbare Vermehrung der Herzdurchblutung resultiert. Nach wie vor droht dem Patienten der Herzinfarkt, besonders, wenn sich der Patient wegen der Schmerzfreiheit nicht körperlich völlig schont.

Nach anderen Literaturangaben soll die Exstirpation des Ganglion stellatum eine vermehrte Durchblutung bewirken. LUNDGREN sah in 64% der Fälle Besserung.

Weiterhin sind eine große Anzahl von Eingriffen am vegetativen Nervensystem (Sympathektomie, Sympathikusblockade), die ein- und doppelseitig am thorakalen und lumbalen Grenzstrang sowie perivaskulär durchgeführt werden, bei funktionellen und organischen peripheren Durchblutungsstörungen wie arteriellem Hochdruck, peripherer Sklerose, Thrombophlebitis, Endangiitis obliterans usw. mit mehr oder weniger gutem Erfolg empfohlen worden.

Sehr viel zweckmäßiger erscheinen dagegen Operationen, bei denen die Mangeldurchblutung des Myokards durch eine extrakoronare Blutquelle verbessert wird. Bei der Kardiomuskulopexie nach BECK wird ein gestielter Pektoralislappen auf das Herz gesteppt. Diese Methode ist heute verlassen. Bei der Kardioomentopexie nach O'SHAUGNESSY (1936) wird Netz in die Brusthöhle verlagert und auf das Herz genäht. Es handelt sich um eine Zweihöhlenoperation, also um einen großen Eingriff. Von Nachteil ist weiter die bleibende Zwerchfellücke. LEZIUS führte eine Kardiopneumopexie durch, bei der die Lunge als Blutquelle herangezogen wird. Eine weitere Methode ist die Arterialisation des Koronarsinus (sog. BECK-II-Operation). Es wird durch eine Gefäßtransplantation arterielles Blut von der Aorta in den Sinus coronarius geleitet, in der 2. Phase der Operation wird eine Drosselung des Sinus coronarius vor der Einmündung in den rechten Vorhof durch Teilligatur vorgenommen, so daß der Sinus nur noch die Funktion eines Überlaufventils hat. Die großen Hoffnungen, die in diese Operation gesetzt wurden, haben sich nicht erfüllt. Da die Operation eine Mortalität von 20% hatte, ist die Methode heute verlassen worden.

VINEBERG führte die Implantation der Arteria mammaria sin. in das Myokard des linken Ventrikels ein. Erstaunlicherweise bildet sich im Herzmuskel kein Hämatom, was mit den reichlich vorhandenen Sinusoiden des Koronargefäßnetzes erklärt wird. Das implantierte Gefäß findet bald Anschluß an das Gefäßsystem des Herzens.

Eine gute und einfache Methode, die Kardio-Perikardiopexie geht auf Anregungen von THOMPSON und RAISBECK (1942) zurück. Die Mortalität beträgt heute nur 4%. Der Eingriff dauert 30 min. Nach Eröffnung des Herzbeutels wird Knochenmehl, Talkum oder Asbest eingestreut. Es entsteht eine Fremdkörperperikarditis, die das Einsprießen von Gefäßen in das Herz zur Folge hat. Im Gegensatz zur Pericarditis constrictiva treten keine Herzbeutelschwielen auf, so daß die Herzfunktion nicht beeinträchtigt wird. THOMPSON sah in 90% der Fälle Erfolge.

Ein weiteres Verfahren, das auf GROSS zurückgeht, ist die partielle Abbindung des Sinus coronarius. Es wird dadurch eine Zunahme der interkoronaren Anastomosen erreicht, ferner wird eine bessere Sauerstoffausnützung des Blutes bewirkt.

Als die beste Methode gilt heute neben der einfachen Kardio-Perikardiopexie und der Kardiopneumopexie die sogenannte BECK-I-Operation. Es wird dabei zunächst eine partielle Ligatur des Koronarvenensinus kurz vor seiner Mündung in den Vorhof angelegt, das Lumen wird auf etwa 3 mm eingeengt. Alsdann wird, um eine entzündliche Reaktion zu erreichen, das Epi- und Perikard aufgerauht und die Herzoberfläche mit grob gemahlenem Asbest bestreut. Schließlich wird mediastinales Fettgewebe und Perikard auf das Herz aufgesteppt.

Seit 1951 wurden von BECK 170 Kranke wegen Koronarinsuffizienz operiert. Die Mortalität konnte von 7 auf 4% gesenkt werden. Unter den letzten 48 Operierten war sogar kein einziger Todesfall mehr aufgetreten. Von 100 Kranken, bei denen die Operation ½–5 Jahre zurücklag, waren 40 völlig schmerzfrei, bei weiteren 48 waren die Herzschmerzen gebessert (Gesamterfolg also 88%). 34 Kranke konnten ihrer Arbeit voll, 56 mit merklicher Erleichterung nachgehen. Die Letalität der Koronarsklerose fiel in einem vergleichbaren Krankenmaterial von 30 auf 13%.

Als Indikationen gelten Fälle, bei denen die konservative Therapie pectanginöse Beschwerden nicht bessern kann sowie Patienten, bei denen ein erster Herzinfarkt aufgetreten ist, allerdings ist die Operation frühestens 6 Monate nach dem Infarkt möglich. Für die Operation kommen nur Fälle mit organischer Koronarinsuffizienz in Frage. Das beste Alter zur Operation liegt zwischen 40 und 60 Jahren. Kontraindikationen sind Myodegeneratio cordis, unbeeinflußbare Dekompensation, starke Herzdilatation, frischer Infarkt sowie mangelnde Koronarreserve.

Literatur zu Kapitel VI, Abschnitt A, 11.1

ANGELINO, P. F.: Coronaropatie e terapia chirurgica. Minerva med. 2, 222 (1955). — ANTONIUS, N. A. und Mitarb.: Ergebnisse der operativen Behandlung der Koronarinsuffizienz (Clinical Evaluation of the Surgical Treatment of 32 Cases of Coronary Artery Disease). J. Thorac. Surg. 35, 68 (1958). — BATTEZZATI und Mitarb.: Operation bei Koronarleiden. Minerva med. 87, 1178 (1955). — BECK, C. S.: Die chirurgische Behandlung der Koronarerkrankungen. Med. Klin. 51, H. 35, 1445 (1956); Symposium on coronary artery disease blood supply to ischaemic myocardium distal to the occlusion of a coronary artery. Dis. Chest 31, 243 (1957); Coronary artery disease, physiologic concepts surgical operation. Ann. Surg. 145, 439 (1957); Die Erkrankungen der Koronararterien. Physiologische Grundlagen und chirurgische Behandlung. Chir. pat. sper. 5, 101 (1957); Die chirurgische Behandlung der Coronarerkrankungen. Triangel 3, H. 4, 129 (1958); und B. L. BROFMAN: The Surgical Management of Coronary Artery Disease: Background, Rationale, Clinical Experiences. Ann. Int. Med. 45, 975 (1956). — BROFMAN, B. L.: The clinical aspects of surgery for coronary artery heart disease. Med. Ann. Distr. Columbia 25, 1 (1956). — ELZENBAUM, H.: Das KEYsche Verfahren zur chirurgischen Behandlung der Koronarinsuffizienz. Chirurgia 10, 357 (1955). — ETSTEN, B. und S. PROGER: Operative Risk in Patients with Coronary Heart Disease. J. A. M. A. 159, 845 (1955). — FEIL, H. und Mitarb.: The BECK operations for coronary heart disease: an evaluation of 63 patients selected for operation. Ann. Int. Med. 44, 271 (1956). —

GRIESSER, G.: Über die operative Behandlung der Coronarinsuffizienz. Dtsch. med. Wschr. 81, H. 1, 13 (1956). — KASANSKIJ, W. I.: Die chirurgische Behandlung der Koronarinsuffizienz. Zbl. Chir. 81, 1678 (1956). — KITZEROW, G.: Beitrag zur chirurgischen Behandlung der Koronarinsuffizienz. Z. ärztl. Fortbild. 48, 806 (1954). — KOOTZ, F.: Operative Behandlung der Koronarinsuffizienz. Med. Klin. 53, H. 26, 1155 (1958). — LEIGHINGER, D. S.: Zur operativen Behandlung der Koronarinsuffizienz. J. Thorac. Surg. 30, 397 (1955). — MANDL, F.: Koronargefäßerkrankungen, chirurgisch gesehen. Wien. klin. Wschr. 66, H. 11, 189 (1954). — MOIR, T. W. und W. H. PRITCHARD: Study of the Hemodynamic Effects of the Aorto-Coronary Sinus Graft Operation in Patients with Coronary Artery Disease. Circulation 16, H. 6, 1070 (1957). — SMITH, S. und Mitarb.: Die operative Behandlung der Koronarinsuffizienz mit Gefäßtransplantaten. Surg. Gyn. Obstetr. 104, 263 (1957). — VINEBERG, A. und J. WALKER: Die chirurgische Behandlung der Koronarinsuffizienz. Amer. Heart J. 54, 851 (1957).

11.2. Schilddrüsenexstirpation bei Herzkranken

Die totale Thyreoidektomie geht auf die schon lange bekannte Beobachtung zurück, daß Herzleiden bei Hyperthyreotikern durch die subtotale Strumektomie günstig beeinflußt werden. Bei Koronarsklerose beruht die Wirkung vor allem auf der Senkung des Grundumsatzes neben der Unterbrechung direkter Nervenfasern zwischen Schilddrüse und Herznervengeflecht und auf Änderungen der hormonalen Wechselwirkungen zwischen Schilddrüse und Nebennieren. Durch die Ausschaltung des Thyroxins wird der Sauerstoffbedarf des Körpers vermindert.

Schon 1934 wurden von BLUMGART u. a. überraschende Erfolge bei schwerer Angina pectoris und Herzinsuffizienz beschrieben. 50% der an das Bett gefesselten Schwerkranken wurden wieder arbeitsfähig. Die subtotale Resektion reicht im allgemeinen zur Beeinflussung von Herzkrankheiten nicht aus. Als optimal wird eine Grundumsatzsenkung auf — 20 bis — 30% bezeichnet. Durch die Operation oder durch eine Radio-Jod-Verabreichung kann es mitunter zu Myxödem, Tetanie oder Rekurrenslähmung kommen.

Der Koronarprozeß und die Durchblutungsnot des Herzmuskels werden durch die Schilddrüsenoperation nicht behoben. Durch ein evtl. Myxödem sind sogar weitere Herz- und Gefäßschäden zu befürchten. Der Blutcholesterinspiegel kann bis 480 mg % ansteigen.

Auf Grund der Kenntnisse über die Pathogenese der Atherosklerose, halten wir diese Maßnahme nur noch bei bestimmter Indikation vertretbar.

Über Erfolge wurde bisher berichtet bei Angina pectoris, bei Vitien, Hochdruck und Atheromatosen. Herzschwäche verschiedenen Ursprungs, besonders wenn Medikamente versagen und nur noch Bettruhe hilft. Günstig soll die Operation nach SCHERF besonders bei Blutdruckkrisen und Angina pectoris wirken. Es sollten nur Patienten operiert werden, deren Herzleiden dauernder Behandlung bedarf und die immer wieder Bettruhe benötigen. Sogenannte internistisch aussichtslose Fälle sollten allerdings nicht operiert werden.

Kontraindikationen sind akute Dekompensation, rasch progrediente Koronarsklerose, allgemeine Atherosklerose in Verbindung mit Hypertonie, frische Koronarthrombose, Herzlues, hochgradige Mitralstenose, Nephrosklerose, chronische Lungenerkrankung, Endocarditis lenta und rheumatica, Fälle, bei denen die internistische Therapie erfolgreich ist, sowie Kranke mit niedrigem Grundumsatz und erhöhtem Cholesterinspiegel.

In amerikanischen Erfolgsstatistiken werden die Erfolge bei geeigneter Auswahl mit 50—80% der Fälle angegeben. Nach SCHERF und BOYD ist die totale Thyreoidektomie seit Einführung der Thioharnstoffkörper und des radioaktiven Jods stark in den Hintergrund getreten.

11.3. Unterbindung der Vena cava bei schwerer Herzinsuffizienz

Die erste Unterbindung der Vena cava wurde 1883 von KOCHER anläßlich der Exstirpation einer Geschwulst durchgeführt. Bereits anfangs des 20. Jahrhunderts wurde die Cava-Unterbindung zur Behandlung von Embolien, ausgehend von den Bein- und Beckenvenen empfohlen. Die Unterbindung distal der Einmündung der Venae renales wird in den meisten Fällen ohne Störungen vertragen.

Eine Entlastung des insuffizienten Herzens durch Verminderung der zirkulierenden Blutmenge ist nach COSSIO und PERIANES (1948) durch eine Unterbindung der Vena cava unterhalb der Nierenvene möglich. Das Blut fließt dem Herzen auf Umwegen zu, es wird eine Verzögerung des Rückflusses erreicht. Die Cava inferior erhält nur noch Blut aus den Nierenvenen und der Pfortader. Die Stauung in den Nierenvenen wird beseitigt. Es setzt eine intensive Ausscheidung von Wasser und Salzen ein. Nach NIEDNER kann der Venendruck von 300 auf 150 mm Wasser abfallen. Das Blut wird über die vordere und hintere Bauchwand sowie die Pfortader abgeleitet. Nach 3 Monaten ist die Ausbildung des Kollateralkreislaufes abgeschlossen. Trotzdem erweist sich in der Mehrzahl der Fälle der Erfolg der Cava-Unterbindung als beständig. Das Herz, dem eine lange Erholungspause gegönnt ist, erholt sich offenbar inzwischen so, daß es die langsam ansteigende Mehrbelastung bewältigen kann.

Indikationen für diesen Eingriff sind therapieresistente schwerste Herzinsuffizienz, besonders bei Mitralvitien, aber auch bei dekompensierter Hypertonie. Neuerdings werden auch leichtere Fälle operiert, die auf Ruhe und Medikamente noch ansprechen, bei denen aber die Gefahr erneuter Dekompensation bei Belastung besteht.

Kontraindikationen sind Fälle, bei denen arterielle Embolien bei intrakardialer Thrombenbildung aufgetreten waren. Die Operation ist sinnlos bei ausgedehnten thrombotischen Veränderungen der Vena cava.

Der Eingriff bringt bestimmte Gefahren mit sich, die durch entsprechende Behandlung ausgeschaltet werden können.
1. Sofort nach der Unterbindung besteht die Gefahr des Leerschlagens des Herzens.
2. Es kann eine überschießende Funktion der Nieren mit nachfolgendem Kollaps eintreten.
3. Bei Vorliegen einer Stauungsleberzirrhose kann bei körperlicher Belastung ein erhöhter Blutbedarf des Herzens oft nicht gedeckt werden, da das Speicherungs- und Abgabe-Vermögen der zirrhotischen Leber stark vermindert ist.

Zur Vermeidung dieser Komplikationen empfiehlt sich, gewissermaßen als Training, eine tägliche Stauungsbehandlung der Beine. Während der Operation sind Blutdruckkontrollen und evtl. intravenöse Flüssigkeitszufuhr erforderlich. 3 Wochen nach der Operation soll Bettruhe eingehalten werden.

Anhaltende Erfolge werden bei 53% der Operierten angegeben, keine oder nur vorübergehende Besserung bei 21%. Die Operationsmortalität beträgt 15%, in den nächsten Wochen bis Monaten weitere 10%.

Schließlich ist in diesem Zusammenhang auch die rechtzeitige TALMAsche Operation bei der Leberzirrhose als Entlastungseingriff vor der Ausbildung der zu lebensbedrohlichen Blutungen neigenden Ösophagusvarizen zu erwähnen.

Die direkte Herzmassage schließlich ist eine chirurgische Behandlungsmethode, die nur als ultima ratio angewandt wird, aber gerade deshalb eine besondere Wichtigkeit besitzt. Sie muß zu einem Zeitpunkt einsetzen, an dem das Herz noch für selbsttätige Kontraktionen erregbar und andererseits das Zentralnervensystem noch nicht irreparabel geschädigt ist.

PRUS konnte in experimentellen Untersuchungen noch 1 Stunde und KULIABKO sogar 20 Stunden nach dem Exitus eine Erregbarkeit des Herzens feststellen, aber von seiten des Zentralnervensystems wird die Toleranzgrenze mit höchstens 3–5min (NISSEN u. a.) angegeben. Neben der Zeit sind wohl, bei thorakalem Zugang als Methode der Wahl, Art des kardialen Grundleidens und Geschicklichkeit der Massage für den Erfolg ausschlaggebend. Die Systole wird mit einer Schlagfolge von 60–80/min nachgeahmt, wobei mit Kompression der absteigenden Aorta nach JOHNSON und KIRBY die zerebrale Durchblutung erheblich gesteigert werden kann. Die Anwendung der direkten Herzmassage ist mit der Asystolie erschöpft.

12. Psychotherapie bei Herz-Kreislauferkrankungen

Es soll in diesem Kapitel nicht der Versuch gemacht werden, mit ungeeigneten Mitteln und nicht entsprechender Formulierung in den Bereich von Fachpsychologen und Psychotherapeuten einzudringen. Es soll vielmehr aus der Erlebnisatmosphäre des internen Klinikers das gesagt werden, was der Kardiologe und Internist wissen und berücksichtigen sollte, wo bisher, bedauerlicherweise rein ausbildungsmäßig, Grenzen gesetzt sind, was der Internist selber therapeutisch erreichen und wo er einen geschulten Psychologen, der immer gleichzeitig auch Arzt sein sollte oder einen Psychotherapeuten, zu Rate ziehen muß.

Grundsätzlich beginnt mit der ersten Begegnung zwischen Arzt und Ratsuchendem bzw. Hilfsbedürftigem der Bereich der Psychotherapie, gleichgültig ob diese Ausstrahlung nur zufällig, intuitiv und unbewußt, als irrationales Element zwischenmenschlicher Begegnung zur Auswirkung kommt.

Dieser erste visuelle Kontakt entscheidet oft über Erfolg oder Versagen einer Behandlung.

Es ist nicht gleichgültig, ob ein Arzt dem eintretenden Patienten den Rücken zukehrt, ihn ohne aufzusehen Platz nehmen läßt und gar nicht auf den Ankömmling hingelenkt, in irgendwelchen Akten liest, in Papieren wühlt oder Instrumente ordnet. Der so auf diese Begegnung eingestellte Patient, der vielleicht Tage oder länger auf diese Gelegenheit gewartet hat, fühlt sich als ein Nichts, kommt sich mißachtet und als nicht so bedeutungsvoll abgestempelt vor, er erlischt förmlich in sich selbst mit all seiner Erwartung und ist enttäuscht.

Es ist weiterhin nicht gleichgültig, ob man einen Patienten durch die Länge eines Zimmers auf sich zukommen läßt und ihm im Sitzen die Hand reicht, man nötigt ihm damit eine zusätzliche Leistung auf, die das Maß der Hemmung, mit dem die meisten Ratsuchenden der ersten Begegnung mit dem Arzt entgegensehen, eher noch steigert, denn mindert.

Die Geste aber, des sozusagen „mit-offenen-Händen-Entgegenkommens" schafft eine solche Bereitschaft, vermittelt so das Gefühl des Empfangenseins und der Geborgenheit, daß sich vor ihr selbst Reservate öffnen, die, als der natürlichen Intimsphäre angehörend, einem verständlichen „tabu" unterliegen.

Aber nicht nur die Empfangsgebärde, auch Aussehen und Umgebung sind für diese erste Kontaktaufnahme von sehr entscheidender Bedeutung.

Es liegt hier für den Arzt nahe zu sagen, warum soll ich auf diese Dinge Rücksicht nehmen? Man will schließlich etwas von mir und dafür muß man mich in Kauf nehmen, wie ich bin. Eine solche Einstellung ist nur zum Teil richtig oder vertretbar. In diesem Bereich ist der Beruf des Arztes dem des Pfarrers weitgehend gleichzusetzen. Beide können im Rahmen von Beichte und Exploration nur ihr Bestes leisten, wenn sie den eigenen Menschen ganz hinter der Würde ihres Kleides zurücktreten lassen.

Der Arzt, der Vertrauen erwecken will, soll somit alles, was Kritik an seinem Äußeren erwecken kann, in der beruflichen Atmosphäre vermeiden. Er hinke daher der jeweils herrschenden Mode nicht in lächerlicher Weise nach, denn wer nach außen hin Neigung zu extremem Konservatismus zur Schau trägt, läuft Gefahr verdächtigt zu werden, auch im Beruf hinsichtlich Diagnostik und Therapie veralteten Anschauungen anzuhängen. Im Gegensatz dazu wirkt dandyhaftes Gebaren in Benehmen und Anzug immer unseriös und selbst der modernste Mensch, der extravaganteste Typ braucht einen ernsthaften, ernstzunehmenden Partner für seinen Lebens- und Gesundheitsbericht.

Der Vergleich des ärztlichen mit dem seelsorgerischen Beruf hat daher in mehrfachem Sinne seine Berechtigung. Es ist durchaus nicht so, daß nur die eine Seite etwas will und dafür hinzunehmen hat, wie dieses Wollen erfüllt wird, im Gegenteil. Die Arzt-Patienten-Beziehung ist ein Vertrag auf Gegenseitigkeit. Wie er einerseits Offenheit und Vertrauen zur Voraussetzung hat, muß andererseits der Arzt bereit sein, in jedem Patienten die Einzelpersönlichkeit zu respektieren und zu würdigen, und einen Standpunkt ihm gegenüber zu beziehen, in dem Verständnis und Verstehenwollen als Grundtenor vorherrschen, während Kritik und Richterrolle dem Arzt nicht zustehen.

So lange der Arzt zu Allgemeinproblemen angesprochen wird, kann und soll er aus seinen durch Erfahrung und fortlaufendes Studium gut fundierten kritischen Einstellungen keinen Hehl machen. Es ist genau so falsch, auf die allgemeine Frage: „Herr Doktor, was halten Sie eigentlich vom Rauchen?" mit verschwommenen, bagatellisierenden Bemerkungen zu antworten, wie im Falle einer Beratung festzustellen: „Das haben Sie sich selbst zuzuschreiben, hätten Sie nicht so viel geraucht, hätten Sie Ihre Gesundheit auch nicht zerstört!"

Wie es einerseits mit dem als Grundbasis so notwendigen Vertrauen nicht vereinbar ist, wenn der Patient von vornherein alle Maßnahmen kritisiert oder mit einem lähmenden Pessimismus nach dem Motto: „Jetzt habe ich schon Dutzende von Ärzten aufgesucht, jeder hat etwas anderes gesagt, keiner hat mir geholfen, Sie werden mir auch nicht helfen können", alle Bemühungen von vornherein blockiert, so ist andererseits ein unkritischer Zweckoptimismus, für dessen falsche Töne der besorgte Ratsuchende ein sehr feines Ohr hat, seitens des Arztes genau so wenig angebracht.

Wenn wir in allen diesen Fragen von Gegenseitigkeit sprechen, dann muß bei dieser ersten Begegnung im Patienten der Eindruck entstehen: hier ist ein Mensch, der mit allen Mitteln helfen will, der in der Lage ist zu helfen, wo immer nur geholfen werden kann und der an eine Heilung glaubt, im Bewußtsein der ausgeprägten Selbstheilungstendenzen jeden Organismus und in schweigender Anerkennung, daß es in jeder Situation, auch der scheinbar bedrohlichsten, noch Wendungen gibt, die mit medizinisch-naturwissenschaftlichen Kenntnissen allein nicht geklärt werden können. Dieses Bewußtsein des „Da-seins", der jederzeit lebendigen Einsatzbereitschaft, des um die Gesundung-kämpfenwollens muß eine solche Atmosphäre im Positiven, ein so ausgesprochenes therapie-begünstigendes Klima schaffen, daß im Patienten das „Mit-helfenwollen", „Gesund-werden-wollen", nicht nur natürliche und adäquate, sondern darüber hinaus auch selbstverständliche Erstreaktionen dieser Begegnung sind.

Auf das optimale Milieu für Exploration und Aussprache haben wir bereits S. 10 hingewiesen.
Hier wird man recht sorgfältig die Persönlichkeiten abschätzen müssen.

Es gibt Menschen, welche die weiß-lackierte Anonymität des Sprechzimmers, wieder vergleichbar der örtlich herausgehobenen Besonderheit der Situation bei der Beichte, benötigen, weil sie trotz aller Gewährung der Einsichtnahme in privateste Intimsphären die menschliche Distanz brauchen, um diese Einsichtgabe vor sich und z. B. bei speziellen Ehesituationen, evtl. vor dem Partner rechtfertigen zu können.

Bleibt hier die Anamnese unergiebig, dann empfiehlt es sich doch, das Milieu zu verändern. Wir hatten Gelegenheit lange Zeit sehr intensiv und fruchtbar mit unserem Psychologen STENDERHOFF zusammenzuarbeiten. Er benötigte für seine Explorationen einen geschmackvollen Raum, sparsam, aber erlesen eingerichtet, zurückhaltend in der Farbgestaltung mit bequemen Sitzgelegenheiten, gedämpftem Licht, weitgehend schallgedämpft und von außen abgeschirmt, ohne übertriebenen Persönlichkeitskult (Vorsicht mit Bildern, Skulpturen, übertriebenem Blumenflor, persönlichen Erinnerungen, ja selbst das Bild von Frau und Kindern auf dem Schreibtisch ist in einer derartigen Atmosphäre des ausschließlich dem Ratsuchenden Zugewandtseins eine Geschmacksache), nur geschmückt vielleicht mit ein paar sorgfältig angeordneten Zweigen und Blüten – und brachte hier Menschen zum Reden, welche vorher nicht gewillt waren, auch nur den geringsten Einblick in ihr persönliches Ergehen und Empfinden zu eröffnen.

Hier liegt es in Krankenhäusern, Ambulanzen u. dgl. am meisten im argen.

Wie häufig ist der Arzt gezwungen, mit seinem Patienten im Mehrbettenraum zu sprechen oder für diese Explorationen das allgemeine Dienstzimmer zu benützen, das nur zu oft gleichzeitig der Stationsschwester dient, und in dem ein unentwegtes Hin und Her seitens des Pflegepersonals herrscht.

Andererseits sind gegen Besprechungszimmer obiger Schilderung, besonders bei bestimmten Patienten unter Umständen nicht unberechtigte Bedenken zu erheben, eine Überlegung, die in unserer prozeßfreudigen Zeit tatsächlich nicht außer acht gelassen werden sollte.

Auch die Frage, wie das Ergebnis dieser Erstunterhaltung festgehalten werden soll, ist nicht bedeutungslos.

Das Tonband sollte hier, als Einbruch in die Vertrauenssphäre genau so wie in der Beurteilung juristischer Fragen außer Diskussion stehen. Selbst wenn vorher das Einverständnis eingeholt wird, hinterläßt bei Verneinung dieser Anfrage, allein die Fragestellung so viel an Befremden, daß die vielleicht bereits vorhanden gewesene Aufgeschlossenheit schon gedämpft ist. Auch dauerndes Mitschreiben des Arztes wird als allzu sichtbare Tendenz zur Dokumentation von vielen als unangenehm empfunden. Bei sehr vielen Ratsuchenden wird man es wagen können, zu fragen, ob eine vielleicht hinter einer Schiebewand vor Sicht geschützte Schreibkraft die Aussagen aufnehmen darf und in bestimmten oben angedeuteten Fällen, wird sich eine solche Maßnahme als Mittel der Wahl kaum umgehen lassen. In anderen Fällen müssen einige wenige Anmerkungen seitens des Arztes genügen, der allerdings bemüht sein sollte, das Ergebnis seiner Exploration nach Abschluß derselben sofort zu diktieren.

Auch die Sitzanordnung ist nicht ohne Bedeutung. Es ist sicher zweckmäßig, daß man bei der ersten ausführlichen Aussprache dem Patienten die Chance bietet, mit dem Gesicht im Schatten zu sitzen, während der Arzt dem bei ihm Ratsuchenden gestattet, in seinem Gesicht zu lesen, und aus den Reaktionen zusätzliches Vertrauen zu gewinnen.

Man kann nicht erwarten, daß sich eine Seele enthüllt und man gleichzeitig Gelegenheit hat, die Physiognomik zu studieren.

Nachdem diese vielen Kleinigkeiten, aber durchaus nicht Nebensächlichkeiten, berücksichtigt worden sind, welche dem Arzt in der Turbulenz der überfüllten Sprechstunde gar nicht mehr bewußt werden, die aber von dem Patienten, der gespannt auf diesen Augenblick zugegangen ist, z. T. sehr minutiös z. T. aber auch nur unbewußt und mit dem Effekt, daß sie die innere Verspanntheit und Verkrampftheit eher potenzieren, denn lösen, registriert werden, beginnt man mit der Exploration.

Es ist eine Frage, ob man in dieser Situation dem Patienten gestatten darf, auf seine eigene Bitte hin, zu rauchen.

Aus psychologischen Gründen ist das ohne weiteres zu bejahen, speziell, wenn ein ausgesprochenes Beratungszimmer zur Verfügung steht. Muß man, um die Integrität des Sprechzimmers für nachfolgende Patienten zu wahren, eine abschlägige Antwort erteilen, dann wird man das mit einem entsprechenden Hinweis leicht motivieren können, und wohl ausnahmslos auf Verständnis stoßen. Absolut falsch wäre es, dem Patienten seine Anfrage mit dem grundsätzlich vorweggenommenen Rauchverbot zu beantworten. Wenn er schon in einer derartigen Situation eine solche Bitte ausspricht, dann beweist das, daß er in Augenblicken der Spannung und Nervosität sowieso bisher gewohnheitsmäßig zur Zigarette gegriffen hat und es ist nicht anzunehmen, daß ihm nun diese eine Zigarette schaden wird. Der erfahrene Arzt, der gewohnt ist, in den Bewegungen seiner Patienten zu lesen, wird außerdem aus dem Rauchgebaren mehr entnehmen können, als manches nicht ausgesprochene Wort ihm verschweigt. Andererseits kommt der so entspannte Mensch sehr viel leichter zum Sprechen, zumal die Genehmigung dieser, von ihm vielleicht innerlich selbst ein wenig eingestandenen „Unart", ihm das Gefühl vom hohen Maß des ihm entgegengebrachten Verständnisses vermittelt. Spricht man aber mit dem Unterton von Kritik und Ablehnung ein abruptes Verbot aus, dann setzt man nicht nur eine gewisse Beschämung, man verliert auch an Boden für die Berechtigung einer nach der Untersuchung vielleicht zu fordernden absoluten Nikotinabstinenz. Ein Arzt, der ohne Befund, ohne Kenntnis der speziellen Gegebenheiten das Rauchen verbietet, wird von einem Menschen, der bisher ohne augenscheinliche Unverträglichkeitserscheinungen dem Nikotingenuß gehuldigt hat, als unkritischer Nikotingegner angesehen werden müssen, so daß ihm ein späteres Verbot ebenso voraussehbar, wie unfundiert und daher nicht berücksichtigenswert erscheint. Wenn man aber diese Bitte mit einem leisen Hinweis genehmigt, daß man als Arzt zwar nur das gestatten dürfe, was man auf Grund der im Einzelfall zu erweisenden Unschädlichkeit vertreten könne, und daß man diese Frage auch besonders prüfen werde, dann wird man sich durchaus nichts vergeben, für zukünftige Notwendigkeiten aber den besten Boden bereitet haben.

So also läßt man den Patienten berichten.

Hierbei vermeide man grundsätzlich, den Ratsuchenden mit Fragen zu überfallen und ihn, wenn er von seinem Herzen sprechen will, nach seinen Eheverhältnissen auszuforschen.

Es bewährt sich immer, nach ein paar Begrüßungsworten, dem Patienten Zeit zum Abschalten, evtl. von der Wartezimmerunterhaltung, zur Besinnung und zur Konzentration auf diesen Augenblick zu geben. Durch diese kleine Pause wird vielfach eine geordnetere Aussage ermöglicht, als wenn man danach trachtet, geleitet durch gewisse „prima-vista-Vorstellungen" durch eine rasche Kette von Fragen, die den Patienten vom Hundertsten ins Tausendste jagen, eine schnelle Beendigung der Anamneseerhebung herbeizuführen.

Man erzielt mit diesem Vorgehen nur ein Chaos von Aussagen, die zu ordnen, ein sehr mühseliges Puzzlespiel ist.

Läßt man dem Patienten dagegen Zeit, versucht ihn gar nicht zu unterbrechen, sondern läßt ihn alles vom Herzen reden, was er sich für diesen Augenblick bereit gelegt hat, was er eventuell bei früheren Untersuchungen nicht hat anbringen können, was er vielleicht bisher noch nie ausgesprochen hat, weil er es selbst nicht hat wahrhaben wollen, dann wird man, selbst wenn der Bericht um einige Ecken herumgeht und in der Weitschweifigkeit ein wenig zu versanden droht, doch sehr überraschende Ergebnisse erzielen.

Daß es natürlich Patienten gibt, die zu einer geordneten Darstellung gar nicht fähig sind, die, zerfahren und ideenflüchtig, anzuhören wenig ergiebig ist, braucht nicht besonders betont zu werden. Solche Fälle bedürfen selbstverständlich einer geordneten Führung der Exploration.

Bei den einzelnen Interrogationen kann man nun schon wichtige psychologische Fehler machen:

So kann man, geleitet durch Erfahrung, Zwischenfragen stellen, die dem überraschten Patienten das angenehme Gefühl vermitteln, daß man mit ihrem Zustand bestens vertraut sei. Verbrämt man dieses nun mit einer bewußten oder unbewußten Mystifikation, dann wirkt dieses Gefühl des „Röntgenblicks" eher besorgniserregend. Werden andererseits diese Äußerungen mit einer gewissen Überheblichkeit formuliert, dann reagiert der Patient nicht ganz selten mit leichter Aggression nach dem Motto: „Wenn der sowieso schon alles weiß, mag er das übrige auch noch herausfinden."

Es ist weiterhin sicher unzweckmäßig, gewisse Äußerungen sofort zu bagatellisieren und mit Kommentaren zu versehen wie: „Das hat heute ja jeder!!"; „das bedeutet gar nichts, das werden wir gleich in Ordnung bringen" usw. Man muß sich dabei nämlich verdeutlichen, daß eine auf Grund sehr sorgfältiger Untersuchung mögliche Verharmlosung von Empfindungen und Beschwerden, vor allem bei besorgten Menschen, ganz anders wirken muß, als wenn sie erfolgt zu einem Zeitpunkt, an dem selbst der erfahrene Arzt noch keinen ausreichenden Aufschluß über den Befund haben kann.

In gleicher Weise fehlerhaft ist es, sich gleich einzelner Symptome schwarzseherisch anzunehmen und sie mit besorgter Miene und erschreckten Gebärden zu kommentieren. Stellt sich nämlich heraus, daß alles recht harmlos ist, dann wird nur ein gewisser Prozentsatz von Ratsuchenden dieses dem Arzt zugute halten, ein meist größerer Prozentsatz aber wird, in der Besorgnis, daß sicher etwas übersehen worden sei, nun von Arzt zu Arzt wandern, „denn einmal schon hat der Arzt das Leiden für sehr schlimm gehalten, aber die Ursache hat er nicht gefunden."

Auch die Gewohnheit zeitlich stark belasteter Ärzte, ihre Patienten zwar reden zu lassen, ihnen aber, offensichtlich anderweitig beschäftigt, gar nicht zuzuhören ist gleichermaßen verletzend, wie mit pseudowitzigen Bemerkungen zu den Empfindungen und Äußerungen eines Konsultierenden Stellung zu nehmen.

Besondere Reserve aber ist notwendig bei Berichten über die Vorbehandlung seitens anderer Kollegen. So sehr der Patient sich im Recht glaubt, zu dem einen oder anderen Stellung nehmen zu dürfen, so unangenehm ist er berührt, wenn ihm diese Kritik nicht korrigiert, sondern durch ebenfalls abwertende Meinungsäußerung noch bestätigt wird. Es kann einfach das Arzt-Patientenverhältnis, das aus vielerlei Gründen krankt, nicht dadurch noch zusätzlich belastet werden, daß ein Arzt bestätigt, für möglich zu halten, daß ein Kollege zu dem gegebenen Zeitpunkt nicht das Bestmögliche getan hat, was in seinen Kräften stand. In einer Zeit der allgemeinen Unsicherheit sollten Beziehungen, wie das Arzt-Patientenverhältnis, das auf die ruhige Gewißheit gegründet sein muß, sein Schicksal in berufene und bewährte Hände geben zu können, nicht durch Unkollegialität unterminiert werden.

Diese wenigen Punkte mögen genügen, um zu zeigen, daß einer der wichtigsten Punkte der Psychotherapie die Vermeidung zahlreicher möglicher psychologischer Fehler ist. Nur, weil aus Überlastung und Zeitmangel diese und andere Dinge übersehen und vernachlässigt worden sind, sah der Patient sich plötzlich psychisch nicht ausreichend gewürdigt und die Überwertung der reinen Psychotherapie war die natürliche Konsequenz.

Es ist in unserer Zeit üblich geworden, für viele Probleme eine Meinungsforschung zu betreiben, das ist in diesen Dingen eine Frage des Geschmacks, aber doch recht aufschlußreich.

So zieht der Amerikaner den „sympathischen, verständnisvollen und auf persönliche Fragen des Patienten eingehenden Arzt" einem vielbeschäftigten Spezialisten, oder einem mit den „sichersten Wundermitteln" und nach „garantiert erfolgreichen Methoden" behandelnden, einstimmig vor. Als gröbste Verstöße gegen ein gutes Patient-Arzt-Verhältnis wurden von der überwiegenden Mehrzahl aller Befragten unpersönliches, rein sachliches Verhalten, ständige Eile, somit zu wenig Zeit für den einzelnen Patienten und schwere Erreichbarkeit in Notfällen angegeben.

Demgegenüber darf nicht vernachlässigt werden, daß der Hausarzt alter Prägung es auch sehr viel einfacher hatte. Er war einfach da, er kannte und wußte alles, die Begegnungen mit ihm waren weder mit hochgespannten Befürchtungen noch Erwartungen belastet und er war gar nicht genötigt in der Selbstverständlichkeit einer vertrauten, freundschaftlichen Atmosphäre all das zu berücksichtigen, was das spätere Verhältnis zwischen Arzt und Kranken so verzerrt und erschwert hat. In einer Zeit, in der keiner mehr die Verantwortung für sich selbst wahrhaben will, sondern durch das Abgesichertsein nach allen Seiten Verantwortung und Schadenskonsequenzen sozialen Einrichtungen zu übertragen sucht, wird verständlich, wie grundsätzlich die Verhältnisse sich heute geändert haben. Wo waren sie früher, die iatrogenen Schäden, die heute in so erschreckendem Maße anwachsen? Man kannte sie nicht, weil keiner für sie bezahlt hätte. Heute dagegen sieht sich der Arzt vor der Situation, jedes Wort überlegen und abwägen zu müssen, jede Maßnahme in ihrem psychischen Haft- und Fortwirkungswert überdenken zu müssen, wenn er nicht unentwegt ungerechtfertigte Rentenbestrebungen in Gang setzen will.

Berücksichtigt man jedoch all die Möglichkeiten, die zu einer echten Aussprache führen, dann ist die damit verbundene Erleichterung bei der überwiegenden Mehrzahl aller Fälle bereits ausreichend, um einen vollen Behandlungseffekt zu gewährleisten. Darüber hinaus aber wird man auch die Gedankengänge der Psychosomatik in die Deutung des Einzelbildes für die letztlich notwendige therapeutische Konzeption mit einzubeziehen haben. Hier erweitern sich unsere Vorstellungen durch das Wissen um die Psychogenese vieler Symptome, welche aus der Unfähigkeit zur Erlebnisverarbeitung resultiert, sei es infolge der Art des Erlebnisses, wie wir das im klinischen Teil noch schildern werden, sei es infolge anerzogener Fehlhaltung oder angeborener Schwäche. Bei dem Bemühen um eine psychosomatische Interpretation von Krankheitszuständen wird man sich jeglichen „Entweder-oder-Standpunkts" d. h. jeder einseitig somatischen Betrachtungsweise einerseits und jedes überspitzten Psychologismus andererseits zu entledigen haben. Es gilt auch nicht zu entscheiden, wie viel im Einzelfall organisch und wie viel rein funktionell (E. BLEULER) ist, ist es der modernen inneren Medizin doch teilweise nur zu adäquat, im „funktionellen" Bereich psychisch und vegetativ in Gang gesetzte Versagensmechanismen zu analogisieren.

Hier ist eine Korrektur der Vorstellungen vielleicht wünschenswert. Psychische Verursachungen innerer Erkrankungen, gleichgültig aus welchen Wurzeln sie resultieren, bedienen sich des Vegetativums als praktisch ausschließlichem Wegbereiter ihrer pathogenetischen Kette. Auch sie wählen nahezu stets, das „Schwäche- oder Schockorgan" zum Locus maioris reactionis und so hat nahe gelegen, daß in der inneren Medizin „psychisch" und „vegetativ" weitgehend als Synonyma betrachtet worden sind. Wie wenig zulässig das ist, haben wir, zwar nicht von diesem Gesichtspunkt ausgehend, in dem Kapitel über das spezifizierte Ekg dargestellt, in dem gezeigt wird, welch vielfältige Ursachen (Nikotin, Kälte, Koffein, Magenüberfüllung usw.) einen gleichfalls über das Vegetativum laufenden, der psychischen Erregung durchaus vergleichbaren Effekt herbeiführen können.

Will man nun aber diese psychische Komponente herauskristallisieren, dann muß im Rahmen der Diagnose auch der Persönlichkeitsstruktur Rechnung getragen werden.

Hierzu ist eine Beschäftigung mit der Erlebniswelt des Patienten und mit seiner psychischen Reaktionsform ein unumgängliches Erfordernis.

Es mag zum Teil fruchtbar und ergiebig gewesen sein, daß die Lehrmeinung FREUDS die Grundlage für alle anfänglichen psychoanalytischen Bemühungen gebildet hat, aber in der Einseitigkeit lag zugleich auch die Begrenztheit, die Ursache für unzutreffende Verallgemeinerung, für Kritik und Ablehnung. Die Klinik hätte sicher einen viel vorbehaltloseren Weg zu dieser Deutungsmöglichkeit innerer Versagenssyndrome und psychisch ingangesetzter Erkrankungen gefunden, wenn seitens der angewandten Psychologie die Normvarianten im Rahmen der typologischen und konstitutionsgebundenen Differenzierung herausgearbeitet, und vor allem, wenn die Beziehungen zwischen Psyche und Krankheit nicht so einseitig von der psychischen Fehlleistung aus beurteilt worden wären.

Wie wenig noch über die „Physiologie der Psyche" bekannt ist, beweist die Tatsache, daß z. B. über die Änderungen psychischen Verhaltens im Rahmen des 24-Stunden-Rhythmus trotz eifrigster Suche in der Literatur vor 15 Jahren (STENDERHOFF), zu einer Zeit also, als die Psychosomatik bereits hoch entwickelt, noch gar nichts bekannt war.

Es mag dies als eine wenig bedeutsame Grenzfrage erscheinen. Sucht man aber in diesen Bereichen, dann öffnen sich einem rasch die Tore der Psychiatrie, während das, was der Kliniker über die FREUDsche Gedankenwelt hinaus zum Verständnis einer fruchtbringenden Psychosomatik braucht, noch viel zu wenig bearbeitet worden ist.

Bereits S. 238 haben wir darauf hingewiesen, wie sehr z. B. bestimmte innere Erkrankungen nicht nur Physiognomie, sondern auch seelisches Verhalten zu prägen vermögen.

Wenn wir einerseits wissen, daß unter gegebenen Umständen praktisch jeder Mensch, gleichgültig welcher Veranlagung, nicht einmal ausgenommen der konstitutionelle Hypotoniker, zum Hochdruckkranken werden kann und man immer wieder feststellt, wie uniform die seelische Reaktion auf diese gespannte, überspannte, erethische Dispositionsänderung ist, dann erscheint die Frage nach einer Richtungsänderung der Psychodiagnostik und Psychotherapie nicht unaktuell.

Zum mindesten scheint es verständlich, wenn die Tiefenanalyse, so ergiebig sie sein kann, in diesen Fällen, mit den aus ihr gezogenen Konsequenzen, den Keim zum Therapieversager in sich birgt.

Abgesehen aber von diesen auf Grund interner Erfahrung sicher nicht ungerechtfertigten Bedenken, kann kein Zweifel darüber bestehen, daß im Rahmen einer Psychotherapie von Herz-Kreislauferkrankungen das „aufdeckende Verfahren" durch sorgfältige Exploration, sich nicht selten als wertvoll erweist, genügt es doch erfahrungsgemäß häufig, teil- oder unbewußte seelische Konflikte in das volle Bewußtsein zu heben, um die Kräfte zur Überwindung zu mobilisieren.

Heute brauchen wir den Nachweis psychogen in Gang gesetzter Herz-Kreislauferkrankungen nicht mehr auf die Diagnose per exclusionem zu beschränken, sondern wir finden einerseits in der Situationsanalyse des Zustandes vor Ausbruch der Kreislaufsymptome wesentliche Hinweise und können die angenommenen Zusammenhänge andererseits durch Explorations-Ekg, Hypnose-Ekg u. dgl. entsprechend objektivieren.

In jedem Falle aber ist schwer zu beurteilen, wie weit die Analyse im Einzelfall betrieben werden muß, und welche Hilfsverfahren der Arzt zusätzlich benötigt.

Es ist außerdem darauf hinzuweisen, daß Fachinternist und Psychotherapeut bzw. Psychoanalytiker einem ganz anderen Kreis von Ratsuchenden begegnen. Für den Durchschnitt dürfte der Weg zum Psychoanalytiker noch weiter sein, als der zum Arzt. Es sammeln sich also beim ersteren schon gewisse Normvarianten, die im Rahmen des Allgemeindurchschnitts schon seltener sind, dafür aber diagnostisch eine reiche Ausbeute und therapeutisch hohe Erfolgschancen wahrscheinlich machen.

Für die Masse der anderen ist die Angabe, daß eine Erkrankung „nur psychogen" sei, eher ein Odium, als eine befreiende Aufklärung; denn hier wird, und dies bedauerlicherweise, diese psychogene Wurzel somatischer Fehlverhaltensweisen mit Hysterie und Neurasthenie gleichgesetzt, um so mehr als sie seitens der Psychologen und Psychotherapeuten auch als mangelhafte Erlebnisverarbeitung, als Fehlverhaltensweise oder Minderleistung bezeichnet wird.

Es ist dagegen selten darauf hingewiesen worden, daß es psychische Überwältigungen von solcher Dramatik gibt, daß hier das Mißverhältnis von normalem Verarbeitungs- und Abreaktionsvermögen und psychischer Überbeanspruchung so eindeutig ist, daß an derartigen Fällen jede Kritik und Abwertung sozusagen gegenstandslos wird. Wir haben im Rahmen der Heimkehrerbegutachtung auf diese Möglichkeit aufmerksam gemacht.

Den meisten psychotherapeutischen Erfahrungsberichten fehlt bedauerlicherweise eine Beurteilung der Schwere des psychischen Grundleidens, und es ist eine immer wieder zu erlebende Tatsache, daß die gleiche Symptomatik mit einem bestimmten therapeutischen Vorgehen einmal recht schnell und gut anzugehen ist, während sie sich im anderen Falle absolut therapierefraktär verhält.

So ist man dazu übergegangen, bei einem bestimmten Behandlungsverfahren den psychotherapeutischen Erfolg als ein Kriterium für die Schwere des seelischen Leidens anzusehen, so daß man z. B. folgert: wenn ein rite durchgeführtes autogenes Training (I. H. SCHULTZ) in einer gewissen Zeit keinen Erfolg bringt, dann müßten wegen der Schwere des Falles tiefer gehende analytische Verfahren angeschlossen werden.

Dabei darf nun keineswegs übersehen werden, daß die psychischen Fehlhaltungen, welche in der Analyse aufgedeckt werden, in ihrer Deutung nicht selten eine Interpretation erfahren, welche direkt vom untersuchenden Arzt abhängig ist und somit sehr individuelle Züge aufweist. Auch hierin liegt ein Punkt, der die Übersehbarkeit therapeutischen Erfolges erschwert.

Die einfachste Form der Psychotherapie ist somit, wollen wir die bisherigen Ausführungen zusammenfassen, die Suggestion von Verstehen und Helfenwollen, eine Empfindung, welche es dem Patienten erleichtert, sein inneres Gleichgewicht wiederzufinden. Es gehört vornehmlich dazu, den Menschen auch in seinem Leiden anzuerkennen und in seinem Kranksein zu würdigen. Es ist weiterhin notwendig, das Gefühl im Patienten zu wecken, daß alle Untersuchungsmaßnahmen getroffen werden, dem vorliegenden Leiden in jeder Weise, auch in seiner körperlichen und seelischen Verflechtung, auf den Grund zu gehen. Diese Ausgangslage sollte in jedem Fall erreicht werden. Sie bildet die Grundlage für Vertrauen und Unterordnung in die ärztliche Autorität.

So wird sich die praktische Psychotherapie vielfach sehr viel weniger der Notwendigkeit einer Lösung von Konfliktsituationen gegenübersehen, als vielmehr die Verpflichtung haben, den Boden für eine bedingungslose Anerkennung von evtl. auch als hart empfundenen therapeutischen Maßnahmen zu schaffen.

Einige Erfahrungen mögen das verdeutlichen.

Ein wichtiges Behandlungsprinzip bei den meisten Herz-Kreislauferkrankungen ist die vollständige Abschaltung von beruflichen und evtl. auch familiären Belastungen. Bei der häuslichen Pflege ist eine derartige Forderung kaum realisierbar. In der Klinik sollten aber Telephonate, täglicher Geschäftsposteingang, Besuche von Mitarbeitern usw. prinzipiell untersagt sein. Hier ist es nun die hohe Kunst des Arztes als Berater verständlich zu machen, daß jeder Mensch einmal ersetzbar ist, daß es schon ein Symptom krankhaften Verhaltens ist, wenn man sich unentbehrlich, unabkömmlich wähnt und das Gefühl hat, alles selbst tun oder zum mindesten entscheiden zu müssen. Es muß dem Kranken klar gemacht werden, daß zu jeder Heilung auch die Selbstbesinnung, die Einkehr bei und in sich selbst gehört und daß, so gesehen, eine Krankheit ihren Sinn erhalten und zur schöpferischen Pause werden kann. Der Arzt wird in dieser Situation praktisch zum Berufsberater, wenn es ihm nämlich gelingt, seinem Patienten zu verdeutlichen, daß eine solche völlige Abschaltung auch ihr Gutes haben kann, indem nämlich offenbar wird, wie weit, wenn ein Rädchen ausfällt, der übrige Mechanismus eines Betriebes in der Lage ist, diesen Ausfall zu ersetzen oder auszugleichen. In diesen Bereichen verständnisvoll zu raten ist bedeutsamer, als manch eine sonstige therapeutische Maßnahme.

Ein besonderes Problem ist in dieser Hinsicht vielfach der *Myokardinfarkt*.

Da es einerseits unsere Auffassung ist, daß die strenge Bettruhe (s. S. 543, Tab. 28) für 4–6 Wochen die einzige Möglichkeit darstellt, um Herzwand und Narbenbildung völlig zu stabilisieren und uns andererseits gelingt, die Patienten oft innerhalb sehr kurzer Zeit beschwerdefrei zu machen, klafft hier eine Lücke, die vor allem bei fehlender Einsicht nur schwer überbrückt werden kann. Hier wird der Patient durch Ungeduld, Ruhelosigkeit und Launenhaftigkeit nicht selten sich selbst zur Last, immer aber für die pflegerische Umgebung zu einem sehr schwerwiegenden therapeutischen Problem. Hier kommt es so ausschlaggebend auf die psychische Führung seitens des Arztes an, welche mittels Aufklärung, ohne Angst zu machen, Appell an Vernunft und zur Mitarbeit des Patienten an seiner Heilung, Ablenkung, Beruhigung und eine trotz des Liegens mögliche Beschäftigungstherapie – wertvoll unterstützt durch Tagessedativa – die Durchführung dieser Ruhepause gewährleisten muß.

Auch hier gibt es hinsichtlich der Vermeidung psychologischer Fehler bei der Durchführung einer Langfristbehandlung, wieder die Notwendigkeit zu individueller Einstellung gegenüber gewissen Grundsatzfragen klinischer Therapie.

Es kann kein Zweifel darüber bestehen, daß Tiere in einem Krankenhaus verboten sein müssen. Wenn man aber erlebt, wie ein Hund Morgen für Morgen sich einstellt, irgendwie den Zugang zum Zimmer seines Herrn findet, sich in Sichtweite niederläßt und so, ohne sich zu rühren nur seinen Herrn beobachtend, den ganzen Tag verbringt, um abends heim zu trotten und am nächsten Tage wieder zu erscheinen, dann liegt in diesem treuen, unbeirrbaren Zugewandtsein so viel an Beruhigung, daß eine solche Zweisamkeit zu stören, weniger verantwortbar ist, als der Besuch eines unverständigen Ehegatten, lamentierender Verwandter usw.

Eine weitere Schwierigkeit, bei deren Lösung sich die Kunst psychischer Führung seitens des Arztes erkennen läßt, ist das *Rauchverbot* während der Behandlung und in der Regel auch nach Abschluß derselben.

Es gibt Krankheiten, wie z. B. Myokardinfarkt, Endangiitis obliterans usw., bei denen die Fortführung bisher geübter Rauchgewohnheiten so unverantwortbar ist, daß von dem Willen zur Mitarbeit in diesem Punkt seitens des Patienten die Übernahme der Behandlung und ihre Durchführung abhängig gemacht werden sollte. Hier wird man in jedem Fall anders vorgehen müssen, einmal aufklärend mit Appell an Vernunft, an Einsicht und Energie; ein anderes Mal apodiktisch verbietend, wobei man bei ausgesprochenen Süchtigen das Absetzen durch Medikation besonderer Mittel erleichtern und die dabei zunächst auftretende Nervosität durch Tagessedativa dämpfen kann. Wichtig bleibt, daß auf diesem Gebiet nicht das geringste Zugeständnis gemacht werden darf, was um so mehr zu beachten ist, als vor allem Kranke, die an Endangiitis obliterans leiden, oft so dem Nikotin verfallen sind, daß sie lieber die Amputation von Glied um Glied in Kauf nehmen, als daß sie bereit oder fähig wären, auf den Genuß der Zigarette zu verzichten.

Auch die *Durstperioden* bei ausgeprägter Ödematose benötigen ausgesprochene psychische Führung.

Hier kann durch Pflege und kleine, das Durstgefühl herabsetzende Maßnahmen (s. S. 579) schon manches erreicht werden. Wie qualvoll aber der Durst ist, beweist die Tatsache, daß diese Patienten fast ausnahmslos von Quellen, Oasen, Brunnen oder rinnenden, plätschernden Wassern träumen und nicht ganz selten nachts, nahezu somnambul, den Durst zu stillen suchen. Andererseits ist erstaunlich, welche extremen Durstperioden nach Aufklärung und Appell an die aktive Mithilfe durchgehalten werden können.

Als letztes sei noch die *Schmerzstillung* zu nennen.

Sie gehört zu den wichtigsten, eindrucksvollsten und dankbarst aufgenommenen Maßnahmen der Behandlung. Im Vertrauen, vor allem den Schmerz beseitigt zu bekommen, wendet sich der Patient an den Arzt, und dieser wird alle Maßnahmen zum Einsatz bringen, um diesem berechtigten Wunsche gerecht zu werden. Andererseits aber soll man, wenn man die Indikation nicht vertreten kann (s. S. 587) sich nicht durch die Unvernunft des Patienten die schmerzlindernde Injektion abzwingen lassen. Auch hier ist es vor allem die Aufklärung, welche dem Patienten ein unter Umständen notwendiges Ertragen der Schmerzen erleichtert.

Alle diese Fragen der „kleinen Psychotherapie" sind mit Absicht so ausführlich behandelt, gehören sie doch in den Bereich dessen, was JORES als „personale Medizin" bezeichnet, nämlich das Bemühen, nicht den „Fall" oder gar die wissenschaftlich interessante Kasuistik, sondern den kranken Menschen zu erfassen und ihn einer optimalen leib-seelischen Wiederherstellung entgegenzuführen.

Als ausgesprochen psychotherapeutische Verfahren lassen sich dann die psychagogisch-persuasiven Methoden (DUBOIS, E. V. FRANKL) oder die gezielte Suggestion bis zur Hypnose anschließen.

Die Auto-Suggestion wurde im „autogenen Training" von I. H. SCHULTZ zu einem wertvollen Verfahren entwickelt, das besonders an die Mitarbeit und die Verselbständigung der Kranken appelliert. Die „gestufte Aktivhypnose" E. KRETSCHMERS erscheint besonders geeignet für die klinische Psychotherapie.

Alle diese Methoden, besonders wenn bis zur Tiefenanalyse vorgegangen wird, verlangen ebenso wie die hypnotischen Techniken eine spezielle Ausbildung und Erfahrung sowie die Beherrschung der psychotherapeutischen Technik, denn alle diese Praktiken, nur stümperhaft begonnen und unkonsequent durchgeführt, helfen nicht nur nichts, sondern können zusätzlichen tiefgreifenden Schaden stiften. In jedem Fall muß am Ende der psychotherapeutischen Behandlung von seelisch in Gang gesetzten Herz-Kreislaufstörungen die Bereinigung der aktuellen Konfliktsituation und die Verankerung der neu gewonnenen Einsichten in die Tiefenperson erreicht worden sein.

Mit welchen Spezialkenntnissen, welcher Sorgfalt und welchem Zeitaufwand derartige Untersuchungen durchgeführt werden müssen, mag eine Kasuistik, aufgenommen von unserem Mitarbeiter WIMMER verdeutlichen:

B. P., 46 Jahre.

Einweisungsdiagnose: Verdacht auf Myokardinfarkt.

Anamnese: Bis 1948 viel Sport getrieben (Rudern, Leichtathletik, Fußball). Nie ernstlich krank gewesen.

Jetzige Beschwerden: Am 20. 10. 1955 erster Angina-pectoris-Anfall, der auf Grund der Angaben des Patienten sehr wahrscheinlich emotional bedingt ist. Er hat erhebliche familiäre Schwierigkeiten, die er sich sehr zu Herzen nimmt. Nikotin: früher 10 Zigaretten tgl., seit 8 Wochen raucht er nicht mehr.

Befund: Lebhafte Reflexerregbarkeit, verstärktes vasomotorisches Nachröten, feuchte und kühle Hände und Füße, respiratorische Sinusarrhythmie, Blutdruck 110/80 mm Hg.

Herzfunktionsprüfung: Im übrigen kein pathologischer Organ- oder Laborbefund.

Ekg: Außerhalb des Anfalls keine Störung der Erregungsausbreitung oder -rückbildung. Kein Anhalt für Koronarinsuffizienz oder Myokardschädigung (s. Abb. 230).

Insgesamt 3mal wurde ein Angina-pectoris-Anfall im Bett jeweils morgens etwa um 9.30 Uhr während der Visite beobachtet. Der Anfall hielt etwa 10 min an.

Ekg während des Anfalls geschrieben: Deutliche respiratorische Sinusarrhythmie, flach diphasisches $T\,I$, als Zeichen einer Koronarmangeldurchblutung.

Ekg nach 10 Kniebeugen: Deutliche ST-Depression in Ableitung I mit diphasischem T. Verstärkung der Störung der Erregungsrückbildung, die im Anfalls-Ekg vorhanden war. Hierbei jedoch keine stenokardischen Beschwerden.

Die *Exploration* erbrachte folgendes Ergebnis:

1909 geboren, normale Geburt. Hat zur rechten Zeit sprechen und laufen gelernt. Erziehung zur Sauberkeit machte Schwierigkeiten. Hat noch als etwa 6jähriger eingenäßt. Sei als Kind „nachtgewandelt": Hätte sich aus dem Schlaf erhoben, sei – ohne aufzuwachen – aufgestanden, in die Küche gelaufen. Das Nachtwandeln sei regelmäßig von den Angehörigen bemerkt worden, die sich dann sehr um ihn gesorgt hätten. Der Vater ist Statiker von Beruf, hätte „sehr viel Geld" verdient, allerdings auch sehr viel für sich verbraucht, vor allem viel vertrunken. Der Vater sei, woran er sich erinnere, oft spät nachts nach Hause gekommen, mit der Mutter hätte es dann Streit gegeben, die Türen seien geflogen. Das Haushaltsgeld für die Mutter sei aus dem genannten Grund oft knapp gewesen. Die Trunksucht des Vaters sei nur periodisch in Erscheinung getreten. Jahrelang hätte er nicht getrunken, dann sei es „wie ein Anfall" (Aussage des Pat.) wieder über ihn gekommen.

Die Schulzeit ist angeblich ohne Besonderheiten verlaufen. P. besuchte erst die Volksschule, später die Oberrealschule, bis zum Einjährigen. Das Abitur hätte er nicht ablegen können, da der Vater zu viel Geld vertrunken hätte, und für die

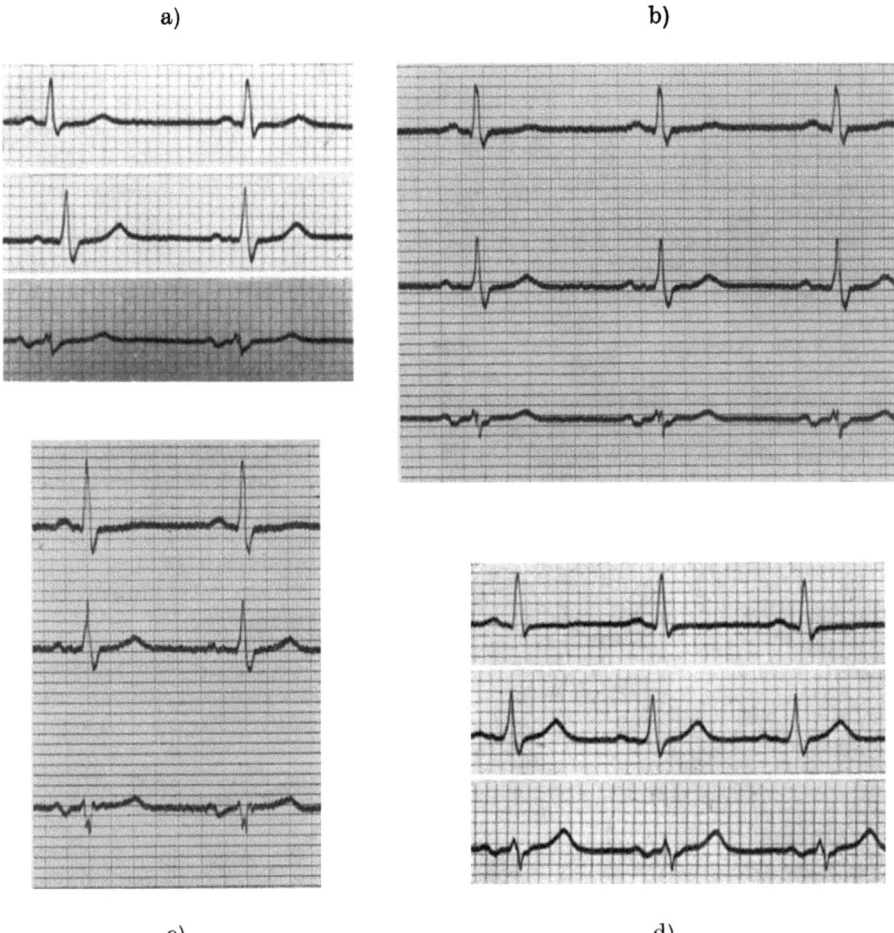

Abb. 230. B. P., 46 Jahre. Angina pectoris psychischer Genese. a) Ruhe-Ekg; b) Belastungs-Ekg. I–III nach Treppensteigen, geringe „Besserung", Hebung von T_1; c) im Stehen; d) im während der Visite aufgetretenen Anfall.

Herzfunktionsprüfung:

RR mmHg	Pulszahl	Atemzahl	Vitalkapazität
130/85	76	16	3100 im Liegen
130/85	88	18	3100 im Stehen
170/105	140	32	3000 n. Belastung 20 Kniebeug.
155/105	110	24	3000 n. 4 min
145/100	88	16	3100 n. 10 min

Ausbildung der Kinder wäre nichts übrig geblieben. – Mit seiner Mutter hätte er sich immer besonders gut vertragen, ebenfalls so mit der älteren seiner beiden Schwestern (1908 geboren, eine jüngere Schwester 1916 geboren). – Er sei der Liebling seiner Mutter gewesen. – Sonst angeblich gesellig, sei immer der Anführer bei Spielen gewesen, habe mit Vorliebe Fußball gespielt.

Nach der Schule „Praktikant" bei einer Baufirma, der gleichen, in welcher der Vater als Statiker arbeitete. Er war dort 7 Jahre tätig, ohne daß sich an seiner sozialen Stellung etwas änderte. Er habe sehr unter seinen Arbeitskollegen zu leiden gehabt: „Dein Vater trinkt aber sehr", hätte es dort immer geheißen. – Er sei deshalb, um seine soziale Stellung zu verbessern, nach Absolvierung von Abendkursen, als „kaufmännischer Angestellter" zu einer Organisation gegangen und sei bald „Zweigstellenleiter" geworden. 1934 zur Stadtverwaltung in L. versetzt, zunächst im Angestelltenverhältnis, 1939 legte V. die Inspektorenprüfung ab.

Bei Kriegsbeginn eingezogen als Leutnant d. R. der Flak. Geriet bei Kriegsende in englische Gefangenschaft, wurde erst 1948 entlassen, letzter Dienstgrad Oberleutnant. Auszeichnungen angeblich beide EK's. Keine Dystrophie, keine Verwundungen von Belang.

1943 in Ostpreußen kurzzeitig verlobt, das Verlöbnis habe er wegen der Unsicherheit der Kriegslage gelöst.

1944 geheiratet, Ehefrau 10 Jahre jünger. Vorher einige flüchtige Liebesbeziehungen.

Nach der Rückkehr aus Gefangenschaft im schwiegerelterlichen Haus in K. gewohnt. Festen Boden bekam P. dann erst 1951 unter die Füße. Er übernahm eine Vertretung auf Basis eines Fixums. Zuvor war er eine zeitlang Beifahrer und nach seinen eigenen Worten „Mädchen für alles" gewesen.

Den Beruf eines Tabakvertreters übte P. ohne sonderliche Schwierigkeiten aus. Seine Ehe sei glücklich gewesen, jedoch habe seine Frau immer schon kein gutes Verhältnis zu seinen Eltern gehabt und auch seine ältere Schwester nicht sehr geschätzt. – Auf letztere sei sie auf Grund des guten Verhältnisses, das er mit seiner Schwester habe, vielleicht eifersüchtig. – Vita sexualis angeblich o. B.

Im September 1955 habe er erstmalig beim morgendlichen Arbeitsbeginn über Druckgefühl auf dem Hals und Müdigkeitsgefühl zu klagen gehabt.

Am 8. 10. 1955 sei sein Vater auf der Straße verunglückt. Er sei deswegen sofort nach L. gerufen worden, seine Mutter, „deren Liebling ich immer war", habe ihm bei dieser Gelegenheit klar gemacht, wie leicht er auch verunglücken könne und ihm vor Augen gehalten, wieviel leichter er es in einem anderen Beruf haben könne. Er habe das eingesehen und am gleichen Tag Antrag auf Wiedereinstellung bei der Stadt L. gestellt. Seiner Frau sagte er nichts von seiner Absicht, „aber ich versuchte ihr auf feine Art beizubringen, daß es mit dem Autofahren ja so nicht weiter gehen konnte bei mir."

Am 20./21. 10 war P. dann erneut in L., da er sich auf Grund eines Zwischenbescheides der Behörde hier vorstellen mußte. Auf dem Rückweg zum Bahnhof überfiel P. der erste Anfall „wahrscheinlich aus Freude, weil die Vorstellung für mich günstig war". In K. angekommen, benötigte V. für den Heimweg statt der üblichen 5 volle 30 min. Er ging dann mit Hilfe seiner Frau zum Arzt.

Die Ehefrau setzte dem Plan des Berufswechsels, der von der Mutter inauguriert war, den erwarteten Widerstand entgegen. P. mußte daher Anfang Januar zunächst allein nach L. ziehen und wohnte bei seinen Eltern. Die Arbeit für die Tabakfirma mußte praktisch im Oktober bereits eingestellt werden, da V. bis zu 7 Anfälle täglich bekam. Allerdings traten sie ursprünglich meist nachts auf und hätten seine Frau sehr beunruhigt. Die eheliche Gemeinschaft sistiert seit dem Ereignis völlig.

Bei Aufnahme der Tätigkeit in L. ließen sie an Heftigkeit nicht nach. V. mußte z. T. eine Stunde vor Dienstbeginn bei seiner Behörde erscheinen, damit er genügend

Zeit hatte, um sich von seinem Anfall, der ihn oft auf dem Weg zur Arbeit ereilte, zu erholen. Es entwickelten sich erhebliche Angst- und Unsicherheitsgefühle.

Zwischenbemerkung:

Auffällig sind die zahlreichen sogenannten „frühpsychopathischen" Züge, die mangelnde berufliche Entwicklung, das späte Heiratsalter. Der Einfluß des für den Pat. stark negativ besetzten Vaterbildes in zahlreichen entscheidenden Situationen ist handgreiflich. Entsprechende Abhängigkeit von der Mutter. – Auftreten der Anfälle in einer für den Fall typischen Versuchens- und Versagenssituation (SCHULTZ-HENKE).

RORSCHACH-*Protokoll* ergibt folgenden Aufschluß: Obwohl in dem Test Anzeichen einer neurotischen Intelligenzhemmung vorliegen (Schocks, Deskriptionen), läßt sich doch aus der recht gleichmäßigen unterdurchschnittlichen Ausprägung der Intelligenzzeichen auf eine nur knapp durchschnittliche Intelligenz schließen. Die Beobachtungsgenauigkeit ist recht gering, die geistige Durchdringungsfähigkeit läßt durchaus zu wünschen übrig. An sich handelt es sich mehr um einen trockenen, pedantischen, als beweglichen anregenden Menschen. Das psychische Tempo ist im ganzen verlangsamt, die Einfallsfülle recht beschränkt. – Dabei besteht aber eine deutliche Ehrgeizhaltung, der Leistungswille überschreitet mitunter die eigenen Fähigkeiten (schlechte G's). – Wenn die geistige Leistungsfähigkeit auch bei Wegfall der neurotischen Hemmungen größer sein könnte, was nochmals betont werden muß, so ist sie doch im ganzen nur knapp durchschnittlich. Vielleicht läßt diese Feststellung bereits die nicht sehr ausgeprägte Entwicklung auf dem beruflichen (übrigens auch dem militärischen) Sektor verständlich werden.

In affektiver Hinsicht handelt es sich um einen recht labilen, noch sehr unausgeglichenen Menschen (Rechtstyp). Er befindet sich noch auf der „Reizsuche" (BRUN), starke affektive, reife Bindungen gelingen nicht. – Die Stabilisierung über den Intellekt gelingt nicht, die suggestible, zu Ersatzbindungen und zum Ausspringen aus sozialen, konventionellen Bedingungen stets bereite Persönlichkeit findet auch keinen Halt in einer differenzierten Innerlichkeit.

Dennoch ist P. nicht haltlos. An Stelle der sehr mäßig ausgeprägten Möglichkeit physiologischer Affektbremsung ist die (pathologische) affektive Hemmung sehr deutlich (Fb-Schocks, Deskriptionen). P. neigt zur Affektverdrängung, statt sie entweder auszuleben oder sie zu beherrschen. Die Hemmungsmechanismen haben zu erheblichen Kontaktschwierigkeiten geführt, zumal P. überempfindlich ist und Kritik schlecht verträgt. Die Hemmungsmechanismen sind so stark ausgeprägt, daß von der ursprünglich labilen, launenhaften, auch wohl egozentrischen Persönlichkeit nicht mehr viel zu merken ist und eher der Eindruck eines etwas langsamen (Zeit), mitunter pedantischen (d), korrekten und genauen (geordnete Sukz.) dabei – allerdings insuffizient – ehrgeizigen (G-), mäßig begabten Menschen entsteht. Eine fast epileptoide Klebrigkeit (echte Farbnennungen, deutliche Perseverationstendenzen) und Umständlichkeit zeichnet ihn dabei aus. – Es dürfte sich um einen gebrochenen Charakter im Sinne von HEISS handeln. – Besonders zu beachten ist hier noch, daß die Verdrängung auch aggressive Strebungen (Deskriptionen) miterfaßt. Es ist daher das Vorliegen unbewußter Angst möglich, wenn sich dies auch aus dem RORSCHACH in diesem Fall nicht sehr deutlich machen läßt (Agressionsverdrängung bedingt meist Angst). Nach ZULLIGER ist im vorliegenden Fall die orale Sphäre (G) überbetont. Die Verdrängung der oralen-aggressiven Strebungen muß für den Betreffenden den beruflichen Erfolg sehr schwierig machen und eine Situation, wie die des Herrn P., muß für einen derart gehemmten Menschen eine sehr spezifische Versuchungs- und Versagenssituation darstellen (er kann nicht „zupacken" und soll es nun auf einmal).

Auf andere Teile innerhalb des Motivbündels wurde bei Besprechung des Lebenslaufes hingewiesen. – Ein anderes Teilmotiv liegt, wie besprochen, auf intellektuellem Gebiet (Ehrgeizhaltung bei relativer Insuffizienz).

776   Spezielle Behandlungsvorschläge für Herz-Kreislauferkrankungen

Hypnoseversuch:
Es wurden Ekg während Wachexploration geschrieben. Dabei wurde das Verhältnis seiner Frau zu seinen Eltern sowie ein Gespräch besprochen, das V. auf Station geführt und das ihn geärgert hatte (Abb. 231a). – Eine besondere Gemütsbewegung war im Ausdruck dabei nicht feststellbar.

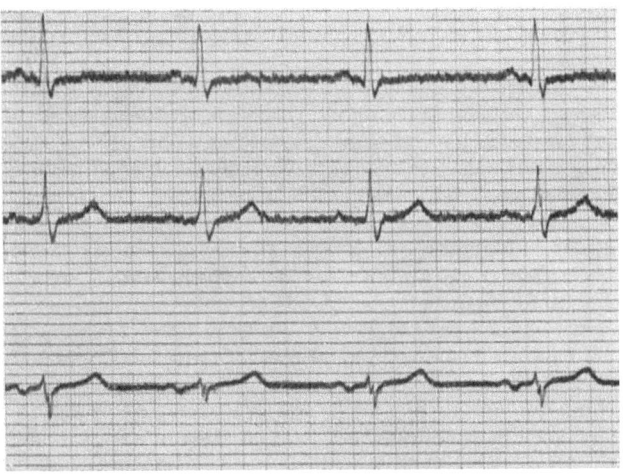

Abb. 231. a) Wachexploration: Ärger.

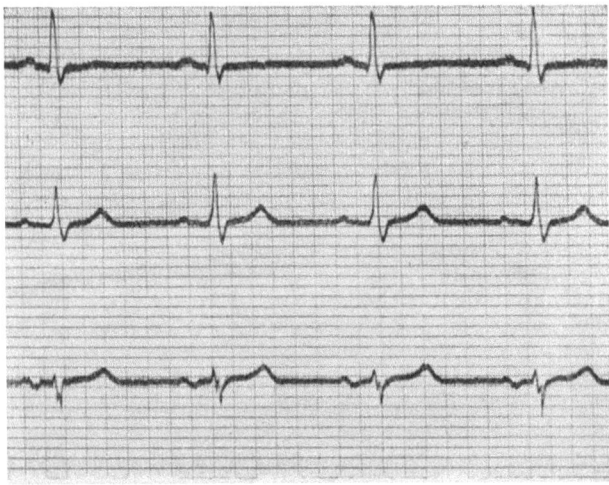

Abb. 231. b) Hypnose: Ruhesuggestion. Hebung von T_1.

Ekg in Hypnose durch Blickfixation und Verbalsuggestion.
Der initiale Augenschluß bereitet Schwierigkeiten, P. ist verkrampft. Wird aber schließlich realisiert. Das kataleptische Stadium wird schließlich erreicht, das somnambule dagegen nicht. 3 Suggestionen: 1. Völlige Entspannung (Abbildung 231b), 2. und 3. je ein Verkehrsunfall.

P. berichtet nach der Hypnose (kein Amnesieauftrag), er hätte den 1. Unfall gut, den 2. aber nicht realisieren können. ,,Denn ich fahre nie bei vereisten Scheiben".

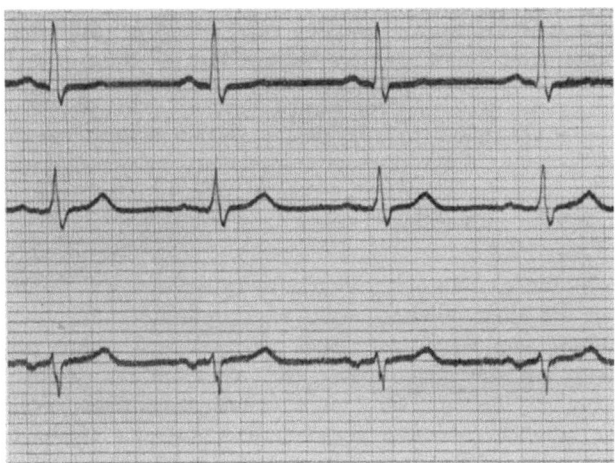

Abb. 231. c) Hypnose: Unfall 1 gut realisiert.

Nachexploration 7. 2. 1956.

Der letzte pectanginöse Anfall ist vor 20 Tagen aufgetreten. Der Patient äußert sein Erstaunen, daß er ,,gegen Aufregung" jetzt besser gefeit zu sein scheint und nicht mehr mit Anfällen reagiert. Diffusere Beschwerden ohne eigentlichen Anfallscharakter werden aber noch geklagt.

Es ergibt sich, daß Pat. vor 16 Tagen den Besuch seiner Frau erhielt: Dieser hat er nach seinen Worten klar machen können, daß es so in seinem alten Beruf nicht weitergehen konnte. Die Ehefrau hätte die Notwendigkeit des Berufswechsels und des Umzugs eingesehen. Erleichtert hätte ihr diesen Entschluß, daß der Vater der Ehefrau – also der Schwiegervater des Pat. – einige Tage nach Klinikaufnahme des letzteren verstorben sei. Die Ehefrau wäre durch die Pflegebedürftigkeit des kranken Vaters an K. gebunden gewesen, hätte allerdings jetzt geäußert, daß sie das Grab des Verstorbenen nicht sofort verlassen könne. Daher könne der Umzug noch nicht so bald stattfinden.

Das zeitliche Zusammentreffen des Sistierens der Anfälle mit dem mit der Ehefrau abgeschlossenen ,,Waffenstillstand" ist auffällig. Es drängt sich nun die Vermutung auf, daß die Symptombildung zurückgenommen wird, nachdem das Beschwerdeziel erreicht und das Symptom überflüssig geworden ist. (Es wird daran erinnert, daß sich der Pat. in seinem ersten schweren Anfall vom Bahnhof K. nach Hause schleppte. Er hatte ein schlechtes Gewissen, weil er sich nun gegenüber seiner Frau verantworten mußte, daß er ohne Rücksprache mit ihr Berufswechsel und Umzug zu seinen – von der Frau nicht sehr geschätzten – Eltern intendiert hatte. Infolge des Anfalls mußte die Frau mit ihm zum Arzt und nach und nach einsehen, ,,daß der Berufs- und damit Ortswechsel für mich notwendig war").

Es ist zu vermuten, daß sich jetzt eine Rückbildung der Symptomatik anbahnt. Der Versuch, in dieser Phase ein pectanginöses Syndrom in Hypnose zu erzeugen, ist nicht unbedenklich, da man damit der Tendenz zur Chronifizierung des Leidens nur Vorschub leistet, und der Selbstheilungstendenz im Wege ist.

Hypnoseversuch 7. 2. 1956

Einleitung der Hypnose wie beim ersten Versuch: der Augenschluß erfolgt diesmal rascher, die Hypnose kann relativ schnell vertieft werden bis zur kataleptischen Starre. Pat. kann an den Fersen hochgehoben werden, wobei er bis zum Schultergürtel brettsteif bleibt. — Nach Lösung der Starre Suggestion von Bildstreifen, die das Anfallsgeschehen am ersten Anfalltag in L. und K. wiederholen. Bei der Suggestion von Atemnot und Schmerz beginnt Pat. zu stöhnen und wird etwas blaß, darauf Abbruch und Zurücknahme der Suggestion. Überleitung in ein Stadium größerer Entspannung, Suggestion der Vorfreude auf einen Urlaub. Nachschlaf von 5 min Dauer, Spontanerwachen.

Der Patient ist teilweise amnestisch, besonders die Anfallssuggestionen können zum großen Teil nicht reproduziert werden. V. gibt an, ein Druckgefühl auf der Brust und einen leisen Armschmerz, ,,aber nicht so stark wie beim Anfall gespürt zu haben''.

Die Auswahl für eine gezielte Psychotherapie ist nicht leicht. Am günstigsten liegen die Möglichkeiten, wenn ein geschulter Psychologe mit ärztlicher Ausbildung zur Verfügung steht, dem Patienten mit schwer zu erhebender Anamnese zur Exploration übergeben werden können. Auf diese Weise wird erreicht, daß die für eine psychotherapeutische Behandlung geeigneten oder unter Umständen ausschließlich auf eine solche reagierenden Patienten frühzeitig erkannt werden und ihnen damit erfolglose Therapieversuche erspart bleiben, welche das Leiden eher fixieren, als lösen.

Es ist somit die Psychotherapie des Praktikers und auch des kardiologisch eingestellten Internisten vorzugsweise eine ,,Psychologie der Begegnung''. Zu ausgesprochenen psychotherapeutischen Maßnahmen gehört eine fundierte Spezialausbildung, sehr viel Erfahrung und viel Zeit. Man soll nie versuchen, derartige Fälle anzubehandeln, um zu sehen, wie weit man auf diesem Gebiete selber etwas schafft. Es ist ja nicht ,,nur die Psyche'', um die es geht, es geht um das empfindlichst reagierende ,,Organ'' und das ,,nil nocere'' gilt für das unbefugte Eindringen in diesen Bereich noch mehr als für entsprechende therapeutische Eingriffe auf anderen Gebieten.

Literatur zu Kapitel VI, Abschnitt A, 12

BEECK IN DER M.: Medikamentöse Behandlung und Psychotherapie. Therapie des Monats **3**, 91 (1958). — BERMAN, R. und Mitarb.: Electrocardiographic Effects Associated with Hypnotic Suggestion in normal and coronar Sclerotic Individuals. J. Appl. Physiol. **7**, H. 1, 89 (1954). — BOEHM, F.: Kasuistische Beiträge zur analytischen Psychotherapie psychogener Herzstörungen. Z. psycho-somat. Med. **1**, 105 (1955). — CLAUSER, G.: Notwendigkeit, Schwierigkeiten und Aufgaben der Psychotherapie an der internen Klinik. Medizinische **1957**, 930. — CURTIUS, F.: Gefäßnervensystem und Psyche (nach klinischen Erfahrungen). Z. psycho-somat. Med. **1**, 81 (1955). — FREUD, S.: Vorlesungen zur Einführung in die Psychoanalyse (London 1950). — FREYBERGER, H.: Psychotherapie bei Herzkrankheiten in der Allgemeinpraxis. Ärztl. Praxis **7**, H. 1, 1 (1955). — JORES, A.: Psychosomatische Therapie. Ärztl. Forsch. **2**, H. 24, 479 (1948); Psychotherapie als Behandlungsmethode in der internen Klinik. Klin. Wschr. **1957**, 786. — JORSWIECK, E.: Ein Beitrag zur Gefühls- und Antriebsdynamik bei psychogenen Herzerkrankungen. Z. psycho-somat. Med. **1**, 99 (1955). — KLAESI, J.: Die Psychotherapie des ärztlichen Alltages. Vortr. Med. Ges. Kiel, 20. Mai 1958. — KRETSCHMER, E.: Medizinische Psychologie (Stuttgart 1947). — LENNARTZ, H.: Psychische Veränderungen bei Herz- und Kreislauferkrankungen. Medizinische **35**, 1279 (1958). — DE MATHAUS, CH, T.: Leibseelische Zusammenhänge in der Therapie der Herzkranken. Heilkunst **70**, H. 3, 85 (1957). — MORGENTHALER, W.: Zur Psychotherapie bei

Herzkranken. Schweiz. Med. Wschr. 84, 85 (1954). — PERK, D.: The heart, the physician and the psychiatrist. S. Afric. Med. J. 1956, 31. — RABINOWITZ, A.: Functional and psychic elements in heart disease. S. Afric. Med. J. 29, 1129 (1955). — ROTTHAUS, E.: Grundsätzliches im psychotherapeutischen Geschehen, aufgezeigt an Fällen in der Praxis. Therapiewoche 8, H. 12, 549 (1958). — SCHAEFER, H.: Wechselwirkung von Psyche und Herz, insbesondere in prognostischer Hinsicht. Lebensvers. Med. 8, H. 2, 21 (1956). — SCHMALTZ, G.: Komplexe Psychologie und körperliches Symptom (Stuttgart 1955). — SCHULTZ, I. H.: Die seelische Krankenbehandlung (Stuttgart 1952). — SCHULTZ-HENCKE, H.: Lehrbuch der analytischen Psychotherapie (Stuttgart 1951). — STAUDER, K. H.: Ergebnisse der psychosomatischen Forschung für die Praxis. Med. Klin. 50, H. 48, 2042 (1955). — STERN, E.: I tests psicologici ... (Die psychologischen Tests in der medizinischen Praxis). Med. psicosomat. 1, 253 (1956). — WHITE, P. D.: The psyche and the soma: The spiritual and physical attributes of the heart. Ann. Int. Med. 35, 1291 (1951). — WIMMER, H.: Über iatrogene Herzschäden. Med. Mschr. 10, 677 (1956). — WYSS, D.: Entwicklung und Stand der psychosomatischen Kreislaufforschung in England und USA seit dem ersten Weltkrieg. Psyche 5, 81 (1951).

13. Homöopathische Behandlung von Herz-Kreislauferkrankungen

Für eine rein pharmakologisch eingestellte Schulmedizin und im Zeitalter höchster Blüte pharmazeutischer Produktion mag es erstaunlich scheinen, wenn wir einen Blick auf eine Richtung werfen, welche durch ihre eindeutige Konsolidierung im Rahmen medikamentöser Behandlungsmethoden nicht mehr zu den Außenseiterdisziplinen gerechnet werden kann, die aber doch, und wir möchten meinen bedauerlicherweise, durch das Odium der Einseitigkeit belastet ist.

So eindeutig es ist, daß der „Nur-Homöopath" auf wichtige therapeutische Möglichkeiten verzichtet, ob verantwortbar, das muß dahingestellt bleiben, so sicher ist andererseits, daß die Kenntnis dieser natürlichen Wirkstoffe, die Notwendigkeit zur individuellen Rezeptur, die Tendenz, Feinstwirkungen der Therapie anzustreben und zu beobachten, für den Arzt von unabschätzbarer Bedeutung ist.

Gerade in einer Zeit der vorbeugenden Therapie, der Beachtung der „signa minima" und ihrer Beseitigung als prophylaktische Maßnahme muß erwogen werden, ob in diesen natürlichen Wirkstoffen nicht sinnvollere Möglichkeiten stecken, als in der therapeutischen Ausnützung chemischer Produkte, wobei vielfach zuerst die Substanz vorhanden ist und für die dann mühselig eine Indikation gefunden werden muß.

Für die Behandlung von Herz-Kreislauferkrankungen mittels der therapeutischen Möglichkeiten der Homöopathie nach dem Prinzip HAHNEMANNS: Similia similibus – im Gegensatz zu dem von der Schulmedizin bevorzugten Grundsatz der „contraria contraribus" sind schon zahlreiche, z. T. weniger beachtete Darstellungen gegeben worden! RITTER hat den neueren Standpunkt zu diesen Fragen zusammenfassend bearbeitet.

Nach seinen Ausführungen stellt sich die Homöopathie die Aufgabe, die in der Summe der Krankheitserscheinungen, subjektiver oder objektiver Art, sich verratenden Regelungsbestrebungen des Körpers mitsinnig am Ort ihrer Entstehung zu unterstützen. Sie tut demnach nichts anderes, als zu allen Zeiten von Ärzten ausgeübt wurde, auch wenn sie derartige Maßnahmen auf Grund der vorherrschenden gegensätzlichen Einstellung mißdeuteten und nicht bewußt wie PARACELSUS oder HAHNEMANN auf das Ähnlichkeitsprinzip zurückführten.

Hier schließt sich auch der Ring zu unserer eigenen Auffassung, wenn wir eingangs die Unterstützung der körpereigenen, natürlichen Heilbestrebungen als wichtigen therapeutischen Gesichtspunkt herausgestellt haben.

Eine besondere Gefahr für die Anerkennung derartiger Behandlungsmethoden liegt in der Tatsache, daß viele dieser Feinstwirkungen und Harmonisierungstendenzen weder mittels der bisher entwickelten pharmakologischen Untersuchungsmethodik, die sich heute z. T. noch nach Wirkungs- und Vergiftungsdosen am Froschherzen u. ä. ausrichtet, noch aber mit dem pharmakologischen Denken unserer, von strukturchemischen Formeln beherrschten, Medikamentenindustrie vereinbar ist.

So gilt z. B. die auch auf andere biologische Gebiete übertragbare ARNDT-SCHULZsche Regel, die besagt: Schwache Reize fachen die Lebenstätigkeit an, mittelstarke fördern sie, starke hemmen sie und stärkste heben sie auf.

Wenden wir uns nun der Medikation im einzelnen zu, dann soll auf die Herzglykoside hier gar nicht eingegangen werden, weil sie bereits S. 547 ausführlich besprochen worden sind und weil, wie auch die homöopathische Richtung anerkennt, die Sicherheit ihrer Verordnung vorzugsweise schulmedizinischer Forschung zu verdanken ist.

Die Gefahr der homöopathischen Herzglykosidtherapie liegt immer in der Unterdosierung, so daß nach einer derartigen Anbehandlung nicht selten Kranke mit schwersten Dekompensationszuständen zur Aufnahme kommen.

Unabhängig davon bleibt die Frage offen (RITTER), ob nicht im Arzneischatz der Homöopathie Mittel gegen Schwächezustände des Herzens enthalten sind, die als nur ihr eigentümlich in den größeren Kreis einer Herzbehandlung nach den bisher skizzierten Grundsätzen doch mit einigem Nutzen eingegliedert werden könnten.

RITTER nennt hier vor allem zwei Mittel, Crataegus und Laurocerasus.

Der Weißdorn (Crataegus) ist in der Zwischenzeit mit einer solchen Fülle von Arbeiten in die schulmedizinische Literatur eingegangen, daß er nicht mehr als rein der Homöopathie zugehörige Anwendung bezeichnet werden kann.

ASSMANN hat die Droge am Gesunden überprüft und SCHIMERT fand in experimentellen Untersuchungen eine erhebliche Einwirkung auf die Herzdurchblutung sowie eine digitalisartige Wirkung auf die Herzdynamik.

Auch homöopathische Erfahrungen haben ergeben, daß die Wirkung auf die ausgesprochene Herzinsuffizienz dennoch unsicher und geringer ist, als die der Spitzenmittel in der Digitalisgruppe. Will man sich aber einen Überblick verschaffen, bei welchen zur Insuffizienz in Beziehung stehenden Funktionszuständen des Herzens Crataegus mit Vorteil zu verwenden ist, dann zeichnet sich am deutlichsten ein Symptomenkomplex bei alten Leuten ab, den RITTER in Anlehnung an STIEGELES Frühinsuffizienz als ,,Präinsuffizienz" bezeichnet.

Bei allen Dysfunktionszuständen des Herzmuskels, für welche die Herzglykoside noch zu schwere Geschosse sind, scheint Crataegus eine wertvolle Ergänzung zu bedeuten. Es hat außerdem den Vorteil, daß es eine im Verhältnis zu der nur milde tonisierenden Herzwirkung stärkere Beeinflussung des Gefäßsystems mit sich bringt. So führt es zu einer gewissen Senkung des oft bei alten Menschen erhöhten Blutdruckes, und auch die häufig angegebenen anginösen Beschwerden werden auffallend gemildert.

Demgegenüber ist Laurocerasus sehr viel weniger bekannt und soll als ausgesprochene Indikation alle Zustände haben, die mit mehr oder weniger deutlicher Zyanose verbunden sind.

Es handelt sich um den vorzugsweise Blausäure enthaltenden Wirkstoff des Kirschlorbeers. Noch vor 100 Jahren war es ein ausgesprochenes Modemittel, das allen nur möglichen Präparationen für alle nur gegebenen Zustände zugesetzt wurde.

Alle diese Indikationen sind wieder, wohl infolge der kritiklosen ersten Verallgemeinerung fallen gelassen worden, vielleicht aber sind die präzyanotischen Zustände bei der pulmonalen Dystonie und in den Frühstadien des pulmonalen Hochdrucks erfolgversprechende Anwendungsgebiete.

Daneben ist der Cactus grandiflorus eine wohl wichtige aber noch zu wenig wissenschaftlich aufgeklärte Droge.

Bereits KOLBERT und GRÖBER haben auf eine digitalisartige Wirkung hingewiesen und SNADER nennt Cactus den ,,König von allen Herzmitteln auf dem Boden der Arteriosklerose". Neuere Untersuchungen ergeben, daß ihm sehr viel mehr eine nitritartige Wirkung auf das Gefäßsystem zukommt, so daß die Besserung einer sklerotischen Herzschwäche durch eine Förderung der Koronardurchblutung zu erklären wäre.

Im Rahmen der mehr symptomatischen Herzbehandlung ist schließlich das Aconit zu nennen.

Seine therapeutische Nutzanwendung am Herzen bezieht RITTER vorzugsweise auf vasoneurotische Zustände im Sinne der von uns beschriebenen neurozirkulatorischen Dystonie.

Darüber hinaus ist es wertvoll zu wissen, daß Aconit D 4 ein nützliches Beruhigungs- und Schlafmittel bei Herzkranken mit motorischer sowie psychischer Unruhe und Angstzuständen ist.

Diese wenigen Hinweise, welche der Interessierte durch Eigenstudium beliebig erweitern kann, mögen genügen, um einer voreingenommenen Ablehnung den Boden zu nehmen. Wie immer man sich zur Homöopathie einstellen will, der Satz HAHNEMANNS: ,,Des Arztes höchster und einziger Beruf ist, kranke Menschen gesund zu machen, was man heilen nennt"; diese Verpflichtung gilt für den Arzt schlechthin, und sie beinhaltet die Notwendigkeit, jede Anregung, wo immer sie sich bietet, zu überprüfen, um diese Heilungsmöglichkeiten zu verbessern.

Literatur zu Kapitel VI, Abschnitt A, 13

ANDRE, W.: Erfahrungen mit einem injizierbaren Präparat aus Crataegus oxyacantha. Ther. Gegenw. 5, 170 (1957). — ASSMANN, E.: Zur Nachprüfung von Crataeg. ox. (Weißdorn). Hippokrates **1939**, 281. — BRAUCHLE-GROTHE: Ergebnisse aus der Gemeinschaftsarbeit von Naturheilkunde und Schulmedizin, 1.-3. Folge, S. 39 (Leipzig 1938). — DAWEKE, H.: Zur Pharmakologie von Crataegusextrakten (Esbericard). Münch. med. Wschr. 99, H. 52, 1983 (1957). — DONNER, F.: Homöotherapeutisches bei Herz- und Gefäßkrankheiten. Allg. homöop. Ztg. **1932**, 67. — FAHRENKAMP, K.: Homöopathie – Allopathie (Stuttgart 1936); Vom Aufbau und Abbau des Lebendigen (Stuttgart 1943). — HAHNEMANN, S.: Organon der Heilkunst, 6. Aufl. (Leipzig 1921). — HALE, E. M.: Cactus grandifl. Übersetzung? Z. Berlin.Ver.Homöop.Ärzte **1893**, 25.— KÖTSCHAU, K.: Das Simile- und Contrariumproblem vom Standpunkt einer biologischen Medizin. Allg.homöop. Ztg. **1931**, 121; Zum Aufbau einer biologischen Medizin (Stuttgart 1935). — KRALL, F.: Klinische Erfahrungen mit einem injizierbaren Weißdornextrakt. Dtsch. med. J. 8, 9 (1957). — LAYER, H.: Klinische Erfahrungen bei der Behandlung von Rhythmusstörungen des Herzens mit dem injizierbaren Crataegusextrakt Esbericard. Münch. med. Wschr. 99, H. 52, 1980 (1957). — MADAUS, G.: Lehrbuch der biologischen Heilmittel. Abt. I Heilpflanzen. Bd. I–III (Leipzig 1938). — MENZEL, M.: Indikation und Beurteilung der Herzbehandlung mit Crataegutt. Ther. Gegenw. 6, 211 (1957). — RADEMACHER, G.: Erfahrungsheillehre (Berlin 1848. Neudruck Lorch 1939). — RAISBECK, J. M.: The homeopathicity of Digit. J. Amer. Inst. Homöop. **1924**, 1069. —

Rambeau, V.: Die Behandlung der Hypertonie mit Suprarenin. Dtsch. Z. Homöop. **1930**, 115. — Reil, W.: Monographie des Aconit. (Leipzig 1858). — Ritter, H.: Die therapeutische Anwendung von Crataeg. ox. Dtsch. Z. Homöop. **1931**, 66; Cactus grandiflor. Allg. hom. Ztg. **1934**, Naturwissenschaftl.-kritische oder metaphysisch-vitalistische Gesichtspunkte in der Herztherapie? Dtsch. Z. Homöop. **1935**, 274; Crataeg. ox., ein wenig bekanntes und doch wertvolles Herzmittel. Hippokrates **1935**, 6/7; Homöopath. Beiträge zur Herzbehandlung. Jahreskurse f. ärztl. Fortbildg. **1938**, 46; Probleme der homöopath. Behandlung der Gefäßkrankheiten. Allg. homöop. Ztg. **1939**, 30; Die Behandlung der Herz- und Gefäßkrankheiten unter besonderer Berücksichtigung der Homöopathie (Berlin-Tübingen-Saulgau 1947). — Runkel, G.: Beitrag zum Crataegus-Problem. Ärztl. Praxis **10**, H. 15, 364 (1958). — Rubini, R.: Cactus grandiflor. Allg. homöop. Ztg., **69**. — Schimert, G. jr.: Experimentelle Untersuchung über die Wirkung von Crataegus ox. u. d. Dynamik des Herzens. Z. exper. Med. **113**, 113 (1943). — Schlote: Erfahrungen mit der parentheralen Crataegus-Therapie. Med. Klin. **52**, H. 3, 104 (1957). — Seel, H.: Pharm. und klinische Untersuchung deutscher Arzneipflanzen Crataeg. ox. Hom. **1939**, 341. — Staufer, K.: Homöotherapie (Regensburg 1924). — Stiegele, A.: Klinische Homöopathie (Stuttgart 1941). — Storch, H.: Crataegus (Weißdorn) ein Mittel gegen Aufbrauchkrankheiten des Kreislaufapparates. Z. inn. Med. **12**, H. 9, 400 (1957). — Wepler, H.: Eine Betrachtung über d. sog. Ähnlichkeitsgesetz des Hippokrates als heuristisches und über das biologische Grundgesetz von Arndt als ordnendes Prinzip der Heilkunde. Allg. homöop. Ztg. **1923**, 1.

14. Wissenschaftlich umstrittene Behandlungsverfahren

(Außenseitermethoden)

Es liegt wohl in der menschlichen Eigenart, daß sich bestimmte Außenseitermethoden besonderer Beliebtheit erfreuen und daß in ihren Bereichen nicht nur hohe Unkosten, sondern nicht selten auch schweigend schwere Schädigungen in Kauf genommen werden, die in der Allgemeinmedizin undenkbar sind.

Hierher gehören unter anderem die Zellulartherapie, die Anwendung von Bogomoletz-Serum usw.

Der wissenschaftliche Beirat der Bundesärztekammer hat dazu folgende Stellung genommen:

„Die Nachprüfungen der Frisch- und Trockenzellbehandlung sind zu dem Ergebnis gekommen, daß ein über die Suggestivwirkung hinausgehender Effekt bei der großen Mehrzahl der bisherigen Indikationen sicher nicht besteht. Darüber hinaus seien auch die Trockenzellen keineswegs ungefährlich. – Auch das Bogomoletz-Serum sei in keiner Weise so erprobt, daß seine Anwendung in breitem Rahmen empfohlen werden könnte."

Damit ist nun allerdings nicht gesagt, daß durch diese Urteile die Wertlosigkeit und Gefährlichkeit der neuen Behandlungsverfahren für immer festgestellt sei. – Nach Rietschel geht es unter der Vielzahl der offenstehenden Probleme hinsichtlich der Zellulartherapie vor allem um die Beantwortung der folgenden Fragen:

1. Vermeidung der Übertragung von Infektionen
2. Vermeidung der Gefahren
3. Frage der Wiederholbarkeit der Injektionen
4. Problem der Zellauswahl
5. Exakte Indikations- und Kontraindikationsliste
6. Feststellung der spezifischen Wirkung als Problem der allgemeinen biologischen Wirkung zwischen Wirkstoff und Substrat
7. Schaffung einer exakten Dosierung.

Da all diese Gesichtspunkte bisher noch keine sichere experimentelle und klinische Klärung erfuhren, bleibt die Anwendung der Zellinjektionen umstritten. Nach NIEHANS gelten etwa folgende Indikationen:
1. Altersbedingte Krankheiten mit Abnutzungserscheinungen verschiedener Art
2. Chronisch degenerative Organkrankheiten
3. Entwicklungsstörungen
4. Korrelationsstörungen des Endocriniums infolge Unterfunktion hormoneller Drüsen.

Eine Stärkung der Organfunktion soll bei Unterfunktionen durch die Injektion von gleichartigem Drüsenmaterial zu erzielen sein, bei Überfunktion durch antagonistisches Drüsenmaterial.

Damit wird ein Therapieprinzip weitergeführt, das bei der Verwendung von gereinigten Embryonalextrakten bereits eingeschlagen wurde, etwa durch die Gaben von Prohepar bei Leberkrankheiten, Corhormon zur Anregung des Herzstoffwechsels, Robadin (embryonale Magenschleimhaut) zur Ulcustherapie usw. Ob sich die Wirkung durch proteinaufbauende Fermente (Regenersan nach DYKERHOFF), durch die wirkungsaktiven energiereichen Phosphate der Mitochondrien oder durch Organisatoreffekte (im Sinne von BERTALANFFY) der Nukleinsäuren erklären läßt, ist noch völlig unklar. Besonders intensiv scheint Plazentagewebe zu wirken, das mit den jeweiligen Organgeweben kombiniert werden kann.

Nach intramuskulärer Injektion der Zellaufschwemmungen sollen die Kranken mindestens 24 Stunden liegen, besser sind mehrere Tage strenge Bettruhe. In den ersten Tagen nach der Injektion können Allgemeinbeschwerden wie Müdigkeit, Kopfschmerzen oder leichtes Fieber auftreten, wobei sich die Wirkung der aus den injizierten Geweben freiwerdenden Hormone mit den unspezifischen Vorgängen des Zellabbaues des injizierten Materials kombinieren. Dieses Belastungsstadium dauert etwa 4 Tage. – Am 11.–14. Tag können plötzliche Zwischenfälle wie Kollaps, Stoffwechselverschiebungen, Blutdruckanstieg und Asthmaanfälle auftreten, die eventuell sogar tödlich enden. Möglicherweise handelt es sich dabei infolge des Auftretens von spezifischen Antikörpern um eine Antigen-Antikörper-Reaktion oder um plötzliche Änderungen im Dispersitätsgrad der kolloiden Systeme.

Gute Erfolge wurden bei innersekretorischen Unterfunktionen, bei chronischem Rheumatismus, bei Altersdegenerationen, besonders auch bei der Behandlung der postnephritischen und genuinen Nephrose erzielt.

Die Zwischenfälle, die in der Literatur mehrfach erörtert wurden, warnen vor allem deshalb, weil infolge der Unkenntnis über den Wirkungsmechanismus auch die zu erwartenden Gefahren vorher nicht sicher abzusehen sind. – Schwer dekompensierte Herzkranke, die nach „Frischzelleninjektion" in unserer Klinik Aufnahme fanden, lassen diese Therapie für die Behandlung von Herz- und Kreislauferkrankungen zur Zeit noch ungeeignet erscheinen. Auch RIETSCHEL, der über größere kritisch gesammelte Erfahrungen verfügt, sieht Kreislauf-, Herz- und Koronarerkrankungen als Kontraindikationen für die Zellulartherapie an.

Wir haben in letzter Zeit 2 Kranke mit rheumatischen Herzklappenfehlern beobachtet, die leidlich kompensiert und wegen unklarer Herzbeschwerden mit Frischzellentherapie behandelt worden waren. Nach angeblich subjektiver Besserung war eine schwerste Herzinsuffizienz aufgetreten, welche die Einweisung in die Klinik notwendig machte.

Die hier zu besprechenden Erfahrungen über das BOGOMOLETZ-Serum beziehen sich auf die Anwendung des deutschen Serums R. A. S., das als „Retikuoendothel aktivierendes Serum" durch Immunisierung von Kaninchen mit menschlichen Zellen des retikuloendothelialen Systems (RES) hergestellt wird.

Man macht damit intrakutane Injektionen – meist am Oberarm – von 0,1 bis 0,4 ccm des 1:10–1:40 verdünnten Serums. Zu einer Kur gehören 5 Injektionen, die alle 4–5 Tage oder zweimal wöchentlich verabreicht werden. Diese Kuren werden verschieden oft wiederholt.

Eine Verschlechterung des bestehenden Krankheitsbildes oder sonstige ernsthafte Störungen des Allgemeinbefindens wurden kaum beobachtet. Man glaubt durch das R. A. S. über das Zwischenhirn-Hypophysen-Nebennierensystem eine vegetative Gesamtumschaltung zu induzieren, die krankhafte Zustände entzündlicher, traumatischer oder degenerativer Art zur Ausheilung bringt. Über die Anregung von Milz und Retikuloendothel, die als Kontrollorgane für die Blutzusammensetzung, den Protein-, Cholesterin- und Zuckerstoffwechsel, für die Aufrechterhaltung eines normalen Zellauf- und Zellabbaues, als Reparativorgane bei Infektionen und Zelldegenerationen gelten, beobachtet man eine gute Wirkung bei chronischen Nierenleiden, postapoplektischen Zuständen, bei entzündlichen Adnexerkrankungen, aber auch bei pektanginösen Herzbeschwerden, Koronarinsuffizienz und Myokardschaden, bei Blutdruckanomalien, zerebralen Durchblutungsstörungen und bei der Endangiitis obliterans.

Man fand eine Wanderung von Histio- und Monozyten zum Entzündungsherd, lymphozytäre Reizformen treten auf, das Hämoglobin steigt im allgemeinen an. Als Alarmreaktion kann man die erste sympathisch betonte Phase ansehen, während die spätere zweite Phase vorwiegend parasympathischer Natur sein soll, die sich mit der zunehmenden Zahl von Injektionen stärker ausprägt. Die Blutreaktion verschiebt sich dabei nach der alkalischen Seite, das Kalzium wandert in das Knochengewebe ab, während das Kalium im Serum überwiegt.

Subjektiv sollen die behandelten Patienten eine Steigerung des Lebensgefühls empfinden. Das Aussehen wird frischer, der Hautturgor nimmt zu, die Durchblutung von Haut und Schleimhäuten bessert sich. – Kurz dauernde depressive Verstimmungen, stärkere Ermüdung oder Verschlimmerung der Beschwerden im Anfang der Kur werden als belanglose Zeichen der vegetativen Umstellung gedeutet.

Die exakte wissenschaftliche und klinische Erprobung ist noch nicht so weit, die aus der Allgemeinpraxis berichteten zahlreichen und mannigfaltigen Erfolge zu bestätigen, systematisch zu ordnen und klare Gesichtspunkte für die Indikation und die jeweilige Dosierung zu geben.

Die Wirkungen sind bisher nicht sicher vorauszusagen, wenn es auch scheint, daß direkte Schädigungen nur selten auftreten.

Literatur zu Kapitel VI, Abschnitt A, 14

ACKERMANN, G.: Möglichkeiten und Grenzen der Zellulartherapie. Münch. med. Wschr. 44, 1468 (1955). — BAUER, K. G.: Kritisches zur Frischzellentherapie. Pro Medico 6, 362 (1954). — BAUERS, H.-G.: Klinischer Erfahrungsbericht über Serum nach BOGOMOLETZ. Dtsch. Gesd.wes. 13, H. 2, 61 (1958). — BENNHOLD, H.: Gefahren der Frischzellentherapie. Dtsch. med. Wschr. 79, 704 (1954). — BÖSCH, J.: Zellulartherapie, ja oder nein? Wien. klin. Wschr. 1958, 76. — CASTENS, C. E.: Sichere Indikationen und Kontraindikationen der Zellulartherapie. Therapiewoche 8, H. 1, 34 (1957/58). — ERNST, W. und Mitarb.: Untersuchungen zur Zellulartherapie. III. Mitt.: Über den Einfluß von Plazenta-Zellinjektionen auf die Blutlipoide. Medizinische 7, 277 (1958). — IVERSEN, G.: Zellulartherapie bei altersbedingten Abnutzungserscheinungen und Krankheiten. Landarzt 33, H. 33, 956 (1957). — JORES, A.: Kritisches zur Zellulartherapie nach NIEHANS und zu den

,,Außenseitermethoden" in der Medizin. Hippokrates **26**, H. 7, 206 (1955). — KIBLER, M.: Schulmedizin und Außenseitermethoden. Bemerkungen zu dem Aufsatz von JORES. Hippokrates **26**, H. 7, 210 (1955). — KIHN, B.: Sensibilitätsstörungen nach BOGOMOLETZ-Kur? Med. Klin. **52**, H. 6, 239 (1957); Allgemeinerscheinungen nach Injektion von BOGOMOLETZ-Serum. Med. Klin. **53**, H. 35, 1537 (1958). — KUHN, W.: Zellulartherapie in Klinik und Praxis (Stuttgart 1956). — MARTINI, P.: Methodenlehre der therapeutisch-klinischen Forschung, 3. Aufl. (Berlin-Göttingen-Heidelberg 1953). — NIEHANS, P.: 20 Jahre Zellular-Therapie. Beiheft zu Med. Klin. **1952**, 47; Die Zellulartherapie (München-Berlin 1954); Die Zellulartherapie. Fortschr. Med. **73**, H. 8, 187 (1955). — PISCHINGER, A.: Frischzellentherapie. Zur Kritik der Theorie und zum Wesen der Frischzellentherapie nach NIEHANS. Wien. med. Wschr. **1955**, 952. — RIETSCHEL, H. G.: Nutzen und Gefahren der Frischzellentherapie. Therapiewoche **5**, 161 (1954/55); Augenblicklicher Stand der Zellulartherapie. Therapiewoche **6**, 110 (1955/56); Ärztliche und wissenschaftliche Probleme bei Injektion von Zellen. Therapiewoche **7**, 34 (1956); Gefahren der Frischzellentherapie. Regensb. Jb. ärztl. Fortbildg. **5**, 431 (1956). — SCHMIDT: Die Rolle der Überempfindlichkeit bei der Anwendung der Zellulartherapie. Med. Klin. **53**, H. 1, 20 (1958). — SCHÜTZE, E.: Wesen, Wert und Gefahren der Zellulartherapie. Ärztl. Forschg. **10**, H. 9, 431 (1956). — SPRADO, K.: Die Gefahren der Zellulartherapie. Dtsch. med. Wschr. **80**, H. 35, 1262 (1955). — TIEDGE, K.-H.: Begriff, Entwicklung und Grundlagenforschung der Zellulartherapie nach P. NIEHANS. Med. Mschr. **10**, 657 (1956).

B. Behandlung spezieller Erkrankungszustände des Herzens (Kurzgefaßte therapeutische Richtlinien)

1. Behandlung der Herzfehler

Die Behandlung der Herzfehler kann eine einheitliche Besprechung erfahren, da es sich in allen Fällen um die gleichen therapeutischen Grundsätze handelt und ein entsprechender Behandlungsplan mit nur geringen Variationen nicht nur auf die Herzklappenfehler, sondern auf jede andere Herzerkrankung zu übertragen ist. Abgesehen von einer ursächlichen Behandlung sind bei allen Funktionsstörungen, die bereits besprochenen Heilprinzipien in Erwägung zu ziehen, nämlich Schonung, Entlastung und Kräftigung.

Der Heilplan geht, wenn keine aktiven Prozesse mehr vorliegen, von der Feststellung aus, ob ein Herzfehler kompensiert oder dekompensiert ist. Liegt eine Dekompensation vor, dann muß zunächst mit allen therapeutischen Mitteln eine ,,Rekompensation" erreicht werden. Ist dies gelungen, dann ist der nächste Behandlungsgrundsatz, durch vorsichtiges Training Herz und Kreislauf so weit zu kräftigen, daß allmählich ein höheres Gesamtleistungsniveau erreicht und der Kranke wieder in einen seinem Leistungsvermögen angepaßten Tätigkeitsbereich zurückgeführt wird (Rehabilitation). Es ist dabei wesentlich, dem Kranken durch ausreichende Aufklärung soviel Krankheitseinsicht zu geben, daß er die Grenzen seiner Leistungsfähigkeit kennt und diese, ohne zum unglücklichen, sich selbst und seiner Umgebung zur Last fallenden Hypochonder zu werden, auszunützen und zu bewahren versteht.

1.1. Behandlung bei kompensierten Herzfehlern

Der Behandlungsplan des kompensierten Zustandes, d. h. eines Kranken, der noch nicht dekompensiert war und auch keinerlei Dekompensationszeichen aufweist, kann nicht nach einem allgemeinen Schema aufgestellt werden, denn eine kompensierte Mitralstenose verlangt andere Maßnahmen, als ein kompensierter Aortenfehler oder ein arterieller Hochdruck. Wir können nur gewisse Richtlinien geben, die für den Einzelfall abgeändert werden müssen.

Früher war ein kompensierter Herzfehler für die ärztliche Praxis meist uninteressant, oft zum Wohle des Kranken. Der Nachweis eines Herzgeräusches, einer Ekg-Deformation usw. kann leicht Veranlassung nicht nur für schwere psychische Traumen werden, sondern bei Verordnungen, wie Bettruhe, Digitalisdarreichung usw. eine ernsthafte Herz-Kreislaufstörung verursachen. Die Behandlung bei kompensierten Herzfehlern bezweckt eine Vermehrung der Leistungsbreite und damit eine gewisse Prophylaxe gegen die Dekompensation.

Bei dem Versuch das Herz zu kräftigen, bedienen wir uns der Erfahrung, daß das Herz von sich aus seine Leistung nicht erheblich zu steigern vermag, sondern lediglich die Impulse beantwortet, die ihm aus der Kreislaufperipherie zuteil werden. Die Vorstellung, daß mit einem Training des peripheren Kreislaufes nicht nur die Sauerstoffaustauschbedingung begünstigt, d. h. das Herz entlastet, sondern auch durch ein vermehrtes Blutangebot aus der Peripherie an das rechte Herz auch dieses in seiner Leistung gesteigert wird, bestimmt unser Handeln.

Bei Fällen, die nur einer leichten Belastung unterworfen werden sollen (Mitralstenose, fixierter Hochdruck usw.), genügen Trockenbürsten und leichte Gefäßmassage, weiterhin regelmäßige Atemübungen, die in einer vertieften Ein- und Ausatmung, kombinierten Brust-Bauch-Flankenatmung bestehen können, Teilbäder, Duschen usw., um das Herz zu entlasten und eine Steigerung der Kreislaufleistung zu erzielen. Besondere Bedeutung kommt der Heilatmung zu, nicht nur wegen einer Erleichterung der Durchblutung und des Gasaustausches in der Lunge und der Entlastung des rechten Herzens, sondern auch deshalb, weil mit dieser Maßnahme reflektorisch eine gewisse Ökonomisierung der Herz- und Kreislauftätigkeit erzielt werden kann (s. S. 701).

Bei Patienten mit stabiler Kompensation (Aortenfehler, evtl. reine Mitralinsuffizienz) sollte stets versucht werden, durch ein vorsichtiges körperliches Training, die Kompensationsbreite von Herz und Kreislauf noch weiter zu verbessern.

Leichte sportliche Übungen wie Radfahren in der Ebene, Schwimmen mit dem Strom oder in stehenden Gewässern, Golf usw. können diesem Zwecke dienstbar gemacht werden.

Diese Maßnahmen tragen dazu bei, die Beanspruchung des Herzens herabzusetzen, indem die Kreislaufperipherie einen Teil seiner Aufgaben übernimmt. Daneben wird durch leichtes Training das Herz gekräftigt. Die Koronardurchblutung reagiert auf diese Maßnahmen mit einer vermehrten Kapillarisierung. Unterstützt wird dieser Vorgang durch koronardilatierende Mittel (Theobromin, Luminal in kleinen Dosen, Embran usw.). Embran hat neben der koronaren auch eine periphere Wirkung, indem es wie Strophanthin und Digitalis die Sauerstoffausnützung der Peripherie bessert (s. S. 618). Zu diesem Effekt sind auch die kardiokinetischen Stoffe in kleinsten Dosen bereits im kompensierten Stadium bei bestimmten Fällen mit Herzschäden, besonders beim sogenannten Altersherzen, vertretbar (Verodigen, Digilanid usw. 1–2 mal tgl. ½ Tabl.).

Im gleichen Sinne können neben Massagen, Kohlensäure- und Sauerstoffbäder, die nur in mäßigen Temperaturen (32–34 Grad) verabfolgt werden sollten und von denen vor allem die Kohlensäure eine zentralanaleptische, eine koronardilatierende und eine venentonisierende Wirkung hat, besonders empfohlen werden.

Die Kostvorschriften der Rekompensation (s. S. 673) gelten in großen Zügen auch für den Zustand der Kompensation. Solange der Wasserhaushalt völlig im Gleichgewicht ist, ist eine Einschränkung der Flüssigkeitszufuhr nicht von Bedeutung, während eine salzarme und nicht blähende Kost auch für die Kompensation angezeigt ist. Blähende Speisen verursachen einen Zwerchfellhochstand und dadurch Querlagerung und Achsenverschiebung des Herzens. Es kommt zu verschlechterten Arbeitsbedingungen und oft zu einem reflektorisch bedingten Koronarspasmus. Ein geschädigtes Herz ist ein Locus minoris resistentiae und daher müssen exogene und endogene Schädigungen sorgfältig gemieden werden. Als exogene Schädigung kommen Abusus in Nikotin, Koffein, Alkohol sowie Reizmittel wie Pervitin udgl. in Frage. Auch die Verhütung von Erkältungskrankheiten und Infektionen ist wichtig, da es nicht selten im Anschluß an eine fieberhafte, die allgemeine Widerstandskraft schwächende Erkrankung zur Dekompensation kommt.

Weiterhin sind Erkrankungsmöglichkeiten, wie eine Anlage zu Basedow, frühzeitig zu bekämpfen, da eine Überfunktion der Schilddrüse hohe Anforderungen an Kreislauf und Stoffwechsel stellt.

In der amerikanischen Literatur wird die Thyreoidektomie als Prophylaktikum vorgeschlagen, weil eine mehr hypothyreotische Gesamteinstellung eine Entlastung für Herz und Kreislauf bedeuten soll (s. S. 760).

Für die Erhaltung der Kompensation ist weiterhin wichtig die rechtzeitige Sanierung einer Fokalinfektion, durch deren Giftwirkung es bei dem an sich schon an der oberen Grenze seiner Leistungsfähigkeit arbeitenden Herzen, besonders wenn noch zusätzliche Belastungen hinzutreten, zu schweren Störungen kommen kann.

Während im Stadium der Dekompensation eine Bäderbehandlung kontraindiziert ist, und in dem der Rekompensation nicht immer indiziert erscheint, können im Stadium der Kompensation oft erstaunlich leistungssteigernde Erfolge in den sogenannten Herzbädern erzielt werden (s. S. 685).

1.2. Therapie der Dekompensation

1.2.1. Grundbehandlung:

Bei der Behandlung der Herzschwäche greifen die Prinzipien der Schonung (Bettruhe, Diät), der Entlastung (Aderlaß, Sauerstoffbeatmung, Diuretica, Punktion usw.) sowie der Kräftigung (Strophanthin, Digitalis usw.) so ineinander, daß sie nicht hintereinander eingesetzt, sondern oft gleichzeitig vorgenommen werden müssen. Wesentlich ist strenge Bettruhe bei geeigneter Lagerung. Die meisten dyspnoischen Patienten vertragen am besten eine fast sitzende Lage, die mit Behebung der Atemnot immer mehr abgeflacht werden kann. Wichtig ist dabei, im Anfang die Unterschenkel etwas nach abwärts zu betten, um durch die zurückfließenden Gewebswasser das rechte Herz nicht zu überlasten. Da bei dieser Lagerung das Hauptgewicht auf dem Gesäß ruht, sind Luftring, Wasserkissen o. dgl. sowie Hautpflege, um die Gefahr eines Dekubitus zu vermeiden, dringend erforderlich. Die oft vorhandene hochgradige motorische Unruhe ist meist zentral-nervös bedingt und nicht selten durch die suggestive Kraft des Arztes sowie eine sofort einsetzende Sauerstoffbeatmung leicht zu beheben.

Die Beatmung wird aus einer Sauerstoffbombe mittels Atemmaske durchgeführt. Es empfiehlt sich, nach jeweils 30–40 Atemzügen, eine Pause einzuschalten und dann erneut mit der Sauerstoffatmung fortzufahren. Bei längerer Beatmung tritt Reizung von Bronchien und Bronchiolen durch Austrocknung der Schleimhäute auf. Für eine Dauerbehandlung ist ein 50%iges Sauerstoffgemisch empfehlenswerter. Als sehr günstig hat sich in geeigneten Fällen die Beatmung mit Carbogengas (5% CO_2 und 95% O_2) erwiesen, da neben der Besserung der Sauerstoffsättigung auch eine zentral-analeptische Wirkung des Atemzentrums erreicht wird.

Bei hochgradiger Atemnot, qualvoller Angst, starker innerer Unruhe, fliegenden, oberflächlichen Atembewegungen können Opiate eine Beruhigung schaffen. Meist genügen 1–2 Pantopon-Suppositorien in den ersten Behandlungstagen.

Verbunden wird diese allgemeine Schonung und Ruhigstellung mit einer Fastenkur. Am meisten bewährt hat sich dabei das Saftfasten (800 ccm reiner ungesüßter Obstsaft auf 3–4 Einzelportionen verteilt). Diese Maßnahme kann bei einsichtigen Patienten bis zu 10–14 Tagen durchgeführt werden und führt nicht selten, ohne jegliche medikamentöse Behandlung, zu völliger Rekompensation (s. S. 671). Bei schwerer Atherosklerose und erhöhtem Cholesterinspiegel soll, wie wir bereits S. 676 beschrieben haben, nach Angaben von SCHETTLER die strenge Saft-Fastenkur jedoch nicht über 5–6 Tage ausgedehnt werden. Es muß dabei immer auf die Verdauung geachtet werden, die mit leichten Abführmitteln, Einläufen (jeden 2. Tag) trotz der absolut schlackenarmen Kost in Gang gehalten werden muß. Diese Kostform bewirkt eine ausgezeichnete Entlastung des Kreislaufes, Entschlackung und Entwässerung. Auch bei längerer Durchführung treten Schädigungen im allgemeinen nicht auf. Bei Wechsel z. B. zwischen Saft- und Trockendiät kann dem Bedürfnis des Kranken nach festen Nahrungsmitteln Rechnung getragen werden.

Zu beachten ist schließlich, daß bei Absetzen dieser Diät sehr langsam erst mit kleinen Portionen auf eine Breikost übergegangen werden muß, da der entwöhnte Darm auf eine Normalkost oder eine mit großer Gier verschlungene zu voluminöse Mahlzeit ungünstig reagieren kann (s. S. 204).

Bei innerer Unruhe schafft oft ein Eisbeutel auf die Herzgegend eine gewisse Erleichterung und Beruhigung.

Bei Erstdekompensation kann mit diesen Maßnahmen zuweilen eine schnelle Rekompensation erreicht werden, so daß eine medikamentöse Behandlung unnötig wird. Liegt jedoch ein sehr hochgradiger Dekompensationsgrad vor, bzw. eine Herzschwäche, die nicht kompensiert gehalten werden kann, dann darf auf kardiokinetische Mittel nicht verzichtet werden.

Bevor man eine derartige Medikation zur Anwendung bringt, muß man sich die hämodynamischen Verhältnisse bei der Dekompensation vor Augen halten. Meist handelt es sich um eine Blutstauung vor einem Hindernis, dessen Barriere die Herzkraft nicht mehr bezwingen kann. Ehe man daher die „Peitsche" eines die Herzkraft anregenden Medikamentes gibt, ist es dringendstes Erfordernis, das Herz zu entlasten, da ohne diese Maßnahme das Herz durch eine vorübergehende „Kräftigung" um so schneller an dem Hindernis erlahmen würde. Das Mittel der Wahl ist meist der Aderlaß.

Man entnimmt im allgemeinen bei schweren Fällen 250–400 ccm. Größere Aderlässe sind nicht zu empfehlen, da die Kreislaufregulation bei der Dekompensation so tiefgehend gestört ist, daß umfangreichere Blutentnahmen die Kontinuität des

Kreislaufes gefährden könnten. Bei einem Aderlaß muß eine zweifache Wirkung in Rechnung gesetzt werden:
1. Durch die Blutentnahme wird die Lungenstauung (Lungenstarre nach v. BASCH) weitgehend behoben. Die Folgen sind vertiefte Atembewegungen und dadurch a) eine bessere Durchlüftung der Lunge, die eine günstigere Beladung des Blutes mit Sauerstoff ermöglicht und b) eine Förderung der Lungendurchblutung mit Besserung des Blutangebotes an das linke Herz und durch Druckverminderung im pulmonalen Strombett eine Herabsetzung der Arbeitsleistung für das rechte Herz.
2. Die Viskosität des Blutes, die infolge einer Erythrozytose bei der Dekompensation meist erhöht ist, wird herabgesetzt, das Blut wird dünnflüssiger.

Alle diese Faktoren wirken dahingehend zusammen, daß das rechte Herz entlastet wird. Bei der Dekompensation im Gefolge eines arteriellen Hochdruckes wird man mit großen Blutentnahmen besonders vorsichtig sein müssen und sich mit ca. 200–350 ccm begnügen. Es muß immer wieder darauf hingewiesen werden, daß die mit dem Aderlaß einhergehende Blutdrucksenkung, wenn sie abrupt eintritt, nicht selten die Entstehung einer Apoplexie oder einer Netzhautblutung begünstigt.

In ähnlicher Weise wirkt das Ansetzen von Blutegeln.

Man kann damit rechnen, daß ein Blutegel durch die lange Nachblutung 30 bis 40 ccm Blut dem Kreislauf entzieht. Mit ca. 6 Blutegeln, die am Hinterkopf (Proc. mastoideus), in der Herzgegend und bei sehr hartnäckiger Leberstauung auch direkt auf die Lebergegend angesetzt werden, kann man eine Blutmenge, wie bei einem mittleren Aderlaß entnehmen, mit dem großen Vorzug, daß das durch den Egel in die Blutbahn injizierte Hirudin einen antithrombotischen Effekt auf das Blut bewirkt (s. S. 639).

Ist auf diese Weise die optimale und unschädlichste Wirkungsbasis geschaffen, dann wird man nicht zögern, kardiokinetische Mittel zur Anwendung zu bringen. Das geeignetste Mittel ist das Strophanthin, mit dem die Behandlung jeder schweren Dekompensation beginnen sollte.

Von diesem Mittel ist nur Abstand zu nehmen, wenn eine Injektionsbehandlung aus irgendeinem Grunde nicht möglich ist, oder wenn bis zum Eintreten der Herzinsuffizienz lange mit hohen Digitalisdosen behandelt wurde, aber auch in letzterem Falle sollte man nach einem Intervall von 2–3 Tagen noch auf Strophanthin übergehen und mit 0,125 mg p.d. beginnen. Die Strophanthinmedikation wird intravenös vorgenommen. Man gibt in der Regel nicht sofort sehr hohe Dosen (s. S. 559). Zu warnen ist auch vor dem Versuch, die erste Strophanthin-Injektion mit einem Diureticum (Salyrgan usw.) zu kombinieren (s. S. 578).

Ist eine Strophanthinbehandlung nicht durchführbar, dann muß die Therapie mit einem Digitalispräparat vorgenommen werden.

Es gibt zahlreiche Mittel, die entweder aus der Digitalis purpurea oder der Digitalis lanata abgeleitet wurden und meist von so guter Wirkung sind, daß es zweckmäßig erscheint, sich an 1–2 Präparate zu gewöhnen, um deren Spielarten in der Wirkungsweise bestens kennen zu lernen. Die Dosierung hat mit größter Vorsicht zu geschehen, um die beste Wirkung herauszuholen und andererseits Vergiftungserscheinungen wie: Bigeminie, Arrhythmia absoluta, Überleitungsstörungen, Brechneigung, Schwindel, Sehstörungen, stenokardische Beschwerden usw. zu vermeiden. Es ist weiterhin bekannt, daß zu hohe Digitalisdosen auch eine diffuse Myokardschädigung verursachen. Das Ekg ist für deren Erkennung nicht ohne weiteres ausschlaggebend, da bereits im Verlauf einer wirksamen Digitaliskur Veränderungen der *ST*-Strecken und *T*-Zacken sowie eine Verlängerung von *PQ* und *QRS* zu beobachten sind. Im allgemeinen wird man bei schweren Fällen 3mal täglich 20 Tropfen Verodigen, oder 3mal täglich 1 Tablette Digilanid oder dergleichen geben. Wird die Behandlung mit Strophanthin durchgeführt, dann wird man mit Bettruhe und Saftfasten beginnen, Aderlaß und O_2-Beatmung vornehmen und Strophanthin bis zur vollen Wirkung (meist genügen 0,25 bis 2mal 0,25 mg pro die) geben. Es ist dabei zweckmäßig, diese Injektion mit einem koronardilatierenden Mittel zu kombinieren, da die herzanregende Wirkung allein noch nicht genügt, um die Herzkraft zu steigern, sondern auch die Koronardurchblutung mit dieser Herzkräftigung Schritt halten muß.

Man wählt zu diesem Zweck Embran, Traubenzucker, Koffein usw. Die 2. oder in schwer dekompensierten Fällen die 3. Injektion wird mit einem Diureticum kombiniert (2 ccm Salyrgan, Esidron, Thiomerin oder dergleichen).

Am besten wirksam sind die Quecksilber-Diuretica, die intravenös oder auch intramuskulär gegeben werden können.

Ihr Angriffspunkt ist renal, aber auch in der Gewebsperipherie. Sie sollen nicht häufiger als alle 4–5 Tage verabfolgt werden. In zu hoher Dosierung und bei zu häufiger Medikation machen diese Mittel Leber- und Darmschädigungen. Auch plötzlicher Fieberanstieg und Kreislaufkollaps werden bei sehr starker Entwässerung gelegentlich beobachtet. Es muß dabei auch daran gedacht werden, daß jede starke Harnflut mit einem nicht ganz unbeträchtlichen Verlust von Salzen (besonders Ca-Ionen) verbunden ist, durch den innere Unruhe, Schweißausbruch, Mattigkeit und allgemeine Übererregbarkeit bis zu Krämpfen hervorgerufen werden können. Diese Symptome können durch eine Kalzium-Injektion meist leicht behoben werden. Bei älteren Kranken muß auch an die Möglichkeit einer Harnstauung durch Prostatahypertrophie gedacht und dann durch Katheterisierung Abhilfe geschafft werden. Mehr als 2 ccm dieser Diuretica intravenös zu verabfolgen, ist auch bei sehr hochgradigen Ödemen nicht notwendig und wegen der Gefahr einer Hg-Intoxikation zu vermeiden. Gegenindikationen gegen Quecksilberdiuretica stellen schwere Leber- und Nierenschädigungen, insbesondere die Schrumpfniere, dar. Außer den Hg-Präparaten kommen als Diuretica noch in Frage: Harnstoff in sehr hoher Dosierung (20–100 g täglich), Diuretin (Theobrominabkömmlinge), Euphyllin (Theophyllinpräparat), Novurit (Quecksilber-Theophyllin), Kalium aceticum (10 g pro die), Spec. diureticae und weiterhin die Kationenaustauscher (s. S. 572), die Kohlensäureanhydrase-Blocker (Diamox, Nirexon, Orpidan) und schließlich die Kalium-Diuretica (Diathen, Diukal).

Wir verabreichen als perorales Mittel bei jedem Herzkranken nach dem Abendessen gern 2 Pillen Eupond, das einen sehr guten entwässernden Effekt über den Darm besitzt. Mit diesen Mitteln gelingt es in der Regel, eine ausreichende Diurese herbeizuführen und den imponierendsten Ausdruck der Dekompensation, die Ödematose, zu beseitigen. Hört die Ansprechbarkeit auf die Diuretica im Verlaufe der Behandlung auf, dann steigere man nicht die Dosis, sondern versuche, den Organismus für eine Diurese ansprechbarer zu machen. Es gelingt dies durch:

1. Ansäuern (man wählt zu diesem Zweck Mixtura solvens-Tabletten, Ammonium chloratum oder dergleichen und verfahre so, daß man diese Mittel bereits 2 Tage vor Entwässerungsspritzen und noch bis einen Tag nach der Injektion verabfolgt).

2. Thyreoidin (3mal täglich 0,05), das aber nur in wenigen Fällen geeignet ist. Sehr viel besser wirksam ist Trijodthyronin in Form von 20 γ (= 1 Tabl.) Thybon (BAYER), da es stärker und rascher die Diurese anregt und außerdem weniger gefährlich ist als thyroxinhaltige Präparate.

3. Decholin (Natrium-Salz der Hydrocholsäure), das i.v. injiziert, eine starke Harnflut auslösen kann.

Wir haben oft die Beobachtung gemacht, daß ein mit Strophanthin behandelter Fall von Herzwassersucht, der nach einer gewissen Zeit auf Diuretica nicht mehr anspricht, wieder auf Entwässerungsmaßnahmen reagiert, wenn von Strophanthin auf Digitalis umgestellt wird (s. S. 578).

Der feinste Maßstab für die Entwässerung ist die Größe der Leber, die in den Anfangsstadien meist ausgezeichnet auf diese Entwässerungsbehandlung anspricht. In schweren Fällen kann sie durch Applikation von Blutegeln direkt auf die Lebergegend zu normaler Größe zurückgeführt werden. Als objektiver Maßstab einer erfolgreichen Herzbehandlung dient weiterhin die fortlaufende Kontrolle von Venendruck und Vitalkapazität.

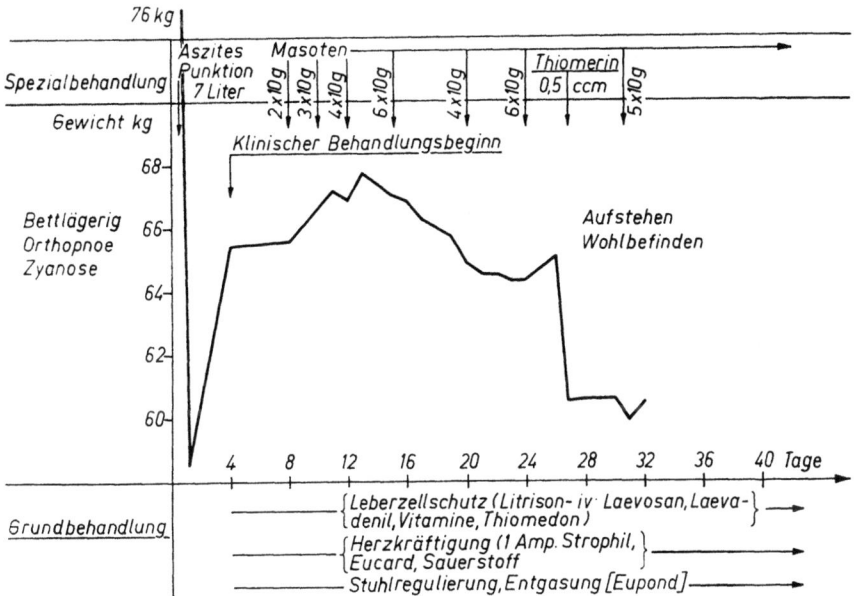

Abb. 232. Behandlung schwerer Rechtsdekompensation. A. O., 54 Jahre. *Anamnese:* 1950 absolute Arrhythmie – 1953/54 Hirnembolie mit flüchtiger Lähmung links. Seit Frühjahr 1955 Aszites. – In immer kürzeren Zeitabständen hausärztliche Punktionen, schnelles Nachlaufen des Aszites. *Diagnose:* Myodegeneratio cordis mit absoluter Arrhythmie und vorwiegender Rechtsinsuffizienz (Stauungsleber, Aszites) bei Emphysem.

Von einer Drainage des ödemisierten Gewebes sieht man heute ab. Das schlechtdurchblutete und daher in seiner Widerstandsfähigkeit geschwächte Gewebe kann durch kleinste Schädigungen zum Ausgangspunkt von Zellgewebsentzündungen, Phlegmonen usw. werden.

Finden sich größere Flüssigkeitsansammlungen im Körper (Aszites, Pleuraerguß usw.), dann müssen, bevor jegliche medikamentöse Behandlung einsetzt, diese Ergüsse weitgehend entleert werden. Bei Punktionen muß man vorsichtig vorgehen, insbesondere sollen große Ergüsse nicht zu rasch und unter Umständen nicht vollständig abgelassen werden (man entleert in der Regel von einem Pleuraerguß nicht mehr als 900–1000 ccm, von einem Aszites nicht mehr als 6–8 Liter). Der Rest wird meist resorbiert, wenn man anschließend an die Punktion 2 ccm Salyrgan, Esidron, Diamox oder dergleichen in die Höhle injiziert. Neben diesen, vorwiegend hämodynamischen Maßnahmen empfiehlt es sich, leichte nervenberuhigende Mittel wie

Baldrianpräparate Hovaletten, Luminaletten, Bromural usw. zu geben. Um dem Kranken einen erholenden Schlaf zu geben, sind Phanodorm, Noctal, Adalin, Persedon und dergleichen geeignete Mittel. Wird im Krankheitsbild eine allergische Komponente vermutet, dann sind Atosil, Doroma usw. angezeigt.

Mit allen diesen Maßnahmen gelingt es in der Regel, eine vollständige Rekompensation innerhalb kürzerer oder längerer Zeit zu erzielen. Strophanthin wird dabei zunächst täglich, evtl. sogar zweimal, dann nur noch jeden

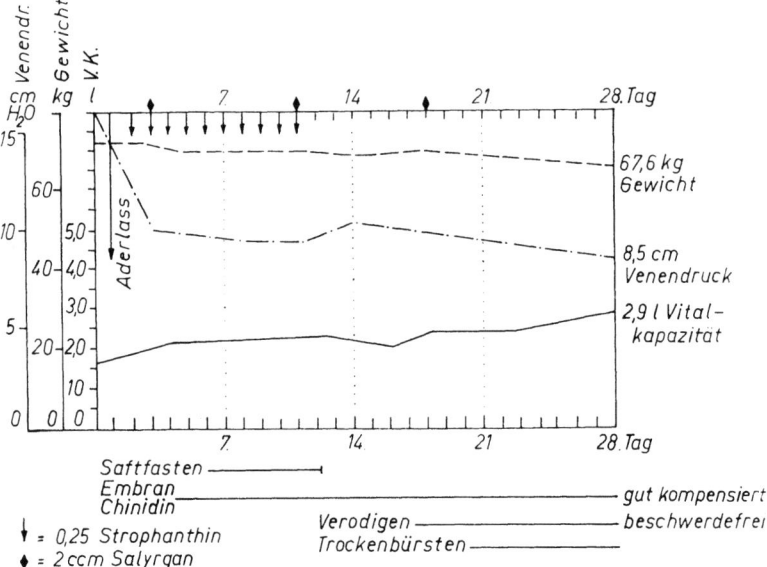

Abb. 233. Behandlung eines dekompensierten Mitralvitiums.

2. Tag verabfolgt. Bei älteren Menschen sind oft Keimdrüsenpräparate (Perandren, Progynon 2 mal wöchentlich) von ausgezeichneter stabilisierender Wirkung. Je nach dem erzielten Effekt wird dann auf Digitalis peroral übergegangen. Man wählt dabei zunächst hohe Dosen (3 mal täglich 20 Tropfen oder 1–2 Tabletten). Diese Dosen sind dann ebenfalls langsam herabzusetzen, so daß schließlich jeder Herzkranke nur noch eine Erhaltungsdosis Digitalis bekommt, die ausreicht, um die Kompensation zu erhalten.

In Abb. 232 und Abb. 233 sind die therapeutischen Maßnahmen von 2 Fällen mit dekompensiertem Herzfehler schematisch dargestellt.

Geht die Herzschwäche mit Zeichen von Kreislaufschwäche einher, dann ist die Strophanthinbehandlung mit gleichzeitiger Verabfolgung von Cardiazol, Sympatol, Coffein, Campher, Coramin usw. zu kombinieren.

Bei Kranken, die lange bettlägerig sind, entwickelt sich zusätzlich ein zirkulatorisches Entlastungssyndrom (s. S. 545), das in den meisten Fällen mit Euviterin (3 mal tgl. 20 Tropfen vor dem Essen) gut beeinflußt werden kann.

Physikalische Maßnahmen wie Trockenbürsten, Gefäßmassage, Teilbäder usw. beschleunigen die Rekonvaleszenz.

Literatur zu Kapitel VI, Abschnitt B, 1.2

BALSAC, R. H. DE und Mitarb.: Que doit-on penser du traitement des cardiopathies decompensées, par la ligature de la veine cave inférieure. Acta med. Turc. **6**, 67 (1954). — v. BASCH: Allgemeine Physiologie und Pathologie des Kreislaufes, S. 95 (1892). — BASCHIERI, L. und Mitarb.: Der anoxämische Faktor bei der Oligurie dekompensierter Herzleiden. Rass. Fisiopat. **25**, 815 (1954). — BORNEMANN, K.: Ursachen und Prophylaxe der Thromboembolie im Verlauf kardialer Rekompensation. Med. Klin. **51**, H. 33, 1380 (1956). — DAVIES, C. E.: Die Wirkung der Behandlung auf die Zirkulation der Niere bei kardialer Dekompensation. Lancet **6693**, 1052 (1951). — DECORTIS, A. und J. DE BACKER: Contribution à l'étude de la masse plasmatique et des protéines sériques dans la décompensation cardiaque. Acta cardiol. **12**, 240 (1957). — DURANT, TH. M. und W. F. HARVEY jr.: Tratamiento de la descompensacion cardiaca (Behandlung der kardialen Dekompensation). J. méd. (Argent.) **9**, 617 (1954). — FERRARI, M.: Theoretische Voraussetzungen und praktischer Gebrauch der nichtmedikamentösen gleichzeitigen Behandlung bei der chronischen Herz- und Kreislaufdekompensation. Medicina (Parma) **6**, 237 (1956). — FÖLDI, M. und Mitarb.: Über den Mechanismus der generalisierten Phlebohypertonie bei kardialer Dekompensation; die Rolle der Hypoxie in der Entstehung des Stauungssyndroms. Acta med. Scand. **158**, 249 (1957). — GONDA, E.: Beiträge zu den hormonalen Beziehungen der kardialen Dekompensation. Z. inn. Med. **11**, H. 10, 463 (1956). — GUNTON, R. W. und W. PAUL: Blood volume in congestive heart failure. J. Clin. Invest. **34**, 879 (1955). — KOPPERMANN, E.: Seltene Ursachen kardialer Dekompensation. Medizinische **51**, 1770 (1955). — MARTELLI, A.: Oleander und seine Wirkung bei Herzdekompensation. Minerva med. **1954**, 690. — NYLIN, G.: Blood volumen and residual volumen of the heart in Decompensation. Amer. Heart J. **49**, H. 6, 815 (1955). — PILOTTI, G. und G. PISANI: Verhalten der Blutkörperchensenkung bei kardialer Dekompensation. Arch. sci. med. **98**, 114 (1954). — RUBIN, A. L. und Mitarb.: The management of refractory edema in heart failure. Ann. Int. Med. **42**, 358 (1955). — SCHARF: Korrelative Kreislaufdiagnostik bei kardialer Kompensation und Dekompensation. Dtsch. Gesd.wes. **11**, H. 34, 1153 (1956). — SOLTI, F.: Über die neuzeitliche Adjuvanstherapie der kardialen Dekompensation. Ther. Hungar. **4**, 17 (1956). — TEMESVÁRI, A. und ST. KUNOS: Die Rolle der venösen Stauung des Herzens in der chronischen kardialen Dekompensation und in der Entwicklung der Kollateralen der Koronargefäße. Z. Kreislaufforschg. **44**, H. 9/10, 364 (1955). — WOLLHEIM, E.: Die zirkulierende Blutmenge und ihre Bedeutung für Kompensation und Dekompensation des Kreislaufes. Z. klin. Med. **116**, 269 (1931).

1.2.2. Behandlung bei Herzinsuffizienz entzündlicher Genese

Die Myokarditis, die entzündliche Veränderung des Herzmuskels, läßt die Koronargefäße und den Klappenapparat meist frei; ihr klinischer Verlauf ist abhängig von der Schwere der Erkrankung.

Von völliger Symptomlosigkeit finden sich Übergänge bis zu schlagartig einsetzender Dyspnoe, Blässe, Brechreiz, Hypotonie, Tachykardie, evtl. paroxysmaler Art und Galopprhythmus, Leukozytose bis zu 20000, beschleunigte Blutsenkung sowie im Elektrokardiogramm Reizbildungs- und -leitungsstörungen, Schenkelblockbilder, abnorme Nachschwankungen werden gefunden. Das Ekg kann auch völlig normal sein. Subjektiv finden sich dementsprechend Übergänge von leichter Ermüdbarkeit über Dyspnoe bis zu schweren kardialen Zuständen mit Kollaps.

Von größter Bedeutung im akuten Stadium des infektiösen Herzschadens sind allgemeine Maßnahmen der Krankenpflege. Absolute Bettruhe ist, solange Fieber besteht, dringend erforderlich. Erst, wenn der Puls wieder völlig normal geworden ist, und sämtliche Zeichen einer akuten Herzschädigung verschwunden sind, sollte nach sorgfältiger physikalischer Vorbereitung (leichte

Zirkulationsmassage, Atemgymnastik, Wickeln der Beine usw.) das Aufstehen erlaubt werden. Man vermeidet auf diese Weise, daß ein Herzschaden, dessen Schwere durch die abortiven Erscheinungsformen gar nicht erkannt wurde, durch eine plötzliche, unvorbereitete und verfrühte Belastung akut dekompensiert oder sogar durch Sekundenherztod ad exitum führt. Ähnlich wie bei der Tuberkulose sollte man, wenn notwendig, auch vor einer Bettruhe von mehreren Monaten nicht zurückschrecken. Die Notwendigkeit einer geeigneten Psychotherapie ist S. 762 besprochen worden.

Dabei wird man in jedem Fall bemüht sein, die natürlichen Heiltendenzen des Herzens zu unterstützen.

Klinische Erfahrungen haben gezeigt, daß bei infektiöser Myokarditis Injektionen hoher Dosen Vitamin C und B eine die Heilung begünstigende Wirkung besitzen.

SHUTE und VOGELSANG berichteten über ihre Erfahrungen bei der Behandlung mit Vitamin E an 1500 Fällen von Herzkrankheiten und sahen in der Mehrzahl der Fälle überraschende Erfolge. Diese Tatsache glaubten sie dadurch erklären zu können, daß Vitamin E die Permeabilität herabsetzen, die Kapillarerweiterung fördern, die Hypoxämie im Herzmuskel vermindern, die Thrombosierung verhüten, bestehende Thromben auflösen und Narbengewebe durch Einsprossen frischer Blutgefäße erweichen und lockern soll.

Auf die Hormonbehandlung mit Cortison und ACTH und die Infektionssanierung mittels Antibiotica sind wir S. 624 und S. 657 ausführlich eingegangen.

Immer wieder begegnet man Fällen, die auch gegenüber bestimmten Antibiotica sich als absolut therapieresistent erweisen. Als Erklärung dafür wird angenommen, daß entweder der Erreger sich dem Antibioticum gegenüber tatsächlich refraktär verhält oder daß er eventuell für die Dauer der antibiotischen Wirkung sein biologisches Verhalten ändert, d. h. z. B. aus dem toxischen Lenta-Streptokokkus sich in einen relativ harmlosen Saprophyten zurückverwandelt, um dann später um so resistenter seine Wirkung zu entfalten. Schließlich besteht noch die Möglichkeit, daß die antibiotische Wirkung, welche sich nur auf die Oberfläche erstreckt, die in der Tiefe der Klappendefekte ruhenden Erreger nicht erreicht. Es wurde daher bereits eine Kombinationsbehandlung mit Dicumarol-Heparin empfohlen, um dem Antibioticum einen besseren Zugang zu den Tiefen des thrombotischen Materials zu verschaffen, eine Methode, die sich jedoch bisher nicht durchsetzen konnte.

Erfolgversprechender scheint die Methode von JAHNKE zu sein, der pro die 4 Mill. OE Penicillin mit 3 g Salizyl kombiniert und die ausgezeichneten Erfolge bei der rheumatischen Pankarditis mit der spezifischen Wirkung auf das Hyaluronidase-System erklärt.

Auf andere Behandlungsmethoden lohnt es sich kaum noch hinzuweisen, da sie mehr oder weniger veraltet sind und in der Praxis kaum noch Anwendung finden dürften.

Auch die Behandlung mit Vitaminen s. S. 630 wird man in geeigneten Fällen heranzuziehen haben.

Bei vollkommen therapierefraktären Fällen kann unter Berücksichtigung aller genannten Kautelen auch eine Reizkörpertherapie (s. S. 661) vorsichtig eingeleitet und genau beobachtet, von Erfolg sein.

1.2.3. Therapie glykosidrefraktärer Herzinsuffizienz

Unter den zur Insuffizienz führenden Erkrankungen des Herzens sind, wie bereits angedeutet (s. S. 794), einige bekannt geworden, die gegenüber der Therapie mit Herzglykosiden ein refraktäres Verhalten zeigen. Genannt seien z. B. Herzerkrankungen bei Beri-Beri, Basedowscher Krankheit bei

Hämochromatose, Amyloidose und Tumoren des Herzens sowie primären Erkrankungen der Leber oder der Nieren, weiterhin gewisse Perikarderkrankungen. Auch in vielen Fällen von Rechtsinsuffizienz des Herzens wird ein Versagen von Strophanthin beschrieben. Außerdem finden sich Angaben über refraktäres Verhalten gegenüber einem einzelnen Glykosid, während andere Herzglykoside in diesen Fällen mit dem üblichen Erfolg angewandt werden können.

1.2.4. Behandlung bei
Insuffizienz mit mechanischer Behinderung der Herzaktion

Perikarderkrankungen, die zur Verwachsung der beiden Blätter des Herzbeutels führen (Pericarditis constrictiva), haben eine Bewegungseinschränkung des Herzmuskels zur Folge, bei der man fortschreitende Insuffizienzerscheinungen bei fehlender kardialer Vergrößerung sowie Pulsationsarmut des linken Herzrandes im Kymogramm finden kann.

Die allmählich auftretende Behinderung der Diastole bewirkt eine verminderte Aufnahmefähigkeit für venöses Blut mit Einflußstauung und daraus folgender starker Erhöhung des venösen Druckes bei relativ normaler Vitalkapazität, einem der wichtigsten Symptome der Concretio pericardii. Das glykosidrefraktäre Verhalten gilt als ein wichtiger diagnostischer Hinweis.

Diese Erkrankung stellt die einfachste Form einer mechanischen Behinderung der Herzaktion dar (s. S. 795).

Nachdem die Herzwand durch schrumpfende Vernarbung oder gar Verkalkung gehindert ist, die aktionsanregende Wirkung der Herzglykoside zu beantworten, ist das Mittel der Wahl bei dieser Form der therapieresistenten Herzschwäche die operative Entklammerung des Herzens durch Kardiolyse odgl. (s. S. 751).

Eine weitere Form mechanischer Behinderung ist das Kropfherz. Bei diesem wird sich die Therapie danach richten, ob toxische Vorgänge, Stoffwechselstörungen oder mechanische Atmungsbehinderung vorliegen. Bei der durch gesteigerten Stoffwechsel vorkommenden Glykogenarmut des Herzmuskels empfiehlt es sich, gegengeschlechtliche Steroidhormone in kleinen Dosen zusätzlich zur übrigen Therapie zu verabfolgen.

Weiter gehört in diesen Abschnitt die Rechtsinsuffizienz, durch ein Cor pulmonale chronicum, das durch langsame Anpassung an Druckerhöhung im rechten Kreislauf entsteht. Ursächlich kommen in Frage organische Erkrankungen oder funktionelle Störungen der Lungengefäße, Lungenerkrankungen mit Einengung des Gefäßstrombettes, bestimmte angeborene Herzerkrankungen, Mitralstenose, Erkrankungen des knöchernen Thorax, Mediastinalprozesse, welche die Arteria pulmonalis komprimieren, z. B. Tumoren, Innervationsstörungen der Lungengefäße, Beeinflussung der Atemfunktion u. v. a.

Die Therapieresistenz erklärt sich außer der mechanischen Überlastung durch Stauung wohl auch durch die hochgradige Hypoxämie, die Viskositätssteigerung durch Polyzythämie und die durch Leberschädigung bedingten Stoffwechselstörungen.

Bei dieser Form des dekompensierten Cor pulmonale machen zahlreiche physikalische Maßnahmen wie Heilatmung in Form von Stenoseatmung, Sandsackatmung und kombinierter Brust-, Zwerchfell- und Flankenatmung, Sauerstoffbeatmung, häufige kleine Aderlässe, Blutegel usw., das Herz für Glykoside wieder ansprechbar.

Eine intramurale mechanische Behinderung der Herzaktion und demzufolge eine der Ursachen für ein Versagen der Herzglykoside ist die Aufhebung der Kontinuität im Herzmuskelsynzytium. Französische Autoren prägten den Begriff der Myokardie. Man unterscheidet dabei:

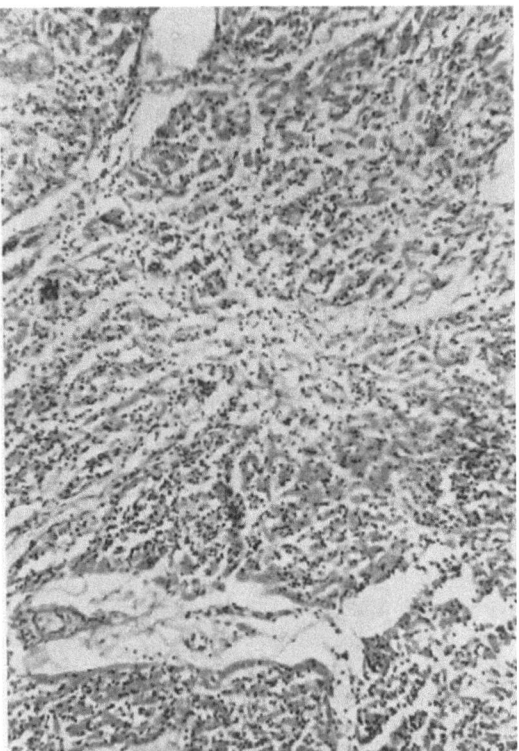

Abb. 234. Herzmuskel bei Myokardie.

a) Hypertrophie cardiaque idiopathique

Diese findet sich vor allem bei Kindern, evtl. familiär gehäuft. LAUBRY charakterisiert diese Form durch „absence d'étiologie, de lésions anatomiques, de guérison". Hierher gehört auch die diffuse Rhabdomyomatose des Herzens, die nach v. GIERKE mit starken Glykogeneinlagerungen einhergeht. Die Krankheit verläuft meist tödlich.

b) Benigne und leichte Fälle von Myokardie

Hier finden sich histologisch Degenerationszeichen und Nekrosen der hyertrophischen Fasern, starke Kapillarerweiterung und evtl. ein interstitielles Ödem sowie ausgedehnte Endokardfibrose. Diese letzte Gruppe deckt sich nach WUHRMANNs Ansicht weitgehend mit seinem Myokardose-Begriff.

SCHLEICHER beschrieb einen Fall von Myokardie im Pubertätsalter, bei dem als Ursache für konstitutionelle Minderwertigkeit des Myokards eine Lues des Vaters in Erwägung gezogen wurde. Der starke Wachstumsreiz sowie die humoralen Umstellungsvorgänge, Infekte u. a. m. bedingen eine Überbeanspruchung des primär unterwertigen Herzmuskels. Eine weitere Komplikation war in diesem Fall durch eine (stauungsbedingte?) Leberaffektion mit zeitweiligem Ikterus gegeben. Das Leiden führte unter dem Bilde der schweren Rechtsinsuffizienz mit mäßigen Ödemen ohne Lungenbeteiligung unbeeinflußbar ad exitum. Die pathologisch-anatomische Untersuchung zeigte ein weitgehend bindegewebig-schwielig durchsetztes Myokard mit nur inselförmig erhaltenem funktionstüchtigem Muskelgewebe (s. Abb. 234).

Auch die Myokardfibrose als Endzustand der Myokardose stellt eine mechanische Behinderung der Herzaktion dar.

Weiter sei hier auf den sehr interessanten Fall eines diagnostisch völlig fehlgedeuteten Spindelzellensarkoms des rechten Vorhofs hingewiesen, den KOPPERMANN und WAGNER beschrieben haben. Solche Fälle sind wohl extrem selten, die Möglichkeit sei aber der Vollständigkeit halber erwähnt.

Angeborene Herzvitien wie beim EBSTEIN-Syndrom oder der FALLOTschen Tetralogie sind ebenfalls medikamentös schlecht zu beeinflussen. Bei der letzteren schafft ein operativer Eingriff in manchen Fällen Abhilfe, während das erstere quoad vitam eine ungünstige Prognose hat. Schließlich kann man mit Vorbehalt in diesem Abschnitt die Amyloidose und die Hämochromatose des Herzens erwähnen. Bei diesen Erkrankungen dürfte durch Ablagerungen im Myokard eine mechanische Behinderung der Bewegung der Muskelfasern auftreten, die wohl eine Teilursache der bestehenden Insuffizienz ist und die Therapieresistenz gegenüber Herzglykosiden mit erklären kann. Hier sind aber pathologische Stoffwechselvorgänge das wesentliche.

1.2.5. Herzinsuffizienz durch pathologische Stoffwechselvorgänge

Während das Verständnis der mechanisch bedingten Herzinsuffizienzen und ihrer Therapieresistenz gegenüber den Herzglykosiden keine Schwierigkeiten bereitet, ist unser Wissen um die Wirkung dieser Medikamente im Herzstoffwechsel noch sehr lückenhaft.

Die kontraktile Substanz des Muskels, das Actomyosin setzt sich aus den Eiweißstoffen Actin und Myosin zusammen. Die für seine Kontraktion erforderliche Energie wird durch Zerfall von Adenosintriphosphorsäure (ATP) gewonnen, oder seinerseits durch Einwirkung des mit Myosin identischen Fermentes Adenosintriphosphatase ermöglicht. Zur Aktivierung der letzteren ist ein entsprechendes Ionenmilieu erforderlich, vor allem ein intra- und extrazellulärer Konzentrationsunterschied von Kalium als Energiespeicher. Der Kaliumstoffwechsel ist eng mit dem des Glykogens gekoppelt. Beide werden durch Hormonkomponenten der Nebennierenrinde gesteuert, von der auch die Phosphorylierungsvorgänge, denen im Herzstoffwechsel eine zentrale Bedeutung zukommt, abhängig sind. Der Hauptvorgang ist also der Zerfall von ATP. Die Energie zu ihrer Resynthese wird geliefert durch Zerfall von Kreatinphosphat und Glykogenabbau zu Milchsäure bzw. Brenztraubensäure – beides anaerobe Vorgänge – und in zehnfach stärkerem Maße durch aeroben Abbau der Milchsäure bzw. Brenztraubensäure. Zum Umsatz der letzteren ist das Ferment Cocarboxylase – phosphoryliertes Vitamin B_1 – erforderlich. Ein weiteres B-Vitamin, das Lactoflavin des B-Komplexes, dient zum Aufbau des sogenannten gelben Oxydationsfermentes, das die Oxydationsvorgänge in den Zellen beeinflußt.

Das Heranbringen des Sauerstoffes an die Gewebe geschieht auf dem Wege vom Hämoglobin über das Myoglobin und die Cytochromoxydase an das Cytochromsystem, von dem vor allem das Cytochrom C reichlich im Herzmuskel enthalten ist.

Eine bedeutende, wenn auch noch nicht ganz geklärte Rolle im Stoffwechsel des Herzens spielt die Leber. So fand REIN, daß nach ihrer Ausschaltung aus dem Kreislauf Herzinsuffizienz auftrat, die durch Strophanthingaben zu beheben war. Er schloß daraus, daß durch die Leber ein Stoff geliefert werde, der für die Funktion des Herzens notwendig und den Herzglykosiden chemisch verwandt sei. Die Leber resynthetisiert bekanntlich Glykogen aus der im Stoffwechsel des Skelettmuskels aus Zucker entstandenen Milchsäure. Die Eigenschaft zu dieser Resynthese ist aber auch dem Herzmuskel eigen.

PENDL hält für möglich, daß die Leber einen Stoff an das Herz abgibt, der ein Teil jener Substanz ist, die in der Leber die Glykogenresynthese bewirkt. Dieser soll strophanthinähnlichen Charakter haben und bei Überlastung und Dekompensation des Herzens in stärkerem Maße verbraucht werden, als er angeliefert bzw. im Herzen gespeichert wird. Das würde bedeuten, daß Strophanthin den aeroben Glykogenaufbau im Herzmuskel fördert und zugleich dessen vorzugsweise Wirksamkeit am insuffizienten Herzen erklären.

Andere Untersucher haben darauf hingewiesen, daß schon kleine Digitalisdosen die Zuckerassimilation des Herzens fördern, und daß unter Digitalis eine bessere Milchsäureverwertung stattfindet. Die Herzglykoside beeinflussen also oxydative Restitutionsvorgänge des Herzstoffwechsels. Das erklärt ihre Wirkungslosigkeit bei Sauerstoffmangelzuständen.

Nach STRAUB entfalten die Glykoside eine indirekte Herzwirkung durch dessen Sensibilisierung für Vagusreize. DALE und GREMELS nehmen als Mechanismus Hemmung der Acetylcholinesterase an. Faßt man nun die bei Herzinsuffizienz anzutreffende Vagotonie als Heilbestrebung des Organismus auf, in dem Sinne, daß durch vermehrten venösen Rückstrom das Herz zu ökonomischer Arbeitsweise angeregt wird, während die Öffnung des alveolären Kapillarsystems der Lunge eine bessere Versorgung des Blutes mit Sauerstoff ermöglicht (HOCHREIN), so würde eine solche Wirkungsweise der Glykoside sinnvoll die Förderung der aeroben Restitutionsvorgänge ergänzen.

Nach zum Teil mit Hilfe der Elektronenmikroskopie durchgeführten Untersuchungen von SNELLMAN über die kontraktilen Proteine haben Digitaliskörper auch einen direkten Effekt auf die Polymerisation eines sogenannten G-Actins, einer Vorstufe des faserförmigen F-Actins, das beim Aufbau des Actomyosins eine Rolle spielt. Damit hätten die Digitaliskörper einen Einfluß auf die Kontraktions- und Dehnungsvorgänge. Außerdem gibt SNELLMAN an, daß die bei Insuffizienz herabgesetzte Phosphataseaktivität durch Digitaliskörper erhöht wird.

Ein weiterer Gesichtspunkt für das Wirksamwerden von Glykosiden ist durch die Auffassung von WUHRMANN gegeben, der annimmt, daß die Glykoside, um an den Ort ihrer Wirkung zu gelangen, die Bluteiweißkörper, und zwar deren Albuminfraktion (Transportfunktion der Eiweißkörper; BENNHOLD), benötigen.

Man darf also wohl annehmen, daß die Herzglykoside mehrere Angriffspunkte haben und daß die daraus resultierenden Wirkungen sich sinnvoll ergänzen. Vielleicht spielt hier ihre Verwandtschaft mit bestimmten körpereigenen Substanzen, wie Gallensäuren oder dem erwähnten, von REIN angenommenen „Herzhormon" der Leber, eine Rolle.

Klinische und experimentelle Erfahrungen sprechen für die unterschiedliche Wirkungsweise einzelner Glykoside, wobei angenommen wird, daß es vorwiegend rechts- oder linksregulatorisch in den Gesamtkreislauf eingreifende Stoffe gibt.

Convallatoxin z. B. wird als stärkstes Rechtsinsuffizienz-Glykosid bezeichnet (UHLENBRUCK).

Aus dieser Zusammenfassung ergeben sich nun mannigfaltige Störungsmöglichkeiten der Herzfunktion, die zugleich das Versagen der Herzglykoside in bestimmten Fällen verständlich erscheinen lassen.

Auch Ionengleichgewichtsstörungen können ähnliche Folgen nach sich ziehen. Zu solchen kommt es bei Kaliummangel infolge einer Hypoxämie, erkennbar an der Vorverlagerung des 2. Herztones, also dem Komplex der HEGGLINschen „energetisch-dynamischen Herzinsuffizienz".

Die Bedeutung des Ionengleichgewichtes für die Adenosintriphosphatase-Aktivität wurde bereits erwähnt. Verschiebungen im Elektrolythaushalt, vor allem der hier bedeutsame Kaliumverlust, treten auf bei profusen Durchfällen, Erbrechen, im Coma diabeticum, auch nach Insulingaben, im Coma hepaticum, nach ACTH-Überdosierung und übermäßiger Applikation von Quecksilberdiuretica. Die so entstandene Herzinsuffizienz ist weitgehend therapieresistent, wenn nicht die ursächlichen Faktoren erkannt und berücksichtigt werden.

Störungen in der ATP-Synthese ergeben sich bei Sauerstoffmangel. Ihr aerober Aufbau ist relativ geringfügig und kann die Herzfunktion nur über ganz kurze Zeit aufrecht erhalten. HEGGLIN spricht hier von einer Substratinsuffizienz.

Interessant sind in diesem Zusammenhang Versuche, die zeigten, daß ein Froschherz in Ringerlösung unter Sauerstoffabschluß nach ATP-Zusatz wieder voll funktionstüchtig wird. Diese Form der Insuffizienz tritt z. B. auf, wenn durch starke Hypertrophie des Herzmuskels der Weg des Sauerstoffes zum Wirkungsort erschwert wird. Störungen der Adenosintriphosphatase-Aktivität, die den Zerfall von ATP verhindern, werden von HEGGLIN als Fermentinsuffizienz bezeichnet. Außer bei den erwähnten Verschiebungen des Ionengleichgewichtes treten sie auf bei bestimmten Vergiftungen, z. B. mit Veratrin, Chinin oder Barbituraten. Störungen in der Erholungsphase können auftreten beim Brenztraubensäure- bzw. Milchsäureabbau durch Leberzellschaden, Insulinmangel oder Fehlen der Cocarboxylase. Der Brenztraubensäurespiegel im Blut ist dann erhöht. Die Ursache für das Fehlen der Cocarboxylase kann im allgemeinen in Phosphorylierungsstörungen vermutet werden, so daß die Phosphorylierung von Vitamin B_1 zu diesem Ferment nicht zustande kommt. Andererseits kann das Vitamin selbst fehlen bei Beri-Beri. Es ist verständlich, daß Glykoside in solchen Fällen wirkungslos sind, was für Herzbeteiligung bei Beri-Beri bereits bekannt ist.

Weiter wird der Glykogenabbau unterbrochen durch Vergiftung mit Monojodessigsäure.

Auch im Sauerstoff-übertragenden Fermentsystem sind Störungen bekannt. So nimmt der Cytochrom-C-Gehalt im Herzmuskel bei dessen organischen Läsionen ab. Weiterhin muß an Störungen der Nebennierenrindenfunktion, so bei Morbus ADDISON und solche von seiten der Sexualhormone gedacht werden. Bei der letzteren Form finden sich Kreatinurie und Glykogenschwund im Herzmuskel. Sie treten vor allem im Klimakterium auf. Die Störungen von seiten der Nebennierenrinde ergeben sich aus deren oben beschriebener Funktion im Herzstoffwechsel (Elektrolyt- und Kohlenhydrathaushalt, Phosphorylierungen).

Über Störungen des Actomyosins ist nichts sicheres bekannt. Vielleicht spielen hier Dysproteinämien eine Rolle.

Eine Zusammenfassung der meisten stoffwechselpathologisch bedingten glykosidrefraktären Herzinsuffizienzformen stellt das von WUHRMANN beschriebene Myokardosesyndrom dar. Darunter sind diejenigen Erkrankungen des Herzens begriffen, denen nach WUHRMANN eine Dysproteinämie zu Grunde liegt (S. 482).

Klinisch ist bei der Myokardose das Grundleiden bestimmend. Das kardiale Geschehen tritt oft in den Hintergrund und kann dadurch übersehen werden. Auffällig sind sonst Tachy- oder Bradykardie, Galopprhythmus, Spaltung und Unreinheit des ersten Herztones an der Spitze, Neigung zu tiefen Blutdruckwerten, evtl. Pulsus alternans mit schlechter Füllung. Ödeme treten erst später auf; dabei findet sich häufiger Links- als Rechtsinsuffizienz. Oft bietet das Ekg die einzige Möglichkeit, die kardiale Affektion zu objektivieren. Sein Ausfall ist sehr verschieden. Außer einem normalen Bild finden sich Reizbildungs- und -leitungsstörungen, QT-Verlängerungen, evtl. U-Wellen sowie ST- und T-Abweichungen von der Norm. Das Myokardosesyndrom ist reversibel oder fortschreitend. Im zweiten Fall bildet sich allmählich eine Myokardfibrose aus. Das Leiden führt dann meistens zum Tode.

Bei der Myokardose wird man außer der Behandlung des jeweiligen Grundleidens eine Euproteinämie anstreben durch Verabreichung von eiweißreicher Kost, Leberextrakten (Prohepar), Lävulose und Vitaminen. Kleine wiederholte Transfusionen können gute Erfolge zeitigen. Hormonale Ausfälle müssen gedeckt werden. Das Gleichgewicht der Elektrolyte und des Wasserhaushaltes ist anzustreben. Quecksilberpräparate sind kontraindiziert. Günstig wirken periphere und zentrale Analeptica. Diese werden auch bei Myokarditiden mit Erfolg verwandt. – Hier sind außerdem Chemotherapeutica bzw. Antibiotika indiziert (s. S. 794).

Aus der Kenntnis des Herzstoffwechsels und seiner möglichen Störungen lassen sich einige therapeutische Hilfsmaßnahmen entnehmen. So ist an Gaben von Kalium, Vitamin B bzw. B-Komplex, Nebennierenrindenhormonen oder Sexualhormonen, je nach dem mutmaßlichen Sitz der Störung zu denken. Auch die Möglichkeit einer Störung im sauerstoffübertragenden Fermentsystem ist zu berücksichtigen; in solchen Fällen sind bei Applikationen von Cytochrom C gute Erfolge beobachtet worden (PENDL). Da es letzten Endes das Ziel einer jeden Stoffwechselaktivierung ist, Adenosintriphosphorsäure aufzubauen, hat man auch versucht, diesen Stoff selbst in Substanz oder in Form von ATP-Präparaten zuzuführen. Genannt seien Triadenyl- oder ATP-enthaltende Muskelextrakte wie Embran, Padutin, Lacarnol. Bei letzteren besitzt ihre zusätzliche koronarerweiternde Eigenschaft für die Therapie der Herzinsuffizienz eine besondere Bedeutung.

Da das glykosidrefraktäre Verhalten von Herzinsuffizienzen selten 100%ig ist, soll neben den aufgeführten therapeutischen Maßnahmen auf die übliche Anwendung von Glykosiden nicht verzichtet werden, wobei festzustellen ist, ob die Therapieresistenz sich nicht nur auf ein bestimmtes dieser Medikamente bezieht. Versagen zahlreiche Präparate, dann können noch Kombinationen z. B. von Bulbus scillae mit Strophanthin oder Strophanthin mit Digitalis zum Erfolg führen (UHLENBRUCK).

Unabhängig vom Verhalten einer Herzinsuffizienz zur Glykosidtherapie sollte auf die bewährten physikalischen und diätetischen Maßnahmen grundsätzlich nie verzichtet werden (s. S. 665 u. 685).

Literatur zu Kapitel VI, Abschnitt B, 1.2.3

ASCHENBRENNER, R.: Therapie des CHEYNE-STOKESschen Atmens bei Herzinsuffizienz. Med. Klin. **53**, H. 27, 1198 (1958). — BLOCH, K.: VALSALVA-Versuch und Blutdruckmessung bei Herzinsuffizienz in der Sprechstunde. Dtsch. med.

Wschr. 83, H. 13, 497 (1958). — BLUMBERGER, KJ.: Die Herzinsuffizienz. Klin. Gegenw. 6, 1 (1958). — BOLT, W. und A. BOLTE: Vergleichende Ultrazentrifugenuntersuchungen der Serumeiweißkörper bei Herzinsuffizienz und pulmonalen Erkrankungen. Med. Klin. 52, H. 17, 729 (1957); 52, H. 18, 775 (1957). — BRAEUCKER, W.: Kardiotonus und Herzinsuffizienz. Die Leistung der tonischen Innervation. Ärztl. Praxis 9, H. 35, 6 (1957). — CORNELIUS, H. V.: Zur funktionellen Genese und zur pathologischen Anatomie der Herzinsuffizienz. Medizinische 15, 516 (1957). — DELIUS, L.: Kardiovaskuläre Regulationsstörungen und kardiale Insuffizienzen. Medizinische 45, 1642 (1957). — FLEAR, C. T. G. und M. HILL: Massive haemorrhage in chronic congestive heart failure followed by sodium depletion. Lancet 1, 966 (1957). — GÖDECKE, H.: Zur Behandlung der Herzinsuffizienz. Medizinische 40, 1464 (1957). — GOLDBERGER, E.: Problems of management of congestive heart failure, with special reference to the refractory patient. Ann. New York Acad. Sci. 65, 628 (1957). — GREEN, J. B.: Cerebrospinal fluid protein and glycoprotein levels in congestive heart failure. J. Amer. Med. Ars. 167, H. 12, 1494 (1958). — GREGORIS, L. und K. SERAGLIA: Über das Auftreten der energetischdynamischen Herzinsuffizienz bei den Krankheiten mit verändertem Herzmuskelstoffwechsel. Folia cardiol. 16, 71 (1957). — GREIF, ST.: Neue Gesichtspunkte zur Therapie der Herzinsuffizienz. Wien. med. Wschr. 107, H. 38/39, 771 (1957). — GRIFFITH, G. C. und E. M. BUTT: Long term oral mercurial diuretic therapy in congestive heart failure. Ann. New York Acad. Sci. 65, 623 (1957). — GUTNER, L. B. und Mitarb.: The use of prednisone in congestive heart failure. Amer. J. Med. Sci. 234, 281 (1957). — HEGGLIN, R.: Kritische Betrachtungen zur Therapie der Herzinsuffizienz. Regensb. Jb. ärztl. Fortbildg. 5, 279 (1956). — HOFER, E.: Das Lanatosid A in der Differentialtherapie der Herzinsuffizienz. Münch. med. Wschr. 100, H. 22, 875 (1958). — HOYER, H.: Über die ambulante Behandlung der relativen Herzinsuffizienz mit Strophil und Berolase. Med. Mschr. 4, 243 (1958). — KERNER, D.: Über die Behandlung der Herzinsuffizienz mit kombiniertem Gesamtextrakt. Landarzt 1958, 56. — KLEIBEL, F.: Klinische Erfahrungen mit Oleanderglykosiden in der Behandlung der Herzinsuffizienz. Ther. Gegenw. 8, 336 (1958). — KLEPZIG, H.: In welchen Fällen von Herzinsuffizienz ist eine kombinierte Behandlung mit Strophanthin und Digitalis angezeigt? Dtsch. med. Wschr. 82, H. 45, 1935 (1957). — KÖNIG, E.: Rechtsinsuffizienz und Venendruck. Dtsch. med. Wschr. 83, H. 4, 140 (1958). — MARX, H.: Ganglienblocker bei akuter Herzinsuffizienz. Medizinische 11, 444 (1958). — MÖRSDORF, P.: Zur Therapie der Herzinsuffizienz. Medizinische 43, 1575 (1957). — REMENCHIK, A. P. und J. A. MOORHOZSE: Blood volume in congestive cardiac failure before and after treatment. Arch. Int. Med. 100, 445 (1957). — SCHMIDT-VOIGT, J.: Praktische Gesichtspunkte zur Behandlung der Herzinsuffizienz. Med. Klin. 1956, 1787. — UHLENBRUCK, P.: Zur Stoffwechseltherapie der Herzinsuffizienz. Med. Klin. 53, H. 35, 1467 (1958). — WUHRMANN, F.: Über die excitomotorische Herzinsuffizienz. Schweiz. med. Wschr. 1957, 898.

1.2.6. Therapie schwerster chronischer Herzinsuffizienz

Bei der guten Kenntnis der Physiologie und funktionellen Pathologie des Herzens und dem großen Angebot herzwirksamer Mittel verschiedenartiger chemischer Struktur mit vielseitigen therapeutischen Angriffspunkten, ist es überraschend, daß es immer noch viele Herzkranke gibt, welche nicht vollständig rekompensiert werden können, so daß sie jahrelang, trotz Verabreichung von Glykosiden, dahinvegetieren, ohne ihre Beschwerden (Leberschwellung, Beinödeme usw.) je wieder zu verlieren. Wie kommt es zu derartigen Zuständen schwerster chronischer Herzinsuffizienz? Wir denken hier nicht an die strophanthin- bzw. digitalisrefraktären Syndrome, die sich in ihren Hauptkontingenten zusammensetzen aus Fällen von Myokardie (s. S. 796), aus mechanischer Behinderung der Herzaktion, wie z. B. bei der Concretio pericardii (s. S. 795) oder schließlich die glykosidrefraktären Insuffizienzformen entzündlicher Genese (s. S. 793).

Es handelt sich vielmehr um Fälle, die sich langsam und schleichend entwickelt haben und bei denen die Herzinsuffizienz relativ spät erkannt wurde. Nicht selten wird beobachtet, daß die nun einsetzende Herzbehandlung mit unwirksamen, d. h. zu niedrigen Dosen Strophanthin oder Digitalis oder mit herzunwirksamen Mitteln (Herzgold, Herz-Blut, Herzstärker, „herzplus" u. ä.) durchgeführt wurde. Häufig wird in der Praxis vergessen, daß der Zustand der Dekompensation nicht allein als hämodynamisches Problem zu betrachten ist.

Gelingt es nicht, einen Herzkranken frühzeitig zu rekompensieren, dann kommt es infolge von chronischer Stauung zur Organschwäche von Lunge, Leber, Niere, Magen usw., d. h. zum hämodynamischen Versagen des Herzens, und es treten funktionelle Störungen des Gasaustausches, des Stoffwechsels, der Verdauung und Entschlackung, der Blutbildung usw. auf.

Sehen wir in diesem Zusammenhang von den rein hämodynamischen Symptomen der Herzinsuffizienz ab, dann fällt bei der Mehrzahl dieser Fälle eine allgemeine Leistungsschwäche auf, oft verbunden mit Adynamie und Muskelatrophie (kardiale Kachexie), ein Syndrom, das in gleicher Weise auf eine latente Nebenniereninsuffizienz und eine Störung des Eiweißstoffwechsels zu beziehen ist.

Die Pathologie des Wasserhaushaltes, d. h. starkes Durstgefühl bei geringem Ausscheidungsvermögen, ist trotz veränderter Druckpotentiale im Kapillarsystem nicht völlig verständlich. Es muß weiterhin auffallen, daß sich nicht eine infolge der Hypoxämie zu erwartende Polyglobulie entwickelt, sondern eine Insuffizienz des hämopoetischen Systems resultiert, die sich in einer relativen Anämie äußert. Das Unvermögen zu schwitzen, die Umkehr des Schlafrhythmus von der Nacht auf den Tag usw. weisen auf tiefgreifende vegetative Störungen hin. Das psychische Verhalten ist, wie von LEYSER betont wurde, häufig als völlig abartig und geradezu als „kardiogenes Irresein" beschrieben worden.

Diese wenigen Hinweise mögen genügen, um verständlich zu machen, daß bei einer schweren, bereits chronischen Herzinsuffizienz die alleinige Behandlung mit kardiokinetischen Glykosiden unzureichend sein muß und, wenn auf diese Weise überhaupt eine Rekompensation erreicht wird, diese nur von kurzer Dauer sein kann. Bei der Besprechung therapeutischer Maßnahmen, welche auch bei schwersten Fällen von chronischer Herzinsuffizienz noch zum Erfolg führen können, muß betont werden, daß es ein starres Behandlungsschema nicht gibt und in sehr individueller Weise fast täglich Korrekturen bzw. Umstellungen am Heilplan vorgenommen werden müssen. Wenden wir uns nun den Behandlungsmaßnahmen im einzelnen zu, dann kann kein Zweifel darüber bestehen, daß auch heute noch den Herzglykosiden das Primat in der Behandlung zugeschrieben werden muß, daß aber hinsichtlich der Dosierung und Verabfolgung doch zahlreiche neue Gesichtspunkte berücksichtigt werden müssen, die in neuerer Zeit Bedeutung gewonnen haben (s. S. 558).

Es liegt nun nahe, daß man zunächst versuchen wird, bei unzureichender Ansprechbarkeit die Dosis zu erhöhen und die Methode der „full-digitalisation", z. B. nach dem Schema von EGGLESTON, zur Anwendung zu bringen. Dieses Verfahren hat viele Nachteile und ist nach orientierenden Versuchen in der deutschen Kardiologie rasch wieder verlassen worden, zumal die Grenzdigitalisierung die für eine akut bedrohliche Situation stets notwendige Strophanthinmedikation praktisch ausschließt.

F. LANGE hat darauf hingewiesen, daß in den USA früher jede Strophanthinverabfolgung verboten war, offenbar deshalb, weil nach dieser Maximal-Digitalisierung Todesfälle aufgetreten waren, welche dem Strophanthin zur Last gelegt wurden. Während SIEBECK, HOFF, EICHHOLTZ u. a. in diesem Zusammenhang noch zur Vorsicht raten, hat bereits EDENS bei der Strophanthintherapie betont, daß ein Übergang von Digitalis auf Strophanthin ohne Pause möglich sei, wenn eine Digitalisverabfolgung ohne Zeichen der Überdosierung vorausging. Es ist dabei zu berücksichtigen, daß vor allem zwischen Purpurea- und Lanata-Glykosiden zu unterscheiden ist. Während bei Purpurea, vor allem aber beim Digitoxin, infolge seiner ausgeprägten, schwer zu überblickenden allobiotischen Tendenzen die dreitägige Digitaliskarenz unter Umständen sogar das Minimum darstellt, ist am Tage nach Absetzen von Lanata-Glykosiden, wenn vorher keine Intoxikationserscheinungen bestanden haben und eine vitale Indikation gegeben ist, die Verabfolgung von 0,125 mg Strophanthin durchaus zu verantworten (s. S. 565).

Die Frage nach der Höchstdosis blieb jedoch nur so lange aktuell, als das therapeutische Denken unistisch ausgerichtet war und man glaubte, nicht nur alles auf eine Ursache zurückführen, sondern auch mit einem einzigen Medikament behandeln zu können. Der grundsätzliche Wandel in der Glykosidmedikation besteht nun darin, daß man heute die Dosen so klein wie möglich wählt. Während FRAENKEL noch von 1 mg als Maximal-Einzeldosis sprach und bis zu 5 mg pro die gegeben wurden, ging man später rasch auf 0,5 mg als Einzeldosis zurück und heute wird man, selbst in schweren Fällen, kaum mehr als 2mal täglich 0,25 mg benötigen. Von F. LANGE ist untersucht worden, ob es sich dabei um eine Steigerung der Empfindlichkeit gegenüber den Herzglykosiden auf Grund einer Änderung der vegetativen Reaktionslage handeln könne. Wir glauben dagegen, daß eine kombinierte Behandlung bereits mit niedrigen Strophanthindosen Erfolge zeitigt, so daß der Eindruck einer größeren Empfindlichkeit entstehen kann.

Während man früher für die Behandlung der Herzschwäche ausschließlich Kardiokinetika zur Anwendung brachte und jede Zusatzbehandlung als unwissenschaftliche Polypragmasie ablehnte, haben wir heute gelernt, das Krankheitsbild „Herzinsuffizienz" von den verschiedensten Seiten therapeutisch anzugreifen, so daß das herzwirksame Glykosid als differenteste Maßnahme weitgehend eingespart werden kann. Die Klinik bedient sich dabei folgender Gedankengänge:

Durch Senkung der bei der Dekompensation vielfach sinnlosen Stoffwechselanfachung wird versucht, den Grundumsatz zu dämpfen, die Sauerstoffausnützung zu bessern und den parasympathischen Effekt in seiner Schonwirkung zu begünstigen. Empfohlen wird vielfach die Kombination eines Thyreostaticums mit Strophanthin. SNIEHOTTA, RAAB u. a. sahen in mehr als zwei Dritteln der Fälle, die sich gegenüber Strophanthin allein als refraktär erwiesen hatten, eine eindeutige Besserung bis zur völligen Beschwerdefreiheit.

Die Kombination mit Vitamin E hat keineswegs gehalten, was ursprünglich so optimistisch erwartet wurde. Auch Cortison und ACTH, denen eine glykosidpotenzierende Wirkung zugesprochen wurde, müssen als hochdifferente Mittel schon allein wegen ihres Einflusses auf Wasser- und Salzhaushalt abgelehnt werden (OBERGASSNER). Sehr vielversprechend erscheint die Kombination mit Magnesiumpräparaten (SCHLIEPHAKE). Weiterhin hat sich die Mischinjektion mit koronardilatierenden Substanzen, wie Traubenzucker (UHLICH), Coffein, Theophyllin, Vitamin C u. ä. klinisch bewährt.

Auf Grund der experimentellen Erfahrung, daß auch Organextrakte in der Lage sind, die Ansprechbarkeit des Myokards auf Glykoside zu steigern, verwenden wir seit Jahren die Kombination von Strophanthin mit Embran in Form von Strophil (2 ccm Embran, 0,2 mg K-Strophanthin), und wir konnten so bei täglicher Verabfolgung auch Fälle schwerster Dekompensation rekompensieren. Strophil beseitigt außerdem die mit der Dekompensation in den meisten Fällen verbundenen peripheren Zirkulationsstörungen, die sich in Kältegefühl, Abgestorbensein von Händen und Füßen, Mattigkeit und Müdigkeit äußern können.

Wir haben daher folgende Richtlinien für die Glykosid-Behandlung schwerer chronischer Herzinsuffizienz aufgestellt:
1. Strenge differentialdiagnostische Erwägung, ob Herzglykoside überhaupt indiziert sind (Vorsicht bei frischem Myokardinfarkt u. dgl.).
2. Vor der ersten Injektion Entlastung des Herzens durch einen Aderlaß von 250–400 ccm je nach Schwere.
3. In Bestätigung des WILDERschen Ausgangsgesetzes sind Herzglykoside am Tage wirksamer als in der Nacht. Da nachts die Gefahr zur Entwicklung von Lungenödem oder Asthma cardiale besonders groß ist, kann durch ein abendlich verabfolgtes Pantopon-Suppositorium eine meist wirkungsvolle Prophylaxe erreicht werden.
4. Tendenz zur Einstellung auf die kleinste gerade wirksame Dosis. Eine Tagesmedikation über 0,5 mg Strophanthin dürfte sich nicht als notwendig erweisen. Von einer Steigerung der Dosierung ist weniger zu erwarten als von dem Bemühen, durch eine zweckmäßige Begleitmedikation die Wirkung des Glykosids zu steigern und den Herzmuskel vermehrt ansprechbar zu machen.

Es kann nun kein Zweifel bestehen, daß mit dieser Behandlung, verbunden mit allgemeiner Ruhigstellung, Fernhaltung störender Reize, diätetischer Einstellung, bereits eines der klinisch eindrucksvollsten und pathogenetisch wichtigsten Versagensmomente, nämlich die allgemeine Ödemneigung, beeinflußt und eine Ausschwemmung begünstigt wird. Trotzdem wird man auf die Anwendung von Diuretica nicht verzichten können.

Auch hier lassen neue Einsichten in den Entstehungsmechanismus kardialer Ödeme und daraus resultierende neue Prinzipien der Ödembekämpfung nicht nur die therapeutischen Möglichkeiten, sondern auch die Auswahl der jeweils einzusetzenden Mittel in neuem Lichte erscheinen.

Nachdem heute die Wirkungsdominanz des Natriums in der Ödemgenese allgemein anerkannt ist, eröffnen sich auch hier neue therapeutische Möglichkeiten. SCHLEICHER und OBERGASSNER haben spezielle Diätformen entwickelt, die sich uns in der Behandlung der Herzinsuffizienz ausgezeichnet bewährt haben (s. S. 665).

Die Wirkung der kochsalzarmen Ernährung kann durch sinnvolle Ausnützung der diuretischen Eigenschaften bestimmter Nahrungs-, Gewürz- und Genußmittel (Spargel, Sellerie, Birnen, Petersilie, Wacholderbeeren, Tee usw.), durch eine gewisse Transmineralisation, z. B. Ausnutzung des Kaliumreichtums der Kartoffel in Form eines reinen Kartoffeltages bzw. Verordnung des Kalium-Diureticums Diathen, oder aber durch die Kationenaustauscher gesteigert werden (s. S. 572).

Wegen der quecksilberhaltigen Diuretica verweisen wir auf unsere Ausführungen S. 574.

Der beste diuretische Erfolg wird durch die Zusammenfassung mehrerer Maßnahmen von gleicher Wirkungsrichtung erzielt. Unter diesem Gesichtswinkel ist der therapeutische Wert einer Ansäuerung (Ammoniumchlorid in Form von Gelamontabletten, Decholin, eventuell auch Prohepar) erwiesen. Es ist weniger bekannt, daß auch nach Umstellung von Strophanthin auf Digitalis nicht ganz selten eine erneute eindrucksvolle Wasserausschwemmung die endgültige Rekompensation herbeiführt (s. S. 578).

Um Komplikationen vorzubeugen, muß vor allem eine plötzliche sehr massive Entwässerung vermieden werden. Wir verwenden daher gerade bei schwerster Herzinsuffizienz zur Einleitung der Diurese das oral wirksame Präparat Eupond, dessen diuretische Wirkung durch das Purinderivat Theobromin, das zugleich eine kreislauftonisierende Wirkung entfaltet, aber auch durch Gallensäuren und Gallenextrakte hervorgerufen wird, wie es u. a. von HECKENBACH bestätigt wurde. Daneben zeigt Eupond ein weiteres wertvolles Wirkungsprinzip. Die Ausschwemmung kardial bedingter Ödeme erfolgt hier im Gegensatz zu anderen Diuretica auf Grund des abführenden Effektes über den Darm. Das bedeutet eine vorzugsweise Ableitung der portalen Stauung, ein Vorgang, der die schonendste Entlastung bei der Rechtsinsuffizienz und rasche Minderung der abdominellen Stauungsbeschwerden bedeutet. Es werden 1-2mal täglich 2-3 Eupond-Dragées nach dem Essen, abhängig von der Wirksamkeit, verabfolgt.

Ein anderes Prinzip besteht in dem heute sehr viel diskutierten, aber noch keineswegs abgeklärten Vorschlag, jede schwere Dekompensation mit Antikoagulantien zu behandeln.

Wir haben uns auf Grund beobachteter Zwischenfälle (PETERSEN), welche trotz fortlaufender und sorgfältigster Laboratoriumskontrollen nicht vermeidbar waren und weiterhin wegen der meist vorhandenen Leberschädigung, zu dieser Methode nicht endgültig entschließen können. Dagegen verabfolgen wir 1-2mal wöchentlich 4-5 Blutegel auf die Lebergegend und erreichen damit nicht nur eine Anregung der Diurese, einen raschen Rückgang der sonst meist beträchtlich therapieresistenten Leberschwellung und -induration, sondern, wenn gleichzeitig durch physikalische Behandlung die Venenwände tonisiert und der Gewebsturgor erhöht wird (Wickeln der Beine, vorsichtige Beinbewegung, kühle Kohlensäure-Beinbäder, Trockenbürsten, vorsichtigste Beinmassage im Sinne einer leichten Efflorage usw.), auch eine ganz signifikante Abnahme thrombo-embolischer Zwischenfälle.

Im Rahmen einer derartigen „gezielten Polypragmasie" verlangt darüber hinaus jedes zirkulatorisch mitgeschädigte Organsystem eine besondere Beachtung.

Sicher ist es nicht notwendig, eine Stauungsgastritis, es sei denn durch Berücksichtigung in der Diät, besonders medikamentös zu behandeln. Die vielfach noch übliche Verordnung von Natron ist bei kardialer Stauung strengstens kontraindiziert. Auch von Magenrollkuren soll man, weil sie die Tagesflüssigkeitsmenge unnötig erhöhen, Abstand nehmen. Als sehr angenehm wird dagegen feuchte Wärme auf den Leib, regelmäßig nach den Mahlzeiten für eine Stunde durchgeführt, empfunden. Die Verdauungstätigkeit des Darmes und die Funktion seiner großen Anhangsdrüsen verlangen die größte Aufmerksamkeit. Durch erhebliche portale Stauung, eventuell durch Aszites, kommt es zu Meteorismus, vielfach zu chronischer Obstipation und Zwerchfellhochstand und einer direkten Belastung der Herzfunktion durch gastro-, entero-, cholango-kardiale Reflexe. Zu diesem Zwecke haben sich uns für die Entschlackung und Entgasung, für die Unterstützung der Verdauungstätigkeit Mittel wie Euflat-Dragées, Pankreon, Cholecysmon bestens bewährt.

Daneben wird man besonders bei allen Zuständen anhaltender Leberstauung die Erhaltung der Leberfunktion und die Verhütung einer Cirrhose cardiaque therapeutisch um so mehr zu berücksichtigen haben, als die vorzugsweise metabolen Zusammenhänge zwischen Myokard und Leberfunktion heute als gesicherte Tatsache angesehen werden dürfen.

Im Behandlungsplan der schweren chronischen Herzinsuffizienz wird man auf die Maßnahmen der physikalischen Therapie nicht verzichten können.

Ein von uns besonders bevorzugtes Gebiet hoher therapeutischer Wirksamkeit ist die Heilatmung (s. S. 701). Es soll hier nur auf die Heilwirkung der Stenoseatmung bei schwerster Rechtsinsuffizienz kurz hingewiesen werden. Auf S. 704 haben wir die Methodik und ihre Wirkungsweise ausführlich beschrieben. Abgesehen von der Wirkung auf die Hämodynamik der Lungendurchblutung, die Umstellung von Atmung und vegetativem Tonus sind auch Abnahme der Sputummenge und Zunahme der Vitalkapazität (s. Abb. 235) therapeutische Erfolge, welche vor allem subjektiv als sehr angenehm empfunden werden.

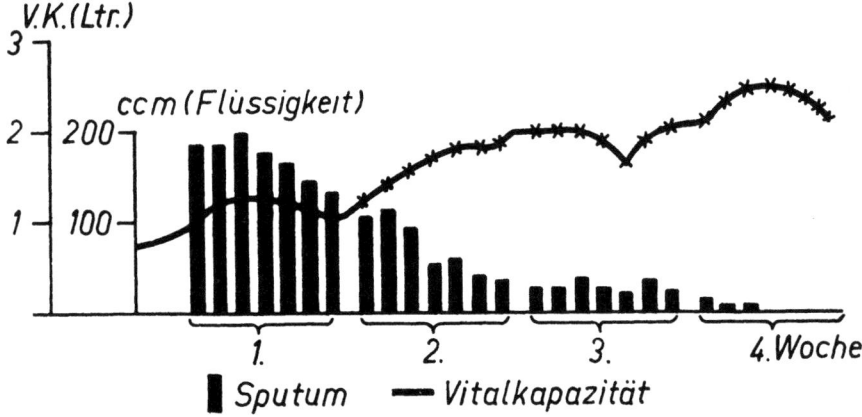

Abb. 235. Verhalten von Sputummenge und Vitalkapazität unter frühzeitigem therapeutischem Einsatz der Stenoseatmung.

Die Ansprechbarkeit auf diese Behandlungsmethode, selbst bei schwerster kardialer Rechtsinsuffizienz, ist so überzeugend, daß wir heute auf diese Maßnahme nicht mehr verzichten möchten. Ein weiteres Gebiet ist die sogenannte Reflextherapie (s. S. 718). Es sollen aus diesem so großen Gebiet unter unserem speziellen Gesichtspunkt der schweren Herzinsuffizienz nur 2 Maßnahmen kurz erwähnt werden: die Armbäder und die Herzeinreibungen.

Wir warnen vor Ganzbädern jeglicher Art. Die aufsteigenden Armbäder können jedoch – in ähnlicher Weise wie Fußbäder (eventuell mit Kohlensäure-Badesalz-Zusatz) – schon frühzeitig und vor vollkommen erreichter Rekompensation zur Anwendung gebracht werden. Bei dieser Methode, die von HAUFFE und SCHWENNINGER inauguriert wurde, ist jedoch zu beachten, daß eine Ausgangstemperatur etwas unter dem Indifferenzpunkt etwa von 35° C gewählt wird und dann die Temperatur nur sehr individuell und langsam gesteigert werden darf. Kommt es dabei zu einer Zunahme der Herzfrequenz, eventuell gar zu unangenehmen Herzsensationen, dann ist entweder die Ausführung des Bades nicht richtig oder aber der Zeitpunkt der Anwendung noch zu früh gewählt.

Die Einreibungen der Herzgegend können mit weitgehend indifferenten Salben wie Rubefacientien (Liniform, Mediment, Rubriment) oder schmerzstillenden Ölen (Dolorgiet, Doloresumöl, Rheumasan usw.) durchgeführt werden. Wir verwenden Euflux, da es nicht nur die Koronardurchblutung über die HEADschen Zonen bessert, sondern auch, wie durch oxymetrische Untersuchungen nachgewiesen werden konnte, durch Riechstoffe über den Atemmechanismus die Sauerstoffaufnahmefähigkeit der Lunge und somit die Herzdurchblutung günstig beeinflußt.

Zu dem therapeutisch so wichtigen Gebiet der Diätetik ist S. 671 so ausführlich Stellung genommen worden, daß in diesem Rahmen lediglich auf dieses Kapitel hingewiesen sei.

Bringt man diese Vielfalt der Möglichkeiten zu einem überlegten, individuell auf die Gegebenheiten eingestellten therapeutischen Einsatz im Rahmen eines sorgfältig und kritisch überwachten Behandlungsregimes, dann wird kaum mehr ein Fall vorkommen, vorausgesetzt er hat überhaupt noch die anatomischen Möglichkeiten einer Ansprechbarkeit, der sich der Behandlung gegenüber refraktär zeigen wird.

Einige therapeutische Prinzipien, die sich bei der Behandlung der schweren Herzinsuffizienz, sowohl primär linkskardialer als auch rechtskardialer Genese bewährt haben, sollen an Hand von 2 Krankheitsberichten kurz besprochen werden:

O. G., 51 Jahre, stammt aus gesunder und langlebiger Familie. Mit 33 Jahren Autounfall und Commotio cerebri. Danach starker Durst und 35 kg Gewichtszunahme. Während des Krieges wieder Normalgewicht. Nach 1945 unter großen Schwierigkeiten großen Betrieb aufgebaut. Unregelmäßige Lebensweise, dauernd gehetzt und gejagt, viele schlaflose Nächte. 1951 hoher Blutdruck. Seit dieser Zeit Atemnot, Herzdruck, Leberschwellung, geschwollene Beine, starker Durst. Fortlaufend in ärztlicher Behandlung in Kliniken und Sanatorien. Immer nur kurzdauernde Besserung. Tonsillektomie und Zahnsanierung konnten den Zustand nicht beeinflussen. G. kam, nachdem er die 1000. Strophanthininjektion und große Mengen an Digitalis bekommen hatte, mit den Zeichen schwerster Dekompensation und allgemeiner Körperschwäche zur Aufnahme.

Der *Aufnahmebefund* ergab eine hochgradige Zyanose, Einflußstauung, Lungenstauung, Leber in Nabelhöhe, dicke Beinödeme, Cor bovinum mit lautem systolischen Geräusch über dem ganzen Herzen.

Blutdruck 190/110 mm Hg. Vitalkapazität wegen stärkster Dyspnoe nicht meßbar.

Ekg: PQ 0,22, QS 0,11 sec. Reizbildung normal, $T\ I$ negativ, $T\ II$ diphasisch, $T\ III$ positiv. Linksüberwiegen. Blutstatus ergab eine Anämie von 76%; weitere Laboratoriumsuntersuchungen brachten normale Befunde.

Röntgen-Aufnahme der Brustorgane im Bett und im Sitzen: Quergelagertes, linksverbreitertes, aortenkonfiguriertes Herz. Vermehrte Lungenwurzelzeichnung. Angedeutet feine Infiltrierung im linken Untergeschoß.

Es handelt sich um einen dekompensierten arteriellen Hochdruck mit Mitralisierung und Trikuspidalisierung. Die Genese des Hochdruckes wurde nie geklärt, insbesondere wurde nie nach einem Zusammenhang mit der durchgemachten Commotio cerebri geforscht. Wir begannen nun die Behandlung mit Saftdiät (6 Tage lang 1200 ccm Obst- bzw. Gemüsefrischsaft), die dann in eine Herzschonkost nach SCHLEICHER und OBERGASSNER übergeführt wurde. Zur Entlastung des Herzens wurde ein Aderlaß von 300 ccm vorgenommen und alle 10 min 20 Atemzüge aus der Sauerstoff-Flasche gegeben. Zur Behebung der inneren Unruhe und des Angstgefühles wurde mehrmals täglich eine Eiskrawatte verabreicht. Da neben der Herzschwäche ein Leberzellschaden mit beginnender Stauungszirrhose angenommen werden mußte, wurde 2mal täglich als intravenöse Injektion eine Mischspritze von $^1/_8$ mg Strophanthin, 2 ccm Embran, 1 ccm Prohepar, 5 ccm Cebion, 2 ccm Vitamin B-Komplex und 10 ccm 20%igem Traubenzucker verabreicht. Um die Dämpfung des vegetativen Nervensystems zu verstärken, wurde 3mal täglich $^1/_2$ Tablette Persedon gegeben. Da weiterhin beim dekompensierten Hochdruck eine der häufigsten Gefahren der Sekundenherztod ist, verabreichten wir prophylaktisch 3mal täglich nach dem Essen $^1/_2$ Tablette Eucard. Um die Entschlackung und Entwässerung durch den Darm anzuregen und die Nieren zu entlasten, wurden weiterhin 2mal täglich 2 Dragées Eupond verordnet. Da G. – wie viele Herzkranke – zur Schlafenszeit unruhig wurde und häufig Anfälle von Asthma cardiale bekam, wurde in den ersten Nächten neben einem Nyxanthan-Supp. noch ein Pantopon-Supp. gegeben. Später genügte zur Erzielung eines guten Schlafes 1 Tablette Persedon, während stärkere Schlafmittel versagten, oft sogar Erregungszustände hervorriefen. Zur Thrombo-Embolie-Prophylaxe wurden schließlich mehrfach Blutegel auf die Leber gesetzt.

Nachdem eine gewisse Beruhigung eingetreten war, wurde am 5. Behandlungstag mit 1,0 ccm Thiomerin kombiniert, worauf 2 kg Gewichtsverlust eintrat. Im Verlauf von 5–7 Tagen war das alte Gewicht wieder erreicht. Bei zusätzlicher Verabfolgung von Thiomerin alle 5–6 Tage, Steigerung der Dosis auf 2 ccm sowie 3mal $^1/_8$ mg Strophanthin, konnte ein nachhaltiger diuretischer Effekt nicht erzielt werden. Unglücklicherweise erkrankte G. noch an einer schweren Grippe, die wir zwar mit Transpulmin, Fortecillin und Gantrisin beheben konnten, die aber zu einer weiteren Verschlechterung des Kreislaufzustandes führte.

Nach 3 Wochen war wieder der Ausgangszustand erreicht. Es war nunmehr eine Arrhythmia absoluta aufgetreten. Wir stellten auf Grund der oben bereits ausgeführten Erfahrungen auf Digitalis um und verabfolgten 3mal täglich 1 Tablette Verodigen. Die erste zusätzliche Injektion von 1,5 ccm Thiomerin führte jetzt zu einer Ausscheidung von 3,3 Litern. Zur allgemeinen Kräftigung wurde Trockenbürsten durchgeführt und 2mal wöchentlich Anertan gespritzt, hatten wir doch vor längerer Zeit schon die Beobachtung gemacht, daß bei Zugabe männlicher Keimdrüsenpräparate eine schwer zu behandelnde Dekompensation leichter behoben werden kann. Das subjektive Befinden von G. wurde wesentlich besser. Die Ödemneigung schwand und die Leberstauung ging deutlich zurück. Obwohl kein Thiomerin mehr gegeben wurde, konnte allein durch die Verodigenmedikation eine positive Ausscheidungsbilanz unterhalten werden. Als weitere Komplikation kam es zu einer Bradykardie von 36/min und Bigeminie, zwei Symptome, die eindeutig auf eine beginnende Digitalisgrenzdosierung, um nicht zu sagen -intoxikation, hinwiesen.

Es gilt nun bei uns als Digitalis-Routine, die Droge 5 Tage lang in hoher Dosis zu verabfolgen, 2 Tage zu pausieren und dann mit gleicher Dosis wieder zu beginnen, wobei die Pause mit Sympatol, Euviterin, Carnigen oder dergleichen überbrückt werden kann.

Da in diesem Fall beim Absetzen von Verodigen mit einer Verschlechterung der Herzleistung gerechnet werden mußte, nahmen wir auf Bradykardie und Bigeminie keine Rücksicht, um so mehr, da G. keine Intoxikationserscheinungen von seiten des Magens zeigte und sich wohl fühlte und wir annahmen, in diesem Falle die Grenzdosierung riskieren zu müssen. Um leichten Schwächezuständen zu begegnen, gaben wir zusätzlich 3mal täglich Euviterin (20 Tropfen). Der Blutdruck lag jetzt bei 180/90 mm Hg. Durch Massage und Bewegungsübungen wurde eine weitere Kräftigung erzielt, so daß G., der die letzten 9 Monate das Bett gehütet hatte, mit gewickelten Beinen aufstehen konnte und vorsichtig wieder das Gehen lernte. Mit einer Gewichtsabnahme von 11,5 kg, die nunmehr konstant gehalten wurde, wurde die Rekompensation erreicht. Treppensteigen und kleinere Spaziergänge bereiteten keine Schwierigkeiten mehr. Wir konnten G. mit folgendem Heilplan entlassen:

Herz-Diät, früh morgens Trockenbürsten, 3mal täglich 20 Tropfen Embran, vor dem Essen 10 Tropfen Plantival; früh und abends Einreiben der Herzgegend mit Euflux; nach dem Frühstück und Abendessen 1 Tablette Verodigen; 3mal täglich nach dem Essen $^1/_2$ Tablette Eucard; vor dem Schlafengehen Fußbad von 38 bis 40 Grad C. 5 min lang. Bei Schlaflosigkeit 1–2 Tabletten Validol lutschen. 1mal wöchentlich strenger Safttag (600 ccm) mit Bettruhe, an diesem Tag Fortlassen aller Medikamente bis auf 3mal täglich 20 Tropfen Embran vor dem Essen und 10 Tropfen Plantival sowie früh und abends 1 Deriphyllin-Supp.

Infolge sorgfältigen Einhaltens dieses Regimes erfreut sich G. seither besten Wohlbefindens. Der Gesamtverlauf der Behandlung kann Abb. 236 entnommen werden.

Als Beispiel einer schweren Rechtsdekompensation wählen wir einen Fall von Pulmonalsklerose mit symptomatischer Polyglobulie.

A. G., 58 Jahre. Beide Eltern in jungen Jahren an Tuberkulose gestorben. Mit 25 und 52 Jahren schwere doppelseitige Lungenentzündung. Seit dem 40. Lebensjahr allmählich zunehmende Atemnot bei körperlichen Anstrengungen und Auftreten einer immer stärker werdenden Zyanose. Starker Raucher, täglich 30 Zigaretten.

Bei der *Aufnahme* wurde ein Gewicht von 90,3 kg festgestellt. Hochgradige Zyanose. Gesicht gedunsen. Lungengrenzen tiefstehend, kaum verschieblich. Leises Atemgeräusch, Giemen und Brummen. Leber erheblich vergrößert, dunkel zyanotisch verfärbte Extremitätenenden. *Blutdruck* 160/100 mm Hg. *Vitalkapazität* 1,6 Liter. *Ekg*: Reizbildung normal, *PQ* 0,21, *T I* und *II* positiv, *T III* negativ. P pulmonale, Rechtsüberwiegen. Niedervoltage.

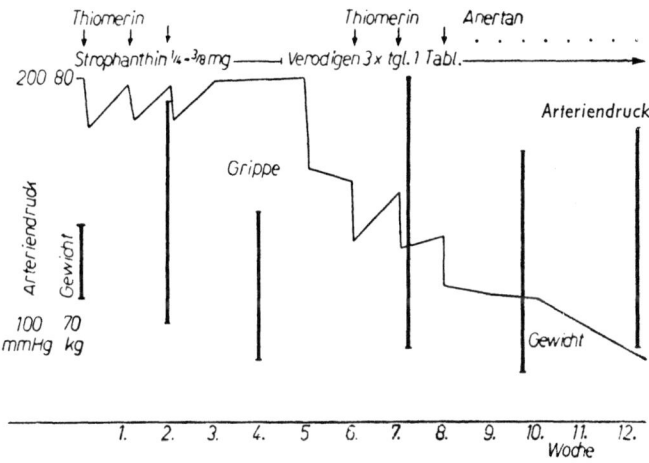

Abb. 236. Behandlung eines schwer dekompensierten arteriellen Hochdruckes. O. G., 51 Jahre.

Röntgendiagnose: Linksverbreitertes, aortengeformtes Herz mit betontem Pulmonalbogen und vermehrter Gefäßzeichnung auf den Lungen. Erhebliche Hyperämie im Bereich der Hilusgefäße. Die vermehrte Lungengefäßzeichnung könnte dem klinischen Bild einer Pulmonalsklerose entsprechen. Rechtsseitige, substernal reichende Halsstruma mit geringer Verdrängung der Trachea nach links. Der Blutstatus ergab ein Hb von 116% und 5,66 Mill. Erythrozyten. Prothrombinzeit 18 sec, Prothrombinindex 111. Gerinnungszeit 56 sec. *Leberstatus*: Takata 90 mg%, Thymol und WUHRMANN schwach positiv. Gros negativ. Bilirubin 0,3 mg%. Gesamteiweiß 7,98 g%. Albumin 4,47 g%, Globulin 3,51 g%. Weiterhin wurde ein leichter Diabetes festgestellt mit Blutzuckerwerten zwischen 130 und 150 mg%. Als Zeichen der Stauungsniere wurden im Urin Eiweißwerte von $1/4$ bis $1/2$ ⁰/₀₀ Esbach gefunden.

Die *Behandlung* wurde mit einem Aderlaß von 300 ccm eingeleitet, und es wurde eine Obstsaftdiät verordnet mit einem Kohlenhydratwert von 5 Weißbroteinheiten. Wir begannen sofort mit Trockenbürsten, einer Atemgymnastik zur Kräftigung des Zwerchfells, Sauerstoffbeatmung sowie früh und abends Einreiben der Herzgegend mit Euflux. Um das Mittelhirn des leicht erregbaren und hochsensiblen Patienten zu

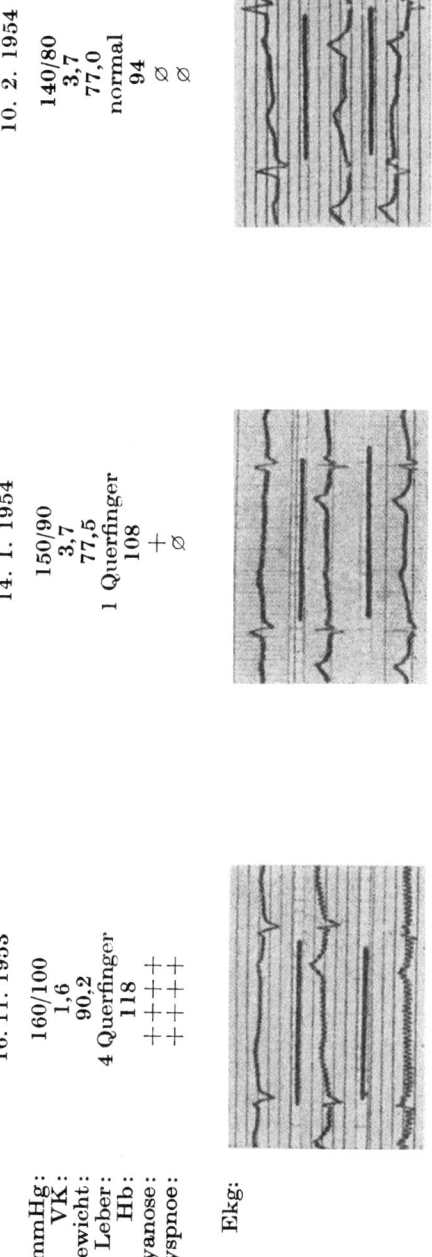

	16. 11. 1953	14. 1. 1954	10. 2. 1954
RR mmHg:	160/100	150/90	140/80
VK:	1,6	3,7	3,7
Gewicht:	90,2	77,5	77,0
Leber:	4 Querfinger	1 Querfinger	normal
Hb:	118	108	94
Zyanose:	+++	+	∅
Ruhedyspnoe:	++++	∅	
Ekg:			
Röntgen:	Linksverbreitertes, aortengeformtes Herz mit betontem Pulmonalbogen u. vermehrter Gefäßzeichnung auf den Lungen. Erhebliche Hilushyperämie.		Die erheblich verstärkte Gefäßzeichnung im Hilus und auf den Lungen gleichen in ihrer Intensität dem Vorbefund.

Behandlungs-Verlauf: Aderlaß von 200 ccm — O₂-Atmung, Saftfasten
2 × 2 Eupond, 3 × 1 Veramon
2 × tgl. ¹/₈ Strophanthin mit Embran und Cebion, später mit Jod.-Digitalis
Atempfeife mit 1 cm inspiratorischer Stenose — 3 cm inspiratorischer Stenose — Rauchverbot
Trockenbürsten — Massage — Sandsackatmung

Abb. 237. A. G., 58 Jahre, Pulmonalsklerose (Rechtsinsuffizienz, Blausucht, Polyglobulie).

dämpfen, wurde 3mal täglich 1 Tablette Veramon gegeben. Ferner verabreichten wir intravenös 2mal $^1/_8$ mg Strophanthin mit 2 ccm Embran und 5 ccm Cebion. Weiterhin wurden wöchentlich 4 Blutegel auf die stark vergrößerte Leber gesetzt. Am 3. Behandlungstage wurde zusätzlich 1 ccm Thiomerin gespritzt. Die Flüssigkeitsausscheidung betrug 1,3 Liter. Nach 10 Tagen ersetzten wir die Saftdiät durch eine strenge Herzschonkost (SCHLEICHER und OBERGASSNER). Alle 8 Tage wurden während eines Safttages nunmehr regelmäßig 1,5 ccm Thiomerin verabreicht. Vom 8. Behandlungstag ab unterstützten wir die Leistung des rechten Herzens durch eine inspiratorische Stenoseatmung bei einem Widerstand anfänglich von 2, später von 3 cm Wasser und verwendeten zur Füllung der Atempfeife die von uns empfohlene Speziallösung (HOCHREIN) (s. S. 715). Nach verschiedenen orientierenden Versuchen wurde festgestellt, daß sich zur Überwindung der Schlaflosigkeit Nervophyll am besten eignete. Nach 14 Tagen war die Eiweißausscheidung im Urin verschwunden und der Blutzucker auf normale Werte zurückgegangen. Nach 3 Wochen konnte eine Gewichtsabnahme von 7,1 kg festgestellt werden. Der Hämoglobingehalt war auf 108% zurückgegangen. Der Allgemeinzustand zeigte eine weitgehende Besserung, die Kurzatmigkeit sowie die Zyanose nahmen ab. Die Vitalkapazität war auf 2,4 Liter angestiegen. Die physikalische Therapie wurde nunmehr noch durch Massage und Sandsackatmung ergänzt.

Nach 6wöchiger Behandlung konnte A. G. mit einem Gewichtsverlust von 13,7 kg, einer Vitalkapazität von 3,7 Litern, einem Hämoglobin von 100% und einem Blutdruck von 160/90 mm Hg vollkommen beschwerdefrei entlassen werden (Abb. 237). Das Ekg wurde durch unsere therapeutischen Maßnahmen nicht beeinflußt. Mit folgender Schlußverordnung fühlt sich A. G., der als Bauunternehmer einen sehr anstrengenden und aufregenden Beruf hat, wohl und vollkommen leistungsfähig: Herz-Spezialkost; früh morgens Trockenbürsten, 3mal täglich vor dem Essen 15 min Atmen mit der Atempfeife bei 3 cm Widerstand Wasser, 3mal täglich vor dem Essen 20 Tropfen Embran; einmal täglich nach dem Essen 1 Kaffeelöffel Jod-Digitalis (Rp. s. S. 814), nach dem Abendessen 2 Pillen Eupond, vor dem Schlafengehen 1 Eßlöffel Nervophyll.

In der Zwischenzeit hat G. durch einen Autounfall eine schwere Commotio cordis und Rippenbrüche durchgemacht. Durch Verabreichung großer Morphiummengen in einer Unfallabteilung wurde die Erregbarkeit des Atemzentrums stark gedämpft, so daß sich eine Bronchopneumonie entwickelte und wiederum eine schwerste Belastung des rechten Herzens auftrat. Auch dieser Zustand konnte von uns wieder überwunden werden, so daß G. seit nahezu 3 Jahren bei bestem Wohlbefinden wieder völlig arbeitsfähig ist.

Diese beiden Beobachtungen mögen zeigen, daß auch bei schwerstem Herz- und Kreislaufversagen durch eine gezielte Polypragmasie und eine intensive Behandlung, nicht nur hämodynamischer Mängel, sondern auch humoraler sowie vegetativ-nervöser Störungen, oft noch sehr gute Erfolge erzielt werden können.

Literatur zu Kapitel VI, Abschnitt B, 1.2.6

BETZIEN, G. und K. BORNEMANN: Zur Therapie der schweren kardialen Rechtsinsuffizienz. Arch. phys. Ther. 5, H. 4, 292 (1953). — EDENS, E.: Die Digitalisbehandlung (München 1948). — EGGLESTON, C.: J. Amer. Med. Sci. 177, 153 (1929). — EICHHOLTZ, F.: Lehrbuch der Pharmakologie, 8. Aufl. (Berlin-Göttingen-Heidelberg 1955). — FRAENKEL, A.: Verh. Dtsch. Ges. Inn. Med. 1906, 257. — HECKENBACH, W.: Eupond bei Fettsucht. Medizinische 8, H. 2, 88 (1955). — HEINZE, G.: Diuretica bei kardialen Ödemen. Ärztl. Praxis 8, H. 23, 2 (1956). — HOCHREIN, M.: Medikamentöse Prophylaxe chronischer Herzschäden. Med. Klin. 50, 1349 (1951); und I. SCHLEICHER: Zur Therapie schwerster chronischer Herzinsuffizienz. Med. Mschr. 9, 586 (1956). — HOFF, F.: Behandlung innerer Krankheiten, 5. Aufl. (Stuttgart 1954). — LANGE, F.: Zunahme der Überempfindlichkeit gegenüber Strophanthin. Dtsch. med. Wschr. 1954, H. 300. — LEYSER, E.: Herzkrankheiten und Psychose. Abh. Neurol. 25, 74 (1924). — OSTER, H.: Zur Therapie der glykosidrefraktären Herzinsuffizienz. Med. Klin. 51, H. 20, 861 (1956). — PETERSEN, B.: Zur Thrombosebehandlung mit Dicumarol. Fortschr. Diagn. Ther. 1, 7 (1950). — SCHLEICHER, I.: Über die kombinierte Strophanthinbehandlung bei der Herzinsuffizienz. Z. Kreislaufforschg. 32, H. 13, 449 (1940); und H. OBERGASSNER: Zur diätetischen Therapie der Herz-Kreislauferkrankungen. Med. Mschr. 7, H. 4, 773 (1953). — SCHLIEPHAKE, E.: Die Verwendung von Magnesiumverbindungen bei Störungen des Blutkreislaufes. Dtsch. med. Wschr. 77, 1508 (1952). — SIEBECK, R.: Die Beurteilung und Behandlung Herzkranker, 3. Aufl. (Berlin-München 1947). — SNIEHOTTA, H.: Die Behandlung der Angina pectoris bei Koronarsklerose mit thyreostatischen Stoffen. Dtsch. med. Wschr. 74, 340 (1949). — UHLICH, G.: Zur Zuckerbehandlung bei Herzkranken. Med. Klin. 50, H. 35, 1487 (1955).

1.3. Behandlung der Rekompensation:

Während Strophanthin bei der Dekompensation, insbesondere der akuten Herzinsuffizienz als Mittel der Wahl angesehen werden kann, ist im Zustand der Rekompensation Digitalis meist ausreichend. Mit größter Vorsicht wird die Digitalismenge ausgetestet, die notwendig ist, um die Kompensation zu erhalten.

Man gibt z. B. 3mal täglich 20, 15 oder 10 Tropfen, 5 Tage lang. Am 6. und 7. Tage verabfolgt man dreimal täglich 20 Tropfen Sympatol und am 8. Tage wird ein absoluter Ruhetag mit Saftfasten ohne alle Medikamente durchgeführt. In diesem Rhythmus wird unter steter Beobachtung der Herzleistung weiter behandelt und dementsprechend die Digitalisdosis erhöht bzw. gesenkt. Gleichzeitig haben sich zur besseren Versorgung des Myokards Embran, Lacarnol, o. dgl. als koronardilatierende Mittel bewährt.

Größte Schwierigkeiten bereitet es in diesem Stadium, die Herzkranken ödemfrei zu halten. Auch jetzt wird es noch notwendig sein, bewährte diuretische Maßnahmen durchzuführen (s. S. 571). Je nach Art des Falles wird man in den ersten Wochen nach jedem 4., 8. oder 14. Tag 2 ccm Salyrgan, Esidron, Thiomerin usw. injizieren, um latente Ödeme auszuschwemmen. Da bei einer langdauernden Dekompensation sich aus der Leberstauung eine Stauungszirrhose entwickelt haben kann (s. S. 178), wird man zu entscheiden haben, ob die Ödeme in der Rekompensation kardialer oder hepatogener Genese sind.

Auch in dieser Phase ist die Diät von allergrößter Bedeutung. Man verordnet eine Flüssigkeitseinschränkung auf 800 ccm pro Tag sowie salzarme Kost, Vermeidung aller scharf gewürzten und blähenden Speisen, wenig Fleisch, striktes Rauchverbot, keine kohlensäurehaltigen Getränke, kein Bier o. dgl. Wein, Kaffee und Tee können in beschränktem Maße erlaubt werden.

Nicht zu vernachlässigen ist schließlich die Sorge für einen ausreichenden Schlaf und eine geregelte Verdauung. Schlafmittel wie Phanodorm, Evipan, Bromural, Dibrophen, Nervophyll, Doroma usw. sind geeignet, eine ausreichende Nachtruhe zu gewährleisten.

Die Verdauung kann vielfach bereits durch Leinsamen und ähnliche Hausmittel geregelt werden. Es erweist sich in den meisten Fällen günstig, die Verdauung etwas durchfällig (evtl. Abführmittel) zu halten, da auf diese Weise auch der Darm gewisse Flüssigkeitsmengen ausscheidet.

Sehr wesentlich ist es, in diesem Zustand zu entscheiden, ob durch körperliche Schonung oder durch leichtes Training eine Besserung der Herzleistung erreicht werden kann. Der Versuch, den Trainingsverlust des Kreislaufes zu beheben und damit das Herz zu entlasten, bzw. auf physiologische Weise zu kräftigen, erfordert das größte Verständnis und feinstes Einfühlungsvermögen für den tatsächlichen Leistungszustand des Patienten.

In dem Augenblick, in dem Ödeme, Dyspnoe und Zyanose weitgehend geschwunden sind, beginnt das Training der Kreislaufperipherie durch vorsichtiges Trockenbürsten von Armen und Beinen. Auf diese Weise wird die Peripherie, insbesondere das Venensystem, dessen Funktion durch die komprimierende Wirkung der Ödeme schwer darniederlag, vermehrt tonisiert, die Haut wird besser durchblutet, und die Sauerstoffaustauschbedingungen in der Peripherie werden begünstigt. Zyanose bzw. Blässe der Haut schwinden nach dieser Maßnahme und machen einer gesunden Rötung Platz. Als objektiven Ausdruck dieser Besserung der Zirkulationsverhältnisse berichtet der Patient, daß er zu schwitzen beginnt. Trockenbürsten sollte anfangs nur bei Pulskontrolle durchgeführt werden und ist, wenn es zu Tachykardie führt, als noch zu verfrühte Maßnahme wieder abzusetzen. Bei guter Verträglichkeit berichteten die Patienten über das Gefühl subjektiver Erleichterung, nunmehr kann sich eine vorsichtige Zirkulationsmassage der Extremitäten anschließen. Die leichten Streichbewegungen, die nach dem Herzen zu vorgenommen werden (Efflorage), stellen ebenfalls noch keine wesentliche Belastung dar, sondern haben nur die Rückgewinnung einer ausreichenden Gefäßtonisierung zum Zweck, um das Versacken des Blutes beim Aufstehen nach dem langen Krankenlager zu vermeiden. Erst wenn diese Maßnahmen ohne jegliche Sensationen von seiten des Herzens oder des Kreislaufes vertragen werden, kann dem Patienten gestattet werden, das Bett zu einem Aufsitzen im Lehnstuhl zu verlassen. Am besten setzt man den Patienten erstmalig am Bettrand mit gewickelten Beinen auf, eine Maßnahme, die nie vergessen werden sollte, weil sie am wirkungsvollsten dazu beiträgt, einen orthostatischen Kollaps beim ersten Aufstehen zu verhindern. Ist dieses Stadium erreicht, dann schaffen Atemübungen, Teilbäder (bei noch latenten Ödemen am besten 38 Grad warm, 5 min lang) ein so wirksames Training der Peripherie, daß das Herz dadurch eine günstige Entlastung erfährt. Später, wenn längeres Aufstehen gut vertragen wird, beginnen wir mit zunehmender Belastung durch sogenannte „Geländekuren". Die jeweilige Belastung muß jedoch stets unter der Leistungsgrenze liegen. Atemnot, Herzklopfen usw. dürfen dabei nicht auftreten.

Von eminenter Bedeutung ist die sorgfältige Beobachtung aller Symptome, welche auf eine Verschlechterung des Rekompensationsgrades bzw. einen Rückfall in die manifeste Dekompensation hinweisen können.

Stets verdächtig ist die Angabe sehr geringer Wasserausscheidung oder akuter Gewichtszunahme. Auch die Klage über schwere Alpträume kündigt oft das Nahen einer neuen Dekompensation an.

Wesentlich ist weiterhin eine geschickte Psychotherapie. Es ist oft nicht leicht, dem Kranken ein Verständnis für die Art seiner Krankheit zu geben, ohne ihn zum Hypochonder zu machen und ihm damit Lebensfreude und Lebenswert zu nehmen. Durch Hinlenkung auf eine dem körperlichen Leistungsvermögen angepaßte Tätigkeit, durch Anerkennung kleinster Leistungen, können Patienten, die am Rande der Dekompensation nicht selten zur Depression neigen, oft in gutem psychischen Gleichgewicht gehalten werden.

1.4. Medikamentöse Prophylaxe der Herzinsuffizienz

Der Wunsch der Praxis, bei Krankheiten, die mit Herzschäden einhergehen, wie Myokarditis und Endokarditis verschiedenster Genese, einer möglichen Herzinsuffizienz durch prophylaktische Maßnahmen zu begegnen, hat immer wieder die Frage nach der Digitaliswirkung beim suffizienten, aber leistungsgefährdeten Herzen ausgelöst.

Es wurde dabei an die Darreichung kleinster Digitalisdosen gedacht, obwohl Dosen unter 0,1 g Fol. digit. vielfach für wirkungslos gehalten werden. So wurde z. B. von TIEMANN die unterschwellige Kleindosierung empfohlen, von DANIELOPOLU dagegen abgelehnt, da Dosen von $^1/_{10}$–$^1/_{20}$ mg bereits ausgeprägte negativtono-inotrope Wirkung entfalten sollen.

HILDEBRANDT konnte nun nachweisen, daß nach kleinen Digitalisdosen keine Kumulation erfolgt, daß diese aber die Empfindlichkeit des Herzens steigern, so daß kleinste Dosen bereits günstige Wirkungen entfalten, so daß die Resistenz des Herzens gegenüber gleichen Noxen zunimmt.

Es wurde in diesem Zusammenhang festgestellt, daß kleine Dosen keine Kumulation der Substanz, sondern eine Kumulation der Wirkung herbeiführen.

Sehen wir den therapeutischen Effekt der Glykoside vor allem in einer Umstimmung des vegetativen Nervensystems, dann wird verständlich, daß neben der Herzwirkung auch an eine Beeinflussung der Kreislaufperipherie und des Stoffwechsels gedacht werden muß.

Die extrakardiale Wirkung der Herzglykoside bedarf noch weiterer Aufklärung. Bekannt ist, daß Digitalis bei gesunden und insuffizienten Herzen eine Verminderung der zirkulierenden Blutmenge hervorruft (STEWART und COHN) und eine Erleichterung im Sauerstoff-Stoffwechsel schafft, an der auch eine Besserung der Sauerstoffausnützung in der Kreislaufperipherie (GOTSCH, GROSCURTH und BANSI) teil hat.

Alle diese Erfahrungen machen es verständlich, daß bei leichtesten Graden einer beginnenden Herzschwäche bereits Dosen von 0,01–0,03 g Fol. Digitalis ausreichen, um einen vollständigen Ausgleich des cardialen Leistungsvermögens herbeizuführen. Diese Dosis, welche die unterste Grenze der Wirksamkeit für die Digitalis darstellt, wird als „Dosis efficax minima" bezeichnet.

Eine Wirkung auf das Koronarsystem kann bei diesen kleinen Dosen nicht erwartet werden, da sie die Dynamik des Herzens noch nicht wesentlich beeinflussen und so der über die Herzleistung herbeigeführte mittelbare Effekt auf die Koronardurchblutung nicht zur Auswirkung kommen kann.

Maßgebend für eine derartige Behandlung ist die Tatsache, daß die Glykoside imstande sind, einen gewissen „Schongang" des Herzens zu unterstützen, weshalb auch EDENS vom Strophanthin als der „Milch des Alters" gesprochen hat.

Auch wir haben ausgezeichnete Erfahrungen mit der Dauermedikation kleiner Digitalisdosen gemacht und verabfolgen nach dem 60. Lebensjahr selbst bei nicht manifester Herzschwäche gern Glykoside in Form von Valeriana-Digitalysatum (1–2mal täglich 10–15 Tropfen) oder in Form von Infus. Fol. digit. 1,5/150,0 Kal. jodat. 3,0 (1–2mal täglich 1 Kaffeelöffel), Verodigen, Digipurat usw. früh und abends $^1/_2$ Tablette oder Scillaren, Convallan usw. nach dem Abendessen 15–20 Tropfen.

Es gehört zu den Eigenarten der Digitalis, daß selbst bei langdauernder Medikation eine Gewöhnung an diese Droge nicht auftritt (EICHHOLTZ). Bei der Wahl zwischen Digitalis und evtl. peroraler Strophanthinmedikation wird man für die Dauerbehandlung stets Digitalispräparate bevorzugen. In jedem

Falle wird man sich bei der Aufstellung eines Behandlungsplanes vor Augen führen müssen, ob Herzglykoside notwendig sind oder ob es möglich ist, auch mit weniger differenten und keine so häufige Kontrolle erfordernden Medikamenten auszukommen. Der Versuch, durch koronargefäßerweiternde Mittel eine bessere Herzdurchblutung und damit eine Leistungssteigerung zu erzielen, hat zur Entwicklung der Organextrakte geführt, denen zusätzlich durch ihren Gehalt an Adenosinen eine günstige Einwirkung auf den Myokardstoffwechsel zugeschrieben wird.

Eine direkte Beeinflussung des Myokardstoffwechsels wird in Einzelfällen von hohen Vitamin C-Dosen sowie der Verabfolgung von Vitamin E, Cytochrom C, Bernsteinsäurepräparaten usw. berichtet, wobei die Grundlagenforschung für diese Behandlung aber noch nicht als abgeschlossen angesehen werden kann (s. S. 797). Bei chronischen Herzfehlern mit einer latent progredienten Ödematose sind zahlreiche Komplikationen wie Reizbildungs- und Reizleitungsstörungen, Asthma cardiale, Sekundenherztod usw. zu befürchten. So überzeugend die Vorteile bei einer derartigen Behandlung sein können, so wird man doch gerade bei chronischen Herzschäden mit einer therapeutisch erzielten Koronardilatation allein nicht auskommen.

Bei solchen Fällen hat sich Eucard bestens bewährt. Unter Begünstigung einer vagotonen Einstellung und einer dadurch bedingten Ökonomisierung der Herztätigkeit, verbessert es die Koronardurchblutung, wirkt anregend auf die Diurese, verhütet überschießende Kreislaufreaktionen und dämpft die Übererregbarkeit der geschädigten Herzmuskelfaser.

Auf Grund der Erfahrungen an einem großen Krankengut stellen wir fest, daß Eucard nicht nur alle Vorteile besitzt, welche die Wirksamkeit einer protrahierten Digitalisbehandlung mit kleinsten Dosen ausmacht, sondern daß es einer derartigen Behandlung in vielfältiger Weise überlegen ist. Bei manifester Herzschwäche dagegen ist die Domäne der Herzglykoside unbestritten.

2. Prophylaxe der kardiogenen Leberzirrhose

Bei vielen Herzkranken gelingt es, die Herzleistung zu normalisieren und doch bleibt die Neigung zur Ödembildung bestehen. Gleichzeitig wird über Völlegefühl im Leib, Blähungen usw. geklagt. Bei diesen Fällen ist daran zu denken, daß bei langdauernder Rechtsinsuffizienz sich nicht selten ein durch Stauung bedingter Leberzellschaden entwickelt.

Die Behandlung des zirkulatorisch bedingten Leberzellschadens muß möglichst frühzeitig beginnen, besser noch ist die Prophylaxe.

Eine wichtige Voraussetzung für einen Erfolg und Prophylaxe des zirkulatorisch bedingten Leberzellschadens ist die strikte Bettruhe, die allein schon von seiten der Herzinsuffizienz erforderlich ist, mitunter aber mehrere Monate ausgedehnt werden muß, wenn eine Leberbeteiligung mit Neigung zur Progredienz festgestellt worden ist.

Im Rahmen der Leberschutztherapie haben sich Litrison, Hepsan, Hepa-Tissan, Prohepar, Ripason, Purinor, Vitamin B_{12}, Methionin u. a. bewährt. Im Anfangsstadium einer Zirrhose ist immer noch ausreichend funktionstüchtiges Parenchym vorhanden, das ausgesprochen reparationsfähig ist und daher geschützt werden muß. Häufig wird mit diesen Präparaten eine schnellere Ödemausschwemmung beobachtet. Die Möglichkeit einer Rekompensation der geschädigten Leberzellen ist abhängig von dem Ausmaß der kollagenen Umwandlung. Mit dem Glykogenreichtum der Leber soll die Widerstandskraft wachsen, weswegen auch als Prophylaktikum Traubenzucker per os oder i.v., besonders auch Laevulose empfohlen werden (KALK).

RÖSSING und Mitarb. sahen bei der Behandlung mit Purinor, einer isotonischen Lösung aus Purinen (Adenin, Hypoxanthin, Xanthin, und Orotsäure mit Fruktosediphosphorsäure) günstige Beeinflussung des subjektiven Allgemeinbefindens, Appetit- und Gewichtszunahme, sowie Besserung der Serumlabilitätsproben. Sie fanden außerdem bei beginnenden und fortgeschrittenen Zirrhosen in einem Teil der Fälle einen Stillstand des zirrhotischen Umbaues bei guter Regeneratbildung.

Wichtig ist für den Patienten eine hochwertige Ernährung.

SCHWIETZER weist darauf hin, daß die tägliche Eiweißmenge dem Grad der Leberschädigung angepaßt werden muß, da bei zu hoher Eiweißzufuhr größere Mengen ungespaltener Proteine den Dickdarm erreichen. Der bei der Desaminierung entstehende Ammoniak kann infolge des Leberschadens (verminderte Leberdurchblutung) nicht ausreichend zu Harnstoff umgewandelt werden. Psychotische Zustände können dabei beobachtet werden. Außerdem besteht die Gefahr einer Druckerhöhung in der Pfortader, die eine Zunahme des Leberschadens, eine verstärkte Aszitesbildung und eine Ösophagusvarizenblutung auslösen kann (BRANDT).

SCHWIETZER empfiehlt, mit einer mittleren Eiweißzufuhr zu beginnen und diese zu steigern, bis Unverträglichkeitsreaktionen auftreten.

Wir empfehlen nach KALK eine mäßige Eiweißzufuhr bei schwerer Leberinsuffizienz mit Appetitlosigkeit und nach Besserung des Appetits eine tägliche Eiweißmenge von 70 bis 80 g reines Eiweiß (Quark). Daran ist besonders bei fortgeschrittenen Zirrhosen mit Eiweißverlust durch Aszitespunktionen zu denken.

KALK sah einen guten Therapieerfolg mit den Leberextrakten Prohepar, Ripason und Laevohepan. Wir verwenden gerne Hepa-Tissan. Man nimmt an, daß die Wirksamkeit dieser Präparate auf die Anwesenheit von Purinkörpern (besonders Xanthin und Hypoxanthin) und Vitamin B_{12} zurückzuführen ist.

Wegen der Neigung zu Ödemen und Aszites ist eine Regulierung des Wasserhaushaltes erforderlich. Die Flüssigkeitsmenge muß begrenzt werden und die tägliche Kochsalzzufuhr darf 2,0 g nicht übersteigen. Da der Natriumanteil für die Wasserretention verantwortlich gemacht wird, ist am besten das kochfeste und natriumfreie Titro-Sina-Salz zu verwenden. Mit Kationenaustauschern gelingt es gelegentlich, Ascitespunktionen zu umgehen.

Sobald aber bei gestörter Herz- und Leberfunktion Ödeme oder Aszites auftreten und diese auf eine Herzbehandlung allein schlecht resorbiert werden, kommen, abgesehen von den bekannten Diuretica (keine Hg-Diuretica) zusätzliche Eiweiß- und Cystinverabreichung (KIENLE und KNÜCHEL), intravenöse Campolonmedikation mit Traubenzucker (TRUMMER) und, ohne daß das Wirkungsprinzip bereits bekannt ist, Subtiltryptasin-Stöße mit Weizenbreikuren in Frage (ERNST), die eine Aszitesausschwemmung und eine Rückbildung der Ödeme bewirken sollen.

Zur Steigerung der Leberdurchblutung empfiehlt GUTZEIT hyperämisierende Hautreiztherapie. Wir raten, bei einer Leberstauung 1–2 mal wöchentlich 4–6 Blutegel auf die Lebergegend zu setzen.

Ferner geben wir Schmierseifenpackungen auf die Lebergegend. Ein Schutz gegen intermediäre, toxische Stoffwechselprodukte mit einer Besserung des Allgemeinbefindens soll durch die Zufuhr von Vitamin E gewährleistet sein, dessen Serumspiegel bei Zirrhosen erniedrigt ist (BÄUMER). Eine Anregung der Diurese mit Aszitesausschwemmung, jedoch ohne bioptische Besserung der Lebererkrankung, soll mit Vitamin K zu erzielen sein.

Cortison und ACTH werden von KALK abgelehnt, da häufig eine Verschlechterung der Leberinsuffizienz mit Neigung zu Ösophagusvarizenbildungen beobachtet wurde.

Daneben sind bei der Leberzirrhose verschiedene operative Möglichkeiten gegeben. Wir erwähnen nur die Möglichkeit einer Anastomose zwischen Pfortader und Vena cava inferior zur Minderung der portalen Hypertension bei zum Stillstand gekommenen Zirrhosen mit guten Serumlabilitätsproben. Auf die TALMAsche Operation haben wir S. 761 hingewiesen.

Auf Grund dieser Erkenntnisse schlagen wir zur Prophylaxe der Cirrhose cardiaque folgende Maßnahmen vor:

1. Behebung der Grundursache der portalen Stauung durch eine intensive Herzbehandlung mit Strophanthin, Digitalis usw.
2. Kontrolle der S. 490 erwähnten Serumlabilitätsproben zwecks Früherfassung einer Leberbeteiligung.
3. Unbedingte Einhaltung allgemeiner Schonmaßnahmen (Bettruhe, Wärme, Diät, Einschränkung der Flüssigkeitszufuhr).
4. Eine frühzeitige, spezielle Leberbehandlung:
   a) Beseitigung der Stauung und des lästigen Spannungsschmerzes durch Aderlaß bzw. Hirudines.
   b) Begünstigung der Durchblutung durch Reflextherapie und warme Kataplasmen.
   c) Unterstützung des Leberstoffwechsels mit Glykogen, hochwertigem Eiweiß, Aminosäuren und Vitaminen und Behandlung mit den angeführten Leberpräparaten.
5. Verhütung weiterer Schädlichkeiten (Alkohol, Medikamente).

C. Behandlung von Kreislauferkrankungen

1. Therapie der akuten Kreislaufschwäche

In diesem Kapitel soll vor allem auf die Grundbehandlung von Schock und Kollaps eingegangen werden.

Die wichtigsten Behandlungsprinzipien haben in Tabelle 41 ihre Darstellung erfahren.

Stets ist daran zu denken, daß die Wiederauffüllung der Strombahn, die Beseitigung der Oligämie, die vordringlichste therapeutische Aufgabe ist. Sie ist nicht nur bei jeder Schockart, sondern auch bei jeder Versagensphase indiziert. Trotzdem sind in bezug auf Blutersatz und Verabfolgungsart zahlreiche Besonderheiten zu beachten.

Es ist in diesem Zusammenhang unmöglich, auf die einzelnen Blutersatzmittel einzugehen. Im Augenblick eines bedrohlichen Zusammenbruches ist außerdem jedes Mittel recht, das gerade verfügbar ist. Als Blutersatzmittel kommen in Frage:

1. Salzlösungen (physiologische Kochsalzlösung, Ringerlösung, Normosal, Tutofusin usw.);
2. 10%ige Traubenzuckerlösung;
3. Kolloidale Lösungen (Gelatine, Pektine, Polyvinylalkohol, Casein, Kollidon (Periston), Dextran, Subsidon usw.;
4. Plasma bzw. Serum – Homoseran, Serumkonserve (Hoechst) Trockenserumkonserve – und
5. Vollblut (Nativblut), Blutkonserve, Hämoglobinlösungen („Kunstblut").

818 Spezielle Behandlungsvorschläge für Herz-Kreislauferkrankungen

Tabelle 41. *Therapie bei akutem Kreislaufversagen. Indikation nach Stadieneinteilung*

Maßnahmen	Schock Vagusphase	Schock Sympathikusphase	Kollaps
Auffüllung der Strombahn a) Vollblut b) Blutersatz (Periston, Dextran, Subsidon)	alle möglich	Vorsicht mit Vollblut, gleichzeitig Unterstützung des Herzens m. Strophanthin	Vollblut kontraindiziert
Transfusion mit Hyaluronidase	möglich	nicht zweckmäßig	kontraindiziert
Anwendungsart	s.c., i.m., i.v.	evtl. i.a.	intraarteriell evtl. intrakardial
Zentrale Dämpfung: Luminal-Na (1–2 × tgl. 0,2 i. m.) Parpanit (3 × 0,0125–0,05) Novocain (0,5%ige Lös. 10–20 ccm i.v.)	günstig	nicht sehr wirkungsvoll	kontraindiziert
Zentrale Analeptica: Cardiazol (20 Tr. = 1 Tabl. = 1 ccm s.c. alle 30–60 Min.) Coramin (1–2 ccm s.c., i.m. oder i.v.) Strychnin (1–5–10 mg s.c.) Coffein (0,2 i.v. oder i.a.) Campher (1 ccm 10% i.m.) Hexeton (2,2 ccm i.m. oder 1,2 ccm langsam i.v.) Pervitin (0,5 ccm–1 ccm i.m. oder s.c.)	kaum wirksam	nicht indiziert	in ausreichenden Dosen und in häufigem Wechsel notwendig
CO_2-Atmung (5%-Carbogengas)	wertvoll	O_2-Atmung ausreichend	sehr wertvoll
Sympathicomimetica: Adrenalin, 1⁰/₀₀ Lös. 0,5ccm s.c., i.m., i.v., evtl. i.a. oder i.card. (¹/₁₀ verdünnt) Aktamin – Arterenol (i.v. Dauertropfinfusion) Effortil (1 ccm s.c. oder i.v.) Sympatol (i.v. oder i.m. 0,06; s.c. 0,1, evtl. alle 10 Min.) Ephedrin – Ephetonin (0,05 s.c.) Peripherin (0,5–1 ccm i.v., nicht i.m.) Veritol (0,01–0,04 g i.m.) Suprifen (s.c., i.m., i.v. 1 ccm stdl.)	bei gleichzeitigem Herzschaden mit großer Vorsicht	kontraindiziert	kontraindiziert stets in Kombination mit Strophanthin, dann wertvoll
Parasympathicolytica: Atropin, Homatropin, Antergan, Syntropan	theoretisch möglich, praktisch nicht bewährt	kontraindiziert	unwirksam
Sympathicolytica: Vasculat (50–200 mg i.m.) Dilatol (0,5–1–2 Amp. s.c. oder i.m.) Regitin, Pendiomid, TEAB	kontraindiziert	wertvoll: kleine Dosen, dauernde Beobachtung, fortl. Blutdruckmessung	kontraindiziert
Direkte Beeinflussung von Gefäßtonus und Permeabilität	Kalzium (10 ccm i.v.) Rutin (Subsidon)	Rutin (Subsidon)	Nor-Ephedrin (0,8–1 mg/kg Körpergewicht i.v.) Pituitrin (1 ccm = 10 IE) Antihistamine, Rutin (Subsidon)
Allgemeinbehandlung: Abbinden der Extremitäten O_2-Atmung Strophanthin + Embran (erst nach Auffüllung der Strombahn) physikalische Behandlung Wärme Beruhigung Exsikkose-Behandlung	++ + + (+) + (+)	∅ + + (+) ++ +	+ +++ ++ ∅ + +++

Im Schockstadium sind alle diese Möglichkeiten anwendbar und im allgemeinen wird sich, vor allem bei Entblutungszuständen, die Vollbluttransfusion als überlegen erweisen. Vor unkritischer Anwendung ist jedoch zu warnen, da Bluttransfusionen in diesem Stadium wegen der Schwierigkeit, Unverträglichkeitserscheinungen frühzeitig zu erkennen, immer etwas gefährlich sind. Hat sich aber bereits eine dekompensierte Oligämie entwickelt, d. h. ist es zur Bluteindickung gekommen, dann sind Bluttransfusionen kontraindiziert und Salz- oder besser kolloidale Lösungen vorzuziehen. Bekanntlich besitzen Salzlösungen lediglich eine sehr kurze Wirkung, so daß sie wohl als „Sofort"-Maßnahme in Frage kommen, für eine Dauerwirkung jedoch unzureichend sind. Während nach einer sehr umfangreichen Bluttransfusion die Harnmenge weitgehend in normalen Grenzen bleibt, setzt nach Infusion isotonischer Lösungen eine gewaltige Harnflut ein, welche die Menge des zugeführten Wassers innerhalb von 24 Stunden in überschießender Weise eliminiert, so daß danach die Blutflüssigkeit meist wieder unter den Ausgangswert absinkt. Es ist weiterhin daran zu denken, daß dabei die mangeldurchblutete Niere stark belastet und durch das Mitreißen von Salzen die Exsikkoseneigung unter Umständen noch begünstigt wird. Auch Ringerlösung, die außerdem noch Kalium und Kalzium enthält, erfährt das gleiche Schicksal. Sie ist beim Kollaps weniger indiziert, da die bereits vorhandene Hyperkaliämie durch sie noch gesteigert wird. Von kolloidalen Lösungen haben sich Periston und Dextran bestens bewährt.

Beim Periston handelt es sich um ein 3,5%iges Polyvinylpyrrolidon, das durch ausgeprägtes Wasserbindungsvermögen, gefäßabdichtende Wirkung, entgiftende Eigenschaften sowie ausgezeichnete Verträglichkeit, einen weitgehend idealen Blutersatz darstellt und in der Lage ist, einen protoplasmatischen Kollaps aufzuhalten. Als Infusion können 150–300 ccm verabfolgt werden; als Höchstgrenze gelten 500–700 ccm. Bei den bedrohlichen Zuständen des toxischen bzw. protoplasmatischen Kollapses dagegen können nach LAMPERT ohne Gefährdung innerhalb von 24 Stunden bis zu 1500 ccm in Form einer Dauertropf-Infusion verabreicht werden.

Dextran ist ausschließlich aus Glukose aufgebaut und besitzt den gleichen kolloidosmotischen Druck wie das Plasma, wirkt nicht diuretisch, wird vollkommen im Stoffwechsel abgebaut, hat aber nicht in dem Maße einen gefäßabdichtenden Effekt wie das Periston. Von ARDEN u. a. ist über die ausgezeichnete Wirkung von Plasmosan und von JUST über die günstigen Erfolge mit Subsidon berichtet worden. Es handelt sich dabei um eine blutisotonische Flüssigkeit von normaler Molekülgröße, welche im Gegensatz zu den anderen, bisher bekannten Blutersatzmitteln, dadurch zur Wirkung kommt, daß sie einen elektiv abdichtenden Effekt auf die Gefäßwand entfaltet. Sie enthält als integrierenden Bestandteil das Rutin, welches zu den Flavonglykosiden gehört, die Festigkeit der Kapillarwand steigert und die Wirkung des „spreading-Effektes" der Hyaluronidase hemmt. Subsidon scheint sich nicht nur in der Kollapsverhütung, sondern auch bei bereits eingetretenem Kollaps ausgezeichnet zu bewähren.

Wenn somit die Indikation für die Wahl des jeweiligen Blutersatzes weitgehend umrissen wurde, so ist auch in bezug auf die Applikationsart manches erwähnenswert, was bisher noch nicht therapeutisches Allgemeingut geworden ist.

Durch perorale und rektale Darreichung sind Schock und Kollaps nicht zu beheben, da Magen und Darm in der Regel mangeldurchblutet sind und damit eine ausreichende Resorption nicht gewährleistet ist.

Da wegen der kollabierten Venen eine intravenöse Zufuhr vielfach auf die größten Schwierigkeiten stößt, sind zahlreiche andere Verfahren entwickelt worden. Die subkutane Infusion verursacht Schwellungen und Schmerzen und erweist sich für größere Flüssigkeitsmengen als ungeeignet. Eine Verbesserung dieser

Methode erbrachte die Einführung der Hyaluronidase, welche als Kinetin im Handel ist.

BOYENS konnte nachweisen, daß durch Zusatz von nur 0,25 Schering-E-Kinetin zu 150 ccm 5%iger Traubenzuckerlösung eine Steigerung der Resorptionsgeschwindigkeit um 350% zu erzielen war. So wird auf diese Weise die rasche Zufuhr von Plasma und Serum möglich. Bei toxischen Zuständen, Verbrennungen usw. ist diese Maßnahme jedoch kontraindiziert, da durch den „spreading-Effekt" auch eine Giftausbreitung begünstigt werden kann.

Ein anderer Weg ist die intrasternale Technik, die von HENNING eingeführt wurde. Von REGENBOGEN, JUNGHANNS u. a. ist zu dieser Methode Stellung genommen worden. Die Erfahrung, daß sich die Kanüle leicht verstopft, die Gefahr der Perforation, die Berichte über einige Todesfälle u. a., haben dazu geführt, daß sie sich nicht eingebürgert hat. Bei Kindern unter 3 Jahren ist die intrasternale Methode praktisch als Kunstfehler zu betrachten. Auch die Infusion in Beckenkamm, Femur oder Tibia hat keine größere Anhängerschaft gewinnen können.

REGENBOGEN hat dann vor allem bei akut-bedrohlichen Situationen die intrakardiale Infusion empfohlen. KUGELMEIER hat aber nicht Unrecht, wenn er darauf hinweist, daß, bevor man zu einer derart drastischen und mit erheblichem Risiko belasteten Methode greift, die intraarterielle Infusion als Maßnahme der Wahl angesehen werden müsse. Die Punktion, welche an der Art. femoralis oder Art. brachialis vorgenommen wird, bietet den Vorteil, daß auf diese Weise eine raschere und schonendere Kreislaufauffüllung möglich ist als mit jeder anderen Methode.

Während PAGE berichtet, daß bei i.a. Verabfolgung nur wenig mehr als die Hälfte der bei i.v. Applikation notwendigen Blutersatzmenge erforderlich ist, um den Kreislauf wieder aufzurichten, gibt KUGELMEIER an, daß i.a. auch größere Mengen sehr viel reaktionsloser, gerade vom Kreislauf des ausgebluteten, vollkommen kollabierten Kranken, vertragen werden. Zur Erklärung kann angenommen werden, daß es kardial günstiger ist, wenn erst die Peripherie erschlossen wird, bevor das vermehrte Angebot an das Herz einsetzt. Auf diese Weise ist eine wirksame Entlastung des meist an der Grenze seines Leistungsvermögens tätigen Herzens möglich und durch die Zwischenschaltung des Kapillarbereiches werden krasse Unterschiede kolloidchemischer und osmotischer Natur vermieden. Außerdem ist es die Methode der Wahl, um Kreislaufmittel unter Umgehung des Venensystems an den Ort ihrer Wirkungsentfaltung zu bringen.

Schließlich ist daran zu denken, daß eine besonders harmlose und unblutige Methode, welche schonend das Versacken des Blutes in der Peripherie verhütet, das Bandagieren der Extremitäten ist.

Die Auffüllung der Strombahn sollte stets allen anderen therapeutischen Maßnahmen vorangehen. Es wäre fehlerhaft, das leerschlagende Herz mit Strophanthin zu behandeln und ebenso unwirksam, massive Dosen von zentral oder peripher wirkenden Kreislaufmitteln anzuwenden, kann doch eine medikamentös herbeigeführte Gefäßdrosselung den Kollaps unter Umständen noch weiterhin begünstigen. Es ist uns außerdem bekannt, daß sich der Kreislauf in einer derartigen Situation durch verminderte Ansprechbarkeit von Zentren und Peripherie schützt, eine Hemmung, die sofort durchbrochen wird, wenn eine die Kreislaufkontinuität einigermaßen gewährleistende Auffüllung stattgefunden hat.

Als nächste Maßnahme wird man eine direkte Beeinflussung des Gefäßsystems anzustreben haben, wobei die Angriffspunkte sowohl am zentralen bzw. peripheren Gefäßnervenapparat, als auch an der Gefäßwand selbst zu suchen sind. Auf Grund der Untersuchungen von WEZLER, KNEBEL, GREMELS, HEIM u. a. wird man sich aber stets bewußt sein müssen, daß für den therapeutischen Effekt eines Präparates nicht nur Applikationsart, Höhe der Dosierung, Kombination der Mittel und Beachtung ihrer Wirkungszeit, sondern auch vegetative Ausgangslage, individuelle Reaktionsform und Ansprechbarkeit von entscheidender Bedeutung sind. Folgende Wege haben sich bewährt:

a) Zentrale Dämpfung und Unterbrechung der pathogenetischen Kette,
b) Zentral wirkende Analeptica,
c) Sympathikomimetika und Parasympathicolytica in der vagischen Schockphase,
d) Sympathikolytica zur Verhinderung einer Erschöpfung der „Zentralisation",
e) Beeinflussung der Gefäßpermeabilität bei Gefahr des „protoplasmatischen" Kollapses.

Es ist eine bekannte Erfahrung, daß in Narkose bzw. bei ausreichender zentraler Dämpfung ein Schock- bzw. Kollapszustand nicht oder doch sehr viel weniger bedrohlich zur Ausbildung kommt. Wahrscheinlich laufen auf diese Weise die lokalen bzw. organeigenen Reflexe ungehindert ab, wobei die Reflexirradiation bzw. -generalisation vermieden wird.

Seit langem verwenden wir zu diesem Zweck Luminal (HOCHREIN), ein Vorgehen, das heute unter dem Begriff der „Stammhirnnarkose" breite Anwendung gefunden hat. Je nach Lage des Falles gibt man 1—2mal tgl. 0,2 g Luminalnatrium i.m. Eine ähnliche günstige, in der Klinik für derartige Zustände noch wenig ausgenützte Wirkung besitzt Parpanit (EICHHOLTZ und Mitarb., ZIPF u. a.). Es hat, wie HEYMANS und VLEESCHHOUVER feststellen konnten, eine zentral dämpfende Wirkung, setzt den Muskeltonus herab und vermag zentrale Vagusimpulse zu dämpfen.

Für die Unterbrechung der pathogenetischen Kette hat sich Novocain, evtl. in Kombination mit Coffein, als Impletol bewährt, welches in die krankheitsverursachenden bzw. erhaltenden Reflexabläufe einzugreifen vermag und eine Erregungsherabsetzung der Hirnrinde sowie Regulierung der Tätigkeit der Vasomotoren herbeiführt (GRUNERT u. a.). Es wirkt weder rein sympathikoton noch parasympathikoton, begünstigt aber eine allgemeine Vasokonstriktion (PLESTER), so daß es sich für die Behandlung des „Gefäßweitenkollapses" eignet und sich durch seine das sympathische Nervensystem für Adrenalin sensibilisierende Eigenschaft, besonders auch in der Therapie des Serumschocks, bewährt hat (RITTER). Wie JARISCH und RICHTER außerdem feststellten, dämpft es die Organrezeptoren und damit die Neigung zu überschießenden Schutzreflexen nach Art des JARISCH-BEZOLD-Effektes. So empfiehlt BAUMANN Novocain für die Behandlung des Myokard-Infarkt-Schocks, SANGINOLO berichtet über die schlagartige Behebung des Lungenembolie-Schocks und SSAWELJEW konnte durch Injektion von 30 ccm einer 0,5%igen Novocainlösung in das Gg. stellatum den pleuropulmonalen Schock bei Verwundeten in 117 von 120 Fällen sofort beheben.

Die Gesamtheit dieser Maßnahmen hat sich vor allem für den Organschock als geeignet erwiesen.

Wenn wir somit einen allgemeinen Überblick über die moderne Schockbehandlung gegeben haben, so soll doch, um das therapeutische Gesamtbild abzurunden, auch die übrige Allgemeinbehandlung noch kurz gestreift werden.

Auf die physikalische Einengung der Strombahn durch Bandagieren von Armen und Beinen haben wir bereits oben hingewiesen. Bei drohendem Versacken des Blutes in das weite Strombecken des Abdomens sollte man sich daran erinnern, daß ein derartiger Vorgang durch einen eisgekühlten Trunk oft noch kompensiert werden kann.

Ein anderes Prinzip ist die Besserung der Sauerstoffsättigung des Blutes, da die Hypoxämie sicher einer der bedeutsamsten Faktoren für die kollapsbedingten Organschäden und die protoplasmatische Schädigungsphase darstellt. Zu diesem Zweck gehört die Sauerstoffbeatmung, wenn möglich, in Form des Carbogengases, zu den wesentlichsten Maßnahmen. STRAUCH sah bei derartigen Zuständen Ausgezeichnetes von Embran, und es darf angenommen werden, daß sich hier die Begünstigung von Koronar- und Gehirndurchblutung ebenso zweckmäßig in den Behandlungsplan einbauen läßt, wie die für Embran nachgewiesene Besserung der Sauerstoffausnützung (SCHLEICHER). Auch Strophanthin in kleinen Dosen vermag die Sauerstoffutilisation in der Peripherie zu erleichtern (GOTSCH).

Eine Anregung der peripheren Durchblutung kann durch leichte Hautreize (vorsichtiges Bürsten, Einreiben mit Campherspiritus usw.) versucht werden. An der Grenze des Überganges zum protoplasmatischen Kollaps sind derartige Maßnahmen jedoch kontraindiziert. Auch die vielfach geübte Wärmebehandlung zur Verhinderung der Auskühlung bedarf, zum mindesten in bezug auf die starke Hitzewirkung des Lichtbogens u. ä. Maßnahmen, einer Korrektur. Es ist zweifelsohne richtig, wenn man stärkere Wärmeverluste durch ausreichende Bedeckung verhütet. Auch eine Erwärmung des Nierenlagers wird sich empfehlen, um evtl. auf reflektorischem Wege die Durchblutung der frühzeitig hypoxämischen Niere zu begünstigen. Schematische Wärmebehandlung beim Schock ist jedoch kontraindiziert, weil sie die kompensatorisch kontrahierten Gefäße zum Erschlaffen bringen und die Ausbildung einer dekompensierten Oligämie erleichtern kann (KAY).

Maßnahmen, welche einer allgemeinen Beruhigung dienen, wie Verabfolgung von Schlafmitteln, wird man kaum entbehren können, zumal sich der sedative Einfluß meist wohltätig auf die Wiederherstellung der gestörten Regulation auswirkt. Auf die Anwendung von Morphium sollte jedoch, solange leichtere Mittel wirksam sind, verzichtet werden, da es die zweckmäßigen Eigenregulationen des Organismus dämpft, unter Umständen den Kreislaufzusammenbruch fördert und durch seine, in derartigen Fällen nicht selten zu beobachtende paradoxe Wirksamkeit, die Erregbarkeit noch steigert. Bei schweren traumatischen und Verbrennungskollapsen wird sich die Anwendung von Alkaloiden nicht vermeiden lassen.

Der Verhinderung der Austrocknung dienen die oben bereits eingehend beschriebenen Infusionen. Subjektive Erleichterung kann durch Anfeuchtung der Atemwege mittels Spray-Apparat und Bormelinsalbe in die Nase, geschaffen werden.

Es würde den Rahmen dieser Ausführungen übersteigen, wenn wir auf die zahlreichen Sonderformen des Kreislaufversagens (Karotis-sinus-Syndrom, Infarktschock, orthostatisches Syndrom usw.) näher eingehen würden. Die speziellen Behandlungsmethoden dieser Versagensformen werden an anderer Stelle ausführlich besprochen. In Tabelle 42 zeigen wir, um die Behandlung zu erleichtern, eine Einteilung nach den Phasen, die das Schwergewicht der Therapie erfordern.

Mit diesen Ausführungen wurde versucht, aus den Erkenntnissen der funktionellen Pathologie eine Ordnung der einzelnen Erkrankungsphasen des akuten Kreislaufversagens abzuleiten und die Aufstellung einer Therapie zu erleichtern. Dabei ist zu berücksichtigen:

a) Die unterschiedliche vegetative Ausgangslage, wobei in einem Falle mehr die vagische Schutzreaktion, im anderen aber die sympathikotone Gegenregulation das klinische Bild beherrscht.

b) Die Eigenart der reaktiven Gesamtpersönlichkeit, die infolge von verlangsamter, überschießender oder paradoxer Erregbarkeit ebenfalls einen modifizierenden Einfluß ausübt. Wir bezeichnen das akute Kreislaufversagen mit seiner primär vagotonen und sekundär sympathikotonen Reizbeantwortung als Schock. Mit dem Zusammenbruch der Gegenregulation geht dann

Tabelle 42. *Ordnung der wichtigsten Schock- und Kollapsformen auf Grund der dominierenden, das Hauptgewicht der Behandlung erfordernden Phase*

Schock		Kollaps
Vagusphase	Sympathikusphase	
Ohnmacht		
Organschock: Myokardinfarkt Lungenembolie Pleuro-pulmonaler Schock Commotio cerebri Magenblutung usw.	Orthostatischer Kollaps Entblutungs-Kollaps Trauma mit Blutung nach außen	
	Trauma mit schwerer Muskelzertrümmerung (Crush-Syndrom) postoperativer Kollaps	
		Verbrennung und Erfrierung Hitzschlag anaphylaktischer bzw. Serumschock Infektionen und Vergiftungen Exsikkose (Erbrechen, Durchfälle, diabetisches Koma) Koma bei Morbus ADDISON und BASEDOW Peritonitis, Pankreasapoplexie

der Zustand in den Kollaps über, für dessen Zustandekommen weniger nervöse Mechanismen, als vielfach die Unterbrechung der Kreislaufkontinuität, die Hypoxämie und andere humorale Faktoren sowie schließlich die pathologisch gesteigerte Gefäßdurchlässigkeit mit der „Albuminurie ins Gewebe" verantwortlich sind.

Bei Berücksichtigung dieser verschiedenen Entwicklungsformen ergeben sich zahlreiche Hinweise für wirkungsvolle therapeutische Maßnahmen.

Literatur zu Kapitel VI, Abschnitt C, 1

AMANN, A. und A. JARISCH: Auslösung des BEZOLD-Effektes durch Ionen. Arch. exper. Path. 201, 46 (1943); und H. RICHTER: Reflektorische Kreislaufwirkungen des Histamins. Naunyn-Schmiedebergs Arch. 198, 158 (1941). — ARDEN, G. P., G. A. MANDOW und F. J. R. STONEHAM: Plasmosan zur Verhütung und Behandlung des Schocks. Lancet 260, 6664 (1951). — BAUMANN, W.: Zur Pathogenese und zur Therapie des Herzinfarktes unter besonderer Berücksichtigung unserer Beobachtungen bei intravenösen Impletol-Strophanthin-Injektionen. Ärztl. Wschr. 41, 968 (1951). — BECK, W.: Schock- und Kollapsbekämpfung mit Dextran, einem neuen Blutflüssigkeitsersatzmittel. Med. Welt 22, 753 (1951). — BUDELMANN, G.: Zur Frage des orthostatischen Kollapses. Verh. Dtsch. Ges. Kreislaufforschg. 11, 291 (Dresden u. Leipzig 1938). — DIETRICH, S. und G. SCHIMERT: Der Kollaps beim Herzinfarkt als Grenzfall der vom Herzen ausgehenden reflektorischen Kreislaufsteuerung, Verh. Dtsch. Ges. Kreislaufforschg. **13**, S. 131 (Dresden u. Leipzig 1940). — FLECKENSTEIN, A.: Über die pharmakologische Beeinflussung des BEZOLD-JARISCHschen Herz-Kreislaufreflexes. Verh. Dtsch. Ges. inn. Med. **1949**, 55. — GOTSCH: Wirkung des Strophanthins auf den Kreislauf des herzgesunden Menschen. Verh. Dtsch. Ges. Kreislaufforschg. **10**, 209 (Dresden u. Leipzig 1937). — GREMELS, H.: Arch. exper. Path. **169**, 1585 (1933); **182**, 1 (1936). — GRUNERT, H.: Erfahrungen mit intravenösen Novocaingaben. Zbl. Chir. **11**, 1131 (1949). — HAUSS, W.: Über das humorale Kollapssyndrom. Klin. Wschr. **1950**, H. 31/32, 537. — HEIM, FR.: Über die blutdrucksteigernde Wirkung von Veritol und Sympatol bei enteraler Zufuhr. Klin. Wschr. **1950**, H. 43/44, 740. — HENNING, N.: Dtsch. med. Wschr. **1940**, 737; **1943**, 720. — HEYMANS, C. und G. R. VLEESCHHOUVER: Arch. internat. pharmacodyn. **75**, 307 (1947). — HOCHREIN, M.: Der Myokardinfarkt, 3. Aufl. (Dresden u. Leipzig 1945); Grundlagen einer naturgemäßen Heilbehandlung bei Kreislaufstörungen. Münch. med. Wschr. **16**, 643 (1936); Diagnose peripherer Zirkulationsstörungen. Jb. Auslandsamt. Dtsch. Dozentenschaft **1942**, 163; Klinik und Therapie der Kreislaufschwäche. Augsbg Fortb. 5. Vortr.reihe, H. 7 u. 8, Juli 1951; und I. SCHLEICHER: Therapie akuter Gefahren bei Kreislaufstörungen. Dtsch. med. Wschr. **1949**, 86; Klinik und Therapie der chronischen Kreislaufschwäche. Therapiewoche **1950/51**, H. 11/12; Zur Behandlung des akuten Kreislaufversagens. Therapiewoche **2**, H. 20/21, 622 (1951/52). — JARISCH, A.: Die Ohnmacht und verwandte Zustände als biologisches Problem. Klin. Med. **3**, 24 (1948). — JUNGHANNS, H.: Die intraossale Injektion, ein neuer Zugangsweg zum Kreislauf. Dtsch. med. Wschr. **1948**, H. 37/38, 444. — JUST, O.: Klinische Erfahrungen mit dem neuen Plasmaersatzmittel Subsidon. Ärztl. Wschr. **7**, H. 12, 270 (1952). — KAY, A. W.: Heart in the treatment of shock. Brit. Med. J. **40**, 4331 (1944). — KNEBEL, R.: Über die Kreislaufwirkung des Peripherins. Arch. exper. Path. **204**, H. 6, 615 (1947). — KUGELMEIER, L. M.: Münch. med. Wschr. **1944**, H. 19/20; Die intraarterielle Infusion und Transfusion als Ersatz für die intracardiale und intrasternale Methode. Med. Mschr. **10**, 413 (1948). — PAGE, I. H.: On certain aspects of the nature and treatment of oligemic shock. Amer. Heart J. **38**, 161 (1949). — REGENBOGEN, E.: Über intrakardiale Bluttransfusionen und Infusionen. Dtsch. med. Wschr. **1946**, 97. — RITTER, U.: Zur Grundlage der intravenösen Novocainbehandlung. Dtsch. Gesd.wes. **20**, 813 (1949). — SANGINOLO, F.: La Diagnosi, Riv. med. practica **8**, 322 (1947). — SCHLEICHER, I.: Fortschritte in der Behandlung mit Organextrakten. Südmedica G.m.b.H. (München 1952). — SSAWELJEW, N. P.: Die Blockade des Gg. stellatum bei pleuropulmonalem Schock. Sovet med. **15**, H. 2, 21 (1951). — STRAUCH, W.: Neuzeitliche Erfahrungen in der Beurteilung und Behandlung von Kreislaufstörungen. Med. Mschr. **12**, 881 (1949). — WAUER, D.: Fortschritte der Diagnostik und Therapie funktioneller Kreislaufstörungen. Berlin. med. Z. **1950**, H. 13/14. — WEESE, H.: Kreislaufregulation im Kollaps durch Blutflüssigkeitsersatzpräparate. Wien. med. Wschr. **15**, 263 (1951). — WEZLER, K.: Altersanpassung im Kreislauf. Z. Altersforschg. **4**, 1 (1952); Zur Physiologie des Blutdrucks. Verh. Dtsch. Ges. Kreislaufforschg. **15**, S. 1 (Frankfurt/M. 1949). — ZIPF, H. F.: Natur, klinische Bedeutung und pharmakologische Beeinflussung des BEZOLD-JARISCH-Reflexes. Klin. Wschr. **1950**, H. 35/36, 593. — Weitere Literatur siehe HOCHREIN und SCHLEICHER!

2. Therapie der chronischen Kreislaufschwäche

Der Ausdruck „Kreislaufschwäche" wird in der Klinik für zahlreiche hämodynamische Betriebsstörungen gebraucht, nicht selten dient er als Verlegenheitsdiagnose für unklare Fälle. Es ist daher notwendig, die chronischen Formen der Kreislaufschwäche etwas ausführlicher zu beleuchten, da sie in der ärztlichen Praxis häufig Ursache diagnostischer und therapeutischer Erwägungen sind. Hämodynamisch gesehen werden wir mit folgenden Versagensmöglichkeiten zu rechnen haben, wobei gemeinschaftliches Auftreten bzw. Übergang von der einen Form in die andere meist als Regel angesehen werden kann:

1. Energieverminderung der Blutbewegung,
2. vermindertes Minutenvolumen,
3. nutritives Versagen.

In Tabelle 43 werden die verschiedenen Krankheiten, die durch eine derartige Einteilung erfaßt werden können, aufgezeichnet.

Tabelle 43. Chronische Kreislaufschwäche

Energieminderung der Blutbewegung	*Vermindertes Minutenvolumen*	*Nutritives Versagen*
1. Versagen der Herzkraft	I. Bei verminderter Herzleistung	I. Bei peripherer Blutverteilungsstörung
2. Insuffizienz der arteriellen Elastizität a) Atherosklerose b) Arteriitis syphilitica	1. Versagen der Herzkraft (organische Herzfehler)	1. organisch a) Atherosklerose b) Thrombangiitis obliterans c) Arteriitis (Rheuma, Lues, Fleckfieber) d) Periarteriitis nodosa e) Thrombophlebitis
3. Behinderung der arteriellen Strömung a) kardial: Mitralstenose Aortenstenose b) vasal: Isthmusstenose Aortenaneurysma Arterio-venöse Fistel Aorta angusta	2. Entleerungsanomalien a) angeborene Herzfehler: Septumdefekte b) erworbene Herzfehler: Mitralstenose Pericarditis exsudativa schwielige Perikarditis	2. funktionell a) Neurozirkulatorische Dystonie b) Trophoneurosen
4. Funktionelle Veränderung der arteriellen Strombahn a) Hypertonie b) Hypotonie	3. Reizbildungs- und -leitungsstörungen a) Paroxysmale Tachykardie b) Extrasystolen c) Arrhythmia absoluta d) Totaler Block	II. Bei kapillärer Insuffizienz 1. Anomalien des Kapillardrucks 2. Anomalien der Blutzusammensetzung (Hypoproteinämie)
5. Veränderung der Blutviskosität a) Polyglobulie b) Morbus WALDENSTRÖM	II. Bei normaler Herzleistung 1. Vermindertes venöses Blutangebot (Mediastinaltumoren) 2. Atonie des Venensystems 3. Depotinsuffizienz 4. Chronischer Blutverlust	3. Permeabilitätsstörungen a) serös entzündlich (EPPINGER) b) toxisch c) hormonal d) humoral e) allergisch

Kreislaufschwäche: Meist beim *Zusammentreffen mehrerer Faktoren*

Fragen wir uns nach der Symptomatologie und dem klinischen Verlauf der chronischen Kreislaufschwäche, dann wird die Klinik leichter verständlich, wenn wir uns des Gesetzes bewußt werden, daß bei jeder hämodynamischen Insuffizienz die Symptome aus dem funktionellen Versagensprinzip der Blutstauung vor und der Blutverarmung nach dem Ort der Insuffizienz zu erklären sind. Wie bei allen Funktionsstörungen haben wir bei der Beurteilung der klinischen Erscheinungen zu berücksichtigen, daß das Ausmaß der Leistungsminderung nicht allein vom Grad der Funktionsstörung abhängig ist. So können zwar bei stärkerem Versagen bereits in der Ruhe klinische Erscheinungen auftreten, während in anderen Fällen mehr oder minder starke Belastungen des Kreislaufes notwendig sind, um die Insuffizienzerscheinungen zu offenbaren. Die subjektiven Beschwerden jedoch sind nicht allein vom Ausmaß der Kreislaufinsuffizienz, sondern auch von der Reizschwelle des sensiblen Nervensystems abhängig. Wie bei allen Funktionsstörungen wird das gesamte klinische Bild geformt von der jeweiligen Tonuslage des vegetativen Nervensystems.

Tritt nämlich im Rahmen einer Kreislaufschwäche eine hämodynamische Umstellung auf, wie sie physiologischerweise durch Nahrungsaufnahme, körperliche Bewegung, ja schon allein durch Änderung der Körperhaltung gegeben sein kann, dann erfolgt die Steuerung der Blutverteilung des bereits in Not befindlichen Kreislaufes, je nach der Tonuslage des vegetativen Nervensystems.

Aus diesen Wechselbeziehungen wird leicht verständlich, daß die Frühdiagnose einer chronischen Kreislaufschwäche oft sehr schwierig ist. In der folgenden Tabelle 44 zeigen wir die Verteilung von klinischen Erscheinungen bei je 100 Fällen von Kreislaufschwäche verschiedenster Ätiologie.

Tabelle 44. Klinische Symptome bei chronischer Kreislaufschwäche verschiedener Genese

100 Fälle von	Kopf-schmerzen	Schwin-del-gefühl	leichte Ermüd-barkeit	kalte Extremi-täten	Schweiß-neigung	Hitze-wallungen
Anämie	14	34	65	18	7	2
Hormonale Störungen: Klimakterium, Pubertät, Basedow	11	4	51	3	63	7
Stoffwechselerkrankungen: Diabetes, Adipositas, Gicht	17	6	50	3	11	3
Hypertension	20	24	21	5	8	5
Abdominelle Krankheiten: Gastritis, Cholangitis, Obstipation usw.	19	14	18	6	12	3
Fokale Infektionen	34	30	18	38	12	6

Das führende klinische Symptom stellt die leichte Ermüdbarkeit dar. Dieses Zeichen ist jedoch vieldeutig und kann nur dann richtungsweisend werden, wenn es gemeinschaftlich mit anderen Symptomen auftritt, die das Bestehen einer Kreislaufschwäche wahrscheinlich machen.

Für die Diagnose ist es weiterhin von Bedeutung, daß der gesamte Beschwerdekomplex bei einer chronischen Kreislaufschwäche vielfach überdeckt wird durch klinische Erscheinungen, die von einem, manchmal auch von mehreren Organen ausgehen. So klagen viele Kranke mit einer chronischen Kreislaufschwäche lediglich über starke Kopfschmerzen, Schwindelgefühl, Herzschmerzen, Magendruck usw. Die Entwicklung dieses Symptomenbildes wird verständlich, wenn wir uns vorstellen, daß bei einer allgemeinen Mangeldurchblutung gleichgültig, welcher Genese sie auch sein mag, diejenigen Organe zuerst klinische Erscheinungen machen, die infolge konstitutioneller Eigenart, ererbter Disposition, überstandener Krankheiten usw. zum Locus maioris reactionis geworden sind.

Diese Wechselbeziehungen zwischen allgemeiner Kreislaufschwäche und Durchblutungsstörungen bestimmter Organe sowie den Übergang zu organischen Erkrankungen in ihren verschiedenen Entwicklungsstufen haben wir versucht am Beispiel der neurozirkulatorischen Dystonie herauszuarbeiten (s. S. 185).

Fragen wir uns nach der Therapie der chronischen Kreislaufschwäche, dann ist es leicht verständlich, daß für ein funktionelles Versagen, das die Resultante von Entgleisungen zahlreicher mechanischer, nervöser und humoraler Komponenten darstellt, kein einheitliches Behandlungsschema aufgestellt werden kann. Das Ziel der Behandlung bei einer chronischen Kreislaufschwäche besteht in der Wiederherstellung der normalen Nutritionsverhältnisse. Folgende therapeutische Wege können dabei gegangen werden:

a) Es kann versucht werden, durch eine Steigerung der gesamten Zirkulation die Schäden der Kreislaufschwäche zu überwinden.

Da bekanntlich die Sympathikotonie mit einem erhöhten Minutenvolumen einhergeht, hat man vor allem Sympathicomimetica empfohlen, die uns in den verschiedenen Adrenalin-Abkömmlingen in Form von Sympatol, Veritol, Peripherin, Effortil usw. zur Verfügung stehen. Ihre Wirkung besteht in einer Tonisierung der Arteriolen sowie des Kapillar- und Venensystems und einer Entspeicherung der Blutdepots; dadurch wird der venöse Rückstrom zum Herzen verstärkt, das Herz selbst vermehrt gefüllt und gespannt, so daß das Minutenvolumen eine Steigerung erfährt, die sich gemeinsam mit dem erhöhten Arteriolentonus in einer mäßigen Arteriendruckerhöhung äußert.

Die Wirkungsweise vom Veritol, Sympatol, Peripherin und Effortil ist S. 600ff. dargestellt und von BOLT und WULLEN in ihrer hämodynamischen Wirkung beschrieben worden. Beide Autoren legen als Kriterium vor allem die Steigerung des Minutenvolumens ihren Ausführungen zugrunde. Begnügen wir uns mit der einfachen Bestimmung der Blutumlaufgeschwindigkeit, dann finden wir eine stärkere, längerdauernde Wirkung von Peripherin i.m. gegenüber Effortil i.m.

Ausschlaggebend für das Ergebnis aller derartigen Untersuchungen ist die Tonuslage des vegetativen Nervensystems und das Ausmaß der zu behandelnden Kreislaufschwäche. Es ist möglich, daß bei normaler Kreislauffunktion derartige Mittel wirkungslos sind, oftmals sogar unangenehme Erscheinungen wie Herzdruck, Brechneigung, Schwindelgefühl usw. auslösen.

Kontrollieren wir die Wirkung von Peripherin bzw. Effortil durch elektrokardiographische Untersuchungen, dann wird nicht selten beobachtet, daß, trotz einer guten therapeutischen Wirkung, die orthostatischen Erscheinungen im Ekg mit Zunahme des Sympathikotonus verstärkt auftreten.

In die Gruppe der Sympathicomimetica werden auch Benzedrin und Pervitin gerechnet, die bei der chronischen Kreislaufschwäche im allgemeinen nicht gebraucht werden sollten, da sie sehr leicht zur Sucht führen. Das in den anglo-amerikanischen Ländern viel gegebene Strychnin zeigt bei hoher Dosierung (3–5 mg) eine analeptische Wirkung. Neuerdings wird es als Bestandteil zahlreicher Kräftigungsmittel, die als Tonica in den Handel gebracht werden, angepriesen. Wir empfehlen einen adenosinhaltigen Organextrakt, kombiniert mit Coffein und pflanzlichen Sedativa (Euviterin 3mal täglich 20 Tropfen vor dem Essen).

Den gleichen Wirkungsmechanismus wie die Sympathicomimetica entfaltet körperliche Betätigung in Form von gymnastischen Übungen, Sport usw. Es ist eine bekannte praktische Erfahrung, daß viele Patienten, bei denen eine sitzende Lebensweise zu einer chronischen Kreislaufschwäche geführt hat, durch regelmäßige körperliche Übungen mit bestem Erfolg behandelt werden können.

Bei vielen Formen von Kreislaufschwäche, besonders solchen, bei denen es sich um Zustände nach Infektionskrankheiten handelt, ebenso bei gleichzeitig bestehender Herzschwäche, kann dieser Weg nicht als biologisch angesehen werden, da er seine Wirkung durch eine Belastung des Herzens entfaltet.

Die Forderung nach einem idealen peripheren Kreislaufmittel geht dahin, ohne Beeinflussung des Herzens, d. h. ohne Steigerung von Minutenvolumen und Arteriendruck, die Blutverteilung so zu steuern, daß die Funktion des Kreislaufes normalisiert wird und vor allem die lebenswichtigen Organe ausreichend durchblutet werden.

b) In der Praxis hat es sich bewährt, der Kreislaufschwäche durch Einengung des Blutstrombettes zu begegnen. Bei allen Kranken, bei denen im Verlauf einer Infektionskrankheit, nach langem Bettliegen aus irgend einer Ursache, und während deren Behandlung eine Herzinsuffizienz aufgetreten ist, werden in den ersten Wochen des Aufstehens die Beine und, wenn notwendig, auch der Leib mit elastischen Binden bandagiert. Der Erfolg dieser Behandlungsmethode ist nicht nur am subjektiven Befinden, sondern auch durch Kontrolle des Ekg im Liegen und Stehen festzustellen.

c) Ein weiteres Behandlungsprinzip bei der chronischen Kreislaufschwäche besteht in der Ökonomisierung der peripheren Blutverteilung. Unsere Kenntnisse auf diesem Gebiet sind noch relativ gering, doch läßt sich zeigen, daß dieser Weg sowohl durch humorale Beeinflussung, als auch durch Einwirkung auf das vegetative Nervensystem beschritten werden kann.

Wir konnten zeigen, daß es möglich ist, durch Organextrakte eine bessere Durchblutung lebenswichtiger Organe zu erzielen und das Herz durch eine bessere kalorische Ausnützung zu entlasten.

d) Besteht die Auffassung zu Recht, daß der Vagustonus Kreislaufverhältnisse schafft, die günstig für die Ökonomie der Herzarbeit und die Nutrition sind, dann müssen Methoden angewendet werden, um die Kreislaufschwäche nicht wie bisher mit Sympathicomimetica, sondern mit Parasympathicomimetica zu behandeln.

Wir haben in dieser Richtung Untersuchungen mit verschiedenen Vagusstimulantien durchgeführt und glauben mit Physostigmin eine ausreichende Kreislaufwirkung zu erzielen, welche die übrigen Organe nur unwesentlich beeinflußt. Bereits in früheren Untersuchungen konnten wir zeigen, daß ein schwacher Vagusreiz, der noch keine Änderung von Pulszahl und Aortendruck hervorruft, schon Umstellungen in der Durchblutung lebenswichtiger Organe in dem Sinne auslöst, daß die Herzarbeit erleichtert, die Blutdepots entspeichert und durch eine bessere Kapillarisierung von Lunge und tätigen Organen der Gasaustausch der Lunge sowie in der Kreislaufperipherie begünstigt wird.

Bei dieser Betrachtungsweise sind die günstigen Erfahrungen mit Eucard leicht verständlich. Es vereinigt in sich neben einem vagusstimulierenden Effekt eine wirksame Entlastung des Herzens, eine Begünstigung der Koronardurchblutung sowie eine Dämpfung überschießender und paradoxer Reflexe und verhütet die Gefahr des Sekundenherztodes.

Eine andere biologische Form dieser Behandlungsart stellt die Sorge für einen ausreichenden Schlaf dar. Es ist dabei zu berücksichtigen, daß der nächtliche Schlaf, der im Rahmen des 24-Stunden-Rhythmus unter der Herrschaft des Vagus steht, nicht nur den Schongang, d. h. eine ausgesprochene Ökonomie

Tabelle 45. Therapie der chronischen Kreislaufschwäche

A. Grundbehandlung

  I. *Besserung der Gewebsnutrition*
   1. bei genügender O_2-Sättigung
      a) physikalisch: Trockenbürsten, Durchblutungsmassage, Gymnastik usw.
      b) medikamentös: Organextrakte (Embran usw.), Hormone (Nebenniere, Keimdrüsen), Prostigmin, Vit. E., Priscol usw.
   2. bei Hypoxämie
      a) O_2-Atmung, Atemübungen
  II. *Rationalisierung der Blutbewegung*
   1. Besserung der Herzenergetik und -dynamik: Strophanthin, Digitalis (periphere Wirkung!)
   2. Vergrößerung des Minutenvolumens durch Steigerung des venösen Blutangebotes
      a) Erhöhung des Venentonus (CO_2, Adrenalin usw.)
      b) Entleerung der Blutspeicher (Adrenalinabkömmlinge)
      c) Vergrößerung der zirkulatorischen Blutmenge (Infusion von Blut oder Ersatzmitteln, Periston)
   3. Verkleinerung des Strombettes
      a) physikalisch: Bandagierung von Leib bzw. Extremitäten
      b) medikamentös: tonisierende Mittel (Coffein, Hypophysin, Adrenalinabkömmlinge usw.)
   4. Förderung der Blutbewegung über den Atemmechanismus
      a) physikalisch: Atemübungen
      b) medikamentös: Cardiazol, Coramin, Carbogengas usw.
  III. *Beeinflussung der Vasomotorik*
   1. Dämpfung: Sedativa (Barbitursäure-, Baldrian- usw. -Präparate).
   2. Anregung: Coffein, Euviterin, Cardiazol, Coramin, Strychnin, Campher usw.
  IV. *Entlastung des Kreislaufes*
   1. Schonung: diätetisch, körperlich, seelisch
   2. medikamentös: Senkung der Stoffwechselgröße

B. Spezielle Behandlung

  I. *Ursächlich:* Beseitigung von Infekten, Intoxikationen, hormonalen Insuffizienzen, Allergie usw.
  II. *Unterbrechung der pathogenetische Kette:* Umstimmung des vegetativen Nervensystems (Heilfieber, Lumbalblockade usw.). Regulierung der Herzaktion, Bluttransfusion usw.
  III. *Behandlung von zirkulatorischen Organinsuffizienzen* (d. h. von Durchblutungsstörungen) und subjektiven Beschwerden.

in der Zusammenarbeit zirkulatorischer und metaboler Vorgänge begünstigt, sondern daß er darüber hinaus der Resynthese, Regeneration und Assimilation dient.

Wir konnten zeigen, daß Symptome der Kreislaufschwäche, wie leichte Ermüdbarkeit, Leistungsabfall usw. nicht der Ausdruck einer Ermattung oder Erschöpfung des Gefäßnervensystems sind, sondern durch eine gesteigerte Erregbarkeit hervorgerufen werden. In vielen Fällen chronischer Kreislaufschwäche gelingt es, durch leichte Sedativa (Barbitursäure bzw. Brom-, Hopfen- oder Baldrianpräparate) derartige Störungen zu beheben.

Diese allgemeinen therapeutischen Gesichtspunkte müssen in jedem Einzelfall durch individuelle Maßnahmen ergänzt werden, durch die versucht werden muß, mit Hilfe einer ursächlichen Behandlung, der Unterbrechung der pathogenetischen Kette sowie der Behebung der subjektiven Beschwerden das Krankheitsbild der chronischen Kreislaufschwäche zur Ausheilung zu bringen. Jeder Kranke mit einer chronischen Kreislaufschwäche stellt ein individuelles therapeutisches Problem dar, dessen Behandlungsplan meist in Form einer gezielten Polypragmasie auf Grund vorstehender Tabelle aufgestellt werden kann (Tab. 45).

Literatur zu Kapitel VI, Abschnitt C, 2

BOHNENKAMP: Der Kreislauf. Lehrbuch d. spez. pathol. Physiologie, 2. Aufl. (Jena 1937). — BOLT und WULLEN: Zur Therapie infektiöser Kollapszustände. Münch. med. Wschr. 1951, 1313. FRANK, O.: Zur Dynamik des Herzmuskels. Z. Biol. 32, 424 (1895). — GOLLWITZER-MEIER: Zentrale Regulierung des Minutenvolumens. Pflügers Arch. 222, 124 (1929); und E. KRÜGER: Zur Verschiedenheit der Herzenergetik und Herzdynamik bei Druck und Volumenleistung. Pflügers Arch. 238, 279 (1936). — HENDERSON, Y. und HAGGARD: Amer. J. Physiol. 1925, 73. — HERING, H. E.: Karotissinusreflexe auf Herz und Gefäße (Dresden u. Leipzig 1927). — HOCHREIN, M.: Herzkrankheiten, Bd. I. u. II (Dresden u. Leipzig 1941 u. 1943); und W. GROS: Elektrische Reizversuche am N. vagus und N. depressor (Aortennerven) zum Studium der regulatorischen Beziehungen zwischen Atmung und Kreislauf. Pflügers Arch. 229, 642 (1932); und CH. J. KELLER: Beiträge zur Blutzirkulation im kleinen Kreislauf. II. Mitt.: Über die Beeinflussung der mittleren Durchblutung und der Blutfüllung der Lunge durch pharmakologische Mittel. Naunyn-Schmiedebergs Arch. 164, 552 (1932); und R. MANCKE: Die Durchströmung der Koronararterien. Arch. exper. Path. 151, 146 (1930); und K. MATTHES: Die Kreislauffunktion beim Sport. Arzt und Sport 19, H. 20, 91 (1935); und I. SCHLEICHER: Herzinsuffizienz und vegetatives Nervensystem. Med. Klin. 27, 737 (1951); und I. SCHLEICHER: Klinik und Therapie der chronischen Kreislaufschwäche. Therapiewoche 1950/51, H. 11/12. — LINDHARD, J.: Über die Verwendung der Kreislaufbestimmung in der Klinik. Verh. Dtsch. Ges. Kreislaufforschg. 3, 85 (Dresden u. Leipzig 1930). — REIN, H.: Die Physiologie der Koronardurchblutung. Untersuchungen des Koronarkreislaufes am intakten Organismus. Verh. Dtsch. Ges. inn. Med, 1931, 247; Physiologie des Menschen, 2. Aufl. (Berlin 1938); Die Bedeutung des Arteria hepatica-Gebietes für den Gesamtorganismus. Kongr.Ber. Ges. Physiologie u. physiol. Chemie Frankfurt 1948; Die bestimmenden Faktoren für die Vasomotorik der Ruhedurchblutung des Skelettmuskels. Pflügers Arch. 248, 100 (1944). — SCHELLONG, F.: Regulationsprüfung des Kreislaufes, 2. Aufl. von B. LÜDERITZ (Darmstadt 1954). — SCHENNETTEN, F. P. N.: Die orthostatisch bedingten Kreislaufumstellungen in ihrer Auswirkung auf Puls, Blutdruck und Ekg und ihre Beeinflussung durch Atropin. Arch. Kreislaufforschg. 11, 326 (1943). — SCHNEIDER, M. und D. SCHNEIDER: Untersuchungen über die Regulierung der Gehirndurchblutung. I. Mitt.: Naunyn-Schmiedebergs Arch. 175, 606 (1934). — SCHLEICHER, I.: Der symptomatische Hochdruck (Leipzig 1944). — WEZLER, K. und A. BÖGER: Die Dynamik des arteriellen Systems. Der arterielle Blutdruck und seine Komponenten, in ASHER-SPIRO, Erg. Physiol. 41, 293 (1938).

3. Iatrogene Schädigungen durch fehlindizierte oder unzweckmäßig durchgeführte Behandlungsmaßnahmen

3.1. Sauerstoffinhalation

Die Indikation zur Sauerstoffinhalationsbehandlung ist dann gegeben, wenn der Sauerstoffpartialdruck im venösen Blut merklich absinkt. Bei zu langer O_2-Beatmung tritt, ähnlich der Morphinwirkung, eine Verminderung der Ventilationsgröße mit Abnahme des Atemminutenvolumens auf. Diese Tatsache erklärt die oft schädigende Wirkung auf die Herz-Kreislaufsituation bei Rechtsherzinsuffizienz und zerebralen Durchblutungsstörungen. Dementsprechend sollen die Beatmungsperioden nicht länger als 5 min andauern, um „Überdosierungserscheinungen" zu vermeiden, da bei einem abnorm veränderten O_2-CO_2-Gehalt des Blutes mit Erreichen des kritischen Grenzwertes von 19 mm Hg O_2-Partialdruck, im venösen Blut eine weitere Verminderung der Kohlensäureabatmung durch die O_2-Beatmung erfolgt. Folgen davon sind Steigerung der Azidose in Blut und Geweben sowie Erhöhung des Liquordruckes. Diese Änderungen im Blutchemismus sind für die Zunahme von Atemnot und Blausucht bei Rechtsdekompensation sowie für klonische Zuckungen und Bewußtseinstrübung bis zum Koma bei primär zerebralen Störungen verantwortlich zu machen.

3.2. Fokalsanierung

Eine Fokalsanierung sollte bei akutem Infekt unterlassen und ein Intervall (mindestens 4—6 Wochen) zwischen Operation und abgeklungener Herdentzündung eingelegt werden. Antibiotischer Schutz, Dämpfung des Zwischenhirns sowie Einschränkung der Streuungsmöglichkeit mit Novalgin und Antihistaminica sollten bei Herz-Kreislaufgefährdeten jede Fokalsanierung einleiten, um ernsthafte Zwischenfälle wie Apoplexie, Myokardinfarkt usw. auf ein Minimum zu reduzieren, zumal nicht selten allein durch die Lokalanästhesie mit ausgeprägtem Blutdruckanstieg eine plötzliche Belastung auftritt. Letztere berechtigt zu der Forderung einer entsprechenden Herzbehandlung vor der Fokalsanierung bei leistungsvermindertem oder am Rande der Dekompensation stehendem Herzen. Es versteht sich von selbst, daß im Dekompensationsstadium eine Fokalsanierung kontraindiziert ist.

3.3. Infusionen

Jede mengenmäßig größere Flüssigkeitszufuhr in eine Vene bedeutet dann eine Gefahr für das Herz-Kreislaufsystem, wenn diese so schnell erfolgt, daß eine akute Rechtsbelastung des Herzens entsteht. Dementsprechend muß die Tropfzahl pro Minute der Leistungsfähigkeit des rechten Herzens angepaßt werden. Daraus folgt, daß Infusionen bei Rechtsinsuffizienzen einen akuten Rechtstod zur Folge haben können und diese bei Menschen höheren Lebensalters (chronische Rechtsbelastung durch Lungenemphysem usw.) nur mit allergrößter Vorsicht anzuwenden sind. Ebenso vorsichtig muß eine Infusion zur Beseitigung des Schockzustandes bei Myokardinfarkt gehandhabt werden. Die Einlaufgeschwindigkeit liegt höchstens bei 10—30 Tropfen pro Minute. Die Infusion muß mit Anstieg des systolischen Blutdruckes über 100 mm Hg wegen Dekompensationsgefährdung und akutem Herztod abgesetzt werden. Benutzt man als Infusionslösung Nativblut, dann ist insofern Vorsicht bei anämisch oder koronargeschädigten Herzen geboten, als auch ohne Nebenreaktion, allein durch den Anstieg des Serum-Kalium-Gehaltes bis auf 40 mg-%, ernstere Herzkomplikationen auftreten können.

3.4. Punktionen

Jede Punktion birgt gewisse Gefahren für das Herz-Kreislaufsystem in sich.
a) Die Entstehung eines Hämatoms an der Punktionsstelle, hervorgerufen durch einen Gerinnungsdefekt des Blutes (in jedem Dekompensationsstadium vor-

handen) oder durch atypischen Gefäßverlauf kann eine Thrombose mit Emboliegefährdung auch an punktionsfernen, besonders prädestinierten Körperteilen herbeiführen.

b) Mit Entfernung eines Ergusses wird dem Organismus hochwertiges körpereigenes Eiweiß entzogen. Dieser Verlust kann insbesondere bei Mitbeteiligung der Leber nicht oder nur mäßig ausgeglichen werden. Als Folgen dieses verstärkten Eiweißmangels tritt eine zusätzliche Schädigung der Herzmuskulatur über den Herzmuskelstoffwechsel im Sinne einer Myokardose ein.

c) Die pro Sitzung entfernte Punktatmenge aus dem Pleuraraum soll nicht mehr als 900–1000 ccm betragen. Man vermeidet dadurch zu schnelle Lageänderung des Herzens (Tachykardie, Arrhythmie, Sekundenherztod) und plötzliche Druckentlastung mit akuter Herzdilatation, die ernsthafte Herz-Kreislaufzwischenfälle und den Tod durch Kammerflimmern nach sich ziehen können. Bei der Beseitigung eines Pneumothorax muß noch umsichtiger vorgegangen werden. Die erstmalige Abpunktion soll nicht über 300 ccm liegen. Man vermeidet durch den allmählichen Druckausgleich mit parallel verlaufender Lungenentfaltung den kreislaufbelastenden Erguß und bei Vorhandensein eines Ventilpneumothorax das zum Herztod führende Mediastinalflattern. – Bei Ablassen eines stauungsbedingten Aszites erscheint von wesentlichster Bedeutung, ob die Leberfunktion noch intakt ist. Ist das nicht der Fall, wächst die Gefahr eines Leberkomas durch erhöhte Resorption der nicht entgifteten Stoffwechselschlacken erheblich, eine Komplikation, die einem Herz-Kreislauf-Geschädigten geringe Chancen quoad vitam läßt. Nach Abpunktion eines Aszites kann, wenn der Flüssigkeitsdruck nicht durch eine Bandage ausgeglichen wird, ein abdominaler Verblutungstod oder durch Einströmen des Blutes in die Abdominalarterien ein schwerer Schock ähnlich wie bei einem stumpfen Bauchtrauma mit Leerschlagen des Herzens und Kammerflimmern zum Exitus führen.

d) Bei jeder Punktion besteht eine Kollapsgefahr, die eine schädigende koronare oder zerebrale Minderdurchblutungsperiode zur Folge haben kann, insbesondere bei den Patienten, denen eine Durchblutungsreserve der Organarterien durch Sklerose usw. fehlt. Zur Vermeidung von Organschäden dieser Genese am Herz-Kreislaufsystem ist die prophylaktische Gabe eines Sympathikomimetikums unbedingt erforderlich.

3.5. Aderlaß

Unbedenklich ist die Durchführung eines Aderlasses bei akutem Lungenödem und bei ausgeprägten Rechtsherzinsuffizienzen. Die Gefahr größerer Aderlässe liegt im Versagen der Kreislaufperipherie mit einer stark herabgesetzten Organdurchblutung, die eine entsprechende Schädigung nach sich ziehen kann. Außerdem können durch einen Aderlaß paradoxe Reflexmechanismen mit einer plötzlichen Blutdrucksteigerung ausgelöst werden, die bei verminderter Elastizität und Anpassungsfähigkeit des Gefäßsystems, besonders im Bereiche des Zerebrums imstande sind, eine Apoplexie oder Angiospasmen auszulösen. Darüber hinaus ist an den schädigenden Einfluß der durch große oder häufigere Aderlässe entstehenden Anämie zu denken.

3.6. Überlange Bettruhe

Zu lange Bettruhe kann besonders bei älteren Patienten zu Schädigung am Herz-Kreislauf-System führen. Es treten besonders gern hypostatisch bedingte Bronchopneumonien auf, die das mühsam aufrecht erhaltene Gleichgewicht des Herz-Kreislauf-Systems von alten Menschen stören und ernsthafte Schädigungen im Sinne von Versagensbereitschaft und Überlastung des Herzens sowie des Kreislaufes nach sich ziehen. In gleicher Weise ist das Auftreten eines Dekubitus zu bewerten. Außerdem wird durch die Bettruhe die Zirkulation in den unteren

Extremitäten verschlechtert und kann besonders bei Vorhandensein von Varizen usw. den Anlaß zur Entstehung einer Thrombophlebitis mit der Gefahr der Lungenembolie geben. Ein schädigender Einfluß zu lang durchgeführter Bettruhe bei Patienten aller Altersgruppen liegt in der Begünstigung eines ausgeprägten Entlastungssyndroms, das im Rahmen der neurozirkulatorischen Dystonie zu orthostatischen Kollapsen mit entsprechenden Verletzungsschäden oder Folgen, bedingt durch die momentane Organminderdurchblutung, führen kann.

3.7. Iatrogene Zwischenfälle

Schließlich muß noch erwähnt werden, daß auch Zwischenfälle bei einer lege artis durchgeführten diagnostischen und therapeutischen Technik bei Herz-Kreislauf-Erkrankungen iatrogene Schäden nach sich ziehen können. Da sie sicher nicht sehr häufig sind, aber beachtet werden müssen, mag eine stichwortartige Aufzählung von Schädlichkeiten eigener Beobachtungen genügen:

1. Auftreten eines Myokardinfarktes beim Wasserstoß nach VOLHARD.
2. Histamin- und Adrenalintests bei Vitien bringen durch plötzliche Änderung der Hämodynamik die Gefahr von akuter Herzüberlastung, Kollaps sowie Embolien durch Ablösung von Thromben im Herzen und an den Klappen mit sich. Bei Hypertonie und vor allem bei Arteriosklerose kann es durch die verringerte Anpassungsfähigkeit der rigiden Gefäße zum Kollaps oder zur Ruptur kommen.
3. Magensondierung bei Ösophagusvarizen kann Anlaß zu tödlichen Blutungen geben. Bei Herzdekompensierten kann die Duodenalsondierung durch die Flachlagerung und den erhöhten Sauerstoffbedarf infolge psychischer Erregung zu bedrohlichen Versagenszuständen des Herzens führen.
4. Schnelle Trans-Infusionen bei Herzschäden verursachen gelegentlich ein Lungenödem. Das gleiche wurde auch bei herzgesunden Frauen post partum beobachtet.
5. Bei gleichzeitiger Gabe von Digitalis und Kalzium ist Sekundenherztod gesehen worden. Diese Erscheinung hat sich im Tierexperiment reproduzieren lassen.
6. Blutdrucksenkende Mittel verschlechtern beim Myokardinfarkt zusätzlich die Durchblutung des Herzens. Vor Novocamidgabe bei Tachykardie ist ein Myokardinfarkt als Ursache auszuschließen.
7. Durch Effortil kann ein Spannungskollaps in einen irreparablen Kreislaufzusammenbruch übergeführt werden (meist sind allerdings Analeptica bei allen Kollapsformen wirkungslos).
8. Insufflationen von molekularem Sauerstoff können durch Rückperlen zu embolischen Gefäßverschlüssen führen. Beobachtet wurden z. B. Querschnittslähmungen mit späterem Exitus letalis durch Urosepsis nach intraaortaler Insufflation. Bei Applikation in die Armarterien ist Gehirnembolie beschrieben worden.

D. Besonderheiten der Herz-Kreislaufbehandlung im Kindesalter

Im Rahmen einer biorheutischen Pharmakologie ist die pädiatrische Arzneimittelkunde bereits sehr viel fundierter erarbeitet, als die im folgenden Kapitel zur Diskussion stehende Alterspharmakologie. Trotzdem ist es nicht leicht, im einschlägigen Schrifttum zusammenfassende Darstellungen der im Kindesalter zu beachtenden therapeutischen Besonderheiten aufzufinden.

Wir würden in diesem Zusammenhang unsere eigenen Bemühungen um die sorgfältig erhobene, auch minutiöse Unstimmigkeiten beachtende bzw. explorierende Anamnese ad absurdum führen, müßten wir nicht diese Unmöglichkeit einer verbalen Verständigung als ausgesprochenen Nachteil im Kindesalter bezeichnen.

Der Befund erhebende Arzt wird demzufolge danach trachten, diese Lücke durch entsprechende Befragung der Mutter auszugleichen. Ist nun schon die Eigenanamnese eines jeden Menschen ein Mosaik aus seiner Beredtheit, seiner Phantasie, seinem Empfindungsreichtum, seiner sensiblen Reizschwelle, seiner Eigenkritik und Selbstbeobachtung sowie seines Äußerungswillens, dann spielen im Rahmen der bei der Mutter erhobenen Anamnese, deren Einstellung zu ihrem Kind, ihre Bagatellisierungs- oder Aggravierungstendenzen, das Einzelkindproblem oder andererseits der Kinderreichtum einer Familie u. a. m. eine für den behandelnden Arzt sehr wichtige Rolle.

Darüber hinaus haben wir uns S. 97 bemüht, darzutun, daß die Pädiatrie, obwohl sie nur anderthalb Jahrzehnte menschlichen Lebens umfaßt, mit Neugeborenem, Säugling, Kleinkind, Schulkind und Pubertät so grundsätzlich variante Phasen, die auch ihre gesonderten therapeutischen Konzeptionen verlangen, betreut, daß nur schwer eine auch nur einigermaßen erschöpfende Übersicht gegeben werden kann.

Wichtig bleibt, daß der behandelnde Arzt hinsichtlich des Erfolges oder Mißerfolges seiner Behandlung sehr viel mehr auf seine Beobachtungsgabe, auf Blickdiagnose und Verfassungsbewertung angewiesen ist, als beim Erwachsenen.

Nur wer erfaßt hat, daß für das kranke Kind mehr praktische „kleine Psychotherapie" notwendig ist, wird das Kind, das unter Umständen noch mehr zur Hospitalisierung neigt als der Erwachsene, Schritt für Schritt mit seiner somatischen Genesung auch psychisch zu Selbständigkeit und pflegerischer Unabhängigkeit zurückführen.

So ist es nämlich u. a. die Angst vor dem Menschen, der weh tut, der Handlungen vollzieht, die dem Kinde nicht geläufig und zusätzlich meist unangenehm sind, welche Kinder vielfach in eine derartige Panikstimmung versetzen, daß jede Visite für herzkranke Kinder zu einem neuen Trauma wird.

Das Fixieren von Symptomen, ihre ganz bewußte Produktion bei Auftreten irgendwelcher Unannehmlichkeiten, bei Furcht vor einer, in bestimmten Fällen auch beim kranken Kinde unumgänglichen Strafe, sind dem Kinderarzt wohl geläufig, werden aber andererseits nur allzu häufig zur Ursache für Dauerschonung und Inaktivierungstrauma gemacht, eine Entwicklung, an deren Ende das traurige Los des S. 5 geschilderten kindlichen Herzkrüppels steht.

Ein weiterer Faktor, welcher der Therapie gewisse Schwierigkeiten bereiten kann, ist die mangelnde Einsicht.

So kann man mit Kindern, welche nicht bereits einen gewissen Reifegrad erreicht haben, weder über ihre Krankheit sprechen, noch aus der Erklärung des Notwendigen das Verständnis für bestimmte Maßnahmen sowie die Bereitwilligkeit diesen Rechnung zu tragen, herbeiführen. Ganz abgesehen davon sind Erziehung, Temperament und der im gesunden Kinde normalerweise vorhandene nicht zu zähmende Bewegungsdrang, bestimmten therapeutischen Notwendigkeiten geradezu entgegengesetzt.

Während der Erwachsene ärztliche Ratschläge betreffs körperlicher Schonung oder gar Bettruhe versteht und befolgt, wird das Kind oft entgegen jeglicher „Vernunft" seinem Temperament und Tätigkeitsdrang entsprechend Bewegungen und somit Mehrbelastungen für sein krankes Herz ausführen. Ist das Herz erkrankt, aber suffizient, wie z. B. bei allen nicht dekompensierten angeborenen Vitien, ist eine Angleichung an das „normale Leben" gesunder Kinder wünschenswert. Diese Kinder regulieren meist in befriedigender Weise spontan ihre Aktivität. FANCONI weist jedoch darauf hin, daß dagegen Kinder mit erworbenem Herzfehler, wenn sie sich früher einer ungebundenen Freiheit erfreuen konnten, es oft schwieriger finden, sich ihrer neuen Lage anzupassen und deshalb überwacht werden müssen. Ein dosiertes, zielbewußtes, körperliches Training ist aber auch hier notwendig.

Bei allen mit Insuffizienz einhergehenden Herzerkrankungen und allen entzündlichen Herzerkrankungen ist absolute physische und psychische Ruhe angezeigt. Bei derartigen Zuständen ist nach CATEL auch bei scheinbarem Wohlbefinden strengste Bettruhe einzuhalten. Bei Atemnot, Unruhe, Angstgefühl ist Lagerung in halbsitzender Stellung mit Knierolle vorzunehmen und auch die allergeringste Anstrengung zu meiden. Umbetten und Transport von größeren Kindern soll durch 2–3 Schwestern durchgeführt werden. Niemals soll man ein Kind sich allein aufsetzen lassen. Mit sorgfältiger Unterstützung soll man ein langsames Aufsitzen ermöglichen, ein abruptes, ruckartiges Erheben jedoch immer unterbinden. Weiterhin muß für absolute psychische Ruhe und gute Hautpflege gesorgt werden. Um äußere Einflüsse sowie Beunruhigungen eventuell durch das Spiel und Zusammensein mit anderen Kindern fernzuhalten, ist es ratsam, solche Kinder möglichst in ein Einzelzimmer zu legen. Wegen Uneinsichtigkeit und mangelndem Verständnis ist es in solchen Fällen fast immer notwendig, zusammen mit der Herztherapie Sedativa (Baldrian-Brompräparate, Luminaletten, Adalin, Persedon usw.) anzuwenden. Die Menge der Beruhigungsmittel ist dabei so zu dosieren, daß eine angenehme Müdigkeit auftritt.

Zur psychischen Ruhe sind alle aufregenden Szenen durch beunruhigte Angehörigen zu vermeiden. Begünstigt wird die besonders für das Kind so notwendige Heilatmosphäre durch eine liebevoll-mütterliche, geduldige Pflege. Die reizbare labile Stimmung des Kindes am Rande der Kompensation ist eine Krankheitserscheinung und darf nicht als Ungezogenheit bewertet werden.

Bei der diätetischen Behandlung gelten die gleichen Grundprinzipien wie beim Erwachsenen. Es soll auch dem Kind eine knappe gehaltvolle Kost, verteilt auf mehrere kleine Mahlzeiten, die Magen-Darm und somit Herz und Kreislauf wenig belasten, gegeben werden.

Die Kost soll flüssigkeitsarm und arm an bzw. frei von Kochsalz sein. Die meisten Pädiater raten zu einer vorwiegend lakto-vegetabilen Kost, wobei aber darauf hingewiesen werden muß, daß besonders beim Kleinkind die zum Aufbau notwendige Eiweiß- und Lipoidmenge in der Kost enthalten sein muß. K. STOLTE empfiehlt die reichliche Verwendung von Eiern. Er gibt täglich 5–10 Eigelb in Fällen, wo jede andere Nahrung verweigert wird. Besonders bei infektiös-toxisch geschädigten Herzen sah er dabei einen wesentlichen Nutzen. ,,Die Eierzufuhr bewirkt eine sichtliche Hebung der Herzkraft''. Auch die, eventuell parenterale, Zuckerzufuhr ist nach STOLTE bei schwerster Herzinsuffizienz, wenn alles erbrochen wird, oder die Aufnahme infolge der allgemeinen Schädigung des Organismus eine gar zu geringe ist, von Bedeutung.

Ein wesentlicher Faktor der diätetischen Herzbehandlung und eines unserer wirksamsten Mittel ist die Flüssigkeitsbeschränkung. Beim Erwachsenen führen wir Safttage oder nach KARELL Milchtage durch, wobei ein Liter Milch in 5–6 Einzelportionen gegeben wird. Bei Kindern muß diese Milchmenge entsprechend der Kleinheit des Körpers reduziert werden. Im allgemeinen sollen (nach STOLTE) 5 bis 8 jährige 500 ccm, 8–10 jährige 700 ccm, 10–14 jährige ca. 800 ccm erhalten.

Weiterhin werden Obsttage oder auch Obstsaft- oder Traubenzuckertage (10 g Traubenzucker in $\frac{1}{2}$ Liter Wasser gelöst mit Obstsaft) empfohlen, weil sie nicht in dem Maße zur Verstopfung führen, wie die Milchdiät (CATEL).

Bei der Durchführung all dieser einseitigen Kostformen muß jedoch stets berücksichtigt werden, daß es sich, im Gegensatz zu entsprechenden Erprobungen bei Erwachsenen, um heranwachsende Organismen handelt, bei denen Mangelernährungsschäden unter Umständen sehr viel rascher auftreten. Im Rahmen der kochsalzarmen Diät muß vor allem, sollte es aus irgendeinem Grunde zu anhaltendem

Erbrechen kommen, an die Gefahr einer hypochlorämischen Urämie mit exsikkotischer Vergiftung gedacht werden.

Ein wesentlicher Punkt in der Herztherapie ist die Sorge „für einen kleinen Bauch". Hierbei kommt es nicht nur darauf an, daß man den Patienten von der Obstipation befreit, wichtiger noch ist die Beseitigung des Meteorismus, der sich oft als Folge der Herzinsuffizienz einstellt.

Beim Kind gelingt es relativ leicht, durch Einführung von Sonden Gasansammlungen aus dem Magen und aus dem Dickdarm zu beseitigen. Die aber gerade bei der Herzinsuffizienz häufigen Gasansammlungen im Dünndarm sind schwerer zu beeinflussen. Durch rektal verabfolgtes Glyzerin (Säuglinge 10–15 ccm, ältere Kinder 20–40 ccm) können hier gute Wirkungen erzielt werden. Auch Medizinalkohle oder in schweren Fällen Adrenalin-Hypophysin-Injektionen (0,5–1,0 in einer Mischung 1:2) werden empfohlen.

Wenden wir uns jetzt der medikamentösen Behandlung zu, dann ist vorwegzunehmen, daß grundsätzlich die Wahl der Medikamente und ihre Indikation mit der Erwachsenentherapie übereinstimmen, daß bei der Dosierung jedoch auf Alter, Körpergewicht bzw. Körperoberfläche geachtet und die zu verabfolgende Menge entsprechend berechnet werden muß.

Darüber hinaus sind in der Pädiatrie jedoch Medikamente bekannt, bei denen die Dosis im Verhältnis zum Gewicht größer oder kleiner gewählt werden muß. Geläufig ist z. B. die sehr schlechte Opiatverträglichkeit bei Säuglingen, auf die wir noch eingehen werden, und gegenüber dem Erwachsenen die verhältnismäßig gute Verträglichkeit von Chloralhydrat, Belladonna, Brom, Jod und Digitalis (PANTLEN).

Eine verständliche Erklärung für die Benötigung und Verträglichkeit relativ hoher Arzneimitteldosen, mag einerseits in der kindlichen Metabolik mit schnellerer Verbrennung und in der rascheren Umlaufzeit des Blutes und der somit gegebenen beschleunigten Ausscheidung gesehen werden.

Gehen wir nunmehr zu den Herzglykosiden über, dann gilt für ihre Anwendung nach LUST-PFAUNDLER und HUSLER:

Für dekompensierte Vitien mit Ödemen ist Digitalis das Mittel der Wahl, während die sogenannte „Herzschwäche" bei Infektionskrankheiten sehr viel weniger gut anspricht.

Beim Kind ist weiterhin noch beherzigenswerter als beim Erwachsenen, daß jede Digitaliskur nur unter fortlaufender ärztlicher Kontrolle vorgenommen werden darf.

Für die Anwendung gilt grundsätzlich:

Anfangs große Dosen, auch relativ größere als für den Erwachsenen, aber nicht länger, als bis sich mit Pulsverlangsamung der Wirkungseintritt erkennen läßt. Dann sofort, spätestens aber am 3.–4. Tage Herabsetzen der Dosen auf die Hälfte bis ein Drittel, nach 8–14 Tagen Pause, allenfalls Ersatz durch andere Herzmittel. Bei Unverträglichkeitserscheinungen Medikation sofort absetzen und eventuell zu Cardiazol übergehen.

Die Dosen werden auf 3–4 Einzeldosen verteilt über den Tag gegeben und betragen für Säuglinge 0,05 (—0,1), für Kleinkinder (2.–5. Lebensjahr) 0,1 (—0,2) Fol. Digit. titr. pro die als Anfangsdosis, für Schulkinder (6.–14. Lebensjahr) 0,2 (—0,3).

FANCONI geht von der Sättigungsdosis aus (750 mg Fol. Digit. pro Quadratmeter Körperoberfläche) und gibt sofort $\frac{1}{3}$ bis die Hälfte der Sättigungsdosis und dann alle 6 Stunden je $\frac{1}{6}$.

Bei schwerer akuter Herzschwäche beginnt man auch beim Kind die Behandlung am besten mit Strophanthin.

Es wird nur intravenös verabfolgt, und zwar erhalten pro die

Säuglinge 0,05–0,1 mg
Kleinkinder 0,1 –0,3 mg
Schulkinder 0,1 –0,5 mg

verdünnt mit 5–10 ccm 20%iger Traubenzuckerlösung.

Ist wegen schwerer Ödeme neben diätetischen Maßnahmen ein Diureticum erforderlich, so finden die gleichen Präparate wie beim Erwachsenen Anwendung. Salyrgan ist intramuskulär und intravenös anwendbar und wird 1mal, eventuell auch nach einigen Tagen noch einmal, verbunden mit einem Cardiacum gegeben. Die Dosis beträgt:

für Kleinkinder $\frac{1}{4}$–$\frac{1}{2}$ ccm
für Schulkinder $\frac{1}{2}$–1 ccm.

Thiomerin wird tief subkutan gegeben ($\frac{1}{4}$–2 ccm); Diamox wird oral verabreicht, und zwar in einer Dosierung von 5–7 mg pro Kilogramm Körpergewicht pro Tag. Durch Ionenaustausch, Ausschwemmung von anorganischen Basen, vor allem Natrium, bewirkt es, besonders bei Rechtsinsuffizienz, eine starke Wassermobilisierung. Auch Theobrominpräparate (Diuretin, Theophyllin, Euphyllin u. a.) kommen zur Anwendung. Sie werden in Zäpfchen- oder Tablettenform, seltener als Injektion verabreicht. Die Dosis beträgt für Euphyllin:

Säuglinge $\frac{1}{4}$
Kleinkinder $\frac{1}{2}$ Suppos. pro Tag, oder $\frac{1}{2}$ Tablette 2–3mal täglich
Schulkinder 1 Supp. oder Tabl.

Bei chronischer Herzinsuffizienz sind die Digitalisperioden zu wiederholen, sobald die Wirkung abgeklungen ist; oder man gibt längere Zeit 2 Tage hintereinander in jeder Woche eine vollwirksame Dosis, während kleine, fortlaufend gegebene Digitalisdosen sich im Kindesalter weniger bewähren.

Zu Beginn der Behandlung ist die intramuskuläre oder rektale, noch besser aber die intravenöse Medikation der peroralen vorzuziehen.

Als Applikationsort werden wie beim Erwachsenen die Ellenbogenvene, bei Säuglingen dagegen die dicht unter der Haut liegenden Venen am Kopf, ferner der Sinus (Fontanellen-Stich) oder die Halsvenen gewählt.

Bei großer Unruhe, Schlaflosigkeit, Dyspnoe, Asthma cardiale sind beim Kind ebenso wie beim Erwachsenen Sedativa anzuwenden. Gerade zur Einleitung der Herzbehandlung sind sie unbedingt erforderlich.

Bei schweren Angstzuständen, bei Erregtheit und dyspnoischer Schlaflosigkeit dürfen auch beim Kinde Opiate (Pantopon, Narkophin, Parakodin, Morphin) gegeben werden. Dabei muß man berücksichtigen, daß manche Säuglinge eine ausgesprochene Idiosynkrasie gegen Opiumpräparate haben. Auch in späterem Alter soll zunächst nur eine kleine Anfangsdosis gegeben und dann ein vorsichtiges Steigern und Wiederholen der Dosis nur unter fortlaufender genauer Beobachtung mit sofortigem Aussetzen bei beginnender Schläfrigkeit nach folgendem Schema (LUST-PFAUNDLER-HUSLER) durchgeführt werden:

Beim Säugling nach dem 4. Monat 0,0002–0,0008 je Dosis (besser ganz vermeiden!),
bei Kleinkindern 0,001–0,003 je Dosis,
bei Schulkindern 0,004–0,008 je Dosis.

FANCONI gibt dabei so viele mg, wie das Kind Jahre zählt. Brom-Baldrianpräparate, Luminaletten, Adalin, Persedon, Valamin werden zur Sedierung im Laufe der Herzbehandlung empfohlen, meist ist ihre Anwendung unumgänglich.

Ist die Herztätigkeit mechanisch behindert, muß beim Kind entsprechend den Behandlungsrichtlinien beim Erwachsenen durch Punktionen der Pleura- oder Perikardergüsse Entlastung geschaffen werden.

Bei erheblicher Stauung mit Überlastung des rechten Herzens ist ein Aderlaß notwendig, um das Herz zu entlasten. Beim jüngeren Kind ist dem Aderlaß die Senfpackung oder ein kurzdauerndes heißes Bad gleichzusetzen.

Daneben scheinen uns noch einige Besonderheiten erwähnenswert. Schon der Säugling ist sehr kollapsgefährdet, eine Eigenschaft, welche der kindliche Organismus beibehält.

Als Ursache für diese Labilität haben wir S. 98 das relative Mißverhältnis zwischen der Kreislaufanpassungsfähigkeit und dem vielfach raschen Längenwachstum, die unzureichende Ausbildung belastungsfähiger Kompensation, die oft ausgesprochene Orthostaseneigung bei niedriger Ausgangslage des Blutdruckes usw. bezeichnet.

Zur Bekämpfung derartiger Kreislaufversagenszustände kommen gerade im Kindesalter sehr häufig die am Gefäßsystem (peripher und zentral) angreifenden Mittel zur Anwendung. Die peripher analeptischen Mittel, die also beim Gefäßkollaps, Entspannungskollaps, reflektorischen Kollaps indiziert sind: Suprarenin bzw. Adrenalin, Ephedrin, Sympatol, Effortil, Veritol usw.

Die Dosis beträgt für Suprarenin:

    Säuglinge   0,1–0,3 ccm   der Lösung 1:1000 subkutan oder
    Kleinkinder 0,3–0,5 ccm   intramuskulär, evtl. mehrmals.
    Schulkinder 0,5–0,75 ccm

für Sympatol:

Säuglinge   5–10 Tropfen per os oder 0,1–0,2 ccm subkut. oder i. m.
Kleinkinder   10–15 „   „   „ oder 0,2–0,3 ccm
Schulkinder 15–20 „   „   „ oder 0,3–1,0 ccm

Die direkt am Vasomotorenzentrum angreifenden Mittel, die häufig auch an der Gefäßwand ihre Wirkung entfalten, sind Cardiazol, Coramin, Campher, Strychnin, Coffein; Cardiazol und Coramin werden als Tropfen oder Injektion gegeben, und zwar erhalten

    Säuglinge   5–10 Tropfen per os oder 0,2–0,5 ccm subkutan
Kleinkinder und
    Schulkinder 15–25 Tropfen per os oder 0,5–2,0 ccm subkutan

Strychnin. nitr. subkutan 1 bis evtl. 2 mal täglich gegeben, und zwar 0,3 bis 2,0 ccm einer 1%igen Lösung leistet besonders beim toxischen Kollaps (z. B. bei Infektionskrankheiten) gute Dienste.

Es muß weiterhin auffallen, daß trotz oft langen Krankenlagers Thrombosen im peripheren Venensystem und die so ominöse Lungenembolie exquisit selten sind. Nachdem nun signifikante Unterschiede in den Gerinnungsverhältnissen des Blutes beim Kinde gegenüber dem Erwachsenen nicht erwiesen sind, mag allein aus dieser Beobachtung entnommen werden, daß der Hämodynamik und der Intaktheit der Gefäßwand doch wohl sehr viel mehr an Bedeutung zugeschrieben werden muß, als man im Zeitalter der Antikoagulantien geneigt ist anzunehmen.

Ein weiteres Phänomen, welches die spezielle Situation des Kindesalters kennzeichnet, ist die lymphatische Disposition vorzugsweise in der Präpubertät und die dabei resultierende Tendenz zu allergisch-hyperergischen Reaktionen. Sie berücksichtigend, wird man, bei bereits vorhandener Schädigung des kindlichen Herz-Kreislaufsystems die Zweckmäßigkeit der Durchführung von Schutzimpfungen usw. in besonders gelagerten Fällen zu überlegen haben.

Die übrigen therapeutischen Gesichtspunkte sind weitgehend analog der Erwachsenenklinik zum Einsatz zu bringen. Wichtig bleibt in jedem Fall der Aufbau einer sehr sorgfältig zusammengestellten und fortlaufend überwachten Trainingsbehandlung, damit ein bereits im Kindesalter geschädigtes Herz seine optimalen Anpassungs- und Kompensationsmöglichkeiten entwickeln kann und damit für die Auseinandersetzung mit den Belastungsnotwendigkeiten des Erwachsenenlebens mit langfristiger Prognose bestmöglich vortrainiert wird.

Literatur zu Kapitel VI, Abschnitt D

ABBOTT, M. E.: Atlas of Congenital Cardiac Disease. (New York) 1936. — BAYER, O., F. LOOGEN und H. H. WOLTER: Der Herzkatheterismus bei angeborenen und erworbenen Herzfehlern (Stuttgart 1954). — BING, R. J.: Congenital heart disease. Amer. J. Med. 12, 77 (1952). — CATEL, W.: Die Pflege des gesunden und kranken Kindes, 4. Aufl. (Stuttgart 1952); Die Klinik der angeborenen Herzkrankheiten. Fortschr. Röntgenstr. 71, 769 (1949). — FEER: Lehrbuch der Kinderheilkunde (Jena 1938). — GROSSE-BROCKHOFF, F.: Klinische Diagnostik der wichtigsten angeborenen Herz- und Gefäßmißbildungen. Mschr. Kinderheilk. 100, 118 (1952); —, G. NEUHAUS und A .SCHAEDE: Diagnostik und Differentialdiagnose der angeborenen Herzfehler. Dtsch. Arch. klin.Med. 197, 621 (1950). — HUSLER, J.: Krankheiten des Kindesalters. Ihre Erkennung und Behandlung in der Praxis, 20. Aufl. (München-Berlin 1955). — KLINKE, K.: Diagnose und Klinik der angeborenen Herzfehler (Leipzig 1950). — LAUBRY, CH. und C. PEZZI: Traité des Maladies Congénitales du Cœur (Paris 1921). — MANNHEIMER, E.: Morbus Caeruleus (Basel-New York 1949). — PFAUNDLER und SCHLOSSMANN: Handbuch der Kinderheilkunde (Berlin 1923). — SCHAEDE, A.: Zur Differentialdiagnose der angeborenen Herzfehler, die mit einer Erweiterung der Pulmonalgefäße einhergehen. Mschr. Kinderheilk. 100, 140 (1952). — SOLÉ, A. und W. SPRANGER: Lehrbuch für Säuglings- und Kinderschwestern, 11. Aufl. (München-Berlin 1956). — TAUSSIG, H. B.: Congenital Malformations of the Heart (New York 1947). — UFLACKER, H.: Mutter und Kind (Gütersloh 1955).

E. Besonderheiten der Herz-Kreislauftherapie bei älteren Menschen

Es liegt in der Eigenart der Zusammensetzung des Krankenmaterials großer Kliniken, daß die therapeutischen Erfahrungen an einem Durchschnittsmaterial von Erwachsenen gewonnen und dann verallgemeinernd auf alle Altersstufen übertragen werden. Bereits in früheren Kapiteln haben wir jedoch darauf hingewiesen, welche unterschiedlichen Arbeitsvorgänge das Herz-Kreislaufsystem in den einzelnen Lebensphasen aufweisen kann und wie stark Reaktivität und Responsivität, abhängig vom Alter, schon beim gesunden Menschen wechseln. Da diese Ansprechbarkeit aber eine der wesentlichen Voraussetzungen für jeden Therapieerfolg ist, wird man der Berücksichtigung dieser Gegebenheiten sehr viel mehr Interesse zuwenden müssen als bisher. Für den alten Menschen ist die Abklärung derartiger Probleme um so notwendiger, als die zunehmende Lebenserwartung die Beschäftigung des Arztes mit den Fragen der Geriatrie immer notwendiger macht.

Auf die altersbedingten Normvarianten und gesetzmäßigen Involutionserscheinungen sind wir S. 118 ausführlich eingegangen. Es erhebt sich nun die Frage, ob diese Veränderungen geeignet sind, die Therapie der altersbedingten Herz-Kreislauferkrankungen entscheidend zu beeinflussen, zumal der therapietreibende Arzt bei alten Menschen nicht selten Arzneimittelwirkungen beobachtet, mit denen er nicht gerechnet hat.

Um hier das Verständnis zu erleichtern, muß man sich vergegenwärtigen, daß es ebenso wie am Herzen, am ganzen Organismus zu altersbedingten Umstellungen kommt, welche speziell auch unter dem Gesichtspunkt der altersbedingten Wirkungsumstellung im Vegetativum die altersgemäße und altersspezifische Reaktionsvariante auf die Therapie ausmachen.

Die sich hieraus ergebende Problematik der medikamentösen Therapie des älteren Menschen führt in ihrer Konsequenz zur Forderung einer geriatrischen Pharmakologie, wie sie von BÜRGER bereits mehrfach erhoben wurde, analog der pädiatrischen Arzneimittelkunde. Unsere Kenntnisse über die Beeinflussung der Arzneimittelwirkung durch Alterungsvorgänge des Organismus stützen sich bisher vorwiegend auf die therapeutische Empirie.

Die häufigen diesbezüglichen Erfahrungen der täglichen ärztlichen Praxis haben im Schrifttum bislang jedoch erst eine verhältnismäßig geringe Würdigung erfahren. Eine systematische Bearbeitung und Ergründung der Arzneimittelwirkung beim älteren Menschen steht noch aus. Die Pharmakologie hat sich in die Altersforschung noch wenig eingeschaltet. Dies ist insofern erklärlich, als die noch junge Entwicklung und eben erst erfolgte Begründung einer Altersheilkunde bisher vorwiegend von der Klinik getragen wurde und auf die Erforschung altersphysiologischer und alterspathologischer Vorgänge ausgerichtet war. Die hierdurch gewonnenen Ergebnisse der Altersforschung erbrachten nun bereits wesentliche Grundlagen, die für ein Studium der altersabhängigen pharmako-physiologischen Zusammenhänge wegweisend und bestimmend sind. Das Thema ist also aktuell, wenn auch noch voll ungelöster Probleme. Hier soll vor allem diese Problematik aufgezeigt werden, deren Bearbeitung eine notwendige Aufgabe pharmako-physiologischer Forschung sein wird.

Zunächst sei auf einige bekannte altersphysiologische Gegebenheiten verwiesen, die für die Beurteilung der Arzneimittelwirkung bei älteren Menschen, von der Warte der allgemeinen Pharmakologie aus gesehen, bedeutsam sein dürften.

Hier interessieren vor allem physiologische Voraussetzungen des gealterten Organismus mit Rückwirkungen auf die Arzneimittelresorption, den Transport, Gewebsverteilung und Speicherung, Abbau und Ausscheidung und schließlich auf die Arzneimitteladsorption am Wirkungsort.

Die Resorption wird von seiten des Organismus vor allem durch die aktive Durchblutungsgröße des resorbierenden Gewebes und die Geschwindigkeit des intrazellulären Stoffaustausches bestimmt. Wie Arbeiten von HEINRICH und MATTHES sowie MATTHES und SCHLEICHER zeigen, ist die Blutumlaufzeit bei über 60jährigen gegenüber jüngeren Altersgruppen deutlich verlängert. – Als weiterer Gefäßfaktor dürfte die Kapillarpermeabilität bei der Arzneimittelresorption zu berücksichtigen sein. Bereits OTTFRIED MÜLLER kam bei seinen kapillarmikroskopischen Forschungen zu der Annahme, daß an der Kapillarwand im fortgeschrittenen Alter ähnlich wie an den großen Blutleitern eine Verfestigung des kolloidalen Stützgewebes im Sinne der Hysterese einträte. Hierdurch müsse es zu einer Erschwerung und Verlangsamung des gesamten Stoffwechsels kommen. RIES fand nun neuerdings bei Untersuchungen über die Altersabhängigkeit der Kapillarpermeabilität an Jugendlichen und über 50jährigen eine signifikante Verringerung des Kapillarfiltrats nach Anlegen eines Staudruckes von 60 mm Hg gegenüber den dazwischenliegenden Altersgruppen. Die Annahme einer Resorptionsverlangsamung auf Grund der Altersveränderungen der Blutumlaufzeit und der Kapillarpermeabilität liegt damit nahe.

Die Diffusionsfähigkeit und die Diffusionsgeschwindigkeit eines Medikamentes hängt von dessen molekular-chemischen und physikalischen Eigenschaften ab, wobei die Löslichkeit eine wesentliche Rolle spielt.

Seitens des Organismus sind Veränderungen der Membrandurchlässigkeit von Bedeutung, wie sie in bezug auf die Kapillarpermeabilität bereits angedeutet wurden. Die Membrandurchlässigkeit wird von den physikalischen Eigenschaften des Zellplasmas, vor allem von dessen Dispersionsgrad bestimmt. Eine der wesentlichen bisher gewonnenen Erkenntnisse über die physiologische Gewebsalterung besteht nun in der Feststellung einer Viskositätszunahme der kolloidalen Grundsubstanzen. Deren ursprünglich solartige Beschaffenheit erreicht allmählich einen mehr gelartigen Zustand. Diese Plasmaumwandlung wird auf eine Feinstaggregation von Polysacchariden, Proteinen und Lipoiden zurückgeführt. Die genannten altersbedingten Protoplasmaveränderungen beeinflussen nun den kolloidalen Zustand des Plasmas in seiner physikalischen Reaktionsweise durch Veränderung des Dispersionsgrades und der Oberflächenspannung bzw. durch Änderung der durch Osmose und Hydratation gegebenen Quellungseigenschaften. Bei den altersbedingten Plasmaveränderungen bedeutet dies eine Verminderung der Membrandurchlässigkeit mit reduziertem intrazellulärem Stoffaustausch, also verschlechterte Resorptionsbedingungen. Der physikalische Zustand der kolloidalen Grundsubstanzen des Körpers ist darüber hinaus aber für das Wesen der Arzneimittelwirkung gemeinhin von grundlegender und weitgehend allgemeiner Bedeutung, insbesondere auch in bezug auf Gewebsverteilung, Speicherung und Adsorption.

Wir finden die Annahme verschlechterter Resorptionsbedingungen im Alter durch klinische Beobachtungen gestützt.

So ist die Quaddelresorptionszeit bei über 60jährigen verlangsamt. Die Resorption perkutan verabreichter Arzneimittel ist im Alter verzögert. Sicher beruht auch die nachgewiesenermaßen verzögerte Eiweißresorption im Darm bei älteren Menschen zum Teil auf den verschlechterten Resorptionsbedingungen. Hierzu mag noch eine reduzierte fermentative Eiweißspaltung infolge Altershypofermentie beitragen.

Die Resorptionsverzögerung wirkt sich ihrerseits zusätzlich auf die Verteilung eines Medikamentes im Gewebe aus, hängt doch die Gewebsverteilung wesentlich von der Geschwindigkeit ab, mit der ein Medikament in den Kreislauf der Säfte eintritt, in dem Zellen verschiedener Organe eine verschieden starke Avidität nach einzelnen Medikamenten haben. Die Arzneimittelsättigung der avideren Zellen erfolgt bei schnelleren Zustrom des Medikaments rascher und vollständiger als bei langsamerem Zustrom.

Der Arzneimitteltransport im Blut geschieht in der Regel durch reversible Bindung des Medikamentes an eine bestimmte Fraktion der Bluteiweißkörper in gleicher Weise, wie dies beim Transport der Hormone, Grundstoffe und zahlreicher Produkte des Intermediärstoffwechsels der Fall ist.

Die Zusammensetzung des Eiweißspektrums erfährt nun in zunehmendem Alter charakteristische Umwandlungen. Der Gesamteiweißspiegel im Serum nimmt auf Kosten der Albumine ab. In den Globulinfraktionen kommt es zu einer relativen Vermehrung der grobdispersen Phasen.

Es erhebt sich die Frage, ob diese altersphysiologischen quantitativen Veränderungen des Serumeiweißspektrums nicht gewisse Versagensmechanismen für den Arzneimitteltransport zur Folge haben.

Wir wissen, daß bei stärker pathologisch veränderten Seren derartige Störungen der Vehikelfunktion eintreten können. So wird z. B. das durch seine Albuminbindung normalerweise lebergängige Bromsulphalein bei Leberzirrhosen mit beträchtlicher Hypalbuminämie – wie wir zeigen konnten – gelegentlich in größerer Menge im Urin ausgeschieden, was in diesem Fall zu quantitativen Fehlergebnissen der üblichen Bromsulphalein-Clearance-Bestimmung führen kann.

Der Arzneimittelabbau erfolgt häufig in der Leber. Wir können annehmen, daß die Abbauvorgänge bei gealterten Menschen gleichfalls verzögert ablaufen. Bekannte Altersveränderungen des Intermediärstoffwechsels machen diese Annahme wahrscheinlich, so z. B. Untersuchungsergebnisse über die Verzögerung des Zitronensäureumsatzes und das Trägerwerden der intermediären fermentativen Kohlenhydratumsetzung im Alter.

Die Arzneimittelausscheidung durch die Niere dürfte im Alter gleichfalls eine Verzögerung erfahren.

Von UHLMANN wurde mit zunehmendem Alter eine fortlaufende Abnahme der PAH-Clearance festgestellt. Dieser Befund wurde von ihm als Ausdruck einer altersbedingten Involution der Nierenkapillaren gedeutet. Wahrscheinlich sind dafür noch andere Faktoren, wie die Verzögerung des Blutumlaufs und die verringerte Kapillardurchlässigkeit von Bedeutung.

Bezüglich der Speicherung und Gewebsaktivität eines Medikaments sei auf die schon erwähnten altersbedingten Plasmaveränderungen verwiesen.

Hier ist vor allem die altersgebundene Wandlung des plasmatischen Dispersionsgrades mit den sich daraus ergebenden Rückwirkungen auf Adsorption und Membrandurchlässigkeit in Rechnung zu stellen, wodurch die organotrope Wirkung eines Arzneimittels – insbesondere in quantitativer Hinsicht – beeinflußt werden dürfte.

Auf die im Alter zunehmende Dehydration des Zellplasmas ist es wohl vorwiegend zurückzuführen, daß nach PANTLEN die diuretische Wirkung eines harntreibenden Mittels bei gesunden Menschen jenseits des 60. Lebensjahres gegenüber jüngeren Altersgruppen in der Regel deutlich vermindert ist.

Neben den physikalischen Altersveränderungen der Plasmastruktur können die biologischen Alterswandlungen der Zellfunktion und der hiervon abhängigen vegetativen, hormonalen, humoralen und metabolischen Funktionen beim Studium der Arzneimittelwirkung an älteren Menschen nicht vernachlässigt werden.

Die verminderte Regenerationsfähigkeit eines Organs im Alter hat Altersdegeneration des Gewebes oder auch Altersatrophie zur Folge. Über die hierdurch veränderte Ansprechbarkeit auf Pharmaka besitzen wir noch keine exakten Kenntnisse. Manche Beobachtungen deuten auf eine verminderte Reizempfindlichkeit gealterten Gewebes gegenüber Arzneimitteleinwirkungen hin. Im Einzelfall können über die ursächlichen Hintergründe altersbedingter Arzneimittelreaktionen bisher aber nur Vermutungen geäußert werden.

Zum Beispiel wird in zunehmendem Alter ein Nachlassen der Anpassungsfähigkeit zentral-nervöser Regulationen auf endogene und exogene Reizeinflüsse angenommen. Hierin sieht man einen wesentlichen Grund für die bei älteren Menschen häufiger zu beobachtenden Arzneimittelunverträglichkeiten, etwa analog der größeren Versagensbereitschaft des vegetativen Systems bei Infektionskrankheiten, Traumen und Operationen.

Tatsächlich läßt sich eine Nivellierung der vegetativen Regulationen im Alter nach Stimulierung mit vegetativ wirksamen Pharmaca bestätigen, wie wir dies am Verhalten von Blutdruck und Puls nach Adrenalin- bzw. Prostigmingaben gezeigt haben. Es können sich nun an dieser altersbedingten Regulationsstarre mehrere Ursachen beteiligen: Eine verminderte Reizempfindlichkeit des vegetativen Systems, die durch senile transneurale Degeneration bedingt ist, ein verändertes Ansprechen des peripheren Erfolgsorgans – in unserem Fall des Gefäßsystems – auf vegetativ-nervöse Impulse und schließlich veränderte Wirkungsbedingungen für das Arzneimittel, wie sie zuvor im Hinblick auf Resorption, Gewebsverteilung, Adsorption usw. besprochen wurden.

Man kann an diesem Beispiel also erkennen, daß die Erforschung der Arzneimittelwirkung am alten Menschen nicht nur Fragen der allgemeinen Pharmakologie betrifft, sondern darüber hinaus die verschiedene Ansprechbarkeit der gealterten Gewebe und Organe auf einzelne Pharmaca festzustellen hat. Dabei spielen individuelle Faktoren eine recht wesentliche Rolle entsprechend der Individualität des Alterns. Es darf hier nur an die vielfältigen Möglichkeiten unharmonischer Organ- und Gewebsalterung erinnert werden, welche in der Auslösung der Altersstörungen und Alterskrankheiten eine so wesentliche Rolle zu spielen scheinen.

Bezüglich der altersbedingten Änderungen therapeutischer Ansprechbarkeit liegen nun bereits Erfahrungen über Arzneimittelverträglichkeit und Dosierungsprobleme vor, wenn sie im einzelnen auch noch wenig abgeklärt sein dürften. v. KRESS wies darauf hin, daß bei Medikamenten, die im Alter bekanntermaßen oft schlecht vertragen werden, eine anfängliche Mikrodosierung und langsame Steigerung zur Ermittlung der Toleranzdosis empfehlenswert seien. Bekannt ist besonders die häufig schlechte Verträglichkeit hoher Dosen von Digitalis, Barbituraten und Opiaten.

Über die Digitaliswirkung beim alten Menschen ist zu erwähnen, daß unsere herkömmliche Vorstellung von der Digitaliswirkung insofern revisionsbedürftig wurde, als die alte Ansicht über die selektive Speicherung der Digitalis im Herzmuskel nach den Isotopenuntersuchungen von OKITA und Mitarb. mit C-14-markiertem Digitoxin nicht mehr zu Recht besteht. Vermutlich müssen wir der Digitaliswirkung auf das vegetative System künftig noch erheblich größere Bedeutung als bisher beimessen. Hierdurch erscheint die Änderung der Digitalisverträglichkeit im Alter mehr unter dem Blickwinkel der altersbedingten vegetativen Anpassungsschwäche auf das Medikament.

Während für den kompensierten alten Menschen die Erfahrung von EDENS Gültigkeit hat, nach der Strophanthin als „Milch des Alters" bezeichnet wird, hat es sich uns als zweckmäßig erwiesen, jedem Menschen, der das 60. Lebensjahr überschritten hat, bei Belastung seines Organismus durch Krankheiten, wie immer sie geartet sein mögen, täglich $^1/_8$ mg Strophanthin zu verabfolgen, und wir haben von dieser Grundsatzeinstellung nur Vorteile gesehen.

Anders liegen die Verhältnisse bei manifesten Insuffizienzerscheinungen. Die Dekompensation atherosklerotisch geschädigter Altersherzen verläuft in der Regel unter dem Bilde der sogenannten trockenen Insuffizienz, wobei die Transsudation in das Gewebe der venös gestauten Bezirke nur äußerst geringfügig ist oder sogar fehlt. Herzen mit dieser Versagensform sind ganz außerordentlich glykosidempfindlich und lassen auf Digitalis nicht nur den gewünschten Effekt missen, sondern zeigen meistens nachteilige Nebenerscheinungen. Da diese Herzen auch gegenüber Strophanthin nicht selten empfindlich reagieren, ist dies nur in kleinsten Dosen ($^1/_{10}$–$^1/_8$ mg) therapeutisch nützlich. Je nach der Beeinflussung der Insuffizienzsymptome ist es erforderlich, diese kleine Dosis 2 oder 3 mal täglich zu verabreichen.

Bei der feuchten Insuffizienz ist demgegenüber die Empfindlichkeit wesentlich geringer, zumal bei tachykarder Form der absoluten Arrhythmie. Hier können selbst hochbetagte Menschen mit der üblichen Strophanthin-Einzeldosis von $1/4$ mg behandelt werden, und manchmal ist auch mit Digitalis-Glykosiden in mittleren Dosen ein guter Erfolg zu erzielen.

Bei der Wahl des Medikamentes und für die Dosierungsfrage spielt neben dem Gesichtspunkt, ob es sich um eine trockene oder feuchte Insuffizienz handelt, das Vorhandensein oder Fehlen einer Herzhypertrophie eine Rolle. Es ist uns ja bekannt, daß der Digitaliseffekt weitgehend von dem Vorliegen einer Herzhypertrophie abhängig ist. Wir werden daher auch bei alten Menschen mit einer Sklerose der mittleren Koronararterienäste, bei denen die für die Digitaliswirkung nötige Herzhypertrophie fehlt, das Strophanthin bevorzugen, da es offensichtlich weniger der Hypertrophie bedarf, um wirksam zu werden.

Zwangsläufig haben Hochdruckkranke ein linkshypertrophes Herz. Da die Hypertonie aber bei längerem Bestehen regelmäßig zur Atherosklerose führt und von dieser auch die feinsten Koronararterienverzweigungen betroffen werden, wird das Myokard unter einem Sauerstoffhunger leiden, für den die diffus verbreiteten, kleinsten Bindegewebsschwielen Zeugnis ablegen. Je schlechter aber die Sauerstoffversorgung eines Herzens ist, um so empfindlicher wird dieses gegenüber den Digitalisglykosiden. Daher verschlechtern sich auch nicht ganz selten unter Digitalis die Insuffizienzerscheinungen, während sie sich durch Strophanthin in kleinsten Dosen meist günstig beeinflussen lassen.

Das gleiche gilt für kardial dekompensierte Kranke, die als Ausdruck der Hypoxie ihres Herzens unter Angina-pectoris-Anfällen leiden. Diese vertragen zwar Strophanthin in kleinsten Mengen, aber keine Digitalisglykoside. Das ist verständlich, da von letzteren vermutet wird, daß sie auf sklerotisch oder entzündlich veränderte Koronarien einen konstriktorischen Effekt ausüben. Es ist daher anzunehmen, daß neben der bereits zitierten vegetativen Komponente unter Umständen als Ausdruck paradoxer Reflexe die Arterio- und Arteriolosklerose der Herzkranzgefäße den wichtigsten Grund für die gesteigerte Herzmittelempfindlichkeit darstellen (von KRESS).

Zu beachten ist immer, daß Digitalis-Glykoside oder hohe Strophanthindosen bei dem vaskulär geschädigten Altersherzen, wahrscheinlich infolge der stets vorliegenden Myodegeneratio cordis, der durch Narben bedingten Kontinuitätstrennung des Herzmuskelsynzytiums und der so begünstigten Flimmerbereitschaft bzw. veränderten Leitfähigkeit, zu Rhythmusstörungen wie Extrasystolie und Bigeminie, zu hochgradiger Sinusbradykardie und zu partiellem oder totalem Block führen können.

Um eine bessere Wirkung zu erzielen, empfiehlt es sich, zusammen mit dem Strophanthin bei der Behandlung von Insuffizienzen energetisch schlecht gestellter Herzen gleichzeitig ein Koronardilatantium zu verabreichen. Neben den weit verbreitet benutzten Theophyllinpräparaten kommt besonders den Organextrakten (Embran, Lacarnol, Padutin) hierbei eine ausgezeichnete Wirkung zu.

Hat man mit Hilfe der aufgezeigten Maßnahmen ein vaskulär geschädigtes Herz rekompensiert, so wird man zur Aufrechterhaltung des erzielten Effektes perorale Präparate von Scilla maritima, Oleander, Adonis vernalis und Convallaria majalis geben. Allerdings ist es erforderlich, auch bei diesen Stoffen die Behandlung mit kleinen Dosen einzuleiten.

Für das geschädigte Altersherz gelten darüber hinaus die gleichen Grundsätze, die S. 785 ausgeführt worden sind. Es ist selbstverständlich, daß der medikamentösen Therapie mindestens gleichwertig die Entlastung des dekompensierten Kreislaufes durch Ruhe, kochsalzarme Kost, Flüssigkeitsbeschränkung und Vermeidung voluminöser Mahlzeiten gegenüber steht.

Aber auch hier zeigt sich, daß die S. 518 ausgeführten Maßnahmen der Schonung und Entlastung nicht kritiklos auf den alten Menschen übertragen werden dürfen.

So wäre es falsch, den Begriff „Ruhe" so zu deuten, daß eine längere Bettliegekur durchzuführen sei. Die tägliche Erfahrung in der Klinik zeigt, daß längeres Bettliegen von alten Menschen besonders schlecht vertragen wird, da die hierdurch bedingte Entlastung zu einer Verschlechterung der Herzenergetik führt.

Weitere Schädigungen sind beim alten Menschen gegeben durch die Gefahr der hypostatischen Pneumonie, des Dekubitus und der Thrombo-Embolie, bei deren Auftreten man allerdings nicht selten die Erfahrung macht, daß selbst umfangreiche embolische Organinfarzierungen relativ symptomlos vertragen werden, eine Feststellung, die vielleicht auf die bereits beschriebene vegetative Erstarrung bezogen werden darf.

Auf Grund dieser vielfältigen Erfahrungen kann festgestellt werden, daß das Schicksal eines über 70jährigen Menschen in der Regel besiegelt ist, wenn er durch chirurgische oder traumatische Erkrankungen zu strenger Bettruhe genötigt ist. Erweist sich eine solche Ruhigstellung als notwendig, dann wird man durch vorbeugende Behandlung zahlreichen Komplikationen begegnen können.

Im Rahmen von Herz-Kreislauferkrankungen muß ein längeres Krankenlager daher unbedingt vermieden werden, und dies ist auch praktisch in der Regel möglich, abgesehen vielleicht von apoplektischen Insulten und Zuständen schwerster Rechtsdekompensation, welche bereits das Herabhängen der Beine mit einem hoffnungslosen Nachlaufen von oft exzessiven Beinödemen beantworten.

Selbst bei Alters-Myokardinfarkt sehen wir von der strengen Liegekur ab und wenn wir der Armstuhl-Behandlungsmethode eine Indikation zuerkennen wollen, dann vielleicht ausschließlich für diese Fälle.

In jedem Falle aber wird man gerade bei älteren Menschen durch häufiges Aufsetzen oder Umlagern, sorgfältige Hautpflege, leichte Efflorage, Sauerstoffatmung und bewußte, kontrollierte Tiefatmung usw. in Kenntnis der Versagensmöglichkeiten besonderes, vorbeugendes Interesse zu widmen haben.

Auch mit der Anregung der Wasserausscheidung durch Diuretica sei man sehr zurückhaltend, weil das Einströmen von Gewebswasser in die Blutbahn eine erhebliche Belastung für das Herz darstellt und weil nach größeren Wasserverlusten nicht selten Kollapszustände beobachtet werden. Ebenso stellt die Durchführung von Obst- oder Karell-Tagen eine Maßnahme dar, deren Indikation bei Greisen sorgfältig zu prüfen ist. Häufig treten als deren Folge am anderen Tage Erscheinungen einer besonderen Hinfälligkeit auf und nach Obsttagen zeigt sich außerdem oft eine Gärungsdyspepsie mit dem gefürchteten Meteorismus.

Auch für den Aderlaß muß ein besonderer Hinweis gegeben werden, wie wir das auch bereits S. 832 getan haben.

Geht man von der berechtigten Vorstellung aus, daß der alters-sklerotische Kreislauf keine ausreichenden Möglichkeiten mehr besitzt, sich den Veränderungen der Blutfülle anzupassen, dann wird leicht verständlich, daß, will man nicht unter Umständen einen apoplektischen Insult riskieren, die Einzelentnahme bei ausgeprägt sklerosierten Patienten 100–150 ccm nicht überschreiten sollte.

Auch für die medikamentöse Zusatzbehandlung gibt es in höherem Alter beachtenswerte Besonderheiten.

So sei noch auf die Bedeutung der Alterungsvorgänge im Kohlenhydratstoffwechsel für die Therapie mit verschiedenen Zuckern hingewiesen. Wie Untersuchungen von ALBANESE zeigten, nimmt die Utilisation der Dextrose bei alten Menschen sehr deutlich ab, während die Verwertung vor allem der Fruktose nur in geringem Maße durch das Altern beeinflußt wird. Die Ursache dieses unterschiedlichen Verhaltens haben wir in der schon erwähnten Verzögerung der fermentativ-enzymatischen Kohlenhydratumsetzung beim gealterten Menschen zu erblicken, durch die eben besonders Zucker mit einem komplizierten Intermediärstoffwechsel betroffen werden. Auch im Mineralhaushalt sind im Alter Änderungen der Stoffwechselvorgänge zu beobachten, die sich auf die Therapie auswirken. Genannt seien Untersuchungen über den Eisenstoffwechsel. RECHENBERGER wies nach, daß bei über 50jährigen Menschen regelmäßig ein deutlicher Anstieg des Depoteisens und eine wesentliche Verringerung der Eisenresorption im Darm besteht. Er schloß hieraus auf einen geringeren Wert der peroralen Eisentherapie bei älteren Menschen.

Die oft unbefriedigende Wirkung der Barbiturate in der Behandlung der Altersschlaflosigkeit hängt wohl vorwiegend mit zerebral-sklerotischen Störungen der emotionalen Rindenfunktionen im Sinne der Enthemmung zusammen.

Die Sedativwirkung der Barbiturate, die ja vorwiegend auf die Stammhirnfunktionen gerichtet ist, scheint diese Enthemmungsmechanismen gelegentlich noch zu verstärken. Ausgesprochen paradoxe Barbituratwirkungen sehen wir am häufigsten bei eigentlichen Zerebralsklerotikern. Dagegen sahen wir gute Erfolge mit der Medikation von Veramon.

Eine nicht selten festzustellende unerwünschte Nachwirkung der Barbiturate am Tag nach der Einnahme ist durch verzögerten Abbau in der Leber und verzögerte Ausscheidung in der Niere erklärbar. Bisweilen wird nach Barbituratgaben ähnlich wie nach Verabreichung von Opiumalkaloiden bei älteren Menschen CHEYNE-STOKESsche Atmung beobachtet. Diese beruht auf der im Alter ohnehin herabgesetzten, durch das Medikament weiterhin geminderten Erregbarkeit des Atemzentrums. Mit der Verabfolgung von Opiaten sei man daher besonders vorsichtig. Wenn schon Altersschlaflosigkeit Barbituratapplikation notwendig macht, sollte diese am besten in Kombination mit einem durchblutungsfördernden Mittel wie Euphyllin oder Theophyllin etwa in Form des Theominal oder Deriminal erfolgen. Nicht selten ist die Ursache einer Altersschlaflosigkeit in einer latenten Herzinsuffizienz oder Prostatahypertrophie zu suchen, die kausal behandelt werden können.

Der Wert einer Jodbehandlung der Arteriosklerose ist umstritten.

Die Gefahr einer derartigen Therapie – der Jodbasedow – darf nicht unterschätzt werden. Experimentell gelang es zwar, den durch entsprechende Fütterung erhöhten Cholesterin- und Beta-Lipoproteinspiegel im Serum mit Jodkali signifikant zu senken, allerdings nur bei Verwendung sehr hoher Dosen, die in der Therapie praktisch nicht in Frage kommen. Gerade im südwestdeutschen Raum, der ja hauptsächlich in seinem alemannischen Stammesgebiet eine ausgesprochen jodempfindliche Bevölkerung hat, scheint in diesem Zusammenhang eine Warnung vor allzu intensiver Jodanwendung in der Arteriosklerosetherapie angebracht.

Gegenüber diesen Erfahrungen dürften die antibiotisch wirkenden Substanzen eine gewisse Sonderstellung einnehmen. Über altersabhängige Unverträglichkeitserscheinungen oder ein Nachlassen der Wirkung im Alter liegen keine Beobachtungen vor. Der gelegentlich wenig anhaltende Erfolg einer antibiotischen Behandlung beim alten Menschen beruht wohl weitgehend auf dem Nachlassen der spezifischen Immunität im fortgeschrittenen Alter.

Abschließend sei noch auf die zahlreichen Gerotherapeutica hingewiesen, die in den letzten Jahren in Gebrauch kamen. Die Wirkung der Frischzellentherapie, der Regeneresen, des Novocains sowie der zahlreichen Vitamin-Kombinationspräparate wird verschieden beurteilt. Sicher wird bei exakter Indikationsstellung von diesem oder jenem Präparat ein Erfolg zu sehen sein – und sei es auch nur durch ein rein subjektives Wohlbefinden, hervorgerufen durch das Wissen des Patienten um ein „neues" Präparat – jedoch wird man nie die physiologische Alterung hierdurch aufhalten können oder gar imstande sein, bestehende Schäden zu beseitigen. So hat BODE über die Wirkung des BOGOMOLETZ-Serums, zu dem wir bereits S. 783 Stellung genommen haben, berichtet und glaubt feststellen zu können, daß die nicht ganz selten zu beobachtende Minderung der therapeutischen Ansprechbarkeit bei älteren Menschen durch sorgfältig kontrollierte Verabfolgung aufgehoben werden kann. Als Adjuvans somit bei diesem oder jenem Fall nützlich, sind derartige Präparate in Händen von unkritischen Therapeuten jedoch kaum verantwortbar.

Auch der physikalischen Behandlung werden wir abschließend einen Hinweis zu widmen haben.

Da wir wissen, daß ein atherosklerotisches Gefäßsystem in besonderem Maße zu paradoxen Reflexen neigt, wird man mit abrupten thermischen Anwendungen allergrößte Vorsicht walten lassen müssen.

Es gilt dieser Rat schon für die harmlose Anwendung eines den Indifferenzpunkt wesentlich überschreitenden warmen oder gar heißen Fußbades, aus dem der Sklerotiker nicht mit warmen Füßen heraussteigen muß, sondern das er unter Umständen mit Gefäßverschluß und anschließender Gangrän beantwortet. Das gleiche gilt für die Anwendung z. B. einer Herzdiathermie, welche wir nach dem 60. Lebensjahr für kaum mehr indiziert und vertretbar halten.

Wenden wir uns der klinischen Fragestellung der Heilwirkung des Sportes bei älteren Menschen zu, so wird man nach dem Gesetz „nil nocere" zuerst nach den Kontraindikationen fragen. Es ist selbstverständlich, daß die Sporttherapie nicht in Frage kommt bei allen Kranken, bei denen die Schonung wichtigster therapeutischer Grundsatz ist. Hierher gehören neben der Herzschwäche auch Infektionskrankheiten, Tumoren, Blutkrankheiten usw. Es wird in der Praxis zu wenig beachtet und damit viel Schaden gestiftet, daß auch bei lokalen Infektionen bis zu einer völligen Sanierung kein intensiver Hochleistungssport betrieben werden darf (I. SCHLEICHER). Als Frühsymptome einer Überlastung bei der Sporttherapie können langanhaltendes Herzklopfen mit und ohne Tachykardie sowie das Auftreten von Schlafstörungen gelten. Nach Ausschluß dieser beiden Gruppen, die der Schonung bzw. einer restlosen Sanierung des Grundleidens bedürfen, verbleibt das große Kontingent der Kreislaufstörungen, die auf einem Versagen der zirkulatorischen Eutonie beruhen.

Wenn wir den Sport bei älteren Menschen als physikalische Heilmethode bezeichnen, dann denken wir nicht an einen Kampfsport mit Rekordergebnissen, sondern entsprechende Empfehlungen müssen seitens des behandelnden Arztes mit viel Einfühlungsvermögen und größter Vorsicht gegeben werden.

Es wäre verkehrt, wenn ein 50jähriger, der seinen Arzt wegen Fettleibigkeit und stenokardischen Beschwerden aufsucht, von diesem die Erlaubnis erhalten würde, wieder Tennis zu spielen, da er in seiner Jugend darin eine gewisse Fertigkeit besaß, wegen Beruf und Ehe seit 30 Jahren keinen Sport mehr treiben konnte und sein

Leben am Schreibtisch und im Auto verbrachte. In der Praxis wird man am besten in folgender Weise verfahren: Zunächst wird festgestellt, ob eine Gegenindikation in Form eines aktiven Leidens, etwa einer Herzschwäche besteht. Ist das nicht der Fall, dann empfiehlt es sich, vorsichtig und unter ärztlicher Kontrolle Herz und Kreislauf zu trainieren und damit auch die Psyche des Kranken günstig zu beeinflussen. E. H. HERING hat darauf hingewiesen, daß eine vagotone Einstellung des vegetativen Nervensystems einen wichtigen Kompensationsvorgang bei allen Formen der Herzschwäche darstellt. Da als Sporterfolg neben einer Kräftigung der tätigen Organe ebenfalls eine vagotone Umstimmung des vegetativen Nervensystems erzielt werden kann, wird verständlich, daß vorsichtiges sportliches Training selbst bei organischen Herzfehlern mit ausreichender funktioneller Leistung sorgfältig erwogen werden kann. Die zu empfehlenden Sportarten richten sich nach der Art des vorliegenden Herz-Kreislaufschadens und dem Alter des Kranken. Während der jugendliche Organismus infolge seines elastischen, schnell reagierenden Herzkreislaufsystems plötzlich auftretenden Beanspruchungen leichter gewachsen ist,

Tabelle 46. Unterschiedliche Altersindikation bei der Beratung zu sportlicher Betätigung

Sportart	Altersgruppen in Jahren				
	10–18 Trainiert	19–40 Trainiert	19–40 Untrainiert	41–60 Trainiert	41–60 Untrainiert
I. Leichtathletik					
a) Laufen Kurz- und Mittelstrecken	+	+	0	0	0
Langstrecken	0	+	0	0	0
Dauerlauf	0	+	+	+	0
Waldlauf	0	+	+	+	+
b) Springen Weitsprung	+	+	0	0	0
Hochsprung	+	+	0	0	0
Stabhochsprung	+	+	0	0	0
Dreisprung	+	+	0	0	0
II. Wassersport					
a) Schwimmen	+	+	+	+	+
b) Rudern	+	+	+	+	0
c) Segeln		+	+	+	+
d) Wasserball	+	+	0	0	0
III. Ballspiele					
a) Fuß- und Handball	+	+	0	+	0
Basketball	+	+	+	+	0
Rugby	0	+	0	0	0
Faustball	+	+	+	+	+
b) Krocket	+	+	+	+	+
Golf	+	+	+	+	+
c) Tischtennis	+	+	+	+	0
Tennis	+	+	+	+	0

können beim alternden Menschen auf Grund der Trägheit seiner Regulationsmechanismen die gleichen Übungen zu Dysregulationen und Versagenszuständen führen.

Von ausschlaggebender Bedeutung ist der Trainingsgrad.

Jegliche Arbeit verlangt eine Durchblutungssteigerung. Bei Überschreiten der Leistungsgrenze setzen als Schutzmechanismen paradoxe Reflexe ein, die den Erschöpfungszustand durch Kontraktion der Gefäße einleiten. Regelmäßiges Training unter der augenblicklichen Leistungsgrenze erhöht die Leistungsbreite so weit, daß die Auslösung paradoxer Reflexe nur noch bei Grenzbelastungen zu fürchten ist. Daraus folgt, daß dem Trainierten weit mehr zugemutet werden kann als einem Untrainierten der gleichen Altersgruppe. Einer der bekanntesten Arbeitsphysiologen erzählte, als er bereits über 80 Jahre alt war, daß er stets jede Gelegenheit zum Bergsteigen benützt habe. In jungen Jahren habe er dabei stets einen Rucksack von 50 Pfund getragen, mit 70 Jahren noch mit 10 Pfund und jetzt mit 80 Jahren nur noch Mantel und Proviant. Er fühlt sich beim Bergsteigen heute noch wohl und leistungsfähig. Wir empfehlen, den Heilsport stets mit Wanderübungen zu beginnen. Es ist wichtig, daß beim Wandern und Bergsteigen eine ruhige Gangart eingehalten wird, die mit einer tiefen Atmung verbunden sein sollte, so daß auf jeden Schritt ein Atemzug kommt. Als eine wesentliche Unterstützung für die Ausschöpfung der Atemtechnik können lange Bergstöcke gebraucht werden. Skiwandern ist kreislaufmäßig gesehen auch im hohen Alter noch zu empfehlen. Gleich gut dosierbar wie das Wandern ist das Schwimmen, das nahezu überall durchgeführt werden kann.

Diese Grundtypen des Bewegungssportes sind in ihrer Ausübung vielfach zu variieren, so daß sie je nach ihrer Zielsetzung die verschiedensten Neigungen und Bedürfnisse befriedigen können. Es sollen hier nur genannt werden: Krocket, Golf, Angeln, Jagen, Radfahren, Reiten, Fechten, Curling, Kegeln usw. Für Menschen, welche beruflich überlastet und nicht in der Lage sind, bestimmte Tageszeiten für die Ausübung des vorgeschlagenen Ausgleichssports einzuhalten, sollten, soweit es die Verhältnisse erlauben, häusliche Spiele (Tischtennis, La Cancha, Billard, Federball oder Boccia) oder Sportarten an Apparaten (Trockenrudern, Standfahrrad, Reiten auf künstlichem Pferd oder Kamel und dgl.) angeraten werden.

In Tabelle 47 haben wir einige Übungen zusammengestellt, die wir auch bei älteren, organisch gesunden Menschen noch für vertretbar halten und die analog Tabelle 38, S. 736 geeignet sind, besondere Durchblutungseffekte an bestimmten Organen auszuüben.

Tabelle 47. Sport im Alter

	Sportarten:
Durchblutungsanregung allgemein	Wandern, Schwimmen, Radfahren, Reiten Schlittschuhlaufen, Skiwandern usw.
vorzüglich Lungenkreislauf	Schwimmen, Skiwandern, Bergsteigen
Koronarsystem	Golf, Krocket, Curling, Kegeln, Fechten usw.
Pfortaderkreislauf	Reiten, Radfahren, Rudern, Kegeln, Billard usw.

Damit dürften die Besonderheiten einer geriatrischen Herz-Kreislaufbehandlung umrissen sein.

Der Versuch einer Abklärung einzelner Arzneimittelwirkungen unter den veränderten Bedingungen der Gewebs- und Organalterung steht noch in den Anfängen. Die Forderung nach einer planmäßigen alterspharmakologischen Forschung ergibt sich aus den Erfahrungen der therapeutischen Praxis und aus dem Wissen um altersphysiologische Vorgänge, welche Arzneimittelwirkungen im einzelnen zu modifizieren vermögen.

Als vorläufige Erfahrung müssen wir festhalten, daß die verminderte Anpassungsfähigkeit des alten Menschen an manche Medikamente und Maßnahmen, eine Mikrodosierung erforderlich macht, welche vor allem bei Einleitung einer Behandlung Maßnahme der Wahl ist (v. KRESS).

Unter Berücksichtigung dieser Erkenntnisse wird man auch alte Menschen oft vor einem kardio-zirkulatorischen Siechtum bewahren können.

Literatur zu Kapitel VI, Abschnitt E

ASCHOFF, L.: Zur normalen und pathologischen Anatomie des Greisenalters (Berlin-Wien 1938). — BODE, G.: Die Anwendung des BOGOMOLETZ-Serums bei Herz- und Kreislauferkrankungen. Therapiewoche 8, H. 8, 350 (1958). — BOHNENKAMP: Klin. Wschr. 15, 109 (1943). — BORNEMANN, K.: Zur Beurteilung der Altersveränderungen am Kreislauf. Lebensvers. Med. 6, H. 1, 8 (1954). — BÜRGER, M.: Altern und Krankheit, 3. Aufl. (Leipzig 1957). — DOERR, W.: Die ,,basophile (mukoide) Degeneration" des Herzmuskels. Z. Kreislaufforschg. 41, 42 (1952). — DÜTSCH, L.: Herzbefunde bei alten Menschen. Med. Mschr. 3, 149 (1958). — EDENS, E.: Über die Herzschwäche im Alter und ihre Behandlung. Z. Altersforschg. 1, 115 (1939). — GROTE, L. R.: Altern vom Standpunkt der Medizin. Köln. Z. Soziologie 4, H. 2/3, 190 (1951/52). — HEINRICH, A. und G. SCHLOMKA: Herzlage und Lebensalter. Z. Altersforschg. 3, 342 (1942). — HOCHREIN, M.: Auswirkungen des Alterns auf Herz und Gefäßsystem. Med. Klin. 48, H. 51, 1877 (1953); Zur Beurteilung der Altersveränderungen am Kreislauf. Lebensvers. Med. 1, 8 (1954); Verhütung von Erkrankungen im Alter. Z. prophyl. Med. 2, 28 (1957); Sporttherapie bei der Rehabilitation von Alterskrankheiten. Sportmedizin 9, 5 (1958). — JANSSEN, B.: Leibesübungen im Alter und Rehabilitation. Med. Klin. 49, H. 40, 1632 (1954). — v. KRESS, H.: Das Altersherz. Dtsch. med. J. 3, 373 (1952). — MÜLLER, G.: Klinik und Verlauf der Pneumonie in höheren Lebensaltern. Z. Altersforschg. 4, 315 (1944). — PANTLEN, H.: Arzneimittel bei älteren Menschen. Ärztl. Praxis 9, 25 (1957). — RECHENBERGER, J. und G. HEVELKE: Die Tagesrhythmik des Serumeisenspiegels in ihrer Abhängigkeit vom Lebensalter. Z. Altersforschg. 8, 343 (1954/55). — RÖSSLE, R. und ROULET: Maß und Zahl in der Pathologie (Berlin-Wien 1932). — SCHLEICHER, I.: Das Verhüten vorzeitiger Alterung, Ärztl. Praxis 9, 12 (1957). — SCHLOMKA, G.: Über Alternsveränderungen der Herzfunktion. Z. Altersforschg. 1, 38 (1939). — WEISSEL, W.: Berücksichtigung des Lebensalters bei Prognose und Therapie der Herzkrankheiten. Internat. Fortbildg.kurs Wien (1952).

F. Therapia in extremis

Die ärztliche Aufgabe liegt unter den üblichen Umständen in der Behandlung der Krankheiten, sei diese nun kausal oder nur symptomatisch möglich. In bestimmten Fällen jedoch begegnen wir Kranken, bei welchen eine Therapie nicht wirksam wird oder nicht mehr angewandt werden kann, da sie offensichtlich an der Schwelle des Todes stehen. Kein auch nur einigermaßen erfahrener Arzt kann den moribunden Zustand verkennen; er wird die ärztliche Kunst in ihrer menschlichen Unzulänglichkeit von der Majestät des Todes begrenzt sehen. Diese quoad vitam aussichtslosen Situationen nehmen uns die Waffen aus der Hand. Wir sind nicht ermächtigt, den Vorgang der Lösung von Geist und Körper – von „*eidos*" und „*hyle*" in der aristotelischen Vorstellung bzw. von „*sarx*" und „*pneuma*", dem Körper-und-Seele-Begriff der neutestamentlichen Auffassung – sinnlos und vermessen hinauszögernd zu erschweren. Uns bleibt nur bescheiden die Möglichkeit, die letzte, in ihrer Dauer so unterschiedliche irdische Spanne dem Sterbenden zu erleichtern; zeigt sich doch der im Gefolge einer Krankheit eintretende Tod vielfach verschieden von dem sanften, fast unmerklichen Verlöschen eines alten, im physiologischen Sinne zu Ende gelebten Lebens.

Wenn man nun die Behandlung als reine „Ich-Du-Beziehung" ansieht, dann könnte im Augenblick, wenn sich der Sterbende zunehmend diesem Kontakt entzieht, das Verhältnis als seines Sinnes enthoben und somit als beendet angesehen werden. Tatsächlich aber besteht zu diesem Zeitpunkt, sozusagen als vorweggenommenes Vermächtnis des Sterbenden, die Verpflichtung zur Behandlung der Angehörigen.

Hier wird sich der Arzt vor die Notwendigkeit gestellt sehen, interesselose Angehörige, die einen überflüssig gewordenen alten Menschen vernachlässigen, zu einer letzten Geste der Menschlichkeit zu bewegen. Wie oft erleben wir, daß schwerkranke Patienten von ihren Verwandten gerade noch eingeliefert, aber bis zu ihrem Tode nicht ein einziges Mal mehr besucht werden.

Aber auch die andere Seite, die stürmisch zur Schau getragenen Schmerzen und lamentierenden Gefühlsäußerungen, müssen von dem sich aus dieser Welt Lösenden ferngehalten werden. Unbeherrschte Angehörige suchen wir zu beruhigen. Ein paar mitfühlende Worte, ein wenig Aufklärung und Verständnis, ein fürsorglich bereitgestelltes Beruhigungsmittel sind fast immer erfolgreich.

Unvernünftige, sich in ihrem Schmerz dramatisch Auslebende aber muß der Arzt im Vollzug seines mit dem Patienten geschlossenen Vertrauenspaktes, der letztlich auch beinhaltet, daß ihm die Ruhe zum Sterben vermittelt wird, aus dem Sterbezimmer weisen.

Wer darf mit Sicherheit sagen, daß ein in der Agonie liegender Mensch nicht auf Augenblicke von seinem Weg ins Jenseits zurückkehrt und dann in seiner Vorbereitung auf die Ewigkeit durch lästige Sinneseindrücke gestört wird? Daß ihm, dem bereits Gelösten, der Kampf um diese Lösung nochmals bewußt wird?

Zu dieser Ruhe gehört aber auch das Vertrauen der Angehörigen, die Gewißheit darum, daß auch bis zum allerletzten Augenblick alles nur Menschenmögliche geschieht.

Hier soll sich der Arzt in seinen Maßnahmen weder bedrängen lassen von dem peinigenden Verlangen der Angehörigen um Hilfe, noch aber von der nicht selten apodiktisch geäußerten Forderung, alles zu unterlassen und den Schwerkranken in seinem Sterben nicht mehr zu beeinflussen.

Dagegen sollte man jedem Wunsche Rechnung tragen, wenn Angehörige, die um das Leben eines Menschen mitkämpfen, das Gefühl haben, diesen oder jenen Kollegen, ja selbst Außenseiter der Behandlungskunst heranzuziehen. Wie bei allen ärztlichen Maßnahmen, sollte auch in dieser Situation jede persönliche Eitelkeit, jede therapeutische Überzeugung zurückgestellt werden vor der Notwendigkeit, den Angehörigen das Gefühl zu vermitteln, auch den letzten, vielleicht erfolgversprechenden Schritt getan zu haben. Manche Angehörige scheuen sich vor einer solchen Bitte aus der Sorge, den Arzt zu verletzen. Es ist daher immer ratsam, wenn eine Situation gegeben ist, in der Hilfe nicht mehr möglich erscheint, einen derartigen Vorschlag unter Umständen selber zu machen. Kein Arzt vergibt sich etwas, wenn er in diesen Fällen jeglichen Wunsch der Angehörigen respektiert. Er ziehe sich in derartigen Situationen auch nicht gekränkt zurück, denn der Vertrag auf Hilfe wurde mit dem Sterbenden geschlossen und erst der Tod entbindet von weiterem Einsatz.

Welcher vorzugsweise naturwissenschaftlich eingestellte Arzt aber könnte verantworten, zu leugnen, daß nicht auch die Kraft des Gebetes mit all seiner positiven Ausstrahlung einen scheinbar hoffnungslosen Fall noch zur Wendung bringen kann?

Ein weiteres, oft recht bedauerliches Kapitel im Rahmen der „Therapia in extremis" ist vielfach das Sterbezimmer.

Selbstverständlich soll man nach Möglichkeit einen Sterbenden aus einem Mehrbettzimmer entfernen, um seiner selbst, aber auch um der Umgebung willen. Ähnlich aber, wie man in Frage stellen kann, ob und wann der Arzt den Patienten über sein nahendes Ende in Kenntnis setzen soll, ein Problem, zu dem wir noch Stellung nehmen werden, ähnlich schwer verantwortbar ist es, einen Patienten in einen Raum zu verbringen, der als Sterbezimmer bekannt ist und den Menschen mit dem Odium des Wortes zu belasten: „Wer hier eintritt, laß alle Hoffnung fahren!"

Geradezu unerträglich aber ist das vielfach durch Raummangel, Gefühllosigkeit und mangelnde Ehrerbietung vor der tragischen Größe dieser letzten Stunden eines Menschenlebens geübte Verfahren, einen Sterbenden einfach in eine Abstellkammer, einen Vorraum, ein zugiges Flurende usw. abzuschieben und ihn dort sich selbst zu überlassen.

Wenn wir in Krankenhäusern, Pflege- und Altersheimen diese so wünschenswerte Ganzheitsbehandlung im wahrsten und würdigsten Sinne des Wortes wieder betreiben wollen, dann wird man diesen aus innerstem Ethos diktierten und auf warmherzige Gesten beschränkten letzten Behandlungsmöglichkeiten in extremis sehr viel mehr Berücksichtigung zu schenken haben, als das an vielen Stätten getan wird.

Wenden wir uns nun den noch möglichen Maßnahmen zu, dann ist diese „Therapia in extremis" mit besonderer Sorgfalt auf den einzelnen Patienten abzustimmen, seinen religiösen und familiären Bindungen Rechnung zu tragen und ihm jeder nur mögliche Wunsch zu erfüllen. Durch sorgfältiges Betten, häufigeres Kissenaufschütteln und die zahlreichen Möglichkeiten einer liebevollen Pflege und Behandlung können wir ihm auf einfache Weise zeigen, daß wir uns seiner annehmen. Geben wir dem Sterbenden trotz unserer ständigen Zeitnot die Gelegenheit, sich mit uns auszusprechen und seine oft quälenden Fragen anzubringen.

Nicht selten hat man den Eindruck, daß sich ein Sterbender unendlich quält, einen Wunsch oder eine Bitte zum Ausdruck zu bringen. Vielfach können Menschen, die nicht mehr sprechen können, oft noch einige Worte schreiben; man versuche es wenigstens, dieser oft peinvollen Bestrebung, noch etwas äußern zu müssen, gerecht zu werden.

Niemand wird bei Schmerzen mit Analgetica sparen, und oft sind Morphiumderivate die letzte Wohltat, die wir einem Sterbenden angedeihen lassen können.

Die Anwendung von Opiaten hat jedoch manche Problematik aufgeworfen. So hat bei allen schmerzhaften Zuständen sich der Arzt als Schmerzlinderer und Menschenfreund des Wortes von ARISTOTELES zu erinnern: „Man muß auch den mit richtigen Arzneistoffen behandeln, der nicht mehr wiederherzustellen ist."

Opiate dienen auch zur Erleichterung des Todeskampfes (Euthanasie). Da nun die Euthanasie in den Endstadien unheilbarer Krankheiten – hier allerdings gesetzlich erlaubt und vom Deutschen Ärztetag 1928 ausdrücklich sanktioniert, daher unter Umständen als zu den Berufspflichten des Arztes gehörig – zur Anwendung kommt, kann der vorzeitige Tod in seltensten Fällen eine unerwartete und unerwünschte Begleiterscheinung dieser Medikation darstellen. Der Arzt hat aber nicht das Recht, das Leben eines Menschen absichtlich zu verkürzen. So fällt die Euthanasie im Sinne des Gnadenstoßes (mercy killing) zwar unter die Probleme menschlicher Gemeinschaften, aber in keinem Falle unter die Befugnisse des einzelnen Arztes (EICHHOLTZ).

Darüber hinaus muß auch dem Moribunden noch jede körperliche Entlastung gebracht werden.

Eine sorgfältig ausgeführte Pleura- oder Aszitespunktion kann ohne nennenswerte Umlagerungsmanöver praktisch frei von jeder Belästigung Erleichterung schaffen. Man sollte weiterhin nie vergessen, durch Klystiere, Legen eines Darmrohres, den intraabdominellen Druck zu vermindern und bei Harnverhaltung die Blase mit Katheter zu entleeren; besonders bei Verabreichung von Opiaten ist daran zu denken. Bei exsikkotischen Zuständen, bei welchen eine orale oder intravenöse Flüssigkeitszufuhr aus den verschiedensten Gründen nicht möglich ist, geben wir gern einen rektalen Tropfeinlauf mit physiologischer Salzlösung.

Bei Mundatmung, Atemnot, nach Sauerstoffbeatmung, also bei Austrocknung in den oberen Luftwegen, wird meist ein im Zimmer aufgestellter Bronchitiskessel angenehmer empfunden als Inhalationen, die unter Umständen quälenden Husten provozieren. Stetige Frischluftzufuhr versteht sich von selbst. Ebenso leistet ein auf Mund und Nase aufgelegtes, häufig gewechseltes feuchtes Gazeläppchen gute Dienste. Durch Absaugen von Schleim und Schaum läßt sich wie auch mit dem „Halten" des Unterkiefers – also durch Ausschaltung der mechanischen Behinderung – die Atmung weniger angestrengt gestalten. Besondere Beachtung muß der Mundpflege geschenkt werden. Der Zungenbelag wird nach vorherigem Auflockern mit Bepanthenlösung, Glyzerin oder Olivenöl mechanisch entfernt; Zunge, Mund- und Nasenschleimhaut müssen in kürzeren Abständen gepinselt, die Lippen eingefettet werden. Die zum Reflex gewordene Anwendung von Borglyzerin bei borkiger Zunge und rhagadenreichen Lippen sollte unterbleiben, weil damit üble, brennende Schmerzen verursacht werden.

Kalte Wadenwickel, Eisbeutel auf die Herzgegend, Kölnisch Wasser auf Schläfen und Hals wirken bei Fieber und Unruhe lindernd. Dem kalten klebrigen Schweiß im Herz-Kreislaufversagen wird mit Spiritusabreibungen oder Essigwasserwaschungen begegnet.

Nicht selten empfinden Komatöse (Leber, Urämie) ihren Geruch höchst unangenehm. Der herbe, aromatische Duft von Orangenschalensaft vermag für längere Zeit den Fötor zu überdecken, ohne sich mit ihm zu vermischen, wie dies andere Duftstoffe in einer widerlichen fad-süßen Art tun.

Diese wenigen Ausführungen mögen verdeutlichen, daß die aktive Bemühung um den sterbenden Kranken für Arzt und Pflegende höchste moralische Verpflichtung bis zum letzten Atemzuge ist.

Dem Takt wird es vorbehalten bleiben, in diesen Stunden keine falsche Geschäftigkeit zu entwickeln.

Helfen, lindern, erleichtern ist notwendig, die sinnlose Verlängerung eines Todeskampfes aber ist nicht vertretbar.

Wenn man z. B. einen moribunden Karzinomkranken, der infolge der Intaktheit seines Herz-Kreislauf-Systems oft nicht sterben kann, noch mit Strophanthin behandelt, dann wird auf diese Weise die Konzeption vom Helfen- und Erhaltenmüssen um jeden Preis als unberechtigtes Übersehen der natürlichen Grenzen menschlicher Einflußsphäre angesehen werden müssen.

So bleibt daher das „nil nocere" höchstes Gesetz. Die Hingabe an das Leben schärft unsere Waffen, beim Nahen des Todes werden sie sinnlos. Bedauerlich ist jede Maßlosigkeit, jede Unbescheidenheit und Vermessenheit, die diese Grenzen nicht respektiert. Unermüdlichkeit und Unbeirrbarkeit sind Diener der forschenden Wissenschaft, in Bereichen aber, die menschlichem Zugriff verschlossen sind, ist die Achtung vor dieser Begrenztheit ethische Pflicht.

Elektrokardiographie für ärztliche Praxis

7., verbesserte und ergänzte Auflage
Von weil. Prof. Dr. Erich Boden-Düsseldorf

XX, 287 Seiten mit 246 Abbildungen. 1952. Brosch. DM 26,—, Ganzleinen DM 29,—

Der Inhalt dieses Werkes deckt sich für den Referenten in vollkommener Weise mit Erwartungen und Ansprüchen sehr kritischer Art. Das Buch von Boden hat seine didaktische Eignung und seine vorzügliche Prägnanz in der neuen Auflage vollauf behalten. Das will bei der Schwierigkeit der heutigen Theorien über das Ekg viel besagen. Dabei ist kaum eine der modernen Vorstellungen unberücksichtigt geblieben. – Die übersichtliche Unterteilung der einzelnen Kapitel ist ebenso einleuchtend wie die Sprache einfach und verständlich ist. **Die Medizinische**

Klinische Vektorkardiographie

Von Doz. Dr. Rudolf Wenger-Wien

Mit einem Beitrag „Die technischen Grundlagen der Vektorkardiographie" von Dr. K. Hupka-Wien und einem Geleitwort von Prof. Dr. E. Lauda-Wien

(Kreislauf-Bücherei, Band 15)

XI, 163 Seiten mit 52 Abbildungen. 1956. Brosch. DM 24,—, Ganzleinen DM 26,—

Neben einer sehr guten Schilderung der theoretischen Voraussetzungen der Vektorkardiographie sowie ihrer Technik bringt das Buch eine Reihe von Untersuchungen der verschiedenartigen Krankheitsbilder, die durch schematische Abbildungen und durch ein reiches Kurvenmaterial die Elektrokardiogramme zusammen mit den Vektorkardiogrammen veranschaulichen. Dabei ist sich der Verfasser durchaus der noch großen Lücken unseres gegenwärtigen Wissens auf diesem Gebiet bewußt und verschweigt auch nicht noch manche theoretische Schwierigkeiten. Aber da es eben nur eine Einführung in dieses Spezialgebiet der Kardiologie sein will und kein adoptiktisches Lehrbuch, kann man dem Verfasser für dieses verdienstvolle Werk nur dankbar sein und seine Lektüre allen an der Herzdiagnostik interessierten Ärzten empfehlen. **Medizinische Monatsschrift**

Atlas der Phonokardiographie

Optische und magnetische Niederschrift des Herzschalls

Zugleich 2. Auflage der „Herzschallregistrierung"

Von Prof. Dr. Arthur Weber-Bad Nauheim

(Kreislauf-Bücherei, Band 8)

XVI, 236 Seiten mit 188 Abbildungen. 1956. Ganzleinen DM 40,—

Die strenge Beobachtung objektiver Maßstäbe und Reichhaltigkeit der Beispiele macht das Buch für den Fachmann und Herzchirurgen zu einem wichtigen Hilfsmittel. Darüber hinaus ist es vor allem dazu berufen, den Studierenden und jungen Arzt in das Gebiet dieser neuen Methode einzuführen. Hierbei hilft eine klare Diktion und eine Fülle ausgezeichnet reproduzierter Schallkurven. Dem Werk ist zweifellos eine weite Verbreitung und Anerkennung sicher. **Der Landarzt**

KREISLAUF-LITERATUR FÜR DEN PRAKTIKER

Regulationsprüfung des Kreislaufs
Funktionelle Differentialdiagnose von Herz- und Gefäßstörungen
Von weil. Prof. Dr. **Fritz Schellong**-Münster i. W.
2., neubearbeitete Auflage
von Prof. Dr. **Bernhard Lüderitz**-Bad Salzuflen
(*Kreislauf-Bücherei, Band 2*)
X, 150 Seiten mit 95 Abbildungen. 1954. Brosch. DM 20,—, Ganzleinen DM 22,—

Die 2. Auflage der wohlbekannten Monographie Schellongs ist unter Beibehaltung der großen Linie der früheren Ausgabe von B. Lüderitz redigiert und ergänzt worden. So findet sich nun neu ein Kapitel über Kreislaufregulationen bei Mangelernährung. Der Schellong-Test stellt immer noch die beste und gebräuchlichste Methode dar, um mit einfachen Mitteln den Kreislauf unter körperlicher Belastung zu prüfen. Jeder, der sich mit solchen Tests beschäftigt, weiß um die Schwierigkeiten der Interpretation und die zahlreichen Faktoren, welche die Resultate beeinflussen. Das empfehlenswerte Buch sollte deshalb nirgends dort fehlen, wo Kreislaufbelastungsprüfungen durchgeführt und diagnostisch verwertet werden. Schweizerische medizinische Wochenschrift

Die Schlüssel zur Diagnose und Therapie der Herzkrankheiten
Von Prof. Dr. **Paul D. White**-Boston, Mass.
Nach der 2. amerikanischen Auflage übersetzt von Dr. **Beate** und Dr. **Adrian Schücking**-Farchant b. Garmisch
Mit einem Geleitwort von Prof. Dr. **R. Schoen**-Göttingen
XI, 200 Seiten mit 40 Abb. in 67 Einzeldarst. 1957. Kart. DM 19,50

Ein ganz und gar originelles Buch, wie es wenige gibt! Der Verfasser zeigt, wie viele Schlüssel zur Diagnose von Herzkrankheiten jeder praktische Arzt in der umsichtig und verständig aufgenommenen Anamnese (die freilich mehr Zeit erfordert, als man gemeinhin für sie aufwendet) und in der sorfältigen und erfahrenen Auswertung der einfachen Symptome und physikalischen Untersuchungsergebnisse in der Hand hat. Den röntgenologischen und elektrokardiographischen Zeichen sind zwei weitere Kapitel gewidmet. Das Buch ist in einer fast plaudernd leichten Diktion geschrieben, daher für den überlasteten Praktiker eben die geeignete Lektüre. Medizinische Monatsschrift

Herz- und Gefäßerkrankungen
Neue Wege einer funktionellen Differentialdiagnose
Von Prof. Dr. **Rudolf Völker**-Bad Oeynhausen
Mit einem Geleitwort von Prof. Dr. **R. Schoen**-Göttingen
(*Kreislauf-Bücherei, Band 16*)
XII, 166 Seiten mit 106 Abb. in 234 Einzeldarst. 1957. Brosch. DM 32,50, Ganzln. DM 34,50

Ein außerordentlich interessantes Buch. Wer viel zu begutachten hat, weiß, wie sehr im allgemeinen unserer Beurteilung der Leistung der kardiovaskulären und des pulmonalen Systems noch eine „Daumenmethode" ist. — Völker hat eine optische Methode zur objektiven Registrierung peripherer Gefäßstörungen ausgebaut, die – wie er schildert – im Krankenhaus routinemäßig durch eine angelernte Hilfskraft durchgeführt werden kann. Die Methode scheint in hohem Grad empfindlich zu sein und ermöglicht eine Aussage nicht nur über die Kreislauf-Peripherie, sondern auch über den Gaswechsel in der Lunge, den Leistungsgrad des Herzens, und über das Zusammenspiel von Herz und Lunge. Ausgezeichnete Kurven erläutern den Text und die Absichten des Verfassers. Hippokrates

---

DR. DIETRICH STEINKOPFF-VERLAG · DARMSTADT

MIX
Papier aus verantwortungsvollen Quellen
Paper from responsible sources
FSC® C105338

If you have any concerns about our products,
you can contact us on
ProductSafety@springernature.com

In case Publisher is established outside the EU,
the EU authorized representative is:
**Springer Nature Customer Service Center GmbH
Europaplatz 3, 69115 Heidelberg, Germany**

Printed by Libri Plureos GmbH
in Hamburg, Germany